GRUNDLAGEN
DER ORGANISCHEN CHEMIE

Für L.

Dr. sc. nat. Hans Rudolf Christen

GRUNDLAGEN DER ORGANISCHEN CHEMIE

Otto Salle Verlag
Frankfurt am Main · Berlin · München

Verlag Sauerländer
Aarau · Frankfurt am Main · Salzburg

CIP-Kurztitelaufnahme der Deutschen Bibliothek

Christen, Hans Rudolf:
Grundlagen der organischen Chemie /
Hans Rudolf Christen. – 6. Aufl. –
Frankfurt am Main; Berlin; München: Salle;
Aarau; Frankfurt am Main; Salzburg: Sauerländer, 1985.
ISBN 3-7935-5395-7 (Salle)
ISBN 3-7941-2210-0 (Sauerländer)

Dr. sc. nat. Hans Rudolf Christen
Grundlagen der organischen Chemie

6. Auflage 1985

Einband von Stephan Bundi

Bestellnummer: 5395

ISBN 3-7935-5395-7 (Salle)
ISBN 3-7941-2210-0 (Sauerländer)

© 1970 Otto Salle Verlag GmbH & Co., Frankfurt am Main
Verlag Sauerländer AG, Aarau

Satz und Druck: Sauerländer AG, Aarau
Buchbinderische Verarbeitung: Grollimund AG, Reinach

Aus dem Vorwort zur ersten Auflage

… Man mag sich fragen, ob es gerechtfertigt erscheint, neben den zahlreichen bereits existierenden, teilweise ausgezeichneten Lehrbüchern der organischen Chemie nun noch ein weiteres solches Buch herauszugeben. In den bisher vorliegenden organisch-chemischen Texten wird der Gesamtstoff nach den Substanzklassen aufgegliedert, wobei Herstellung und Reaktionen bestimmter Substanzen oder Substanzklassen im Zusammenhang mit der Besprechung dieser Gruppen behandelt werden. Im Gegensatz dazu haben wir versucht, im vorliegenden Lehrbuch – ähnlich wie im ersten Band – nicht den «Stoff», sondern die organischen Reaktionen und die entsprechenden physikalisch-chemischen Grundlagen in den Mittelpunkt der Darstellung zu rücken. Dieser Leitgedanke bestimmte den etwas unkonventionellen Aufbau des Buches. Nach einem verhältnismäßig knapp gefaßten ersten Teil (welcher einem Überlick über die verschiedenen Verbindungstypen gewidmet ist, und wo in tabellarischer Form deren wichtigste Reaktionen sowie die wichtigsten Darstellungsmethoden zusammengestellt sind) folgt ein ausführlich angelegter Hauptteil, in welchem die wichtigsten organischen Reaktionstypen mit ihren präparativen oder analytischen Anwendungen in systematischer Weise abgehandelt werden. Die dazu notwendigen Grundlagen (Bindungslehre, Thermodynamik, Kinetik) werden dabei – soweit möglich – ebenfalls behandelt; zur gründlicheren Information wird man jedoch zweckmäßigerweise den ersten Band der «Grundlagen» zu Rate ziehen.

Auf diese Weise soll schon dem Studienanfänger die große Bedeutung, die dem «dynamischen» Aspekt der organischen Chemie heute zukommt, gezeigt werden. Eine derartige ausführliche Behandlung der Reaktionstypen vermittelt zudem auch tiefere Einsichten in den Ablauf organischer Reaktionen und führt dadurch gleichzeitig zu einer Übersicht, welche das immense Gebiet der organischen Chemie weit besser zu erfassen und zu gliedern erlaubt. Diese Darstellung bedingt naturgemäß eine gewisse Beschränkung in der Auswahl der behandelten Verbindungen, doch ist es erfahrungsgemäß nicht schwierig, sich über die «Stoffchemie» zusätzliche Informationen zu beschaffen, z. B. aus dem umfangreichen «Lehrbuch der organischen Chemie» von Fieser & Fieser.

Vorwort zur fünften Auflage

Die erste Auflage der «Grundlagen der organischen Chemie» erschien 1970. Die Tatsache, daß nach elf Jahren bereits eine fünfte Auflage erscheinen kann, zeigt, daß das Buch sich neben den zahlreichen amerikanischen und aus dem Amerikanischen übersetzten Lehrbüchern seinen festen Leserkreis geschaffen hat.

Nachdem bereits die dritte Auflage überarbeitet und ergänzt worden war, wurde der Text für die fünfte Auflage einer sehr gründlichen Neubearbeitung unterzogen. Man mag sich dabei allerdings fragen, ob es überhaupt möglich ist, die Fortschritte der organischen Chemie seit 1970 in einem Lehrbuch zu berücksichtigen und zu verarbeiten. Die eigentlichen «Grundlagen» der organischen Chemie, ihre Grundprinzipien, wichtigsten Stoffklassen und Reaktionen, also diejenigen Gebiete, mit denen sich der Anfänger vertraut zu machen hat und auf die er sein weiterschreitendes Studium aufbaut, haben sich jedoch nicht so verändert, als daß es notwendig gewesen wäre, den Aufbau des Buches wesentlich neu zu gestalten. Das Buch wendet sich auch in erster Linie an Studierende, die mit dem Studium der organischen Chemie beginnen, und soll sie in Vorlesungen und Praktika begleiten. Das eine oder andere Kapitel dürfte jedoch auch für den Fortgeschrittenen oder den im Beruf stehenden Chemiker von Interesse sein.

Neu hinzugekommen sind Kapitel über Photochemie und metallorganische Verbindungen sowie ein erweitertes Kapitel «Zur Planung organischer Synthesen». Neu berücksichtigt wurden Gebiete wie z.B. die chemische Ionisation bei der Massenspektrometrie, die ^{13}C-NMR-Spektroskopie, die Phasentransfer-Katalyse, stabile Enole, Kronenether, die Umpolung usw.; erweitert wurden die Abschnitte über Aromatizität, Annulene, Nomenklatur, Hydroborierung, intramolekulare Katalyse u.a. Von den neu aufgenommenen Reaktionen sind insbesondere die Alken-Metathese, die *syn*-Addition an Doppelbindungen und die Oxythallierung zu erwähnen. Neben diesen größeren Ergänzungen wurde an vielen Stellen versucht, den Text noch klarer und übersichtlicher zu formulieren. Neu ist schließlich auch das «Synthese-Register», in dem die Reaktionen zur Synthese von Substanzklassen oder Einzelsubstanzen zusammengestellt sind.

Die neuen Empfehlungen der Nomenklaturkommission wurden berücksichtigt (Schreibweise «Ethyl-» statt «Aethyl-»). Da diese Vorschläge eine Angleichung der deutschen Schreibweise an den internationalen Gebrauch bedeuten, wurde diese Tendenz konsequent fortgeführt und z.B. an Stelle der Trivialnamen «Benzol», «Glycerin» und «Cholesterin» «Benzen», «Glycerol» und «Cholesterol» geschrieben. Die Zukunft wird zeigen, ob sich diese Konsequenz im deutschen Sprachraum durchsetzen wird.

Wiederum ist es mir eine große Freude, zahlreichen Freunden und Kollegen für ihre Mitarbeit und Unterstützung zu danken. Zu ganz besonderem Dank verpflichtet bin ich den Herren Prof. Dr. Vögtle (Bonn) und Prof. Dr. Batzer (Basel). Prof. Vögtle verdanke ich eine große Anzahl von Verbesserungsvorschlägen; Prof. Batzer hat freundlicherweise das Kapitel «Hochmolekulare Stoffe» wiederum einer genauen Durchsicht unterzogen. Wertvolle Anregungen verdanke ich auch den Herren Prof. Dr. Zollinger (Zürich), Prof. Dr. Rüchardt (Freiburg), Prof. Dr. Maier (Giessen) und Prof. Dr. Dimroth (Marburg). Herr Dr. Caprez (Zürich) stellte mir zwei ^{13}C-NMR-Spektren zur Verfügung. Eine besondere Freude sind mir – wie immer! – die Briefe von Benutzern des Buches, insbesondere von Studierenden, die mich auf verschiedene stehengebliebene Fehler aufmerksam gemacht haben. Ihnen allen sei herzlich gedankt. Schließlich gebührt auch den Verlagen Sauerländer (Aarau) und Salle (Frankfurt) mein Dank für die Bemühungen, alle Änderungswünsche zu berücksichtigen und ein trotz des gestiegenen Umfanges preiswertes Buch herzustellen. Auch diese Auflage sei meiner Frau gewidmet, als Ausdruck meines Dankes für ihre stete moralische und praktische Unterstützung, zur Erinnerung an C. und an den vor vielen Jahren gemeinsam erlebten ersten Einstieg in die faszinierende Welt der organischen Chemie.

Winterthur, im Herbst 1981   H. R. Christen

Inhaltsverzeichnis

Vorwort   VII

1   Einleitung

1.1   Die wellenmechanische Beschreibung des Atoms   2
1.2   Die Kovalenzbindung   11
1.3   Die «Sonderstellung» der organischen Chemie; funktionelle Gruppen   29
1.4   Reindarstellung organischer Verbindungen   34
1.5   Physikalische Eigenschaften organischer Verbindungen   40
1.6   Quantitative Elementaranalyse und Molekularformel   55
1.7   Strukturermittlung   59

1. Teil: Überblick über die wichtigsten organischen Stoffgruppen

2   Kohlenwasserstoffe

2.1   Gesättigte offenkettige Kohlenwasserstoffe   65
2.1.1 Die homologe Reihe der Alkane   65
2.1.2 Molekülbau   68
2.1.3 Physikalische Eigenschaften   71
2.1.4 Reaktionen   73
2.1.5 Gewinnung   80
2.1.6 Beispiele   82
2.1.7 Halogenalkane («Alkylhalogenide»)   85

2.2   Cycloalkane (Cycloparaffine)   89
2.2.1 Physikalische Eigenschaften, Molekülbau   89
2.2.2 Stereoisomerie bei substituierten Cycloparaffinen   94
2.2.3 Ringstabilität und Baeyersche Spannungstheorie   95
2.2.4 Polyzyklische Ringsysteme   96
2.2.5 Herstellung und Reaktionen   97

2.3   Alkene (Olefine)   100
2.3.1 Molekülbau   100
2.3.2 Physikalische Eigenschaften   104
2.3.3 Chemische Reaktionen und Gewinnung   106
2.3.4 Polyene   115
2.3.5 Ungesättigte Halogenkohlenwasserstoffe   120

2.4   Alkine   123
2.4.1 Molekülbau, Eigenschaften   123
2.4.2 Reaktionen und Herstellung   124

2.5   Aromatische Kohlenwasserstoffe 128
2.5.1   Das Benzen (Benzol) 129
2.5.2   Kriterien des aromatischen Zustandes 136
2.5.3   Mehrkernige aromatische Kohlenwasserstoffe 152
2.5.4   Spektroskopische Eigenschaften aromatischer Kohlenwasserstoffe 155
2.5.5   Reaktionen aromatischer Verbindungen 159
2.5.6   Aliphatisch-aromatische Kohlenwasserstoffe 160
2.5.7   Halogenierte Aromaten und Umwelt 162
2.5.8   Technische Gewinnung aromatischer Kohlenwasserstoffe 164

2.6   Nomenklatur organischer Verbindungen 168
2.6.1   Trivialnamen 168
2.6.2   Systematische Nomenklatur: Substitutionsnamen 168
2.6.3   Systematische Nomenklatur: Genfer oder IUPAC-Nomenklatur 169

3   Verbindungen mit einfachen funktionellen Gruppen

3.1   Alkohole, Phenole, Ether 178
3.1.1   Alkohole 178
3.1.2   Phenole 192
3.1.3   Ether 196

3.2   Schwefelverbindungen 203
3.2.1   Thiole und Thioether 203
3.2.2   Sulfoxide und Sulfone 205
3.2.3   Sulfen-, Sulfin- und Sulfonsäuren 206

3.3   Stickstoffhaltige Verbindungen 208
3.3.1   Amine 208
3.3.2   Weitere Stickstoffverbindungen 216

3.4   Spiegelbildisomerie 221
3.4.1   Einige Begriffe 221
3.4.2   Molekülchiralität und optische Aktivität 222
3.4.3   Racemate 237
3.4.4   Reaktionen chiraler Moleküle 245
3.4.5   Historisches 251

4   Verbindungen mit ungesättigten funktionellen Gruppen

4.1   Carbonylverbindungen: Aldehyde und Ketone 253
4.1.1   Nomenklatur und physikalische Eigenschaften 254
4.1.2   Reaktionen 259
4.1.3   Herstellung und wichtige Beispiele 264

4.2   Carbonsäuren und ihre wichtigsten Derivate 269
4.2.1   Nomenklatur und physikalische Eigenschaften 269
4.2.2   Reaktionen 273
4.2.3   Herstellung und wichtige Beispiele 274
4.2.4   Salze der Carbonsäuren 277

4.2.5   Derivate der Carbonsäuren 277
4.2.6   Dicarbonsäuren 281
4.2.7   Hydroxy- und Ketosäuren 283
4.2.8   Aminocarbonsäuren 288

4.3   Derivate der Kohlensäure 293

4.4   Nitrile 296

4.5   Spektroskopie und Struktur 298
4.5.1   Ultraviolettspektroskopie 298
4.5.2   Infrarotspektroskopie 301
4.5.3   Kernresonanzspektroskopie 308
4.5.4   Massenspektroskopie 328
4.5.5   Kombinierter Einsatz spektroskopischer Methoden zur Strukturaufklärung .. 335

2. Teil: Organische Reaktionen

5   Allgemeines

5.1   Die Triebkraft chemischer Reaktionen 355
5.2   Die Geschwindigkeit chemischer Reaktionen 359
5.3   Zum Ablauf organischer Reaktionen 362
5.4   Der Übergangszustand 370
5.5   Methoden zur Untersuchung von Reaktionsabläufen 381

6   Struktur und Reaktivität

6.1   Bindungsenthalpien 389
6.2   Induktive und mesomere Effekte (σ- bzw. π-Akzeptoren und -Donatoren) .. 390
6.3   Die Stärke von Säuren und Basen 395
6.4   Quantitative Beziehungen zwischen Struktur und Reaktivität 407
6.5   Tautomerie 416

7   Nucleophile Substitutionen an gesättigten C-Atomen

7.1   Allgemeines 423
7.2   Zum Ablauf der nucleophilen Substitutionen 424
7.3   Reaktivität bei nucleophilen Substitutionen 440
7.4   Nebenreaktionen 450
7.5   Reaktionen von Alkylhalogeniden und -sulfaten bzw. -sulfonaten 453
7.6   Nucleophile Substitutionen an Alkoholen und Ethern 462
7.7   Weitere nucleophile Substitutionen 466

8   Eliminationsreaktionen

8.1   Allgemeines 470
8.2   Mechanismen bei β-Eliminationen 471
8.3   Die Richtung der Elimination (Saytzew- und Hofmann-Elimination) 476
8.4   Sterischer Verlauf der Elimination 481
8.5   Präparative Anwendungen 489
8.6   Pyrolytische (zyklische) Eliminationen 493
8.7 α-Eliminationen 497

9   Additionen an C—C-Mehrfachbindungen

9.1   Allgemeines 505
9.2   Addition von Halogenen 506
9.3   Addition unsymmetrisch gebauter Addenden (Halogenwasserstoff,
       Säuren, Wasser) 517
9.4   Weitere wichtige Additionsreaktionen 525
9.5   Weitere *syn*-Additionen 536
9.6   Nucleophile Additionen an C—C-Mehrfachbindungen 539

10   Perizyklische Reaktionen

10.1   Allgemeines über den Verlauf perizyklischer Reaktionen 546
10.2   Elektrozyklische Reaktionen 548
10.3   Cycloadditionen 554
10.4   Sigmatrope Verschiebungen 570

11   Nucleophile Substitutionen an ungesättigten C-Atomen

11.1   Verlauf der S_N-Reaktionen an Carbonyl-C-Atomen 584
11.2   Substitutionen an Carbonsäuren und ihren Derivaten 588
11.3   Substitutionen an Vinyl-C-Atomen 608

12   Nucleophile Additionen an Kohlenstoff-Hetero-Mehrfachbindungen

12.1   Allgemeines über Additionen an C=O-Gruppen 612
12.2   Addition von Wasser und Alkoholen 617
12.3   Addition von Anionen 624
12.4   Addition von N-haltigen Nucleophilen 627
12.5   Addition metallorganischer Verbindungen 634
12.6   Addition von Yliden 637
12.7   Reaktionen von Carbonylverbindungen mit C—H-aciden Verbindungen ... 640
12.8   1,2- und 1,4-Additionen 655
12.9   Additionen an C—N-Mehrfachbindungen 656

13   Elektrophile Substitutionen an aliphatischen C-Atomen

13.1   Zum Ablauf elektrophiler Substitutionen   662
13.2   Beispiele elektrophiler Substitutionen   667
13.3   Reaktionen metallorganischer Verbindungen   672
13.4   Elektrophile Substitutionen an Alkanen   675

14   Aromatische Substitution I: Elektrophile Substitution

14.1   Mechanismus der elektrophilen Substitution an aromatischen Ringen   678
14.2   Orientierung und Reaktivität   682
14.3   Bildung von C—C-Bindungen durch elektrophile Substitution   694
14.4   Bildung von C—N-Bindungen durch elektrophile Substitution   705
14.5   Halogenierung   710
14.6   Sulfonierung   711
14.7   Über die Synthese von Benzenderivaten mit bestimmter Orientierung
        der Substituenten   713

15   Aromatische Substitution II: Nucleophile Substitution

15.1   Allgemeines   719
15.2   Hydrid-Ionen als Abgangsgruppe   723
15.3   Andere Anionen als Abgangsgruppen   724
15.4   Substitutionen an Diazoniumionen   726
15.5   Nucleophile aromatische Substitutionen *via* Arine   727

16   Radikalreaktionen

16.1   Bildung und Stabilität von Radikalen   733
16.2   Allgemeines über Radikalreaktionen   741
16.3   Radikalsubstitutionen   746
16.4   Radikaladditionen   753
16.5   Autoxidation und Verbrennung   757
16.6   Kombinationen und Umlagerungen von Radikalen   759

17   Oxidationen und Reduktionen

17.1   Allgemeines   762
17.2   Oxidation von Kohlenwasserstoffen (C—H-Bindungen)   766
17.3   Oxidation von Halogeniden und Aminen   776
17.4   Oxidationen sauerstoffhaltiger Verbindungen   779
17.5   Oxidative Kupplungen   787
17.6   Oxythallierung   789
17.7   Oxidation aromatischer Iodide   790
17.8   Hydrierung von Alkenen, Alkinen und Aromaten   790
17.9   Hydrogenolyse   794
17.10   Reduktion von Aldehyden und Ketonen   795
17.11   Reduktion von Carbonsäuren und ihren Derivaten   802
17.12   Reduktion stickstoffhaltiger funktioneller Gruppen   806

18   Umlagerungen

18.1   Allgemeines   814
18.2   Wanderungen zu C-Atomen   818
18.3   Wanderungen zu N- oder O-Atomen   831
18.4   Kationotrope Umlagerungen   833
18.5   Umlagerungen an aromatischen Ringen   836

19   Zur Planung organischer Synthesen   842

3. Teil: Einige spezielle Kapitel der organischen Chemie

20   Heterozyklische Verbindungen

20.1   Allgemeines, Nomenklatur   855
20.2   Fünfgliedrige Heterozyklen mit einem Heteroatom   857
20.3   Fünfgliedrige Heterozyklen mit mehreren Heteroatomen   873
20.4   Pyridin und Pyran   877
20.5   Sechsgliedrige Heterozyklen mit mehreren Heteroatomen   886
20.6   Alkaloide   890

21   Lipoide, Terpene, Steroide

21.1   Lipoide   899
21.2   Terpene   907
21.3   Steroide   914
21.4   Biosynthese von Terpenen und Steroiden   929

22   Kohlenhydrate

22.1   Monosaccharide   934
22.2   Disaccharide   953
22.3   Polysaccharide   957

23   Proteine und Proteide

23.1   Allgemeines   965
23.2   Peptide   967
23.3   Proteine   979
23.4   Proteide   983

24   Synthetische hochmolekulare Stoffe

24.1   Allgemeines   998
24.2   Allgemeine Eigenschaften 1001
24.3   Polymerisate 1006
24.4   Polykondensate 1017
24.5   Polyaddukte 1022
24.6   Ausblicke auf neuere Entwicklungen 1024

25   Farbstoffe

25.1   Historisches 1028
25.2   Begriff und Einteilung 1029
25.3   Unterscheidung von Farbstoffen nach Art des Färbeprozesses 1032
25.4   Chemische Einteilung der Farbstoffe 1037
25.5   Indikatoren 1046

26   Photochemie

26.1   Lichtabsorption und Anregung von Molekülen 1051
26.2   Allgemeines über organische photochemische Reaktionen 1055
26.3   *Cis/trans*-Isomerisierung von Alkenen 1055
26.4   Photodissoziationsreaktionen 1057
26.5   Photoreduktion von Ketonen 1059
26.6   Photochemische Zyklisierungen 1060

27   Metallorganische Verbindungen

27.1   Allgemeines 1064
27.2   Beispiele einfacher metallorganischer Verbindungen 1065
27.3   Organische Verbindungen der Übergangsmetalle 1067

Anhang A: Zusammenstellungen einiger für die präparative Arbeit wichtiger
               Reaktionen 1077
Anhang B: Elektrozyklische Reaktionen und Cycloadditionen (Konzept des HOMO
               und der Erhaltung der Orbitalsymmetrie) 1080
Anhang C: Die organisch-chemische Literatur 1087
Anhang D: Literaturangaben zu einzelnen Kapiteln des Buches 1097
Anhang E: Lösungen ausgewählter Übungsaufgaben 1114

Sachregister   1121

Syntheseregister   1155

1 Einleitung

Als «Organische Chemie» bezeichnet man aus historischen Gründen die Chemie der **Kohlenstoffverbindungen.** Der Ausdruck «organisch» weist auf Beziehungen zu pflanzlichen und tierischen Organismen hin; zahlreiche organische Verbindungen haben allerdings nichts mit Lebewesen zu tun, und organische Verbindungen existierten zweifellos schon auf der Erde, bevor das Leben entstanden ist.

Gewisse organische Stoffe sind schon seit dem Altertum bekannt. Vorgeschichtliche Völker kannten schon den Zucker, das Vergären von Fruchtsäften, Honig oder Malz zu alkoholischen Getränken, die Bildung von Essig aus Wein, Färbeverfahren für Textilien mit aus Pflanzen oder Tieren gewonnenen Farbstoffen. Hingegen wurde erst in der Neuzeit begonnen, organische Stoffe aus den in der Natur vorliegenden Gemischen zu isolieren und sie rein darzustellen. So erhielt Scheele (um 1780) Citronensäure aus Zitronen, Äpfelsäure aus Äpfeln, Weinsäure aus Weinstein, Milchsäure aus saurer Milch, Oxalsäure aus Sauerkleesalz, Glycerol («Glycerin») aus Fetten usw. Lavoisier, bekannt durch seine bahnbrechenden Arbeiten über das Wesen der Verbrennung, begann mit der Untersuchung der Zusammensetzung solcher Verbindungen, indem er sie verbrannte, die Art und die Menge der Verbrennungsprodukte bestimmte und daraus auf die Zusammensetzung der untersuchten Substanz schloß. Es ergab sich, daß die meisten dieser «Naturverbindungen» aus ganz wenigen Elementen bestehen, aber in ziemlich komplizierten Massenverhältnissen aus diesen zusammengesetzt sind. Berzelius (um 1810) erkannte weitere gemeinsame Merkmale dieser Stoffe (Brennbarkeit, geringe Wärmebeständigkeit) und verwendete für sie zum erstenmal die Bezeichnung «organisch», weil alle zunächst untersuchten derartigen Verbindungen aus Organismen isoliert wurden. Berzelius hielt es für unmöglich, organische Stoffe künstlich herzustellen, und glaubte, sie würden in Lebewesen durch die Wirkung einer geheimnisvollen «Lebenskraft» entstehen. 1828 gelang es aber dem Chemiker Wöhler, Harnstoff, also einen typisch organischen Stoff, aus Ammoniumcyanat, NH_4OCN (das als anorganische Verbindung aufgefaßt wurde) künstlich herzustellen. Er war sich bewußt, damit einen organischen Stoff ohne Mitwirkung der Lebenskraft hergestellt zu haben, denn er schrieb an seinen Freund Berzelius: «Ich muß Ihnen sagen, daß ich Harnstoff machen kann, ohne dazu Nieren oder überhaupt ein Tier, sei es Mensch oder Hund, nötig zu haben.» Die Lehre von der «Lebenskraft» war damit erstmals widerlegt, und die künstliche Schranke zwischen organischer und anorganischer Chemie fiel in dem Maß immer mehr dahin, als es allmählich gelang, weitere organische Verbindungen synthetisch zu gewinnen (1845 z. B. erste Synthese der Essigsäure aus den Elementen). Im Laufe der Zeit erkannte man, daß alle «organischen» Verbindungen Kohlenstoff enthalten und stellte auch gewisse Besonderheiten in ihrem Aufbau und ihren Eigenschaften fest, so daß die Bezeichnung «Organische Chemie» für die Chemie der Kohlenstoffverbindungen beibehalten wurde. Nur die Kohlenoxide, die Kohlensäure und die Carbonate werden gewöhnlich zu den anorganischen Verbindungen gerechnet.

1.1   Die wellenmechanische Beschreibung des Atoms

Energiestufen des Atoms. Seit dem Beginn des zwanzigsten Jahrhunderts weiß man, daß das «Atom» keineswegs unteilbar ist, sondern daß es in komplizierter Weise aus verschiedenen *Elementarteilchen* (Protonen, Neutronen, Elektronen) besteht. Schon früh wurden deshalb Modellvorstellungen über den Bau der Atome entwickelt. Der von Rutherford 1911 durchgeführte «Streuversuch» (Bestrahlung einer Metallfolie mit energiereichen α-Strahlen) führte zum Schluß, daß die schweren Atombestandteile (Protonen sowie die erst später entdeckten Neutronen) zusammen einen äußerst dicht gepackten, kleinen *Atomkern* bilden, um welchen sich die Elektronen als *«Elektronenhülle»* bewegen. Wesentliche Einsichten in den Feinbau dieser Elektronenhülle verdanken wir den Arbeiten von Bohr (1913). Experimentellen Ausgangspunkt der Bohr-Theorie bildeten die *Linienspektren* der Atome, d.h. die Tatsache, daß aus einzelnen Atomen bestehende Substanzen, wie Metalldämpfe oder Edelgase, nur Licht ganz bestimmter Wellenlängen (Farben) aussenden, wenn man den Substanzen durch Erhitzen oder elektrische Funken Energie zuführt. Schon seit 1885 war bekannt, daß zwischen den verschiedenen Wellenzahlen (Wellenzahl = $1/\lambda$), d.h. den verschiedenen «Spektrallinien» eines solchen «Linienspektrums»[1] gesetzmäßige Beziehungen bestehen, jedoch hatte man dafür lange Zeit keine Erklärung gefunden. Bohr wandte nun die Plancksche *Quantentheorie* – nach welcher Lichtenergie nur als ganzzahliges Vielfaches von Quanten («Energiepaketen») emittiert oder absorbiert wird – auf die Linienspektren an und vermochte damit nicht nur eine Erklärung für das Auftreten bestimmter (nicht beliebiger) Wellenlängen zu geben, sondern konnte auch eine Modellvorstellung über den Aufbau der Elektronenhülle entwickeln.

Nach Bohr kommt das ausgesandte Licht dadurch zustande, daß ein Elektron von einem energiereicheren in einen energieärmeren Zustand übergeht, wobei die Frequenzen des ausgesandten Lichtes mit der Energiedifferenz ΔE nach der «Frequenzbedingung» $E = h \cdot \nu$ zusammenhängen. Die Tatsache, daß nur Licht ganz bestimmter Wellenlängen ausgestrahlt wird, zeigt, daß die *Elektronen* im Atom *nur ganz bestimmte, ausgewählte Energiezustände* einnehmen können, die von Bohr als *Kreisbahnen* von verschiedenem Radius interpretiert wurden. Im Widerspruch zur klassischen, von Maxwell begründeten Elektrodynamik postulierte Bohr, daß ein auf einer solchen stationären Bahn umlaufendes Elektron nicht strahle.

Die Entstehung der Linienspektren konnte nun folgendermaßen gedeutet werden: Die Elektronen eines Atoms befinden sich normalerweise im energieärmsten Zustand, dem *«Grundzustand»*. Durch Aufnahme von Energiequanten (z.B. beim Erhitzen) können Elektronen in Zustände höherer Energie *(«angeregte Zustände»)* übergehen. Diese angeregten Zustände sind aber nicht stabil; die Elektronen «fallen» vielmehr sofort wieder auf tiefere Energiezustände zurück, wobei die der Differenz der beiden Zustände entsprechende Energie als Licht frei wird. Eine *Spektrallinie* (also eine bestimmte Farbe des Spektrums) *entspricht damit der Differenz zwischen zwei Energiezuständen eines Elektrons.* Aus den verschiedenen Wellenlängen der Spektrallinien eines Atoms kann man deshalb auf die möglichen Energieniveaus schließen; ein Spektrum stellt damit geradezu ein Abbild aller möglichen «Quantensprünge» zwischen den verschiedenen Energieniveaus dar. Durch die Auswertung der Atomspektren ist es möglich, diese Energiezustände festzulegen. Abb.1.1 zeigt das **Energieniveauschema,** d.h. die relative Reihenfolge dieser Niveaus.

---

[1] Weil man bei der spektralen Zerlegung des Lichtes mittels eines Prismas oder eines Gitters zusammen mit der Lichtquelle auch einen Spalt optisch abbildet, treten die einzelnen Wellenlängen (Farben) in Form einzelner «Spektrallinien» in Erscheinung.

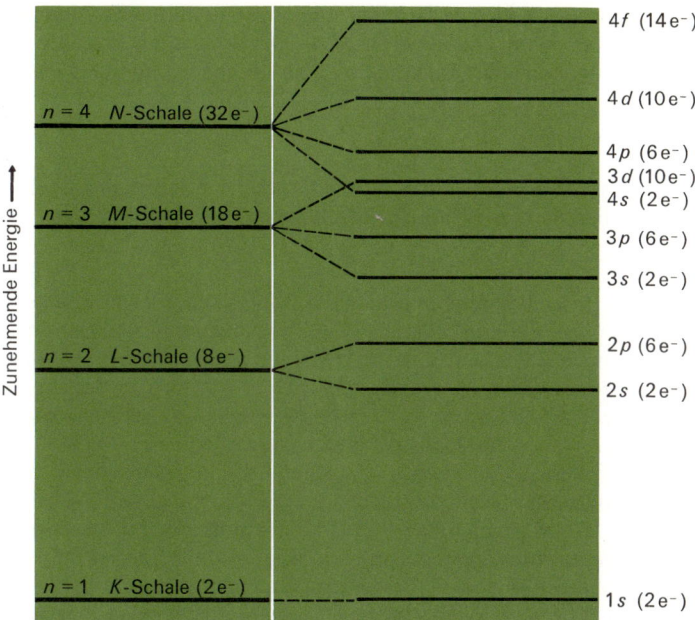

Abb. 1.1. *Energieniveauschema. Das Diagramm zeigt, wie die L-, M- und N-Schale verschiedene Untergruppen von Zuständen enthalten (s-, p-, d- und f-Niveaux)*

Die *Hauptenergiestufen* (-energieniveaux) werden mit den Buchstaben *K, L, M, N* usw. bezeichnet. Elektronen höherer Niveaux bewegen sich durchschnittlich weiter vom Kern entfernt als energieärmere Elektronen, denn zur Entfernung eines Elektrons vom Kern muß gegen die elektrische Anziehung Arbeit aufgewendet werden. Die *K-, L-, M-, N-* usw. Niveaux gliedern sich in eine Anzahl Untergruppen (*«Unterniveaux»*), die zwar bezüglich ihrer Energie ähnlich, jedoch nicht gleichwertig sind und die sich durch die Form des Raumes, in welchem sich die betreffenden Elektronen bewegen, charakterisieren lassen (nur beim Wasserstoffatom sind diese Unterniveaux energetisch gleich). Man unterscheidet die Untergruppen als *s-, p-, d-* und *f-*Niveaux[1]. Das *L*-Niveau umfaßt *s-* und *p-,* das *M-*Niveau *s-, p-* und *d-* und das *N*-Niveau auch noch *f*-Elektronen. Die Elektronen des *K*-Niveaus gleichen in ihrem Verhalten den *s*-Elektronen höherer Niveaux und werden ebenfalls als *s*-Elektronen bezeichnet.

Unschärfebeziehung und Schrödinger-Gleichung. Die Bohrschen Postulate sind nach der klassischen Physik nicht verständlich. Obschon die Bohr-Theorie wenigstens in der Anwendung auf das Wasserstoffatom recht erfolgreich war, blieb ihr Versagen bei den höheren Atomen unbefriedigend, und man suchte sie schon kurz nach ihrer Entwicklung zu verbessern.

Eine in dieser Hinsicht grundlegende Erkenntnis stammt von Heisenberg. Nach seiner 1927 formulierten **Unschärfebeziehung** ist es *unmöglich, den Ort und den Impuls eines Teilchens gleichzeitig genau zu kennen.* Die Ursache für diese sich ausschließende Genauigkeit in der Orts- und Impulsmessung liegt darin, daß es unmöglich ist, z. B. den Ort

[1] Die Bezeichnungen *s, p, d* und *f* stammen von den willkürlichen Namen bestimmter Spektrallinienserien.

eines Teilchens genau festzulegen, ohne gleichzeitig seinen Impuls in unkontrollierbarer Weise zu verändern, da sowohl Orts- wie Impulsmessung eine *Störung* des zu untersuchenden Objektes bedeuten. Quantitativ ist die Unschärfebeziehung wie folgt zu formulieren:

$$\Delta p \cdot \Delta x \geqslant h$$

(In Worten: Das Produkt aus Orts- und Impulsunsicherheit ist größer als oder gleich der Planckschen Konstanten *h*). Vgl. *Grundlagen der allgemeinen und anorganischen Chemie,* S. 30.

Nach der Unschärfebeziehung kann das Bohrsche Modell nicht richtig sein, denn so präzise Aussagen über Bahn und Impuls (Geschwindigkeit) eines Elektrons, wie sie die Bohrsche Theorie macht, sind nicht zulässig. Oder mit anderen Worten: *Man kann grundsätzlich für die Elektronen keine exakt definierten Bahnen angeben;* ihr Aufenthaltsort läßt sich nur mit einer gewissen Unschärfe, d.h. mit einer gewissen Wahrscheinlichkeit bestimmen. Eine solche räumliche *«Wahrscheinlichkeitsverteilung»* kann als eine in bestimmter Weise über das Atom verteilte **«Wolke»** negativer Ladung veranschaulicht werden, wobei diese **«Ladungswolken»** an den Stellen größter Aufenthaltswahrscheinlichkeit (d.h. dort, wo sich ein Elektron am häufigsten aufhält) ihre größte Dichte besitzen. Eine weitere *Folge der Unschärfebeziehung* besteht darin, daß ein **Teilchen**, dem durch einen bestimmten Raum **Beschränkungen seiner Bewegung** auferlegt sind (also z.B. ein Elektron, das sich im Potentialfeld des Atomkerns bewegt) **notwendigerweise eine bestimmte kinetische Energie besitzen muß**, die um so *größer* wird, *je kleiner* der zur Verfügung stehende *Raum* ist[1].

Die Quantentheorie (Planck) postuliert für das Licht eine *«Doppelnatur»:* je nach der Betrachtungsweise ist es als Wellenbewegung oder als korpuskulare Erscheinung aufzufassen. Die bekannten Beugungserscheinungen an Gittern oder an einem Spalt einerseits sowie der lichtelektrische Effekt (auf die Oberfläche bestimmter Metalle auftreffendes Licht vermag Elektronen aus dem Metall herauszulösen) anderseits bilden die augenfälligsten «Beweise» für diese Doppelnatur. Ausgehend von diesem Welle-Teilchen-Dualismus ordnete nun De Broglie (1924) jedem bewegten Korpuskel auch Wellencharakter zu (**«Materiewellen»**), wobei für diese ebenso wie für Lichtquanten die Beziehung gilt:

$$\lambda = \frac{h}{m \cdot v}$$

Für makroskopische Teilchen wird die De Broglie-Wellenlänge unmeßbar klein; die Wellennatur der Materie ist deshalb nur für *bewegte Elementarteilchen* oder *Atomkerne* zu berücksichtigen. So können z.B. bewegte Elektronen von hoher kinetischer Energie als Wellen von sehr kurzer Wellenlänge betrachtet werden. Durch Beugung von Elektronenstrahlen an Kristallgittern konnte in der Tat ihre Wellennatur bereits 1927 experimentell bestätigt werden. Insbesondere müssen aber auch die gemäß der Bohrschen Theorie als Korpuskeln den Atomkern umkreisenden Elektronen als (stehende) Wellen aufgefaßt werden.

---

[1] Als Beispiel dafür betrachten wir ein Teilchen der Masse *m*, das sich in einem linearen Kasten der Länge *a* auf der *x*-Achse bewegt. Seine Ortsunbestimmtheit ist dann gleich der Kastenlänge *a*. Der Impuls des Teilchens $m v_x$ kann entweder in die positive oder die negative *x*-Richtung zeigen, weist also den Bereich $\Delta p_x = 2 \cdot m \cdot v_x$ auf. Seine minimale Größe wird durch die Unschärfebeziehung gegeben:

$$\Delta x \cdot \Delta p_x = a \cdot 2 \cdot m \cdot v = h$$

Daraus erhält man für die minimale kinetische Energie des Teilchens $T \geqslant \dfrac{h^2}{8\,m\,a^2}$.

Die Tatsache, daß kleinste Teilchen auch *Welleneigenschaften* zeigen können, legt die Möglichkeit nahe, ihr Verhalten mit *Gleichungen* zu beschreiben, die auch zur Darstellung anderer Arten von *Wellenbewegungen* verwendet werden. In der Tat kann man aus der für eine dreidimensionale stehende Welle (wie sie ein sich um den Atomkern bewegtes Elektron darstellt) gültigen Differentialgleichung zweiten Grades durch Einführung der Beziehung $\lambda = h/(m \cdot v)$ und der kinetischen Energie des Elektrons als Differenz zwischen seiner Gesamtenergie E und seiner potentiellen Energie V eine brauchbare Gleichung erhalten, die sogenannte **Schrödinger-Gleichung** (Schrödinger, 1927)[1]:

$$\nabla^2 \psi + \frac{8\pi^2 m}{h^2} (E - V) \cdot \psi = 0$$

(Dabei bedeutet ∇^2 den sogenannten Laplace-Operator, d.h. die Summe der nach den drei Koordinatenrichtungen genommenen zweiten partiellen Ableitungen von ψ.)

Die Schrödinger-Gleichung verbindet die Funktion ψ, die **«Wellenfunktion»** des Elektrons (bzw. des Teilchens), mit seiner Energie und den Raumkoordinaten, welche zur Beschreibung des Systems notwendig sind. Im Falle einer solchen Materiewelle besitzt die Funktion ψ *keine anschauliche Bedeutung* und ist nicht direkt beobachtbar (sie ist aber zur Behandlung der chemischen Bindung und gewisser Probleme bei chemischen Reaktionen heuristisch wertvoll), hingegen bildet der Ausdruck $\psi^2\,dx\,dy\,dz$ ($\psi^2\,dv$) ein Maß für die *Wahrscheinlichkeit,* das betreffende Elektron in einem Volumenelement $dx\,dy\,dz(dv)$ anzutreffen (Born). Mit anderen Worten, ψ^2 gibt den *zeitlichen Durchschnitt der Ladungsverteilung* an, wie sie aus der Bewegung des Elektrons resultiert; faßt man das Elektron als negativ geladene Ladungswolke auf, so wird die Ladungsdichte in einem bestimmten Volumenelement proportional ψ^2.

Die Beschreibung des Verhaltens einer Mikropartikel durch eine *Wellengleichung* darf nicht zur Vorstellung verleiten, die betreffende Partikel «sei eine Welle» oder bewege sich wellenförmig; es handelt sich dabei vielmehr um eine Möglichkeit, die Aufenthaltswahrscheinlichkeit eines Teilchens zu berechnen, ohne irgendetwas über seine physikalische Natur auszusagen. Nach der Unschärfebeziehung lassen sich ja nur Angaben über den mehr oder weniger wahrscheinlichen Ort eines Teilchens, jedoch nicht über seine Bewegung machen. Die Schrödinger-Gleichung läßt sich nicht «begründen»; sie ist vielmehr die Folge der Anwendung der De Broglie-Beziehung auf eine sich bewegende Mikropartikel, und sie zeigt ihre «Richtigkeit» dadurch, daß die durch ihre Anwendung erhaltenen rechnerischen Ergebnisse mit den experimentellen Beobachtungen vorzüglich übereinstimmen.

Nun sind an sich unendlich viele Funktionen ψ möglich, welche der Schrödinger-Gleichung gehorchen. Von diesen sind aber nur diejenigen physikalisch sinnvoll, welche gewisse *Bedingungen* erfüllen. So muß beispielsweise ψ eine stetige Funktion sein und überall einen einzigen, endlichen Wert besitzen (wäre ψ an irgendeinem Punkt unendlich, so wäre die Wahrscheinlichkeit, das Elektron dort anzutreffen, unendlich groß, was mit der Unschärfebeziehung nicht zu vereinbaren ist), ferner muß das Integral $\int \psi^2\,dx\,dy\,dz$ – d.h. die Wahrscheinlichkeit, das Elektron irgendwo anzutreffen – gleich 1 sein. Die Rechnungen zeigen, daß unter diesen Bedingungen die *Gesamtenergie E des Elektrons nur ganz bestimmte Werte annehmen kann,* welche durch die entsprechenden ψ-Funktionen (die sogenannten **Eigenfunktionen**) festgelegt sind. Die Quantelung der Energiezustände, d.h. die *Existenz bestimmter, ausgewählter, stationärer Energiezustände,* ergibt sich damit

---

[1] Vgl. *Grundlagen der allgemeinen und anorganischen Chemie,* S. 33 ff.

als mathematische Integrationsbedingung ganz von selbst und in der gleichen Weise, wie auch für andere schwingende Systeme nur bestimmte Frequenzen (und damit Energien) möglich sind, wenn die Schwingungen durch gewisse Randbedingungen (wie z.B. die Länge einer Saite) festgelegt sind oder, anders gesagt, wenn nur stehende Wellen auftreten können.

Das Wasserstoff-Atom. Im H-Atom befindet sich das einzige Elektron normalerweise im Grundzustand, der durch die energieärmste ψ-Funktion beschrieben wird. Durch Energiezufuhr («Anregung»), z.B. durch elektrische Funken, kann das Elektron in höhere, im H-Atom normalerweise nicht besetzte Energiezustände übergehen. Für die möglichen Energiewerte erhält man aus der Schrödinger-Gleichung

$$E_n = -\frac{2\pi^2 m e^4}{h^2 n^2}$$

Das sind genau die auch aus der Bohr-Theorie abgeleiteten Werte.

Die Zahl n kann die ganzzahligen Werte 1, 2, 3 ... annehmen und charakterisiert das Hauptenergieniveau, die «Schale»; sie wird als **Hauptquantenzahl** bezeichnet. Der «Eigenwert» für $n=1$ repräsentiert die *Nullpunktsenergie,* d.h. die Energie, die das Elektron auch am absoluten Nullpunkt noch besitzt.

Bei der Lösung der Schrödinger-Gleichung müssen noch zwei weitere Quantenzahlen eingeführt werden. Die **Neben-** oder **Orbitalquantenzahl** l sowie die **magnetische Quantenzahl** m hängen voneinander und auch von der Hauptquantenzahl ab. Die *Nebenquantenzahl* bestimmt den Drehimpuls des sich um den Kern bewegenden Elektrons. Da das Elektron als Folge dieser Drehbewegung kinetische Energie besitzt und der Betrag dieser Energie durch den Betrag der Gesamtenergie (der seinerseits durch die Hauptquantenzahl n bestimmt ist) eingeschränkt wird, kann l bei gegebener Hauptquantenzahl nur ganz bestimmte Werte annehmen. Die theoretische Durcharbeitung liefert in Übereinstimmung mit dem Experiment das Ergebnis, daß l alle Werte von Null bis $n-1$ haben kann. Eigenfunktionen mit $l=0$ werden als s-, Eigenfunktionen mit $l=1$ als p- und solche mit $l=2$ als d-Funktionen bezeichnet, nach den entsprechenden «Unterniveaux» (S. 3). Die Eigenfunktion des Grundzustandes ($n=1$, $l=0$) entspricht in ihrer Symmetrie einer s-Funktion.

Durch die *magnetische Quantenzahl* schließlich wird das Verhalten des Elektrons im Magnetfeld bestimmt. Sie bringt zum Ausdruck, daß die im freien, unbeeinflußten (aber angeregten!) Wasserstoffatom entarteten p- und d-Niveaux einer Schale durch ein Magnetfeld in drei bzw. fünf Niveaus von allerdings nur wenig verschiedener Energie aufgespalten werden können, was sich experimentell in der Aufspaltung gewisser Spektrallinien im Magnetfeld zeigt («Zeeman-Effekt»). Bei einem gegebenen Wert von l kann m die Werte $+l \cdots 0 \cdots -l$ annehmen.

Da der Wert von n die möglichen Werte von l beschränkt und diese wiederum die möglichen Werte von m beschränken, sind *nur bestimmte Kombinationen der Quantenzahlen möglich,* denen jeweils eine Eigenfunktion entspricht (Tabelle 1.1). *Eigenfunktionen von Elektronen in einem Atom* nennt man **atomic orbitals (Atomorbitale, AO)**. Statt zu sagen daß der Zustand eines Elektrons durch eine bestimmte Eigenfunktion beschrieben wird, sagt man, *es gehöre einem bestimmten Orbital* an oder – in etwas salopper Ausdrucksweise – *daß es sich in einem bestimmten Orbital befindet.* Leider wird der Ausdruck «Orbital» häufig auch im Sinne von «Ladungswolke» verwendet (also in Fällen, wo man ψ^2, die Ladungsdichte, meint); der Leser sollte sich aber merken, daß das Wort *«Orbital» synonym mit «Eigenfunktion»* ist und nicht zur Bezeichnung von ψ^2 verwendet werden sollte.

Tabelle 1.1. Quantenzahlen und Orbitale

n	l	Orbital				m			
1	0	1s				0			
2	0	2s				0			
2	1	2p			+1	0	−1		
3	0	3s				0			
3	1	3p			+1	0	−1		
3	2	3d		+2	+1	0	−1	−2	
4	0	4s				0			
4	1	4p			+1	0	−1		
4	2	4d		+2	+1	0	−1	−2	
4	3	4f	+3	+2	+1	0	−1	−2	−3

Um die verschiedenen Eigenfunktionen ψ (und damit ψ^2, die «*Wahrscheinlichkeitsdichte*») zu erhalten, geht man so vor, daß man ψ wegen der Kugelsymmetrie des Coulomb-Potentials zunächst in Polarkoordinaten ausdrückt (Koordinatentransformation!) und die Eigenfunktionen als Produkt dreier Funktionen schreibt, von denen die eine vom Radius *r,* die beiden anderen von den Winkelkoordinaten θ bzw. φ abhängen. Dabei ergibt sich, daß der *winkelabhängige Anteil für alle AO eines bestimmten Typus (s-, p_x-, p_y-, p_z- usw.) gleich und unabhängig von der Hauptquantenzahl n ist,* während der radiusabhängige Teil der Eigenfunktionen durch die Hauptquantenzahl bestimmt wird (vgl. Abb.1.2). Alle *s-Funktionen* sind kugelsymmetrisch (ψ hängt somit nicht von den Winkelkoordinaten ab!). Die Winkelabhängigkeit einer *p-Funktion* sowie das Quadrat dieser Funktion werden durch die Abb.1.3a und b wiedergegeben (genau genommen zeigt die Abb.1.3 eine *Schnittfläche;* um den richtigen *räumlichen* Eindruck zu erhalten, muß man sich vorstellen, daß die Schnittfläche um die z-Achse gedreht wird!); die Abb.1.3c hingegen stellt die gesamte $2p_z$-Funktion (bzw. $\psi^2 2p_z$), also das Produkt aus winkel- und radiusabhängigem Teil, dar. (Räumliche «Bilder» der 2p- und der 3d-AO des Wasserstoffatoms siehe Abb.1.4.) Die Konturlinie ist dabei willkürlich so gezogen, daß sie etwa 90% des Aufenthaltsbereiches des Elektrons umschreibt. Aus *zeichnerischen Gründen* wählt man zur Darstellung der *p-* und *d-*Funktionen allerdings meist Bilder wie Abb.1.3a bzw. 1.3b (siehe z.B. S.9), *zeichnet also nur den winkelabhängigen Anteil* der betreffenden Eigenfunktion. Wie Abb.1.3a zeigt, sind alle *p-*AO bezüglich der Knotenebene als Spiegelebene (d.h. der durch den Kern gehenden Ebene) *antisymmetrisch,* d.h. die ψ-Funktion wechselt beim Durchlaufen dieser Ebene ihr Vorzeichen.

Höhere Atome. Die Gesamtenergie eines Atoms mit mehreren Elektronen setzt sich aus den Energien der durch Elektronen besetzten AO (d.h. der Summe aller Eigenwerte) und den Energien der Elektron-Elektron-Wechselwirkung zusammen. Schon die vollständige Schrödinger-Gleichung eines Zweielektronensystems enthält aber wegen der Berücksichtigung der Elektron-Elektron-Abstoßung einen derart komplexen Ausdruck für die potentielle Energie (wobei sechs Variable – für jedes Elektron drei voneinander unabhängige Koordinaten! – an Stelle von dreien benötigt werden), daß mit den heute zur Verfügung stehenden mathematischen Mitteln eine exakte Lösung einer so komplexen Gleichung unmöglich ist. Aus diesem Grund lassen sich Eigenfunktionen und Eigenwerte selbst für das He-Atom – und erst recht für höhere Atome! – nur mittels *Näherungsrechnungen* – allerdings mit recht hoher Genauigkeit! – berechnen. *(Experimentell können die Eigenwerte aus den Spektren jedoch sehr genau bestimmt werden!)*

Eine Möglichkeit dieser Näherungsrechnung besteht darin, daß man ein einzelnes Elektron so behandelt, wie wenn es sich in einem kugelsymmetrischen Feld mit dem Kern als ruhendem Zentrum bewegen würde, wobei dieses kugelsymmetrische Feld das Feld aller übrigen Elektronen und des Kernes ersetzen soll. Mittels einer Näherungsrechnung für die potentielle Energie läßt sich eine Näherungslösung der Wellengleichung für das erste

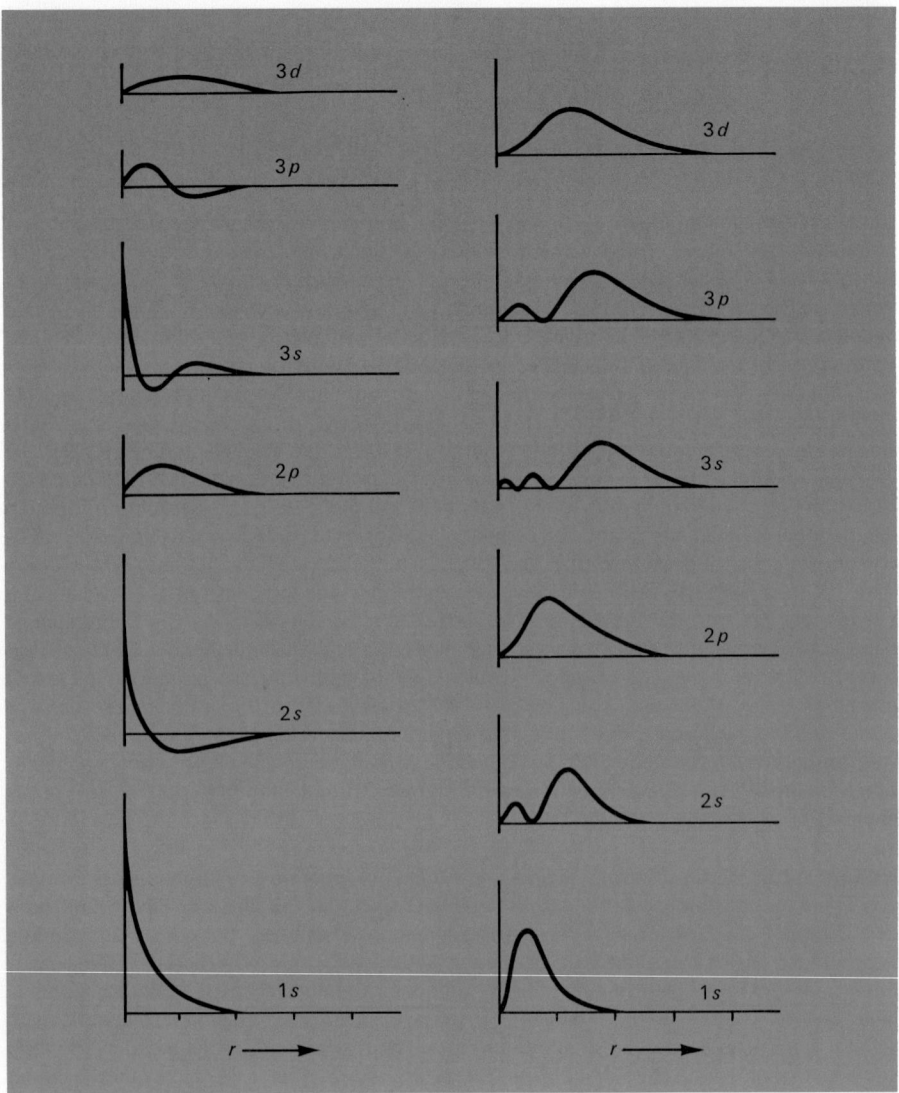

Abb. 1.2. Radialverteilungsfunktionen für ein Ein-Elektronen-Atom
links Radialwellenfunktionen (ψ_r als Funktion von r), rechts Radialverteilungsfunktionen
$4\pi r^2 \psi_r^2$ als Funktion von r)

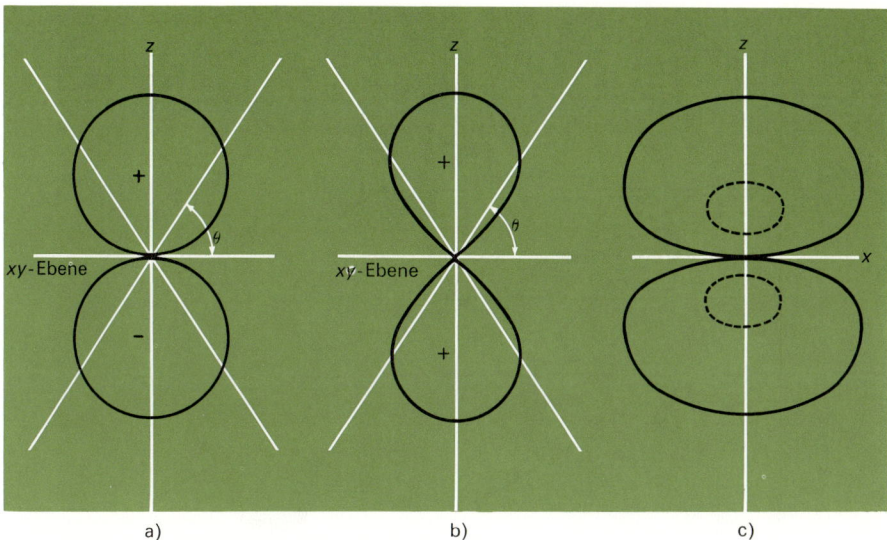

Abb.1.3.
a) *Darstellung der Winkelabhängigkeit von $\psi 2p_z$ [$\psi = f (cos \, \vartheta)$]; gilt für alle p_z-AO*
b) *Darstellung der Winkelabhängigkeit von $\psi^2 \, 2p_z$ [$\psi^2 = f (cos \, \vartheta)$]; gilt wiederum für alle p_z-AO*
c) *Darstellung der gesamten $2p_z$-Eigenfunktion (also des Produktes aus winkel- und radiusabhängigem Anteil*

Elektron finden. Diese wiederum ermöglicht eine bessere Näherung für das Potential des Feldes, welche dann ihrerseits zur Lösung der Wellengleichung eines zweiten Elektrons benützt werden kann. Die entsprechenden Rechnungen werden so lange wiederholt (wobei sukzessive immer bessere Eigenfunktionen erhalten werden können), bis schließlich keine wesentlichen Verbesserungen mehr möglich sind. Als Ergebnis dieses mathematisch recht umständlichen Verfahrens erhält man Wellenfunktionen, die den Eigenfunktionen des Grundzustandes und der angeregten Zustände des H-Atoms sehr ähnlich sind, und die in der gleichen Weise wie diese bezeichnet werden. Dabei ergibt sich, daß die im Wasserstoffatom entarteten s-, p- und d-Niveaux ein und derselben Hauptquantenzahl in einem Atom mit mehreren Elektronen *nicht mehr dieselbe Energie* besitzen (eine Tatsache, die *experimentell* – aus den Spektren! – schon längst bekannt war): das s-Niveau ist etwas energieärmer als die drei (energiegleichen) p-Niveaux, und diese wiederum sind energieärmer als die (ebenfalls entarteten) fünf d-Niveaux. Diese Verhältnisse werden durch das *Energieniveauschema* der Abb.1.5 wiedergegeben, wobei jedoch zu bemerken ist, daß dieses Schema nur für Atome von niedriger Ordnungszahl (bis etwa 24) streng gilt. Bei diesen Atomen sind die 4 s-Niveaux sogar energieärmer als die 3 d-Niveaux, eine Folge der «abschirmenden» Wirkung der inneren Elektronen einer Schale auf die Kernladung. Bei schwereren Atomen hat die hohe Kernladung eine weitgehende Angleichung der *4s*- und der 3 d-Niveaux zur Folge, so daß sich die Energieunterschiede zwischen ihnen verwischen und schließlich die 3 d-AO energieärmer sind als die 4 s-AO. Bei der «Auffüllung» der möglichen Energieniveaux ist schließlich zu beachten, daß jedes AO mit maximal zwei Elektronen besetzt werden kann, die entgegengesetzten Spin haben müssen **(Pauli-**

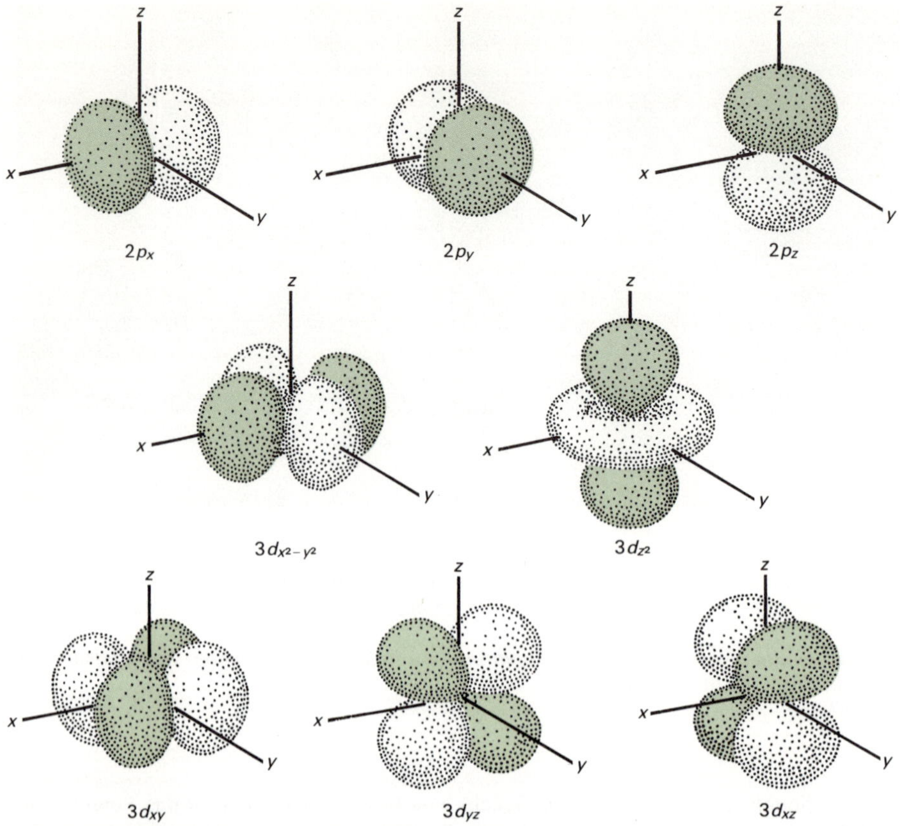

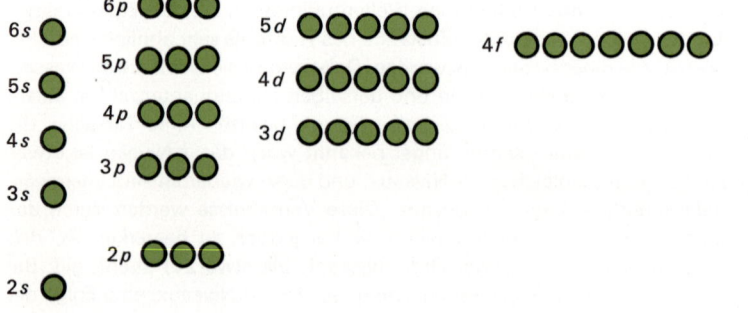

Abb. 1.4. Gestalt der 2p- und der 3d-AO des Wasserstoff-Atoms
(grün: Hier ist die Eigenfunktion positiv)

Abb. 1.5. Energieniveaudiagramm. Jeder Kreis entspricht einem AO

Prinzip). *Für Elektronen mit antiparallelem Spin besteht also eine endliche Wahrschein-lichkeit, sich nahe zu kommen;* für Elektronen mit parallelem Spin ist diese Wahrscheinlich-keit extrem klein[1].

Es gelingt also auf die geschilderte Weise, die *Ladungsdichteverteilung eines beliebigen Atoms* als *Summe wasserstoffähnlicher «Ein-Elektronen-Funktionen»* darzustellen (die Orbitale des Wasserstoffatoms sind exakt berechnete Ein-Elektronen-AO). Man muß sich aber ganz klar bewußt sein, daß die Verwendung solcher wasserstoffähnlicher Eigenfunk-tionen auch für höhere Atome – also z. B. die Beschreibung der vier Außenelektronen eines C-Atoms durch ein (mit zwei Elektronen besetztes) kugelsymmetrisches $2s$-AO sowie durch je ein (hantelförmiges) $2p_x$- und $2p_y$-AO, wie es in der Literatur allgemein üblich ist – eine *Näherung* darstellt (**«Ein-Elektronen-Näherung»**), denn die «Form» der Ladungs-wolken wird durch die gegenseitigen Wechselwirkungen zwischen den Elektronen zweifel-los verändert. Zudem sind die einzelnen Elektronen *ununterscheidbar* voneinander, so daß man z. B. nicht angeben kann, welches p-AO besetzt ist, wenn ein Atom ein Elektron mit einer p-Eigenfunktion (ein «p-Elektron») enthält, da die drei p-AO einer Hauptquantenzahl entartet sind. Die Frage, welches Orbital von einem bestimmten Elektron «besetzt» wird, ist eng verknüpft mit dem grundsätzlichen Problem einer *Messung* in atomaren Systemen. Der Drehimpuls der Elektronenwolke beispielsweise ist nur dann bestimmt, wenn dafür im Atom eine *Bezugsachse* festgelegt ist, z. B. durch Anlegen eines elektrischen oder magnetischen Feldes. Gerade dadurch wird aber das Atom «gestört», und die Information, welche man durch die Messung gewinnt, bezieht sich nicht mehr auf das unbeeinflußte Atom. Wenn die Elektronen in einem isolierten, von außen nicht beeinflußten Atom aber «ununterscheidbar» sind, ist es nicht sinnvoll, z. B. für p-Wolken eines isolierten Atoms bestimmte Richtungen zu diskutieren (weil die Bezugsachse fehlt!). Die Gesamtladungsdichteverteilung eines (iso-lierten!) Atoms ist damit *kugelsymmetrisch,* und es sind in diesem Fall die *Anzahl und die Energie der verfügbaren AO* – und nicht ihre «Richtung»! – *relevant*. Anders wird es hingegen, wenn zwei oder mehrere Atome in gegenseitige Wechselwirkung treten, z. B. bei der Bildung eines *Moleküls* oder eines *Kristalls*. Dann beeinflußt nämlich das elektroma-gnetische Feld jedes Atoms das andere Atom, so daß die Festlegung einer Bezugsachse zur Orientierung der nicht-kugelsymmetrischen AO sinnvoll und möglich wird. Wir werden jedoch sehen, daß sogar dann – bei der Bildung von Atomverbänden – die einzelnen s- und p- (manchmal sogar die s-, p- und d-) AO ein und derselben Hauptquantenzahl oft ununterscheidbar bleiben («Hybridisierung» von ψ-Funktionen; S. 24).

1.2 Die Kovalenzbindung

Nach der von Lewis entwickelten Vorstellung vermag ein *Elektronenpaar,* welches zwei Atome gemeinsam angehört, eine Bindung zwischen diesen Atomen zu bewerkstelligen (**«Kovalenzbindung», «Atombindung», «Elektronenpaarbindung»**). Sehr häufig entstehen dadurch Teilchen, die aus einer begrenzten Zahl Atome bestehen und als individuelle Einheit existieren können **(Moleküle)**. Die Anzahl der Bindungen, welche ein Atom eingehen kann (seine *Bindigkeit* oder *Bindungszahl)* wird durch die Zahl seiner Außenelektronen in Verbindung mit der Edelgasregel festgelegt.

---

[1] Der Elektronenspin wird vielfach anschaulich als Drehimpuls des sich kreiselförmig bewegenden Elektrons aufgefaßt. Nach der Unschärfebeziehung wären aber Ort und Eigendrehbewegung des Elektrons mit einer viel zu großen Ungenauigkeit behaftet, als daß so konkrete Aussagen über das Verhalten eines Elektrons («Elektron als Kreisel») erlaubt wären.

Beispiele von Lewis-Formeln:

$$H:H \qquad :N:::N: \qquad H:\overset{..}{\underset{..}{C}l}: \qquad H:\overset{..}{\underset{..}{O}}:H \qquad :\overset{..}{O}::C::\overset{..}{O}:$$

$$H_2 \qquad\qquad N_2 \qquad\quad HCl \qquad\quad H_2O \qquad\quad CO_2$$

Die *Edelgasregel* gilt jedoch streng nur für die Elemente der zweiten Periode, da bereits bei den Atomen der dritten Periode die Schale der Valenzelektronen auch *d*-Orbitale enthält, welche unter Umständen besetzt werden können, so daß der Atomrumpf dann von mehr als 8 Elektronen umgeben ist. Eine wirkliche Erklärung der bindenden Wirkung gemeinsamer Elektronen vermochte das Lewis-Langmuirsche Modell nicht zu geben.

Das Wasserstoff-Molekül. In zwei voneinander getrennten H-Atomen werden die beiden Elektronen durch ihre atomaren ψ-Funktionen dargestellt (Abb.1.6a). Mit zunehmender Annäherung der beiden Atome beginnen sich die Aufenthaltsräume der beiden Elektronen zu überlagern (zu *«überlappen»),* mit anderen Worten, jeder Atomkern «taucht» zunehmend auch in die Elektronenwolke des anderen Atoms ein (Abb.1.6b). Ein Elektron, welches ursprünglich nur unter der Wirkung «seines» Kernes stand, gerät damit auch unter die Wirkung des anderen Kernes, und die Wahrscheinlichkeit, daß es sich auch in der Nähe des zweiten Kerns aufhält, wird mit zunehmender Näherung der Kerne immer größer. Schließlich entsteht *eine einzige Wolke, die beide Kerne umhüllt* (Abb.1.6c), wobei die Ladungsdichte (die Aufenthaltswahrscheinlichkeit der beiden Elektronen) zwischen den Kernen besonders groß ist. Die erhöhte Ladungsdichte bewirkt durch *elektrostatische* Kräfte den Zusammenhalt des Moleküls. Dieser Zustand entspricht einem *Minimum an Energie:* Um die Kerne einander noch *näher* zu bringen, müßte die *kinetische* Energie der Elektronen stark *erhöht* werden (sie werden auf einen kleineren Raum zusammengedrängt); zur *Trennung* der Kerne (zur Vergrößerung ihres Abstandes) müßte aber *potentielle* Energie *aufgewendet* werden (Leistung von Arbeit gegen die anziehende Wirkung der negativen Ladung auf die Kerne).

Die Bindung zwischen zwei H-Atomen kann durch Energiezufuhr gelöst werden. Erhitzt man z.B. Wasserstoff auf einige Tausend °C, so bekommen die Teilchen soviel kinetische Energie, daß sie bei einem Zusammenstoß auseinanderbrechen können und wieder Einzelatome entstehen. Die Energie, welche zur Trennung der Bindung aufzuwenden ist, nennt man **Dissoziationsenergie.** Sie beträgt für das H_2-Molekül 436,3 kJ/mol. Bei der Bildung eines H_2-Moleküls aus H-Atomen werden umgekehrt 436,3 kJ/mol frei. Die

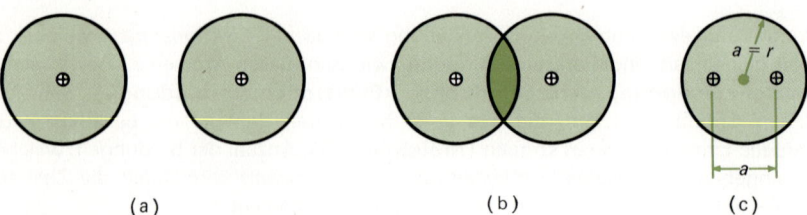

(a)   (b)   (c)

Abb.1.6. Bildung des H_2-Moleküls
(a) *zwei getrennte H-Atome, keine Kraft wirksam*
(b) *Beginn der Überlappung: Anziehung jedes Protons durch das Überlappungsgebiet*
(c) *Elektronenpaar bindet beide Protonen*

Dissoziationsenergie entspricht damit der Energiedifferenz zwischen zwei freien und zwei gebundenen H-Atomen; sie ist zahlenmäßig gleich der Zunahme der kinetischen Energie der Eektronen bei der Bildung der Bindung.

Näherungsmethoden. Im Wasserstoff-Molekül sind die beiden atomaren Elektronenwolken zu einer den beiden Kernen gemeinsamen Wolke «verschmolzen». Die entsprechenden Eigenfunktionen (**Molecular Orbitals, Molekülorbitale [MO]** genannt, im Gegensatz zu den AO) sollten sich aus der Schrödinger-Gleichung berechnen lassen. Die mathematische Behandlung ist aber wegen der Tatsache, daß die Elektronen nicht mehr unter der Wirkung eines zentralsymmetrischen Feldes (des Kernes) stehen, sondern sich im bizentrischen Feld zweier Kerne bewegen, noch mehr erschwert als im Fall des Heliumatoms. Aus diesem Grund müssen für die quantitative Behandlung *Näherungsmethoden* verwendet werden.

In der Literatur werden hauptsächlich *zwei Näherungsmethoden* benutzt, die zwar von verschiedenen Ansätzen ausgehen, bei genügender Verfeinerung jedoch (allerdings unter verschieden großem Aufwand) zu genau gleichen Ergebnissen führen: das auf Hund und Mulliken zurückgehende **MO-(Molecular Orbital-)Verfahren** und das **VB-(Valence**

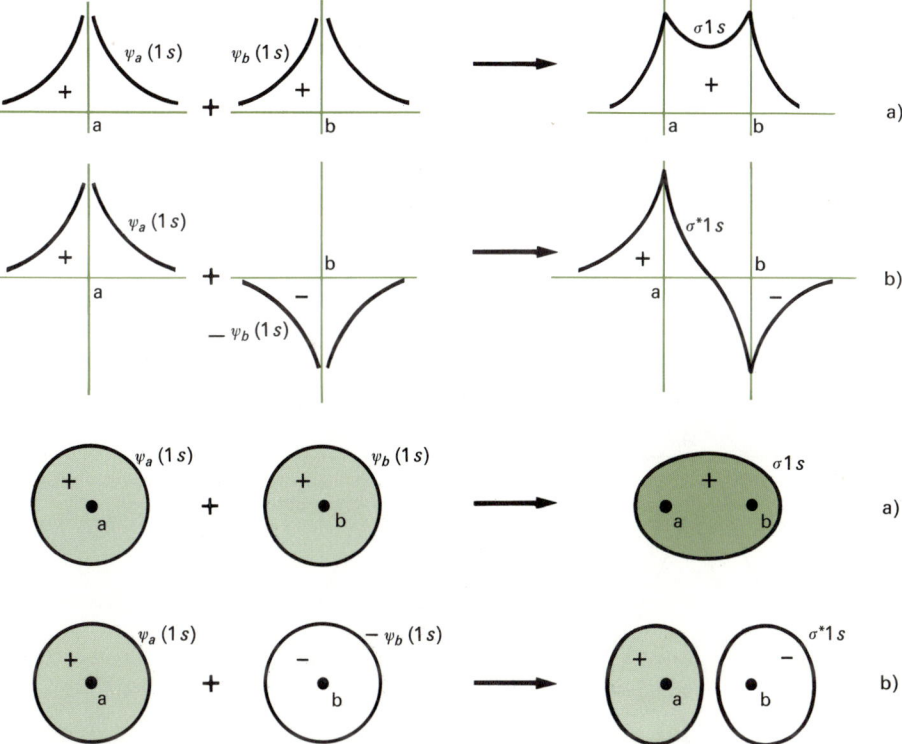

Abb. 1.7. Bildung von MO aus zwei 1s-AO
a) Addition der beiden Eigenfunktionen (symmetrische Kombination) ergibt ein bindendes MO
b) Subtraktion der beiden Eigenfunktionen (antisymmetrische Kombination) ergibt ein antibindendes MO

Bond-)Verfahren von Heitler, London, Slater und Pauling. Während die *VB-Näherung* im wesentlichen *die Individualität der Atome* und ihrer Orbitale *im Molekül beibehält* und sowohl für die bindenden wie die nichtbindenden Elektronen paarweise besetzte, auf die Atome beschränkte («lokalisierte») Orbitale postuliert, betrachtet man bei der *MO-Methode* im Prinzip *alle Elektronen eines Moleküls als zu einem einheitlichen Elektronensystem gehörig.* Für die Elektronen bestimmt man die Eigenwerte (Energieniveaux) aus den entsprechenden ψ-Funktionen, den Molekülorbitalen (die analog den AO durch eine Folge von Quantenzahlen charakterisiert werden können), und man stellt ähnlich wie für die freien Atome auch für das Molekül als Ganzes ein *Energieniveauschema* auf. Unter Beachtung von Pauli-Prinzip und Hundscher Regel werden die MO in der gleichen Weise mit Elektronen besetzt, wie auch die zur Verfügung stehenden AO in den freien Atomen aufgefüllt werden. Im Gegensatz zu den AO sind jedoch die MO *bizentrische* oder *polyzentrische Orbitale.*

Da man annehmen darf, daß das Verhalten eines Elektrons, das sich in der Nähe des einen Kernes aufhält, in sehr guter Näherung durch die betreffende atomare ψ-Funktion beschrieben werden kann, bildet man bei der einfachsten Näherung die MO durch *lineare Kombination* (Addition oder Subtraktion) von atomaren Ein-Elektronen-AO **(«LCAO-Näherung»**[1]), vgl. Abb.1.7. Werden die beiden Eigenfunktionen addiert, so wird die Ladungsdichte im Gebiet zwischen den beiden Kernen (im «Überlappungsgebiet») erhöht, so daß ein solches MO **bindend** wirkt (Abb.1.8). Die Subtraktion des einen AO vom andern, bzw. die Addition einer Eigenfunktion von entgegengesetztem Vorzeichen (die «antisymmetrische Kombination»), führt zu einem MO, dessen Ladungsdichte in der Mitte zwischen den Kernen Null wird, so daß keine bindende Wirkung zustande kommen kann. Ein solches MO, das in der Mitte zwischen den Kernen eine *Knotenebene* senkrecht zur Kern-Kern-Achse besitzt, bezeichnet man als **antibindendes** MO (durch * charakterisiert). Antibindende

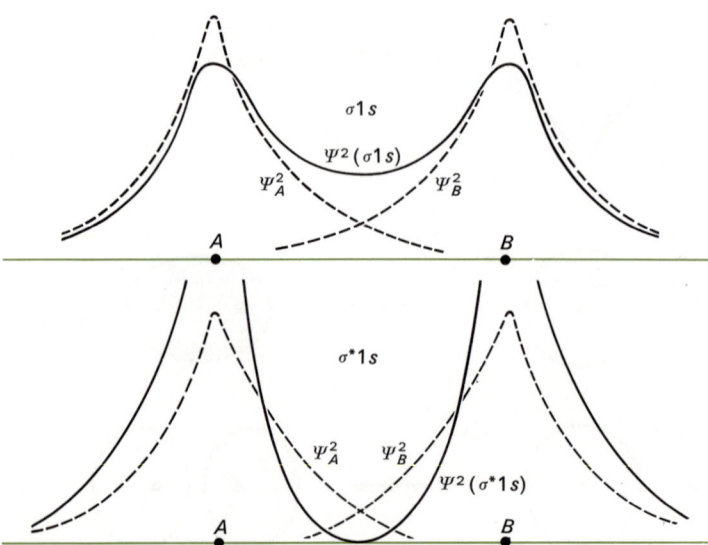

Abb.1.8. *Die Wahrscheinlichkeitsdichte ψ^2 als Funktion des Abstandes zweier Protonen im H_2^+-Ion. $\sigma 1s$ entspricht dem bindenden, $\sigma^* 1s$ dem antibindenden («lockernden») Zustand*

[1] «**L**inear **C**ombination of **A**tomic **O**rbitals»-Methode.

MO sind bezüglich der Knotenebene antisymmetrisch; die molekulare ψ-Funktion besitzt auf beiden Seiten der Knotenebene entgegengesetztes Vorzeichen[1].

Ebenso wie die AO in den Atomen können auch die MO von *maximal zwei Elektronen* (mit entgegengesetzt gerichtetem Spin) besetzt werden. Im bindenden MO stehen die beiden Elektronen unter der Wirkung beider Kerne und sind stärker gebunden als in den einzelnen Atomen, so daß es energieärmer ist als die beiden AO. Die Funktion $\psi_\sigma^* 1s$, das antibindende MO, ist aber für alle Kernabstände energiereicher als die beiden AO. Damit ergibt sich das *Energieniveauschema* der Abb.1.9. Im Grundzustand des H_2-Moleküls besetzen beide Elektronen das bindende MO, während sich im angeregten Zustand ein Elektron im antibindenden MO befindet. Die «*Spinpaarung*» ermöglicht die Besetzung des bindenden MO durch zwei Elektronen und bedeutet deshalb eine Verstärkung der Bindung verglichen mit dem H_2^+-Ion, wo das bindende MO nur durch ein Elektron besetzt ist und dessen Dissoziationsenergie etwas mehr als halb so groß ist wie die Dissoziationsenergie im H_2-Molekül. In einem (hypothetischen) *He₂-Molekül* müßten sowohl das bindende wie das antibindende MO doppelt besetzt sein, so daß im Endeffekt keine Bindung zustande kommen kann, weil sich die beiden MO – bindendes und antibindendes – in ihrer Wirkung gegenseitig aufheben. Beim He_2^+-Ion – das ebenfalls in Gasentladungsröhren als kurzzeitig existierende Partikel nachgewiesen werden kann – ist das antibindende MO von nur einem Elektron besetzt, so daß die Abstoßung durch dieses etwa halb so groß ist wie die Anziehung durch das bindende MO, und die Partikel dank dieser «*Dreielektronenbindung*» eine gewisse Zeit existieren kann.

Man muß sich jedoch bewußt sein, daß der Aufbau von MO aus zwei sich überlappenden AO durch lineare Kombination der betreffenden Eigenfunktionen eine *Näherungsbetrachtung* darstellt. *Diese Näherung ermöglicht es aber auf verhältnismäßig einfache Weise, kompli-*

Abb.1.9. Bildung des H_2-Moleküls
a) Energieniveauschema
b) Form der beiden 1s-MO

Weil sich zwei Elektronen, die sich im gleichen Raum befinden, auch bei entgegengesetzt gerichtetem Spin abstoßen, ist die Energiedifferenz zwischen den AO der isolierten Atome und dem bindenden MO kleiner als zwischen den AO und dem antibindenden MO

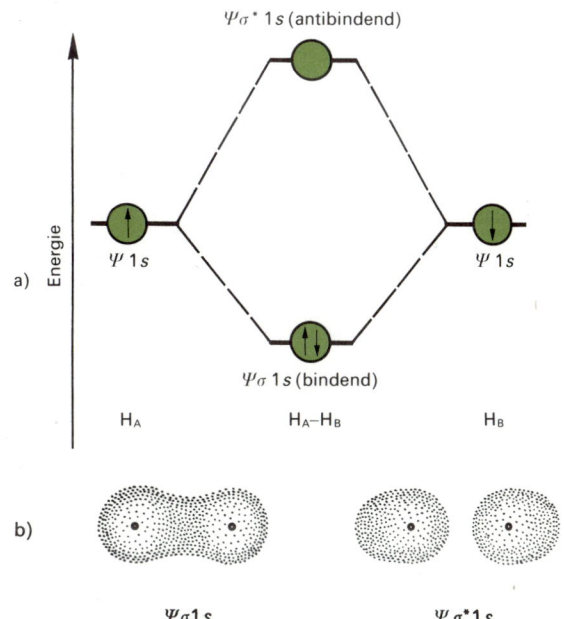

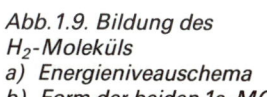

---

[1] Die Ladungsdichte (ψ^2) ist selbstverständlich überall – außer in der Knotenebene, wo $\psi = 0$ ist – positiv.

zierte molekulare Eigenfunktionen (die MO) *anschaulich als Kombinationen wasserstoffähnlicher AO zu beschreiben.* Durch Verfeinerung der Rechenmethoden lassen sich in einfacheren Fällen Ergebnisse erhalten, welche mit den experimentellen Daten (Dissoziationsenergien, Energiedifferenzen zwischen Grundzustand und angeregten Zuständen u.a.) sehr exakt übereinstimmen; bei auch nur mäßig komplexen Molekülen lassen sich jedoch durch die LCAO-Näherung nur halbquantitative oder in ungünstigeren Fällen sogar nur qualitativ richtige Ergebnisse erhalten. Trotzdem bildet das einfache MO-Modell ein sehr wertvolles Hilfsmittel zum Verständnis der Bindungsphänomene und zur rechnerischen Behandlung von Bindungsparametern.

Die *VB-Methode* – die zweite Näherungsmethode – wurde von Heitler und London 1927 erstmals auf das Wasserstoffmolekül angewandt. Die bindende Wirkung des Elektronenpaares kommt nach diesem «Modell» dadurch zustande, daß ein ungepaartes Elektron in einem Orbital des einen Atoms einer *«Austausch-Wechselwirkung»* mit einem ungepaarten Elektron des anderen Atoms unterworfen ist. Dies bedeutet, daß die beiden Elektronen ununterscheidbar sind und gegenseitig ihre Plätze wechseln können. Die konsequente mathematische Durcharbeitung ergibt, daß dabei eine Energiesenkung (die bindende Wirkung!) auftritt.

Bei der formalen Darstellung dieser Verhältnisse werden die extremen Elektronenverteilungen als **«Grenzstrukturen»** bezeichnet, und man faßt den tatsächlichen Zustand als eine Kombination – eine Überlagerung – der beiden Grenzstrukturen auf. Im Falle des H_2-Moleküls sind die Grenzstrukturen folgendermaßen zu formulieren:

$$I: H_A \cdot 1 \quad 2 \cdot H_B \qquad II: H_A \cdot 2 \quad 1 \cdot H_B$$

(Die Buchstaben A und B bezeichnen die beiden Atome, während die Zahlen 1 und 2 die beiden Elektronen bedeuten.)

Ähnliche Verhältnisse wie bei der Annäherung zweier H-Atome (d.h. bei der Bildung einer Elektronenpaarbindung) findet man z.B. bei zahlreichen Molekülen und Komplexen, für die man verschiedene extreme Elektronenverteilungen als Grenzstrukturen formulieren kann. Die Grenzstrukturen lassen sich in der Regel mittels *Lewis-Formeln* wiedergeben; der *wirkliche Zustand* entspricht einer *Kombination* der verschiedenen Grenzstrukturen und ist *energieärmer,* denn es ist eine Folge der benützten Rechenmethode, daß eine Kombination verschiedener ψ-Funktionen energieärmer ist als jede einzelne ψ-Funktion. Die verschiedenen Grenzstrukturen brauchen aber energetisch nicht unbedingt gleichwertig zu sein; wenn sich energiereichere und energieärmere Grenzstrukturen formulieren lassen, ist der «Beitrag» der letzteren zum wirklichen Zustand natürlich höher, d.h. dieser gleicht der Elektronenverteilung der energieärmeren Grenzstruktur stärker.

Dank der Verwendung von Lewis-Formeln für die Grenzstrukturen entspricht die VB-Methode weit mehr der konventionellen Schreibweise des Chemikers als die – besonders bei mehratomigen Molekülen – manchmal weniger anschauliche MO-Methode und ist daher für qualitative Betrachtungen sehr nützlich. Man muß sich dabei jedoch stets bewußt sein, daß den *Grenzstrukturen* **keinerlei Realität** zukommt und daß diese lediglich *Hilfsmittel* sind, um eine formelmäßig nicht erfaßbare Elektronenverteilung angenähert wiedergeben zu können. Sie hat auch häufig zu *Mißverständnissen* geführt, etwa auch dadurch, daß behauptet wurde, die Atombindung sei auf die Wirkung besonderer, klassisch nicht verständlicher *«Austauschkräfte»* zurückzuführen. Für die quantitative Behandlung insbesondere auch angeregter Zustände ist die MO-Methode der VB-Näherung eindeutig überlegen.

Andere zweiatomige Moleküle. Wir haben im letzten Abschnitt gesehen, daß durch lineare Kombination zweier wasserstoffähnlicher Ein-Elektronen-AO zwei MO (ein bindendes und ein antibindendes) gebildet werden können. Da jedes AO und ebenso jedes MO gemäß dem Pauli-Prinzip von zwei Elektronen besetzt sein kann, erhält man ganz allgemein aus *n* AO wieder *n* MO. Nun lassen sich allerdings *nicht beliebige AO miteinander zu MO kombinieren;* damit nämlich wirklich eine *Überlappung* und also eine *bindende Wirkung* auftritt, müssen **die beiden AO von vergleichbarer Energie** und **bezüglich der Kern-Kern-Achse von gleicher Symmetrie** sein. Die Kombination eines *s*- mit einem p_y-AO ergibt z. B. kein MO, da im Endeffekt keine Überlappung eintritt. (Bezüglich der Kern-Kern-Achse ist das *s*-AO symmetrisch, das p_y-AO dagegen antisymmetrisch; vgl. Abb. 1.10.)

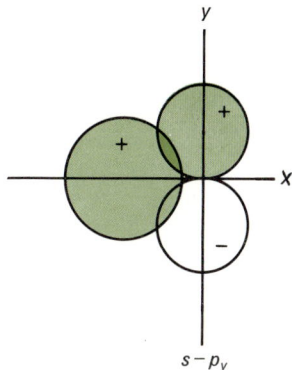

Abb. 1.10. Die Kombination eines *s*- mit einem p_y-AO ergibt kein MO

Wir wollen zunächst die *Moleküle* der *Elemente der zweiten Periode* betrachten. Das **Li$_2$-Molekül** (welches in geringer Konzentration im Dampf von Lithium auftritt) besitzt eine Dissoziationsenergie von 105 kJ/mol. Der Kernabstand beträgt 267 pm, eine Strecke, die zu groß ist, als daß sich die 1*s*-AO der beiden Atome überlappen könnten. Die beiden 2*s*-AO bilden zwei MO: die symmetrische Kombination der Eigenfunktionen liefert das (energieärmere) bindende $\sigma 2s$-MO, während das antibindende $\sigma^* 2s$-MO durch die antisymmetrische Kombination entsteht. Die beiden Valenzelektronen besetzen das bindende MO und bilden eine **«Elektronenpaarbindung»**. Die Elektronenkonfiguration des Li_2-Moleküls kann dann folgendermaßen dargestellt werden:

$$Li_2: K\,K\,(\sigma\,2\,s)^2$$

(Die Buchstaben *K* bedeuten die vollständig besetzten inneren Schalen.)

Da in einem **Molekül Be$_2$** auch das antibindende $\sigma^* 2s$-MO doppelt besetzt sein müßte, kann ein derartiges Molekül nicht existieren. – **Bor** und **Kohlenstoff** bilden (wenig stabile) zweiatomige Moleküle. Im Fall von B_2 beträgt die Dissoziationsenergie 289 kJ/mol und der Kernabstand 159 pm. Die 2*s*-AO der beiden Atome bilden wiederum ein $\sigma 2s$- und ein $\sigma^* 2s$-MO, die beide von je zwei Elektronen besetzt sind. Nun besitzt aber jedes B-Atom noch ein *p-Elektron,* so daß hier auch die Möglichkeiten der Überlappung von *p*-AO betrachtet werden müssen. Wenn wir die Molekülachse als *x*-Achse wählen, könnten die beiden 2p_x-AO zu zwei MO kombiniert werden, die ebenfalls rotationssymmetrisch bezüglich der Kern-Kern-Achse sind, also als σ-*MO* bezeichnet werden müssen. Die symmetrische Kombination liefert ein bindendes, die antisymmetrische ein antibindendes MO (Abb. 1.11).
Nun könnten natürlich auch die p_y- und die p_z-AO der beiden Atome zu je zwei MO kombiniert werden. Die beiden p_y- und p_z-AO stehen senkrecht aufeinander und auch senkrecht zur Kern-Kern-Achse, so daß auf diese Weise MO entstehen, die bezüglich dieser Achse *nicht rotationssymmetrisch* sind und eine *Knotenebene* besitzen (eine Ebene, wo ψ und ψ^2 Null sind); vgl. Abb. 1.12. Die Knotenebene geht durch die Kern-Kern-Achse; sie ist

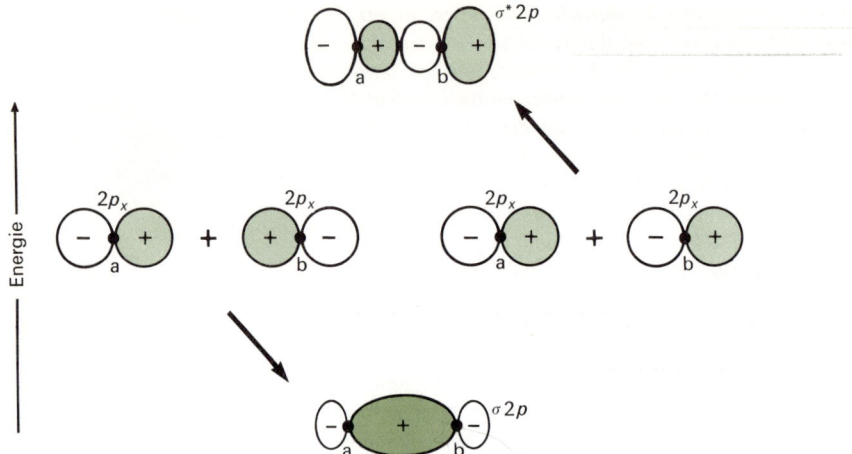

Abb. 1.11. *Bildung eines bindenden und eines antibindenden σ-MO durch symmetrische bzw. antisymmetrische Kombination zweier p_x-AO (Die relativen Energien der beiden MO sind angedeutet)*

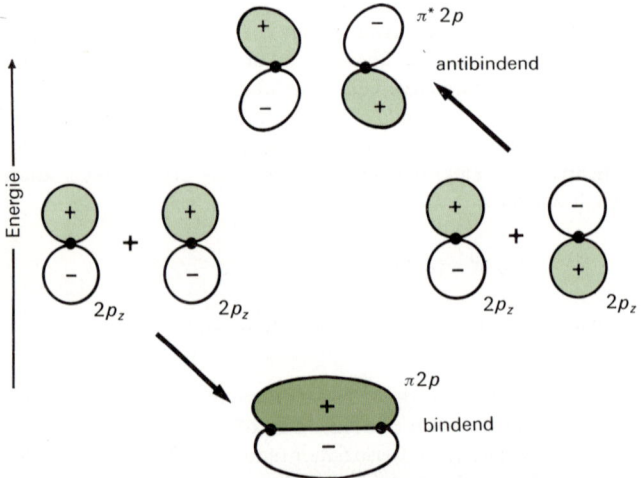

Abb. 1.12. *Bildung eines bindenden und eines antibindenden π-MO durch symmetrische bzw. antisymmetrische Kombination zweier p_z- (oder p_y-) AO (Die relativen Energien der beiden MO sind angedeutet)*

die xz-Ebene für die aus den p_y-AO gebildeten MO bzw. die xy-Ebene für die aus den p_z-AO gebildeten MO. Solche nicht rotationssymmetrische MO werden als π-**MO** bezeichnet (entsprechende Bindungen als π-**Bindungen)**. Ebenso wie die $2p_y$- und $2p_z$-AO der Atome sind auch die beiden π-MO des Moleküls entartet. Die Energien des σ $2p_x$- und der π $2p_y$- bzw. π $2p_z$-MO hängen unter anderem von den Kernladungen ab; im Fall von Bor (und ebenso Kohlenstoff und Stickstoff) sind die beiden π $2p$-MO energieärmer als das

$\sigma\,2p_x$-MO, so daß gemäß der Hundschen Regel das B_2-Molekül die folgende Elektronen-konfiguration besitzen muß:

$$B_2\colon K\,K\,(\sigma\,2s)^2\ (\sigma^*2s)^2\ (\pi\,2p_y)^1\ (\pi\,2p_z)^1$$

Wegen der beiden mit je einem Elektron (mit parallelem Spin) besetzten $\pi\,2p$-MO ist das B_2-Molekül *paramagnetisch.* Im C_2-Molekül sind beide $\pi\,2p$-MO mit zwei Elektronen besetzt. Das Molekül ist nicht paramagnetisch, und die doppelte Besetzung der beiden bindenden π-MO verstärkt die Bindung und verkürzt den Kernabstand (Dissoziationsenergie von $C_2 = 473{,}0$ kJ/mol; Kern-Kern-Abstand $= 124$ pm).
Im **N_2-Molekül** wird das nächst energiereichere verfügbare MO (das $\sigma2p_x$-MO) noch mit zwei Elektronen besetzt, so daß das Molekül folgende Elektronenkonfiguration besitzt:

$$N_2\colon K\,K\,(\sigma\,2s)^2\ (\sigma^*2s)^2\ (\pi\,2p_y)^2\ (\pi\,2p_z)^2\ (\sigma\,2p_x)^2$$

Insgesamt sind 8 bindende und 2 antibindende Valenzelektronen vorhanden; die «Bindungsordnung» (d. h. die Zahl der effektiven Bindungen) ist $(8-2)/2 = 3$.

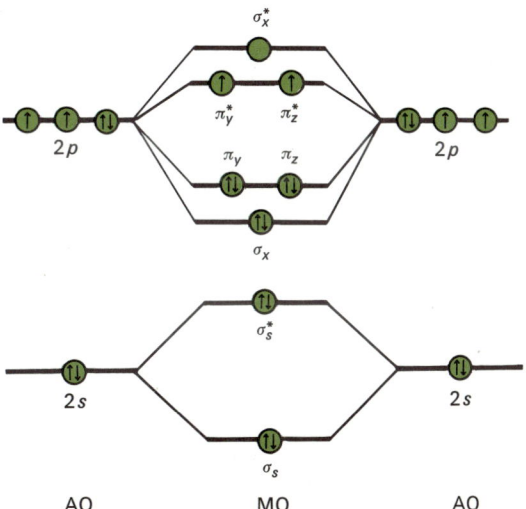

Abb. 1.13.
Energieniveauschema des
O_2-Moleküls

AO   MO   AO

Der «Dreifachbindung» entspricht die noch beträchtlich höhere Dissoziationsenergie (945 kJ/mol) und der kürzere Kern-Kern-Abstand (109 pm). Die gemäß der Lewis-Formel I$N\equiv N$I vorhandenen beiden «einsamen» Elektronenpaare entsprechen im MO-Modell den $\sigma\,2s$- bzw. σ^*2s-MO. Wird das N_2-Molekül ionisiert (wie es in Gasentladungsröhren oder im Massenspektrometer möglich ist), so entsteht ein N_2^+-Ion mit geringerer Dissoziationsenergie (841,4 kJ/mol) und vergrößertem Kernabstand (112 pm).
Im **O_2-Molekül** sind insgesamt 12 Valenzelektronen vorhanden. Die erhöhte Kernladung bewirkt, daß hier (und ebenso im F_2-Molekül) die $\pi\,2p$-MO energiereicher sind als das $\sigma\,2\,p_x$-MO (vgl. Energieniveauschema, Abb. 1.13), so daß seine Elektronenkonfiguration

$$O_2\colon K\,K\,(\sigma\,2s)^2\ (\sigma^*2s)^2\ (\sigma\,2p_x)^2\ (\pi\,2p_y)^2\ (\pi\,2p_z)^2\ (\pi^*2p_y)^1\ (\pi^*2p_z)^1$$

ist. Gemäß der Hundschen Regel werden die beiden antibindenden π^*2p-MO mit je einem Elektron besetzt, so daß das O_2-Molekül ein *paramagnetisches Diradikal* sein muß. Diese (experimentell schon längst bekannte) Tatsache kann mit keinem anderen Modell so einfach erklärt werden. Die Dissoziationsenergie von 498 kJ/mol und der Kernabstand von 121 pm entsprechen der Bindungsordnung von $(6-2)/2 = 2$. Das O_2^+-*Ion* (das nicht nur in Gasentladungsröhren, sondern auch in salzartigen Festkörpern wie $O_2^+[PtF_6]^-$ auftritt) ist ebenfalls paramagnetisch (ein antibindendes π^*2p-MO besetzt); weil aber – im Gegensatz zum O_2-Molekül – nur das eine der beiden antibindenden MO besetzt ist, wird die Dissoziationsenergie größer (624 kJ/mol) und der Kernabstand kleiner (112 pm). Im O_2^{2-}-*Ion* (in salzartigen Peroxiden wie Na_2O_2 oder BaO_2) sind die beiden antibindenden π^* MO mit je zwei Elektronen belegt, und die Bindungsordnung ist 1.
Dieselbe Elektronenkonfiguration besitzt auch das **F_2-Molekül:**

$$F_2: K\,K\ (\sigma\,2s)^2\ (\sigma^*\,2s)^2\ (\sigma\,2p_x)^2\ (\pi\,2p_y)^2\ (\pi\,2p_z)^2\ (\pi^*\,2p_y)^2\ (\pi^*\,2p_z)^2$$

Der Bindungsordnung 1 entspricht die geringe Dissoziationsenergie (159 kJ/mol) und der größere Kernabstand (144 pm).

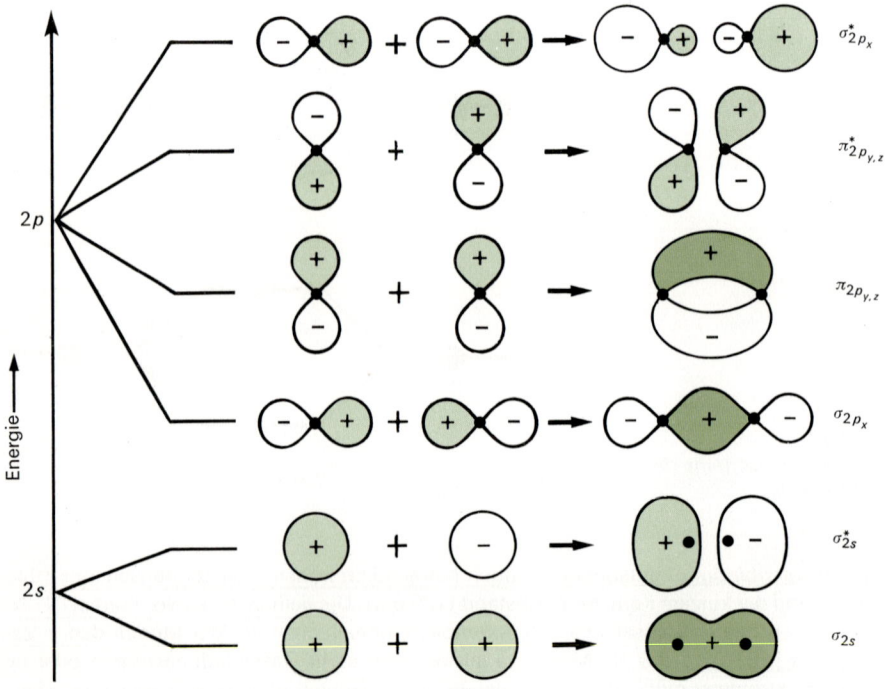

Abb.1.14. *Schematische Darstellung der MO von homonuklearen zweiatomigen Molekü-len. Die energetische Reihenfolge gilt für O_2 und F_2; in den Molekülen Li_2, B_2, C_2 und N_2 liegen die $\pi\,2p_{y,z}$-MO tiefer als das $\sigma\,2p_x$-MO und umgekehrt die $\pi^*2p_{y,z}$-MO höher als das σ^*2p_x-MO. (Bei den 2s-AO bzw. σ 2s- und σ^* 2s-MO wurde die – vorhandene – Knotenflä-che nicht eingezeichnet.)*

Ein Beispiel eines «heteronuklearen» Moleküls stellt das **HF-Molekül** dar. Zur Überlappung (linearen Kombination) mit dem $1s$-AO des H-Atoms eignet sich nur ein p-AO von Fluor (ungefähr ähnliche Energie). Wir haben somit

$$\psi\,(\sigma) \;\; = \; c_1 \cdot 1s\,(H) + c_2 \cdot 2p_x\,(F) \qquad \text{(symmetrisch)}\,[1]$$

$$\psi\,(\sigma^*) \;=\; c_1 \cdot 1s\,(H) - c_2 \cdot 2p_x\,(F) \qquad \text{(antisymmetrisch)}.$$

Die $2p_y$- und $2p_z$-AO von Fluor bilden kein MO; sie sind nichtbindend. Vgl. das Energieniveauschema der Abb.1.16.
Weil hier das $2p_x$-AO von Fluor energieärmer ist als das $1s$-AO von Wasserstoff (Ionisierungsenergie 17,4 bzw. 13,6 eV) ist $c_2 > c_1$, d.h. die $2p_x$-Eigenfunktion des F-Atoms trägt mehr zum MO bei, und die bindenden Elektronen halten sich im Durchschnitt näher dem F-Kern auf. Die *Bindung* wird dadurch **polar:** die beiden verbundenen Atome tragen eine positive bzw. negative *Partialladung* ($\delta+$ bzw. $\delta-$). Ganz allgemein kommt die größere Elektronegativität des einen Atoms im MO-Modell dadurch zum Ausdruck, daß dessen Koeffizient c_2 größer ist als der Koeffizient c_1 des anderen Atoms, was bedeutet, daß das zur linearen Kombination benützte AO des elektronegativeren Atoms energieärmer ist. Man erkennt, daß im Prinzip ein *kontinuierlicher Übergang* von der *unpolaren Kovalenzbindung* ($c_1 = c_2$) über die *polare Kovalenzbindung* ($c_2 > c_1$) zur *Ionenbindung* ($c_2 = 1$; $c_1 = 0$) möglich ist; im letzteren Fall bildet sich kein MO mehr, und ein AO des einen Atoms wird doppelt besetzt. Obschon bei *polaren Bindungen* das Überlappungsintegral[2] oft relativ kleine Werte annimmt, sind die *Dissoziationsenergien* solcher Bindungen *oft besonders hoch* (und zwar um so höher, je polarer sie sind), weil die beiden Partialladungen sich gegenseitig anziehen.

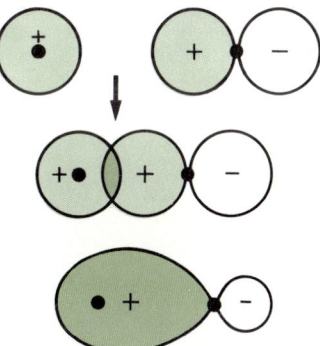

Abb.1.15. Bildung eines bindenden MO durch symmetrische Kombination eines s- mit einem p-AO

Wenn wir das bisher Gesagte *zusammenfassen,* so ergibt sich: Die **symmetrische Kombination zweier AO** führt zu einem **bindenden MO**. $2s$- und $2p_x$-AO ergeben *rotationssymmetrische σ-MO*, während die Kombination zweier $2p_y$- oder $2p_z$-AO *π-MO* ergibt, welche eine *Knotenebene* besitzen, die durch die Kern-Kern-Achse geht. **Antibindende MO werden durch antisymmetrische Kombinationen** erhalten; sie besitzen

---

[1] Die beiden Parameter c_1 und c_2 drücken den «Beitrag» jedes AO zum MO aus.

[2] Das «Überlappungsintegral» $\int \psi_1\,\psi_2\,dv$ bringt das Ausmaß der Überlappung zweier AO zum Ausdruck.

stets eine **Knotenebene senkrecht zur Kern-Kern-Achse**. Im Fall von O_2 und F_2 (und auch bei mehratomigen Molekülen) sind die π-MO (der gleichen Hauptquantenzahl) energiereicher als das σ $2p$-MO. Über π-Bindungen, die durch Kombination von p- mit d-AO erhalten werden, siehe S. 204; solche p-d-π-Bindungen sind vor allem bei Atomen der dritten und höherer Perioden (S, P u. a.) wichtig. Die **Polarität** einer Kovalenzbindung kommt im MO-Modell durch die Größe der Koeffizienten c_1 und c_2 zum Ausdruck; es existieren *alle Übergänge zwischen ideal unpolarer Kovalenzbindung und der Ionenbindung*. Es sei zum Schluß noch besonders betont, daß die *bindende Wirkung* doppelt besetzter MO auf **rein elektrostatische Kräfte** zurückzuführen ist: die Anziehungskräfte zwischen den Elektronen (deren Ladungsdichte im Gebiet zwischen den Kernen am größten ist) und den Kernen.

Mehratomige Moleküle. Bei der Anwendung der MO-Methode auf mehratomige Moleküle muß zuerst die genaue Lage der *Atomkerne* bestimmt werden, die näherungsweise als ruhend betrachtet werden können *(«Born-Oppenheimer-Näherung»)*. Die MO werden dann durch Kombination der AO *aller* Valenzelektronen gebildet.

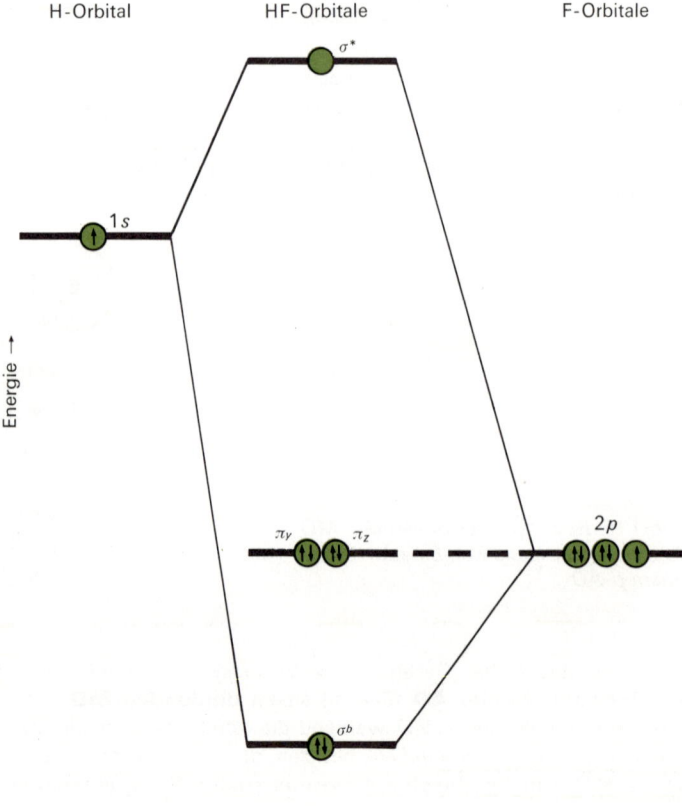

Abb. 1.16. Energieniveauschema des HF-Moleküls

Als Beispiel betrachten wir das *Methanmolekül* (CH$_4$), das insgesamt acht Valenzelektronen enthält und für das dementsprechend vier bindende MO benötigt werden. Diese MO lassen sich durch Kombination der 1*s*-Orbitale der Wasserstoffatome mit den 2*s*-, 2*p$_x$*-, 2*p$_y$*- und 2*p$_z$*-Orbitalen des Kohlenstoffatoms erhalten (vgl. Abb.1.17). Am energieärmsten ist das aus dem 2*s*-AO des Kohlenstoffatoms und je einem 1*s*-AO der Wasserstoffatome gebildete MO (σ_s). Die drei 2*p*-AO des Kohlenstoffatoms ergeben mit den 1 *s*-AO der Wasserstoffatome drei energiegleiche, jedoch energiereichere MO (σ_x, σ_y und σ_z). Selbstverständlich existiert auch ein Satz von vier antibindenden MO, die hier nicht dargestellt werden.

Bei dieser Art der Beschreibung des Methanmoleküls werden nur MO benützt, die *polyzentrisch* sind, sich also über alle Atome des Moleküls erstrecken *(«kanonische» MO,* **«delokalisierte» MO**). Es gibt dann kein einzelnes Orbital, das einer C—H-Bindung gleichgesetzt werden kann. Die ganze chemische Erfahrung zeigt aber, daß einzelne Bindungen bestimmte Eigenschaften besitzen wie z.B. Bindungsenthalpie, Bindungslänge, Polarität

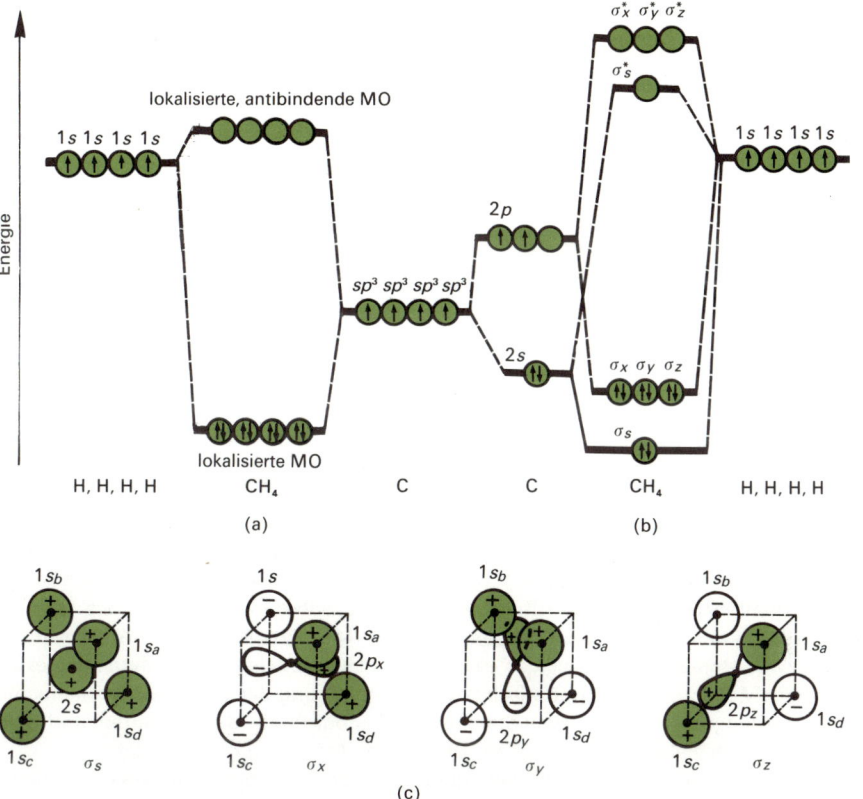

Abb.1.17. Bindende MO sowie Energieniveauschema des Methans
Der Übersichtlichkeit halber sind in (c) nur die «Basis-Orbitale» eingezeichnet, d.h. diejenigen AO, die jeweils zu einem MO kombiniert werden.
(a) zeigt die relative energetische Lage der lokalisierten MO und der sp^3-Hybrid-Orbitale des Kohlenstoffatoms
(b) gibt das Energieniveauschema von Methan an
(c) Bildung der kanonischen MO aus den AO von C und H

usw., die zwar nicht genau konstant sind, jedoch verhältnismäßig wenig variieren und insbesondere auch ziemlich unabhängig davon sind, welche anderen Atome mit den beiden Atomen der betreffenden Bindung noch verbunden sind. Um MO zu erhalten, die bestimmten *«Bindungen»* entsprechen, müssen die kanonischen MO in andere MO transformiert werden, wobei sich die Gesamtelektronendichte und die Gesamtenergie nicht ändern darf. Dies ist deshalb möglich, weil die Gesamtheit der MO eines Moleküls rechnerisch ohne weiteres durch eine gleiche Zahl anderer MO ersetzt werden kann[1]. Man kann die mathematische Umformung der kanonischen MO nun in der Weise durchführen, daß dabei lauter *zweizentrische,* **lokalisierte** (d.h. nur auf zwei Atome des Moleküls beschränkte) MO entstehen. In bestimmten Fällen erhält man dabei allerdings auch MO, die auf ein einziges Atom beschränkt sind: *nichtbindende* MO. Für das *Methan* bekommt man auf diese Weise vier gleichwertige, an die Ecken eines Tetraeders gerichtete lokalisierte MO (Abb.1.18).

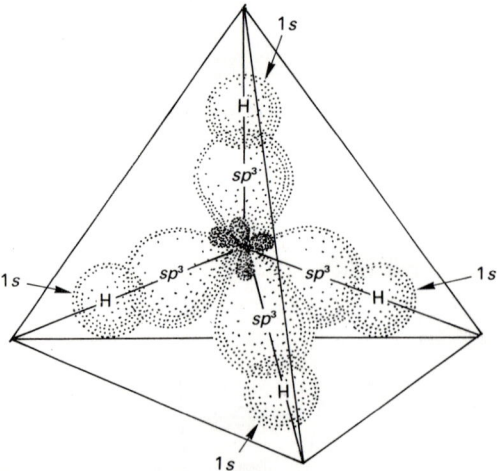

Abb. 1.18. Darstellung des Methanmoleküls durch lokalisierte, zweizentrische MO

Solche lokalisierte MO lassen sich ohne weiteres auf analoge Verbindungen übertragen (vom Methan also auf C_2H_6, C_3H_8 usw.), was mit den kanonischen MO nicht möglich ist. Da sie den Vorteil haben, die dem Chemiker geläufige Schreibweise der Lewis-Formeln beizubehalten – ein lokalisiertes, doppelt besetztes MO entspricht einer Atombindung zwischen zwei Atomen – stellen sie das *«denkökonomisch» beste Bild* des Methanmoleküls (und anderer Moleküle) dar. Physikalisch ist die Beschreibung der Gesamtelektronendichte und der Gesamtenergie durch eine Summe von kanonischen, delokalisierten und eine Summe von gleich vielen zweizentrischen, lokalisierten MO völlig *gleichwertig*.

Nun ergibt die rechnerische Durchführung der erwähnten Transformation, daß das Kohlenstoffatom an den vier lokalisierten MO mit vier gleichwertigen AO beteiligt ist, die Linearkombinationen von einem $2s$- und drei $2p$-AO darstellen. Solche *Linearkombinationen von AO eines Atoms* werden **Hybrid-Orbitale** genannt; die Kombination aus einem $2s$- und drei $2p$-AO heißt **«sp^3-Hybrid-AO»**. Die Ladungsdichteverteilung von insgesamt

---

[1] Dieses Vorgehen läßt sich in etwa dem Ersatz der Summanden $5+3+1$ der Summe 9 durch andere Summanden, z. B. $2+2+5$ vergleichen.

vier sp^3-Hybrid-AO entspricht völlig der Summe der Ladungsdichteverteilung eines $2s$-, $2p_x$-, $2p_y$- und $2p_z$-AO, denn es kann mathematisch gezeigt werden, daß – wenn $\psi 2s$, $\psi 2p_x$, $\psi 2p_y$ und $\psi 2p_z$ bestimmte Lösungen für vier Ein-Elektronen-Funktionen des Kohlenstoffatoms sind – jede Linearkombination von ihnen eine äquivalente Lösung darstellt. Ein $2s$- und drei $2p$-AO bzw. vier sp^3-Hybrid-AO sind also zwei völlig gleichwertige Sätze von Atomorbitalen.

Beachten Sie den *Unterschied* zwischen *Hybrid-Orbitalen* und *Molekülorbitalen!* Erstere sind Linearkombinationen verschiedener, energetisch jedoch ähnlicher AO eines Atoms, während letztere Orbitale sind, die das Verhalten von Elektronen in einem Molekül beschreiben und durch Linearkombination von AO verschiedener Atome entstehen. Die zur Beschreibung des Methans erforderlichen vier lokalisierten MO, die an die Ecken eines Tetraeders gerichtet sind, lassen sich nicht nur durch Transformation der kanonischen MO erhalten, sondern können – genau wie die MO in zweiatomigen Molekülen – durch lineare Kombination von AO *zweier* Atome (des Kohlenstoff- und eines Wasserstoffatoms) aufgebaut werden. Dazu können aber natürlich nicht die $2s$- und $2p$-AO des Kohlenstoffatoms, sondern müssen die vier sp^3-Hybrid-AO benützt werden. Die Bildung der Hybrid-Orbitale, die **«Hybridisierung»**, ist also *kein physikalischer Vorgang*, sondern stellt eine *mathematische Umformung* der $2s$- und der drei $2p$-AO dar mit dem Zweck, AO zu erhalten, die für die Bildung lokalisierter MO geeigneter sind als die Ein-Elektronen-AO $2s$, $2p_x$, $2p_z$. Die Hybrid-AO sind also nichts anderes als «transformierte» Atomorbitale.

In anderen Fällen müssen zum Aufbau zweizentrischer MO auch *andere Kombinationen* von AO (andere Hybrid-Orbitale) verwendet werden. So ergibt die Kombination eines s- mit zwei p-AO drei trigonal gerichtete **sp^2-Hybrid-Orbitale**, während ein s- und ein p-AO zusammen zwei digonal gerichtete **sp-Hybrid-Orbitale** liefern (vgl. Abb. 1.21).

Es ist wichtig einzusehen, daß mehratomige Moleküle auf verschiedene Weise beschrieben werden können. Im einen Fall werden die AO *aller* Valenzelektronen zu *mehrzentrischen, delokalisierten* (den kanonischen) *MO kombiniert*, während im anderen Fall durch Kombination von *zwei* AO (je einem AO eines Atoms) *zweizentrische, lokalisierte MO gebildet*

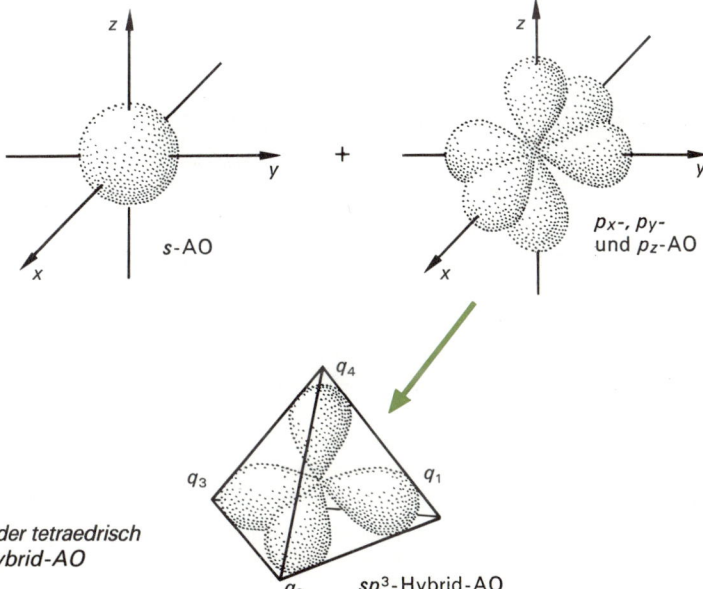

Abb.1.19. *Bildung der tetraedrisch gerichteten sp^3-Hybrid-AO (schematisch)*

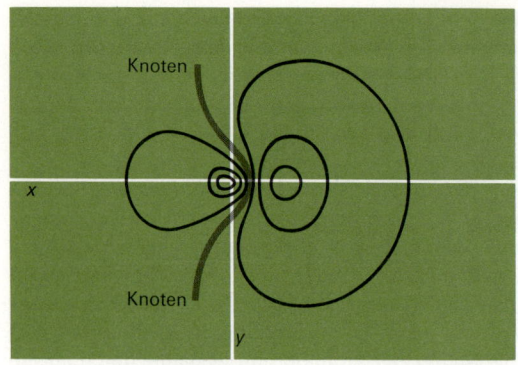

Abb.1.20. Konturliniendiagramm eines sp³-Hybrid-AO

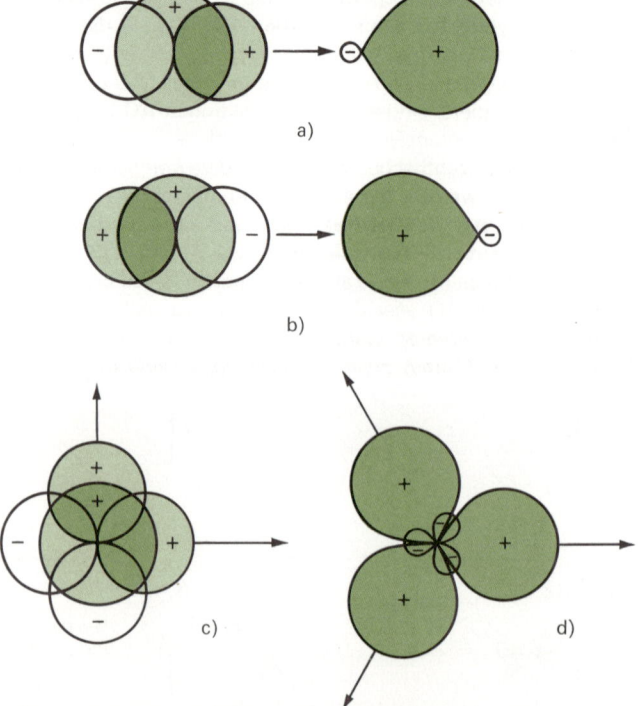

a)

b)

c)   d)

Abb.1.21. Weitere Hybrid-Orbitale durch Kombination von s- und p-AO
a) und b) Bildung von zwei sp-Hybrid-AO
c) und d) Bildung dreier sp²-Hybrid-AO (links jeweils die nicht hybridisierten 2s-, 2p$_x$- und 2p$_y$-AO)

werden, wobei dazu meistens nicht Ein-Elektronen-AO, sondern Hybrid-Orbitale benützt werden müssen. Beide Möglichkeiten sind – wie wir schon betont haben – physikalisch vollkommen gleichwertig[1]. Die Verwendung *delokalisierter* MO ermöglicht aber die Auf-

[1] Selbstverständlich entsteht bei der linearen Kombination zweier AO (auch zweier Hybrid-AO) zu einem lokalisierten MO auch ein antibindendes MO (mit einem Knoten senkrecht zur Verbindungsachse der beiden Kerne), das hier nicht dargestellt wird.

stellung des *Energieniveauschemas* des betreffenden Moleküls (das mit den Ergebnissen der Photoelektronenspektroskopie korreliert werden kann; vgl. Grundlagen der allgemeinen und anorganischen Chemie).

Bindungslängen. Obschon in Molekülen die Atome ständig Schwingungen ausführen und damit der Abstand zwischen den Atomen nicht ganz genau bestimmt ist, kann man einen mittleren Abstand zwischen den Atomkernen als «Länge» der Bindung bezeichnen. Zur Messung von Bindungslängen dienen neben der *Röntgenstrukturanalyse* an kristallinen Festkörpern hauptsächlich *spektroskopische Methoden* (IR- und Raman-Spektroskopie).

Die *Bindungslängen hängen* zunächst vor allem von der *Größe* (den Radien) der gebundenen Atome *ab* (vgl. die Bindungslängen der H—F-, H—Cl-, H—Br- und H—I-Bindungen), dann aber auch von der *Polarität* der Bindung und von der «Bindungsordnung». Stark polare Bindungen sind gewöhnlich kürzer als weniger polare Bindungen, weil die zwischen den entgegengesetzt polarisierten Atomen wirkende elektrostatische Anziehung die beiden Atome näher zusammenrückt. Den Einfluß der *Bindungsordnung* (Einfachbindung, Doppel- oder Dreifachbindung; «1½-Bindungen» bei Systemen mit delokalisierten Elektronen; vgl. S.116) kann in qualitativer Weise bereits durch das Tetraedermodell erklärt werden: Doppel- und Dreifachbindungen sind kürzer als Einfachbindungen, während z.B. die Bindungen zwischen C-Atomen im Benzen («Benzol») zwar kürzer als C—C-Einfachbindungen, jedoch länger als C—C-Doppelbindungen sind (vgl. Tabelle 1.2). Ein Vergleich gleichartiger Bindungen (z.B. O—H- oder C—C- oder C—H-Bindungen) in verschiedenen Molekülen zeigt, daß die Längen von *«isolierten»* Bindungen (Bindungen, deren Atome außer aneinander noch an gesättigte C-Atome, an H-Atome oder an kein weiteres Atom gebunden sind) in sehr guter Näherung *konstant* sind. Solche isolierte C=C- bzw. C=O- bzw. C—Cl-Bindungen sind z.B. in den folgenden Molekülen vorhanden:

$$CH_2{=}CHCH_2CH{=}CH_2$$

zwei isolierte Doppelbindungen

$$\overset{\text{O}}{\overset{\|}{CH_3}}C CH_2CH_2\overset{\text{O}}{\overset{\|}{C}}CH_3$$

zwei isolierte C=O-Bindungen

$$\overset{\text{O}}{\overset{\|}{CH_3}}CCH_2CH_2Cl$$

isolierte C=O- und C—Cl-Bindungen

Tabelle 1.2. Bindungslängen von Kovalenzbindungen

Bindung	Bindungslänge pm	Bindung	Bindungslänge pm
F—F	144	H—H	74
Cl—Cl	199	O=O	120,7
Br—Br	228	N≡N	109,4
I—I	267	C—C	154
F—H	92	C=C	134
Cl—H	127	C≡C	120
Br—H	141	C⁚⁚C (Benzen)	139
I—H	161	C—Cl	176
O—H	96	C—H	107
N—H	100	C—O	143
C=O	122	C—N	147

In Molekülen mit Mehrfachbindungen können sich die Bindungslängen gegenseitig beeinflussen. So beträgt die Länge der C—C-Einfachbindung im Ethan (CH_3—CH_3) 154 pm; in den Molekülen von Butadien (CH_2=CH—CH=CH_2) und Propin (CH_3—C≡CH) hingegen ist die Länge der C—C-Einfachbindung nur 146 pm. Solche Abweichungen lassen darauf schließen, daß sich die Elektronensysteme nicht-isolierter Bindungen gegenseitig *beeinflussen* (Bildung delokalisierter Systeme); der Vergleich von experimentell bestimmten Bindungslängen mit den Bindungslängen isolierter («idealer» Bindungen gibt darum wichtige Hinweise auf die Elektronenstruktur von Molekülen.

Dissoziationsenergie und Bindungsenthalpie. Bei zweiatomigen Molekülen läßt sich die *Dissoziationsenergie*[1] – d.h. die zur vollständigen Trennung der Bindung in einzelne (gasförmige) Atome aufzuwendende Energie – relativ einfach bestimmen, entweder aus dem Schwingungsspektrum des betreffenden Moleküls oder durch Untersuchung der Temperaturabhängigkeit der Gleichgewichtskonstanten des Dissoziationsgleichgewichtes AB ⇄ A + B. Bei mehratomigen Molekülen werden die Verhältnisse allerdings komplizierter, und die Bindungsenthalpien werden meist *indirekt* (durch thermochemische Messungen) bestimmt. Beispielsweise erhält man aus den Dissoziationsenergien (-enthalpien) des H_2- und des O_2-Moleküls und der bei der Bildung von Wasser aus den Elementen freiwerdenden Wärme für die Reaktion 2 H + O → H_2O die Wärmemenge *(Reaktionsenthalpie)* von 926 kJ/mol. Diese 926 kJ/mol bilden die Summe der Energien, welche man umgekehrt aufwenden muß, um nacheinander die beiden H-Atome aus dem H_2O-Molekül abzutrennen. Nun sind die zur Trennung der beiden O—H-Bindungen aufzuwendenden Energiebeträge (die Dissoziationsenergien der beiden Bindungen) nicht gleich groß (sie betragen für die erste O—H-Bindung 497 kJ/mol, für die zweite O—H-Bindung 429 kJ/mol),

Tabelle 1.3. Bindungsenthalpien von Kovalenzbindungen (kJ/mol)

H—H	436	C—H	413	C—N	305
C—C	348	Si—H	318	C—O	358
Si—Si	176	N—H	391	C—F	489
F—F	159	P—H	322	C—Cl	339
Cl—Cl	242	As—H	245	C—Br	285
Br—Br	193	O—H	463	C—I	218
I—I	151	S—H	367	Si—F	586
S—S	226	Se—H	277	O—F	193
		Te—H	241	O—Cl	208
N≡N	945	F—H	567		
O=O	498	Cl—H	431	C=O	745
C=C	594	Br—H	366	C≡N	891
C≡C	778	I—H	298		

[1] Spektroskopische Methoden liefern die Dissoziationsenergien; thermochemische Messungen, welche an chemischen Systemen *unter konstantem Druck* durchgeführt werden, ergeben jedoch *Dissoziationsenthalpien*. (Als «Reaktions**enthalpie**» bezeichnet man die unter konstantem Druck gemessenen Reaktionswärmen.) Der zahlenmäßige Unterschied zwischen den beiden Größen ist jedoch nur gering (im Fall von H_2 etwa 6,3 kJ/mol), so daß er für die weitere Diskussion nicht berücksichtigt zu werden braucht. Wir werden aber insbesondere dann aus Konsequenzgründen von Dissoziations- oder Bindungs*enthalpie* sprechen, wenn es sich um *thermochemisch gemessene* Größen handelt.

so daß man für praktische Zwecke (insbesondere thermochemische Berechnungen) das *Mittel,* also $926/2 = 463$ kJ/mol der Bindungsenthalpie der O—H-Bindung gleichsetzt. In ähnlicher Weise verfährt man auch zur Bestimmung der Bindungsenthalpien in anderen mehratomigen Molekülen. Es ist deshalb zu unterscheiden zwischen der **«Dissoziations-energie»** – welche sich auf die Trennung einer ganz bestimmten Bindung bezieht – und der **«Bindungsenthalpie»**, welche eine (aus thermochemischen Messungen gewonnene) *Durchschnittsgröße* darstellt.

Die Bindungsenthalpien hängen hauptsächlich von drei Faktoren ab: von der *Länge* der Bindung (d.h. der *Kompaktheit der bindenden Wolken),* von ihrer *Polarität* und schließlich ebenfalls von der *Bindungsordnung.* Die Wirkungen von Bindungslänge und Polarität sind allerdings nicht immer klar zu unterscheiden, weil durch die Wirkung der Polarität der Kernabstand verkürzt wird. Die Enthalpien der H—Cl- und H—S- sowie der H—Br- und H—Se-Bindung (mit jeweils vergleichbarer Bindungslänge) machen jedoch den Einfluß der Polarität deutlich. Ein Vergleich der Enthalpien der H—H-, Cl—Cl-, Br—Br und I—I-Bindungen zeigt den Einfluß der Bindungslänge; die auffallend kleine Bindungsenthalpie des F_2-Moleküls – die einen wesentlichen Grund für die große Reaktionsfähigkeit von Fluor darstellt – ist hauptsächlich auf die starke Abstoßung der beiden kleinen, hochgeladenen Atomrümpfe und auf die Wechselwirkungen des bindenden Elektronenpaares mit den freien Paaren zurückzuführen. Die geringere Kompaktheit der bindenden Wolken ist letzten Endes auch die Erklärung dafür, warum die Bindungsenthalpien von Doppelbindungen gewöhnlich nicht die doppelten Werte der entsprechenden Enthalpien von Einfachbindungen erreichen. Weiteres über Bindungsenthalpien siehe S. 389.

1.3 Die «Sonderstellung» der organischen Chemie; funktionelle Gruppen

Die Mehrzahl der organischen Verbindungen enthält neben dem kennzeichnenden Element Kohlenstoff nur verhältnismäßig wenige andere, vor allem nichtmetallische Elemente: Wasserstoff, Sauerstoff, Stickstoff, Halogene, Schwefel, Phosphor u.a. Erst in den letzten Jahrzehnten hat auch die Chemie metallorganischer Verbindungen einen großen Aufschwung genommen, und man kennt heute auch organische Verbindungen der meisten Metalle. Die Tatsache, daß ganz erheblich mehr organische als anorganische Verbindungen bekannt sind (heute etwa 3 Millionen gegenüber etwa 300000) ist jedenfalls sehr bemerkenswert und liegt im besonderen Verhalten des C-Atoms begründet.
Kohlenstoffatome verbinden sich mit den Atomen anderer Elemente durch *Atombindungen.* Zur Bildung von $C^{4\oplus}$- oder $C^{4\ominus}$-Ionen müßte sehr viel Energie aufgewendet werden, so daß solche «Ionen» nur in ganz wenigen Substanzen existieren (z.B. $C^{4\ominus}$ in Al_4C_3; die Bindungsart ist jedoch sicher keine reine Ionenbindung!)[1]. Durch Bildung von Atombindungen entstehen Moleküle. Die *Besonderheit* im Verhalten des Elementes Kohlenstoff besteht nun darin, daß sich seine Atome in solchen Molekülen praktisch unbegrenzt mit sich selbst (d.h. mit anderen Kohlenstoffatomen) zu Ketten, Ringen, Netzen oder dreidimen-

---

[1] Einfach geladene Ionen wie $\geq\!C^{\oplus}$ oder $\geq\!\bar{C}^{\ominus}$ (sogenannte **Carbeniumionen** bzw. **Carbanionen**) treten als Zwischenstoffe bei vielen organischen Reaktionen auf, bleiben aber in den meisten Fällen nicht lange existenzfähig.

sionalen Gerüsten verbinden können, mit anderen Worten, daß *C—C-Bindungen bei Raumtemperatur völlig beständig* sind. Der Grund dafür ist, daß die Kohlenstoffatome in organischen Molekülen neben anderen Kohlenstoffatomen vor allem Wasserstoffatome binden und daß die Elektronenwolken der C—C- und der C—H-Bindungen von praktisch derselben Kompaktheit sind. Es ergibt sich damit eine maximale Symmetrie der Ladungsverteilung und eine größtmögliche Abschirmung des $C^{4\oplus}$-Rumpfes, wie es sonst bei keinen Wasserstoffverbindungen eines anderen Elementes möglich ist. Reaktionen an gewöhnlichen C—C- und C—H-Bindungen benötigen darum ziemlich große Aktivierungsenergien; diese Bindungen sind, wie man sagt, *«kinetisch inert»*.

Eine gewisse Tendenz zur Bildung kettenartiger Atomverbände ist allerdings auch bei anderen Elementen zu beobachten. So bildet *Schwefel* neben den bei Raumtemperatur allein stabilen, ringförmigen S_8-Molekülen auch hochmolekulare Ketten aus Schwefelatomen («γ-Schwefel»), und auch in den Sulfanen (H_2S_x; $x = 2$ bis 8) sind Schwefelatome untereinander verbunden. Ebenso bilden *Selen, Phosphor* und andere Elemente hochmolekulare Ketten aus gleichartigen Atomen. In den *Silanen* und *Siliciumchloriden* ($Si_x H_{2x+2}$ bzw. $Si_x Cl_{2x+2}$) treten Ketten von maximal 6 Siliciumatomen auf. Sowohl die Sulfane wie die Silane und Siliciumchloride sind jedoch ganz bedeutend reaktionsfähiger; so werden z. B. die Siliciumchloride durch Wasser fast augenblicklich zu SiO_2 hydrolysiert, und die Silane entzünden sich an der Luft spontan. Die Reaktionsfähigkeit dieser Schwefel- und Silicium-Verbindungen beruht darauf, daß der Atomrumpf sowohl der Schwefel- wie der Siliciumatome durch die bindenden Elektronenwolken viel weniger stark abgeschirmt wird und dadurch dem Angriff einer Lewis-Base viel stärker ausgesetzt ist (das Siliciumatom ist sowohl in den Silanen wie in den Siliciumchloriden positiv polarisiert!). Zudem besitzen sowohl Schwefel wie Silicium in ihrer Valenzschale unbesetzte *d*-Orbitale, die für Atombindungen verfügbar sind, während beim Kohlenstoffatom eine solche «Oktettaufweitung» aus energetischen Gründen unmöglich ist. Die «Sonderstellung» des Kohlenstoffatoms in den organischen Verbindungen ist somit weitgehend eine Folge der «günstigen» Ladungsverteilung und der Atomgröße.

Es sei in diesem Zusammenhang daran erinnert, daß durch den «Einbau» eines Sauerstoffatoms zwischen zwei Siliciumatome ebenfalls äußerst stabile Atomverbände entstehen; es handelt sich aber bei den Si—O-Bindungen um so stark polare Atombindungen, daß man sie in gewissem Sinn auch als Ionenbindungen auffassen kann. Die *Silicatchemie* nimmt darum innerhalb der Chemie als Ganzem ebenfalls eine gewisse Sonderstellung ein, ähnlich wie die Kohlenstoffchemie; die Si—O-Gerüste bilden jedoch keine in sich abgeschlossenen Einheiten (Moleküle), sondern salzartige bis diamantartige Festkörper, die schwer schmelzbar sind und deren Eigenschaften in hohem Maß durch die Gitterstruktur bestimmt werden. Die Chemie des Siliciums ist also eine ausgeprägte Chemie fester Stoffe (*«Kristallchemie»*), im Gegensatz zur «Molekülchemie» organischer Verbindungen.

Schließlich kann man auch der Chemie der *Borverbindungen* eine gewisse Sonderstellung einräumen, die sich in manchen Beziehungen (strukturelle Vielfalt, Reaktionstypen) durchaus mit der organischen Chemie vergleichen läßt. Charakteristisch für die Borhydride und die sich von ihnen ableitenden Verbindungen (Carborane u. a.) sind die *«Mehrzentrenbindungen»*, d. h. mit nur zwei Elektronen besetzte MO, die sich über mehrere Atome erstrecken.

Eine charakteristische Eigenschaft der allermeisten organischen Verbindungen ist ihre *geringe Wärmebeständigkeit*. Mit wenigen Ausnahmen verbrennen oder verkohlen organische Substanzen bereits beim Erwärmen auf wenige 100 °C; sie stehen damit in schroffem Gegensatz zu schwer zu zersetzenden und oft auch schwer schmelzbaren, typisch «anorganischen» Verbindungen, wie viele Salze, Silicate, SiO_2, auch Wasser, Fluorwasserstoff, Kohlendioxid usw. Die geringe thermische Stabilität ist auf den wenig oder kaum polaren Charakter der C—C- und C—H-Bindungen zurückzuführen, die zwar, wie erwähnt, bei Raumtemperatur reaktionsträg sind, aber exergonisch in (polare) C—O- und H—O-Bindungen übergehen können. Die überwiegende Mehrzahl der organischen Verbindungen ist darum *thermodynamisch instabil* (freie Bildungsenthalpie positiv) bzw. bei Raumtemperatur *metastabil.*

Je nach dem Bau des Kohlenstoffgerüstes kann man die organischen Verbindungen in verschiedene Gruppen einordnen:

Gerüst kettenförmig   —C—C—C—C—C—C—C—C—C—

Gerüst ringförmig

Verbindungen mit (verzweigten oder unverzweigten) kettenförmigen Gerüsten werden als **«aliphatische»** Verbindungen bezeichnet *(aleiphar* gr. = Fett), weil die Fette zu dieser Stoffgruppe gehören. Die Verbindungen mit ringförmigen Gerüsten gliedern sich in **«alizyklische»** und **«aromatische»** Verbindungen. Alizyklische Ringe zeigen die Bindungsverhältnisse und Eigenschaften aliphatischer Verbindungen, während in aromatischen Ringen besondere Strukturen mit delokalisierten Elektronensystemen vorliegen. Ringe, die neben C-Atomen auch andere Atome als Ringglieder enthalten, nennt man **«heterozyklisch»**; *«isozyklische»* Ringe enthalten ausschließlich C-Atome als Ringglieder.

Wie schon erläutert wurde, sind die C—C- und C—H-Bindungen in den meisten Fällen kinetisch inert (reaktionsträg). Die Mehrzahl der organischen Verbindungen enthält nun aber neben Kohlenstoff- und Wasserstoffatomen weitere Atome (O-, N-, S-, Halogen-), welche mit Kohlenstoff- oder Wasserstoffatomen mehr oder weniger stark polare und damit reaktionsfähigere Bindungen bilden. Oft bilden sich dadurch Atomgruppen, die ganz charakteristische Eigenschaften und Reaktionen zeigen und die für das physikalische und chemische Verhalten vieler Verbindungen von entscheidender Bedeutung sind. Solche Gruppen werden als **«funktionelle Gruppen»** bezeichnet.

Die Klassifizierung organischer Verbindungen nach ihren funktionellen Gruppen bietet eine gute Möglichkeit, um eine Übersicht über ihre Vielfalt zu gewinnen und entspricht dem traditionellen Aufbau vieler Lehrbücher und Lehrgänge. Obschon wir das physikalische und chemische Verhalten der verschiedenen funktionellen Gruppen in späteren Abschnitten – insbesondere im Zusammenhang mit ihren charakteristischen Reaktionen – behandeln, ist ein *Überblick* bereits hier sehr zweckmäßig. So bringt die Tabelle 1.4 Beispiele von wichtigen Verbindungsklassen mit ihren funktionellen Gruppen. Zur Benennung der verschiedenen Verbindungstypen benützen wir hier an erster Stelle die *«systematischen»* Namen (vgl. S.169ff.), da sie insbesondere dem Anfänger die Übersicht erleichtern. Viele Verbindungen werden aber auch heute noch durch *«Trivialnamen»* bezeichnet, die keine Beziehung zur Struktur der betreffenden Substanz erkennen lassen, z.B. Formaldehyd für Methanal, Aceton für Propanon usw. Da aber jeder Chemiker weiß, welche Stoffe mit den systematischen Namen gemeint sind, ist es für den Lernenden einfacher, sich zunächst die systematischen Namen zu merken und sich im Laufe der Zeit auch mit den Trivialnamen vertraut zu machen.

Die Gliederung organischer Verbindungen nach ihren funktionellen Gruppen ist auch deshalb sehr zweckmäßig, weil bei den allermeisten organischen Reaktionen solche Gruppen in andere Gruppen umgewandelt werden, ohne daß dabei der «Rest» des betreffenden Moleküls ebenfalls verändert wird. Alkohole (R—OH) beispielsweise lassen sich durch bestimmte Reaktionen in Halogenide (R—X), Ether (R—O—R) oder Amine (R—NH$_2$) umwandeln, ohne daß sich dabei die Struktur des Restes «R» verändert. Zudem zeigen alle Verbindungen, die ein und dieselbe funktionelle Gruppe enthalten, in der Regel die Eigenschaften und Reaktionen dieser Gruppe. Als Beispiele dafür seien hier kurz einige Eigenschaften der *Hydroxylgruppe* (—OH), der *Carbonylgruppe* ($>$C$=$O) und der *Aminogruppe* (—NH$_2$) gestreift.

Die Reaktionsfähigkeit der **Hydroxylgruppe**[1] in den Alkoholen beruht im wesentlichen darauf, daß sie ähnlich wie Wasser imstande ist, ein Proton (ein H$^{\oplus}$-Ion) zu binden bzw. abzugeben, d. h. daß sie als Base bzw. Säure wirken kann.
Sowohl ihre konjugierte Säure wie die konjugierte Base können zahlreiche Reaktionen eingehen. Insbesondere stellt die konjugierte Base bei vielen Reaktionen ein Elektronenpaar zur Bildung einer neuen Atombindung zur Verfügung. Ein solches Teilchen verhält sich **nucleophil**, da es ein positiv polarisiertes anderes Atom angreift (nucleus lat. = Kern; nucleophil wörtlich = «kernliebend»).

In der **Carbonylgruppe** sind Kohlenstoff- und Sauerstoffatom durch eine Doppelbindung verbunden, die aber als Folge der hohen Elektronegativität des Sauerstoffatoms stark polar ist. Die elektronenanziehende Wirkung des Sauerstoffatoms ist so groß, daß sogar noch benachbarte, weitere Bindungen polarisiert werden können und dadurch reaktionsfähiger werden. Zudem ist auch das Carbonyl-Sauerstoffatom imstande ein Proton zu binden, wodurch die Polarität der $>$C$=$O-Doppelbindung noch weiter erhöht wird.

Verbindungen mit der **Aminogruppe** lassen sich rein formal als Derivate von Ammoniak auffassen, in ähnlicher Weise, wie die Alkohole als Derivate des Wassers betrachtet werden können (ein Wasserstoffatom ist jeweils durch einen organischen Rest «R» ersetzt). Der Aminostickstoff besitzt wie das Stickstoffatom im Ammoniak ein freies (nichtbindendes) Elektronenpaar und wirkt – ganz ähnlich wie Ammoniak – basisch, und zwar wesentlich stärker als das Sauerstoffatom der Hydroxyl- oder der Carbonylgruppe.

Da verschiedene funktionelle Gruppen aber auch gleichartige chemische Reaktionen zeigen, ist es möglich, das Gesamtgebiet der organischen Chemie nach *Reaktionstypen* zu gliedern, wie es im Hauptteil dieses Buches erfolgen wird (Kapitel 7 bis 18). Betrachtet man nur die Veränderungen des *Molekülskelettes* und läßt den genauen Ablauf unberücksichtigt, so kann man vier Haupttypen von Reaktionen unterscheiden:

Substitution. Dabei wird ein Atom oder eine Atomgruppe durch ein anderes Atom (eine andere Atomgruppe) ersetzt:

$$CH_4 + Cl_2 \quad \longrightarrow \quad CH_3Cl + HCl$$
$$CH_3OH + HCl \quad \longrightarrow \quad CH_3Cl + H_2O$$

---

[1] Das OH$^{\ominus}$-Ion heißt Hydroxid-Ion; Hydroxylgruppen sind an andere Atome durch Atombindungen gebundene OH-Gruppen.

Tabelle 1.4. Typen und Beispiele organischer Verbindungen nach ihren funktionellen Gruppen geordnet

Kohlenwasserstoffe, R—H[1]

Alkane	Alkene («Olefine»)	Alkine	Cycloalkane	Aromaten
$CH_3CH_2CH_3$ Propan	$CH_3CH=CH_2$ Propen	$CH_3C≡CH$ Propin	Cyclohexan	Benzen («Benzol»)

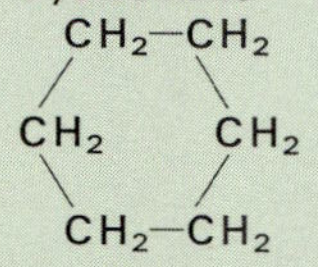

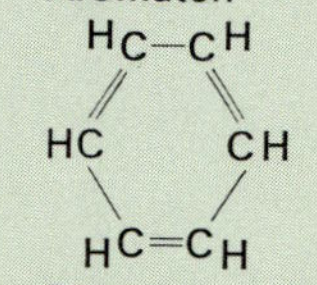

Ketone, R_2CO

CH_3 $C=O$ / CH_3
Propanon (Aceton)

Aldehyde, RCHO

CH_3 $C=O$ / H
Ethanal (Acetaldehyd)

Halogenide, R—X

$CH_3CH_2—Br$
Bromethan (Ethylbromid)

Amide, $R—CONH_2$

$CH_3—C(=O)—NH_2$
Ethanamid (Acetamid)

Nitrile, RC≡N

$CH_3C≡N$
Ethannitril (Acetonitril)

Thiole, R—SH

$CH_3CH_2—SH$
Ethanthiol

Alkohole, R—OH

$CH_3CH_2—OH$
Ethanol (Ethylalkohol)

Ether, R—O—R

$CH_3CH_2—O—CH_2CH_3$
Ethoxyethan (Diethylether)

Ester, R—COOR

$CH_3—C(=O)—O—CH_3$
Methylethanat (Methylacetat)

Nitro-Verbindungen, $R—NO_2$

$CH_3—N(=O)O$
Nitromethan

Carbonsäuren, R—COOH

$CH_3—C(=O)—OH$
Ethansäure (Essigsäure)

Amine, $R—NH_2$

$CH_3CH_2—NH_2$
Aminoethan (Ethylamin)

[1] Das Symbol «R» stellt eine Kohlenwasserstoffgruppe (einen «Alkyl-» oder «Arylrest») dar.

Addition. Hier werden weitere Atome (Atomgruppen) an das Molekül angelagert. Additionsreaktionen sind nur an ungesättigten funktionellen Gruppen möglich (Doppel- oder Dreifachbindungen):

$$CH_2{=}CH_2 + H_2 \quad \longrightarrow \quad CH_3{-}CH_3$$
$$CH{\equiv}CH \ + HCl \quad \longrightarrow \quad CH_2{=}CH{-}Cl$$

Elimination. Aus organischen Molekülen werden Moleküle von Elementen oder Verbindungen abgespalten, wobei ungesättigte Verbindungen entstehen:

$$CH_3CH_2OH \quad \longrightarrow \quad CH_2{=}CH_2 + H_2O$$
$$CH_3CH_2Cl \quad \longrightarrow \quad CH_2{=}CH_2 + HCl$$

Umlagerung. Wenn innerhalb eines Moleküls Atome oder Atomgruppen verschoben werden, so wird das Kohlenstoffgerüst verändert und es tritt eine Umlagerung ein:

$$\underset{CH_2{-}CH_2}{\overset{CH_2}{\triangle}} \quad \longrightarrow \quad CH_3{-}CH{=}CH_2$$

Oxidationen und *Reduktionen* organischer Moleküle lassen sich oft ebenfalls in einen der erwähnten Reaktionstypen einordnen. Nur solche Reaktionen, bei denen ein Molekül in mehrere einfachere Moleküle abgebaut wird, sind nicht immer leicht zu klassifizieren. So werden bei der Verbrennung von Ethan zu CO_2 und Wasser alle C—C- und C—H-Bindungen getrennt, so daß man weder von Substitution, noch von Elimination oder Umlagerung sprechen kann.

1.4   Reindarstellung organischer Verbindungen

In der Natur liegen organische Substanzen als komplizierte *Gemische* vor. Auch bei synthetischen («präparativen») Reaktionen werden in der Regel Gemische und keine reinen Stoffe erhalten, weil viele organische Reaktionen nicht vollständig verlaufen (Gleichgewichtsreaktionen!) und zudem auch sehr häufig (unerwünschte) Nebenreaktionen auftreten. Als Produkt einer Synthese entsteht deshalb meist ein Gemisch, das neben dem gewünschten Stoff noch unveränderte Ausgangssubstanzen oder Nebenprodukte enthält. Ziel jeder organisch-präparativen Arbeit ist jedoch der *reine Stoff,* der durch seine spezifischen physikalischen Eigenschaften (die letztlich spezifische Eigenschaften seiner Moleküle sind!) charakterisiert werden kann. Es ist darum eine wichtige Aufgabe des Organikers, Substanzgemische zu trennen, reine Stoffe zu isolieren und sie zu charakterisieren. Ob ein Trennungs-(Reinigungs-)verfahren erfolgreich ist, erkennt man daran, daß sich bestimmte (zahlenmäßig angebbare) physikalische Eigenschaften nach wiederholter Reinigung nicht mehr weiter verändern. Dies ist allerdings nicht immer ganz einfach festzustellen, weil z.B. gewisse Gemische einen konstanten Schmelz- bzw. Siedepunkt besitzen können *(«eutektische»* bzw. *«azeotrope»* Gemische). Zur Prüfung der Reinheit benützt man in solchen Fällen besonders empfindliche Methoden (z.B. die Gaschromatographie; S. 39) oder die in Kapitel 4 behandelten spektroskopischen Methoden.

Die wichtigsten *Trennverfahren* beruhen einerseits darauf, daß das zu trennende Gemisch zwischen verschiedene Phasen verteilt wird (Destillation, Zonenschmelzen, Ausschütteln, chromatographische Methoden) oder daß die Trennung nach verschiedener Teilchengröße bzw. -dichte geschehen kann (Filtration, Sedimentation). In Sonderfällen sind Trennungen durch chemische Reaktionen (Ionenaustauschchromatographie) oder durch Ausnützung der verschiedenen Wanderungsgeschwindigkeiten im elektrischen Feld (Elektrophorese) möglich. Die *Destillation* dient zur Trennung (bzw. Reinigung) flüssiger oder leicht schmelzbarer fester Stoffgemische. Voraussetzungen für ihre Anwendbarkeit sind hinreichende Flüchtigkeit und keine Zersetzung der Komponenten beim Verdampfen. Um eine thermische Zersetzung höher siedender Substanzen zu vermeiden, destilliert man solche Stoffe im «Vakuum» («Wasserstrahl-Vakuum» etwa 0,01 bar; durch Quecksilber- oder Öldiffusionspumpen erreichbares Vakuum bis 10^{-10} bar) (Abb.1.22). Eine Verminderung des Druckes auf etwa 0,01 bar bewirkt eine Herabsetzung des Siedepunktes um 50 bis 70°C.

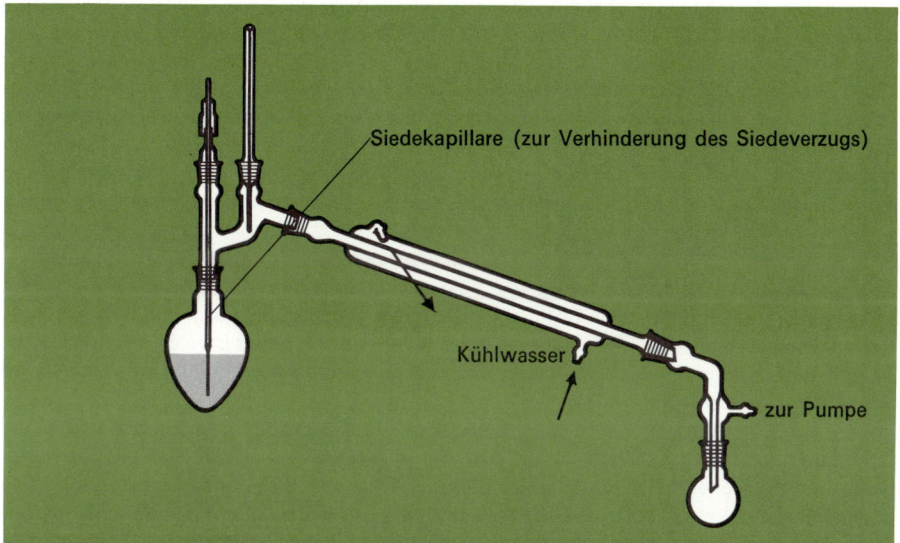

Abb.1.22. Apparatur zur Destillation unter vermindertem Druck («Vakuumdestillation»). Die Siedekapillare verhindert einen Siedeverzug

Bei der sogenannten Kurzwegdestillation werden noch niedrigere Drucke verwendet, so daß dann die mittlere freie Weglänge eines Moleküls im Dampfraum die Länge des Destillierwegs überschreitet. Auf diese Weise gelingt es in bestimmten Fällen, komplizierte Gemische sehr genau und vor allem sehr schonend zu trennen.

Durch eine einfache (einmalige) Destillation eines Flüssigkeitsgemisches läßt sich meist keine vollkommene Trennung erreichen. Bei der *fraktionierten Destillation* werden entweder die einzelnen Fraktionen für sich so lange weiter destilliert, bis konstante Siedetemperaturen erreicht werden, oder man verwendet Fraktionierkolonnen (Abb.1.23). Die schwerer flüchtigen Anteile des Dampfes kondensieren darin zum größten Teil und tropfen in den Destillierkolben zurück (dem aufsteigenden Dampf entgegen).

Besondere Methoden der Destillation sind die *«Wasserdampfdestillation»* und die *«azeotrope Destillation»*. Bei der Wasserdampfdestillation nützt man die Tatsache aus, daß bei einem Gemisch aus mehreren Substanzen, die sich nicht homogen vermischen, der

Gesamtdampfdruck gleich der Summe der Partialdampfdrucke ist. Die Siedetemperatur eines solchen Gemisches liegt darum tiefer als die Siedepunkte der Einzelkomponenten. In der Laboratoriumspraxis wird die Wasserdampfdestillation zur Abtrennung von Substanzen verwendet, die mit Wasser nur in sehr geringem Maß mischbar sind. Man leitet zu diesem Zweck in das Stoffgemisch Wasserdampf ein und erhitzt. Es destilliert dann ein heterogenes Gemisch von Wasser und der betreffenden Substanz über, das sich in der Regel leicht trennen läßt. Dadurch wird ebenfalls eine schonendere Destillation erreicht.

Wenn zwei oder mehr Komponenten eines Gemisches *azeotrope* (konstant siedende) *Gemische* bilden, ist eine Trennung durch gewöhnliche fraktionierte Destillation nicht möglich. Man hilft sich in solchen Fällen vielfach in der Weise, daß man dem Gemisch eine weitere Substanz zusetzt, welche ihrerseits mit einem oder mehreren der abzutrennenden Stoffe eine azeotrope Mischung bildet. So lassen sich z.B. Alkohol und Wasser durch fraktionierte Destillation nicht vollständig trennen (bei 78,8°C destilliert ein azeotropes Gemisch mit 95,6% Alkohol über); wird dem Alkohol/Wasser-Gemisch jedoch Benzen zugesetzt, so destilliert zunächst eine azeotrope Mischung von Benzen, Wasser und Alkohol ab, die das gesamte vorhandene Wasser mit sich führt, so daß zum Schluß reiner, wasserfreier Alkohol überdestilliert.

Feste Substanzen können durch *Umkristallisieren* oder – weniger häufig – durch *Zonenschmelzen* gereinigt werden. Beim Umkristallisieren stellt man eine heiß gesättigte Lösung der Substanz in einem geeigneten Lösungsmittel her; beim Abkühlen scheiden sich (reinere) Kristalle der gewünschten Substanz aus. Voraussetzungen für die Anwendbarkeit dieses Verfahrens sind, daß die betreffende Substanz in der Hitze gut, in der Kälte jedoch nur in geringem Maß löslich ist und daß die Verunreinigungen in dem verwendeten Lösungsmittel entweder sehr gut oder in der Hitze nicht löslich sind und beim Abkühlen im Lösungsmittel gelöst bleiben oder durch Filtration der heißen Lösung abgetrennt werden können. Beim Zonenschmelzen wird die in ein Rohr eingefüllte feste Substanz langsam durch die schmale Heizzone eines Ofens gezogen. Dabei schmilzt jeweils nur ein enger Bereich des Stoffes; die Verunreinigungen reichern sich in dieser nach vorne wandernden Zone an und können am Schluß mechanisch entfernt werden.

Für die Laboratoriumspraxis von ganz besonderer Bedeutung sind die *Extraktion* und die *chromatographischen Methoden*. Im Prinzip beruhen beide darauf, daß sich ein Substanzgemisch entsprechend den Verteilungskoeffizienten seiner Komponenten zwischen zwei miteinander nicht mischbaren Phasen verteilen läßt. Im einfachsten Fall, dem «Ausschütteln», wird das Gemisch zwischen zwei Lösungsmitteln von beschränkter Mischbarkeit (z.B. Wasser und Ether) verteilt. Man erreicht dadurch einen Gleichgewichtszustand, der nach dem Nernstschen Verteilungssatz durch ein konstantes Verhältnis der Einzelkomponenten in den beiden flüssigen Phasen gekennzeichnet ist. Die Trennung geschieht im bekannten *Scheidetrichter*. Durch ein einmaliges Ausschütteln wird wiederum meist keine vollständige Trennung erreicht, da die Unterschiede in den Verteilungskoeffizienten häufig nicht genügend groß sind, und man muß die Operation mehrfach wiederholen (jeweils beide Phasen mit frischem Lösungsmittel der anderen Phase ausschütteln). Für größere Ansätze werden kontinuierlich arbeitende Geräte (Extraktionsapparate, Gegenstromextraktion) verwendet.

Die chromatographischen Verfahren zählen zu den wirkungsvollsten Trennmethoden überhaupt und sind darum auch für kleinste Substanzmengen anwendbar. Man benützt dabei stets eine stationäre (unbewegliche) Phase (fein verteilter fester Stoff oder eine durch ein festes Trägermaterial stationär gehaltene Flüssigkeit) und eine mobile (bewegliche) Phase. Beim ursprünglich allein verwendeten Verfahren der *Säulenchromatographie* (Tswett, 1911) ist die stationäre Phase eine feste, in ein senkrechtes Glasrohr eingefüllte Substanz (z.B. Aluminiumoxid, Silicagel, besonders präparierte Cellulose u.a.). Die Lösung, welche das Substanzgemisch enthält, wird durch diese Säule geschickt, wobei die verschiedenen Komponenten des Gemisches je nach ihrem Charakter und den absorbierenden Eigenschaften der Säule von dieser verschieden stark festgehalten werden, so daß sie diese mit verschiedenen Geschwindigkeiten passieren. Die dadurch getrennten Komponenten tropfen in verschiedenen Fraktionen aus der Säule heraus. Durch Auswechseln der Lösungsmittel kann diese «Eluierung» bedeutend verbessert werden.

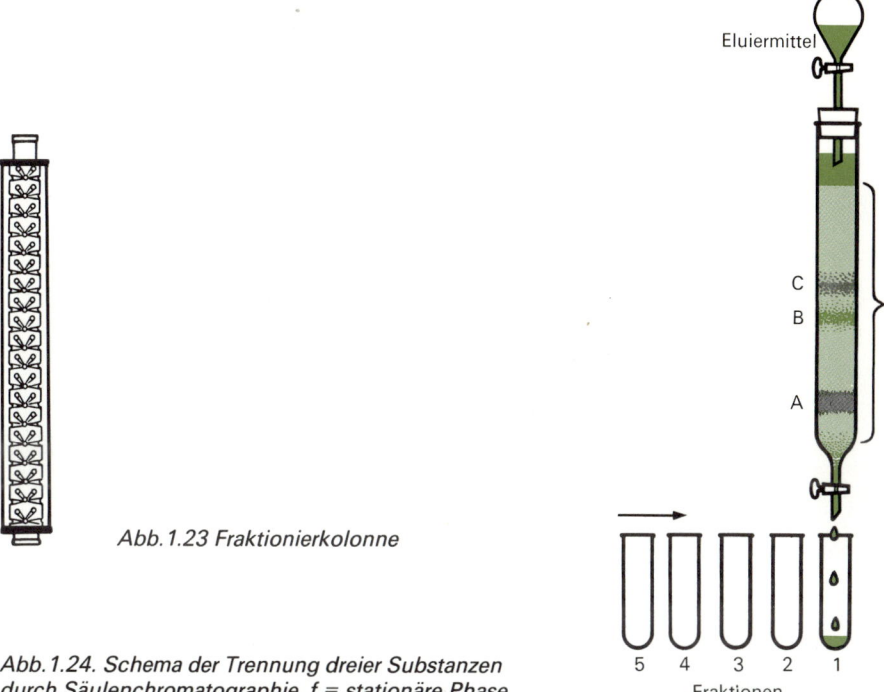

Abb.1.23 Fraktionierkolonne

Abb.1.24. Schema der Trennung dreier Substanzen durch Säulenchromatographie, f = stationäre Phase

Bei der *Papierchromatographie* trägt man die zu untersuchende Substanzprobe (5 bis 50 μg) auf einen Filtrierpapierstreifen auf (etwas vom Rand entfernt) und läßt ein mit Wasser gesättigtes Lösungsmittel (Phenol, Butanol u. a.) über das ebenfalls mit Wasserdampf gesättigte Papier laufen. Von unten nach oben (aufsteigende Papierchromatographie) erfolgt die Wanderung des Lösungsmittels durch die Wirkung der Kapillarität im Papier. Vielfach wird das Lösungsmittel auch von oben nach unten fließen gelassen (absteigende Papierchromatographie). Da das Papier vor dem Versuch mit Wasserdampf gesättigt wurde, verteilen sich die einzelnen Substanzen des Gemisches zwischen der nichtwäßrigen, beweglichen Flüssigkeit (der mobilen Phase) und den wasserhaltigen Fasern des Papiers (der stationären Phase): stärker hydrophile Stoffe werden vom stillstehenden Wasser zurückgehalten, schwächer hydrophile Substanzen wandern mit der beweglichen Phase schneller vorwärts, wobei die Wanderungsgeschwindigkeiten der einzelnen Substanzen von ihrer Verteilung zwischen Wasser und dem betreffenden Lösungsmittel abhängen. Man erhält auf diese Weise eine Reihe von Substanzflecken, die gegebenenfalls durch bestimmte Farbreaktionen (Besprühen mit «Tüpfelreagenzien») sichtbar gemacht werden müssen oder sich durch ihre Fluoreszenz unter der UV-Lampe zu erkennen geben. Als Maß für die Wanderungsgeschwindigkeiten dienen die «R_f-Werte»[1] (die Entfernung einer Substanz vom Ausgangspunkt dividiert durch die Entfernung der Lösungsmittelfront ebenfalls vom Ausgangspunkt). Die R_f-Werte hängen vom Lösungs- mittel und von der Papiersorte ab, sind aber bei gleichen Bedingungen (Temperatur!) für die einzelnen Substanzen charakteristische Konstanten. – Wird durch Anwendung eines einzigen Lösungsmittels keine genügende Trennung erreicht, so führt man das Verfahren zweidimensional durch, indem quadratische Papierbogen verwendet werden und man zunächst mit einem, dann senkrecht dazu mit einem zweiten Lösungsmittel arbeitet. Die Komponenten eines unbekannten Gemisches werden oft durch Vergleich ihrer Wande- rungsgeschwindigkeiten (*R_f-Werte*) sowie Farbreaktionen beim Besprühen mit dem ent- sprechenden Verhalten bekannter Substanzen in verwendeten Lösungsmitteln identifiziert.

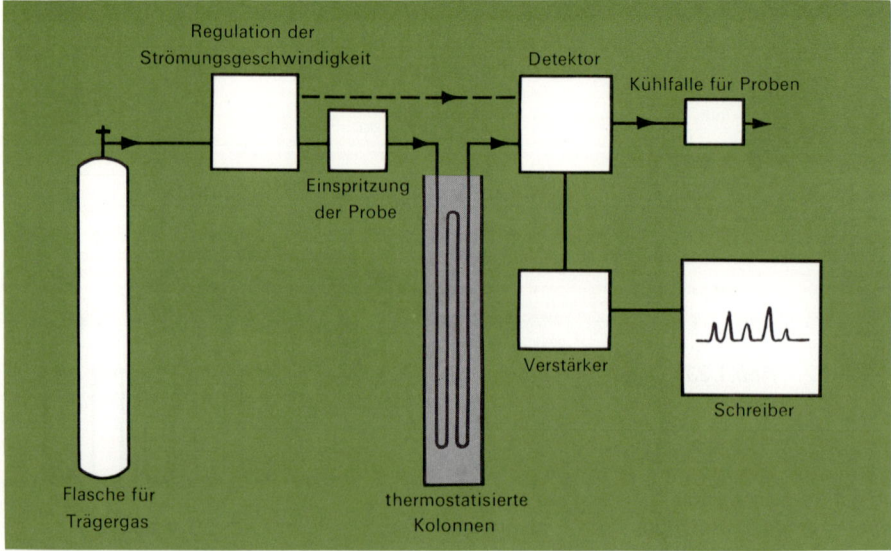

Abb. 1.25. Schema eines Gaschromatographen

Neben der Säulen- und der Papierchromatographie sind noch weitere chromatographische Verfahren von großer Bedeutung. Bei der *Dünnschichtchromatographie* gießt oder streicht man das Adsorptionsmittel oder Trägermaterial als dünne Schicht auf eine Glasplatte, anstatt es in eine senkrecht stehende Röhre einzufüllen; es bildet die stationäre, feste Phase oder dann das Trägermaterial für eine stationäre flüssige Phase. Die Substanzgemische werden auch hier am einen (meist dem unteren) Rand der Glasplatte auf die dünne Schicht aufgetragen. Die mobile Phase (die Lösung des Substanzgemisches) steigt senkrecht empor. Ähnlich wie bei der Papierchromatographie verteilen sich die einzelnen Komponen- ten eines Gemisches zwischen beweglicher und stationärer Phase und zeigen sich – meist nach Sichtbarmachung durch eine Farbreaktion oder durch Fluoreszenz bei UV-Bestrah- lung – als Flecken. Gegenüber der Papierchromatographie besitzt dieses Verfahren den sehr

[1] **R**etention **f**actor (engl.).

großen Vorteil, daß es viel weniger Zeit beansprucht und daß durch Variation der stationären Phase viel mehr Trennungsmöglichkeiten bestehen. Neben der Verteilung zwischen zwei flüssigen Phasen spielen dann oft auch eigentliche Adsorptionserscheinungen eine große Rolle.

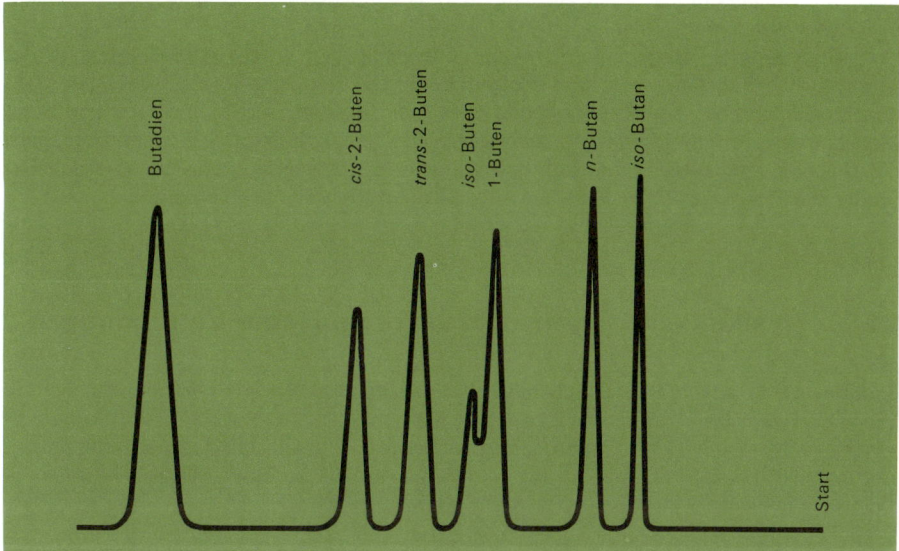

Abb. 1.26. Gaschromatogramm; zeigt die Trennung der C_4-Kohlenwasserstoffe

Bei der *Gaschromatographie, GC,* (Abb. 1.25) wird das Substanzgemisch verdampft und zusammen mit einem inerten Trägergas (Helium, Argon oder Stickstoff) das die bewegliche Phase bildet, durch ein langes, dünnes Rohr geleitet. Als stationäre Phase dient eine nichtflüchtige Flüssigkeit, mit welcher ein Festkörpergranulat getränkt wurde («gepackte Kolonne») oder die als dünner Film auf die Innenseite einer Kapillare von 0,2 bis 1 mm Durchmesser und bis zu 50 m Länge möglichst gleichmäßig aufgetragen wurde («Kapillarkolonne»). Die einzelnen Komponenten des Gemisches lösen sich je nach ihrem Charakter mehr oder weniger gut in der stationären Phase und werden von dieser mehr oder weniger stark zurückgehalten. Am Ende der Kolonne können sie somit nach kürzerer oder längerer Strömungszeit des Trägergases nachgewiesen werden (z. B. durch die Veränderung der Wärmeleitfähigkeit des Trägergases oder durch Ionisation einer Wasserstoffflamme). Die Gaschromatographie eignet sich zur Untersuchung gasförmiger oder vollständig verdampfbarer (d. h. relativ niedermolekularer) Stoffe; durch Variation der stationären Phase (je nach der Art des zu untersuchenden Gemisches) ist sie sehr vielseitig anwendbar und zudem außerordentlich empfindlich (0,1 μl genügt für eine gaschromatographische Bestimmung!).

Ein weiteres, seit etwa einem Jahrzehnt wichtig gewordenes Verfahren der Chromatographie ist die *Hochdruck-Flüssigkeits-Chromatographie (HPLC)*. Die stationäre Phase kann dabei eine feste, adsorbierende Substanz oder ein poröses, mit einer Flüssigkeit getränktes Material sein, während die mobile Phase eine Flüssigkeit ist, die unter Überdruck durch die stationäre Phase hindurchgepreßt wird. Diese Trennmethode vereinigt die Vorteile der Gaschromatographie (sehr hohe Trennschärfe; quantitative Bestimmung der einzelnen Komponenten durch Ausmessen der Flächen der Detektorsignale) mit der konventionellen Säulenchromatographie (Trennung größerer Substanzmengen und damit Trennungen zu präparativen Zwecken). Im Gegensatz zur Gaschromatographie ist die Hochdruck-Flüssigkeits-Chromatographie auch zur Trennung von Substanzen geeignet, die sich nicht unzersetzt verdampfen lassen.

Bei der *Gel-* oder *Ausschlußchromatographie* schließlich erfolgt die «Sortierung» der eingegebenen Substanz nach ihrer Molekülgröße. Die stationäre Phase – polymere Gele oder Molekularsiebe – besitzen Poren und Kanäle, die ungefähr der Größe der zu trennenden Moleküle entsprechen. Das Substanzgemisch wird ebenfalls durch Druck hindurchgepreßt. Die Gelchromatographie eignet sich besonders auch zur Trennung von hochmolekularen Stoffen wie Polysacchariden, Proteinen oder auch synthetischen Thermoplasten.

1.5   Physikalische Eigenschaften organischer Verbindungen

Zum Beweis der *Identität* einer Substanz mit einem bereits bekannten Stoff sowie auch für ihre *allgemeine Charakterisierung* ist die Ermittlung möglichst zahlreicher *kennzeichnender physikalischer Größen und Eigenschaften* notwendig. Physikalische Eigenschaften lassen vielfach auch bereits Schlüsse auf die chemische Struktur zu. Einige besonders wichtige Eigenschaften seien in den folgenden Abschnitten besprochen.

Schmelz- und Siedepunkt. Reine Stoffe besitzen eine konstante (allerdings vom Druck abhängige) *Schmelz-* und *Siedetemperatur*[1]. Sowohl Schmelz- wie Siedepunkt sind wichtige Kenngrößen von Substanzen. Insbesondere die Bestimmung des *Schmelzpunktes* wird oft als Kriterium für die *Reinheit* einer Substanz verwendet: Verändert sich der Schmelzpunkt nach mehrfachem Umkristallisieren aus möglichst verschiedenen Lösungsmitteln nicht mehr, so darf die Substanz als «rein» betrachtet werden. Durch Bestimmung des *«Mischschmelzpunktes»* läßt sich die Identität zweier Stoffe nachweisen. Zeigen Gemisch und reine Vergleichssubstanz die gleiche Schmelztemperatur wie die zu identifizierende Substanz, so ist diese letztere mit der Vergleichssubstanz identisch (Gemische aus verschiedenen Stoffen schmelzen in der Regel tiefer als die reinen Einzelkomponenten). Da beim Verdampfen eines Stoffes die Anziehungskräfte zwischen den Molekülen fast völlig überwunden werden (im Gaszustand wirken nur sehr geringe Kräfte zwischen den Molekülen), ist die Höhe des *Siedepunktes* ein Maß für die Stärke der zwischenmolekularen Kräfte. Diese sogenannten **van der Waals-Kräfte** beruhen – ebenso wie die Kovalenz- und die Ionenbindung! – auf der Anziehung zwischen entgegengesetzten elektrischen Ladungen, die hier durch eine *vorübergehende Polarisierung* der Moleküle (Atome) zustandekommt (vgl. *Grundlagen der allgemeinen und anorganischen Chemie,* S.144). Je größer die Oberfläche eines Moleküls ist und je weniger fest die Außenelektronen von den Atomrümpfen gebunden sind, um so leichter ist die betreffende Partikel polarisierbar: Die van der Waals-Kräfte wachsen deshalb mit steigender Molekül-(Atom)masse. Sind die Moleküle einer Substanz permanente Dipole, so sind die zwischenmolekularen Kräfte naturgemäß erheblich größer. Solche *«Dipolkräfte»* sind dann besonders wirksam, wenn ein H-Atom mit einem stark elektronegativen F-, O- oder N-Atom verbunden ist, da das dann positiv

---

[1] Auch azeotrope Gemische besitzen einen konstanten Siedepunkt!

polarisierte H-Atom wegen seiner geringen Größe besonders stark anziehend auf ein negativ polarisiertes Atom wirkt. Man verwendet für diese Fälle den Ausdruck **«Wasserstoffbrücke»** oder **«Wasserstoffbindung»**; es handelt sich dabei aber nicht um eine besondere Art Bindung, sondern lediglich um eine stark ausgeprägte Wirkung der Polarität.

Brechungsindex. Der Brechungsindex n einer Substanz stellt das Verhältnis der Lichtgeschwindigkeit im Vakuum und in der betreffenden Substanz dar. Im Falle von flüssigen Stoffen läßt sich n im Refraktometer leicht auf die fünfte Dezimale genau bestimmen und dient darum wie Schmelz- und Siedepunkt als wichtige Kenngröße eines Stoffes, insbesondere zur Bestimmung seines Reinheitsgrades. Wegen der Abhängigkeit von n von der Wellenlänge des verwendeten Lichtes *(«Dispersion»)*, muß zu Vergleichszwecken monochromatisches Licht von bestimmter Wellenlänge verwendet werden.

Aus Brechungsindex und Dichte läßt sich zusammen mit der Molekülmassenzahl M die folgende Beziehung bilden:

$$R_M = \frac{n^2 - 1}{n^2 + 2} \cdot \frac{M}{\varrho}$$

Dabei ist R_M, die sogenannte *Molrefraktion,* eine nahezu temperaturunabhängige Materialkonstante, die sich additiv aus den *«Atomrefraktionen»* der in einer bestimmten Verbindung enthaltenen Elemente und weiteren, für gewisse Bindungstypen (wie $>C=C<$ oder $-C\equiv C-$) charakteristischen Werten («Bindungsinkrementen») zusammensetzt. Ein Vergleich der nach obiger Formel berechneten Molrefraktion mit der Summe der Atomrefraktionen vermag wichtige Hinweise auf die Struktur einer Verbindung zu geben.

Optisches Drehvermögen. Sehr viele Substanzen besitzen die Fähigkeit, die Polarisationsebene von polarisiertem Licht zu drehen, d. h. sie sind **«optisch aktiv»** (Abb.1.27). Linear polarisiertes Licht läßt sich als Überlagerung zweier zirkular polarisierter Lichtwellen von entgegengesetztem Drehsinn auffassen (Abb.1.28); die optische Aktivität einer Substanz bedeutet also, daß ihr Brechungsindex für links- und rechts-zirkularpolarisiertes Licht verschieden ist. Laufen nämlich beide zirkular polarisierten Lichtwellen mit gleicher Geschwindigkeit durch eine Substanz, so ergibt die Projektion der in der Zeit t zurückgelegten (gleichen) Bogenstrecken AB und AC die Ebene AA', während in der optisch aktiven Substanz (wo die Geschwindigkeiten der beiden zirkular polarisierten Wellen verschieden sind) die beiden Wellen ungleich lange Strecken AB und AC zurücklegen, was eine Drehung der Polarisationsebene um den Winkel α zur Folge hat.

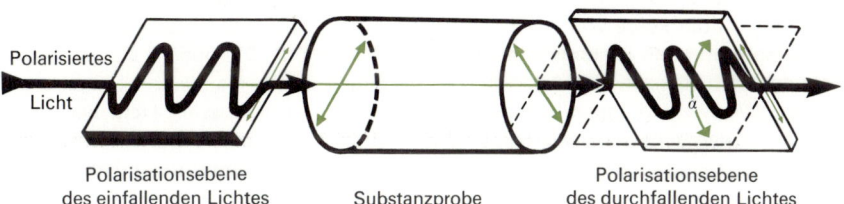

Polarisiertes Licht

| Polarisationsebene des einfallenden Lichtes | Substanzprobe | Polarisationsebene des durchfallenden Lichtes |

Abb.1.27. Schematische Darstellung der Drehung der Polarisationsebene von polarisiertem Licht durch eine optisch aktive Substanz (Drehwinkel α)

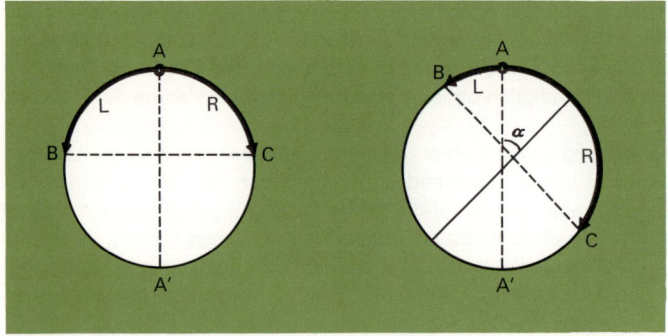

Abb.1.28. Zustandekommen von linear polarisiertem Licht durch Überlagerung zweier Wellen von zirkular polarisiertem Licht

Die optische Aktivität einer Substanz ist stets die Folge einer **«chiralen»** Struktur, d. h. einer Struktur ohne Drehspiegelachse (vgl. S. 222). Chiral gebaute Körper lassen sich mit ihrem Spiegelbild nicht zur Deckung bringen (Abb.1.29). Bei manchen optisch aktiven Substanzen ist die optische Aktivität nur im festen Zustand zu beobachten und ist dann eine Eigenschaft der (chiralen) *Kristallstruktur;* die meisten optisch aktiven organischen Verbindungen drehen jedoch die Polarisationsebene auch im flüssigen Zustand oder in Lösung, so daß das betreffende *Molekül* selbst von chiraler Konstitution sein muß. Das Ausmaß der Drehung ist proportional zur Konzentration der Lösung und zur Länge der durchlaufenden Schicht. Um eine Substanz zu charakterisieren, gibt man deshalb das *«spezifische Drehvermögen»* an:

$$[\alpha]_\lambda^T = \frac{\alpha \cdot 100}{l \cdot p \cdot \varrho}$$

α = gemessener Drehwinkel in Grad;
l = Länge der Schicht in dm;
p = Substanzmenge in Gramm pro 100 g Lösungsmittel;
ϱ = Dichte

Die Messung der optischen Drehung erfolgt im *Polarimeter.* Dabei wird die Strahlung zunächst mittels eines Polarisators polarisiert, geht dann zum Teil durch die Substanz und gelangt zum Teil direkt in den Analysator. Das beobachtete Gesichtsfeld besteht aus zwei Hälften unterschiedlicher Helligkeit, die durch Drehen des Analysators auf gleiche Helligkeit eingestellt werden, wobei sich der Drehwinkel direkt ablesen läßt. Genauere Resultate erhält man durch lichtelektrische Helligkeitsmessung.

Ausmaß und Vorzeichen der spezifischen Drehung hängen von der Art des *Lösungsmittels,* von der *Temperatur* und von der *Wellenlänge* des verwendeten Lichtes ab[1]. Der Einfluß des Lösungsmittels ist die Folge von Wechselwirkungen zwischen den Molekülen der betreffenden Substanz und den Lösungsmittelmolekülen (Solvation). Die optisch aktiven Moleküle befinden sich je nach der Art des Lösungsmittels in einer anderen «Umgebung», wodurch die Wechselwirkungen zwischen ihnen und dem polarisierten Licht beeinflußt werden und sich darum das Ausmaß der spezifischen Drehung verändert. Durch Temperaturänderung verschieben sich die Assoziations- (Solvations-) gleichgewichte und ändert sich

[1] Für Vergleichszwecke bezieht man die spezifische Drehung auf eine Temperatur von 25 °C und auf die Wellenlänge der Na$_D$-Linie (589 nm).

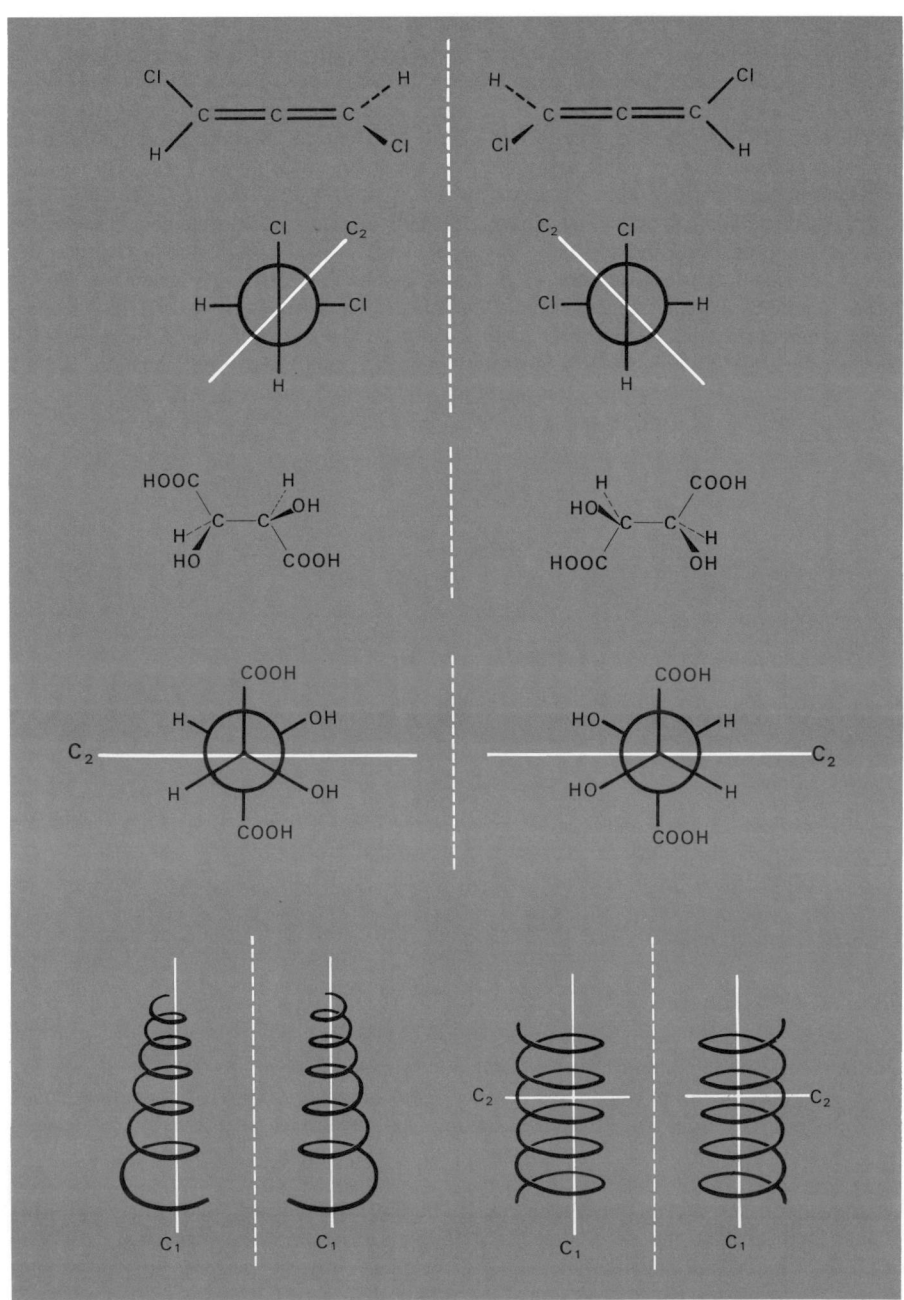

Abb.1.29. Beispiele chiraler Gegenstände (Moleküle, konische, bzw. zylindrische Schraube) (C_2 = zweizählige Drehachse)

zudem die Dichte der Substanz. Die Abhängigkeit der spezifischen Drehung von der Wellenlänge (die sogenannte *Rotationsdispersion («ORD»)* hat ihre Ursache darin, daß sich die Brechungsindices für rechts- und links-zirkularpolarisiertes Licht in einem chiralen Medium bei Veränderung der Wellenlänge nicht im gleichen Maß verändern (die Drehung ist bei jeder Wellenlänge proportional der Differenz der beiden Brechungsindizes). Häufig wächst der absolute Wert der Drehung mit abnehmender Wellenlänge (Abb.1.30 a). Viele Substanzen ergeben aber eine charakteristische Kurve *(«Cotton-Effekt»;* vgl. Abb.1.30 b und c). Wächst dabei die optische Drehung zuerst mit abnehmender Wellenlänge, so spricht man von positivem, im anderen Fall von negativem Cotton-Effekt. Der Wendepunkt der Kurve (wo $n_R = n_L$ ist) fällt mit dem Absorptionsmaximum der Substanz zusammen. Da die beiden spiegelbildlichen Moleküle auch Rotationsdispersionskurven ergeben, die spiegelbildlich zueinander sind, lassen sich in gewissen Fällen (hauptsächlich bei Carbonylverbindungen, die im Ultraviolett – um 300 nm – eine schwache Absorptionsbande zeigen) Schlüsse auf den räumlichen Bau des betreffenden Moleküls ziehen (vgl. S. 300).

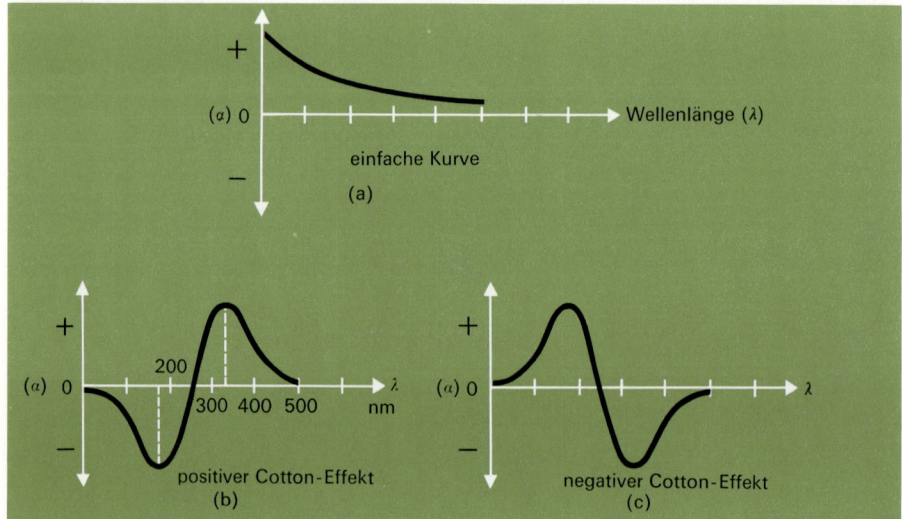

Abb. 1.30. ORD-Kurven

Lichtabsorption. In diesem Kapitel wird nur sehr allgemein über die Grundlagen der Lichtabsorption berichtet. Genaueres darüber – insbesondere über die Anwendung spektroskopischer Methoden zur Strukturaufklärung – siehe Kapitel 4 (S. 298 ff.). Zur Theorie der Spektren vgl. *Grundlagen der allgemeinen und anorganischen Chemie,* S.150 ff.

Elektromagnetische Wellen der Wellenlängen 400 bis 800 nm empfinden wir als **«Licht»**. Weißes Licht enthält alle sichtbaren Wellenlängen; monochromatisches Licht (z.B. das gelbe Licht einer Natriumdampflampe) ist Licht einer einzigen, bestimmten Wellenlänge (Farbe). *Ultraviolett* (UV) ist Licht von kürzeren Wellenlängen als 400 nm, *Infrarotlicht* (IR) besitzt längere Wellenlängen als 800 nm. Das *Mikrowellengebiet* umfaßt Strahlung mit den Wellenlängen von rund 50 μm ($5 \cdot 10^4$ nm) bis etwa 70 mm. Röntgenstrahlen haben noch kürzere Wellenlängen als UV ($< 0,1$ nm). Vergleiche das elektromagnetische Spektrum (Abb.1.31).

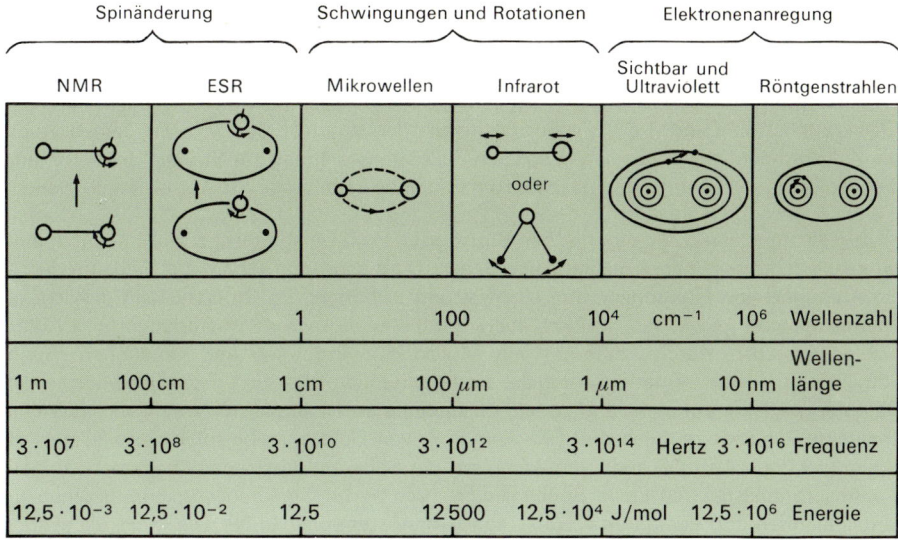

Abb. 1.31. Die Gebiete des elektromagnetischen Spektrums

Bekanntlich wird Lichtenergie nicht kontinuierlich, sondern *quantenhaft* emittiert bzw. absorbiert. Nach Planck ist die Energie eines bestimmten Lichtquants (eines «Photons») proportional der Frequenz bzw. umgekehrt proportional der Wellenlänge einer Strahlung:

$$E = \frac{h \cdot c}{\lambda}$$

(λ = Wellenlänge, c = Lichtgeschwindigkeit)

Die Absorption einer bestimmten Strahlung wird durch das Verhältnis von durchgelassener zu eingestrahlter Lichtintensität gegeben; sie hängt nach dem Gesetz von *Lambert-Beer* exponentiell von der Schichtdicke der untersuchten Probe und von ihrer molaren Konzentration ab:

$$\log \frac{I_0}{I} = \varepsilon \cdot c \cdot d$$

I = Intensität des durchgelassenen Lichtes, I_0 = Intensität des eingestrahlten Lichtes; ε = molarer Extinktionskoeffizient; c = molare Konzentration; d = Schichtdicke

Zur Aufnahme eines Absorptionsspektrums wird im Spektrophotometer die Wellenlänge des betreffenden Bereiches (UV, VIS, IR[1]) kontinuierlich verändert. Im Fall der UV-Spektren und der Spektren im sichtbaren Bereich wird die *«optische Dichte»* oder Absorption A ($A = \log I_0/I$), im Fall der IR-Spektren die prozentuale *Durchlässigkeit* als Funktion der Wellenlänge durch einen Schreiber registriert.

[1] UV = Ultraviolett; VIS = sichtbares Licht; IR = Infrarot.

Im Fall von optisch aktiven Substanzen zeigen die beiden, das zirkular-polarisierte Licht entgegengesetzt drehenden Isomere verschiedene molare Extinktionskoeffizienten und damit eine unterschiedliche Lichtabsorption *(«Zirkular-Dichroismus»)*. Die Abhängigkeit der Absorption von der Wellenlänge ergibt in gewissen Fällen Kurven, die den ORD-Kurven (S. 44) ähnlich sind und wie jene einen positiven oder negativen Cotton-Effekt zeigen. Auch der Zirkulardichroismus läßt sich in solchen Fällen in Beziehung zur Struktur der betreffenden Moleküle setzen und kann deshalb zum Erkennen bestimmter Strukturelemente dienen.

Prinzipiell absorbieren alle organischen Substanzen elektromagnetische Wellen, wobei ihre Moleküle in höhere Energiezustände übergehen. Die Absorption kann dabei nicht nur durch die Anregung von Elektronen (ihre Überführung in höhere, im Grundzustand unbesetzte Energieniveaux) geschehen, sondern auch durch Änderung der Schwingungs- und Rotationsenergie, d.h. durch Anregung von Molekülschwingungen und -rotationen. Auch Schwingungs- und Rotationsenergien sind gequantelt. Da bei der Absorption auch Dämpfungseffekte auftreten und zudem oft mehrere voneinander nur wenig verschiedene angeregte Zustände möglich sind (die Anregung von Elektronen beispielsweise ist stets in einem gewissen Ausmaß auch von Anregung der Schwingungsniveaux begleitet), zeigen die Absorptionsspektren keine Spektrallinien (wie es für Spektren von Einzelatomen in Metalldämpfen und Edelgasen zutrifft), sondern *Absorptionsbanden*. Die Moleküle absorbieren also stets in einem mehr oder weniger breiten Spektral*bereich*.

Die einzelnen *Rotations-Energieniveaux* liegen so nahe beieinander, daß zur Anregung relativ langwelliges Licht vom Mikrowellenbereich (mit energiearmen Quanten) genügt. Zur Anregung der *Schwingungsniveaux* ist energiereicheres Licht *(Infrarot)* notwendig, während das sichtbare Licht sowie das *Ultraviolett* einzelne *Elektronen* anzuregen vermag. An sich wäre die Energie von ultraviolettem oder sogar sichtbarem Licht genügend groß, um auch Atombindungen zu trennen. So erfordert z.B. die Spaltung von Ethan (C_2H_6) in zwei CH_3-Radikale eine Energie von 352,5 kJ/mol, die nach Planck einer Wellenlänge von 340 nm entspricht. Voraussetzung für den Eintritt solcher *«photochemischer»* Reaktionen ist aber, daß Licht der betreffenden Wellenlängen auch absorbiert werden kann, d.h. daß die betreffende Substanz Elektronen enthält, welche durch Licht entsprechender Energie angeregt werden können. Da die weitaus meisten organischen Substanzen nur im IR und im kurzwelligen UV absorbieren, tritt eine photochemische Zersetzung nur bei relativ wenigen nicht farbigen Substanzen wirklich ein.

Infrarotspektren. Die Tatsache, daß IR-Licht Moleküle zu Schwingungen anregen kann, beruht darauf, daß die Atomabstände (Bindungslängen) keineswegs starr fixiert sind, sondern vielmehr Gleichgewichtslagen darstellen, um welche in einem gewissen Maß Schwingungen möglich sind, wobei die einzelnen Bindungen um geringe Beträge gestreckt oder verbogen werden. Je nach der Art der betreffenden Atome (d.h. der betreffenden Bindung) besitzen diese Schwingungen ganz bestimmte *Eigenfrequenzen,* die von den Nachbaratomen oft nur wenig beeinflußt werden. Das schwingende elektrische Feld des IR-Lichtes vermag die *Schwingungen der Atome zu verstärken, sofern sich während der Schwingung das Dipolmoment ändert,* denn nur ein schwingender Dipol kann mit dem elektromagnetischen Feld derart in Wechselwirkung treten, daß eine Energieaufnahme aus dem Feld möglich ist. Die Verstärkung der Schwingung ist dann am wirksamsten, wenn die Frequenz der Lichtstrahlung gerade gleich der Eigenfrequenz wird, so daß also diejenigen Wellenlängen absorbiert werden, die mit den Schwingungsfrequenzen der Bindungen eines Moleküls in Resonanz treten. Das IR-Spektrum einer Substanz vermag darum Aufschlüsse über die in dem betreffenden Molekül vorhandenen Bindungen und die schwingenden Massen zu geben.

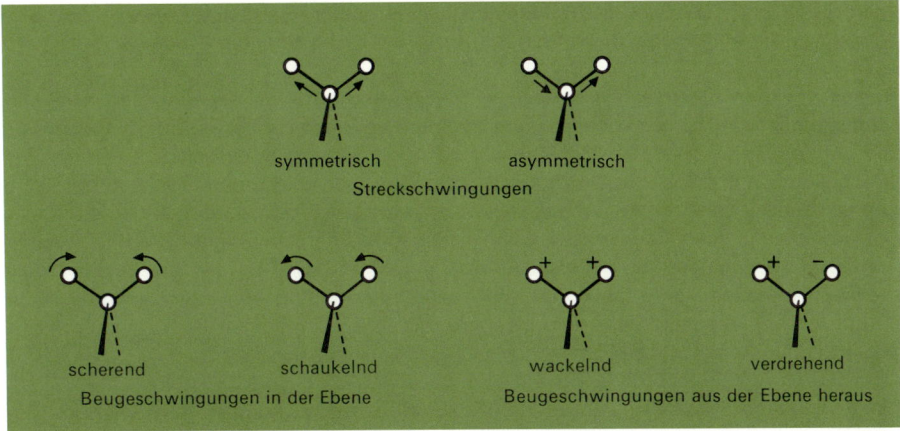

Abb. 1.32. Schwingungsmöglichkeiten einer Atomgruppe (+ und − deuten Schwingungen senkrecht zur Papierebene an)

Bei mehratomigen Molekülen treten neben den gewöhnlichen *Streckschwingungen* («*v*-Schwingungen») auch *Deformationsschwingungen,* d. h. Schwingungen quer zur Bindungsachse (Beugeschwingungen, «δ-Schwingungen») auf (vgl. Abb. 1.32). Zudem können auch *Oberschwingungen* vorkommen, oder es können Absorptionsbanden durch andere Banden teilweise überdeckt sein. Die Interpretation eines IR-Spektrums ist darum oft recht schwierig. Immerhin hat sich bei der Verarbeitung eines sehr umfangreichen Tatsachenmaterials gezeigt, daß bestimmte Bindungen oder Atomgruppen in den verschiedenartigsten Verbindungen nahezu gleiche charakteristische Absorptionsfrequenzen haben. Die für bestimmte *Bindungen* charakteristischen Wellenzahlen liegen im allgemeinen im Gebiet zwischen 4000 und 1250 cm^{-1} (λ = 2 bis 8 μm; Gebiet der «Gruppenfrequenzen»[1]), während die Absorption im Gebiet von 1250 bis 600 cm^{-1} häufig mit komplexeren Schwingungen des ganzen Moleküls verknüpft und für dieses kennzeichnend ist *(«Fingerprint-Gebiet»).*

Raman-Spektren. Beim Durchgang von monochromatischem Licht durch eine transparente Substanz kann man neben dem gewöhnlichen Streulicht (das die gleiche Wellenlänge wie das eingestrahlte Licht besitzt) noch eine weitere, allerdings sehr schwache Streustrahlung von kürzerer oder längerer Wellenlänge als das eingestrahlte Licht beobachten. Das Zustandekommen dieser *«Raman-Linien»* oder *«Raman-Banden»*[2] beruht darauf, daß die Photonen des eingestrahlten Lichtes mit den Molekülen der Substanz in Wechselwirkung treten können und dabei entweder Energie an diese abgeben (und sie zu Schwingungen anregen) oder Energie von ihnen übernehmen, wenn ein Molekül aus einem energiereicheren in einen energieärmeren Schwingungszustand übergeht. Die Differenzen zwischen der *«Erreger-Linie»* und den Raman-Linien bezeichnet man als *Raman-Frequenzen;* sie werden

---

[1] Die absorbierte Strahlung wird entweder durch ihre *Wellenlänge* (meist in μm = 10^{-6} m angegeben) oder durch ihre **«Wellenzahl»** charakterisiert. Letztere ist der reziproke Wert der Wellenlänge und wird in cm^{-1} ausgedrückt.

[2] Dieser Effekt wurde von Raman 1928 entdeckt, nachdem er von Smekal bereits 1925 auf Grund theoretischer Überlegungen vorausgesagt worden war.

ebenfalls in cm^{-1} (Wellenzahlen) angegeben. Die Raman-Frequenzen entsprechen also ebenso wie die IR-Absorptionsbanden *Schwingungs-* (und *Rotations-)übergängen.*

Raman-Spektren dienen ebenso wie die IR-Spektren zur Untersuchung von Molekül-schwingungen und zeigen wie diese für einzelne Bindungen charakteristische Frequenzen. Die *«Auswahlregeln»* für IR- und Raman-Spektren sind jedoch verschieden: Während im *IR-Spektrum* nur solche Schwingungen als Absorptionsbanden in Erscheinung treten können, die mit einer *Änderung des Dipolmomentes der Bindung* verknüpft sind, ist eine Schwingung nur dann *Raman-aktiv,* wenn sich während der Schwingung die *Polarisierbarkeit des Moleküls* ändert. So ist beispielsweise im Ethen ($CH_2{=}CH_2$) die Streckschwingung der Doppelbindung symmetrisch und führt zu keiner Änderung des Dipolmomentes; sie ist darum im IR-Spektrum nicht zu erkennen, macht sich aber im Raman-Spektrum durch eine relativ kräftige Bande bemerkbar.

IR- und Raman-Spektren ergänzen sich für Strukturuntersuchungen ausgezeichnet. Ge-genüber der IR-Spektroskopie hat die Raman-Spektroskopie den Vorteil, daß man die Messungen in leichter zugänglichen Spektralbereichen (z. B. mit monochromatischem sichtbarem Licht an Stelle von Infrarot) ausführen kann; die benötigten Apparaturen sind

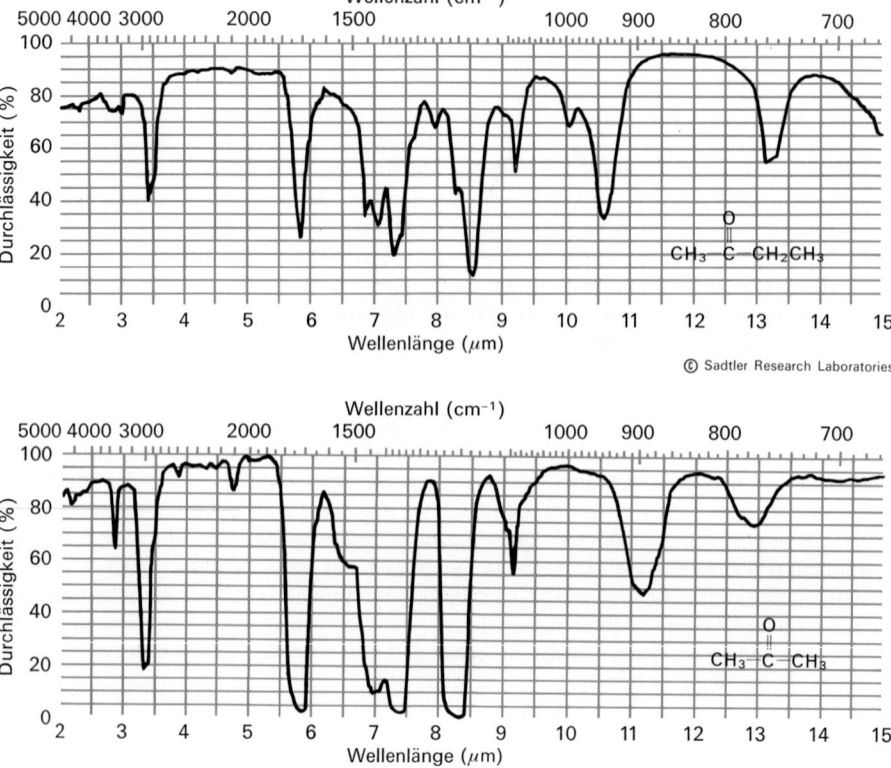

Abb. 1.33. IR-Spektren von Propanon (Aceton) (unten) und Butanon (Ethylmethylketon) (oben)

allerdings wegen der sehr geringen Intensität des Raman-Streulichtes komplizierter und dadurch aufwendiger.

C_2Cl_4

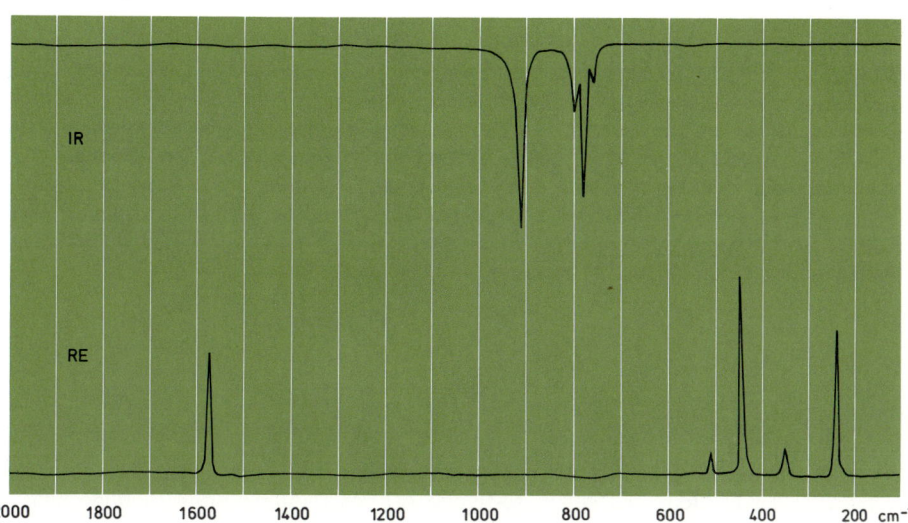

Abb. 1.34. IR-Spektrum (oben) und Raman-Spektrum (unten)

von Tetrachlorethen $\left(\begin{smallmatrix} Cl \\ Cl \end{smallmatrix} C{=}C \begin{smallmatrix} Cl \\ Cl \end{smallmatrix}\right)$

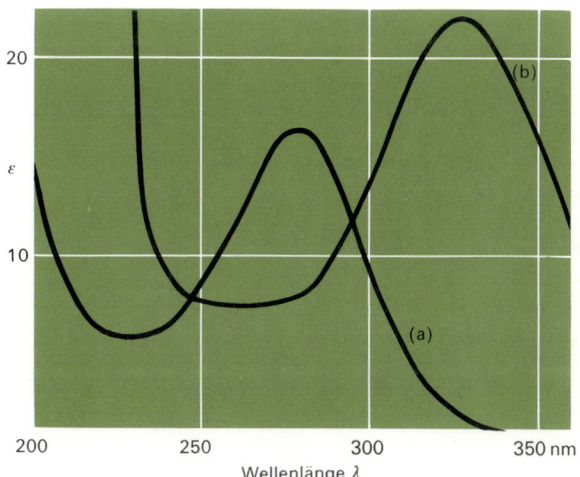

Wellenlänge λ

Abb. 1.35. UV-Spektren von
Butanon (Ethylmethylketon), $CH_3COCH_2CH_3$ (a) und
Butenon (Methylvinylketon), $CH_3COCH{=}CH_2$ (b)

Spektren im sichtbaren Bereich des Spektrums; Ultraviolettspektren. Die im sichtbaren Bereich des Spektrums und im UV auftretende Absorption ist die Folge der Anregung einzelner *Elektronen.* Da dies fast immer auch von Anregung von Schwingungen und Rotationen begleitet ist, sind die entsprechenden Absorptionsbanden meist sehr breit und eher flach, im Gegensatz zu den gewöhnlich ziemlich scharfen Absorptionspeaks der IR-Spektren.

Die *Anregung von Elektronen* bedeutet den Übergang eines Elektrons in ein höheres, im Grundzustand des Moleküls *unbesetztes Energieniveau.* Prinzipiell können alle Elektronen durch Absorption elektromagnetischer Strahlung angeregt werden. Zur Anregung von σ-Elektronen ist jedoch ein derart großer Energiebetrag erforderlich, daß das entsprechende UV-Licht von sehr kurzer Wellenlänge ist und außerhalb des von den üblichen UV-Spektrographen erfaßten Wellenlängenbereiches liegt[1]. Nichtbindende sowie π-Elektronen sind dagegen bedeutend leichter anzuregen. Am wichtigsten sind die Übergänge eines nichtbindenden (*n*) Elektrons oder eines (bindenden) π-Elektrons in ein unbesetztes, antibindendes π^*-Orbital, wie es beispielsweise bei der *Carbonylgruppe* möglich ist:

$$\text{>C=}\overline{\underline{\text{O}}} \;\longrightarrow\; \text{>C=}\underline{\text{O}}\cdot \qquad\qquad \text{>C=O>} \;\longrightarrow\; \text{>C}\overset{\cdot}{\underline{}}\text{O>}$$

$$n \longrightarrow \pi^* \qquad\qquad\qquad\qquad \pi \longrightarrow \pi^*$$

Zur *MO-Beschreibung* der C=O-Doppelbindung kann man annehmen, daß ein sp^2-Hybrid-AO des C-Atoms mit einem *sp*-Hybrid-AO des O-Atoms die σ-Bindung bildet, während die π-Bindung aus je einem p_z-AO des C- und des O-Atoms entsteht. Das zweite *sp*-AO des O-Atoms ist nichtbindend, ebenfalls das (senkrecht zur Ebene der π-Bindung stehende) p_x-AO; das letztere ist jedoch energiereicher. Aus der Abb.1.36 (Energieniveauschema) erkennt man, daß der $n \longrightarrow \pi^*$-Übergang am wenigsten Energie benötigt (E_1); er

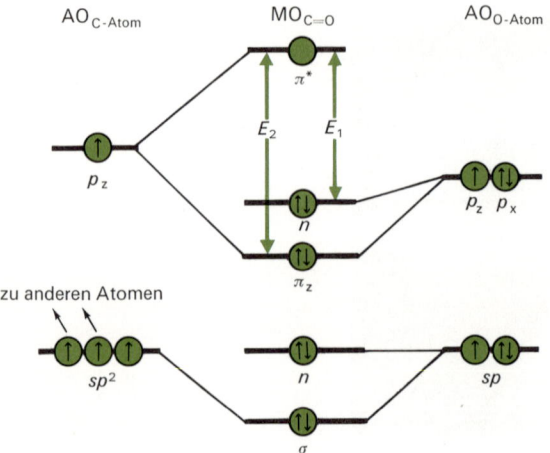

Abb. 1.36. Energieniveauschema der Carbonylgruppe

---

[1] Da sehr kurzwelliges UV von Sauerstoff absorbiert wird, muß man für solche Zwecke im Vakuum arbeiten («Vakuum-UV»)

entspricht der bei Aldehyden und Ketonen beobachteten Absorptionsbande bei etwa 280 nm. Da aber die Anregung eines nichtbindenden p_x-Elektrons einen «symmetrieverbotenen» Übergang darstellt (das p-AO und das π^*-MO stehen senkrecht aufeinander), ist die Intensität dieser Bande nur gering[1]. Dem $\pi \rightarrow \pi^*$-Übergang (E_2) entspricht eine Absorptionsbande von hoher Intensität bei kürzerer Wellenlänge (um 180 nm).

Ein $\pi \rightarrow \pi^*$-Übergang ist auch bei Molekülen mit C=C-*Doppelbindungen* möglich (λ_{max} für $CH_2{=}CH_2$ bei 162 nm). Enthält ein Molekül *«konjugierte»* Doppelbindungen (d. h. wechseln Doppel- und Einfachbindungen miteinander ab), so tritt eine gewisse Delokalisation der π-Elektronen ein, wodurch die Energiedifferenzen zwischen π- und π^*-MO geringer werden, so daß die Anregung weniger Energie benötigt und sich die Absorption in das Gebiet längerer Wellen verschiebt (vgl. S. 119).

Die Lage der Absorptionsmaxima im UV- und im sichtbaren Bereich gibt somit Aufschluß über die Energiedifferenzen zwischen dem Grundzustand und angeregten Zuständen eines Moleküls. Da mit dem ungesättigten System verbundene Substituenten die Energien des Grundzustandes wie der angeregten Zustände beeinflussen können, lassen sich insbesondere aus den *UV-Spektren* für die *Strukturaufklärung ungesättigter Systeme* wichtige Schlüsse ziehen (siehe S. 301).

Magnetische Kernresonanz (NMR[2]). Ähnlich wie die Elektronen besitzen auch die Nucleonen (Protonen und Neutronen) einen *Spin.* Der Gesamtspin des Kerns ist die Resultierende aus den Spins der Nucleonen; bei Kernen mit gerader Zahl Protonen und Neutronen ist der Gesamtspin Null. Atome, deren Kerne entweder eine ungerade Zahl Protonen oder Neutronen enthalten, besitzen deshalb ein durch den Kernspin hervorgerufenes *magnetisches Moment,* verhalten sich also wie kleine Stabmagnete. Die Spinquantenzahl *I* hängt von der Art und der Anzahl der vorhandenen Nucleonen ab; die für die organische Chemie wichtigsten Kerne (^{1}H, ^{13}C, ^{15}N, ^{19}F) besitzen alle die Spinquantenzahl ½. Dies bedeutet, daß ihr magnetisches Moment nur zwei, gleichgroße, aber entgegenge-

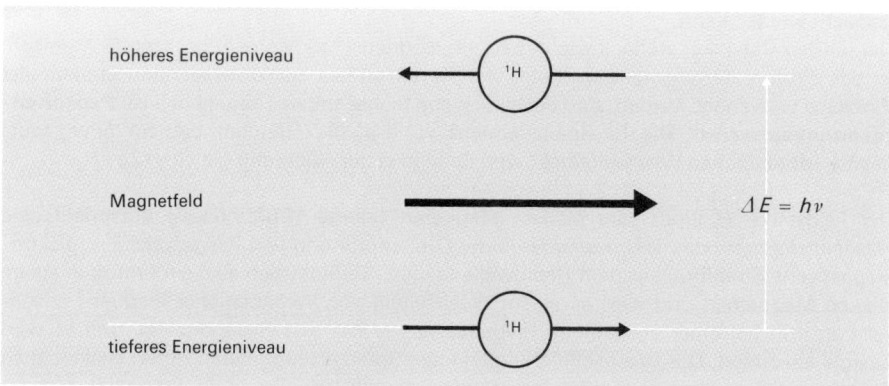

Abb. 1.37. Schematische Darstellung für die möglichen Anordnungen eines magnetischen Kernes (hier Wasserstoff) in einem Magnetfeld

---

[1] Die Größe des molaren Extinktionskoeffizienten ist der *Wahrscheinlichkeit,* mit der ein bestimmter Elektronenübergang in einen angeregten Zustand eintritt, direkt proportional.

[2] Aus dem Englischen: **N**uclear **M**agnetic **R**esonance.

setzte Werte $+\mu$ und $-\mu$ annehmen kann, die den Spinquantenzahlen $+\frac{1}{2}$ und $-\frac{1}{2}$ entsprechen. Bringt man nun solche Kerne in ein *äußeres Magnetfeld* H_0, so können sich die Kernmomente entweder *parallel* ($I= +\frac{1}{2}$) oder *antiparallel* ($I= -\frac{1}{2}$) zu diesem Feld einstellen. Jede dieser Einstellungen entspricht einer bestimmten Energie, wobei die antiparallele Einstellung das höhere «Energieniveau» darstellt.

Da der Energieunterschied zwischen diesen beiden Niveaux nur sehr gering ist und durch die Wärmebewegung die Ausrichtung der Kerne in bezug auf die Feldlinien immer wieder aufgehoben wird, liegt im thermischen Gleichgewicht nur ein ganz geringer Überschuß (etwa 0,0001%) an Kernen im tieferen Energieniveau (mit paralleler Einstellung des Kernspins zum Magnetfeld) vor.

Strahlt man nun senkrecht zum äußeren Magnetfeld ein elektromagnetisches Wechselfeld ein, dessen Frequenz veränderlich ist, so gehen die Kerne unter Aufnahme von Energie bei einer bestimmten Frequenz ν vom niedrigeren in das höhere Energieniveau über. Die Bedingung für die Absorption von Energie lautet:

$$E_2 - E_1 = h \cdot \nu = \frac{\gamma}{2\,\pi}\, H_0$$

Dabei ist γ die sog. gyromagnetische Konstante, ein Kernparameter, der für jedes Nuclid einen charakteristischen Wert besitzt.

Durch dieses Wechselfeld werden nun so lange Kerne vom tiefern zum höheren Niveau gehoben, bis beide Niveaux gleich besetzt sind. Die Energieabsorption wäre deshalb schon nach kurzer Zeit zu Ende, wenn es nicht als Folge der gegenseitigen Wechselwirkungen zwischen den Kernen verschiedener Moleküle Vorgänge gäbe, durch welche die Kerne (unter Wiederherstellung der ursprünglichen Verteilung) auf das untere Niveau zurückfallen würden (sogenannte *Relaxationserscheinungen*). Nur dank dieses Wechselspiels von Energieaufnahme und Relaxation kommt eine *dauernde Energieaufnahme* zustande, welche über einen elektronischen Verstärker auf einem Schreiber als Absorptionspeak sichtbar gemacht werden kann.

Der für den Chemiker weitaus wichtigste, ein magnetisches Moment besitzende Atomkern ist das *Proton*. Kernresonanzspektren, wie sie besonders zur Untersuchung struktureller Probleme verwendet werden, sind deshalb, wenn nichts anderes angegeben ist, **Protonenresonanzspektren**. Die Resonanzfrequenz ν_{res} d.h. die Frequenz des zur Energieaufnahme erforderlichen Wechselfeldes) wird dann in erster Näherung gleich $\gamma/2\pi \cdot H_0$.

Der Feldstärke H_o eines sehr starken Magneten (einige 10000 Gauß) entspricht eine *Resonanzfrequenz* des *Wechselfeldes* in der Größenordnung von *Megahertz*, d.h. elektromagnetische Strahlung aus dem Radiowellengebiet. Befindet sich also ein Proton in einem starken Magnetfeld und wird es einem Wechselfeld von veränderlicher Frequenz ausgesetzt, so tritt bei einer bestimmten Frequenz ($\nu = h/2\pi \cdot H_0$) Resonanz ein, und es wird Energie absorbiert. Das Wechselfeld wird in einer Spule erzeugt, deren Achse senkrecht zu H_0 steht und die mit einem Hochfrequenzgenerator verbunden ist. In der Praxis hält man zur Aufnahme eines Spektrums die Frequenz ν des Wechselfeldes konstant (60, 100 oder 360 MHz) und verändert dann die Feldstärke des Magnetfeldes H_0 so lange kontinuierlich, bis eine bestimmte Feldstärke erreicht ist und Absorption eintritt.

Die überragend große Bedeutung der Kernresonanzspektroskopie insbesondere für Probleme der Strukturbestimmung beruht auf weiteren Effekten, der sogenannten **chemischen Verschiebung** und der **Spin-Spin-Aufspaltung**, welche beide im zusammenfassenden Abschnitt 4.5.3 (S.408) ausführlich erklärt werden. Da es aber zweckmäßig ist, bei der Besprechung der einzelnen Substanzklassen jeweils auch die für sie charakteristischen Merkmale ihrer NMR-Spektren anzugeben, soll hier das Wesen der chemischen Verschiebung wenigstens angedeutet werden.

Sowohl die chemische Verschiebung wie auch die Spin-Spin-Aufspaltung beruhen darauf, daß *Kerne derselben Art* (z. B. Protonen) *geringe Unterschiede* in ihren *Absorptionsfrequenzen* zeigen, *je nach der chemischen Umgebung,* in der sie sich befinden. In der Elektronenwolke, die ein Proton umgibt, wird nämlich beim Anlegen eines äußeren Magnetfelden H_0 ein diesem äußeren Feld entgegengesetzt gerichtetes Feld induziert, so daß am Ort des Protons eine niedrigere effektive Feldstärke herrscht als die Feldstärke H_0; mit anderen Worten, die sich um ein *Proton* herum bewegenden *Elektronen schirmen* dieses in einem gewissen Maß *ab. Kerne gleicher Art, die von verschiedener Elektronendichte umgeben sind, absorbieren somit bei gegebener Frequenz des Wechselfeldes bei verschiedenen Feldstärken,* so daß man für jedes chemisch verschiedene Proton eines Moleküls ein

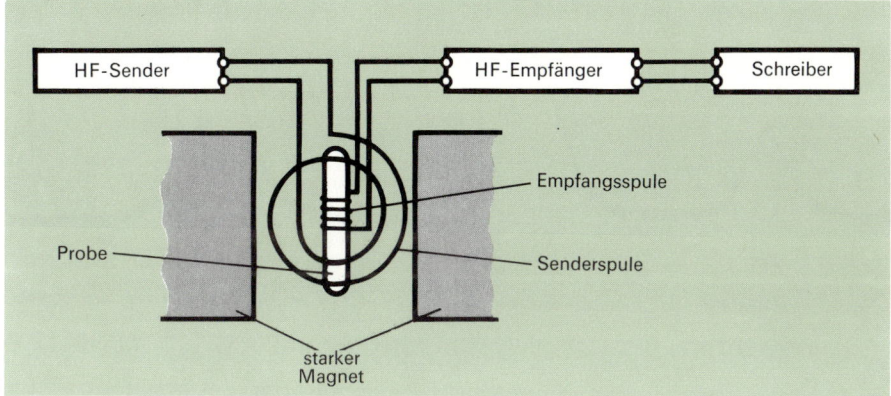

Abb. 1.38. *Vereinfachte Darstellung eines NMR-Spektrometers*

eigenes Absorptionssignal bekommt. Dabei ist die zur Absorption nötige Feldstärke um so größer, je stärker die abschirmende Wirkung der Elektronen ist. Gleichwertige Protonen (z. B. die drei Protonen einer Methylgruppe) erzeugen ein einziges Signal, wobei die *Fläche* unter dem Signal der *Anzahl Kerne,* welche die Resonanz erzeugen, *direkt proportional* ist. Durch Ausmessen dieser Fläche (was in den NMR-Spektrographen durch elektronische Integration automatisch geschieht) läßt sich die Anzahl äquivalenter Protonen direkt auszählen. Zur Angabe der genauen Lage eines Absorptionspeaks werden zwei Skalen, die δ- und die τ-Skala, benutzt (S. 309). δ-Werte > 0 bedeuten eine Verschiebung der Absorption in Richtung geringerer Feldstärke («Tieffeldverschiebung»). Der Zusammenhang zwischen den beiden Skalen erhellt aus der Beziehung $\tau = 10 - \delta$. Zur Illustration diene das Protonenresonanzspektrum von Ethanol (Abb. 1.39).

Seit einiger Zeit ist auch die ^{13}C-*Kernresonanzspektroskopie* (C-NMR) zu einem wichtigen Hilfsmittel für die Strukturaufklärung organischer Verbindungen geworden. Im Gegensatz zur Protonenspinresonanzspektroskopie (die Aufschluß über Lage und Bindungscharakter der an das Kohlenstoffskelett gebundenen Wasserstoffatome liefert) ermöglicht die C-NMR-Spektroskopie direkte Aufschlüsse über das *Kohlenstoffskelett* selbst. Allerdings ist das magnetische Moment des Nuclids ^{13}C sehr viel kleiner als das magnetische Moment des Protons; zudem kommt das Nuclid ^{13}C nur mit einer sehr geringen Häufigkeit in organischen Verbindungen vor (etwa 1%). Beides bedingt, daß ^{13}C-Resonanzspektren viel schwieriger aufzunehmen sind als Protonenresonanzspektren, d. h. es ist schwieriger, die ^{13}C-Resonanzsignale vom elektronischen «Rauschen» des Geräts abzuheben. In der Praxis hilft man sich dadurch, daß man das Spektrum wiederholt aufnimmt und die verschiedenen Spektren in einem Computer speichert. Dieser mittelt die Spektren und zeichnet schließlich das summierte Spektrum auf, wodurch die vielen kleinen Signale zu intensiveren Peaks addiert werden. Dazu sind allerdings sehr viele «Abtastungen» notwendig (bis 10 000); der dazu erforderliche zeitliche Aufwand läßt sich aber durch besondere Verfahren («Puls-Technik») auf ein vernünftiges Maß reduzieren.

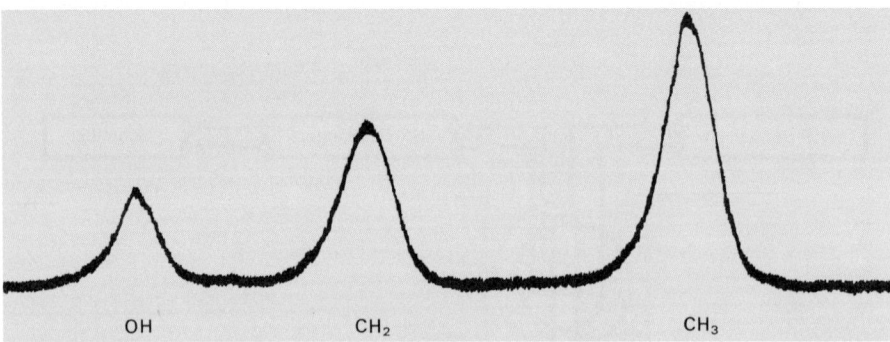

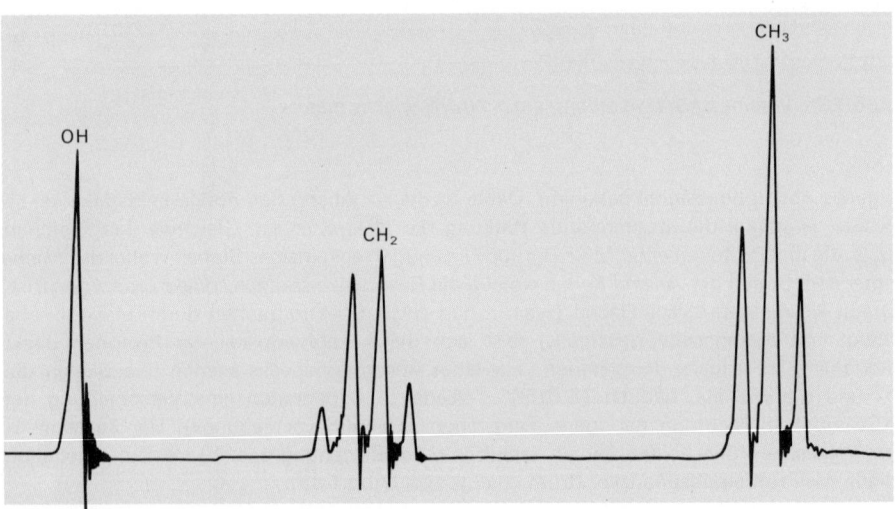

Abb. 1.39. Protonenresonanzspektrum von Ethanol, CH₃CH₂OH
(a) mit einem Instrument von geringer Auflösung aufgenommen. Die drei Absorptions-
*   peaks entsprechen den Absorptionssignalen der drei verschiedenen Protonenarten*
(b) mit einem Instrument von höherer Auflösung aufgenommen. Als Folge der «Spin-Spin-
*   Wechselwirkung» (S. 52) spalten die drei Signale zum Teil in mehrere Peaks auf*

In der Praxis benützt man beide Methoden der Kernresonanz nebeneinander. Das protonen-entkoppelte ^{13}C-Spektrum liefert scharfe Signale für die verschiedenen Kohlenstoffatome, während das Protonenresonanzspektrum Aufschluß über die an jedes Kohlenstoffatom gebundenen Wasserstoffatome liefert. Die Kombination beider Methoden erlaubt oft die Strukturaufklärung auch recht komplizierter Moleküle.

Elektronenspinresonanz (ESR). Zur Untersuchung der Elektronenspinresonanz arbeitet man ebenso wie bei der NMR-Spektroskopie mit einem starken äußeren Magnetfeld, verwendet aber Strahlung aus dem dm- und cm-Wellenbereich zur Anregung. Ihre Quanten sind energiereich genug, um mit dem durch einzelne ungepaarte Elektronen erzeugten Magnetfeld in Wechselwirkung zu treten, so daß bei bestimmten Frequenzen (Feldstärken) ebenfalls Absorption eintritt. Aus den ESR-Spektren lassen sich Informationen über die Aufenthaltswahrscheinlichkeit eines freien Elektrons in organischen *Radikalen* erhalten.

1.6 Quantitative Elementaranalyse und Molekularformel

Wenn eine durch eine bestimmte synthetische Reaktion oder aus biologischem Material erhaltene organische Verbindung durch eines der unter 1.4 beschriebenen Verfahren gereinigt und durch ihre physikalischen Eigenschaften als reiner Stoff charakterisiert worden ist, so muß zuerst ihre *chemische Zusammensetzung* ermittelt werden. Dazu ist es notwendig, eine quantitative *Elementaranalyse* durchzuführen, d.h. den prozentualen Anteil jedes der in der betreffenden Substanz enthaltenen Elemente zu bestimmen.

Zur Bestimmung von *Kohlenstoff* und *Wasserstoff* bedient man sich auch heute noch der *«Verbrennungsanalyse»*. Dieses Verfahren geht auf Lavoisier zurück, wurde später von Liebig (um 1840) stark verbessert und schließlich von Pregl (um 1900) so weitgehend verfeinert, daß heute auch mit ganz kleinen Substanzmengen, auf die man z.B. bei biochemischen Arbeiten beschränkt ist, sehr genaue Analysen durchgeführt werden können. Die Substanz wird in einem Verbrennungsofen an glühendem Kupfer(II)-oxid bei etwa 700°C verbrannt, wodurch Kohlenstoff und Wasserstoff in CO_2 und H_2O übergehen. Die Verbrennungsprodukte werden in (vorher gewogenen) Absorptionsröhrchen aufge-fangen (H_2O z.B. mittels Magnesiumperchlorat, CO_2 mittels fein gepulvertem Natrium-hydroxid), und aus der Massenzunahme ergeben sich die bei der Verbrennung gebildeten Mengen von CO_2 und H_2O. Den prozentualen Anteil von Kohlenstoff und Wasserstoff erhält man dann nach

$$\% C = \frac{\text{Atommasse C} \cdot \text{gefundene CO}_2\text{-Menge} \cdot 100}{\text{Molmasse CO}_2 \cdot \text{eingewogene Substanzmenge}}$$

$$\% H = \frac{\text{Atommasse H} \cdot \text{gefundene H}_2\text{O-Menge} \cdot 100}{\text{Molmasse H}_2\text{O} \cdot \text{eingewogene Substanzmenge}}$$

Der *Sauerstoffgehalt* einer Verbindung wird meistens indirekt bestimmt (er ist der nach quantitativer Bestimmung aller übrigen Elemente fehlende Rest); er läßt sich jedoch auch – in einem Mikroverfahren – durch Verbrennen zu CO im Kohlenstoffüberschuß und anschlie-ßende Oxidation von CO zu CO_2 mittels Iod(V)-oxid direkt ermitteln. Die Bestimmung des

Stickstoffgehaltes geschieht nach Dumas dadurch, daß die mit CuO gemischte Substanz auf schwache Rotglut erhitzt wird. Die Verbrennungsgase leitet man über heißes Kupfer (das eventuell vorhandene Stickstoffoxide zu elementarem Stickstoff reduziert) und bestimmt anschließend das Volumen des freigesetzten Stickstoffes. Zur *Halogen-* und *Schwefelbestimmung* erhitzt man die Substanz zusammen mit rauchender Salpetersäure in einem zugeschmolzenen Glasrohr (einem sogenannten «Bombenrohr»; Verfahren von Carius), wodurch die organische Substanz zerstört und organisch gebundener Schwefel bzw. Halogene in Sulfat- bzw. Halogenid-Ionen übergeführt werden, welche als $BaSO_4$ oder als Silberhalogenid bestimmt werden können.

Während zur Zeit von Lavoisier und auch noch von Liebig relativ große Substanzmengen für die Elementaranalyse notwendig waren (Mengen von einigen Gramm), erlaubte die Verfeinerung der Wägetechnik und die Verwendung kleinerer Geräte die Durchführung von sehr genauen Analysen im Halbmikro- oder *Mikromaßstab* (mit 0,2 bis 3 mg Substanz). In den letzten Jahren ist die quantitative Elementaranalyse weitgehend automatisiert worden, wobei die Verbrennungsprodukte teilweise auch gaschromatographisch bestimmt werden können.

Aus der prozentualen Zusammensetzung einer Substanz läßt sich ihre *«empirische Formel»* oder **«Substanzformel»** berechnen. Dies sei an einem einfachen Beispiel gezeigt.

Eine aus Kohlenstoff, Wasserstoff und Sauerstoff bestehende Substanz besitzt folgende Zusammensetzung:

$$C\ 61,45\%\qquad H\ 7,72\%\qquad O\ 30,83\%\ \text{(indirekt bestimmt)}$$

Die Koeffizienten der einzelnen Symbole in der Substanzformel erhält man durch Division der prozentualen Anteile durch die Atommassenzahlen:

$$C\ \frac{61,45}{12} = 5,12 \qquad H\ \frac{7,72}{1} = 7,72 \qquad O\ \frac{30,83}{16} = 1,92$$

Substanzformel: $C_{5,12}H_{7,72}O_{1,92}$

Division dieser Koeffizienten durch die kleinste Zahl (1,92) ergibt $C_{2,66}H_{4,02}O_1$

Durch Multiplikation mit der kleinstmöglichen ganzen Zahl werden die gebrochenen Koeffizienten möglichst annähernd in ganze Zahlen verwandelt. In unserem Fall ergibt die Multiplikation mit dem Faktor 3 $C_{7,98}H_{12,06}O_3 = C_8H_{12}O_3$

Die geringen Abweichungen der berechneten Koeffizienten von ganzzahligen Werten widerspiegeln den experimentellen Fehler. Seine Größe wird durch einen Vergleich der berechneten und der gemessenen prozentualen Zusammensetzung deutlich:

berechnet für $C_8H_{12}O_3$	C	61,53%	gefunden für die Substanz	C	61,45%
	H	7,69%		H	7,72%
	O	30,78%		O	30,83%

Die Substanzformel gibt das Zahlenverhältnis der Atome in der Verbindung wieder. Die Anzahl der in einem Molekül vorhandenen Atome kann aber bei verschiedenen Verbindungen gleicher Substanzformel verschieden sein und wird erst durch die **Molekularformel** gegeben. In unserem Beispiel ist die Molekularformel

$$(C_8H_{12}O_3)_n$$

wobei *n* eine ganze Zahl bedeutet. Um diese Zahl *n* zu erhalten, muß die Molekülmassenzahl *M* mindestens angenähert bekannt sein.

Zur Bestimmung der *Molmasse* steht eine Reihe *physikalischer Methoden* zur Verfügung. Ein Verfahren gründet sich auf die allgemeine (ideale) Gasgleichung und benötigt die Messung der *Dampfdichte* der Substanz. Es läßt sich allerdings nur für Substanzen anwenden, die relativ tief sieden und sich dabei nicht zersetzen. Die Molekülmassenzahl ist dann

$$M = \frac{g \cdot R \cdot T}{p \cdot V}.$$

g = Masse der Substanzprobe in Gramm
R = Gaskonstante (8,31 J K^{-1} mol^{-1})
T = Temperatur in K
p = Druck
V = Volumen

Eine weitere Möglichkeit zur Bestimmung der Molmasse ergibt sich aus der Tatsache, daß die Schmelzpunktserniedrigung bzw. Siedepunktserhöhung von Lösungen proportional der in einer bestimmten Menge des Lösungsmittels gelösten Anzahl Mole ist (Raoultsches Gesetz). Kennt man für ein bestimmtes Lösungsmittel die molale (auf ein Volumen von 1000 g bezogene) *Schmelzpunktserniedrigung* bzw. *Siedepunktserhöhung,* so erhält man die Molekülmassenzahl nach

$$M = \frac{1000 \cdot \text{Gramm gelöste Substanz} \cdot K}{\text{Gramm Lösungsmittel} \cdot \Delta T}$$

K = molale Fixpunktsverschiebung
ΔT = gemessene Fixpunktsverschiebung

Für die *kryoskopische Molmassenbestimmung* (durch Messung des Gefrierpunktes) benützt man bei organischen Verbindungen als Lösungsmittel meist Campher (molale Schmelzpunktserniedrigung ΔE_g = 39,7 °C. Trotz dieses großen Wertes für ΔE_g ist die Genauigkeit wegen der unvermeidlichen Versuchsfehler bei solchen Bestimmungen gewöhnlich nicht sehr groß ($\pm$ 10 %); sie reicht jedoch zur Festlegung der Molekularformel

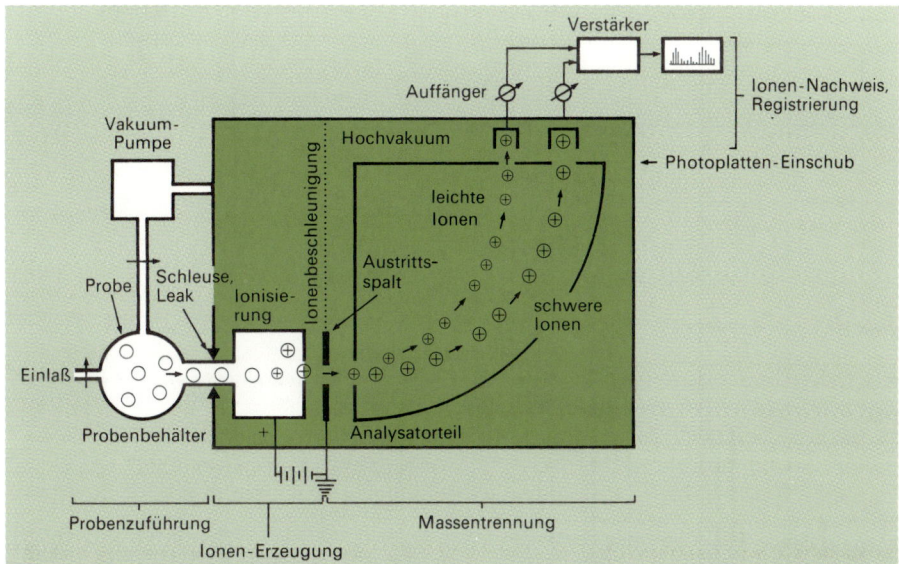

Abb. 1.40. Schematische Darstellung eines Massenspektrometers

vollkommen aus. Da sich Siedepunkte mit größerer Genauigkeit messen lassen als Schmelzpunkte, kann man durch Bestimmung der Siedepunktserhöhung (*«ebullioskopisch»*)
manchmal bessere Werte erhalten. Als Lösungsmittel benützt man dazu häufig Benzen
($\Delta E_s = 5,4\,°C$).

Mit zunehmender Molmasse werden Siedepunktserhöhung und Schmelzpunktserniedrigung immer kleiner. Kryoskopie und Ebullioskopie eignen sich darum zur Bestimmung der
Molmasse hochmolekularer Verbindungen ($M > 5000$) nicht. Man verwendet hier besondere Methoden, wie etwa die Bestimmung des osmotischen Druckes, die Bestimmung der
Sedimentationsgeschwindigkeit in der Ultrazentrifuge, usw.

Eine weitere, sehr genaue, allerdings apparativ sehr aufwendige Methode zur Bestimmung
der Molmasse bietet die *Massenspektrometrie*. Aus organischen Verbindungen wird im
Hochvakuum durch Beschuß mit Elektronen ein Elektron herausgeschlagen, wobei ein Teil
der Moleküle in Bruchstücke zerfällt, von denen die meisten ebenfalls positiv geladen sind.
Jedes dieser Ionen besitzt ein charakteristisches Verhältnis von Masse zu Ladung *(m/e);* da
die Ladung vorwiegend +1 beträgt (zur Abspaltung mehrerer Elektronen ist gewöhnlich ein
größerer Energiebetrag nötig), entspricht *m/e* gerade der Masse des betreffenden Ions. Die

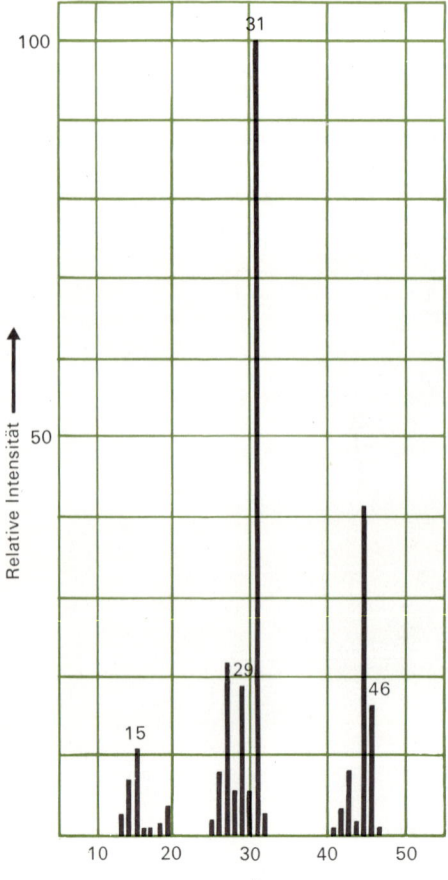

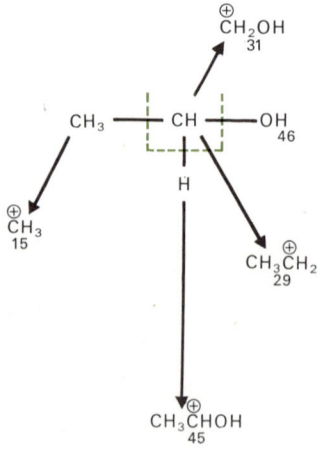

Abb. 1.41. Massenspektrogramm
von Ethanol

Ionen werden durch ein elektrisches Feld beschleunigt und anschließend mittels eines Magnetfeldes nach ihrer Masse getrennt, wobei Ionen mit dem gleichen Verhältnis *m/e* (also mit derselben Masse) am selben Punkt eintreffen und ein elektrisches Signal geben. Die Intensität jedes Signals widerspiegelt die relative Häufigkeit der einzelnen Ionen (Abb.1.41). Oft entspricht ein Signal mit höchster Massenzahl dem «Muttermolekül» und gibt die Molekülmasse mit großer Genauigkeit wieder.

Ursprünglich diente die Massenspektrometrie zum Nachweis der einzelnen Isotope eines Elementes (Aston, 1920). In der organischen Chemie benützt man diese Methode neben der Bestimmung der Molekülmasse hauptsächlich als Hilfsmittel bei der Strukturaufklärung. Aus der Masse und der relativen Häufigkeit der Bruchstücke können nämlich Schlüsse auf die Struktur des ursprünglichen Moleküls gezogen werden (S. 328). Das Massenspektrum einer Substanz kann auch als sehr eindeutiger Identitätsbeweis dienen.

1.7 Strukturermittlung

Quantitative Elementaranalyse und Molmassenbestimmung ermöglichen die Aufstellung der Molekularformel. Diese gibt die Anzahl der in einem bestimmten Molekül vorhandenen Atome an, macht jedoch keine Aussage über die Verknüpfung der Atome, d.h. über die **Struktur** oder **«Konstitution»** des Moleküls. Die Bestimmung der Struktur von Molekülen gehört zu den wichtigsten Aufgaben des Organikers. Bei synthetischen Arbeiten im Laboratorium muß die Struktur der erhaltenen Produkte sichergestellt werden, und es werden zudem oft auch neue, in der Literatur vorher noch nicht beschriebene Substanzen hergestellt, deren Struktur zu klären ist. Ganz besonders komplexe Probleme der Strukturaufklärung bietet die Untersuchung von *Naturstoffen,* die aus Pflanzen oder Tieren isoliert worden sind. *«The history of molecular structure assignments in organic chemistry is one of the most impressive feats of deductive logic in the history of mankind»* (Hendrickson-Cram-Hammond).

Im Prinzip stehen für die Strukturaufklärung einer Substanz zwei Wege offen. Während vielen Jahren bildeten *chemische Methoden* nahezu die einzige Möglichkeit zur Strukturaufklärung. Die zu untersuchende Substanz wurde dabei verschiedenartigen chemischen Reaktionen unterworfen und aus deren Ergebnissen auf die Struktur der ursprünglichen Substanz zurückgeschlossen. So werden zunächst die in dem betreffenden Molekül vorhandenen funktionellen Gruppen durch ihre charakteristischen Reaktionen identifiziert und wird durch einen Vergleich der Molekularformeln der Ausgangssubstanz und des Produktes ihre Anzahl festgelegt. Z.B. ist anzunehmen, daß eine Verbindung der Molekularformel $C_{10}H_{14}O_2$ zwei Carbonylgruppen enthält, wenn sie durch Reaktion mit Hydroxylamin in eine Verbindung mit der Molekularformel $C_{10}H_{16}N_2O_2$ übergeführt wird, da durch diese Reaktion aus der C=O-Gruppe die Gruppe $>$C=N—OH entsteht (was insgesamt einer Addition eines N- und eines H-Atoms entspricht). Nachher wird die Substanz wiederum durch chemische Reaktionen zu einfacheren Substanzen «abgebaut», die durch ihre physikalischen (und eventuell chemischen) Eigenschaften identifiziert werden können. Wenn genügend solche Reaktionen durchgeführt worden sind, kann man die unbekannte Struktur der ursprünglichen Substanz durch Rekonstruktion aus den Abbaureaktionen erschließen. Der endgültige *Strukturbeweis* wird durch die Synthese der vorher unbekannten Substanz geliefert. Es leuchtet ein, daß dieser Weg der Konstitutionsaufklärung unter Umständen außerordentlich langwierig und schwierig sein kann; trotzdem wurden in der ersten Hälfte des zwanzigsten Jahrhunderts selbst sehr komplizierte Molekülstrukturen (Cholesterol, Morphin, Colchicin, Chlorophyll) aufgeklärt, wozu allerdings eine jahre- oder sogar jahrzehntelange Arbeit ganzer Forschergruppen nötig gewesen war.

Seit etwa 1950 wird nun hauptsächlich der zweite Weg zur Strukturaufklärung eingeschlagen: die Anwendung *physikalischer* – insbesondere *spektroskopischer* – *Methoden:* Massenspektrometrie, Kernresonanz- und Elektronenspinresonanzspektroskopie, IR- und UV-Spektroskopie, Röntgenstrukturanalyse usw. Einzelne dieser Methoden und ihre Anwendung auf Probleme der Strukturaufklärung werden wir in späteren Abschnitten noch eingehend betrachten; hier sei lediglich bemerkt, daß sie den Vorteil haben, nicht nur sehr viel weniger Substanz zu benötigen (etwa 1 mg!), sondern sie – mit Ausnahme der Massenspektroskopie – auch nicht zu zerstören (wie es bei den Abbaureaktionen der Fall ist). Zudem lassen sich die betreffenden Operationen auch in sehr viel kürzerer Zeit durchführen, so daß dadurch selbst äußerst komplizierte Strukturen, wie etwa diejenige des Vitamins B_{12} (S. 872) in verhältnismäßig kurzer Zeit (d. h. in wenigen Jahren) ermittelt werden können. Die Strukturaufklärung des Chlorophylls (S. 870) dagegen, die im wesentlichen mit den klassischen chemischen Methoden erfolgte, benötigte fast 30 Jahre.

Als sehr einfaches *Beispiel* der Anwendung chemischer Methoden diene eine Betrachtung von Alkohol und Methylether, zwei Verbindungen der Molekularformel C_2H_6O, die jedoch ganz verschiedene Eigenschaften besitzen (vgl. Tabelle 1.4).

Tabelle 1.5. Eigenschaften von Alkohol und Methylether

	Alkohol	Methylether
Sdp.	78°C	– 25°C
Löslichkeit in Wasser	In jedem Verhältnis mischbar	8 g in 100 g Wasser
Verhalten gegen Natrium	Bildet Wasserstoff; ähnliche (aber weniger heftige) Reaktion wie Wasser. 1 mol Alkohol gibt ½ mol Wasserstoff	Reagiert nicht mit Natrium
Verhalten gegen Iodwasserstoff	Bildet mit 1 mol HI eine Verbindung der Molekularformel C_2H_5I, wobei 1 mol Wasser frei wird	Reagiert erst bei stärkerem Erwärmen; pro mol Methylether werden 2 mol HI verbraucht. Entstehung von CH_3I neben 1 mol Wasser

Unter Berücksichtigung der Tatsache, daß ein Kohlenstoffatom vier, ein Sauerstoffatom zwei und ein Wasserstoffatom nur eine Atombindung eingehen kann, sind die einzigen, für die Molekularformel C_2H_6O möglichen Strukturen

(1)   (2)

Die chemischen Eigenschaften von Alkohol lassen sich durch die Struktur (1) erklären. Bei der Reaktion mit Natrium wird offenbar das eine, an Sauerstoff gebundene und dadurch besonders ausgezeichnete Wasserstoffatom durch Natrium «ersetzt» (wegen der Gleichwertigkeit aller Wasserstoffatome müßten im Methylethermolekül nicht eines, sondern sechs Wasserstoffatome ersetzbar sein!), und bei der Reaktion mit Iodwasserstoff muß die OH-Gruppe durch Iod ersetzt werden:

$$CH_3CH_2OH + HI \quad \longrightarrow \quad CH_3CH_2I + H_2O$$

Das Verhalten des Methylethers stimmt dagegen gut mit Formel (2) überein:

$$CH_3OCH_3 + 2\,HI \quad \longrightarrow \quad 2\,CH_3I + H_2O$$

(keine Abspaltung einer OH-Gruppe oder Ersatz von Wasserstoffatomen!)

Substanzen wie Alkohol oder Methylether, die trotz gleicher Molekularformel verschiedene Eigenschaften haben, nennt man *isomer*. Beruht die **Isomerie** wie hier auf verschiedener Verknüpfung der Atome in Molekül, so spricht man von **Konstitutionsisomerie**.

Ein weiteres, einfaches Beispiel zeigt, wie das NMR-Spektrum zur Festlegung der Struktur herangezogen werden kann. Das Spektrum der Abb. 1.42 stammt von einer Substanz der Molekularformel $C_4H_{10}O$. Es zeigt zwei Peaks mit den Intensitäten $1:9$, was anzeigt, daß auch hier ein Wasserstoffatom eine Sonderstellung einnimmt. Von den verschiedenen möglichen Konstitutionsformeln (1) bis (6) kommt aus diesem Grund nur die Formel (6) in Frage.

$$CH_3OCH_2CH_2CH_3 \qquad CH_3CH_2OCH_2CH_3 \qquad CH_3CH_2CH_2CH_2OH$$
$$(1) \qquad\qquad\qquad (2) \qquad\qquad\qquad (3)$$

$$CH_3-\underset{\underset{OH}{|}}{CH}-CH_2CH_3 \qquad \underset{CH_3}{\overset{CH_3}{>}}CH-CH_2OH \qquad \underset{CH_3}{\overset{CH_3}{>}}\!C\!-\!OH$$
$$(4) \qquad\qquad\qquad (5) \qquad\qquad\qquad (6)$$

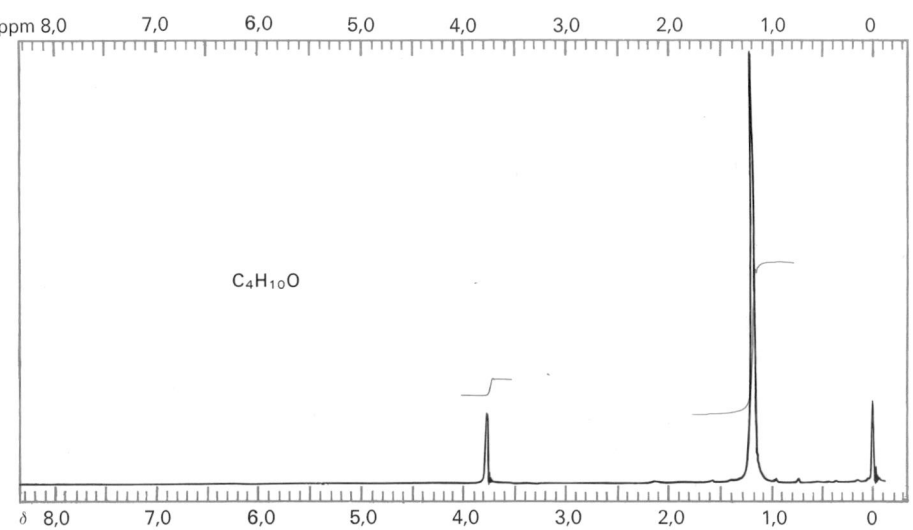

Abb. 1.42. NMR-Spektrum einer Substanz der Molekularformel $C_4H_{10}O$

Die «Formeln» (1) bis (6) stellen eine vereinfachte Schreibweise der Lewis-Formeln dar. Für kompliziertere Moleküle werden aber auch diese Formeln zu umständlich; man begnügt sich dann damit, lediglich das *Kohlenstoffgerüst* durch Striche anzudeuten. Dabei bedeutet jeder Strich eine C—C-Einfachbindung (außer es seien auch Heteroatome vorhanden, die dann durch ihre Symbole angegeben werden müssen); die Wasserstoffatome werden nicht geschrieben. Das Ende eines solchen Striches bedeutet dann eine CH_3-Gruppe, das Ende einer Doppelbindung eine $=CH_2$-Gruppe, außer es sei ausdrücklich etwas anderes angegeben.

Beispiele:

(1)   (2)   (3)

(4)   (5)   (6)

$$CH_3-CH-\overset{\displaystyle O}{\overset{\|}{C}}-CH_3 \quad \triangleq$$
$$\underset{CH_3}{|}$$

$$HO\diagdown \underset{|}{\underset{CH}{C}}{\diagup}O$$

Übungen

1.1   Wie ist die Existenz einer derart großen Zahl organischer Verbindungen zu erklären?

1.2   Vergleichen Sie die wesentlichen Eigenheiten der C- und der Si-Chemie!

1.3   Was sind funktionelle Gruppen? Geben Sie zwei Beispiele!

1.4   Worauf beruht die Wasserdampfdestillation? Was für Vorteile hat sie?

1.5   Wie läßt sich ein azeotropes Gemisch trennen?

1.6   Erklären Sie das Wesen der chromatographischen Trennungen. Diskutieren Sie Vor- und Nachteile der einzelnen Methoden.

1.7   Die Verbrennung von 6,51 mg einer Verbindung ergibt 20,47 mg CO_2 und 8,36 mg Wasser. Bei 100 °C und 1 bar nehmen 0,284 g der Verbindung ein Volumen von 100 ml ein. Berechnen Sie die Molekularformel!

1.8   Eine Verbindung enthält 69,0 % C, 14,9 % H und 16,1 % N. Ein Gemisch von 28,5 mg Campher mit 2,50 mg der Substanz geben eine Schmelzpunktserniedrigung von 12,9 °C. Berechnen Sie die Molekularformel!

1.9   Nennen Sie physikalische Methoden, welche zur Strukturbestimmung herangezogen werden können!

1.10   Wie kann man die vermutete Identität zweier organischer Verbindungen eindeutig beweisen?

1.11 Wie läßt sich die Reinheit einer Substanz prüfen?

1.12 Worauf läßt die Beobachtung, daß Traubenzucker in wäßriger Lösung die Polarisationsebene von polarisiertem Licht dreht, schließen?

1.13 Wovon hängt die spezifische Drehung einer Substanz ab?

1.14 Erklären Sie die verschiedenen Möglichkeiten der Lichtabsorption organischer Substanzen und geben Sie an, wie sich die verschiedenen Spektren zur Strukturaufklärung ausnützen lassen!

1.15 Wie unterscheiden sich IR- und Raman-Spektren?

1.16 Erklären Sie das Wesen der Kernresonanz! Worauf beruht ihre große Bedeutung?

1.17 Eine 10prozentige Rohrzuckerlösung dreht bei einer Schichtdicke von 10 cm die Polarisationsebene um 3,33°. Berechnen Sie die spezifische Drehung von Rohrzucker!

1.18 Stellen Sie die Strukturformel der Substanz (Molekularformel C_2H_4O) auf, welche das NMR-Spektrum der Abb. 1.43 ergibt!

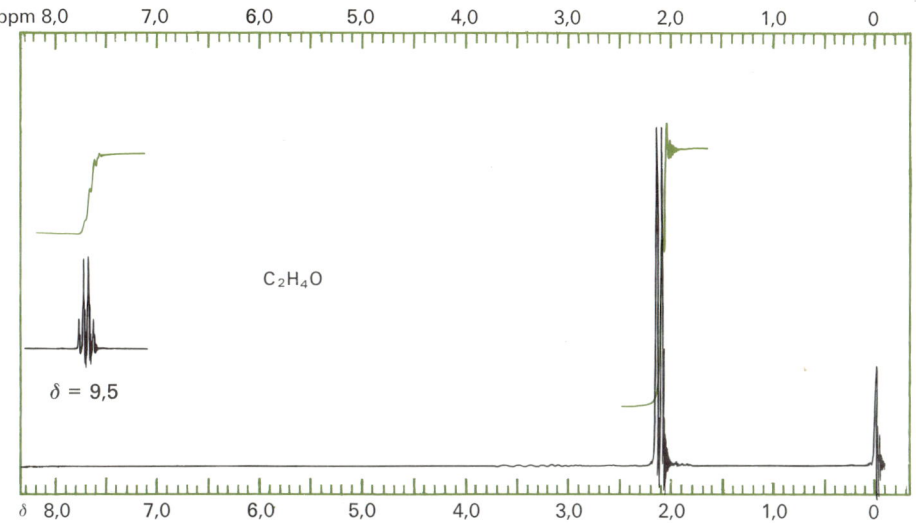

Abb. 1.43. NMR-Spektrum für Aufgabe 1.18

1.19 Man weiß, daß sogenannte «Amide» beim Kochen mit verdünnter Säure gemäß nachstehender Reaktion in eine Carbonsäure (mit der funktionellen Gruppe $-C\langle^{OH}_{O}$) und ein Amin gespalten werden:

$$R-C\langle^{O}_{NH-R'} + H_2O \longrightarrow R-C\langle^{O}_{OH} + R'-NH_2\ [1]$$

Eine Verbindung A ($C_6H_{13}NO$) ergibt beim Kochen mit verdünnter Schwefelsäure eine Carbonsäure $C_4H_8O_2$ und ein Amin C_2H_7N.

Eine weitere Verbindung B ($C_6H_{11}NO_2$) ergibt bei der gleichen Reaktion eine Carbonsäure $C_3H_4O_2$ und ein Amin C_3H_9NO.

Die Verbindung C ($C_6H_{13}NO_2$) schließlich reagiert unter den angegebenen Bedingungen nicht.

Geben Sie die möglichen Strukturformeln für die Substanzen A, B und C an.

[1] Mit «R» bzw. «R'» werden hier beliebige organische Reste abgekürzt.

1. Teil:
Überblick über die wichtigsten organischen Stoffgruppen

2 Kohlenwasserstoffe

Die einfachsten organischen Verbindungen bestehen nur aus Kohlenstoff und Wasserstoff. Diese «Kohlenwasserstoffe» lassen sich nach ihren chemischen Eigenschaften in drei Gruppen gliedern: *gesättigte* Kohlenwasserstoffe *(Alkane* oder *«Paraffine»; Cycloalkane),* *ungesättigte* Kohlenwasserstoffe *(Alkene* oder *«Olefine»; Alkine)* sowie *aromatische* Kohlenwasserstoffe.

2.1 Gesättigte offenkettige Kohlenwasserstoffe

2.1.1 Die homologe Reihe der Alkane

Vom einfachsten möglichen Kohlenwasserstoff, dem *Methan,* CH_4, lassen sich durch Aufbau des Kohlenstoffgerüstes weitere Kohlenwasserstoffe ableiten, die sich jeweils durch Hinzukommen einer CH_2-Gruppe unterscheiden, und deren Molekularformeln der allgemeinen Zusammensetzung C_nH_{2n+2} entsprechen. Die chemischen Eigenschaften werden durch eine weitere CH_2-Gruppe nur wenig beeinflußt; die physikalischen Eigenschaften ändern sich hingegen im allgemeinen regelmäßig mit zunehmender Kohlenstoffzahl. Eine derartige Reihe von Verbindungen, deren aufeinanderfolgende Glieder sich jeweils um eine CH_2-Gruppe unterscheiden, nennt man eine **«homologe Reihe»**.

C_1H_4	$-\overset{\mid}{C}-$	Methan
C_2H_6	$-\overset{\mid}{\underset{\mid}{C}}-\overset{\mid}{\underset{\mid}{C}}-$	Ethan
C_3H_8	$-\overset{\mid}{\underset{\mid}{C}}-\overset{\mid}{\underset{\mid}{C}}-\overset{\mid}{\underset{\mid}{C}}-$	Propan
C_4H_{10}	$-\overset{\mid}{\underset{\mid}{C}}-\overset{\mid}{\underset{\mid}{C}}-\overset{\mid}{\underset{\mid}{C}}-\overset{\mid}{\underset{\mid}{C}}-$	Butan
C_5H_{12}	$-\overset{\mid}{\underset{\mid}{C}}-\overset{\mid}{\underset{\mid}{C}}-\overset{\mid}{\underset{\mid}{C}}-\overset{\mid}{\underset{\mid}{C}}-\overset{\mid}{\underset{\mid}{C}}-$	Pentan
C_6H_{14}	$-\overset{\mid}{\underset{\mid}{C}}-\overset{\mid}{\underset{\mid}{C}}-\overset{\mid}{\underset{\mid}{C}}-\overset{\mid}{\underset{\mid}{C}}-\overset{\mid}{\underset{\mid}{C}}-\overset{\mid}{\underset{\mid}{C}}-$	Hexan

usw.

Bereits für das Molekül C_4H_{10} sind zwei Strukturen möglich. Der Molekularformel C_5H_{12} entsprechen drei, der Molekularformel C_6H_{14} schon fünf Isomere:

Butane:

$$C-C-C-C \qquad \begin{array}{c} C-C-C \\ | \\ C \end{array}$$

Pentane:

$$C-C-C-C-C \qquad \begin{array}{c} C-C-C-C \\ | \\ C \end{array} \qquad \begin{array}{c} C \\ | \\ C-C-C \\ | \\ C \end{array}$$

Hexane:

$$C-C-C-C-C-C$$

$$\begin{array}{c} C-C-C-C-C \\ | \\ C \end{array} \qquad \begin{array}{c} C-C-C-C-C \\ | \\ C \end{array} \qquad \begin{array}{c} C \\ | \\ C-C-C-C \\ | \\ C \end{array} \qquad \begin{array}{c} C-C-C-C \\ | \quad | \\ C \quad C \end{array}$$

Die Isomerenzahl wächst sehr stark mit steigender Kohlenstoffzahl. Von C_7H_{14} existieren 9, von $C_{10}H_{22}$ schon 75 Isomere. Von $C_{15}H_{32}$ sind 4347 und von $C_{20}H_{42}$ gar 366 319 Isomere möglich. Die Zahl der wirklich dargestellten Isomere ist natürlich viel kleiner als die Zahl der theoretisch möglichen. Die einzelnen Isomere sind sich in ihren chemischen Eigenschaften stets sehr ähnlich (z.B. sind die Verbrennungswärmen isomerer Alkane nahezu gleich). Nur Schmelz- und Siedepunkt sowie Dichte hängen stärker von der Struktur der Moleküle ab und zeigen bei verschiedenen Isomeren deutliche Unterschiede (Tabelle 2.1). Dies rührt daher, daß die zwischenmolekularen Kräfte (van der Waals-Kräfte) nicht nur von der Molekülmasse, sondern in hohem Maß auch von der Gestalt des Moleküls abhängen. Verzweigte und insbesondere nahezu kugelförmige Moleküle sieden immer tiefer als kettenförmige Moleküle gleicher Kohlenstoffzahl.

Tabelle 2.1. Schmelz- und Siedepunkte isomerer Alkane

	Smp. (°C)	Sdp. (°C)
$C-C-C-C$	− 138,3	− 0,5
$\begin{array}{c} C-C-C \\ \| \\ C \end{array}$	− 159,4	− 11,7
$C-C-C-C-C-C-C-C$	− 56,8	+ 125,7
$\begin{array}{c} C \\ \diagdown \\ \quad C-C-C-C-C-C \\ \diagup \\ C \end{array}$	− 109,2	+ 117,6
$\begin{array}{c} C\diagdown \qquad \diagup C \\ \quad C-C-C-C \\ C\diagup \qquad \diagdown C \end{array}$	− 121,2	+ 106,8
$\begin{array}{c} C\diagdown \qquad \diagup C \\ \quad C-C-C \\ C\diagup \qquad \diagdown C \end{array}$	+ 100,7	+ 106,3

Die ersten vier Glieder der Alkane Methan, Ethan, Propan und Butan führen *Trivialnamen*. Zur *Bezeichnung* der *höheren Glieder* der Reihe verwendet man griechische Zahlwörter und versieht sie mit der Endung **-an**, die für Paraffinkohlenwasserstoffe kennzeichnend ist.

Tabelle 2.2. Fixpunkte der normalen (unverzweigten) Paraffinkohlenwasserstoffe

Formel	Name	Smp. (°C)	Sdp. (°C)
CH_4	Methan	− 184	− 164
C_2H_6	Ethan	− 172	− 89
C_3H_8	Propan	− 190	− 42
C_4H_{10}	Butan	− 135	− 0,5
C_5H_{12}	Pentan	− 129	36
C_6H_{14}	Hexan	− 94	69
C_7H_{16}	Heptan	− 90	98
C_8H_{18}	Oktan	− 59	126
C_9H_{20}	Nonan	− 54	151
$C_{10}H_{22}$	Dekan	− 30	174
$C_{11}H_{24}$	Undekan	− 26	196
$C_{12}H_{26}$	Dodekan	− 10	216
$C_{13}H_{28}$	Tridekan	− 6	230
$C_{14}H_{30}$	Tetradekan	5,5	251
$C_{15}H_{32}$	Pentadekan	10	268
$C_{16}H_{34}$	Hexadekan	18	280
$C_{17}H_{36}$	Heptadekan	22	303
$C_{18}H_{38}$	Oktadekan	28	317
$C_{19}H_{40}$	Nonadekan	32	330
$C_{20}H_{42}$	Eikosan	36	
$C_{25}H_{52}$	Pentakosan	53	
$C_{30}H_{62}$	Triakontan	66	
$C_{40}H_{82}$	Tetrakontan	81	

Die zu ihnen durch Abspaltung eines Wasserstoffatoms gehörenden Gruppen mit einer freien Bindung (**«Alkyl»**-Gruppen; C_nH_{2n+1}-) erhalten die Endung **-yl**: CH_3- = Methyl, C_2H_5- = Ethyl- usw. Um Kohlenwasserstoffe mit verzweigten Ketten rationell zu benennen, sucht man die längste im Molekül vorhandene Kohlenstoffkette. Durch Numerierung und Einfügen der Namen der Seitenketten ergibt sich die Bezeichnung der betreffenden Verbindung, wobei zu beachten ist, daß mit der Numerierung an demjenigen Ende der Kette begonnen wird, das der Verzweigung näher liegt. Weiteres über die Nomenklatur organischer Verbindungen siehe Abschnitt 2.6.

```
         C
  1     |2  3   4   5
  C—C—C—C—C        2-Methylpentan

     3   4   5   6   7
  C—C—C—C—C—C       3,4-Dimethylheptan
      |   |
     2C   C
      |
     1C
```

2.1.2   Molekülbau

Im *Methan* umgeben die vier Wasserstoffatome das Kohlenstoffatom regelmäßig tetraedrisch. Für das Molekül des *Ethans* – dessen C—C-Bindung eine rotationssymmetrische σ-Bindung ist – würde man erwarten, daß um die C—C-Bindung freie Rotation möglich ist und die drei an jedes Kohlenstoffatom gebundenen Wasserstoffatome relativ zueinander jede beliebige Stellung einnehmen können. Bei einer solchen Drehung durchlaufen aber die Atome zwei bestimmte, ausgezeichnete Stellungen, die als *gestaffelte* und *ekliptische* Stellung unterschieden werden (Abb. 2.1).

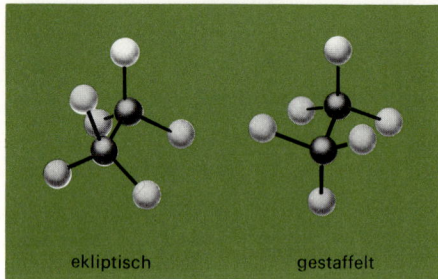 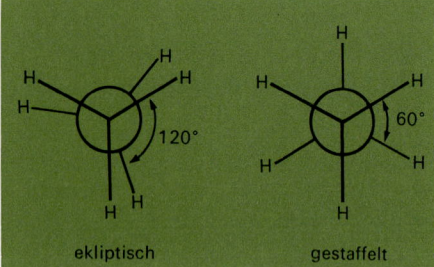

Abb. 2.1. Zwei Konformationen von Ethan. Rechts Projektionsformel

Atomanordnungen, die durch Drehung um Einfachbindungen ineinander übergeführt werden können, bezeichnet man als **Konformationen.** Neben den beiden Extremkonformationen (gestaffelt und ekliptisch) existieren im Falle des Ethan-Moleküls unendlich viele intermediäre Konformationen, die als *skew-* oder *gauche-*Konformationen bezeichnet werden. Bis etwa um 1930 war man der Ansicht, daß um Einfachbindungen eine völlig freie (unmeßbar rasche) Drehbarkeit möglich sei; Untersuchungen von Pitzer (1936) zeigten indessen, daß die experimentellen und berechneten thermodynamischen Daten von Ethan nur dann übereinstimmen, wenn man für die Rotation um die C—C-Bindung eine *Energiebarriere* von etwa 12,6 kJ/mol annimmt, die dem Energieunterschied zwischen gestaffelter und ekliptischer Konformation entsprechen muß. Die Tatsache, daß die ekliptische Konformation energiereicher ist als die gestaffelte, könnte auf die räumlichen Wechselwirkungen zwischen den Wasserstoffatomen zurückgeführt werden (sogenannte «Torsions-» oder «Pitzer-Spannung»); Berechnungen ergaben jedoch, daß dieser Effekt wegen der geringen Größe der Wasserstoffatome viel kleiner ist (die Wechselwirkungsenergie zweier ekliptisch zueinander stehender Wasserstoffatome beträgt nur etwa 2,9 kJ/mol). Die eigentliche Ursache der Torsionsspannung ist heute noch unbekannt[1]. Da die Energiedifferenz zwischen den beiden Extremkonformationen aber doch nur gering ist, genügt bereits die Energie der thermischen Bewegung, um ein Ethanmolekül von der einen in die andere Konformation überzuführen. Immerhin nimmt im Gaszustand die Mehrzahl der Moleküle die gestaffelte Korformation ein; man muß sich vorstellen, daß dabei die Moleküle Torsionsschwingungen ausführen und dabei gelegentlich auch in die ekliptische Konformation übergehen. Im Gitter des festen Ethans tritt jedoch ausschließlich die (energieärmere) gestaffelte Konformation auf.

[1] Es ist jedoch bemerkenswert, daß Näherungsrechnungen (die Lösung der Schrödinger-Gleichung für das Ethan in gestaffelter bzw. ekliptischer Konformation) als Energieunterschied zwischen beiden Konformationen angenähert 12,6 kJ/mol ergeben!

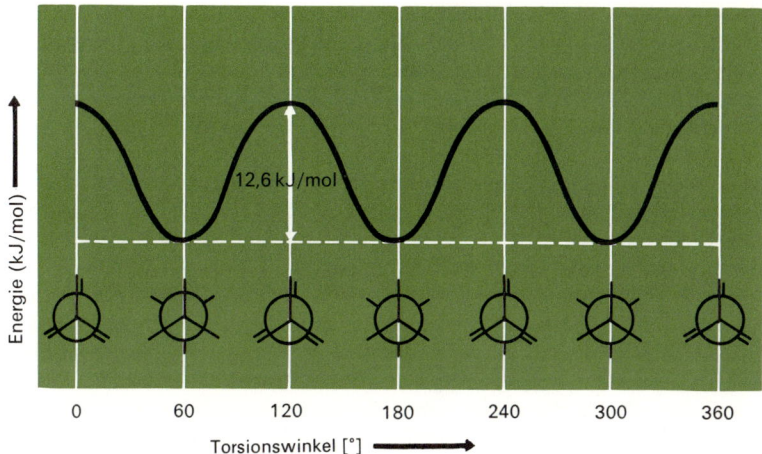

Abb. 2.2. Verlauf der potentiellen Energie bei der inneren Rotation eines Ethanmoleküls als Funktion des Torsionswinkels

Während beim *Propan* die Energiedifferenz zwischen gestaffelter und ekliptischer Konformation trotz des Vorhandenseins einer weiteren Methylgruppe an Stelle eines Wasserstoffatoms nur wenig größer ist als beim Ethan (14,6 kJ/mol), unterscheiden sich beim *n-Butan* wegen der größeren Wechselwirkungen zwischen zwei Methylgruppen die verschiedenen Konformationen energetisch stärker voneinander (Abb. 2.3). Bezüglich der mittleren beiden C-Atome sind hier zwei verschiedene gestaffelte Konformationen möglich, die als *«antiperiplanare»* (oder kurz *«anti»*) und *«synklinale»* Konformation unterschieden werden[1]. Die Konformation mit den beiden Methylgruppen in ekliptischer Stellung *(«synperi-*

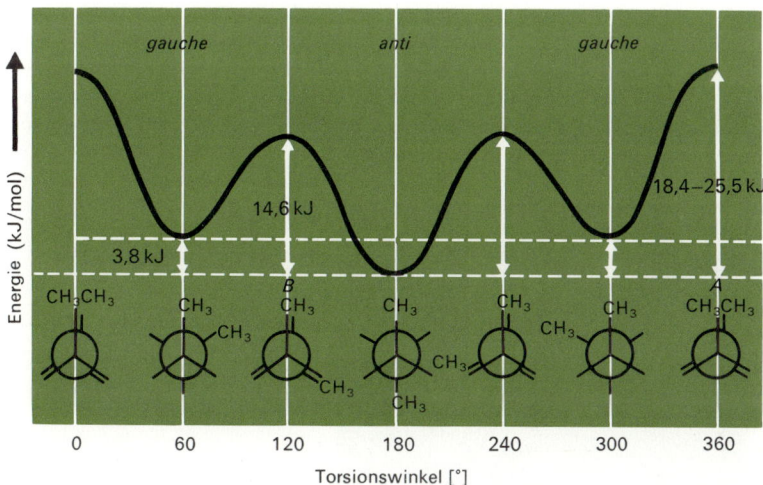

Abb. 2.3. Potentielle Energie der Konformationen des Butans in Abhängigkeit vom Torsionswinkel

[1] Statt der Bezeichnung «synklinal» werden auch in der deutschsprachigen Literatur die aus dem Englischen stammenden Ausdrücke *«gauche»* oder *«skew»* benützt.

planar») ist am energiereichsten, eine Folge der sterischen Wechselwirkungen zwischen den beiden Methylgruppen, deren van der Waals-Radien sich überschneiden (sogenannte *«van der Waals-Abstoßung»* oder *«sterische Spannung»)*. Die Energiedifferenz zwischen anti- und synperiplanarer Konformation beträgt etwa 21 bis 25 kJ/mol. Im Gaszustand befindet sich die Mehrzahl der Butanmoleküle in der *anti*-Konformation, während eine kleinere Zahl von Molekülen eine *gauche*-Konformation einnimmt.

Moleküle, die in Konformationen vorliegen, welchen Energieminima entsprechen, nennt man **Konformere**. Von *n*-Butan gibt es drei Konformere, die *anti*- und zwei *gauche*-Konformere, wobei sich die beiden letzteren zueinander wie Bild und Spiegelbild verhalten. Die verschiedenen Konformere sind – wenn man den Ausdruck im weitesten Sinn versteht – Stereoisomere; da die Energiebarriere zwischen ihnen jedoch nur gering ist, wandeln sie sich durch Drehung um die C—C-Bindung leicht ineinander um und können deshalb nicht als Substanzen (als stoffliche Individuen) isoliert und charakterisiert werden. «Gewöhnliche» Stereoisomere unterscheiden sich hingegen durch ihre **Konfiguration** voneinander, d. h. durch die räumliche Anordnung der Atome, ohne Berücksichtigung der verschiedenen Anordnungen, die man durch Rotation um Einfachbindungen erhalten kann, also der Konformationen. Zur Überführung eines Moleküls in ein Molekül von anderer Konfiguration müssen Atombindungen getrennt werden, so daß zur Umwandlung von Konfigurationsisomeren ineinander viel größere Energiebeträge nötig sind als zur gegenseitigen Umwandlung von Konformeren (167,4 bis 293 kJ/mol). Solche Stereoisomere lassen sich deshalb als definierte Substanzen voneinander trennen.

Bei *höheren Alkanen* sind natürlich noch viel mehr verschiedene ausgezeichnete Konformationen möglich als beim Ethan oder beim *n*-Butan. Die Energieunterschiede zwischen ihnen sind jedoch ebenfalls nur gering, so daß die Konformere nicht als Substanzen faßbar sind. Im festen Zustand treten immer nur zickzackförmige Ketten auf, wobei die Wasserstoffatome durchwegs in *anti*-Stellung zueinander stehen.

Das Auftreten verschiedener Konformerer bei einer Verbindung spiegelt sich in verschiedenen physikalischen Eigenschaften wider. Beim 1,2-Dichlorethan beispielsweise sollten sich die verschiedenen Konformere wegen der Polarität der C—Cl-Bindung im *Dipolmoment* unterscheiden. In der *anti*-Konformation sind die C—C-Bindungsdipole antiparallel zueinander eingestellt, so daß das Gesamtdipolmoment des *anti*-Konformers Null sein muß. Im Gegensatz dazu kommt dem *gauche*-Konformer ein endliches Dipolmoment zu. Experimentell findet man für Dichlorethan (bei 25 °C) ein Dipolmoment von $4,7 \cdot 10^{-30}$ Cm, was zeigt,

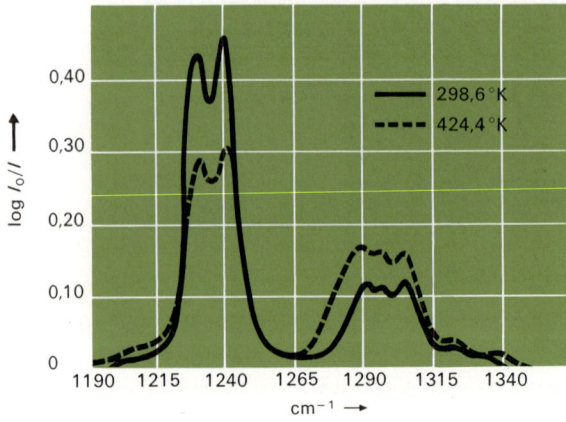

Abb. 2.4. IR-Spektrum von 1,2-Dichlorethan in Abhängigkeit von der Temperatur

daß die Moleküle nicht ausschließlich in der (stabileren) *anti*-Konformation vorliegen. Da das Dipolmoment aber mit abnehmender Temperatur kleiner wird, muß mit sinkender Temperatur die Anzahl der Moleküle der *anti*-Konformation wachsen. Man kann deshalb annehmen, daß *anti*- und *gauche*-Konformation in einem echten Gleichgewicht miteinander stehen. Das Auftreten der *gauche*-Konformation macht sich auch im *IR-Spektrum* durch zusätzliche, im Spektrum des festen Dichlorethans nicht vorhandene Absorptionsbanden bemerkbar. So erhält man – bei Verwendung eines Spektrographen von genügender Auflösung – bei Raumtemperatur für das 1,2-Dichlorethan je eine Absorptionsbande bei 1240 cm^{-1} und 1290 cm^{-1}. Mit zunehmender Temperatur wird die zweite Bande intensiver; sie muß also für das *gauche*-Konformer charakteristisch sein. Aus dem Verhältnis der Absorptionsintensitäten lassen sich die relativen *Mengenverhältnisse* der einzelnen Konformere bestimmen; kennt man die Temperaturabhängigkeit dieses Verhältnisses (d. h. die Temperaturabhängigkeit der für die gegenseitige Umwandlung gültigen Gleichgewichtskonstante), so läßt sich die mit der Umwandlung verbundene Energieänderung – der *Energieunterschied* zwischen den Konformeren – bestimmen. – Das *NMR-Spektrum* schließlich zeigt bei Raumtemperatur nur ein einziges, dem Durchschnittszustand entsprechendes Protonenresonanzsignal, weil die Umwandlung der Konformere ineinander zu rasch geschieht. Bei tieferer Temperatur nimmt jedoch die Umwandlungsgeschwindigkeit ab, weil die Energiebarriere zwischen den Konformeren nur noch von wenigen, genügend energiereichen Molekülen überschritten werden kann, und die einzelnen Protonen «frieren» in ihrer Lage «ein». Dadurch wird der Absorptionspeak verbreitert und spaltet sich schließlich bei genügend tiefer Temperatur in die Signale der einzelnen, sich durch ihre Umgebung voneinander unterscheidenden Protonen auf.

2.1.3 Physikalische Eigenschaften

Die Alkane C_1 bis C_4 sind bei Zimmertemperatur gasförmig. C_5 bis C_{16} sind flüssig und die höheren Glieder der Reihe fest. Die tiefersiedenden flüssigen Alkane sind leichtbewegliche, farblose Flüssigkeiten mit einem an Benzin erinnernden Geruch; die schwererflüchtigen sind dickflüssig, ölig und geruchlos. – Der Anstieg der *Schmelz-* und *Siedepunkte* mit zunehmender Molekülmasse (Tabelle 2.2) ist auf die steigenden van der Waals-Kräfte zurückzuführen. Dabei macht sich bei geringeren Molekülmassen das Hinzukommen einer CH_2-Gruppe viel stärker bemerkbar als bei den höheren Gliedern, so daß die Siedepunktsdifferenzen am Anfang der homologen Reihe beträchtlich größer sind (Abb. 2.5 b). Moleküle mit verzweigten Ketten sieden immer tiefer als unverzweigte Moleküle gleicher Kohlenstoffzahl, weil die van der Waals-Kräfte zwischen kompakteren Molekülen kleiner sind als zwischen langgestreckt-kettenförmigen (Einfluß der Moleküloberfläche!) Die Schmelzpunkte der Alkane mit unverzweigten Ketten hingegen steigen nicht regelmäßig, sondern alternierend an (Abb. 2.5 a); die Moleküle mit ungeraden Kohlenstoffzahlen schmelzen jeweils etwas tiefer. Offenbar passen solche Moleküle im Kristallgitter nicht so eng zusammen, so daß die van der Waals-Kräfte weniger stark wirksam sein können.

Van der Waals-Kräfte können auch zwischen verschiedenen Atomgruppen *ein und desselben Moleküls* wirksam sein. So zeigt z. B. die experimentell bestimmte Verbrennungswärme, daß Neopentan (2,2-Dimethylpropan) um etwa 20 kJ/mol energieärmer ist als Pentan, was auf die gegenseitige van der Waals-Anziehung der vier Methylgruppen zurückzuführen sein muß. Aus diesem Grund sind ganz allgemein *verzweigtkettige Kohlenwasserstoffe* etwas *energieärmer* (stabiler) als ihre geradkettigen Isomere.

Wegen der geringen Polarität der Bindungen und des symmetrischen Baues ist das *Dipolmoment* aller gesättigten Kohlenwasserstoffe Null; die Moleküle sind als Ganzes völlig unpolar. Dies erklärt ihre Löslichkeit in unpolaren Lösungsmitteln wie z.B. anderen Kohlenwasserstoffen oder CCl_4 («Tetrachlorkohlenstoff») und ebenso die fehlende Mischbarkeit mit extrem polaren Lösungsmitteln (Wasser). Allgemein bezeichnet man mit Wasser nicht (oder nur sehr beschränkt) mischbare Stoffe als «hydrophob» (wasserfeindlich) oder **«lipophil»** (fettliebend); polare Moleküle sind im Gegensatz dazu wasserliebend **(«hydrophil»)**.

In den *IR-Spektren* der Alkane tritt bei 2850 bis 3000 cm^{-1} eine starke, scharfe Absorptionsbande auf, die der C—H-Streckschwingung entspricht. Die C—C-Streckschwingungen sind gewöhnlich ziemlich schwach und treten nur als undeutliche Absorptionsbanden in Erscheinung. Bei Methyl- und Methylen-(—CH$_2$—)Gruppen treten meist Beugeschwingungen auf (bei 1430 bis 1470 cm^{-1}); Methylgruppen können zusätzlich bei 1380 cm^{-1} eine schwächere Bande zeigen.

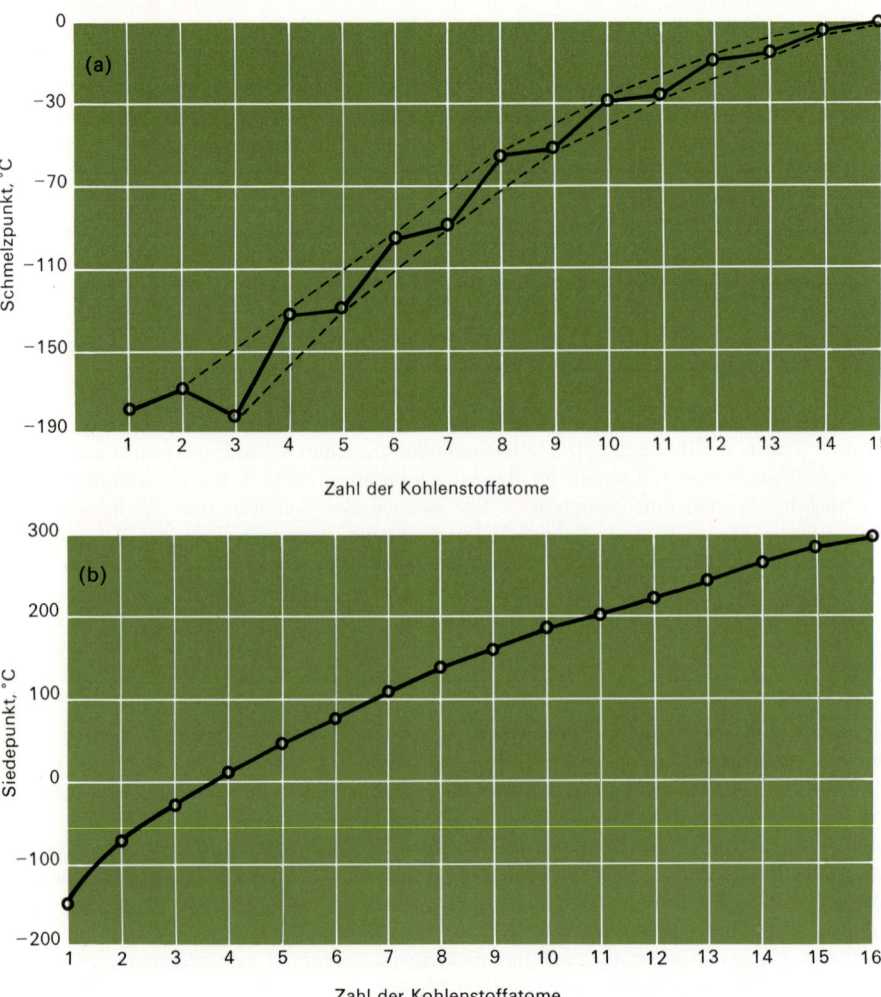

Abb. 2.5. (a) Schmelzpunkte und (b) Siedepunkte von unverzweigten Alkanen

IR-Banden von Alkanen (cm^{-1}):

$>CH_2$ | $-CH_3$ ⎰	2850–2960	C—H-Streckschwingung
$-CH_2-$	1430–1470	C—H-Beugeschwingung
$-CH_3$	1380	asymmetrische C—H-Beugeschwingung (sehr charakteristisch!)
$-CH$⟨CH_3 CH_3 Dublett bei 1370 und 1397		C—H-Beugeschwingung
$-CH_2-$	750	$-CH_2$-Schaukelschwingung (typisch, wenn mindestens vier Methylengruppen in einer Kette aufeinander folgen)

2.1.4 Reaktionen

Bei Raumtemperatur sind die Alkane gegenüber den meisten Reagenzien (konzentrierte Säuren, Alkalimetalle, Sauerstoff), praktisch völlig inert. Einzig mit Supersäuren und mit Fluor reagieren sie spontan; Fluor reagiert bereits bei Temperaturen um $-80°C$. Bei höheren Temperaturen oder unter dem Einfluß von Licht sind hingegen Reaktionen mit Halogenen oder anderen Reagenzien möglich. Da die C—H-Bindungen praktisch unpolar sind, ist zu erwarten, daß sie bei solchen Reaktionen in der Weise getrennt werden, daß jedes Atom ein Elektron der Bindung erhält. Als Folge dieser **«homolytischen»** Bindungstrennung entstehen Teilchen mit einzelnen, ungepaarten Elektronen, sogenannte **Radikale**. Reaktionen von Alkanen verlaufen fast stets über freie Radikale als Zwischenstoffe.

Halogenierung. Wird ein Gemisch eines Alkans mit Chlor oder mit Brom kräftig belichtet, so beobachtet man, wie die Farbe des Halogens allmählich verschwindet. Gleichzeitig kann man das Entstehen von HCl (bzw. HBr) nachweisen. Niedere Alkane wie Methan oder Ethan können bei sehr starker Belichtung sogar explosionsartig mit Chlor reagieren. Die Bildung von Halogenalkanen zeigt, daß ein Ersatz von Wasserstoff- durch Halogenatome, d. h. eine **Substitutionsreaktion**, eingetreten ist:

$$C_6H_{14} + Br_2 \longrightarrow C_6H_{13}Br + HBr$$

Das absorbierte Licht bewirkt dabei die Spaltung der Halogenmoleküle:

$$Br_2 \xrightarrow{h \cdot v} 2\ Br\cdot \qquad (1)$$

Im Fall von Chlor ist dazu Licht mit Wellenlängen < 400 nm nötig. Längerwelliges rotes Licht wird zwar auch absorbiert; seine Quanten sind jedoch nicht energiereich genug, um die Trennung der Cl—Cl-Bindung zu ermöglichen.

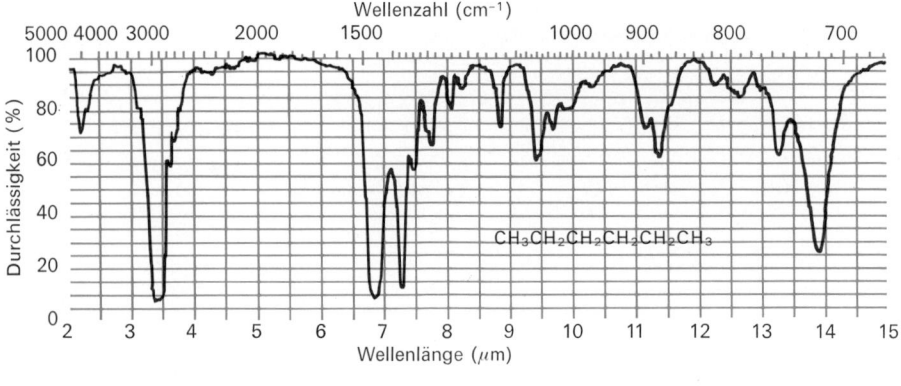

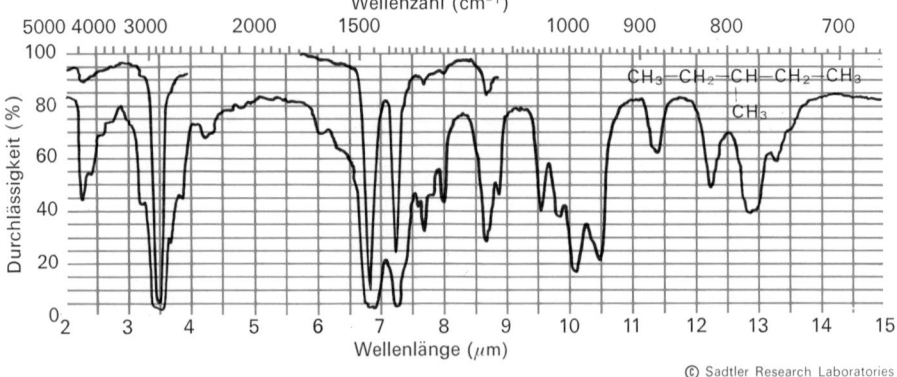

© Sadtler Research Laboratories

Abb. 2.6. IR-Spektren von n-Hexan (oben) und 3-Methylpentan (unten)
Das Spektrum von n-Hexan zeigt deutlich die Banden der C—H-Streckschwingung
(2900 cm⁻¹), der C—H-Beugeschwingung (1450 cm⁻¹), der (asymmetrischen) C—H-Beuge-
schwingung der —CH₃-Gruppe (1380 cm⁻¹) und der —CH₂-Schaukelschwingung
(750 cm⁻¹).
Im Spektrum von 3-Methylpentan treten dieselben Absorptionsbanden auf; die beiden
Spektren unterscheiden sich jedoch deutlich durch die verschiedenen Banden im Finger-
print-Gebiet. Wenn ein Spektrum zwei Linien zeigt (wie hier das untere Spektrum), so
wurde es bei zwei verschiedenen Konzentrationen aufgenommen

Treffen solche energiereiche Halogenatome (Radikale!) auf ein Kohlenwasserstoffmolekül, so bildet sich ein Molekül Halogenwasserstoff neben einem Alkyl-Radikal:

$$Br\cdot + C_6H_{14} \quad \longrightarrow \quad HBr + C_6H_{13}\cdot \tag{2}$$

Ein solches Radikal erzeugt beim Zusammenstoß mit einem Halogenmolekül wieder ein Halogenatom:

$$C_6H_{13}\cdot + Br_2 \quad \longrightarrow \quad C_6H_{13}Br + Br\cdot \tag{3}$$

Die Reaktion läuft auf diese Weise kettenartig weiter. Rekombination zweier Radikale oder Einfang von Radikalen durch die Gefäßwand führen zum Kettenabbruch.

Daß die Substitution durch Halogene bei Alkanen tatsächlich über intermediär auftretende freie Radikale führt, wird durch eine Reihe von Beobachtungen belegt. Kleine Spuren von molekularem Sauerstoff vermögen beispielsweise die Reaktion zu verzögern (Sauerstoff wirkt also als *Inhibitor*), weil O_2-Moleküle als Diradikale (sie besitzen zwei ungepaarte Elektronen) die im Verlauf der Kettenreaktion gebildeten Radikale abfangen. Erst wenn die im Gemisch vorhandenen O_2-Moleküle verbraucht sind, läuft die Substitution mit normaler Geschwindigkeit weiter. Weiter muß jede Reaktion, welche freie organische Radikale liefert, die Substitution in Gang setzen; in der Tat reagiert ein Gemisch von Methan mit Chlor bei Zusatz von 0,02 % Bleitetraethyl [Pb $(C_2H_5)_4$], dem bekannten Antiklopfmittel, im Dunkeln bereits bei 140 °C, während ohne diesen Zusatz (und ohne Belichtung) eine Mindesttemperatur von 280 bis 300 °C nötig ist. Bleitetraethyl zerfällt nämlich bei 140 °C in Radikale, welche die Substitution starten können:

$$Pb\,(C_2H_5)_4 \quad \longrightarrow \quad Pb \quad + \; 4\,C_2H_5 \cdot$$

$$C_2H_5 \cdot \,+\, Cl_2 \quad \longrightarrow \quad C_2H_5Cl \;+\; Cl \cdot$$

$$Cl \cdot \quad + \, CH_4 \longrightarrow \quad CH_3 \cdot \quad + \; HCl \qquad usw.$$

Bemerkenswerterweise erfolgt bei höheren Alkanen der Angriff des Halogenatoms nicht statistisch, d.h. nicht an allen Wasserstoffatomen mit gleicher Häufigkeit. Man beobachtet vielmehr eine deutliche Abnahme der Reaktionsfähigkeit in der Reihenfolge

tertiär   sekundär   primär

(C-Atome, die mit 3 anderen C-Atomen verbunden sind, werden tertiär genannt; sekundäre C-Atome sind mit zwei anderen, primäre C-Atome mit einem anderen C-Atom verbunden.)

Ein Vergleich der Dissoziationsenergien (d.h. der zur Abspaltung eines bestimmten Wasserstoffatoms aufzuwendenden Energien) zeigt, daß die *Stabilität der Radikale in der Reihenfolge tertiär > sekundär > primär > Methyl abnimmt,* da in der genannten Reihe ein wachsender Energiebetrag aufzuwenden ist, um jeweils ein Wasserstoffatom abzuspalten:

			kJ/mol
$(CH_3)_3C-H$ $\longrightarrow$	$(CH_3)_3C\cdot$	$+\;\;H\cdot$	372,6
$(CH_3)_2CH-H$ $\longrightarrow$	$(CH_3)_2CH\cdot$	$+\;\;H\cdot$	385,1
CH_3CH_2-H $\longrightarrow$	$CH_3CH_2\cdot$	$+\;\;H\cdot$	401,9
CH_3-H $\longrightarrow$	$CH_3\cdot$	$+\;\;H\cdot$	426,9

Die Leichtigkeit, mit der Wasserstoffatome an tertiären, sekundären bzw. primären C-Atomen substituiert werden, geht also der Stabilität der vorübergehend auftretenden Radikale parallel (vgl. S. 737).

Daß die Substituierbarkeit der Wasserstoffatome in der Reihenfolge tertiär > sekundär > primär abnimmt, wird z.B. durch die Reaktion von Isobutan mit Chlor gezeigt: Man erhält dabei Isobutylchlorid und tert. Butylchlorid im Molverhältnis 2:1, obschon im Molekül von Isobutan 9 mal so viel primäre (d.h. an ein primäres Kohlenstoffatom gebundene) wie tertiäre Wasserstoffatome vorhanden sind. Zusammenstöße von Chloratomen mit tertiären Wasserstoffatomen sind also 4,5 mal erfolgreicher als Zusammenstöße mit primären Wasserstoffatomen, was nichts anderes bedeutet, als daß Wasserstoffatome an tertiären Kohlenstoffatomen leichter substituiert werden als Wasserstoffatome an primären Kohlenstoffatomen.

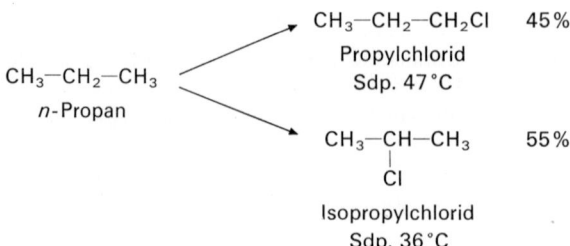

Analoge Ergebnisse liefert die Chlorierung von Propan, bei welcher ungefähr gleiche Mengen von Propyl- und Isopropylchlorid erhalten werden.

$$CH_3-CH_2-CH_3 \quad \text{\textit{n}-Propan}$$

$$CH_3-CH_2-CH_2Cl \quad 45\%$$
Propylchlorid
Sdp. 47 °C

$$CH_3-CH-CH_3 \quad 55\%$$
$$\qquad\quad |$$
$$\qquad\quad Cl$$
Isopropylchlorid
Sdp. 36 °C

Von den Halogenen ist Brom reaktionsträger als Chlor. Aus diesem Grund wirkt es *mehr selektiv*, d.h. es reagiert in erster Linie mit Wasserstoffatomen, die an ein tertiäres oder sekundäres Kohlenstoffatom gebunden sind. Mit Fluor tritt gewöhnlich vollkommene Fluorierung ein, wobei auch C—C-Bindungen getrennt werden; oft verlaufen Reaktionen von Alkanen mit Fluor sogar explosionsartig. Iod reagiert überhaupt nicht.

Wegen der Bildung schwierig zu trennender Isomerengemische ist die Chlorierung von Alkanen keine allgemein anwendbare Reaktion. Wenn jedoch alle Wasserstoffatome äquivalent sind, entsteht nur ein einziges Monochlorsubstitutionsprodukt, das dann von höher chlorierten Produkten durch Destillation abgetrennt werden kann. In solchen Fällen läßt sich die Chlorierung auch präparativ einsetzen, z.B. zur Gewinnung von Neopentylchlorid:

$$
\begin{array}{ccc}
\quad\quad CH_3 & & \quad\quad CH_3 \\
\quad\quad | & & \quad\quad | \\
CH_3-C-CH_3 + Cl_2 & \longrightarrow & CH_3-C-CH_2Cl + HCl \\
\quad\quad | & & \quad\quad | \\
\quad\quad CH_3 & & \quad\quad CH_3
\end{array}
$$

Um das Arbeiten mit gasförmigem Chlor zu vermeiden, führt man die Reaktion oft auch mittels Sulfurylchlorid (SO_2Cl_2) aus, das durch Initiatoren (Radikalbildner) in SO_2 und Chloratome gespalten wird. Technisch wird die Chlorierung von Methan benützt, um die verschiedenen Chlorderivate von Methan herzustellen (S. 85), die sich durch Destillation relativ leicht trennen lassen. Wegen ihrer größeren Selektivität ist die Bromierung auch für präparative Zwecke eher verwendbar.

Sulfochlorierung. Durch Reaktion von Alkanen mit Sulfurylchlorid (oder einem Gemisch von SO_2 und Cl_2), unter der Einwirkung von Licht erhält man *Alkylsulfochloride*. Dabei entstehen wie bei der Chlorierung zuerst Chloratome, die beim Zusammenstoß mit Alkanmolekülen Alkylradikale bilden. Letztere reagieren mit Sulfurylchlorid, wobei sich ein neues Chloratom bildet:

$$
\begin{array}{lcl}
SO_2Cl_2 & \longrightarrow & SO_2 + 2\,Cl\cdot \\
C_{12}H_{26} + Cl\cdot & \longrightarrow & C_{12}H_{25}\cdot + HCl \\
C_{12}H_{25}\cdot + SO_2Cl_2 & \longrightarrow & C_{12}H_{25}SO_2Cl + Cl\cdot
\end{array}
$$

Durch Hydrolyse dieser Alkylsulfochloride erhält man die entsprechenden Sulfonsäuren, deren Natrium- bzw. Kaliumsalze als Waschmittel *(Detergentien)* verwendet werden.

Einfügen von Methylengruppen. Eine sehr interessante Reaktion tritt ein, wenn ein Gemisch eines Alkans mit Diazomethan ($CH_2=N=N$) oder mit Keten ($CH_2=C=O$) mit UV-Licht belichtet wird. Unter dem Einfluß der UV-Strahlung zerfallen nämlich sowohl Diazomethan wie Keten in **«Carben»** (**«Methylen»**), CH_2, sowie N_2 bzw. CO (die miteinander isoelektronisch sind):

$$
CH_2\!=\!\overset{\oplus}{N}\!=\!\overset{\ominus}{N} \quad \longrightarrow \quad CH_2 + N_2
$$

Dieses Carben ist eine enorm reaktionsfähige Partikel, die nur während sehr kurzer Zeit existieren kann. Wenn bei der Bildung von Carben ein Alkan zugegen ist (wie in einem Gemisch von Diazomethan [oder Keten] mit einem Alkan), so lagern sich diese CH_2-Gruppen zwischen irgendein C- und ein H-Atom ein. Aus Propan und Diazomethan entstehen dadurch *n*-Butan und Isobutan, aus *n*-Pentan *n*-Hexan, 2-Methylpentan und 3-Methylpentan, u.a. Wie man aus dem Mengenverhältnis der Produkte schließen kann, erfolgt der Angriff der Carben-Moleküle rein statistisch; offenbar sind diese derart reaktionsfähig (energiereich), daß praktisch jeder Zusammenstoß mit einer C—H-Bindung zum Erfolg führt.

Reaktionen mit Supersäuren. Die in wäßrigen Lösungen stärkste Säure ist das Hydronium-($H_3O^{\oplus}$-)Ion, da alle stärkeren Säuren im Wasser quantitativ zu $H_3O^{\oplus}$-Ionen und ihrer konjugierten Base protolysiert werden. In *nichtwäßrigen* Systemen existieren jedoch auch viel stärkere Säuren (Säuren mit einer größeren Protonenaktivität), wie z.B. reine Schwefelsäure, Perchlorsäure, Fluorsulfonsäure (HSO_3F) u. a. Ganz besonders starke Säuren entstehen durch Reaktion von Antimon(V)-fluorid oder anderen Lewis-Säuren mit Fluorsulfonsäure, z. B.:

$$\underset{\underset{F}{|}}{\overset{\overset{OH}{|}}{F_5Sb-O-S-O-SbF_5}}$$

Bemerkenswerterweise vermögen derart extrem starke Säuren selbst die reaktionsträgen Alkane zu protonieren. So entsteht z. B. aus einem Gemisch von SbF_5 und HSO_3F (das von Olah als *magische Säure* bezeichnet wird) mit Methan das Ion $CH_5^{\oplus}$, während aus Ethan ein Ion $C_2H_7^{\oplus}$ entsteht usw. Dabei wird das von der Säure abgegebene Proton durch ein σ-Elektronenpaar des Alkans gebunden, so daß eine *«Dreizentrenbindung»* entsteht, d. h. ein mit zwei Elektronen besetztes MO, das drei Atomen angehört. (Gleichartige Dreizentrenbindungen sind bei den Borwasserstoffverbindungen seit längerer Zeit bekannt; vgl. *Grundlagen der allgemeinen und anorganischen Chemie,* S.117 und S.543.) Das zentrale C-Atom ist also in einem solchen **«Carboniumion»** nicht etwa fünfbindig, jedoch mit fünf Liganden koordiniert:

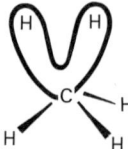

Naturgemäß sind solche Carboniumionen extrem reaktionsfähige Partikeln und existieren nur in superaciden Medien. Sie spalten z. B. relativ leicht Wasserstoff ab und gehen dabei in **«Carbeniumionen»**[1] (mit dreibindigem C-Atom) über, die ebenfalls sehr reaktionsfähig sind und als stark elektrophile[2] Partikeln andere Alkanmoleküle *alkylieren* können:

$$(CH_3)_3C^{\oplus} \quad + \quad HC(CH_3)_3 \quad \longrightarrow \quad (CH_3)_3C-C(CH_3)_3 \quad + \quad H^{\oplus}$$

tert. Butylkation   Isobutan   Hexamethylethan

Die Alkane sind also keineswegs so reaktionsträg, wie bisher angenommen wurde; es ist durchaus denkbar, daß diese Alkylierungsreaktionen auch für präparative Zwecke Bedeutung erlangen werden.

Nitrierung, Isomerisierung. Zwei weitere, technisch wichtige Reaktionen der Alkane werden später ausführlicher besprochen (S.750 und S.827): Bei der Nitrierung (mit Salpetersäure in der Gasphase oder in flüssiger Phase durchgeführt) entstehen Gemische von Nitroalkanen, während die Isomerisierung zur Umwandlung geradkettiger Alkane in verzweigtkettige Alkane dient (die treibstofftechnisch günstige Eigenschaften besitzen).

---

[1] Nach Olah unterscheiden wir in diesem Buch zwischen **Carboniumionen** (mit fünffach koordiniertem Kohlenstoff) und **Carbeniumionen** (mit dreifach koordiniertem Kohlenstoff). Insbesondere in der angelsächsischen Literatur werden die «Carbeniumionen» bisher meist Carboniumionen genannt. Carbenium- und Carboniumionen werden zusammengefasst als **Carbokationen** bezeichnet.
[2] **«elektrophil»** = «elektronensuchend»; elektrophile Partikeln besitzen eine Elektronenlücke.

Im Gegensatz zu den bisher genannten Reaktionen der Alkane ist die Isomerisierung keine Radikal-Kettenreaktion, sondern verläuft über ionische Zwischenstufen (S. 827).

Verbrennung. Die Verbrennung der Alkane zu CO_2 und Wasser verläuft stark exotherm (hohe Verbrennungswärmen, da die Produkte dank stark polaren Atombindungen sehr stabil sind und stark negative Bildungsenthalpien besitzen). Sie ist – mengenmäßig gesehen – eine der wichtigsten organischen Reaktionen: auf ihr beruht die Verwendung der Alkane als *Energiequelle* (Erdgas, Benzin, Petroleum, Heizöl, Dieselöl). Der Ablauf der Verbrennung ist sehr verwickelt; zweifellos verläuft sie jedoch auch über freie Radikale und ist eine Kettenreaktion. Als Zwischenprodukte wurden unter anderem *Alkylperoxid-Radikale* nachgewiesen, die dann durch Reaktion mit einem Alkanmolekül ein Alkylperoxid ergeben. Durch Zerfall der in diesen enthaltenen O—O-Bindung entstehen weitere Radikale, so daß die Reaktion schließlich sehr rasch verlaufen kann:

$$R\cdot + O_2 \longrightarrow ROO\cdot$$
$$ROO\cdot + RH \longrightarrow ROOH + R\cdot$$
$$ROOH \longrightarrow RO\cdot + \cdot OH$$

Pyrolyse. Erhitzt man Kohlenwasserstoffe sehr kurz auf einige 100°C und kühlt nachher rasch ab, so werden die Moleküle gespalten (*«Hitzespaltung»* oder **«Pyrolyse»**; in der Technik als **«Cracken»** bezeichnet). Dabei werden C—C-Bindungen in den Kohlenstoffketten getrennt, wobei die Trennung im Prinzip zwischen irgend zwei Kohlenstoffatomen eintreten kann.
Die durch die Spaltung entstandenen Radikale können untereinander zu neuen Alkanmolekülen *rekombinieren;* ein Radikal kann aber auch ein Wasserstoffatom auf ein anderes Radikal übertragen, so daß dann gleichzeitig ein Alkan- und ein Alkenmolekül entstehen:

Rekombination: $\qquad CH_3\cdot + CH_3CH_2\cdot \longrightarrow CH_3CH_2CH_3$

Alkan- und Alken-Bildung: $\quad CH_3CH_2\cdot + CH_3CH_2CH_2\cdot \longrightarrow CH_3CH_3 + CH_3CH{=}CH_2$

Werden auch C—H-Bindungen getrennt, so bilden sich auch Wasserstoff und Ruß.
Die Pyrolyse ermöglicht somit die Umwandlung höherer Alkane in niedriger siedende Alkane und Alkene. Meistens erhält man dabei Gemische (die Reaktion ist also keine brauchbare Methode zur präparativen Synthese bestimmter Kohlenwasserstoffe). Beim rein thermischen Cracken von Benzin entsteht als Hauptprodukt *Ethen* («Ethylen», $CH_2{=}CH_2$), das heute in sehr großen Mengen auf diese Weise gewonnen wird. Wenn das Alkangemisch mit Wasserdampf «verdünnt» und nach sehr kurzzeitigem Erhitzen auf 700 bis 900°C abgeschreckt wird, so erhält man neben Ethen eine Reihe weiterer ungesättigter Kohlenwasserstoffe, die als Ausgangsstoffe für Synthesen sehr wertvoll sind. Das katalytische Cracken von höher siedenden Kohlenwasserstofffraktionen (Petroleumfraktionen) über einem SiO_2/Al_2O_3-Kontakt und unter geringem Überdruck (bei 450 bis 550°C) ergibt hauptsächlich niedrig siedende, als Motortreibstoffe geeignete Kohlenwasserstoffe, die einen hohen Anteil von (treibstofftechnisch günstigen) verzweigten Molekülen enthalten. Die verschiedenen Formen des Crackens, insbesondere die Crackung von Benzin zum Zweck der Ethengewinnung, sind heute von außerordentlich großer wirtschaftlicher Bedeutung.

2.1.5   Gewinnung

Bei der Besprechung der zur Gewinnung oder zur Synthese einer Substanz geeigneten Methoden hat man häufig zu unterscheiden zwischen der technischen (industriellen) Gewinnung und der Synthese im Laboratorium. Während es im ersten Fall darauf ankommt, möglichst große Mengen des gewünschten Stoffes so billig wie möglich zu erzeugen (womöglich in einem kontinuierlich arbeitenden Verfahren), und es unter Umständen gleichgültig ist, ob ein Gemisch oder ein einigermaßen reiner Stoff erhalten wird, zielen Laboratoriumssynthesen in der Regel auf einen ganz bestimmten, möglichst reinen Stoff, wobei zur Synthese in manchen Fällen eine komplizierte, über viele Stufen hinweg verlaufende Reaktionsfolge dienen muß. Bei Arbeiten im Laboratorium – die ja stets nur mit kleineren Mengen (im «Halbmikromaßstab» mit einigen Gramm, bei größeren Ansätzen vielleicht einigen Hundert Gramm) durchgeführt werden, können die für eine bestimmte Reaktion erforderlichen Bedingungen meist auch viel genauer eingehalten werden (Verwendung absolut wasserfreier Lösungsmittel, sehr gute Durchmischung, äußerst genaue Konstanz von Temperatur oder pH, Einhalten bestimmter Konzentrationen); es können auch Reaktionen, die tagelanges Erhitzen, Erhitzen unter Druck in einem zugeschmolzenen Glasrohr (einem «Bombenrohr») oder sehr sorgfältige Kühlung verlangen oder Reaktionen mit unstabilen, leicht zersetzlichen oder auch stark giftigen Substanzen im Laboratorium leicht durchgeführt werden, die wegen dieser Schwierigkeiten überhaupt nicht oder nur unter ganz besonderen Maßnahmen in die Technik übertragen werden können. Insbesondere bietet die Ableitung der bei exothermen Reaktionen frei werdenden Wärme (und damit die Verhinderung einer Überhitzung, die unter Umständen zur Explosion führen kann) bei technisch durchgeführten Reaktionen oft schwierige Probleme.

In *technischem Maßstab* werden gesättigte Kohlenwasserstoffe aus *Erdgas* und *Erdöl* durch fraktionierte Destillation gewonnen. Da jedoch vom Pentan an die Isomerenzahl stark wächst und sich die Siedepunkte der Isomere nur sehr wenig voneinander unterscheiden, können nur die C_1- bis C_5-Kohlenwasserstoffe als reine Stoffe aus Erdöl oder Erdgas erhalten werden, und man muß sich im Fall der höheren Alkane mit Isomerengemischen als Destillationsprodukten begnügen. Zur Gewinnung reiner höherer Paraffinkohlenwasserstoffe müssen darum spezielle Reaktionen verwendet werden:

(1)   Katalytische Hydrierung von Alkenen (S. 536)

$$C_nH_{2n} \xrightarrow[\text{Pt, Pd, Ni}]{H_2} C_nH_{2n+2}$$

(2)   aus Alkylhalogeniden

   (a)   über die entsprechende Grignard-Verbindung (S. 81)

$$C_4H_9Br + Mg \longrightarrow C_4H_9MgBr$$
$$C_4H_9MgBr + H_2O \longrightarrow C_4H_{10} + Mg(OH)Br$$

   (b)   durch Reaktion mit Natrium (Wurtz-Fittig-Reaktion) (S. 673)

$$2 CH_3CH_2I + 2 Na \longrightarrow CH_3CH_2CH_2CH_3 + 2 NaI$$

   (c)   durch Kupplung mit einer Lithiumdialkyl-Kupfer-Verbindung (S. 82)

$$R-X + R'_2CuLi \longrightarrow R-R' + R'Cu + LiX$$

(3)   Aus Carbonsäuren durch Decarboxylierung (S. 82)

Von diesen Methoden ist die *katalytische Hydrierung* am wichtigsten. Ihre Vorteile sind quantitativer Verlauf (keine Nebenreaktionen) und Erhaltung des C-Gerüstes. In ihrer Anwendbarkeit ist sie nur insofern beschränkt, als die dafür nötigen Alkene verfügbar sein müssen; da diese jedoch fast immer leicht aus Alkoholen erhältlich sind und zur Synthese von Alkoholen eine Reihe von Methoden zur Verfügung steht, ist die katalytische Hydrierung ein ziemlich allgemein anwendbares Verfahren.

Auch die Alkylhalogenide (als Ausgangsstoffe für die Synthese von Alkanen) sind aus Alkoholen leicht herstellbar (S.184). Wird eine Lösung eines Halogenids in absolutem Ether (am besten eines Iodids oder Bromids; Chloride sind häufig ziemlich reaktionsträge) mit Magnesiumspänen erwärmt, so wird das Metall allmählich aufgelöst und man erhält ein sogenanntes **Grignard-Reagens,** ein Alkylmagnesiumhalogenid der allgemeinen Formel $RMgX$[1]:

$$C_2H_5Br + Mg \longrightarrow C_2H_5MgBr$$

Die Struktur dieser von V. Grignard um 1900 entdeckten Verbindungen ist trotz zahlreicher Untersuchungen noch nicht mit Sicherheit bekannt. Die meisten Grignard-Verbindungen enthalten ziemlich sicher dicht gepackte, mit Ether solvatisierte Ionenpaare:

$$
\begin{array}{c}
C_2H_5\diagdown O \diagup C_2H_5 \\
| \\
R - Mg^{\oplus}\ X^{\ominus} \\
| \\
C_2H_5\diagup O \diagdown C_2H_5
\end{array}
$$

Manche Grignard-Reagenzien enthalten aber wahrscheinlich gar keine $R-MgX$-«Moleküle», sondern Dimere:

$$
\begin{array}{ccc}
\begin{array}{c}
R\diagdown \\
R\diagup
\end{array}\!\!Mg\!\!
\begin{array}{c}
\diagup X \diagdown \\
\diagdown X \diagup
\end{array}\!\!Mg
& \text{oder} &
\begin{array}{c}
R\diagdown \\
R\diagup
\end{array}\!\!Mg - X - Mg - X
\end{array}
$$

Trotzdem wird auch für solche Verbindungen der Einfachheit halber die Schreibweise $RMgX$ beibehalten.

In den Grignard-Verbindungen ist die C—Mg-Bindung zweifellos sehr stark polarisiert, wobei das C-Atom eine beträchtliche negative Partialladung besitzt. Die Grignard-Verbindungen sind darum stark *nucleophil* und sehr reaktionsfähig; sie sind für zahllose Synthesen äußerst vielseitig verwendbare Substanzen. Ihr Alkylrest läßt sich – vereinfachend – als die konjugierte Base des entsprechenden Alkans auffassen. Nun sind Alkane naturgemäß extrem schwache Säuren, so daß Grignard-Verbindungen mit jeder anderen Verbindung, welche acide Wasserstoffatome enthält (d. h. Wasserstoffatome, die als Protonen abgegeben werden können; *«aktive H-Atome»),* das entsprechende Alkan ergeben:

$$R-MgX + H_2O \longrightarrow RH + Mg(OH)X$$

$$R-MgX + CH_3OH \longrightarrow RH + Mg(OCH_3)X$$

$$R-MgX + HC{\equiv}CH \longrightarrow RH + HC{\equiv}C-MgX$$

[1] Hier und im folgenden wird mit «R» stets ein **Alkylrest** ($C_nH_{2n+1}-$) abgekürzt.

Zur praktischen Darstellung eines Alkans durch diese Reaktion wird selbstverständlich Wasser, die billigste Verbindung mit acidem Wasserstoff, verwendet. Die Umsetzung mit CH_3MgBr dient zur Bestimmung der in einer organischen Verbindung vorhandenen Anzahl aktiver H-Atome; pro Wasserstoffatom wird dabei 1 mol Methan freigesetzt, welches gasvolumetrisch gemessen wird; Methode von *Zerewitinow.*

Die *Wurtz-Fittig-Reaktion,* mit deren Hilfe sich eine Kohlenstoffkette verlängern läßt, ist nur von beschränkter praktischer Bedeutung. Sie ist nur zur Gewinnung von symmetrisch gebauten (geradzahligen) Alkanen geeignet und kann bei C-Ketten, die außer dem Halogenatom funktionelle Gruppen enthalten, nicht verwendet werden, da das sehr reaktionsfähige Natrium mit den meisten funktionellen Gruppen reagiert.

Präparativ wesentlich interessanter ist die über eine *Lithiumdialkylkupferverbindung* verlaufende *Kupplung.* Durch Reaktion von Lithium mit einem Alkylhalogenid stellt man dabei zunächst in ähnlicher Weise wie die Grignard-Verbindung eine Alkyllithiumverbindung (R'Li) her, die durch Reaktion mit Kupfer(I)-chlorid die Lithiumdialkylkupferverbindung bildet. Diese besteht aus komplexen Aggregaten, in denen die Lithium-Atome jedenfalls stark positiv polarisiert sind. Zusammen mit einem weiteren Alkylhalogenid R—X erfolgt die Kupplung. Gegenüber der Wurtz-Fittig-Reaktion besitzt die Kupplung mit CuCl den Vorteil, auch zur *Synthese unsymmetrisch gebauter Alkane* verwendbar zu sein; die Ausbeuten sind besonders gut, wenn das zweite Halogenid, R—X, ein primäres Halogenid ist. Beispiel:

Bei der Gewinnung von Alkanen aus *Carbonsäuren* (mit der funktionellen Gruppe —COOH) wird entweder ein Gemisch des Natriumsalzes der Säure mit Natriumhydroxid oder Natronkalk erwärmt:

$$R{-}COO^{\ominus}Na^{\oplus} + Na^{\oplus}OH^{\ominus} \longrightarrow R{-}H + Na_2^{\oplus}CO_3^{2\ominus}$$

oder man elektrolysiert eine wäßrige Lösung eines Alkalisalzes (*«Kolbe-Raktion»*). An der Anode wird einem Anion ein Elektron entzogen, und das dadurch entstandene Radikal zerfällt in CO_2 und ein Alkylradikal, welches sich mit einem weiteren Alkyradikal zu einem Alkan (mit der doppelten C-Zahl) verbindet:

2.1.6   Beispiele und Vorkommen

Methan, ein farb- und geruchloses Gas, bildet den Hauptanteil der in vielen Gegenden gewonnenen *Erdgase* (Poebene, Frankreich, Niederlande, Rußland, USA u. a.). Ebenso wie das Erdöl sammeln sich auch die Erdgase in porösen Gesteinsschichten, welche von undurchlässigen Felsschichten überdeckt sind. Legt man eine Bohrung durch die undurchlässige Schicht, so treibt der hydrostatische Druck das Gas (oder Öl) an die Oberfläche. Die Erdgase besitzen als Rohstoffe für die organisch-chemische Großtechnik, als Brennstoff und zur Rußgewinnung (unvollständige Verbrennung!) eine sehr große Bedeutung. Besonders Methan ist seit einiger Zeit zu einem außerordentlich wichtigen Rohstoff zur Gewinnung von Ausgangsstoffen für viele Synthesen geworden. Durch thermische Spaltung oder durch Reaktion mit Wasserdampf (an Ni-Katalysatoren) wird daraus *Wasserstoff* gewonnen; durch partielle Oxidation oder durch Pyrolyse gewinnt man *Acetylen* (C_2H_2):

$$CH_4 \xrightarrow{1200\,°C} C + 2\,H_2$$

$$CH_4 + H_2O \xrightarrow[800-900\,°C]{Ni} CO + 3\,H_2 \quad \text{«Synthesegas»}$$

$$2\,CH_4 \xrightarrow{1400\,°C} C_2H_2 + 3\,H_2 \quad \text{Acetylen}$$

Methan entsteht auch bei Fäulnisprozessen am Grunde von Teichen und in Sümpfen («Sumpfgas») und bei der biologischen Abwasserreinigung sowie bei der Cellulosegärung (Wiederkäuer); in den Steinkohlengruben kann es als «Grubengas» die «schlagenden Wetter» (Methan-Luft-Explosionen) verursachen. Methan ist auch in bedeutenden Mengen in den Gasen enthalten, die bei der trockenen Destillation der Steinkohle entstehen.

Propan und **Butan** treten ebenfalls in Erdgasen, als Begleiter des Erdöls und in Crackgasen auf. Beide kommen in Stahlflaschen verflüssigt in den Handel und dienen als Heizgase.

Benzin enthält vorwiegend Kohlenwasserstoffe von C_7 bis C_{10}, **Petrolether** (ein wichtiges Lösungsmittel) Pentane und Hexane. Ein großer Teil der Benzinfraktionen des Erdöls wird heute durch Cracken in ungesättigte Kohlenwasserstoffe umgewandelt (S. 111). **Paraffinöle** sind Mischungen flüssiger Kohlenwasserstoffe mit C_{12} bis C_{16}. Gewöhnliches **Paraffin** besteht aus Gemischen fester Alkane (C_{22} bis C_{40}); Hartparaffin enthält mehr höher schmelzende, längere Ketten, Weichparaffin kürzere und mehr verzweigte Ketten.

Der Wirkungsgrad von Benzinmotoren hängt vom *Verdichtungsverhältnis* ab (Verhältnis von Anfangs- und Endvolumen des Treibstoff/Luft-Gemisches). Höhere Kompressionsverhältnisse führen aber leicht zum *«Klopfen»* des Motors, einer Folge einer zu plötzlichen Verbrennung des letzten Gemischrestes nach der Zündung. Das Klopfen bewirkt zusätzlichen Motorverschleiß und erhöhten Benzinverbrauch. Um höhere Verdichtungen erreichen zu können, ist es notwendig, die «Klopffestigkeit» der Treibstoffe zu steigern.
Ein Maß für die Klopffestigkeit ist die sogenannte *«Oktanzahl»*. Man vergleicht dabei den zu untersuchenden Treibstoff mit einer Mischung aus *n*-Heptan (neigt sehr stark zum Klopfen) und 2,2,4-Trimethylpentan (Isooktan, sehr klopffest) in einem genormten Einzylindermotor. Verhält sich ein Treibstoff wie ein Gemisch aus 90 % Isooktan und 10 % Heptan, so erhält er die Oktanzahl 90. In dem Maß, wie man bessere Treibstoffe und Treibstoffzusätze entwickelt hat, mußte die Skala über 100 hinaus (mit anderen Vergleichsstoffen) fortgesetzt werden.
Gesättigte unverzweigte Kohlenwasserstoffe haben niedrige, verzweigte und vor allem ungesättigte und alizyklische Kohlenwasserstoffe haben höhere Oktanzahlen. Besonders

hohe Oktanzahlen (aber geringere Verbrennungswärmen) besitzen Alkohol und aromatische Kohlenwasserstoffe. Im sogenannten *«Reforming-Prozeß»* gewinnt man aus Alkanen und alizyklischen Kohlenwasserstoffen (Cyclopentan und Cyclohexan) durch Katalyse Benzin mit höherem Gehalt an aromatischen Kohlenwasserstoffen. Gleichzeitig fallen große Mengen Wasserstoff an. Benzine mit Oktanzahlen über 100 (stark verzweigte Ketten) kann man auch durch Kombination ungesättigter Kohlenwasserstoffe aus den Crackgasen erhalten. Zusätze, wie Bleitetraethyl [$Pb(C_2H_5)_4$], organische Phosphate und gewisse Borverbindungen, wirken als *Antiklopfmittel* und erhöhen die Oktanzahl stark[1].

Erdöl. Erdöl ist eine komplizierte Mischung vor allem gesättigter (neben wenig ungesättigten) Kohlenwasserstoffe. Meist überwiegen darin kettenförmige Alkane; südrussisches Erdöl enthält besonders viel Cycloalkane (S.89) und Erdöl aus Borneo auch größere Anteile aromatischer Kohlenwasserstoffe (S.128). Erdöl ist gewöhnlich in porösen Sedimentgesteinen in größeren Tiefen abgelagert, wo es wahrscheinlich durch Zersetzung von abgestorbenem, fettreichem, pflanzlichem und tierischem Plankton in Seen oder abgetrennten Meeresarmen entstanden ist. Hinweise auf die biologische Herkunft des Erdöls liefert das Vorkommen von Chlorophyll- und Häminderivaten im rohen Erdöl.

Rohes Erdöl ist eine braune, meist grünlich fluoreszierende Flüssigkeit von charakteristischem Geruch. In den *Raffinerien* wird das Rohöl zunächst bei Atmosphärendruck destilliert. Der über 350°C siedende Rückstand wird durch Vakuumdestillation weiter aufgetrennt, wobei schweres Gasöl, Heizöle und Schmieröle erhalten werden. Die beim Erhitzen des Rohöls zuerst entweichenden Gase enthalten gesättigte C_1- bis C_4-Kohlenwasserstoffe. Sie werden den Crack- und Reforming-Gasen beigemischt und bilden zusammen das *«Raffineriegas»*, das zur Gewinnung von *«Synthesegas»* (einem Gemisch aus Kohlenmonoxid und Wasserstoff) dient.

Der Bedarf an Erdölprodukten steht keineswegs in Einklang mit dem Mengenverhältnis, in dem diese von Natur aus im Erdöl enthalten sind. Vor dem starken Anstieg des Heizölverbrauches in den letzten Jahrzehnten war vor allem der Benzinanteil (etwa 20%) viel zu klein. Zur Erschließung zusätzlicher Benzinmengen begann man schon um 1912 die weniger wertvollen, treibstofftechnisch unbrauchbaren (zu schwerflüchtigen) hochsiedenden Öle und auch die Hauptmenge der Petrolfraktion durch *Pyrolyse* in flüchtigere, benzinartige Produkte aufzuspalten. Die verschiedenen Crackverfahren sind heute zur Gewinnung von Treibstoffen und auch von Ausgangsstoffen für Synthesen außerordentlich wichtig geworden (S.113 und S.114).

Die Verbrennung von Erdölprodukten zur Energiegewinnung stellt aber eine *Verschwendung* eines kostbaren Rohstoffes von gigantischem Ausmaß dar. Angesichts der Tatsache, daß die Rohölvorräte begrenzt sind und daß insbesondere Alkene und Aromaten kaum zu ersetzende Rohstoffe für die gesamte organisch-chemische Industrie darstellen, ist für die Zukunft die Nutzung anderer Energiequellen *(Kernenergie, Sonnenenergie)* lebensnotwendig. Wenn die Reserven an Erdöl und Erdgas allmählich zu Ende gehen, müssen neue Quellen für diese Rohstoffe erschlossen werden. Eine Möglichkeit besteht darin, die bisher noch nicht ausgenutzten *Schieferöle* und *Ölsande* auszubeuten und daraus das darin allerdings nur in realtiv geringen Mengen vorhandene Rohöl zu gewinnen. Die andere

---

[1] Pb $(C_2H_5)_4$ wird in kleinen Mengen (maximal 0,15 cm³/l) dem Benzin zugesetzt. Es entsteht aus einer Pb/Na-Legierung mit C_2H_5Cl. Etwa die Hälfte der Natrium-Produktion wird in den USA zur Herstellung von Bleitetraethyl verbraucht! Damit das bei der Verbrennung entstehende PbO sich nicht in Zylinder und Auspuff niederschlägt, setzt man u.a. $C_2H_4Br_2$ zu, das PbO in flüchtiges $PbBr_2$ überführt. Um diese Verbindung in den entsprechenden Mengen herstellen zu können, mußten ganz neue Methoden zur Gewinnung von Brom aus Meerwasser entwickelt werden! Sowohl Pb $(C_2H_5)_4$ wie seine Verbrennungsprodukte sind stark giftig.

Möglichkeit bietet die *synthetische Erzeugung von Kohlenwasserstoffen* aus Kohle. Im Verfahren von Bergius *(«Kohleverflüssigung»)* wird Braunkohle unter Druck katalytisch hydriert, wobei neben wenig aromatischen Kohlenwasserstoffen vorwiegend Alkane entstehen. Auch durch katalytische Hydrierung von Kohlenmonoxid lassen sich bei geeigneter Wahl des Katalysators Alkane erhalten. Dieser *«Fischer-Tropsch-Prozeß»* erfordert keinen Überdruck, liefert aber Alkane niedriger Oktanzahlen, die anschließend einem Reforming-Prozeß unterworfen werden müssen. Höhersiedende Produkte eignen sich hingegen gut als Dieseltreibstoffe. Nach beiden synthetischen Verfahren wurden während des Zweiten Weltkrieges in Deutschland große Mengen von Treibstoffen hergestellt. Während vieler Jahre waren die DDR und Südafrika die einzigen Länder, die synthetisch Kohlenwasserstoffe erzeugten; angesichts der Schwierigkeiten der Erdölversorgung wurden in den letzten Jahren z. B. aber auch in den USA neue Anlagen zur Kohlenwasserstoffsynthese gebaut. Beide Prozesse werden – in weiterentwickelter Form – in Zukunft noch große Bedeutung bekommen.

2.1.7   Halogenalkane («Alkylhalogenide»)

Derivate gesättigter Kohlenwasserstoffe, in denen ein oder mehrere Wasserstoffatome durch ein Halogenatom ersetzt sind *(Halogenalkane),* lassen sich durch Reaktion eines Alkans mit Chlor oder Brom (S. 73) oder aus Alkoholen (Verbindungen mit Hydroxylgruppen) durch Reaktion mit Halogenwasserstoffverbindungen (S. 184) erhalten. Es sind wenig polare, wasserunlösliche Substanzen, die sich in jedem Verhältnis mit Kohlenwasserstoffen mischen und sowohl als Lösungsmittel wie als *Alkylierungsreagenzien* (Reagenzien zur Einführung von Alkylgruppen in andere Verbindungen) Verwendung finden. Von besonderer Bedeutung sind die verschiedenen *Halogenderivate des Methans.* Die Chloride entstehen durch direkte Reaktion von Methan mit Chlor, eine Reaktion, die heute auch technisch durchgeführt wird. Um bei der dabei notwendigen starken Aktivierung eine Abscheidung von Ruß zu verhindern, werden die beiden Gase zunächst getrennt vorerhitzt. Nachher wird das Chlor in den schnellen Methanstrom eingeleitet. Dabei übersteigt die Geschwindigkeit der Gase die Fortpflanzungsgeschwindigkeit der Flamme, so daß keine Explosion erfolgt (die Chlorierung ist stark exotherm!). Die Synthese kann auch bei Temperaturen $< 100\,°C$ durchgeführt werden, wenn das Gasgemisch durch Quecksilberlampen bestrahlt wird.

Methylchlorid (CH_3Cl) wird bei gewissen Synthesen zur Einführung der Methylgruppe in andere Verbindungen verwendet. *Methylenchlorid* (CH_2Cl_2, Dichlormethan), *Chloroform* ($CHCl_3$, Trichlormethan) und *Tetrachlorkohlenstoff* (CCl_4) sind wichtige Lösungsmittel (CCl_4 z. B. für die «chemische Reinigung» von Textilien). Chloroform wurde früher auch als Narkotikum verwendet. Es kann jedoch zu Herzschädigungen führen und wurde deshalb zuerst durch *Diethylether («Ether»)* und später durch *Halothan* ($CF_3CHBrCl$) ersetzt. Am Licht wird Chloroform leicht zu giftigem, erstickend riechendem *Phosgen* ($COCl_2$) oxidiert. Tetrachlorkohlenstoff (technisch meist durch Chlorierung von Kohlenstoffdisulfid hergestellt) wurde früher auch als Löschmittel (Feuerlöschgeräte) verwendet, da es eine der wenigen, nicht brennbaren organischen Verbindungen ist. Es hat allerdings den Nachteil, dabei ebenfalls zu Phosgen oxidiert zu werden. Bei seiner Verwendung als Lösungsmittel ist die starke Giftigkeit zu beachten; die Giftwirkung ist dabei kumulativ[1].

---

[1] Die mit giftigen Substanzen Beschäftigten dürfen nur bestimmten Maximalkonzentrationen ausgesetzt werden, die durch die MAK-Werte (**M**aximale **A**rbeitsplatz-**K**onzentration) gegeben sind. Die MAK-Werte werden in Deutschland durch die Kommission zur Prüfung gesundheitsschädlicher Arbeitsstoffe der Deutschen Forschungsgemeinschaft festgelegt. Für CCl_4 beträgt der MAK-Wert 10 ppm oder 65 mg/m³.

Methyliodid ist das reaktionsfähigste der vier Monohalogenderivate des Methans; es wird deshalb noch häufiger als Methylchlorid zur «Methylierung» (Einführung der Methyl-gruppe) benutzt. Da Methan mit Iod nicht reagiert, stellt man es aus Methylchlorid durch Umsetzung mit Natriumiodid her. *Iodoform,* eine charakteristisch riechende, in gelben Blättchen kristallisierende Substanz, wurde als Wundantispetikum verwendet.

Tabelle 2.3. Schmelz- und Siedepunkte (°C) der Halogenderivate des Methans

X	CH_3X Smp. (°C)	Sdp. (°C)	CH_2X_2 Smp. (°C)	Sdp. (°C)	CHX_3 Smp. (°C)	Sdp. (°C)	CX_4 Smp. (°C)	Sdp. (°C)
F	− 141,8	− 78,5		− 51,6	− 163	− 82,2	− 183,7	− 126
Cl	− 97,7	− 23,8	− 96,8	+ 39,8	− 63,5	+ 61,1	− 22,9	+ 76,7
Br	− 93,7	+ 3,6	− 52,7	+ 97,0	+ 8	+ 150,4	+ 93,4	+ 189
I	− 66,5	+ 42,5	+ 6,1	+ 180	+ 123	+ 218	+ 171	

Von größerer technischer Bedeutung sind gewisse *Fluorderivate des Methans* und auch einige andere Alkylfluoride. In ihren Eigenschaften unterscheiden sich die Fluorverbindun-gen oft deutlich von den Verbindungen der anderen Halogene. So ist z. B. die C—F-Bindung viel reaktionsträger als die Bindungen zwischen Kohlenstoffatomen und den anderen Halogenen (vgl. S. 449); Fluoride eignen sich deshalb nicht als Alkylierungsreagenzien. Die viel geringere Polarisierbarkeit der Fluoride bewirkt auch, daß die Siedepunkte der Fluorver-bindungen im allgemeinen ziemlich nahe bei den Siedepunkten der entsprechenden Alkane liegen, also bedeutend niedriger sind als die Siedepunkte der übrigen Halogenide. Die Fluorderivate des Methans werden nicht durch direkte Fluorierung, sondern durch Reaktion von Methylchlorid oder Tetrachlorkohlenstoff entweder mit CoF_3 oder SbF_3 (die als Fluorüberträger wirken) oder mit HF hergestellt:

$$3\ CCl_4 + SbF_3 \xrightarrow{\ SbCl_5\ } 3\ CFCl_3 + SbCl_3$$
$$CCl_4 + 2\ HF \longrightarrow CF_2Cl_2 + 2\ HCl$$

Das im ersten Fall gebildete $SbCl_3$ wird anschließend durch Reaktion mit Fluor wieder in SbF_3 verwandelt. Die Umsetzung mit HF kann sowohl in flüssiger Phase (unter Druck) oder in der Gasphase (unter geringem Überdruck) erfolgen. Im letzteren Fall (der wirtschaftlich besonders wichtig ist) wirken AlF_3 oder basische Chromfluoride als Katalysatoren. Sowohl *Fluortrichlormethan* ($CFCl_3$, *«Freon 11»;* Sdp. 23,8°C) wie vor allem *Dichlordifluormethan* (CF_2Cl_2, *«Freon 12»;* Sdp. − 29,8°C) werden als Kühlflüssigkeiten in Kühlschränken und in großer Menge als Treibgase für Aerosolpackungen verwendet (in Deutschland unter der Bezeichnung *«Frigen»).* Ihre Verwendung als Treibgase ist allerdings nicht ganz unbedenk-lich, weil Anzeichen dafür bestehen, daß die Freone in höheren Schichten der Atmosphäre durch Photolyse in Radikale zerfallen, die mit Ozon reagieren und dadurch den Ozongehalt der Ozonschicht – die als *«optischer Schutzschild»* für zu starke UV-Einstrahlung wirkt – herabsetzt. In manchen Ländern ist deshalb die Verwendung von Freonen für Spraydosen bereits verboten worden.

Übungen

2.1.1 Schreiben Sie die Strukturformeln folgender Alkane:
2,2,3,3-Tetramethylpentan
3,4-Dimethyl-4-ethylheptan
2,4-Dimethyl-4-ethylheptan
2,2,4-Trimethylpentan

2.1.2 Welche dieser Verbindungen besitzt kein tertiäres H-Atom, ein tertiäres H-Atom?

2.1.3 Welches Alkan (oder welche Alkane) von der Molmassenzahl 86 haben
(a) zwei Monobromderivate
(b) drei Monobromderivate
(c) vier Monobromderivate?
Wie viele Dibromderivate gibt es von Alkan (a)?

2.1.4 Ordnen Sie folgende Kohlenwasserstoffe nach steigendem Siedepunkt:
3,3-Dimethylpentan, 2-Methylheptan, 2-Methylhexan, *n*-Heptan und *n*-Pentan

2.1.5 Schreiben Sie die Gleichungen für folgende Reaktionen, wobei alle organischen Produkte benannt werden sollen:
(a) *n*-Butylbromid + Na
(b) tert. Butylbromid + Mg (in Ether)
(c) Isobutylbromid + Mg (in Ether)
(d) Produkt von (c) + Wasser
(e) Produkt von (c) + D_2O

2.1.6 Geben Sie die Gleichungen für die Herstellung von *n*-Butan aus folgenden Stoffen an:
n-Butylbromid
Ethylchlorid
1-Buten ($CH_2{=}CH{-}CH_2CH_3$)

2.1.7 (a) Welches der verschiedenen isomeren Hexane könnte mittels der Wurtz-Fittig-Reaktion dargestellt werden?
(b) Warum ist die Reaktion zur Herstellung der anderen Isomere nicht brauchbar?

2.1.8 (a) Bei der Chlorierung von Propan ließen sich vier Produkte $C_3H_6Cl_2$ isolieren. Geben Sie ihre Strukturformeln an!
(b) Jede dieser vier Verbindungen (A, B, C und D) wurde weiter chloriert; die Anzahl der dabei gebildeten Trichlorsubstitutionsprodukte ($C_3H_5Cl_3$) wurde gaschromatographisch bestimmt. A ergab ein solches Produkt, B zwei und C und D drei. Welche Struktur haben A, B, C und D?

2.1.9 Ein Alkylbromid F gibt eine Grignard-Verbindung, aus welcher man mit Wasser *n*-Hexan erhält. Durch Reaktion von F mit Natrium entsteht 4,5-Diethyloktan. Geben Sie die Struktur von F und alle Reaktionsgleichungen an!

2.1.10 4,12 mg eines Alkohols (ROH) entwickeln bei Zugabe von Methylmagnesiumbromid 1,56 ml Gas (bei 0 °C und 1,01 bar). Was für eine Molekülmasse hat der Alkohol? Wie könnte seine Struktur sein?

2.1.11 Worin besteht der Unterschied zwischen «Konformation» und «Konfiguration»? Geben Sie die für das 1,2-Dichlorethan möglichen Konformationen an! Welche ist am stabilsten, welche am wenigsten stabil?

2.1.12 Abb. 2.7 zeigt die NMR-Spektren zweier Kohlenwasserstoffe der Molekularformel C_5H_{12}. Geben Sie ihre Strukturen an!

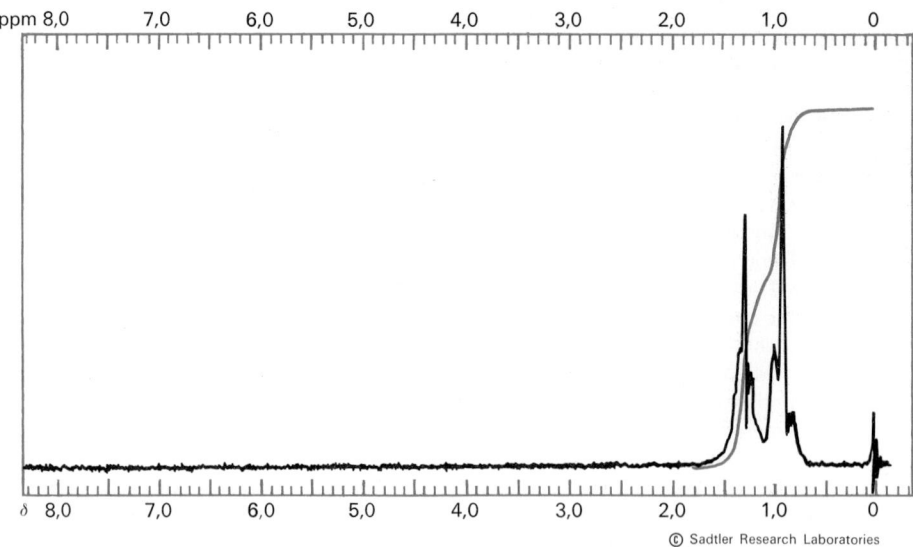

© Sadtler Research Laboratories

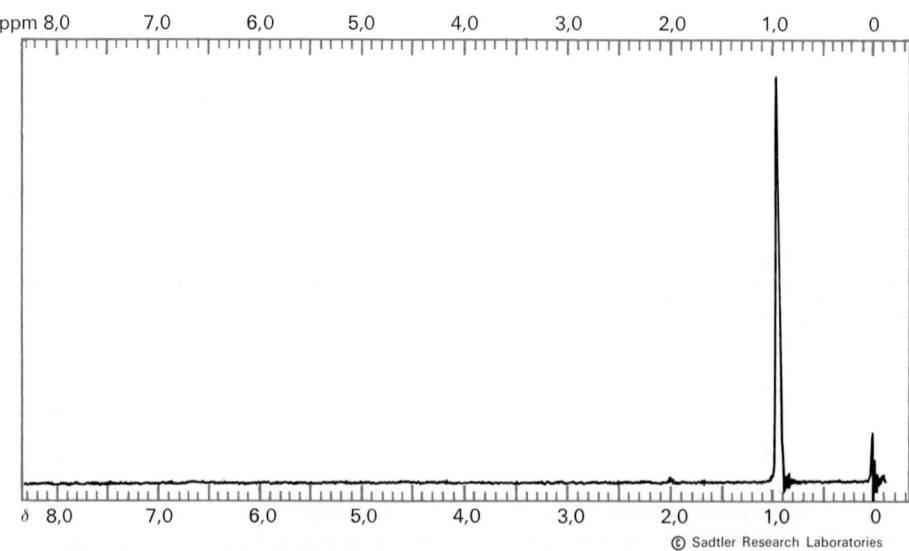

© Sadtler Research Laboratories

Abb. 2.7. NMR-Spektren für Aufgabe 2.1.12

2.2 Cycloalkane (Cycloparaffine)

2.2.1 Physikalische Eigenschaften, Molekülbau

Cycloalkane sind gesättigte Kohlenwasserstoffe mit *ringförmig* geschlossenem Kohlenstoffgerüst.

$$
\begin{array}{cccc}
& & CH_2 & CH_2 \\
CH_2 & CH_2-CH_2 & CH_2 \quad CH_2 & CH_2 \quad CH_2 \\
CH_2-CH_2 & CH_2-CH_2 & CH_2-CH_2 & CH_2 \quad CH_2 \\
& & & CH_2
\end{array}
$$

Cyclopropan   Cyclobutan   Cyclopentan   Cyclohexan

Tabelle 2.4. Cycloparaffine

		Smp. (°C)	Sdp. (°C)
C_3H_6	Cyclopropan	− 127	− 33
C_4H_8	Cyclobutan	− 80	13
C_5H_{10}	Cyclopentan	− 94	49
C_6H_{12}	Cyclohexan	6,5	81
C_7H_{14}	Cycloheptan	− 12	118
C_8H_{16}	Cyclooktan	14	149
C_6H_{12}	Methylcyclopentan	− 142	72
C_7H_{14}	Methylcyclohexan	− 126	100

In ihren *physikalischen Eigenschaften* gleichen sie naturgemäß sehr stark den offenkettigen Verbindungen. Siedepunkt und Dichte sind jeweils etwas höher als beim offenkettigen, unverzweigten Alkan der gleichen C-Zahl. Auch hinsichtlich der Lichtabsorption verhalten sich Alkane und Cycloalkane gleich; beide absorbieren erst im sehr kurzwelligen UV und zeigen in den *IR-Spektren* die für die C—H-Streckschwingung charakteristische Absorptionsbande bei 2900 cm^{-1}. Wenn der Ring keine Alkylgruppe als Substituent besitzt, so fehlt die für die Deformationsschwingung der CH_3-Gruppe charakteristische Bande bei 1380 cm^{-1}.

Von den verschiedenen alizyklischen Ringsystemen ist der **Cyclohexanring** am wichtigsten. Eine sehr große Zahl interessanter und wichtiger Naturstoffe (Terpene, Steroide u. a.) sind Derivate des Cyclohexans. Wie schon um 1890 von Sachse vermutet worden ist, kann der Cyclohexanring *nicht eben* gebaut sein. Ein ebener aliphatischer Sechsring (in welchem jedes C-Atom mit vier anderen Atomen verbunden ist), müßte unter starker innerer Spannung stehen, da die Kohlenstoffatome einen Winkel von 120° (statt des Tetraederwinkels 109°28') einschließen würden. Zudem würden in einem ebenen Cyclohexanring sämtliche Wasserstoffatome ekliptisch zueinander stehen, wodurch die Stabilität noch mehr verringert würde.
Die stabilste Konformation von Cyclohexan ist die **«Sesselform».** Hier tritt weder eine Spannung durch Deformation des Bindungswinkels *(«klassische Spannung» oder «Baeyer-Spannung»)* noch eine solche durch ekliptische Stellung der Wasserstoffatome am Ring *(Pitzer-Spannung)* auf, da die Liganden zweier benachbarter Kohlenstoffatome gestaffelt

zueinander stehen. Die Sesselform muß einem Energieminimum entsprechen, stellt also ein *Konformer* dar. Werden die «Beine» des Sessels nach oben gebogen, so geht die Sessel- in die **«Wannenform»** über. Dabei ist eine ziemlich hohe Energiebarriere (etwa 46 kJ/mol für das Cyclohexan selbst) zu überschreiten, eine Folge der für diese Umwandlung nötigen vorübergehenden Deformation des Bindungswinkels; sie entspricht der in Abb. 2.9 angedeuteten *«Halbsesselform»*.

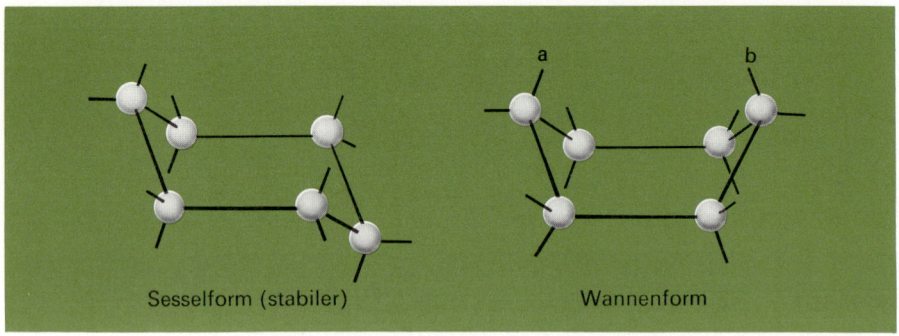

(a)

Sesselform (stabiler)   Wannenform

(b)

Sesselform von Cyclohexan   Ethan (gestaffelt)

Wannenform von Cyclohexan   Ethan (ekliptisch)

Abb. 2.8. (a) Sessel- und Wannenform des Cyclohexanringes (b) Newman-Projektionen der Sessel- und der Wannenform

Bei der Wannenform tritt keine Spannung durch Winkeldeformation (also keine klassische Spannung), jedoch Pitzer-Spannung auf, da die vier Paare von Wasserstoffatomen an der «Seite» der Wanne ekliptisch zueinander stehen. Die in Abb. 2.8 mit (a) und (b) bezeichneten Wasserstoffatome kommen einander so nahe, daß sich ihre van der Waals-Radien überschneiden (Abstand der H_a- und H_b-Kerne etwa 180 pm; Summe der van der Waals-Radien zweier Wasserstoffatome 240 pm), so daß zudem noch *sterische Spannung* (van der Waals-Abstoßung) auftritt. Pitzer- und sterische Spannung bewirken, daß die Wannenform um rund 29 kJ/mol energiereicher (und damit *weniger stabil*) ist als die Sesselform.

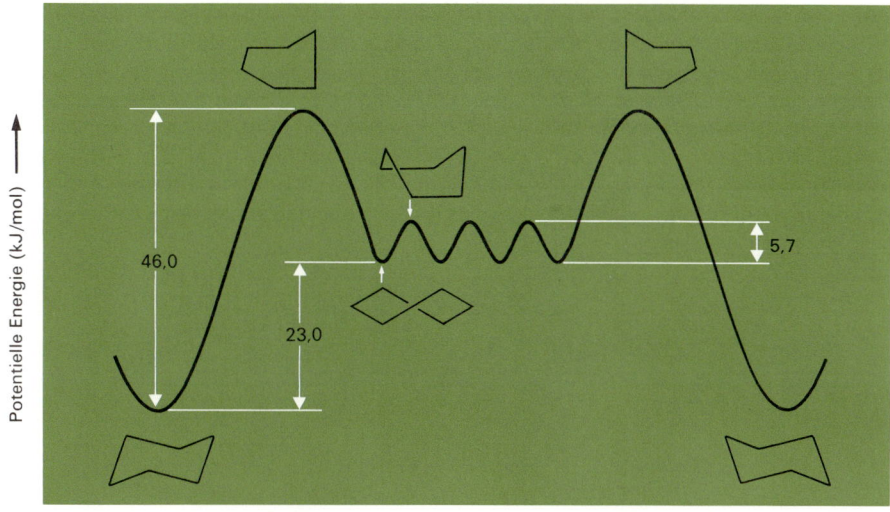

Abb. 2.9. Potentielle Energie eines Cyclohexan-Moleküls in Abhängigkeit von den Konformationen, die beim Übergang einer Sesselkonformation in die invertierte Form durchlaufen
werden

Im Gegensatz zur Sesselform ist die Wannenform nicht starr, sondern flexibel. Eine leichte
Verdrehung führt zur «schiefen Wanne» oder **«Twist-Form»**, bei welcher die Wechselwir-
kungen zwischen den beiden Wasserstoffatomen a und b geringer sind und zudem auch die
Pitzer-Spannung kleiner ist (die Wasserstoffatome stehen nicht exakt ekliptisch). Die
Twist-Form ist darum um etwa 5,7 kJ/mol stabiler als die eigentliche Wannenform und stellt
wie die Sesselform ein Konformer dar. Da dieses jedoch ebenfalls energiereicher ist als die
Sesselform, tritt der Cyclohexanring normalerweise *ausschließlich in der Sesselform* auf.
An der Sesselform hat man zwei nach ihrer Orientierung prinzipiell verschiedene Bindungs-
arten der Liganden zu unterscheiden (Abb. 2.10): einerseits Bindungen, welche der sechs-
zähligen Drehspiegelachse (der Hauptachse des Moleküls) parallel laufen *(axiale Bindun-*

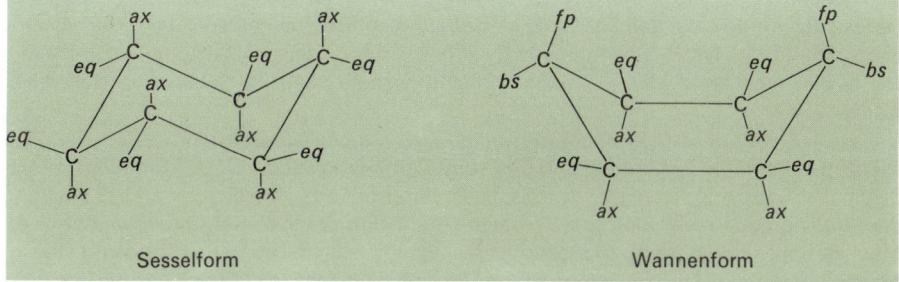

Abb. 2.10. Sessel- und Wannenform von Cyclohexan mit den verschiedenen Positionen der
Liganden (fp = Flagpole; bs = Bugspriet)

gen), anderseits Bindungen, die von der Hauptachse seitlich (unter einem Winkel von rund 70°) weg weisen *(äquatoriale Bindungen).* Substituenten an solchen Bindungen werden als axiale bzw. äquatoriale Substituenten bezeichnet. Im Fall eines monosubstituierten Cyclohexans (wie z.B. beim *Methylcyclohexan)* würde man deshalb zwei Isomere (axiales und äquatoriales Methylcyclohexan) erwarten. Die Beweglichkeit der Atome im Cyclohexanring erlaubt nun aber das Auftreten zweier Sesselkonformationen, die sich meistens schnell ineinander umwandeln (*«Umklappen»* des Ringes über die «Halbsessel-» und eine Wannenform; Abb. 2.11), wobei aus allen axialen Substituenten äquatoriale werden und aus allen äquatorialen axiale:

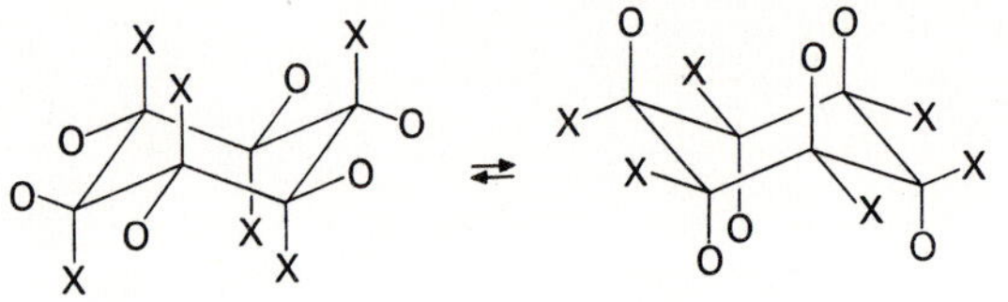

Sessel A
X = axiale Substituenten
O = äquatoriale Substituenten

Sessel B
X = äquatoriale Substituenten
O = axiale Substituenten

(Man mache sich dieses Umklappen an geeigneten Molekülmodellen [z.B. Dreiding-Modellen] klar!)

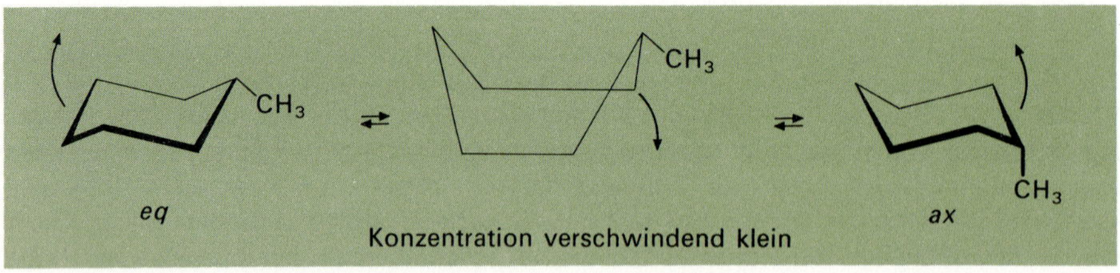

Abb. 2.11. Umwandlung einer Sesselform des Methylcyclohexans in die andere

Obschon die zum Umklappen zu übersteigende Energiebarriere ziemlich hoch ist (etwa 46 kJ/mol), genügt bei Raumtemperatur die Energie der thermischen Bewegung, um das Umklappen zu ermöglichen. Unterhalb -100 °C «frieren» die beiden Formen jedoch ein, was sich dadurch zeigt, daß dann im NMR-Spektrum von Cyclohexan zwei Absorptionssignale beobachtet werden, die den äquatorialen bzw. axialen Protonen entsprechen. (Bei Raumtemperatur tritt im NMR-Spektrum von Cyclohexan nur ein einziger Absorptionspeak auf!) Die beiden möglichen Methylcyclohexane sind deshalb nicht als Substanzen isolierbare *Konformere.*

Die *axiale Form* von Methylcyclohexan enthält zwei *gauche*-Konformationen (CH_3- und C_3 in bezug auf die C_1—C_2-Bindung und CH_3- und C_5 in bezug auf die C_1—C_6-Bindung); sie ist darum um 7,5 kJ/mol *weniger stabil* als die äquatoriale Form, in welcher – anders gesagt – der Methylgruppe mehr Platz zur Verfügung steht und die Wechselwirkungen zwischen Methylgruppe und (axialen) Wasserstoffatomen geringer sind. Die beiden Formen stehen in einem dynamischen Gleichgewicht, dessen Gleichgewichtskonstante sich aus der Energiedifferenz zwischen *ax*- und *eq*-Methylcyclohexan berechnen läßt (die Entropiedifferenz zwischen beiden Konformeren ist sehr gering). Bei Raumtemperatur sind etwa 95% des äquatorialen Konformers im Gleichgewicht enthalten ($K \approx 20$). Trägt der Cyclohexanring *voluminösere* Substituenten als eine Methylgruppe (z. B. eine tert. Butylgruppe), so wird die van der Waals-Abstoßung zwischen den axialen H-Atomen und dem Substituenten bedeutend größer, so daß dann der betreffende Substituent praktisch *ausschließlich* in der *äquatorialen* Stellung auftritt.

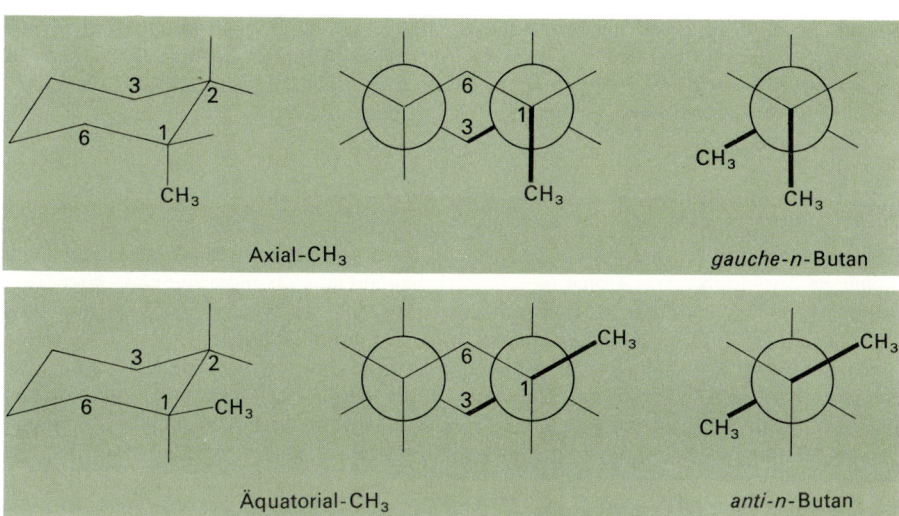

Abb. 2.12. Konformationen von axial- und äquatorial-Methylcyclohexan

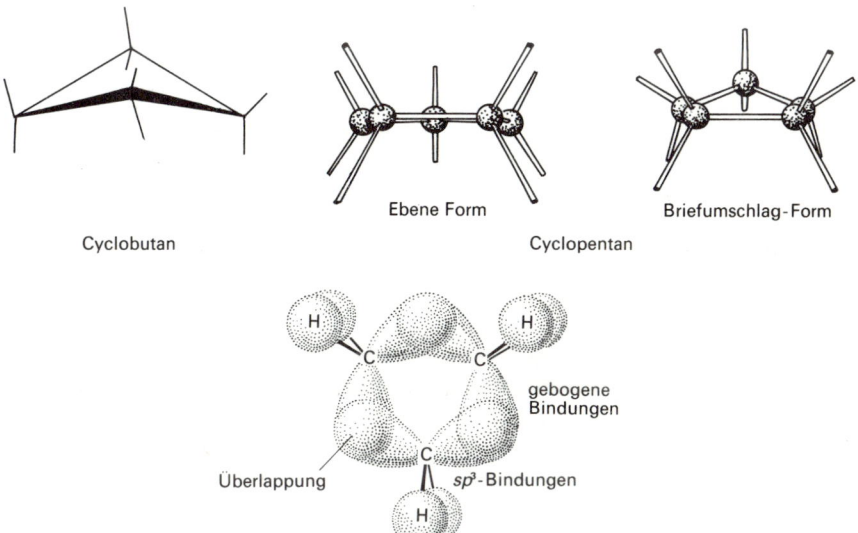

Abb. 2.13. Cyclopentan, Cyclobutan und Cyclopropan

Der **Cyclopentanring** ist ebenfalls *nicht völlig eben* gebaut. Zwar wäre die Ringspannung (Winkelspannung) in einem ebenen Fünfring sehr klein (C—C—C-Winkel 108°), jedoch würden alle Wasserstoffatome ekliptisch zueinander stehen, so daß die Pitzer-Spannung beträchtlich wäre. Der Cyclopentanring ist deshalb etwas *verbogen* (vier C-Atome liegen in einer Ebene, das fünfte darüber), wodurch die Pitzer-Spannung verkleinert, die Winkelspannung etwas vergrößert wird. Auf diese Weise wird ein Zustand minimaler Gesamtenergie erreicht. Aus denselben Gründen ist auch der **Cyclobutanring** nicht eben gebaut. Im **Cyclopropan** herrscht naturgemäß sehr starke Ringspannung und Pitzer-Spannung. Die Überlappung der sp^3-AO ist hier beträchtlich geringer und führt zu bananenartig gebogenen *«π-Bindungen»* (Abb. 2.13). Beide Effekte erklären die große Reaktivität von Cyclopropan.

2.2.2 Stereoisomerie bei substituierten Cycloparaffinen

Stereoisomere besitzen zwar dieselbe Strukturformel, unterscheiden sich aber durch die räumliche Anordnung ihrer Atome (vgl. S. 221). Ist die Energiebarriere zwischen stereoisomeren Molekülen klein genug (wie z. B. zwischen der Sessel- und der Twistform des Cyclohexans oder der gestaffelten und der *gauche*-Konformation des Butans), so ist die Geschwindigkeit der gegenseitigen Umwandlung groß, und die verschiedenen Moleküle lassen sich nicht als Substanzen isolieren. Durch den Ringschluß wird nun aber bei Cycloparaffinen die freie Drehbarkeit um die Verbindungsachse der Kerne bei C—C-Bindungen aufgehoben, so daß *disubstituierte Cycloparaffine* (z. B. Dimethylcyclopentan) in zwei verschiedenen, als *Substanzen faßbaren* Formen existieren, die sich durch die Stellung der Substituenten am Ring unterscheiden:

cis   *trans*

Zur Überführung des *trans-* in das *cis-*Isomer (und umgekehrt) müßten Atombindungen getrennt und neugebildet werden, so daß eine ziemlich hohe Energiebarriere überschritten werden müßte.

Um entscheiden zu können, welche der beiden Konfigurationen welchem Dimethylcyclopentan zukommt, kann man z. B. durch Röntgenbeugung für beide Substanzen den Abstand der Methylgruppen bestimmen. Eine weitere (einfachere) Möglichkeit ist dadurch gegeben, daß das Molekül des *trans-*Isomers chiral ist; *trans-*Dimethylcyclopentan existiert darum in zwei optisch aktiven Formen, die sich durch geeignete Methoden trennen lassen (siehe Abschnitt 3.4.3, S. 240). Das *cis-*Isomer hingegen besitzt eine Spiegelebene (ist also nicht chiral) und läßt sich nicht in zwei optische Isomere (Enantiomere) trennen.

Im Fall von substituierten *Cyclohexanringen* sind die Verhältnisse komplizierter, da die Ringkonformation berücksichtigt werden muß. Bei *1,2-disubstituierten Derivaten* steht in der *cis-*Form der eine Substituent äquatorial, der andere axial:

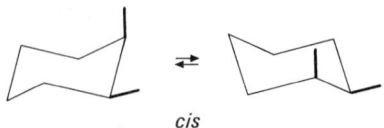

cis

Für das entsprechende *trans*-Isomer ist die diäquatoriale und die diaxiale Stellung möglich:

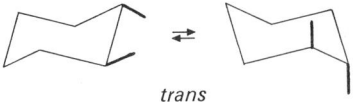

Aus den oben diskutierten Gründen ist die *diäquatoriale* Anordnung der Substituenten *stabiler* (energetisch begünstigt). Weil im *trans*-Isomer beide Substituenten äquatorial stehen können, ist dieses *stabiler* als das *cis*-Isomer.

Bei 1,3- und 1,4-disubstituierten Cyclohexanringen sind folgende Stereoisomere möglich:

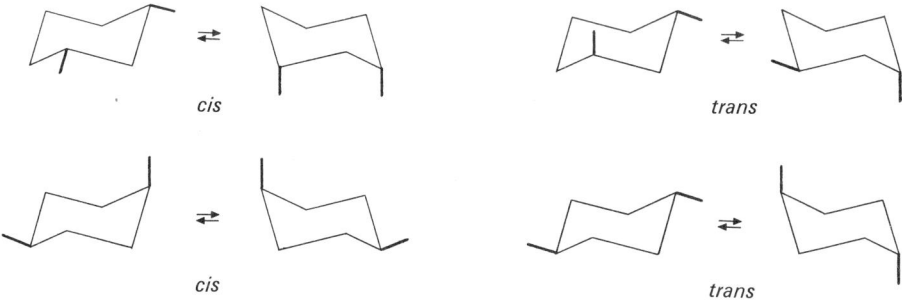

Von den 1,3-disubstituierten Cyclohexanen ist das *cis*-Isomer, von den 1,4-Disubstitutions-produkten das *trans*-Isomer stabiler.

Prinzipiell das gleiche gilt natürlich, wenn der Cyclohexanring zwei verschiedene Substituenten trägt. Der Substituent mit der *größeren Raumbeanspruchung* wird in der *cis*-Form vorzugsweise die *äquatoriale* Stellung einnehmen (geringere van der Waals-Abstoßung!). Sind mehr als zwei Substituenten am Ring vorhanden, so wächst naturgemäß die Zahl der Stereoisomere.

2.2.3 Ringstabilität und Baeyersche Spannungstheorie

Die Stabilität der verschiedenen Cycloalkanringe läßt sich durch die Bestimmung ihrer *Verbrennungswärmen* sehr genau ermitteln, denn diese sind naturgemäß um so höher, je energiereicher eine Verbindung ist. Für offenkettige, unverzweigte Alkane findet man, daß in der homologen Reihe jede vorhandene CH_2-Gruppe 658,9 kJ/mol zur Verbrennungswärme beiträgt. Genau denselben Wert erhält man auch für Cyclohexan. Der *Cyclohexanring* ist also völlig spannungsfrei; in der Sesselform tritt weder Winkelspannung noch Pitzer-Spannung auf. Vielgliedrige Ringe mit C-Zahlen > 12 ergeben annähernd denselben Wert (vgl. Tabelle 2.5), denn solche Ringe stellen im Grunde genommen gewöhnliche Alkan-Ketten dar, die ebenfalls spannungsfrei und (nicht in einer Ebene) zu einem Ring geschlossen sind.

Der *Cyclopropan*- und der *Cyclobutanring* sind erwartungsgemäß beträchtlich energiereicher als der Cyclohexanring, was sowohl auf die Winkel- wie auf die Pitzer-Spannung zurückzuführen ist (vgl. S. 68). Dies bewirkt, daß Cyclopropan und Cyclobutan um etwa 113 kJ/mol energiereicher sind als Propan und Butan und erklärt die Leichtigkeit, mit der sich die beiden Ringe öffnen. Auch das Cyclopentan ist deutlich energiereicher als Cyclohexan.

Tabelle 2.5. Verbrennungswärmen von Cycloparaffinen

Ringgröße	Verbrennungswärme pro CH_2-Gruppe (kJ/mol)	Ringgröße	Verbrennungswärme pro CH_2-Gruppe (kJ/mol)
3	697,4	10	663,9
4	686,5	11	663,0
5	664,3	12	659,7
6	658,9	13	660,6
7	662,6	14	658,9
8	663,9	15	659,3
9	664,7	16	658,0

Von historischem Interesse ist, daß v. Baeyer bereits 1885 die Stabilität alizyklischer Ringe zu erklären versuchte. Er ging dabei von der (irrtümlichen) Annahme aus, daß alle Ringe eben gebaut seien und machte die dann allenfalls auftretende Winkelspannung allein für die mangelnde Stabilität des Ringsystemes verantwortlich *(«Spannungstheorie»)*. Aus diesem Grund postulierte Baeyer für den Fünfring die maximale Stabilität, während Sechsringe – und erst recht Ringe mit höheren C-Zahlen – zunehmend energiereicher (stärker gespannt) sein sollten. 1890 postulierte jedoch Sachse, daß der Cyclohexanring (und ebenso höhere Ringe) nicht eben gebaut seien und nahm für das Cyclohexan eine Sessel- und eine Wannenform an. Seine Erkenntnis geriet allerdings in Vergessenheit und wurde erst in den fünfziger Jahren röntgenanalytisch bestätigt (Hassel). Die Berücksichtigung des nicht-ebenen Baues solcher Ringe ermöglichte die richtige Deutung der Ringstabilität und zugleich der sterischen Verhältnisse bei substituierten Ringsystemen.

2.2.4   Polyzyklische Ringsysteme

Viele Verbindungen enthalten mehrere, direkt (d.h. Seite an Seite) miteinander verbundene *(«kondensierte»)* alizyklische Ringe. Als Beispiele seien drei Ringsysteme erwähnt, die als Bausteine zahlreicher Naturstoffe Bedeutung besitzen:

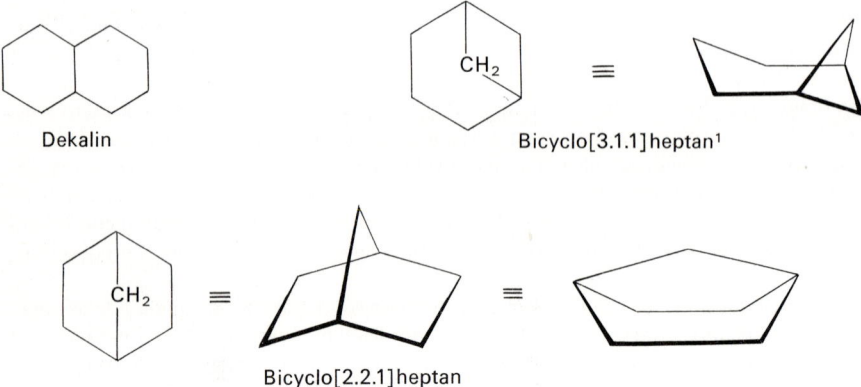

Dekalin

Bicyclo[3.1.1]heptan[1]

Bicyclo[2.2.1]heptan

[1] Über die Nomenklatur bizyklischer Ringsysteme siehe S.173.

Vom Dekalin existieren zwei Stereoisomere, die sich durch die Art der Verknüpfung der beiden Ringe unterscheiden:

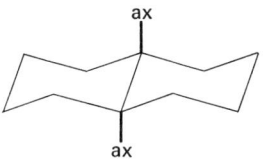

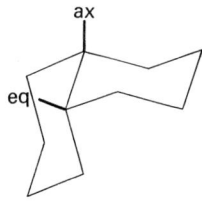

trans

8,4 kJ/mol stabiler
die beiden Ringe dadurch verknüpft, daß zwei benachbarte äquatoriale Bindungen benützt werden

cis

beide Ringe durch je eine Bindung vom äquatorialen und axialen Typ verbunden

Nur das Molekül von *cis*-Dekalin besitzt die Möglichkeit des «Umklappens», wobei wiederum alle axialen zu äquatorialen Substituenten werden und umgekehrt. *Trans*-Dekalin, Bicyclo[3.1.1]heptan und Bicyclo[2.2.1]heptan sind starre Moleküle.

Als weitere Beispiele kondensierter Ringsysteme seien erwähnt:

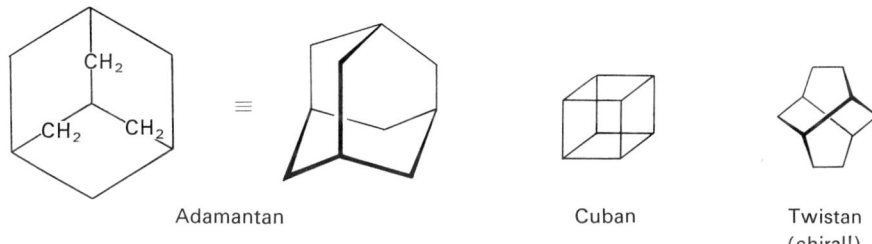

Adamantan   Cuban   Twistan
                                                (chiral!)

Höchst bemerkenswerte Ringsysteme liegen bei den *Catenanen* vor. Hier sind zwei (eventuell auch mehr) Ringe kettengliederartig ineinander verschlungen und nicht direkt miteinander verbunden:

Solche Ringsysteme sind durch eine mehrstufige, gezielte Synthese in größeren Ausbeuten erhalten worden (Schill und Lüttringhaus, 1964).

2.2.5 Herstellung und Reaktionen

Gewisse Erdölarten (z. B. aus Kalifornien und aus Südrußland [Baku]) sind besonders reich an Cycloalkanen (die in der Erdöltechnologie als Naphthene bezeichnet werden), darunter vor allem Cyclohexan, Methylcyclohexan, Methylcyclopentan und 1,2-Dimethylcyclopentan. Manche Verbindungen mit alizyklischen Ringen können auch durch katalytische Hydrierung aromatischer Verbindungen in technischem Maßstab erhalten werden.

Um Verbindungen mit alizyklischen Ringen präparativ herzustellen, ist es im allgemeinen notwendig, von *offenkettigen* Verbindungen auszugehen und diese durch eine bestimmte Reaktion *zum Ring zu schließen.* Bei den zu diesem Zweck verwendeten Reaktionen (vgl. Tabelle 2.6) handelt es sich gewöhnlich um Standardreaktionen, wie sie in der präparativen

Tabelle 2.6. Beispiele von Ringschlußreaktionen

(1) Intramolekulare Wurtz-Reaktion (S. 673)	$\overset{\diagdown\diagup}{C}-Br$ + Zn → $\overset{\diagdown\diagup}{C}$ + ZnBr$_2$
(2) Glaser-Kupplung (S. 787)	C≡CH $\xrightarrow[\text{Pyridin}]{Cu^{2+}}$ C≡C
(3) Alkylierung (S. 459)	CH—C=O $\xrightarrow{\text{Base}}$ C—C=O
(4) Acylierung (S. 592)	CH—C=O, C—X (‖O) $\xrightarrow{\text{Base}}$ C—C=O, C=O
(5) Aldoladdition (S. 648)	CH—C=O, C=O $\xrightarrow{\text{Base}}$ C—C=O, C—OH
(6) Dieckmann-Kondensation (S. 604)	CH$_2$COOR, COOR $\xrightarrow{\text{Base}}$ CH—COOR, C=O
(7) Acyloin-Kondensation (S. 606)	COOR, COOR $\xrightarrow{\text{Na}}$ C=O, CHOH
(8) Thorpe-Reaktion (S. 658)	CN, CH$_2$—CN → C=NH, CH—CN → C=O
(9) Carbeniumion-Zyklisierung (S. 533)	C=C, C$^\oplus$ → C—C$^\oplus$, C
(10) Simmons-Smith-Reaktion (S. 569)	$\overset{\diagdown\diagup}{C}$ (‖) $\overset{\diagup\diagdown}{C}$ + CH$_2$I$_2$ + Zn → $\overset{\diagdown\diagup}{C}$ CH$_2$ + ZnI$_2$
(11) Cycloadditionen (S. 554)	
(12) Diels-Alder-Reaktion (S. 115 und 558)	

Chemie allgemein üblich sind und die zum Zweck des Ringschlusses entsprechend abgewandelt werden. Ob das erwünschte zyklische Produkt in guter Ausbeute erhalten wird, hängt von verschiedenen Faktoren ab; im Falle umkehrbarer Reaktionen (wie z. B. der Aldoladdition) bestimmt beispielsweise die *Gleichgewichtskonstante* die maximale Ausbeute. Aldoladditionen, Acylierungen und Carbeniumion-Zyklisierungen lassen sich vorzugsweise zur Gewinnung von fünf- oder sechsgliedrigen Ringen (jedoch nicht für Drei- oder Vierringe) verwenden, da im letzteren Fall die zyklischen Moleküle höhere freie Enthalpien haben als die offenkettigen Ausgangsstoffe. Vierringe lassen sich besonders durch *Cycloadditionen* erhalten (vgl. Kapitel 10); eine zur Gewinnung von Sechsringen durch Cycloaddition besonders wichtige Methode ist die Diels-Alder-Reaktion (S. 558).

Man muß sich aber bewußt sein, daß die *Stabilität* eines Ringes allein kein Maß für die Ringbildungstendenz aus offenkettigen Verbindungen ist. Diese wird sehr wesentlich durch die *freie Aktivierungsenthalpie* der *Ringbildungsreaktion* bestimmt (S. 371), die zwei voneinander unabhängige Faktoren, die *Aktivierungsenthalpie* und die *Aktivierungsentropie,* umfaßt. Eine Reaktion ist dann begünstigt, wenn die Aktivierungsenthalpie negativ, die Aktivierungsentropie positiv ist (S. 371). Bei Zyklisierungsreaktionen ist aber die Aktivierungsentropie stets negativ, da der aktivierte Komplex (S. 370) ein höheres Maß an Ordnung besitzt als das Ausgangsmolekül; sie entspricht dem Entropieverlust, der mit der Fixierung der am Ringschluß beteiligten funktionellen Gruppen im aktivierten Komplex verbunden ist. Mit zunehmender Kettenlänge wird die Aktivierungsentropie immer stärker negativ, d. h. die Wahrscheinlichkeit eines Ringschlusses nimmt ab.

Die *Ausbeute* bei Zyklisierungen wird deshalb insgesamt durch das *Zusammenwirken von Spannungs- und Wahrscheinlichkeitsfaktoren* bestimmt. So entstehen die stärker gespannten Dreiringe leichter als die weniger gespannten Vierringe, da im ersteren Fall der Wahrscheinlichkeitsfaktor viel günstiger (die Aktivierungsentropie weniger negativ) ist. Fünfringe bilden sich wiederum leichter als Vierringe, da die stärker negative Aktivierungsentropie durch die erhebliche Abnahme der Ringspannung stark überkompensiert wird. Im Bereich mittlerer Ringe (C_9 bis C_{12}) sind die Ausbeuten am kleinsten, da hier die beiden Faktoren gleichsinnig wirken.

Häufig beobachtet man *intermolekulare* Reaktionen als *Konkurrenz* zum (intramolekularen) Ringschluß. Durch Anwendung des «*Verdünnungsprinzips*» (Ziegler und Ruggli) wird diese Konkurrenzreaktion stark zurückgedrängt und damit die Ausbeute am Ringschluß erhöht. Unter Umständen können durch Verwendung spezieller Verfahren die reaktiven Gruppen einander besonders genähert und damit die Ausbeuten erhöht werden, z. B. dadurch, daß man bei der Acyloinkondensation (S. 606) die reagierenden Estergruppen an der Oberfläche des dabei verwendeten metallischen Natriums fixiert. Mit dieser Reaktion lassen sich insbesondere auch mittlere Ringe in guter Ausbeute gewinnen.

Cycloalkane geben erwartungsgemäß die gleichen chemischen *Reaktionen* wie die offenkettigen Paraffine (Radikalsubstitutionen). Nur Cyclopropan und Cyclobutan, die beiden Ringsysteme mit der größten (Baeyer-)Spannung, verhalten sich in mancher Beziehung abweichend. So erhält man beispielsweise aus Cyclopropan durch katalytische Hydrierung Propan, durch Reaktion mit Brom 1,3-Dibrompropan und durch Reaktion mit konzentrierter Iodwasserstoffsäure *n*-Propyliodid:

$$
\begin{array}{l}
\xrightarrow[\text{kat. }80°C]{H_2} \quad CH_3-CH_2-CH_3 \\[2mm]
\xrightarrow[\text{in }CCl_4]{Br_2} \quad CH_2-CH_2-CH_2 \\
\qquad\qquad\qquad\ \ \ |\qquad\qquad\ \ | \\
\qquad\qquad\qquad\ \ Br\qquad\qquad Br \\[2mm]
\xrightarrow{\text{konz. HI}} \quad CH_3-CH_2-CH_2I
\end{array}
$$

Ebenso erhält man aus Cyclobutan und Wasserstoff (unter Verwendung von Nickel als Katalysator) *n*-Butan bei einer Reaktionstemperatur von 200°C.

In allen diesen Fällen wird eine C—C-Bindung getrennt, und es tritt nicht Substitution, sondern Addition ein. Die sehr bemerkenswerte Fähigkeit gesättigter Ringsysteme, weitere Atome addieren zu können, beruht natürlich auf der durch Ringspannung bedingten relativ geringen Stabilität der kleinen Ringe.

Übungen

2.2.1   Geben Sie die Strukturformeln folgender Verbindungen an:
　　　(a) C_9H_{18}; das IR-Spektrum zeigt eine Bande bei 1440 cm^{-1}, während das NMR-Spektrum einen einzelnen, scharfen Peak aufweist.
　　　(b) C_5H_{10}; im IR-Spektrum sind Banden bei 1380 cm^{-1} und 1440 cm^{-1} vorhanden, während das NMR-Spektrum drei scharfe Signale zeigt.

2.2.2   Cyclopropan läßt sich bei 80°C katalytisch zu Propan hydrieren, während die Hydrierung von Cyclobutan zu *n*-Butan eine Minimaltemperatur von 200°C benötigt.
　　　Erklären Sie diesen Unterschied!

2.2.3   Erklären Sie die Begriffe «klassische Spannung», «Pitzer-Spannung» und «van der Waals-Abstoßung»!
　　　Welcher dieser Effekte bewirkt die geringere Stabilität der ekliptischen Form von Ethan, von *n*-Butan?

2.2.4   Warum ist die Wannenform des Cyclohexanringes kein Konformer?

2.3   Alkene (Olefine)

2.3.1   Molekülbau

Wir haben bereits in Abschnitt 2.1.4 eine weitere Gruppe von Kohlenwasserstoffen erwähnt, die **Alkene** oder **Olefine**[1]. Sie enthalten stets weniger Wasserstoffatome als die offenketti-gen Paraffinkohlenwasserstoffe und besitzen dementsprechend in ihrem Molekül eine oder mehrere **Doppelbindungen**. Im letzteren Fall hat man zu unterscheiden zwischen Verbin-dungen mit *isolierten, kumulierten oder konjugierten* Doppelbindungen:

$-\overset{|}{C}=\overset{|}{C}-\overset{|}{C}-\overset{|}{C}=\overset{|}{C}-$	$-\overset{|}{C}=\overset{|}{C}=\overset{|}{C}-\overset{|}{C}-\overset{|}{C}-$	$-\overset{|}{C}=\overset{|}{C}-\overset{|}{C}=\overset{|}{C}-\overset{|}{C}-$
1,4-Pentadien	1,2-Pentadien	1,3-Pentadien
isoliert	kumuliert	konjugiert

Die Endung **-en** bedeutet das Vorhandensein einer Doppelbindung. Die Silben -di-, -tri- usw. geben die Anzahl der Doppelbindungen im Molekül an. Bei der Zählung der C-Atome der längsten Kette beginnt man mit dem Ende, das der Doppelbindung näher liegt.

[1] Von der Bezeichnung «gaz oléfiant» für C_2H_4 (mit Chlor oder Brom entsteht ein flüssiges, öliges Produkt).

Eine Doppelbindung entsteht durch Überlagerung von je zwei einfach besetzten AO zweier Atome. Da die beiden C-Atome dann mit je drei Liganden verbunden sind, kann man die *Bindungsverhältnisse* dadurch beschreiben, daß man für die drei Bindungen der C-Atome drei sp^2-Hybrid-Orbitale (Abb.1.21) wählt, die sich durch Kombination der ψ-Funktionen eines 2 *s*- und zweier 2 *p*-AO erhalten lassen. Durch Überlagerung zweier solcher sp^2-Hybrid-Orbitale (d. h. durch lineare Kombination ihrer Wellenfunktionen) erhält man eine rotationssymmetrische (σ) C—C-Bindung; die C—H-Bindungen werden durch Kombination der übrigen sp^2-AO mit dem 1 *s*-Orbital je eines H-Atoms dargestellt. Bei jedem C-Atom verbleibt aber noch ein viertes Valenzelektron, ein $2p_y$-Elektron; durch Überlappung dieser beiden $2p_y$-Orbitale kommt die zweite Bindung der Doppelbindung, eine π-Bindung, zustande (Abb. 2.14).

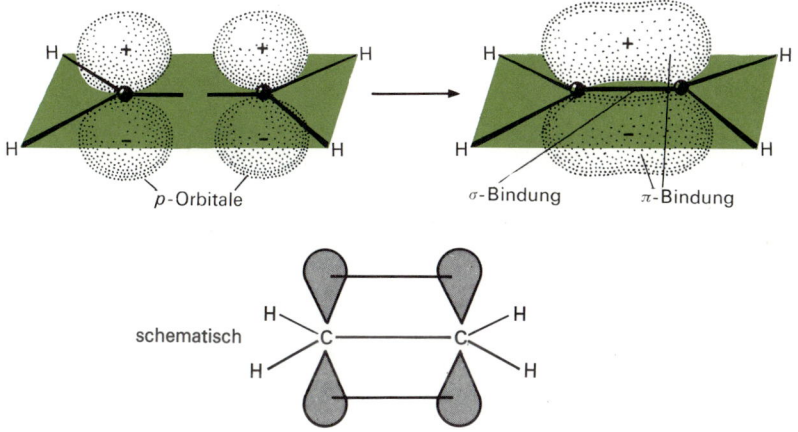

Abb. 2.14. Bildung einer π-Bindung durch Überlagerung zweier p-AO

Das π-MO ist das energiereichste *(«höchste»)* besetzte MO einer Doppelbindung. Man bezeichnet es als **HOMO** (highest occupied molecular orbital). Das antibindende π^*-MO ist das *«niedrigste» unbesetzte* MO, das **LUMO** (lowest unoccupied molecular orbital). Der erste angeregte Zustand einer Doppelbindung wird durch den Übergang eines Elektrons vom HOMO ins LUMO erreicht; je energiereicher das HOMO ist, um so leichter läßt sich das betreffende Molekül anregen, um so längerwelliges Licht wird zur Anregung benötigt. Das relativ hoch liegende HOMO der Alkene ist auch die Ursache ihrer hohen Elektronenpolarisierbarkeit, die auf der Verschiebung von Elektronen unter dem Einfluß eines elektrischen Feldes beruht. Ein Maß dafür ist das Bindungsinkrement der Molrefraktion (C—C-Einfachbindung 1,209; C=C-Doppelbindung 4,151). Da das HOMO gewissermaßen das Energieniveau der «Valenzelektronen» einer Doppelbindung darstellt, ist die Lage des HOMO und des LUMO nicht nur für die spektroskopischen, sondern auch für die chemischen Eigenschaften ungesättigter Verbindungen von Bedeutung.

Nach dieser Darstellung besteht eine Doppelbindung aus zwei *verschiedenartigen* Bindungen: einer σ-Bindung und einer π-Bindung. Da das HOMO (das π-MO) wegen seiner Knotenebene energiereicher als das σ-MO ist, muß die π-Bindung schwächer sein als die σ-Bindung.

Die Aufenthaltsräume der beiden Bindungselektronenpaare überschneiden sich allerdings stark, und es ist nicht wahrscheinlich, daß sich die σ- und die π-Wolken gegenseitig nicht beeinflussen. In der Tat kann man durch lineare Kombination der Wellenfunktionen der σ-

und π-Elektronen zu einer dem «σ-π-Modell» völlig gleichwertigen Beschreibung der Doppelbindung gelangen (Abb. 2.15):

$$\psi_1 = \frac{1}{\sqrt{2}}\,(\psi_\sigma + \psi_\pi) \quad \text{und} \quad \psi_2 = \frac{1}{\sqrt{2}}\,(\psi_\sigma - \psi_\pi)$$

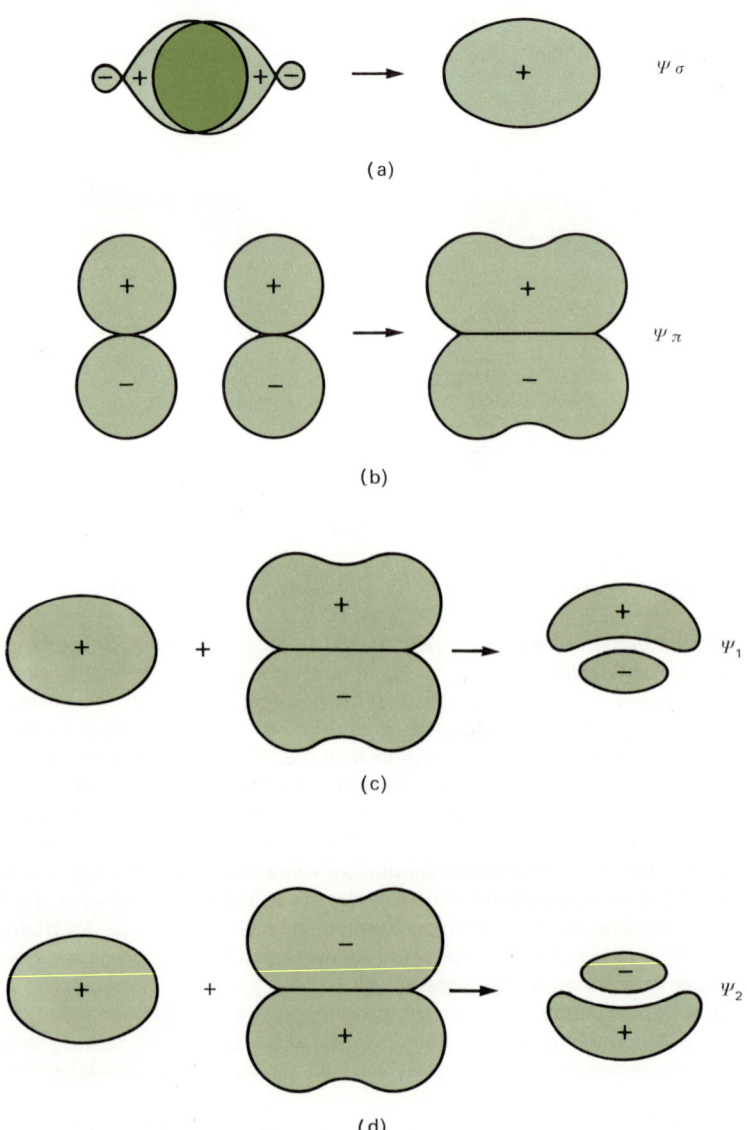

Abb. 2.15. Die Doppelbindung
(a) σ-Bindung, (b) π-Bindung, (c) und (d) σ-π-Hybrid-MO

Die beiden durch ψ_1 und ψ_2 beschriebenen Elektronenwolken stellen zwei als τ-*Bindungen* bezeichnete, *gleichwertige Bindungen* dar. Zur prinzipiell gleichen Vorstellung gelangt man aber auch, wenn man sich die Doppelbindung durch zweifache Überlagerung zweier sp^3-Hybrid-Orbitale entstanden denkt (Abb. 2.16); die beiden Bindungen sind dann ebenfalls gleichwertig, jedoch etwas mehr bogenförmig (Bogenbindungen, «Bananenbindungen» oder τ-MO; vgl. Cyclopropan).

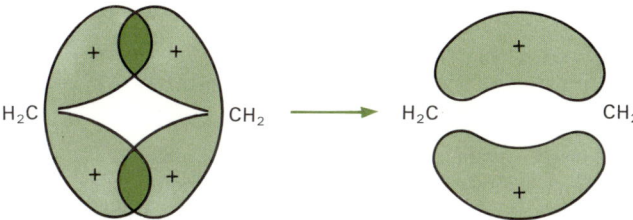

Abb. 2.16. Bildung der Doppelbindung im Ethen (CH$_2$=CH$_2$) durch Überlagerung zweier sp^3-Hybrid-AO der Kohlenstoffatome («Bananenbindungen»)

Doppelbindungen können ebenso wie andere Moleküle (S. 23) mit *verschiedenen Modellen* beschrieben werden. *Die Ladungsdichteverteilung beider Modelle ist aber völlig äquivalent* (wenn die Orbitale doppelt besetzt sind, wird $2\psi_1^2 + 2\psi_2^2 = 2\psi_\sigma^2 + 2\psi_\pi^2$, wie man sich durch Quadrieren der Ausdrücke für ψ_1 und ψ_2 überzeugen kann); sie postulieren jedoch *verschiedene Bindungswinkel:*

	σ-π-Modell	τ-Modell
X—C—X ‖	120°	109° 28′
C–C–X	120°	125° 16′

Es sollte also möglich sein, durch Messung der Bindungswinkel zwischen beiden Modellen entscheiden zu können. Die beobachteten Bindungswinkel entsprechen allerdings weder dem einen noch dem anderen Wert genau; mit Ausnahme des Ethens selbst kommen sie jedoch den vom τ-Modell geforderten Werten näher (Pauling). Das τ-*Modell* mit zwei gleichwertigen Orbitalen stellt also eine den wirklichen Verhältnissen *besser angepaßte Beschreibung* dar als das – in der Literatur fast durchwegs verwendete – σ-π-Modell. Letzteres ist allerdings mathematisch einfacher zu handhaben und ist deshalb für quantitative Betrachtungen besser geeignet. Es bietet zudem eine Interpretation des Grundzustandes und der angeregten Zustände und ist wegen der Unterscheidung von HOMO und LUMO auch zur Beschreibung vieler Reaktionen sehr nützlich. Es ist jedoch sachlich nicht richtig, wenn man – wie es häufig geschieht – auf Grund des σ-π-Modelles für eine Doppelbindung a priori zwei grundsätzlich verschiedene Bindungen postuliert.

Nach beiden Doppelbindungsmodellen muß der *Abstand* der C-Atome in einer Doppelbindung beträchtlich kürzer sein als in einer Einfachbindung (Bindungslängen C=C 134 pm, C–C 154 pm). Im σ-π-Modell ist dies die Folge der Tatsache, daß sich die beiden Atome stärker nähern müssen, um eine gegenseitige Überlappung der p-Orbitale zu ermöglichen. Ebenfalls nach beiden Modellen ist eine Überlappung von je zwei Elektronenwolken eines Atoms nur möglich, wenn die beiden Atome *in einer bestimmten Weise zueinander orientiert* sind: die beiden *anderen Bindungen* beider Atome *liegen in einer Ebene.* Dies bedeutet aber, daß die *freie Drehbarkeit um eine Doppelbindung aufgehoben* ist, oder genauer gesagt, daß für die Rotation um eine Doppelbindung eine hohe Energiebarriere (nämlich die Bindungsenthalpie einer Bindung!) zu überschreiten ist. Als Folge davon ist auch hier **cis/trans-Isomerie** möglich. So existieren beispielsweise zwei verschiedene Isomere des 2-Butens[1]:

$$CH_3\diagdown C=C\diagup CH_3 \qquad CH_3\diagdown C=C\diagup H$$
$$H\diagup \qquad \diagdown H \qquad\qquad H\diagup \qquad \diagdown CH_3$$

cis- oder *Z-Isomer*	*trans-* oder *E-Isomer*
Sdp. 4 °C	Sdp. 1 °C

Die beiden Stereoisomere stehen in derselben Beziehung zueinander wie die *cis-* und *trans-*Isomere bei disubstituierten Cycloparaffinen. Die Umwandlung des (stabileren) *trans-*Isomers in das *cis-*Isomer ist oft durch Bestrahlung mit UV-Licht möglich, das die zur Umwandlung nötige Energie liefert. Die Umwandlung verläuft dann über einen angeregten Zustand (ein π-Elektron besetzt vorübergehend das antibindende LUMO).

2.3.2   Physikalische Eigenschaften

In bezug auf Schmelzpunkt, Siedepunkt, Löslichkeit u.a. verhalten sich die Alkene prinzipiell den Alkanen ähnlich. Während jedoch sämtliche Alkane völlig unpolar sind (Dipolmoment Null), sind gewisse Alkene schwach polar, eine Folge der räumlichen Orientierung der Substituenten an der Doppelbindung:

$$\mu = 1{,}12 \cdot 10^{-30}\,C\,m \qquad \mu = 1{,}19 \cdot 10^{-30}\,C\,m$$

Dies weist darauf hin, daß Alkylgruppen in geringem Maß elektronenabstoßend wirken (siehe dazu auch S. 392).

Die *relative Stabilität* verschiedener Alkene kann durch einen Vergleich ihrer *Hydrierungsenthalpien* bestimmt werden, die um so höher sind, je energiereicher (je weniger stabil) ein Alken ist.

---

[1] Für den Fall von tri- oder tetrasubstituierten Alkenen ist eine besondere **Nomenklatur** notwendig, um die verschiedenen Isomere eindeutig kennzeichnen zu können. Man benützt zu diesem Zweck die «**Sequenzregel**» von Cahn, Ingold und Prelog, nach welcher alle möglichen Substituenten in eine Reihe nach abnehmender Priorität geordnet sind (S. 226). Dasjenige Isomer, bei welchem die beiden Gruppen höherer Priorität auf derselben Seite der Doppelbindung liegen, wird als *(Z)-Isomer* (von «zusammen») das andere als *(E)-Isomer* (von «entgegen») bezeichnet.

$$CH_3\diagdown C=C\diagup CH_3 \qquad CH_3\diagdown C=C\diagup Br$$
$$H\diagup \qquad \diagdown Br \qquad\qquad H\diagup \qquad \diagdown CH_3$$

(*E*)-2-Brom-2-buten   (*Z*)-2-Brom-2-buten

(Nach der Sequenzregel ist die Reihenfolge Br-CH$_3$-H; im (*Z*)-Isomer stehen die Substituenten —Br und —CH$_3$ – die zusammen die höhere Priorität besitzen – auf derselben Seite der Doppelbindung.)

Hydrierung: $\diagdown C = C \diagup + H_2 \xrightarrow{\text{Ni}} -\overset{|}{\underset{|}{C}}-\overset{|}{\underset{|}{C}}-$ $\varDelta H < 0$
$\qquad\qquad\qquad\qquad\qquad\qquad\qquad H\ \ H$

Man findet dabei, daß *trans-Isomere* in der Regel *stabiler* sind als entsprechende *cis-*Isomere, eine Folge der geringeren räumlichen Wechselwirkungen zwischen den Substituenten an einer Doppelbindung. Die Energiedifferenz zwischen den beiden Isomeren wird naturgemäß besonders hoch, wenn die betreffenden Substituenten sehr voluminös sind:

$$CH_3\diagdown \quad \diagup CH_3$$
$$\quad C=C$$
$$H\diagup \quad \diagdown H$$

$$CH_3\diagdown \quad \diagup H$$
$$\quad C=C$$
$$H\diagup \quad \diagdown CH_3$$

Energiedifferenz etwa 4,2 kJ/mol

$$(CH_3)_3C\diagdown \quad \diagup C(CH_3)_3$$
$$\qquad C=C$$
$$H\diagup \quad \diagdown H$$

$$(CH_3)_3C\diagdown \quad \diagup H$$
$$\qquad C=C$$
$$H\diagup \quad \diagdown C(CH_3)_3$$

Energiedifferenz etwa 39,8 kJ/mol

Interessant ist auch ein Vergleich der Hydrierungsenthalpien verschieden substituierter Alkene:

	$\varDelta H$ (kJ/mol)
$CH_3CH_2CH=CH_2$	$-126,8$
cis-$CH_3CH=CHCH_3$	$-119,7$
trans-$CH_3CH=CHCH_3$	$-115,5$
$(CH_3)_2CHCH=CH_3$	$-126,8$
$CH_3CH_2\underset{\underset{CH_3}{\mid}}{C}=CH_2$	$-119,3$
$CH_3\diagdown$ $\quad\ C=CHCH_3$ $CH_3\diagup$	$-112,6$

Man erkennt daraus, daß *die Stabilität zunimmt, je mehr Alkylsubstituenten die Doppelbindung besitzt:*

$R_2C=CR_2 > R_2C=CHR > R_2C=CH_2 \approx$ *trans-*$RCH=CHR >$ *cis-*$RCH=CHR > RCH=CH_2 >$
$> CH_2=CH_2$

In den *IR-Spektren* der Alkene zeigt sich die Doppelbindung häufig durch eine Bande bei 1650 cm^{-1} (C=C-Streckschwingung). Die Intensität und die genaue Lage dieser Bande hängt allerdings etwas von der Struktur des Moleküls ab (z. B. verschiebt sie sich durch

Konjugation gegen 1600 cm^{-1}). Bei Alkenen, die an der Doppelbindung symmetrisch substituiert sind (also z. B. beim Ethen oder beim 2,3-Dimethyl-2-buten), fehlt sie ganz, weil die C=C-Streckschwingung nicht zu einer Änderung des Dipolmoments führt und damit IR-inaktiv ist. Zur Charakterisierung der Alkene besser geeignet sind die Absorptionsbanden, welche auf Schwingungen der Vinyl-H-Atome (=CH$_2$ oder —CH=) zurückzuführen sind: 3000 bis 3100 cm^{-1} und 800 bis 1000 cm^{-1}. Letztere entsprechen Beugeschwingungen aus der Molekülebene heraus und sind sehr charakteristisch für Alkene; ihre genaue Lage hängt etwas von der Anzahl der Substituenten und der Konfiguration ab und ermöglicht dadurch u. U. eine Entscheidung zwischen *cis-* oder *trans*-Konfiguration:

R—CH=CH$_2$ 910–920 cm^{-1} *cis*   R—CH=CH—R   675–730 cm^{-1}

R$_2$C=CH$_2$ 880–900 cm^{-1} *trans*   R—CH=CH—R   960–970 cm^{-1}

IR-Banden von Alkenen (cm^{-1})		
>C=CH$_2$	3000–3095	C—H-Streckschwingung (manchmal durch die viel intensivere Bande der C—H-Streckschwingung gesättigter C-Atome verdeckt)
>C=CH—	3010–3040	C—H-Streckschwingung
>C=C<	1650	C=C-Streckschwingung (wenn die Doppelbindung symmetrisch substituiert ist, tritt diese Bande nicht auf. Abwesenheit bedeutet also nicht das Fehlen einer Doppelbindung!)
—CH=CH— *cis*	675–730	
—CH=CH— *trans*	960–970	C—H-Beugeschwingungen aus der Ebene der Doppelbindung heraus
>C=CH$_2$	885–895	

Da die Elektronen der Doppelbindung in antibindende π^*-MO (LUMO) übergeführt werden können, ist *Absorption im kurzwelligen Bereich des Spektrums* zu erwarten ($\lambda \sim$ 180–200 nm). Leider absorbieren in diesem Bereich auch viele andere Stoffe (Luft, Quarz u. a.), so daß die UV-Spektren von Alkenen mit isolierten Doppelbindungen schwierig zu erhalten sind. Konjugation von Doppelbindungen verschiebt die Absorption ins Gebiet längerer Wellen.

2.3.3 Chemische Reaktionen und Gewinnung

Reaktionen. Wie wir gesehen haben, ist eine Doppelbindung schwächer als zwei Einfachbindungen. Es ist darum zu erwarten, daß bei den für die Alkene charakteristischen Reaktionen eine Bindung getrennt wird und dafür zwei neue (σ-) Bindungen gebildet werden. Dies ist in der Tat der Fall: Alkene sind befähigt, andere Moleküle an die Doppelbindung *anzulagern* (**Additionsreaktion**), wobei aus einem «ungesättigten» ein «gesättigtes» Molekül entsteht. Bei solchen Additionen stellt das Alkenmolekül zwei

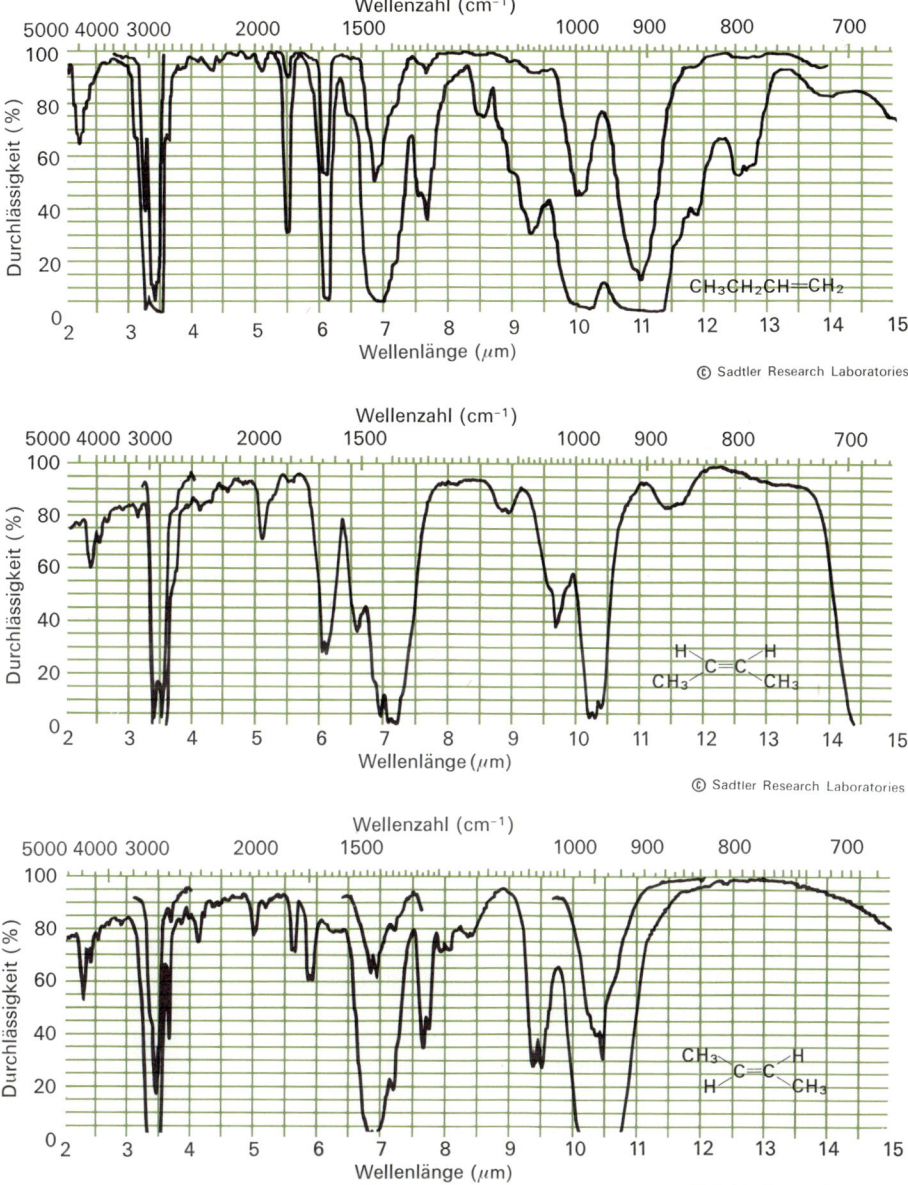

Abb. 2.17. IR-Spektren von 1-Buten (oben), cis-2-Buten (Mitte) und trans-2-Buten
(unten)
Im Spektrum von 1-Buten sind insbesondere die Banden der C—H-Streckschwingung der
Vinyl-H-Atome (3100 cm⁻¹) und die Bande der C=C-Streckschwingung (1650 cm⁻¹)
deutlich zu erkennen. Die Lage der intensiven, breiten Bande der C—H-Beugeschwingung
(650 bzw. 960 cm⁻¹) zeigt die unterschiedliche Konfiguration an

Elektronen für die neuen Bindungen zur Verfügung (die beiden Elektronen des HOMO); zur Addition geeignet sind darum entweder **elektrophile** («elektronensuchende») Teilchen (Partikeln, die eine Elektronenlücke besitzen *[Lewis-Säuren]*) oder *Radikale*. Man hat darum je nach dem Mechanismus der Addition zu unterscheiden zwischen *elektrophiler* (polarer) *Addition (A_E)* und *Radikaladdition (A_R)*. Während erstere vor allem in Lösung oder bei der Addition selbst polarer Moleküle (HCl, H_2O) auftritt, ist Radikaladdition besonders in der Gasphase und unter dem Einfluß von Licht häufig. Eine Übersicht über die verschiedenen Möglichkeiten von Additionsreaktionen bringt Tabelle 2.7; ihr Verlauf sowie ihre Bedeutung wird später (Teil II) genauer erklärt werden.

Viele Additionsreaktionen sind von sehr großem *technischem* oder *präparativem Interesse*: Hydrierung (Bildung gesättigter Verbindungen), Addition von Halogenen oder Halogenwasserstoffverbindungen ($\rightarrow$ Halogenide), Alkylierung (Gewinnung treibstofftechnisch günstiger verzweigter Alkane), Polymerisation (Aufbau hochmolekularer Stoffe [Kunststoffe]). Die rasche Entfärbung von Bromwasser (Addition von Brom) und die Bildung von braunem MnO_2, durch Reduktion wäßriger, schwach alkalischer $KMnO_4$-Lösung (wobei die Doppelbindung zu *vic*-Dihydroxyverbindungen [1] oder «Glykolen» oxidiert wird) werden zum analytischen Nachweis von Doppelbindungen verwendet. Auch die Bildung gefärbter Additionsprodukte mit *Tetranitromethan*, $C(NO_2)_4$, ist für ungesättigte Verbindungen kennzeichnend.

Eine zur Konstitutionsaufklärung von Alkenen sehr wichtig gewordene Additionsreaktion ist die Oxidation von Doppelbindungen durch *Ozon*. Dabei wird zunächst ein O_3-Molekül unter Aufspaltung beider Bindungen der Doppelbindung angelagert:

$$R-CH\!=\!CH-R' + O_3 \quad \longrightarrow \quad R-CH \overset{O-O}{\underset{O}{\diagup\diagdown}} CH-R'$$

Diese *«Ozonide»* sind ziemlich unbeständig und werden durch Wasser zu Carbonylverbindungen $\left(\text{Aldehyden, } R-C\overset{H}{\underset{O}{\diagup}}, \text{ oder Ketonen, } \overset{R}{\underset{R'}{}}C\!=\!O\right)$ hydrolysiert:

$$R-CH\overset{O-O}{\underset{O}{\diagup\diagdown}}CH-R' + H_2O \quad \longrightarrow \quad R-C\overset{H}{\underset{O}{\diagdown}} + \overset{O}{\underset{H}{\diagup}}C-R' + H_2O_2$$

Um das bei der Hydrolyse gebildete H_2O_2 zu zersetzen (und dadurch eine Weiteroxidation der Carbonylverbindungen zu verhindern), setzt man meist ein Reduktionsmittel, wie z.B. Zink, zu. Da die bei dieser Ozonspaltung entstandenen Carbonylverbindungen relativ leicht zu isolieren und zu identifizieren sind, wird diese Reaktion häufig dazu verwendet, um die Lage einer Doppelbindung in einem Molekül zu bestimmen.

Neben den für die Doppelbindung charakteristischen Additionsreaktionen sind bei Alkenen auch *Substitutionsreaktionen* möglich. Ob ein bestimmtes Reagens (z.B. ein Halogen) substituierend wirkt oder addiert wird, hängt in hohem Maß von den *Reaktionsbedingungen* ab. Während im Dunkeln, in flüssiger Phase sowie bei Raumtemperatur, vorwiegend Addition eintritt, wird die Substitution durch höhere Temperaturen oder durch Bestrahlung mit UV-Licht (also durch Bedingungen, welche die Bildung von Radikalen ermöglichen!) begünstigt. Zwar ist auch bei hohen Temperaturen Addition z.B. von Brom an eine Doppelbindung möglich; die Tatsache, daß dann aber das Reaktionsgemisch mehr Substitutionsprodukte enthält, deutet darauf hin, daß ein addiertes Bromatom bei einem Zusam-

---

[1] *vic* von vicinal = benachbart.

Tabelle 2.7. Beispiele von Additionsreaktionen an C=C-Doppelbindungen

$$\underset{\diagup}{\diagdown}C=C\underset{\diagdown}{\diagup} \ + \ \overline{}$$

Reagenz	Produkt
H_2 (Ni) (S. 536) oder Diimin (S. 790)	$-\overset{\mid}{\underset{\mid}{C}}-\overset{\mid}{\underset{\mid}{C}}-$ H H
Cl_2, Br_2 (S. 506)	$-\overset{\mid}{\underset{\mid}{C}}-\overset{\mid}{\underset{\mid}{C}}-$ X X
HCl, HBr (S. 517)	$-\overset{\mid}{\underset{\mid}{C}}-\overset{\mid}{\underset{\mid}{C}}-$ H X
H_2O (S. 521) $(H^{\oplus})$	$\overset{\mid}{\underset{\mid}{C}}-\overset{\mid}{\underset{\mid}{C}}-$ H OH
HOCl (S. 516)	$-\overset{\mid}{\underset{\mid}{C}}-\overset{\mid}{\underset{\mid}{C}}-$ Cl OH
H_2SO_4 (S. 517)	$-\overset{\mid}{\underset{\mid}{C}}-\overset{\mid}{\underset{\mid}{C}}-$ H OSO_3H
B_2H_6 (S. 527) (Hydroborierung)	$-\overset{\mid}{\underset{\mid}{C}}-\overset{\mid}{\underset{\mid}{C}}-$ H B—
Hg(OOCCH$_3$)$_2$, H$_2$O (Oxymerkurierung) (S. 524)	$-\overset{\mid}{\underset{\mid}{C}}-\overset{\mid}{\underset{\mid}{C}}-$ H OH
:CH$_2$ (S. 499) (Carben)	$\underset{\diagdown}{\diagup}\overset{}{C}-\overset{}{C}\underset{\diagup}{\diagdown}$ CH$_2$
R—H (S. 532) (Alkylierung)	$-\overset{\mid}{\underset{\mid}{C}}-\overset{\mid}{\underset{\mid}{C}}-$ H R
$\overset{\mid}{\underset{\diagup}{C}}=C-R$ (S. 1001) (Polymerisation)	$-\overset{\mid}{\underset{\mid}{C}}-\overset{\mid}{\underset{\mid}{C}}-\overset{\mid}{\underset{\mid}{C}}-\overset{\mid}{\underset{\mid}{C}}-\overset{\mid}{\underset{\mid}{C}}-\overset{\mid}{\underset{\mid}{C}}\cdot$ H R H R H R
O$_3$; Zn (S. 565) (Ozonspaltung)	$\diagdown C=O + O=C\diagup$
KMnO$_4$, OsO$_4$ Peroxysäuren Iod/Silberacetat (S. 771)	$\underset{\diagup}{\diagdown}C—C\underset{\diagdown}{\diagup}$ OH OH
oxidative Spaltung (S. 773)	$\diagdown C=O + O=C\diagup$
Epoxidierung (S. 525)	$\underset{\diagup}{\diagdown}C—C\underset{\diagdown}{\diagup}$ O

Von B_2H_6 (Hydroborierung):

$\xrightarrow{H_2O_2}$ $-\overset{\mid}{\underset{\mid}{C}}-\overset{\mid}{\underset{\mid}{C}}-$ H OH

$\xrightarrow{ClNH_2}$ $-\overset{\mid}{\underset{\mid}{C}}-\overset{\mid}{\underset{\mid}{C}}-$ H NH$_2$

menstoß mit einem weiteren Molekül oder Radikal leicht wieder herausgeschlagen wird, bevor ein zweites Atom addiert werden kann:

$$X \cdot + CH_3-CH=CH_2 \left\langle \begin{array}{l} CH_3-\overset{.}{C}H-CH_2-X \longrightarrow CH_3-\overset{\overset{\textstyle X}{|}}{C}H-CH_2-X \\ \\ \overset{.}{C}H_2-CH=CH_2 + HX \xrightarrow{X_2} X-CH_2-CH=CH_2 + X \cdot \end{array} \right.$$

Mit dieser Erklärung stimmt die Beobachtung überein, daß bei kleiner Konzentration des Halogens die Substitution ebenfalls begünstigt wird.

Besonders *leicht* findet *Substitution am α-C-Atom* statt, d. h. am C-Atom, das der funktionellen Gruppe (der Doppelbindung) benachbart ist. So wird 3-Chlor-1-propen («Allylchlorid») technisch aus Chlor und Propen bei 500 bis 600°C gewonnen:

$$Cl_2 + \overset{\alpha}{C}H_3-CH=CH_2 \rightarrow Cl-CH_2-CH=CH_2 + HCl$$

Die Leichtigkeit, mit der diese Reaktion eintritt, hängt mit der relativ großen Stabilität des *Allylradikals,* $CH_2-CH=CH_2$, zusammen (vgl. S. 748). Die direkt an die C-Atome der Doppelbindung gebundenen H-Atome (Vinyl-H-Atome; abgeleitet vom Vinylrest, $CH_2=CH-$) sind viel schwerer zu substituieren:

$$R-CH=CH-CH_2-R'$$
$$\uparrow \qquad \uparrow$$

Vinyl-H: gegen Substitution beinahe inert   Allyl-H: leicht substituierbar

Eine elegante Methode, um Alkene in «Allylstellung» zu bromieren, besteht in der Reaktion mit *N-Bromsuccinimid,* das eine konstante, geringe Konzentration von Br_2 liefert:

$$HBr + \begin{array}{c} O \\ \| \\ C \\ \diagup \quad \diagdown \end{array} \quad \begin{array}{l} H_2C \\ | \quad\quad N-Br \\ H_2C \\ \diagdown \quad \diagup \\ C \\ \| \\ O \end{array} \rightarrow \quad \begin{array}{l} O \\ \| \\ C \\ H_2C \diagup \quad \diagdown \\ \quad\quad N-H + Br_2 \\ H_2C \diagdown \quad \diagup \\ C \\ \| \\ O \end{array}$$

N-Bromsuccinimid

Jedes durch Substitution gebildete HBr-Molekül erzeugt mit N-Bromsuccinimid ein Br_2-Molekül.

Eine interessante Reaktion ist die *«Alken-Metathese».* Unter dem Einfluß bestimmter Katalysatoren (Übergangsmetallsulfide oder -carbonyle oder Ziegler-Natta-Katalysatoren [S. 1008]) lassen sich die Alkylgruppen zwischen zwei Alkenmolekülen austauschen:

$$\begin{array}{c} R^1-CH=CH-R^2 \\ + \\ R^3-CH=CH-R^4 \end{array} \quad \rightarrow \quad \begin{array}{cc} R^1-CH & CH-R^2 \\ \| & + \| \\ R^3-CH & CH-R^4 \end{array}$$

Es scheint, daß diese Reaktion auch technische Bedeutung bekommen wird, z. B. zur Herstellung von Propen aus Ethen und 2-Buten:

$$\begin{array}{c} CH_2=CH_2 \\ + \\ CH_3-CH=CH-CH_3 \end{array} \quad \rightarrow \quad \begin{array}{cc} CH_2 & CH_2 \\ \| & + \| \\ CH_3-CH & CH-CH_3 \end{array}$$

Zyklische Alkene können dadurch unter Ringerweiterung zu einem zyklischen Dialken mit doppelter Ringgliederzahl reagieren:

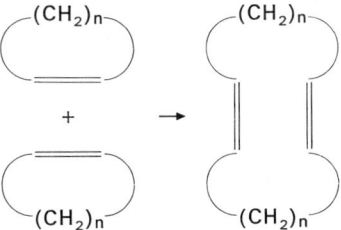

Herstellung. Zur technischen Gewinnung der niedrigen Alkene (C_2 bis C_5) dienen die verschiedenen **Crackverfahren.** Beim thermischen Cracken wird Rohbenzin (Sdp. 60 bis 180 °C) in bis 50 m langen Rohren kurzzeitig auf Temperaturen bis 1100 °C erhitzt (Verweilzeit im Cracker ca. 0,1 s!). Um die Abscheidung von Koks zu verringern, wird das Rohbenzin mit Wasserdampf «verdünnt» (sog. Steam-Cracker). Wahrscheinlich zerfallen dabei die Kohlenwasserstoffe des Rohbenzins in Radikale:

$$CH_4 \;\longrightarrow\; H\cdot + CH_3\cdot$$

$$C_2H_6 \;\longrightarrow\; H\cdot + C_2H_5\cdot \quad oder \quad CH_3\cdot + CH_3\cdot$$

$$C_3H_8 \;\longrightarrow\; H\cdot + C_3H_7\cdot \quad oder \quad CH_3\cdot + C_2H_5\cdot$$

$$C_4H_{10} \;\longrightarrow\; H\cdot + C_4H_9\cdot \quad oder \quad CH_3\cdot + C_3H_7\cdot \quad oder \quad C_2H_5\cdot + C_2H_5\cdot$$

$H\cdot$-, $CH_3\cdot$- und $C_2H_5\cdot$-Radikale sind relativ stabil; größere Radikale zerfallen jedoch leicht:

$$C_3H_7\cdot \;\longrightarrow\; C_3H_6 + H\cdot \quad oder \quad C_2H_4 + CH_3\cdot$$

$$C_4H_9\cdot \;\longrightarrow\; C_4H_8 + H\cdot \quad oder \quad C_3H_6 + CH_3\cdot \quad oder \quad C_2H_4 + C_2H_5\cdot$$

Aus jedem größeren Radikal entsteht so ein Alkenmolekül und ein kleineres, stabileres Radikal. Diese können mit Kohlenwasserstoff-Molekülen unter Abspaltung eines Wasserstoffatoms reagieren, wobei neue Radikale entstehen:

$$CH_3\cdot + RH \;\longrightarrow\; CH_4 + R\cdot$$

Der Crackvorgang kann nicht so gesteuert werden, daß sich ein einziges Produkt bildet (man erhält also stets das ganze «Spektrum» vom Wasserstoff bis zum Ruß); hingegen kann durch die Wahl der Ausgangsstoffe und durch die Crackbedingungen die *Mengenverteilung* der verschiedenen Produkte beeinflußt werden. Die bei der thermischen Crackung von Rohbenzin (das durch direkte Destillation aus dem Erdöl erhalten wird) entstehenden Produkte sind in Tabelle 2.8 zusammengestellt. Durch Destillation und Extraktion trennt man das Produktgemisch in Wasserstoff, Methan, Ethan, Ethen, Propen, C_4-Gemisch (Butane, Butene, Butadien), C_5-Gemisch (Pentane, Pentene, Isopren, Pentadiene), C_6/C_7-Gemisch (mit Benzen und Toluen) und Crackbenzin. Hauptprodukte sind Ethen und Propen («Ethylen» und «Propylen»); wirtschaftlich sehr wichtig ist auch das durch Extraktion der C_4-Fraktion mit Acetonitril oder Dimethylformamid zu gewinnende *Butadien,* das rund 40 % dieser Fraktion ausmachen kann und zu Kunststoffen und Kautschuken polymerisiert wird.

Tabelle 2.8. Produkte des thermischen Crackens von Benzin (Mengenangaben in Gewichts-%)

Wasserstoff	~1
Methan	10–15
Ethan	~5
Ethen	18–28
Propen	15–20
C_4-Kohlenwasserstoffe (Butane, Butene, Butadien [Anteil 30 bis 40%])	10–15
C_5-Kohlenwasserstoffe (Pentane, Pentene, Pentadiene)	~7
Benzen (C_6H_6)	~5
Toluen (Methylbenzen)	~5
C_8-Aromaten (*o*-, *m*- und *p*-Xylen, Styren, Ethylbenzen)	~5
Sonstige Produkte (Ruß, höhere Kohlenwasserstoffe)	5–10

Präparativ geschieht die Einführung der Doppelbindung durch Abspaltung von Atomen aus gesättigten Verbindungen, also durch **Elimination,** das Gegenteil der Addition. Als Ausgangsstoffe kommen in erster Linie *Alkylhalogenide* oder *Alkohole* in Frage, für Spezialfälle auch *vic*-Dihalogenide:

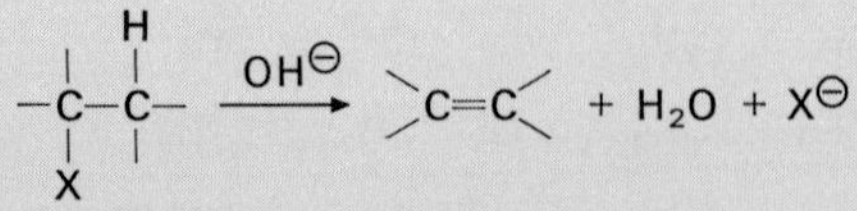

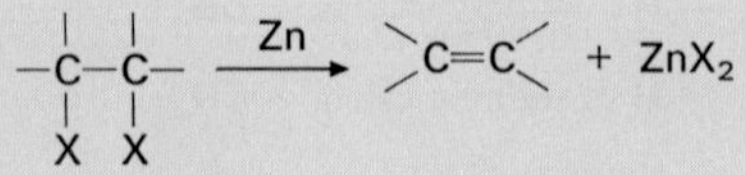

Andere präparativ wichtige Methoden zur Gewinnung von Alkenen durch Elimination gehen von *Aminen* bzw. *Carbonsäureestern* aus («erschöpfende Methylierung» bzw. Esterpyrolyse; vgl. S. 492, 493).

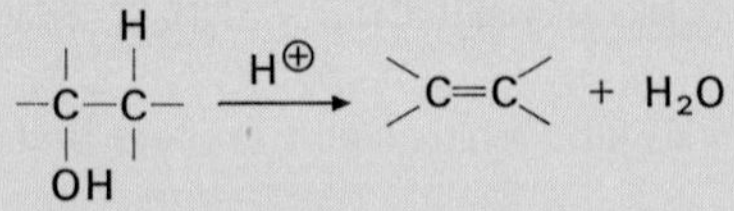

Eine in manchen Fällen sehr wertvolle Methode ist die *partielle Hydrierung von Alkinen*, d.h. von Verbindungen mit einer Dreifachbindung. Damit die Anlagerung von Wasserstoff nicht – über die Stufe der Doppelbindung hinaus – zu gesättigten Verbindungen führt, verwendet man dazu spezielle Katalysatoren *(«Lindlar-Katalysatoren»,* inaktiviertes [«vergiftetes»] Palladium). Diese Reaktion liefert ausschließlich *cis*-Alkene, verläuft also *stereoselektiv.* *trans*-Alkene können durch ebenfalls stereoselektive Hydrierung von Alkinen mit Natrium (in flüssigem Ammoniak) erhalten werden:

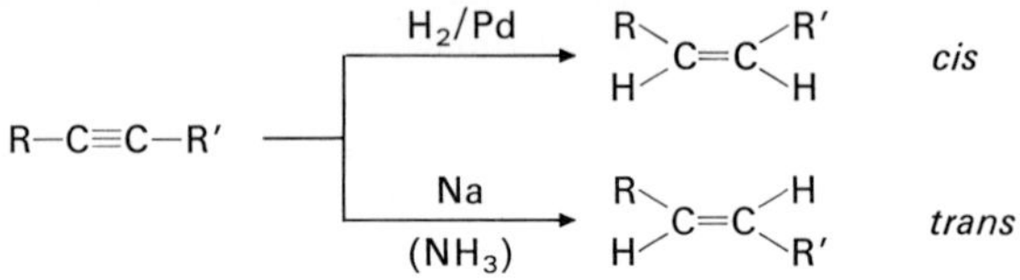

Weitere Reaktionen zur Bildung von C=C-Doppelbindungen werden in Teil II besprochen (Wittig-Reaktion, S. 637; Cope-Reaktion, S. 497).

Das wichtigste Alken ist das **Ethylen (Ethen)**, ein Gas (Smp. −169,2 °C, Sdp. −103,7 °C). Früher fiel Ethen vor allem als Nebenprodukt beim Cracken von Petroleum an, während es heute hauptsächlich durch Pyrolyse von Leichtbenzin oder Rohöl oder auch durch Dehydrierung von Ethan (aus Erdgas) gewonnen wird. Ethen ist heute einer der wichtigsten Rohstoffe der organisch-chemischen Großindustrie und dient als Ausgangsmaterial für viele technische Synthesen. Auch **Propen (Propylen)** (Smp. −185 °C, Sdp. −47,7 °C) besitzt eine ähnlich große technische Bedeutung (vgl. Abb. 2.18 und 2.19).

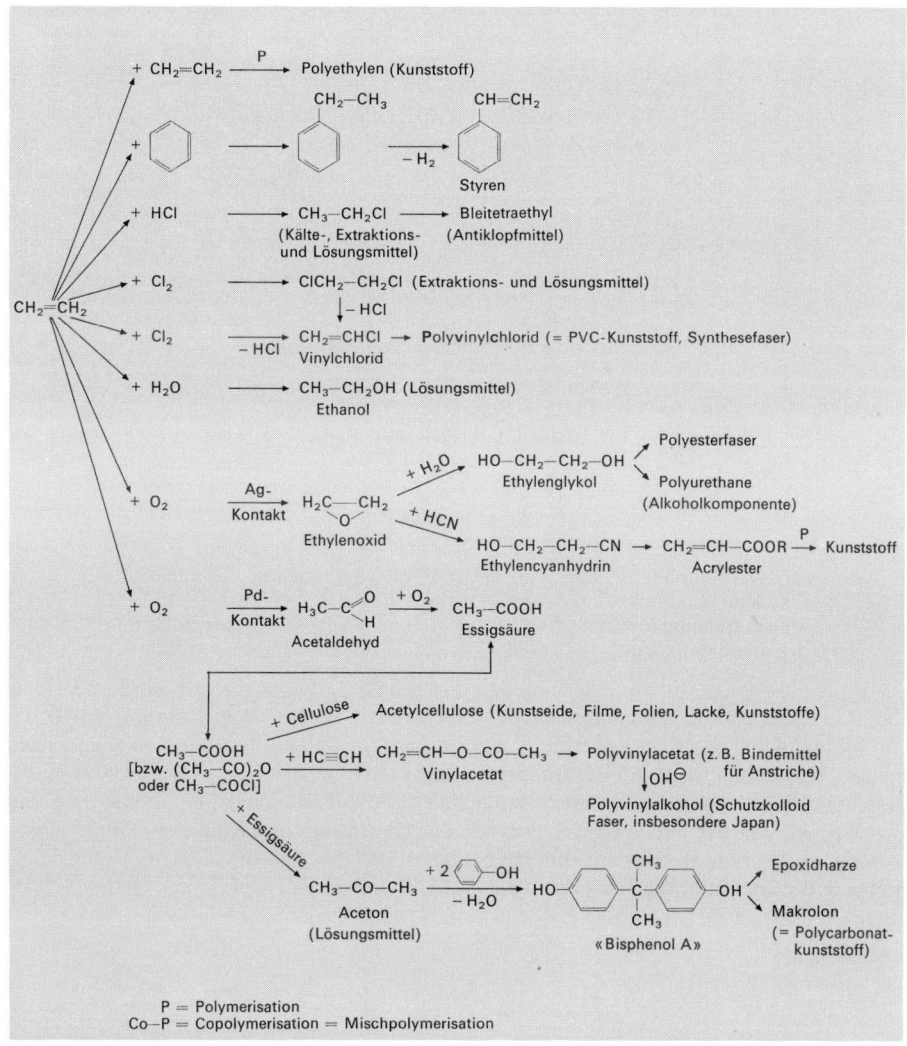

Abb. 2.18. «Ethylenbaum» (ausgehend von Ethen technisch hergestellte Produkte)

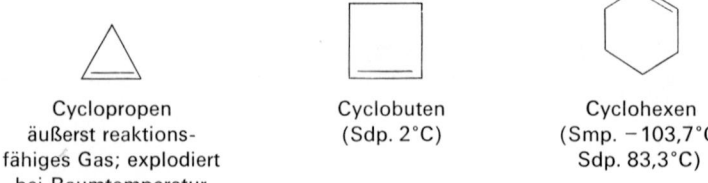

+ $CH_2=CH-CH_3$ $\xrightarrow{P}$ Polypropylen (Kunststoff-Folien, Synthesefaser)

+ $NH_3 + O_2$ $\longrightarrow$ $CH_2=CH-CN$
　　　　　　　　　　Acrylnitril

Cumen ... $+ O_2$ $CH_3-CO-CH_3 +$ ... OH
　　　　　　　　　　　　s.Ethen

$-H_2$

+ H_2O $\longrightarrow$ $CH_3-CH-CH_3$
　　　　　　　　　　　|
　　　　　　　　　　　OH

$CH_2=CH-CH_3$

+ $CH_2=CH-CH_3$ $\xrightarrow[\text{sierung}]{\text{Dimeri-}}$ $CH_2=C-CH_2-CH_2-CH_3$ $\xrightarrow{-CH_4}$ $CH_2=C-CH=CH_2$ $\xrightarrow{P}$ cis-1,4-Polyisopren
　　　　　　　　　　　　　　　　　　　　　　| 　　　　　　　　　　　　　　　　　　　　　| 　　　　　　　　(Stereokautschuk)
　　　　　　　　　　　　　　　　　　　　　CH_3　　　　　　　　　　　　　　　　　CH_3
　　　　　　　　　　　　　　　　　　　　　　　　　　　　　　　　　　　　　　　Isopren

+ Cl_2 $\xrightarrow{\sim 500°C}$ $CH_2=CH-CH_2Cl$ $\xrightarrow{OH^\ominus}$ $CH_2=CH-CH_2OH$ $\xrightarrow{H_2O_2}$ Glycerol
　　　　　　　　　　　Allylchlorid　　　　　　　　　Allylalkohol　　　　　　　　　　　↓
　　　　　　　　　　　　　　　　　　　　　　　　　　　　　　　　　　　«Nitroglycerin»
　　　　　　　　　　　　　　　　　　　　　　　　　　　　　　　　　　　(Sprengstoff)

　　　　　　　　　　　　　　　　　　　　　　　　　　　　　　　　　CH_3　　　　　CH_3
　　　　　　　　　　　　　　　　　　　　　　　　　　　　　　　　　| 　　　　　　|
+ HOCl $\rightarrow$ $ClCH_2-CHOH-CH_3$ $\xrightarrow{-HCl}$ $H_2C-CH-CH_3$ $\xrightarrow[+H_2O]{P}$ $HOH_2C-CH-O\left(H_2C-CH-O\right)_n H$
　　　　　　　　　　　　　　　　　　　　　　　　　　\\O/
　　　Propylenchlorhydrin　　　　　　　　　Propylenoxid　　　　Polypropylenether-glykol (Desmophen-
　　　　　　　　　　　　　　　　　　　　　　　　　　　　　　　　　　Komponente für Polyurethane)

Abb. 2.19. Von Propen ausgehend technisch hergestellte Produkte

Auch *alizyklische Ringe* können Doppelbindungen enthalten:

Cyclopropen
äußerst reaktions-
fähiges Gas; explodiert
bei Raumtemperatur

Cyclobuten
(Sdp. 2°C)

Cyclohexen
(Smp. −103,7°C;
Sdp. 83,3°C)

Der Cyclopropenring steht naturgemäß unter äußerst starker *Ringspannung*. Auch der Cyclobuten- und der Cyclopentenring sind gespannt, während der Ring von Cyclohexen nahezu spannungsfrei ist. An der Doppelbindung liegt in diesen Ringen die *cis*-Konfiguration vor; der kleinste Ring, der auch in der *trans*-Konfiguration stabil ist, ist der Ring von Cyclookten. Von den sechs Ring-C-Atomen des **Cyclohexens** liegen vier in einer Ebene zusammen mit zwei H-Atomen; von den beiden möglichen Konformationen («Halbsesselform» und Wannenform) ist die erstere um 11,3 kJ/mol stabiler.

Cyclohexen:

Halbsesselform　　　　　　　　　　　　　　　　Wannenform

2.3.4 Polyene

Kohlenwasserstoffe, die mehrere isolierte oder kumulierte Doppelbindungen enthalten, verhalten sich in bezug auf ihre physikalischen und chemischen Eigenschaften gleich wie gewöhnliche Alkene. Hingegen unterscheiden sich **konjugierte Diene** oder **Polyene** durch ihre *größere Stabilität* und ihre *Reaktivität* von den übrigen ungesättigten Verbindungen.

Von Interesse ist beispielsweise ein Vergleich der Hydrierungsenthalpien (Tabelle 2.9). Während bei monosubstituierten Alkenen ($R-CH=CH_2$) pro Doppelbindung rund 125 kJ/mol, bei disubstituierten ($R-CH=CH-R$ oder $R_2C=CH_2$) rund 117 kJ/mol und schließlich bei trisubstituierten Alkenen ($R_2C=CH-R$) rund 113 kJ/mol frei werden, sind die Hydrierungsenthalpien entsprechend konjugiert-ungesättigter Verbindungen stets um einen allerdings geringen Betrag kleiner. Dies bedeutet aber, daß *konjugierte Systeme stabiler* sind als nichtkonjugierte mit der gleichen Anzahl Doppelbindungen. Die *Bindungslängen* konjugierter Doppelbindungen weichen nur wenig von denjenigen isolierter Doppelbindungen (134 pm) ab, hingegen sind die zwischen den Doppelbindungen liegenden Einfachbindungen deutlich kürzer als «gewöhnliche» Einfachbindungen (beim Butadien z. B. 146 pm; C—C-Einfachbindung 154 pm). Bei Additionsreaktionen an konjugierte Diene erhält man neben den Produkten der «gewöhnlichen» (1,2-)Addition auch 1,4-Additionsprodukte, welche oft sogar mengenmäßig überwiegen:

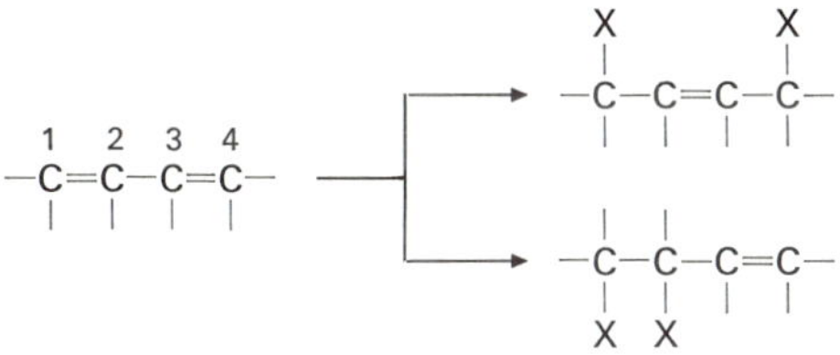

Eine für präparative Zwecke sehr wertvolle, für Diene spezifische Reaktion ist die 1,4-Addition eines Alkens bzw. einer Substanz mit einer genügend reaktionsfähigen Doppelbindung («Diels-Alder-Reaktion»):

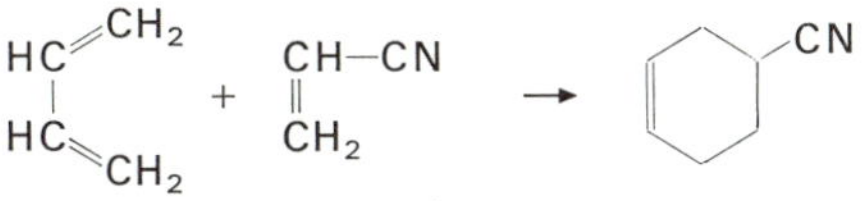

Tabelle 2.9. Hydrierungsenthalpien einiger Diene

	Hydrierungsenthalpie (kJ/mol)
1,4-Pentadien	− 254,5
1,5-Hexadien	− 253,2
1,3-Butadien	− 239,0
1,3-Pentadien	− 226,4
2-Methyl-1,3-butadien (Isopren)	− 223,5
2,3-Dimethyl-1,3-Butadien	− 225,6
1,2-Propadien (Allen)	− 298,5

Da die Diels-Alder-Reaktion streng *stereospezifisch* verläuft, entsteht ein Produkt von ganz bestimmter, eindeutig festgelegter Konfiguration. Sie ist besonders zur Synthese von Naturstoffen, die alizyklische Ringe enthalten, wichtig geworden. Über ihren Ablauf siehe S. 558.

Delokalisierte Bindungen: MO-Beschreibung konjugierter Diene. Nach dem einfachen σ-π-Doppelbindungsmodell enthält das 1,3-Butadien zwei isolierte π-Bindungen und dazwischen eine normale σ-Bindung. Wie bereits bemerkt, ist diese σ-Bindung jedoch deutlich kürzer als eine C—C—σ-Bindung in Alkanen; zudem konnte gezeigt werden, daß die freie Drehbarkeit um die mittlere Bindung des Butadiens behindert ist (Energiebarriere 14,6 kJ/mol), so daß im Gaszustand zwei *Konformere* miteinander im Gleichgewicht stehen:

$$CH_2{=}CH \diagdown^{CH{=}CH_2} \qquad\qquad CH_2 \diagup^{CH-CH}\diagdown CH_2$$

transoid   *cisoid*

Das *transoid*-Konformer ist dabei um 9,6 kJ/mol stabiler.

Die Beschreibung konjugierter Diene durch isolierte Doppel- und Einfachbindungen wird den wirklichen Verhältnissen offenbar nicht gerecht. Eine bessere Darstellung erhält man durch Verwendung **delokalisierter** (sich über mehrere Atome erstreckender) MO, die man durch lineare Kombination geeigneter AO von mehreren Atomen bildet (vgl. S. 22). Da es unmöglich ist, auch im Fall eines einfachen Moleküls, wie des Butadiens, die Wechselwirkungen zwischen den Atomkernen und den Elektronen sowie die interelektronischen Wechselwirkungen mathematisch zu bewältigen, müssen dabei *Näherungsrechnungen* durchgeführt werden. Bei der einfachsten Näherungsmethode, die auf Hückel (1938) zurückgeht (sogenannte **«HMO-Näherung»**) werden die σ- und die π-Elektronen getrennt behandelt, und es werden nur die Energien der verschiedenen π-MO berücksichtigt. Die Näherung besteht darin, daß man nicht nur die gegenseitige Abstoßung der π-Elektronen, sondern auch die σ/π-Wechselwirkungen vernachlässigt, d. h. daß man annimmt, daß sich σ- und π-Elektronen gegenseitig nur sehr wenig beeinflussen.
Ein konjugiertes System besteht dann aus einer lückenlosen Folge von mehr als zwei sp^2- (oder sp-) hybridisierten Atomen. Aus deren p-AO werden über das ganze Molekül *delokalisierte π-MO* aufgebaut, die *für ein konjugiertes System charakteristisch* sind. Bei der Berechnung der Energie der π-MO spielen zwei Größen eine Rolle, die als α und β bezeichnet werden. Die Größe α, das *«Coulomb-Integral»*, entspricht der Energie eines p-AO in einem isolierten, sp^2-hybridisierten C-Atom; das Coulomb-Integral stellt somit die Energie dar, die aufzuwenden ist, um ein p-Elektron aus einem solchen Atom abzutrennen bzw. die frei wird, wenn ein (ursprünglich freies) Elektron ein leeren p-AO besetzt. β, das *«Austausch-»* oder *«Resonanzintegral»*, ist ein Maß für die Bindungsstärke der betreffenden Bindung; es ist stets eine negative Größe (positive Koeffizienten von β repräsentieren stabilere Energieniveaux). Die Energien der beiden π-MO einer lokalisierten Doppelbindung betragen $\alpha + \beta$ und $\alpha - \beta$; ψ_1 mit der Energie $\alpha + \beta$ ist im Grundzustand doppelt besetzt und wirkt als bindendes MO; es ist um β energieärmer (stabiler) als ein isoliertes p-AO.
Für das Molekül des *Butadiens* erhält man durch Kombination von vier p-AO insgesamt vier (delokalisierte) MO (Abb. 2.20), deren Energien im Energieniveauschema der Abb. 2.21 angegeben sind. Im Grundzustand des Moleküls sind die beiden energieärmeren MO ψ_1 und ψ_2 mit je zwei Elektronen besetzt, während die antibindenden MO ψ_3 und ψ_4 unbesetzt sind. Die paarweise Besetzung von ψ_1 führt zwischen den mittleren beiden C-Atomen zu einer (verglichen mit der σ-Bindung) erhöhten Ladungsdichte, so daß diese Bindung einen

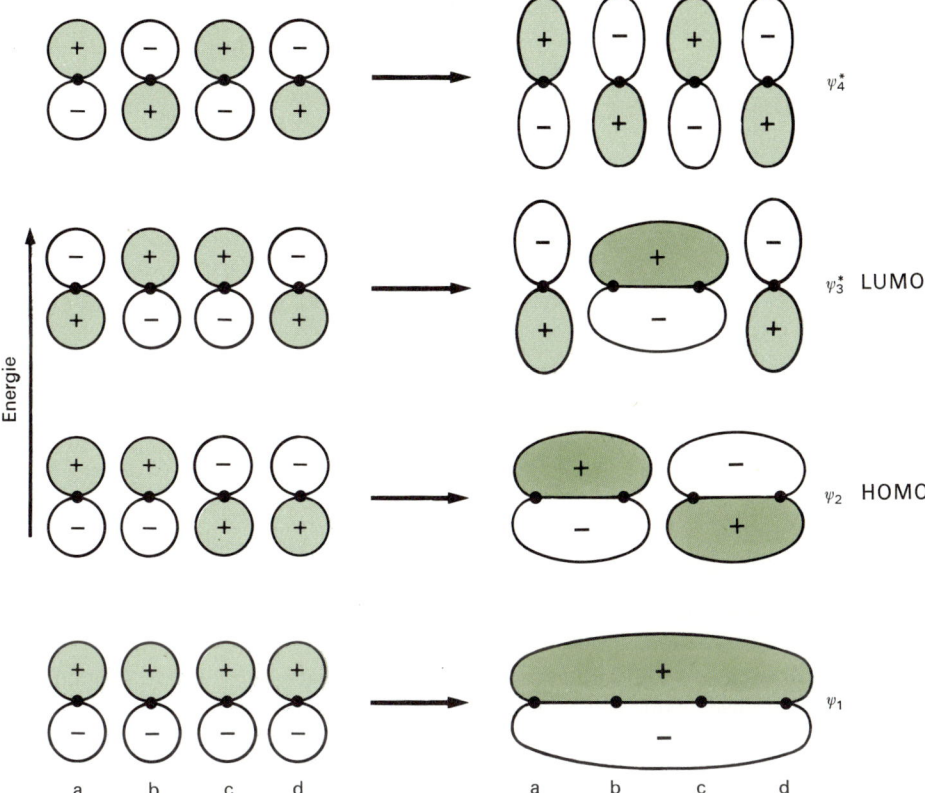

Abb. 2.20. 1,3-Butadien: Bildung der π -MO

gewissen Doppelbindungscharakter erhält und dadurch etwas verkürzt wird. Die Gesamt-
energie der π-MO im Butadien beträgt 2 $(\alpha + 1{,}62\,\beta)$ + 2 $(\alpha + 0{,}62\,\beta)$, also 4 α + 4,48 β. Die
Gesamtenergie zweier lokalisierter π-MO wäre aber 4 α + 4 β; das Butadienmolekül ist also
um 0,48 β *stabiler* (energieärmer) als ein (hypothetisches!) Molekül mit zwei isolierten
Doppelbindungen. Diese Stabilisierung ist darauf zurückzuführen, daß ψ_1 und ψ_2 *delokalisiert* – d. h. über vier Atome verteilt – sind; den Elektronen steht dann für ihre Bewegung
mehr Raum zur Verfügung, so daß ihre kinetische Energie kleiner ist.
Die durch die Besetzung delokalisierter MO bewirkte *Stabilisierung* des Moleküls widerspiegelt sich z. B. in der Differenz zwischen den aus Bindungsenthalpien von (lokalisierten)
Doppel- und Einfachbindungen berechneten Verbrennungs- oder Hydrierungsenthalpien
und den experimentell gemessenen Werten; diese als **«Delokalisations-»** oder **«Konjugationsenergie»** bezeichnete Größe ist also *keine Observable* (d. h. direkt beobacht- und
meßbare Größe), jedoch ein zur Charakterisierung und zum Vergleich von Molekülen mit
konjugierten Elektronensystemen nützlicher Parameter. Sie entstammt im Grunde genommen der kinetischen Energie der Elektronen.
Selbstverständlich wird die Delokalisierung um so stärker, je mehr konjugierte Doppelbindungen in einem Molekül enthalten sind. Für das 1,3,5-Hexatrien beträgt die Delokalisationsenergie 0,99 β.

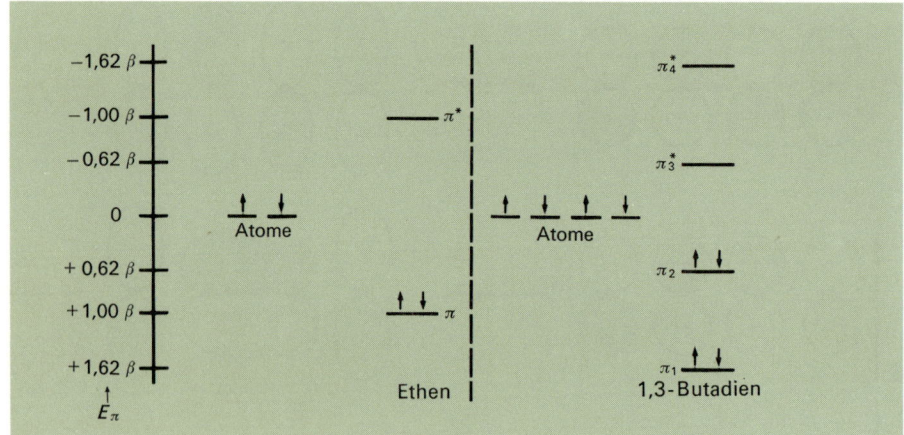

	Gesamtenergie der π-Elektronen = 2 β	Gesamtenergie der π-Elektronen = 4,48 β
		Energie der π-Elektronen von zwei Ethen-Molekülen = 4,00 β
		Konjugationsenergie von 1,3-Butadien = 0,48 β

Abb. 2.21. Energieniveaux von 1,3-Butadien. (Die Null-Linie entspricht der Größe α)

Eine Delokalisation der π-Elektronen wird stets eintreten, wenn sterische oder elektronische Faktoren eine Überlappung von mehr als zwei *p*-AO (unter denen sich auch nichtbindende *p*-AO befinden können) ermöglichen. Voraussetzung dafür ist in jedem Fall, daß bei mindestens drei untereinander durch σ-Bindungen verbundenen Atomen *p*-AO zur Bildung delokalisierter π-MO verfügbar sind und daß diese Atome sowie natürlich ihre *p*-AO **in einer Ebene** liegen. Dies ist der Grund für die beim Butadien behinderte Drehbarkeit um die mittlere C—C-Bindung; die Energiebarriere dafür entspricht der Delokalisationsenergie, die somit beim Butadien etwa 14,6 kJ/mol beträgt. Über die Beschreibung delokalisierter Elektronensysteme mittels der VB-Methode *(«Mesomerie», «Resonanz»)* siehe S. 134.

Daß bei Butadien und höheren konjugierten Polyenen tatsächlich eine Wechselwirkung zwischen den «Doppelbindungen» besteht, daß also keine echten (isolierten) Doppelbindungen auftreten, wird in eindrücklicher Weise durch ihre *Elektronenspektren* gezeigt. Mit zunehmender Anzahl konjugierter Doppelbindungen verschiebt sich nämlich das Absorptionsmaximum immer mehr ins Gebiet längerer Wellen (Abb. 2.22 und Tabelle 2.10); würden die konjugierten Polyene aber einzelne, isolierte Doppelbindungen enthalten, so müßten ihre Elektronenspektren mit den Spektren gewöhnlicher Alkene übereinstimmen [wie es bei Polyenen vom Typus des 1,4-Pentadien tatsächlich der Fall ist]. Diese *Verschiebung des Absorptionsmaximums ins längerwellige Gebiet* bedeutet, daß eine Anregung der Elektronen immer leichter möglich wird, oder anders gesagt, daß die Energiedifferenzen zwischen Grundzustand (dem HOMO) und (unbesetztem) angeregtem Zustand (dem LUMO) immer geringer werden. Tatsächlich ergeben die Berechnungen mittels des MO-Modelles, daß die Energiedifferenzen zwischen den bindenden und antibindenden π-MO um so geringer sind, je mehr AO zur Bildung der MO kombiniert werden, d.h. je ausgedehnter das konjugierte System ist. Vgl. *Grundlagen der allgemeinen und anorganischen Chemie,* S. 116/117. Von etwa acht konjugierten Doppelbindungen an ist ein System «farbig», d.h. es vermag auch sichtbares Licht zu absorbieren.

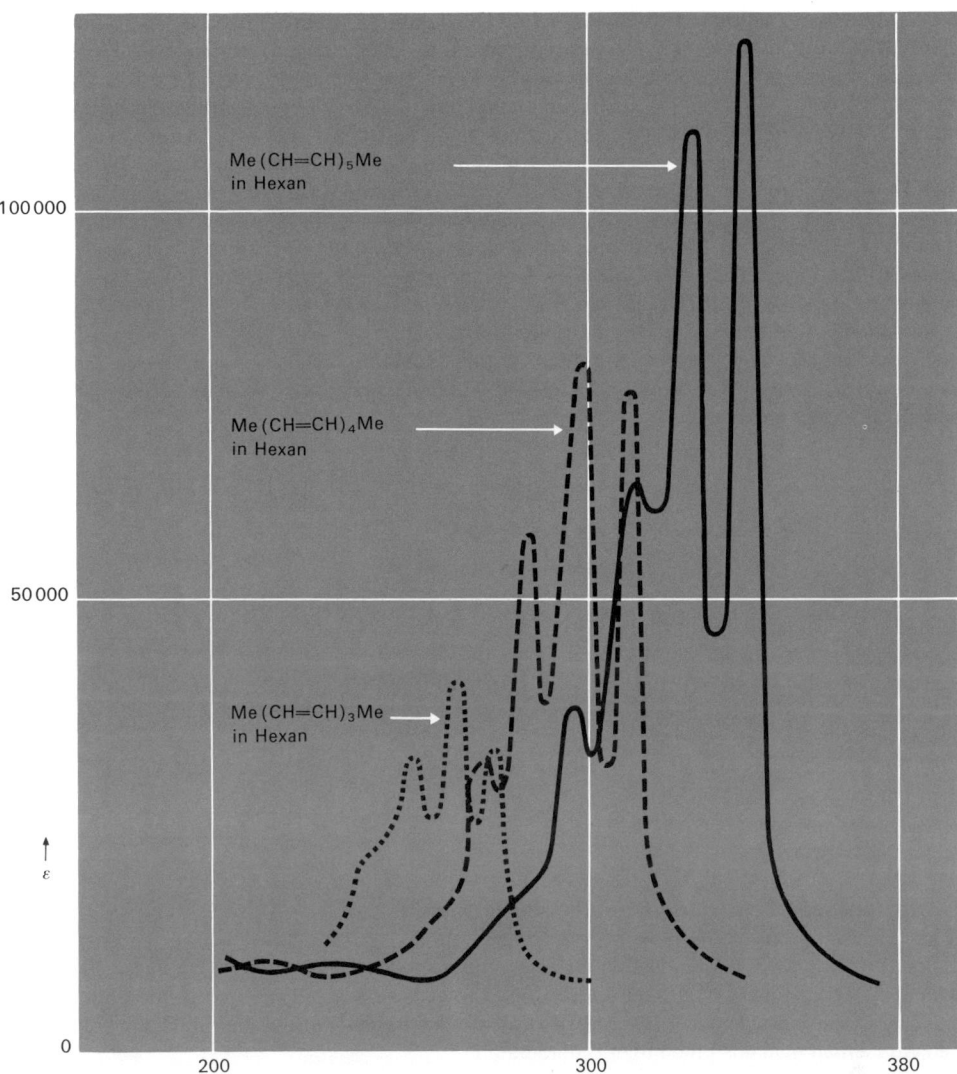

Me(CH=CH)$_5$Me
in Hexan

Me(CH=CH)$_4$Me
in Hexan

Me(CH=CH)$_3$Me
in Hexan

Abb. 2.22.
Absorptionsspektren einiger Polyene

λ (nm) $\longrightarrow$

n	$CH_3(CH\!=\!CH)_nCH_3$	$C_6H_5(CH\!=\!CH)_nC_6H_5$
3	274,5	358
4	310	384
5	342	403
6	380	420
7	401	435
8	411	–

Tabelle 2.10.
Lage der langwelligsten
Absorptionsmaxima
(λ in nm) bei einfachen
konjugierten Polyenen

Die wichtigsten Diene sind **1,3-Butadien** und **Isopren** [2-Methyl-1,3-butadien]. Butadien (Smp. − 108 °C, Sdp. − 4,5 °C) wird (ebenso wie 2-Chlorbutadien) technisch in großen
Mengen erzeugt und dient als Zwischenprodukt für die Herstellung von synthetischen
Kautschuken und Kunststoffen. Die Hauptmenge des technisch erzeugten Butadiens wird
durch Cracken von Benzin (S. 111) oder durch katalytische Dehydrierung von Butan gewonnen; auch aus Alkohol oder Acetylen läßt sich Butadien gewinnen. *Isopren* (Smp. − 146 °C,
Sdp. 34 °C) ist Grundbaustein vieler Naturstoffe. Wie schon 1921 von Ruzicka erkannt
wurde, läßt sich nämlich das C-Gerüst zahlreicher Naturstoffe (Terpene, Carotinoide,
Vitamin A, Steroide) in Isopreneinheiten zerlegen *(«Isoprenregel»)*. Tatsächlich werden
diese Stoffe bei der Biosynthese von einer Isopreneinheit (dem Isopentenylpyrophosphat)
ausgehend gebildet. Kautschuk ist ein Polymerisat von Isopren. Isopren wird heute nach
verschiedenen Verfahren in großem Maßstab gewonnen; beim wichtigsten Verfahren geht
man von Propylen aus, das zunächst zu 2-Methyl-1-penten dimerisiert wird. Dieses wird
katalytisch in 2-Methyl-2-penten isomerisiert, worauf pyrolytisch Methan abgespalten
wird und Isopren entsteht.

$$CH_2=\overset{\overset{\displaystyle CH_3}{|}}{C}-CH_2-CH_2-O-\overset{\overset{\displaystyle O^{\ominus}}{\|}}{\underset{\underset{\displaystyle O}{\|}}{P}}-O-\overset{\overset{\displaystyle O^{\ominus}}{\|}}{\underset{\underset{\displaystyle O}{\|}}{P}}-OH$$

Isopentenylpyrophosphat

| Citronellol (im Lemongrasöl) | Menthon (Pfefferminze) | Vitamin A |

2.3.5   Ungesättigte Halogenkohlenwasserstoffe

Einige ungesättigte Halogenide sind als Ausgangsstoffe zur Herstellung von Kunststoffen
oder als Lösungsmittel von großer Bedeutung. *Vinylchlorid,* aus dem durch Polymerisation
einer der heute mengenmäßig wichtigsten thermoplastischen Kunststoffe (PVC) gewonnen wird, erhält man aus Ethen über Dichlorethan:

$$C_2H_4 + Cl_2 \xrightarrow[40°C]{Fe^{3\oplus} \text{ oder } Sb^{3\oplus}} CH_2Cl-CH_2Cl \qquad (1)$$

$$CH_2Cl-CH_2Cl \xrightarrow{-HCl} CH_2=CH-Cl \qquad (2)$$

Der erste Schritt, die Addition von Chlor an Ethen, kann auch in flüssiger Phase
(bei − 34 + °C) durchgeführt werden. Die HCl-Abspaltung geschieht entweder rein thermisch (bei 480 bis 510 °C unter geringem Überdruck) oder mit 6 % wäßriger NaOH bei 140
bis 150 °C. Vinylchlorid ist bei Raumtemperatur gasförmig (Smp. − 160 °C; Sdp. − 14 °C).
Wegen seiner krebserzeugenden Wirkung muß es unter besonderen Vorsichtsmaßnahmen
verarbeitet werden.

Tetrafluorethylen ($CF_2{=}CF_2$), das zu *Teflon,* einem chemisch und thermisch außerordentlich widerstandsfähigem Kunststoff polymerisiert wird, entsteht durch Pyrolyse von Chlordifluormethan bei 250 °C:

$$2 \; CHClF_2 \longrightarrow CF_2{=}CF_2 + 2 \; HCl$$

Das Ausgangsmaterial wird durch Reaktion von Chloroform mit HF gewonnen.

Trichlorethylen, ein wichtiges Fettlösungsmittel (Smp. 173 °C; Sdp. 87 °C), wird aus Acetylen (C_2H_2) über Tetrachlorethan hergestellt:

$$2 \; Cl_2 + C_2H_2 \xrightarrow[\text{70--80 °C}]{\text{FeCl}_3} Cl_2CH{-}CHCl_2$$

$$Cl_2CH{-}CHCl_2 \xrightarrow[\text{100 °C}]{\text{Ca (OH)}_2} CHCl{=}CCl_2$$

Übungen

2.3.1 Geben Sie die Strukturformeln folgender Alkene an:
2,3-Dimethyl-2-buten
3-Brompropen
cis-2-Methyl-3-hepten
2,6-Dimethyl-3-hexen
trans-3,4-Dimethyl-3-hexen

2.3.2 Geben Sie die Strukturformeln aller Alkene an, die durch Elimination von HCl aus den folgenden Halogenverbindungen hergestellt werden können:
1-Chlorpentan
2-Chlorpentan
3-Chlorpentan
2-Chlor-2-methylbutan
2-Chlor-2,3-dimethylbutan

2.3.3 Geben Sie an, aus welchen Alkylhalogeniden die folgenden Alkene durch Elimination von Halogenwasserstoff gebildet werden können:
Isobuten
1-Penten
2-Methyl-1-buten
3-Hexen

2.3.4 Welche der folgenden Verbindungen zeigen *cis/trans*-Isomerie:
1-Buten, 2-Buten, 1,1-Dichlorethylen, 1,2-Dichlorethylen, 2-Methyl-2-buten, 1-Chlor-propen, 3-Methyl-4-ethyl-3-hexen
Geben Sie die Strukturformeln der verschiedenen Isomere an!

2.3.5 Eine Verbindung der Molekularformel C_4H_8 bindet bei der katalytischen Hydrierung 1 mol Wasserstoff und gibt bei der Ozonspaltung nur eine einzige Substanz als Produkt. Welche Strukturformel besitzt diese Verbindung?

2.3.6 Eine Substanz der Molekularformel C_6H_{12} entfärbt Bromwasser rasch. Die Ozonspaltung ergibt nur ein einziges Produkt. Welche Strukturformel besitzt diese Verbindung?

2.3.7   Eine Substanz der Molekularformel C_6H_{10} ergibt bei der Ozonspaltung 1 mol Aceton
        $[(CH_3)_2C=O]$, 1 mol Glyoxal $(OHC-CHO)$ und 1 mol Formaldehyd $(HCHO)$.
        Geben Sie die Strukturformel der Substanz an.

2.3.8   Durch welche Reaktionsfolge läßt sich Propen mittels gewöhnlicher Laborato-
        riumsmethoden aus Propan herstellen? Würde man ein einziges Produkt oder ein
        Gemisch erhalten, wenn man dieselbe Reaktionsfolge auf Butan anwenden würde?

2.3.9   Geben Sie die Strukturformeln der Reaktionsprodukte von Isobuten mit folgenden
        Reagenzien an:
        $H_2(Ni)$, Br_2, alkalische $KMnO_4$-Lösung, O_3 (nachher $Zn + H_2O$).

2.3.10 Diskutieren Sie die verschiedenen Modelle der $C=C$-Doppelbindung und zeigen
        Sie ihre Vor- und Nachteile!

2.3.11 Wie läßt sich *cis*-2-Buten in das *trans*-Isomer umwandeln?

2.3.12 Beim Schütteln von Cyclohexen mit Bromwasser beobachtet man neben der
        Entfärbung eine starke Erniedrigung des *p*H-Wertes (bis gegen 2). Wie läßt sich
        dies erklären?

2.3.13 Worin liegt der besondere Wert der Diels-Alder-Reaktion?

2.3.14 Die Molekülmassenzahl eines Kohlenwasserstoffes wurde zu ungefähr 80 bis 85
        bestimmt. 10,02 mg der Substanz verbrauchten zur katalytischen Hydrierung 8,40
        ml Wasserstoff (bei Normalbedingungen). Die Ozonspaltung ergab nur HCHO und
        $OHC-CHO$. Geben Sie die Strukturformel des Kohlenwasserstoffes an!

2.3.15 Geben Sie die Formeln der Zwischenprodukte bei der technischen Isoprensyn-
        these an!

2.3.16 Eine Substanz der Molekularformel C_6H_{12} liefert das IR-Spektrum der Abb. 2.23.
        Mit Tetranitromethan entsteht eine Farbreaktion. Schlagen Sie dafür eine Struktur
        vor!

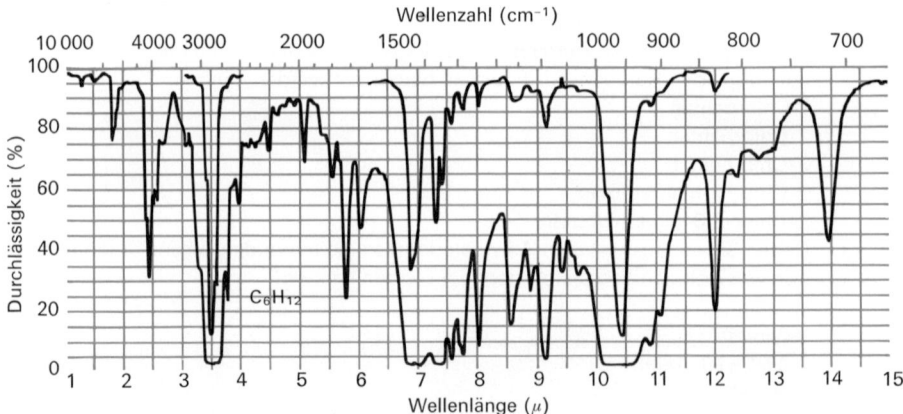

Abb. 2.23. IR-Spektrum für Aufgabe 2.3.16

2.4 Alkine

2.4.1 Molekülbau, Eigenschaften

Alkine sind Kohlenwasserstoffe, welche als funktionelle Gruppe eine C≡C-**Dreifachbindung** enthalten (Endung **-in**; engl. **-yne**):

H—C≡C—H	Ethin (Acetylen)
CH₃—C≡C—CH₃	2-Butin
CH≡C—C≡CH	1,3-Butadiin

Nach dem σ-π-Modell entsteht die eine Bindung der Dreifachbindung durch Überlagerung zweier *sp*-Hybrid-AO. Die beiden anderen Bindungen wären π-Bindungen, die durch Überlappung von je zwei *p*-AO zustande gekommen sind. Das τ-Modell postuliert drei gleichwertige Bogenbindungen. In jedem Fall tritt wohl eine gewisse gegenseitige Überlappung der MO ein, was einer *zylindrischen Ladungsdichteverteilung* um die C—C-Achse entspricht (Abb. 2.24). Die *Bindungsenthalpie* der Dreifachbindung ist beträchtlich größer als diejenige einer Doppelbindung (778 kJ/mol für Acetylen; Doppelbindung im Ethen 594 kJ/mol), und der Abstand der beiden C-Atome ist kürzer. Auch die benachbarten C—H-Bindungen sind etwas kürzer (die *sp*-AO haben mehr *s*-Charakter!):

$$\text{H} \underset{120\ pm}{\rule{2cm}{0.4pt}} \text{C} \underset{106\ pm}{\equiv} \text{C} \rule{2cm}{0.4pt} \text{H}$$

Das *IR-Spektrum* von Alkinen zeigt eine starke Absorptionsbande bei 3300 cm⁻¹ (≡C—H-Streckschwingung). Die Streckschwingung der Dreifachbindung selbst (die nur bei unsymmetrisch substituierten Alkinen im Spektrum erscheint) macht sich durch eine Bande bei 2200 cm⁻¹ bemerkbar.

Isolierte Dreifachbindungen absorbieren ebenso wie Doppelbindungen erst im kurzwelligen UV (< 200 nm). Konjugation mit Doppelbindungen oder weiteren Dreifachbindungen verschiebt die Absorption wiederum gegen den längerwelligen Spektralbereich:

H—C≡C—H	UV-Banden bei 150 und 173 nm
CH₂=CH—C≡CH	UV-Banden bei 219 und 227,5 nm

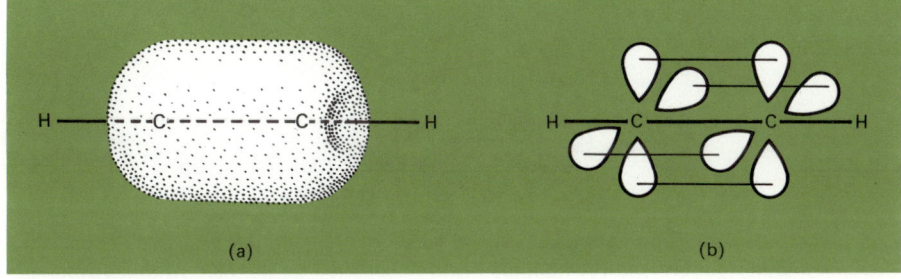

Abb. 2.24. Das Acetylenmolekül
(a) perspektivische Darstellung der beiden π-Bindungen
(b) schematische Darstellung

IR-Banden von Alkinen (cm^{-1})

—C≡CH	3300	C—H-Streckschwingung
—C≡C—	2150–2250	C≡C-Streckschwingung (erscheint nur bei unsymmetrisch substituierten Alkinen)

2.4.2   Reaktionen und Herstellung

Ebenso wie die Doppelbindung ist auch die Dreifachbindung zu *Additionsreaktionen* befähigt (Tabelle 2.10). Merkwürdigerweise addiert die Dreifachbindung trotz der großen Elektronendichte zwischen den beiden C-Atomen elektrophile Reagenzien weniger leicht als die Doppelbindung (S. 539). An die C≡C-Bindung können jeweils 2 mol eines bestimmten Reagens addiert werden; durch geeignete Wahl der Bedingungen ist es im allgemeinen möglich, die Addition nur bis zur Stufe der Doppelbindung zu führen (Möglichkeit zur Synthese disubstituierter Alkene!) Die stereoselektive Hydrierung mit Lindlar-Katalysatoren bzw. mit Natrium in flüssigem Ammoniak wurde bereits auf S. 112 erwähnt.

Tabelle 2.11. Additionen an die Dreifachbindung

Eine bemerkenswerte Eigenschaft der Alkine ist ihre Fähigkeit, das an das C-Atom einer Dreifachbindung gebundene H-Atom als Proton abspalten zu können. Monosubstituierte Acetylene sind darum *schwache Säuren*. Da Acetylen mit NaNH$_2$ Ammoniak entwickelt, während anderseits aus CaC$_2$ (mit C≡C$^{2\ominus}$-Ionen) und Wasser Acetylen gebildet wird, steht es in bezug auf die Säurestärke zwischen Wasser und Ammoniak:

	H_2O	$HC{\equiv}CH$	NH_3	CH_4
pK_s	16	22	35	45

Die Ursache für dieses Verhalten muß darin liegen, daß dem bindenden Elektronenpaar der C—H-Bindung mehr s-Charakter zukommt als z. B. einem sp^2- oder sp^3-Elektronenpaar. Das freie Elektronenpaar des Acetylid-Ions wird darum vom C-Rumpf stärker gebunden (es bewegt sich durchschnittlich näher dem C-Rumpf als ein sp^3-Elektronenpaar) und kann deshalb ein $H^{\oplus}$-Ion weniger leicht binden:

$$-C{\equiv}C| \qquad \text{schwächer basisch als} \qquad -\overset{|}{\underset{|}{C}}-\overset{|}{\underset{|}{C}}|$$
$$sp \qquad\qquad\qquad\qquad\qquad\qquad sp^3$$

und $-C{\equiv}C-H$ stärker sauer als $-\overset{|}{\underset{|}{C}}-\overset{|}{\underset{|}{C}}-H$

Alkine mit sauren Wasserstoffatomen (mit endständiger Dreifachbindung) reagieren mit Grignard-Reagenzien und mit Lösungen von Salzen gewisser Schwermetalle. Dabei entstehen *Grignard-Verbindungen,* die eine Dreifachbindung enthalten (wertvoll zum Aufbau anderer Substanzen mit Dreifachbindungen) bzw. *Schwermetallacetylide.* Letztere sind in trockenem Zustand sehr unbeständig und explosiv. Durch Addition von Alkinen mit endständiger Dreifachbindung (bzw. ihrer Alkalisalze oder entsprechender Grignard-Verbindungen) an C=O-Doppelbindungen entstehen *Alkinole:*

$$\underset{R'}{\overset{R}{>}}C{=}O \xrightarrow{+\,HC{\equiv}CH} R'-\underset{OH}{\overset{R}{\underset{|}{C}}}-C{\equiv}CH \xrightarrow{+\,RR'CO} R'-\underset{OH}{\overset{R}{\underset{|}{C}}}-C{\equiv}C-\underset{OH}{\overset{R}{\underset{|}{C}}}-R'$$

Man bezeichnet diese Reaktion – die durch Kupfer(I)-salze beschleunigt wird – als *Ethinylierung.* Technische Bedeutung haben u. a. die Ethinylierung von Methanal (Formaldehyd, HCHO) zu 2-Butin-1,4-diol sowie von Aceton (Propanon) zu 3-Methyl-1-butin-3-ol. Die beiden Diole können anschließend in 1,3-Butadien bzw. Isopren (2-Methyl-1,3-butadien) umgewandelt werden, die als Ausgangsstoffe z. B. zur Herstellung von Synthesekautschuk dienen.

Eine interessante Reaktion der Dreifachbindung ist die *Addition von Wasser* unter der katalytischen Wirkung von $HgSO_4$ und verdünnter Schwefelsäure. Es entstehen dabei Carbonylverbindungen, z. B. Ethanal (Acetaldehyd) aus Acetylen:

$$HC{\equiv}CH + H_2O \rightarrow CH_3-C\overset{H}{\underset{O}{<}}$$

Das eigentliche Additionsprodukt ist Vinylalkohol, $CH_2{=}CHOH$, der sich jedoch unter Wanderung eines $H^{\oplus}$-Ions in sein Isomer, den Acetaldehyd, umlagert:

$$CH_2{=}C\overset{OH}{\underset{H}{<}} \rightleftarrows CH_3-C\overset{O}{\underset{H}{<}}$$

Dies ist ein Beispiel für die «*Keto-Enol-Tautomerie*». **Enole** – Verbindungen, die eine Hydroxylgruppe direkt an das C-Atom einer Doppelbindung gebunden enthalten – sind nämlich im allgemeinen unbeständig und stehen im Gleichgewicht mit der durch intramolekulare Protonenwanderung gebildeten Carbonylverbindung:

$$R-CH=C-R' \rightleftharpoons R-CH_2-C-R'$$

Die Erscheinung, daß zwei strukturisomere Moleküle in einem dynamischen Gleichgewicht miteinander stehen, wird als **Tautomerie** bezeichnet. Vinylalkohol und Acetaldehyd sind zwei Tautomere. Der weitaus wichtigste Fall von Tautomerie ist die *«Prototropie»*, d.h. die durch Verschiebung eines Protons bedingte gegenseitige Umwandlung der Tautomere, wie sie bei den Carbonylverbindungen möglich ist. Gewöhnlich überwiegt im dynamischen Gleichgewicht die Carbonylform; wenn sich das Tautomeriegleichgewicht nur langsam einstellt, ist es aber unter Umständen sogar möglich, die Enolform zu isolieren.

Eine weitere interessante Reaktion von Alkinen ist ihre *Zyklisierung*. Schon 1866 wurde von Berthelot beobachtet, daß Acetylen bei Temperaturen um 500°C in allerdings geringer Ausbeute Benzen ergibt. Nach Reppe läßt sich die Ausbeute steigern, wenn man bei 60 bis 70°C in Gegenwart von Kobaltkatalysatoren arbeitet. Verwendet man Nickelcyanid als Katalysator und Tetrahydrofuran als Lösungsmittel, so läßt sich auf diese Weise Cyclooktatetraen in technischem Maßstab gewinnen:

$$4\ HC\equiv CH \xrightarrow[\text{THF}]{Ni(CN)_2}$$

Die Einführung einer Dreifachbindung in ein Molekül geschieht prinzipiell ähnlich wie die Einführung einer Doppelbindung: durch *Elimination*. Als Ausgangsstoffe eignen sich Tetrahalogenide oder *vic*-Dihalogenide.

Beispiele:

$$CH_3-C=CH \xrightarrow{Cl_2} CH_3-\underset{Cl}{\overset{H}{C}}-\underset{Cl}{\overset{H}{CH}} \xrightarrow{KOH} CH_3-\underset{Cl}{\overset{H}{C}}=CH \xrightarrow{NaNH_2} CH_3-C\equiv CH$$

ein Vinylhalogenid, reaktionsträg! Zur HCl-Elimination ist darum eine sehr starke Base ($NH_2^{\ominus}$) nötig

$$CH_3-\underset{Cl}{\overset{Cl}{C}}-\underset{Cl}{\overset{Cl}{C}}-CH_3 \xrightarrow{2\ Zn} CH_3-C\equiv C-CH_3 + 2\ ZnCl_2$$

Höhere Alkine können auch durch Reaktion von Alkylhalogeniden mit Natriumacetylid oder mit entsprechenden Grignard-Verbindungen erhalten werden (wegen des basischen Charakters des Acetylid-Ions tritt im ersten Fall die Elimination von HX als Konkurrenzreaktion auf; S.450).

$$NaC\equiv CH + C_2H_5X \longrightarrow \begin{cases} C_2H_5-C\equiv CH + NaX \\ C_2H_4 + HC\equiv CH + X^{\ominus} + Na^{\oplus} \end{cases}$$

$$R-C\equiv CMgBr + H_2O \longrightarrow R-C\equiv CH + Mg(OH)Br$$

Acetylen (Ethin)[1] ist das weitaus wichtigste Alkin. Es ist ein farbloses, in reinem Zustand nicht unangenehm riechendes Gas (Sublimationstemperatur $-83,6\,°C$; der schlechte Geruch von gewöhnlichem Acetylen rührt von beigemischtem Phosphorwasserstoff her), das beim Erhitzen unter starker Wärmeabgabe in seine Elemente zerfällt:

$$C_2H_2 \longrightarrow 2\,C + H_2 \qquad \Delta H = -226,9 \text{ kJ}$$

Bei geringer Druckerhöhung tritt der (explosionsartige) Zerfall schon bei gewöhnlicher Temperatur ein[2]. Acetylen ist also eine *metastabile*, endotherme Verbindung. Die Verbrennung einer solchen Substanz liefert dementsprechend sehr viel Energie:

$$2\,C_2H_2 + 5\,O_2 \longrightarrow 4\,CO_2 + 2\,H_2O \qquad \Delta H = -2612 \text{ kJ}$$

Mischungen von Acetylen mit Luft können zu äußerst heftigen Explosionen führen; die Explosionsgrenzen liegen dabei ziemlich weit auseinander (Acetylen/Luft-Gemische mit einem Gehalt an Acetylen von 3 bis 70% sind explosiv!). Verbrennt man Acetylen in besonders konstruierten Brennern, so erhält man trotz des hohen Kohlenstoffgehalts eine nur wenig rußende Flamme; die abgeschiedenen Kohlenstoffteilchen glühen vielmehr bei der hohen Flammentemperatur hell auf und verbrennen zum größten Teil. Die hohe Verbrennungswärme wird zum autogenen Schweißen und Schneiden ausgenützt.

Früher wurde Acetylen ausschließlich aus *Calciumcarbid* und Wasser hergestellt:

$$CaC_2 + 2\,H_2O \longrightarrow C_2H_2 + Ca(OH)_2$$

Calciumcarbid entsteht im Lichtbogen elektrischer Öfen aus Koks und gebranntem Kalk:

$$CaO + 3\,C \longrightarrow CaC_2 + CO \qquad \Delta H = +462,6 \text{ kJ}$$

Heute gewinnt man die Hauptmenge des Acetylens aus Erdgasen oder Erdöl durch thermische Umwandlung von *Methan* im elektrischen Lichtbogen oder durch partielle Oxidation von Methan oder Leichtbenzin sowie durch katalytische Dehydrierung von Ethen:

$$2\,CH_4 \xrightarrow{\ 1400\,°C\ } C_2H_2 + 3\,H_2$$

$$4\,CH_4 + O_2 \longrightarrow C_2H_2 + 2\,CO + 7\,H_2$$

Da sich das Acetylen bei derart hohen Reaktionstemperaturen bereits merklich zersetzt, müssen die Reaktionsprodukte sofort mit Wasser abgeschreckt werden.
Acetylen dient dank der Reaktionsfähigkeit seiner Dreifachbindung als Ausgangsstoff für zahlreiche technische Synthesen von Kautschuken, Kunststoffen u.a. Es läßt sich, wie von Reppe (um 1940) in der BASF gefunden wurde, bei geringem Überdruck katalytisch mit CO und zahlreichen anderen, reaktionsfähigen Verbindungen umsetzen.

---

[1] Der korrekte Name «Ethin» ist wenig gebräuchlich. Wie verwenden deshalb für C_2H_2 stets den Trivialnamen (S.168) «Acetylen».

[2] In Stahlflaschen wird Acetylen unter geringem Überdruck in Aceton gelöst, das in einer porösen Masse aufgesaugt ist («Dissous-Gas»).

Übungen

2.4.1   Zeichnen Sie die Strukturformeln der sieben isomeren Alkine der Molekularformel C_6H_{10}. Geben Sie an, welche dieser Stoffe mit $Ag^{\oplus}$-Ionen ein schwerlösliches Salz bilden!

2.4.2   Geben Sie die Gleichungen aller Reaktionsschritte an, nach denen Acetylen aus Kalk und Kohle hergestellt werden kann. Warum wurde dieses Verfahren in den letzten zehn Jahren weitgehend verdrängt?

2.4.3   Propin kann durch Synthese aus jeder der folgenden Verbindungen gewonnen werden. Geben Sie für jede dieser Synthesen die einzelnen Reaktionsschritte und die benötigten Reagenzien an!

(a) 1,2-Dibrompropan, (b) Propen, (c) Propan, (d) Acetylen

2.4.4   Geben Sie alle zur Synthese der folgenden Substanzen aus Acetylen nötigen Reaktionsschritte und die dazu notwendigen Reagenzien an!

(a) Ethen, (b) Vinylchlorid, (c) Acetaldehyd, (d) 1-Butin

2.4.5   Was für Verbindungen entstehen durch Reaktion von 1-Butin mit den folgenden Stoffen:

(a) 1 mol H_2,Ni, (b) 2 mol Br_2, (c) 2 mol HCl, (d) $AgNO_3$, (e) Na in flüssigem NH_3, (f) C_2H_5MgBr

2.4.6   Geben Sie einfache Reaktionen an, mit deren Hilfe man je zwei folgende Verbindungen unterscheiden kann:

(a) 1-Pentin und Pentan

(b) 1-Pentin und 1-Penten

(c) 2-Hexin und Isopropylalkohol

2.4.7   Erklären Sie den deutlich sauren Charakter von Acetylen.

2.5   Aromatische Kohlenwasserstoffe

Schon in der ersten Hälfte des 19. Jahrhunderts war eine große Zahl von Substanzen meist pflanzlicher Herkunft bekannt, die wegen ihres charakteristischen Geruches als «aromatische Verbindungen» zusammengefaßt wurden: Vanillin, Wintergrünöl, Cumarin, Bittermandelöl u. a. Aus solchen Naturstoffen konnten auch einfache Verbindungen, wie Benzoesäure, Zimtsäure, Anilin, Phenol usw. hergestellt werden; ihr struktureller Aufbau und ihre Beziehungen zu den einfacher gebauten aliphatischen Verbindungen blieben jedoch lange Zeit unklar.

Allmählich erkannte man aber, daß alle damals bekannten aromatischen Verbindungen einen «Kern» von sechs C-Atomen besitzen, der auch in einem von Faraday 1825 im Leuchtgas entdeckten Kohlenwasserstoff, dem **Benzen**, enthalten ist. Es gelang auch, ausgehend vom Benzen, «aromatische Verbindungen» synthetisch herzustellen. Da das Benzen gewisse charakteristische, in mancher Beziehung von den gewöhnlichen aliphatischen Verbindungen abweichende Eigenschaften zeigt, wurden in der Folge alle Stoffe, die sich vom Benzen ableiten oder ihm in ihren charakteristischen Eigenschaften gleichen, «aromatisch» genannt, ohne Rücksicht darauf, ob sie einen besonderen Geruch besitzen oder nicht, oder ob es sich um natürlich vorkommende oder synthetisch hergestellte Substanzen handelt.

2.5.1   Das Benzen («Benzol»)

Zur Benennung. Das «Benzol» wurde von Faraday (1825) im Leuchtgas entdeckt und von ihm als *«Benzin»* bezeichnet. Um Verwechslungen mit anderen Substanzen, deren Namen die Endung -in trug, auszuschließen, wurde später vorgeschlagen, Faradays Benzin *«Benzol»* zu nennen. Nach der IUPAC-Nomenklatur (S. 169) dient die Endung -ol jedoch zur Bezeichnung einer Hydroxylgruppe, die im «Benzol» nicht vorhanden ist. Konsequenterweise wird deshalb im Englischen und Französischen die Substanz «benzene» bzw. «benzène» genannt. Nur im Deutschen wurde der Trivialname «Benzol» beibehalten. Nachdem nun aber 1976 in der deutschen Nomenklatur das «Ä» in «Äther», «Äthyl-» usw. dem internationalen Gebrauch entsprechend in «E» verändert wurde, erscheint es sinnvoll, auch den Namen des Benzols und gewisser Benzolderivate anzupassen. Wir schreiben deshalb in diesem Buch konsequent «Benzen» (und entsprechend auch «Toluen» für Toluol, «Styren» für Styrol usw.), in der Hoffnung, daß in Zukunft auch im Deutschen die Nomenklatur konsequenter als bisher dem internationalen Gebrauch folgen wird.

Eigenschaften. Benzen, der Grundkörper vieler aromatischer Verbindungen, ist eine farblose, leichtbewegliche Flüssigkeit (Smp. 5,5 °C, Sdp. 80,1 °C) von charakteristischem Geruch. Es ist wie viele andere benzoide («benzenähnliche») Kohlenwasserstoffe stark *giftig.* Bereits bei Konzentrationen von 10 bis 25 mg/l Luft kommt es zu akuten Vergiftungen, die sich in Schwindelanfällen, Krämpfen und Bewußtlosigkeit äußern. Chronische Vergiftungen, die z.B. früher bei Uhrenarbeitern aufgetreten sind (Verwendung von Benzen als Reinigungsmittel!) führen zu Schädigungen der Nieren, der Leber, des Knochenmarks und zu einer Verminderung der Zahl der roten Blutkörperchen. Der MAK-Wert für Benzen beträgt 10 ppm bzw. 32 mg/m^3.

Atom- und Molekülmassenbestimmung führen auf die Molekularformel C_6H_6. Es wäre zu erwarten, daß ein solches Molekül als stark ungesättigte Verbindung z.B. Halogene sehr leicht addiert. In Wirklichkeit wird jedoch Bromwasser von Benzen nicht entfärbt. Unter der Wirkung gewisser Lewis-Säuren wie wasserfreies Eisenbromid ($FeBr_3$) oder Aluminiumchlorid ($AlCl_3$) erhält man aus Benzen und Brom Verbindungen wie C_6H_5Br oder $C_6H_4Br_2$; es muß also *Substitution* eingetreten sein. Auch durch Einwirkung eines Gemisches von konzentrierter Salpeter- und Schwefelsäure auf Benzen ist Substitution möglich, wobei Wasserstoffatome durch NO_2-Gruppen («Nitro-Gruppen») ersetzt werden *(«Nitrierung»).*

$$C_6H_6 \;+\; Br_2 \quad \xrightarrow[\text{AlCl}_3]{\text{FeBr}_3 \text{ oder}} \quad C_6H_5Br \;+\; HBr$$

$$C_6H_6 \;+\; HNO_3 \quad \xrightarrow{\text{H}_2\text{SO}_4} \quad C_6H_5NO_2 \;+\; H_2O$$

Bei diesen Substitutionen entsteht nur ein *einziges Mono*substitutionsprodukt, während stets *drei* isomere *Di*substitutionsprodukte bekannt sind.

Die Kekulé-Formel. Der Bindestrich als Ausdruck einer Verkettung zweier Atome wurde 1857 von Couper vorgeschlagen. Gleichzeitig erkannte Kekulé, daß es möglich ist, Ordnung in das bis zu diesem Zeitpunkt vielfach nicht richtig verstandene und unübersehbare Gebiet der organischen Chemie zu bringen, wenn man für das Kohlenstoffatom die Bildung von vier Bindungen postuliert («Vieratomigkeit» nach Kekulé; *«Vierbindigkeit»* von Kohlenstoff). Der auf Butlerow zurückgehende Begriff der «chemischen Struktur» (1860) gab Anlaß zur eigentlichen Forschung nach der Konstitution eines Moleküls. Trotzdem blieb insbesondere das Problem des Benzens zunächst ungelöst.

Die bei Substitutionen am Benzen auftretenden verschiedenen Isomerenzahlen lassen sich gut mit der Annahme einer *ringförmigen* Struktur deuten, wie es Kekulé 1865 vorgeschlagen hat (nachdem ihm, wie er später berichtete, der erlösende Einfall im Traum erschienen war):

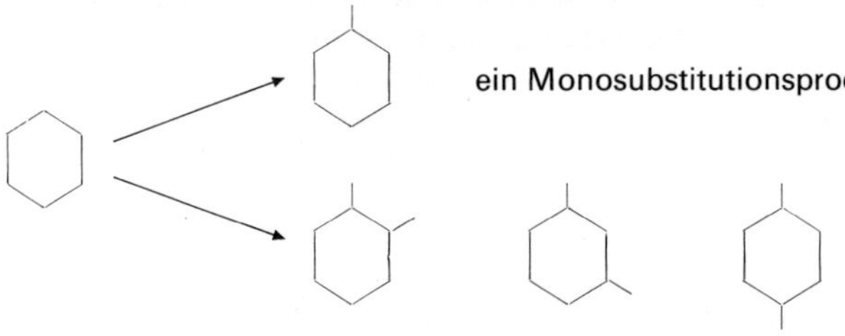

ein Monosubstitutionsprodukt

ortho-(o-)	meta-(m-)	para-(p-)
1,2-	1,3-	1,4-

drei Disubstitutionsprodukte

Als Schöpfer der Vorstellung von der Vierbindigkeit des C-Atoms schrieb Kekulé für das Molekül des Benzens abwechselnd einfache und Doppelbindungen:

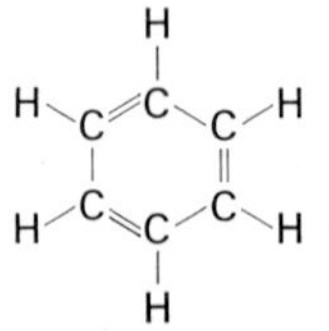

Symbol:

Dieser Formel *widerspricht* aber nicht nur das nicht typisch ungesättigte Verhalten des Benzens (Addition ist nur unter ganz besonderen Bedingungen möglich), sondern auch die Beobachtung, daß nur ein einziges, nicht zwei verschiedene *ortho*-Dibrombenzene existieren:

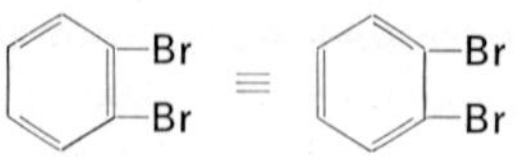

Bei der Ozonisierung von Benzen erhält man jedoch 3 mol Glyoxal $\left(\substack{H \\ O}C-C\substack{H \\ O}\right)$, und beim Durchleiten von Acetylen durch glühende Röhren trimerisiert dieses zu Benzen; zwei Beobachtungen, die hingegen mit der Kekulé-Formel in Einklang stehen:

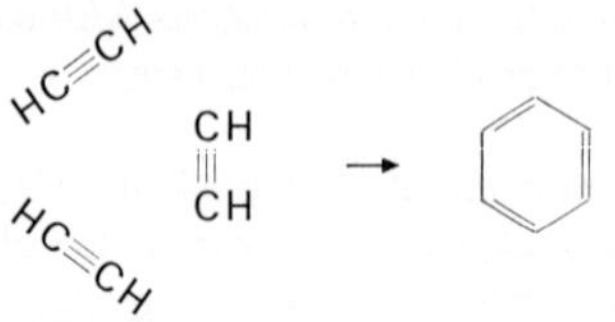

Die 6 C—C-Bindungen im Molekül des Benzens sind von exakt derselben Länge (139 pm; Bindungslänge einer Doppelbindung 134 pm, Bindungslänge einer Einfachbindung 154 pm); diese Tatsache zeigt eindeutig, daß die Benzenformel von Kekulé *nicht richtig* sein kann.

Schließlich zeigt sich sehr deutlich, daß Benzen *stabiler* (energieärmer) ist, als man auf Grund der Kekulé-Formel (die ein «Cyclohexatrien» repräsentiert) erwarten würde. Während nämlich bei der katalytischen Hydrierung von Cyclohexen 119,7 kJ/mol, bei der Hydrierung von 1,3-Cyclohexadien 231,9 kJ/mol frei werden, beträgt die Hydrierungsenthalpie von Benzen nur 208,5 kJ/mol.

$$\Delta H = -119{,}7 \text{ kJ/mol}$$

$$\Delta H = -231{,}9 \text{ kJ/mol}$$
(erwartet: $2 \cdot -119{,}7 = -239{,}4$ kJ/mol)

$$\Delta H = -208{,}5 \text{ kJ/mol}$$
(erwartet: $3 \cdot -119{,}7 = -359{,}1$ kJ/mol)

Das Benzen ist also um $359{,}1 - 208{,}5 = 150{,}6$ kJ/mol stabiler als das *(nicht existierende)* Cyclohexatrien. Aus diesem Grund verläuft die Dehydrierung von 1,3-Cyclohexadien zu Benzen exotherm, ganz im Gegensatz zum Verhalten anderer aliphatischer Kohlenwasserstoffe. Zum selben Ergebnis führt auch die Berechnung der Verbrennungsenthalpie von Benzen unter Benützung der Bindungsenthalpien von Einfach- und Doppelbindungen; sie ist um etwa 165 kJ/mol größer als die experimentell gemessene Verbrennungsenthalpie.

MO-Beschreibung des Benzens. Sowohl die verglichen mit «Cyclohexatrien» ungewöhnliche Stabilität, wie die fehlende Bereitschaft zu Additionsreaktionen und die geometrische Struktur des Benzenmoleküls weisen auf ein *delokalisiertes System* hin. Dabei ist jedes Kohlenstoffatom mit zwei weiteren Kohlenstoffatomen und einem Wasserstoffatom durch eine σ-Bindung verbunden (die bindenden AO sind als sp^2-Hybrid-AO zu beschreiben). Die Wellenfunktionen der verbleibenden 6 p-AO ergeben durch lineare Kombination insgesamt 6 delokalisierte π-MO, von denen drei bindend und drei antibindend wirken (Abb. 2.26 und 2.27). Das energieärmste π-MO bildet eine ringförmige über alle 6 Kohlenstoffatome ausgedehnte Wolke, während die beiden anderen bindenden MO je über drei bzw. zwei Atome delokalisiert sind. Im Grundzustand sind die drei bindenden MO mit je zwei Elektronen besetzt; durch Anregung (Absorption von UV-Licht) können Elektronen auch in antibindende Zustände (in ψ_4^* und ψ_5^*, die LUMO) übergehen. Vgl. das Energieniveauschema von Benzen; Abb. 2.25.

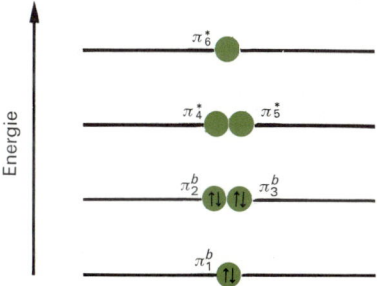

Abb. 2.25. Energieniveauschema von Benzen

Im Benzenmolekül sind also die 6 π-Elektronen *im höchstmöglichen Maß delokalisiert.* Das Benzen bildet damit das Musterbeispiel eines gleichmäßig delokalisierten Systems. Die dadurch bedingte **Energiesenkung** ist – verglichen etwa mit dem 1,3-Butadien (S.117) – recht groß (ungefähr 150 kJ/mol). Dieser Effekt erklärt sowohl die *besondere Stabilität* des Benzenringes wie auch seine *mangelnde Bereitschaft zur Addition* (das delokalisierte π-System müßte dabei zerstört werden!) die 6 C—C-Bindungen sind wegen der vollkommenen Delokalisation der *p*-AO völlig gleichartig.

Es muß hier nochmals darauf hingewiesen werden, daß die **Delokalisationsenergie** – die Energiedifferenz zwischen dem hypothetischen Cyclohexatrien und dem Benzen – *keine direkt meßbare Größe* darstellt und damit *keine reale physikalische Bedeutung* besitzt, da ein nichtdelokalisiertes System wie Cyclohexatrien gar nicht stabil und nicht herstellbar ist (bei der Synthese von Cyclohexatrien entsteht selbstverständlich das stabilere Benzen!). Sie darf auch nicht unbesehen der nach dem HMO-Modell (S.117) berechneten Stabilisie-

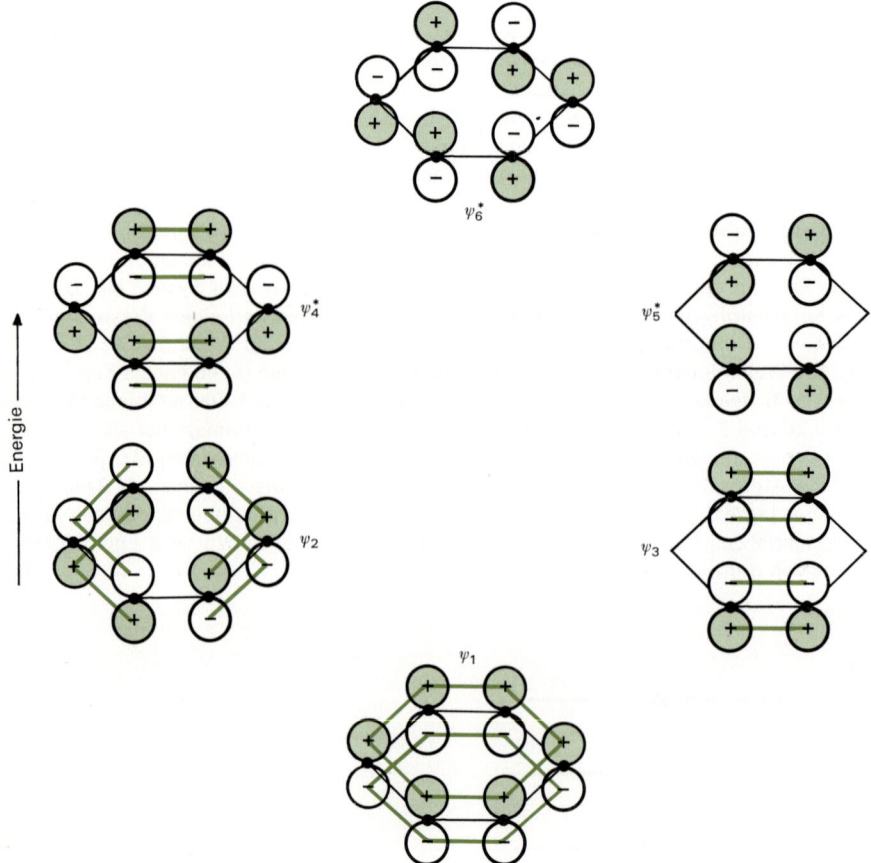

Abb. 2.26. Benzen: Schematische Darstellung der p-AO mit Andeutung der möglichen Kombinationen

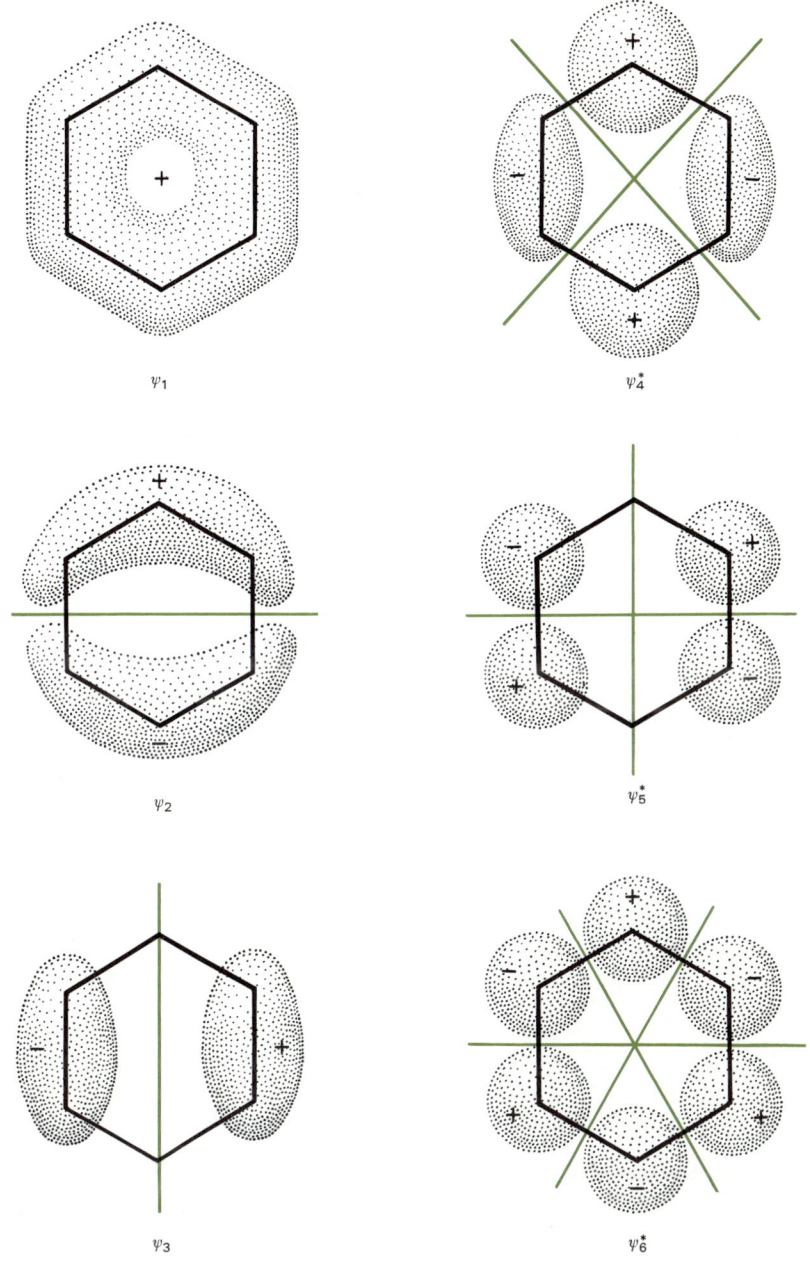

ψ_1

ψ_4^*

ψ_2

ψ_5^*

ψ_3

ψ_6^*

Abb. 2.27. Form der bindenden und antibindenden MO im Benzenmolekül

rungsenergie des Benzens gleichgesetzt werden, da sich das Benzen von «Cyclohexatrien» nicht nur durch sein delokalisiertes π-Elektronensystem, sondern auch durch die anderen Bindungslängen unterscheidet, ein Faktor, der auf die Hydrierungsenthalpien ebenfalls einen (allerdings schwierig abzuschätzenden) Einfluß ausüben dürfte. Immerhin ist die Delokalisierungsenergie als *Rechengröße* zur Abschätzung der Stabilität von Molekülen mit delokalisierten Elektronensystemen recht brauchbar. – Da es nicht möglich ist, ein Molekül wie das Benzen durch eine Lewis-Formel exakt wiederzugeben, verwendet man dafür oft Formeln wie (1) oder (2), sofern man nicht die Kekulé-Formel als bloßes Symbol weiterverwenden will.

(1)   (2)

VB-Modell des Benzens. Nach dem zweiten quantenchemischen Rechenverfahren kann die Ladungsdichteverteilung in einem Molekül auch durch eine Kombination der ψ-Funktionen verschiedener *«Grenzstrukturen»* («Grenzformeln») erhalten werden, denen zwar keine Realität zukommt (!), die jedoch mit konventionellen Lewis-Formeln dargestellt werden können. Der wirkliche Zustand wird dann als *«Zwischenzustand»* oder *«Resonanzhybrid»* zwischen diesen Grenzstrukturen wiedergegeben:

Das Zeichen ↔ bedeutet, daß nicht etwa ein dynamisches Gleichgewicht zwischen zwei verschiedenen Molekülarten existiert (wie es Kekulé seinerzeit postulierte), sondern daß der tatsächliche Zustand zwischen den Grenzstrukturen liegt und von diesen gewissermaßen «umschrieben» wird. Im Fall von Benzen müssen zur genaueren Beschreibung neben den beiden Kekulé-Strukturen auch die *«Dewar-Strukturen»* als Grenzformeln herangezogen werden, in welchen zwischen zwei einander gegenüberliegenden Kohlenstoffatomen eine «Formalbindung» besteht (d.h. wo die beiden C-Atome je ein Elektron besitzen; diese Elektronen können sich aber wegen der großen Distanz zwischen den Atomen nicht zu einer eigentlichen Bindung überlagern). Die wirkliche Ladungsdichteverteilung gleicht den drei Dewar-Formeln nur in geringem Maß; man sagt deshalb, daß die drei Dewar-Strukturen «nur wenig am Zwischenzustand beteiligt» sind oder «nur wenig zum Resonanzhybrid beitragen».

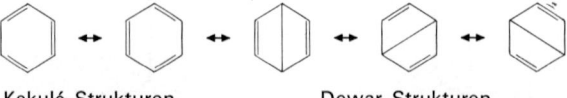

Kekulé-Strukturen   Dewar-Strukturen

Die Beschreibung einer wirklichen Struktur durch Kombination von ψ-Funktionen nicht existierender Grenzstrukturen nennt man **Mesomerie** oder (hauptsächlich in der angelsächsischen Literatur) **Resonanz.** Die mathematische Behandlung der Mesomerie ergibt, daß dem mesomeren Zwischenzustand eine geringere Energie zukommt als jeder der Grenzstrukturen; diese Energiedifferenz – die im MO-Modell der Delokalisierungsenergie entspricht – wird **Mesomerie-** oder **Resonanzenergie** genannt. Inhaltlich bedeuten die beiden Ausdrücke «Mesomerie» oder «Resonanz» dasselbe wie «Delokalisation von π-Elektronen»; der Grund für die Verwendung verschiedener Termini für ein und dasselbe Phänomen liegt in seiner Beschreibung durch zwei verschiedene Rechenverfahren. Auch die häufig gebrauchten Ausdrücke *«mesomerie-»* bzw. *«resonanzstabilisiert»* bedeuten nichts anderes, als daß ein bestimmtes System durch Delokalisation von π-Elektronen besonders stabilisiert ist. Das *VB-Modell* ist wegen der Verwendung von Lewis-Formeln für die Grenzstrukturen zur formalen *(qualitativen)* Beschreibung delokalisierter Systeme sehr *praktisch*. Zur quantitativen Behandlung, insbesondere von angeregten Zuständen, ist es jedoch weniger gut geeignet als das MO-Modell. Man muß sich zudem stets klar bewußt sein, daß den Grenzstrukturen **keinerlei Realität** zukommt, sondern daß diese nur formale Hilfsmittel *(«Schreibhilfen»)* zur Beschreibung eines bestimmten Teilchens darstellen, für das keine eindeutige Lewis-Formel existiert. Formulierungen, wie man sie immer wieder in der Literatur antrifft, wie etwa «das Molekül XY reagiert aus der mesomeren Grenzstruktur Z heraus» oder «das Molekül XY kann verschiedene mesomere Formen einnehmen», sind irreführend oder falsch und sollten daher nicht verwendet werden[1]. **In der Praxis spricht man also die Sprache des VB-Modelles, rechnet aber mit dem MO-Modell.**

Da die Beschreibung delokalisierter Elektronensysteme mittels des VB-Modelles (also als mesomere Zwischenzustände oder «Resonanzhybride» verschiedener Grenzstrukturen) sehr bequem ist, sei hier noch auf einige *Regeln* hingewiesen, die beim Aufstellen und bei der Beurteilung des «Gewichtes» der Grenzstrukturen beachtet werden müssen. Das Konzept der Mesomerie kann nämlich in sehr weitem Maß verallgemeinert werden, im Extremfall allerdings bis zur *völligen Absurdität.*

(a) Die *Mesomerie-Energie* – die Stabilität – ist um so *größer, je größer die Zahl ähnlicher Grenzstrukturen* ist. Wird das System durch strukturell völlig gleichartige Grenzstrukturen beschrieben, so ist die Stabilität maximal (die Delokalisation der Elektronen ist maximal).

(b) Unterscheiden sich die Grenzstrukturen stark in ihrer Stabilität, so kommt die wirkliche Ladungsdichteverteilung den durch die stabilsten Grenzstrukturen dargestellten Elektronenverteilungen am nächsten. Das *«Gewicht»* einer *Grenzstruktur* ist um so *größer, je stabiler* diese ist.

Bei der Abschätzung der Stabilität von Grenzstrukturen gilt:
– Die Zahl der formalen Ladungen auf den Atomen soll möglichst gering sein.
– Sind Ladungen vorhanden, so ist diejenige Grenzstruktur am stabilsten, in welcher Ladungen gleichen Vorzeichens möglichst weit voneinander entfernt sind oder in welcher sich die negative Ladung auf dem elektronegativsten Atom befindet.

(c) Die Zahl der gepaarten Elektronen muß in allen Grenzstrukturen gleich sein.

(d) Die Atomkerne müssen in allen Grenzstrukturen dieselbe Lage einnehmen.

Beispiele:

Acrolein

$$CH_2=CH-CHO \leftrightarrow \overset{\oplus}{CH_2}-CH=CH-\overset{\ominus}{\underline{O}|} \leftrightarrow \overset{\ominus}{CH_2}-CH=CH-\overset{\oplus}{O} \leftrightarrow \overset{\ominus}{CH_2}-\overset{\oplus}{CH}-\overset{\ominus}{CH}-\overset{\oplus}{O}$$
$$\quad\;\; \alpha \qquad\qquad\qquad \beta \qquad\qquad\qquad\; \gamma \qquad\qquad\qquad\quad \delta$$

Relative Stabilität: $\alpha > \beta \gg \gamma \ggg \delta$.

---

[1] Der auf Wheland zurückgehende, in der Lehrbuchliteratur oft zitierte Vergleich des mesomeren Zwischenzustandes mit einem Maultier, einem Bastard zwischen Pferd und Esel, ist deshalb irreführend, denn er könnte zur Meinung Anlaß geben, die Grenzstrukturen seien ebenso real wie Pferd und Esel. Um das Wesen der Mesomerie mit einem solchen Vergleich zu veranschaulichen, ist die von Roberts vorgeschlagene Analogie viel besser geeignet: Ein im Mittelalter von einer Expedition heimkehrender Reisender würde vielleicht das seinen Landsleuten unbekannte Nashorn als Mittelding zwischen einem Drachen und einem Einhorn (die beide nicht existieren) beschrieben haben.

Acrolein wäre als Resonanzhybrid von α und β (in welchem α ein größeres Gewicht hat) zu beschreiben. Die beiden anderen Grenzstrukturen liefern keinen nennenswerten Beitrag.

Methylcyanid

$$CH_3-C\equiv N| \quad\leftrightarrow\quad CH_3-\overset{\oplus}{C}=\overset{\ominus}{N} \quad\leftrightarrow\quad CH_3-\overset{\ominus}{C}=\overset{\oplus}{N}| \quad\leftrightarrow\quad CH_3-\overset{\ominus\ominus}{C}-\overset{\oplus\oplus}{N}|$$
$$\alpha \qquad\qquad \beta \qquad\qquad \gamma \qquad\qquad \delta$$

Relative Stabilität: $\alpha > \beta \gg \gamma \ggg \delta$.

Benzen

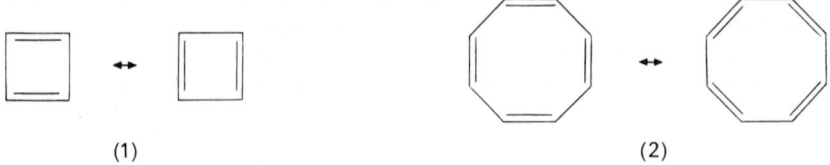

$$\alpha \qquad\qquad \alpha' \qquad\qquad \beta \qquad\qquad \gamma \qquad\qquad \gamma'$$

Relative Stabilität: $\alpha = \alpha' > \gamma = \gamma' > \beta$.

1,3-Butadien

$$CH_2=CH-CH=CH_2 \quad\leftrightarrow\quad \uparrow\cdot CH_2-CH=CH-CH_2\cdot\downarrow \quad\quad \uparrow\cdot CH_2-CH=CH-CH_2\cdot\uparrow$$
$$\alpha \qquad\qquad\qquad \beta \qquad\qquad\qquad\qquad \gamma$$

Relative Stabilität: $\alpha > \beta$ (γ ist keine Grenzstruktur: Zahl der gepaarten Elektronen ist verschieden von α und β).

2.5.2   Kriterien des aromatischen Zustandes

Cyclobutadien und Cyclooktatetraen. Nach dem VB-Modell lassen sich auch für das Cyclobutadien (1) und das Cyclooktatetraen (2) zwei Grenzstrukturen formulieren:

(1)   (2)

Man könnte also denken, daß auch diese beiden Moleküle mesomeriestabilisiert und damit von ähnlicher Stabilität sind wie das Benzen. Dies ist jedoch nicht der Fall. *Cyclobutadien* ist äußerst *unstabil;* es kann nur bei sehr tiefen Temperaturen ($< 20\,K$), eingeschlossen in einer Matrix aus festem Argon, erhalten werden und dimerisiert bereits oberhalb 35 K:

$$2\;\square \longrightarrow \boxed{\;\;}$$

Etwas stabiler ist das Tetra-tert. Butylcyclobutadien, das von Maier (1978) durch Isomerisierung des stark gespannten, aber an der Luft überraschend beständigen Tetra-tert. Butyltetrahedrans (3) erhalten wurde:

(3)

Cyclooktatetraen wurde von Willstätter 1912 erstmals synthetisiert. Es ist *nicht aromatisch,* sondern verhält sich wie ein reaktionsfähiges Alken.

Sowohl Cyclobutadien wie Cyclooktatetraen sind also keine dem Benzen vergleichbaren aromatischen Verbindungen. Man mag einwenden, daß dies für das Cyclobutadien als Folge der zweifellos starken Ringspannung zu erwarten sei; die Existenz stabiler Vierringe mit sp^2-hybridisierten C-Atomen wie z. B. (4) widerlegt jedoch dieses Argument. Zudem müßte die Mesomerie-Energie die starke Ringspannung mindestens teilweise kompensieren, so daß das Cyclobutadien jedenfalls nicht so unstabil sein sollte wie es tatsächlich ist. Die Ursachen und das Wesen des aromatischen Zustandes lassen sich also mit dem VB-Modell nicht befriedigend erklären.

(4)

Die Regel von Hückel. Erfolgreicher ist das MO-Modell und zwar bereits in seiner einfachsten Näherung, der HMO-Methode. Die Eigenwerte der π-MO in einem ringförmigen, ebenen, aus sp^2-hybridisierten C-Atomen aufgebauten Molekül werden nach Hückel gegeben durch den Ausdruck

$$E = \alpha + 2\,\beta \cos\left(\frac{2\,k\,\pi}{n}\right) \tag{1}$$

wobei *n* die Zahl der C-Atome im Ring bedeutet und *k* bei geradzahligen Ringen die Werte $0, \pm 1, \pm 2 \ldots n/2$ und bei ungeradzahligen Ringen die Werte $0, \pm 1, \pm 2 \ldots \pm (n-1)/2$ annehmen kann. Wie man sich selbst leicht überzeugen kann, gelangt man für Systeme mit 3 bis 8 C-Atomen zu den Energieniveaus der Abb. 2.28. Man erkennt daraus, daß die Eigenwerte der π-Niveaux mit Ausnahme des untersten und bei geradzahligen Ringen des obersten paarweise energiegleich (entartet) sind, und weiter auch, daß in allen Fällen eine vollständige Besetzung der bindenden π-MO nur möglich ist, wenn insgesamt *(4n + 2) π-Elektronen vorhanden* sind, da die doppelte Besetzung zweier energiegleicher π-MO vier Elektronen, die Besetzung des energieärmsten π-MO zwei weitere Elektronen erfordert. Die Berechnung der Eigenwerte der bindenden MO nach (1) ergibt für alle diese Fälle eine gewisse Stabilisierung verglichen mit einem entsprechenden Ringsystem, das isolierte Doppel- und Einfachbindungen enthält. Für das *Benzen* beträgt die *Stabilisierungsenergie* – die (sehr ungefähr) der auf S. 117 erwähnten Delokalisierungsenergie entspricht – $2\,\beta$ (etwa 165 kJ/mol). Nach dem Energieniveauschema der Abb. 2.28 müßte das *Cyclobutadien* ein *Diradikal* sein (die beiden MO ψ_2 und ψ_3 sind mit je einem Elektron besetzt). Die einfache HMO-Rechnung nach (1) ergibt für das π-Elektronensystem von Cyclobutadien insgesamt die Energie $4\,\alpha + 4\,\beta$; sie wäre demnach genau gleich groß wie die Energie der π-MO zweier isolierter Doppelbindungen. Genauere Rechnungen zeigen indessen, daß der Diradikalzustand sogar noch etwas energiereicher ist; das Cyclobutadien ist damit wahrscheinlich ein Ringsystem mit zwei echten isolierten Doppelbindungen.

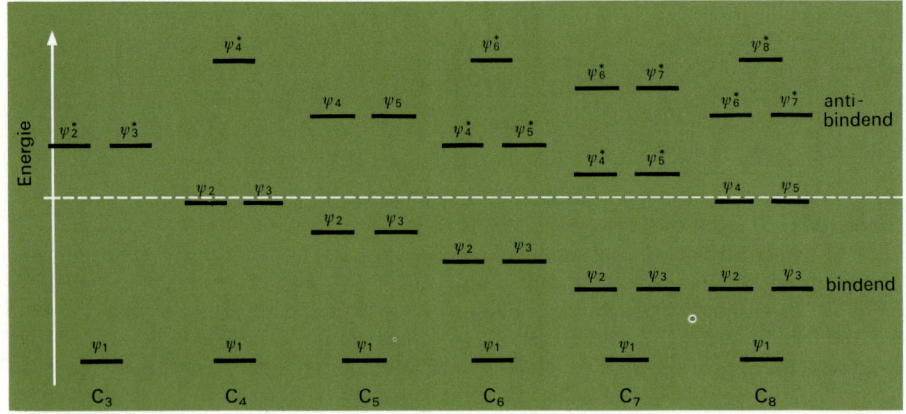

Abb. 2.28. *Energieniveaux der π-Orbitale monozyklischer Verbindungen C_nH_n (n = 3 bis 8) vgl. auch S. 548*

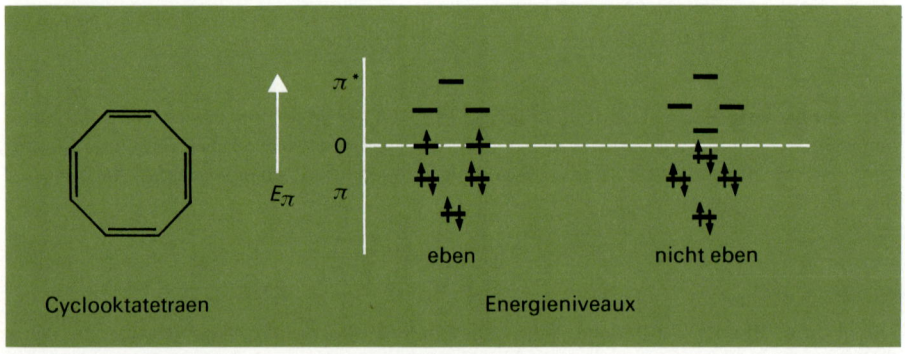

Abb. 2.29. *Energieniveauschema von Cyclooktatetraen*

Das *Cyclooktatetraen* wäre – als eben gebautes Molekül – ein Diradikal (vgl. das Energieniveauschema der Abb. 2.29). Tatsächlich ist das Molekül jedoch nicht eben gebaut und verhält sich wie ein typisches Polyen, dessen Delokalisationsenergie gering ist (etwa 16 kJ/mol) und dessen NMR-Spektrum ein einziges scharfes Signal bei $\delta = 5{,}78$ zeigt, im Gegensatz zu den im Gebiet von $\delta = 6$ bis 8 liegenden Absorptionspeaks aromatischer Protonen.

Zusammengefaßt ergibt sich die **«Regel von Hückel»**: *Ebene*[1] *Ringsysteme* mit insgesamt $(4n+2)$ π-*Elektronen* sind stabiler als offenkettige oder zyklische Moleküle von

---

[1] Ein aromatisches Molekül *muß* eben gebaut sein, da nur dann eine völlige Überlappung aller *p*-AO (d. h. eine vollkommene Delokalisation der π-Elektronen) möglich ist.

gleicher C-Zahl und mit isolierten Doppelbindungen; sie enthalten ein ringförmig geschlossenes delokalisiertes π-Elektronensystem und sind **«aromatisch»**. Ebene Ringsysteme mit $4n$ π-Elektronen sind verglichen mit entsprechenden offenkettigen oder zyklischen Molekülen mit isolierten Doppelbindungen destabilisiert; sie werden **«antiaromatisch»** genannt. Cyclobutadien ist ein typisches Beispiel einer antiaromatischen Verbindung; Cyclooktatetraen dagegen ist nicht antiaromatisch, da das Molekül nicht eben gebaut
ist.

Weitere Beispiele von Aromaten mit einem π-Elektronensextett. Im Molekül des
Benzens liegt der häufigste und wichtigste, der Hückelschen Regel entsprechende Fall vor:
6 π-Elektronen. Auch zahlreiche heterozyklische Substanzen besitzen in ihrem Molekül ein
solches **«aromatisches Sextett»**. So ersetzt im *Pyridin* und in analogen Verbindungen
ein sp^2-hybridisiertes N-Atom eine CH-Gruppe des Benzenringes: Das N-Atom bildet je
eine σ-Bindung mit den benachbarten C-Atomen, besitzt ein nichtbindendes (freies) sp^2-
Elektronenpaar (dem es seinen basischen Charakter verdankt) und trägt schließlich ein p-
AO zum aromatischen Sextett bei.

Pyridin   Pyrimidin   Pyrazin

In der Sprache des VB-Modelles müßte Pyridin als Resonanzhybrid folgender Grenzstrukturen dargestellt werden:

Diese Schreibweise macht deutlich, daß im Pyridin die negative Ladungsdichte an den
Atomen 2, 4 und 6 etwas verringert ist (das Heteroatom erhält bei der Zählung die Nummer
1).

Ein Heteroatom, das zwei p-Elektronen zum aromatischen Sextett beiträgt, kann formal zwei
CH-Gruppen des Benzenringes ersetzen. Dies erklärt den aromatischen Charakter von
heterozyklischen Fünfringsystemen, wie *Furan, Pyrrol, Thiophen, Thiazol* u.a.:

Thiophen   Furan   Pyrrol   Thiazol

Das *Cyclopentadienyl-Anion* – das durch Abspaltung eines Protons aus Cyclopentadien
entsteht – ist dem Pyrrol isoelektronisch, besitzt also ein aromatisches Sextett und ist
deshalb relativ stabil. Cyclopentadien (Sdp. 41 °C) selbst ist nicht aromatisch, sondern ein
typisches Dien. Nicht nur lassen sich mit ihm die für Alkene charakteristischen Additionsreaktionen durchführen; es liefert auch leicht Diels-Alder-Addukte (z. B. mit Acrylsäure,
$CH_2{=}CH{-}COOH$ oder bei der Dimerisation). Das Natriumsalz von Cyclopentadien (das

durch direkte Umsetzung des Kohlenwasserstoffs mit Natrium entsteht) hingegen gibt
keine Diels-Alder-Additionen. Wegen der Mesomeriestabilisierung des Cyclopentadienyl-
Anions wird die Abtrennung eines Protons vom Cyclopentadien erleichtert; dieses ist daher
eine für einen Kohlenwasserstoff ungewöhnlich starke Säure ($pK_s = 15$; vgl. das pK_s von
Acetylen = 21!).

$$\text{(Cyclopentadien)} \rightleftarrows \text{(Cyclopentadienyl-Anion)} + \text{H}^{\oplus}$$

In noch viel stärker ausgeprägtem Maß zeigt sich der aromatische Charakter des Cyclopentadienyl-Anions in Verbindungen von der Art des *Ferrocens* («*Sandwich-Verbindungen*»;
Abb. 2.30). Ferrocen, ein orangeroter Festkörper, entsteht z. B. durch Reaktion von $FeCl_2$
mit der Grignard-Verbindung oder mit dem Natriumsalz von Cyclopentadien; es ist nicht nur
von ungewöhnlicher thermischer und chemischer Stabilität (so schmilzt es bei 173 °C und
zersetzt sich erst oberhalb 470 °C; gegenüber Luftsauerstoff, Wasser oder konzentrierter
Salzsäure ist es völlig inert), sondern es lassen sich mit ihm auch die für aromatische Systeme
charakteristischen (elektrophilen) *Substitutionsreaktionen* durchführen. Seit seiner Entdeckung (1951) sind auch von vielen anderen Übergangsmetallen analog gebaute Verbindungen erhalten worden; Metalle in der Oxidationsstufe + II ergeben dabei schmelz- oder
sublimierbare, in organischen Lösungsmitteln lösliche Substanzen, die elektrisch neutrale
Moleküle enthalten, während Metalle in höheren Oxidationsstufen Komplex-Kationen
ergeben, wie z. B. $(C_5H_5)_2Co^{\oplus}$ oder $(C_5H_5)_2Ti^{\oplus}$ usw. Auch mit Benzen oder anderen
aromatischen Ringsystemen ließen sich Sandwich-Verbindungen erhalten. Die Art der
Bindung zwischen dem Metallion und den Cyclopentadienyl-Anionen ist noch nicht
vollkommen geklärt; wie der Diamagnetismus des Ferrocens zeigt, müssen hier die 6 *d*-
Elektronen des $Fe^{2\oplus}$-Ions paarweise drei *d*-Orbitale besetzen, und je eines der beiden
unbesetzten *d*-AO überlagert sich wahrscheinlich mit einem der drei, von je zwei Elektronen
besetzten π-MO des aromatischen Ringes.

Gewisse Derivate des Cyclopentadiens sind in noch stärkerem Maß aromatisch. So ist etwa
das *Triformylcyclopentadien* eine starke (in ihrer Acidität den Mineralsäuren vergleichbare)
Säure, weil das Anion wiederum ein delokalisiertes aromatisches Sextett enthält und damit
thermodynamisch erheblich stabiler ist als seine konjugierte Säure:

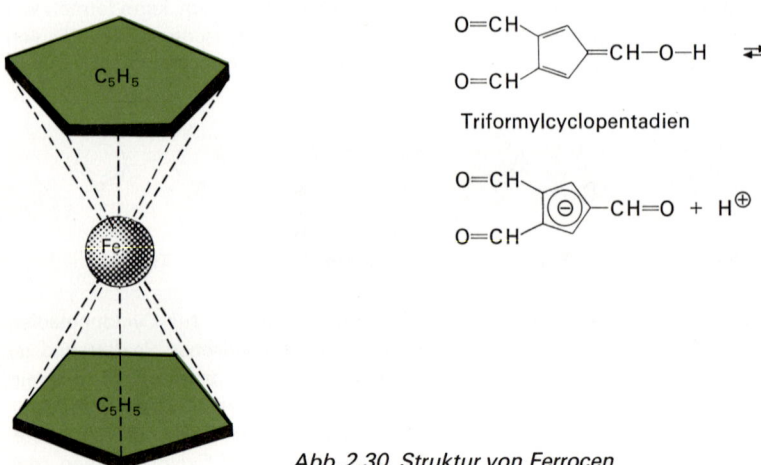

Triformylcyclopentadien

Abb. 2.30. Struktur von Ferrocen

Ein ähnlicher Fall liegt bei den *Fulvenen* vor, gelben bis roten Verbindungen, die aus Cyclopentadien und Aldehyden oder Ketonen erhalten werden (S. 651):

Die Fulvene besitzen ein Dipolmoment von etwa $4{,}8 \cdot 10^{-30}$ Cm, was zeigt, daß ihre Ladungsdichteverteilung weitgehend der «dipolaren» Struktur (2) entspricht.

Wird ein Atom mit einem unbesetzten *p*-AO in ein sechsgliedriges aromatisches System eingeführt, so bleibt der aromatische Charakter erhalten. Dies ist der Fall beim *Cyclohepta-trienylium-(«Tropylium-»)* Kation, einem Siebenringsystem mit aromatischem Sextett:

Salze dieses Kations lassen sich z. B. aus Cycloheptatrien (durch Umsetzung mit PCl_5 oder durch Bromaddition und anschließende HBr-Elimination) erhalten:

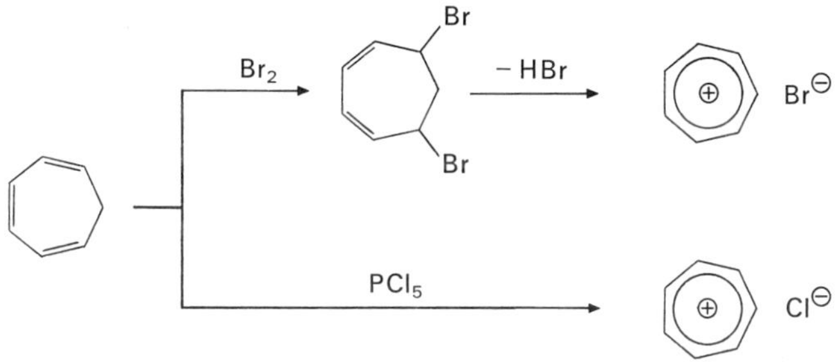

Cycloheptatrienyliumbromid und -chlorid sind – im Gegensatz zu aliphatischen Halogeniden, aber auch zu Brombenzen – wasserlösliche Salze, deren Lösungen auf Zusatz von $AgNO_3$ augenblicklich einen Niederschlag von AgBr bzw. AgCl ergeben.
Ähnlich wie bei den Fulvenen können am Siebenring vorhandene Substituenten ebenfalls zur Ausbildung eines aromatischen Sextetts führen, wie es z. B. beim *Tropon* oder – in noch ausgeprägterem Maß – beim *Tropolon* der Fall ist:

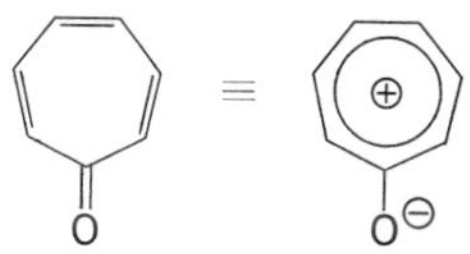

Tropon 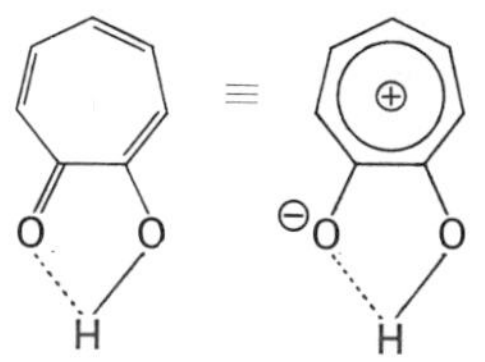   Tropolon

Das Dipolmoment von Tropon ($13{,}8 \cdot 10^{-30}$ Cm) ist erheblich größer als das Dipolmoment von Carbonylverbindungen (9 bis $9{,}5 \cdot 10^{-30}$ Cm), was auf den dipolaren (aromatischen) Charakter des Tropons hinweist. Zudem ist die Bande der C=O-Streckschwingung im IR-Spektrum stark in Richtung auf die Wellenzahl der C—O-Bande verschoben (C=O-Bande im Tropon bei 1638 cm^{-1}, im Cycloheptanon bei 1702 cm^{-1}). Das Tropolon – in dessen

Molekül eine H-Brücke vom Hydroxyl-O-Atom zum negativ geladenen («Carbonyl-»)O-Atom den aromatischen Charakter besonders verstärkt – zeigt die für Aromaten typischen S_E-Reaktionen (Nitrierung, Nitrosierung, Bromierung, Azokupplung usw.).

Aromatische Systeme mit 2 oder 10 π-Elektronen. Die bisher besprochenen Aromaten besitzen alle 6 π-Elektronen, das aromatische Sextett. Nach der Regel von Hückel müssen Ringsysteme mit 2 oder 10 π-Elektronen jedoch ebenfalls aromatischen Charakter haben.
Der einfachste Fall mit nur *zwei* π-Elektronen liegt im *Cyclopropenylium-Kation* vor, das (auf Grund der Voraussage seines aromatischen Charakters durch die Hückelsche Regel) von Breslow (1956) synthetisiert wurde:

C6H5
C6H5
C6H5
C6H5
C6H5
C6H5

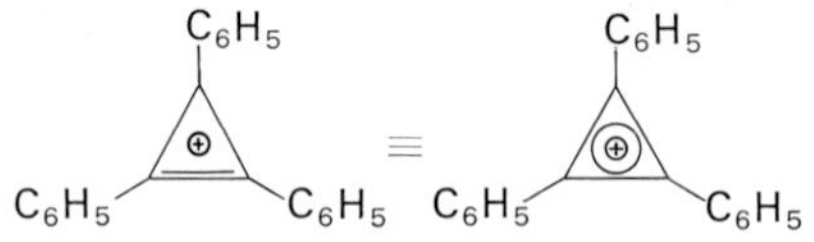

Triphenylcyclopropenylium-Ion

Synthese: C6H5—C≡C—C6H5 + N=N=C(CN)(C6H5)
Licht
+ N2
Phenylcyanodiazomethan
(spaltet unter Lichteinfluß N2 ab und wird zum substituierten Carben, das an die Dreifachbindung addiert wird)
C6H5 CN
Cyanotriphenyl-cyclopropen
BF3
+ BF3CN⊖

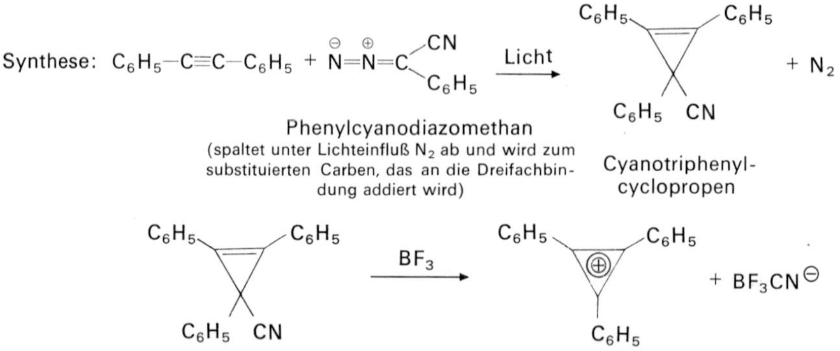

Trotz der unzweifelhaft vorhandenen Ringspannung ist das Triphenylcyclopropenylium-Ion (und ebenso das Tripropylcyclopropenylium-Ion) recht stabil; die Ringspannung muß also durch die mit der Besetzung der delokalisierten π-MO verbundene Energiesenkung weitgehend kompensiert werden. In chemischer Hinsicht verhält sich das Ion wie ein reaktionsfähiges Carbokation, zeigt also die für das Benzen typischen S_E-Reaktionen nicht.
Das *Cyclopropenon* steht zum Cyclopropenylium-Ion in derselben Beziehung wie das Tropon zum Cycloheptatrienylium-Ion; es zeigt wie dieses kaum Ketoneigenschaften und besitzt ein beträchtliches Dipolmoment. Mit Mineralsäuren bildet es stabile Salze:

C6H5
O
C6H5
HBr
OH
+ Br⊖

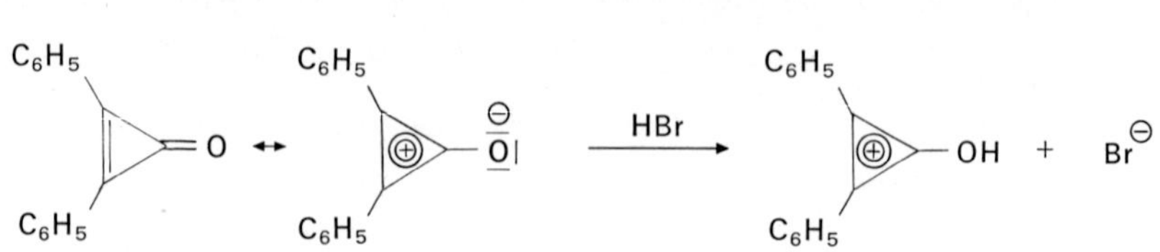

Weitere Ringe aus vier C-Atomen mit insgesamt zwei π-Elektronen liegen im *Tetraphenylcyclobutadienkation* (1) und im Anion von 3,4-Dihydroxycyclobuten-1,2-dion, der sogenannten *«Quadratsäure»,* vor (2):

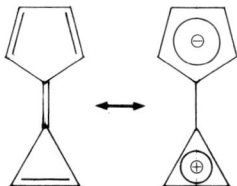

(1)   Quadratsäure   (2)

Interessant ist die Verknüpfung eines potentiell negativ mit einem potentiell positiv geladenen aromatischen System wie beispielsweise im *Calicen:*

Vom Calicen ist eine Anzahl Derivate bekannt. Sie lassen sich bromieren und nitrieren, ein Indiz für den aromatischen Charakter (S_E-Reaktion!). Ihr hohes Dipolmoment (20,2·10^{-30} Cm für Hexaphenylcalicen; ein Rekord für einen Kohlenwasserstoff!) zeigt, daß der effektive Zustand des Moleküls weitgehend der dipolaren Struktur entspricht.

Zu den Systemen mit 10 π-Elektronen gehört neben den Verbindungen mit zwei «kondensierten» (direkt untereinander verbundenen) Benzen- oder Pyridinringen, wie z.B. *Naphthalen* oder *Chinolin,* auch das *Cyclooktatetraenyldianion,* von dem ebenfalls stabile Salze bekannt sind.

Naphthalen   Chinolin   Cyclooktatetraenyldianion

Auch das *Anion* von *Cyclononatetraen* enthält 10 π-Elektronen und ist aromatisch. Der Kohlenwasserstoff Cyclononatetraen ist aus diesem Grund ähnlich wie das Cyclopentadien schwach sauer.

Das bisher nicht bekannt gewordene *Cyclodekapentaen* enthält ebenfalls 10 π-Elektronen und sollte aromatisch sein. Da sich die nach «innen» gerichteten, mittleren Wasserstoffatome aber gegenseitig behindern, kann das System nicht eben gebaut und damit nicht aromatisch sein. Ein ebener 10-Ring mit lauter *cis*-«Doppelbindungen» (3) ist als Folge der großen Ringspannung sehr unstabil. Werden aber im Cyclodekapentaen die beiden mittleren Wasserstoffatome durch eine Methylen-($-CH_2-$)Brücke ersetzt, so entsteht ein ebenes Ringsystem von aromatischem Charakter *(1,6-Methanocyclodekapentaen).* Analoge Ringe mit 14 π-Elektronen, die dank den Überbrückungen eben gebaut sind, zeigen ebenfalls deutlich den aromatischen Charakter.

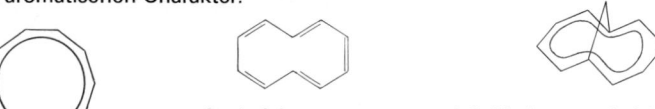

Cyclodekapentaen   1,6-Methanocyclodekapentaen

(3)

syn-1,6 : 8,13- Bisoxido[14]annulen   1,6 : 8,13- Propano[14]annulen

beide mit 14 π-Elektronen

Die Synthese von 1,6-Methanocyclodekapentaen konnte nach folgendem Schema durchgeführt werden (Vogel):

Na in → NH₃ (l)   CCl₂ (Dichlor-carben)   Na in → NH₃ (l)

+ 2 Br₂ →   − 4 HBr →

Eine interessante Substanz ist das *Oktalen,* in dem zwei Achtringe miteinander kondensiert
sind. Nach vielen vergeblichen Versuchen wurde Oktalen 1977 von Vogel synthetisiert.
Obschon das Molekül 14 π-Elektronen enthält und damit der Hückelschen Regel entsprechend aromatischen Charakter zeigen sollte, ist es ziemlich instabil und nicht aromatisch.
Wie sich gezeigt hat, ist das Oktalenmolekül nicht eben gebaut; die Mesomeriestabilisierung
reicht offenbar nicht aus, um die bei der Einebnung der beiden Achtringe auftretende
Spannung zu kompensieren.

Oktalen

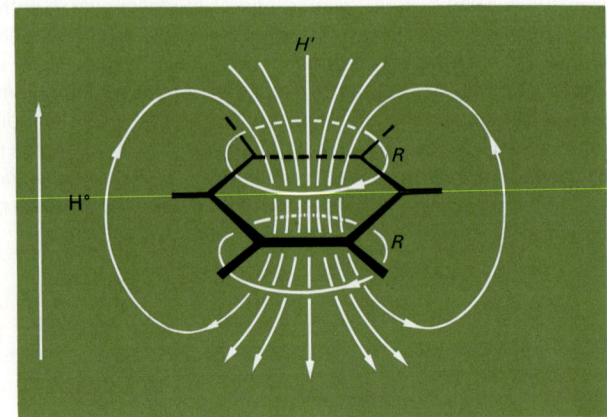

Abb. 2.31. Durch ein
äußeres Magnetfeld H° wird
im Benzenring ein Ringstrom
R induziert, welcher ein
sekundäres Magnetfeld
(H') zur Folge hat

H-NMR-Spektrum und aromatischer Charakter. Ein sehr allgemeines experimentelles Kriterium für das Vorliegen eines aromatischen Systems bietet das Protonenresonanzspektrum. Ein äußeres Magnetfeld H^0 induziert nämlich im ringförmig geschlossenen π-Elektronensystem einen *Ringstrom*, der seinerseits zur Entstehung eines kleineren, dem äußeren Magnetfeld entgegengesetzt gerichteten Feldes H' führt (Abb. 2.31). Das Gesamtmagnetfeld im Inneren des Ringes wird dadurch schwächer, während für die außen am Ring gelegenen Protonen das angelegte Feld verstärkt wird. Ihre NMR-Signale erscheinen deshalb bereits bei einem schwächeren Feld H_0 als die Signale olefinischer Protonen («Tiefeld-Verschiebung»); m.a.W., die chemische Verschiebung aromatischer Protonen ist besonders groß ($\delta = 6 - 8{,}5$; vgl. etwa mit $R-CH_3$ $\delta = 0{,}9$). Verbindungen, die einen

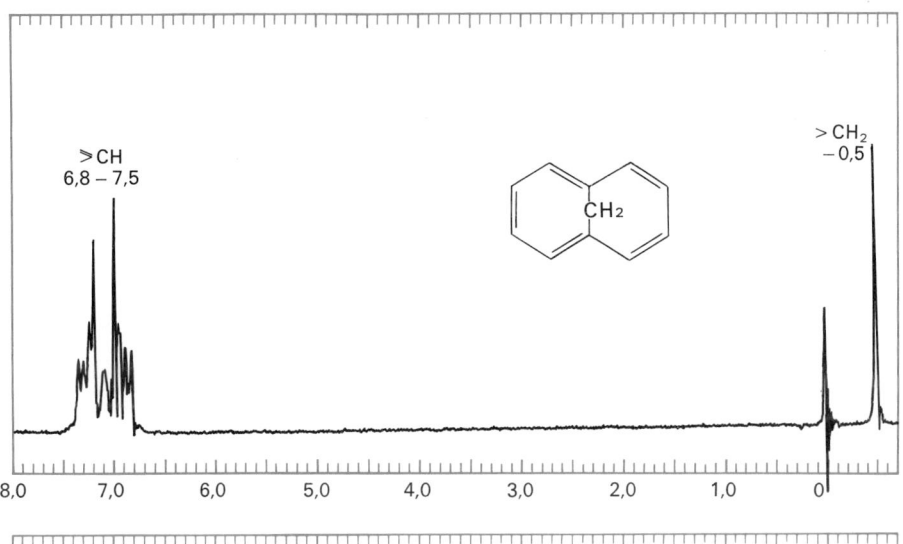

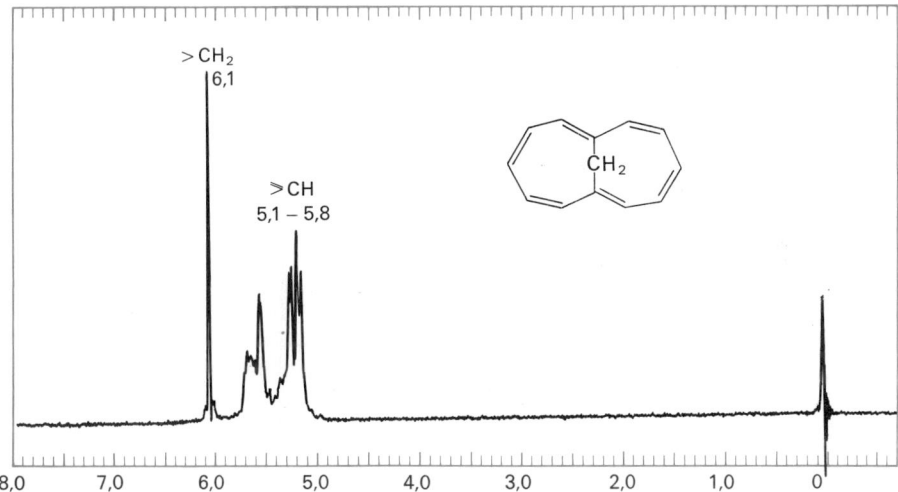

Abb. 2.32. NMR-Spektren von 1,6-Methano[10]annulen (oben) und 1,7-Methano[12]annulen (unten), letzteres nicht aromatisch!

derartigen Ringstrom zeigen, nennt man **diatrop.** Der diatrope Charakter, d. h. das Ausmaß der Verschiebung der NMR-Signale läßt Schlüsse auf den mehr oder weniger stark ausgeprägt aromatischen Charakter eines Ringsystems zu. Das Protonenresonanzspektrum ist damit zum wichtigsten Hilfsmittel für den *Nachweis des aromatischen Charakters* geworden.

Annulene. Höhergliedrige Ringe, die formal ein System von konjugierten Doppelbindungen aufweisen, bezeichnet man als *Annulene.* Cyclodekapentaen entspricht damit dem [10]-Annulen. Annulene mit 14, 18 oder 22 π-Elektronen müßten gemäß der Hückelschen Regel aromatischen Charakter zeigen. In der Tat ist [14]-Annulen (in dem die Konfiguration

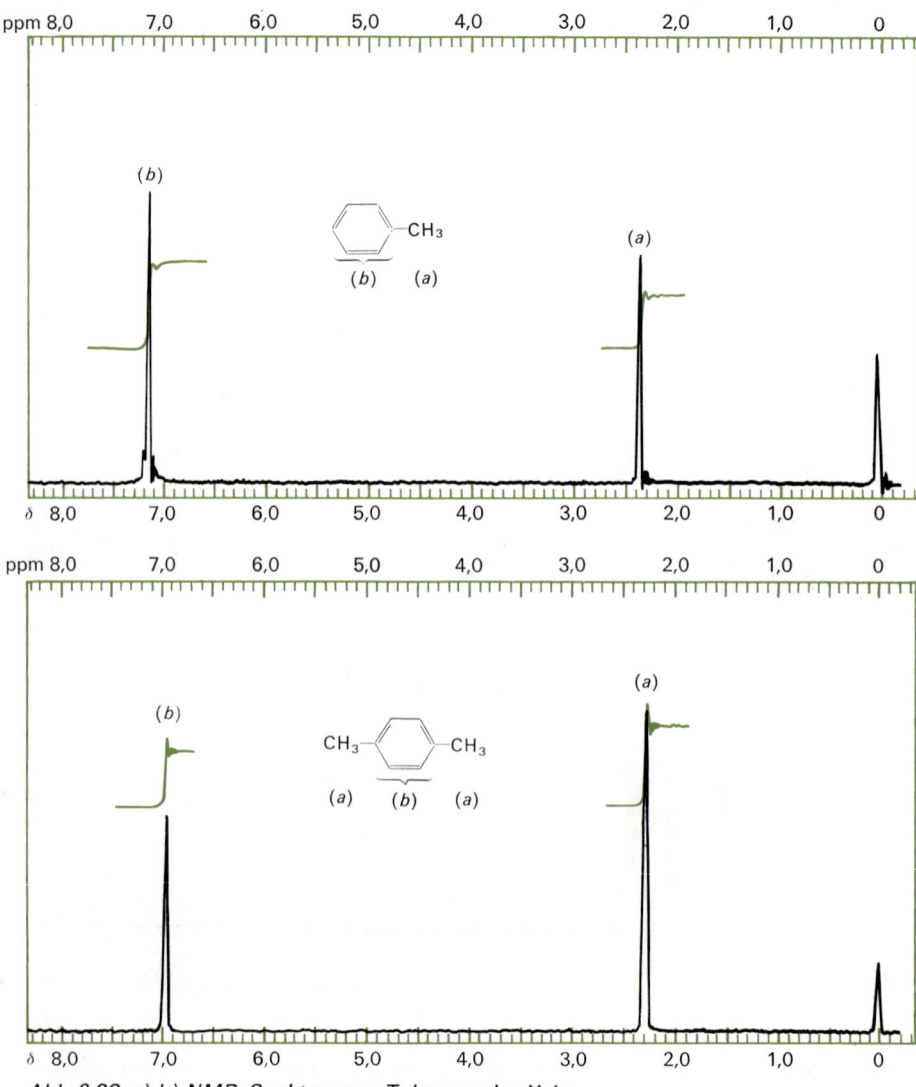

Abb. 2.33. a) b) NMR-Spektren von Toluen und p-Xylen

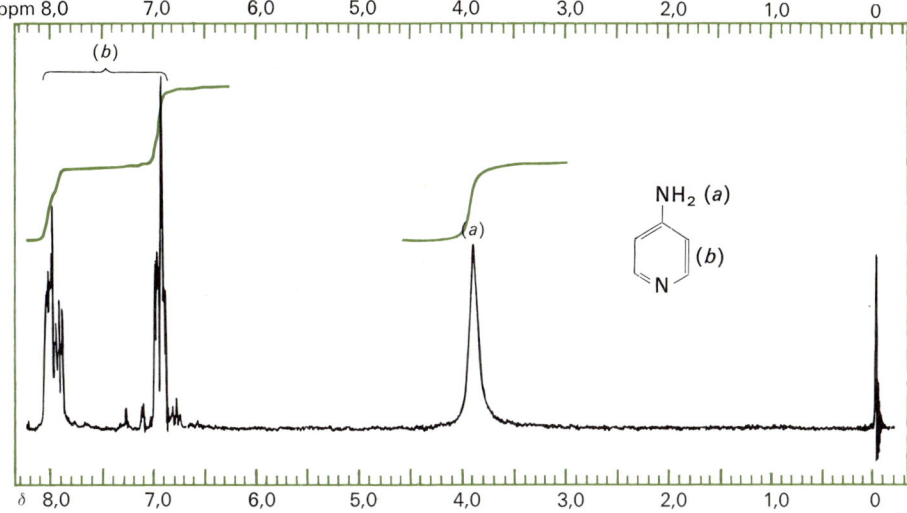

Abb. 2.33. c) NMR-Spektrum von 4-Aminopyridin

mit vier trans-«Doppelbindungen» bei −60°C eingefroren ist) diatrop, zeigt also den aromatischen Ringstrom. Die inneren vier Wasserstoffatome liegen im Inneren des Ringstroms und erfahren dadurch eine sehr starke Hochfeld-Verschiebung ($\delta = -0,61$). Das planare, verbrückte [14]-Annulen (2) ist – ebenso wie das syn-1.6,8.13-Bismethano-[14]-annulen (3) aromatisch.

[14]-Annulen (1)
äußere H: $\delta = 7.6$
(−60°C)
innere H: $\delta = -0,61$

CH_3: $\delta = -4.25$
H: $\delta = 8,14$–$8,67$
trans-15.16-Dimethyl-
dihydropyren (2)

syn-1.6,8.13-Bismethano-[14]-annulen (3)

Eine überraschend stabile Verbindung ist das [18]-Annulen. Das Molekül ist eben gebaut, und die äußeren Wasserstoffatome zeigen im NMR-Spektrum eine sehr starke Tieffeld-Verschiebung ($\delta = 9,0$). Das Signal der inneren Protonen ist hingegen wie beim [14]-Annulen in Richtung eines starken Feldes verschoben ($\delta = -3,0$). Der aromatische Charakter des [18]-Annulens wird auch in seiner Reaktivität deutlich; es ist wie Benzen oder andere benzoide Aromaten elektrophil substituierbar.

[22]-Annulen und Monodehydro-[26]-Annulen sind ebenfalls bekannt. Auch sie zeigen den aromatischen Ringstrom. Nach MO-Berechnungen werden aromatische Systeme mit

mehr als 26 π-Elektronen zunehmend instabiler, da die Stabilisierungsenergie wegen der Temperaturbewegung der Moleküle immer niedriger wird.

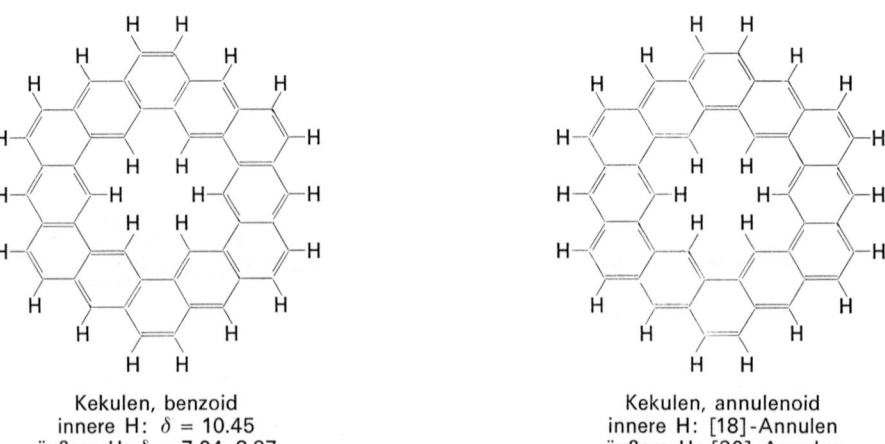

[18]-Annulen (4)
äußere H: δ = 9.0
innere H: δ = − 3.0

[22]-Annulen (5)

Dehydro-[26]-annulen (6)

Ein besonders interessantes Molekül ist das von Staab 1978 synthetisierte *Kekulen* (7):

Kekulen, benzoid
innere H: δ = 10.45
äußere H: δ = 7,94–8,37

Kekulen, annulenoid
innere H: [18]-Annulen
äußere H: [30]-Annulen

Das Kekulen könnte prinzipiell entweder «annulenoid» oder benzoid sein. Im ersteren Fall würde ein «inneres» [18]-Annulen und ein «äußeres» [30]-Annulen vorliegen, während es im zweiten Fall einem System kondensierter Benzenringe entspräche. Das NMR-Spektrum zeigt, daß das letztere zutrifft, denn die inneren Wasserstoffatome erfahren die für diese Atome in Annulenen typische Hochfeld-Verschiebung nicht. Kekulen ist somit ein benzoider Aromat, gewissermaßen ein «Superbenzen».

Valenzisomere des Benzens. Bereits Kekulé erkannte das Ungenügen seiner Benzenformel. Um die Gleichwertigkeit aller sechs C-Atome mit seiner Cyclohexatrien-Formel in Einklang zu bringen, nahm er an, daß ein bestimmtes C-Atom in der ersten Zeiteinheit mit einem der beiden benachbarten, in der zweiten dagegen mit dem anderen benachbarten C-

Atom in doppelter Bindung steht, d. h. daß die Doppelbindungen hin- und herspringen oder oszillieren *(«fluktuieren»)*. In den auf die Aufstellung der Benzenformel durch Kekulé folgenden Jahren wurde dann eine Reihe weiterer Formeln zur Diskussion gestellt:

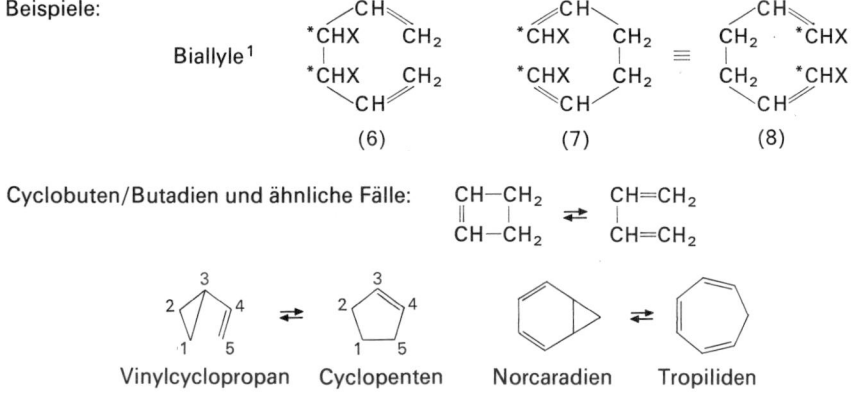

(1)	(2)	(3)	(4)	(5)
Dewar	Claus	Armstrong-Baeyer	Ladenburg	

Von diesen Vorschlägen ist besonders die Ladenburgsche *Prismenformel* von Interesse, weil hier erstmals eine bestimmte räumliche Lagerung der Atome in Betracht gezogen wurde. Sie mußte jedoch auf Grund von chemischem Beweismaterial verworfen werden (sie läßt zwei optisch aktive Disubstitutionsprodukte erwarten, die in Wirklichkeit nicht existieren).

Die Formeln (1), (4) und (5) stellen **«Valenzisomere»** des Benzens dar. Die Valenzisomerie bildet einen Sonderfall der Strukturisomerie; die einzelnen Isomere unterscheiden sich voneinander nur dadurch, daß *einzelne Bindungen* (einfache oder Doppelbindungen) *verschoben* sind (wobei die Molekülgeometrie durchaus verschieden sein kann). Es wäre deshalb eigentlich richtiger, von **«Bindungsisomerie»** zu sprechen, da bei den einzelnen Isomeren nicht die «Valenz» (d. h. die sogenannte Wertigkeit) bestimmter Atome, sondern die Verteilung der Bindungen verschieden ist. Die gegenseitige Umwandlung von Valenzisomeren ist häufig reversibel; wenn sich die verschiedenen Valenzisomere jedoch bezüglich ihrer thermodynamischen Stabilität stark unterscheiden (wie gerade im Fall des Benzens und seiner Valenzisomere), kann das Isomerisierungsgleichgewicht sehr stark auf der einen Seite liegen, und die Isomerisierung ist praktisch nur in einer Richtung möglich. Erfolgt die Umwandlung sehr rasch, so spricht man in Analogie zur Tautomerie (S.125) von *Valenztautomerie*. Sind schließlich Ausgangs- und Endprodukt von Valenzisomerisierungen chemisch identisch, so nennt man die Isomerisierung *«entartet»*.

Beispiele:

Biallyle[1]

$$\begin{array}{ccc}
& CH & \\
*CHX & & CH_2 \\
| & & \\
*CHX & & CH_2 \\
& CH &
\end{array}
\qquad
\begin{array}{ccc}
& CH & \\
*CHX & & CH_2 \\
| & & \\
*CHX & & CH_2 \\
& CH &
\end{array}
\equiv
\begin{array}{ccc}
& CH & \\
CH_2 & & *CHX \\
| & & \\
CH_2 & & *CHX \\
& CH &
\end{array}$$

(6)	(7)	(8)

Cyclobuten/Butadien und ähnliche Fälle:

$$\begin{array}{c}
CH{-}CH_2 \\
\| \quad | \\
CH{-}CH_2
\end{array}
\quad \rightleftarrows \quad
\begin{array}{c}
CH{=}CH_2 \\
| \\
CH{=}CH_2
\end{array}$$

Vinylcyclopropan	Cyclopenten	Norcaradien	Tropiliden

[1] Vergleicht man hier die Formeln (6) und (8), so könnte man meinen, es handle sich um Strukturisomere (Platzvertauschung zweier H- und zweier X-Atome). Daß in Wirklichkeit Valenzisomerie vorliegt, kann man durch Markierung der C-Atome zeigen, welche die X-Atome tragen. Der Vergleich der Formeln (6) und (7) zeigt, daß tatsächlich nur Bindungen verschoben worden sind.

Verschiebung von Doppelbindungen im Ring:

Über den Ablauf solcher Valenzisomerisierungen siehe S. 577

Wenn aber solche Formeln wie (1), (4) und (9) realen Molekülen entsprechen sollen, dürfen diese *nicht eben* gebaut sein, denn gekreuzte Bindungen bei (4) und (9) sind physikalisch gesehen unmöglich, und auch ein ebenes «Dewar-Benzen» (1) mit seiner überlangen mittleren Bindung kann nicht existieren. Erst in den letzten Jahren ist es gelungen, einzelne dieser Valenzisomere oder Derivate davon herzustellen und zu untersuchen. Naturgemäß handelt es sich bei den Valenzisomeren des Benzens um recht wenig stabile Substanzen, da die Tendenz groß ist, den aromatischen (mesomeriestabilisierten) Zustand wiederherzustellen.

Das erste isolierte und charakterisierte Valenzisomer des Benzens war das *«Dewar-Benzen»*, Bicyclo [2.2.0] hexadien, ein tatsächlich nicht ebenes System von zwei kondensierten Vierringen. Nachdem 1962 erstmals das Tri-tert. Butylderivat synthetisiert werden konnte (van Tamelen und Pappas), gelang ein Jahr später die Synthese des «Dewar-Benzens», selbst. In Pyridin gelöst ist es unterhalb 0 °C mehrere Monate haltbar; bei Raumtemperatur wandelt es sich mit einer Halbwertszeit von etwa zwei Tagen in Benzen um. Auch von *Pyridin* ist ein entsprechendes Valenzisomer *(«Dewar-Pyridin»)* bekannt geworden:

Das *«Prisman»* (5) – das prismatisch gebaute *«Ladenburg-Benzen»–*, das bereits von Kekulé zu synthetisieren versucht worden war, konnte 1967 als Hexamethylderivat aus Hexamethyl-Dewar-Benzen durch UV-Bestrahlung erhalten werden (Schäfer, Criegee):

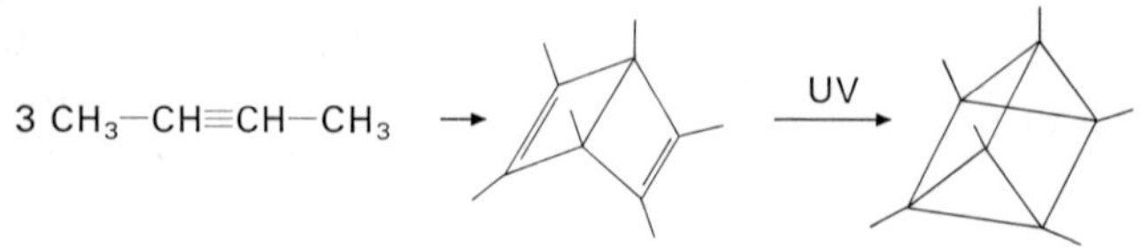

Es ist ein mäßig stabiler, kristalliner Festkörper, der bei stärkerer UV-Bestrahlung oder bei Erwärmen in ein Gemisch von Hexamethylbenzen mit wenig Hexamethyl-Dewar-Benzen übergeht. Diese Valenzisomerisierung kann wegen der viel größeren Stabilität des Benzenringes sogar explosionsartig verlaufen.

Das interessanteste Valenzisomer des Benzens ist das *«Benzvalen»* (9) bzw. (10). Von Viehe wurde zuerst das Trifluor-tri-tert. Butylbenzvalen hergestellt (1965), das durch die relativ großen Substituenten stabilisiert wird. Es entsteht in allerdings nur mäßiger Ausbeute durch Trimerisierung von tert. Butylfluoracetylen:

$$3 \ (CH_3)_3C-C\equiv C-F \xrightarrow{\text{spontan}} \text{u. a.}$$

1971 gelang die Darstellung des *unsubstituierten Benzvalens* aus Lithiumcyclopentadienid, Methylenchlorid und Methyllithium mit einer Ausbeute von 24%:

$$+ \ CH_2Cl_2 \ + \ CH_3Li \longrightarrow \qquad +$$

Erwartungsgemäß handelt es sich beim Benzvalen um eine sehr unstabile Substanz; schon 10 mg detonieren bei leichtem Kratzen an der Gefäßwand mit großer Heftigkeit.

Von Viehe wurde postuliert, daß die Bindungen im Benzvalen nicht fixiert seien, sondern fluktuieren:

Das Benzvalen würde damit eine entartete Valenzisomerisierung zeigen, und sein Verhalten entspräche einem Zustand, wie ihn Kekulé seinerzeit für das Benzen postuliert hatte. Im Gegensatz zum Benzen wären dann keine delokalisierten Elektronen vorhanden; die Bindungselektronenpaare – auch die δ-Bindungen! – würden vielmehr dauernd zwischen den verschiedenen Atomen hin und her wechseln. Wie sich später gezeigt hat, trifft diese Vorstellung für das Benzvalen allerdings nicht zu, hingegen für andere Moleküle. Das bekannteste und am besten untersuchte Beispiel eines solchen Moleküls mit fluktuierenden Bindungen ist das *Bullvalen* (11), das aus Cyclooktatetraen durch Behandlung mit Alkalien und anschließend UV-Bestrahlung erhalten werden kann (Schröder):

$$2 \qquad \xrightarrow{- \ C_6H_6}$$

(11)

Auch durch UV-Bestrahlung von 9,10-Dihydronaphthalen läßt sich Bullvalen gewinnen.

Bullvalen ($C_{10}H_{10}$) ist eine feste, bei 96°C schmelzende, ziemlich stabile Verbindung, die erst oberhalb 400°C unter H_2-Abspaltung zu Naphthalen isomerisiert. Die Valenzisomerisierung des Bullvalens geschieht bei Raumtemperatur sehr rasch und führt wie beim Benzvalen zu einem mit dem ursprünglichen Molekül identischen Molekül (vgl. Schema der Abb. 2.34). Dementsprechend erhält man oberhalb 100°C ein einziges NMR-Signal (bei $\delta = 4,2$). Da mit abnehmender Temperatur die Geschwindigkeit der Isomerisierung abnimmt, verbreitert sich dieses Signal mit sinkender Temperatur immer mehr, bis schließlich bei $-25°C$ zwei getrennte Signale auftreten: bei $\delta = 5,7$ (6 Protonen) und bei $\delta = 2,1$ (4 Protonen). Offenbar frieren bei tiefer Temperatur die Bindungen ein, so daß die olefinischen

Protonen und die Protonen der «Brückenkopf»-C-Atome getrennte Signale ergeben. Interessant ist, daß die bemerkenswerten Eigenschaften des Bullvalens bereits vor seiner Synthese durch Doering (1962) vorausgesagt und nachher vollkommen bestätigt wurden.

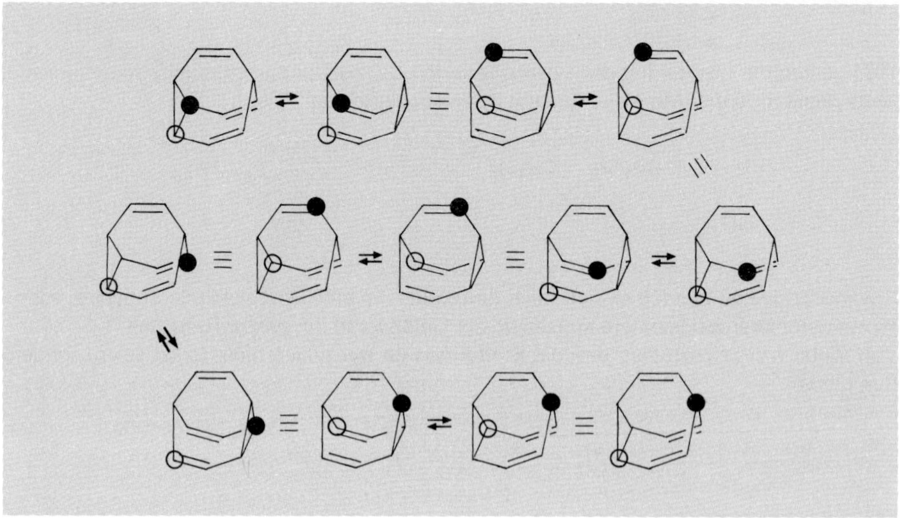

Abb. 2.34. Valenzisomerisierung des Bullvalens

2.5.3   Mehrkernige aromatische Kohlenwasserstoffe

Eine erste Gruppe mehrkerniger aromatischer Verbindungen enthält Ringe, die durch Einfachbindungen miteinander verbunden oder an ein «aliphatisches» C-Atom gebunden sind. Als Beispiele seien genannt:

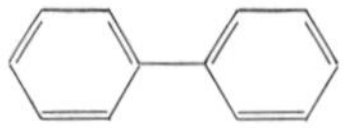

Biphenyl
Smp. 70,5 °C, Sdp. 255 °C

p-Terphenyl
Smp. 171 °C

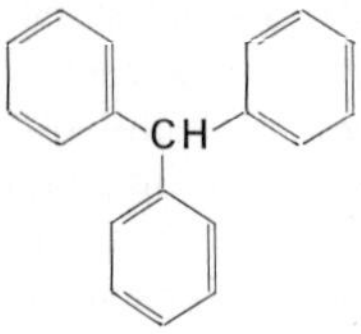

Triphenylmethan
Smp. 93 °C, Sdp. 359 °C

Triphenylmethan entsteht ebenso wie Diphenylmethan durch Friedel-Crafts-Reaktion (S. 159) von Benzen mit Chloroform bzw. Benzylchlorid:

$$3 \ C_6H_6 \ + \ CHCl_3 \ \xrightarrow{\text{AlCl}_3} \ (C_6H_5)_3CH \ + \ 3 \ HCl$$

$$C_6H_6 \ + \ C_6H_5CH_2Cl \ \xrightarrow{\text{AlCl}_3} \ (C_6H_5)_2CH_2 \ + \ HCl$$

Triphenylmethan ist der Grundkörper einer wichtigen Klasse von Farbstoffen. Das sich von diesem Kohlenwasserstoff ableitende Triphenylmethylradikal *(«Tritylradikal»)* wurde als erstes freies Radikal 1900 von Gomberg entdeckt. Es steht in einem temperatur- und konzentrationsabhängigen Gleichgewicht mit seinem Dimer und entsteht bei der Behandlung von Triphenylmethylchlorid («Tritylchlorid») mit fein verteiltem metallischem Silber oder Zink:

$$(C_6H_5)_3C{-}Cl \ + \ Ag \ \longrightarrow \ (C_6H_5)_3C{\cdot} \ + \ AgCl$$

Die charakteristisch gelb gefärbte Lösung des Tritylradikals gibt beim Eindampfen farbloses Hexaphenylethan. Das dimere Radikal, $[(C_6H_5)_3C]_2$, besitzt aber – wie aus neueren Untersuchungen hervorgeht – wahrscheinlich nicht die Struktur des Hexaphenylethans, sondern stellt ein *Cyclohexadienderivat* dar:

Tritylradikal   dimeres Radikal

Das NMR-Spektrum des aus Tritylchlorid und Silber in CCl_4 hergestellten Dimers enthält die Signale der Phenyl-Protonen, daneben aber ein Signal der olefinischen Protonen (zwischen $\delta = 3{,}4$ und $4{,}2$) und einen Peak eines aliphatischen Protons bei $\delta = 5$. Das freie Elektron des Radikals ist, wie das ESR-Spektrum zeigt, nicht am Methyl-C-Atom lokalisiert, sondern über das gesamte Ringsystem *delokalisiert.* Dies erklärt die relativ große Stabilität des Radikals.

Eine interessante Gruppe von Verbindungen, die auch aus stereochemischen Gründen Interesse gefunden haben (S. 236), bilden die *Cyclophane,* in denen zwei Benzenringe – meistens in den *p*-Stellungen – über gesättigte C-Atome miteinander verbunden sind. Das wichtigste Beispiel dieser Verbindungsklasse ist das Di-*p*-Xylen, das durch katalytische Dehydrierung aus Xylen erhalten wird und ein hochmolekulares, thermoplastisches Material *(«Parylen»)* liefert.

Di-*p*-Xylen

Parylen

Am wichtigsten sind polyzyklische aromatische Systeme, in denen zwei oder mehrere Ringe miteinander (über jeweils gemeinsame C-Atome) verbunden *(«kondensiert», «anelliert»)* sind.

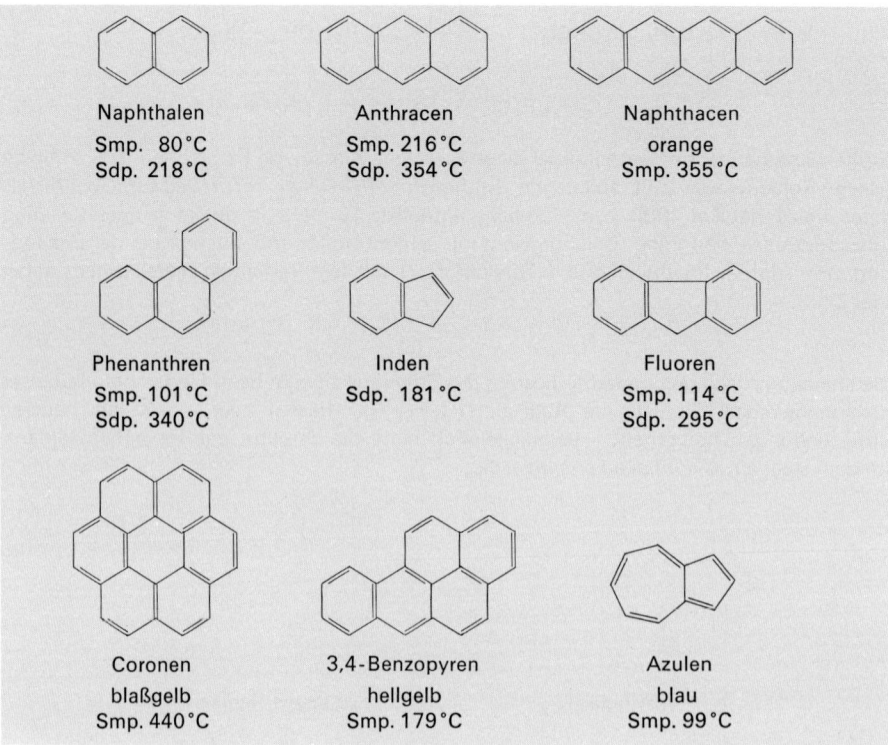

Naphthalen
Smp. 80 °C
Sdp. 218 °C

Anthracen
Smp. 216 °C
Sdp. 354 °C

Naphthacen
orange
Smp. 355 °C

Phenanthren
Smp. 101 °C
Sdp. 340 °C

Inden
Sdp. 181 °C

Fluoren
Smp. 114 °C
Sdp. 295 °C

Coronen
blaßgelb
Smp. 440 °C

3,4-Benzopyren
hellgelb
Smp. 179 °C

Azulen
blau
Smp. 99 °C

Über die Numerierung der C-Atome in kondensierten Aromaten siehe S.176.

Viele dieser polyzyklischen Verbindungen sind, wie auch Benzen und die Methylbenzene, im Steinkohlenteer enthalten.
Für Verbindungen mit mehr als zwei linear (in einer geraden Reihe) anellierten Benzenringen, wie Anthracen, Naphthacen usw., läßt sich jeweils nur noch ein Ring mit einem vollständigen aromatischen Elektronensextett schreiben:

Dieses Sextett ist aber ebenso wie die anderen π-Elektronen über das ganze System delokalisiert und dadurch verglichen mit dem Benzen *«verdünnt»*. Dies erklärt die Tatsache, daß höhere Acene (d.h. Verbindungen mit mehreren linear kondensierten aromatischen Ringen) mit zunehmender Ringzahl immer weniger aromatischen und dafür eher ungesättigten Charakter annehmen (größere Neigung zur Oxidation; mit zunehmender Ringzahl starke Verschiebung der Lichtabsorption ins längerwellige Gebiet, wie bei Alkenen u.a.). Die beim *Anthracen* ausgeprägte Neigung zu *Additionsreaktionen* an beiden p-ständigen C-Atomen des mittleren Ringes erklärt sich dadurch, daß auf diese Weise zwei stark mesomeriestabilisierte aromatische Sechsringe gebildet werden können. Die bei vielen polyzyklischen Aromaten (z.B. bei dem im Tabakrauch vorhandenen 3,4-Benzopyren) beobachtete carcinogene (krebserregende) Wirkung hängt möglicherweise mit dieser gesteigerten Reaktionsfähigkeit zusammen. Angular anellierte Systeme (wie etwa Phen-anthren) enthalten mehr aromatische Sextette und sind stärker aromatisch als die Acene. Allerdings lassen sich an Phenanthren auch *Additionen* durchführen; die zwischen den C-Atomen 9 und 10 liegende Bindung verhält sich nahezu wie eine olefinische Doppelbin-dung:

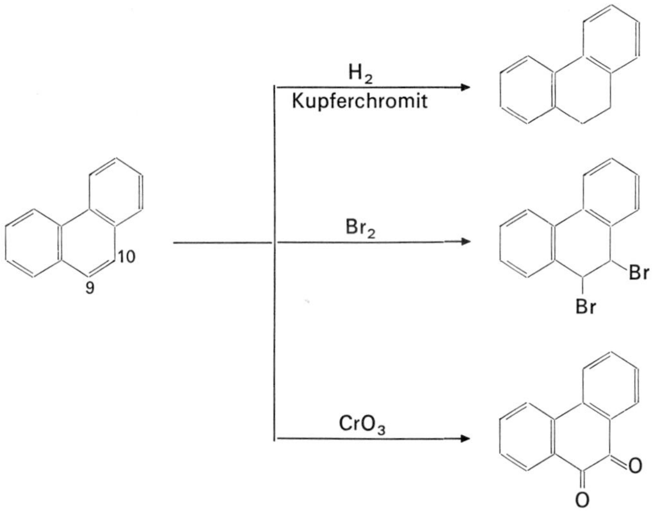

Ein bemerkenswertes Ringsystem liegt im Molekül des *Azulens* vor. Die beiden Ringe besitzen zusammen 10 π-Elektronen (wie das Naphthalen), und die Substanz zeigt ausge-sprochen aromatischen Charakter. Azulen ist aber ein schwacher Dipol, was darauf hinweist, daß vom Siebenring in einem gewissen Maß π-Elektronen auf den Fünfring übertragen werden, so daß jeder Ring gewissermaßen das Sextett anstrebt. In der Sprache des VB-Modelles ausgedrückt tragen auch dipolare Grenzstrukturen zum Resonanzhybrid bei:

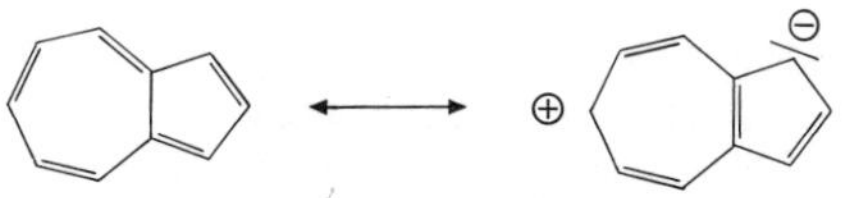

Azulen, blaue Plättchen vom Smp 90°C

2.5.4 Spektroskopische Eigenschaften aromatischer Kohlenwasserstoffe

Die delokalisierten π-Elektronen aromatischer Ringe sind noch leichter anzuregen als die π-Elektronen von Doppel- oder Dreifachbindungen bei aliphatischen Kohlenwasserstoffen. Aromatische Kohlenwasserstoffe absorbieren darum im *längerwelligen UV* als Alkene oder Alkine. Das Benzen selbst zeigt zwei starke Absorptionsbanden bei 184 nm und 202 nm sowie eine Reihe schwächerer Banden im Wellenlängenbereich 230 bis 270 nm, deren Feinstruktur stark vom verwendeten Lösungsmittel abhängt (Abb. 2.35). Diese letzteren, als *Feinstrukturbanden* bezeichneten Banden sind für aromatische Ringe typisch und entspre-chen $\pi \rightarrow \pi^*$-Übergängen. Trägt der Ring Substituenten, so werden die Feinstrukturban-den weniger komplex und sind intensiver; besitzen die Substituenten nichtbindende

Elektronen (wie z. B. die OH- oder NH_2-Gruppe) so verschieben sich die Absorptionsmaxima nach längeren Wellenlängen. Auch nicht benzoide Aromaten (d. h. Aromaten ohne Benzenkern) zeigen prinzipiell ähnliche UV-Spektren, so daß man oft schon aus dem UV-Spektrum allein ersehen kann, ob eine bestimmte Verbindung aromatischen Charakter zeigt. Die Verschiebung des Absorptionsmaximums ins sichtbare Gebiet als Folge der Ringanellierung wurde bereits erwähnt.

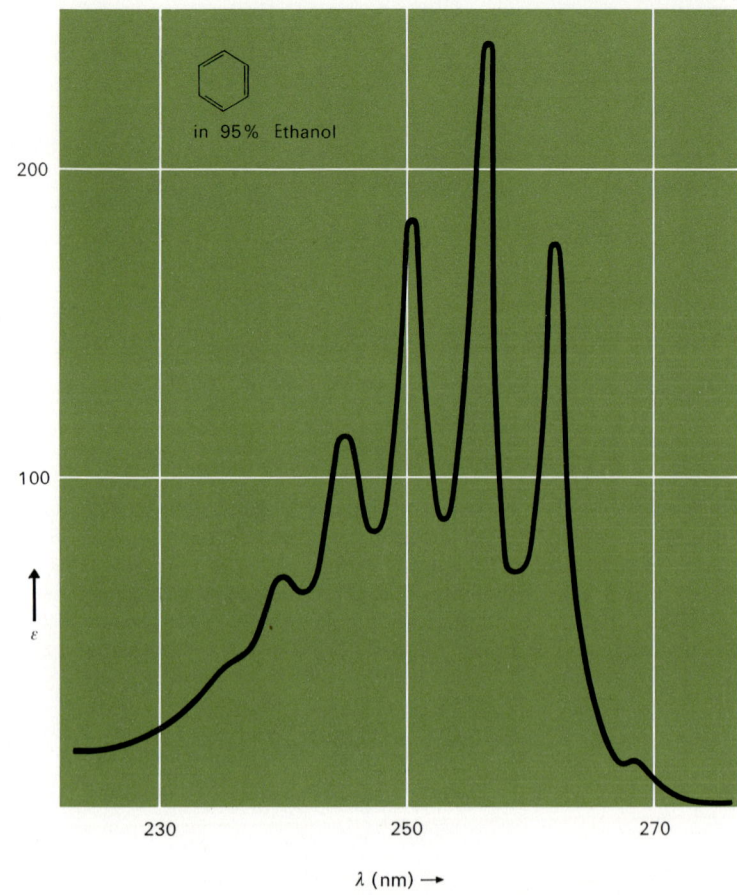

Abb. 2.35.
UV-Spektrum
von Benzen

Das *IR-Spektrum* von Benzen und seinen Derivaten zeigt bei 3030 cm^{-1} die charakteristische Bande der C—H-Streckschwingung. Die C≡C-Streckschwingungen erscheinen als Banden verschiedener Intensität im Gebiet von 1600 bis 1450 cm^{-1}; diese Banden sind für aromatische Ringsysteme überhaupt sehr charakteristisch, und ihr Fehlen zeigt sofort und eindeutig, daß im betreffenden Fall keine aromatische Substanz vorliegt. Beugeschwingungen der Ring-C—H-Bindungen in der Ringebene und aus der Ringebene heraus ergeben Banden im längerwelligen IR; ihre genaue Lage hängt von der Anzahl und der Orientierung der am Ring vorhandenen Substituenten ab, so daß diese Absorptionsbanden für die Identifikation einer Verbindung sehr wertvoll sind.

IR-Banden von Aromaten (cm⁻¹)

=CH	3030	C—H-Streckschwingung
C=C	1450–1600	C=C-Streckschwingungen; meist mehrere, für aromatische Verbindungen sehr typische Banden

=CH	730–770 690–710	monosubstituiert	C—H-Beugeschwingungen in der Ringebene und aus der Ringebene heraus
	735–770	o-disubstituiert	
	750–810 690–710	m-disubstituiert	
	800–860	p-disubstituiert	

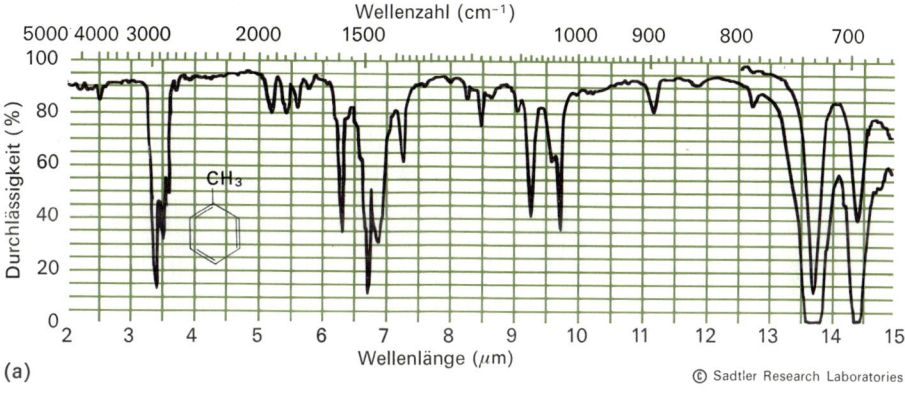

(a)

© Sadtler Research Laboratories

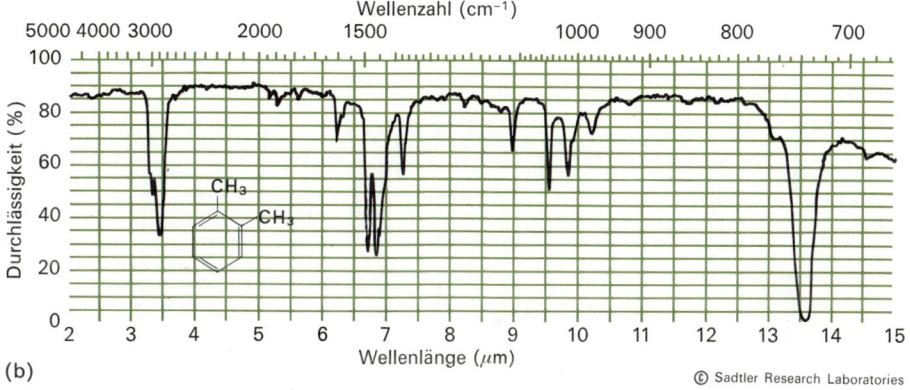

(b)

© Sadtler Research Laboratories

Abb. 2.36 a. IR-Spektren von Toluen (a), o-Xylen (b)
Charakteristisch für Aromaten sind die verschiedenen Banden im Gebiet von 1380 bis 1600 cm⁻¹.
Die Banden im Gebiet von 690 bis 800 cm⁻¹ zeigen den Substitutionsgrad des Ringes an

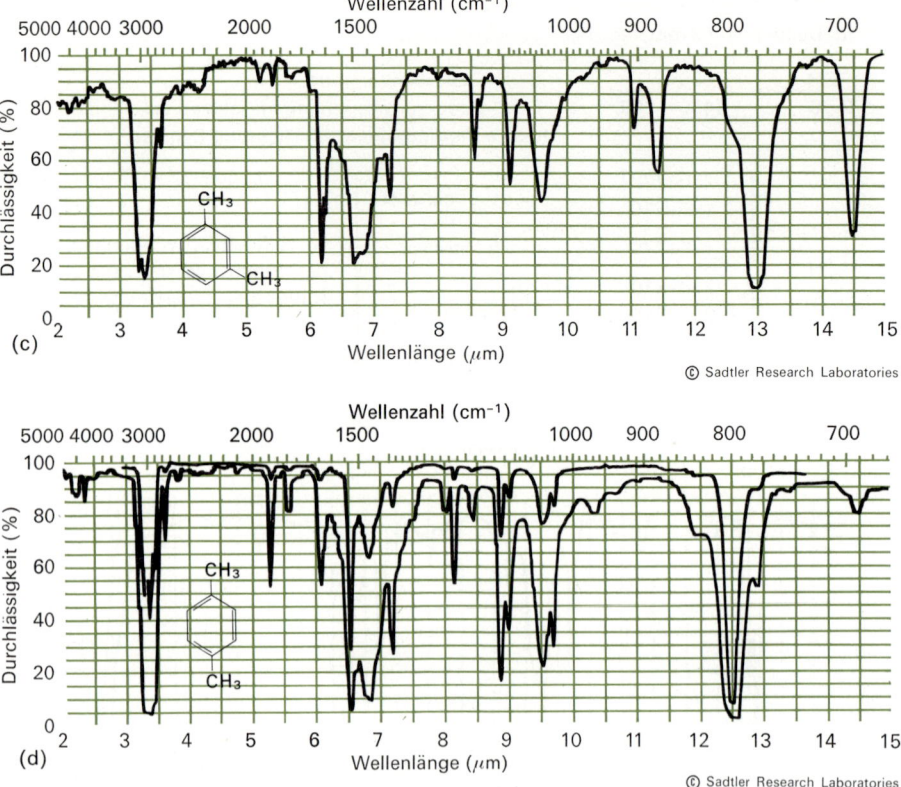

Abb. 2.36 b. IR-Spektren von m-Xylen (c) und p-Xylen (d)
Charakteristisch für Aromaten sind die verschiedenen Banden im Gebiet von 1380 bis
1600 cm^{-1}. Die Banden im Gebiet von 690 bis 800 cm^{-1} zeigen den Substitutionsgrad des
Ringes an

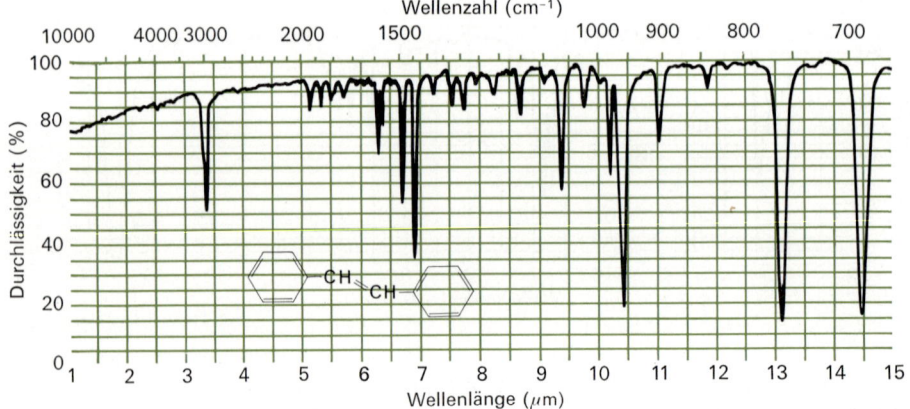

Abb. 2.37. IR-Spektrum von trans-Stilben

2.5.5 Reaktionen aromatischer Verbindungen

Wir haben schon erwähnt, daß die Wasserstoffatome an aromatischen Ringen verhältnis-mäßig leicht *substituierbar* sind. Da diese Reaktionen auch im Dunkeln bei mäßig erhöhter Temperatur und vorzugsweise in flüssiger Phase ablaufen, kann es sich bei ihnen nicht um Substitutionen durch Radikale handeln. Wir werden später sehen (Kapitel 14), daß bei der aromatischen Substitution vorzugsweise **elektrophile** Teilchen substituierend wirken und dabei im ersten Schritt der Reaktion das delokalisierte π-System angreifen. Beispiele wichtiger aromatischer Substitutionen gibt Tabelle 2.12.

Tabelle 2.12. Beispiele wichtiger Substitutionsreaktionen bei Aromaten

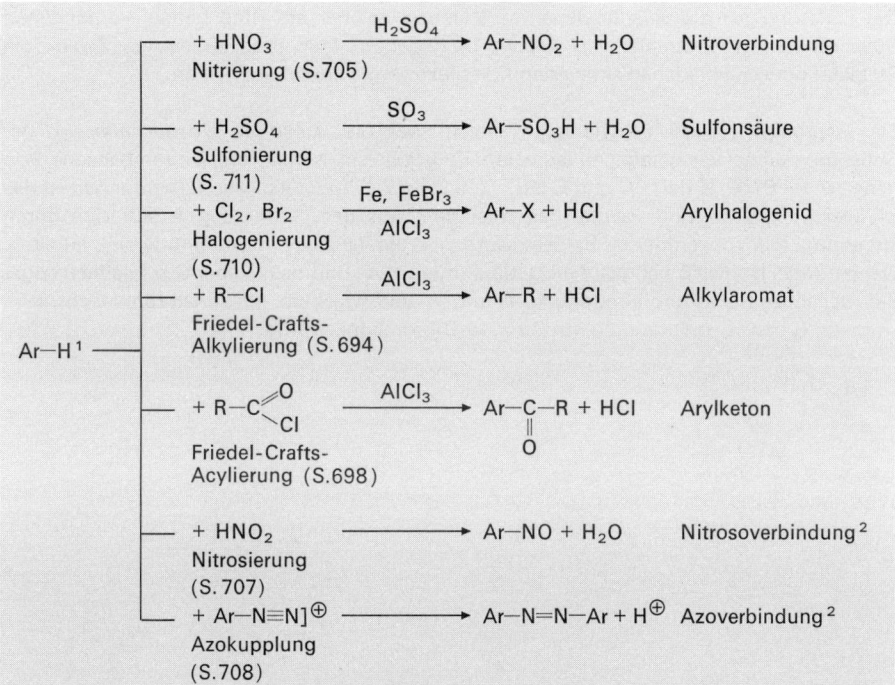

[1] Ar bedeutet «Aryl-», d. h. irgendein aromatisches System (wobei das zu substituierende H-Atom direkt an den Ring gebunden ist).
[2] Diese Reaktionen gehen nur mit besonders reaktionsfähigen Aromaten.

Sind am Ring des aromatischen Systems bereits *Substituenten vorhanden,* so wird dadurch sowohl die *Geschwindigkeit* einer *weiteren Substitution* wie auch die *Orientierung* des neu eintretenden Substituenten beeinflußt. Um die Reaktivität von Benzen und von Benzenderi-vaten vergleichen zu können, mißt man beispielsweise die Zeit, die – genau gleiche Reaktionsbedingungen vorausgesetzt – für eine bestimmte Substitution erforderlich ist. Reaktionsträgere Verbindungen verlangen für eine bestimmte Reaktion auch viel energi-scher Bedingungen; so benötigt man z. B. zur Einführung einer weiteren NO_2-Gruppe in Nitrobenzen ein Gemisch von rauchender Salpetersäure und konzentrierter Schwefelsäure und eine Temperatur von 90°C, während Benzen selbst schon durch konzentrierte Salpetersäure im Gemisch mit konzentrierter Schwefelsäure bei 60°C nitriert wird. Zur Nitrierung von Phenol genügt sogar schon verdünnte (etwa 15%) Salpetersäure. Ein quantitativer Vergleich verschiedener Reaktivitäten ist dadurch möglich, daß eine beschränkte Menge Reagens (z. B. Nitriersäure) mit einem äquimolaren Gemisch zweier Aromaten umgesetzt und der Anteil an beiden Produkten bestimmt wird:

$\left.\begin{array}{l} HNO_3 \\ H_2SO_4 \end{array}\right\}$ + äquimolares Gemisch $C_6H_6/C_6H_5CH_3$ →   Nitrobenzen + Nitrotoluen
im Molverhältnis 1:25

$\left.\begin{array}{l} HNO_3 \\ H_2SO_4 \end{array}\right\}$ + äquimolares Gemisch C_6H_6/C_6H_5Cl →   Nitrobenzen + Chlornitrobenzen
im Molverhältnis 30:1

Die CH_3-Gruppe wirkt also **aktivierend,** während Cl-Atome als Substituenten den Ring **desaktivieren.**

Die Erklärung für die verschiedenartige Wirkung solcher am Ring bereits vorhandenen Substituenten wird ebenfalls in Kapitel 14 gegeben. Man muß zu diesem Zweck die Stabilität der verschiedenen aktivierten Komplexe vergleichend betrachten.

Ein ursprünglich recht schwieriges Problem war die «*absolute Ortsbestimmung*» der Substituenten bei verschiedenen Isomeren. Es gibt beispielsweise drei Dibrombenzene, von denen A bei 87°C, B bei 6°C und C bei −7°C schmilzt. Welche dieser Verbindungen ist das *o*-, welche das *m*- und welche das *p*-Isomer? Aus der Verbindung A läßt sich durch Nitrierung mit konzentrierter Salpetersäure nur ein einziges Mononitroderivat erhalten, während das Isomer B bei gleichen Bedingungen zwei und das Isomer C schließlich sogar drei verschiedene Mononitroderivate liefert. A muß deshalb das *p*-Dibrombenzol sein, während B bzw. C *o*-Dibrombenzen bzw. *m*-Dibrombenzen sind:

2.5.6   Aliphatisch-aromatische Kohlenwasserstoffe

Aliphatisch-aromatische Kohlenwasserstoffe (Tabelle 2.13) können im Laboratorium entweder durch direkte *Friedel-Crafts-Alkylierung* (S. 694) oder durch *Reduktion* entsprechender Ketone mittels amalgamiertem Zink und Salzsäure *(Clemmensen-Reduktion;* S. 795) oder Hydrazin in alkalischer Lösung *(Wolff-Kishner-Reduktion;* S. 796) erhalten werden:

$$\text{\LARGE[benzene ring]}\!\!-\!\!\underset{\underset{\text{O}}{\|}}{C}\!\!-\!CH_3 \quad \xrightarrow[\text{N}_2\text{H}_4 + \text{NaOH}]{\text{Zn / HCl oder}} \quad \text{\LARGE[benzene ring]}\!\!-\!CH_2CH_3$$

Die Friedel-Crafts-Alkylierung ermöglicht zwar die direkte Einführung von Alkylgruppen; ihr praktischer Nutzen ist jedoch beschränkt, weil häufig Umlagerungen eintreten und sie zudem mit weniger reaktiven Aromaten, wie Nitrobenzen, überhaupt nicht mehr durchführbar ist. Von allgemeinerer Anwendbarkeit sind die beiden Möglichkeiten zur Reduktion von Ketonen, weil diese gewöhnlich z. B. durch Friedel-Crafts-Acylierung (Verwendung von Säurehalogeniden) leicht zugänglich sind.

Tabelle 2.13. *Beispiele von aliphatisch-aromatischen Kohlenwasserstoffen*

Name	Formel	Smp. (°C)	Sdp. (°C)
Benzen	C_6H_6	5,5	80
Toluen	$C_6H_5CH_3$	− 95	111
o-Xylen	$1,2\text{-}C_6H_4(CH_3)_2$	− 25	144
m-Xylen	$1,3\text{-}C_6H_4(CH_3)_2$	− 48	139
p-Xylen	$1,4\text{-}C_6H_4(CH_3)_2$	13	138
Hemmimelliten	$1,2,3\text{-}C_6H_3(CH_3)_3$	− 25	176
Pseudocumen	$1,2,4\text{-}C_6H_3(CH_3)_3$	− 44	169
Mesitylen	$1,3,5\text{-}C_6H_3(CH_3)_3$	− 45	165
Prehniten	$1,2,3,4\text{-}C_6H_2(CH_3)_4$	− 6,5	205
Isoduren	$1,2,3,5\text{-}C_6H_2(CH_3)_4$	− 24	197
Duren	$1,2,4,5\text{-}C_6H_2(CH_3)_4$	80	195
Pentamethylbenzen	$C_6H(CH_3)_5$	53	231
Hexamethylbenzen	$C_6(CH_3)_6$	165	264
Ethylbenzen	$C_6H_5C_2H_5$	− 95	136
Propylbenzen	$C_6H_5CH_2CH_2CH_3$	− 99	159
Cumen	$C_6H_5CH(CH_3)_2$	− 96	152
n-Butylbenzen	$C_6H_5(CH_2)_3CH_3$	− 81	183
Isobutylbenzen	$C_6H_5CH_2CH(CH_3)_2$	− 51	171
tert. Butylbenzen	$C_6H_5C(CH_3)_3$	− 58	169
p-Cymen	$1,4\text{-}CH_3C_6H_4CH(CH_3)_2$	− 70	177
Styren	$C_6H_5CH{=}CH_2$	− 31	145
trans-Stilben	*trans*-$C_6H_5CH{=}CHC_6H_5$	124	307
cis-Stilben	*cis*-$C_6H_5CH{=}CHC_6H_5$	96	360
Tetraphenylethen	$(C_6H_5)_2C{=}C(C_6H_5)_2$	227	425
Phenylacetylen	$C_6H_5C{\equiv}CH$	− 45	142

Aromatische Verbindungen mit aliphatischen Seitenketten zeigen das chemische Verhalten sowohl von Aromaten wie von Paraffinen bzw. Alkenen oder Alkinen. So ergibt z. B. *Toluen* ($C_6H_5CH_3$) mit Brom unter dem Einfluß von Licht Benzylbromid ($C_6H_5CH_2Br$; Bromierung der Seitengruppe), während sich unter der Wirkung von $FeBr_3$ Bromtoluen [$C_6H_4(Br)CH_3$] bildet (Substitution eines Ring-C-Atoms). *Styren* ($C_6H_5CH{=}CH_2$) entfärbt Bromwasser wie irgendein Alken (Bromaddition an die Doppelbindung!). Ebenso wie aber die Reaktivität des aromatischen Ringes durch das Vorhandensein aliphatischer Seitenketten beeinflußt wird, kann ein aromatisches System als Substituent eines aliphatischen Kohlenwasserstoffes auch dessen Reaktionsfähigkeit verändern. So reagiert z. B. Styren deutlich langsamer mit Brom als etwa Propen.

Von den verschiedenen Reaktionen aliphatisch-aromatischer Kohlenwasserstoffe sind die *Oxidation* und die *Halogenierung* besonders erwähnenswert. Während Benzen oder Alkane gegenüber starken Oxidationsmitteln wie z. B. $KMnO_4$ oder $K_2Cr_2O_7$ praktisch völlig inert sind, läßt sich die Seitenkette von Alkylbenzenen durch längeres Kochen mit $KMnO_4$-Lösung zu einer *Carboxylgruppe* (—COOH) oxidieren (Verwendung zur Identifikation von Alkylbenzenen und zur Gewinnung aromatischer Carbonsäuren):

$$\langle\bigcirc\rangle—CH_2CH_2CH_2CH_3 \xrightarrow{KMnO_4} \langle\bigcirc\rangle—COOH \ + \ 3\ CO_2$$

$$CH_3—\langle\bigcirc\rangle—CH_3 \xrightarrow{KMnO_4} HOOC—\langle\bigcirc\rangle—COOH$$

Die *Seitenketten-Halogenierung* – eine Radikalsubstitution – liefert vorzugsweise Produkte, die ein Halogenatom am ersten C-Atom der Seitenkette (dem «Benzyl-C-Atom») tragen:

$$\langle\bigcirc\rangle—CH_2CH_3 \begin{cases} \longrightarrow & \langle\bigcirc\rangle—\overset{\overset{\displaystyle Br}{|}}{C}H—CH_3 \qquad 100\% \\ \\ \not\longrightarrow & \langle\bigcirc\rangle—CH_2—CH_2—Br \qquad \text{mögliches, zweites Produkt;} \\ & \qquad\qquad\qquad\qquad\qquad\text{entsteht nicht} \end{cases}$$

Die verglichen mit gewöhnlichen Alkanen bedeutend größere Leichtigkeit, mit der Benzyl-H-Atome durch Halogenatome ersetzbar sind, beruht – ebenso wie die größere Reaktionsfähigkeit von H-Atomen, die an tertiäre C-Atome von Alkanen gebunden sind – auf der größeren Reaktionsgeschwindigkeit. Wie sich durch Experimente von der auf S.160 geschilderten Art durch «Konkurrenzreaktionen» zeigen läßt, reagiert Toluen bei 40°C mit Brom 3,3 mal so schnell wie ein an ein tertiäres C-Atom gebundenes Wasserstoffatom eines Alkans oder gar $100 \cdot 10^6$ mal schneller als Methan. Benzylradikale werden also offenbar ganz besonders rasch gebildet, und die zu ihrer Bildung erforderliche Aktivierungsenergie ist relativ klein.

2.5.7   Halogenierte Aromaten und Umwelt

Wohl die bekannteste aromatische Halogenverbindung ist das *Insektizid DDT* [Dichlor-diphenyl-trichlorethan; genauer: 1,1,1-Trichlor-2,2-bis(*p*-chlorphenyl)-ethan]:

$$Cl—\langle\bigcirc\rangle—\overset{\overset{\displaystyle |}{CH}}{\underset{\underset{\displaystyle CCl_3}{|}}{}}—\langle\bigcirc\rangle—Cl$$

Die Verbindung war zwar schon seit den achtziger Jahren des 19. Jahrhunderts bekannt; ihre insektizide Wirkung wurde jedoch erst 1941 durch P. Müller (in der Firma Geigy) erkannt. Sie wurde sofort zur Bekämpfung krankheitsübertragender Insekten (vor allem der malariaübertragenden Anopheles-Mücke) eingesetzt, und es gelang tatsächlich, mittels DDT die Malaria auf der Erde nahezu völlig zum Verschwinden zu bringen. Da jedoch DDT –

wie organische Halogenverbindungen allgemein – fettlöslich und zudem biologisch schwer abbaubar ist, reichert es sich im Fettgewebe z.B. von Fischen an und gelangt über die Nahrungskette auch in den Menschen. Es scheint, daß der menschliche Körper gegenüber DDT eine ziemlich große Toleranz besitzt; welche Folgen die Langzeit-Einwirkung auf den Menschen hat, ist allerdings noch ganz unsicher. Das Primärprodukt des DDT-Abbaues in der Natur, 1,1-Dichlor-2,2-bis(*p*-chlorphenyl)ethen, hemmt ein Enzym, das bei Vögeln die Calciumzufuhr bei der Bildung der Eierschale reguliert. Als Folge der weltweiten Verbreitung dieses Abbauproduktes wurden die Populationen gewisser Vogelarten wie Seeadler, Falken, Habichte u.a. schon zu Beginn der fünfziger Jahre stark dezimiert, da die Vögel nicht mehr imstande waren, genügend dickwandige Eier zu bilden. Heute ist die Verwendung von DDT in manchen Ländern verboten, in anderen Ländern stark eingeschränkt worden, allerdings mit der Folge, daß sich die Malaria wieder sehr stark ausbreitet!

Andere chlorierte Aromaten werden als *Herbizide* verwendet:

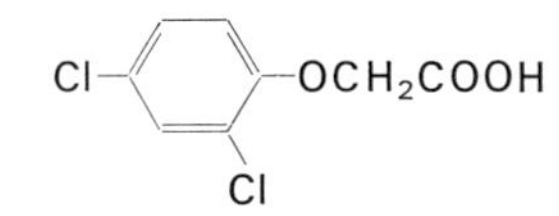

2,4-Dichlorphenoxyessigsäure   2,4,5-Trichlorphenoxyessigsäure
2,4-D   2,4,5-T

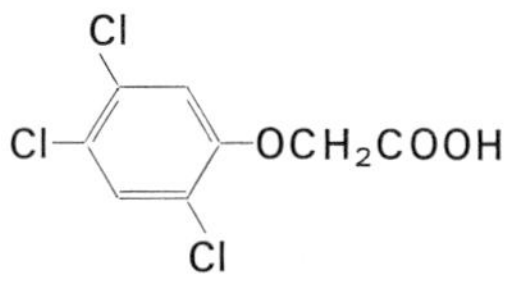

In gewissen Fällen zeigten 2,4,5-T-Präparate ausgesprochen teratogene (Mißbildungen hervorrufende) Nebenwirkungen. Es zeigte sich, daß diese auf 2,3,7,8-Tetrachlordibenzodioxin (*«TCDD»*) zurückzuführen sind, das als Verunreinigung in handelsüblichem 2,4,5-T vorhanden war.

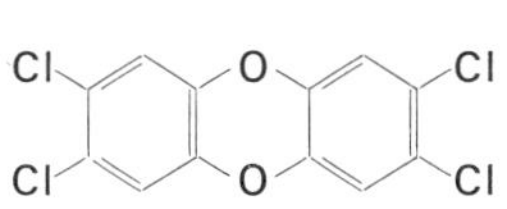

TCDD

Tetrachlordibenzodioxin ist außerordentlich giftig; seine Giftwirkung übertrifft z.B. die Wirkung von Cyanid-Ionen oder der Nervengifte Tabun und Sarin. Gegen biologischen Abbau ist es ebenfalls sehr resistent und gelangt als fettlösliche Substanz in die Nahrungskette. Subletale Mengen bewirken Hautkrankheiten («Chlorakne»). TCDD gelangte zu einer traurigen «Berühmtheit», als im Juli 1976 in Seveso (Italien) durch fehlerhafte Manipulationen und mangelhafte Sicherheitsvorkehrungen gegen 50 kg TCDD in die Atmosphäre gelangten. Das TCDD entstand hier als Nebenprodukt bei der Herstellung von 2,4,5-Trichlorphenol, weil die Höchsttemperatur von 160 °C überschritten wurde:

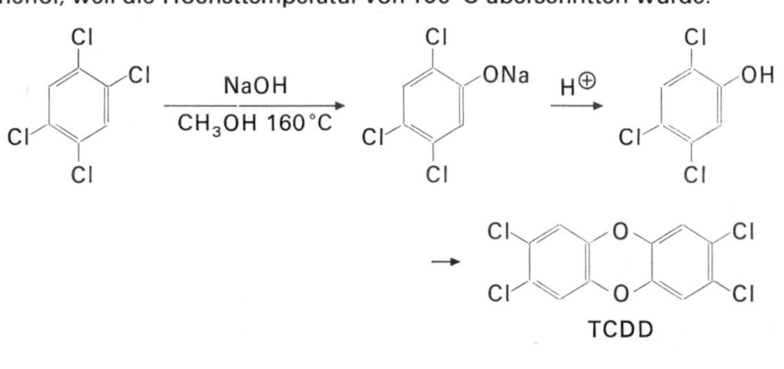

TCDD

Das 2,4,5-Trichlorphenol ist Zwischenprodukt für die Herstellung des (u.a. auch in Zahnpasten) verwendeten Desinfektionsmittels *Hexachlorophen:*

Hexachlorophen

Als letzte Beispiele halogenierter Aromaten sollen die *polychlorierten Biphenyle (PCB)* erwähnt werden. Hier kann jedes Wasserstoffatom im Biphenylmolekül durch ein Chloratom ersetzt sein, wodurch insgesamt 210 verschiedene Verbindungen möglich sind (!). Die Gemische werden bei der Herstellung nicht getrennt und üblicherweise durch ihren Gehalt an Chlor charakterisiert; die industriell verwendeten PCB enthalten meist 40–60% Chlor. Solche Gemische werden schon seit 1929 für die verschiedenartigsten Zwecke verwendet, z.B. als Kühlflüssigkeiten für Transformatoren und Kondensatoren, für Thermostaten, für hydraulische Systeme, als Weichmacher für Polystyren, in Druckerschwärzen und Kohlepapieren, zur Auskleidung von Gußformen für Metalle usw.
Die PCB gehören zu den heute in der Umwelt am meisten verbreiteten Chemikalien. Sie wurden in den verschiedenartigsten Lebewesen, selbst in Eisbären aus den Polargebieten, in Regenwasser und natürlich auch im menschlichen Körper nachgewiesen. Auch die PCB sind sehr widerstandsfähig gegenüber biologischem Abbau und reichern sich in der Nahrungskette an. Fische, die in mit PCB verunreinigtem Wasser leben, können in ihrem Körper bis das 10^5-fache an PCB enthalten, als das Wasser. Die Giftigkeit der PCB hängt stark von der Zusammensetzung des Gemisches ab; über die Folgen der Langzeiteinwirkung weiß man heute noch kaum etwas.

2.5.8   Technische Gewinnung aromatischer Kohlenwasserstoffe

Bis nach dem Zweiten Weltkrieg bildete der Steinkohlenteer die wichtigste Quelle aromatischer Kohlenwasserstoffe. *Steinkohlenteer* entsteht bei der Verkokung von Steinkohle, d.h. beim Erhitzen der Kohle unter Luftabschluß. Die in der ursprünglichen Kohle enthaltenen Elemente H, O, N, S u.a. entweichen dabei in Form flüchtiger Verbindungen, welche das *Steinkohlengas* bilden oder im *«Gaswasser»* gelöst bleiben: CH_4, C_2H_6, C_2H_4, NH_3, HCN, H_2O, CO, CO_2, H_2S u.a., und als Rückstand bleibt *Koks* (mit einem C-Gehalt von bis 98%), der als Brennmaterial und zur Reduktion der Eisenerze im Hochofen Verwendung findet.
Neben den gasförmigen Produkten und dem Gaswasser erhält man bei der Verkokung stets auch einen gewissen Anteil an dickflüssigem, braunschwarzem *Teer.* Dieser ist ein kompliziertes Gemisch vieler (vor allem aromatischer) Verbindungen (bis heute sind über 500 verschiedene Verbindungen im Steinkohlenteer nachgewiesen!); die mengenmäßig bedeutendste Komponente ist Naphthalen (etwa 10%), während Benzen nur zu etwa 0,4% darin enthalten ist (wegen seines verhältnismäßig niedern Siedepunktes enthält das rohe Steinkohlengas erhebliche Mengen von Benzen). Ursprünglich bildete der Teer ein schwer zu verwertendes Nebenprodukt (Hauptprodukt war neben dem Koks das Steinkohlengas [«Leuchtgas»]); mit dem Aufschwung der Chemie der Aromaten im Laufe der zweiten Hälfte des letzten Jahrhunderts, insbesondere zur Gewinnung von Farbstoffen und Pharmazeu-

tika, wurde er zu einem wertvollen Rohstoff, aus welchem zahlreiche aromatische Grundchemikalien gewonnen wurden: Benzen, Toluen, Xylene, Naphthalen, Anthracen, heterozyklische Aromaten (Pyridin, Methylpyridine) usw. Die Abtrennung der einzelnen Komponenten geschieht durch Destillation und Extraktion; so gewinnt man die Pyridinbasen durch Extraktion mit verdünnter Schwefelsäure und anschließendem Ausfällen mit Ammoniak, während Phenole (Hydroxybenzene) durch Extraktion mit Natronlauge gewonnen werden.

Seit dem Zweiten Weltkrieg stieg der Bedarf an Aromaten, insbesondere an Benzenderivaten, sehr stark an. Im Zusammenhang mit der Entwicklung «gezielter» Crackverfahren zur Gewinnung von Hochoktan-Treibstoffen gelang es, auch aus *Erdöl* – das zur Hauptsache offenkettige aliphatische Kohlenwasserstoffe enthält – Aromaten zu gewinnen. Beim «Platforming»-Verfahren wird «straight-run»-Benzin (d.h. gewöhnliche Benzinfraktionen) bei 500 bis 600°C und 50 bar Druck über einen Platin-Kontakt geleitet. Dabei finden Dehydrierungen von Cycloaliphaten zu Aromaten und dehydrierende Cyclisierungen von offenkettigen Aliphaten zu Aromaten statt. Aus *n*-Hexan entsteht auf diese Weise Benzen; *n*-Heptan liefert Toluen (über Methylcyclohexan) usw. Das Erdöl hat den Steinkohlenteer in seiner Bedeutung als Rohstoff zur Gewinnung von Aromaten längst weit überflügelt; in den USA stammen um 99% aller organischen Rohstoffe aus Erdöl, und auch in Deutschland (Bundesrepublik) liefern heute Erdöl und Erdgas gegen 90% der Rohstoffe für die organisch-chemische Industrie. Einzig die Aromaten mit kondensierten Ringsystemen, wie Naphthalin, Anthracen, Phenanthren u.a., die besonders für die Farbenindustrie unentbehrliche Grundstoffe sind, werden auch heute noch hauptsächlich aus dem Steinkohlenteer gewonnen. Zu diesem Zweck wurden in den USA Verfahren entwickelt, die es gestatten, durch besondere Methoden bei der Verkokung von Steinkohle den Gehalt des Teers an Naphthalen und schwereren Aromaten sehr stark zu steigern.

Die **«Petrochemie»** ist dadurch zu einem außerordentlich wichtigen Wirtschaftszweig geworden, obschon der eigentlich petrochemisch verwertbare Anteil des Rohöls relativ klein ist. Weitaus die Hauptmengen des Erdöls (rund 85%) dienen der Energiegewinnung in Form von Heizöl (65%) und von Treibstoffen (Benzin, Petroleum [«Kerosin«] sowie Heizgase (20%). Etwa 7% des Rohöls werden auf Schmiermittel und Paraffine verarbeitet, und nur etwa 3% sind petrochemische Rohstoffe!

Übungen

2.5.1 Schreiben Sie die Strukturformeln für folgende Verbindungen:
    (a) Benzylchlorid
    (b) 2,4-Dichlornitrobenzen
    (c) 2,3-Diphenylbutan
    (d) Diphenylacetylen
    (e) *m*-Dinitrobenzen

2.5.2 Geben Sie die Strukturen und Namen aller möglichen Isomere folgender Substanzen an:
    (a) Aminobenzoesäuren (NH_2—C_6H_4—$COOH$)
    (b) Trimethylbenzene
    (c) Trinitrotoluene
    (d) C_9H_{12}

2.5.3 Wie viele isomere Monosubstitutionsprodukte sind theoretisch von folgenden Verbindungen der Molekularformel C_6H_6 möglich? Wie viele Disubstitutionsprodukte? Welche Formeln kämen nach den Isomerenzahlen für Benzen in Frage?

$$HC{\equiv}C{-}CH_2{-}CH_2{-}C{\equiv}CH \qquad HC{\equiv}C{-}CH_2{-}C{\equiv}C{-}CH_3 \qquad HC{\equiv}C{-}C{\equiv}C{-}CH_2{-}CH_3$$

(1)   (2)   (3)

$$\begin{array}{c}CH_2\\\parallel\\CH_2{=}C{-}\overset{C}{}{-}C{=}CH_2\end{array} \qquad \begin{array}{c}CH_2\\|\\CH_2\end{array}{>}C{=}C{=}C{=}CH_2$$

(4)   (5)

2.5.4   Die drei Tribrombenzene besitzen die Schmelzpunkte 44 °C, 87 °C und 120 °C. Können diesen Verbindungen auf Grund der Isomerenzahlen bei weiterer Substitution («Ortsbestimmung») eindeutige Strukturformeln zugeschrieben werden?

2.5.5   Welche Gründe sprechen für, welche gegen die Kekulé-Formel?

2.5.6   Erklären Sie die besondere Stabilität von Benzen. Wie läßt sich diese Stabilität experimentell feststellen?

2.5.7   Was bedeutet die «Delokalisationsenergie»?

2.5.8   Vergleichen Sie die beiden zur Beschreibung von aromatischen Systemen verfügbaren quantenchemischen Methoden!

2.5.9   Welches sind die Vorteile der VB-Beschreibung?

2.5.10 Erklären Sie den aromatischen Charakter des Cyclopentadienyl-Anions, von Thiophen und von Azulen. Thiophen ist stärker aromatisch (zeigt die aromatischen Eigenschaften in einem stärkeren Ausmaß) als das sauerstoffanaloge Furan. Warum?

2.5.11 Warum muß ein aromatisches System eben gebaut sein? (MO-Modell beachten!)

2.5.12 Was wird man beobachten, wenn die gelbe Lösung des Tritylradikals in CS_2 verdünnt wird? Was wird bei Temperaturerhöhung geschehen?

2.5.13 Formulieren Sie die Grenzstrukturen für das Tritylradikal!

2.5.14 Anthracen wird relativ an den beiden *p*-C-Atomen des mittleren Ringes oxidiert, wobei sich das für die Farbstoffindustrie wichtige Anthrachinon bildet. Warum ist diese Oxidation so leicht möglich?

= Anthrachinon

2.5.15 Ethylbenzen und Brom geben bei Belichtung zu 100 % $C_6H_5\overset{Br}{\underset{|}{C}}H{-}CH_3$. Aus Chlor und Ethylbenzen erhält man – unter gleichen Bedingungen – etwa 85 % $C_6H_5\overset{}{\underset{|}{C}}H{-}CH_3$ und 15 % $C_6H_5CH_2CH_2Cl$. Erklären Sie diese Ergebnisse!
Cl

2.5.16 Geben Sie einfache Reaktionen an, mit deren Hilfe zwischen folgenden Stoffen unterschieden werden kann:
(a) Cyclohexen und Benzen, (b) Cyclohexan und Benzen, (c) Toluen und Benzen, (d) Styren und Ethylbenzen, (e) Phenylacetylen und Styren

2.5.17 Eine Substanz der Molekularformel $C_{14}H_{12}$ gibt mit Tetranitromethan eine Farbreaktion und liefert das IR-Spektrum der Abb. 2.37. Geben Sie ihre Struktur an!

2.5.18 Abb. 2.38 zeigt das IR-Spektrum von *p*-Cymen (*p*-Isopropyltoluen). Versuchen Sie möglichst viele Banden zu identifizieren!

2.5.19 Abb. 2.39 zeigt das NMR-Spektrum einer Substanz $C_{10}H_{14}$. Geben Sie ihre Struktur an!

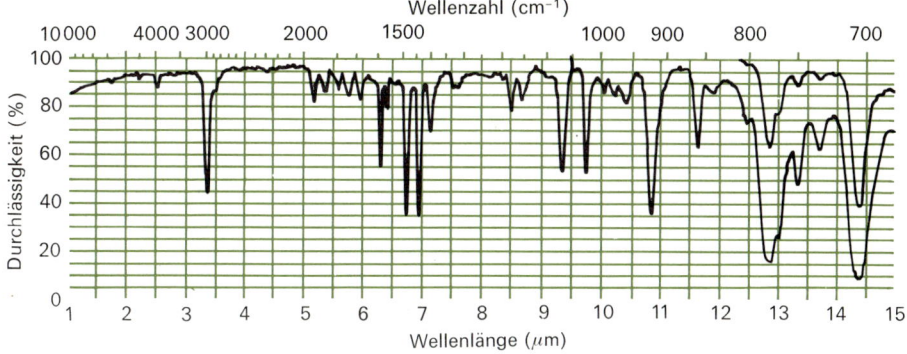

Abb. 2.37. IR-Spektrum zu Aufgabe 2.5.17

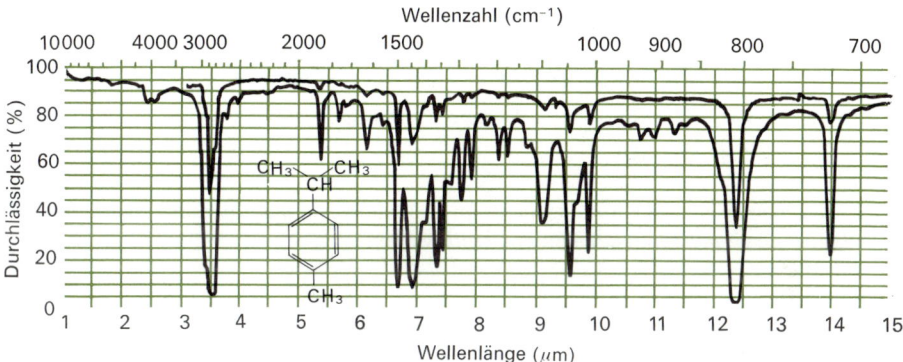

Abb. 2.38. IR-Spektrum zu Aufgabe 2.5.18

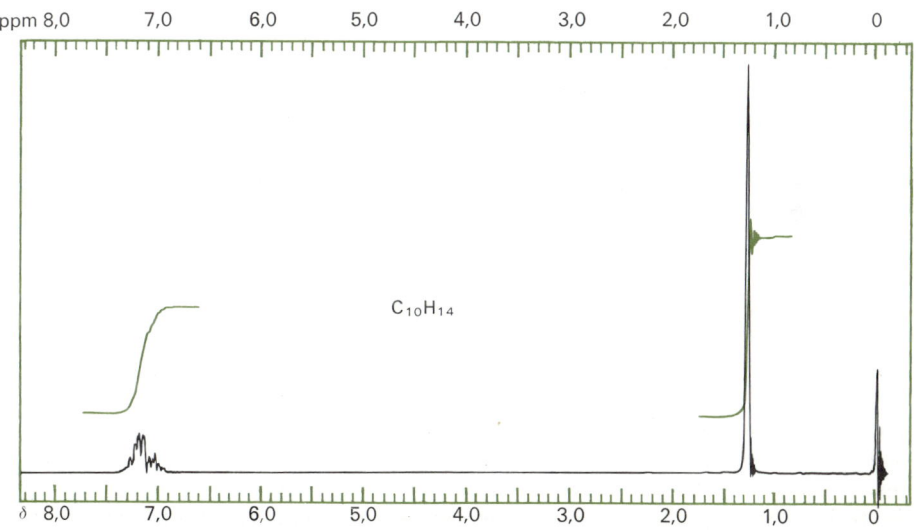

Abb. 2.39. NMR-Spektrum zu Aufgabe 2.5.19

2.6   Nomenklatur organischer Verbindungen

2.6.1   Trivialnamen

In der Frühzeit der organischen Chemie waren nur relativ wenige Stoffe bekannt, die meist mehr oder weniger willkürlich nach ihrem Vorkommen oder nach irgendeiner für sie charakteristischen Eigenschaft benannt wurden. Eine systematische Nomenklatur wurde damals gar nicht angestebt, so daß diese Namen in keinerlei Beziehung zur Struktur der betreffenden Stoffe stehen. Beispiele solcher *Trivialnamen* sind:

$$H_2N-\underset{\underset{O}{\|}}{C}-NH_2 \qquad \text{Harnstoff (isoliert aus Harn; engl. }\textit{urea)}$$

$$\text{\hexagon}-NH_2 \qquad \text{Anilin (span. }\textit{añil}\text{ = Indigo)}$$

$$CH_2{=}CH-CH_2OH \qquad \text{Allylalkohol }\textit{(allium}\text{ lat. = Lauch, Zwiebel)}$$

$$CH_3-CH{=}CH-CHO \qquad \text{Crotonaldehyd (aus Crotonöl)}$$

$$\underset{\underset{OH}{|}}{CH_2}-\underset{\underset{OH}{|}}{CH}-\underset{\underset{OH}{|}}{CH_2} \qquad \text{Glycerol }\textit{(glykys}\text{ gr. = süß)}$$

Viele Trivialnamen sind auch heute noch im Gebrauch. Sie sind in keiner Weise logisch ableitbar, sondern müssen regelrecht *«gelernt»* werden.

2.6.2   Systematische Nomenklatur: Substitutionsnamen

Mit der wachsenden Zahl bekannter organischer Verbindungen wurde eine systematisch aufgebaute Nomenklatur allmählich zu einem dringenden Bedürfnis, da es unmöglich wurde, für alle bekannten Stoffe Trivialnamen zu «erfinden» und diese alle einzeln zu memorieren. Am frühesten erhielten die *Paraffinkohlenwasserstoffe* systematische Namen (mit Ausnahme der ersten vier); ihre Bezeichnungen entsprechen griechischen Zahlwörtern, welche die Anzahl der C-Atome angeben, und die mit der für die Alkane typischen Endung *-an* versehen werden. Kohlenwasserstoffe mit unverzweigten Ketten wurden durch ein vorangestelltes *n-* («*n*-Hexan», gelesen «normal-Hexan») gekennzeichnet; Alkane mit zwei Methylgruppen am Ende erhielten die Vorsilbe *Iso-* und solche mit drei endständigen Methylgruppen die Vorsilbe *Neo-*.

Beispiele:

$$\begin{matrix} CH_3\diagdown \\ \\ CH_3\diagup \end{matrix} CH-CH_2-CH_2-CH_3 \qquad \begin{matrix} CH_3\diagdown \\ CH_3{-}C-CH_2-CH_3 \\ CH_3\diagup \end{matrix} \qquad \begin{matrix} CH_3 \\ | \\ CH_3{-}C{-}CH_3 \\ | \\ CH_3 \end{matrix}$$

$$\qquad\qquad \text{Isohexan} \qquad\qquad\qquad \text{Neohexan} \qquad\qquad \text{Neopentan}$$

Von den Namen der Paraffinkohlenwasserstoffe und auch anderer Kohlenwasserstoffe lassen sich nun die Namen vieler Verbindungen ableiten, wenn man diese als Substitutionsprodukte eines Kohlenwasserstoffes betrachtet. Solche **«Substitutionsnamen»** vermögen bereits *Aussagen über die Struktur des betreffenden Stoffes* zu machen und werden auch heute noch vielfach gebraucht.

Beispiele:

CH_3-CH_2-Br Ethylbromid

$CH_3-C\equiv CH$ Methylacetylen

$CH_3-CH_2-CH_2OH$ Propylakohol

$\begin{matrix} CH_3 \\ \\ CH_3 \end{matrix}\!\!\!>\!CH-CH_2OH$ Isobutylkohol

$\begin{matrix} CH_3 \\ \\ C_2H_5 \end{matrix}\!\!\!>\!C=O$ Methylethylketon

(Der Name «Keton» stammt vom Aceton, CH_3COCH_3, dem einfachsten Keton)

Um die jeweilige Stellung des Substituenten anzugeben, werden in gewissen Fällen Abkürzungen eingeführt. Man bezeichnet auch die der funktionellen Gruppe benachbarten C-Atome mit α, β, γ usw. (der Buchstabe ω wird für das letzte Glied einer Kette verwendet):

$$CH_3\!-\!\overset{\displaystyle Br}{\underset{\displaystyle Br}{\overset{|}{\underset{|}{C}}}}\!-\!CH_3 \qquad gem\text{-Dibrompropan } (gem = \text{geminal}; geminus \text{ lat.} = \text{Zwilling})$$

$$CH_3\!-\!\underset{\displaystyle Br}{\overset{|}{CH}}\!-\!\underset{\displaystyle Br}{\overset{|}{CH_2}} \qquad vic\text{-Dibrompropan } (vic = \text{vicinal}; vicinus \text{ lat.} = \text{benachbart})$$

$$\overset{\displaystyle \omega}{C}\cdots\cdots\cdots\overset{\displaystyle \gamma}{C}\!-\!\overset{\displaystyle \beta}{C}\!-\!\overset{\displaystyle \alpha}{C}\!-\!\underset{\displaystyle O}{\overset{\displaystyle \alpha}{\overset{|}{C}}}\!\!=\!\!-\!\overset{\displaystyle \alpha}{C}\!- \qquad \text{z. B.} \quad \langle\!\langle\rangle\!\rangle\!-\!CH_2CH_2OH \;=\!\beta\text{-Phenylethylalkohol}$$

2.6.3 Systematische Nomenklatur: IUPAC-Nomenklatur

Am internationalen Chemiker-Kongreß in Genf (1892) wurden erstmals verbindliche Regeln für die Benennung organischer Verbindungen aufgestellt, welche es erlauben, jede Substanz eindeutig zu bezeichnen, wobei aus ihrem Namen auf die Struktur geschlossen werden kann. Das damals vorgeschlagene System wurde seither vielfach ergänzt und teilweise auch modifiziert; ein besonderes Organ der IUPAC («International Union of Pure and Applied Chemistry»), der Nomenklaturausschuß, befaßt sich ständig mit Fragen der Nomenklatur und legt seine Ergebnisse an den alle vier Jahre durchgeführten IUPAC-Kongressen vor.

Für die **Genfer («IUPAC-») Nomenklatur** gelten folgende wichtigste Grundsätze:

Grundsatz 1: Für die zu benennende Verbindung sucht man die *längste C-Kette im Molekül,* welche *die wichtigste funktionelle Gruppe* enthalten soll, d. h. die Gruppe mit gemäß Tabelle 2.14 *höchster Priorität.* Alkylgruppen (Kettenverzweigungen) werden als Substituenten bezeichnet und haben die niedrigste Priorität.

In der längsten Kette werden die Kohlenstoffatome *durchnumeriert* und zwar so, daß die wichtigste funktionelle Gruppe bzw. eine eventuell vorhandene Doppel- oder Dreifachbindung bzw. die Verzweigungsstellen möglichst *niedere* Zahlen erhalten. Die Präfixe Di-, Tri-, Tetra- usw. geben an, daß zwei (drei, vier) identische Substituenten bzw. funktionelle Gruppen vorhanden sind. Die Aufzählung der verschiedenen Substituenten erfolgt in alphabetischer Reihenfolge.

Tabelle 2.14. Reihenfolge der funktionellen Gruppen gemäß abnehmender Priorität

Substanz-klasse	funktionelle Gruppe	Endung	Name als Substituent
Carbonsäure	$-COOH$	-säure	-carbonsäure
Carbonsäurechlorid	$-C\overset{\displaystyle\nearrow O}{\underset{\displaystyle\searrow Cl}{}}$	-säurechlorid	
Carbonsäureester	$-COOR$	-at	
Carbonsäureamid	$-C\overset{\displaystyle\nearrow O}{\underset{\displaystyle\searrow NH_2}{}}$	-säureamid	
Nitril	$-C\equiv N$	-nitril	cyano-
Aldehyd	$-CHO$	-al	oxo-
Keton	$>C=O$	-on	oxo-
Alkohol	$-OH$	-ol	oxy-
Ether	$-OR$		R-oxy-
Kohlenwasserstoffe	$-H$	-an, -en, -in	

Substituenten, die sich aus anderen Molekülen durch Ersatz eines H-Atoms ableiten, erhalten die Endung *-yl*: Methyl- für CH_3-, Isopropyl- für $(CH_3)_2CH-$, Ethenyl- für $CH_2=CH-$ usw. In ungesättigten Substituenten wird die Lage der Doppel-(Dreifach-)bindung ebenfalls durch eine Zahl angegeben:

$$CH_3CH_2CH=CH- \qquad 1\text{-Butenyl-}$$
$$CH_2=CHCH_2CH_2- \qquad 3\text{-Butenyl-}$$

Verzweigte Seitenketten werden prinzipiell gleichartig benannt. Die längste Kohlenstoffkette des Substituenten wird durchnumeriert (wobei mit der Numerierung an demjenigen C-Atom begonnen wird, das direkt an die «Stamm-Kette» gebunden ist); durch Klammern wird die Numerierung des Substituenten und der Stamm-Kette getrennt.

Beispiele:

Numerierung der C-Kette

richtig

$$\begin{array}{c} C \\ 1 \;\; 2| \;\; 3 \;\; 4 \\ C-C-C-C \\ | \\ C \end{array}$$

$$\begin{array}{c} 4 \;\; 3 \;\; 2 \\ C-C-C-C \\ | \\ 1C-Cl \end{array}$$

falsch

$$\begin{array}{c} C \\ 4 \;\; 3| \;\; 2 \;\; 1 \\ C-C-C-C \\ | \\ C \end{array}$$

$$\begin{array}{c} 4 \;\; 3 \;\; 2 \;\; 1 \\ C-C-C-C \\ | \\ C-Cl \end{array}$$

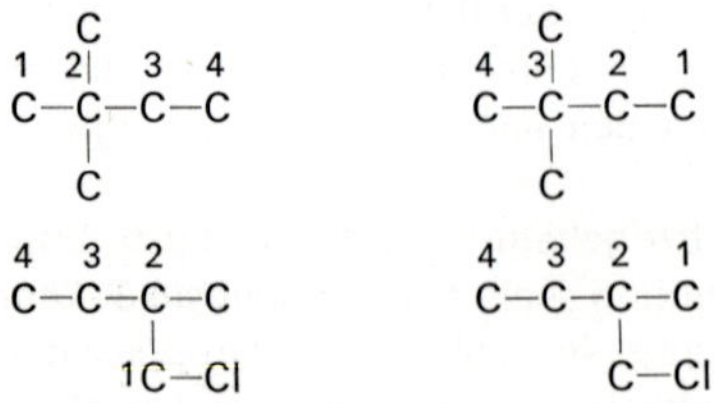

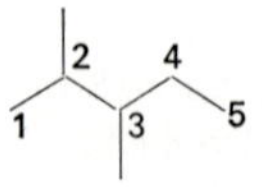

2,3-Dimethylpentan
(nicht 3,4-Dimethylpentan)

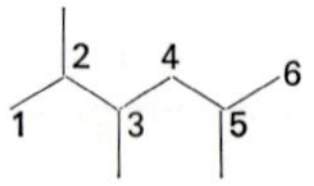

2,3,5-Trimethylhexan
(nicht 2,4,5-Trimethylhexan)

Tabelle 2.15. Bezeichnungen häufig vorkommender Substituenten

gebräuchlich		IUPAC
	$CH_3-CH=$	Ethyliden-
Allyl-	$CH_2=CH-CH_2-$	2-Propenyl-
Amyl-	$CH_3(CH_2)_4-$	Pentyl-
Benzal-	⬡$-CH<$	Phenylmethyliden-
Benzyl-	⬡$-CH_2-$	Phenylmethyl-
tert. Butyl-	$(CH_3)_3C-$	1,1-Dimethylethyl-
Crotyl-	$CH_3-CH=CH-CH_2-$	2-Butenyl-
Isobutyl-	$(CH_3)_2CH-CH_2-$	2-Methylpropyl-
Isopropyl-	$(CH_3)_2CH-$	1-Methylethyl-
Isopropenyl-	$\begin{matrix}CH_2\\ CH_3\end{matrix}{>}C-$	1-Methylethenyl-
Isopropyliden-	$\begin{matrix}CH_3\\ CH_3\end{matrix}{>}C=$	1-Methylethyliden-
Methylen-	$-CH_2-$	Methylen-
Methyliden-	$CH_2=$	Methyliden-
Phenyl-	⬡$-$ (abgekürzt oft ∅)	Phenyl-
Phenylen-	⬡ *ortho*	Phenylen-
	⬡ *meta*	
	⬡ *para*	
Propargyl-	$HC{\equiv}C-CH_2-$	1-Propinyl-
Propenyl-	$CH_3-CH=CH-$	1-Propenyl-
Toluyl-	⬡$-CH_3$ *ortho*	Methylphenyl-
	⬡$-CH_3$ *meta*	
	⬡$-CH_3$ *para*	
Vinyl-	$CH_2=CH-$	Ethenyl-

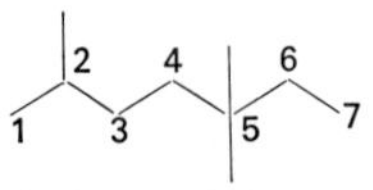

2,5,5-Trimethylheptan
(nicht 3,3,6-Trimethylheptan; obschon die Summe von
2 + 5 + 5 gleich der Summe von 3 + 3 + 6 ist, wählt man
die erstere Bezeichnung, da sie die kleinere Zahl 2
enthält)

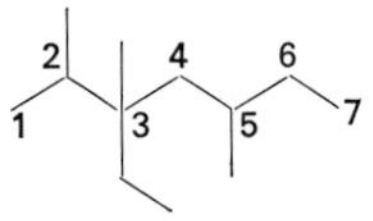

3-Ethyl-2,3,5-trimethylheptan oder
3-Isopropyl-3,5-dimethylheptan

Die erstere Bezeichnung wird bevorzugt, da sie weniger
komplexe Substituenten benötigt (Ethyl- an Stelle von
Isopropyl-)

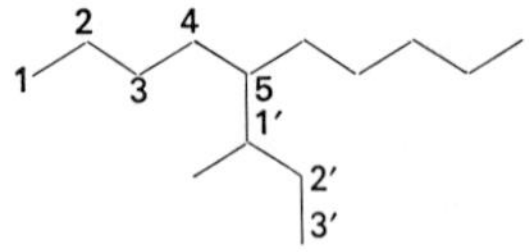

5-(1-Methylpropyl)dekan

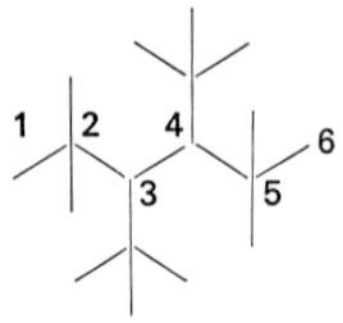

3,4-Bis(1,1-dimethylethyl-)-2,2,5,5-tetramethylhexan
(«bis» bedeutet das zweimalige Vorkommen des gleichen
komplexen Substituenten)

Grundsatz 2: Die *funktionellen Gruppen* können im Prinzip auf zwei Arten angegeben werden. In der Regel verwendet man für sie charakteristische *Endungen:* -en (Doppelbindung), -in (Dreifachbindung), -ol (Hydroxylgruppe), -on (Ketogruppe, d.h. binnenständige Carbonylgruppe), -al (Aldehydgruppe, d.h. endständige Carbonylgruppe), -säure (Carboxylgruppe) usw. Die andere Möglichkeit besteht darin, die Bezeichnungen der funktionellen Gruppen dem Namen *einzufügen.* Die Hydroxylgruppe erhält dann die Bezeichnung -hydroxy-, die Carbonylgruppe den Namen -oxo-. Halogenatome, die Nitrogruppe ($-NO_2$), die Aminogruppe ($-NH_2$), die Nitrosogruppe ($-NO$) und die Azogruppe ($-N=N-$) werden – für die Zwecke der Nomenklatur – stets als Substituenten behandelt: $CH_3CH_2CH_2NH_2 = $ 1-Aminopropan, $CH_3NO_2 = $ Nitromethan, $C_6H_5-N=N-C_6H_5 = $ Azobenzen usw.

Die Zahl, welche die Stellung der funktionellen Gruppe angibt, kann im Prinzip an verschiedenen Stellen eingefügt werden. Für die folgende Verbindung gibt es z.B. zwei Möglichkeiten:

5-Methylhexan-2-ol   oder
5-Methyl-2-hexanol

Gemäß den Nomenklaturregeln sollte man Namen nicht unnötigerweise trennen; die korrekte Bezeichnung wäre demnach 5-Methyl-2-hexanol. Gelegentlich hängt man die Zahl auch an die Bezeichnung der betreffenden funktionellen Gruppe an: 5-Methylhexan-ol-(2).

Beispiele:

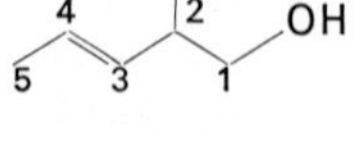

2-Methyl-3-penten-1-ol[1] oder
3-Methylpenten-(2)-ol-(1)

[1] Siehe S.173

3,5-Dimethyl-4-hexenal
(Die Stellung der Carbonylgruppe muß in diesem Fall nicht angegeben werden, da eine Aldehydgruppe –CHO stets endständig ist.)

4-Methyl-3-hexanon oder
4-Methylhexanon-(3)

3-Ethyl-4-methylpentansäure
(Auch in diesem Fall ist für die Bezeichnung «säure» keine Ziffer nötig.)

2-Ethyl-5-methyl-2,4-hexadien-1-ol

1-Amino-3-methyl-2-buten

In solchen Fällen betrachtet man die Carboxylgruppe als Substituenten und nennt die Verbindung 2-Methylcyclohexan-carbonsäure. (Das mit der Carboxylgruppe verbundene Ring-C-Atom erhält automatisch die Nummer 1)

Gewöhnliche *Ringverbindungen* erhalten die Vorsilben *Cyclo-*. Bei *polyzyklischen* Ring-verbindungen wird die Nomenklatur komplizierter. Die Anzahl der vorhandenen Ringe wird durch die Präfixe «Bicyclo-», «Tricyclo-» usw. angegeben. Die Größe der Ringe wird durch Zählen der C-Atome zwischen den «Brückenköpfen» ausgedrückt, wobei man mit der längsten Brücke beginnt. Dekalin – ein Bicyclodekan – enthält in zwei Brücken je vier, in der dritten kein C-Atom und wird dementsprechend als Bicyclo [4.4.0]dekan bezeichnet. (Die Nummern werden stets in eckige Klammern gesetzt und jeweils durch einen Punkt voneinander getrennt.)

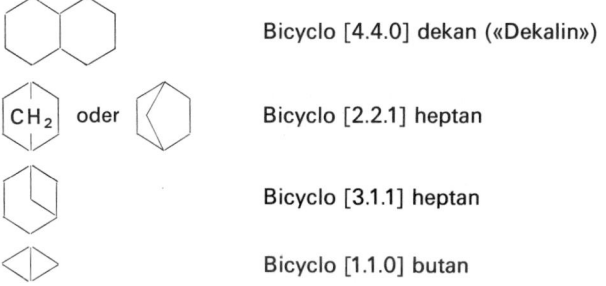

Bicyclo [4.4.0] dekan («Dekalin»)

Bicyclo [2.2.1] heptan

Bicyclo [3.1.1] heptan

Bicyclo [1.1.0] butan

[1] Enthält ein Molekül sowohl eine Doppel- (oder Dreifach-) bindung (-en bzw. -in) und eine Hydroxyl-gruppe, so hat die Hydroxylgruppe gemäß Tabelle 2.14 die höhere Priorität und ist damit die «wichtigere» funktionelle Gruppe. Man beginnt dann mit der Zählung derart, daß die das Hydroxyl-C-Atom eine möglichst niedere Zahl erhält und ordnet die Endungen -enol (bzw. -inol), nicht -olen.

Sind Substituenten vorhanden, so ist nach dem IUPAC-System derjenige Ring der *«Haupt-ring»*, der die größte Zahl von C-Atomen enthält. Die Numerierung beginnt beim einen Brückenkopf und geht dann über die längste Brücke zum zweiten Brückenkopf und schließlich über die kürzere Brücke zur kürzesten Brücke. Sind zwei Ringe nur durch ein einziges C-Atom verbunden, so fügt man den Ausdruck -spiro- in den Namen ein.

Beispiele:

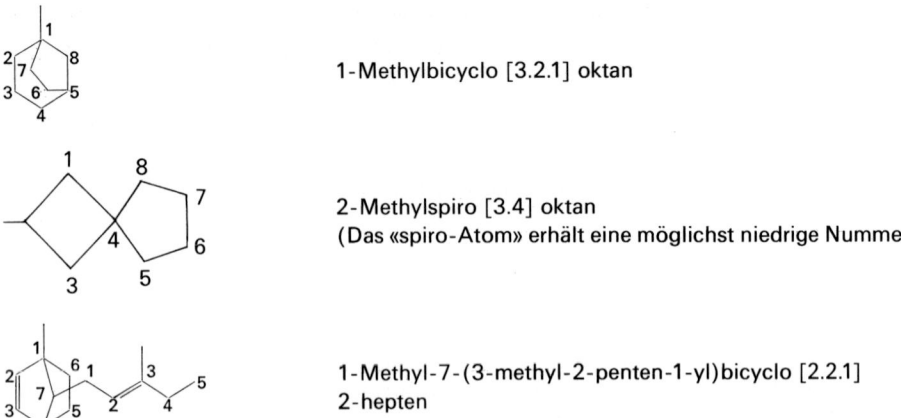

1-Methylbicyclo [3.2.1] oktan

2-Methylspiro [3.4] oktan
(Das «spiro-Atom» erhält eine möglichst niedrige Nummer.)

1-Methyl-7-(3-methyl-2-penten-1-yl)bicyclo [2.2.1] 2-hepten

In trizyklischen Ringen bildet man aus dem größten Ring und der längsten Brücke ein bizyklisches System. Die Lage der vierten («sekundären») Brücke wird durch kleine Hochzahlen angegeben. Beispiel:

$$
\begin{array}{c}
\overset{1}{C}H \\
\overset{2}{H_2C} \quad \overset{8}{C}H_2 \quad \overset{9}{C}H_2 \\
\overset{10}{C}H_2 \quad \overset{7}{C}H \quad \overset{6}{C}H_2 \\
\overset{}{H}\overset{}{C} \quad \overset{}{C}H \\
\overset{3}{\,} \quad \overset{5}{\,} \\
\overset{}{C}H_2 \\
\overset{4}{\,}
\end{array}
$$

Tricyclo [3.3.1.1^{3,7}] dekan
(= Adamantan)

Um umgekehrt aus einem gegebenen *Namen* eines polyzyklischen Ringsystems die *Struktur* abzuleiten, beginnt man mit einem Paar C-Atome und verbindet sie, wie im Namen angegeben, numeriert das anfängliche Skelett, bildet die weiteren Verbindungen und zeichnet die Substituenten an den entsprechenden Stellen ein.

Beispiel: 6-Chlor-3-methylbicyclo [3.2.1] oktan

[3.   [3.2   [3.2.1]   6-Chlor-3-methylbicyclo-
                                                  [3.2.1]oktan

Die Tabelle 2.16 bringt einige Beispiele von polyzyklischen Kohlenwasserstoffen, die kleine Ringe enthalten, während die Numerierung der C-Atomen in polyzyklischen Aromaten in Tabelle 2.17 angegeben ist.

Tabelle 2.16. Beispiele von polyzyklischen Kohlenwasserstoffen, die kleine Ringe enthalten

Name	Struktur	Smp. °C	Sdp. °C
Bicyclo [1.1.0] butan		–	8
Spiro [2.2] pentan		–107	39
Bicyclo [2.1.0] pentan		–	45.5
Cuban		130–131	–
Tricyclo [4.2.2.0^{1,6}] dekan		32	109^{11} mm
Tricyclo [3.2.2.0^{1,5}] nonan		11	–
Tricyclo [3.2.1.0^{1,5}] oktan		–	45^{25} mm
Bicyclo [3.3.1]-1-nonen		–	~60^{5} mm

Tabelle 2.17. Numerierung polykondensierter Aromaten

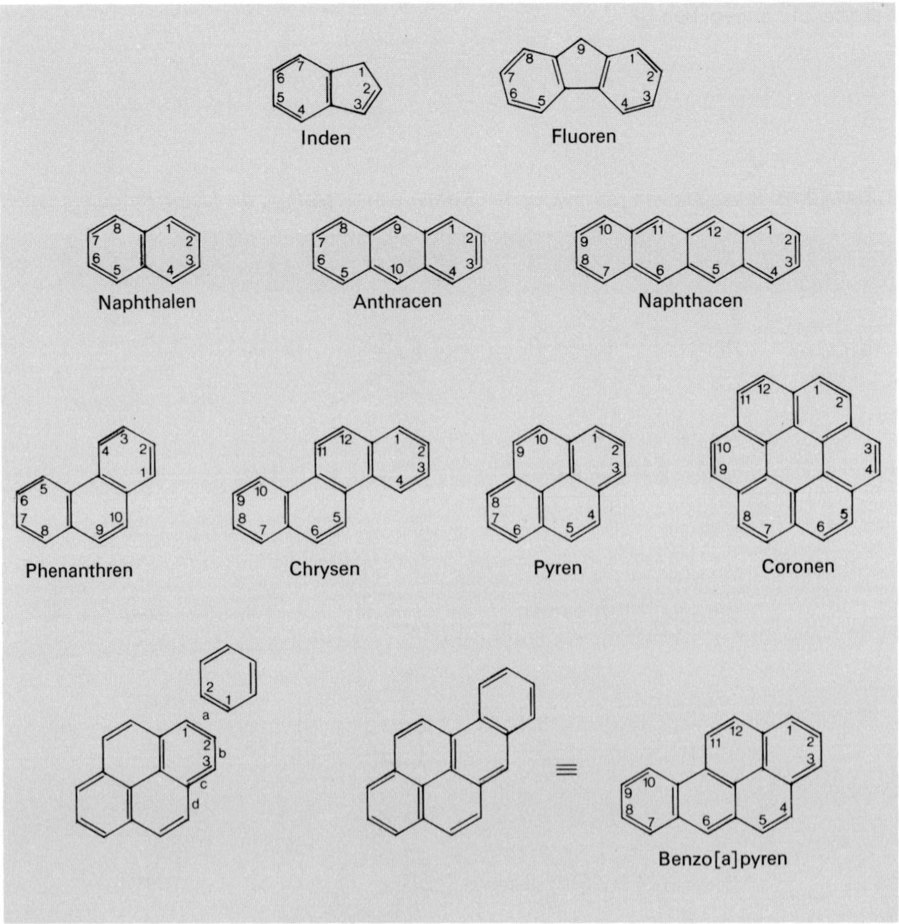

Inden   Fluoren

Naphthalen   Anthracen   Naphthacen

Phenanthren   Chrysen   Pyren   Coronen

Benzo[a]pyren

Übungen

2.6.1   Geben Sie von folgenden Substanzen Strukturformel und IUPAC-Bezeichnung an:

(a) *n*-Pentan
(b) Isopentan
(c) Neopentan
(d) Triethylmethan
(e) Isohexan
(f) Isobutylbromid
(g) *sym*-Diethylethylen
(h) Isobutylen
(i) Neononan
(k) sek. Butylbromid

2.6.2   Geben Sie die IUPAC-Bezeichnung folgender Substanzen an:

(a) $CH_3-CH_2-CH-CH_2-CH_3$ (b) $CH_3-C=CH-CH_3$ (c) $(CH_3)_3C-C\equiv C-CH_3$
$\quad\quad\quad\quad\quad | \quad\quad\quad\quad\quad\quad | $
$\quad\quad\quad\quad CH-CH_3 \quad\quad\quad\quad CH_3$
$\quad\quad\quad\quad\quad | $
$\quad\quad\quad\quad CH_3$

(d) $HO-CH_2-CH=CH-CH_2-OH$ (e) $(CH_3)_2CH-CH_2-CH-CH_2-CH-CH_3$
$\quad\quad\quad\quad\quad\quad\quad\quad\quad\quad\quad\quad\quad\quad\quad\quad\quad | \quad\quad\quad | $
$\quad\quad\quad\quad\quad\quad\quad\quad\quad\quad\quad\quad\quad\quad\quad\quad\quad CH_3 \quad\quad OH$

2.6.3   Schreiben Sie von folgenden Substanzen die Strukturformeln:
    (a) 2,3-Dimethylpentan
    (b) 2,2,4-Trimethyl-4-ethyl-3-isopropylheptan
    (c) 2,2-Dimethyl-6,6-diethyl-4-(1-methylethyl-)oktan
    (d) 1,4-Hexadien
    (e) 3-Propyl-1,4-pentadiin
    (f) 2-Methyl-2-penten
    (g) Propargylalkohol
    (h) Benzylbromid
    (i) Benzalchlorid
    (k) Isopropenylbromid
    (l) Propenylchlorid
    (m) Vinylfluorid

2.6.4   Sind die folgenden IUPAC-Bezeichnungen korrekt? Wenn nicht, geben Sie den korrekten Namen an!
    (a) 2-Ethylbutan
    (b) 2,3-Dimethylbutan
    (c) 2-Isopropylidenbutan
    (d) *o*-Phenylendiamin [$C_6H_4(NH_2)_2$]
    (e) *m*-Dihydroxybenzen
    (f) Amylchlorid
    (g) Allylalkohol
    (h) Crotylchlorid
    (i) Ethenylchlorid
    (k) β-Brompentanal
    (l) Isopropylbenzen
    (m) 2-Ethylpropan
    (n) Isopropylidenbenzen
    (o) 3-Hydroxymethylenpentan

2.6.5   Benennen Sie die folgenden Verbindungen:

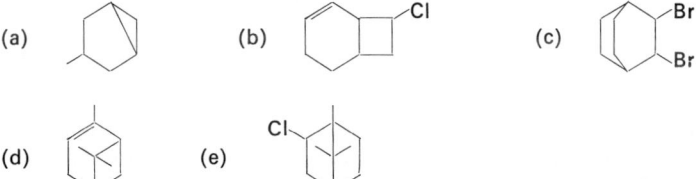

3 Verbindungen mit einfachen funktionellen Gruppen

3.1 Alkohole, Phenole, Ether

Alkohole, Phenole und Ether können formal als *Derivate* des *Wassers* betrachtet werden, wobei Wasserstoffatome durch organische Gruppen ersetzt worden sind. Alkohole und Phenole enthalten **Hydroxylgruppen** (—OH), stellen somit Monosubstitutionsprodukte von Wasser dar. Bei den *Alkoholen* sind die Hydroxylgruppen an *gesättigte C-Atome,* bei den *Phenolen* direkt an einen *aromatischen Ring* gebunden. *Ether* sind *Disubstitutionsprodukte* von Wasser.

Alkohol	R—OH	R = Alkyl-	(Cycloalkyl- bzw. Alkenyl-)
Phenol	Ar—OH	Ar = Aryl-	
Ether	R—O—R′	R und R′ = Alkyl-	(Cycloalkyl- oder Alkenyl-) oder Aryl-

3.1.1 Alkohole

Für die *Struktur* der Alkohole beweisend ist ihre Bildung aus Alkylhalogeniden durch Reaktion mit KOH oder NaOH:

$$C_2H_5Br + KOH \longrightarrow C_2H_5OH + KBr$$

Bei dieser Reaktion wird formal ein Halogenatom durch eine Hydroxylgruppe ersetzt. Die C—Halogen-Bindung wird «heterolytisch» getrennt, d.h. das eine Spaltstück (hier das Halogenatom) erhält beide bindende Elektronen (das Halogenatom tritt also als Halogenid-Ion aus). Das substituierend wirkende $OH^{\ominus}$-Ion stellt die beiden Elektronen für die neue Bindung zur Verfügung. Es handelt sich hier also nicht um eine Radikalsubstitution, sondern um eine Substitution durch ein nucleophiles Teilchen, um eine **«nucleophile Substitution»** (S_N-Reaktion).
Die Bildung von Alkoholen aus Halogeniden durch eine solche nucleophile Substitution mit $OH^{\ominus}$-Ionen ist allerdings keine allgemein anwendbare Reaktion, denn tertiäre Halogenide liefern bei dieser Reaktion fast zu 100% Alkene, reagieren also unter *Elimination* von Halogenwasserstoff:

$$CH_3-\underset{\underset{CH_3}{|}}{\overset{\overset{Br}{|}}{C}}-CH_3 \xrightarrow{OH^{\ominus}} CH_3-\underset{\underset{CH_3}{|}}{C}=CH_2 + HBr$$

Auch bei sekundären und primären Halogeniden tritt eine solche Elimination oft als Konkurrenzreaktion zur nucleophilen Substitution auf.

Nomenklatur. Zur Bezeichnung der funktionellen Gruppe der Alkohole dient die Endung **-ol:** CH_3OH = Methanol, C_4H_9OH = Butanol usw. Einfach gebaute Alkohole werden oft auch nur nach ihrer Alkylgruppe benannt:

Tabelle 3.1. Alkohole. (Die Zahl 15 rechts oberhalb der Siedetemperatur bedeutet den Druck in Torr; 1 Torr ≙ 1,33 mbar)

Name	Formel	Smp. (°C)	Sdp. (°C)	Löslichkeit in Wasser (g/100 g)
Methanol	CH_3OH	− 97	64,5	∞
Ethanol	CH_3CH_2OH	−114	78,4	∞
1-Propanol	$CH_3CH_2CH_2OH$	−126	97	∞
2-Propanol =				
Isopropanol	$CH_3CHOHCH_3$	− 90	82	∞
1-Butanol	$CH_3(CH_2)_2CH_2OH$	− 90	118	7,9
Isobutylalkohol	$(CH_3)_2CHCH_2OH$	−108	108	10,0
sek. Butylalkohol	$CH_3CH_2CHOHCH_3$	−114	99,5	12,5
tert. Butylalkohol	$(CH_3)_3COH$	25,5	83	∞
1-Pentanol =				
n-Amylalkohol	$CH_3(CH_2)_3CH_2OH$	− 78,5	138	2,3
Isoamylalkohol	$(CH_3)_2CHCH_2CH_2OH$	−117	132	2
optisch aktiver Amylalkohol =				
2-Methyl-1-butanol	$CH_3CH_2CH(CH_3)CH_2OH$		128	3,6
tert. Amylalkohol	$CH_3CH_2C(OH)(CH_3)_2$	− 12	102	12,5
1-Hexanol	$CH_3(CH_2)_4CH_2OH$	− 52	156	0,6
1-Heptanol	$CH_3(CH_2)_5CH_2OH$	− 34	176	0,2
1-Oktanol	$CH_3(CH_2)_6CH_2OH$	− 15	195	0,05
1-Dekanol	$CH_3(CH_2)_8CH_2OH$	6	228	−
1-Dodekanol Laurylalkohol	$CH_3(CH_2)_{10}CH_2OH$	38	259	−
1-Tetradekanol Myristylalkohol	$CH_3(CH_2)_{12}CH_2OH$	49	167[15]	−
1-Hexadekanol = Cetylalkohol	$CH_3(CH_2)_{14}CH_2OH$	58	189[15]	−
Cyclopentanol	cyclo-C_5H_9OH	− 19	140	
Cyclohexanol	cyclo-$C_6H_{11}OH$	− 24	161	3,6
Allylalkohol	$CH_2{=}CHCH_2OH$	−129	97	∞
Crotylalkohol	$CH_3CH{=}CHCH_2OH$	− 30	118	16,6
Benzylalkohol	$C_6H_5CH_2OH$	− 15	205	4
α-Phenylethylalkohol	$C_6H_5CHOHCH_3$	21	205	−
β-Phenylethylalkohol	$C_6H_5CH_2CH_2OH$	− 27	221	1,6
Diphenylcarbinol = Benzhydrol	$(C_6H_5)_2CHOH$	69	298	−
Triphenylcarbinol	$(C_6H_5)_3COH$	162,5	>360	−

CH_3OH — Methylalkohol

$\begin{matrix} CH_3\diagdown \\ \qquad CH{-}OH \\ CH_3\diagup \end{matrix}$ — Isopropylalkohol

$CH_3{-}CH_2{-}\underset{\underset{OH}{|}}{CH}{-}CH_3$ — sek. Butylalkohol
(die OH-Gruppe ist an ein sekundäres C-Atom gebunden)

$\begin{matrix} CH_3\diagdown \\ CH_3{-}C{-}CH_2OH \\ CH_3\diagup \end{matrix}$ — Neopentylalkohol

Gewisse – besonders tertiäre – Alkohole können auch als Substitutionsprodukte des einfachsten Alkohols (welcher früher *«Carbinol»* genannt wurde) aufgefaßt werden:

$(CH_3)_3C\!-\!OH$ tert. Butylalkohol oder Trimethylcarbinol
2-Methyl-2-propanol

$(CH_3)_2C\!-\!C_6H_5$
$\quad\quad\;\;|$
$\quad\quad\;OH$ Dimethylphenylcarbinol
2-Phenyl-2-propanol

$(C_6H_5)_3C\!-\!OH$ Triphenylcarbinol

Tabelle 3.2. Mehrwertige Alkohole

Name	Formel	Smp. (°C)	Sdp. (°C)	Löslichkeit in Wasser (g/100 g)
Ethylenglykol	CH_2OHCH_2OH	−16	197	∞
Propylenglykol	$CH_3CHOHCH_2OH$		187	∞
1,3-Propandiol	$HOCH_2CH_2CH_2OH$		215	∞
1,2-Butandiol	$CH_3CH_2CHOHCH_2OH$		192	sehr wenig
meso-2,3-Butandiol	$CH_3CHOHCHOHCH_3$	34	183	∞
1,4-Butandiol	$HOCH_2CH_2CH_2CH_2OH$	16	230	∞
Glycerol (Glycerin)	$HOCH_2CHOHCH_2OH$	18	290	∞
Pentaerythrit	$C(CH_2OH)_4$	260		6
cis-1,2-Cyclopentandiol		30	118[22]	0,3
trans-1,2-Cyclopentandiol		55	136[22]	
cis-1,2-Cyclohexandiol		98		
trans-1,2-Cyclohexandiol		104		

Verbindungen mit mehreren Hydroxylgruppen heißen *«mehrwertige»* Alkohole. *Glykole* sind *vic*-Dihydroxyverbindungen. *gem*-Dihydroxyverbindungen (mit zwei OH-Gruppen am selben C-Atom) sind – mit wenigen Ausnahmen – *nicht beständig;* sie spalten vielmehr spontan Wasser ab, und man erhält bei Synthesen solcher Verbindungen an ihrer Stelle *Carbonylverbindungen:*

$$
\begin{array}{c}
OH \\
| \\
R\!-\!C\!-\!R' \\
| \\
OH
\end{array}
\longrightarrow
\begin{array}{c}
\; \\
R\!-\!C\!-\!R' \;+\; H_2O \\
\| \\
O
\end{array}
$$

Physikalische Eigenschaften. Die polare Hydroxylgruppe macht die Alkohole mehr oder weniger ausgeprägt «wasserähnlich» *(hydrophil)*. Dies zeigt sich besonders bei niederen oder mehrwertigen Alkoholen sehr deutlich; höhere Alkohole gleichen dagegen mehr den Kohlenwasserstoffen, weil der lipophile «organische» Teil im Molekül überwiegt. Die *niederen Alkohole* sind farblose, leichtbewegliche Flüssigkeiten von charakteristischem Geruch. *Höhere Alkohole* (C_6 bis C_{11}) sind dickflüssig. Dodekanol («Laurylalkohol») ist der erste geradkettige Alkohol, der bei Zimmertemperatur fest ist. Schmelz- und Siedepunkte steigen also wie bei den Kohlenwasserstoffen mit zunehmender Molekülmasse an. Alkohole mit verzweigten Ketten sieden meist tiefer als die entsprechenden geradkettigen Alkohole;

manche Alkohole mit kompakten, beinahe kugelförmigen Molekülen schmelzen besonders hoch und sieden relativ tief (tert. Butylalkohol mit Smp. + 25 °C und Sdp. + 83 °C).

Schmelz- und *Siedepunkte* der Alkohole liegen im allgemeinen beträchtlich höher als bei Kohlenwasserstoffen entsprechender Molekülmasse, weil die Alkoholmoleküle untereinander *Wasserstoffbrücken* bilden. Auch mit Wassermolekülen können H-Brücken gebildet werden; mit steigender Molekülmasse der Alkohole nehmen jedoch die durch die Länge der C-Kette bedingten van der Waals-Kräfte zu und werden schließlich größer als die Wirkung der H-Brücken, so daß die gegenseitige Anziehung zwischen Alkoholmolekülen größer wird als die Anziehung zwischen Alkohol- und Wassermolekülen. Nur die Alkohole mit einem bis drei C-Atomen (sowie tert. Butylalkohol) mischen sich deshalb in jedem Verhältnis mit Wasser; die Butylalkohole (ausgenommen tert. Butylalkohol) sowie die Amylalkohole (C_5) lösen sich nur noch in beschränktem Maß in Wasser. In unpolaren Lösungsmitteln lösen sich auch die (wasserfreien) niederen Alkohole. Methanol und Ethanol haben darum als Lösungsmittel eine sehr große Bedeutung.

Das Auftreten von Wasserstoffbrücken macht sich auch in den IR- und NMR-Spektren deutlich bemerkbar. Sehr verdünnte Lösungen von Alkoholen in unpolaren Lösungsmitteln oder gasförmige Alkohole zeigen im **IR-Spektrum** eine ziemlich intensive und scharfe Bande bei etwa 3590 bis 3640 cm^{-1}. Dies ist die Bande der *H—O-Streckschwingung* der freien *Hydroxylgruppe* (unter diesen Umständen sind nämlich Alkohole nicht assoziiert). Mit wachsender Alkoholkonzentration tritt immer deutlicher eine breite, intensive Bande um 3350 cm^{-1} in Erscheinung, welche die Hydroxylbande schon bei mäßiger Konzentration überdeckt. Die Verschiebung der Absorptionsfrequenz um etwa 300 cm^{-1} als Folge der *Bildung von H-Brücken* ist verständlich, wenn man bedenkt, daß durch diesen Effekt die O—H-Bindung etwas geschwächt wird, so daß zur Anregung ihrer Schwingungen IR-Licht von geringerer Energie ausreicht. *Glykole* zeigen ebenfalls eine ziemlich scharfe Bande um 3450 bis 3570 cm^{-1}, die auf das Vorhandensein *intramolekularer H-Brücken* zurückzuführen ist. Im Gegensatz zur Hydroxylbande der assoziierten Alkohole ändert sich die Intensität dieser Bande bei Veränderung der Konzentration kaum. Eine weitere, für Alkohole kennzeichnende Bande des IR-Spektrums ist die Bande der *C—O-Streckschwingung* im Gebiet von 1000 bis 1200 cm^{-1}. Ihre genaue Lage hängt von der Struktur der betreffenden Hydroxyverbindung ab:

primärer Alkohol	1050 cm^{-1}
sekundärer Alkohol	1100 cm^{-1}
tertiärer Alkohol	1100–1200 cm^{-1}
Phenol	1230 cm^{-1}

Im NMR-Spektrum zeigt sich das an das Sauerstoffatom gebundene Proton durch einen Absorptionspeak in der Gegend von $\delta = 4$ bis 4,5. Bei sehr reinen Substanzen wird das Signal dieses Protons durch die benachbarten Protonen normal aufgespalten. Geringe Spuren von Säure oder Base katalysieren jedoch den Protonenaustausch zwischen verschiedenen Alkoholmolekülen, wodurch das Signal des Hydroxyl-Protons zu einem *einzigen*, scharfen Peak zusammenfällt. Der Protonenaustausch erfolgt dann so rasch, daß während der Messung das Hydroxyl-Proton für das NMR-Gerät nicht mehr an ein bestimmtes Sauerstoffatom gebunden erscheint, so daß das beobachtete Signal einem Mittelwert aus verschiedenen chemischen Umgebungen entspricht. Bei starker Verdünnung in einem inerten Lösungsmittel verschiebt sich das Signal des Hydroxyl-Protons gegen höhere δ-Werte (geringere Abschirmung, wenn die Assoziation der Moleküle schwächer ist); die genaue Lage dieses Peaks ist dann in hohem Maß von der Art des Lösungsmittels und der Temperatur abhängig.

IR-Banden von Alkoholen und Phenolen (cm^{-1}):

−OH	3590–3640	freie Hydroxylgruppe	O−H-Streck-schwingung
	3350	assoziierte Hydroxylgruppe (verschwindet bei starker Verdünnung)	
	3450–3570	Glykole (intramolekulare H-Brücken; verschwindet beim Verdünnen nicht)	
−CO−	1050	primärer Alkohol	C−O-Streck-schwingung
	1100	sekundärer Alkohol	
	1100	tertiärer Alkohol	
	1230	Phenol	

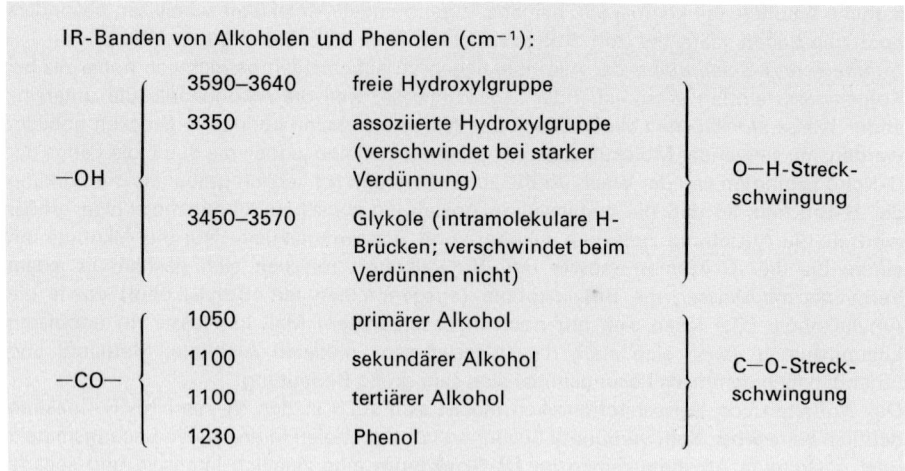

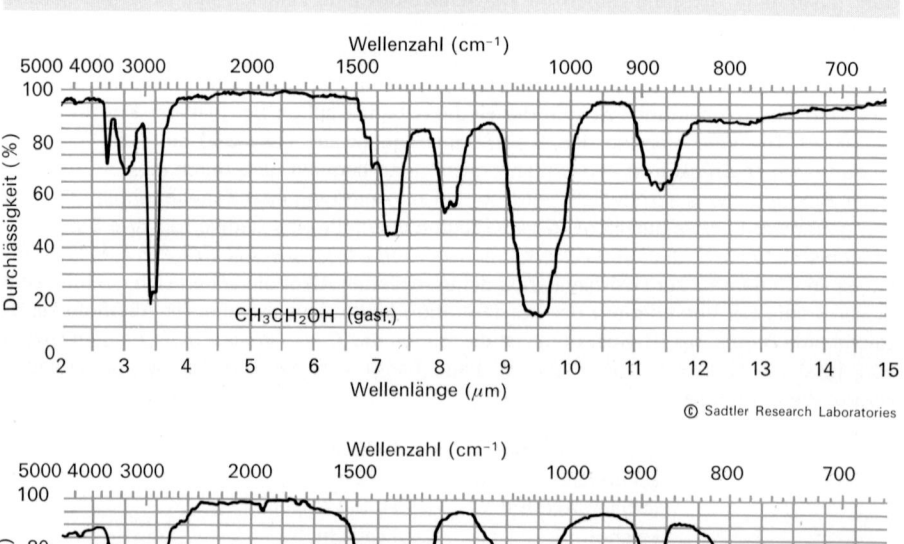

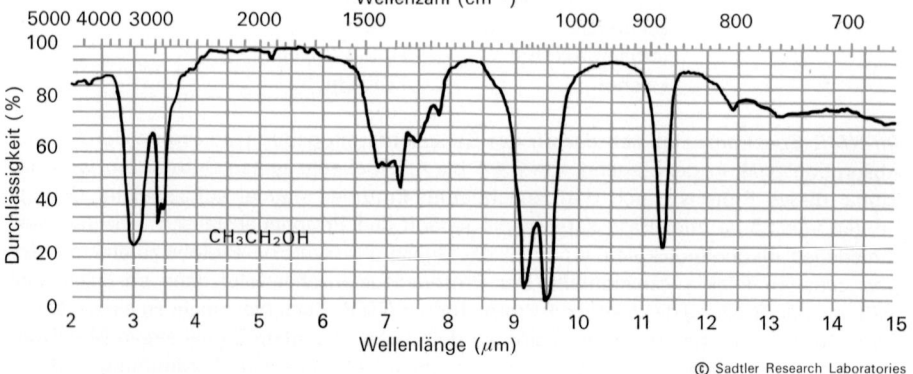

Abb. 3.1. IR-Spektren von Ethanol (gasförmig) (oben) und Ethanol (flüssig) (unten)
Im Spektrum von gasförmigem Ethanol zeigt sich die Bande der freien Hydroxylgruppe (bei 3600 cm^{-1}) und der assoziierten Hydroxylgruppe (3330 cm^{-1}). In beiden Spektren ist auch die Bande der C−O-Streckschwingung deutlich zu erkennen

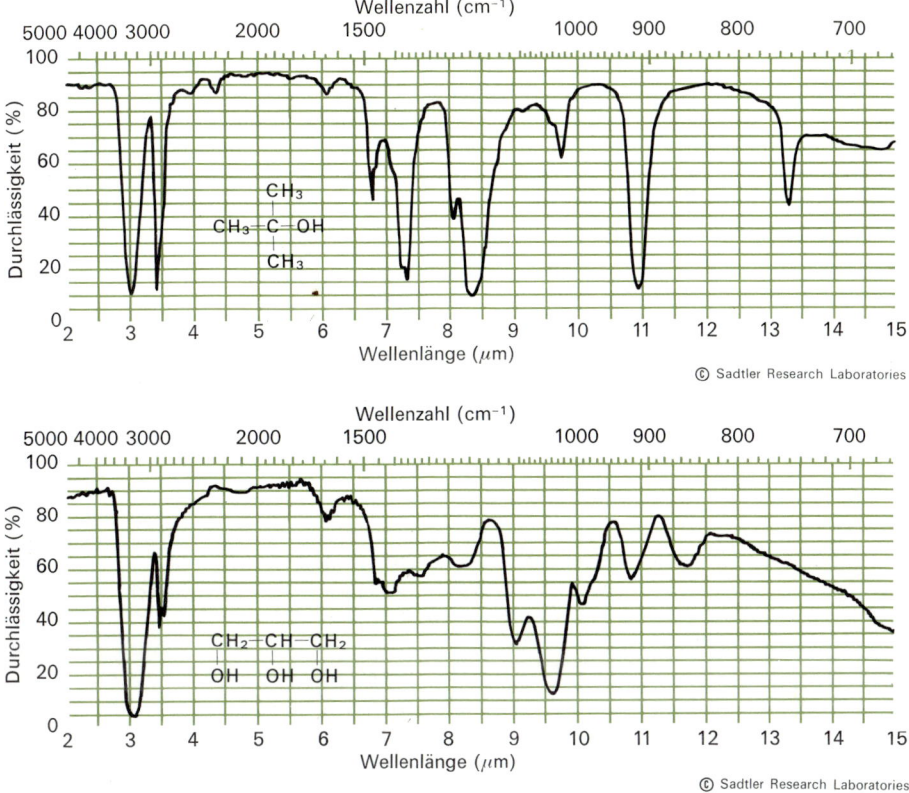

Abb. 3.2. IR-Spektren von tert. Butylalkohol (oben) und Glycerol (unten)
Beachte die Lage der C—O-Bande beim tertiären Alkohol! Im Spektrum von Glycerol ist die
Bande der assoziierten Hydroxylgruppe von hoher Intensität (starke H-Brücken!)

Reaktionen. Die für Alkohole charakteristischen Reaktionen sind vor allem auf die Reaktionsfähigkeit ihrer funktionellen Gruppe zurückzuführen. Wie bereits in den einleitenden Abschnitten (S. 32) erwähnt wurde, beruht diese Reaktivität der Hydroxylgruppe darauf, daß sie – ebenso wie Wasser – als (allerdings sehr schwache) *Säure* (auch als Lewis-Säure!) und als *Base* wirken kann. Acidität und Basizität sind etwas geringer als bei Wasser; die Acidität nimmt in der Reihenfolge primär – sekundär – tertiär ab (+ I-Effekt, siehe S. 391). Die konjugierten Säuren bzw. Basen der Alkohole, die *Oxonium-Ionen* bzw. die *Alkoholat-(«Alkoxy-»)* Anionen sind dementsprechend sehr starke Säuren bzw. Basen.

$$C_2H_5O^\ominus \; \underset{+ \, Na}{\overset{+ \, H^\oplus}{\rightleftarrows}} \; C_2H_5OH \; \underset{- \, H^\oplus}{\overset{+ \, H^\oplus}{\rightleftarrows}} \; C_2H_5\overset{\oplus}{\underset{\underset{H}{|}}{O}}{-}H$$

Ethylat-Ion
(«Ethoxy-Ion»)   Ethyloxonium-Ion

Salze, welche Alkoholat-Ionen als Anionen enthalten, entstehen durch direkte Reaktion unedler Metalle mit einem Alkohol:

$$C_2H_5OH + Na \longrightarrow C_2H_5O^{\ominus}Na^{\oplus} + \tfrac{1}{2} H_2$$

Natriumethylat

Beispiele wichtiger Reaktionen von Alkoholen gibt Tabelle 3.3. Sie zeigt, daß Alkohole wertvolle und vielseitig verwendbare Ausgangsstoffe für zahlreiche Synthesen sind; ihre Reaktionen ermöglichen die Einführung weiterer, oft sehr reaktionsfähiger funktioneller Gruppen in organische Moleküle. Die Reaktionen, bei welchen die C—O-Bindung getrennt wird, verlaufen meist unter der Wirkung starker *Säuren,* wobei der Alkohol zuerst in seine konjugierte Säure (das Oxoniumion) übergeführt wird.

Tabelle 3.3. *Beispiele wichtiger Reaktionen von Alkoholen*

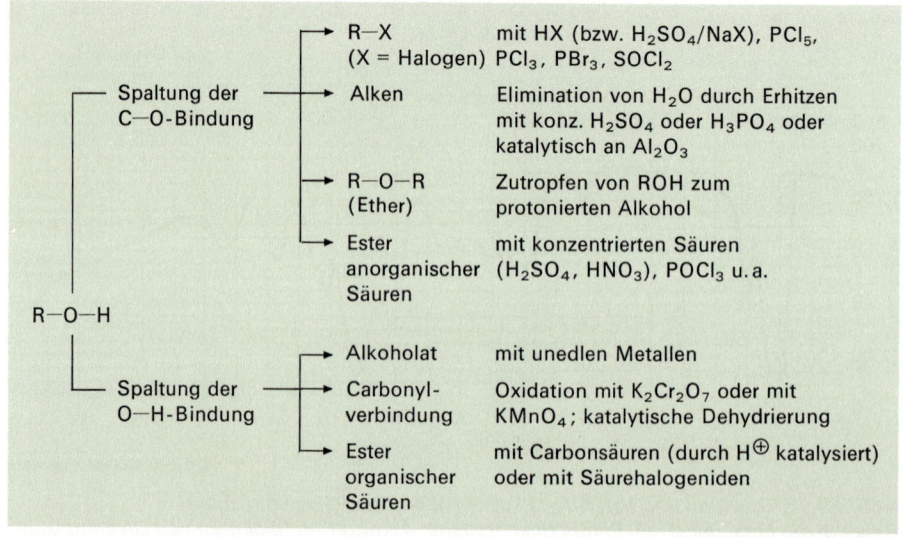

Die Tabelle 3.3 zeigt, daß durch Einwirkung starker Säuren (z. B. H_2SO_4) auf Alkohole *je nach den Reaktionsbedingungen* ganz *verschiedene Produkte* entstehen können:

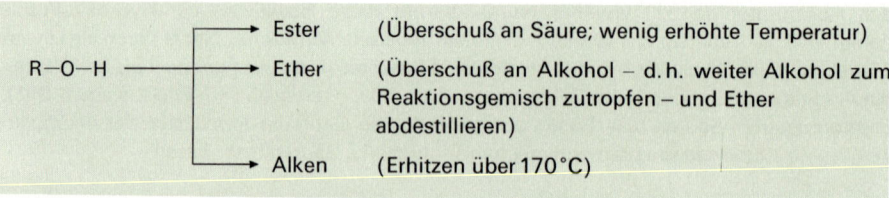

Tertiäre Alkohole ergeben dabei fast ausschließlich ein Alken durch *intramolekulare Wasserabspaltung (Eliminationsreaktion).* Auch primäre oder sekundäre Alkohole können bei der Umsetzung mit starken Säuren unter Elimination von Wasser ein Alken bilden; da die Aktivierungsenergie der Elimination ziemlich hoch und die Reaktionsentropie positiv ist (Bildung eines Alken- und eines Wassermoleküls aus einem Alkoholmolekül), wird die Elimination durch Erhitzen stark begünstigt (Temperatur > 170 °C).

Beispiele:

$$CH_3\!\!\diagdown\!\!\underset{\underset{OH}{|}}{\overset{}{C}}\!\!-\!CH_3 \quad\xrightarrow[\text{(H}_2\text{SO}_4)]{\text{H}^{\oplus}}\quad CH_3\!\!\diagdown\!\!C\!\!=\!\!CH_2 + H_2O$$

$$\text{(Cyclohexanol)} \quad\xrightarrow[\text{(H}_3\text{PO}_4)]{\text{H}^{\oplus}}\quad \text{(Cyclohexen)} + H_2O$$

Läßt man primäre oder sekundäre Alkohole bei nicht allzu hoher Temperatur mit einer starken Säure im Überschuß reagieren, so erfolgt zunächst die Protonierung des Alkohols; das (allerdings nur schwach) nucleophile Säureanion vermag aber anschließend ein Wassermolekül aus dem Oxoniumion zu verdrängen, so daß sich ein *Ester* bildet. Ester sind Reaktionsprodukte, die aus einem Alkohol und einer Säure unter Wasserabspaltung entstehen; die Bruttogleichung der Esterbildung erinnert formal an die Neutralisation eines Hydroxids mit einer Säure:

$$CH_3OH + H_2SO_4 \longrightarrow CH_3SO_4H + H_2O$$

Schwefelsäure-
monomethylester
«Methylhydrogensulfat»

$$2\,CH_3OH + H_2SO_4 \longrightarrow (CH_3)_2SO_4 + 2\,H_2O$$

Schwefelsäure-
dimethylester
«Dimethylsulfat»

Trotz dieser formalen Ähnlichkeit handelt es sich bei der «Neutralisation» und bei der Esterbildung *(«Veresterung»)* um zwei völlig verschiedene Reaktionen. Während bei der Neutralisation eine einfache Protonenübertragung und der Säure (im Fall der «Neutralisation» wäßriger Lösungen starker Säuren ist dies das $H_3O^{\oplus}$-Ion) auf das $OH^{\ominus}$-Ion stattfindet, die extrem rasch abläuft, ist die Esterbildung mit anorganischen Säuren (HCl, H_2SO_4, H_3PO_4) wie gesagt im Prinzip eine S_N-Reaktion, wobei die C—O-Bindung des Alkoholmoleküls getrennt wird. Die Veresterung von Carbonsäuren (mit der funktionellen Gruppe —COOH) verläuft komplizierter; wie Versuche mit ^{18}O gezeigt haben, wird dabei nicht die C—O-, sondern die O—H-Bindung des Alkohols getrennt (vgl. S. 593). Die meisten Veresterungen verlaufen umkehrbar; die Hydrolyse eines Esters (durch Wasser oder verdünnte Alkalihydroxidlösung) heißt *Verseifung*.
Ether können aus Alkoholen durch *intermolekulare Wasserabspaltung* gebildet werden. Auch hier bewirkt der Zusatz der starken Säure zum Alkohol dessen Protonierung; läßt man nun zum Reaktionsgemisch weiteren Alkohol zutropfen, so können diese Alkoholmoleküle als Nucleophile wirken und (an Stelle der Säureanionen) ein Wassermolekül aus dem Oxoniumion verdrängen. Insgesamt wird ein Molekül Wasser frei:

$$C_2H_5OH + C_2H_5OH \quad\xrightarrow[\text{(H}_2\text{SO}_4)]{\text{H}^{\oplus}}\quad C_2H_5\!-\!O\!-\!C_2H_5 + H_2O$$

Da auch diese Reaktion umkehrbar verläuft, ist es von Vorteil, das Gleichgewicht durch Abdestillieren des Ethers auf die Seite des Produktes zu verschieben.

Im Zusammenhang mit der Erwähnung der Esterbildung aus Alkoholen und starken Säuren ist es zweckmäßig, auch einige wichtige *Beispiele* von *Estern anorganischer Säuren* zu nennen. Die Ester organischer Säuren (zu denen auch wichtige Naturstoffe, wie z. B. die Fette, gehören) werden an anderer Stelle besprochen.

Beim Mischen von Alkoholen mit überschüssiger Schwefelsäure entsteht der saure Ester (ein *Alkylhydrogensulfat),* der beim Zufügen von weiterem Alkohol ein *Dialkylsulfat* liefern kann[1]:

$$R-OH + H_2SO_4 \longrightarrow \begin{array}{c} R-O \\ H-O \end{array}\!S\!\!\begin{array}{c} O \\ O \end{array} + H_2O$$

$$R-OH + R-SO_4H \longrightarrow \begin{array}{c} R-O \\ R-O \end{array}\!S\!\!\begin{array}{c} O \\ O \end{array} + H_2O$$

Die zweite Reaktion verläuft allerdings nur im Fall von Methanol und Ethanol mit befriedigenden Ausbeuten; Schwefelsäureester anderer Alkohole müssen darum vielfach auf Umwegen dargestellt werden. Alkylhydrogensulfate sind (wie Schwefelsäure selbst) starke Säuren; im Gegensatz zu Schwefelsäure sind ihre Bariumsalze gut wasserlöslich, so daß überschüssige Schwefelsäure durch Ausfällung als $BaSO_4$ vom Ester abgetrennt werden kann. Dimethylsulfat und Diethylsulfat sind wichtige *«Alkylierungsmittel»,* d. h. man benutzt sie dazu, um Methyl- oder Ethylgruppen in andere Moleküle einzuführen. Beim Arbeiten mit diesen Substanzen (wie auch mit anderen Alkylierungsreagenzien, z. B. Methyliodid) ist jedoch wegen ihrer großen Giftigkeit Vorsicht geboten! – Natriumsalze von sauren Schwefelsäureestern höherer Alkohole (C_{12} bis C_{18}) haben als Detergentien Bedeutung.

Salpetersäure-Ester entstehen beim Vermischen von Alkoholen mit reiner Salpetersäure. Als Nebenreaktion kann dabei allerdings auch eine Oxidation des Alkohols auftreten. Die Salpetersäureester explodieren beim Erhitzen über den Siedepunkt hinaus oder auch auf Schlag; manche von ihnen besitzen deshalb als *Spreng-* oder *Explosivstoffe* Bedeutung: Glyceroltrinitrat («Nitroglycerin»), Pentaerythritoltetranitrat, Schießbaumwolle («Nitrocellulose») u. a.

Gewisse Ester der *Phosphorsäure,* vor allem Trikresylphosphat (1) und Tributylphosphat (2), dienen als *Weichmacher* für Thermoplaste. Ester von Thiophosphorsäuren, wie z. B. das *Parathion* (3), werden als Insektizide verwendet. Man gewinnt diese Ester aus den entsprechenden Alkoholen und Phosphoroxychlorid ($POCl_3$) bzw. Phosphorsulfochlorid ($PSCl_3$). Die Thiophosphorsäure- und Dithiophosphorsäureester sind auch für Warmblüter giftig; ihre Giftwirkung beruht auf der Inaktivierung eines Enzymsystems (der Cholinesterase).

(1)   (2)   (3)

---

[1] Die Bezeichnungen «Alkylhydrogensulfat» bzw. «Dialkylsulfat» dürfen nicht etwa zur Annahme verleiten, diese Substanzen seien Salze!

Einfachere Ester sind die *Alkylhalogenide,* welche aus Alkoholen und *Halogenwasserstoff-säuren* entstehen. Diese Reaktionen bieten ein schönes Beispiel dafür, wie sich die Struktur eines Moleküls auf die Reaktivität seiner funktionellen Gruppe auswirken kann. Während nämlich *tertiäre* Alkohole so rasch reagieren, daß bereits beim Schütteln des Alkohols mit verdünnter (wäßriger) Salzsäure das entsprechende Halogenid gebildet wird, erfordert die Reaktion mit *primären* Alkoholen ein längeres Erhitzen mit konzentrierter Salzsäure oder – noch günstiger – ein Erwärmen mit einem Gemisch aus konzentrierter Schwefelsäure und Natriumchlorid. Diese auffallenden Unterschiede in der Reaktionsgeschwindigkeit sind, wie wir in Kapitel 7 zeigen werden, auf die Verschiedenheit der betreffenden Reaktionsmechanismen zurückzuführen. Die unterschiedliche Reaktivität der verschiedenen Alkohole gegenüber konzentrierter Salzsäure (welcher etwas – als Lewis-Säure wirkendes – $ZnCl_2$ zugesetzt wird) dient als *«Lucas-Reaktion»* zur Unterscheidung primärer, sekundärer und tertiärer Alkohole. Letztere reagieren sofort, wobei sich das (hydrophobe) Halogenid von der wäßrigen Phase abtrennt (Trübung!). Mit sekundären Alkoholen erfordert die Reaktion einige Minuten, während primäre Alkohole bei Raumtemperatur überhaupt nicht reagieren. Weiteres über den Verlauf dieser Reaktionen siehe S. 423 ff.

Oxidation der Alkohole. Beim Erhitzen von Alkoholen an der Luft tritt vollständige *Verbrennung* zu Kohlendioxid und Wasser ein. Ihre Verbrennungswärmen sind allerdings geringer als bei den entsprechenden Kohlenwasserstoffen, weil sie – verglichen mit diesen – bereits einen höher oxidierten Zustand darstellen. Durch $K_2Cr_2O_7$, $KMnO_4$ oder andere Oxidationsmittel, ja auch katalytisch (z. B. an erhitztem Kupfer) lassen sich Alkohole auch in höher oxidierte Produkte überführen. Je nach der Stellung der Hydroxylgruppe im Alkoholmolekül erhält man dabei verschiedene Produkte:

Um stöchiometrische *Reaktionsgleichungen* von Oxidations- und Reduktionsreaktionen auch organischer Verbindungen aufstellen zu können, kann es zweckmäßig sein, verschiedene *Oxidationsstufen (Oxidationszahlen)* zu unterscheiden[1]. Im Methan hat das C-Atom die niedrigste Stufe ($-IV$), im Kohlendioxid die höchste ($+IV$). Auch wenn Wasserstoffatome des Methans durch weitere Kohlenstoffatome ersetzt sind, schreibt man diesen die Oxidationszahl $-IV$ zu. Im Methanol dagegen ist das C-Atom mit einer (elektronegativen) Hydroxylgruppe verbunden; nach den allgemeinen Regeln zur Ableitung der Oxidationszahl erhält das C-Atom die Oxidationszahl $-II$. In gleicher Weise ergeben sich für Formaldehyd und andere Carbonylverbindungen die Oxidationszahl 0 (für das Carbonyl-C-Atom)

[1] Zur Ableitung der Oxidationszahl siehe «Grundlagen der allgemeinen und anorganischen Chemie», S. 74

und für Ameisensäure und andere Carbonsäuren die Oxidationszahl $+\mathrm{II}$ (für das Carboxyl-C-Atom).

$$
\begin{array}{ccccc}
\underset{\underset{\displaystyle H}{|}}{\overset{\overset{\displaystyle H}{|}}{H-C-H}} & \underset{\underset{\displaystyle H}{|}}{\overset{\overset{\displaystyle H}{|}}{H-C-OH}} & \overset{\overset{\displaystyle H}{|}}{H-C=O} & \overset{\overset{\displaystyle OH}{|}}{H-C=O} & O=C=O \\[4mm]
-\mathrm{IV} & -\mathrm{II} & 0 & +\mathrm{II} & +\mathrm{IV} \qquad \text{Oxidationszahl}\\[3mm]
\text{Methan} & \text{Methanol} & \begin{array}{c}\text{Methanal}\\ \text{Formaldehyd}\end{array} & \begin{array}{c}\text{Methansäure}\\ \text{Ameisensäure}\end{array} & \text{Kohlendioxid}
\end{array}
$$

Bei der Oxidation eines Alkohols zur Carbonylverbindung steigt die Oxidationszahl des C-Atoms, an dem die Reaktion stattfindet, von $-\mathrm{II}$ auf 0; es werden formal somit zwei Elektronen frei. Damit ist es möglich, auch für solche Oxidationen *«Redoxpaare»* bzw. *«Halbreaktionen»* zu formulieren. Die vollständige stöchiometrische Gleichung erhält man dann durch Kombination der beiden Halbreaktionen. Beispiel:

$$
\left.
\begin{aligned}
R-\overset{\overset{\displaystyle H}{|}}{\underset{\underset{\displaystyle H}{|}}{C}}^{-\mathrm{II}}-OH \;&\longrightarrow\; R-C^{0}\!\!\underset{\diagdown H}{\overset{\diagup O}{}} \;+\; 2\,H^{\oplus} \;+\; 2\,e^{-} \\[4mm]
6\,e^{-} \;+\; 14\,H^{\oplus} \;+\; Cr_2O_7^{2\ominus} \;&\longrightarrow\; 2\,Cr^{3\oplus} \;+\; 7\,H_2O
\end{aligned}
\;\right|\; \cdot\,3
$$

$$
3\,R-\overset{\overset{\displaystyle H}{|}}{\underset{\underset{\displaystyle H}{|}}{C}}-OH \;+\; 8\,H^{\oplus} \;+\; Cr_2O_7^{2\ominus} \;\longrightarrow\; 3\,R-C\!\!\underset{\diagdown H}{\overset{\diagup O}{}} \;+\; 2\,Cr^{3\oplus} \;+\; 7\,H_2O
$$

Bei schonender Durchführung der Reaktion läßt sich ein primärer Alkohol stufenweise oxidieren, indem das zunächst entstehende Produkt, der **«Aldehyd»**, noch weiter zu einer **Carbonsäure** oxidiert werden kann. Aldehyde wirken daher reduzierend und können z. B. durch Bildung eines Silberspiegels aus ammoniakalischer Silbersalzlösung oder mit der «Fehling-Reaktion» (Reduktion von $Cu^{+\mathrm{II}}$ zu $Cu^{+\mathrm{I}}$) leicht nachgewiesen werden. **«Ketone»**, die Oxidationsprodukte sekundärer Alkohole, lassen sich unter vergleichbaren Bedingungen nicht mehr oxidieren; die Anwendung stärkerer Oxidationsmittel oder stärkeres Erhitzen führt in gewissen Fällen zu Peroxiden und schließlich zum Abbau des Moleküls (Sprengung von C—C-Bindungen). Wie die Ketone lassen sich auch tertiäre Alkohole nur durch ganz besonders kräftige Oxidationsmittel oxidieren, wobei ebenfalls C—C-Bindungen getrennt werden. Durch ihr Verhalten gegenüber Oxidationsmitteln lassen sich deshalb primäre, sekundäre und tertiäre Alkohole leicht unterscheiden.

Gewinnung und wichtige Beispiele. In der Großtechnik geht man zur Gewinnung von Alkoholen vielfach von *Alkenen* aus, die als Produkte der Rohöl- oder Benzinspaltung in genügenden Mengen und billig zur Verfügung stehen. Aus ihnen erhält man Alkohole, indem unter der Wirkung starker Säuren *Wasser* an die *Doppelbindungen addiert* wird. Dabei wird im ersten Reaktionsschritt ein Proton von der Doppelbindung gebunden, und zwar in der Weise, daß das bereits H-reichere C-Atom der Doppelbindung das Proton bindet (*«Regel von Markownikow»*). Im zweiten Schritt wird dann ein Wassermolekül angelagert, das anschließend wieder ein Proton an eine im Reaktionsgemisch vorhandene Base (z. B. ein weiteres Alkenmolekül) abgibt. Ethanol ist der einzige primäre Alkohol, der auf diese

Weise gewonnen werden kann. Neben Ethanol werden technisch vor allem Isopropylalkohol, sekundärer und tertiärer Butylalkohol in dieser Weise hergestellt.

Eine andere Methode, um aus Alkenen Alkohole zu gewinnen, stellt die *«Oxo-Synthese»* dar. Dabei läßt man das Alken mit einem Gemisch von Wasserstoff und Kohlenmonoxid unter Druck und unter der Wirkung von Kobaltcarbonyl, $[Co(CO)_4]_2$, reagieren, wobei sich zunächst Aldehyde oder Ketone bilden, die anschließend zu Alkoholen reduziert werden:

$$\underset{CH_3}{\overset{CH_3}{>}}C{=}CH_2 \xrightarrow{CO,\ H_2} \underset{CH_3}{\overset{CH_3}{>}}CH{-}CH_2{-}CHO \xrightarrow{Red.} \underset{CH_3}{\overset{CH_3}{>}}CH{-}CH_2{-}CH_2OH$$

Weitere technisch wichtige Prozesse zur Gewinnung von Alkoholen sind die katalytische *Hydrierung* von *Fettsäureestern* (Fetten und fetten Ölen) und der *«Alfol-Prozeß»*. In beiden Fällen erhält man höhere Alkohole mit unverzweigter C-Kette und einer geraden Zahl C-Atomen, die für die Herstellung von Detergentien von Bedeutung sind. Beim Alfol-Prozeß werden Alkene nach einem modifizierten Ziegler-Natta-Verfahren zu niedrigen Paraffinketten polymerisiert; durch schonende Luftoxidation der primär gebildeten Metallalkyle entstehen (nach Reaktion mit wäßriger Säure) Alkohole:

$$M{-}(CH_2{-}CH_2)_n{-}CH_3 \xrightarrow[30-95\,°C]{Luft} M{-}O{-}(CH_2{-}CH_2)_n{-}CH_3 \xrightarrow[H_2SO_4]{H_2O} HO(CH_2{-}CH_2)_nCH_3$$

(M = Metall)

Ethanol schließlich wird auch heute noch in sehr großen Mengen durch *Vergären von Kohlenhydraten* mittels Hefepilzen gewonnen. Verwendet man dabei Stärke als Ausgangsmaterial, so entstehen gleichzeitig Isoamylalkohol, Isobutylalkohol und 2-Methyl-1-butanol («optisch aktiver Gärungsamylalkohol») als Nebenprodukte durch Vergärung von Proteinen, die als Begleitstoffe in der natürlichen Stärke vorhanden sind.

Über die wichtigsten Methoden zur *präparativen Gewinnung* von Alkoholen in kleinerem Maßstab (die nur in Spezialfällen technische Bedeutung besitzen) orientiert die Zusammenstellung der Tabelle 3.4.

Die Überführung von *Alkenen* in Alkohole im Laboratoriumsmaßstab erfolgt am besten durch die *Reaktion im Quecksilberacetat* und anschließender *Reduktion* mit Natriumborhydrid ($NaBH_4$) oder durch die *Hydroborierung*. Die Vorteile dieser Methoden sind sterisch eindeutiger Verlauf (Markownikow- bzw. *anti*-Markownikow-Orientierung) und damit das Fehlen von Umlagerungen. – Besonders vielseitig zur Synthese von Alkoholen verwendbar ist die *Grignard*-Reaktion. Aus *Aldehyden* erhält man dadurch *sekundäre,* aus *Ketonen* (oder *Estern) tertiäre* Alkohole. *Primäre* Alkohole können durch Addition des Grignard-Reagens an *Methanal* (*«Formaldehyd»*, HCHO) erhalten werden. Auch durch Addition von Grignard-Reagenzien an *Ethylenoxid* oder andere *Epoxide* entstehen primäre Alkohole, wobei gleichzeitig die C-Kette um zwei Kohlenstoffatome verlängert wird:

$$R{-}MgX + \overset{|}{\underset{|}{C}}\underset{O}{\diagdown\diagup}\overset{|}{\underset{|}{C}} \longrightarrow \overset{|}{\underset{R}{C}}{-}\overset{|}{\underset{OH}{C}}$$

$$\underset{CH_3}{\overset{CH_3}{>}}CH{-}MgBr + \triangle_O \longrightarrow \underset{CH_3}{\overset{CH_3}{>}}CH{-}CH_2{-}CH_2OH$$

(Einführung einer 2-Hydroxyethylgruppe!)

Tabelle 3.4. Übersicht über wichtige Methoden zur präparativen Gewinnung von Alkoholen

(1)   Reaktion von Alkenen mit Quecksilberacetat und NaBH$_4$:

$$\text{C}=\text{C} \cdot + (\text{CH}_3\text{COO})_2\text{Hg} + \text{H}_2\text{O} \rightarrow \text{C}-\text{C}$$
$$\underset{\text{OH HgOOCCH}_3}{}$$

$$\text{C}-\text{C} \xrightarrow{\text{NaBH}_4} \text{C}-\text{C} \quad (\text{Markownikow-Orientierung, S. 524})$$
$$\underset{\text{OH HgOOCCH}_3}{} \qquad \underset{\text{OH H}}{}$$

(2)   Hydroborierung – Oxidation:

$$\text{C}=\text{C} + (\text{BH}_3)_2 \rightarrow \text{C}-\text{C} \xrightarrow{\text{H}_2\text{O}_2} \text{C}-\text{C}$$
$$\underset{\text{H BH}_2}{} \qquad \underset{\text{H OH}}{}$$

(anti-Markownikow-Orientierung; S. 527)

(3)   Grignard-Reaktion:

$$\text{C}=\text{O} + \text{R}-\text{Mg}-\text{X} \rightarrow -\underset{\text{R}}{\text{C}}-\text{O}-\text{MgX} \rightarrow \underset{\text{R}}{\text{C}}-\text{OH} \qquad (\text{S. 634})$$

(4)   Oxidation von Alkenen zu Glykolen:

$$\text{C}=\text{C} + \text{KMnO}_4 \text{ oder OsO}_4 \rightarrow cis \; \text{C}-\text{C} \qquad (\text{S. 771})$$
$$\underset{\text{OH OH}}{}$$

$$\text{C}=\text{C} + \text{Peroxysäuren} \rightarrow trans \; \underset{\text{OH}}{\overset{\text{OH}}{\text{C}-\text{C}}} \qquad (\text{S. 771})$$

(5)   Hydrolyse von Alkylhalogeniden:

$$\text{R}-\text{X} + \text{H}_2\text{O} \text{ oder OH}^{\ominus} \rightarrow \text{R}-\text{OH}$$

(6)   Aldoladdition (S. 643)

(7)   Reduktion von Carbonylverbindungen (S. 795)

Man muß sich allerdings bewußt sein, daß Grignard-Verbindungen mit Substanzen, die «acide» H-Atome enthalten (vgl. S.125), unter Bildung eines Kohlenwasserstoffes reagieren; aus HOCH$_2$CH$_2$Br beispielsweise kann deshalb kein Grignard-Reagens hergestellt werden. – Die Umwandlung von *Halogeniden* in Alkohole wird nur in Sonderfällen präparativ verwendet, z. B. für die Herstellung von *Benzylalkohol* aus Toluen (über Benzyl-bromid als Zwischenprodukt, das durch Radikalsubstitution mit Brom am Licht erhalten wird). Meistens werden vielmehr die Halogenide ausgehend von Alkoholen durch Reaktion mit Halogenwasserstoff (bzw. SOCl$_2$ oder Phosphorhalogeniden) dargestellt. Von den Reaktionen (6) und (7) werden insbesondere die verschiedenen Methoden zur *Reduktion* von *Carbonylverbindungen* (Aldehyden, Ketonen, Säurehalogeniden, Estern) oft verwendet. Sie werden im zweiten Teil des Buches ausführlich besprochen.

Methanol, CH$_3$OH *(«Methylalkohol»),* der einfachste Alkohol, entsteht neben anderen Stoffen bei der trockenen Destillation von Holz («Holzgeist») oder großtechnisch durch Hydrierung von Kohlenoxid unter Druck mittels Zinkoxid-Chromoxid-Katalysatoren:

$$CO + 2\,H_2 \xrightarrow[\text{200 bar, 400°C}]{\text{ZnO, Cr}_2\text{O}_3} CH_3OH$$

Methanol ist eine wasserklare Flüssigkeit von typischem Geruch (Sdp. 65 °C). Als primärer Alkohol läßt es sich leicht zu Methanal (Formaldehyd, HCHO) und Ameisensäure (HCOOH) oxidieren. Methanol ist stark giftig; schon geringe Mengen führen zu Augenschädigungen, Erblindung oder zum Tod. Für einen erwachsenen Menschen beträgt die letale Dosis etwa 25 g. Die Hauptmenge des industriell hergestellten Methanols wird auf Formaldehyd weiterverarbeitet (Kunststoffe!); der Rest dient als Zwischenprodukt zur Synthese anderer Verbindungen und als Lösungsmittel.

Ethanol, CH_3CH_2OH (*Ethylalkohol,* «Weingeist», «Alkohol» schlechthin) wird synthetisch aus Ethen (Addition von Wasser) oder durch Vergärung von Kohlenhydraten gewonnen. Die noch von Pasteur vertretene Ansicht, daß lebende Hefepilze zur Vergärung von Traubenzucker notwendig seien, wurde widerlegt, als es gelang, durch einen Preßsaft aus völlig zerstörten Hefezellen die Gärung zu bewirken (Buchner). Dieser Preßsaft enthält eine Anzahl verschiedener Enzyme (in ihrer Gesamtheit als Zymase bezeichnet), die von den Hefepilzen gebildet werden und von denen jedes einen bestimmten Schritt des über eine Reihe von Zwischenstufen ablaufenden Gärungsvorganges zu katalysieren vermag. Als Endprodukt der Traubenzuckergärung entstehen Ethanol und CO_2:

$$C_6H_{12}O_6 \longrightarrow 2\,CH_3CH_2OH + 2\,CO_2 \qquad \Delta H = -108,8 \text{ kJ/mol}$$

Hohe Konzentrationen von Zucker oder von Ethanol sowie ein geringer Überdruck von CO_2 hemmen die Gärung. Am Ende enthält das Reaktionsgemisch maximal 20 Vol.-% Ethanol, das durch Destillation abgetrennt werden kann. Man erhält allerdings durch Destillation höchstens die azeotrope Mischung mit 95,6 % Ethanolgehalt; das restliche Wasser muß z. B. mittels wasserfreiem $CuSO_4$ oder CaO entfernt werden.

Ethanol ist ebenfalls eine wasserklare Flüssigkeit von charakteristischem, erfrischendem Geruch und brennendem Geschmack (Sdp. 78,3 °C), die sich mit Wasser und den meisten organischen Lösungsmitteln in jedem Verhältnis mischt. Kleinere Mengen wirken anregend, größere jedoch narkotisch oder gar toxisch; die *letale Dosis* beträgt für einen erwachsenen Menschen etwa 300 g reines Ethanol. Beim Genuß alkoholischer Getränke steigt der Blutalkoholspiegel und erreicht nach etwa 1,5 Stunden ein Maximum. Ein Blutalkoholgehalt von etwa 1‰ entspricht im allgemeinen einem stark angeheiterten Zustand und ein Gehalt von 2‰ einem mittelschweren Rausch. Bei über 3‰ liegt bereits eine Alkoholvergiftung vor. Zur *Entwöhnung* von Alkoholsüchtigen eignet sich z. B. Tetraethylthiuramdisulfid, das die Weiteroxidation des beim biologischen Abbau von Ethanol entstehenden Ethanals zu Essigsäure hemmt und dadurch Übelkeit und Erbrechen verursacht.

Tetraethylthiuramdisulfid

Ethanol besitzt als *Lösungsmittel* und für *Synthesen* eine große Bedeutung. Ein großer Teil des industriell produzierten Ethanols wird zu *Ethanal* (*Acetaldehyd,* CH_3CHO) und *Essigsäure* (CH_3COOH) oxidiert. Technischer Alkohol wird durch Zusatz von 1 bis 2% Benzen, Aceton, Pyridin oder Campher *vergällt,* d. h. ungenießbar gemacht. Großtechnisch wird

Ethanol durch Addition von Wasser an Ethen hergestellt. Die Reaktion wird entweder bei einem Überdruck von 20 bis 40 bar und einer Temperatur von 300 bis 400 °C in der Gasphase durchgeführt (Phosphorsäure als Katalysator) oder man läßt Ethen bei 75 bis 80 °C mit konzentrierter Schwefelsäure reagieren. Dabei bildet sich zunächst Ethylsulfat, das anschließend mit Wasser hydrolysiert wird.

Höhere Alkohole: *Amylalkohole* (Pentanole) ölige Flüssigkeiten mit unangenehmem, zum Husten reizendem Geruch, entstehen als Nebenprodukte der alkoholischen Gärung und dienen zur Herstellung von Riechstoffen und als Lösungsmittel. Sie sind stärker giftig als Ethanol («Fuselöle»). Längerkettige Alkohole treten als Ester in vielen pflanzlichen Wachsen sowie im Walrat auf. Natriumsalze der Schwefelsäureester höherer Alkohole haben als Waschmittel Bedeutung erlangt, z. B. Natriumlaurylsulfat:

$$C_{12}H_{25}OH \;+\; \underset{H-O}{\overset{H-O}{>}}S\overset{O}{\underset{O}{<}} \;\longrightarrow\; \underset{H-O}{\overset{C_{12}H_{25}-O}{>}}S\overset{O}{\underset{O}{<}} \;\xrightarrow{NaOH}\; \left[\underset{O}{\overset{C_{12}H_{25}-O}{>}}S\overset{O}{\underset{O}{<}}\right]^{\ominus} Na^{\oplus}$$

Glykol (Ethandiol, Ethylenglykol) ist der einfachste mehrwertige Alkohol. Es ist eine farblose, dickliche Flüssigkeit (Sdp.197 °C) von schwach süßem Geschmack. Glykol wird durch Einwirkung verdünnter wäßriger Säuren auf Ethylenoxid (S.198) hergestellt (Addition von Wasser!) und z. B. als Frostschutzmittel für Motorkühler verwendet («Glysantin»). Auch zur Herstellung der Polyesterfaser Terylen (Trevira, Dacron usw.) werden große Mengen Glykol benötigt. Glykol ist toxisch und darf deshalb in der kosmetischen Industrie nicht an Stelle von Glycerol verwendet werden.

Glycerol (Glycerin, 1,2,3-Propantriol) ist der einfachste «dreiwertige» Alkohol. Die zähflüssige, ebenfalls süße Flüssigkeit siedet auffallend hoch (290 °C) und mischt sich in jedem Verhältnis mit Wasser (H-Brücken mit den drei OH-Gruppen!) Glycerol kommt als Ester höherer Carbonsäuren in der Natur vor (Fette und fette Öle). Man gewinnt es aus Fetten oder aus Propylen (über Allylchlorid als Zwischenprodukt). Glycerol findet ausgedehnte technische Verwendung, z. B. in Salben, als Textilappretur, als Frostschutz, als Bremsflüssigkeit usw. Ein großer Teil des technisch hergestellten Glycerols dient zur Fabrikation von Glyceroltrinitrat.

3.1.2 Phenole

Die *aromatischen Hydroxyverbindungen* verhalten sich in mancher Beziehung *anders* als Alkohole, weil die Reaktivität der OH-Gruppe durch die Wechselwirkungen mit dem aromatischen π-Elektronensystem beeinflußt wird.
Beispielsweise sind Phenole beträchtlich *stärker sauer* als Alkohole:

$$C_6H_5OH \qquad pK_s = 10 \qquad\qquad C_2H_5OH \qquad pK_s = 17$$

Phenole lösen sich deshalb in wäßrigen Alkalihydroxidlösungen unter Bildung von Phenolat-Anionen; in Wasser unlösliche Alkohole lösen sich dagegen in Hydroxidlösungen nicht. Im Gegensatz zu den ebenfalls sauren Verbindungen mit Carboxylgruppen (—COOH), den Carbonsäuren, genügt jedoch die Basizität von Hydrogencarbonat nicht, um Phenole in ihre konjugierten Basen zu verwandeln (Trennung von Phenolen und Carbonsäuren durch Ausschütteln mit wäßriger NaHCO$_3$- bzw. NaOH-Lösung).

Tabelle 3.5. Phenole

Name	Formel	Smp. (°C)	Sdp. (°C)	pK_s
Phenol	C_6H_5OH	43	181	10,0
o-Kresol	$CH_3C_6H_4OH$ (1,2)	30	191	10,2
m-Kresol	$CH_3C_6H_4OH$ (1,3)	11	201	10,01
p-Kresol	$CH_3C_6H_4OH$ (1,4)	35,5	201	10,17
o-Chlorphenol	ClC_6H_4OH (1,2)	8	176	9,11
m-Chlorphenol	ClC_6H_4OH (1,3)	29	214	9,8
p-Chlorphenol	ClC_6H_4OH (1,4)	37	217	9,4
o-Nitrophenol	$HOC_6H_4NO_2$ (1,2)	44,5	214	7,21
m-Nitrophenol	$HOC_6H_4NO_2$ (1,3)	96	194[70]	8,0
p-Nitrophenol	$HOC_6H_4NO_2$ (1,4)	114	subl.	7,16
o-Aminophenol	$HOC_6H_4NH_2$ (1,2)	174	subl.	9,7
p-Aminophenol	$HOC_6H_4NH_2$ (1,4)	186	subl.	8,16
Brenzcatechin[1]	$C_6H_4(OH)_2$ (1,2)	105	245	9,4
Resorcin	$C_6H_4(OH)_2$ (1,3)	110	281	9,4
Hydrochinon	$C_6H_4(OH)_2$ (1,4)	170	290	10,0
Pyrogallol	$C_6H_3(OH)_3$ (1,2,3)	133	309	7,0
Phloroglucin	$C_6H_3(OH)_3$ (1,3,5)	219	subl.	7,0

[1] Brenzcatechin und Resorcin werden – insbesondere in der angelsächsischen Literatur – auch als *«Brenzcatechol»* bzw. als *«Resorcinol»* bezeichnet.

Die einfachsten Phenole sind *Festkörper* von niedrigem Schmelzpunkt oder bei Raumtemperatur flüssig; wegen der Bildung von H-Brücken liegen dagegen ihre Siedepunkte ziemlich hoch. Während Phenol selbst etwas wasserlöslich ist (in 100 g Wasser lösen sich bei 20 °C 9 g Phenol), sind die meisten anderen Phenole praktisch wasserunlöslich. Ist keine funktionelle Gruppe vorhanden, die Anlaß zur Absorption im sichtbaren Gebiet gibt, so sind Phenole farblos; da sie aber ähnlich wie aromatische Amine sehr leicht zu farbigen Oxidationsprodukten oxidiert werden, sind sie meist durch Spuren dieser Oxidationsprodukte gefärbt.

Interessant ist ein Vergleich der physikalischen Eigenschaften der drei isomeren *Nitrophenole*. o-Nitrophenol schmilzt beträchtlich tiefer als die beiden anderen Isomere, ist wasserdampfflüchtig und am wenigsten wasserlöslich, eine Folge der Ausbildung von intramolekularen (statt intermolekularen) H-Brücken:

intramolekulare H-Brücke

Bei Phenolen können die unter Trennung der C—O-Bindung verlaufenden Alkoholreaktionen entweder überhaupt *nicht* oder dann nur unter *extremen Bedingungen* durchgeführt werden, ein weiterer Unterschied zwischen dem Verhalten der Phenole und der Alkohole. Hingegen ist bei gewissen Phenolen mit mehreren OH-Gruppen eine Oxidation zu **«Chinonen»** möglich:

Darauf beruht die Verwendung von *Hydrochinon* und *Brenzcatechin* in *photographischen Entwicklern. Pyrogallol* dient wegen seiner leichten Oxidierbarkeit zur Absorption von Sauerstoff in Gasgemischen. Eine Additionsverbindung von Hydrochinon und Chinon im Molverhältnis 1:1 (*«Chinhydron»*) kann zur pH-Messung verwendet werden, weil das Potential einer Platinelektrode in einer gesättigten Lösung von Chinhydron nur vom pH abhängt, solange die Konzentrationen von Hydrochinon und Chinon unverändert bleiben (was dank der geringen Löslichkeit von Chinhydron unterhalb pH 9 weitgehend der Fall ist).

Die *IR-Spektren* der Phenole zeigen wie die IR-Spektren der Alkohole die starke, breite O—H-Bande im Gebiet von 3200 bis 3600 cm^{-1}. Die Bande der C—O-Streckschwingung ist hingegen etwas verschoben:

C—O-Streckung: Alkohole   1050 bis 1100 cm^{-1} Phenole   1200 cm^{-1}

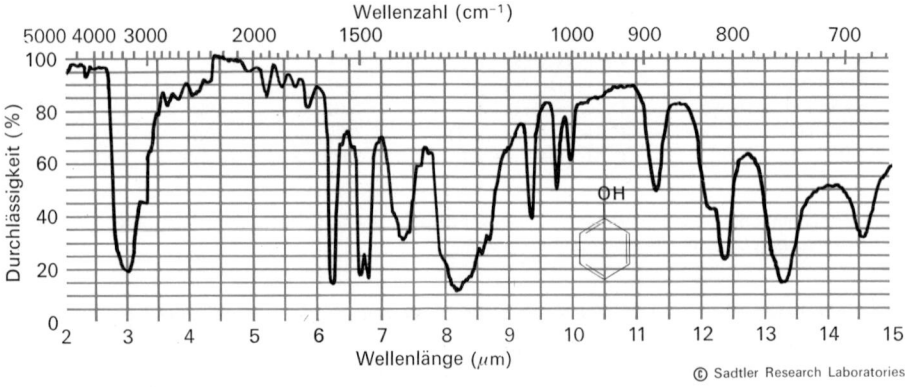

Abb. 3.3. IR-Spektrum von Phenol
Die Bande der C—O-Streckschwingung tritt hier bei 1210 cm^{-1} auf

Die Lage des Absorptionspeaks des O—H-Protons im NMR-Spektrum wird stark durch das Ausmaß der Bildung von H-Brücken beeinflußt und ist darum von der Temperatur, der Konzentration und der Art des verwendeten Lösungsmittels abhängig. Im Fall von intramolekularen H-Brücken (bei Phenolen mit mehreren OH-Gruppen) erscheint er bei δ-Werten zwischen 6 und 12.

Die technische Gewinnung von **Phenol** geht von Benzen aus. Dieses wird dabei entweder zuerst «sulfoniert», d. h. durch Reaktion mit konzentrierter Schwefelsäure in Benzensulfonsäure übergeführt, und dann anschließend durch Schmelzen mit NaOH in Phenol umgewandelt (*«Alkalischmelze»*), oder man setzt Chlorbenzen (das durch Reaktion von Benzen mit Chlor erhalten wird) unter Druck mit wäßrigem Natriumhydroxid (bei 360°C) um (*«Dow-Prozeß»*):

Wachsende Bedeutung gewinnt auch die Herstellung von Phenol aus *Cumen* (Isopropyl-benzen), das zunächst durch Luftoxidation in Cumenhydroperoxid übergeführt und dann durch Reaktion mit verdünnter Säure in Aceton und Phenol gespalten wird:

| Cumen | Cumenhydroperoxid | Phenol | Aceton |

Auch aus *Steinkohlenteer* kann Phenol gewonnen werden. Die bequemste Laboratoriums-methode zur Einführung von Hydroxylgruppen in aromatische Kerne ist die *Verkochung* von *Diazoniumsalzen* (S. 218):

Auch durch Oxidation von *Arylthalliumverbindungen* (die aus Aromaten und Thalliumtri-fluoracetat erhalten werden) lassen sich im Labormaßstab Phenole gewinnen:

$$ArTl \ (OOCCF_3)_2 \xrightarrow{\text{Blei(IV)acetat}} ArOOCCF_3 \xrightarrow[\text{erwärmen}]{H_2O, \ OH^{\ominus}} ArO^{\ominus} \xrightarrow{H^{\oplus}} ArOH$$

| Arylthalliumtrifluoracetat | Aryltrifluoracetat | Phenol |

Gewisse Phenole und Phenolether treten in ätherischen Ölen oder Pflanzenteilen auf und haben als *Riech*- oder *Aromastoffe* eine gewisse Bedeutung:

| Eugenol (Nelkenöl) | Isoeugenol (Muskatnußöl) | Anethol (Anisöl) |

| Vanillin (Vanilleschote) | Thymol (Thymian- und Pfefferminzöl) | Safrol (Sassafrasöl) |

Auch gewisse *Gerbstoffe,* wie z.B. das aus Galläpfeln zu isolierende Tannin, enthalten Phenole (Beispiel: *m*-Digallussäure). Schließlich sind auch die gelben, roten und blauen *Blütenfarbstoffe* (allerdings kompliziert gebaute) Phenole. Gerbstoffe und Blütenfarbstoffe sind in der Pflanze (wie auch viele andere Verbindungen) an bestimmte Zuckerarten gebunden. Solche Verbindungen von Zuckern mit zuckerfremden Molekülen werden als *Glykoside* bezeichnet. Die Glykosidbildung macht wasserunlösliche Moleküle wasserlöslich, wodurch ihre Ausscheidung in den Zellsaft ermöglicht wird.

m-Digallussäure

Quercetin
ein gelber Blütenfarbstoff

3.1.3   Ether

Ether sind *Disubstitutionsprodukte* von *Wasser*. Man bezeichnet sie nach ihren Alkyl- bzw. Arylgruppen:

Ethylether	$C_2H_5OC_2H_5$
Methylpropylether	$CH_3OC_3H_7$
Phenylether	$C_6H_5OC_6H_5$
Ethylbenzylether	$C_2H_5OCH_2C_6H_5$

Tabelle 3.6. Ether

Name	Smp. (°C)	Sdp. (°C)
Methylether	-140	-24
Ethylether	-116	34,6
n-Propylether	-122	91
Isopropylether	-60	69
n-Butylether	-95	142
Vinylether		35
Allylether		94
Anisol (Methylphenylether)	-37	154
Phenetol (Ethylphenylether)	-33	172
Phenylether	27	259
1,4-Dioxan	11	101
Tetrahydrofuran	-108	66

Die wichtigsten Methoden zur *Gewinnung* von Ethern sind die Reaktion von *Alkoholen* (im Überschuß) mit *starken Säuren* (die praktisch nur zur Gewinnung symmetrisch gebauter Ether verwendet wird) und die *Williamson-Synthese*, mit welcher auch unsymmetrische Ether erhalten werden können:

$$R-O^{\ominus} + R'-X \longrightarrow R-O-R' + X^{\ominus}$$

$$(X = Halogen \ oder -RSO_4)$$

Beispiele:

$$C_2H_5O^{\ominus} + CH_3I \longrightarrow C_2H_5-O-CH_3 + I^{\ominus}$$

$$C_6H_5O^{\ominus} + (CH_3)_2SO_4 \longrightarrow C_6H_5-O-CH_3 + CH_3SO_4^{\ominus}$$

Es handelt sich dabei wiederum um eine S_N-Reaktion, bei welcher das Alkoholat- bzw. Phenolat-Anion als Nucleophil wirkt.

Ether sind flüchtiger als Alkohole gleicher Molekülmasse. Sie besitzen zwar ein *Dipolmoment* (Ethylether $5,8 \cdot 10^{-30}$ C m); ihre Moleküle können hingegen untereinander *keine H-Brücken* bilden, so daß keine Assoziation möglich ist. Als Vergleich dienen die Siedepunkte von *n*-Heptan (98 °C), Methylpentylether (100 °C) und 1-Hexanol (157 °C) [Molekülmassen alle um 100 u]. Die Mischbarkeit der Ether mit Wasser ist hingegen durchaus der Wasserlöslichkeit von Alkoholen gleicher C-Zahl vergleichbar (1-Butanol und Ethylether je rund 2 g/100 g Wasser), weil sich im Wasser H-Brücken zwischen Ether- und Wassermolekülen bilden können. Niedrige Ether, besonders Ethylether, besitzen deshalb große Bedeutung als Lösungsmittel.

Beim Stehenlassen an der Luft bilden Ether in geringen Mengen *Peroxide.* Obschon diese in gewöhnlichem Ether nur in sehr kleinen Konzentrationen vorhanden sind, ist peroxidhaltiger Ether sehr gefährlich, da sich die Peroxide z. B. beim Abdestillieren des als Lösungsmittel gebrauchten Ethers explosionsartig zersetzen können. Zur Prüfung auf Peroxid kann man $FeSO_4$ und Thiocyanat («Rhodanid») zusetzen; das Peroxid oxidiert Fe^{+II} zu Fe^{+III}, welches mit Thiocyanationen den bekannten roten Komplex bildet.

Wie die Alkohole verhalten sich Ether starken Proton- oder Lewis-Säuren gegenüber als *Basen* und bilden *Oxonium-Ionen.* Durch Reaktion mit HI oder HBr können sie bei hohen Temperaturen gespalten werden:

$$C_2H_5{-}O{-}C_2H_5 \xrightarrow[140\,°C]{48\%\ HBr} 2\ C_2H_5Br$$

Mit Bortribromid (BBr_3) kann die Etherspaltung bereits bei Raumtemperatur durchgeführt werden:

$$R{-}O{-}R' + BBr_3 \xrightarrow{3\ H_2O} ROH + R'Br + H_3BO_3 + 2\ HBr$$

Im *IR-Spektrum* zeigen die Ether die breite und auffallende Bande der C—O-Streckschwingung im Gebiet von 1060 bis 1300 cm^{-1}:

| Alkylether | 1060 bis 1150 cm^{-1} |
| Aryl- und Vinylether | 1200 bis 1275 cm^{-1} |

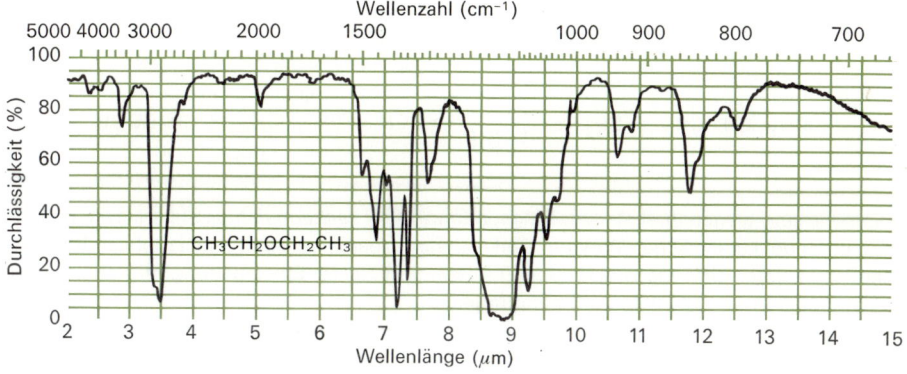

Abb. 3.4. IR-Spektrum von Ethylether
Auffallend ist die sehr breite Bande der C—O-Streckschwingung (um 1120 cm^{-1})

Der wichtigste Ether ist der **Ethylether**, $C_2H_5-O-C_2H_5$, der aus Ethanol unter der Wirkung von konzentrierter Schwefelsäure in großen Mengen hergestellt wird. Er ist ein wichtiges Lösungsmittel. Beim Arbeiten mit Ether ist jedoch stets *Vorsicht* geboten: er ist stark flüchtig (Sdp. 34,6 °C), und seine Dämpfe sind sehr leicht entflammbar. Auf die durch das Vorhandensein von Peroxiden bedingte Explosionsgefahr wurde bereits hingewiesen. Etherische Lösungen sollten aus diesem Grund niemals bis zum völligen Verdampfen destilliert werden. Absoluten (völlig wasserfreien) Ether, wie er zur Herstellung von Grignard-Reagenzien benötigt wird, gewinnt man durch Stehenlassen über metallischem Natrium. In der Medizin wird Ethylether als Narkosemittel immer noch gelegentlich verwendet.

Gewisse zyklische Ether wie **Dioxan** oder **Tetrahydrofuran** besitzen ebenfalls Bedeutung als Lösungsmittel. Dioxan entsteht aus Glykol, Tetrahydrofuran aus 1,4-Butandiol unter der Wirkung konzentrierter Schwefelsäure (intramolekulare Etherbildung!)

1,4-Dioxan   Tetrahydrofuran (THF)

Besonders zu erwähnen sind schließlich die ebenfalls etherähnlichen **Epoxide («Oxirane»)**, die einen *Dreiring* enthalten:

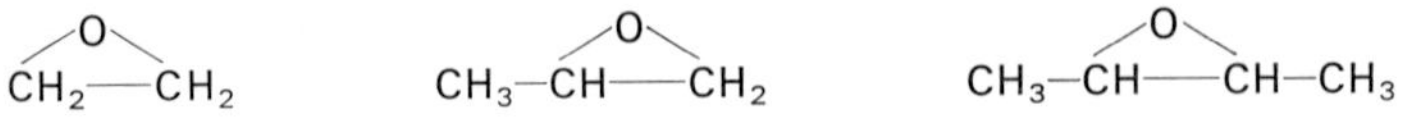

Ethylenoxid   Propylenoxid   Epoxy-2-buten

Ethylenoxid, das weitaus wichtigste Epoxid (farbloses giftiges Gas vom Sdp. 13,7 °C), wird in großen Mengen durch katalytische Oxidation von Ethen mit Luftsauerstoff gewonnen. Andere Epoxide – die z. T. als Ausgangsstoffe zur Herstellung gewisser Kunststoffe von Bedeutung sind *(«Epoxidharze»)* – erhält man durch Oxidation ungesättigter Verbindungen mit *Peroxysäuren:*

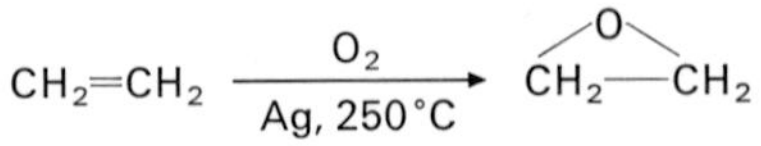

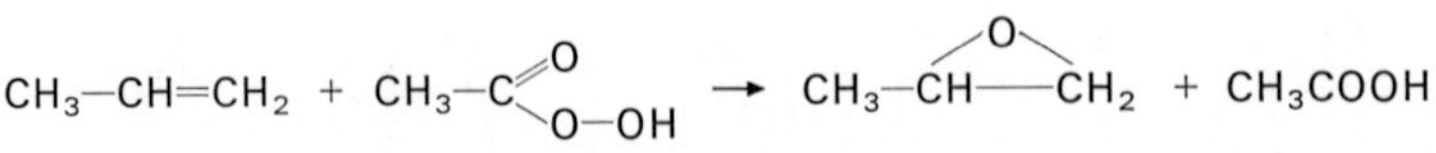

Expoxide sind wegen ihrer starken Ringspannung sehr *reaktionsfähige* Substanzen. Besonders unter der katalytischen Wirkung starker *Säuren* reagieren sie mit nucleophilen Reagenzien leicht unter *Öffnung des Ringes*. Die Reaktion ist der Etherspaltung mit HBr analog, verläuft aber unter viel milderen Bedingungen:

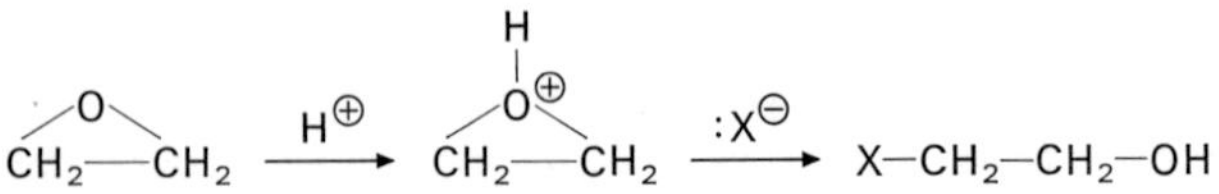

Als Beispiele solcher Reaktionen seien erwähnt:

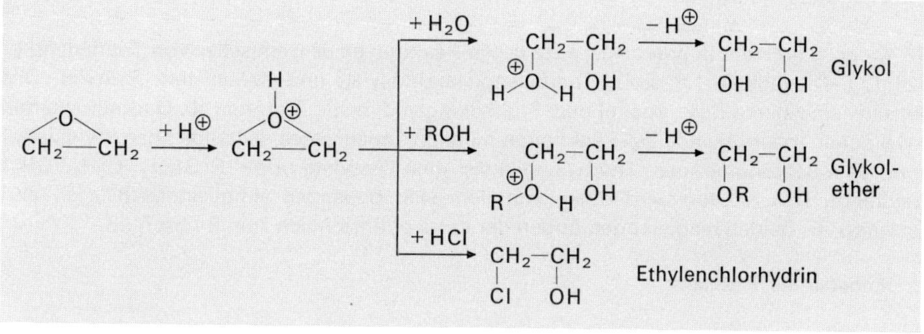

Die prinzipiell gleiche Reaktion ist auch mit *Basen* möglich. Dies steht in starkem Gegensatz zum Verhalten der eigentlichen Ether, die gegenüber Basen völlig inert sind. Auch mit *Grignard-Reagenzien* reagieren offenkettige Ether nicht, während Epoxide dabei Alkohole mit um zwei C-Atome verlängerter Kette ergeben:

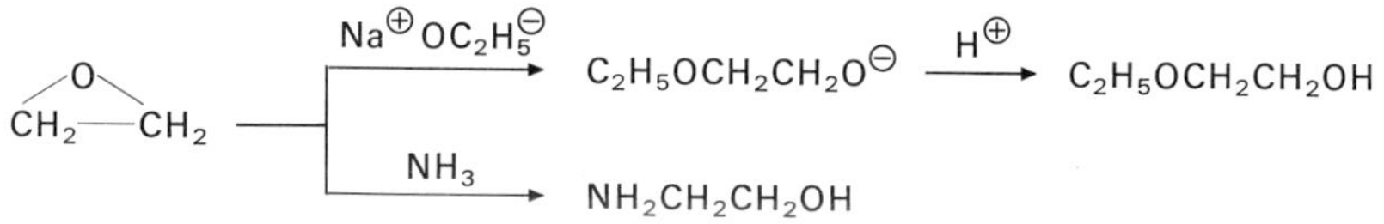

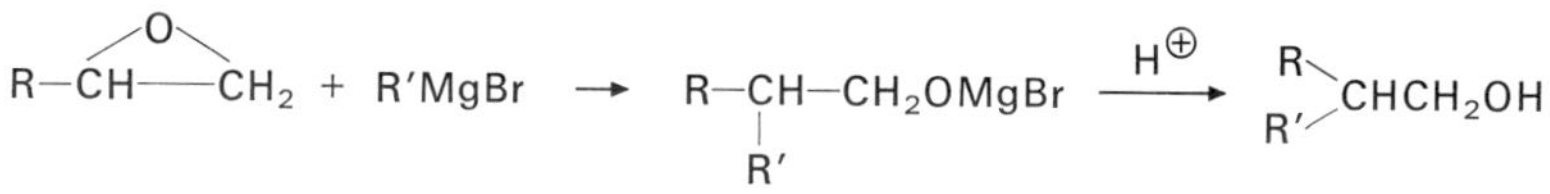

Die Ringspaltung von Epoxiden führt zu Verbindungen, die zwei funktionelle Gruppen an benachbarten C-Atomen tragen und ist darum präparativ von sehr großem Interesse. Als Beispiele von Verbindungen, die über Epoxide gewonnen werden, seien genannt: Ethylen-chlorhydrin, Aminoethanol, Diethylenglykol ($HO-CH_2CH_2-O-CH_2CH_2-OH$), Methyl-cellosolve ($CH_3-O-CH_2CH_2-OH$), Diglyme ($CH_3-O-CH_2CH_2-O-CH_2CH_2-O-CH_3$) u. a. Die letztgenannten Stoffe sind wichtige Lösungsmittel.

Eine weitere Gruppe von zyklischen Ethern, die **«Kronenether»**, hat seit einiger Zeit größere Bedeutung bekommen. Es handelt sich bei ihnen im Prinzip um zyklische Polymere von Ethylenglykol, $(-OCH_2CH_2-)_n$, z.B. das 1,4,7,10-Tetraoxacyclododekan («12-Krone-4») oder das 1,4,7,10,13,16-Hexaoxacyclooktadekan («18-Krone-6») («oxa» bedeutet ein Sauerstoffatom an Stelle eines Kohlenstoffatoms; vgl. S. 855):

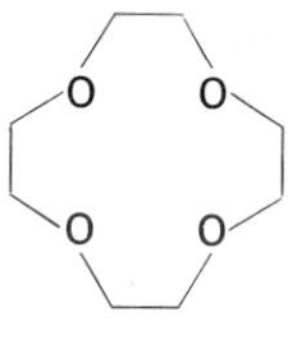

12-Krone-4
(1)

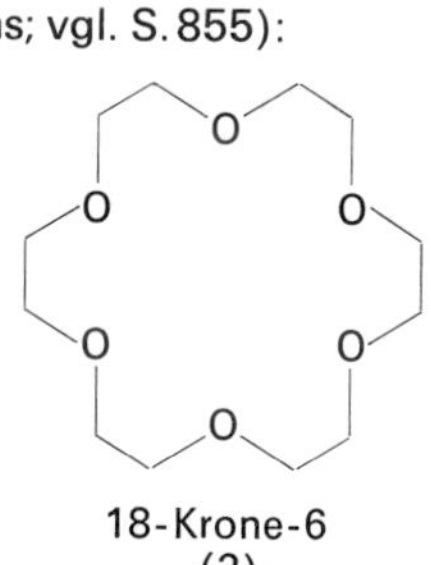

18-Krone-6
(2)

In der Bezeichnung «*x*-Krone-*y*» bedeutet *x* die Gesamtzahl der Atome im Ring und *y* die Zahl der Sauerstoffatome.

18-Krone-6 entsteht in guter Ausbeute durch Reaktion eines Gemisches von Triethylenglykol (3,6-Dioxaoktan-1,8-diol), Triethylenglykolditosylat[1] und Kalium-tert. Butoxid. Das letztere, eine starke Base, spaltet dem Triethylenglykol beide Protonen ab. Dadurch werden zwei aufeinanderfolgende S_N-Reaktionen möglich, indem jedes der beiden negativ geladenen Sauerstoffatome des Triethylenglykols eine Tosylatgruppe ($^{\ominus}OSO_2{-}C_6H_5{-}CH_3$) verdrängt. Das $K^{\oplus}$-Ion wird dabei von dem sich bildenden Ring eingeschlossen und «zwingt» die beiden reagierenden Enden der Kette offensichtlich zum Ringschluß.

Schema der Reaktion:

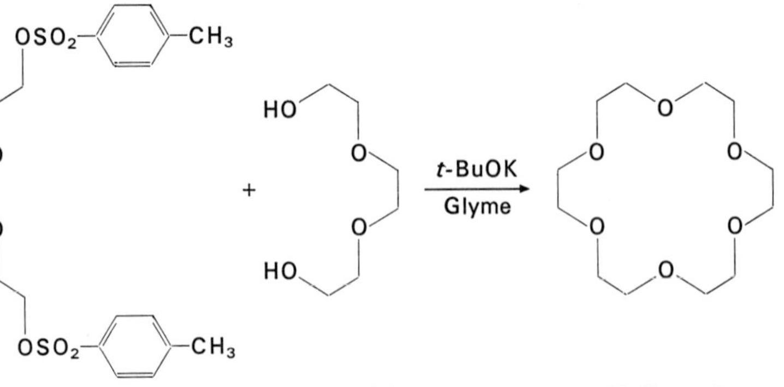

Triethylenglykol   Triethylenglykol,   18-Krone-6
ditosylat   3,6-Dioxaoktan-
                          1,8-diol

Schema des Ringschlusses:

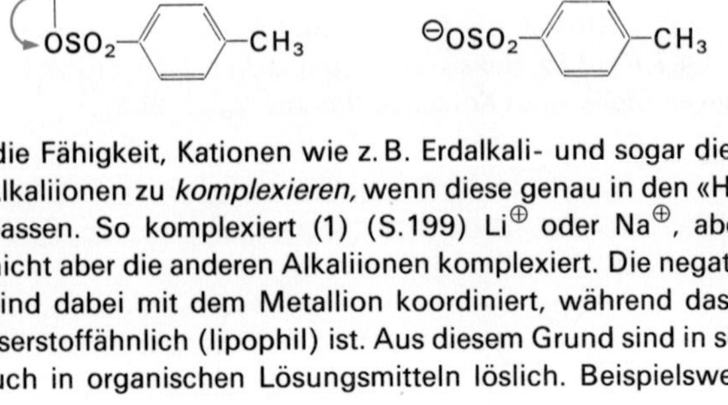

Kronenether besitzen die Fähigkeit, Kationen wie z. B. Erdalkali- und sogar die sonst kaum Komplexe bildenden Alkaliionen zu *komplexieren,* wenn diese genau in den «Hohlraum» im Inneren des Ringes passen. So komplexiert (1) (S.199) $Li^{\oplus}$ oder $Na^{\oplus}$, aber nicht $K^{\oplus}$, während (2) nur $K^{\oplus}$, nicht aber die anderen Alkaliionen komplexiert. Die negativ polarisierten Sauerstoffatome sind dabei mit dem Metallion koordiniert, während das Äußere des Komplexes kohlenwasserstoffähnlich (lipophil) ist. Aus diesem Grund sind in solcher Weise komplexierte Ionen auch in organischen Lösungsmitteln löslich. Beispielsweise löst sich

[1] «Tosylat» ist eine Abkürzung für Toluensulfonsäureester (vgl. S.207). Die Tosylatgruppe ist eine ausgezeichnete «Abgangsgruppe», d. h. sie wird durch nucleophile Reagenzien leicht verdrängt (S.207).

der aus Kaliumpermanganat und 18-Krone-6 erhältliche Komplex (in dem nur das $K^{\oplus}$-Ion komplexiert ist) in Benzen und kann als Oxidationsmittel für Reaktionen, die in unpolaren Lösungsmitteln ablaufen müssen, benützt werden. Auch bei vielen anderen Reaktionen, bei denen Salze mit organischen Molekülen reagieren müssen, lassen sich Kronenether einsetzen; die Reaktion läßt sich dann in einer einzigen Phase durchführen und verläuft rascher als in einem Zweiphasensystem (vgl. S. 379).

Durch Synthese verschiedengliedriger Kronenether lassen sich viele Ionen *gezielt* komplexieren. Auch *polyzyklische, stickstoffhaltige Ether* lassen sich in derselben Weise verwenden, wobei dann das Metallion im Inneren des polyzyklischen Systems eingeschlossen ist und von den Sauerstoffatomen komplexiert wird (Bildung sogenannter *Kryptate).* Das in Wasser sehr schwerlösliche Bariumsulfat läßt sich auf diese Weise sogar in Chloroform lösen! Gewisse natürlich vorkommende makrozyklische Verbindungen, die ebenfalls Sauerstoff- und Stickstoffatome im Ring enthalten, sind am *Transport von Ionen* durch *biologische Membranen* beteiligt, da sie ebenfalls gewisse Ionen, wie z. B. $K^{\oplus}$, selektiv zu komplexieren vermögen.

Übungen

3.1.1　Was versteht man unter einer S_N-Reaktion? Warum ist die Reaktion von Halogeniden mit $OH^{\ominus}$-Ionen nicht allgemein für die Herstellung von Alkoholen brauchbar?

3.1.2　Stellen Sie die Strukturformeln der fünf isomeren Pentanole auf. Benennen Sie alle nach der IUPAC-Nomenklatur und geben Sie an, welche primär, sekundär oder tertiär sind!

3.1.3　Vergleichen Sie die physikalischen Eigenschaften von Alkoholen und Estern!

3.1.4　Das IR-Spektrum von *cis*-Cyclo-1,2-pentandiol zeigt eine OH-Bande bei niedrigerer Wellenzahl als die Bande einer freien OH-Gruppe, die bei starker Verdünnung nicht verschwindet. Das *trans*-Isomer zeigt diese Bande nicht. Erklärung?

3.1.5　Geben Sie die Methoden an, nach welchen folgende Substanzen industriell hergestellt werden:
Methanol, Ethanol, tert. Butylalkohol, Cyclohexanol, Benzylalkohol, β-Chlorethylalkohol

3.1.6　Wie könnte man Isopropylalkohol aus folgenden Ausgangsstoffen herstellen:
(a) aus einem Alken
(b) aus einem Alkylhalogenid
(c) durch eine Grignard-Reaktion
Geben Sie die entsprechenden Reaktionsgleichungen an! Welche dieser Methoden wird industriell verwendet? Warum?

3.1.7　Geben Sie die Strukturformeln der Grignard-Reagenzien und der Aldehyde bzw. Ketone an, welche als Ausgangssubstanzen zur Herstellung der folgenden Alkohole benötigt werden:
(a) alle isomeren Pentylalkohole der Aufgabe 2, (b) 1-Phenyl-2-propanol,
(c) 2-Phenyl-2-propanol, (d) 1-Methylcyclohexanol, (e) 1-Cyclohexylethanol
(f) Triphenylcarbinol

3.1.8　Geben Sie die verschiedenen Möglichkeiten an, wie konz. Schwefelsäure mit Isopropanol reagieren kann. Wie lassen sich die verschiedenen Reaktionen steuern?

3.1.9　Wie stellt man folgende Stoffe her:
(a) Ethylether, (b) Dimethylsulfat, (c) Glykol, (d) Ethylenoxid
Geben Sie die praktische Bedeutung dieser Stoffe an!

3.1.10 Stellen Sie die Reaktionsgleichungen für die Oxidation von sek. Butylalkohol und von Propylalkohol mit $Na_2Cr_2O_7$ auf!

3.1.11 Auf welche Weise lassen sich Alkohole technisch aus Alkenen gewinnen?

3.1.12 Geben Sie die Gleichungen für folgende Synthesen an:
   (a) 3-Methyl-3-propanol und 3-Methyl-2-propanol aus sekundärem Butylalkohol
   (b) 1-Methylcyclohexanol aus Cyclohexanol
   (c) Cyclohexylmethylcarbinol aus Cyclohexanol

3.1.13 Geben Sie Strukturformel und Name der Hauptprodukte an, die durch Reaktion von Cyclohexanol mit folgenden Reagenzien gebildet werden (wenn keine Reaktion eintritt, soll dies ebenfalls vermerkt werden):
   kalte konz. H_2SO_4, H_2SO_4, in der Hitze, verd. $KMnO_4$, Br_2 in CCl_4, konzentrierte wäßrige HBr-Lösung, Natrium, CH_3MgBr, Cu (250 °C), NaOH (aq)

3.1.14 Geben Sie alle Reaktionsschritte für die Synthese folgender Substanzen aus *n*-Butanol an:
   n-Butylbromid, 1-Buten, Butylhydrogensulfat, *n*-Butyraldehyd ($CH_3CH_2CH_2CHO$), *n*-Butan, 1,2-Dibrombutan, 1-Butin, 1,2-Butandiol, *n*-Oktan, 4-Oktanol, 4-Oktanon

3.1.15 Geben Sie die Strukturformeln der Produkte folgender Reaktionen an:
   Benzylalkohol + Mg, Isobutylalkohol + Benzoesäure (C_6H_5COOH) + $H^\oplus$, CH_3OH + C_2H_5MgBr

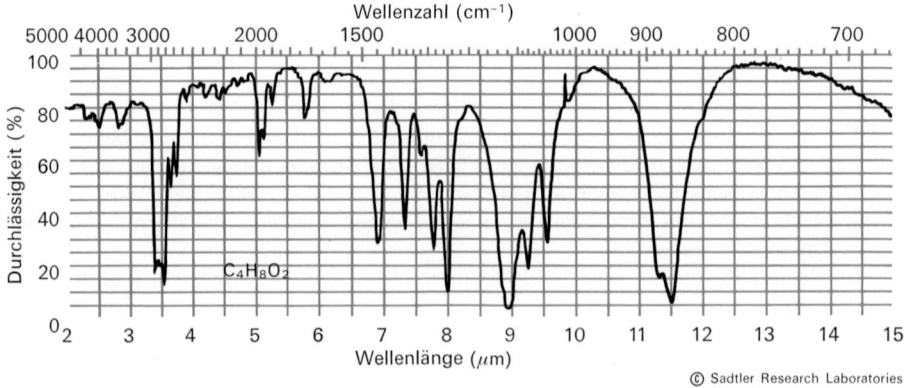

© Sadtler Research Laboratories

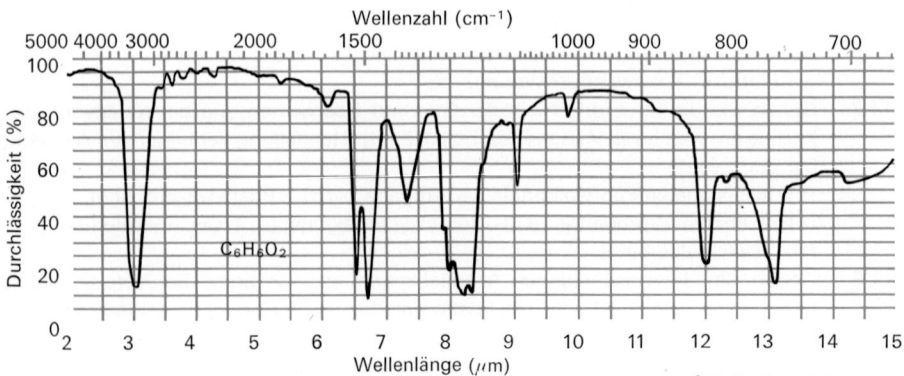

© Sadtler Research Laboratories

Abb. 3.5. IR-Spektren für Aufgabe 3.1.20

3.1.16 Geben Sie an, wie jeweils durch eine chemische Reaktion zwischen zwei der folgenden Stoffe unterschieden werden kann:
Phenol und Cyclohexan, tert. Butylalkohol und *n*-Butanol, Phenol und 1-Hexen Allylalkohol und *n*-Propanol, 2,3-Epoxybutan und Dibutylether

3.1.17 Eine Verbindung $C_6H_{14}O$ entwickelt beim Versetzen mit metallischem Natrium Wasserstoff. Bei der Prüfung mittels der Lukas-Probe bildet sich sofort eine zweite Phase. Die Oxidation des durch Elimination von Wasser aus der Substanz erhaltenen Alkens ergibt eine neutrale Substanz der Formel C_4H_8O und eine Säure $C_2H_4O_2$. Welche Strukturformel kommt der ursprünglichen Substanz zu?

3.1.18 Wie lassen sich die Verbindungen der folgenden Substanzpaare unterscheiden?
(a) Propylether und 2-Methylhexan (beide mit Sdp. 91°C)
(b) Benzylethylether (Sdp. 188°C) und Allylphenylether (Sdp. 192°C)
(c) Ethylpropylether und 1-Hexen (beide mit Sdp. 64°C)
(d) Ethylether (Sdp. 35°C) und *n*-Pentan (Sdp. 36°C)

3.1.19 Stellen Sie die wichtigsten Reaktionen von Ethylenoxid sowie ihre Bedeutung zusammen!

3.1.20 Abb. 3.5 gibt die IR-Spektren zweier Substanzen mit den Molekularformeln $C_4H_8O_2$ [ringförmig gebaut; (a)] und $C_6H_6O_2$ (b). Geben Sie ihre Strukturen an!

3.2 Schwefelverbindungen

Neben den **Thiolen** («Thioalkoholen») und **Sulfiden** («Thioethern»), welche die Schwefel-Analoga der Alkohole und Ether darstellen, existieren verschiedene weitere Typen von Schwefelverbindungen, in welchen das S-Atom in höheren (positiven) Oxidationszahlen auftritt und die als Derivate von SO_2 bzw. der (als Molekül allerdings nicht existierenden) schwefligen Säure und von SO_3 bzw. der Schwefelsäure aufgefaßt werden können. Von diesen zahlreichen Verbindungen sollen die wichtigsten Typen in den folgenden Abschnitten kurz behandelt werden.

3.2.1 Thiole und Thioether

Thiole können als Mono-, Sulfide als Disubstitutionsprodukte von H_2S aufgefaßt werden:

$$C_2H_5\text{—}SH \qquad \text{Ethanthiol, «Ethylmercaptan»}$$
$$CH_3\text{—}S\text{—}C_2H_5 \qquad \text{Methylethylsulfid}$$

Zur Bezeichnung der SH-Gruppe dient die Endung **-«thiol»**. Sulfide werden analog den Ethern durch ihre Alkyl- bzw. Arylreste benannt.
Die Beziehung zum *Schwefelwasserstoff* zeigt sich bei den Thiolen in verschiedener Hinsicht. So sind die Thiole *nicht assoziiert,* zeigen also einen verglichen mit den entsprechenden Alkoholen beträchtlich niedrigeren «normalen» Siedepunkt, eine Folge der dem S-Atom fehlenden Fähigkeit zur Ausbildung von H-Brücken (nur schwache Polarität der S—H-Bindung; vgl. auch die Siedepunkte von H_2O und H_2S!) Thiole sind auch viel *stärker sauer* als Alkohole (auch von H_2O zu H_2S nimmt die Acidität stark zu), was sich z. B. darin zeigt, daß sie in wäßrigen Hydroxidlösungen löslich sind:

$$R\text{—}SH + Na^{\oplus}OH^{\ominus} \rightarrow R\text{—}S^{\ominus}Na^{\oplus} + H_2O$$

Mit Lösungen von Schwermetallsalzen entstehen zum Teil schwerlösliche und gut kristalli-sierende *Salze.* Auf die leichte Bildung der Quecksilbersalze ist der Name *«Mercaptane»* zurückzuführen *(mercurium* = Bezeichnung für Quecksilber; *captans* lat. = einfangend).

Thiole sind durch einen äußerst widerwärtigen *Geruch* charakterisiert, der selbst in extremer Verdünnung wahrnehmbar ist (Riechschwelle für Ethanthiol $4,8 \cdot 10^{-8}$ mg). Das *IR-Spek-trum* zeigt eine mäßig intensive Bande bei 2600 bis 2550 cm^{-1} (Absorption durch die S—H-Streckschwingung). Da die Thiolgruppe keine H-Brücken bildet, ist die genaue Lage dieser Bande von der Konzentration weitgehend unabhängig, im Gegensatz zur O—H-Bande der Alkohole.

Für das chemische Verhalten der Thiole ist vor allem die bereits genannte, verglichen mit den Alkoholen erhöhte Acidität kennzeichnend. Ebenso wie die Alkohole lassen sich auch die Alkanthiole oxidieren; die *Oxidation* greift aber nicht wie bei den Alkoholen am C-Atom an, das die funktionelle Gruppe trägt, sondern am *S-Atom.* Es entstehen deshalb keine den Aldehyden oder Ketonen analogen Schwefelverbindungen, sondern *Sulfensäuren* und *Disulfide;* stärkere Oxidationsmittel, wie $KMnO_4$ oder HNO_3, ergeben *Sulfonsäuren:*

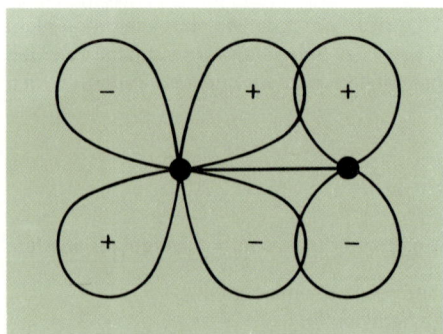

Abb. 3.6 *d–p-π-Bindung*

Die Instabilität der Thioaldehyde $\left(R-C{\overset{\displaystyle S}{\underset{\displaystyle H}{\diagup}}} \right)$ belegt die für die Elemente der dritten (und höherer) Perioden charakteristische geringe Tendenz zur Bildung von (*p*—*p*-) Doppelbin-dungen (*«Doppelbindungsregel»*). Dies rührt davon her, daß die Atomrümpfe dieser Atome beträchtlich größer sind als bei den Atomen der zweiten Periode, so daß sich die *p*-Elektronen zweier Atome nicht mehr genügend überlappen können (dasselbe gilt für eine Überlappung von zwei *sp³*-Hybrid-AO im Falle des τ-Modelles der Doppelbindung). Sowohl bei Schwefel und Phosphor wie auch bei ihren höheren Homologen können jedoch Doppelbindungen dadurch gebildet werden, daß sich (neben den zwei *s*-Elektronen) *d*-AO des S- bzw. P-Atoms mit *p*-AO eines anderen Atoms überlappen (Abb. 3.6). Den Bindungen zwischen S- bzw. P-Atomen und den einzelstehenden O-Atomen in der Schwefelsäure bzw. Phosphorsäure sowie natürlich auch in deren organischen Derivaten kommt darum zweifellos in einem gewissen Ausmaß Doppelbindungscharakter zu (was auch durch ihre Bindungslängen bestätigt wird), wobei das S-(P-)Atom sein Oktett überschreitet:

Zur *Gewinnung* von Thiolen kann man von Alkylhalogeniden ausgehen, die man mit Natriumhydrogensulfid umsetzt (*S$_N$*-Reaktion):

$$C_2H_5Br \ + \ SH^{\ominus}Na^{\oplus} \ \longrightarrow \ C_2H_5SH \ + \ Na^{\oplus}Br^{\ominus}$$

Die Reaktion läuft indessen oft weiter und liefert schließlich das entsprechende Sulfid; man muß Thiole deshalb häufig durch andere, spezielle Reaktionen herstellen.

Tabelle 3.7. Siedepunkte von Thiolen und Alkoholen

		Sdp. (°C)			Sdp. (°C)
	H_2S	− 61,8		H_2O	100
	CH_3SH	5,8		CH_3OH	64,5
	C_2H_5SH	37		C_2H_5OH	78
prim.	C_3H_7SH	67	prim.	C_3H_7OH	97
prim.	$n\text{-}C_4H_9SH$	97	prim.	$n\text{-}C_4H_9OH$	117
prim.	$n\text{-}C_5H_{11}SH$	126	prim.	$n\text{-}C_5H_{11}OH$	138

3.2.2 Sulfoxide und Sulfone

Sulfide lassen sich z.B. durch H_2O_2 in Essigsäure leicht zu Sulfoxiden und Sulfonen oxidieren:

Die praktisch wichtigste dieser Verbindungen ist *Dimethylsulfoxid* («DMSO») CH_3-S-CH_3, eine unter einem Druck von 0,02 bis 0,025 bar bei 85 bis 90°C siedende Substanz, die sich bei höherem Erhitzen (> 180°C) zersetzt. Dimethylsulfoxid hat als Lösungsmittel Bedeutung erlangt.

3.2.3   Sulfen-, Sulfin- und Sulfonsäuren

Diese Verbindungen enthalten ebenso wie die Sulfoxide und Sulfone Schwefel in höheren Oxidationsstufen. Sie lassen sich z. B. durch stufenweise Oxidation von Thiolen erhalten:

$$R-CH_2-SH \quad \rightarrow \quad R-CH_2-S-OH \quad \rightarrow \quad R-CH_2-\overset{O}{\underset{}{\overset{\|}{S}}}-OH \quad \rightarrow \quad R-CH_2-\overset{O}{\underset{O}{\overset{\|}{\underset{\|}{S}}}}-OH$$

$$(1) \qquad\qquad\qquad (2) \qquad\qquad\qquad (3)$$

Die *Sulfensäuren* [mit S der formalen Oxidationsstufe + II; (1)] sind allerdings so leicht weiter oxidierbar, daß sie bei der Oxidation der Thiole meist nicht isolierbar sind. Auch die *Sulfinsäuren* (2) sind schwierig zu isolieren; man stellt diese Säuren meist aus Grignard-Verbindungen und SO_2 her:

$$R-Mg-Br + SO_2 \quad \rightarrow \quad R-\overset{}{\underset{O}{\overset{\|}{S}}}-OMgBr \quad \xrightarrow{H^{\oplus}} \quad R-\overset{}{\underset{O}{\overset{\|}{S}}}-OH$$

Die weitaus wichtigsten Schwefelverbindungen, in denen das S-Atom in höheren Oxidationsstufen vorliegt, sind die *Sulfonsäuren*, $R-SO_3H$ (3) (R = Alkyl- oder Aryl-). Aliphatische Sulfonsäuren können nicht nur durch Oxidation von Mercaptanen, sondern auch durch Sulfochlorierung von Paraffinkohlenwasserstoffen (und anschließende Hydrolyse des dabei gebildeten Sulfonsäurechlorids) (S. 77) oder durch Umsetzung von Alkylhalogeniden mit Natriumsulfit hergestellt werden:

$$R-Br + SO_3^{2\ominus} \quad \rightarrow \quad R-SO_3^{\ominus} + Br^{\ominus}$$
$$\downarrow H^{\oplus}$$
$$R-SO_3H$$

Aromatische Sulfonsäuren entstehen durch «*Sulfonierung*» des aromatischen Ringes, d.h. durch Umsetzung mit konzentrierter oder rauchender Schwefelsäure oder mit SO_3:

Zur Abtrennung der Sulfonsäuren aus dem Reaktionsgemisch benützt man die Tatsache, daß ihre Calcium- und *Bariumsalze* – im Gegensatz zu $CaSO_4$ und $BaSO_4$ – in Wasser *leicht löslich* sind. Die Sulfonsäuren sind oft stark hygroskopisch und schwierig in reinem Zustand zu erhalten; man verwendet darum an ihrer Stelle häufig ihre Alkalisalze.
Sulfonsäuren sind durch sehr gute Wasserlöslichkeit und relativ hohe Siedepunkte ausgezeichnet; in organischen Lösungsmitteln lösen sie sich dagegen oft nur wenig. Als Derivate der Schwefelsäure sind sie starke Säuren. Ihre Anionen sind kaum basisch, und ihre Salze reagieren im Wasser praktisch neutral.

Aromatische Sulfonsäuren besitzen als Zwischenprodukte zur Herstellung vieler anderer Verbindungen sehr große technische Bedeutung. Beispielsweise enthält die Mehrzahl der synthetischen *Farbstoffe* in ihren Molekülen eine oder (meist) mehrere Sulfonsäuregruppen, welche die Substanzen wasserlöslich machen oder in gewissen Fällen für die Haftung des Farbstoffmoleküls auf dem zu färbenden Substrat verantwortlich sind. *Toluensulfonsäurechlorid,* das durch Reaktion von Toluensulfonsäure mit $SOCl_2$ oder PCl_5 oder direkt aus Toluen und Chlorsulfonsäure ($ClSO_3H$) leicht zugänglich ist, besitzt für die präparative Chemie große Bedeutung. Mit Alkoholen bildet es leicht die entsprechenden Sulfonsäureester, welche häufig an Stelle von Alkylhalogeniden als *Alkylierungsmittel* verwendet werden (*p*-Toluensulfonsäureester oder «*Tosylate*»):

$$CH_3-\langle\bigcirc\rangle-SO_2Cl + CH_3OH \longrightarrow CH_3-\langle\bigcirc\rangle-SO_3CH_3 + HCl \qquad (1)$$

Methyltosylat

$$CH_3-\langle\bigcirc\rangle-SO_3CH_3 + CN^{\ominus} \longrightarrow CH_3-\langle\bigcirc\rangle-SO_3^{\ominus} + CH_3CN \qquad (2)$$

Solche Alkylierungen [wie z.B. die Reaktion (2)] sind S_N-Reaktionen. Da das Tosylat-Anion sehr wenig nucleophil ist, läßt es sich sehr *leicht durch nucleophile Reagenzien verdrängen,* d.h. es ist eine gute **«Abgangsgruppe»**. Ein Hauptvorteil der Tosylate gegenüber den Halogeniden besteht darin, daß bei ihrer Bildung aus Alkoholen nicht die C—O-, sondern die O—H-Bindung des Alkohols getrennt wird. Dadurch bleibt bei optisch aktiven Alkoholen die *Konfiguration* (d.h. spezifische Anordnung der Atome und Atomgruppen am mit der OH-Gruppe verbundenen C-Atom) *erhalten*. Mit anderen Worten, Tosylate besitzen an diesem C-Atom mit Sicherheit dieselbe Konfiguration wie die Alkohole, aus denen sie entstanden sind.

Schließlich ist zu erwähnen, daß gewisse Sulfonamide (mit der $-SO_2NH_2$-Gruppe) als Chermotherapeutika verwendet werden, da sie das Wachstum mancher Bakterienarten zu hemmen vermögen. Ein Sulfonimid ist der bekannte Süßstoff *Saccharin:*

Saccharin

Übungen

3.2.1   Vergleichen Sie die physikalischen und chemischen Eigenschaften der Alkohole und der Thiole!

3.2.2   Was läßt sich über die Bindungsverhältnisse in den Sulfonen aussagen?

3.2.3   Charakterisieren Sie die Bedeutung der *p*-Toluensulfonsäureester für die präparative Chemie.

3.3   Stickstoffhaltige Verbindungen

3.3.1   Amine

Ebenso wie Alkohole und Ether als Derivate von Wasser aufgefaßt werden können, kann man die Amine als *Substitutionsprodukte* von *Ammoniak* betrachten. Je nach der Anzahl der Wasserstoffatome, die im Ammoniak durch Alkyl- oder Arylreste ersetzt sind, hat man zu unterscheiden zwischen

primären Aminen $R-NH_2$

sekundären Aminen $\begin{matrix} R \\ R' \end{matrix}\!\!>\!NH$

teriären Aminen $\begin{matrix} R \\ R' \\ R'' \end{matrix}\!\!>\!N$

(Die Ausdrücke «primär», «sekundär» und «tertiär» beziehen sich bei dieser Verbindungsklasse ausschließlich auf das *N-Atom;* tert. Butylamin (das nur eine einzige Alkylgruppe enthält) ist also – trotz des darin enthaltenen tertiären C-Atoms – ein primäres Amin!)
Ist das N-Atom mit vier Alkyl-(Aryl-)gruppen verbunden, so trägt die betreffende Partikel eine positive Ladung. Solche Ionen werden in Analogie zu den $NH_4^\oplus$-Ionen als substituierte *Ammonium-Ionen* bezeichnet; sie treten zusammen mit Anionen in salzartigen Festkörpern oder in Lösungen auf.
Zur Benennung aliphatischer Amine wird die Endung **-amin** an den (die) Namen der Alkylgruppe(n) gehängt. Bei komplizierter gebauten Aminen wird die Bezeichnung *«Amino-»* (oder N-Methylamino-, N,N-Dimethylamino-) vorausgestellt. Gewisse aromatische Amine besitzen Trivialnamen.

Beispiele:

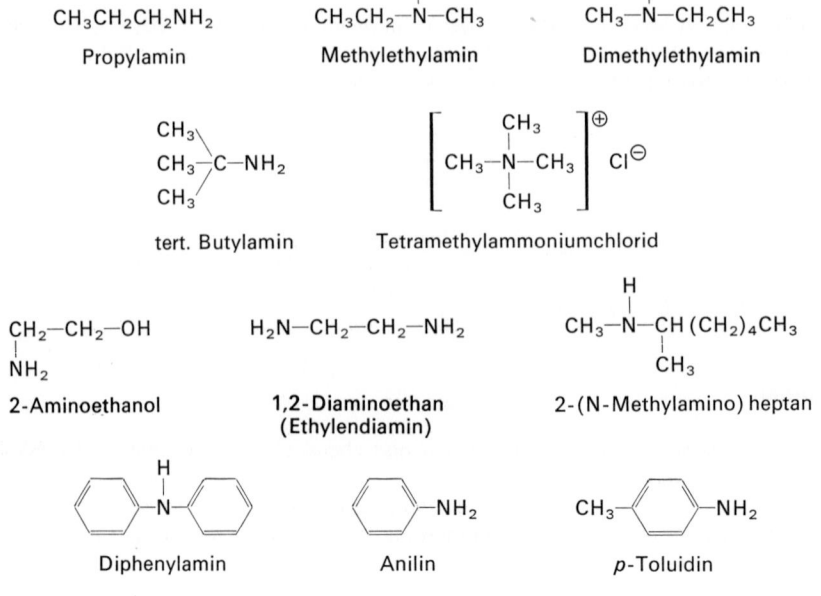

$CH_3CH_2CH_2NH_2$	$CH_3CH_2-\overset{\overset{\text{H}}{\mid}}{N}-CH_3$	$CH_3-\overset{\overset{\text{CH}_3}{\mid}}{N}-CH_2CH_3$
Propylamin	Methylethylamin	Dimethylethylamin

tert. Butylamin   Tetramethylammoniumchlorid

2-Aminoethanol   1,2-Diaminoethan
(Ethylendiamin)   2-(N-Methylamino) heptan

Diphenylamin   Anilin   *p*-Toluidin

Physikalische Eigenschaften. Als Derivate von Ammoniak sind auch die Moleküle der Amine *polar* gebaut. Sie besitzen – ebenso wie Ammoniak – die Fähigkeit zur Ausbildung von H-Brücken untereinander, die jedoch beträchtlich schwächer sind als bei Wasser oder den Alkoholen. Dementsprechend liegen die Siedepunkte der Amine zwar höher als bei Kohlenwasserstoffen gleicher Kohlenstoffzahl, aber niedriger als bei entsprechenden Alkoholen:

$$CH_3CH_2CH_2CH_3 \qquad CH_3CH_2CH_2NH_2 \qquad CH_3CH_2CH_2OH$$

Molekülmasse 58 u	Molekülmasse 59 u	Molekülmasse 60 u
Sdp. $-0,5°C$	Sdp. $49,7°C$	Sdp. $97,2°C$

Amine niedriger C-Zahl (bis etwa 6 C-Atome) sind gut wasserlöslich. Mit zunehmender C-Zahl nimmt wie bei den Alkoholen die Wasserlöslichkeit stark ab. In weniger stark polaren Lösungsmitteln wie Methanol, Ethanol, Ether oder Benzen sind auch die niederen Amine

Tabelle 3.8. Amine

Name	Formel	Smp. (°C)	Sdp. (°C)	pK_b
Methylamin	CH_3NH_2	-92	$-7,5$	3,36
Dimethylamin	$(CH_3)_2NH$	-96	7,5	3,29
Trimethylamin	$(CH_3)_3N$	-117	3	4,26
Ethylamin	$C_2H_5NH_2$	-80	17	3,25
Diethylamin	$(C_2H_5)_2NH$	-39	55	3,02
Triethylamin	$(C_2H_5)_3N$	-115	89	3,24
n-Propylamin	$C_3H_7NH_2$	-83	49	3,42
n-Butylamin	$C_4H_9NH_2$	-50	78	3,39
Isobutylamin	$(CH_3)_2CHCH_2NH_2$	-85	68	3,28
sek. Butylamin	$CH_3CH_2CH(CH_3)NH_2$	-104	63	
tert. Butylamin	$(CH_3)_3C-NH_2$	-67	46	3,32
Cyclohexylamin	$C_6H_{11}NH_2$		134	
Benzylamin	$C_6H_5CH_2NH_2$		185	4,64
α-Phenylethylamin	$C_6H_5CH(NH_2)CH_3$		187	
β-Phenylethylamin	$C_6H_5CH_2CH_2NH_2$		195	
1,4-Diaminobutan	$H_2N(CH_2)_4NH_2$	27	158	
1,6-Diaminohexan	$H_2N(CH_2)_6NH_2$	39	196	
Anilin	$C_6H_5NH_2$	-6	184	9,42
Methylanilin	$C_6H_5NHCH_3$	-57	196	9,20
Dimethylanilin	$C_6H_5N(CH_3)_2$	3	194	8,94
Diphenylamin	$C_6H_5NHC_6H_5$	53	302	13,1
Triphenylamin	$(C_6H_5)_3N$	127	365	
o-Toluidin	o-$CH_3C_6H_4NH_2$	-28	200	9,6
m-Toluidin	m-$CH_3C_6H_4NH_2$	-30	203	9,31
p-Toluidin	p-$CH_3C_6H_4NH_2$	44	200	8,9
o-Chloranilin	o-$ClC_6H_4NH_2$	-2	209	11,3
p-Chloranilin	p-$ClC_6H_4NH_2$	70	232	9,83
o-Nitranilin	o-$O_2NC_6H_4NH_2$	71	284	13,45
m-Nitranilin	m-$O_2NC_6H_4NH_2$	114	307	11,5
p-Nitranilin	p-$O_2NC_6H_4NH_2$	148	332	13
o-Phenylendiamin	o-$C_6H_4(NH_2)_2$	160	subl.	9,63
m-Phenylendiamin	m-$C_6H_4(NH_2)_2$	63	285	9,00
p-Phenylendiamin	p-$C_6H_4(NH_2)_2$	140	267	7,96

gut löslich. Methyl- und Ethylamin riechen ähnlich wie Ammoniak; Trimethylamin und Amine mittlerer C-Zahlen riechen ausgesprochen fischartig (Trimethylamin ist in der Heringslake enthalten). Aromatische Amine, insbesondere Anilin, sind sehr *giftig;* sie werden vom Körper leicht durch die Haut hindurch aufgenommen. Manche aromatische Amine verfärben sich beim Aufbewahren und werden dunkel bis schwarz (in reinem Zustand sind sie farblos!), eine Folge der Oxidation durch Luftsauerstoff.

Amine mit N—H-Bindungen zeigen im *IR-Spektrum* die Absorptionsbanden der N—H-Streckschwingung bei 3300 bis 3550 cm^{-1} und der N—H-Beugeschwingung bei 1600 bis 1640 cm^{-1} (im Falle primärer Amine) oder bei 1530 bis 1570 cm^{-1} im Falle sekundärer Amine. Die Lage der Banden der C—N-Streckschwingung hängt von der Art und der Struktur des Amins ab:

aliphatische Amine: 1030–1230 cm^{-1} (schwach); tertiäre Amine zeigen ein Dublett
aromatische Amine: 1180–1360 cm^{-1} (gewöhnlich ein Dublett)

IR-Banden von Stickstoffverbindungen (cm^{-1})

—NH$_2$	3300–3550	N—H-Streckschwingung; primäre Amine zeigen in diesem Gebiet zwei Banden (symmetrische und unsymmetrische Streckschwingung)
—NH$_3^{\oplus}$	3030–3130	N—H-Streckschwingung bei —NH$_3^{\oplus}$-Gruppen und Aminosäuren
—NH$_2$	1560–1650	primäre Amine ⎫
	650–900	⎬ N—H-Beugeschwingung
⟩NH	1530–1570	sekundäre Amine ⎭
—ĊN⟨ {	1030–1230	aliphatische Amine (bei tertiären Aminen ein Dublett) ⎫ C—N-Streck-
	1180–1360	aromatische Amine (oft zwei Banden) ⎬ schwingung ⎭
—CN	2200–2260	C≡N-Streckschwingung; kann durch Konjugation verstärkt werden

---

Die Absorption der N—H-Protonen im *NMR-Spektrum* fällt ins Gebiet von $\delta = 1$ bis 5.

Bildung der Amine. Für die Gewinnung von Aminen steht eine Reihe von Reaktionen zur Verfügung, von denen einige auch im technischen Maßstab durchgeführt werden. Wir begnügen uns hier mit einer *Übersicht* über die wichtigsten dieser Reaktionen und werden sie – ihrem Mechanismus entsprechend – im zweiten Teil des Buches ausführlicher besprechen.

Anilin, das weitaus wichtigste Amin, wird technisch in sehr großen Mengen durch Reduktion des leicht zugänglichen Nitrobenzens mittels Eisen und Salzsäure hergestellt (S. 808):

$$C_6H_5NO_2 \xrightarrow{\text{Fe/HCl}} C_6H_5NH_3^{\oplus}\,Cl^{\ominus} \xrightarrow{\text{OH}^{\ominus}} C_6H_5NH_2$$

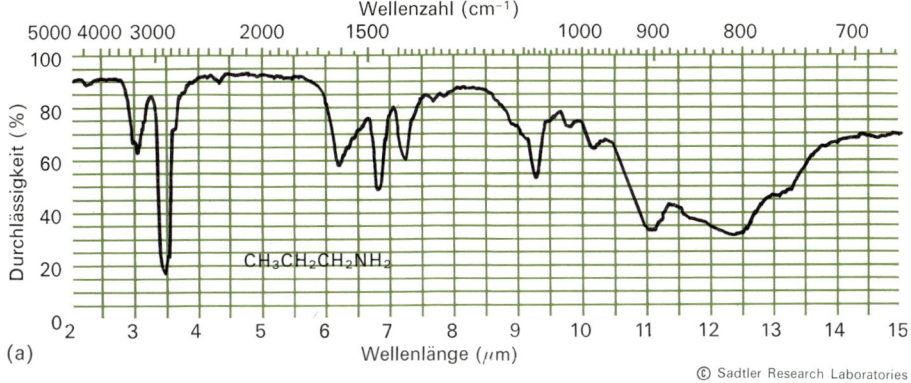

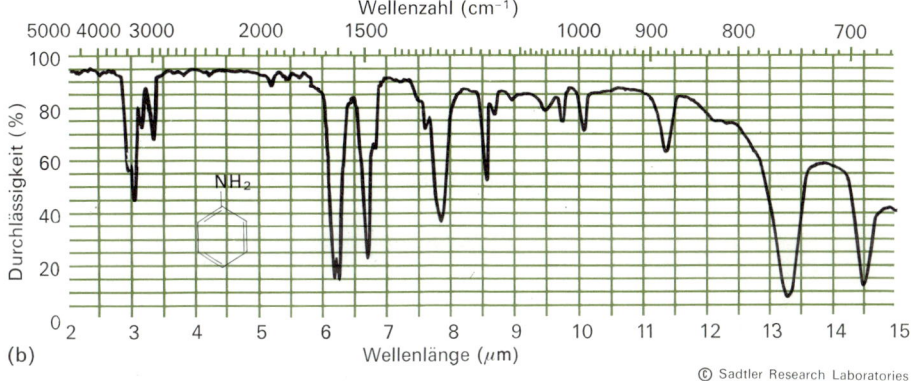

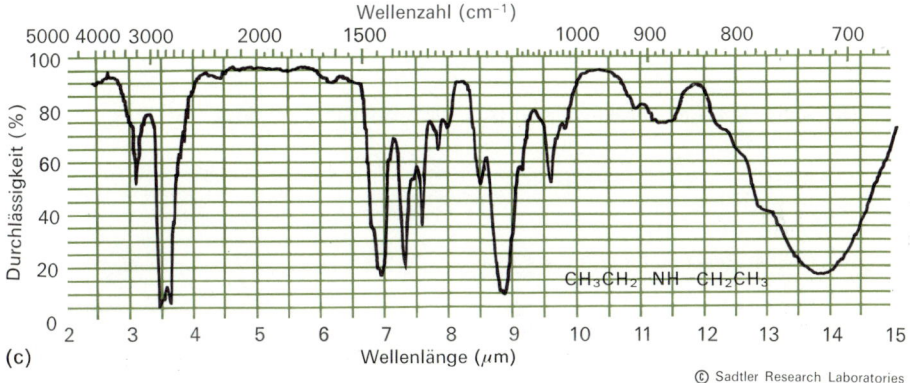

Abb. 3.7 (a). IR-Spektrum von Propylamin
Beachte die Lage der Bande der N—H-Beugeschwingung beim primären aliphatischen Amin (1610 cm^{-1}) und beim sekundären Amin (1450 cm^{-1}; zum Teil mit der Bande der C—H-Beugeschwingung zusammenfallend)

Abb. 3.7 (b) und (c). IR-Spektren von Anilin (oben) und Diethylamin (unten)

Tabelle 3.9. Methoden zur Gewinnung von Aminen

---

(1) Reaktion von Halogeniden mit Ammoniak oder Aminen

$$NH_3 \xrightarrow{RX} RNH_2 \xrightarrow{RX} R_2NH \xrightarrow{RX} R_3N \xrightarrow{RX} R_4N^{\oplus}X^{\ominus}$$

(2) Reduktive Aminierung von Carbonylverbindungen (S. 629)

$$>C=O$$

$$+ NH_3 + H_2 \xrightarrow{Ni} >CH-NH_2 \quad \text{primäres Amin}$$

$$+ RNH_2 + H_2 \xrightarrow{Ni} >CH-NH-R \quad \text{sekundäres Amin}$$

$$+ R_2NH + H_2 \xrightarrow{Ni} >CH-NR_2 \quad \text{tertiäres Amin}$$

(3) Reduktion von Nitroverbindungen (S. 808)

$$R-NO_2 \xrightarrow{\text{Metall} + H_3O^{\oplus} \text{ oder } H_2/\text{Kat.}} R-NH_2$$

(4) Reduktion von Amiden, Oximen oder Nitrilen (S. 802)

Amid $R-C\overset{O}{\underset{NH_2}{<}} \xrightarrow{LiAlH_4} R-CH_2-NH_2$

Amid $R-C\overset{O}{\underset{NH-R'}{<}} \xrightarrow{LiAlH_4} R-CH_2-NH-R'$

Oxim $\overset{R}{\underset{R'}{>}}C=N-OH \xrightarrow[C_2H_5OH]{Na} \overset{R}{\underset{R'}{>}}CH-NH_2$

Nitril $R-C\equiv N \xrightarrow[\text{oder } H_2/\text{Kat.}]{LiAlH_4} R-CH_2-NH_2$

(5) Abbau von Carbonsäureamiden (z. B. nach Hofmann) (S. 502)

$$R-C\overset{O}{\underset{NH_2}{<}} \xrightarrow{OBr^{\ominus}} R-NH_2$$

(6) Gabriel-Reaktion für primäre Amine

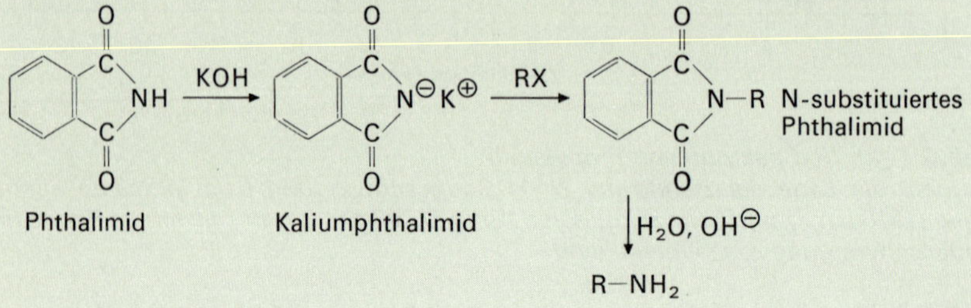

Phthalimid   Kaliumphthalimid $H_2O, OH^{\ominus}$

                                                              $R-NH_2$

N-substituiertes Phthalimid

Auch durch Reaktion von Chlorbenzen mit Ammoniak (bei 200 °C und unter Druck) kann – analog dem Phenol – Anilin erhalten werden. **Methyl-, Dimethyl-** und **Trimethylamin** werden industriell aus Methanol und Ammoniak gewonnen:

$$NH_3 \xrightarrow[\substack{Al_2O_3 \\ 450\,°C}]{CH_3OH} CH_3NH_2 \xrightarrow[\substack{Al_2O_3 \\ 450\,°C}]{CH_3OH} (CH_3)_2NH \xrightarrow[\substack{Al_2O_3 \\ 450\,°C}]{CH_3OH} (CH_3)_3N$$

Höhere Amine erhält man aus Carbonsäuren über ihr Amid, das durch Erhitzen in das entsprechende Nitril übergeführt wird, welches anschließend durch katalytische Hydrierung das Amin liefert:

$$RCOOH \xrightarrow{NH_3\ (Erhitzen)} RCONH_2 \xrightarrow{Erhitzen} RC\equiv N \xrightarrow{H_2/Ni} RCH_2NH_2$$
$$\quad\quad\quad\quad\quad\quad\quad\quad\quad Amid \quad\quad\quad\quad\quad\quad\quad\quad Nitril$$

Eine Übersicht über die wichtigsten Laboratoriumsmethoden zur Einführung der Aminogruppe gibt Tabelle 3.9.

Die einfachste dieser Reaktionen, die *Alkylierung* von *Ammoniak* mit Alkylhalogeniden oder -sulfaten wird praktisch wenig verwendet, weil man meist Gemische der verschiedenen Alkylierungsprodukte erhält. Da nämlich das zuerst gebildete primäre Amin ebenso wie Ammoniak selbst ein freies Elektronenpaar besitzt und stark nucleophil ist, läßt sich die Reaktion häufig nicht beim primären Amin anhalten, denn das zunächst gebildete Amin konkurriert mit dem Ammoniak um das Alkylhalogenid. Die Reduktion von *Nitroverbindungen* ist hauptsächlich zur Gewinnung *aromatischer* Amine brauchbar, weil aromatische Nitroverbindungen einfach und leicht zugänglich sind. Die *Reduktion* von *Amiden, Oximen* oder *Nitrilen* erlaubt die Herstellung der verschiedenartigsten Amine, z. B.

$$CH_3-C\overset{O}{\underset{NH-}{\diagdown}} \xrightarrow{LiAlH_4} CH_3-CH_2-NH-$$
$$\quad\quad\quad Acetanilid \quad\quad\quad\quad\quad\quad\quad Ethylanilin$$

$$\underset{C_2H_5}{\overset{CH_3}{\diagdown}}C=NOH \xrightarrow[C_2H_5OH]{Na} \underset{C_2H_5}{\overset{CH_3}{\diagdown}}CH-NH_2$$
$$\quad Methylethylketoxim \quad\quad\quad 2\text{-}Aminobutan$$

Wird das Nitril zuerst durch eine S_N-Reaktion aus einem Halogenid mit KCN hergestellt, so ist eine Verlängerung der C-Kette möglich. – Auch die *reduktive Aminierung* von Carbonylverbindungen kann zur Gewinnung aller drei Typen von Aminen dienen; sie läßt sich leichter kontrollieren als die nucleophile Substitution von Halogeniden durch NH_3 oder Amine. Sehr wertvoll sind schließlich die verschiedenen Methoden zum *Abbau* von *Carbonsäureamiden* (wobei Amine entstehen, die ein C-Atom weniger als die Ausgangssubstanz enthalten) und die *Gabriel-Synthese*. Letztere liefert primäre Amine von definierter Konstitution, ohne daß Nebenreaktionen oder Umlagerungen eintreten.

Reaktionen. Die auffallendste Eigenschaft der Amine ist ihre **Basizität**. Wie Ammoniak vermögen sie ein Proton zu binden und wirken auch gegenüber sehr schwachen Säuren, wie z. B. Wasser, noch als Base. Mit starken Säuren entstehen *Ammoniumsalze:*

$$CH_3-NH_2 \ + \ HCl \ \longrightarrow \ CH_3-NH_3^{\oplus} \, Cl^{\ominus}$$

Methylammoniumchlorid
(früher als «Methylaminhydrochlorid» bezeichnet)

$$CH_3-\underset{\underset{}{|}}{\overset{\overset{H}{|}}{N}}-C_2H_5 \ + \ HNO_3 \ \longrightarrow \ \left[CH_3-\underset{\underset{H}{|}}{\overset{\overset{H}{|}}{N}}-C_2H_5 \right]^{\oplus} \ NO_3^{\ominus}$$

Methylethylammoniumnitrat

Auch Amine von höherer C-Zahl lösen sich deshalb leicht in wäßrigen Mineralsäuren. Bei Zugabe von Alkalihydroxid (d.h. der stärkeren Base OH$^{\ominus}$) bildet sich wieder das freie Amin:

$$\langle \rangle{-}NH_3^{\oplus} \, Cl^{\ominus} \ + \ OH^{\ominus} \ \longrightarrow \ \langle \rangle{-}NH_2 \ + \ H_2O \ + \ Cl^{\ominus}$$

Aniliniumchlorid   Anilin

Einfache aliphatische Amine sind in ihrer Basizität dem Ammoniak vergleichbar. Methyl- und Dimethylamin sind etwas (jedoch nur wenig) stärker basisch als Ammoniak. Aromatische Amine wie Anilin oder Diphenylamin hingegen sind viel schwächere Basen.

Die Tabelle 3.10 gibt eine *Übersicht* über die wichtigsten *chemischen Reaktionen* der Amine. Die *Alkylierung* primärer Amine führt, wie schon erwähnt, meist zu Gemischen, da die zunächst gebildeten sekundären und tertiären Amine ebenfalls nucleophil sind. Durch «erschöpfende» Alkylierung werden quartäre Ammoniumsalze erhalten. Da dafür je nach der Art des Amins verschieden viel Alkylhalogenid benötigt wird, läßt sich aus der Menge des verbrauchten Halogenids auf die Struktur eines (unbekannten) Amins schließen. – Behandelt man die wäßrige Lösung eines quartären Ammoniumhalogenids mit feuchtem Silberoxid, so scheidet sich schwerlösliches Silberhalogenid aus. Die Lösung enthält *Tetraalkylammoniumhydroxid,* ein im reinen Zustand wie KOH oder NaOH salzartiger Festkörper, mit Tetraalkylammoniumionen und Hydroxid-Ionen als Gitterbausteinen. Erhitzt man solche Tetraalkylammoniumhydroxide über 125 °C, so zersetzen sie sich unter Bildung von Wasser, eines tertiären Amins und eines Alkens. Diese Reaktion, die *«Hofmann-Elimination»,* dient zur Gewinnung von Alkenen. Man geht dabei meist so vor, daß man das Amin zunächst «erschöpfend methyliert» und dieses anschließend spaltet:

$$CH_3CH_2CH_2NH_2 \ + \ 3 \ CH_3I \ \longrightarrow \ \left[CH_3CH_2CH_2-\underset{\underset{CH_3}{|}}{\overset{\overset{CH_3}{|}}{N}}-CH_3 \right]^{\oplus} \, I^{\ominus} \ \xrightarrow{OH^{\ominus}} \ \left[CH_3CH_2CH_2-\underset{\underset{CH_3}{|}}{\overset{\overset{CH_3}{|}}{N}}-CH_3 \right]^{\oplus} \, OH^{\ominus}$$

Erhitzen

$$CH_3-CH{=}CH_2 \ + \ N(CH_3)_3 \ + \ H_2O$$

Bessere Ausbeuten an Alkenen erhält man, wenn das tertiäre Amin zunächst mit H$_2$O$_2$ in das «Aminoxid» überführt und dieses anschließend durch Erhitzen gespalten wird *(«Cope-Elimination»):*

Tabelle 3.10. Wichtigste Reaktionen der Amine

(1) Alkylierung (S. 457)

$$RNH_2 \xrightarrow{\text{RX}} R_2NH \xrightarrow{\text{RX}} R_3N \xrightarrow{\text{RX}} R_4N^{\oplus}X^{\ominus}$$

(2) Überführung in Carbonsäureamide (S. 591)

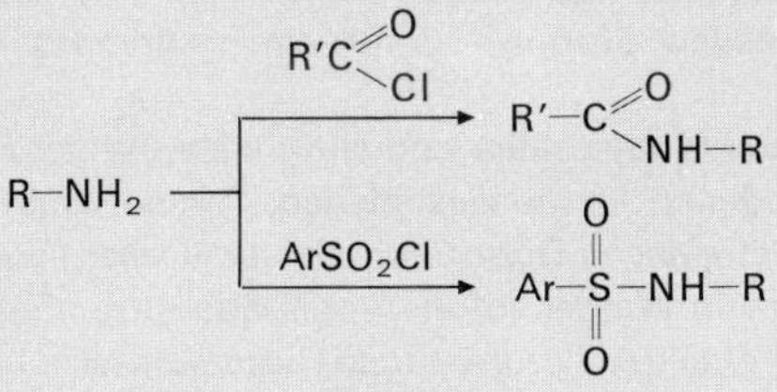

$$R-NH_2 \begin{cases} \xrightarrow{R'C\overset{O}{\underset{Cl}{\diagup}}} R'-C\overset{O}{\underset{NH-R}{\diagup}} \quad \text{substituiertes Amid} \\ \xrightarrow{ArSO_2Cl} \underset{\underset{O}{\overset{O}{\parallel}}}{Ar-\overset{\parallel}{S}-NH-R} \quad \text{substituiertes Sulfonamid} \end{cases}$$

analog mit sekundären Aminen (tertiäre reagieren nicht)

(3) Reaktion mit salpetriger Säure

primär aliphatisch: $R-NH_2 \xrightarrow{\text{HONO}} (R-\overset{\oplus}{N}\equiv N) \xrightarrow{\text{H}_2\text{O}} N_2$ + Alkohol (und eventuell Alken) (S. 466)

primär aromatisch: $Ar-NH_2 \xrightarrow{\text{HONO}} Ar-\overset{\oplus}{N}\equiv N$ Diazoniumsalz (S. 670)

sekundär aliphatisch oder aromatisch: $R_2NH \xrightarrow{\text{HONO}} R_2N-NO$ Nitrosamin (S. 708)

tertiär aromatisch: $\langle\text{Ring}\rangle-NR_2 \xrightarrow{\text{HONO}} O=N-\langle\text{Ring}\rangle-NR_2$ *p*-Nitroso- verbindung (S. 708)

(4) Elimination aus quartären Ammoniumsalzen

Hofmann-Elimination:

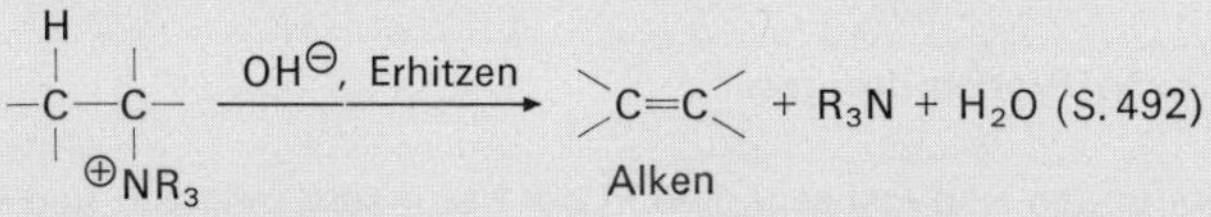

$$-\overset{\overset{\displaystyle H}{|}}{\underset{\underset{\displaystyle \oplus NR_3}{|}}{C}}-\overset{|}{\underset{|}{C}}- \xrightarrow{\text{OH}^{\ominus}, \text{ Erhitzen}} \diagup C=C \diagdown + R_3N + H_2O \text{ (S. 492)}$$
Alken

Cope-Elimination:

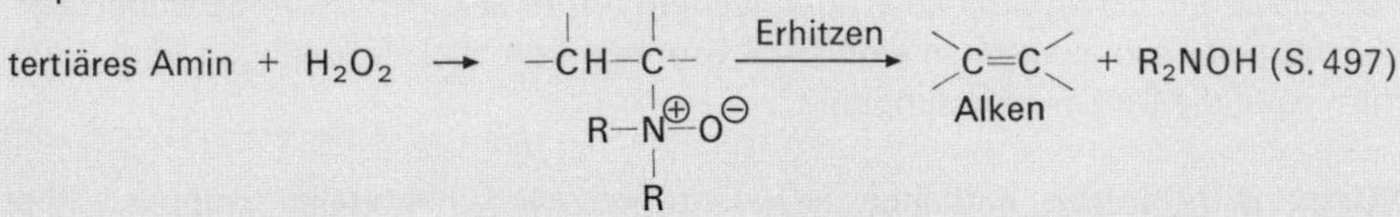

tertiäres Amin $+ H_2O_2 \longrightarrow -\overset{|}{\underset{R-\overset{\oplus}{\underset{|}{N}}\overset{\ominus}{O}}{\underset{|}{C}}}H-\overset{|}{\underset{|}{C}}- \xrightarrow{\text{Erhitzen}} \diagup C=C \diagdown + R_2NOH \text{ (S. 497)}$
Alken

$$RCH_2CH_2-N\overset{CH_2R'}{\underset{CH_3}{\diagdown}} \xrightarrow{H_2O_2} RCH_2CH_2-\overset{O^{\ominus}}{\underset{\underset{CH_3}{|}}{\overset{|}{N^{\oplus}}}}CH_2R' \xrightarrow{140\,°C} R-CH=CH_2 + CH_3-\overset{OH}{\underset{}{\overset{|}{N}}}-CH_2R'$$

Aminoxid

ein N,N-Dialkyl⁻
hydroxylamin

Eine weitere wichtige Reaktion der Amine ist ihre Überführung in **Carbonsäureamide** durch Reaktion mit Säurehalogeniden (oder auch Säureanhydriden). Da die Amide durch Salzsäure oder alkoholische Alkalihydroxide wieder hydrolysiert (d.h. in Amin und die entsprechende Carbonsäure gespalten) werden können, dient diese Reaktion in der Laboratoriumspraxis häufig dazu, Aminogruppen zu *«schützen»*, d.h. zu verhindern, daß diese – an Stelle einer anderen funktionellen Gruppe – durch ein bestimmtes Reagens angegriffen werden.

Gegenüber *salpetriger Säure* (die meist aus Mineralsäure und Nitrit während der Reaktion gebildet wird) verhalten sich die verschiedenen Amine verschieden. *Primäre* Amine liefern dabei sogenannte **Diazoniumsalze**. *Aliphatische* Diazoniumsalze sind allerdings unbeständig und zersetzen sich in Gegenwart von Wasser sofort, wobei Stickstoff abgespalten wird und sich *Alkohole* (oder auch *Alkene)* bilden. *Aromatische* Diazoniumsalze hingegen sind bei Temperaturen unterhalb 5°C in Lösung einigermaßen haltbar; sie dienen wegen ihrer Reaktionsfähigkeit als Zwischenprodukte für zahlreiche präparativ und technisch wichtige Reaktionen (S.726).

Zur Unterscheidung primärer, sekundärer und tertiärer Amine dient die *Hinsberg-Reaktion.* Das betreffende Amin wird dabei mit Benzolsulfonsäurechlorid in Gegenwart von wäßriger KOH geschüttelt. Primäre und sekundäre Amine bilden dabei substituierte Amide, während tertiäre Amine nicht reagieren. Das an das N-Atom monosubstituierter Sulfonamide gebundene H-Atom ist aber acid und kann an KOH als $H^{\oplus}$-Ion abgegeben werden. Primäre Amine ergeben deshalb mit dem Hinsberg-Reagens eine klare Lösung, aus der durch Zusatz von Mineralsäure das freie Amin wieder abgeschieden werden kann. Sekundäre Amine bilden ein wasserunlösliches Produkt (das disubstituierte Sulfonamid) das durch Zusatz von Mineralsäure nicht verändert wird. Das in Hinsberg-Reagens ebenfalls unlösliche tertiäre Amin löst sich dagegen bei Zusatz einer starken Säure. – Eine weitere, allerdings nur für primäre Amine charakteristische Reaktion ist die Bildung von widerlich riechenden *Isonitrilen* beim Erhitzen des Amins mit Chloroform und KOH:

$$R-NH_2 + CHCl_3 + 3\,OH^{\ominus} \longrightarrow R-\overset{\oplus}{N}\equiv\overset{\ominus}{\underline{C}} + 3\,H_2O + 3\,Cl^{\ominus}$$

Isonitril

3.3.2   Weitere Stickstoffverbindungen

Stickstoffhaltige Verbindungen sind insbesondere in der Natur sehr zahlreich und wichtig: *Aminosäuren* (als Bausteine der Proteine), N-haltige *heterozyklische Ringe* (in Alkaloiden, Nucleinsäuren, Farbstoffen usw.) und weitere Stoffe, wie *Harnstoff, Guanidin* usw.

Hier besonders zu erwähnen sind zwei Gruppen von stickstoffhaltigen Verbindungen: die Nitro- und die Diazoverbindungen.

Nitroverbindungen enthalten NO_2-Gruppen als funktionelle Gruppen. Aliphatische Nitroverbindungen können z.B. aus Alkylhalogeniden und Silbernitrit erhalten werden. Es bildet sich dabei allerdings ein Gemisch aus *Alkylnitrit* und *Nitroalkan,* das durch Destillation getrennt werden muß:

$$2\ CH_3CH_2CH_2Cl + 2\ Ag^{\oplus}NO_2^{\ominus} \longrightarrow CH_3CH_2CH_2NO_2 + CH_3CH_2CH_2{-}O{-}N{=}O + 2\ AgCl \downarrow$$

           1-Nitropropan   *n*-Propylnitrit

Auch durch Oxidation von Aminen bzw. Oximen (z. B. mit Ozon) lassen sich aliphatische Nitroverbindungen erhalten.

Niedrige aliphatische Nitroverbindungen können technisch auch durch Nitrierung von Alkanen in der Dampfphase (bei 450 °C) hergestellt werden:

$$CH_3CH_2CH_2CH_3 \xrightarrow{\ HNO_3\ } CH_3CH_2CH_2CH_2NO_2 + H_2O$$

Aromatische Nitroverbindungen erhält man durch Nitrierung des entsprechenden Kohlenwasserstoffes bei mäßig hoher Temperatur (50 bis 80 °C) mittels eines HNO_3/H_2SO_4-Gemisches:

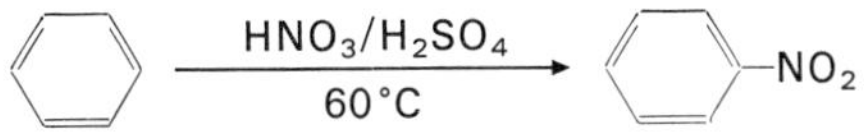

Nitrobenzen

gelbliche Flüssigkeit mit
charakteristischem, an Bittermandelöl erinnerndem Geruch;
giftig! (Nitrobenzen kann auch
durch die Haut in den Körper gelangen)
Smp. 5,7 °C; Sdp. 210 °C

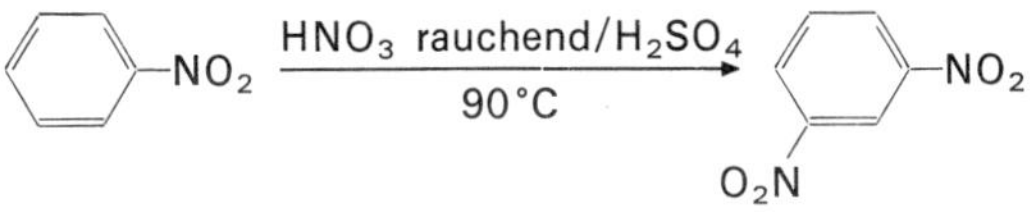

m-Dinitrobenzen

gelbliche Kristallnadeln
Smp. 90 °C; Sdp. 303 °C

Die Nitrogruppe ist *mesomer,* d. h. zwei Elektronenpaare besetzen delokalisierte MO:

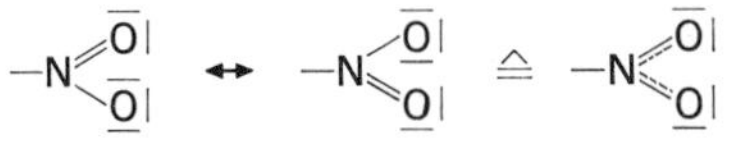

Aliphatische Nitroverbindungen können durch Reaktion mit metallischem Natrium Wasserstoff entwickeln. Diese bemerkenswerte Reaktion beruht darauf, daß durch die Wirkung der Nitrogruppe die Acidität der H-Atome am α-C-Atom erhöht wird, ganz ähnlich wie bei den Carbonylverbindungen (S. 262).

Sowohl aromatische wie aliphatische Nitroverbindungen dienen als *Zwischenprodukte* für zahlreiche Synthesen, da die Nitrogruppe in verschiedene andere funktionelle Gruppen umgewandelt werden kann: Reduktion zu Aminen oder Oximen, Überführung in Nitrile u. a. Die Natriumsalze aliphatischer Nitroverbindungen können durch wäßrige oder alkoholische Schwefelsäure oder auch durch verschiedene andere Reagenzien zu Carbonylverbindungen hydrolysiert werden *(Nef-Reaktion):*

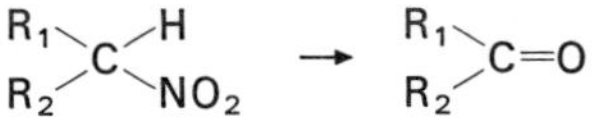

In bestimmten Fällen kann das Nitrit-Ion als Abgangsgruppe fungieren, so daß Eliminationsreaktionen an Nitroverbindungen möglich werden, z. B.

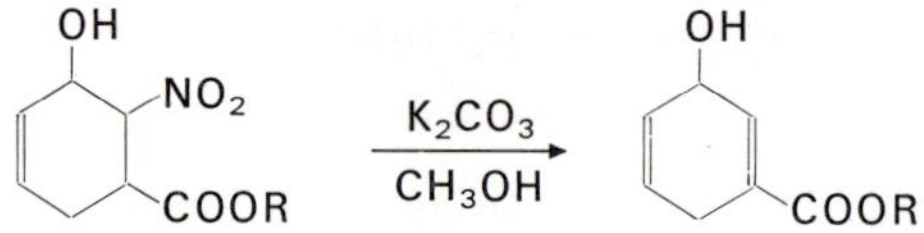

Diazoverbindungen. Aus primären aromatischen Aminen entstehen mit HNO_2 (die während der Reaktion aus $NaNO_2$ und wäßriger Mineralsäure gebildet wird) Diazoniumsalze (*«Diazotierungsreaktion»*):

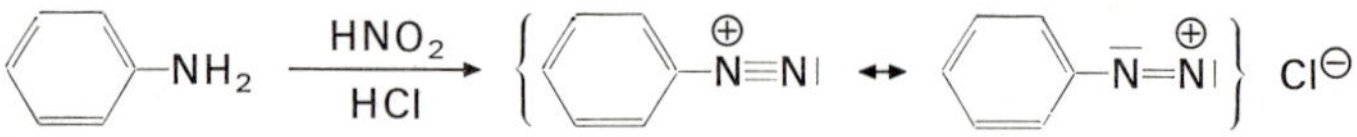

Diazoniumsalz

In reinem Zustand sind diese Salze nicht stabil, sondern neigen zu explosionsartigem Zerfall; in Lösung (bei Temperaturen unter 5 °C) sind sie hingegen haltbar.

Diazoniumsalze sind sehr wertvolle *Zwischenprodukte* für Synthesen, da sich einerseits die Diazoniumgruppe durch andere Gruppen ersetzen läßt und auf diese Weise neue Substituenten in aromatische Ringe eingeführt werden können und da sie andererseits mit durch funktionelle Gruppen aktivierten aromatischen Ringen zu farbigen Azoverbindungen «kuppeln» (*«Azokupplung»*):

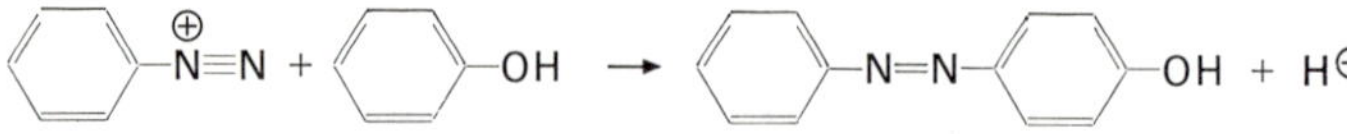

p-Hydroxyazobenzen
(gelb)

Die *Substitution* der Diazoniumgruppe kann schon bei geringem Erwärmen des Diazoniumsalzes (in Lösung) geschehen. Dabei wirkt entweder das Lösungsmittel selbst, ein Anion oder ein anderes nucleophiles Teilchen substituierend:

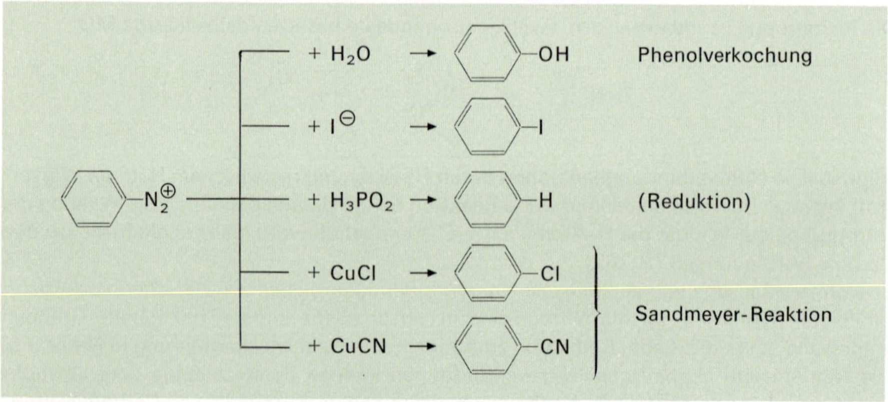

Die durch Reaktion von salpetriger Säure mit *aliphatischen* primären Aminen entstehenden Diazoverbindungen sind fast immer sehr instabil und reagieren gleich weiter, wobei Alkohole (auch Alkene) und Stickstoff entstehen. Nur aus α-Aminosäureestern können *Diazoester* erhalten werden:

$$\underset{\substack{| \\ NH_2 \\ \text{Glycinester}}}{CH_2{-}COOR} \xrightarrow{HNO_2} \underset{\substack{\| \\ N^{\oplus} \\ \| \\ N \\ \text{Diazoessigester}}}{\overset{\ominus}{|}CH{-}COOR} \leftrightarrow \underset{\substack{\| \\ N^{\oplus} \\ \| \\ |N^{\ominus}}}{CH{-}COOR}$$

Diazomethan, CH_2N_2, ein gelbes, sehr giftiges, zu explosionsartiger Zersetzung neigendes Gas (Sdp. $-23\,°C$), zersetzt sich am Licht in N_2 und Carben (CH_2) und dient wegen seiner großen Reaktivität ebenso wie *Diazoessigester* als *Methylierungsmittel* (wobei es in etherischer Lösung verwendet wird), weil Substanzen mit «aktiven» (d. h. aciden) H-Atomen durch CH_2N_2 methyliert werden:

$$R{-}OH \; + \; CH_2N_2 \; \longrightarrow \; R{-}OCH_3 \; + \; N_2$$

Diazomethan ist mesomer: $\overset{\oplus}{CH_2}{=}\overset{\ominus}{N}{=}N| \leftrightarrow |\overset{\ominus}{CH_2}{-}\overset{\oplus}{N}{\equiv}N|$. Durch Markierung mit radioaktivem Stickstoff und Untersuchung der Zersetzungsprodukte konnte die früher in Betracht gezogene Formel mit einem Dreiring widerlegt werden.

Die Herstellung von Diazomethan erfolgt durch Umsetzung von N-Nitroso-N-methylamiden mit NaOH. In der Praxis verwendet man Nitrosomethylharnstoff (durch Methylierung von Harnstoff mit Dimethylsulfat und anschließende Nitrosierung mit salpetriger Säure [d. h. mit einem Gemisch von $NaNO_2$ und Mineralsäure] zugänglich) oder N-Nitroso-N-methyl-*p*-toluolsulfonamid als Ausgangsstoffe:

$$\underset{\text{Nitrosomethylharnstoff}}{\underset{\substack{| \\ CH_3{-}N{-}NO}}{\overset{CONH_2}{}}} \xrightarrow{OH^{\ominus}} CH_2N_2 \; + \; CO_2 \; + \; NH_3$$

Übungen

3.3.1   Geben Sie die Strukturformeln folgender Verbindungen an:
sek. Butylamin
o-Toluidin
Aniliniumchlorid
Diethylamin
Benzylamin
o-Phenylendiamin
N,N-Dimethylanilin
Ethanolamin
β-Phenylethylamin
N,N-Dimethylaminocyclohexan
2,4-Dimethylanilin
Trimethylbutylammoniumiodid

3.3.2   Wie läßt sich *n*-Propylamin, ausgehend von jeder der folgenden Substanzen, herstellen:
n-Propylchlorid
n-Propylalkohol
Propionaldehyd
1-Nitropropan
Propionitril (Ethylcyanid)
n-Butyramid

n-Butanol

Ethanol

3.3.3   Wie verhalten sich Amine bezüglich ihrer Löslichkeit in Wasser?

3.3.4   Stellen Sie die Gleichungen für die Reaktionen von *n*-Butylamin mit folgenden Stoffen auf (sofern überhaupt eine Reaktion eintritt) und benennen Sie die organischen Produkte: verdünnte Salzsäure, verdünnte Natronlauge, Acetylchlorid $\left(CH_3C\overset{\displaystyle O}{\underset{\displaystyle Cl}{\diagdown}} \right)$, Ethylbromid, Überschuß an Methyliodid, nachher Ag_2O, Benzolsulfonsäurechlorid mit wäßriger NaOH, $CH_3COCH_3 + H_2 + Ni$, Natriumnitrit + HCl

3.3.5   Vergleichen Sie das Verhalten von Anilin, N-Methylanilin und N,N-Dimethylanilin bezüglich ihr Verhalten gegenüber folgenden Reagenzien:

verdünnte Salzsäure

Natriumnitrit + Salzsäure

Methyliodid

Benzensulfonsäurechlorid + NaOH

3.3.6   Geben Sie die Struktur und die Bezeichnung der Produkte an, die durch Reaktion von salpetriger Säure mit folgenden Aminen gebildet werden:

p-Toluidin

N,N-Diethylanilin

n-Propylamin

Methylethylamin

N-Methylanilin

Benzylamin

Benzylmethylamin

3.3.7   Wie lassen sich folgende Gemische durch einfache Reaktionen trennen:

Triethylamin und *n*-Heptan

Anilin und Phenol

N-Methylanilin und N,N-Dimethylanilin

Propionsäure, Tributylamin und Cyclohexan

3.3.8   Wie reagiert Diazomethan mit *n*-Propanol, Essigsäure, Phenol?

3.3.9   Geben Sie die Struktur der Substanz an, deren IR-Spektrum in Abb. 3.8 dargestellt ist! (Molekularformel $C_6H_{15}N$)

Abb. 3.8. IR-Spektrum für Aufgabe 3.3.9

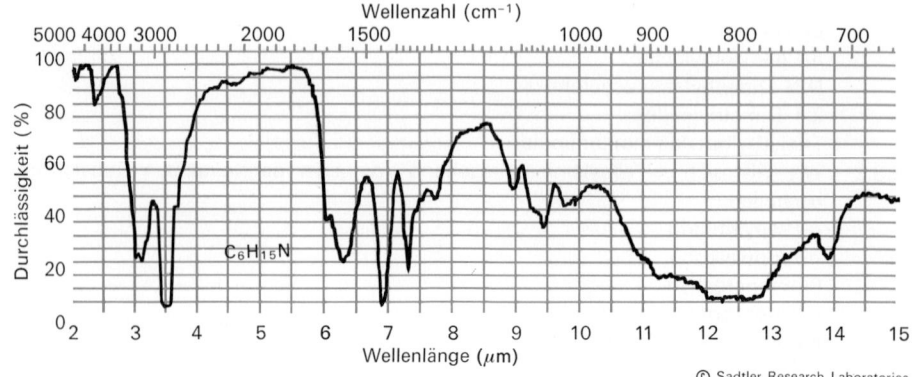

© Sadtler Research Laboratories

3.4 Spiegelbildisomerie

3.4.1 Einige Begriffe

Die **Konstitution** («Struktur») einer Verbindung gibt die Art der Bindungen und die gegenseitige Verknüpfung der Atome in einem Molekül an und wird durch eine *Lewis-Formel («Konstitutions-»* oder *«Strukturformel»*) ausgedrückt. Die räumliche Anordnung eines Moleküls – ohne Berücksichtigung der verschiedenen Atomanordnungen, die sich voneinander nur durch die Rotation um Einfachbindungen unterscheiden – nennt man seine **Konfiguration**. Die **Konformation** schließlich gibt die genaue räumliche Anordnung aller Atome wieder. Ein Molekül von bestimmter Konfiguration kann in unendlich vielen Konformationen existieren, von denen einzelne einem Energieminimum entsprechen und dann als **Konformere** bezeichnet werden. Durch die Angabe der Konfiguration wird also nichts über die Konformation des betreffenden Moleküls ausgesagt.

Beispiel: $(-)$-Menthol, $C_{10}H_{19}OH$

| gibt die Konstitution an | gibt die Konfiguration an | gibt die Konformation an |

Man hat dementsprechend zu unterscheiden zwischen **Konstitutions-**(«Struktur-»)**isomeren** und **Stereoisomeren**. Beispiele für Konstitutionsisomere bieten etwa die vier Butylalkohole, Cyclohexan und Methylcyclopentan oder Ethanol und Methylether. Solche Isomere lassen sich in der Regel nur durch eine Folge zahlreicher Reaktionen ineinander umwandeln. Stehen Konstitutionsisomere miteinander in einem chemischen Gleichgewicht, wie z. B. die Keto- und die Enolform von Carbonylverbindungen (S. 262), so spricht man von **Tautomerie**.

Stereoisomere Moleküle unterscheiden sich voneinander durch die *räumliche Anordnung ihrer Atome.* Ist die Konfiguration zweier stereoisomerer Moleküle verschieden (wie z. B. beim *cis-* und *trans*-1,2-Dimethylcyclohexan), so müssen zur gegenseitigen Umwandlung dieser Isomere Atombindungen getrennt und neugebildet werden, so daß die zwischen ihnen vorhandene *Energiebarriere* ziemlich groß ist. **Konfigurationsisomere** wandeln sich deshalb bei Raumtemperatur gar nicht oder nur außerordentlich langsam ineinander um und lassen sich als stoffliche Individuen isolieren und charakterisieren. Im Gegensatz dazu erfordert die gegenseitige Umwandlung von **Konformationsisomeren** im allgemeinen nur wenig Energie (Ausnahmen siehe z. B. S. 235), da dazu lediglich Rotationen um Einfachbindungen nötig sind. Die verschiedenen Konformere eines Moleküls (z. B. Sessel- und Twist-Form des Cyclohexans) lassen sich deshalb in der Regel nicht als Substanzen isolieren.

Stereoisomere – sowohl Konformere wie Konfigurationsisomere – können aber auch nach einem anderen Gesichtspunkt klassifiziert werden. In vielen Fällen von Stereoisomerie unterscheiden sich nämlich die stereoisomeren Moleküle nur dadurch, daß sie sich zueinander wie *Bild* und *Spiegelbild* verhalten, wobei aber *Bild und Spiegelbild auf keine Art und*

Weise zur Deckung gebracht werden können. Solche Substanzen oder Moleküle bezeichnet man als **Enantiomere**. Alle anderen Fälle stereoisomerer Moleküle faßt man unter dem Begriff **«Diastereomere»** zusammen. Zwei Moleküle können also nicht gleichzeitig enantiomer und diastereomer zueinander sein; während zu einem bestimmten Molekül (oder irgendeinem anderen Gegenstand) nur ein einziges Enantiomer existieren kann, sind – entsprechende räumliche Verhältnisse vorausgesetzt – viele Diastereomere möglich. *cis/trans*-Isomere, wie sie bei Doppelbindungen oder an alizyklischen Ringen auftreten können, sind Diastereomere, während die beiden *gauche*-Konformere des *n*-Butans (S. 69) Enantiomere sind.

Bei *Enantiomeren* sind die Abstände eines bestimmten Atoms zu seinen nächsten Nachbarn genau gleich (die beiden Moleküle sind ja bloß spiegelbildlich verschieden). Sie unterscheiden sich deshalb in ihren skalaren Eigenschaften nicht (Schmelz- und Siedepunkt, Brechungsindex, Spektren; Verhalten gegen nicht-chirale Reagenzien), hingegen verhalten sie sich verschieden gegenüber polarisiertem Licht und *chiralen Reagenzien* (Lösungs- und Adsorptionsmittel; chirale Reaktanten). Weil das eine Enantiomer die Polarisations- ebene von polarisiertem Licht nach links, das andere – gleiche Bedingungen vorausgesetzt (S. 42) – aber um denselben Betrag nach rechts dreht, nennt man Enantiomere auch etwa **«optische Antipoden»**. In *diastereomeren* Molekülen ist aber die Umgebung eines bestimmten Atoms nicht dieselbe; diastereomere Moleküle unterscheiden sich daher ähnlich wie Konstitutionsisomere in ihren physikalischen und chemischen Eigenschaften und können durch die üblichen Trennverfahren (z. B. fraktionierte Destillation oder Kristallisation) getrennt werden, was im Fall zweier Enantiomerer *nicht* möglich ist.

3.4.2   Molekülchiralität und optische Aktivität

Ob ein Molekül von bestimmter Konstitution in zwei Enantiomeren auftritt, hängt von seiner *Symmetrie* ab. Enantiomerie ist nur dann möglich, wenn das Molekül den Punktgruppen C_n oder D_n zugehört: Die Punktgruppen C_n besitzen entweder überhaupt kein Symmetrieele- ment (C_1; asymmetrisch) oder nur eine einzige, zwei- oder mehrzählige Drehachse, während die Punktgruppen D_n mehrere Drehachsen (jedoch wie die Punktgruppen C_n keine Spiegelebenen) besitzen. Das Schema der Abb. 3.9 ermöglicht die Bestimmung der Punkt- gruppe eines Moleküls. Da eine *Spiegelebene* einer einzähligen Drehspiegelachse, ein *Symmetriezentrum* einer zweizähligen Drehspiegelachse entspricht, läßt sich die *Bedin- gung für das Auftreten der Enantiomerie* auch anders formulieren: *Moleküle, denen eine Drehspiegelachse fehlt, können in zwei enantiomeren Formen auftreten.* Gegenstände (Moleküle) ohne Drehspiegelachse heißen **chiral** (vgl. S. 42); sie können mit ihrem Spiegelbild nicht zur Deckung gebracht werden. *Chiralität ist die notwendige und ausrei- chende Voraussetzung für das Auftreten von Enantiomerie.* Um die Symmetrieelemente komplizierter gebauter Moleküle einwandfrei erkennen zu können, verwendet man Mole- külmodelle, am besten Modelle von der Art der Dreiding-Modelle, bei denen nur das Molekülgerüst (nicht jedoch die Einzelatome) wiedergegeben werden.

Zentrale Chiralität: Das «asymmetrische» C-Atom als Ursache der Molekül- chiralität. Je nach den in den Molekülen vorhandenen Chiralitätselementen kann man unterscheiden zwischen

zentraler Chiralität	mit Chiralitätszentrum
axialer Chiralität	mit Chiralitätsachse
planarer Chiralität	mit Chiralitätsebene

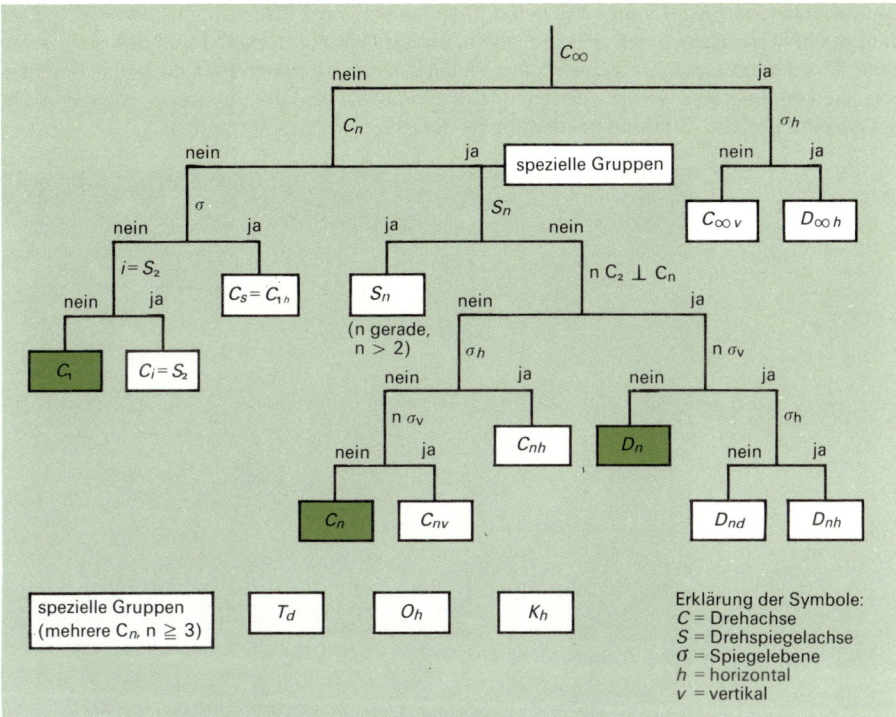

Abb. 3.9. Algorithmus zur Bestimmung von Symmetriepunktgruppen (nach Hauptmann, Graefe, Remane)

Die weitaus meisten organischen optisch aktiven Verbindungen sind von zentraler Chiralität; sie enthalten ein Kohlenstoffatom, das mit vier verschiedenen Liganden verbunden ist, (ein **«asymmetrisches» C-Atom**[1], C^*, auch **Chiralitätszentrum** genannt; van t'Hoff und Le Bel, 1883). Es gibt jedoch auch eine ganze Reihe optisch aktiver Verbindungen *ohne* asymmetrische C-Atome, und ebenso existieren sehr viele Substanzen, die zwar asymmetrische C-Atome enthalten, aber trotzdem *nicht* optisch aktiv sind. Das Vorhandensein eines asymmetrischen C-Atoms ist also *weder eine notwendige noch ausreichende Bedingung* für das Auftreten von Enantiomeren, d. h. der optischen Aktivität.
Die folgenden Raumformeln von 2-Chlorbutan (sek. Butylchlorid) und α-Chlorethylbenzen zeigen deutlich, wie das Vorhandensein eines Chiralitätszentrums zwei spiegelbildliche, nicht zur Deckung zu bringende Konfigurationen zur Folge hat[2]:

[1] Der in der Literatur allgemein übliche Ausdruck «asymmetrisches Kohlenstoffatom» ist unglücklich, denn das C-Atom selbst besitzt natürlich Kugelsymmetrie. Man müßte richtigerweise von einem «asymmetrisch substituierten» Kohlenstoffatom sprechen. Im folgenden Text werden beide Bezeichnungsweisen nebeneinander benützt.
[2] In solchen Formeln deuten Keilstriche Bindungen an, die nach vorne (vor die Papierebene) gerichtet sind. Gestrichelte Bindungen ragen nach hinten, und durch Striche dargestellte Bindungen liegen in der Papierebene.

Die verschiedenen *Konformere* des einen Enantiomers von 2-Chlorbutan sind in Abb. 3.10 dargestellt. Man erkennt, daß sie sämtlich chiral sind (Punktgruppe **C₁**) und daß nicht etwa zwei Konformere ein Enantiomerenpaar bilden. Dementsprechend ist auch ihre Energie verschieden; die Kurve, welche die Energie des Moleküls als Funktion des Torsionswinkels um die mittlere C—C-Bindung wiedergibt, ist deshalb nicht symmetrisch.

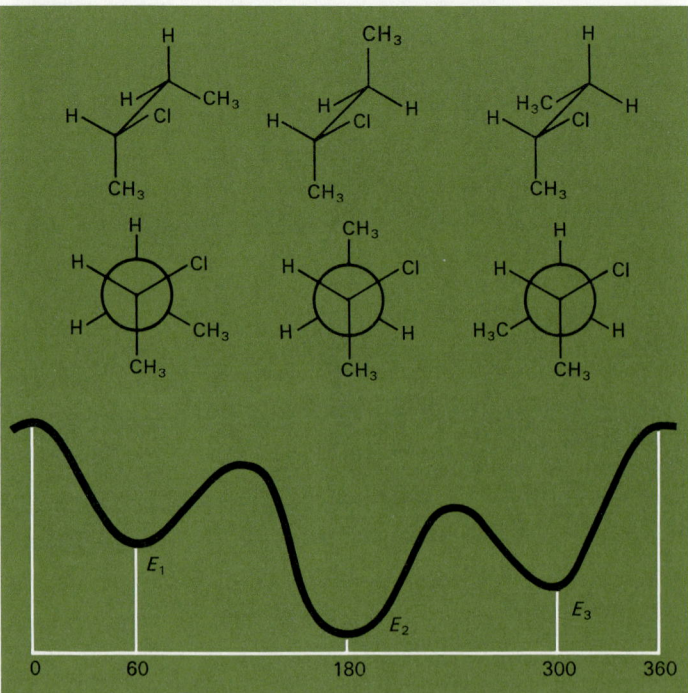

Abb. 3.10. Die verschiedenen Konformere des einen Enantiomers von 2-Chlorbutan. Alle Konformere sind chiral; keine bilden ein Enantiomerenpaar

Den weitaus meisten optisch aktiven Verbindungen mit asymmetrisch substituierten C-Atomen ist gemeinsam, daß zwei der vier Liganden C-Atome enthalten. Es ist jedoch auch schon eine Verbindung mit ausschließlich kohlenstofffreien Liganden in Enantiomere gespalten worden, nämlich die Chloriodmethansulfonsäure (1):

$$SO_3H \qquad\qquad C_6H_5$$

(1)   (2)

Ja, es ist sogar optische Aktivität möglich, wenn das Chiralitätszentrum mit zwei *verschiedenen Isotopen* ein und desselben Elements verbunden ist. α-Deuteroethylbenzen (2) tritt ebenso wie α-Chlorethylbenzen in zwei optisch aktiven Enantiomeren auf. Selbst wenn die «symmetriestörenden» Isotopen vom Chiralitätszentrum weiter entfernt sind, wie etwa in den Verbindungen CH_3—CHOH—CD_3 oder C_6H_5—CHOH—C_6D_5, lassen sich die Enantiomere trennen und durch ihre spezifische Drehung charakterisieren. Diese ist in solchen Fällen allerdings meist sehr klein (im Fall von α-Deuteroethylbenzen ist $[\alpha]_D = 0{,}8\,°$!).

Um die Konfiguration eines Moleküls mit asymmetrisch substituierten C-Atomen wiedergeben zu können, benützt man vielfach die bereits von E. Fischer (1891) vorgeschlagenen *Projektionsformeln*. Man denkt sich dabei das Chiralitätszentrum in der Papierebene; die beiden Bindungen, welche nach vorne (vor die Papierebene) gerichtet sind, werden durch horizontale Striche, die beiden nach hinten gerichteten Bindungen durch vertikale Striche veranschaulicht. Die Projektionsformeln der oben dargestellten Isomere von 2-Chlorbutan bzw. α-Chlorethylbenzen sind also:

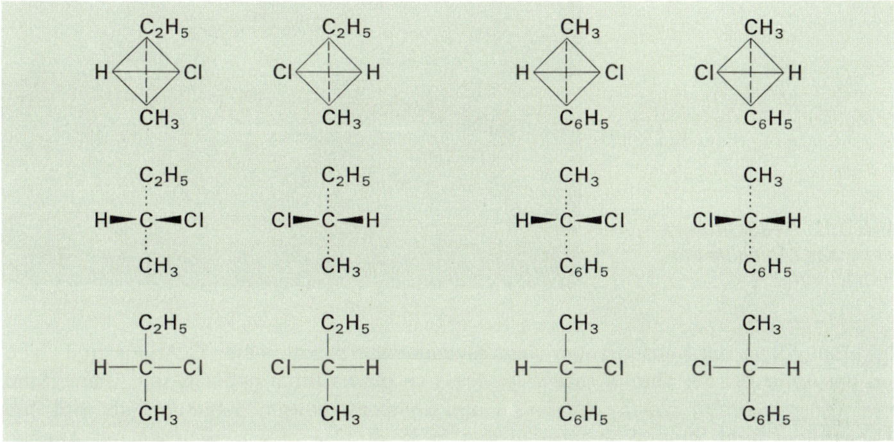

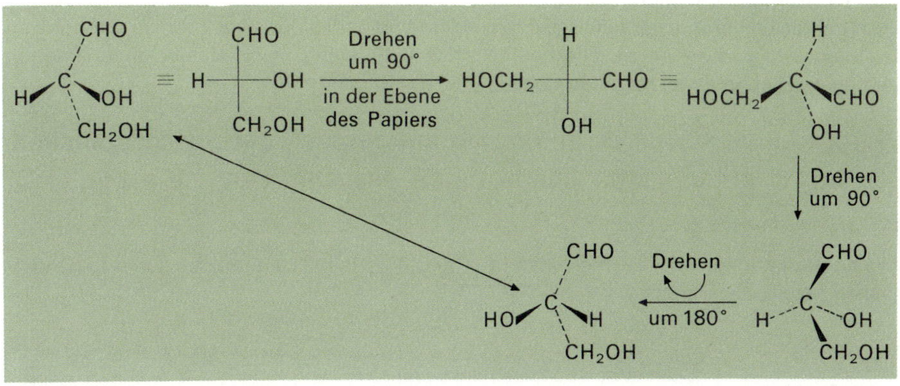

Abb. 3.11. Drehung einer Fischer-Projektion um 90° in der Papierebene liefert eine spiegelbildliche Form

Zur Verwendung solcher Projektionsformeln ist folgendes zu sagen:

(a) In der Projektionsebene darf die Formel um 180° gedreht werden, ohne daß dadurch eine andere Konfiguration dargestellt wird.

(b) Eine Drehung der Formel um 90° (oder ein ungeradzahliges Vielfaches davon) in der Papierebene ist *nicht erlaubt;* sie ergäbe die Konfiguration des anderen Enantiomers.

Ein *Nomenklaturprinzip,* welches die *eindeutige Wiedergabe der Konfiguration eines asymmetrisch substituierten C-Atoms* erlaubt, wurde von Cahn, Ingold und Prelog angegeben **(Sequenzregel)**. Zu diesem Zweck ordnet man die an ein asymmetrisch substituiertes C-Atom gebundenen Liganden nach abnehmender Priorität gemäß untenstehender Reihe. Das Molekül wird dann in der Weise betrachtet, daß der Substituent von niedrigster Priorität (meist ein H-Atom) nach hinten schaut. Die Aufeinanderfolge der drei dem Betrachter zugewandten Substituenten nach abnehmender Priorität – im Uhrzeiger- oder im Gegenuhrzeigersinn – ergibt die Konfigurationsbezeichnung am Chiralitätszentrum: *R-* *(rectus,* lat. = rechts) oder *S-* *(sinister,* lat. = links) (vgl. Abb. 3.12) [1].

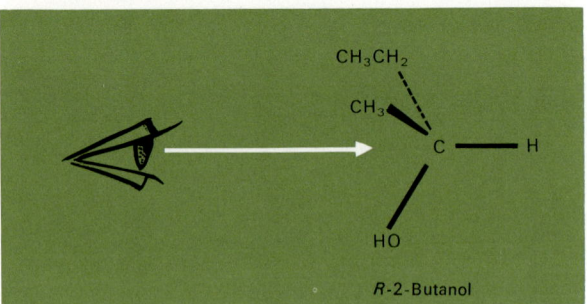

Abb. 3.12. Betrachtungs-
weise des Moleküls von
R-2-Butanol

Die «Rangfolge» der Substituenten eines asymmetrisch substituierten C-Atoms ergibt sich aus der Abnahme der *Ordnungszahl* der direkt an dieses Atom gebundenen Atome. Sind zwei (oder mehrere) gleiche Atome an das Chiralitätszentrum gebunden, so wird ihre Reihenfolge durch ihren Substitutionsgrad bestimmt: Das Atom, welches mit Atomen höherer Ordnungszahl verbunden ist, geht voran, oder wenn in dieser Hinsicht zwei Atome einander gleichwertig sind, geht dasjenige Atom voran, das mit mehr Atomen der höheren Ordnungszahl verbunden ist. Die häufigsten Substituenten, nach abnehmender Priorität geordnet, ergeben damit folgende Reihe:

I, Br, Cl, SO_3H, SH, F, OOCR, OR, OH, NO_2, NR_2, NHR, NH_2, CCl_3, $CHCl_2$, COCl, COOR, COOH,

$CONH_2$, $\underset{\parallel}{\overset{\parallel}{C}}{-}R$, CHO, CR_2OH, CHROH, CH_2OH, CR_3, C_6H_5, CHR_2, CH_2R, CH_3, D, H
        O

Die Konfigurationen von 2-Chlorbutan bzw. α-Chlorethylbenzen müssen somit folgendermaßen bezeichnet werden:

C_2H_5
H▶C◀Cl   um etwa 150° nach links drehen   Cl—
CH_3 (nicht in der Papierebene)

C_2H_5 / H / CH_3 R-

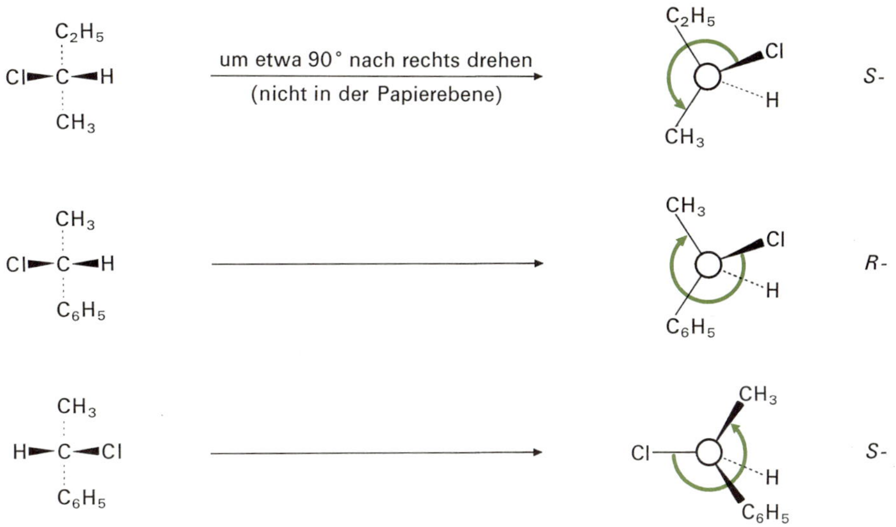

$$C_2H_5$$
$$Cl\blacktriangleright C\blacktriangleleft H$$
$$CH_3$$

um etwa 90° nach rechts drehen
(nicht in der Papierebene) →

S-

$$CH_3$$
$$Cl\blacktriangleright C\blacktriangleleft H$$
$$C_6H_5$$

→

R-

$$CH_3$$
$$H\blacktriangleright C\blacktriangleleft Cl$$
$$C_6H_5$$

→

S-

Um in einfacher Weise die *Konfiguration eines Chiralitätszentrums* einer *Fischer-Projektionsformel* anzugeben, vertauscht man das Atom geringster Priorität (in der Regel ein H-Atom) mit dem in der Projektionsformel unten stehenden Atom (bzw. mit der unten stehenden Atomgruppe), wobei man berücksichtigen muß, daß durch diese Operation die absolute Konfiguration *umgekehrt* wird. Je nachdem die drei oberen Gruppen nach abnehmender Priorität im Uhrzeiger- oder Gegenuhrzeigersinn angeordnet sind, wird die (neue) Konfiguration mit *R*- oder *S*- bezeichnet.

Beispiel:

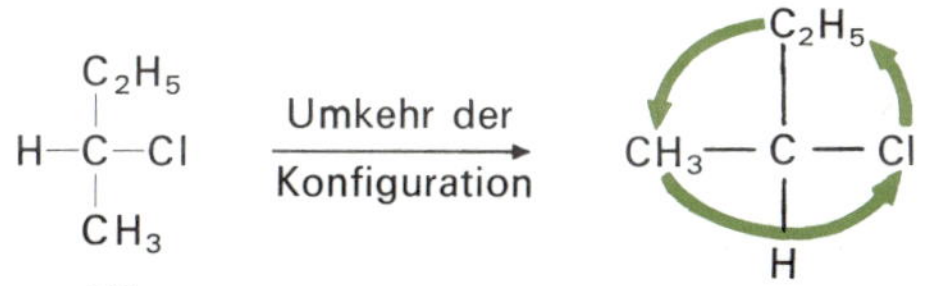

$$C_2H_5$$
$$H-C-Cl$$
$$CH_3$$
(1)

Umkehr der Konfiguration →

$$C_2H_5$$
$$CH_3-C-Cl$$
$$H$$
(2)

Da (2) die *S*-Konfiguration besitzt, ist (1) *R*-2-Chlorbutan.

In ähnlicher Weise läßt sich die Konfiguration auch bei chiralen *Ringverbindungen* angeben. Man zeichnet zu diesem Zweck den Ring links vom Chiralitätszentrum und das H-Atom unterhalb der Ringebene:

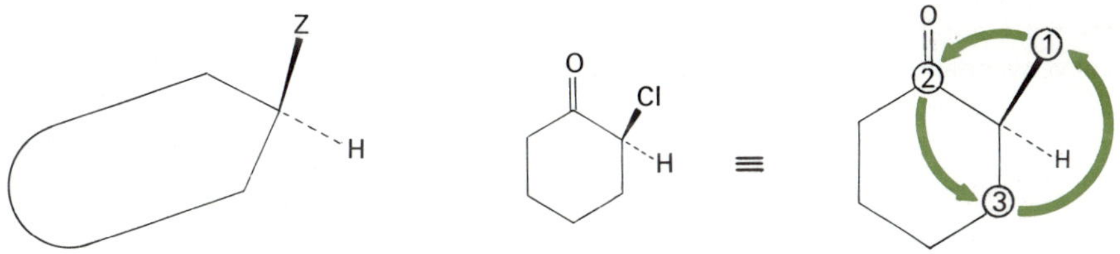

S-2-Chlor-cyclohexanon

Schließlich sei daran erinnert, daß auf der Basis der Sequenzregel auch eine eindeutige Bezeichnung von *cis/trans*-Isomeren möglich ist *(«E/Z-Nomenklatur»;* vgl. S.104).

Absolute und relative Konfiguration. Hat man die beiden Enantiomere einer optisch aktiven Substanz *getrennt* (wie dies geschieht, wird in Abschnitt 3.4.3 gezeigt), so erhebt sich die Frage, welchem der beiden Enantiomer die *R*- bzw. *S*-Konfiguration zuzuordnen ist. Die Bezeichnungen *R*- und *S*- sagen ja nichts darüber aus, in welcher Richtung die Polarisationsebene tatsächlich gedreht wird, sondern geben die Konfiguration am Chiralitätszentrum an.

Da man zunächst keinerlei Aussagen über die wirkliche («absolute») Konfiguration optisch aktiver Substanzen machen konnte, wurden für verschiedene Substanzklassen *«Bezugssubstanzen»* gewählt, deren Konfiguration willkürlich definiert wurde. E. Fischer teilte beispielsweise dem (+)-Glyceraldehyd (d. h. demjenigen Enantiomer, welches die Polarisationsebene nach rechts dreht) die Konfiguration (3) zu:

$$\begin{array}{c} CHO \\ | \\ H\!\!\rightarrow\!\!C\!\!\leftarrow\!\!OH \\ | \\ CH_2OH \end{array}$$

(3)

Die durch (3) dargestellte Konfiguration wurde von Fischer als *D*-Glyceraldehyd bezeichnet (*D* von *dexter,* lat. = rechts). Das linksdrehende Enantiomer wurde *L*-Glyceraldehyd genannt (*L* von *laevis,* lat. = links). Nach der Sequenzregel von Cahn, Ingold und Prelog besitzt *D*-Glyceraldehyd die *R*-, das *L*-Enantiomer die *S*-Konfiguration:

$$\begin{array}{c} CHO \\ | \\ H\!\!\rightarrow\!\!C\!\!\leftarrow\!\!OH \\ | \\ CH_2OH \end{array} \quad \equiv \quad \begin{array}{c} CHO \\ HO\!\!-\!\!C \\ \quad\quad H \\ CH_2OH \end{array}$$

Die *Festlegung der Konfiguration* irgendwelcher anderer Substanzen geschieht nun z. B. dadurch, daß diese *durch sterisch eindeutig verlaufende Reaktionen* in *D*- (oder *L*-) Glyceraldehyd übergeführt oder in andere Substanzen verwandelt werden, *deren* (relative) *Konfiguration bereits geklärt worden* ist. Diese «Korrelation» verschiedener Konfigurationen untereinander ist allerdings nicht immer einfach und in manchen Fällen auch heute noch nicht sicher gelungen. Voraussetzung für die Verwendung von chemischen Reaktionen zur Festlegung der Konfiguration ist, wie erwähnt, ihr sterisch eindeutiger Verlauf; dies trifft dann mit Sicherheit zu, wenn im Verlauf der Reaktion bzw. der Reaktionsfolge keine Bindungen zum Chiralitätszentrum getrennt werden. So läßt sich z. B. linksdrehendes 2-Methyl-1-butanol durch Reaktion mit HCl-Gas in (rechtsdrehendes) 1-Chlor-2-methylbutan verwandeln, ohne daß sich die Konfiguration ändert:

$$\begin{array}{ccc} C_2H_5 \quad H & & C_2H_5 \quad H \\ \diagdown \quad \diagup & & \diagdown \quad \diagup \\ H\!\cdots\!C\!\!-\!\!C\!\cdots\!OH & \longrightarrow & H\!\cdots\!C\!\!-\!\!C\!\cdots\!Cl \\ \diagup \quad \diagdown & & \diagup \quad \diagdown \\ CH_3 \quad H & & CH_3 \quad H \end{array}$$

S-(−)-2-Methyl-1-butanol   *S*-(+)-1-Chlor-2-methylbutan

Dieses Beispiel macht nochmals deutlich, daß Konfiguration und tatsächliche optische Drehung nichts miteinander zu tun haben.

Im Laufe der Zeit wurden neben der Konfigurationskorrelation durch chemische Reaktionen noch einige weitere Methoden entwickelt, um die relative Konfiguration einer Substanz bestimmen zu können. Eine Möglichkeit besteht beispielsweise in der Bildung von «*Quasi-racematen*» aus verschiedenen Substanzen gleicher Konfiguration (S. 244). Auch durch «*optischen Vergleich*» ist in manchen Fällen eine Zuordnung der Konfiguration möglich, denn in der Regel erfahren optisch aktive Verbindungen ähnlicher Konstitution und gleicher Konfiguration eine Verschiebung ihrer Drehung in der gleichen Richtung, wenn man mit ihnen analoge Reaktionen durchführt. Weiter liefern ähnliche funktionelle Gruppen in ähnlicher Umgebung ähnliche Beiträge zum Gesamtdrehvermögen einer Substanz (so daß man aus dieser und den für die funktionellen Gruppen charakteristischen «Beiträgen» auf die «Umgebung» schließen kann), eine Erfahrung, welche insbesondere zur Bestimmung der relativen Konfiguration von Verbindungen mit komplizierten Ringsystemen (Terpenen, Steroiden) nützlich war. In gewissen Fällen (besonders bei zyklischen Ketonen) konnte die Konfiguration auch durch Vergleich der *Rotationsdispersionskurven* bestimmt werden. Die C=O-Gruppe wirkt dabei als «Chromophor», d. h. absorbiert in einem zur Messung geeigneten Wellenlängenbereich des Ultravioletts, wobei gleichzeitig die Extinktion nicht allzu groß ist, so daß sich für solche Verbindungen die Rotationsdispersion relativ leicht untersuchen läßt. Der Verlauf der Kurven (positiver oder negativer Cotton-Effekt; Amplitude der Kurve) hängt stark von der Konfiguration der unmittelbaren Nachbarschaft der Carbonylgruppe ab, so daß daraus die exakte Konfiguration ermittelt werden konnte (Djerassi).

Die Bestimmung der **wirklichen** (der «absoluten») **Konfiguration**, ein grundsätzlich wichtiges Problem, gelang erst 1951, indem Bijvoet durch Röntgenstrukturanalyse die Konfiguration des einen Enantiomers von Natrium-Rubidium-Tartrat (eines Salzes der Weinsäure mit chiralem Anion) festlegen konnte. Da die relative Konfiguration der *Wein-säure* in bezug auf Glyceraldehyd bekannt war, wurde durch die Arbeit von Bijvoet mit einem Schlag die absolute Konfiguration sämtlicher Verbindungen geklärt, die in irgendeiner Weise eindeutig mit *D*- bzw. *L*-Glyceraldehyd in Beziehung gesetzt werden konnte. Zufälligerweise (!) erwies sich die von Fischer für den *D*-Glyceraldehyd angenommene Konfiguration als die richtige.

Verbindungen mit mehreren asymmetrisch substituierten C-Atomen. Enthält ein Molekül mehrere Chiralitätszentren, so wächst die Zahl der möglichen Stereoisomere. Um jedes in einem Molekül vorhandene asymmetrisch substituierte C-Atom können die Liganden auf zweierlei Weise angeordnet sein; eine Substanz mit zwei Chiralitätszentren existiert also in $2^2 = 4$ stereoisomeren Formen. Allgemein sind mit einer bestimmten Struktur 2^n Stereoisomere vereinbar, unter der Voraussetzung allerdings, daß die n-Chiralitätszentren nicht gleichartig substituiert sind.

Als Beispiel betrachten wir das 2,3-Dichlorpentan:

$$CH_3-CH_2-\overset{*}{C}H-\overset{*}{C}H-CH_3$$
$$\qquad\qquad\quad |\quad |$$
$$\qquad\qquad\quad Cl\quad Cl$$

Es sind folgende Stereoisomere möglich:

CH₃	CH₃	CH₃	CH₃
H►C◄Cl	Cl►C◄H	H►C◄Cl	Cl►C◄H
Cl►C◄H	H►C◄Cl	H►C◄Cl	Cl►C◄H
C₂H₅	C₂H₅	C₂H₅	C₂H₅
(1)	(2)	(3)	(4)

Wie man sich leicht überzeugen kann, verhalten sich (1) und (2) bzw. (3) und (4) spiegelbildlich zueinander. Sie sind (z.B. durch Drehung um C—C-Bindungen) nicht ineinander überzuführen, also nicht miteinander zur Deckung zu bringen. (1) und (2) bzw. (3) und (4) sind je ein *Enantiomerenpaar.* (1) und (3) bzw. (2) und (4) hingegen sind *Diastereomere;* sie verhalten sich nicht spiegelbildlich. Dies wird durch die Angabe der Konfigurationen an den beiden Chiralitätszentren verdeutlicht:

(1)	(2S, 3S)-Dichlorpentan
(2)	(2R, 3R)-Dichlorpentan
(3)	(2S, 3R)-Dichlorpentan
(4)	(2R, 3S)-Dichlorpentan

Die beiden Enantiomere (1) und (2) bzw. (3) und (4) zeigen an den beiden Chiralitätszentren die entgegengesetzte Konfiguration. Bei den beiden Diastereomeren ist am einen asymmetrischen C-Atom die Konfiguration gleich, am anderen verschieden.

Unterscheiden sich zwei Diastereomere mit mehreren Chiralitätszentren nur durch ihre Konfiguration an einem einzigen asymmetrisch substituierten C-Atom, so bezeichnet man sie als **«epimer»**. Von den vier isomeren 2,3-Dichlorpentanen sind (1) und (4) bzw. (2) und (3) epimer:

(1)	(2 S, 3 S)-	(4)	(2 R, 3 S)-
(2)	(2 R, 3 R)-	(3)	(2 S, 3 R)-

Bei Molekülen mit zwei benachbarten Chiralitätszentren unterscheidet man oft zwischen den **«erythro-»** und der **«threo-»** Konfiguration[1]:

$$
\begin{array}{cc}
CH_3 & CH_3 \\
| & | \\
H-C-Cl & Cl-C-H \\
| & | \\
H-C-Cl & Cl-C-H \\
| & | \\
C_2H_5 & C_2H_5
\end{array}
\qquad
\begin{array}{cc}
CH_3 & CH_3 \\
| & | \\
H-C-Cl & Cl-C-H \\
| & | \\
Cl-C-H & H-C-Cl \\
| & | \\
C_2H_5 & C_2H_5
\end{array}
$$

erythro-Enantiomerenpaar   *threo*-Enantiomerenpaar

Bei der *erythro*-Konfiguration stehen die zwei gleichen (oder ähnlichen) Substituenten in der Fischer-Projektionsformel auf der gleichen, bei der *threo*-Konfiguration dagegen auf verschiedenen Seiten.

Hier wird nun auch ein *Nachteil* der Fischerschen Projektionsformeln deutlich: sie geben die *ekliptische Konformation* der Moleküle wieder, während jedoch die weitaus überwiegende Mehrzahl der Moleküle als gestaffelte Konformere auftreten. Zur Darstellung der gestaffelten Konformation benützt man entweder *perspektivische («Sägebock-») Formeln, Keilstrich-Formeln* oder *Newmansche Projektionsformeln.* Um die Fischer-Projektionsformel in die perspektivische Formel der gestaffelten Konformation zu «übersetzen», zeichnet man zuerst die perspektivische Formel der ekliptischen Konformation. Dies ist leicht möglich, da die «seitlichen» Bindungen der Fischer-Formel in Wirklichkeit nach vorn (vor die Papierebene) ragen. Die perspektivische Formel der gestaffelten Konformation erhält man dann durch Drehung des einen C-Atoms samt seinen Liganden um die C—C-Bindung. Die Newman-Projektion sowie die Keilstrich-Formel ergeben sich dann leicht aus der betreffenden perspektivischen Formel. Der Anfänger gewöhne sich daran, möglichst mit allen Formeltypen zu arbeiten und jeweils das eine Formelbild in ein anderes zu «übersetzen».

---

[1] Die Bezeichnungen *«erythro-»* und *«threo-»* leiten sich von den Namen der C 4-Zucker, Erythrose und Threose, ab. Als mnemotechnische Hilfe: «erythro» $\widehat{=}$ E, «threo» $\widehat{=}$ Z

perspektivische Formeln   Newman-Projektion

Keilstrich-Formel

Die Zahl der möglichen Stereoisomere reduziert sich, wenn die Substanz zwei *gleichartig substituierte Chiralitätszentren* enthält, wie z. B. im Fall von 2,3-Dichlorbutan:

$$CH_3-\overset{*}{C}H-\overset{*}{C}H-CH_3$$
$$| \quad |$$
$$Cl \quad Cl$$

(5)   (6)   (7)   (8)

(5) und (6) sind Enantiomere und besitzen die Konfigurationen (2 *S*, 3 *S*)- bzw. (2 *R*, 3 *R*)-. (7) und (8) sind hingegen nicht chiral: die durch die Fischer-Projektionsformel dargestellte ekliptische Konformation besitzt eine *Spiegelebene,* während das stabilere *anti*-Konformer ein *Symmetriezentrum* aufweist. (7) und (8) verhalten sich zwar spiegelbildlich zueinander, können aber miteinander zur Deckung gebracht werden (besonders deutlich aus den perspektivischen Formeln ersichtlich!) und sind somit *identisch*: die Substanz mit der entsprechenden Konfiguration ist *nicht optisch aktiv* und kann nicht in Enantiomere

gespalten werden. Man nennt sie *meso*-2,3-Dichlorbutan. Eine **«meso-Form»** ist also eine Substanz, deren Molekül mit seinem Spiegelbild zur Deckung gebracht werden kann und die optisch inaktiv ist, obschon das Molekül asymmetrisch substituierte C-Atome enthält. *meso*-2,3-Dichlorbutan besitzt an beiden Chiralitätszentren entgegengesetzte Konfiguration: *R,S*-2,3-Dichlorbutan[1]. Das *meso*-Isomer und (+)- bzw. (−)-2,3-Dichlorbutan sind Diastereomere; sie unterscheiden sich darum in ihren physikalischen und chemischen Eigenschaften und können ohne weiteres voneinander getrennt werden.

Spiegelbildisomerie bei alizyklischen Ringsystemen. Monosubstituierte Cycloalkane besitzen stets eine Spiegelebene, sind also nicht chiral. Bei *disubstituierten* Derivaten ist hingegen optische Aktivität möglich. Ein (nicht geminal) disubstituierter Ring von *ungerader C-Zahl* (mit zwei verschiedenen Substituenten) enthält zwei Chiralitätszentren, so daß – gleich wie im Fall von 2,3-Dichlorpentan – insgesamt 2^2 Isomere (zwei zueinander diastereomere Isomerenpaare) möglich sind:

cis   *trans*

Analog bei Derivaten des Cyclopentans:

cis   *trans*

cis   *trans*

Bei Ringen von *gerader C-Zahl* besitzen disubstituierte Derivate, deren Substituenten einander am Ring genau gegenüber liegen, eine Spiegelebene und sind damit nicht optisch aktiv und auch nicht in Enantiomere zu spalten:

trans   *cis*

---

[1] Natürlich sind nur solche (*R,S*)-Isomeren *meso*-Formen, bei denen beide Chiralitätszentren gleichartig substituiert sind.

Die Moleküle von *Cyclopropan, Cyclobutan* und *Cyclopentan* sind eben (Cyclopropan) bzw. fast eben (Cyclobutan und -pentan) gebaut. Beim *Cyclohexanring* (und ebenso bei höhergliedrigen Ringen) müssen zusätzlich auch die *Ringkonformationen* berücksichtigt werden. Wenn wir uns im folgenden auf Disubstitutionsprodukte von Cyclohexan mit zwei gleichen Substituenten beschränken, so zeigt sich, daß *trans*-1,2- und *trans*-1,3-disubstituierte Cyclohexanringe in zwei Enantiomeren auftreten. Im Fall von *trans*-1,2-Dimethylcyclohexan existiert sowohl die diaxiale wie die (viel stabilere) diäquatoriale Konformation in zwei spiegelbildlichen, nicht zur Deckung zu bringenden Formen:

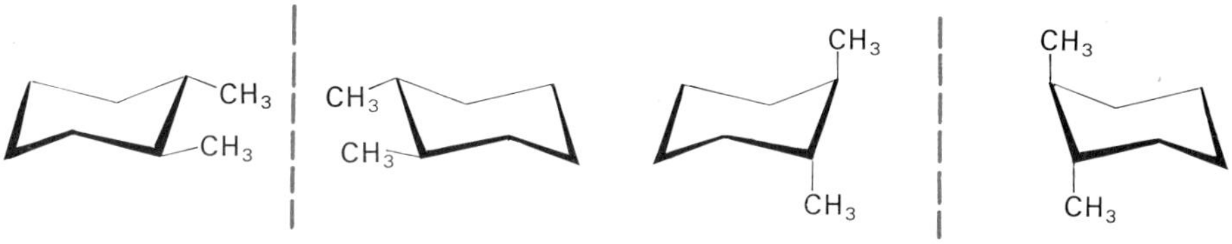

(Beim «Umklappen» geht das diäquatoriale Konformer in die diaxiale Konformation und nicht etwa in das Konformer mit der spiegelbildlichen Konfiguration über!)

Im *cis-Isomer* steht ein Substituent axial, der andere äquatorial. Dieses Konformer ist zwar chiral; es wandelt sich aber durch «Umklappen» leicht in sein Spiegelbild um. Da beide Konformere gleich stabil und die zur Umwandlung zu überschreitende Energieschwelle niedrig ist, kann *cis*-1,2-Dimethylcyclohexan bei Raumtemperatur nicht in Enantiomere gespalten werden. Eventuell ist bei genügend tiefer Temperatur eine Spaltung in die (+)- und (−)-Form möglich.

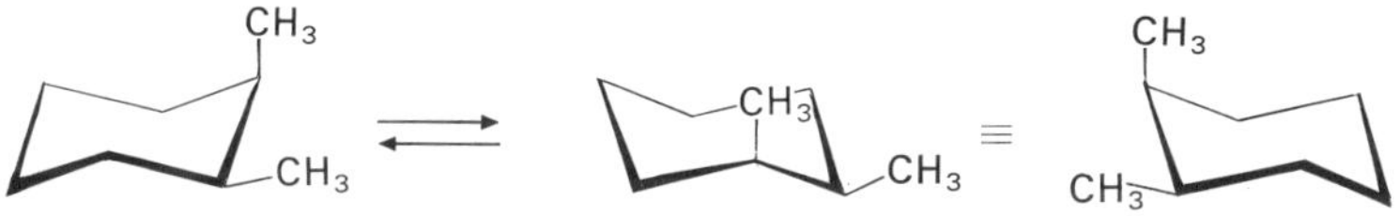

cis-1,3-Dimethylcyclohexan ist nicht chiral (durch die C-Atome 2 und 5 geht in jedem Fall eine Spiegelebene). Hingegen läßt sich das *trans*-Isomer in zwei Enantiomere spalten:

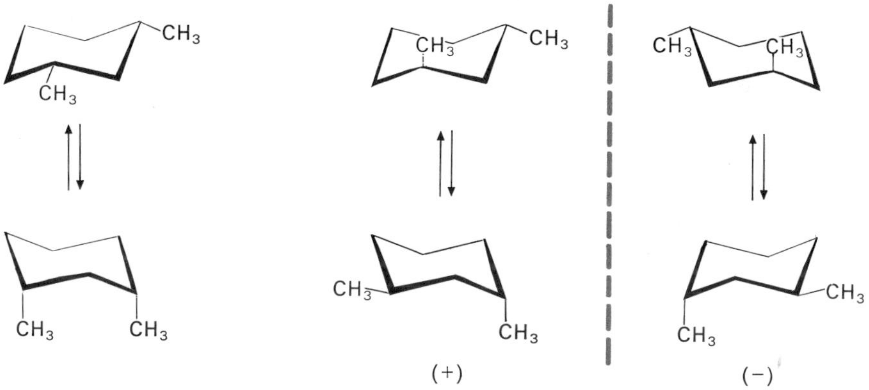

cis   trans

Trägt ein Ring *mehr als zwei Substituenten,* so wird die Zahl der Stereoisomere natürlich größer. Sind mehrere gleichartige Substituenten am Ring vorhanden, so treten ebenso wie bei offenkettigen Verbindungen mit mehreren gleichartig substituierten Chiralitätszentren *meso-Formen* auf.

In den folgenden Projektionsformeln von Ringverbindungen werden diejenigen Substituenten, die oberhalb der Ringebene liegen, durch einen Punkt im Ring bezeichnet. Für das 1,2-Dimethyl-4-chlorcyclopentan lassen sich dann insgesamt 8 Projektionsformeln zeichnen, von denen je zwei paarweise identisch sind, so daß vier Stereoisomere möglich sind:

meso-Formen   Enantiomerenpaar

Die Verbindung existiert also in insgesamt vier Stereoisomeren: zwei *meso*-Formen (mit je einer Spiegelebene) und einem Enantiomerenpaar.

Für das Hexachlorcyclohexan findet man insgesamt 9 Stereoisomere: 7 *meso*-Formen und ein Enantiomerenpaar, dessen Konfigurationen und Konformationen hier angegeben werden sollen:

Zum Unterschied sei noch eine *meso*-Form des Hexachlorcyclohexans dargestellt:

(durch die Atome 1 und 4 geht eine Spiegelebene)

Chirale Moleküle ohne asymmetrisch substituierte C-Atome. Asymmetrische C-Atome sind die weitaus häufigste Ursache der Chiralität von Molekülen. Es gibt jedoch auch verschiedene Gruppen optisch aktiver Verbindungen, die kein asymmetrisch substituiertes C-Atom besitzen.

Ein besonders einfaches Beispiel von Chiralität ohne asymmetrisches C-Atom bieten substituierte **Allene**:

$$CH_2=C=CH_2$$

Allen

Die notwendige (und ausreichende) Bedingung für Chiralität ist, daß a ≠ b ist. Weil die Gruppen a und b an beiden Molekülenden paarweise in aufeinander senkrecht stehenden Ebenen liegen, sind zwei spiegelbildliche, nicht zur Deckung zu bringende Enantiomere möglich:

Substituierte Allene bilden Beispiele **axialchiraler** Moleküle. Die drei durch zwei Doppelbindungen verbundenen Kohlenstoffatome bilden die Chiralitätsachse.

Auch die Enantiomerie bei gewissen Cyclohexanderivaten sowie bei Spiranen beruht auf Axialchiralität:

(1)   (2)

Die Verbindung (1), 4-Methylcyclohexylidenessigsäure, war die erste Verbindung, die in Enantiomere gespalten werden konnte, ohne ein asymmetrisch substituiertes C-Atom zu besitzen (1909). Im Fall der Spirane, wie hier des Spiro [3.3] heptans (2) müssen die Substituenten a und b ebenso wie bei den Allenen verschieden sein, damit Enantiomerie auftritt.

Ein sehr bemerkenswerter Fall von Axialchiralität liegt bei gewissen *Biphenylderivaten* vor. Prinzipiell können die beiden Benzenringe des Biphenyls in der gleichen Ebene oder senkrecht zueinander angeordnet sein. Bei planarer Anordnung beider Ringe ist sowohl die Konjugation der beiden π-Systeme (und damit die Delokalisation der π-Elektronen) wie auch die van der Waals-Abstoßung der vier *ortho*-H-Atome maximal, während bei «verdrehter» (orthogonaler) Konformation Konjugation und «Spannung» minimal sind. Als Folge dieser Effekte sind die beiden Ringe des Biphenylmoleküls im Gaszustand etwas verdreht. Nur im festen Zustand ist das Molekül völlig eben. Tragen nun die Ringe in den *ortho*-Stellungen Substituenten, die so groß sind, daß sie eine Drehung verhindern, so bleiben die Ringe in der orthogonalen (oder schiefen) Lage *fixiert*, und das Molekül wird chiral (sofern verschiedenartige *ortho*-Substituenten vorhanden oder die Ringe sonst entsprechend substituiert sind). Beispiele:

(1)   (2)   (3)   (4)

(2) und (3) sind chiral, (1) und (4) hingegen nicht

Nach einem Vorschlag von R. Kuhn wird diese Art von Enantiomerie als **Atropisomerie** bezeichnet. Atropisomerie ist im Prinzip nichts anderes als eine *Konformationsisomerie;* die gegenseitige Umwandlung ist – genügende Größe der Substituenten a und b vorausgesetzt – wegen der großen Energiebarriere (die dem komplanaren Übergangszustand entspricht; vgl. Abb. 3.13) bei Raumtemperatur nicht möglich. Tragen die Ringe in den *ortho*-Stellungen kleine Substituenten (z. B. F-Atome), so geschieht die Umwandlung in die (spiegelbildliche) Konformation so rasch, daß die beiden Konformere nicht als Substanzen isolierbar sind. Besitzt jeder Ring einen kleinen und einen mittelgroßen Substituenten in *ortho*-Stellung (z. B. F-Atome und CH$_3$-Gruppen), so sind die Enantiomere bei Raumtemperatur faßbar, wandeln sich aber bei höherer Temperatur ineinander um.

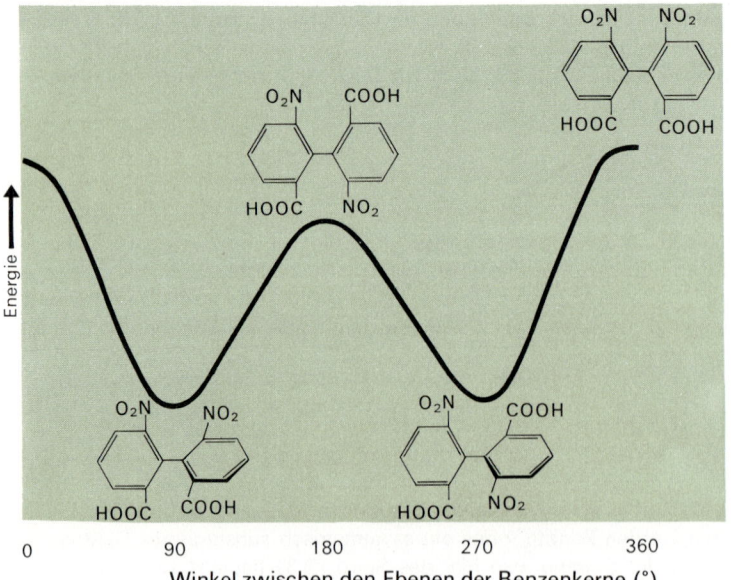

Abb. 3.13. *Energieprofil bei der Rotation der 6,6'-Dinitrodiphensäure*

Weitere interessante Beispiele von Chiralität bilden gewisse substituierte **Paracyclophane** (5) sowie das **Hexahelicen** (6). Bei letzterem Molekül behindern sich die «endständigen» H-Atome gegenseitig, so daß es nicht planar, sondern spiralig gebaut ist und damit in zwei Enantiomeren (7 und 8) auftritt.

Verbindungen mit Heteroatomen als Chiralitätszentren. Verbindungen, die andere, *tetraedrisch* mit *vier verschiedenen Liganden koordinierte Atome* als C-Atome enthalten, sind ebenfalls optisch aktiv. Beispiele dafür sind Verbindungen von Si, Ge, N, P und As (in den drei letztgenannten Fällen handelt es sich um positiv geladene -onium-Ionen: substituierte Ammonium-, Phosphonium- oder Arsonium-Ionen). Auch Verbindungen, die P-, As-, Sb- oder S-Atome enthalten, welche mit drei verschiedenen Liganden koordiniert sind (substituierte Phosphine, Arsine, Stibine; Sulfoxide und Sulfonium-Ionen), lassen sich in Enantiomere spalten, da in allen diesen Fällen das Zentralatom noch ein freies Elektronenpaar besitzt, welches gewissermaßen als vierter «Ligand» im tetraedrischen Kooordinationspolyeder betrachtet werden kann. Im Fall von N-Atomen, die mit drei verschiedenen Liganden koordiniert sind, ist (mit Ausnahme ganz bestimmter Verbindungen, wie z. B. der *Trögerschen Base;* siehe Abb. 3.14) eine Trennung in Enantiomere nicht möglich, eine Folge der sehr rasch erfolgenden *«Inversion»* der «N-Pyramide». In der Trögerschen Base wird die Inversion durch die festgelegten Winkel an dem Methylenbrücken-Kohlenstoffatom zwischen den beiden N-Atomen verunmöglicht, so daß eine Trennung in die beiden (bei Raumtemperatur und in neutraler Lösung) völlig beständigen Enantiomere möglich war (Prelog, 1944).

3.4.3 Racemformen

Jede Synthese chiraler Moleküle, die von nicht chiralen Molekülen ausgeht, führt normalerweise – d. h. bei Abwesenheit optisch aktiver Hilfssubstanzen oder Katalysatoren – zu einem Gemisch der beiden Enantiomere im Verhältnis 1:1, zu einer «**Racemform (‹racemisches Gemisch›)**», weil die Wahrscheinlichkeit für die Bildung des einen oder anderen Enantiomers genau gleich groß ist. Bei der Chlorierung von Butan beispielsweise werden die beiden an das C-Atom 2 gebundenen H-Atome mit der genau gleichen Wahrscheinlichkeit (und Geschwindigkeit) durch ein Cl-Atom substituiert, und man erhält (neben anderen Substitutionsprodukten wie z. B. 1-Chlorbutan) ein Gemisch von *R*- und *S*-2-Chlorbutan im Verhältnis 1:1:

Abb. 3.14. Trögersche Base

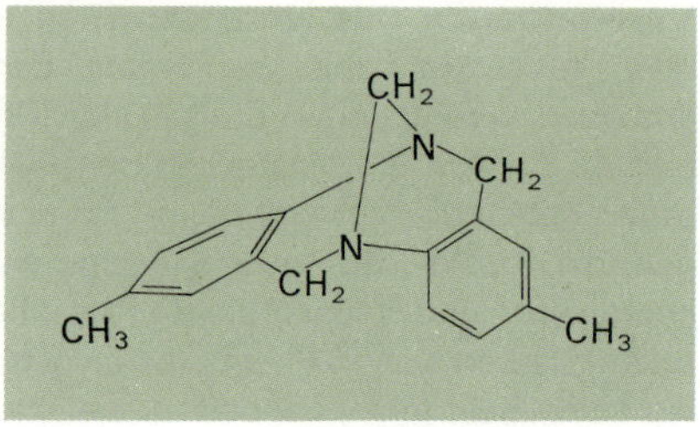

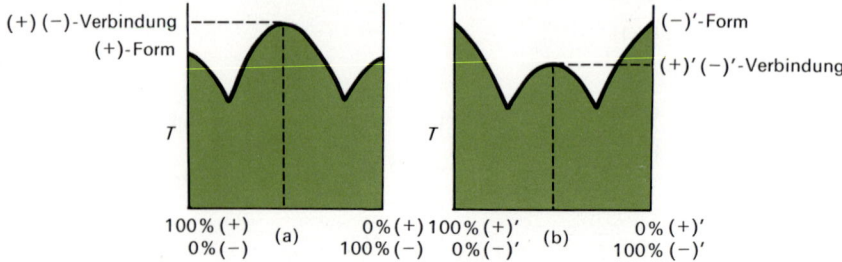

Racemformen sind selbstverständlich *optisch inaktiv*. Im *gasförmigen, flüssigen* und *gelösten* Zustand bilden sie ein ideales (oder nahezu ideales) Gemisch der beiden enantiomeren Molekülarten; sie besitzen somit denselben Siedepunkt wie die reinen Enantiomere und – nur im flüssigen und gelösten Zustand! – den gleichen Brechungsindex, dieselbe Lichtabsorption (gleiche IR-Spektren!) usw. Im *festen Zustand* hingegen wirkt sich die Tatsache aus, daß die Anziehungskräfte zwischen (+)- und (−)-Molekülen meistens nicht ganz genau gleich stark sind wie die Kräfte zwischen (+)- und (+)- bzw. (−)- und (−)-Molekülen. Sind die Kräfte zwischen gleichsinnig drehenden Molekülen (also zwischen den Molekülen eines Enantiomers unter sich) größer als die Kräfte zwischen (+)- und (−)-Molekülen, so kristallisiert aus der Schmelze oder Lösung ein *Gemisch* von *Kristalliten* der beiden Enantiomere aus, das als **Konglomerat** bezeichnet wird. Die Kristallite können eine (makroskopisch) *einheitliche feste Phase* bilden; das Konglomerat kann aber auch aus einem *Gemisch enantiomerer Kristalle* bestehen, die sich durch Auslesen trennen lassen. Ein historisch berühmtes Beispiel für dieses Verhalten bildet das (±)-Natriumammoniumtartrat (sofern es unterhalb 27°C aus Wasser auskristallisiert), das von Pasteur untersucht und getrennt wurde. Der *Schmelzpunkt* eines Konglomerats ist stets *niedriger* als der Schmelzpunkt des reinen Enantiomers. Er entspricht dem Schmelzpunkt des eutektischen Gemisches und ist dementsprechend stets *scharf,* während Gemische, welche die Enantiomere nicht im Verhältnis 1:1 enthalten, innerhalb eines gewissen Temperaturintervalls schmelzen. Die Löslichkeit des Konglomerats ist dagegen größer als bei den reinen Enantiomeren.

Viel häufiger sind die Anziehungskräfte zwischen (+)- und (−)-Molekülen größer als zwischen den Molekülen eines Enantiomers untereinander. Die (+)- und (−)-Moleküle des racemischen Gemisches vereinigen sich in diesem Fall im Kristallgitter paarweise, so daß die Elementarzelle unter Umständen nur ein einziges Molekülpaar enthält. Das racemische Gemisch bildet dann im festen Zustand eine echte **Molekülverbindung** im Verhältnis 1:1, die beim Schmelzen oder Lösen zusammenbricht und **Racemat** genannt wird. Racemate besitzen – als Verbindungen – andere physikalische Eigenschaften als die Enantiomere: andere Schmelzpunkte, andere Löslichkeit, andere IR-Spektren usw., wobei z.B. die

Abb. 3.15. Schmelzdiagramme enantiomerer Verbindungen, die Racemate bilden

Schmelzpunkte höher, seltener aber auch tiefer sind als die Schmelzpunkte der Enantiomere (Abb. 3.15).

Nur ganz selten verhalten sich Racemformen auch im festen Zustand nahezu ideal. Die beiden Enantiomere kristallisieren dann in einer einheitlichen festen Phase und bilden **Mischkristalle** *(feste Lösungen)*. In ihren Eigenschaften stimmen solche Mischkristalle sehr weitgehend mit den reinen Enantiomeren überein.

Ob in einem bestimmten Fall ein Konglomerat, ein echtes Racemat oder eine feste Lösung vorliegt, läßt sich häufig mit Hilfe der *Phasen-* oder *Löslichkeitsdiagramme* entscheiden. Es ist dabei gar nicht notwendig, das vollständige Phasendiagramm aufzunehmen, sondern es genügt, eine kleine Menge des einen reinen Enantiomers zur Racemform hinzuzugeben und die Veränderungen des Schmelzpunktes zu beobachten. Liegt ein Konglomerat vor, so wird der Schmelzpunkt steigen, während im Falle einer racemischen Verbindung der Schmelzpunkt sinkt und bei der festen Lösung nur geringe Änderungen bemerkbar sind.

Racemformen entstehen aber nicht nur durch Synthese chiraler Moleküle aus nichtchiralen; sie können sich vielmehr auch dadurch bilden, daß ein Enantiomer **«racemisiert»**, d.h. sich spontan oder als Folge bestimmter äußerer Einflüsse in die Racemform umwandelt. Da die Racemisierung mit einer Zunahme der Entropie um $R \cdot \ln 2$ verbunden ist, ist sie thermodynamisch begünstigt. Dabei muß ein «Platzwechsel» zweier Liganden eintreten, also ein *Lösen* und *Neubilden* von *Atombindungen*. Racemisierungen durch homolytische Bindungstrennung sollten sich z.B. durch Erhitzen durchführen lassen; weil dazu aber gewöhnlich ein ziemlich hoher Energiebetrag erforderlich ist (Bindungsenthalpie der zu trennenden Bindung!), gehen unter diesen Bedingungen mit der eigentlichen Racemisierung meist auch Umlagerungen oder Zerfallsprozesse einher. Viel häufiger sind Racemisierungen, die über *Carbanionen* oder *Carbeniumionen* als Zwischenprodukte ablaufen. Es ist beispielsweise schon lange bekannt, daß Verbindungen, die am Chiralitätszentrum neben einem Wasserstoffatom noch eine Carbonylgruppe enthalten, unter der Wirkung von Basen schnell racemisieren. Dies beruht darauf, daß Wasserstoffatome in α-Stellung zu C=O-Gruppen unter der Wirkung starker Basen als Proton an diese abgegeben werden können; das entstehende Carbanion (mit negativ geladenem C-Atom) ist mesomer und darum *planar* (also nicht chiral); die Wiederanlagerung des Protons muß daher beide Enantiomere im Verhältnis 1:1, d.h. eine Racemform, ergeben. Als Beispiel sei die basenkatalysierte Racemisierung von *S*-3-Chlor-2-butanon erwähnt:

Einfache Carbanionen (die nicht mesomeriestabilisiert sind) sind tetraedrisch gebaut (mit sp^3-hybridisiertem C-Atom); die Racemisierung ist dann eine Folge einer *Inversionsschwingung,* wie bei den dreifach koordinierten Stickstoffverbindungen:

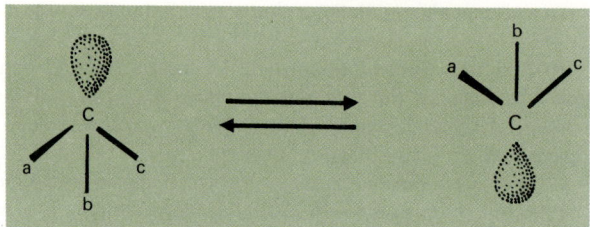

In manchen Fällen vermögen Lewis-Säuren, wie $AlCl_3$ oder $SbCl_5$, die Abtrennung einer negativ geladenen Gruppe aus einem Molekül zu bewirken, wobei ein positiv geladenes C-Atom, ein *Carbeniumion,* entsteht. Carbeniumionen sind *eben* gebaut (das C-Atom ist sp^2-hybridisiert), und die Wiederanlagerung der abgetrennten Gruppe ergibt auch in diesem Fall eine Racemform.

Schließlich ist auch eine *Racemisierung* über *stabile Zwischenprodukte* möglich. So racemisiert α-Chlorethylbenzen beim Lösen in Ameisensäure, wobei vorübergehend HCl abgespalten wird und Styren als optisch inaktives, stabiles Zwischenprodukt auftritt:

$$(+)\ C_6H_5-\underset{\underset{Cl}{|}}{C}H-CH_3 \xrightarrow{-\ HCl} C_6H_5-CH=CH_2 \xrightarrow{+\ HCl} (+)(-)\ C_6H_5-\underset{\underset{Cl}{|}}{C}H-CH_3$$

Ein schönes Beispiel einer *partiellen Racemisierung («Epimerisierung»)* zeigt das *cis*-Dekalon, das unter der Einwirkung von Basen in das (ebenfalls chirale, aber stabilere) *trans*-Dekalon übergeht:

cis-Dekalon   *trans*-Dekalon

Die Epimerisierung verläuft auch hier über das mesomeriestabilisierte Carbanion. Das *trans*-Dekalon ist aber stabiler als das *cis*-Isomer, so daß sich bei der Addition eines Protons an das Carbanion fast vollständig das epimere (und optisch aktive) *trans*-Dekalon bildet. Die Epimerisierung ist also *thermodynamisch gesteuert* (vgl. S. 362) [1].

Die **Trennung** einer Racemform in die beiden Enantiomere ist eine für den praktisch arbeitenden Chemiker sehr wichtige Aufgabe. Es steht dafür eine ganze Reihe von Methoden zur Verfügung:

Spaltung durch mechanisches Auslesen. Wir haben bereits erwähnt, daß in gewissen (allerdings sehr seltenen) Fällen ein *Konglomerat* aus einem Gemisch makroskopisch unterscheidbarer Kristalle besteht, welche durch sorgfältiges *Herauslesen* einzeln getrennt werden können. Bei einer Variante dieser Methode wird eine gesättigte Lösung der

---

[1] Dies steht im Gegensatz zur *«asymmetrischen Induktion»,* bei der im Verlauf einer Reaktion neben einem bereits vorhandenen Chiralitätszentrum ein zweites entsteht. Das Überwiegen des einen Enantiomers im Produktgemisch (S. 248) ist hier auf die unterschiedliche Reaktionsgeschwindigkeit zurückzuführen (diastereomere aktivierte Komplexe; kinetische Steuerung!).

Racemform mit einem Kristall des einen Enantiomers geimpft, wobei sich dieses aus der Lösung bis zu einem gewissen Grad ausscheidet. Die zurückbleibende Mutterlauge enthält dann einen Überschuß des anderen Enantiomers, das ebenfalls durch Impfen ausgeschieden werden kann. Abwandlungen dieses Verfahrens werden in gewissen Fällen sogar technisch verwendet: Herstellung von (+)-Glutaminsäure aus dem technischen (+)(−)-Produkt [(+)-Glutaminsäure wird – als Natriumsalz – zum Würzen von Speisen verwendet; das Salz erzeugt eine Art Fleischaroma!] oder Gewinnung des allein antibiotisch wirksamen (+)-Enantiomers aus synthetischem, racemischem Chloramphenicol.

Spaltung über Diastereomere. Läßt man ein racemisches Gemisch mit einer *optisch aktiven Verbindung* reagieren, so entstehen zwei Produkte, die nicht mehr spiegelbildlich, sondern *diastereomer* zueinander sind und sich daher in ihren physikalischen Eigenschaften (Schmelz- und Siedepunkt, Löslichkeit, Adsorption an Trennsubstanzen bei der Chromatographie) unterscheiden. Nach ihrer Trennung werden die Produkte zerlegt und die optisch aktiven Komponenten der ursprünglichen Racemform in reiner Form erhalten. Die praktische Durchführung dieses Verfahrens ist allerdings nicht immer einfach, weil besonders die am häufigsten angewandte Trennung durch *fraktionierte Kristallisation* nur möglich ist, wenn sich die Diastereomere in ihrer Löslichkeit genügend *unterscheiden* und zudem gut kristallisieren. Diese Bedingungen sind oft am besten erfüllt bei Salzen aus optisch aktiven Säuren mit optisch aktiven Basen. Als Hilfsreagenzien (zur Bildung der Diastereomere) benützt man optisch aktive *Naturstoffe;* als Basen z. B. Alkaloide (Brucin, Strychnin, Chinin u.a.) und als Säuren z. B. Weinsäure, Äpfelsäure oder aus natürlichem (optisch aktivem) Campher hergestellte Camphersulfonsäure.

Schema einer solchen Trennung:

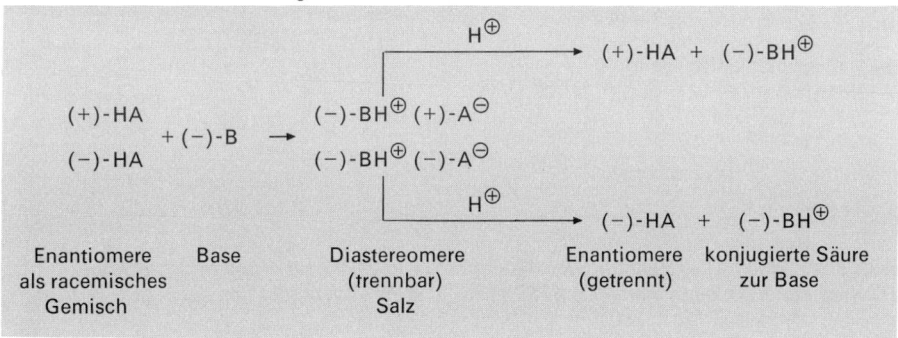

Die Abb. 3.16 gibt ein Beispiel einer solchen Spaltung.

Chromatographische Spaltung. Verwendet man zur Chromatographie einer Racemform ein *optisch aktives Adsorbens,* so bilden sich zwei diastereomere Adsorbate, die sich in ihrer Stabilität unterscheiden. Anders gesagt, die beiden Enantiomere eines Gemisches werden verschieden stark adsorbiert und können somit durch fraktioniertes Eluieren getrennt werden. Als Adsorbentien eignen sich für solche Fälle fein pulverisierter (optisch aktiver) Quarz, Cellulose (bei der Papierchromatographie!) oder auch optisch aktive Ionenaustauscher. Ein Beispiel für eine auf diesem Weg durchgeführte Spaltung ist die Trennung der Trögerschen Base in ihre Enantiomere.

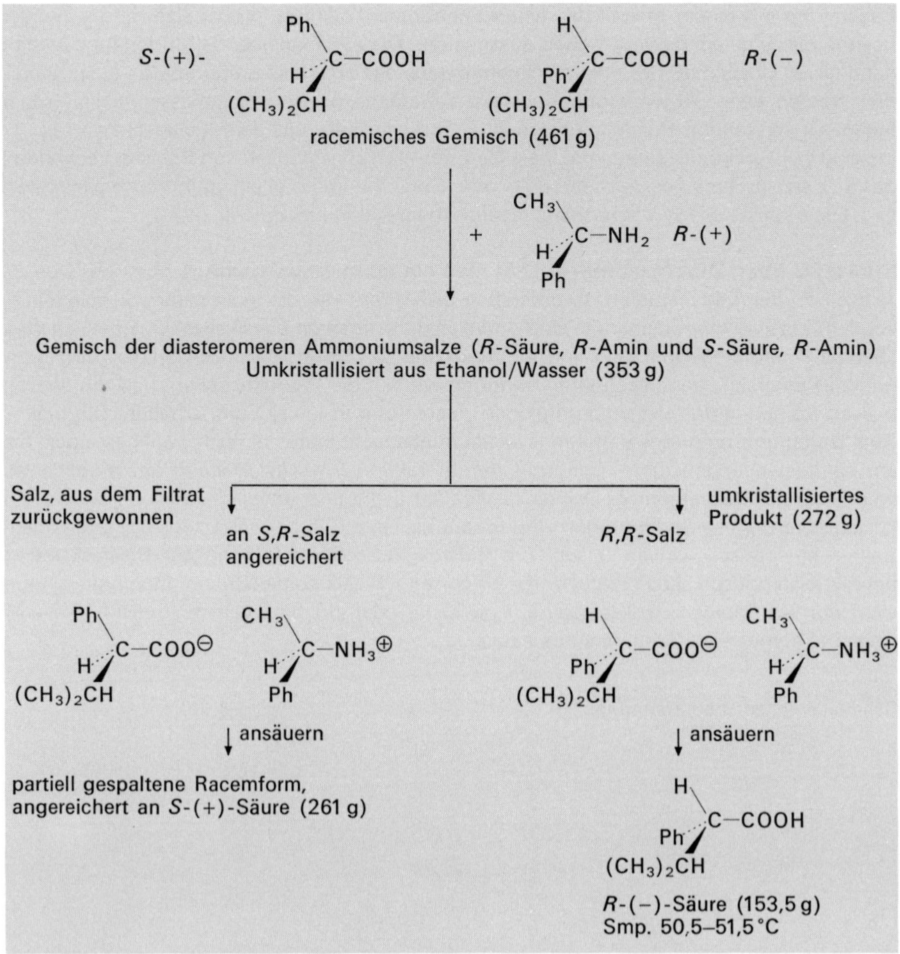

$$S\text{-}(+)\text{-} \quad \begin{array}{c} Ph \\ H \end{array}\!\!\diagup\!\!\! C\text{—}COOH \qquad \begin{array}{c} H \\ Ph \end{array}\!\!\diagup\!\!\! C\text{—}COOH \quad R\text{-}(-)$$
$$(CH_3)_2CH \qquad\qquad (CH_3)_2CH$$

racemisches Gemisch (461 g)

$$+ \quad \begin{array}{c} CH_3 \\ H \end{array}\!\!\diagup\!\!\! C\text{—}NH_2 \quad R\text{-}(+)$$
$$Ph$$

Gemisch der diasteromeren Ammoniumsalze (*R*-Säure, *R*-Amin und *S*-Säure, *R*-Amin)
Umkristallisiert aus Ethanol/Wasser (353 g)

Salz, aus dem Filtrat | umkristallisiertes
zurückgewonnen   an *S,R*-Salz   *R,R*-Salz   Produkt (272 g)
                     angereichert

$$\begin{array}{c} Ph \\ H \end{array}\!\!\diagup\!\!\! C\text{—}COO^{\ominus} \quad \begin{array}{c} CH_3 \\ H \end{array}\!\!\diagup\!\!\! C\text{—}NH_3^{\oplus} \qquad\qquad \begin{array}{c} H \\ Ph \end{array}\!\!\diagup\!\!\! C\text{—}COO^{\ominus} \quad \begin{array}{c} CH_3 \\ H \end{array}\!\!\diagup\!\!\! C\text{—}NH_3^{\oplus}$$
$$(CH_3)_2CH \qquad\qquad Ph \qquad\qquad\qquad (CH_3)_2CH \qquad\qquad Ph$$

↓ ansäuern   ↓ ansäuern

partiell gespaltene Racemform,
angereichert an *S*-(+)-Säure (261 g)

$$\begin{array}{c} H \\ Ph \end{array}\!\!\diagup\!\!\! C\text{—}COOH$$
$$(CH_3)_2CH$$

R-(−)-Säure (153,5 g)
Smp. 50,5–51,5 °C

Abb. 3.16. Schema der Spaltung der Racemform von 2-Phenyl-3-methylbuttersäure
[C. Aaron et al., J. org. Chem. **32,** *2797 (1967)] «Ph» bedeutet «Phenyl-» (C_6H_5—)*

Auch *gaschromatographisch* läßt sich die Enantiomerentrennung durchführen, wenn man
(in einer gepackten oder einer Kapillarkolonne) eine *optisch aktive stationäre Phase*
verwendet. Voraussetzung dafür ist natürlich – wie bei jeder gaschromatographischen
Trennung – daß das zu trennende racemische Gemisch genügend flüchtig ist. Auf diese
Weise gelang es beispielsweise, racemische Gemische von Aminosäuren zu trennen, die –
um sie verdampfbar zu machen – zunächst verestert und nach der Trennung wieder verseift
wurden.

Kinetische Spaltung. Die Geschwindigkeit, mit der zwei Substanzen miteinander
reagieren, wird durch die betreffende Aktivierungsenergie ($\Delta H^{\neq}$) (genauer: die *freie
Aktivierungsenthalpie* $\Delta G^{\neq}$), also durch die Energiedifferenz zwischen Ausgangssubstanz

und aktiviertem Komplex bestimmt[1]. Läßt man nun eine Racemform mit einer optisch aktiven Substanz reagieren, so sind die beiden aktivierten Komplexe diastereomer zueinander und damit normalerweise von unterschiedlicher Stabilität. Ist dieser Unterschied genügend groß, so bildet sich das eine Produkt wesentlich *schneller* als das andere, und man kann dadurch, daß man das Reaktionsgemisch relativ rasch aufarbeitet, eine (mindestens partielle) Racematspaltung erreichen. Ein klassisches Beispiel für eine derartige Trennung ist die bereits 1899 durchgeführte Spaltung von (+)(−)-Mandelsäure, die mit (−)-Menthol verestert wurde. Die Veresterung wurde dabei nach kurzer Zeit unterbrochen; das Estergemisch wurde abgetrennt und hydrolysiert, wobei hauptsächlich (+)-Mandelsäure erhalten wurde. Die unverestert gebliebene Säure war hauptsächlich (−)-Mandelsäure.

Spaltung über Einschlußverbindungen. Eine ebenfalls für gewisse spezielle Fälle wertvoll gewordene Methode zur Spaltung von Racemformen beruht auf der Bildung von *Einschlußverbindungen (Clathraten)*. Das Gitter von (optisch inaktivem, nicht chiralem) Harnstoff besteht aus rechts- und linksläufigen Spiralen, die aus durch H-Brücken verbundenen Harnstoffmolekülen gebildet werden. In die röhrenartigen Hohlräume im Inneren der Spiralen können kettenförmige Moleküle eingelagert werden, wenn man Harnstoff aus der Lösung einer solchen Substanz kristallisieren läßt. Impft man die Lösung des racemischen Gemisches einer Substanz, die mit Harnstoff solche Einschlußverbindungen bilden kann, mit einem ausschließlich aus rechtsläufigen Spiralen bestehenden Kristall, so bilden sich Clathrate, die nur das eine Enantiomer enthalten, weil dieses gestaltlich besser in den Hohlraum der Rechtsspirale hineinpaßt als das andere Enantiomer. Da die Clathrate z.B. durch Lösen zerstört werden, ist auf diesem Weg eine wenigstens partielle Spaltung einer Racemform möglich. Mit Hilfe dieser Methode gelang z.B. die Spaltung von 2-Chloroktan (Schlenk, 1952).

Eine vielversprechende Möglichkeit zur Trennung bestimmter Racemformen bietet die Verwendung von *chiralen Kronenethern* wie z.B. (1), (2) oder (3) (S.244). Dabei müssen die Kronenether so gebaut sein, daß ihr Hohlraum gewissermaßen auf das Gastmolekül «zurechtgeschneidert» ist, d.h. die Moleküle des zu trennenden Gemisches müssen darin genau Platz finden. Im Fall eines chiralen Kronenethers ist auch sein Hohlraum chiral, so daß er selektiv nur das eine Enantiomer komplexieren kann. Dadurch ist eine «chirale Erkennung» des «Gastes» durch den «Wirt» möglich, wie es im Formelbild (4) für den axialchiralen Kronenether (3) gezeigt wird. (Die Chiralität beruht hier auf der Verhinderung der Rotation um die mit einem Pfeil bezeichneten C—C-Bindungen durch die H-Atome an den benachbarten Ringen.)

Spaltung durch biochemische Methoden. Wohl alle in lebenden Zellen vor sich gehenden Vorgänge verlaufen unter der Wirkung spezifischer *Enzyme,* d.h. kompliziert gebauter, eiweißartiger, optisch aktiver Biokatalysatoren. Ihre Wirksamkeit ist aber nicht an das Vorhandensein der lebendigen Substanz geknüpft; viele Enzyme können vielmehr aus Organismen extrahiert und dann auch *in vitro* («im Glasgefäß», d.h. außerhalb des betreffenden Organismus) zur Durchführung entsprechender Reaktionen verwendet werden. Bei der Spaltung einer Racemform durch Enzyme nutzt man die Tatsache aus, daß diese *streng stereospezifisch* wirken und von den *beiden Enantiomeren nur die eine Form chemisch angreifen* oder abbauen, während die *andere* Form *unverändert* zurückbleibt und nachher in sehr reiner Form isoliert werden kann. Der Grund für diese Stereospezifität liegt

---

[1] Über die Begriffe «Aktivierungsenthalpie», «Übergangszustand», «Reaktionsgeschwindigkeit» siehe Kapitel 5.

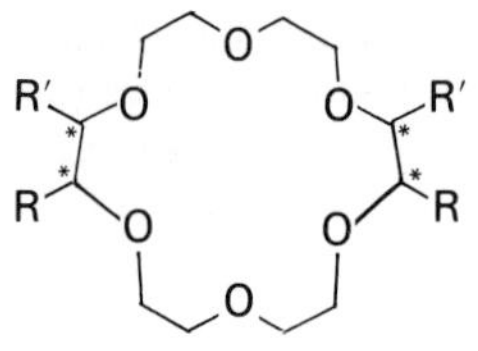

(1)

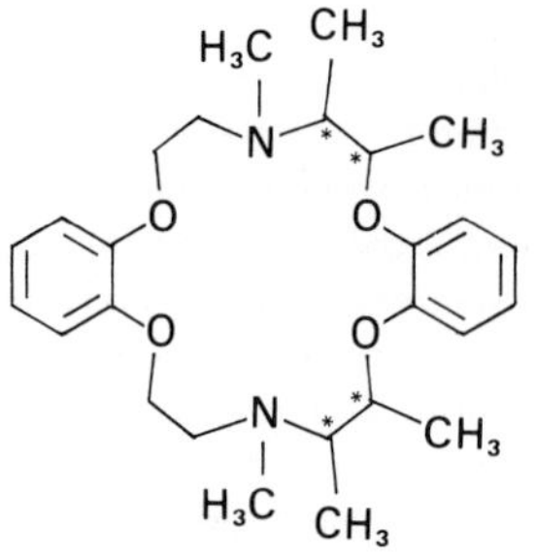

(2)

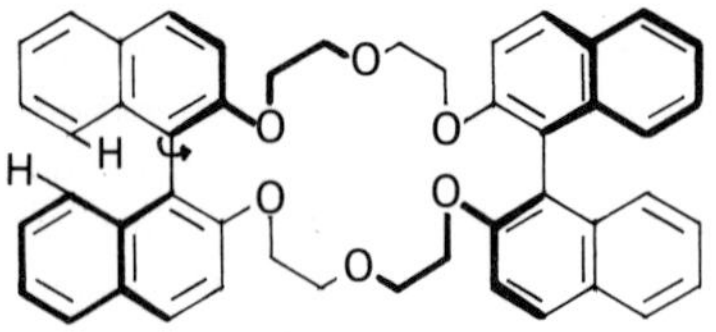

(3)

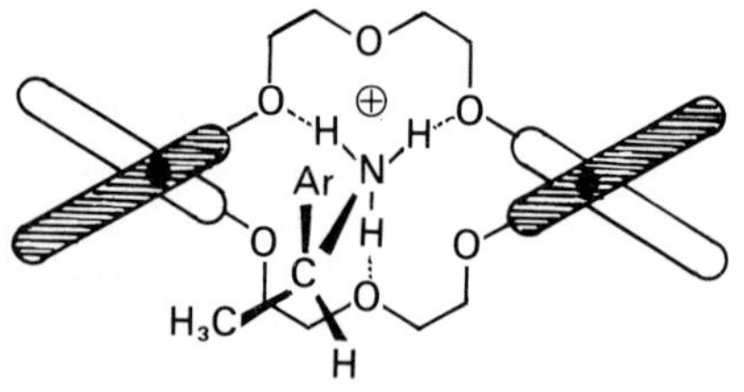

(4)

darin, daß die Enzyme selbst chiral gebaute Substanzen sind, die eine Reaktion nur ermöglichen können, wenn der Reaktionspartner in einer bestimmten räumlichen Anordnung vorliegt oder in einer bestimmten, durch die räumliche Struktur des Enzyms festgelegten Art und Weise an diesem angreift. Die biochemische Racematspaltung hat den Nachteil, daß man mit ihrer Hilfe gewöhnlich nur das eine der beiden optischen Antipoden erhält.

Quasiracemate. Gewisse *Verbindungen* von *ähnlicher Konfiguration* können im festen Zustand ähnlich wie die beiden Enantiomere Molekülverbindungen im Verhältnis 1:1 bilden. Beispielsweise entsteht ein derartiges Quasiracemat beim Kristallisieren einer Lösung, die nebeneinander (+)-Chlorbernsteinsäure und (−)-Brombernsteinsäure enthält. Die Bildung eines Quasiracemats zeigt sich im Phasendiagramm durch ein Schmelzpunktsmaximum (oder -minimum) bei einer Zusammensetzung von genau 1:1, während man das für feste Lösungen charakteristische Phasendiagramm erhält, wenn sich bloß Mischkristalle der beiden Substanzen bilden. Untersuchungen an Quasiracematen aus Substanzen bekannter Konfiguration ergaben, daß nur dann eine Molekülverbindung entsteht, wenn die beiden *Konfigurationen spiegelbildlich* zueinander (einander «entgegengesetzt») sind. Durch Verwendung von Testsubstanzen bekannter Konfiguration ließ sich verschiedentlich auf diesem Weg die relative Konfiguration anderer Verbindungen klären.

Ursprung oder optischen Aktivität. Wie schon erwähnt, liefern chemische Synthesen in der Regel beide Enantiomere im Verhältnis 1:1. Nur wenn das Ausgangsmaterial bereits ein Chiralitätszentrum enthält, kann durch «asymmetrische Synthese» das eine der beiden Enantiomere bevorzugt gebildet werden (S. 248). Die in riesiger Zahl in der Natur vorkommenden chiral gebauten Substanzen sind aber stets optisch aktiv; biologische Prozesse – an denen selbst optisch aktive Enzyme als Katalysatoren beteiligt sind – ergeben also stets nur das eine der beiden Stereoisomere. Es erhebt sich daher ganz selbstverständlich die Frage nach dem erstmaligen Zustandekommen einer optisch aktiven Verbindung. Es wäre z.B.

denkbar, daß die Synthese einer optisch aktiven Substanz unter chiralen *Bedingungen* hauptsächlich (oder vielleicht sogar ausschließlich) das eine Enantiomer liefert. So gelang 1930 die Darstellung einer optisch aktiven Substanz durch partielle photochemische Zersetzung unter Anwendung von zirkular polarisiertem Licht[1]. Da das von der Meeresoberfläche reflektierte Licht durch das Magnetfeld der Erde zirkular polarisiert wird, könnte sich eine optisch aktive Substanz erstmals auf diesem Wege gebildet haben. Eine andere Möglichkeit wäre die zufällige Bildung einer *Einschlußverbindung* aus einem chiral gebauten Kristall und nur dem einen Enantiomer eines racemischen Gemisches. Auch die zufällige Bildung eines Überschusses an einem Enantiomer bei einer gewöhnlichen Reaktion ist an sich denkbar, wurde jedoch bis heute im Laboratorium noch niemals beobachtet. Die Frage nach dem Ursprung der optischen Aktivität in der Natur läßt sich also heute (noch) nicht beantworten.

3.4.4 Reaktionen chiraler Moleküle

Wie schon erwähnt wurde, reagieren zwei Enantiomere mit einem *chiralen Reaktanten* nicht gleich rasch, so daß *die beiden möglichen Produkte in verschiedenen Mengen entstehen*. Der Grund dafür liegt darin, daß **die aktivierten Komplexe** (S.363) solcher Reaktionen nicht enantiomer, sondern **diastereomer** zueinander sind (ähnlich wie es für die Produkte der chemischen Racematspaltung der Fall ist) und dadurch **unterschiedliche Energien** besitzen. Da die freie Aktivierungsenthalpie (die *Differenz der freien Enthalpien von Ausgangsstoffen und aktivierten Komplexen)* die Reaktionsgeschwindigkeit bestimmt, **reagieren die beiden Enantiomere mit dem chiralen Reagens verschieden rasch**. Ist das Reagens aber nicht chiral, so verhalten sich die beiden aktivierten Komplexe wie Bild und Spiegelbild (sind also Enantiomere), und die beiden Enantiomere reagieren genau gleich schnell.

Interessant sind die *stereochemischen Konsequenzen* von Reaktionen chiraler Moleküle.
(a) Bei der Reaktion eines chiralen Moleküls mit einer anderen Verbindung bleibt die *Konfiguration am Chiralitätszentrum erhalten, sofern keine Bindung zum asymmetrisch substituierten C-Atom getrennt wird.* Diese wichtige Aussage bildet die Grundlage für die *Konfigurationskorrelation* auf chemischem Weg. Beispiele wurden bereits auf S.228 besprochen. Eine wichtige Anwendung dieser Tatsache ist die Gewinnung optisch reiner Substanzen und damit die Möglichkeit der Bestimmung ihrer spezifischen Drehung. 2-Methyl-1-butanol, das als Nebenprodukt der alkoholischen Gärung entsteht, ist beispielsweise – wie alle chiralen Substanzen von biologischem Ursprung – «optisch rein» (besteht also ausschließlich aus dem einen, in diesem Fall dem (−)-Enantiomer). Das durch Reaktion mit HCl-Gas aus diesem Alkohol erhaltene 1-Chlor-2-methylbutan ist damit ebenfalls optisch rein; die für das Produkt gemessene spezifische Drehung von +1,64° ist somit die Drehung des reinen Enantiomers, und es ist durch Bestimmung des Drehwinkels ohne weiteres möglich, die optische Reinheit von synthetisch hergestelltem 1-Chlor-2-methylbutan zu prüfen oder die Vollkommenheit einer durchgeführten Racematspaltung zu kontrollieren.

[1] 1969 ist eine *absolute asymmetrische Synthese* gelungen. Bei der Bromierung eines Einkristalles von 4,4'-Dimethylchalkon mit gasförmigem Brom wurde das optisch aktive Dibromid in einer «optischen Ausbeute» von 6 % erhalten. Als chirales «Hilfsmittel» diente in diesem Fall die enantiomorphe Kristallstruktur des Ausgangsstoffes.

(b) Anders ist es, wenn bei einer Reaktion eines chiralen Moleküls *Bindungen* am *Chiralitätszentrum* selbst *getrennt* werden. Eine allgemeine Aussage darüber, ob die Konfiguration erhalten bleibt (**«Retention»** der Konfiguration) oder ob sie sich ändert, ist *nicht möglich;* welcher Fall eintritt, wird vielmehr durch den *Mechanismus* der betreffenden Reaktion bestimmt. Die Untersuchung des sterischen Verlaufs solcher Reaktionen liefert darum in vielen Fällen sehr wichtige Aufschlüsse über den Mechanismus solcher Reaktionen.

Als *Beispiele* betrachten wir die bereits auf S.178 genannte Reaktion von Alkylhalogeniden mit $OH^{\ominus}$-Ionen (eine nucleophile Substitution) und die Radikalsubstitution an optisch aktivem 1-Chlor-2-methylbutan.

Verwendet man als Ausgangssubstanz für die *nucleophile Substitution* ein optisch aktives Halogenid, so beobachtet man, daß *Konfigurationsumkehr* eintritt, wenn es sich um ein *sekundäres* Halogenid handelt:

$$
\begin{array}{ccc}
& CH_3 & & & CH_3 \\
& | & & & | \\
I\!-\!C\!-\!H & & \xrightarrow{\;OH^{\ominus}\;} & & H\!-\!C\!-\!OH \\
& | & & & | \\
& C_2H_5 & & & C_2H_5 \\
\end{array}
$$

R-2-Iodbutan S-2-Butanol

(Da die Substituenten I- und OH- nach abnehmender Priorität beide vor C_2H_5- kommen, kommt die Konfigurationsumkehr auch in den Bezeichnungen R- und S- zum Ausdruck.)

Der *Nachweis* der Konfigurationsumkehr ist nicht ganz einfach, da das Vorzeichen der Drehung ja nichts über die wirkliche Konfiguration aussagt. Ein sehr eleganter experimenteller Beweis dafür stammt von Ingold. Er ließ zu diesem Zweck optisch aktives 2-Iodoktan mit radioaktivem Iodid reagieren:

$$
(+)\ CH_3\!-\!\underset{\underset{I}{|}}{CH}\!-\!C_6H_{13}\ +\ I^{*\ominus}\ \longrightarrow\ (-)\ CH_3\!-\!\underset{\underset{I^{*}}{|}}{CH}\!-\!C_6H_{13}\ +\ I^{\ominus}
$$

Bei dieser Reaktion wirkt das radioaktive Iodid-Ion $I^{*\ominus}$ (an Stelle eines $OH^{\ominus}$-Ions) als substituierendes Teilchen. In Ingolds Experiment verlor das Oktyliodid seine optische Aktivität (d.h. es racemisierte), und zwar doppelt so rasch, wie es radioaktiv wurde. Dies kann nur bedeuten, daß während der Reaktion eine **Konfigurationsumkehr** stattgefunden hat, denn dann kompensiert jedes durch Substitution entstandene (radioaktive) Molekül die optische Drehung eines (noch vorhandenen) Moleküls der ursprünglichen Konfiguration. Würde die Reaktion unter Retention verlaufen, so dürfte die optische Aktivität nicht verschwinden; wäre die Substitution mit einer Racemisierung verbunden, so nähme die optische Aktivität mit der gleichen Geschwindigkeit ab, mit der die organische Verbindung radioaktiv würde. – Die bei nucleophilen Substitutionen auftretende Konfigurationsumkehr wurde (durch Untersuchung einer ganzen Reaktionsfolge) schon von Walden (1899) beobachtet und ist in der Literatur als **«Waldensche Umkehrung»** bekannt. Ihre Erklärung bot lange Zeit Schwierigkeiten; sie ist jedoch, wie wir in Abschnitt 7.2 sehen werden, eine Konsequenz des Reaktionsablaufes.

Ist das Halogenatom bei einer solchen Substitution aber nicht an ein sekundäres, sondern an ein tertiäres C-Atom gebunden, so tritt partielle (häufig sogar vollständige) **Racemisierung** ein:

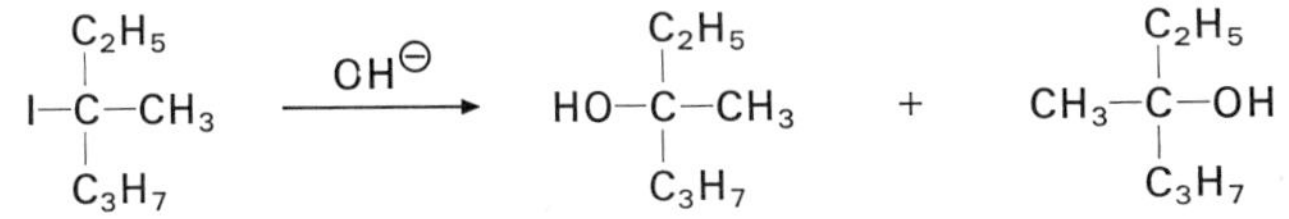

$$
\underset{\text{R-3-Iod-3-methylhexan}}{\overset{\displaystyle \overset{C_2H_5}{\underset{C_3H_7}{|}}}{I-C-CH_3}}
\quad \xrightarrow{\ OH^{\ominus}\ } \quad
\underset{\text{R-3-Methyl-3-hexanol}}{\overset{\displaystyle \overset{C_2H_5}{\underset{C_3H_7}{|}}}{HO-C-CH_3}}
\quad + \quad
\underset{\text{S-3-Methyl-3-hexanol}}{\overset{\displaystyle \overset{C_2H_5}{\underset{C_3H_7}{|}}}{CH_3-C-OH}}
$$

Die *Radikalsubstitution* an optisch aktivem 1-Chlor-2-methylbutan wurde von Kharasch *et al.* (1940) untersucht. Durch Chlorierung erhielten sie (neben anderen Substitutionsprodukten) ein racemisches Gemisch von 1,2-Dichlor-2-methylbutan. Dieses Ergebnis ist nur dann verständlich, wenn die Substitution über (planar gebaute) 1-Chlor-2-methylbutylradikale verläuft:

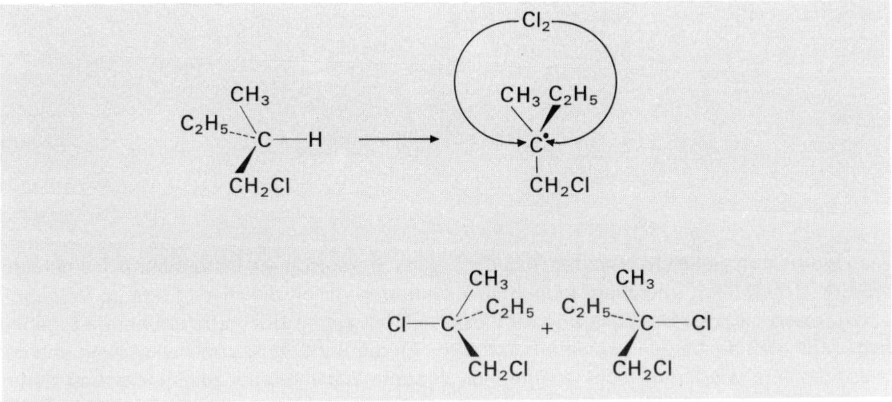

Die hier stattgefundene **Racemisierung** beweist gleichzeitig, daß als Zwischenprodukte *organische Radikale* auftreten müssen, d.h. daß die Reaktion nicht nach dem an sich ebenfalls denkbaren Mechanismus $X^{\cdot} + R{-}H \rightarrow R{-}X + H^{\cdot}$ $H^{\cdot} + X_2 \rightarrow H{-}X + X^{\cdot}$ über intermediär auftretende Wasserstoffatome abläuft.

(c) Häufig kann sich bei der Reaktion einer optisch aktiven Verbindung neben dem bereits vorhandenen ein *zweites Chiralitätszentrum* bilden. Ein Beispiel für eine solche Reaktion ist die Chlorierung von 2-Chlorbutan, wobei (neben anderen Produkten) 2,3-Dichlorbutan entsteht:

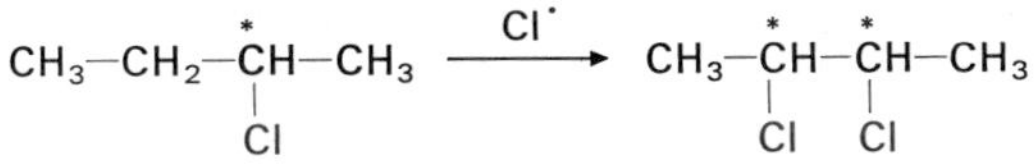

$$
\underset{\underset{Cl}{|}}{CH_3-CH_2-\overset{*}{C}H-CH_3}
\quad \xrightarrow{\ Cl^{\cdot}\ } \quad
CH_3-\underset{\underset{Cl}{|}}{\overset{*}{C}H}-\underset{\underset{Cl}{|}}{\overset{*}{C}H}-CH_3
$$

Je nach der Seite, von welcher das Chloratom das als Zwischenprodukt auftretende Radikal angreift, entsteht aus 2-Chlorbutan *S,S*-2,3-Dichlorbutan (optisch aktiv) oder *R,S*-2,3-Dichlorbutan (eine *meso*-Form; optisch inaktiv):

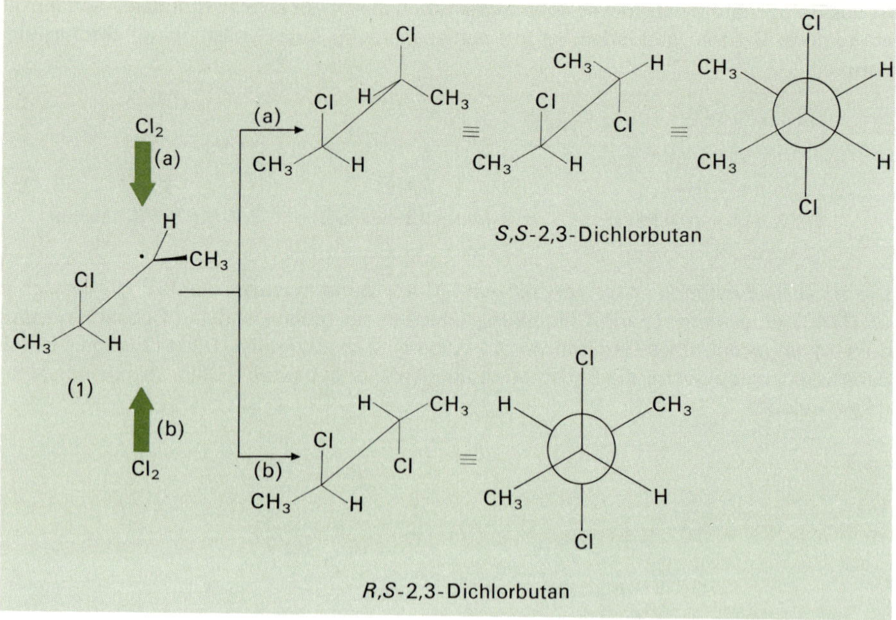

S,S-2,3-Dichlorbutan

R,S-2,3-Dichlorbutan

Man würde nun vielleicht erwarten, daß die beiden Stereoisomere im Verhältnis 1:1 gebildet würden. Tatsächlich überwiegt jedoch im Reaktionsgemisch die *meso*-Form im Verhältnis (S,S) : *meso* = 29 : 71. Die Erklärung für dieses auf den ersten Blick überraschende Ergebnis liegt darin, daß die beiden *aktivierten Komplexe* für die Bildung des optisch aktiven und des *meso*-Isomers wiederum nicht enantiomer, sondern *diastereomer* zueinander und darum wieder von unterschiedlicher Stabilität sind, so daß sich das eine Stereoisomer bevorzugt bildet. Zwar besteht der geschwindigkeitsbestimmende Schritt einer Radikalsubstitution in der Bildung des Radikals aus dem Kohlenwasserstoffmolekül und dem Halogenatom; im Fall der betrachteten Reaktion liegt aber das Radikal hauptsächlich in der Konformation (1) vor (in welcher die Methylgruppen den größtmöglichen Abstand voneinander haben), und der Angriff des Cl_2-Moleküls erfolgt dann vorzugsweise von unten, aus Richtung (b). Weil dann auch die Cl-Atome den größtmöglichen Abstand voneinander haben, ist dieser aktivierte Komplex stabiler als der aktivierte Komplex für den Angriff des Cl_2-Moleküls aus Richtung (a). Die *meso*-Form – durch den Angriff (b) gebildet – entsteht deshalb im Überschuß.

Das hier diskutierte Verhalten (Bildung der möglichen Stereoisomere nicht im Verhältnis 1:1) wird fast immer beobachtet, wenn *direkt neben einem asymmetrisch substituierten C-Atom* im Verlauf einer Reaktion *ein zweites Chiralitätszentrum* entsteht. Nur wenn der Unterschied in der Stabilität der beiden aktivierten Komplexe zufälligerweise sehr gering ist, werden sich die beiden möglichen Stereoisomere im Verhältnis 1:1 bilden. Man hat diesen Effekt als **«asymmetrische Induktion»** oder *asymmetrische Synthese»* bezeichnet; es handelt sich jedoch streng genommen nicht um eine asymmetrische Synthese, weil ja nicht nur ein einziges Stereoisomer entsteht. Die Erklärung für dieses Phänomen ist stets die Tatsache, daß die beiden aktivierten Komplexe zueinander diastereomer und darum verschieden stabil sind.

Durch die Verwendung *chiraler Lösungsmittel* oder *chiraler Katalysatoren* läßt sich in manchen Fällen die bevorzugte Bildung des einen Enantiomers erzwingen. So läßt sich für manche Zwecke ein Katalysator verwenden, der aus gepulvertem Quarz und einem Nickelsalz gemischt ist; da Quarz eine chirale Kristallstruktur besitzt, wirkt ein derartiger Katalysator wie ein chirales Reagens, so daß dann ein Enantiomer bevorzugt gebildet wird.

(d) Bei vielen Reaktionen, insbesondere Enzymreaktionen, ist es notwendig, zwischen Liganden zu unterscheiden, die zwar an dasselbe Kohlenstoffatom gebunden, *topologisch* jedoch *nicht äquivalent* sind. Betrachten wir zu diesem Zweck das 1,3-Propandiol. Ersetzt man eines der Wasserstoffatome am C-Atom 2 durch ein anderes Atom (z. B. ein Deuterium-atom), so erhält man zwei identische Moleküle: Die beiden Wasserstoffatome am C-Atom 2 sind sowohl topologisch wie chemisch äquivalent. Man nennt sie **homotope Liganden**.

(Da durch die Atome H—C—D eine Spiegelebene geht, sind die beiden Substitutionsprodukte nicht chiral und identisch.)

Findet jedoch eine Substitution eines Wasserstoffatoms am C-Atom 1 statt, so entsteht ein chirales Molekül, 1-Deuterio-1,3-propandiol, und man erhält dementsprechend die Racem-form. Die beiden Wasserstoffatome am C-Atom 1 sind topologisch *nicht äquivalent* (**«heterotop»** bzw. in diesem Fall **«enantiotop»**, da ihre Substitutionsprodukte Enan-tiomere sind). Das C-Atom 1 in 1,3-Propandiol wird als **«Prochiralitätszentrum»** bezeichnet; das Molekül von 1,3-Propandiol ist **prochiral**.

Prochirale Moleküle enthalten nur Spiegelebenen, aber keine seine Reaktionszentren verbindende Drehspiegelachsen. Die Spiegelebene teilt das Molekül in zwei Hälften, die miteinander nicht zur Deckung zu bringen sind.

Enantiotope Atome oder Atomgruppen sind in chemischer Beziehung äquivalent mit Ausnahme des Verhaltens gegenüber chiralen Reagenzien. Reagiert ein prochirales Molekül mit einem chiralen Reaktanten, so entstehen zwei *Diastereomere,* die sich mit unterschiedlicher Geschwindigkeit bilden, da die beiden aktivierten Komplexe ebenfalls diastereomer zueinander sind. Im Produktgemisch überwiegt dadurch das rascher gebildete Diastereo-mer. Solche Verhältnisse sind besonders bei *biochemischen Reaktionen* häufig und wichtig; die (chiralen) Enzyme vermögen zwischen enantiotopen Liganden zu unterscheiden.

Als Beispiel diene die Reaktion von Glycerol mit dem Coenzym Adenosintriphosphorsäure («ATP–H»; siehe S. 986). Von den beiden möglichen Adenosintriphosphorsäureglycerol-estern bildet sich hier ausschließlich das eine Diastereomer, da die Geschwindigkeit zur Bildung des anderen Diastereomers zu gering ist. Nach der Hydrolyse entsteht deshalb ausschließlich *R*-Glycerolphosphat.

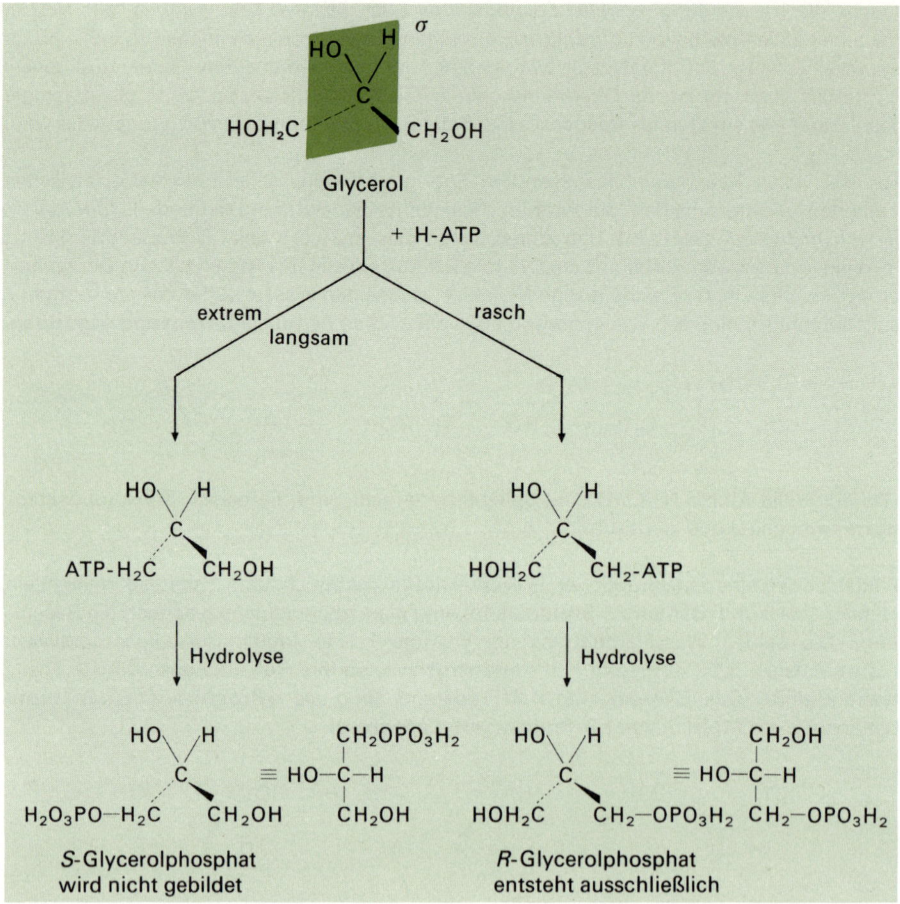
σ
HO
H
C
HOH_2C
CH_2OH
Glycerol
+ H-ATP
extrem langsam
rasch
HO
H
C
$ATP\text{-}H_2C$
CH_2OH
HO
H
C
HOH_2C
$CH_2\text{-}ATP$
Hydrolyse
Hydrolyse
HO
H
C
$H_2O_3PO{-}H_2C$
CH_2OH
$CH_2OPO_3H_2$
≡ HO—C—H
CH_2OH
HO
H
C
HOH_2C
$CH_2{-}OPO_3H_2$
CH_2OH
≡ HO—C—H
$CH_2{-}OPO_3H_2$
S-Glycerolphosphat wird nicht gebildet
R-Glycerolphosphat entsteht ausschließlich

In ähnlicher Weise, wie zwischen Enantiomeren und Diastereomeren unterschieden werden kann, lassen sich auch **enantiotope** und **diastereotope** Liganden unterscheiden. Diastereotope Liganden liegen dann vor, wenn zwei äquivalente Liganden in einem Molekül bei der Substitution durch ein anderes Atom Diastereomere ergeben. In der Aminosäure *S*-Phenylalanin beispielsweise sind die beiden Wasserstoffatome am C-Atom 3 diastereotop, da durch Substitution des einen oder des anderen ein Molekül mit zwei Chiralitätszentren entsteht, das die Konfiguration 2*S*,3*R* bzw. 2*S*,3*S* haben kann. Durch diese Substitution können also zwei Diastereomere entstehen.

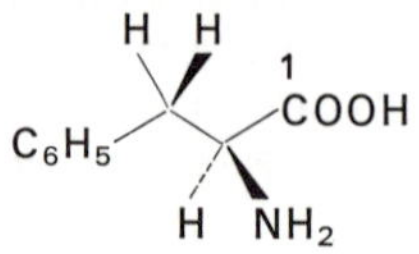
H H
1
COOH
C_6H_5
H NH_2

S-Phenylalanin

Stereoselektive und stereospezifische Reaktionen. Reaktionen, wie die Chlorierung von 2-Chlorbutan oder die Bildung von *R*-Glycerolphosphat aus Glycerol, sind **stereoselektiv.** Dies bedeutet, daß *von zwei (oder mehr) möglichen stereoisomeren Produkten eines vor den andern bevorzugt gebildet wird.* Der Grad der Stereoselektivität kann dabei sehr verschieden sein; manchmal entsteht dieses eine Produkt in sehr hohem, manchmal aber auch nur in geringem Überschuß. **Stereospezifische** Reaktionen dagegen sind solche, bei welchen aus *stereochemisch eindeutig definierten Edukten* ganz *bestimmte,* ebenfalls stereochemisch *definierte Produkte* entstehen. Stereoisomere Ausgangsstoffe ergeben deshalb bei stereospezifischen Reaktionen (gleiche Reaktionsbedingungen vorausgesetzt) stereochemisch verschiedene Produkte. Beispiele stereospezifischer Reaktionen sind die Bromaddition an Doppelbindungen oder die Diels-Alder-Reaktion (im ersteren Fall *trans-,* im zweiten Fall *cis*-Addition).

3.4.5 Historisches

Die optische Aktivität wurde bereits von Malus (1808) und Biot (1812), später auch von Liebig (um 1840) und anderen Forschern an gewissen Kristallen (z. B. Quarz) und auch an organischen Substanzen beobachtet. Man vermutete schon früh, daß diese Erscheinung mit einer Asymmetrie im Aufbau der betreffenden Substanz zusammenhängt. Da die organischen optisch aktiven Verbindungen die für sie charakteristischen Erscheinungen – anders als Quarz – auch in Lösung zeigen, vermutete Pasteur schon 1848, die optische Aktivität sei in einem asymmetrischen Bau der Moleküle begründet. Pasteur gelang es auch zum ersten Male, zwei Enantiomere zu trennen: durch Auslesen der beiden enantiomeren Kristallarten aus dem Konglomerat der Weinsäure (der «Traubensäure»), durch chemische Spaltung (über Diastereomere) und auch durch biochemische Spaltung (beides ebenfalls mit Traubensäure durchgeführt). Die endgültige Erklärung gelang schließlich – unabhängig voneinander! – den beiden Physikochemikern van't Hoff und Le Bel (1874) durch die Annahme, daß die vier Bindungen eines Kohlenstoffatoms tetraedrisch gerichtet seien. Trotzdem diese Vorstellungen zunächst auf Widerstand stießen (Kolbe, ein damals berühmter Chemiker, tat die Arbeiten von van't Hoff und Le Bel als «Phantasiespielereien und übernatürliche Erklärungen zweier so gut wie unbekannter Chemiker» ab), vermochten sie bald ein großes Tatsachenmaterial widerspruchslos zu deuten. Indessen gelang es erst viel später (um 1920), die tetraedrische Anordnung der vier Liganden um das C-Atom durch Röntgenstrukturanalyse direkt zu beweisen.

Übungen

3.4.1   Erklären Sie die Begriffe Konstitution, Konfiguration und Konformation! Geben Sie für *trans*-Dibromethan und *cis*-1,2-Dimethylcyclohexan die Konstitution und die Konfiguration an!

3.4.2   Worin besteht der Unterschied zwischen Konformations- und Konfigurationsisomeren? Gibt es als Substanz faßbare und trennbare Konformationsisomere?

3.4.3   Warum sind die physikalischen Eigenschaften (ausgenommen die optische Drehung) bei Enantiomeren völlig gleich?

3.4.4   Welches ist die notwendige (und ausreichende) Bedingung für das Auftreten von Enantiomeren?

3.4.5   Geben Sie Beispiele von Verbindungen, die optisch aktiv sind, ohne ein asymmetrisch substituiertes C-Atom zu besitzen, sowie von Verbindungen, die nicht optisch aktiv sind, obschon sie ein asymmetrisch substituiertes C-Atom enthalten!

3.4.6   Zeichnen sie die Fischer-Projektionsformeln folgender Substanzen:
     (a) *R*-2-Butanol
     (b) *meso*-2,3-Dihydroxybutan
     (c) *R*- und *S*-2-Chlorpentan
     (d) *R*-3-Chlorhexan

3.4.7   Worin besteht der Unterschied zwischen «relativer» und «absoluter» Konfiguration? Wie lassen sich die Konfigurationen verschiedener Stoffe miteinander in Beziehung bringen und damit festlegen?

3.4.8   Welche der folgenden Reaktionen könnten zur Konfigurationskorrelation verwendet werden:
     (a) $(+)$-$C_6H_5CH(OH)CH_3 + PBr_3 \rightarrow C_6H_5CHBrCH_3$
     (b) $(+)$-$CH_3CH_2CHClCH_3 + C_6H_6 + AlCl_3 \rightarrow C_6H_5CH(CH_3)CH_2CH_3$
     (c) $(-)$-$C_6H_5CH(OC_2H_5)CH_2OH + HBr \rightarrow C_6H_5CH(OC_2H_5)CH_2Br$
     (d) $(+)$-$CH_3CH(OH)CH_2Br + NaCN \rightarrow CH_3CH(OH)CH_2CN$

3.4.9   Schreiben Sie die Stereoformeln für alle überhaupt möglichen Stereoisomere der folgenden Verbindungen! Geben Sie an, welche Isomere *meso*-Verbindungen sind, welche optisch aktiv sind, und geben Sie für letztere die Konfiguration (*R*- oder *S*-) an!
     $CH_3CHBrCHOHCH_3$, $CH_3CHBrCHBrCOOH$, $C_6H_5CH(CH_3)CH(CH_3)C_6H_5$, $CH_3CH(C_6H_5)CHOHCH_3$, $CH_3CH_2CHClCHBrCH_3$, 1,2-Dibrompropan, 3,4-Dibrom-3,4-dimethylhexan, 2,3,4-Tribromhexan, 1-Chlor-2-methylbutan

3.4.10 Unter welchen Voraussetzungen ist optische Aktivität bei Diphenylderivaten möglich?

3.4.11 Geben Sie Beispiele für optisch aktive Verbindungen mit Heteroatomen als Chiralitätszentren!

3.4.12 Warum ist $CH_3-\overset{\displaystyle C_3H_7}{N}-C_2H_5$ nicht optisch aktiv, dagegen die analoge Phosphorverbindung?

3.4.13 In welchen Formen können Racemformen im festen Zustand vorkommen, und wie kann man im konkreten Falle erkennen, was vorliegt?

3.4.14 Wie lassen sich Racemformen trennen? Erklären Sie die verschiedenen Methoden!

3.4.15 Was versteht man unter einem «Quasiracemat»?

3.4.16 Was weiß man über den Ursprung der optischen Aktivität?

3.4.17 Wie verändert sich die Konfiguration bei folgenden Reaktionen:
     (a) 2-Bromheptan + $OH^\ominus$ (b) 2-Bromheptan wird durch Cl_2 substituiert an C 5
     (c) 2-Bromheptan wird durch Cl_2 an C 3 substituiert

3.4.18 Was versteht man unter «asymmetrischer Induktion»? Erklären Sie die Ausdrücke «stereospezifisch», «stereoselektiv», «enantiotop», «diastereotop», «prochiral». Worauf beruht die Stereoselektivität gewisser Reaktionen?

3.4.19 Sek. Butylchlorid wird einer Radikalsubstitution durch Cl_2 unterworfen. Die Produkte werden durch fraktionierte Destillation getrennt. Geben Sie Stereoformeln der 1,2-, 2,2- und 1,3-Dichlorbutane an, die man bei dieser Reaktion erhält. Bezeichnen Sie die Konfigurationen dieser Isomere. Welche dieser drei Fraktionen wird optisch aktiv sein, welche inaktiv?

3.4.20 Geben Sie die Konfigurationen A bis F an (*R*-, *S*-):
     R-$HOCH_2CHOHCH=CH_2$ + alkalische $KMnO_4$-Lösung $\rightarrow$ A (optisch aktiv) und B (optisch inaktiv)
     S-1 Chlor-2-methylbutan + Na $\rightarrow$ C
     (*R,R*)-$HOCH_2CHOHCHOHCH_2OH$ + HBr $\rightarrow$ D ($HOCH_2CHOHCHOHCH_2Br$)
     R-3-Methyl-2-ethylpenten-(1) + H_2/Ni $\rightarrow$ E (optisch aktiv) + F (optisch inaktiv)

4 Verbindungen mit ungesättigten funktionellen Gruppen

Alle Verbindungen dieses Kapitels enthalten funktionelle Gruppen, in denen ein C-Atom mit einem Heteroatom durch Mehrfachbindungen verbunden ist (Tabelle 4.1).

Tabelle 4.1. Übersicht über die wichtigsten ungesättigten funktionellen Gruppen

$-\overset{\|}{C}-H$	$-\overset{\|}{C}-\overset{\|}{C}-\overset{\|}{C}-$	$-\overset{\|}{C}-O-H$	$-\overset{\|}{C}-O-\overset{\|}{C}-$	$-\overset{\|}{C}-O-\overset{\|}{C}-$
$\overset{\|\|}{O}$	$\overset{\|\|}{O}$	$\overset{\|\|}{O}$	$\overset{\|\|}{O}$	$\overset{\|\|}{O}\quad\overset{\|\|}{O}$
Aldehyd	Keton	Carbonsäure	Ester	Anhydrid

$-\overset{\|}{C}-X$	$-\overset{\|}{C}-N\Big\langle$	$-C\equiv N$
$\overset{\|\|}{O}$	$\overset{\|\|}{O}$	
Säurehalogenid	Säureamid	Nitril

4.1 Carbonylverbindungen: Aldehyde und Ketone

Die beiden primären *Oxidationsprodukte* der *Alkohole,* die Aldehyde und Ketone, sollen gemeinsam besprochen werden, obschon sie sich in ihrer Reaktivität deutlich unterscheiden. Ihre gemeinsame funktionelle Gruppe, die **Carbonylgruppe** ($>C=O$) bestimmt bei beiden Verbindungsklassen das chemische Verhalten.
Die Doppelbindung der Carbonylgruppe ist dank der hohen Elektronegativität des O-Atoms stark *polar.* Dies läßt sich formal in verschiedener Weise zum Ausdruck bringen:

$$
\overset{\delta+\;\;\delta-}{>C=O} \qquad\qquad >C=O \;\leftrightarrow\; >\overset{\oplus}{C}-\overset{\ominus}{O}| \qquad\qquad >C\overset{\curvearrowright}{=}O
$$

$$
(1) \qquad\qquad\qquad\qquad (2) \qquad\qquad\qquad\qquad (3)
$$

Nach Schreibweise (2) stellt die Carbonylgruppe einen Zwischenzustand zwischen einer unpolaren und einer polaren Grenzform dar; der gebogene Pfeil in Schreibweise (3) deutet an, daß ein Elektronenpaar stärker zum O-Atom verschoben ist[1].

---

[1] Die Schreibweise (3) wird häufig auch dafür benützt, um die Verschiebung von Elektronen **im Laufe einer Reaktion** darzustellen. Um Verwechslungen zu vermeiden, werden in diesem Buch für diesen Fall *ausschließlich farbige Pfeile* verwendet.

4.1.1   Nomenklatur und physikalische Eigenschaften

Nomenklatur. Nach der IUPAC-Nomenklatur erhalten Aldehyde die Endung **-al**, Ketone die Endung **-on**. Will man – wie es bei komplizierter gebauten Verbindungen mitunter zweckmäßig sein kann – das doppelt gebundene Sauerstoffatom als «Substituent» behandeln, so muß man dafür die Bezeichnung **«oxo»** verwenden. Komplizierte Aldehyde erhalten die Nachsilben -carbaldehyd:

4-Methylcyclohexancarbaldehyd

Viele *Aldehyde* werden jedoch gewöhnlich nicht mir ihren IUPAC-Namen benannt, sondern besitzen Namen, die von den entsprechenden *Carbonsäuren* (zu welchen sie oxidiert werden können) abgeleitet sind. Manche, besonders aromatische Aldehyde tragen auch *Trivialnamen*. *Ketone* werden häufig ähnlich wie die Ether durch die an die Carbonylgruppe gebundenen Alkyl- bzw. Arylgruppen benannt.

Beispiele:

| Formaldehyd | Acetaldehyd | Propionaldehyd | *n*-Butyraldehyd |
| Methanal | Ethanal | Propanal | Butanal |

Benzaldehyd   *p*-Tolualdehyd   Salicylaldehyd   Phenylacetaldehyd
(*o*-Hydroxybenzaldehyd)

Anisaldehyd   Vanillin   Zimtaldehyd

Aceton	Methylethylketon	Methylisobutylketon	Diethylketon
Propanon	Butanon	4-Methyl-2-pentanon	3-Pentanon
			3-Oxopentan

Acetophenon   Propiophenon   Benzophenon
Methylphenylketon   Ethylphenylketon   Diphenylketon

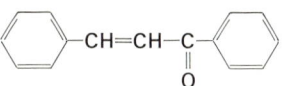

Benzylmethylketon	Benzalaceton	Benzalacetophenon
1-Phenyl-2-propanon	4-Phenyl-3-buten-2-on	1,3-Diphenyl-1-oxo-2-propen

Tabelle 4.2. Aldehyde und Ketone

Name	Formel	Smp. (°C)	Sdp. (°C)
Formaldehyd	$HCHO$	− 92	− 21
Acetaldehyd	CH_3CHO	− 121	20
Propionaldehyd	C_2H_5CHO	− 81	49
n-Butyraldehyd	C_3H_7CHO	− 99	76
Valeraldehyd	C_4H_9CHO	− 91	103
Caproaldehyd	$C_5H_{11}CHO$		131
Heptaldehyd	$C_6H_{13}CHO$	− 42	155
Phenylacetaldehyd	$C_6H_5CH_2CHO$		194
Acrolein	$CH_2=CHCHO$	− 88	52
Crotonaldehyd	$CH_3CH=CHCHO$	− 69	104
Benzaldehyd	C_6H_5CHO	− 26	178
o-Tolualdehyd	$o\text{-}CH_3C_6H_4CHO$		196
m-Tolualdehyd	$m\text{-}CH_3C_6H_4CHO$		199
p-Tolualdehyd	$p\text{-}CH_3C_6H_4CHO$		105
Salicylaldehyd	$o\text{-}HOC_6H_4CHO$	2	197
Anisaldehyd	$p\text{-}CH_3OC_6H_4CHO$	3	248
Vanillin	$2\text{-}CH_3O\text{-}4\text{-}HOC_6H_3CHO$	82	285
Zimtaldehyd	$C_6H_5CH=CHCHO$	− 7	254
Aceton	CH_3COCH_3	− 94	56
Methylethylketon	$CH_3COC_2H_5$	− 86	80
2-Pentanon	$CH_3COC_3H_7$	− 78	102
3-Pentanon	$C_2H_5COC_2H_5$	− 41	101
2-Hexanon	$CH_3COC_4H_9$	− 35	150
3-Hexanon	$C_2H_5COC_3H_7$		124
Methylisobutylketon	$CH_3COCH_2CH(CH_3)_2$	− 85	119
Mesityloxid	$(CH_3)_2C=CHCOCH_3$	42	131
Acetophenon	$C_6H_5COCH_3$	21	202
Propiophenon	$C_6H_5COC_2H_5$	21	218
Benzophenon	$C_6H_5COC_6H_5$	48	306
Benzalaceton	$C_6H_5CH=CHCOCH_3$	42	261
Dibenzalaceton	$C_6H_5CH=CHCOCH=CHC_6H_5$	113	
Benzalacetophenon	$C_6H_5CH=CHCOC_6H_5$	62	248
Glykolaldehyd	$HOCH_2CHO$	96	
Glyceraldehyd	CH_2CHCHO $\quad\mid\quad\mid$ $\quad OH\ OH$	142	$145^{0,8}$
Glyoxal	$OHC-CHO$	15	51
2,3-Butandion (Diacetyl)	$CH_3COCOCH_3$	− 4	88
2,4-Pentandion (Acetylaceton)	$CH_3COCH_2COCH_3$	− 23	139
2,5-Hexandion (Acetonylaceton)	$CH_3CO(CH_2)_2COCH_3$	− 6	194

Physikalische Eigenschaften. Dank ihrer polaren Carbonylgruppe schmelzen und sieden Aldehyde und Ketone höher als unpolare Verbindungen von ähnlicher Molekülmasse; da ihre Moleküle jedoch untereinander keine H-Brücken bilden können, liegen die Siedepunkte beträchtlich tiefer als bei entsprechenden Alkoholen oder Carbonsäuren (Tabelle 4.3).

Niedere Aldehyde und Ketone (bis etwa 5 C) sind in beträchtlichem Maß wasserlöslich, wobei sich nicht nur H-Brücken mit Wassermolekülen, sondern auch Additionsprodukte (*«Hydrate»)* bilden (S.617).

Tabelle 4.3. Siedepunkte verschiedener isomerer Verbindungen der Molekülmassenzahlen 72 und 74

	Sdp. (°C)
n-Butyraldehyd ($M = 72$)	76
Methylethylketon ($M = 72$)	80
n-Pentan ($M = 72$)	35
Ethylether ($M = 74$)	35
n-Butanol ($M = 74$)	118
Propionsäure ($M = 74$)	141

Die meisten niederen Aldehyde sind durch einen stechenden, unangenehmen Geruch gekennzeichnet. Manche, besonders aromatische Aldehyde, riechen ausgesprochen «aromatisch» und werden als Geruch- und Aromastoffe verwendet (Vanillin, Anisaldehyd, Zimtaldehyd u.a.).

Spektroskopische Eigenschaften. Das *IR-Spektrum* bietet die sicherste Möglichkeit, das Vorhandensein einer Carbonylgruppe in einem Molekül zu erkennen, da die starke und scharfe Absorptionsbande der C=O-Streckschwingung (im Gebiet von etwa 1700 cm^{-1}) nahezu immer sehr deutlich in Erscheinung tritt und nur in Ausnahmefällen durch andere Absorptionsbanden teilweise verdeckt wird. Die Carbonylbande tritt selbstverständlich auch in den IR-Spektren von Carbonsäuren, Estern und anderen Säurederivaten auf; ihre genaue Lage läßt meist eindeutige Schlüsse auf die Art der vorliegenden Carbonylverbindung zu und vermittelt oft auch weitere Informationen über die Struktur des Moleküls (sie ist beispielsweise bei *cis/trans*-Isomeren ungesättigter Carbonylverbindungen etwas verschoben).

Lage der Carbonylbande im IR-Spektrum verschiedener Aldehyde und Ketone (cm^{-1}):

R—CHO	1720–1740	—C—C— (offenkettig) ‖ ‖ O O	1710–1730
Ar—CHO	1695–1717		
$R_2C{=}O$	1705–1725	—C=C—C— (Enole) ‖ OH·····O	1540–1640
Ar R$\rangle$C=O	1680–1700	Cyclobutanone	1780
$\rangle$C=C—CHO	1680–1705	Cyclopentanone	1740–1750
		$\rangle$C=C=O (Ketene)	2100–2150
$\rangle$C=C—C=O	1665–1685	Chinone	1660–1690

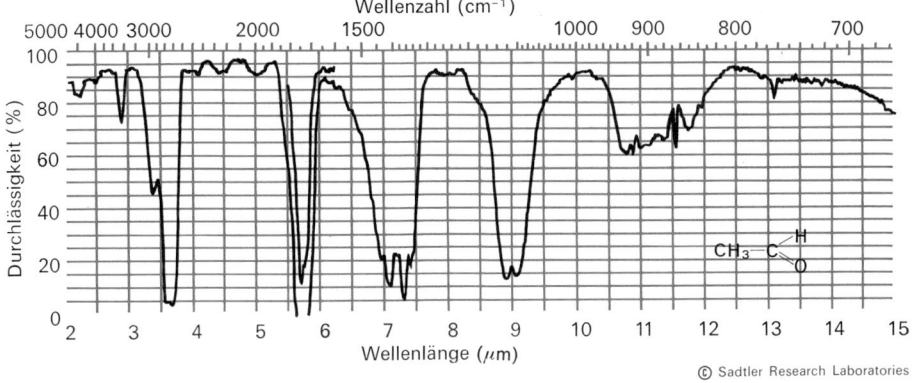

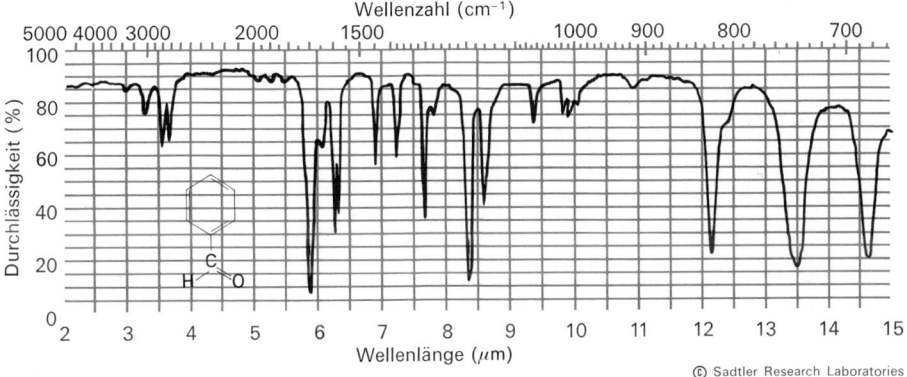

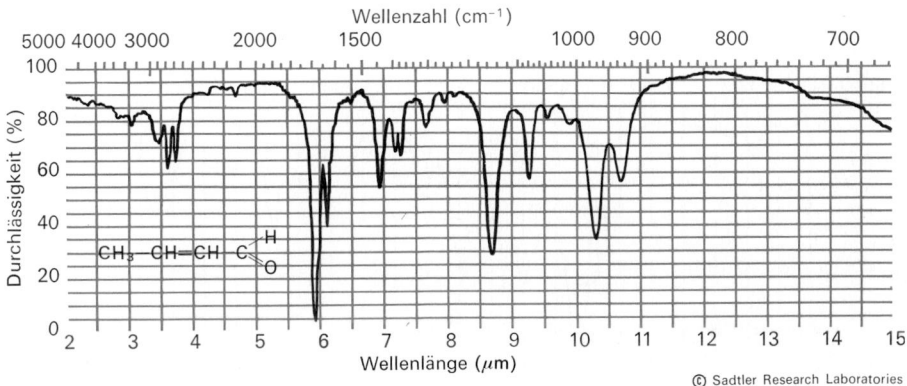

Abb. 4.1. IR-Spektren von Acetaldehyd (oben), Benzaldehyd (Mitte) und Crotonaldehyd (unten)
Man vergleiche die Lage der Carbonyl-Bande bei den drei Aldehyden! In den Spektren von Benzaldehyd und Crotonaldehyd ist auch die Bande der C—H-Streckschwingung des Aldehyd-H-Atoms gut zu erkennen; Crotonaldehyd zeigt zusätzlich die Bande der C=C-Streckschwingung (1640 cm^{-1})

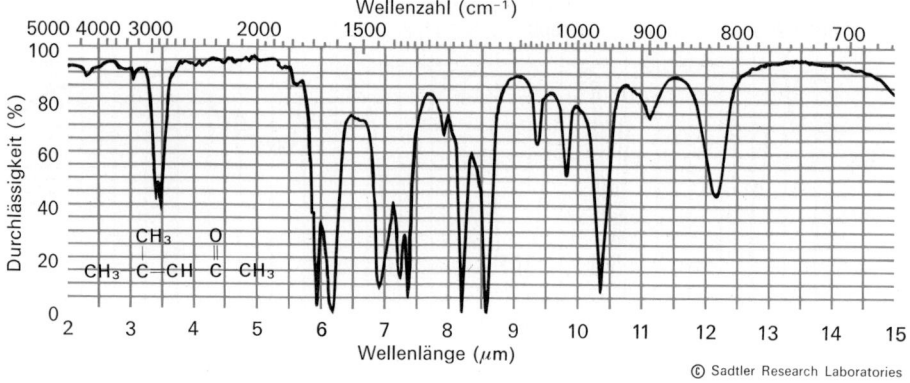

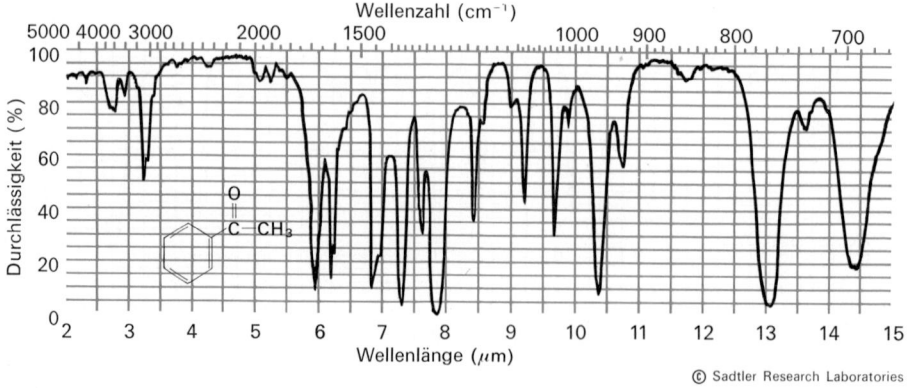

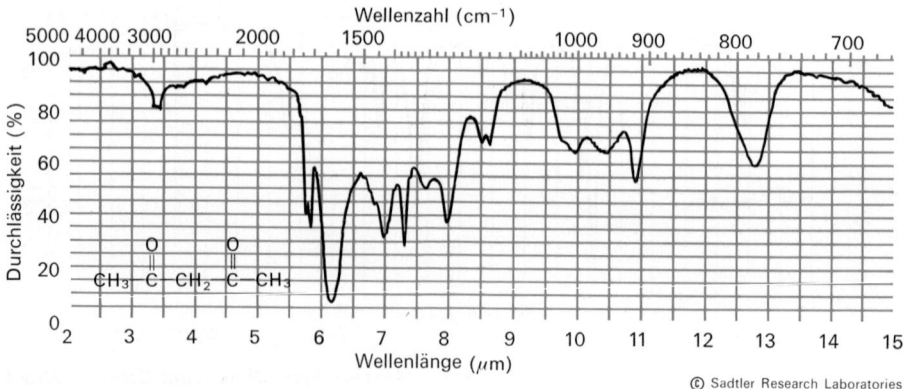

Abb. 4.2. *IR-Spektren von 2-Methyl-2-penten-4-on («Mesityloxid») (oben), Acetophenon (Mitte) und 2,4-Pentandion («Acetylaceton») (unten)*
Man vergleiche auch hier die Lage der Carbonyl-Bande! Im Spektrum von Mesityloxid ist insbesondere auch die Bande der C=C-Streckschwingung sehr deutlich

Die *Aldehydgruppe* $\left(-C\begin{smallmatrix}H\\\\O\end{smallmatrix}\right)$ zeigt zusätzlich zwei schwache Banden der C—H-Streck-schwingung im Gebiet von 2700 bis 2800 cm^{-1}, die für Aldehyde sehr charakteristisch sind. Auch das *UV-Spektrum* liefert wertvolle Informationen über die Struktur von Carbonylver-bindungen, insbesondere dann, wenn die Carbonylgruppe einer C=C-Doppelbindung konjugiert ist. So ist bei α,β-ungesättigten Aldehyden und Ketonen die gewöhnlich im Gebiet von 270 bis 300 nm auftretende Absorptionsbande nach längeren Wellenlängen (280–330 nm) verschoben, und es tritt zusätzlich eine weitere, sehr intensive Bande bei 215 bis 250 nm auf. Die genaue Lage dieser zweiten Bande vermag Aufschluß über Zahl und Lage der Substituenten am konjugierten System zu geben.

Im *NMR-Spektrum* zeigt sich das Proton der *Aldehydgruppe* bei $\delta = 9,4$ bis 10,0 (bzw. bei $\delta = 9,7$ bis 10,5 im Falle aromatischer Aldehyde).

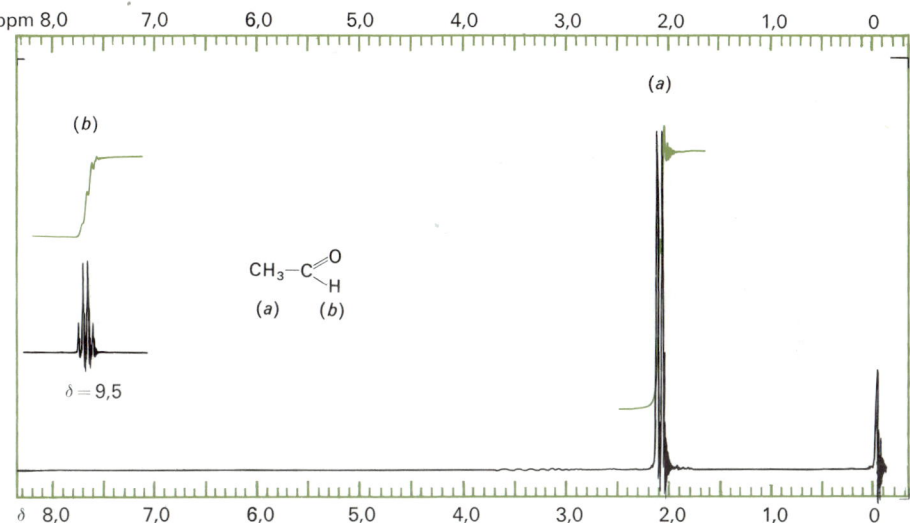

Abb. 4.3. NMR-Spektrum von Acetaldehyd

4.1.2 Reaktionen

Aldehyde und Ketone sind reaktionsfähige, außerordentlich vielseitig verwendbare Verbin-dungen. Ihre Reaktionsfähigkeit beruht im wesentlichen auf folgenden Effekten:

(a) Die *polare Doppelbindung* der Carbonylgruppe kann *nucleophile Reagenzien addie-ren.*
Dabei ist die planar gebaute $\begin{smallmatrix}C\\\\C\end{smallmatrix}$C=O-Gruppierung sterisch wenig gehindert (die Elektronenpaare der Doppelbindung bzw. die π-Elektronen stehen senkrecht zur $\begin{smallmatrix}C\\\\C\end{smallmatrix}$C=O- Ebene), so daß der Angriff eines weiteren Teilchens besonders leicht erfolgen kann.

Tabelle 4.4. *Übersicht über die wichtigsten Reaktionen der Aldehyde und Kentone*

(1) Oxidation

   (a) Aldehyde (S. 785)

$$[Ag(NH_3)_2]^{\oplus}$$

$$R-CHO \quad \boxed{\begin{array}{c} KMnO_4 \\ \hline K_2Cr_2O_7 \end{array}} \longrightarrow R-COOH$$

   (b) Methylketone

$$R-\underset{\underset{O}{\|}}{C}-CH_3 \xrightarrow{\text{Hypohalogenit}} R-COO^{\ominus} + CHX_3 \quad \text{Haloform-Reaktion (S. 263)}$$

(2) Reduktion

   (a) zu Alkoholen (S. 795)

$$H_2/Ni, Pt, Pd$$

$$\rangle C=O \quad \boxed{\begin{array}{c} LiAlH_4 \text{ oder } NaBH_4; H^{\oplus} \\ \hline \text{Meerwein-Ponndorf} \end{array}} \longrightarrow -\underset{\underset{H}{|}}{C}-OH$$

   (b) zu Kohlenwasserstoffen (S. 796)

$$\rangle C=O \quad \begin{array}{c} \xrightarrow{Zn\,(Hg) + \text{konz. Salzsäure}} -\underset{\underset{H}{|}}{\overset{|}{C}}-H \quad \text{Clemmensen-Reduktion} \\ \\ \xrightarrow{NH_2NH_2,\ \text{Base}} -\underset{\underset{H}{|}}{\overset{|}{C}}-H \quad \text{Wolff-Kishner-Reduktion} \end{array}$$

   (c) reduktive Aminierung (S. 629)

(3) Cannizzaro-Reaktion (S. 263)

$$2 \ -C\overset{\nearrow H}{\underset{\searrow O}{}} \xrightarrow{OH^{\ominus}} -COO^{\ominus} + -CH_2OH$$

(4) Addition von Alkoholen (und analog von Wasser) (S. 617)

$$\rangle C=O + 2\ ROH \xrightarrow{H^{\oplus}} -\underset{\underset{OR}{|}}{\overset{|}{C}}-OR \quad \text{Acetal-Bildung}$$

(5) Addition von Aminen an Aldehyde

$$R-CHO + H_2N-R' \longrightarrow R-CH=N-R' \quad \text{ein Azomethin («Schiffsche Base»)}$$
$$\text{(S. 628)}$$

(6) Addition von Derivaten des Ammoniaks (S. 631)

$$\text{>C=O} + H_2N\text{--A} \longrightarrow \left[\text{--}\underset{\underset{OH}{|}}{\overset{|}{C}}\text{--NH--A} \right] \longrightarrow \text{>C=N--A} + H_2O$$

H_2N--A:		Produkt:	
H_2N--OH	Hydroxylamin	>C=NOH	Oxim
H_2N--NH_2	Hydrazin	>C=NNH_2	Hydrazon
H_2N--NHC_6H_5	Phenylhydrazin	>C=NNH--C_6H_5	Phenylhydrazon
H_2N--NH--$\underset{\overset{\|}{O}}{C}$--$NH_2$	Semicarbazid	>C=NNH--$\underset{\overset{\|}{O}}{C}$--$NH_2$	Semicarbazon

(7) Addition von Cyanid und Hydrogensulfit (S. 624, 626)

$$
\text{>C=O}
\begin{cases}
\xrightarrow{+\,CN^{\ominus},\ \text{dann}\ +\,H^{\oplus}} & \text{--}\underset{\underset{OH}{|}}{\overset{|}{C}}\text{--CN} \quad \text{Cyanhydrin-Bildung} \\[2em]
\xrightarrow{+\,HSO_3^{\ominus}} & \text{--}\underset{\underset{OH}{|}}{\overset{|}{C}}\text{--}SO_3^{\ominus} \quad \text{Bisulfit-Addition}
\end{cases}
$$

(geht mit sterisch gehinderten Ketonen nicht)

(8) Addition von Grignard-Verbindungen (S. 634)

(9) Addition von Carbanionen: Aldoladdition (S. 643) und Perkin-Reaktion (S. 651)

(10) Halogenierung (S. 667)

$$\text{--}\underset{}{\overset{\overset{\displaystyle O}{\|}}{C}}\text{--}\underset{}{\overset{\overset{\displaystyle H}{|}}{C}}\text{--} + X_2 \xrightarrow{\text{Säure oder Base}} \text{--}\underset{}{\overset{\overset{\displaystyle O}{\|}}{C}}\text{--}\underset{}{\overset{\overset{\displaystyle X}{|}}{C}}\text{--}$$

(11) Überführung in gem-Dihalogenverbindungen

$$\text{--}\underset{}{\overset{\overset{\displaystyle O}{\|}}{C}}\text{--} + PCl_5 \longrightarrow \text{--}\underset{\underset{Cl}{|}}{\overset{\overset{\displaystyle Cl}{|}}{C}}\text{--}$$

(b) Die elektronenanziehende Wirkung des Carbonylsauerstoffatoms polarisiert auch die C--H-Bindungen am α-C-Atom. Das ermöglicht die Abspaltung dieser H-Atome als $H^{\oplus}$-Ionen (d.h. bewirkt eine gewisse *Acidität* der H-Atome am α-C-Atom), so daß Partikeln mit negativ geladenem C-Atom *(Carbanionen)* entstehen.

(c) Die Carbonylgruppe stellt selbst eine *mittlere Oxidationsstufe* dar. Dementsprechend lassen sich Aldehyde zu Carbonsäuren oxidieren, während sowohl Aldehyde wie Ketone durch verschiedene Methoden zu Alkoholen oder sogar Kohlenwasserstoffen reduziert werden können.

Obschon die nucleophilen Additionen an die Carbonylgruppe, die Reaktionen von Carbanionen sowie die Oxidations- und Reduktionsreaktionen im zweiten Teil des Buches ausführlich besprochen werden, sollen bereits hier im Zusammenhang mit der Carbonylgruppe als funktioneller Gruppe einige besonders wichtige Reaktionen dieser Art genannt werden (vgl. auch Tabelle 4.4).

Mit *Wasser* bilden Carbonylverbindungen in einer Gleichgewichtsreaktion *«Hydrate»*, in denen ein C-Atom zwei Hydroxylgruppen trägt:

$$\begin{array}{c} R \\ R' \end{array}\!\!C{=}O \ + \ H_2O \ \rightleftarrows \ \begin{array}{c} R \\ R' \end{array}\!\!C\!\!\begin{array}{c} OH \\ OH \end{array}$$

Wie bereits früher (S.180) erwähnt wurde, sind solche *gem*-Dihydroxyverbindungen gewöhnlich nicht stabil, und beim Eindampfen der wäßrigen Lösung werden wieder die ursprünglichen Carbonylverbindungen zurückgebildet. Nur wenn das α-C-Atom stark *elektronenanziehende* Gruppen oder Atome als Substituenten besitzt, sind die Hydrate auch in reinem Zustand beständig, weil in ihnen die Dipol-Dipol-Abstoßung geringer ist, mit anderen Worten, weil die entsprechenden Carbonylverbindungen durch diese Abstoßung stark destabilisiert werden, so daß ihre freie Enthalpie höher ist als bei den Hydraten:

$$\underset{\text{Chloral}}{\begin{array}{c} \delta{-}\ Cl \\ \delta{-}\ Cl{-}\overset{\delta+}{C}{-}\!\!-\overset{\delta+}{C}\!\!\begin{array}{c} H \\ O\ \delta{-} \end{array} \\ \delta{-}\ Cl \end{array}} + \ H_2O \ \rightleftarrows \ \underset{\text{Chloralhydrat}}{\begin{array}{c} Cl \\ Cl{-}C{-}CH\!\!\begin{array}{c} OH \\ OH \end{array} \\ Cl \end{array}}$$

Urotropin

Ammoniak und verschiedene Ammoniakderivate können ebenfalls an die $>$C$=$O-Gruppe addiert werden. Formaldehyd bildet mit Ammoniak *«Urotropin»* (Hexamethylentetramin), $C_6H_{12}N_4$, eine hygroskopische, basische Substanz, die medizinisch als Antiseptikum der Harnwege verwendet wurde. Die Reaktionen von Carbonylverbindungen mit *Hydroxylamin, Hydrazin, Phenylhydrazin* und *Semicarbazid* ergeben gut kristallisierende, scharf schmelzende *Derivate* (Oxime, Hydrazone, Phenylhydrazone, Semicarbazone), die zur *Isolierung* und *Charakterisierung* von Carbonylverbindungen wichtig sind. Auch die Addition von NaHSO$_3$ an Aldehyde dient zur Abtrennung von Aldehyden aus Gemischen und zu ihrer Charakterisierung. Für die präparative Chemie von sehr großer Bedeutung sind die verschiedenen *Additionen* von *Carbanionen* an Carbonylverbindungen (Aldoladdition, Perkin-Reaktion, Malonesteraddition usw.), da dadurch C—C-Bindungen geknüpft und somit kompliziertere Kohlenstoffgerüste aufgebaut werden können. Durch Wasserabspaltung aus den Additionsprodukten – die sehr häufig sogar spontan erfolgt – erhält man α,β-ungesättigte Carbonylverbindungen:

$$CH_3{-}C\!\!\begin{array}{c} H \\ O \end{array} + \ CH_3{-}C\!\!\begin{array}{c} H \\ O \end{array} \ \xrightarrow{\text{Base}} \ CH_3{-}\underset{OH}{CH}{-}CH_2{-}C\!\!\begin{array}{c} H \\ O \end{array}$$

Aldol

$$\left\langle\!\!\bigcirc\!\!\right\rangle{-}C\!\!\begin{array}{c} H \\ O \end{array} + \ CH_3{-}\underset{O}{\overset{\|}{C}}{-}CH_3 \ \xrightarrow{\text{Base}} \ \left\langle\!\!\bigcirc\!\!\right\rangle{-}CH{=}CH{-}\underset{O}{\overset{\|}{C}}{-}CH_3 \ + \ H_2O$$

Benzalaceton

Auf der Acidität der H-Atome am α-C-Atom ist die bei Carbonylverbindungen auftretende **Tautomerie** zwischen Carbonyl- und Enolform zurückzuführen:

$$RCH_2{-}\underset{O}{\overset{\|}{C}}{-}R' \ \rightleftarrows \ RCH{=}\underset{OH}{C}{-}R'$$

Dieses *Prototropiegleichgewicht* – das sich durch Wanderung eines Protons vom α-C-Atom zum Carbonylsauerstoffatom einstellt – liegt allerdings bei den meisten Carbonylverbindungen sehr stark auf Seite der Carbonylform. Nur wenn die Acidität dieser H-Atome besonders groß ist, wie etwa im 2,4-Pentandion (*«Acetylaceton»*), einem β-Diketon, überwiegt die Enolform im Gleichgewicht (vgl. NMR-Spektrum, S. 348):

$$CH_3-\underset{\underset{O}{\|}}{C}-CH_2-\underset{\underset{O}{\|}}{C}-CH_3 \quad \rightleftharpoons \quad CH_3-\underset{\underset{O}{\|}}{C}-CH=\underset{\underset{OH}{|}}{C}-CH_3$$

Von den zahlreichen, mit Carbonylverbindungen durchführbaren Oxidations- und Reduktionsreaktionen seien die *Cannizzaro-Reaktion,* die *Haloformreaktion* sowie die *Meerwein-Ponndorf-Reduktion* besonders erwähnt. Bei der ersteren handelt es sich um eine Disproportionierung, wobei eine mittlere Oxidationsstufe (der Aldehyd) zugleich in eine tiefere und eine höhere Stufe (einen Alkohol und eine Carbonsäure) übergeht:

$$OH^{\ominus} + 2\ C_6H_5CHO \longrightarrow C_6H_5CH_2OH + C_6H_5COO^{\ominus}$$

Die Cannizzaro-Reaktion ist nur mit Aldehyden möglich, die am α-C-Atom keine H-Atome tragen, weil sonst die (durch Basen katalysierte) Aldoladdition eintritt. – Bei der Haloformreaktion werden Methylketone durch Hypochlorit oder Hypoiodit zu Chloroform bzw. Iodoform oxidiert; die Bildung des gelben, schwerlöslichen, charakteristisch riechenden Iodoforms wird gelegentlich zum Nachweis solcher Ketone verwendet. Die Reaktion ist

allerdings nicht spezifisch; auch Alkohole mit der Gruppierung $CH_3-\underset{\underset{OH}{|}}{\overset{|}{C}}-$ (wie z. B. Ethanol)

geben mit Hypoiodit Iodoform, wobei sie zuerst zum entsprechenden Keton oxidiert werden. – Die Reduktion nach Meerwein-Ponndorf eignet sich zur selektiven Reduktion von Carbonylverbindungen, wobei andere (an sich ebenfalls reduzierbare) funktionelle Gruppen, wie z. B. Nitrogruppen oder Doppelbindungen, nicht angegriffen werden:

$$\underset{R'}{\overset{R}{\diagdown}}C=O + CH_3-\underset{\underset{OH}{|}}{CH}-CH_3 \underset{\longleftarrow}{\overset{(Al\text{-}isopropylat)}{\longrightarrow}} \underset{R'}{\overset{R}{\diagdown}}CH-OH + CH_3-\underset{\underset{O}{\|}}{C}-CH_3$$

Da es sich bei dieser Reaktion um eine Gleichgewichtsreaktion handelt, sorgt man durch Entfernen eines Produktes (des Acetons) aus der Reaktionsmischung für einen möglichst vollständigen Ablauf.

Die von Wittig (1954) entdeckte, interessante Reaktion zur Bildung ungesättigter Verbindungen aus Aldehyden und Ketonen (Ersatz von $\diagdown C=O$ durch $\diagdown C=CR_2$) sei hier bloß erwähnt; sie wird später (S. 637) genauer besprochen.

Zum Nachweis von Aldehyden dient neben der *Fehling-Reaktion* (Reduktion von Cu^{+II} zu rotem Cu_2O) auch die Bildung eines *Silberspiegels* mit ammoniakalischer Silbersalzlösung [die $Ag(NH_3)_2^{\oplus}$-Komplexe enthält], sowie die Rotfärbung von *fuchsinschwefliger Säure*. Auch die schwerlöslichen Derivate, die sich aus Aldehyden mit *Dimedon* (5,5-Dimethyl-cyclo-1,3-hexadion) bilden, sind zum Nachweis und zur Charakterisierung von Aldehyden geeignet. Zur Identifizierung von Ketonen dienen hauptsächlich ihre *2,4-Dinitrophenylhydrazone* und *Semicarbazone*.

Dimedon

4.1.3   Herstellung und wichtige Beispiele

Die wichtigsten Methoden zur Gewinnung von Aldehyden und Ketonen sind in Tabelle 4.5 zusammengestellt. *Aldehyde* erhält man am einfachsten durch Oxidation primärer Alkohole oder durch Reduktion von Säurehalogeniden. Es ist dabei allerdings unter Umständen nicht leicht, die Oxidation bei der Stufe des Aldehyds anzuhalten, also zu verhindern, daß sie direkt bis zur Carbonsäure weiter geht. Zudem kann bei ungesättigten Alkoholen gleichzeitig auch die C=C-Doppelbindung oxidiert werden. Um eine Weiteroxidation zu unterbinden, kann man den Aldehyd – der ja stets tiefer siedet als der entsprechende Alkohol und die Carbonsäure – durch Destillation aus dem Reaktionsgemisch entfernen; eine andere Möglichkeit, durch Oxidation nur Aldehyd zu bekommen, besteht darin, daß der betreffende Alkohol an heißem Kupfer katalytisch dehydriert wird. Die *Oppenauer-Oxidation* (die Umkehrung der Meerwein-Ponndorf-Reduktion, S. 263) bietet eine Möglichkeit zur Oxidation ungesättigter Alkohole zu Aldehyden. In *aromatische Ringe* können Aldehydgruppen durch verschiedene Reaktionen eingeführt werden:

Reimer-Tiemann-Reaktion für Phenolaldehyde

Gattermann-Reaktion geht nur mit Kohlenwasserstoffen

Olah-Reaktion

Etard-Reaktion

Ketone lassen sich ebenfalls durch Oxidation (sekundärer) Alkohole oder aus Säurechloriden herstellen; im letzteren Fall setzt man den Ausgangsstoff mit *Organocadmiumverbindungen* um, die weniger reaktionsfähig sind als Grignard-Reagenzien, so daß die Reaktion auf der Stufe des Ketons stehen bleibt:

$$2\ RMgX\ +\ CdCl_2\ \longrightarrow\ R_2Cd\ +\ 2\ MgXCl$$

(geht nur, wenn R ein Aryl- oder primärer Alkylrest ist)

Beispiel:

Tabelle 4.5. Präparative Methoden zur Gewinnung von Aldehyden und Ketonen

Herstellung von Aldehyden

(a)   Oxidation primärer Alkohole (S. 187, 779)

$$R-CH_2-OH \quad \boxed{\begin{array}{c} \text{Cu, Erwärmen} \\ \hline K_2Cr_2O_7 \end{array}} \quad \longrightarrow \quad R-\overset{\overset{\displaystyle H}{|}}{C}=O$$

(b)   Oxidation von Toluen oder substituierten Toluenen (S. 455)

$$Ar-CH_3 \quad \boxed{\begin{array}{c} \xrightarrow{Cl_2,\ \text{Erwärmen}} ArCHCl_2 \\ \xrightarrow{CrO_3,\ \text{Acetanhydrid}} ArCH(OOCCH_3)_2 \end{array}} \begin{array}{c} \xrightarrow{H_2O} \\ \xrightarrow{H_2O} \end{array} Ar-CHO$$

(c)   Reduktion von Säurechloriden (S. 804)

$$R-COCl \xrightarrow{H_2/Pd-BaSO_4} R-CHO$$

(d)   Reimer-Tiemann-, Gattermann-, Olah-Reaktion für aromatische Aldehyde (S. 702 ff.)

Herstellung von Ketonen

(a)   Oxidation sekundärer Alkohole (S. 178, 782)

$$R-\overset{\overset{\displaystyle }{|}}{\underset{\underset{\displaystyle OH}{|}}{C}}H-R' \quad \boxed{\begin{array}{c} \text{Cu, Erwärmen} \\ \hline KMnO_4,\ K_2Cr_2O_7,\ CrO_3 \end{array}} \quad \longrightarrow \quad R-\overset{}{\underset{\underset{\displaystyle O}{\parallel}}{C}}-R'$$

(b)   Friedel-Crafts-Acylierung mit Säurechloriden (S. 159, 698)

$$R-COCl + ArH \xrightarrow{AlCl_3} R-\overset{}{\underset{\underset{\displaystyle O}{\parallel}}{C}}-Ar$$

(c)   Reaktion von Säurechloriden mit Organocadmiumverbindungen (S. 592)

$$R_2'Cd + R-COCl \longrightarrow R-\overset{}{\underset{\underset{\displaystyle O}{\parallel}}{C}}-R'$$

(d)   Ketonspaltung von Acetessigesterderivaten (S. 460)

(e)   Reaktion von Alkylboranen mit α-Halogenketonen (S. 531)

$$R_3B + BrCH_2COCH_3 \xrightarrow{Base} R-CH_2-\overset{}{\underset{\underset{\displaystyle O}{\parallel}}{C}}-CH_3 + R_2B-Base$$

Die *Friedel-Crafts-Acylierung* aromatischer Ringe liefert aromatische oder aromatisch-aliphatische Ketone (S. 698). Komplizierter gebaute Ketone lassen sich durch Ketonspaltung von *Acetessigesterderivaten* erhalten (S. 460). Die Reaktion von *Trialkylboranen* mit α-Halogenketonen ergibt am α-C-Atom alkylierte Ketone.

Formaldehyd, Methanal, HCHO, der einfachste Aldehyd, ist ein farbloses, stechend riechendes Gas, das sich in Wasser unter fast vollständiger Hydratbildung löst. Eine 38-%-Lösung kommt als «*Formalin*» in den Handel.

Formaldehyd wird technisch durch katalytische Oxidation von Methanol mit Luftsauerstoff gewonnen. Er polymerisiert leicht zu festem «*Paraformaldehyd*» mit linearen Makromolekülen $-CH_2-O-CH_2-O-CH_2-O-$ oder zu *Trioxan*, einem ringförmigen Molekül, das aus drei HCHO-Molekülen entsteht. Beide Polymerisate können durch Erhitzen wieder depolymerisieren und werden als «fester» Formaldehyd z. B. bei Grignard-Synthesen verwendet. Hochmolekulare Formaldehyd-Polymerisate können zu Fasern versponnen werden und sind wichtige Kunststoffe *(«Delrin»)*.

Trioxan

Acetaldehyd, Ethanal, CH_3CHO, wird technisch durch katalytische Dehydrierung von Ethanol, durch Addition von Wasser an Acetylen oder durch Einleiten von Ethen und Sauerstoff in eine wäßrige Lösung von Palladium(II)-chlorid und Kupfer(II)-chlorid bei 50 °C gewonnen. Bei dieser «Direktoxidation» von Ethen *(«Wacker-Prozeß»)* spielen sich folgende Reaktionen ab:

$$CH_2{=}CH_2 + PdCl_4^{2\ominus} + H_2O \longrightarrow CH_3CHO + Pd + 4\,Cl^{\ominus} + 2\,H^{\oplus}$$

$$Pd + 2\,CuCl_2 + 4\,Cl^{\ominus} \longrightarrow PdCl_4^{2\ominus} + 2\,CuCl_2^{\ominus}$$

$$2\,CuCl_2^{\ominus} + 2\,H^{\oplus} + \tfrac{1}{2}\,O_2 \longrightarrow 2\,CuCl_2 + H_2O$$

Acetaldehyd ist ein Zwischenprodukt bei der technischen Essigsäuresynthese. Er ist eine farblose Flüssigkeit von stechendem Geruch, die unter dem Einfluß starker Säuren zu einem ringförmigen, ebenfalls flüssigen Produkt, dem *Paraldehyd* trimerisiert, der beim Erhitzen wiederum monomeren Acetaldehyd liefert. Führt man diese Reaktion bei 0 °C durch, so entsteht das Tetramer, der feste *Metaldehyd,* der als Trockenspiritus im Handel ist.

Paraldehyd

Metaldehyd

Acrolein, Propenal, $CH_2=CH-CHO$, der einfachste ungesättigte Aldehyd, läßt sich durch Dehydratisieren von Glycerol erhalten. Technisch gewinnt man Acrolein durch Aldoladdition von Formaldehyd an Acetaldehyd mit Silicagel:

$$HCHO + CH_3CHO \xrightarrow[-H_2O]{SiO_2} CH_2=CH-CHO$$

Auch durch Oxidation von Propen an Molybdän(VI)-oxid-Katalysatoren wird Acrolein hergestellt.

Acrolein ist eine farblose, äußerst stechend riechende, stark zu Tränen reizende Flüssigkeit. Es ist das einfachste Beispiel einer **«vinylogen»** Carbonylverbindung[1]. Hier sind die π-Elektronen über das ganze ungesättigte System delokalisiert, wodurch die positive Partialladung des Carbonyl-C-Atoms auf das α-C-Atom übertragen wird:

$$CH_2=CH-C{\overset{\delta+}{\underset{H}{\diagdown}}}{\overset{\delta-}{\overline{O}|}} \quad \leftrightarrow \quad ^{\oplus}CH_2-CH=C{\overset{\underset{H}{\diagdown}}{}}\overset{\ominus}{O}$$

Nucleophile Reagenzien können deshalb auch am β-C-Atom angreifen. Dadurch entsteht zunächst ein Enol, das wiederum zum Aldehyd tautomerisiert, so daß im Endeffekt eine (nucleophile) Addition an die $C=C$-Doppelbindung eintritt:

$$CH_2=CH-CHO + CH_3MgBr \rightarrow CH_3-CH_2-CH=CH-OH \rightarrow CH_3-CH_2-CH_2-CHO$$

Crotonaldehyd, 2-Butenal, $CH_3-CH=CH-CHO$, entsteht durch Aldoladdition von zwei Molekülen Acetaldehyd. Wegen der Vinylogie ist hier die Methylgruppe C—H-acid; das durch Einwirkung von Basen gebildete Carbanion kann an andere Aldehyde addiert werden:

$$CH_3CHO + CH_3-CH=CH-CHO$$

$$\xrightarrow{Base} CH_3-\underset{\underset{OH}{|}}{CH}-CH_2-CH=CH-CHO \xrightarrow{-H_2O} CH_3-CH=CH-CH=CH-CHO$$

Benzaldehyd, C_6H_5CHO, der wichtigste aromatische Aldehyd, ist eine Flüssigkeit mit charakteristischem Geruch nach bitteren Mandeln («Bittermandelöl»; Verwendung als Aromastoff). Man gewinnt ihn durch Chlorieren von Toluen (unter Erhitzen) und anschließende Hydrolyse des dabei gebildeten Benzalchlorids ($C_6H_5CHCl_2$).

Die beiden als Lösungsmittel wichtigen Ketone **Aceton** und **Methylethylketon** (Propanon, CH_3COCH_3 bzw. Butanon, $CH_3CH_2COCH_3$) können durch katalytische Dehydrierung der entsprechenden Alkohole (Isopropylalkohol bzw. sek. Butylalkohol) hergestellt werden. Aceton entsteht auch beim Erhitzen trockener Acetate:

$$2\ CH_3COOK \rightarrow CH_3COCH_3 + K_2CO_3$$

Dieser (präparativ heute bedeutungslosen) Reaktion verdankt das Aceton seinen Trivialnamen. Beim Cumen-Phenol-Verfahren (S.195) fällt Aceton als Nebenprodukt an. Es ist eine farblose, angenehm riechende Flüssigkeit, die sich mit Wasser, Ethanol und Diethylether in

---

[1] «Vinyloge» oder «Vinyl-Homologe» unterscheiden sich voneinander durch das Vorhandensein einer —CH=CH— Gruppe in einer Kette. Acrolein ist vinylog zu Formaldehyd, 3-Penten-2-on ist vinylog zu Aceton.

jedem Verhältnis mischt (Bedeutung als mittelpolares Lösungsmittel!). Bei der Zucker-krankheit (Diabetes mellitus) tritt Aceton als abnormales Stoffwechselprodukt auf und wird im Harn ausgeschieden, in dem es durch die Iodoform-Reaktion oder den Legal-Test nachgewiesen werden kann (rote Farbreaktion beim Zusatz von Natriumpentacyanonitro-sylferrat(II); beim Ansäuern mit Essigsäure Farbumschlag nach violett).

Übungen

4.1.1   Stellen Sie die verschiedenen Möglichkeiten zusammen, wie man eine Carbonyl-gruppe in eine Verbindung einführen kann!

4.1.2   Geben Sie an, wie folgende Verbindungen synthetisiert werden können:
Propiophenon aus Benzen
n-Butyraldehyd aus *n*-Butylchlorid
p-Nitrobenzaldehyd aus Toluen
Benzophenon

4.1.3   Geben Sie die Gleichungen für die Reaktionen von Phenylacetaldehyd mit den folgenden Reagenzien an und benennen Sie die Produkte:
ammoniakalische Silbersalzlösung
$K_2Cr_2O_7/H_2SO_4$
$LiAlH_4$
CH_3MgBr, dann Wasser
$NaHSO_3$
$NaCN$, dann $H^{\oplus}$
Hydroxylamin
2,4-Dinitrophenylhydrazin
Semicarbazid

4.1.4   Wie kann man folgende Substanzen aus Propionaldehyd erhalten:
n-Propanol
Propionsäure
1-Phenyl-1-propanol
Methylethylketon
3-Pentanol

4.1.5   Geben Sie an, wie man folgende Substanzen ausgehend von Acetophenon herstel-len kann:
Ethylbenzen
Benzoesäure
α-Phenylethylalkohol
Diphenylmethylcarbinol
2-Phenyl-2-butanol

4.1.6   Versuchen Sie, den relativ stark sauren Charakter der H-Atome am C-Atom 3 im 2,4-Pentandion zu erklären!

4.1.7   Ein Riechstoff aus dem Citronenöl besitzt die Molekularformel $C_{10}H_{16}O$. Die Substanz bildet mit Phenylhydrazin ein gut kristallisierendes Hydrazon und redu-ziert Fehling-Lösung. Bei der katalytischen Hydrierung nimmt 1 mol der Substanz 2 mol H_2 auf; die Ozonspaltung ergibt Aceton, 4-Oxo-1-pentanal und Glyoxal (Ethandial). Vorsichtiges Erwärmen mit wäßriger K_2CO_3-Lösung führt zu 2-Me-thyl-2-hepten-6-on.
Stellen Sie die Strukturformel der Verbindung auf.

4.2   Carbonsäuren und ihre wichtigsten Derivate

Carbonsäuren, die Oxidationsprodukte der Aldehyde, enthalten eine **Carboxyl-Gruppe (—COOH)**. Ihr Säurecharakter, d. h. die Fähigkeit der darin enthaltenen Hydroxylgruppe, ihr Proton auf Basen übertragen zu können, beruht hauptsächlich darauf, daß die konjugierte Base durch Delokalisation zweier Elektronenpaare stabilisiert wird.

$$-C\!\!\stackrel{O}{\underset{OH}{\diagup}} \rightleftharpoons H^{\oplus} + \left[-C\!\!\stackrel{\overline{O}|}{\underset{\underset{\ominus}{\overline{O}|}}{\diagup}} \longleftrightarrow -C\!\!\stackrel{\overset{\ominus}{\overline{O}|}}{\underset{\overline{O}|}{\diagup}} \right]^{\ominus}$$

Sind am α-C-Atom elektronenanziehende Gruppen als Substituenten vorhanden, so wird die Säurestärke erhöht (sog. **−I-Effekt**; siehe S. 391).

4.2.1   Nomenklatur und physikalische Eigenschaften

Nomenklatur. Viele Carbonsäuren sind schon sehr lange bekannt und tragen deshalb Trivialnamen (vgl. Tabelle 4.6). Man sollte sich von diesen Namen die Bezeichnungen der ersten 6 sowie der C_{12}, C_{16}, C_{18} und der aromatischen Säuren merken. Wird die IUPAC-Nomenklatur verwendet, so hängt man an den Stammnamen die Endung **-säure** an. Man kann auch das Wort -carbonsäure an den Namen des mit der —COOH-Gruppe verbundenen Restes anhängen.

Beispiele:

CH_3COOH	Ethansäure	Methancarbonsäure
$CH_2{=}CH{-}COOH$	Propensäure	Vinylcarbonsäure
HOOC—⬡—COOH		Cyclohexan-(1,4)-dicarbonsäure
$HOOC{-}C{\equiv}C{-}COOH$	Butindisäure	Acetylendicarbonsäure

Physikalische Eigenschaften. Die Carboxylgruppe enthält eine polare C=O- und eine polare OH-Gruppe; die Moleküle der Carbonsäuren können daher unter sich zwei H-Brücken bilden und *assoziieren* damit zu ziemlich stabilen «Doppelmolekülen», welche nach Dampfdichtemessungen sogar im Dampfzustand (oberhalb des Siedepunktes) erhalten bleiben:

$$R-C\!\!\stackrel{O----HO}{\underset{OH----O}{\diagup\diagdown}}C-R$$

Carbonsäuren sieden aus diesen Gründen noch höher als Alkohole vergleichbarer Molekülmasse (vgl. Tabelle 4.7).

Im *festen Zustand* liegen die Säuren ebenfalls als Doppelmoleküle vor. Die offenkettigen Säuren mit einer geraden C-Zahl können dabei eine symmetrischere und dichtere Anordnung bilden und schmelzen deshalb jeweils etwas höher als die Säuren mit ungeraden C-Zahlen (vgl. besonders Essigsäure mit Smp. 16,6 °C und Propionsäure mit Smp. −22 °C!).

Tabelle 4.6. Carbonsäuren

Name	Formel	Smp. (°C)	Sdp. (°C)	pK_s
Ameisensäure	$HCOOH$	8	100,5	3,77
Essigsäure	CH_3COOH	16,6	118	4,76
Propionsäure	C_2H_5COOH	− 22	141	4,88
Buttersäure	$CH_3(CH_2)_2COOH$	− 6	164	4,82
Isobuttersäure	$(CH_3)_2CHCOOH$	− 47	155	4,85
n-Valeriansäure	$CH_3(CH_2)_3COOH$	− 34,5	187	4,81
Trimethylessigsäure				
(«Pivalinsäure»)	$(CH_3)_3CCOOH$	35,5	164	5,05
Capronsäure	$CH_3(CH_2)_4COOH$	− 1,5	205	4,85
Önanthsäure	$CH_3(CH_2)_5COOH$	− 11	224	4,89
Caprylsäure	$CH_3(CH_2)_6COOH$	16	237	4,85
Caprinsäure	$CH_3(CH_2)_8COOH$	31	269	
Laurinsäure	$CH_3(CH_2)_{10}COOH$	44		
Myristinsäure	$CH_3(CH_2)_{12}COOH$	54		
Palmitinsäure	$CH_3(CH_2)_{14}COOH$	63		
Stearinsäure	$CH_3(CH_2)_{16}COOH$	70		
Acrylsäure	$CH_2{=}CHCOOH$	13	141	4,26
Ölsäure	*cis*-Oktadecen-(9)-säure	16	223^{10}	
Elaidinsäure	*trans*-Oktadecen-(9)-säure	44		
Linolsäure	*cis, cis*-			
	Oktadecen-(9,12)-säure	− 5	230^{16}	
Linolensäure	*cis, cis, cis*-			
	Oktadecen-(9,12,15)-säure	− 11	232^{16}	
Cyclohexancarbonsäure	$C_6H_{11}COOH$	31	233	
Benzoesäure	C_6H_5COOH	122	250	4,22
Phenylessigsäure	$C_6H_5CH_2COOH$	78	265	4,31
o-Toluylsäure	$o\text{-}CH_3C_6H_4COOH$	106	259	3,89
m-Toluylsäure	$m\text{-}CH_3C_6H_4COOH$	112	263	4,28
p-Toluylsäure	$p\text{-}CH_3C_6H_4COOH$	180	275	4,35
o-Chlorbenzoesäure	$o\text{-}ClC_6H_4COOH$	141		2,89
p-Chlorbenzoesäure	$p\text{-}ClC_6H_4COOH$	242		4,03
o-Nitrobenzoesäure	$o\text{-}O_2NC_6H_4COOH$	147		2,16
p-Nitrobenzoesäure	$p\text{-}O_2NC_6H_4COOH$	242		3,41
Salicylsäure	$o\text{-}HOC_6H_4COOH$	159		3,00
p-Hydroxybenzoesäure	$p\text{-}HOC_6H_4COOH$	215		4,54
Anthranilsäure	$o\text{-}H_2NC_6H_4COOH$	145		5,00
p-Aminobenzoesäure	$p\text{-}H_2NC_6H_4COOH$	187		4,92

Tabelle 4.7. Siedepunkte von Carbonsäuren und Alkoholen ähnlicher Molekülmasse

	Sdp. (°C)
Ameisensäure (M = 46 u)	101
Ethanol (M = 46 u)	78
Essigsäure (M = 60 u)	118
Propanol (M = 60 u)	98
n-Oktan (M = 114 u)	126

Die ersten vier Säuren lösen sich in jedem Verhältnis in Wasser. Ihre Lösungen reagieren deutlich sauer (pH 2,5 bis 3,5). Die höheren Säuren (ab etwa 6 C-Atomen) sind in Wasser wenig löslich oder nahezu unlöslich. Ihr saurer Charakter wird wegen der Unlöslichkeit in Wasser nur bei der Reaktion mit starken Basen offenbar; sie lösen sich beispielsweise in wäßrigen Alkalihydroxid- oder Hydrogencarbonatlösungen (letzteres im Gegensatz zu den meisten nicht durch elektronenanziehende Gruppe substituierten Phenolen). Ameisensäure, Essigsäure und Propionsäure sind stechend riechende, farblose Flüssigkeiten. Die Säuren mit 4 bis 8 C-Atomen sind dickflüssiger und riechen unangenehm schweißartig bis ranzig. Säuren mit mehr als 10 C-Atomen sind weiche, paraffinähnliche, in lipophilen Lösungsmitteln leicht lösliche Substanzen.

Spektroskopische Eigenschaften. Das IR-Spektrum der Carbonsäuren zeigt sowohl die charakteristischen Banden der C=O- und der O—H-Streckschwingung, sowie weitere, charakteristische Absorptionsbanden (Tabelle 4.8).
Die Lage der *Carbonylbande* wird in einem gewissen Maß durch das Ausmaß der *Assoziation* beeinflußt; sie ist darum je nach dem verwendeten Lösungsmittel oft etwas verschieden. Die gegenüber Alkoholen und Phenolen deutliche Verschiebung der *O—H-Bande* nach niedrigeren Frequenzen (Alkohole und Phenole absorbieren bei 3200 bis 3600 cm^{-1}) weist auf die größere Stärke der H-Brücken bei den Carbonsäuren hin. Die oft ziemlich breite Bande bei 920 cm^{-1} (O—H-Deformationsschwingung) verschwindet naturgemäß bei der Veresterung.

Lage der Carbonylbande im IR-Spektrum von Carbonsäuren und ihren Derivaten (cm^{-1}):

R—COOH (gesättigt, aliphatisch)	1700–1725	(Bande der Dimere)
Ar—COOH	1680–1700	
R—COOH (α,β-ungesättigt)	1690–1715	
R—COCl	1790–1815	
Ar—COCl ⎫ R—COCl (α,β-ungesättigt) ⎬	1750–1790	
—CO—O—CO— (Anhydride; gesättigt)	1800–1850 1740–1790	Zwei Banden; in offenkettigen Anhydriden ist die Bande mit der höheren Wellenzahl intensiver
—CO—O—CO— (gesättigt; Fünfring)	1820–1870 1750–1800	
—CO—O— (Ester; gesättigt)	1735–1750	
—CO—O— (α,β-ungesättigte und aromatische Ester)	1715–1730	
Fünfring-Lactone	1760–1780	(Sechsring-Lactone wie offenkettige Ester)
—CO—NH$_2$	1690	(in Lösung; im festen Zustand bei 1650 cm^{-1})
—CO—NH—	1670–1700	(in Lösung; im festen Zustand bei 1640 cm^{-1})
—CO—N<	1630–1670	
Lactame (Fünfringe)	1700	
—COO$^{\ominus}$	1550–1610 1300–1420	Zwei Banden (symmetrische und unsymmetrische Streckschwingung)

Tabelle 4.8. Absorptionsbanden der Carboxylgruppe im IR-Spektrum

Absorptionsbanden	Lage (cm^{-1})
C=O-Streckschwingung	
aliphatische Carbonsäuren	1700–1725
aromatische Carbonsäuren	1680–1700
wenn nicht assoziiert	1760
O—H-Streckschwingung	2500–3000
O—H-Deformationsschwingung	1400 und 920
C—O-Streckschwingung	1250

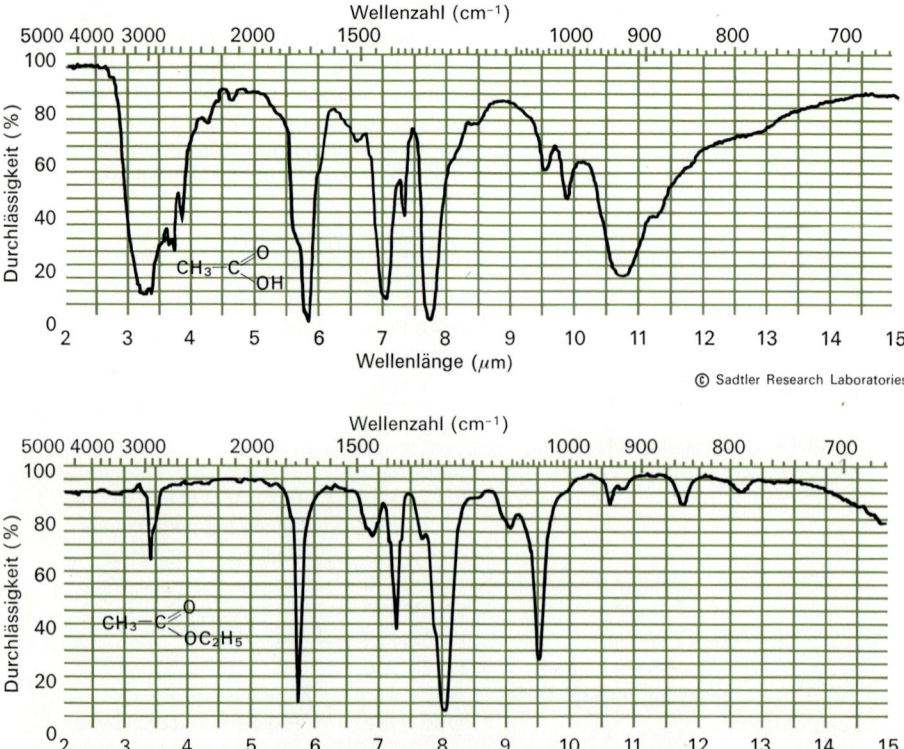

© Sadtler Research Laboratories

Abb. 4.4. IR-Spektren von Essigsäure (oben) und Ethylacetat (unten)

Im *NMR-Spektrum* ist das Carboxylproton sehr deutlich zu erkennen: sein Absorptionssignal erscheint bei δ-Werten von 10,5 bis 12, ist also stark ins Gebiet höherer Frequenzen verschoben.

4.2.2 Reaktionen

Zu den wichtigsten Reaktionen der Carbonsäuren zählen die verschiedenen Möglichkeiten, ihre *Derivate* (Ester, Halogenide, Amide, Anhydride) zu erhalten. Die direkte *Veresterung* der Carbonsäuren wird durch Protonen katalysiert und führt zu einem typischen Gleichgewicht. Um die Ausbeute an Ester zu erhöhen, kann man entweder den Alkohol oder die Carbonsäure in einem großen Überschuß einsetzen oder ein Produkt durch Destillation aus dem Reaktionsgemisch entfernen. Häufig gelingt es, das dabei gebildete Wasser durch Zusatz eines «Schleppers», der mit Wasser ein azeotropes Gemisch bildet, abzutrennen

Tabelle 4.9. Die wichtigsten Reaktionen der Carbonsäuren

(1) Überführung in Derivate

    (a) in Carbonsäurehalogenide (S. 590)

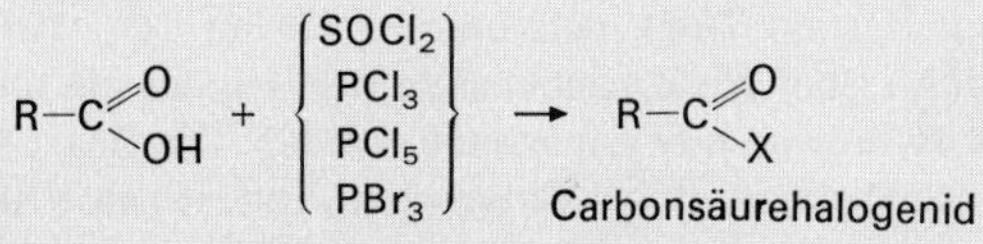

$$R-C\diagdown^{O}_{OH} + \begin{cases} SOCl_2 \\ PCl_3 \\ PCl_5 \\ PBr_3 \end{cases} \longrightarrow R-C\diagdown^{O}_{X} \quad \text{Carbonsäurehalogenid}$$

    (b) in Carbonsäureester (S. 593 ff.)

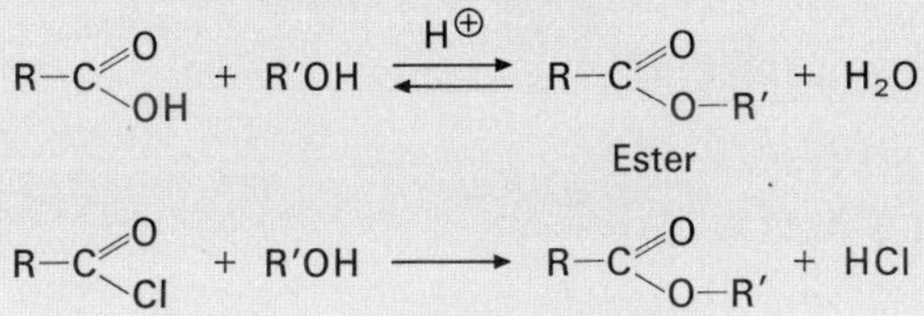

$$R-C\diagdown^{O}_{OH} + R'OH \overset{H^{\oplus}}{\rightleftharpoons} R-C\diagdown^{O}_{O-R'} + H_2O \qquad \text{Ester}$$

$$R-C\diagdown^{O}_{Cl} + R'OH \longrightarrow R-C\diagdown^{O}_{O-R'} + HCl$$

    (c) in Carbonsäureamide (S. 591)

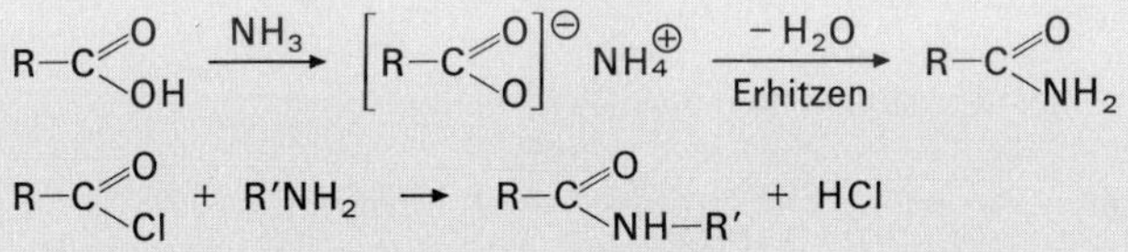

$$R-C\diagdown^{O}_{OH} \overset{NH_3}{\longrightarrow} \left[R-C\diagdown^{O}_{O}\right]^{\ominus} NH_4^{\oplus} \overset{-H_2O}{\underset{\text{Erhitzen}}{\longrightarrow}} R-C\diagdown^{O}_{NH_2}$$

$$R-C\diagdown^{O}_{Cl} + R'NH_2 \longrightarrow R-C\diagdown^{O}_{NH-R'} + HCl$$

(2) Reduktion (S. 802)

$$R-COOH \overset{LiAlH_4}{\longrightarrow} R-CH_2OH$$

(3) Halogenierung (Hell-Volhard-Zelinsky-Reaktion) (S. 668)

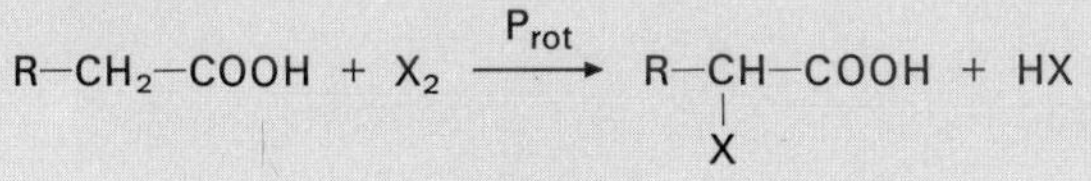

$$R-CH_2-COOH + X_2 \overset{P_{rot}}{\longrightarrow} R-\underset{X}{CH}-COOH + HX \qquad X_2 = Cl_2 \text{ oder } Br_2$$

(4) Decarboxylierung (S. 494)
    besonders wichtig für substituierte Malonsäuren und Acetessigsäuren

$$C_6H_5-COO^{\ominus}Na^{\oplus} + \underset{\text{(Natronkalk)}}{NaOH/CaO} \overset{\text{Erwärmen}}{\longrightarrow} C_6H_6 + Na_2CO_3$$

(«*azeotrope Destillation*»). Zur Herstellung der *Carbonsäurehalogenide* setzt man die Säure mit $SOCl_2$ oder Phosphorhalogeniden um. *Carbonsäureamide* können aus Carbonsäurehalogeniden und Ammoniak (bzw. Aminen) oder durch Erhitzen der festen Ammoniumsalze gewonnen werden. Die Reaktion von Säuren mit einem Gemisch von rotem Phosphor und Brom (bzw. Chlor) liefert α-Brom-(-Chlor-)carbonsäuren, welche als Ausgangsstoffe für die Synthese von α-Hydroxy- oder α-Aminocarbonsäuren von Interesse sind *(Hell-Volhard-Zelinsky-Reaktion)*.

4.2.3 Herstellung und wichtige Beispiele

Von den verschiedenen *Laboratoriumsmethoden* zur Gewinnung von Carbonsäuren seien hier die *Addition von Grignard-Reagenzien* an CO_2, die *Hydrolyse von Nitrilen* und die *Malonestersynthese* besonders erwähnt, die alle eine Verlängerung von C-Ketten (Neubildung von C—C-Bindungen) ermöglichen. In allen drei Fällen geht man von Alkyl-(Aryl-)halogeniden aus. Die durch Reaktion mit metallischem Magnesium erhaltenen Grignard-Verbindungen gießt man direkt auf (festes) Trockeneis oder man leitet CO_2-Gas in ihre Lösung ein. Die Nitril-Hydrolyse führt über die Zwischenstufe der Säureamide und kann bei schonender Durchführung der Hydrolyse hier angehalten werden. Die Reaktion wird sowohl durch Säuren wie durch Basen katalysiert; bei Verwendung von HCl als Katalysator

Tabelle 4.10. Methoden zur Herstellung von Carbonsäuren

(1) Oxidation primärer Alkohole (S. 187, 779)

$$R-CH_2OH \xrightarrow{\text{KMnO}_4 \text{ oder CrO}_3/\text{H}^{\oplus}} R-COOH$$

(2) Oxidation von Alkylbenzenen (S. 162)

$$Ar-R \xrightarrow[\text{Erwärmen}]{\text{KMnO}_4/\text{OH}^{\ominus} \text{ oder K}_2\text{Cr}_2\text{O}_7/\text{H}^{\oplus}} Ar-COOH$$

(3) Addition von Grignard-Verbindungen an CO_2 (S. 634)

$$R-MgX + CO_2 \rightarrow R-C\overset{\displaystyle O}{\underset{\displaystyle O-MgX}{}} \xrightarrow{\text{H}^{\oplus}} R-COOH$$

(4) Hydrolyse von Nitrilen (S. 656)

$$R-C\equiv N + 2\,H_2O \xrightarrow{\text{H}^{\oplus} \text{ oder OH}^{\ominus}} R-COOH + NH_3$$

(5) Malonestersynthese (HOOC—CH$_2$—COOH = Malonsäure) (S. 460)

$$R-X + R'-CH\overset{\displaystyle COOC_2H_5}{\underset{\displaystyle COOC_2H_5}{}} \xrightarrow{\text{NaOC}_2\text{H}_5} \overset{R}{\underset{R'}{}}C\overset{\displaystyle COOC_2H_5}{\underset{\displaystyle COOC_2H_5}{}}$$

$$\overset{R}{\underset{R'}{}}C\overset{\displaystyle COOC_2H_5}{\underset{\displaystyle COOC_2H_5}{}} \xrightarrow[\text{Erhitzen (}-CO_2\text{)}]{\text{Verseifen und}} \overset{R}{\underset{R'}{}}CH-COOH$$

(6) Perkin-Reaktion, Knoevenagel-Addition u. a. zur Herstellung von α,β-ungesättigten Carbonsäuren (S. 650, 651)

erhält man NH_4Cl als Nebenprodukt, während die alkalische Hydrolyse freies Ammoniak liefert. Malonester bzw. substituierte Malonester werden zunächst durch Natriummethylat in ein Carbanion übergeführt (die H-Atome des Methylen-C-Atoms sind dank der Wirkung der beiden benachbarten Carbonylgruppen deutlich acid), und die Reaktion stellt eine normale S_N-Reaktion dar, wobei das Malonester-Carbanion als Nucleophil wirkt. Auch bei der *Knoevenagel-Addition* wird das Natriumsalz eines (substituierten) Malonesters verwendet, welches zunächst unter der Wirkung einer Base an die Carbonylgruppe eines Aldehyds bzw. Ketons addiert wird. Nach der Verseifung des Esters wird durch Erhitzen sowohl CO_2 wie H_2O abgespalten, so daß man schließlich eine ungesättigte Carbonsäure erhält:

Eine zur technischen Synthese von Carbonsäuren verwendete Methode ist die *Carbonylierung* von *Alkenen*. In Gegenwart von Nickeltetracarbonyl reagieren Alkene mit Kohlenmonoxid und Wasser bei etwa 250°C und unter einem Druck von 200 bar zu Carbonsäuren. Auf diese Weise wird z.B. Propionsäure industriell aus Ethen hergestellt. Auch durch saure Katalysatoren lassen sich Alkene carbonylieren; besonders milde Bedingungen (unter 50°C und 50 bis 100 bar) und hohe Ausbeuten erreicht man dann, wenn das Alken zunächst mit Kohlenmonoxid und dem Katalysator (unter möglichstem Ausschluß von Wasser) umgesetzt wird und das Reaktionsprodukt in einer zweiten Stufe mit Wasser reagiert:

Dabei treten allerdings häufig Isomerisierungen des intermediär gebildeten Carbeniumions auf, so daß durch diese Reaktion hauptsächlich sekundäre und tertiäre Carbonsäuren erhalten werden können.

Ameisensäure, HCOOH, ist die stärkste der unsubstituierten Monocarbonsäuren. Sie tritt in bestimmten Ameisen, im Zellsaft der Brennhaare von Brennesseln und in den Nesselkapseln der Hohltiere auf; technisch wird sie durch Reaktion von CO mit wäßriger NaOH bei hohen Temperaturen und unter Druck erhalten:

Ameisensäure wird durch starke Oxidationsmittel leicht zu CO_2 und Wasser oxidiert. Unter der katalytischen Wirkung von Schwefelsäure zerfällt sie in CO und Wasser:

Essigsäure, CH_3COOH, eine der wichtigsten organischen Säuren überhaupt, entsteht durch Oxidation von Ethanol (über Acetaldehyd als Zwischenprodukt). Technisch wird sie durch Carbonylierung von Methanol (mit Kobaltcarbonyl als Katalysator) oder durch katalytische Oxidation von n-Butan über manganhaltigen Katalysatoren hergestellt:

$$CH_3OH + CO \xrightarrow[\substack{210\,°C \\ 500\ bar}]{Co_2(CO)_8} CH_3COOH$$

$$CH_3(CH_2)_2CH_3 \xrightarrow[-H_2O]{5\ O,\ Mn^{2\oplus}} 2\ CH_3COOH$$

In kleineren Mengen ist Essigsäure auch im Holzteer vorhanden, aus dem sie früher ebenfalls gewonnen wurde.

Die Essigsäure als Bestandteil des Speiseessigs entsteht durch bakterielle Oxidation des Alkohols aus vergorenen Fruchtsäften oder Wein. Im Gegensatz zur alkoholischen Gärung unterbleibt diese *«Essiggärung»* bei Luftabschluß, weil Sauerstoff als Wasserstoffakzeptor oder Oxidationsmittel notwendig ist.
Reine Essigsäure *(«Eisessig»)* erstarrt bei 16,6 °C zu einer eisartigen, festen Masse. Sie ist ein wichtiges Zwischenprodukt zur Herstellung ihrer Salze, zur Darstellung ihrer Ester und wird überall dort verwendet, wo eine billige organische oder schwache Säure gebraucht wird.

Buttersäure, C_3H_7COOH kommt als Glycerolester in der Butter vor. Ranzige Butter und Schweiß enthalten geringe Mengen der freien Säure. Im Gegensatz zur Säure besitzen *Buttersäureester* von niedrigen Alkoholen einen ausgesprochen fruchtartigen, angenehmen Geruch (Verwendung als Aromastoffe).

Die eigentlichen **Fettsäuren,** *Laurinsäure* ($C_{11}H_{23}COOH$), *Palmitinsäure* ($C_{15}H_{31}COOH$) und *Stearinsäure* ($C_{17}H_{35}COOH$) bilden als *Glycerolester* den Hauptanteil pflanzlicher und tierischer Fette. Technisches *Stearin* ist ein Gemisch aus Palmitin- und Stearinsäure. Gemische höherer Fettsäuren können durch katalytische Oxidation von Paraffinen gewonnen werden.

Von den *ungesättigten* Carbonsäuren besitzen **Acrylsäure** und **Methacrylsäure** zur Herstellung glasartiger Polymerisate große technische Bedeutung. Acrylsäure bzw. Acrylester werden aus Ethylenoxid und HCN (über Ethylencyanhydrin) hergestellt:

$$CH_2{-\!\!-\!\!-}CH_2 + HCN \longrightarrow HO{-}CH_2{-}CH_2{-}CN \xrightarrow[H_2O]{H^{\oplus}} CH_2{=}CH{-}COOH$$
$$\underset{O}{\diagdown}$$

$$H^{\oplus}\Big\vert CH_3OH$$

$$CH_2{=}CH{-}COOCH_3$$

Methacrylate entstehen in analoger Weise aus Acetoncyanhydrin.
Höhere ungesättigte Carbonsäuren wie **Ölsäure** (mit einer Doppelbindung) und **Linolsäure** (mit zwei Doppelbindungen) treten ebenfalls als Glycerolester in Fetten und «fetten Ölen» auf (Olivenöl, Leinöl usw.). Dabei sind die Fette im allgemeinen um so weicher und leichter schmelzbar, je höher ihr Anteil an ungesättigten Fettsäuren ist (Ölsäure und

Linolsäure mit der *cis*-Konfiguration an den Doppelbindungen schmelzen tiefer als ihre *trans*-Isomere; vgl. die Schmelzpunkte von Öl- und von Elaidinsäure!). Gewisse ungesättigte Säuren, wie z. B. Linolsäure, sind für die menschliche Ernährung unentbehrlich.

$$CH_2{=}CH{-}C{\overset{O}{\underset{OH}{}}}$$

Acrylsäure

$$CH_2{=}\underset{\underset{CH_3}{|}}{C}{-}C{\overset{O}{\underset{OH}{}}}$$

Methacrylsäure

$$CH_3(CH_2)_7CH{=}CH(CH_2)_7COOH$$

Ölsäure

$$CH_3(CH_2)_4CH{=}CHCH_2CH{=}CH(CH_2)_7COOH$$

Linolsäure

Benzoesäure, C_6H_5COOH, die wichtigste aromatische Carbonsäure (entdeckt durch Destillation von Benzoeharz), eine feste, in Wasser wenig lösliche Substanz, ist etwas stärker sauer als Essigsäure ($pK_s = 4{,}22$). Man gewinnt sie durch Oxidation von Toluen.

4.2.4   Salze der Carbonsäuren

Wie schon erwähnt, lösen sich auch höhere Carbonsäuren in wäßrigen Alkalihydroxidlösungen. Diese Tatsache ist von großer Bedeutung für die Abtrennung und Reinigung der Säuren; wird z. B. ein flüssiges Gemisch mit wäßriger NaOH durchgeschüttelt (oder ein festes Gemisch mit der Hydroxidlösung extrahiert), so gehen Carbonsäuren in Form ihrer Anionen in die wäßrige Phase über und können dadurch von beigemischten Alkoholen, Kohlenwasserstoffen, Carbonylverbindungen usw. abgetrennt werden. Die freien Säuren werden durch Ansäuern ihrer Salzlösungen gewonnen.

Von den Salzen der Carbonsäuren sind die *Alkalisalze* stets gut wasserlöslich (Salze von Säuren mit höheren C-Zahlen lösen sich allerdings nur kolloidal), während Erdalkali- und Schwermetallsalze häufig schwerlöslich sind. Lösungen ihrer Alkalisalze reagieren deutlich alkalisch, da die Säuren selbst nur verhältnismäßig schwach sauer, ihre konjugierten Basen daher deutlich basisch sind. Alkalisalze höherer Carbonsäuren (C_{12} bis C_{18}) wirken wegen des «polaren» Baues ihrer Anionen (lipophile C-Kette und hydrophile, negativ geladene Endgruppe) als Reinigungsmittel **(Seifen)**; man stellt sie entweder durch alkalische Verseifung von Fetten oder aus Fettsäuren durch Reaktion mit Natriumhydroxid oder Natriumcarbonat her.

4.2.5   Derivate der Carbonsäuren

Ersetzt man die Hydroxylgruppe der Säuren durch Alkoxy- oder Aminogruppen bzw. durch ein Halogenatom, so erhält man Carbonsäureester, Carbonsäureamide bzw. Carbonsäurehalogenide (**«Acylhalogenide»**). Alle diese Verbindungen enthalten eine **Acylgruppe**,

$$R{-}C{\overset{O}{\underset{}{}}}:$$

$$R{-}C{\overset{O}{\underset{O{-}R'}{}}}$$

Carbonsäureester

$$R{-}C{\overset{O}{\underset{NH_2}{}}}$$

Carbonsäureamid

$$R{-}C{\overset{O}{\underset{NH{-}R'}{}}}$$

substituiertes Amid

$$R{-}C{\overset{O}{\underset{Cl}{}}}$$

Carbonsäurehalogenid
(Acylhalogenid)

Durch Einwirkung wasserentziehender Mittel auf Carbonsäuren oder durch Reaktion von Acylhalogeniden mit Salzen von Carbonsäuren entstehen **Carbonsäureanhydride**:

$$2\ CH_3COOH \xrightarrow{-H_2O} \begin{array}{c} CH_3-C\diagdown^{O}_{O} \\ CH_3-C\diagup^{O}_{O} \end{array}$$

Essigsäureanhydrid
Acetanhydrid

Die **Ester** von Carbonsäuren lassen sich entweder durch direkte Veresterung gewinnen oder durch Umsetzung von Säurehalogeniden mit Alkoholen bzw. den Silbersalzen der Carbonsäuren mit Alkylhalogeniden. Bei der direkten Veresterung dauert die Einstellung des Gleichgewichtszustandes meist recht lange; sie kann jedoch durch die katalytische Wirkung von Protonen (aus starken Säuren) beschleunigt werden. Besonders langsam ist die Veresterung dann, wenn die betreffende Säure oder der Alkohol sterisch gehindert sind, d. h. wenn Carboxyl- oder Hydroxylgruppen durch raumbeanspruchende Substituenten gegen einen Angriff eines Reaktionspartners abgeschirmt werden. Trimethylessigsäure («Pivalinsäure»), *o*-substituierte Benzoesäuren einerseits, tertiäre Alkohole anderseits, verestern deshalb besonders langsam. Durch Erhitzen mit Wasser werden Ester allmählich zum Gemisch von Carbonsäure und Alkohol hydrolysiert *(«verseift»);* schneller und vollständiger verläuft die Verseifung, wenn man statt Wasser wäßrige Alkalihydroxidlösungen verwendet, da dann die entstehende Säure in Form ihrer konjugierten Base dem Veresterungs- (bzw. Verseifungs-) gleichgewicht entzogen wird.

Ester niederer Carbonsäuren mit niederen Alkoholen (C_1 bis C_5) sind durch einen angenehmen, fruchtartigen Geruch ausgezeichnet *(«Fruchtester»)*. Manche von ihnen kommen in geringer Menge in reifen Früchten vor und werden als Aromastoffe für Limonaden und Bonbons sowie als Lösungsmittel verwendet. *Wachse* sind Ester höherer Carbonsäuren mit höheren Alkoholen. Bienenwachs enthält hauptsächlich Säuren und Alkohole mit 26 und 28 C-Atomen. *Fette* sind Glycerolester von Carbonsäuren mit C_{12} bis C_{18}.

Tabelle 4.11. Beispiele von Fruchtestern

Name	Formel	Smp. (°C)	Sdp. (°C)
Methylformiat	$HCOOCH_3$	− 99	32
Ethylformiat	$HCOOC_2H_5$	− 79	54
Methylacetat	CH_3COOCH_3	− 99	57
Ethylacetat	$CH_3COOC_2H_5$	− 84	77
n-Propylacetat	$CH_3COOC_3H_7$	− 95	102
n-Butylacetat	$CH_3COOC_4H_9$	− 73,5	126,5
Isobutylacetat	$CH_3COOCH_2CH(CH_3)_2$	− 99	118
n-Amylacetat	$CH_3COOC_5H_{11}$	− 71	147,6
Isoamylacetat	$CH_3COO(CH_2)_2CH(CH_3)_2$		142
Methylpropionat	$C_2H_5COOCH_3$	− 87,5	80
Ethylpropionat	$C_2H_5COOC_2H_5$	− 74	99
Methyl-*n*-butyrat	$C_3H_7COOCH_3$	− 85	102
Ethyl-*n*-butyrat	$C_3H_7COOC_2H_5$	−101	121
Isoamyl-*n*-butyrat	$C_3H_7COO(CH_2)_2CH(CH_3)_2$		178,6
Ethyl-*n*-valerat	$C_4H_9COOC_2H_5$	− 91	145,5
Isoamylisovalerat	$(CH_3)_2CHCH_2COO(CH_2)_2CH(CH_3)_2$		194

Da den Estern die Fähigkeit zur Ausbildung von H-Brücken fehlt, sieden sie beträchtlich tiefer als die Carbonsäuren von vergleichbarer Molekülmasse. Ihre Wasserlöslichkeit entspricht etwa derjenigen der Ether von vergleichbarer C-Zahl. Niedere Ester werden häufig analog den Salzen benannt:

$CH_3COOC_2H_5$ — Ethylacetat, Essigsäureethylester («Essigester»)
$C_3H_7COOCH_3$ — Methylbutyrat, Buttersäuremethylester

Carbonsäurehalogenide und **Carbonsäureanhydride** werden hauptsächlich als Ausgangsstoffe für synthetische Reaktionen verwendet, da sie beide sehr reaktionsfähig sind und das Halogenatom bzw. der Acylrest leicht durch andere Atomgruppen verdrängt werden kann.

Mit Wasser werden sie zur entsprechenden Carbonsäure hydrolysiert, während mit Alkoholen Ester, mit Ammoniak Amide, mit Aminen substituierte Amide entstehen:

$$RCOCl + \begin{cases} H_2O \rightarrow RCOOH + HCl \\ R'OH \rightarrow RCOOR' + HCl \\ R'-NH_2 \rightarrow RCOONH-R' + HCl \end{cases}$$

$$\begin{matrix} RCO \\ RCO \end{matrix}O + \begin{cases} H_2O \rightarrow RCOOH \\ 2\,R'OH \rightarrow 2\,RCOOR' + H_2O \\ 2\,NH_3 \rightarrow RCOONH_4 + RCONH_2 \end{cases}$$

Interessant und präparativ von Bedeutung ist die Einwirkung von Diazomethan (CH_2N_2) auf Carbonsäurechloride *(«Arndt-Eistert-Reaktion»)*:

$$R-C\overset{O}{\underset{Cl}{}} + CH_2N_2 \rightarrow R-C\overset{O}{\underset{CH=\overset{\oplus}{N}=\overset{\ominus}{\underline{N}}|}{}} \xrightarrow[+H_2O]{Ag} R-CH_2-C\overset{O}{\underset{OH}{}}$$

ein Diazoketon

Tabelle 4.12. Säurehalogenide und Anhydride

Name	Formel	Smp. (°C)	Sdp. (°C)
Acetylfluorid	CH_3COF	< -60	20,5
Acetylchlorid	CH_3COCl	-112	52
Acetylbromid	CH_3COBr	$-96,5$	77
Acetyliodid	CH_3COI		108
Propionylchlorid	C_2H_5COCl	-94	80
n-Butyrylchlorid	C_3H_7COCl	-89	102
Isobutyrylchlorid	$(CH_3)_2CHCOCl$	-90	92
n-Valerylchlorid	C_4H_9COCl	-110	128
Stearoylchlorid	$CH_3(CH_2)_{16}COCl$	23	215^{15}
Benzoylchlorid	C_6H_5COCl	$-0,6$	197
Acetanhydrid	$(CH_3CO)_2O$	-73	139,6
Propionsäureanhydrid	$(C_2H_5CO)_2O$	-45	168
n-Buttersäureanhydrid	$(C_3H_7CO)_2O$	-75	198
Benzoesäureanhydrid	$(C_6H_5CO)_2O$	42	360

Als Zwischenprodukt tritt dabei ein *«Diazoketon»* auf. Der Beweis für die unter der Einwirkung von kolloidalem Silber anschließend erfolgende Umlagerung konnte mit radioaktiv markiertem Diazoketon erbracht werden:

$$C_6H_5-^{14}C \underset{CH=N=\underline{N}I}{\overset{O}{\diagdown}} \quad \overset{Ag}{\underset{+\,H_2O}{\longrightarrow}} \quad C_6H_5-CH_2-^{14}C\overset{O}{\underset{OH}{\diagdown}}$$

Die Arndt-Eistert-Reaktion ermöglicht die Verlängerung einer C-Kette um ein C-Atom.
Durch Abspaltung von HCl aus Carbonsäurechloriden (mittels Triethylamin oder metalli-schem Zink) erhält man **Ketene:**

$$(C_6H_5)_2CH-C\overset{O}{\underset{Cl}{\diagdown}} \quad \overset{(C_2H_5)_3N}{\longrightarrow} \quad (C_6H_5)_2C=C=O$$

$$\text{Diphenylketen}$$

Auch die sehr reaktionsfähigen Ketene sind wertvolle Ausgangssubstanzen für Synthesen. Das einfachste Keten, $CH_2=C=O$, ein häufig verwendetes Acetylierungsmittel, entsteht durch Pyrolyse von Aceton:

$$CH_3COCH_3 \quad \overset{700-750\,°C}{\longrightarrow} \quad CH_2=C=O$$

$$\text{Keten}$$
$$(\text{Sdp.} -56\,°C)$$

Niedere Acylhalogenide und Anhydride sind farblose, stechend riechende Flüssigkeiten. Säurehalogenide rauchen an der Luft stark, weil sie von der Luftfeuchtigkeit zu Carbonsäure und HCl hydrolysiert werden.

Tabelle 4.13. Carbonsäureamide

Name	Formel	Smp. (°C)	Sdp. (°C)
Formamid	$HCONH_2$	2	193
Acetamid	CH_3CONH_2	82	222
Propionamid	$C_2H_5CONH_2$	80	213
n-Butyramid	$C_3H_7CONH_2$	116	216
n-Valeramid	$C_4H_9CONH_2$	106	
Stearamid	$C_{17}H_{35}CONH_2$	109	251[12]

Carbonsäureamide erhält man durch Reaktion von Estern oder auch Säurehalogeniden mit Ammoniak bzw. Aminen oder durch Erhitzen der Ammoniumsalze von Carbonsäuren:

$$R-COOR' + NH_3 \longrightarrow RCONH_2 + R'OH$$

$$R-COCl \;\; + NH_3 \longrightarrow RCONH_2 + HCl$$

$$R-COONH_4 \qquad\; \longrightarrow RCONH_2 + H_2O$$

Mit Ausnahme von Formamid sind die Amide bei Raumtemperatur feste, gut kristallisierende Substanzen. *Dimethylformamid* («DMF») ist ein wichtiges Lösungsmittel (Sdp. 153 °C).

$$H-C\overset{O}{\underset{N(CH_3)_2}{\diagdown}}$$

$$\text{Dimethylformamid}$$

4.2.6 Dicarbonsäuren

Dicarbonsäuren (vgl. Tabelle 4.14) lassen sich nach prinzipiell gleichen Methoden erhalten wie Monocarbonsäuren, nur müssen als Ausgangsstoffe bifunktionelle Verbindungen verwendet werden:

$$\begin{array}{ccc} CH_2-Cl & CH_2-CN & CH_2-COOH \\ | & \rightarrow \quad | & \rightarrow \quad | \\ CH_2-Cl & CH_2-CN & CH_2-COOH \end{array}$$

$$CH_3-COOH \xrightarrow{Cl_2} \underset{\underset{Cl}{|}}{CH_2}-COOH \xrightarrow{CN^{\ominus}} \underset{\underset{CN}{|}}{CH_2}-COOH \xrightarrow{H_2O} CH_2(COOH)_2$$

Essigsäure   Chloressigsäure   Cyanessigsäure   Malonsäure

Tabelle 4.14. Dicarbonsäuren

Name	Formel	Smp. (°C)	pK_{s_1}	pK_{s_2}
Oxalsäure	HOOC—COOH	189	1,46	4,40
Malonsäure	HOOCCH$_2$COOH	135	2,83	5,85
Bernsteinsäure	HOOC(CH$_2$)$_2$COOH	185	4,17	5,64
Glutarsäure	HOOC(CH$_2$)$_3$COOH	97,5	4,33	5,57
Adipinsäure	HOOC(CH$_2$)$_4$COOH	151	4,43	5,52
Pimelinsäure	HOOC(CH$_2$)$_5$COOH	105	4,47	5,52
Korksäure	HOOC(CH$_2$)$_6$COOH	142	4,52	5,52
Azelainsäure	HOOC(CH$_2$)$_7$COOH	106	4,54	5,52
Sebacinsäure	HOOC(CH$_2$)$_8$COOH	134	4,55	5,52
Maleinsäure	*cis*-HOOCCH=CHCOOH	130	1,9	6,5
Fumarsäure	*trans*-HOOCCH=CHCOOH	287	3,0	4,5
Phthalsäure	1,2-C$_6$H$_4$(COOH)$_2$	231	2,96	5,4
Isophthalsäure	1,3-C$_6$H$_4$(COOH)$_2$	348,5	3,62	4,6
Terephthalsäure	1,4-C$_6$H$_4$(COOH)$_2$	300	3,54	4,46

Gewisse Dicarbonsäuren lassen sich auch durch oxidative *Spaltung* von *Ringverbindungen* herstellen:

Maleinsäureanhydrid   Maleinsäure   Bernsteinsäure

Adipinsäure

Phthalsäureanhydrid   Phthalsäure

Auch bezüglich ihrer Reaktionen verhalten sich Dicarbonsäuren nicht anders als Monocarbonsäuren. Eine Besonderheit besteht darin, daß sie unter der Wirkung wasserentziehender Mittel *zyklische Anhydride* bilden. Entstehen dabei die sterisch begünstigten 5- oder 6-Ringe, so tritt Wasserabspaltung bereits beim Erhitzen der Säure ein:

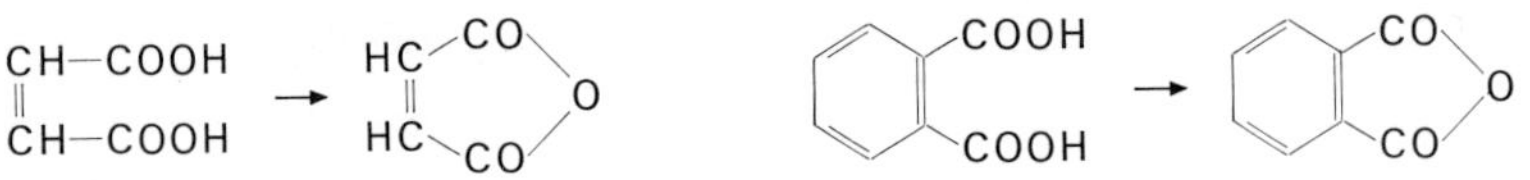

Solche Anhydride bilden mit Alkoholen *Halbester,* mit Ammoniak *Halbamide* usw. Die Bildung von *Phthalsäurehalbestern* wird zur Spaltung racemischer Alkohole benützt:

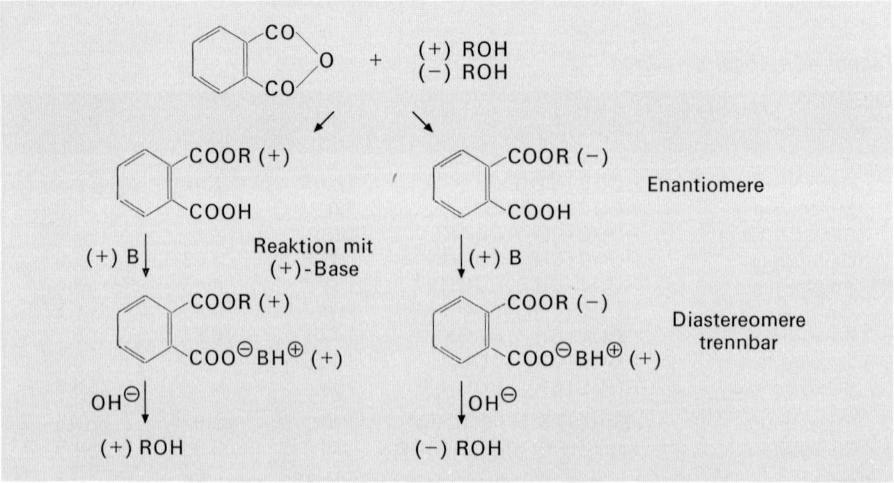

Als Beispiele von Dicarbonsäuren seien genannt:

Oxalsäure, HOOC—COOH, eine farblose, kristalline Substanz von ziemlich stark saurem Charakter ($pK_{s_1} = 1{,}46$), kommt als saures Kaliumsalz in vielen Pflanzen vor, z. B. im Sauerklee und Rhabarber. Viele Pflanzenteile enthalten auch das schwerlösliche Calciumoxalat. Aus wäßrigen Lösungen kristallisiert Oxalsäure mit zwei mol Kristallwasser.
Beim Erhitzen mit konzentrierter Schwefelsäure zerfällt Oxalsäure in Kohlendioxid, Kohlenmonoxid und Wasser. Durch Permanganat wird sie zu Kohlendioxid und Wasser oxidiert, wobei das $MnO_4^{\ominus}$-Ion zu $Mn^{2\oplus}$ reduziert wird (Bedeutung für die Permanganometrie in der Maßanalyse).

Malonsäure, HOOC—CH$_2$—COOH, wird – meist in Form ihres Diethylesters – für zahlreiche Synthesen (z. B. von α,β-ungesättigten Carbonsäuren) verwendet, da die H-Atome am C-Atom 2 verhältnismäßig stark acid sind und die durch Einwirkung von Natrium oder Natriumethylat auf Malonester entstehenden Carbanionen leicht an Carbonylgruppen addiert werden können. Die freie Säure sowie ihre Alkylderivate werden durch Erhitzen ziemlich leicht decarboxyliert. Mit Harnstoff entstehen die als Schlafmittel wichtigen Barbitursäurederivate (S. 295).

Bei der Einwirkung von Phosphor(V)-oxid auf Malonsäure entsteht *Kohlensuboxid,* ein giftiges, stechend riechendes Gas (Sdp. 7 °C), das als «Bisketen» für präparative Zwecke Bedeutung erlangt hat:

$$HOOC-CH_2-COOH \xrightarrow[- 2 H_2O]{P_4O_{10}} O=C=C=C=O$$
$$\text{Kohlensuboxid}$$

Bernsteinsäure [$HOOC-(CH_2)_2-COOH$], **Glutarsäure** [$HOOC-(CH_2)_3-COOH$] und **Adipinsäure** [$HOOC-(CH_2)_4-COOH$] sind wichtige Zwischenprodukte für Synthesen.

Die beiden stereoisomeren ungesättigten Dicarbonsäuren **Maleinsäure** und **Fumarsäure** bilden das klassische Beispiel eines *cis/trans*-Isomerenpaares (Tabelle 4.15). Maleinsäure bildet beim Erhitzen auf 160 °C unter Wasserabspaltung ein zyklisches Anhydrid. Erhitzt man sie in einem zugeschmolzenen Rohr, so isomerisiert sie bei etwa 200 °C in die beständigere Fumarsäure. Diese bleibt bis weit über 200 °C unverändert und bildet erst oberhalb 275 °C das Anhydrid, wobei sie offenbar zuerst in Maleinsäure umgelagert wird.

Tabelle 4.15. Physikalisch-chemische Konstanten von Malein- und Fumarsäure

	Maleinsäure	Fumarsäure
Schmelzpunkt (°C)	130	287
Löslichkeit in Wasser (g/100 ml; 25 °C)	78,8	0,7
Dichte	1,590	1,635
Verbrennungswärme (kJ/mol)	1369	1339
pK_{s_1}	1,9	3,0
pK_{s_2}	6,5	4,5

Fumarsäure (die *trans*-Form) besitzt auch das stabilere Gitter (geringere Löslichkeit) sowie eine um 30 kJ/mol kleinere Verbrennungswärme. Von Interesse ist, daß das energiereichere *cis*-Isomer unter der Wirkung von Katalysatoren wie HCl oder HBr bereits bei Zimmertemperatur in die *trans*-Säure umgelagert werden kann. Offenbar findet dabei eine vorübergehende Addition an die Doppelbindung statt, und die Elimination ergibt dann vorzugsweise das stabilere (*trans*-)Isomer. Maleinsäureanhydrid dient häufig als «dienophile» Komponente zur Ausführung von Diels-Alder-Additionen (Bildung mehrzyklischer Ringsysteme, S. 114 und S. 558).
Von den aromatischen Dicarbonsäuren seien **Phthalsäure** (Benzen-1,2-dicarbonsäure) und **Terephthalsäure** (Benzen-1,4-dicarbonsäure) erwähnt. Beide sind wichtige Zwischenprodukte für zahlreiche technische Synthesen (Terephthalsäure z. B. als Ausgangsstoff zur Gewinnung der Kunstfaser Terylen [Trevira, Diolen]; man erhält sie durch Oxidation von Naphthalen bzw. *p*-Xylen).

4.2.7 Hydroxy- und Ketosäuren

Hydroxysäuren enthalten neben der Carboxyl- noch eine (oder mehrere) Hydroxylgruppen. Je nach der Stellung der OH-Gruppe hat man zu unterscheiden zwischen

α-Hydroxysäuren   CH$_3$—CH—COOH α-Hydroxypropionsäure (Milchsäure)
                                     |
                                     OH

β-Hydroxysäuren   CH$_3$—CH—CH$_2$—COOH β-Hydroxybuttersäure
                              |
                              OH

γ-Hydroxysäuren, δ-Hydroxysäuren usw.

α-Hydroxysäuren lassen sich entweder aus α-Halogencarbonsäuren durch S_N-Reaktion mit OH$^\ominus$-Ionen oder aus Carbonylverbindungen über Cyanhydrine als Zwischenstufe erhalten:

$$\begin{array}{cc} R \\ {}^{\diagdown}\!C{=}O + HCN \\ R' {}^{\diagup} \end{array} \longrightarrow \begin{array}{c} R \diagdown \;\;\diagup CN \\ C \\ R' \diagup \;\;\diagdown OH \end{array} \xrightarrow[H^\oplus \text{ oder } OH^\ominus]{2\;H_2O} \begin{array}{c} R \diagdown \;\;\diagup COOH \\ C \\ R' \diagup \;\;\diagdown OH \end{array}$$

Cyanhydrin

Zur Synthese von β-Hydroxysäuren dient die *Reformatzki-Reaktion*. Man läßt dabei α-Bromcarbonsäureester und metallisches Zink auf Carbonylverbindungen einwirken:

$$\begin{array}{c} R \\ {}^{\diagdown}\!C{=}O + Br{-}CH_2{-}COOC_2H_5 \\ R' {}^{\diagup} \end{array} \xrightarrow{Zn/Ether} \begin{array}{c} R \diagdown \;\;\diagup OZnBr \\ C \\ R' \diagup \;\;\diagdown CH_2COOC_2H_5 \end{array}$$

Das Adduktt wird durch verdünnte Mineralsäure gespalten:

$$\begin{array}{c} R \diagdown \;\;\diagup O{-}ZnBr \\ C \\ R' \diagup \;\;\diagdown CH_2COOC_2H_5 \end{array} \xrightarrow{H^\oplus,\;H_2O} \begin{array}{c} R \diagdown \;\;\diagup OH \\ C \\ R' \diagup \;\;\diagdown CH_2COOC_2H_5 \end{array}$$

Die Reformatzki-Reaktion verläuft analog der Grignard-Reaktion; die Verwendung von Zink an Stelle des reaktionsfähigeren Magnesiums bewirkt, daß nur Addition an die Carbonylgruppe des Aldehyds oder Ketons, nicht aber an die weniger reaktionsfähige C=O-Gruppe des Esters eintritt.

γ- und δ-Hydroxysäuren werden vor allem durch Reduktion entsprechender Ketocarbonsäuren erhalten; sie treten auch als Abbauprodukte von Kohlenhydraten auf.

Hydroxysäuren zeigen die Eigenschaften ihrer funktionellen Gruppen. So lassen sie sich beispielsweise sowohl an der Hydroxyl- wie an der Carboxylgruppe verestern. Beim Erhitzen (oft unter der katalytischen Wirkung von H$^\oplus$-Ionen) spalten sie Wasser ab, wobei je nach der Stellung der Hydroxylgruppe verschiedene Produkte entstehen. Bei β-Hydroxysäuren geschieht die Elimination von Wasser sehr leicht und ergibt *α,β- ungesättigte Carbonsäuren*. Die Leichtigkeit, mit der diese Reaktion eintritt, ist eine Folge der Ausbildung des delokalisierten Elektronensystems C=C—C=O. Als Nebenprodukt entsteht jedoch immer auch etwas β,γ-ungesättigte Säure.

α-Hydroxysäuren bilden zyklische Ester, indem sich zwei Moleküle gegenseitig zu einem *«Lactid»* verbinden:

$$\begin{array}{c} O \\ \| \\ R \diagdown \;\; C{-}OH \quad HO \diagdown \;\; H \\ C \qquad\qquad C \\ H \diagup \;\; \diagdown OH \quad HO{-}C \diagup \;\; \diagdown R \\ \| \\ O \end{array} \;+\; \longrightarrow \begin{array}{c} O \\ \| \\ R \diagdown \;\; C{-}O \diagdown \;\; H \\ C \qquad\qquad C \\ H \diagup \;\; \diagdown O{-}C \diagup \;\; \diagdown R \\ \| \\ O \end{array}$$

ein Lactid, enthält einen
sechsgliedrigen Ring

Tabelle 4.16. Hydroxycarbonsäuren

Name	Formel	Smp. (°C)	pK_{s_1}
Glykolsäure	$HOCH_2COOH$	80	3,83
(+)-Milchsäure	$CH_3CHOHCOOH$	53	
(±)-Milchsäure	$CH_3CHOHCOOH$	17	3,87
(±)-α-Hydroxybuttersäure	$CH_3CH_2CHOHCOOH$	43	
(±)-Mandelsäure	$C_6H_5CHOHCOOH$	120	3,37
(−)-Glycerolsäure	$HOCH_2CHOHCOOH$	Sirup	
(−)-Äpfelsäure	$HOOCCH_2CHOHCOOH$	101	3,41
(±)-Äpfelsäure	$HOOCCH_2CHOHCOOH$	130	3,42
(+)-Weinsäure	$HOOCCHOHCHOHCOOH$	170	2,93
(±)-Weinsäure	$HOOCCHOHCHOHCOOH$	205	2,96
meso-Weinsäure	$HOOCCHOHCHOHCOOH$	140	3,11
Citronensäure	$HOOCCH_2C(OH)(COOH)CH_2COOH$	153	3,13

Auch γ- und δ-Hydroxysäuren spalten Wasser ab, wobei sich intramolekulare Ester, sogenannte **Lactone,** bilden (Tendenz zur Bildung der relativ spannungsfreien fünf- oder sechsgliedrigen Ringe!). Lacton und freie Säure stehen häufig in einem Gleichgewicht miteinander, das meist sogar stark auf der Seite des Lactons liegt. Unter der Wirkung von Basen erhält man daraus die freie Säure (in Form ihres Natriumsalzes).

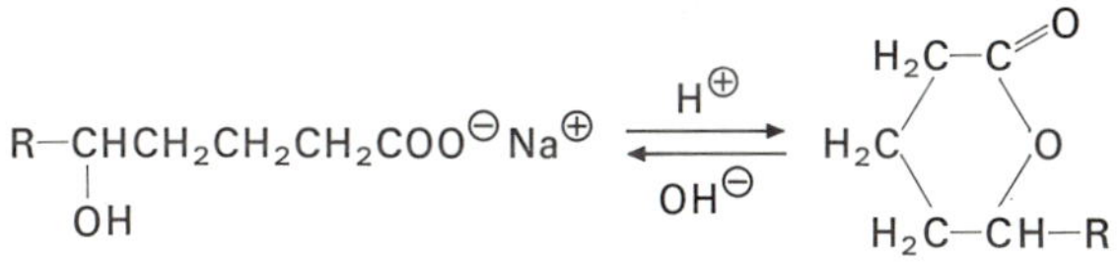

ein δ-Lacton

Unter den Hydroxysäuren findet sich eine Reihe natürlich vorkommender Substanzen, wie **Milchsäure** (in saurer Milch als Racemat und im Muskel als rechtsdrehendes Enantiomer), **Äpfelsäure** (in Früchten), **Mandelsäure, Citronensäure** (eine dreiprotonige Hydroxysäure), **Weinsäure** (Weinstein ist Kaliumhydrogentartrat, also das saure Kaliumsalz der Weinsäure) usw.

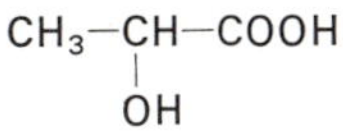

Milchsäure
(Salze: Lactate)

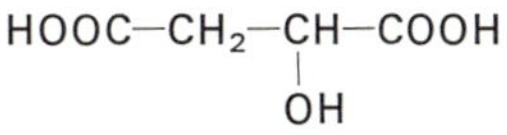

Äpfelsäure
(Salze: Malate)

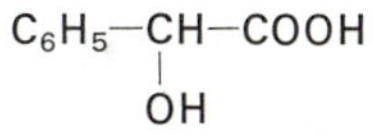

Mandelsäure
(Salze: Amygdalate)

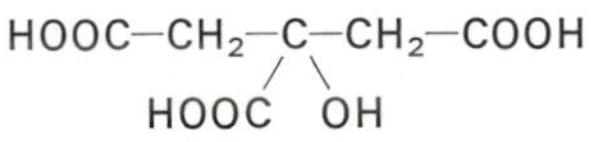

Citronensäure
(Salze: Citrate)

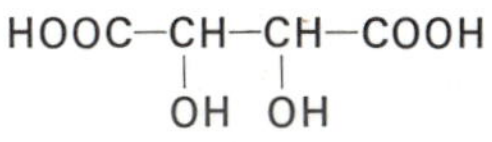

Weinsäure
(Salze: Tartrate)

Alle α-Hydroxysäuren (mit Ausnahme der Glykolsäure und der Hydroxymalonsäure) sind *optisch aktiv.* Die konfigurativen Zusammenhänge zwischen ihnen, dem als Bezugssubstanz gewählten D-(+)-Glyceraldehyd und den Kohlenhydraten wurden zum größten Teil bereits von E. Fischer um die Jahrhundertwende geklärt. D-(+)-Glyceraldehyd läßt sich beispielsweise durch eine Reihe von Reaktionen in (−)-Milchsäure überführen, ohne daß dabei eine Bindung zum asymmetrisch substituierten C-Atom gelöst wird, so daß (−)-Milchsäure ebenfalls die *D*-Konfiguration besitzt:

$$
\begin{array}{ccccccc}
\text{CHO} & & \text{COOH} & & \text{COOH} & & \text{COOH} \\
| & & | & & | & & | \\
\text{H}-\text{C}-\text{OH} & \xrightarrow{\text{Oxidation}} & \text{H}-\text{C}-\text{OH} & \xrightarrow{\text{PBr}_3} & \text{H}-\text{C}-\text{OH} & \xrightarrow{\text{Zn, H}^{\oplus}} & \text{H}-\text{C}-\text{OH} \\
| & & | & & | & & | \\
\text{CH}_2\text{OH} & & \text{CH}_2\text{OH} & & \text{CH}_2\text{Br} & & \text{CH}_3
\end{array}
$$

D-(+)-Glyceraldehyd   *D*-(+)-Glycerolsäure   *D*-(−)-Milchsäure

Tabelle 4.17. *Eigenschaften der vier Weinsäuren*

Isomer	Smp. (°C)	Dichte (g·cm^{-3}; 20°C)	optische Drehung ($[\alpha]_D$ 20°C; in Wasser)	Löslichkeit in Wasser (g/100 g; 20°C)
(+)-Weinsäure	170	1,760	+12°	139
(−)-Weinsäure	170	1,760	−12°	139
meso-Weinsäure	140	1,667	0	125
Traubensäure	203	1,680	0	21

Von den *Weinsäuren* (mit zwei gleichartig substituierten Chiralitätszentren) existieren (neben der Racemform[1]) drei Stereoisomere: die (+)- und (−)-Weinsäure und die *meso*-Weinsäure. Die *Konfigurationszuordnung* ist auf folgendem Weg möglich:

$$
\begin{array}{ccccccc}
& & & & \text{CN} & & \text{CN} \\
& & & & | & & | \\
\text{CHO} & & & & \text{H}-\text{C}-\text{OH} & & \text{HO}-\text{C}-\text{H} \\
| & & & & | & & | \\
\text{H}-\text{C}-\text{OH} & + & \text{HCN} & \rightarrow & \text{H}-\text{C}-\text{OH} & + & \text{H}-\text{C}-\text{OH} \\
| & & & & | & & | \\
\text{CH}_2\text{OH} & & & & \text{CH}_2\text{OH} & & \text{CH}_2\text{OH}
\end{array}
$$

D-(+)-Glycerol-aldehyd

Hydrolyse, anschließend Oxidation mit konz. HNO$_3$

$$
\begin{array}{ccc}
\text{COOH} & & \text{COOH} \\
| & & | \\
\text{H}-\text{C}-\text{OH} & & \text{HO}-\text{C}-\text{H} \\
| & & | \\
\text{H}-\text{C}-\text{OH} & & \text{H}-\text{C}-\text{OH} \\
| & & | \\
(1) \quad \text{COOH} & & \text{COOH} \quad (2)
\end{array}
$$

Dabei entstehen die beiden Produkte (1) und (2) allerdings nicht im Molverhältnis 1:1, sondern angenähert 1:3. Weil nämlich Glyceraldehyd bereits ein Chiralitätszentrum besitzt, sind die aktivierten Komplexe für die Addition von HCN diastereomer zueinander und deshalb von verschiedener Energie. Die Produkte (1) und (2) sind ebenfalls Diastereomere und lassen sich somit durch fraktionierte Kristallisation trennen. Das eine ist optisch inaktiv und nicht in Enantiomere spaltbar; es entspricht der *meso*-Weinsäure (1). Das andere ist mit der (−)-Weinsäure identisch, so daß dieser die *D*-Konfiguration zugeordnet werden muß.

---

[1] Die racemische Weinsäure wird auch als «*Traubensäure*» bezeichnet. Von ihr stammen die Namen «racemisch» und «Racemat» (racemus lat. = Traube).

Zur Gewinnung von **Ketocarbonsäuren** dienen hauptsächlich verschiedene Arten von *«Esterkondensationen»*, die als *«Claisen-Kondensationen»* bezeichnet werden. Unter der Wirkung einer starken Base (z. B. Natriummethylat) verbinden sich zwei Moleküle Ester unter Abspaltung eines Moleküls Alkohol. Die Kondensation von zwei mol Carbonsäureester führt zu β-Ketoestern; kondensiert man ein mol Carbonsäureester mit einem mol Oxalsäureester, so erhält man (nach Verseifung und Decarboxylierung) eine α-Ketosäure:

$$R-CH_2-\underset{\underset{O}{\|}}{C}-OR' \; + \; \underset{\underset{R}{|}}{CH_2}-COOR' \quad \xrightarrow{\ominus OC_2H_5} \quad R-CH_2-\underset{\underset{O}{\|}}{C}-\underset{\underset{R}{|}}{CH}-COOR' \; + \; R'OH$$

$$\beta\text{-Ketoester}$$

$$\underset{\underset{COOR'}{|}}{R-CH_2} \; + \; R'O\overset{\overset{O}{\|}}{C}-COOR' \quad \xrightarrow{\ominus OC_2H_5} \quad \underset{\underset{COOR'}{|}}{R-CH}-\overset{\overset{O}{\|}}{C}-COOR' \; + \; R'OH$$

$$\downarrow \text{Verseifen, Erhitzen } (-CO_2)$$

$$R-CH_2-\overset{\overset{O}{\|}}{C}-COOH$$

$$\alpha\text{-Ketosäure}$$

α-Ketocarbonsäuren spalten beim Behandeln mit konzentrierter Schwefelsäure Kohlenmonoxid ab und gehen in eine um ein C-Atom ärmere Carbonsäure über *(«Decarbonylierung»)*:

$$R-\underset{\underset{O}{\|}}{C}-COOH \quad \xrightarrow{H_2SO_4} \quad R-COOH \; + \; CO$$

β-Ketocarbonsäuren sind im freien Zustand nicht beständig und spalten CO_2 ab, wodurch ein Keton entsteht. Diese *«Ketonspaltung»* tritt meist gleichzeitig mit der Verseifung der β-Ketoester ein und bildet eine wertvolle Methode zur Synthese von Ketonen:

$$R-CO-\underset{\underset{R}{|}}{CH}-COOR' \quad \xrightarrow[OH^{\ominus}]{\text{Verseifen}} \quad R-CO-\underset{\underset{R}{|}}{CH_2} \; + \; R'OH \; + \; CO_2$$

Glyoxylsäure – die einfachste Oxocarbonsäure – entsteht durch Oxidation von Weinsäure mit Blei(IV)-acetat:

$$\begin{array}{l} HO-\underset{|}{CH}-COOH \\ HO-CH-COOH \end{array} \quad \xrightarrow{Ox.} \quad 2 \; O{=}CH-COOH$$

Glyoxylsäure ist nur in Form ihres *Hydrates* bekannt, weil die Carboxylgruppe ähnlich wie die drei Cl-Atome von Chloral stark elektronenanziehend wirkt und somit die Dipol-Dipol-Abstoßung im Hydrat geringer ist:

$$\underset{\underset{H}{|}}{O{=}C}-COOH \quad \rightleftharpoons \quad HO-\underset{\underset{H}{|}}{\overset{\overset{OH}{|}}{C}}-COOH$$

Brenztraubensäure (Smp.13,6 °C, Sdp.165 °C), die einfachste α-Ketocarbonsäure, kann durch Pyrolyse von Wein- oder Traubensäure erhalten werden:

$$
\begin{array}{c}
\text{HO—CH—COOH} \\
| \\
\text{HO—CH—COOH}
\end{array}
\xrightarrow{-\text{H}_2\text{O}}
\begin{array}{c}
\text{CH—COOH} \\
\| \\
\text{HO—C—COOH}
\end{array}
\rightleftharpoons
\begin{array}{c}
\text{CH}_2\text{—COOH} \\
| \\
\text{O}{=}\text{C—COOH}
\end{array}
\xrightarrow{-\text{CO}_2}
\begin{array}{c}
\text{CH}_3 \\
| \\
\text{O}{=}\text{C—COOH}
\end{array}
$$

Brenztraubensäure

Brenztraubensäure (engl. Pyruvic acid; Salze: Pyruvate) nimmt im Stoffwechsel als intermediäres Abbauprodukt der Kohlenhydrate eine zentrale Stellung ein.

Die wichtigste β-Ketocarbonsäure ist **Acetessigsäure**, deren Ester durch Claisen-Kondensation von Essigsäureethylester erhalten werden kann:

$$
2\ \text{CH}_3\text{COOC}_2\text{H}_5 \xrightarrow{\text{NaOC}_2\text{H}_5} \text{CH}_3\text{COCH}_2\text{COOC}_2\text{H}_5\ +\ \text{C}_2\text{H}_5\text{OH}
$$

Acetessigsäureethylester
(«Acetessigester»)

Die H-Atome am α-C-Atom von Acetessigester sind ziemlich stark acid (vgl. S. 416), so daß der Ester hauptsächlich in der tautomeren *Enolform* vorliegt:

$$
\begin{array}{c}
\text{CH}_3\text{—C—CH}_2\text{—COOR} \\
\| \\
\text{O}
\end{array}
\rightleftharpoons
\begin{array}{c}
\text{CH}_3\text{—C}{=}\text{CH—COOR} \\
| \\
\text{OH}
\end{array}
\equiv
\quad \text{H}_3\text{C} \diagdown \underset{\text{C}}{\overset{\text{C}}{\diagup}} \overset{\text{H}}{\underset{}{\diagdown}} \underset{\text{C}}{\overset{\text{C}}{\diagdown}} \diagup \text{OR}
$$

Durch die Bildung intramolekularer H-Brücken ist hier – ähnlich wie beim Acetylaceton – die Enolform besonders stabilisiert.

Acetessigester läßt sich unter der Wirkung von Basen am α-C-Atom alkylieren, so daß er als Zwischenprodukt bei zahlreichen Synthesen verwendet werden kann:

$$
\begin{array}{c}
\text{CH}_3\text{—C—CH}_2\text{—COOR}' \\
\| \\
\text{O}
\end{array}
\xrightarrow[\text{Base}]{\text{R—X}}
\begin{array}{c}
\text{CH}_3\text{—C—CH—COOR}' + \text{HX} \\
\| \quad | \\
\text{O} \quad \text{R}
\end{array}
$$

4.2.8 Aminocarbonsäuren

Die α-Aminocarbonsäuren (kurz **«Aminosäuren»** genannt) – auf die wir uns hier beschränken – besitzen als Bausteine der Eiweiße (Proteine) eine sehr große Bedeutung. Ihre allgemeine Formel ist

$$
\begin{array}{c}
\text{R—CH—COOH} \\
| \\
\text{NH}_2
\end{array}
$$

und sie unterscheiden sich im Aufbau des Restes «R» (vgl. Tabelle 4.18). Nahezu alle natürlichen α-Aminosäuren besitzen die *L*-Konfiguration.

Im Gegensatz zu gewöhnlichen Carbonsäuren oder Hydroxycarbonsäuren sind α-Aminosäuren relativ schwerflüchtige, in Wasser meist leicht, in unpolaren Lösungsmitteln kaum lösliche Substanzen, die ein hohes Dipolmoment besitzen. Sowohl ihre Säuren- wie Basenkonstanten sind meist auffallend klein (für Glycin [Aminoessigsäure] ist pK_s 9,8 und pK_b 11,62); die entsprechenden Werte aliphatischer Carbonsäuren bzw. Amine haben dagegen die Größenordnung $pK_s \approx 5$ und $pK_b \approx 4$.

Tabelle 4.18. Aminosäuren aus Proteinen

Name	Symbol	Formel	Isoelektrischer Punkt	R_f*
Glycin	Gly	$CH_2(NH_2)COOH$	5,97	0,41
Alanin	Ala	$CH_3CH(NH_2)COOH$	6,00	0,60
Valin	Val	$(CH_3)_2CHCH(NH_2)COOH$	5,96	0,78
Leucin	Leu	$(CH_3)_2CHCH_2CH(NH_2)COOH$	6,02	0,84
Isoleucin	Ileu	$CH_3CH_2CH(CH_3)CH(NH_2)COOH$	5,98	0,84
Phenylalanin	Phe	⟨C₆H₅⟩—$CH_2CH(NH_2)COOH$	5,48	0,85
Tyrosin	Tyr	HO—⟨C₆H₄⟩—$CH_2CH(NH_2)COOH$	5,66	0,51
Prolin	Pro	H_2C——CH_2 / H_2C\N(H)/CH—$COOH$	6,30	0,88
Hydroxyprolin	Hypro	HO—CH——CH_2 / H_2C\N(H)/CH—$COOH$	5,83	0,63
Serin	Ser	$HOCH_2CH(NH_2)COOH$	5,68	0,36
Threonin	Thr	$CH_3CH(OH)CH(NH_2)COOH$		0,50
Cystein	CySH	$HSCH_2CH(NH_2)COOH$	5,05	–
Cystin	CyS·SCy	$[-SCH_2CH(NH_2)COOH]_2$	4,8	0,03
Methionin	Met	$CH_3SCH_2CH_2CH(NH_2)COOH$	5,74	0,81
Tryptophan	Try	⟨Indol⟩C—$CH_2CH(NH_2)COOH$ \N(H)/CH	5,89	0,75
Asparaginsäure	Asp	$HOOCCH_2CH(NH_2)COOH$	2,77	0,19
Glutaminsäure	Glu	$HOOCCH_2CH_2CH(NH_2)COOH$	3,22	0,31
Arginin	Arg	$\frac{HN}{H_2N}$=$CNHCH_2CH_2CH_2CH(NH_2)COOH$	10,76	0,89
Lysin	Lys	$H_2NCH_2CH_2CH_2CH_2CH(NH_2)COOH$	9,74	0,81
Histidin	His	$\overset{CH}{N}$⟨ring⟩NH / CH=C—$CH_2CH(NH_2)COOH$	7,59	0,60

* in 77 % Ethanol

Alle diese Eigenschaften lassen sich mit der oben formulierten Struktur nicht vereinbaren. In Wirklichkeit existieren die freien Aminosäuren als **«Zwitterionen»** (*«dipolare Ionen»*), weil das Carboxyl-Proton von der Aminogruppe gebunden wird:

$$R-CH-COO^{\ominus}$$
$$| \atop NH_3^{\oplus}$$

Die in wäßriger Lösung sauer wirkende Gruppe einer Aminosäure ist also die $-NH_3^{\oplus}$-Gruppe, und der potentiometrisch bestimmbare pK_s-Wert mißt die Säurestärke der protonierten Aminogruppe. Die Basizität der Aminosäure (ihr pK_b-Wert bezieht sich auf die basische Wirkung der $-COO^{\ominus}$-Gruppe. Da pK_s und pK_b eines Säure-Base-Paares nach der Beziehung $pK_s + pK_b = 14$ zusammenhängen, ergibt sich für den pK_b-Wert der Aminogruppe die Größenordnung 4 und für den pK_s-Wert der Carboxylgruppe ungefähr 3, was durchaus den pK_b- und pK_s-Werten aliphatischer Amine bzw. Carbonsäuren entspricht.

Die wäßrige Lösung einer Aminosäure reagiert schwach basisch oder schwach sauer, je nachdem, ob der basische Charakter der $-COO^{\ominus}$- bzw. der saure Charakter der $-NH_3^{\oplus}$-Gruppe überwiegt. Durch Erniedrigung des pH-Wertes erhält man die Aminosäure als Kation (die $-COO^{\ominus}$-Gruppe wird protoniert), während bei höheren pH-Werten die Aminosäure als Anion existiert (die $-NH_3^{\oplus}$-Gruppe spaltet ein Proton ab):

$$^{\oplus}H_3N-CH-COOH \underset{H^{\oplus}}{\overset{OH^{\ominus}}{\rightleftharpoons}} {}^{\oplus}H_3N-CH-COO^{\ominus} \underset{H^{\oplus}}{\overset{OH^{\ominus}}{\rightleftharpoons}} H_2N-CH-COO^{\ominus}$$

$$\quad | \qquad\qquad\qquad\qquad | \qquad\qquad\qquad\qquad | $$
$$\quad R \qquad\qquad\qquad\qquad R \qquad\qquad\qquad\qquad R$$

$$\quad (1) \qquad\qquad\qquad\qquad (2) \qquad\qquad\qquad\qquad (3)$$

Sind die Konzentrationen von (1) und (3) gleich groß, so tritt im elektrischen Feld (bei der Elektrolyse) keine Ionenwanderung ein. Der diesem Zustand entsprechende pH-Wert wird **«isoelektrischer Punkt»** genannt. Nun sind Monoaminomonocarbonsäuren gewöhnlich etwas stärker sauer als basisch, so daß in der wäßrigen Lösung die Konzentration des Anions (3) größer ist als die Konzentration des Kations (1) (die Protonenabgabe durch das dipolare Ion erfolgt in größerem Ausmaß als die Protonenaufnahme). Um den isoelektrischen Punkt zu erreichen, muß deshalb durch Zusatz von etwas Säure (d.h. durch Erniedrigung des pH-Wertes) die Protonenabgabe des dipolaren Ions zurückgedrängt werden. Aus diesem Grund liegt der isoelektrische Punkt gewöhnlich etwas unterhalb von pH 7 (bei Glycin z.B. bei pH 5,97). Beim isoelektrischen Punkt erreicht die Konzentration der Zwitterionen ein Maximum, die Löslichkeit der Aminosäure ein Minimum.

Zur präparativen Gewinnung von Aminosäuren kann man entweder α-Halogencarbonsäuren mit Ammoniak umsetzen oder Cyanhydrine mit Ammoniak in α-Aminonitrile überführen und diese anschließend verseifen (*«Strecker-Synthese»*):

$$R-CH-COOH \xrightarrow{NH_3} R-CH-COOH$$
$$\quad | \qquad\qquad\qquad\qquad | $$
$$\quad Br \qquad\qquad\qquad\quad NH_2$$

$$R-CH-CN \xrightarrow{NH_3} R-CH-CN \xrightarrow[H^{\oplus}]{H_2O} R-CH-COOH$$
$$\quad | \qquad\qquad\qquad\qquad | \qquad\qquad\qquad\qquad | $$
$$\quad OH \qquad\qquad\qquad NH_2 \qquad\qquad\qquad NH_2$$

Cyanhydrin

Eine weitere Methode benützt die schon auf S. 212 erwähnte Umsetzung mit Kaliumphthalimid *(«Gabriel-Synthese»)*. Zu diesem Zweck läßt man Brommalonester mit Kaliumphthalimid reagieren, alkyliert das Produkt (unter der Wirkung einer starken Base) und hydrolysiert anschließend, wobei Phthalsäure abgespalten wird, die Estergruppen verseift werden und eine Carboxylgruppe als CO_2 decarboxyliert:

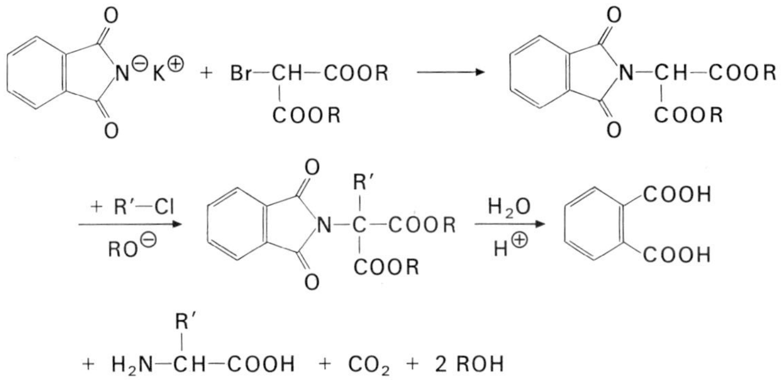

Aminosäuren geben mit *Ninhydrin* eine charakteristische blauviolette Farbreaktion, die sowohl zur Sichtbarmachung einzelner Aminosäuren in Papier- oder Dünnschichtchromatogrammen als auch zur kolorimetrischen Bestimmung von Aminosäuren brauchbar ist. Die Bildung des Farbstoffes erfolgt gemäß nachstehenden Gleichungen:

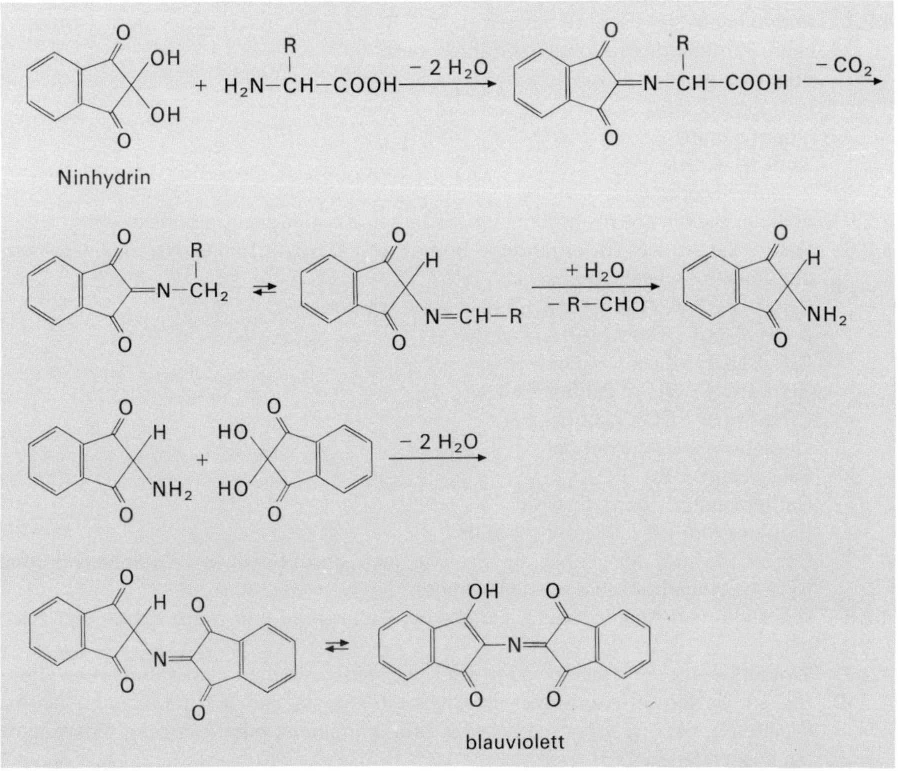

Ninhydrin

blauviolett

Übungen

4.2.1   Geben Sie von folgenden Verbindungen jeweils die Konstitutionsformel sowie
         einen zweiten Namen (nach einem anderen System gebildet) an:
         Isovaleriansäure
         Trimethylessigsäure
         Phenylessigsäure
         Benzoesäure
         γ-Phenylbuttersäure
         Phthalsäure
         α,β-Dimethylcapronsäure
         p-Hydroxybenzoesäure

4.2.2   Formulieren Sie die Gleichungen für die Überführung jeder der folgenden Substan-
         zen in Benzoesäure:
         Toluen
         Brombenzen
         Benzonitril
         Benzylalkohol

4.2.3   Wie wird Benzoesäure mit folgenden Stoffen reagieren (Gleichung angeben, wenn
         eine Reaktion eintritt):
         KOH, CaO, $LiAlH_4$, PCl_5, $SOCl_2$, Br_2/Fe, n-Propylalkohol + $H^{\oplus}$, C_2H_4

4.2.4   Formulieren Sie die Gleichungen für die Reaktionen, nach denen man Isobutter-
         säure in folgende Produkte überführen kann:
         Ethylisobutyrat
         Isobutyrylchlorid
         Isobutyramid
         Isobutylalkohol
         2-Methylpropionitril

4.2.5   Erklären Sie die physikalischen Eigenschaften der niederen Carbonsäuren!

4.2.6   Geben Sie an, was für organische Substanzen (Strukturformel, Name) bei folgen-
         den Reaktionen entstehen:
         $C_6H_5CH{=}CHCOOH$ + $KMnO_4$ (alkalisch), Erwärmen
         p-$CH_3C_6H_4COOH$ + $LiAlH_4$, nachher $H^{\oplus}$
         C_6H_5COOH + $C_6H_5CH_2OH$ + $H^{\oplus}$
         CH_3COOH + NH_3, nachher erhitzen
         $C_6H_{13}MgBr$ + CO_2, nachher + $H^{\oplus}$
         Linolensäure + O_3, nachher + H_2O und Zn
         Salicylsäure + Br_2, Fe
         Natriumacetat + Benzylbromid
         Propionsäure + P + Br_2, dann + KOH

4.2.7   Geben Sie drei Möglichkeiten an, wie man ausgehend von Cyclohexylbromid
         Cyclohexancarbonsäure herstellen kann!

4.2.8   Wie stellt man Ameisensäure, Essigsäure, Buttersäure und Benzoesäure technisch
         her?

4.2.9   Worauf beruht der Unterschied in der Konsistenz zwischen Fetten und fetten Ölen?

4.2.10   Stellen Sie die Strukturformel für Glyceroltripalmitat auf und formulieren Sie die
         Gleichung, nach welcher man daraus Natriumpalmitat erhält! Welche Eigenschaf-
         ten besitzt dieses Salz?

4.2.11 Wie würden Sie die folgenden Gemische trennen (wobei jede Komponente in möglichst reiner Form erhalten werden soll):
Capronsäure und Ethylcapronat
n-Butylether und n-Buttersäure
Isobuttersäure und 1-Pentanol
Natriumbenzoat und Triphenylcarbinol

4.2.12 Bei einer unbekannten Verbindung handelt es sich jeweils um eine von folgenden Paaren. Geben Sie an, wie sie entscheiden können, ob die betreffende Substanz die eine oder die andere Verbindung ist!
Acrylsäure (Sdp.141°C) und Propionsäure (Sdp.141°C)
Mandelsäure ($C_6H_5CHOHCOOH$) (Smp.120°C) und Benzoesäure (Smp.122°C)

4.2.13 Geben Sie drei Möglichkeiten an, wie man n-Butylpropionat herstellen kann!

4.2.14 Wie reagieren folgende Verbindungen miteinander:
$CH_3COCl + C_2H_5OH$
Valeronitril $+ H_2O + H^{\oplus}$
Acetylchlorid + Diazomethan, dann + Ag, H_2O
Acetanhydrid + n-Propylalkohol

4.2.15 Wie kann man folgende Substanzen herstellen:
Adipinsäure aus Cyclohexanol
Maleinsäure aus Benzen
Fumarsäure aus Benzen
β-Hydroxybuttersäure mittels einer Reformatzki-Reaktion
α-Hydroxybuttersäure aus Propylchlorid
α-Hydroxybuttersäure aus Propionaldehyd

4.2.16 Wie verhalten sich Hydroxysäuren beim Erhitzen?

4.2.17 Wie ließ sich die Konfiguration von D-Weinsäure mit der Konfiguration von D-Glyceraldehyd verknüpfen?

4.2.18 Begründen Sie, warum man für α-Aminosäuren eine zwitterionische Struktur annehmen muß!

4.2.19 Welche Produkte erhält man bei der Einwirkung von KOH auf α-, β- bzw. γ-Chlorbuttersäure?

4.3 Derivate der Kohlensäure

Kohlensäure, H_2CO_3, kann als einfachste Hydroxysäure aufgefaßt werden:

$$HO-\underset{\underset{O}{\|}}{C}-OH$$

Sie ist – wie die weitaus meisten *gem*-Dihydroxyverbindungen – bei Raumtemperatur unbeständig und zerfällt in CO_2 und Wasser. Nur unterhalb von $-70°C$ kann sie als einigermaßen stabile Verbindung gefaßt werden.
Von ihren *Derivaten* sind diejenigen Substanzen ebenfalls instabil, welche noch eine freie Hydroxylgruppe besitzen. Diester, Diamide usw. hingegen sind sehr beständig.

Tabelle 4.19. Derivate der Kohlensäure

$$\left[\begin{matrix} HO-\underset{\underset{O}{\|}}{C}-OH \end{matrix} \right]$$

Kohlensäure

$$Cl-\underset{\underset{O}{\|}}{C}-Cl$$

Phosgen

$$Cl-\underset{\underset{O}{\|}}{C}-OC_2H_5$$

Chlorkohlensäureester

$$\left[\begin{matrix} HO-\underset{\underset{O}{\|}}{C}-NH_2 \end{matrix} \right]$$

Carbaminsäure

$$C_2H_5O-\underset{\underset{O}{\|}}{C}-NH_2$$

ein Urethan

$$H_2N-\underset{\underset{O}{\|}}{C}-NH_2$$

Harnstoff

$$\left[\begin{matrix} HO-\underset{\underset{O}{\|}}{C}-OC_2H_5 \end{matrix} \right]$$

Kohlensäure-
monoethylester

$$C_2H_5O-\underset{\underset{O}{\|}}{C}-OC_2H_5$$

Kohlensäure-
diethylester

$$[HO-C\equiv N]$$

Cyansäure

$$H-N=C=O$$

Isocyansäure

$$C_2H_5-N=C=O$$

Isocyansäureester

Phosgen, $COCl_2$ (das Säurechlorid der Kohlensäure), ein sehr stark giftiges Gas (Sdp. 8,2 °C), wird durch direkte Reaktion von CO mit Chlor über Aktivkohle gewonnen:

$$CO + Cl_2 \xrightarrow{\text{Aktivkohle}} COCl_2$$

Es entsteht auch durch Luftoxidation von Chloroform:

$$CHCl_3 + \tfrac{1}{2}O_2 \longrightarrow COCl_2 + HCl$$

Phosgen zeigt die typischen Reaktionen eines Säurechlorids. Mit Ammoniak oder Aminen entsteht **Harnstoff** (bzw. Harnstoffderivate); durch Umsetzung mit Alkoholen bei niedriger Temperatur bilden sich die als Ausgangsstoffe für Synthesen wichtigen Alkylchlorcarbonate (**«Chlorkohlensäureester»**), die mit Alkoholüberschuß (bei 60 bis 70°C) zu Kohlensäureestern reagieren:

Durch Einwirkung von Phosgen auf Arylamine (bei Erhitzen) bilden sich unter Abspaltung von HCl **Isocyanate.**

Die Kohlensäuremonoamide (**«Carbaminsäuren»**) sind im freien Zustand unbeständig und spalten CO_2 ab. Auch ihre Salze zerfallen beim Erhitzen auf 50 bis 60°C. Ihre Ester hingegen, die **«Urethane»**, sind sehr stabil. Sie bilden sich aus Chlorkohlensäureestern und Ammoniak oder Isocyanaten und Alkoholen:

$$RO-C{\overset{O}{\underset{Cl}{}}} \;+\; 2\,NH_3 \;\longrightarrow\; RO-C{\overset{O}{\underset{NH_2}{}}} \;+\; NH_4^{\oplus}\,Cl^{\ominus}$$

$$ROH \;+\; O{=}C{=}N{-}R' \;\longrightarrow\; R{-}O{-}\underset{\underset{O}{\|}}{C}{-}NH{-}R'$$

Die *Phenylurethane,* die sich aus Phenylisocyanat und Alkoholen bilden, haben meist einen scharfen Schmelzpunkt und kristallisieren gut; sie dienen zur Identifizierung und Charakterisierung von Alkoholen. Bifunktionelle Alkohole liefern mit Diisocyanaten die als Schaumstoffe wichtigen *Polyurethane* (z. B. «Moltopren»).

Harnstoff, $CO(NH_2)_2$, das Diamid der Kohlensäure, ein farbloser, gut kristallisierender Festkörper (Smp. 132 °C) tritt als Endprodukt des Proteinstoffwechsels in erheblichen Mengen im Harn der Säugetiere auf. Man stellt ihn technisch zu Düngezwecken in großem Maßstab aus Ammoniak und CO_2 unter Druck her:

$$2\,NH_3 \;+\; CO_2 \;\longrightarrow\; H_2N{-}\underset{\underset{O}{\|}}{C}{-}O^{\ominus}\,NH_4^{\oplus} \;\longrightarrow\; H_2N{-}\underset{\underset{O}{\|}}{C}{-}NH_2 \;+\; H_2O$$

Ammoniumcarbamat

Von historischem Interesse ist die Wöhlersche Harnstoffsynthese aus Ammoniumcyanat:

$$NH_4^{\oplus}\,OCN^{\ominus} \;\longrightarrow\; CO(NH_2)_2$$

Harnstoff ist eine schwache Base und bildet mit starken Mineralsäuren Salze. Unter der Einwirkung des Enzyms Urease, aber auch unter der katalytischen Wirkung von $H^{\oplus}$- oder $OH^{\ominus}$-Ionen, wird er hydrolysiert:

$$
CO(NH_2)_2 \xrightarrow{\;H_2O\;}
\begin{cases}
\xrightarrow{\;H^{\oplus}\;} & NH_4^{\oplus} + CO_2 \\
\xrightarrow{\;OH^{\ominus}\;} & NH_3 + CO_3^{2\ominus} \\
\xrightarrow{\;Urease\;} & NH_3 + CO_2
\end{cases}
$$

Mit salpetriger Säure bilden sich CO_2 und Stickstoff. Eine wichtige Gruppe von Verbindungen, die **Barbitursäure** und ihre Derivate, entsteht durch Reaktion von Harnstoff mit Malonester bzw. substituierten Malonestern:

$$O{=}C{\overset{NH_2}{\underset{NH_2}{}}} \;+\; \underset{\underset{O}{\|}}{\overset{\overset{O}{\|}}{C_2H_5OC}}{\underset{C_2H_5OC}{}}{-}CH_2 \xrightarrow[\substack{\text{in } C_2H_5OH \\ 110\,°C}]{NaOC_2H_5} O{=}C{\overset{N-C{\overset{O}{}}}{\underset{N-C{\underset{O}{}}}{}}}CH_2 \;+\; C_2H_5OH$$

Barbitursäure

Gewisse Barbiturate und Barbitursäurederivate finden als *Schlafmittel* Verwendung.

Semicarbazid, $NH_2NHCONH_2$, das Carbaminsäurehydrazid, entsteht aus Kaliumcyanat und Hydrazin unter dem Einfluß von Säuren:

$$HOCN \ + \ NH_2NH_2 \ \longrightarrow \ O{=}C\underset{\diagdown NHNH_2}{\overset{\diagup NH_2}{}}$$

(Die Reaktion ist der Wöhlerschen Harnstoffsynthese analog!)

Die **Cyansäure,** $HO{-}C{\equiv}N$, ist gewissermaßen das Nitril der Kohlensäure. Die freie Säure steht im Gleichgewicht mit der *Isocyansäure,* $H{-}N{=}C{=}O$. Sowohl die freie Cyansäure wie auch ihr Chlorid, das sehr giftige Chlorcyan, trimerisiert sehr leicht zur *Cyanursäure* bzw. zum *Cyanurchlorid,* heterozyklischen 6-Ringen von aromatischem Charakter:

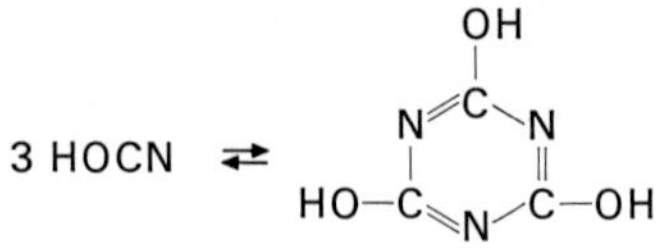

$$3\ HOCN \ \rightleftarrows$$

Cyanursäure

$$3\ Cl{-}CN \ \rightleftarrows$$

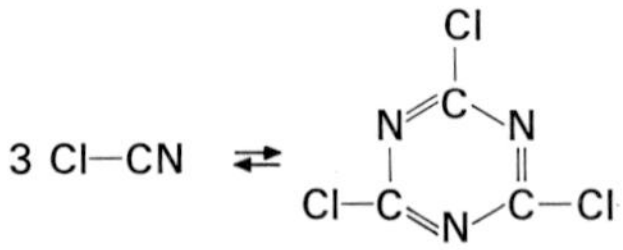

Cyanurchlorid

Übungen

4.3.1 Geben Sie die Formeln folgender Substanzen an:
Chlorkohlensäureethylester
Diphenylharnstoff
Ethylurethan
Phenylisocyanat
Natriumcarbamat
Barbitursäure

4.3.2 Wie lassen sich folgende Stoffe herstellen:
Chlorkohlensäurepropylester
Phenylisocyanat
Cyanursäure

4.3.3 Älteres, längere Zeit gelagertes Chloroform riecht unangenehm und stark zum Husten reizend. Worauf ist dies zurückzuführen?

4.4 Nitrile

Nitrile (Cyanide) sind Verbindungen mit der $-C{\equiv}N$-Gruppe als funktioneller Gruppe. Man erhält sie entweder durch Wasserabspaltung aus Amiden (z.B. mittels $SOCl_2$) oder aus Halogeniden bzw. Dialkylsulfaten oder Tosylaten durch Umsetzung mit KCN:

$$R{-}C\underset{\diagdown NH_2}{\overset{\diagup O}{}} \ \xrightarrow{\ -H_2O\ } \ R{-}C{\equiv}N$$

$$R{-}Cl \ \xrightarrow{\ +CN^{\ominus}\ } \ R{-}C{\equiv}N$$

Auch aus Aldoximen (R—CH=NOH) werden Nitrile durch Wasserabspaltung gewonnen. Technisch werden Nitrile durch Umsetzung von Aldehyden mit Ammoniak (bei 200 bis 240°C an ThO_2-Kontakten) hergestellt:

$$R—CH=O + NH_3 \longrightarrow R—CH=NH + H_2O$$

$$R—CH=NH \longrightarrow R—CN + H_2$$

Alkyl- und einfache Arylnitrile sind Flüssigkeiten oder Festkörper, die ein ziemlich hohes Dipolmoment besitzen. Ähnlich wie die Aldehyde werden besonders die niedrigen Nitrile oft nach den Säuren benannt, die durch Hydrolyse aus ihnen gebildet werden:

$CH_3—CN$	$CH_3CH_2—CN$	$CH_3CH_2CH_2—CN$	⬡—CN
Acetonitril	Propionitril	Butyronitril	Benzonitril

Das einfachste Nitril ist der *Cyanwasserstoff* (**«Blausäure»**), das Nitril der Ameisensäure, ein äußerst giftiges, farbloses[1], nach bitteren Mandeln riechendes Gas (Spd. 26°C). Die letale Dosis beträgt 50 bis 60 mg. Die Giftwirkung beruht darauf, daß $CN^{\ominus}$-Ionen die Metallionen gewisser schwermetallhaltiger Enzyme durch Komplexbildung inaktivieren. Alkylnitrile sind – im Gegensatz zu HCN – bedeutend weniger giftig.

HCN wird technisch in großen Mengen durch Reaktion von Methan mit Ammoniak (an einem Pt-Kontakt) gewonnen:

$$CH_4 + NH_3 \xrightarrow{Pt} HCN + 3\,H_2$$

Die C≡N-Dreifachbindung ist ähnlich wie die C=O-Doppelbindung zu Additionsreaktionen befähigt (S. 656). Durch Hydrolyse von Nitrilen entstehen Carbonsäuren; die katalytische Hydrierung ergibt Amine.

Als Nebenprodukte bei der Bildung von Nitrilen durch S_N-Reaktionen aus Halogeniden und $CN^{\ominus}$-Ionen entstehen stets auch **Isonitrile** (R—N≡C), die sich durch einen ausgesprochen unangenehmen Geruch auszeichnen. Auch die schon früher erwähnte Reaktion von Chloroform mit primären Aminen in Gegenwart von festem KOH ergibt Isonitrile:

$$R—NH_2 + CHCl_3 \longrightarrow R—\overset{\oplus}{N}≡\overset{\ominus}{C} + 3\,HCl$$

Übungen

4.4.1 Geben Sie die Gleichungen folgender Reaktionen an:
$CH_3CN + CH_3MgBr$, anschließend $+ H^{\oplus} \longrightarrow$
Hydrolyse von C_2H_5CN unter der katalytischen Wirkung von $H^{\oplus} \longrightarrow$
alkalische Hydrolyse von $C_6H_5CH_2CN$

4.4.2 Geben Sie an, wie folgende Substanzen aus den aufgeführten Ausgangsstoffen erhalten werden können:
$CH_3COCOOH$ aus CH_3COOH
Malonsäure aus Essigsäure
Phenylessigsäure aus Benzaldehyd

---

[1] Der Name bezieht sich auf das Berlinerblau, aus welchem man Cyanwasserstoff erstmals erhalten hat (*kyanos* gr. = blau).

4.5   Spektroskopie und Struktur

Wir haben bereits im ersten Kapitel auf die Bedeutung der verschiedenen spektroskopischen Verfahren für die organische Chemie hingewiesen, und auch bei der Besprechung der einzelnen Substanzklassen wurden jeweils ihre spektroskopischen Merkmale erwähnt. In Ergänzung zu diesen Ausführungen sollen in den folgenden Abschnitten die Grundlagen und Anwendungen spektroskopischer Methoden (UV-, IR-, NMR- und Massenspektroskopie) genauer dargestellt werden.

4.5.1   Ultraviolettspektroskopie

Die Absorption von ultraviolettem und (sichtbarem) Licht bewirkt eine Anregung von Elektronen (*«Elektronenspektroskopie»;* vgl. S. 50), und zwar in erster Linie von nichtbindenden oder von π-Elektronen ($n \rightarrow \pi^*$- und $\pi \rightarrow \pi^*$-Übergänge). Wie bereits erwähnt (S. 50), erfordern $n \rightarrow \pi^*$-Übergänge eine geringere Anregungsenergie; die entsprechenden Absorptionsbanden liegen daher im längerwelligen UV. Da es sich aber bei ihnen um symmetrieverbotene Übergänge handelt, ist die Wahrscheinlichkeit zur Anregung eines nichtbindenden Elektrons nur klein, so daß die Intensität dieser Banden relativ gering ist. $\pi \rightarrow \pi^*$-Übergänge treten gewöhnlich bei kürzeren Wellenlängen auf und entsprechen Absorptionsbanden von höherer Intensität ($\varepsilon > 10000$). Sowohl die genaue Lage wie die Intensität einer Absorptionsbande kann durch das Lösungsmittel beeinflußt werden.

Strukturelemente, die durch Anregung von π-Elektronen zur Absorption von UV oder sogar sichtbarem Licht Anlaß geben, bezeichnet man als **«Chromophore»**. Zu den wichtigsten Chromophoren gehören konjugierte Doppelbindungen und aromatische Ringe. Benzen selbst absorbiert bei 184 nm ($\varepsilon = 60000$), 203,5 nm ($\varepsilon = 7400$) und 255 nm ($\varepsilon = 210$). Die letztgenannte Bande zeigt eine auf Vibrationen des angeregten Moleküls zurückzuführende Feinstruktur (*«Feinstrukturbanden»;* S. 155); sie ist für Aromaten von einfacher Konstitution (Alkylbenzene, auch Pyridin) oder von kompliziertem, aber starrem Molekülgerüst charakteristisch. Die Feinstrukturbanden besitzen jedoch nur geringe Intensitäten und sind darum nur in konzentrierten Lösungen zu beobachten. Eine Übersicht über die wichtigsten Chromophore bringt die Tabelle 4.20.

Die Lage der Absorptionsbande (bzw. der Banden) eines Chromophors wird durch Atome oder Atomgruppen, die direkt an das Chromophor gebunden sind, in mehr oder weniger großem Ausmaß beeinflußt. Insbesondere verschieben Heteroatome (N, O, S, Cl) das Absorptionsmaximum deutlich ins längerwellige Gebiet und verstärken zugleich die Absorption. Atomgruppen wie $-OH$, $-OR$, $-SH$ oder $-NH_2$ werden deshalb als **«auxochrome»** (farbverstärkende) Gruppen bezeichnet. Ihre Wirkung beruht darauf, daß ihre freien Elektronenpaare mit den π-Elektronen des Chromophors in Wechselwirkung treten (Bildung delokalisierter MO), so daß die Energiedifferenz zwischen Grundzustand und angeregtem Zustand kleiner wird. Tragen aromatische Ringe Substituenten mit freien Elektronenpaaren oder π-Bindungen (in Konjugation zum Ring), so verschwinden die Feinstrukturbanden, und sowohl die Wellenlänge wie die Intensität der eigentlichen aromatischen Bande (bei 203,5 nm) wächst.

Ausgedehnte Untersuchungen an Substanzen mit demselben *«Basis-Chromophor»,* aber mit verschiedenen Substituenten, haben gezeigt, daß die Effekte von Nachbaratomen *additiv* sind und daß das «restliche» Molekülskelett die Lage der Absorptionsbande nicht beeinflußt. Kennt man die «Inkremente» solcher Substituenten (d. h. die durch sie bewirkte Verschiebung von λ_{max} ins längerwellige Gebiet), so läßt sich das Elektronenspektrum einer

Tabelle 4.20. Beispiele wichtiger Chromophore

Chromophor	Substanz	Übergang	λ_{max} (nm)	ε	Lösungsmittel
$>C=C<$	Ethen	$\pi \rightarrow \pi^*$	162,5	10 000	–
$>C=O$	Aceton	$\pi \rightarrow \pi^*$	188	900	Hexan
		$n \rightarrow \pi^*$	279	14,8	Hexan
$>C=O$	Acetaldehyd	$n \rightarrow \pi^*$	293,4	11,8	Hexan
$>C=O$	Essigsäure	$n \rightarrow \pi^*$	197	41	Hexan
$>C=O$	Acetamid	$n \rightarrow \pi^*$	214		Wasser
$>C=C-C=C<$	Butadien	$\pi \rightarrow \pi^*$	215	20 900	Hexan
$>C=C-C=O$	Acrolein	$\pi \rightarrow \pi^*$	207	25 500	Wasser
		$n \rightarrow \pi^*$	315	13,8	Ethanol

Substanz oft ziemlich genau *berechnen,* bzw. man kann die Konstitution des Chromophors einer Verbindung von unbekannter Struktur aus dem UV-Spektrum bestimmen. Beispiele für die Inkremente bestimmter Substituenten für das Absorptionsmaximum von Dienen, Enonen, aromatischen Carbonylverbindungen und Aromaten bringt die Tabelle 4.21. Man erkennt daraus, daß Diene und α,β-ungesättigte Ketone (als Basis-Chromophore) bei 215 nm ein Absorptionsmaximum zeigen. Jede weitere Doppelbindung hat ein Inkrement von 30 nm; Alkylgruppen am α-C-Atom einer Enon-Gruppe zeigen ein Inkrement von 10 nm, Alkylgruppen am β-C-Atom ein Inkrement von 12 nm. Durch eine exozyklische Doppelbindung wird λ_{max} um 5 nm erhöht.

Beispiele:

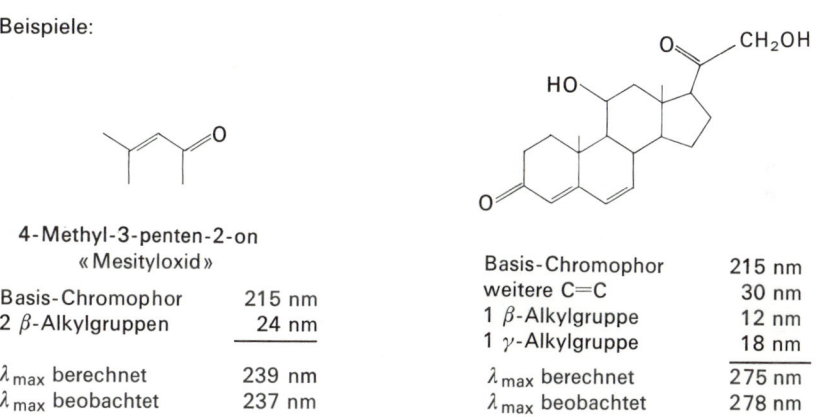

4-Methyl-3-penten-2-on
«Mesityloxid»

Basis-Chromophor	215 nm
2 β-Alkylgruppen	24 nm
λ_{max} berechnet	239 nm
λ_{max} beobachtet	237 nm

Basis-Chromophor	215 nm
weitere C=C	30 nm
1 β-Alkylgruppe	12 nm
1 γ-Alkylgruppe	18 nm
λ_{max} berechnet	275 nm
λ_{max} beobachtet	278 nm

Enthält ein Molekül mehrere Chromophore, die voneinander isoliert (d. h. durch mindestens zwei σ-Bindungen verbunden) sind, so daß zwischen ihnen keine Überlappung von π-MO möglich ist, so setzt sich die Absorptionskurve eines Elektronenspektrums additiv aus den

Tabelle 4.21. λ_{max} für vier Chromophore und ihre wichtigsten Inkremente (in nm)

	Dien	Enon		aromatische Carbonyl-verbindungen		Benzenring
Basis-Chromophor	215	Z = C: 215 Z = H: 207		Z = H:　　　 250 Z = C:　　　 246 Z = OH, OR: 230		Z = H: 203,5, 255
cisoid-Konformer	+ 40					
jede weitere kon- jugierte $>$C=C$<$	+ 30	+ 30				
exozyklische $>$C=C$<$						
$\bigcirc$C=C	+ 5	+ 5				
Substituenten:						
R	+ 5	α + 10 β + 12 γ + 18		o, m + 3 p + 7		+ 3 bzw. + 7
Cl	+ 5	α + 15 β + 12		o, m 0 p + 10		+ 6 bzw. + 9,5
OH	+ 6	α + 35 β + 30		o, m + 7 p + 25		+ 7 bzw. + 20
OR	+ 6	α + 35 β + 30		o, m + 7 p + 25		+13,5 bzw. +17
NR$_2$	+ 6	β + 95		o, m + 20 p + 85		
NO$_2$						+ 65 bzw. + 78

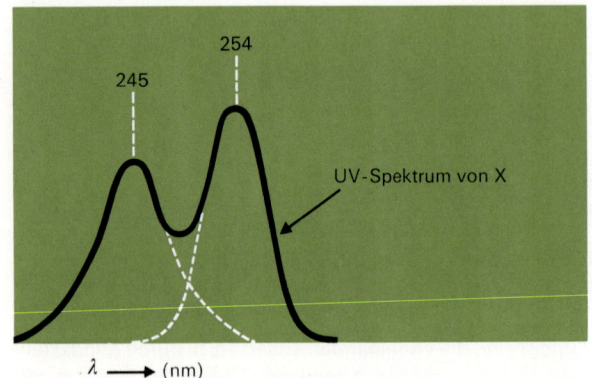

Abb. 4.5. Additivität der UV-Absorption zweier isolierter Chromophore

Spektren der beiden Chromophore zusammen. Die Abb. 4.5 veranschaulicht dies für das UV-Spektrum eines relativ komplizierten Moleküls: Die Spektren der beiden einfachen «Modellverbindungen» (1) und (2) zeigen die ihren Chromophoren entsprechenden Absorptionsmaxima und ergeben zusammen das Spektrum von X.

Solche Modellverbindungen mit bekanntem Chromophor werden häufig zur Identifizierung der Struktur des Chromophors einer kompliziert gebauten Substanz, etwa eines Naturstoffes, benützt.

Substanz X	(1) λ_{max} 254 nm	(2) λ_{max} 245 nm

4.5.2 Infrarotspektroskopie

Kraftkonstanten. Wie bereits in Abschnitt 1.7 (physikalische Eigenschaften organischer Verbindungen) kurz erklärt wurde, vermag Infrarotlicht die Atome in den Molekülen zu Streck- und Beuge- (Deformations-)schwingungen und Rotationen anzuregen (Abb. 1.32, S. 47), wenn die Frequenz des einfallenden Lichtes gleich der Eigenfrequenz einer solchen Molekülschwingung ist, in ähnlicher Weise, wie eine Stimmgabel unter Energieaufnahme in Schwingungen gerät, wenn die Frequenz des erregenden Schalles mit ihrer Eigenfrequenz übereinstimmt. Voraussetzung für die Absorption von IR-Licht ist, daß mit der betreffenden Schwingung eine periodische Änderung des Dipolmomentes verbunden ist.

Zur quantitativen Behandlung der Schwingungsspektren kann man auf ein System, das aus zwei durch eine Kovalenzbindung verbundenen Atomen besteht, das Modell des *«harmonischen Oszillators»* anwenden. Werden die Atome durch Anregung von außen um den Betrag x aus ihrer Ruhelage entfernt, so tritt eine rücktreibende Kraft von der Größe

$$F = -k \cdot x \qquad (1)$$

auf. Unter Berücksichtigung des Newtonschen Gesetzes $F = m \cdot b$ und des sinusförmigen Verlaufs der (harmonischen) Schwingung erhält man für die Wellenzahl der Schwingung den Ausdruck

$$\nu_s = \frac{1}{2 \pi c} \sqrt{\frac{k}{\mu}} \qquad (\nu_s \text{ in cm}^{-1}; c = \text{Lichtgeschwindigkeit}) \qquad (2)$$

wobei μ die «reduzierte» Masse $\dfrac{m_1 \cdot m_2}{m_1 + m_2}$ und k der Proportionalitätsfaktor aus Gleichung (1), die sogenannte *Kraftkonstante* ist. Obschon die Atomschwingungen nur sehr näherungsweise als harmonische Schwingungssysteme betrachtet werden dürfen, können diese Kraftkonstanten als wichtige Kenngrößen der betreffenden Bindungen dienen. Bei Kenntnis der schwingenden Massen (der Atome bzw. Atomgruppen) lassen sie sich aus den empirisch bestimmten Absorptionsfrequenzen ziemlich genau ermitteln. Man findet dabei im allgemeinen, daß k um so größer wird, je größer die Bindungsenthalpie der betreffenden Bindung ist. Dies bedeutet, daß die Frequenzen der Atomschwingungen um so höher sind, je größer die *Bindungsenthalpien* und je kleiner die Massen der schwingenden Atome sind. Bei *Beugeschwingungen* sind die Kraftkonstanten im allgemeinen viel kleiner, weil die winkelerhaltenden Kräfte geringer sind als die Kräfte, welche den Abstandsänderungen entgegenwirken (die Kräfte der Kovalenzbindungen), so daß den Beugeschwingungen Absorptionsbanden im Gebiet niedriger Frequenzen (längerer Wellen) entsprechen.

Die Tabelle 4.22 bringt einige Kraftkonstanten von Bindungen in organischen Molekülen. Sie zeigt deutlich die Beziehungen zwischen Kraftkonstanten und Bindungsenthalpien. Es erhellt daraus aber auch, wie Kraftkonstanten allgemeine Hinweise auf die Bindungsver- hältnisse liefern können. Beispielsweise hat die Kraftkonstante der CO-Bindung im Kohlen- monoxid dieselbe Größenordnung wie die Kraftkonstanten anderer Dreifachbindungen, so daß auch das Kohlenmonoxid mit einer Dreifachbindung formuliert werden muß. Die Übereinstimmung in den Kraftkonstanten der CN-Bindung bei Nitrilen und Isonitrilen zeigt weiter, daß in den letzteren ebenfalls eine Dreifachbindung vorhanden sein muß und somit die ältere Formulierung $R-N{=}C$ unrichtig ist.

Tabelle 4.22. Kraftkonstanten, Bindungsenthalpien und Bindungslängen einiger Bindungen

Bindung	Molekül	Kraftkonstante	Bindungsenthalpie (kJ/mol)	Bindungs- länge pm
$H-H$	H_2	5,1	436	74
$C-H$	CH_3-CH_3	4,8	413	107
$C-C$	CH_3-CH_3	4,34	348	154
$C-N$	CH_3-NH_2	4,88	305	147
$C-F$	CH_3-F	5,10	489	143
$C-Cl$	CH_3-Cl	3,12	339	176
$C-Br$	CH_3-Br	2,62	285	200
$C-I$	CH_3-I	2,16	218	228
$C{=}C$	$CH_2{=}CH_2$	10,8	594	133
$C{=}O$	$CH_2{=}O$	12,9	695	122
$C{\equiv}C$	$CH{\equiv}CH$	14,9	778	119
$C{\equiv}N$	$HC{\equiv}N$	17,3	891	116
$C{=}O$	CO	18,6	1072	113
$N{\equiv}N$	N_2	22,2	945	109,4

Zuordnung der Absorptionsbanden. Die *N* Atome eines beliebigen Moleküls besitzen 3 *N* Freiheitsgrade. Dies bedeutet, daß zur vollständigen Beschreibung der räumlichen Lage aller Atome 3 *N* Koordinatenpunkte notwendig sind (die im völlig ruhenden, nicht schwin- genden Molekül alle durch die Atomabstände und Bindungswinkel festgelegt sind). Bewegt sich ein solches Molekül, so werden zur Beschreibung der Translations- und Rotationsbewegung 6 Freiheitsgrade benötigt, da der Molekülschwerpunkt in je drei Richtungen Translationen und Rotationen ausführen kann. Für die Atomschwingungen stehen somit noch 3 *N* − 6 Freiheitsgrade zur Verfügung, oder, anders gesagt, das *N*-atomige Molekül kann insgesamt 3 *N* − 6 «*Normalschwingungen*» ausführen[1]. Für das Benzen bei- spielsweise sind also insgesamt 30 Normalschwingungen möglich, von denen allerdings nur solche Schwingungen IR-aktiv sind, die mit einer Änderung des Dipolmomentes

---

[1] Dies gilt für ein nichtlineares Molekül. Im Falle eines linearen Moleküls entspricht der Rotation um die Bindungsachse keine Ortsveränderung der Atome, so daß Translation und Rotation nur 5 Freiheitsgrade beanspruchen und deshalb *3 N − 5* Normalschwingungen möglich sind.

verbunden sind. Da aber zu diesen Normalschwingungen auch Oberschwingungen hinzukommen können, und da sich Absorptionsbanden benachbarter Bindungen gegenseitig überlagern, ist die vollständige Analyse eines IR-Spektrums auch nur mäßig komplizierter Moleküle schwierig oder sogar unmöglich. Bei jeder Normalschwingung bewegen sich auch die meisten anderen Atome des Moleküls in einem gewissen Ausmaß mit; während aber bei gewissen Schwingungsformen alle Atome angenähert dieselbe Verschiebung erfahren, ist bei anderen die Verschiebung einer bestimmten Gruppe von Atomen viel größer als die Verschiebung der restlichen Atome. Dies führt zur Unterteilung der Normalschwingungen bzw. ihrer Wellenzahlen in die beiden Gebiete der **«Gruppenfrequenzen»** und der **«Skelett-»** oder **«Molekülschwingungen»**.

Das Gebiet der *Molekülschwingungen* umfaßt den Wellenzahlbereich von ungefähr 1300 bis 600 cm^{-1}. Da an diesen Schwingungen die Gesamtheit aller Atome, also das Molekül als Ganzes, beteiligt ist, wird die exakte Zuordnung der Absorptionsbanden sehr schwierig. Hingegen ist das Absorptionsspektrum in diesem Bereich charakteristisch für das betreffende Molekül, und es ändert sich z. B. beim Ersatz eines einzigen Atoms durch ein anderes oft sehr deutlich. Man nennt aus diesem Grund den Bereich der Wellenzahlen von 1300–600 cm^{-1} das **Fingerprint-**(«Fingerabdruck-»)Gebiet eines IR-Spektrums. Im Wellenzahlgebiet oberhalb 1300 cm^{-1} können die Schwingungen als einigermaßen lokalisierte, ungekoppelte *Normalschwingungen* betrachtet und auf *empirischem* Weg – durch Vergleich der Spektren möglichst zahlreicher Verbindungen mit gemeinsamen Strukturelementen – gewissen Bindungen oder Atomgruppen zugeordnet werden. Zu diesen gehören in erster Linie die Bindungen von C-Atomen mit H-, O-, S- oder Halogen-Atomen (weil sich die aneinander gebundenen, die Schwingungen ausführenden Atome in diesen Fällen bezüglich ihrer Massen genügend unterscheiden) sowie die Bindungen mit größeren Kraftkonstanten (Doppel- und Dreifachbindungen). Man muß sich aber bewußt sein, daß völlige Nichtkopplung ein nur selten verwirklichter *Idealfall* ist und daß die genaue Lage der Absorptionsbanden durch die Umgebung der schwingenden Atome in einem gewissen Ausmaß beeinflußt wird. Das Auftreten solcher Verschiebungen hilft aber sehr häufig beim Erkennen gewisser struktureller Merkmale. Als *Beispiel* sei die Lage der Carbonylbande und der Bande der C=C-Doppelbindung bei verschiedenen Verbindungstypen erwähnt:

Als Folge der *Kopplung* («Resonanz») zwischen den beiden Streckschwingungen der C=C- und C=O-Doppelbindung verschieben sich beide Wellenzahlen (besonders stark bei Ketenen!). Zudem wird die Schwingung der C=C-Doppelbindung viel stärker, so daß ihre Absorptionsbande in gewissen Fällen so stark wird wie die Carbonylbande und diese dann beinahe verdeckt.

Die theoretische *Berechnung* der möglichen Schwingungsfrequenzen aus bekannten Molekülparametern ist wegen der Kompliziertheit des molekularen Kraftfeldes nur unter sehr großem Aufwand möglich. Das Benzenmolekül ist das komplizierteste Molekül, dessen IR-Spektrum vollständig und quantitativ analysiert werden konnte.

Tabelle 4.23. Einige charakteristische IR-Absorptionsbanden

Bindung	Verbindung	Bereich der Wellenzahlen (cm^{-1})	Bemerkungen
C—H	Alkane	2850–2960	C—H-Streckschwingung
		1350–1470	C—H-Beugeschwingung
		1430–1470	—CH$_2$-Gruppe; C—H-Beugeschwingung
		1375	—CH$_3$: symmetrische C—H-Beugeschwingung (Öffnen und Schließen des —CH$_3$-«Schirmes»)
C—H	Alkene	3020–3080	C—H-Streckschwingung
	Alkene, disubstituiert, *cis*	675– 730	
	Alkene, disubstituiert, *trans*	960– 970	C—H-Beugeschwingung
	Alkene, disubstituiert, *gem*	885– 895	
C—H	Aromatische Ringe	3000–3100	C—H-Streckschwingung
C—H	Alkine	3300	C—H-Streckschwingung
C—C	*gem*-Methylgruppen	1370–1385	Dublett der C—C-Beugeschwingung
C=C	Alkene	1640–1680	Wenn symmetrisch substituiert, IR-inaktiv. Lage abhängig von der Konjugation
C≡C	Alkine	2150–2260	
C⋯C	Aromatische Ringe	1450–1600	Vier Banden; sehr charakteristisch (einzelne von ihnen oft verdeckt)
C—O	Alkohole, Ether, Carbonsäuren, Ester	1080–1300	Genaue Lage von der Struktur der betreffenden Verbindung abhängig
C=O	Aldehyde, Ketone, Carbonsäuren, Ester	1690–1760	Bezüglich der genauen Lage der Carbonylbande siehe S. 256
O—H	Alkohole, Phenole (nicht assoziiert)	3590–3640	O—H-Streckschwingung («freies Hydroxyl»)
	Alkohole, Phenole mit H-Brücken	3200–3600	Intermolekulare H-Brücken: Lage der O—H-Bande verändert sich mit der Verdünnung; intramolekulare H-Brücken: Lage der O—H-Bande von der Verdünnung unabhängig
O—H	Carbonsäuren (assoziiert)	2500–3000	Bande ebenso wie bei Alkoholen und Phenolen sehr breit
N—H	Amine	3300–3500	N—H-Streckschwingung
		1550–1650	N—H-Beugeschwingung
C—N	Amine	1180–1360	C—N-Streckschwingung
C≡N	Nitrile	2210–2260	
—NO$_2$	Nitroverbindungen	1515–1560	
		1345–1385	
C—Cl	Halogenide	800– 600	C—Cl-Streckschwingung (niedrige Frequenz wegen kleinerer Kraftkonstanten)

Bemerkungen zu Tabelle 4.23 (in Ergänzung zu den bei den einzelnen Substanzklassen gegebenen Hinweisen):

C—H-Bindungen:
Das *Dublett* bei 1370 und 1385 cm^{-1} (von ungefähr gleicher Intensität) ist für *gem-Dimethylgruppen* charakteristisch (symmetrische und antisymmetrische C—CH$_3$-Beugeschwingung). *t-Butylgruppen* geben ein unsymmetrisches Dublett: 1370 cm^{-1} (stark) und 1395 cm^{-1} (mäßig stark).

Aromatische Ringe:
Die vier Banden im Gebiet von 1450 bis 1600 cm^{-1} bilden ein wertvolles *diagnostisches Merkmal* zur Erkennung aromatischer Systeme (Benzenderivate, polyzyklische Systeme, Pyridin). Das völlige Fehlen dieser Banden zeigt mit Sicherheit, daß keine aromatische Verbindung vorliegt. Von den vier Banden (1450, 1500, 1580, 1600 cm^{-1}) erscheint die dritte oft nur als Schulter der vierten; sie ist intensiver, wenn der aromatische Kern mit einer C=C-Doppelbindung konjugiert ist. Die erste Bande wird oft durch die starke —CH$_2$-Bande verdeckt, wenn im Molekül auch aliphatische Gruppen vorhanden sind. – Die Lage der Banden im *Fingerprintgebiet* (Beugeschwingungen der H-Atome aus der Ebene des aromatischen Ringes heraus) hängt von der Anzahl benachbarter H-Atome am Ring ab (vgl. S. 157).

Carbonylverbindungen:
Aldehyde zeigen zum Unterschied von Ketonen zwei schwache Banden der C—H-Bindung (bei 2940 und 2820 bis 2720 cm^{-1}), die allerdings durch die Bande der O—H- oder auch der C—H-Schwingung verdeckt sein können. Bei α,β-ungesättigten Carbonylverbindungen hat die Carbonylbande eine etwas niedrigere Wellenzahl (um 15 bis 40 cm^{-1}). Weitere Konjugation hat dagegen kaum einen Einfluß auf die Lage der C=O-Bande. Ringspannung in zyklischen Carbonylverbindungen bewirkt eine relativ starke Verschiebung der Carbonylbande nach höheren Frequenzen (Möglichkeit zur Unterscheidung von Ringsystemen verschiedener Größe). Die Effekte von Ringgröße und Konjugation sind additiv. H-Brücken zum Carbonyl-O-Atom verschieben die Bande um 40 bis 60 cm^{-1} ins Gebiet niedrigerer Wellenzahlen.

Carbonsäuren:
Bei sehr starker *Verdünnung* in einem inerten Lösungsmittel treten *zwei Carbonylbanden* auf, die der monomeren und der dimeren Form entsprechen. Salze der Carbonsäuren zeigen keine C=O-Bande, dafür treten bei 1360 und 1580 cm^{-1} zwei Banden auf (symmetrische und unsymmetrische Streckung der Carboxylat-Gruppe).

Anwendungen. Das IR-Spektrum gehört zu denjenigen Eigenschaften einer organischen Substanz, die am meisten direkte Informationen über ihre Molekülstruktur liefert. Die Aufnahme eines IR-Spektrums ist darum heute – ebenso wie z. B. die Schmelzpunktsbestimmung – eine routinemäßig durchgeführte Untersuchung, insbesondere auch deshalb, weil selbstregistrierende IR-Spektrographen zur Verfügung stehen, die leicht zu bedienen sind und ein sehr hohes Auflösungsvermögen mit guter Reproduzierbarkeit der Ergebnisse verbinden. Da Glas Infrarot stark absorbiert, verwendet man Prismen und Gefäße aus NaCl oder CaF$_2$. Feste Stoffe werden mit KBr verrieben und zu einer klaren Tablette verpreßt oder als pastenartige Verreibung mit höheren Paraffinkohlenwasserstoffen («Nujol») oder in Lösung untersucht. Da jedoch alle Lösungsmittel im IR ebenfalls absorbieren, kommen für die Praxis nur solche Lösungsmittel in Frage, welche wie CS_2 oder CCl_4 im IR nur sehr wenige Absorptionsbanden zeigen. CCl_4 und CS_2 haben außerdem den Vorteil, daß sie als unpolare Stoffe die gelösten Substanzen durch Solvationseffekte nur wenig beeinflussen.

Die Anwendungen der IR-Spektroskopie sind derart vielseitig, daß wir uns hier mit wenigen Hinweisen begnügen müssen. Häufig wird beispielsweise das *Fortschreiten* einer *Reaktion* oder einer *chromatographischen Trennung* dadurch verfolgt, daß in bestimmten Zeitabständen Proben entnommen und die IR-Spektren aufgenommen werden. Bei der Oxidation eines Alkohols beispielsweise erscheint nach einiger Zeit die C=O-Bande, während die O—H-Bande verschwindet. IR-Spektren dienen vielfach auch zum exakten Identitätsbeweis von Verbindungen. Dies ist besonders für den präparativ arbeitenden Organiker wichtig, weil er damit entscheiden kann, ob bei einer bestimmten Reaktion das gewünschte Produkt entstanden ist oder ob Nebenprodukte auftreten und welche Substanzen dies sind.

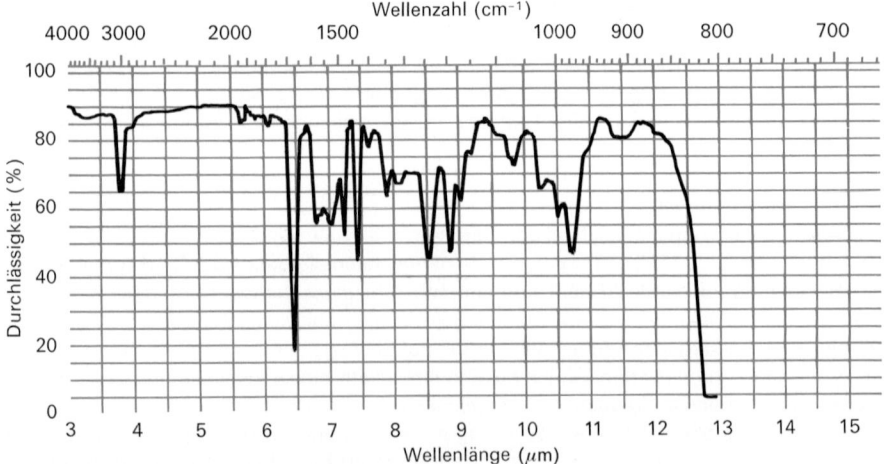

Abb. 4.7. *IR-Spektrum des Produktes der Grignard-Addition von Phenylmagnesiumbromid an Benzalacetophenon (C_6H_5—CH=CH—CO—C_6H_5) (in Chloroform)*

Bei dieser Reaktion ist entweder 1,2-Addition oder 1,4-Addition möglich:

(a) C_6H_5—CH=CH—C—C_6H_5 + C_6H_5MgBr $\xrightarrow[\text{Hydrolyse}]{\text{Addition}}$ C_6H_5—CH=CH—C—C_6H_5 1,2-Addition

(b) C_6H_5—CH=CH—C—C_6H_5 + C_6H_5MgBr $\xrightarrow[\text{Hydrolyse}]{\text{Addition}}$ C_6H_5—CH—CH=C—C_6H_5

↑↓ tautomerisiert

C_6H_5—CH—CH$_2$—C—C_6H_5 1,4-Addition

Das IR-Spektrum des Produktes zeigt eine sehr scharfe Carbonylbande, während die Hydroxylbande fehlt. Die Addition verläuft also nahezu vollständig nach 1,4

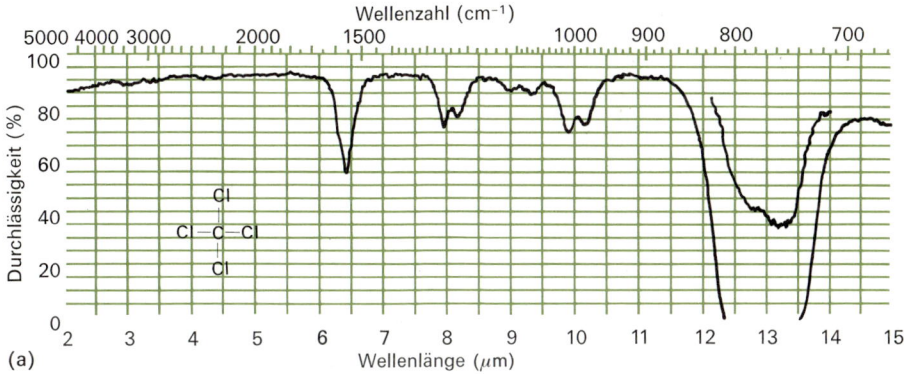

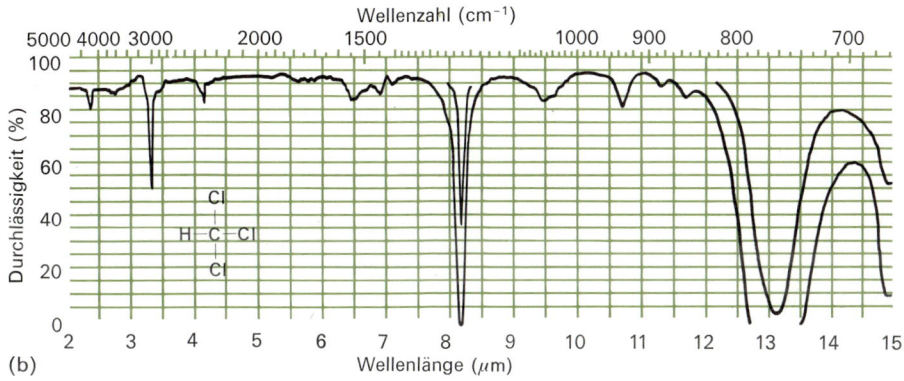

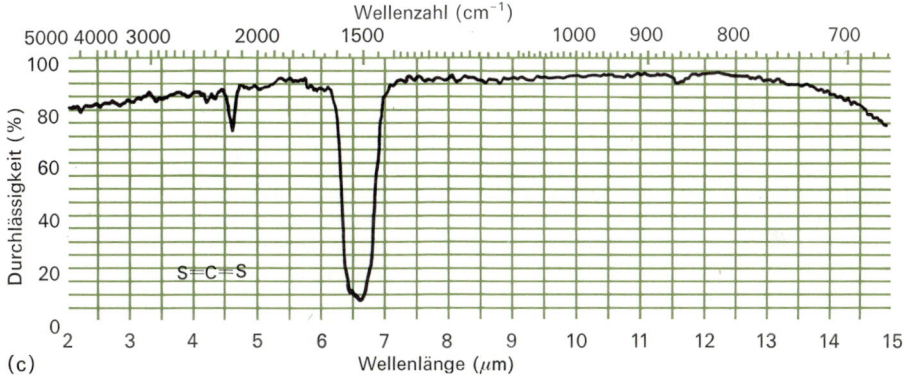

Abb. 4.8. IR-Spektren einiger wichtiger Lösungsmittel
(a) Tetrachlorkohlenstoff, (b) Chloroform, (c) Kohlenstoffdisulfid

Wenn zwei Substanzen in verschiedener Weise miteinander reagieren können, läßt sich die Entscheidung, welche Reaktion tatsächlich eintritt, unter Umständen durch die IR-Spektren der Produkte fällen (vgl. Abb. 4.7; 1,2- oder 1,4-Addition von Phenylmagnesiumbromid an Benzalacetophenon). Auch nur intermediär auftretende *Reaktionszwischenstoffe* lassen sich in gewissen Fällen im IR-Spektrum erkennen. Weil die Lage der O—H- und der N—H-Banden vom Ausmaß der H-Brücken-Bildung abhängt, vermag schließlich die IR-Spektroskopie auch Aufschluß über *Lösungsmitteleffekte* und *Assoziationsgleichgewichte* zu liefern. Hingegen ist es mittels des IR-Spektrums nicht möglich, die Reinheit einer Substanz zu prüfen. Zwar ergeben sehr stark verunreinigte Präparate breitere Banden und zeigen zusätzlich die Banden der Verunreinigung; ein geringer Anteil an Verunreinigungen läßt sich jedoch nicht erkennen. Daß IR-Spektren wichtige Hilfsmittel bei der *Strukturaufklärung* sind, braucht nicht besonders betont zu werden.

Die systematische Interpretation komplizierter Spektren ist oft nicht leicht. Man geht gewöhnlich dabei so vor, daß man anhand ausführlicher Korrelationstabellen die charakteristischen Banden zu identifizieren versucht. Das Fehlen einer bestimmten Bande läßt stets mit Sicherheit darauf schließen, daß die betreffende Gruppe im Molekül fehlt (außer der C=C-Bande bei symmetrisch substituierter Doppelbindung).

4.5.3   Kernresonanzspektroskopie

Chemische Verschiebung. Das Prinzip der NMR-Spektroskopie[1] wurde bereits in Abschnitt 1.7 erläutert. Wie erinnerlich, vermögen Elektronen, die ein Proton umgeben, als Folge eines eigenen, dem angelegten äußeren Magnetfeld entgegengesetzt gerichteten Feldes, dieses Proton *«abzuschirmen»* (**«shielding-effect»**), wodurch sein Absorptionssignal ins Gebiet höherer Feldstärken (niedrigerer Frequenzen) fällt *(Hochfeld-Verschiebung)*[2]. Das am Ort eines bestimmten Protons herrschende Feld ist somit kleiner als das äußere Feld H_0:

$$H = H_0 - \sigma H_0 \qquad \sigma = \text{Abschirmungskonstante}$$

Um die chemische Verschiebung verschiedener Protonen vergleichen und messen zu können, muß die Absorptionsfrequenz einer *Standardsubstanz* bekannt und festgelegt sein. Die geeignetste Standardsubstanz ist *Tetramethylsilan* («TMS»), $(CH_3)_4Si$. TMS enthält 12 identische Protonen im Molekül, die alle bei der gleichen Feldstärke und in einem Gebiet, wo wenige andere Protonen absorbieren, ein scharfes und starkes Signal geben. Wegen der geringen Elektronegativität von Silicium ist nämlich die Abschirmung der Protonen im TMS größer als in den Molekülen der meisten anderen organischen Verbindungen, so daß diese Absorptionssignale bei niedrigeren Feldstärken – vor dem TMS-Peak – liefern.

Die Verschiebung der Absorption, welche durch die sich um ein Proton bewegenden Elektronen bewirkt wird, ist nur sehr klein (in der Größenordnung von 0,01 bis 0,001 % der Resonanzfeldstärke). Häufig gibt man sie darum in ppm *(«parts per million»)* des angelegten Magnetfeldes an. Das Ausmaß der Verschiebung ($H_0 - H$) ist aber der angelegten Feldstärke (bzw. der Radiofrequenz, die zur Erreichung der Absorption notwendig ist) proportional. Aus diesem Grund sucht man bei NMR-Spektrometern möglichst hohe Frequenzen zu erreichen. Während noch vor 10 Jahren fast nur 60 MHz-Geräte zur Verfügung standen, sind heute Geräte von Frequenzen bis 360 MHz (und dementsprechend viel besserer Auflösung der Spektren) erhältlich. Um für die chemische Verschiebung Zahlenwerte zu erhalten, die

---

[1] Wenn im folgenden von «NMR-Spektroskopie» die Rede ist, so ist stets Protonenresonanz-Spektroskopie gemeint.

[2] Die NMR-Spektren werden immer so dargestellt, daß *die Feldstärke nach rechts wächst*. Die Verschiebung eines bestimmten Signals nach höheren Feldstärken zeigt sich also in der Verschiebung des Signals auf der NMR-Skala nach rechts.

von der verwendeten Radiofrequenz unabhängig sind, dividiert man die gemessene Verschiebung (in Hertz) durch die betreffende Radiofrequenz (in Hertz) und multipliziert mit dem Faktor 10^6:

$$\delta = \frac{\text{Linienabstand}}{\text{Radiofrequenz des Apparates}} \cdot 10^6$$

In dieser Skala erhält das Absorptionssignal von TMS den Wert Null. δ-Werte > 0 bedeuten deshalb eine Verschiebung der Absorption in Richtung geringerer Feldstärken (im Spektrum nach links) oder – mit anderen Worten – eine geringere Abschirmung. In der schon auf S. 53 erwähnten τ-Skala bekommt das TMS-Signal den Wert 10.

Die *chemische Verschiebung* ist eine *Folge* der sich um ein bestimmtes Proton herum bewegenden negativen Ladung. **Induktive Effekte** – stark *elektronenanziehende* oder auch *elektronenabstoßende Nachbaratome* – beeinflussen aber die Elektronendichte um ein bestimmtes Proton und zeigen sich deshalb in charakteristischer Weise im *Ausmaß der chemischen Verschiebung.*

Elektronegative Nachbaratome verringern die Elektronendichte um ein Proton, wodurch dieses «*entschirmt*» wird und die Absorption in einem Gebiet geringerer Feldstärken (höherer Frequenzen) erfolgt (**«Entschirmungs-»** oder *«Deshielding-***Effekt»; «Tieffeld-Verschiebung»)**. Je elektronegativer ein solches Atom ist, um so mehr verschiebt sich das Signal des betreffenden Protons im NMR-Spektrum nach links. Diese Wirkung elektronegativer Atome zeigt sich allerdings nur dann deutlich, wenn diese direkt an das mit dem betreffenden Proton verbundene C-Atom gebunden sind (1); im Fall von (2) – wo eine C—C-Bindung zwischen dem elektronegativen Atom X und dem Proton liegt – beobachtet man keine nennenswerte chemische Verschiebung. Vgl. den induktiven Effekt, S. 391.

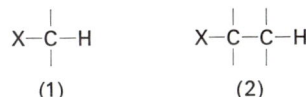

(1)   (2)

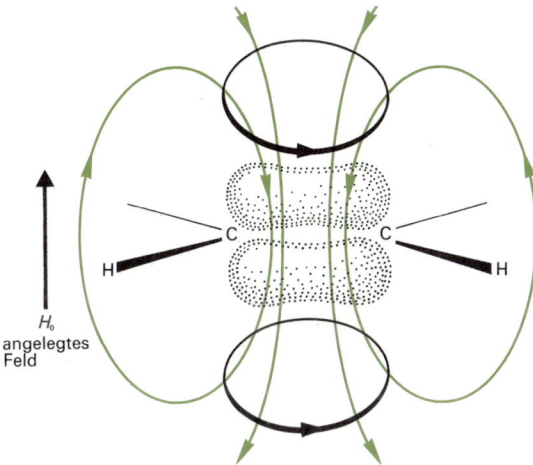

Abb. 4.9. *Induzierte Bewegung der π-Elektronen einer Doppelbindung in einem magnetischen Feld. In der Nähe der Vinyl-Protonen haben das angelegte und das induzierte Feld die gleiche Richtung*

Die Wirkung von π-Elektronen, die sich um Kerne bewegen, welche in der Nähe eines bestimmten Protons liegen, hängt von ihrer Orientierung ab. Im Fall einer C=C-*Doppelbindung* verursacht die Bewegung der π-Elektronen ein induziertes Magnetfeld, das in der Mitte der Doppelbindung dem angelegten Feld entgegengesetzt gerichtet ist (Abb. 4.9). In der Nähe der «Vinyl-Protonen» haben aber die magnetischen Feldlinien die gleiche Richtung wie das angelegte Feld; es ist daher ein schwächeres äußeres Feld nötig, um Absorption durch die Vinyl-Protonen zu erreichen[1]. An C=C-Doppelbindungen gebundene Protonen unterscheiden sich somit durch ihre größere chemische Verschiebung *(Tieffeld-Verschiebung;* $\delta = 4{,}6$ bis $5{,}9$) deutlich von Protonen, die an gesättigte C-Atome gebunden sind ($\delta = 0{,}9$ bis $1{,}5$).

In *Dreifachbindungen* hingegen schwächen die π-Elektronen in der Nähe der Protonen das äußere Feld, so daß ein stärkeres äußeres Feld zur Absorption erforderlich ist *(Hochfeld-Verschiebung;* $\delta = 2$ bis 3); vgl. Abb. 4.10. Protonen an *aromatischen Ringen* schließlich zeigen eine *sehr starke Tieffeld-Verschiebung* (Abb. 4.10): In der Nähe der Protonen wird das äußere Feld verstärkt, und die Absorption wird nach geringeren Feldstärken verschoben ($\delta = 6$ bis $8{,}5$; «Diatropie», S. 146).

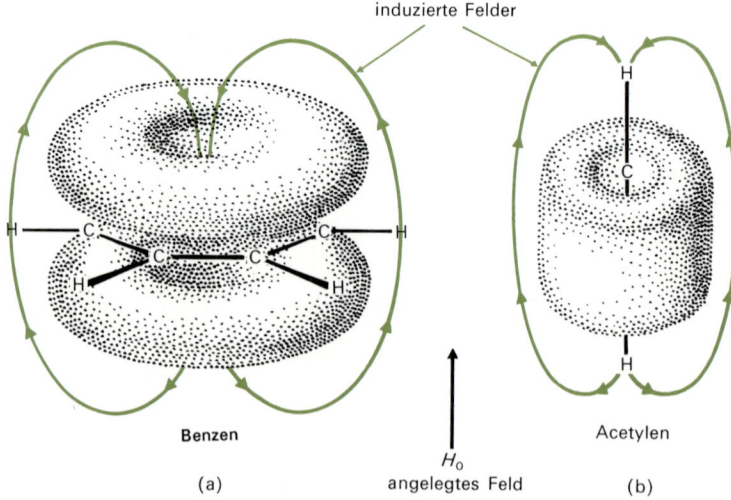

induzierte Felder

Benzen   Acetylen

H_0
angelegtes Feld

(a)   (b)

Abb. 4.10. *Schema der durch ein äußeres Magnetfeld* H_0 *induzierten Magnetfelder bei Benzen und Acetylen (Ethin)*

Wie ebenfalls schon früher erwähnt wurde, zeigen *magnetisch äquivalente Protonen* die *gleiche chemische Verschiebung.* «Äquivalent» bedeutet hier, daß die Umgebung solcher Protonen gleich ist, d. h. daß diese Protonen chemisch – und insbesondere auch *stereochemisch!* – gleichwertig sind. Dies gilt z. B. für die Protonen einer Methyl- oder Methylen-($-CH_2-$)Gruppe (im letzteren Fall allerdings nur, wenn für die Methylengruppe freie Drehbarkeit besteht oder wenn sie nicht einem Chiralitätszentrum benachbart ist [diastereotope Protonen]) oder für strukturell ununterscheidbare, an verschiedene C-Atome gebundene Protonen:

---

[1] Der effektiv beobachtete Wert der chemischen Verschiebung ist natürlich der Mittelwert aller möglichen Orientierungen der Doppelbindungen in den Molekülen relativ zum angelegten Magnetfeld, weil sich die Moleküle bezogen auf die NMR-Zeitskala sehr rasch bewegen.

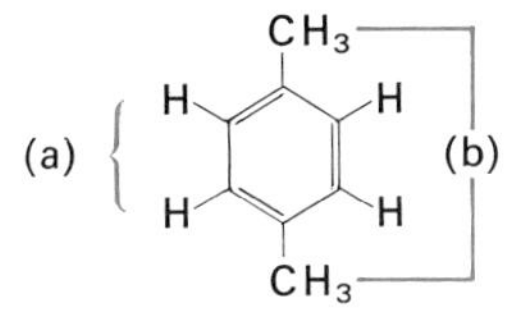

(a): $\delta = 7,3$

(b): $\delta = 3,3$

Oft ist die chemische Verschiebung der verschiedenen Protonen einer bestimmten Verbindung (z. B. der Protonen an gesättigten C-Atomen) von so ähnlicher Größenordnung, daß sich ihre Signale gegenseitig überlappen. Zwar sind dann die einzelnen Protonen nicht mehr unterscheidbar, jedoch gibt die Intensität dieses Peaks die Gesamtzahl aller Protonen in ähnlicher Umgebung an:

Beispiele:		Anzahl der Absorptionssignale
$\underset{a}{CH_3}-\underset{b}{CH_2}-Cl$	(1)	2
$\underset{a}{CH_3}-\underset{b}{CHCl}-\underset{a}{CH_3}$	(2)	2
$\underset{a}{CH_3}-\underset{b}{CH_2}-\underset{c}{CH_2Cl}$	(3)	3
(4)		2
(5)		3
(6)		3
(7)		4

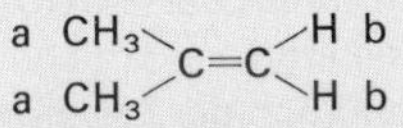

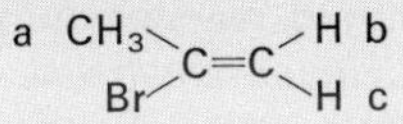

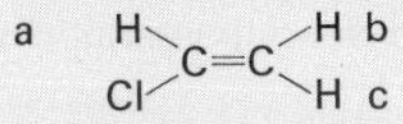

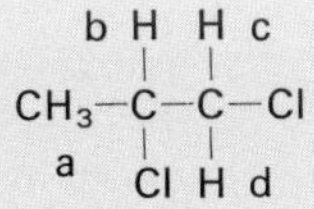

Interessant sind die Fälle (5), (6) und (7). In (5) und (6) geben die an dasselbe C-Atom gebundenen Protonen b und c zwei getrennte Signale. Dies rührt davon her, daß jedes von ihnen eine etwas andere Umgebung «sieht», daß sie also *stereochemisch nicht gleichwertig* sind. Würde man nämlich entweder das eine oder das andere dieser Protonen durch einen beliebigen Substituenten *X* ersetzen, so würde man zwei Diastereomere erhalten:

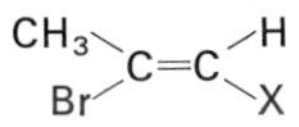

und

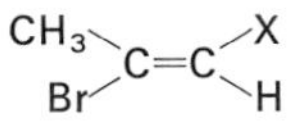

Es handelt sich deshalb bei Protonen wie b und c in den Molekülen (5) und (6) um diastereotope Protonen. Die beiden geminalen Protonen in der Verbindung (7) sind ebenfalls diastereotop, weil ihrem C-Atom ein asymmetrisch substituiertes C-Atom benachbart ist:

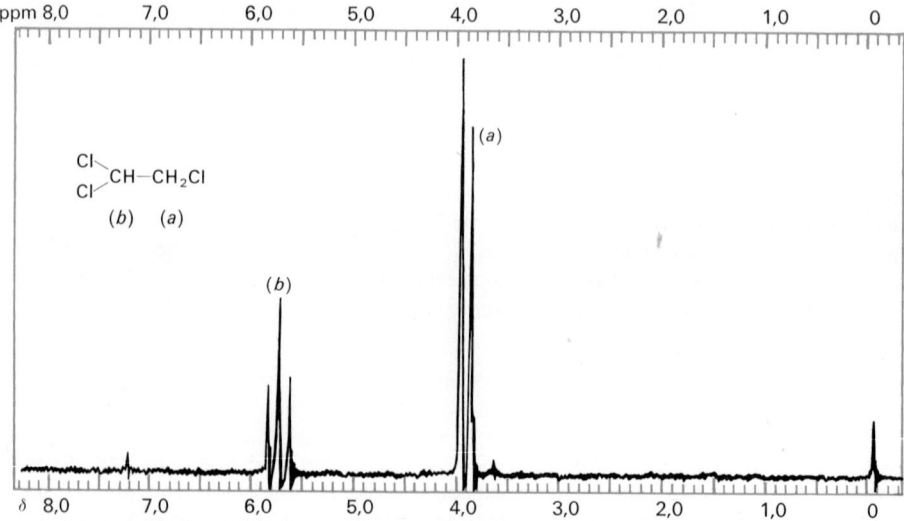

Im Gegensatz zu diastereotopen Protonen sind enantiotope Protonen im NMR-Spektrum *nicht unterscheidbar,* da die magnetische Kernresonanz kein chiraler Effekt ist. Die beiden Protonen e und f ergeben deshalb nur ein einziges Signal:

Bei Protonen, die direkt an stark *elektronegative Atome* gebunden sind, also bei Protonen in —OH-, —NH- und —SH-Gruppen, hängt die Lage der Absorptionspeaks in hohem Maß auch von der Art des verwendeten *Lösungsmittels* sowie von der *Konzentration* und der *Temperatur* ab. Dies beruht darauf, daß solche Protonen in bestimmten Lösungsmitteln einem sehr schnellen *Austausch* mit *Lösungsmittelprotonen* unterliegen. Vergleicht man z.B. die NMR-Spektren von reiner Essigsäure und von Wasser, so zeigt sich, daß das Carboxylproton bei niedrigeren Feldstärken absorbiert als die Protonen von Wasser. Das NMR-Spektrum von wäßriger Essigsäure hingegen zeigt für die beiden Protonen nur einen einzigen Absorptionspeak, der zwischen den Protonen der —COOH- und —OH-Protonen der reinen Verbindungen liegt, wobei die Verschiebung seiner Lage bezüglich der Lage des Absorptionspeaks von reinem Wasser dem Molenbruch der Essigsäure proportional ist. Der Austausch von Protonen zwischen Essigsäure- und Wassermolekülen erfolgt also derart rasch, daß die NMR-Spektroskopie nur die «*durchschnittliche*» Lage dieses Protons feststellen kann. Nur wenn verschiedenartige OH-, NH- oder SH-Bindungen vorhanden sind und der Protonenaustausch verglichen mit den Übergängen zwischen den magneti-

Abb.4.11. NMR-Spektrum von 1,1,2-Trichlorethan

schen Energiezuständen langsam erfolgt, lassen sich die Signale der einzelnen, verschiedenen Protonen beobachten. Eine Erhöhung der Temperatur, die Verwendung eines anderen Lösungsmittels oder die Zugabe einer Spur Säure können in solchen Fällen die Austauschgeschwindigkeit erhöhen; sie führen dann wiederum zum Auftreten eines einzigen Absorptionssignals.

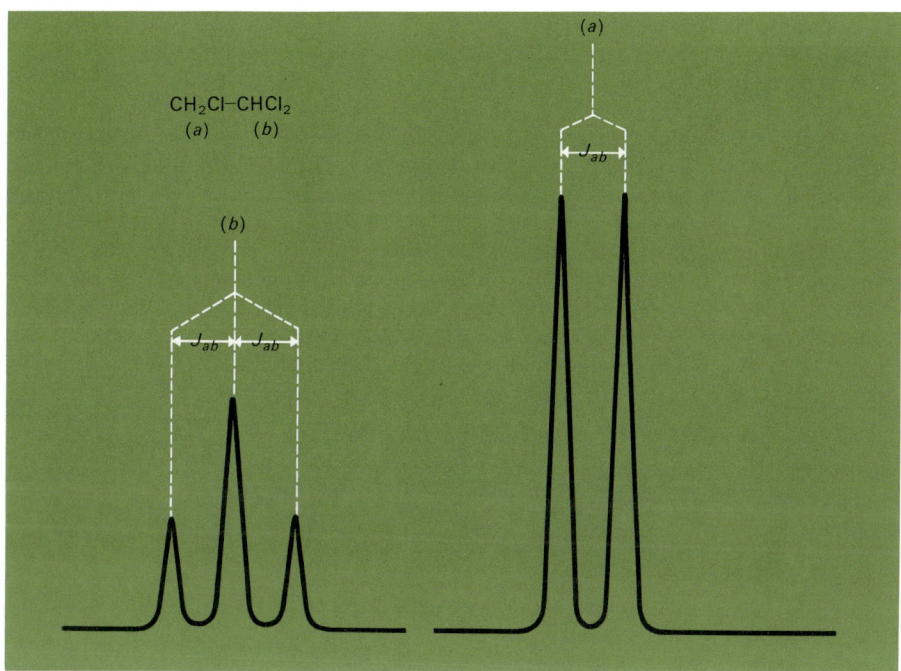

Abb. 4.12. Spin-Spin-Aufspaltung im NMR-Spektrum von 1,1,2-Trichlorethan (Schema) Das Signal (a) wird durch Kopplung mit einem Proton in ein Dublett aufgespalten, während das Signal (b) in ein Triplett aufgespalten wird (Kopplung mit zwei Protonen). Die Kopplungskonstanten J_{ab} sind in beiden Fällen gleich groß

Spin-Spin-Kopplung. Betrachten wir das Spektrum von 1,1,2-Trichlorethan (Abb. 4.11), so fällt auf, daß die beiden für die Protonen a und b erwarteten Absorptionssignale in **Multipletts** aufgespalten sind. Bei $\delta = 3,95$ erscheint ein *Dublett*, während bei $\delta = 5,85$ ein *Triplett* auftritt, wobei die Abstände der **«Feinstrukturlinien»** in beiden Fällen gleich groß sind. Das zweitgenannte Signal muß dem Proton b zugeordnet werden, denn dieses absorbiert bei höherer Frequenz (niedrigerer Feldstärke), eine Folge der elektronenanziehenden Wirkung der beiden benachbarten Cl-Atome. Wie ist diese Aufspaltung (die «Feinstruktur» der Absorptionssignale) zu verstehen?

Die Erklärung dafür liegt in der *Kopplung der Spins* zwischen *Protonen*, die *an benachbarte C-Atome gebunden* sind. Die Feldstärke, die ein bestimmtes Proton, z. B. b erfährt, hängt nämlich nicht nur von der Elektronendichte um dieses Proton herum ab, sondern wird auch durch die Orientierung der Magnetfelder (d. h. der Spinrichtungen) am Nachbar-C-Atom beeinflußt: Die Magnetfelder der Nachbarprotonen (H') können – je nach der Spinrichtung – das äußere Feld H^0 *verstärken* oder *schwächen* (indem sie zu H^0 addiert bzw. von H^0

subtrahiert werden müssen). In jedem einzelnen Molekül von 1,1,2-Trichlorethan gibt es für die Anordnung der Spins der a-Protonen drei Möglichkeiten, von denen die eine doppelt so häufig auftritt wie die beiden anderen. Das um das Proton b herrschende Magnetfeld wird demnach in der folgenden Weise beeinflußt:

(1) beide a-Spins parallel zum Spin von b: $H_b = H^0 + 2\ H'$

(2) beide a-Spins antiparallel zum Spin von b: $H_b = H^0 - 2\ H'$

(3) Spin des einen Protons a parallel, des anderen Protons
antiparallel zum Spin von b: $H_b = H^0 + H' - H' = H^0$

Die Wahrscheinlichkeit des Zustandes (3) ist doppelt so häufig wie die Wahrscheinlichkeit der beiden Zustände (1) und (2) (vgl. Abb. 4.13, [2]); die Folge davon ist, daß für das Proton b an Stelle eines einzigen Absorptionssignals *drei* Signale mit den relativen Intensitäten 1:2:1 auftreten.

Da die Beeinflussung der Magnetfelder um bestimmte Protonen wechselseitig erfolgt, lassen sich analoge Betrachtungen auch für die a-Protonen durchführen. Entsprechend den beiden möglichen Spinrichtungen des Protons b wird das Signal des a-Protons in ein *Dublett* aufgespalten: $H = H^0 + H'$ bzw. $H = H^0 - H'$. In beiden Fällen gibt das Verhältnis der Flächen unter dem Gesamtabsorptionssignal das Verhältnis der Zahl der Protonen wieder.

Tabelle 4.24. Chemische Verschiebung verschiedener Protonen

Art des Protons		Chemische Verschiebung (δ)
Cyclopropan		0,2
primäre	$R-CH_3$	0,9
sekundäre	R_2CH_2	1,3
tertiäre	R_3CH	1,5
Vinyl-	$C=C-H$	4,6–5,9
Acetylen-	$C\equiv C-H$	2–3
aromatische	$Ar-H$	6–8,5
Benzyl-	$Ar-C-H$	2,2–3
Allyl-	$C=C-CH_3$	1,7
Fluoride	$HC-F$	4–4,5
Chloride	$HC-Cl$	3–4
Bromide	$HC-Br$	2,5–4
Iodide	$HC-I$	2–4
Alkohole	$HC-OH$	3,4–4
Ether,	$HC-OR$	3,3–4
Ester	$RCOO-CH$	3,7–4,1
Ester	$HC-COOR$	2–2,2
Carbonsäuren	$HC-COOH$	2–2,6
Carbonsäuren	$RCOO-H$	10,5–12
Carbonylverbindungen	$HC-C=O$	2–2,7
Aldehyde	$R-CHO$	9–10
Hydroxyl-	ROH	1–5,5
Phenol-	$ArOH$	4–12
Enol-	$C=C-OH$	15–17
Amino-	RNH_2	1–5

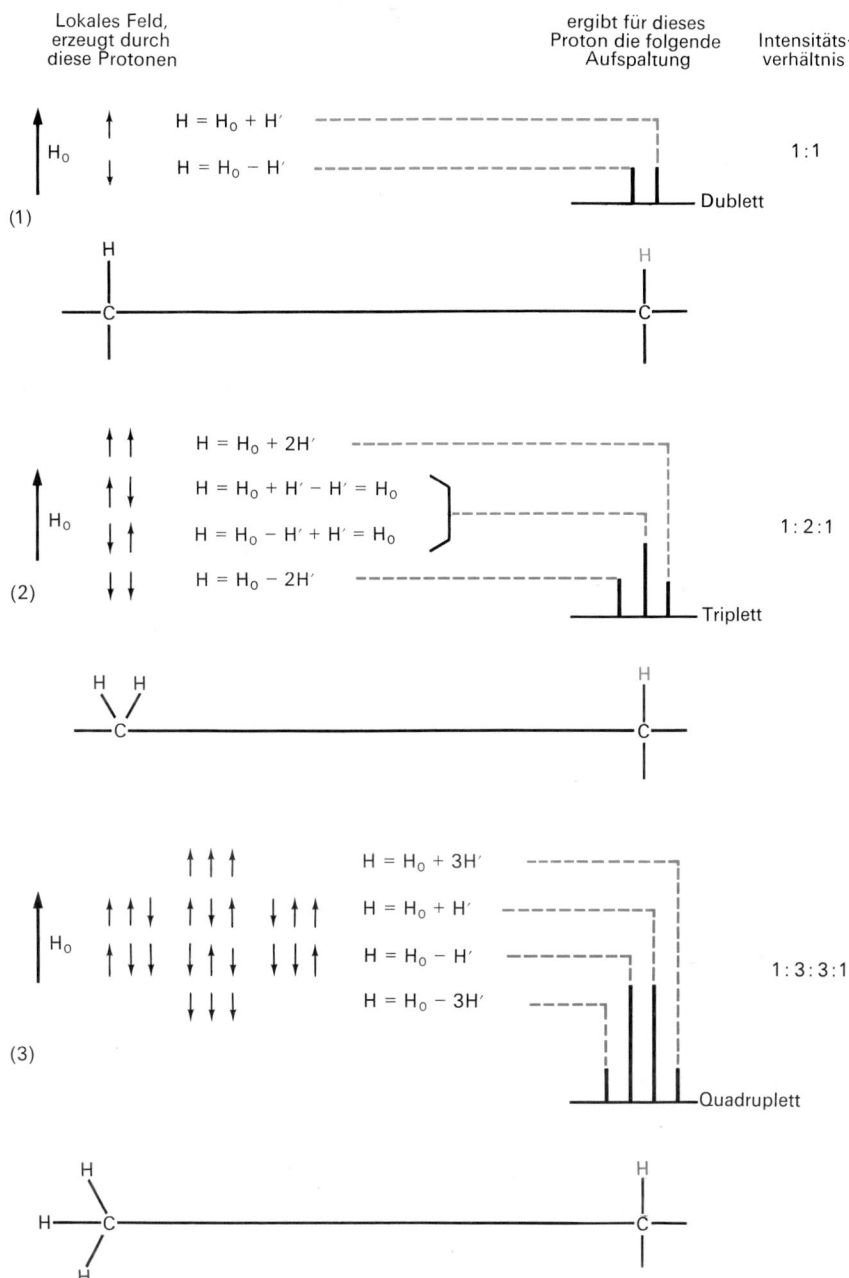

| Lokales Feld, erzeugt durch diese Protonen | ergibt für dieses Proton die folgende Aufspaltung | Intensitäts-verhältnis |

(1)

$H = H_0 + H'$

$H = H_0 - H'$

Dublett

1 : 1

(2)

$H = H_0 + 2H'$

$H = H_0 + H' - H' = H_0$

$H = H_0 - H' + H' = H_0$

$H = H_0 - 2H'$

Triplett

1 : 2 : 1

(3)

$H = H_0 + 3H'$

$H = H_0 + H'$

$H = H_0 - H'$

$H = H_0 - 3H'$

Quadruplett

1 : 3 : 3 : 1

Abb. 4.13. Aufspaltung des NMR-Signals eines Protons durch Nachbarprotonen

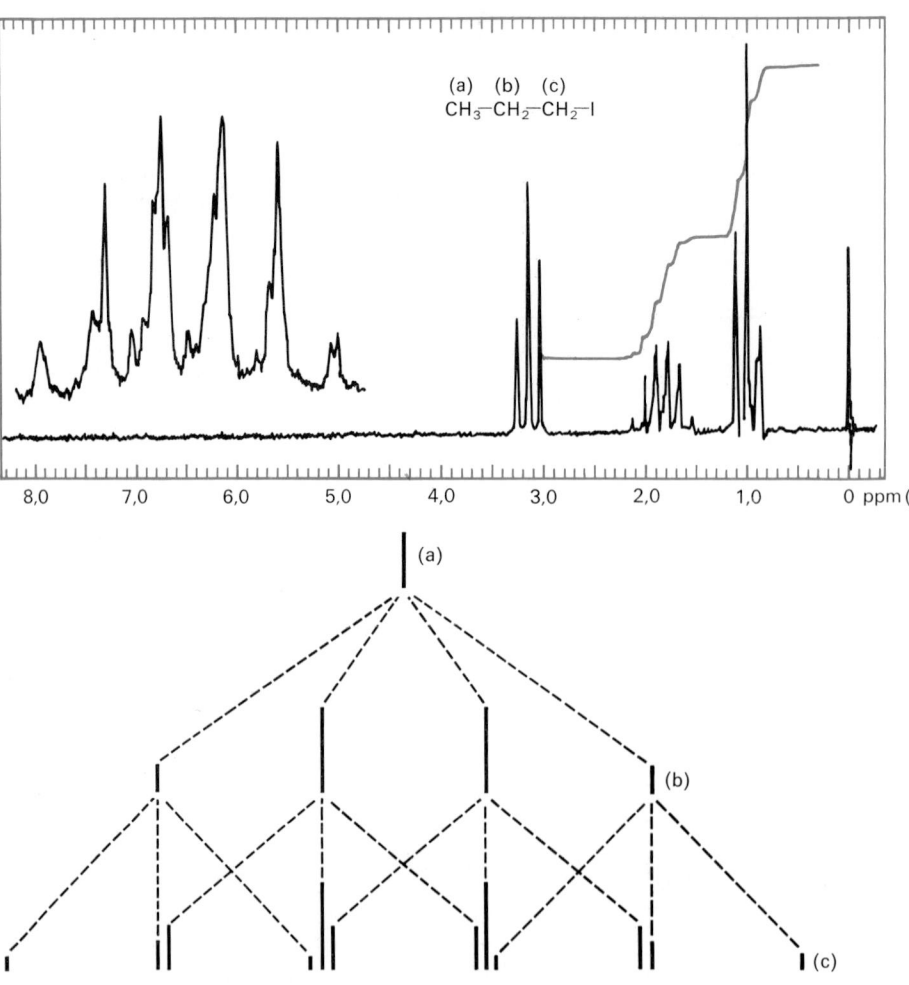

Abb. 4.14. *NMR-Spektrum von n-Propyliodid. Da die Kopplungskonstanten J_{ab} und J_{bc} nicht genau gleich groß sind, ist das Sextett der b-Protonen nicht symmetrisch (im Spektrum links mit stärkerer Auflösung gezeigt). Unterer Teil: Schema der Aufspaltung des Signals der b-Protonen $J_{ab} = 6,8$ Hz, $J_{bc} = 7,3$ Hz*

Im einfachsten Fall bewirkt also eine *Gruppe* aus *n* äquivalenten Protonen für die *Nachbarprotonen* eine *Aufspaltung in n + 1 Feinstrukturpeaks,* wobei sich deren Intensitäten wie die Zahlen im Pascalschen Zahlendreieck verhalten. Nichtidentische Nachbarprotonen ergeben überlagerte Dublette (Triplette bzw. Quadruplette); vgl. das NMR-Spektrum von *n*-Propyliodid (Abb. 4.14). Völlig symmetrische Multiplette treten nur dann auf, wenn der Abstand zwischen den verschiedenen Multipletten groß ist, andernfalls werden die Multiplette *unsymmetrisch,* wobei die Höhe der Feinstrukturpeaks gegenseitig wächst (vgl. das NMR-Spektrum von Ethanol, Abb. 1.42 oder von Ethylbenzen, Abb. 4.19). *Für die Art der Aufspaltung sind also die* **Nachbarprotonen** *verantwortlich; die chemische Verschiebung eines bestimmten Protons hängt dagegen* **von ihm selbst** *ab.*

Der Abstand der einzelnen Feinstrukturpeaks, in Hertz ausgedrückt, heißt **Kopplungskonstante** *J.* Weil die Spin-Spin-Kopplung zweier Protonen wechselseitig erfolgt, haben die Kopplungskonstanten spin-spin-gekoppelter Protonen denselben Wert. Durch Bestimmung der Kopplungskonstanten läßt sich deshalb oft auch in einem komplizierten NMR-Spektrum (mit vielen Absorptionssignalen) eindeutig erkennen, welche Protonen an benachbarte C-Atome gebunden sind. Da die Kopplungskonstanten *vom äußeren Magnetfeld unabhängig sind,* kann man leicht entscheiden, ob zwei benachbarte Peaks durch Aufspaltung eines einzigen Signals entstanden sind oder ob sie der Absorption zweier nicht-äquivalenter Protonen entsprechen. Man nimmt zu diesem Zweck das Spektrum bei einer zweiten, leicht veränderten Radiofrequenz auf; bei Spin-Spin-Kopplung bleibt ihr Abstand unverändert, während sich die (vom äußeren Magnetfeld abhängige) chemische Verschiebung ändert.

Es ist allerdings zu betonen, daß die hier gegebenen einfachen Regeln zur Bestimmung der Multiplizität eines Absorptionssignals nur dann gelten, wenn der Unterschied in der chemischen Verschiebung der beiden miteinander in Wechselwirkung stehenden Protonenarten viel größer ist als die Kopplungskonstante (sog. *«Spektren 1. Ordnung»*). In Systemen, bei denen diese von ähnlicher Größenordnung ist wie die Trennung der Absorptionssignale, treten mehr Feinstrukturpeaks auf, und es werden keine einfachen Dublette, Triplette oder Quadruplette beobachtet (sog. *«Spektren höherer Ordnung»*).

Spin-Spin-Kopplung ist nur zwischen Protonen von verschiedener chemischer Verschiebung möglich. Die Protonen einer —CH$_3$- oder —CH$_2$-Gruppe sind äquivalent und zeigen unter sich keine Aufspaltung, außer es handle sich um diastereotope Protonen. Damit die Spin-Spin-Kopplung möglich wird, müssen die nicht-äquivalenten Protonen zudem *durch ein gemeinsames Elektronensystem in direkter Verbindung* miteinander stehen. Die Größe der Kopplungskonstante hängt von der Anzahl zwischen den beiden gekoppelten H-Atomen liegenden Bindungen ab. Liegt mehr als eine C—C-Einfachbindung zwischen ihnen, so wird die Aufspaltung sehr geringfügig. Wenn aber Doppel- oder Dreifachbindungen zwischen den C-Atomen liegen, welche die betreffenden H-Atome tragen, so werden die Kopplungskonstanten größer:

Beispiele von Kopplungskonstanten
(in Hertz)

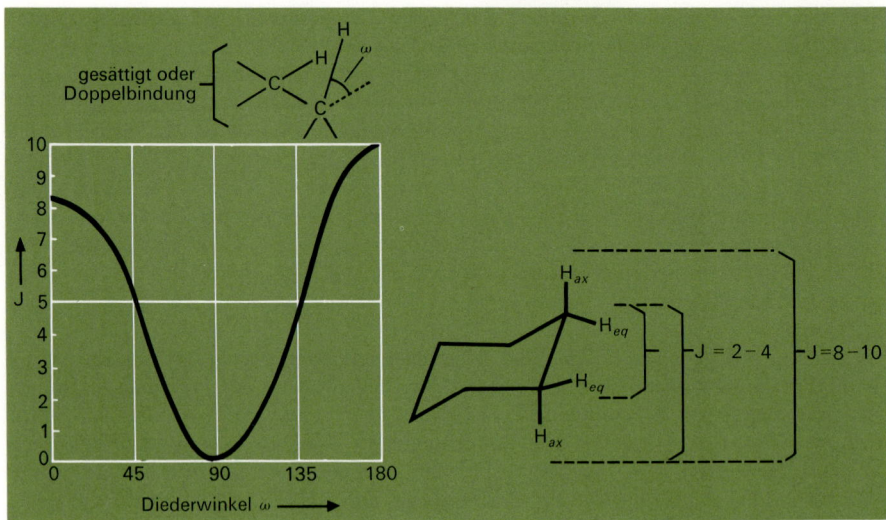

Abb. 4.15. Abhängigkeit der Kopplungskonstante vom Diederwinkel

Im Fall von starren Systemen (z.B. Ringen) hängt die Kopplungskonstante auch vom *Torsionswinkel («Diederwinkel»)* zwischen den Spin-Spin-gekoppelten Protonen ab (Abb. 4.15); die Größe der Kopplungskonstante läßt damit auch Schlüsse auf die geometrische Anordnung der gekoppelten Protonen zu.

Daß die Spin-Spin-Aufspaltung tatsächlich auf magnetische Wechselwirkungen zwischen den Protonen zurückzuführen ist, kann dadurch gezeigt werden, daß man H-Atome durch *Deuteriumatome* ersetzt. Deuteronen haben viel kleinere magnetische Momente als Protonen; Substitution eines Methyl-H-Atoms einer Ethylgruppe durch ein D-Atom bewirkt, daß die benachbarte $-CH_2$-Gruppe an Stelle des Quadrupletts ein Triplett liefert. Beim Ersatz zweier H-Atome durch D-Atome erhält man ein Dublett, beim Ersatz aller drei H-Atome nur ein Singlett als Signal der Methylengruppe.

Beispiele. Das NMR-Spektrum von *Propionsäure* (Abb. 4.16) zeigt ein Triplett bei $\delta \approx 1$ und ein Quadruplett bei $\delta \approx 2{,}3$. Das *Triplett* entspricht der Absorption der *Methyl*protonen (Aufspaltung in drei Feinstrukturpeaks durch die Kopplung mit den beiden Methylenprotonen), während das *Quadruplett* das Signal der *Methylen*protonen darstellt, welche durch die Methylprotonen *vierfach* aufgespalten sind. Die Kopplungskonstante beider Signale ist gleich groß. Das bei $\delta = 11{,}65$ auftretende Signal ist durch die Absorption des Carboxylprotons bedingt.

Im NMR-Spektrum von *Isopropylalkohol* (der mit einer Spur Säure versetzt wurde, um einen Austausch der OH-Gruppen verschiedener Moleküle untereinander zu katalysieren) können wir das Signal der 6 Methylprotonen als Dublett bei $\delta \approx 1{,}7$ beobachten (Abb. 4.17, S. 320). Das Signal des Protons am C-Atom 2 wird durch Kopplung mit 6 benachbarten Protonen in 7 Feinstrukturpeaks aufgespalten. Wiederum sind die Kopplungskonstanten gleich groß.

Bei den beiden Protonen a und b im Molekül des *1,2-Dibrom-1-phenylethans* (Abb. 4.18, S. 321) handelt es sich um diastereotope Protonen, die dementsprechend zwei Signale von verschiedener chemischer Verschiebung liefern. Beide sind durch die Kopplung mit dem

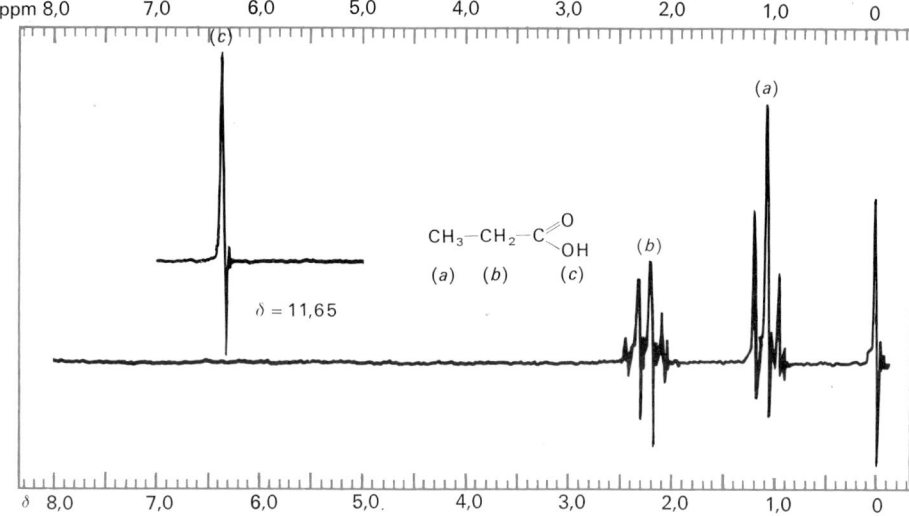

Abb. 4.16. NMR-Spektrum von Propionsäure. Der Peak (c) erscheint bei $\delta \approx 11,6$

Proton c in ein Dublett aufgespalten. Zufälligerweise fallen dabei zwei Peaks aufeinander. Das Absorptionssignal des Protons c wird durch Kopplung mit den Protonen a und b in ein Quadruplett aufgespalten; da aber a und b magnetisch nicht äquivalent sind, sind die Kopplungskonstanten verschieden.

Die diskutierten Beispiele zeigen, daß die *Multiplettstruktur* die Anzahl der mit einem bestimmten Proton in Spin-Spin-Kopplung stehenden Protonen angibt und dadurch zeigt, welche Gruppen einem bestimmten Proton *benachbart* sind. CH_3-CH_2-, $-CH_2-CH_2-$ oder auch $(CH_3)_2CH$-Gruppen lassen sich im NMR-Spektrum sehr leicht erkennen. Im Gegensatz dazu liefert die *chemische Verschiebung* (bei Multipletten die δ-Werte ihrer Zentren) Informationen über die Art der *H-Atome* enthaltenden Gruppen einer Verbindung, wobei die relativen Intensitäten direkt die Anzahl der H-Atome angeben. Zur Verdeutlichung diene ein weiteres Beispiel.

Abb. 4.21 (S. 325) gibt das NMR-Spektrum einer Verbindung $C_9H_{10}O_2$. Die beiden als Triplett (bei $\delta \approx 1,3$) und Quadruplett (bei $\delta \approx 4,4$) erscheinenden Signale weisen auf eine Ethylgruppe hin (die CH_3-Gruppe erscheint als Triplett, die $-CH_2$-Gruppe als Quadruplett). Die Signale im Gebiet von $\delta \approx 7,5$ bis 8,2 stammen von einer Phenylgruppe C_6H_5-. Die Integration ergibt die relativen Intensitäten von 5:2:3 (wobei die beiden Signale der aromatischen Protonen schon addiert sind). Aus der Molekularformel ergibt sich, daß ein Benzenkern und eine Ethylgruppe im Molekül vorhanden sein können; es muß sich bei der fraglichen Substanz also um Ethylbenzoat ($C_6H_5COOC_2H_5$) handeln. Tatsächlich bestätigt das IR-Spektrum das Vorhandensein einer C=O-Gruppe[1].

---

[1] Die Aufspaltung des Signals der Phenylprotonen in zwei getrennte Signale rührt daher, daß diese 5 Protonen magnetisch nicht äquivalent sind, da die zwei *o*-Protonen durch die C=O-Doppelbindung einen Entschirmungs-Effekt erfahren.

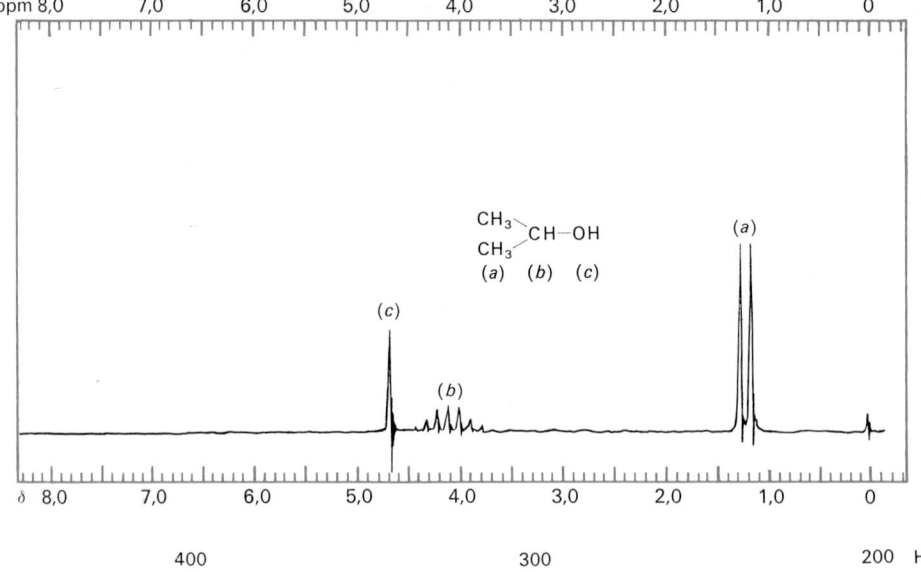

Abb. 4.17. NMR-Spektrum von Isopropylalkohol

Um Multiplette in komplizierteren NMR-Spektren zu identifizieren, benützt man häufig die Technik der **Doppel-Resonanz** *(«Spin-Entkopplung»)*. Dabei wird die Substanzprobe mit einer zweiten Radiofrequenz bestrahlt, die gerade der Absorptionsfrequenz eines bestimmten Signals in NMR-Spektrum entspricht. Dadurch verharren die betreffenden Protonen im höheren Energiezustand, besitzen also alle dieselbe Spinorientierung. Die *Kopplung* mit den Signalen der Nachbarprotonen *verschwindet* dann, und die letzteren erscheinen als einfache Absorptionspeaks. Man erhält auf diese Weise ein einfacheres Spektrum, das leichter zu «entschlüsseln» ist. Als Beispiel diene das NMR-Spektrum von *n*-Propylbenzen (Abb. 4.19): Würde man die Absorptionsfrequenz der Methylprotonen als zweite Frequenz verwenden, so ergäbe sich für das Signal der b-Protonen an Stelle des schlecht aufgelösten Sextettes ein (nicht ganz symmetrisches) Triplett.

Beispiele von Anwendungen der NMR-Spektroskopie. Die NMR-Spektroskopie hat sich in kurzer Zeit zu einem für die organische Chemie unentbehrlichen Instrument entwickelt, das in vielseitiger Weise zur Lösung struktureller und stereochemischer Probleme eingesetzt werden kann. Es ist im Rahmen dieses Buches selbstverständlich nur möglich, einige Hinweise auf Anwendungen dieser Methode zu geben.
Wie bereits mehrfach erwähnt wurde, wirken elektronenanziehende Nachbaratome (die einen $-I$-*Effekt* ausüben) auf ein bestimmtes Proton *«entschirmend»* (deshielding). Die chemische Verschiebung eines solchen Protons muß also von der EN des Bindungspartners abhängen. Dabei ist allerdings zu berücksichtigen, daß Nachbaratome auch unabhängig von ihrer EN einen Einfluß auf die chemische Verschiebung eines bestimmten Protons haben können; zum Vergleich der EN müssen darum Bindungen betrachtet werden, bei welchen das Proton stets an denselben Bindungspartner gebunden ist. So verschiebt sich in der folgenden Reihe die Absorption des Methylprotons zunehmend ins Gebiet größerer Feldstärken:

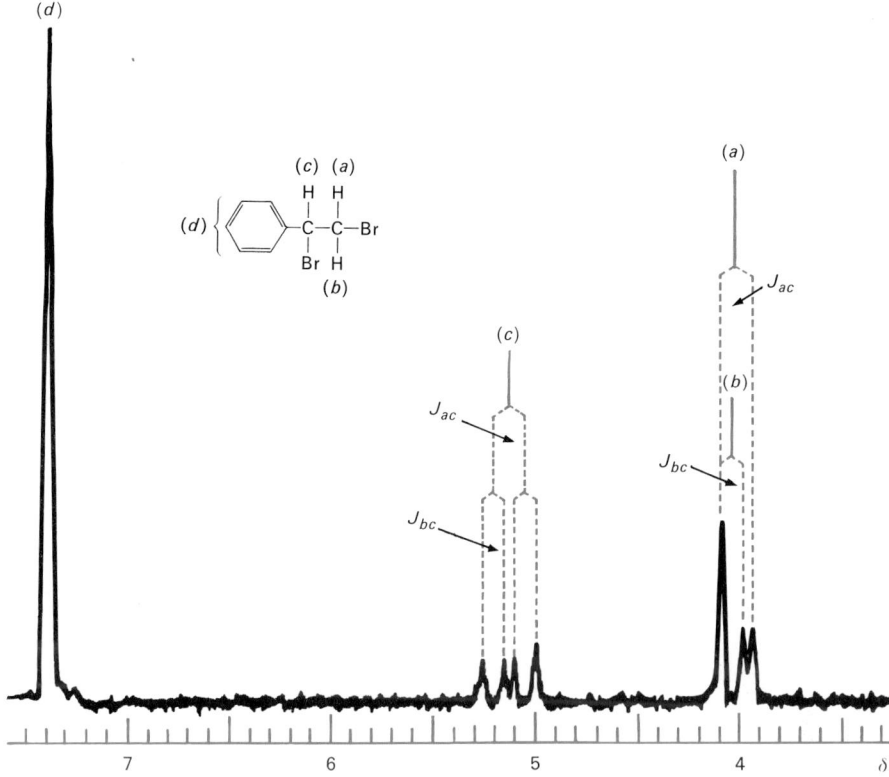

Abb. 4.18. NMR-Spektrum von 1,2-Dibrom-1-phenylethan
Die diastereotopen Protonen (a) und (b) ergeben zwei verschiedene Signale, welche beide
durch das Proton (c) in ein Dublett aufgespalten werden (zufälligerweise fallen zwei Peaks
der Dublette aufeinander). Das Signal des Protons (c) wird in vier Peaks aufgespalten.
Wären (a) und (b) äquivalent, so wären die Kopplungskonstanten J_{ac} und J_{bc} gleich und
das Proton (c) würde das bekannte 1:2:1-Triplett ergeben

$$CH_3-NO_2 < CH_3-F < (CH_3-O)_2CO < CH_3OC_6H_5 < CH_3-OH < CH_3-Cl < CH_3-Br$$
$$< CH_3-C_6H_5 < CH_3-I < CH_3-COOH < (CH_3)_4-C$$

Aus diesen Informationen lassen sich Schlüsse über die *elektronenanziehende Wirkung von*
Substituenten ziehen, die für das Verständnis der Reaktivität einer Verbindung oder von
bestimmten Reaktionsmechanismen von Bedeutung sind. Insbesondere läßt sich auf diese
Weise die Elektronendichteverteilung in aromatischen Ringsystemen studieren, die Substituenten tragen.
Die NMR-Spektren von Substanzen, die miteinander in einem *dynamischen Gleichgewicht*
stehen, zeigen die Signale *beider Verbindungen,* sofern die Gleichgewichtseinstellung
nicht allzu schnell erfolgt. Durch Integration der Flächen ist es möglich, den Anteil einzelner
Komponenten im Gleichgewicht zu bestimmen und dadurch z. B. Gleichgewichtskonstanten zu ermitteln. So enthält beispielsweise das NMR-Spektrum von Acetylaceton (2,4-

Pentandion) sowohl die Absorptionspeaks der Enolform (das Signal des OH-Protons erscheint bei $\delta \approx 15$ bis 16) wie der Methylenprotonen (C-Atom 3) der Ketoform. Im Gleichgewicht liegen rund 85% der Substanz als Enol vor (vgl. Aufgabe 4.5.33).

Besonders wichtig geworden ist die NMR-Spektroskopie für die **Stereochemie**, weil sich die Anzahl und der Charakter auch stereochemisch verschiedener H-Atome im NMR-Spektrum sehr deutlich zeigen.

So läßt sich aus der Feinstruktur der Absorptionssignale von Protonen an *Doppelbindungen* (bzw. aus ihren Kopplungskonstanten) häufig entscheiden, ob in dem betreffenden Fall das *cis*- oder das *trans-Isomer* vorliegt. *trans*-Vinylprotonen sind nämlich untereinander stärker gekoppelt als *cis*-Vinylprotonen, besitzen also größere Kopplungskonstanten (11 bis 18 Hertz gegenüber 6 bis 14 Hertz):

$$\underset{C_6H_5}{\overset{H}{\diagdown}}C=C\underset{H}{\overset{COOH}{\diagup}}$$

trans-Zimtsäure
J_{HH} = 15,8 Hertz

$$\underset{C_6H_5}{\overset{H}{\diagdown}}C=C\underset{COOH}{\overset{H}{\diagup}}$$

cis-Zimtsäure
J_{HH} = 12,3 Hertz

Im NMR-Spektrum von *N-Dimethylacetamid* lassen sich bei tieferen Temperaturen für die beiden an das N-Atom gebundenen Methylgruppen zwei getrennte Absorptionssignale erkennen. Dies bedeutet, daß unter diesen Bedingungen offenbar die freie Drehbarkeit um die C—N-Bindung aufgehoben oder wenigstens *eingeschränkt* ist, wohl eine Folge der Überlagerung des nichtbindenden *p*-Elektronenpaares am N-Atom mit den (bindenden) *p*-AO des C-Atoms. Ein solcher Effekt bewirkt, daß das Molekül planar wird und die Protonen der beiden Methylgruppen a und b diastereotop werden:

$$\underset{CH_3}{\overset{O}{\diagdown}}C-N\underset{CH_3\ b}{\overset{CH_3\ a}{\diagup}}$$

N-Dimethylacetamid

Bei 1,3-Dienen, Estern u. a. kann dies zum Auftreten von *cis*- und *trans*-Konformeren führen:

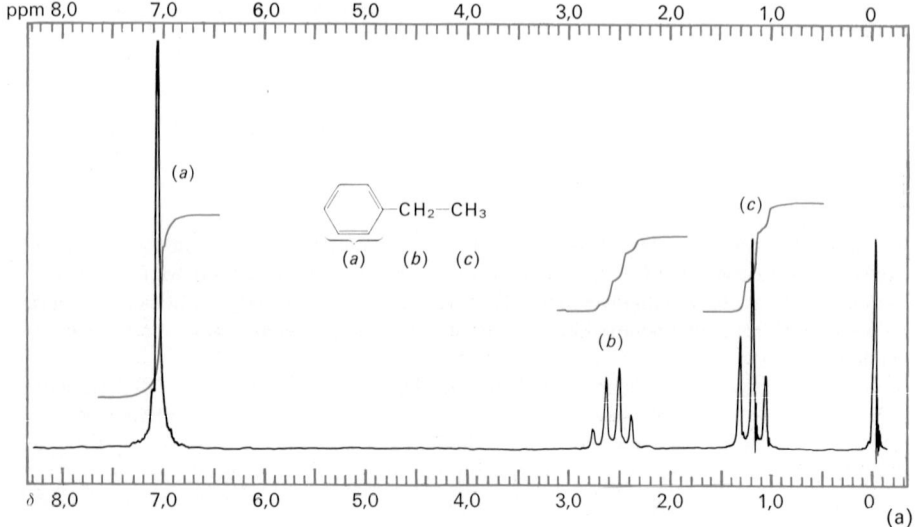

(a)

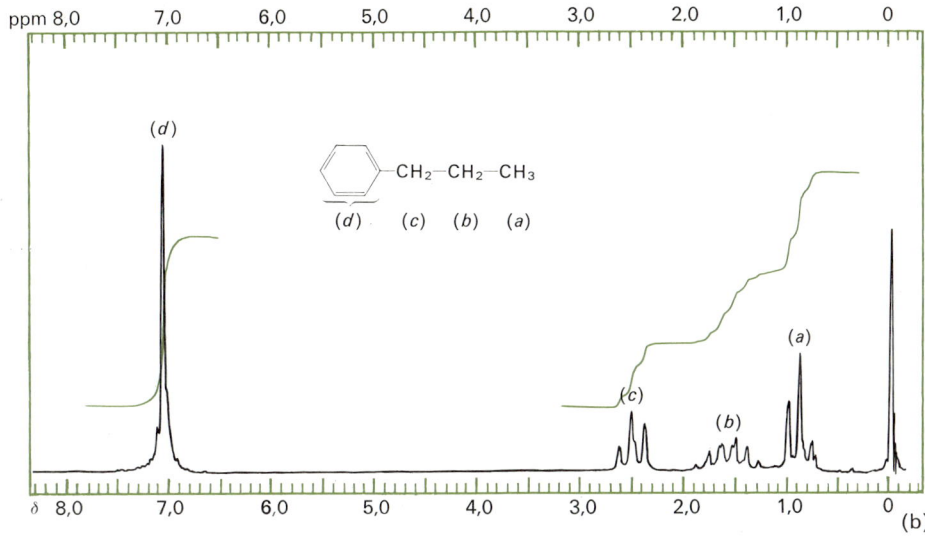

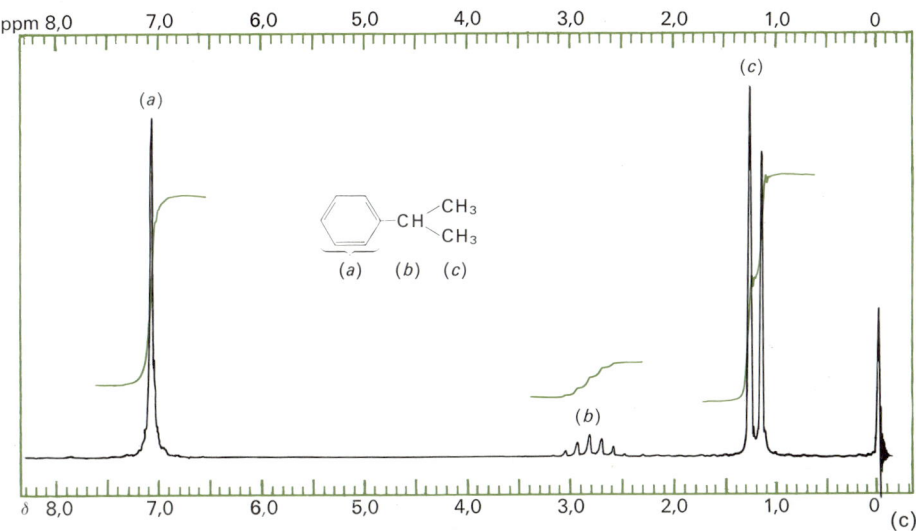

Abb. 4.19. NMR-Spektren von (a) Ethylbenzen, (b) Propylbenzen und (c) Isopropylbenzen

Das Spektrum von Ethylbenzen zeigt das normale Triplett der Methylgruppe sowie das Quadruplett der Methylengruppe. Im Spektrum von n-Propylbenzen erkennt man (in Richtung wachsender chemischer Verschiebung) die Signale der Methylgruppe (a), der Methylengruppe (b) und der Benzyl-Protonen (c). Dabei sind die Signale (a) und (c) in Tripletts aufgespalten. Die fünf der Methylengruppe (b) benachbarten Protonen sind zwar nicht äquivalent, jedoch sind die Kopplungskonstanten J_{ab} und J_{bc} nahezu gleich groß, so daß das Signal (b) als Sextett erscheint. Das Signal des tertiären Protons beim Isopropylbenzen sollte in 7 Peaks aufgespalten sein; die beiden äußersten Peaks sind jedoch gewöhnlich kaum zu erkennen, so daß nur 5 Peaks auftreten

H‚C‚CH₂ ‚C‚CH₂   H‚C‚O O‚CH₃   *cisoid*

H‚C‚CH₂ CH₂‚C‚H   H‚C‚O CH₃‚O   *transoid*

1,3-Butadien   **Ameisensäuremethylester**

Ein wichtiges Anwendungsgebiet der NMR-Spektroskopie ist die *Konformationsanalyse.* Die NMR-Spektren erlauben nicht nur die Bestimmung der tatsächlich vorhandenen Konformationen, sondern ermöglichen auch die Messung der *Umwandlungsgeschwindigkeit* und durch die Intergration der Absorptionssignale die Bestimmung des *Mengenverhältnisses* der einzelnen Konformere und damit – über die Gleichgewichtskonstanten ihrer Umwandlung – die Ermittlung der *Differenz der freien Enthalpie* zwischen ihnen. Bei Raumtemperatur erfolgt die Rotation um Einfachbindungen zwar so rasch, daß das NMR-Spektrum nur die durchschnittliche Lage der Protonen angibt. Bei *tieferen Temperaturen* hingegen ist es möglich, die Signale der Protonen einzelner Konformerer getrennt zu erhalten. So bekommt man für die 12 Protonen des Cyclohexans bei Raumtemperatur nur ein einziges Signal, während bei −100 °C die Signale der äquatorialen und der axialen Protonen als deutlich getrennte Signale auftreten. Da weiter die Kopplungskonstante vom Torsionswinkel abhängt (S. 318), ist in einem unsymmetrisch substituierten Cyclohexan ein axiales Proton am C-Atom 1 mit zwei (nicht äquivalenten) axialen bzw. äquatorialen Protonen an den C-Atomen 2 und 6 gekoppelt, wobei die Kopplungskonstanten $J_{ax/ax}$ relativ groß, die

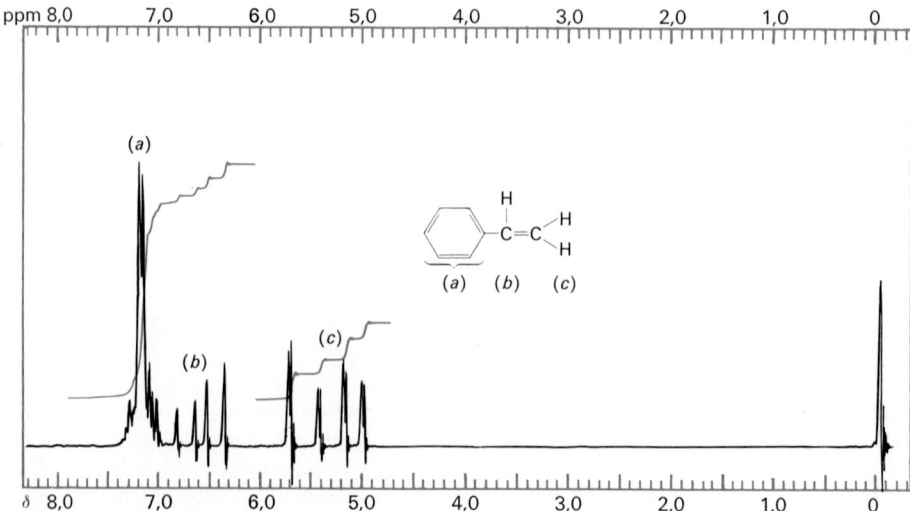

Abb. 4.20. NMR-Spektrum von Styren
Das Signal des Protons (b) wird durch Kopplung mit den (nicht äquivalenten, diastereotopen) Protonen (c) in ein Quadruplett aufgespalten. Von den beiden Protonen (c) gibt jedes durch Kopplung mit (b) ein Dublett, wobei die Kopplungskonstanten deutlich verschieden sind

Kopplungskonstante $J_{eq/ax}$ dagegen klein ist. Ein äquatoriales Proton am C-Atom 1 ergibt dagegen mit seinen vier Nachbarprotonen kleine Kopplungskonstanten und erscheint darum als ziemlich scharfes Multiplett.

Auf Grund der «Breite» des Absorptionssignals ist es auf diese Weise möglich, die *Stellung (ax* oder *eq) bestimmter Protonen am Cyclohexanring festzulegen.* Dies ist besonders für die Bestimmung der exakten Konformation von Naturstoffen (z. B. Steroiden) wichtig geworden. Oft werden zu diesem Zweck Modellverbindungen von bekannter Konformation mit der zu untersuchenden Substanz verglichen, z. B. 4-tert. Butylcyclohexan-Derivate, da wegen ihrer relativ großen Raumbeanspruchung die tert. Butylgruppe ausschließlich die äquatoriale Stellung einnimmt.

Schließlich ist daran zu erinnern, daß auch der Beweis für das Auftreten *fluktuierender Bindungen,* wie z. B. im Bullvalen oder im unten angegebenen 3,4-Homotropyliden, durch die NMR-Spektroskopie eindeutig möglich geworden ist (vgl. S.576).

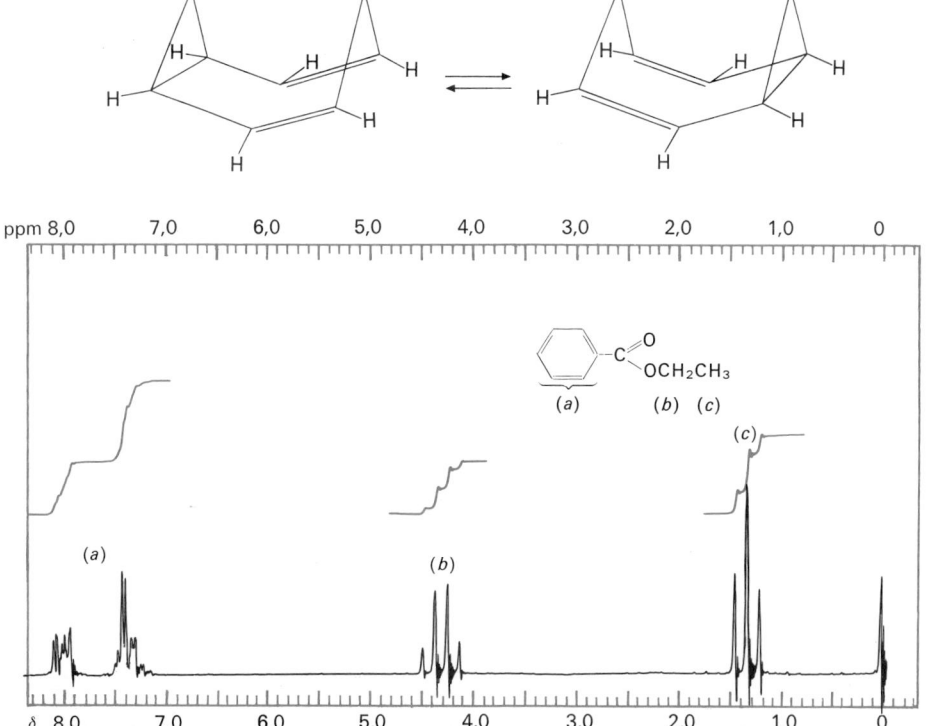

Abb. 4.21. NMR-Spektrum von Ethylbenzoat

^{13}C-Kernresonanz. Die bisherigen Ausführungen über die NMR-Spektroskopie bezogen sich ausschließlich auf die Protonenresonanzspektroskopie, das heute noch am meisten verbreitete NMR-Verfahren. Wie aber bereits in Kapitel 1 erwähnt wurde, hat seit einigen Jahren auch die ^{13}C-Kernresonanzspektroskopie (C-NMR) eine große Bedeutung erlangt. Die Aufnahmetechnik für ^{13}C-NMR-Spektren ist allerdings wegen der geringen Häufigkeit des Nuclids ^{13}C etwas anders als für Protonenresonanzspektren (S. 54).

Die geringe Häufigkeit des Nuclids ^{13}C hat zur Folge, daß es höchst unwahrscheinlich ist, daß in einem Molekül zwei ^{13}C-Kerne einander direkt benachbart sind. Aus diesem Grund beobachtet man in C-NMR-Spektren *keine Spin-Spin-Aufspaltung zwischen Kohlenstoffatomen.* Dagegen ist Kopplung mit an ein ^{13}C-Atom gebundenen Protonen möglich. So zeigt das C-NMR-Spektrum von 1,2-Dichlorpropan (Abb. 4.22) neben dem TMS-Standard drei Signale. Der Peak bei $\delta = 50$ entspricht dem C-Atom (a); es ist ein Triplett (Kopplung mit zwei Protonen). Das C-Atom (b) liefert das Dublett bei $\delta = 56$ und das C-Atom (c) erscheint als Quadruplett bei $\delta = 22$.

Als weiteres, instruktives Beispiel betrachten wir das C-NMR-Spektrum von *p*-Diethylaminobenzaldehyd (Abb. 4.23). Das obere Spektrum zeigt uns sofort, welche Signale den C-Atomen der Ethylgruppen entsprechen: Das Triplett bei $\delta = 45$ ist das Signal der beiden äquivalenten Methylengruppen, während das Quadruplett bei $\delta = 12$ den beiden (ebenfalls äquivalenten) Methylgruppen entspricht.

Die beiden Singlette bei $\delta = 125$ bzw. 153 entsprechen den C-Atomen des Benzenringes, die nicht mit H-Atomen verbunden sind: (b) und (e). Die verglichen mit Kohlenstoff größere Elektronegativität von Stickstoff bewirkt eine Tieffeld-Verschiebung des Signals (e). Das Dublett bei $\delta = 190$ stammt vom Aldehyd-C-Atom. Es zeigt von allen Signalen die größte Tieffeld-Verschiebung, eine Folge der hohen Elektronegativität von Sauerstoff (geringe Abschirmung dieses C-Atoms).

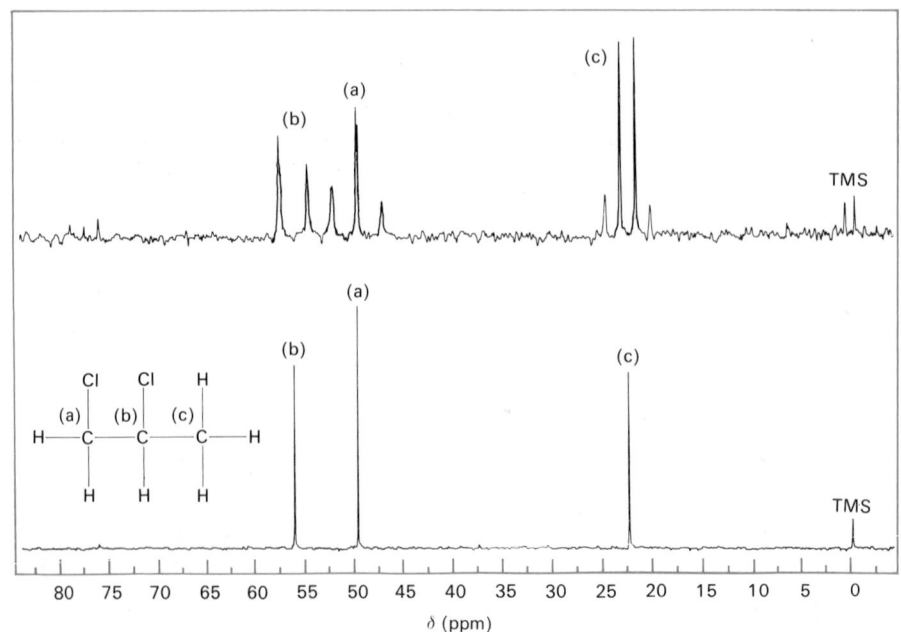

Abb. 4.22. *^{13}C-NMR-Spektrum von 1,2-Dichlorpropan*

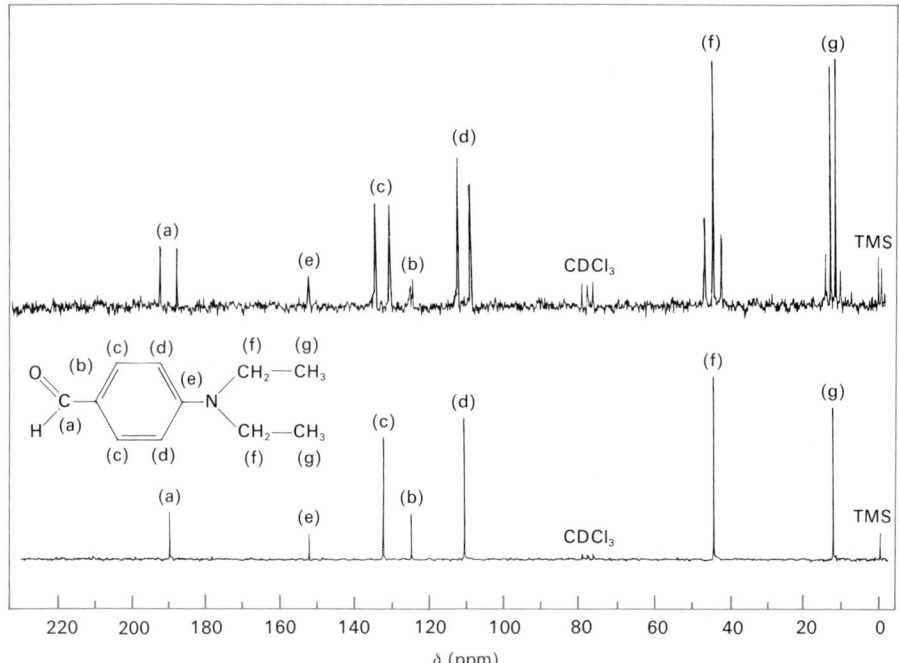

Abb. 4.23. ^{13}C-*NMR-Spektrum von p-Diethylaminobenzaldehyd (in CDCl$_3$)*
In beiden Abbildungen ist das untere Spektrum «protonen-entkoppelt» («Doppel-Reso-
nanz»), so daß die Signale der C-Atome als scharfe Singlette erscheinen

Es bleiben die Signale bei $\delta = 111$ bzw. 133 und die C-Atome (c) und (d). Beide Signale erscheinen als Dublette, da jedes dieser C-Atome noch mit einem H-Atom verbunden ist. Wenn man die Grenzstrukturen A bis D betrachtet, so erkennt man, daß die Elektronendichte bei den C-Atomen (d) etwas erhöht ist (die Grenzstrukturen B und D tragen zum «Resonanzhybrid» bei). Dementsprechend muß das Dublett bei $\delta = 111$ diesen C-Atomen zugeschrieben werden. Umgekehrt verringert die elektronenanziehende Wirkung der Alde-hydgruppe die Elektronendichte bei den C-Atomen (c), so daß ihr Signal eine Tieffeld-Verschiebung erfährt ($\delta = 133$).

Die unteren Spektren der beiden Abbildungen 4.22 und 4.23 zeigen die «protonen-entkoppelten» (Doppel-Resonanz-) Spektren. Alle Signale sind jetzt als Singlette vorhanden, und man erkennt sehr schön jedes einzelne C-Atom.

Ebenso wie in der ^{1}H-NMR-Spektroskopie benützt man auch hier die *«Doppel-Resonanz»* zur Vereinfachung der Spektren (S.320). Die Kopplung der Protonen mit den ^{13}C-Atomen wird dadurch aufgehoben, so daß jedes einzelne Kohlenstoffatom als scharfes Singlett erscheint (Abb.4.23). Dadurch läßt sich gewissermaßen jedes C-Atom in einem Molekül «sehen» und seine chemische Verschiebung kann genau bestimmt werden. ^{13}C- und ^{1}H-NMR-Spektren ergänzen sich damit für die Konstitutionsaufklärung in idealer Weise, da die Anzahl Wasserstoffatome an jedem Kohlenstoffatom sowie die Art ihrer «Umgebung» aus dem Protonenresonanzspektrum erschlossen werden kann.

4.5.4 Massenspektroskopie

Das Grundprinzip der Massenspektroskopie wurde ebenfalls schon im ersten Kapitel erläutert, wobei insbesondere auf die Bedeutung der Massenspektroskopie zur genauen Bestimmung der Molekülmassenzahl hingewiesen wurde. Seit einigen Jahren hat indessen die Massenspektroskopie auch für die Strukturaufklärung komplizierter Moleküle eine sehr große Bedeutung erlangt, so daß im Zusammenhang mit der Diskussion struktureller Probleme auch dieses Verfahren noch etwas genauer besprochen werden muß. Wie erinnerlich, werden bei der Massenspektroskopie organische Moleküle durch die Bestrahlung mit schnellen Elektronen in Bruchstücke getrennt (**«fragmentiert»**), welche – sofern sie elektrisch geladen sind – durch elektrische und magnetische Felder derart fokussiert werden, daß Teilchen mit gleicher Masse (eigentlich mit gleichem Verhältnis *m/e*) an ein und derselben Stelle des Filmes bzw. Detektors erscheinen. Da die Häufigkeit der verschiedenen, durch die Fragmentierung entstandenen Ionen in einem hohen Ausmaß variieren kann und da weiter unter Umständen auch solche Ionen, die nur mit geringer Häufigkeit auftreten, wesentliche Beiträge zur Strukturbestimmung liefern können, muß die graphische Darstellung eines *«Massenspektrums»* anders sein als die Darstellung von IR- oder NMR-Spektren. Häufig verwendet man eine Anzahl von Spiegelgalvanometern verschiedener Empfindlichkeit als Anzeigeinstrumente, welche einen Ultraviolettstrahl ablenken, der dann auf UV-empfindlichem Papier einen Peak schreibt. Man erhält dann mehrere Spektren übereinander, entsprechend der verschiedenen Empfindlichkeit der Galvanometer. Um Massenspektren übersichtlicher darzustellen, kann man auch die *m/e*-Werte als Funktion der relativen Häufigkeit auftragen, wobei das häufigste Ion (der sogenannte Basispeak) willkürlich die Häufigkeit 100% erhält (vgl. Abb.4.24 und 4.25).

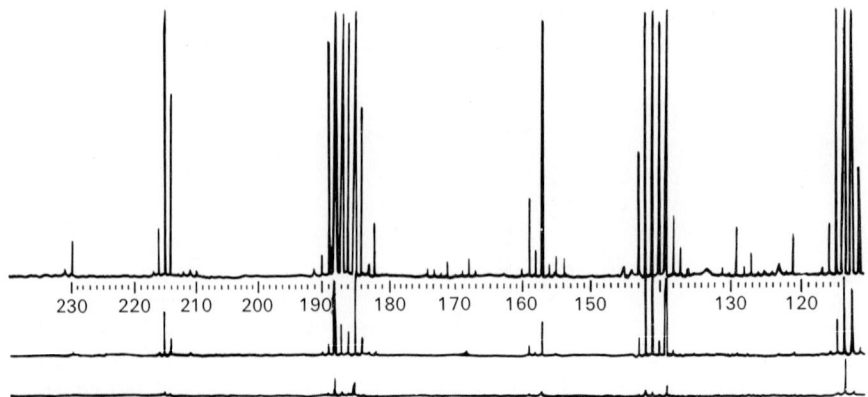

Abb.4.24. Ausschnitt aus einem Massenspektrum, das durch drei verschieden empfindliche Galvanometer registriert worden ist

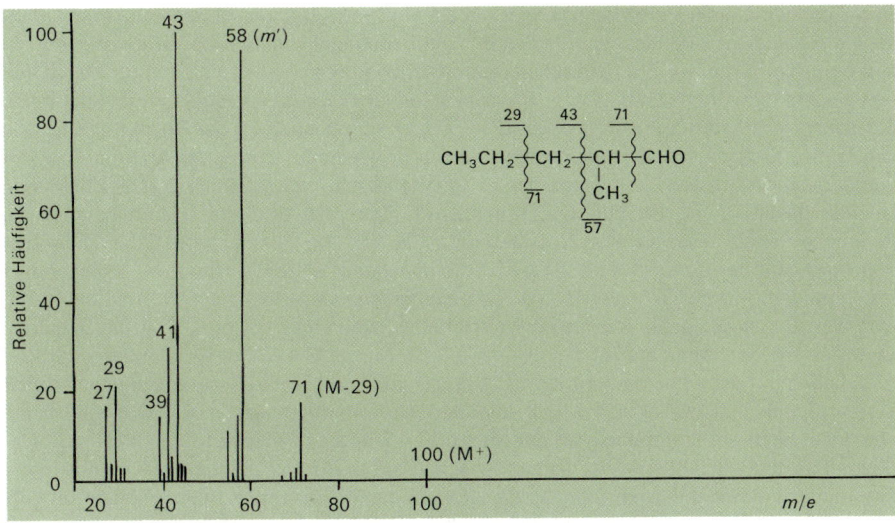

Abb. 4.25. Massenspektrum von α-Methylvaleraldehyd (2-Methylpentanal)

Tabelle 4.25. Masse und mittlere Häufigkeit einiger für die organische Chemie wichtiger natürlicher Isotope

Isotope				Massenzahl	relative Häufigkeit
^{1}H				1,0078	100
	^{2}H			2,0141	0,015
^{12}C				12,0000	100
	^{13}C			13,0034	1,12
^{14}N				14,0031	100
	^{15}N			15,0001	0,366
^{16}O				15,9949	100
	^{17}O			16,9991	0,037
		^{18}O		17,9992	0,240
^{32}S				31,9721	100
	^{33}S			32,9725	0,789
		^{34}S		33,9679	4,433
			^{36}S	35,9677	0,018
^{35}Cl				34,9689	100
	^{37}Cl			36,9659	32,399
^{79}Br				78,9183	100
	^{81}Br			80,9163	97,940

Fragmentierung von Molekülen im Massenspektrometer. Unter der Einwirkung von energiereichen Elektronen entstehen aus den organischen Molekülen zunächst *Molekülionen* (Radikalionen), die zum Teil (manchmal zum größten Teil) unter Bildung stabilerer Partikeln **(Carbeniumionen, Radikale)** zerfallen. Diejenigen Ionen, deren «Lebensdauer» ausreicht, um den Auffänger zu erreichen, werden vom Massenspektrometer registriert. Radikale werden nicht erfaßt; ihr Auftreten kann aber durch Subtraktion der Massenzahlen verschiedener Peaks gefolgert werden.

Das Molekülion einer Verbindung ergibt nie ein einziges Signal im Massenspektrum (MS), da die meisten in organischen Elementen vorhandenen Elemente als *Isotopengemische* auftreten (vgl. Tabelle 4.25). Die schwereren Nuclide unterscheiden sich in ihrer Masse von den leichten durch nahezu ganze Massenzahlen und werden auch von gewöhnlichen Massenspektrometern einwandfrei getrennt. Man findet deshalb in der Regel für jedes Ion eine ganze *Gruppe* von Signalen, deren relative Intensitäten durch die Art und Zahl der vorhandenen Atomarten und durch das natürliche Mischungsverhältnis der verschiedenen Nuclide bestimmt ist. Im Fall von Kohlenstoff, Schwefel und den Halogenen ist der natürliche Gehalt an schwereren Nucliden (^{13}C, ^{34}S, ^{37}Cl und ^{81}Br) so groß, daß man *aus der Höhe des Isotopensignals* auf die *Anzahl der in dem betreffenden Ion* (auch im Molekülion!) *vorhandenen* C- (S-, Cl- oder Br-) *Atome schließen* kann. So hat in Verbindungen mit mehreren C-Atomen jedes Atom eine Wahrscheinlichkeit von 1,1%, ein ^{13}C-Atom zu sein; n C-Atome ergeben damit ein Isotopensignal mit der Masse M + 1 und der relativen Intensität (verglichen mit dem entsprechenden ^{12}C-Signal) von $n \cdot 1,1\%$. Ein S-Atom zeigt sich durch ein Isotopensignal der Masse M + 2 und der relativen Intensität $n \cdot 4,4\%$, ein Cl-Atom ebenfalls durch ein Isotopensignal der Masse M + 2 und der relativen Intensität $n \cdot 32,4\%$. Besonders deutlich läßt sich das Vorhandensein eines Br-Atoms erkennen: Man erhält dann zwei nahezu gleich intensive Signale, die sich um die Massenzahl 2 unterscheiden und die den Nucliden ^{79}Br und ^{81}Br zuzuschreiben sind, vgl. Abb. 4.26. Durch sorgfältige Auswertung der Isotopensignale läßt sich deshalb in vielen Fällen eine eigentliche *«Elementaranalyse»* der Substanz (neben der Molekülmassenbestimmung!) durchführen. Dies ist insbesondere dann möglich, wenn doppeltfokussierende Geräte benützt werden, da diese die Möglichkeit bieten, die Massenzahlen der Ionen auf vier Dezimalstellen genau zu bestimmen. Da die Atommassen der Atome eines Moleküls (Molekül-Ions bzw. Fragments) nicht exakt ganzzahlig sind, zeigen sich diese Differenzen in den letzten Dezimalstellen der

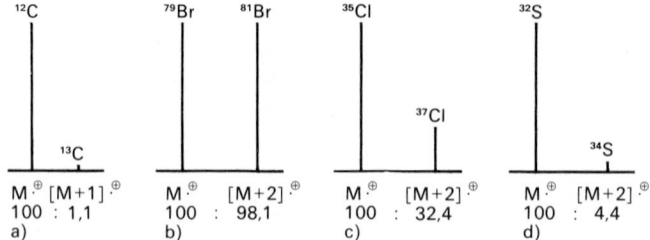

Abb. 4.26. Häufigkeitsverteilung der stabilen Isotope (Isotopenmuster)
a) Kohlenstoff, b) Brom, c) Chlor, d) Schwefel (jeweils ein Atom im Molekül)

Massenzahl. Mit anderen Worten, *jeder Summenformel* entspricht bei dieser hohen Genauigkeit *eine individuelle Massenzahl.* Ein Ion der Masse 28 u könnte z. B. $CO^{\oplus}$, $N_2^{\oplus}$, $CH_2N^{\oplus}$ oder $C_2H_4^{\oplus}$ sein; bei der großen Genauigkeit des Instrumentes kann man ihre Identität leicht feststellen, da sich die Massen folgendermaßen unterscheiden:

$$
\begin{array}{ll}
CO^{\oplus}: & 27,9949 \\
N_2^{\oplus}: & 28,0061 \\
CH_2N^{\oplus}: & 28,0187 \\
C_2H_4^{\oplus}: & 28,3128
\end{array}
$$

Beispiel:

Im MS einer bestimmten Verbindung zeigen sich im Gebiet des $M^{\oplus}$-Peaks insgesamt drei Signale mit den folgenden relativen Intensitäten:

$$m/e = 148:100 \qquad m/e = 149:10{,}0 \qquad m/e = 150:4{,}8$$

Der $(M+1)^{\oplus}$-Peak entspricht dem ^{13}C-Signal; aus dem Verhältnis der Intensitäten ergeben sich für das Molekül $10{,}0/1{,}1 = 9$ C-Atome.

Der $(M+2)^{\oplus}$-Peak entspricht dem ^{34}S-Signal (ein ^{37}Cl-Peak wäre viel intensiver!); aus dem Verhältnis der Intensitäten ergibt sich das Vorhandensein eines S-Atoms ($4{,}8/4{,}4 \approx 1$). Die Molekularformel der Substanz muß also C_9H_xS sein; da die Molekülmassenzahl $= 148$ ist, muß $x = 8$ sein. Somit ergibt sich die Substanzformel C_9H_8S.

Die Fragmentierung des Molekülions kann schematisch folgendermaßen dargestellt werden:

$$A:B^{\overset{\oplus}{\cdot}} \quad \rightarrow \quad A^{\oplus} + :B^{\cdot}$$

oder

$$A:B^{\overset{\oplus}{\cdot}} \quad \rightarrow \quad A:^{\cdot} + B^{\oplus}$$

Verbindungen, die Alkylgruppen enthalten, spalten im Massenspektrographen häufig *Alkylradikale* ab. Im Massenspektrum findet man dann die Peaks, die den Ionen $M - CH_3$ ($M - 15$) oder $M - C_2H_5$ ($M - 29$) entsprechen ($M =$ Molekülmassenzahl). Kohlenwasserstoffe fragmentieren besonders bei *Verzweigungsstellen,* was dadurch zu erklären ist, daß auch bei Carbeniumionen ebenso wie bei Radikalen die Stabilität in der Reihenfolge tertiär > sekundär > primär abnimmt. Manchmal entstehen bei der Fragmentierung auch besonders *stabile Moleküle,* so z.B. H_2O aus Alkoholen oder HF aus Alkylfluoriden. In gewissen Fällen kann die Fragmentierung auch von der Bildung neuer Bindungen begleitet sein, so daß *Umlagerungen* eintreten. So zeigt das Massenspektrum von Toluen ($M = 92$) als häufigstes Ion ein Ion der Masse 91, das – wie durch Isotopenmarkierung gezeigt werden konnte – nicht dem Benzylkation (1), sondern dem stabileren Tropyliumion (2) entspricht:

(1) $\qquad\qquad\qquad\qquad\qquad\qquad$ (2)

Die Fragmentierung der Molekülionen widerspiegelt also die Tendenz zur *Bildung möglichst stabiler Ionen,* und es ist klar, daß die «Entschlüsselung» eines Massenspektrums (d.h. die Zuordnung der einzelnen Peaks zu Ionen bestimmter Masse) wichtige Hinweise auf die *Struktur* des Ausgangsmoleküls geben kann. Einige Beispiele der Fragmentierung bei verschiedenen Verbindungsklassen sollen dies näher erläutern.

Bei der Ionisierung von **Alkoholen** wird meist zuerst ein Elektron der nichtbindenden Paare des Hydroxylsauerstoffatoms herausgeschlagen. Bei der Fragmentierung bilden sich vorzugsweise Oxoniumionen der Struktur (1) und der Masse $M - R$:

(1)

Alkene können bei der Fragmentierung die relativ stabilen *Allylcarbenium-Ionen* bilden:

$$\left[R{-}CH{=}CH{-}CH_2{-}R'\right]^{\oplus}_{\cdot} \quad \rightarrow \quad R'\cdot + R{-}CH{=}CH{-}CH_2^{\oplus}$$

Carbonylverbindungen werden häufig in der Weise fragmentiert, daß dabei die ebenfalls relativ stabilen *«Acylium-Ionen»* $R{-}C{\equiv}O^{\oplus}$ entstehen (sogenannte α-Spaltung). Dies ist auf zwei Arten möglich; bei einem Aldehyd beispielsweise folgendermaßen:

Bei *Aldehyden* lassen sich darum im Massenspektrum in der Regel die Ionen der Massen $m/e = M - 1$ und $m/e = 29$ erkennen. *Methylketone, Carbonsäuren* oder *Ethylester* liefern Acyliumionen der Massen $m/e = 43$, $m/e = M - 17$ bzw. $m/e = M - 45$, die den Ionen $CH_3{-}C{\equiv}O^{\oplus}$ bzw. $R{-}C{\equiv}O^{\oplus}$ entsprechen. Daneben ist aber auch β-Spaltung möglich, wobei H-Atome übertragen werden und jedes der Spaltstücke eine Ladung tragen kann:

oder bei Carbonsäuren

Wir haben schon erwähnt, daß die Fragmentierung oft auch von *Umlagerungen* begleitet ist. Bei Carbonylverbindungen tritt insbesondere die Verschiebung eines Wasserstoffatoms häufig auf:

Tabelle 4.26. Beispiele von in MS häufig auftretenden Fragmenten

m/e	Fragment	m/e	Fragment
15	CH_3	55	C_4H_7, $CH_2{=}CH{-}C{=}O$
17	OH, NH_3	56	C_4H_8, C_3H_4O
18	H_2O, NH_4	57	C_4H_9, $C_2H_5C{=}O$
20	HF	70	C_5H_{10}
27	C_2H_3	71	C_5H_{11}, $C_3H_7C{=}O$
28	C_2H_4, CO, N_2		O $\qquad$ O
29	C_2H_5, COH	73	$\overset{\parallel}{C}{-}OC_2H_5$, $CH_2{-}\overset{\parallel}{C}{-}OCH_3$
31	CH_2OH, OCH_3		
43	C_3H_7, $CH_3C{=}O$, $CONH$	77	C_6H_5
45	CH_3, CH_2CH_2OH, CH_2OCH_3	78	$C_6H_5 + H$
	$\overset{\displaystyle\mid}{CHOH}$	91	$C_6H_5{-}CH_2$
		105	$C_6H_5{-}C{=}O$, $C_6H_5{-}CH_2CH_2$

$$Y-\overset{\overset{O}{\|}}{C}\underset{CH_2}{\overset{H}{\diagdown}}\overset{\diagup CR_2}{\underset{CH_2}{}} \quad \xrightarrow{-R_2C=CH_2} \quad Y-\overset{\overset{\oplus/O.}{\|}}{C}\overset{\diagup H}{\underset{CH_2}{}}$$

(Y = H, R, OH, OR, NR₂)

Umlagerungen dieser Art werden als *«Mc Lafferty-Umlagerungen»* bezeichnet. Voraussetzung für das Eintreten einer solchen Umlagerung ist das Vorhandensein eines abtrennbaren Wasserstoffatoms in γ-Stellung zur Carbonylgruppe. Die Mc Lafferty-Umlagerung ist insbesondere zur Ermittlung der Konstitution isomerer Aldehyde und Ketone sehr nützlich.

Peaks, die von umgelagerten Teilchen herrühren, lassen sich oft durch einen Vergleich ihrer Massenzahl (m/e) mit der Massenzahl des Molekülions erkennen. Tritt keine Umlagerung ein, so ergeben Moleküle von geradzahliger Molekülmasse Fragmentionen mit ungeradem m/e, während umgekehrt Moleküle mit ungerader Massenzahl Fragmentionen mit geradzahligem m/e liefern. Wenn ein Fragmention mit einer gegenüber einfacher Spaltung um 1 verringerter Massenzahl auftritt, so kann man annehmen, daß mit der Fragmentierung eine Verschiebung eines Wasserstoffatoms einhergegangen ist (vgl. Abb. 4.25: MS von 2-Methylpentanal: Ion mit $m/e = 58$).

Die Fragmentierung einer Verbindung wird aber nicht allein vom Vorhandensein bestimmter funktioneller Gruppen, sondern von der *gesamten* Konstitution bestimmt. Um die Konstitution aus dem Massenspektrum ableiten zu können, benötigt man neben den «Schlüsselbruchstücken» (von denen in Tabelle 4.26 wichtige Beispiele aufgeführt sind) auch die

Tabelle 4.27. *Charakteristische Massendifferenzen zwischen Molekülion* $M^{\oplus}$ *und Fragmenten* $[M-X]^{\oplus}$ *oder* $[M-X]^{\oplus}$

Massenzahl *(MZ)*	Formel von X	Hinweis auf Verbindungsklassen
15	CH_3	Methylgruppen
16	NH_2	Amine
17	OH	Alkohole, Carbonsäuren
17	NH_3	Amine
18	H_2O	Alkohole, Phenole, Aldehyde
26	$CH\equiv CH$	mehrkernige Arene
28	CO	O-Heterocyclen, Phenole
28	$CH_2=CH_2$	Kohlenwasserstoffe
29	C_2H_5	Ethylgruppen
29	CHO	Phenole
30	CH_2O	Phenolether, Ester
30	NO	Nitroverbindungen
31	CH_3O	Methylester
34	H_2S	Thiole
35	^{35}Cl	Chlorverbindungen
36	$H^{35}Cl$	Chlorverbindungen
43	CH_2CO	Acetylverbindungen
44	CH_3CHO	aliphatische Aldehyde
46	NO_2	Nitroverbindungen
55	C_3H_3O	Cycloalkanone
64	SO_2	Sulfone
91	C_7H_7	Benzylverbindungen

Kenntnis der typischen *Massendifferenzen* zwischen den Peaks der Molekülionen und der Fragmentionen, welche Radikalen oder Molekülen entsprechen, die bei der Fragmentierung abgespalten werden (Tabelle 4.27). In jedem Fall muß aber überprüft werden, ob sich das beobachtete Massenspektrum aus der im konkreten Fall aufgestellten Konstitutionsformel widerspruchsfrei interpretieren läßt.

Eine Variation der Massenspektrometrie bedient sich der sogenannten *chemischen Ionisierung.* Dabei werden die Ionen durch chemische Reaktionen in der Gasphase erzeugt. Man benützt dazu ein «Reaktionsgas» (Edelgase, Methan oder ein anderes Alkan), das durch Elektronenstoß ionisiert wird. Die entstandenen Ionen können direkt mit den Molekülen der zu untersuchenden Probe reagieren und diese durch Ladungsaustausch ionisieren; es ist aber auch möglich, daß die aus dem Reaktionsgas gebildeten Ionen sich zunächst weiter verändern und reaktivere Ionen (z.B. $RH^{\oplus}$) bilden, die dann die Probenmoleküle durch Übertragung eines Protons ionisieren. Methan als Reaktionsgas liefert beispielsweise hauptsächlich das Ion $CH_5^{\oplus}$ (S.78) als reaktives Ion. Die nach chemischer Ionisierung erhaltenen Massenspektren (besonders bei der Verwendung von Alkanen als Reaktionsgasen) zeigen meist eine verringerte Intensität der Fragmentionen-Peaks, dafür einen sehr intensiven Peak der Masse $(M + H)^{\oplus}$. Die Massenspektrometrie mit chemischer Ionisierung dient daher hauptsächlich als Mittel bei der Analyse, da die intensiven $(M + H)^{\oplus}$-Peaks leicht identifizierbar sind, so z.B. in Kopplung mit Gaschromatographen als Detektor. Bei Verwendung von Kapillarsäulen zur Auftrennung kann der Ausgang des Gaschromatographen sogar direkt mit dem Massenspektrometer verbunden werden, da dann die Ausströmgeschwindigkeit klein ist. Auf diese Weise lassen sich die einzelnen «Fraktionen» des Gaschromatographen direkt identifizieren. Viele Anwendungen hat die Massenspektrometrie mit chemischer Ionisation auch in der *Biochemie.* So lassen sich z.B. die beim Abbau von Polypeptidketten erhaltenen Aminosäuren als Phenylthiohydantoinderivate (S.971) mas-

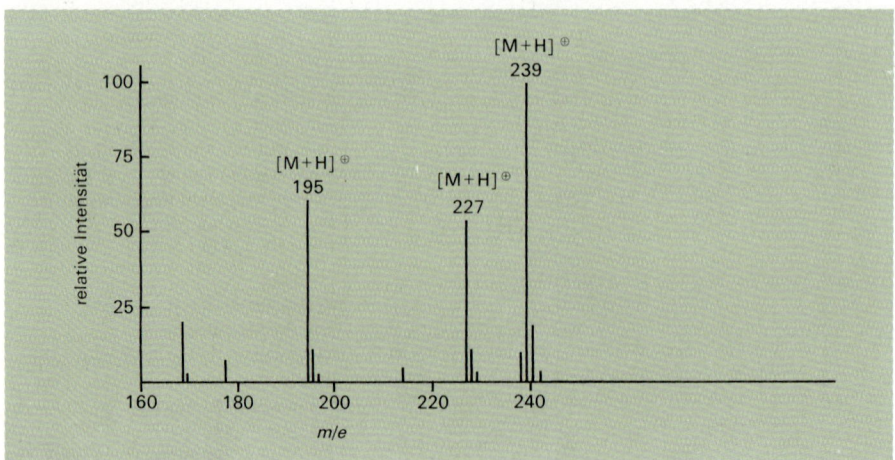

Abb. 4.27. *Massenspektrum mit chemischer Ionisation eines Extraktes vom Mageninhalt eines Vergiftungsfalles [aus Chemie in unserer Zeit, 10 (1976), 167]*

Das MS zeigt deutlich die protonierten Molekülionen von Coffein (m/e = 195) sowie der beiden Barbitursäurederivate Amytal (m/e = 227) und Seconal (m/e = 239). Amytal und Seconal sind Bestandteile von Schlafmitteln

senspektrometrisch sehr leicht erkennen. Auch zur Analyse von Substanzgemischen ist diese Methode geeignet, da sich die Molekülionen (genauer: die $[M + H]^{\oplus}$-Ionen) der einzelnen Komponenten in ihrer Masse meist genügend voneinander unterscheiden.

M = 194 u   M = 226 u   M = 238 u

4.5.5 Kombinierter Einsatz spektroskopischer Methoden zur Strukturaufklärung

Es ist häufig möglich, durch Kombination der verschiedenen spektroskopischen Methoden eine partielle, bei einfacheren Molekülen (M < 300) oft sogar eine vollständige Strukturbestimmung durchzuführen. Das **MS** liefert dazu die *Molekülmassenzahl,* manchmal auch die *Elementaranalyse* und zum mindesten die maximale Zahl der im Molekül vorhandenen C-, S-, Cl-, Br- (oder anderer) Atome; durch die Massenzahlen der verschiedenen, durch Fragmentierung des Moleküls entstandenen Ionen lassen sich stets auch bestimmte *Strukturelemente* erkennen. Das **IR-Spektrum** gibt Aufschlüsse über vorhandene *funktionelle Gruppen* ($>$C=O, $>$C=C$<$, −OH, Aromaten usw.), während das **UV-Spektrum** das Vorhandensein (bzw. Fehlen) ungesättigter Chromophore zeigt. Aus dem **Protonenresonanzspektrum** schließlich läßt sich die Anzahl der H-Atome eines Signals, die Umgebung dieser H-Atome (durch die chemische Verschiebung) und die Anzahl der Nachbar-H-Atome (durch die Spin-Spin-Aufspaltung) erkennen, während das **¹³C−NMR-Spektrum** Aufschluß über die Anzahl verschiedenartig gebundener C-Atome sowie der mit ihnen verbundenen H-Atome liefert. Zusätzliche Informationen über das Kohlenstoffgerüst ergibt auch die Anzahl der *«Doppelbindungsäquivalente»,* von denen jedes einer Doppelbindung oder einem Ring entspricht. Die Anzahl der Doppelbindungsäquivalente läßt sich aus der Molekülformel nach folgenden Beziehungen bestimmen:

für $C_aH_b(O_c)$

$$D = \frac{(2a + 2) - b}{2}$$

für $C_aH_b(O_c)N_d$

$$D = \frac{(2a + 2) - (b - d)}{2}$$

Die Größe $(2a + 2)$ stellt den entsprechenden gesättigten Kohlenwasserstoff dar. Im Fall einer Verbindung ohne Stickstoff erhält man die Zahl der Doppelbindungen (oder Ringe) dadurch, daß man die Anzahl der H-Atome von $(2a + 2)$ subtrahiert und durch 2 dividiert. (Einbindige andere Atome wie z.B. Halogene können als H-Atome gezählt werden.) Naphthalen ($C_{10}H_8$) besitzt demnach 7 Doppelbindungsäquivalente: 2 Ringe und 5 «Doppelbindungen». Da Stickstoff dreibindig ist, muß für jedes N-Atom von der Zahl der H-Atome (b) ein Atom subtrahiert werden. Pyridin (C_5H_5N) hat 4 Doppelbindungsäquivalente (wie auch das Benzen): einen Ring und drei «Doppelbindungen».

Beispiele

(1) Eine schwach gelbe Substanz (λ_{max} etwa 410 nm) liefert die folgenden Spektraldaten:
MS: $m/e = 146$ (Molekülion): Molekülmassenzahl 146
    $m/e = 147$ (Intensität 11 % des Signals M$^{\oplus}$): 10 C-Atome vorhanden
    $m/e = 131$ (entspricht M − 15): Methylgruppe(n) vorhanden
    $m/e = 103$ (entspricht M − 43): Möglicherweise eine Acetylgruppe vorhanden?
    $m/e =$ 77: Benzenring
    $m/e =$ 43: Acetylgruppe?

Aus dem MS allein erhält man die folgenden Informationen:
Die Verbindung hat die Molekülmassenzahl 146. Sind 10 C-Atome und ein O-Atom im
Molekül vorhanden (wie es nach den Peaks mit m/e 103 und 43 wahrscheinlich ist), so
bleiben noch 10 H-Atome. Da ein Benzenring vier Doppelbindungsäquivalenten
entspricht, müssen zwei weitere Doppelbindungen im Molekül vorhanden sein. (Der
MS-Peak von $m/e = 43$ könnte an sich auch von einem $C_3H_7^{\oplus}$-Ion herrühren, doch ist
das Vorhandensein einer solchen Gruppe auf Grund der Doppelbindungsäquivalente
auszuschließen.)

IR: Banden bei   1665 cm^{-1} (stark): Carbonylgruppe
                    1610 cm^{-1} (stark)   ⎤
                    1585 cm^{-1} (mittelstark)   ⎥
                    1490 cm^{-1} (mittelstark)   ⎬ : Benzenring
                    1455 cm^{-1} (stark)   ⎦
                     970 cm^{-1} (breit, strak): *trans*-substituierte Doppelbindung
                     752 cm^{-1} (stark)   ⎤
                     690 cm^{-1} (mittelstark)   ⎦ : monosubstituierter Aromat

Das IR-Spektrum bestätigt im Wesentlichen die aus dem MS gezogenen Schlüsse. Als
zusätzliche Informationen erhält man die Feststellungen, daß die C=C-Doppelbin-
dung *trans*-substituiert und der Benzenring monosubstituiert ist.

NMR: Signale bei $\delta = 2{,}35$ (Singlett), 3 H: Methylgruppe, ungekoppelt
                    $\delta = 6{,}70$ (Dublett; $J = 16{,}2$ Hz), 1 H ⎫
                    $\delta = 7{,}30$ (komplex), 5 H: Benzenring   ⎬ 2 H-Atome an C=C−
                    $\delta = 7{,}50$ (Dublett; $J = 16{,}2$ Hz), 1 H ⎭ Doppelbindung

Die Gesamtzahl der H-Atome beträgt 10, wie bereits aus dem MS gefolgert wurde.

Die Verbindung enthält also die Strukturelemente:

Damit ist nur die folgende Struktur zu vereinbaren:

Benzalaceton
(1-Phenyl-1-buten-3-on)

Im Massenspektrometer wurde das Molekül offenbar folgendermaßen fragmentiert:

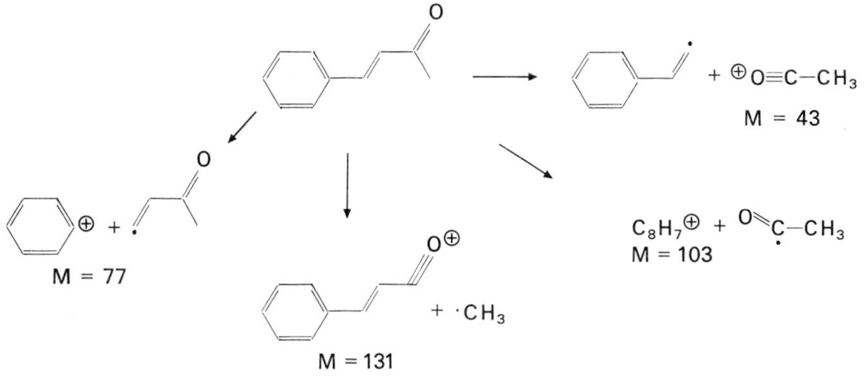

$+ \overset{\oplus}{O}\equiv C-CH_3$

M = 43

M = 77

$C_8H_7^{\oplus} +$ $\overset{O}{\underset{\cdot}{\diagdown}}C-CH_3$

M = 103

$+ \cdot CH_3$

M = 131

(2) Eine farblose Flüssigkeit liefert die folgenden Spektraldaten:

MS: $m/e = 150$ und 152 (beide wenig intensiv, aber nahezu von gleicher Höhe): Molekülion (Massenzahl 150); das Molekül enthält ein Br-Atom.
$m/e = 151$ und 153: ^{13}C-Peaks. Intensität des m/e = Peaks etwa 6 % des Molekülpeaks: 5 C-Atome vorhanden.
$m/e = 107$ und 109: Ionen, die noch ein Br-Atom enthalten. Ihre Masse entspricht M − 43: Acetylgruppe oder C_3H_7-Gruppe vorhanden?

$m/e = 71$; entspricht M − 79: Abspaltung eines Br-Atoms. Bei $m/e = 72$ tritt ein Isotopenpeak auf, dessen Intensität auf das Vorhandensein von 5 C-Atomen hinweist. Der Peak mit $m/e = 71$ könnte einem $C_5H_{11}^{\oplus}$-Ion entsprechen.
$m/e = 70$; entspricht M − HBr.
$m/e = 43$ (Basis-Peak): $C_3H_7^{\oplus}$ (das Vorhandensein einer Acetylgruppe kann auf Grund der Peaks bei $m/e = 71$ und 72 ausgeschlossen werden.)

Aus dem MS ergibt sich die Molekülformel $C_5H_{11}Br$, die einer gesättigten Verbindung entspricht.

IR: Im IR-Spektrum fehlen jegliche Banden funktioneller Gruppen oder aromatischer Ringe
NMR: Signale bei $\delta = 3{,}34$ (Triplett; J = 7,0 Hz), 2 H
           $\delta = 1{,}77$ (komplex), 3 H
           $\delta = 0{,}94$ (Dublett; J = 7,0 Hz), 6 H

Die beiden H-Atome mit $\delta = 3{,}34$ müssen zwei anderen H-Atomen benachbart und zugleich an ein elektronegatives Atom (das Br-Atom!) gebunden sein (relativ große chemische Verschiebung!). Das Signal bei $\delta = 0{,}94$ deutet auf zwei Methylgruppen, die an eine $\diagup$CH−-Gruppe gebunden sind (Isopropylgruppe; vgl. Basis-Peak des MS!). Das komplexe, nicht analysierbare Signal bei $\delta = 1{,}77$ entspricht 3 H-Atomen. Damit sind folgende Strukturelemente festgelegt:

$\begin{matrix} CH_3 \\ \\ CH_3 \end{matrix}\!\!\diagdown\!\!\diagup CH-$ $-CH_2Br$

Die noch fehlende $-CH_2-$-Gruppe muß dazwischen liegen: $>CH-CH_2-CH_2-Br$. Das komplexe Signal im NMR-Spektrum entsteht aus dem Signal der beiden Protonen am C-Atom 2 und des Protons am C-Atom 3. Die vollständige Konstitution des Moleküls ist somit

1-Brom-3-methylbutan
(Isoamylbromid)

Übungen[1]

4.5.1   Geben Sie die Struktur der einfachsten Modellverbindungen an, die dasselbe UV-Spektrum zeigt wie die Substanz (1), und berechnen Sie λ_{max}.

(1)

4.5.2   Ein Keton der Molekularformel $C_8H_{14}O$ zeigt im UV-Spektrum eine Absorptionsbande bei 248 nm. Geben Sie eine Struktur an, die mit dieser Beobachtung im Einklang steht.

4.5.3   Eine Substanz (2) (Molekularformel $C_{11}H_{16}O$) kann katalytisch zu einer Substanz (3) hydriert werden, welche die folgende Konstitution besitzt:

(3)

Das UV-Spektrum von (2) zeigt eine starke Absorptionsbande (λ_{max} bei 225 nm). Geben Sie die Struktur von (2) an.

4.5.4   Wie kann man die Kraftkonstanten von Bindungen experimentell ermitteln? Welche Informationen liefern diese Konstanten?

4.5.5   Erklären Sie, wie das IR-Licht Schwingungen in Molekülen anregen kann. Warum lassen sich nicht alle Schwingungen, die in den IR-Spektren als Absorptionsbanden in Erscheinung treten, auch in den Raman-Spektren erkennen?

4.5.6   Bei den IR-Spektren unterscheidet man bekanntlich zwischen dem «Fingerprintgebiet» (< 1250 cm^{-1}) und dem Gebiet der Gruppenfrequenzen (> 1250 cm^{-1}). Erklären Sie die Bedeutung der beiden Ausdrücke! Was für Informationen liefern Absorptionsbanden in den beiden Gebieten? Wie unterscheiden sich die entsprechenden Schwingungen?

4.5.7   Geben Sie Beispiele für die Erscheinung, daß Kopplung von Schwingungen die IR-Absorptionsfrequenz bestimmter Gruppen verändert!

[1] Bei sämtlichen NMR-Spektren dieser Übungen handelt es sich um ^{1}H-NMR-Spektren.

4.5.8 Welche Normalschwingungen können das HCN- und das SO_2-Molekül ausführen?

4.5.9 Wie lassen sich aromatische Ringe im IR-Spektrum erkennen?

4.5.10 Erklären Sie das Prinzip der «chemischen Verschiebung». Was versteht man unter «Abschirmungseffekt», unter «Entschirmungs-Effekt»?

4.5.11 Welches sind die δ- bzw. τ-Werte von drei Protonen mit der chemischen Verschiebung von 425, 295 und 215 ppm (in Richtung geringerer Feldstärken), deren NMR-Spektrum mit einem Gerät von 60 Megahertz aufgenommen wurde (TMS als Bezugssubstanz)?

4.5.12 Acetylen-Protonen erscheinen im NMR-Spektrum bei $\delta \approx 2$ bis 3, aromatische Protonen hingegen bei $\delta \approx 6$ bis 8,5. Erklären Sie diesen Unterschied!

4.5.13 Wirken sich Verunreinigungen eines Präparates für die Untersuchung des IR- oder des NMR-Spektrums störender aus?

4.5.14 Wie viele Absorptionssignale lassen sich in den NMR-Spektren folgender Substanzen erwarten:
(a) $CH_3CH_2CH_2OH$, (b) CH_3COCH_3, (c) $CH_3CH{=}CHCOOH$, (d) $C_6H_5COCH_3$, (e) $CH_3{-}CH{=}CH_2$, (f) $CH_3CH_2CHBrCOOH$, (g) $C_2H_5OC_2H_5$, (h) $CH_3OCH_2CH_2CH_3$

4.5.15 Drei isomere Dimethylcyclopropane liefern 2 bzw. 3 bzw. 4 NMR-Absorptionssignale. Zeichnen Sie die räumliche Formel der drei Isomere und erklären Sie die beobachtete Zahl Absorptionssignale!

4.5.16 Erklären Sie das Wesen der Spin-Spin-Kopplung! Welche Informationen liefert die Feinstruktur der NMR-Absorptionssignale?

4.5.17 Wie läßt sich experimentell entscheiden, ob zwei NMR-Signale durch zwei chemisch verschiedene Protonen verursacht werden oder ob sie durch Spin-Spin-Aufspaltung entstanden sind?

4.5.18 Geben Sie die Feinstruktur der NMR-Peaks der Verbindungen (a), (b), (c), (e) und (g) der Aufgabe 4.5.14 an!

4.5.19 Im NMR-Spektrum von Bromcyclohexan beobachtet man ein scharfes Absorptionssignal bei $\delta = 4,16$. Nimmt man das Spektrum bei $-80\,°C$ auf, so erhält man zwei Peaks von verschiedener Fläche (die zusammen der Fläche eines einzigen Protons entsprechen), und zwar bei $\delta = 3,97$ und bei $\delta = 4,64$. Das Verhältnis ihrer Flächen beträgt 4,6:1. Erklären Sie die Trennung der beiden Peaks! Zu welchem Prozentsatz tritt die überwiegende Konformation bei $-80\,°C$ auf?

4.5.20 IR- und NMR-Spektroskopie ergänzen sich bei der Bearbeitung struktureller Probleme. Erklären Sie diese Behauptung!

4.5.21 Welche Strukturformeln kommen den Substanzen zu, welche die IR-Spektren von Abb. 4.28 liefern?

4.5.22 Nach welchen Prinzipien erfolgt die Fragmentierung von Molekülionen bei der Massenspektroskopie?

4.5.23 Welche Ionen werden in den Massenspektren folgender Substanzen mit Sicherheit zu erwarten sein:
CH_3CHO, $CH_3CH_2CH_2OH$, $(CH_3)_2CHOH$, $C_6H_5COCH_3$, $C_6H_5COOC_2H_5$

4.5.24 Im Massenspektrum von tert. Pentylbenzen entspricht der Basis-Peak der Masse $m/e = 119$. Welchem Ion entspricht dieser Peak, und wie ist das Molekül fragmentiert worden?

4.5.25 Geben Sie die Konstitutionsformeln an, welche den folgenden Daten entsprechen:
(a) $C_3H_3Cl_5$: Triplett bei $\delta = 4,52$ und Dublett bei $\delta = 6,07$
          Intensitäten 1:2
(b) C_4H_9Br: Dublett bei $\delta = 1,04$ (6 H); Multiplett bei $\delta = 1,95$ (1 H) und Dublett bei $\delta = 3,33$ (2 H)
(c) $C_{10}H_{14}$: Singlett bei $\delta = 1,30$ (9 H), Singlett bei $\delta = 7,28$ (5 H)

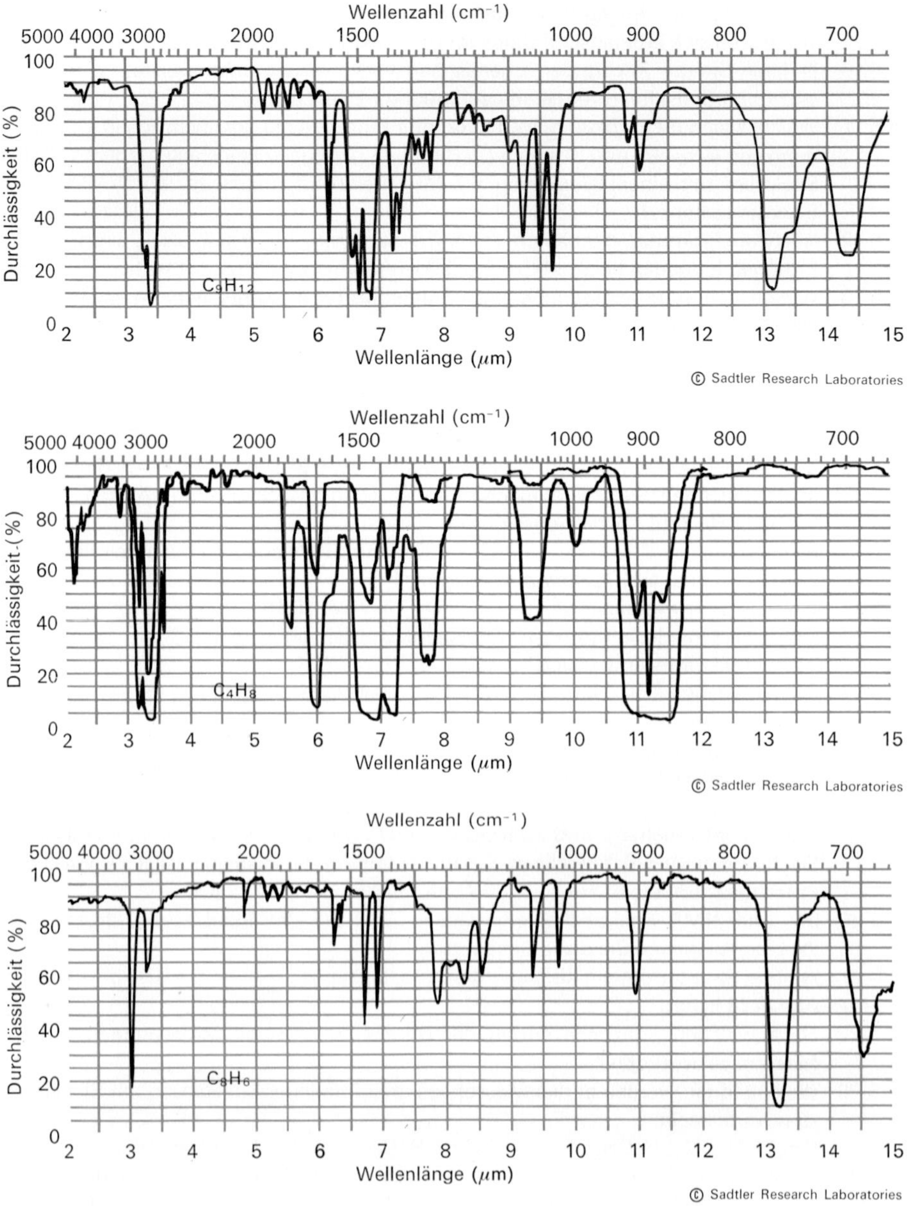

Wellenzahl (cm^{-1})

© Sadtler Research Laboratories

Wellenzahl (cm^{-1})

© Sadtler Research Laboratories

Wellenzahl (cm^{-1})

© Sadtler Research Laboratories

Abb. 4.28. IR-Spektrum für Aufgabe 4.5.21

(d) $C_9H_{11}Br$: Quintett bei $\delta = 2{,}15$ (2 H); Triplett bei $\delta = 2{,}75$ (2 H); Triplett bei $\delta = 3{,}38$ (2 H) und Singlett bei $\delta = 7{,}22$ (5 H)

4.5.26 Welche Strukturformeln entsprechen den NMR-Spektren von Abb. 4.29?

4.5.27 Geben Sie die Strukturformel der Substanz A an, welche die in Abb. 4.30 angegebenen IR- und NMR-Spektren liefert!

4.5.28 Identifizieren Sie die beiden Isomere der Formel $C_{20}H_{18}O$:

(B) Singlett bei $\delta = 2,23$ (1 H); Dublett bei $\delta = 3,92$ (1 H; $J = 7$ Hertz)
Dublett bei $\delta = 4,98$ (1 H; $J = 7$ Hertz);
Singlett bei $\delta = 6,81$ (10 H) und
Singlett bei $\delta = 6,99$ (5H)

(C) Singlett bei $\delta = 2,14$ (1 H)
Singlett bei $\delta = 3,55$ (2 H)
breiter Peak bei $\delta = 7,25$ (15 H).

Durch welche einfache chemische Reaktion könnten die beiden Isomere unterschieden werden?

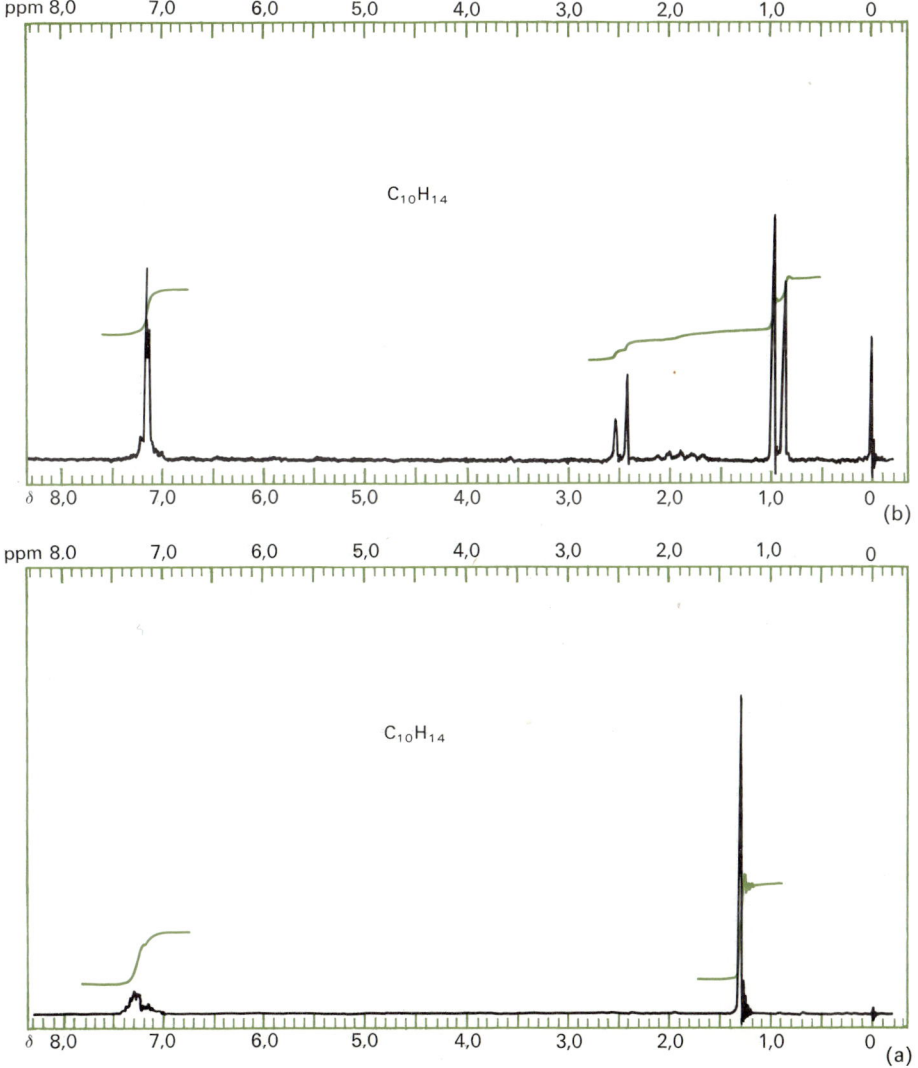

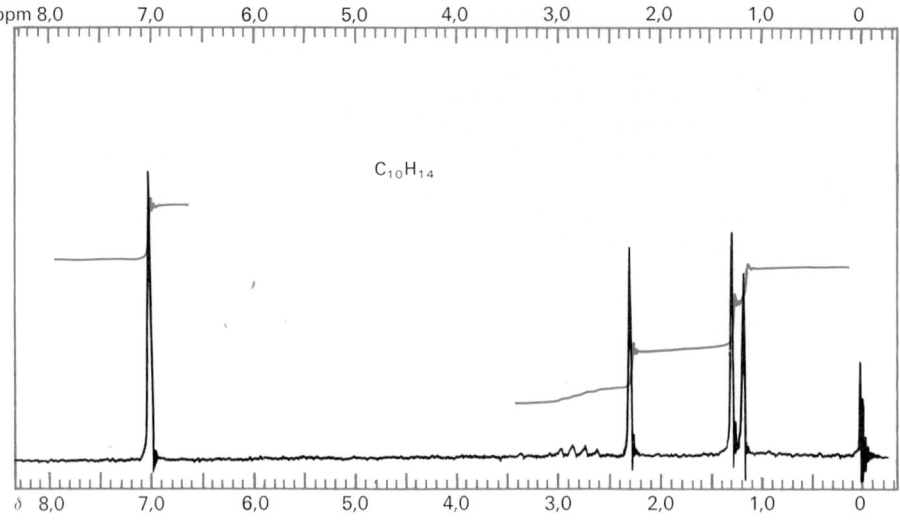

Abb. 4.29. NMR-Spektren für Aufgabe 4.5.26

4.5.29   Die Substanz D (C_4H_8O) wird durch Hydrierung in E ($C_4H_{10}O$) übergeführt. Leiten Sie die Strukturformeln mittels der IR-Spektren (Abb. 4.31) ab!

4.5.30   Eine Substanz F besteht aus Kohlenstoff (70,6%), Wasserstoff (13,7%) und Sauerstoff. Im Massenspektrum entspricht der $M^{\oplus}$-Peak einer Masse 102. Leiten Sie mit Hilfe der IR- und NMR-Spektren (Abb. 4.32) die Struktur ab!

4.5.31   Eine Substanz G besteht aus Kohlenstoff (70,6%), Wasserstoff (5,88%) und Sauerstoff. Der $M^{\oplus}$-Peak entspricht der Masse 136. Leiten Sie mit Hilfe der IR- und NMR-Spektren (Abb. 4.33) die Struktur ab!

4.5.32   Geben Sie die Strukturformeln der Substanzen $C_4H_8O_2$ an, die den drei NMR-Spektren von Abb. 4.34 entsprechen.

4.5.33   Abb. 4.35 gibt das NMR-Spektrum einer Lösung von Acetylaceton in Chloroform ($CH_3COCH_2COCH_3$). Interpretieren Sie das Spektrum! Was für quantitative Informationen liefert es?

4.5.34   Das IR-Spektrum einer bestimmten Substanz zeigt, neben anderen, Banden bei 1710 cm^{-1}, 1350 cm^{-1} und 1500 cm^{-1} (ziemlich stark), 700 cm^{-1} und 740 cm^{-1} (stark).
Im NMR-Spektrum treten Signale bei $\delta \approx 2,1$, 3,6 und 7,4 auf (letzteres ziemlich breit). Die Feinstruktur der Signale konnte mit der verwendeten Apparatur nicht aufgelöst werden.
Das Massenspektrum zeigt u. a. den $M^{\oplus}$-Peak ($m = 134$), ferner sehr intensive Peaks der Massen $m = 91$ und $m = 43$.
Leiten Sie aus diesen Angaben die Strukturformel der Substanz ab!

4.5.35   Eine andere Substanz zeigt im IR-Spektrum unter anderen folgende Banden: 1685 cm^{-1} (stark), 1660 cm^{-1} (scharf), 1250 cm^{-1} (stark).
Im NMR-Spektrum beobachtet man folgende Signale:
Triplett bei $\delta \approx 1,3$
Dublett bei $\delta \approx 1,9$
Quadruplett bei $\delta \approx 4,15$

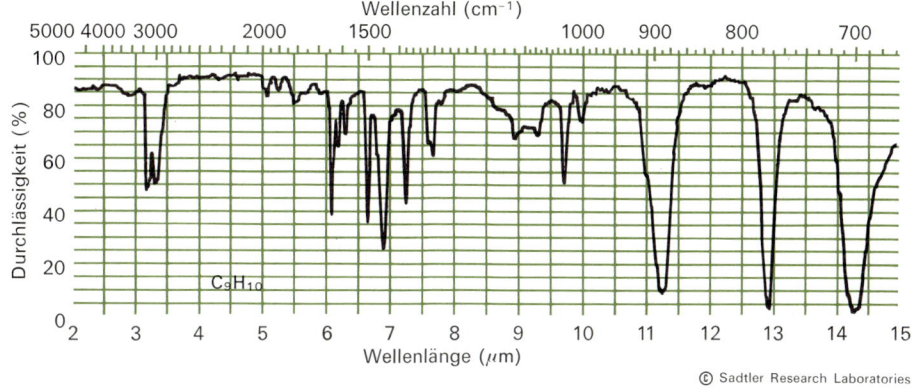

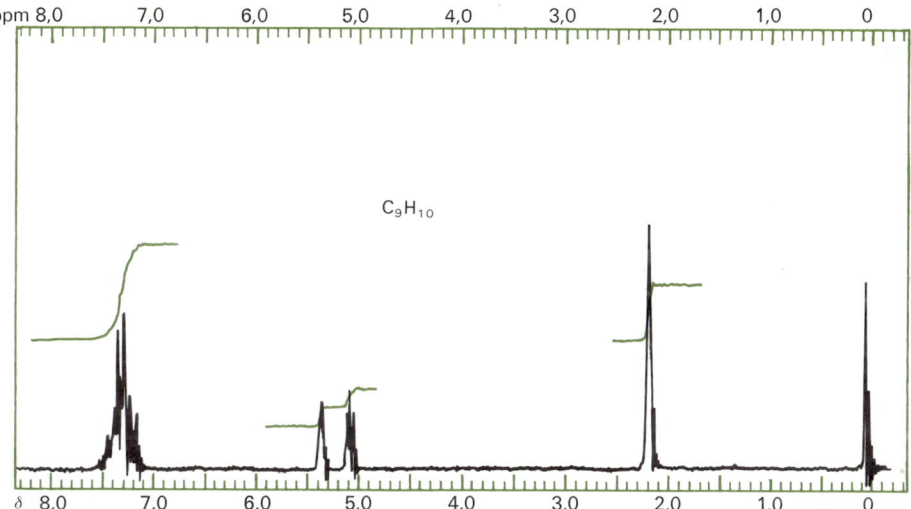

Abb. 4.30. IR- und NMR-Spektrum für Aufgabe 4.5.27

Dublett bei $\delta \approx 5{,}8$ und
Septett bei 6,9
Die Kopplungskonstanten des ersten und dritten Multipletts sind gleich groß.
Die häufigsten Ionen im Massenspektrum haben die Massen $m = 114$ ($= M^{\oplus}$, $C_6H_{10}O_2$), 99, 69 und 41.
Leiten Sie die Strukturformel der betreffenden Substanz ab!

4.5.36 Abb. 4.36 gibt das IR-Spektrum einer Verbindung der Molekularformel C_4H_8O. Welche Struktur besitzt die Substanz?

4.5.37 Abb. 4.37 stellt die NMR-Spektren dreier Verbindungen dar, welche alle die Molekularformel $C_5H_{10}O$ besitzen und mit Phenylhydrazin einen Niederschlag bilden. Geben Sie die Strukturformeln der drei Substanzen an!

4.5.38 Die Abb. 4.38 gibt die IR-Spektren dreier Substanzen wieder. Um welche der folgenden Verbindungen handelt es sich dabei?
Hydrochinon, Resorcin Methylisopropylketon, Methylethylketon, Zimtaldehyd, Benzalceton, Benzophenon

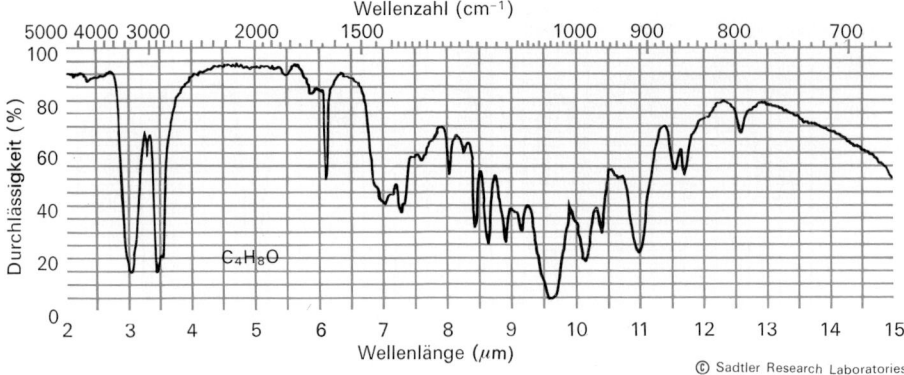

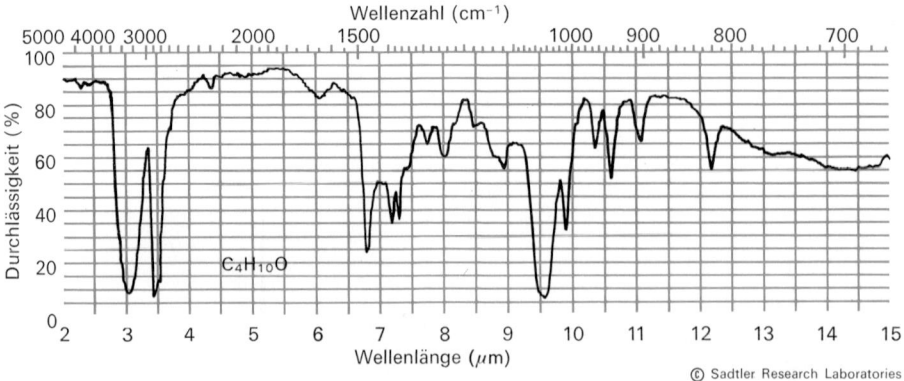

Abb. 4.31. IR-Spektren für Aufgabe 4.5.29

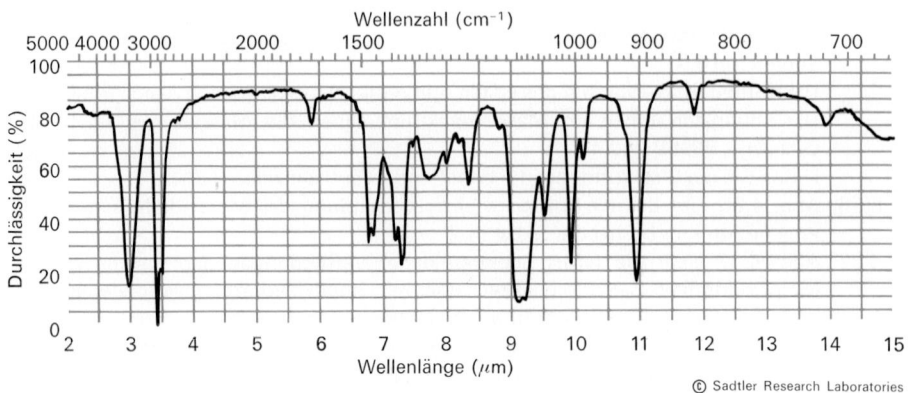

Abb. 4.32 (a). IR-Spektrum für Aufgabe 4.5.30

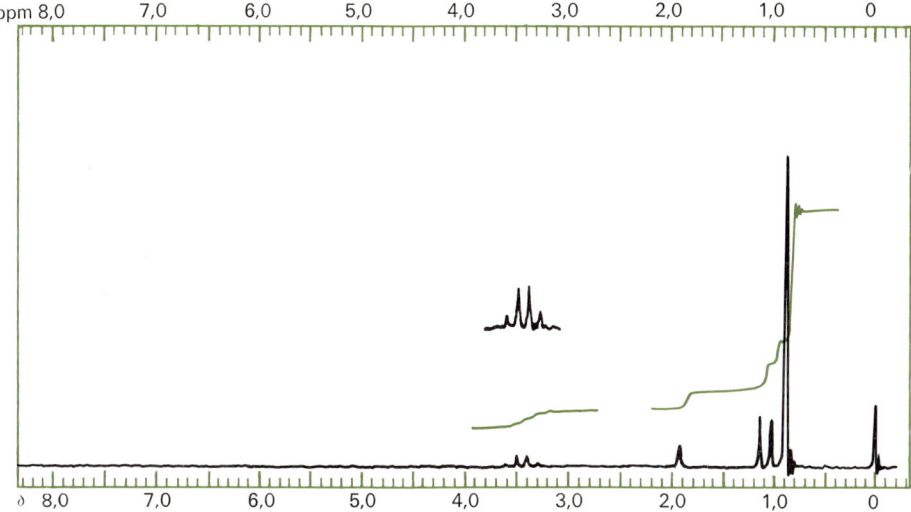

Abb. 4.32 (b). NMR-Spektrum für Aufgabe 4.5.30

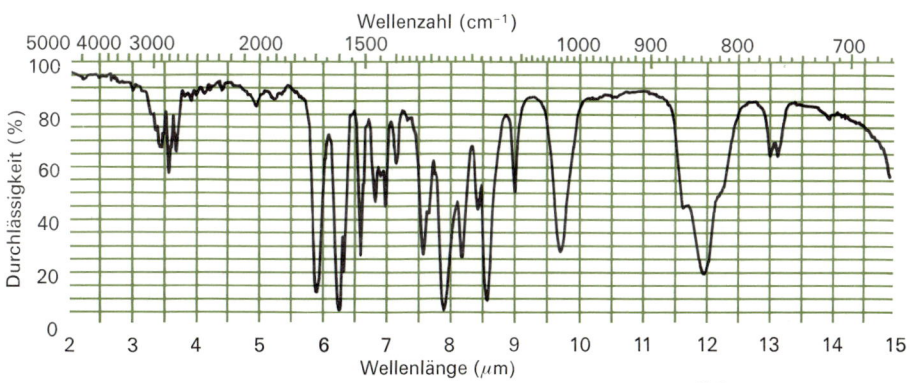

© Sadtler Research Laboratories

Abb. 4.33 (a). IR-Spektrum für Aufgabe 4.5.31

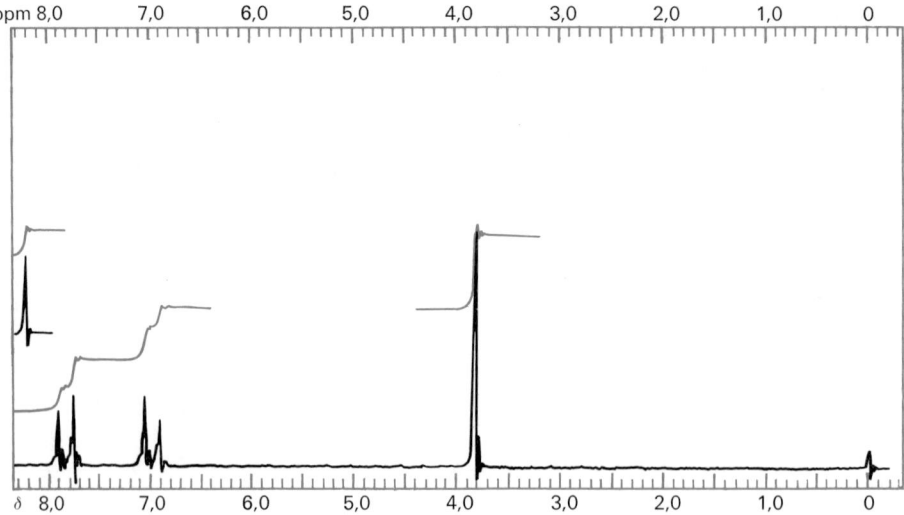

Abb. 4.33 (b). NMR-Spektrum für Aufgabe 4.5.31

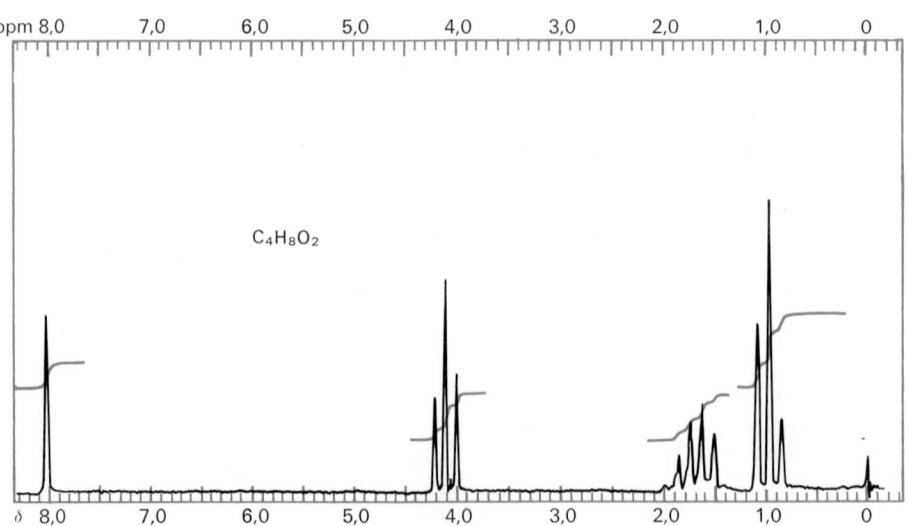

$C_4H_8O_2$

Abb. 4.34 (a). NMR-Spektrum für Aufgabe 4.5.32

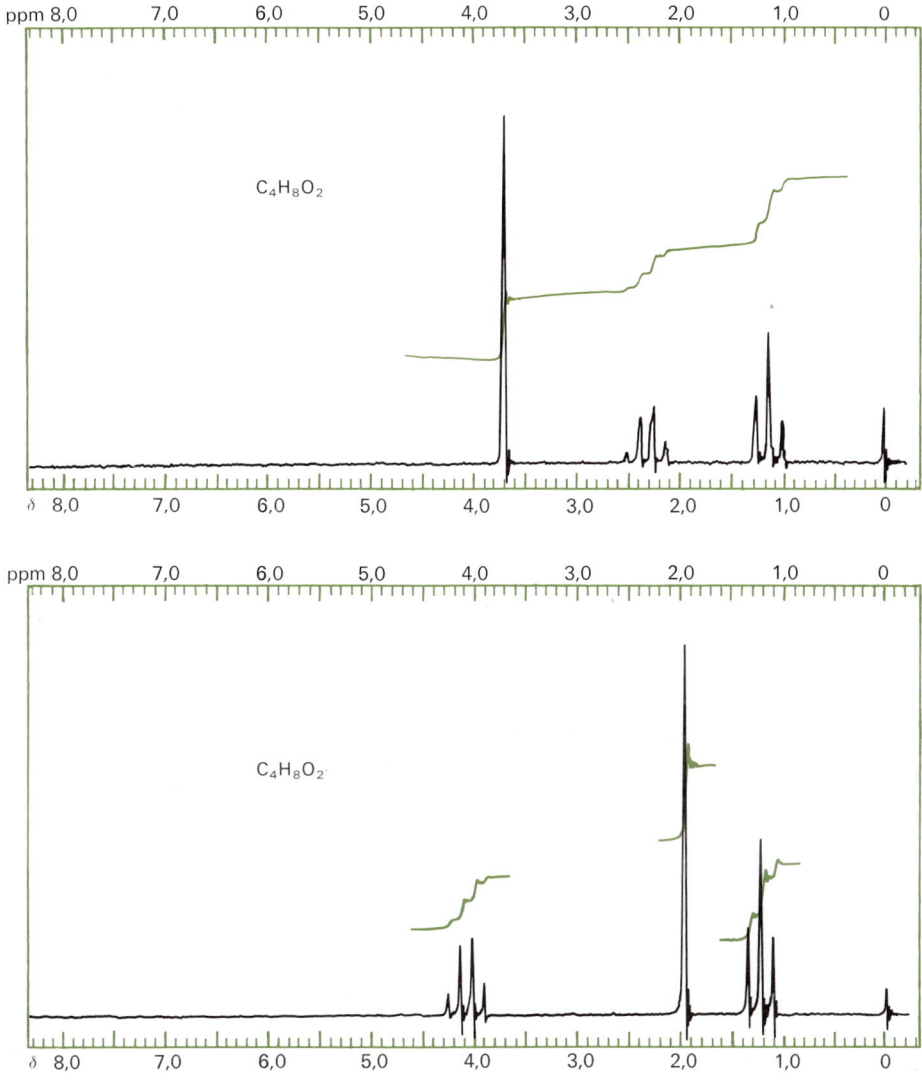

Abb. 4.34 (b) und (c). NMR-Spektren für Aufgabe 4.5.32

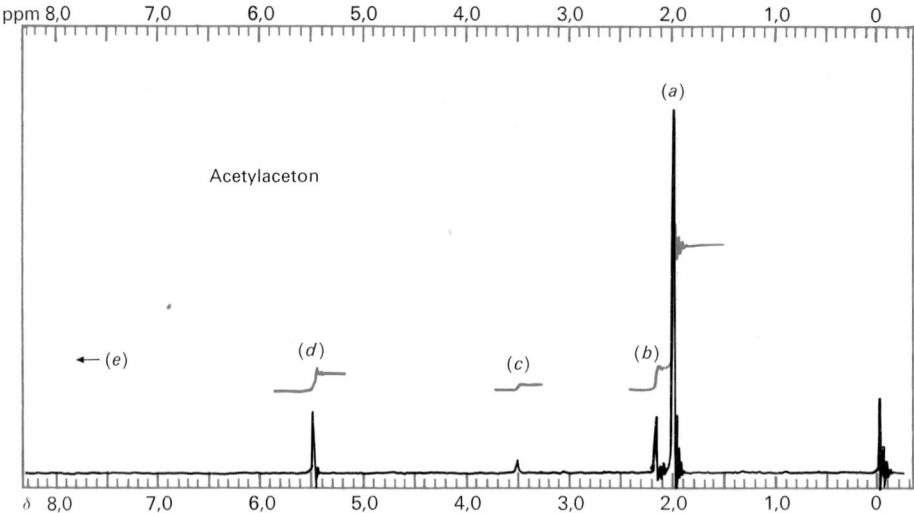

Acetylaceton

(a)

$\leftarrow (e)$ (d) (c) (b)

Abb. 4.35. NMR-Spektrum für Aufgabe 4.5.33

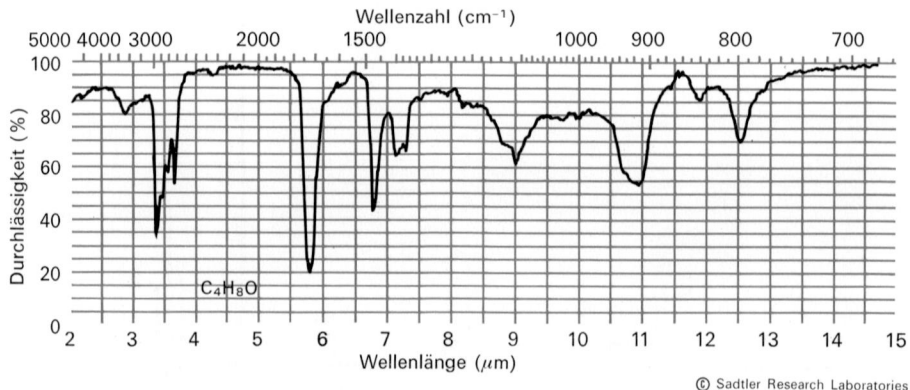

C_4H_8O

© Sadtler Research Laboratories

Abb. 4.36. IR-Spektrum für Aufgabe 4.5.36

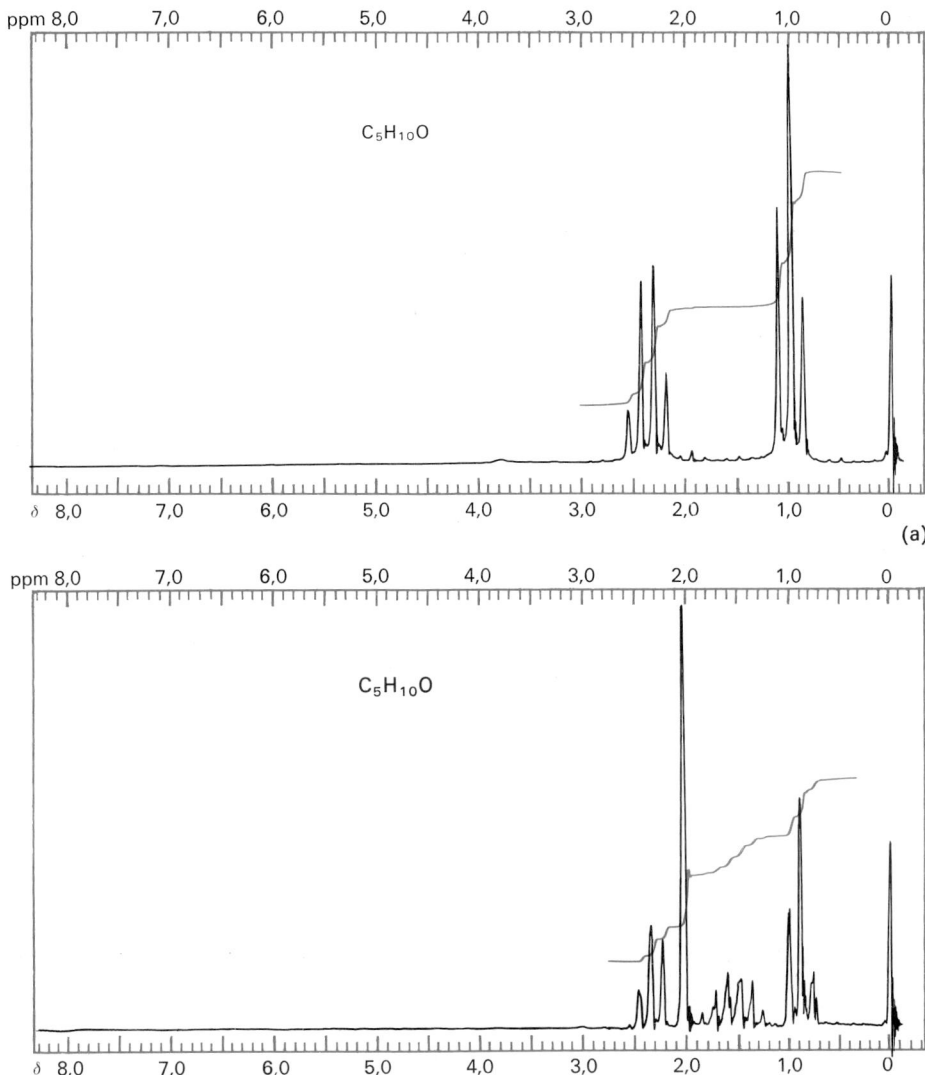

ppm 8,0   7,0   6,0   5,0   4,0   3,0   2,0   1,0   0

C₅H₁₀O

δ 8,0   7,0   6,0   5,0   4,0   3,0   2,0   1,0   0

Abb. 4.37. NMR-Spektren für Aufgabe 4.5.37   (c)

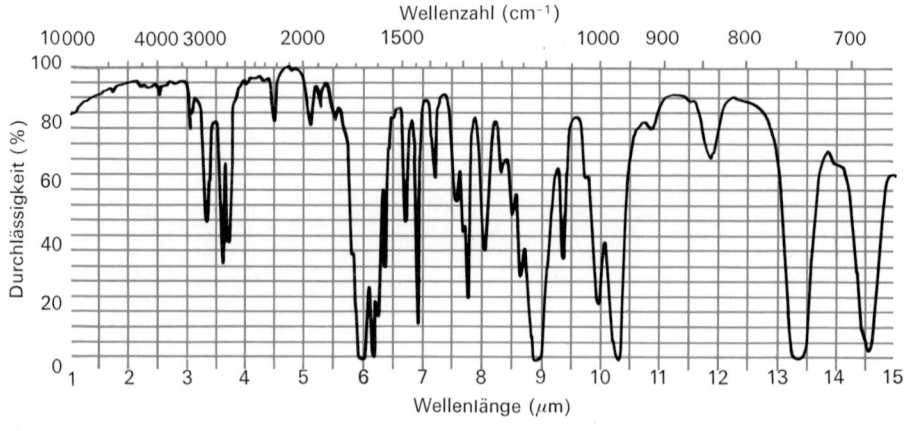

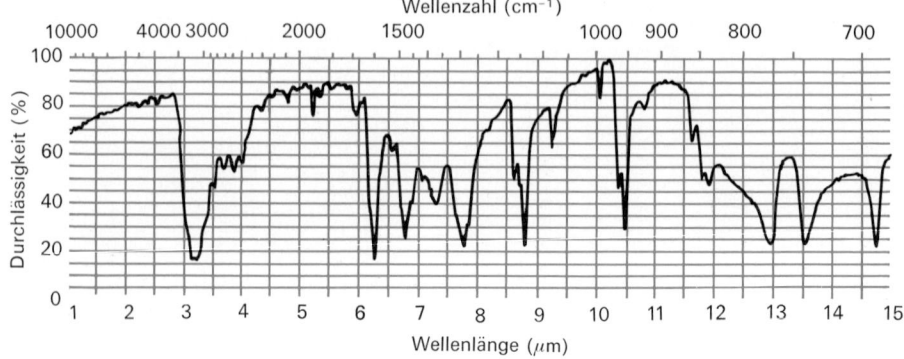

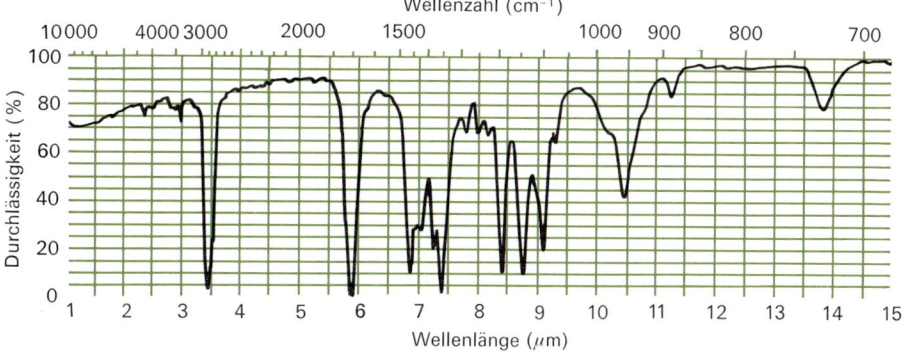

Abb. 4.38. IR-Spektren für Aufgabe 4.5.38

4.5.39 Auch die Abb. 4.39 gibt die IR-Spektren dreier Substanzen wieder. Um welche der folgenden Verbindungen handelt es sich?
Salicylaldehyd, Benzaldehyd, o-, m- oder p-Kresol, Acrolein, Methylvinylketon, Benzophenon

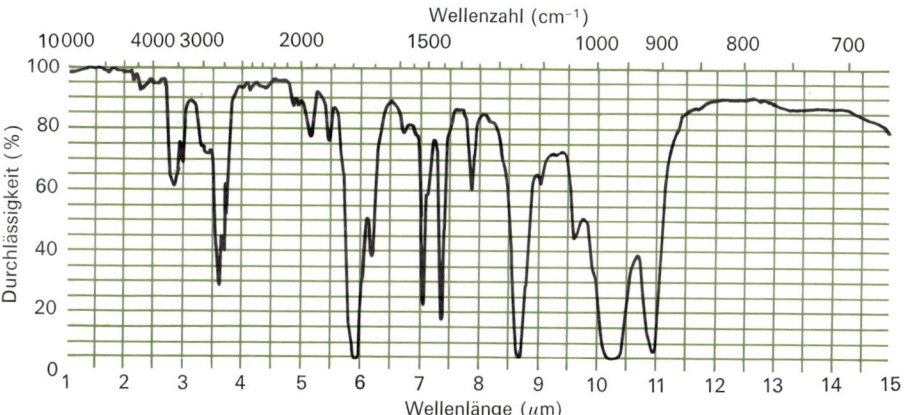

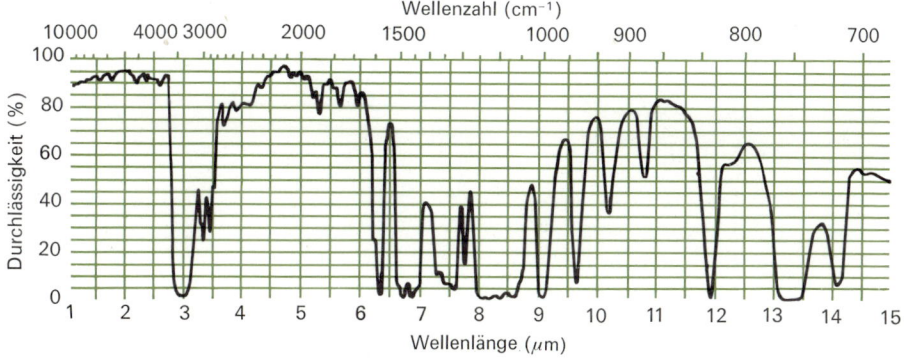

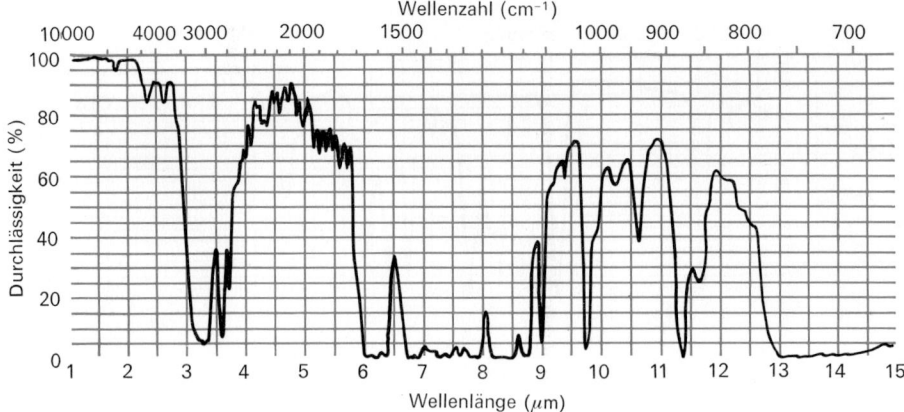

Abb. 4.39. IR-Spektren für Aufgabe 4.5.39

4.5.40 Man gebe die Strukturen der beiden Verbindungen an, welche die NMR-Spektren der Abb. 4.40 ergeben: oben C_4H_8O; unten C_8H_8O

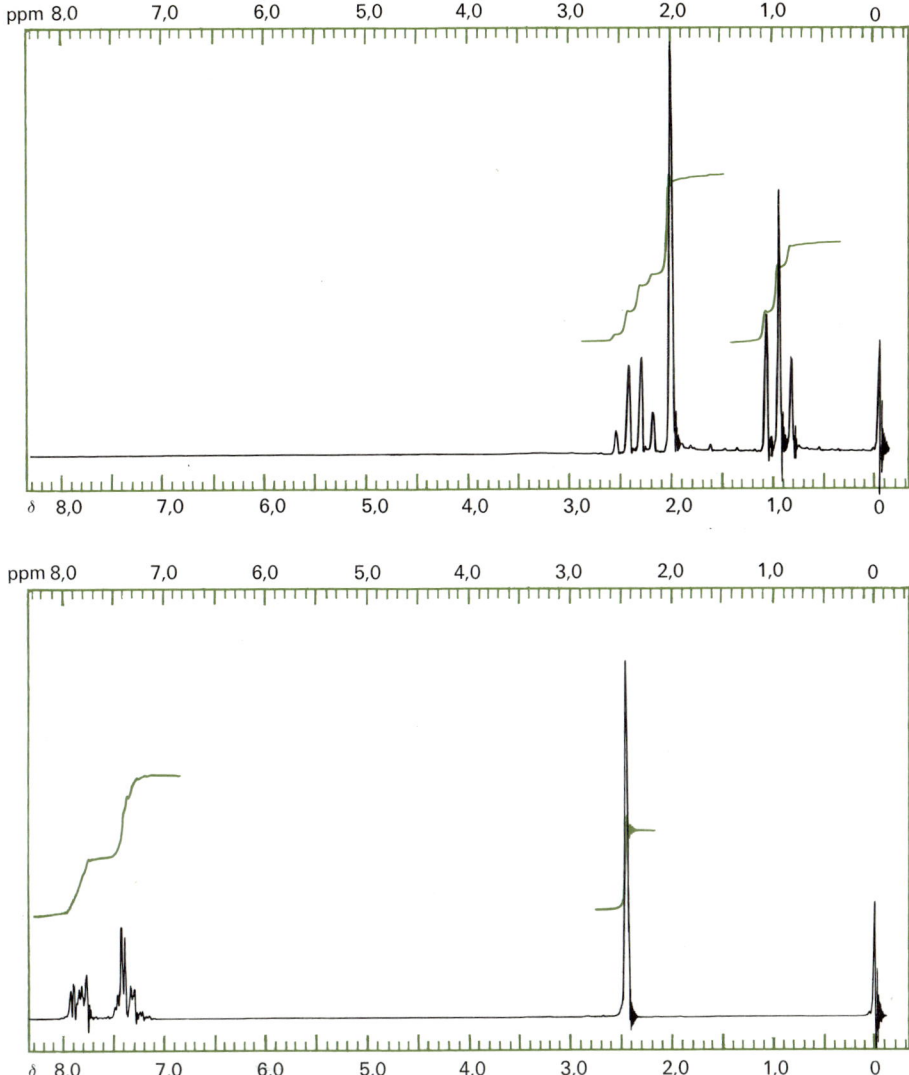

Abb. 4.40. NMR-Spektren für Aufgabe 4.5.40

2. Teil
Organische Reaktionen

5 Allgemeines

5.1 Freie Enthalpie und Gleichgewicht

Man hat es irgendwie im Gefühl, daß exotherme Vorgänge freiwillig ablaufen, d. h. eine große *«Triebkraft»* besitzen. Augenfällige Beispiele solcher Reaktionen sind die Verbrennungen und Explosionen. Tatsächlich hielt man ursprünglich die *Reaktionsenthalpie* ΔH als Maß für die Triebkraft eines Vorganges (als Maß seiner «Affinität») [1]. Nun gibt es aber auch Vorgänge, die endotherm ablaufen und trotzdem von selbst («freiwillig») eintreten, wie z. B. das Verdunsten einer Flüssigkeit unterhalb des Siedepunktes oder die Reaktion von Wasserdampf mit Kohle oberhalb 1200 °C. Offenbar existiert neben der Energie eine weitere Größe, welche die Triebkraft eines Vorganges beeinflußt. Dies ist die *«Unordnung»* des Systems. Ein physikalisches oder chemisches System strebt nicht nur nach einem möglichst energiearmen Zustand, sondern (als Folge der ungeordneten Wärmebewegung) auch nach einem *Zustand größter Unordnung.* Als Maß für den Ordnungs- bzw. Unordnungsgrad dient die von Clausius eingeführte **Entropie** *S,* welche – ebenso wie die innere Energie – eine «Zustandsfunktion» des betreffenden Systems darstellt, also eine Eigenschaft des Zustandes ist und nicht vom Weg abhängt, auf welchem das System in den betrachteten Zustand gelangt ist. Nimmt die Unordnung im Verlaufe einer Zustandsänderung zu, so ist die Entropieänderung (ΔS) positiv.

Statistisch gesehen ist ein weniger geordneter Zustand wahrscheinlicher als ein besser geordneter; man kann also auch sagen, daß ein System einen möglichst *wahrscheinlichen* Zustand zu erreichen sucht. Die Entropie ist durch die von Boltzmann aufgestellte Beziehung

$$S = k \cdot \ln W \qquad (k = \text{Boltzmann-Konstante; } R/N_A)$$

mit der Wahrscheinlichkeit verknüpft. *W* – die «Wahrscheinlichkeit» – entspricht genau genommen der Anzahl *«Mikrozustände»,* die das betreffende System einnehmen kann. Die Entropie läßt sich somit auch als Maß für die Anzahl Möglichkeiten deuten, wie sich eine

---

[1] ΔH, die Reaktionsenthalpie («Reaktionswärme») bezieht sich auf Vorgänge, die bei *konstantem Druck* ablaufen. Sie ist nicht genau gleich der Änderung der «inneren Energie» ΔU, weil gegen den äußeren Druck Arbeit geleistet wird, wenn sich das Volumen der Reaktanten im Verlauf der Reaktion ändert (z. B. wenn Gase entstehen). Es gilt daher die Beziehung $\Delta H = \Delta U + p \cdot \Delta V$, wobei ΔV die Volumenänderung darstellt. Nur bei Reaktionen, an denen ausschließlich Festkörper und Flüssigkeiten beteiligt sind und die bei einem relativ niedrigen Druck durchgeführt werden, sind ΔH und ΔU angenähert gleich groß. In allen anderen Fällen unterscheiden sich ΔH und ΔU um den Betrag $p \cdot \Delta V = \Delta n \cdot R \cdot T$, wobei Δn die Änderung der Anzahl Mole während der Reaktion darstellt.

Was das *Vorzeichen* von ΔH (und anderen Größen) anbelangt, so gilt allgemein, daß Abnahme der Enthalpie (der inneren Energie bzw. der Unordnung) ein *negatives* Vorzeichen erhält. Bei exothermen Vorgängen (wo die Enthalpie der Substanzen abnimmt, wo «wir» aber Energie gewinnen) ist ΔH also negativ.

bestimmte thermische Energiemenge auf verschiedene Atome und ihre Schwingungen verteilen läßt, d. h. wie viele Mikrozustände das System einnehmen kann.

Um die «Triebkraft» einer Reaktion durch eine einzige Größe ausdrücken zu können, wurden Enthalpie und Entropie durch Gibbs zu einer weiteren Zustandsfunktion verknüpft, die als **«freie Enthalpie»** (oft auch – allerdings unkorrekt – als «freie Energie») bezeichnet und mit dem Buchstaben G abgekürzt wird:

$$G = H - T \cdot S \quad \text{oder} \quad \Delta G = \Delta H - T \cdot \Delta S$$

Die Änderung der freien Enthalpie im Verlaufe einer Reaktion (ΔG_r) kann anschaulich als die *«Reaktionsarbeit»* interpretiert werden, d. h. als die maximale Arbeit, die der betreffende Vorgang (bei konstantem Druck) zu leisten imstande ist oder die (wiederum bei konstantem Druck) geleistet werden muß, damit der Vorgang abläuft. Läßt sich die betreffende Reaktion als elektrochemische Reaktion in einer galvanischen Zelle durchführen, so entspricht ΔG_r der geleisteten elektrischen Arbeit (vgl. «Grundlagen der allgemeinen und anorganischen Chemie», S. 397).

Vorgänge, bei denen ΔG_r **negativ** ist, die also Arbeit leisten können, werden **exergonisch** genannt und verlaufen *«freiwillig»*. **Endergonische** Reaktionen (ΔG_r **positiv**) treten nicht von selbst ein. Ist schließlich $\Delta G_r = 0$, so existieren Anfangs- und Endzustand in einem *Gleichgewicht* nebeneinander, ohne daß im Gesamteffekt eine Veränderung zu beobachten wäre.

Die oben erwähnte Gibbssche Beziehung ist von grundlegender Bedeutung für die gesamte Chemie. Sie zeigt, daß Vorgänge dann exergonisch sind, wenn ΔH negativ und (oder) ΔS positiv sind, d. h. wenn viel Wärme frei wird oder die Unordnung beträchtlich zunimmt. *Bei relativ tiefen Temperaturen ist der Einfluß des Gliedes $T \cdot \Delta S$ klein,* so daß in erster Linie die *Reaktionswärme* die Abnahme der freien Enthalpie bestimmt: exotherme Reaktionen sind auch exergonisch. Nur wenn die Entropieänderung ganz besonders groß (und positiv) ist, kann schon bei nicht allzu hoher Temperatur ein positives ΔH durch die starke Entropiezunahme überkompensiert werden, so daß dann der (endotherme) Vorgang exergonisch wird. *Bei hohen Temperaturen überwiegt der Einfluß des Gliedes $T \cdot \Delta S$ in jedem Fall,* und nur noch Reaktionen mit $\Delta S > 0$ verlaufen freiwillig. «Alles natürliche Geschehen wird regiert einerseits von dem Bestreben nach Abnahme der Energie, andererseits nach Zunahme der Entropie» (Ulich).

Da ΔH und ΔG_r temperaturabhängig sind und natürlich auch von den umgesetzten Stoffmengen abhängen, bezieht man die tabellierten Werte auf eine *Standardtemperatur* (298 K = 25 °C) und auf 1 mol bzw. auf einen Umsatz von so viel mol, wie der betreffenden Reaktionsgleichung entspricht. Derartige **Standardwerte** von Reaktionswärmen bzw. freien Enthalpien bekommen den Index [0]: ΔH^0, ΔG_r^0 usw. Aus den in Tabellenwerken zusammengestellten Standardwerten der freien Bildungsenthalpie einer Substanz (ΔG_f^0) erhält man ΔG_r^0 einer Reaktion durch Subtraktion der freien Bildungsenthalpie der Ausgangsstoffe von der Summe der freien Bildungsenthalpien der Endstoffe.

In diesem Zusammenhang sei kurz auf die häufig verwendeten Ausdrücke **«stabil»** bzw. **«instabil»** hingewiesen. Im thermodynamischen Sinn ist eine Substanz um so *stabiler, je negativer ihre freie Bildungsenthalpie (ΔG_f^0) ist.* Die (thermodynamische) **Stabilität** einer Substanz (oder eines Systems) wird also durch ΔG_f^0 bzw. ΔG_r^0 ausgedrückt; sie ist scharf zu unterscheiden von der **Reaktivität** der Substanz einer anderen Substanz gegenüber, welche durch die betreffende *Reaktionsgeschwindigkeit* bestimmt wird. Ist z. B. die

Zerfallsgeschwindigkeit einer instabilen Substanz (ΔG_f^0 positiv) klein genug, so kann diese trotzdem «beständig» und unverändert haltbar sein.
Ein instruktives Beispiel für den Einfluß von Enthalpie und Entropie auf die Stabilität (d. h. auf ΔG_f^0) bietet die Reihe der *gesättigten Kohlenwasserstoffe* (vgl. Tabelle 5.1).

Tabelle 5.1. Thermodynamische Daten für die Bildung der niederen Paraffinkohlenwasserstoffe (25 °C, 1 bar)

Verbindung	Formel	ΔH_f^0 (kJ/mol)	ΔS^0 (J/mol K)	ΔG_f^0 (kJ/mol)
Methan	CH_4 (g)	− 74,9	− 80,8	− 50,8
Ethan	C_2H_6 (g)	− 84,7	− 173,7	− 32,9
Propan	C_3H_8 (g)	− 103,8	− 269,6	− 23,5
n-Butan	C_4H_{10} (g)	− 124,8	− 365,8	− 15,7
n-Pentan	C_5H_{12} (g)	− 146,5	− 463,8	− 8,2
n-Hexan	C_6H_{14} (g)	− 167,3	− 563,0	+ 0,2
n-Heptan	C_7H_{16} (g)	− 187,9	− 659,7	+ 8,75
n-Oktan	C_8H_{18} (g)	− 208,4	− 757,6	+ 17,3
n-Nonan	C_9H_{20} (g)	− 229,1	− 855,2	+ 25,9
n-Dekan	$C_{10}H_{22}$ (g)	− 249,8	− 953,1	+ 34,5

Man erkennt aus der Tabelle, daß die Bildungsenthalpien in der Reihe steigen, eine Folge des Vorhandenseins einer weiteren C—C- und zweier C—H-Bindungen. Die mit der Bildung verbundenen Entropieänderungen werden aber mit jeder weiter hinzukommenden CH_2-Gruppe immer mehr negativ, so daß ΔG_f^0 für die ersten 5 Verbindungen negativ, für Hexan nahezu Null und dann zunehmend immer mehr positiv wird. Die höheren Kohlenwasserstoffe sind also in bezug auf Kohlenstoff und Wasserstoff bei Zimmertemperatur thermodynamisch *instabil*.

Das chemische Gleichgewicht. Viele Reaktionen verlaufen *unvollständig*, d. h. es stellt sich nach einer gewissen Zeit ein «Gleichgewichtszustand» ein, in welchem alle am Gesamtvorgang beteiligten Substanzen in gewissen Mengen vorhanden sind. Ein solches Gleichgewicht ist stets die Folge zweier entgegengesetzt gerichteter Reaktionen, oder anders gesagt, die Folge davon, daß eine bestimmte Reaktion unter den betrachteten Bedingungen *umkehrbar* verläuft.
Die Größe ΔG_r^0 gibt nun aber nur dann die Änderung der freien Enthalpie einer Reaktion an, wenn sich *alle Reaktanten und Produkte im Standardzustand* (in ihrem stabilsten Zustand bei 1 bar Druck und 25 °C) befinden und *wenn genau eine Reaktionseinheit umgesetzt* wird. Um die Änderung der freien Enthalpie für Vorgänge angeben zu können, bei denen die Reaktionsteilnehmer in *beliebigen Konzentrationen* (Partialdrucken) auftreten, muß die Abhängigkeit der freien Enthalpie G^0 von den Konzentrationen (genauer: den *Aktivitäten*) und dem Druck bekannt sein. Man findet dafür (siehe *Grundlagen der allgemeinen und anorganischen Chemie,* S. 298) die Beziehung

$$\Delta G_r = \Delta G_r^0 + RT \ln \frac{[C]^c \, [D]^d \dots}{[A]^a \, [B]^b \dots}$$

wenn die Reaktionsgleichung folgendermaßen zu formulieren ist:

$$a\text{A} + b\text{B} + \ldots \rightleftharpoons c\text{C} + d\text{D} + \ldots$$

und die in Klammern gesetzten Symbole (Formeln) die molaren Konzentrationen (bzw. Aktivitäten) der betreffenden Substanzen bedeuten.

Da für den Gleichgewichtszustand $\Delta G_r = 0$ ist, gilt

$$-\Delta G_r^0 = R\,T\ln \frac{[\text{C}]c\ [\text{D}]d\ldots}{[\text{A}]a\ [\text{B}]b\ldots}$$

ΔG_r^0 ist eine *Konstante,* deren Zahlenwert nur von der Art der Reaktionsteilnehmer bestimmt wird, so daß auch der in Klammern stehende Ausdruck einen (bei konstanter Temperatur) konstanten Wert K besitzen muß, und wir schreiben können

$$\frac{[\text{C}]c \cdot [\text{D}]d\ldots}{[\text{A}]a \cdot [\text{B}]b\ldots} = K \tag{1}$$

$$\Delta G_r^0 = -R\,T\ln K \tag{2}$$

Die Gleichung (1) – das **«Massenwirkungsgesetz»** – gibt das Verhältnis der Aktivitäten (näherungsweise: der molaren Konzentrationen) der Reaktionsteilnehmer im Gleichgewicht an. Für Gase werden an Stelle der Aktivitäten ihre Fugazitäten (bzw. Partialdrücke) eingesetzt. Die Konstante K – die **Massenwirkungs-** oder **Gleichgewichtskonstante** – hängt für eine bestimmte Reaktion nur von der Temperatur ab.

Die Gleichung (2) läßt sich auch in einer anderen Form schreiben:

$$K = \mathrm{e}^{-\Delta G_r^0/RT} \quad \text{oder} \quad K = 10^{-\Delta G_r^0/2{,}3RT}$$

Wenn $\Delta G_r^0 < 0$ **ist**, wird der Exponent positiv und **K ist größer als 1**. Im Gleichgewicht überwiegen die Produkte. Reaktionen mit sehr großem negativem ΔG_r^0 laufen praktisch vollständig ab. Ist $\Delta G_r^0 > 0$, so wird **$K < 1$**; die Reaktion verläuft unvollständig. Im Gleichgewicht wird eine gewisse Menge der Produkte vorhanden sein, die Konzentrationen der Edukte überwiegen jedoch. Da ΔG_r^0 die Differenz zwischen der Summe der (Standard-) freien Enthalpien von Endstoffen und Ausgangsstoffen darstellt, ist der Logarithmus der Gleichgewichtskonstanten diesem Unterschied proportional:

$$\log K = -\frac{\Delta G_r^0}{2{,}3\,R\cdot T} = -\frac{\Delta G_r^0}{5{,}7} \quad \text{(bei 25°C und 1 bar)}$$

5.2 Die Geschwindigkeit chemischer Reaktionen

Mit Hilfe thermodynamischer Daten (Reaktionsenthalpien und -entropien, freien Energien) läßt sich zwar angeben, ob eine bestimmte Reaktion überhaupt möglich ist oder nicht; ob aber beim Zusammengeben der betreffenden Ausgangsstoffe die fragliche Reaktion auch wirklich eintritt, hängt von der **Reaktionsgeschwindigkeit** ab. Viele Vorgänge mit großer negativer Änderung der freien Enthalpie verlaufen bei Zimmertemperatur gar nicht oder nur höchst langsam, weil ihre Reaktionsgeschwindigkeit zu klein ist. Anderseits gibt es auch relativ schnelle Reaktionen, die nur schwach exergonisch sind. Ein *negatives* ΔG_r ist also zwar ein *notwendiges,* aber *nicht hinreichendes* Kriterium für den Eintritt einer Reaktion. Eine weitere Bedingung, die erfüllt sein muß, ist die genügend große Reaktionsgeschwindigkeit.

Zeitgesetze. Die Geschwindigkeit einer Reaktion – gemessen durch die zeitliche Abnahme (Zunahme) der Konzentration eines Reaktanten (Produktes), – $d[X]/dt$ bzw. $d[Y]/dt$ – hängt von den Konzentrationen der Reaktanten und der Temperatur ab. Die *Konzentrationsabhängigkeit* findet ihren Ausdruck in den *(empirisch für jede Reaktion zu ermittelnden)* **Zeitgesetzen**. Für Vorgänge der folgenden Typen

$$AB \longrightarrow A + B \tag{1}$$

$$A + B \longrightarrow AB \tag{2}$$

kann man z. B. folgende Zeitgesetze finden:

$$-\frac{d[AB]}{dt} = k_1 \cdot [AB] \qquad \text{Reaktion erster Ordnung}$$

$$-\frac{d[A]}{dt} = -\frac{d[B]}{dt} = k_2 \cdot [A] \cdot [B] \qquad \text{Reaktion zweiter Ordnung}$$

Symbole in eckigen Klammern bedeuten dabei die molaren Konzentrationen. k_1 und k_2 werden als *Geschwindigkeitskonstanten* bezeichnet. Die Zahl der im Zeitgesetz als Faktoren auftretenden Konzentrationen ist die **«Ordnung»** der Reaktion. Die Reaktion (2) ist also insgesamt zweiter Ordnung, und zwar erster Ordnung bezüglich A und erster Ordnung bezüglich B.

Zur *Bestimmung der Reaktionsordnung* und damit des Zeitgesetzes einer Reaktion kann man von Zeit zu Zeit dem Reaktionsgemisch eine Probe entnehmen und darin die Konzentration eines Reaktionspartners oder Produktes bestimmen. Zweckmäßiger ist allerdings die kontinuierliche Messung einer bestimmten Eigenschaft (optische Drehung, Lichtabsorption, elektrische Leitfähigkeit), die von der Konzentration eines Reaktanten oder Produktes abhängt. In beiden Fällen erhält man eine Kurve, welche die Abnahme (Zunahme) einer Konzentration als Funktion der Zeit darstellt und die mit den durch die Integration der verschiedenen möglichen Zeitgesetze erhältlichen Kurven verglichen werden kann. Für eine Reaktion zweiter Ordnung (mit gleicher Anfangskonzentration beider Reaktanten) ergibt sich beispielsweise

$$\frac{1}{[A_0] - x} - \frac{1}{[A_0]} = k \cdot t$$

wenn $[A_0]$ die Anfangskonzentration und x die Abnahme der Konzentration bis zur Zeit t ist. Trägt man $\dfrac{1}{[A_0]-x}$ als Funktion der Zeit auf, so erhält man eine Gerade, wenn wirklich eine Reaktion zweiter Ordnung vorliegt. Die Neigung der Geraden ist dann gleich k. – Auch durch Ermittlung der *Halbwertszeit* (der Zeit, in der gerade die Hälfte der am Anfang vorhanden gewesenen Mengen der Ausgangsstoffe reagiert haben) läßt sich die Reaktionsordnung bestimmen. Bei einer Reaktion erster Ordnung ist die Halbwertszeit von der Ausgangskonzentration unabhängig:

$$t_{1/2} = \frac{\ln 2}{k}$$

Für eine Reaktion zweiter Ordnung (mit gleicher Anfangskonzentration der Ausgangsstoffe) ist die Halbwertszeit jedoch umgekehrt proportional der Anfangskonzentration:

$$t_{1/2} = \frac{1}{[A_0]} \cdot \frac{1}{k}$$

Umkehrbare Reaktionen führen oft zu einem stark links liegenden Gleichgewicht, so daß das Zeitgesetz der Hin-Reaktion nicht durch direkte kinetische Messungen bestimmt werden kann. Kennt man jedoch das Zeitgesetz der Rück-Reaktion, so läßt sich die Reaktionsordnung der Hin-Reaktion *indirekt* ermitteln. Als Beispiel diene die basenkatalysierte Dimerisierung von Aceton zu Diacetonalkohol («DAA»):

$$2\ CH_3COCH_3 \underset{}{\overset{OH^{\ominus}}{\rightleftharpoons}} CH_3COCH_2CH(CH_3)_2$$
$$|$$
$$OH$$

Diacetonalkohol

Aus dilatometrischen Messungen ergibt sich für die Rück-Reaktion ein Zeitgesetz zweiter Ordnung:

$$RG_{\text{Rück}} = k_R \cdot [DAA] \cdot [OH^{\ominus}]$$

Das Zeitgesetz der Hin-Reaktion lautet in seiner allgemeinen Form

$$RG_{\text{Hin}} = k_H \cdot [Aceton]^x \cdot [DAA]^y \cdot [OH^{\ominus}]^z$$

Nun ist die Gleichgewichtskonstante $K = k_H/k_R = \dfrac{[DAA]}{[Aceton]^2}$ und im Gleichgewicht sind die beiden Reaktionsgeschwindigkeiten gleich groß[1]:

$$k_R \cdot [DAA] \cdot [OH^{\ominus}] = k_H \cdot [Aceton]^x \cdot [DAA]^y \cdot [OH^{\ominus}]^z$$

Somit erhält man

$$\frac{[DAA]}{[Aceton]^2} = \frac{[DAA] \cdot [OH^{\ominus}]}{[Aceton]^x \cdot [DAA]^y \cdot [OH^{\ominus}]^z}$$

---

[1] Die Beziehung $K = k_H/k_R$ gilt auch für mehrstufige Reaktionen unter der Voraussetzung, daß allfällig auftretende Zwischenstoffe nur in sehr kleinen Konzentrationen im Reaktionsgemisch vorhanden sind und daß es sich bei der betrachteten Reaktion nicht um eine Radikal-Kettenreaktion handelt.

und man erkennt sofort, daß $x = 2$, $y = 0$ und $z = 1$ sein müssen. Das Zeitgesetz für die Dimerisierung von Aceton lautet somit

$$\frac{d[DAA]}{dt} = k\,[Aceton]^2 \cdot [OH^{\ominus}]$$

Nun muß man sich aber klar bewußt sein, daß die Reaktionsordnung – eine experimentell bestimmte Größe – nicht ohne weiteres auf den tatsächlichen molekularen Ablauf, den *«Mechanismus»*, der Reaktion schließen läßt. Es steht nämlich keineswegs fest, daß z. B. eine Reaktion, deren Geschwindigkeit dem Produkt zweier Konzentrationen proportional ist (also eine Reaktion zweiter Ordnung) auch tatsächlich in Form einfacher Zweierstöße zwischen den beiden Teilchenarten abläuft, wie es mit dem Zeitgesetz jedenfalls vereinbar wäre. Sie könnte auch über irgendwelche Umwege vor sich gehen, an denen eventuell sogar Stoffe beteiligt sind, die im Zeitgesetz gar nicht auftreten. Man hat deshalb zu unterscheiden zwischen der **Reaktionsordnung** und der **Reaktionsmolekularität**. Die erstere gibt die experimentell ermittelte Abhängigkeit der Reaktionsgeschwindigkeit von bestimmten Konzentrationen an, während sich die letztere auf den molekularen Ablauf eines bestimmten Reaktionsschrittes (auf eine «Elementarreaktion») bezieht. Eine bimolekulare Reaktion beispielsweise erfordert also den Zusammenstoß von zwei Partikeln.

Reaktionsordnung und -molekularität müssen einander durchaus nicht entsprechen, denn wenn ein Vorgang über mehrere *Teilschritte* hinweg abläuft, bestimmt der *langsamste* von ihnen die Geschwindigkeit der Gesamtreaktion, und die *empirisch gefundene Reaktionsordnung* entspricht oft der *Molekularität* des *langsamsten, geschwindigkeitsbestimmenden Schrittes*. Bei der Bromaddition an Cyclohexen findet man z. B. folgendes Zeitgesetz:

$$C_6H_{10} + Br_2 \longrightarrow C_6H_{10}Br_2 \qquad \frac{d[C_6H_{10}Br_2]}{dt} = k \cdot [C_6H_{10}] \cdot [Br_2]$$

Man könnte aus diesem Zeitgesetz schließen, daß es sich hier um eine bimolekulare Reaktion handelt und die Addition beim Zusammenstoß eines Br_2-Moleküls mit der C=C-Doppelbindung eintritt. Eine solche Reaktion ergäbe aber ausschließlich *cis*-Dibromcyclohexan, während man in Wirklichkeit das *trans*-Additionsprodukt erhält. Die Bromaddition muß also *in mehreren Schritten* verlaufen, von denen allerdings der *langsamste bimolekular* ist (vgl. S. 511).

Die Verhältnisse werden noch *komplizierter*, wenn ein Gleichgewicht vorliegt oder wenn – wie es häufig der Fall ist – verschiedene *Konkurrenzreaktionen* möglich sind. Dazu folgendes Beispiel:

$$C \xleftarrow{\;k_3\;} A \;\underset{k_2}{\overset{k_1}{\rightleftharpoons}}\; B \qquad k_1 > k_2 > k_3$$

A reagiert also umkehrbar zu B und kann in einer (langsameren) Konkurrenzreaktion auch zu C reagieren. Dieses sei in dem betrachteten Fall das thermodynamisch stabilere Produkt. Nach einer relativ kurzen Zeit hat sich aber vorwiegend B gebildet, weil die Bildung von B die schnellste Reaktion ist. Arbeitet man dann das Reaktionsgemisch auf, so wird man hauptsächlich B erhalten, obschon es das weniger stabile Produkt ist. Man spricht in einem solchen Fall von einem **kinetisch gesteuerten** Reaktionsergebnis. Läßt man aber die Reaktion längere Zeit laufen, so wird dem Gleichgewicht das noch vorhandene A laufend entzogen, weil sich dadurch (praktisch vollständig) das stabilere Produkt C bilden kann. Man erhält dann hauptsächlich C; die Reaktion ist **thermodynamisch gesteuert**. Die Kenntnis der thermodynamischen und kinetischen Verhältnisse ist für den präparativ arbeitenden Organiker sehr wichtig, weil er dann unter Umständen das gewünschte Produkt in höherer Ausbeute erhalten kann. Konkurrenzreaktionen können durch Temperaturänderungen oft in günstigem Sinn beeinflußt werden, da die Reaktionsgeschwindigkeiten stark temperaturabhängig sind.

Temperaturabhängigkeit. Damit zwischen zwei Substanzen eine chemische Reaktion eintreten kann, müssen ihre Teilchen zusammenstoßen. Die Berechnung der Stoßzahl mit Hilfe der kinetischen Gastheorie ergibt jedoch, daß die Zahl der Zusammenstöße bereits bei Raumtemperatur sehr viel größer ist als die Zahl der wirklich erfolgreichen Stöße. Es ist offenbar nicht nur nötig, daß die betreffenden Teilchen mit einer bestimmten gegenseitigen Orientierung zusammenstoßen, sondern sie müssen auch *energiereich* genug sein, d.h. ihre Energie muß einen bestimmten Minimalbetrag, die **Aktivierungsenergie**, überschreiten. Gemäß der Maxwell-Boltzmannschen Energieverteilung wächst der Anteil der Teilchen, deren Energie einen gewissen durchschnittlichen Energiebetrag übersteigt, mit zunehmender Temperatur stark; bei höherer Temperatur besitzt deshalb ein größerer Anteil der Teilchen die für eine bestimmte Reaktion nötige Aktivierungsenergie, so daß sich mehr Teilchen pro Zeiteinheit umsetzen können und die Reaktion mit einer größeren Geschwindigkeit ablaufen kann. Die tatsächliche *Reaktionsgeschwindigkeit* wird damit durch die *Höhe* der *Aktivierungsenergie* bestimmt[1].

Die Temperaturabhängigkeit der Reaktionsgeschwindigkeit muß in der Temperaturabhängigkeit der *Geschwindigkeitskonstanten* zum Ausdruck kommen. Nach Arrhenius gilt:

$$k = A \cdot e^{-E_a/RT}$$

E_a ist die Aktivierungsenergie, welche experimentell dadurch ermittelt werden kann, daß man z. B. ln k als Funktion von $1/T$ aufträgt. Die Neigung der dadurch erhaltenen Geraden ist $-E_a/R$. Der Faktor A kann als Produkt zweier Größen aufgefaßt werden, der Stoßzahl und des «sterischen Faktors»; der letztere trägt der Tatsache Rechnung, daß die aktivierten Teilchen nicht einfach zusammenstoßen, sondern mit der richtigen gegenseitigen Orientierung aufeinandertreffen müssen.

5.3   Zum Ablauf organischer Reaktionen

Bei jeder organischen Reaktion werden Bindungen getrennt und neu gebildet. Dabei hat man prinzipiell zu unterscheiden zwischen **«konzertierten»** Reaktionen, bei denen Bindungstrennung und -neubildung *gleichzeitig* (oder nahezu gleichzeitig) erfolgen, und zwischen Reaktionen, die **in mehreren Schritten** ablaufen. In manchen Fällen lassen sich die beiden Reaktionstypen allerdings nicht scharf voneinander abgrenzen, da unter Umständen eine neue Bindung auch ausgebildet werden kann, bevor die alte Bindung vollständig getrennt ist.

---

[1] Genau genommen ist die **«freie Aktivierungsenthalpie»** für die Geschwindigkeit einer Reaktion maßgebend; siehe S. 371.

Ein- und mehrstufige Reaktionen; Reaktionszwischenstoffe. Konzertierte Reaktionen verlaufen in einem *einzigen Reaktionsschritt,* ohne daß dabei irgendwelche Zwischenstoffe auftreten. Ein einfaches Beispiel dafür ist die auf S.178 erwähnte Bildung von Methanol aus Methyliodid und Hydroxid-Ionen:

(1)

Den Zustand (1) – in dem sich die O—C-Bindung noch nicht vollständig ausgebildet hat, während die C—I-Bindung noch nicht ganz getrennt ist – bezeichnet man als **Übergangszustand**, die dann vorliegende chemische Spezies als **aktivierten Komplex** (durch das Symbol ≠ gekennzeichnet und in eckige Klammern geschrieben). Die Gesamtreaktion ist bimolekular; man findet für sie ein Zeitgesetz der zweiten Ordnung, sofern nicht die Hydroxid-Ionen in einem großen Überschuß vorliegen (S.425).

Weitere Beispiele konzertierter Reaktionen bieten die bimolekulare Elimination (S.472) und die perizyklischen Reaktionen (Kapitel 10). Für die letzteren typisch ist ein aktivierter Komplex von *zyklischer* Struktur:

elektrozyklische Reaktion

Cope-Umlagerung

Diels-Alder-Reaktion

Die Aktivierungsentropie (S.371) konzertierter Reaktionen ist stets negativ, da die inneren Rotationen im aktivierten Komplex stark eingeschränkt werden.

Die Mehrzahl der organischen Reaktionen verläuft aber über *mehrere Teilschritte,* von denen *der langsamste die Gesamtgeschwindigkeit bestimmt.* Die einzelnen Schritte sind dabei in der Regel **Elementarprozesse** oder konzertierte Reaktionen.

Beispiele von Elementarprozessen sind die elektronische Anregung, die Dissoziation und Assoziation u.a. Bei der *elektronischen Anregung* geht ein Molekül A in ein angeregtes Molekül A* über, d.h. ein Elektron wird durch Energiezufuhr aus dem HOMO in das LUMO oder ein energetisch noch höher liegendes MO gehoben. Der Spinzustand bleibt bei der Anregung erhalten; durch Spinumkehr eines Elektrons kann dieser *Singlettzustand* in den (energieärmeren) *Triplettzustand* übergehen:

$R_2C=O \rightarrow R_2C=O^1$ Singlettzustand

$R_2C=O \rightarrow R_2C=O^3$ Triplettzustand

Die elektronische Anregung organischer Moleküle erfolgt durch Absorption von Lichtquanten im VIS- oder UV-Bereich. Die erforderliche Anregungsenergie liegt – je nach Verbindungstyp – zwischen 170 bis 840 kJ/mol; dies ist ein Energiebetrag, der größer ist als die Aktivierungsenergie vieler Elementarreaktionen. Ein durch Lichtabsorption angeregtes Molekül kann daher auch als photochemisch aktivierte Spezies betrachtet werden, die weitere Elementarreaktionen eingehen kann *(«photochemische Reaktionen»;* vgl. Kapitel 26).

Bei der *Dissoziation* werden nur Bindungen gelöst, während bei ihrer Umkehrung – der *Assoziation* – Bindungen gebildet werden. Die Aktivierungsenergie einer Dissoziation ist stark von der Dissoziationsenthalpie abhängig; die Aktivierungsentropie (S. 371) ist *positiv,* da im Übergangszustand mehr Schwingungsmöglichkeiten bestehen. Disssoziationsreaktionen sind auf zwei Arten möglich: Bei der **homolytischen** Bindungstrennung entstehen Atome und/oder Radikale (vgl. S. 73), während bei der **heterolytischen** Bindungstrennung Ionen, eventuell auch neutrale Moleküle gebildet werden können:

Homolyse $A - B \longrightarrow A\cdot + \cdot B$

Heterolyse $A - B \longrightarrow A^{\oplus} + {:}B^{\ominus}$ Bildung von Molekülen z. B. bei der folgenden Reaktion:

$$R_2\overline{C}\!-\!N\!\equiv\!N \longrightarrow R_2C| + |N\!\equiv\!N|$$

ein Carben
(S. 366)

Von Interesse ist ein Vergleich der *energetischen Verhältnisse* bei Homo- und Heterolyse:

$$C_2H_5Br(g) \longrightarrow C_2H_5\cdot(g) + \cdot Br(g) \qquad \Delta H^{\circ} = +293 \text{ kJ/mol}$$

$$C_2H_5Br(g) \longrightarrow C_2H_5^{\oplus}(g) + Br^{\ominus}(g) \qquad \Delta H^{\circ} = +766 \text{ kJ/mol}$$

In der Gasphase sind Heterolysen deshalb nur bei extrem hohen Temperaturen möglich, während für Homolysen ΔG^0 wegen der positiven Reaktionsentropie schon bei viel niedrigeren Temperaturen negativ wird. Radikale und Atome werden durch Lösungsmittel aber nur in geringem Maß solvatisiert, im Gegensatz zu Ionen. *Homolysen* treten deshalb bevorzugt in der *Gasphase, Heterolysen* in *Lösungen* (vor allem in polaren Lösungsmitteln) auf.

Bei der *Assoziation* wird die Bindungsenthalpie freigesetzt. Die Aktivierungsentropie ist *negativ* (Verlust an Translationsenergie). Gewisse Assoziationsreaktionen verlaufen extrem rasch, z. B. die Rekombination zweier Radikale in der Gasphase. In gewissen Fällen führt hier jeder Teilchenzusammenstoß zu einer Reaktion; die Reaktion bedarf also keiner Aktivierung. In Lösung sind solche Reaktionen (wie auch die Vereinigung entgegengesetzt geladener Ionen) diffusionskontrolliert, d. h. die effektive Reaktionsgeschwindigkeit wird durch die Geschwindigkeit der *Diffusion* bestimmt.

Im Verlauf von mehrstufigen Reaktionen treten **Zwischenstoffe («Zwischenverbindungen»)** auf, die gewöhnlich instabil (energiereich) sind und rasch weiter reagieren. Die wichtigsten Zwischenstoffe sind *Radikale, Carbeniumionen, Carbanionen* und *Carbene.*

Radikale entstehen durch homolytische Bindungstrennung. Das bindende Elektronenpaar wird dabei «gleichmäßig» auf beide Spaltstücke verteilt, so daß Partikeln mit einzelnen, ungepaarten Elektronen entstehen:

$$\overset{}{>}\!C : H \longrightarrow \overset{}{>}\!C\cdot + \cdot H$$

Der *Nachweis* von Radikalen erfolgt am eindeutigsten durch ihr *ESR-Spektrum;* in gewissen Fällen können sie auch durch andere, dem Reaktionsgemisch zugesetzte Substanzen *(«Radikalfänger»)* abgefangen und dadurch nachgewiesen werden (vgl. S.733). Das Methylradikal (CH_3) ist eben gebaut (sp^2-Hybridisierung des C-Atoms; das ungepaarte Elektron besetzt ein *p*-AO); wahrscheinlich gilt dies auch für andere C-Radikale.

Carbeniumionen sind *Carbokationen:* sie entstehen durch heterolytische Bindungstrennung, indem von einem C-Atom eine Atomgruppe samt dem bindenden Elektronenpaar entfernt wird:

$$\underset{\diagup}{\overset{\diagdown}{}}C : \overline{C}l| \;\longrightarrow\; \underset{\diagup}{\overset{\diagdown}{}}C^{\oplus} + \;: \overline{\underline{C}}l|^{\ominus}$$

Carbeniumionen sind stets *eben* gebaut (die drei Substituenten des C-Atoms sind dann soweit wie möglich voneinander entfernt), so daß das die Ladung tragende C-Atom ein *unbesetztes p-AO* besitzt (sp^2-Hybridisierung). Die *Stabilität von Carbeniumionen* kann in einem sehr weiten Rahmen variieren: Gewisse Carbeniumionen, wie z.B. das Tropylium-Ion (S.141) sind so stabil, daß sie als Bausteine salzartiger Festkörper auftreten und sogar in wäßrigen Lösungen beständig sein können, während andere Carbeniumionen wie z.B. das Methyl- oder das Ethyl-Kation ($CH_3^{\oplus}$ bzw. $C_2H_5^{\oplus}$) nur unter ganz besonderen Bedingungen (z.B. im Massenspektrometer) entstehen und außerordentlich energiereich und damit extrem unstabil sind. *Im allgemeinen nimmt die Stabilität von Carbeniumionen in der Reihenfolge primär < sekundär < tertiär zu,* eine Folge des +I-Effektes von Alkylgruppen (S.392). Kann die positive Ladung des Ions durch Mesomerie delokalisiert werden (Bildung *delokalisierter MO* aus π-Elektronen und dem unbesetzten *p*-AO des kationischen C-Atoms), so wird ihre Stabilität unter Umständen *drastisch erhöht.* Beispiele dafür bieten etwa das Allyl-Kation (1), das Benzyl-Kation (2) oder das Triphenylcarbenium-Ion (3):

$$CH_2{=}CH{-}CH_2^{\oplus} \;\longleftrightarrow\; {}^{\oplus}CH_2{-}CH{=}CH_2 \qquad \left\langle \!\! \bigcirc \!\! \right\rangle {-}CH_2^{\oplus}$$

(1) (2)

(3)

(Im Fall von (2) und (3) wurde je nur eine einzige Grenzstruktur formuliert.)

Carbanionen entstehen ebenfalls durch Heterolyse und zwar dadurch, daß ein Bindungspartner von einem C-Atom ohne das gemeinsame Elektronenpaar entfernt wird:

$$\underset{\diagup}{\overset{\diagdown}{}}C : H \;\longrightarrow\; \underset{\diagup}{\overset{\diagdown}{}}C{:}^{\ominus} + H^{\oplus}$$

Wie bereits auf S.239 erwähnt wurde, sind einfache Carbanionen ebenso wie die ihnen isoelektronischen Amine *pyramidal* (also nicht planar) gebaut; hingegen sind *mesomere Carbanionen* wie z.B. die konjugierten Basen von Carbonylverbindungen *eben* (S.240). Carbanionen sind – wie Carbeniumionen – von sehr unterschiedlicher Stabilität; mesomeriestabilisierte Carbanionen können aber ebenfalls in salzartigen Festkörpern auftreten.

Carbene sind instabile Moleküle, bei denen ein C-Atom nur zwei Bindungen bildet und zudem noch ein freies Elektronenpaar (insgesamt also nur 6 Außenelektronen) besitzt, wie z. B. im *Methylen,* dem einfachsten Carben:

$$\begin{array}{l} H \\ \diagdown \\ C\!: \\ \diagup \\ H \end{array}$$

Sie entstehen dadurch, daß von einem C-Atom zwei Substituenten, jedoch nur ein Elektronenpaar, entfernt werden. Carbene können in zwei energetisch verschiedenen Zuständen existieren: dem **Singlett-***Zustand,* in dem das C-Atom sp^2-hybridisiert ist und das freie Elektronenpaar ein sp^2-AO mit *entgegengesetzt gerichtetem Spin* besetzt, und dem (energieärmeren) **Triplett-***Zustand,* in dem die beiden Elektronen *parallelen Spin* besitzen und je ein *p*-AO besetzen. Die beiden Zustände unterscheiden sich voneinander durch den räumlichen Bau (Abb. 5.1).

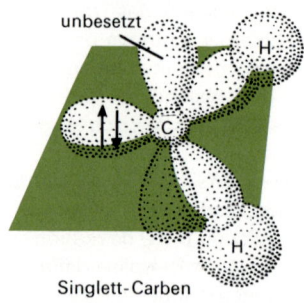
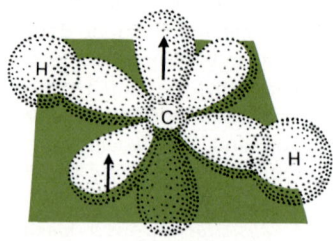

Singlett-Carben   Triplett-Carben

Abb. 5.1. Singlett- und Triplett-Carben

Die **Kinetik mehrstufiger Reaktionen** kann recht komplex sein. Beispiel:

$$A + B \underset{k_2}{\overset{k_1}{\rightleftharpoons}} C \qquad C + D \xrightarrow{k_3} E$$

Dem zweiten Schritt $C + D \rightarrow E$ ist hier ein *Gleichgewicht vorgelagert.* Ist nun in einem bestimmten Fall $k_3 \ll k_2$ und k_1, so wird der zweite Schritt geschwindigkeitsbestimmend, und man erhält für die Gesamtreaktionsgeschwindigkeit:

$$\frac{d[E]}{dt} = k_3 \cdot [C] \cdot [D], \quad \text{und da } [C] \text{ nach dem MWG} = K \cdot [A] \cdot [B], \text{ ist}$$

$$\frac{d[E]}{dt} = k_3 \cdot K \cdot [A] \cdot [B] \cdot [D] \,.$$

Die Gesamtreaktion ist also *dritter Ordnung,* und die experimentell bestimmte Geschwindigkeitskonstante ist das Produkt aus der Geschwindigkeitskonstante des geschwindigkeitsbestimmenden Schrittes und der Gleichgewichtskonstanten des vorgelagerten Gleichgewichtes.
Als *Beispiel* einer solchen Reaktion betrachten wir die Addition von HBr an Ethylenoxid:

$$\begin{array}{ccc} & O & \\ & \diagup \diagdown & \\ CH_2\!-\!CH_2 + HBr & \rightarrow & \begin{array}{c} OH \\ | \\ CH_2\!-\!CH_2 \\ | \\ Br \end{array} \end{array}$$

Das Zeitgesetz dieser Reaktion lautet:

$$\frac{d\,[\text{Produkt}]}{d\,t} = k \cdot [\text{Ethylenoxid}] \cdot [\text{H}^{\oplus}] \cdot [\text{Br}^{\ominus}]$$

Die Annahme, daß die Reaktion in zwei Schritten verläuft, von denen der zweite geschwindigkeitsbestimmend ist, läßt sich mit diesem Zeitgesetz vereinbaren:

Hier ist $k_2 < k_1$, d. h. das vorgelagerte Gleichgewicht liegt rechts. k_3 ist viel kleiner als k_1, so daß der zweite Schritt langsamer verläuft. Verallgemeinert läßt sich sagen, daß dann, *wenn die Reaktionsordnung größer als zwei ist, dem geschwindigkeitsbestimmenden Schritt ein oder mehrere Gleichgewichte* (und Zwischenstoffe) *vorgelagert* sein müssen.

Wenn aber bei einer zweistufigen Reaktion $k_3 > k_2$ und k_1 ist, so stellt sich gar kein echtes Gleichgewicht ein, da sich das im ersten Schritt gebildete Produkt C, der «Zwischenstoff», sofort mit D zu E umsetzt. Man spricht in solchen Fällen von einem **«Fließgleichgewicht»** oder **«stationären Zustand»**. Ist ΔG_r des zweiten Schrittes genügend negativ, so ist auf diese Weise auch dann ein vollständiger Umsatz von A und B zu E möglich, wenn die Gleichgewichtskonstante des ersten Schrittes < 1 ist. Derartige Verhältnisse sind besonders bei biochemischen Reaktionen häufig.

Im Fließgleichgewicht ist [C] sehr klein und angenähert konstant, da laufend ebensoviel C verschwindet, wie wieder neu gebildet wird. Man erhält also

$$+\,\frac{d\,[\text{C}]}{d\,t} = -\,\frac{d\,[\text{C}]}{d\,t} \quad \text{oder} \quad k_1 \cdot [\text{A}] \cdot [\text{B}] = k_2\,[\text{C}] + k_3 \cdot [\text{C}] \cdot [\text{D}].$$

Die stationäre Konzentration von C ist

$$[\text{C}] = \frac{k_1 \cdot [\text{A}] \cdot [\text{B}]}{k_2 + k_3 \cdot [\text{D}]} \;.$$

Für die Bildungsgeschwindigkeit von E – die Gesamtreaktionsgeschwindigkeit – erhält man dann folgenden, bereits komplizierten Ausdruck:

$$\frac{d\,[\text{E}]}{d\,t} = k_3 \cdot [\text{C}] \cdot [\text{D}] = \frac{k_1 \cdot k_3 \cdot [\text{A}] \cdot [\text{B}] \cdot [\text{D}]}{k_2 + k_3 \cdot [\text{D}]}$$

Da aber $k_3 \gg k_2$ sein soll, kann diese Gleichung vereinfacht werden, weil im Nenner k_2 vernachlässigt werden kann:

$$\frac{d\,[\text{E}]}{d\,t} = k_1 \cdot [\text{A}] \cdot [\text{B}]$$

Wir bekommen jetzt ein Zeitgesetz *zweiter Ordnung,* das der Molekularität des geschwindigkeitsbestimmenden Schrittes entspricht.

Als Beispiel für derartige Verhältnisse betrachten wir die *Bromierung* von *Aceton* bei konstantem *p*H:

$$CH_3COCH_3 + Br_2 \rightarrow CH_3COCH_2Br + HBr$$

Bei mäßig großer Konzentration von Brom ist die Gesamtreaktionsgeschwindigkeit unabhängig von der Bromkonzentration und erster Ordnung bezüglich Aceton:

$$\frac{d[\text{Bromaceton}]}{dt} = k_1 \cdot [\text{Aceton}]$$

Am geschwindigkeitsbestimmenden Schritt ist offenbar nur das Acetonmolekül allein beteiligt. Dies ist verständlich, wenn man annimmt, daß es sich dabei um die Enolisierung des Ketons handelt:

$$CH_3COCH_3 \rightleftharpoons CH_3-\underset{\underset{OH}{|}}{C}=CH_2$$

Im zweiten (rascheren) Schritt reagiert das Enol mit Brom:

$$CH_3-\underset{\underset{OH}{|}}{C}=CH_2 + Br_2 \rightarrow CH_3COCH_2Br + HBr$$

Da alles vorhandene Enol sofort zu Bromaceton umgesetzt wird, muß die Gesamtreaktionsgeschwindigkeit nur von der Konzentration des Ketons abhängen. Wir haben somit ein Fließgleichgewicht vor uns, in welchem die Enolkonzentration sehr klein ist.

Bei sehr kleinen Bromkonzentrationen wird das Zeitgesetz für die Bromierung zweiter Ordnung:

$$\frac{d[\text{Bromaceton}]}{dt} = k_2 \cdot [\text{Aceton}] \cdot [Br_2]$$

Da jetzt nicht mehr jedes Enolmolekül durch Br_2 sofort weggefangen wird, muß der zweite Reaktionsschritt geschwindigkeitsbestimmend sein (Aceton und sein Enol bilden das vorgelagerte Gleichgewicht), und die Gesamtreaktionsgeschwindigkeit hängt von der Enol- und der Bromkonzentration ab, wobei die erstere – wie im ersten Beispiel mit $k_3 \ll k_2$ – durch die Konzentration von Aceton bestimmt wird:

$$\frac{[\text{Enol}]}{[\text{Aceton}]} = K \quad \text{und} \quad \frac{d[\text{Bromaceton}]}{dt} = k_2 \cdot K \cdot [\text{Aceton}] \cdot [Br_2]$$

Läßt man die Bromierung bei veränderlichem *p*H-Wert ablaufen und hält man die Bromkonzentration genügend groß, so lautet das Zeitgesetz:

$$\frac{d[\text{Bromaceton}]}{dt} = k_3 \cdot [\text{Aceton}] \cdot [H^{\oplus}]$$

Dies rührt davon her, daß die Geschwindigkeit der Einstellung des Keto-Enol-Gleichgewichtes von der $H^{\oplus}$-Konzentration abhängt, so daß diese Größe ebenfalls im Zeitgesetz erscheinen muß.

Das diskutierte Beispiel zeigt deutlich, wie zwar Reaktionsordnung und -molekularität nicht ohne weiteres in einem direkten Zusammenhang stehen, wie aber aus der experimentell bestimmten Reaktionsordnung unter Umständen doch auf den *Mechanismus* der betreffenden Reaktion und auf das Wesen der einzelnen *Teilschritte* einer komplizierten Reaktion geschlossen werden kann.

Kettenreaktionen. Kettenreaktionen treten besonders bei Reaktionen auf, die über freie *Radikale* als Zwischenstoffe verlaufen, weil ein ungepaartes Elektron, das einmal entstanden ist, sich nur dadurch wieder «paaren» kann, daß es mit einem anderen freien Radikal reagiert. Die meisten freien Radikale sind aber sehr energiereich, so daß ihre Konzentration gewöhnlich klein und die Geschwindigkeit ihrer Rekombination niedrig ist.

Charakteristisch für die *Zeitgesetze* von Radikalreaktionen ist das Auftreten *gebrochener Exponenten,* wie wir für die photochemische Chlorierung eines Alkans zeigen wollen.

Startreaktion $\qquad\qquad$ $Cl_2 \xrightarrow{\;k_1\;} 2\ Cl\cdot$ $\qquad$ (a)

Kettenreaktion $\qquad$ $Cl\cdot + R{-}H \xrightarrow{\;k_2\;} HCl + R\cdot$ $\qquad$ (b)

$\qquad\qquad\qquad$ $R\cdot + Cl_2 \xrightarrow{\;k_3\;} R{-}Cl + Cl\cdot$ $\qquad$ (c)

Da die Dissoziationsenthalpie der C—H-Bindung viel größer ist als die Dissoziationsenthalpie der Cl—Cl-Bindung, darf man annehmen, daß Schritt (c) viel rascher verläuft als Schritt (b). Chloratome sind deshalb in viel größerer Konzentration vorhanden als Alkylradikale. Die Rekombination zweier Chloratome zu einem Cl_2-Molekül wirkt als Kettenabbruchreaktion, so daß Cl_2-Moleküle und Cl-Atome in einem Gleichgewicht (mit der − meßbaren − Gleichgewichtskonstante K) stehen.

Für den geschwindigkeitsbestimmenden Schritt (b) gilt dann

$$\text{Geschwindigkeit} = k_2 \cdot [Cl\cdot] \cdot [RH]$$

$[Cl\cdot]$ ist aber gleich $\sqrt{K \cdot [Cl_2]}$, so daß für die Gesamtgeschwindigkeit gilt:

$$\text{Geschwindigkeit} = k \cdot K^{\frac{1}{2}} \cdot [RH] \cdot [Cl_2]^{\frac{1}{2}} \qquad (1)$$

Wäre Schritt (c) geschwindigkeitsbestimmend, so müßte die Dimerisation zweier Alkylradikale die Kettenabbruchreaktion sein (Geschwindigkeitskonstante k_5). Durch den (dann raschen) Schritt (b) würde jedes einmal gebildete Chloratom sofort weggefangen, so daß auch die Startreaktion die Geschwindigkeit der Bildung von $R\cdot$ bestimmen müßte. Für das Zeitgesetz würde man unter diesen Voraussetzungen den Ausdruck

$$\text{Geschwindigkeit} = k_3 \cdot [k_1/k_5]^{\frac{1}{2}} [Cl_2]^{3/2}$$

erhalten. Das experimentell gefundene Zeitgesetz entspricht aber dem Ausdruck (1), was zeigt, daß die Annahme, Schritt (c) verlaufe rascher als Schritt (b), richtig war.

5.4   Der Übergangszustand

Wenn zwei Teilchen zusammenstoßen, die zusammengenommen weniger Energie als die benötigte Aktivierungsenergie besitzen, werden sie einen «Komplex» bilden, der zwar etwas aktiviert ist und in dem die Teilchen enger zusammengedrängt sind, der aber nicht zu Ende reagieren kann, weil seine Energie dazu nicht ausreicht. Ein solcher Komplex wird also wieder zerfallen und die Ausgangsteilchen zurückbilden. Wenn dies fortlaufend geschieht, kann man von einem *echten dynamischen Gleichgewicht* zwischen Ausgangsteilchen und solchen Komplexen sprechen. Besitzen die aufeinandertreffenden Teilchen aber die nötige Aktivierungsenergie, so bildet sich der für die betreffende Elementarreaktion typische **«aktivierte Komplex»**, in welchem sich die Teilchen einander so weitgehend als überhaupt möglich genähert haben, und der den Gipfel des «Energieberges» darstellt. Ein aktivierter Komplex existiert nur während extrem kurzer Zeit (um 10^{-12} s); er ist damit *einer experimentellen Untersuchung* (Spektren!) *nicht zugänglich,* und seine Natur (seine Zusammensetzung) muß *indirekt* erschlossen werden. Das (empirisch ermittelte) Zeitgesetz entspricht aber oft der Molekularität des geschwindigkeitsbestimmenden Schrittes (S. 361) und liefert damit eine Information über den aktivierten Komplex wenigstens dieses Reaktionsschrittes. Beispielsweise zeigt das Zeitgesetz für die HBr-Addition an Ethylenoxid (S. 367), daß hier am aktivierten Komplex des geschwindigkeitsbestimmenden Schrittes insgesamt ein Molekül Ethylenoxid, ein Proton und ein Bromid-Ion beteiligt sind.

Der aktivierte Komplex wird sich unter Energieabgabe sofort wieder in die Ausgangsteilchen zurückverwandeln oder dann die Produkte bilden. In einem Reaktionsgemisch (dem «Reaktionsknäuel») werden sich nun zahllose solche Gleichgewichte nebeneinander einstellen; wesentlich für die Behandlung der Reaktionsgeschwindigkeit ist aber das Ergebnis, daß auch der aktivierte Komplex in einem *echten Gleichgewicht* mit den Ausgangsteilchen steht. Die Konzentration der aktivierten Komplexe wird dann durch die betreffende Gleichgewichtskonstante $K^{\neq}$ bestimmt. Für den Fall einer einfachen bimolekularen Reaktion $A + B \longrightarrow C$ gilt dann (wobei der aktivierte Komplex mit AB^* bezeichnet wird):

$$\frac{[AB^*]}{[A] \cdot [B]} = K^{\neq} \tag{1}$$

Ein entscheidendes Ergebnis der von Eyring begründeten *Theorie des Übergangszustandes* («transition-state-theory»), das durch Anwendung der statistischen Mechanik auf das Problem des aktivierten Komplexes begründet werden kann, ist, daß alle aktivierten Komplexe – sofern sie die nötige Aktivierungsenergie wirklich besitzen – sich mit *der gleichen Geschwindigkeit* in die Produkte umwandeln. Diese Geschwindigkeit muß der Konzentration der aktivierten Komplexe proportional sein, wobei man für den Proportionalitätsfaktor den Ausdruck $k \cdot T / h$ findet (k ist die Boltzmann-Konstante R / N_A; h ist die Plancksche Konstante.)

Die Geschwindigkeit der Gesamtreaktion ist somit

$$\frac{d\,[C]}{d\,t} = \frac{k \cdot T}{h} \cdot [AB^*]$$

Unter Berücksichtigung von (1) wird $[AB^*] = K^{\neq} \cdot [A] \cdot [B]$, also

$$\frac{d\,[C]}{d\,t} = \frac{k \cdot T}{h} \cdot K^{\neq} \cdot [A] \cdot [B].$$

Die Geschwindigkeitskonstante der Gesamtreaktion ist also

$$k_1 = \frac{k \cdot T}{h} \cdot K^{\neq}$$

d. h. sie ist proportional zu $K^{\neq}$. Der Betrag der Gleichgewichtskonstanten wird aber durch die Differenz der freien Enthalpie zwischen Ausgangsteilchen und aktiviertem Komplex gegeben:

$$\Delta G^{\neq} = - R \cdot T \cdot \ln K^{\neq} = \Delta H^{\neq} - T \cdot \Delta S^{\neq}$$

Dabei bedeutet $\Delta H^{\neq}$ die **Aktivierungsenthalpie** (die Differenz der Enthalpie zwischen aktiviertem Komplex und den Reaktanten) und $\Delta S^{\neq}$ die **Aktivierungsentropie** (die Differenz der Entropie zwischen aktiviertem Komplex und den Reaktanten). Die Geschwindigkeitskonstante wird somit gleich

$$k_1 = \frac{k \cdot T}{h} \cdot e^{-\Delta G^{\neq}/RT}$$

oder

$$k_1 = \frac{k \cdot T}{h} \cdot e^{\Delta S^{\neq}/R} \cdot e^{-\Delta H^{\neq}/RT}$$

Ein Vergleich mit der Arrhenius-Gleichung (S. 362) zeigt, daß der letzte Term obiger Gleichung dem Exponentialausdruck der Arrhenius-Gleichung gleichwertig ist; $\Delta H^{\neq}$ entspricht also der Aktivierungsenergie E_a. Der Entropie-Term (mit dem Proportionalitätsfaktor $k \cdot T/h$) ersetzt den Faktor A der Arrhenius-Gleichung.

Wir erkennen also, daß die *Geschwindigkeit* einer chemischen Reaktion durch ihre *freie Aktivierungsenthalpie $\Delta G^{\neq}$* – genauer: **durch die Differenz zwischen den freien Enthalpien der Reaktanten und des aktivierten Komplexes** – bestimmt wird. *Alle Faktoren, die den aktivierten Komplex stabilisieren,* d. h. dessen freie Enthalpie erniedrigen *(und damit die Energiedifferenz zwischen dem aktivierten Komplex und den Reaktanten verringern) bewirken eine Erhöhung der Reaktionsgeschwindigkeit*[1]. Bei einer gegebenen Temperatur verläuft die Reaktion um so *rascher, je kleiner die Aktivierungsenthalpie und je größer die Aktivierungsentropie* ist. Um Voraussagen über die Geschwindigkeit einer Reaktion machen zu können, müssen sowohl Aktivierungsenthalpie wie Aktivierungsentropie bekannt sein. Da die Zusammensetzung des aktivierten Komplexes nicht untersucht werden kann, sind solche Voraussagen generell nicht möglich; man kann nur eine Gruppe von Reaktionen untereinander vergleichen, bei denen die aktivierten Komplexe sehr ähnlich sein müssen. Häufig ist dann $\Delta S^{\neq}$ ungefähr gleich groß, so daß man schon aus $\Delta H^{\neq}$ allein Rückschlüsse auf die betreffenden Geschwindigkeitskonstanten ziehen kann.

Zur *experimentellen Bestimmung* von $\Delta H^{\neq}$ und $\Delta S^{\neq}$ wird die Geschwindigkeitskonstante k bei mehreren Temperaturen gemessen und log k/T gegen T^{-1} aufgetragen («Eyring-Diagramm»). Aus Steigung und Ordinatenabschnitt der resultierenden Geraden ergeben sich $\Delta H^{\neq}$, $\Delta S^{\neq}$ und auch $\Delta G^{\neq}$. Auch durch kernresonanzspektroskopische Untersuchung von Austauschvorgängen lassen sich die Aktivierungsparameter ermitteln.

Von besonderem Interesse ist die Kenntnis der *Aktivierungsentropie,* die wichtige Rückschlüsse auf die Art des aktivierten Komplexes erlaubt. Sind im aktivierten Komplex – wie es

---

[1] Wenn der Einfluß struktureller, sterischer oder elektronischer Faktoren auf die Reaktionsgeschwindigkeit betrachtet werden soll, so muß *stets* deren Auswirkung sowohl auf die Moleküle der Reaktanten **wie auch auf den aktivierten Komplex** untersucht werden!

meist der Fall ist – die Bewegungsmöglichkeiten der Translation, der Rotation und der inneren Rotation eingeschränkt, so ist $\Delta S^{\neq}$ *negativ* und zwar um so mehr, je stärker geordnet der aktivierte Komplex ist. Diese Abnahme ist um so größer, je komplizierter gebaut die reagierenden Teilchen sind. Beispielsweise vereinigen sich bei bimolekularen Reaktionen in wenig polaren Lösungsmitteln – bei denen Solvationserscheinungen keine große Rolle spielen – zwei Moleküle mit freier Translationsbewegung zu einem aktivierten Komplex, der sich nur noch als Ganzes bewegen kann. Die Entropie nimmt also insgesamt ab, und zwar bereits auf dem Weg zum Übergangszustand. $\Delta S^{\neq}$ wird negativ und hat meist Werte um -80 J/mol K. Besonders stark negativ ist $\Delta S^{\neq}$ bei den sogenannten *Cycloadditionen* (vgl. S. 554) wie etwa der Diels-Alder-Reaktion, weil hier der geordnete zyklische Übergangszustand wegen des Ringschlusses die Aktivierungsentropie zusätzlich erniedrigt. Auch Reaktionen, bei denen aus Neutralmolekülen Ionen entstehen, zeigen durchwegs stark negative Aktivierungsentropien, weil die Ladungstrennung bereits im Übergangszustand beginnt und sich die (vorher freien) Lösungsmittelmoleküle auszurichten beginnen. Nur dann, wenn der aktivierte Komplex weniger geordnet und lockerer als das Ausgangssystem ist, nehmen die Möglichkeiten der Translation und Rotation zu, und $\Delta S^{\neq}$ wird *positiv*. Dies trifft insbesondere für Reaktionen in stark polaren Lösungsmitteln (Wasser) zu, wenn bei heterolytischer Bindungstrennung durch die Ladungstrennung und die dadurch erfolgende Hydration die Ordnung der Lösungsmittelmoleküle gestört und damit vermindert wird.

Zur *Veranschaulichung* vergleichen wir zwei Reaktionen, die Dimerisation von Cyclopentadien und der Zerfall von 1,1'-Azobutan.

Dimerisation von Cyclopentadien:

In der Gasphase: $\Delta H^{\neq} = 65$ kJ/mol
                   $\Delta S^{\neq} = -142$ J/mol K

Zerfall von 1,1'-Azobutan: $C_4H_9-N{=}N-C_4H_9 \rightarrow 2\ C_4H_9\cdot + N_2$

In der Gasphase $\Delta H^{\neq} = 218$ kJ/mol
                  $\Delta S^{\neq} = +79$ J/mol K

Die relativ geringe Aktivierungsenthalpie für die Dimerisation von Cyclopentadien ist charakteristisch für konzertierte Reaktionen, weil hier Bindungsbildung und Bindungsbruch synchron verlaufen, im Gegensatz zum Zerfall von 1,1'-Azobutan. Hier ist die homolytische Trennung einer C–N-Bindung geschwindigkeitsbestimmend, ohne daß dabei gleichzeitig neue Bindungen entstehen und damit den zur Trennung nötigen Energieaufwand mindestens teilweise kompensieren. $\Delta S^{\neq}$ andererseits begünstigt den Zerfall von Azobutan, weil hier im aktivierten Komplex ein Translationsfreiheitsgrad gewonnen wird und schließlich zwei Partikeln aus einer entstehen, im Gegensatz zur Dimerisierung, wo aus zwei vorher freien Molekülen ein nur noch als Ganzes beweglicher aktivierter Komplex entsteht.

Wie sich die *Natur des aktivierten Komplexes* auf ähnlich verlaufende Reaktionen auswirken kann, wird am Beispiel der *Halogenierung* von *Alkanen* deutlich. Bereits auf S. 76 wurde erwähnt, daß die Bromierung zwar langsamer, dafür aber mehr selektiv verläuft als die Chlorierung. Eine plausible Erklärung für diese Beobachtung liefert ein Vergleich der beiden aktivierten Komplexe.

Der geschwindigkeitsbestimmende Schritt besteht in jedem Fall in der Reaktion eines Halogenatoms mit einem Alkanmolekül (S. 74). Wenn man annimmt, daß im Fall der *Chlorierung* die C—H-Bindungstrennung im Übergangszustand erst begonnen hat und die Cl—H-Bindung erst in geringem Maß ausgebildet ist, ist der aktivierte Komplex bezüglich Struktur und Energie den Reaktanten noch sehr ähnlich. Dies trifft sowohl für die Reaktion an primären wie an sekundären und tertiären Kohlenstoffatomen zu. Die konkurrierenden Reaktionen laufen mit ähnlichen Geschwindigkeiten ab, so daß die *Selektivität gering* ist. Bei der *Bromierung* hingegen müssen Bindungstrennung und -neubildung im Übergangszustand schon ziemlich weit fortgeschritten sein, und der aktivierte Komplex gleicht schon stark dem entstehenden Radikal. Da sich primäre, sekundäre und tertiäre Radikale in ihrer Stabilität unterscheiden (S. 75), unterscheiden sich auch die zu ihnen führenden aktivierten Komplexe in ihrer Energie: Der zu einem tertiären bzw. sekundären Radikal führende aktivierte Komplex ist energieärmer. Er wird bevorzugt gebildet, und die Reaktion mit Brom tritt vorwiegend an tertiären bzw. sekundären Kohlenstoffatomen ein.

Da der geschwindigkeitsbestimmende Schritt bei der Radikalsubstitution von Alkanen im Fall der Chlorierung exotherm, im Fall der Bromierung endotherm verläuft ($\Delta H = -4.2$ bzw. $+62,8$ kJ/mol) entsprechen die hier dargelegten Vorstellungen über die Natur des aktivierten Komplexes dem **Postulat von Hammond** (1955) (vgl. S. 407). Nach ihm *gleicht der aktivierte Komplex eines exothermen Reaktionsschrittes noch stark den Reaktanten, während der aktivierte Komplex eines endothermen Reaktionsschrittes mehr den Produkten dieses Schrittes gleicht.* Bei einem endothermen Reaktionsschritt muß nämlich ziemlich viel Energie aufgewendet werden, um den Übergangszustand zu erreichen, so daß der aktivierte Komplex in jedem Fall schon von ähnlicher Struktur und Energie sein muß wie die Produkte.

Darstellung des energetischen Verlaufes einer Reaktion. Wenn wir die folgende Reaktion betrachten

$$Y| \;+\; R—X \;\rightleftarrows\; [Y \cdots R \cdots X]^{\neq} \;\rightleftarrows\; Y—R \;+\; X|$$

(eine nucleophile Substitution; vgl. Kapitel 7), so wird der Substituent X gewissermaßen *«gleitend»* durch das Nucleophil Y verdrängt. Dabei verändert sich die potentielle Energie des Systems, die vom Abstand der Teilchen und von den Atomabständen abhängt. Im Übergangszustand ist die potentielle Energie am größten.

Trägt man die (potentielle) Energie als Funktion der Abstände Y—R bzw. R—X auf (wobei jeweils Punkte gleicher Energie durch Linien miteinander verbunden werden, vergleichbar den Höhenkurven einer Landkarte), so ergibt sich das **«Schichtliniendiagramm»** der Abb. 5.2 oder – in räumlicher Darstellung – das *«Potentialgebirge»* der Abb. 5.3. Im Schichtliniendiagramm entsprechen die Punkte A und B Energieminima; sie stellen die «Lage» der Reaktanten bzw. Produkte dar. Die gestrichelte Linie (die *«Reaktionskoordinate»*) beschreibt das Fortschreiten der Reaktion. Man erkennt, daß dabei im Punkt C ein Energiemaximum durchschritten wird (ein «Paßübergang» im Potentialgebirge); er entspricht dem Übergangszustand, und die entsprechende Spezies ist der aktivierte Komplex.

Abstand Y · · · R

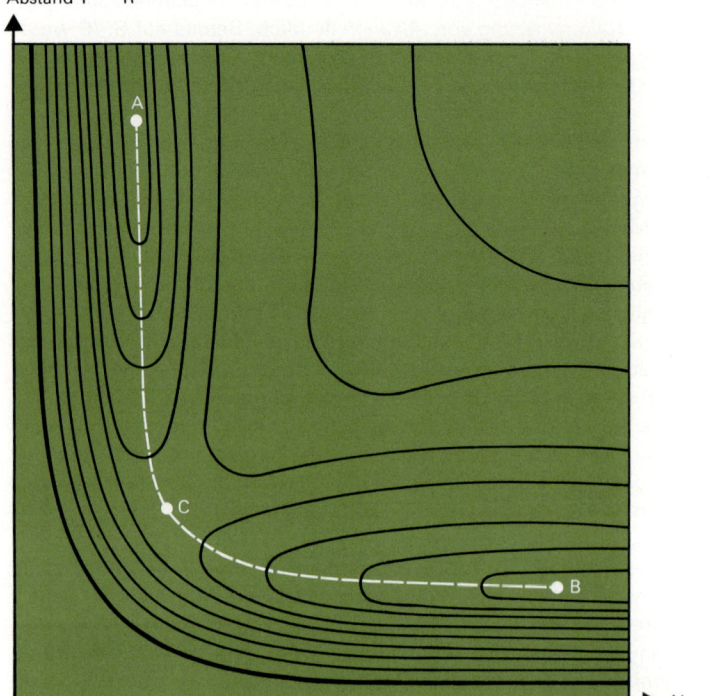

Abb. 5.2. Schichtliniendiagramm für eine Reaktion Y + R—X → R—Y + X

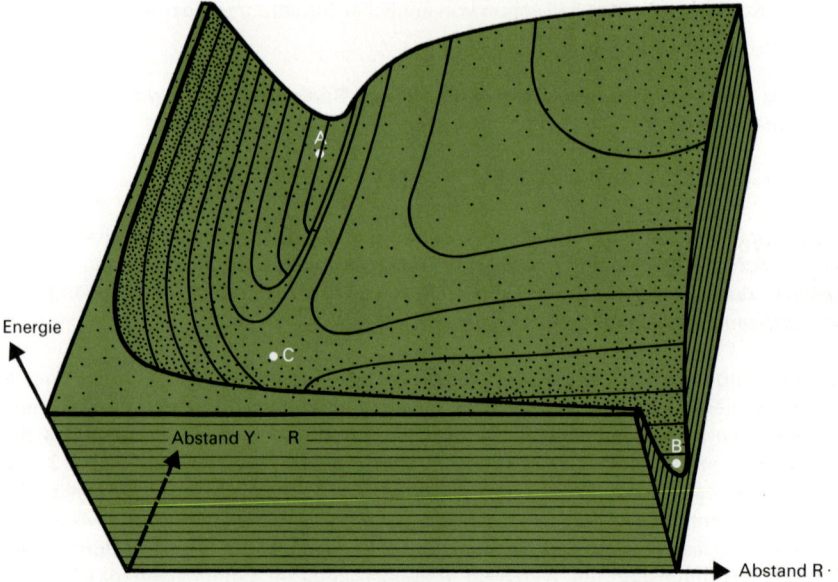

Abb. 5.3. Räumliche Darstellung des Schichtliniendiagramms («Potentialgebirge»)

Denkt man sich die Reaktionskoordinate als Gerade und trägt auf der Ordinate die Energie des reagierenden Systems auf, so ergeben sich Bilder von der Art der Abb. 5.4. Der aktivierte Komplex erscheint als *Energieberg*, der im Verlauf der Reaktion überschritten werden muß. Verläuft eine Reaktion über mehrere Schritte, so muß sie durch Diagramme von der Art der Abb. 5.5 veranschaulicht werden. Der geschwindigkeitsbestimmende Schritt besitzt den energiereichsten aktivierten Komplex; bei einer Reaktion, der der Abb. 5.5 entspricht, wäre also der erste Schritt geschwindigkeitsbestimmend. Im Verlauf der Reaktion auftretende Zwischenstoffe erscheinen als Energieminima. Sind diese Minima niedrig genug, so läßt sich ein solcher Zwischenstoff unter Umständen aus dem Reaktionsgemisch isolieren.

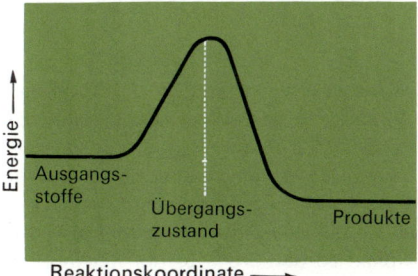 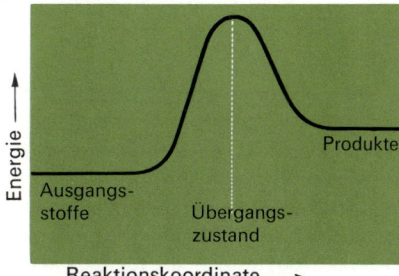

Abb. 5.4. Energiediagramme verschiedener Vorgänge

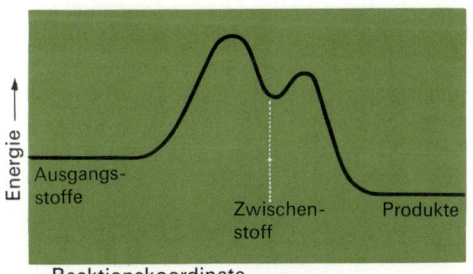

Abb. 5.5. Energiediagramm einer Reaktion, bei welcher ein (instabiler) Zwischenstoff entsteht

Einfluß des Lösungsmittels auf die Reaktionsgeschwindigkeit. Im Zusammenhang mit der Diskussion der Rolle der Aktivierungsentropie wurde bereits auch auf *Lösungsmitteleffekte* hingewiesen. Da die Mehrzahl der organischen Reaktionen in Lösung durchgeführt wird, sollen hier die verschiedenen Einflüsse zusammenfassend dargestellt werden. In Teil II des Buches wird im Zusammenhang mit der Diskussion der Reaktionsabläufe an manchen Stellen wieder auf Lösungsmitteleinflüsse eingegangen werden müssen.

Entscheidend für den Einfluß des Lösungsmittels auf die Reaktionsgeschwindigkeit sind *Solvationseffekte.* Dabei muß stets die Auswirkung der Solvation auf die *Reaktanten und* den *aktivierten Komplex* betrachtet werden. Ist dieser stärker solvatisiert als die Moleküle der Reaktanten, so wird $\Delta G^{\neq}$ kleiner, und die Reaktion verläuft *rascher.* Werden aber die Reaktanten stärker solvatisiert als der aktivierte Komplex, so wird $\Delta G^{\neq}$ größer: Die Reaktion verläuft *langsamer.* Um den Einfluß des Lösungsmittels auf die Reaktionsgeschwindigkeit beurteilen zu können, müssen somit die Wechselwirkungen zwischen Lösungsmitteln und den Reaktanten bzw. dem aktivierten Komplex abgeschätzt werden. (Solvationsenthalpien von aktivierten Komplexen lassen sich experimentell nicht bestimmen!)

Ein *Beispiel* dafür, wie wichtig die Betrachtung des Lösungsmitteleinflusses auf Reaktanten und aktivierten Komplex ist, bietet die Verseifung eines Esters mit Hydroxid-Ionen (vgl. S.594):

$$OH^{\ominus} + CH_3-\overset{\overset{O}{\|}}{C}-OC_2H_5 \;\rightleftharpoons\; \left[CH_3-\overset{\overset{O^{\delta-}}{\|}}{\underset{\delta^-OH}{C}}-OC_2H_5 \right]^{\neq} \;\longrightarrow\; \text{Produkte}$$

In einem Gemisch von Dimethylsulfoxid (DMSO) mit Wasser verläuft die Reaktion viel rascher als in wäßrigem Ethanol. Das Gemisch Ethanol/Wasser solvatisiert sowohl die Reaktanten wie den aktivierten Komplex ziemlich stark; DMSO/Wasser dagegen solvatisiert das kleine Hydroxid-Ion viel weniger stark als Ethanol/Wasser, während es den relativ voluminösen aktivierten Komplex nicht viel weniger stark solvatisiert. Der Unterschied in der Solvation durch die beiden Lösungsmittel ist daher für die Reaktanten (insbesondere das Hydroxid-Ion) größer als für den aktivierten Komplex, so daß $\Delta G^{\neq}$ für die Reaktion in Ethanol/Wasser größer und die Reaktionsgeschwindigkeit in diesem Lösungsmittel kleiner ist.

Im Prinzip lassen sich Lösungsmittel in *drei Gruppen* einordnen:
- *Unpolare aprotische Lösungsmittel* besitzen kleine Dipolmomente und niedrige Dielektrizitätskonstanten: Hexan, Benzen, Tetrachlorkohlenstoff, Dioxan, Diethylether, Tetrahydrofuran
- *Polare,* aber *aprotische Lösungsmittel* haben große Dipolmomente und hohe Dielektrizitätskonstanten: Aceton, Nitrobenzen, Dimethylformamid, Dimethylsulfoxid
- *Protische Lösungsmittel* enthalten stark polare OH- oder NH-Gruppen und können mit anderen Molekülen – oder aktivierten Komplexen! – Wasserstoffbrücken bilden: Wasser, Methanol, Ethanol, Essigsäure, Amine

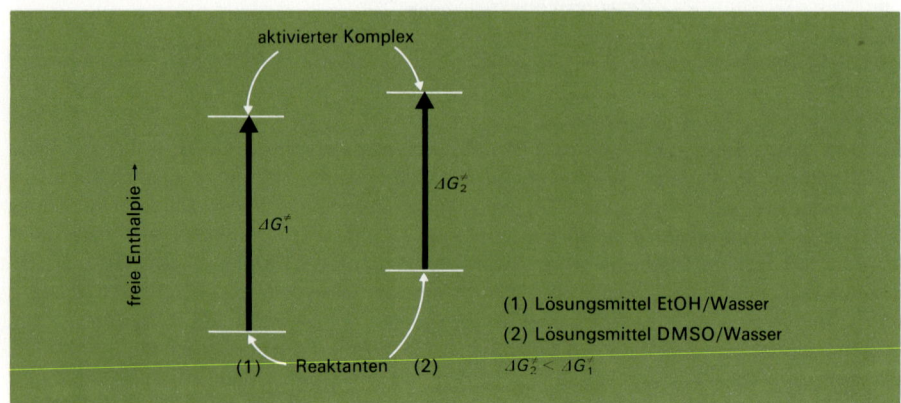

Abb. 5.6. Freie Aktivierungsenthalpie für die Esterverseifung in verschiedenen Lösungsmitteln

Die Dielektrizitätskonstante – eine makroskopische Größe! – hängt vom Dipolmoment und der Polarisierbarkeit der Moleküle ab; grob gesprochen beeinflußt sie die Leichtigkeit von Ladungstrennungen. Zweifellos spielt dabei die Polarisierbarkeit von Lösungsmittelmolekülen und der geladenen Partikeln eine große Rolle.

Sind sowohl Reaktanten wie aktivierter Komplex elektrisch neutral und unpolar, so unterscheiden sich Reaktanten und aktivierter Komplex bezüglich ihrer Solvation nur wenig, und der Einfluß des Lösungsmittels auf die Reaktionsgeschwindigkeit ist klein. Anders ist es, wenn sich Reaktanten und aktivierter Komplex in ihrer *Polarität* unterscheiden. Die freie *Solvationsenthalpie* geladener Partikeln ist bekanntlich um so stärker negativ, je höher ihre Ladung und je mehr diese Ladung auf einen kleinen Raum konzentriert ist. Reaktionen, bei denen auf dem Weg vom Ausgangs- zum Übergangszustand *Ladungen gebildet* oder auch nur *konzentriert* werden, verlaufen daher *in stärker polaren Lösungsmitteln rascher.* Umgekehrt ist die Reaktionsgeschwindigkeit bei Reaktionen in polaren Lösungsmitteln *kleiner,* wenn auf dem Weg zum aktivierten Komplex *Ladungen verschwinden* oder auf einen größeren Raum *delokalisiert* werden, wie es im Fall der Esterverseifung in Ethanol/Wasser der Fall ist. Vgl. Tabelle 5.2.

Tabelle 5.2. Einfluß des Lösungsmittels auf verschiedene Reaktionstypen

$A^{\ominus} + B^{\oplus}$	$\rightarrow \left[\overset{\delta-}{A}\cdots\overset{\delta+}{B}\right]^{\neq} \rightarrow$	$A{-}B$	begünstigt durch unpolare Lösungsmittel
$A{-}B$	$\rightarrow \left[\overset{\delta-}{A}\cdots\overset{\delta+}{B}\right]^{\neq} \rightarrow$	$A^{\ominus} + B^{\oplus}$	begünstigt durch polare Lösungsmittel
$A + B$	$\rightarrow [A\cdots B]^{\neq} \rightarrow$	$A{-}B$	durch Lösungsmittelpolarität kaum beeinflußt
$A{-}B^{\oplus}$	$\rightarrow \left[\overset{\oplus}{A}\cdots B\right]^{\neq} \rightarrow$	$A + B^{\oplus}$	leicht begünstigt durch polare Lösungsmittel
$A + B^{\oplus}$	$\rightarrow \left[\overset{\oplus}{A}\cdots B\right]^{\neq} \rightarrow$	$A{-}B^{\oplus}$	leicht begünstigt durch unpolare Lösungsmittel

Da ein Lösungsmittel die Geschwindigkeit zweier *Konkurrenzreaktionen* in verschiedener Weise beeinflussen kann, verändert sich unter Umständen die Zusammensetzung eines Produktgemisches, wenn man ein anderes Lösungsmittel wählt. Ein auffallender derartiger Effekt ist die in polaren, aprotischen Lösungsmitteln oft viel stärkere *Nucleophilie* gewisser Reagenzien, besonders vieler Anionen, da Anionen in protischen Lösungsmitteln durch H-Brücken besonders stark solvatisiert sind und dieser Effekt in einem aprotischen Lösungsmittel wegfällt (vgl. S. 446). Ist die Dielektrizitätskonstante des Lösungsmittels aber klein, so sind gelöste ionische Verbindungen vorwiegend als Ionenpaare oder Ionenaggregate in der Lösung vorhanden, wodurch die Reaktivität des Anions verringert wird. Gerade die Erkenntnis, daß die Nucleophilie in polaren, aprotischen Lösungsmitteln verstärkt wird, hat zu verschiedenen, wichtigen Verbesserungen von Synthesemethoden beigetragen.

Katalyse. Viele Reaktionen lassen sich durch Katalysatoren beschleunigen oder sind überhaupt nur unter dem Einfluß von Katalysatoren durchführbar. Die Wirkungsweise der Katalysatoren besteht im allgemeinen darin, daß sie mit einem der Ausgangsstoffe eine *reaktionsfähigere Verbindung* bilden, die dann mit einem Reaktionspartner so weiter reagiert, daß der Katalysator im Laufe der Reaktion wieder *freigesetzt* (daß er also *nicht verbraucht)* wird. Beim Vorhandensein eines Katalysators folgt die Reaktion also einem *anderen* Mechanismus mit *niedrigerer* freier Aktivierungsenthalpie als sie ohne Katalysator folgen würde. Aus diesem Grund wird oft auch verallgemeinert festgestellt, daß ein Katalysator die freie Aktivierungsenthalpie einer Reaktion erniedrigt, wie es im Energiediagramm der Abb. 5.7 zum Ausdruck kommt.

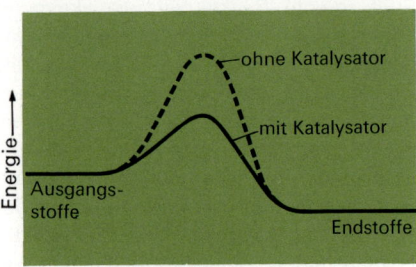

Abb. 5.7. Energiediagramm einer Reaktion unter Verwendung eines Katalysators

Wie verhalten sich die *Zeitgesetze* im Falle einer Katalyse? Betrachten wir eine homogene Reaktion A + B → C, deren Geschwindigkeit durch einen Katalysator K erhöht werden soll. Ist die Bildung der reaktiven, intermediär auftretenden Verbindung aus K und (z. B.) A geschwindigkeitsbestimmend, so gilt

$$\frac{d\,[C]}{d\,t} = k \cdot [A] \cdot [K]$$

Wenn wir annehmen, daß der Katalysator während der Reaktion nicht verbraucht wird, können wir seine Konzentration als konstant betrachten, so daß man auch schreiben kann:

$$\frac{d\,[C]}{d\,t} = k' \cdot [A] \quad \text{wobei } k' = k\,[K]$$

Die Gesamtreaktion folgt damit einem Zeitgesetz *pseudo-erster Ordnung*[1].
Anders ist es, wenn die Reaktion des aus dem Katalysator und dem Reaktanten gebildeten Zwischenproduktes mit dem anderen Reaktanten geschwindigkeitsbestimmend ist. Die Bildung des Zwischenproduktes erfolgt dann in einem vorgelagerten Gleichgewicht und relativ rasch, so daß man für die Gesamtreaktion das Zeitgesetz

$$\frac{d\,[C]}{d\,t} = k \cdot [A] \cdot [B] \cdot [K]$$

erhält (vgl. S. 366). Wenn man wiederum annimmt, daß die Katalysator-Konzentration während der Reaktion unverändert bleibt (Prinzip des stationären Zustandes), so ergibt sich ein Zeitgesetz *pseudo-zweiter Ordnung*:

$$\frac{d\,[C]}{d\,t} = k' \cdot [A] \cdot [B] \quad \text{wobei wiederum } k' = k \cdot [K]$$

In diesen Beispielen erscheint der Katalysator in der Reaktionsgleichung nicht. Es gibt aber auch Reaktionen, bei denen ein Produkt katalytisch wirkt (**«Autokatalyse»**). Wenn z. B. für eine Reaktion A → B + C das Produkt C katalytisch wirkt, so können wir $[A] = [A_o] - [C]$ setzen und es ergibt sich

---

[1] Pseudo-erster Ordnung bedeutet, daß es sich eigentlich um eine Reaktion zweiter Ordnung handelt, bei der die Reaktion des einen Reaktanten als konstant betrachtet werden darf.

$$\frac{d[C]}{dt} = k_2 \cdot [A_0] \cdot [C] - k_2 \cdot [C]^2$$

Zu Beginn der Reaktion – wenn [C] = Null – ist die Reaktionsgeschwindigkeit Null[1]; am Ende, wenn sämtliches A in C umgewandelt worden und [C] = [A$_0$] geworden ist, wird die Reaktionsgeschwindigkeit ebenfalls Null. Die Konzentration von C verringert sich zunächst langsam, dann stärker und bleibt schließlich konstant.

In der organischen Chemie sind insbesondere Katalysen durch *Metallionen, Metallkomplexe* und *Säuren* oder *Basen* häufig. Im Fall der Katalyse durch eine Säure HA kann im Zeitgesetz nur die Konzentration der konjugierten Säure des Lösungsmittels erscheinen (z. B. [H$_3$O$^\oplus$]); man spricht dann von *«spezifischer Säurekatalyse».* Wenn auch die Konzentration der Säure HA im Zeitgesetz auftritt, liegt *«allgemeine Säurekatalyse»* vor. Vgl. dazu auch S. 613. Bei heterogener Katalyse spielen Adsorptionsphänomene an der Katalysatoroberfläche eine wichtige Rolle.

Seit einigen Jahren hat eine weitere Form der Katalyse, die **«Phasentransfer-Katalyse»,** für viele Synthesen Bedeutung erlangt. Bei vielen organischen Reaktionen besteht nämlich der entscheidende Schritt in der Reaktion eines Moleküls mit einem (anorganischen oder organischen) Anion, so z. B. bei der Reaktion von Alkylhalogeniden und wäßriger Kaliumhydroxidlösung. Die Reaktionspartner sind dann auf *zwei miteinander nicht oder wenig mischbare Phasen* verteilt (das Alkylhalogenid in unpolarem Lösungsmittel gelöst oder als reiner Stoff; Kaliumhydroxid in Wasser); die erwünschte Reaktion – die Substitution des Halogenatoms durch ein OH$^\ominus$-Ion – kann daher nur an der *Phasengrenze* eintreten und verläuft dementsprechend langsam, denn die in Wasser stark solvatisierten OH$^\ominus$-Ionen gehen kaum in das nicht-ionisierende, unpolare Lösungsmittel über. Man könnte nun versuchen, Lösungsmittel zu finden, die beide Reaktanten genügend lösen und zudem in den Reaktionsverlauf nicht eingreifen. Je stärker aber die ionisierende Wirkung des Lösungsmittels ist (je vollständiger darin das Salz in «freie» Ionen zerfällt), um so geringer wird die Reaktivität der Ionen, da sie durch das Lösungsmittel solvatisiert werden und die Solvathülle beim Übergang zum aktivierten Komplex zerstört werden muß. Ist aber das Lösungsmittel nur wenig polar, so geht das Salz vorwiegend in Form wenig reaktiver Ionenpaare in Lösung.

In solchen Fällen läßt sich die Reaktionsfähigkeit des Anions – die Reaktionsgeschwindigkeit – durch *Phasentransfer-Katalyse* sehr oft drastisch steigern. Im Prinzip stehen dazu *zwei Möglichkeiten* offen: Im einen Fall benützt man *Kronenether,* die das Kation komplexieren. Dadurch wird dieses «lipophil» und löst sich zusammen mit dem Anion als Ionenpaar in einem organischen Lösungsmittel. Die Anionen sind dann kaum solvatisiert und dementsprechend sehr reaktiv. Die Kronenether sind dabei um so wirksamer, je vollständiger und «dickwandiger» die lipophile Ligandhülle ausgebildet ist. Dies kann dadurch erreicht werden, daß aromatische Ringe oder langkettige Alkylreste mit dem eigentlichen Kronenether verknüpft werden. Im anderen Fall (der *eigentlichen Phasentransfer-Katalyse)* arbeitet man in einem Zweiphasensystem aus Wasser und einem organischen Lösungsmittel und setzt katalytische Mengen von *Salzen* mit *stark lipophilen Kationen* zu. Besonders dazu geeignet sind Tetraalkylammonium- oder -phosphoniumsalze, wie z. B. Trihexylmethylammoniumchlorid, Benzyltriethylammoniumbromid, Cetyltrimethylammoniumbromid

---

[1] Damit die Reaktion übehaupt einsetzt, müssen mindestens Spuren von C vorhanden sein oder es muß eine Konkurrenzreaktion erster Ordnung auftreten, die unkatalysiert ist.

oder Hexadekyltributylphosphoniumbromid. Diese Kationen lösen sich in der organischen Phase und tauschen dabei ihr Anion in einem mehr oder weniger großen Ausmaß gegen das in der wäßrigen Lösung vorhandene, für die betreffende Reaktion erforderliche Anion (z. B. $CN^{\ominus}$ oder $OH^{\ominus}$) aus. Dadurch wird dieses in die organische Phase übergeführt, so daß dort die gewünschte Reaktion eintreten kann.

Der *Erfolg* dieser zweiten Methode hängt davon ab, wie groß der Anteil der Tetraalkylammoniumionen in der organischen Phase ist, die von den erwünschten Anionen begleitet sind. Es hat sich gezeigt, daß die Leichtigkeit, mit der ein bestimmtes Ion vom Tetraalkylammoniumion gebunden wird, hauptsächlich von seiner Hydrationsenthalpie abhängt. So lassen sich $F^{\ominus}$- und $OH^{\ominus}$-Ionen in einem geringeren Ausmaß übertragen als etwa $CN^{\ominus}$- oder $Br^{\ominus}$-Ionen. Der Phasentransfer ist auch mit in Wasser praktisch unlöslichen, sehr stark lipophilen Tetraalkylammoniumsalzen möglich. Benützt man Tetraalkylammoniumhydroxide, so können die in die organische Phase übergehenden $OH^{\ominus}$-Ionen dort ein als Reaktionspartner wirkendes organisches Molekül in seine (reaktionsfähigere) konjugierte Base überführen, wie es für viele Reaktionen, die über Carbanionen ablaufen, notwendig ist.

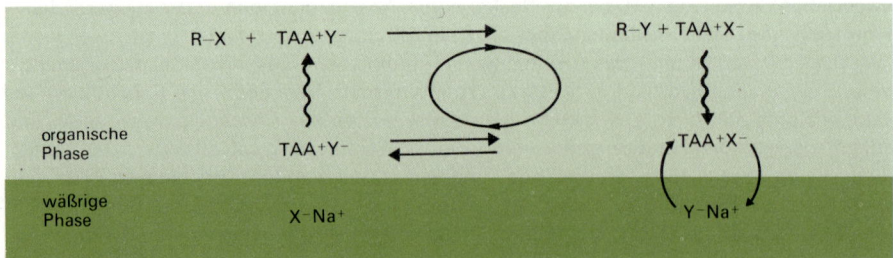

Abb. 5.8. Schema einer durch Phasentransferkatalyse beschleunigten nucleophilen Substitution $R-X + Y^{\ominus} \rightarrow R-Y + X^{\ominus}$
TAA = Tetraalkylammonium

Trotz der Verwendung von nur kleinen Mengen von Tetraalkylammoniumsalzen kann die Gesamtreaktion rasch ablaufen, selbst wenn die betreffenden Löslichkeits- oder Protolysengleichgewichte ungünstig liegen. Verläuft nämlich die eigentliche Reaktion in der organischen Phase genügend vollständig und rasch, so werden die in den Gleichgewichten nur in geringen Konzentrationen vorhandenen Spezies ständig weggefangen und wieder nachgeliefert.

Die *Hauptvorteile* der Phasentransfer-Katalyse bestehen also in der Erhöhung der *Reaktivität von Anionen*. Sie hat sich in vielen Fällen bewährt, wo zwei Phasen erforderlich wären bzw. sind und wo Anionen als Reaktionspartner fungieren, so bei nucleophilen Substitutionen (z. B. Reaktionen mit «nackten» Fluorid-Ionen, S. 446 oder die Williamson-Synthese von Ethern, S. 456), bei Reaktionen von Carbonylverbindungen (S. 461) oder bei Oxidationen mit $KMnO_4$ oder anderen anorganischen Oxidationsmitteln. Die Verwendung von chiralen Phasentransfer-Katalysatoren ermöglicht in gewissen Fällen sogar eine asymmetrische Synthese.

5.5 Methoden zur Untersuchung von Reaktionsabläufen

Unter **«Mechanismus»** einer bestimmten Reaktion verstehen wir die genaue Beschreibung des Verhaltens aller an der Reaktion überhaupt beteiligten Atome. Dabei müßten nicht nur die Teilchen der Ausgangsstoffe beschrieben werden; es müßten auch alle Wechselwirkungen während des Reaktionsablaufes, alle Bewegungen der Elektronen erfaßt werden. Es ist naturgemäß unmöglich, ein solches «kinematographisch» genaues Bild der gesamten Reaktion zu erhalten, und man muß sich mit Informationen, die eine Vorstellung vom Verhalten der Reaktionspartner in einem oder mehreren entscheidenden Augenblicken der Reaktion vermitteln – mit Informationen über die Struktur von *aktivierten Komplexen* oder von *Zwischenstoffen* – zufriedengeben. Doch sogar dieses Ziel wird häufig nur unvollkommen erreicht, weil einmal aktivierte Komplexe wegen ihrer nur vorübergehenden Existenz einer strukturellen Erforschung überhaupt nicht zugänglich, und weil zum zweiten für bestimmte Reaktionen postulierte Zwischenstoffe vielfach nicht eindeutig nachzuweisen sind. Allen Diskussionen über Reaktionsabläufe haftet deshalb noch sehr viel **Modellcharakter** an, und man tut gut, sich diese Tatsache stets vor Augen zu halten. Experimentelle Untersuchungen vermögen häufig auch nicht einen bestimmten Mechanismus direkt zu *«beweisen»;* sie können aber andere, vielleicht ebenfalls in Betracht gezogene Mechanismen ausschließen, oder sie können zu Folgerungen führen, welche sich wiederum experimentell bestätigen lassen und damit den fraglichen Mechanismus wenigstens höchst wahrscheinlich machen. Wenn also in den folgenden Kapiteln, die sich ganz besonders mit dem Ablauf der verschiedenartigen Reaktionstypen befassen, von *«Beweisen»* die Rede ist, darf dieser Ausdruck nicht zu wörtlich aufgefaßt und etwa im Sinne eines strengen (mathematischen) Beweises verstanden werden.

Wichtigste Voraussetzung für die Diskussion eines Reaktionsmechanismus ist die genaue Kenntnis der *Ausgangsstoffe* und *aller Produkte,* ihrer Konfiguration und ihrer Konformation, denn oft vermag z. B. die Bildung von Nebenprodukten (als Folge von Nebenreaktionen) Hinweise auf den betreffenden Reaktionsmechanismus zu geben, oder die Bildung von verschiedenen Produkten aus strukturell analogen Edukten zeigt das Vorliegen verschiedener Mechanismen an. Als Beispiele für diese Feststellung seien zwei nucleophile Substitutionen erwähnt:

(a) $(CH_3)_3C-CH_2-OSO_2-$ ⬡ $-CH_3 + I^{\ominus}$

          Neopentyltosylat

          $\longrightarrow (CH_3)_3C-CH_2-I + {}^{\ominus}OSO_2-$ ⬡ $-CH_3$
          Neopentyliodid

(b) $(C_6H_5)_3C-CH_2-OSO_2-$ ⬡ $-CH_3 + {}^{\ominus}OCH_3$

    2,2,2-Triphenylethyltosylat

          $\longrightarrow (C_6H_5)_2CH-\underset{\underset{C_6H_5}{|}}{\overset{\overset{H}{|}}{C}}-OCH_3 + {}^{\ominus}OSO_2-$ ⬡ $-CH_3$

Beides sind S_N-Reaktionen, aber sie müssen nach verschiedenen Mechanismen verlaufen, da im Fall (b) eine Verbindung mit umgelagertem C-Gerüst gebildet wird.

Im folgenden soll nur kurz auf einige für die Untersuchung von Reaktionsmechanismen wichtige experimentelle Methoden eingegangen werden.

Kinetik. Wie wir schon gesehen haben (S.368), läßt sich auf Grund kinetischer Untersuchungen zwar oft ein bestimmter Mechanismus ausschließen (vgl. Bromierung von Aceton, S.368), jedoch kaum je ein bestimmter Mechanismus beweisen. Neben der Ermittlung des Zeitgesetzes können auch Beobachtungen über allfällig *katalytisch wirkende* Substanzen wichtig sein; bei Reaktionen, die – wie es häufig der Fall ist – durch *Säuren* katalysiert werden, läßt sich vermuten, daß als Zwischenstufe ein durch Abspaltung einer Base gebildetes Kation oder die konjugierte Säure eines Reaktionspartners auftritt. *Basenkatalysierte* Reaktionen verlaufen häufig über Anionen als Zwischenstoffe (d.h. über die konjugierte Base eines Reaktanten), oder es tritt als Zwischenstoff ein Additionsprodukt aus der Base und einem Reaktanten auf. Beispiele solcher säure- und basenkatalysierter Reaktionen werden wir insbesondere in den Kapiteln 11 und 12 kennenlernen (Reaktionen von Carbonylverbindungen).

Abfangen von Zwischenstoffen. Es wurde bereits auf S.365 erwähnt, daß es unter Umständen möglich ist, intermediär auftretende (instabile) Zwischenstoffe dadurch zu identifizieren, daß man sie mittels eines geeigneten Reagens abfängt. Voraussetzung dafür ist, daß das Reagens auf diese Weise ein Produkt liefert, das nicht anders als durch Reaktion mit dem betreffenden Reaktionszwischenstoff zu erklären ist, und daß die «Abfangreaktion» (verglichen mit der untersuchten Reaktion) genügend rasch erfolgt. Als Beispiel sei die Bildung von Biphenylen aus diazotierter Anthranilsäure (bzw. ihrem Anion) erwähnt:

Biphenylen

Es wurde vermutet, daß sich als Zwischenstoff *Dehydrobenzen* (C_6H_4) bildet, das allerdings so reaktionsfähig ist, daß es sofort weiter reagiert und nicht isoliert werden kann:

Durch Abfangen dieses Zwischenproduktes mittels Anthracen (Bildung von «Triptycen») konnte das Auftreten von Dehydrobenzen bewiesen werden:

Anthracen   Triptycen

Kreuzungsexperimente. Bei vielen organischen Reaktionen treten *Umlagerungen* des C-Gerüstes auf, d. h. es wird ein Teil eines Moleküls abgetrennt und an einer anderen Stelle desselben oder eines anderen Moleküls (der gleichen Molekülart) wieder eingeführt. Um zu entscheiden, ob solche Umlagerungen intermolekular oder intramolekular verlaufen, kann man z. B. die Reaktion mit einem Gemisch aus zwei ähnlichen, jedoch nicht identischen Ausgangsstoffen ausführen. Durch Untersuchung des Produktgemisches läßt sich dann entscheiden, ob Molekülbruchstücke von der einen auf die andere Molekülart übertragen worden sind. Ein bekanntes Beispiel einer derartigen Umlagerung bietet die sogenannte *Benzidinumlagerung:*

Hydrazobenzen   Benzidin

Führt man die Reaktion mit einem Gemisch aus 2,2′-Dimethoxyhydrazobenzen und 2,2′-Diethoxyhydrazobenzen aus, so entstehen zwei symmetrisch substituierte Benzidine:

Dies beweist, daß die Umlagerung *intramolekular* verlaufen muß; andernfalls müßte sich auch unsymmetrisch substituiertes Benzidin (durch Rekombination zweier verschiedener Hydrazobenzen-Bruchstücke) bilden. Man muß also schließen, daß die «neue» Bindung (zwischen den Benzenkernen) entsteht, bevor die N—N-Bindung vollständig getrennt worden ist.

Isotopenmarkierung. Die «Markierung» einer Verbindung durch radioaktive oder schwere Isotope eines bestimmten Atoms ist in zweierlei Hinsicht für die Untersuchung von Reaktionsmechanismen ganz besonders wichtig. Entweder will man dadurch das *«Schicksal»* eines bestimmten Atoms im Laufe der Reaktion verfolgen (wobei man stillschweigend annimmt, daß sich die verschiedenen Isotope eines Elementes in ihrem chemischen Verhalten nur unwesentlich unterscheiden, was in der Tat häufig auch zutrifft), oder man benützt die Tatsache, daß sich in gewissen Fällen verschiedene Isotope gerade nicht genau gleich verhalten, um z. B. die *Natur reagierender Bindungen* aufzuklären.
Die wichtigsten, für solche «Tracerexperimente» benützten Isotope sind:

Wasserstoff: Deuterium (^{2}H = D) oder Tritium (^{3}H = T). Deuterium läßt sich durch IR-, NMR- oder Massenspektren nachweisen, während Tritium ein schwacher β-Strahler ist (Halbwertszeit 12,3 Jahre). Wegen seines leichten Nachweises und der radioaktiven Strahlung darf Tritium nur in großer Verdünnung zur Anwendung kommen.

Kohlenstoff: ^{14}C (radioaktiv [auch ein β-Strahler]; Halbwertszeit 5730 Jahre).

Sauerstoff: ^{18}O, nicht radioaktiv. Weil $H_2^{18}O$ viel schwieriger herzustellen ist als D_2O, wird meist nur ein an $H_2^{18}O$ angereichertes Wasser (mit 1 bis 2% $H_2^{18}O$) verwendet. Nachweis durch Massenspektroskopie.

Stickstoff: ^{15}N, nicht radioaktiv.

Bei allen Isotopenmarkierungsversuchen stellen sich als Probleme die *Synthese* der betreffenden Ausgangsverbindung (die das markierte Atom an der gewünschten Stelle enthalten muß!) sowie der *Abbau* der Produkte in einfache Verbindungen, in welcher jedes einzelne Atom des Produktes sicher identifiziert werden kann.

Als *Beispiele* seien zwei Reaktionen diskutiert:

(1) In alkalischer Lösung disproportioniert Benzaldehyd langsam zu Benzylalkohol und Benzoesäure (bzw. ihrer konjugierten Base) *(Cannizzaro-Reaktion):*

$$2\ C_6H_5CDO\ +\ OH^\ominus\ \longrightarrow\ C_6H_5CD_2OH\ +\ C_6H_5COO^\ominus$$

Führt man die Reaktion mit Benzaldehyd aus, dessen Aldehyd-H-Atom durch Deuterium ersetzt ist (z. B. durch katalytische «Hydrierung» von Benzoylchlorid mit Deuterium zugänglich) und verwendet man normale (nicht deuterierte) wäßrige NaOH, so findet man die D-Atome ausschließlich im entstandenen Benzylalkohol:

$$2\ C_6H_5CHO\ +\ OH^\ominus\ \longrightarrow\ C_6H_5CH_2OH\ +\ C_6H_5COO^\ominus$$

Daß tatsächlich der gebildete Benzylalkohol am Seitenketten-C-Atom deuteriert ist, kann aus dem *IR-Spektrum* geschlossen werden. Wegen der größeren Masse des D-Atoms unterscheiden sich die Wellenzahlen der C—H- und der C—D-Streckschwingung sehr deutlich, wobei die Absorptionsbande der C—D-Streckschwingung nach kleineren Wellenzahlen verschoben ist.
Bei der Cannizzaro-Reaktion muß somit vom Carbonyl-C-Atom des einen Aldehyd-Moleküls ein Wasserstoffatom auf das Carbonyl-C-Atom eines zweiten Aldehydmoleküls übertragen werden, so daß der aktivierte Komplex etwa folgendermaßen

$$\geqslant C\cdots\cdots D\cdots\cdots C\leqslant$$

zu formulieren ist. Eine vorübergehende Bindung eines D-Atoms an ein Carbonyl-O-Atom kann dadurch ausgeschlossen werden, daß kein H/D-Austausch mit dem Lösungsmittel beobachtet wird.

(2) Durch salpetrige Säure wird β-Phenylethylamin in den entsprechenden Alkohol übergeführt. Es liegt nahe anzunehmen, daß dabei zunächst (ebenso wie im Fall aromatischer Amine) ein Diazoniumion entsteht, das anschließend unter Abspaltung von N_2 in ein Carbeniumion übergeht. Dieses bildet durch Addition von Wasser den Alkohol:

$$C_6H_5CH_2CH_2NH_2\ \xrightarrow{\ HNO_2\ }\ C_6H_5CH_2CH_2N_2^\oplus$$

$$\xrightarrow[\ -N_2\ ]{}\ C_6H_5CH_2CH_2^\oplus\ \xrightarrow[-H^\oplus]{\ H_2O\ }\ C_6H_5CH_2CH_2OH$$

Führt man die Reaktion mit β-Phenylethylamin aus, dessen α-C-Atom durch ^{14}C markiert ist, so findet man, daß im Produkt auch das β-C-Atom eine gewisse Radioaktivität zeigt:

$$C_6H_5CHMgBr \xrightarrow[H_2O]{^*CO_2} C_6H_5CH_2{-}^*COOH \xrightarrow[2)\ NH_3]{1)\ SOCl_2} C_6H_5CH_2{-}^*C\underset{NH_2}{\overset{O}{\diagup}} \xrightarrow{LiAlH_4}$$

$$C_6H_5CH_2{-}^*CH_2NH_2 \xrightarrow{HNO_2} C_6H_5{-}^*CH_2{-}^*CH_2OH$$

$$\downarrow KMnO_4$$

$$C_6H_5{-}^*COOH + ^*CO_2$$

Die Untersuchung der Produkte ergab, daß das durch die Oxidation erhaltene CO_2 etwa 75% der ursprünglichen Aktivität enthielt, daß also in ungefähr ¼ aller reagierenden Moleküle eine Umlagerung des radioaktiven α-C-Atoms eingetreten ist. (Die Umlagerung erfolgt über ein sogenanntes *Phenoniumion;* siehe S. 434).

Wir haben schon erwähnt, daß sich die verschiedenen Isotope eines Elementes zwar ähnlich, aber doch nicht ganz genau gleich verhalten. Am stärksten ausgeprägt ist dieses unterschiedliche Verhalten bei Wasserstoff und Deuterium, da hier der Massenunterschied ganz besonders groß ist. Substituiert man in einem Reaktanten ein H-Atom durch ein D-Atom, so kann sich die Reaktionsgeschwindigkeit auf ⅙ bis ½ des ursprünglichen Wertes verringern, sofern – und das ist für mechanistische Untersuchungen entscheidend – *im Übergangszustand eine Bindung zum D-Atom getrennt* wird. Man spricht in solchen Fällen von einem **kinetischen Isotopeneffekt**. Der Grund für die Verlangsamung der Reaktion ist darin zu suchen, daß die Bindungen zu D-Atomen eine geringere Frequenz der Streckschwingung zeigen als entsprechende Bindungen zu H-Atomen, eine Folge der größeren Masse des D-Atoms. Der Ersatz eines H-Atoms durch ein D-Atom hat daher die Erhöhung der freien Aktivierungsenthalpie der betreffenden Reaktion zur Folge, wobei der Betrag der Erhöhung angenähert der Differenz der Nullpunktsenergien ($\frac{1}{2}h \cdot v_{0H} - \frac{1}{2}h \cdot v_{0D} \approx 4{,}8\ kJ/mol$) entspricht.

Zahlenmäßig wird der kinetische Isotopeneffekt gewöhnlich als Verhältnis der Geschwindigkeitskonstanten angegeben:

$$C-H/C-D : \frac{k_H}{k_D}$$

Das Ausmaß dieses Effektes gibt vielfach qualitative Informationen darüber, wo der aktivierte Komplex auf der *Reaktionskoordinate* bezüglich der Reaktanten und der Produkte liegt. Erreicht er das (theoretisch berechenbare) Maximum von etwa 7, so ist dies ein gutes Indiz dafür, daß das abzutrennende H- bzw. D-Atom im aktivierten Komplex sowohl vom alten wie vom neuen Bindungspartner relativ stark gebunden ist. Kleinere Isotopeneffekte weisen darauf hin, daß sich die Bindung zu diesem H-Atom im aktivierten Komplex entweder schon fast völlig gelöst oder sich die neue Bindung noch kaum ausgebildet hat. Der Übergangszustand liegt dann nahe dem End- bzw. Ausgangszustand, d.h. ist den Produkten bzw. den Reaktanten ähnlich.

Zur Illustration der Bedeutung kinetischer Isotopeneffekte für die Untersuchung von Reaktionsmechanismen dienen ebenfalls *zwei Beispiele:*

(1) Verwendet man für die Elimination von HBr aus 2-Brompropan deuteriertes Ausgangsmaterial, so beobachtet man, daß nur dann die Reaktionsgeschwindigkeit verringert wird, wenn die H-Atome an den C-Atomen 1 und 3 durch D ersetzt sind:

		relative Geschwindigkeit
$CH_3CHBrCH_3$ $\xrightarrow{\text{Base}}$ $CH_3CH{=}CH_2$ + $Br^{\ominus}$ + $H^{\oplus}$		1,0
$CD_3CHBrCD_3$ $\xrightarrow{\text{Base}}$ $CD_3CH{=}CD_2$ + $Br^{\ominus}$ + $D^{\oplus}$		0,15
$CH_3CDBrCH_3$ $\xrightarrow{\text{Base}}$ $CH_3CD{=}CH_2$ + $Br^{\ominus}$ + $H^{\oplus}$		1,0

Dieses Ergebnis bedeutet, daß im geschwindigkeitsbestimmenden Schritt der Reaktion eine C—D- (bzw. C—H-)Bindung getrennt werden muß (vgl. den Mechanismus der bimolekularen Elimination; S. 472).

(2) Nitriert man Benzen, in welchem ein H-Atom durch ein T-Atom ersetzt worden ist, so findet man im entstandenen Nitrobenzen ungefähr ⅔ der vorher vorhandenen T-Menge. Die Substitution erfolgte also an jedem C-Atom mit gleicher Leichtigkeit, ungeachtet ob ein H- oder ein T-Atom verdrängt wurde. Das Fehlen eines kinetischen Isotopeneffekts (der für Tritium noch viel größer sein müßte als für Deuterium) zeigt, daß im geschwindigkeitsbestimmenden Schritt keine C—T- (bzw. C—H-)Bindung getrennt worden ist.

Stereochemische Untersuchungen. Untersuchungen über den sterischen Verlauf von Reaktionen können sehr wertvolle Aufschlüsse über den betreffenden Mechanismus liefern. Führt man z. B. Reaktionen an Chiralitätszentren optisch aktiver Verbindungen durch, so läßt sich aus dem sterischen Verlauf (Retention der Konfiguration, Konfigurationsumkehr, Racemisierung) die *Angriffsrichtung* des betreffenden Reagens auf das asymmetrische C-Atom rekonstruieren und lassen sich damit Schlüsse auf den Bau des aktivierten Komplexes ziehen. Als Beispiele sterisch eindeutig verlaufender Reaktionen erinnern wir an die bereits auf S. 246 erwähnten nucleophilen Substitutionen oder an die Bromaddition an C=C-Doppelbindungen (S. 511). Weitere Beispiele werden wir in den späteren Kapiteln kennenlernen.

Aktivierungsentropien. Wie schon früher erwähnt wurde, ist die Aktivierungsentropie in den meisten Fällen negativ, da der aktivierte Komplex ein höheres Maß an Ordnung zeigt als die Reaktanten. Die Bestimmung der Aktivierungsentropie (aus der Temperaturabhängigkeit der Geschwindigkeitskonstante) läßt wiederum Schlüsse auf den Bau des aktivierten Komplexes zu.

Schließlich muß erwähnt werden, daß auch durch Interpretation der im nächsten Kapitel zu besprechenden *«Substituenteneffekte»* unter Umständen Hinweise auf den Ablauf einer Reaktion erhalten werden können.

Übungen

5.1 Was versteht man unter «Zeitgesetz»? Geben Sie ein Beispiel! Erscheint ein Katalysator im Zeitgesetz? Begründen Sie Ihre Meinung!

5.2 Gegeben die Reaktionsgleichung: $A + B_2 \rightarrow AB + B$.
Die Geschwindigkeit der Bildung von AB ist der molaren Konzentration von B_2 sowie eines weiteren Stoffes C proportional; sie hängt aber nicht von [A] ab. Geben Sie das Zeitgesetz der Reaktion an und überlegen Sie sich einen Mechanismus, der mit dem gefundenen Zeitgesetz in Einklang steht!

5.3 Die folgenden, paarweise gegenübergestellten Ausdrücke werden oft verwechselt. Geben Sie für jeden eine Definition oder Erklärung!

Reaktionsgeschwindigkeit	Geschwindigkeitskonstante
Reaktionsordnung	Reaktionsmolekularität
Aktivierungsenergie	Aktivierter Komplex
Zwischenstoff	Übergangszustand

5.4 Der Zerfall von Ethylamin

$$C_2H_5NH_2 \rightarrow C_2H_4 + NH_3$$

wurde bei 500 °C untersucht, wobei man folgende Ergebnisse erhielt:

t (s)	0	60	360	600	1200	1500
Gesamtdruck (mbar)	73	80	105	119	136	140

Bestimmen Sie die Reaktionsordnung!

5.5 Versetzt man ein Gemisch von Cyclohexanon und Furfural (Furan-2-aldehyd) mit Semicarbazid und isoliert den gebildeten Niederschlag, so erhält man Cyclohexanon-Semicarbazon. Läßt man das gesamte Gemisch 8 Tage stehen und isoliert den Niederschlag erst jetzt, so erhält man Furfural-Semicarbazon. Erklären Sie diese Ergebnisse!

5.6 Erklären Sie die Temperaturabhängigkeit der Reaktionsgeschwindigkeit!

5.7 Bei einer bestimmten Reaktion erster Ordnung wurden 50 % des Reaktanten in 60 Min verbraucht. Geben Sie die Geschwindigkeitskonstante an!

5.8 Für die Cannizzaro-Reaktion von Benzaldehyd nimmt man den folgenden Mechanismus an:

(a) $C_6H_5CHO + OH^{\ominus} \rightarrow C_6H_5-\overset{\displaystyle O^{\ominus}}{\underset{\displaystyle OH}{\overset{|}{\underset{|}{C}}}}H$ (schnell)

(b) $C_6H_5-\overset{\displaystyle O^{\ominus}}{\underset{\displaystyle OH}{\overset{|}{\underset{|}{C}}}}H + C_6H_5CHO \rightarrow C_6H_5COOH + C_6H_5CH_2O^{\ominus}$ (langsam)

(c) $C_6H_5COOH + C_6H_5CH_2O^{\ominus} \rightarrow C_6H_5COO^{\ominus} + C_6H_5CH_2OH$ (schnell)

Formulieren Sie das für die Reaktion zu erwartende Zeitgesetz!

5.9 Was sind Carbeniumionen, Carbanionen, Carbene?

5.10 Ordnen Sie die folgenden Carbeniumionen nach zunehmender Stabilität:

$(C_6H_5)_3C^{\oplus}$, $CH_3^{\oplus}$, $(CH_3)_3C^{\oplus}$, $C_6H_5-CH_2^{\oplus}$, $CH_2=CH-CH_2^{\oplus}$

5.11 Für Cyclopropen gilt $\Delta H_f^0 = 279{,}7$ kJ/mol, $S^0 = 0{,}241$ kJ/mol K. Für Propin ist $\Delta H_f^0 = 186{,}1$ kJ/mol, $S^0 = 0{,}249$ kJ/mol K. Ist die nachstehend aufgeführte Reaktion möglich?

$$CH_3-C\equiv CH \quad \longrightarrow \quad \overset{\displaystyle CH_2}{HC=\!\!=\!\!CH}$$

5.12   Ist die folgende Reaktion

$$2\,NH_3 \;\rightleftharpoons\; N_2 + 3\,H_2$$

eine Elementarreaktion oder nicht?

5.13   Man nimmt an, daß der geschwindigkeitsbestimmende Schritt der folgenden Reaktion

$$(CH_3)_3C-Cl + OH^{\ominus} \quad \longrightarrow \quad (CH_3)_3C-OH + Cl^{\ominus}$$

in der heterolytischen Trennung von tert. Butylchlorid in ein Carbeniumion und ein Chlorid-Ion besteht. Wie verhalten sich die Reaktionsgeschwindigkeiten, wenn man als Lösungsmittel wäßriges Ethanol, Dimethylsulfoxid oder Benzen verwendet?

5.14   Wie läßt das Zeitgesetz erkennen, ob eine Kettenreaktion vorliegt?

5.15   Diskutieren Sie den Einfluß der Aktivierungsentropie auf die Reaktionsgeschwindigkeit.

6.16   Erklären Sie die Tatsache, daß die Bromierung von Isobutan (2-Methylpropan) vor allem 2-Methyl-2-brompropan liefert.

5.17   Die folgende Reaktion

$$(CH_3)_2\underset{\overset{|}{H^*}}{C}-\overset{\overset{O}{\parallel}}{C}-\underset{\overset{|}{H^*}}{C}(CH_3)_2 + OH^{\ominus} \quad \longrightarrow \quad (CH_3)_2C-\underset{\overset{|}{H^*}}{C}=C(CH_3)_2$$

zeigt einen kinetischen Isotopeneffekt von 6,1, wenn die beiden mit Sternen markierten H-Atome durch D-Atome ersetzt sind. Was läßt sich daraus schließen?

6 Struktur und Reaktivität

6.1 Bindungsenthalpien

Die **Bindungsenthalpie** stellt die zur Trennung einer Kovalenzbindung in einzelne gasförmige Atome aufzuwendende Energie dar. Für zweiatomige Moleküle sind die Bindungsenthalpien aus thermochemischen Messungen oder spektroskopischen Daten einfach und genau zu ermitteln; bei mehratomigen Molekülen hingegen werden die Verhältnisse komplizierter. Für Methan beispielsweise wird die mittlere Bindungsenthalpie der C—H-Bindung als der vierte Teil der Reaktionsenthalpie folgender Reaktion definiert:

$$CH_4\,(g) \quad \longrightarrow \quad C\,(g) \;+\; 4\,H\,(g)$$

Im Experiment ist diese Reaktion jedoch nicht zu verwirklichen. Hingegen findet man ihre Reaktionsenthalpie (+1652,8 kJ/mol) durch Summierung der Reaktionsenthalpien folgender experimentell durchführbarer Reaktionen:

$$CH_4\,(g) \;+\; 2\,O_2\,(g) \quad \longrightarrow \quad CO_2\,(g) \;+\; 2\,H_2O\,(l)$$
$$CO_2\,(g) \quad \longrightarrow \quad C\,(s) \;+\; O_2\,(g)$$
$$2\,H_2O\,(l) \quad \longrightarrow \quad 2\,H_2\,(g) \;+\; O_2\,(g)$$
$$2\,H_2\,(g) \quad \longrightarrow \quad 4\,H\,(g)$$
$$C\,(s) \quad \longrightarrow \quad C\,(g)$$

(Der letzte Reaktionsschritt, die Sublimation von Graphit, ist deshalb notwendig, weil sich die Bindungsenthalpie auf die Zerlegung der Bindungen in gasförmige Atome bezieht. Die Sublimationsenthalpie von Graphit ist nicht leicht zu messen; der heute dafür allgemein angenommene Wert beträgt 718,7 kJ/mol.)

Die auf diese Weise berechneten Bindungsenthalpien sind für die betreffenden Bindungen – unabhängig von ihrer strukturellen Umgebung – charakteristisch und angenähert *konstant*. Anders ausgedrückt, die mit Hilfe der Bindungsenthalpien berechneten Reaktionsenthalpien (z.B. die Verbrennungswärmen) stimmen mit den experimentell gemessenen Reaktionsenthalpien recht gut überein. Ausnahmen werden bei Substanzen mit delokalisierten Elektronensystemen beobachtet, deren berechnete Reaktionsenthalpien höher sind (Stabilisierung – d.h. kleinerer Energieinhalt! – durch Mesomerie). Daß die Bindungsenthalpien jedoch nur *näherungsweise* konstant sind, zeigen z.B. die experimentell bestimmten Verbrennungsenthalpien der Pentane, die genau gleich groß sein müßten, wenn die 4 C—C- und die 12 C—H-Bindungen energetisch vollkommen gleichwertig wären:

n-Pentan	3538,0 kJ/mol
Isopentan	3529,6 kJ/mol
Neopentan	3518,3 kJ/mol

Tabelle 6.1. Weitere Bindungsenthalpien (kJ/mol) (vgl. auch S. 28)

H—H	436	C—C	348	C—O	358
H—F	567	C=C	594	C=O [1]	695
H—Cl	431	C≡C	778	C=O [2]	741
H—Br	366	N—N	163	C=O [3]	749
H—I	298	N=N	418	C—H	413
F—F	159	N≡N	945	N—H	391
Cl—Cl	242	C—N	305	O—H	463
Br—Br	193	C=N	615	O—O	155
I—I	151	C≡N	891	O=O	498
S—S	226				

[1] In Formaldehyd
[2] In anderen Aldehyden
[3] In Ketonen

Oft ist es indessen wichtiger, die zur *Trennung* einer *bestimmten Bindung* eines Moleküls aufzuwendende Energie, die **«Dissoziationsenergie»**, zu kennen[1]. Während nämlich z. B. die Bindungsenthalpie einer O—H-Bindung zahlenmäßig gleich der Hälfte der Bildungsenthalpie von Wasser aus den Atomen beträgt, wird zur Trennung der ersten O—H-Bindung eines H_2O-Moleküls mehr Energie benötigt als zur Trennung der zweiten Bindung:

$$H_2O \longrightarrow OH + H \qquad \Delta H = 491{,}86 \text{ kJ/mol}$$
$$OH \longrightarrow O + H \qquad \Delta H = 424{,}88 \text{ kJ/mol}$$

Die zur Abtrennung eines einzelnen Wasserstoffatoms aus einem Wassermolekül notwendige Energie ist also größer als die Bindungsenthalpie!

Tabelle 6.2. Dissoziationsenergien von Bindungen (kJ/mol)

$H—CH_3$	426,9	H—OH	491,9	$CH_3—F$	447,9
$H—CH_2CH_3$	401,9	$H—NH_2$	426,9	$CH_3—Cl$	339,0
$H—CH(CH_3)_2$	385,1	$CH_3—OH$	376,7	$CH_3—Br$	280,5
$H—C(CH_3)_3$	372,6	$CH_3—NH_2$	334,9	$CH_3—I$	226,0
$H—CH_2—C_6H_5$	322,3	$CH_3—CH_3$	347,4	$CH_3—NO_2$	238,6

6.2   Induktive und mesomere Effekte (σ- bzw. π-Akzeptoren und -Donatoren)

Die verschiedene Elektronegativität der Bindungspartner in Kovalenzbindungen bewirkt, daß die Bindungen *«polar»* werden. Bei der theoretischen Behandlung solcher Bindungen (MO-Theorie) wird ein Parameter eingeführt, welcher das «Gewicht» der beiden AO im MO zum Ausdruck bringt oder – anschaulich gesprochen – die Wahrscheinlichkeit angibt, mit

[1] Da diese Größen oft durch spektroskopische Methoden bestimmt werden, bezeichnen wir sie als Dissoziations*energien*.

der sich die beiden bindenden Elektronen in der Nähe des einen bzw. des anderen Atomrumpfes aufhalten. Experimentell manifestiert sich die Bindungspolarität beispielsweise in *Dipolmomenten* oder in (verglichen mit entsprechenden unpolaren Bindungen) *erhöhten Bindungsenthalpien.* (Auf dieser größeren Bindungsenthalpie von polaren Bindungen beruht eine Methode zur Abschätzung der relativen Elektronegativitäten; Pauling). Bindungsdipole sind allerdings nur in zweiatomigen Molekülen einer direkten Messung zugänglich. In einem mehratomigen Molekül ist das Gesamtdipolmoment gleich der vektoriellen Summe der Bindungsdipole. Beispiele:

μ (10^{-30} C m)	13,1	20,1	12,4	0 8,2

Der induktive Effekt. Polarisationseffekte, die durch elektronenanziehende oder -abstoßende Atome oder Atomgruppen bewirkt und über σ-Bindungen übertragen werden, heißen **induktive Effekte (I-Effekte)**. Je nachdem das «*Schlüsselatom*», d.h. das elektronenanziehende bzw. -abstoßende Atom eine negative oder positive Partialladung erhält, spricht man von $-$ I- oder $+$ I-Effekten. Der induktive Effekt erhält also das Vorzeichen des vom Substituenten angenommenen Ladungssinnes. Die «Schlüsselatome» werden oft auch als σ-**Akzeptoren** *(elektronenanziehend)* oder σ-**Donatoren** *(elektronenabstoßend)* bezeichnet.

Beispiel:
$$\overset{\delta\delta\delta+}{CH_3}-\overset{\delta\delta+}{CH_2}-\overset{\delta+}{CH_2}-\overset{\delta-}{Cl}$$

Das Chloratom ist ein σ-Akzeptor (es übt einen $-$I-Effekt aus) und polarisiert die C—Cl-Bindung, so daß das C-Atom eine positive Partialladung erhält. Der Rumpf dieses C-Atoms wird dadurch weniger abgeschirmt, so daß dieses C-Atom stärker elektronegativ wird und die benachbarte C—C-Bindung ebenfalls (in einem allerdings sehr geringen Maß) polarisiert. Mit wachsender Zahl der Bindungen, d.h. *mit zunehmendem Abstand vom Schlüsselatom, nimmt die Wirkung des induktiven Effektes sehr stark ab.*

Tabelle 6.3. Dipolmomente aliphatischer Halogenide

Verbindung	Dipolmoment (10^{-30} C m)
CH_3Cl	6,3
C_2H_5Cl	6,7
$(CH_3)_2CHCl$	6,9
$(CH_3)_3CCl$	7,2
$CH_3CH_2CH_2Cl$	6,8
$CH_3(CH_2)_3Cl$	6,7

Halbquantitative Angaben über die Stärke des induktiven Effektes erhält man z.B. aus *Dipolmomenten* (vgl. Tabelle 6.3). Die Zunahme des Dipolmomentes von CH_3Cl zu C_2H_5Cl und weiter zu $(CH_3)_3CCl$ zeigt beispielsweise, daß Alkylgruppen schwache σ-Donatoren sind:

$$
\begin{array}{ccc}
 & H & \\
 & | & \\
H-\!\!&C&\!\!-Cl \\
 & | & \\
 & H &
\end{array}
\qquad\qquad
\begin{array}{ccc}
 & H & \\
 & | & \\
CH_3-\!\!&C&\!\!-Cl \\
 & | & \\
 & H &
\end{array}
$$

Höchstwahrscheinlich beruht die Wirkung der *Alkylgruppen* als σ-Donatoren darauf, daß unter dem Einfluß des C—Cl-Bindungsdipols wegen ihrer größeren Polarisierbarkeit eher eine Elektronenverschiebung in Richtung auf das Nachbar-C-Atom möglich ist als bei einem H-Atom. Im tert. Butylchlorid ist der + I-Effekt dreier Methylgruppen besonders groß, während sich längerkettige Alkylgruppen ähnlich wie die Isopropylgruppe verhalten. Für Alkylgruppen gilt also folgende Reihe zunehmenden + I-Effektes:

$$CH_3 < C_2H_5 < CH\,(CH_3)_2 < C\,(CH_3)_3$$

Einen weiteren experimentellen Beweis für den + I-Effekt von Alkylgruppen bilden die Dipolmomente von Alkylbenzen (Toluen $1{,}3 \cdot 10^{-30}$ C m; tert. Butylbenzen $2{,}4 \cdot 10^{-30}$ C m). Durch Vergleich der Acidität von Carbonsäuren, welche am α-C-Atom einen Substituenten mit — I-Effekt tragen, läßt sich auch eine *qualitative Reihe* für σ-Akzeptoren aufstellen. Die folgende Reihe umfaßt alle wichtigen Substituenten mit induktiven Effekten; das Vermögen, Elektronen anzuziehen, wächst dabei nach rechts:

$$(CH_3)_3C < (CH_3)_2CH < C_2H_5 < CH_3 < \boxed{H} < C_6H_5 < CH_3O < OH < I < Br < Cl < NO_2 < F$$

Auch *ungesättigte* Gruppen zeigen einen — I-Effekt und zwar um so stärker, je ungesättigter sie sind:

$$C\!=\!C \; < \; \text{konjugierte } C\!=\!C \; < \; C\!\equiv\!C$$

Der mesomere Effekt («Resonanzeffekt»). Bei ungesättigten und aromatischen Molekülen kann noch ein weiterer Effekt auftreten, der die Ladungsdichteverteilung im Molekül beeinflußt. Es ist nämlich möglich, daß ein Substituent an einer Doppelbindung oder an einem aromatischen Ring mit π- oder nichtbindenden p-Elektronen zu den π-Elektronen der Doppelbindung oder des Ringes in Konjugation tritt und dadurch entweder *negative Ladung aus dem ungesättigten System abzieht* oder *negative Ladung in dieses hineindrückt.* In Analogie zu den σ-Akzeptoren bzw. -Donatoren nennt man die betreffenden Gruppen π-**Akzeptoren** bzw. **-Donatoren.** Häufig spricht man auch von — **M**- bzw. + **M-Effekten,** was davon herrührt, daß man in diesen Fällen die Ladungsdichteverteilung durch Kombination verschiedener Grenzstrukturen beschreiben kann, da eine Delokalisation der π-Elektronen eintritt. Auch der Ausdruck *«Konjugationseffekt»* ist gebräuchlich; er weist auf die Konjugation mit den π-Elektronen hin und deutet gleichzeitig an, daß dieser Effekt – im Gegensatz zum rein induktiven Effekt! – über mehrere Bindungen hinweg wirksam sein kann.

π-*Akzeptoren setzen die Elektronendichte in einer benachbarten Doppelbindung oder einem aromatischen Ring durch die Konjugation herab,* weil sich ihre π-Elektronen mit dem ungesättigten bzw. aromatischen System überlagern. Ihre *Akzeptorwirkung* (die Stärke des — M-Effektes) ist um so größer, je größer die Bereitschaft des Substituenten ist, negative Ladung aufzunehmen. In der folgenden Reihe nimmt er darum nach rechts zu:

$$-CH\!=\!CH_2 \; < \; -C_6H_5 \; < \; -C\!\!\begin{array}{c}\nearrow O\\\searrow OR\end{array} \; < \; -C\!\equiv\!N \; < \; -C\!\!\begin{array}{c}\nearrow O\\\searrow R\end{array} \; < \; -NO_2$$

Die π-Akzeptorwirkung einer Nitrogruppe kann formal durch folgende Grenzstrukturen veranschaulicht werden:

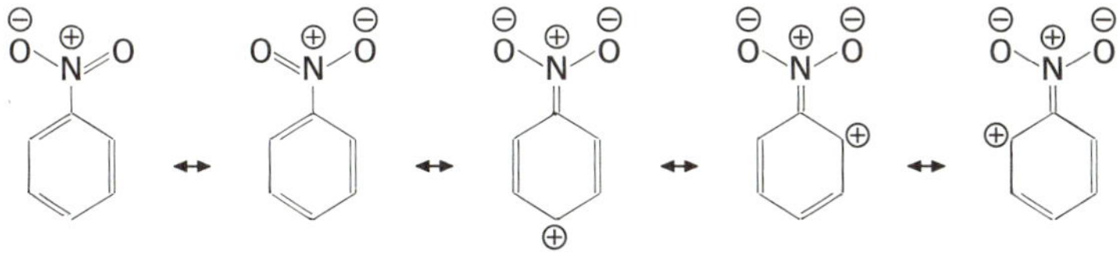

Ausgeprägte π-Akzeptoren enthalten stark elektronegative Atome; es ist deshalb verständlich, daß sich dann − M- und − I-Effekt addieren und gegenseitig verstärken.

π-Donatoren besitzen an einem ungesättigten oder aromatischen System ein *doppelt besetztes, nichtbindendes p-AO,* das durch seine Orientierung zur Überlappung mit den π-MO geeignet ist. *Dadurch wird negative Ladung auf das ungesättigte oder aromatische System übertragen* (+ M-Effekt). Im Vinylchlorid beispielsweise überlagert sich das nicht-bindende p_z-AO des Chloratoms in einem gewissen Maß mit den π-Elektronen der Doppelbindung, so daß ein delokalisiertes System entsteht:

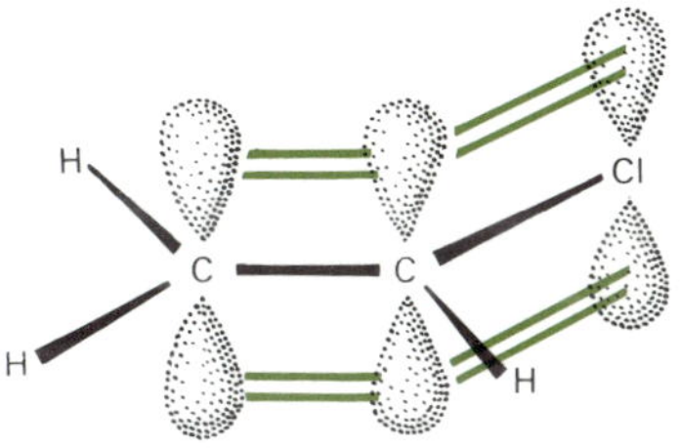

oder $CH_2 = CH-Cl \leftrightarrow \overset{\ominus}{CH_2}-CH=\overset{\oplus}{Cl}$

Im Vinylchlorid sind + M-Effekt und induktiver Effekt des Cl-Atoms entgegengesetzt gerichtet, was das Dipolmoment verkleinert. Das experimentell bestimmte Dipolmoment von Vinylchlorid beträgt $4,8 \cdot 10^{-30}$ Cm, während Ethylchlorid ein Dipolmoment von $6,7 \cdot 10^{-30}$ Cm besitzt. Bei ausschließlichem − I-Effekt des Cl-Atoms müßte aber das Dipolmoment von Vinylchlorid wegen der größeren Polarisierbarkeit einer Doppelbindung noch höher als $6,7 \cdot 10^{-30}$ Cm sein!

Tabelle 6.4. Mesomere Effekte verschiedener Substituenten

+ M-Effekt; Substituenten wirken als π-Donatoren
$-\overset{\oplus}{O}R_2 < -OR < -O^{\ominus}$
$-F < -OR < -NR_2$
$-I < -Br < -Cl < -F$

− M-Effekt; Substituenten wirken als π-Akzeptoren
$-NR < =\overset{\oplus}{N}R_2$
$=CR_2 < -NO_2 < =O$
$\equiv CR < \equiv N$

Weil bei + M-Substituenten negative Ladung vom Substituenten weg auf das π-System übertragen wird, ist die Donatorwirkung um so schwächer, je höher die EN des Substituenten ist. In der Reihe der Halogene wächst die Stärke des + M-Effektes allerdings gerade *umgekehrt* vom Iod zum Fluor, weil die Überlappung von π-Elektronen einer Doppelbindung oder eines aromatischen Ringes mit den 2 *p*-AO des F-Atoms leichter und in einem größeren Ausmaß möglich ist als mit den 5 *p*-AO des I-Atoms.

+ M-Effekte können durch Messung von *Dipolmomenten* oder auch von *Bindungslängen* erkannt werden. So besitzt Anilin ein Dipolmoment von $5,1 \cdot 10^{-30}$ Cm (wobei experimentell erwiesen ist, daß das N-Atom das positive Ende des Dipols bildet!), während bei primären aliphatischen Aminen Dipolmomente von der Größenordnung $4,4 \cdot 10^{-30}$ Cm gefunden werden (hier ist das N-Atom das negative Ende des Dipols; $-$I-Effekt!). Da durch die Bildung eines delokalisierten Systems die Bindungen zum Substituenten in einem gewissen Ausmaß Doppelbindungscharakter annehmen, sind sie kürzer als gewöhnliche σ-Bindungen. Entsprechend sind die Bindungsenergien und die Kraftkonstanten der Bindungen größer.

Mesomere Effekte sind besonders stark ausgeprägt, wenn ein Molekül gleichzeitig einen π-Akzeptor und einen π-Donator besitzt, wobei diese über ein π-System in Konjugation treten, wie z. B. im *p*-Nitranilin:

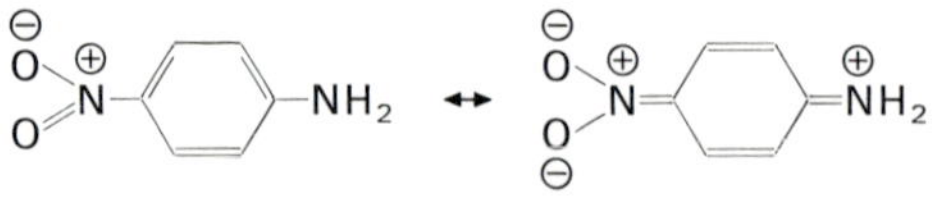

Die starke Ausdehnung eines solchen delokalisierten Systems zeigt sich in der Verschiebung der *Lichtabsorption* ins Gebiet längerer Wellenlängen (S. 1031).

Da mesomere Effekte durch Überlagerung von π- oder *p*-Elektronen des Substituenten mit dem ungesättigten System zustandekommen und diese Überlagerung eine bestimmte, räumliche Orientierung der π- bzw. *p*-Elektronen erfordert, hängt das Ausmaß dieses Effektes stark von *sterischen Faktoren* ab. Im Nitromesitylen (2,4,6-Trimethylnitrobenzen) z. B. muß sich die Nitrogruppe senkrecht oder mindestens schief zur Ringebene einstellen, weil die beiden orthoständigen Methylgruppen zu viel Raum beanspruchen. Dadurch wird aber der Einbezug der N—O-π-Elektronen in das aromatische π-System verunmöglicht, und es ist kein Konjugationseffekt möglich. Das Dipolmoment von Nitromesitylen beträgt darum nur $12,1 \cdot 10^{-30}$ Cm (Nitrobenzen $13,1 \cdot 10^{-30}$ Cm) und ist von ähnlicher Größe wie bei aliphatischen Nitroverbindungen (Nitroethan $12,3 \cdot 10^{-30}$ Cm, wo die Nitrogruppe ausschließlich als σ-Akzeptor wirkt. Man spricht in solchen Fällen von *sterischer Mesomeriehinderung* (Abb. 6.1).

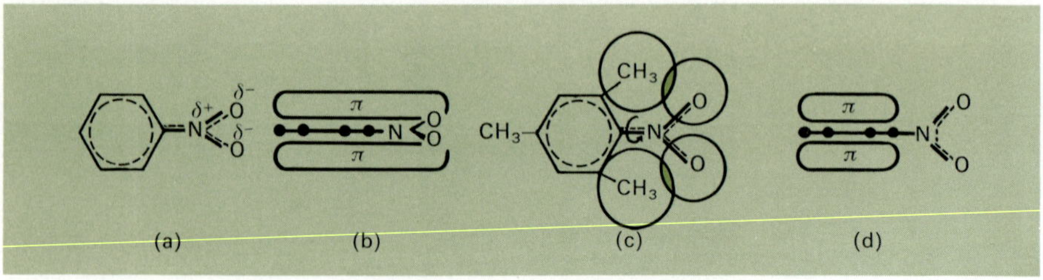

Abb. 6.1. Sterische Hinderung der Mesomerie beim Nitromesitylen
(a), (b) Nitrobenzen; (c), (d) Nitromesitylen [(b) und (d) von der Seite gesehen]

Abb. 6.2. Hyperkonjugation.
Ein σ-Orbital der Alkylgruppe
überlagert sich in einem
gewissen Ausmaß mit dem
π-MO der Doppelbindung

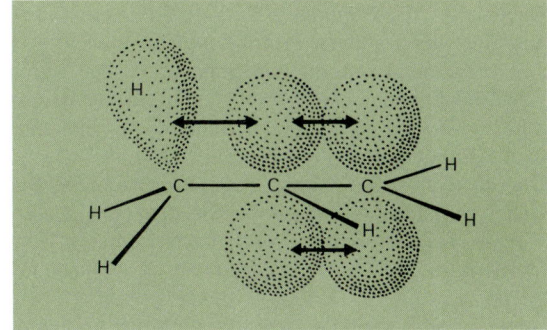

Zum Schluß soll schließlich auf einen weiteren Effekt hingewiesen werden, die sogenannte
Hyperkonjugation (Nathan-Baker-Effekt; *«no bond-resonance»*). Die Tatsache, daß
C—C-Bindungen, die einer C=C-Doppelbindung benachbart sind, etwas kürzer sind als
gewöhnliche Einfachbindungen, kann dadurch erklärt werden, daß das bindende MO der
C—H-Bindung in einem gewissen Ausmaß an einem delokalisierten π-System teilhat; vgl.
auch Abb. 6.2:

$$H\diagdown CH_2-CH=CH_2 \quad \leftrightarrow \quad \overset{\oplus}{H} \quad CH_2=CH-\overset{\ominus}{CH_2}$$

Hyperkonjugationseffekte vermögen insbesondere auch die relative Stabilität von Alkylcar-
beniumionen und -radikalen zu erklären, doch ist die wirkliche Existenz eines solchen
Effektes heute noch umstritten.

6.3   Die Stärke von Säuren und Basen

Begriffe. Nach den heute allgemein angenommenen Definitionen von Brönsted (1923) ist
jede Substanz (Partikel), die ein *Proton abgeben* kann, eine *Säure. Basen* sind Substanzen
(Partikeln), die *Protonen binden* können[1]. Die Ladung der betreffenden Partikel spielt dabei
keine Rolle; nach Brönsted können sowohl neutrale Moleküle ebenso wie Kationen oder
Anionen Säuren bzw. Basen sein.
Da in gewöhnlicher Materie keine freien Protonen existieren, zeigen Säuren (Basen) ihre
charakteristische Eigenschaft nur, wenn sie mit einer Base (Säure) zusammengegeben
werden. Die Protonenübertragung von einer Säure auf eine Base führt zu einem typischen
Gleichgewicht *(Protolysengleichgewicht):*

$$HA + B \rightleftharpoons BH^{\oplus} + A^{\ominus}$$

[1] Nach dem Säure/Base-System von *Lewis* werden Stoffe (Partikeln), die eine Elektronenlücke haben
(Elektronenpaarakzeptoren) als *Säuren,* Stoffe (Partikeln), die ein Elektronenpaar zur Verfügung stellen
können *(Elektronenpaardonatoren),* als *Basen* bezeichnet. Um Verwirrungen zu vermeiden (alle Lewis-
Basen sind zugleich Brönsted-Basen, während die Brönsted-Säuren keine Säuren im Sinne von Lewis
sind), sprechen wir in Zukunft ausdrücklich von **Lewis-Säure,** wenn Elektronenpaarakzeptoren gemeint
sind und gebrauchen den Terminus **«Säure» ausschließlich im Sinne von «Brönsted-Säure».**

Dabei ist $A^{\ominus}$ die *konjugierte Base* zur Säure HA und $BH^{\oplus}$ die *konjugierte Säure* zur Base B. Die Einstellung solcher Protolysengleichgewichte dauert in der Regel nur äußerst kurze Zeit (Protonenübertragungen gehören zu den schnellsten überhaupt bekannten chemischen Reaktionen; $k \approx 10^{11}\,\text{mol}\,\text{l}^{-1}\text{s}^{-1}$); nur bei gewissen Protonenübertragungsreaktionen mit C—H-aciden Verbindungen dauert die Einstellung des Gleichgewichtes etwas länger (k in der Größenordnung von $10^4\,\text{mol}\,\text{l}^{-1}\text{s}^{-1}$).

Die Stärke einer Säure bzw. Base **(Acidität** bzw. **Basizität)** wird zahlenmäßig durch die Gleichgewichtskonstante ihrer Reaktion mit Wasser zum Ausdruck gebracht. Da die weitaus meisten Säuren Aciditätskonstanten < 1 besitzen, benützt man in der Praxis meistens die negativen Logarithmen der Konstanten, die als pK_s bzw. pK_b bezeichnet werden.

Acidität und Basizität einer Säure und ihrer konjugierten Base hängen in einfacher Weise zusammen:

$$pK_s + pK_b = 14$$

(vgl. *Grundlagen der allgemeinen und anorganischen Chemie,* S. 359)

Die *experimentelle Messung* der Aciditätskonstanten erfolgt durch Aufnahme der Pufferungskurve der Säure, indem man eine verdünnte Lösung der Säure potentiometrisch titriert. Im Wendepunkt der Kurve, nach Zugabe eines halben Äquivalents Base, wird $pH = pK_s$.

Säuren (Basen) mit pK_s (pK_b) < -2 reagieren mit Wasser praktisch vollständig. Gleichkonzentrierte verdünnte wäßrige Lösungen sehr starker Säuren bzw. Basen sind also alle gleich stark sauer bzw. basisch. Wegen dieses *«nivellierenden» Effektes* von Wasser müssen zur Bestimmung der Acidität (Basizität) Lösungen in schwächer basischen (schwächer sauren) Medien herangezogen werden. In Ethanol beispielsweise ist Chlorwasserstoff nur teilweise «dissoziiert». Eine solche Lösung wirkt also *viel stärker sauer* als verdünnte Salzsäure, da sie neben den Oxoniumionen $C_2H_5OH_2^{\oplus}$ noch HCl-Moleküle enthält, die beide beträchtlich stärker sauer sind als das in Salzsäure vorhandene $H_3O^{\oplus}$-Ion. In extrem schwachen Basen wie Tetrachlorkohlenstoff oder Benzen ist Chlorwasserstoff molekular gelöst; solche Lösungen sind ebenfalls sehr starke (potentielle) Protonenspender. Anderseits wirken Lösungen schwacher Säuren (Essigsäure) in Ethanol nur sehr schwach sauer, da sich die Säuren fast ausschließlich als Moleküle – die schwache Protonenspender sind – lösen.

Es muß an dieser Stelle darauf hingewiesen werden, daß in das Massenwirkungsgesetz – also auch in die Definitionsgleichung der pK_s-Werte, $pK_s = pH + \log\,[HA]/[A^{\ominus}]$ – genau genommen nicht die analytisch feststellbaren Konzentrationen, sondern die **Aktivitäten** der betreffenden Reaktionsteilnehmer eingesetzt werden müssen. Die Aktivität einer gelösten Substanz erhält man durch Multiplikation der Konzentration mit dem empirisch bestimmten (in einfacheren Fällen auch aus der Debye-Hückel-Theorie der Elektrolyte berechenbaren) **Aktivitätskoeffizienten.** Diese Koeffizienten drücken die bei Konzentrationen $> 0,1$ mol/l bereits beträchtlichen *interionischen Wechselwirkungen* aus. Nur in sehr verdünnten Lösungen ($< 0,01$ mol/l) werden Aktivitäten und Konzentration nahezu identisch, die Aktivitätskoeffizienten somit praktisch $= 1$.

Die **Aciditätskonstante** ist dem Unterschied in der freien Enthalpie zwischen Säure und konjugierter Base proportional:

$$\Delta G^0 = -R \cdot T \cdot \ln K = -R \cdot T \cdot 2{,}303 \cdot \log K = 2{,}303 \cdot R \cdot T \cdot pK$$

$$pK = \frac{\Delta G^0}{2{,}303 \cdot R \cdot T}$$

Für die Standard-Temperatur von 25°C (298 K) gilt also

$$\Delta G^0 = 5{,}7 \cdot pK$$

Da $\Delta G^0 = \Delta H^0 - T \cdot \Delta S^0$ ist, wird die Acidität vergrößert (pK_s kleiner), wenn ΔH^0 stark negativ und (oder) ΔS^0 positiv ist. Der Term ΔH^0, die *Reaktionsenthalpie* der *Protonenübertragung* von der Säure auf Wasser (der «Dissoziation» der Säure) enthält die zur *Abtrennung des Protons aufzuwendende Energie* und die *freiwerdende*, unter Umständen recht große *Hydrationsenthalpie des Protons* sowie des *Anions*[1]. Der *Entropie-Term* $T \cdot \Delta S^0$ ist meistens negativ, da sich die entstehenden Ionen stark solvatisieren und die Lösungsmittelteilchen dadurch ausgerichtet und besser geordnet werden, die Entropie also abnimmt. Nur bei der Reaktion von Kationen- oder Anionensäuren (bzw. -basen) mit Wasser ist die Entropieänderung gering, weil dann auf jeder Seite des Gleichgewichtes je ein Ion vorhanden ist und die mit der Solvation verbundenen Ordnungseffekte ungefähr gleich groß sind.

Die *Säurestärke (Basenstärke)* hängt also von der *thermodynamischen Stabilität* (der freien Enthalpie) *der Säure* und *ihrer konjugierten Base* ab. Wenn die mit der Protonenübertragung an das Lösungsmittel verknüpfte Entropieabnahme besonders groß ist, oder wenn die Abtrennung des Protons besonders viel Energie erfordert, wird die «Dissoziation» endergonisch ($K_s < 1$). Alle *Faktoren*, welche die *konjugierte Base stabilisieren* oder die *Säure destabilisieren*, d.h. die freiwerdende Dissoziationsenthalpie vergrößern und (oder) die Entropieabnahme verringern, bewirken eine *Erhöhung* der *Acidität*. Neben sterischen Einflüssen sind es hauptsächlich *induktive* und *mesomere Effekte* von Substituenten, welche die Acidität ähnlich gebauter Verbindungen bestimmen, wobei sich letztere sowohl auf den Enthalpie- wie auf den Entropie-Term auswirken können.

Acidität von Carbonsäuren. Die Tatsache, daß das Hydroxylproton der Carbonsäuren im Gegensatz zum Verhalten der Alkohole relativ leicht an Basen abgegeben werden kann, beruht auf der *Mesomerie* des *Carboxylat-Anions*, in welchem sich vier Elektronen völlig symmetrisch über drei Atome verteilen, so daß die negative Ladung des Ions delokalisiert wird:

Zwar können auch für die Carboxylgruppe selbst mesomere Grenzstrukturen folgender Art geschrieben werden:

Wegen der damit verbundenen Ladungstrennung ist aber das wirkliche Ausmaß der Delokalisation der Doppelbindungselektronen gering.
Eine Mesomerie wie im Carboxylat-Ion ist aber bei Alkoholen nicht möglich. Durch diesen Effekt wird die Acidität der Hydroxylgruppe gegenüber der alkoholischen OH-Gruppe um rund 12 Zehnerpotenzen erhöht: pK_s von Ethanol etwa 17, pK_s von Essigsäure 4,76.

---

[1] Die *«Hydrationsenthalpie»* des *Protons* setzt sich zusammen aus der Bindungsenthalpie der neuen H—O- (bzw. H—X-) Bindung und der Hydrationsenthalpie des dadurch gebildeten Ions ($H_3O^{\oplus}$).

Trotz der Mesomerie des Carboxylat-Anions erfolgt aber die «Dissoziation» der Carbonsäuren *endergonisch,* d. h. ΔG^0 ist positiv. Wie die folgenden, für die Reaktion von Essigsäure mit Wasser geltenden Zahlen zeigen, ist dies hauptsächlich auf die mit der Ionisierung verbundene *Entropieabnahme* zurückzuführen:

$$\Delta H^0 \approx -\ 0,42 \text{ kJ/mol}$$
$$\Delta S^0 = -92,5 \text{ J/mol K;}\ -T \cdot \Delta S^0 \text{ (bei 25°C)} = +\ 27,6 \text{ kJ/mol}$$
$$\Delta G^0 = +27,2 \text{ kJ/mol } (pK_s = 4,76)$$

Hier ist die zur Abtrennung des Protons nötige Energie (die als Folge der Bildung zweier delokalisierter MO kleiner ist als in Alkoholen) nahezu gleich groß wie die bei der Anlagerung des Protons an ein Wassermolekül und der anschließenden Hydration des $H_3O^{\oplus}$- und des Acetat-Ions freiwerdende Energie. Die Entropie nimmt jedoch stark ab; die bei der «Dissoziation» freiwerdende Energie vermag die Entropieabnahme bei weitem nicht zu kompensieren, so daß das Gleichgewicht $CH_3COOH + H_2O \rightleftharpoons CH_3COO^{\ominus} + H_3O^{\oplus}$ links liegt (in einer 1 M-Essigsäure ist etwa 1% aller CH_3COOH-Moleküle ionisiert!)[1]. Bei *Alkoholen* ist aber nicht nur ΔS^0 negativ, sondern ΔH^0 ist – wegen der fehlenden Stabilisierung der konjugierten Base! – stark positiv.

Tabelle 6.5. pK_s-Werte verschiedener Carbonsäuren

Säure	pK_s
Ameisensäure (HCOOH)	3,77
Essigsäure (CH_3COOH)	4,76
Pivalinsäure [$(CH_3)_3CCOOH$]	5,05
Propionsäure (CH_3CH_2COOH)	4,88
Fluoressigsäure (CH_2FCOOH)	2,66
Chloressigsäure ($CH_2ClCOOH$)	2,81
Bromessigsäure ($CH_2BrCOOH$)	2,87
Iodessigsäure (CH_2ICOOH)	3,13
α-Chlorpropionsäure ($CH_3CHClCOOH$)	2,8
β-Chlorpropionsäure (CH_2ClCH_2COOH)	4,1
Dichloressigsäure ($CHCl_2COOH$)	1,30
Trichloressigsäure (CCl_3COOH)	0,89
Cyanessigsäure ($\begin{pmatrix} CH_2COOH \\ \vert \\ CN \end{pmatrix}$)	2,44
Nitroessigsäure ($\begin{pmatrix} CH_2COOH \\ \vert \\ NO_2 \end{pmatrix}$)	1,32
Milchsäure ($\begin{pmatrix} CH_3CHCOOH \\ \vert \\ OH \end{pmatrix}$)	3,87
Oxalsäure (HOOC—COOH)	1,46
Malonsäure ($\begin{pmatrix} CH_2COOH \\ \vert \\ COOH \end{pmatrix}$)	2,83
Acrylsäure ($CH_2{=}CHCOOH$)	4,26
Vinylessigsäure ($CH_2{=}CHCH_2COOH$)	4,35
Benzoesäure (C_6H_5COOH)	4,22
Phenylessigsäure ($C_6H_5CH_2COOH$)	4,31

[1] Für die Reaktion von Essigsäure mit flüssigem Ammoniak ist aber $pK = -4,48$ und $\Delta G^0 = -25,5$ kJ/mol. Die Entropieänderung ist wohl von derselben Größenordnung wie beim Lösen von Essigsäure in Wasser; daß hier ΔG^0 stark negativ ist, rührt davon her, daß bei der Anlagerung eines Protons an ein NH_3-Molekül viel mehr Energie frei wird als bei der Protonenanlagerung an ein H_2O-Molekül ($\Delta H^0 \approx -50,2$ kJ/mol).

Betrachtet man die Tabelle 6.5, so erkennt man, daß die *Acidität erhöht* wird, wenn das α-C-Atom σ-Akzeptoren trägt (Halogenatome, —CN, —NO$_2$). Umgekehrt verringern σ-Donatoren am α-C-Atom die Acidität, wie sich in den Säurekonstanten der Ameisensäure, Essigsäure und Pivalinsäure zeigt.

Die *Wirkung der σ-Akzeptoren* beruht darauf, daß einerseits die Säure selbst destabilisiert wird (zwei C-Atome mit positiver Partialladung sind einander benachbart) und andererseits die konjugierte Base durch die stärkere Delokalisation der negativen Ladung mehr stabilisiert wird als bei unsubstituierten Säuren (Abb. 6.3):

Tabelle 6.6 bringt die thermodynamischen Daten (Änderung der freien Enthalpie, Reaktionswärme und -entropie) für die «Dissoziation» der *Essigsäure* und ihrer *Monohalogenderivate*. Sie zeigt, daß wegen des − I-Effektes bei der Protonenabgabe überall eine beträchtlich größere Energie frei wird als bei der Essigsäure selbst, eine Folge der stärkeren Delokalisierung. Die *Solvation* eines *Anions* mit stärker delokalisierter Ladung ist aber geringer als bei einem Ion, dessen Ladung auf ein bestimmtes Atom konzentriert ist; daher ist

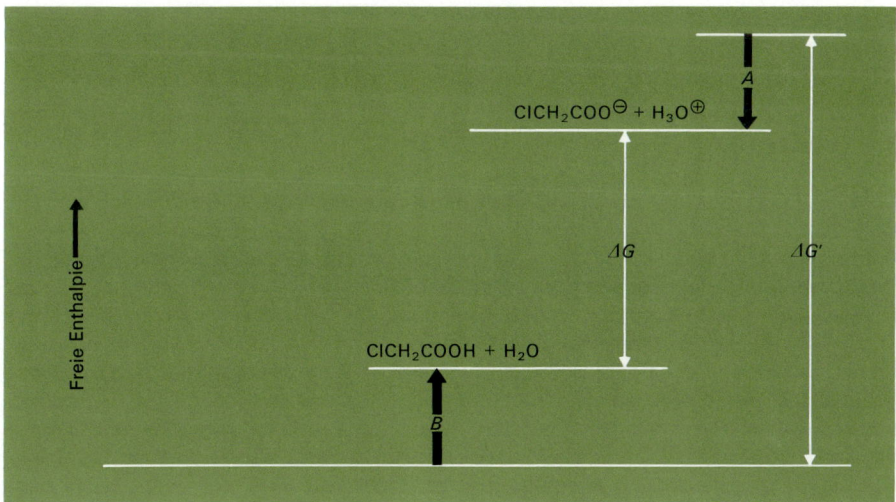

Abb. 6.3. Abnahme der freien Enthalpie bei der Protonenabgabe von Chloressigsäure (Einfluß des C—Cl-Bindungsdipols auf die freien Enthalpien von Säure und konjugierter Base)

ΔG = Änderung der freien Enthalpie bei der Protonenabgabe von Chloressigsäure
$\Delta G'$ = Hypothetische Änderung der freien Enthalpie bei der Protonenabgabe der Säure bei Abwesenheit von induktiven Effekten
A = Abnahme der freien Enthalpie der konjugierten Base als Folge der Anziehung zwischen C—Cl-Dipol und negativer Ladung
B = Zunahme der freien Enthalpie der Säure als Folge der Dipol-Dipol-Abstoßung

ΔH^0 für die Fluoressigsäure am kleinsten. Anderseits werden die Lösungsmittelmoleküle weniger gut geordnet, wenn die Ladung eines Ions delokalisiert ist; die *Entropieabnahme* ist wiederum bei der Fluoressigsäure am geringsten. Das Zusammenwirken aller drei Effekte bewirkt die Zunahme der Acidität in der Reihe Iodessigsäure–Fluoressigsäure. Dichlor- und Trichloressigsäure sind erwartungsgemäß noch bedeutend stärker sauer als Chloressigsäure (stärkere Wirkung mehrerer σ-Akzeptoren)[1].

Tabelle 6.6. Thermodynamische Daten für die «Dissoziation» von Essigsäure und ihrer Monohalogenderivate

	pK_s	ΔG^0 (kJ/mol)	ΔH^0 (kJ/mol)	ΔS^0 (J/mol K)
CH_3COOH	4,76	+ 27,13	− 0,469	− 92,5
CH_2FCOOH	2,66	+ 15,15	− 4,680	− 66,5
$CH_2ClCOOH$	2,81	+ 16,00	− 4,700	− 68,2
$CH_2BrCOOH$	2,87	+ 16,33	− 5,186	− 72,0
CH_2ICOOH	3,13	+ 17,79	− 5,927	− 79,5

Bei Säuren mit stark verzweigten C-Gerüsten ist die *Solvation des Anions* aus sterischen Gründen *erschwert*, wodurch seine Stabilität verringert und damit auch die Acidität der Säure verkleinert wird. Dies wird durch einen Vergleich der pK_s-Werte von Essigsäure und 4,4,2-Trimethyl-2-tert. Butylvaleriansäure deutlich:

$$CH_3COOH$$

$$pK_s = 4,7$$

$$pK_s \approx 7,0$$

Derselbe Effekt dürfte auch die verglichen mit *n*-Butanol geringere Acidität von tert. Butylalkohol erklären ($pK_s \approx 17$ bzw. 19).

Bei *ungesättigten* und *aromatischen Carbonsäuren* wird die Acidität nicht nur durch den induktiven Effekt der Doppel- bzw. Dreifachbindung bzw. des aromatischen Ringes, sondern auch durch *mesomere Effekte* beeinflußt. Die verglichen mit Essigsäure etwas höhere Säurestärke von *Phenylessigsäure* ist auf den −I-Effekt des Benzenkernes zurückzuführen. Obschon in der Benzoesäure der aromatische Ring direkt an die Carboxylgruppe gebunden ist (seine Wirkung als σ-Akzeptor also viel stärker sein müßte), ist *Benzoesäure* nur ganz wenig stärker sauer als Phenylessigsäure. Der Grund dafür liegt darin, daß durch den Benzenring als σ-Akzeptor das Phenylacetat-Anion etwas stabilisiert wird, daß aber im Fall der Benzoesäure das Säuremolekül selbst stabilisiert wird und zwar durch einen schwachen + M-Effekt des Benzenkernes:

---

[1] Man muß sich also bewußt sein, daß durch die allgemein übliche Formulierung, der −I-Effekt stabilisiere die konjugierte Base und erhöhe dadurch die Acidität, die wirklichen Verhältnisse *vereinfacht* werden. **Solvations-** und **Entropieeffekte** sind von ganz wesentlichem Einfluß auf ΔG^0 und werden durch die als Folge des induktiven Effektes auftretende Delokalisation maßgebend beeinflußt.

Das Anion hingegen wird durch π-Donatorwirkung des Ringes destabilisiert, weil die negative Ladungsdichte an der Carboxylgruppe erhöht wird. Genau dasselbe gilt für die *Acrylsäure* und die *Vinylessigsäure.* Die erstere ist schwächer, als man es erwartet, wenn sich der − I-Effekt der Doppelbindung voll auswirken könnte.

Tabelle 6.7. pK$_s$-Werte substituierter Benzoesäuren

	—H	—OH	—OCH$_3$	—NO$_2$	—Cl	—Br	—CH$_3$
o-		2,97	4,09	2,17	2,92	2,85	3,91
m-	4,22	4,08	4,09	3,49	3,82	3,81	4,27
p-		4,48	4,47	3,42	3,98	3,97	4,37

Aufschlußreich ist ein *Vergleich der Aciditäten monosubstituierter Benzoesäuren* (Tabelle 6.7). Betrachten wir zuerst die Wirkung von Substituenten in *p*-Stellung: σ- und π-Akzeptoren (—Cl,—NO$_2$) erhöhen die Acidität, σ- und π-Donatoren (CH$_3$—,—OH,CH$_3$O—) verringern die Acidität. Bei π-Akzeptoren (Donatoren) tritt eine gewisse Konjugation des Substituenten mit den π-Elektronen des Ringes und der Carboxyl- bzw. der Carboxylatgruppe ein. Im Fall von π-*Akzeptoren* wirkt sich dieser Konjugationseffekt dahingehend aus, daß das *Anion stärker stabilisiert* wird (erhöhte Delokalisation seiner negativen Ladung); π-*Donatoren* bewirken umgekehrt eine *Stabilisierung* der *Säure* und *Destabilisierung* der *konjugierten Base* (Erhöhung der negativen Ladungsdichte an der Carboxylatgruppe).

Für *m-substituierte* Benzoesäuren lassen sich keine Grenzformeln der folgenden Art zeichnen, wie sie für die entsprechenden *p*-Verbindungen möglich sind:

m-Substituenten wirken also ausschließlich durch ihren *induktiven Effekt. m*-Nitro- und *m*-Chlorbenzoesäure haben eine größere, *m*-Toluylsäure hat eine geringere Acidität als Benzoesäure. Die Tatsache, daß *p*-Nitrobenzoesäure trotz der größeren Entfernung der Nitrogruppe von der Carboxylgruppe etwas stärker ist als *m*-Nitrobenzoesäure, zeigt die Wirkung des π-Akzeptors.

Die geringere Acidität von *p*-Chlor- und *p*-Brombenzoesäure könnte darauf zurückzuführen sein, daß der induktive Effekt bei *p*-ständigen Substituenten wegen der größeren Entfernung weniger wirksam ist; die Tatsache, daß *p*-Fluorbenzoesäure deutlich schwächer ist als *p*-Chlorbenzoesäure ($pK_s = 4{,}14$) zeigt aber, daß *Halogenatome* in *p*-Stellung zusätzlich einen dem induktiven Effekt entgegengerichteten + *M-Effekt* ausüben, der sich beim Fluor am stärksten auswirkt (vgl. S. 394; der induktive Effekt würde in der Reihe I < Br < Cl < F zunehmen). Diese π-Donatorwirkung von Halogenatomen kann durch folgende Grenzformeln veranschaulicht werden:

Im ganzen gesehen überwiegt aber die elektronenanziehende Wirkung der Halogenatome (sowohl die *p-* wie die *m-*Halogenbenzoesäuren sind stärker als Benzoesäure selbst); der + M-Effekt schwächt bloß die elektronenanziehende Wirkung *p-* (und *o-*) ständiger Halogenatome ab.

Bemerkenswert ist die große Acidität der *Salicylsäure* (*o-*Hydroxybenzoesäure), der 2,6-Dihydroxybenzoesäure (*pK_s* = 1,29) und der *o-Toluylsäure.* Bei den *o-*substituierten Hydroxysäuren wird das Anion durch intramolekulare H-Brücken in einem erheblichen Ausmaß stabilisiert (Delokalisation seiner negativen Ladung!), während die raumerfüllende Methylgruppe in der *o-*Toluylsäure die Carboxylgruppe aus der mit dem Ring koplanaren Lage herausdrängt und dadurch die aciditätsvermindernde Konjugation der —COOH-Gruppe mit dem Ring ausschaltet. Damit wird hier das Säuremolekül selbst etwas destabilisiert, und die Acidität ist trotz der *σ*-Akzeptorwirkung der Methylgruppe größer als bei der Benzoesäure.

Salicylat-Anion

Phenole. Die verglichen mit Alkoholen viel *größere Acidität* der Phenole beruht wie bei den Carbonsäuren darauf, daß die konjugierte Base durch Mesomerie stabilisiert wird. Zwar ist bereits das Phenol selbst mesomer (ein nichtbindendes Elektronenpaar des Hydroxyl-Sauerstoffatoms überlagert sich in geringem Maß mit dem *π*-System des Ringes), die Delokalisation ist jedoch im Phenolat-Anion viel stärker, so daß dieses stärker stabilisiert wird als das Phenol selbst.

Mesomerie im Phenolat-Anion

Trotz der Mesomeriestabilisierung des Anions und trotz der freiwerdenden Solvationsenergie ist aber ΔG^0 stark positiv (Phenol: *pK_s* = 10,0 und ΔG^0 = +56,9 kJ/mol), eine Folge der mit der «Dissoziation» verbundenen *Entropieabnahme* (die wahrscheinlich noch beträchtlich größer ist als bei Carbonsäuren).

Substituenten am Ring wirken sich auf die Acidität prinzipiell ähnlich aus wie bei den Benzoesäuren. Gewisse quantitative Unterschiede zwischen der Acidität substituierter Phenole einerseits und substituierter Benzoesäuren anderseits sind darauf zurückzuführen, daß die Hydroxylgruppe und in noch viel höherem Maß ihre konjugierte Base (—$\overline{\underline{O}}|^\ominus$) starke *π*-Donatoren sind und mit *π*-Akzeptoren in Wechselwirkung treten können. Der Unter-

Tabelle 6.8. *pK_s*-Werte substituierter Phenole

	—H	—OH	—NO_2	—Cl	—CH_3
o-		9,4	7,21	9,11	10,20
m-	10,0	9,4	8,0		10,01
p-		10,0	7,16	9,39	10,17

schied in der Acidität zwischen *p*-Nitrophenol und Phenol ist aus diesem Grund größer als zwischen *p*-Nitrobenzoesäure ($pK_s = 3,42$) und Benzoesäure ($pK_s = 4,22$). Wird durch Einführung raumerfüllender Substituenten in *o*-Stellung zur Nitrogruppe diese aus der dem Ring koplanaren Anordnung herausgedreht *(sterische Mesomeriehinderung)*, so sollte nur noch die σ-Donatorwirkung der Nitrogruppe wirksam sein. In der Tat ist die Acidität von 3,5-Dimethyl-4-nitrophenol rund zehnmal kleiner als von unsubstituiertem *p*-Nitrophenol. Phenole mit Methylgruppen in *o*-Stellung sind schwächer sauer als Phenol selbst, eine Folge des +I-Effektes und der hier (im Gegensatz zur *o*-Toluylsäure) fehlenden sterischen Hinderung der Konjugation.

Tabelle 6.9. pK_s-Werte einiger C—H-acider Verbindungen

	pK_s
$CH_2(NO_2)_2$	3,6
$CH_3COCH_2NO_2$	5,1
$C_2H_5NO_2$	8,6
$CH_3COCH_2COCH_3$	9,0
$C_6H_5COCH_2COCH_3$	9,6
CH_3NO_2	10,2
$CH_3COCH_2COOC_2H_5$	10,7
$CH_2(CN)_2$	11,2
$CH_2(COOC_2H_5)_2$	13,2
Cyclopentadien	15,0
CH_3COCH_3	20
CH_3CN	25
$(C_6H_5)_3CH$	33

C—H-Acidität. Die C—H-Bindung wird gewöhnlich als Urtyp der unpolaren, nicht ionisierbaren Kovalenzbindung betrachtet. Trotzdem gibt es eine Reihe von Verbindungen, bei denen an C-Atome gebundene H-Atome als $H^{\oplus}$-Ionen abgespalten werden können. In den weitaus meisten Fällen ist allerdings diese Acidität sehr *gering,* so daß in wäßrigen Lösungen keine Protolyse eintritt.

Neben *Hybridisierungseffekten* (wie im Acetylen; S.125) sind es *induktive* und vor allem *mesomere Effekte,* die in bestimmten Fällen die Ionisierung von C—H-Bindungen ermöglichen. Im *Phenylacetylen* ($pK_s \approx 20$) beispielsweise wirkt sich die starke σ-Akzeptorwirkung des *sp*-hybridisierten C-Atoms mit dem Benzenkern aus (Stabilisierung des Anions), ebenso in *Triphenylmethan* ($pK_s \approx 31$) die σ-Akzeptorwirkung der Ringe. Auch *Tricyanomethan* (1) und Pentacyanocyclopentadien (2) – welche die Acidität von Mineralsäuren erreichen! – verdanken ihre hohe Säurestärke der σ-Akzeptorwirkung der Cyanogruppe.

$pK_s = -5,13$

(1)

$pK_s = -11$

(2)

Cyclopentadien erreicht durch Protonenabgabe das aromatische Sextett. Ebenso entsteht im Anion des *Indens* ein geschlossenes π-System analog dem Naphthalen.

Cyclopentadien   Inden

$pK_s = 15$ $pK_s \approx 20$

Die wichtigsten C—H-aciden Verbindungen sind die *Carbonylverbindungen.* Bei ihnen werden die *Anionen,* die durch Abspaltung des Protons vom α-C-Atom entstehen, *durch Mesomerie stabilisiert:*

$$CH_3 - \overset{\underset{\|}{O}}{C} - \overset{\ominus}{C}H_2 \quad \leftrightarrow \quad CH_3 - \overset{\underset{|}{\underset{O|^{\ominus}}{}}}{C} = CH_2$$

Diese Stabilisierung ist besonders ausgeprägt, wenn zwei Carbonylgruppen oder andere Gruppen mit stark elektronenanziehender Wirkung einer C—H-Bindung benachbart sind, wie beim Acetylaceton, Malonester, Dimedon usw.

$CH_3COCH_2COCH_3$ $CH_2\overset{\diagup COOR}{\diagdown COOR}$ Dimedon

$pK_s = 9$ $pK_s = 13{,}3$ $pK_s = 6{,}05$

Viele der durch Protonenabgabe aus Carbonylverbindungen entstehenden Carbanionen (Ionen mit negativ geladenem C-Atom) sind wichtige Reaktionszwischenstoffe.
Auch die konjugierten Basen von *Nitroverbindungen* (z. B. Nitromethan) oder *Nitrilen* (z. B. Acetonitril) sind mesomer; Nitromethan und – in geringerem Ausmaß! – Acetonitril sind deshalb ebenfalls C—H-Säuren:

$$CH_3NO_2 \xrightarrow{-H^{\oplus}} \left[|CH_2 - N\overset{\diagup \overline{O}|}{\diagdown O|} \leftrightarrow CH_2 = N\overset{\diagup O|}{\diagdown O|} \right]^{\ominus} \quad pK_s = 10{,}2$$

$$CH_3CN \xrightarrow{-H^{\oplus}} \left[|CH_2 - C \equiv N| \leftrightarrow CH_2 = C = \overline{N}| \right]^{\ominus} \quad pK_s = 25$$

Basizität organischer Basen. *Aliphatische Amine* sind erwartungsgemäß stärker basisch als Ammoniak (Alkylgruppen sind σ-Donatoren und delokalisieren die positive Ladung). Überraschenderweise sind aber *tertiäre Amine* schwächere Basen als primäre und sekundäre. Der Grund dafür muß in der *sterischen Behinderung der Solvation* durch die drei Alkylgruppen liegen. Tatsächlich nimmt in weniger polaren Lösungsmitteln (mit geringerer Solvation), wie $CHCl_3$, die Basizität in der erwarteten Reihenfolge primär < sekundär < tertiär zu.
Die relativ geringe Basizität von *Pyridin* beruht auf der sp^2-Hybridisierung des N-Atoms, wodurch die Elektronegativität von N erhöht, die Protonenaffinität jedoch erniedrigt wird.

Tabelle 6.10. pK_b-Werte
organischer Basen

Verbindung	pK_b
Methylamin (CH_3NH_2)	3,36
Dimethylamin [($CH_3)_2NH$]	3,29
Trimethylamin [($CH_3)_3N$]	4,26
Ethylamin ($CH_3CH_2NH_2$)	3,25
Diethylamin ($CH_3CH_2)_2NH$	3,02
Triethylamin [($CH_3CH_2)_3N$]	3,24
n-Propylamin ($C_3H_7NH_2$)	3,42
n-Butylamin ($C_4H_9NH_2$)	3,39
Benzylamin ($C_6H_5CH_2NH_2$)	4,64
Pyridin (C_5H_5N)	8,77
Anilin ($C_6H_5NH_2$)	9,42
Methylanilin ($C_6H_5NHCH_3$)	9,20
Dimethylanilin [$C_6H_5N(CH_3)_2$]	8,94
Harnstoff [$OC(NH_2)_2$]	13,82
Guanidin [$HN=C(NH_2)_2$]	0,30
Ammoniak (NH_3)	4,76

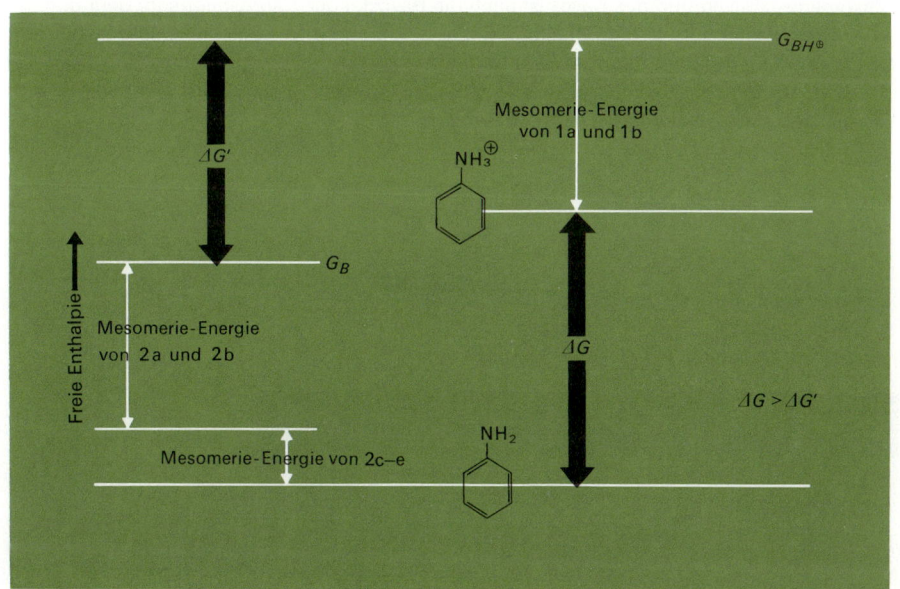

Abb. 6.4. Beziehungen zwischen Mesomerie und ΔG für die Protonenaufnahme durch Anilin

ΔG = freie Enthalpie für die Protonenaufnahme durch Anilin

$\Delta G'$ = hypothetische freie Enthalpie für die Protonenaufnahme durch Anilin bei fehlender Mesomeriestabilisierung sowohl der Base wie der konjugierten Säure

$G_{BH\oplus}$ = freie Enthalpie der konjugierten Säure bei fehlender Mesomeriestabilisierung

G_B = freie Enthalpie von Anilin bei fehlender Mesomeriestabilisierung

Grenzformeln

(1 a)   (1 b)   (2 a)   (2 b)   (2 c)   (2 d)   (2 e)

σ- oder π-Akzeptoren als Substituenten am Pyridinring setzen die Basizität weiter herab. Beim *Pyrrol* ist das nichtbindende Elektronenpaar des N-Atoms ins aromatische Sextett eingebaut. Protonenanlagerung hätte Zerstörung des aromatischen Systems zur Folge; Pyrrol ist deshalb nicht basisch.

Die Basizität *aromatischer Amine* unterliegt denselben Einflüssen wie die Acidität von Phenolen. σ- und π-Akzeptoren als Substituenten stabilisieren in beiden Fällen die Base (das Phenolat-Anion bzw. das Amin), verringern also die Basizität der Amine. Anilin selbst ist bedeutend schwächer basisch als aliphatische primäre Amine, da das Anilinmolekül durch Mesomerie etwas stabilisiert ist (Konjugationseffekt des freien Elektronenpaares am N-Atom). Diese Konjugation geht bei der Addition eines Protons verloren (Abb. 6.4). Diphenylamin – mit Delokalisation des nichtbindenden Elektronenpaares am N-Atom auf zwei Benzenkerne – ist noch schwächer basisch als Anilin. Aus dem gleichen Grund (Mesomeriestabilisierung des Base) ist auch die Basizität der *Säureamide* sehr gering.

In gewissen Fällen wird jedoch die konjugierte Säure durch Mesomerie so sehr stabilisiert, daß die Basizität der betreffenden Verbindung sehr groß wird. Ein bekanntes Beispiel dafür ist das *Guanidin*, eine der stärksten organischen Basen ($pK_b = 0{,}30$). Ähnlich, etwas weniger stark basisch, verhalten sich die *Amidine*.

Guanidin   konjugierte Säure   ein Amidin
                      von Guanidin

Tabelle 6.11 pK_b-Werte substituierter Aniline

	H—	—CH$_3$	—OCH$_3$	—NO$_2$	—Cl
o-		9,47	9,70	14,28	11,38
m-	9,42	9,30		11,40	10,40
p-		8,43	8,82	13,0	10,19

6.4 Quantitative Beziehungen zwischen Struktur und Reaktivität

Das Postulat von Hammond. Die *Geschwindigkeit* einer Reaktion wird durch ihre *freie Aktivierungsenthalpie* $\Delta G^{\neq}$ (die Differenz zwischen der freien Enthalpie des aktivierten Komplexes und der Reaktanten), die *Gleichgewichtslage* aber durch ΔG^0, die Differenz zwischen den freien Enthalpien der Produkte und der Reaktanten, bestimmt. Es wäre nun von Interesse, die Auswirkungen der *Substituenteneffekte* auf *Reaktionsgeschwindigkeit* und *Gleichgewichtskonstante* zu kennen, um Voraussagen über die Geschwindigkeit und die Lage des Gleichgewichtes bei irgendwelchen Reaktionen machen zu können. Leider ist gerade die am meisten interessierende Frage, der Einfluß bestimmter Substituenten auf die Stabilität des aktivierten Komplexes, sehr schwer zu beantworten, weil dieser, wie schon bemerkt, einer direkten Untersuchung nicht zugänglich ist.

In vielen Fällen kann aber mit guter Näherung ein *Zwischenstoff* als *Modell des aktivierten Komplexes* herangezogen werden. Im Fall einer Reaktion A + B → C – die über einen energiereichen, instabilen Zwischenstoff D verläuft – unterscheidet sich der aktivierte Komplex des ersten Reaktionsschrittes (A + B → D) energetisch sicher weniger vom Zwischenstoff D als von den Reaktanten A und B (vgl. Abb. 6.5), und er wird sicher auch strukturell dem Zwischenstoff ähnlicher sein als den beiden Ausgangsstoffen. Mit anderen Worten, *die Umwandlung des aktivierten Komplexes in den Zwischenstoff erfordert nur relativ geringe energetische und strukturelle Veränderungen.* In derselben Weise wird der aktivierte Komplex des zweiten Reaktionsschrittes dem Zwischenstoff ähnlicher sein als dem Produkt.

Die Annahme ist deshalb berechtigt, daß Faktoren, welche die Stabilität von Zwischenstoffen beeinflussen, sich in ähnlichem Ausmaß auf die Stabilität der aktivierten Komplexe (d. h. auf die freien Aktivierungsenthalpien) auswirken. Diese Überlegungen finden ihren Ausdruck in dem bereits auf S. 373 erwähnten *Postulat von Hammond,* das hier folgendermaßen formuliert werden soll:

«Wenn zwei Spezies, wie z. B. ein aktivierter Komplex und ein instabiler Zwischenstoff, nahezu dieselbe Energie besitzen, so erfordert die gegenseitige Umwandlung nur eine geringe Änderung der Molekülstruktur.»

Konkret bedeutet dies, daß im Falle eines stark *endothermen* Reaktionsschrittes[1] der *aktivierte Komplex in seiner Struktur dem Produkt gleicht* (erster Schritt in der Abb. 6.5; hier ist das «Produkt» der Zwischenstoff), während bei einem *exothermen Reaktionsschritt* der *aktivierte Komplex den Reaktanten noch sehr ähnlich* ist (zweiter Schritt der Abb. 6.5; die «Reaktanten» sind hier der Zwischenstoff). Da die Struktur von Zwischenstoffen (Carbeniumionen, Carbanionen, Radikale) und insbesondere die Auswirkungen von Substituenteneffekten auf diese Strukturen bei vielen Reaktionen gut bekannt sind, die aktivierten Komplexe hingegen nicht direkt untersucht werden können, erweist sich das Postulat von Hammond in vielen Fällen zur Diskussion des Einflusses struktureller Effekte auf Reaktionsgeschwindigkeiten nützlich.

Als *Beispiel* betrachten wir die Addition unsymmetrisch gebauter Addenden (HCl, HBr, HI, HOCl usw.) an C≡C-Doppelbindungen. Schon um 1880 wurde empirisch gefunden, daß das Halogenatom (bzw. die Hydroxylgruppe im Fall von unterchloriger Säure) dabei vom wasserstoffärmeren C-Atom addiert wird **(«Regel von Markownikow»)**. Wie wir noch

---

[1] Eigentlich müßte hier statt «endotherm» und «exotherm» «endergonisch» und «exergonisch» stehen, da nicht die Enthalpie allein, sondern die freien Enthalpien (die auch den Entropiefaktor enthalten!) entscheidend sind. Wir schließen uns hier dem allgemein üblichen, jedoch ungenauen Sprachgebrauch an.

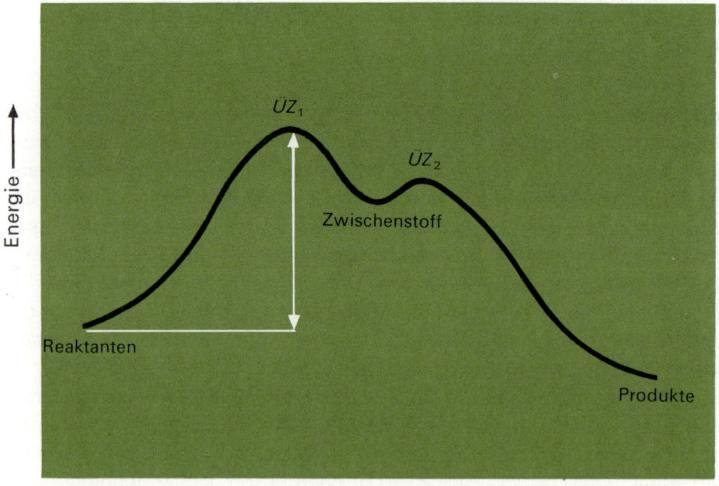

Abb. 6.5. Energiediagramm für eine zweistufige Reaktion, bei welcher der erste Schritt geschwindigkeitsbestimmend ist. ÜZ = Übergangszustand

ausführlicher zeigen werden, besteht der *erste Schritt* der Additionsreaktion in der Addition eines *elektrophilen* Teilchens ($H^{\oplus}$, $Cl^{\oplus}$ usw.) an das ungesättigte System, wodurch sich eine Partikel mit positiv geladenem C-Atom bildet. Dieses Carbeniumion, ein instabiler Zwischenstoff, stabilisiert sich im *zweiten Reaktionsschritt* durch *Addition* eines *Nucleophils* ($Cl^{\ominus}$, $Br^{\ominus}$, $OH^{\ominus}$):

$$R-CH=CH-R' \xrightarrow{\;H^{\oplus}\;} R-\underset{\underset{\displaystyle H}{|}}{CH}-\overset{\oplus}{CH}-R' \xrightarrow{\;Cl^{\ominus}\;} R-\underset{\underset{\displaystyle H}{|}}{CH}-\overset{\overset{\displaystyle Cl}{|}}{CH}-R'$$

Bei *unsymmetrisch substituierten Doppelbindungen* können sich nun zwei verschiedene Carbeniumionen bilden:

$$R'CH=CR_2 \nearrow\!\!\!\searrow \begin{array}{l} R'-\overset{\oplus}{CH}-CHR_2 \qquad\qquad (1) \\[2ex] R'-CH_2-\overset{\oplus}{CR_2} \qquad\qquad (2) \end{array}$$

Ob die Addition nun nach (1) oder nach (2) vor sich geht, wird durch die Stabilität der betreffenden aktivierten Komplexe (bzw. die freien Aktivierungsenthalpien) bestimmt. Weil der erste Schritt der Addition endotherm ist (das Carbeniumion ist weniger stabil als die Reaktanten), wird der aktivierte Komplex nach Hammond eher dem Carbeniumion gleichen. Da aber als Folge des + I-Effektes die *Stabilität von Carbeniumionen* in der Reihe tertiär > sekundär > primär abnimmt (stärkere Delokalisation der positiven Ladung, wenn mehr Alkylgruppen vorhanden sind), und da weiter der aktivierte Komplex in seiner Struktur dem Carbeniumion ähnlich sein wird, verläuft die Addition bevorzugt so, daß ein *tertiäres* oder *sekundäres Carbeniumion* entsteht, was die Addition im Sinn von Markownikow erklärt.

Als *weiteres Beispiel* diene die *basenkatalysierte Bromierung* von *Carbonylverbindungen.* Wie bereits auf S. 261 erklärt wurde, sind C—H-Bindungen in Nachbarschaft zu einer oder mehrerer Gruppen, die einen − M-Effekt ausüben, schwach acid. In der Reihe Aceton − Malonester − Acetessigester − Acetylaceton nimmt nun nicht nur die Acidität zu, sondern auch die Geschwindigkeitskonstante für die (basenkatalysierte) Bromierung (Tabelle 6.12). Die Bromierung verläuft also um so *rascher, je stärker sauer die der Carbonylgruppe benachbarte C—H-Bindung* ist. Offenbar ist die Bildung des entsprechenden Carbanions der geschwindigkeitsbestimmende Schritt; die entsprechend der Acidität zunehmende Reaktionsgeschwindigkeit kann dann nach dem Hammondschen Postulat verstanden werden, weil alle Faktoren, welche die Stabilität des Carbanions erhöhen (und dadurch die Acidität vergrößern), auch den aktivierten Komplex stabilisieren.

Tabelle 6.12. Säurekonstanten und Geschwindigkeitskonstanten für die basenkatalysierte Bromierung bei einigen Carbonylverbindungen

	CH_3COCH_2	$EtOOCCHCOOEt$[1]	$CH_3COCHCOOEt$	$CH_3COCHCOCH_3$
	H	H	H	H
	Aceton	Malonester	Acetessigester	Acetylaceton
pK_s	20	13,3	10,7	9
k (s)	$5 \cdot 10^{-10}$	$2 \cdot 10^{-5}$	10^{-3}	$2 \cdot 10^{-2}$

[1] In Anlehnung an angelsächsische Lehrbücher verwenden wir für gewisse häufig vorkommende Gruppen folgende *Abkürzungen:*
Me = Methyl, Et = Ethyl, Pr = Propyl, Bu = Butyl, Ph = Phenyl

Die Hammett-Beziehung. *Quantitative* Beziehungen zwischen Reaktionsgeschwindigkeiten, Gleichgewichtskonstanten und strukturellen Effekten sind nicht leicht aufzustellen. Immerhin ist es Hammett schon 1940 gelungen, durch Auswerten eines großen, empirisch gesammelten Tatsachenmaterials wenigstens für aromatische Verbindungen eine solche Beziehung zu erkennen.

Vergleicht man die *Geschwindigkeitskonstanten* für die Hydrolyse verschiedener *m*- bzw. *p*-substituierter *Benzoesäureester* mit den *pK_s-Werten* der entsprechenden *Säure,* so findet man eine auffallende Parallele (Tabelle 6.13). Trägt man für *m*- und *p*-substituierte Benzoesäuren bzw. ihre Ethylester die *Logarithmen* der Geschwindigkeitskonstanten als Funktion ihrer *pK_s*-Werte auf, so erhält man angenähert eine *Gerade* (Abb. 6.6), während die entsprechenden Daten *o*-substituierter Verbindungen ziemlich regellos zerstreut sind.

Tabelle 6.13. Geschwindigkeitskonstanten der Hydrolyse substituierter Benzoesäureester und pK_s-Werte der entsprechenden Säuren

	p-CH_3	m-CH_3	H	p-Cl	m-Cl	m-NO_2	p-NO_2
k (l mol^{-1} s^{-1} 10^{-3})	2,3	3,5	4,9	21,2	36,3	310	510
pK_s	4,37	4,27	4,20	3,98	3,82	3,49	3,42

Eine solche Gerade entspricht dem Ausdruck

$$\log k = -\varrho \cdot pK_s + A \qquad (1)$$

wobei ϱ und A Konstanten sind. Bezeichnen wir das pK_s und die Geschwindigkeitskonstante der unsubstituierten Benzoesäure (bzw. des unsubstituierten Ethylesters) mit pK_0 und k_0, so erhalten wir für diese Verbindungen

$$\log k_0 = -\varrho \cdot pK_0 + A \qquad (2)$$

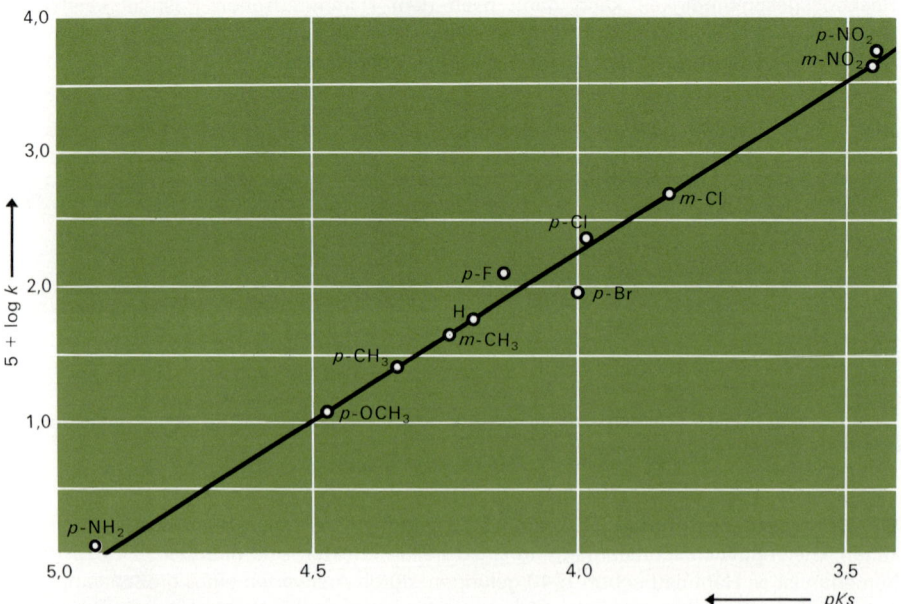

Abb. 6.6. *Abhängigkeit der Verseifungsgeschwindigkeit m- und p-substituierter Benzoesäureethylester von der Acidität der entsprechenden Benzoesäuren*

und damit (durch Subtraktion der zweiten Gleichung von der ersten)

$$\log \frac{k}{k_0} = \varrho \cdot (pK_0 - pK) \quad \text{oder}$$

$$\log \frac{k}{k_0} = \varrho \cdot \sigma \qquad (3)$$

wobei $\sigma = pK_0 - pK_s$ oder $\log K/K_s$ ist. Die Beziehung (3) ist unter dem Namen **«Hammett-Beziehung»** bekannt.

Nun ist $\log K$ proportional zu $\Delta G^{\neq}$ und pK proportional zu ΔG^0. Die Hammett-Beziehung gibt somit eine Beziehung zwischen zwei freien Enthalpien wieder; sie ist eine **«lineare freie Enthalpie-Beziehung»**. Die Erklärung für die darin zum Ausdruck gebrachte Verknüpfung der Geschwindigkeits- mit den Gleichgewichtskonstanten liegt darin, daß bestimmte strukturelle Effekte wie induktive oder mesomere Effekte offenbar die Differenz der freien Enthalpie zwischen Ausgangs- und Endstoffen im gleichen Maß beeinflussen wie den betreffenden aktivierten Komplex. Wenn also beispielsweise eine p-ständige Nitrogruppe durch ihre starke σ- und π-Akzeptorwirkung die Acidität der *p*-Nitrobenzoesäure (verglichen mit der Benzoesäure selbst) erhöht, weil sie die konjugierte Base stabilisiert, müssen sich diese Substituenteneffekte auf den aktivierten Komplex des geschwindigkeitsbestimmenden Schrittes der Esterhydrolyse im gleichen Sinn auswirken. Wie wir später noch sehen werden, besteht dieser Schritt bei der alkalischen Verseifung eines Esters in der Addition eines $OH^{\ominus}$-Ions an die Carbonylgruppe des Esters. Der *aktivierte Komplex* wird dem dadurch gebildeten *Zwischenstoff* (1) zweifellos in hohem Maß *ähnlich* sein (Postulat von Hammond):

aktivierter Komplex   (1)

Ebenso wie bei der Ionisierung von *p*-Nitrobenzoesäure wird auch hier im aktivierten Komplex die Elektronendichte der —COOEt- (bzw. der —COOH-) Gruppe erhöht. σ- und π-Donatoren als Substituenten vermögen die negative Ladung zu delokalisieren und stabilisieren dadurch nicht nur die konjugierte Base, sondern auch den aktivierten Komplex bei der Esterverseifung.

Analoge Beziehungen lassen sich auch für andere Reaktionen substituierter aromatischer Verbindungen mit einem reaktiven Zentrum Y in einer Seitenkette des Ringes aufstellen (z. B. säurekatalysierte Hydrolyse von Benzamiden, Hydrolyse von Benzylhalogeniden u. a.). Die lineare freie Enthalpie-Beziehung, wie sie in der Hammett-Gleichung zum Ausdruck kommt, gilt aber ebenso für *Gleichgewichtskonstanten* bei Reaktionen *m*- oder *p*-substituierter Verbindungen (Säurekonstanten von Anilinium-Ionen oder von Phenolen), wenn die Differenz der freien Enthalpie durch Substituenten bei Verbindungen mit verschiedenem Reaktionszentrum Y in gleichem Maß verändert werden. Wir schreiben sie deshalb nochmals

$$\log \frac{k}{k_0} = \varrho \cdot \sigma \qquad \text{und} \qquad \log \frac{K}{K_0} = \varrho \cdot \sigma \qquad (4)$$

Die Gleichungen (4) sind aber stets *nur für meta- und para-substituierte Verbindungen* brauchbar, weil zu ihren Voraussetzungen gehört, daß sich die Substituenteneffekte nur auf die *Enthalpie, nicht* aber auf die *Entropie* des aktivierten Komplexes auswirken, mit anderen Worten, daß die Aktivierungsentropien durch die Substituenteneffekte praktisch nicht beeinflußt werden. Dies trifft nur dann zu, wenn die Substituenten R genügend weit vom Reaktionszentrum Y entfernt sind, und gilt deshalb für *ortho*-substituierte Verbindungen nicht.

Die Konstanten σ der Hammett-Beziehung sind näherungsweise nur vom betreffenden Substituenten und seiner Stellung am Ring (*m*- oder *p*-) abhängig und charakterisieren sein Vermögen, mittels induktiver oder mesomerer Effekte Elektronen anzuziehen oder abzugeben (Tabelle 6.14). Der Wert dieser *«Substituentenkonstanten»* ist um so mehr positiv (verglichen mit H = 0,00), je größer die Fähigkeit des betreffenden Substituenten ist, Elektronen anzuziehen. Man erkennt aus der Tabelle 6.14, wie z. B. eine *m*-Hydroxylgruppe einen deutlichen $-$I-Effekt ausübt, während in *p*-Stellung ihr $+$M-Effekt überwiegt (vgl. auch S. 401). Besonders stark elektronenanziehend wirkt eine *p*-ständige Diazonium-Gruppe ($-N_2^{\oplus}$), während ein *p*-ständiges, negativ geladenes O-Atom (im Phenolat-Anion) ein sehr starker π-Donator ist.

Tabelle 6.14. Substituentenkonstanten

Substituent	σ meta	para		Substituent	σ meta	para
$-O^{\ominus}$	$-0{,}708$	$-1{,}00$		$-F$	$+0{,}337$	$+0{,}062$
$-OH$	$+0{,}121$	$-0{,}37$		$-Cl$	$+0{,}373$	$+0{,}227$
$-OCH_3$	$+0{,}115$	$-0{,}268$		$-COOH$	$+0{,}355$	$+0{,}406$
$-NH_2$	$-0{,}161$	$-0{,}660$		$-COCH_3$	$+0{,}376$	$+0{,}502$
$-CH_3$	$-0{,}069$	$-0{,}170$		$-NO_2$	$+0{,}710$	$+0{,}778$
$-C_6H_5$	$+0{,}06$	$-0{,}01$		$-\overset{\oplus}{N}(CH_3)_3$	$+0{,}88$	$+0{,}82$
$-H$	$0{,}00$	$0{,}00$		$-\overset{\oplus}{N}_2$	$+1{,}76$	$+1{,}91$
$-SH$	$+0{,}25$	$+0{,}15$				

Tabelle 6.15. Beispiele von Reaktionskonstanten

Gleichgewichte:

Reaktion	ϱ
$R-C_6H_4-COOH \xrightarrow[25\,°C]{H_2O} R-C_6H_4-COO^{\ominus} + H^{\oplus}$	$1{,}00$
$R-C_6H_4-CH_2COOH \xrightarrow[25\,°C]{H_2O} R-C_6H_4-CH_2COO^{\ominus} + H^{\oplus}$	$0{,}489$
$R-C_6H_4-OH \xrightarrow[25\,°C]{H_2O} R-C_6H_4-O^{\ominus} + H^{\oplus}$	$2{,}113$
$R-C_6H_4-\overset{\oplus}{N}H_3 \xrightarrow[25\,°C]{H_2O} R-C_6H_4-NH_2 + H^{\oplus}$	$2{,}767$

Reaktionsgeschwindigkeiten:

Reaktion	ϱ
$R-C_6H_4-COOEt + OH^{\ominus} \xrightarrow[30\,°C]{85\%\ EtOH} R-C_6H_4-COO^{\ominus} + EtOH$	$2{,}431$
$R-C_6H_4-COOH + CH_3OH \xrightarrow[25\,°C]{H^{\oplus}} R-C_6H_4-COOCH_3 + H_2O$	$-0{,}229$
$R-C_6H_4-O^{\ominus} + C_2H_5I \xrightarrow[42,5\,°C]{EtOH} R-C_6H_4-OC_2H_5 + I^{\ominus}$	$-0{,}994$
$R-C_6H_4-CH_2Cl + OH^{\ominus} \xrightarrow[30\,°C]{H_2O} R-C_6H_4-CH_2OH + Cl^{\ominus}$	$-0{,}333$
$R-C_6H_4-NH_2 + C_6H_5COCl \xrightarrow[25\,°C]{C_6H_6} R-C_6H_4-NHCOC_6H_5 + HCl$	$-2{,}781$
$R-C_6H_4-OH + C_6H_5COCl \xrightarrow{20\,°C} R-C_6H_4-OCOC_6H_5 + HCl$	$0{,}564$

Der Proportionalitätsfaktor ϱ ist für einen bestimmten Reaktionstyp bzw. ein bestimmtes Reaktionszentrum *Y* charakteristisch *(«Reaktionskonstante»)*. Er drückt die *Empfindlichkeit* der betreffenden Reaktion *auf Substituenteneffekte* von Substituenten in *m*- oder *p*-Stellung aus. Ist ϱ groß, so bedeutet dies, daß die fragliche Reaktion durch Substituenteneffekte stark beeinflußt wird. Dies sind gewöhnlich Reaktionen, bei denen vom Reaktionszentrum Elektronen weggezogen werden. Wenn eine Reaktion durch eine hohe Elektronendichte am Reaktionszentrum begünstigt wird, bekommt sie negative ϱ-Werte, während bei Reaktionen, die durch Elektronenentzug erleichtert werden, die Reaktionskonstanten positiv sind (vgl. Tabelle 6.15). Mit anderen Worten, ein positiver ϱ-Wert bedeutet, daß der aktivierte Komplex der betreffenden Reaktion mehr negative Ladung trägt als die Reaktanten.

So zeigt die für die folgende Reaktion

(1)

bestimmte Reaktionskonstante $\varrho = -2{,}781$, daß der erste Reaktionsschritt geschwindigkeitsbestimmend sein muß. Wäre der zweite Reaktionsschritt geschwindigkeitsbestimmend, so wäre der aktivierte Komplex weniger positiv geladen als der Zwischenstoff (1) und ϱ hätte dann einen positiven Wert. – Naturgemäß hängen die Reaktionskonstanten stark von der Temperatur und vom Lösungsmittel ab.

Die Hammett-Beziehung ist trotz ihrer Beschränkung auf *m*- und *p*-substituierte Verbindungen und trotzdem sie nur näherungsweise gilt, eine sehr wertvolle Beziehung zur Abschätzung von Gleichgewichtskonstanten, Geschwindigkeitskonstanten und Substituenteneffekten. Als *Beispiel* diene die Berechnung des pK_s von *m*-Nitrophenol:

Nach der Hammett-Beziehung gilt

$$\log \frac{K_{meta\,NO_2}}{K_H} = \varrho \cdot \sigma_{meta\,NO_2}$$

oder

$$\log K_{meta\,NO_2} - \log K_H = \varrho \cdot \sigma_{meta\,NO_2}$$

und weiter

$$pK_{meta\,NO_2} = pK_H - \varrho \cdot \sigma_{meta\,NO_2}$$

pK_H ist das pK_s von Phenol selbst (10,0), ϱ ist die Reaktionskonstante für die «Dissoziation» von Phenolen (substituierten Phenolen; 2,11) und $\varrho_{meta\,NO_2}$ ist die Substituentenkonstante der *m*-ständigen Nitrogruppe (+0,710). Eingesetzt in obige Gleichung ergibt sich für das pK_s von *m*-Nitrophenol

$$pK_{meta\,NO_2} = 10{,}0 - 1{,}50 = 8{,}5$$

Die Übereinstimmung mit dem experimentell gefundenen Wert (pK_s von *m*-Nitrophenol = 8,4) ist befriedigend.

Weitere Beispiele für Reaktionen, bei denen die Hammett-Beziehung erfüllt wird, gibt Abbildung 6.7.

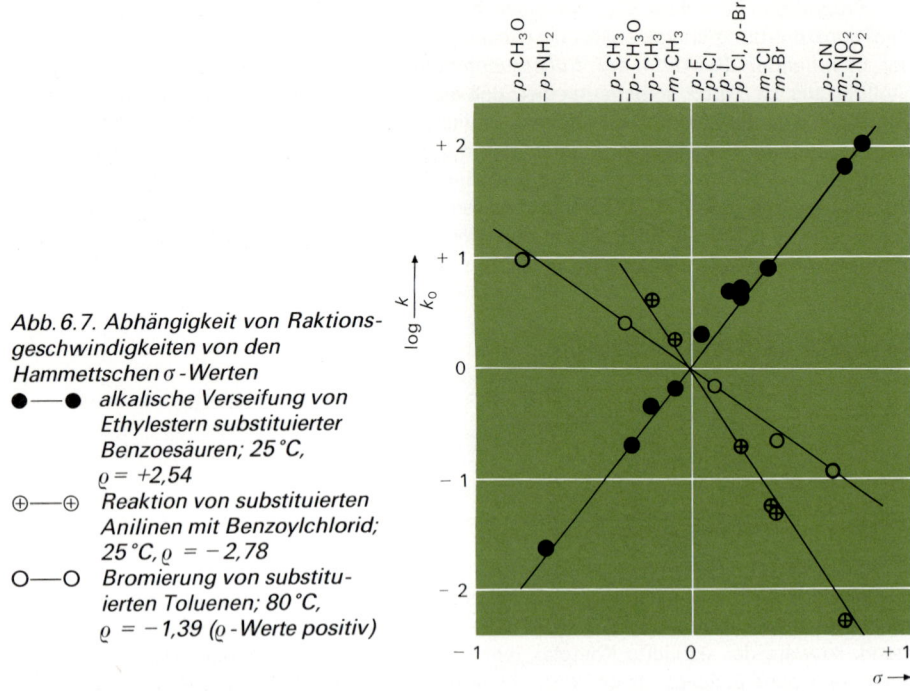

Abb.6.7. Abhängigkeit von Raktions-
geschwindigkeiten von den
Hammettschen σ-Werten
●——● *alkalische Verseifung von*
    Ethylestern substituierter
    Benzoesäuren; 25 °C,
    $\varrho = +2,54$
⊕——⊕ *Reaktion von substituierten*
    Anilinen mit Benzoylchlorid;
    25 °C, $\varrho = -2,78$
○——○ *Bromierung von substitu-*
    ierten Toluenen; 80 °C,
    $\varrho = -1,39$ (ϱ-Werte positiv)

Die Hammett-Beziehung kann auch dazu benützt werden, um die Wahrscheinlichkeit für das Vorliegen bestimmter *Reaktionsmechanismen* abzuschätzen bzw. die Vorstellung von einem bestimmten Reaktionsmechanismus zu untermauern. So zeigt die Solvolyse von Diarylmethylchloriden in Ethanol eine Reaktionskonstante von $-5,0$. Dies weist darauf hin, daß elektronenabgebende Gruppen am Reaktionszentrum die Reaktion stark begünstigen (hohe Elektronendichte am Reaktionszentrum). Man muß daher annehmen, daß der geschwindigkeitsbestimmende Schritt in der heterolytischen Trennung der C—C-Bindung besteht:

$$\begin{array}{c} Ar \\ | \\ Ar-C-Cl \\ | \\ H \end{array} \xrightarrow{\text{langsam}} \begin{array}{c} Ar \\ | \\ Ar-C^{\oplus} \\ | \\ H \end{array} + Cl^{\ominus}$$

$$\begin{array}{c} Ar \\ | \\ Ar-C^{\oplus} \\ | \\ H \end{array} \xrightarrow[\text{schnell}]{\text{EtOH}} \begin{array}{c} Ar \\ | \\ Ar-C-OC_2H_5 \\ | \\ H \end{array} + H^{\oplus}$$

Die Tatsache, daß elektronenabgebende Gruppen die Reaktionsgeschwindigkeit erhöhen, beruht darauf, daß dadurch die positive Ladung des als Zwischenstoff gebildeten Carbeniumions stärker delokalisiert und dieses dadurch stabilisiert wird.

Eine starke *Abweichung vom linearen Verlauf* der Beziehung log $(k/k_0) = \varrho \cdot \sigma$ weist auf eine durch vorhandene Substituenten bedingte *Veränderung des Reaktionsmechanismus* hin. So folgt beispielsweise die Hydrolyse substituierter Benzoesäuremethylester (in 99,9% Schwefelsäure bei 45 °C) sehr gut der Hammett-Beziehung (Abb.6.8), indem die Reaktionsgeschwindigkeit mit zunehmend elektronenanziehender Wirkung der Substituenten regelmäßig abnimmt. Die Reaktionskonstante ϱ ist negativ, was mit einer Trennung der Acyl-O-Bindung (und der damit verbundenen Bildung eines positiv geladenen Acyliumions) übereinstimmt. Die Hydrolyse substituierter Benzoesäureethylester ergibt aber unter denselben Reaktionsbedingungen für einen bestimmten σ-Wert ein *Minimum* der Reaktionsgeschwindigkeit: Stärker elektronenanziehende Substituenten erhöhen die Reaktionsgeschwindigkeit wieder (positive Reaktionskonstante). Dies ist dadurch zu erklären, daß stark elektronegative Substituenten die Trennung der Alkyl-O-Bindung – und damit einen anderen Reaktionsmechanismus! – bewirken, weil durch die Bildung des (stabileren) Ethylcarbeniumions ein weniger stark positiver (und damit stabilerer) aktivierter Komplex entstehen kann:

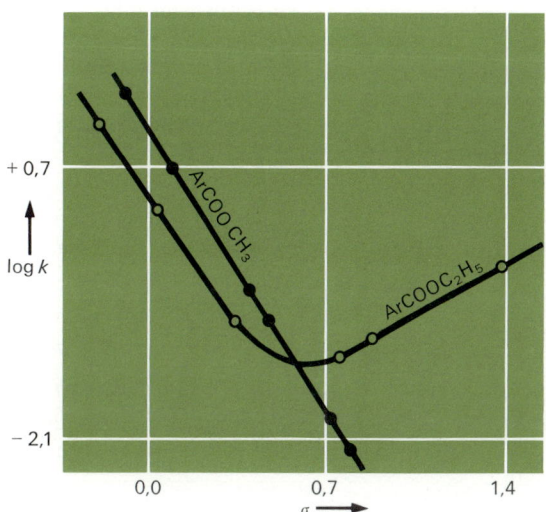

(In konzentrierter Schwefelsäure liegen Ester in Form ihrer konjugierten Säuren – als Oxoniumionen – vor.)

Abb. 6.8. Hydrolyse von Benzoesäuremethyl- bzw. -ethylester (Einheit von k: h^{-1})

6.5   Tautomerie

Wenn zwei verschiedene Strukturisomere miteinander in einem Gleichgewicht stehen, das sich relativ rasch einstellt, spricht man von zwei *Tautomeren* und bezeichnet die Erscheinung als **Tautomerie**. Bei der Umwandlung der Tautomere ineinander findet eine Umlagerung statt, d.h. Atome oder Atomgruppen «wandern» von einer Position zu einer anderen.

Keto-Enol-Tautomerie. Am häufigsten unterscheiden sich die Tautomere voneinander durch die Stellung eines Protons **(«Prototropie»)**. So liegt z.B. Acetessigester, CH_3COCH_2COOEt, zu 8% in der Enol- und zu 92% in der Ketoform vor:

$$CH_3-\underset{\underset{O}{\|}}{C}-CH_2-COOEt \quad \rightleftarrows \quad CH_3-\underset{\underset{OH}{|}}{C}=CH-COOEt$$

92%   8%

Die Einstellung des Tautomeriegleichgewichtes wird durch Säuren und Basen (auch Glas!) katalysiert; zur Trennung der Tautomere ist deshalb eine Destillation in Quarzgefäßen notwendig. Zur quantitativen Bestimmung des Enolgehaltes dient die Reaktion mit Brom (die Geschwindigkeit für die Reaktion des Enols mit Brom ist größer als die Geschwindigkeit der Umwandlung Keto → Enol). Überschüssiges Brom wird durch Reaktion mit 2-Naphthol abgefangen. Das bromierte Enol gibt mit Natriumiodid und Säure Bromwasserstoff und Iod, welches iodometrisch titriert werden kann. Einfacher läßt sich der Enolgehalt aus dem *NMR-Spektrum* des Gemisches bestimmen (vgl. Übungsaufgabe 4.5.33).
Die Lage des Keto-Enol-Gleichgewichtes ist bei den verschiedenen Carbonylverbindungen sehr stark verschieden (Tabelle 6.16). Im allgemeinen ist die *Ketoform* beträchtlich *stabiler* (der Ersatz einer C=O-, einer C—C- und einer C—H-Bindung durch je eine C—O-, C=C- und O—H-Bindung bedeutet eine Enthalpiezunahme von rund 83,7 kJ/mol!). Das *Enol* kann aber durch *intramolekulare H-Brücken* und auch durch *Konjugation* mit einer weiteren C=O-Gruppe stark stabilisiert werden, wie z.B. im Enol des Acetessigesters oder des Acetylacetons:

Das aromatische *Phenol* liegt zu 100% als Enol vor. *Resorcin* (*m*-Dihydroxybenzen) und *Phloroglucin* (1,3,5-Trihydroxybenzen) zeigen aber bereits deutlich auch Ketoneigenschaften. Resorcin wird z.B. durch Natriumamalgam ähnlich wie andere α,β-ungesättigte Ketone zu 1,3-Cyclohexandion reduziert:

Carbonylverbindung	Enol (%)
Aceton	0,00025
Diacetyl (CH$_3$COCOCH$_3$)	0,0056
Cyclohexanon	0,020
Acetessigester	8,0
Acetylaceton	80

Tabelle 6.16. Enolgehalt verschiedener Carbonylverbindungen

Wie erwähnt, wird die Einstellung des Keto-Enol-Gleichgewichtes durch Säuren und Basen beschleunigt. Reaktionen von Carbonylverbindungen, die wie z. B. die Bromierung (S. 667) über das Enol verlaufen, werden darum durch Säuren und Basen ebenfalls katalysiert. Bei der *säurekatalysierten Enolisierung* addiert die Carbonylgruppe zuerst ein Proton; der Zwischenstoff (1) spaltet wieder ein Proton ab und bildet das Enol:

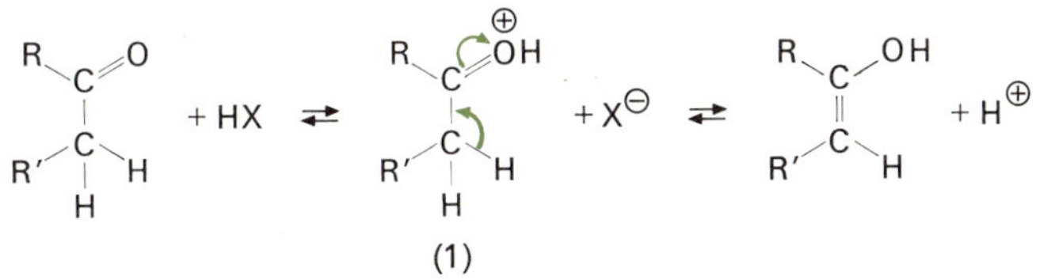

(1)

Die *Katalyse der Enolisierung* durch *Basen* beruht darauf, daß die Base vom α-C-Atom ein Proton entfernt und als Zwischenstoff das Enolat-Anion bildet:

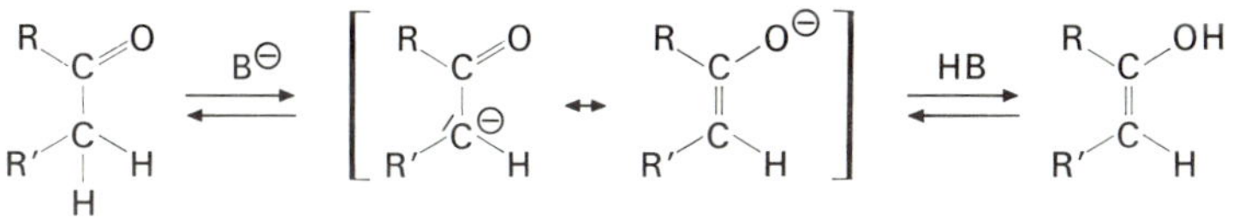

Man erkennt aus dieser Formulierung, daß das α-*Carbanion* der Carbonylverbindung *mit dem Enolat-Anion identisch* ist!

Trägt das α-C-Atom einen elektronenanziehenden Substituenten R', so wird die Basizität der Carbonylgruppe und damit die katalytische Beschleunigung der Enolisierung durch Säure verringert; anderseits wird die Abgabe des α-Protons erleichtert. Die basenkatalysierte Bromierung von Aceton liefert deshalb als Produkt 1,1,1-Tribromaceton (die Substitution eines H-Atoms durch ein Br-Atom erleichtert die weitere Substitution!), während die säurekatalysierte Bromierung nur Monobromaceton ergibt.

Carbonylverbindungen sind schwache Säuren (S. 261). Mit starken Basen werden sie in Carbanionen (Enolat-Ionen) übergeführt. Bei Ketonen mit zwei verschiedenen Alkylgruppen können sich dabei zwei *verschiedene* Enolate bilden:

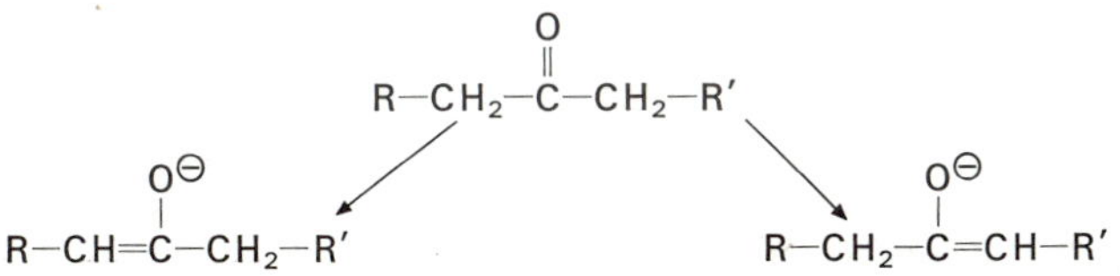

Auch die Enolisierung ist im Prinzip in zwei Richtungen möglich.

Das Mengenverhältnis, in dem die beiden Enolat-Ionen im Reaktionsgemisch der Base mit der Carbonylverbindung enthalten sind, widerspiegelt die relativen Geschwindigkeiten, mit denen sie entstehen (kinetische Steuerung). Wandeln sich die beiden Enolat-Ionen jedoch rasch ineinander um, so stellt sich ein Gleichgewicht ein, und die Produktzusammensetzung entspricht der verschiedenen Stabilität der Enolat-Anionen (thermodynamische Steuerung). Dadurch, daß man die Bedingungen entsprechend wählt, läßt sich die Enolat-Bildung entweder kinetisch oder thermodynamisch gesteuert durchführen. Im ersteren Fall müssen sich die beiden Anionen nur sehr langsam ineinander umwandeln. Dies kann dadurch erreicht werden, daß man eine starke Base (z. B. Phenyllithium) in einem aprotischen Lösungsmittel verwendet und das Keton nicht im Überschuß einsetzt. In protischen Lösungsmitteln und bei einem Überschuß des Ketons stellt sich dagegen das Gleichgewicht ein. Da Enolat-Ionen (Carbanionen) in vielen Fällen wichtige Reaktionszwischenstoffe sind, läßt sich der *regiospezifische* Ablauf[1] solcher Reaktionen häufig gezielt steuern. α,β-ungesättigte Ketone spalten das Proton bevorzugt vom γ-C-Atom ab, da dann das stabilere Enolat-Ion entstehen kann:

$$R_2CH-\overset{\overset{\textstyle O}{\|}}{C}-CH=CH-CH_2R' \longrightarrow R_2CH-\overset{\overset{\textstyle O^{\ominus}}{|}}{C}=CH-CH=CH-R'$$
stabiler

$$+ R_2C=\overset{\overset{\textstyle O^{\ominus}}{|}}{C}-CH=CH-CH_2R'$$
weniger stabil

Obschon Carbonylverbindungen und Enole miteinander im allgemeinen in einem Gleichgewicht stehen, existiert doch eine Anzahl *Enole,* die als *beständige Substanzen* isolierbar sind und die sich nur äußerst langsam oder überhaupt nicht in die (thermodynamisch stabileren) Carbonylverbindungen umwandeln. Die (kinetische) Stabilität solcher Enole beruht häufig darauf, daß durch benachbarte Substituenten die intramolekulare Protonenübertragung behindert wird. Beispielsweise entsteht aus dem substituierten Glykol (1) durch Pinakol-Umlagerung (S. 463) das isolierbare, kinetisch stabile Enol (2) mit einem Schmelzpunkt von 128 °C, das nur schwer und langsam wieder in die entsprechende Ketoform ungewandelt werden kann.

(1)   (2)

Im Enol (2) dürfte die Umwandlung in die Ketoform durch die o-ständigen Methylgruppen sterisch gehindert sein.

Auch manche andere, stark substituierte Enole sind überraschend beständig. So erhält man aus (3) beim Bestrahlen mit Licht in Methanol das Enol (4) als weiße, kristalline Substanz, die beim Erwärmen oder bei Zugabe einer Spur Säure sich nicht etwa in das entsprechende Keton umwandelt, sondern in das Enol (5) übergeht:

---

[1] Bei einer **regiospezifisch** verlaufenden Reaktion bildet sich von verschiedenen möglichen strukturisomeren Produkten nur ein einziges (S. 447).

(3) (4) (5)

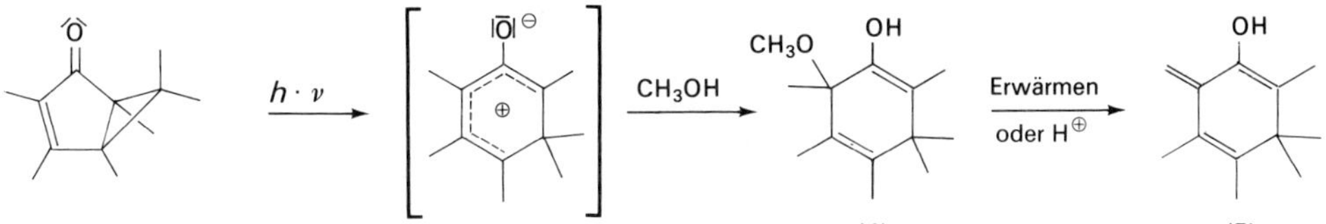

Wahrscheinlich ist hier die relative Beständigkeit der Enole die Folge der Tetrasubstitution der Doppelbindung und der sterischen Hinderung durch die benachbarten *gem*-Methylgruppen.

Selbst *einfache Enole* können isoliert werden, wenn man die Protonenübertragung erschwert. So gelang es, durch thermische Wasserabspaltung bei niedrigem Druck aus Ethylenglykol (1,2-Dihydroxyethan) *Vinylalkohol*, das Enol von Acetaldehyd, zu gewinnen und sein Mikrowellenspektrum aufzunehmen. Die dadurch mögliche Bestimmung der Bindungslängen ergab, daß die C—O-Bindung hier deutlich kürzer ist als in Alkoholen (137 pm statt 143 pm), was darauf hinweist, daß die C—O-Bindung im Enol partiellen Doppelbindungscharakter besitzt (Delokalisation der π-Elektronen der Doppelbindung!).

Andere prototrope Systeme. Auch andere Verbindungen mit dem Strukturelement X=Y—Z—H sind tautomer:

Azomethine	$ArCH_2N{=}CH{-}Ar'$	⇄	$ArCH{=}NCH_2Ar'$
Nitroverbindungen	$CH_3{-}\overset{\oplus}{N}(\to O^{\ominus}){=}O$	⇄	$CH_2{=}\overset{\oplus}{N}(O^{\ominus}){-}OH$
Nitrosoverbindungen und Oxime	$CH_3{-}N{=}O$	⇄	$CH_2{=}N{-}OH$

Aliphatische oder in der Seitenkette nitrierte aromatische *Nitroverbindungen* lösen sich langsam in Basen. Säuert man eine solche Lösung an, so erhält man die **«aci-Form»**, welche dem Enol einer Carbonylverbindung entspricht:

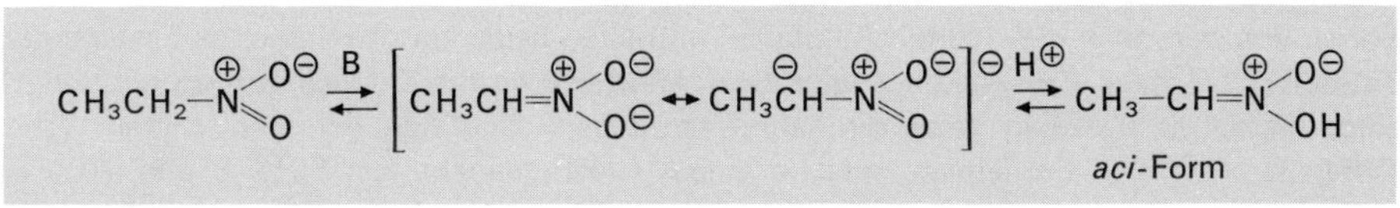

Die *aci*-Form ist stark sauer und entwickelt mit $NaHCO_3$-Lösung CO_2. Das Tautomeriegleichgewicht liegt aber meist sehr stark auf der Seite der Nitroverbindung.

Das Umgekehrte gilt für *aliphatische Nitrosoverbindungen* (—NO), die sich zu praktisch 100% in das tautomere *Oxim* umlagern, wenn das C-Atom mit der Nitrosogruppe ein H-Atom trägt:

$$CH_3COCH_2CH_3 \xrightarrow{HNO_2} CH_3CO\underset{\displaystyle NO}{\underset{|}{C}}HCH_3 \longrightarrow CH_3CO{-}\underset{\displaystyle NOH}{\underset{\|}{C}}{-}CH_3$$

Anionotropie. Eine Anzahl tautomerer Verbindungen unterscheidet sich voneinander in der Stellung einer Gruppe, welche – mindestens formal! – *als Anion wandern* kann. Diese Art von Tautomerie wird als **Anionotropie** bezeichnet (im Gegensatz zu Prototropie, bei der sich lediglich ein Proton verschiebt). Erhitzt man beispielsweise 1-Methylallylalkohol oder Crotylalkohol zusammen mit etwas verdünnter Schwefelsäure während mehrerer Stunden auf 100 °C, so erhält man ein Gleichgewicht, welches die beiden Isomere im Mengenverhältnis 30% : 70% enthält:

$$CH_3-\underset{\underset{\displaystyle OH}{|}}{CH}-CH=CH_2 \; \rightleftharpoons \; CH_3-CH=CH-CH_2OH$$

Unter der Wirkung der Säure wird die Hydroxylgruppe protoniert, und durch Austritt eines Wassermoleküls entsteht ein mesomeres Carbeniumion. Die Wasserabspaltung ist reversibel, und bei der Addition von Wasser kann das Oxoniumion beider Isomere entstehen:

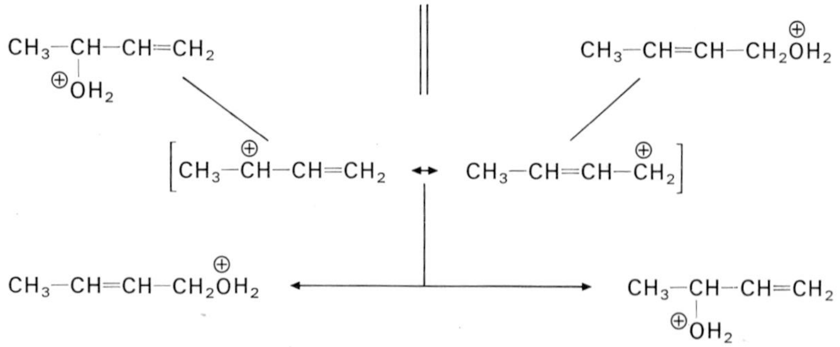

Die Isomerisierung entspricht formal einer Wanderung eines $OH^{\ominus}$-Ions vom C-Atom 1 zum C-Atom 3 bzw. vom C-Atom 2 zum C-Atom 4.

Ebenso wie bei prototropen Systemen hängt die Gleichgewichtskonstante bei anionotropen stark von der Struktur bzw. Stabilität der beiden Isomere ab. Da die Entropieänderung bei der Isomerisierung gering ist, wird ΔG^0 und damit K hauptsächlich durch den *Enthalpie-Term* bestimmt. Konjugierte Systeme sind infolge der dabei möglichen Delokalisation stabiler als nichtkonjugierte; im Fall der beiden anionotropen Alkohole Zimtalkohol und 1-Phenylallylalkohol liegt daher das Gleichgewicht praktisch zu 100% auf Seite von Zimtalkohol. Von den oben diskutierten Alkoholen enthalten beide kein konjugiertes System; die Tatsache, daß beim Crotylalkohol aber zwei Alkylreste an die Doppelbindung gebunden sind, erniedrigt trotzdem seine Enthalpie um einen allerdings geringen Betrag. (Die Differenz der freien Enthalpien, welche einem Gleichgewicht von 30% A und 70% B entspricht, beträgt bei 25 °C nur 2,1 kJ/mol!). Die Umwandlungsgeschwindigkeiten anionotroper Tautomerer variieren stark; sie sind größer, wenn stark konjugierte Systeme entstehen.

Übungen

6.1   Was versteht man unter Bindungsenthalpie, unter Dissoziationsenergie? Warum sind die beiden Größen oft nicht gleich groß?

6.2   Definieren Sie die Begriffe «induktiver» und «mesomerer» Effekt! Welche experimentellen Ergebnisse können dazu dienen, diese Effekte zu erkennen?

6.3   Geben Sie an, welche Substituenteneffekte in folgenden Verbindungen wirksam sind:

(a) Methylethylketon
(b) Propylen
(c) Vinylfluorid
(d) *p*-Nitranilin
(e) *m*-Nitranilin
(f) Chlorbenzen
(g) *p*-Toluylsäure
(h) *p*-Nitrobenzaldehyd
(i) *p*-Methoxybenzaldehyd
(k) *m*-Nitrobenzaldehyd

6.4   Wie läßt sich die σ-Donatorwirkung von Alkylgruppen beweisen?

6.5   Worin unterscheiden sich σ- und π-Donatoren

6.6   Was versteht man unter Hyperkonjugation?

6.7   Worin unterscheiden sich Brönsted- und Lewis-Säuren? Wie mißt man die Acidität einer Säure?

6.8   Welche Lösungen wirken stärker sauer:

(a) HCl in Benzen – HCl in Wasser
(b) HCl in Ethanol – HCl in Benzen
(c) Essigsäure in Ethanol – Essigsäure in Wasser

6.9   Warum erhält man für die Aciditätskonstante der Essigsäure keinen wirklich konstanten Wert, wenn man wie üblich die Konzentrationen in das MWG einsetzt?

6.10   Erklären Sie die Wirkung des F-Atoms auf die Acidität der Fluoressigsäure!

6.11   (a) Erklären Sie die von der Benzoesäure abweichende Acidität von *o*-Nitrobenzoesäure, *m*-Nitrobenzoesäure, *p*-Methoxybenzoesäure!

(b) Warum ist *m*-Nitrophenol schwächer sauer als *p*-Nitrophenol?

6.12   Welche Bedeutung hat die Entropieänderung bei der «Dissoziation» von Säuren?

6.13   Ordnen Sie die folgenden Gruppen von Basen nach abnehmender Basizität:

(a) Ammoniak, *n*-Butylamin, Anilin
(b) Anilin, *p*-Nitranilin, *p*-Chloranilin
(c) Acetamid, Harnstoff, Guanidin

6.14   Was läßt sich über die Acidität (Basizität) folgender Verbindungen aussagen:

(a) 2,4,6-Trinitrophenol
(b) *p*-Aminophenol
(c) *p*-Toluidin
(d) Dicyanomethan
(e) Harnstoff
(f) *m*-Nitranilin
(g) Acetessigester
(h) *p*-Nitraniliniumion

6.15   Die Aciditätskonstanten von *m*- bzw. *p*-Cyanobenzoesäure (bei 20°C) sind $2{,}51 \cdot 10^{-4}$ bzw. $2{,}82 \cdot 10^{-4}$. Die Aciditätskonstante von Benzoesäure (bei 20°) ist $6{,}76 \cdot 10^{-5}$. Berechnen Sie σ_{meta} und σ_{para} für die —CN-Gruppe!

6.16   Diskutieren Sie die Grundlagen der Hammett-Beziehung! Warum gilt sie für *o*-Substituenten nicht?

6.17   Welche Bedeutung haben die beiden Konstanten der Hammett-Beziehung?

6.18   Berechnen Sie mit Hilfe der Daten von Tabelle 6.14 und 6.15 die Geschwindigkeit der Hydrolyse substituierter Benzylchloride mit den folgenden Substituenten (in Wasser, bei 30°C):

   p-Methyl-, *p*-Methoxy- und *p*-Nitro-

6.19   Berechnen Sie ϱ für die folgende Reaktion:

$$Ar—CH_2CH_2Cl + I^{\ominus} \longrightarrow ArCH_2CH_2I + Cl^{\ominus}$$

   Relative Geschwindigkeiten:

   $k = 1{,}0$ für $C_6H_5CH_2CH_2Cl$ bei 75°C in Aceton
   $k = 2{,}62$ für *m*-NO_2—$C_6H_4CH_2CH_2Cl$ bei 75°C in Aceton
   Berechnen Sie auch die Geschwindigkeit für die entsprechende Reaktion von
   p-$CH_3C_6H_4CH_2CH_2Cl$ bei denselben Bedingungen!

6.20   Wie verhält sich die Geschwindigkeit der säurekatalysierten Bromierung folgender Verbindungen:
   Aceton
   Malonester
   Acetessigester
   Acetylaceton

6.21   Worin besteht der Unterschied zwischen Tautomerie und Mesomerie?

6.22   Erklären Sie die katalytische Wirkung von Basen bei der Enolisierung!

6.23   Die pK_b-Werte von N,N-Dimethylanilin und N,N-Dimethyl-*o*-toluidin betragen 8,9 bzw. 8,1. Erklären Sie diesen Unterschied der Basizität.

7 Nucleophile Substitutionen an gesättigten C-Atomen

7.1 Allgemeines

Von den Reaktionen gesättigter C-Atome ist wohl die Substitution durch nucleophile Teilchen am eingehendsten untersucht worden, nicht nur aus theoretischen Gründen, sondern auch deswegen, weil eine sehr große Zahl von Reaktionen mit großer *praktischer Bedeutung* dazu gehört (Einführung von funktionellen Gruppen, Knüpfung von C—C-Bindungen).

Nucleophile Substitutionen verlaufen stets nach demselben *Schema:*

$$R{-}X \; + \; Y\text{:} \quad \longrightarrow \quad R{-}Y \; + \; \text{:}X$$

Substrat Nucleophil Abgangsgruppe
(«Nucleofug»)

Zu den *Voraussetzungen* für nucleophile Substitutionen gehört, daß die *C—X-Bindung* im Substrat *polarisiert* ist, wobei das *C-Atom eine positive Partialladung* tragen muß, so daß eine heterolytische Trennung der Bindung C—X möglich ist (die Abgangsgruppe X «behält» das bindende Elektronenpaar). Es ist dabei gleichgültig, ob es sich beim Substrat und beim Nucleophil um elektrisch neutrale Moleküle oder um Ionen (Kationen oder Anionen) handelt. Beispiele:

$$R{-}Cl + OH^{\ominus} \longrightarrow ROH + Cl^{\ominus} \qquad \text{Hydrolyse von Halogeniden}[1]$$

$$R{-}Br + R'{-}O^{\ominus} \longrightarrow R{-}O{-}R' + Br^{\ominus} \qquad \text{Williamson-Synthese von Ethern}$$

$$CH_3\overset{\oplus}{N}(CH_3)_3 + OH^{\ominus} \longrightarrow CH_3OH + N(CH_3)_3 \qquad \text{Überführung quartärer Ammoniumsalze in Alkohole}$$

$$CH_3I + (CH_3)_3N \longrightarrow CH_3\overset{\oplus}{N}(CH_3)_3 + I^{\ominus} \qquad \text{Alkylierung tertiärer Amine}$$

Die beiden folgenden Tabellen 7.1 und 7.2 illustrieren die große Vielfalt der *Anwendungsmöglichkeiten* nucleophiler Substitutionen.

Wegen möglicher *Nebenreaktionen* entstehen auch bei nucleophilen Substitutionen die Produkte kaum je in stöchiometrischer (100%) Ausbeute. Besonders oft treten *Umlagerungen* und *Eliminationen* als Nebenreaktionen zu S_N-Reaktionen auf.

---

[1] Mit Wasser verläuft die Hydrolyse folgendermaßen:

$$R{-}Cl + H_2O \longrightarrow R{-}\overset{\oplus}{\underset{H}{O}}{-}H + Cl^{\ominus} \qquad R{-}\overset{\oplus}{\underset{H}{O}}{-}H \xrightarrow{\;-H^{\oplus}\;} R{-}O{-}H$$

Tabelle 7.1. Beispiele nucleophiler Reagenzien

$$^{\ominus}OH \qquad ^{\ominus}OR \qquad ^{\ominus}OAr \qquad ^{\ominus}SH \qquad ^{\ominus}SR \qquad ^{\ominus}SAr$$

$$RCOO^{\ominus} \qquad CN^{\ominus} \qquad RC\equiv C^{\ominus} \qquad HC\equiv C^{\ominus} \qquad R-C\equiv C^{\ominus}$$

$$O=C=N^{\ominus} \qquad S=C=N^{\ominus} \qquad O=N-O^{\ominus}$$

$$R_3C^{\ominus} \qquad\qquad R_2N^{\ominus}$$

$$Cl^{\ominus} \qquad Br^{\ominus} \qquad I^{\ominus}$$

$$NH_3 \qquad RNH_2 \qquad R_2NH \qquad R_3N \qquad R_2S \qquad H_2O \qquad ROH$$

Tabelle 7.2. Beispiele von Abgangsgruppen bei nucleophilen Substitutionen

obere Reihe: gute Abgangsgruppen, die leicht verdrängt werden können
untere Reihe: weniger gute Abgangsgruppen, die nur unter ziemlich energische Bedingungen verdrängt werden können

$$\overset{\oplus}{RS}- \;>\; \overset{\oplus}{RC}-O- \;>\; \overset{\oplus}{RO}-,\; \overset{\oplus}{HO}- \;>\; Ar-\overset{O}{\underset{O}{\overset{\|}{\underset{\|}{S}}}}-O-,\; RO\overset{O}{\underset{O}{\overset{\|}{\underset{\|}{S}}}}-O- \;>\; I- \;>\; Br- \;>\; Cl-$$

$$\overset{\oplus}{R_3N}-,\; \overset{\oplus}{R_2NH}- \;>\; ^{\ominus}O_3S- \;>\; F- \;>\; Ar\overset{O}{\underset{\|}{C}}-O-$$

7.2   Zum Ablauf der nucleophilen Substitutionen

Mechanismen. Für nucleophile Substitutionen an gesättigten C-Atomen sind im Prinzip *zwei Möglichkeiten* des Reaktionsablaufes denkbar, die beide tatsächlich (oft sogar nebeneinander) auftreten:

(a) $\quad -\overset{|}{\underset{|}{C}}-X \;+\; Y^{\ominus} \;\rightleftarrows\; \left[Y\cdots\overset{|}{\underset{|}{C}}\cdots X\right]^{\neq} \;\rightleftarrows\; Y-\overset{|}{\underset{|}{C}}- \;+\; X^{\ominus}$

aktivierter Komplex

(b) $\quad -\overset{|}{\underset{|}{C}}-X \;\longrightarrow\; -\overset{|}{C}{}^{\oplus} \;+\; X^{\ominus} \qquad\qquad -\overset{|}{C}{}^{\oplus} \;+\; Y^{\ominus} \;\longrightarrow\; -\overset{|}{\underset{|}{C}}-Y$

Carbeniumion

Im ersten Fall erfolgen Bindungstrennung und -neubildung mehr oder weniger gleichzeitig. Die Substitution verläuft also in einem *einzigen* Reaktionsschritt (Abb. 7.1) und ist eine *bimolekulare Reaktion;* sie wird deshalb als **S$_N$2-Reaktion** bezeichnet (Substitution, nucleophil, *bimolekular).* Die Reaktionsgeschwindigkeit hängt von der Konzentration des

Substrates und des Nucleophils ab; S_N2-Reaktionen ergeben damit im allgemeinen ein Zeitgesetz *zweiter Ordnung*. Als Beispiel einer solchen Reaktion sei hier nochmals die Bildung von Methanol oder Ethanol aus Methyl- bzw. Ethylbromid und $OH^\ominus$-Ionen genannt.

Im einfachsten Fall des Reaktionstypus (b) wird zuerst die C—X-Bindung getrennt und damit ein **Carbeniumion** als Zwischenstoff gebildet. Erst im zweiten (meistens rascheren) Reaktionsschritt entsteht die neue Bindung mit dem Nucleophil. Im Übergangszustand des ersten Schrittes ist die C—X-Bindung bereits in einem gewissen Maß gedehnt; da dieser nur den Reaktanten R—X enthält, hängt die Geschwindigkeit der Substitutionsreaktion nur von der Konzentration dieses Ausgangsstoffes ab und ist unabhängig von der Konzentration des Nucleophils $Y^\ominus$. Man nennt diesen Reaktionstyp **S_N1-Reaktion** (Substitution, nucleophil, *unimolekular*). Ein Beispiel einer S_N1-Reaktion ist die Bildung von tert. Butylchlorid aus tert. Butylalkohol und HCl.

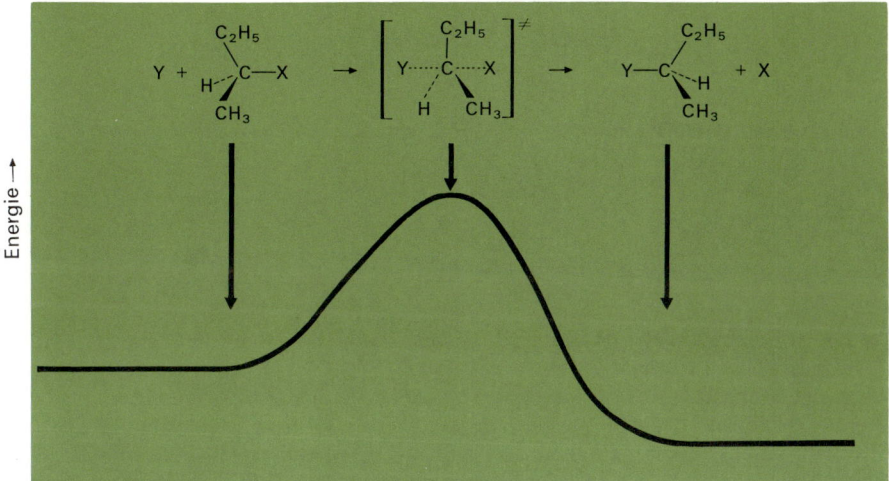

Abb. 7.1. Energiediagramm für eine S_N2-Reaktion

Auf Grund der *Kinetik* allein kann jedoch *nicht immer mit Sicherheit auf das Vorliegen eines S_N1- oder S_N2-Mechanismus geschlossen* werden. So wird z. B. oft beobachtet, daß eine S_N-Reaktion am Anfang einem Zeitgesetz der 1. Ordnung folgt, gegen Ende jedoch S_N2-Charakter annimmt (die Reaktionsgeschwindigkeit hängt dann auch von der Konzentration des Nucleophils ab). Der Grund für dieses Verhalten besteht darin, daß bei einer Reaktion, die über Carbeniumionen abläuft, die Rückbildung der Ausgangssubstanz R—X aus den Ionen mit der eigentlichen Substitution in Konkurrenz treten kann. Eine hohe Konzentration von $X^\ominus$ (gegen Ende der Reaktion) beschleunigt die Geschwindigkeit der Rekombination und setzt dadurch die Geschwindigkeit der Bildung von R—Y so weit herab, daß der zweite Reaktionsschritt geschwindigkeitsbestimmend wird und die – *über Carbeniumionen verlaufende!* – Reaktion dann insgesamt einem Zeitgesetz der *2. Ordnung* folgt. Anderseits kann eine *S_N2-Reaktion* einem Zeitgesetz der *1. Ordnung* folgen, wenn die Konzentration des Nucleophils so groß ist, daß sie sich während der Reaktion kaum ändert. Solche Verhältnisse liegen insbesondere bei Reaktionen vor, bei denen das *Lösungsmittel als Nucleophil* wirkt (**«Solvolysen»**).

Trotzdem erweist in manchen Fällen gerade die Kinetik einer nucleophilen Substitution, daß sie über einen *Zwischenstoff* – ein Carbeniumion – abläuft. Wird beispielsweise *Benzhydrylbromid* $(C_6H_5)_2CHBr$ (Diphenylmethylbromid) in Aceton/Wasser hydrolysiert, so findet man das folgende Zeitgesetz:

$$\frac{d\,[\text{Produkt}]}{d\,t} = \frac{k\,[(C_6H_5)_2CHBr]}{k' + k''\,[Br^\ominus]}$$

Dieses Ergebnis ist nur verständlich, wenn man annimmt, daß ein Zwischenstoff existiert, der in sehr kleinen Konzentrationen auftritt und der sowohl mit Wasser wie mit $Br^\ominus$-Ionen reagieren kann. Dieser Zwischenstoff muß in einem Gleichgewicht mit dem Substrat stehen; der Addition des Nucleophils durch das Carbeniumion ist also ein *Gleichgewicht vorgelagert*. Die theoretische Behandlung der Reaktion nach dem Prinzip des stationären Zustandes (S. 367) liefert das Zeitgesetz

$$\frac{d\,[(C_6H_5)_2CHOH]}{d\,t} = \frac{k_1 \cdot k_3 \cdot [H_2O] \cdot [(C_6H_5)_2CHBr]}{k_3 \cdot [H_2O] + k_2 \cdot [Br^\ominus]}$$

wenn k_1, k_2 und k_3 die Geschwindigkeitskonstanten folgender Teilreaktionen sind:

$$(C_6H_5)_2CHBr \underset{k_2}{\overset{k_1}{\rightleftharpoons}} (C_6H_5)_2CH^\oplus + Br^\ominus$$

$$(C_6H_5)_2CH^\oplus + H_2O \xrightarrow{k_3} (C_6H_5)_2CHOH + H^\oplus$$

Da die Konzentration des Wassers als Lösungsmittel während der Reaktion praktisch unverändert bleibt, ist $k_1 \cdot k_3 \cdot [H_2O] = k$ und $k_3 \cdot [H_2O] = k'$. Wird $k_2 = k''$ gesetzt, so entspricht das Ergebnis der Ableitung dem tatsächlich gefundenen Zeitgesetz.
Nur am *Anfang* der Reaktion – wenn $[Br^\ominus]$ noch sehr klein ist – folgt sie dem normalen Zeitgesetz der 1. Ordnung, da dann der Term $k_2 \cdot [Br^\ominus]$ vernachlässigbar klein ist. Nach einiger Zeit nimmt dann die Reaktionsgeschwindigkeit stärker ab, als nach dem Zeitgesetz der 1. Ordnung zu erwarten wäre, da die Konzentration der Bromid-Ionen wächst. In allen Fällen, in denen eine «Rückreaktion» (eine Rekombination) zu berücksichtigen ist, wird man keine einfache Reaktionsordnung finden.
Im Gegensatz zu der besprochenen Reaktion verläuft aber die Hydrolyse von *tert. Butylbromid* während der ganzen Reaktionszeit nach dem Zeitgesetz 1. Ordnung, weil das tert. Butyl-Kation viel weniger stabil ist als das (mesomeriestabilisierte) Diphenylmethyl-Kation, so daß Rekombinationen des Carbeniumions mit dem Bromid-Ion kaum auftreten und das Carbeniumion sofort nach seiner Bildung mit einem Wassermolekül reagiert.
In Fällen, wo die Geschwindigkeit der S_N1-Reaktion nur am Anfang einem Zeitgesetz 1. Ordnung folgt, müßte ein Zusatz von $X^\ominus$-Ionen zum Reaktionsgemisch eine *Verlangsamung* der Reaktion zur Folge haben (Begünstigung der Rekombination!). Bei der Solvolyse von Diarylmethylhalogeniden oder Benzylhalogeniden ist dies in der Tat der Fall, bei Reaktionen von tert. Butylhalogeniden dagegen – wie zu erwarten ist – nicht. Daß aber auch hier Rekombinationen auftreten (die durch kinetische Messungen allerdings nicht festgestellt werden können), zeigt die Hydrolyse von tert. Butylchlorid in Gegenwart von radioaktivem Chlorid: Im Produktgemisch läßt sich dann radioaktives Butylchlorid nachweisen. Eine Verringerung der Geschwindigkeit einer S_N-Reaktion durch Zusatz des verdrängten Ions (ein sogenannter *Eigenionen-Effekt)* ist also ein sicheres Indiz dafür, daß die betreffende Reaktion über Carbeniumionen als Zwischenstoffe abläuft.

Die *Bildung* eines *Carbeniumions* durch Dissoziation einer C—X-Bindung ist aber *sicher kein einfacher Prozeß*. Insbesondere spielt hier das *Lösungsmittel* eine sehr wichtige Rolle. Durch die heterolytische Bindungstrennung entstehen nämlich zuerst zwei Ionen, die sich gegenseitig anziehen und als Ionenpaar gemeinsam solvatisiert und gewissermaßen käfigartig im Lösungsmittel eingeschlossen sind (Abb. 7.2). Ein solches Ionenpaar kann sich entweder rekombinieren, so daß der Ausgangsstoff wieder entsteht, oder die beiden Ionen können durch Lösungsmittelmoleküle voneinander etwas entfernt werden

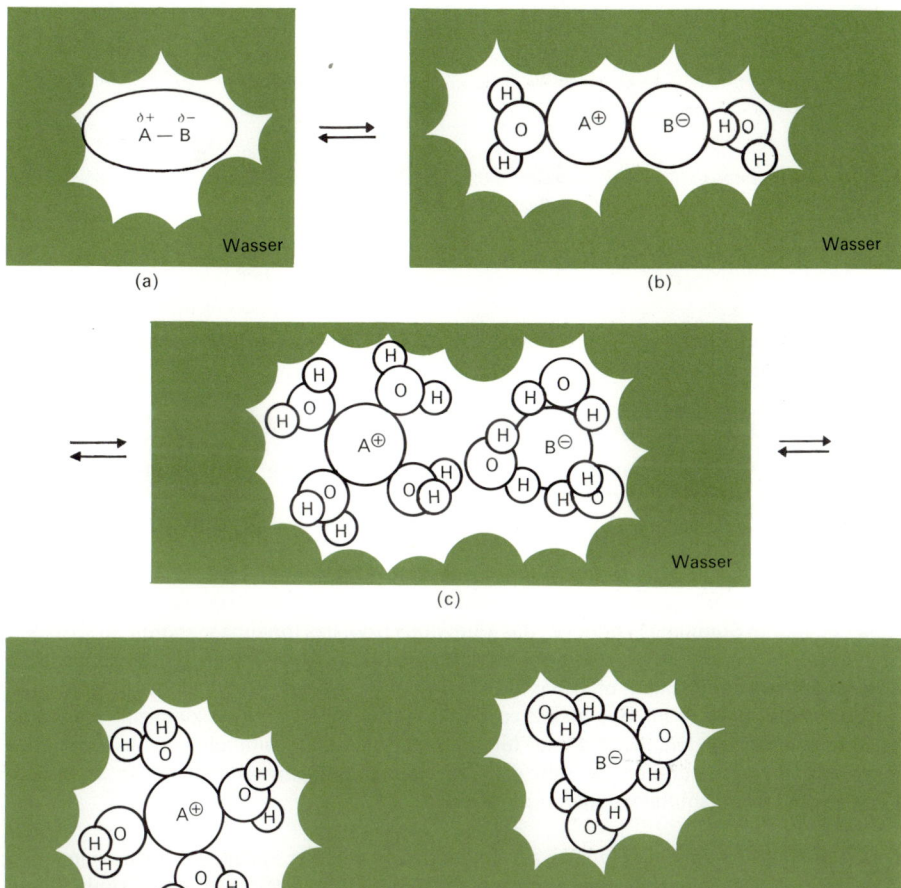

Abb. 7.2. Schritte bei der Dissoziation eines kovalenten Moleküls
(a) polares Molekül von Lösungsmittelmolekülen umgeben
(b) dicht gepacktes Ionenpaar als Ganzes in einem gemeinsamen «Käfig» des Lösungsmittels eingeschlossen
(c) solvatisiertes Ionenpaar; immer noch im gleichen «Käfig»
(d) dissoziierte (getrennte) Ionen, die solvatisiert und durch das Lösungsmittel völlig getrennt sind

(Abb. 7.2 c), so daß sie sich etwas freier bewegen können. Aber nur wenn das Carbeniumion so stabil ist, daß es während einer gewissen Zeitspanne existieren kann, können sich die beiden Ionen vollständig trennen und einzeln solvatisiert werden, so daß dann eigentliche «freie» Carbeniumionen als Zwischenstoffe auftreten (Abb. 7.2 d).

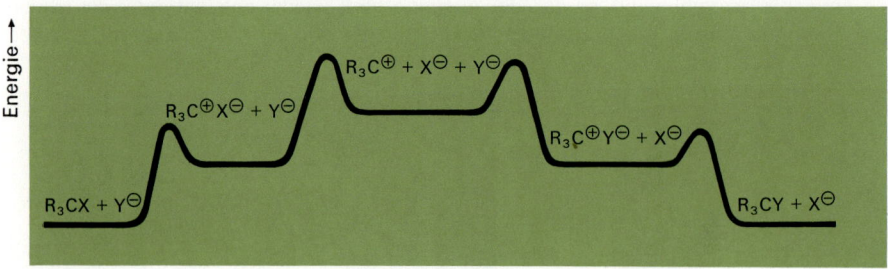

Abb. 7.3. Vollständiges Energiediagramm für eine $S_N 1$-Reaktion

Der erste «Reaktionsschritt» von Schema (b) (S.424) läuft also folgendermaßen ab (vgl. auch Abb. 7.3):

$$R_3 C{-}X \quad \longrightarrow \quad R_3 C^{\oplus} X^{\ominus} \quad \longrightarrow \quad R_3 C^{\oplus} /\!/ X^{\ominus} \quad \longrightarrow \quad R_3 C^{\oplus} + X^{\ominus}$$

| | enges Ionenpaar (1) | solvatisiertes Ionenpaar (2) | freie (solvatisierte) Ionen (3) |

Das Nucleophil kann – je nach den Reaktionsbedingungen und der Stabilität des Carbeniumions – bereits im Stadium (1) oder (2) das «Substrat» bzw. das Ionenpaar angreifen, so daß es im Verlauf der Reaktion gar nicht zur Bildung *freier* Carbeniumionen als Zwischenstoffe kommt. Ein solcher Fall liegt offenbar bei der Solvolyse von tert. Butylhalogeniden vor. Die Tatsache, daß diese – im Gegensatz zu Benzhydrylbromid – keinen kinetisch meßbaren Eigenioneneffekt zeigen, weist darauf hin, daß hier die Lösungsmittelmoleküle bereits das «enge» Ionenpaar angreifen, so daß die Carbeniumionen gewissermaßen *«in statu nascendi»* vom Lösungsmittel weggefangen werden.

Das Auftreten von *Ionenpaaren* hat zur Folge, daß in solchen Fällen, wo Carbeniumionen sich in (stabilere) andere Carbeniumionen *umlagern* können (S.450), diese Umlagerung bereits auf der Stufe des «engen» Ionenpaares geschehen kann. Wenn dann die Rückbildung des Reaktanten genügend rasch eintritt, verläuft die Isomerisierung der Ausgangssubstanz rascher als die nucleophile Substitution, so daß man als Reaktionsprodukt vorwiegend das *Isomer* des Ausgangsstoffes an Stelle des substituierten Reaktanten (oder eines Substitutionsproduktes mit umgelagertem C-Gerüst) erhält. Man spricht in solchen Fällen von **«innerer Rückkehr»**. Beispiele siehe S.451.

Sterischer Verlauf der nucleophilen Substitutionen. Wie bereits erwähnt, liefert die Untersuchung des sterischen Verlaufes von S_N-Reaktionen wichtige Kriterien zur Bestimmung des Reaktionsmechanismus.

Bimolekulare Substitutionen an asymmetrisch substituierten C-Atomen optisch aktiver Substrate führen stets zur **Konfigurationsumkehr**. Der aktivierte Komplex ist planar gebaut. Bei der Reaktion tritt also ein «Umklappen» der Bindungen ein, ähnlich einem Regenschirm *(«Regenschirm-Mechanismus»)*. Die Konfigurationsumkehr beweist mit Sicherheit, daß das Nucleophil das Substrat gewissermaßen «von hinten» angreift und die Abgangsgruppe dabei gleichsam herausgedrückt wird. Dies ist nicht etwa eine Folge der gegenseitigen Abstoßung zwischen Nucleophil und Abgangsgruppe (wie man es erwarten könnte, wenn beide negativ geladen sind), denn die Konfigurationsumkehr tritt auch dann auf, wenn Nucleophil und Abgangsgruppe entgegengesetzte Ladungen tragen, wie z. B. bei der Reaktion von (+)-α-Phenylethyltrimethylammonium-Ion mit Acetat:

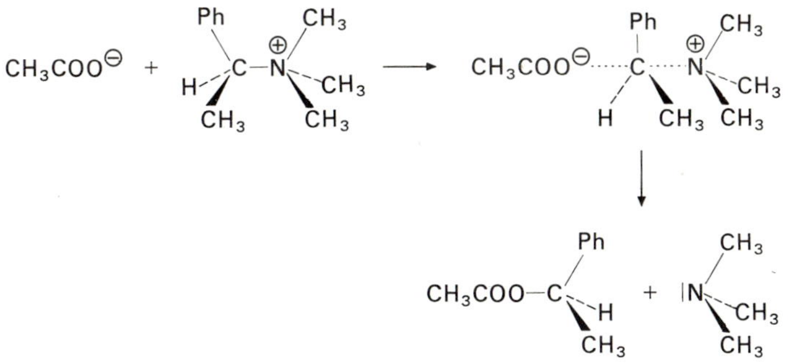

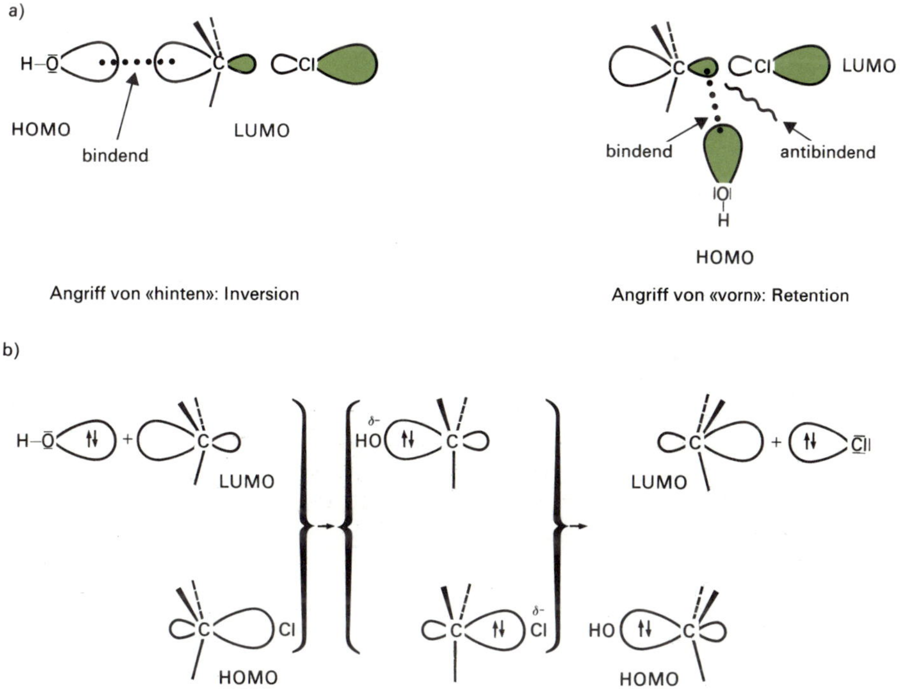

Abb. 7.4. Zum Ablauf der S$_N$2-Reaktion
a) Möglichkeiten des Angriffs des Nucleophils   b) Stereoelektronischer Ablauf

Dieser Ablauf – der Angriff «von hinten» – wird verständlich, wenn man die MO betrachtet, die sich an der Reaktion beteiligen können. Wir nehmen dazu als Beispiel die Reaktion eines Alkylchlorids mit $OH^{\ominus}$-Ionen.

Das reagierende freie Elektronenpaar des Hydroxid-Ions kann als dessen *energiereichstes besetztes MO («HOMO»;* S.101) aufgefaßt werden. Dieses kann mit dem *energieärmsten unbesetzten MO («LUMO»)* des Chloralkans – dem antibindenden MO der C—Cl-Bindung – überlappen, das als Folge der Polarität der C—Cl-Bindung auf die dem Chloratom abgewendeten Seite des Moleküls konzentriert ist. Dadurch kommt es zu einer *bindenden Wechselwirkung* (Abb. 7.4.a). Ein Angriff «von vorn» würde dagegen sowohl zu einer bindenden wie zu einer antibindenden Wechselwirkung führen, so daß der tatsächlich beobachtete Reaktionsablauf klar begünstigt ist. Je weiter dann die Überlappung fortschreitet (Abb. 7.4 b), desto mehr wird die C—Cl-Bindung geschwächt. Im *aktivierten Komplex* sind sowohl das ursprünglich *antibindende* wie auch das ursprünglich *bindende* MO der C—Cl-Bindung mit zwei Elektronen besetzt, so daß *keine eigentlichen «Bindungen»* mehr bestehen. Bei weiterem Fortschreiten der Reaktion gehen dann beide MO in das bindende bzw. antibindende MO der C—O-Bindung und das HOMO des Chlorid-Ions über.

Daß bei gewissen Substitutionen eine Konfigurationsumkehr eintritt, wurde schon von Walden (1899) erkannt (**«Waldensche Umkehr»**). Walden erhielt aus (+)-Äpfelsäure durch Reaktion mit Thionylchlorid $(SOCl_2)$ (+)-Chlorbernsteinsäure, durch Reaktion mit Phosphor(V)-chlorid dagegen (–)-Chlorbernsteinsäure:

In einem der beiden Fälle muß also eine Inversion eingetreten sein.

Der Drehsinn optisch aktiver Verbindungen steht aber im allgemeinen in keiner direkten Beziehung zur Konfiguration, so daß die Inversion nicht immer einfach zu erkennen ist. So blieb zunächst unbekannt, welches der beiden Reagenzien in dem von Walden untersuchten Fall zur Konfigurationsumkehr geführt hat. Ein schönes Beispiel einer Reaktionsfolge, die eindeutig verläuft und die Waldensche Umkehr zeigt, wurde von Phillips durchgeführt (Abb. 7.5). Im ersten und dritten Reaktionsschritt wird hier die C—O-Bindung nicht getrennt, und im zweiten Schritt erfolgt Konfigurationsumkehr.

Der sehr klare experimentelle *Beweis der Konfigurationsumkehr* bei der Reaktion von 2-Iodoktan mit radioaktivem Iodid (Ingold) wurde bereits auf S. 246 ausführlich diskutiert. Selbstverständlich zeigt sich die Konfigurationsumkehr auch bei S_N2-Reaktionen an *Ringverbindungen:*

(in Enantiomere spaltbar)

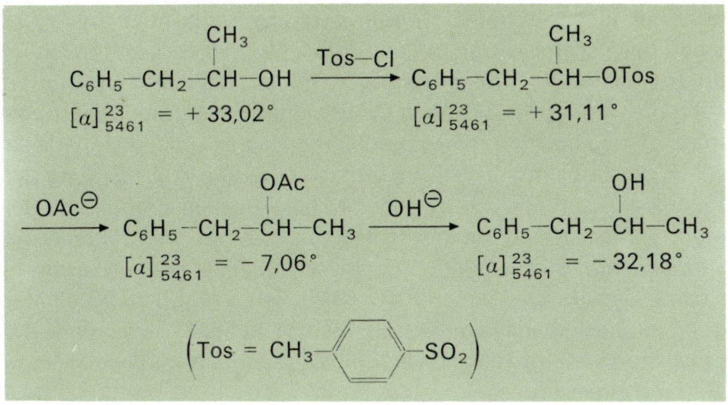

$$CH_3$$
$$C_6H_5-CH_2-CH-OH \xrightarrow{Tos-Cl} C_6H_5-CH_2-CH-OTos$$
$$[\alpha]_{5461}^{23} = +33,02° \qquad\qquad [\alpha]_{5461}^{23} = +31,11°$$

$$OAc$$
$$\xrightarrow{OAc^{\ominus}} C_6H_5-CH_2-CH-CH_3 \xrightarrow{OH^{\ominus}} C_6H_5-CH_2-CH-CH_3$$
$$[\alpha]_{5461}^{23} = -7,06° \qquad\qquad [\alpha]_{5461}^{23} = -32,18°$$

$$\left(Tos = CH_3-\bigcirc-SO_2\right)$$

Abb. 7.5. Schema der Waldenschen Umkehr bei der Reaktion von α-Methyl- β-phenyl-ethanol mit Tosylchlorid

Ein interessantes Ergebnis von Eschenmoser et al. liefert schließlich einen *direkten Hinweis* darauf, daß *im aktivierten Komplex* einer S_N2-Reaktion das *Nucleophil,* die *Abgangsgruppe* und das *C-Atom, an dem die Substitution stattfindet, linear* angeordnet sein müssen. Methyl-α-tosyl-o-toluensulfonat (1) ergab bei der Behandlung mit einer Base das Ion (3):

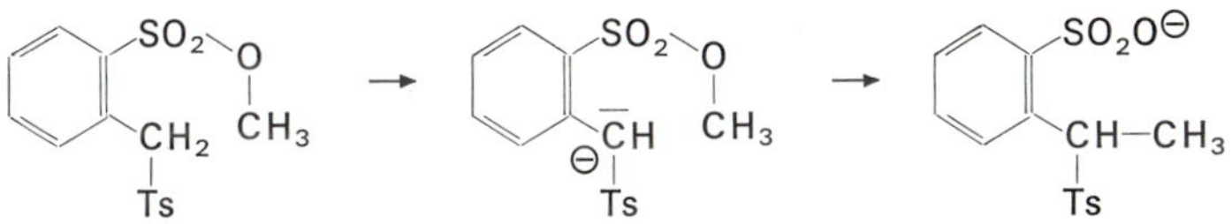

Dabei wird durch die Base das α-Proton abgespalten. Man könnte annehmen, daß das negativ geladene C-Atom in (2) einer «inneren» S_N2-Reaktion die Methylgruppe angreift:

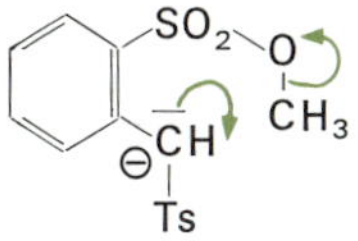

Kreuzungsexperimente (vgl. S. 383) haben indessen gezeigt, daß das negativ geladene C-Atom die Methylgruppe eines *anderen* Moleküls angreift. Die Reaktion läuft also intermolekular und nicht intramolekular ab, obschon ein intramolekularer Ablauf durch die Aktivierungsentropie begünstigt sein müßte (vgl. S. 372). Man muß annehmen, daß die Reaktion darum nicht intramolekular abläuft, weil dann eine völlig lineare Anordnung der Partikeln nicht erreicht werden kann.

Bei S_N1-Reaktionen liegen die sterischen Verhältnisse dagegen anders. Substitutionen an Chiralitätszentren sollten zu vollständiger **Racemisierung** führen. Wenn nämlich ein wirklich *freies* Carbeniumion als Zwischenstoff gebildet wird, ist der Angriff des Nucleophils von beiden Seiten des *planar* gebauten Carbeniumions mit gleicher Wahrscheinlichkeit möglich, so daß die beiden Enantiomere des Produktes entstehen sollten. In Wirklichkeit beobachtet man meist nur eine **partielle Racemisierung**, verbunden mit einer *Inversion,* wobei das Ausmaß der Racemisierung bei verschiedenen Reaktionen in weitem Rahmen schwanken kann (60 bis 98%). Die Erklärung dafür ist, daß die Substitution meistens schon eintritt, wenn die Abgangsgruppe dem Carbeniumion noch eng benachbart ist, d. h. im Stadium des solvatisierten oder gar des «engen» Ionenpaares. Je dichter gepackt das Ionenpaar im Augenblick der Substitution ist, um so stärker ist die *Abschirmung* der einen Seite des Carbeniumions wirksam und um so höher ist der Anteil an Produkt mit der enantiomeren Konfiguration. Anderseits ist die *Racemisierung* um so *vollständiger,* je *stabiler* das betreffende *Carbeniumion* ist. Dies zeigt z. B. ein Vergleich der Hydrolyse von 1-Phenyl-1-chlorethan und von 1-Cyclohexyl-1-chlorethan: Die erstere verläuft zu 98% unter Racemisierung (Bildung eines mesomeriestabilisierten Benzyl-Kations), während die zweite vorwiegend unter Inversion verläuft (das Nucleophil Wasser greift bereits das enge Ionenpaar an, also keine Bildung «freier» Ionen!).

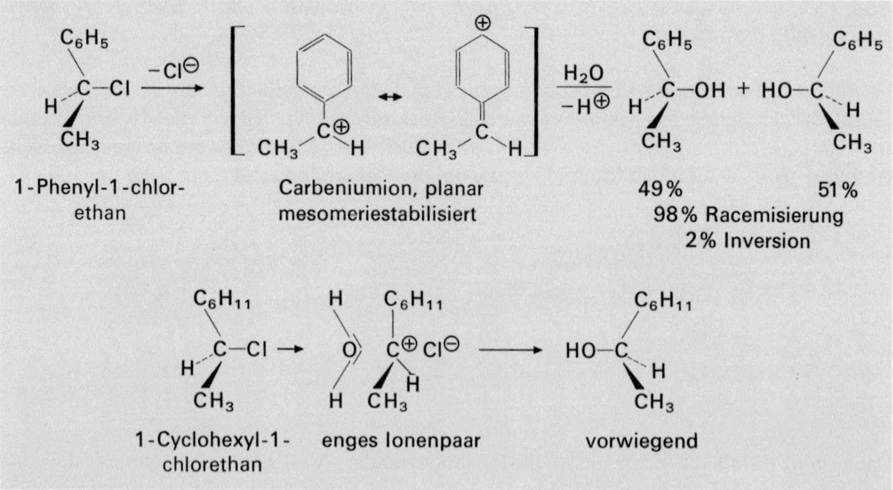

Nachbargruppeneffekte. Läßt man optisch aktive α-Brompropionsäure mit einer verdünnten Lösung von Natriummethylat reagieren, so findet man, daß die Reaktionsgeschwindigkeit von der Konzentration des $CH_3O^{\ominus}$-Ions unabhängig ist (Zeitgesetz erster Ordnung; S_N1!). Die Reaktion verläuft jedoch unter vollständiger **Retention** der Konfiguration; es tritt also weder die erwartete Racemisierung noch eine Konfigurationsumkehr ein. Zur Erklärung dieses auf den ersten Blick unerwarteten Effektes muß man annehmen, daß in einem ersten Reaktionsschritt das α-C-Atom vom benachbarten (nucleophilen!) Carboxylat-Ion angegriffen wird, wobei ein unter starker innerer Spannung stehendes α-Lacton (ein Dreiring) entsteht. Das Methylat-Ion reagiert erst in einem zweiten Schritt mit diesem:

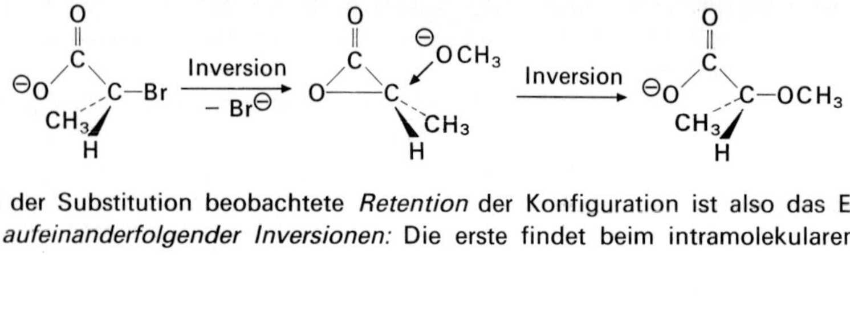

Die bei der Substitution beobachtete *Retention* der Konfiguration ist also das Ergebnis *zweier aufeinanderfolgender Inversionen:* Die erste findet beim intramolekularen, S_N2-

ähnlichen Angriff des Carboxylat-O-Atoms auf das α-C-Atom statt, während die zweite bei der daraufolgenden Reaktion mit dem Methylat-Ion erfolgt.

Diese Reaktion bietet ein Beispiel eines sogenannten **Nachbargruppeneffektes**. Dieser besteht darin, daß *ein dem Reaktionszentrum benachbartes Atom* (oder eine *Atomgruppe*) mit *nichtbindenden* oder π-*Elektronenpaaren* die S_N-*Reaktion erleichtert,* indem dieses Atom (bzw. die funktionelle Gruppe) als Nucleophil zuerst selbst das Reaktionszentrum angreift (indem also *zunächst eine intramolekulare S_N-Reaktion eintritt!*) und erst im zweiten Reaktionsschritt durch ein von außen kommendes Nucleophil verdrängt wird. Schematisch lassen sich diese Verhältnisse folgendermaßen darstellen:

$$
\begin{array}{ccc}
\overset{\displaystyle X}{\underset{\displaystyle Y}{\text{R--CH--CH--R'}}} & \longrightarrow & \overset{\displaystyle \overset{\oplus}{X}}{\text{R--CH--CH--R'}} + Y^{\ominus}
\end{array}
$$

$$
\overset{\displaystyle \overset{\oplus}{X}}{\text{R--CH--CH--R'}} + Z^{\ominus} \longrightarrow \overset{\displaystyle X}{\underset{\displaystyle Z}{\text{R--CH--CH--R'}}} + \overset{\displaystyle X}{\underset{\displaystyle Z}{\text{R--CH--CH--R'}}}
$$

Dabei ist X die Nachbargruppe, Y die Abgangsgruppe und Z das Nucleophil. Sind R und R' strukturell verschieden, so sind die beiden Produkte nicht identisch, und es findet (neben der Substitution) noch eine Umlagerung statt.

Man mag sich fragen, weshalb hier die Abgangsgruppe nicht direkt durch das Nucleophil Z verdrängt wird, d.h. weshalb hier das betreffende C-Atom *leichter* von der *Nachbargruppe* X als vom Nucleophil *angegriffen* wird. Der Grund liegt darin, daß die Nachbargruppe dank ihrer günstigen Position leichter *verfügbar* ist: Die *Aktivierungsentropie ist stärker negativ, wenn das Nucleophil mit dem Substrat reagiert* (weil im Übergangszustand die beiden Reaktanten weniger «frei» sind als vorher), *als wenn die Nachbargruppe die Abgangsgruppe verdrängt,* so daß zuerst die letztere Reaktion eintreten wird (da sie rascher verläuft).

Nachbargruppeneffekte sind bei nucleophilen Substitutionen an polyfunktionellen Verbindungen recht häufig. Die Wirksamkeit einer Nachbargruppe steht in Beziehung zu ihrer Nucleophilie; sie nimmt bei den nachfolgenden Gruppen jeweils nach rechts ab:

$$ \text{I} > \text{Br} > \text{Cl} \qquad \text{RS--} > \text{RO--} \qquad \text{CH}_3\text{OPh--} > \text{Ph--} $$

Das Vorliegen eines Nachbargruppeneffektes kann dadurch erkannt werden, daß die *Reaktionsgeschwindigkeit* der Substitution *größer* ist, als es ohne diesen Effekt der Fall wäre (man spricht dann von **«anchimerer Beschleunigung»**), oder daß *Produkte* von *anderer Konfiguration* oder sogar *Konstitution* entstehen, als man ohne diesen Effekt erwarten würde. So liefert z.B. 4-Chlor-1-butanol bei der Hydrolyse an Stelle des erwarteten 1,4-Dihydroxybutans unter Ringschluß Tetrahydrofuran (intramolekulare S_N-Reaktion!):

Da natürlich vorkommende Verbindungen meistens polyfunktionell sind, spielen Nachbargruppeneffekte auch bei biochemischen Reaktionen eine große Rolle. Einige ausgewählte *Beispiele* sollen die Wirkungen von Nachbargruppen illustrieren.

(a) Eine leicht erhöhte Reaktionsgeschwindigkeit findet man z. B. dann, wenn am zum Reaktionszentrum α-ständigen C-Atom ein *Benzenkern* als Substituent vorhanden ist, wie beispielsweise bei der Solvolyse von 2-Phenyl-1-chlorethan in Essig- oder Ameisensäure. Markiert man dabei das eine der beiden Ethyl-C-Atome mit radioaktivem ^{14}C, so befindet sich im Produkt das Tracer-Atom sowohl in Stellung 1 wie in Stellung 2:

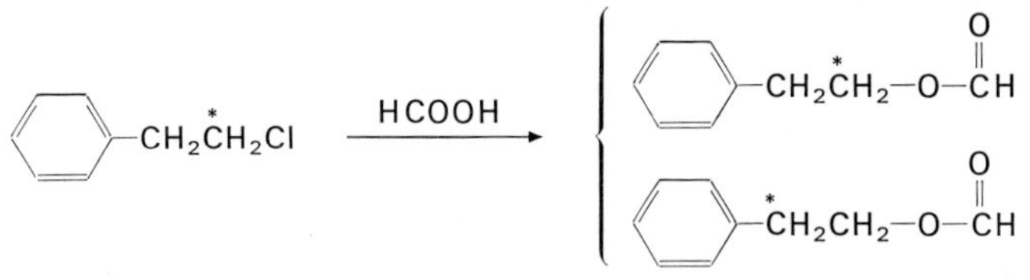

Diese Ergebnisse werden durch die Annahme eines zyklischen, mesomeriestabilisierten **«Phenoniumions»** als Zwischenstoff erklärt:

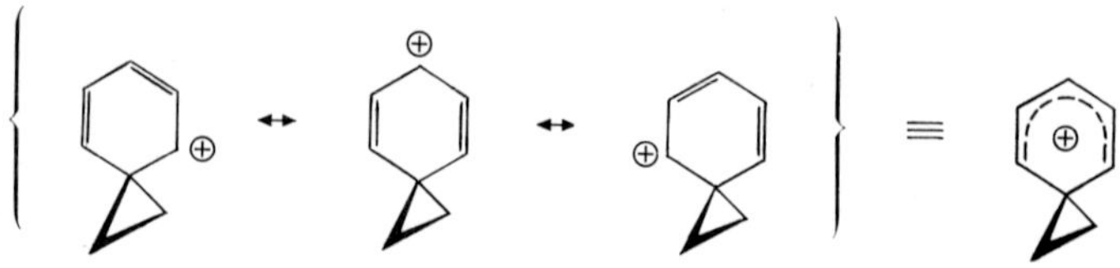

Wie von Olah gezeigt wurde, handelt es sich bei diesen Ionen um Spiro[2.5]oktadienyl-Kationen, wobei der Benzenkern die Ladung trägt. Ein solches Ion kann mit Ameisensäure an jeder der beiden Methylengruppen reagieren, so daß markierte Ausgangssubstanz beide «Isotopenisomere» liefert. Befindet sich in *p*-Stellung des Benzenkernes ein π-Donator (z. B. CH$_3$O-), so ist die anchimere Beschleunigung besonders groß, weil die Ladung des Phenoniumions mehr delokalisiert werden kann.

Interessant sind die *stereochemischen Konsequenzen* solcher Reaktionen. 3-Phenylbutyl-2-tosylat besitzt zwei strukturell verschiedene asymmetrisch substituierte C-Atome und existiert damit in insgesamt 4 optischen Isomeren, je einem *threo*- und einem *erythro*-Enantiomerenpaar.

threo:

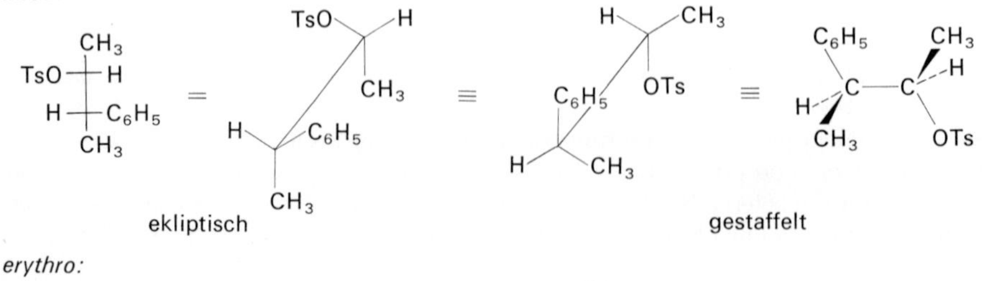

ekliptisch   gestaffelt

erythro:

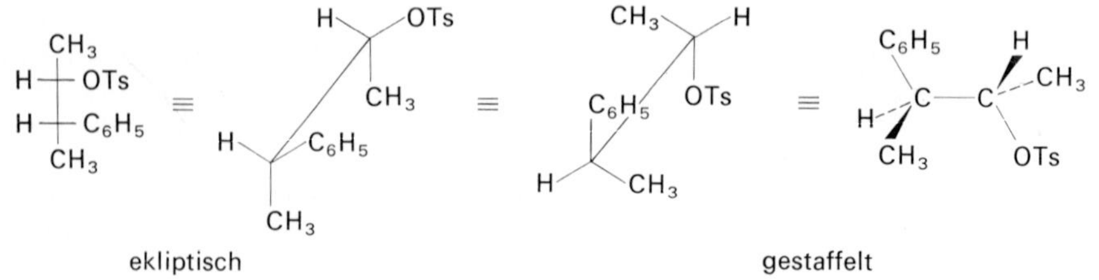

ekliptisch   gestaffelt

Die Solvolyse eines *threo*-Enantiomers liefert nun das *threo*-Racemat (also das entsprechende Enantiomeren*paar*!), während die Solvolyse des *erythro*-Enantiomers unter vollständiger Retention verläuft:

Würde die Solvolyse über «klassische» Carbeniumionen verlaufen, so müßte man in beiden Fällen ein Diastereomerenpaar erhalten, wie dies für das *threo*-Isomer noch gezeigt werden soll:

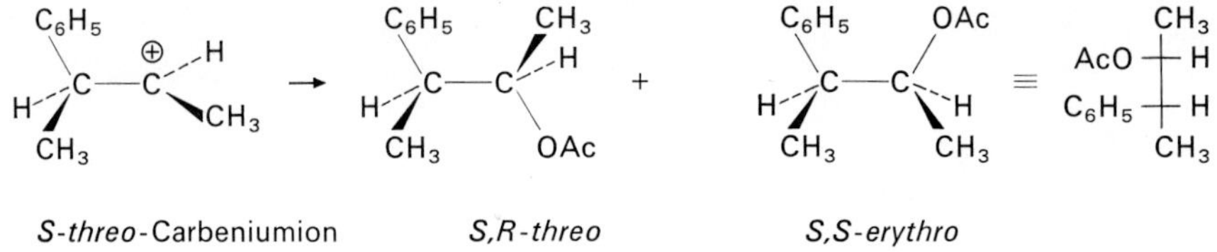

S-threo-Carbeniumion   *S,R-threo*   *S,S-erythro*

(b) Ebenfalls stereochemisch interessante Beispiele bieten die Reaktionen von *2-Bromcyclohexanol* bzw. *3-Brom-2-butanol* mit HBr. Sowohl *cis-* wie *trans*-2-Bromcyclohexanol liefern dabei dasselbe Produkt, nämlich *trans*-1,2-Dibromcyclohexan, was nur dadurch zu erklären ist, daß sich während der Reaktion ein überbrücktes (zyklisches) **Bromoniumion** bildet:

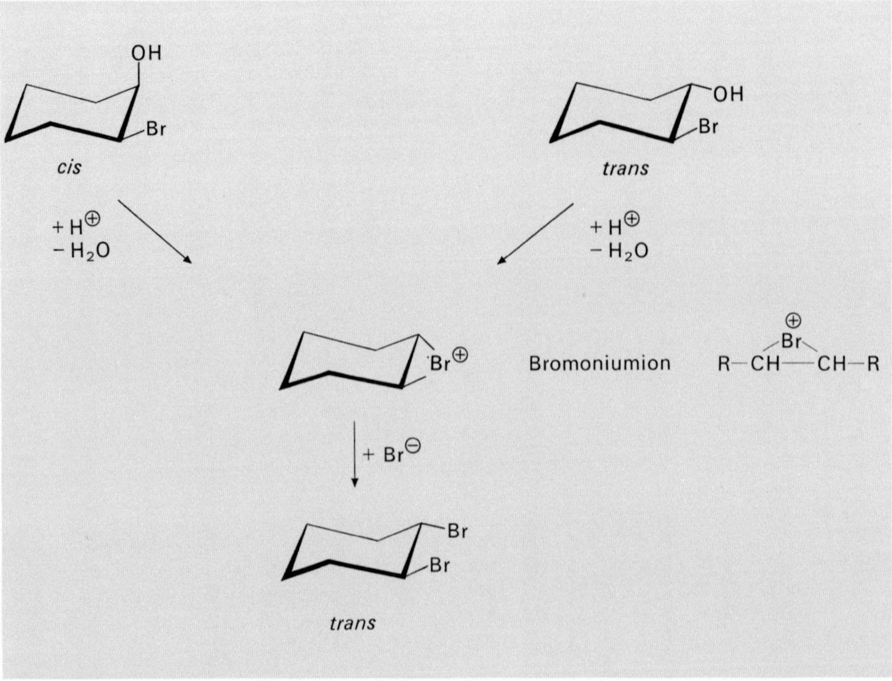

Die Reaktion der diastereomeren *erythro-* bzw. *threo*-3-Brom-2-butanole mit HBr verläuft stereospezifisch: Aus den beiden *erythro*-Enantiomeren entsteht *meso-* (2*S*, 3*R*)-2,3-Dibrombutan, während die beiden *threo*-Enantiomere racemisches 2,3-Dibrombutan liefern:

(2S,3R)-meso-Dibrombutan

(+),(−)-Dibrombutan
(als Enantiomerenpaar)

(c) Besonders *wirksame Nachbargruppen* sind N- und vor allem S-Atome. Als Beispiel einer entsprechenden Reaktion sei die Hydrolyse von β,β-*Dichlordiethylsulfid* («Senfgas») erwähnt. Die Substanz (kein Gas, sondern eine ziemlich hochsiedende Flüssigkeit) reagiert sehr leicht mit Nucleophilen. Bei der Hydrolyse entsteht als Zwischenstoff ein zyklisches Sulfoniumion.

Die Geschwindigkeitskonstante dieser (unimolekularen) Hydrolyse nimmt entsprechend dem Fortschreiten der Reaktion ab, was einen Eigenioneneffekt (S. 426) anzeigt. Dies ist nur unter der Annahme eines zyklischen Sulfoniumions als Zwischenstoff verständlich, denn ein «normales» primäres Carbeniumion wäre viel zu unstabil (und daher zu kurzlebig), um einen solchen Effekt zu ermöglichen.

(d) Besonders intensiv wurden Reaktionen an *bizyklischen Ringsystemen* untersucht. So erhält man aus den diastereomeren *exo*- und *endo*-Norbornyl-*p*-brombenzensulfonaten («-brosylaten») mit Essigsäure dasselbe *exo*-Norbornylacetat, wobei – falls man von einem Enantiomer ausgeht – ein racemisches Gemisch entsteht. Das *exo*-Norbornylbrosylat reagiert dabei etwa 400 mal schneller (Winstein).

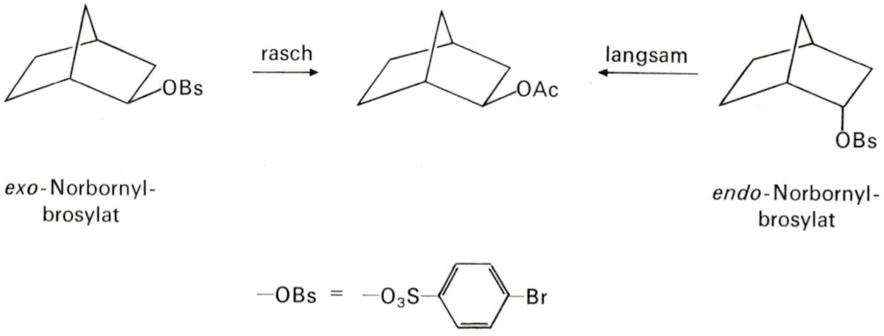

exo-Norbornyl-
brosylat

endo-Norbornyl-
brosylat

Zur Erklärung dieses Ergebnisses nahm Winstein an, daß das *exo*-Norbornylbrosylat zunächst als Folge eines S_N2-ähnlichen Angriffes durch das C-Atom 6 das Brosylat-Anion abspaltet, so daß sich ein *überbrücktes,* **«nicht-klassisches»** Ion (1) bildet, das durch das Lösungsmittel (Essigsäure) sowohl an C1 wie an C2 angegriffen werden kann (Abb. 7.6). Die *anchimere Beschleunigung* der Acetolyse ist damit die Folge der Nachbargruppenwirkung eines sp^3-hybridisierten C-Atoms bzw. einer *normalen σ-Bindung!* Im Gegensatz zu den *exo*-Diastereomeren erlaubt die Geometrie des *endo*-Norbornylbrosylats einen solchen Angriff des σ-Elektronenpaars von rückwärts nicht; es reagiert darum langsamer nach S_N1 unter Bildung eines «offenen» Kations, das sich anschließend schnell in das überbrückte, nicht-klassische Ion umlagert:

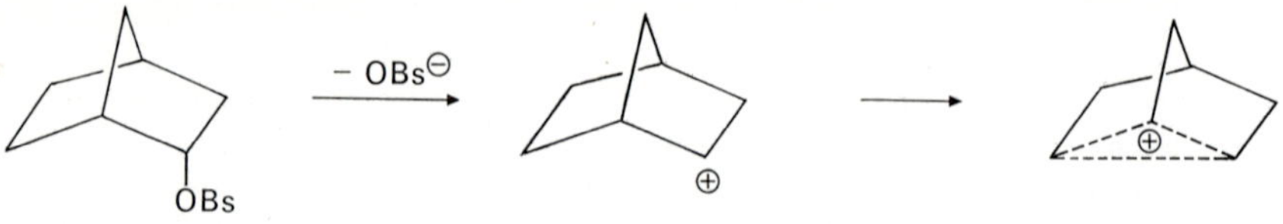

Die Existenz nicht-klassischer Ionen der Struktur (1) war lange Zeit sehr *umstritten.* Winstein und seine Schule nahmen an, es handle sich um einen *Resonanzhybrid* zwischen den beiden Grenzstrukturen (I) und (II), während Brown postulierte, es handle sich beim Zwischenstoff der Acetolyse der Norbornylbrosylate um ein *rasch äquilibrierendes Gemisch* zweier Ionen:

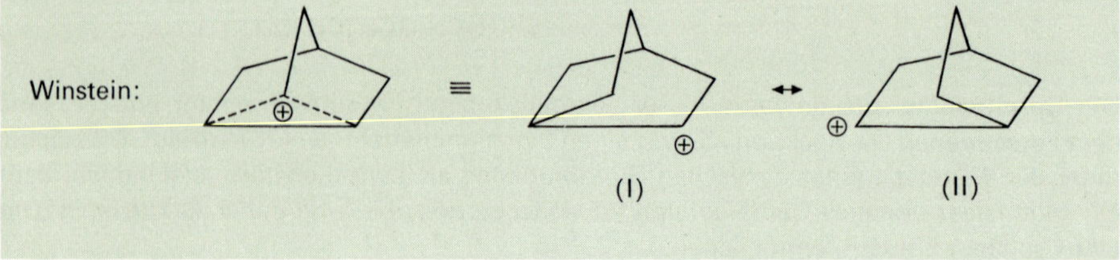

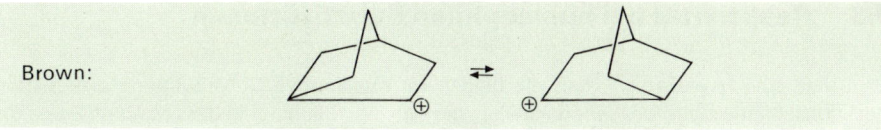

Brown:

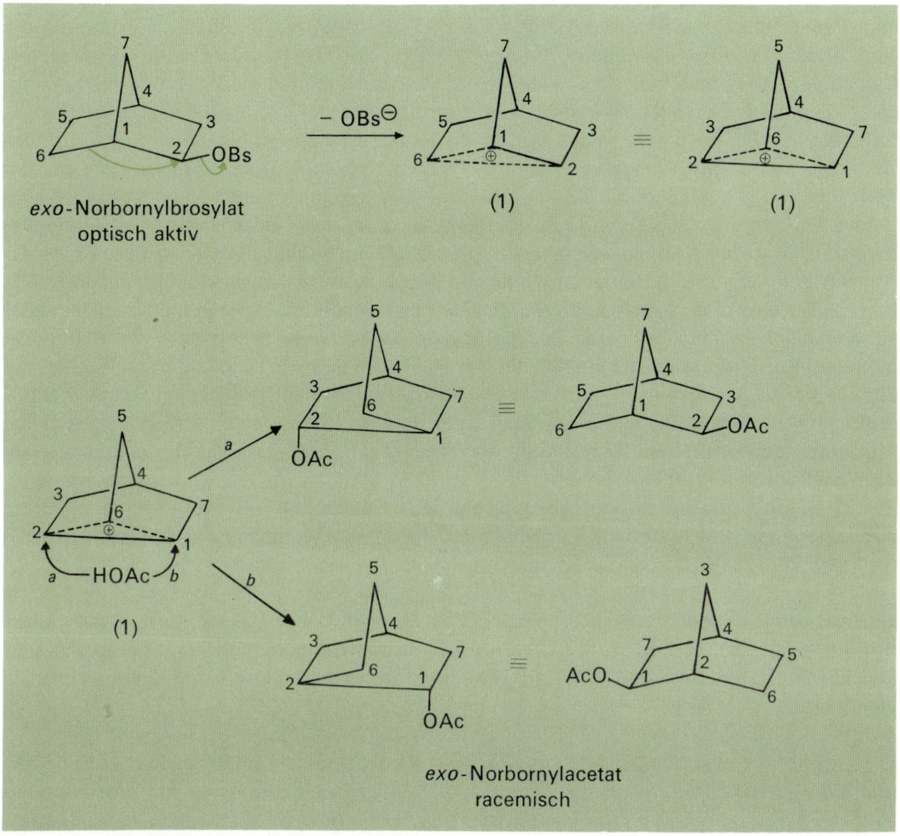

exo-Norbornylbrosylat
optisch aktiv

− OBs⊖

(1)

(1)

exo-Norbornylacetat
racemisch

Abb. 7.6. Überführung von optisch aktivem exo-Norbornylbrosylat in racemisches exo-Norbornylacetat via nicht-klassisches Ion. Die Abspaltung des Brosylat-Ions ergibt das überbrückte Kation (1), das sowohl am C-Atom 2 (a) wie am C-Atom 1 (b) angegriffen werden kann. Da beide Angriffsrichtungen (a) und (b) mit gleicher Wahrscheinlichkeit erfolgen, entsteht das racemische Produkt

1970 gelang es Olah und Mitarbeitern, Lösungen mit Norbornyl-Kationen in superaciden Medien durch ^{13}C-Kernresonanz und Ramanspektroskopie zu untersuchen, wobei sich herausstellte, daß es sich bei diesem Kation in der Tat um ein nicht-klassisches, echtes **«Carboniumion»** handelt, in dem ein mit zwei Elektronen besetztes Dreizentren-MO vorliegt und das C-Atom 6 somit fünffach koordiniert ist, ähnlich wie im $CH_5^\oplus$-Carbonium-ion (S. 78). Das 2-Phenylnorbornyl-Kation ist hingegen nach den Ergebnissen von Olah ein klassisches Carbeniumion. Es scheint also, daß bei solchen Reaktionen an bizyklischen Systemen sowohl Carbeniumionen wie «nicht-klassische» Carboniumionen (mit Mehrzen-tren-MO) auftreten.

7.3   Reaktivität bei nucleophilen Substitutionen

Man muß sich bewußt sein, daß die beiden für nucleophile Substitutionen diskutierten Reaktionsabläufe zwei *Idealfälle* darstellen, die sich eigentlich nur in der *zeitlichen Folge der Trennung und Bildung der Bindungen unterscheiden.* Bei einer bimolekularen Substitution erfolgen beide Prozesse genau gleichzeitig, während bei einer unimolekularen Substitution immer zuerst die C—X-Bindung getrennt wird. Die Zeitspanne zwischen der Trennung der alten und der Bildung der neuen Bindung kann jedoch – insbesondere wenn wenig stabile Carbeniumionen entstehen – sehr klein sein. Extrapoliert man in Gedanken die Verkürzung dieses Zeitintervalls weiter, so gelangt man zum S_N2-Mechanismus als Grenzfall einer S_N1-Substitution. Es ist darum nicht verwunderlich, daß *viele nucleophile Substitutionen Merkmale beider Reaktionstypen zeigen:* Die Reaktionsgeschwindigkeit hängt zwar von der Konzentration des Nucleophils ab, die Abhängigkeit liegt jedoch zwischen der nullten und der ersten Ordnung; zudem verläuft die Reaktion unter mehr oder weniger weitgehender Inversion. Man hat deshalb versucht, die nucleophilen Substitutionen an gesättigten C-Atomen vom Standpunkt eines einheitlichen Mechanismus aus zu diskutieren und S_N1- bzw. S_N2-Reaktionen lediglich als «Grenzfälle» zu betrachten; es ist jedoch auch denkbar (und wahrscheinlich), daß beide Reaktionstypen *als Konkurrenzreaktionen nebeneinander* auftreten. Zur Diskussion der Reaktivität bei S_N-Reaktionen ist es jedenfalls einfacher, die Einflüsse des Lösungsmittels, von sterischen Faktoren usw. auf die beiden «Ideal-Mechanismen» zu untersuchen und sich dabei stets darüber klar zu sein, daß nicht nur beide Mechanismen nebeneinander auftreten können, sondern daß man durch geeignete Wahl der Reaktionsbedingungen den einen oder anderen Mechanismus begünstigen kann. Dies ist deswegen von Bedeutung, als typische S_N1-Reaktionen oft von Nebenreaktionen (Umlagerungen, Eliminationen) begleitet sind, die damit – wenigstens in gewissen Fällen – weitgehend unterdrückt werden können.

Einfluß des Lösungsmittels. Nucleophile Substitutionen lassen sich – als polare Reaktionen – *nur in Lösung* ausführen, da Solvationseffekte aktivierte Komplexe und Zwischenstoffe stabilisieren und so die zur Bindungstrennung notwendige Energie verringern.

Lösungsmittel von *großer Polarität* begünstigen im allgemeinen einen Ablauf der Substitution *über Carbeniumionen* (bzw. Ionenpaare) als Zwischenstoffe, da die entstehenden Anionen durch die Wirkung der Lösungsmittelmoleküle gewissermaßen aus dem Substratmolekül «herausgezogen» werden. Besonders stark wirksam sind Lösungsmittel wie Wasser, Carbonsäuren (besonders Ameisensäure) und Ammoniak, welche Kationen mittels ihrer freien Elektronenpaare, Anionen durch ihre Fähigkeit, H-Brücken zu bilden, *solvatisieren.* Lösungsmittelgemische wie Methanol/Wasser, Ethanol/Wasser oder Aceton/Wasser begünstigen die Carbeniumionbildung um so mehr, je höher darin der Anteil von Wasser ist. Gewöhnlich reagiert allerdings in solchen Fällen das Carbeniumion (bzw. das Ionenpaar) nicht nur mit dem zugesetzten Nucleophil $Y^{\ominus}$, sondern direkt auch mit Wasser, so daß dann als *Nebenreaktion* eine *Hydrolyse* auftritt:

Polare Lösungsmittel wie Aceton, Ether, Dioxan oder vor allem Dimethylformamid, die keine positiv polarisierten H-Atome zur Bildung von H-Brücken besitzen, solvatisieren insbesondere Anionen sehr schlecht. Substitutionen in diesen Lösungsmitteln verlaufen deshalb eher nach S_N2; ist das Nucleophil selbst ein Anion, so erfolgt die S_N2-Reaktion in solchen Lösungsmitteln bedeutend rascher als z. B. in Wasser oder Ethanol.

Bei S_N2-*Reaktionen* zeigt sich der Einfluß der Lösungsmittelpolarität nicht immer so ausgeprägt. Eine Reaktion wie z. B. die Verdrängung von Iodid aus Methyliodid mittels Trimethylamin wird durch polare Lösungsmittel eher beschleunigt, weil der aktivierte Komplex mehr Ionencharakter besitzt als die Reaktanten:

$$CH_3I + N\langle^{CH_3}_{CH_3}{}^{CH_3} \longrightarrow \overset{\ominus}{I}\cdots\overset{H\ \ H}{\underset{H}{C}}\cdots\overset{\oplus}{N}\langle^{CH_3}_{CH_3}{}^{CH_3} \longrightarrow CH_3-\overset{\oplus}{N}\langle^{CH_3}_{CH_3}{}^{CH_3} + I^{\ominus}$$

Anderseits läuft die Reaktion von $OH^{\ominus}$-Ionen mit quartären Ammoniumionen in polaren Lösungsmitteln beträchtlich langsamer ab als in weniger polaren, da die ersten die Reaktanten stark solvatisieren und bei der Bildung des aktivierten Komplexes die Solvathüllen zerstört werden müssen.

Elektrophile Katalyse. Starke *Lewis-Säuren* wie BF_3, Aluminiumhalogenide, $ZnCl_2$, $Ag^{\oplus}$ usw. bilden mit Basen (Nucleophilen) Kovalenzbindungen und *katalysieren* S_N1-*Reaktionen*, indem sie sich mit dem *Anion koordinieren* und dadurch die *Dissoziation der C—X-Bindung erleichtern*. Durch den Zusatz solcher Lewis-Säuren zum Reaktionsgemisch kann man deshalb den S_N1-Mechanismus begünstigen. So ergibt beispielsweise Silbernitrit ($AgNO_2$) mit Alkylhalogeniden ein *Alkylnitrit* (R—O—N=O; ein Salpetrigsäureester), während man bei Verwendung von Natriumnitrit ($NaNO_2$) hauptsächlich das *Nitroalkan* (R—NO_2) erhält (vgl. S. 448).
In ähnlicher Weise vermögen Protonen S_N-Reaktionen an den sonst sehr reaktionsträgen *Alkylfluoriden* zu katalysieren (Bildung von H-Brücken mit dem F-Atom und dadurch Abtrennung von HF an Stelle von $F^{\ominus}$). So werden z. B. Alkylfluoride in Gegenwart von Säuren leicht zu Alkoholen hydrolysiert, während bei Alkylchloriden keine saure Katalyse beobachtet wird.

Struktur des Substrates. Von sehr wesentlichem Einfluß auf die Art des Reaktionsablaufes ist die Struktur des Substratmoleküls. Bei S_N2-Reaktionen erfolgt der Angriff des Nucleophils stets «von *hinten*», so daß die Reaktion erschwert wird, wenn das Reaktionszentrum mit raumerfüllenden Gruppen stark substituiert ist (**«sterische Hinderung»**). Im aktivierten Komplex haben zwar die an das Reaktionszentrum gebundenen Alkylreste größeren Abstand voneinander als im Substratmolekül (Bindungswinkel 120° statt 109°28'); sie treten jedoch in engere Wechselwirkungen sowohl mit dem Nucleophil wie mit der Abgangsgruppe (Bindungswinkel 90°):

Diese sterischen Wechselwirkungen werden mit zunehmender Größe von R stärker; sie haben zur Folge, daß Rotations- und Schwingungsmöglichkeiten eingeschränkt werden und daß dadurch die freie Enthalpie des aktivierten Komplexes wächst. Aus diesen Gründen nimmt die Geschwindigkeit bimolekularer Substitutionen in folgender Reihe stark ab:

$$CH_3-X > C_2H_5-X > \begin{matrix} CH_3 \\ \diagdown \\ CH_3 \diagup \end{matrix} CH-X > \begin{matrix} CH_3 \\ \diagdown \\ CH_3-C-X \\ \diagup \\ CH_3 \end{matrix}$$

Besonders groß ist die sterische Hinderung dann, wenn das Reaktionszentrum *mit Alkylgruppen substituiert* ist, wie im Isobutyl- oder Neopentylbromid. An Kalottenmodellen läßt sich leicht zeigen, daß bei diesen Verbindungen durch Drehung der $X-CH_2$-Gruppe um die Achse der Bindung mit der Isopropyl- bzw. tert. Butylgruppe keine Konformation erreicht werden kann, die zur Ausbildung eines S_N2-Übergangszustandes wirklich günstig ist. Isobutylbromid reagiert deshalb mit Natriummethylat rund 10^3mal, Neopentylbromid sogar rund 10^7mal langsamer als Methylbromid.

Beim S_N1-*Mechanismus* ist die *Stabilität des aktivierten Komplexes* bei der Bildung des Carbeniumions für die Reaktionsgeschwindigkeit entscheidend. Da aber im Übergangszustand die C$-$X-Bindung schon stark gedehnt ist, wird der aktivierte Komplex in seiner Struktur dem entstehenden Carbeniumion sehr ähnlich sein, und wir können deshalb den Einfluß struktureller Faktoren auf das *Carbeniumion* – den Zwischenstoff! – betrachten (Postulat von Hammond).

Carbeniumionen werden nicht nur durch stark polare Lösungsmittel stabilisiert, sondern auch durch *Delokalisation* ihrer positiven Ladung, was durch σ- und π-Donatoren, die an das Reaktionszentrum gebunden sind, möglich ist. Die Stabilisierung von *Benzyl-* und *Allyl-Kationen* kommt z.B. in den folgenden Grenzstrukturen zum Ausdruck:

Alkylgruppe	Relative Geschwindigkeit
Methyl	30
Ethyl	1
n-Propyl	0,4
n-Butyl	0,4
Isopropyl	0,025
Isobutyl	0,03
tert. Butyl	0
Neopentyl	0,00001
Allyl	40
Benzyl	120

Tabelle 7.3. Ungefähre relative Geschwindigkeiten von S_N2-Reaktionen verschiedener Alkylgruppen

Die Stabilität von Carbeniumionen nimmt damit in der folgenden Reihe ab (vgl. auch S.365):

Triphenylmethyl > Diphenylmethyl > Benzyl > Allyl > tertiär > sekundär > primär > Methyl

In der gleichen Reihenfolge nimmt daher auch die Geschwindigkeit von S_N1-Reaktionen ab; mit anderen Worten, Diphenylmethyl- und Benzylverbindungen reagieren bei nucleophilen Substitutionen im allgemeinen bevorzugt nach S_N1. Enthält der Benzenkern einer Benzylverbindung zudem noch σ- oder π-Donatoren als Substituenten in *p*-Stellung, so wird die Reaktionsgeschwindigkeit noch stärker erhöht, weil das Carbeniumion (bzw. der aktivierte Komplex) noch mehr stabilisiert werden:

So reagiert *p*-Methoxybenzylchlorid mit $OH^\ominus$-Ionen rund 10^5 mal schneller als Benzylchlorid, während im Fall von *m*-Methoxybenzylchlorid die Reaktionsgeschwindigkeit nur ⅔ der Geschwindigkeit der entsprechenden Reaktion von Benzylchlorid beträgt, weil hier – in *m*-Stellung! – die CH_3O-Gruppe nur als σ-Donator wirksam ist. Noch langsamer reagieren *p*-Nitrobenzylverbindungen; ja, durch dreifache *p*-Substitution von Triphenylmethylchlorid mit Nitrogruppen gelang es sogar, an diesem, für S_N1-Reaktionen eigentlich prädestinierten Substrat einen S_N2-Ablauf zu erzwingen! Die Geschwindigkeiten der Reaktionen an *p*-substituierten Benzylverbindungen lassen sich durch die Hammett-Beziehung sehr gut korrelieren, die ϱ-Werte betragen im allgemeinen um -4, wie es für Reaktionen, bei denen der aktivierte Komplex eine positive Ladung trägt, zu erwarten ist.

Wenn das Reaktionszentrum Teil einer *ungesättigten Gruppe* ist, so wird die Reaktivität der betreffenden Substanz bei S_N-Reaktionen stark verringert, eine Folge der Konjugation nichtbindender Elektronenpaare mit den π-Elektronen. *Vinylhalogenide* reagieren mit Nucleophilen nach S_N2 überhaupt nicht und nach S_N1 nur in Sonderfällen, nämlich dann, wenn am α-C-Atom eine Gruppe vorhanden ist, die das entstehende Vinyl-Kation stabilisiert (z. B. Arylgruppen) oder dann, wenn extrem gute Abgangsgruppen vorhanden sind wie z. B. das Trifluormethylsulfonyloxy-Ion («Triflat-Ion»; S. 450). S_N-Reaktionen am Benzenkern (mit Halogenbenzenen, Phenolen) folgen einem gänzlich anderen Mechanismus (Addition/Elimination bzw. Arin-Mechanismus; vgl. S. 719 und S. 727).

Schließlich sei bemerkt, daß sich Verbindungen der Formeln $ROCH_2X$ oder R_2NCH_2X sehr leicht und rasch nach S_N1 substituieren lassen, da das entstehende Carbeniumion ebenfalls mesomeriestabilisiert ist. Ist hingegen in einer Verbindung vom Typus $Z-CH_2-X$ die Gruppe Z sehr stark elektronegativ, so ist die S_N1-Reaktivität erwartungsgemäß herabgesetzt; hingegen wird die S_N2-Reaktivität erhöht. Chloracetophenon beispielsweise reagiert mit KI in Aceton bei 75 °C etwa 32 000 mal schneller als *n*-Butylchlorid. Die Ursachen dieses Effektes sind noch nicht völlig geklärt.

Selbstverständlich wird auch die Geschwindigkeit von S_N1-Reaktionen durch *sterische Effekte* beeinflußt. Carbeniumionen sind planar gebaut und zeigen einen Bindungswinkel von 120°, so daß stark raumerfüllende Substituenten, die an das Reaktionszentrum gebunden sind, im Carbeniumion mehr Platz zur Verfügung haben als im Molekül des Substrates (die Wechselwirkungen mit dem Nucleophil und der Abgangsgruppe – die im aktivierten Komplex von S_N2-Reaktionen auftreten – fallen hier dahin!). Aus diesem Grund ist z. B. die Geschwindigkeitskonstante der Hydrolyse von *tri*-tert. Butylchlormethan 40 000 mal größer als für die Hydrolyse von tert. Butylchlorid (**«sterische Beschleunigung»**).

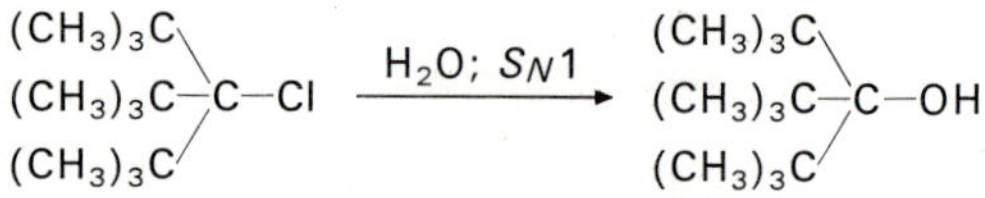

$$\begin{array}{l}(CH_3)_3C \\ (CH_3)_3C-C-Cl \\ (CH_3)_3C\end{array} \xrightarrow{\text{H}_2\text{O}; \; S_N1} \begin{array}{l}(CH_3)_3C \\ (CH_3)_3C-C-OH \\ (CH_3)_3C\end{array}$$

tri-tert. Butylchlormethan

$$(CH_3)_3C-Cl \xrightarrow{\text{H}_2\text{O}; \; S_N1} (CH_3)_3C-OH$$

tert. Butylchlorid

Cyclopropyl- und Cyclobutylchlorid reagieren bei S_N1-Reaktionen nur sehr langsam (die Bildung eines planaren Carbeniumions ist erschwert), während Bicyclo[2.2.1]heptylchlorid gegen nucleophile Reagenzien vollkommen *inert* ist. (Eine S_N2-Reaktion ist ebenfalls unmöglich, da das Reaktionszentrum gegen einen Angriff «von hinten» völlig abgeschirmt ist.)

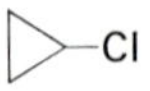

Cyclopropylchlorid 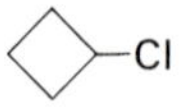   Cyclobutylchlorid 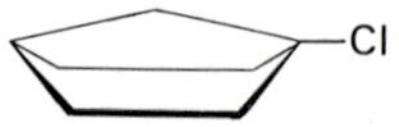   Bicyclo [2.2.1] heptylchlorid

Tabelle 7.4. Reaktivität verschiedener Substrate gegenüber Nucleophilen (geordnet nach abnehmender Reaktivität)
$Z = RCO, HCO, ROCO, NH_2CO, NC$ *u. a.*

S_N1-Reaktivität	S_N2-Reaktivität
Ar_3CX	Ar_3CX
Ar_2CHX	Ar_2CHX
$ROCH_2X$, $RSCH_2X$, R_2NCH_2X	$ArCH_2X$
R_3CX	ZCH_2X
$ArCH_2X$	
$-\overset{\|}{C}=\overset{\|}{C}CH_2X$	$-\overset{\|}{C}=\overset{\|}{C}CH_2X$
R_2CHX	$RCH_2X \approx RCHDX \approx RCHDCH_2X$
$RCH_2X \approx R_3CCH_2X$	R_2CHX
$RCHDX$	R_3CX
$RCHDCH_2X$	ZCH_2CH_2X
ZCH_2X	R_3CCH_2X
ZCH_2CH_2X	$-\overset{\|}{C}=\overset{\|}{C}X$
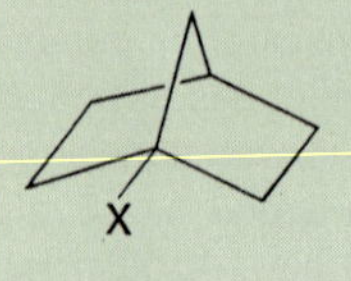 $-\overset{\|}{C}=\overset{\|}{C}X$	

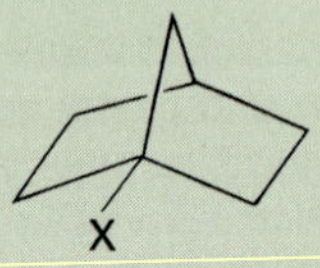

Tabelle 7.5. Geschwindigkeitskonstanten von S_N-Reaktionen von Alkylhalogeniden (k_1 = Geschwindigkeitskonstante der S_N1-, k_2 = Geschwindigkeitskonstante der S_N2-Reaktion)

Substrat	Temp. °C	$k_1 \cdot 10^5$ (s⁻¹)	$k_2 \cdot 10^5$ (l/mol s)	k_2/k_1
Methylbromid	55	0,349	2140	5840
Ethylbromid	55	0,139	171	1230
Isopropylbromid	55	0,237	4,99	21
tert. Butylbromid	55	1010	unmeßbar klein	$\ll 1$
Allylbromid	30	0,032	115	2900
Benzylchlorid	50	0,031	61	1950
Benzylbromid	25		184	
α-Phenylethylchlorid	70	3,75	16,7	4,5
α-Phenylethylbromid	25	0,69	6,2	8
Benzhydrylchlorid	25	5,75	unmeßbar klein	$\ll 1$

Die Reaktionsgeschwindigkeiten von S_N2- und S_N1-Reaktionen hängen also gerade in *entgegengesetzter* Art und Weise von der Struktur des Substratmoleküls ab (Tabelle 7.5). Dieser Effekt erklärt die verschiedene Geschwindigkeit der Substitution an Alkyliodiden: Die Geschwindigkeitskonstante der Hydrolyse nimmt vom Methyl- zum Isopropyliodid ab und steigt dann beim tert. Butylbromid wieder stark an. *Unter Bedingungen, die keinen der beiden Mechanismen ausschließen* – also in einem genügend polaren Lösungsmittel und bei einer nicht allzuhohen Konzentration eines nicht allzustarken Nucleophils – verlaufen nucleophile Substitutionen an **primären** C-Atomen *vorwiegend nach* S_N2, an **tertiären** C-Atomen *vorwiegend nach* S_N1. Bei Reaktionen an **sekundären** C-Atomen überwiegt dann je nach ihrer Struktur, der Natur des Lösungsmittels und des Nucleophils sowie der weiteren Reaktionsbedingungen der eine oder der andere Reaktionsablauf, d. h. die Substitution verläuft effektiv *gleichzeitig nach beiden Mechanismen.*

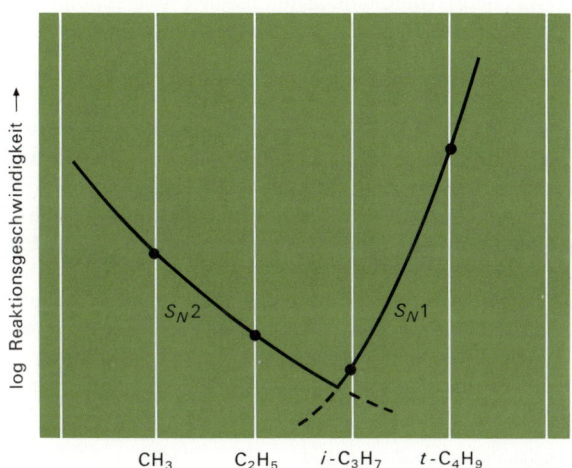

Abb. 7.7. Reaktions-geschwindigkeiten von S_N2- und S_N1-Reaktionen an verschiedenen Alkylbromiden

Einfluß des Nucleophils und der Abgangsgruppe. Die **Nucleophilie** des angreifenden Reagens ist bei *typischen S_N1-Reaktionen ohne Einfluß* auf die Reaktionsgeschwindigkeit, da das Nucleophil am aktivierten Komplex des geschwindigkeitsbestimmenden Schrittes (der C—X-Bindungstrennung) nicht beteiligt ist. Läßt man jedoch dem Carbeniumion die «Auswahl» unter verschiedenen, nucleophilen Reagenzien, so wird es *bevorzugt* mit demjenigen Nucleophil reagieren, das die *größte Elektronendichte* aufweist. *Je weniger stabil ein Carbeniumion ist, desto weniger selektiv wird es reagieren;* stabile Carbeniumionen können oft das stärkste Nucleophil deutlich bevorzugen.

Anders liegen die Verhältnisse bei *bimolekularen Substitutionen.* Hier hängt die *Geschwindigkeit* auch von der *Nucleophilie des Reagens* ab, da der Übergangszustand um so leichter erreicht wird, je leichter das Nucleophil die neue Bindung eingeht. Auf den ersten Blick wäre zu erwarten, daß Nucleophilie und *Basenstärke* eines Reagens einander parallel laufen, da in jedem Fall das betreffende Teilchen ein Elektronenpaar zur Bildung einer neuen Bindung zur Verfügung stellen muß. Bei der Reaktion als Base reagiert das betreffende Teilchen aber mit einem Proton bzw. mit einer Protonsäure, während es ein positiv polarisiertes C-Atom angreift, wenn es als nucleophiles Reagens wirkt. Zudem wird die Basizität durch eine Gleichgewichtskonstante (nämlich der Reaktion der Base mit Wasser) ausgedrückt; mangels geeigneter Vergleichssubstanzen kann die Nucleophilie dagegen nur durch den Vergleich verschiedener Reaktionsgeschwindigkeiten charakterisiert werden und ist deshalb eine *kinetische, keine thermodynamisch bestimmte Größe.*

Trotz dieser Unterschiede findet man, daß Basizität und Nucleophilie verschiedener Reagenzien einander entsprechen, wenn bei S_N-Reaktionen jeweils *dasselbe Atom* angreift. In der folgenden Reihe nimmt deshalb die Nucleophilie – ebenso wie die Basenstärke – nach rechts ab:

$$^\ominus OC_2H_5 > {}^\ominus OH > {}^\ominus OC_6H_5 > {}^\ominus OOCCH_3 > H_2O > NO_3^\ominus$$

Für die Nucleophilie eines bestimmten Reagens ist jedoch neben seiner Basizität auch die *Polarisierbarkeit* entscheidend: Große Atome sind leichter zu polarisieren, und damit sind ihre Außenelektronen leichter für den aktivierten Komplex verfügbar. Oder anders ausgedrückt: Die *harte Säure* $H^\oplus$ (das Proton) koordiniert sich bevorzugt mit *harten Basen* ($O^{2\ominus}$, $OH^\ominus$, $F^\ominus$), während ein *positiv polarisiertes C-Atom,* eine weichere Säure, vorzugsweise mit *weichen Basen* reagiert[1]. Diese Verhältnisse werden besonders deutlich durch den Vergleich der Geschwindigkeiten der Reaktion von Butylbromid mit Phenolat bzw. Thiophenolat: Das schwächer basische (weichere) Thiophenolat-Ion reagiert rund 1000mal so schnell wie das (stärker basische, aber härtere) Phenolat-Ion! Ganz analog nimmt in der Reihe

$$I^\ominus > Br^\ominus > Cl^\ominus \gg F^\ominus$$

aus diesem Grund die Nucleophilie nach rechts stark ab. Diese Abnahme wird aber in sehr weitgehendem Maß auch durch *Solvationseffekte* verursacht. Das kleine $F^\ominus$-Ion ist am stärksten solvatisiert, und die Solvathülle muß bei der Bildung des aktivierten Komplexes zerstört werden. In aprotischen polaren Lösungsmitteln wie z.B. Chloroform wächst dementsprechend die Nucleophilie vom Iodid- zum Chlorid-Ion. Besonders drastisch zeigt sich der Einfluß der Solvation darin, daß Lösungen von KF in Acrylnitril oder Benzen in Gegenwart von *Kronenethern,* die «*nackte*», nicht solvatisierte Fluorid-Ionen enthalten, ohne weiteres Substitutionen an primären, sekundären und tertiären, ja in bestimmten Fällen sogar an sp^2-hybridisierten (Vinyl-)C-Atomen ermöglichen. Für S_N2-Reaktionen in protischen Lösungsmitteln haben Edwards und Pearson folgende Reihe – nach abnehmender Nucleophilie geordnet – aufgestellt:

[1] Zu den Begriffen «harte» und «weiche» Säuren und Basen vgl. S. 447

$$RS^{\ominus} > ArS^{\ominus} > I^{\ominus} > CN^{\ominus} > OH^{\ominus} > N_3^{\ominus} > Br^{\ominus} > ArO^{\ominus} > Cl^{\ominus} > AcO^{\ominus} > H_2O$$

Eine von Swain und Scott formulierte lineare Freie Enthalpie-Beziehung vermag ähnlich wie die Hammett-Gleichung die Geschwindigkeitskonstanten verschiedener S_N2-Reaktionen zu korrelieren.

Daß bei Substraten, die sowohl nach S_N2 wie nach S_N1 reagieren können, das Nucleophil auch einen Einfluß auf den *Mechanismus* der Substitution ausübt, wundert nach dem bisher Gesagten nicht. *Starke Nucleophile* bewirken in einem solchen Fall als Folge ihrer Aggressivität eher eine *bimolekulare, schwache Nucleophile* eher eine *unimolekulare* Substitution.

Tabelle 7.6. Reaktionsgeschwindigkeiten bei S_N2-Reaktionen unter Verwendung verschiedener nucleophiler Reagenzien

Nucleophil	Relative Reaktions-geschwindigkeit
$C_6H_5S^{\ominus}$	470 000
$I^{\ominus}$	3 700
$C_2H_5O^{\ominus}$	1 000
$Br^{\ominus}$	500
$C_6H_5O^{\ominus}$	400
$Cl^{\ominus}$	80
$CH_3COO^{\ominus}$	20
$NO_3^{\ominus}$	1

Gewisse Nucleophile besitzen zwei Atome, die ein Substrat angreifen können (**«ambidente»** *Nucleophile*). Beispiele dafür sind das *Nitrit-Ion* ($NO_2^{\ominus}$), das entweder mit den N- oder mit dem O-Atom angreifen kann (Bildung einer Nitroverbindung bzw. eines Salpetrigsäure-Esters), das *Cyanid-Ion* (C- oder N-Atom als nucleophiles Zentrum; Bildung von Nitrilen und Isonitrilen) und die aus Carbonylverbindungen durch Abspaltung eines Protons entstehenden Anionen (Carbanionen bzw. *Enolat-Ionen*) mit einem C- und einem O-Atom als nucleophiles Zentrum:

$$R-\underset{\underset{O}{\|}}{C}-CH_2-R' \;\longrightarrow\; \left[R-\underset{\underset{O}{\|}}{C}-\overset{\ominus}{C}H-R' \;\leftrightarrow\; R-C=CH-R' \atop |\underline{O}|^{\ominus} \right]$$

Mit welchem nucleophilen Zentrum ein ambidentes Nucleophil das Substrat angreift, hängt von verschiedenen Faktoren ab. Manchmal wird auch ein Angriff durch beide Zentren beobachtet, so daß Gemische verschiedener Produkte erhalten werden. Liefert eine Reaktion, die im Prinzip *zwei oder mehr Konstitutionsisomere* ergeben könnte, nur ein *einziges* dieser Isomere, so nennt man sie **«regiospezifisch»**. Ambidente Nucleophile können also sowohl regiospezifisch wie nicht regiospezifisch wirken.

Nucleophile sind stets auch *Lewis-Basen,* und das Atom, welches durch das Nucleophil angegriffen wird, kann als *Lewis-Säure* aufgefaßt werden. Nach Pearson lassen sich die meisten Lewis-Basen bzw. -Säuren in zwei Gruppen ordnen: die **«harten»** bzw. **«weichen»** Basen (Säuren). Harte Basen sind schwer polarisierbar und haben eine relativ hohe

Elektronegativität (z. B. das $F^{\ominus}$- oder das $OH^{\ominus}$-Ion), während weiche Basen leicht polarisierbar und wenig elektronegativ sind. Harte Säuren bilden vorzugsweise Bindungen mit harten Basen; sie besitzen eine relativ hohe Ladungskonzentration und meist auch eine niedrige Oxidationszahl. Weiche (eher voluminöse) Säuren koordinieren sich bevorzugt mit weichen Basen. Carbeniumionen sind eher harte Säuren, während das im Falle einer S_N2-Reaktion angegriffene C-Atom eine eher weiche Säure ist.

Nun ist das *stärker elektronegative Atom* eines ambidenten Nucleophils eine *härtere Base* als das weniger elektronegative Atom. Je eher eine bestimmte Substitution *unter S_N1-Bedingungen* abläuft, um so eher wird das ambidente Nucleophil bevorzugt mit dem *stärker elektronegativen Atom* angreifen, das Nitrit-Ion also z. B. mit dem O-Atom. Je mehr anderseits die betrachtete Reaktion *dem S_N2-Typ* entspricht, um so eher erfolgt der Angriff durch das *weniger elektronegative* (weichere) Atom. Eine Substitution durch Nitrit-Ionen wird unter diesen Umständen hauptsächlich Nitro-Verbindungen liefern.

Besonders wichtige ambidente Nucleophile sind die *Carbanionen (Enolat-Ionen)* von Carbonylverbindungen. Bei der Reaktion mit Halogenalkanen *(Alkylierung;* S. 459) wirkt nahezu ausschließlich das α-C-Atom als nucleophiles Zentrum:

$$\left[\begin{array}{c} |\overline{O}|^{\ominus} \\ | \\ R-C=CH_2 \end{array} \leftrightarrow \begin{array}{c} /O\backslash \\ \| \\ R-C-\overline{C}H_2^{\ominus} \end{array}\right] + R'X \longrightarrow \begin{array}{c} O \\ \| \\ R-C-CH_2-R' \end{array}$$

Wie oben erwähnt, ist das negativ geladene C-Atom weniger elektronegativ und stärker polarisierbar, also das stärkere Nucleophil. Zudem ist das Produkt der C-Alkylierung wegen der höheren Bindungenthalpie der C=O-Bindung (verglichen mit der Bindungsenthalpie der C=C-Bindung) stabiler. Allerdings wandeln sich die Produkte der C- und der O-Alkylierung unter den Bedingungen der Alkylierung kaum ineinander um, so daß die thermodynamische Stabilität der beiden Produkte für das Mengenverhältnis nicht bestimmend ist. Die aktivierten Komplexe für beide Reaktionen gleichen jedoch schon in einem gewissen Ausmaß den Produkten:

O-Alkylierung

C-Alkylierung

Der aktivierte Komplex (2) wird damit energieärmer sein als der aktivierte Komplex (1), so daß auch aus diesem Grund die *C-Alkylierung begünstigt* ist.

Sehr reaktive Alkylierungsreagenzien (Alkylsulfate bzw. -sulfonate) ergeben jedoch auch größere Mengen O-Alkylierungsprodukt, da dann der aktivierte Komplex eher dem Enolat-Ion gleicht und die hohe Ladungsdichte am O-Atom zur O-Alkylierung führt. *α-Chlorether* liefern ausschließlich O-Alkylierungsprodukt, weil die Reaktion dann nach S_N1 abläuft.

Auch Carbonylverbindungen, bei denen das der Carbonylgruppe benachbarte C-Atom sterisch gehindert ist, ergeben O-Alkylierung, vor allem in aprotischen Lösungsmitteln.

Bereits auf S. 441 wurde darauf hingewiesen, daß gewisse *Lewis-Säuren* den S_N1-Ablauf begünstigen. Ag$^\oplus$-Ionen oder BF$_3$ begünstigen daher im Falle eines ambidenten Nucleophils den *Angriff durch das stärker elektronegative Atom.* Besitzt die Abgangsgruppe eine relativ hohe Elektronegativität, so wird dadurch die Partialladung des angegriffenen C-Atoms erhöht. Damit wird dieses eine härtere Säure, was ebenfalls einen Angriff durch das stärker elektronegative nucleophile Zentrum begünstigt.

Tabelle 7.7. Einfluß der Abgangsgruppe auf die Reaktionsgeschwindigkeit bei S_N-Reaktionen

Abgangsgruppe	Relative Reaktionsgeschwindigkeit
$-OSO_2-\langle\bigcirc\rangle-NO_2$	2800
$-OSO_2-\langle\bigcirc\rangle-Br$	660
$-OSO_2-\langle\bigcirc\rangle$	300
$-OSO_2-\langle\bigcirc\rangle-CH_3$	192
$-I$	150
$-Br$	50
$-\overset{\oplus}{O}H_2$	50
$-Cl$	1
$-F$	10^{-2}

Der Charakter der **Abgangsgruppe** wirkt sich für beide Reaktionstypen im wesentlichen in der gleichen Weise aus, da in beiden Fällen die C—X-Bindung getrennt werden muß. Im allgemeinen gilt die Regel, daß schwache Basen leicht zu verdrängen sind oder anders gesagt, daß *starke Basen,* wie OH$^\ominus$ oder CN$^\ominus$ *sehr schlechte Abgangsgruppen* sind. In der Tat lassen sich OH$^\ominus$, OR$^\ominus$ oder CN$^\ominus$ bei S_N-Reaktionen nicht direkt verdrängen. Werden hingegen Alkohole oder Ether zuerst protoniert, so fungieren HOH bzw. HOR als Abgangsgruppen und S_N-Reaktionen lassen sich leicht durchführen (vgl. S. 462). Bemerkenswert ist hingegen, daß in der Reihe der Halogene die Leichtigkeit, mit der ein Halogenid-Ion als Abgangsgruppe substituiert werden kann, vom F zum I zunimmt, in erster Linie wegen der in dieser Reihenfolge abnehmenden Bindungsenergie der C-Halogen-Bindung. Dies hat zur Folge, daß das *Iodid-Ion* nicht nur ein *gutes Nucleophil* ist, sondern daß es auch *wieder leicht verdrängt werden kann.* Ein geringer Zusatz von Iodid kann deshalb eine S_N-Reaktion an einem Alkylhalogenid katalysieren:

$$R—X + I^\ominus \quad \longrightarrow \quad R—I + X^\ominus$$
$$Y^\ominus + R—I \quad \longrightarrow \quad R—Y + I^\ominus$$

Besonders gute Abgangsgruppen sind die Anionen der *p*-Toluensulfonsäure bzw. der *p*-Brombenzensulfonsäure *(«Tosylat-» bzw. «Brosylat-Anion»)* sowie die Trifluormethylsulfonyloxy-Gruppe *(«Triflat-Gruppe»)*. Die letztere ermöglicht sogar S_N-Reaktionen an ungesättigten C-Atomen:

$$R\diagdown C=C \diagup CH_3 \qquad R\diagdown C=C \diagup CH_3 + CF_3SO_2O^{\ominus}$$

7.4   Nebenreaktionen

Wir haben schon erwähnt, daß bei der Reaktion eines Nucleophils mit einem geeigneten Substrat auch andere Reaktionen möglich sind, welche in *Konkurrenz* mit der eigentlichen nucleophilen Substitution treten. Im folgenden Abschnitt sollen die wichtigsten dieser Nebenreaktionen kurz betrachtet werden; ihr genauer Ablauf wird zum Teil erst in späteren Kapiteln ausführlicher geschildert.

Eliminationen. Ein im Verlauf einer S_N-Reaktion gebildetes, unstabiles und reaktionsfähiges *Carbeniumion* kann sich nicht nur dadurch stabilisieren, daß es sich mit einem Anion (dem zugesetzten Nucleophil) verbindet, sondern auch dadurch, daß es an eine genügend starke Base *ein Proton abgibt* und dadurch ein **Alkenmolekül** bildet:

Eliminationen als Nebenreaktionen sind also in allererster Linie dann zu erwarten, wenn die Abgangsgruppe an ein *tertiäres* C-Atom gebunden ist oder wenn das verwendete Nucleophil zugleich eine *starke Base* ist, also bei S_N1-Reaktionen mit tertiären Halogeniden, tertiären Alkoholen usw. Es ist jedoch auch bei bimolekularem Verlauf der nucleophilen Substitution möglich, daß Alkene als Nebenprodukte gebildet werden (*E2-Reaktion*), besonders bei Verwendung von *stark basischen Nucleophilen*. Da die Substitution gegenüber der Elimination thermodynamisch und kinetisch begünstigt ist (sie verläuft stärker exergonisch und benötigt die kleinere freie Aktivierungsenthalpie), tritt die letztere besonders bei *höheren Temperaturen* in Erscheinung, insbesondere, da bei der Elimination auch die Reaktionsentropie positiver ist.

Umlagerungen. Umlagerungen als Nebenreaktionen zu S_N-Reaktionen treten vorzugsweise bei Substitutionen auf, die über *Carbeniumionen* ablaufen. In bestimmten Fällen erhält man sogar nahezu ausschließlich umgelagerte Produkte an Stelle der eigentlich zu erwartenden direkten Substitutionsprodukte.

Halogenide mit dem Halogenatom in *Allylstellung* sind bekanntlich bei S_N-Reaktionen besonders reaktionsfähig, weil sich mesomeriestabilisierte Carbeniumionen bilden:

$$-CH{=}CH{-}\underset{\underset{X}{|}}{CH}{-} \longrightarrow \left[-CH{\cdots}CH{\cdots}CH{-}\right]^{\oplus} \equiv \left\{-CH{=}CH{-}\overset{\oplus}{CH}{-} \leftrightarrow \overset{\oplus}{CH}{-}CH{=}CH{-}\right\}$$

Je nach dem C-Atom, an welchem das Nucleophil angreift, entsteht das «normale» oder das umgelagerte Substitutionsprodukt. Es ist aber auch möglich, daß sich das Carbeniumion noch im Stadium des «engen» Ionenpaares wieder mit dem abgespaltenen Anion verbindet; da dieses «vergessen» hat, an welches C-Atom es ursprünglich gebunden gewesen war, entsteht dadurch neben dem Ausgangsstoff ein Isomer davon (**«innere Rückkehr»**):

$$\begin{array}{ccc} & \text{(a)} & \text{(b)} \\ & Y & Y \\ & \downarrow & \downarrow \\ CH_3{-}CH{=}CH{-}\underset{X}{CH_2} \longrightarrow & [CH_3{-}CH{\cdots}CH{\cdots}CH_2]^{\oplus} & \text{Substitution} \\ & \uparrow \qquad \uparrow & \\ & X \qquad X & \text{innere Rückkehr} \\ & \text{(c)} \quad \text{(d)} & \end{array}$$

Reaktionsprodukte:

(a) $CH_3{-}\underset{Y}{CH}{-}CH{=}CH_2$ (b) $CH_3{-}CH{=}CH{-}CH_2Y$ (c) $CH_3{-}\underset{X}{CH}{-}CH{=}CH_2$

(d) $CH_3{-}CH{=}CH{-}CH_2X$
(Ausgangsstoff)

Daß die «innere Rückkehr» tatsächlich hauptsächlich auf der Stufe des engen Ionenpaares erfolgt, wird durch Zusatz von radioaktivem Halogenid zum Reaktionsgemisch bewiesen: das umgelagerte Produkt (c) zeigt dann nur eine sehr geringe Radioaktivität. – Die für Allyl-Systeme typische Bildung umgelagerter Produkte [entsprechend (a)] wird als **Allylumlagerung** bezeichnet.

Da Allylumlagerungen über Carbeniumionen verlaufen, treten sie gewöhnlich nur unter S_N1-Bedingungen ein. In solchen Fällen, bei denen sterische Gründe eine «normale» S_N2-Reaktion an Allyl-C-Atomen erschweren, wurden jedoch auch bei einem Verlauf nach S_N2 Allyl-Umlagerungen beobachtet. Man nimmt dafür allerdings einen anderen Mechanismus an *(«S_N2'-Mechanismus»)*, bei dem das Nucleophil das γ-C-Atom angreift:

$$R{-}\underset{\underset{Y}{|}}{\overset{\overset{R}{|}}{C}}{=}\underset{\underset{R'}{|}}{C}{-}\underset{\underset{R''}{|}}{\overset{\overset{R''}{|}}{C}}{-}X \longrightarrow R{-}\underset{\underset{Y}{|}}{\overset{\overset{R}{|}}{C}}{-}\underset{\underset{R'}{|}}{C}{=}\underset{\underset{R''}{|}}{\overset{\overset{R''}{|}}{C}} + |X$$

Die Reaktion verläuft konzertiert und ist zweiter Ordnung. Offenbar werden drei Elektronenpaare gleichzeitig verschoben. Bei Substraten des Typus $C{=}C{-}CH_2X$ wird sie kaum beobachtet; sie ist jedoch für Substrate der Art $C{=}C{-}CR_2X$ die Regel.

Eine weitere Art von Umlagerungen besteht darin, daß sich *sekundäre oder primäre Carbeniumionen in die (stabileren) tertiären Carbeniumionen umwandeln*. Ein klassisches Beispiel ist die **«Neopentylumlagerung»**:

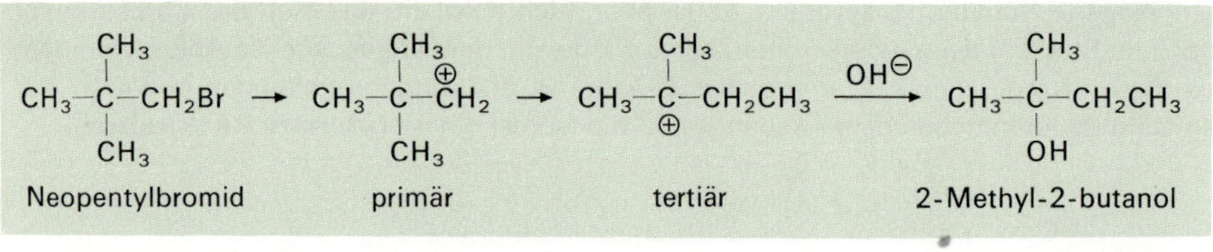

$$CH_3\text{-}\underset{\underset{CH_3}{|}}{\overset{\overset{CH_3}{|}}{C}}\text{-}CH_2Br \longrightarrow CH_3\text{-}\underset{\underset{CH_3}{|}}{\overset{\overset{CH_3}{|}}{C}}\text{-}\overset{\oplus}{C}H_2 \longrightarrow CH_3\text{-}\underset{\underset{CH_3}{|}}{\overset{\overset{CH_3}{|}}{C}}\text{-}\underset{\oplus}{C}H_2CH_3 \xrightarrow{OH^{\ominus}} CH_3\text{-}\underset{\underset{OH}{|}}{\overset{\overset{CH_3}{|}}{C}}\text{-}CH_2CH_3$$

Neopentylbromid   primär   tertiär   2-Methyl-2-butanol

Voraussetzung für eine solche Umlagerung ist, daß sich neben dem positiv geladenen C-Atom ein tetrasubstituiertes C-Atom befindet. Die Umlagerung selbst kann durch Wanderung eines Carbanions oder Hydrid-Ions erfolgen und verläuft konzertiert mit der Bildung des Carbeniumions (über einen nicht-klassischen Übergangszustand bzw. Zwischenstoff mit Dreizentren-MO; vgl. S. 438). So erhält man aus Isobutylalkohol und HBr neben dem normalen Substitutionsprodukt (Isobutylbromid) stets auch etwas tertiäres und sekundäres Butylbromid:

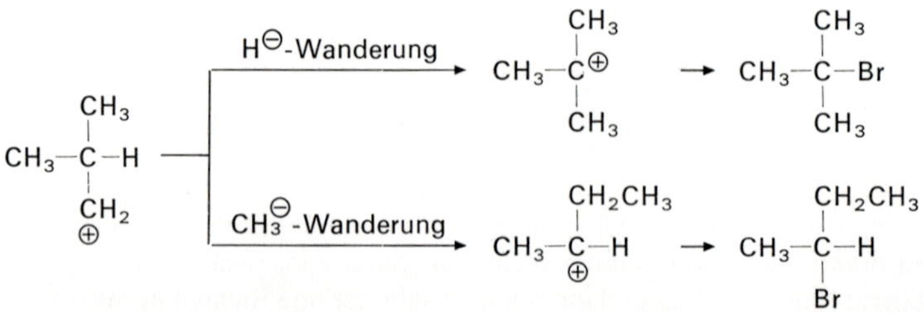

Die «verschobene» Alkylgruppe kann auch Glied eines *Ringes* sein. Die Solvolyse von Cyclopropylmethylchlorid liefert neben dem nicht-umgelagerten Alkohol auch Cyclobutanol (Ringerweiterung durch das intermediär auftretende Carbeniumion). Cyclobutylchlorid ergibt bei der Solvolyse dasselbe Gemisch:

Das Ausmaß, in welchem eine solche Umlagerung eintritt, hängt sehr von der Stabilität (der «Lebensdauer») des Carbeniumions ab. Stabilere Carbeniumionen, die über eine längere Zeitspanne existieren, haben eher die Möglichkeit zur Umlagerung als solche, die bereits im Stadium des engen Ionenpaars von einem Nucleophil gebunden werden.

7.5 Reaktionen von Alkylhalogeniden und -sulfaten bzw. -sulfonaten

Allgemeines. Wegen der Leichtigkeit, mit der sich Halogenid-Ionen (vor allem $I^{\ominus}$ und $Br^{\ominus}$) sowie Monoalkylsulfat- und Tosylat- (Brosylat-) Ionen durch nucleophile Reagenzien verdrängen lassen, haben die Alkylhalogenide (-sulfate, -sulfonate) für die präparative organische Chemie eine große Bedeutung, da sich durch solche Substitutionen nicht nur die verschiedenartigsten funktionellen Gruppen in organische Moleküle einführen lassen, sondern auch C—C-Bindungen neugeknüpft und dadurch C-Gerüste aufgebaut werden können.

Primäre Halogenide reagieren dabei vorzugsweise nach S_N2, während die Substitutionen an tertiären Halogeniden über Carbeniumionen verlaufen. Im letzteren Fall verwendet man oft – besonders bei schwach nucleophilen Reagenzien! – $ZnCl_2$, $AlCl_3$ oder $Ag^{\oplus}$ als «Katalysatoren» zur Erleichterung der Carbeniumionbildung. Ist das verwendete Nucleophil zugleich eine starke Base (wie z. B. $OH^{\ominus}$ oder $^{\ominus}OC_2H_5$), so tritt die *Elimination* als *Nebenreaktion* in Erscheinung. Tertiäre Halogenide ergeben mit starken Basen zu fast 100 % Alken. Die Alkenbildung oder auch andere Nebenreaktionen (Umlagerungen) können aber durch geeignete Wahl der Reaktionsbedingungen (niedrige Reaktionstemperatur, schwächer basische nucleophile Reagenzien, Lösungsmittel) oft stark zurückgedrängt werden.

Es sei nochmals darauf hingewiesen, daß Verbindungen, bei denen ein Halogenatom direkt an eine Doppel- oder Dreifachbindung gebunden ist, nur in speziellen Fällen S_N-Reaktionen eingehen.

Bei den meisten Substitutionen an Alkylhalogeniden (und -sulfaten bzw. -sulfonaten) wirken *Anionen* als Nucleophile (vgl. Tabelle 7.8). Arbeitet man mit *Zweiphasensystemen* – etwa Wasser oder Ethanol, in dem das Salz mit dem nucleophilen Anion gelöst ist, und einem organischen Lösungsmittel, in dem sich das Alkylhalogenid löst – so ist die

Tabelle 7.8. Nucleophile Substitutionen an Alkylhalogeniden (-sulfaten oder -sulfonaten)

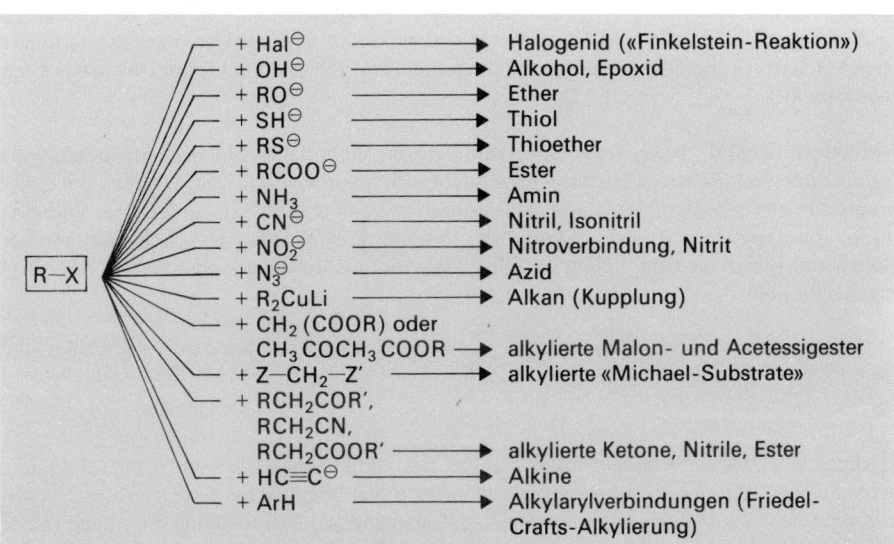

Reaktionsgeschwindigkeit oft sehr klein, weil die gegenseitige Löslichkeit der beiden Phasen zu klein ist und die Reaktionspartner miteinander nicht in Kontakt kommen. Aber auch wenn eine gewisse gegenseitige Mischbarkeit der Phasen vorhanden ist, kann die Reaktionsgeschwindigkeit für praktische Zwecke zu klein sein, da die Anionen in der protischen Phase stark solvatisiert sind. In solchen Fällen vermag die *Phasentransfer-Katalyse* die Reaktionsgeschwindigkeit oft sehr stark zu steigern. Während z.B. eine wäßrige Lösung von NaCN mit einem Alkylhalogenid (in reiner Form oder in einem Kohlenwasserstoff gelöst) nicht reagiert, erfolgt die Substitution sehr rasch, wenn dem Zweiphasensystem kleine Mengen Trialkylammoniumsalze zugesetzt werden (S. 379). Auch *Kronenether* können zu diesem Zweck eingesetzt werden und ermöglichen die Reaktion in einer einzigen Phase.

Finkelstein-Reaktion. Der Austausch von Halogenatomen in Alkylhalogeniden durch andere Halogenatome verläuft normalerweise als bimolekulare Substitution. Die Reaktion läßt sich deshalb mit tertiären Halogeniden nicht und mit sekundären Halogeniden nur in besonderen Fällen durchführen. Die Finkelstein-Reaktion bietet ein instruktives Beispiel einer *kinetisch gesteuerten* Reaktion. Obschon nämlich die Substitutionen mit *Fluorid-*Ionen als Nucleophil alle exergonisch verlaufen ($K > 1$), lassen sich F-Atome nicht ohne weiteres auf diese Weise einführen, da die Nucleophilie des $F^{\ominus}$-Ions zu klein, oder anders gesagt, die freie Aktivierungsenthalpie für die Substitution durch $F^{\ominus}$ zu hoch ist. Daß die geringe Reaktionsfähigkeit des $F^{\ominus}$-Ions in erster Linie durch die starke Solvation dieses kleinen Ions bedingt ist, wird dadurch erwiesen, daß beim Erhitzen eines Gemisches von Alkylhalogenid oder (besser) -tosylat mit KF in wasserfreiem Glykol ohne weiteres Alkyl-fluoride erhalten werden können. Auch durch Kronenether komplexiertes KF in unpolaren oder polaren, aber aprotischen Lösungsmitteln liefert Fluoride. – Verwendet man Aceton als Lösungsmittel, so können auch *Iodide* in guten Ausbeuten erhalten werden, obschon diese Substitutionen endergonisch (!) sind, weil alle Alkalihalogenide außer Natriumiodid in Aceton unlöslich sind und dadurch dem Reaktionsgleichgewicht entzogen werden. Eine Lösung von NaI in Aceton wird deshalb gelegentlich als *Reagens auf primäre Chloride* oder *Bromide* verwendet (beide ergeben damit einen Niederschlag von NaCl bzw. NaBr).

Die *präparative Bedeutung* der Finkelstein-Reaktion liegt in der Gewinnung von *Fluoriden* (auf die geschilderte Art und Weise) und insbesondere von *Iodiden*, da man dann die Reaktion von Alkoholen mit HF bzw. HI umgehen kann (HI wirkt auf Alkohole bereits auch reduzierend!).

Reaktion mit OH$^{\ominus}$ bzw. H$_2$O. Die Hydrolyse von Monohalogeniden zu Alkoholen wird nur in wenigen Fällen präparativ oder technisch genutzt, weil die Halogenide meist umgekehrt aus den Alkoholen hergestellt werden müssen und weil (besonders bei Verwendung von OH$^{\ominus}$-Ionen) stets Alkene als Nebenprodukte entstehen. Beispiele solcher Reaktionen bieten die Gewinnung von *Benzylalkohol* aus Benzylchlorid oder von *Allylalkohol* aus Propen:

$$CH_2{=}CH{-}CH_3 \xrightarrow[\text{Licht}]{Br_2} CH_2{=}CH{-}CH_2Br \xrightarrow{OH^{\ominus}} CH_2{=}CH{-}CH_2OH$$
$$\text{Allylalkohol}$$

Hydrolysen *tertiärer Halogenide* führt man am besten mit Ethanol/Wasser-Gemischen aus, wobei Lewis-Säuren die Carbeniumionbildung begünstigen. Um bei *bimolekularen Substitutionen* die *Alkenbildung zu vermeiden*, bildet man zuerst durch Reaktion mit Acetat (einer schwachen Base!) einen Ester, der dann in einer zweiten Reaktion verseift wird:

$$\begin{array}{c} CH_3 \\ \diagdown \\ CH_3 \diagup \end{array} CH\!-\!Br \;+\; Na^{\oplus}\,{}^{\ominus}OOCCH_3 \;\longrightarrow\; \begin{array}{c} CH_3 \diagdown \quad \diagup H \\ C \\ CH_3 \diagup \quad \diagdown O\!-\!C\!-\!CH_3 \\ \quad\quad\quad \| \\ \quad\quad\quad O \end{array} \;+\; Na^{\oplus}\;Br^{\ominus} \quad (S_N2)$$

$$\begin{array}{c} CH_3 \diagdown \quad \diagup H \\ C \\ CH_3 \diagup \quad \diagdown O\!-\!C\!-\!CH_3 \\ \quad\quad\quad \| \\ \quad\quad\quad O \end{array} \;+\; KOH \;\longrightarrow\; \begin{array}{c} CH_3 \diagdown \quad \diagup H \\ C \\ CH_3 \diagup \quad \diagdown OH \end{array} \;+\; K^{\oplus}\,{}^{\ominus}OOCCH_3 \quad (\text{Verseifen})$$

Gem-Dihalogenide liefern bei der Hydrolyse *Carbonylverbindungen.* So wird z. B. Benzaldehyd technisch durch Hydrolyse von Benzalchlorid gewonnen (das durch Chlorierung von Toluen am Licht erhalten werden kann):

$$\underset{}{\bigcirc}\!-\!CHCl_2 \;+\; H_2O \;\longrightarrow\; \underset{}{\bigcirc}\!-\!CH\!\!\begin{array}{c} \diagup OH \\ \diagdown Cl \end{array} \;+\; H^{\oplus} \;+\; Cl^{\ominus}$$

$$\downarrow$$

$$\underset{}{\bigcirc}\!-\!CH\!=\!O \;+\; H^{\oplus} \;+\; Cl^{\ominus}$$

Vic-Dihalogenide verhalten sich bei der Hydrolyse in mancher Hinsicht etwas anders. Dichloride neigen dabei zur Bildung von *Epoxiden (Oxiranen),* weil die intermediär gebildeten Chlorhydrine durch «innere» S_N2-Reaktion weiter reagieren (Nachbargruppeneffekt):

$$\begin{array}{c} Cl \\ | \\ R\!-\!CH\!-\!CH\!-\!R' \\ | \\ HO \end{array} \xrightarrow{-\,Cl^{\ominus}} \begin{array}{c} R\!-\!CH\!-\!CH\!-\!R' \\ \diagdown\;\;O\;\;\diagup \\ \oplus \\ | \\ H \end{array} \longrightarrow \begin{array}{c} R\!-\!CH\!-\!CH\!-\!R' \\ \diagdown O \diagup \end{array} \;+\; H^{\oplus}$$

Die Bildung eines Dreiringes wird dabei durch die *positive Aktivierungsentropie* begünstigt. Während bei der Bildung des Übergangszustandes einer S_N2-Reaktion die Entropie stark abnimmt (vorher freie Partikeln werden aneinander gebunden), ist das bei der Nachbargruppensubstitution nicht der Fall, so daß sogar ein ungünstiger Enthalpieterm (Baeyer-Spannung des Dreiringes) überkompensiert werden kann.

Mit *starken Basen* ($OH^{\ominus}$) und beim Erwärmen tritt vorzugsweise *Elimination ein,* da der $-I$-Effekt des zweiten Halogenatoms die Abgabe eines Protons erleichtert:

$$\begin{array}{c} Br\;\;Br \\ | \quad | \\ R\!-\!C\!-\!C\!-\!R' \\ | \quad | \\ H\;\;R'' \end{array} \xrightarrow{OH^{\ominus}} \begin{array}{c} Br \diagdown \quad \diagup R' \\ C\!=\!C \\ R \diagup \quad \diagdown R'' \end{array} \;+\; Br^{\ominus} \;+\; H_2O$$

Alkali *iodide* schließlich liefern mit *vic*-Dichloriden oder Dibromiden Iod und Alken:

$$\begin{array}{c} Br\;\;Br \\ | \quad | \\ R\!-\!C\!-\!C\!-\!R' \\ | \quad | \\ H\;\;H \end{array} \;+\; 2\,I^{\ominus} \;\longrightarrow\; \begin{array}{c} R \diagdown \quad \diagup R' \\ C\!=\!C \\ H \diagup \quad \diagdown H \end{array} \;+\; I_2 \;+\; 2\,Br^{\ominus}$$

Die Bindungsenergien zweier C—I- und einer C—C-Bindung sind ungefähr gleich groß wie die Bindungsenergie der I—I-Bindung und der C=C-Doppelbindung, so daß die Elimination thermodynamisch begünstigt ist, da sie zu einer Entropievermehrung führt.

1,1,1-Trihalogenide ergeben bei der Hydrolyse *Carbonsäuren:*

$$RCX_3 \xrightarrow{\text{H}_2\text{O}} RCOOH$$

Die Reaktion verläuft im Prinzip gleich wie die Hydrolyse von gem-Dihalogenverbindungen. Als Zwischenprodukt treten wahrscheinlich Verbindungen der Art $RC(OH)X_2$ auf, die durch Abspaltung von HX in RCOX (in Acylhalogenide) übergehen, die dann unter den gegebenen Bedingungen leicht und vollständig hydrolysiert werden. Führt man die Reaktion in Gegenwart eines Alkohols durch, so läßt sich direkt ein Ester erhalten. Da 1,1,1-Trihalogenverbindungen nicht immer einfach zu gewinnen sind (in gewissen Fällen z. B. durch Addition von CCl_4 an C=C-Doppelbindungen), ist ihre präparative Bedeutung nicht sehr groß.

Bildung von Ethern und Estern. Die Williamson-Synthese (Reaktion eines Alkylhalogenids mit einem Alkoholat, das aus Natrium und dem betreffenden Alkohol erhalten wird) ist auch zur Gewinnung unsymmetrischer Ether ziemlich allgemein anwendbar. Da tertiäre Halogenide mit starken Basen nahezu ausschließlich Alken ergeben, können *tertiäre Ether* nur durch Reaktion von tertiären Alkoxiden mit primären oder eventuell sekundären Halogeniden hergestellt werden:

$$\begin{array}{c} CH_3 \\ CH_3-C-O^{\ominus} + Cl-C_2H_5 \\ CH_3 \end{array} \longrightarrow \begin{array}{c} CH_3 \\ CH_3-C-O-C_2H_5 + Cl^{\ominus} \\ CH_3 \end{array}$$

Da die meisten funktionellen Gruppen, die in den Molekülen der Reaktanten vorhanden sein können, die Reaktion nicht stören, ist sie sehr vielseitig verwendbar. So lassen sich z. B. *Hydroxylgruppen* durch Reaktion ihrer Salze mit *Chlormethylmethylether «schützen»*[1]:

$$RO^{\ominus} + CH_3OCH_2Cl \longrightarrow ROCH_2OCH_3 + Cl^{\ominus}$$

Die entstehenden Verbindungen sind gegenüber Basen beständig, lassen sich jedoch bereits bei milden Bedingungen mit Säuren spalten.

Methylether können durch Reaktion von Alkoholen mit Dimethylsulfat in Gegenwart von 50%iger wäßriger Natronlauge und unter Zusatz von etwa 1 mol% Tetrabutylammoniumiodid in hohen Ausbeuten gewinnen *(Phasentransfer!)*. Dimethylsulfat allein reagiert mit Alkoholen nicht.

In gleicher Weise lassen sich auch *Phenolether* herstellen. Da Phenole beträchtlich stärker sauer sind als Alkohole, kann man mit einer Lösung des Phenols in wäßriger NaOH arbeiten und Dialkylsulfate als Substrate für die nucleophile Substitution verwenden.

Phenolether können auch durch *Phasentransfer-Katalyse* hergestellt werden. Das Phenol wird in diesem Fall einem Zweiphasensystem, bestehend aus Wasser und Methylenchlorid, zugesetzt, das zudem ein quartäres Ammoniumhydroxid ($R_4N^{\oplus}OH^{\ominus}$) und das Alkylhalogenid enthält. Dieses ist nur in Methylenchlorid löslich, während das Ammoniumhydroxid wasserlöslich ist. Das Phenol ist in beiden Phasen (zumindest wenig) löslich und wird im Wasser (vollständig) in seine konjugierte Base übergeführt. Diese besitzt eine (sehr geringe) Löslichkeit in Methylenchlorid und setzt sich dort sehr rasch und vollständig zum Ether um.

[1] Das Prinzip der *«Schutzgruppe»* findet in der synthetischen organischen Chemie sehr häufig Anwendung. Bei polyfunktionellen Reaktanten besteht nämlich oft die Möglichkeit, daß bei einer bestimmten Reaktion nicht nur die gewünschte, sondern auch weitere reaktive Gruppen an der Reaktion teilnehmen oder durch das Reagens verändert werden. Um dies zu verhindern, «schützt» man die fragliche Gruppe, indem man sie in ein Derivat überführt, das bei den betreffenden Bedingungen nicht reagieren kann, und dieses nach beendeter Reaktion und Abtrennung des Produktes wieder spaltet.

Ganz analog geschieht die schon erwähnte Bildung von *Estern* durch S_N2-Reaktion mit Salzen von Carbonsäuren. Besonders rasch reagieren wiederum die Silbersalze. Ameisen- und Essigsäureester werden häufig auch durch Solvolyse eines Halogenids oder Sulfonats mit Ameisen- oder Essigsäure erhalten (S_N1!); um die dabei freigesetzte starke Säure (HX bzw. $CH_3C_6H_4SO_3H$) unwirksam zu machen, setzt man ein Äquivalent der konjugierten Base des Lösungsmittels (Natriumformiat bzw. Natriumacetat) zu:

$$CH_3CH_2Br + \begin{matrix} HO \\ \\ O \end{matrix}\!\!\!\!\! C-H \longrightarrow CH_3CH_2-\overset{\overset{H}{|}\oplus}{O}\!\!\!\diagdown\!\!\! \underset{O}{\overset{}{C}}-H + Br^{\ominus}$$

$$\downarrow$$

$$CH_3CH_2-O\!\!\!\diagdown\!\!\! \underset{O}{\overset{}{C}}-H + H^{\oplus}$$

und ebenso

$$(CH_3)_2CHOSO_2C_6H_4CH_3 + CH_3COOH \longrightarrow \begin{matrix}(CH_3)_2CH-O\\ \\ \end{matrix}\!\!\!\diagdown\!\!\! \underset{O}{\overset{}{C}}-CH_3 + CH_3C_6H_4SO_3H$$

Ganz analog erfolgt die Bildung von *Thiolen (Mercaptanen)* und *Thioethern.* Weil die Nucleophilie des $HS^{\ominus}$-Ions und auch der Mercaptane beträchtlich größer ist als die Nucleophilie des $OH^{\ominus}$-Ions bzw. der Alkohole, bilden sich bereits bei der Einwirkung von NaHS auf Halogenide auch Thioether. Diese können mit überschüssigem Halogenid zu *Sulfoniumsalzen* weiterreagieren:

$$R-S-R' + R''-X \longrightarrow \underset{R'}{\overset{R}{\diagup}}\!\!\overset{\oplus}{S}-R''\; X^{\ominus}$$

Thioharnstoff (mit + M-Effekt der beiden Aminogruppen) reagiert besonders leicht auf diese Weise und liefert *Thiuroniumsalze,* die mit Pikrinsäure schwerlösliche, gut kristallisierende Pikrate ergeben und zur *Identifizierung* und *Charakterisierung* von *Halogeniden* verwendet werden:

$$S=C\!\!\begin{matrix}\diagup NH_2\\ \diagdown NH_2\end{matrix} + R-X \longrightarrow \left[R-S=C\!\!\begin{matrix}\diagup NH_2\\ \diagdown NH_2\end{matrix}\right]^{\oplus} + X^{\ominus}$$

Bildung von Aminen. Die Hofmann-Alkylierung von Ammoniak zur Gewinnung von Aminen wurde bereits auf S. 213 erwähnt. Sie ist eine typische S_N-Reaktion; da sie aber in Stufen abläuft (die gebildeten Amine sind ebenfalls nucleophil), ist es oft schwierig, sie auf einer bestimmten Stufe anzuhalten. Die Reaktion eines Halogenids mit Ammoniak bzw. einem Amin ergibt Ammonium-Ionen, welche mit den im Reaktionsgemisch vorhandenen Basen in einem Protolysengleichgewicht stehen (im nachfolgenden Schema ist der Einfachheit halber für die Base überall NH_3 eingesetzt):

$$R-X + NH_3 \longrightarrow R-\overset{\oplus}{N}H_3 + X^{\ominus}$$

$$R-\overset{\oplus}{N}H_3 + NH_3 \rightleftarrows R-NH_2 + NH_4^{\oplus}$$

$$R-X + R-NH_2 \longrightarrow R_2\overset{\oplus}{N}H_2 + X^{\ominus}$$

$$R_2\overset{\oplus}{N}H_2 + NH_3 \rightleftarrows R_2NH + NH_4^{\oplus}$$

$$R-X + R_2NH \longrightarrow R_3\overset{\oplus}{N}H + X^{\ominus}$$

$$R_3\overset{\oplus}{N}H \;+\; NH_3 \;\rightleftharpoons\; R_3N \;+\; NH_4^{\oplus}$$

$$R{-}X \;+\; R_3N \;\longrightarrow\; R_4\overset{\oplus}{N} \;+\; X^{\ominus}$$

Um primäre Amine in größeren Ausbeuten zu erhalten, setzt man Ammoniak in einem großen Überschuß ein. In der gleichen Weise lassen sich auch Aminosäuren aus α-Halogencarbon-säuren gewinnen; weil hier die Aminogruppe wegen des $-I$-Effektes der Carboxylgruppe schwächer basisch ist als Ammoniak, tritt nur die Monoalkylierung ein.

Praktische Bedeutung besitzt die Alkylierung von Aminen hauptsächlich zur Herstellung quartärer Ammoniumsalze *(Hofmann-Elimination;* S. 214) und in gewissen Fällen zur Darstellung *tertiärer Amine.* Die drei *Methylamine* werden technisch ebenfalls auf diese Weise hergestellt und anschließend durch fraktionierte Destillation getrennt.

Auch die wichtigsten Spezialmethoden zur Gewinnung reiner primärer und sekundärer Amine sind S_N-Reaktionen. Bei der *Gabriel-Synthese* wirkt das Anion von Phthalimid als Nucleophil gegenüber Alkylhalogeniden:

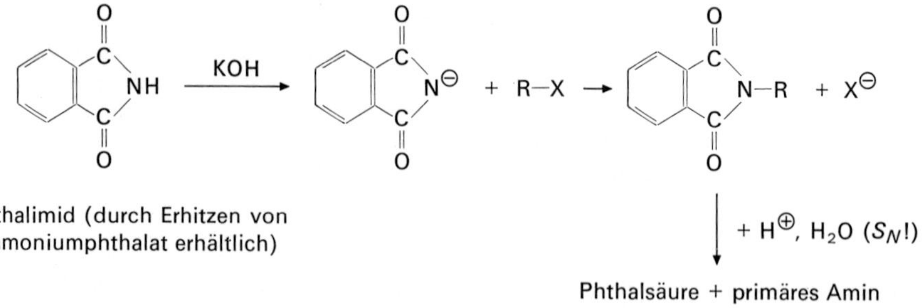

Phthalimid (durch Erhitzen von
Ammoniumphthalat erhältlich)

$+ H^{\oplus}$, H_2O (S_N!)

Phthalsäure + primäres Amin

Eine andere Möglichkeit zur Gewinnung primärer Amine, die besonders mit reaktionsfähi-gen Halogeniden, wie Allyl- oder Benzylhalogeniden oder Iodiden durchführbar ist, besteht in der Reaktion von Halogeniden mit Urotropin *(Delépin-Reaktion):*

$$RX + (CH_2)_6N_4 \;\longrightarrow\; N_3(CH_2)_6\overset{\oplus}{N}R \; X^{\ominus} \xrightarrow[\text{EtOH}]{HCl} RNH_2$$

Zur Gewinnung *sekundärer Amine* kann die Reaktion von Halogeniden mit Natriumcyan-amid oder den Kaliumsalzen von Monoalkylsulfonamiden dienen:

(a)

(b)

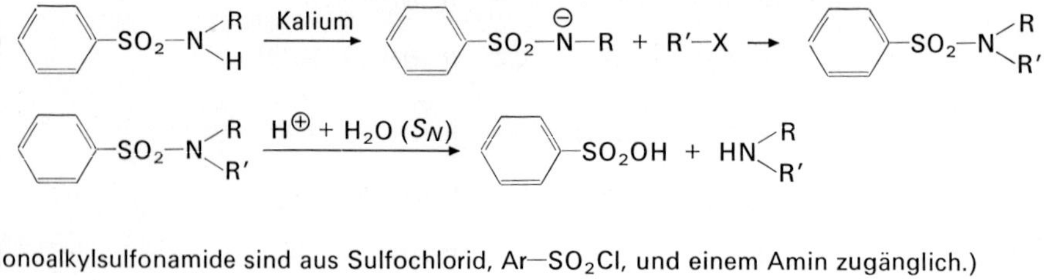

(Monoalkylsulfonamide sind aus Sulfochlorid, $Ar{-}SO_2Cl$, und einem Amin zugänglich.)

Reaktion mit Cyanid- und Nitrit-Ionen. Cyanid-Ionen können bei der Reaktion mit Alkylhalogeniden *Nitrile* oder *Isonitrile* liefern, je nachdem die $CN^{\ominus}$-Ionen mit dem C- oder dem N-Atom angreifen:

$$R-X + |C\equiv N|^{\ominus} \longrightarrow \begin{array}{l} R-C\equiv N \quad \text{Nitril } (S_N2) \\[4pt] R-\overset{\oplus}{N}\equiv\underset{\ominus}{\underline{C}} \quad \text{Isonitril } (S_N1) \end{array}$$

Primäre Halogenide liefern hauptsächlich *Nitrile («Kolbe-Synthese»),* wobei möglichst hydroxylfreie Lösungsmittel verwendet werden müssen, um die bimolekulare Substitution zu begünstigen (das C-Atom ist stärker nucleophil als das N-Atom). Um *Isonitrile* als Hauptprodukte zu erhalten, verwendet man *Silbercyanid* (bei Ablauf nach S_N1 greift das Atom mit der größten Elektronendichte an!). Wie schon früher (S. 441) bemerkt wurde, lassen sich aus Halogeniden und Natriumnitrit bzw. Silbernitrit in der gleichen Weise entweder Nitroalkane oder Nitrite (Salpetrigsäure-Ester) erhalten.

Kupplungsreaktionen. *Lithiumdialkylkupferverbindungen* (wahrscheinlich $Li^{\oplus}R_2Cu^{\ominus}$) reagieren mit Alkylchloriden, -bromiden und -iodiden in Ether oder Tetrahydrofuran in guter Ausbeute zu Kupplungsprodukten (S. 82):

$$RX + R_2'CuLi \longrightarrow R-R'$$

Die Reaktion ist vielseitig einsetzbar, da R sowohl eine primäre Alkylgruppe, eine Allyl-, Benzyl-, Aryl- oder Vinylgruppe sein und zudem Carbonyl-, Carboxyl- oder Estergruppen enthalten kann. R' in $R_2'CuLi$ kann eine primäre Alkylgruppe, eine Vinyl-, Allyl- oder Arylgruppe sein. Die Reaktion ist wahrscheinlich eine S_N-Reaktion, wobei das aus der Lithiumdialkylkupferverbindung entstehende $R'^{\ominus}$-Ion als Nucleophil wirkt[1].

In ähnlicher Weise lassen sich auch Kupplungen mit *Grignard-Reagenzien* durchführen. Grignard-Reagenzien sind leichter herstellbar als die Lithiumdialkylkupferverbindungen; sie reagieren jedoch nur mit reaktiven Halogeniden wie Allyl- und Benzylverbindungen in befriedigender Ausbeute. Enthalten die Moleküle der Reaktanten funktionelle Gruppen mit «aktiven» Wasserstoffatomen, so können Grignard-Reagenzien nicht eingesetzt werden. In kleineren Mengen treten Kupplungsprodukte oft als (unerwünschte) *Nebenprodukte* bei der Herstellung der Grignard-Reagenzien auf.

Reaktionen mit Carbanionen. Verbindungen, die negativ geladene C-Atome (Carbanionen) enthalten, sind naturgemäß bei nucleophilen Substitutionen ganz besonders reaktionsfähig. Ihre Reaktionen mit Halogeniden sind für präparative Zwecke äußerst wertvoll, da dabei (ebenso wie bei der Nitrilsynthese) C—C-Bindungen neu gebildet werden.

Carbanionen entstehen besonders leicht bei β-Dicarbonylverbindungen wie Acetylaceton, Dimedon, Acetessigester und Malonester (S. 404). In der Praxis verwendet man am häufigsten die beiden letztgenannten Ester, die unter der Wirkung von *Natriumethylat* zuerst *in ihre konjugierten Basen* (die Carbanionen) *umgewandelt* und *nachher mit dem Halogenid umgesetzt werden* (**«Alkylierung»** von Acetessigester bzw. Malonester). Da die Carbanionen von β-Dicarbonylverbindungen mesomer sind und die negative Ladung über

---

[1] Es dürfte sich dabei wohl kaum um wirklich «freie» Ionen handeln, sondern – ähnlich wie bei den Grignard-Reagenzien – um dicht gepackte, solvatisierte Ionenpaare.

drei Atome delokalisiert ist, fungieren sie als ambidente Nucleophile, in denen sowohl das C- wie das O-Atom als nucleophiles Zentrum wirksam ist (vgl. S.448). Wie bereits erwähnt, reagieren primäre Halogenide mit dem C-Atom (die Reaktion verläuft nach S_N2), während sekundäre Halogenide oder Verbindungen wie CH_3OCH_2Cl – die zu S_N1-Reaktionen neigen – in mehr oder weniger großer Menge oder sogar ausschließlich das O-Alkylierungsprodukt ergeben. Tertiäre Halogenide liefern ausschließlich Alkene (Elimination!). Durch geeignete Wahl der Reaktionsbedingungen kann die Alkylierung auf der Stufe des Monoalkylierungsproduktes angehalten werden; dieses läßt sich nach der Abtrennung ein weiteres Mal (mit einem anderen Halogenid) alkylieren. Beispiele:

$$CH_3-\underset{\underset{O}{\|}}{C}-CH_2-COOEt + R-X \xrightarrow{\ominus OEt} CH_3-\underset{\underset{O}{\|}}{C}-\underset{\underset{R}{|}}{CH}-COOEt + R-X \xrightarrow{\ominus OEt} CH_3-\underset{\underset{O}{\|}}{C}-\overset{\overset{R}{|}}{\underset{\underset{R}{|}}{C}}-COOEt$$

Acetessigester

$$CH_2\overset{\diagup COOEt}{\diagdown COOEt} + R-X \xrightarrow{\ominus OEt} \underset{R}{\overset{H}{\diagdown}}C\overset{\diagup COOEt}{\diagdown COOEt} + R'-X \xrightarrow{\ominus OEt} \underset{R}{\overset{R'}{\diagdown}}C\overset{\diagup COOEt}{\diagdown COOEt}$$

Malonester

Substituierte Acetessigester spalten nach dem Verseifen spontan CO_2 ab und liefern damit Ketone (*«Ketonspaltung»* von Acetessigesterderivaten; Methode zur Synthese von α-*alkylierten Ketonen*). Durch Erhitzen der Acetessigester mit starker Lauge werden sie in Essigsäure und eine andere (*α-alkylierte*) *Carbonsäure* gespalten (*«Säurespaltung»* von Acetessigesterderivaten). Die durch Verseifen substituierter Malonester erhaltenen Malonsäuren spalten schließlich beim Erhitzen auf 140°C ebenfalls CO_2 ab und ergeben damit *disubstituierte Essigsäuren:*

«Ketonspaltung»
Erhitzen mit verdünnter
Säure oder Lauge
$\longrightarrow CH_3-\underset{\underset{O}{\|}}{C}-CH_2-R + CO_2 + C_2H_5OH$

$$CH_3-\overset{\overset{R}{|}}{\underset{\underset{O}{\|}}{C}}\overset{}{+}\overset{\overset{|}{}}{\underset{\underset{H}{|}}{C}}\overset{}{+}COOEt$$

«Säurespaltung»
Erhitzen mit starker Lauge
$\dashrightarrow CH_3COOH + R-CH_2COOH + C_2H_5OH$

$$\underset{R}{\overset{R}{\diagdown}}C\overset{\diagup COOEt}{\diagdown COOEt} \xrightarrow{\text{Verseifen}} \underset{R}{\overset{R}{\diagdown}}C\overset{\diagup COOH}{\diagdown COOH} \xrightarrow{140°C} \underset{R}{\overset{R}{\diagdown}}CH-COOH + CO_2$$

Sowohl die Acetessigester- wie die Malonestersynthese lassen sich äußerst vielseitig abwandeln. Beispiele sind etwa die Darstellungen zyklischer Verbindungen bei der Verwendung von Dihalogeniden oder die Gewinnung substituierter Barbitursäuren durch S_N-Reaktion mit Harnstoff, von denen eine Reihe als Sedativa (Schlaf- und Beruhigungsmittel) Bedeutung besitzt.

$$CH_2(COOEt)_2 + Br(CH_2)_3Br \xrightarrow{\ominus OEt} \underset{(CH_2)_3Br}{\overset{}{CH(COOEt)_2}} \xrightarrow{\ominus OEt} \underset{CH_2}{\overset{CH_2}{\diagup}}\underset{}{\overset{}{C(COOEt)_2}}$$

$$\underset{C_6H_5}{\overset{C_2H_5}{\diagdown}}C\overset{\diagup COOEt}{\diagdown COOEt} + \underset{H_2N}{\overset{H_2N}{\diagdown}}CO \xrightarrow{\ominus OEt} \underset{C_6H_5}{\overset{C_2H_5}{\diagdown}}C\overset{\diagup \underset{\underset{O}{\|}}{\overset{\overset{O\ H}{}}{C}}-N\diagdown}{\diagdown \underset{\underset{O\ H}{}}{C}-N\diagup}C=O$$

Phenylethylmalonester

Phenylethylbarbitursäure («Phenobarbital»)

Die Malonestersynthese läßt sich unter erheblich *milderen Bedingungen* durchführen, wenn man dem Reaktionsgemisch *Kronenether* in äquimolaren Mengen zusetzt. Dadurch wird sowohl die Esterhydrolyse (durch komplexiertes KOH) wie auch die anschließende Decarboxylierung beschleunigt; die letztere erfordert dann gewöhnlich bedeutend tiefere Temperaturen:

$$(X = -COOEt, \ -\underset{\underset{O}{\|}}{C}-R'', \ -CN)$$

Tabelle 7.9. Beispiele von Substraten, die unter der Einwirkung von Basen Carbanionen bilden und dadurch alkyliert werden können (Verbindungen mit «aktiven» Methylengruppen)

Nicht nur β-Dicarbonylverbindungen, Malon- und Acetessigester, sondern noch viele weitere Verbindungen des Typus Z-CH$_2$-Z' lassen sich *alkylieren,* wobei sowohl Z wie Z' elektronenanziehende Gruppen sein müssen: $-CHO$, $-COR$, $-COOR$, $-CONR_2$, $-CN$, $-NO_2$, $-SO_2R$, $-SO_2OR$ u. a. Diese Ausgangssubstanzen besitzen als Folge der elektronenanziehenden Wirkung der Gruppen Z und Z' *C—H-Acidität* (S.404). Als Basen werden neben wäßriger NaOH Natriumethylat (Natriumethoxid) oder Kalium-tert. Butoxid – jeweils im entsprechenden Alkohol gelöst – oder auch Natriumamid benützt. Auch hier erweist sich die Anwendung der *Phasentransfer-Katalyse* in vielen Fällen als vorteilhaft: Man verwendet ein Zweiphasensystem aus konzentrierter wäßriger NaOH und der C—H-aciden Verbindung (eventuell in einem unpolaren Lösungsmittel gelöst) und setzt katalytische Mengen von Tetraalkylammoniumsalzen zu. Die Reaktion verläuft unter diesen Bedingungen rasch und glatt und ergibt hauptsächlich das Monoalkylierungsprodukt.

Ketone, Nitrile und *Ester* können ebenfalls *alkyliert* werden. Der Reaktionsablauf entspricht der Alkylierung von Dicarbonylverbindungen. Zur Bildung des Carbanions müssen allerdings *stärkere Basen* benützt werden, da das Ausgangsmolekül nur eine elektronenanziehende Gruppe enthält: Kalium-tert. Butoxid, Natrium-tert. Pentoxid, Natriumamid, Triphenylmethylnatrium (Ph$_3$CNa) und – vor allem zur Alkylierung von Estern – Lithiumdiisopropylamid, (iPr)$_2$NLi. Wenn die verwendete Base nicht stark genug ist, um praktisch die gesamte Menge Keton, Nitril oder Ester in die entsprechende konjugierte Base überzuführen, so bleibt ein Teil der Moleküle unverändert im Gleichgewicht erhalten, und es treten Reaktionen vom Typus der Aldoladdition (S.643) als Nebenreaktionen auf. Ebenso wie für Dicarbonylverbindungen eignen sich auch hier zur Alkylierung in erster Linie *primäre* oder auch *sekundäre* Halogenide. *Tertiäre* Halogenide ergeben wiederum *Alkene*. α,β-unge-sättigte Keton Nitrile und Ester liefern bei der Alkylierung neben dem α- auch beträchtliche Mengen γ-Alkylierungsprodukt, da auch das γ-C-Atom eine negative Partialladung trägt (Vinylogie; S. 267):

$$-\overset{|}{C}=\overset{|}{C}-\overset{\ominus}{\underset{\underset{O}{\overset{|}{R}}}{C}}-C- \quad\leftrightarrow\quad -\overset{\ominus}{C}-\overset{|}{C}=\underset{\underset{O}{\overset{|}{R}}}{C}-C-$$

7.6   Nucleophile Substitutionen an Alkoholen und Ethern

Wie wir bereits früher festgestellt haben, sind die *starken Basen* $OH^{\ominus}$ und $OR^{\ominus}$ sehr *schlechte Abgangsgruppen,* die sich auch durch stark nucleophile Reagenzien nicht verdrängen lassen. Starke Säuren protonieren aber Alkohole und Ether, d.h. führen sie in ihre konjugierten Säuren (die entsprechenden Oxoniumionen) über. Da sowohl Wasser wie die Alkohole viel weniger stark basisch sind als $OH^{\ominus}$- oder Alkoholat-Ionen, lassen sich H_2O und ROH aus diesen Oxoniumionen durch Nucleophile verdrängen. Nucleophile Substitutionen an Alkoholen und Ethern – die unter Spaltung der C—O-Bindung verlaufen – lassen sich deshalb *nur unter der Wirkung starker Säuren* durchführen.

$$
R-OH
\begin{cases}
+ \; Y^{\ominus} \quad \xrightarrow{\;\;//\;\;} \\[2mm]
+ \; H^{\oplus} \quad \longrightarrow \quad R-\underset{\underset{H}{|}}{\overset{\oplus}{O}}-H + Y^{\ominus} \;\longrightarrow\; R-Y + H_2O
\end{cases}
$$

$$
R-O-R'
\begin{cases}
+ \; Y^{\ominus} \quad \xrightarrow{\;\;//\;\;} \\[2mm]
+ \; H^{\oplus} \quad \longrightarrow \quad R-\underset{\underset{H}{|}}{\overset{\oplus}{O}}-R' + Y^{\ominus} \;\longrightarrow\; R-Y + R'OH
\end{cases}
$$

Reaktionen von Alkoholen. Die *Reaktivität* der *Oxoniumionen* entspricht in hohem Maß dem Verhalten der *Halogenide.* Ist das O-Atom an ein primäres C-Atom gebunden, so reagiert die betreffende Substanz gewöhnlich entsprechend dem S_N2-Mechanismus, während Oxoniumionen tertiärer Alkohole (oder Ether) nach S_N1 reagieren. *Phenole* sind auch in stark saurer Lösung gegenüber nucleophilen Reagenzien *inert.* Um eine möglichst große Konzentration an Oxoniumionen zu erreichen, müssen starke Säuren (Halogenwas-serstoffsäuren, Schwefelsäure oder Sulfonsäuren) verwendet werden. Lewis-Säuren wie BF_3 oder $ZnCl_2$ koordinieren sich mit dem Substrat und ermöglichen ebenfalls nucleophile Substitutionen, die dann bevorzugt über Carbeniumionen ablaufen. Die Unterscheidung primärer, sekundärer und tertiärer Alkohole durch die *Lucas-Probe* ($ZnCl_2$ + konzentrierte Salzsäure) beruht auf der unterschiedlichen Geschwindigkeit ihrer S_N1-Substitution.
Nebenreaktionen sind auch bei Substitutionen an Alkoholen häufig. Tertiäre Alkohole neigen – ebenso wie tertiäre Halogenide – stark zur Bildung von Alkenen. Auch bei primären und sekundären Alkoholen kann die *Elimination* zur Hauptreaktion werden, wenn man genügend hoch erhitzt. So ergibt ein Gemisch von Ethanol und konzentrierter Schwefel-

säure bei Temperaturen von > 170°C fast ausschließlich Ethen, während bei niedrigen Temperaturen (wenig höher als Raumtemperatur) hauptsächlich Ethylhydrogensulfat entsteht:

$$CH_3CH_2OH \xrightarrow{H^\oplus} CH_3CH_2\overset{\oplus}{\underset{|}{O}}{-}H$$

$$\xrightarrow{170°C} CH_2{=}CH_2 + H_2O + H^\oplus$$
$$\xrightarrow{HSO_4^\ominus} CH_3CH_2SO_4H + H_2O$$

Weil auch Alkoholmoleküle selbst als nucleophile Reagenzien wirken können, tritt – besonders bei Alkoholüberschuß – als weitere Nebenreaktion die Bildung von *Ether* auf. Durch geeignete Wahl der Reaktionsbedingungen (Erhitzen; ständiges Zufließen von Alkohol) kann diese Nebenreaktion zur Hauptreaktion gemacht werden, wie es in der Technik zur Gewinnung von *Diethylether* aus *Ethanol* geschieht:

$$CH_3CH_2OH \xrightarrow{H^\oplus} CH_3CH_2\overset{\oplus}{\underset{|}{O}}{-}H \xrightarrow{CH_3CH_2OH} CH_3CH_2\overset{\oplus}{O}CH_2CH_3 + H_2O$$

konjugierte Säure
von Diethylether

Weitere auf diese Weise technisch hergestellte Ether sind Tetrahydrofuran (aus 1,4-Butandiol) und Dioxan (aus Ethylenglykol).

Als weitere Nebenreaktionen – besonders bei Substitutionen an sekundären Alkoholen unter S_N1-Bedingungen! – treten *Umlagerungen* auf. Am häufigsten werden zwei Arten von Umlagerungen beobachtet, die als *Wagner-Meerwein-* und als *Pinakol-Umlagerung* bezeichnet werden. Bei Wagner-Meerwein-Umlagerungen tritt eine einfache 1,2-Verschiebung eines Carbanions oder eventuell Hydridions ein; das bekannteste Beispiel ist die bereits auf S. 452 besprochene Neopentylumlagerung. Die Pinakol-Umlagerung ist eine Reaktion vicinaler Glykole, die sich unter der Wirkung von starken Säuren in ein Keton umlagern:

$$CH_3{-}\underset{\underset{OH}{|}}{\overset{\overset{CH_3}{|}}{C}}{-}\underset{\underset{OH}{|}}{\overset{\overset{CH_3}{|}}{C}}{-}CH_3 \xrightarrow{H^\oplus} CH_3{-}\underset{\underset{O}{\|}}{C}{-}\underset{\underset{CH_3}{|}}{\overset{\overset{CH_3}{|}}{C}}{-}CH_3$$

Pinakol · · · · · · · · · Pinakolon

Auch hier verschiebt sich ein Carbanion:

Es sei hier bemerkt, daß solche *Umlagerungen* selbstverständlich nicht nur bei S_N1-Reaktionen an Halogeniden und Alkoholen auftreten, sondern **bei allen Reaktionen möglich sind, die über Carbeniumionen ablaufen**. Beispiele dafür bilden die Umlagerungen bei der Addition von Halogenwasserstoffen an Alkene (S. 517) oder die Bildung von Alkoholen aus Aminen und salpetriger Säure (S. 466).

Wohl die wichtigste S_N-Reaktion von Alkoholen besteht in der Bildung von *Alkylhalogeniden* durch Reaktion von Halogenwasserstoff (bzw. einem Gemisch von Alkalihalogenid und konzentrierter Schwefelsäure). Die Reaktivität der Halogenwasserstoffsäuren sinkt dabei von HI zum HF (abnehmende Nucleophilie des Halogenidions und zugleich abnehmende Säurestärke!), während die Reaktionsfähigkeit der Alkohole im allgemeinen mit wachsender Kettenlänge abnimmt. Die Geschwindigkeit der Substitution steigt vom primären zum tertiären Alkohol. Da es sich bei dieser Reaktion um eine Gleichgewichtsreaktion handelt, setzt man zweckmäßigerweise einen Reaktanten im Überschuß ein oder (und) entfernt ein Produkt laufend aus dem Reaktionsgemisch. Zu diesem Zweck destilliert man entweder das Halogenid ab (Halogenide sieden tiefer als die entsprechenden Alkohole!) oder man entfernt das gebildete Wasser durch azeotrope Destillation oder mittels einer wasserbindenden Substanz. Sehr oft verwendet man zur Gewinnung der Bromide und Iodide Gemische von Brom, Schwefeldioxid und Wasser bzw. rotem Phosphor, Iod und Wasser:

$$Br_2 + SO_2 + 2H_2O \longrightarrow 2HBr + H_2SO_4$$

$$2P + 3I_2 \longrightarrow 2PI_3 \qquad 2PI_3 + 3H_2O \longrightarrow 6HI + 2H_3PO_3$$

Die in der Praxis zur Gewinnung von Chloriden und Bromiden ebenfalls häufig angewandte Reaktion eines Alkohols mit Thionylchlorid ($SOCl_2$), Phosphortrichlorid bzw. Phosphortribromid (PCl_3 bzw. PBr_3) und Phosphoroxychlorid ($POCl_3$) verläuft nach einem etwas anderen Mechanismus. Als Zwischenstoff bildet sich dabei ein Ester, der anschließend durch **«innere» S_N-Reaktion** (S_Ni-Reaktion) das Chlorid (Bromid) liefert:

$$ROH + SOCl_2 \longrightarrow \begin{array}{c} R-O \\ \diagdown \\ Cl \end{array}\!\!S{=}O + HCl$$

ein Chlorsulfinsäureester

$$\overset{\delta+}{R}{-}\overset{\delta-}{O} \diagdown S{=}O \xrightarrow{\;S_Ni\;} R-Cl + SO_2$$
$$Cl$$

Die S_Ni-Reaktion verläuft – im Gegensatz zur bimolekularen Substitution – unter **Retention** der Konfiguration. Verwendet man mäßig oder stark polare Lösungsmittel, so entstehen durch «Dissoziation» des im ersten Reaktionsschritt gebildeten Chlorwasserstoffs auch freie $Cl^\ominus$-Ionen, die den Ester von «außen» angreifen und damit zur Inversion führen (S_N2!). Man hat es auf diese Weise durch Wahl des Lösungsmittels in der Hand, die Reaktion bevorzugt in der gewünschten Weise ablaufen zu lassen.

Reaktionen von Ethern. Die schon auf S. 197 besprochene *Spaltung* von *Ethern* mit konzentrierter Brom- bzw. Iodwasserstoffsäure ist ebenfalls eine S_N-Reaktion, bei der ein Alkoholmolekül als Abgangsgruppe wirkt. In der Praxis verwendet man zu diesem Zweck meist konzentrierte Iodwasserstoffsäure; das zuerst gebildete Oxoniumion reagiert mit dem

Iodid-Ion je nach der Struktur des Ethers gemäß S_N2 oder S_N1. Primäre Reaktionsprodukte sind Alkyliodid und Alkohol; bei energischen Reaktionsbedingungen wird auch der Alkohol in das Iodid verwandelt. Auf der Bestimmung des dabei gebildeten Alkyliodids (durch Reaktion mit $AgNO_3$ und Messung der freigesetzten Iodidmenge) beruht die *Zeiselsche Bestimmung von Methoxygruppen.* – Diarylether lassen sich auf diese Weise nicht, Phenolether hingegen sehr leicht spalten. Die Veretherung phenolischer Hydroxylgruppen mit Dimethylsulfat wird deshalb oft benutzt, um bei bestimmten Reaktionen (bei denen die Hydroxylgruppe angegriffen werden könnte) die OH-Gruppe zu «schützen». Unter wesentlich milderen Bedingungen ist die Etherspaltung durch BBr_3 u. a. möglich.

Eine andere Methode zur Etherspaltung benützt als Reagens eine Lösung von wasserfreiem Eisen(III)-chlorid in Acetanhydrid. Als Produkte entstehen die Essigsäureester:

$$R{-}O{-}R' + (CH_3CO)_2O \xrightarrow{FeCl_3} ROOCCH_3 + R'OOCCH_3$$

Man nimmt an, daß dabei das Anhydrid zunächst ionisiert wird, wodurch Acylium-Ionen entstehen. Diese koordinieren sich mit dem Ether-O-Atom, worauf durch S_N-Reaktion mit dem Acetat-Ion als Nucleophil die Ester gebildet werden. Das Eisen(III)-chlorid erleichtert die Ionisierung des Anhydrids.

$$(CH_3CO)_2O + FeCl_3 \longrightarrow CH_3CO^{\oplus} \xrightarrow{ROR'} \underset{\underset{OCCH_3}{|}}{R{-}\overset{\oplus}{O}{-}R'} \xrightarrow[S_N]{CH_3COO^{\ominus}} CH_3COOR + CH_3COOR'$$

$$+ \qquad CH_3COO^{\ominus} \ldots FeCl_3$$

Die *Epoxide* (Oxirane) können als zyklische Ether aufgefaßt werden und sind wegen ihrer Ringspannung («Baeyer-Spannung») von sehr großer Reaktionsfähigkeit. Im Gegensatz zu den «gewöhnlichen» Ethern werden sie bereits durch verdünnte wäßrige oder alkoholische Lösungen von Säuren gespalten; ebenfalls in Gegensatz zu jenen reagieren aber Epoxide auch ohne Zusatz von Säure mit vielen nucleophilen Reagenzien, wobei ebenfalls eine *Ringöffnung* eintritt. So bilden sich mit $CN^{\ominus}$ Hydroxynitrile, mit NH_3 Aminoalkohole usw., und mit Grignard-Reagenzien kann man eine Verlängerung von C-Ketten um zwei C-Atome erreichen (S.199). Ether hingegen sind sowohl gegenüber Basen wie auch gegenüber Grignard-Verbindungen vollkommen inert. Epoxide sind deshalb für präparative Zwecke außerordentlich wichtige Substanzen.

7.7   Weitere nucleophile Substitutionen

Aliphatische *primäre Amine* ergeben bei der Behandlung mit salpetriger Säure *Alkohole:*

$$R-CH_2NH_2 + HONO \longrightarrow R-CH_2OH + N_2 + H_2O$$

Im ersten Reaktionsschritt entstehen dabei *Diazoniumsalze* (in der gleichen Weise wie bei aromatischen Aminen), durch Abspaltung von molekularem Stickstoff bildet sich ein Carbeniumion, das mit Wasser reagiert. Da *Umlagerungen* häufig sind, ist die präparative Bedeutung dieser Reaktion nicht sehr groß.

Eine ähnliche Reaktion tritt bei der *Hydrolyse* von *Diazoketonen* (die aus Säurehalogeniden und Diazomethan entstehen) ein:

$$R-\underset{\underset{O}{\|}}{C}-CHN_2 + H_2O \xrightarrow{H^\oplus} R-\underset{\underset{O}{\|}}{C}-CH_2OH + N_2$$

Durch die Umsetzung mit der Säure nimmt das Diazoketon ein Proton auf und spaltet N_2 ab, so daß ein Carbeniumion entsteht. Umlagerungen treten in diesem Fall aber kaum ein.
Nach einem prinzipiell gleichen Mechanismus verläuft die Reaktion von *Alkoholen* mit *Diazoverbindungen* (und ebenso die Methylierung von Carbonsäuren mit Diazomethan):

$$CH_2N_2 + ROH \xrightarrow{HBF_4} CH_3OR + N_2$$

Bei der Methylierung einer Carbonsäure überträgt diese zuerst ein Proton an Diazomethan; das (nucleophile) Carboxylat-Ion reagiert dann nach S_N2 unter Verdrängung von N_2 (die beste aller bekannten Abgangsgruppen!):

Meistens werden dazu Diazomethan oder Diazoketone (welche β-Ketoether ergeben) benützt. Diazomethan ist allerdings ziemlich teuer und nicht sehr leicht zu handhaben; man verwendet diese Reaktion deshalb hauptsächlich zur Methylierung von Alkoholen oder Phenolen, die selbst teuer oder nur in geringen Mengen zur Verfügung stehen, da die Ausbeuten recht gut und die Bedingungen mild sind. Die Reaktion erfolgt um so leichter, je höher die Acidität der Hydroxyverbindung ist; bei gewöhnlichen Alkoholen setzt man deshalb HBF_4 oder $AlCl_3$ als Katalysator zu. Der Ablauf ist dann folgender:

$$H_2C = \overset{\oplus}{N} = \overset{\ominus}{\underline{N}} | \quad \xrightarrow{H^{\oplus}} \quad H_3C - \overset{\oplus}{N} \equiv N | \quad \longrightarrow \quad H_3C^{\oplus} + N_2$$

$$\downarrow {ROH \atop (-H^{\oplus})}$$

$$CH_3OR$$

Aminierung von Alkanen. Eine höchst bemerkenswerte Reaktion von Alkanen tritt mit Stickstoff(III)-chlorid unter der Wirkung von $AlCl_3$ ein: H-Atome an *tertiären* C-Atomen (und nur an diesen!) werden durch eine Aminogruppe ersetzt:

$$R_3CH + NCl_3 \quad \xrightarrow[0-10\,°C]{AlCl_3} \quad R_3C-NH_2$$

Wahrscheinlich koordiniert sich das Stickstoff(III)-chlorid zunächst mit der Lewis-Säure $AlCl_3$, wodurch ein mehr oder weniger freies $Cl^{\oplus}$-Ion entsteht. Dieses spaltet dem Alkan ein Hydrid-Ion ($H^{\ominus}$) ab, so daß ein Carbeniumion entsteht, das mit $NCl_2^{\ominus}$ als Nucleophil reagiert. Vom Alkan als Reaktanten aus betrachtet, handelt es sich um eine S_N1-Reaktion mit dem (sehr stark basischen!) Hydrid-Ion als Abgangsgruppe. Die Ausbeuten sind recht hoch, so daß die Reaktion zur Gewinnung von tert. Alkylaminen brauchbar ist.

$$NCl_3 + AlCl_3 \quad \longrightarrow \quad (Cl_2N-AlCl_3)^{\ominus} \; Cl^{\oplus}$$

$$R_3CH \xrightarrow{Cl^{\oplus}} R_3C^{\oplus} \xrightarrow{NCl_2^{\ominus}} R_3CNCl_2 \xrightarrow[2\,H^{\oplus}]{-2\,Cl^{\oplus}} R_3C-NH_2$$

Übungen

7.1 Nennen Sie 10 Substanzen mit verschiedenen funktionellen Gruppen, mit welchen S_N-Reaktionen ausgeführt werden können!

7.2 Wie läßt sich experimentell feststellen, ob eine bestimmte Substitution nach S_N2 oder nach S_N1 verläuft?

7.3 Unter welchen Bedingungen und mit welchen Lösungsmitteln werden S_N1-Reaktionen begünstigt?

7.4 Geben Sie die experimentellen Beweise für das intermediäre Auftreten von Carbeniumionen beim S_N1-Mechanismus an!

7.5 Warum hydrolysiert $(C_6H_5)_2CHBr$ in Gegenwart von LiBr langsamer?

7.6 Wie ist der sterische Ablauf nucleophiler Substitutionen? Wie ist es zu erklären, daß unter S_N1-Bedingungen sowohl nahezu vollkommene Racemisierung wie auch in hohem Ausmaß Inversion beobachtet wird?

7.7 Wie wurde der «Regenschirm-Mechanismus» experimentell bewiesen?

7.8   Geben Sie einige Beispiele von Nachbargruppeneffekten! Warum reagiert *p*-Hy-droxy-β-phenylethylchlorid besonders schnell bei der Hydrolyse mit $OH^{\ominus}$?

7.9   Diskutieren Sie den Einfluß des Lösungsmittels auf nucleophile Substitutionen!

7.10   Geben Sie Beispiele für die Wirkung der Substratstruktur auf den Mechanismus bei nucleophilen Substitutionen!

7.11   Wie verhalten sich die Geschwindigkeiten bei der Solvolyse von CH_3Br, C_2H_5Br, *n*-C_3H_7Br und tert. C_4H_9Br in Ethanol/Wasser?

7.12   Stellen Sie die verschiedenen Möglichkeiten zur Gewinnung von Alkylhalogeniden zusammen!

7.13   Was ist von der Solvolysegeschwindigkeit von tert. Butylchlorid in den folgenden Lösungsmitteln zu erwarten, verglichen mit der Solvolyse in Ethanol:
        Essigsäure
        90% Aceton – 10% Wasser
        50% Ethanol – 50% Wasser
        tert. Butylalkohol

7.14   Geben Sie die Strukturformel des zur Synthese der folgenden Substanzen notwendigen Halogenids oder Sulfonats sowie das dafür notwendige Nucleophil an:
        (a) Isopropylalkohol
        (b) *n*-Butylisonitril
        (c) *n*-Propylmercaptan
        (d) Butyronitril
        (e) Ethyl-sek. Butylether
        (f) Diisopropylsulfid
        (g) N-*n*-Dekylphthalimid
        (h) 3-Nitropentan
        (i) Tetramethylammoniumiodid

7.15   Stellen Sie die Gleichungen für die Reaktionen zwischen folgenden Substanzen auf und geben Sie die entsprechenden Reaktionsbedingungen an!
        (a) *n*-Butyliodid und Überschuß an Ammoniak
        (b) Isobutylbromid und Silbercyanid
        (c) sek. Butylchlorid und Natriumcyanid
        (d) Ethylsulfat und Natriumvalerat
        (e) 1-Chlor-2-penten und Silbernitrat in 2-Propanol
        (f) 2-Chlor-2-methylbutan und konz. Natriumhydroxid
        (g) Dimethylsulfat und Phenol
        (h) 2-Chlorethanol und Iodid in Aceton

7.16   Geben Sie an, wie die folgenden Substanzen aus den entsprechenden Ausgangsstoffen hergestellt werden können:
        (a) 1-Nitropentan aus *n*-Amylbromid
        (b) Ethylbutylether aus *n*-Butylbromid und Ethanol
        (c) Ethylenglykol aus Ethylchlorid
        (d) *n*-Propylamin aus Ethylbromid
        (e) Malonsäure aus Essigsäure
        (f) Cyclopentylcyanid aus Cyclopentan

7.17   Wie können folgende Verbindungen ausgehend von *n*-Propylbromid dargestellt werden:
        n-Propylamin (rein)
        Buttersäure
        2-Hexanon
        1-Pentin

7.18 Diskutieren Sie die Nebenreaktionen, die bei der Hydrolyse folgender Verbindungen auftreten können, und geben Sie an, wie man diese nötigenfalls unterdrücken könnte:

(a) tert. Butylbromid

(b) 1-Chlor-2-propanol

(c) 3-Brombuttersäure

7.19 Was versteht man unter Allylumlagerung, unter «innerer Rückkehr», unter S_Ni-Mechanismus, unter Nachbargruppeneffekt?

7.20 Geben Sie die Gleichungen für die Reaktionen an, die beim Mischen folgender Substanzen eintreten:

(a) sek. Butylalkohol und Salzsäure

(b) *n*-Propanol und konz. Schwefelsäure (⅓ mol) bei 140 °C

(c) 1,1,2,2-Tetraphenyl-1,2-ethandiol und Salzsäure

(d) 3,3-Diethyl-2-pentanol und konzentrierte Schwefelsäure

(e) 2,2-Dimethyl-3-chlorpentan und wäßrige NaOH

7.21 Welche Nebenreaktionen können auftreten, wenn man versucht, aus Isobutylalkohol durch Reaktion mit $NaBr/H_2SO_4$ Isobutylbromid zu gewinnen?

7.22 Was für Produkte werden durch Reaktion von Methyl-tert. Butylcarbinol mit HBr erhalten?

$$\overset{\displaystyle OTs}{\underset{\displaystyle C_6H_5}{CH_3-CH-CH-C_2H_5}}$$

7.23 Was erhält man bei der Solvolyse von *threo*-$CH_3-CH-CH-C_2H_5$ in Ameisensäure?

7.24 (+)-*trans*-2-Acetoxycyclohexyltosylat solvolysiert in Essigsäure etwa 600mal rascher als das *cis*-Diastereomer und liefert dabei ein racemisches Produkt. Erklären Sie diese Beobachtungen!

7.25 Geben Sie Beispiele für die Anwendung der Phasentransfer-Katalyse bei nucleophilen Substitutionen.

7.26 Geben Sie Beispiele von ambidenten Nucleophilen und erklären Sie, unter welchen Bedingungen die Reaktion am einen bzw. anderen nucleophilen Zentrum eintritt.

7.27 Erklären Sie den stereoelektronischen Ablauf der S_N2-Reaktion und begründen Sie, weshalb auch dann Konfigurationsumkehr eintritt, wenn Nucleophil und Abgangsgruppe entgegengesetzte Ladungen tragen.

7.28 Was sind «nicht-klassische» Carboniumionen? Welche Beweise für ihre Existenz gibt es?

7.29 Bei der Reaktion von 3,3-Diethyl-3-brom-1-propen mit Iodid entsteht fast ausschließlich 3-Ethyl-5-iod-3-penten. Geben Sie dafür eine Erklärung und beschreiben Sie den Ablauf der Reaktion.

8 Eliminationsreaktionen

8.1 Allgemeines

Die Bildung von *Doppel-* oder *Dreifachbindungen* durch Austritt zweier Atome oder Atomgruppen von vicinalen C-Atomen stellt den allgemeinen Typus der *Eliminationsreaktion* dar. Beispiele solcher Reaktionen sind etwa die Bildung von Alkenen durch Dehydratisierung von Alkoholen (1), durch Halogenwasserstoffabspaltung aus Halogeniden (2), durch Halogenabspaltung aus *vic*-Dihalogeniden mittels Metallen (3), durch Abspaltung von Brom aus *vic*-Dibromiden durch Iodid (4), durch Zersetzung von quartären Ammoniumhydroxiden (Hofmann-Elimination) (5) und schließlich durch Esterpyrolyse (6).

Neben diesen 1,2- oder *β-Eliminationen* sind auch 1,1-*(α)* sowie 1,3- und 1,4- oder noch *höhere Eliminationen* möglich. Bei α-Eliminationen werden die beiden austretenden Atome vom selben C-Atom abgespalten; ein wichtiges Beispiel dafür ist die Bildung von Dichlorcarben (CCl_2) durch Einwirkung einer sehr starken Base auf Chloroform ($CHCl_3$). 1,3-Eliminationen und ebenso Eliminationen höherer Ordnung (d.h. Eliminationen, bei denen die Reaktionszentren durch mehr als ein C-Atom getrennt sind) ergeben häufig *Ringschlüsse*. Sie sind allerdings um so schwieriger durchzuführen, je weiter voneinander entfernt ihre Reaktionszentren sind.

Die bei 1,2-Eliminationen abgespaltenen Atome oder Atomgruppen können sowohl an C-Atome wie auch an Heteroatome (O- oder N-Atome) gebunden sein. Wir wollen uns im folgenden zunächst auf β-Eliminationen beschränken, bei denen $C=C$-Doppel- (oder $C≡C$-Dreifach-)bindungen gebildet werden.

Tabelle 8.1. Beispiele von Reaktionen, die zur präparativen Einführung von Doppelbindungen brauchbar sind

8.2   Mechanismen bei β-Eliminationen

Wir haben schon mehrfach betont, daß *Eliminationen* als *Nebenreaktionen zu nucleophilen Substitutionen* auftreten können. In der Tat sind die Mechanismen von Elimination und S_N-Reaktion einander sehr ähnlich. In beiden Fällen reagiert ein Substrat R—X mit einem Nucleophil Y; während jedoch bei der *Substitution die Abgangsgruppe X durch das Reagens Y verdrängt* wird, *spaltet dieses bei der Elimination dem Nachbar-C-Atom ein Proton ab,* und *unter Austritt der Abgangsgruppe entsteht die Doppel- (Dreifach-)bindung.* Auch die Elimination kann gleich wie die nucleophile Substitution als unimolekulare oder bimolekulare Reaktion *E*1 bzw. *E*2 ablaufen.

Unimolekulare Elimination. Die *E*1-Reaktion verläuft – analog der S_N1-Reaktion – über *Carbeniumionen* als Zwischenstoffe. Anstatt daß das Carbeniumion sich mit einem Nucleophil verbindet, spaltet es ein Proton ab und ergibt damit ein Alken:

$$\underset{\underset{Br}{|}}{\overset{\overset{CH_3}{|}}{CH_3-C-C_2H_5}} \xrightarrow{-Br^\ominus} \underset{\oplus}{\overset{\overset{CH_3}{|}}{CH_3-C-C_2H_5}} \xrightarrow{-H^\oplus} \underset{CH_3}{\overset{CH_3}{\diagdown}}C=CHCH_3$$

In sehr vielen Fällen wirkt das *Lösungsmittel* als *Protonenakzeptor* und bindet das Proton. Die *E*1-Reaktion läuft dann ohne weiteren Zusatz einer Base ab (dies ist charakteristisch für die typische *E*1-Reaktion), und der erste Reaktionsschritt, die Bildung des Carbeniumions, ist irreversibel und geschwindigkeitsbestimmend. Ebenso wie bei der S_N1-Reaktion ist die Reaktionsgeschwindigkeit dann unabhängig von der Konzentration des Protonenakzeptors. Ist aber das Lösungsmittel nur schwach basisch oder wirkt ein nur in mäßiger Konzentration zugesetztes Reagens als Base, so kann der zweite Reaktionsschritt geschwindigkeitsbestimmend werden; die Bildung des Carbeniumions erfolgt dann in einem vorgelagerten Gleichgewicht. Die Ähnlichkeit zwischen S_N1- und *E*1-Mechanismus zeigt sich auch darin, daß *Umlagerungen* auftreten, wenn sich weniger stabile in stabilere Carbeniumionen umlagern können.

Sowohl die *Bildung des Carbeniumions* (S. 427) wie auch die Abspaltung des Protons sind ziemlich *komplizierte* Prozesse; der letztere kann z. B. über sogenannte π-**Komplexe** verlaufen, in welchen das Proton nur noch locker an die bereits halb ausgebildeten π-Wolken der entstehenden Doppelbindung gebunden ist:

Das Schema der Abb. 8.1 bringt diese Verhältnisse vereinfacht zum Ausdruck; es zeigt zugleich, daß die Elimination gegenüber der Substitution sowohl kinetisch wie thermodynamisch benachteiligt ist.

Im Experiment ist es nicht immer leicht, den *E*1-Mechanismus schlüssig zu *beweisen,* da die Beteiligung des Lösungsmittels kinetisch nicht erkannt werden kann. Setzt man dem Lösungsmittel eine kleine Menge seiner konjugierten Base zu, so müßte die Reaktionsgeschwindigkeit wachsen, wenn diese am geschwindigkeitsbestimmenden Schritt beteiligt wäre. In Wirklichkeit bleibt die Geschwindigkeit unverändert, so daß man annehmen darf, daß auch das Lösungsmittel am geschwindigkeitsbestimmenden Schritt nicht beteiligt ist, wenn sogar seine konjugierte Base – eine ziemlich starke Base! – keinen Einfluß auf die Geschwindigkeit hat. Das Verhalten eines Carbeniumions hängt jedoch nicht von der Natur der vorher mit ihm verbunden gewesenen Abgangsgruppe ab, so daß – wenn die Elimination wirklich über Carbeniumionen als Zwischenstoffe abläuft – die Zusammensetzung des Produktgemisches (E1- und S_N1-Produkt) z.B. bei der Solvolyse verschiedener Substrate dieselbe sein sollte. Wie Tabelle 8.2 zeigt, ist diese Forderung tatsächlich weitgehend erfüllt.

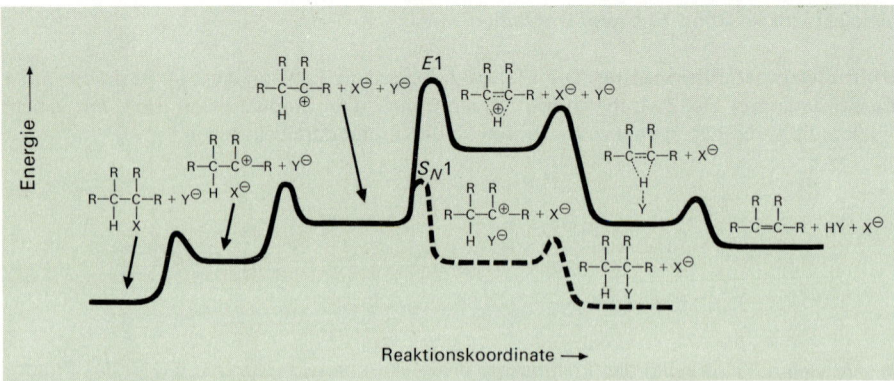

Abb. 8.1. Energiediagramme von E1- und S_N1-Reaktionen

Bimolekulare Elimination. Läßt man auf ein Alkylhalogenid ein Nucleophil einwirken, das zugleich eine starke Base ist, so tritt als Konkurrenzreaktion zur bimolekularen Substitution eine Elimination auf, für welche man ebenfalls ein Zeitgesetz zweiter Ordnung findet (E2). So liefert die Reaktion von Alkylbromiden mit Natriumethylat neben dem als Substitutionsprodukt zu erwartenden Ether auch in gewissen Mengen Alken:

$$
\begin{array}{ll}
\xrightarrow{S_N1} & (CH_3)_2CH{-}O{-}CH_2CH_3 \;+\; Br^{\ominus} \qquad 21\,\% \\
\xrightarrow{E2} & CH_3CH{=}CH_2 \;+\; C_2H_5OH \;+\; Br^{\ominus} \qquad 79\,\%
\end{array}
$$

CH₃\CH—Br + C₂H₅O⊖

Bei einer solchen Reaktion erfolgen Abspaltung des Protons und Austritt der Abgangsgruppe gleichzeitig, und der aktivierte Komplex muß folgendermaßen formuliert werden:

$$
C_2H_5O^{\ominus} + R{-}CH_2{-}\underset{R'}{\overset{}{C}}H{-}Br \;\longrightarrow\; C_2H_5O{\cdots}H{\cdots}\underset{R'}{\overset{R}{C}}H{\cdots\cdots}CH{\cdots}Br
$$

$$
\longrightarrow\; C_2H_5OH \;+\; \underset{R'}{\overset{R}{C}}H{=}CH \;+\; Br^{\ominus}
$$

Tabelle 8.2. Prozentsatz Alken bei unimolekularen Eliminationen

Alkylrest	Lösungsmittel	Substituent			
		—Cl	—Br	—I	$\overset{\oplus}{-}S(CH_3)_2$
2-Oktyl-	Ethanol 60%	13	14		
tert. Butyl-	Ethanol 80%	17	13	13	
	Ethanol 60%	36			36
tert. Amyl-	Ethanol 80%	33	26	26	
$CH_3-\overset{\overset{\displaystyle CH_3}{\mid}}{\underset{\underset{\displaystyle CH_3}{\mid}}{C}}-CH_2-\overset{\overset{\displaystyle CH_3}{\mid}}{C}-$	n-Butylcellosolve	65	65	65	

Im *Übergangszustand* beginnt sich die Doppelbindung auszubilden, während die C—H- und C—Br-Bindungen sich trennen. Im Gegensatz zur S_N2-Reaktion greift das Nucleophil hier nicht ein C-Atom, sondern ein H-Atom an; die *Elimination* wird deshalb *um so mehr begünstigt, je stärker basisch das Nucleophil* ist. So ist die Nucleophilie des $Br^{\ominus}$- und des $OH^{\ominus}$-Ions ungefähr gleich; das $OH^{\ominus}$-Ion ist aber viel stärker basisch, so daß $Br^{\ominus}$-Ionen nahezu ausschließlich substituierend wirken, während $OH^{\ominus}$-Ionen einen gewissen Anteil Alken ergeben. Bei der unimolekularen Elimination ist die Stärke und Konzentration der Base im allgemeinen ohne Einfluß auf die Reaktionsgeschwindigkeit.

Daß die Abspaltung des Protons tatsächlich während des geschwindigkeitsbestimmenden Schrittes erfolgt, wird dadurch gezeigt, daß Verbindungen, die am β-C-Atom deuteriert sind, erheblich langsamer reagieren (vgl. S. 386). Bei $E1$-Reaktionen tritt dagegen kein kinetischer Isotopeneffekt auf. Einen eindeutigen Beweis für den einstufigen Ablauf einer $E2$-Reaktion lieferte ein von Hauser (1952) durchgeführtes Experiment. Dabei wurde 2,2-Dideutero-1-bromoktan mit $NaNH_2$ in flüssigem Ammoniak umgesetzt und die Reaktion unterbrochen, bevor alle Ausgangssubstanz verbraucht war. Der Deuteriumgehalt des unverbrauchten Oktylbromids war noch derselbe wie vor der Reaktion; m.a.W. das Ausgangsmaterial verlor ein D-Atom nur dann, wenn *zugleich* ein Br-Atom abgespalten wurde. Im Falle eines zweistufigen Ablaufes müßte wegen der Umkehrbarkeit der $H^{\oplus}$- bzw. $D^{\oplus}$-Abspaltung ein Teil des Deuteriums im unverbrauchten Oktylbromid durch Wasserstoff ersetzt worden sein.

Mit dem beobachteten Zeitgesetz zweiter Ordnung und dem kinetischen Isotopeneffekt wäre allerdings auch ein anderer Mechanismus der Elimination zu vereinbaren. Es könnte nämlich im ersten Reaktionsschritt durch die Base ein Proton vom Substrat abgespalten werden; das dadurch entstandene *Carbanion* würde im zweiten (langsameren) Schritt die Abgangsgruppe verlieren:

$$\underset{\displaystyle CH_2-CH_2-Br}{\overset{\displaystyle \overset{\displaystyle H}{\mid}}{}} \underset{\displaystyle \ominus OEt}{\rightleftharpoons} \overset{\ominus}{}CH_2-CH_2-Br \xrightarrow{\text{langsam}} CH_2=CH_2$$

Nach dem Prinzip der mikroskopischen Reversibilität sollte jedoch dieser **«E1 cB»**- oder **«Carbanion»-Mechanismus** (unimolekulare Elimination aus der konjugierten Base) nur dann auftreten, wenn auch der umgekehrte Prozeß (Addition eines Nucleophils im ersten Schritt einer Additionsreaktion) möglich ist. Bei Additionen an isolierte C=C-Doppelbindungen greift jedoch im ersten Reaktionsschritt ein Elektrophil oder Radikal die

Doppelbindung an, so daß für solche Fälle der *E*1 *cB*-Mechanismus auszuschließen ist. Hingegen verlaufen *Eliminationen,* die zu α,β- *ungesättigten Carbonylverbindungen führen* (vgl. S.645), *höchstwahrscheinlich gemäß E1cB,* da die H-Atome am α-C-Atom von Carbonylverbindungen als Protonen abgegeben werden können (vgl. S.404) und damit das intermediäre Auftreten von Carbanionen bei der Elimination plausibel erscheint. In der Tat läßt sich bei solchen Eliminationen, wenn sie in deuterierten Lösungsmitteln (z.B. C_2H_5OD) durchgeführt werden, ein H/D-Austausch nachweisen (Übertragung von $D^{\oplus}$-Ionen an das Carbanion bzw. von $H^{\oplus}$-Ionen auf das Lösungsmittel), was bei Eliminationen an Alkylhalogeniden (-tosylaten) oder Alkoholen nie beobachtet wurde.

Selbstverständlich sind auch die drei möglichen Mechanismen der Elimination – *E*1, *E*2, *E*1 *cB* – als «*Idealfälle*» zu betrachten, die durch einen kontinuierlichen *Übergang* miteinander verbunden sind und die experimentell nicht immer scharf zu unterscheiden sind. Im Fall der *E*1-Reaktion wird zuerst die C_α—X-Bindung, im Fall der *E*1 *cB*-Reaktion die C_β—H-Bindung getrennt, während bei der *E*2-Reaktion beide Bindungen gleichzeitig getrennt werden. Insbesondere die *E*2-Elimination kann also eher *E*1-ähnlich oder *E*1 *cB*-ähnlich oder genau konzertiert erfolgen:

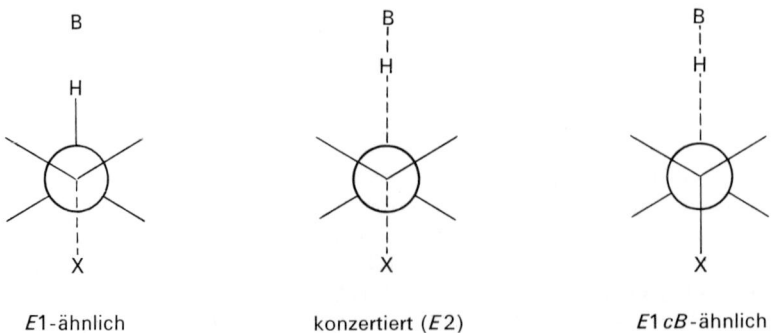

*E*1-ähnlich   konzertiert (*E*2)   *E*1 *cB*-ähnlich

E1- und E2-Reaktionen; die Konkurrenz von Substitution und Elimination. Bei Reaktionen, die über Carbeniumionen ablaufen, ist die Stärke und die Konzentration der Base im allgemeinen ohne großen Einfluß auf die Reaktionsgeschwindigkeit. *Schwach basische Reagenzien* (Wasser, Ethanol) bewirken deshalb gewöhnlich einen Ablauf der *Elimination nach E1,* wobei der Prozentanteil Alken durch den allgemein für die betreffende *E*1-Reaktion geltenden Wert bestimmt wird (Tabelle 8.2) und unabhängig von der Art der Abgangsgruppe ist. *Polare Lösungsmittel* (insbesondere Substanzen, die zur Bildung von H-Brücken befähigt sind wie Wasser) begünstigen ebenfalls die *unimolekulare* Elimination, weil die Bildung des Carbeniumions erleichtert wird.

Starke Basen wie $OH^{\ominus}$- oder Alkoholat-Ionen führen zu *bimolekularen Eliminationen,* wobei im allgemeinen die Alkenausbeute eher höher ist als bei *E*1-Reaktionen, und, wie schon mehrmals betont, durch Erhöhung der Temperatur stark gesteigert werden kann. Die Geschwindigkeit der Elimination nimmt bei bimolekularen Reaktionen mit zunehmender Zahl der Substituenten am Reaktionszentrum zu, während aber anderseits die Substitutionsgeschwindigkeit abnimmt. So wächst die Alkenausbeute z.B. bei der Reaktion von Natriummethylat mit Alkylbromiden in der Reihenfolge primär – sekundär – tertiär. Ethylbromid liefert nur 1% Ethen, Isopropylbromid dagegen bereits 21% Propen und tert. Butylbromid nahezu 100% Isobuten. Während also tertiäre Verbindungen nur unter den Bedingungen einer unimolekularen Reaktion schnell und glatt substituierbar sind, entfällt diese

Einschränkung für Eliminationen, da das Reagens (die Base) am «Rande» des Moleküls und nicht an einem zentralen C-Atom angreift. *Eliminationen an tertiären Verbindungen unter der Wirkung starker Basen verlaufen daher meistens nach E2!*

Sind in β-Stellung zum Reaktionszentrum –I- oder –M-Substituenten vorhanden (Carbonylgruppen, Phenylgruppen), so wird die *Elimination erleichtert,* weil durch die Wirkung dieser Substituenten das β-Proton leichter abzutrennen ist. Verbindungen wie β-Halogencarbonylverbindungen reagieren deshalb mit nucleophilen Reagenzien hauptsächlich unter Elimination (die, wie oben erwähnt, oft über Carbanionen oder carbanion-ähnliche Übergangszustände verläuft). Auch direkt an das Reaktionszentrum gebundene Alkyl- oder Arylgruppen erhöhen die Reaktivität, weil sie den carbeniumion-ähnlichen Charakter des aktivierten Komplexes stabilisieren (*E1!*).

Bei *E1*-Reaktionen beobachtet man oft eine *sterische Beschleunigung.* Sowohl im Carbeniumion wie im eben gebauten Alken betragen die Bindungswinkel zwischen den Substituenten 120° (im Substitutionsprodukt aber nur 109°28'), so daß sich raumerfüllende Substituenten im Alken voneinander entfernen können. Während z.B. die Solvolyse von tert. Amylchlorid 34% Alken liefert, erhält man durch Solvolyse von 4-Chlor-2,2,4,6,6-pentamethylheptan 100% Alken! Während, wie schon erwähnt, die Art der Abgangsgruppe bei *E1*-Reaktionen ohne Einfluß auf das Verhältnis Alken/Substitutionsprodukt ist, trifft dies für bimolekulare Eliminationen nicht zu. Hier *begünstigen voluminöse Abgangsgruppen* wie $S(CH_3)_2$ oder $N(CH_3)_3$ die *Elimination* stark, erhöhen also die Alkenausbeute. In der gleichen Richtung wirken *Basen, die stark raumerfüllend* sind, weil dann die S_N2-Reaktion *sterisch gehindert* wird (z.B. bei Verwendung von tert. Butylat als Base). Nucleophile Reagenzien, die wie $Br^\ominus$- oder $I^\ominus$-Ionen nur schwache Basen sind, ergeben nur einen sehr geringen Anteil an Alken; bei Reaktionen mit Carboxylat-Anionen ist die Alkenausbeute etwas höher, während $SH^\ominus$-Ionen wieder weniger Alken ergeben als $OH^\ominus$-Ionen.

Auch die *Polarität* des *Lösungsmittels* hat einen Einfluß auf das Verhältnis von Eliminations- zu Substitutionsprodukt. Bei *E1*- bzw. S_N1-Bedingungen ist dieser Einfluß allerdings nur gering. *E2*- und S_N2-Reaktionen haben hingegen verschiedene aktivierte Komplexe: bei der S_N2-Reaktion werden die Ladungen über drei, bei der *E2*-Reaktion über 5 Atome delokalisiert:

Zwar werden diese beiden Reaktionen durch wenig polare Lösungsmittel erleichtert (geringere Solvation der reagierenden $OH^\ominus$), doch ist dieser Effekt bei der *E2*-Reaktion stärker ausgeprägt, weil der aktivierte Komplex in einem geringeren Maß solvatisiert ist. *Schwächer polare Lösungsmittel begünstigen deshalb die Elimination.* So benützt man alkoholisches KOH, um an Halogenalkanen eine Elimination durchzuführen, während wäßriges KOH zur Substitution verwendet wird. Besonders hohe Alkenausbeuten erreicht man mit tert. Butylat in tert. Butylalkohol: einerseits ist die S_N2-Reaktion sterisch gehindert, und andererseits ist tert. Butylalkohol ein schwach polares Lösungsmittel. Auch in polaren, *aprotischen* Lösungsmitteln wird die *Elimination* gegenüber der Substitution *begünstigt.*

Schließlich sei nochmals darauf hingewiesen, daß sowohl bei *E*1- wie bei *E*2-Bedingungen die Alkenausbeute durch *Erhitzen* gesteigert werden kann, weil die Elimination im allgemeinen eine höhere freie Aktivierungsenthalpie benötigt.

Tabelle 8.3. Konkurrenz zwischen Substitution und Elimination bei verschiedenen Substraten und bei Anwendung verschiedener Basen

Substrat	C-Atom	Base	Lösungsmittel	Prozent Elimination
$CH_3-\underset{\underset{CH_3}{\vert}}{\overset{\overset{CH_3}{\vert}}{C}}-Br$	3°	NBu_4Cl	Aceton	96
$CH_3-\underset{\underset{CH_3}{\vert}}{\overset{\overset{CH_3}{\vert}}{C}}-Br$	3°	NaOEt	EtOH	100
$CH_3-\underset{\underset{Br}{\vert}}{CH}-CH_3$	2°	NBu_4Cl	Aceton	0
$CH_3-\underset{\underset{Br}{\vert}}{CH}-CH_3$	2°	NaOEt	EtOH	75
$CH_3-\underset{\underset{H_3C}{\vert}}{\overset{\overset{H}{\vert}}{C}}-\underset{\underset{Br}{\vert}}{CH}-CH_3$	2°	NBu_4Cl	Aceton	51,4
$CH_3-\underset{\underset{Br}{\vert}}{CH}-\underset{\underset{CH_3}{\vert}}{\overset{\overset{CH_3}{\vert}}{C}}-CH_3$	2°	NBu_4Cl	Aceton	17,6
$CH_3CH_2CH_2-Br$	1°	NBu_4Cl	Aceton	0
$CH_3CH_2CH_2-Br$	1°	NaOEt	EtOH	8,8

8.3 · Die Richtung der Elimination (Saytzew- und Hofmann-Elimination)

Bei sekundären und tertiären Ausgangsstoffen kann die Elimination im Prinzip in *zwei Richtungen* erfolgen, wobei sich Alkene mit verschiedener Lage der Doppelbindung bilden. Schon im letzten Jahrhundert wurden auf rein *empirischer* Basis zwei Regeln formuliert, welche die Richtung der Elimination angeben. In vielen Fällen, besonders bei Eliminationen an Alkylhalogeniden und -sulfonaten sowie an Alkoholen, bildet sich vorzugsweise dasjenige Alken, welches an der Doppelbindung mehr Alkylgruppen trägt (**«Regel von Saytzew»**); bei anderen Eliminationen, z. B. bei der thermischen Zersetzung quartärer Ammoniumhydroxide, bildet sich hingegen hauptsächlich das Alken mit der kleineren Zahl Alkylgruppen an der Doppelbindung (**«Regel von Hofmann»**):

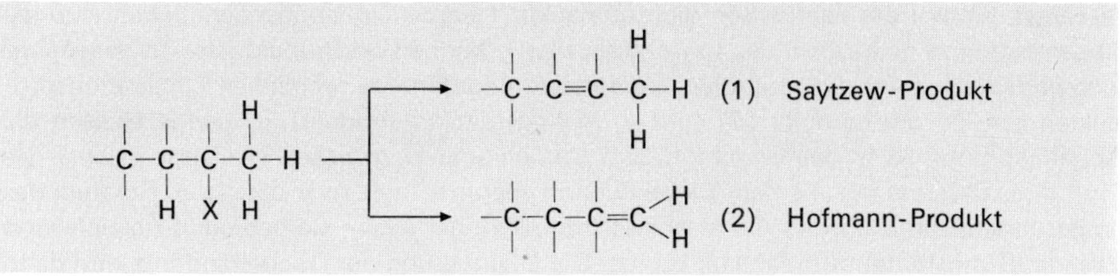

(1)   Saytzew-Produkt

(2)   Hofmann-Produkt

Allerdings entstehen in der Regel *Gemische;* meistens überwiegt darin jedoch das eine der beiden möglichen Produkte:

$$CH_3CH_2CHCH_3 \quad \xrightarrow{\ EtO^{\ominus}\ } \quad CH_3CH=CHCH_3 \ + \ CH_3CH_2CH=CH_2$$

Br   81%   19%

$$CH_3CH_2\overset{CH_3}{\underset{Br}{C}}CH_3 \quad \xrightarrow{\ EtO^{\ominus}\ } \quad CH_3CH=C(CH_3)_2 \ + \ CH_3CH_2\overset{CH_3}{C}=CH_2$$

69%   31%

$$CH_3CH_2CHCH_3 \quad \xrightarrow{\ EtO^{\ominus}\ } \quad CH_3CH=CHCH_3 \ + \ CH_3CH_2CH=CH_2$$

$\overset{\oplus}{S}(CH_3)_2$ 26%   74%

Wie aus den experimentell bestimmten Verbrennungs- und Hydrierungswärmen hervorgeht, ist das *stärker substituierte Alken* (das «Saytzew-Produkt») in der Regel (abgesehen von Sonderfällen, die durch sterische Gründe bedingt sind) das *thermodynamisch stabilere Produkt,* da Alkylgruppen an Doppelbindungen diese durch Hyperkonjugation stabilisieren.

Bei *unimolekularen Eliminationen* überwiegt meistens das *Saytzew-Produkt.* Da die Reaktionsbedingungen dabei selten derart sind, daß Isomerisierungen von Alkenen möglich sind, spiegelt das Mengenverhältnis, in welchem Saytzew- und Hofmann-Produkte gebildet werden, die relativen Reaktionsgeschwindigkeiten wider; die *E1*-Elimination ist also *kinetisch gesteuert.* Der aktivierte Komplex des zweiten Schrittes der *E1*-Reaktion (denn erst dann wird entschieden, ob ein Saytzew- oder Hofmann-Produkt entsteht) muß also durch die gleichen Faktoren stabilisiert bzw. destabilisiert werden, welche auch die Stabilität der möglichen Produkte beeinflussen; die Tatsache, daß überwiegend Saytzew-Produkte gebildet werden, zeigt, daß der aktivierte Komplex bereits in gewissem Maß Doppelbindungscharakter besitzen muß. Nur wenn der Energieunterschied zwischen den aktivierten Komplexen (1) und (2) nicht allzu groß ist, entstehen gleichzeitig auch nennenswerte Mengen Hofmann-Produkt.

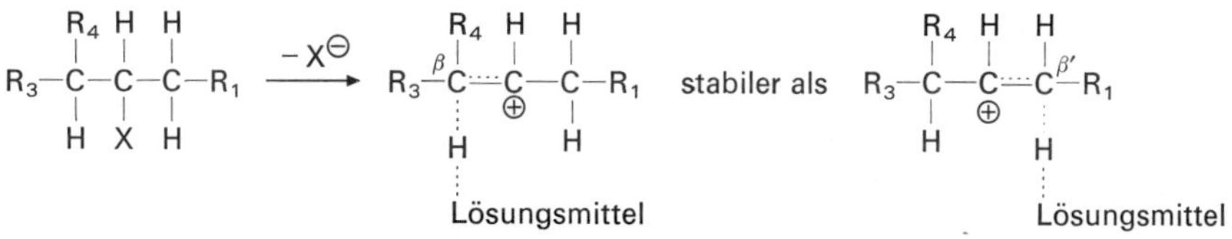

Lösungsmittel   Lösungsmittel

(1)   (2)

In Fällen, wo bei der Elimination dicht gepackte *(«enge»)* *Ionenpaare* entstehen (wo die Abgangsgruppe nicht als freies Ion abdissoziiert), können im Produktgemisch *erhebliche Anteile Hofmann-Produkt* auftreten. So entsteht von den drei möglichen Eliminationsprodukten aus (3) um so mehr (6) (um so mehr Hofmann-Produkt), je stärker basisch die Abgangsgruppe (d.h. das Gegenion zum Carbeniumion) gewesen ist. Diese «zieht» das Proton gewissermaßen aus dem Carbeniumion «heraus», und zwar bereits im Stadium des engen Ionenpaares, so daß der aktivierte Komplex eher einem Carbeniumion gleicht und weniger Doppelbindungscharakter besitzt. Die Orientierung der Doppelbindung wird dann durch die relative Acidität der verschiedenen Protonen beeinflußt, die im Fall der β-Methyl-H-Atome größer ist als im Fall der Methylen-H-Atome (die unter dem Einfluß einer weiteren Methylgruppe mit σ-Donatorwirkung stehen).

	% Hofmann-Produkt
X = Cl	23
X = CH_3COO	45
X = $NHNH_2$	60

Bei *bimolekularen Eliminationen* wird die Richtung der Elimination in ausgeprägtem Maß durch die *Art der Substituenten in β-Stellung* sowie durch die *Natur der Abgangsgruppe* bestimmt. Wie bereits auf S. 474 angedeutet wurde, verläuft die *E2*-Reaktion nicht immer genau konzertiert, sondern oft mehr *E1*- oder *E1 cB*-ähnlich. Ist die C—X-Bindung relativ schwer zu trennen, so vermag die Base das Proton vom β-C-Atom zuerst abzuspalten und der aktivierte Komplex (3) besitzt noch kaum Doppelbindungscharakter (Ablauf *E1 cB*-ähnlich; die durch die Abtrennung des Protons nichtbindend gewordenen Elektronen «verdrängen» die Abgangsgruppe X); erfolgt die Abtrennung der Abgangsgruppe verhältnismäßig leicht (wie z.B. im Fall von $Br^{\ominus}$- und $I^{\ominus}$-Ionen), so beginnt sie sich bereits vor der Abtrennung des Protons abzulösen [aktivierter Komplex (5); *E1*-ähnlicher Ablauf]. Nur bei synchroner Abtrennung des Protons und der Abgangsgruppe besitzt der aktivierte Komplex bereits in einem gewissen Ausmaß Doppelbindungscharakter (4).

Verläuft die Elimination über einen Übergangszustand (4), so wird vorwiegend das *Saytzew-Produkt* gebildet: der aktivierte Komplex wird durch die gleichen Faktoren stabilisiert wie das Produkt (σ-Donatoren – Alkylgruppen! – am β-C-Atom). Eliminationen an *Alkyliodiden* und *-bromiden* mit *mäßig starken Basen* liegen im Grenzbereich zwischen der typischen *E*1- und *E*2-Reaktion; der aktivierte Komplex gleicht dann dem Zustand (5), und es entsteht ebenfalls bevorzugt das *Saytzew-Produkt*. Bei Eliminationen an *quartären Ammoniumhydroxiden* oder an *Sulfoniumionen* sind die C—N- bzw. C—S-Bindungen relativ schwer zu trennen, und die Base spaltet das Proton ab, bevor die Abgangsgruppe ganz abgetrennt ist. Alkylgruppen oder andere σ-Donatoren am β-C-Atom erhöhen aber dort die Elektronendichte, erschweren also die Abtrennung des Protons vom β-C-Atom und destabilisieren den aktivierten Komplex (3), so daß leichter ein Proton vom β'-C-Atom abgespalten wird: es entsteht bevorzugt das *Hofmann-Produkt*. (Die Hofmann-Regel wurde ursprünglich nur für die Alkenbildung durch thermische Zersetzung quartärer Ammoniumhydroxide formuliert!) Alkylgruppen am β-C-Atom und verhältnismäßig schwer zu trennende C—X-Bindungen begünstigen deshalb bei *E*2-Reaktionen das Hofmann-Produkt.

Sind aber am β-C-Atom *ungesättigte Gruppen* oder *Benzenkerne* vorhanden wie z. B. im β-Phenylethylbromid, die mit der durch die Elimination entstehenden Doppelbindung in *Konjugation* treten können, so wird der Übergangszustand (4) [oder auch (3)] derart stabilisiert, daß nicht nur die Elimination viel leichter erfolgt (und unter Umständen gegenüber der Substitution stark begünstigt wird), sondern daß in gewissen Fällen auch quartäre Ammoniumionen vorwiegend das Saytzew-Produkt liefern:

$$C_6H_5\overset{\beta}{-}CH_2\overset{\alpha}{-}\underset{\underset{\beta'}{CH_3}}{\overset{\oplus}{CH}}\underset{CH_3}{-N}-C_2H_5 \quad \longrightarrow \quad C_6H_5-CH=CH-CH_3 \;+\; (CH_3)_2NC_2H_5$$

Daß auch *räumliche Faktoren* die Eliminationsrichtung beeinflussen können, machen die beiden folgenden Beispiele deutlich. Bei der Reaktion (1) entsteht zu 80% das Hofmann-Produkt, obschon die Reaktion unimolekular verläuft (Solvolyse!), denn das Lösungsmittel Wasser kann nur schwer an ein H-Atom an C3 herankommen. Umgekehrt läßt sich im Fall von *E*2-Reaktionen durch Verwendung besonders raumbeanspruchender Basen die Hofmann-Elimination erzwingen, weil die sperrige Base leichter ein Proton von der Peripherie des Moleküls abspalten kann. Zugleich wird auf diese Weise auch die Alkenausbeute erhöht (2).

Produkte: (a) $CH_3\overset{\underset{|}{CH_3}}{-}\overset{|}{C}-CH_2-\overset{\underset{|}{CH_3}}{C}=CH_2$ Hofmann-Produkt (80%)

(b) $CH_3-\overset{\overset{\displaystyle CH_3}{|}}{\underset{\underset{\displaystyle CH_3}{|}}{C}}-CH=C\overset{\diagup CH_3}{\diagdown CH_3}$ Saytzew-Produkt (20%)

(2) $CH_3-CH_2-\overset{\overset{\displaystyle CH_3}{|}}{\underset{\underset{\displaystyle Br}{|}}{C}}-CH_3 + R-O^{\ominus}$

$\longrightarrow CH_3-CH=\overset{\overset{\displaystyle CH_3}{|}}{C}-CH_3$ (Saytzew-Produkt)

$\longrightarrow CH_3-CH_2-\overset{\overset{\displaystyle CH_3}{|}}{C}=CH_2$ (Hofmann-Produkt)

Base	$C_2H_5O^{\ominus}$	$(CH_3)_3CO^{\ominus}$	$(CH_3)_2\overset{\overset{\displaystyle ~}{|}}{\underset{\underset{\displaystyle C_2H_5}{|}}{C}}O^{\ominus}$	$(C_2H_5)_3CO^{\ominus}$
% Hofmann-Produkt	29	72	78	90

Zusammenfassend läßt sich folgendes über die *Richtung der Elimination* aussagen:

(a) Wenn die Möglichkeit besteht, daß eine schon vorhandene Doppelbindung mit der neuen Doppelbindung in *Konjugation* treten kann, so erfolgt die Elimination stets in dieser Richtung.

(b) Bei *E1-Bedingungen* entscheidet die Stabilität des aktivierten Komplexes des zweiten Reaktionsschrittes; da er bereits in gewissem Maß Doppelbindungscharakter besitzt, entsteht vorwiegend *Saytzew-Produkt*.

(c) Wenn bei *E2-Reaktionen* der aktivierte Komplex ebenfalls in einem gewissen Maß Doppelbindungscharakter zeigt, oder wenn besonders gute Abgangsgruppen abgetrennt werden (*E2–E1*-Grenzgebiet), so wird vorwiegend *Saytzew-Produkt* gebildet. Sind besonders voluminöse Abgangsgruppen vorhanden oder ist die Bindung zur Abgangsgruppe relativ schwer zu trennen, so entsteht hauptsächlich *Hofmann-Produkt*.

Sterische Faktoren können jedoch bei *E1*-Eliminationen zum Überwiegen des Hofmann-Produktes führen; ebenso kann bei *E2*-Reaktionen durch Verwendung besonders raumbeanspruchender Basen die Bildung des Hofmann-Produktes begünstigt werden.

Schließlich sei erwähnt, daß – außer im Fall größerer Ringe – an einem Brückenkopf-C-Atom keine Doppelbindung auftreten kann **(«Regel von Bredt»)**[1]. Verbindungen wie (1) ergeben damit bei der Elimination ausschließlich das Produkt (2). Die Verbindung (3) ist nicht bekannt, und an (4) ist überhaupt keine Elimination möglich.

8.4 Sterischer Verlauf der Elimination

Bei Eliminationsreaktionen entsteht im Prinzip aus einem *nichtbindend* gewordenen Elektronenpaar eine π-*Bindung*. Im Fall der **E2-Reaktion** lassen sich *zwei Möglichkeiten* des sterischen Ablaufes denken:

anti-Elimination[2]   *syn*-Elimination

In beiden Fällen liegen die abgetrennten Atome (Atomgruppen) mit den Atomen der zukünftigen Doppelbindung *in einer Ebene* (sie sind **«koplanar»**), eine Bedingung, die selbstverständlich erscheint, wenn man bedenkt, daß aus einem σ-Elektronenpaar eine π-Bindung entstehen muß, deren größte Ladungsdichte in der Ebene der H—C—C—X-Atome liegt (Abb. 8.2 für die *anti*-Elimination).

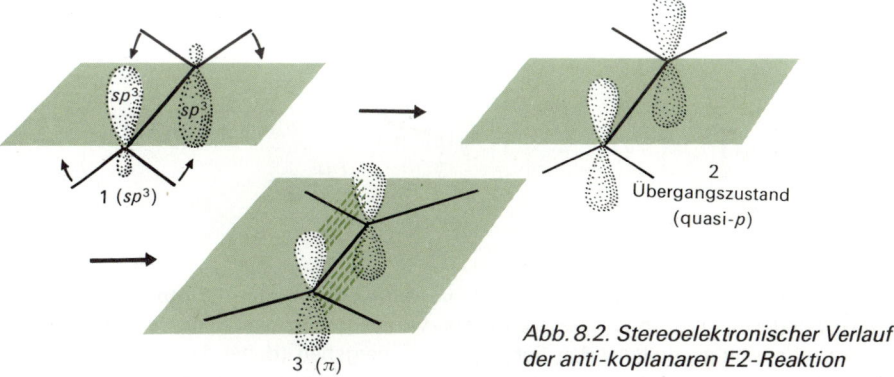

Abb. 8.2. *Stereoelektronischer Verlauf der anti-koplanaren E2-Reaktion*

---

[1] Die Bredtsche Regel gilt nicht für Verbindungen der folgenden Art, in welcher keine abnorm hohe Spannung auftritt:

[2] Nach einem Vorschlag von Woodward und Hoffmann sollte die «*anti*-»Elimination als **«antarafaciale»**, die «*syn*-»Elimination als **«suprafaciale»** Elimination bezeichnet werden, da die Vorsilben «*anti*» und «*syn*» bereits zur Bezeichnung von Konformationen «vergeben» sind. Wir schließen uns hier dem allgemein üblichen, jedoch weniger korrekten Sprachgebrauch an.

Um den sterischen Ablauf einer Elimination *experimentell* zu untersuchen, müssen *chirale* oder *Ringverbindungen* als Ausgangssubstanzen gewählt werden, in denen sich die einzelnen Substituenten sterisch unterscheiden lassen. Als *Beispiele* betrachten wir zunächst die Elimination von HCl aus *Menthyl-* bzw. *Neomenthylchlorid* und *1,2-Diphenyl-1-chlorpropan.*

Neo-menthylchlorid liefert beim Erhitzen mit einer genügend starken Base ein Gemisch von etwa 75% 3-Menthen (Saytzew-Produkt) und 25% 2-Menthen (Hofmann-Produkt), wie es den Erwartungen entspricht. Im Gegensatz dazu wird das Diastereomer Menthylchlorid zu 100% in das (weniger stabile) 2-Menthen (Hofmann-Produkt) übergeführt. Dieses Ergebnis läßt sich nur mit der Vorstellung einer *anti-koplanaren Elimination* erklären:

neo-Menthylchlorid   Menthylchlorid

neo-Menthylchlorid   − HCl / schneller   75%   25%

Menthylchlorid   − HCl / langsamer   100%

Im *neo-Menthylchlorid* liegen zwei H-Atome *anti*-koplanar zum Cl-Atom, so daß eine Elimination leicht möglich ist. Das *Menthylchlorid* aber muß zuerst in die (energiereichere) Konformation mit axial stehenden Substituenten übergehen (daher die langsamere Reaktion!), in welcher nur ein H-Atom *anti*-koplanar zum Cl-Atom steht, so daß nur ein einziges Eliminationsprodukt gebildet wird.

Auch bei der *E*2-Elimination an den diastereomeren *erythro-* und *threo-1,2-Diphenylpropylchloriden* entsteht ausschließlich das nach dem *anti*-koplanaren Mechanismus zu erwartende Produkt:

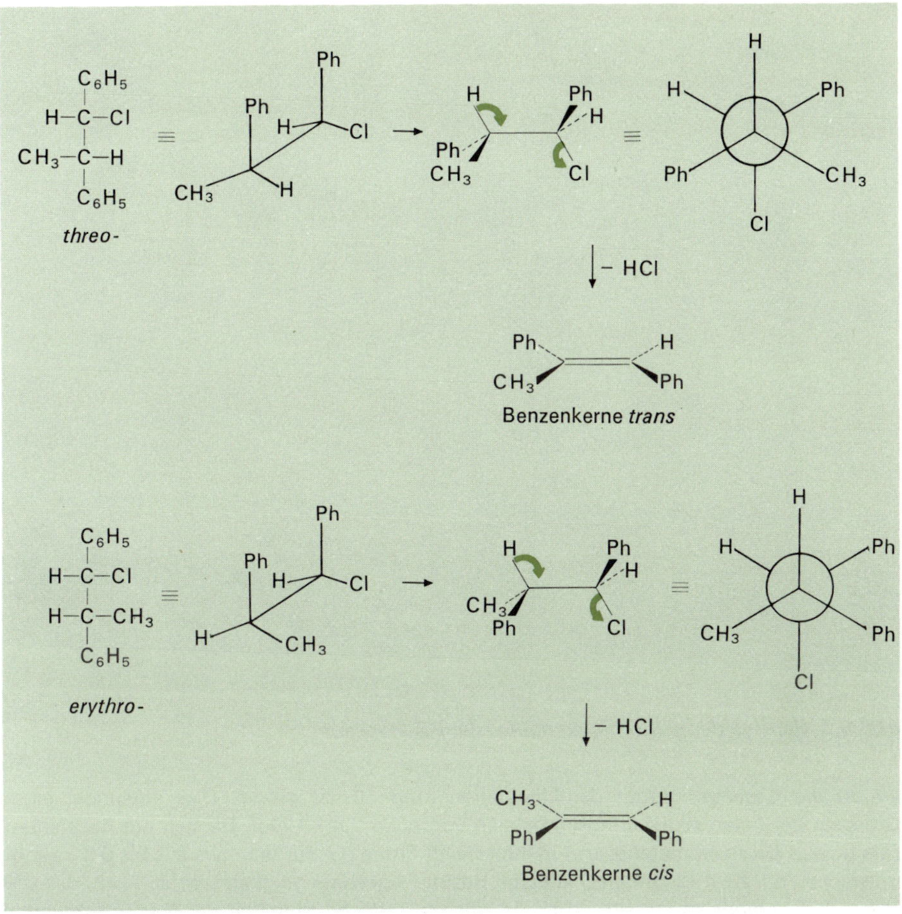

C_6H_5
H—C—Cl
CH_3—C—H
C_6H_5

threo-

Ph
Ph   H
CH₃   Cl

Ph   Ph
H   H
Ph   H
CH₃   Cl

H
H   Ph
Ph   CH₃
Cl

$\downarrow$ – HCl

Ph   H
CH_3 Ph

Benzenkerne *trans*

C_6H_5
H—C—Cl
H—C—CH_3
C_6H_5

erythro-

Ph
Ph   H
H   Cl
H   CH₃

H   Ph
CH₃   H
Ph   Cl

H
H   Ph
CH₃   Ph
Cl

$\downarrow$ – HCl

CH_3 H
Ph   Ph

Benzenkerne *cis*

Ganz allgemein läßt sich sagen, daß ein racemisches Gemisch oder das eine Enantiomer einer *erythro*-Verbindung ein *trans*-Eliminationsprodukt ergibt, während aus der *threo*-Verbindung das *cis*-Produkt entsteht.

Die Beispiele zeigen, daß *E*2-Eliminationen offenbar **stereospezifisch** verlaufen: Die an der Reaktion beteiligten vier Reaktionszentren müssen *in einer Ebene liegen,* und die abzuspaltenden Substituenten müssen *in anti-Stellung* zueinander stehen (**«anti-Elimination»**; Ingold). Die Abb. 8.2 (S. 481) zeigt die stereoelektronischen Verhältnisse: Im Übergangszustand sind aus den sp^3-Hybrid-AO schon beinahe *p*-AO geworden, wobei die ursprünglich sp^3-hybridisierten C-Atome in fast in einer Ebene liegende sp^2-ähnliche Zustände übergehen. Die entstehende π-Bindung kann dann aus dem Ausgangsstoff (in der gestaffelten Konformation) entstehen, ohne daß die Molekülhälften gegeneinander verdreht werden müssen.

Die *E*2-Elimination von HCl an den diastereomeren 1,2-Diphenylpropylchloriden liefert nicht nur je nach der verwendeten Ausgangssubstanz verschiedene Produkte, sondern verläuft auch *mit unterschiedlicher Reaktionsgeschwindigkeit:* Bei den *threo*-Diastereome-

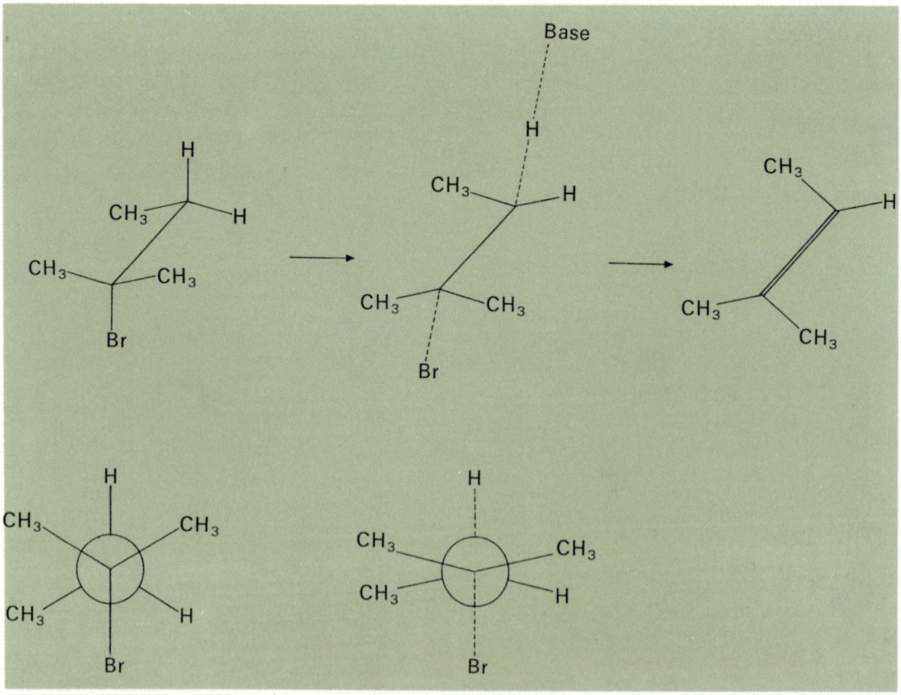

Abb. 8.3. Schema des sterischen Verlaufes der E2-Reaktion

ren ist die Geschwindigkeit der Elimination rund 50 mal *größer.* Dies entspricht einer Differenz der freien Aktivierungsenthalpien von etwa 9,6 kJ/mol. Da sich die Reaktanten (die beiden Diastereomerenpaare) in ihrer freien Enthalpie nur um etwa 0,4 bis 0,8 kJ/mol unterscheiden, zeigt die unterschiedliche Reaktionsgeschwindigkeit sehr deutlich, daß die freien *Aktivierungsenthalpien* – d. h. die *unterschiedliche Stabilität der beiden aktivierten Komplexe – die Reaktionsgeschwindigkeit bestimmen.* Die bedeutend größere Stabilität des zum *trans*-Produkt führenden aktivierten Komplexes (der aus dem *threo*-Diastereomer entsteht) ist die Folge der hier geringeren Wechselwirkungen zwischen den raumerfüllenden Phenylgruppen:

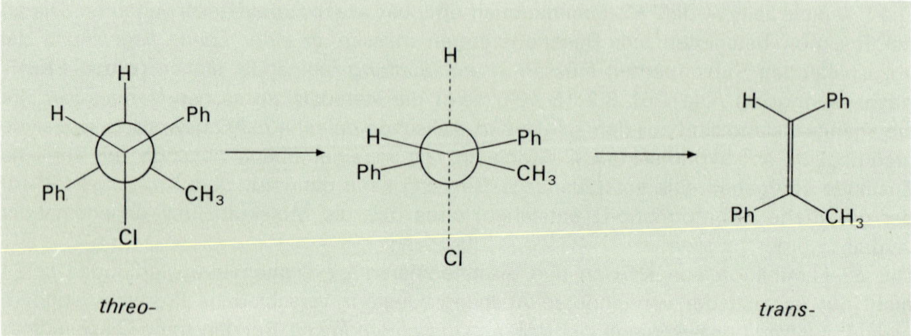

erythro-   *cis-*

Diese Verhältnisse bewirken, daß die *E2*-Reaktion in bestimmten Fällen **stereoselektiv** verläuft. So entsteht aus 2-Brombutan fast ausschließlich *trans*-Buten:

stabiler   *trans*-2-Buten

weniger stabil   *cis*-2-Buten

Das Ergebnis könnte auch mit der Annahme erklärt werden, daß die Mehrzahl aller Brombutanmoleküle eben in der *anti*-Konformation vorliegt (welche zum stabileren akti-vierten Komplex führt). Die freie Aktivierungsenthalpie ist aber viel höher als die Energiebar-riere zwischen verschiedenen Konformationen, so daß nicht die «Besetzung» der verschie-denen Konformationen, sondern die *Stabilität der aktivierten Komplexe* die Richtung der Reaktion bestimmt.

Der Schluß, daß bei einer Reaktion *das Mengenverhältnis der Produkte unabhängig von der Besetzung verschiedener Konformationen* ist, wird als **Curtin-Hammett-Prinzip** be-zeichnet. Es läßt sich auch auf Reaktionen *tautomerer* Moleküle anwenden: Wenn der

Energieunterschied zwischen den beiden Tautomeren kleiner ist als die freie Aktivierungsenthalpie der betreffenden Reaktion, so ist die Zusammensetzung des Produktgemisches
von der Lage des Tautomeriegleichgewichtes unabhängig.

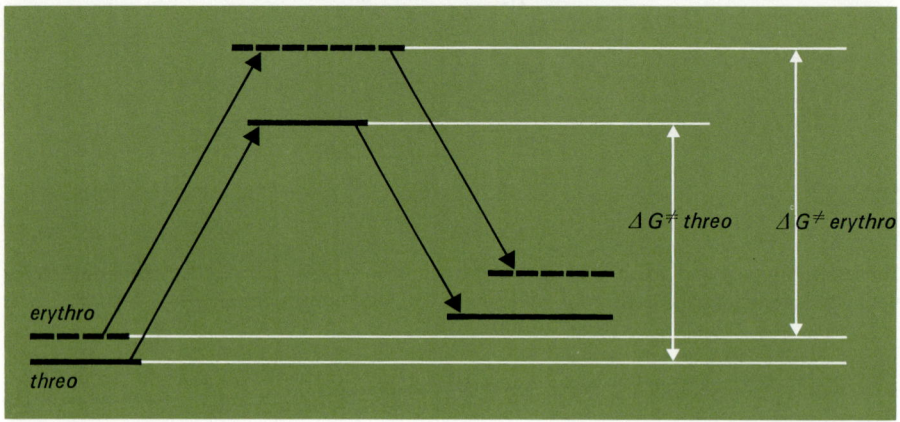

*Abb. 8.4. Energiediagramm für die E2-Eliminationen von HCl aus erythro- und threo-1,2-
Diphenyl-1-chlorpropan*

Die **Ingold-Regel** (Elimination leicht, wenn die abzuspaltenden Gruppen *anti*-koplanar
angeordnet sind) gilt auch für Eliminationen an *ungesättigten* Verbindungen. So reagiert
Chlorfumarsäure rund 50 mal schneller mit NaOH unter HCl-Elimination als das Diastereomer Chlormaleinsäure, das für die entsprechende Reaktion zuerst in das *trans*-Isomer
umgelagert werden muß:

$$^{\ominus}OOC-\overset{\underset{\displaystyle H-\overset{\textstyle |}{C}-COO^{\ominus}}{\|}}{C}-Cl \quad \longrightarrow \quad ^{\ominus}OOC-C\equiv C-COO^{\ominus} \quad \longleftarrow \quad Cl-\overset{\underset{\displaystyle H-\overset{\textstyle |}{C}-COO^{\ominus}}{\|}}{C}-COO^{\ominus}$$

Neuerdings wurden jedoch auch zahlreiche Fälle entdeckt, bei denen **syn-Elimination**
auftritt oder *syn-* und *anti*-Elimination als Konkurrenzreaktionen nebeneinander vorkommen. Insbesondere Eliminationen an Cyclopentanderivaten verlaufen oft *syn*-koplanar:

Die *syn-Elimination* ist immer dann begünstigt, wenn aus sterischen Gründen die koplanare
Anordnung der abzutrennenden Atome in Übergangszustand der *syn*-Elimination besser
möglich ist als bei *anti*-Eliminationen, d. h. wenn die beiden abzutrennenden Atome
synperiplanar, jedoch nicht antiperiplanar stehen. Als Beispiel diene die HCl-Abspaltung
aus den diastereomeren *cis-* und *trans*-2,3-Dichlornorbornanen, die beim *trans*-Isomer viel
rascher verläuft:

Besonders interessant ist, daß dann, wenn man eine anionische Base zur Elimination benützt, die sowohl mit ihrem Kation wie mit der Abgangsgruppe koordiniert ist, ebenfalls *syn*-Elimination auftritt. Die Verbindung (1) beispielsweise liefert unter der Einwirkung des Natriumsalzes von 2-Cyclohexylcyclohexanol fast zu 100% das (wegen der Geometrie des Ausgangsmoleküls erwartete) *syn*-Eliminationsprodukt. Setzt man dem Reaktionsgemisch aber einen Kronenether zu, der das Na$^\oplus$-Ion komplexieren kann, so entsteht trotz der ungünstigen räumlichen Anordnung der beiden abzutrennenden Atome rund 30% *anti*-Eliminationsprodukt. Das Na$^\oplus$-Ion koordiniert sich im aktivierten Komplex offensichtlich sowohl mit der Abgangsgruppe wie mit der Base, wodurch *syn*-Elimination bevorzugt wird.

Kronenether vorhanden:				
Nein	98%	0%		aktivierter
Ja	70%	27,2%		Komplex

Wie von Sicher gezeigt wurde, ist *syn*-Elimination insbesondere auch bei *E1cB-ähnlichem Verlauf* der *E2*-Reaktion möglich. Die unter der Einwirkung der Base nichtbindend werdenden Elektronen der H—C$_\beta$-Bindung können im Fall einer *syn*-koplanaren Anordnung von H—C$_\beta$—C$_\alpha$—X von der elektrostatisch günstigeren Seite zur Trennung der C$_\alpha$—X-Bindung beitragen:

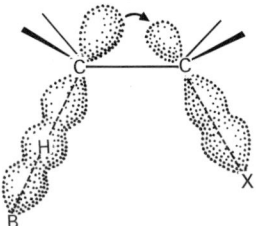

Unimolekulare Eliminationen verlaufen – im Gegensatz zur *E2*-Reaktion – *in der Regel nicht stereospezifisch*, weil im intermediär gebildeten Carbeniumion Rotation um die Bindung zwischen α- und β-C-Atom möglich ist, oder anders gesagt, weil das im zweiten Reaktionsschritt vom β-C-Atom abgetrennte Proton von beiden Seiten bezüglich der Ebene des Carbeniumions kommen kann. Trotzdem beobachtet man in gewissen Fällen eindeutige *syn-Elimination*, nämlich dann, wenn ein *enges Ionenpaar* gebildet wird und die *Abgangsgruppe* anstelle des Lösungsmittels *das Proton bindet*. Beispielsweise ergibt *erythro-3-D-*

2-butyltosylat in Nitromethan, einem aprotischen, nur wenig ionisierenden Lösungsmittel, fast ausschließlich das Produkt der *syn*-Elimination:

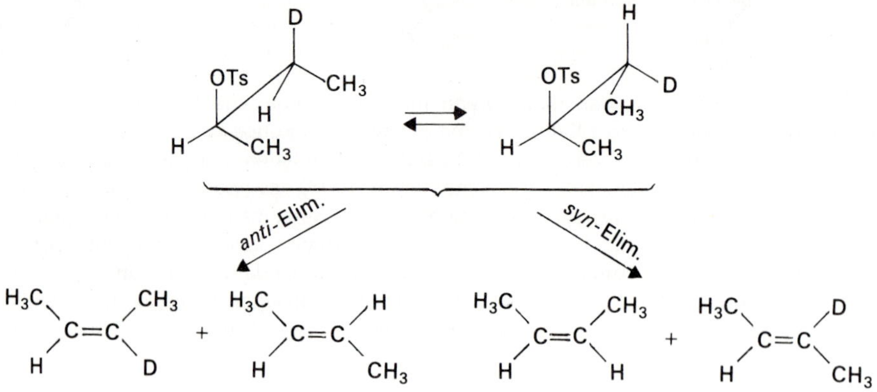

Dies bedeutet, daß das Tosylat-Anion das Proton bzw. das Deuteron von derselben Seite des Moleküls «herauszieht», auf der es als Anion abgetrennt worden ist. Verwendet man aber wäßriges Ethanol statt Nitromethan als Lösungsmittel, so wird das (erwartete) Gemisch der Produkte von *syn*- und *anti*-Elimination erhalten. Das Resultat zeigt zugleich, daß *syn*-Elimination auch *trans*-Produkte (nicht nur, wie man vielleicht denken könnte, *cis*-Produkte) ergeben kann.

In *Ringsystemen* ist die Rotation aufgehoben, so daß auch dann *E*1-Reaktionen *stereospezifisch* verlaufen können, wie das folgende Beispiel illustriert. (Die Klammer deutet ein polyzyklisches Ringsystem an.)

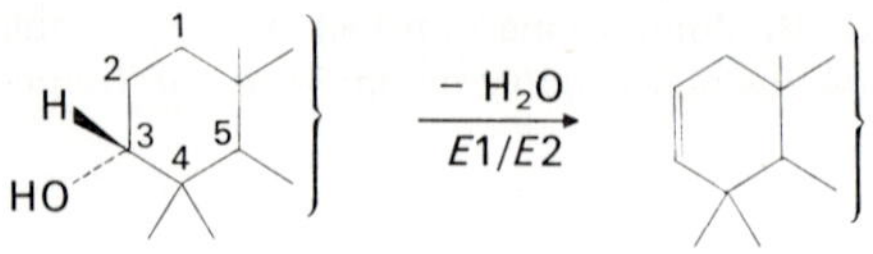

(1)

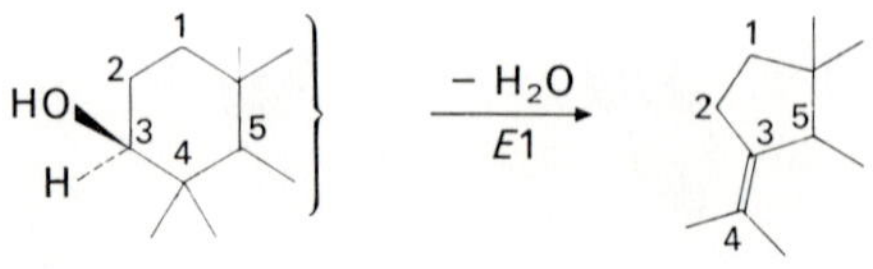

(2)

In der Substanz (1) stehen die Hydroxylgruppe und ein H-Atom am C-Atom 2 *anti*-koplanar, so daß ein *E*1/*E*2-ähnlicher Verlauf möglich ist. Beim Isomer (2) hingegen steht die Hydroxylgruppe äquatorial, und das polyzyklische Ringgerüst verhindert ein «Umklappen»; es entsteht deshalb zunächst ein (sekundäres) Carbeniumion, das sich vor der Elimination des Protons in ein tertiäres Ion umlagert (möglicherweise auch konzertierte Verschiebung des σ-Elektronenpaares zwischen C4 und C5 und Abspaltung der protonierten Hydroxylgruppe).

8.5 Präparative Anwendungen

Zur Einführung einer Doppelbindung in ein organisches Molekül stehen viele Methoden offen. Im konkreten Fall wird der Entscheid, welcher Weg gewählt werden muß, durch die Zugänglichkeit der verschiedenen Ausgangssubstanzen und durch die zur Gewinnung eines bestimmten Alkens notwendigen Reaktionsbedingungen mitbestimmt.

Eliminationen an Alkylhalogeniden und -sulfonaten. Obschon die Wasserabspaltung aus Alkoholen häufig einfacher durchzuführen ist, besitzen Eliminationen an Halogeniden und Sulfonsäureestern (Tosylaten) eine gewisse präparative Bedeutung. Zwar entstehen bei solchen Reaktionen häufig Gemische verschiedener isomerer Produkte; da sich aber Eliminationen an den erwähnten Substraten relativ leicht als bimolekulare Reaktionen durchführen lassen, können auf diese Weise besonders bei zyklischen Ausgangsstoffen Alkene mit einer bestimmten Lage der Doppelbindung bevorzugt erhalten werden. Zudem treten Nebenreaktionen wie Umlagerungen bei *E*2-Reaktionen kaum auf.

Primäre Halogenide ergeben bei Eliminationen meist *schlechte Ausbeuten* (Hauptreaktion ist die Substitution!). Fluoride sind zu reaktionsträg und Iodide oft zu instabil, so daß meistens sekundäre oder tertiäre Bromide oder Chloride verwendet werden. Als eliminierende Reagenzien dienen alkoholische Lösungen von NaOH, Kalium-tert. Butylat in tert. Butylalkohol, Alkalialkoholate und tertiäre organische Basen (Pyridin, Chinolin, Dimethylanilin). Im erstgenannten Fall wirkt wahrscheinlich das Ethylat-Ion als Base, weil das Gleichgewicht

$$OH^\ominus + C_2H_5OH \rightleftarrows H_2O + C_2H_5O^\ominus$$

durch einen großen Überschuß von Ethanol nach rechts verschoben wird. Tert. Butylat oder andere raumerfüllende Basen drängen die als Nebenreaktion auftretende Substitution zurück. Auch eine relativ hohe Konzentration einer *starken Base begünstigt die Elimination*. Für schwierigere Fälle sind die bizyklischen Amidine 1,5-Diazabicyclo[3.4.0]nonen-(5) (DBN) und 1,5-Diazabicyclo[5.4.0]undeken-(5) (DBU) gut geeignete Reagenzien.

DBN   DBU

In gewissen Fällen wichtig sind *Eliminationen an vic-Dihalogeniden*. Die Elimination von Brom an *vic-Dibromiden* durch *Iodid* verläuft *stereospezifisch* als konzertierte Reaktion *anti-koplanar*. So erhält man auf diese Weise aus *trans*-1,2-Dibromcyclohexan in glatter Reaktion Cyclohexen, während *cis*-1,2-Dibromcyclohexen nicht reagiert. Ebenso entsteht aus *meso*-2,3-Dibrombutan *trans*-2-Buten, aus den optisch aktiven Diastereomeren dagegen *cis*-2-Buten. Im letzteren Fall verläuft die Elimination über einen energiereicheren Übergangszustand und damit deutlich langsamer.

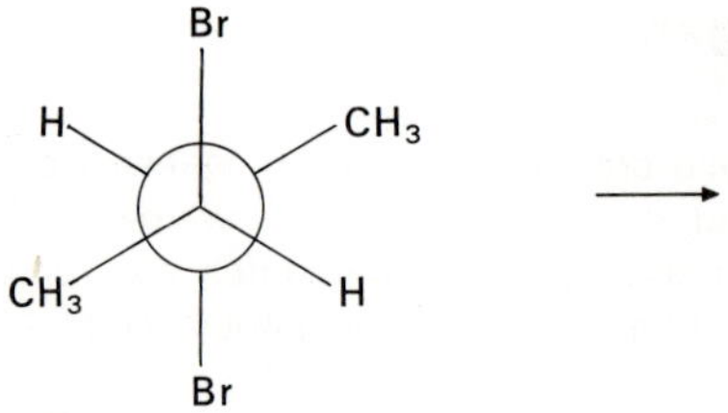

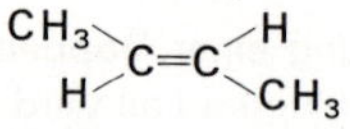

meso-2,3-Dibrombutan

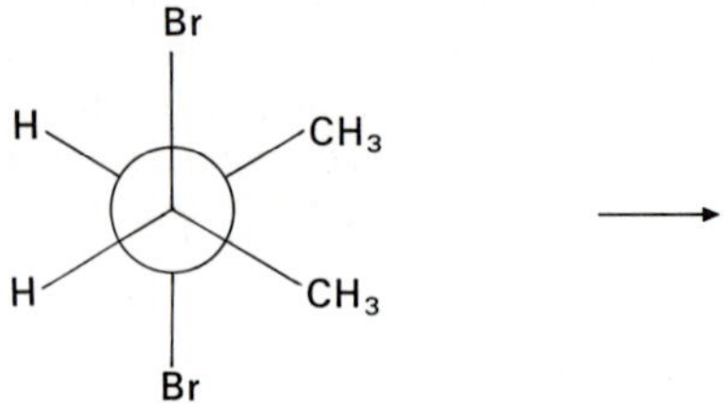

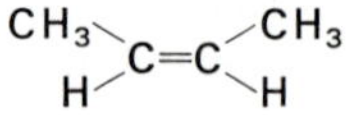

trans-2-Buten

2-*S*-3-*S*-Dibrombutan

cis-2-Buten

In gewissen Fällen – bei mittelgroßen Ringen (C_{10} und C_{12}) wurde jedoch auch *syn*-Elimination beobachtet. Unter der Wirkung von *Metallen* (Zink) verläuft die Elimination zweier Halogenatome manchmal ebenfalls stereospezifisch-*anti*-koplanar (wahrscheinlich gemäß *E*1 *cB*), in gewissen Fällen jedoch nicht. Die relativ leichte Dehalogenierung durch Iodid dient gelegentlich dazu, eine Doppelbindung während einer Reaktion zu «*schützen*»: Man addiert zunächst Brom, führt dann die fragliche Reaktion aus und bildet das Alken mit Iodid zurück.

Eliminationen von Halogenwasserstoff aus *vic*-Dihalogeniden ergeben *ungesättigte Halogenide* oder *Alkine*:

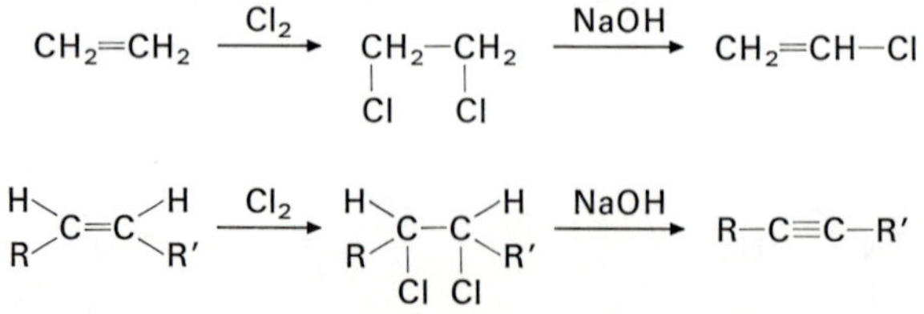

Als Base wird zur Einführung von Dreifachbindungen oft $NaNH_2$ in unpolaren Lösungsmitteln verwendet, da im Falle endständiger Dreifachbindungen das Produkt als Natriumsalz ausfällt und eine Isomerisierung (Verschiebung der Dreifachbindung!) verhindert werden kann.

Interessant ist die Bildung von *Ketenen* aus Säurechloriden, ebenfalls eine *E*2-Reaktion:

Eliminationen an Alkoholen. Die säurekatalysierte Dehydratisierung von Alkoholen ist eine der am häufigsten verwendeten Methoden zur Alkengewinnung. Es handelt sich hier um eine typische *E*1-Reaktion:

$$R_1{-}\overset{\overset{\displaystyle R_2}{|}}{\underset{\underset{\displaystyle CH_3}{|}}{C}}{-}OH \quad\xrightarrow{H^\oplus}\quad R_1{-}\overset{\overset{\displaystyle R_2}{|}}{\underset{\underset{\displaystyle CH_3}{|}}{C}}{-}\overset{\oplus}{O}\!\!\diagup^{\,H}_{\,H} \quad\xrightarrow{-H_2O}\quad R_1{-}\overset{\overset{\displaystyle R_2}{|}}{\underset{\underset{\displaystyle CH_3}{|}}{\overset{\oplus}{C}}} \quad\rightarrow\quad \overset{\displaystyle R_1\ \ R_2}{\underset{\displaystyle CH_2}{C}}\!\!\diagdown\!\!\diagup \;+\; H^\oplus$$

Um Substitutionen möglichst zu vermeiden, sind bei primären Alkoholen hohe Temperaturen (160 bis 200 °C) und relativ hohe Konzentrationen von starken Säuren (H_2SO_4, H_3PO_4) nötig, so daß als Folge der ziemlich energischen Bedingungen oft erhebliche Mengen von *Nebenprodukten* entstehen. Sekundäre Alkohole reagieren bereits bei etwa 140 °C (mit H_3PO_4 als Säure), und tertiäre Alkohole lassen sich bei 100 °C mit Oxalsäure oder Sulfonsäuren in Alkene überführen. Besonders leicht reagieren β-Hydroxycarbonylverbindungen (wie sie durch Aldoladditionen entstehen), da dadurch mesomeriestabilisierte α,β-ungesättigte Carbonylverbindungen gebildet werden, allerdings erfolgt dann die Elimination wohl stets nach *E*1 *cB*.

Als *Nebenreaktion* kann die Bildung von *Estern* der zugesetzten Säure oder von *Ethern* auftreten. Auch *Carbeniumion-Umlagerungen* (vom Typ der Wagner-Meerwein-Umlagerung) werden als Nebenreaktionen oft beobachtet. 1-Butanol liefert z. B. bei der Dehydratisierung sowohl 1-Buten wie 2-Buten:

$$CH_3CH_2CH_2CH_2OH \quad\rightarrow\quad CH_3CH_2CH_2\overset{\oplus}{C}H_2 \diagup\diagdown \begin{matrix} CH_3CH_2CH{=}CH_2 \\ CH_3CH_2\overset{\oplus}{C}HCH_3 \rightarrow CH_3CH{=}CHCH_3 \end{matrix}$$

Aus 3-Methyl-2-butanol können sogar drei strukturisomere Alkene entstehen:

$$(CH_3)_2CH{-}\underset{\underset{\displaystyle OH}{|}}{CH}{-}CH_3 \quad\xrightarrow[-H_2O]{H^\oplus}\quad (CH_3)_2CH\overset{\oplus}{C}HCH_3 \rightarrow (CH_3)_2C{=}CHCH_3 + (CH_3)_2CHCH{=}CH_2$$

$$\qquad\qquad\qquad\qquad\qquad\qquad\qquad\qquad\qquad\quad \text{Saytzew}\qquad\qquad\text{Hofmann}$$

$$\downarrow H^\ominus\text{-Verschiebung}$$

$$(CH_3)_2\overset{\oplus}{C}CH_2CH_3 \quad\rightarrow\quad (CH_3)_2C{=}CHCH_3 \;+\; CH_2{=}\underset{\underset{\displaystyle CH_3}{|}}{C}CH_2CH_3$$

$$\qquad\qquad\qquad\qquad\qquad \text{Saytzew}\qquad\qquad\qquad\text{Hofmann}$$

Auch die Polymerisation der entstehenden Alkene ist als Nebenreaktion möglich.

Die Dehydratisierung der Alkohole kann auch in der Gasphase bei Verwendung von Al_2O_3, $AlPO_4$, TiO_2 u. a. als Katalysatoren durchgeführt werden (bei 300 bis 400 °C). Da allerdings viele Alkohole technisch umgekehrt durch Addition von H_2O an Alkene (aus Crackgasen) hergestellt werden, ist die katalytische Dehydratisierung nur für besondere Fälle im Laboratorium von Bedeutung. Die Ausbeuten dabei sind gut, und die Saytzew-Produkte überwiegen.

Durch Verwendung von Lithiumalkylen oder Lithiumalkoxiden in Tetrahydrofuran unter Zusatz von K_2WCl_6 oder anderen Wolfram-Verbindungen lassen sich beide Hydroxylgruppen aus *vic*-Glykolen abtrennen:

$$-\underset{\underset{HO}{|}}{C}-\underset{\underset{OH}{|}}{C}- \xrightarrow[\text{THF}]{\text{2 MeLi}} -\underset{\underset{O^{\ominus}}{|}}{C}-\underset{\underset{O^{\ominus}}{|}}{C}- \xrightarrow{K_2WCl_6} -\underset{|}{C}=\underset{|}{C}-$$

Besonders tetrasubstituierte Diole reagieren dabei sehr rasch.

Carbonsäuren können ebenfalls dehydratisiert werden (durch Pyrolyse), wobei *Ketene* entstehen:

$$R-\underset{\underset{H}{|}}{C}H-\underset{\underset{OH}{|}}{C}=O \longrightarrow R-CH=C=O$$

Auf diese Weise wird z. B. Keten technisch aus Essigsäure hergestellt.

Dreifachbindungen können durch Dehydratisierung von Alkoholen *nicht* eingeführt werden: *gem*-Diole und Vinylalkohole existieren nicht, und *vic*-Glykole ergeben entweder konjugierte Diene oder spalten nur 1 mol Wasser ab, so daß Aldehyde oder Ketone entstehen:

$$-\underset{\underset{HO}{|}}{C}-\underset{\underset{OH}{|}}{C}-H \longrightarrow -\underset{|}{C}=\underset{\underset{OH}{|}}{C}- \longrightarrow -\underset{|}{C}H-\underset{\underset{O}{\|}}{C}-$$

Im Zusammenhang mit der Besprechung der Dehydratisierung von Alkoholen sei darauf hingewiesen, daß die analoge Reaktion mit *Aminen nicht durchführbar* ist: Die Trennung einer C—N-Bindung in einem Ammoniumion erfordert eine so hohe Energie, daß das folgende Gleichgewicht ganz auf der linken Seite liegt:

$$R_3C-\overset{\oplus}{N}H_3 \ \rightleftharpoons \ R_3C^{\oplus} + |NH_3$$

Elimination nach Hofmann. Die Alkylierung von Aminen und anschließende Behandlung mit feuchtem Silberoxid liefert quartäre Ammoniumhydroxide, die beim Erhitzen auf 100 bis 200 °C Alken und tertiäres Amin ergeben:

$$\underset{CH_3}{\overset{C_2H_5}{\diagdown}}NH \xrightarrow{CH_3I} CH_3-\underset{\underset{CH_3}{|}}{\overset{\overset{CH_3}{\overset{\oplus}{|}}}{N}}-C_2H_5 \ I^{\ominus} \xrightarrow{Ag_2O} CH_3-\underset{\underset{CH_3}{|}}{\overset{\overset{CH_3}{\overset{\oplus}{|}}}{N}}-C_2H_5 \ OH^{\ominus}$$

$$\searrow$$

$$(CH_3)_3N \ + \ CH_2{=}CH_2 \ + \ H_2O$$

Die Reaktion verläuft *bimolekular* und liefert hauptsächlich *Hofmann-Produkte*.

Die Elimination nach Hofmann ist von Bedeutung zur Konstitutionsaufklärung heterozyklischer N-haltiger Ringe, wie sie in vielen Naturstoffen (Alkaloiden) vorkommen. Solche zyklische Verbindungen lassen sich durch stufenweisen Abbau auf diese Weise in offenkettige Verbindungen überführen:

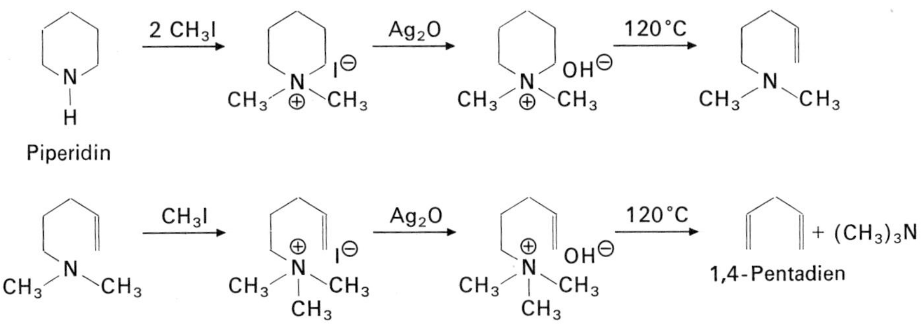

Piperidin

CH$_3$ N CH$_3$ ... 1,4-Pentadien + (CH$_3$)$_3$N

Enthält die fragliche Substanz jedoch das N-Atom (als primäre, sekundäre oder tertiäre Aminogruppe) in einer aliphatischen Seitenkette, so entsteht bereits nach einmaliger Durchführung dieser *«erschöpfenden Methylierung»* ein N-freies Alken.

8.6   Pyrolytische (zyklische) Eliminationen

Esterpyrolyse. Erhitzt man Ester von Carbonsäuren auf 300 bis 500°C, so tritt *Zerfall* unter *Bildung einer ungesättigten Verbindung* und der *Carbonsäure* ein:

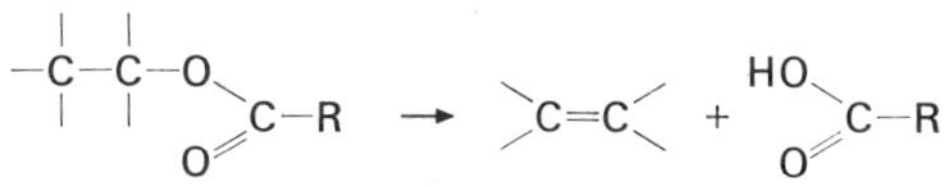

Ist der Siedepunkt des Esters genügend hoch, so läßt sich die Reaktion direkt mit dem flüssigen Ester durchführen (z. B. bei Stearinsäureestern). Häufiger jedoch tropft man den Ester in ein mit Glasperlen gefülltes und erhitztes Verbrennungsrohr und führt die Produkte durch einen Kühler mittels eines Stromes von Stickstoff ab.

Die Esterpyrolyse ist präparativ von Interesse zur Gewinnung von 1-Alkenen aus primären Alkoholen, da dabei *keine Umlagerungen* auftreten. (Ester von sekundären oder tertiären Alkoholen ergeben meist Gemische von Alkenen.) Als Ester werden dazu oft Essigsäureester verwendet.

Die Esterpyrolyse verläuft (wie die E2-Reaktion) *konzertiert,* jedoch im Gegensatz zu dieser über einen zyklisch gebauten aktivierten Komplex (über einen **«zyklischen Übergangs-zustand»**): Das H-Atom am C$_\beta$ und die austretende Gruppe am C$_\alpha$ müssen in *cis*-Stellung zueinander stehen *(syn-Elimination).* Da durch die Ringstruktur des aktivierten Komplexes die Orientierung der Substituenten festgelegt wird, verläuft die Elimination **stereospezifisch**.

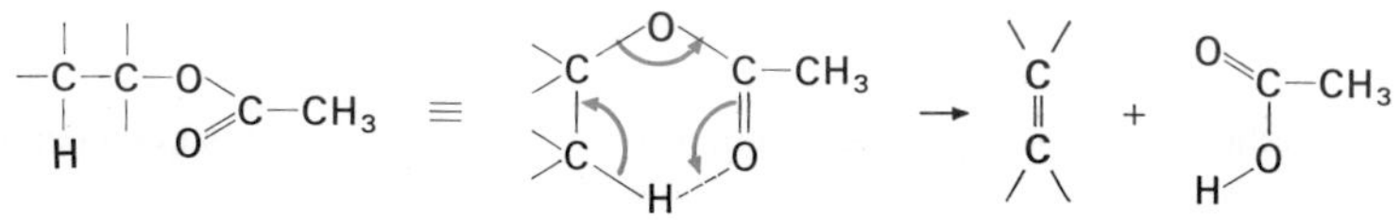

So entsteht durch Pyrolyse von *trans*-2-Acetoxycyclohexan-1-carbonsäureester [1] 1-Cyclohexen-1-carbonsäureester, während aus dem *cis*-Isomer [2] 2-Cyclohexen-1-carbonsäureester entsteht:

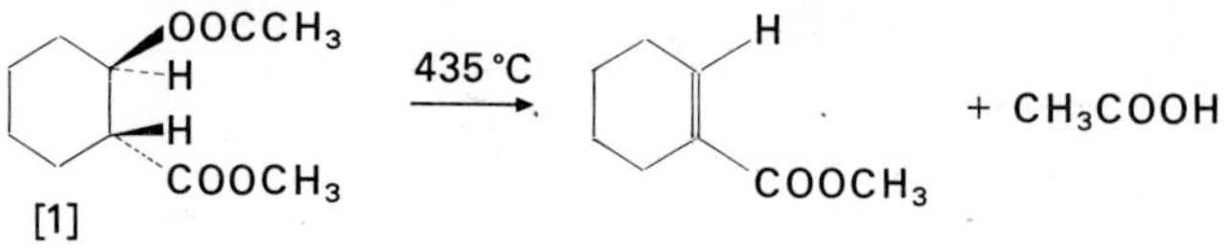

Die Reaktion verläuft um so leichter, je stärker basisch das auf den *cis*-Wasserstoff einwirkende O-Atom ist. Da dessen Basizität durch +M-Substituenten erhöht wird, nimmt die zur Elimination erforderliche Temperatur in der folgenden Reihe zu:

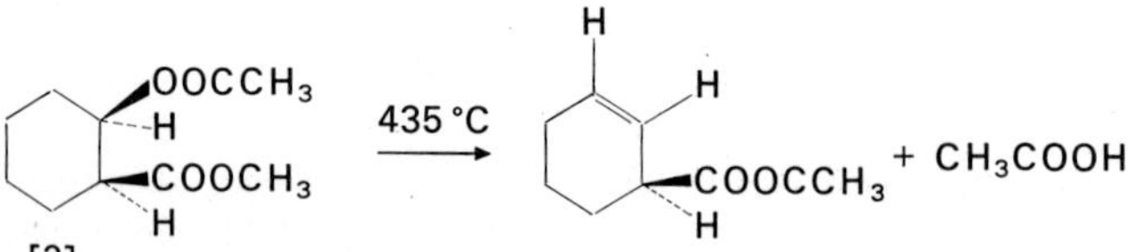

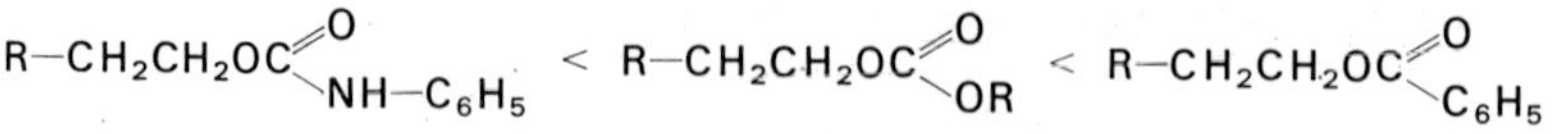

Phenylurethan   Kohlensäureester   Benzoesäureester

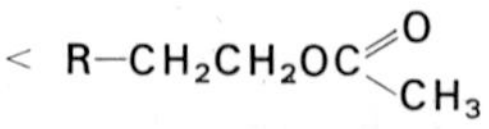

Essigsäureester

Nach demselben Mechanismus verläuft auch die bereits auf S. 460 erwähnte *Ketonspaltung* von β-Ketosäuren und die *Decarboxylierung* von Malonsäure:

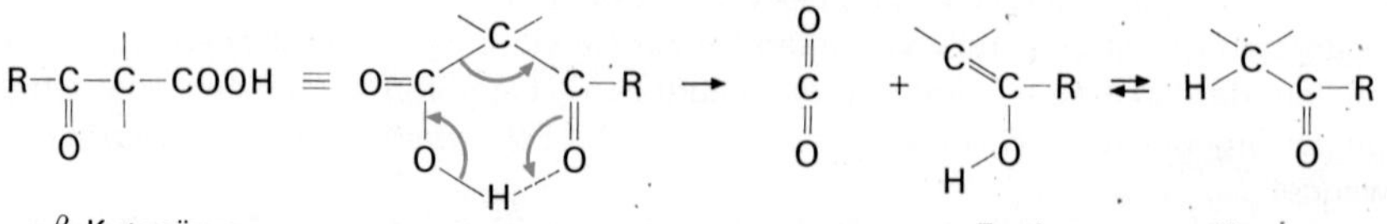

β-Ketosäure   Enol   Keton

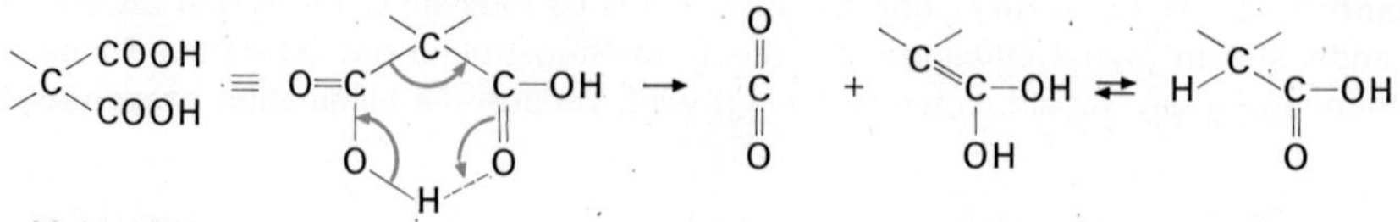

Malonsäure   Enol   Säure

Kann das entstehende Keton jedoch nicht enolisieren, so bleibt die Ketosäure beim Erhitzen völlig stabil:

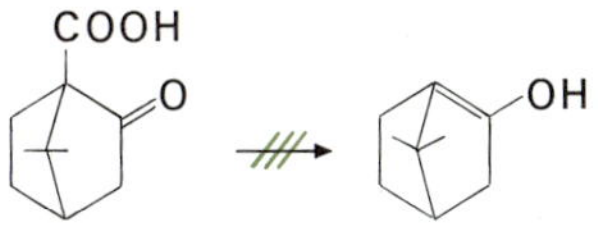

COOH

Ketopinsäure

Auf ganz analoge Weise erfolgt die Decarboxylierung von β,γ-ungesättigten Carbonsäuren:

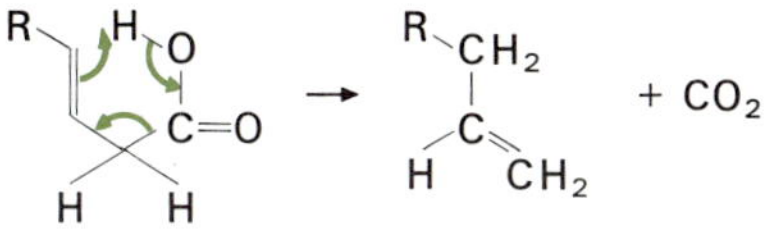

$$R\text{--CH}_2\text{--C}(\text{=CH}_2)(\text{--H}) + CO_2$$

Eine weitere Reaktion, die zum Typus der Eliminationen mit zyklischem Übergangszustand gehört, ist die *Darzens-Synthese («Glycidestersynthese»)*. Dabei wird zuerst Chloressigester unter der Wirkung von Natriumethylat an die Carbonylgruppe eines Aldehyds oder eines Ketons addiert. Durch intramolekulare S_N-Reaktion bildet sich ein Epoxidring. Der sogenannte Glycidester wird verseift, und die freie Glycidsäure decarboxyliert bereits unterhalb 100 °C über einen zyklischen Übergangszustand, wobei sich – ähnlich wie bei der Ketonspaltung – ein Enol des nächsthöheren Aldehyds (Ketons) bildet.

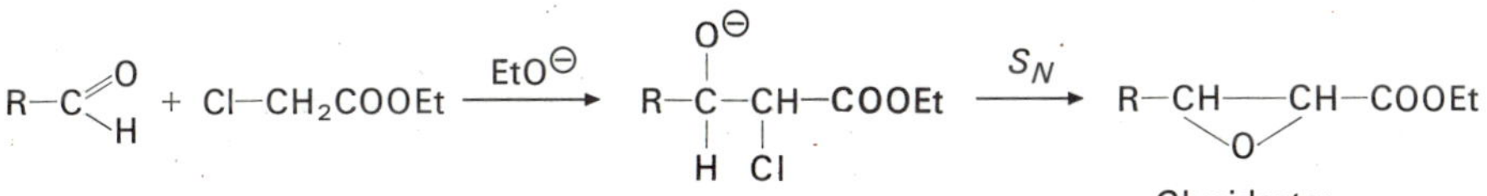

$$R\text{--C}\overset{O}{\underset{H}{}} + Cl\text{--CH}_2COOEt \xrightarrow{EtO^{\ominus}} R\text{--C}\underset{\underset{H}{|}\,\underset{Cl}{|}}{\overset{O^{\ominus}}{}}\text{--CH--COOEt} \xrightarrow{S_N} R\text{--CH}\underset{O}{\diagdown\diagup}\text{CH--COOEt}$$

Glycidester

$$R\text{--CH}\underset{O}{\diagdown\diagup}\text{CH--COOEt} \xrightarrow{OH^{\ominus}} R\text{--CH}\underset{O}{\diagdown\diagup}\text{CH--COOH} \equiv$$

$$O=C \quad + \quad \overset{H\diagdown O}{\underset{|}{C}}\text{--CH--R} \equiv R\text{--CH=CH--OH} \rightleftharpoons R\text{--CH}_2\text{C}\overset{O}{\underset{H}{\diagdown}}$$

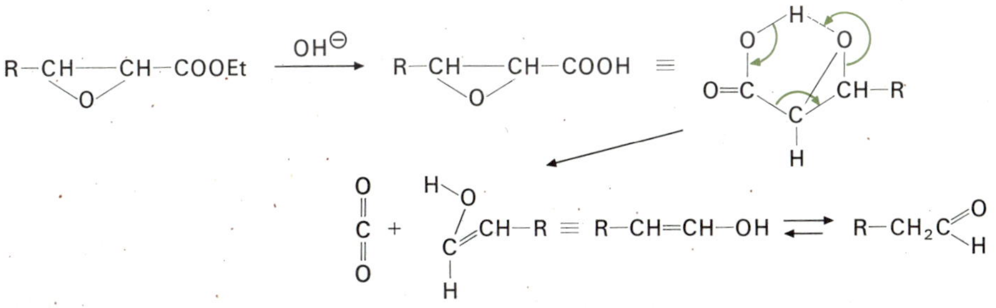

Die Darzens-Synthese findet auch technische Anwendung (Synthese eines Zwischenproduktes bei der Gewinnung von Vitamin A). Auch bei der Darzens-Synthese lassen sich die Ausbeuten durch Phasentransfer-Katalyse steigern.

Nun lassen sich nicht nur Ester von Carbonsäuren, sondern auch andere Ester pyrolytisch spalten. Von Bedeutung für die präparative Chemie ist vor allem die *Tschugaew-Reaktion*, die Spaltung von *Xanthogensäureestern* (Xanthogenaten).
Dabei wird zuerst aus einem Alkoholat und Kohlenstoffdisulfid das Natriumsalz eines sauren Xanthogensäureesters (1) hergestellt, das aber nicht isoliert zu werden braucht und mit

Alkylhalogeniden den «Bis-Ester» (2) (das eigentliche Xanthogenat) liefert. Durch thermische Spaltung entsteht dann das Alken:

$$R-CH_2CH_2-O^{\ominus}Na^{\oplus} + CS_2 \longrightarrow R-CH_2CH_2-O-C\underset{\substack{\diagdown \\ S^{\ominus}Na^{\oplus}}}{\overset{\diagup S}{}} \xrightarrow{R'Br} R-CH_2CH_2-O-C\underset{\substack{\diagdown \\ S-R'}}{\overset{\diagup S}{}}$$

$$\qquad\qquad\qquad\qquad\qquad\qquad\qquad (1) \qquad\qquad\qquad\qquad\qquad\qquad (2)$$

Xanthogenat

Auch diese Reaktion liefert stereospezifisch *cis-Alkene*.
Xanthogenate lassen sich schon durch Erhitzen auf nur 100 bis 250 °C spalten. Die verglichen mit der Pyrolyse von Carbonsäureestern größere Leichtigkeit der Alkenbildung beruht auf dem Übergang $\diagup C=S \longrightarrow \diagup C=O$, der einen erheblichen Energiegewinn bringt.

Bildung von Yliden. Neben der normalen Hofmann-Elimination ist auch eine Variante möglich, bei welcher im ersten Reaktionsschritt ein Proton statt vom β-C-Atom vom α'-C-Atom abgespalten wird. Dies geschieht allerdings nur unter der Wirkung sehr starker Basen wie C_6H_5Li oder CH_3Li. Auch diese Elimination verläuft über einen *zyklischen Übergangszustand:*

ein Methylid (1)

$$\longrightarrow \quad R-CH=CH_2 + N(CH_3)_3$$

(2)

Das Zwischenprodukt (1) ist ein *«inneres Salz»* (ein *Zwitterion*) und wird als **«Ylid»** bezeichnet (wegen der gleichzeitig vorhandenen Kovalenzbindung – -yl! – und der Ionenbindung – -id! –). Das Durchlaufen des Übergangszustandes (2) ist möglich, weil der dazu notwendige Fünfring besonders spannungsarm ist; dazu müssen das H-Atom und das $-CH_2^{\ominus}$-Anion in *cis*-Stellung stehen. Je nach der Konformation der Ausgangsstoffe entsteht vorwiegend *cis*- oder *trans*-Alken. Der Vorteil dieser Elimination besteht in den relativ milden Bedingungen, die erforderlich sind (z. B. Raumtemperatur!); sie benötigt allerdings lange Reaktionszeiten. Die Reaktionsgeschwindigkeit kann erhöht werden, wenn man das Ylid aus Brom- oder Iodmethylenverbindungen herstellt:

$$R-CH_2CH_2-N\underset{\diagdown CH_3}{\overset{\diagup CH_3}{}} + CH_2Br_2 \quad \longrightarrow \quad R-CH_2CH_2-\underset{\substack{| \\ CH_2Br}}{\overset{\substack{CH_3 \\ |}}{N^{\oplus}}}CH_3$$

Cope-Elimination. Auch bei dieser Reaktion, der pyrolytischen Spaltung von Aminoxiden (S. 215), wird ein zyklischer Übergangszustand durchlaufen:

Im aktivierten Komplex, einem Fünfring, haben alle Substituenten die ekliptische Konformation. Die Cope-Elimination verläuft deshalb *streng stereospezifisch* in Richtung *cis-Alken*.

Der *zyklische Übergangszustand* ist also den Esterpyrolysen, der Wittig- und der Cope-Reaktion gemeinsam. Ob die Bindungstrennung und -neubildung aber wirklich in allen Fällen vollkommen synchron geschieht, ist allerdings fraglich. Je nach der Ladungsdichteverteilung in den verschiedenen Bindungen, und je nach den Substituenteneffekten ist es wohl möglich, daß im einen oder anderen Fall die «alten» Bindungen gelöst werden, bevor die «neuen» Bindungen entstehen. Der Verlauf über zyklische Übergangszustände bedingt jedoch häufig den stereospezifischen Charakter der Elimination; aus diesem Grund und ebenso deshalb, weil auf diese Weise Alkene bestimmter Strukturen leicht zugänglich sind, besitzen diese Reaktionen große Bedeutung für die Synthese ungesättigter Verbindungen.

8.7   α-Eliminationen

Das klassische Beispiel einer α-Elimination ist die Reaktion einer sehr starken Base (Natriummethylat in Alkohol) mit Chloroform. Dabei stellt sich zunächst folgendes Gleichgewicht ein:

$$HCCl_3 + C_2H_5O^{\ominus} \rightleftarrows CCl_3^{\ominus} + C_2H_5OH$$

Die durch Protonenabspaltung aus Chloroform gebildeten Carbanionen trennen sich langsam und zu einem geringen Teil in Chlorid-Ionen und **Dichlorcarben** (Dichlormethylen), das anschließend zu Kohlenmonoxid und Formiat hydrolysiert wird:

$$CCl_3^{\ominus} \longrightarrow Cl^{\ominus} + CCl_2; \quad CCl_2 \xrightarrow{OH^{\ominus}} CO + HCOO^{\ominus}$$

Dichlorcarben ist – wie alle Carbene – außerordentlich reaktionsfähig; den Beweis für sein Auftreten als Zwischenstoff bei der alkalischen Hydrolyse von Chloroform liefert die Ausführung der Reaktion in Gegenwart von Cyclohexen, wobei man eine bizyklische Verbindung erhält:

Auch bei α-Eliminationen läßt sich die *Phasentransfer-Katalyse* einsetzen. So ist sie z. B. die Methode der Wahl zur Darstellung von Dihalogencyclopropanen unter Verwendung von Chloroform und Natron- oder Kalilauge. Das intermediär gebildete Dichlorcarben wird an eine Doppelbindung addiert. Aus (in Benzen gelöstem) Styren und Chloroform – unter der Wirkung von Kalilauge und unter Zusatz geringer Mengen Kronenether – wurde z. B. das Cyclopropanderivat (1) in guten Ausbeuten erhalten.

$$\text{(Styren)} \quad + \quad HCCl_3 + KOH \quad \xrightarrow[\text{ether}]{\text{Kronen-}} \quad \text{(Cyclopropanderivat)}\begin{array}{c} Cl \\ Cl \end{array}$$

(1)

Bildung und Reaktionen von Carbenen. Die möglichen Elektronenkonfigurationen von Carbenen *(Singlett-* und *Triplett-Carbene)* wurden bereits in Kapitel 5 (S. 366) diskutiert. Das einfachste Carben, **Methylen** (CH_2), entsteht als sehr unbeständiges Teilchen durch UV-Bestrahlung von Diazomethan oder Keten. Zersetzt man z. B. Diazomethan durch ein sehr intensives und kurzzeitiges Blitzlicht (10^{-8} s; *«Blitzlicht-Photolyse»*) und nimmt sofort nachher mit schwächeren Lichtblitzen das Absorptionsspektrum auf, so läßt sich das Auftreten von Methylen durch seine UV-Absorptionsbanden erkennen. Durch Photolyse anderer Diazoverbindungen, wie Diazoessigester oder Phenyldiazomethan, lassen sich *substituierte Carbene* erhalten:

$$CH_2N_2 \xrightarrow{h \cdot \nu} :CH_2 + N_2$$

$$CH_2{=}C{=}O \xrightarrow{h \cdot \nu} :CH_2 + CO$$

$$\overset{\ominus}{N}{=}\overset{\oplus}{N}{=}CH{-}COOEt \xrightarrow{h \cdot \nu} :CH{-}COOEt + N_2$$

$$C_6H_5CHN_2 \xrightarrow{h \cdot \nu} C_6H_5\ddot{C}H + N_2$$

Offenbar wird bei allen diesen Reaktionen *Singlett-Carben* als *Primärprodukt* gebildet. Dieses Teilchen kann dann entweder direkt weiter reagieren oder beim Zusammenstoß mit einer inerten Partikel wie N_2 Energie verlieren und in den Triplett-Zustand übergehen. Triplett-Carben reagiert zwar ebenfalls weiter, doch verlaufen seine Reaktionen etwas langsamer.

Interessant ist die Bildung von Carbenen durch thermische oder photolytische Spaltung von *Dreiringen* (Cyclopropan-, Oxiran- und Aziridin-Derivate; Umkehr der Cycloaddition von Carbenen an Doppelbindungen!):

$$\begin{array}{c} CF_2 \\ | \quad CF_2 \\ CF_2 \end{array} \xrightarrow{250\,°C} \begin{array}{c} CF_2 \\ \| \\ CF_2 \end{array} + :CF_2$$

$$\begin{array}{c} O \\ C_6H_5{-}HC{\diagdown}\!\!\!\diagup CH{-}C_6H_5 \end{array} \xrightarrow{h \cdot \nu} \quad C_6H_5{-}\overset{O}{\overset{\|}{C}}H + :CH{-}C_6H_5$$

Bekannte Beispiele von Reaktionen, die über *Carbene* als *Zwischenstoffe* ablaufen, sind etwa die *Isonitrilreaktion* zum Nachweis primärer Amine oder die *Reimer-Tiemannsche Synthese von Phenolaldehyden.* Bei der Isonitrilbildung reagiert Dichlorcarben (das aus Chloroform und KOH entsteht) mit dem primären Amin, während bei der Reimer-Tiemann-Reaktion Dichlorcarben an einen aromatischen Ring addiert wird:

Isonitril-Reaktion:

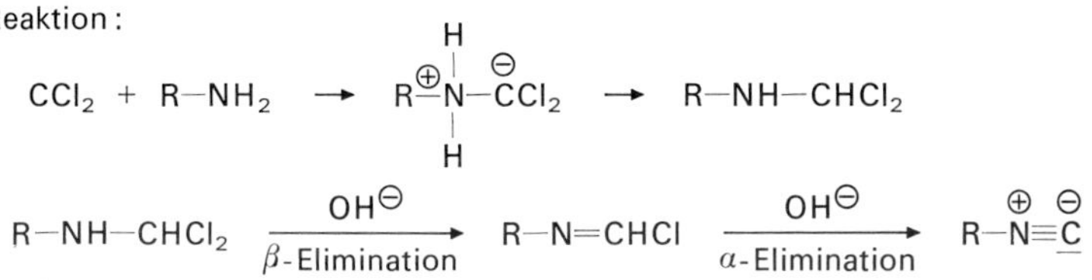

$$CCl_2 + R{-}NH_2 \longrightarrow R{-}\overset{\overset{H}{|}}{\underset{\underset{H}{|}}{\overset{\oplus}{N}}}{-}\overset{\ominus}{C}Cl_2 \longrightarrow R{-}NH{-}CHCl_2$$

$$R{-}NH{-}CHCl_2 \xrightarrow[\beta\text{-Elimination}]{OH^{\ominus}} R{-}N{=}CHCl \xrightarrow[\alpha\text{-Elimination}]{OH^{\ominus}} R{-}\overset{\oplus}{N}{\equiv}\overset{\ominus}{\underline{C}}$$

Reimer-Tiemann-Reaktion:

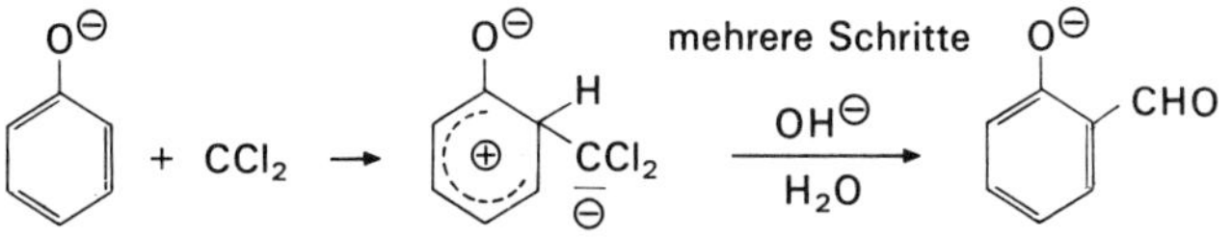

(genauer Verlauf siehe S. 662)

Von besonderem Interesse sind die *Additionen* der Carbene an C—C-Doppelbindungen sowie die *Insertion* von Carben bei C—H-Bindungen. Singlett-Carbene werden *unter Bildung von Cyclopropanringen stereospezifisch addiert:*

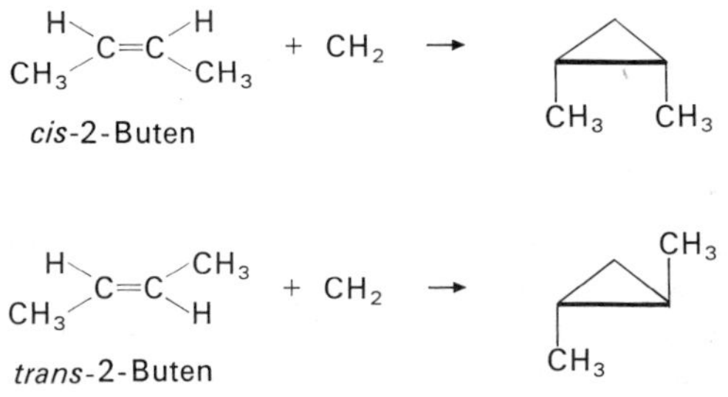

Der stereospezifische Verlauf dieser Reaktion deutet darauf hin, daß beide Bindungen *gleichzeitig* gebildet werden müssen (vgl. S. 568). Damit keine Spinumkehr eintritt, führt man solche Reaktionen bei höheren Drucken aus, so daß dann jeder Zusammenstoß eines Carben-Moleküls mit einem Reaktionspartner zum Erfolg führt. Da die Umsetzungen von Carbenen im allgemeinen stark exotherm erfolgen, entstehen sehr energiereiche Moleküle, die nur bestehen bleiben, wenn sie ihre «Überschußenergie» durch Zusammenstöße mit anderen mindestens teilweise auf diese übertragen können; andernfalls isomerisieren oder zerfallen die Primärprodukte. Als Beispiel diene die Addition von Methylen an Cyclobuten:

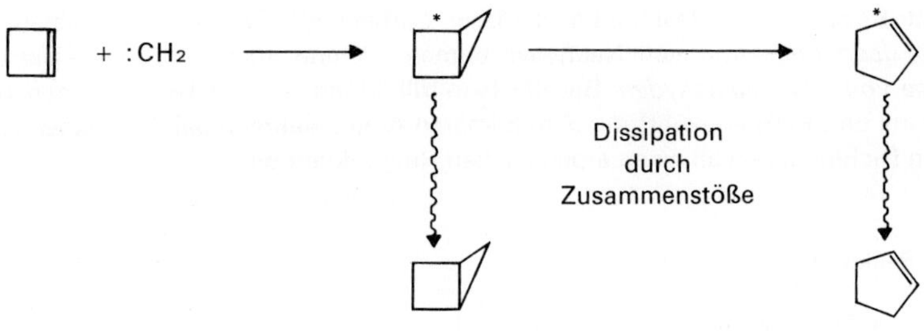

(Die energiereichen, «heißen» Moleküle sind durch * markiert.)

Erzeugt man Methylen in einer Inertgas-Atmosphäre mit hohem Partialdruck des Inertgases, so erhält man *Triplett-Methylen,* das langsamer reagiert und sich an Doppelbindungen unter der Bildung von *cis-* und *trans-*Additionsprodukten addiert. Offenbar wird dabei ein Diradikal als Zwischenprodukt gebildet, wobei um eine C—C-Bindung Rotation möglich ist:

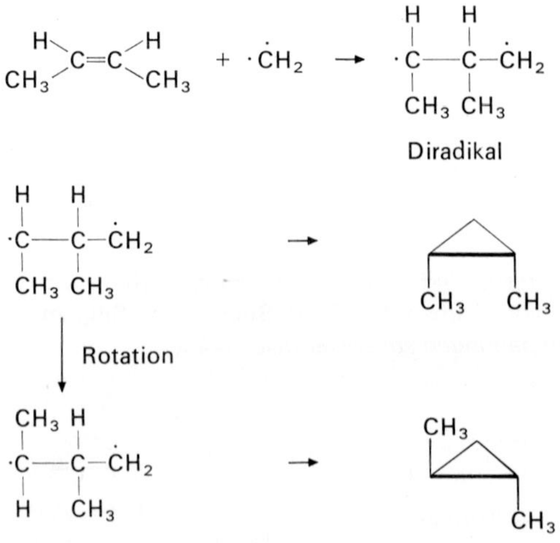

Diradikal

Rotation

Im Gegensatz zum Verhalten bei der Addition ist nur das *Singlett-Carben* zur *Insertion* zwischen C—H-Bindungen befähigt. Man nimmt dabei an, daß das Carbenmolekül direkt zwischen ein C- und ein H-Atom eingelagert wird, wobei ein energiereiches Alkanmolekül entsteht; dieser verliert seine überschüssige Energie entweder durch Zusammenstöße mit anderen Molekülen oder eventuell auch durch Dissoziation in zwei Radikale. Daß die Insertion nicht über freie Radikale, sondern tatsächlich durch *direkte Einlagerung* geschieht, konnte durch Verwendung von mit ^{14}C markierter Ausgangssubstanz gezeigt werden[1]:

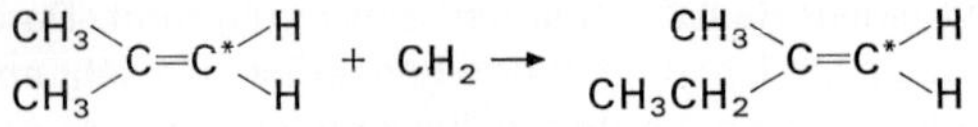

---

[1] Als Hauptprodukte werden auch hier Cyclopropanringe gebildet!

Würde die Reaktion über freie Radikale ablaufen, so müßte im Produkt das markierte C-Atom an zwei Stellen auftreten [(2) und (3)]:

$$\begin{array}{c} CH_3 \\ CH_3 \end{array}\!\!\!\! C\!\!=\!\!C^* \begin{array}{c} H \\ H \end{array} + \ CH_2 \ \longrightarrow \ \cdot CH_2\!\!-\!\!\overset{\displaystyle CH_3}{\underset{\displaystyle |}{C}}\!\!=\!\!C^*H_2 + CH_3\cdot$$

(1)

Das dabei intermediär gebildete Radikal (1) wäre jedoch mesomer (es ist ein Allyl-Radikal) und hätte zwei gleichwertige endständige C-Atome, so daß die beiden folgenden 2-Methyl-1-butene entstehen sollten:

$$\cdot CH_2\!\!-\!\!\overset{\displaystyle CH_3}{\underset{\displaystyle |}{C}}\!\!=\!\!C^*H_2 \ \leftrightarrow \ CH_2\!\!=\!\!\overset{\displaystyle CH_3}{\underset{\displaystyle |}{C}}\!\!-\!\!\overset{\displaystyle \cdot}{C}^*H_2 + CH_3\cdot$$

$$\begin{array}{c} CH_3 \\ CH_3CH_2 \end{array}\!\!\!\! C\!\!=\!\!C^*H_2 \quad (2)$$

$$\begin{array}{c} CH_3 \\ CH_3C^*H_2 \end{array}\!\!\!\! C\!\!=\!\!CH_2 \quad (3)$$

In Wirklichkeit entsteht nur das Produkt (2).

Insertionen verlaufen auch in *Lösung,* wobei sich die gebildeten «heißen» Moleküle durch die häufig erfolgenden Zusammenstöße rasch abkühlen, so daß in der Regel keine Folgereaktionen eintreten. Bemerkenswert ist, daß die Insertion an Chiralitätszentren unter *Retention* verläuft:

$$\overset{\diagdown}{\underset{\diagup}{C}}\!\!-\!\!H \ \longrightarrow \ \overset{\diagdown}{\underset{\diagup}{C}}\!\!-\!\!CH_3$$

Als letzte Reaktion, bei welcher intermediär Carbene auftreten, soll hier die *Arndt-Eistert-Reaktion* besprochen werden. Diese zur Verlängerung von C-Ketten präparativ sehr brauchbare Reaktion wurde bereits auf S. 279 erwähnt. Man geht von Säurechloriden aus, an die zunächst Diazomethan addiert wird. Dabei spaltet sich sofort HCl ab, so daß sich ein *Diazoketon* bildet. Dieses besitzt ein stark delokalisiertes Elektronensystem und ist deshalb stabiler als Diazomethan; es läßt sich auch ohne Schwierigkeiten isolieren. Durch schwaches Erwärmen spaltet dieses jedoch Stickstoff ab (α-Elimination!), wodurch ein C-Atom mit einem Elektronensextett (ein Carben-C-Atom!) entsteht. Dieses stabilisiert sich durch Wanderung des Alkylrestes. Das Keten reagiert mit dem Lösungsmittel weiter; mit Wasser entsteht eine Carbonsäure, in Alkohol ein Ester und in Ammoniak ein Säureamid.

$$R\!\!-\!\!C\overset{\displaystyle O}{\underset{\displaystyle Cl}{\diagup}} + CH_2N_2 \ \longrightarrow \ R\!\!-\!\!\overset{\displaystyle |\overline{O}|^{\ominus}}{\underset{\displaystyle |}{\underset{\displaystyle Cl}{C}}}\!\!-\!\!CH_2\overset{\oplus}{N_2} \ \longrightarrow \ R\!\!-\!\!\overset{\displaystyle O}{\overset{\displaystyle \|}{C}}\!\!-\!\!CH\!\!=\!\!\overset{\oplus}{N}\!\!=\!\!\overset{\ominus}{\underline{N}} + HCl$$

Diazoketon

$$R\!\!-\!\!\overset{\displaystyle O}{\overset{\displaystyle \|}{C}}\!\!=\!\!CH\!\!=\!\!N\!\!\equiv\!\!N \ \longrightarrow \ N_2 + R\!\!-\!\!C\overset{\displaystyle O}{\underset{\displaystyle \underline{C}\!\!-\!\!H}{\diagup}} \ \longrightarrow \ R\!\!-\!\!CH\!\!=\!\!C\!\!=\!\!O \quad \text{(Keten)}$$

R—CH₂COOH   R—CH₂COOR'   R—CH₂CONH₂

Durch Verwendung von mit ^{14}C am Carboxyl-C-Atom markierter Benzoesäure konnte bewiesen werden, daß sich die Methylengruppe des Diazomethans zwischen die Carboxylgruppe und den Rest R eingliedert.

Abbau von Säureamiden (-aziden). Im Verlaufe dieser Reaktionen, welche als **Hofmann-** bzw. **Curtius-Abbau** bekannt sind, tritt ebenfalls eine α-Elimination ein. Die beiden Atome werden dabei allerdings nicht von einem C-Atom, sondern von einem N-Atom abgespalten.

Der *Hofmann-Abbau* erfolgt gemäß folgender Bruttogleichung:

$$R-C{\overset{O}{\underset{NH_2}{}}} \xrightarrow[OH^\ominus]{Br_2} R-NH_2 + CO_2 + Br^\ominus$$

Dabei wird das primäre Säureamid zuerst in das entsprechende N-Halogenamid übergeführt. Bei Überschuß von $OH^\ominus$-Ionen verliert dieses das an das N-Atom gebundene, durch den –I-Effekt des Br-Atoms und der Carbonylgruppe stark acide Proton. Der dadurch negativ geladene Stickstoff verliert das Br-Atom als $Br^\ominus$-Ion und lagert sich zum Isocyansäureester (2) um, der in der alkalischen Lösung zu der in freier Form nicht existenzfähigen Carbaminsäure hydrolysiert wird. Diese spaltet CO_2 ab und geht in das Amin über:

$$R-C{\overset{O}{\underset{NH_2}{}}} \xrightarrow{Br_2} \underset{(1)}{R-C{\overset{O}{\underset{NHBr}{}}}} \xrightarrow{OH^\ominus} R-C{\overset{O}{\underset{\underset{Br}{\underline{N}}}{\ominus}}} \xrightarrow[Umlagerung]{-\ Br^\ominus} R-N=C=O$$

$$\underset{(2)}{R-N=C=O} \xrightarrow{H_2O} R-NH-C{\overset{O}{\underset{OH}{}}} \longrightarrow CO_2 + R-NH_2$$

Es wurde früher vermutet, daß die zum Isocyanat führende Stufe in zwei Schritten – unter Bildung eines «Nitrens» als Zwischenstoff durch Abspaltung des $Br^\ominus$-Ions – verlaufen würde; nach den heutigen Kenntnissen scheinen jedoch Abspaltung des $Br^\ominus$-Ions und Umlagerung *konzertiert* zu verlaufen.

Die bei dieser Reaktionsfolge als Zwischenstoffe auftretenden Verbindungen (1) (N-Bromamid) und (2) (Isocyanat) lassen sich unter geeigneten Bedingungen isolieren. Die Reaktion verläuft unter Konfigurationserhaltung am α-C-Atom.

Der Abbau von *Säureaziden* verläuft prinzipiell gleichartig. Man stellt dabei zuerst aus Natriumazid (NaN_3) und einem Säurechlorid das entsprechende Säureazid her. Dieses spaltet leicht N_2 ab (α-Elimination vom an das C-Atom der Carbonylgruppe gebundenen N-Atom), wobei gleichzeitig eine Umlagerung eintritt und Isocyanat entsteht:

$$R-C{\overset{O}{\underset{Cl}{}}} \xrightarrow{NaN_3} R-C{\overset{O}{\underset{\underset{\ominus \quad \oplus}{N-N\equiv N}}{}}} \longrightarrow R-N=C=O + N_2$$

Arbeitet man hier wie üblich mit Benzen als Lösungsmittel, so läßt sich das Isocyanat gut isolieren. In polaren Lösungsmitteln entstehen hingegen direkt die Endprodukte.

Übungen

8.1 Erklären Sie die Begriffe β- und α-Elimination und geben Sie je ein Beispiel einer solchen Reaktion!

8.2 Erklären Sie folgende Begriffe und geben Sie jeweils dafür ein Beispiel:
(a) E1-Mechanismus   (c) Saytzew-Regel
(b) E2-Mechanismus   (d) zyklische Elimination

8.3 Geben Sie an, unter welchen Umständen Eliminationen unimolekular bzw. bimolekular verlaufen. Wie lassen sich experimentell E2- und E1-Reaktionen unterscheiden?

8.4 Welche experimentellen Beweise zeigen das Auftreten von Carbeniumionen bei E1-Reaktionen?

8.5 Wie kann man für eine bestimmte Elimination den E1 cB-Mechanismus ausschließen?

8.6 Wie unterscheiden sich E2- und S_N2-Reaktionen in ihrem Verlauf? Welche Effekte begünstigen die Elimination?

8.7 Bei der Reaktion der Butylbromide (n-Butylbromid, sekundäres und tertiäres Butylbromid) mit $OH^\ominus$ erhält man im Fall des n-Bromids am wenigsten, im Fall von tertiärem Bromid am meisten Alken. Erklären Sie dieses Verhalten!

8.8 Warum begünstigt Temperaturerhöhung im allgemeinen die Elimination?

8.9 Wie würden Sie Ethylisopropylether herstellen, wenn die Alkenbildung dabei möglichst gering sein soll?

8.10 Welche Reagenzien ergeben bei E2-Reaktionen im allgemeinen die besten Alkenausbeuten?

8.11 Wird man bei der Solvolyse aus tert. Butylchlorid oder aus Triisopropylcarbinylchlorid mehr Alken erhalten?

8.12 Diskutieren Sie den Einfluß von Substituenten in β-Stellung auf die Eliminationsgeschwindigkeit. Welchen Einfluß haben sterische Faktoren auf die Geschwindigkeit von E1-, von E2- und von S_N-Reaktionen?

8.13 Warum erhält man bei E1-Reaktionen in der Regel das Saytzew-Produkt in größerer Menge?

8.14 Geben Sie Beispiele für die Hofmann-Orientierung bei Eliminationen!

8.15 Welche Gründe sprechen dafür, daß bei der E2-Reaktion ein anti-koplanarer Übergangszustand durchlaufen wird?

8.16 Welche Produkte erhält man durch E2-Elimination von HBr aus 2-Brom-3-penten?

8.17 Geben Sie die Gleichungen für die Reaktionen an, die zwischen den folgenden Substanzen möglich sind. Erklären Sie den Mechanismus und geben Sie auch an, wenn mehrere Produkte entstehen können!
(a) sek. Butylalkohol und Überschuß an H_2SO_4 bei 170 °C
(b) tert. Butylbromid und heiße konzentrierte NaOH
(c) Erhitzen von Diethyldimethylammoniumhydroxid
(d) 2,3-Dibrombutan und Zink
(e) 2-Chlor-3-butanol und konzentrierte NaOH
(f) Propionazid erhitzen
(g) Acetanhydrid erhitzen
(h) trans-2-Buten und Diazomethan unter UV-Bestrahlung

8.18 Wie können folgende Substanzen hergestellt werden:
(a) $C_6H_5CH_2CHO$ aus Benzaldehyd
(b) Anthranilsäure aus Phthalimid

(c) $C_6H_5CH_2CH_2COOEt$ aus $C_6H_5CH_2COCl$

(d) $C_4H_9NH_2$ aus Valeriansäure

(e) Stilben aus Benzaldehyd

8.19   Welche Produkte entstehen bei folgenden Reaktionen:

(a) *E*2-Elimination von Toluensulfonsäure aus *cis*-2-Methylcyclohexyltosylat

(b) *E*2-Elimination von HCl aus *trans*-1,2-Dichlorcyclohexan

(c) *E*2-Elimination von Br_2 (mit Iodid) aus *meso-* bzw. *R,R*-1,2-Dibrom-1,2-diphenylethan

8.20   Welche Produkte sind bei der HBr-Abspaltung aus folgenden Verbindungen zu erwarten:

(a) 1-Bromhexan, (b) 2-Bromhexan, (c) 2-Brom-2-methylpentan, (d) 4-Brom-2-methylpentan, (e) 3-Brom-2,3-dimethylpentan

8.21   Welche Produkte sind zu erwarten, wenn die folgenden Substanzen erschöpfend methyliert und abgebaut werden:

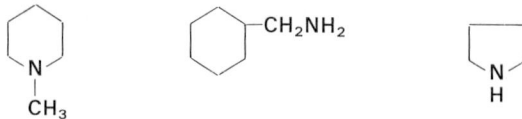

8.22   Wieviel Schritte erfordert die erschöpfende Methylierung folgender Substanz:

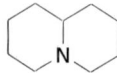

8.23   1-Amino-1,2-diphenylpropan wird einer Cope-Elimination unterworfen. Welches Produkt wird man erhalten?

8.24   Worin besteht ein gewisser Nachteil der zur Synthese von Alkenen häufig angewandten Wasserabspaltung aus Alkoholen mittels starker Säuren?

8.25   Formulieren Sie die Reaktionsschritte der Glycidester-Synthese und der Arndt-Eistert-Reaktion!

8.26   Formulieren Sie die Pyrolyse von Ethylbutyrat, von Isopropylbenzoat und von *n*-Propylxanthogenat!

8.27   Wie lassen sich folgende Substanzen in möglichst großen Ausbeuten erhalten:

(a) 1-Buten aus *n*-Butanol

(b) 2-Methyl-1-propen

(c) 3-Methyl-1-buten

(d) 2-Buten aus Propionaldehyd

(e) *cis*-Stilben

(f) 1,4-Pentadien aus Piperidin

(g) 2-Cyclohexenol aus Cyclohexanol

(h) 2-Phenyl-2-buten aus Acetophenon

(i) *trans*-Dimethylcyclopropan aus *trans*-2-Buten

(k) Styren aus 1-Amino-2-phenylethan

(l) 1-Methyl-1-cyclohexen

(m) Benzen aus Cyclohexen

8.28   Geben Sie Beispiele für *syn*-Eliminationen!

8.29   Welchen Einfluß auf die Zusammensetzung des entstehenden Produktgemisches hat die Bildung dicht gepackter Ionenpaare bei der *E*1-Elimination?

8.30   Verlaufen *E*1- und *E*2-Reaktionen regiospezifisch oder regioselektiv?

9 Additionen an C—C-Mehrfachbindungen

9.1 Allgemeines

Wie wir bereits früher (S.106 und S.124) gezeigt haben, besteht die auffälligste Eigenschaft der C—C-Mehrfachbindungen (und in ähnlicher Weise auch der C=O-, der C=N- und der C≡N-Bindungen) in ihrer Bereitschaft zu *Additionsreaktionen.* Da die Bindungsenthalpie einer C=C-Doppelbindung bzw. einer C≡C-Dreifachbindung kleiner ist als die Summe der Bindungsenthalpien zweier bzw. dreier C—C-Einfachbindungen, verlaufen Additionsreaktionen gewöhnlich *exotherm* und zugleich auch *exergonisch.*

Der *Ablauf* der Addition hängt von der Natur des angreifenden (addierten) Reagens sowie von den Reaktionsbedingungen ab. In *polaren Lösungsmitteln* und bei nicht allzu hohen Temperaturen verlaufen Additionen bevorzugt über *ionische Zwischenstoffe,* während in *unpolaren Lösungsmitteln,* unter der Einwirkung von *Licht* oder bei *höheren Temperaturen* bei Additionen an C=C-Doppelbindungen *Radikale* als Zwischenstoffe auftreten. Je nach den Reaktionsbedingungen kann sogar ein und derselbe Stoff sowohl ionisch als auch radikalisch addiert werden (Addition von HBr bzw. Halogenen in polaren Lösungsmitteln und in der Gasphase). Eine wichtige Gruppe von Additionsreaktionen ist schließlich weder den ionischen noch den Radikalreaktionen zuzurechnen; sie verlaufen ähnlich wie die Esterpyrolyse über zyklische Übergangszustände *(«Cycloadditionen»;* siehe Kapitel 10).

Eine C=C-Doppelbindung (und ebenso eine Dreifachbindung) stellt ein Zentrum von *relativ hoher negativer Ladungsdichte* dar, und es ist deshalb verständlich, daß sie besonders leicht von **elektrophilen** Reagenzien angreifbar ist[1]. Eine *nucleophile Addition* ist nur dann möglich, wenn die Elektronendichte der Doppelbindung durch elektronenanziehende Substituenten verringert (delokalisiert) wird. Bei der elektrophilen Addition wirkt die Doppelbindung als Lewis-Base und das Reagens als Lewis-Säure; die Addition stellt somit eine *Lewis-Säure/Base-Reaktion* dar. Die Reaktion wird *um so leichter* möglich sein, *je stärker basisch* (je stärker nucleophil) die Doppelbindung ist. π- und σ-Donatoren als Substituenten steigern aus diesem Grund die Reaktionsfähigkeit einer C=C-Doppelbindung, und die Leichtigkeit der Addition wächst in der folgenden Reihe entsprechend von links nach rechts:

$$Cl—CH=CH_2 < HOOC—CH=CH_2 < CH_2=CH_2$$

$$< R—CH=CH_2 < R_2C=CH_2 < R—CH=CH—R < R_2C=CR_2$$

$$(R = Alkylrest)$$

Elektrophile Katalysatoren (BF$_3$, AlCl$_3$, ZnCl$_2$) vermögen – ähnlich wie bei der S_N1-Reaktion! – die Leichtigkeit der Addition oft zu erhöhen.

---

[1] Die Doppelbindung wirkt damit dem Addenden gegenüber – der dann das Substrat darstellt! – als Nucleophil. Der erste Schritt elektrophiler Additionen kann tatsächlich oft auch als nucleophile Substitution am angreifenden Reagens betrachtet werden.

9.2   Addition von Halogenen

Die Halogenaddition an ungesättigte Verbindungen ist nicht nur von präparativem Interesse, sondern dient auch zu ihrem qualitativen *Nachweis* (Entfärbung von Bromwasser). Sie
erfolgt im allgemeinen leicht und relativ rasch. Nur gewisse sterisch gehinderte ungesättigte
Verbindungen wie z.B. Tetraphenylethen sowie manche α,β-ungesättigte Ketone und
Carbonsäuren reagieren mit Halogenen sehr langsam oder überhaupt nicht. Die Addition
von Halogenen kann je nach den Reaktionsbedingungen sowohl als *ionische Reaktion* wie
als *Radikalreaktion* ablaufen; bei Untersuchungen über den Mechanismus der Addition ist
es deshalb oft nicht leicht, die unerwünschte Konkurrenzreaktion zu unterdrücken. Eine
weitere experimentelle Schwierigkeit besteht darin, daß die polare Halogenaddition bevorzugt an den Gefäßwänden geschieht und daß solche heterogene Reaktionen schwer völlig
reproduzierbar sind. Zwar läßt sich die aktivierende Wirkung von Glaswänden ausschalten,
wenn man sie mit einem Überzug von Paraffin versieht, doch sinkt die Geschwindigkeit der
Addition dann sehr stark. Aus diesen (und weiteren) Gründen herrscht auch heute noch
trotz sehr zahlreicher Untersuchungen keine vollständige Klarheit über den exakten Ablauf
der polaren Halogen-Addition.

Von den vier Halogenen reagiert *Fluor* auch mit ungesättigten Verbindungen sehr heftig.
Wegen der großen Reaktionswärme (hohe Bindungsenthalpie der C—F-Bindung!) besitzen
die durch die Addition gebildeten Difluoralkan-Moleküle so viel Schwingungsenergie, daß
Bindungsbrüche unter Bildung freier Radikale auftreten. Die Fluorierung von Alkenen führt
daher gewöhnlich zu einem Abbau des betreffenden C-Gerüstes. Die Addition von *Iod* ist
aus sterischen Gründen erschwert (voluminöse Atome!) und zudem leicht reversibel, so daß
auch diese Reaktion nur in Sonderfällen praktische Bedeutung besitzt. Für die folgenden
Diskussionen beschränken wir uns deshalb auf die Reaktionen von Alkenen mit Chlor und
Brom.

Experimentelle Ergebnisse. Der postulierte Mechanismus der Addition muß folgenden
experimentell gefundenen Tatsachen Rechnung tragen:

(1) Die *Geschwindigkeit* der Addition ist im allgemeinen ziemlich groß, auch wenn man die
Reaktion im Dunkeln ausführt. Unpolare Lösungsmittel können die Reaktionsge-
schwindigkeit allerdings stark verringern. Die Untersuchung der Kinetik liefert ein
Zeitgesetz zweiter Ordnung:

$$\frac{d\,[\text{Produkt}]}{dt} = k \cdot [\text{Alken}] \cdot [\text{Halogen}]$$

Damit wird allerdings über den Reaktionsmechanismus nicht viel ausgesagt. So wäre
sowohl eine Einstufenreaktion (direkte Addition eines Halogenmoleküls an die Doppelbindung) wie eine Zweistufenreaktion mit diesem Zeitgesetz zu vereinbaren.

(2) Führt man die *Addition in Gegenwart von NaCl oder NaNO₃* aus (Brom in NaCl- bzw.
NaNO₃-Lösung gelöst), so erhält man neben dem zu erwartenden *vic*-Dibromid auch
Reaktionsprodukte, welche ein Cl-Atom bzw. eine NO_3-Gruppe enthalten:

Auch bei der Verwendung wäßriger Lösungen (Brom- bzw. Chlorwasser) oder bei der Chlorierung in Eisessig entstehen entsprechende Nebenprodukte:

$$CH_2{=}CH_2 + Cl_2 \xrightarrow{CH_3COOH} CH_3COO{-}CH_2CH_2{-}Cl + Cl{-}CH_2CH_2{-}Cl$$

$$CH_2{=}CH_2 + Cl_2 \xrightarrow{H_2O} HO{-}CH_2CH_2{-}Cl + Cl{-}CH_2CH_2{-}Cl$$

$$\begin{array}{c}CH_3\\CH_3\end{array}\!\!C{=}CH_2 + Cl_2 \xrightarrow{H_2O} \begin{array}{c}CH_3\\CH_3\end{array}\!\!\underset{OH}{C}{-}CH_2Cl + \begin{array}{c}CH_3\\CH_3\end{array}\!\!\underset{Cl}{C}{-}CH_2Cl$$

Bei allen diesen Nebenreaktionen muß während der Addition ein *Nucleophil* ($Cl^\ominus$, $NO_3^\ominus$, H_2O, Essigsäure) vom Alken gebunden worden sein. Daß nicht etwa zuerst das *vic*-Dibromid entsteht, welches in einem zweiten Schritt mit dem Nucleophil reagiert (S_N!), wird dadurch bewiesen, daß S_N-Reaktionen mit Dibrom- oder Dichlorethan als Substrat sehr viel langsamer verlaufen als die Bildung von 1,2-Chlorbromethan oder von Bromethylnitrat bei der Einwirkung von Brom auf Ethen in Gegenwart von $Cl^\ominus$- oder $NO_3^\ominus$-Ionen. Damit steht mit Sicherheit fest, daß die Halogenaddition eine **Zweistufenreaktion** ist und über einen *Zwischenstoff* verlaufen muß.

(3) Aufschlußreich ist die *Stereochemie* der Halogenaddition. Untersuchungen an Cycloalkenen oder an ungesättigten Verbindungen, die bei der Addition Chiralitätszentren liefern, zeigen, daß sowohl die Addition von Brom wie von Chlor häufig **stereospezifisch** *anti* verläuft:

Cyclohexen + Brom → *trans*-Dibromcyclohexan

Maleinsäure + Brom → (+) (−) Dibrombernsteinsäure
(racemisches Gemisch)

Fumarsäure + Brom → *meso*-Dibrombernsteinsäure

(vgl. dazu Abb. 9.1)

Auch die stereospezifische *anti*-Addition beweist das Vorliegen einer Zweistufenreaktion. Gleichzeitige Addition der beiden Halogenatome müßte zwangsläufig *cis*-Produkte ergeben.

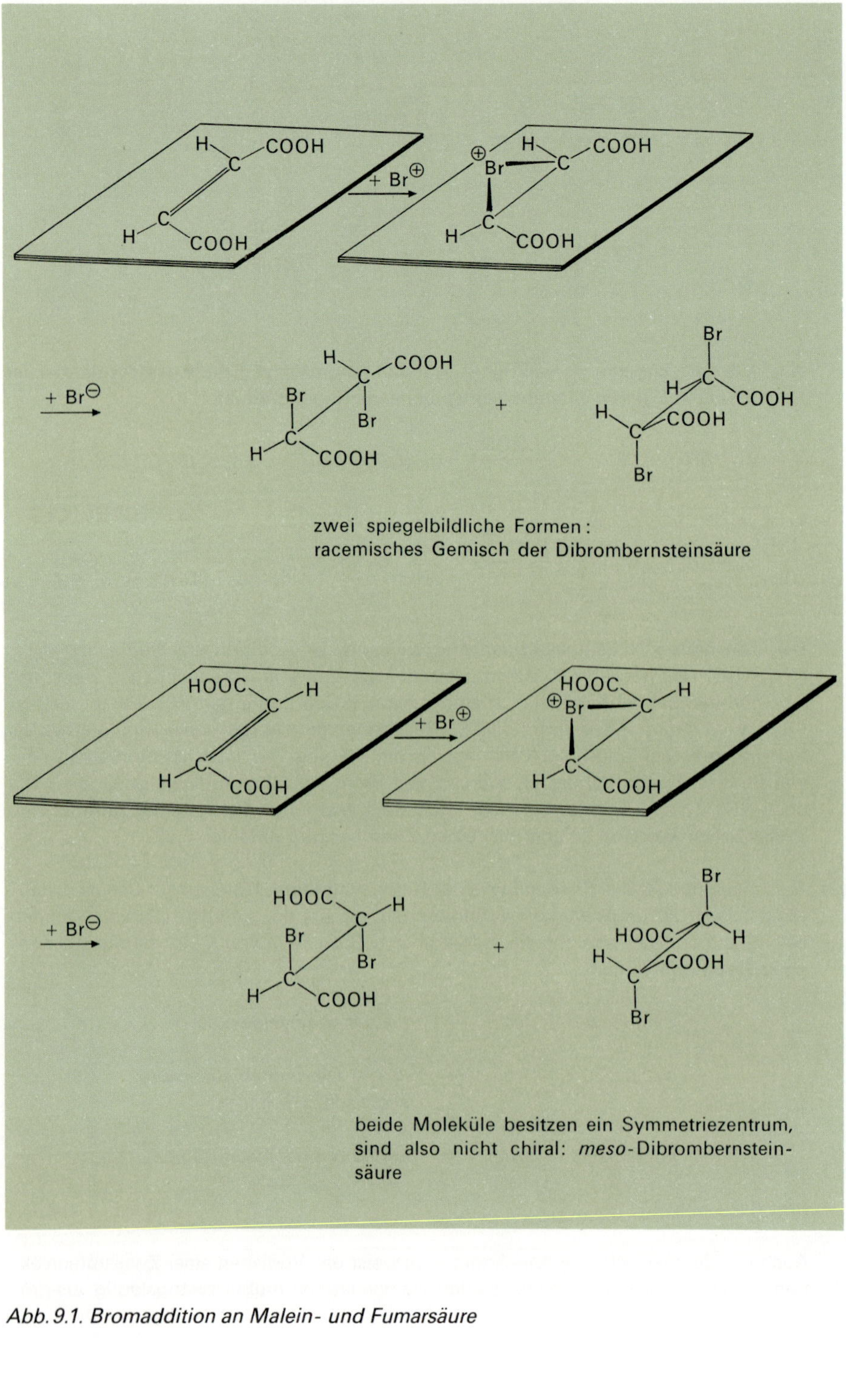

zwei spiegelbildliche Formen :
racemisches Gemisch der Dibrombernsteinsäure

beide Moleküle besitzen ein Symmetriezentrum,
sind also nicht chiral: *meso*-Dibrombernstein-
säure

Abb. 9.1. Bromaddition an Malein- und Fumarsäure

Mechanismus der Halogenaddition. Mit dem gefundenen Zeitgesetz und dem Verlauf der Addition in Gegenwart nucleophiler Reagenzien ist das folgende einleuchtende Schema für den Reaktionsmechanismus zu vereinbaren:

$$Br_2 + \quad \overset{|}{\underset{|}{C}} = \overset{|}{\underset{|}{C}} \quad \rightarrow \quad -\overset{|}{\underset{|}{C}}-\overset{\oplus}{\underset{Br}{C}}- \ + \ Br^{\ominus} \tag{1}$$

$$Br^{\ominus} + \ -\overset{|}{\underset{Br}{C}}-\overset{\oplus}{\underset{|}{C}}- \quad \rightarrow \quad -\overset{|}{\underset{Br}{C}}-\overset{|}{\underset{Br}{C}}- \tag{2}$$

Eine genauere Betrachtung zeigt indessen, daß der Ablauf der Addition *komplizierter* sein muß.

Beim Zusammenstoß eines Halogenmoleküls mit einem Alkenmolekül wird ein Halogenatom zunächst eine lockere Bindung mit dem π-Elektronenpaar eingehen, so daß sich ein sogenannter π-*Komplex* bildet, wie er uns bereits als Zwischenstufe der Halogenwasserstoff-Elimination bekannt ist (S. 471):

$$\overset{}{\underset{}{C}} = \overset{}{\underset{}{C}} \ + \ X_2 \ \rightarrow \ \overset{\overset{X^{\delta-}}{\vdots}\ \overset{X^{\delta+}}{}}{\underset{}{C\text{-----}C}} \ \equiv \ \overset{\overset{X^{\delta-}}{\vdots}\ \overset{X^{\delta+}}{\uparrow}}{\underset{}{C\!+\!C}}$$

$$\pi\text{-Komplex}$$

π-Komplexe lassen sich in gewissen Fällen durch ihre charakteristischen *UV-Absorptionsbanden* nachweisen. Die charakteristische Farbreaktion, die *Tetranitromethan*, $C(NO_2)_4$, mit ungesättigten Verbindungen liefert und die zum Nachweis von Doppelbindungen brauchbar ist, beruht ebenfalls auf der Bildung solcher π-Komplexe. Da während (oder sofort nach) der Bildung dieses Komplexes das Halogenmolekül heterolytisch getrennt werden muß, müssen Substanzen, die das Halogenmolekül zu polarisieren imstande sind, die Additionsgeschwindigkeit erhöhen. Dies ist die Erklärung für die *katalytische Wirkung von Lewis-Säuren* (die wie $AlCl_3$ mit Halogenid-Ionen lockere Komplexe bilden können $[AlCl_4^{\ominus}]$) oder auch der *Glaswände* der Reaktionsgefäße. Stark polare Lösungsmittel erleichtern die heterolytische Trennung durch Solvationseffekte; in Lösungsmitteln geringerer Polarität kann ein weiteres Halogenmolekül die Funktion der Lewis-Säure übernehmen (Bildung von $X_3^{\ominus}$-Komplexen), so daß man z. B. für die Bromierung von Cyclohexen in Eisessig ein Zeitgesetz dritter Ordnung erhält:

$$\frac{d\,[\text{Produkt}]}{dt} = k \cdot [\text{Cyclohexen}] \cdot [Br_2]^2$$

Wird nun das Halogenmolekül von außen (durch Wirkung des Lösungsmittels oder anderer Lewis-Säuren) stark polarisiert und ist die heterolytische Trennung beinahe vollständig geworden, so kann sich der π-Komplex in ein positives Ion umlagern. Die naheliegende Vorstellung, daß es sich dabei, wie in Schema (1) angegeben, um ein «gewöhnliches» *Carbeniumion* handelt, vermag die stereospezifische *anti*-Addition allerdings nicht zu erklären. Zwar müßte der Angriff des nucleophilen Halogenid-Ions im nächsten Reaktionsschritt bevorzugt von «oben» (d. h. von der dem bereits gebundenen Halogenatom entgegengesetzten Seite her) erfolgen und damit das *anti*-Additionsprodukt liefern; doch sollte um die C–C-Bindung *freie Rotation möglich* sein, und es müßte sich auch das *syn*-Additionsprodukt bilden.

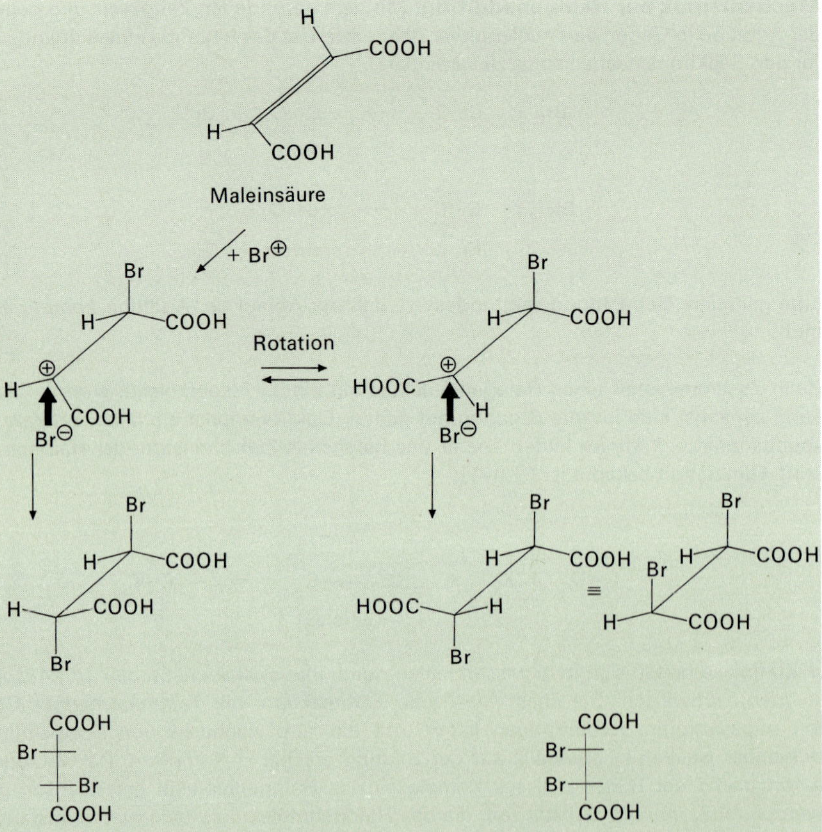

Maleinsäure

+ Br$^{\oplus}$

Rotation

(+)(−) Dibrombernsteinsäure   *meso*-Dibrombernsteinsäure

Da kein Grund dafür besteht, daß bei einem solchen Carbeniumion die freie Rotation behindert sein sollte, das *syn*-Additionsprodukt (*meso*-Dibrombernsteinsäure) jedoch nicht gebildet wird, kann der Zwischenstoff bei der Halogenaddition kein Carbeniumion von dieser Art sein. Erfahrungen an nucleophilen Substitutionen (Nachbargruppeneffekte, siehe S. 432) zeigen zudem, daß ein elektronegatives Halogenatom mit dem benachbarten, positiv geladenen Kohlenstoffatom leicht in Wechselwirkung tritt, so daß ein zyklisches **«Halogenonium-Ion»** entsteht. Nun kann im zweiten Schritt die Addition nur von der dem Bromatom entgegengesetzten Seite her erfolgen (keine Drehbarkeit!), so daß allein das *anti*-Produkt gebildet werden kann:

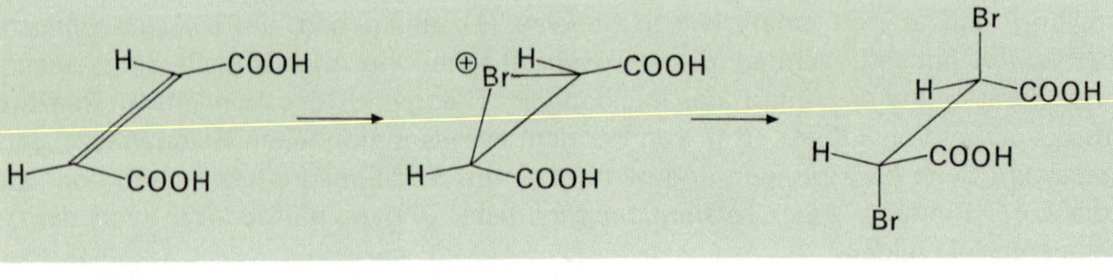

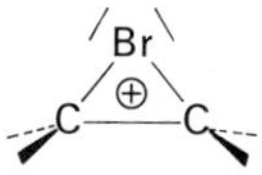

Bromonium-Ion

Die wirkliche Existenz solcher Halogenonium-Ionen als Zwischenstoffe bei der Halogen-addition ist allerdings schwierig zu beweisen, da diese Ionen sehr instabil sind und deshalb nicht isoliert werden können. Immerhin bietet der sterische Ablauf der Reaktion doch einen guten *«Indizienbeweis»* für ihr Auftreten. Für an der Doppelbindung verschiedenartig substituierte Alkene nimmt man heute auch «unsymmetrische» Halogenoniumionen an, die dann gewissermaßen eine Zwischenstufe zwischen dem symmetrischen, überbrückten Ion und dem «offenen» Carbeniumion darstellen. Auch das Ausmaß der Überbrückung ist offenbar nicht immer gleich (vgl. S. 513). 1969 gelang es erstmals, ein Bromonium-Ion in Substanz zu fassen.

Die Halogenaddition verläuft somit wahrscheinlich folgendermaßen:

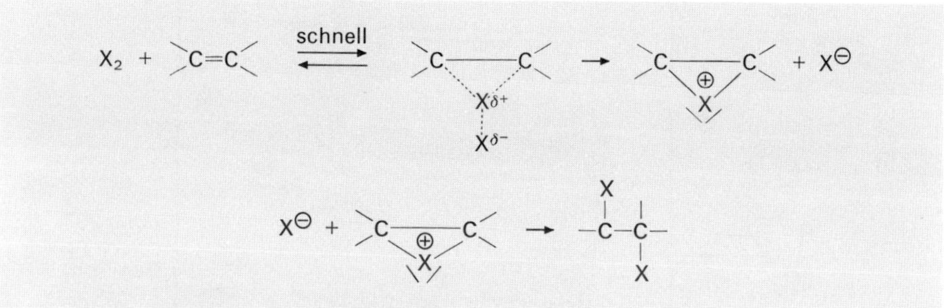

Die Bildung des π-Komplexes erfolgt rasch und reversibel (also in einem vorgelagerten Gleichgewicht); die Frage, ob die Bildung des Halogenoniumions oder die Addition des nucleophilen $X^{\ominus}$-Ions geschwindigkeitsbestimmend ist, läßt sich durch das experimentell bestimmte Zeitgesetz nicht beantworten, da in beiden Fällen der aktivierte Komplex ein Molekül Alken und zwei Brom-Atome enthält. Sorgfältige Untersuchungen über das Verhältnis der Produkte und die Wirkung von zugesetzten Bromid-Ionen bei der Addition von Br_2 an Stilben in Methanol haben indessen gezeigt, daß wenigstens in diesem Fall die *Bildung des Bromonium-Ions* aus dem π-Komplex *geschwindigkeitsbestimmend* ist. Aus Analogiegründen gilt dies wohl allgemein für Halogenadditionen.

Es muß jedoch erwähnt werden, daß die Halogenaddition in manchen Fällen *nicht stereospezifisch* verläuft. Wird nämlich das durch die Addition des $X^{\oplus}$-Ions entstandene «offene» Carbeniumion durch irgend einen Effekt – z. B. durch eine Nachbargruppe – derart stabilisiert, daß es sich entweder überhaupt nicht oder nur sehr langsam in ein zyklisches Halogenonium-Ion umwandelt, so ist auch *syn-Addition* möglich (Drehung um die C—C-Bindung im Carbeniumion), und man erhält die Produkte der *syn-* und *anti*-Addition nebeneinander.

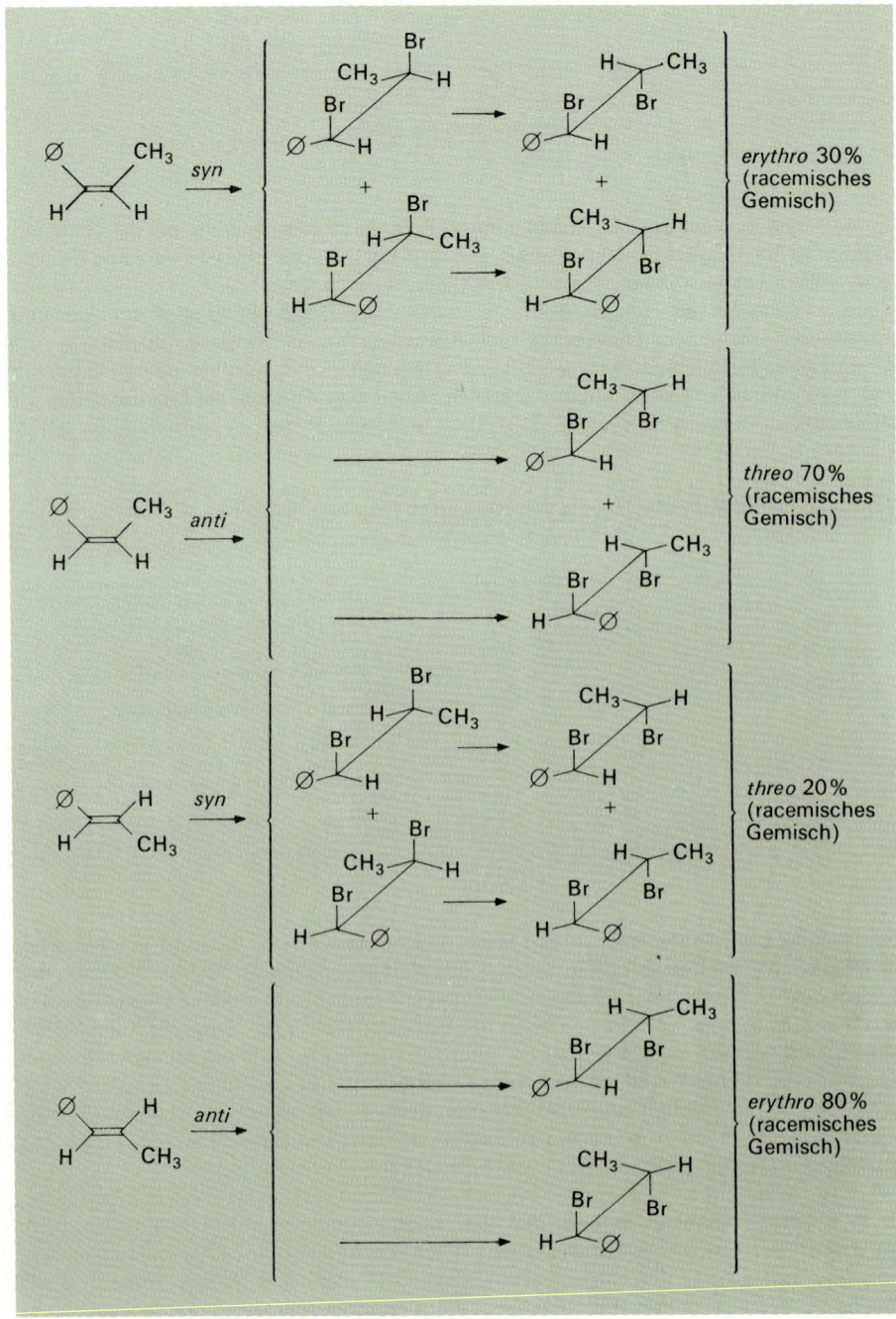

Abb. 9.2. Ergebnisse der Bromaddition an cis- und trans-1-Phenyl-1-propen

Dieses Verhalten wird durch die Bromaddition an *cis-* und *trans*-1-Phenyl-1-propen (in Eisessig) illustriert (Abb. 9.2). *Syn*-Addition an *cis*-1-Phenyl-1-propen ergibt das racemische Gemisch von *erythro*-1-Phenyl-1,2-dibrompropan (30%), während die *anti*-Addition das racemische Gemisch von *threo*-1-Phenyl-1,2-dibrompropan liefert. *Trans*-1-Phenyl-1-propen ergibt umgekehrt bei der *syn*-Addition 20% *threo*-1-Phenyl-1,2-dibrompropan (wiederum das racemische Gemisch), während durch *anti*-Addition in diesem Fall das *erythro*-Isomerenpaar entsteht.

Offenbar stabilisiert der an die Doppelbindung gebundene Benzenring das Carbeniumion so stark, daß die Überbrückung nur in geringem Maß eintritt und um die C—C-Einfachbindung im Carbeniumion Rotation möglich ist:

(Die gestrichelte Linie deutet die unvollständige, «geschwächte» Überbrückung an.)

Dies zeigt, daß – wie schon erwähnt – das als Zwischenstoff postulierte *Halogenonium-Ion nicht immer symmetrisch gebaut ist.* Je nach der Natur der vorhandenen Substituenten kann die Überbrückung nach der einen oder anderen Seite schwächer ausgebildet sein. Ist sie so schwach, daß Rotation um die C—C-Bindung eintreten kann, so verläuft die Halogenaddition nicht mehr stereospezifisch *anti* (wie es bei aliphatischen Alkenen üblich ist). Auch dann, wenn das Carbeniumion mit dem Halogenid-Ion ein *enges Ionenpaar* bildet, anstatt daß Überbrückung erfolgt (wie es in schwach ionisierenden Lösungsmitteln der Fall sein kann), erhält man *anti-* und *syn*-Additionsprodukte nebeneinander:

Neben Halogenen lassen sich auch *Interhalogenverbindungen* (BrCl, ICl, IBr) an Doppelbindungen addieren. Zur Bromierung in kleinerem Maßstab hat sich insbesondere auch Pyridiniumbromid-perbromid ($C_5H_5NH^{\oplus}Br_3^{\ominus}$) als Reagens bewährt. Konjugierte Systeme liefern bei der Halogenaddition sowohl 1,2- wie 1,4-Additionsprodukt.

Stereochemie bei Additionen an Ringverbindungen. Das Primärprodukt der Bromaddition an Cyclohexen ist das diaxiale *trans*-1,2-Dibromcyclohexan, das allerdings durch «Umklappen» sofort in das (stabilere) diäquatoriale Konformer übergeht. Im Fall von *substituierten Cyclohexanringen* oder von *starren Ringsystemen* werden die Verhältnisse komplizierter. So kann die Addition von Brom an 3-Methylcyclohexen im Prinzip zu zwei verschiedenen Produkten (1) bzw. (2) führen, je nachdem das Bromonium-Ion durch das $Br^{\ominus}$-Ion bei A oder B angegriffen wird:

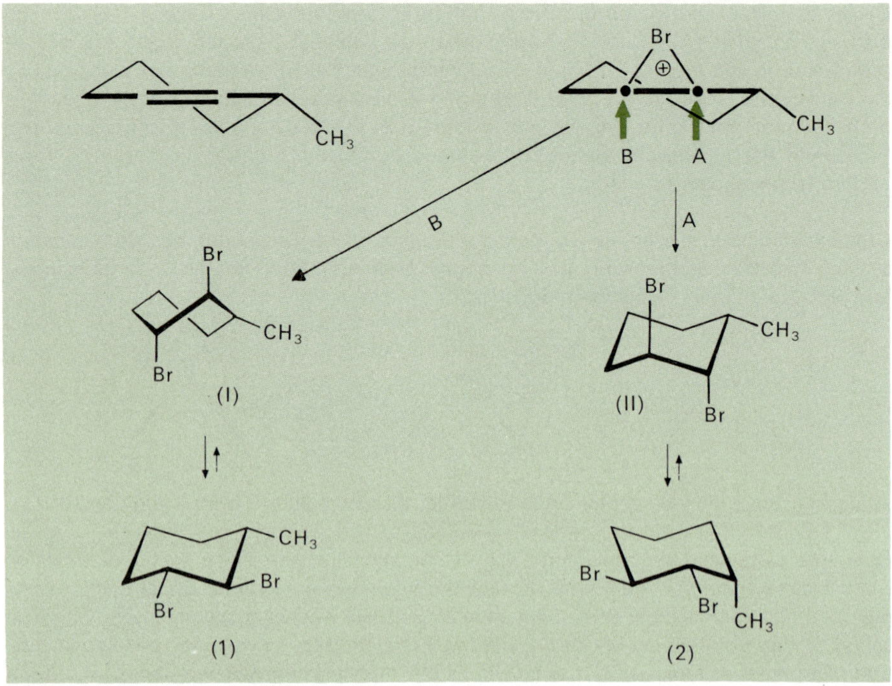

Nach dem Angriff A liegt der Cyclohexanring in der *Sesselform* vor und besitzt zwei axiale Substituenten. Durch «Umklappen» geht er in ein Konformer über, bei dem die beiden Br-Atome äquatorial und nur die Methylgruppe axial stehen. Im Fall des Angriffes B hingegen entsteht zunächst die energiereichere *Wannenform*. Obschon durch Übergang in die Sessel-Konformation alle drei Substituenten in die äquatoriale Lage kämen (und dadurch ein stabileres Endprodukt als im Fall des Angriffes A gebildet würde), entsteht praktisch ausschließlich das Produkt (2), da der zur Wannenform führende aktivierte Komplex energiereicher ist als der zu (II) – der Sesselform! – führende aktivierte Komplex. Die Richtung des Angriffes wird also durch die Konformation des aktivierten Komplexes bestimmt (die Wannenform ist energetisch zu ungünstig); d. h. die Addition ist *kinetisch gesteuert,* vgl. Abb. 9.3.

Als Beispiel eines *starren* Ringsystems diene das *2-Cholesten:*

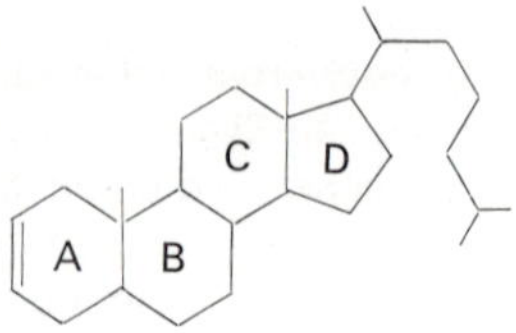

Um den Verlauf der Bromaddition zu zeigen, betrachten wir nur die beiden Ringe A und B. Von den beiden möglichen Bromonium-Ionen (Angriff von «oben» oder von «unten») entsteht hauptsächlich das zweite (2), eine Folge der sterischen Hinderung durch die Methylgruppe. Aus stereoelektronischen Gründen (*anti*-koplanare Anordnung!) greift im zweiten Reaktionsschritt das $Br^{\ominus}$-Ion aber ausschließlich am C-Atom 2 an, trotz der sterisch ungünstigen Lage der Methylgruppe (!), während das Produkt (4) – bei dem beide Br-

Atome äquatorial stehen – trotz der günstigen sterischen Anordnung der Substituenten – nicht entsteht (kein «Umklappen» möglich; diäquatorialer Angriff aus stereoelektronischen Gründen nicht möglich).

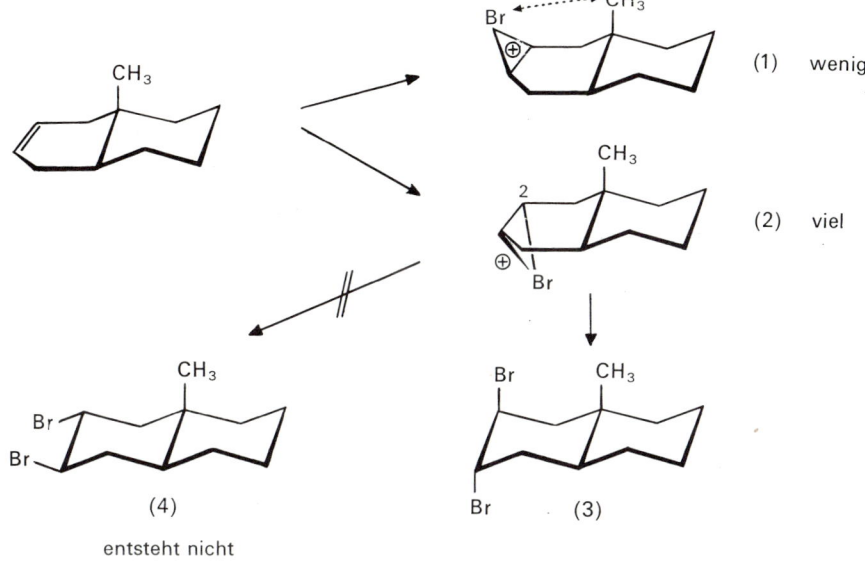

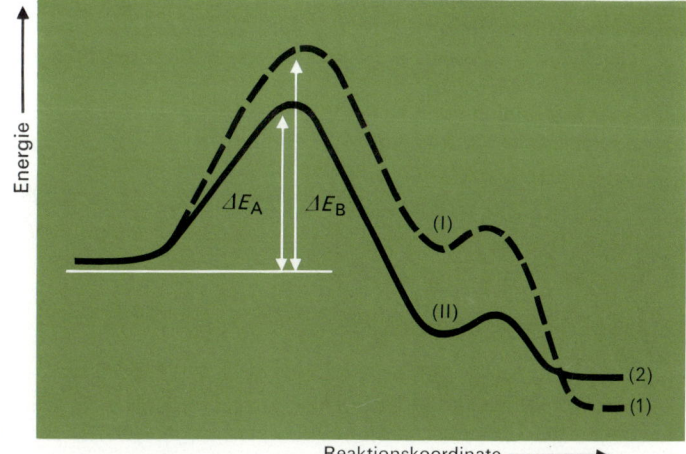

Abb. 9.3. Energie-diagramm für die Bromaddition an 3-Methylcyclohexen

Als *allgemeine Regel* für den Verlauf der Addition an Cyclohexenringe läßt sich somit festhalten, daß durch *anti-Addition* zunächst ein *diaxiales* Additionsprodukt entsteht, das durch «Umklappen» in das diäquatoriale Konformer übergeht, sofern das starre Ringgerüst dies nicht verhindert.

Nebenreaktionen. Eine bei der Halogenaddition häufig auftretende Nebenreaktion ist die *Substitution in Allylstellung* zur Doppelbindung:

$$\text{>C=CH—CH}_2\text{— + Br}_2 \quad \longrightarrow \quad \text{>C=CH—CH— + HBr}$$
$$\underset{\text{Br}}{|}$$

Die «Allyl-Halogenierung» ist insbesondere in zwei Fällen möglich:

1. Wenn – als Neben- oder Hauptreaktion – die Halogenaddition über *Radikale* verläuft, entstehen bei der (gleichzeitig auftretenden) Substitution mesomeriestabilisierte Allyl-Radikale als Zwischenstoff:

$$\text{>C=CH—}\dot{\text{C}}\text{H—} \quad \leftrightarrow \quad \text{>}\dot{\text{C}}\text{—CH=CH—}$$

2. Hat die bei der Halogenierung intermediär entstehende Spezies noch weitgehend *Carbeniumion-Charakter* (mit schwacher Überbrückung), so kann diese – ähnlich wie Carbeniumionen bei der *E*1-Reaktion – ein Proton abspalten. Dies tritt insbesondere bei verzweigten Alkenen auf, bei denen tertiäre Carbeniumionen als Zwischenstoffe entstehen. So ergibt Isobuten mit Chlor hauptsächlich 2-Methyl-1-chlor-2-propen (85 %) und nur wenig 1,2-Dichlorprodukt:

$$\underset{\text{CH}_3}{\overset{\text{CH}_3}{>}}\text{C=CH}_2 \quad \xrightarrow{\text{Cl}_2} \quad \underset{\text{CH}_3}{\overset{\text{CH}_3}{>}}\overset{\oplus}{\text{C}}\text{—CH}_2\text{Cl} \quad \xrightarrow{-\text{H}^\oplus} \quad \underset{\text{CH}_3}{\overset{\text{CH}_2}{\diagdown}}\text{C—CH}_2\text{Cl}$$

In diesem Fall konnte durch Markierung mit ^{14}C gezeigt werden, daß die Substitution nicht durch einen direkten Angriff des Chloratoms auf die Methylgruppe erfolgt, sondern daß im ersten Reaktionsschritt eine Addition an die Doppelbindung eintritt:

$$\underset{\text{CH}_3}{\overset{\text{CH}_3}{>}}\text{C=}^*\text{CH}_2 \quad \xrightarrow{\text{Cl}_2} \quad \underset{\text{CH}_3}{\overset{\text{CH}_3}{>}}\overset{\oplus}{\text{C}}\text{—}^*\text{CH}_2\text{Cl} \quad \longrightarrow$$

Auch bei *unverzweigten* Alkenen kann die Allyl-Substitution zur Hauptreaktion gemacht werden, wenn man entweder bei *höheren Temperaturen* arbeitet (technische Gewinnung von Allylchlorid aus Propen; S.110) oder wenn *N-Bromsuccinimid* verwendet wird.

Führt man die Addition von Halogenen in *wäßriger Lösung* aus, so tritt als Nebenreaktion zur Addition zweier Halogenatome die Bildung von *Halogenhydrinen* auf:

$$\text{>C=C<} + \text{Cl}_2 \quad \longrightarrow \quad \text{>C}\underset{\underset{\text{Cl}}{\oplus}}{\diagup\diagdown}\text{C<} + \text{Cl}^\ominus$$

$$\text{>C}\underset{\underset{\text{Cl}}{\oplus}}{\diagup\diagdown}\text{C<} + \text{H}_2\text{O} \quad \longrightarrow \quad \underset{\text{Cl}}{\overset{|}{-}}\text{C}\text{—}\underset{\underset{\oplus}{\text{OH}_2}}{\overset{|}{\text{C}}}\text{—} \quad \xrightarrow{-\text{H}^\oplus} \quad \underset{\text{Cl}}{\overset{|}{-}}\text{C}\text{—}\underset{\text{OH}}{\overset{|}{\text{C}}}$$

Die erreichbare Ausbeute an Halogenhydrin ist allerdings nicht sehr groß. Bessere Ausbeuten können durch direkte Addition von unterhalogenigen Säuren (sauren Lösungen von Hypochloriten bzw. Hypobromiten) erzielt werden. Technisch von gewisser Bedeutung ist die Gewinnung von Ethylenchlorhydrin aus Ethen und Chlorwasser sowie von 2,3-Dichlor-1-propanol aus Allylchlorid. Ersteres liefert durch Behandlung mit Basen Ethylenoxid und durch S_N-Reaktion mit KCN Ethylencyanhydrin, (HO—CH_2—CH_2—CN); das letztere ergibt mit starken Basen Epichlorhydrin, $\text{CH}_2\text{—CH—CH}_2\text{Cl}$, mit schwächeren Basen Glycerol.
$\overset{\diagdown\text{O}\diagup}{}$

Aus Ethylencyanhydrin wird durch Elimination von Wasser Acrylnitril gewonnen. Sowohl Acrylnitril wie Epichlorhydrin sind wichtige Ausgangsstoffe zur Herstellung von Kunststoffen (Polyacrylnitrilfasern, Epoxidharze).

9.3 Addition unsymmetrisch gebauter Addenden (Halogenwasserstoff, Säuren, Wasser)

Addition starker Säuren. Als Beispiel einer solchen Reaktion betrachten wir zunächst die *Halogenwasserstoff-Addition* an Alkene. Diese Reaktionen besitzen zwar nur in Sonderfällen eine größere Bedeutung, da Alkylhalogenide im allgemeinen leichter aus Alkoholen zugänglich sind; sie ist jedoch insbesondere auch aus theoretischen Gründen von Interesse. Beispiele praktisch wichtiger Halogenwasserstoff-Additionen sind die technische Gewinnung von Vinylchlorid aus Acetylen und HCl oder die präparative Herstellung gewisser sekundärer Halogenide aus primären Alkoholen:

$$R-CH_2-CH_2OH \quad \left[\begin{array}{l} + \text{ HCl oder SOCl}_2 \;\rightarrow\; R-CH_2CH_2Cl \\[2ex] E\,1 \text{ (unter der Wirkung von } H^{\oplus}); \;\rightarrow\; R-\underset{\underset{Cl}{|}}{CH}-CH_3 \\ \text{dann HCl-Addition} \end{array} \right.$$

Da in hydroxylgruppenhaltigen Lösungsmitteln Halogenwasserstoffverbindungen weitgehend in Form ihrer Anionen und der konjugierten Säure des Lösungsmittels vorliegen, in unpolaren Lösungsmitteln aber die Additionsgeschwindigkeit stark herabgesetzt ist, lassen sich sowohl Kinetik wie Mechanismus dieser Addition nicht leicht untersuchen. Man hat lange Zeit angenommen, daß sich auch hier in einem vorgelagerten Gleichgewicht zunächst ein π-Komplex mit einem protonierten Zwei-Elektronen-Dreizentren-MO bildet, der sich anschließend im geschwindigkeitsbestimmenden Schritt in ein Carbeniumion umlagert. Es gibt jedoch eine Reihe von Beobachtungen, die gegen das Auftreten eines solchen π-Komplexes sprechen, so z.B. die Tatsache, daß die Addition von Protonen an Doppelbindungen allgemein (und nicht spezifisch) säurekatalysiert ist (vgl. S. 379). Dies bedeutet, daß die Protonenübertragung von der Säure auf das Alken geschwindigkeitsbestimmend ist und daß direkt ein Carbeniumion als Zwischenstoff entsteht.

Ein Indiz für das Auftreten von *Carbeniumionen* bei der HX-Addition ist die in gewissen Fällen beobachtete Bildung von *syn-* und *anti-*Additionsprodukten nebeneinander (die Halogenwasserstoffaddition verläuft also nicht stereospezifisch, jedoch häufig *stereoselektiv!*) – wobei die *syn-*Addition vor allem in schwach ionisierenden Lösungsmitteln beobachtet wird und dann offenbar ein enges Ionenpaar als Zwischenstoff auftritt – und die Bildung umgelagerter Produkte. So liefert die HCl-Addition an 3-Dimethyl-1-buten neben dem erwarteten 3,3-Dimethyl-2-chlorbutan auch 2,3-Dimethyl-2-chlorbutan, das dadurch entstanden ist, daß das bei der Addition zunächst gebildete Carbeniumion eine Wagner-Meerwein-Umlagerung erfahren hat:

Einen weiteren Hinweis auf das Auftreten von Carbeniumionen als Zwischenstoffe bietet die säurekatalysierte Addition von Wasser an optisch aktives 3-Menthen. Hier verschwindet die optische Aktivität mit derselben Geschwindigkeit, wie das Alken verbraucht wird, weil ein nicht-chirales Carbeniumion entsteht:

3-Menthen
optisch aktiv   optisch inaktiv

Dieser Befund ist insofern bemerkenswert, als das Chiralitätszentrum dabei überhaupt nicht angegriffen wird.

Die säurekatalysierte Hydratisierung von 3-Menthen verläuft also mit ziemlicher Sicherheit über ein Carbeniumion. Ob diese Feststellung jedoch so ohne weiteres verallgemeinert werden kann, steht auf einem anderen Blatt. So wurde beispielsweise bei verschiedenen Alkenen festgestellt, daß die Addition von Halogenwasserstoff einem Zeitgesetz *dritter Ordnung* folgt:

$$\frac{d\,[\text{Produkt}]}{dt} = k \cdot [\text{Alken}] \cdot [\text{HX}]^2$$

Dies bedeutet, daß am aktivierten Komplex des geschwindigkeitsbestimmenden Schrittes insgesamt drei Moleküle beteiligt sind: ein Alkenmolekül und zwei Moleküle HX. Man nimmt an, daß dabei ein Angriff eines zweiten HX-Moleküls auf einen Alken-HX-Komplex erfolgt:

Dieser «trimolekulare» Mechanismus ergibt *anti-Additionsprodukte,* da der konzertierte Angriff durch zwei HX-Moleküle bzw. durch ein HX-Molekül und das Nucleophil von der entgegengesetzten Seite her erfolgen muß:

Ist aber die Doppelbindung einer Gruppe konjugiert, die das Carbeniumion stabilisieren kann (z. B. eine Phenylgruppe), so beobachtet man auch *syn-Addition.* Vermutlich bildet sich dann zunächst ein Ionenpaar als eigentlicher «Zwischenstoff». Wandelt sich dieses schneller in das Produkt um als daß Rotation um die C—C-Bindung erfolgt, so tritt *syn-* Addition ein, weil das Proton und das Halogenid-Ion die Doppelbindung von derselben Seite her angreifen. Die Reaktion verläuft dann nach einem Zeitgesetz *zweiter Ordnung.*

$$Ar-CH=CH-R + HX \quad \rightarrow \quad Ar-\overset{\oplus}{\underset{\vdots}{C}}\underset{X^{\ominus}}{H}-\underset{H}{C}H-R \quad \rightarrow \quad Ar-\underset{X}{C}H-\underset{H}{C}H-R$$

Es zeigt sich auch hier wiederum – wie bei vielen anderen Reaktionen – daß *ein bestimmter Reaktionstyp* wie z. B. die Addition von Halogenwasserstoff an Alkene, der auf den ersten Blick einem einheitlichen Reaktionsweg zu folgen scheint, *nicht nur gemäß einem einzigen Mechanismus verläuft, sondern daß je nach der Struktur des Substrates und den Reaktionsbedingungen verschiedene Reaktionswege in Frage kommen,* die u. U. zu sterisch verschiedenen Produkten führen können:
Unverzweigte, sterisch wenig gehinderte Alkene reagieren vorzugsweise über den *«trimolekularen» aktivierten Komplex* und liefern ausschließlich oder bevorzugt *anti-Additionsprodukte. Alkene,* die genügend *stabile Carbeniumionen* bilden (wie z. B. Styren), ergeben – über Ionenpaare – vorwiegend *syn-Additionsprodukte. Sterische Hinderung* kann den Ionenpaar-Mechanismus ebenfalls begünstigen, so daß *syn-Addition* eintritt. Wenn sich die Ionen des anfänglich vorhandenen Paares trennen, so ist die Addition von beiden Seiten möglich.

Die Addition *anderer starker Säuren* verläuft im Prinzip gleichartig wie die Halogenwasserstoffaddition. Je *reaktionsträger (weniger basisch)* das Alken ist, desto *stärker* oder höher konzentriert muß die verwendete Säure sein. So reagiert beispielsweise Ethen mit konzentrierter wäßriger Salzsäure nicht, wohl aber mit Brom- oder Iodwasserstoffsäure. Isobuten addiert bereits bei 0 °C 65 % Schwefelsäure, während Propen und *n*-Buten 85 % Schwefelsäure und Ethen 98 % Schwefelsäure benötigen. Auf dieser unterschiedlichen Reaktivität gegenüber Schwefelsäure beruht die Abtrennung der einzelnen Alkene aus dem Crackgasgemisch.

Orientierung bei der Addition unsymmetrischer Addenden. Bei der Addition von Halogenwasserstoffverbindungen oder anderen starken Säuren an Alkene, die an der Doppelbindung unsymmetrisch substituiert sind, können im Prinzip zwei verschiedene Produkte entstehen:

$$R-CH=CH_2 + HCl \quad \longrightarrow \quad \begin{cases} R-\underset{Cl}{C}H-CH_3 & \textbf{Markownikow-Produkt} \\ R-CH_2-CH_2Cl & \textbf{anti-Markownikow-Produkt} \end{cases}$$

Da die Bildung des Carbeniumions die Gesamtgeschwindigkeit der Addition bestimmt und tertiäre bzw. sekundäre Carbeniumionen stabiler sind als primäre, wird das Halogenid-Ion (bzw. das Säure-Anion) bevorzugt an dasjenige C-Atom addiert, welches mehr Alkylgruppen trägt (**Regel von Markownikow** [1886]; siehe S. 407). Die HX-Addition verläuft also ausgesprochen *regiospezifisch.* Bei der Addition des Protons bildet sich bevorzugt das stabilere Carbeniumion. Wird aber die relative Stabilität der beiden möglichen Carbeniumionen nicht ausschließlich durch den +I-Effekt von Alkylsubstituenten bestimmt, so ist auch *anti-Markownikow-Addition* möglich. Beispielsweise erhält man durch HCl-Addition an Acrylsäure bzw. 1-Trifluor-2-propen ausschließlich β-Chlorpropionsäure bzw. 1-Trifluor-3-chlorpropan:

$$CH_2{=}CH{-}COOH \longrightarrow \begin{cases} \overset{\oplus}{CH_2}{-}CH_2{-}COOH \quad \longrightarrow \quad \underset{\underset{Cl}{|}}{CH_2}{-}CH_2{-}COOH \\ \qquad\qquad (1) \\[2mm] CH_3{-}\overset{\oplus}{CH}{-}COOH \quad \longrightarrow \quad CH_3{-}\underset{\underset{Cl}{|}}{CH}{-}COOH \\ \qquad\qquad (2) \end{cases}$$

$$CH_2{=}CH{-}CF_3 \longrightarrow \begin{cases} \overset{\oplus}{CH_2}{-}CH_2{-}CF_3 \quad \longrightarrow \quad \underset{\underset{Cl}{|}}{CH_2}{-}CH_2{-}CF_3 \\ \qquad\qquad (3) \\[2mm] CH_3{-}\overset{\oplus}{CH}{-}CF_3 \quad \longrightarrow \quad CH_3{-}\underset{\underset{Cl}{|}}{CH}{-}CF_3 \\ \qquad\qquad (4) \end{cases}$$

In beiden Fällen sind die zum *anti*-Markownikow-Produkt führenden Carbeniumionen (1) und (3) stabiler, eine Folge des starken −I-Effektes der Carboxyl- bzw. CF$_3$-Gruppe. Vinylchlorid hingegen liefert bei der HCl-Addition 1,1-Dichlorethan, weil das Cl-Atom durch seinen +M-Effekt die Ladung des Carbeniumions delokalisieren kann. (Der gleichzeitig wirksame −I-Effekt des Cl-Atoms zeigt sich in der verglichen mit Ethen herabgesetzten Additionsgeschwindigkeit, da dadurch die Basizität der Doppelbindung verringert wird!)

$$CH_2{=}CH{-}Cl \xrightarrow{\ H^\oplus\ } \left\{ CH_3{-}\overset{\oplus}{CH}{-}\overline{\underline{Cl}}| \ \leftrightarrow\ CH_3{-}CH{=}\overset{\oplus}{\underset{\diagdown}{Cl}} \right\} \xrightarrow{\ Cl^\ominus\ } CH_3{-}CHCl_2$$

Besonders interessant verläuft die *Addition von HBr*. Während nach älteren Arbeiten sowohl Markownikow- wie *anti*-Markownikow-Orientierung beobachtet wurde (und in gewissen Fällen sogar beide Produkte nebeneinander auftraten), fanden Kharasch und Mayo (1933), daß bei völligem Ausschluß von Sauerstoff und Peroxiden (d. h. bei Zusatz von Hydrochinon oder anderen Inhibitoren) die Addition von HBr stets gemäß der Regel von Markownikow verläuft. Bei Gegenwart von *molekularem Sauerstoff* oder von *Peroxiden* (wie z. B. Di-tert. Butylperoxid) hingegen erhält man ausschließlich *anti-Markownikow-Produkte*. Dies beruht darauf, daß unter diesen Bedingungen die Reaktion nach einem ganz anderen Mechanismus abläuft: Sauerstoff (ein Diradikal) und Peroxide (die leicht in Radikale zerfallen) vermögen Radikal-Kettenreaktionen auszulösen, und die Addition verläuft – wie dann viel später durch ESR-Spektroskopie bewiesen werden konnte – über **freie Radikale**:

$$Rad\cdot \ +\ HBr \ \longrightarrow\ Rad{-}H\ +\ Br\cdot$$

$$\underset{}{>}C{=}C\underset{}{<}\ +\ Br\cdot \ \longrightarrow\ \underset{\underset{Br}{|}}{>}C{-}C\underset{}{<}\cdot$$

$$\underset{\underset{Br}{|}}{>}C{-}C\underset{}{<}\cdot\ +\ HBr \ \longrightarrow\ \underset{\underset{Br}{|}}{-}C{-}\underset{\underset{H}{|}}{C}{-}\ +\ Br\cdot$$

Die ausschließliche Bildung von *anti*-Markownikow-Produkten bei der radikalischen Addition erklärt sich dadurch, daß die Stabilität von Alkylradikalen in der Reihenfolge tertiär > sekundär > primär abnimmt (abnehmende Delokalisation des ungepaarten Elektrons durch die +I-Alkylsubstituenten!); die Umkehrung in der Orientierungsrichtung beim

Wechsel von elektrophiler zu radikalischer Addition ist somit die Folge der Tatsache, daß bei der Radikaladdition von HBr im ersten Schritt nicht ein Wasserstoff-, sondern ein Brom-Atom addiert wird.

Addition von Hydroxyverbindungen. *Wasser* läßt sich nicht direkt an Alkene addieren, da seine Acidität dafür zu gering ist. Man benötigt deshalb zur Wasseranlagerung *(«Hydrati-sierung»)* von Alkenen – die in gewissen Fällen zur Gewinnung von Alkoholen wichtig ist – Brönsted- oder Lewis-Säuren als Katalysatoren:

$$\text{>C=C<} + H_3O^{\oplus} \longrightarrow \text{−}\underset{H}{\overset{}{C}}\text{−}\overset{\oplus}{C}\text{<} + H_2O \longrightarrow \text{−}\underset{H}{\overset{\overset{\oplus}{O}H_2}{C}}\text{−}C\text{−} \longrightarrow \text{−}\underset{H}{\overset{OH}{C}}\text{−}C\text{−} + H^{\oplus}$$

Die Addition von Wasser bildet die exakte Umkehrung der *E*1-Elimination aus Alkoholen. Sie erfolgt nach der Regel von Makrownikow.

Eine interessante Addition von Wasser, die gleichzeitig mit einer Oxidation verbunden ist, stellt der erste Schritt bei der Wacker-Reaktion dar (S. 266):

(1) $CH_2\text{=}CH_2 + Pd^{2\oplus} \longrightarrow CH_2\underset{Pd^{2\oplus}}{\overset{}{\text{‖}}}CH_2$

(2) $CH_2\underset{Pd^{2\oplus}}{\overset{}{\text{‖}}}CH_2 \xrightarrow[-H^{\oplus}]{H_2O} CH_2\underset{Pd^{\oplus}}{\overset{}{−}}\underset{}{\overset{H}{C}}H\text{−}O\text{−}H$

(3) $CH_2\underset{Pd^{\oplus}}{\overset{}{−}}\overset{H}{C}H\text{−}O\text{−}H \xrightarrow{-H^{\oplus}} CH_3CHO + Pd$

Dabei bildet sich zuerst ein π-Komplex mit Palladiumchlorid, der im Schritt (2) ein Molekül Wasser addiert. Das im Schritt (3) freigesetzte Palladium wird durch $CuCl_2$ wieder zu $PdCl_2$ oxidiert (welches in salzsaurer Lösung den $PdCl_4^{2\ominus}$-Komplex liefert), und das dabei gebildete $CuCl$ läßt sich durch Luftsauerstoff schließlich wieder zu $CuCl_2$ oxidieren, so daß im Endeffekt nur Ethen und Sauerstoff verbraucht werden. Vgl. auch S.1072.

Neben Wasser lassen sich aber in Gegenwart von Brönsted- oder Lewis-Säuren *die meisten Hydroxylverbindungen* an Doppelbindungen addieren. Auch das Anion der als Katalysator verwendeten Brönsted-Säure, der bereits gebildete Alkohol oder sogar noch nicht umge-setztes Alken können im zweiten Reaktionsschritt vom Carbeniumion gebunden werden, so daß z. B. in wäßriger Schwefelsäure folgende *Konkurrenzreaktionen* zur Wasseranlagerung möglich sind:

Wasserfreie oder hochkonzentrierte Säuren liefern bevorzugt den *Ester.* Zur Addition von *Wasser* genügt im allgemeinen verdünnte Säure; als Nebenprodukte werden aber stets in einem gewissen Ausmaß auch *Ether* gebildet. Primäre Alkohole sind dabei reaktionsfähiger als sekundäre, während tertiäre Alkohole nicht reagieren. Tertiäre Ether, die sonst nur schwer erhältlich sind, lassen sich durch Addition von Alkoholen gewinnen, wenn Alkene des Typus $R_2C=CH_2$ als Ausgangsstoffe gewählt werden.

Ebenso wie bei der Addition starker Säuren findet man neben den nach Markownikow zu erwartenden Produkten gewöhnlich auch *umgelagerte Produkte* (Carbeniumion-Umlagerungen!). Da ein Carbeniumion durch Abspaltung eines Protons wieder in ein Alken übergehen kann, treten bei der Verwendung von längerkettigen Alkenen als Ausgangssubstanzen im Reaktionsgemisch auch Alkene auf, in denen die *Doppelbindung verschoben* ist:

$$CH_3-CH_2-CH_2-CH=CH_2 \xrightarrow{H^{\oplus}} CH_3-CH_2-CH_2-\overset{\oplus}{C}H-CH_3 \xrightarrow{-H^{\oplus}} CH_3-CH_2-CH=CH-CH_3$$

Praktische Bedeutung besitzt neben der Hydratisierung der Alkene aus Crackgasen (Gewinnung von Ethanol, Isopropanol und von Butanolen) insbesondere die *Addition von Carbonsäuren* an Alkene oder auch an Alkine zur Bildung von *Estern* (BF_3 oder $AlCl_3$ als Katalysator). Diese Reaktion ist insbesondere von Interesse zur Gewinnung von Estern tertiärer Alkohole, die sonst nur schwierig zugänglich sind (aus Alkenen des Typus $R_2C=CHR$). Werden ungesättigte Carbonsäuren mit Säure behandelt, so entsteht gewöhnlich ein γ- und/oder ein δ-*Lacton,* ungeachtet der ursprünglichen Lage der Doppelbindung (starke Säuren katalysieren die Verschiebung einer Doppelbindung [S. 666]), so daß diese in jedem Fall eine zur Lactonbildung geeignete Lage erhält. Als *Konkurrenzreaktion* tritt die Bildung von Cyclopentenonen oder Cyclohexenonen auf. Wenn nämlich das Proton von der Hydroxylgruppe der Carbonsäure addiert wird und durch Wasseraustritt ein Acyliumion entsteht, kann dieses die Doppelbindung angreifen, so daß ein Keton gebildet wird:

$$R-CH{=}CH-CH_2-CH_2-COOH \xrightarrow[-\,H_2O]{H^{\oplus}}$$

$$R-CH{=}CH-CH_2-CH_2-\overset{\oplus}{C}{=}O \longrightarrow$$

$$\downarrow -H^{\oplus}$$

Welche dieser Reaktionen zur *Hauptreaktion* wird, hängt von der verwendeten Säure ab. Starke Brönsted-Säuren liefern zur Hauptsache Lactone, während Lewis-Säuren vorwiegend Ketone ergeben. – Eine technische Anwendung der Addition von Carbonsäuren an Dreifachbindungen bildet die Herstellung von *Vinylacetat* (wichtig zur Gewinnung von Polyvinylacetat-Klebstoffen) aus Acetylen und Essigsäure.
Auch *Alkine* können Wasser addieren:

$$-C{\equiv}C- \;+\; H_2O \;\longrightarrow\; \underset{H\ \ O}{-\overset{|}{C}-\overset{\|}{C}-}$$

Quecksilber(II)-verbindungen oder Thallium(III)-salze wirken katalytisch. Die Addition folgt der Regel von Markownikow, so daß nur Acetylen einen Aldehyd ergibt. Alkine der allgemeinen Formel $R-C{\equiv}CH$ liefern Methylketone, während man aus Alkinen des Typus $R-C{\equiv}C-R'$ in der Regel beide möglichen Produkte erhält. Ist jedoch R eine primäre, R' eine sekundäre oder tertiäre Alkylgruppe, so wird die Carbonylgruppe bevorzugt dem sekundären bzw. tertiären Atom benachbart gebildet. Man vermutet, daß sich primär – ähnlich wie bei der Oxymerkurierung (S. 524) ein Komplex mit dem $Hg^{2\oplus}$-Ion bildet:

Die Addition von Alkoholen an Dreifachbindungen ergibt *Vinylether* oder *Acetale:*

Da die Dreifachbindung gegenüber Nucleophilen reaktiver ist als die Doppelbindung, wird die Alkoholaddition durch Basen katalysiert. Die Addition von Alkoholen an Vinylether kann auch säurekatalysiert durchgeführt werden, da diese durch Elektrophile leichter angegriffen werden als Alkine. Eine Anwendung dieser Tatsache besteht in der Verwendung von Dihydropyran als Schutzgruppe für primäre und sekundäre Alkohole oder Phenole:

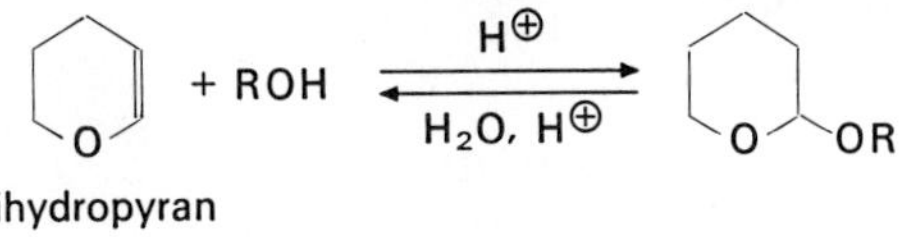

Dihydropyran

Das durch diese Reaktion gebildete Acetal ist gegenüber Basen, $LiAlH_4$, Grignard-Reagenzien oder Oxidationsmitteln inert, wird aber durch verdünnte Säuren leicht gespalten.

Oxymerkurierung. In Gegenwart von Wasser vermögen Alkene *Quecksilberacetat* zu addieren. Die dadurch gebildeten Hydroxyquecksilberverbindungen können mit Natriumborhydrid zu *Alkoholen* reduziert werden:

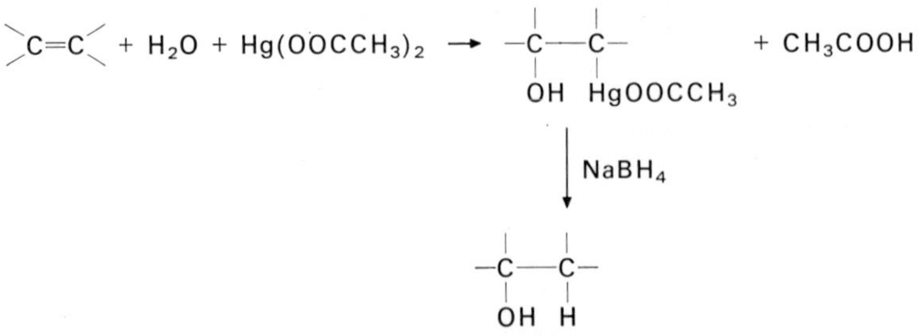

Die Reaktion verläuft rasch, unter milden Bedingungen und mit guten Ausbeuten. Man läßt gewöhnlich das Alken mit einer wäßrigen Lösung von Quecksilberacetat reagieren und reduziert anschließend sofort, ohne das Additionsprodukt zu isolieren, wobei sich elementares Quecksilber ausscheidet. Die Addition erfolgt *gemäß der Regel von Markownikow:*

$$CH_3(CH_2)_3CH{=}CH_2 \xrightarrow{Hg(OOCCH_3)_2,\ NaBH_4} CH_3(CH_2)_3{-}\underset{\displaystyle OH}{\underset{|}{CH}}{-}CH_3$$

1-Hexen 2-Hexanol

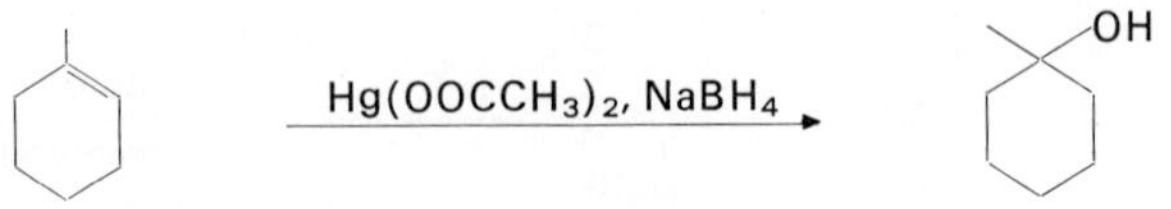

1-Methylcyclohexen 1-Methylcyclohexanol

Bei der Merkurierung wirkt offenbar das $Hg^{2\oplus}$-Ion als Elektrophil. Die Tatsache, daß Umlagerungen kaum auftreten und daß die Reaktion mit hoher *Stereospezifität (anti-Addition!)* verläuft, legt den Schluß nahe, daß ähnlich wie bei der Halogenierung ein zyklisches *«Mercurinium-Ion»* entsteht:

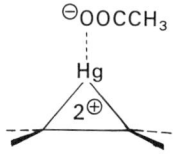

In der Tat gelang es Olah (1971), solche Ionen spektroskopisch nachzuweisen. Im zweiten Reaktionsschritt wird das Mercurinium-Ion offenbar von einem Wassermolekül angegriffen, wobei es bevorzugt vom stärker substituierten C-Atom – d. h. von demjenigen C-Atom, das am besten eine positive Ladung tragen kann – gebunden wird. Der Ablauf der Reduktion ist nicht genau bekannt; man nimmt an, daß dabei Radikale als Zwischenstoffe auftreten. Werden Alkohole oder Nitrile statt Wasser verwendet, so lassen sich auch *Ether* oder *Amide* durch die Oxymerkurierung gewinnen.

9.4   Weitere wichtige Additionsreaktionen

Epoxidierung. Epoxide können nicht nur durch Einwirkung starker Basen auf Halogenhydrine, sondern auch durch *direkte Reaktion von Alkenen mit Peroxyverbindungen* gewonnen werden. In der Praxis verwendet man zu diesem Zweck meist Peroxybenzoesäure, Peroxyessigsäure, Peroxyameisensäure oder Monoperoxyphthalsäure:

$$R-C\!\!\stackrel{O}{\underset{O-O-H}{}} + {\diagdown}C{=}C{\diagup} \longrightarrow {\diagdown}C\!\!\stackrel{}{\underset{O}{}}C{\diagup} + R-C\!\!\stackrel{O}{\underset{OH}{}}$$

Mit Ausnahme von Aminogruppen werden funktionelle Gruppen, die in der ungesättigten Verbindung enthalten sind, durch das Reagens nicht angegriffen. So liefern α,β-ungesättigte Ester auf diese Weise *Glycidester* (S. 495). Die Ausbeuten sind im allgemeinen recht hoch.

Führt man die Reaktion in hydroxylfreien Lösungsmitteln (Chloroform, Ether) aus, so läßt sich das gebildete Epoxid als Substanz isolieren. In wäßrigen oder alkoholischen Lösungen tritt anschließend an die Epoxidierung eine Hydrolyse (Alkoholyse) ein (S_N!), und man erhält direkt ein *trans*-*Glykol* bzw. seinen Ester (Methode zur Herstellung von *trans*-Glykolen!):

$$\diagup C\!\!-\!\!C\diagdown \underset{\underset{H}{\overset{|}{O_{\oplus}}}}{} + H_2O \xrightarrow{S_N} \underset{\overset{|}{-}}{-}\!C\!-\!\overset{\overset{\oplus OH_2}{|}}{C}\!\underset{\overset{|}{OH}}{-} \longrightarrow -\!C\!-\!\overset{\overset{OH}{|}}{C}\!\underset{\overset{|}{OH}}{-} + H^{\oplus}$$

Auch ein technisches Verfahren zur Gewinnung von *Glycerol* benützt diese Reaktion (Epoxidierung von Allylchlorid mittels eines Gemisches aus H_2O_2 und WO_3 und anschließende Hydrolyse). *Ethylenoxid,* das einfachste Epoxid, wird technisch in großem Maßstab durch direkte Reaktion von Ethen mit molekularem Sauerstoff unter der katalytischen Wirkung von Silber hergestellt; wahrscheinlich handelt es sich dabei um eine Radikaladdition (O_2 ist ein Diradikal!).

Über den *Mechanismus* der Epoxidierung herrscht noch keine völlige Klarheit. Bartlett schlug einen einstufigen Ablauf vor:

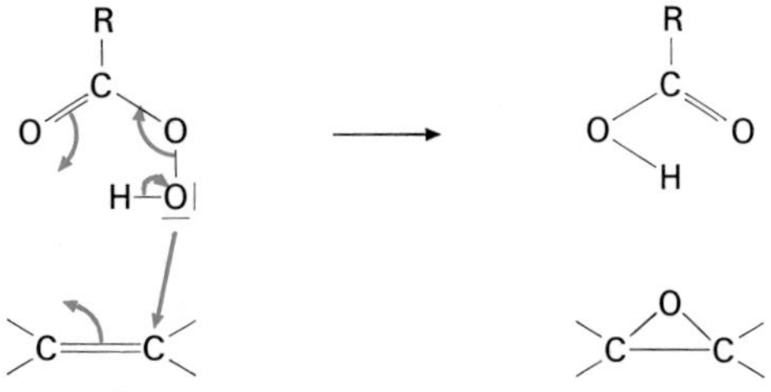

Dafür sprechen die Beobachtungen, daß die Epoxidierung eine Reaktion zweiter Ordnung ist, daß sie auch in unpolaren Lösungsmitteln leicht durchzuführen ist und daß sie stereospezifisch verläuft *(trans*-Alkene liefern *trans*-Epoxide und umgekehrt *cis*-Alkene *cis*-Epoxide):

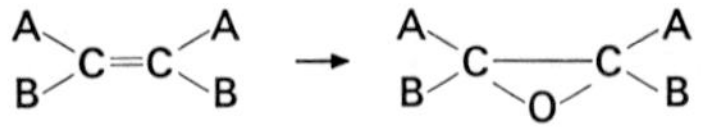

Eine interessante Anwendung der Epoxidierung ist die Synthese von *cis*-Benzentrioxid, die von Vogel und Prinzbach gemäß nachstehender Reaktionsfolge durchgeführt wurde:

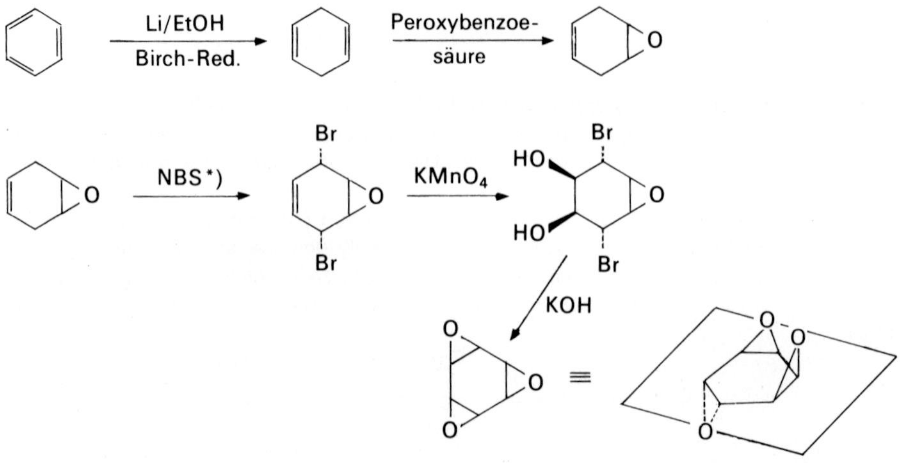

*) NBS = N-Bromsuccinimid. Gleichzeitig gebildete *cis-trans*- und *cis-cis*-Isomere wurden durch fraktionierte Kristallisation abgetrennt.

Hydrocarboxylierung und Hydroformylierung. Durch Addition von Wasser und Kohlenmonoxid an olefinische Doppelbindungen gelingt es, *Carboxylgruppen* einzuführen *(«Hydrocarboxylierung»):*

$$\text{>C=C<} + \text{CO} + \text{H}_2\text{O} \xrightarrow{\text{H}^{\oplus}} \overset{\text{H COOH}}{\underset{|\quad\;|}{-\text{C}-\text{C}-}}$$

Für die *praktische Durchführung* dieser Reaktion steht eine Reihe verschiedener Methoden zur Verfügung. Entweder wird das Alken unter der Wirkung von Mineralsäuren mit CO und Wasser unter einem Druck von 500 bis 1000 bar und bei Temperaturen zwischen 100 und 350 °C umgesetzt, oder man läßt zuerst das Alken (unter der Wirkung des Katalysators) mit CO reagieren und setzt nachher Wasser zu. Die letztere Art der Hydrocarboxylierung ist schon bei vielen milderen Bedingungen möglich (1 bis 100 bar und 20 bis 50 °C). Mit Nickeltetracarbonyl als Katalysator lassen sich auch Dreifachbindungen unter relativ milden Bedingungen (50 bar und 160 °C) in α,β-ungesättigte Carbonsäuren überführen.

Bei Verwendung saurer Katalysatoren wird im ersten Reaktionsschritt ein Proton addiert *(elektrophile Addition!);* das entstandene *Carbeniumion* addiert ein CO-Molekül und liefert damit ein *Acylium-Ion,* welches schließlich mit Wasser zur Carbonsäure wird:

$$\text{>C=C<} + \text{H}^{\oplus} \rightarrow \overset{\text{H}}{\underset{|}{-\text{C}}}\!\!\overset{}{\underset{|}{\overset{\oplus}{\text{C}}-}} \xrightarrow{\overset{\ominus\;\;\oplus}{\text{C}\equiv\text{O}}} \overset{\text{H}\;\;\overset{\oplus}{\text{C}}=\text{O}}{\underset{|\quad\;|}{-\text{C}-\text{C}-}} \xrightarrow[-\text{H}^{\oplus}]{\text{H}_2\text{O}} \overset{\text{H}\;\;\overset{\text{OH}}{\text{C}}=\text{O}}{\underset{|\quad\;|}{-\text{C}-\text{C}-}}$$

Acylium-Ion

Verwendet man im zweiten Reaktionsschritt statt Wasser Alkohole, Merkaptane oder Amine, so erhält man Ester, Thiolester bzw. Amide. Die Addition folgt der Regel von Markownikow.

Läßt man ein Gemisch von CO und Wasserstoff unter Druck und unter der Wirkung von Kobaltcarbonyl auf Alkene einwirken, so erhält man *Aldehyde (Hydroformylierung):*

$$\text{>C=C<} + \text{CO} + \text{H}_2 \xrightarrow[{[\text{Co(CO)}_4]_2}]{\text{Druck}} \overset{\text{H CHO}}{\underset{|\quad\;|}{-\text{C}-\text{C}-}}$$

Ein Überschuß von Wasserstoff bewirkt die Bildung von Alkoholen; das dabei reduzierend wirkende Reagens ist Kobaltcarbonylwasserstoff, HCo(CO)_3. Die Hydroformylierung von Alkenen besitzt große technische Bedeutung zur Herstellung niederer Alkohole aus Crackprodukten (S. 189; *«Oxosynthese»*); sie läßt sich jedoch auch im Laboratorium mit einer gewöhnlichen Hydrierungsapparatur durchführen.

Hydroborierung. Die Reaktion von Alkenen mit *Diboran,* B_2H_6, das in Diglyme (Diethylenglykoldimethylether) oder Tetrahydrofuran gelöst ist, ist für synthetische Zwecke von sehr großem Interesse, da sie bereits bei Raumtemperatur rasch und mit hoher Ausbeute verläuft und die *Additionsprodukte (Trialkylborane)* in vielseitiger Weise *weiterverarbeitet* werden können.

Schema:

$$6\;\text{CH}_3\text{CH=CH}_2 + \text{B}_2\text{H}_6 \rightarrow 2\;(\text{CH}_3\text{CH}_2\text{CH}_2)_3\text{B}$$

Man nimmt dabei an, daß das Diboran zuerst in zwei Moleküle des (im reinen Zustand unbeständigen) Borans, BH_3, zerfällt, das dann an das Alken addiert wird. Die Addition erfolgt *stereospezifisch cis* und *mit eindeutiger Orientierung:* Im Fall unsymmetrisch substituierter Doppelbindungen wird das B-Atom vom weniger substituierten C-Atom der Doppelbindung gebunden. Offenbar erfolgt die Addition gemäß folgendem Mechanismus:

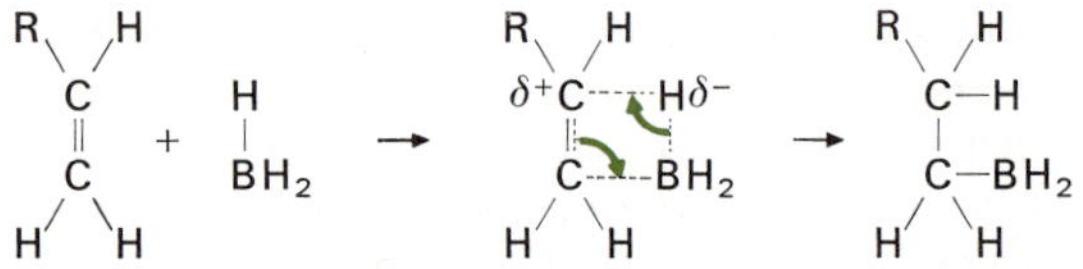

(1)

Die extrem starke Lewis-Säure BH_3 (das B-Atom besitzt nur 6 Valenzelektronen!) verhält sich als Elektrophil und lagert sich an das π-Elektronenpaar an; das dadurch positiv polarisierte Nachbar-C-Atom bindet ein Hydrid-Ion.

Der *stereoelektronische* Ablauf läßt sich folgendermaßen beschreiben: Das HOMO des Alkens (sein π-MO) überlappt zunächst mit dem unbesetzten p-AO des Bor-Atoms (dem LUMO von BH_3). Anschließend wird die C—B-Bindung gebildet und eine B—H-Bindung getrennt, was wohl einigermaßen konzertiert erfolgt:

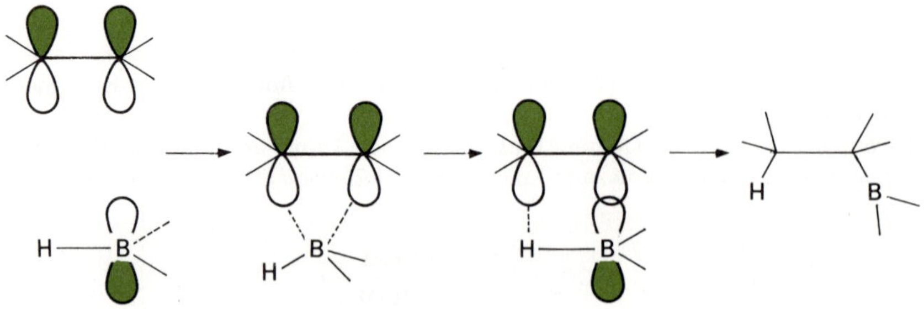

Im *Vierzentren-Übergangszustand (syn-*Addition!) ist die C—B-Bindung wahrscheinlich bereits etwas stärker ausgebildet als die neue C—H-Bindung, was die Richtung der Addition erklärt: Das stärker substituierte C-Atom der Doppelbindung wird positiv polarisiert (Wirkung der Alkylgruppen als σ-Donatoren!), wie ja dieses Atom auch das stabilere Carbeniumion bildet. Offenbar treten aber keine freien Carbeniumionen auf, da ausschließlich *cis*-Addition beobachtet wird.

Das durch Addition von einem Molekül BH_3 an ein Alkenmolekül entstandene Produkt (1) wird anschließend in gleicher Weise wieder an ein Alkenmolekül addiert, bis schließlich – nach dreimaliger Addition – das *Trialkylboran* entstanden ist:

$$CH_3CH_2CH_2BH_2 + CH_3CH=CH_2 \rightarrow (CH_3CH_2CH_2)_2BH \quad usw.$$

Die Trialkylborverbindungen ergeben durch Reaktion mit alkalischem Wasserstoffperoxid *Alkohole,* so daß man auf diese Weise eine weitere Möglichkeit besitzt, Alkene durch «Hydratisierung» in Alkohole überzuführen. Im Gegensatz zur direkten Addition von Wasser verläuft die Hydroborierung *entgegengesetzt zur Regel von Markownikow,* da das B-Atom bei der Oxidation durch eine Hydroxylgruppe ersetzt wird. Mit dieser Methode lassen sich deshalb auch *primäre Alkohole* aus Alkenen (mit endständiger Doppelbindung) gewinnen. Die Reaktion von Trialkylboranen mit Chloramin bzw. Dialkylchloraminen ergibt *Amine* bzw. *Alkylhalogenide.* Mit Carbonsäuren entstehen *Alkane;* die letztere Reaktion kann z. B. zur Gewinnung deuterierter Verbindungen von Interesse sein.

$$(R-CH_2-CH_2)_3B \quad \xrightarrow{\text{CH}_3\text{COOD}} \quad 3 \ R-CH_2-CH_2D$$

Der *stereospezifische* Verlauf zeigt sich z. B. bei folgenden Reaktionen:

(*E*)-2-*p*-Anisyl-2-buten   *threo*-3-*p*-Anisyl-2-butanol

(*Z*)-*p*-2-Anisyl-2-buten   *erythro*-3-*p*-Anisyl-2-butanol

Bei der praktischen *Durchführung* der Reaktion stellt man Diboran gewöhnlich durch Reaktion von NaBH$_4$ mit einer Lewis-Säure (meist BF$_3$ in Ether) her; enthält das Alken funktionelle Gruppen, welche mit NaBH$_4$ reagieren können, so muß direkt gasförmiges B$_2$H$_6$ durch die Lösung geleitet werden. Als Lösungsmittel kann an Stelle von Diglyme auch Ether oder Tetrahydrofuran verwendet werden; das Alken wird zusammen mit NaBH$_4$ gelöst, und anschließend wird die Lösung von BF$_3$ in Ether zugetropft. Die Oxidation wird mit alkalischer H$_2$O$_2$-Lösung in Ethanol durchgeführt.

Die Regioselektivität wird erhöht, wenn an Stelle von Diboran andere, organische Borane verwendet werden. So liefert 1-Hexen bei der Hydroborierung mit B$_2$H$_6$ 94% 1-Hexanol und 6% 2-Hexanol; mit Bis(3-Methyl-2-butyl)boran hingegen entsteht nur 1% 2-Hexanol. Besonders praktisch ist die Verwendung des bizyklischen «9-BBN» (9-Borabicyclo [3.3.1] nonan), das aus 1,5-Cyclooktadien leicht herzustellen ist und das weder selbstentzündlich ist, noch durch Feuchtigkeit zersetzt wird.

Seit ihrer Entdeckung durch H. C. Brown (in den fünfziger Jahren) hat sich die Hydroborierung zu einer äußerst wertvollen, vielseitig einsetzbaren Reaktion für die präparative Praxis entwickelt. Es lassen sich durch sie nicht nur die verschiedensten funktionellen Gruppen einführen; sie läßt sich auch zum Aufbau von *Kohlenstoffgerüsten* verwenden. Behandelt man beispielsweise Organoborane mit Silbernitrat, so bilden sich C—C-Bindungen zwischen den Alkylgruppen:

$$2\ R_3B + AgNO_3 \longrightarrow 3\ R{-}R$$

Der Reaktionsablauf ist verwickelt; man nimmt an, daß zunächst eine Elektronenübertragung eintritt, die zu Radikalen führt. Diese kuppeln anschließend untereinander.

Die Entdeckung, daß auch *Kohlenmonoxid* mit Organoboranen reagiert, führte zur Entwicklung von Synthesen für *Alkohole* und *Ketone*. Welches Produkt im konkreten Fall gebildet wird, hängt von den Bedingungen ab, unter denen eine Bor-Kohlenstoff-Wanderung eintritt. Wenn das Organoboran zusammen mit Kohlenmonoxid auf 100 bis 125°C erhitzt wird, so wandern alle Gruppen, und man erhält nach der Oxidation einen *tertiären Alkohol:*

$$R_3B + CO \longrightarrow [\overset{\ominus}{R_3B}{-}\overset{\oplus}{C}{\equiv}O] \longrightarrow [O{=}B{-}CR_3] \xrightarrow{H_2O_2,\ OH^\ominus} HO{-}CR_3$$

Setzt man dem Reaktionsgemisch nach der Carbonylierung Wasser zu, so stoppt die Reaktion nach der Wanderung zweier Alkylgruppen. Oxidiert man das Gemisch in diesem Augenblick, so entstehen *Dialkylketone:*

$$R_3B + CO \xrightarrow{H_2O} \begin{bmatrix} RB{-}CR_2 \\ \ |\quad\ \ | \\ HO\ \ OH \end{bmatrix} \xrightarrow{H_2O_2,\ OH^\ominus} R_2CO$$

Führt man die Carbonylierung in Gegenwart von LiBH$_4$ oder NaBH$_4$ aus, so reduziert das BH$_4^\ominus$-Ion das Produkt des ersten Schrittes der Verschiebung:

$$\overset{\ominus}{R_3B}{-}\overset{\oplus}{C}{\equiv}O \longrightarrow R_2B{-}\overset{\overset{\textstyle R}{|}}{C}{=}O \xrightarrow{BH_4^\oplus} RCH_2OH + 2\ ROH$$

Allerdings wird hier nur ein Drittel der im Organoboran vorhandenen Alkylgruppen ausgenützt und die beiden gebildeten Alkohole müssen voneinander getrennt werden.

Auch *Aldehyde* können durch Hydroborierung erhalten werden. Das Alken wird zu diesem Zweck zunächst mit 9-BBN hydroboriert. Das entstandene Trialkylboran wird carbonyliert. Nur die exozyklische Alkylgruppe verschiebt sich, und die Oxidation liefert den gewünschten Aldehyd:

Die Alkylgruppen im Organoboran können auch zur *Alkylierung* von konjugierten Doppelbindungen dienen:

$$\left(\bigtriangleup\right)_3 B + CH_2{=}CHCOCH_3 \longrightarrow \bigtriangleup{-}CH_2CH_2COCH_3$$

$$\left(\bigtriangleup\right)_3 B + \overset{O}{\underset{}{\text{H}_2\text{C}}}\bigcirc \longrightarrow \bigtriangleup{-}CH_2\bigcirc\overset{O}{}$$

$$\left(\underset{CH_3}{CH_3CH_2CH{-}}\right)_3 B + CH_2{=}CHCHO \longrightarrow CH_3CH_2\underset{CH_3}{CHCH_2CH_2CHO}$$

Ketone und andere *Carbonylverbindungen* können durch Borane ebenfalls *alkyliert* werden (in Gegenwart einer starken Base wie Kalium-tert. Butoxid oder – noch besser – Kalium-2,6-ditert. butylphenoxid):

$$BrCH_2{-}\underset{O}{\overset{}{C}}{-}R + R_3'B \xrightarrow[\text{THF, 0°C}]{} R'CH_2{-}\underset{O}{\overset{}{C}}{-}R$$

Neben α-Halogenketonen, α-Halogenestern und α-Sulfonylderivaten reagieren auch α-Halogennitrile auf diese Weise, nicht jedoch α-Halogenaldehyde. Als Trialkylboran verwendet man alkyliertes 9-BBN (S. 529).

Auch diese Reaktion wurde von Brown entwickelt und in die Synthesepraxis eingeführt. Sie ist sehr vielseitig verwendbar und bietet eine weitere Möglichkeit zur Alkylierung von Carbonylverbindungen (vgl. S. 459); sie stellt auch eine Alternative zur klassischen Acetessigsäure- und Malonestersynthese dar. Ihr Ablauf ist nicht mit Sicherheit bekannt; man postuliert dafür folgenden Mechanismus:

$$BrCH_2COR' \xrightarrow{\text{Base}} Br\overset{\ominus}{C}HCOR' \xrightarrow{BR_3} \underset{R{-}BR_2}{\overset{Br}{\underset{\ominus}{CH{-}COR'}}} \xrightarrow{-\,Br^{\ominus}} R{-}\underset{BR_2}{CH}{-}\underset{O}{\overset{}{C}}{-}R'$$

$$\longrightarrow R{-}CH{=}\underset{OBR_2}{C}{-}R' \xrightarrow[\text{HX}]{\text{Hydrolyse}} R{-}CH_2{-}\underset{O}{\overset{}{C}}{-}R' + X{-}BR_2$$

Entscheidend dabei ist die Reaktion des Carbanions (des Enolat-Ions) mit dem Boran, eine Lewis-Säure/Base-Reaktion. Die Gruppe R verschiebt sich und verdrängt das $Br^{\ominus}$-Ion. Nach einer weiteren Verschiebung – diesmal der Gruppe BR_2 – vom C- zum O-Atom erfolgt Hydrolyse und Tautomerisierung zum Keton. Die Konfiguration des zur Alkylierung dienenden Restes R bleibt erhalten. Da alkyliertes 9-BBN aus einem Alken und 9-BBN hergestellt wird, gelingt es im Endeffekt, mit dieser Reaktion *Alkene* in *Ketone* bzw. *Ester* überzuführen:

$$(CH_3)_2C\!\!=\!\!CH_2 \quad \xrightarrow{\text{9-BBN}} \quad \text{[B—CH}_2\text{CH(CH}_3)_2\text{]} \quad \xrightarrow{\text{BrCH}_2\text{COCH}_3} \quad (CH_3)_2CHCH_2CH_2COCH_3$$

Cyclopenten $\quad \xrightarrow{\text{9-BBN}} \quad$ B-Cyclopentyl-9-BBN $\quad \xrightarrow{\text{BrCH}_2\text{COOEt}} \quad$ [Cyclopentyl]—CH$_2$COOEt

Cyclopentylessigsäureester

Die analoge Reaktion läßt sich auch mit *Diazoverbindungen* – welche die N_2-Gruppe als Abgangsgruppe enthalten – durchführen. Da α-Halogenaldehyde mit Boranen nicht reagieren, ist besonders die Reaktion von Diazoaldehyden präparativ interessant *(Alkylierung von Aldehyden)*. Eine Base wird hier nicht benötigt, da das C-Atom ein Elektronenpaar zur Verfügung stellen kann. Anstelle von alkyliertem 9-BBN werden vorteilhafterweise Alkyldichlorborane verwendet, da 9-BBN-Derivate zu wenig reaktiv sind und bei Verwendung «gewöhnlicher» alkylierter Borane zwei mol der R-Gruppen unausgenutzt bleiben.

Addition von Carbeniumionen und Alkanen. *Carbeniumionen,* die als Zwischenstoffe bei der Addition von Säuren an olefinische Doppelbindungen entstehen, sind stark *elektrophil* und können daher von einem zweiten Alkenmolekül addiert werden. Dies geschieht z. B. bei der *Dimerisation von Isobuten:*

$$\begin{array}{c} CH_3 \\ CH_3 \end{array}\!\!C\!\!=\!\!CH_2 \quad \xrightarrow{\;H^\oplus\;} \quad \begin{array}{c} CH_3 \\ CH_3 \end{array}\!\!\overset{\oplus}{C}\!\!-\!\!CH_3 \qquad (1)$$

$$\begin{array}{c} CH_3 \\ CH_3 \end{array}\!\!C\!\!=\!\!CH_2 + \begin{array}{c} CH_3 \\ CH_3 \end{array}\!\!\overset{\oplus}{C}\!\!-\!\!CH_3 \;\rightarrow\; \begin{array}{c} CH_3 \\ CH_3 \end{array}\!\!\overset{\oplus}{C}\!\!-\!\!CH_2\!\!-\!\!\overset{\overset{\displaystyle CH_3}{|}}{\underset{\underset{\displaystyle CH_3}{|}}{C}}\!\!-\!\!CH_3 \qquad (2)$$

Das Carbeniumion (2) kann sich durch Abgabe eines Protons stabilisieren, wobei sich 2,4,4-Trimethyl-2-penten bildet; es kann sich jedoch auch an ein weiteres Alkenmolekül anlagern. Dabei entsteht ein weiteres Carbeniumion, welches wiederum zum entsprechenden Alkenmolekül werden oder weiter addiert werden kann. Solche *Dimerisationen* und *Polymerisationen* treten bei der Addition starker Säuren an Alkene als oft unerwünschte *Nebenreaktionen* in Erscheinung; wenn die Bildung von Di- oder Polymeren die Hauptreaktion bilden soll, so kann man die Carbeniumion-Addition durch Zusatz von *Lewis-Säuren* begünstigen.

Durch Wärme oder unter Wirkung saurer Katalysatoren ist es auch möglich, *Alkane* an Doppelbindungen zu addieren. Man erhält dabei allerdings meist Gemische, so daß beide Methoden kaum zur Gewinnung reiner Produkte im Labormaßstab angewandt werden; sie besitzen jedoch *technisch* erhebliche Bedeutung.

Bei der thermischen Alkylierung von Alkenen werden die Reaktanten auf rund 500 °C (bei 150 bis 300 bar Druck) erhitzt. Dabei bilden sich aus den Alkanmolekülen durch Zerfall von C—C-Bindungen *Alkylradikale,* die von den Alkenmolekülen addiert werden *(radikalische Addition!)*. Aus Propan und Ethen erhält man auf diese Weise ein Gemisch von Isopentan (55 %), Hexan, Heptan und wenig höheren Alkanen.

Verwendet man Brönsted- oder Lewis-Säuren als Katalysatoren, so läßt sich die Alkylierung bei Temperaturen zwischen −30°C und 100°C durchführen. Im ersten Reaktionsschritt wird dabei von der Doppelbindung ein Proton bzw. die Lewis-Säure addiert *(elektrophile Addition)*:

$$(3)$$

$$(4)$$

Die Addition des Carbeniumions (3) an das Alken erfolgt nach der Regel von Markownikow. Das durch die Addition gebildete Carbeniumion (4) neigt indessen zu *Umlagerungen,* so daß auch bei der säurekatalysierten Alkylierung leicht Gemische entstehen.

Wie schon erwähnt, haben Dimerisation, Polymerisation und Alkylierung von Alkenen großes technisches Interesse. Durch Dimerisation von Isobuten und anschließende katalytische Hydrierung erhält man 2,2,4-Trimethylpentan *(«Isooktan»),* einen hochklopffesten Treibstoff. Noch einfacher ist es, Isooktan durch Alkylierung von Isobuten mit Isobutan zu gewinnen (H_2SO_4 oder flüssiges HF als Katalysator). In gewissen Fällen sind auch *Ringschlüsse* auf diese Weise möglich, z.B. bei der Synthese des als Zwischenprodukt zur Synthese von Vitamin A sowie als Riechstoff (Veilchengeruch!) wichtigen β-Ionons:

Addition von Alkylhalogeniden. Unter dem Einfluß von $AlCl_3$ lassen sich auch Alkylhalogenide an Doppelbindungen addieren:

$$>C=C< \; + \; RX \quad \xrightarrow{\;AlCl_3\;} \quad \overset{\overset{\displaystyle R}{|}}{-C}-\overset{\overset{\displaystyle X}{|}}{C}-$$

Das angreifende Teilchen ist wie bei der Friedel-Crafts-Alkylierung aromatischer Verbindungen (S. 694) das *Carbeniumion,* welches aus dem Halogenid zusammen mit der Lewis-Säure $AlCl_3$ gebildet wird:

$$RX \; + \; AlCl_3 \quad \longrightarrow \quad R^{\oplus}[AlCl_3X]^{\ominus}$$

Die Addition erfolgt *nach der Regel von Markownikow;* das Carbeniumion wird von demjenigen C-Atom addiert, das mehr H-Atome gebunden besitzt.

Von den verschiedenen Typen von Alkylhalogeniden bilden *tertiäre Halogenide* am leichtesten Carbeniumionen. Dementsprechend sind auch die Ausbeuten bei dieser Reaktion am größten, wenn tertiäre Halogenide an Alkene addiert werden. *Primäre* Halogenide liefern *umgelagerte* Produkte (Methyl- und Ethylhalogenide, die sich nicht umlagern können, reagieren überhaupt nicht!). In den Addukten aus primären Halogeniden mit $AlCl_3$ ist das Carbeniumion nicht wirklich «frei», sondern existiert als enges Ionenpaar zusammen mit dem $[AlX_4]^{\ominus}$-Anion; auch auf dieser Stufe kann sich jedoch ein primäres Carbenium-«ion» in ein stabileres sekundäres oder tertiäres Ion umlagern. Eine dabei oft beobachtete *Nebenreaktion* ist die *elektrophile Substitution,* die dadurch eintritt, daß das durch die Addition des angreifenden Ions gebildete Carbeniumion ein Proton verliert:

$$H-\overset{\overset{\displaystyle |}{|}}{C}=C< \; + \; R^{\oplus} \quad \longrightarrow \quad H-\overset{\overset{\displaystyle R}{|}}{C}-\overset{\oplus}{C}- \quad \xrightarrow{\;-H^{\oplus}\;} \quad \overset{R}{\underset{}{>}}C=C<$$

Auch CCl_4, ICF_3 und andere einfache Polyhaloalkane können an Doppelbindungen addiert werden. Dabei handelt es sich allerdings um eine durch Peroxide oder UV-Licht ausgelöste Radikalreaktion; der Angriff geschieht durch das C-Atom des Halogenids, das sich mit dem weniger substituierten C-Atom der Doppelbindung verbindet.

Prins-Reaktion. Auch Carbonylverbindungen stellen Lewis-Säuren dar, deren Stärke durch elektrophile Katalysatoren (Protonen) noch gesteigert werden kann. Unter der Einwirkung von Schwefelsäure liefert z. B. Formaldehyd ein Hydroxymethylenkation, das glatt an Alkene addiert werden kann. Die Reaktion ist von technischem Interesse zur Gewinnung von *Isopren* aus Formaldehyd und Isobuten:

$$\overset{H}{\underset{H}{>}}C=O \quad \xrightarrow{\;H^{\oplus}\;} \quad \overset{H}{\underset{H}{>}}\overset{\oplus}{C}=O-H \quad \leftrightarrow \quad \overset{H}{\underset{H}{>}}\overset{\oplus}{C}-O-H$$

$$CH_3-\underset{\underset{\displaystyle CH_3}{|}}{C}=CH_2 \; + \; \overset{\oplus}{C}H_2OH \quad \longrightarrow \quad CH_3-\overset{\oplus}{C}\underset{\underset{\displaystyle \underset{\displaystyle H}{CH_2}}{}}{\overset{\overset{\displaystyle CH_2}{\diagup}}{\diagdown}CH_2 \quad |\underset{}{O}-H} \quad \longrightarrow \quad CH_2=\overset{\overset{\displaystyle CH_3}{|}}{C}-CH_2-CH_2OH$$

$$\xrightarrow[\;-H_2O\;]{\;+H^{\oplus}\;} \quad CH_2=\overset{\overset{\displaystyle CH_3}{|}}{C}-CH=CH_2$$

Addition an konjugierte Diene. Verbindungen mit konjugierten Doppelbindungen sind wegen der Mesomeriestabilisierung des konjugierten Systems gegenüber elektrophilen Reagenzien oft etwas weniger reaktionsfähig als Verbindungen mit einzelstehenden (isolierten) Doppelbindungen. Man erhält bei Additionen an konjugierte Systeme gewöhnlich ein *Gemisch* verschiedener Substanzen, nämlich der Produkte der 1,2- und der 1,4-Addition (1) bzw. (2):

$$-\overset{|}{C}=\overset{|}{C}-\overset{|}{C}=\overset{|}{C}- \; + \; HCl \; \longrightarrow \; -\overset{|}{C}-\overset{|}{C}-\overset{|}{C}=\overset{|}{C}- \; + \; -\overset{|}{C}-\overset{|}{C}=\overset{|}{C}-\overset{|}{C}-$$
$$\qquad\qquad\qquad\qquad\qquad H \;\; Cl \qquad\qquad\quad H \qquad\quad Cl$$
$$\qquad\qquad\qquad\qquad\qquad (1) \qquad\qquad\qquad\quad (2)$$

Ist das konjugierte System unsymmetrisch substituiert, so können sogar zwei verschiedene 1,2-Additionsprodukte nebeneinander entstehen.

Der erste Reaktionsschritt führt auch hier über einen π-Komplex zu einem *Carbeniumion.* Dabei greift das Elektrophil (hier $H^{\oplus}$) stets das eine *Ende* des konjugierten Systems an, weil sich auf diese Weise ein mesomeriestabilisiertes *Allylcarbeniumion* ausbilden kann:

$$-\overset{|}{C}=\overset{|}{C}-\overset{|}{C}=\overset{|}{C}- \; + \; H^{\oplus} \; \longrightarrow \; \left\{ -\overset{|}{C}=\overset{|}{C}-\overset{|}{\underset{\oplus}{C}}-\overset{|}{\underset{H}{C}}- \; \leftrightarrow \; -\overset{|}{\underset{\oplus}{C}}-\overset{|}{C}=\overset{|}{C}-\overset{|}{\underset{H}{C}}- \right\} \; \equiv \; -\overset{\delta+}{C}\cdots\overset{}{C}\cdots\overset{\delta+}{C}-\overset{|}{\underset{H}{C}}-$$

Im zweiten Reaktionsschritt kann das Nucleophil sowohl am C-Atom 2 wie am C-Atom 4 angreifen, so daß ein Gemisch der beiden Addukte erhalten wird.

Das *Mengenverhältnis,* in welchem die beiden möglichen Produkte gebildet werden, hängt stark von den *Reaktionsbedingungen* ab. Bei tiefen Temperaturen erhält man oft hauptsächlich das 1,2-Additionsprodukt, während bei höheren Temperaturen das Produkt der 1,4-Addition im Reaktionsgemisch überwiegt. Die freie Aktivierungsenthalpie für die 1,2-Addition ist offensichtlich geringer, d.h. die *1,2-Addition ist kinetisch gesteuert.* Das Produkt der 1,4-Addition ist jedoch thermodynamisch stabiler (es enthält die stärker

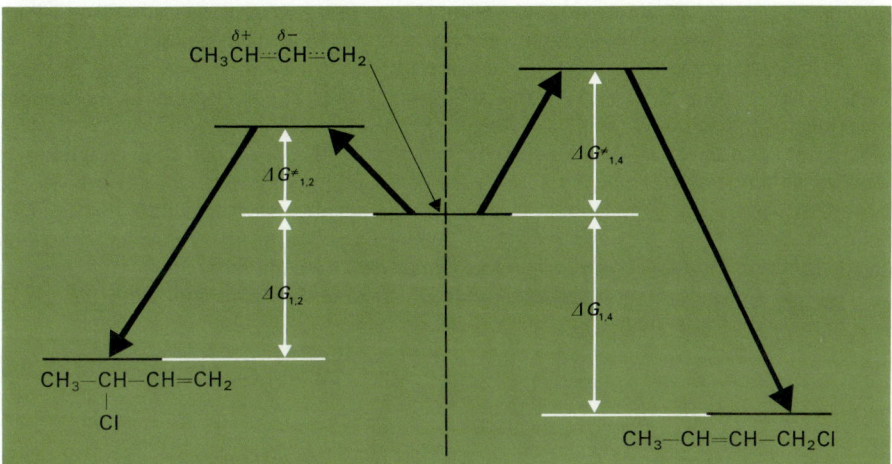

Abb. 9.4. 1,2- und 1,4-Addition

substituierte Doppelbindung!), so daß im Gleichgewicht das 1,4-Additionsprodukt in größerer Konzentration vorhanden ist (die *1,4-Addition ist thermodynamisch gesteuert;* vgl. Abb. 9.4). Die Addition von Brom an 1,3-Butadien z. B. liefert bei −15°C 1,2-Dibrom-3-buten und *trans*-1,4-Dibrom-2-buten im Verhältnis 1:1, während man bei 60°C − einer Temperatur, bei der sich das Gleichgewicht zwischen den beiden Produkten relativ rasch einstellt − 90% 1,4-Dibrom-2-buten erhält.

9.5   Weitere syn-Additionen

Einige weitere präparativ wichtige Reaktionen von Alkenen werden am besten anschließend an die elektrophilen Additionen besprochen (katalytische Hydrierung; *syn*-Hydroxylierung durch $KMnO_4$ bzw. OsO_4).

Hydrierung von Doppelbindungen. Die Addition von Wasserstoff an Doppelbindungen verläuft ziemlich stark exotherm. Die gemessenen Hydrierungswärmen stimmen allerdings mit den aus den Bindungsenthalpien berechneten Werten nicht immer genau überein, da die «Stärke» der Doppelbindung in einem bestimmten Molekül durch strukturelle Faktoren beeinflußt wird (S. 105). Trotz des relativ stark exothermen Verlaufes der Hydrierung reagieren Verbindungen mit isolierten Doppelbindungen mit molekularem Wasserstoff nicht, weil die dazu notwendigen freien Aktivierungsenthalpien zu groß sind. Wegen der hohen Bindungsenthalpie der H—H-Bindung ist auch eine durch Wärme oder kurzwelliges UV auszulösende Radikal-Kettenreaktion nicht möglich. Nur bei Verwendung von Übergangsmetall-Katalysatoren (feinverteiltes Nickel, sogenanntes Raney-Nickel, oder Rhodium, Ruthenium, Palladium; Kupferchromit) ist die Hydrierung möglich. Die Ausbeuten sind meist nahezu quantitativ. Im Molekül vorhandene funktionelle Gruppen stören die Reaktion nicht; enthält das betreffende Molekül Gruppen, die wie z. B. —CN durch den katalytisch aktivierten Wasserstoff ebenfalls angegriffen werden, so lassen sich meistens Reaktionsbedingungen finden, bei denen die C=C-Doppelbindungen *selektiv hydriert* werden können. Gewöhnlich führt man die Hydrierungen bei Raumtemperatur und bei einem geringen Überdruck aus; in gewissen Fällen (bei sterisch gehinderten Doppelbindungen) werden höhere Reaktionstemperaturen und höhere Drucke benötigt.
Der genaue Ablauf der katalytischen Hydrierung ist auch heute noch nicht in allen Einzelheiten geklärt, da es sich dabei um sehr schwer zu untersuchende heterogene Reaktionen handelt.
Man nimmt an, daß die Metalloberfläche mit den π-Elektronen der Doppelbindung in Wechselwirkung tritt, d. h. daß die π-Elektronen die Bindung des Alkenmoleküls zum Metall bewerkstelligen. An der Metalloberfläche ebenfalls adsorbierter Wasserstoff (mit weitgehend gelockerter H—H-Bindung) wird vom Alken gebunden, so daß zunächst eine durch eine σ-Bindung monoadsorbierte Spezies B entsteht. Diese bindet nochmals ein Wasserstoffatom und desorbiert anschließend sofort. Damit kann die Katalysatoroberfläche gleich weitere Alkenmoleküle binden.

Die beiden Wasserstoffatome werden in den weitaus meisten Fällen von derselben Seite des Substrates gebunden (*syn*-Addition). Offenbar werden sie fast gleichzeitig an das Alken addiert. Wenn die Hydrierung in zwei Schritten verläuft, muß die intermediär auftretende Spezies derart an das Metall gebunden sein, daß durch Rotation um Einfachbindungen keine Veränderung der ursprünglichen Konfiguration eintritt. Das Alken wird bei der Adsorption gewöhnlich von der sterisch weniger gehinderten Seite an die Metalloberfläche gebunden. Je stärker die Doppelbindung substituiert ist, desto langsamer verläuft die Hydrierung, weil durch die Stubstituenten die Annäherung des Alkens an die Doppelbindung erschwert wird. Aus diesem Grund können Verbindungen mit mehreren Doppelbindungen oft selektiv hydriert werden, wenn man die Reaktion nach Aufnahme von einem mol Wasserstoff abbricht:

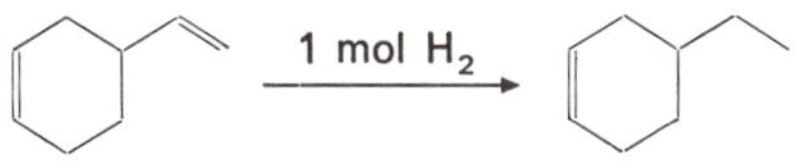

Die Tabelle 9.1 bringt einige Beispiele von *syn*-Hydrierungen; sie enthält auch zwei Beispiele von nicht-stereospezifischen Hydrierungen.

Tabelle 9.1. Einige Beispiele von Hydrierungsreaktionen

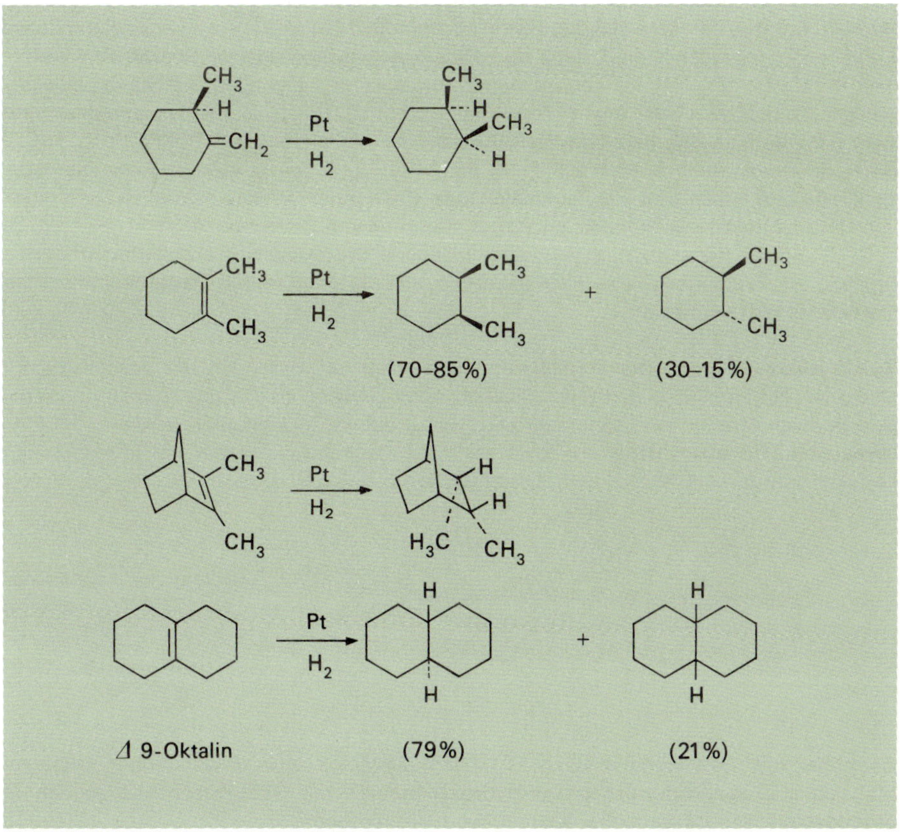

In Analogie zur Hydrierung von Alkenen liefert die Hydrierung von *Dreifachbindungen* mit Lindlar-Katalysatoren ebenfalls *cis*-Produkte (S.124).

Die Herstellung der *Hydrierungskatalysatoren* erfolgt folgendermaßen:
Palladium: Eine $PdCl_2$-Lösung wird in Gegenwart einer Suspension von Aktivkohle (die als Trägermaterial dient) reduziert.
Platin: Durch Verschmelzen von Platinchlorwasserstoffsäure mit $NaNO_2$ erhält man das braune PtO_2, das als solches aufbewahrt werden kann. Vor der Hydrierung wird es mit Wasserstoff zu fein verteiltem Pt reduziert. Besonders reaktionsfähig ist *«in situ»* hergestelltes Platin, wenn PtO_2 mit $NaBH_4$ in Gegenwart von Aktivkohle reduziert wird. Der zur Alkenhydrierung nötige Wasserstoff wird durch Zusatz von Säure (die mit überschüssigem Borhydrid reagiert) erhalten.
Raney-Nickel: Man erhitzt eine Ni/Al-Legierung mit NaOH und wäscht das Natriumaluminat heraus. Man erhält eine Ni-Suspension, die etwas weniger wirksam ist als Pt. Die Hydrierung geschieht unter schwachem Überdruck.
Kupferchromit ist der billigste Katalysator. Man erhält ihn aus $Cu(NO_3)_2$ und $Na_2Cr_2O_7$; er entspricht ungefähr der Zusammensetzung $CuO + CuCr_2O_4$.
Lindlar-Palladium erhält man durch Reduktion von $PdCl_2$ auf $CaCO_3$ und teilweise Vergiftung mit Bleiacetat.

Vor nicht allzu langer Zeit wurden auch lösliche Metallkomplexe entdeckt, welche die Hydrierung katalysieren, so daß diese dann als *homogene Reaktion* – in einer einzigen Phase – durchgeführt werden kann. Die meisten dieser katalytisch wirksamen Spezies sind Platin- oder Rhodium-Komplexe mit verschiedenen (organischen) Liganden, welche die Löslichkeit des Komplexes in der organischen Phase erhöhen. Beispiele solcher Komplexe sind etwa der Rhodium-Komplex $(Ph_3P)_3RhCl$ oder der Platin-Komplex $(PH_3P)_2PtCl_2\text{-}SnCl_2$. Die Hydrierung erfolgt in diesen Fällen oft sehr selektiv; mit dem erwähnten Platin-Komplex als Katalysator lassen sich z. B. terminale Doppelbindungen selektiv hydrieren. Die homogene Hydrierung ist insbesondere auch zur Einführung von Deuterium-Atomen geeignet, da dann der an der Metalloberfläche unvermeidliche H/D-Austausch nicht eintritt. Über den Ablauf dieser Reaktionen siehe S.1070, ebenso über die Verwendung chiraler Komplexe zur asymmetrischen Synthese.

syn-Hydroxylierung. Die Epoxidierung von Alkenen, verbunden mit anschließender Hydrolyse der Epoxide, liefert ausschließlich *trans-Glykole*. *cis-Glykole* können durch die Reaktion von Alkenen mit Osmiumtetroxid (OsO_4) oder $KMnO_4$ erhalten werden.
Osmiumtetroxid bildet dabei zunächst zyklische Osmiumsäure-Ester, die in alkalischen Medien leicht zu *cis*-Glykolen hydrolysiert werden können:

Der hohe Preis des benötigten Reagens schließt allerdings seine Verwendung in größerem Maßstab aus; stereospezifische *syn*-Hydroxylierungen mit OsO_4 haben sich jedoch in besonderen Fällen zur Strukturaufklärung wertvoll erwiesen.

Die klassische Reaktion auf Doppelbindungen, die Braunfärbung alkalischer Permanganat-
lösung, führt ebenfalls stereospezifisch zu *cis*-Glykolen. Wahrscheinlich bilden sich auch
hier Mangansäureester als Zwischenstoffe, die – im Gegensatz zu den Osmiumsäureestern
– allerdings nicht isoliert werden können. Die Reaktion ist nur von geringerer präparativer
Bedeutung, da die gebildeten Glykole durch überschüssiges Permanganat leicht weiteroxidiert werden.

9.6   Nucleophile Additionen an C—C-Mehrfachbindungen

Während sich bei elektrophilen Additionen die Doppel- oder Dreifachbindung als Lewis-
Base verhält und ein Elektronenpaar zur Bindung des Addenden zur Verfügung stellt, ist im
Prinzip auch ein *nucleophiler Angriff* auf die Mehrfachbindung denkbar, wobei diese
polarisiert wird und an Stelle eines Carbeniumions ein *Carbanion* als Zwischenstoff
entstehen muß:

$$\underset{\diagup}{\overset{\diagdown}{C}}{=}\underset{\diagdown}{\overset{\diagup}{C}} + |X^{\ominus} \longrightarrow -\underset{\ominus}{\overset{|}{C}}-\underset{\underset{X}{|}}{\overset{|}{C}}- \qquad -\underset{\ominus}{\overset{|}{C}}-\underset{\underset{X}{|}}{\overset{|}{C}}- + Y^{\oplus} \longrightarrow -\underset{\underset{Y}{|}}{\overset{|}{C}}-\underset{\underset{X}{|}}{\overset{|}{C}}-$$

Besitzt das Alken an der Doppelbindung eine gute Abgangsgruppe (S. 449), so kann eine
nucleophile Substitution als Nebenreaktion auftreten (S_N-Reaktion an ungesättigtem C-
Atom; Kapitel 11).

Bei «gewöhnlichen» Alkenen ist die nucleophile Addition allerdings nicht möglich, da die
Doppelbindung dank ihrer relativ großen negativen Ladungsdichte viel leichter ein *elektrophiles* Reagens (eine *Lewis-Säure*, also eine Partikel mit einer Elektronenlücke) bindet als
ein Nucleophil. Nur wenn stark *elektronenanziehende Gruppen* (–I- oder –M-Substituenten) an die Doppelbindung gebunden sind (welche die Elektronendichte in der Doppelbindung verringern und dadurch die Leichtigkeit erhöhen, mit der sie von einem Nucleophil
angegriffen wird), lassen sich nucleophile Additionen durchführen. Die wichtigsten
Beispiele von Substraten, die nucleophile Additionen eingehen können, sind *α,β-ungesät-
tigte Carbonylverbindungen, Nitroalkene, α,β-ungesättigte Nitrile* (wie z.B. Acrylnitril) und
auch *polyhalogenierte Alkene* (wie $CF_2{=}CF_2$).

Bemerkenswerterweise unterliegen C—C-*Dreifachbindungen* viel leichter einem *nucleophilen* als einem elektrophilen Angriff, obschon die negative Ladungsdichte in einer
Dreifachbindung beträchtlich größer ist als in einer Doppelbindung. Dieser Widerspruch
wird dadurch erklärt, daß als Folge der geringeren Bindungslänge der Dreifachbindung die
bindenden Elektronen von den Atomrümpfen der C-Atome stärker gebunden werden und
daß dadurch die Basizität der Dreifachbindung – verglichen mit der Doppelbindung –
herabgesetzt ist (wofür z.B. die UV-Spektren von Alkinen sprechen). Es ist auch wahrscheinlich, daß zwar Vinyl-Kationen weniger stabil sind als Alkyl-Kationen, Vinyl-Carb-
anionen hingegen stabiler sind als Alkyl-Carbanionen.

Ein Beispiel einer solchen nucleophilen Addition an Dreifachbindungen ist die zur Herstellung von monomeren *Vinylethern* wichtige Reaktion von Alkoholen mit Alkinen, wobei im
ersten Reaktionsschritt ein Alkoholat-Anion addiert wird:

$$ROH + HC{\equiv}CH \xrightarrow[\substack{180\,°C \\ Druck}]{NaOR} RO{-}CH{=}CH_2$$

Michael-Addition. Die wichtigsten Beispiele nucleophiler Additionen an olefinische Doppelbindungen bilden Additionen vom Typus der **Michael-Addition**, bei welchen neue C—C-Bindungen geknüpft werden und die deshalb für präparative Zwecke von großer Bedeutung sind:

$$-\overset{|}{C}=\overset{|}{C}-Z \ + \ Z'-CH_2-Z'' \ \xrightarrow{\text{Base}} \ Z'-CH-\overset{|}{C}-\overset{|}{C}-Z$$
$$\underset{\quad Z'' \qquad H}{}$$

Als elektronenanziehende Gruppen Z kommen in Frage: $-CHO$, $-COR$, $-COOR$, $-CONR_2$, $-CN$, $-NO_2$, $-SO_2R$, $-SO_2OR$ u.a. Die Wirkung der Base besteht darin, daß sie die *«Methylenkomponente»* $Z'-CH_2-Z''$ durch Abspaltung eines Protons zunächst in ihre *konjugierte Base* (ein *Carbanion*) überführt, die dann anschließend von der C=C-Doppelbindung *addiert* wird. Das Additionsprodukt (ebenfalls ein Carbanion) addiert nachher wieder ein Proton:

$$-\overset{|}{C}=\overset{|}{C}-Z \ + \ |CH\overset{\nearrow Z'}{\searrow Z''} \ \rightarrow \ -\overset{|}{C}-\overset{|}{\overset{\ominus}{C}}-Z$$
$$\underset{Z''\diagdown CH\diagup Z'}{}$$

$$-\overset{|}{C}-\overset{\ominus}{\overset{|}{C}}-Z \ + \ H^{\oplus} \ \rightarrow \ -\overset{|}{C}-CH-Z$$
$$\underset{Z''\diagdown CH\diagup Z'}{} \qquad\qquad \underset{Z''\diagdown CH\diagup Z'}{}$$

Der *geschwindigkeitsbestimmende Schritt* besteht dabei wahrscheinlich in der *Addition des Nucleophils* (des Carbanions), also in der Bildung der neuen C—C-Bindung. Da die eine Ausgangssubstanz (das Carbanion) stärker basisch ist als das Produkt (eine C—H-Bindung wird durch eine C—C-Bindung ersetzt!), wird die Ausbeute erhöht, wenn die Basizität des Reaktionsgemisches nicht allzu hoch ist. Die Reaktion ist reversibel und führt zu einem *Gleichgewicht;* man erhält daher in Fällen, wo prinzipiell mehrere Produkte entstehen können, gewöhnlich das thermodynamisch stabilste Produkt. So liefert der $\alpha,\beta,\gamma,\delta$-ungesättigte Ester (1) hauptsächlich den Ester (2) (Addition am γ- und δ-C-Atom), weil auf diese Weise das konjugierte System C=C—C=O erhalten bleibt:

$$-\overset{|}{C}=\overset{|}{C}-\overset{|}{C}=\overset{|}{C}-\overset{|}{C}=O \ + \ CH_2-COOR \ \rightarrow \ -\overset{|}{C}-\overset{|}{C}-\overset{|}{C}=\overset{|}{C}-\overset{|}{C}=O$$
$$\underset{OR \qquad\qquad CN}{} \qquad\qquad\qquad \underset{\diagup CH\diagdown \qquad\quad OR}{}$$
$$\underset{CN \quad COOR}{}$$
$$(1) \qquad\qquad\qquad\qquad\qquad (2)$$

Michael-Additionen werden am häufigsten mit α,β-*ungesättigten Aldehyden, Ketonen* und *Estern* als Substraten ausgeführt; als Methylenkomponente dienen vorzugsweise *Malonester, Acetessigester* und *Cyanessigester.* Auch monofunktionelle Gruppen mit aciden H-Atomen wie z.B. Nitroalkane können an die aktivierte Doppelbindung addiert werden. Verwendet man Acrylnitril als Substrat, so läßt sich die $-C_2H_4CN$-Gruppe in C-Gerüste einführen *(«Cyanethylierung»):*

$$CH_2(COOR)_2 \ + \ CH_2=CH-CN \ \rightarrow \ CH_2-CH_2-CN$$
$$\underset{CH(COOR)_2}{|}$$

Auch viel schwächer saure Verbindungen wie Alkohole oder Amine lassen sich unter der Wirkung von Basen an Acrylnitril addieren:

$$CH_2{=}CH{-}CN \begin{cases} \longrightarrow\ +\ C_2H_5OH & \xrightarrow{\ OH^{\ominus}\ } & C_2H_5O{-}CH_2{-}CH_2{-}CN \\[2mm] \longrightarrow\ +\ (CH_3)_2NH & \xrightarrow{\ OH^{\ominus}\ } & (CH_3)_2N{-}CH_2{-}CH_2{-}CN \end{cases}$$

Die Addition erfolgt in allen diesen Fällen in der Weise, daß das Nucleophil das β-C-Atom angreift, weil dann eine völlige *Delokalisation* der negativen Ladung des Additionsproduktes möglich ist:

(Auch eine 1,4-Addition würde zum gleichen Resultat führen, denn durch Addition des Protons an das O-Atom der Carbonylgruppe würde ein Enol gebildet, das anschließend zur Carbonylverbindung tautomerisieren würde.)

Da sowohl durch Addition der konjugierten Base (Carbanion) von Aldehyden oder Ketonen an eine Carbonylgruppe *(«Aldoladdition»)* wie durch Reaktion von Malonester mit Aldehyden unter der Einwirkung starker Basen *(«Knoevenagel-Reaktion»)* β-Hydroxycarbonylverbindungen entstehen, die sehr leicht (und oft spontan) Wasser abspalten und damit α,β-ungesättigte Carbonylverbindungen liefern, tritt – insbesondere bei einem Überschuß der Methylenkomponente – *im Anschluß an Aldol- oder Knoevenagel-Reaktionen oft spontan eine Michael-Addition ein:*

$$RCHO + CH_2(COOR)_2 \xrightarrow[-H_2O]{EtO^{\ominus}} R{-}CH{=}C(COOR)_2 \xrightarrow[EtO^{\ominus}]{+\ CH_2(COOR)_2} R{-}CH\begin{smallmatrix}\diagup CH(COOR)_2 \\ \diagdown CH(COOR)_2\end{smallmatrix}$$

Knoevenagel   Michael

Auch der umgekehrte Fall ist durchführbar: *Michael-Addition an α,β-ungesättigte Carbonylverbindung, gefolgt von Aldoladdition* (S. 643).

Die Michael-Addition verläuft *nicht stereospezifisch,* häufig aber *stereoselektiv,* d. h. es bildet sich vorzugsweise das eine der möglichen stereoisomeren Produkte; da man gewöhnlich das Reaktionsgemisch erst aufarbeitet, wenn sich das Gleichgewicht eingestellt hat, ist sie thermodynamisch gesteuert.

Bei *Varianten* der Michael-Addition dienen β-Dialkylaminocarbonylverbindungen (oder entsprechende quartäre Ammoniumsalze) oder β-Halogencarbonylverbindungen als Ausgangsstoffe. Alle diese Substanzen gehen durch basenkatalysierte Elimination leicht in α,β-ungesättigte Carbonylverbindungen über, so daß dann anschließend eine normale Michael-Addition möglich ist. β-Dialkylaminocarbonylverbindungen und ihre quartären Ammoniumsalze sind durch Mannich-Reaktionen (S. 630), ausgehend von einem Keton, Formaldehyd und einem sekundären Amin, leicht zugänglich. Da Substanzen wie z. B. Vinylketone häufig instabil sind und zur Di- oder Polymerisation neigen, ist es zweckmäßig, wenn sie als Substrate für Michael-Additionen benötigt werden, sie auf die angegebene Weise im Reaktionsgemisch gewissermaßen *«in situ»* herzustellen.

Die präparative Bedeutung der Michael-Addition ist sehr groß, weil es auf diese Weise gelingt, die Kohlenstoffkette einer Verbindung in einem einzigen Reaktionsschritt um mehrere C-Atome zu verlängern. Insbesondere die *Kombination von Michael-Addition und*

Aldoladdition ist zum Aufbau zyklischer Verbindungen sehr wichtig geworden (*«Robinson-Anellierung»*). Als Beispiel diene die Reaktion von Methylvinylketon mit 2-Methyl-1-cyclohexanon:

(3)   (4)

Das auf diese Weise entstandene bizyklische System (3) bildet einen Bestandteil des Kohlenstoffgerüstes der Steroide (4), einer Verbindungsklasse, zu welcher zahlreiche biochemisch sehr interessante Naturstoffe gehören [Cholesterin, Gallensäuren, Sexualhormone, Digitalis-Glucoside (Cardiaca, herzwirksame Mittel), Nebennierenrindenhormone usw.]. Alle bisher bekannten Varianten von Steroid-Synthesen benützen zum Aufbau des Ringsystems derartige Michael-Additionen.

Weitere Beispiele nucleophiler Additionen. *Ammoniak, primäre* und *sekundäre Amine* lassen sich ebenfalls an entsprechend *aktivierte olefinische Doppelbindungen addieren.* Ammoniak liefert dabei drei verschiedene Produkte nebeneinander, da das zunächst gebildete primäre Amin mit einem weiteren Alkenmolekül reagieren kann. In der Praxis ist es allerdings in der Regel ohne weiteres möglich, die Reaktionsbedingungen so zu wählen, daß das eine der möglichen Produkte im Gemisch überwiegt.
Die Reaktion läßt sich mit *polyhalogenierten Alkenen, Michael-Substraten* und *Alkinen* durchführen. Auch andere stickstoffhaltige Verbindungen wie Hydroxylamin, Hydrazin und Amide lassen sich an geeignete ungesättigte Verbindungen addieren. Im Fall von Amiden sind allerdings ziemlich starke Basen als Katalysatoren erforderlich, weil die Nucleophilie der Amide zu gering ist und diese zuerst in ihre konjugierten Basen übergeführt werden müssen.
Mit *Alkinen* liefern *primäre Amine «Enamine»,* die sich analog den Enolen in die stabileren *Imine* umlagern:

Enamin   Imin

Sekundäre Amine ergeben ebenfalls *Enamine,* welche – da am N-Atom kein H-Atom vorhanden ist – genügend stabil sind, um isoliert werden zu können. *Konjugierte Diine* liefern mit Ammoniak oder Aminen *Pyrrole:*

Eine Möglichkeit zur Addition von *Ammoniak* an *gewöhnliche olefinische Doppelbindungen* bietet die *Hydroborierung* mit anschließender Behandlung des gebildeten Trialkylborans mit *Chloramin* ($Cl—NH_2$). Die Addition verläuft entgegen der Regel von Markownikow.

Übungen

9.1 Schildern Sie den genauen Ablauf der Addition von Cl_2 bzw. HCl an 2-Methyl-2-buten in Ethanol! Welche experimentellen Beweise stützen Ihre Vorstellungen?

9.2 Wie verlaufen die Additionen von Br_2 bzw. HBr an 2-Methyl-2-buten in der Gasphase bzw. bei Vorhandensein von molekularem Sauerstoff? Geben Sie die Strukturen der verschiedenen Produkte an!

9.3 Wie verhalten sich die folgenden Alkene in bezug auf ihre Reaktionsfähigkeit gegenüber elektrophilen Reagenzien:
Ethen, Vinylchlorid, Propen, 3,3,3-Trifluorpropen, Acrylnitril, Styren

9.4 Tetraphenylethen, Tetracyanethen und Benzalceton ($C_6H_5CH=CHCOCH_3$) reagieren mit Bromwasser nicht. Geben sie dafür eine Erklärung!

9.5 Was für Nebenreaktionen zur Chloraddition sind zu erwarten, wenn man Lösungen von Chlor in Wasser bzw. in Ethanol zur Addition verwendet?

9.6 Verwendet man mit Paraffin überzogene Gefäße zur Halogenaddition, so verläuft die Reaktion sehr langsam. Überzieht man sie dagegen mit Stearin ($C_{17}H_{35}COOH$), so geschieht die Addition rascher. Warum?

9.7 Wie erklärt sich die katalytische Wirkung von $AlCl_3$ bei der Addition von Halogenen an Doppelbindungen?

9.8 Erklären Sie den sterischen Verlauf der Addition von Brom bzw. von HCl an Cyclohexen! Wie kann man ihn experimentell beweisen?

9.9 Wie läßt sich die Regel von Markownikow begründen? Geben Sie drei Beispiele von *anti*-Markownikow-Additionen?

9.10 Welche experimentellen Tatsachen sprechen für das Auftreten «echter» Carbeniumionen bei der Halogenwasserstoff-Addition oder der Addition von Wasser?

9.11 Wie ist es zu erklären, daß man durch Schütteln von Cyclohexen mit Bromwasser eine farblose wäßrige Phase erhält, die deutlich sauer reagiert?

9.12 Wie stellt man technisch Acetaldehyd aus Ethen her? Reaktionsablauf?

9.13 Welche Reaktionen können als Konkurrenzreaktion zur säurekatalysierten Hydratisierung von Alkenen auftreten?

9.14 Man liest häufig, daß bei der sauren Hydratisierung von Alkenen ein saurer Schwefelsäure-Ester als Zwischenprodukt gebildet werde, der dann anschließend durch Wasser zum entsprechenden Alkohol hydrolysiert werde. Was halten Sie von dieser Vorstellung? Begründen Sie Ihre Meinung!

9.15 Wie kann man aus Alkenen *cis*- und *trans*-Glykole herstellen?

9.16 Was für Methoden stehen zur Gewinnung von Epoxiden zur Verfügung? Welche besitzen technische Bedeutung und wozu?

9.17 Was ist die Oxosynthese?

9.18 Beschreiben Sie den Verlauf der säurekatalysierten Dimerisation sowie der Alkylierung von Alkenen. Bedeutung dieser Reaktionen? Warum dimerisieren Alkene vom Typus Isobuten besonders leicht?

9.19 Wie verhalten sich 1,3-Butadien, 2-Methyl-1,3-butadien und 1,4-Pentadien gegenüber HCl?

9.20 Wie werden folgende Substanzen miteinander reagieren:
2-Methyl-3-hexen mit Methylbromid ($AlCl_3$) als Katalysator

1-Hexen mit tert. Butylchlorid ($AlCl_3$ als Katalysator)

3-Methyl-3-hexen mit HBr (an der Luft)

3-Methyl-3-hexen mit HBr (unter Luftabschluß, im Dunkeln)

9.21   Zwei isomere Cycloalkene der Molekularformel C_8H_{14} geben bei der katalytischen Hydrierung Cyclooctan und bei der Ozonspaltung Oktandial. Geben Sie die Strukturen der beiden Isomere an. Werden die beiden Verbindungen bei der Hydroxylierung mit $KMnO_4$ dasselbe Produkt liefern?

9.22   Wie können folgende Substanzen aus den angegebenen Ausgangsstoffen hergestellt werden:

Epoxypropan aus *n*-Propylalkohol

Buten-2-carbonsäure aus 1,3-Butadien

sek. Butylalkohol aus 1-Butanol

1,4-Dibrom-2-buten aus 1,3-Butadien

Phenylisopropylether aus Propen und Phenol

Acetophenon aus Styren

1-Brom-2-buten aus 2-Brombutan

3,4-Dimethylhexan aus *n*-Butylbromid

9.23   Unter welchen Voraussetzungen sind nucleophile Additionen an olefinische Doppelbindungen möglich?

9.24   Warum werden Dreifachbindungen leichter durch nucleophile Reagenzien angegriffen als Doppelbindungen?

9.25   Geben Sie vier Beispiele von nucleophilen Additionen an C≡C-Mehrfachbindungen!

9.26   Schildern Sie den genauen Ablauf der Michael-Addition! Was für Verbindungen kommen als Substrate, als Addenden in Frage?

9.27   Was für N-haltige nucleophile Reagenzien lassen sich an C—C-Doppel- oder Dreifachbindungen addieren, und unter welchen Voraussetzungen sind solche Reaktionen möglich? Welche Produkte entstehen dabei?

9.28   Geben Sie die Produkte folgender Michael-Additionen an:

(a) Crotonsäureethylester + Malonester

(b) Acrylsäureethylester + Acetessigester

(c) Methylvinylketon + Malonester

(d) Benzalacetophenon + Acetophenon

(e) Acrylnitril + Allylcyanid

(f) Benzalacetophenon + Cyanessigester

(g) Fumarsäureethylester + Malonester

9.29   Zeigen Sie, wie ein Gemisch von Methylvinylketon und Cyclohexanon durch Michael-Addition mit nachfolgender Aldoladdition in das angegebne Produkt verwandelt werden kann:

9.30   Unter welchen Voraussetzungen tritt bei der Brom- bzw. Halogenwasserstoffaddition auch *syn*-Addition ein? Geben Sie Beispiele!

9.31   Erklären Sie den sterischen Verlauf der katalytischen Hydrierung.

9.32   Welche Bedeutung haben homogene Katalysatoren für die katalytische Hydrierung? Geben Sie Beispiele!

10   Perizyklische Reaktionen

Zahlreiche organische Reaktionen können weder als polare noch als Radikalreaktionen betrachtet werden; mit anderen Worten, sie verlaufen weder über ionische noch radikalische Zwischenstoffe, und weder nucleophile noch elektrophile Reagenzien nehmen an ihnen teil[1]. Sie werden auch nicht durch irgendwelche «Startersubstanzen», sondern ausschließlich durch Wärme oder Licht in Gang gesetzt und sind durch Katalysatoren im allgemeinen wenig beeinflußbar. Da man diese Reaktionen zunächst nicht in ein allgemeines Schema der Reaktionsmechanismen einordnen konnte, bezeichnete man sie als *«no mechanism-reactions»;* erst in den letzten 15 Jahren kam man zur Erkenntnis, daß ihnen allen der **konzertierte** Ablauf über einen **zyklischen Übergangszustand** – ähnlich wie bei der Esterpyrolyse – gemeinsam ist und daß eben dieser zyklische Übergangszustand das gemeinsame Merkmal ihres Mechanismus ist. Man faßt heute alle solchen Reaktionen unter dem Sammelbegriff **«perizyklische Reaktionen»** zusammen[2].

Beispiele einfacher perizyklischer Reaktionen sind:

(a)   intramolekularer Ringschluß bzw. Ringöffnung: **elektrozyklische Reaktion**

(b)   **Cycloaddition** und **-reversion**

(c)   Wanderung einer Einfachbindung, die durch eine oder mehrere Doppelbindungen flankiert ist, in eine neue Position: **sigmatrope Verschiebung**

Perizyklische Reaktionen sind nicht nur wegen ihres **streng stereospezifischen** Ablaufes und ihrer *präparativen Bedeutung,* sondern auch aus *theoretischen Gründen* von ganz besonderem Interesse. Wie nämlich von Woodward, Hoffmann, Zimmerman, Dewar, Fukui und anderen erkannt wurde, wird ihr sterischer Verlauf durch die *Symmetrie der an der Reaktion beteiligten Atomorbitale* bestimmt, so daß sich solche Reaktionen – bei Kenntnis der zugrunde liegenden Gesetzmäßigkeiten – für viele synthetische Zwecke gezielt einsetzen lassen. In den letzten Jahren haben sich die perizyklischen Reaktionen zu einem äußerst intensiv bearbeiteten Gebiet der organischen Chemie entwickelt, so daß es im Rahmen dieses Buches nur möglich ist, einen Ausblick auf die vielfältigen Möglichkeiten und ihre theoretische Begründung zu geben.

---

[1] Bei gewissen perizyklischen Reaktionen entstehen allerdings die reagierenden Partikeln (Carbeniumionen, Carbanionen) zuerst unter der Einwirkung anderer (nucleophiler oder elektrophiler) Reagenzien.

[2] Es muß betont werden, daß der **konzertierte** Ablauf – die «zyklische Elektronenverschiebung» während eines einzigen Reaktionsschrittes – für perizyklische Reaktionen **kennzeichnend** ist. Manche von ihnen können allerdings unter bestimmten Bedingungen auch über mehrere Stufen ablaufen, führen dann jedoch zu anderen Ergebnissen.

10.1 Allgemeines über den Verlauf perizyklischer Reaktionen[1]

Während einer perizyklischen Reaktion wandeln sich MO der Reaktanten kontinuierlich in MO der Produkte um, wobei sich die daran beteiligten Orbitale in eine *ringartige Anordnung* bringen lassen müssen. Ein Übergangszustand mit einer zyklischen Anordnung von Orbitalen kann je nach der Zahl der Elektronen (und der Wahl der Basis-AO[2]) einem *aromatischen* oder einem *antiaromatischen* System gleichen; da aromatische Ringsysteme, verglichen mit antiaromatischen, stark stabilisiert sind (vgl. S.131 und S.136), erscheint es plausibel anzunehmen, daß thermische (durch Erwärmen ausgelöste) perizyklische Reaktionen bevorzugt über aromatische Übergangszustände verlaufen. Falls nur ein antiaromatischer (energiereicher!) Übergangszustand durchlaufen werden kann, verläuft die Reaktion entweder nur unter extremen Bedingungen oder dann nicht-konzertiert (z.B. über ein Diradikal). Da aber durch Absorption von Licht geeigneter Wellenlängen Moleküle in angeregte Zustände übergeführt werden, lassen sich perizyklische Reaktionen, die über antiaromatische (angeregte!) Übergangszustände verlaufen, häufig photochemisch auslösen.

Es gilt somit ganz allgemein:

Thermische perizyklische Reaktionen verlaufen über aromatische Übergangszustände, da diese energetisch begünstigt sind.

Photochemisch ausgelöste perizyklische Reaktionen verlaufen über antiaromatische (angeregte) Übergangszustände.

Nach Woodward und Hoffmann nennt man dieses Konzept das **«Prinzip der Kontrolle der Orbitalsymmetrie»**. Es wurde von ihnen ursprünglich allerdings etwas anders formuliert (vgl. Anhang B), indem die Symmetrie der an der Reaktion beteiligten MO (*nicht* die Basis-AO!) die «Auswahlregeln» (ob eine bestimmte Reaktion «erlaubt» oder «verboten» ist) bestimmt. Das hier vorgestellte Konzept des aromatischen bzw. antiaromatischen Übergangszustandes stammt von Dewar und Zimmerman (nachdem bereits Evans [1939!]

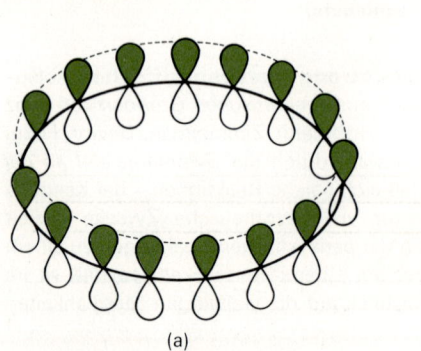
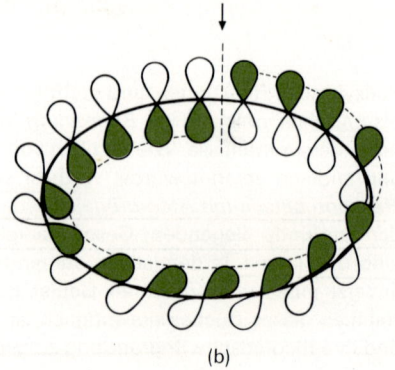

(a)   (b)

Abb.10.1. Hückel- und Möbius-System (grün = positives Vorzeichen des Orbitallappens). Der Pfeil weist auf die Phasenumkehrung hin

[1] Siehe auch Anhang B, S.1080
[2] Als **«Basis-AO»** bezeichnet man *die Atomorbitale, aus denen man durch lineare Kombination die MO bildet.*

die Bedeutung aromatischer Übergangszustände erkannt hatte!); es hat gegenüber den Vorstellungen von Woodward und Hoffmann den Vorteil, anschaulicher und einfacher überblickbar zu sein. Im Endeffekt sind beide Betrachtungsweisen vollkommen äquivalent.

Hückel- und Möbius/Heilbronner-Systeme. Bei *Hückel-Aromaten* wählt man den Basissatz der $2p$-AO für die Linearkombination zu MO derart, daß alle AO «in Phase» stehen *(keine Phasenumkehrung* [PU], d.h. kein Vorzeichenwechsel) oder daß nur eine *gerade Zahl* von PU auftritt (vgl. Abb.10.1). Sind die resultierenden MO mit insgesamt $4n + 2$ Elektronen besetzt, so ist das betreffende System von besonderer Stabilität: es ist *aromatisch*. Sind die MO dagegen mit $4n$ Elektronen besetzt, so resultiert ein destabilisiertes, *antiaromatisches* System (vgl. S.139).

Nun kann man den Basissatz der $2p$-AO zur Linearkombination auch so wählen, daß *eine PU* (oder eine *ungerade* Zahl von PU) auftritt. Bei Molekülen aus kleinen Ringen ist dies aus sterischen Gründen unmöglich; bei Molekülen aus großen Ringen entspricht eine solche Anordnung einer **«Möbius-Schleife»**[1] (Abb.10.1): Ein ebenes, lineares Polyen wird so verdrillt, daß das eine Ende relativ zum anderen um 180° verdreht ist. Sind die beiden Enden zu einem Ring geschlossen, so tritt an einer Stelle eine Phasenumkehrung auf: ein positiver Orbitallappen ist einem negativen benachbart.

Nach Berechnungen von *Heilbronner* verhalten sich *Möbius-Systeme bezüglich ihrer Stabilität gerade umgekehrt wie Hückel-Systeme:* **Möbius-Systeme mit $4n$ Elektronen sind aromatisch** (stabilisiert), solche **mit $4n + 2$ Elektronen antiaromatisch.** Zwar ist die Möbius-Heilbronner-Aromatizität vorerst nur als *Denkmodell* wichtig (Annulene vom Möbius-Typ sind bisher nicht als Substanzen bekanntgeworden), sie ist jedoch zur Betrachtung perizyklischer Reaktionen äußerst nützlich. Da nämlich Ringsysteme *mit $4n$ Elektronen* und einer *ungeraden* Zahl von PU sowie Ringsysteme *mit $4n + 2$ Elektronen* und einer *geraden* Zahl von PU (bzw. ohne PU) aromatisch sind und da der Übergangszustand einer perizyklischen Reaktion aromatischen Charakter haben soll, muß die Anzahl der an der Reaktion beteiligten Elektronenpaare und die Zahl der Phasenumkehrungen eine ungerade Zahl ergeben:

Eine perizyklische Reaktion ist thermisch erlaubt, wenn die Anzahl der Elektronenpaare a und die Anzahl der Phasenumkehrungen b eine ungerade Zahl ergibt.

thermisch

Photochemisch induzierte perizyklische Reaktionen verlaufen über einen angeregten – einen antiaromatischen! – Übergangszustand, so daß für *photochemische perizyklische Reaktionen* gilt:

$$a \text{ Elektronenpaare} + b \text{ Phasenumkehrungen} \longrightarrow \text{gerade}$$

photochemisch

Die *Energieniveaux* der MO von Hückel- und Möbius-Systemen läßt sich nach Frost und Musulin und nach Zimmerman leicht finden: Man schlägt um die Energieachse α (Coulomb-Integral = Energie eines isolierten $2p$-AO) einen Kreis mit dem Radius 2β (β ist das Resonanz-Integral). In diesen Kreis legt man das betrachtete System (das ein Polygon darstellt) entweder mit der Spitze nach unten (was die MO-Energien des Hückel-Systems liefert) oder mit einer Seite nach unten (was die MO-Energien des Möbius-Systems ergibt); vgl. Abb.10.2. Die numerischen Werte für β erhält man, wenn man die Strecke von der Projektion des Berührungspunktes (Polygonecke/Kreis) auf die senkrechte Achse bis zum Kreismittelpunkt berechnet.

---

[1] Als einfaches Modell einer Möbius-Schleife dient ein Papierstreifen, der am einen Ende um 180° verdrillt und an den Enden zu einem Ring verklebt wird. Eine solche Schleife ist dadurch ausgezeichnet, daß sie nur eine einzige, kontinuierliche Oberfläche besitzt.

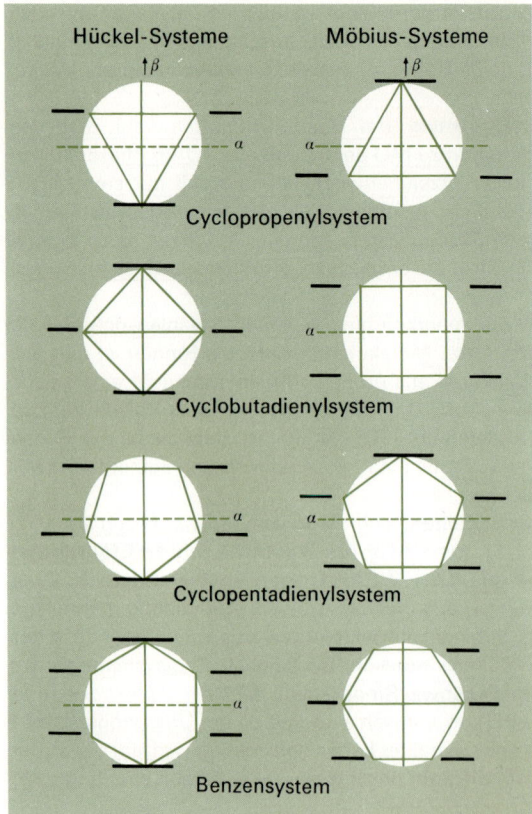

Abb. 10.2. Energieniveaux von
Hückel- und Möbius-Systemen

Das Prinzip von der Kontrolle der Orbitalsymmetrie ist wohl das wichtigste Ergebnis der theoretischen organischen Chemie seit 1965. Den Anstoß zu seiner Formulierung gaben Beobachtungen, die bei bestimmten, zur Synthese des Vitamins B_{12}[1] benötigten Reaktionen gemacht wurden; es eröffnete ein weites Feld für theoretische Arbeiten und wurde in der Folgezeit unzählige Male bestätigt, ja, wie es heute scheint, lassen sich auch S_N2- oder $E2$-Reaktionen – die ebenfalls konzertiert verlaufen – mit diesem Prinzip besser verstehen.

10.2 Elektrozyklische Reaktionen

Konjugierte Polyene können unter dem Einfluß von Wärme oder Licht *zyklisiert* werden, wobei sich zwischen den C-Atomen an den Enden des konjugierten Systems eine neue σ-Bindung bildet, während eine Doppelbindung verschwindet und die anderen Doppelbindungen ihre Lage verändern. Auch die *Umkehrung* der Ringschlußreaktion, die *Ringöffnung einer zyklischen ungesättigten Verbindung* unter Umwandlung in ein konjugiertes Polyen, ist möglich.

---

[1] Die Synthese des Vitamins B_{12} (Formel S. 872), der wohl kompliziertesten niedermolekularen Substanz, gelang in den Jahren 1962–1972 den Arbeitsgruppen um Woodward (Harvard, USA) und Eschenmoser (ETH Zürich).

Im Fall des Systems 1,3-Butadien/Cyclobuten liegt das Gleichgewicht bei mäßig hoher Temperatur fast völlig auf der Seite des Diens, so daß sich 1,3-Butadien thermisch nicht zyklisieren läßt, während man aus Cyclobuten durch Erhitzen auf 175 °C 1,3-Butadien erhält. Beim System 1,3,5-Hexatrien/1,3-Cyclohexadien liegt hingegen das Gleichgewicht auf der Seite der Ringverbindung, so daß Derivate von 1,3,5-Hexatrien beim Erwärmen zyklisieren.

Es ist schon seit längerer Zeit bekannt, daß elektrozyklische Reaktionen entsprechend substituierter Moleküle *streng stereospezifisch* verlaufen. So ergibt *trans*-2,3-Dimethyl-cyclobuten beim Erwärmen unter Ringöffnung ausschließlich *trans, trans*-2,4-Hexadien, während *cis*-2,3-Dimethylcyclobuten beim Erwärmen (wiederum ausschließlich) *cis, trans*-2,4-Hexadien liefert. Unter dem Einfluß von Licht hingegen entsteht aus *cis*-2,3-Dimethylcyclobuten *trans, trans*-2,4-Hexadien:

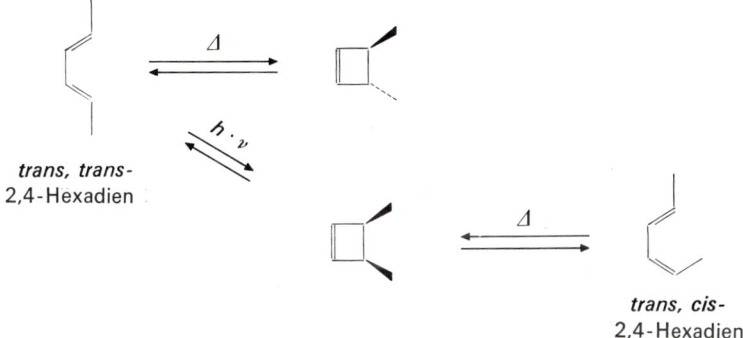

trans, trans-
2,4-Hexadien

trans, cis-
2,4-Hexadien

Wie das folgende Schema zeigt, muß bei der Ringöffnung bzw. Zyklisierung jeweils eine *Drehung* um die C-Atome 3 und 4 des Cyclobutens bzw. um die Atome an den Enden des konjugierten Systems eintreten:

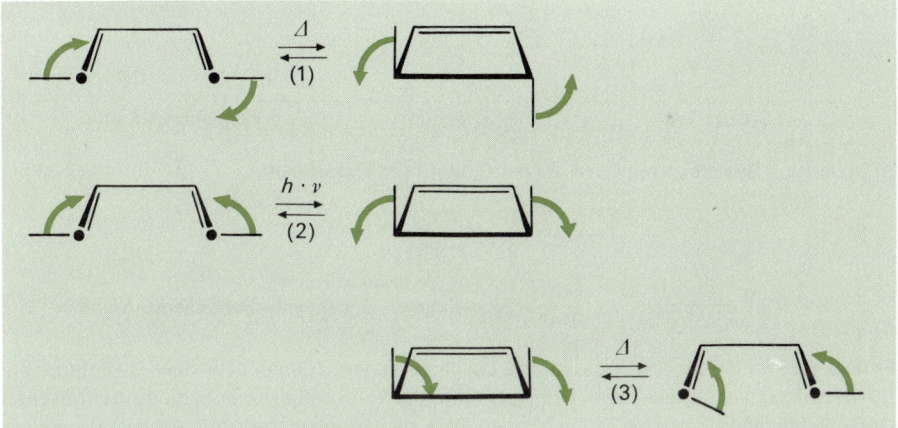

Wird die Reaktion durch *Erwärmen* ausgelöst – (1) und (3) –, so erfolgen beide Drehungen im gleichen Sinn (**«konrotatorisch»**), während die *photochemisch* ausgelöste Reaktion **«disrotatorisch»** erfolgt (beide Drehungen in entgegengesetztem Sinn).

Auch die Umwandlung der *2,4,6-Oktatriene* in die entsprechenden *Dimethylcyclohexa-diene* bzw. die Ringöffnung substituierter Cyclohexadiene erfolgt stereospezifisch, wobei wiederum verschiedene Produkte entstehen, je nachdem die Reaktion thermisch bzw. photochemisch ausgelöst wird. Im Gegensatz zur elektrozyklischen Ringöffnung bzw. Zyklisierung der Cyclobutene bzw. der Hexadiene erfolgt hier die Reaktion *disrotatorisch,* wenn sie durch *Erwärmen, konrotatorisch,* wenn sie *photochemisch* ausgelöst wird:

Wie sich durch Untersuchung zahlreicher elektrozyklischer Reaktionen gezeigt hat, gelten die hier an den Beispielen der Ringöffnung bzw. Zyklisierung von Cyclobuten/Butadien und Cyclohexadien/Hexatrien formulierten Gesetzmäßigkeiten bezüglich des sterischen Ablaufes ganz allgemein:

Thermische Ringschlüsse offenkettiger konjugierter Systeme mit 4 n π-Elektronen verlau-fen konrotatorisch; erfolgt der Ringschluß photochemisch, so verläuft er disrotatorisch. Offenkettige konjugierte Systeme mit 4n+ 2π-Elektronen zyklisieren thermisch disrotato-risch, photochemisch konrotatorisch. Dieselben Aussagen gelten sinngemäß für *Ringöff-nungen* von Cyclobuten-, Cyclohexadien-, Cyclooktatrienderivaten usw.

Beispiele von Systemen mit 4 n (n = 1) π-Elektronen:

| 1,3-Butadien | Allyl-Anion | Pentadienyl-Kation |

Beispiele von Systemen mit 4 n + 2 (n = 0 oder 1) π-Elektronen:

| 1,3,5-Hexatrien | Allyl-Kation | Pentadienyl-Anion |

Es muß darauf hingewiesen werden, daß bei allen Dienen, Trienen usw. bzw. Cyclobutenen, 1,3-Cyclohexadienen usw. zwei Möglichkeiten der konrotatorischen bzw. disrotatorischen Drehung bestehen. In vielen Fällen können diese nicht beobachtet (unterschieden) werden, da sie zu denselben Produkten führen. In anderen Fällen wird aus sterischen Gründen der eine oder andere Ablauf bevorzugt, so z. B. bei der thermischen Ringöffnung von *trans-*2,3-Dimethylcyclobuten:

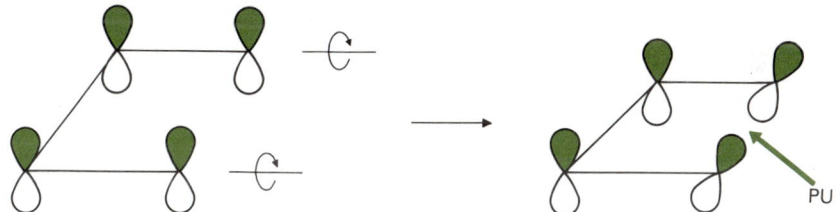

Diese auffallenden Gesetzmäßigkeiten im Ablauf elektrozyklischer Reaktionen wurden zum Teil schon vor längerer Zeit bekannt, ließen sich jedoch zunächst nicht verstehen. Erst das Prinzip von der Kontrolle der Orbitalsymmetrie lieferte eine Erklärung dieser Beobachtungen, und es zeigte sich, daß sämtliche *konzertiert* verlaufenden elektrozyklischen Reaktionen diesem Prinzip gehorchen, denn, wie Woodward einmal sagte, «Ausnahmen gibt es nicht!».

Im Fall von 1,3-Butadien/Cyclobuten sind zwei Elektronenpaare an der Reaktion beteiligt (die vier π-Elektronen von Butadien bzw. die zwei π- und dazu zwei σ-Elektronen von Cyclobuten), so daß nur dann ein aromatischer Übergangszustand durchlaufen werden kann, wenn eine Phasenumkehrung auftritt (Möbius-System). Dadurch wird aber die *konrotatorische* Drehung erzwungen:

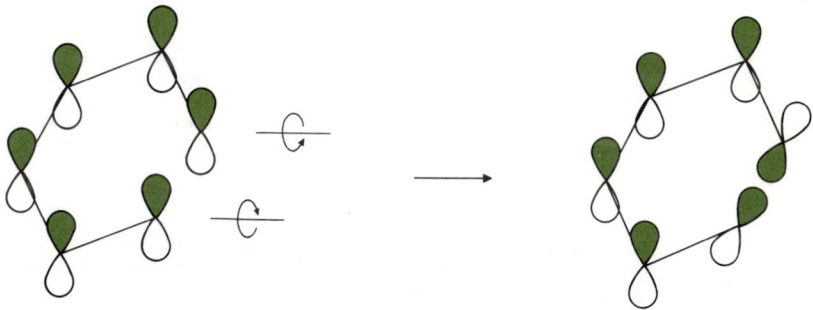

Die *photochemisch* ausgelöste Reaktion (Ringschluß bzw. Ringöffnung) muß dagegen *disrotatorisch* verlaufen («antiaromatischer» Übergangszustand!) wie es auch beobachtet wird.

Beim System 1,3,5-Hexatrien/1,3-Cyclohexadien sind drei Elektronenpaare am Übergangszustand beteiligt, der aromatischen Charakter hat, wenn er ein *Hückel-System* darstellt. Dies *erzwingt die disrotatorische Drehung* der Enden:

Auch die Ringöffnung des Cyclopropyl-Kations zum Allyl-Kation erfolgt über einen Hückel-Übergangszustand (2 Elektronen):

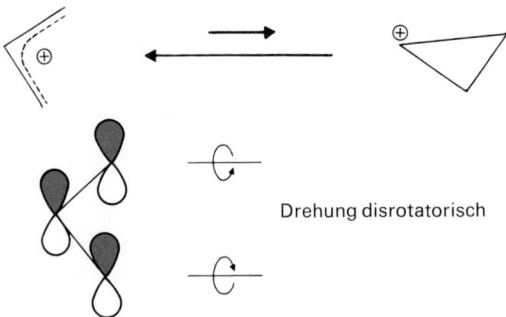

Drehung disrotatorisch

Die Umwandlung des Cyclopropyl- in das Allyl-Kation ist eine der einfachst möglichen elektrozyklischen Reaktionen und tritt bei Reaktionen von Cyclopropylverbindungen häufig auf. Cyclopropylchlorid und -tosylat beispielsweise sind unter normalen solvolytischen Bedingungen gegenüber Nucleophilen inert, da sich das (wegen der Geometrie des Cyclopropanringes stark gespannte und wenig stabile) Cyclopropyl-Kation nur schwer bildet. Hingegen reagiert Cyclopropylchlorid bei 180 °C mit Essigsäure, wobei Allylacetat entsteht. Auch bei Solvolysen von Cyclopropylhalogeniden entstehen direkt die entsprechenden Allylverbindungen; ebenso ergibt die Diazotierung von Aminocyclopropan ausschließlich Allylalkohol. Bei allen diesen Reaktionen entsteht wohl zunächst ein Cyclopropyl-Kation, das sich sofort (möglicherweise sogar schon während seiner Entstehung) in das Allyl-Kation umwandelt. Substituierte Cyclopropylverbindungen zeigen den erwarteten disrotatorischen Ablauf.

Weitere Beispiele elektrozyklischer Reaktionen:

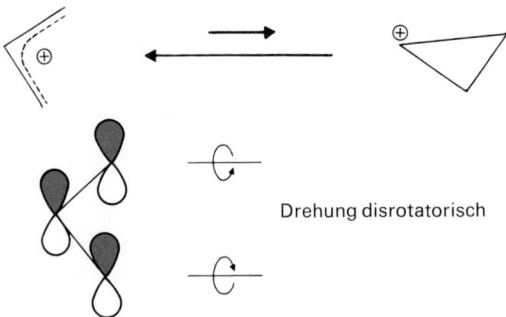

nicht isoliert

dis

kon

bleibt beim Erwärmen unverändert: konrotatorische Drehung unmöglich, da im Sechsring keine *trans*-substituierte Doppelbindung vorkommen kann

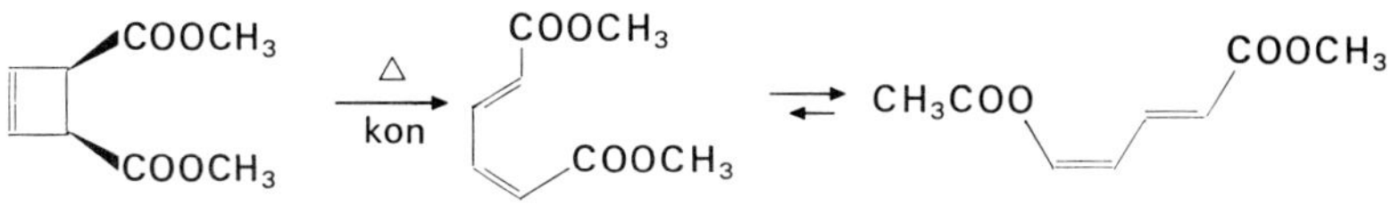

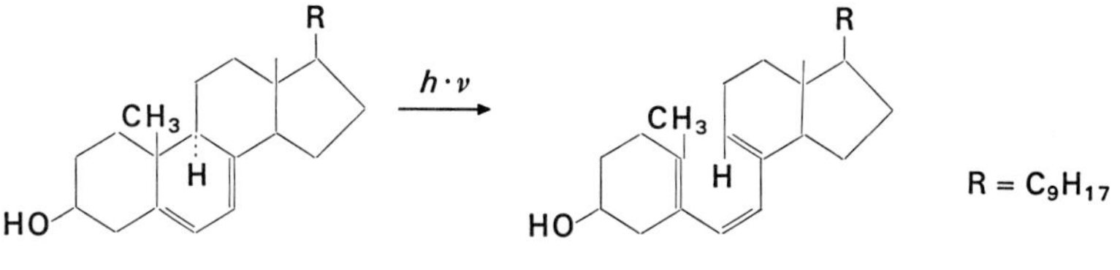

COOCH₃

COOCH₃ / COOCH₃

$\xrightarrow[\text{kon}]{\Delta}$

CH₃COO

COOCH₃

R

CH₃

H

HO

$h \cdot v$

R

CH₃

H

HO

R = C₉H₁₇

Ein interessanter Fall der Hexatrien/Cyclohexadien-Umwandlung liegt bei der folgenden Reaktion vor:

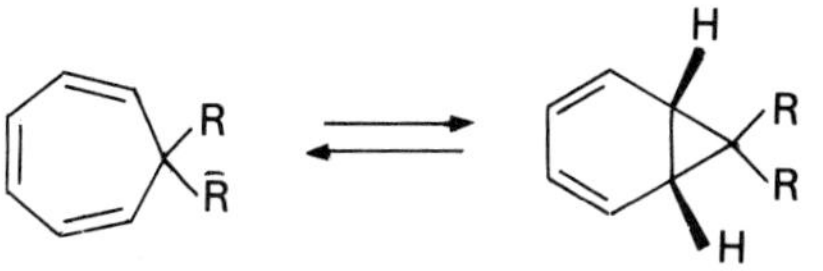

R
R̄

H
R
R
H

Cyclohepta-
trien

Bicyclo [4.1.0]
hepta-2,4-dien

Die freie Aktivierungsenthalpie dieser Reaktion ist so niedrig, daß sie bereits bei Raumtemperatur sehr rasch verläuft; es handelt sich also hier um einen Fall von *Valenzisomerie* (S.149). Der Grund dafür besteht darin, daß der Ring die beiden reagierenden Stellen in die richtige Orientierung zwingt, so daß die Aktivierungsentropie kaum negativ ist, im Gegensatz zur Zyklisierung offenkettiger Verbindungen. Die Ringöffnung von Bicyclo[4.1.0] hepta-2,4-dien erfolgt konrotatorisch und ist durch die gegebene Ring-Geometrie leicht möglich. Das Gleichgewicht liegt bei Raumtemperatur stark auf der Seite des monozyklischen Systems.

Als Beispiel einer elektrozyklischen Reaktion, an der das System des Pentadienyl-Kations beteiligt ist, sei die folgende Reaktion (Zyklisierung von Divinylketonen unter dem Einfluß von Säuren) erwähnt, die – wie es für ein System mit 4 π-Elektronen zu erwarten ist – konrotatorisch verläuft:

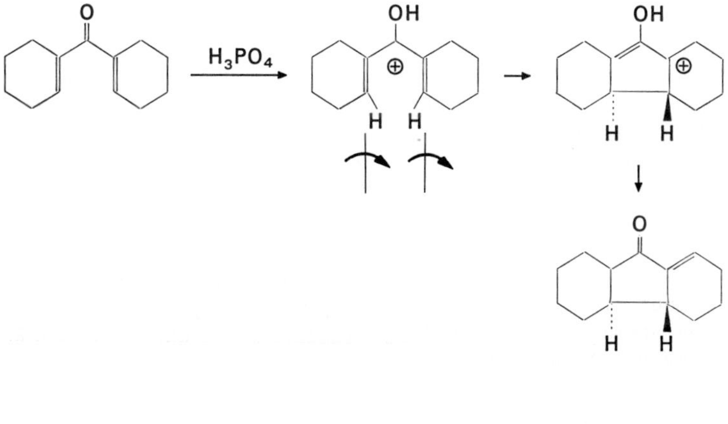

O

$\xrightarrow{H_3PO_4}$

OH
⊕
H H

OH
⊕
H H

O
H H

10.3   Cycloadditionen

Bei **Cycloadditionen** verbinden sich zwei ungesättigte Moleküle zu einem ringförmigen Molekül, wobei aus zwei π-Bindungen zwei σ-Bindungen entstehen:

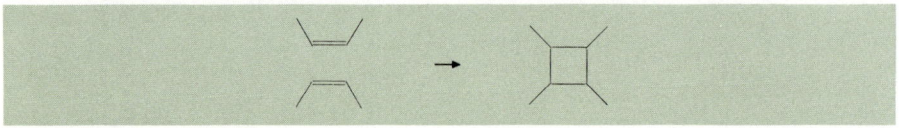

Den umgekehrten Vorgang, die Fragmentierung einer zyklischen Verbindung in zwei offenkettige, ungesättigte Moleküle, nennt man **Cycloreversion.**

Nicht alle Cycloadditionen verlaufen konzertiert (vgl. S.1061); ja, gewisse Cycloadditionen können unter bestimmten Bedingungen konzertiert, unter anderen jedoch in zwei Schritten verlaufen. Der Verlauf konzertierter Cycloadditionen wird ebenso wie der Verlauf elektrozyklischer Reaktionen durch das Prinzip von der Kontrolle der Orbitalsymmetrie bestimmt. Als Beispiele betrachten wir zunächst die *Dimerisierung von Alkenen* und die *Diels-Alder-Reaktion.*

Bei der Dimerisation von Ethen zu Cyclobuten sind von jedem Reaktanten zwei π-Elektronen beteiligt; man nennt sie deshalb (2 + 2)-Cycloaddition. Die neuen Bindungen entstehen bei beiden Reaktionspartnern auf derselben Seite des π-Systems (**«suprafacial»**). Die Reaktion muß deshalb vollständig als (2*s* + 2*s*)-*Cycloaddition* bezeichnet werden (*s* steht für suprafacial). Sie ist thermisch verboten, da ein (antiaromatischer) Hückel-Übergangszustand ohne Phasenumkehrung durchlaufen wird und insgesamt zwei π-Elektronenpaare an der Reaktion beteiligt sind:

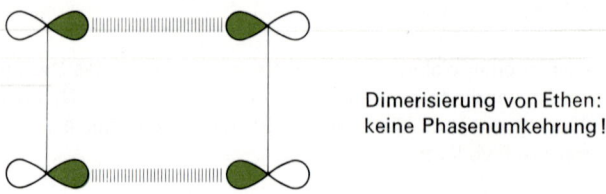

Dimerisierung von Ethen:
keine Phasenumkehrung!

Hingegen kann die Reaktion *photochemisch* durchgeführt werden; sie kann aber auch nicht-konzertiert (z.B. über ein Diradikal) ablaufen.
Würde ein Möbius-Übergangszustand – mit einem Phasensprung – durchlaufen, so wäre die Reaktion thermisch erlaubt (zwei π-Elektronenpaare!). Dies könnte dadurch erreicht werden, daß sich die beiden Moleküle in ungefähr senkrecht aufeinanderstehenden Ebenen nähern würden. Dann würde das zweite Molekül gleichzeitig an der Ober- und an der Unterseite des anderen Moleküls angreifen, d.h. die neuen Bindungen würden auf entgegengesetzten Seiten des einen π-Systems (**«antarafacial»**) gebildet. Eine solche (2*s* + 2*a*)-Cycloaddition wäre zwar elektronisch günstig, ist aber aus sterischen Gründen unwahrscheinlich, da sich an die Doppelbindungen gebundene Gruppen behindern (selbst wenn dies nur Wasserstoffatome sind).

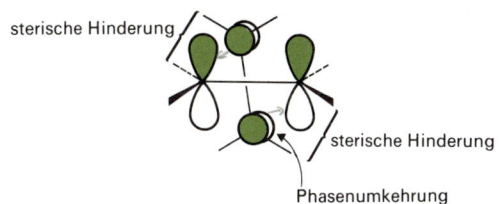

sterische Hinderung

sterische Hinderung

Phasenumkehrung

aromatischer (Möbius-) Übergangszustand
für eine (2s + 2a)-Cycloaddition

Anders liegen die Verhältnisse bei der *Diels-Alder-Reaktion*. Hier sind vom einen Reaktanten vier, vom anderen zwei π-Elektronen beteiligt, und die Addition erfolgt für beide Moleküle suprafacial: Die Diels-Alder-Reaktion ist eine *(4s + 2s)-Cycloaddition*. Da insgesamt drei π-Elektronenpaare an der Reaktion beteiligt sind und der Übergangszustand vom Hückel-Typ ist, ist sie thermisch erlaubt.

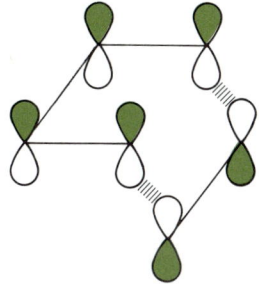

Diels-Alder-Addition:
keine Phasenumkehrung!

Durch Verallgemeinerung der beiden Beispiele gelangt man zu folgenden **Auswahlregeln**:

Konzertierte *(s + s)*-Cycloadditionen, an denen eine gerade Zahl von π-Elektronenpaaren beteiligt ist, sind thermisch verboten und können nur photochemisch durchgeführt werden, während *(s + s)*-Cycloadditionen, an denen eine ungerade Zahl von π-Elektronenpaaren beteiligt ist, thermisch erlaubt sind. *(s + a)*-Cycloadditionen mit einer ungeraden Zahl von π-Elektronenpaaren sind hingegen thermisch verboten, mit einer geraden Zahl von π-Elektronenpaaren zwar erlaubt, aus sterischen Gründen jedoch meist nicht möglich. Vgl. Abb. 10.3.

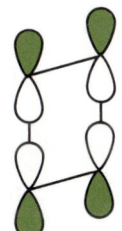

supra/supra
Hückel-System
6 Elektronen
aromatisch
erlaubt

supra/supra
Hückel-System
4 Elektronen
antiaromatisch
verboten

supra/antara
Möbius-System
4 Elektronen
erlaubt

Abb. 10.3. Klassifizierung der wichtigsten Cycloadditionen

s-s = Hückel, da gerade Anzahl von Phasenumkehrungen
wenn Ausgangsstoffe gerade Anzahl hatten

Diese Auswahlregeln gelten selbstverständlich auch für die *Umkehrung* der entsprechenden Cycloadditionen und erklären so die bemerkenswerte Stabilität mancher gespannter Ringsysteme. So sind beispielsweise Quadricyclan und Hexamethylprisman viel weniger stabil als die ihnen isomeren Diene. Trotzdem erfolgt die Umwandlung in die stabileren Verbindungen bei Raumtemperatur nicht, denn in beiden Fällen müßte ein Cyclobutanring in zwei Doppelbindungen umgewandelt werden ein $(2s+2s)$-Prozeß, was thermisch verboten, jedoch photochemisch erlaubt ist. Tatsächlich isomerisieren beide Verbindungen bei Belichtung mit UV-Licht sofort schon bei Raumtemperatur.

| Quadricyclan | Norbornadien | Hexamethylprisman | Hexamethyl-Dewar-Benzen |

Die Umwandlung von Benzvalen in Benzen – eine thermische Ringöffnung von Bicyclobutan zu 1,3-Butadien – ist zwar eine erlaubte $(2s+2a)$-Cycloreversion[1]; die C≡C-Brücke im Benzvalen verhindert jedoch die antarafaciale Ringöffnung, so daß Benzvalen nur langsam zu Benzen isomerisiert, obschon es über 250 kJ/mol energiereicher ist.

Benzvalen   Umwandlung Bicyclobutan → 1,3-Butadien

(2 + 2)-Cycloadditionen. Zahlreiche ungesättigte Verbindungen lassen sich durch Bestrahlung mit UV-Licht dimerisieren. Ein bekanntes Beispiel ist die Bildung der Truxin- und Truxillsäuren aus Zimtsäure, die entweder im festen Zustand oder in wäßriger Lösung durchgeführt werden kann:

| Truxinsäuren | Truxillsäuren |

Je nach den Reaktionsbedingungen können verschiedene stereoisomere Säuren erhalten werden, da durch die UV-Bestrahlung auch die Zimtsäuren isomerisiert werden.

---

[1] Man kann sich dies leichter vorstellen, wenn man den umgekehrten Prozeß betrachtet: die intramolekulare Cycloaddition der beiden Doppelbindungen bei der gegenseitigen orthogonalen Näherung.

Es sei darauf hingewiesen, daß verschiedene bekannte $(2 + 2)$-Cycloadditionen, wie etwa die Dimerisierung von Tetrafluorethen, von Acrylnitril oder von Allen (die alle thermisch durchgeführt werden können), *keine konzertierten Reaktionen* sind und *nicht stereospezifisch* verlaufen:

$$2\ CH_2{=}CH{-}CN \xrightarrow{250\,°C}$$

$$2\ CH_2{=}C{=}CH_2 \xrightarrow{400\,°C}$$

85%   15%

Wie schon erwähnt, sind (konzertierte) thermische $(2\,s+2\,a)$-Cycloadditionen erlaubt. Solche Reaktionen lassen sich mit *Ketenen* durchführen, da dann am Carbonyl-C-Atom kein «störender» Substituent vorhanden ist und der sterisch an sich ungünstige Übergangszustand erreicht werden kann:

Dies bildet eine Möglichkeit zur Synthese von Cyclobutanonen:

$$C_2H_5OC{\equiv}CH + H_2C{=}C{=}O \longrightarrow$$

Auch die leicht erfolgende *Dimerisation von Keten* zu Diketen ist eine Cycloaddition:

$$CH_2{=}C{=}O \qquad CH_2{=}C\text{---}O$$
$$\qquad\qquad\quad \rightarrow$$
$$CH_2{=}C{=}O \qquad\quad CH_2\text{---}C{=}O$$

Für dieses Diketen wurde im Laufe der Jahre eine ganze Anzahl von Strukturen vorgeschlagen. Die oben angegebene Konstitution folgt aus dem NMR-Spektrum.

Diels-Alder-Reaktion. Bei der nach ihren Entdeckern[1] benannten Reaktion wird ein *konjugiertes Dien an eine Doppel- oder Dreifachbindung* unter *Bildung eines sechsgliedrigen Ringes* addiert. Die Diels-Alder-Reaktion gehört zu den wichtigsten Ringschlußreaktionen, da sie meist leicht und stets *stereospezifisch (cis)* verläuft. Man erhitzt gewöhnlich die beiden Komponenten, das Dien und das «Dienophil», entweder als bloßes Gemisch oder in einem inerten Lösungsmittel; die Reaktion verläuft dann im allgemeinen ziemlich rasch und in guter Ausbeute.

Das einfachste Beispiel einer *«Dien-Synthese»* ist die Addition von Ethen an 1,3-Butadien, die allerdings nur schlechte Ausbeuten liefert:

Im Prinzip läßt sich als *Dienophil* jede π-Bindung verwenden, also auch C≡C-Dreifachbindungen, C—N-Doppel- und Dreifachbindungen, C=O-Doppelbindungen, C=S-Doppelbindungen usw. Besonders gute Ausbeuten erhält man, wenn *die π-Bindung einer −M-Gruppe konjugiert* ist; viele Dienophile besitzen damit ähnlich wie Michael-Substrate die Struktur C=C—Z oder Z—C=C—Z', wobei Z = CHO, COR, COOH, COOR, CN, NO_2 u.a. ist. Die Erklärung dieses Verhaltens liegt darin, daß das Dien selbst relativ elektronenreich ist und daher Dienophile, deren Elektronendichte in der Doppelbindung herabgesetzt ist, besonders gut addiert werden. Maleinsäureester, Acrolein, Acrylsäureester, Acetylendicarbonsäureester und insbesondere Tetracyanoethen sind bei Dien-Synthesen als Dienophile ganz besonders reaktionsfähig. Als Beispiele sollen einige Reaktionen mit 1,3-Butadien erwähnt werden:

[1] Die Reaktion wurde von O. Diels und K. Alder im Jahre 1928 entdeckt. Ihre große Bedeutung (vor allem für die Synthese von Naturstoffen) wurde erst viel später erkannt, so daß Diels und Alder erst 1950 den Nobelpreis für ihre Arbeiten erhielten.

$$\begin{array}{c} CH_2 \\ \parallel \\ CH \\ CH \\ \parallel \\ CH_2 \end{array} \quad + $$

CH₂=CH—CHO	→100°C	(Cyclohexen-CHO) 100%
CH₂=CH—COCH₃	→140°C	(Cyclohexen-COCH₃) 75%
Ph—CH=CH—CHO	→170–180°C	(Cyclohexen-CHO, C₆H₅) 47%
Ph—CH=CH—NO₂	→150°C (in Toluen)	(Cyclohexen-NO₂, C₆H₅) 70%
CH₃OOC—C≡C—COOCH₃	→100°C	(COOCH₃, COOCH₃)
(Benzochinon)	→35°C (in Benzen)	(bicyclisches Dion)
(Maleinsäureanhydrid)	→15°C (in Benzen)	(Anhydrid-Addukt)

Alkene mit σ-Akzeptoren (Halogenatome, —CH₂Cl, —CH₂COOH u.a.) eignen sich im allgemeinen weniger gut als Dienophile, hingegen können auch *Allene* an Diene addiert werden:

$$\text{(Dien)} + \overset{\parallel}{\underset{\parallel}{C}} \rightarrow \text{(Methylencyclohexen)}$$

Als *Diene* eignen sich nicht nur konjugierte C=C-Doppelbindungen, sondern auch α,β-ungesättigte Carbonylverbindungen, α-Diketone, stickstoffhaltige Gruppen u.a.:

$$O{=}\overset{|}{C}{-}\overset{|}{C}{=}\overset{|}{C}{-} \qquad O{=}\overset{|}{C}{-}\overset{|}{C}{=}O \qquad {-}\overset{|}{C}{=}N{-}\overset{|}{C}{=}\overset{|}{C}{-} \qquad {-}\overset{|}{C}{=}N{-}N{=}\overset{|}{C}{-}$$

Selbstverständlich können auch *zyklische* Verbindungen ein Dienophil addieren:

Erwartungsgemäß wird die *Reaktionsfähigkeit eines Diens* durch σ- oder π-Donatoren als Substituenten erhöht. So ist beispielsweise Isopren (2-Methyl-1,3-butadien) bei Diensynthesen viel reaktionsfähiger als Butadien. *Benzen* ist gegenüber Dienen nahezu inert (es reagiert nur mit Arinen [S. 728] und mit extrem reaktionsfähigen Acetylenen), da eine Diels-Alder-Addition zur Aufhebung des aromatischen Zustandes und damit zu einer beträchtlich herabgesetzten Stabilität führen würde; gewisse *polyzyklische* oder *heterozyklische Aromaten* hingegen reagieren relativ leicht. So addieren sowohl Anthracen wie Furan Maleinsäureanhydrid, wobei im ersteren Fall zwei aromatische Ringe erhalten bleiben:

Auch Aromaten mit einer Doppelbindung außerhalb des aromatischen Ringsystems eignen sich als Dienkomponenten:

Selbst Styren läßt sich in dieser Weise verwenden.

Das Dien kann allerdings nur in der *cisoid-Konformation* reagieren. Bei offenkettigen Dienen hängt die Reaktionsgeschwindigkeit vom Anteil der im Konformationsgleichgewicht vorhandenen *cisoid*-Konformation ab. *cis*-1-substituierte Butadiene sind deshalb weniger reaktionsfähig als ihre *trans*-Isomere, weil eine raumerfüllende Gruppe R die *cisoid*-Konformation destabilisiert. Umgekehrt begünstigt ein großer Substituent in Stellung 2 die *cisoid*-Konformation:

Zwei Substituenten an den C-Atomen 2 und 3 begünstigen hingegen meist die *transoid*-Konformation:

Über den *Mechanismus* der Diels-Alder-Reaktion wurden sehr zahlreiche Untersuchungen angestellt, insbesondere über die Frage, ob die beiden neuen Bindungen gleichzeitig oder nacheinander gebildet werden. Der sterische Ablauf spricht sehr für einen konzertierten Verlauf; auch ist die Aktivierungsentropie ziemlich stark negativ, was auf einen gut geordneten Übergangszustand und damit ebenfalls auf einen konzertierten Ablauf schließen läßt.

Die große *präparative Bedeutung* der Diels-Alder-Reaktion beruht darauf, daß sie einerseits relativ leicht verläuft, streng stereospezifisch ist und damit eine bequeme Möglichkeit zur Synthese von iso- und heterozyklischen Ringverbindungen bietet. Der *stereospezifische Verlauf* wird durch die Reaktion von 1,3-Butadien mit Malein- bzw. Fumarsäuredimethylester illustriert:

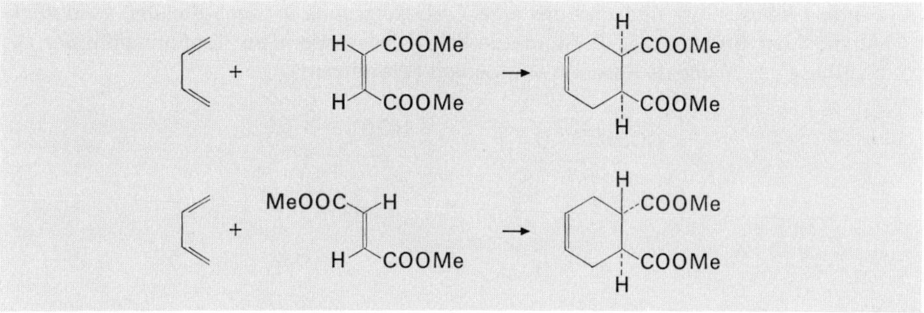

Verwendet man als *Diene zyklische* Verbindungen (Anthracen, Cyclopentadien, Furan), so können im Prinzip zwei verschiedene Addukte entstehen, die als «*endo-Addukt*» (breitere Seite des Dienophils unterhalb des Ringes) und «*exo-Addukt*» (kleinerer Teil des Dienophils unterhalb des Ringes) unterschieden werden. Unter gewöhnlichen Bedingungen entsteht meist das *endo*-Produkt, obschon es in der Regel thermodynamisch weniger stabil ist. Die Reaktion bietet damit wiederum ein Beispiel einer kinetisch gesteuerten Reaktion: Der aktivierte Komplex, der zum *endo*-Produkt führt, ist energieärmer, weil hier die π-Systeme der Reaktanten in engere Wechselwirkung treten können. Bei höheren Temperaturen erhält man aber das thermodynamisch stabilere *exo*-Addukt.

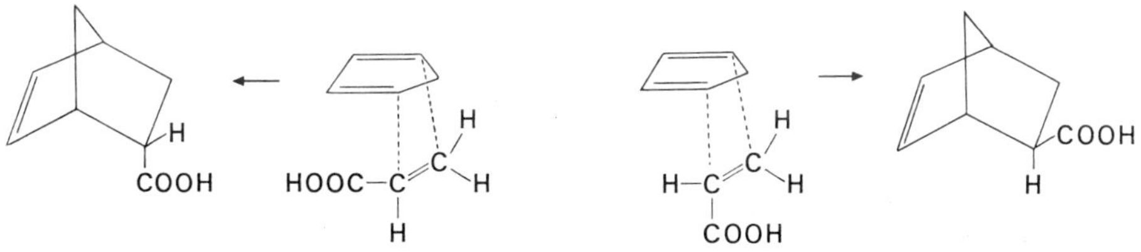

endo-Addition   *exo*-Addition

Auch die *Geschwindigkeit* der Addition wird durch sterische Faktoren beeinflußt. *trans*-1,3-Pentadien reagiert z.B. mit Maleinsäureanhydrid bereits bei 40°C recht schnell, während das *cis*-Isomer selbst bei 100°C ziemlich langsam reagiert:

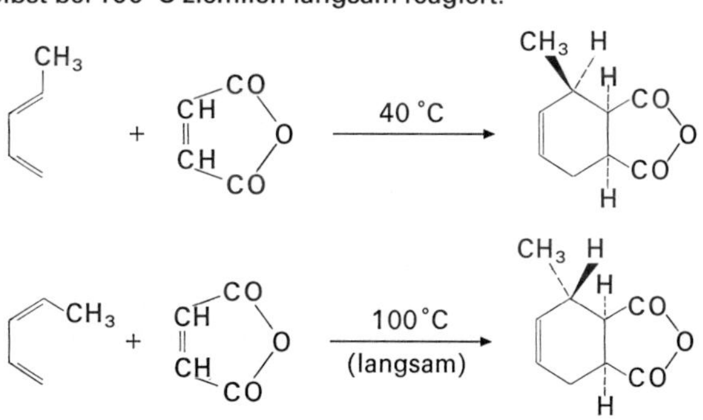

Die Diels-Alder-Addition hat wegen der Vielfalt der zyklischen und bizyklischen Systeme, die mit ihrer Hilfe synthetisiert werden können, sowie dank ihres sterisch eindeutigen Verlaufes insbesondere zur Synthese von *Naturstoffen* vielfache Verwendung gefunden. Als *Beispiele* mögen die beiden folgenden Reaktionen erwähnt werden:

(a) Aus *trans*-Vinylacrylsäure und Benzochinon entsteht ein bizyklisches Produkt, dessen Ringe *cis*-verknüpft sind und das eine Carboxylgruppe in *trans*-Stellung zu den H-Atomen der Brückenkopf-C-Atome enthält. Diese besondere Konfiguration war zur Synthese des Alkaloids Reserpin erforderlich (Woodward).

(b) Die Ringe C und D des Steroid-Gerüstes (S.542) wurden bei der Synthese von Cholesterol (Woodward) durch eine Diels-Alder-Synthese aus 2-Methoxy-5-methyl-benzochinon und Butadien erhalten. Diese Addition illustriert gleichzeitig eine Möglichkeit zur Einführung angulärer Methylgruppen, wie sie bei Steroiden häufig vorkommen. Die durch die Addition zunächst gebildete *cis*-Verknüpfung der beiden Ringe entspricht allerdings der Konfiguration von Cholesterol nicht; unter der katalytischen Wirkung von Säuren läßt sich das H-Atom am einen Brückenkopf-C-Atom jedoch enolisieren, so daß sich die *trans*-Konfiguration bildet:

Die Diels-Alder-Reaktion ist im Prinzip umkehrbar; ihre Umkehrung – die **«Retro-Diels-Alder-Reaktion»** – hat für manche Zwecke präparative Bedeutung. So läßt sich z. B. die «Lagerform» von *Cyclopentadien,* das durch Diels-Alder-Reaktion entstandene Dimer, durch Erhitzen auf 200 °C in das Monomer spalten:

Häufig entstehen auch die in der Regel thermodynamisch stabileren *exo*-Formen über die leicht erfolgende Retro-Diels-Alder-Reaktion der *endo*-Formen:

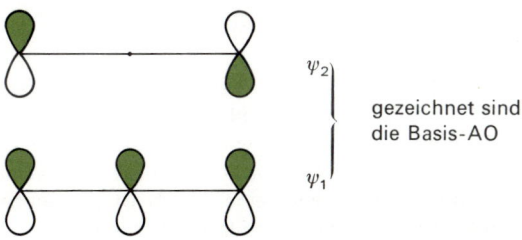

endo-

exo-

Die Kombination von Diels-Alder- und Retro-Diels-Alder-Reaktion dient auch dazu, *Doppelbindungen zu schützen,* wie z. B. bei der zur Gewinnung von deuteriertem Allylalkohol verwendeten Reaktionsfolge:

Anthracen + $\overset{CD_2OH}{\underset{\text{||}}{}}$ $\xrightarrow{> 300\,°C}$ CD_2OH

1,3-dipolare Cycloadditionen. Im Fall der Dien-Synthese sind in der einen Komponente, dem Dien, vier π-Elektronen über vier C-Atome verteilt. Zahlreiche Systeme bestehen jedoch aus nur *drei* Atomen, die aber ebenfalls vier π-Elektronen besitzen, wie z. B. das *Allyl-Anion:*

$$CH_2{=}CH{-}\bar{C}H_2^{\ominus} \leftrightarrow {}^{\ominus}\bar{C}H_2{-}CH{=}CH_2 \equiv [CH_2{\cdots}CH{\cdots}CH_2]^{\ominus}$$

Die vier π-Elektronen besetzen darin je ein bindendes und ein nichtbindendes MO (ψ_1 und ψ_2):

ψ_2

ψ_1

gezeichnet sind
die Basis-AO

Die beiden MO ψ_1 und ψ_2 sind von derselben Symmetrie wie die beiden doppelt besetzten MO von 1,3-Butadien (S.117), so daß es möglich sein sollte, auch Partikeln von der Elektronenstruktur des Allyl-Anions ähnlich wie Diene an eine π-Bindung zu addieren, da die Addition ebenfalls über einem *aromatischen Übergangszustand* führt und damit *thermisch erlaubt* ist ($4\,s + 2\,s$-Cycloaddition):

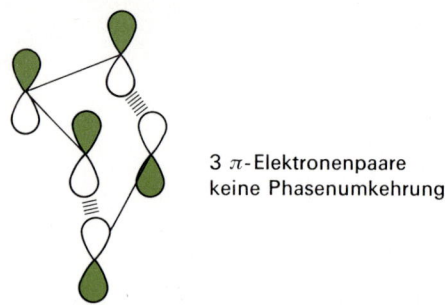

3 π-Elektronenpaare
keine Phasenumkehrung

Die Addition eines Allyl-Anions an ein Alken wurde erst 1972 beobachtet; bekannter sind die Additionen von *Diazoessigester* oder *Diazomethan* an C=C-Doppelbindungen, die sich relativ leicht durchführen lassen:

$$CH_3OOC-\overset{\ominus}{C}H \overset{\overset{\ominus}{N}=\overset{\oplus}{N}|}{\diagup} \qquad \longrightarrow \qquad CH_3OOC-\overset{N}{\diagdown}\underset{N}{\overset{}{N}}H$$

$$\diagdown COOCH_3 \qquad\qquad\qquad\qquad COOCH_3$$

Wegen der dipolaren Grenzstrukturen, die für die 4 π-Systeme formuliert werden können, werden diese Additionen als *1,3-dipolare Cycloadditionen* bezeichnet. Nach den Untersuchungen von Huisgen deuten die experimentellen Ergebnisse darauf, daß die Mehrzahl der 1,3-dipolaren Cycloadditionen *konzertiert* – also **stereospezifisch** *cis* – verläuft. Dies wird z. B. durch die Addition von Diazomethan an Dimethylmalein- bzw. -fumarsäureester illustriert:

$$\overset{\ominus}{C}H_2-\overset{\oplus}{N}=N| + \quad \overset{CH_3}{\underset{CH_3OOC}{\diagdown}}C=C\overset{CH_3}{\underset{COOCH_3}{\diagup}} \quad \longrightarrow \quad CH_3\diagdown\underset{CH_3OO\overset{..}{C}}{\overset{CH_2}{C}}\diagup\overset{N=N}{\diagdown}\underset{COOCH_3}{\overset{}{C}}\diagup CH_3$$

$$\overset{\ominus}{C}H_2-\overset{\oplus}{N}=N| + \quad \overset{CH_3}{\underset{CH_3OOC}{\diagdown}}C=C\overset{COOCH_3}{\underset{CH_3}{\diagup}} \quad \longrightarrow \quad CH_3\diagdown\underset{CH_3OO\overset{..}{C}}{\overset{CH_2}{C}}\diagup\overset{N=N}{\diagdown}\underset{CH_3}{\overset{}{C}}\diagup COOCH_3$$

Wegen der Mannigfaltigkeit der 1,3-dipolaren Systeme, die an Doppel- und Dreifachbindungen (C=C, C≡C, C≡N, N=N, C=O, C=S usw.) addiert werden können, sind diese Reaktionen zur Synthese von *Fünfringen* (insbesondere von *Heterozyklen*) sehr brauchbar. Die Cycloaddition von Diazoverbindungen läßt sich auch zur Synthese von *Cyclopropanen* verwenden, da die zyklischen Produkte (Pyrazoline) eine −N=N-Gruppe enthalten und beim Erwärmen oder Belichten unter Bildung eines Dreirings N_2 abspalten.

An unsymmetrisch substituierte «Dipolarophile» lassen sich 1,3-dipolare Moleküle in zwei verschiedenen Richtungen addieren; die Cycloaddition verläuft also nicht regiospezifisch. Hingegen wird oft eine gewisse *Regioselektivität* beobachtet, die wahrscheinlich auf sterische Faktoren zurückzuführen ist, jedenfalls aber nicht mit der Polarität der dipolaren Komponente zusammenhängt. Häufig wird nämlich dasjenige Produkt bevorzugt gebildet, in dem raumerfüllende Substituenten der beiden Komponenten so weit wie möglich voneinander entfernt sind. Die Reaktivität der dipolaren Komponenten wurde bisher nur wenig untersucht; die Reaktivität der Dipolarophile wird im allgemeinen durch Ringspannung und durch konjugierte funktionelle Gruppen erhöht. Insbesondere bewirken konjugierte Carbonyl- und Cyanogruppen eine deutlich verstärkte Reaktionsfähigkeit des Dipolarophils.

Wichtige 1,3-dipolare Cycloadditionen sind die Bildung von *Triazolringen* durch Addition von *Aziden* an Dreifachbindungen und die Addition eines carbenartigen Zwischenstoffes (der intermediär aus einem Diazoketon gebildet wird) an Keten.
Die letztgenannte Reaktion bietet eine Möglichkeit zur Verlängerung von C-Ketten.

$$-C \equiv C- \ + \ R-\overset{\ominus}{\underline{N}}-\underline{N}=\overset{\oplus}{N} \ \longrightarrow$$

ein Triazol

$$R-C\overset{O}{\underset{Cl}{\diagup}} \ + \ CH_2N_2 \ \longrightarrow \ R-C\overset{O}{\underset{CHN_2}{\diagup}} \ \xrightarrow{-N_2} \ \left\{ R-C\overset{\overline{O}|}{\underset{\underline{C}H}{\diagup}} \ \leftrightarrow \ R-C\overset{\overset{\ominus}{O}}{\underset{\underset{\oplus}{CH}}{\diagup}} \right\}$$

Diazoketon

$$\left\{ R-C\overset{O}{\underset{CH}{\diagup}} \ \leftrightarrow \ R-C\overset{\overset{\ominus}{O}}{\underset{\underset{\oplus}{CH}}{\diagup}} \right\} \ + \ O=C=CH_2$$

Keten

$$\longrightarrow \quad \begin{matrix} R-C=CH \\ \ \ |O| \qquad CH_2 \\ \ \ \ \ \ \ C \\ \ \ \ \ \ \ \| \\ \ \ \ \ \ \ O \end{matrix} \quad \xrightarrow{OH^\ominus} \quad R-C=CH-CH_2-COO^\ominus$$

$$\underset{OH}{\big|} \ \downarrow \text{(Enol} \longrightarrow \text{Keton)}$$

$$R-\underset{\underset{O}{\|}}{C}-CH_2-CH_2-COO^\ominus$$

O γ-Ketosäure

In analoger Weise erhält man durch Addition von Aziden an Nitrile *Tetrazole:*

$$C_6H_5-\underset{N}{\overset{|}{C}} \ + \ \begin{matrix} C_6H_5 \\ |\overset{\ominus}{N}| \\ \ \ \ \diagdown N| \\ |N\diagup \\ \overset{\oplus}{} \end{matrix} \ \longrightarrow \ C_6H_5-\begin{matrix} C_6H_5 \\ \ \ N_{\diagdown} \\ \diagup \ \ N \\ N-N \end{matrix}$$

Auch der erste Reaktionsschritt der zur Strukturaufklärung (Bestimmung der Lage einer Doppelbindung) und zur Synthese gewisser Carbonylverbindungen (z. B. von Vanillin aus Eugenol) wichtigen Reaktion von Alkenen mit *Ozon* ist eine 1,3-dipolare Cycloaddition, die nach neueren Untersuchungen konzertiert verläuft:

Ozon: $\overset{\oplus}{\underset{|\underline{O}}{}} \diagdown \overset{O}{} \diagdown \overset{\ominus}{\underline{O}} \diagup \quad \longleftrightarrow \quad \overset{\oplus}{\underset{O}{}} \diagdown \overset{O}{} \diagdown \overset{\ominus}{\underline{O}} \diagup$

Addition: $\begin{matrix} \diagup \\ C \\ \| \\ C \\ \diagdown \end{matrix} + \overset{\oplus}{\underset{O}{}} \overset{O}{\underset{O}{}} \overset{\ominus}{} \longrightarrow \begin{matrix} \diagdown C-O \\ \diagup \\ \diagdown C-O \diagup \end{matrix} O \longrightarrow \begin{matrix} \diagdown C=O \quad (2) \\ \\ \diagdown \overset{\oplus}{C} - \underline{O} - \underline{O} \overset{\ominus}{|} \quad (3) \end{matrix}$

(1)

Das *«Primärozonid»* (1) ist instabil (in einzelnen Fällen kann es isoliert werden) und zerfällt in eine Carbonylverbindung und ein Peroxy-Zwitterion (3). Das eigentliche *Ozonid,* das als Additionsprodukt isoliert werden kann, entsteht durch Reaktion des Zwitterions (3) mit der Carbonylverbindung (2):

$$\diagdown \overset{\oplus}{C} - \underline{O} - \underline{O} |^{\ominus} + O = C \diagup \longrightarrow \diagdown C \overset{O-O}{\underset{O}{}} C \diagup$$

Ozonid

Als Nebenreaktion können Umlagerungen sowie eine Dimerisierung des Zwitterions (3) eintreten. Durch Hydrolyse werden die Ozonide gewöhnlich sofort gespalten; das dabei entstehende Wasserstoffperoxid oxidiert eventuell entstehende Aldehyde zu Carbonsäuren, so daß man – wenn man die Aldehyde selbst erhalten will – unter reduzierenden Bedingungen hydrolysieren muß, z.B. mit Zink und Essigsäure.

$$\diagdown C \overset{O-O}{\underset{O}{}} C \diagup \quad \xrightarrow{H_2O} \quad \diagdown C \overset{O-O}{\underset{OH \ HO}{}} C \diagup \quad \xrightarrow[-H_2O_2]{H_2O} \quad 2 \diagdown C \overset{OH}{\underset{OH}{}} \longrightarrow 2 \diagdown C=O + 2 H_2O$$

En- und Retro-En-Reaktion. Als *«En-Reaktion»* bezeichnet man die Addition eines Alkens mit allylischer Doppelbindung *(«En»)* an eine π-Bindung. Die *«Retro-En-Reaktion»* stellt die Umkehrung dar.

Die En-Reaktion ist eng mit der Diels-Alder-Reaktion verwandt: Die eine π-Bindung des Diens ist durch eine σ-Bindung ersetzt. Am Übergangszustand sind 3 Elektronenpaare beteiligt (4 π- und 2 σ-Elektronen); eine Phasenumkehrung tritt nicht auf, so daß die Reaktion thermisch erlaubt ist (Hückel-aromatischer Übergangszustand):

Übergangszustand
keine Phasenumkehrung

Ebenso wie bei der Diels-Alder-Reaktion verläuft auch die *En*-Reaktion am besten mit einem En, dessen Elektronendichte der Doppelbindung erhöht ist, und mit einem Enophil, das eine durch −M- oder −I-Substituenten herabgesetzte Ladungsdichte besitzt, wie z.B. Maleinsäureanhydrid. Auch Carbonylverbindungen können sich als Enophile eignen. Besonders gute Enophile sind Acetylendicarbonsäureester oder Propiolsäureester und natürlich Dehydrobenzen. Mit gewissen azyklischen Dienen liefert dieses sowohl die Produkte der Diels-Alder- wie der *En*-Reaktion; da die letztere nicht die *cisoid*-Konformation erfordert, kann sie sogar mit Dienen bevorzugt eintreten.

Beispiele:

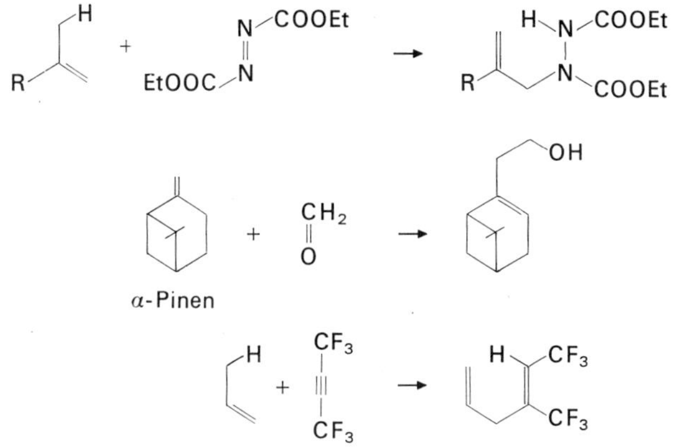

α-Pinen

Wichtiger als die *En*-Reaktion ist ihre Umkehrung, bei welcher ein H-Atom über einen zyklischen Übergangszustand übertragen wird. An Systemen mit nur C-Atomen ist sie allerdings weniger bekannt; meistens weist der aktivierte Komplex ein oder mehrere Heteroatome auf. Zu diesem Reaktionstyp gehören die bereits in Kapitel 8 besprochenen *Esterpyrolysen* und die *Decarboxylierung* von *β-Ketosäuren*:

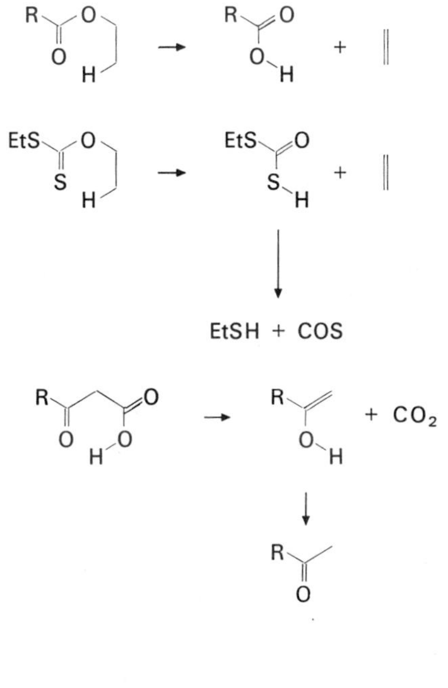

EtSH + COS

Der stereospezifische Ablauf der Esterpyrolyse und der Tschugaeff-Reaktion sowie die negativen Aktivierungsentropien machen einen zyklischen Übergangszustand und damit einen konzertierten Ablauf der Reaktion wahrscheinlich. Im Fall der Xanthogenat-Pyrolyse wurde allerdings auch *anti*-Elimination beobachtet; da hier der Übergangszustand ziemlich stark polar ist, können geeignete Substituenten bewirken, daß die Reaktion auch schrittweise (nicht konzertiert) abläuft.

Cheletrope Reaktionen. Einen besonderen Typus von Cycloadditionen bilden die *«cheletropen» Reaktionen*, bei denen von einem *einzigen C-Atom aus zwei σ-Bindungen* zu den zwei C-Atomen einer Doppelbindung bzw. zu den Enden eines konjugierten Systems gebildet werden. Beispiele sind die Additionen von *Schwefeldioxid* an *Diene* oder von *Singlett-Carbenen* an *Doppelbindungen*:

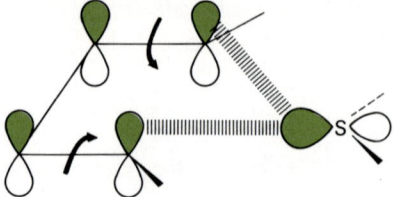

Auch die Umkehrung der Addition ist möglich: Fragmentierung von Ringverbindungen unter Abspaltung von SO_2 aus ungesättigten zyklischen Sulfonen oder von CO aus ungesättigten Ketonen u.a.

An der *Addition von Schwefeldioxid* an substituierte Diene sind insgesamt drei Elektronenpaare beteiligt: die beiden π-Elektronenpaare des Diens und das freie Elektronenpaar des S-Atoms, das sich in einem *p*-artigen AO befindet. Der disrotatorische Ringschluß erfolgt ohne Phasenumkehrung im Übergangszustand:

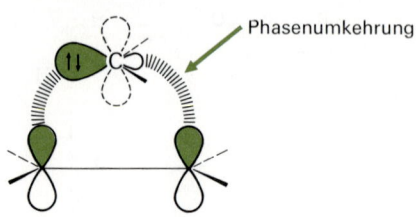

Das *Carben* (im Singlettzustand!) greift die Doppelbindung *«seitlich»* an, indem dieser das leere *p*-AO zugewandt ist. An der Reaktion sind zwei Elektronenpaare beteiligt, und es tritt eine Phasenumkehrung auf: sie ist demnach thermisch erlaubt.

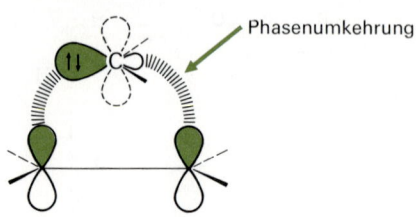
Phasenumkehrung

Wie bereits auf S. 499 erwähnt worden ist, werden nur Singlett-Carbene stereospezifisch addiert. Die Addition von Triplett-Carbenen erfolgt über ein Triplett-Diradikal, das anschließend Spinumkehr erfahren muß. Während dieser (zwar nur kurzen) Zeitspanne kann bereits Rotation um die C—C-Bindung eintreten.

Um Nebenreaktionen zu vermeiden, arbeitet man nach *Simmons* und *Smith* mit einem Gemisch von Methyleniodid und Zink. Als Zwischenstoff bildet sich dabei eine Organozinkverbindung (die in gewissen Fällen so stabil ist, daß sie isoliert werden kann), die stereospezifisch *cis*-addiert wird. Ein freies Carben tritt dabei nicht auf.

$$CH_2I_2 + Zn \xrightarrow{\text{Ether}} (I-CH_2-Zn-I)_{\text{Ether}}$$

Auch *Dihalogencarbene* und *Nitrene* besitzen im Grundzustand Singlett-Struktur und können stereospezifisch an Doppelbindungen addiert werden. Da ihre *Reaktionsfähigkeit wesentlich geringer* ist als von Methylen, treten Nebenreaktionen (Insertionen) nicht auf. Die Reaktionsfähigkeit nimmt in folgender Reihe ab:

$$CH_2 > CHCl > CCl_2 > CBr_2 > CF_2$$

Zur Gewinnung von Dihalogencarbenen können verschiedene Methoden dienen:

$$CHCl_3 + OH^{\ominus} \text{ oder tert. BuO}^{\ominus} \longrightarrow CCl_2$$

$$Cl_3C-SO_2-Me + \text{tert. BuO}^{\ominus} \longrightarrow CCl_2$$

$$Cl_3C-COONa + Me-O-CH_2CH_2-O-Me \longrightarrow CCl_2$$

$$Cl_3C-COOEt + \text{tert. BuO}^{\ominus} \longrightarrow CCl_2$$

$$C_6H_5HgCCl_3 \xrightarrow{80°C} CCl_2$$

Durch Addition von Halogencarbenen an Alkene entstehen Dihalogencyclopropanringe (auch konjugierte Diene reagieren in dieser Weise; 1,2-Addition!), welche als Ausgangssubstanzen für verschiedene Synthesen wertvoll sind. Ihre Hydrolyse liefert *Cyclopropanone*, welche zum Cyclopropan selbst reduziert werden können; mit Magnesium oder Natrium ergeben sie *Allene*. Carbene sind so reaktionsfähig, daß sie selbst mit reaktionsträgen olefinischen Doppelbindungen wie z. B. im Tetracyanoethen reagieren. Butadien liefert *Bicyclopropyl*, Allen zunächst Cyclopropan mit einer exozyklischen Doppelbindung und nachher *Spiropentan*. Allylcarben ergibt durch innere Addition *Bicyclobutan*:

An Dreifachbindungen kann Carben unter Bildung von Cyclopropenen addiert werden. Das aus Acetylen und Carben entstehende Cyclopropen ist allerdings instabil und lagert sich im Allen um. Auch die Addition von zwei Mol Carben ist möglich, wobei *Bicyclobutanderivate* entstehen:

$$CH_3-C\equiv C-CH_3 + 2\,CH_2 \longrightarrow CH_3-\!\!\diamondsuit\!\!-CH_3$$

Die große Reaktionsfähigkeit der Carbene manifestiert sich auch darin, daß sie sich an «Doppelbindungen» *aromatischer Ringe* anlagern. Die Additionsprodukte sind meist wenig stabil und lagern sich um, wobei eine Ringerweiterung eintritt. Benzen liefert auf diese Weise *Cycloheptatrien:*

$$\bigcirc + CH_2 \longrightarrow \text{(Bicyclostruktur)}CH_2 \longrightarrow \bigcirc$$

10.4   Sigmatrope Verschiebungen

Obschon den Umlagerungsreaktionen ein eigenes Kapitel gewidmet sein wird, ist es aus sachlichen Gründen zweckmäßig, eine besondere Gruppe von Umlagerungen, die **«sigmatropen Verschiebungen»**, bereits hier zu besprechen, da es sich dabei ebenfalls um perizyklische Reaktionen handelt.

Eine sigmatrope Verschiebung ist eine *einstufige, intramolekulare Wanderung einer Einfachbindung, die einer oder mehrerer Doppelbindungen benachbart ist,* in eine neue Position unter Reorganisation des π-Systems. Nach Woodward und Hoffmann spricht man von sigmatropen Verschiebungen oder Ordnung [*i, j*], wenn die Enden der neuen σ-Bindung das *i*-te und das *j*-te Atom, ausgehend von den Enden der alten Bindung, darstellen:

$$
\begin{array}{lll}
i & \begin{array}{c} 1 \\ Z \\ | \end{array} & \begin{array}{c} 1 \\ Z \\ | \end{array} \qquad \begin{array}{c} 1 \\ Z \\ | \end{array}\\[1em]
j & \underset{1\ \ 2\ \ 3\ \ 4\ \ 5\ \ 6}{C-C=C-C=C-C} & \underset{1\ \ 2\ \ 3}{C=C-C} \qquad \underset{1\ \ 2\ \ 3\ \ 4\ \ 5\ \ 6}{C=C-C=C-C=C} \\[1em]
& & \text{[1,3]-Verschiebung} \qquad \text{[1,5]-Verschiebung}
\end{array}
$$

$$
\begin{array}{lll}
i & \underset{1\ \ 2\ \ 3\ \ 4\ \ 5}{C-C=C-C=C} & \underset{1\ \ 2\ \ 3}{C=C-C} \qquad \underset{1\ \ 2\ \ 3}{C=C-C} \\[1em]
j & \underset{1\ \ 2\ \ 3\ \ 4\ \ 5}{C-C=C-C=C} & \underset{1\ \ 2\ \ 3}{C=C-C} \qquad \underset{1\ \ 2\ \ 3\ \ 4\ \ 5}{C=C-C=C-C} \\[1em]
& \text{[3,3]-Verschiebung} & \text{[3,5]-Verschiebung}
\end{array}
$$

Sigmatrope Verschiebungen verlaufen ebenso wie elektrozyklische Reaktionen und Cycloadditionen über einen *zyklischen Übergangszustand.* Sie sind *thermisch erlaubt,* wenn die *Zahl der beteiligten Elektronenpaarbindungen ungerade* ist und sich die wandernden σ-

Elektronen auf derselben Seite des π-Systems bewegen (*suprafaciale* Wanderung; keine Phasenumkehrung). Suprafaciale [1,5]- und [3,3]-Verschiebungen sind also besonders begünstigt. Bei längeren Polyenen oder in bestimmten anderen Fällen ist auch *antarafaciale* Wanderung möglich. Da dann eine *Phasenumkehrung* auftritt, ist sie thermisch nur dann erlaubt, wenn eine *gerade Zahl von Elektronenpaarbindungen* daran beteiligt ist.

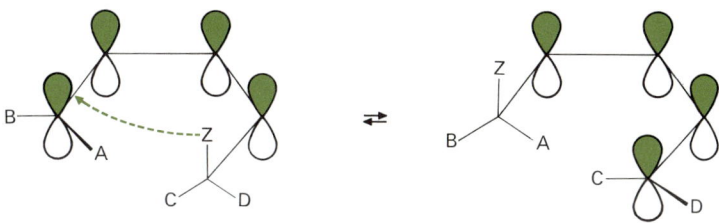

suprafaciale [1,5]-Verschiebung

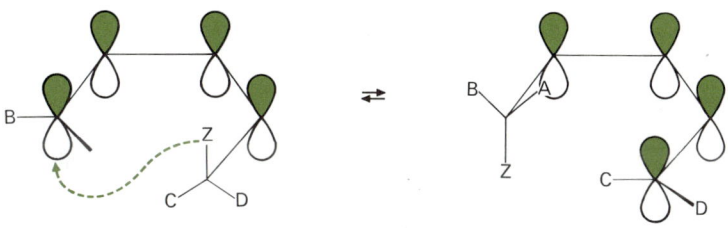

antarafaciale [1,5]-Verschiebung

Da bei der *antarafacialen* Wanderung ein Phasensprung auftritt, ist sie dann *symmetrieerlaubt*, wenn eine *gerade Zahl von Elektronenpaaren daran beteiligt* ist. Wiederum lassen sich sigmatrope Verschiebungen, die thermisch verboten sind, unter Umständen photochemisch durchführen, wenn die betreffende Reaktion aus sterischen Gründen überhaupt möglich ist.

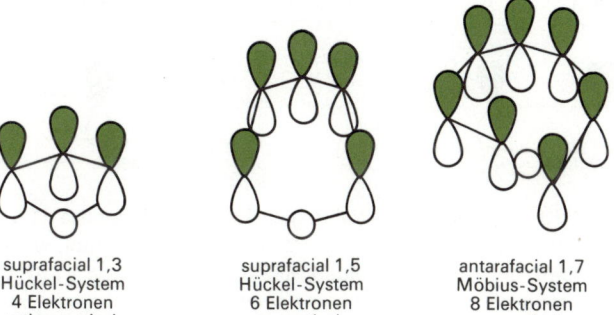

suprafacial 1,3	suprafacial 1,5	antarafacial 1,7
Hückel-System	Hückel-System	Möbius-System
4 Elektronen	6 Elektronen	8 Elektronen
antiaromatisch	aromatisch	aromatisch
verboten	erlaubt	erlaubt

Abb. 10.4. Klassifizierung von sigmatropen Wasserstoffverschiebungen

Beispiele von sigmatropen Verschiebungen:

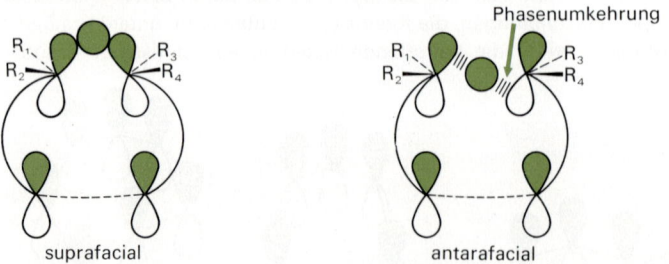

Provitamin D$_2$ Vitamin D$_2$ (Calciferol)

[1,j]-Wasserstoff-Verschiebung. Zwischen den Enden eines konjugierten Polyens kann eine sigmatrope Verschiebung von Wasserstoff auftreten:

$$R_1 \diagdown \overset{H}{\underset{R_2}{C}}-(CH{=}CH)_nCH{=}C \diagup^{R_3}_{R_3} \; \rightleftharpoons \; R_1 \diagdown \underset{R_2}{C}{=}CH(CH{=}CH)_n-\overset{H}{\underset{}{C}} \diagup^{R_3}_{R_4}$$

Im zyklischen Übergangszustand muß das AO des H-Atoms gleichzeitig mit den Orbitallappen an den Enden des konjugierten Systems überlappen; dabei läßt sich die supra- und die antarafaciale Wanderung besonders deutlich erkennen:

suprafacial   antarafacial

Nach den auf S. 570 gegebenen Auswahlregeln ist die suprafaciale [1,5]-Verschiebung eines H-Atoms in einem elektrisch neutralen Polyen thermisch erlaubt, während [1,3]- und [1,7]-Verschiebungen antarafacial erfolgen müssen. Thermische [1,3]-Verschiebungen sind jedoch kaum möglich, da der aktivierte Komplex für eine antarafaciale Verschiebung unter starker Spannung stehen muß. In der Tat sind solche Verschiebungen bisher nicht beobachtet worden, im Gegensatz zur Leichtigkeit, mit der thermische [1,5]-Wasserstoff-Verschiebungen eintreten, und zwar sowohl in offenkettigen wie in zyklischen Systemen (vorausgesetzt, daß die Geometrie des Ringsystems im letztgenannten Fall den zyklischen Übergangszustand erlaubt). Ein einfaches Beispiel dafür ist die Isomerisierung von β,γ-ungesättigten Ketonen in α,β-ungesättigte Verbindungen; die Verschiebung kann hier sowohl thermisch wie auch durch Zusatz von Säure ausgelöst werden, da die Enolisierung eines Ketons säurekatalysiert ist.

[1,j]-Verschiebungen anderer Atome. Im Prinzip gelten hier dieselben Auswahlregeln wie für Wasserstoff-Verschiebungen; hingegen bestehen zusätzliche Möglichkeiten für die Ausbildung des Übergangszustandes.

Beispiel: [1,3]-Verschiebung einer Alkylgruppe

Beim Ablauf (1) nimmt die Alkylgruppe mit dem positiven Orbitallappen eines sp^3-Hybrid-AO an der Verschiebung teil, und der Übergangszustand ist vom Hückel-Typus. Eine derartige [1,3]-Verschiebung ist thermisch verboten. Im Fall (2) nimmt die Alkylgruppe mit beiden Orbitallappen des sp^3-Hybrid-AO an der Verschiebung teil; der Übergangszustand ist vom Möbius-Typ, und die Verschiebung ist thermisch erlaubt. Die beiden Reaktionswege unterscheiden sich stereochemisch: die thermisch-verbotene [1,3]-Verschiebung würde unter *Retention,* die thermisch erlaubte Verschiebung unter *Inversion* der Konfiguration erfolgen. Die bisherigen experimentellen Ergebnisse entsprechen diesen Voraussagen in der Tat genau: Ist eine *ungerade Zahl von Elektronenpaaren* an der [1,j]-Verschiebung beteiligt, so erfolgt sie *suprafacial* unter *Retention, andernfalls suprafacial unter Inversion.* Es muß allerdings erwähnt werden, daß zyklische Übergangszustände vom Möbius-Typ für [1,3]-Verschiebungen aus sterischen Gründen nur schwer möglich sind; [1,3]-Verschiebungen *(«Allyl-Umlagerungen»)* erfolgen daher wohl meist in zwei Schritten.

| suprafacial 1,3 Retention Hückel-System 4 Elektronen antiaromatisch verboten | suprafacial 1,3 Inversion Möbius-System 4 Elektronen aromatisch erlaubt | suprafacial 1,5 Retention Hückel-System 6 Elektronen aromatisch erlaubt | suprafacial 1,5 Inversion Möbius-System 6 Elektronen antiaromatisch verboten |

Abb. 10.5. Klassifizierung von sigmatropen Verschiebungen von Alkylgruppen

Auch die Umlagerungen von *Carbeniumionen* (**«Wagner-Meerwein-Umlagerungen»**) lassen sich als sigmatrope Verschiebungen auffassen, sofern sie wirklich konzertiert verlaufen[1]. Nach den Auswahlregeln sollte eine [1,2]-Verschiebung suprafacial unter *Retention* erfolgen:

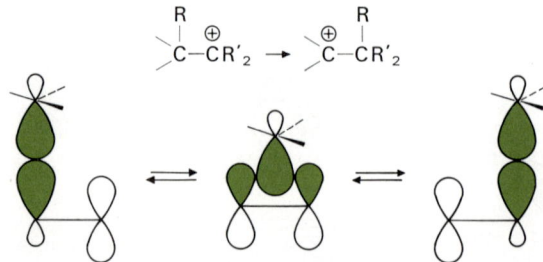

Diese Darstellung ist wahrscheinlich für manche Fälle von Wagner-Meerwein-Umlagerungen (und analogen Umlagerungen zu Carben-C-Atomen oder Nitren-N-Atomen) eine Vereinfachung, da beispielsweise auch das vorhandene Anion einen Einfluß auf das Ergebnis der Umlagerung haben kann und da die Abtrennung des Anions und die eigentliche Verschiebung konzertiert verlaufen können. In *kationischen Polyenen* sollten [1,4]-Verschiebungen sowohl suprafacial unter Inversion wie auch antarafacial unter Retention möglich sein; die Art der Wanderung wird im konkreten Fall durch die Geometrie der reagierenden Partikel bestimmt:

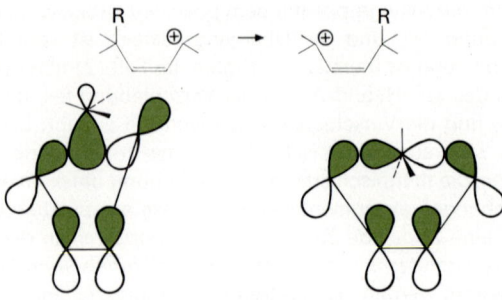

[1] Bei Wagner-Meerwein-Umlagerungen verschiebt sich ebenfalls eine σ-Bindung; allerdings fehlt die benachbarte π-Bindung. An deren Stelle ist ein unbesetztes p-AO vorhanden.

Als Beispiel einer solchen Reaktion sei die folgende Umlagerung erwähnt:

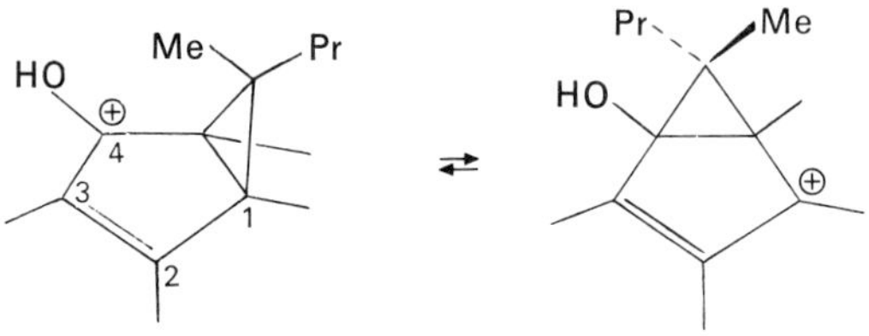

suprafaciale Verschiebung unter Inversion

Cope-Umlagerung. Die *thermische Isomerisierung von 1,5-Dienen* wird als *Cope-Umlagerung* bezeichnet. Die Reaktion ist reversibel und führt in der Regel zu einem *Gleichgewicht*, in welchem das thermodynamisch stabilere Isomer in größeren Konzentrationen vorliegt. Nur bei 3-Hydroxy-1,5-dienen ist die Umlagerung nicht umkehrbar, da das Produkt zur Carbonylform tautomerisiert:

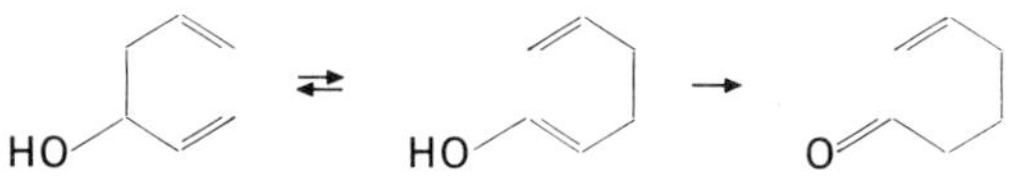

Die erforderliche Temperatur hängt von der Natur der Substituenten ab; +M-Substituenten, die in Konjugation zur neuen Doppelbindung treten können, setzen die Reaktionstemperatur stark herab.

Beispiele:

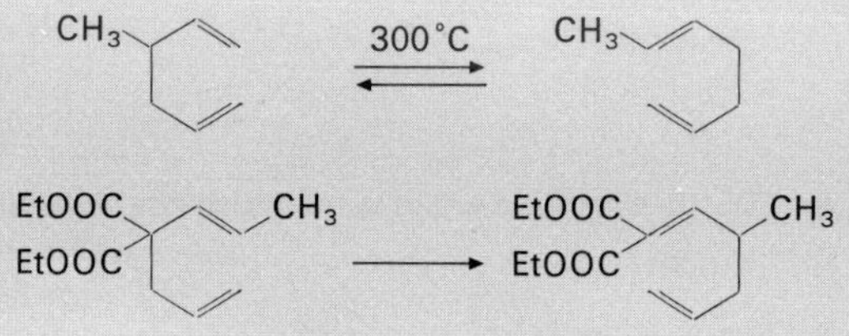

Die Cope-Umlagerung ist eine typische sigmatrope [3,3]-Verschiebung mit allen Merkmalen einer konzertierten Reaktion: große negative Aktivierungsentropie, durch Lösungsmittel wenig beeinflußbar, hoher Grad von Stereospezifität. Da insgesamt drei Elektronenpaare an ihr beteiligt sind, verläuft sie über einen *Hückel-Übergangszustand.* Für diesen sind vier Möglichkeiten denkbar: die beiden «Allyl-Systeme» treten antarafacial oder suprafacial in der Sessel- bzw. der Wannenform in Wechselwirkung, wobei aber der erstgenannte Fall aus geometrischen Gründen kaum möglich erscheint:

Schema:

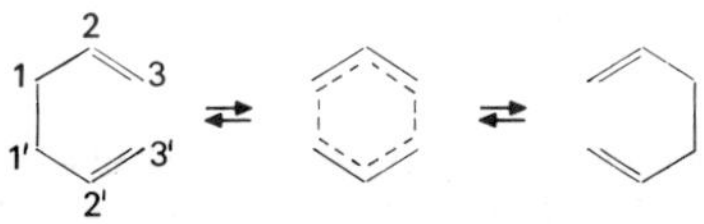

Von den beiden möglichen suprafacialen Übergangszuständen ist der *sesselförmige* energieärmer, was sich z. B. darin zeigt, daß *meso*-3,4-Dimethyl-1,5-hexadien zu 99,7 % *cis, trans*-2,6-Oktadien bildet. Dieses Ergebnis ist nur mit der Annahme eines sesselförmigen Übergangszustandes zu verstehen; ein wannenförmiger Übergangszustand müßte entweder *cis, cis*- oder *trans, trans*-2,6-Oktadien ergeben:

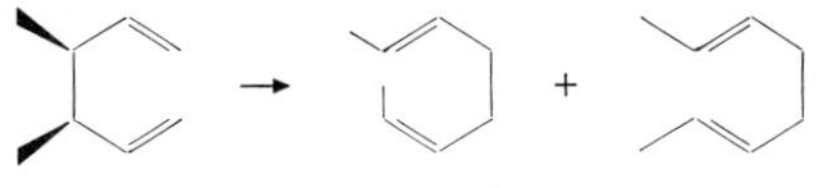

meso   *trans, cis*   *trans, trans*

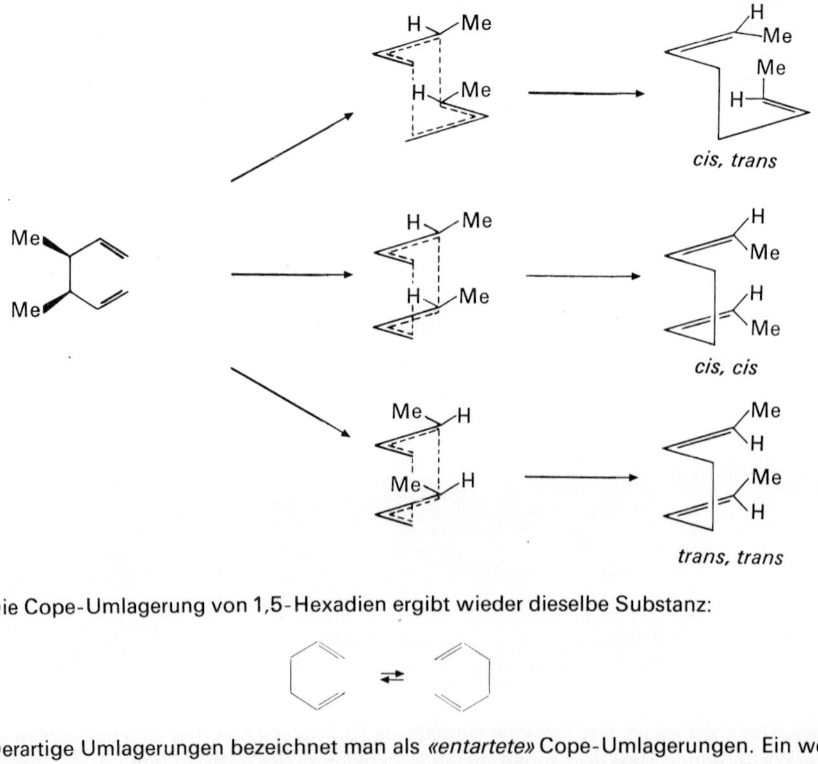

cis, trans

cis, cis

trans, trans

Die Cope-Umlagerung von 1,5-Hexadien ergibt wieder dieselbe Substanz:

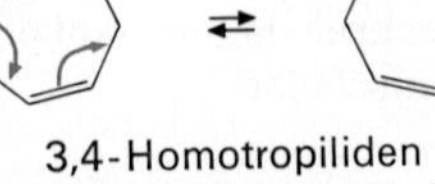

Derartige Umlagerungen bezeichnet man als *«entartete»* Cope-Umlagerungen. Ein weiteres Beispiel eines Moleküls, das eine entartete Cope-Umlagerung erfährt, ist das 3,4-Homotropiliden:

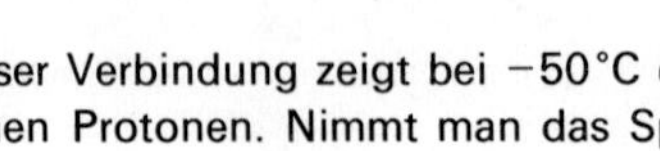

3,4-Homotropiliden
Bicyclo [5.1.0] okta-2,5-dien

Das NMR-Spektrum dieser Verbindung zeigt bei −50 °C die zu erwartenden Signale von insgesamt 7 verschiedenen Protonen. Nimmt man das Spektrum aber bei 180 °C auf, so findet man nur noch die Signale von vier Protonentypen. Bei dieser Temperatur verläuft die Umlagerung so rasch (mehr als 10^3 mal pro sec), daß der Spektrograph nur den «Durchschnitt» der beiden Strukturen registriert und nur noch 4 Arten von Protonen voneinander unterscheiden kann (1):

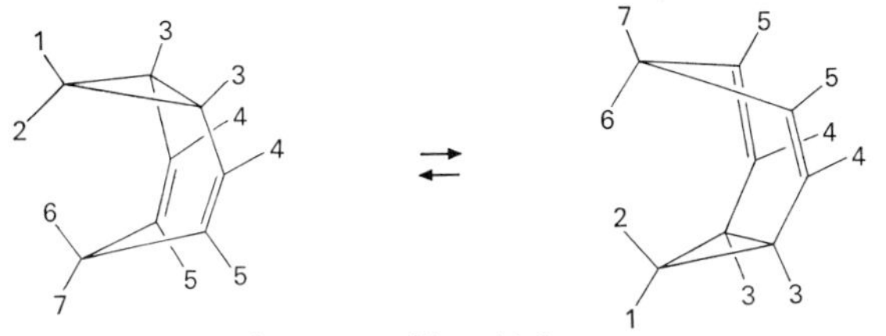

sigmatrope Verschiebung 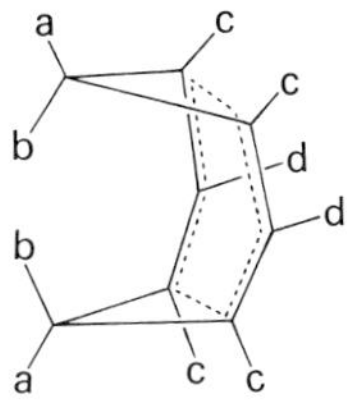   (1)

3,4-Homotropiliden zeigt also die Erscheinung der **Valenzisomerie** *(«Valenztautomerie»)* und besitzt eine **fluktuierende Struktur**.

Auch die Valenztautomerie gewisser überbrückter Systeme wie z. B. Bullvalen (S. 151) oder Hypostrophen (bei denen alle C-Atome gleichwertig sind) beruht auf entarteten Cope-Umlagerungen. Im Fall von Barbaralan existieren nur zwei Valenztautomere, die sich bei Raumtemperatur rasch ineinander umwandeln. Bei $-100\,°C$ ist nach dem NMR-Spektrum nur eine einzige Struktur vorhanden. Semibullvalen hingegen zeigt die rasche Umwandlung der Valenztautomeren noch bei $-110\,°C$; es besitzt von allen bekannten Verbindungen die niedrigste Energiebarriere für die Cope-Umlagerung.

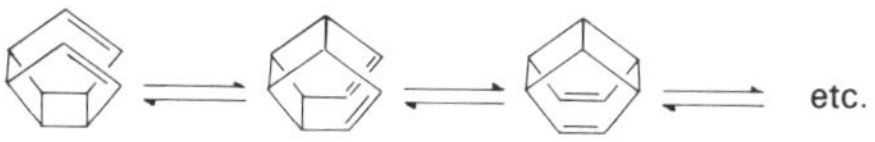

Hypostrophen

Barbaralan    Semibullvalen

Claisen-Umlagerung. Als letzte sigmatrope Verschiebung betrachten wir die thermische Umlagerung von *Phenylallylethern* in *o-Allylphenole*:

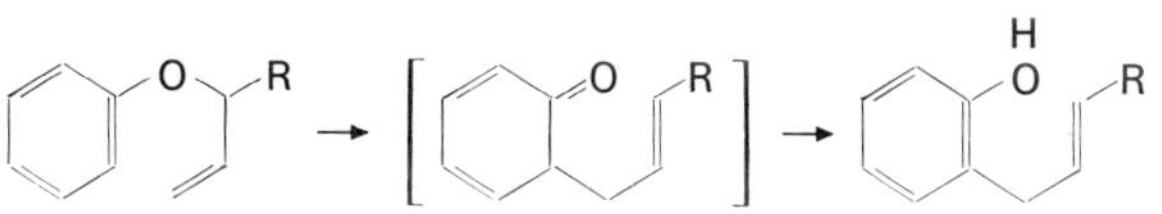

Ihr Verlauf entspricht der Cope-Umlagerung; das als Zwischenprodukt auftretende Cyclohexadienon ist zwar weniger stabil als die Ausgangssubstanz (Verlust des aromatischen Charakters!), wandelt sich jedoch sofort in das (wiederum aromatische) Allylphenol um.

Tragen die o-Positionen keine H-Atome, so schließt sich eine *Cope-Umlagerung* an, und man erhält *p*-Allylphenole. Da die Enolisierung des primär gebildeten Cyclohexadienons in der Regel rascher verläuft als die Cope-Umlagerung, bleibt diese aus, wenn in einer *o*-Position ein H-Atom vorhanden ist:

Cope ↓ [3,3]

Der Ablauf der Umlagerung wurde durch Verwendung von mit ^{14}C markierten Verbindungen bewiesen; daß sie nicht etwa intermolekular erfolgt, wird dadurch gezeigt, daß man sie in Gegenwart eines anderen Aromaten ausführt, wobei dieser nicht allyliert wird.

Der *sterische Verlauf* der Claisen-Umlagerung entspricht dem sesselförmigen Übergangs-zustand. Die neue Doppelbindung ist *trans*-substituiert, gleichgültig, ob dabei von einer *cis*- oder *trans*-Verbindung ausgegangen wurde, weil die pseudo-äquatoriale Lage der Methylgruppe im Übergangszustand begünstigt ist:

Die analoge Reaktion ist auch mit aliphatischen *Allylvinylethern* möglich, wobei hier (in azyklischen Verbindungen) das Gleichgewicht wegen der mit der Bildung der Carbonyl-gruppe verbundenen Energiegewinnes ganz auf Seite des γ,δ-ungesättigten Aldehyds liegt:

Eine wichtige Anwendung dieser Reaktion ist die Einführung von Substituenten in die «angulare» Position bei der Verknüpfung zweier Sechsringe:

Übungen

10.1   Begründen Sie, weshalb man die perizyklischen Reaktionen früher als «no me-chanism-reactions» bezeichnete!

10.2   Begründen Sie, weshalb thermische perizyklische Reaktionen über aromatische Übergangszustände verlaufen!

10.3   Begründen Sie die Regel, daß thermische perizyklische Reaktionen dann «erlaubt» sind, wenn die Anzahl der beteiligten Elektronenpaare und die Zahl der Phasen-umkehrungen eine ungerade Zahl ergibt.

10.4   Welche Möglichkeiten bestehen für Reaktanten, für die obige Regel nicht erfüllt ist?

10.5   Oberhalb 200°C dimerisiert Tetrafluorethen zu perfluoriertem Cyclobutan. Was läßt sich über den Verlauf dieser Reaktion aussagen?

10.6   Erklären Sie die Tatsache, daß elektrozyklische Reaktionen stereospezifisch ver-laufen!

10.7   Verlaufen die beiden folgenden Reaktionen konrotatorisch oder disrotatorisch:

10.8   Können die beiden Reaktionen der Aufgabe 10.7 – falls sie konzertiert verlaufen – thermisch oder photochemisch ausgelöst werden?

10.9   Bei jeder der folgenden Reaktionen treten ein oder mehrere konzertierte Schritte auf. Geben Sie für jedes Beispiel genau an, was geschieht.

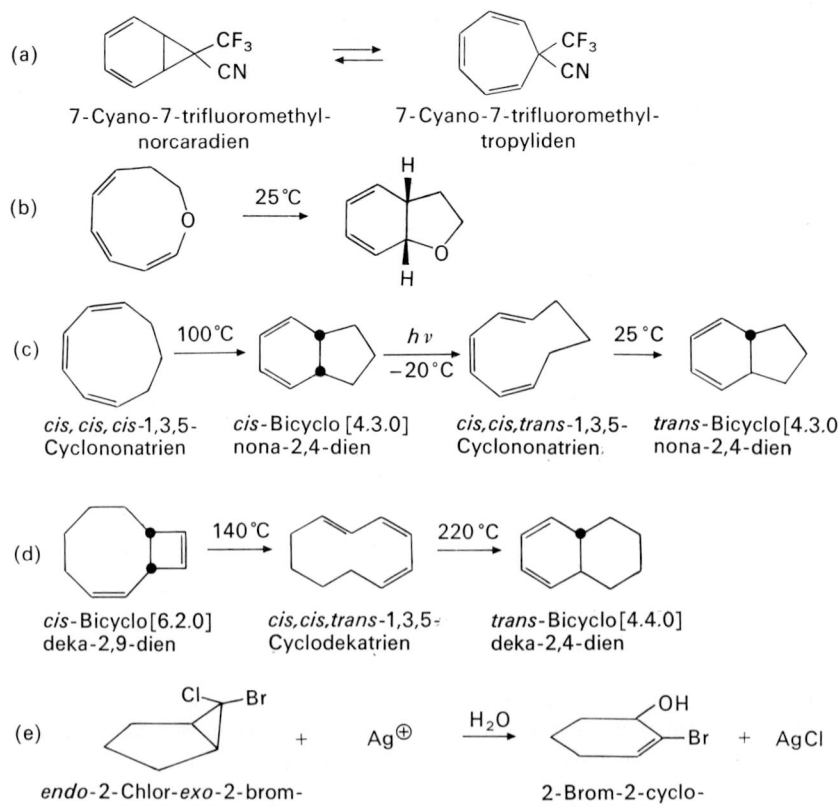

(a)   7-Cyano-7-trifluoromethyl-norcaradien   7-Cyano-7-trifluoromethyl-tropyliden

(b)   25 °C

(c)   cis, cis, cis-1,3,5-Cyclononatrien   100 °C   cis-Bicyclo [4.3.0] nona-2,4-dien   hv −20 °C   cis,cis,trans-1,3,5-Cyclononatrien   25 °C   trans-Bicyclo[4.3.0] nona-2,4-dien

(d)   cis-Bicyclo[6.2.0] deka-2,9-dien   140 °C   cis,cis,trans-1,3,5-Cyclodekatrien   220 °C   trans-Bicyclo[4.4.0] deka-2,4-dien

(e)   endo-2-Chlor-exo-2-brom-bicyclo[3.1.0]hexan   +   Ag⊕ $\xrightarrow{H_2O}$ 2-Brom-2-cyclo-hexen-1-ol   +   AgCl

10.10   Auch für jede der im folgenden dargestellten Umwandlungen nimmt man einen konzertierten Ablauf an. Zeigen Sie wiederum, was jeweils geschieht.

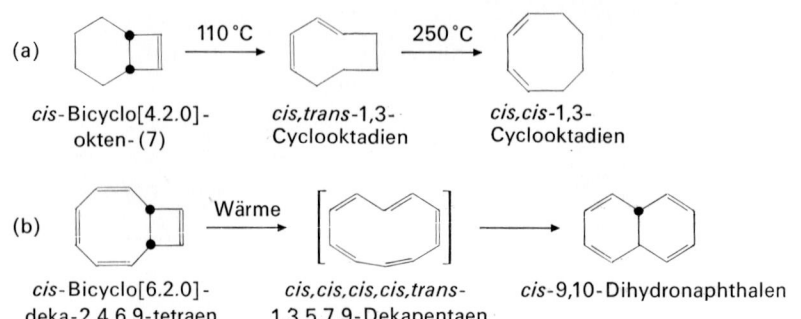

(a)   cis-Bicyclo[4.2.0]-okten-(7)   110 °C   cis,trans-1,3-Cyclooktadien   250 °C   cis,cis-1,3-Cyclooktadien

(b)   cis-Bicyclo[6.2.0]-deka-2,4,6,9-tetraen   Wärme   cis,cis,cis,cis,trans-1,3,5,7,9-Dekapentaen   cis-9,10-Dihydronaphthalen

(c)

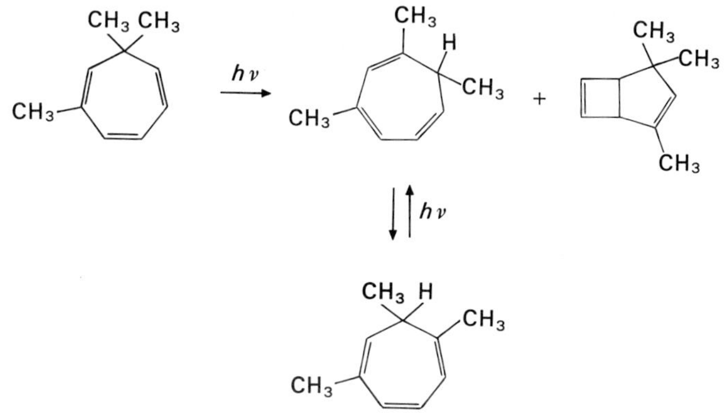

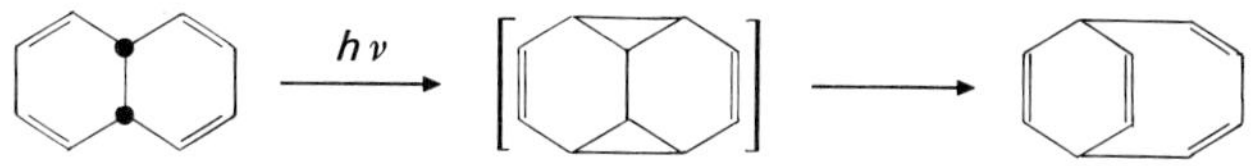

cis-9,10-Dihydronaphthalen

10.11 Jede der nachstehenden Umwandlungen verläuft über die jeweils angegebene Folge von konzertierten Reaktionen. Geben Sie wiederum an, was jeweils geschieht, und schreiben Sie die Strukturen der Verbindungen A bis G!

(a) Elektrozyklischer Ringschluß; elektrozyklischer Ringschluß

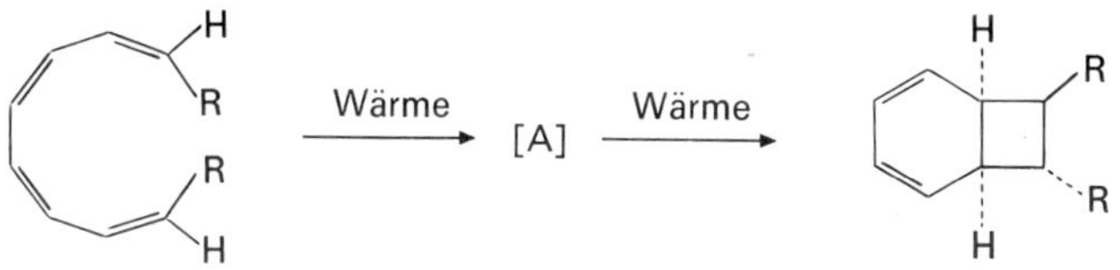

(b) [1,5]-H-Verschiebung; elektrozyklische Ringöffnung

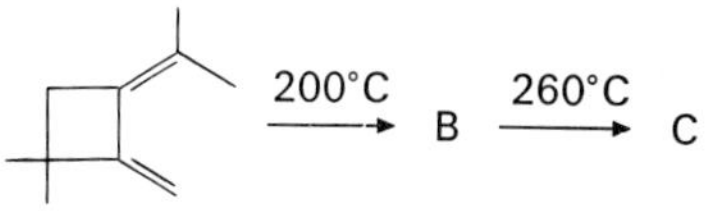

(c) Elektrozyklische Ringöffnung; elektrozyklischer Ringschluß. Bei 170°C wandeln sich die Endprodukte nicht ineinander um

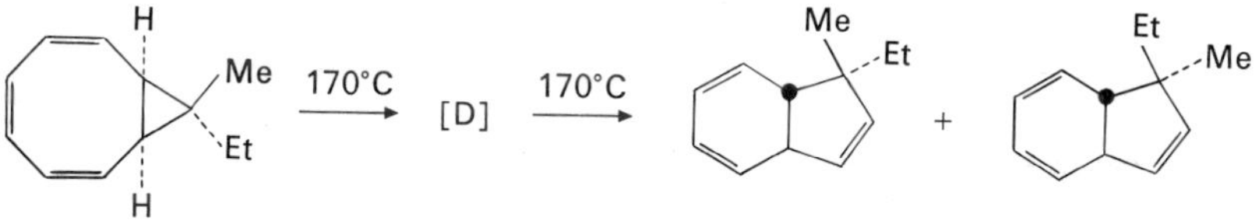

(d) Drei elektrozyklische Ringschlüsse

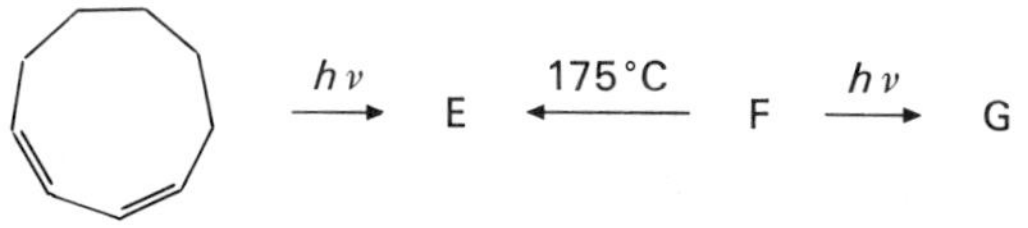

10.12   Erklären Sie die zur Durchführung der nachstehenden Reaktionen erforderlichen unterschiedlichen Bedingungen!

$$\text{(Struktur)} \xrightarrow{176°C} \text{(Struktur)}$$

$$\text{(Struktur)} \xrightarrow{400°C} \text{(Struktur)}$$

10.13   Geben Sie die räumliche Struktur von K und L an und zeigen Sie, welche Prozesse bei jeder Reaktion ablaufen!

(a)   *cis, cis, cis*-1,3,5-Cyclooktatrien $\xrightarrow{80-100°C}$ K (C_8H_{10})

(b)   K + $CH_3OOCC{\equiv}CCOOCH_3$ → L ($C_{14}H_{16}O_4$)

(c)   L $\xrightarrow{\text{Erwärmen}}$ Cyclobuten + Dimethylphthalat

10.14   Obschon Dewar-Benzen (I) weniger stabil ist als Benzen (um etwa 251 kJ), wandelt es sich überraschend langsam in Benzen um (freie Aktivierungsenthalpie etwa 155 kJ/mol). Bei Raumtemperatur beträgt die Halbwertszeit für die Umwandlung zwei Tage, während bei 90°C die Umwandlung in einer halben Stunde vollständig erfolgt ist.

Auch die Substanz (II) wandelt sich überraschend langsam in Toluen um mit einer verhältnismäßig hohen Aktivierungsenergie, die man der Tatsache zuschreibt, daß die Umwandlung von (II) in Toluen symmetrie-verboten ist.

Geben Sie für beide Feststellungen eine Erklärung!

(I)   (II)

10.15   Geben Sie die Strukturen der Produkte folgender Diels-Alder-Reaktionen an:
(a)   Maleinsäureanhydrid + Isopren
(b)   Maleinsäureanhydrid + 1,1-Bicyclohexenyl (1)

(1)

(c)   Maleinsäureanhydrid + 1-Vinyl-1-cyclohexen
(d)   1,3-Butadien + Methylvinylketon
(e)   1,3-Butadien + Crotonaldehyd
(f)   1,3-Butadien + β-Nitrostyren ($C_6H_5CH{=}CHNO_2$)
(g)   p-Benzochinon + 1,3-Cyclohexadien
(h)   Acrylnitril + 1,3-Cyclopentadien
(i)   Acrolein + 1,3-Cyclopentadien

10.16 Aus welchen Ausgangsstoffen können folgende Substanzen durch Diels-Alder-Reaktion gewonnen werden:

(a)   (b)   (c)   (d)

(e)   (f)

10.17 Was weiß man über den Mechanismus der Diels-Alder-Reaktion und insbesondere über ihren sterischen Ablauf?

10.18 Geben Sie die Stereoformel der Produkte folgender Reaktionen an und erklären Sie insbesondere, ob racemische Gemische oder *meso*-Formen entstehen.
(a) Crotonaldehyd + 1,3-Butadien
(b) *p*-Benzochinon + 1,3-Butadien
(c) Maleinsäureanhydrid + 1,3-Butadien gefolgt von Reaktion mit kalter, alkalischer $KMnO_4$-Lösung.

10.19 Die Dimerisierung von 1,3-Butadien zu 1,5-Cyclooktadien ist photochemisch erlaubt. Trotzdem ist die Ausbeute nur sehr gering. Geben Sie dafür eine Erklärung!

10.20 Begründen Sie, weshalb die photochemische Dimerisierung von Ethen symmetrieerlaubt ist!

10.21 Gewisse Alkene dimerisieren bei starkem Erwärmen. Erklärung?

10.23 Welche Bedeutung hat die Retro-Diels-Alder-Reaktion für die präparative Praxis?

10.23 Erklären Sie den Begriff «1,3-dipolare Cycloaddition» und geben Sie Beispiele.

10.24 Zeigen Sie, daß die Bildung von Alkenen durch Esterpyrolyse eine symmetrieerlaubte konzertierte Reaktion darstellt!

10.25 Zu welchen Reaktionstypen gehören die Additionen von Singlett- und Triplett-Carbenen an Doppelbindungen?

10.26 Erklären Sie den Begriff «sigmatrope Verschiebung»! Weshalb sind [1,5]- und [3,3]-Verschiebungen besonders begünstigt?

10.27 Geben Sie Beispiele von sigmatropen Wasserstoffverschiebungen!

10.28 Begründen Sie, weshalb man Wagner-Meerwein-Umlagerungen als sigmatrope Verschiebungen auffassen kann!

10.29 Welche experimentellen Ergebnisse sprechen für den in diesem Kapitel geschilderten Verlauf der Claisen-Umlagerung?

11 Nucleophile Substitutionen an ungesättigten C-Atomen

Bei den in Kapitel 7 ausführlich behandelten Substitutionsreaktionen greift das nucleophile Reagens ausschließlich ein gesättigtes (sp^3-hybridisiertes) C-Atom an. Eine weitere wichtige Gruppe von Reaktionen von etwas anderem Verlauf umfaßt die nucleophilen Substitutionen an ungesättigten und aromatischen C-Atomen. Im vorliegenden Kapitel werden die Substitutionen an sp^2-hybridisierten aliphatischen C-Atomen besprochen. Dabei beschränken wir uns zunächst auf Substitutionen am *Carbonyl-Kohlenstoff*, also auf Verbindungen des Typus X—C=O, da Substituenten an olefinischen Doppelbindungen viel schwieriger zu verdrängen sind als Substituenten an Carbonylgruppen und der erstgenannte Reaktionstypus von geringerer praktischer Bedeutung ist. Nucleophile Substitutionen an aromatischen Systemen bilden den Inhalt von Kapitel 15.

11.1 Verlauf der S_N-Reaktionen an Carbonyl-C-Atomen

Additions-Eliminations-Mechanismus. Bei S_N-Reaktionen an gesättigten C-Atomen erfolgt die Verdrängung der Abgangsgruppe entweder mehr oder weniger synchron mit dem Angriff des Nucleophils (S_N2), oder es wird zunächst die «alte» Bindung getrennt, bevor sich die neue Bindung ausbildet, wobei Carbeniumionen (die mehr oder weniger «frei» sein können) als Zwischenstoffe auftreten (S_N1; «Elimination – Addition»). Ein dritter denkbarer Reaktionsablauf – im *ersten Reaktionsschritt Addition* des Nucleophils und erst im *zweiten Schritt* die *Abtrennung der Abgangsgruppe* – ist an *gesättigten* C-Atomen *nicht* möglich. Anders ist es bei einem nucleophilen Angriff auf ein trigonales (sp^2-hybridisiertes) C-Atom. Hier kann das Nucleophil durch ein Elektronenpaar der Doppelbindung gebunden werden, wobei sich ein *Zwischenstoff* mit sp^3-hybridisiertem («tetraedrischem») C-Atom ausbilden kann:

$$
\begin{array}{c}
\underset{\displaystyle \overset{\|}{O}}{R-C-X} + |Y^{\ominus} \longrightarrow \underset{\displaystyle O^{\ominus}}{R-\overset{\displaystyle \overset{Y}{|}}{C}-X}
\end{array}
\qquad (1)
$$

$$
\underset{\displaystyle O^{\ominus}}{R-\overset{\displaystyle \overset{Y}{|}}{C}-X} \longrightarrow \underset{\displaystyle \overset{\|}{O}}{R-\overset{\displaystyle \overset{Y}{|}}{C}} + |X^{\ominus}
\qquad (2)
$$

Wenn solche Reaktionen – wie es häufig der Fall ist – in sauren Lösungen durchgeführt werden, ist der eigentlichen Substitution ein *Protolysengleichgewicht vorgelagert*:

$$R-\overset{\underset{\|}{O}}{C}-X + H^{\oplus} \;\rightleftarrows\; \left\{ R-\overset{\oplus}{\underset{\underset{|\underline{O}H}{|}}{C}}-X \;\leftrightarrow\; R-\overset{\|}{\underset{\oplus\underline{O}H}{C}}-X \right\}$$

In der protonierten Carbonylverbindung ist die Elektronendichte am trigonalen C-Atom verringert, wodurch der Angriff des Nucleophils erleichtert wird (der aktivierte Komplex für den ersten Schritt der Substitution wird stabilisiert). Nach der Substitution wird das Proton wieder abgespalten (es wirkt also als *Katalysator!*), und die eigentliche Reaktion verläuft auch hier in zwei Schritten:

$$R-\underset{\oplus OH}{\overset{\|}{C}}-X + Y^{\ominus} \;\rightarrow\; \left[\underset{OH}{\overset{Y}{R-\overset{|}{C}-X}} \right]^{\neq} \;\rightarrow\; \underset{OH}{\overset{Y}{R-\overset{|}{\underset{|}{C}}-X}}$$

$$\underset{OH}{\overset{Y}{R-\overset{|}{\underset{|}{C}}-X}} \;\rightarrow\; \underset{OH}{\overset{Y}{R-\overset{|}{\underset{|}{C}}{}^{\oplus}}} \;\rightleftarrows\; \underset{O}{\overset{Y}{R-\overset{\|}{C}}} + H^{\oplus}$$

Für den hier diskutierten allgemeinen Mechanismus der nucleophilen Substitution an ungesättigten C-Atomen sprechen folgende Tatsachen:

1. Die Substitution folgt im allgemeinen einem *Zeitgesetz zweiter Ordnung.* Am aktivierten Komplex des geschwindigkeitsbestimmenden Schrittes ist also sowohl das Nucleophil wie das Substrat beteiligt. Daß aber Bindungstrennung und -neubildung nicht synchron erfolgen, sondern daß ein *Zwischenstoff* auftreten muß, wird z. B. dadurch bewiesen, daß in gewissen Fällen die Geschwindigkeits-«konstante» mit zunehmender Konzentration des Nucleophils wächst, wobei aber diese Zunahme nicht allmählich, sondern unstetig verläuft. Dies bedeutet, daß sich bei Veränderung der Konzentration auch die Art des geschwindigkeitsbestimmenden Schrittes ändert, was offensichtlich nur dann plausibel ist, wenn die Substitution als Ganzes nicht in einem einzigen Reaktionsschritt verläuft.

2. Interessante Resultate liefert die *alkalische Hydrolyse* von *Estern,* deren *Carbonyl-Sauerstoff* durch ^{18}O *markiert* ist. Würde die Reaktion nach einem normalen $S_N 2$-Mechanismus vor sich gehen, so müßte der gesamte markierte Sauerstoff als Carbonyl-Sauerstoff erhalten bleiben, selbst wenn sich ein Gleichgewicht einstellt und wieder etwas Ester zurückgebildet wird:

$$OH^{\ominus} + R-\underset{^{18}O}{\overset{\|}{C}}-OR' \;\rightleftarrows\; R-\underset{^{18}O}{\overset{\|}{C}}-O^{\ominus} + R'OH$$

Im Experiment wurde die Reaktion gestoppt, bevor sie vollständig abgelaufen war, und in dem noch vorhandenen Ester wurde der Gehalt an ^{18}O bestimmt. Dabei fand man, daß der ^{18}O-Gehalt im nicht umgesetzten Ester abgenommen hatte. Dieser Austausch von Sauerstoff ist folgendermaßen zu erklären:

$$
\underset{(1)}{R-\overset{\overset{\displaystyle ^{18}O}{\|}}{C}-OR' + OH^{\ominus}} \longrightarrow \underset{(1)}{R-\overset{\overset{\displaystyle ^{18}O^{\ominus}}{|}}{\underset{\underset{\displaystyle OH}{|}}{C}}-OR'}
$$

(a) $\longrightarrow R-\overset{\overset{\displaystyle ^{18}O}{\|}}{C}-OR' + OH^{\ominus}$

(b) $\longrightarrow R-\overset{\overset{\displaystyle ^{18}O}{\|}}{C}-O^{\ominus} + R'OH$

(c) $\longrightarrow \underset{(2)}{R-\overset{\overset{\displaystyle ^{18}OH}{|}}{\underset{\underset{\displaystyle O^{\ominus}}{|}}{C}}-OR'}$

$$\downarrow$$

$$R-\overset{\overset{\displaystyle O}{\|}}{C}-OR' + {}^{18}OH^{\ominus}$$

Durch Addition eines $OH^{\ominus}$-Ions an den Ester entsteht der «Zwischenstoff» (1). Dieser hat drei Möglichkeiten zur Weiterreaktion. Durch Wiederabspaltung des Hydroxid-Ions wird der Ausgangsstoff zurückgebildet (a); durch Austritt eines Alkoxid-Ions (und anschließende Protonenübertragung von der Carbonsäure auf dieses Ion) entstehen die eigentlichen Reaktionsprodukte Carboxylat-Ion und Alkohol (b). Durch intramolekulare Protonenübertragung ist jedoch auch ein Übergang zu (2) möglich, welches bei der Rückbildung des Esters durch Abtrennung eines Hydroxid-Ions Ester ohne ^{18}O liefert. Die Tatsache, daß ein solcher Sauerstoff-Austausch stattgefunden hat, beweist, daß die Lebensdauer des Anions (1) genügend groß ist, um eine Isomerisierung zum Anion (2) zu ermöglichen; mit anderen Worten, (1) ist *kein aktivierter Komplex* (der nur vorübergehend existiert), sondern ein während einer endlichen Zeitspanne existierender *Zwischenstoff*.

3. In einigen Fällen gelang es auch, den tetraedrisch gebauten Zwischenstoff zu isolieren oder spektroskopisch nachzuweisen.

Die nucleophile Substitution am Carbonyl-C-Atom verläuft also über einen tetraedrisch gebauten Zwischenstoff. Der Reaktionsmechanismus wird gewöhnlich als **«Addition-Elimination»** bezeichnet; die Abkürzung S_N2_t bringt zum Ausdruck, daß es sich um eine nucleophile Substitution zweiter Ordnung mit tetraedrischem Zwischenprodukt handelt. Viele S_N2_t-Reaktionen sind *säurekatalysiert;* in gewissen Fällen ist auch eine Katalyse durch *Basen* möglich, wobei dann in Wirklichkeit oft zwei Substitutionen aufeinander folgen:

$$R-\overset{\overset{\displaystyle }{\|}}{\underset{\underset{\displaystyle O}{}}{C}}-X + Z \longrightarrow R-\overset{\overset{\displaystyle }{\|}}{\underset{\underset{\displaystyle O}{}}{C}}-Z \qquad R-\overset{\overset{\displaystyle }{\|}}{\underset{\underset{\displaystyle O}{}}{C}}-Z + Y \longrightarrow R-\overset{\overset{\displaystyle }{\|}}{\underset{\underset{\displaystyle O}{}}{C}}-Y$$

Reaktivität bei S_N2_t-Reaktionen. Da bei diesem Reaktionstyp – im Gegensatz zur gewöhnlichen S_N2-Reaktion – an Stelle eines aktivierten Komplexes mit fünffach koordiniertem C-Atom ein tetraedrisch gebauter Zwischenstoff auftritt, verlaufen S_N2_t-Reaktionen im allgemeinen *wesentlich rascher und leichter als S_N2-Reaktionen.* Während z.B. die Hydrolyse von Alkylhalogeniden oder ihre Reaktion mit Ammoniak oder Aminen ohne Erwärmen nur ziemlich langsam verläuft, reagieren Säurehalogenide mit Wasser oder Ammoniak (und auch Aminen) meist sehr schnell, oft sogar recht heftig. Auch steht die relative Leichtigkeit, mit der die C—O-Bindung eines Esters oder einer Carbonsäure bei der

Reaktion mit Alkoholen oder Ammoniak (Aminen) getrennt wird, in auffallendem Gegensatz zur Reaktionsträgheit der C—O-Bindung in Alkoholen oder Ethern. Die *Reaktionsgeschwindigkeit* ist aber auch hier eine Funktion der Eigenschaften *beider* Reaktionspartner; sie ist um so größer, je *größer* die *Nucleophilie* des angreifenden Reagens ist, je *stärker* die *Carbonylgruppe polarisiert* ist (d. h. je höher ihre Polarisierbarkeit ist), und je leichter die Abgangsgruppe X verdrängt wird (je *weniger basisch das Ion X$^\ominus$* ist). Auch sterische Faktoren können einen großen Einfluß auf die Reaktionsgeschwindigkeit besitzen. Da alle diese Effekte in komplizierter, meist nicht rein additiver Weise zusammenwirken, ist es nicht möglich, Absolutwerte für die Reaktivität von Carbonylverbindungen vom Typus X—C=O aufzustellen (was – in allerdings nicht einfacher Weise – bei S$_N$2-Reaktionen möglich ist).

Leicht überblickbar sind die *sterischen* Verhältnisse. Da sich das Nucleophil im ersten Schritt an das positivierte C-Atom der Carbonylgruppe anlagert, erfolgt die Reaktion um so leichter, je besser dieses Atom von außen zugänglich ist. Ist das Nucleophil eine Partikel mit großer Raumbeanspruchung oder wird das Carbonyl-C-Atom durch voluminöse Nachbargruppen abgeschirmt, so verläuft die Substitution langsamer, d. h. der zum tetraedrischen Zwischenstoff führende aktivierte Komplex wird durch die voluminösen Substituenten destabilisiert (*sterische Hinderung* durch **«Gruppenhäufung»**, ähnlich wie bei der S$_N$2-Reaktion). In der Praxis zeigt sich dies z. B. bei der Veresterung von am α-C-Atom verschiedenartig substituierten Essigsäuren mit verschiedenen (primären, sekundären oder tertiären) Alkoholen und ebenso bei der Verseifungsgeschwindigkeit entsprechend gebauter Ester (Tabelle 11.1).

Tabelle 11.1. Relative Verseifungsgeschwindigkeiten verschiedener Ester

CH$_3$COOEt	C$_2$H$_5$COOEt	(CH$_3$)$_2$CHCOOEt	(CH$_3$)$_3$CCOOEt
1,0	0,47	0,10	0,011
CH$_3$CH$_2$OOCCH$_3$	(CH$_3$)$_2$CHCH$_2$OOCCH$_3$	(CH$_3$)$_3$CCH$_2$OOCCH$_3$	(C$_2$H$_5$)$_3$CCH$_2$OOCCH$_3$
1,0	0,70	0,18	0,031

Vergleicht man die Reaktivität verschiedener Verbindungen vom Typus X—C=O z. B. gegenüber einem nucleophilen Angriff durch Wasser oder OH$^\ominus$-Ionen, so zeigt sich die Wirkung der *verschiedenen Substituenten X*. Da π-Donatoren den Ausgangsstoff durch Delokalisation der Doppelbindungselektronen der Carbonylgruppe stabilisieren, nimmt die *Reaktivität* mit *wachsendem + M-Effekt ab,* denn es ist ein im gleichen Maß zunehmender Energieaufwand nötig, um den Zwischenstoff (in welchem keine solche Delokalisation möglich ist) zu erreichen:

$$\left\{ \underset{\text{R—C—}\overline{\underline{\text{X}}}|}{\overset{\overset{/\text{O}\backslash}{\|}}{}} \leftrightarrow \underset{\text{R—C=X}}{\overset{\overline{|\text{O}|}^\ominus}{\underset{\oplus}{}}} \right\} \quad \xrightarrow{\;+\,Y^\ominus\;} \quad \underset{\underset{\text{Y}}{|}}{\overset{\overline{|\text{O}|}^\ominus}{\text{R—C—X}}}$$

Anderseits vermögen σ-Akzeptoren als Substituenten die Ladung des Zwischenstoffes zu delokalisieren und erhöhen damit die Reaktivität. In der Reihe N < O < Halogene nimmt der + M-Effekt ab, der – I-Effekt hingegen zu, so daß die Reaktivität in folgender Reihe zunimmt:

$$\text{R—C}\underset{\text{NH}_2}{\overset{\text{O}}{\diagup}} < \text{R—C}\underset{\text{OH}}{\overset{\text{O}}{\diagup}} < \text{R—C}\underset{\text{OR}'}{\overset{\text{O}}{\diagup}} < \text{R—C}\underset{\text{Cl}}{\overset{\text{O}}{\diagup}}$$

Dabei stellen die *Carbonsäuren* insofern einen Sonderfall dar, als sie bereits unter der Wirkung relativ schwacher Basen (also auch mäßig schwacher Nucleophile) in ihre konjugierten Basen, die *Carboxylat-Anionen,* übergeführt werden, in denen die π-Donatorwirkung des negativ geladenen O-Atoms so groß ist, daß die Ladung vollständig und gleichmäßig über beide O-Atome delokalisiert ist und Additions-Eliminationsreaktionen *überhaupt nicht möglich* sind. Auch *Ketone* oder *Aldehyde* sind als Substrate für solche Reaktionen *völlig ungeeignet,* da die dabei zu verdrängenden «Abgangsgruppen» $H^{\ominus}$ bzw. $R^{\ominus}$ extrem starke Basen sind. Nucleophile Substitutionen am Carbonyl-C-Atom sind deshalb im allgemeinen nur bei **Acylverbindungen** möglich (Carbonsäuren und ihren Derivaten). Selbstverständlich zeigen sich bei entsprechenden Reaktionen aromatischer Verbindungen die Wirkungen von Substituenten am aromatischen Kern ebenfalls sehr deutlich; Substituenten mit positiven Hammett-Konstanten (S. 411) wie etwa Nitro- oder Cyanogruppen erhöhen die Reaktivität gegenüber nucleophilen Reagenzien stark.

11.2   Substitutionen an Carbonsäuren und ihren Derivaten

Derivate von Carbonsäuren (Acylverbindungen), wie Säurehalogenide, Ester u. a., sind für nucleophile Substitutionen sehr geeignete Ausgangsstoffe. Typische solche Reaktionen sind etwa die *Alkoholyse* von *Säurehalogeniden* oder die *Verseifung* eines *Esters:*

$$R-C{\overset{O}{\underset{Cl}{\big<}}} + R'OH \longrightarrow R-C{\overset{O}{\underset{OR'}{\big<}}} + HCl$$

$$R-C{\overset{O}{\underset{OR'}{\big<}}} + OH^{\ominus} \longrightarrow R-C{\overset{O}{\underset{O^{\ominus}}{\big<}}} + R'OH$$

Tabelle 11.2. Nucleophile und Abgangsgruppen bei S_N2_t-Reaktionen an Acyl-C-Atomen

Nucleophile	Abgangsgruppen	Produkt
$RCOO^{\ominus}$, $RCOOH$	Cl, Br, I (= X)	$R-\underset{\overset{\|}{O}}{C}-O-\underset{\overset{\|}{O}}{C}-R$
$OH^{\ominus}$, H_2O	X, OOCR, OR, OAr, NH_2, NR_2	$R-\underset{\overset{\|}{O}}{C}-OH$, $Ar-\underset{\overset{\|}{O}}{C}-OH$
$RO^{\ominus}$, ROH	X, OOCR, OH, OR, OAr	$R-\underset{\overset{\|}{O}}{C}-O-R$, $Ar-\underset{\overset{\|}{O}}{C}-O-R$
$HS^{\ominus}$, H_2S, $RS^{\ominus}$, RSH	X, OOCR, OR	$R-\underset{\overset{\|}{O}}{C}-SH$, $R-\underset{\overset{\|}{O}}{C}-S-R$
$NH_2^{\ominus}$, NH_3, NH_2R, NHR_2	X, OOCR, OR, OAr	$R-\underset{\overset{\|}{O}}{C}-NH_2$, $R-\underset{\overset{\|}{O}}{C}-NHR$
		$R-\underset{\overset{\|}{O}}{C}-NR_2$

Weitere Beispiele siehe Tabelle 11.2. – Die große Mehrzahl dieser Reaktionen verläuft über einen tetraedrisch gebauten Zwischenstoff (Addition-Elimination), in gewissen Fällen treten auch Carbeniumionen als Zwischenstoffe auf (S_N1).

Die *Reaktivität* von *Carbonsäurederivaten* gegenüber einem nucleophilen Angriff nimmt in der folgenden Reihe ab:

$$R-C\overset{O}{\underset{Cl}{<}} \; > \; R-C\overset{O}{\underset{OCOR'}{<}} \; > \; R-C\overset{O}{\underset{OR'}{<}} \; > \; R-C\overset{O}{\underset{OH}{<}} \; > \; R-C\overset{O}{\underset{NH_2}{<}}$$

Experimentell zeigt sich dies z. B. darin, daß *Säurechloride* leicht mit Alkoholen oder Aminen reagieren, wobei Ester bzw. Amide entstehen, und daß Ester sich mit Aminen zu Amiden umsetzen. Die Gleichgewichtskonstanten für diese Reaktionen sind im allgemeinen groß, so daß ihre Umkehrung zwar möglich, aber ausgesprochen schwierig ist. Mit Wasser reagieren Acylhalogenide sehr leicht, *Anhydride* schon deutlich langsamer. Die meisten *Ester* reagieren aber mit Wasser kaum, und zudem liegen die Gleichgewichtskonstanten oft um 1. *Amide* schließlich lassen sich nur noch unter der katalytischen Wirkung von Säuren oder Basen hydrolysieren.

Reaktionen von Säurehalogeniden und -anhydriden. Hydrolyse und Alkoholyse von Säurehalogeniden oder Anhydriden ergeben Carbonsäuren bzw. Ester:

Der genaue Ablauf soll am Beispiel der *Hydrolyse* eines *Säurechlorids* gezeigt werden:

konjugierte Säure
der Carbonsäure

Die Reaktion folgt also dem normalen Additions-Eliminations-Mechanismus. Nur in sehr stark polaren Lösungsmitteln und wenn keine stark nucleophilen Reagenzien zugegen sind, verläuft die Hydrolyse nach S_N1, wobei wahrscheinlich zuerst ebenfalls ein H_2O-Molekül addiert wird und sich anschließend im geschwindigkeitsbestimmenden Schritt unter Abspaltung eines $Cl^{\ominus}$-Ions ein Carbeniumion bildet.

Die Hydrolyse sowohl der Säurehalogenide (die präparativ allerdings von geringer Bedeutung ist, da Acylhalogenide gewöhnlich aus Carbonsäuren gewonnen werden) wie der Anhydride wird durch Basen katalysiert. Besonders wirksam ist natürlich das $OH^{\ominus}$-Ion; jedoch können auch andere Basen wie z.B. Pyridin katalytisch wirken. Diese «nucleophile Katalyse» ist in Wirklichkeit nichts anderes als eine Folge von zwei S_N2_t-Reaktionen:

$$CH_3-\underset{\underset{O}{\|}}{C}-O-\underset{\underset{O}{\|}}{C}-CH_3 \; + \; \langle N \rangle \;\; \longrightarrow \;\; CH_3-\underset{\underset{O}{\|}}{C}-N^{\oplus}\langle \rangle \; + \; {}^{\ominus}O-\underset{\underset{O}{\|}}{C}-CH_3$$

$$CH_3-\underset{\underset{O}{\|}}{C}-N^{\oplus}\langle \rangle \;\; + \; H_2O \;\; \longrightarrow \;\; CH_3-\underset{\underset{O}{\|}}{C}-\overset{\oplus}{O}H_2 \; + \; N\langle \rangle$$

Obschon *Anhydride* im allgemeinen eher etwas schwieriger zu hydrolysieren sind als Halogenide, genügt auch hier das Erhitzen des Anhydrids mit Wasser.
Die Gleichgewichtskonstanten der Hydrolysen sind so groß, daß beide Reaktionen praktisch vollständig verlaufen. Wegen der ungünstigen Gleichgewichtslage lassen sich Acylhalogenide deshalb aus den Carbonsäuren nicht durch Erhitzen mit HCl, sondern nur durch S_Ni-Reaktionen mit PCl_5, PCl_3, PBr_3, $SOCl_2$ u.a. erhalten. *Thionylchlorid* ist als Reagens besonders praktisch, weil lauter gasförmige Nebenprodukte (HCl und SO_2) gebildet werden. Flüchtige Säurechloride können auch durch Umsetzung von *Benzoylchlorid* (das durch photochemische Chlorierung von Benzaldehyd erhalten werden kann) mit einer Carbonsäure hergestellt werden; das Gleichgewicht wird dann durch Abdestillieren des gewünschten Produktes nach rechts verschoben.

Die *Alkoholyse* von *Säurechloriden* ist die beste und allgemein anwendbare Methode zur Gewinnung von *Carbonsäureestern*. Als Alkohole können primäre, sekundäre oder tertiäre Alkohole verwendet werden; auch *Phenole* (die wegen der ungünstigen Lage des Gleichgewichtes nicht direkt mit Carbonsäuren verestert werden können) und *Enole* reagieren in der gleichen Weise (wobei im letztgenannten Fall allerdings die C-Acylierung in Konkurrenz mit der Bildung der Enolester tritt). Häufig wird bei der Acylierung von Alkoholen eine *Base* (Pyridin; bei der *«Schotten-Baumann-Reaktion»* wäßriges Alkalihydroxid) zur Neutralisation des gleichzeitig gebildeten Chlorwasserstoffs zugesetzt. Zur Charakterisierung von Alkoholen verwendet man häufig die gut kristallisierenden und scharf schmelzenden Benzoate, *p*-Nitrobenzoate oder 3,5-Dinitrobenzoate, die durch Erwärmen des Alkohols mit Benzoylchlorid (bzw. den substituierten Benzoylchloriden) unter Zusatz von NaOH erhalten werden.
Phosgen liefert auf diese Weise *Chlorameisensäureester* oder (bei Verwendung von 2 mol Alkohol) *Kohlensäureester*. Das zum Schützen von Aminogruppen bei der Synthese von Peptiden häufig verwendete Carbobenzoxychlorid (Benzylchlorcarbonat, $C_6H_5CH_2OCOCl$) entsteht aus Benzylalkohol und Phosgen.

$$\underset{\underset{\text{Phosgen}}{}}{Cl-\underset{\underset{O}{\|}}{C}-Cl} \;\; \begin{cases} + \; ROH \; \longrightarrow \; RO-\underset{\underset{O}{\|}}{C}-Cl \quad \text{Chlorameisensäure-Ester} \\ \\ + \; 2\,ROH \; \longrightarrow \; RO-\underset{\underset{O}{\|}}{C}-OR \quad \text{Kohlensäure-Ester} \end{cases}$$

Auch gegenüber *Alkoholen* sind *Anhydride* etwas weniger reaktionsfähig als Acylhalogenide. Zur Katalyse der Esterbildung benützt man Brönsted- oder Lewis-Säuren und auch Basen. Zyklische Anhydride liefern dabei Halbester:

$$
\begin{array}{c}
CH_2-C\overset{O}{\underset{O}{\diagdown}} \\
\vert \qquad\quad O \\
CH_2-C\overset{\diagup}{\underset{O}{\diagdown}}
\end{array}
+ \ ROH \ \longrightarrow \
\begin{array}{c}
CH_2-COOR \\
\vert \\
CH_2-COOH
\end{array}
$$

Diese Reaktion wird zur Spaltung racemischer Alkohole benutzt; die gebildeten Halbester lassen sich mittels optisch aktiver Basen in die beiden Enatiomere trennen.

Ammoniak und *Amine* reagieren mit Acylhalogeniden und Anhydriden in analoger Weise, wobei sich Amide bzw. substituierte Amide bilden. Diese Reaktionen verlaufen sehr heftig, wenn nicht genügend gekühlt oder nicht in verdünnter Lösung gearbeitet wird; der Mechanismus ist ebenso wie bei der Hydrolyse die Addition-Elimination. Ein Zusatz von Alkalihydroxid neutralisiert auch hier das gebildete HCl. Nimmt man Phosgen als Acylhalogenid, so bilden primäre Amine bei hohen Temperaturen *Chlorformamide,* die dann durch Abspaltung von HCl in *Isocyanate* übergehen. Thiophosgen liefert in analoger Weise Isothiocyanate.

$$
\begin{array}{c}
Cl-C-Cl \\
\parallel \\
O
\end{array}
+ \ RNH_2 \ \longrightarrow \
\begin{array}{c}
Cl-C-NHR \\
\parallel \\
O
\end{array}
\ \longrightarrow \ O{=}C{=}N-R
$$

Anhydride von Dicarbonsäuren ergeben mit Ammoniak bzw. primären Aminen Imide:

Der zweite Reaktionsschritt besteht dann in einem nucleophilen Angriff der Aminogruppe auf das C-Atom der benachbarten Carboxylgruppe.
Hydrazin und *Hydroxylamin* reagieren analog:

Die *Acylierung* von *Aminen* mit Säurechloriden ist nicht nur zur Gewinnung substituierter Amide wichtig, sondern wird vor allem oft angewendet, um Aminogruppen bei bestimmten Reaktionen vor dem Angriff anderer Reagenzien (z.B. Oxidationsmitteln) zu schützen. Nachdem die betreffende Reaktion durchgeführt worden ist, spaltet man das Amid wieder in Amin und Carbonsäure durch saure Hydrolyse.

Säureanhydride werden in der Regel durch Einwirkung von Phosphor(V)-oxid auf die entsprechenden Carbonsäuren hergestellt. Auch das Kochen einer Carbonsäure mit Acetanhydrid liefert das gewünschte Anhydrid, wenn durch Abdestillieren der gleichzeitig gebildeten Essigsäure das Gleichgewicht auf die gewünschte Seite verschoben werden kann. In Sonderfällen geht man aber auch von Säurechloriden aus, die mit Salzen von Carbonsäuren umgesetzt werden:

$$R-C\overset{O}{\underset{Cl}{\big<}} \ + \ ^{\ominus}OOC-R' \ \longrightarrow \ R-C\overset{O}{\underset{O}{\big<}}\underset{\overset{|}{O}}{\overset{}{\underset{}{}}}\!\!C-R' \ + \ Cl^{\ominus}$$

Auf diese Weise lassen sich insbesondere gemischte Anhydride (R $\neq$ R') erhalten.
Schließlich sind noch einige Reaktionen von Säurehalogeniden zu erwähnen, die in besonderen Fällen von Interesse sind.
Durch Erhitzen von Säurehalogeniden mit CuCN lassen sich *Acylcyanide* gewinnen:

$$R-C\overset{O}{\underset{Cl}{\big<}} \ + \ CuCN \ \longrightarrow \ R-C\overset{O}{\underset{CN}{\big<}} \ + \ CuCl$$

Die Reaktion hat zur Darstellung von α-*Ketosäuren* (durch Hydrolyse der Acylcyanide) eine gewisse Bedeutung. Ihr genauer Mechanismus ist nicht bekannt; wahrscheinlich handelt es sich ebenfalls um eine S_N2_t-Reaktion.
Verbindungen mit *aciden H-Atomen* vom Typus Z—CH$_2$—Z' reagieren ebenfalls mit Säurehalogeniden und lassen sich dadurch *acylieren*. Dabei wirken ihre konjugierten Basen (Carbanionen bzw. Enolat-Ionen) als Nucleophil; die eigentliche Reaktion ist aber ebenfalls eine S_N2_t-Reaktion. Ihre präparative Bedeutung liegt darin, daß dadurch leicht β-Diketone, β-Ketoester (bzw. -säuren), β-Ketoaldehyde oder andere, analoge bifunktionelle Verbindungen zugänglich sind. Enthält die Methylenkomponente nur eine elektronenanziehende Gruppe Z (Ester, Ketone), so ist zur Entfernung des Protons eine *sehr starke Base* notwendig (Phenyllithium, Natriumamid, Natriumhydrid). Vor allem die *Acylierung* von *Estern* wird zur Herstellung von β-Ketoestern häufig verwendet (die «Ketonspaltung» von β-Ketosäuren ergibt Ketone; S.460), insbesondere in solchen Fällen, wo die Claisen-Kondensation (S.602) als Folge einer möglichen «gekreuzten» Kondensation mehrere Produkte liefern würde oder wo diese nicht ohne weiteres durchzuführen ist:

$$(CH_3)_2CHCOOEt \ \xrightarrow[\text{Ether}]{NaNH_2} \ (CH_3)_2\overset{\ominus}{C}-COOEt \ \xrightarrow{C_6H_5COCl} \ (CH_3)_2\underset{\overset{|}{COC_6H_5}}{C}-COOEt$$

Mit Lithiumdialkylkupfer-Verbindungen reagieren Acylhalogenide glatt zu *Ketonen:*

$$R-\underset{\overset{\|}{O}}{C}-X \ + \ R'_2CuLi \ \longrightarrow \ R-\underset{\overset{\|}{O}}{C}-R'$$

Auch durch Dialkylcadmiumverbindungen (die aus Grignard-Reagenzien zugänglich sind) lassen sich Acylhalogenide in Ketone überführen. Beide Reaktionen haben zur Synthese komplizierterer Ketone allgemeine Bedeutung. Ihr Mechanismus ist nicht genau bekannt; wahrscheinlich tritt zuerst eine Addition an die Carbonylgruppe ein, gefolgt von der Abtrennung des $X^{\ominus}$-Ions:

$$R-\underset{\underset{O}{\parallel}}{C}-Cl \xrightarrow{\ R_2'CuLi\ } R-\underset{\underset{|\underset{\ominus}{O}|^{\ominus}R'CuLi^{\oplus}}{\underset{|}{C}}}{\overset{\overset{R'}{|}}{C}}-Cl \longrightarrow R-\underset{\underset{O}{\parallel}}{\overset{\overset{R'}{|}}{C}} + Cl^{\ominus} + CuCl + R'Cl + Li^{\oplus}$$

Verseifung von Carbonsäureestern und Veresterung von Carbonsäuren. Die
Hydrolyse von Carbonsäureestern («Verseifung») verläuft gemäß folgendem Schema:

$$R-C\underset{OR'}{\overset{\nwarrow O}{\diagup}} + H_2O \;\rightleftarrows\; R-C\underset{OH}{\overset{\nwarrow O}{\diagup}} + R'OH$$

Die Reaktion ist umkehrbar und führt zu einem Gleichgewicht. Damit müssen aber auch alle
Teilschritte der Hydrolyse *umkehrbar* sein; ihre Umkehrung, die Veresterung von Carbonsäuren, verläuft deshalb über die gleichen Zwischenstoffe und nach denselben Mechanismen wie die Verseifung *(«Prinzip der mikroskopischen Reversibilität»).* Da Alkoxy-Gruppen
wesentlich schlechtere Abgangsgruppen sind als Halogene oder Carboxylatgruppen,
werden Ester durch Wasser im allgemeinen nur sehr *langsam* verseift. Zudem übt das O-
Atom der Alkoxy-Gruppe bereits einen deutlichen + M-Effekt aus, was sich z. B. darin zeigt,
daß durch die (allerdings nur geringe) Delokalisation der Carbonyl-π-Elektronen die freie
Drehbarkeit um die C—O-Bindung eingeschränkt ist:

$$R\underset{\underset{\underset{(1)}{R'}}{|}}{\overset{\overset{O}{\parallel}}{\diagup}C}\diagdown O \;\rightleftarrows\; R\underset{\underset{(2)}{}}{\overset{\overset{O}{\parallel}}{\diagup}C}\diagdown O \diagup R' \qquad \Delta H \approx -50,2 \text{ kJ/mol}$$

Das verhältnismäßig kleine Dipolmoment der Ester (etwa $6,1 \cdot 10^{-30}$ C·m) zeigt, daß das
Estermolekül hauptsächlich in der Konformation (2) vorliegt. Der Konformation (1) würde
ein Dipolmoment von rund $12,8 \cdot 10^{-30}$ C·m entsprechen. Bei tiefer Temperatur aufgenommene NMR-Spektren bestätigen das Überwiegen der Konformation (2).
Die *Geschwindigkeit* der Esterhydrolyse läßt sich nun aber durch Säuren (durch *Protonen*)
stark erhöhen, da dadurch die Reaktivität des Carbonyl-C-Atoms gegenüber nucleophilen
Reagenzien erhöht wird. Auch *Basen* vermögen die Hydrolyse zu beschleunigen. Dabei
entsteht allerdings nicht die freie Carbonsäure, sondern ihr Anion; weil Carboxylat-Anionen
gegenüber Nucleophilen nahezu völlig inert sind, ist die basenkatalysierte Esterhydrolyse
praktisch *nicht reversibel.* Aus diesem Grund werden Ester in der Praxis fast durchwegs
unter der Wirkung von Basen verseift (außer es handle sich um Verbindungen, die
gegenüber Basen empfindlich sind). Kaliumsuperoxid in Benzen – in Gegenwart von
Kronenethern – ist ein besonders guter Katalysator für die Verseifung.

Der *Reaktionsmechanismus* der *basenkatalysierten Esterhydrolyse* – die wir wegen ihrer
großen Bedeutung zuerst betrachten – muß folgenden experimentellen Ergebnissen Rechnung tragen:

1. Die Reaktion – deren Kinetik schon um 1880 untersucht wurde – ist bezüglich Ester und
   Base erster Ordnung, insgesamt also eine *Reaktion zweiter Ordnung.*
2. Wird zur Verseifung mit ^{18}O markiertes Hydroxid verwendet, so enthält der entstehende
   Alkohol keinen ^{18}O. Dies bedeutet, daß die Esterhydrolyse keine normale S_N2-Reaktion
   sein kann (bei welcher das $OH^{\ominus}$-Ion ein Carboxylat-Ion verdrängen würde), weil dann

markierter Alkohol $R^{18}OH$ entstehen müßte. Es muß vielmehr eine Trennung der C—O-Bindung (eine *«Acyl-Sauerstoff-Trennung»*) erfolgen:

$$CH_3-C\begin{smallmatrix}O\\\\OR\end{smallmatrix} + {}^{18}OH^{\ominus} \longrightarrow CH_3-C\begin{smallmatrix}O\\\\{}^{18}O^{\ominus}\end{smallmatrix} + ROH$$

Nach Ingold wird deshalb dieser Ablauf der Verseifung als $B_{AC}2$-*Mechanismus* bezeichnet (basenkatalysierte Acyl-O-Spaltung zweiter Ordnung).

Einen weiteren Beweis für das Vorliegen einer Acyl-Sauerstoff-Spaltung bietet die *Hydrolyse* von *Estern optisch aktiver Alkohole*. Bildet man z. B. durch Reaktion von Benzoylchlorid mit (+)-sek. Butylalkohol Benzoesäure-sek. Butylester und hydrolysiert man diesen Ester anschließend mit wäßriger NaOH, so bleibt die Konfiguration des Alkohols erhalten und man bekommt wiederum (+)-sek. Butylalkohol. Da bei der Bildung des Esters aus dem Alkohol keine Bindung am Chiralitätszentrum getrennt worden sein kann, muß die Esterspaltung unter *Retention* verlaufen und folglich die Acyl-O-Bindung getrennt werden.

$$C_6H_5-C\begin{smallmatrix}O\\\\Cl\end{smallmatrix} + HO-C\begin{smallmatrix}H\\\\C_2H_5\\CH_3\end{smallmatrix} \longrightarrow C_6H_5-C\begin{smallmatrix}O\\\\O-C\end{smallmatrix}\begin{smallmatrix}H\\\\C_2H_5\\CH_3\end{smallmatrix}$$

$$C_6H_5-C\begin{smallmatrix}O\\\\O-C\end{smallmatrix}\begin{smallmatrix}H\\\\C_2H_5\\CH_3\end{smallmatrix} + OH^{\ominus} \longrightarrow C_6H_5-COO^{\ominus} + HO-C\begin{smallmatrix}H\\\\C_2H_5\\CH_3\end{smallmatrix}$$

Ein normaler S_N2-Mechanismus hätte selbstverständlich eine Konfigurationsumkehr zur Folge.

3. Allyl- und Neopentylester ergeben bei Verseifung keine umgelagerten Produkte. Es treten somit keine Carbeniumionen als Zwischenstoffe auf, was einen Ablauf nach S_N1 ausschließt.

Der folgende Mechanismus der basenkatalysierten Esterspaltung stimmt mit allen experimentellen Daten überein:

$$R-\overset{O}{\overset{\|}{C}}-OR' + {}^{\ominus}OH \rightleftharpoons R-\overset{O^{\ominus}}{\underset{OH}{\overset{|}{C}}}-OR' \underset{schnell}{\overset{schnell}{\rightleftharpoons}} R-\overset{O}{\overset{\|}{\underset{OH}{C}}} + OR'^{\ominus} \overset{schnell}{\longrightarrow} R-\overset{O}{\overset{\|}{\underset{O^{\ominus}}{C}}} + R'OH$$

(1)

Die *Gesamtreaktion* ist, wie erwähnt, *irreversibel*. Der erste und wahrscheinlich auch der zweite Reaktionsschritt ist zwar reversibel, der dritte jedoch ist nicht umkehrbar[1]. Geschwindigkeitsbestimmend ist wohl der Angriff des $OH^{\ominus}$-Ions auf den Ester. Die Gesamtgeschwindigkeit der Hydrolyse wird dann durch die Differenz zwischen freier Enthalpie des

---

[1] Genau genommen liegt das entsprechende «Gleichgewicht» bei üblichen Bedingungen extrem rechts.

Esters und des zum Zwischenstoff (1) führenden aktivierten Komplexes (nach Hammond angenähert des Zwischenstoffes selbst) bestimmt. Es ist klar, daß stark raumerfüllende Gruppen R und R′ die Verseifung verlangsamen *(sterische Hinderung* durch «Gruppenhäufung»; siehe S.441). Ester, in denen die Carbonylgruppe mit anderen ungesättigten (oder aromatischen) Gruppen konjugiert ist (wie z. B. in Benzoesäureestern) und die dadurch in gewissem Ausmaß stabilisiert werden, sind ebenfalls weniger leicht (langsamer) zu verseifen, da beim Übergang zum Zwischenstoff zusätzlich auch diese Delokalisationsenergie aufzubringen ist. Die Geschwindigkeitskonstanten für die Verseifung von Estern substituierter Benzoesäuren gehorchen recht gut der Hammett-Beziehung (S.410); + M-Substituenten, wie z. B. *p*-ständige Methoxygruppen, verlangsamen die Hydrolyse, während − M-Substituenten (Nitrogruppen in *p*-Stellung) die Verseifungsgeschwindigkeit stark erhöhen. *p*-Nitrobenzoesäureester werden rund 100mal schneller hydrolysiert als entsprechende Ester der unsubstituierten Benzoesäure.

Wird das Alkoxidion durch elektronenanziehende Substituenten stabilisiert, so wird die Verseifungsgeschwindigkeit erhöht. Ist die Alkoxidgruppe eine gute (schwach basische) Abgangsgruppe, so wird bei der basenkatalysierten Verseifung kein Austausch des Carbonyl-O-Atoms mit dem Lösungsmittel beobachtet. Besonders deutlich zeigt sich dieses Verhalten bei der Verseifung von Phenolestern, da die konjugierten Basen von Phenolen viel leichter verdrängt werden als Alkoxidgruppen:

Die *säurekatalysierte Verseifung* verläuft normalerweise ebenfalls unter *Acyl-Sauerstoff-Trennung* (die Hydrolyse mit $H_2{}^{18}O$ liefert auch hier Alkohol ohne ^{18}O). Die Reaktion folgt einem Zeitgesetz dritter Ordnung (das allerdings nur dann wirklich beobachtet werden kann, wenn Wasser nicht als Lösungsmittel dient; sonst wird die Reaktion pseudo-zweiter Ordnung):

$$- \frac{d\,[\text{Ester}]}{dt} = k \cdot [\text{Ester}] \cdot [H_2O] \cdot [H^{\oplus}]$$

Am aktivierten Komplex des geschwindigkeitsbestimmenden Schrittes müssen also ein Ester- und ein Wassermolekül sowie ein Proton beteiligt sein. Der Ablauf erfolgt gemäß folgendem Mechanismus:

Daß der Ester (bzw. bei der Umkehrung der Reaktion die Carbonsäure) am *Carbonyl-O-Atom* protoniert wird (das in der obenstehenden Gleichung formulierte Produkt (2) ist die konjugierte Säure zur Carbonsäure!) wird durch das NMR-Spektrum von Lösungen von Estern bzw. Carbonsäuren in konzentrierter Schwefelsäure bewiesen. Versuche mit am Carbonyl-O-Atom markierten Estern, sowie die Retention der Konfiguration bei der säurekatalysierten Verseifung von Estern chiraler Alkohole zeigen, daß die Reaktion nicht einem normalen S_N2-Mechanismus folgt. Die beschriebene Reaktionsfolge wird nach Ingold $A_{AC}2$-*Mechanismus* genannt (das «A» weist auf die Katalyse durch Säuren hin).

Die Verseifung tertiärer Alkohole folgt allerdings nicht einem S_N2_t-, sondern einem normalen S_N1-*Mechanismus* (Alkyl-O-Spaltung!), bedingt durch die erhöhte Stabilität tertiärer Carbeniumionen (vgl. S. 599 bezüglich der Veresterung von tertiären Alkoholen!). Als Produkte werden Alkene oder Alkohole erhalten (wie es für Reaktionen, die über Carbeniumionen ablaufen, zu erwarten ist), da das Wasser sowohl als Nucleophil wie als Base wirken kann:

$$R-\overset{\overset{O}{\|}}{C}-O-CR_3' \xrightarrow{H^{\oplus}} R-\overset{\overset{\overset{\oplus}{OH}}{\|}}{C}-O-CR_3' \rightarrow R-COOH + {}^{\oplus}CR_3'$$

$$R_3'C^{\oplus} \begin{cases} + H_2O \rightarrow R_3'C-OH + H^{\oplus} \\ -H^{\oplus} \rightarrow \text{Alken} \end{cases}$$

In der Laboratoriumspraxis werden Ester kaum je durch Säuren gespalten. Hingegen erfolgt die *Veresterung* von Carbonsäuren stets unter der katalytischen Wirkung starker Säuren («*Fischer-Veresterung*») und demnach gemäß der Umkehrung der oben dargestellten Reaktionsfolge. (Wegen der schon mehrfach erwähnten Reaktionsträgheit des Carboxylat-Anions kann die Veresterung durch Basen nicht katalysiert werden!) Es stellt sich dabei ein Gleichgewicht ein, wobei die Gleichgewichtskonstanten häufig Werte um 1 besitzen. Um das Gleichgewicht auf die Seite des (gewünschten) Esters zu verschieben, verwendet man entweder einen Überschuß an Alkohol (oder eventuell auch an Säure, falls es sich um einen relativ teuren Alkohol handelt), oder man entfernt das gebildete Wasser durch azeotrope Destillation mit Benzen oder Toluen (Abb. 11.1). Dabei destilliert ein ternäres azeotropes Gemisch aus Benzen, Wasser und Alkohol ab, das sich beim Kondensieren in zwei Phasen trennt. Die untere Phase, ein Gemisch aus Alkohol und Wasser, kann abgetrennt werden und die obere (Alkohol/Benzen)-Phase fließt in das Reaktionsgemisch zurück. Durch Verwendung bestimmter «*Kondensationsmittel*» wie Trifluoressigsäureanhydrid oder Dicyclohexylcarbodiimid kann die direkte Veresterung eines Alkohols mit einer Carbonsäure stark beschleunigt werden; gleichzeitig wird dann auch die Ausbeute an Ester erhöht. Bei Verwendung von Dicyclohexylcarbodiimid läßt sich die Veresterung sogar in neutraler wäßriger Lösung durchführen.

Der Reaktionsablauf bei der Veresterung mittels Dicyclohexylcarbodiimid ist ziemlich verwickelt. Er hat eine gewisse Ähnlichkeit mit der «nucleophilen Katalyse»; die Säure wird in eine andere Verbindung übergeführt, die eine bessere Abgangsgruppe besitzt. Diese Umwandlung erfolgt allerdings nicht gemäß S_N2_t, da die C=O-Bindung während dieses Schrittes unverändert bleibt:

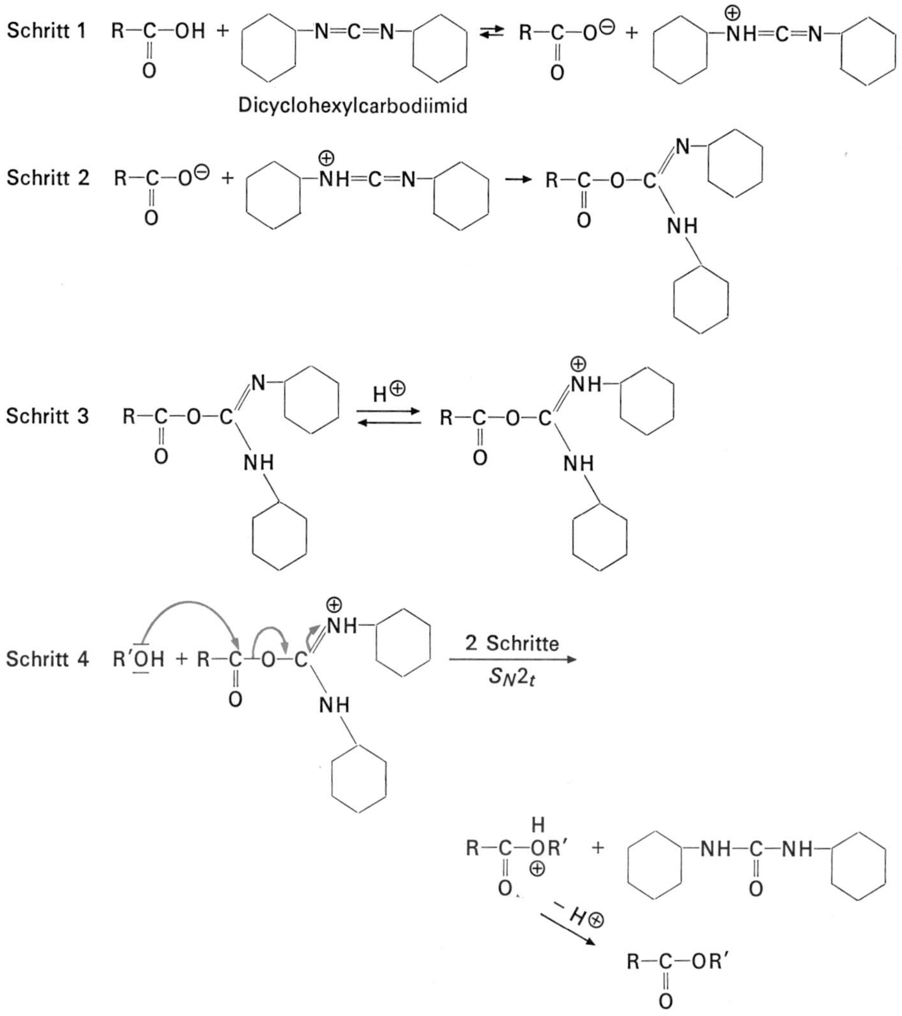

Schritt 1   R–C–OH +   [Struktur: N=C=N zwischen zwei Cyclohexylgruppen] ⇌ R–C–O⁻ + [Struktur: ⁺NH=C=N mit Cyclohexylgruppen]
‖ O   ‖ O

Dicyclohexylcarbodiimid

Schritt 2   R–C–O⁻ + [Struktur: Cyclohexyl–⁺NH=C=N–Cyclohexyl] → R–C–O–C mit =N–Cyclohexyl und NH–Cyclohexyl
‖ O   ‖ O

Schritt 3   R–C–O–C (=N–Cyclohexyl, NH–Cyclohexyl) ⇌ (H⁺) R–C–O–C (=⁺NH–Cyclohexyl, NH–Cyclohexyl)
‖ O   ‖ O

Schritt 4   R'OH + R–C–O–C (=⁺NH–Cyclohexyl, NH–Cyclohexyl)   → 2 Schritte / S_N2_t

H
R–C–OR' + [Cyclohexyl–NH–C–NH–Cyclohexyl]
‖ O⁺   ‖ O

–H⊕

R–C–OR'
‖ O

Auch die säurekatalysierte Verseifung (bzw. Veresterung) verläuft langsamer, wenn es sich bei R und R' um voluminöse Gruppen handelt. Die elektronischen Einflüsse (Wirkungen von Substituenten an aromatischen Ringen) sind hingegen relativ klein. So sind die Verseifungsgeschwindigkeiten von *p*-Nitrobenzoesäureester und Benzoesäureester bei der Katalyse durch Säure praktisch identisch.

Bei *Estern* mit *starker sterischer Hinderung,* wie z. B. Estern der Pivalinsäure (Trimethylessigsäure) oder von orthosubstituierten Benzoesäuren, verläuft sowohl die basen- wie die säurekatalysierte Esterspaltung *sehr langsam* und ebenso lassen sich auch die entsprechenden Säuren nur sehr langsam verestern. Besonders groß ist die sterische Hinderung bei Verbindungen wie etwa *2,4,6-Trimethylbenzoesäure (Mesitylencarbonsäure),* die sich unter normalen Bedingungen überhaupt nicht verestern läßt. Die relativ voluminösen Methylgruppen drängen hier die protonierte Carboxylgruppe aus der Ebene des Benzenrin-

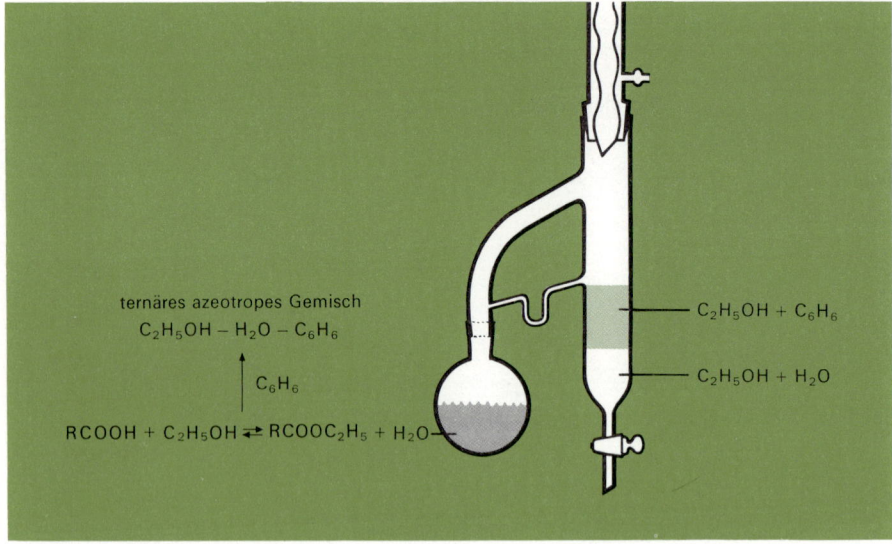

Abb. 11.1. Herstellung von Estern durch azeotrope Entfernung des gebildeten Wassers

ges heraus und verhindern dadurch einen Angriff durch das Nucleophil (das Alkoholmole-kül), der senkrecht zur Ebene der protonierten Carboxylgruppe erfolgen muß. Ändert man jedoch die Reaktionsbedingungen, indem man die Säure zuerst in konzentrierter Schwefel-säure löst und dann diese Lösung in den gewünschten Alkohol gießt, so wird die Säure rasch und vollständig verestert. Auf die gleiche Weise – durch Lösen des Esters in konzentrierter Schwefelsäure und Ausgießen der Lösung in Wasser – läßt sich der Ester wiederum verseifen. Unter diesen Bedingungen verlaufen Veresterung und Verseifung jedoch nicht mehr nach dem $A_{AC}2$-, sondern nach einem anderen, dem $A_{AC}1$-*Mechanismus*. Das Gemisch von Mesitylencarbonsäure/Schwefelsäure zeigt nämlich den vierfachen molalen Wert der Gefrierpunktserniedrigung, während ein Benzoesäure/Schwefelsäure-Gemisch nur den (erwarteten) doppelten Wert ergibt. Mesitylencarbonsäure muß also mit Schwefel-säure offenbar folgendermaßen reagieren:

$$ ArCOOH \ + \ 2\,H_2SO_4 \quad \longrightarrow \quad ArCO^{\oplus} \ + \ H_3O^{\oplus} \ + \ 2\,HSO_4^{\ominus} $$

Dabei spaltet das primäre Produkt der Reaktion mit Schwefelsäure, die konjugierte Säure von Mesitylencarbonsäure, ein Molekül Wasser ab, das mit einem weiteren H_2SO_4-Molekül noch ein $HSO_4^{\ominus}$- und zugleich ein $H_3O^{\oplus}$-Ion ergibt. Auf diese Weise entsteht ein linear gebautes **Acylium-Ion,** $Ar-C{\equiv}O^{\oplus}$, das vom Alkoholmolekül ohne weiteres aus der Richtung senkrecht zur Ringebene angegriffen werden kann. Da unsubstituierte Benzoe-säuren keine solchen Acyliumionen bilden, haben wir hier wieder ein schönes Beispiel einer *«sterischen Beschleunigung»*. Das gleiche Acyliumion bildet sich natürlich auch durch Reaktion des Esters mit konzentrierter Schwefelsäure. Der geschwindigkeitsbestimmende Schritt ist in beiden Fällen die Bildung des Acyliumions; die Reaktion ist deshalb *erster Ordnung* bezüglich *Ester* (bzw. *Carbonsäure*) und *nullter Ordnung* bezüglich *Wasser*.

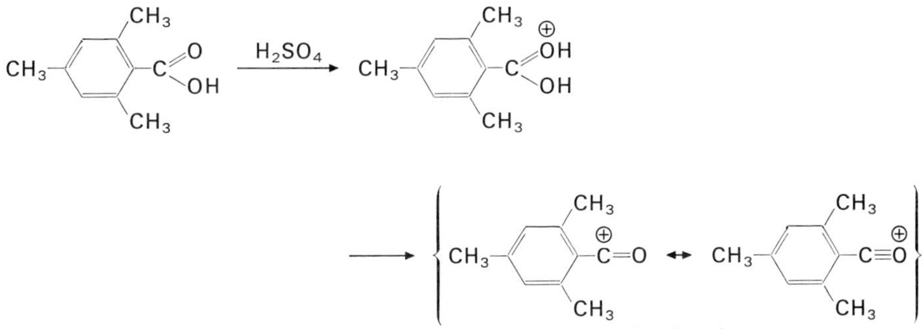

Acylium-Ion

Eine weitere Variante des Verseifungs-(Veresterungs-)mechanismus wird beobachtet, wenn es sich um *Ester* von *tertiären Alkoholen* (oder von *Benzylalkoholen)* handelt. Diese Alkohole bilden relativ stabile Carbeniumionen, so daß in diesen Fällen nicht Acyl-Sauerstoff-Trennung, sondern *Alkyl-Sauerstoff-Trennung* eintritt; d. h. die Verseifung (und die Veresterung) erfolgt im Prinzip nach einem *normalen S_N1- Mechanismus:*

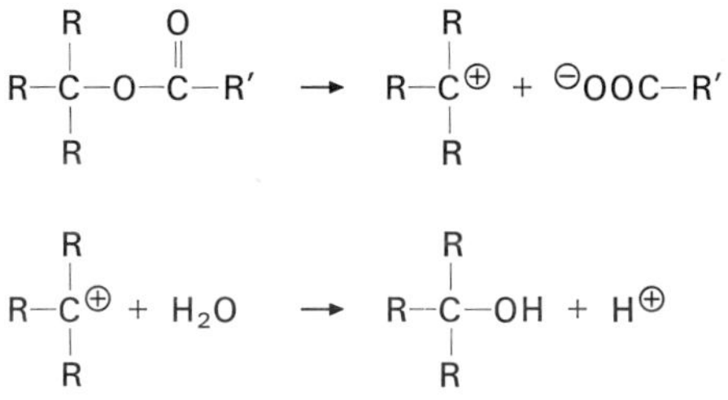

Den Beweis dafür liefern auch hier die *Kinetik* (die Reaktion ist erster Ordnung bezüglich Ester und nullter Ordnung bezüglich Wasser) sowie die *Verseifung* mit *markiertem Wasser.* Zudem werden Ester optisch aktiver tertiärer Alkohole bei der Verseifung sehr weitgehend *racemisiert.*

Tert. Butylester können unter milden Bedingungen verseift werden, d. h. mit so wenig Säure, daß andere eventuell vorhandene Estergruppen nicht angegriffen werden. Das durch die Alkyl-Sauerstoff-Trennung entstandene Carbeniumion verliert dabei ein Proton und geht in Isobuten über. Diese Art der Verseifung ist zur *selektiven Esterspaltung* im Fall mehrerer, gleichzeitig vorhandener Estergruppen präparativ wichtig:

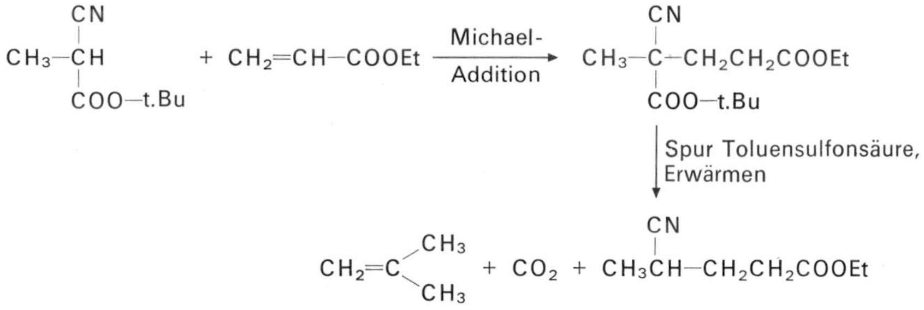

Auch bei der *Verseifung* von *Estern starker Mineralsäuren* (z.B. von Sulfaten) und ebenso bei der Verseifung von *Sulfonaten* (Sulfonsäure-Estern) wird die *Alkyl-Sauerstoff-Bindung getrennt*. Die betreffenden Reaktionen sind also eigentlich nucleophile Substitutionen am gesättigten C-Atom (S. 453):

$$HO^\ominus + R{-}OSO_2{-}Ar \longrightarrow HOR + {}^\ominus OSO_2{-}Ar$$

Zusammengefaßt gilt also:

Basen- und säurekatalysierte Verseifung von Estern primärer und sekundärer Alkohole mit sterisch nicht gehinderten Säuren und ebenso die säurekatalysierte Veresterung solcher Säuren mit primären und sekundären Alkoholen verlaufen nach $B_{AC}2$ bzw. $A_{AC}2$. Ester sterisch gehinderter Säuren lassen sich nach $A_{AC}1$ (über Acyliumionen) verseifen; nach demselben Mechanismus ist auch die Veresterung solcher Säuren möglich. Tertiäre Alkohole und Benzylalkohole werden nach S_N1 verestert, und ihre Ester werden nach demselben Mechanismus verseift, katalysiert durch Säure oder geringe Mengen Base.

Ergänzend sei festgehalten, daß auch bei Veresterungen bzw. Verseifungen die *Phasentransfer-Katalyse* (mit Tetraalkylammoniumsalzen oder Kronenethern) erfolgreich eingesetzt werden kann. Selbst sterisch gehinderte Carbonsäuren wie die erwähnte Mesitylencarbonsäure lassen sich auf diese Weise verestern, und sogar das üblicherweise inerte Methylenchlorid kann mit Carbonsäuren zu Diestern umgesetzt werden. Sterisch so stark gehinderte Ester wie Mesitylencarbonsäure-tert. butylester ließen sich durch KOH, das mittels eines Kronenethers in Toluen gelöst wurde, verseifen.

Intramolekulare Katalyse. Funktionelle Gruppen sind oft dann katalytisch besonders stark wirksam, wenn sie an eines der reagierenden Moleküle gebunden sind und die katalytisch wirksame sowie die reagierende Gruppe dank günstiger Geometrie der Reaktanten einander besonders nahe kommen können. Wahrscheinlich spielen solche «intramolekulare Katalysen» bei *enzymatisch katalysierten* Reaktionen eine große Rolle, denn an den «aktiven Zentren» eines Enzyms müssen die an einer bestimmten Reaktion beteiligten sauren, basischen oder nucleophilen Gruppen einander so stark genähert werden, daß die betreffende Reaktion ablaufen kann.

Die Mitwirkung von intramolekular vorhandenen Gruppen auf die Reaktionsgeschwindigkeit bei der *Verseifung* wurde an Derivaten der Acetylsalicylsäure eingehend untersucht. Das Anion der Acetylsalicylsäure wird viel rascher verseift als das elektrisch neutrale Molekül, was darauf hinweist, daß die Carboxylgruppe bzw. ihre konjugierte Base auf irgend eine Weise an der Reaktion teilnimmt. Man könnte sich vorstellen, daß sich durch Angriff des negativ geladenen Carboxyl-O-Atoms auf die Esterfunktion zunächst ein Anhydrid bildet, das anschließend hydrolysiert wird *(«nucleophile Katalyse»)*:

Durch Isotopenmarkierung konnte indessen gezeigt werden, daß die Reaktion anders ablaufen muß. Das «gemischte» Anhydrid von Salicyl- und Essigsäure wird nämlich in Wasser mit ^{18}O unter Aufnahme von etwa 25% ^{18}O hydrolysiert:

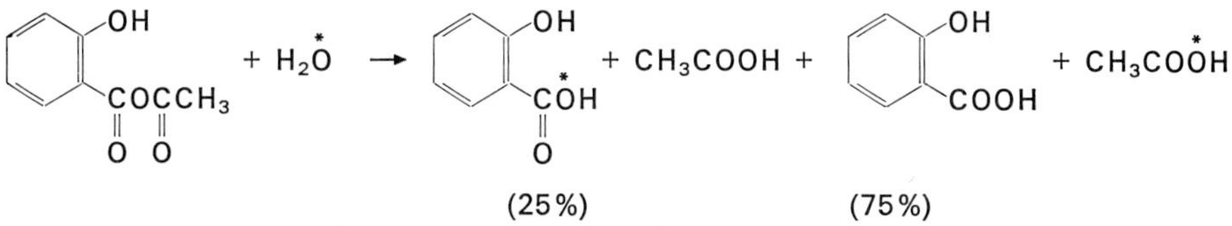

Verseift man aber Acetylsalicylsäure mit $H_2^{18}O$ und $OH^\ominus$-Ionen, so enthält die gebildete Salicylsäure keinen ^{18}O. Man nimmt daher an, daß die intramolekulare Katalyse unter Beteiligung eines Moleküls Wasser verläuft:

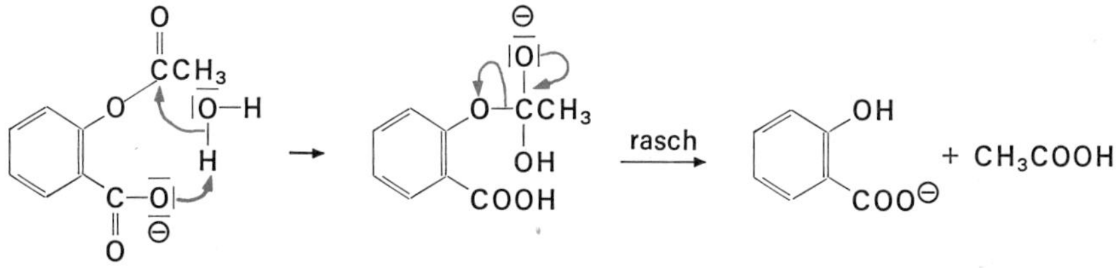

Hingegen tritt die nucleophile Katalyse bei Phthalsäurehalbestern von Alkoholen auf, die ziemlich stark sauer sind (Phenyl- und Trifluorethylester), wobei die konjugierte Base der Carboxylgruppe katalytisch wirkt:

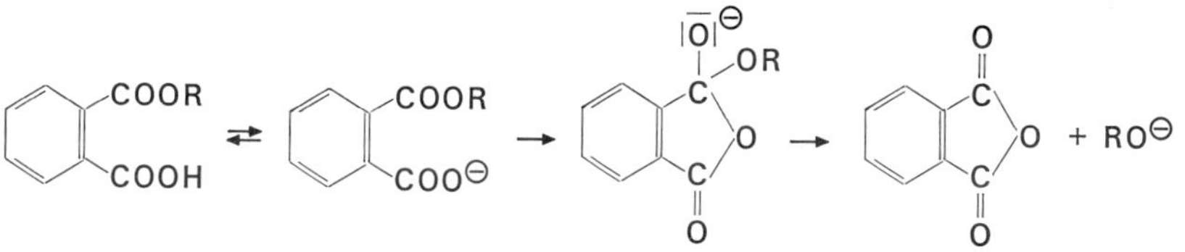

Umesterung. Diese praktisch wichtige Reaktion tritt dann auf, wenn man einen *Ester* mit einem *Alkohol* in Gegenwart von *Säuren* oder *Basen* erhitzt. Es stellt sich dann ein Gleichgewicht ein, das z.B. durch Abdestillieren eines Reaktionsproduktes nach der gewünschten Richtung verschoben werden kann. Der Reaktionsablauf entspricht den Mechanismen für die basen- bzw. säurekatalysierte Verseifung; im letzteren Fall addiert der protonierte Ester an Stelle eines H_2O-Moleküls ein Alkoholmolekül, während bei der basenkatalysierten Umesterung der Zwischenstoff im Gleichgewicht mit Alkoholmolekülen steht:

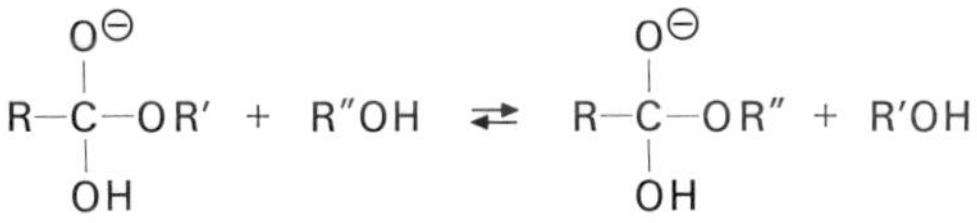

Die Umesterung ist von Bedeutung zur Gewinnung von Estern unlöslicher Säuren. Technisch lassen sich Fettsäureester und Glycerin durch Erhitzen von Fetten mit Methanol gewinnen. Polyesterfasern wie Terylen (Trevira, Dacron), das aus Terephthalsäure und Ethylenglykol entsteht, werden durch Umesterung von Terephthalsäuredimethylester und Glykol (an Stelle der direkten Veresterung) hergestellt.

Claisen-Kondensation. Werden Ester, die am α-C-Atom ein H-Atom besitzen, zusammen mit einer starken Base wie z. B. Natriumethylat erhitzt, so bildet sich unter Abspaltung eines Moleküls Alkohol ein β-*Ketoester:*

$$2\ \text{R}-\text{CH}_2-\text{C}\underset{\text{OR}'}{\overset{\text{O}}{\diagup}} \xrightarrow{\text{OEt}^{\ominus}} \text{R}-\text{CH}_2-\underset{\underset{\text{R}}{\overset{|}{\text{O}}}}{\overset{\overset{||}{\text{O}}}{\text{C}}}-\text{CH}-\text{C}\underset{\text{OR}'}{\overset{\text{O}}{\diagup}} +\ \text{R}'\text{OH}$$

Diese als **Claisen-Kondensation**[1] (allgemein auch etwa als **Esterkondensation**) bezeichnete, präparativ außerordentlich vielseitig anwendbare Reaktion ist der alkalischen Hydrolyse von Estern eng verwandt. Während bei der basenkatalysierten Esterspaltung das Carbonyl-C-Atom durch ein OH$^{\ominus}$-Ion angegriffen wird, ist das angreifende Reagens bei der Claisen-Kondensation ein Carbanion eines Esters (oder Ketons bzw. Nitrils). Die zugesetzte Base dient zur Bildung der Carbanionen, so daß dann die Reaktion nach dem gewöhnlichen Additions-Eliminations-Mechanismus ablaufen kann:

$$\text{R}-\text{CH}_2-\text{COOR}' + \text{OEt}^{\ominus} \rightleftarrows \text{R}-\overset{\ominus}{\text{CH}}-\text{COOR}' + \text{EtOH} \tag{1}$$

$$\text{R}-\text{CH}_2-\underset{\underset{\text{O}}{||}}{\text{C}}-\text{OR}' + {}^{\ominus}\underset{\underset{\text{R}}{|}}{\text{CH}}-\text{COOR}' \rightleftarrows \text{R}-\text{CH}_2-\underset{\underset{\text{O}^{\ominus}}{|}}{\overset{\overset{\text{R}-\text{CH}-\text{COOR}'}{|}}{\text{C}}}-\text{OR}' \tag{2}$$

$$\underset{\underset{\text{O}^{\ominus}}{|}}{\overset{\overset{\text{R}-\text{CH}-\text{COOR}'}{|}}{\text{R}-\text{CH}_2-\text{C}}}-\text{OR}' \rightleftarrows \text{R}-\text{CH}_2-\underset{\underset{\text{O}}{||}}{\overset{\overset{\text{R}}{|}}{\text{C}}}-\text{CH}-\text{COOR}' + {}^{\ominus}\text{OR}' \tag{3}$$

$$\tag{1}$$

Insgesamt wird also ein Alkoxid-Ion durch ein Carbanion verdrängt.

Daß Lösungen, in welchen Claisen-Kondensationen möglich sind, tatsächlich (wenn auch nur in geringen Konzentrationen) *freie Carbanionen* enthalten, wird dadurch gezeigt, daß Ester, Ketone und Nitrile in Lösungen von C_2H_5OD (die zugleich noch Natriummethylat enthalten) ihre α-H-Atome gegen D-Atome austauschen («normale» C—H-Bindungen – die kinetisch inert sind – ergeben keinen Deuterium-Austausch!). Dies muß über die folgenden Gleichgewichte erfolgen:

$$\underset{\underset{\text{O}}{||}}{\text{H}-\text{C}-\text{C}}- + C_2H_5O^{\ominus} \rightleftarrows {}^{\ominus}|\underset{\underset{\text{O}}{||}}{\text{C}-\text{C}}- + C_2H_5OH$$

$$\underset{\underset{\text{O}}{||}}{{}^{\ominus}|\text{C}-\text{C}}- + C_2H_5OD \rightleftarrows \underset{\underset{\text{O}}{||}}{\text{D}-\text{C}-\text{C}}- + C_2H_5O^{\ominus}$$

Zudem werden optisch aktive Ester vom Typus $\overset{\text{R}\diagdown}{\underset{\text{R}'\diagup}{}}\text{CH}-\text{COOEt}$ durch Ethylat-Ionen *racemisiert,* was nur über Carbanionen als Zwischenstoffe möglich ist.

Das oben angegebene Reaktionsschema der Claisen-Kondensation ist allerdings insofern nicht vollständig, als der β-Ketoester (1) durch das in Schritt (3) zugleich gebildete Alkoxid-

---

[1] Reaktionen, bei welchen sich zwei Moleküle unter Abspaltung eines dritten Moleküls vereinigen, nennt man allgemein *Kondensationen.*

Ion in sein Anion (das Enolat-Ion) umgewandelt wird (β-Ketoester sind dank den beiden Carbonylgruppen in ihrer Acidität den Phenolen vergleichbar!). Insgesamt wird also *ein Äquivalent der Base verbraucht.* Die einzelnen Reaktionsschritte sind reversibel; es stellt sich also ein *Gleichgewicht* ein, dessen Konstante zwar relativ klein ist, das aber durch die Enolisierung des Produktes (und durch ein kontinuierliches Abdestillieren des gebildeten Alkohols) auf die Seite des gewünschten Esters verschoben wird (der dann am Schluß durch Ansäuern mit Mineralsäure erhalten werden kann). Daß das Produkt, der β-Ketoester, tatsächlich acide H-Atome enthalten muß, damit eine Claisen-Kondensation überhaupt möglich ist, wird durch das Verhalten von Isobuttersäureestern gezeigt. Ethylisobutyrat ergibt nämlich beim Erhitzen mit Natriummethylat keine Selbstkondensation wie etwa Essigsäureethylester, der dabei Acetessigester liefert. Nur bei Verwendung von wesentlich stärkeren Basen als Natriummethylat (Natriumamid oder Triphenylnatrium) ist die Kondensation möglich, da dann bei der Enolisierung vom γ-C-Atom (statt vom α-C-Atom wie beim Acetessigester) ein Proton abgespalten wird:

$$2 \ (CH_3)_2CH-COOEt \xrightarrow[\text{NaNH}_2 \text{ oder } (C_6H_5)_3CNa]{OEt^{\ominus}} (CH_3)_2CH-\overset{\overset{\displaystyle O}{\|}}{C}-\overset{\overset{\displaystyle CH_3}{|}}{\underset{\underset{\displaystyle CH_3}{|}}{C}}-COOEt$$

Die einfachste Claisen-Kondensation, die Reaktion von zwei mol Essigsäureethylester mit Natriummethylat, ergibt *Acetessigester.* Kondensiert man zwei verschiedene Ester miteinander, so sollte der eine kein H-Atom am α-C-Atom enthalten, damit *kein Gemisch* verschiedener Ketoester entsteht. *Benzoesäure-* und *Oxalsäureester* dienen daher besonders häufig als Substrate für Esterkondensationen. Letztere liefern dabei α-Ketoester. Durch Erhitzen lassen sie sich decarbonylieren und gehen in *monosubstituierte Malonester* über; nach Verseifung läßt sich die in β-Stellung zur Ketogruppe stehende Carboxylgruppe (wie beim Acetessigester) auch decarboxylieren. Beide Methoden haben erhebliches präparatives Interesse (monosubstituierte Malonester lassen sich oft nur schwierig durch Alkylierung des Esters erhalten, da die Reaktion meist zum dialkylierten Produkt führt; die Decarboxylierung der Kondensationsprodukte ist eine elegante Methode zur Gewinnung von α-*Ketosäuren*). Ethylcarbonat liefert ebenfalls monosubstituierte Malonester.

Bei einer *Variante* der Claisen-Kondensation wird die Carbonylgruppe von einem im gleichen Molekül vorhandenen negativ geladenen C-Atom angegriffen, so daß ein Ringschluß eintritt (**«Dieckmann-Kondensation»**).

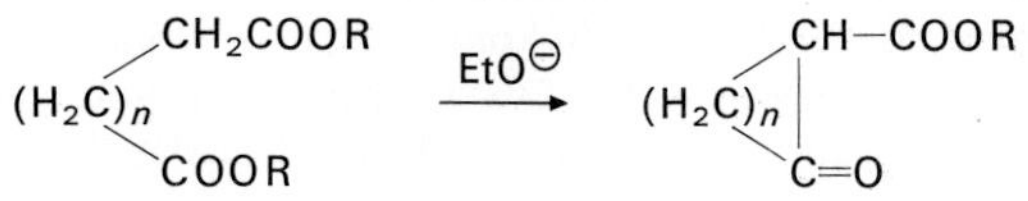

Die Dieckmann-Kondensation ist besonders zur Herstellung von 5-, 6- und 7-Ringen brauchbar. Bei höheren Ringen ($n = 7$ bis 10) sind die Ausbeuten praktisch Null. Noch höhere Ringe lassen sich durch Arbeiten in starker Verdünnung erhalten, allerdings in schlechter Ausbeute.

Eine intramolekulare Claisen-Kondensation – die zum Ringschluß führt – tritt z.B. bei der Synthese von *Dimedon* (5,5-Dimethyl-1,3-cyclohexadion) aus Mesityloxid und Malonester auf (auf eine Michael-Addition folgend):

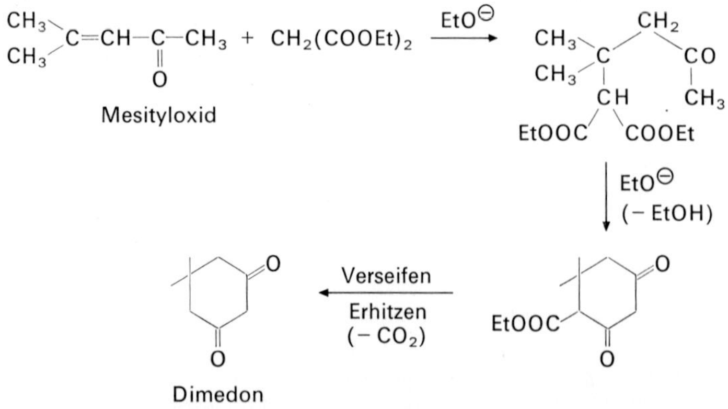

Mesityloxid

Dimedon

Wie schon erwähnt wurde, lassen sich nicht nur Carbanionen von Estern, sondern auch solche von *Ketonen* oder *Nitrilen* für Claisen-Kondensationen verwenden. Weil die entstehenden β-Diketone bzw. β-Ketonitrile weniger stark sauer sind als β-Ketoester, werden meist stärkere Basen zur Bildung der Carbanionen (d.h. zur Enolisierung der Produkte) benötigt (Natriumamid, Natriumhydrid). Ethylcarbonat liefert auf diese Weise β-Ketoester bzw. α-Cyanester.

Beispiele:

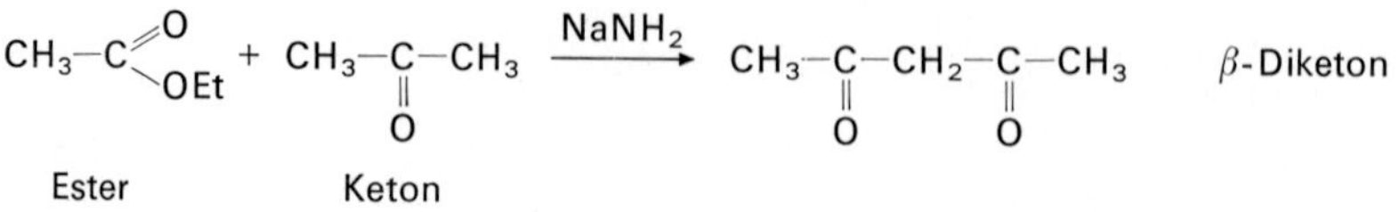

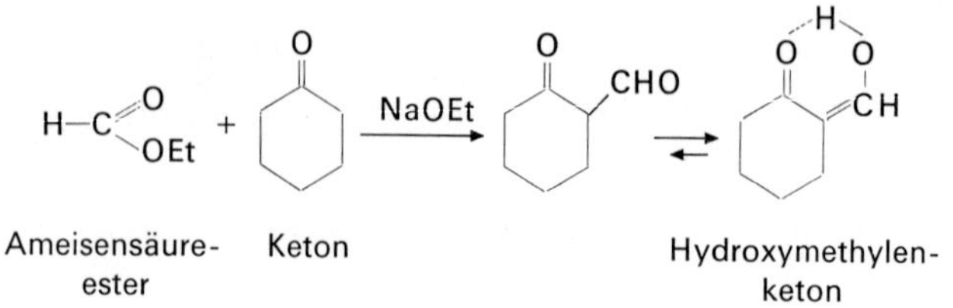

Ester   Keton β-Diketon

Ameisensäure-   Keton   Hydroxymethylen-
ester   keton

$$\underset{\substack{\text{Diethylcarbonat}}}{\text{EtO}-\underset{\underset{O}{\|}}{C}-\text{OEt}} + \underset{\substack{\text{Keton}}}{\text{R}-\text{CH}_2-\underset{\underset{O}{\|}}{C}-\text{R}'} \xrightarrow{\text{NaNH}_2} \text{EtO}-\underset{\underset{O}{\|}}{C}-\underset{\underset{R}{|}}{\overset{R}{C}}\text{H}-\underset{\underset{O}{\|}}{C}-\text{R}' \qquad \beta\text{-Ketoester}$$

$$\underset{\substack{\text{Diethylcarbonat}}}{\text{EtO}-\underset{\underset{O}{\|}}{C}-\text{OEt}} + \underset{\substack{\text{Nitril}}}{\text{R}-\text{CH}_2-\text{CN}} \xrightarrow{\text{NaNH}_2} \text{EtO}-\underset{\underset{O}{\|}}{C}-\overset{R}{\underset{|}{C}}\text{H}-\text{CN} \qquad \alpha\text{-Cyanester}$$

Unsymmetrisch gebaute Ketone greifen meistens mit der weniger stark substituierten Seite an; CH_3-Gruppen sind reaktiver als $R-CH_2$-Gruppen, und R_2CH-Gruppen reagieren selten. Die große *präparative Bedeutung* der verschiedenen Claisen-Kondensationen liegt darin, daß es auf diese Weise gelingt, Verbindungen mit mehreren funktionellen Gruppen (Carbonylgruppen) zu erhalten, die für zahlreiche Synthesen brauchbar sind. Die Synthese von α-*Ketosäuren* durch Kondensation von Oxalsäureester mit einem anderen Ester und anschließende Decarboxylierung wurde bereits erwähnt; substituierte Acetessigester (die durch Alkylierung von Acetessigester selbst sehr leicht zugänglich sind) ergeben nach dem Verseifen und durch Decarboxylierung *Ketone* (Methode zur Synthese von Ketonen des Typus CH_3CO-R; siehe S. 460) usw.

Bei der praktischen Durchführung der Reaktion werden häufig die zu kondensierenden Reaktanten zusammen mit metallischem Natrium in Ethanol erhitzt, wobei sich das Ethylat-Ion in der Lösung bildet. Arbeitet man ohne Alkohol[1] (z. B. in siedendem Ether oder Benzen), so kann eine *Nebenreaktion* eintreten, die sogenannte *Acyloin-Kondensation*. Dabei gibt das Metall sein Valenzelektron an das Carbonyl-C-Atom ab; das auf diese Weise entstandene Radikal dimerisiert zu einem Dianion, welches unter Austritt von Alkoxid-Ionen zu einem α-Diketon wird. Dieses wird aber durch das Natriummetall weiter reduziert, und das dadurch entstehende zweite Dianion lagert sich beim Ansäuern in ein α-Hydroxy-keton, ein Acyloin, um:

$$\underset{\substack{OR'}}{\overset{\overset{O}{\|}}{R-C}} + \text{Na} \longrightarrow \underset{\substack{OR'}}{\overset{\overset{O^{\ominus}}{|}}{R-C}}\cdot \text{Na}^{\oplus}$$

$$2\ \underset{\substack{OR'}}{\overset{\overset{O^{\ominus}}{|}}{R-C}}\cdot \longrightarrow \underset{\substack{OR'\ \ OR'}}{\overset{\overset{O^{\ominus}\ \ O^{\ominus}}{|\ \ \ \ |}}{R-C-C-R}} \xrightarrow{-2\,OR'} \underset{}{\overset{\overset{O\ \ O}{\|\ \ \|}}{R-C-C-R}}$$

$$\underset{}{\overset{\overset{O\ \ O}{\|\ \ \|}}{R-C-C-R}} \xrightarrow{+2\,\text{Na}} \underset{}{\overset{\overset{O^{\ominus}\ O^{\ominus}}{|\ \ \ |}}{R-C\!=\!C-R}} \xrightarrow{+2\,H^{\oplus}} \underset{}{\overset{\overset{HO\ \ OH}{|\ \ \ |}}{R-C\!=\!C-R}} \longrightarrow \underset{}{\overset{\overset{O\ \ OH}{\|\ \ \ |}}{R-C-CH-R}}$$

Die Acyloin-Kondensation wurde u.a. mit großem Erfolg zur *Gewinnung höherer Ringe* verwendet:

---

[1] An sich könnten die als Nucleophile benötigten Carbanionen auch direkt aus Natrium und der betreffenden Carbonylverbindung erhalten werden!

$$\underset{\displaystyle \text{(CH}_2)_8}{\overset{\displaystyle \text{COOCH}_3}{\Big\langle}}\text{COOCH}_3 \quad \xrightarrow[\text{2) Essigsäure}]{\text{1) Na,Toluen}} \quad \underset{\displaystyle \text{(CH}_2)_8}{\overset{\displaystyle \text{C}=\text{O}}{\Big\langle}}\text{CHOH}$$

Die Ausbeuten bie solchen Reaktionen sind überraschend hoch; 6- und 7-Ringe entstehen mit 50 bis 60 % Ausbeute, 8- und 9-Ringe mit 30 bis 40 % Ausbeute und 10- bis 20-Ringe gar mit 60 bis 95 % Ausbeute. Die Reaktion muß allerdings bei völligem Ausschluß von Sauerstoff durchgeführt werden (das O_2-Molekül als Diradikal wirkt als Inhibitor!). Auch Paracyclophanderivate konnten auf diesem Weg synthetisiert werden.

Decarboxylierung unter Bildung von Ketonen. Durch Pyrolyse in Gegenwart von Thoriumoxid können Carbonsäuren in Ketone übergeführt werden:

$$2\ RCOOH \quad \xrightarrow[\text{ThO}_2]{400 \text{ bis } 500\,^\circ\text{C}} \quad \underset{\displaystyle O}{R-\overset{\displaystyle \|}{C}-R} + CO_2$$

Auch durch das Erhitzen von Calcium- oder Bariumsalzen von Carbonsäuren lassen sich Ketone erhalten, allerdings in schlechter Ausbeute. Wie Versuche mit ^{14}C gezeigt haben, verläuft die Reaktion wahrscheinlich über einen tetraedrisch gebauten Zwischenstoff:

$$R-CH_2-COO^\ominus \xrightarrow{-H^\oplus} R-\overset{\ominus}{C}H-COO^\ominus$$

$$R-CH_2-COOH + R-\overset{\ominus}{C}H-COO^\ominus \longrightarrow \underset{\displaystyle O^\ominus}{R-CH_2-\overset{\displaystyle R-CH-COO^\ominus}{\underset{\displaystyle |}{\overset{\displaystyle |}{C}}}-OH}$$

$$\underset{\displaystyle O^\ominus}{R-CH_2-\overset{\displaystyle R-CH-COO^\ominus}{\underset{\displaystyle |}{\overset{\displaystyle |}{C}}}-OH} \longrightarrow \underset{\displaystyle O}{R-CH_2-\overset{\displaystyle R-CH-COO^\ominus}{\underset{\displaystyle |}{\overset{\displaystyle |}{C}}}} + OH^\ominus$$

$$\underset{\displaystyle O\ \ R}{R-CH_2-\overset{\displaystyle |}{\underset{\displaystyle \|}{C}}-\overset{\displaystyle |}{CH}-COO^\ominus} \xrightarrow[-CO_2]{+H^\oplus} \underset{\displaystyle O}{R-CH_2-\overset{\displaystyle \|}{C}-CH_2-R}$$

Der zweite Reaktionsschritt stellt den ersten Schritt einer S_N2_t-Reaktion, der letzte eine normale Decarboxylierung einer β-Ketosäure dar. Dicarbonsäuren liefern durch diese Reaktion zyklische Verbindungen (Ruzicka).

Reaktionen von Amiden. Carbonsäureamide bilden sich durch *Acylierung* von *Ammoniak* oder *Aminen* mit Säurechloriden und Anhydriden. Auch *Ester* können in der gleichen Weise (S_N2_t-Reaktion) als Ausgangsstoffe dienen:

$$R-C\overset{\displaystyle O}{\underset{\displaystyle OR'}{\big\langle}} + NH_3 \rightarrow \underset{\displaystyle \oplus NH_3}{R-\overset{\displaystyle O^\ominus}{\underset{\displaystyle |}{\overset{\displaystyle |}{C}}}-OR'} \rightarrow \underset{\displaystyle NH_2}{R-\overset{\displaystyle OH}{\underset{\displaystyle |}{\overset{\displaystyle |}{C}}}-OR'} \rightarrow R-C\overset{\displaystyle \oplus OH}{\underset{\displaystyle NH_2}{\big\langle}} + R'OH$$

$$\downarrow {-H^\oplus}$$

$$R-C\overset{\displaystyle O}{\underset{\displaystyle NH_2}{\big\langle}}$$

Da Amine und erst recht Amid-Ionen schlechte Abgangsgruppen sind, sind Amide bei nucleophilen Substitutionen weniger reaktionsfähig als Ester oder gar Acylhalogenide. Ihre *Hydrolyse* ist *nur* unter der *katalytischen Wirkung von Säuren oder Basen* möglich, wobei entweder die freie Säure oder ihr Ammoniumsalz erhalten wird. Da NH_2-Gruppen auch einen starken $+M$-Effekt ausüben (wenn auch in geringerem Maß als das negativ geladene O-Atom im Carboxylat-Ion), tritt weitgehende Delokalisation der Carbonyl-π-Elektronen und des freien Elektronenpaares am N-Atom ein, so daß bei der säurekatalysierten Hydrolyse (wie bei allen Reaktionen der Amide mit Säuren) nicht der Amidstickstoff, sondern der Carbonylsauerstoff protoniert wird, wie die NMR-Spektren eindeutig beweisen. Die Mechanismen der Hydrolyse entsprechen den Mechanismen der Esterspaltung ($A_{AC}2$ und $B_{AC}2$):

$A_{AC}2$:

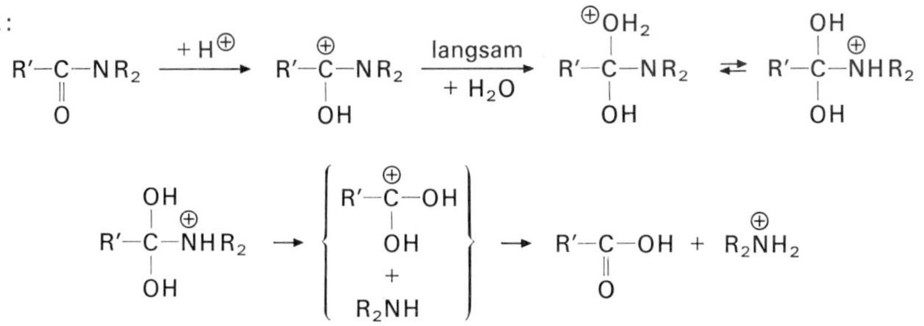

$B_{AC}2$:

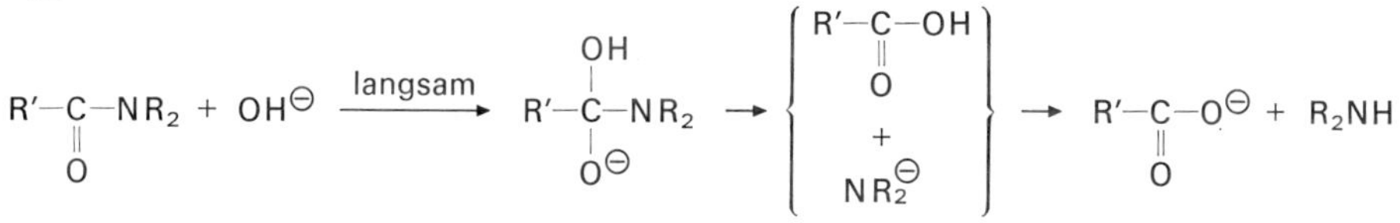

Nebenreaktionen treten bei diesen Hydrolysen nicht auf.

Wegen der geringeren Reaktivität der Amide erfordert auch ihre säure- oder basenkatalysierte Hydrolyse oft längeres Erhitzen. In schwierigen Fällen kann (für unsubstituierte Amide) salpetrige Säure benützt werden:

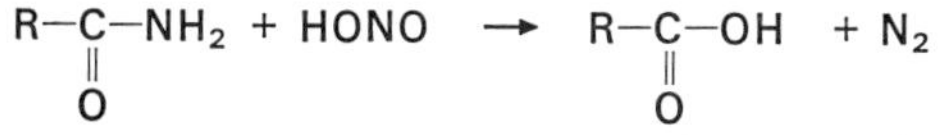

Die Aminogruppe wird dabei zuerst diazotiert; nach Abspaltung von N_2 addiert das entstandene Acylium-Ion ein Molekül Wasser und spaltet schließlich ein Proton ab (vgl. die Reaktion aliphatischer Amine mit salpetriger Säure; S. 466).

Durch Säurechloride, Anhydride oder Ester werden Amide *acyliert* (S_N2_t-Reaktion!). In der Praxis dient diese Reaktion z.B. zur Gewinnung von *Barbituraten* aus Harnstoff und Malonestern (S. 460). Die Acylierung durch Benzensulfonsäurechlorid (*«Hinsberg-Reaktion»*) folgt hingegen dem normalen S_N2-Mechanismus.

Zyklisierungen. 5- und 6-Ringe, die nahezu oder völlig spannungsfrei sind, bilden sich sehr leicht, wenn ein Molekül in γ- oder δ-Stellung zur Carboxylgruppe eine nucleophile Gruppe enthält. γ- und δ-Hydroxysäuren bilden dabei **Lactone,** γ- und δ-Aminosäuren **Lactame.** Die Zyklisierung erfolgt schon durch schwaches Erhitzen in Gegenwart geringer Mengen Säure, also bei relativ milden Bedingungen:

$$R-\underset{\underset{OH}{|}}{CH}-CH_2-CH_2-\underset{\underset{O}{\|}}{C}-OH \xrightarrow{H^{\oplus}} \underset{R-CH}{\overset{CH_2-CH_2}{\underset{O}{\diagdown \diagup}}}C{=}O + H_2O$$

γ-Lacton

$$R-\underset{\underset{NH_2}{|}}{CH}-CH_2-CH_2-\underset{\underset{O}{\|}}{C}-OH \xrightarrow{H^{\oplus}} \underset{R-CH}{\overset{CH_2-CH_2}{\underset{\underset{H}{N}}{\diagdown \diagup}}}C{=}O + H_2O$$

γ-Lactam

Wenn die nucleophile Gruppe in α-Stellung zur Carboxylgruppe steht, erfolgt ein Ringschluß durch Vereinigung zweier Moleküle (Lactidbildung; S. 284, bzw. Bildung eines Diketopiperazins):

$$\underset{\underset{NH_2}{|}}{R-\underset{|}{CH}}-\underset{\overset{\|}{O}}{C}-OH$$
$$+$$
$$HO-\underset{\overset{\|}{O}}{C}-\underset{\underset{NH_2}{|}}{CH}-R$$

$\xrightarrow{\text{Erhitzen}}$

$$\underset{\underset{O}{\|} \quad R}{HN \overset{R \quad O}{\diagup \diagdown} NH} + 2 H_2O$$

Diketopiperazin

11.3   Substitutionen an Vinyl-C-Atomen

Nucleophile Substitutionen an Vinyl-C-Atomen sind *nicht leicht durchzuführen,* doch sind einige solche Reaktionen bekannt. In einzelnen Fällen gelang es, das Vorliegen eines S_N1-Mechanismus nachzuweisen. S_N2_r-Reaktionen verlaufen viel schwieriger als an Carbonyl-C-Atomen, weil dann ein C-Atom – das weniger elektronegativ ist als ein O-Atom – die negative Ladung des Zwischenstoffes tragen muß. Addiert dieses dann im zweiten Reaktionsschritt ein positives Teilchen, so tritt im Endeffekt eine nucleophile Addition ein, die tatsächlich bei Vinylsubstraten oft als Konkurrenz- oder sogar Hauptreaktion eintritt. Nur wenn die negative Ladung delokalisiert werden kann, wie z. B. im *p*-Nitrophenylvinylbromid oder im Methyl-β-chlorcrotonsäureester, wird die S_N-Reaktion relativ leicht möglich:

$$O_2N-\langle\!\!\!\bigcirc\!\!\!\rangle-CH{=}CH-Br + {}^{\ominus}SC_6H_5 \rightarrow O_2N-\langle\!\!\!\bigcirc\!\!\!\rangle-CH{=}CH-S-C_6H_5 + Br^{\ominus}$$

$$CH_3-\underset{\underset{Cl}{|}}{C}{=}CH-COOEt + OR^{\ominus} \rightarrow CH_3-\underset{\underset{OR}{|}}{C}{=}CH-COOEt + Cl^{\ominus}$$

Auch an fluorierten Alkenen sind nucleophile Substitutionen möglich. Eine weitere Möglichkeit der Substitution an Vinyl-C-Atomen besteht in einem Eliminations-Additions-Mechanismus, wobei zuerst eine Dreifachbindung entsteht, welche dann anschließend ein Nucleophil addiert. Auf diese Weise verlaufen manche nucleophile Substitutionen an aromatischen Ringen (S. 719).

Übungen

11.1 Nach welchen Mechanismen können nucleophile Substitutionen an gesättigten und ungesättigten C-Atomen ablaufen?

11.2 Welche experimentellen Beweise sprechen für den angenommenen Ablauf der nucleophilen Substitution an Acylderivaten?

11.3 Erklären Sie die unterschiedliche Reaktivität von CH_3COCl und C_2H_5Cl gegenüber NaOH. Wie äußert sie sich?

11.4 Von welchen Faktoren hängt die Reaktivität der Carbonylverbindung bei S_N2_t-Reaktionen ab? Warum lassen sich mit Aldehyden trotz ihrer im allgemeinen großen Reaktionsfähigkeit keine solchen Reaktionen durchführen?

11.5 (+)sek. Butylalkohol wird mit Acetylchlorid umgesetzt. Was läßt sich über die optische Drehung, über die Konfiguration des Produktes aussagen?

11.6 Wie kann man folgende Substanzen herstellen:
Propionylchlorid
Acetanhydrid
Bernsteinsäureanhydrid
Isobutyramid

11.7 Vergleichen Sie die Reaktionsfähigkeit von Benzoylchlorid und *p*-Nitrobenzoylchlorid gegenüber Ethanol, von Benzoesäure und *p*-Nitrobenzoesäure gegenüber Methanol!

11.8 Wie reagieren folgende Substanzen miteinander:
(a) Acetanhydrid + NH_3
(b) Acetanhydrid + Valeriansäure (Erhitzen)
(c) Propionylchlorid + Ethylamin
(d) Acetylchlorid + Phenol
(e) Bernsteinsäureanhydrid + NH_3
(f) Bernsteinsäureanhydrid + Ethanol

11.9 Stellen Sie die Möglichkeiten zur Herstellung folgender Verbindungstypen zusammen:
Carbonsäureester
Carbonsäureamide
Chlorameisensäureester
α-Ketoester

11.10 Wie kann man folgende Substanzen herstellen:
Phenylpropionat
Diethylcarbonat
Pivalinsäureethylester
Ethylphenylmalonester
2-Methyl-β-oxovaleriansäureester
Acetylaceton
Dimethylacetamid

11.11 Geben Sie die Mechanismen folgender Reaktionen an:
(a) Reaktion von Acetylchlorid mit *n*-Propanol
(b) Reaktion von Acetanhydrid mit Ammoniak
(c) säurekatalysierte Hydrolyse von Butyramid

11.12 Nach welchen Mechanismen verlaufen die basen- und die säurekatalysierte Verseifung; Was für experimentelle Gründe sprechen für den angenommenen Mechanismus? Was spricht insbesondere dafür, daß es sich dabei nicht um eine normale S_N2-Reaktion handelt?

11.13   Warum führt man die Verseifung praktisch stets unter der Wirkung von Basen, die Veresterung jedoch unter der Wirkung von Säuren als Katalysatoren aus?

11.14   Geben Sie Beispiele von Verseifungen, bei denen eine Alkyl-O-Trennung auftritt! Welche Beweise existieren dafür?

11.15   Wie werden die Veresterung und die Claisen-Kondensation praktisch durchgeführt? Wie wird in beiden Fällen das Gleichgewicht auf die gewünschte Seite verschoben?

11.16   Geben Sie Beispiele von Additions-Eliminations-Reaktionen, die sterisch gehindert bzw. sterisch beschleunigt sind!

11.17   Nach welchem Reaktionsmechanismus geschieht die Claisen-Kondensation? Welchen Zweck erfüllt die Base?

11.18   Was erhält man bei der Kondensation folgender Substanzen:
(a) Oxalsäurediethylester + Propionsäureethylester
(b) Methylethylketon + Essigsäureethylester
(c) Diethylcarbonat + Essigsäureethylester
(d) Essigsäureethylester + Ethylnitril
Unter welchen Bedingungen lassen sich diese Kondensationen praktisch durchführen?

11.19   Stellen Sie die verschiedenen Methoden zur Bildung zyklischer Verbindungen zusammen, die in diesem Kapitel besprochen wurden! Welche Anwendungsgebiete haben die einzelnen Methoden?

11.20   Wie verläuft die Acyloinkondensation und inwiefern kann man sie als Konkurrenzreaktion zur Claisen-Kondensation auffassen?

11.21   Essigsäure-2-oktylester läßt sich entweder durch Reaktion von Natriumacetat mit 2-Bromoktan oder von Acetylchlorid mit 2-Oktanol gewinnen. Welche Konfiguration und Drehung zeigt das 2-Oktanol, der nach der Verseifung der beiden auf diese Weise erhaltenen Ester entstanden ist, wenn man zur Gewinnung des Esters von R-2-Bromoktan bzw. R-2-Oktanol ausgagangen ist, welche beide den selben Drehsinn zeigen?

11.22   Zu einem Gemisch von Ethylacetat und Ethylpropionat wird Natriummethylat hinzugegeben und erhitzt. Geben Sie die Strukturen der zu erwartenden Produkte an!

11.23   Wie lassen sich die folgenden Substanzen, ausgehend von Acetessigester und eventuell weiteren benötigten Reagenzien, synthetisieren:
(a) Methylethylketon
(b) 3-Ethyl-2-pentanon
(c) 5-Methyl-2-heptanon
(d) 3,6-Dimethyl-2-heptanon
(e) γ-Hydroxyvaleriansäure
(f) 3-Methyl-2-hexanol
(g) 2,5-Hexandiol

11.24   Geben Sie die Strukturen der Produkte bei der Einwirkung von Natriummethylat auf folgende Substanzen an:
Buttersäureethylester
Phenylessigsäureethylester
Isovaleriansäureethylester
Oxalsäureethylester und Bernsteinsäureethylester
Ethylbenzoat und Phenylessigsäureethylester
Propionsäureethylester und Cyclohexanon

11.25 Geben Sie die Strukturen der Produkte A und B folgender Reaktionen an:

(a)

$+ NaOEt, dann H_2O \longrightarrow A (C_{10}H_{14}O_2)$

(b) Methylethylketon + Ethyloxalat + NaOEt $\longrightarrow$ B $(C_6H_6O_3)$

11.26 Ein Student benötigte für ein synthetisches Problem den folgenden Hydroxyester $(CH_3)_2C(OH)CH_2COOEt$, den er durch Einwirkung von Methylmagnesiumbromid auf Acetessigester herstellen wollte. Bei der Zugabe des Grignard-Reagens zum Acetessigester setzte eine lebhafte Gasentwicklung ein, und nach sorgfältigem Aufarbeiten des Reaktionsgemisches wurde in guter Ausbeute das Ausgangsmaterial, Acetessigester, isoliert. Was war hier geschehen?

12 Nucleophile Additionen an Kohlenstoff-Hetero-Mehrfachbindungen

Bereits im letzten Kapitel haben wir uns mit Reaktionen befaßt, bei welchen im ersten Reaktionsschritt eine nucleophile Addition an das C-Atom einer Carbonylgruppe stattgefunden hat. Im darauffolgenden Reaktionsschritt spaltete aber der tetraedrisch gebaute Zwischenstoff die Abgangsgruppe ab, so daß im Endeffekt eine nucleophile Substitution resultierte. Bei Aldehyden und Ketonen sind jedoch S_N2_t-Reaktionen nicht möglich, da sowohl $H^\ominus$- wie $R^\ominus$-Ionen extrem schlechte Abgangsgruppen sind. Hier stabilisiert sich deshalb das primäre Additionsprodukt durch eine *weitere Addition* (wobei allerdings unter Umständen nachher noch Atome oder Atomgruppen abgetrennt werden können), so daß insgesamt eine Additionsreaktion eintritt. Analoge Reaktionen sind nicht nur mit C=O-, sondern auch mit anderen «heteroanalogen» Mehrfachbindungen möglich (C=N, C≡N, C=S).

12.1 Allgemeines über Additionen an C=O-Gruppen

Mechanismen. Die Mechanismen nucleophiler Additionen an C=O-Bindungen sind weit einfacher zu überblicken als z. B. die verschiedenen Möglichkeiten der Additionen an C—C-Doppel- oder Dreifachbindungen, denn durch die starke Polarität der Carbonylgruppe sind die Art des Angriffes und die Orientierung bei der Addition bereits sehr weitgehend festgelegt. Im Prinzip ist als *erster Reaktionsschritt* entweder der *Angriff eines Nucleophils* auf das *Carbonyl-C-Atom* oder der *Angriff eines Elektrophils* auf das *Carbonyl-O-Atom* denkbar. Als Elektrophile kommen praktisch nur *Protonen* oder (in besonderen Fällen) positiv polarisierte C-Atome in Frage, wobei der Angriff des Protons – ebenso wie bei Additions-Eliminations-Reaktionen von Acylderivaten – den Angriff des Nucleophils erleichtert und damit eine *Säurekatalyse* der nucleophilen Addition darstellt. Schematisch sind die beiden Möglichkeiten zur nucleophilen Addition an C=O-Gruppen wie nachstehend zu formulieren:

Geschwindigkeitsbestimmend ist bei beiden Reaktionsfolgen die *Addition des Nucleophils*. Dieses Schema zeigt sehr deutlich, daß der erste Schritt der Folge (1) mit dem ersten Schritt einer S_N2_t-Reaktion identisch ist. Trotzdem treten nucleophile Addition und S_N2_t-Reaktion kaum je in Konkurrenz zueinander auf, da einerseits bei Aldehyden und Ketonen Additions-Eliminationsreaktionen nicht möglich sind, andererseits bei Acylverbindungen nucleophile Additionen kaum auftreten, da sie gute Abgangsgruppen (-Halogen, -OR, -NH$_2$) enthalten. Die Natur der Substituenten A und B legt also fest, ob in einem konkreten Fall eine Addition oder eine Substitution eintritt.

Katalyse durch Säuren und Basen. Viele nucleophile Additionen an C-Hetero-Mehrfachbindungen werden durch Säuren und Basen katalysiert. Im Falle von säurekatalysierten Reaktionen hat man – wie schon früher (S. 379) kurz erwähnt – zu unterscheiden zwischen *«spezifischer»* und *«allgemeiner»* Säurekatalyse. Bei der spezifischen Säurekatalyse wird die Reaktionsgeschwindigkeit nur durch Zusatz der *konjugierten Säure des Lösungsmittels* erhöht; im Fall wäßriger Lösungen ist sie also eine Funktion des *p*H-Wertes. Die dem Reaktionsgemisch zugesetzte Säure kann stärker oder schwächer sein als das H$_3$O$^\oplus$-Ion (bzw. als die konjugierte Säure des Lösungsmittels); die Erhöhung der Raktionsgeschwindigkeit entspricht aber in jedem Fall nur der Erhöhung der aktuellen Konzentration der H$_3$O$^\oplus$-Ionen bzw. der konjugierten Säure des Lösungsmittels. Die katalytische Wirkung der zugesetzten Säure besteht dann darin, daß diese in mehr oder weniger großem Ausmaß die Konzentration der H$_3$O$^\oplus$-Ionen bzw. der konjugierten Säure des Lösungsmittels vergrößert. Der eigentlichen Reaktion ist dann ein sich rasch einstellendes *Protolysengleichgewicht* vorgelagert:

$$H_3O^\oplus + X \underset{\text{rasch}}{\rightleftharpoons} HX^\oplus + H_2O$$
$$HX^\oplus \xrightarrow{\text{langsam}} \text{Produkte}$$

Da der zweite Reaktionsschritt geschwindigkeitsbestimmend ist, erscheint im Zeitgesetz auch die H$_3$O$^\oplus$-Konzentration.

Im Fall der *allgemeinen Säurekatalyse* hingegen wird die Reaktionsgeschwindigkeit durch Erhöhung der Konzentration *irgendeiner* – auch einer schwachen! – Säure, wie z.B. Phenol oder Carbonsäuren, gesteigert, selbst wenn dabei die Konzentration der H$_3$O$^\oplus$-Ionen durch Pufferung konstant gehalten wird. Hier ist die *Übertragung eines Protons* auf den Reaktanten X *geschwindigkeitsbestimmend* und erfolgt vergleichsweise langsam:

$$HA + X \xrightarrow{\text{langsam}} HX^\oplus + A^\ominus$$
$$HX^\oplus \xrightarrow{\text{rascher}} \text{Produkte}$$

Das Zeitgesetz solcher Reaktionen enthält dann Terme für alle vorhandenen Säuren. Selbstverständlich gilt dasselbe *mutatis mutandis* für Basen.

Bei *Additionen* an *Carbonylverbindungen* wird sowohl *spezifische* wie *allgemeine Säurekatalyse* beobachtet. Im Falle *spezifischer Säurekatalyse* wird in einem vorgelagerten Gleichgewicht ein Proton vom H$_3$O$^\oplus$-Ion (bzw. von der konjugierten Säure des Lösungsmittels) auf das Carbonyl-O-Atom übertragen, wodurch ein Kation mit über das C- und das O-Atom delokalisierter Ladung entsteht. Dieses wird durch ein Nucleophil leichter angegriffen als die nicht-protonierte Carbonylverbindung. Als Beispiel diene folgendes Reaktionsschema:

$$\text{C}{=}\text{O} + H_3O^\oplus \xrightleftharpoons{\text{schnell}} \left\{ \overset{\oplus}{\text{C}}{=}\text{O}{-}\text{H} \leftrightarrow \overset{\oplus}{\text{C}}{-}\text{O}{-}\text{H} \right\}$$

$$\text{H}{-}\text{B} + \overset{\oplus}{\text{C}}{-}\text{O}{-}\text{H} \xrightleftharpoons{\text{langsam}} \text{H}{-}\overset{\oplus}{\text{B}}{-}\text{C}{-}\text{O}{-}\text{H}$$

$$\text{H}_2\text{O} + \text{H}{-}\overset{\oplus}{\text{B}}{-}\text{C}{-}\text{O}{-}\text{H} \xrightleftharpoons{\text{schnell}} \text{H}_3\text{O}^\oplus + \text{B}{-}\text{C}{-}\text{O}{-}\text{H}$$

Bei *allgemeiner Säurekatalyse* bildet die Säure mit dem Carbonyl-O-Atom wahrscheinlich zuerst eine Wasserstoffbrücke, und im geschwindigkeitsbestimmenden Schritt werden Proton und Nucleophil gleichzeitig addiert, wobei das Säure-Anion freigesetzt wird:

$$\text{>C=O} + \text{H--X} \xrightleftharpoons{\text{schnell}} \text{>C=O}\cdots\text{H--X}$$

$$\text{H--B} + \text{>C=O}\cdots\text{H--X} \xrightleftharpoons{\text{langsam}} \text{H--B}\cdots\overset{|}{\underset{|}{\text{C}}}\text{--O}\cdots\text{H--X} \rightleftharpoons \text{H--}\overset{\oplus}{\text{B}}\text{--}\overset{|}{\underset{|}{\text{C}}}\text{--O--H} + \text{X}^{\ominus}$$

$$\text{H--}\overset{\oplus}{\text{B}}\text{--}\overset{|}{\underset{|}{\text{C}}}\text{--O--H} \xrightleftharpoons{\text{schnell}} \text{B--}\overset{|}{\underset{|}{\text{C}}}\text{--O--H} + \text{H}^{\oplus}$$

Häufig beobachtet man bei *spezifisch säurekatalysierten* Reaktionen ein *Maximum der Reaktionsgeschwindigkeit bei einem bestimmten pH-Gebiet.* Daß die Reaktionsgeschwindigkeit in solchen Fällen bei sehr tiefen *pH*-Werten stark abfällt, beruht vielfach darauf, daß dann das angreifende Nucleophil (eine Base!) in seine konjugierte Säure verwandelt wird und damit zum Angriff auf das Carbonyl-C-Atom unfähig geworden ist.

Reaktivität von Aldehyden und Ketonen gegenüber nucleophilen Reagenzien.
Die Reaktionsfähigkeit von Carbonylverbindungen wird durch *sterische* und *elektronische* Effekte bestimmt. Im Übergangszustand wandelt sich die trigonale Carbonylgruppe in das tetrahedrale Additionsprodukt um, wobei der Winkel R—C—R″ von rund 120° auf 109°28″ sinkt. *Voluminöse Gruppen* R *erhöhen* durch ihre gegenseitige Abstoßung *die Energie des aktivierten Komplexes.* Aus diesem Grund sinkt die Reaktionsfähigkeit in der folgenden Reihe von links nach rechts:

$$\underset{\text{H--C--H}}{\overset{\text{O}}{\|}} > \underset{\text{R--C--H}}{\overset{\text{O}}{\|}} > \underset{\text{R--C--R}'}{\overset{\text{O}}{\|}}$$

Ketone sind deshalb im allgemeinen deutlich weniger reaktionsfähig als Aldehyde. Trägt das α-C-Atom weitere Alkylgruppen, so nimmt die Reaktionsfähigkeit noch mehr ab:

$$\underset{\text{CH}_3\text{--C--CH}_3}{\overset{\text{O}}{\|}} > \underset{\text{CH}_3\text{--C--CH(CH}_3)_2}{\overset{\text{O}}{\|}} > \underset{\text{CH}_3\text{--C--C(CH}_3)_3}{\overset{\text{O}}{\|}} \gg \underset{(\text{CH}_3)_3\text{C--C--C(CH}_3)_3}{\overset{\text{O}}{\|}}$$

Immerhin ist die *«Gruppenhäufung»* im aktivierten Komplex einer nucleophilen Addition an eine Carbonylgruppe *geringer* als beim aktivierten Komplex einer S_N2-*Reaktion;* Carbonyl-Additionen verlaufen deshalb im allgemeinen bedeutend rascher als S_N2-Reaktionen (ausgenommen etwa Reaktionen sterisch stark gehinderter Ketone, wie des Di-tert.-Butylketons).
In *aromatischen Aldehyden* und *Ketonen* können die Carbonyl-π-Elektronen in Konjugation zum aromatischen Elektronensystem treten. Auf diese Weise wird die negative Ladung des O-Atoms in der durch die Addition eines Nucleophils entstehenden Zwischenverbindung delokalisiert, und man würde erwarten, daß dadurch die Reaktivität erhöht würde. Da aber im Übergangszustand der Doppelbindungscharakter der Carbonylgruppe verloren geht, wirkt sich dieser Effekt auf den *Grundzustand* der Carbonylverbindung viel *stärker* aus als auf den Übergangszustand, so daß zusätzlich eine gewisse Delokalisierungsenergie aufzuwenden ist, um den Übergangszustand zu erreichen. *Aromatische Aldehyde* und

Ketone sind daher im allgemeinen *reaktionsträger* als entsprechende aliphatische Verbindungen. Enthält der Benzenkern in *o*- oder *p*-Stellung π-Donatoren als Substituenten (OH- oder NH$_2$-Gruppen), so wird dieser Effekt verstärkt und die Reaktivität noch mehr herabgesetzt, während anderseits σ-Akzeptoren (NO$_2$-Gruppen) die Reaktionsfähigkeit erhöhen (geringere Delokalisation im Grundzustand; Stabilisierung des aktivierten Komplexes!). Die Hammett-Beziehung wird für zahlreiche Reaktionen *m*- und *p*-substituierter Benzaldehyde gut befolgt. Für aliphatische Aldehyde gilt dasselbe: α,β-ungesättigte Aldehyde zeigen geringere Carbonylreaktivität (dafür tritt leicht 1,4-Addition ein!), während Nitroacetaldehyd oder Chloracetaldehyde reaktionsfähiger sind als Acetaldehyd.

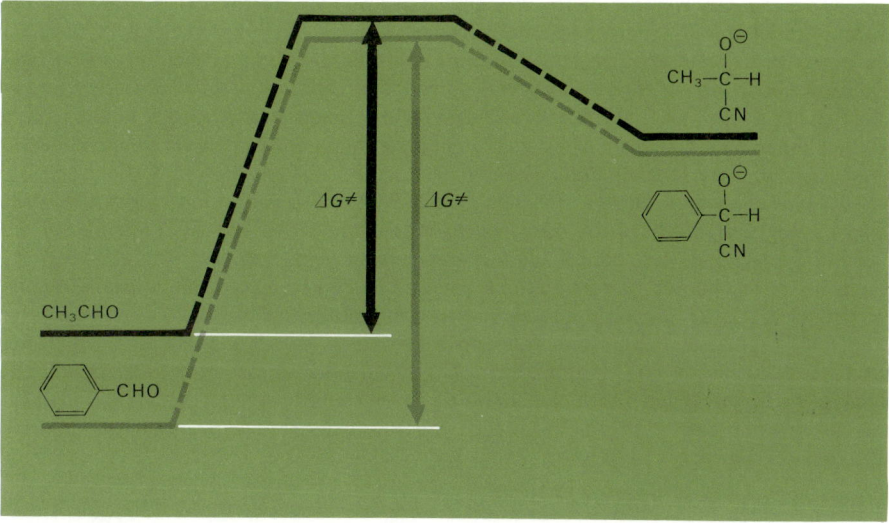

Abb. 12.1. *Energieverhältnisse bei der HCN-Addition an Acetaldehyd bzw. Benzaldehyd*

Stereochemie der nucleophilen Addition. Die *Carbonylgruppe* ist ein *ebenes, trigonales* Gebilde, an welches ein Reaktionspartner mit gleicher Wahrscheinlichkeit von jeder der beiden Seiten herantreten kann. Ob die Addition *cis* oder *trans* verläuft, läßt sich im allgemeinen nicht entscheiden. Auch wenn die beiden Substituenten der Carbonylgruppe voneinander verschieden sind (wie in einem unsymmetrischen Keton), führen *cis*- und *trans*-Addition zum selben Produkt, weil sich die beiden möglichen Additionsprodukte durch Drehung um die C—O-Einfachbindung ineinander umwandeln können:

Dabei entsteht ein neues Chiralitiätszentrum. Sind R und R' und das angreifende Reagens nicht chiral, so erhält man das racemische Gemisch. Die Reaktion verläuft also nicht stereoselektiv.

Anders ist es, wenn das Substrat, die *Carbonylverbindung,* bereits *chiral* ist. Wenn insbesondere eines der beiden α-C-Atome asymmetrisch substituiert ist, läuft die Reaktion gewissermaßen unter *«asymmetrischen Bedingungen»* ab, und das Additionsprodukt besitzt dann zwei Chiralitätszentren, so daß zwei diastereomere Formen entstehen können, wenn man vom einen reinen Enantiomer ausgeht. Sehr häufig findet man in solchen Fällen eine **stereoselektive Addition**, d. h. die beiden möglichen Produkte entstehen nicht im Verhältnis 1:1 (sogenannte *asymmetrische Induktion;* siehe S. 248). Da auch *die beiden aktivierten Komplexe diastereomer* zueinander sind, besitzen sie *unterschiedliche Energien* (wobei der sterisch weniger gehinderte aktivierte Komplex stabiler ist), so daß sich die beiden Produkte mit unterschiedlicher Geschwindigkeit und damit nicht in gleichen Mengen bilden *(kinetische Steuerung* der Reaktion!). Ist die Addition leicht *reversibel* (wie z. B. die Addition von HCN), so verläuft sie gewöhnlich *thermodynamisch gesteuert,* und es bildet sich vorzugsweise das stabilere Diastereomer. Beide Diastereomere können ohne weiteres durch eine geeignete Methode voneinander getrennt werden, da sie sich in ihren physikalischen Eigenschaften unterscheiden.

Als *Beispiel* betrachten wir die Reaktion von 3-Phenyl-2-butanon mit einem Grignard-Reagens wie C_6H_5MgBr, wobei sich (nach der Spaltung des Adduktes mit Säure) ein Carbinol bildet. Die Verbindung wird dabei vorzugsweise aus der Konformation (1) reagieren, in welcher die Carbonylgruppe von den beiden weniger voluminösen Gruppen flankiert wird. Das Nucleophil kann sich nun von der Seite (*a*) leichter nähern, weil die CH_3-Gruppe ihrer größeren Raumbeanspruchung wegen beim Angriff aus Richtung (*b*) stärker abschirmend wirkt als das H-Atom beim Angriff aus Richtung (*a*); anders gesagt, der aktivierte Komplex für den Angriff aus Richtung (*a*) ist sterisch weniger gehindert und daher energieärmer. Es entsteht somit bevorzugt das Produkt (2); die Reaktion ist kinetisch gesteuert.

(1)   (2)   (3)

Bei der Untersuchung zahlreicher gleichartiger Reaktionen hat man im Prinzip stets analoge Ergebnisse erhalten. Die **Cramsche Regel** faßt diese Verhältnisse zusammen: Bildet sich bei einer Addition an eine Carbonylverbindung ein Chiralitätszentrum direkt neben einem schon vorhandenen Chiralitätszentrum, so ist *im stabilsten aktivierten Komplex die Doppelbindung von den beiden am wenigsten voluminösen* (am wenigsten sperrigen) *Substituenten flankiert,* und das angreifende Nucleophil nähert sich der Doppelbindung von der am wenigsten gehinderten Seite her. Werden die Substituenten als *G* (groß), *M* (mittel) und *K* (klein) bezeichnet, so gilt gemäß der Cramschen Regel für die asymmetrische Induktion das folgende Schema:

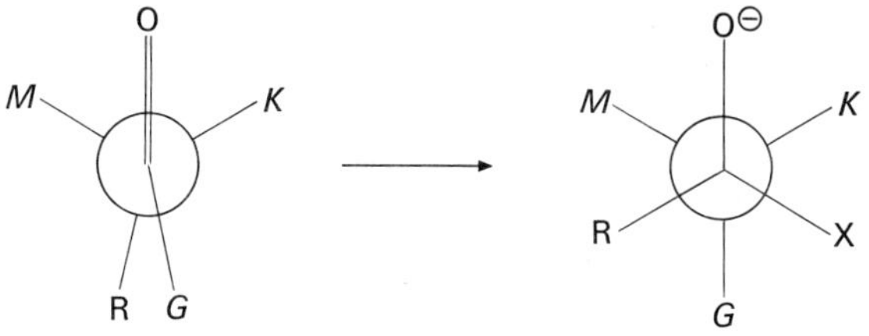

12.2 Addition von Wasser und Alkoholen

Hydratbildung. In wäßriger Lösung können Carbonylverbindungen Wasser addieren und sogenannte **Hydrate** bilden:

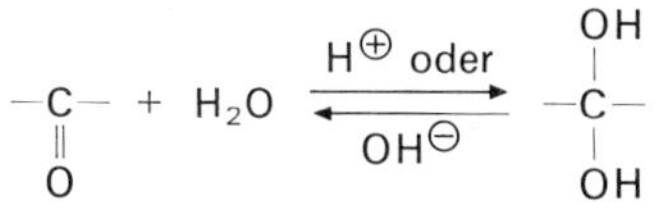

Die Reaktion ist umkehrbar, und es stellt sich ein *Gleichgewicht* ein. Bei der Destillation von Lösungen von Carbonylverbindungen verschiebt sich dieses aber wiederum nach links, so daß sich die Hydrate in der Regel nicht isolieren lassen. Ausnahmen sind Hydrate von Carbonylverbindungen, die wie Chloral (Trichloracetaldehyd, S. 262) an den α-C-Atomen *stark elektronenanziehende Substituenten* tragen (Hexafluoraceton, Ninhydrin):

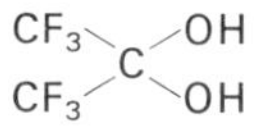

Hydrat von Hexafluoraceton

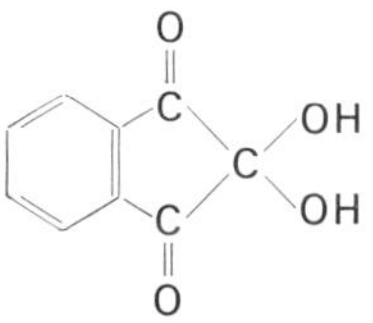

Ninhydrin
(Reagens auf Aminosäuren)

Die Lage des Gleichgewichtes wird nicht nur durch elektronische, sondern weitgehend auch durch *sterische* Faktoren bestimmt. Formaldehyd bildet in Wasser zu 99% Hydrat, Acetaldehyd zu 58% und Aceton nur in ganz geringem Ausmaß (< 0,01%). Daß aber doch eine *Reaktion von Aceton mit Wasser* stattfindet, zeigt sich, wenn man mit ^{18}O markiertes Wasser verwendet:

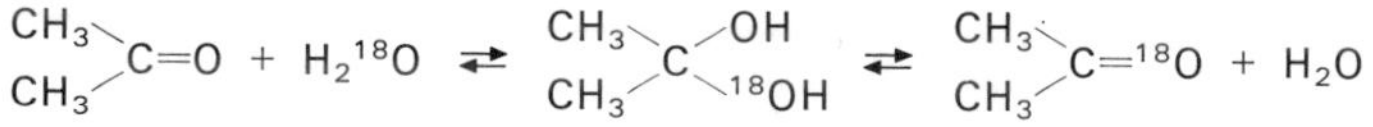

In einer Lösung von Aceton in reinem Wasser tritt ein solcher Austausch selbst beim Siedepunkt nur äußerst langsam ein; bei Zugabe einer Spur Säure oder Base verläuft der Austausch jedoch fast unmeßbar rasch. Obschon die tatsächliche Konzentration des Hydrates äußerst klein ist, muß es vorübergehend gebildet worden sein, so daß also auch beim Aceton (und in anderen, analogen Fällen) ein entsprechendes Gleichgewicht vorliegt. Die Hydratbildung ist *allgemein säure- und basenkatalysiert*. Sie verläuft wahrscheinlich gemäß folgendem Schema:

$$(CH_3)_2C{=}O\cdots HA \;\underset{}{\overset{H_2O}{\rightleftharpoons}}\; (CH_3)_2C\overset{\oplus}{\underset{OH}{\overset{OH}{\Big\langle}}}$$

$$(CH_3)_2C{=}O \;\underset{-\,HA}{\overset{+\,HA}{\rightleftharpoons}}\;$$

$$(CH_3)_2C{=}O \;\underset{-\,OH^{\ominus}}{\overset{+\,OH^{\ominus}}{\rightleftharpoons}}\; (CH_3)_2C\overset{O^{\ominus}}{\underset{OH}{\Big\langle}} \;\overset{H_2O}{\rightleftharpoons}\;$$

$$(CH_3)_2C\overset{OH}{\underset{OH}{\Big\langle}}$$

Acetalbildung. Auch *Alkohole* können an Carbonylverbindungen addiert werden, wobei sogenannte **Acetale** bzw. **Ketale** entstehen:

$$\underset{O}{\overset{|}{-C-}} \;+\; 2\,ROH \;\underset{}{\overset{H^{\oplus}}{\rightleftharpoons}}\; \underset{OR}{\overset{OR}{-C-}} \;+\; H_2O$$

Auch hier stellt sich ein Gleichgewicht ein, welches bei niedrigen Aldehyden und Ketonen auf der rechten Seite liegt. Um Acetale (Ketale) höherer Aldehyde (Ketone) zu erhalten, wird das Gleichgewicht durch Abdestillieren des gebildeten Wassers nach rechts verschoben. Im Gegensatz zur Hydratbildung wird die Addition von Alkoholen nur durch *Säuren* (also nicht durch Basen!) katalysiert; Acetale (Ketale) sind daher *gegenüber Basen vollkommen inert*, werden aber schon durch geringe Mengen wäßriger Säure in Aldehyd (Keton) und Alkohol gespalten. Die Reaktion wird deshalb oft zum *Schutz von Carbonylgruppen* gegenüber dem Angriff einer Base (oder zum Schutz von Hydroxylgruppen gegen Oxidationsmittel) verwendet; zur Acetalisierung von Carbonylgruppen benützt man häufig *Orthoameisensäureester* [$HC(OC_2H_5)_3$], der unter dem Einfluß schwacher Säuren das Acetal ergibt und dabei selbst in (normalen) Ameisensäureester ($HCOOC_2H_5$) übergeht.
Die Acetalisierung verläuft über *zwei Schritte*. Im ersten Schritt bildet sich unter Addition eines Alkoholmoleküls ein Halbacetal, das nachher in einer S_N1-Reaktion weiter reagiert:

$$\underset{O}{\overset{|}{-C-}} \;\overset{H^{\oplus}}{\rightleftharpoons}\; \underset{OH}{\overset{\oplus}{-C-}} \;\overset{ROH}{\rightleftharpoons}\; \underset{OH}{\overset{\overset{\oplus}{HOR}}{-C-}} \;\overset{-\,H^{\oplus}}{\rightleftharpoons}\; \underset{OH}{\overset{OR}{-C-}}$$

Halbacetal

$$\underset{OH}{\overset{OR}{-C-}} \;\overset{-\,OH^{\ominus}}{\rightleftharpoons}\; \underset{\oplus}{\overset{OR}{-C-}} \;\overset{ROH}{\rightleftharpoons}\; \underset{\overset{HOR}{\oplus}}{\overset{OR}{-C-}} \;\rightleftharpoons\; \underset{OR}{\overset{OR}{-C-}}$$

Acetal

Die Reaktion ist nicht allgemein, sondern *spezifisch säurekatalysiert*. Verwendet man Alkohole, bei denen die Hydroxylgruppe an ein Chiralitätszentrum gebunden ist, so tritt keine Racemisierung ein; bei Alkoholen wie z. B. tert. Butylalkohol wird die C—O-Bindung nicht getrennt, wie sich durch Markierung mit ^{18}O zeigen ließ. Beide Beobachtungen stehen im Einklang mit dem angenommenen Reaktionsmechanismus. Naturgemäß reagieren

Ketone langsamer als Aldehyde (sterische Hinderung durch die beiden Substituenten am Carbonyl-C-Atom); auch die weniger stark positive Polarisierung des Carbonyl-C-Atoms erschwert hier die Addition des Alkoholmoleküls, eines nur verhältnismäßig schwach nucleophilen Reaktanten. Glykole bilden zyklische Acetale (Ketale); diese Reaktion ist z. B. von Bedeutung, um bei Kohlenhydraten benachbarte *cis*-ständige Hydroxylgruppen vor einem Angriff durch ein Reagens zu schützen.

Behandelt man Aldehyde und Ketone mit einem Alkohol unter der Wirkung von Triethylsilan in Gegenwart einer starken Säure, so erhält man *Ether:*

$$
\underset{\substack{\|\\O}}{R-C-R'} \xrightarrow{R''OH} \underset{\substack{\|\\OH}}{\overset{\substack{OR''\\|}}{R-C-R'}} \xrightarrow{\text{Reduktion}} \underset{\substack{\|\\H}}{\overset{\substack{OR''\\|}}{R-C-R'}}
$$

Ein Gemisch von Alkohol und Halogenwasserstoff schließlich ergibt mit Aldehyden oder Ketonen α-*Halogenether:*

$$
\underset{\substack{\|\\O}}{-C-} + ROH + HCl \;\rightarrow\; \underset{\substack{\|\\OR}}{\overset{\substack{Cl\\|}}{-C-}}
$$

Thioacetale und -ketale. Mit Mercaptanen bilden Aldehyde und Ketone *Thioacetale* bzw. *-ketale.* Für präparative Zwecke besonders interessant ist die Bildung zyklischer Verbindungen mit Dithiolen:

$$
\underset{\substack{\|\\O}}{R-C-R'} + HSCH_2CH_2SH \xrightarrow[\text{in Ether}]{BF_3}
$$

Solche fünfgliedrige Thioacetale (-ketale) lassen sich durch Säuren leicht wieder spalten und werden deshalb als *Schutzgruppen* für die *Carbonylfunktion* verwendet. Durch katalytische Hydrierung (mit Raney-Nickel) werden die Schwefelatome abgespalten, so daß im Endeffekt eine Umwandlung der C=O-Gruppe in eine Methylen-($>$CH$_2$) Gruppe eintritt.

Läßt man 1,3-Propandithiol auf Aldehyde einwirken, so erhält man zyklische, sechsgliedrige Thioacetale *(1,3-Dithiane):*

$$
RCHO \xrightarrow{HS(CH_2)_3SH}
$$

Das Proton des 1,3-Dithians läßt sich durch starke Basen (z. B. Butyllithium) entfernen, und das dadurch entstandene Carbanion kann alkyliert werden. Nach der Spaltung des Acetals durch Säure entsteht ein *Keton:*

$$
\xrightarrow{BuLi} \xrightarrow{R'X} \xrightarrow{H^{\oplus}}
$$

Im Endeffekt erhält man dabei ausgehend von einem Aldehyd ein Keton.

Diese Reaktionsfolge ist insofern bemerkenswert, als dabei die *Reaktivität* der *Carbonyl-gruppe* gewissermaßen *umgekehrt* wird (**«Umpolung»** der Carbonylgruppe; Seebach). Das Carbonyl-C-Atom – das üblicherweise (als Elektrophil) durch ein Nucleophil angegriffen wird – verhält sich in diesem Fall selbst als Nucleophil und verdrängt die Abgangsgruppe des Alkylierungsreagens. Die Reaktion läßt sich auch mit unsubstituierten Dithianen (die aus Formaldehyd und 1,3-Propandithiol erhalten werden) durchführen, so daß auf diese Weise eine Vielfalt von Aldehyden und Ketonen hergestellt werden können.

Halbacetale bei Zuckern. *Halbacetale* von *offenkettigen Aldehyden* oder *Ketonen* sind so *instabil,* daß sie nicht als Substanzen isoliert werden können. Bei 1,4- und 1,5-Hydroxyaldehyden und -ketonen existieren jedoch *zyklische Halbacetale,* die sehr beständig sind. Die wichtigsten Beispiele dafür sind die Zucker, von denen der wichtigste Zucker, die **Glucose** (Traubenzucker), hier diskutiert werden soll.

Ohne auf die Chemie der Kohlenhydrate im einzelnen schon näher einzugehen, seien einige Reaktionen der Glucose bereits hier erwähnt. Glucose (Molekularformel $C_6H_{12}O_6$) geht bei der Reduktion mit HI in *n*-Hexan über. Die positiv ausfallende Fehling-Reaktion zeigt das Vorhandensein einer Aldehydgruppe an, und durch Veresterung mit Acetylchlorid lassen sich 5 Hydroxylgruppen nachweisen. Die offenkettige Aldehydform (1) besitzt 4 asymmetrisch substituierte C-Atome, so daß insgesamt 16 verschiedene Stereoisomere möglich sind (8 Enantiomerenpaare). Die Konfiguration der natürlichen (rechtsdrehenden) *D*-Glucose wird durch die Fischer-Projektionsformel (2) wiedergegeben.

Durch Addition der Hydroxylgruppe von C 5 an die Carbonylgruppe kann sich jedoch aus der offenkettigen Form ein *zyklisches, sechsgliedriges Halbacetal* bilden (*«pyranoide»* Form der Glucose; abgeleitet vom Pyran, einem sauerstoffhaltigen, sechsgliedrigen Ringsystem[1]). Weil damit aber das C-Atom 1 (das Carbonyl-C-Atom) ebenfalls zu einem Chiralitätszentrum wird, sind *zwei diastereomere Halbacetale* möglich, die man als α-*D*-Glucose und β-*D*-Glucose unterscheidet. Im festen Zustand (und ebenso in Di- und Polysacchariden) tritt ausschließlich die Halbacetalform (als α- oder β-Glucose) auf. In wäßriger Lösung hingegen stellt sich ein Gleichgewicht zwischen den beiden Halbacetalformen und der offenkettigen Form ein, in welchem aber die Konzentration an freien, offenkettigen Molekülen sehr gering ist ($< 0,5\%$). Die (zyklischen) Halbacetale sind hier also beträchtlich stabiler als die kettenförmigen Carbonylverbindungen.

---

[1] Bei anderen Zuckern – unter Umständen auch bei der Glucose – bilden sich auch zyklische Halbacetale mit 5 Ringgliedern («furanoide» Form).

Schematisch:

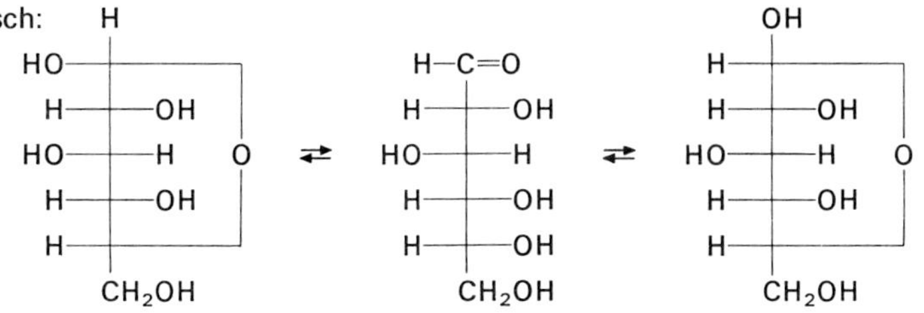

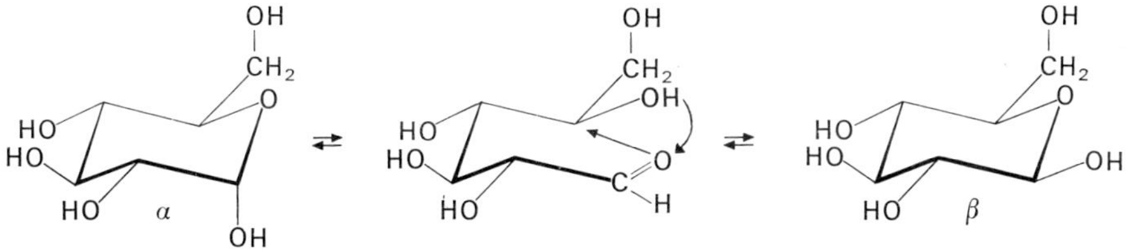

Die *Einstellung dieses Gleichgewichtes* verläuft in reinem Wasser ziemlich langsam, wird aber *durch Säuren und Basen katalysiert*. Da die optische Drehung der Diastereomere (α- und β-Glucose) naturgemäß verschieden ist ($[\alpha]_D$ von α-Glucose $=109°$; $[\alpha]_D$ von β-Glucose $= +20°$), beobachtet man eine allmähliche Veränderung der Drehung, wenn man reine α- oder β-Glucose im Wasser löst, eine Erscheinung, die als **Mutarotation** bezeichnet wird. Nach einiger Zeit zeigt die wäßrige Lösung ein $[\alpha]_D$ von $+52°$, ungeachtet, ob man ursprünglich von α- oder von β-Glucose ausgegangen ist. Dies entspricht einem Gehalt von 37% α- und 63% β-Glucose. Letztere ist also thermodynamisch stabiler (alle Hydroxylgruppen in der äquatorialen Lage!). Interessant ist, daß sich das Gleichgewicht zwischen den beiden diastereomeren Halbacetalen (und der Kettenform) besonders rasch einstellt, wenn die Lösung zugleich eine Säure und eine Base enthält (z. B. Phenol und Pyridin). Die Base bindet dabei ein Proton von der Hydroxylgruppe an C1, und die Säure überträgt ein Proton an den Ethersauerstoff (unter Rückbildung der Hydroxylgruppe an C5 und Ringöffnung). Wahrscheinlich erfolgen die beiden Teilreaktionen mehr oder weniger synchron, denn es konnte gezeigt werden, daß Substanzen, wie z. B. 2-Hydroxypyridin (welches viel schwächer sauer und auch viel schwächer basisch ist als Phenol bzw. Pyridin), die Gleichgewichtseinstellung ganz besonders stark katalysieren (Swain, Versuche mit Tetramethylglucose in Benzen):

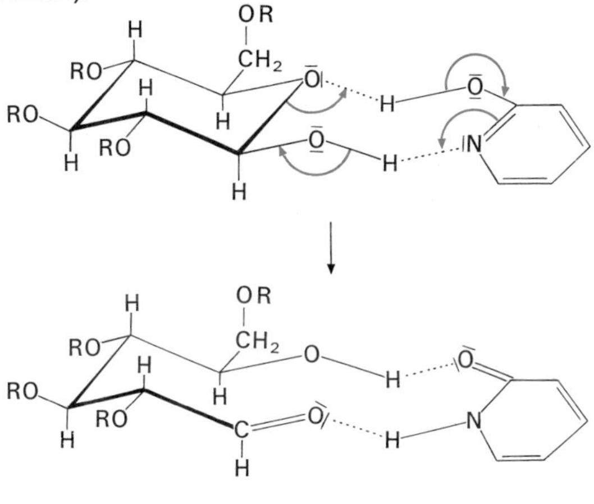

Höchstwahrscheinlich beruhen die Wirkungen gewisser Enzyme ebenfalls auf einer solchen **polyfunktionellen Katalyse**, so daß wir es hier gewissermaßen mit einem *einfachen Modell* einer *«enzymatisch» katalysierten Reaktion* zu tun haben.

Polymerisation von Aldehyden. Unter der Wirkung von Säuren polymerisieren besonders *niedere Aldehyde* wie Formaldehyd oder Acetaldehyd zu *zyklischen Acetalen.* Am häufigsten bilden sich dabei Trimere, die einen Sechsring enthalten, doch können auch Tetramere (mit einem achtgliedrigen Ring) entstehen:

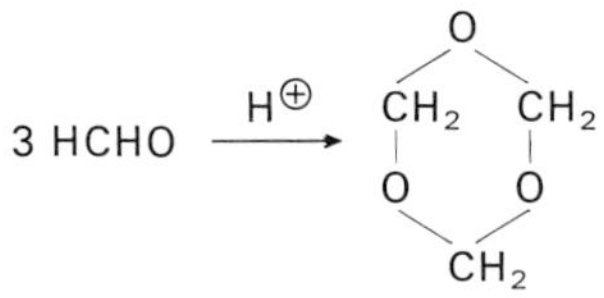

Trioxan

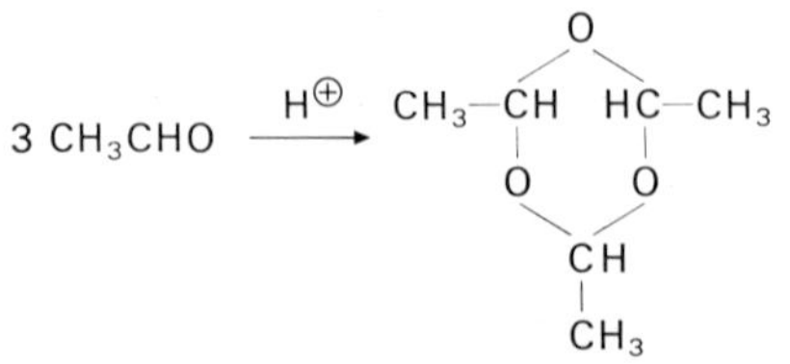

Paraldehyd

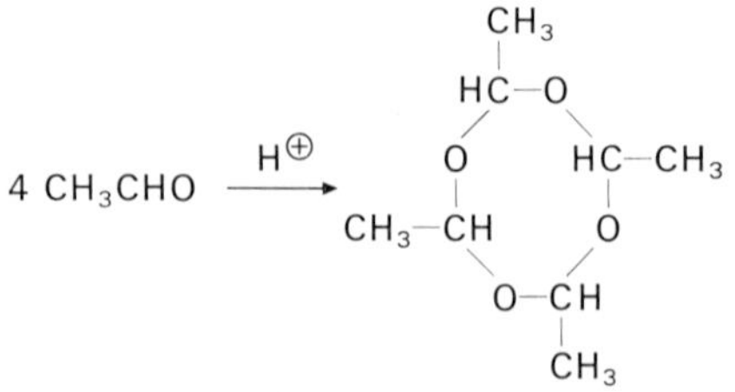

Metaldehyd

Aus wäßrigen Formaldehydlösungen scheidet sich bei längerem Stehenlassen ein weißer Niederschlag ab, der hauptsächlich aus einem kettenförmigen Polymerisat [*«Polyoxymethylen»* $(CH_2O)_x$] besteht. Manche dieser Polymerisate lassen sich durch Erwärmen wieder depolymerisieren; so wird z. B. fester Polyformaldehyd bei chemischen Umsetzungen oft an Stelle des monomeren, gasförmigen Aldehyds verwendet.

Der Mechanismus der Polymerisation ist nicht genau bekannt. Möglicherweise handelt es sich um eine Reaktion der Aldehydhydrate mit unveränderten Aldehydmolekülen, die der Bildung von Acetalen aus Aldehyden und Alkoholen vergleichbar wäre. Die Polymerisate sind jedenfalls analog den Acetalen gegenüber Säuren sehr empfindlich (Hydrolyse!), verhalten sich aber gegen Basen inert.

Addition von Wasser bzw. Alkoholen an Ketene und Isocyanate. Die **Ketene** ($R_2C{=}C{=}O$) stellen eine äußerst reaktionsfähige Gruppe von Carbonylverbindungen dar. Wasser wird spontan addiert, wobei Carbonsäuren entstehen:

$$CH_2{=}C{=}O + H_2O \rightarrow CH_2{=}C\begin{matrix}OH\\OH\end{matrix} \rightleftarrows CH_3{-}C\begin{matrix}{=}O\\OH\end{matrix}$$

Auch Alkohole und Phenole werden (unter Bildung von Estern) leicht addiert:

$$CH_2{=}C{=}O + ROH \rightarrow CH_2{=}C\begin{matrix}OH\\OR\end{matrix} \rightleftarrows CH_3{-}C\begin{matrix}{=}O\\OR\end{matrix}$$

Als Primärprodukt der Addition bildet sich wahrscheinlich ein Oxoniumion, das sich durch intramolekulare Protonenübertragung stabilisiert und anschließend zur Carbonylverbindung tautomerisiert:

$$CH_2{=}C{=}O + ROH \;\longrightarrow\; CH_2{=}C\overset{O^{\ominus}}{\underset{\overset{|}{\underset{H}{O{-}R}}}{\overset{\oplus}{\bigg\langle}}} \;\longrightarrow\; CH_2{=}C\overset{OH}{\underset{OR}{\big\langle}} \;\rightleftarrows\; CH_3{-}C\overset{O}{\underset{OR}{\big\langle}}$$

Diketen, das Dimerisationsprodukt von Keten, liefert mit *Ethanol Acetessigester*, der technisch auf diese Weise hergestellt wird:

$$
\underset{\overset{|}{CH_2}{-}CH_2{=}O}{CH_2{=}C{-}O}
\;\xrightarrow{C_2H_5OH}\;
\underset{\overset{\ominus}{O}\ H}{CH_2{=}C{-}O}\;
CH_2{-}\overset{\oplus}{C}{-}O{-}C_2H_5
\;\longrightarrow\;
CH_2{=}C{-}CH_2{-}C\overset{O^{\ominus}}{\underset{\overset{\oplus}{\underset{H}{O{-}C_2H_5}}}{\big\langle}}
$$

$$\downarrow$$

$$CH_3{-}\overset{\overset{O}{\|}}{C}{-}CH_2{-}C\overset{O}{\underset{O{-}C_2H_5}{\big\langle}}$$

Auch die *Addition von Essigsäure* an Keten wird technisch durchgeführt; sie liefert *Acetanhydrid*.

Isocyanate (die aus Phosgen und Aminen zugänglich sind) verhalten sich in mancher Beziehung den Ketenen ähnlich. Die Addition von Alkoholen liefert *Urethane:*

$$R{-}N{=}C{=}O + R'OH \;\longrightarrow\; \underset{\overset{|}{H}\ \ \overset{|}{OR'}}{R{-}N{-}C{=}O}$$

ein Urethan

Urethane (besonders *Phenylurethane*) kristallisieren oft sehr gut und zeigen scharfe Schmelzpunkte; man verwendet darum die Reaktion von Alkoholen mit Phenylisocyanat oft zur Identifizierung und *Charakterisierung* von *Alkoholen.* Auch Isocyansäure (HNCO) reagiert mit Alkoholen in gleicher Weise und liefert unsubstituierte Urethane. Durch Reaktion von Diisocyanaten mit Glykolen lassen sich Makromoleküle erhalten, die als *Polyurethan-Schaumstoffe* große Bedeutung erlangt haben.

Der *Mechanismus* der Addition ist wahrscheinlich ähnlich der Addition von Alkoholen an Ketene, nur wird das Proton dann nicht auf das Carbonyl-O-Atom, sondern auf das N-Atom übertragen:

$$R{-}N{=}C{=}O + R'OH \;\longrightarrow\; \underset{\overset{|}{H{-}O{-}R'}}{R{-}N{=}C{-}O^{\ominus}} \;\longrightarrow\; \underset{\overset{|}{H}}{R{-}N{-}C}\overset{O}{\underset{OR'}{\big\langle}}$$
$$\underset{\oplus}{}$$

Die (säure- und basenkatalysierte) Addition von Wasser an Isocyanate ergibt zunächst die freie *Carbaminsäure,* die jedoch nicht beständig ist und in Amin und CO_2 zerfällt:

$$CH_3{-}N{=}C{=}O + H_2O \;\xrightarrow[OH^{\ominus}]{H^{\oplus}}\; \underset{\overset{|}{H}}{CH_3{-}N{-}C}\overset{O}{\underset{OH}{\big\langle}} \;\longrightarrow\; CH_3NH_2 + CO_2$$

Methylcarbaminsäure

Das auf diese Weise entstandene Amin ist jedoch selbst nucleophil und kann an noch vorhandenes Isocyanat addiert werden, wobei sich ein *substituierter Harnstoff* bildet:

$$CH_3-N{=}C{=}O \ + \ CH_3NH_2 \ \longrightarrow \ \underset{\underset{\oplus}{H_2N-CH_3}}{CH_3-N{=}C-O^{\ominus}} \ \longrightarrow \ \underset{\overset{}{H}\ \ \ \ \ \overset{}{H}}{CH_3-N-\overset{\overset{\textstyle O}{\|}}{C}-N-CH_3}$$

Isothiocyanate verhalten sich den Isocyanaten analog.

12.3 Addition von Anionen

Viele *Anionen* sind ziemlich starke Basen und damit auch *Nucleophile;* es ist deshalb zu erwarten, daß auch Anionen an Carbonylgruppen addiert werden können. Ganz besonders stark nucleophil sind natürlich Carbanionen; die Reaktionen von Carbonylverbindungen mit Carbanionen werden jedoch erst in Abschnitt 12.6 besprochen.

Bildung von Cyanhydrinen. Durch Addition von HCN an Carbonylverbindungen entstehen α-*Hydroxynitrile,* sogenannte **Cyanhydrine**:

$$\underset{}{>}C{=}O \ + \ HCN \ \rightleftharpoons \ >C\underset{OH}{\overset{CN}{<}}$$

Die Reaktion wird durch Basen sehr stark katalysiert, wird aber durch starke Säuren verhindert (welche die Carbonylgruppe protonieren und damit ihre Reaktionsfähigkeit gegenüber nucleophilen Reagenzien erhöhen). Dies beweist, daß nicht das HCN-Molekül, sondern das CN$^{\ominus}$-Ion das angreifende Teilchen ist (Lapworth, 1903):

$$>C{=}O \ + \ CN^{\ominus} \ \rightleftharpoons \ >C\underset{O^{\ominus}}{\overset{CN}{<}} \ \underset{\xleftarrow{\hspace{1cm}}}{\xrightarrow{H^{\oplus}}} \ >C\underset{OH}{\overset{CN}{<}}$$

Dabei ist die *Addition des Cyanid-Ions geschwindigkeitsbestimmend.* Das entstandene Zwischenprodukt entreißt dem Lösungsmittel oder der noch vorhandenen Blausäure ein Proton und bildet das Cyanhydrin.

Die Addition von HCN verläuft *reversibel.* Bei aliphatischen Aldehyden und Ketonen liegt das entstehende Gleichgewicht ziemlich stark rechts, so daß gute Ausbeuten an Cyanhydrinen erreicht werden können. Bei aromatischen Aldehyden tritt die Benzoin-Kondensation (S. 654) als Konkurrenzreaktion auf. Aryl-Alkyl-Ketone liefern nur schlechte Ausbeuten, und Diarylketone reagieren kaum, da die entsprechenden Gleichgewichtskonstanten zu klein sind. Die geringere Stabilität solcher Cyanhydrine ist zum Teil *sterisch* bedingt (größere gegenseitige Wechselwirkungen infolge Gruppenhäufung); zum Teil ist sie auch darauf zurückzuführen, daß im Cyanhydrin eine Delokalisation der π-Elektronen über das aromatische System hinaus nicht mehr möglich ist.

Bei der praktischen Durchführung der Reaktion gibt man Mineralsäure zu einem Gemisch aus Carbonylverbindung und wäßrigem Natriumcyanid, wobei etwas weniger als ein Äquivalent Säure verwendet werden muß, damit die Lösung genügend stark basisch bleibt.

Bei wasserunlöslichen Aldehyden geht man oft auch von den Bisulfit-Additionsprodukten aus, welche direkt mit NaCN umgesetzt werden (nucleophile Substitution). Durch Phasentransfer-Katalyse läßt sich die Reaktionsgeschwindigkeit oft stark erhöhen.

Die *Bedeutung* der Cyanhydrine als *Zwischenprodukte* bei präparativen Arbeiten zeigt die Tabelle 12.1. Als Beispiel einer technisch durchgeführten Cyanhydrinsynthese sei die Gewinnung des monomeren *Methacrylsäuremethylesters* erwähnt, der als Ausgangsstoff für die Herstellung von Plexiglas dient:

$$CH_3\!\!-\!\!C\!\!=\!\!O + HCN \longrightarrow CH_3\!\!-\!\!C\!\!-\!\!CN \xrightarrow[CH_3OH]{H_2SO_4} CH_2\!\!=\!\!C\!\!-\!\!COOCH_3$$

Durch Schwefelsäure und Methanol wird die Nitrilgruppe hydrolysiert und verestert, wobei gleichzeitig Wasser eliminiert wird.

Tabelle 12.1. Cyanhydrine als Zwischenprodukte für Synthesen

Die *Streckersche Synthese* von *Aminosäuren* ist eine Variante der Cyanhydrinreaktion. Dabei werden in einer einzigen Reaktion Ammoniak und Cyanid an eine Carbonylverbindung addiert; das entstehende α-Aminonitril läßt sich leicht zur α-Aminosäure hydrolysieren:

$$R\!\!-\!\!CH\!\!=\!\!O + HCN + NH_3 \longrightarrow R\!\!-\!\!CH\!\!-\!\!CN \xrightarrow{H_2O} R\!\!-\!\!CH\!\!-\!\!COOH$$

In der Praxis behandelt man zu diesem Zweck einen Aldehyd (oder ein Keton) mit einem Gemisch aus NaCN und NH_4Cl; nimmt man an Stelle von Ammoniumchlorid substituierte Ammoniumsalze, so bekommt man N-substituierte Aminonitrile bzw. Aminosäuren. Die Reaktion verläuft wahrscheinlich in zwei Schritten; ob dabei zuerst das Cyanid-Ion oder das

Ammoniakmolekül addiert wird, ist nicht entschieden. Im einen Fall würde sich zuerst das Cyanhydrin bilden, worauf eine S_N-Reaktion folgen müßte; im anderen Fall gäbe die Addition von Ammoniak ein Imin, welches anschließend $CN^{\ominus}$ addieren müßte.

Addition von Acetylen. In analoger Weise zur Addition von HCN verläuft die Addition von Acetylen:

$$\ce{>C=O} + HC\equiv CH \longrightarrow \ce{>C<^{OH}_{C\equiv CH}}$$

Auch diese Reaktion ist *basenkatalysiert;* das angreifende Reagens ist nicht das Acetylen selbst, sondern sein *Anion.* Da Acetylen eine wesentlich schwächere Säure ist als HCN, sind stärkere Basen erforderlich (Alkoxid-Ionen oder Natriumamid).

Technische Verfahren, die auf dieser Reaktion beruhen, wurden von Reppe (BASF) und Weizmann entwickelt. In jahrelangen Arbeiten gelang es Reppe, Methoden zu finden, mit denen Acetylen unter hohen Drucken (bis 100 bar) gefahrlos umgesetzt werden konnte. Durch Einwirkung von Acetylen auf Formaldehyd (in Gegenwart von Kupferacetylid und unter Druck) gelingt es, *Propargylalkohol* und *2-Butin-1,4-diol* zu erhalten, zwei sehr wertvolle Zwischenprodukte für weitere Synthesen. Bei einer von Weizmann entwickelten *Isoprensynthese* geht man von Aceton aus, das unter der Einwirkung von hochreaktionsfähigem, in Diglyme dispergiertem KOH mit Kaliumacetylid umgesetzt wird. Selektive Hydrierung mit einem Lindlar-Katalysator führt das gebildete 3-Methyl-1-butin-3-ol in 3-Methyl-1-buten-3-ol über, welches katalytisch (an Al_2O_3) zu Isopren dehydratisiert wird.

Bisulfit-Addition. Natriumhydrogensulfit ($NaHSO_3$) wird von den meisten Aldehyden und von vielen Ketonen (besonders Methylketonen und zyklischen Ketonen) addiert:

$$\ce{>C=O} + HSO_3^{\ominus} \rightleftharpoons \ce{>C<^{OH}_{SO_3^{\ominus}}}$$

Bisulfit-Additions-
produkt

Man führt die Reaktion aus, indem man den Aldehyd bzw. das Keton mit einer gesättigten wäßrigen Lösung von Natriumhydrogensulfit durchschüttelt, wobei sich das Additionsprodukt als weißer, kristalliner Festkörper ausscheidet. Da die Addition leicht *reversibel* ist, dient sie häufig zur Abtrennung einer Carbonylverbindung aus einem Reaktionsgemisch.

Der Einfluß des *p*H-Wertes auf die Geschwindigkeit der Addition zeigt, daß das stärker nucleophile *Sulfit-Ion* das eigentliche *nucleophile Reagens* ist:

$$\ce{>C=O} + SO_3^{2\ominus} \rightleftharpoons \ce{>C<^{SO_3^{\ominus}}_{O^{\ominus}}} \overset{H^{\oplus}}{\underset{}{\rightleftharpoons}} \ce{>C<^{SO_3^{\ominus}}_{OH}}$$

Bei niedrigerem *p*H verläuft die Addition beträchtlich langsamer bzw. reversibel.

12.4 Addition von N-haltigen Nucleophilen

Allgemeines. Carbonylverbindungen reagieren *mit zahlreichen Derivaten von Ammoniak (Hydrazin,* substituierte Hydrazine und *Hydroxylamine, Semicarbazid),* aber auch mit *Aminen* oder mit *Ammoniak* selbst. Das primäre Additionsprodukt stabilisiert sich unter intramolekularer Protonenübertragung; der dadurch entstehende tetraedrisch gebaute Zwischenstoff (1) läßt sich jedoch nur in besonderen Fällen isolieren und spaltet meist spontan Wasser ab:

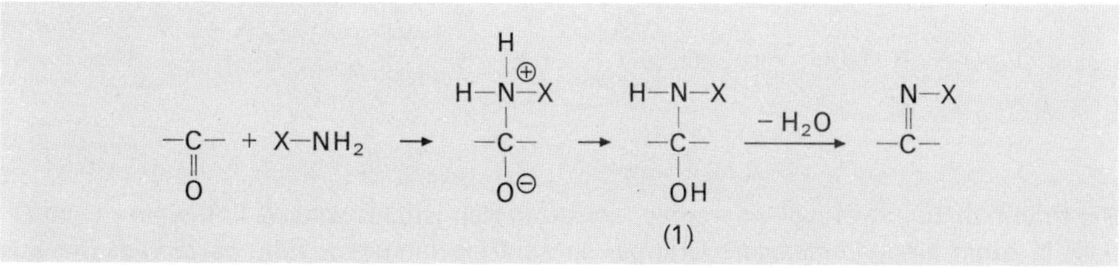

Besonders eingehend wurde der Ablauf der Reaktion von Carbonylverbindungen mit Hydrazinderivaten, Hydroxylamin und Semicarbazid untersucht. Die Tatsache, daß im IR-Spektrum des Reaktionsgemisches die Carbonylbande ziemlich rasch verschwindet, die für die Endprodukte charakteristischen Banden jedoch relativ langsam erscheinen, zeigt, daß die *eigentliche Addition* offenbar *verhältnismäßig schnell,* die *Wasserabspaltung* hingegen *langsamer* erfolgt, so daß dieser zweite Schritt die Gesamtgeschwindigkeit bestimmt. Die Abspaltung von Wasser ist spezifisch säure- (und basen-) katalysiert. Mit sinkendem *p*H wird aber die Konzentration an freier Base (freiem Nucleophil) so gering, daß dann die Addition zum geschwindigkeitsbestimmenden Schritt wird und die Gesamtreaktion nur noch langsam verläuft. Stark nucleophile Reagenzien, wie Ammoniak, Amine oder Hydroxylamin, reagieren auch ohne Katalysator ziemlich schnell.

Die *Elimination von Wasser* aus dem Additionsprodukt wird wahrscheinlich durch eine Protonenübertragung von einem $H_3O^\oplus$-Ion auf das O-Atom des Zwischenproduktes (1) eingeleitet. Durch Austritt von Wasser bildet sich das Imonium-Ion (2), welches wieder ein Proton auf ein H_2O-Molekül überträgt:

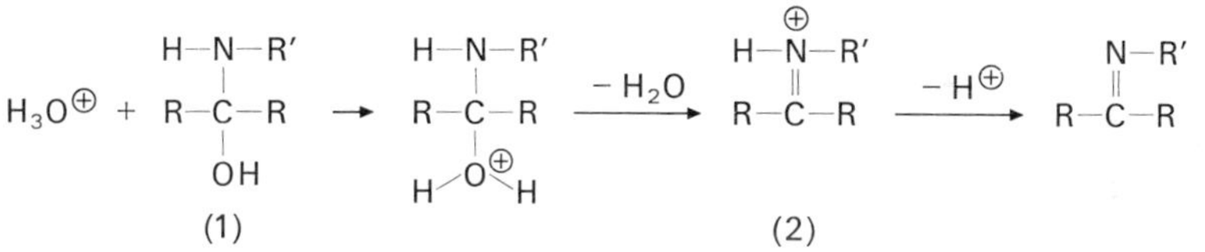

Die Abspaltung von Wasser ist jedoch auch unter der Einwirkung von Basen möglich. Das $OH^\ominus$-Ion entzieht dann zunächst dem N-Atom des Zwischenstoffes (1) ein Proton, und unter Austritt der Hydroxylgruppe als $OH^\ominus$-Ion bildet sich die Doppelbindung.

Addition von Ammoniak bzw. Aminen. Manche Aldehyde addieren Ammoniak in prinzipiell gleicher Weise wie Wasser. Die dadurch gebildeten «*Aldehyd-Ammoniake*» sind allerdings instabil und zerfallen bei der Destillation des Reaktionsgemisches wieder. Nur polychlorierte oder -fluorierte Aldehyde und Ketone (die auch beständige Hydrate bilden) liefern stabile Addukte:

$$CCl_3C \overset{O}{\underset{H}{\diagdown}} + NH_3 \longrightarrow CCl_3 \overset{NH_2}{\underset{OH}{\overset{|}{\underset{|}{C}}}} H$$

In gewissen Fällen (so z. B. bei Formaldehyd) bilden sich durch Weiterreaktion der primären Additionsprodukte stabilere Verbindungen *(Urotropin;* siehe S. 262).

Primäre Amine ergeben *Imine:*

$$\overset{}{\underset{}{\diagup}}C=O + R-NH_2 \longrightarrow \overset{}{\underset{NH-R}{\overset{|}{\underset{|}{C}}}}\overset{O^{\ominus}}{\underset{\oplus}{}} \longrightarrow \overset{}{\underset{NH-R}{\overset{OH}{C}}} \overset{-H_2O}{\longrightarrow} \overset{}{\underset{}{\diagup}}C=N-R$$

Die *Imine* können zwar isoliert werden, *zersetzen* sich jedoch *schnell.* Enthalten sie am C- oder N-Atom eine *aromatische* Gruppe, so sind sie hingegen sehr *beständig.* Die aus aromatischen Aminen und Aldehyden gebildeten Imine werden als **Schiffsche Basen** bezeichnet:

$$R-CH=O + \overset{H}{\underset{H}{\overset{|}{\underset{|}{N}}}}{-}\bigcirc \longrightarrow R-CH=N-\bigcirc + H_2O$$

eine Schiffsche Base

Diese Reaktion wird bei der *Friedländer-Synthese* von *Chinolinderivaten* zum *Ringschluß* benutzt:

Die Primärprodukte bei der Addition *sekundärer Amine* an Carbonylverbindungen spalten intramolekular kein Wasser ab, so daß sie isoliert werden können. Durch S_N-Reaktion mit einem weiteren Molekül Amin erhält man ein *Aminal;* trägt das α-C-Atom ein H-Atom, so bildet sich unter Wasseraustritt eine C=C-Doppelbindung, und es entsteht ein **Enamin:**

$$\overset{}{\underset{}{\diagup}}C=O + HNR_2 \longrightarrow \overset{}{\underset{NHR_2}{\overset{|}{\underset{\oplus}{C}}}}\overset{O^{\ominus}}{} \longrightarrow \overset{}{\underset{NR_2}{\overset{OH}{C}}} \overset{+HNR_2}{\longrightarrow} \overset{}{\underset{NR_2}{\overset{NR_2}{C}}}$$

Aminal

$$-\overset{|}{\underset{}{C}}H-\overset{|}{\underset{}{C}}=O + HNR_2 \longrightarrow -\overset{|}{\underset{}{C}}H-\overset{|}{\underset{NR_2}{\overset{OH}{C}}} \longrightarrow -\overset{|}{\underset{}{C}}=\overset{|}{\underset{}{C}}-NR_2$$

Enamin

Bei der praktischen Durchführung dieser Reaktion wird das gebildete Wasser durch azeotrope Destillation oder mit Hilfe wasserentziehender Mittel entfernt.

Enamine lassen sich ähnlich wie Michael-Substrate *acylieren* und *alkylieren* (dies vor allem mit reaktionsfähigen Halogeniden wie Allylchlorid, Benzylchlorid, Methyliodid und α-

Halogencarbonylverbindungen). Die Produkte – Immoniumsalze – werden durch Wasser rasch hydrolysiert, wobei α-Acyl- bzw. Alkylcarbonylverbindungen entstehen. Da Enamine aus Ketonen und sekundären Aminen leicht zu erhalten sind, bietet diese Reaktionsfolge eine sehr vielseitig verwendbare Möglichkeit zur *Synthese α-substituierter Ketone.* Leider ergeben die meisten «gewöhnlichen» Alkylhalogenide dabei vorwiegend N-alkylierte Produkte, die bei der Hydrolyse wieder die Ausgangssubstanzen liefern.

Beispiele:

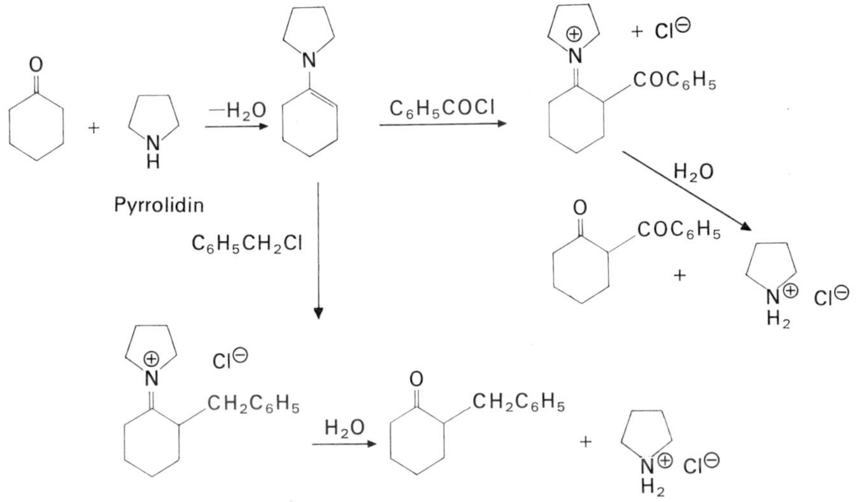

Pyrrolidin

$C_6H_5CH_2Cl$

Reduktive Aminierung von Aldehyden und Ketonen. Behandelt man Carbonylverbindungen in Gegenwart von Wasserstoff und einem Hydrierungskatalysator mit Ammoniak, einem primären oder sekundären Amin, so tritt reduktive Aminierung ein und man erhält Amine (bzw. substituierte Amine):

$$R-\overset{\displaystyle O}{\underset{\displaystyle \|}{C}}-R' + R''_2NH + H_2 \xrightarrow{\text{Ni}} R-\overset{\displaystyle}{\underset{\displaystyle NR''_2}{\underset{\displaystyle |}{C}H}}-R'$$

An Stelle von Wasserstoff lassen sich auch andere reduzierende Reagenzien verwenden, wie z.B. Zink und Salzsäure, Natriumborhydrid oder Ameisensäure. Der *Mechanismus* der Reaktion ist nicht genau bekannt. Das folgende Reaktionsschema zeigt eine wahrscheinliche Möglichkeit des Ablaufes:

$$R-\overset{\displaystyle O}{\underset{\displaystyle \|}{C}}-R' + R''NH_2 \rightarrow R-\overset{\displaystyle NHR''}{\underset{\displaystyle OH}{\underset{\displaystyle |}{\overset{\displaystyle |}{C}}}}-R' \xrightarrow{H_2/Ni} R-\overset{\displaystyle NHR''}{\underset{\displaystyle H}{\underset{\displaystyle |}{\overset{\displaystyle |}{C}}}}-R' + H_2O$$

Verwendet man Ammoniak, so kann das zunächst gebildete primäre Amin unter den Bedingungen der Reaktion weiterreagieren, so daß dann sekundäre (und selbstverständlich auch tertiäre) Amine als Nebenprodukte erhalten werden. Die Reaktion wird besonders häufig mit *Formaldehyd* und einem *primären* oder *sekundären Amin* unter der reduzierenden Wirkung von *Ameisensäure* durchgeführt, wobei Amine von der Art $R-N(CH_3)_2$ und R_2N-CH_3 erhalten werden *(Eschweiler-Clarke-Reaktion)*.

Mannich-Reaktion. Bei dieser Reaktion setzt man *Formaldehyd* (seltener andere Aldehyde) zusammen mit einem *sekundären Amin* (als Ammoniumsalz; seltener mit Salzen primärer Amine oder mit unsubstituierten Ammoniumsalzen) und einer *C—H-aciden Komponente* (z. B. einem Keton) in alkoholischer Lösung um:

$$R'-\underset{\underset{O}{\|}}{C}-CH_3 + CH_2{=}O + R_2NH \xrightarrow{-H_2O} R'-\underset{\underset{O}{\|}}{C}-CH_2-CH_2-N\overset{R}{\underset{R}{\diagdown}}$$

eine «**Mannich-Base**»

(Nimmt man nicht Formaldehyd, so erhält man am zur CO-Gruppe β-ständigen C-Atom substituierte Mannich-Basen; Ammoniak liefert am N-Atom unsubstituierte Basen.)

Als C—H-acide Komponenten eignen sich alle Substanzklassen, die unter der Einwirkung starker Basen *Carbanionen* bilden:

$$-\overset{|}{C}H-\underset{\underset{O}{\|}}{C}-R \qquad -\overset{|}{C}H-CHO \qquad -\overset{|}{C}H-COOR \qquad -\overset{|}{C}H-COOH \qquad -\overset{|}{C}H-CN$$

$$-\overset{|}{C}H-NO_2 \qquad\qquad RC{\equiv}CH$$

Die Reaktion ist erster Ordnung bezüglich des Aldehyds, des Amins und der «Methylen-Komponente», insgesamt also dritter Ordnung, und ist spezifisch säure- und basenkatalysiert. Wahrscheinlich wird im *ersten Reaktionsschritt* der *Aldehyd* durch das *Amin* angegriffen. Das Additionsprodukt (1) bindet ein Proton und spaltet Wasser ab, so daß ein *Carbeniumion entsteht*. Dieses wird von der *Enolform* der C—H-aciden Komponente gebunden (in sauren Lösungen treten keine Carbanionen auf):

$$H-\underset{\underset{O}{\|}}{C}-H + R_2NH \;\rightleftharpoons\; H-\underset{\underset{OH}{|}}{\overset{\overset{NR_2}{|}}{C}}-H \xrightarrow[-H_2O]{H^{\oplus}} H-\underset{\underset{\oplus}{}}{\overset{\overset{NR_2}{|}}{C}}-H$$

$$(1) \qquad\qquad\qquad (2)$$

$$H-\underset{\underset{\oplus}{}}{\overset{\overset{NR_2}{|}}{C}}-H + CH_2{=}C\overset{R'}{\underset{OH}{\diagdown}} \longrightarrow R_2N-\underset{\underset{H}{|}}{\overset{\overset{H}{|}}{C}}-CH_2-\underset{\underset{}{\|}}{\overset{\overset{\oplus}{OH}}{C}}-R' \xrightarrow{-H^{\oplus}} R_2N-\underset{\underset{H}{|}}{\overset{\overset{H}{|}}{C}}-CH_2-\underset{\underset{}{\|}}{\overset{\overset{O}{}}{C}}-R'$$

$$(3)$$

Bei der *basenkatalysierten* Reaktion reagiert das Produkt (1) direkt mit dem *Carbanion* der C—H-aciden Komponente (S_N2!), wobei die Mannich-Base entsteht.

Werden Ammoniak oder primäre Amine für die Mannich-Reaktion verwendet, so kann die zunächst gebildete Mannich-Base selbst wieder an der Reaktion teilnehmen und weiter mit einem Molekül Aldehyd und einem Molekül Enol (bzw. einem Carbanion) kondensieren, so daß komplizierte Produkte entstehen. Aus diesen Gründen wird in der Praxis hauptsächlich mit *sekundären Aminen* gearbeitet.

Die große Bedeutung der Mannich-Reaktion ist darin begründet, daß Mannich-Basen beim Erhitzen leicht ein mol sekundäres Amin abspalten und auf diese Weise α,β-ungesättigte *Carbonylverbindungen* ergeben. Durch Reaktion mit Säureanhydriden läßt sich die Dialkylaminogruppe auch durch eine Carboxylgruppe ersetzen.

Die Mannich-Reaktion ist eine der wichtigsten Reaktionen bei der *Biosynthese* vieler *Alkaloide* und anderer *Naturstoffe*. Als Beispiel erwähnen wir die Biosynthese des *Hygrins* und des *Cuskhygrins*, zweier Alkaloide aus den Blättern der Cocapflanze:

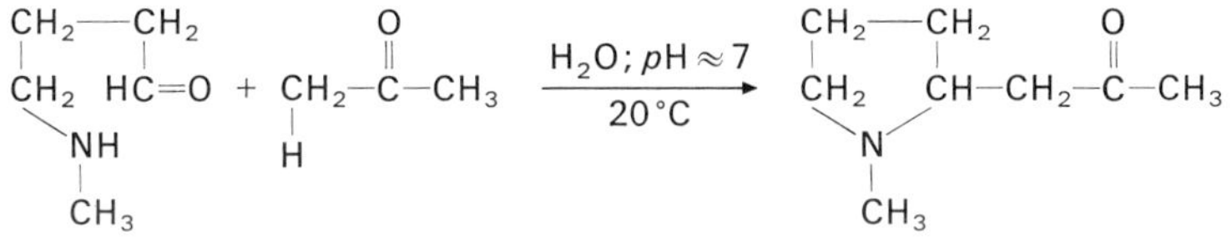

| γ-Methylamino-
butyraldehyd | Aceton | | Hygrin |

Reagieren beide α-C-Atome von Aceton mit γ-Methylaminobutyraldehyd, so entsteht Cuskhygrin:

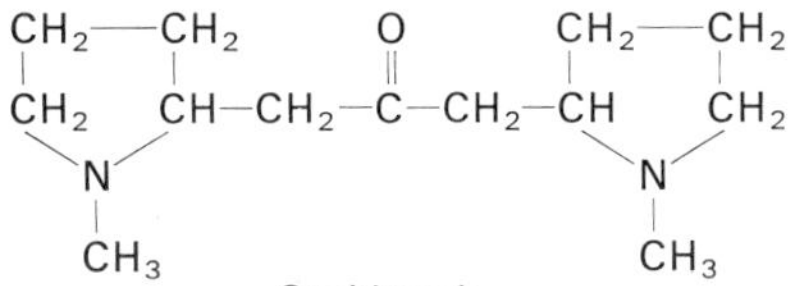

Cuskhygrin

Ausgangsstoff für die Bildung von γ-Methylaminobutyraldehyd ist die Aminosäure Ornithin, die über verschiedene, durch spezifische Enzyme katalysierte Stufen in den Aldehyd übergeführt wird. Das Aceton entsteht über Acetessigsäure aus Essigsäure (bzw. «aktivem Acetat», acetyliertem Coenzym A).

Auch zahlreiche *Laboratoriumssynthesen* von Alkaloiden benützen die Mannich-Reaktion. Ein klassisches Beispiel ist die von Robinson (1917) durchgeführte Synthese des *Tropinons*, eines Ketons, das durch Oxidation von Tropin erhalten werden kann. Tropin ist Bestandteil der *«Tropin-Alkaloide»*, z.B. des in der Tollkirsche vorkommenden Hyoscyamins, in welchem es mit Tropasäure [Ph—CH(COOH)CH₂OH] verestert ist. Die Tropinonsynthese benötigte Succindialdehyd, Methylamin und Aceton:

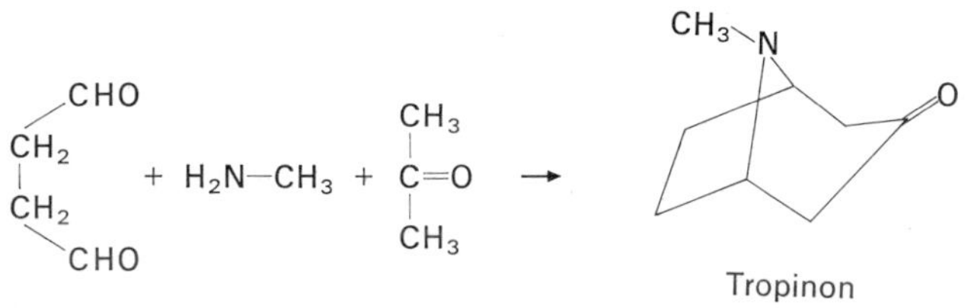

Tropinon

Addition von Hydrazin, Hydroxylamin und Semicarbazid (und ihren Derivaten). Derivate dieser stickstoffhaltigen Basen, wie Phenylhydrazin, 2,4-Dinitrophenylhydrazin, Phenylhydroxylamin oder auch Semicarbazid geben mit den meisten Carbonylverbindungen *gut kristallisierende, scharf schmelzende Additionsprodukte* (Phenylhydrazone, Oxime, Semicarbazone), die zur Identifizierung von Aldehyden und Ketonen sehr wichtig sind:

$$\text{C=O} + NH_2NH_2 \longrightarrow \text{C}\begin{matrix} OH \\ NHNH_2 \end{matrix} \longrightarrow \text{C=N}-NH_2 \qquad \text{ein \textbf{Hydrazon}}$$

$$\text{C=O} + NH_2OH \longrightarrow \text{C}\begin{matrix} OH \\ NHOH \end{matrix} \longrightarrow \text{C=N}-OH \qquad \text{ein \textbf{Oxim}}$$

$$\text{C=O} + NH_2NHCONH_2 \longrightarrow \text{C}\begin{matrix} OH \\ NHNHCONH_2 \end{matrix} \longrightarrow \text{C=N}-NHCONH_2 \text{ ein \textbf{Semicarbazon}}$$

Die Additionsreaktionen sind *reversibel;* durch Erwärmen mit verdünnter Säure lassen sich die Carbonylverbindungen wieder zurückgewinnen. Zur Isolierung von Ketonen aus Naturstoffgemischen wird oft ein weiteres Additionsprodukt verwendet, das Addukt mit *Girard-Reagens,* einem quartären, von Semicarbazid abgeleiteten Ammoniumion. Die Additionsverbindungen sind dank ihrer positiven Ladung wasserlöslich und können dadurch leicht von wasserunlöslichen Begleitstoffen getrennt werden.

$$Cl^{\ominus} \ (CH_3)_3\overset{\oplus}{N}-CH_2CONHNH_2$$

Girard-Reagens T

$$\underset{}{\bigcirc}\overset{\oplus}{N}-CH_2CONHNH_2 \ Cl^{\ominus}$$

Girard-Reagens P

Wie schon erwähnt, sind Kinetik und Mechanismus der Reaktionen von Ketonen (Aldehyden) mit Hydrazinderivaten und Semicarbazid gut untersucht. Die Reaktivität der Carbonylverbindungen wird hauptsächlich durch *sterische* Faktoren beeinflußt. Ketone vom Typus des Diisopropylketons oder auch des Benzophenons addieren beispielsweise voluminöse Carbonylreagenzien wie 2,4-Dinitrophenylhydrazin langsam oder überhaupt nicht, während sich mit Hydroxylamin ohne weiteres Oxime herstellen lassen. Besonders rasch verlaufen die Additionen an *Cyclohexanon,* weil hier zwischen den H-Atomen an den α-C-Atomen (die ekliptisch zueinander stehen müssen) und dem Carbonyl-O-Atom Pitzer-Spannung auftritt, die im Cyclohexanring – in der Sessel-Konformation – fehlt. Der Übergang vom Keton zum tetrahedralen Additionsprodukt geschieht daher besonders leicht. Allerdings wird das Cyclohexanon-System (mit trigonalem C) beim Übergang zum Hydrazon (Semicarbazon) zurückgebildet, so daß dieses dadurch (verglichen etwa mit den entsprechenden Verbindungen anderer Ketone oder Aldehyde) destabilisiert wird.
Im Zusammenhang mit diesen Additionsreaktionen soll noch auf eine *Umlagerung* eingegangen werden, welche Oxime unter der Einwirkung von PCl₅, konzentrierter Schwefelsäure oder anderen Reagenzien erfahren (**«Beckmann-Umlagerung»**):

$$R-\underset{\underset{N-OH}{\|}}{C}-R' \xrightarrow{PCl_5} R'-\underset{\underset{O}{\|}}{C}-NH-R$$

Dabei tritt eine Wanderung der einen an das Carbonyl-C-Atom gebundenen Gruppe R ein, und zwar verschiebt sich dabei in der Regel die zur Hydroxylgruppe *trans*-ständige Gruppe. Die Reaktion ist von einer breiten Anwendbarkeit, da R und R' sowohl Alkyl- wie Arylreste und sogar H-Atome (Aldoxime!) sein können; im letztgenannten Fall wandert allerdings im allgemeinen das H-Atom nicht. Technisch wichtig geworden ist die Umlagerung von *Cyclohexanonoxim* in *Caprolactam,* dem Ausgangsstoff zur Gewinnung von Perlon:

$$\text{C}_6\text{H}_{10}=\text{NOH} \xrightarrow{85\%\,H_2SO_4} \begin{array}{c}\text{CH}_2\text{CH}_2\text{C}{\Large\diagup}^{\text{O}} \\ | \qquad\qquad \diagdown\text{NH} \\ \text{CH}_2\text{CH}_2\text{CH}_2 {\Large\diagup}\end{array}$$

Caprolactam

Wahrscheinlich wird im ersten Reaktionsschritt die Hydroxylgruppe protoniert und dadurch in eine bessere Abgangsgruppe (Wasser) umgewandelt. Nach Elimination des Wassers verschiebt sich der eine Rest zum N-Atom und das dadurch entstandene Carbeniumion addiert wiederum Wasser:

$$\begin{array}{c}\text{N}{-}\text{OH} \\ \| \\ \text{R}{-}\text{C}{-}\text{R}'\end{array} \xrightarrow{H^{\oplus}} \begin{array}{c}\overset{\oplus}{\text{N}}{-}\text{OH}_2 \\ \| \\ \text{R}{-}\text{C}{-}\text{R}'\end{array} \xrightarrow{-H_2O} \underset{(1)}{\text{R}'{-}\overset{\oplus}{\text{C}}{=}\text{N}{-}\text{R}} \xrightarrow{H_2O} \underset{\underset{(2)}{\oplus\text{OH}_2}}{\text{R}'{-}\text{C}{=}\text{N}{-}\text{R}}$$

In der Tat lassen sich in bestimmten Fällen Zwischenprodukte der Struktur (1) isolieren. (2) spaltet ein Proton ab und tautomerisiert zum Amid:

$$\underset{\oplus\text{OH}_2}{\text{R}'{-}\text{C}{=}\text{N}{-}\text{R}} \xrightarrow{-H^{\oplus}} \underset{\text{OH}}{\text{R}'{-}\text{C}{=}\text{N}{-}\text{R}} \rightleftharpoons \underset{\text{O}}{\overset{}{\text{R}'{-}\text{C}{-}\text{NH}{-}\text{R}}}$$

Führt man die Umlagerung unter der Wirkung von PCl_5 oder ähnlichen Reagenzien aus, so wird im ersten Schritt die Hydroxylgruppe in einen Ester übergeführt (ähnlich wie bei der $S_N i$-Reaktion), welcher anschließend in derselben Weise weiter reagiert.

Wenn die beiden Gruppen R und R' verschieden sind, so wandert bei der Beckmann-Umlagerung stets die zur Hydroxylgruppe *trans*-ständige Gruppe:

$$\begin{array}{c}\text{CH}_3 \\ \diagdown \\ \text{C}_6\text{H}_5 \diagup\end{array}\!\!\text{C}{=}\text{N}\diagdown^{\text{OH}} \rightarrow \begin{array}{c}\text{O} \\ \| \\ \text{CH}_3{-}\text{C}{-}\text{N}\end{array}\!\!\begin{array}{c}\diagup^{\text{H}} \\ \diagdown_{\text{C}_6\text{H}_5}\end{array}$$

$$\begin{array}{c}\text{C}_6\text{H}_5 \\ \diagdown \\ \text{CH}_3 \diagup\end{array}\!\!\text{C}{=}\text{N}\diagdown^{\text{OH}} \rightarrow \begin{array}{c}\text{O} \\ \| \\ \text{C}_6\text{H}_5{-}\text{C}{-}\text{N}\end{array}\!\!\begin{array}{c}\diagup^{\text{H}} \\ \diagdown_{\text{CH}_3}\end{array}$$

Der Grund dafür liegt darin, daß dann im Übergangszustand der Abspaltung von Wasser das austretende Wassermolekül (bzw. im Fall der Umlagerung unter dem Einfluß von PCl_5 die Estergruppe) und die wandernde Gruppe R bzw. R' so weit wie möglich voneinander entfernt sind, so daß die gegenseitigen Wechselwirkungen minimal werden:

$$\begin{array}{c}\text{R} \\ \diagdown \\ \textcircled{R}' \diagup\end{array}\!\!\text{C}{=}\text{N}\diagdown\overset{\oplus}{\text{OH}_2} \qquad\qquad \begin{array}{c}\textcircled{R} \\ \diagdown \\ \text{R}' \diagup\end{array}\!\!\text{C}{=}\text{N}\diagdown\overset{\oplus}{\text{OH}_2}$$

anti-   *syn-*

Die stereoelektronischen Verhältnisse sind damit dieselben wie bei der *E*2-Elimination von HBr durch eine Base (*anti*-koplanar).

12.5   Addition metallorganischer Verbindungen

Die für die präparative organische Chemie wichtigsten metallorganischen Verbindungen sind die bereits auf S.81 besprochenen **Grignard-Reagenzien**. Andere analog aufgebaute Verbindungen enthalten an Stelle von Magnesium Zink oder Cadmium. Alkyl- und Aryllithiumverbindungen lassen sich in ähnlicher Weise verwenden, ebenso Natriumsalze von Acetylenen. Obschon die genaue Struktur gerade der Grignard-Reagenzien noch keineswegs völlig geklärt ist, darf man als sicher annehmen, daß alle diese metallorganischen Verbindungen ein stark negativ polarisiertes C-Atom enthalten, das an das Carbonyl-C-Atom einer Carbonylverbindung addiert werden kann.

Grignard-Reaktion. Wie schon früher erklärt, erhält man aus Grignard-Reagenzien mit Aldehyden *sekundäre Alkohole,* mit Ketonen *tertiäre Alkohole.* Formaldehyd liefert *primäre Alkohole,* und CO_2 ergibt *Carbonsäuren.* Die meisten Aldehyde und Ketone (und auch CO_2) reagieren mit Grignard-Reagenzien ziemlich glatt; in gewissen Fällen treten allerdings Nebenreaktionen ein, welche die Ausbeute verringern können. So können z.B. die *Enole* als Verbindungen mit «aktivem» Wasserstoff direkt mit den Grignard-Reagenzien reagieren und dabei den entsprechenden Kohlenwasserstoff liefern (vgl. die *Zerewitinow-Bestimmung* «aktiver» H-Atome!). Stark enolisierte Carbonylverbindungen wie Acetessigester, Acetylaceton usw. liefern daher keine «normalen» Grignard-Additionsprodukte; ebensowenig lassen sich Moleküle, die neben der Carbonylgruppe Hydroxyl- oder Carboxylgruppen enthalten, als Substrate für Grignard-Reaktionen verwenden. Tertiäre Alkohole mit stark raumerfüllenden Substituenten wie z.B. tri-tert. Butylcarbinol, lassen sich durch Grignard-Reaktion eines Ketons nur in geringen Ausbeuten erhalten. In solchen Fällen verwendet man besser Alkyllithiumverbindungen an Stelle der Grignard-Reagenzien.

Als *Nebenreaktion* tritt oft eine Wurtz-artige Verknüpfung zweier Alkylreste auf (vgl. S.82). Eine weitere mögliche Nebenreaktion besteht darin, daß eine *Reduktion* eintritt, sofern das Grignard-Reagens am β-C-Atom mindestens ein H-Atom besitzt:

Diese Nebenreaktion wird besonders dann oft beobachtet, wenn die Carbonyl- oder Grignard-Verbindungen sterisch gehindert sind.
Die Grignard-Reaktion kann auch *intramolekular* durchgeführt werden. So ergibt 5-Brom-2-pentanon mit Magnesium 1-Methyl-1-cyclobutanol:

Trotz vieler Untersuchungen ist der *Mechanismus* der Grignard-Reaktion auch heute noch *nicht vollständig geklärt.* Einer der Gründe dafür ist, daß in der Lösung der Grignard-Verbindung ganz sicher verschiedene Spezies enthalten sind (Ionenpaare, Dimere; vgl. S.81). Zudem haben Verunreinigungen des Metalls einen starken Einfluß auf die Kinetik der

Reaktion, so daß reproduzierbare Resultate schwierig zu erhalten sind. Es scheint zudem, daß sowohl RMgX und R_2Mg mit der Carbonylverbindung reagieren können, da man von beiden Spezies Komplexe mit Carbonylverbindungen erhalten hat. Ein plausibler Mechanismus der Grignard-Reaktion wurde von Ashby (1972) vorgeschlagen, der sich auf die Feststellung gründet, daß die Reaktion offenbar auf zwei Wegen ablaufen kann, von denen der eine erster Ordnung bezüglich RMgX, der andere erster Ordnung bezüglich R_2Mg ist. Nach Ashby bilden sich zunächst verschiedene Komplexe aus RMgX, R_2Mg und MgX_2 und der Carbonylverbindung, die sich anschließend in die eigentlichen Addukte (1) und (2) umwandeln:

$$
\begin{array}{ccc}
\overset{\displaystyle Br}{\underset{\displaystyle Me}{R_2C{=}O\cdots Mg}} &
\overset{\displaystyle Me}{\underset{\displaystyle Me}{R_2C{=}O\cdots Mg}} &
\overset{\displaystyle Br}{\underset{\displaystyle Br}{R_2C{=}O\cdots Mg}} \\[2em]
\updownarrow & \updownarrow & \updownarrow \\[1em]
2\ MeMgBr \rightleftharpoons & Me_2Mg \quad + & MgBr_2 \\
+\ R_2C{=}O & +\ R_2C{=}O & +\ R_2C{=}O \\
\downarrow & \downarrow & \\[1em]
\underset{\displaystyle Me}{R_2C{-}OMgBr} & \underset{\displaystyle Me}{R_2C{-}OMgMe} & \\[1em]
(1) & (2) &
\end{array}
$$

(Als Grignard-Reagens wird hier Methylmagnesiumbromid angenommen. Der Koeffizient 2 vor MeMgBr bezieht sich auf das – horizontal geschriebene – «Schlenk-Gleichgewicht» und nicht auf die Reaktion zwischen MeMgBr und dem Keton.)

Für die eigentliche Addition – die Bildung von (1) bzw. (2) – wird ein *zyklischer, viergliedriger Übergangszustand* postuliert:

$$
\begin{array}{ccc}
Me{-}Mg{-}Br & & Me{-}MgBr \\
\quad\curvearrowleft & \rightarrow & \quad|\qquad| \\
R_2C{=}O & & R_2C{-}O
\end{array}
$$

Jedoch wurde für diesen Schritt auch schon ein *sechsgliedriger* Übergangszustand (aus zwei «Molekülen» Grignard-Reagens und der Carbonylverbindung) in Betracht gezogen.

Der von Ashby postulierte Mechanismus dürfte dem tatsächlichen Reaktionsablauf dann am ehesten nahekommen, wenn das Grignard-Reagens im Überschuß vorhanden ist (wobei der Bau des zyklischen Übergangszustandes noch offen bleibt). Wenn aber das Molverhältnis von Grignard-Reagens und Carbonylverbindung etwa 1:1 ist oder gar die Carbonylverbindung im Überschuß vorliegt, so reagieren (1) und (2) wahrscheinlich weiter – entweder untereinander oder mit weiteren «Molekülen» RMgX bzw. Carbonylverbindung – und bilden Dimere oder Trimere. Es scheint aber, daß noch weitere Reaktionsmöglichkeiten auftreten, denn in gewissen Fällen wurden *Ketyle* (Radikal-Ionen) als Zwischenstoffe beobachtet:

$$
\underset{\displaystyle |\underline{O}|^{\ominus}}{R{-}\overset{\displaystyle \bullet}{C}{-}R} \qquad \text{ein Ketyl}
$$

Die Bildung solcher Ketyle wird jedenfalls durch kleinste Mengen von Übergangsmetallen (wie sie oft als Verunreinigung im Magnesium auftreten) begünstigt.

Ganz sicher ist der genaue Ablauf der Grignard-Reaktion sehr verwickelt. Im Hinblick auf die Verwendung der Reaktion für die synthetische Praxis sind die Komplikationen jedoch ganz ohne Belang, da das mit dem Mg-Atom «verbundene» C-Atom in jedem Fall an das Carbonyl-C-Atom addiert wird und die Hydrolyse am Ende alle möglichen Additionsprodukte in denselben Alkohol überführt.

Die als *Nebenreaktion* auftretende *Reduktion* verläuft mit ziemlicher Sicherheit ebenfalls über einen zyklischen Übergangszustand:

Läßt man Grignard-Verbindungen auf *Ester* einwirken, so wird ein mol des Reagens an die Carbonylgruppe addiert, während ein weiteres mol die Alkoxygruppe des Esters verdrängt. Als Produkte erhält man daher tertiäre Alkohole, in denen zwei Gruppen R identisch sind. Säurehalogenide verhalten sich ähnlich. Verwendet man im letzteren Fall die weniger reaktionsfähigen *Alkylcadmiumhalogenide,* so läßt sich die Reaktion auf der *Stufe des Ketons* anhalten.

Reformatzki-Reaktion. Die Umsetzung von α-halogenierten Estern mit einer Carbonylverbindung unter der Wirkung von metallischem Zink ergibt – nach der Hydrolyse des Adduktes mit verdünnter Säure – einen β-Hydroxyester:

An Stelle von α-halogenierten Estern können auch ihre *Vinyloge* oder auch α-halogenierte Nitrile verwendet werden. Die Reaktion verläuft formal analog einer Grignard-Reaktion. Man vermutet aber, daß das dabei auftretende Zwischenprodukt Enol-Charakter hat. Für die eigentliche Reaktion wurde auch hier ein zyklischer Übergangszustand vorgeschlagen:

12.6 Addition von Yliden

Bei der von Wittig entdeckten Reaktion werden Aldehyde oder Ketone mit *Phosphor-Yliden* (S. 496) umgesetzt, wobei Alkene entstehen:

$$>\!\!C\!=\!O + Ph_3\overset{\oplus}{P}\!\!-\!\!\overset{\ominus}{\underset{R'}{C}}\!\!-\!\!R \longrightarrow -\overset{|}{C}\!=\!\underset{R'}{C}\!\!-\!\!R + Ph_3PO$$

Die benötigten Ylide werden gewöhnlich aus einem Phosphin (meist Triphenylphosphin) und einem Halogenalkan (in dem das mit dem Halogen verbundene C-Atom noch mindestens ein H-Atom trägt) gewonnen:

$$Ph_3P + X\!-\!\underset{R'}{\overset{|}{C}H}\!-\!R \longrightarrow Ph_3\overset{\overset{X^\ominus}{\oplus}}{P}\!\!-\!\!\underset{R'}{\overset{|}{C}H}\!-\!R \xrightarrow{BuLi} \left[Ph_3\overset{\oplus}{P}\!\!-\!\!\underset{R'}{\overset{\overset{\ominus}{|}}{C}}\!\!-\!\!R \leftrightarrow Ph_3P\!=\!\underset{R'}{\overset{|}{C}}\!\!-\!\!R \right]$$

Phosphoniumsalz   Ylid

Auch durch Addition von Phosphinen an Verbindungen mit «aktiven» Methylengruppen (Z—CH$_2$—Z') lassen sich Phosphor-Ylide herstellen.

Bei der *Wittig-Reaktion* tritt insgesamt ein *Ersatz des Carbonyl-O-Atoms durch die Gruppe RR'C= ein*. Das Ergebnis ist ähnlich der Reformatzki-Reaktion; sie ist jedoch von allgemeinerer Anwendbarkeit, da keine Esterfunktion in α-Stellung zum Halogen vorhanden sein muß. Zudem ist die Lage der entstehenden Doppelbindung stets eindeutig (im Gegensatz zur Reformatzki-Reaktion und zu vielen basenkatalysierten Reaktionen; S. 641), denn auch mit konjugierten Doppel- oder Dreifachbindungen erfolgt der Angriff des Ylids stets am O-Atom der Carbonylgruppe. An der Carbonylverbindung vorhandene funktionelle Gruppen stören nicht; die Reaktion ist auch mit zyklischen und aromatischen Carbonylverbindungen und selbst mit Diarylketonen durchführbar. Auch die Ylide können Doppel- oder Dreifachbindungen enthalten. Einfache Ylide (R und R' = Alkyl) sind gegenüber Wasser, Sauerstoff, Alkoholen u. a. sehr reaktiv, so daß dann in absolut wasser- und alkoholfreiem Milieu und unter Stickstoff gearbeitet werden muß.

Mit *Aldehyden* läßt sich die Wittig-Reaktion auch unter den Bedingungen des Zweiphasenverfahrens *(Phasentransfer-Katalyse)* durchführen. Das Ylid wird dann durch Reaktion des Phosphoniumsalzes mit konzentrierter Natronlauge gebildet; das Carbonyl-C-Atom der Aldehyde ist reaktionsfähig genug, um sofort (in der organischen Phase) mit dem Ylid zu reagieren, bevor dieses durch das Wasser hydrolysiert wird.

Bei einer Variante der Wittig-Reaktion werden durch eine Phosphonsäuregruppe, PO(OR)$_2$, stabilisierte Carbanionen eingesetzt *(«Wittig-Horner-Reaktion»)*:

$$(RO)_2\underset{\underset{R''}{\overset{|}{}}}{\overset{\overset{|}{|}}{\underset{O}{P}}}\!\!-\!\!CH\!-\!R' \xrightarrow{Base} (RO)_2\underset{\underset{R''}{\overset{|}{}}}{\overset{\overset{|}{|}}{\underset{O}{P}}}\!\!-\!\!\overset{\ominus}{C}\!\!-\!\!R, \xrightarrow{>C=O} >\!\!C\!=\!\underset{R''}{\overset{|}{C}}\!\!-\!\!R' + (RO)_2PO_2^\ominus$$

Auch hier können die Carbanionen in einem Zweiphasensystem – mit konzentrierter Natronlauge und Tetraalkylammoniumsalz – erzeugt werden. Gegenüber der eigentlichen Wittig-Reaktion hat diese Variante den Vorteil, daß die hier benützten Carbanionen reaktiver sind als die Ylide. Zudem ist das Nebenprodukt, ein Phosphorsäureester wasserlöslich und leichter aus dem Reaktionsgemisch abzutrennen. Die Phosphonate sind zudem billiger als die Phosphoniumsalze und lassen sich durch die «Arbuzow-Reaktion» leicht herstellen:

$$(EtO)_3P \; + \; RCH_2X \;\; \longrightarrow \;\; (EtO)_2P{-}CH_2R \; + \; EtX$$
$$\underset{O}{\overset{\|}{}}$$

Der *Reaktionsablauf* der Wittig-Reaktion vollzieht sich in zwei, wahrscheinlich drei Schritten:

Betain   Oxaphosphetan

Im ersten Schritt entsteht dabei ein *Betain* (ein inneres Salz). Der zweite und dritte Schritt stellen eine Elimination von Ph$_3$PO dar; möglicherweise verlaufen sie konzertiert. Bei sehr reaktiven Yliden verlaufen wahrscheinlich auch die Schritte 1 und 2 gleichzeitig, so daß dann kein Betain als Zwischenstoff auftritt. Bei tiefen Temperaturen aufgenommene NMR-Spektren sind in diesen Fällen jedenfalls in Übereinstimmung mit der Oxaphosphetan-Struktur, jedoch nicht mit einer Spezies, die ein vierfach koordiniertes P-Atom enthält. In protischen Lösungsmitteln scheint auch ein weiterer Mechanismus aufzutreten, bei dem das Betain zunächst protoniert und anschließend das β-Hydroxyphosphoniumsalz gespalten wird.

Die Wittig-Reaktion läßt sich sehr vielseitig einsetzen; insbesondere wurde sie auch zur Synthese bestimmter Naturstoffe wie etwa des β-Carotins benützt. Seit einiger Zeit findet sie sogar technische Anwendung zur Synthese von Vitamin A. Auch intramolekular läßt sich die Reaktion durchführen.

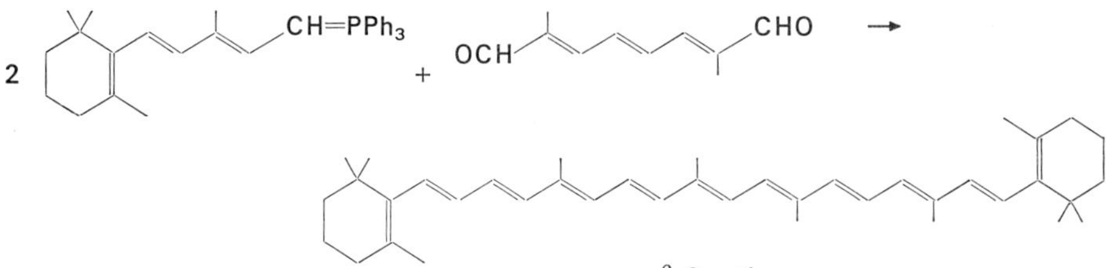

β-Carotin

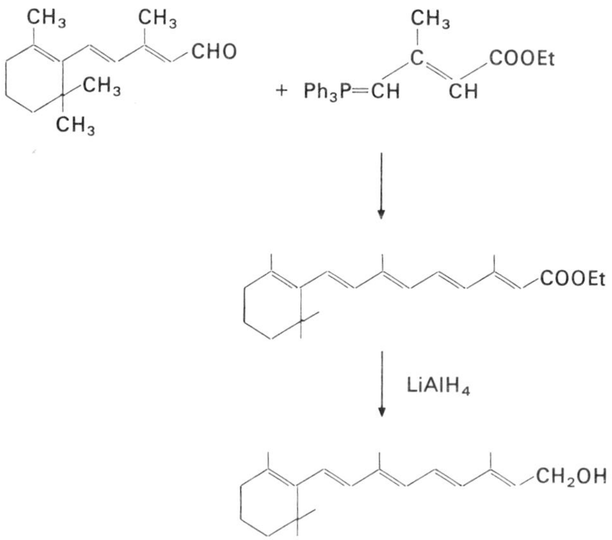

Vitamin A

Auch andere Ylide können an Carbonylverbindungen addiert werden. So ergeben *Schwefel-Ylide*[1] wie z. B. Dimethyloxosulfoniummethylid mit Aldehyden oder Ketonen *Epoxide:*

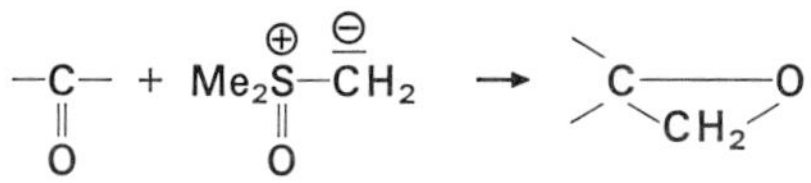

Die Addition des Ylids erfolgt analog zur Addition von Phosphor-Yliden; im Anschluß daran verdrängt jedoch das negativ geladene O-Atom des Adduktes die Sulfoniumgruppe als neutrales Sulfid:

[1] Schwefel-Ylide können aus Verbindungen mit «aktiven» Methylengruppen und Sulfoxiden (meist Dimethylsulfoxid) unter der Wirkung von Acetanhydrid hergestellt werden:

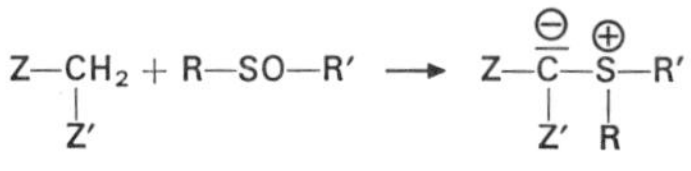

Es ist dabei auch möglich, in einem Zweiphasensystem zu arbeiten (Phasentransfer!).

$$R_2CO + \overset{\oplus}{-S}\overset{\ominus}{-C}- \longrightarrow R-\overset{\overset{R-\overset{\oplus}{S}-}{|}}{\underset{\underset{\ominus}{|O|}}{C}}-\overset{|}{C}- \longrightarrow R-\overset{R}{\underset{O}{C}}{-}\overset{R}{\underset{}{C}}{'}$$

Auch *Diazomethan* kann als Ylid aufgefaßt werden. Mit Aldehyden und Ketonen bildet es ein Additionsprodukt, das auf zweierlei Weise weiter reagieren kann:

$$\overset{R}{\underset{R}{>}}C{=}O \xrightarrow{\ CH_2N_2\ } \begin{array}{l} \xrightarrow[\text{(a)}]{-N_2} \quad \overset{R}{\underset{R}{>}}C\overset{O}{\underset{}{\diagdown}}CH_2 \\[2em] \xrightarrow[\text{(b)}]{-N_2} \quad \overset{O}{\underset{R}{\overset{\|}{C}}}{\diagdown}CH_2R \end{array}$$

In beiden Fällen spaltet das Additionsprodukt N_2 ab. Der Reaktionsweg (b) tritt normalerweise als Nebenreaktion zu (a) auf; es tritt eine Umlagerung ein, indem sich ein Carbanion $R^{\ominus}$ verschiebt.

12.7   Reaktionen von Carbonylverbindungen mit C—H-aciden Verbindungen

Allgemeines. Die Additionen von C—H-aciden Verbindungen an Carbonylgruppen gehören zu den wichtigsten Reaktionen von Aldehyden und Ketonen, weil sie zur *Knüpfung von C—C-Bindungen* und damit zum Aufbau von C-Gerüsten dienen. In den meisten Fällen erfolgen diese Reaktionen unter der Wirkung einer *Base,* welche der zu addierenden Verbindung ein Proton entzieht und damit die Bildung eines **Carbanions** (eines Enolat-Ions) bewirkt. Die große Bedeutung solcher Additionsreaktionen für die präparative Chemie besteht darin, daß verhältnismäßig viele Verbindungsklassen unter geeigneten Bedingungen Carbanionen bilden können (und damit zur Addition an Carbonylgruppen befähigt sind), und daß umgekehrt Carbanionen mit elektrophilen C-Atomen in sehr verschiedenartiger «Umgebung» reagieren können. Zudem läßt sich die Basizität der benötigten Base in ziemlich weitem Ausmaß variieren, so daß für die verschiedenartigsten Reaktionen passende Reaktionsbedingungen gefunden werden können.

Das *allgemeine Schema* solcher Reaktionen läßt sich folgendermaßen formulieren:

$$\overset{}{>}C{=}O + \overset{\overset{Z}{|}}{\underset{\underset{R}{|}}{CH_2}} \xrightarrow{\ \text{Base}\ } \overset{}{>}C\overset{O^{\ominus}}{\underset{\underset{\underset{R}{|}}{CH-Z}}{\diagdown}} \xrightarrow[\text{(vom Lösungsmittel)}]{+H^{\oplus}} \overset{}{>}C\overset{OH}{\underset{\underset{\underset{R}{|}}{CH-Z}}{\diagdown}}$$

$$(1)$$

In vielen Fällen spaltet das Additionsprodukt (1) in einem weiteren Reaktionsschritt Wasser ab (die *Elimination von Wasser* kann *auch spontan* erfolgen), so daß als Endprodukt eine *ungesättigte* Verbindung erhalten wird:

$$\begin{array}{c} \text{OH} \\ \diagup \\ \text{C} \\ \diagdown \\ \text{CH—Z} \\ | \\ \text{R} \end{array} \xrightarrow[\text{(spontan oder durch Erhitzen mit der Base)}]{-\,H_2O} \begin{array}{c} \diagdown \\ \text{C=C} \\ \diagup \end{array}\begin{array}{c} \diagup \text{Z} \\ \diagdown \text{R} \end{array}$$

Eine Zusammenstellung der wichtigsten derartigen Reaktionen gibt die Tabelle 12.2[1].

Tabelle 12.2. Beispiele basenkatalysierter Additionen von C—H-aciden Verbindungen an Carbonylverbindungen

Reaktion	C—H-acide Komponente («Methylen-Komponente»)	Carbonyl-Komponente	Folgereaktion
Aldoladdition	Aldehyd —CH—CHO Keton —CH—C—R | || O	Aldehyd, Keton	Dehydratisierung kann folgen
	Ester —CH—COOR |	Aldehyd, Keton (gewöhnlich ohne α-H-Atome)	Dehydratisierung kann folgen
Knoevenagel-Reaktion	Z—CH$_2$—Z' oder Z—CH—Z' und ähnlich | R	Aldehyd, Keton gewöhnlich ohne α-H-Atome)	Dehydratisierung folgt meistens
Perkin-Reaktion	Anhydrid —CH—COOCOR |	aromatische Aldehyde	Dehydratisierung folgt meistens
Darzens-Reaktion	α-halogenierte Ester X—CH—COOR |	Aldehyde, Ketone	Epoxidierung (gefolgt von S_N)
Thorpe-Reaktion	Nitril —CH—CN |	Nitril	keine

Wie schon erwähnt, besitzt die benötigte Base die Funktion, den einen Reaktionspartner (die Methylenkomponente) in seine konjugierte Base (ein *Carbanion*) überzuführen. Zwar ist die Acidität von C—H-aciden Verbindungen im allgemeinen klein, so daß das betreffende Säure/Base-Gleichgewicht ungünstig (auf der linken Seite) liegt und *freie Carbanionen* im Reaktionsgemisch nur *in verschwindend kleiner Konzentration* vorkommen. Liegt jedoch das Gleichgewicht der eigentlichen Addition auf der rechten Seite (auf der Seite des Additionsproduktes), so ist trotzdem eine Reaktion in guter Ausbeute möglich, weil durch die Addition die Carbanionen dem Säure/Base-Gleichgewicht entzogen werden. Bei Verwendung von relativ schwachen Basen bestimmt daher die Gleichgewichtskonstante der Addition [Schritt (2) in nachfolgendem Schema] die Ausbeute.

[1] Der zur Bezeichnung dieses Reaktionstypus häufig verwendete Terminus **«Kondensation»** bringt zum Ausdruck, daß insgesamt zwei Moleküle unter Abspaltung eines Moleküls Wasser miteinander reagieren.

$$B + CH_2{\overset{Z}{\underset{R}{<}}} \ \rightleftharpoons \ BH^{\oplus} + {}^{\ominus}CH{\overset{Z}{\underset{R}{<}}} \tag{1}$$

$$>C=O \ + \ {}^{\ominus}CH{\overset{Z}{\underset{R}{<}}} \ \rightleftharpoons \ -\overset{O^{\ominus}}{\underset{}{C}}-CH{\overset{Z}{\underset{R}{<}}} \tag{2}$$

$$-\overset{O^{\ominus}}{\underset{}{C}}-CH{\overset{Z}{\underset{R}{<}}} \ + \ HB^{\oplus} \ \rightleftharpoons \ >\overset{OH}{\underset{}{C}}-CH{\overset{Z}{\underset{R}{<}}} \ + \ B \tag{3}$$

Als Basen kommen in Frage (geordnet nach abnehmender Basizität):

$$Ph_3C^{\ominus} > NH_2^{\ominus} > Me_3CO^{\ominus} > EtO^{\ominus} > OH^{\ominus} > R_3N$$

Auch hier kann in Zweiphasensystemen (mit Tetraalkylammoniumsalzen als Phasentransfer-Katalysatoren) gearbeitet werden, so daß dann auch wäßrige Natronlauge zur Erzeugung der Carbanionen verwendet werden kann.

Handelt es sich bei der Methylenkomponente R—CH₂—Z um eine Carbonyl- oder Nitroverbindung, so ist das als Zwischenprodukt auftretende *Carbanion mesomer* und identisch mit dem **Enolat-Ion** der betreffenden Verbindung:

$$R-CH_2-\overset{}{\underset{O}{C}}-R' \ \xrightarrow{\ -H^{\oplus}\ } \ \left\{ R-\overset{\ominus}{C}H-\overset{}{\underset{O}{C}}-R' \ \leftrightarrow \ R-CH=\overset{}{\underset{O^{\ominus}}{C}}-R' \right\}$$

Die Addition an das positiv polarisierte (elektrophile) Carbonyl-C-Atom könnte also auch durch das *O-Atom* des *Enolat-Ions* (Carbanions) erfolgen:

$$R-\overset{O^{\ominus}}{\underset{H}{C}}-\overset{}{\underset{R}{C}H}-\overset{O}{\underset{}{C}}-R' \ \xrightarrow{\ H^{\oplus}\ } \ R-\overset{OH}{\underset{H}{C}}-\overset{}{\underset{R}{C}H}-\overset{O}{\underset{}{C}}-R' \tag{1}$$

$$\updownarrow$$

$$R-C{\overset{O}{\underset{H}{<}}} \ + \ \left\{ R-\overset{\ominus}{C}H-\overset{}{\underset{O}{C}}-R' \ \leftrightarrow \ R-CH=\overset{}{\underset{O^{\ominus}}{C}}-R' \right\}$$

$$\updownarrow$$

$$R-\overset{O^{\ominus}}{\underset{H}{C}}-O-\overset{R'}{\underset{}{C}}=CH-R \ \xrightarrow{\ H^{\oplus}\ } \ R-\overset{OH}{\underset{H}{C}}-O-\overset{R'}{\underset{}{C}}=CH-R \tag{2}$$

Daß trotzdem in den weitaus *meisten Fällen C-Addition* eintritt, daß also, anders gesagt, das *α-C-Atom* und nicht das O-Atom *als nucleophiles Zentrum* wirkt, ist u. a. darauf zurückzuführen, daß sich auf diese Weise das *stabilere Produkt* bilden kann. Aus den Bindungsenthalpien berechnet man für die Addition (1) eine Reaktionsenthalpie von etwa −17 kJ/mol, während für die Reaktion (2) etwa + 85,8 kJ/mol aufzuwenden wären. Die

Gesamtreaktion ist somit *thermodynamisch* (nicht kinetisch) *gesteuert.* Zudem ist das positiv polarisierte C-Atom der Carbonylgruppe eine eher weiche Säure, die sich bevorzugt mit der ebenfalls weichen Base $C^{\ominus}$ im Carbanion koordiniert (vgl. S.448).

In *vinylogen Carbonylverbindungen* treten neben dem α-C-Atom weitere mögliche Kondensationsstellen auf:

$$CH_3-CH=CH-\underset{\underset{O}{\|}}{C}-R' \xrightarrow{-H^{\oplus}} \left\{ \overset{\ominus}{CH_2}-CH=CH-\underset{\underset{O}{\|}}{C}-R' \leftrightarrow CH_2=CH-\overset{\ominus}{CH}-\underset{\underset{O}{\|}}{C}-R' \right\}$$

Die Acidität von H-Atomen an vinylogen C-Atomen ist somit der Acidität der H-Atome an α-C-Atomen vergleichbar. Bei Additionen solcher Verbindungen an Carbonylgruppen können beide C-Atome (das α- und das γ-C-Atom) als nucleophiles Zentrum wirken, so daß unter Umständen zwei Additionsprodukte nebeneinander entstehen.

Eigentliche Aldoladditionen. Erwärmt man *Acetaldehyd* in Gegenwart mäßig starker Basen (z.B. von wäßrigem Natriumhydroxid), so vereinigen sich zwei Moleküle Aldehyd zu einem *Hydroxyaldehyd* (einem **«Aldol»**):

$$CH_3CHO + CH_3CHO \rightarrow CH_3-\underset{\underset{H}{|}}{\overset{\overset{OH}{|}}{C}}-CH_2-CHO$$

Aldol

Dies ist das einfachste Beispiel einer Addition einer C—H-aciden Verbindung an eine Carbonylgruppe. Sie erfolgt genau gemäß dem oben diskutierten Schema: durch die Base wird ein Aldehydmolekül in ein Carbanion übergeführt, das reversibel von einem zweiten Aldehydmolekül addiert wird. Für die Kinetik findet man in diesem Fall ein *Zeitgesetz zweiter Ordnung:*

$$\frac{d\,[\text{Aldol}]}{dt} = k \cdot [CH_3CHO] \cdot [OH^{\ominus}]$$

Dies zeigt, daß hier die *Bildung des Carbanions geschwindigkeitsbestimmend* sein muß und daß die eigentliche Addition – verglichen mit der Bildung des Carbanions – rasch verläuft. Die *Ausbeute* bei der Addition wird aber durch die Gleichgewichtskonstante von Schritt (2) (Schema S.642) bestimmt; weil die Reaktionsentropie negativ ist (Zunahme des Ordnungsgrades bei der Vereinigung zweier Moleküle, da ein Verlust an Freiheit der Translationsbewegung eintritt), ist sie um so *größer,* je *tiefer* die *Temperatur* ist (das Entropieglied $T \cdot \Delta S$ erhält mit steigender Temperatur ein wachsendes Gewicht). Bei einer der Aldoladdition von Acetaldehyd auf den ersten Blick völlig analogen Reaktion, der *Dimerisation von Aceton* zu *Diacetonalkohol,* einem «Ketol», findet man hingegen ein *Zeitgesetz dritter Ordnung:*

$$CH_3COCH_3 + CH_3COCH_3 \xrightarrow{OH^{\ominus}} CH_3-\underset{\underset{CH_3}{|}}{\overset{\overset{OH}{|}}{C}}-CH_2-\underset{\underset{O}{\|}}{C}-CH_3$$

Diacetonalkohol

$$\frac{d\,[\text{Ketol}]}{dt} = k' \, [CH_3COCH_3]^2 \cdot [OH^{\ominus}]$$

Hier muß die *Addition des Carbanions* an das Acetonmolekül *geschwindigkeitsbestimmend* sein. Dies rührt daher, daß die Carbonylgruppe im Aceton (wie überhaupt in Ketonen) weniger leicht durch nucleophile Reagenzien angegriffen wird als die Carbonylgruppe von Aldehyden, und zwar aus sterischen wie aus elektronischen Gründen (vgl. S. 615); infolge des + I-Effektes von Alkylgruppen wird nicht nur das Addukt selbst, sondern auch der entsprechende aktivierte Komplex destabilisiert. Ganz allgemein gilt für *Reaktionen vom Typus der Aldoladdition,* daß *elektronenanziehende Substituenten* an der Carbonylgruppe die *Reaktionsfähigkeit erhöhen* (d.h. die Geschwindigkeit des zur Neuknüpfung einer C—C-Bindung führenden Schrittes erhöhen), während *elektronenabstoßende Gruppen* die *Reaktivität herabsetzen.* Benzaldehyd reagiert somit weniger schnell als Acetaldehyd, während *p-* (oder *o-*) Nitrobenzaldehyd wieder beträchtlich rascher reagiert. Um in Fällen, wie z.B. bei der Dimerisation von Aceton, trotz ungünstiger Gleichgewichtslage eine genügende Ausbeute an Additionsprodukt zu erhalten, sind besondere Maßnahmen notwendig. Kocht man beispielsweise Aceton unter Verwendung eines Soxhlet-Extraktors (Abb.12.2), wobei etwas Bariumhydroxid in die Extraktionshülse gegeben wird, so bildet sich eine kleine Menge des Additionsproduktes (Diacetonalkohol), das in das Reaktionsgefäß zurückfließt. Da das Reaktionsprodukt um rund 100°C höher siedet als Aceton, sammelt es sich im Reaktionsgefäß an, während die Acetondämpfe fortwährend mit Ba(OH)$_2$ in Berührung kommen und dadurch immer weiter das gewünschte Produkt liefern.

Verwendet man *stärkere Basen* als wäßriges Alkali oder erhitzt man während der Addition stärker, so entsteht eine *α,β-ungesättigte Carbonylverbindung* durch *Elimination von Wasser* aus dem primären Produkt der Addition. Auch auf diese Weise läßt sich das Additionsgleichgewicht verschieben. So kondensiert Acetophenon unter der Wirkung von tert. Butylat zu 1,3-Diphenyl-3-methyl-2-propen-1-on (*«Dypnon»*):

$$C_6H_5COCH_3 + CH_3COC_6H_5 \longrightarrow C_6H_5-\underset{\underset{CH_3}{|}}{C}=CH-CO-C_6H_5$$

Dypnon

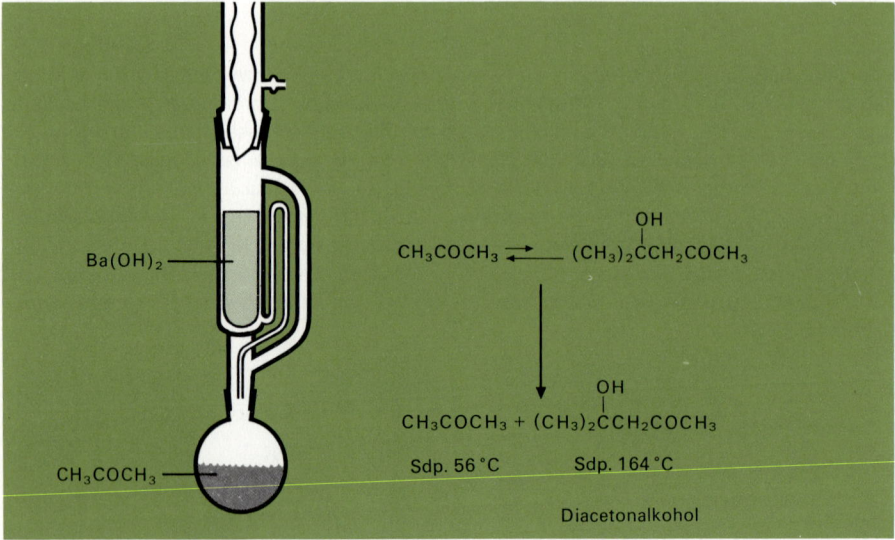

Abb.12.2. *Durchführung der Selbstkondensation von Aceton*

Die *Elimination* erfolgt wahrscheinlich nach dem *E1 cB-Mechanismus*. Die Base spaltet dabei zunächst dem Additionsprodukt ein Proton ab (und führt es in das entsprechende Carbanion über), und anschließend tritt ein $OH^{\ominus}$-Ion aus. Selbstverständlich können die zwei Schritte auch mehr oder weniger synchron verlaufen, so daß alle Zwischenstufen zwischen «echter» *E1 cB-* und *E2-*Elimination auftreten können.

$$
\underset{\underset{H}{|}}{\overset{\overset{OH}{|}}{R-C}}-CH_2-CO-R' \xrightarrow{\text{Base}} \underset{\underset{H}{|}}{\overset{\overset{OH}{|}}{R-C}}-\overset{\ominus}{C}H-CO-R'
$$

$$
\underset{\underset{H}{|}}{\overset{\overset{OH}{|}}{R-C}}-\overset{\ominus}{C}H-CO-R' \xrightarrow{-OH^{\ominus}} R-CH=CH-CO-R'
$$

Der *sterische Ablauf* der *Elimination* ist nur in relativ wenigen Fällen genau bekannt; wahrscheinlich handelt es sich dabei stets um *anti-Eliminationen*.

Die *Aldoladdition* läßt sich auch unter der Wirkung von *Säuren* durchführen. Dabei wird die *Carbonylkomponente* zuerst *protoniert* und in ihre konjugierte Säure übergeführt; die Säure katalysiert aber gleichzeitig die *Enolisierung der Methylenkomponente,* so daß anschließend die *Addition des Enols* (nicht eines Carbanions!) eintritt:

$$
CH_3-C{\overset{O}{\underset{H}{\diagdown}}} + H^{\oplus} \longrightarrow \left\{ CH_3-C{\overset{\overset{\oplus}{O}H}{\underset{H}{\diagdown}}} \leftrightarrow CH_3-\overset{\oplus}{C}{\overset{OH}{\underset{H}{\diagdown}}} \right\}
$$

$$
CH_3-\overset{\oplus}{C}{\overset{OH}{\underset{H}{\diagdown}}} + \underset{C|OH}{\overset{}{>C{=}C-R'}} \longrightarrow CH_3-\underset{\underset{H}{|}}{\overset{\overset{OH}{|}}{C}}-\underset{\underset{\overset{OH}{\oplus}}{||}}{C}-C-R'
$$

$$
\Big\downarrow -H^{\oplus}
$$

$$
CH_3-\underset{\underset{H}{|}}{\overset{\overset{OH}{|}}{C}}-\underset{\underset{O}{||}}{C}-C-R'
$$

Trägt das zur Carbonylgruppe α-ständige C-Atom ein H-Atom, so erfolgt anschließend sofort Dehydratisierung *(säurekatalysierte E1-Reaktion)*.

Die durch die Aldoladdition nach anschließender Elimination von Wasser gebildeten α,β-ungesättigten Carbonylverbindungen können nach dem Vinylogieprinzip wiederum als Addenden für weitere Kondensationen dienen, was im Endeffekt zu einer *Polymerisation* führt. Polymerisationen können deshalb bei Aldolreaktionen als (unerwünschte) *Nebenreaktionen* auftreten, insbesondere, wenn stark saure oder stark basische Katalysatoren verwendet werden. Sie lassen sich jedoch durch möglichst milde Reaktionsbedingungen weitgehend zurückdrängen. Wegen der geringen Carbonyl-Reaktivität sind bei Aldoladditionen mit Ketonen als Addenden Polymerisationen kaum möglich.

Bei *Aldoladditionen,* auf welche anschließend eine *Dehydratisierung* folgt, kann statt der Bildung des Additionsproduktes (bzw. des Carbanions) *auch die Dehydratisierung die Gesamtgeschwindigkeit bestimmen.* Um dies zu entscheiden, unterwirft man das reine primäre Additionsprodukt den entsprechenden Reaktionsbedingungen. Verläuft dann die Wasserabspaltung rascher als die Rückbildung der Ausgangsstoffe (Aldehyd bzw. Keton und Methylenverbindung), so ist die Bildung des Additionsproduktes geschwindigkeitsbestimmend. Eine Reihe derartiger Untersuchungen hat gezeigt, daß beide Möglichkeiten verwirklicht sind und daß in erster Linie die Natur des verwendeten Katalysators entscheidend ist. Führt man die Aldoladdition unter der Wirkung *basischer Katalysatoren* durch, so bestimmt gewöhnlich die *Dehydratisierung* die Gesamtgeschwindigkeit, während bei *säurekatalysierten* Aldoladditionen meistens die *Addition* des Enols an die konjugierte Säure der Carbonylverbindung geschwindigkeitsbestimmend ist.

Als eigentliche Aldoladdition **(«Aldolkondensation»)** wird die *Reaktion von zwei Molekülen Aldehyd* bezeichnet. Die Kondensation zweier Ketonmoleküle oder eines Aldehydmoleküls mit einem Ketonmolekül wird jedoch gewöhnlich auch Aldolkondensation genannt. Verwendet man dabei verschiedene Aldehyde oder unsymmetrisch substituierte Ketone, so ergeben sich verschiedenartige Reaktionsmöglichkeiten, die im folgenden noch besprochen werden sollen.

Wenn bei einer Kondensation zweier verschiedener Aldehyde jeder der beiden Reaktanten am α-C-Atom ein H-Atom enthält, so können durch Aldoladdition und nachfolgende Dehydratisierung *vier verschiedene Produkte* entstehen. Solche Kondensationen haben daher nur dann praktische Bedeutung, wenn das gewünschte Produkt leicht aus dem Reaktionsgemisch abgetrennt werden kann. Besitzt hingegen der eine der beiden Reaktanten kein α-H-Atom, so können nur *zwei Produkte* entstehen. Wenn diese eine Verbindung zudem die *reaktionsfähigere Carbonylgruppe* besitzt, so wird das eine der beiden möglichen Produkte *bevorzugt* oder sogar *ausschließlich* gebildet. Aus einem Gemisch von Formaldehyd und Acetaldehyd beispielsweise entsteht bei Zusatz von wäßrigem Alkalihydroxid zunächst ausschließlich β-Hydroxypropionaldehyd, weil nur Acetaldehyd ein Carbanion bilden kann und zudem die Carbonylgruppe von Formaldehyd reaktionsfähiger ist:

$$CH_3CHO \xrightarrow{OH^\ominus} \overset{\ominus}{C}H_2CHO \xrightarrow{+\ HCHO} \underset{\underset{O^\ominus}{|}}{CH_2}-CH_2-CHO \xrightarrow{H_2O} \underset{\underset{OH}{|}}{CH_2}-CH_2-CHO$$

Führt man diese Reaktion in der Gasphase aus (bei 300 °C und mit Natriumsilicat als Katalysator), so spaltet das primäre Additionsprodukt sofort Wasser ab, und es entsteht *Acrolein.* Bei niedrigerer Temperatur wird das primär gebildete Produkt von einem weiteren Formaldehydmolekül addiert, bis schließlich nach dreimaliger Aldoladdition alle drei α-H-Atome von Acetaldehyd ersetzt worden sind:

$$CH_3CHO\ +\ 3\ HCHO \xrightarrow{OH^\ominus} HOCH_2-\underset{\underset{CH_2OH}{|}}{\overset{\overset{CH_2OH}{|}}{C}}-CHO$$

Durch Cannizzaro-Reaktion mit einem weiteren Molekül Formaldehyd bildet sich schließlich *Pentaerythritol:*

$$(CH_2OH)_3C-CHO\ +\ HCHO \xrightarrow{OH^\ominus} C(CH_2OH)_4\ +\ HCOOH$$
$$\text{Pentaerythritol}$$

Da der Salpetersäureester von Pentaerythritol, *Pentaerythritoltetranitrat,* ein wichtiger Explosivstoff ist, wird diese Reaktion auch im technischen Maßstab durchgeführt [unter Verwendung von $Ca(OH)_2$ als Base].
Führt man die Aldoladdition mit einem *Aldehyd* und einem *Keton* aus, von denen beide am α-C-Atom H-Atome besitzen, so sind im Prinzip ebenfalls vier Produkte möglich. Da jedoch die Carbonylgruppe von Aldehyden in der Regel bedeutend reaktionsfähiger ist als die Carbonylgruppe von Ketonen, entstehen in solchen Fällen zwei Produkte nebeneinander: das Produkt der Selbstkondensation des Aldehyds und das durch Addition des Keto-Carbanions an den Aldehyd gebildete Produkt. Läßt man den Aldehyd langsam zu einem Gemisch von Keton und der Base tropfen, so kann die Selbstkondensation weitgehend unterdrückt werden. Auf diese Weise erfolgt z.B. die Gewinnung von *Pseudoionon* aus Aceton und Citral bei der Herstellung von Vitamin A:

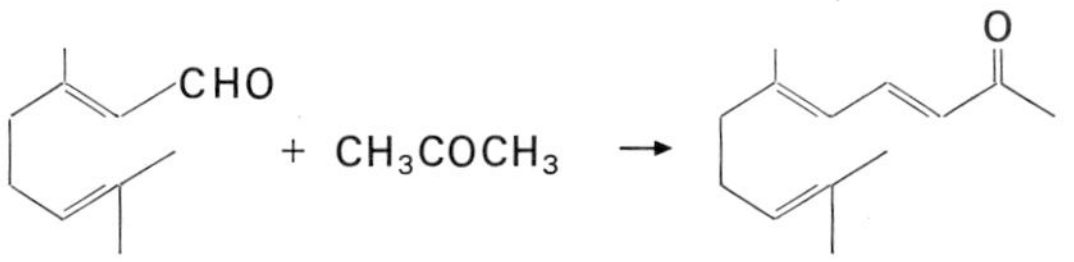

Citral Pseudoionon

Kondensiert man ein Keton mit einem Aldehyd, der kein α-H-Atom enthält, so entsteht zunächst ein einziges Produkt:

$$C_6H_5CHO + CH_3COCH_3 \xrightarrow{10\%\ NaOH} \underset{\text{Benzalaceton}}{C_6H_5CH{=}CHCOCH_3}$$

Bei einem Überschuß von Benzaldehyd entsteht Dibenzalaceton:

$$2\,C_6H_5CHO + CH_3COCH_3 \longrightarrow \underset{\text{Dibenzalaceton}}{C_6H_5CH{=}CHCOCH{=}CHC_6H_5}$$

Verwendet man zur Kondensation mit Aldehyden *unsymmetrische Ketone,* so können selbst dann, wenn der Aldehyd kein α-H-Atom besitzt, *zwei Produkte* entstehen, weil jedes der beiden α-C-Atome des Ketons als nucleophiles Zentrum wirken kann. Als Beispiel diene die Reaktion von Benzaldehyd mit Methylethylketon (Butanon):

$$\underset{(1)}{C_6H_5\underset{OH}{\underset{|}{C}}H{-}CH_2{-}\underset{O}{\underset{\|}{C}}{-}CH_2CH_3} \longrightarrow \underset{(2)}{C_6H_5{-}CH{=}CH{-}\underset{O}{\underset{\|}{C}}{-}CH_2CH_3}$$

$$\uparrow\downarrow$$

$$C_6H_5CHO + CH_3{-}\underset{O}{\underset{\|}{C}}{-}CH_2CH_3$$

$$\uparrow\downarrow$$

$$\underset{(3)}{C_6H_5\underset{OH}{\underset{|}{C}}H{-}\underset{CH_3}{\underset{|}{C}}H{-}\underset{O}{\underset{\|}{C}}{-}CH_3} \longrightarrow \underset{(4)}{C_6H_5{-}CH{=}\underset{CH_3}{\underset{|}{C}}{-}\underset{O}{\underset{\|}{C}}{-}CH_3}$$

Bei der *basenkatalysierten* Reaktion erhält man praktisch ausschließlich das Produkt (2). Eingehende Untersuchungen zeigten, daß unter diesen Umständen die Dehydratisierung von (1) bedeutend rascher verläuft als die Dehydratisierung von (3), möglicherweise wegen einer gewissen Behinderung der *E1cB*-Elimination durch die α-ständige Methylgruppe. Wenn aber die Dehydratisierung geschwindigkeitsbestimmend ist, stehen die beiden Ketole (1) und (3) miteinander über Carbanion und Aldehyd im Gleichgewicht, so daß durch *kinetische Steuerung* der Reaktion bevorzugt das (sich rascher bildende) Produkt (2) entsteht. Führt man jedoch die Reaktion unter der Wirkung einer *Säure* aus, so verlaufen beide Dehydratisierungen sehr rasch, und das einmal gebildete Ketol wird im Augenblick seiner Entstehung sofort irreversibel verbraucht. Unter diesen Bedingungen besteht aber der erste Reaktionsschritt in der Addition des *Enols;* da das Enol (6) (mit der stärker substituierten Doppelbindung) als das stabilere der beiden möglichen Enole (6) und (7) bevorzugt gebildet wird, erhält man bei der *säurekatalysierten* Reaktion durch thermodynamische Steuerung hauptsächlich das «*verzweigte*» Produkt (4).

$$
\begin{array}{cc}
\overset{\displaystyle OH}{\underset{\displaystyle |}{}} & \overset{\displaystyle OH}{\underset{\displaystyle |}{}} \\
CH_3-C=CH-CH_3 & CH_2=C-CH_2CH_3 \\
(6) & (7)
\end{array}
$$

Um *Methylalkyl-Ketone* durch ihre *Methylengruppe* mit Aldehyden kondensieren zu lassen, wählt man deshalb ganz allgemein *Säuren* als Katalysatoren. Damit man direkt zum Produkt der Dehydratisierung, der α,β-ungesättigten Carbonylverbindung gelangt, ist es zweckmäßig, das Reaktionsgemisch mit trockenem Chlorwasserstoff zu sättigen. Als Zwischenprodukt bildet sich dann ein β-Chlorketon:

Intramolekulare basen- und säurekatalysierte Aldoladditionen mit anschließender Dehydratisierung dienen häufig zur Synthese *zyklischer Verbindungen*, besonders dann, wenn fünf- oder sechsgliedrige Ringsysteme gebildet werden.

Beispiele:

$$CH_3-CO-CH_2-CH_2-CO-CH_3 \xrightarrow{NaOH}$$

Der *sterische Verlauf* der Aldolkondensationen ist noch verhältnismäßig wenig untersucht. Im allgemeinen steht die *Carbonylgruppe* im ungesättigten Produkt *trans zur voluminöseren Gruppe am α-C-Atom:*

$$C_6H_5-CHO + C_6H_5-CO-CH_3$$

Dies dürfte darauf zurückzuführen sein, daß der aktivierte Komplex (1), der zum *trans*-Produkt führt, *stabiler* ist als der zum *cis*-Produkt führende aktivierte Komplex, weil sich dort zwei stark raumerfüllende Substituenten in *cis*-koplanarer Lage zueinander befinden würden, während sie hier in *trans*-Stellung stehen:

(1)

Wenn sich aber bereits bei der Addition des Carbanions zwei Chiralitätszentren bilden, muß die in manchen Fällen beobachtete **Stereoselektivität** eine Folge der Tatsache sein, daß die Addition mit einer bestimmten bevorzugten gegenseitigen Orientierung der Reaktanten geschieht. Dies ist z. B. bei der Reaktion von *Benzaldehyd* mit *Phenylessigsäure* (Pyridin als Base) der Fall, wo vorwiegend dasjenige Produkt gebildet wird, in welchem die Carboxyl- und eine Phenylgruppe in *trans*-Stellung zueinander stehen:

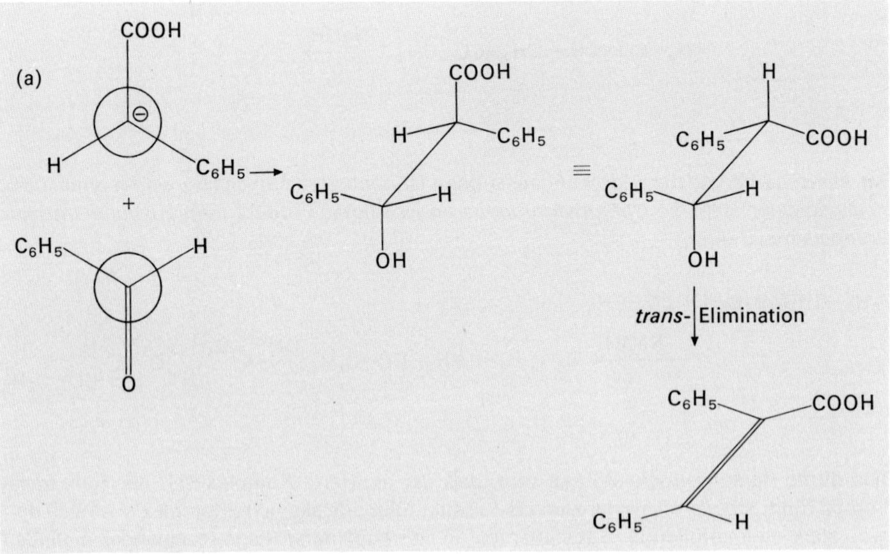

(a)

COOH

H   C$_6$H$_5$ ⟶

C$_6$H$_5$

+

C$_6$H$_5$ H

O

COOH

H   C$_6$H$_5$

C$_6$H$_5$ H

OH

≡

H

C$_6$H$_5$ COOH

C$_6$H$_5$ H

OH

trans- Elimination

C$_6$H$_5$ COOH

C$_6$H$_5$ H

Der aktivierte Komplex für die Addition (a) ist offenbar wegen der geringeren Wechselwirkungen zwischen den beiden raumerfüllenden Substituenten C$_6$H$_5$- bzw. der Carbonyl- und der Carboxylgruppe gegenüber den aktivierten Komplexen für die Additionen (b) und (c) energetisch begünstigt.

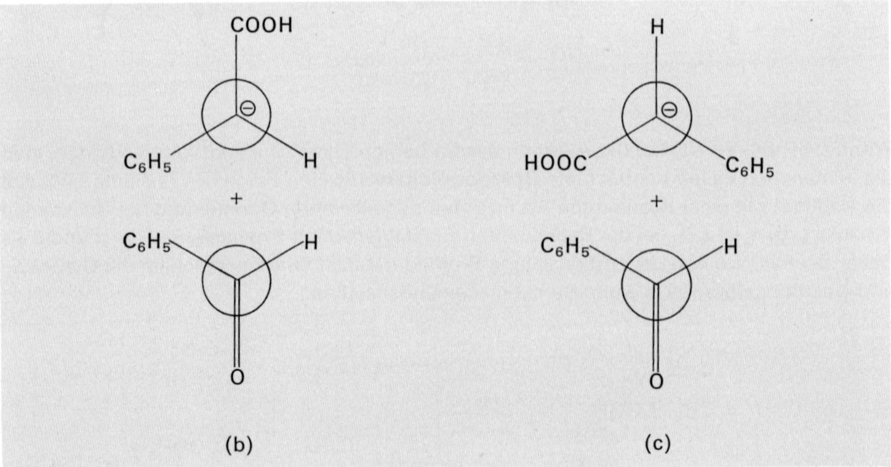

COOH

C$_6$H$_5$ H

+

C$_6$H$_5$ H

O

(b)

H

HOOC   C$_6$H$_5$

+

C$_6$H$_5$ H

O

(c)

Knoevenagel-Reaktion. Unter dieser Bezeichnung faßt man Kondensationen von *Aldehyden* oder *Ketonen* mit *Methylenkomponenten* der Struktur Z—CH$_2$—Z′ bzw. Z—CHR—Z′ zusammen. Als elektronenanziehende Substituenten Z kommen dieselben Gruppen wie bei Michael-Additionen in Frage: CHO, COR, COOR, CN, NO$_2$, SOR, SO$_2$R und SO$_2$OR. Auch weitere Verbindungen wie CHCl$_3$, Alkylalkine (mit terminaler Dreifachbindung), Cyclopentadiene und sogar *o*- und *p*-Nitrotoluen können als Addenden dienen. Das *Anwendungsgebiet* der Knoevenagel-Reaktion ist dementsprechend sehr *groß*.

Beispiele:

$$C_6H_5CHO + CH_3COCH_2COOEt \xrightarrow{Et_3N} C_6H_5-CH=C-COOEt$$
$$\underset{COCH_3}{|}$$

$$C_6H_5CHO + CH_3NO_2 \xrightarrow{NaOH} C_6H_5-CH=CH-NO_2$$

$$CH_3COCH_3 + CHCl_3 \xrightarrow{KOH} \underset{HO}{\overset{CH_3}{\diagup}}C\underset{\diagdown CH_3}{\overset{CCl_3}{}}$$

$$CH_3COCH_3 + \text{(Cyclopentadien)} \xrightarrow{KOH} \underset{CH_3}{\overset{CH_3}{\diagup}}C\text{(Cyclopentadienyliden)}$$

$$C_6H_5COC_6H_5 + (C_6H_5)_2CH_2 \xrightarrow{KNH_2} C_6H_5-CH-C_6H_5$$
$$C_6H_5-\underset{O^\ominus K^\oplus}{\overset{|}{C}}-C_6H_5$$

$$C_6H_5CHO + \underset{CH_2COOEt}{\overset{CN}{|}} \xrightarrow{KOH} C_6H_5-CH=\underset{COOEt}{\overset{CN}{\overset{|}{C}}}$$

$$C_6H_5COC_6H_5 + CH_3CN \xrightarrow{BuLi} C_6H_5-\underset{O^\ominus}{\overset{CN}{\overset{|}{C}}}-C_6H_5$$

Die *Knoevenagel-Reaktion* folgt dem *gleichen Reaktionsschema* wie die *Aldoladdition*. In der Regel wird hier das Additionsprodukt nicht isoliert, sondern man erhält *direkt die ungesättigte Verbindung*. Als Basen werden oft tertiäre Amine verwendet: Triethylamin, Piperidin, Pyridin u. a. In manchen Fällen tritt anschließend an die Knoevenagel-Reaktion eine Michael-Addition ein, indem weiteres (überschüssiges) Reagens an das entstandene ungesättigte Produkt addiert wird. Sehr bekannte Anwendungen der Knoevenagel-Reaktion bilden die *Kondensationen* von *Malonester, Cyanessigester* oder *Phenylessigsäure* mit *Aldehyden*. Verwendet man Pyridin als Base, so kann (im Fall der Kondensation mit Malonester oder Cyanessigester) bereits in der Lösung Decarboxylierung erfolgen, so daß man direkt α,β-ungesättigte Carbonsäuren erhält. Gegenüber anderen, ähnlichen Reaktionen besitzt die Knoevenagel-Kondensation den großen *Vorteil, nicht allzu energische Bedingungen* und insbesondere nicht *zu stark basische Katalysatoren zu erfordern,* so daß Nebenreaktionen wie z. B. Polymerisationen nur in sehr geringem Ausmaß auftreten.

Perkin-Reaktion. 1871 entdeckte Perkin, daß sich beim Erhitzen aromatischer Aldehyde wie Benzaldehyd mit einem Gemisch von Natriumacetat und Acetanhydrid ungesättigte Säuren bilden:

$$C_6H_5CHO + (CH_3CO)_2O \xrightarrow{CH_3COONa} C_6H_5-CH=CH-COOH + CH_3COOH$$
$$\text{Zimtsäure}$$

Das Anhydrid bildet unter der Wirkung des basischen Acetat-Ions ein Carbanion, welches in der üblichen Weise an die Carbonylgruppe des Aldehyds addiert wird. Besitzt das eingesetzte Anhydrid an einem der beiden α-C-Atome zwei H-Atome, so tritt die Dehydratisierung sofort und spontan ein; nur wenn Anhydride vom Typus $(R_2CHCO)_2O$ verwendet werden, erhält man das Hydroxy-Produkt, da dann eine Wasserabspaltung unmöglich ist. Die Perkin-Reaktion ist von ziemlich *allgemeiner Anwendbarkeit,* erfordert aber – im Gegensatz zur Knoevenagel-Reaktion – *energischere Reaktionsbedingungen* (Acetat-Ionen sind nur mäßig stark basisch!) und liefert zudem mit unsubstituierten aromatischen Aldehyden nur *mäßige Ausbeuten.* $-M$- oder $-I$-Substituenten am Aldehyd erleichtern die Reaktion und erhöhen die Ausbeute; Amino- oder Hydroxyaldehyde reagieren kaum oder überhaupt nicht. Die lange Zeit umstrittene Frage, ob tatsächlich das Anhydrid oder eventuell das Acetat-Ion (bzw. das aus ihm entstehende Carbanion) addiert wird, ließ sich dadurch klären, daß man ein Gemisch von Benzaldehyd und Natriumacetat den gleichen Reaktionsbedingungen unterwarf, wobei keine Reaktion eintrat.

Eine wichtige Variante der Perkin-Reaktion ist die Erlenmeyersche **Azlactonsynthese** zur Gewinnung von α-*Aminosäuren.* Hier werden N-Acylderivate von Glycin mit Aldehyden (in Gegenwart von Natriumacetat und Acetanhydrid) kondensiert. Unter der Wirkung des Anhydrids wird das Acylglycin (als Enol) in das Azlacton umgewandelt, dessen durch die benachbarte Carbonylgruppe aktivierte Methylengruppe mit dem Aldehyd kondensiert:

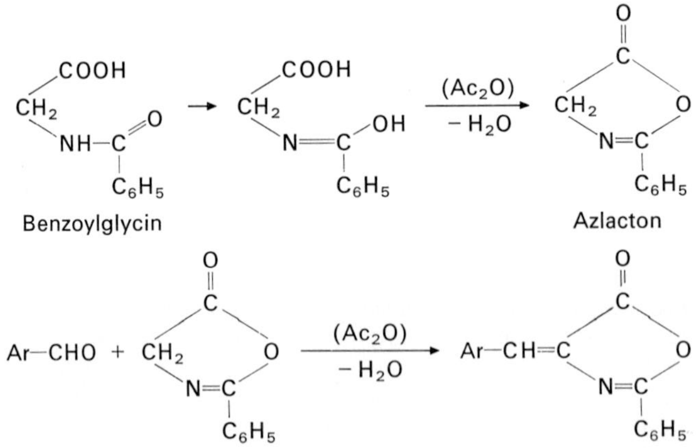

Durch Reduktion mittels Iodwasserstoff und rotem Phosphor und anschließende Hydrolyse bildet sich die α-Aminosäure:

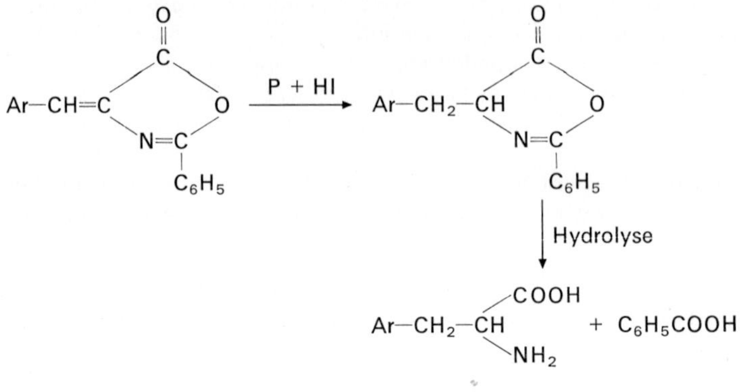

Kondensationen von Aldehyden und Ketonen mit Estern. In Gegenwart einer starken Base lassen sich *Ester* über ihr α-C-Atom als nucleophiles Zentrum an die Carbonylgruppe von Aldehyden oder Ketonen addieren, vorausgesetzt, daß sie keine α-ständigen H-Atome besitzen (andernfalls tritt Claisen-Reaktion ein: Substitution der Alkoxygruppe des Esters!). Die Reaktion folgt dem gewöhnlichen für solche Reaktionen geltenden Schema. Sie läßt sich nicht nur mit Estern, sondern auch mit *Lactonen* oder mit α,β-ungesättigten Säuren durchführen. Im letztgenannten Fall wirkt das γ-C-Atom als nucleophiles Zentrum (Vinylogieprinzip!).

Für die meisten Ester benötigt man *relativ starke Basen,* wie *Lithiumamid* oder *Triphenylmethylnatrium.* Besonders leicht kondensieren Bernsteinsäureester und ihre Derivate, so daß hier mit weniger starken Basen wie Natriummethylat gearbeitet werden kann. Diesen Sonderfall der Kondensation eines Esters mit einem Aldehyd oder Keton bezeichnet man als **Stobbe-Kondensation.**

Das Adukt zyklisiert zu einem γ-Lacton, welches anschließend unter *E*1- oder *E*2-Elimination weiter reagiert:

Die relative Stabilität des entstehenden *Carboxylat-Anions* ist die Ursache dafür, daß hier das Gleichgewicht für die Reaktion günstig liegt, im Gegensatz zu den Reaktionen von Ketonen mit Estern einprotoniger Carbonsäuren.

Die Bedeutung der Stobbe-Kondensation für die präparative Chemie liegt darin, daß es auf diese Weise gelingt, ein C-Gerüst um drei C-Atome (und nicht nur um zwei, wie bei der Knoevenagel-Reaktion) zu verlängern.

Darzens-Glycidester-Synthese. Als letzte Reaktion vom prinzipiellen Typus der Aldoladdition soll die basenkatalysierte Reaktion zwischen dem Ester einer α-Halogencarbonsäure und einem Aldehyd oder Keton besprochen werden:

Hier folgt auf die nucleophile Addition eine innere S_N2-Reaktion. Die durch Esterhydrolyse entstehenden Glycidsäuren erfahren bei der Behandlung mit Säuren *Ringöffnung* und *Decarboxylierung* (S. 495):

$$\underset{\text{Glycidsäure}}{\overset{\displaystyle \nearrow}{\underset{\displaystyle O}{C}}\text{—CH—COOH}} \xrightarrow{\text{H}^{\oplus}} \underset{\overset{\displaystyle O_{\oplus}}{\underset{\displaystyle H}{\bigcirc}}}{\overset{\displaystyle \nearrow}{C}\text{—CH—COOH}} \xrightarrow{-\text{CO}_2} \overset{\displaystyle \nearrow}{C}\text{=CH} \rightleftarrows \overset{\displaystyle \nearrow}{\underset{\displaystyle OH}{C}}\text{H—CHO}$$

Besonders hohe Ausbeuten liefern aromatische Aldehyde und Ketone, während einfache aliphatische Aldehyde oft nicht gut reagieren. Die Ausbeute – auch für einfache Aldehyde – läßt sich aber steigern, wenn man als Base Lithium-bis-(trimethylsilyl)amid, LiN(SiMe$_3$)$_2$ (bei −80 °C in THF gelöst und mit dem Ester vermischt) verwendet und den Aldehyd langsam zutropfen läßt. α-halogenierte Ketone und Nitrile können für die Darzens-Synthese ebenfalls verwendet werden. Arbeitet man in Zweiphasensystemen mit Phasentransfer-Katalysatoren, so kann zur Bildung des Carbanions auch wäßrige Natronlauge eingesetzt werden. Auch auf diese Weise läßt sich die Darzens-Reaktion glatt ausführen.

Benzoinkondensation. Behandelt man gewisse aromatische Aldehyde mit Cyanid-Ionen, so bilden sie kein Cyanhydrin, sondern ergeben durch Selbstkondensation **Benzoin:**

$$\text{C}_6\text{H}_5\text{CHO} + \text{C}_6\text{H}_5\text{CHO} \xrightarrow{\text{CN}^{\ominus}} \underset{\text{Benzoin}}{\text{C}_6\text{H}_5\text{—}\underset{\displaystyle OH}{CH}\text{—}\overset{\displaystyle O}{C}\text{—C}_6\text{H}_5}$$

Dabei wirkt das eine der beiden Aldehyd-Moleküle als «Donator», da es sein H-Atom an den Carbonyl-Sauerstoff des anderen Aldehydmoleküls (das als «Akzeptor» wirkt) überträgt. Gewisse Aldehyde wie z. B. *p*-Dimethylaminobenzaldehyd können nur als Donator wirken und kondensieren nicht unter sich, sondern nur mit anderen Aldehyden, die wie Benzaldehyd als Akzeptor wirken können.

Für die Benzoinkondensation wird der folgende Mechanismus angenommen:

Die Reaktion ist *umkehrbar;* das Benzoin läßt sich daher durch Reaktion mit Cyanid wieder in zwei Aldehyde spalten. Der für die Reaktion entscheidende Schritt ist die Abtrennung des Aldehyd-H-Atoms; er wird dadurch ermöglicht, daß die CN-Gruppe die Ladung des entstehenden Carbanions zu delokalisieren vermag. Daß *nur aromatische Aldehyde* unter der Einwirkung von Cyanid auf diese Weise kondensieren, zeigt, daß auch die delokalisierende Wirkung des an die Aldehydgruppe gebundenen aromatischen Ringsystems für die Bildung des Carbanions von Bedeutung ist.

12.8 1,2- und 1,4-Additionen

Vinyloge (α,β-ungesättigte) Carbonylverbindungen besitzen zwei elektrophile Zentren, das C-Atom der Carbonylgruppe und das β-C-Atom:

$$\underset{|}{\overset{|}{C}}=\underset{|}{\overset{|}{C}}-\underset{|}{\overset{|}{C}}=O \quad\leftrightarrow\quad \overset{\oplus}{\underset{|}{\overset{|}{C}}}-\underset{|}{\overset{|}{C}}=\underset{|}{\overset{|}{C}}-\overset{\ominus}{O}$$

Bei nucleophilen Additionen ist durch eine derartige Delokalisation die Reaktivität des Carbonyl-C-Atoms etwas vermindert, dafür kann auch Addition am β-C-Atom eintreten. Man beobachtet deshalb häufig eine *Konkurrenz zwischen 1,2- und 1,4-Addition*, d. h. einer «normalen» Addition an die Carbonylgruppe und einer Addition an das Carbonyl-O-Atom und das vinyloge β-C-Atom:

Bei 1,4-Addition resultiert das Enol, welches wieder zur Carbonylform tautomerisiert, so daß in diesem Fall die Carbonylgruppe erhalten bleibt, die C=C-Doppelbindung aber verschwindet. Rein formal ergibt somit die 1,4-Addition im *Endeffekt* dasselbe Produkt wie eine 1,2-Addition an die olefinische Doppelbindung.

	C_6H_5MgBr	C_2H_5MgBr
$C_6H_5CH{=}CHCOCH_3$	12	60
$C_6H_5CH{=}CHCOCH_2CH_3$	40	71
$C_6H_5CH{=}CHCOCH(CH_3)_2$	88	100
$C_6H_5CH{=}CHCOC(CH_3)_3$	100	100
$C_6H_5CH{=}CHCOC_6H_5$	94	99
$(C_6H_5)_2C{=}CHCOC_6H_5$	0	18
$C_6H_5CH{=}C(C_6H_5)COC_6H_5$	100	100
$C_6H_5C(CH_3){=}CHCOC_6H_5$	44	41

Tabelle 12.3. Prozentualer Anteil der 1,4-Addition bei der Reaktion von Grignard Verbindungen mit α,β-ungesättigten Ketonen (der Rest ist 1,2-Addition)

Berechnet man die Stabilität der beiden möglichen Additionsprodukte aus den Bindungsenergien, so ergibt sich, daß das *1,4-Produkt thermodynamisch stabiler* ist, daß die 1,4-Addition also begünstigt sein sollte. Häufig ist dagegen die Addition kinetisch gesteuert; wenn der aktivierte Komplex des geschwindigkeitsbestimmenden Schrittes (der Addition eines Nucleophils) für die 1,2-Addition energieärmer ist, erfolgt 1,2-Addition. Oft treten 1,2- und 1,4-Addition gleichzeitig nebeneinander auf, wobei dann das Mengenverhältnis, in dem die beiden Additionsprodukte erhalten werden, sowohl durch elektronische wie durch sterische Faktoren bestimmt werden kann. *Stark nucleophile* Reagenzien, wie etwa Grig-nard-Verbindungen, werden beispielsweise oft bevorzugt an die *Carbonylgruppe* (also in 1,2-Stellung) addiert, wahrscheinlich deshalb, weil das stark negativ polarisierte C-Atom der Grignard-Verbindung von dem am stärksten elektrophilen Atom (dem Carbonyl-C-Atom) besonders angezogen wird. *Schwächer nucleophile Reagenzien* hingegen liefern *bevorzugt* das *stabilste* Produkt, werden also hauptsächlich in 1,4-Stellung addiert.

Die Auswirkungen sterischer Faktoren werden durch die Ergebnisse von Kohler an α,β-ungesättigten Ketonen illustriert (Tabelle 12.3). Substituenten, welche die Carbonylgruppe abschirmen, unterdrücken eine 1,2-Addition, während anderseits die 1,4-Addition durch Substituenten am β-C-Atom gehindert wird. Aldehyde, wie Croton- oder Zimtaldehyd, liefern vorwiegend 1,2-Produkt.

12.9   Additionen an C—N-Mehrfachbindungen

C—N-Mehrfachbindungen verhalten sich gegenüber nucleophilen Reagenzien in mancher Hinsicht durchaus den C≡O-Bindungen analog. Das N-Atom ist negativ polarisiert, und das C-Atom stellt ein elektrophiles Zentrum dar, wird also Nucleophile addieren können. Die Nitrile, die wichtigste Verbindungsklasse mit C—N-Mehrfachbindungen bilden (genau wie die Carbonylverbindungen) unter der Einwirkung starker Basen Carbanionen, da auch hier die H-Atome am α-C-Atom *«acid»* und damit durch Basen als Protonen abspaltbar sind.

Hydrolyse und Alkoholyse von Nitrilen. Die Hydrolyse der Nitrile liefert *Amide* bzw. *Carbonsäuren;* sie ist eine der wichtigsten präparativen Methoden zur Gewinnung von Carbonsäuren.

$$R-C\equiv N \;+\; H_2O \;\xrightarrow[OH^{\ominus}]{H^{\oplus}}\; R-C\overset{O}{\underset{NH_2}{\diagup}}$$

$$R-C\equiv N \;+\; 2\,H_2O \;\xrightarrow[OH^{\ominus}]{H^{\oplus}}\; R-C\overset{O}{\underset{OH}{\diagup}}$$

Da die Reaktion *säure-* und *basenkatalysiert* ist, kann sie nicht ohne weiteres auf der Stufe des Amids, des Primärproduktes, angehalten werden, da unter den notwendigen Reaktions-bedingungen Amide ebenfalls hydrolysiert werden. Die Hydrolyse mit konzentrierter Schwefelsäure oder mit einem Gemisch von Essigsäure und BF_3 führt im allgemeinen zum Amid. Der Reaktionsverlauf der Amidbildung entspricht der Hydratbildung von Carbonyl-verbindungen:

$$R-C\equiv N \;+\; H_2O \;\longrightarrow\; R-\overset{OH}{\underset{|}{C}}=NH \;\rightleftarrows\; R-\overset{O}{\overset{\|}{C}}-NH_2$$

Bei der säurekatalysierten Hydrolyse wird im ersten Schritt das N-Atom protoniert und damit die Elektrophilie des Nitril-C-Atoms erhöht; im Fall der basenkatalysierten Hydrolyse wird direkt ein $OH^{\ominus}$-Ion addiert.

Alkohole liefern mit Nitrilen in Gegenwart von trockenem Chlorwasserstoff Salze von *Iminoestern:*

$$R-C\equiv N \ + \ R'OH \ \xrightarrow{\ HCl\ } \ R-\overset{\oplus}{\underset{OR'}{C}}=NH_2 \ Cl^{\ominus}$$

Durch saure Hydrolyse erhält man daraus direkt den entsprechenden Carbonsäureester. Verwendet man statt gasförmiges HCl wäßrige Salzsäure als Katalysator für die Alkoholaddition, so entsteht sofort der Ester. Der Ablauf der Reaktion folgt völlig dem auf S.642 gegebenen Schema für die Alkoholaddition an Carbonylverbindungen.

Verwendet man Alkohole, welche wie tertiäre Alkohole oder Benzylalkohol relativ leicht Carbeniumionen bilden, und führt man die Addition in stark saurer Lösung aus, so wird das *Carbeniumion an das Nitril addiert,* und man erhält als Endprodukt ein monoalkyliertes Amid *(Ritter-Reaktion):*

$$R'OH \ \xrightarrow{\ H^{\oplus}\ } \ R'^{\oplus}$$

$$R'^{\oplus} \ + \ R-C\equiv N \ \rightarrow \ R-\overset{\oplus}{C}=N-R' \ \xrightarrow{\ H_2O\ } \ \underset{OH}{R-C=N-R'} \ \rightleftarrows \ \underset{O \ H}{R-C-N-R'}$$

Selbst *Carbeniumionen,* die durch *Protonierung* eines Alkens entstehen, können auf diese Weise an *Nitrile addiert* werden. Auch HCN selbst gibt diese Reaktion und bildet monosubstituierte Formamide.

Hydrolyse von Iminen. Imine lassen sich leicht durch Wasser zu Carbonylverbindungen hydrolysieren:

$$\underset{N-R}{-C-} \ \xrightarrow{\ H_2O\ } \ \underset{O}{-C-} \ + \ R-NH_2$$

Besonders leicht verläuft die Hydrolyse, wenn Alkylreste an das N-Atom gebunden sind. Arylimine (R = Aryl; Schiffsche Basen!) erfordern zur Hydrolyse die Katalyse durch Säuren oder Basen. Oxime, Arylhydrazone und Semicarbazone, die alle ebenfalls eine C=N-Doppelbindung besitzen, lassen sich durch verdünnte Säuren in gleicher Weise hydrolysieren. Häufig wird dabei Formaldehyd zugegeben, um das freigesetzte, relativ reaktionsfähige Amin zu binden. Auf diese Weise lassen sich Carbonylverbindungen durch Oxim-, Hydrazon- oder Semicarbazidbildung und anschließende Hydrolyse aus Reaktionsgemischen abtrennen. Die Hydrolyse erfolgt nach dem bereits auf S.617 gegebenen Reaktionsschema:

$$\underset{N-R}{-C-} \ \xrightarrow{\ H_2O\ } \ \underset{\overset{\ominus}{N}-R}{\overset{\overset{\oplus}{O}H_2}{-C-}} \ \rightarrow \ \underset{HN-R}{\overset{OH}{-C-}} \ \rightarrow \ \underset{\oplus}{\overset{OH}{-C-}} \ \rightarrow \ \overset{O}{-C-}$$

Es wird also zunächst ein Molekül Wasser addiert, worauf anschließend die Amid-Gruppe (unter der Wirkung von Protonen) austritt.

Grignard- und Thorpe-Reaktion. Nitrile ergeben *mit Grignard-Verbindungen Ketone.* Die Ausbeuten sind zwar oft nicht allzu groß, und es ist nicht immer leicht, die Reaktion auf der Stufe des Ketons anzuhalten. Die Grignard-Addition folgt ebenfalls dem bei Carbonylverbindungen gültigen Schema:

$$R-C\equiv N \;+\; R'MgX \;\longrightarrow\; \underset{\underset{N-MgX}{\parallel}}{R-C-R'} \;\xrightarrow{\;H_2O\;}\; \underset{\underset{O}{\parallel}}{R-C-R'}$$

Die *Thorpe-Reaktion* stellt das *Nitril-Analogon der Aldoladdition* dar:

$$-\overset{|}{C}H-C\equiv N \;+\; -\overset{|}{C}H-C\equiv N \;\xrightarrow{\;OEt^{\ominus}\;}\; -\overset{|}{C}H-\underset{}{C}=NH$$

Dabei ist die C=N-Doppelbindung leicht hydrolysierbar, so daß sich auf diese Weise β-Ketonitrile (und durch weitere Hydrolyse β-Ketocarbonsäuren) gewinnen lassen. Ähnlich wie die Aldolreaktion läßt sich auch die Thorpe-Reaktion intramolekular (mit Dinitrilen) ausführen (*«Thorpe-Ziegler-Reaktion»*) und dient dann als Ringschlußreaktion. Die Ausbeuten sind wie gewöhnlich bei der Herstellung von 5- und 6-Ringen besonders groß. Durch Arbeiten in starker Verdünnung sind 14-gliedrige und noch höhere Ringsysteme erhalten worden.

Addition an Isonitrile. Als letzte Gruppe nucleophiler Additionen sollen die Additionen an Isonitrile, R—N≡C, behandelt werden. Im Gegensatz zu den Additionen an Carbonylverbindungen und Nitrile werden hier *beide addierte Atome,* das nucleophile und das elektrophile, *vom negativ polarisierten C-Atom gebunden:*

$$R-\overset{\oplus}{N}\equiv\overset{\ominus}{C} \;+\; \underset{|Y}{\overset{W}{|}} \;\longrightarrow\; R-N=\underset{\underset{Y}{|}}{C}-W$$

Das primäre Produkt der Addition reagiert aber stets weiter, so daß man schließlich ein Produkt der Konstitution

$$R-NH-\overset{|}{\underset{|}{C}}-$$

erhält.

Beispiele bilden die Addition von Wasser oder die Reduktion mit Lithiumaluminiumhydrid:

$$R-\overset{\oplus}{N}\equiv\overset{\ominus}{C} \;+\; H_2O \;\xrightarrow{\;H^{\oplus}\;}\; R-NH-\underset{\underset{O}{\parallel}}{C}-H$$

substituiertes Formamid

$$R-\overset{\oplus}{N}\equiv\overset{\ominus}{C} \;+\; LiAlH_4 \;\longrightarrow\; R-NH-CH_3$$

Die Addition von Wasser verläuft wahrscheinlich nach folgendem Mechanismus:

$$R-\overset{\oplus}{N}\equiv\overset{\ominus}{C} \; + \; H^{\oplus} \quad \rightarrow \quad R-\overset{\oplus}{N}\equiv C-H \quad \xrightarrow[-H^{\oplus}]{H_2O} \quad R-N=\underset{\underset{OH}{|}}{C}-H \; \rightleftarrows \; R-NH-\underset{\overset{||}{O}}{C}-H$$

Übungen

12.1   Wie verhalten sich Säurehalogenide und Aldehyde gegenüber Nucleophilen?

12.2   Geben Sie die genauen Reaktionsfolgen an für nachstehende Reaktionen:
Hydratisierung von Acetaldehyd
Bildung von Acetaldehyddiethylacetal
Reaktion von Propionaldehyd mit Natriumhydrogensulfit
Reaktion von Aceton mit Phenylhydrazin
Kondensation von Benzaldehyd mit Malonester
Umlagerung von Cyclohexanonoxim zu Caprolactam
Reaktion von Methylethylketon mit Phenylmagnesiumbromid
Hydrolyse von Nitrilen bzw. Isonitrilen
Synthese von Crotonsäure aus Acetaldehyd und KCN
Erklären Sie die Mechanismen und geben Sie so weit möglich auch die zugrunde liegenden experimentellen Daten an!

12.3   Was versteht man unter «allgemeiner» und unter «spezifischer» Säurekatalyse? Geben Sie für beide je ein Beispiel!

12.4   Erklären Sie die katalytische Wirkung von Säuren bei nucleophilen Additionen an Carbonylgruppen. Warum verlaufen manche dieser Reaktionen bei niedrigen pH-Werten langsam oder überhaupt nicht?

12.5   Ordnen Sie folgende Substanzen nach abnehmender Carbonyl-Reaktivität und begründen Sie die Reihenfolge!
$NO_2C_6H_4CHO$
$HCHO$
$C_6H_5COC_6H_5$
$CH_3OC_6H_4CHO$
CH_3COCH_3
CH_3CHO

12.6   Was versteht man unter «asymmetrischer Induktion»? Geben Sie dafür zwei Beispiele! Erklären Sie die Cramsche Regel!

12.7   Wie läßt sich experimentell beweisen, daß Carbonylverbindungen tatsächlich Wasser addieren?

12.8   Was versteht man unter «Mutarotation»? Geben Sie dafür eine Erklärung!

12.9   Wie werden folgende Substanzen technisch hergestellt:
Isopren
Caprolactam
Propargylalkohol
Phenylisocyanat
Acetessigester
Methacrylsäuremethylester
Keten

12.10   Ein Student benötigte für ein Experiment eine gewisse Menge des ungesättigten Alkohols $C_6H_5CH=CH-C(OH)(CH_3)(C_2H_5)$. Um diese Substanz zu erhalten, fügte er einen geringen Überschuß von Benzalaceton zu einer Lösung von Ethylmagnesiumbromid. Eine Farbreaktion zeigte an, daß das Grignard-Reagens tatsächlich verbraucht worden war. Nach der Hydrolyse des Adduktes und nach dem Aufarbeiten des Reaktionsgemisches erhielt er eine Substanz, die eine positive Iodoformprobe ergab. Der Student schloß daraus, daß sein Produkt unreagierte Ausgangssubstanz darstellte und warf es weg.
Was ist in Wirklichkeit geschehen, und welche Substanz hat der Student fortgeworfen?

12.11   Geben Sie Beispiele für die Addition von Anionen an Carbonylgruppen und diskutieren Sie die entsprechenden Reaktionsmechanismen!

12.12   Wie verläuft die Addition N-haltiger Nucleophile an Carbonylgruppen? Geben Sie fünf Beispiele entsprechender Reaktionen und diskutieren Sie ihre praktische Bedeutung!

12.13   Schlagen Sie Synthesen folgender Substanzen vor:

(a) Zimtsäure

(b) $(CH_3)_2CH-CH=N-$ ⟨Phenyl⟩

(c) $(CH_3)_2CH-CHO$ (aus Aceton)

(d)
$$CH_3-\underset{\underset{H}{|}}{\overset{\overset{OH}{|}}{C}}-CH=CH_2$$

(e) Benzoesäureisopropylester aus Benzonitril

(f) O_2N- ⟨Phenyl⟩ $-CH=CHCH_3$

(g) $(C_6H_5)_2CH-CH_2-\overset{\overset{O}{\|}}{C}-$ ⟨Phenyl⟩

(h) Diisopropylketon aus Isopropylbromid

12.14   Was versteht man unter den folgenden «Namen-Reaktionen»? Geben Sie Beispiele, erklären Sie den Ablauf und diskutieren Sie die praktische Bedeutung!
Reformatzki-Reaktion, Thorpe-Reaktion, Eschweiler-Clarke-Reaktion, Friedländer-Synthese, Stobbe-Kondensation, Perkin-Kondensation, Darzens-Synthese, Beckmann-Umlagerung, Strecker-Synthese.

12.15   Diskutieren Sie ausführlich den Verlauf und die Bedeutung der Mannich-Reaktion!

12.16   Wie verläuft die Addition von Grignard-Verbindungen an Aldehyde? Wie muß man vorgehen, um möglichst hohe Ausbeuten zu erzielen? Welche Nebenreaktionen können auftreten?

12.17   Was geschieht, wenn man ein Grignard-Reagens zu *p*-Hydroxybenzaldehyd (in Ether) zutropft?

12.18 Warum wird bei delokalisierten Carbanionen (Enolat-Ionen) nicht das Carbonyl-O-Atom an das elektrophile Zentrum addiert?

12.19 Geben Sie den genauen Mechanismus sämtlicher Reaktionsschritte für die Bildung von Benzalacetophenon aus Benzaldehyd und Acetophenon!

12.20 Benzaldehyd und *p*-Dimethylaminobenzaldehyd werden mit KCN erwärmt. Welche Reaktion tritt ein? Konstitution des Produktes? Was erhält man beim Erwärmen von *p*-Dimethylaminobenzaldehyd mit Cyanid?

12.21 Man mischt 1 mol Semicarbazid mit einem Gemisch aus je 1 mol Cyclohexanon und 1 mol Benzaldehyd. Wenn man das Reaktionsgemisch sofort aufarbeitet, erhält man fast ausschließlich Cyclohexanon-Semicarbazon; läßt man das Gemisch aber vor dem Aufarbeiten einige Tage stehen, so bekommt man Benzaldehyd-Semicarbazon. Erklären Sie diese Ergebnisse!

12.22 Schlagen Sie einen Mechanismus für folgende Reaktion vor:

$$(CH_3)_2C=CHCH_2CH_2\underset{\underset{CH_3}{|}}{C}=CH-CHO \xrightarrow{\ H_3O^{\oplus}\ }$$

Der zum Ringschluß führende Schritt kann entweder als nucleophile oder als elektrophile Addition betrachtet werden, je nachdem, welche Substanz man als «Substrat» betrachtet.

12.23 Geben Sie je eine chemische Reaktion an, mit der man die beiden Substanzen der folgenden Substanzpaare voneinander unterscheiden kann!
n-Valeraldehyd und Ethylmethylketon
Phenylacetaldehyd und Benzylalkohol
Cyclohexanon und Methylcaproat
Propionaldehyd und Ethylether
Diethylacetal und *n*-Valeraldehyd
Diethylacetal und *n*-Propylether

12.24 Schlagen Sie Synthesen für folgende Substanzen vor (ausgehend von Alkoholen niedrigerer C-Zahl):
(a) 2-Methyl-1-pentanol
(b) 4-Methyl-2-pentanol
(c) 2-Cyclohexyl-1-cyclohexanol
(d) 2,4-Diphenyl-1-butanol

12.25 Schlagen Sie eine Reaktion zur Gewinnung von 5-Phenyl-2,4-pentadienal vor, bei der das gewünschte Produkt durch eine einzige Operation erhalten werden kann.

12.26 Zur technischen Herstellung von Methylisobutylketon benötigt man große Mengen von Aceton. Zeigen Sie, wie diese Synthese erfolgen muß!

12.27 Stellen Sie die verschiedenen Möglichkeiten zur Gewinnung von Zimtsäure zusammen und diskutieren sie ihre Vor- und Nachteile!

12.28 Welche Produkte können bei der Reaktion von 3-Chlorbutanon mit C_2H_5MgBr entstehen? Welches ist das Hauptprodukt?

13 Elektrophile Substitutionen an aliphatischen C-Atomen

Die große Mehrzahl aller Substitutionsreaktionen an *aliphatischen* C-Atomen gehört zu den *nucleophilen* Substitutionen. Dabei wird das betreffende C-Atom durch ein nucleophiles Reagens angegriffen, und es wird eine Abgangsgruppe – die in der Regel schwächer nucleophil ist als das angreifende Reagens – verdrängt. Elektrophile Substitutionen, d.h. Reaktionen, bei denen ein elektrophiles Reagens eine Lewis-Säure (d.h. eine ebenfalls elektrophile Partikel) verdrängt, sind besonders an aromatischen Systemen sehr häufig (siehe Kapitel 14); an aliphatischen C-Atomen hingegen sind solche Reaktionen eher selten.

Elektrophile Substitutionen sind schematisch folgendermaßen zu formulieren:

$$-\overset{|}{\underset{|}{C}}\!-\!X \; + \; {}^{+}\overline{Y}| \quad \longrightarrow \quad -\overset{|}{\underset{|}{C}}\!-\!Y \; + \; \overline{X}|$$

Es ist daraus zu ersehen, daß eine elektrophile Substitution an einem aliphatischen C-Atom nur dann einigermaßen leicht möglich ist, wenn die C—X-Bindung derart polarisiert ist, daß das *C-Atom* eine *negative,* die *Abgangsgruppe X* eine *positive Partialladung* trägt. Diese Voraussetzung ist besonders bei **metallorganischen Verbindungen** erfüllt. In der Tat gehören Substitutionsreaktionen an metallorganischen Verbindungen durchwegs zu diesem Reaktionstyp. Neben Metallatomen können aber auch *Protonen* als «Abgangsgruppe» fungieren. Dabei muß aber eine gewöhnlich ziemlich starke C—H-Bindung heterolytisch getrennt werden, was im allgemeinen eine hohe freie Aktivierungsenthalpie erfordert. Elektrophile Verdrängungen von $H^{\oplus}$-Ionen sind deshalb nur dann relativ leicht möglich, wenn das betreffende C-Atom verhältnismäßig leicht Carbanion-Charakter annehmen kann. Wie von Olah und Mitarbeitern gefunden worden ist, lassen sich jedoch auch an *gesättigten Kohlenwasserstoffen* elektrophile Substitutionen durchführen, allerdings nur unter besonderen Bedingungen (in superaciden Medien), wobei vorübergehend – im aktivierten Komplex oder Zwischenstoff – Dreizentren-Bindungen gebildet werden und Carboniumionen auftreten.

13.1 Zum Ablauf elektrophiler Substitutionen

Bimolekulare elektrophile Substitution. Analog zur S_N2-Reaktion können auch bei elektrophilen Substitutionen Bindungstrennung und -neubildung *synchron* erfolgen. Bei einer S_N2-Reaktion können aber die durch das Nucleophil zur Verfügung gestellten Bindungselektronen nur in dem Maß mit einem AO des C-Atoms, an dem die Substitution stattfindet, überlappen, in welchem die Abgangsgruppe ihr Elektronenpaar wegzieht. Der Angriff des Nucleophils erfolgt dabei ausnahmslos von «hinten», und es tritt bei einer solchen Reaktion notwendigerweise Konfigurationsumkehr ein. Bei einer bimolekularen elektrophilen Substitution dagegen kann das Elektrophil das betreffende C-Atom genau so gut von «vorn» angreifen, da es selbst ein unbesetztes AO besitzt; ja ein solcher Angriff von vorn ist sogar wahrscheinlicher, da das Elektrophil Elektronen «sucht». Im Gegensatz zur S_N2-Reaktion sollte die S_E2-Reaktion also unter **Retention** der Konfiguration verlaufen:

$$\text{--}\overset{\diagdown}{\underset{\diagup}{C}}\text{--X}\ +\ \overline{Y}|\ \longrightarrow\ \text{--}\overset{\diagdown}{\underset{\diagup}{C}}\text{--Y}\ +\ \overline{X}|$$

Es ist auch möglich, daß bei der Substitution ein Teil der angreifenden Partikel die Abtrennung der Abgangsgruppe dadurch erleichtert, daß gleichzeitig mit der Bildung der neuen C—Y-Bindung eine Bindung mit der Abgangsgruppe entsteht:

$$\overset{\diagup}{\underset{\diagdown}{C}}\underset{\overset{\diagdown}{X}}{\overset{\diagup}{}}\ +\ \overset{Y}{\diagup}Z\ \longrightarrow\ \overset{\diagup}{\underset{\diagdown}{C}}\diagdown^{Y}\ +\ {}_{X}\diagdown^{Z}$$

Auch in diesem Fall ist aber ein Zeitgesetz der zweiten Ordnung und Retention der Konfiguration zu erwarten. In der Tat verlaufen alle bisher untersuchten bimolekularen elektrophilen Substitutionen unter Konfigurationserhaltung.

Ein elegantes *Beispiel*, welches die *Retention der Konfiguration beweist*, wurde von Jensen untersucht. Ausgangsstoff war Di-sek. Butylquecksilber, wobei die eine sek. Butylgruppe optisch aktiv, die andere jedoch racemisch war. (Die Herstellung dieser Substanz erfolgte durch Reaktion von optisch aktivem sek. Butylquecksilberbromid mit racemischem sek. Butylmagnesiumbromid.) Die Di-sek. Butylverbindung wurde mit Quecksilberbromid umgesetzt, wobei sich zwei mol sek. Butylquecksilberbromid bildeten. Unter der plausiblen Annahme, daß beide C—Hg-Bindungen mit gleicher Wahrscheinlichkeit getrennt werden, muß sich der sterische Verlauf der Reaktion folgendermaßen zu erkennen geben:

Inversion

		S	*R,S*	
Angriff hier	→	R'HgX	+ R'HgX	⎫
R ↓ *R,S*				⎬ racemisches Gemisch
R'—Hg—R'		*R*	*R,S*	⎪
↑		R'HgX	+ R'HgX	⎭
Angriff hier	→			

Retention

		R	*R,S*	
Angriff hier	→	R'HgX	+ R'HgX	⎫
R ↓ *R,S*				⎬ das Gemisch zeigt noch
R'—Hg—R'		*R*	*R,S*	die Hälfte der ursprünglichen
↑		R'HgX	+ R'HgX	⎭ Aktivität
Angriff hier	→			

Racemisierung

		R,S	*R,S*	
Angriff hier	→	R'HgX	+ R'HgX	⎫
R ↓ *R,S*				⎬ das Gemisch zeigt noch
R'—Hg—R'		*R*	*R,S*	einen Viertel der ursprünglichen
↑		R'HgX	+ R'HgX	⎭ Aktivität
Angriff hier	→			

Die unter verschiedenen Bedingungen durchgeführte Reaktion ergab stets ein Produkt, das noch die Hälfte der ursprünglichen Aktivität besaß, ein eindeutiger *Beweis für die Konfigurationserhaltung.*

Auch stereochemische Untersuchungen beweisen den diskutierten Ablauf der S_E2-Reaktion. Wird z.B. die Verbindung *cis*-(1) mit radioaktiv markiertem $HgCl_2$ behandelt, so entsteht ausschließlich *cis*-(2). Da jedes der beiden Produkte die halbe Menge des eingesetzten markierten Quecksilbers enthielt, müssen dabei beide Hg—C-Bindungen getrennt worden sein. Ein letzter Hinweis auf den bei S_E2-Reaktionen erfolgenden Angriff «von vorn» ist schließlich die Tatsache, daß Neopentylsubstrate – die bei S_N2-Reaktionen aus sterischen Gründen extrem langsam reagieren – bei S_E2-Reaktionen nur ganz wenig reaktionsträger sind als Ethylverbindungen.

Unimolekulare elektrophile Substitution. Analog zur S_N1- ist auch eine S_E1-Reaktion möglich:

$$R\!-\!X \xrightarrow{\text{langsam}} R^\ominus + X^\oplus$$
$$R^\ominus + Y^\oplus \longrightarrow R\!-\!Y$$

Das erwartete *Zeitgesetz erster Ordnung* wird in der Tat bei vielen elektrophilen Substitutionen an aliphatischen C-Atomen beobachtet.

Der *sterische Verlauf* von S_E1-Reaktionen ist nicht immer eindeutig. Ist das entstehende Carbanion eben gebaut (wie es z.B. bei Carbanionen von Carbonylverbindungen infolge der Delokalisation des nichtbindenden Elektronenpaares notwendigerweise der Fall ist), und ist es stabil genug, um eine wenn auch kurze Zeitspanne als individuelle Partikel zu existieren, so kann das Elektrophil das Carbanion mit gleicher Wahrscheinlichkeit von jeder der beiden Seiten her angreifen, und es wird vollständige *Racemisierung* eintreten. Auch pyramidal gebaute Carbanionen führen in der Regel zur Racemisierung, da ihre Inversionsschwingung (analog der Ammoniak-Inversion) schneller erfolgt als das Produkt entsteht. Interessanterweise wurde aber bei S_E1-Reaktionen auch nahezu vollständige *Retention* sowie weitgehende *Inversion* beobachtet (Cram). So ist bei der folgenden Reaktion – wo mesomeriestabilisierte, ebene Carbanionen als Zwischenprodukte auftreten – je nach der Art des verwendeten Lösungsmittels sowohl fast vollständige Retention, Racemisierung oder Inversion (60%) möglich:

In unpolaren Lösungsmitteln, wie z. B. Benzen, existiert das Alkoxid-Ion (1) als *Ionenpaar,* welches durch das Elektrophil BH solvatisiert wird. Während der Bindungstrennung (der Bildung des Carbanions) bleibt das solvatisierende Molekül BH an seiner Stelle, der «Vorderseite» des Carbanions, so daß durch die Anlagerung des vom Elektrophil abgetrennten Protons die Konfiguration erhalten bleibt:

| solvatisiertes Alkoxid (optisch rein) | unsymmetrisch solvatisiertes Ionenpaar | Produkt von 95% optischer Reinheit |

In polaren Lösungsmitteln wird aber das Carbanion gewissermaßen von der Abgangsgruppe solvatisiert, d. h. es existiert ähnlich wie die Carbeniumionen bei manchen S_N1-Reaktionen als dicht gepacktes Ionenpaar. Damit kann aber das Elektrophil nur von der *entgegengesetzten* Seite (von «hinten») angreifen, und es tritt *Inversion* ein:

unsymmetrisch solvatisiertes Carbanion   52% optisch rein

Führt man die Reaktion schließlich in aprotischen, mäßig polaren Lösungsmitteln durch, wie z. B. Dimethylsulfoxid, so wird das Carbanion symmetrisch (beidseitig) solvatisiert, und die elektrophile Substitution führt zur *Racemisierung.*

Carbanionen, die ihre *Konfiguration beibehalten* können, treten bei *Alkenen* auf. So wird z. B. *trans*-2-Brom-2-buten durch Reaktion mit Lithium und anschließende Behandlung mit CO_2 zu 65 bis 70% in Angelicasäure übergeführt, während Tiglinsäure, das *trans*-Isomer, zu nur etwa 5% entsteht:

Angelicasäure

Das intermediäre Carbanion besitzt also dieselbe Konfiguration wie der Ausgangsstoff:

Allylumlagerungen bei S_E-Reaktionen. Wenn an Allylverbindungen elektrophile Substitutionen ausgeführt werden, kann eine *Umlagerung* analog der bereits auf S.451 beschriebenen, eigentlichen Allylumlagerung eintreten:

$$-\overset{|}{C}=\overset{|}{C}-\overset{|}{C}-X \;+\; Y^{\oplus} \;\longrightarrow\; -\overset{|}{\underset{Y}{C}}-\overset{|}{C}=\overset{|}{C} \;+\; X^{\oplus}$$

Für solche Umlagerungen bestehen bei S_E-Reaktionen im Prinzip zwei Möglichkeiten. Entweder wird die Abgangsgruppe zuerst abgetrennt, wobei sich ein mesomeriestabilisiertes *Carbanion* bildet, das an zwei Stellen angegriffen werden kann (S_E1), oder es erfolgt zuerst der Angriff des Elektrophils, so daß ein *Carbeniumion* entsteht, von welchem anschließend die Abgangsgruppe X abgetrennt wird:

In der Mehrzahl der bisher untersuchten Fälle solcher Umlagerungen fungiert ein Proton als Abgangsgruppe; jedoch sind auch Reaktionen bekannt, bei denen Metallatome verdrängt werden.

Eine einfache **Verschiebung einer Doppelbindung** in ungesättigten Verbindungen geschieht oft schon unter dem Einfluß von Brönsted- oder Lewis-*Säuren*. Dabei stellt sich gewöhnlich ein Gleichgewicht ein, in welchem das stabilste Molekül überwiegt:

$$CH_3-CH_2-CH=CH_2 \;\overset{H^{\oplus}}{\rightleftharpoons}\; CH_3-CH=CH-CH_3$$

Unter dem Einfluß von Protonsäuren verläuft die Umlagerung über Carbeniumionen. Das Proton greift dabei die Doppelbindung in der Weise an, daß das stabilere Carbeniumion gebildet werden kann. Welches Proton im nachfolgenden Schritt eliminiert wird, hängt von verschiedenen Faktoren ab. Aromatische oder ungesättigte Substituenten begünstigen die Ausbildung eines *konjugierten Systems;* sind keine solchen Substituenten vorhanden, so gilt die *Saytzew-Regel:* Das Proton wird von demjenigen C-Atom abgetrennt, das am wenigsten H-Atome gebunden enthält (es entsteht so die am meisten substituierte Doppelbindung). Durch eine solche Umlagerung können Alkene mit terminaler Doppelbindung in solche mit «innerer» Doppelbindung oder mit einem konjugierten System umgewandelt werden.

In gewissen Fällen kann eine Doppelbindung auch durch Einwirkung einer *Base* verschoben werden:

Hier bildet sich ein mesomeriestabilisiertes Carbanion, das anschließend ein Proton addiert, und zwar in der Weise, daß das stabilere der beiden möglichen Alkene entsteht.

Über die *Reaktivität* verschiedenartiger Substrate oder Reagenzien bei S_E-Reaktionen liegen verhältnismäßig wenig konkrete Resultate vor. Bei S_E1-Reaktionen wird die Reaktionsgeschwindigkeit erwartungsgemäß im allgemeinen durch elektronenanziehende Substituenten erhöht und durch elektronenabstoßende Substituenten erniedrigt. S_E2-Reaktionen zeigen die Einflüsse von Substituenten weniger deutlich. Unimolekulare Substitutionen werden durch stärkere Polarisierung der C—X-Bindung (d. h. möglichst wenig elektronegative Substituenten X) begünstigt; merkwürdigerweise und im Widerspruch zur Erwartung verlaufen jedoch S_E-Reaktionen mit Metallatomen als Abgangsgruppen (die von geringer Elektronegativität sind) in der Regel bimolekular. Durch stark polare Lösungsmittel wird – ebenso wie bei der nucleophilen Substitution – der zweistufige (S_E1)-Ablauf begünstigt.

13.2 Beispiele elektrophiler Substitutionen

Elektrophile Substitutionen an Carbonylverbindungen. Infolge der ziemlich großen Acidität der an α-C-Atome von Carbonylverbindungen gebundenen H-Atome sind hier elektrophile Substitutionen unter Verdrängung von Protonen relativ leicht möglich. Die *Enolisierung* z. B. läßt sich als Wanderung einer Doppelbindung (analog dem Beispiel auf S. 522) auffassen, da sie nur beim Vorhandensein wenn auch ganz geringer Spuren Säure oder Base möglich ist:

$$R-CH_2-\underset{\underset{O}{\|}}{C}-R' \xrightleftharpoons{H^\oplus \text{ (schnell)}} R-CH_2-\underset{\underset{OH}{|}}{\overset{\oplus}{C}}-R' \xrightleftharpoons{-H^\oplus \text{ (langsam)}} R-CH=\underset{\underset{OH}{|}}{C}-R'$$

Bekannte und wichtige Beispiele elektrophiler Substitutionsreaktionen an Carbonylverbindungen bilden die α-*Halogenierungen* von Aldehyden, Ketonen und Carbonsäuren:

$$-\underset{\underset{O}{\|}}{\overset{|}{C}}H-C-R + Br_2 \xrightarrow[\text{OH}^\ominus]{H^\oplus \text{ oder}} -\underset{\underset{Br}{|}}{\overset{|}{C}}-\underset{\underset{O}{\|}}{C}-R + HBr$$

Aldehyde und Ketone reagieren in dieser Weise sowohl mit Chlor wie auch mit Brom oder Iod. Mit Fluor gelingt die Reaktion nur bei Verwendung von besonders reaktionsfähigen Carbonylverbindungen wie β-Ketoestern. Bei symmetrisch substituierten Ketonen wird gewöhnlich eine CH- oder CH_2-Gruppe bevorzugt angegriffen. Di- und polyhalogenierte Produkte lassen sich ebenfalls erhalten; bei der Verwendung von Basen als Katalysatoren läßt sich die Reaktion jedoch nicht auf der Stufe des Monohalogenderivates anhalten, und man erhält direkt ein Produkt, bei dem alle H-Atome eines α-C-Atoms ersetzt worden sind.

Die Halogenierung folgt einem Zeitgesetz erster Ordnung (die Reaktionsgeschwindigkeit ist also von der Halogenkonzentration unabhängig!), und ihre Geschwindigkeit ist für ein bestimmtes Substrat bei gleichen Bedingungen dieselbe, gleichgültig, ob Chlor, Brom oder Iod zur Halogenierung dient. Diese Beobachtungen, zusammen mit der Tatsache, daß die Halogenierung nur beim Vorhandensein katalytischer Mengen Säure oder Base möglich ist, zeigen, daß die Reaktion vermutlich über das *Enol* verläuft, wobei die Säure (Base) die Enolisierung katalysiert und dieser Schritt geschwindigkeitsbestimmend sein muß:

$$R_2CH-\underset{\substack{\| \\ O}}{C}-R' \xrightarrow[\text{OH}^\ominus \text{ (langsam)}]{H^\oplus \text{ oder}} R_2C=\underset{\substack{| \\ OH}}{C}-R' \tag{1}$$

$$R_2C=\underset{\substack{| \\ OH}}{C}-R' + Br-Br \longrightarrow R_2\overset{\oplus}{C}-\underset{\substack{| \quad | \\ Br \ OH}}{C}-R' + Br^\ominus \tag{2}$$

$$R_2\overset{\oplus}{C}-\underset{\substack{| \quad | \\ Br \ OH}}{C}-R' \xrightarrow{-H^\oplus} R_2C-\underset{\substack{| \quad \| \\ Br \ O}}{C}-R' \tag{3}$$

In Übereinstimmung mit diesem Mechanismus reagieren am α-C-Atom deuterierte Carbonylverbindungen deutlich langsamer.

Einen Spezialfall dieser Reaktion stellt die sogenannte *Haloform-Reaktion* dar. Methylketone und Acetaldehyd bilden mit Halogenen in alkalischer Lösung (z.B. I_2 oder Br_2 in NaOH) «Haloform» (Chloroform, Bromoform oder Iodoform):

$$CH_3-\underset{\substack{\| \\ O}}{C}-R + Br_2 \xrightarrow{OH^\ominus} CHBr_3 + RCOO^\ominus$$

(Über die Verwendung der Iodoform-Reaktion zum Nachweis von Methylketonen siehe S.263). Diese Reaktion stellt in Wirklichkeit eine *Folge* von *zwei Reaktionen* dar. Zunächst wird die Carbonylverbindung durch eine S_E-Reaktion halogeniert, wobei – unter der Wirkung von $OH^\ominus$-Ionen – alle drei H-Atome der Methylgruppe durch Halogenatome ersetzt werden. Anschließend wird das Trihalogenketon durch ein $OH^\ominus$-Ion angegriffen, wobei im Endeffekt formal die R—C=O-Gruppe durch ein H-Atom ersetzt wird:

$$Br_3C-\underset{\substack{\| \\ O}}{C}-R + |\overline{O}H^\ominus \rightarrow Br_3C-\underset{\substack{| \\ |\underline{O}|^\ominus}}{\overset{\substack{OH \\ |}}{C}}-R \rightarrow Br_3C^\ominus + RCOOH \rightarrow Br_3CH + RCOO^\ominus$$

Carbonsäuren lassen sich bei Zusatz von PBr_3 mittels Chlor bzw. Brom am α-C-Atom chlorieren bzw. bromieren *(Hell-Volhard-Zelinski-Reaktion):*

$$R-CH_2-COOH + Br_2 \xrightarrow{PBr_3} R-\underset{\substack{| \\ Br}}{CH}-COOH$$

Es ist dabei allerdings nicht immer leicht, die Reaktion auf der Stufe des Monohalogenderivates anzuhalten.

Die Wirkung des Phosphortribromids besteht darin, die Carbonsäure in das reaktionsfähigere *Säurebromid* überzuführen. Man benötigt dabei nur katalytische Mengen PBr_3, weil das Acylbromid mit der Carbonsäure in einem Gleichgewicht steht und durch die Substitution (die wahrscheinlich analog den entsprechenden Reaktionen bei Aldehyden und

Ketonen über das *Enol* verläuft) dem Gleichgewicht dauernd entzogen wird. Säuren mit stärker aciden H-Atomen (wie z.B. Malonsäure) werden ebenso wie Acylhalogenide und Anhydride durch Chlor oder Brom allein (also ohne PBr_3-Zusatz) halogeniert. Auch aliphatische Nitroverbindungen [die ebenfalls leicht enolisieren (vgl. S.419)] reagieren auf dieselbe Weise.

Verbindungen mit aciden H-Atomen lassen sich auch *nitrosieren:*

$$R{-}CH_2{-}Z \;+\; HONO \;\longrightarrow\; R{-}\underset{\underset{N-OH}{\|}}{C}{-}Z \;+\; H_2O$$

$$R_2CH{-}Z \;+\; HONO \;\longrightarrow\; \underset{\underset{N=O}{|}}{\overset{\overset{R}{\diagdown}}{\underset{R\diagup}{C}}}{-}Z \;+\; H_2O$$

Als Reagens benötigt man dabei salpetrige Säure (d.h. ein Gemisch von Alkalinitrit und Mineralsäure). Als *Primärprodukt* entsteht stets eine *C-Nitroso-Verbindung,* welche aber nur dann stabil ist und isoliert werden kann, wenn keine Tautomerisierung zum *Oxim* möglich ist (vgl. S.419). Als angreifendes Elektrophil fungiert wahrscheinlich das $NO^{\oplus}$-Ion, das sich aus der salpetrigen Säure bilden kann. Die Reaktion selbst ist eine S_E1-Reaktion:

$$R{-}H \qquad \longrightarrow\; R^{\ominus} + H^{\oplus}$$

$$R^{\ominus} + NO^{\oplus} \;\longrightarrow\; R{-}NO$$

Spaltung von Alkoxiden bzw. β-Ketoestern. Alkoxide tertiärer Alkohole können beim Erwärmen mit Brönsted-Säuren gespalten werden:

$$R{-}\underset{\underset{R''}{|}}{\overset{\overset{R'}{|}}{C}}{-}O^{\ominus} \;\xrightarrow{\;HA\;}\; RH \;+\; \underset{\underset{R''}{|}}{\overset{\overset{R'}{|}}{C}}{=}O$$

Die Reaktion stellt im wesentlichen die Umkehrung der Addition eines Carbanions (z.B. einer Grignard-Verbindung) an ein Keton dar; sie läßt sich besonders gut durchführen, wenn die drei an das tertiäre C-Atom gebundenen Reste verzweigte Alkylgruppen sind. Von Cram und Mitarbeitern wurde sie besonders zur Untersuchung des sterischen Ablaufes von S_E-Reaktionen benützt (vgl. S.664).

Werden *β-Ketoester* mit einer starken Base behandelt, so tritt *«Säurespaltung»* ein:

$$R'OOC{-}\underset{\underset{R}{|}}{\overset{\overset{R}{\downarrow}}{C}}{-}\underset{\underset{O}{\|}}{C}{-}R \;\xrightarrow{\;OH^{\ominus}\;}\; R'OOC{-}\underset{\underset{R}{|}}{\overset{\overset{R}{|}}{C}}H \;+\; RCOO^{\ominus}$$

Auch hier handelt es sich formal um eine elektrophile Substitution, wobei zuerst ein $OH^{\ominus}$-Ion an das Carbonyl-C-Atom addiert wird, und anschließend die $RCOO^{\ominus}$-Gruppe als Abgangsgruppe fungiert. Die Reaktion ist von praktischer Bedeutung zur Gewinnung von am α-C-Atom *disubstituierten Carbonsäuren.* Als Nebenreaktion tritt allerdings stets in gewissem Maß auch die «Ketonspaltung» des β-Ketoesters auf (welche bei der Verwendung von Säure zur Hauptreaktion wird):

$$R'OOC-\underset{\underset{R}{|}}{\overset{\overset{R}{|}}{C}}-\underset{\underset{O}{\|}}{C}-R \xrightarrow{H^{\oplus}} R'OH + CO_2 + H-\underset{\underset{R}{|}}{\overset{\overset{R}{|}}{C}}-\underset{\underset{O}{\|}}{C}-R$$

β-Diketone verhalten sich gleichartig.

Acylierung von Doppelbindungen. *Alkene* können durch Acylverbindungen unter der Wirkung einer Lewis-Säure *acyliert* werden:

$$\underset{}{>}C{=}C\overset{H}{\underset{}{<}} + RCOCl \xrightarrow{AlCl_3} \underset{}{>}C{=}C\overset{COR}{\underset{}{<}}$$

Im Prinzip handelt es sich dabei um eine Friedel-Crafts-Reaktion an einem aliphatischen Substrat. Ebenso wie bei der analogen Reaktion an Aromaten (S. 694) greift im ersten Reaktionsschritt ein (freies oder komplexiertes) Acyliumion die Doppelbindung an, wobei ein Carbeniumion entsteht:

$$\underset{}{>}C{=}C\overset{H}{\underset{}{<}} + RCO^{\oplus} \longrightarrow \overset{\overset{COR}{|}}{-\underset{|}{C}}-\underset{|}{\overset{\oplus}{C}}-H$$

Dieses kann entweder ein Proton abspalten (wobei ein ungesättigtes Keton entsteht) oder es kann ein Halogenid-Ion binden:

$$-\underset{|}{\overset{\oplus}{C}}-\underset{|}{\overset{\overset{COR}{|}}{C}}-H \longrightarrow \begin{cases} \underset{}{>}C{=}C\overset{COR}{\underset{}{<}} \quad (1) \\[2em] -\underset{\underset{}{|}}{\overset{\overset{Cl}{|}}{C}}-\underset{\underset{}{|}}{\overset{\overset{COR}{|}}{C}}-H \quad (2) \end{cases}$$

Das im zweiten Fall gebildete β-Halogenketon läßt sich in gewissen Fällen isolieren; unter den erforderlichen Reaktionsbedingungen spaltet es jedoch oft spontan HCl ab, so daß dann ebenfalls ein ungesättigtes Keton entsteht. Im Falle unsymmetrisch substituierter Alkene erfolgt der Angriff gemäß der Regel von Markownikow. Im Prinzip analog verläuft die Alkylierung von *Enaminen* (S. 628; Stork-Reaktion). Sie hat gegenüber der üblichen Alkylierung von Ketonen den Vorteil, fast ausschließlich Monoalkylierungsprodukte zu liefern. Auch die Acylierung von Enaminen läßt sich durchführen:

$$R_2N{=}\underset{\underset{H}{|}}{\overset{\overset{R'}{|}}{C}}-C-R'' + R'''-\underset{\underset{O}{\|}}{C}-X \longrightarrow R_2\overset{\oplus}{N}{=}\underset{\underset{H}{|}}{\overset{\overset{R'}{|}}{C}}-\underset{\underset{O}{\|}}{\overset{\overset{R''}{|}}{C}}-C-R''' \xrightarrow[\text{lyse}]{\text{Hydro-}} R'-\underset{\underset{O}{\|}}{C}-\underset{\underset{H}{|}}{\overset{\overset{R''}{|}}{C}}-\underset{\underset{O}{\|}}{C}-R'''$$

Diazotierung aromatischer Amine. Eine elektrophile Substitutionsreaktion von besonders großer Bedeutung ist die bekannte *Diazotierungsreaktion:*

$$Ar-NH_2 + HONO + H^{\oplus} \longrightarrow \left\{ Ar-\overset{\oplus}{N}{\equiv}N| \longleftrightarrow Ar-\underline{N}{=}\overset{\oplus}{N}| \right\} + 2\,H_2O$$

Dabei wird allerdings nicht ein C-, sondern ein N-Atom durch eine elektrophile Partikel angegriffen. Die Reaktion ist auch mit *aliphatischen* Aminen möglich; die entstehenden Diazoniumionen sind jedoch nicht stabil und spalten spontan N_2 ab (unter Bildung von Carbeniumionen). *Aromatische* Diazoniumionen werden durch die Konjugation der N—N-π-Elektronen mit dem aromatischen π-System in einem gewissen Maß *mesomeriestabilisiert;* die entsprechenden Salze zersetzen sich jedoch oberhalb 5 °C ebenfalls sehr schnell. In gewissen Fällen gelingt es, die Salze als zu explosiver Zersetzung neigende Festkörper zu isolieren.

Der *Mechanismus* der Diazotierungsreaktion ist (ihrer großen Bedeutung wegen) sehr eingehend untersucht worden. Mit größter Wahrscheinlichkeit ist hier Distickstofftrioxid (N_2O_3), das im Gleichgewicht mit salpetriger Säure und Wasser steht und als «Träger» der NO-Gruppe wirkt, das angreifende Reagens. Die gesamte Reaktion muß dann folgendermaßen formuliert werden:

$$2\ \text{HONO} \xrightarrow{\text{langsam}} N_2O_3 + H_2O$$

$$\text{Ar}-NH_2 + N_2O_3 \longrightarrow \text{Ar}-\overset{H}{\underset{H}{N}}\overset{\oplus}{-}N{=}O + NO_2^{\ominus}$$

$$\text{Ar}-\overset{H}{\underset{H}{N}}\overset{\oplus}{-}N{=}O \longrightarrow \text{Ar}-\overset{H}{N}{=}N-\underset{\oplus}{O}-H$$

$$\text{Ar}-\overset{H}{N}{=}N-\underset{\oplus}{O}-H \longrightarrow \text{Ar}-\overset{\oplus}{N}{\equiv}N + H_2O$$

Aliphatische Azokupplung. Die «Kupplung» reaktiver Aromaten mit aromatischen Diazoniumsalzen gehört zu den technisch wichtigsten Reaktionen von Aromaten (Herstellung von *Azofarbstoffen;* S.1037). In Gegenwart einer Base wie z. B. einer wäßrigen Lösung von Natriumacetat vermögen auch aliphatische Michael-Substrate mit Diazoniumsalzen zu kuppeln:

$$Z-CH_2-Z' + \text{Ar}N_2^{\oplus} \longrightarrow Z-\underset{Z'}{C}{=}N-NH-\text{Ar}$$

Wahrscheinlich bildet sich zuerst ein Carbanion. Dieses kuppelt mit dem Diazoniumion, und das unstabile Produkt tautomerisiert zum *Hydrazon:*

$$Z-CH_2-Z' \xrightarrow{\text{Base}} Z-\underset{Z'}{\overset{\ominus}{C}H} + {}^{\oplus}N{\equiv}N-\text{Ar} \longrightarrow Z-\underset{Z'}{CH}-N{=}N-\text{Ar} \longrightarrow Z-\underset{Z'}{C}{=}N-NH-\text{Ar}$$

Insgesamt tritt also eine S_E-Reaktion ein, wobei das Diazoniumion als Elektrophil wirkt.

13.3 Reaktionen metallorganischer Verbindungen

Allgemeines. Unter «metallorganischen» Verbindungen **(«Metallorganylen»)** versteht man Substanzen, in welchen mehr oder minder stark polare Kovalenzbindungen zwischen C- und Metallatomen auftreten. Verbindungen wie z. B. Natriumacetat oder Natriumethylat fallen also nicht in diese Gruppe.

Ihre Eigenschaften variieren in hohem Maß und hängen weitgehend vom mehr oder weniger ausgeprägt ionischen Charakter der Metall—C-Bindung ab. Im allgemeinen *wächst ihre chemische Reaktionsfähigkeit mit zunehmendem Ionencharakter der Bindung.* Kalium- oder Natriumorganyle gehören daher zu den reaktionsfähigsten Stoffen überhaupt. Es sind salzähnliche, schwerflüchtige und in wenig polaren Lösungsmitteln schlecht lösliche Substanzen, die mit nahezu allen Elementen und Verbindungen (außer Stickstoff, den Edelgasen und Paraffinkohlenwasserstoffen) meist sehr heftig reagieren und sich an der Luft von selbst entzünden. Im Gegensatz dazu sind die mehr kovalenten Metallorganyle wie z. B. Dimethylquecksilber weniger reaktionsfähig, beständiger, viel stärker flüchtig und löslich in unpolaren Lösungsmitteln. Eine Reihe von metallorganischen Verbindungen (z. B. Lithiummethyl, Dimethylberyllium, Trimethylaluminium) existiert als Dimere oder Polymere, wobei, ähnlich wie bei den Borhydriden, *Mehrzentrenbindungen* auftreten, d. h. mit zwei Elektronen besetzte MO, die sich über drei Atome erstrecken **(«Elektronenmangelverbindungen»)**.

Die weitaus wichtigsten metallorganischen Verbindungen sind die *Grignard-Verbindungen* RMgX oder ArMgX (X = Cl, Br, I), die sich aus Halogeniden und metallischem Magnesium (in Ether oder Tetrahydrofuran) leicht bilden. Obschon über den Mechanismus der Bildung dieser Substanzen zahlreiche Untersuchungen angestellt worden sind, weiß man auch heute noch relativ wenig darüber. Stereochemische, kinetische und andere Ergebnisse deuten darauf hin, daß freie Radikale als Zwischenstoffe auftreten. 1975 wurde deshalb für die Reaktion der folgende Mechanismus vorgeschlagen:

$$R-X + Mg \longrightarrow R\cdot + X^{\ominus} + Mg_{\dot{O}}^{\oplus}$$

$$X^{\ominus} + Mg_{\dot{O}}^{\oplus} \longrightarrow XMg_{\dot{O}}^{\oplus}$$

$$R\cdot + XMg_{\dot{O}}^{\oplus} \longrightarrow RMgX$$

Der Index «O» bedeutet, daß die betreffende Spezies an die Oberfläche des metallischen Magnesiums gebunden ist. $Mg^{\cdot\oplus}$ wäre ein Radikal-Ion.

Viele *andere* nicht allzu reaktionsfähige *Metalle* reagieren mit organischen Halogeniden ebenfalls (vgl. S.1065):

$$CH_3Br + 2\,Li \longrightarrow CH_3Li + LiBr$$

$$2\,C_2H_5I + 2\,Zn \longrightarrow (C_2H_5)_2Zn + ZnI_2$$

Man arbeitet dabei meist in etherischer Lösung und unter Ausschluß von Feuchtigkeit, Sauerstoff und CO_2, also in einer Stickstoff- oder Heliumatmosphäre. Zur Gewinnung entsprechender Natriumverbindungen ist eine besondere Arbeitstechnik notwendig, da Natriumalkyle auch Ether angreifen. In Fällen, wo das betreffende Metall allzu langsam reagiert, kann es zweckmäßig sein, eine Legierung des Metalles mit Natrium oder Kalium zu verwenden. So wird Bleitetraethyl, die wichtigste «Klopfbremse» (Treibstoffzusatz) technisch in großen Mengen aus einer Pb/Na-Legierung und Ethylbromid hergestellt.

Die Bildung von metallorganischen Verbindungen aus *Halogeniden* und einem *Metall* ist eine *typische S_E-Reaktion* (meistens S_E2). Die Reaktivität der Halogenide nimmt vom Iodid zum Chlorid ab; Fluoride reagieren kaum. Als *Nebenreaktionen* treten die Wurtz-Fittig-Reaktion sowie *E2*-Eliminationen auf:

$$CH_3CH_2^{\ominus}Na^{\oplus} + CH_3CH_2Br \longrightarrow CH_3CH_2CH_2CH_3 + NaBr \qquad (S_N2 \text{ oder } S_E2)$$

$$CH_3CH_2^{\ominus}Na^{\oplus} + HCH_2CH_2Br \longrightarrow CH_3CH_3 + CH_2{=}CH_2 + NaBr \quad (E2)$$

Die *Wurtz-Fittig-Reaktion* kann als nucleophile Substitution am C-Atom des Halogenids oder als elektrophile Substitution am carbanionoiden C-Atom der Organometallverbindung betrachtet werden; ein schönes Beispiel zur Illustration der Tatsache, daß die Bezeichnungen «nucleophile» und «elektrophile» Substitution in manchen Fällen willkürlich und ganz vom Standpunkt des Betrachters – der den einen der beiden Reaktanten als «Substrat» bezeichnet – abhängen.

Alkyl- und *Aryllithiumverbindungen* reagieren mit zahlreichen Substanzen (Verbindungen mit aciden H-Atomen, Carbonylverbindungen u.a.) ähnlich wie Grignard-Verbindungen (vgl. Tabelle 13.1). Sie sind etwas reaktionsfähiger als Grignard-Reagenzien und werden deshalb bei präparativen Arbeiten ziemlich viel verwendet. Sie können z.B. auch zur Einführung von Lithiumatomen in andere Verbindungen dienen:

Solche Reaktionen sind besonders dann möglich, wenn – wie in obigem Beispiel – die negative Partialladung des an das Metallatom gebundenen C-Atoms delokalisiert werden kann.

Tabelle 13.1. Beispiele von Reaktionen von Lithiummethyl mit verschiedenen Reagenzien

Beispiele von S_E-Reaktionen mit metallorganischen Verbindungen. Viele organische Verbindungen können durch Reaktion mit einer metallorganischen Verbindung *«metalliert»* werden. Beispiele:

$$C_6H_6 + C_2H_5Na \qquad \longrightarrow \quad C_6H_5Na + C_2H_6$$

$$C_6H_5Na + C_6H_5CH_3 \qquad \longrightarrow \quad C_6H_5CH_2Na + C_6H_6$$

$$C_6H_5CH_2Na + (C_6H_5)_2CH_2 \quad \longrightarrow \quad (C_6H_5)_2CHNa + C_6H_5CH_3$$

$$(C_6H_5)_2CHNa + (C_6H_5)_3CH \longrightarrow \quad (C_6H_5)_3CNa + (C_6H_5)_2CH_2$$

Es handelt sich dabei um eine *Protonenübertragung;* das Proton bildet die «Abgangs-gruppe» und wird durch ein Metallatom verdrängt. Es stellt sich also ein Gleichgewicht ein, das auf der Seite der schwächeren Säure liegt, so daß sich diese Reaktionen sehr gut zum *Vergleich der relativen Aciditäten von Kohlenwasserstoffen* eignen. An aliphatischen C-Atomen geschieht die Metallierung besonders leicht, wenn die negative Partialladung des carbanionoiden C-Atoms delokalisiert werden kann, wie in Allyl- oder Benzylverbindun-gen; anders gesagt, Allyl- und Benzyl-H-Atome sind deutlich acid. Aromatische Kohlen-wasserstoffe sind stärker «sauer» als Alkane, da sp^2-hybridisierte C-Atome eine höhere Elektronegativität zeigen als sp^3-hybridisierte Atome. Im Falle von terminalen Acetylenen ist die Acidität so groß, daß sie auch mit Grignard-Reagenzien – die sonst für Metallierungs-reaktionen zu reaktionsträg sind – reagieren (vgl. S.125).

Viele metallorganische Verbindungen werden am besten dadurch hergestellt, daß man *ein Metallatom durch ein anderes Metallatom ersetzt* (vgl. S.1065):

$$R-M + M' \longrightarrow R-M' + M$$

Die Reaktion verläuft nur dann mit guten Ausbeuten, wenn das Metall M' *elektropositiveren* Charakter hat als das Metall M. Besonders häufig werden *Quecksilberalkyle* (die aus Grignard-Reagenzien und $HgCl_2$ relativ leicht zu erhalten sind) *als Substrate* verwendet; es gelingt dann, Alkylverbindungen der verschiedenartigsten Metalle (Li, Na, Be, Mg, Al, Ga, Zn, Cd, Te und Sn) auf diese Weise herzustellen. Ein besonderer Vorteil dieser Reaktion besteht darin, daß *keine Nebenreaktionen* auftreten, und insbesondere die gewünschte Organometallverbindung rein (d. h. frei von beigemengtem Halogenid) erhalten werden kann. Feste Alkylnatrium- bzw. -kaliumverbindungen lassen sich nur auf diese Weise isolieren.

Es ist jedoch auch möglich, das Metallatom einer metallorganischen Verbindung mittels eines *Metallhalogenids* zu ersetzen (vgl. S.1065):

$$R-M + M'X \longrightarrow R-M' + MX$$

Dabei muß das Metall M' *weniger elektropositiv* sein als M; das mehr elektropositive Metall bildet also die ionische Halogenverbindung. Als Substrate dienen meistens *Grignard-Reagenzien*. Auch mit Hilfe dieser Reaktion werden zahlreiche metallorganische Verbin-dungen hergestellt, unter anderen auch solche von Blei, Kobalt, Platin und Gold. *Alkylver-bindungen* von *Halb-* oder *Nichtmetallen* lassen sich ebenfalls in dieser Art gewinnen; die Reaktion von Grignard-Verbindungen mit Halogeniden stellt deshalb – neben der Synthese der Grignard-Reagenzien selbst! – wohl die wichtigste Methode zur Gewinnung von «Element-organischen» Verbindungen dar. Technisch von Bedeutung ist die Herstellung von Siliciumverbindungen, wie z. B. Trimethylsiliciumchlorid, $(CH_3)_3SiCl$ (aus CH_3MgCl und $SiCl_4$), die als Ausgangsstoffe zur Bildung von *Silicon-Kunststoffen* dienen.

Auch die bereits auf S.140 erwähnten «*Sandwich-Verbindungen*» können auf diese Weise erhalten werden:

$$FeCl_2 + 2 \;\; \text{[C}_5\text{H}_5\text{]}-MgBr \longrightarrow Fe(C_5H_5)_2 + MgBr_2 + MgCl_2$$

Praktisch alle metallorganischen Verbindungen werden durch *elementare Halogene* glatt *gespalten,* wobei das Halogen gegenüber dem negativ polarisierten C-Atom als Elektrophil wirkt. Die Reaktion ist allerdings von geringer präparativer Bedeutung (da metallorganische Verbindungen in der Regel aus Halogeniden hergestellt werden!); sie kann jedoch zur Charakterisierung von Metallierungsprodukten oder zum *Austausch eines Halogenatoms* durch ein anderes von Nutzen sein. Als Beispiel dafür diene die Überführung von Neopentylchlorid in Neopentyliodid, die wegen der geringen Reaktivität des Substrates und dessen Tendenz zur Umlagerung nicht durch eine S_N2-Reaktion möglich ist.

13.4 Elektrophile Substitutionen an Alkanen

In den letzten Jahren hat sich – in erster Linie dank den Arbeiten der Arbeitsgruppe um Olah – gezeigt, daß Alkane keineswegs so reaktionsträg sind, wie man bisher stets angenommen hat. Nicht nur können Alkane in supersauren Medien (mit HF/SbF_5 oder FSO_3H/SbF_5) unter Ausbildung von **Carboniumionen** (mit *fünffach koordiniertem Kohlenstoff*) protoniert werden; sie lassen sich unter solchen Bedingungen auch alkylieren, nitrieren oder sogar chlorieren. Obschon diese Reaktionen vorläufig noch kaum präparative Bedeutung haben, seien sie im folgenden um ihres allgemeinen Interesses willen kurz besprochen.

Bei elektrophilen Substitutionen an gesättigten C-Atomen (richtigerweise: an σ-Bindungen) wird das Elektrophil E zunächst von einer *σ-Bindung* unter Ausbildung eines *Zwei-Elektronen-Dreizentren-MO* gebunden:

$$R_3CH + E^\oplus \longrightarrow \left[R_3C \overset{H}{\underset{E}{\cdots\cdots}} \right]^\oplus$$

Carboniumion

Das Carboniumion kann anschließend entweder das (protonierte) Elektrophil abspalten und dadurch in ein *Carbeniumion* übergehen oder aber ein Proton abspalten und dadurch ein *Substitutionsprodukt* bilden:

$$\left[R_3C \overset{H}{\underset{E}{\cdots\cdots}} \right]^\oplus \longrightarrow \begin{array}{l} R_3C^\oplus + HE \\[1em] R_3C{-}E + H^\oplus \end{array}$$

Da der Angriff des Elektrophils von der «Vorderseite» der σ-Bindung erfolgen muß, sollte die elektrophile Substitution unter *Retention* verlaufen, was sich jedenfalls nach den bisher vorliegenden Untersuchungsergebnissen bestätigt hat.

Beispiele:

Isobutan ergibt mit einer Lösung von tert. Butylfluoroantimonat in Sulfurylchloridfluorid (die tert. Butyl-Kationen enthält) bei tiefen Temperaturen in allerdings kleiner Ausbeute *Hexamethylethan:*

$$(CH_3)_3CH + {}^\oplus C(CH_3)_3 \longrightarrow (CH_3)_3C{-}C(CH_3)_3 + H^\oplus$$

Mit Isopropylfluoroantimonat entsteht 2,2,3-Trimethylbutan, ebenso aus Propan und tert. Butylfluoroantimonat. Da Carbokationen auch isomerisieren können und zudem intermolekulare Wasserstoffübertragungen möglich sind, ist die präparative Bedeutung dieser Reaktion allerdings nicht sehr groß.

Mit *Nitryliumsalzen* ($NO_2^{\oplus} PF_6^{\ominus}$) lassen sich Methan und Ethan in aprotischen Lösungsmitteln *nitrieren,* also unter Bedingungen, bei denen eine Radikalreaktion ausgeschlossen ist:

$$R-H \xrightarrow[CH_2Cl_2/Sulfolan]{NO_2PF_6} R-NO_2 + H^{\oplus}$$

Höhere Ausbeuten werden in superaciden Medien erhalten; als Zwischenstoff muß ein *Carboniumion* mit *Dreizentren-MO* auftreten:

$$CH_4 \rightarrow \left[H_3C\cdots\overset{\displaystyle H}{\underset{\displaystyle NO_2}{\diagdown}} \right]^{\oplus} \rightarrow CH_3NO_2 + H^{\oplus}$$

Da tertiäre und sekundäre Nitroalkane in sauren Lösungen leicht gespalten werden, eignet sich die elektrophile Nitrierung nur für einfache Aliphaten.

Schließlich lassen sich Alkane auch *chlorieren,* und zwar bei Bedingungen, die einer Friedel-Crafts-Reaktion entsprechen ($-78\,°C$, im Dunkeln; Katalyse durch Säuren), wobei sowohl Substitutionsprodukte wie C—C-Spaltungsprodukte entstehen. Wiederum bildet das Elektrophil (ein $Cl^{\oplus}$-Ion-ähnliches Teilchen) durch Angriff auf eine σ-Bindung ein *Dreizentren-MO:*

$$H_3C-CH_3 \underset{\underset{\displaystyle Cl^{\oplus}}{\uparrow}}{} \rightarrow \left[H_3C\cdots\underset{\displaystyle Cl}{}\cdots CH_3 \right]^{\oplus}$$

Auch wenn diese Reaktionen vorläufig noch ohne große praktische Bedeutung geblieben sind, sind sie insofern von Interesse, als sie den «Mythos» von der Reaktionsträgheit der Alkane erschüttert haben.

Übungen

13.1 Unter welchen Voraussetzungen lassen sich elektrophile Substitutionen an aliphatischen C-Atomen durchführen?

13.2 Vergleichen Sie den Verlauf von S_N- und S_E-Reaktionen an aliphatischen C-Atomen!

13.3 Welche Nebenreaktionen können bei S_E-Reaktionen auftreten?

13.4 Diskutieren Sie die Mechanismen folgender Reaktionen:
(a) Bildung von α-Brompropionsäure aus Propionsäure und Br_2/PBr_3
(b) Haloform-Reaktion
(c) Bildung von Monobromaceton aus Aceton und Br_2
(d) Bildung von n-Propanol und Propen (nebeneinander) durch Reaktion von n-Propylamin mit HNO_2 in wäßriger Lösung
(e) Säurespaltung von α-Methylacetessigester
(f) Wurtz-Fittig-Reaktion (Bildung von n-Hexan aus n-Propylbromid und Natrium)

13.5 Mit welchen Methoden lassen sich allgemein metallorganische Verbindungen gewinnen?

13.6 Was läßt sich über das chemische Verhalten von metallorganischen Verbindungen aussagen?

13.7 Geben Sie Beispiele von S_E-Reaktionen an Metallorganylen!

13.8 Wie werden folgende Substanzen miteinander reagieren:
(a) Erhitzen von 1-Buten mit einer Spur konz. H_2SO_4
(b) Ethanol + Br_2/KOH
(c) Acetylchlorid + Cl_2 (ohne Zusatz von PCl_3 bzw. PBr_3)
(d) Methylethylketon + salpetrige Säure
(e) Ethylmalonester + salpetrige Säure
(f) n-Propylbromid + Lithium
(g) Phenyllithium + 1-Phenyl-1-propen

13.9 Auf welche Weise läßt sich die relative Acidität verschiedener Kohlenstoff-Wasserstoff-Bindungen bestimmen?

13.10 Diskutieren Sie die Mechanismen der Reaktion (a), (b), (e) und (g) von Aufgabe 13.8.

13.11 Wie lassen sich folgende Substanzen gewinnen:
(a) α-Dibrompropionaldehyd
(b) α-Brompropionaldehyd
(c) Bromoform
(d) Diacetyl (2,3-Butandion)
(e) α-Ethylbuttersäure
(f) Phenyllithium
(g) Diethylcadmium
(h) Triethylarsen
(i) Neopentylbromid
(k) Ferrocen

14 Aromatische Substitution I: Elektrophile Substitution

Aromatische Systeme werden durch ein ringförmig geschlossenes delokalisiertes Elektronensystem charakterisiert, dessen Ladungsdichte unterhalb und oberhalb der von den Atomrümpfen der Ring-Kohlenstoff-Atome gebildeten Ebene liegt. Es ist deshalb zu erwarten, daß diese relativ hohe negative Ladungsdichte die C-Atome des Ringes gegenüber einem nucleophilen Angriff abschirmt, den Angriff eines *Elektrophils* (sei es ein positives Ion oder das positive Ende eines Dipolmoleküls) jedoch *fördert.* In der Tat verläuft die große Mehrzahl der Substitutionsreaktionen an aromatischen Ringen als elektrophile Substitution, wobei das Proton die häufigste «Abgangsgruppe» darstellt.

14.1 Mechanismus der elektrophilen Substitution an aromatischen Ringen

Im Gegensatz zu den Substitutionen an gesättigten, aliphatischen C-Atomen (S_N-Reaktionen) verlaufen die weitaus meisten elektrophilen aromatischen Substitutionen in bezug auf das Substrat nach ein und demselben Mechanismus. Zwar kann die angreifende Partikel auf verschiedene Weise entstehen (manchmal sogar bei ein und derselben Reaktion, je nach den gewählten Reaktionsbedingungen!); der aromatische Ring verhält sich jedoch in den meisten Fällen gleichartig. Es ist aus diesem Grund verständlich, daß sich die meisten Arbeiten, die sich mit der aromatischen Substitution befassen, der Frage nach der Art des angreifenden Reagens, nach seiner Entstehung oder anderen Problemen (Reaktivität, Orientierung) widmen.

π- **und** σ-**Komplexe.** Sogenannte π-*Komplexe,* in denen zwei Partikeln durch die Wirkung von π-Elektronen locker miteinander verbunden sind, haben wir bereits im Zusammenhang mit der *E*1-Elimination (S. 471) besprochen. Daß auch *aromatische* Moleküle π-Komplexe bilden können, wird durch zahlreiche experimentelle Ergebnisse belegt. So zeigt ein Gemisch von Benzen mit *Iod* ein Dipolmoment von $2{,}2 \cdot 10^{-30}$ C m, was nur auf die Bildung eines solchen π-Komplexes zurückzuführen sein kann, da weder Benzen noch Iod allein ein Dipolmoment besitzen. In diesem Komplex wird durch die 6 π-Elektronen des Benzenmoleküls eine lockere Bindung zum I_2-Molekül hergestellt:

Wie aus dem IR-Spektrum dieses Komplexes sowie den Spektren des analogen Komplexes aus Iod und deuteriertem Benzen hervorgeht und auch durch Röntgenstrukturanalyse entsprechender Festkörper gezeigt werden kann, stehen die Halogenmoleküle senkrecht auf der Ebene des Benzenringes.

Auch *Halogenwasserstoffverbindungen* bilden mit Benzen oder Toluen π-Komplexe. Diese zeigen keine elektrische Leitfähigkeit und sind leicht wieder in die Komponenten zu trennen; verwendet man zur Komplexbildung statt HCl DCl, so beobachtet man nach der Trennung keinen Isotopenaustausch, d.h. das aromatische Molekül enthält kein Deuterium. Der π-Komplex besteht also nicht aus Ionen, und es wird zwischen den beiden Partikeln keine normale Kovalenzbindung gebildet. Die Absorptionsspektren der Komplexe im sichtbaren Gebiet und im UV sind kaum verschieden von den Spektren der beiden Komponenten.

Läßt man aber HCl- oder HBr-Gas *in Gegenwart von AlCl₃* auf Benzen oder Toluen einwirken, so erhält man intensiv gefärbte Lösungen, die den elektrischen Strom leiten. Verwendet man dabei DCl (bzw. DBr), so findet ein Austausch von H-Atomen des Benzens (bzw. von an die Ring-C-Atome des Toluens gebundenen H-Atomen) statt, d.h. es kommt zu einer elektrophilen Substitution von $H^{\oplus}$ durch $D^{\oplus}$. Alle diese Beobachtungen weisen darauf hin, daß unter diesen Bedingungen *echte Carbeniumionen* entstehen, die – um den Gegensatz zu den π-Komplexen zu betonen – als σ-**Komplexe** oder *Arenium-Ionen* bezeichnet werden.

Zahlreiche aromatische Kohlenwasserstoffe bilden auch beim Lösen in wasserfreiem HF (unter Zusatz von BF₃) σ-Komplexe. Deren Stabilität (d.h. die Gleichgewichtskonstante für ihre Bildung) ist um so größer, je mehr Methylgruppen der Benzenring als Substituenten enthält. Wenn man wasserfreies HF, BF₃ und einen aromatischen Kohlenwasserstoff bei Temperaturen von $< -25°C$ in äquimolaren Mengen mischt, so lassen sich Salze mit Carbeniumionen und $BF_4^{\ominus}$-Anionen als *Festkörper* isolieren. Bei schwachem Erwärmen zersetzen sich diese in HF und den entsprechenden Kohlenwasserstoff. Gleiche Resultate erhält man, wenn ein aromatischer Kohlenwasserstoff bei Temperaturen von $< -20°C$ mit einem Alkyl- oder Acylfluorid und BF₃ behandelt wird: es entstehen intensiv gefärbte Lösungen, die elektrische Leitfähigkeit besitzen und aus denen sich Salze mit σ-Komplexen als Kationen isolieren lassen. Erwärmt man sie, so entstehen Alkyl- bzw. Acylderivate des betreffenden Kohlenwasserstoffes, d.h. es ist eine *Friedel-Crafts-Reaktion* eingetreten (S. 694):

Sowohl die Einwirkung von DCl auf Benzen oder Toluen in Gegenwart von AlCl₃, wie auch die Reaktion eines aromatischen Kohlenwasserstoffes mit einem Alkylfluorid in Gegenwart von BF₃, führen im Endeffekt zu elektrophilen Substitutionen. Es liegt deshalb nahe anzunehmen, daß sich auch bei den üblichen Substitutionsreaktionen an Aromaten – unter den gewöhnlichen Reaktionsbedingungen – σ-*Komplexe (Areniumionen)* als *Zwischenstoffe* bilden, auch wenn sie bei den meisten Reaktionen nicht direkt nachweisbar sind.

In einem gewissen Ausmaß ist auch der σ-Komplex *mesomeriestabilisiert*, denn vier Elektronen sind über fünf Atome delokalisiert. Er ist aber zweifellos *energiereicher* als das Ausgangsmolekül, weil das aromatische Elektronensextett nicht mehr vorhanden ist.

Areniumionen stellen also instabile, sehr reaktionsfähige Reaktionszwischenstoffe dar, die sich dadurch stabilisieren, daß sie entweder wieder das Elektrophil oder ein Proton abspalten, wobei das letztere von einer Base gebunden werden muß. Ist das angreifende Elektrophil kein positives Ion, sondern ein Dipolmolekül, so entsteht ein Areniumion, das auch eine negative Ladung trägt, es sei denn, daß sich das Dipolmolekül während der Substitution in zwei Teile trennt:

Ablauf der S$_E$-Reaktion an Aromaten. Die elektrophile aromatische Substitution verläuft somit gemäß folgendem Schema:

Die Gesamtreaktion verläuft also in *zwei Schritten* und folgt einem *Zeitgesetz zweiter Ordnung*. Interessant ist, daß auch Fälle bekannt sind, wo die Reaktionsgeschwindigkeit unabhängig von der Konzentration des Aromaten ist; geschwindigkeitsbestimmend ist dann die Bildung des Elektrophils.

Verwendet man deuterierte Aromaten als Substrate für *S$_E$*-Reaktionen, so findet man in der Regel *keinen kinetischen Isotopeneffekt*. Dies zeigt, daß dann der erste Reaktionsschritt, die Bildung des Areniumions, langsamer verläuft und die Gesamtgeschwindigkeit bestimmt. Eine *Ausnahme* ist die Sulfonierung, wo die Reaktion reversibel und thermodynamisch gesteuert ist. Die freie Aktivierungsenthalpie für die Substitution ist im allgemeinen ziemlich hoch wegen des Verlustes der Mesomerie-Energie. Die elektrophile Substitution verläuft deshalb im allgemeinen *langsamer* als die elektrophile Addition an eine C=C-Doppelbindung.

Ob der Bildung des σ-Komplexes ein π-Komplex vorausgeht, wurde intensiv diskutiert. Vergleicht man die relativen Stabilitäten von σ- und π-Komplexen (Tabelle 14.1) mit der Geschwindigkeit verschiedener Substitutionen, so findet man, daß sich die verschiedenen Geschwindigkeiten eher wie die Stabilitäten der verschiedenen Areniumionen verhalten und nicht wie die Stabilitäten der π-Komplexe. Man muß somit annehmen, daß bei elektrophilen Substitutionen an Aromaten *direkt das Areniumion* entsteht. Es sei aber nicht verschwiegen, daß Olah und andere Forscher die Auffassung vertreten, es würden zunächst π-Komplexe gebildet, allerdings nicht derselben Art, wie sie für den π-Komplex aus Iod und Benzen skizziert wurde. Nach Olah greift das Elektrophil zunächst eine bestimmte *Bindung*

Tabelle 14.1. Relative Stabilitäten der σ- und π-Komplexe sowie relative Geschwindigkeiten der Chlorierung und Nitrierung (nach March). (p-Xylen wird überall als 1,00 gesetzt)

Substituenten	Relative Stabilität des σ-Komplexes	Relative Stabilität des π-Komplexes	Geschwindigkeit der Chlorierung	Geschwindigkeit der Nitrierung
Keiner (Benzen)	0,09	0,61	0,0005	0,51
Me	0,63	0,92	0,157	0,85
p-Me$_2$	1,00	1,00	1,00	1,00
o-Me$_2$	1,1	1,13	2,1	0,89
m-Me$_2$	26	1,26	200	
1,2,4-Me$_3$	63	1,36	340	
1,2,3-Me$_3$	69	1,46	400	
1,2,3,4-Me$_4$	400	1,63	2000	
1,2,3,5-Me$_4$	16000	1,67	240000	
Me$_5$	29000		360000	

(nicht ein bestimmtes Atom) des Aromaten an, wobei eine mit zwei Elektronen besetzte Dreizentrenbindung entsteht:

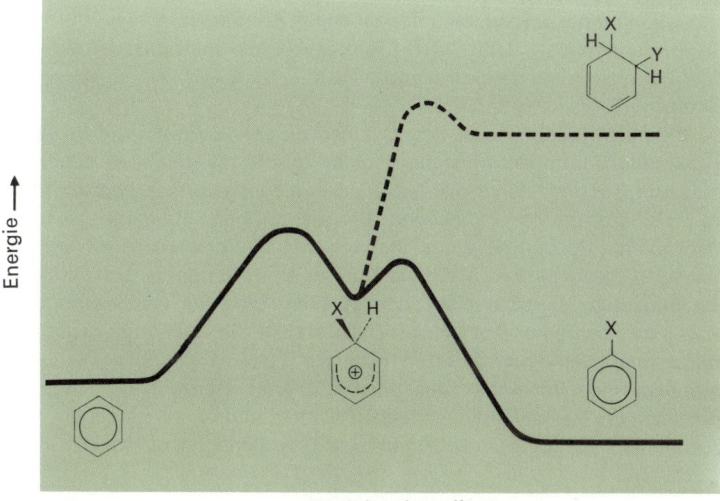

Diese ebenfalls als π-Komplex bezeichnete Spezies würde sich anschließend in das Areniumion umwandeln.

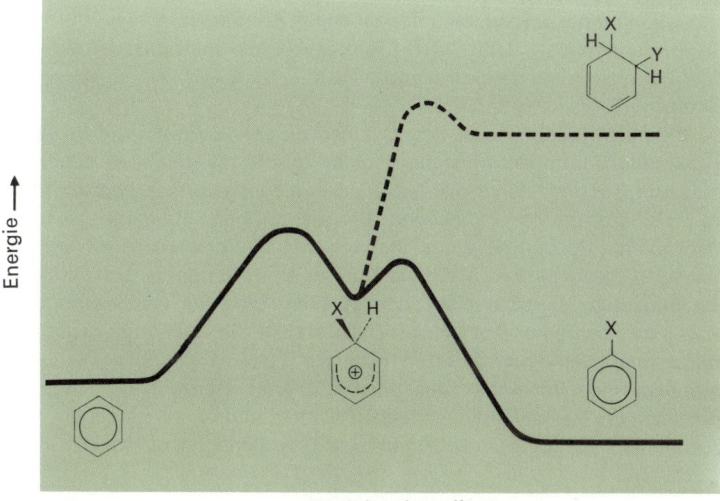

Abb. 14.1. Energieprofil für eine elektrophile Substitution bzw. Addition an Benzen

Ob tatsächlich ein derartiger π-Komplex auftritt, läßt sich nach den vorliegenden Ergebnissen nicht eindeutig entscheiden. Der Vergleich der Reaktionsgeschwindigkeiten mit den Stabilitäten möglicher Reaktionszwischenstoffe zeigt aber, daß in diesen Fällen *die Bildung des Areniumions geschwindigkeitsbestimmend* ist. Wenn also ein π-Komplex überhaupt gebildet wird, so muß er sehr rasch entstehen und sich langsamer in das Areniumion umwandeln.

Selbstverständlich wäre es auch denkbar, daß in dem auf die Bildung des σ-Komplexes folgenden Reaktionsschritt nicht ein Proton abgetrennt, sondern ein negatives Ion (ein Nucleophil) *addiert* würde, analog zur elektrophilen Addition an olefinische Doppelbindungen. Dadurch würde aber ein Produkt ohne aromatischen Charakter entstehen, das ganz erheblich energiereicher wäre als das Substitutionsprodukt (Abb. 14.1).

14.2   Orientierung und Reaktivität

Monosubstituierte Benzene. Es wurde schon auf S. 159 festgestellt, daß an einem aromatischen Ring *vorhandene Substituenten* sowohl die *Geschwindigkeit* einer weiteren Substitution wie auch die *Orientierung* des neu eintretenden Zweitsubstituenten beeinflussen. Durch Bestimmung der Reaktionszeiten (bei gleichen Reaktionsbedingungen) und durch Konkurrenzreaktionen (S. 160) lassen sich die verschiedenen Reaktivitäten beispielsweise von monosubstituierten Benzenen mit der Reaktivität von Benzen selbst vergleichen. So wurde gefunden, daß Methyl-, Hydroxyl- und Aminogruppen aktivierend, Nitrogruppen oder Halogenatome desaktivierend wirken.

Da die Substitution (in der Regel) *kinetisch gesteuert* ist, wird das Verhältnis, in dem die Substitutionsprodukte entstehen, nicht durch die relativen Stabilitäten der Produkte bestimmt, sondern durch die verschiedenen freien *Aktivierungsenthalpien* bzw. die *relativen Reaktionsgeschwindigkeiten.* Ein elektrophiles Reagens greift also prinzipiell alle verfügbaren Positionen eines aromatischen Ringes an, nur verläuft die Reaktion an gewissen «bevorzugten» Stellen rascher als an den anderen. Um die Wirkungen verschiedener Substituenten anzugeben, benützt man *«partielle Geschwindigkeitsfaktoren»* für die einzelnen Positionen des Ringes. Diese stellen die Substitutionsgeschwindigkeit an einer *ortho-, meta-* bzw. *para*-Position relativ zur Geschwindigkeit der Substitution an einer der 6 gleichwertigen Positionen des unsubstituierten Benzens dar und lassen sich aus dem Vergleich der Reaktivitäten von substituiertem und unsubstituiertem Benzen sowie aus der Zusammensetzung des Produktgemisches experimentell ermitteln.

So liefert z. B. ein äquimolares Gemisch von Benzen und Toluen bei der Nitrierung Nitrotoluene und Nitrobenzen im Verhältnis 25:1. Toluen reagiert also insgesamt 25mal so rasch wie Benzen ($k_{rel} = 25$). Bei der Nitrierung von Toluen entstehen *o-, m-* und *p*-Nitrotoluen in folgenden Mengen:

o-	m-	p-
56,5%	3,5%	40%

Die partiellen Geschwindigkeitsfaktoren erhält man nach

$$f_o = \frac{\%\, o\text{-}\, \cdot 3\, k_{rel}}{100} = \frac{56,5 \cdot 75}{100} = 42,4$$

$$f_m = \frac{\%\, m\text{-}\, \cdot 3\, k_{rel}}{100} = \frac{3,5 \cdot 75}{100} = 2,6$$

$$f_p = \frac{\%\, p\text{-}\, \cdot 6\, k_{rel}}{100} = \frac{40 \cdot 150}{100} = 60$$

Weitere partielle Geschwindigkeitsfaktoren gibt die Tabelle 14.2[1].

Die Tabelle 14.2 zeigt deutlich, daß **drei verschiedene Arten von Substituenten** existieren:

(a) Substituenten wie CH_3— und $(CH_3)_3C$— (und —OH, —OCH_3 sowie —NH_2) *aktivieren* alle Stellen im Ring ($f > 1$); die Aktivierung ist jedoch für die o- und p-Position stärker als für die m-Stellung. Ein neu eintretender weiterer Substituent wird deshalb bevorzugt *in die o- und p-Stellung dirigiert.*

(b) Substituenten wie —Cl, —Br und —CH_2Cl *desaktivieren* alle Stellen im Ring ($f < 1$); die o- und p-Positionen werden jedoch weniger stark desaktiviert als die m-Position, so daß ein weiterer Substituent vorzugsweise *nach o- und p- dirigiert wird.*

(c) Substituenten wie —NO_2, —COOEt [und auch —$\overset{\oplus}{N}(CH_3)_3$ oder —CF_3] *desaktivieren* ebenfalls alle Stellen im Ring; da die m-Stellung am wenigsten desaktiviert wird, wirken sie *m-dirigierend.*

Tabelle 14.2. *Orientierung und partielle Geschwindigkeitsfaktoren bei der Nitrierung einiger monosubstituierter Benzenderivate*

Substituent	Orientierung			Relative	Partielle Geschwindigkeitsfaktoren		
	%o-	%m-	%p-	Reaktivität	f_o	f_m	f_p
—CH_3	56,5	3,5	40	25	42,3	2,6	60
—$C(CH_3)_3$	12,0	8,5	79,5	15,7	5,5	4,0	75
—CH_2Cl	32,0	15,5	52,5	0,302	0,29	0,14	0,951
—Cl	29,6	0,9	68,9	0,033	0,029	0,0009	0,137
—Br	36,5	1,2	62,4	0,030	0,033	0,0011	0,112
—NO_2	6,4	93,2	0,3	10^{-7}	$1,8 \cdot 10^{-6}$	$2,8 \cdot 10^{-5}$	$2 \cdot 10^{-7}$
—COOEt	28,3	68,4	3,3	0,0003	$2,5 \cdot 10^{-4}$	$6 \cdot 10^{-4}$	$5 \cdot 10^{-5}$
—CF_3		100					
—$\overset{\oplus}{N}(CH_3)_3$		89	11				

[1] Die partiellen Geschwindigkeitsfaktoren hängen von der Elektrophilie des angreifenden Reagens ab, haben also bei ein und derselben Ausgangssubstanz für jede Substitutionsreaktion bestimmte Werte. Bei einer bestimmten Reaktion hängen sie zudem von den Reaktionsbedingungen ab.

Der Einfluß eines Substituenten kann durch die *Hammett-Beziehung* mit der Elektrophilie des angreifenden Reagens verknüpft werden:

$$\log \frac{k}{k_0} = \sigma \cdot \varrho$$

Um je eine reagierende Stelle vergleichen zu können, wird k_0 durch 6 und k (für *m*-Substitution) durch 2 dividiert (für Substitutionen in *o*-Stellung ist die Hammett-Beziehung nicht brauchbar; siehe S. 411). Da sich im Übergangszustand ein positiv geladenes Areniumion (der σ-Komplex) ausbildet, müssen die Substituentenkonstanten σ für elektronenliefernde Substituenten etwas modifiziert werden. Substituenten mit positiven σ-Werten wirken desaktivierend, während Substituenten mit negativen σ-Werten den Ring aktivieren.

Die *relativen Geschwindigkeiten,* mit denen an den verschiedenen Stellen eines monosubstituierten Benzens eine weitere Substitution eintritt, werden, wie erwähnt, durch die verschiedenen freien *Aktivierungsenthalpien* (d. h. durch die *Energiedifferenzen zwischen aktiviertem Komplex und Grundzustand)* bestimmt. Um die aktivierende bzw. desaktivierende sowie die dirigierende Wirkung eines Substituenten zu verstehen, müssen wir den *Einfluß dieses Substituenten sowohl* auf den **Grundzustand** (der aber für eine Zweitsubstitution an allen Positionen derselbe ist) wie auf den **aktivierten Komplex** der Zweitsubstitution betrachten. Es ist allerdings schwierig, exakte Angaben über Struktur und Ladungsdichteverteilung des aktivierten Komplexes zu machen; nach Hammond nimmt man deshalb im allgemeinen den σ-Komplex als Modell für den aktivierten Komplex, da der letztere durch einen bestimmten Substituenten wohl in sehr ähnlicher Weise beeinflußt wird wie das Areniumion.

Betrachten wir die drei möglichen σ-Komplexe für ein monosubstituiertes Benzen:

In jedem der drei Fälle trägt der Ring eine positive Ladung.

Handelt es sich nun beim Substituenten Z um einen *elektronenabgebenden +I-Substituenten* (einen σ-Donator), z. B. eine Alkylgruppe, so bewirkt der +I-Effekt eine stärkere Delokalisation der positiven Ladung in allen drei σ-Komplexen; diese werden dadurch – verglichen mit dem σ-Komplex am unsubstituierten Benzen – stabilisiert. Da der Einfluß von Z auf den σ-Komplex wegen dessen Ladung beträchtlich größer ist als auf den Grundzustand, wirken σ-Donatoren als Substituenten *aktivierend.* σ-*Akzeptoren* als Substituenten erhöhen die positive Ladung des Ringes, destabilisieren damit die drei σ-Komplexe und wirken daher *desaktivierend.* Die Wirkung induktiver Effekte nimmt nun aber mit zunehmender Entfernung des Schlüsselatoms vom reaktiven Zentrum stark ab, so daß besonders das C-Atom 1 unter dem Einfluß des Substituenten steht. Die σ-Komplexe mit dem Zweitsubstituenten in *ortho-* bzw. *para*-Stellung tragen hier eine positive Partialladung, so daß diese beiden durch den σ-Donator als Substituent stärker stabilisiert werden als der σ-Komplex für die *m*-Substitution. σ-*Donatoren* erhöhen also die Reaktionsfähigkeit aller Positionen des Ringes: da aber die *o*- und *p*-Stellungen besonders aktiviert werden, *dirigieren sie* einen weiteren Substituenten bevorzugt *nach ortho und para.* Umgekehrt werden alle Positionen des Ringes durch σ-*Akzeptoren desaktiviert;* die Desaktivierung ist aber für die *m*-Stellung am schwächsten, so daß ein Zweitsubstituent bevorzugt *nach meta* dirigiert wird.

Besitzt der Substituent Z ein freies Elektronenpaar, das mit dem π-System des Ringes in Wechselwirkung treten kann, und übt er dadurch einen + *M-Effekt* aus (wie z. B. eine CH_3O-Gruppe), so lassen sich die möglichen σ-Komplexe folgendermaßen beschreiben:

Wir sehen, daß sich hier für den zur *o*- bzw. *p*-Substitution führenden σ-Komplex je noch eine *weitere Grenzstruktur* formulieren läßt [(1) bzw. (2)], die zudem *besonders energiearm* sein muß, da jedes Atom sein vollständiges Oktett besitzt. Der «Beitrag» der Grenzstrukturen (1) und (2) zum Resonanzhybrid ist deshalb größer als der «Beitrag» der übrigen Grenzstrukturen, oder, anders gesagt, die Formulierungen (1) und (2) kommen der wirklichen Elektronendichteverteilung im σ-Komplex näher als die anderen Grenzstrukturen. Dies bedeutet aber, daß im σ-Komplex für die *o-* und *p-*Substitution die Delokalisation stärker ist als im σ-Komplex für die *m-*Substitution; die positive Ladung ist dann nicht nur über die 6 Ring-C-Atome, sondern zusätzlich über den Substituenten Z «verschmiert». π-*Donatoren* als Substituenten aktivieren zwar ebenfalls alle Positionen des Ringes (alle drei σ-Komplexe mit dem π-Donator sind energieärmer als der σ-Komplex am unsubstituierten Benzen); die *o-* und *p-*Stellungen werden aber besonders stark aktiviert, so daß π-Donatoren als Substituenten *ausgesprochen o- und p-dirigierend* wirken.

Bei zahlreichen Substituenten sind induktive und mesomere Effekte gleichzeitig wirksam. So ist die stark desaktivierende Wirkung von $-NO_2-$, $-CN-$ oder $-COCH_3$-Gruppen eine Folge sowohl ihrer starken σ- *und* π-Akzeptorwirkung (die in ihrer Wirkung kaum voneinander zu trennen sind). Daß die *m-*Position dabei am wenigsten stark desaktiviert wird, erkennt man, wenn man die möglichen Grenzstrukturen für die drei σ-Komplexe einer Zweitsubstitution z.B. von *Nitrobenzen* formuliert (Übungsaufgabe 14.32). Sowohl für den *o-* wie für den *p-*σ-Komplex läßt sich eine Grenzstruktur angeben, in der sowohl das C-Atom 1 wie das benachbarte Atom des Substituenten eine positive Partialladung trägt. Diese Grenzstrukturen sind energiereicher, und ihr «Beitrag» zum Resonanzhybrid ist geringer; d.h. im *o-* und *p-*σ-Komplex ist die Delokalisation schwächer als im *m-*σ-Komplex, so daß dieser von den drei möglichen σ-Komplexen der energieärmste ist und die *m-Stellung* am *wenigsten desaktiviert* wird.

π-*Donatoren* zeigen häufig gleichzeitig *auch einen −I-Effekt* (so z.B. $-OH$, $-NH_2$, $-NHR$, $-NH_2$, $-C_6H_5$, Halogene, $-CH{=}CHR$ usw.), und es ist dann nicht immer leicht, zum voraus zu entscheiden, welcher Faktor stärker wirksam ist. Die Tatsache, daß Phenol, Anilin oder Dimethylanilin ganz bedeutend rascher substituiert (z.B. bromiert) werden als Benzen, zeigt, daß sich hier der induktive Effekt kaum auswirkt. Anders ist es bei den *Halogenbenzenen.* So sind Chlor- oder Brombenzen bedeutend weniger reaktionsfähig als Benzen (vgl. Tabelle 14.2); neu eintretende Substituenten werden jedoch bevorzugt in die *o-* und *p-*Stellung dirigiert. Offenbar bewirkt hier die relativ *starke σ-Akzeptorwirkung* eine starke *Verminderung der Reaktivität aller Positionen* des Ringes; als Folge der π-*Donatorwirkung* werden aber die *o-* und *p-*Stellung weniger stark desaktiviert als die *m-*Stellung. Ganz ähnlich wie die Halogenbenzene verhalten sich auch Verbindungen, die wie z.B. Styren oder Zimtsäure im Substituenten dem aromatischen Ring konjugierte *Doppelbindungen* enthalten. Wiederum erniedrigt der −I-Effekt des σ-Akzeptors die Reaktivität; im σ-Komplex für die *o-* und *p-*Substitution wird die positive Ladung jedoch in einem gewissen Ausmaß über die aliphatische Seitenkette delokalisiert [vgl. die nachfolgenden Grenzstrukturen (3) und (4)], was beim *m-*σ-Komplex nicht möglich ist. Die Desaktivierung ist aus diesem Grund für die *o-* und *p-*Stellung wiederum am geringsten. Das π-Elektronenpaar der Seitenkette von Styren oder Zimtsäure verhält sich also ganz analog einem freien Elektronenpaar eines Halogenatoms.

(3)   (4)

Die Betrachtungen zeigen, daß die Substituenteneffekte *(induktive und mesomere Effekte)* die aktivierende (desaktivierende) und dirigierende Wirkung der verschiedenen Substituenten, wie sie bereits in den Daten der Tabelle 14.2 zum Ausdruck gekommen ist, befriedigend zu erklären vermögen. Die wichtigsten Substituenten und ihre Wirkungen werden in der ausführlichen Tabelle 14.3 zusammengefaßt; die Bezeichnungen (a), (b) und (c) in der Spalte «Art» beziehen sich auf die Einteilung der Substituenten in drei Gruppen (S. 683).

Tabelle 14.3. Wirkungen verschiedener Substituenten am Benzenring auf Orientierung und Geschwindigkeit bei einer Zweitsubstitution

Substituent	Art	Effekt	dirigierend nach	Wirkung auf die Reaktivität
$O^{\ominus}$	(a)	$+I, +M$	*o,p*	sehr stark aktivierend
NH_2, NHR, NR_2, OH, OR	(a)	$-I, +M$	*o,p*	stark aktivierend
NHCOR, OCOR	(a)	$-I, +M$	*o,p*	aktivierend
C_6H_5	(a)	$-I, +M$	*o,p*	mäßig aktivierend
CH_3 und andere Alkylgruppen	(a)	$+I$	*o,p*	mäßig aktivierend
(H)	–	–	–	–
F		$-I, +M$	*o,p*	mit Benzen vergleichbar
Cl, Br, I, $CH{=}CH{-}COOH$ u.a.	(b)	$-I, +M$	*o,p*	schwach desaktivierend
COOR, COOH, CHO, COR				
CN, NO_2, SO_3H	(c)	$-I, -M$	*m*	stark desaktivierend
$NH_3^{\oplus}$, $NR_3^{\oplus}$	(c)	$-I$	*m*	stark desaktivierend

Es sei zum Schluß darauf hingewiesen, daß früher (und gelegentlich auch jetzt noch) sowohl Reaktivität wie Orientierung auf der Grundlage der Ladungsdichteverteilung im *Ausgangsmolekül* erklärt wurden (bzw. werden). So lassen sich z. B. für das Phenolmolekül folgende Grenzstrukturen zeichnen:

Gemäß obiger Formulierung des Phenols als Resonanzhybrid von 5 Grenzstrukturen sollten an den *o*- und *p*-ständigen C-Atomen negative Partialladungen auftreten, so daß hier der Angriff eines Elektrophils bevorzugt erfolgen müßte (was tatsächlich ja auch beobachtet wird). Nun zeigen aber die *NMR-Spektren* durch das Ausmaß der chemischen Verschiebung ganz eindeutig, daß die *Partialladungen* der einzelnen Ring-C-Atome *nur sehr klein sind* und die dirigierende Wirkung der —OH-Gruppe nicht erklären können. Zudem muß ein weiteres Mal betont werden, daß *nicht die Ladungsdichteverteilung* (und Struktur) des **Grundzustandes** die relativen Reaktionsgeschwindigkeiten bestimmt, **sondern die unterschiedlichen Enthalpiedifferenzen zwischen Grundzustand und aktiviertem Komplex** (bzw. etwas vereinfacht dem σ-Komplex). Es ist deshalb *unzulässig,* die Reaktivität und die Orientierung bei Zweitsubstitutionen durch Betrachten der verschieden Grenzstrukturen von Grundzuständen deuten zu wollen. Ganz abgesehen davon versagt diese Betrachtungsweise bei Substituenten wie —$NR_3^{\oplus}$ oder —CCl_3 (die desaktivierend und *m*-dirigierend sind) oder wie der aktivierenden, *o*- und *p*-dirigierenden —$COO^{\ominus}$-Gruppe.

Da nämlich die $-NR_3^\oplus$- oder $-CCl_3$-Gruppe nur als σ-Akzeptor wirkt und dieser mit zunehmender Entfernung des Schlüsselatoms an Wirksamkeit stark verliert, müßte bevorzugt Substitution in *p*-Stellung eintreten, während anderseits bei Benzoaten die *p*-Stellung besonders desaktiviert sein sollte.

Zum Schluß müssen noch einige weitere Beobachtungen diskutiert werden. So können z. B. die bei einer Substitution angewandten *Reaktionsbedingungen* die *Substituenteneffekte verändern oder gar umkehren.* *Phenol* beispielsweise dirigiert in alkalischer Lösung noch viel ausgeprägter in die *o*- und *p*-Stellung, weil im Phenolat-Ion an Stelle eines σ-Akzeptors ein π-Donator wirksam und der mesomere Effekt verstärkt wird. Anderseits dirigiert *Anilin* in *saurer Lösung* teilweise oder sogar bevorzugt in *m*-Stellung, weil es dann als Aniliniumkation vorliegt. Die geringen Mengen von *o*- und *p*-Nitranilin, die man bei der direkten Nitrierung von Anilin erhält, entstehen aus den sehr kleinen Mengen von freiem Anilin, das mit seiner konjugierten Säure im Gleichgewicht steht, da Anilin infolge der starken π-Donatorwirkung der Aminogruppe durch das Elektrophil viel schneller angegriffen wird als seine konjugierte Säure.

Auch das *Mengenverhältnis,* in welchem sich *o*- und *p*-Substitutionsprodukt bilden, ist von Interesse. Da zwei *o*-, aber nur eine *p*-Position zur Verfügung stehen, müßte man ein Verhältnis von *o*- zu *p*-Produkt von 67% zu 33% erwarten. In der Praxis wird dieses Mengenverhältnis jedoch nie beobachtet; oft überwiegt sogar das *p*-Substitutionsprodukt. Für diese Erscheinung dürften in erster Linie *sterische Effekte* verantwortlich sein. So fand man z. B. für einige Alkylbenzole die folgenden partiellen Geschwindigkeitsfaktoren:

Die starke Abnahme des partiellen Geschwindigkeitsfaktors für die *o*-Position vom Toluen zum tert. Butylbenzen ist ganz eindeutig die Folge der sterischen Hinderung durch die immer mehr raumerfüllenden Alkylgruppen.

Die Absolutwerte der partiellen Geschwindigkeitsfaktoren einer Reaktion für eine bestimmte Substanz hängen weiter auch von der *Selektivität* des betreffenden Reagens ab. Ein so reaktionsfähiges Elektrophil, das praktisch bei jedem Zusammenstoß mit dem aromatischen Ring reagiert, würde zweifellos weder zwischen den verschiedenen Stellungen am Ring noch zwischen Benzen und Toluen (im Falle einer Konkurrenzreaktion!) unterscheiden, so daß die partiellen Geschwindigkeitsfaktoren alle 1 wären. *Je geringer aber die Reaktivität der angreifenden Partikel ist, um so eher geschieht die Reaktion an bevorzugten Stellen,* so daß gerade die am wenigsten reaktionsfähigen Reagenzien am selektivsten wirken. Chlor z. B. ist weniger reaktionsfähig (und damit selektiver) als das $NO_2^{\oplus}$-Ion (die bei der Nitrierung wirksame elektrophile Partikel), was in den oben angegebenen Daten für die Nitrierung und Chlorierung von Toluen und anderen Alkylbenzenen deutlich zum Ausdruck kommt.

Ipso-Substitutionen. In bestimmten Fällen werden bei elektrophilen Substitutionen auch ganz unerwartete Produkte erhalten. So entsteht beispielsweise aus 1,3,5-Tri-t-butylbenzen und $NO_2{}^{\oplus}BF_4{}^{\ominus}$ in Sulfolan als einziges Produkt 1-Nitro-3,5-di-t-butylbenzen:

$$\text{(1,3,5-Tri-t-butylbenzen)} \xrightarrow{NO_2BF_4} \text{(1-Nitro-3,5-di-t-butylbenzen, NO}_2\text{)}$$

Bei dieser Reaktion muß also ein t-Butyl-Kation durch ein Nitryl-Ion verdrängt worden sein. Reaktionen dieses Typus werden als **«Ipso-Substitutionen»** bezeichnet. Der Angriff des Elektrophils erfolgt hier an der Stelle, wo bereits ein Substituent (nicht Wasserstoff) vorhanden ist:

$$\text{(C}_6\text{H}_5\text{X)} + E^{\oplus} \longrightarrow \text{(}\sigma\text{-Komplex, X, R)}$$

Der durch den Ipso-Angriff entstandene σ-Komplex kann im Prinzip auf verschiedene Weise weiter reagieren: Reaktion mit einem Nucleophil unter Verlust des aromatischen Charakters, Wanderung eines Elektrophils unter Abtrennung eines Protons, Wanderung des Substituenten im Ipso-σ-Komplex und schließlich Stabilisierung des σ-Komplexes durch Abspaltung eines positiven Ions. Die Ipso-Substitution ist noch verhältnismässig wenig untersucht; es scheint jedoch, daß die letztgenannte Möglichkeit am häufigsten eintritt. Besonders gute Abgangsgruppen für diesen Reaktionstyp sind tertiäre Alkylgruppen (tertiäre Carbeniumionen!), $I^{\oplus}$, $H^{\oplus}$- und $NO^{\oplus}$-Ionen. Bei Nitrierungen ist der Anteil von Ipso-Produkt von der Konzentration der Säure abhängig. In 69 % Schwefelsäure erhält man z. B. aus p-Dibrombenzen und Salpetersäure bis zu 34 % p-Nitrobrombenzen; wird die Schwefelsäurekonzentration erhöht, so verringert sich der Anteil des Ipso-Produktes.

Polysubstituierte Benzene. Führt man an einer Benzenverbindung, die bereits mehr als einen Substituenten trägt, eine weitere Substitution aus, so läßt sich häufig voraussagen, welches Isomer bevorzugt entsteht, da sich die Effekte der verschiedenen Substituenten oft gegenseitig verstärken. So wird z. B. m-Xylen fast ausschließlich am C-Atom 4 substituiert, da dieses in ortho zur einen und para zur anderen Methylgruppe steht. In der gleichen Weise liefert p-Chlorbenzoesäure ein Produkt mit dem dritten Substituenten in o-Stellung zum Cl-Atom und m-Stellung zur —COOH-Gruppe.

Schwieriger werden solche Voraussagen, wenn die verschiedenen Substituenteneffekte einander *entgegengerichtet* sind. Bei Verbindungen wie z. B. o-Methoxyacetanilid, wo beide Substituenten ungefähr gleich stark dirigierend wirken, werden alle vier möglichen Substitutionsprodukte nebeneinander entstehen, wobei die Acetamidogruppe wegen ihrer relativen Größe die Ausbeuten an o-Substitutionsprodukt etwas verringern dürfte. Sind am Ring sowohl eine stark aktivierende wie eine schwach aktivierende (oder an Stelle der letzteren gar eine desaktivierende) Gruppe vorhanden, so steuert der erstgenannte Substituent die Substitutionsrichtung. *o*-Kresol liefert somit hauptsächlich Substitution am C-Atom, das zur —OH-Gruppe (und nicht zur Methylgruppe) in *o*- oder *p*-Stellung steht. Befindet sich schließlich eine *m*-dirigierende Gruppe in *m*-Stellung zu einer *o*-/*p*-dirigierenden Gruppe, so geht der neu eintretende Substituent bevorzugt in die *o*-Stellung zur *m*-dirigierenden Gruppe. Die Chlorierung von 1-Nitro-3-chlorbenzen liefert beispielsweise hauptsächlich das Produkt (1) und nur in geringen Mengen das Produkt (2), während (3) überhaupt nicht gebildet wird:

(1)   (2)   (3)

Eine befriedigende Erklärung für diese als *«ortho-Effekt»* bezeichnete Erscheinung steht zur Zeit noch aus. Beispiele dafür sind jedoch recht viele bekannt. So ergibt z. B. die Nitrierung von *p*-Bromtoluen nahezu ausschließlich 2,3-Dinitro-4-bromtoluen, weil durch die erste Nitrogruppe die zweite in *o*-Stellung zu ihr dirigiert wird (obschon sie damit zwischen zwei bereits vorhandenen Substituenten in *m*-Stellung eintritt, was aus sterischen Gründen sonst eher unwahrscheinlich ist).

Bi- und polyzyklische aromatische Kohlenwasserstoffe. Die Kondensation mehrerer Ringsysteme ermöglicht eine stärkere Delokalisierung der positiven Ladung in den σ-Komplexen (bzw. aktivierten Komplexen), so daß mehrkernige aromatische Verbindungen *reaktionsfähiger* sind als entsprechende Benzenderivate. Naphthalen beispielsweise wird sehr leicht nitriert, wobei die Stellung 1 (die «α-Stellung») leichter angegriffen wird als die Stellung 2 («β-Stellung»), da der σ-Komplex beim α-Angriff energieärmer ist. Dies läßt sich durch Formulierung der entsprechenden Grenzstrukturen zeigen:

(a) Substitution in α-Stellung

(b) Substitution in β-Stellung

Man erkennt aus dieser Darstellung, daß für den σ-Komplex der α-Substitution zwei Grenz-strukturen formuliert werden können, in welchen der eine Ring ein vollständiges aromati-sches Sextett besitzt, während beim σ-Komplex der β-Substitution nur eine solche Grenzstruktur möglich ist. Dies bedeutet, daß der nicht reagierende Ring im Falle der α-Substitution seinen aromatischen Charakter in einem größeren Maß beibehält als bei der β-Substitution, so daß der erstgenannte σ-Komplex stabiler ist.

Trotzdem kann auch die β-Substitution bevorzugt eintreten, wenn eine der folgenden Voraussetzungen erfüllt ist. Da nämlich das 1-Substitutionsprodukt als Folge der Absto-ßung zwischen dem Substituenten und dem «*peri*»-H-Atom thermodynamisch weniger stabil ist als das 2-Substitutionsprodukt, erhält man hauptsächlich das letztere, wenn die betreffende Reaktion *thermodynamisch* (nicht kinetisch!) *gesteuert* ist und man *unter Bedingungen* arbeitet, bei denen sich das *Gleichgewicht* einstellen kann. So liefert die Sulfonierung von Naphthalen bei 80 °C Naph-thalen-α-sulfonsäure, während man oberhalb 160 °C Naphthalen-β-sulfonsäure erhält. Wenn der Substituent Y besonders stark raum-beanspruchend ist (wie z.B. die tert. Butyl-gruppe), erhält man auch bei kinetischer Steuerung der Reaktion das β-Substitutions-produkt bevorzugt, da der Angriff in α-Stellung sterisch gehindert ist.

«*peri*» - Stellung

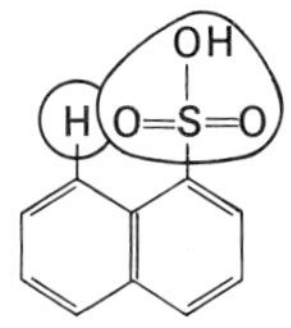

Tabelle 14.4. Partielle Geschwindigkeitsfaktoren der reaktionsfähigsten Position von polyzykli-schen Aromaten

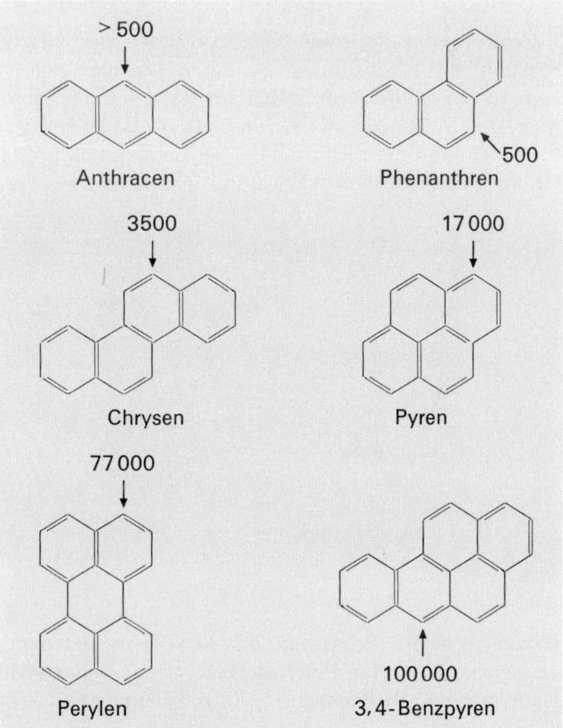

> 500

Anthracen

Phenanthren

500

3500

17 000

Chrysen

Pyren

77 000

Perylen

100 000

3,4-Benzpyren

Ein elektronenanziehender Substituent vermindert die Reaktivität des Naphthalensystems, wie es nach den vorausgegangenen Diskussionen der Substituenteneffekte am Benzenring zu erwarten ist. Die Zweitsubstitution geschieht vorzugsweise im nicht-substituierten Ring. π-Donatoren erhöhen die Reaktivität, und die Zweitsubstitution tritt im substituierten Ring ein. Dabei dirigiert ein Substituent in α-Stellung den Zweitsubstituenten in die *o*- und *p*-Stellung, während ein β-ständiger Substituent fast ausschließlich in die 1-Stellung dirigiert. Der Grund dafür ist, daß nur dann der eine Ring des σ-Komplexes sein aromatisches Sextett behalten kann [vgl. die Grenzstrukturen (5) und (6)].

(5)   (6)

Beispiele für partielle Geschwindigkeitsfaktoren bei polyzyklischen Kohlenwasserstoffen vgl. Tabelle 14.4.

Heterozyklische aromatische Verbindungen. Obschon die Chemie der Heterozyklen erst in einem späteren Kapitel besprochen wird, sollen die elektrophilen Substitutionsreaktionen an solchen Verbindungen bereits hier dargestellt werden, um einen besseren Vergleich mit dem Benzen bzw. Naphthalen zu ermöglichen.

Pyrrol, als Beispiel eines heterozyklischen aromatischen Fünfringes, wird in 2- und 3-Stellung leicht substituiert, da der σ-Komplex durch die Delokalisation der positiven Ladung auf das N-Atom stabilisiert werden kann (ganz *analog der Wirkung der Aminogruppe* als π-Donator im Fall von Benzen). Da im Fall der Substitution 2 die positive Ladung über drei (statt nur zwei, wie bei der Substitution in Stellung 3) Atome delokalisiert wird, erfolgt die Substitution in Stellung 2 leichter und rascher.

Bezüglich seiner *Reaktivität* läßt sich *Pyrrol* mit dem *Phenoxid-Ion* oder mit *Resorcin* vergleichen. Die für Polyhydroxybenzene charakteristischen Reaktionen wie z.B. die Gattermann-Koch-Reaktion (S.702), die Houben-Hoesch-Reaktion (S.703), die Azokupplung (S. 708), Nitrosierung (S. 707) oder Iodierung (S. 710) lassen sich alle auch mit Pyrrol durchführen. Bromwasser liefert Tetrabrompyrrol, und die Friedel-Crafts-Acylierung benötigt sogar keinen Katalysator. Durch Säure wird es allerdings sehr leicht trimerisiert, so daß elektrophile Substitutionen, die in saurer Lösung durchgeführt werden müssen (z. B. die Sulfonierung), mit unsubstituiertem Pyrrol nicht möglich sind. Nur wenn elektronenanziehende Gruppen als Substituenten vorhanden sind, lassen sich solche Reaktionen durchführen, weil dann auch die Neigung zur Trimerisierung verringert ist.

Furan und **Thiophen** werden ebenfalls in Stellung 2 bevorzugt substituiert. Wegen der größeren Elektronegativität des O-Atoms wird jedoch in den entsprechenden σ-Komplexen des Furans die positive Ladung in etwas geringeren Maß über das Heteroatom delokalisiert, so daß Furan allgemein einem elektrophilen Angriff gegenüber weniger reaktionsfähig ist als Pyrrol. Obschon die p-AO des S-Atoms in Thiophen wegen des größeren Rumpfdurchmessers weniger stark mit den p-AO der C-Atome überlappen können, ist das Thiophen doch reaktionsfähiger als Furan, da die Elektronegativität des S-Atoms viel geringer ist, so daß die positive Ladung des σ-Komplexes besser delokalisiert wird.

Beim **Indol** (und ebenso bei den entsprechenden Furan- und Thiophenderivaten) tritt die Substitution hauptsächlich in 3-Stellung ein, da in diesem Fall der aromatische Charakter des Benzenringes im σ-Komplex erhalten bleibt:

3-Substitution   2-Substitution

Für **Pyridin** können die σ-Komplexe folgendermaßen beschrieben werden:

3-Substitution

4- (und analog 2-) Substitution

(7)

In jedem Fall ist die positive Ladung des σ-Komplexes weniger stark delokalisiert als beim Benzen, eine Folge der höheren Elektronegativität des N-Atoms. Deshalb sind beim Pyridin *alle Stellungen* des Ringes *stark desaktiviert,* so daß eine elektrophile Substitution nur schwer möglich ist. Das Heteroatom verändert also die Reaktivität in ähnlicher Weise wie eine Nitrogruppe als Substituent am Benzenring! Die Stellung 3 ist dabei etwas weniger desaktiviert [in der Grenzstruktur (7) besitzt das N-Atom nur 6 Elektronen]. In saurer Lösung liegt Pyridin in Form seiner konjugierten Base vor, die naturgemäß noch beträchtlich schwieriger zu substituieren ist als Pyridin selbst. So liefert z. B. die Nitrierung nur wenige Prozent 3-Nitropyridin.

Chinolin und **Isochinolin** sind ebenfalls etwas weniger reaktionsfähig als Benzen; die Desaktivierung ist jedoch nicht so stark wie beim Pyridin. Analog dem Naphthalensystem mit einem elektronenanziehenden Substituenten tritt auch hier die Substitution bevorzugt am Benzenring ein.

Chinolin   Isochinolin

14.3   Bildung von C—C-Bindungen durch elektrophile Substitution

Ein an ein elektronegatives Atom (oder an eine solche Atomgruppe) gebundenes C-Atom ist positiv polarisiert und damit elektrophil, so daß sich im Prinzip mit solchen Reagenzien S_E-Reaktionen durchführen lassen sollten. Derartige Elektrophile reagieren aber gewöhnlich nur mit sehr reaktiven Aromaten; um auch mit weniger reaktionsfähigen Aromaten eine Substitution zu ermöglichen, werden Substituenten oder Substanzen benötigt, die zusätzlich elektronenanziehend wirken.

Friedel-Crafts-Alkylierungen. *Halogenide,* aber auch zahlreiche andere Verbindungen, wie *Alkohole, Ester, Ether* oder *Alkene,* vermögen aromatische Ringe zu alkylieren, wenn man dem Reaktionsgemisch eine *Lewis-* (oder in gewissen Fällen auch eine *Proton-*) säure zusetzt. Die Reaktion ist eine normale elektrophile Substitution am aromatischen Ring (bzw. eine nucleophile Substitution am Halogenid):

$$Ar-H \ + \ R-Cl \ \xrightarrow{\ AlCl_3\ } \ Ar-R \ + \ Cl^{\ominus} \ + \ H^{\oplus}$$

Die Lewis-Säure polarisiert dabei die C—X-Bindung, d.h. erhöht die Elektrophilie des angreifenden C-Atoms. Bei tertiären und sekundären Halogeniden entstehen dabei die entsprechenden *Carbeniumionen,* die wahrscheinlich im Reaktionsgemisch als dicht gepackte Ionenpaare vorliegen:

Im Fall von primären Halogeniden entstehen wohl kaum echte Carbeniumionen; da man bei solchen Reaktionen ein Zeitgesetz dritter Ordnung (erster Ordnung bezüglich Aromat, bezüglich Halogenid und bezüglich AlCl$_3$) bestimmt, verläuft dann die Reaktion möglicherweise als *echte S_N2-Reaktion am Halogenid,* wobei der aromatische Kern als Nucleophil wirkt:

$$\text{[Benzen]} + \underset{\underset{\text{Cl}}{|}}{\text{CH}_2}{-}\text{Cl} + \text{AlCl}_3 \longrightarrow \text{[σ-Komplex]} \xrightarrow{-\text{H}^\oplus} \text{[Benzen]}{-}\text{CH}_2\text{R} + \text{AlCl}_4^\ominus$$

Da die Leichtigkeit, mit welcher Halogenid-Ionen mit $Al^{3\oplus}$- oder anderen Kationen Komplexe bilden, vom Ionenradius des Halogenid-Ions abhängt (sie nimmt vom $F^\ominus$ zum $I^\ominus$ ab), sinkt die *Reaktivität der Halogenide* in der Reihenfolge $-F > -Cl > -I$. Verbindungen wie z. B. $F{-}CH_2CH_2{-}Cl$ liefern deshalb mit Benzen $C_6H_5CH_2CH_2Cl$ (Methode zur Herstellung von seitenkettenhalogenierten Benzenderivaten!). Di- oder Trihalogenide, die nur gleichartige Halogenatome enthalten, wie z. B. Methylenchlorid oder Chloroform, reagieren gewöhnlich mit mehreren Molekülen des Aromaten, wobei die Reaktion nicht vorher angehalten werden kann; aus sterischen Gründen liefert Tetrachlorkohlenstoff nur Triphenylmethylchlorid, nicht Tetraphenylmethan.

$$2\ C_6H_6 + CH_2Cl_2 \longrightarrow C_6H_5{-}CH_2{-}C_6H_5 + 2\ HCl$$

$$3\ C_6H_6 + CHCl_3 \longrightarrow (C_6H_5)_3CH + 3\ HCl$$

$$3\ C_6H_6 + CCl_4 \longrightarrow (C_6H_5)_3CCl + 3\ HCl$$

Besonders reaktionsfähig sind *Allyl-* und *Benzylhalogenide,* während Vinyl- und Arylhalogenide inert sind (vgl. deren Reaktivität bei S_N-Reaktionen!).
Auch bei Friedel-Crafts-Reaktionen mit anderen Reagenzien als Halogeniden sind wahrscheinlich Carbeniumionen die angreifenden Elektrophile:

$$ROH + AlCl_3 \longrightarrow ROAlCl_2 \longrightarrow R^\oplus + {}^\ominus OAlCl_2$$

$$ROH + H^\oplus \longrightarrow R\overset{\oplus}{O}H_2 \longrightarrow R^\oplus + H_2O$$

$$\underset{/}{\overset{\backslash}{}}C{=}C\underset{\backslash}{\overset{/}{}} + H^\oplus \longrightarrow H{-}\underset{|}{\overset{|}{C}}{-}\overset{\oplus}{C}\underset{\backslash}{\overset{/}{}}$$

Im letztgenannten Fall findet im Endeffekt eine *Addition* des Aromaten *an die Doppelbindung* statt. Neben $AlCl_3$ wird dazu stets eine Protonsäure benötigt, die das Alken in ein Carbeniumion überführt. *Alkene* eignen sich besonders gut als Alkylierungsreagenzien. Auch *Ethylenoxid* oder *Cyclopropan* können in dieser Weise reagieren. Ein *technisch wichtiges* Beispiel des letztgenannten Reaktionstypus ist die Herstellung von Ethylbenzen aus Ethen und Benzen (Ethylbenzen wird durch katalytische Dehydrierung in Styren überführt!).

Die Reaktion erfordert *stets* einen Katalysator, gleichgültig, welches Reagens zur Alkylierung gewählt wird. Am häufigsten verwendet man *wasserfreies Aluminiumchlorid;* es können aber auch zahlreiche andere Lewis-Säuren als Katalysator dienen, wie $FeCl_3$, $SnCl_4$, BF_3 oder $ZnCl_2$. Bei reaktionsfähigeren Halogeniden genügen kleine Mengen weniger stark wirksamer Katalysatoren, wie $ZnCl_2$, während bei weniger reaktiven Halogeniden, wie z. B. Methylchlorid, größere Mengen der stärkeren Lewis-Säure $AlCl_3$ benötigt werden. Als Protonsäuren zur Katalysierung der Reaktion mit Alkenen oder Alkoholen dienen Schwefelsäure oder wasserfreier Fluorwasserstoff. Kohlenstoffdisulfid ist dabei das am häufigsten verwendete Lösungsmittel.

Die Friedel-Crafts-Alkylierung läßt sich nur mit *Benzen* selbst oder mit *reaktionsfähigeren Aromaten* als Benzen durchführen. Phenole lassen sich schlecht alkylieren, da die Lewis-Säure sich mit der funktionellen Gruppe koordiniert und der dadurch entstehende Komplex schlecht löslich ist und nur langsam weiter reagiert. Besser gelingt die Reaktion, wenn man das Phenol zuerst mit Dimethylsulfat verethert; die Alkylierung muß dann aber bei möglichst tiefer Temperatur durchgeführt werden, um die Spaltung des Ethers durch die Säure möglichst zu vermeiden. Aromatische *Amine* bilden mit Lewis-Säuren sehr beständige Komplexe und lassen sich auf diese Weise *nicht* alkylieren. Hingegen gelingt die *Alkylierung* von *Aminen* mit Alkenen unter Verwendung von Aluminiumanilid als Katalysator. *Naphthalen* und andere kondensierte Ringsysteme liefern bei der Friedel-Crafts-Alkylierung schlechte Ausbeuten, da sie zu reaktionsfähig sind und sich mit dem Katalysator koordinieren. Auch mit *Heterozyklen* läßt sich die Reaktion kaum durchführen.

Bemerkenswert ist die Tatsache, daß im Gegensatz zu den meisten elektrophilen Substitutionen an aromatischen Ringen die alkylierten *Reaktionsprodukte reaktionsfähiger* sind als die Ausgangssubstanz (Alkylgruppen sind σ-Donatoren!), so daß leicht eine Weiterreaktion zu di- oder polysubstituierten Produkten eintritt. So erhält man z. B. durch Behandeln von Benzen mit Methylchlorid bei Gegenwart von $AlCl_3$ ein Gemisch aller möglichen Mono-, Di- und Polymethylbenzene. Um ein bestimmtes polyalkyliertes Produkt in genügender Ausbeute zu erhalten, ist es erforderlich, die Substanzen im richtigen Mengenverhältnis einzusetzen und die Reaktionsbedingungen sorgfältig zu kontrollieren. Vorwiegend monoalkylierte Produkte entstehen bei der Verwendung eines Überschusses an Aromat.

Sehr häufig erhält man auch *umgelagerte Produkte*, besonders dann, wenn primäre Halogenide zur Alkylierung verwendet werden. *n*-Propylbromid liefert mit Benzen beispielsweise sowohl *n*-Propylbenzen wie Isopropylbenzen, wobei das letztere sogar überwiegt. Es handelt sich dabei um *Umlagerungen vom Wagner-Meerwein-Typ:* aus dem primären (sekundären) Carbeniumion bildet sich ein stabileres, sekundäres (tertiäres) Ion. Obschon durch Wahl geeigneter Reaktionsbedingungen Umlagerungen weitgehend unterdrückt werden können, stellt man geradkettige Alkylbenzene im allgemeinen eher durch Clemmensen-Reduktion entsprechender Ketone her (die ihrerseits durch Friedel-Crafts-Acylierung sehr leicht zugänglich sind). Im allgemeinen ist die Tendenz zur Bildung umgelagerter Produkte eher kleiner, wenn schwächere Lewis-Säuren oder reaktivere Aromaten verwendet werden.

Schließlich muß darauf hingewiesen werden, daß die Reaktion reversibel verläuft. Da man gewöhnlich unter Gleichgewichtsbedingungen arbeitet, erhält man das *thermodynamisch stabilste Produkt* (thermodynamische Steuerung der Reaktion; im Gegensatz zu den meisten aromatischen Substitutionsreaktionen!). So liefert ein monoalkyliertes Benzen hauptsächlich das *m*-Substitutionsprodukt, und so erhält man aus Benzen und einem Überschuß an Ethylbromid 1,3,5-Triethylbenzen.

Als Folge dieser Tatsache sind tert. Butylgruppen, die leicht durch Friedel-Crafts-Alkylierung eingeführt werden können, auch wieder leicht vom aromatischen System zu entfernen:

Man benützt die Eigenschaft, um bei bestimmten Reaktionen die *reaktionsfähigste Position* des Ringes zu *schützen*. Die Acylierung von Toluen liefert beispielsweise hauptsächlich das *p*-Acylderivat. Um die entsprechende *o*-Verbindung zu erhalten, führt man Toluen zuerst in *p*-tert. Butyltoluen über, acyliert nachher und entfernt dann die tert. Butylgruppe durch Kochen des Reaktionsproduktes mit einem Überschuß von Benzen unter Zusatz von AlCl₃:

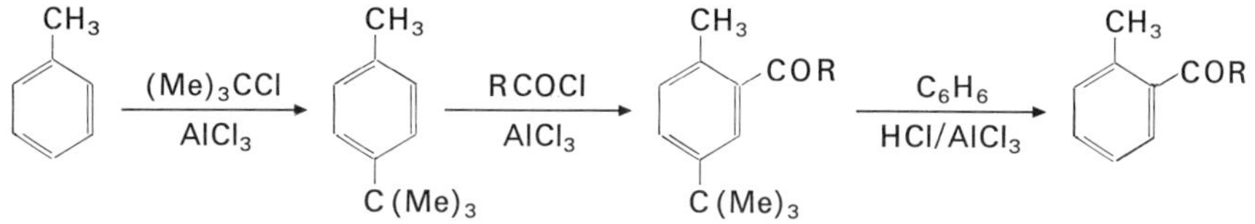

Auch 1,2,3-Trialkylbenzene lassen sich auf diese Weise erhalten, wenn man vom entsprechenden *m*-Dialkylbenzen ausgeht. Mit tert. Butylchlorid entsteht die 5-tert. Butylverbindung (thermodynamische Steuerung und daher Bildung des stabilsten Produktes!), und bei der anschließenden Alkylierung tritt die weitere Alkylgruppe in Stellung 2 ein (die Positionen 4 und 6 sind durch die sperrige tert. Butylgruppe sterisch gehindert).

Die Friedel-Crafts-Alkylierung kann auch zum Aufbau von *Ringsystemen* dienen. Als Beispiele seien eine Synthese von Tetralin und von *Phenanthren* erwähnt:

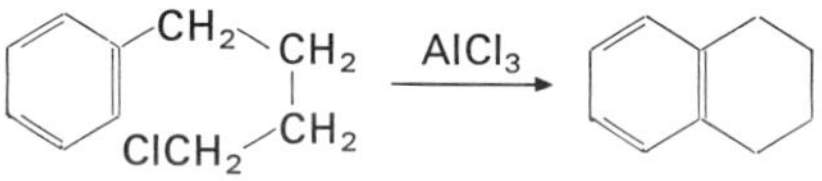

Tetrahydronaphthalen
(«Tetralin»)

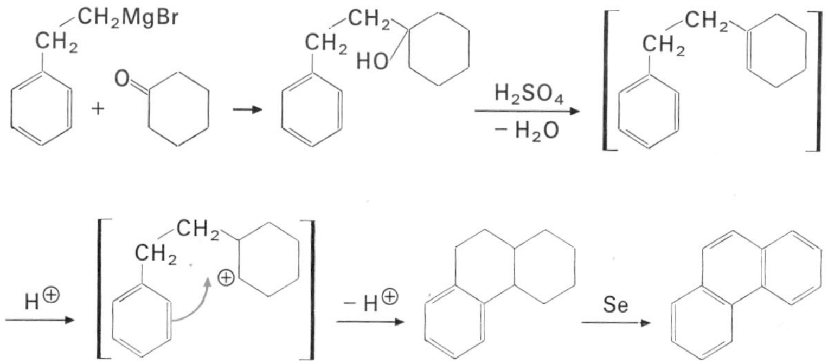

Phenanthren

Auch durch Verwendung von Alkylierungsreagenzien, die *zwei reaktive Zentren* besitzen, lassen sich Ringe schließen:

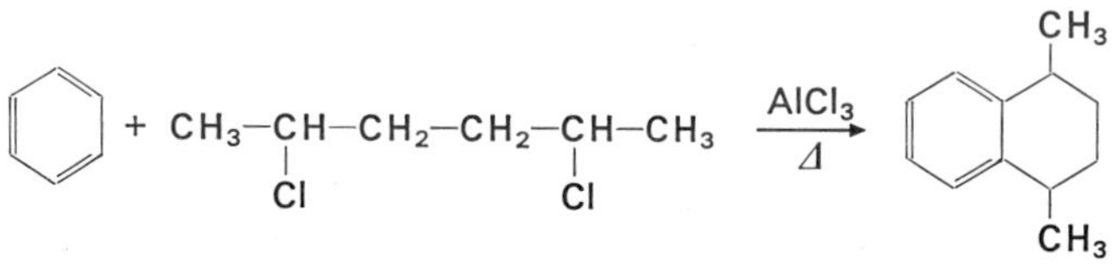

Friedel-Crafts-Acylierung. Unter der Wirkung von $AlCl_3$ reagieren aromatische Verbindungen auch mit *Säurehalogeniden* und *-anhydriden:*

$$Ar-H \ + \ RCOCl \ \xrightarrow{AlCl_3} \ Ar-\underset{\underset{O}{\|}}{C}-R \ + \ HCl$$

Diese sehr allgemein anwendbare Reaktion stellt die wichtigste Methode zur Gewinnung *aromatischer Ketone* dar. Man geht dabei in der Praxis meist so vor, daß man das Halogenid bzw. Anhydrid zur siedenden Lösung des Aromaten (welche das $AlCl_3$ suspendiert enthält) hinzutropft. Der vom $AlCl_3$ mit dem Keton gebildete Komplex wird durch wäßrige Salzsäure zerstört, und nach Abdampfen des Lösungsmittels (Ether, CS_2) kann das Produkt isoliert werden.

Als Substrate dienen ebenso wie bei der Alkylierung *Aromaten,* die *reaktionsfähiger sind als Benzen* oder auch Benzen selbst. Mit *m*-dirigierenden Gruppen substituierte Benzene reagieren nicht; Nitrobenzen wird sogar häufig als Lösungsmittel für Friedel-Crafts-Acylierungen verwendet. Aromatische Amine liefern sehr schlechte Ausbeuten; hier tritt hauptsächlich Acylierung am N-Atom ein. Auch Phenole reagieren oft langsam und werden besser in Form ihrer Methylether eingesetzt; O-acylierte Phenole (Phenolester), die sich aus Acylhalogenid und dem Phenol leicht bilden (ohne $AlCl_3$), lassen sich durch Erwärmen mit $AlCl_3$ oft in C-acylierte Produkte umlagern *(«Fries-Umlagerung»):*

Es entstehen dabei meist *o-* und *p*-acylierte Produkte nebeneinander; durch Wahl günstiger Reaktionsbedingungen kann jedoch oft das eine der beiden Produkte bevorzugt erhalten werden. Der Mechanismus der Fries-Umlagerung ist nicht genau bekannt.

Aus sterischen Gründen erhält man bei der Acylierung monosubstituierter Benzene vor allem das *p*-Substitutionsprodukt. Brombenzen oder Toluen liefert also hauptsächlich *p*-Brom- bzw. *p*-Methylacetophenon. Auch heterozyklische Aromaten wie Pyrrol, Furan und Thiophen und ihre Derivate lassen sich auf diese Weise acylieren. Pyridin ist zu reaktionsträg.

Der *Mechanismus* der Acylierung ist noch nicht vollkommen geklärt. Wahrscheinlich kann die Reaktion auf zwei verschiedene Arten ablaufen, je nach den Reaktionsbedingungen. Im einen Fall bildet sich aus dem Halogenid und der Lewis-Säure ein (als freies Ion oder als Ionenpaar vorliegendes) *Acyliumion,* welches als angreifendes Elektrophil fungiert:

$$R-COCl \ + \ AlCl_3 \ \longrightarrow \ R-CO^{\oplus} \ + \ AlCl_4^{\ominus}$$

Im anderen Fall wird das aromatische System direkt durch den primär aus dem Halogenid und $AlCl_3$ entstandenen Komplex angegriffen:

Bei Halogeniden mit sperrigen Substituenten R ist das Auftreten von Acyliumionen als Reaktionszwischenstoffen wahrscheinlicher; in gewissen Fällen (wie z. B. im flüssigen Komplex von Acetylchlorid mit AlCl₃) ist es auch gelungen, ihr Vorhandensein durch das IR-Spektrum nachzuweisen. In unpolaren Lösungsmitteln wie z. B. Chloroform dürfte der aromatische Ring jedoch vor allem (ausschließlich?) durch den Komplex angegriffen werden. In jedem Fall verbleibt ein mol AlCl₃ in komplexer Bindung mit dem Reaktionsprodukt; im Gegensatz zur Alkylierung werden zur Acylierung also nicht nur katalytische Mengen der Lewis-Säure benötigt. Ebenfalls im Gegensatz zur Alkylierung treten bei der Acylierung *nur in Ausnahmefällen Umlagerungen* auf (z. B. bei der Reaktion von Trimethylessigsäurechlorid mit Benzen, die – unter Abspaltung von CO – tert. Butylbenzen liefert). Da zudem die Acylgruppe als Substituent den aromatischen Ring desaktiviert, ist eine Weiterreaktion unter Bildung von Di- oder Polysubstitutionsprodukten ausgeschlossen.

Auch die Friedel-Crafts-Acylierung läßt sich zum Aufbau *zyklischer Systeme heranziehen.* Als Beispiele seien erwähnt:

(a) Synthese von Tetralon aus Benzen und Bernsteinsäureanhydrid

(b) Synthese von 1,2-Benzanthracen aus
     Naphthalen und Phthalsäureanhydrid

1,2-Benzanthracen

Chlormethylierung. Behandelt man aromatische Verbindungen mit einem Gemisch von *Formaldehyd* und *Chlorwasserstoff* in Gegenwart einer *Säure,* so läßt sich eine —CH_2Cl-Gruppe als Substituent einführen:

$$C_6H_6 \ + \ HCHO \ + \ HCl \ \xrightarrow{\ ZnCl_2\ } \ C_6H_5CH_2Cl \ + \ H_2O$$

An Stelle von Chlorwasserstoff können auch andere Halogenwasserstoffverbindungen verwendet werden.

Untersuchungen über den Mechanismus dieser Reaktion ergaben, daß wahrscheinlich die konjugierte Säure von Formaldehyd, das *Hydroxymethylen-Kation, als Elektrophil* wirkt. Der durch die elektrophile Substitution entstehende Alkohol wird dann durch den Halogenwasserstoff in das entsprechende Halogenid übergeführt (S_N):

Im Gegensatz zu den Friedel-Crafts-Reaktionen läßt sich die Chlormethylierung auch mit ziemlich reaktionsträgen Aromaten (z.B. Nitrobenzen) durchführen. *m*-Dinitrobenzen und Pyridin sind allerdings inert.

Die präparative Bedeutung dieser Reaktion liegt darin, daß sich auf diese Weise die reaktionsfähigen und vielseitig verwendbaren *Benzylhalogenide* gewinnen lassen; sie wird allerdings dadurch etwas eingeschränkt, daß das gebildete Benzylhalogenid ein weiteres Molekül Aromat alkylieren kann (bei Phenolen und aromatischen Aminen ist die Reaktion deshalb kaum brauchbar). Statt gasförmigen Formaldehyd kann man auch Paraformaldehyd verwenden, und $ZnCl_2$ läßt sich durch Schwefel- oder Phosphorsäure ersetzen. Die Weiterreaktion zu disubstituierten Produkten läßt sich durch Wahl möglichst milder Bedingungen weitgehend unterdrücken.

Hydroxyalkylierung. Eine analoge Reaktion ist durch Kondensation von *Aldehyden* oder *Ketonen* mit *Aromaten* möglich:

Der zunächst gebildete Alkohol reagiert auch hier häufig weiter, so z. B. bei der Herstellung von DDT, dem bekannten Insektenkontaktgift (Dichlordiphenyltrichlorethan), aus Chloral und Chlorbenzen:

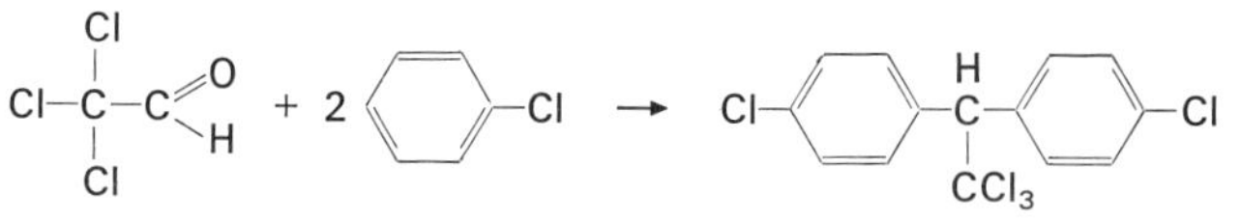

Cl—C—C$\overset{O}{\underset{H}{}}$ + 2 〈〉—Cl → Cl—〈〉—C$\overset{H}{\underset{CCl_3}{}}$—〈〉—Cl

DDT

Das substituierend wirkende Elektrophil ist die konjugierte Säure des Aldehyds (Ketons). Phenole liefern meist das diarylierte Produkt, ein sog. *Bisphenol:*

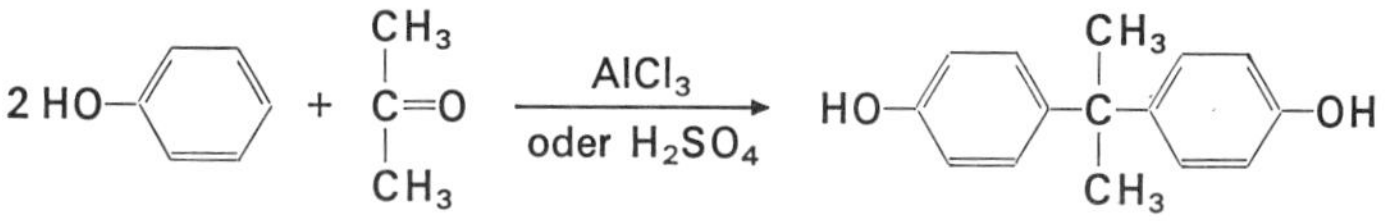

2 HO—〈〉 + C$\overset{CH_3}{\underset{CH_3}{}}$=O $\xrightarrow[\text{oder } H_2SO_4]{AlCl_3}$ HO—〈〉—C$\overset{CH_3}{\underset{CH_3}{}}$—〈〉—OH

«Bisphenol A»
(vgl. S. 1019)

Die Hydroxyalkylierung ist von großer *technischer Bedeutung* zur Herstellung dreidimensionalnetzartig verknüpfter *Makromoleküle* vom Typus *Bakelit* (Phenolharze, Anilinharze). Man läßt zu diesem Zweck Formaldehyd mit Phenolen in alkalischer Lösung reagieren; der Aldehyd ist unter diesen Umständen zwar bedeutend weniger reaktionsfähig (seine Elektrophilie ist geringer als in saurer Lösung, wo er als Hydroxymethylen-Kation vorliegt), jedoch ist die Reaktivität des Phenols erhöht, und man erhält relativ niedrigmolekulare Ketten, in denen je zwei Phenolringe durch eine CH$_2$-Gruppe verbunden sind (sogenannte *Resole*). Durch Erhitzen oder auch durch Zusatz von weiterem Formaldehyd werden die Resole gehärtet, indem die kettenförmigen Moleküle untereinander durch weitere CH$_2$-Gruppen vernetzt werden (sogenannte härtbare Harze). Wenn man die Reaktion mit Formaldehyd in saurer Lösung ausführt, läßt sie sich viel schwerer kontrollieren und ergibt direkt ziemlich harte, wegen der starken Erwärmung oft blasig aufgetriebene, schwer zu verarbeitende Massen.

Auch die Hydroxyalkylierung läßt sich als *Ringschlußreaktion* verwenden. Dabei wird primär ebenfalls eine Hydroxyalkylgruppe gebildet; in der Regel spaltet aber das Produkt spontan Wasser ab, da dadurch eine dem aromatischen Ring konjugierte Doppelbindung entstehen kann. Als Beispiele seien genannt:

(1) Bei der *Bischler-Napieralski-Reaktion* werden Amide unter der Wirkung von POCl$_3$ zyklisiert:

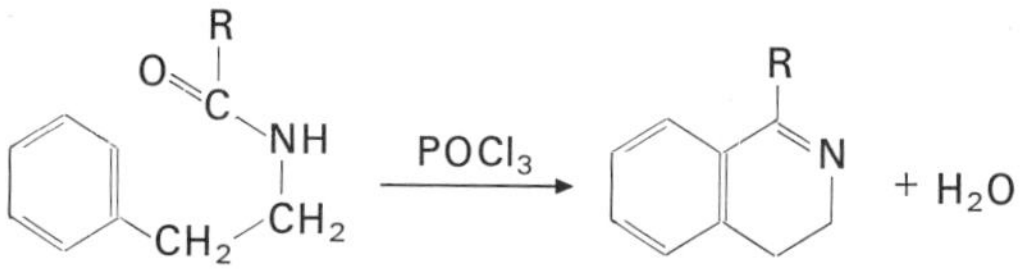

$\xrightarrow{POCl_3}$ + H$_2$O

Enthält die Ausgangssubstanz in α-Stellung zur Aminogruppe eine Hydroxylgruppe, so tritt eine weitere Wasserabspaltung ein, und es bildet sich ein Isochinolinderivat. Die Bischler-Napieralski-Reaktion war für die Totalsynthese gewisser Alkaloide (Papaverin [Pictet]; Reserpin [Woodward]) von Bedeutung.

(2) Bei der *Skraupschen Synthese von Chinolinderivaten* wird ein primäres aromatisches Amin mit einem Gemisch von Glycerol, konzentrierter Schwefelsäure und Nitrobenzen behandelt. Dabei wird aus Glycerol zunächst Acrolein gebildet (Dehydratisierung), an dessen Doppelbindung das Amin addiert wird (Michael-Addition). Im dritten Schritt

erfolgt der Ringschluß. Das zyklisierte Produkt wird durch Nitrobenzen zum aromatischen System (Chinolin) dehydriert, wobei das Nitrobenzen reduziert wird:

Die gleiche Reaktionsfolge läßt sich auch mit anderen α,β-ungesättigten Aldehyden und Ketonen durchführen *(Doebner-Miller-Reaktion)*.

(3) Zur Synthese von *Cumarinderivaten* kann man β-Ketoester mit Phenolen kondensieren *(Pechmann-Reaktion)*. Dabei tritt zunächst eine Umesterung ein (Bildung des Phenolesters), und anschließend erfolgt der Ringschluß:

Formylierungen. Ameisensäurehalogenide oder Ameisensäureanhydrid müßten bei der Friedel-Crafts-Acylierung aromatische *Aldehyde* liefern. Von den Formylhalogeniden ist aber nur das Fluorid, FCHO, bei Raumtemperatur stabil genug, um für Acylierung verwendet werden zu können (Olah); Formylchlorid und -bromid sowie das Anhydrid sind zu unbeständig. Neben der eigentlichen mit *Formylfluorid* durchführbaren Acylierung steht aber eine Reihe weiterer Methoden zur Einführung einer —CHO-Gruppe in aromatische Ringe zur Verfügung, so daß die verschiedenartigsten aromatischen Aldehyde durch Formylierung zugänglich sind.

Die *direkte Formylierung* mit Formylfluorid unter Verwendung von BF_3 als Friedel-Crafts-Katalysator wurde von Olah entdeckt (1960). Sie hat bis heute noch verhältnismäßig wenig Anwendung gefunden, eignet sich aber nicht nur für aktivierte Benzenderivate, wie z.B. Alkylbenzene, sondern auch für Benzen selbst sowie für Halogenbenzene. Napthalen kann ebenfalls auf diese Weise formyliert werden, wobei Naphthalen-1-aldehyd entsteht.

Gewisse aromatische Verbindungen lassen sich nach Gattermann-Koch mittels eines Gemisches von CO und HCl in Gegenwart von $AlCl_3$ und CuCl formylieren. Das Gemisch der beiden Gase wirkt offenbar wie Formylchlorid; das angreifende Reagens ist wahrscheinlich das Acyliumion $HCO^{\oplus}$, das zusammen mit $AlCl_4^{\ominus}$ als dicht gepacktes Ionenpaar im Reaktionsgemisch auftritt. Das CuCl koordiniert sich mit dem CO und erhöht dadurch dessen Konzentration; ohne Zusatz von CuCl sind Drucke von 100 bis 200 bar notwendig. Die *Gattermann-Koch-Reaktion* läßt sich nur mit *Benzen* oder *Alkylbenzenen* in befriedigender Ausbeute durchführen; Phenole, Phenolether und vor allem mit *m*-dirigierenden Gruppen substituierte Benzene reagieren nicht. Das benötigte Gasgemisch läßt sich am bequemsten durch Auftropfen von Chlorsulfonsäure ($ClSO_3H$) auf Ameisensäure herstellen.

Phenole, Phenolether und auch *manche heterozyklische Aromaten* lassen sich durch ein Gemisch von HCN und HCl (in Gegenwart von $ZnCl_2$) formylieren *(Gattermann-Reaktion)*. Wahrscheinlich bildet sich dabei zuerst die konjugierte Säure von HCN, die als Elektrophil wirkt; das als Primärprodukt gebildete Imoniumchlorid wird durch saure Hydrolyse anschließend in den Aldehyd übergeführt:

$$Ar-H + \left\{ HC\equiv\overset{\oplus}{N}H \leftrightarrow \overset{\oplus}{H}C=\underline{N}H \right\} \longrightarrow Ar-CH=\overset{\oplus}{N}H_2 \ Cl^\ominus \xrightarrow[H^\oplus]{H_2O} Ar-CHO$$

Statt des schwierig zu handhabenden Gemisches von HCN und HCl verwendet man häufig ein Gemisch von $Zn(CN)_2$ mit überschüssigem HCl. So erhält man z. B. 2,4,6-Trimethyl-benzaldehyd, indem man HCl-Gas in eine Lösung von Mesitylen in Tetrachlorethan in Gegenwart von $Zn(CN)_2$ einleitet und $AlCl_3$ zusetzt; das gebildete Imoniumsalz wird nachher mit Salzsäure zersetzt.

Eine Modifikation der Gattermann-Reaktion ist die *Houben-Hoesch-Synthese,* bei welcher statt HCN Alkylcyanide verwendet werden. Man erhält auf diese Weise aromatische Ketone; die Reaktion läßt sich allerdings nur mit den reaktivsten Aromaten, wie Di- oder Polyhydroxy-benzenen, durchführen.

Eine bequeme und vielfach verwendete Methode zur Formylierung ist die *Vilsmeier-Reaktion,* die allerdings nur für reaktionsfähigere Aromaten wie Phenole, Phenolether oder Amine anwendbar ist. Auch reaktionsfähige nicht-benzoide oder heterozyklische Aromaten, wie z. B. Azulen oder Pyrrol (die auf andere Weise nur schwer formylierbar sind), lassen sich auf diese Weise in Aldehyde verwandeln. Als Reagens verwendet man *disubstituierte Formamide* (die aus sekundären Aminen und Ameisensäure erhalten werden können) und kondensiert sie in Gegenwart von $POCl_3$ mit dem Aromaten. Statt Formamiden lassen sich auch vinyloge Amide einsetzen.

$$Ar-H + Ph-\underset{\underset{Me}{|}}{N}-\underset{\overset{\|}{O}}{C}-H \xrightarrow{POCl_3} Ar-CHO + Ph-NH-Me$$

Nach neueren Untersuchungen, insbesondere der NMR-Spektren, ist wahrscheinlich das Carbeniumion (1) das angreifende Elektrophil, so daß folgender Mechanismus wahrscheinlich ist:

$$Ph-\underset{\underset{Me}{|}}{N}-\underset{\overset{\|}{O}}{C}-H \xrightarrow{POCl_3} Ph-\underset{\underset{Me}{|}}{N}-\underset{\underset{OPOCl_2}{|}}{\overset{\overset{Cl}{|}}{C}}-H \longrightarrow Ph-\underset{\underset{Me}{|}}{N}-\overset{\oplus}{\underset{}{\overset{\overset{Cl}{|}}{C}}}-H$$

(1)

Die Behandlung von Phenolen mit Chloroform in alkalischer Lösung liefert schließlich ebenfalls Aldehyde *(«Reimer-Tiemann-Reaktion»)*:

Als Elektrophil wirkt hier das aus Chloroform unter der Wirkung der starken Base entstehende *Dichlorcarben* (S. 497). Das gebildete Benzalchlorid wird hydrolysiert und ergibt den Aldehyd:

Die Reimer-Tiemann-Reaktion läßt sich auch mit Pyrrol und Pyrrolderivaten (z. B. Indol) ausführen. Sie ist die einzige Formylierungsreaktion, die in basischer Lösung durchgeführt wird. Die —CHO-Gruppe wird stets in die *o*-Stellung dirigiert; nur wenn beide *o*-Positionen durch Substituenten bereits besetzt sind, erhält man den *p*-Hydroxyaldehyd.

Carboxylierungen. Auch Carboxylgruppen lassen sich ähnlich wie Aldehydgruppen direkt in gewisse aromatische Verbindungen einführen. Die wichtigste dieser Reaktionen ist die *Kolbe-Schmitt-Reaktion* mit CO_2:

Sie eignet sich vor allem zur Carboxylierung von *Phenolaten,* wobei die Carboxylgruppe hauptsächlich in die *o*-Stellung eintritt. Der Mechanismus der Reaktion ist nicht bekannt; möglicherweise bildet sich zunächst ein Komplex zwischen dem reagierenden Aromaten und einem CO_2-Molekül, wodurch die Elektrophilie des C-Atoms im CO_2 erhöht wird. Die Reaktion muß bei 100 °C und unter Druck durchgeführt werden.

Eine weitere Möglichkeit zur Carboxylierung bietet die Friedel-Crafts-Reaktion eines Aromaten mit *Phosgen.* Das dadurch gebildete aromatische Acylchlorid wird entweder sofort zur Carbonsäure hydrolysiert oder (und dies geschieht meist rascher!) reagiert mit einem weiteren Molekül des Aromaten zu einem *Diarylketon.* Um diese Folgereaktion zu verhindern, führt man die Carboxylierung mit Oxalylchlorid oder Carbamylchlorid (H_2NCOCl) aus. Im letzteren Fall entsteht als Produkt ein Carbonsäureamid.

14.4 Bildung von C — N-Bindungen durch elektrophile Substitution

Nitrierung. Die weitaus wichtigste Methode zur Bildung von C—N-Bindungen an aromatischen Ringen und eine der wichtigsten aromatischen Substitutionsreaktionen überhaupt ist die Nitrierung. Die Reaktionsbedingungen können dabei in sehr weitgehendem Maß verändert und dadurch der Reaktivität des Aromaten angepaßt werden. Am häufigsten benützt man zur Nitrierung *«Nitriersäure»*, ein Gemisch von konzentrierter Salpetersäure und konzentrierter Schwefelsäure; mit reaktionsfähigeren Aromaten läßt sich die Reaktion aber auch mit reiner oder in Eisessig bzw. Acetanhydrid gelöster, ja sogar mit *verdünnter* Salpetersäure ausführen. Wenn es notwendig ist, unter Ausschluß von Wasser zu arbeiten, wählt man eine Lösung von N_2O_5 in CCl_4 (mit Zusatz von P_4O_{10}) als Nitrierreagens. Unter Verwendung von Estern der Salpetersäure wie z.B. *Ethylnitrat* läßt sich die Nitrierung sogar in alkalischem Milieu durchführen. *Acetylnitrat,* CH_3COONO_2 (das allerdings sehr explosiv ist), *Nitrylhalogenide* oder *Nitryl-* («Nitronium-») *Salze* wie $NO_2^{\oplus}$ $BF_4^{\ominus}$ sind weitere Reagenzien, die in Spezialfällen Verwendung finden können. Da die Nitrogruppe stark desaktivierend wirkt, ist es im allgemeinen nicht schwierig, die Nitrierung auf der Stufe des Mononitroderivates anzuhalten. Aktivierte Benzenkerne wie z.B. im Phenol ergeben leicht Di- oder Trinitroverbindungen aber auch *m*-Dinitrobenzen läßt sich unter sehr energischen Bedingungen noch zum 1,3,5-Trinitrobenzen weiter nitrieren.

Das angreifende Elektrophil ist in den weitaus meisten Fällen das *Nitryl-* («Nitronium-») *Ion,* $NO_2^{\oplus}$. Es entsteht in den nitrierenden Reagenzien auf verschiedene Weise:

(1) Konzentrierte Schwefelsäure vermag Salpetersäure zu protonieren, wobei das primär gebildete *Nitratacidium*-Ion ($H_2NO_3^{\oplus}$); die konjugierte Säure der Salpetersäure, in H_2O und $NO_2^{\oplus}$ zerfällt[1]:

$$H_2SO_4 + HNO_3 \rightleftarrows HSO_4^{\ominus} + H_2NO_3^{\oplus}$$

$$H_2NO_3^{\oplus} \rightleftarrows NO_2^{\oplus} + H_2O$$

$$H_2SO_4 + H_2O \rightleftarrows HSO_4^{\ominus} + H_3O^{\oplus}$$

insgesamt also

$$2\,H_2SO_4 + HNO_3 \rightleftarrows NO_2^{\oplus} + H_3O^{\oplus} + 2\,HSO_4^{\ominus}$$

(2) Reine konzentrierte Salpetersäure zeigt in geringem Maß eine *Autoprotolyse,* wobei das Nitratacidium-Ion ebenfalls in H_2O und $NO_2^{\oplus}$ zerfällt:

$$3\,HNO_3 \rightleftarrows NO_2^{\oplus} + 2\,NO_3^{\ominus} + H_3O^{\oplus}$$

Das Gleichgewicht liegt allerdings stark auf der linken Seite (die Ionisierung erfolgt nur zu etwa 4%): jedoch genügt die Konzentration an $NO_2^{\oplus}$-Ionen, um reaktionsfähigere Aromaten zu nitrieren.

---

[1] In der Nitriersäure hat also die Schwefelsäure die Funktion, über die Protonierung der Salpetersäure $NO_2^{\oplus}$-Ionen zu erzeugen und nicht etwa wasserentziehend zu wirken, wie man früher gemeint hat. Ein Gemisch von HNO_3 mit P_4O_{10} wirkt nicht nitrierend!

(3) Das Autoprotolysengleichgewicht kann sich auch in organischen Lösungen einstellen. Acetanhydrid wirkt wahrscheinlich zunächst wasserentziehend, und das aus der Salpetersäure entstandene N_2O_5 dissoziiert in $NO_2^{\oplus}$- und $NO_3^{\ominus}$-Ionen. [Festes Stickstoff (V)-oxid besteht aus einem Ionengitter mit Nitryl- und Nitrat-Ionen als Bausteinen!].

(4) *Ester* der Salpetersäure und ebenso *Acylnitrate* dissoziieren in organischen Lösungsmitteln in geringem Ausmaß in $NO_2^{\oplus}$-Ionen.

Beweisend dafür, daß wirklich das Nitryl-Ion das wirksame Elektrophil ist, sind neben der Tatsache, daß Salze wie NO_2BF_4 oder Verbindungen wie NO_2F besonders stark nitrierend wirken, zahlreiche weitere Beobachtungen. So verschwindet z. B. der für HNO_3 charakteristische Peak im Raman-Spektrum, wenn man die Säure mit konzentrierter Schwefelsäure vermischt, und es treten an seiner Stelle zwei neue Peaks auf. Der eine von ihnen ist identisch mit dem $HSO_4^{\ominus}$-Peak, während der andere auch in den Raman-Spektren von Nitrylsalzen auftritt und somit für das $NO_2^{\oplus}$-Ion charakteristisch ist. Weiter ergibt ein äquimolares Gemisch von Salpeter- und Schwefelsäure die vierfache molale Gefrierpunktserniedrigung, was zeigt, daß aus je einem Molekül HNO_3 und H_2SO_4 insgesamt vier Partikeln entstehen. Schließlich ist die Geschwindigkeit der Nitrierung der Konzentration an freien $NO_2^{\oplus}$-Ionen proportional; ist diese Konzentration in dem betreffenden Reagens nur gering, so verläuft auch die Nitrierung entsprechend langsam, bzw. das Reagens läßt sich nur zur Nitrierung reaktionsfähiger Aromaten verwenden.

In gewissen Fällen wie z. B. bei der Nitrierung von Phenolen mit *verdünnter Salpetersäure* verläuft die Reaktion allerdings etwas *anders*. Das angreifende Reagens ist hier das $NO^{\oplus}$-Ion *(Nitrosyl-Ion)*, das aus der geringen Menge salpetriger Säure, die mit HNO_3 im Gleichgewicht steht, gebildet wird. Dadurch wird der aromatische Ring zunächst *nitrosiert;* die Nitrosoverbindung wird anschließend durch die Salpetersäure zur Nitroverbindung oxidiert, wobei die HNO_3 zu HNO_2 reduziert wird und neue $NO^{\oplus}$-Ionen gebildet werden. Verdünnte Salpetersäure eignet sich nur für Aromaten, die reaktionsfähig genug sind, um auch nitrosiert werden zu können.

Die sowohl für die *Großtechnik* wie für die *präparative Laboratoriumsarbeit* überaus große Bedeutung der Nitrierungsreaktion ist darin begründet, daß *Nitroverbindungen* durch Wahl geeigneter Reaktionsbedingungen *zu den verschiedensten anderen stickstoffhaltigen Verbindungen reduziert* werden können (Hydrazo-, Azo- und Azoxyverbindungen; Aminoverbindungen usw.). Wird die Aminogruppe durch Reaktion mit Nitrit und Salzsäure in die sehr reaktive Diazoniumgruppe übergeführt, so sind sowohl durch die Sandmeyer-Reaktion und analoge Reaktionen wie auch durch die Kupplung der Diazoniumsalze mit anderen Aromaten eine Unzahl weiterer Verbindungen zugänglich.

Wegen der großen praktischen Bedeutung soll im Anschluß an die Besprechung des Mechanismus der Nitrierung noch auf ihre *Durchführung* bei verschiedenen Typen von Aromaten eingegangen werden.

Benzen selbst wird durch Nitriersäure bei 30 bis 40°C in Nitrobenzen übergeführt. Um *m*-Dinitrobenzen zu erhalten, ist eine Reaktionstemperatur von 90 bis 100°C erforderlich. Auch Alkylbenzene werden mittels der üblichen Nitriersäure nitriert. Mit zunehmender Raumbeanspruchung der Alkylgruppe wächst der Anteil an *p*-Substitutionsprodukt. Als Folge der aktivierenden Wirkung der Methylgruppe läßt sich 2,4,6-Trinitrotoluen, das als Explosivstoff eine große Bedeutung besitzt *(«Trotyl», «TNT»)*, durch direkte Nitrierung von Toluen mit Nitriersäure herstellen, während Trinitrobenzen aus *m*-Dinitrobenzen nur durch tagelanges Erhitzen von Dinitrobenzen mit einem Gemisch von rauchender Salpeter- und rauchender Schwefelsäure bei 110 °C erhalten werden kann.

Die verglichen mit Benzen erhöhte Reaktivität von *Naphthalen* zeigt sich darin, daß Naphthalen bequem mit einer Lösung von Salpetersäure in Eisessig nitriert werden kann, wobei vorzugsweise 1-Nitronaphthalen entsteht. Auch *Thiophen* und *Mesitylen* lassen sich auf die gleiche Weise nitrieren. Phenol – mit noch stärker aktiviertem Kern – wird durch verdünnte Salpetersäure nitriert, wobei sich *o*- und *p*-Nitrophenol bilden. Um 2,4,6-Trinitrophenol *(«Pikrinsäure»)* zu erhalten, wird Phenol zuerst durch Schwefelsäure in Phenol-2,4-disulfonsäure übergeführt. Da die Sulfonierung reversibel ist, lassen sich die —SO$_3$H-Gruppen beim Kochen der Disulfonsäure mit konzentrierter Salpetersäure durch —NO$_2$-Gruppen ersetzen, wobei gleichzeitig auch die dritte Nitrogruppe eingeführt wird. (Die direkte Nitrierung mit Nitriersäure ist nicht möglich, da Phenol durch die oxidierend wirkende Salpetersäure zerstört wird.) Eine andere Möglichkeit zur Gewinnung von Pikrinsäure geht von Chlorbenzen aus, das mit Nitriersäure in 2,4-Dinitrochlorbenzen übergeführt wird. Das Produkt wird durch Alkali hydrolysiert und anschließend nochmals nitriert. *Anilin* ist nicht direkt nitrierbar, da es zu leicht oxidiert wird. Man muß die Verbindung daher zuerst acetylieren, dann anschließend die Nitrierung durchführen und die Acetylgruppe durch Erwärmen mit verdünnter Säure wieder entfernen. *Dimethylanilin* wird weniger leicht oxidiert als Anilin und kann direkt nitriert werden. In konzentrierter Schwefelsäure erhält man dabei vorzugsweise 3-Nitrodimethylanilin, da nicht die Base, sondern ihre konjugierte Säure nitriert wird.

Interessant ist, daß *Acetanilid* bei der Nitrierung in konzentrierter Schwefelsäure hauptsächlich *p*-Nitroacetanilid liefert, während man mittels in Eisessig gelöster Salpetersäure vor allem *o*-Nitroacetanilid erhält. Dies beruht wahrscheinlich darauf, daß Stickstoff (V)-oxid, das unter der Wirkung des wasserentziehenden Eisessigs aus der Salpetersäure entsteht, zunächst von der nucleophilen Acetamidogruppe angegriffen wird, so daß die eigentliche elektrophile Substitution über einen *zyklischen, sechsgliedrigen Übergangszustand* bevorzugt in *o*-Stellung eintritt:

Auch *Anisol* liefert bevorzugt das *o*-Nitroderivat, wenn man es in Eisessig nitriert.

Furan und *Pyrrol* lassen sich nur bei niedrigen Temperaturen nitrieren (beide werden durch starke Säuren polymerisiert); man verwendet eine Lösung von Salpetersäure in Eisessig. Mäßig desaktivierte Benzenderivate wie die *Halogenbenzene* lassen sich in ähnlicher Weise nitrieren wie Benzen selbst. In jedem Fall erhält man hauptsächlich die *p*-Nitroverbindung und durch weitere Nitrierung die 2,4-Dinitroverbindung. Auch *Benzaldehyd, Acetophenon* oder *Methylbenzoat* lassen sich durch die übliche Nitriersäure nitrieren, wobei man bevorzugt das *m*-Substitutionsprodukt erhält.

Nitrosierung. Behandelt man gewisse Aromaten mit NaNO$_2$ in salzsaurer oder schwefelsaurer Lösung, so werden sie nitrosiert:

$$Ar—H \; + \; HNO_2 \; \longrightarrow \; Ar—NO \; + \; H_2O$$

Das angreifende Elektrophil ist wahrscheinlich das schon erwähnte *Nitrosyl-Ion,* das analog zum Nitrylion gebildet wird:

$$H_2SO_4 + HONO \longrightarrow H_2\overset{\oplus}{O}-NO$$

$$H_2NO_2^{\oplus} \longrightarrow H_2O + NO^{\oplus}$$

$$H_2SO_4 + H_2O \longrightarrow HSO_4^{\ominus} + H_3O^{\oplus}$$

Die Nitrosierung ist nur mit *sehr reaktionsfähigen Aromaten* (Phenole, tertiäre Amine, Naphthalen) möglich. Primäre aromatische Amine werden durch das Gemisch von Nitrit und Säure *diazotiert* (S. 670), und sekundäre Amine ergeben *Nitrosamine,* da sie am N-Atom nitrosiert werden:

$$Ar-NHR + NO^{\oplus} \longrightarrow \underset{R}{Ar-N-N{=}O} + H^{\oplus}$$

Nitrosogruppen lassen sich leicht zu Nitrogruppen oxidieren. Auch die Reduktion zur Aminogruppe ist möglich; dies ist dann eine wertvolle präparative Methode, wenn Aminogruppen nicht *via* Nitrierung mit anschließender Reduktion eingeführt werden können, weil der betreffende Aromat unter den Bedingungen der Nitrierung zerstört wird.

Direkte Einführung der Diazoniumgruppe. Üblicherweise stellt man Diazoniumsalze durch Reaktion aromatischer Amine mit salpetriger Säure (HONO) her (S. 670). Besonders reaktive Aromaten (Amine, Phenole) können aber durch HONO auch direkt in Diazoniumsalze übergeführt werden:

$$ArH \xrightarrow[HX]{2\ HONO} Ar-N_2^{\oplus} X^{\ominus}$$

Wahrscheinlich erfolgt dabei zuerst eine Nitrosierung; aus der Nitrosoverbindung entsteht durch die überschüssige salpetrige Säure das Diazoniumion.

Azokupplung. Eine weitere Reaktion von außerordentlicher *technischer* und *präparativer Bedeutung* ist die «*Kupplung*» von aromatischen Diazoniumsalzen mit Aromaten. Sie stellt ebenfalls eine elektrophile Substitution dar, wobei das *Diazonium-Kation* als *Elektrophil* fungiert:

$$\left\{ \overset{\oplus}{Ar-N{=}N}| \leftrightarrow Ar-\overset{\oplus}{N{\equiv}N}| \right\} + ArH \longrightarrow Ar-N{=}N-Ar + H^{\oplus}$$

Azoverbindung

Die Azogruppe —N=N— ist das wichtigste *Chromophor,* d. h. eine funktionelle Gruppe, die durch sichtbares Licht leicht anzuregende Elektronen enthält ($\pi \to \pi^*$-Übergang) und damit einem Molekül Farbigkeit verleiht. Schon die einfachste Azoverbindung, das Azobenzen, absorbiert im violetten Bereich des Spektrums und erscheint gelb. Die Azofarbstoffe, die wichtigste Klasse synthetischer organischer Farbstoffe, machen heute etwa 70% des gesamten Farbstoffsortimentes aus.

Die Azokupplung ist *nur mit relativ reaktionsfähigen Aromaten* (Phenolen, Aminen, Pyrrol) möglich, da das Diazonium-Kation ein relativ schwaches Elektrophil ist. Substitution tritt nahezu ausschließlich in *p*-Stellung ein; nur wenn die *p*-Position bereits durch einen Substituenten besetzt ist, entsteht die *o*-Verbindung.

Bei der Kupplung mit *Aminen* muß das pH durch Pufferung mit Acetat möglichst konstant gehalten werden (zwischen 4 und 9). In stark saurer Lösung reagieren Amine kaum, da die

Konzentration an freier Base zu klein wird; in stark alkalischer Lösung dagegen wird das Diazonium-Kation in *Diazohydroxid* (Ar—N=N—OH) umgewandelt, das nicht mehr zur Substitution befähigt ist. Primäre und sekundäre Amine reagieren bevorzugt am N-Atom (ebenso wie bei der Nitrosierung; die N-Substitution ist wahrscheinlich kinetisch gesteuert!). Die dadurch gebildeten Diazoaminoverbindungen *(Triazene)* lassen sich aber durch Behandlung mit Mineralsäuren leicht in die stabileren Azoverbindungen umlagern (Gleichgewichtsbedingungen!):

$$\text{C}_6\text{H}_5\text{—N}_2^{\oplus} + \text{R—NH—C}_6\text{H}_5 \rightarrow \text{C}_6\text{H}_5\text{—N=N—N(R)—C}_6\text{H}_5}$$

Diazoaminoverbindung

$$\rightarrow \text{C}_6\text{H}_5\text{—N=N—C}_6\text{H}_4\text{—NH—R}$$

Direkte C-Kupplung tritt bei primären und sekundären Aminen dann ein, wenn das Diazoniumion besonders reaktionsfähig ist (wie z. B. das *p*-Nitrobenzendiazoniumion) oder wenn man in ameisensaurer Lösung arbeitet (da dann die Lösung so stark sauer ist, daß sich das Triazen spontan in die Azoverbindung umlagert). In gewissen Fällen ist auch *intramolekulare Azokupplung* möglich:

$$\text{C}_6\text{H}_4(\text{NH}_2)_2 \rightarrow \text{C}_6\text{H}_4(\text{N}_2^{\oplus})(\text{NH}_2) \rightarrow \text{Benzotriazol}$$

Benzotriazol

Phenole werden am besten in schwach alkalischer Lösung gekuppelt (ihre konjugierten Basen sind gegenüber Elektrophilen beträchtlich reaktionsfähiger!). Gewöhnlich fügt man eine saure Lösung des Diazoniumsalzes zu einer Lösung des Phenols, die alkalisch genug ist, um die vorhandene Säure zu neutralisieren.

Diazoniumionen lassen sich auch mit gewissen *Enolaten* kuppeln. So ergibt Benzendiazoniumchlorid mit Acetessigester in mit Acetat gepufferter Lösung α,β-Dioxobutyrat-α-phenylhydrazon; die zunächst gebildete Azoverbindung tautomerisiert zum Hydrazon:

$$\text{CH}_3\text{—C}(\text{O}^{\ominus})\text{=CH—COOEt} \rightarrow \text{CH}_3\text{—CO—CH(N=N—Ph)—COOEt} \rightleftarrows \text{CH}_3\text{—CO—C(=N—NH—Ph)—COOEt}$$

Die *Elektrophilie* des Diazoniumkations kann durch Einführung von elektronenanziehenden Substituenten in den aromatischen Ring *erhöht* werden. Dadurch wird auch eine Kupplung mit weniger reaktionsfähigen Kupplungskomponenten ermöglicht. So reagiert z. B. 2,4-Dinitrobenzendiazoniumchlorid mit Anisol und 2,4,6-Trinitrobenzendiazoniumchlorid sogar mit Mesitylen.

14.5   Halogenierung

Aromatische Verbindungen können unter der Wirkung von *Lewis-Säuren* leicht *chloriert* oder *bromiert* werden. In der Praxis verwendet man meistens Eisenpulver, das mit dem elementaren Halogen zunächst Eisen(III)-halogenid bildet, welches dann als Lewis-Säure wirkt. Sehr reaktionsfähige Aromaten, wie Phenole oder Anilin, benötigen keinen Katalysator und reagieren bereits mit Chlor- oder Bromwasser; in der Laboratoriumspraxis benützt man für solche Substanzen Lösungen von Chlor oder Brom in CCl_4 oder einem anderen unpolaren Lösungsmittel. Wenn man an Stelle des elementaren Halogens ein Gemisch aus N-halogeniertem Amin und Halogenwasserstoff verwendet, entsteht das notwendige Halogen *in situ;* da durch die elektrophile Substitution weiter Halogenwasserstoff gebildet wird, läßt sich durch Wahl geeigneter Anfangskonzentrationen an HX die Halogenkonzentration konstant und klein halten. Weniger reaktive Aromaten benötigen Reagenzien wie HOCl, N-Halogensuccinimid oder Lösungen von S_2Cl_2 (bzw. S_2Br_2) und $AlCl_3$ in Sulfurylchlorid (SO_2Cl_2).

Ohne Zusatz einer Lewis-Säure greift das *Halogenmolekül* (das durch den Aromaten polarisiert wird) den Ring direkt an:

(1)   (2)

Es ist jedoch auch möglich, daß die Cl—Cl-Bindung schon vor dem eigentlichen elektrophilen Angriff getrennt wird, so daß sich sofort der σ-Komplex (2) bildet. Wenn ein Zwischenprodukt von der Art des Komplexes (1) tatsächlich auftritt, beobachtet man, daß die Geschwindigkeit der Halogenierung stark von der Art des verwendeten *Lösungsmittels* abhängt, weil die Trennung der Cl—Cl-Bindung durch das Lösungsmittel erleichtert werden kann. Insbesondere wächst die Reaktionsgeschwindigkeit dann stark, wenn man dem Reaktionsgemisch $Cl^{\ominus}$-Ionen zusetzt; ein Beweis, daß tatsächlich das Halogenmolekül (und nicht etwa ein positives Halogenion $X^{\oplus}$) den Ring angreift. Würde das Halogenmolekül zuerst heterolytisch getrennt, so müßte die Reaktion bei Zusatz von Halogenid verlangsamt werden.

Durch die Lewis-Säure wird die Reaktionsfähigkeit des Halogens erhöht, da das X_2-Molekül stärker polarisiert wird. Es ist nicht wahrscheinlich, daß schon vor dem elektrophilen Angriff eine vollständige Trennung des Halogenmoleküls in ein $X^{\oplus}$- und ein $X^{\ominus}$-Ion eintritt; die Reaktion muß also folgendermaßen formuliert werden:

Im Gegensatz zur Chlorierung und Bromierung verläuft die *Iodierung* umkehrbar, führt also zu einem *Gleichgewicht*. Um iodierte Aromaten zu erhalten, müssen deshalb die $I^{\ominus}$-Ionen dem Gleichgewicht entzogen werden, z. B. durch ein Oxidationsmittel wie H_2O_2 oder HNO_3. So erhält man z. B. aus Benzen und Iod bei Gegenwart von HNO_3 Iodbenzen. Leichter ist die Iodierung möglich, wenn man ICl oder IBr statt molekulares Iod verwendet. In der Praxis führt man Iod allerdings meist über das *Diazoniumsalz* in aromatische Kerne ein:

$$Ar{-}N_2^{\oplus} + I^{\ominus} \longrightarrow Ar{-}I + N_2$$

Auch *Fluor* – das als Element viel zu reaktionsfähig ist, um für eine direkte Fluorierung verwendet werden zu können – läßt sich *über das Diazoniumsalz* in aromatische Ringe einführen *(Schiemann-Reaktion):*

$$Ar-N_2^{\oplus} + BF_4^{\ominus} \longrightarrow Ar-F + N_2 + BF_3$$

Der Grund für die relative Leichtigkeit, mit welcher diese Reaktionen möglich sind, liegt in der großen Bindungsenergie des N_2-Moleküls.

In eleganter Weise lassen sich Aromaten mit *Xenondifluorid* (unter der katalytischen Wirkung von HF) fluorieren. Das einzige Nebenprodukt Xenon läßt sich wiederum (zur Herstellung von XeF_2) verwenden.

Halogene als Substituenten desaktivieren zwar den aromatischen Ring; die Desaktivierung ist aber nicht so stark, um eine Weiterreaktion des monosubstituierten Produktes zu unterbinden. So liefert die Chlorierung von Benzen neben 74 % Chlorbenzen stets auch etwa 13 % Dichlorbenzene (neben etwa 13 % unverändertem Benzen). Anilin und Phenol als stark aktivierte Aromaten liefern auch bei der Reaktion mit Bromwasser direkt das 2,4,6-Tribrom-derivat, und auch Pyrrol – das in seiner Reaktivität mit Anilin vergleichbar ist – ergibt Tetrabrompyrrol. Im Fall von Phenol ist es allerdings möglich, die Reaktion nach der Bildung von 2,4-Dibromphenol (bzw. 2,4-Dichlorphenol) anzuhalten. Stark desaktivierte Aromaten lassen sich unter Umständen ebenfalls halogenieren; so ergibt z. B. Nitrobenzen beim Erhitzen mit Brom auf 135 bis 145 °C und unter der Wirkung von Eisenspänen *m*-Bromnitro-benzen, und bei 300 °C läßt sich sogar Pyridin bromieren (Bildung von 3-Brom- und 3,5-Dibrompyridin). Noch stärker desaktivierte Aromaten können halogeniert werden, wenn man die Bildung von «positivem Halogen» erleichtert, z. B. indem man Brom in Schwefel-säure in Gegenwart von Silbersulfat als bromierendes Reagens verwendet. *m*-Dinitroben-zen läßt sich auf diese Weise in 3,5-Dinitrobrombenzen überführen.

14.6 Sulfonierung

Die Sulfonierung aromatischer Verbindungen, d. h. die Einführung einer *Sulfonsäure* ($-SO_3H$)-*Gruppe,* ist ebenso wie die Nitrierung von sehr großer technologischer Bedeu-tung. Dies beruht darauf, daß Sulfonsäuren starke Säuren sind und ihre Einführung in aromatische Ringe diese wasserlöslich *(hydrophil)* macht, was vor allem bei sehr vielen *Farbstoffen* wichtig ist; zudem läßt sich die $-SO_3H$-Gruppe durch andere Substituenten auch wieder ersetzen (Herstellung der Pikrinsäure, S. 707).

Als *sulfonierendes Reagens* benützt man gewöhnlich konzentrierte oder rauchende Schwe-felsäure; Chlorsulfonsäure findet gelegentlich ebenfalls Verwendung. Die Bariumsalze der aromatischen Sulfonsäuren sind (im Gegensatz zum $BaSO_4$) leicht löslich, so daß über-schüssige Schwefelsäure durch Ausfällung mit $BaCl_2$ leicht abzutrennen ist. Die Sulfonie-rung ist umkehrbar (sie ist also wie die Friedel-Crafts-Alkylierung *thermodynamisch* gesteuert!); bei nicht allzu hoher Temperatur verläuft die «Rück-Reaktion» jedoch ziemlich langsam, so daß dann die Bildung der Sulfonsäure praktisch irreversibel ist. Durch Erhitzen des sulfonierten Aromaten mit verdünnter Schwefelsäure läßt sich die $-SO_3H$-Gruppe jedoch wieder ziemlich leicht entfernen.

Im Gegensatz zu den meisten elektrophilen aromatischen Substitutionen beobachtet man bei der Sulfonierung einen *kinetischen Isotopeneffekt:* deuterierte Aromaten reagieren beträchtlich langsamer. Dies bedeutet, daß hier der zweite Schritt der Substitution, die

Abgabe eines Protons durch den σ-Komplex, langsamer verläuft als die Addition des Elektrophils an den aromatischen Ring, so daß *der zweite Reaktionsschritt geschwindigkeitsbestimmend* ist.

Die Tatsache, daß in rauchender Schwefelsäure die Geschwindigkeit der Sulfonierung ihrem SO_3-Gehalt proportional ist (SO_3 selbst sulfoniert sehr rasch, das Benzen z. B. sogar nahezu momentan), läßt darauf schließen, daß das *SO_3-Molekül* als *angreifendes Elektrophil* fungiert. Die Reaktion muß dann nach folgendem Schema verlaufen:

Ob dieser Mechanismus auch für die Sulfonierung mit gewöhnlicher konzentrierter Schwefelsäure gilt, ist jedoch nicht gesichert. So wurde vielfach vermutet, daß dann nicht das nur in sehr geringen Konzentrationen vorhandene SO_3-Molekül, sondern seine konjugierte Säure, das $HSO_3^{\oplus}$-Ion, als Elektrophil wirke. Dieses Ion könnte durch eine Autoprotolyse der Schwefelsäure entstehen, ähnlich der Bildung des $NO_2^{\oplus}$-Ions in konzentrierter Salpetersäure. Es hat sich jedoch gezeigt, daß bei der Umkehrung der Sulfonierung das Ion $ArSO_3^{\ominus}$ (und nicht die Sulfonsäure $ArSO_3H$) desulfoniert wird; gemäß dem Prinzip der mikroskopischen Reversibilität muß der elektrophile Angriff somit durch das SO_3-Molekül erfolgen. Zudem wirkt D_2SO_4 (deren Gehalt an $DSO_3^{\oplus}$ größer ist als der $HSO_3^{\oplus}$-Gehalt von H_2SO_4) langsamer sulfonierend, während die Geschwindigkeit der Sulfonierung in D_2SO_4 größer sein müßte, wenn das $DSO_3^{\oplus}$ wirklich das angreifende Elektrophil wäre. Es darf also als ziemlich sicher angenommen werden, daß auch bei der Sulfonierung in konzentrierter Schwefelsäure das mit ihr im Gleichgewicht stehende SO_3 das eigentliche elektrophile Reagens ist. Immerhin besteht die Möglichkeit, daß unter anderen Bedingungen noch andere Mechanismen in Betracht zu ziehen sind.

Benzen wird normalerweise mittels 5 bis 20 % Oleum sulfoniert. Reaktionsfähigere Aromaten, wie Alkylbenzene oder polyzyklische aromatische Kohlenwasserstoffe, können durch Schwefelsäure allein sulfoniert werden. Thiophen wird schon durch 95 % Schwefelsäure ziemlich rasch sulfoniert (Methode zur Abtrennung von Thiophen im Rohbenzen). Anilin liefert mit Schwefelsäure zuerst ein (verhältnismäßig schwerlösliches) Salz (Anilinhydrogensulfat); beim Erhitzen auf 180 bis 190 °C lagert sich dieses jedoch unter Wasserabspaltung in *Sulfanilsäure* um:

Phenol liefert 2,4-Disulfonsäure.

Reaktionsträge Aromaten können nur mittels Oleum und bei hohen Temperaturen sulfoniert werden. Benzolsulfonsäure läßt sich z. B. durch 20 bis 40 % Oleum bei 200 °C in Benzen-*m*-disulfonsäure überführen, und Nitrobenzen ergibt unter ähnlichen Bedingungen *m*-Nitrobenzensulfonsäure. Sogar Pyridin läßt sich in recht guter Ausbeute sulfonieren, wenn man die Reaktion bei 230 °C in Gegenwart von $HgSO_4$ ausführt.

Wir haben schon erwähnt, daß die Sulfonierung eine reversible Reaktion ist. Man benützt deshalb die —SO_3H-Gruppe auch etwa zum *Schutz* reaktionsfähiger Positionen des Aromaten. Als Beispiel dafür diene die Herstellung von *o*-Nitroanilin:

NHCOCH$_3$ $\xrightarrow{H_2SO_4}$ NHCOCH$_3$ (SO$_3$H) $\xrightarrow{HNO_3}$ NH$_2$ (NO$_2$, SO$_3$H) $\xrightarrow[H_2SO_4]{H_2O}$ NH$_2$ (NO$_2$)

Sulfochlorierung. Nicht allzu stark desaktivierte Aromaten bilden mit Chlorsulfonsäure direkt *Sulfonsäurechloride*. So erhält man aus Benzen und Chlorsulfonsäure bei 20 bis 25 °C Benzensulfonsäurechlorid (Benzensulfochlorid):

$$C_6H_6 \ + \ 2\,ClSO_3H \ \longrightarrow \ C_6H_5SO_2Cl \ + \ H_2SO_4 \ + \ HCl$$

Die Reaktion ist zur Gewinnung von Sulfonsäureamiden von Bedeutung. Die für präparative Arbeiten wichtigen *Toluensulfonsäureester* werden über die entsprechenden Sulfonsäure-chloride gewonnen.

14.7 Über die Synthese von Benzenderivaten mit bestimmter Orientierung der Substituenten

Elektrophile Substitutionen am Benzenring (und auch an anderen aromatischen Systemen) ergeben in der Regel *Gemische* der verschiedenen möglichen Substitutionsprodukte. Dies ist für die präparative Arbeit ein Nachteil, da man dabei ja gewöhnlich eine bestimmte Substanz in möglichst großer Ausbeute herzustellen wünscht und die Trennung der verschiedenen Produkte einen zusätzlichen Arbeitsaufwand bedeutet.

Die Abtrennung und Reinigung eines bestimmten Reaktionsproduktes ist leichter möglich, wenn die betreffende Substanz bei Raumtemperatur *fest* ist, denn die Siedepunkte der *o*-, *m*- und *p*-Isomere liegen meist so nahe beisammen, daß diese auch mit sehr wirksamen Fraktionierkolonnen durch Destillation kaum getrennt werden können. *Festkörper* sind jedoch in der Regel durch *Umkristallisieren* leicht zu reinigen. Es ist daher unter Umständen zweckmäßig, die Synthese eines Produktes in der Weise durchzuführen, daß die Substitution ein festes Reaktionsprodukt liefert, welches nach Abtrennung und Reinigung in die gewünschte Substanz übergeführt wird. So wird man z. B. *m*-Chlornitrobenzen besser dadurch herstellen, daß man zunächst Nitrobenzen nitriert (wobei das feste *m*-Dinitrobenzen leicht zu reinigen ist) und anschließend die eine —NO_2-Gruppe durch selektive Reduktion in eine —NH_2-Gruppe überführt, die dann über das Diazoniumsalz gegen —Cl ausgetauscht wird. Die direkte Chlorierung von Nitrobenzen ist zwar auch möglich, doch ist dann die Reinigung des anfallenden Produktes schwieriger.

Bei der *Planung einer Synthese* ist es sehr wichtig, die dirigierende Wirkung bereits vorhandener Substituenten zu kennen und die Ausgangssubstanz dem gewünschten Produkt entsprechend zu wählen. Um *m*-Chlornitrobenzen zu erhalten, wird man zweckmä-ßigerweise von Nitrobenzen ausgehen; benötigt man jedoch *o*- oder *p*-Chlornitrobenzen, so wird man am besten Chlorbenzen nitrieren. Man erhält dann etwa 30 % *o*-Chlornitrobenzen und 60 % *p*-Chlornitrobenzen. Wenn jedoch die *m*-dirigierende Gruppe des Aromaten zu stark desaktivierend wirkt, ist dieses Verfahren nicht gangbar. Während sich z. B. *o*- und *p*-Nitrotoluen ohne weiteres durch Nitrierung von Toluen erhalten lassen, kann man *m*-Nitrotoluen nicht durch Friedel-Crafts-Alkylierung von Nitrobenzen herstellen, da die Friedel-Crafts-Reaktionen mit dem reaktionsträgen Nitrobenzen nicht durchführbar sind. In solchen Fällen ist es notwendig, das gewünschte Produkt über einen *Umweg* herzustellen. Besonders häufig wird dabei ein Umweg über eine *Aminogruppe* als Substituent beschritten, da diese in mannigfacher Art und Weise in andere Substituenten umgewandelt werden kann. So kann man $-NH_2$-Gruppen durch Oxidation mit Peroxysäuren in $-NO_2$-Gruppen überführen; über das Diazoniumsalz kann man (durch Substitution der $-N_2^{\oplus}$-Gruppe) Halogene, $-OH$- und $-CN$-Gruppen und sogar aliphatische oder aromatische Reste als Substituenten in den Ring einführen (vgl. S. 726). Durch Behandlung des Diazoniumsalzes mit unterphosphoriger Säure (H_3PO_2) läßt sich die Diazoniumgruppe auch durch ein H-Atom ersetzen, so daß auf diese Weise die Aminogruppe im Endeffekt wieder vom Ring entfernt wird.

Die folgenden *Synthesen* illustrieren die bei der Herstellung bestimmter Substitutionsprodukte angestellten Überlegungen.

(a) Herstellung von *m-substituierten Toluenen*

Ausgangsstoff ist (acetyliertes) *p*-Toluidin. Hier ist die Position a, die *ortho* zur Acetamidogruppe und *meta* zur Methylgruppe steht, reaktionsfähiger als die Position b, weil die $-NHCOCH_3$-Gruppe stärker aktivierend wirkt. Führt man die Substitution aus und entfernt man nachher die Acetamidogruppe durch Hydrolyse, Diazotierung und Substitution der Diazoniumgruppe durch H, so erhält man das *m*-substituierte Toluen.

(b) Um *p-Aminobenzoesäure* zu erhalten, kann man nicht Benzoesäure nitrieren (und die $-NO_2$-Gruppe nachher reduzieren), weil die Carboxylgruppe ausgesprochen *m*-dirigierend wirkt. Oxidiert man aber acetyliertes *p*-Toluidin (durch die Acetylierung wird die Aminogruppe gegen Oxidation geschützt), so erhält man nach der Hydrolyse das gewünschte Produkt:

(c) *p-Nitrobenzaldehyd* läßt sich ebenfalls nicht durch direkte Nitrierung von Benzaldehyd erhalten. Wird aber *p*-Nitrotoluen (am Licht!) chloriert, so läßt sich *p*-Nitrobenzalchlorid gewinnen, das nach der Hydrolyse den gewünschten Aldehyd liefert. In analoger Weise kann *o*-Aminobenzaldehyd durch Chlorierung von (acetyliertem) *o*-Toluidin zu *o*-Aminobenzalchlorid und anschließender Hydrolyse hergestellt werden.

Die Beispiele (b) und (c) zeigen zwei weitere, neben der Reduktion von $-NO_2$-Gruppen und dem Ersatz von $-NH_2$-Gruppen häufig verwendete synthetische Methoden: die Oxidation von $-CH_3$ zu $-COOH$ und die Umwandlung von $-CH_3$ in $-CHO$ über das Dihalogenid.

(d) Von den *Hydroxybenzoesäuren* ist die *o*-Verbindung (Salicylsäure) durch die Kolbe-Schmitt-Reaktion aus Phenol leicht zugänglich. Zur Gewinnung der *m*-Hydroxybenzoesäure kann man (acetyliertes) *m*-Toluidin oxidieren und die —NH₂-Gruppe (nach der Hydrolyse) über das Diazoniumsalz in die —OH-Gruppe überführen. Um *p*-Hydroxybenzoesäure zu erhalten, könnte man *p*-Kresol oxidieren oder in derselben Weise vom *p*-Toluidin ausgehen.

(e) *m*- und *p*-Nitro-n-propylbenzen* lassen sich beide aus Propiophenon herstellen. Nitriert man das Keton zuerst und reduziert nachher die Carbonylgruppe (Clemmensen-Reduktion), so erhält man *m*-Nitro-*n*-propylbenzen; reduziert man die Carbonylgruppe zuerst und führt die Nitrierung nachher aus, so entsteht hauptsächlich *p*-Nitro-*n*-propylbenzen:

(f) Durch direkte Bromierung von Benzen lassen sich nur *o*- und *p*-Dibrombenzen erhalten. Wird jedoch Anilin bromiert und die Aminogruppe nachher über das Diazoniumsalz entfernt, so entsteht *1,3,5-Tribrombenzen*:

Bei allen diesen Beispielen wurden nucleophile Substitutionen am Aromaten nicht berücksichtigt. Diese Reaktionen, welche für die Synthese zahlreicher Benzenderivate ebenfalls große Bedeutung besitzen, werden im nächsten Kapitel besprochen.

Schließlich muß nochmals erwähnt werden, daß man besonders reaktionsfähige Stellen am Benzenring durch tert. Butylgruppen oder —SO₃H-Gruppen blockieren kann, weil beide wieder relativ leicht vom Ring entfernt werden können (S. 713).

Übungen

14.1   Schildern Sie den prinzipiellen Verlauf elektrophiler Substitutionen an Aromaten. Geben Sie die Beobachtungen an, welche für den angenommenen Ablauf sprechen!

14.2   Was sind σ- und π-Komplexe? Welche Bedeutung haben sie für die aromatische Substitution?

14.3   Zeichnen Sie das Energiediagramm für die Nitrierung von Toluen bzw. die Sulfonierung von Ethylbenzen!

14.4   Warum leitet eine Lösung von HCl in Benzen den elektrischen Strom erst nach Zusatz von $AlCl_3$?

14.5   Warum üben Substituenten dirigierende Wirkungen aus, d.h. warum entstehen bei einer Zweitsubstitution nicht alle überhaupt möglichen Produkte?

14.6   Wie ermittelt man experimentell die partiellen Geschwindigkeitsfaktoren?

14.7   Welche Typen von Substituenten kann man in bezug auf ihre aktivierende und dirigierende Wirkung unterscheiden?

14.8   Charakterisieren und erklären Sie die Wirkungen folgender Substituenten:
       (a) $-Br$
       (b) $-CHO$
       (c) $-CCl_3$
       (d) $-NH_2$ (in saurer Lösung)
       (e) $-CH_2CH_3$
       (f) $-CH{=}CH-COOH$
       (g) $-NHCOCH_3$
       (h) $-O^{\ominus}$

14.9   Wie wirkt sich ein π-Donator bzw. σ-Akzeptor als Substituent auf eine Zweitsubstitution aus?

14.10 Zeigen Sie, wie die Wirkung bestimmter Substituenten durch Ändern der Reaktionsbedingungen verändert werden kann!

14.11 Was versteht man unter «*ortho*-Effekt»?

14.12 Erklären Sie die unterschiedliche Reaktivität von Pyrrol, Furan und Thiophen!

14.13 Wie wird sich Pyrimidin gegenüber einem HNO_3/H_2SO_4-Gemisch verhalten?

14.14 Welche Wirkung hat der Zusatz von $AlCl_3$ bei vielen aromatischen Substitutionen? Geben Sie 5 Beispiele dafür!

14.15 Warum ist die Friedel-Crafts-Alkylierung für präparative Zwecke oft wenig geeignet?

14.16 Styren läßt sich durch Friedel-Crafts-Reaktion aus Benzen und Vinylchlorid nicht herstellen, 3-Phenyl-1-propen (aus Benzen und Allylchlorid) hingegen leicht. Warum?

14.17 Geben Sie die Reaktionsbedingungen an, unter denen folgende Reaktionen durchgeführt werden können:
       (a) Nitrieren von Nitrobenzen
       (b) Friedel-Crafts-Alkylierung von Nitrobenzen
       (c) Acylierung von Nitrobenzen
       (d) Sulfonierung von Benzen
       (e) Nitrierung von Toluen
       (f) Bromierung von Ethylbenzen
       (g) Formylierung von Toluen
       (h) Halogenierung von Nitrobenzen

(i)   Bromierung von Anilin

Welche Produkte bilden sich dabei bevorzugt?

14.18   Vergleichen Sie die Reaktionsbedingungen bei der Reaktion von Benzen mit Propylbromid bzw. Propionylbromid (unter Zusatz von $AlCl_3$). Welche Produkte entstehen? Welche Reaktion ist für präparative Zwecke besser geeignet?

14.19   Geben Sie den Verlauf der folgenden «Namen-Reaktionen» an:

(a)   Skraup-Synthese

(b)   Fries-Umlagerung

(c)   Pechmann-Reaktion

(d)   Vilsmeier-Reaktion

(e)   Gattermann-Synthese

(f)   Bischler-Napieralski-Reaktion

(g)   Doebner-Miller-Synthese

(h)   Kolbe-Schmitt-Reaktion

14.20   Diskutieren Sie die verschiedenen Möglichkeiten zur Formylierung und geben Sie die Anwendbarkeit der einzelnen Methoden für die verschiedenen aromatischen Substanzklassen an!

14.21   Diskutieren Sie die Nitrierung von Toluen, Benzen und Acetophenon. Warum ist verdünnte HNO_3 im allgemeinen als Reagens zur Nitrierung unbrauchbar, ausgenommen bei Phenolen, wo sie sehr geeignet ist? Welchen Zweck hat der Zusatz von konzentrierter Schwefelsäure bei der Nitrierung?

14.22   Welche Beweise existieren dafür, daß das Nitryl-Ion das bei der Nitrierung angreifende Elektrophil ist?

14.23   Wie läßt sich die Reaktivität von Diazotierungskomponenten bei der Azokupplung steigern?

14.24   Welche Produkte entstehen bei der Bromierung folgender Aromaten:

(a)   Acetanilid

(b)   Iodbenzen

(c)   sek. Butylbenzen

(d)   Methylanilin

(e)   Acetophenon

(f)   Phenetol

(f)   Benzonitril

(h)   Benzotrifluorid ($C_6H_5CF_3$)

(i)   Biphenyl

(k)   Ethylbenzoat

14.25   Welche Produkte entstehen bei der Nitrierung folgender Aromaten:

(a)   *o*-Nitrotoluen

(b)   *m*-Dibrombenzen

(c)   *p*-Nitroacetanilid

(d)   *m*-Dinitrobenzen

(e)   *m*-Kresol

(f)   *p*-Kresol

(g)   *m*-Nitrotoluen

(h)   *p*-Xylen

(i)   Terephthalsäure

(k)   Anilinsulfat

(l)   Benzalchlorid

14.26   Welchen Zweck hat der Zusatz von Eisenpulver bei der Bromierung von Toluen?

14.27   Was erhält man bei der Reaktion von Propylbenzen mit Brom:
   (a) am Licht
   (b) unter Zusatz von $AlCl_3$

14.28   Unter welchen Bedingungen wird die Sulfonierung aromatischer Verbindungen ausgeführt? Welche Reagenzien werden benötigt? Wie verläuft die Reaktion?

14.29   Wie lassen sich folgende Substanzen, ausgehend von Benzen, herstellen:
   (a) 1,5-Dichlornitrobenzen   (h) Benzoesäure
   (b) Benzaldehyd   (i) Benzophenon
   (c) *m*-Bromanilin   (k) *p*-Dinitrobenzen
   (d) *p*-Bromnitrobenzen   (l) *o*-Nitrobenzaldehyd
   (e) *p*-Brombenzensulfochlorid   (m) Triphenylchlormethan
   (f) *m*-Brombenzensulfochlorid   (n) 3-Phenyl-1-chlorpropan
   (g) Anthrachinon   (o) Isopropylbenzen

14.30   Überlegen Sie sich mögliche Synthesen folgender Substanzen, ausgehend von einem passenden Ausgangsstoff:
   (a) Benzylalkohol   (h) DDT
   (b) 2,4-Dinitrofluorbenzen   (i) 1,3-Dinitro-2,5-dimethylbenzen
   (c) 1-Chlor-1-phenylethan   (k) *o*- und *p*-Methylacetophenon
   (d) *p*-Chlor-2-bromtoluen   (l) *p*-Hydroxyacetophenon
   (e) *m*-Nitrophenol   (m) *p*-Dimethylaminobenzaldehyd
   (f) Anthranilsäure   (n) *o*-Hydroxybenzaldehyd
   (g) Benzylbromid   (o) *p*-Aminophenol

14.31   Was geschieht bei der Reaktion folgender Substanzen:
   (a) Acetanilid + Brom   (g) Pyrrol + Brom
   (b) Phenol + Chloroform $(OH^{\ominus})$ (h) Resorcin + Formaldehyd $(H^{\oplus})$
   (c) *o*-Kresol + Brom   (i) Anisol + HCN + HCl $[Zn(CN)_2]$
   (d) *m*-Nitrophenol + Brom   (k) Dimethylanilin + $NaNO_2(H^{\oplus})$
   (e) Naphthalen + Schwefelsäure   (l) *o*-Xylen + IBr
   (f) Naphthalen + Salpetersäure   (m) diazotiertes Anilin + Anilin

14.32   Formulieren Sie die möglichen Grenzstrukturen für eine Zweitsubstitution von Nitrobenzen in *o*-, *m*- und *p*-Position! Was zeigt sich dabei?

15 Aromatische Substitution II: Nucleophile Substitution

15.1 Allgemeines

Ungesättigte und aromatische Kohlenwasserstoffe gleichen sich darin, daß beide relativ leicht mit elektrophilen Reagenzien reagieren (A_E bzw. S_E), gegenüber Nucleophilen jedoch inert sind. In der gleichen Weise, wie eine an die Doppelbindung gebundene elektronenanziehende ($-M$)-Gruppe aber die Addition von Nucleophilen ermöglicht (Kapitel 9.6), ermöglichen π-Akzeptoren als Substituenten am Benzenring auch die Substitution durch Nucleophile. So erhält man z. B. durch Erwärmen von Nitrobenzen mit gepulvertem KOH o- und p-Nitrophenol:

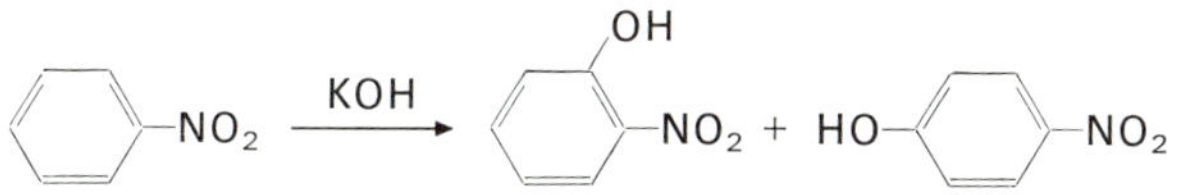

Mechanismen der nucleophilen aromatischen Substitution. Die Mehrzahl der nucleophilen Substitutionen an aromatischen Systemen verläuft nach folgendem Mechanismus:

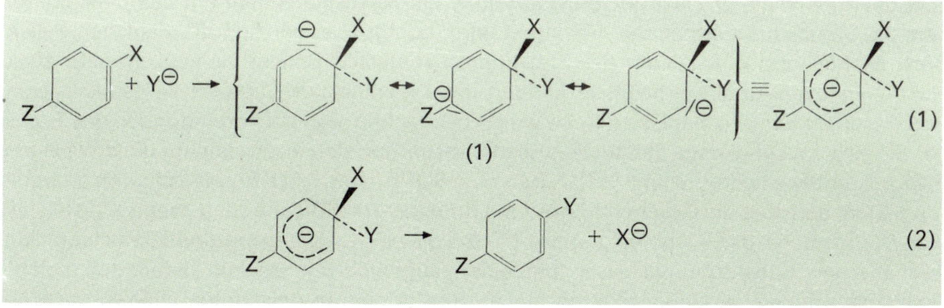

Im ersten Reaktionsschritt wird das Nucleophil vom Aromaten unter Bildung eines *anionischen* Zwischenproduktes addiert, während im zweiten Schritt die Abgangsgruppe abgetrennt wird. Substitutionen dieses Typus sind *bimolekular* und gehorchen einem Zeitgesetz zweiter Ordnung. Im Unterschied zu den in Kapitel 7 besprochenen bimolekularen nucleophilen Substitutionen an aliphatischen gesättigten C-Atomen tritt hier ein echter *Zwischenstoff* auf; die Reaktion folgt also einem *Additions-Eliminations-Mechanismus*. S_N-Reaktionen an Aromaten gleichen damit sowohl der nucleophilen Substitution an ungesättigten C-Atomen (S_N2_t; Kapitel 11) wie auch der elektrophilen aromatischen Substitution. In allen drei Fällen greift das Reagens (Nucleophil bzw. Elektrophil) zuerst das Substrat an und bildet ein mehr oder weniger stabiles Zwischenprodukt; die Abgangsgruppe wird erst im zweiten (meist schnelleren) Reaktionsschritt abgetrennt. Ein echter Synchronmechanismus (wie der S_N2-«Regenschirm»-Mechanismus) ist an aromatischen

Substraten nicht möglich, weil das Nucleophil das C-Atom, an welchem die Substitution stattfindet, nicht von «hinten» angreifen kann und die Ringstruktur ein Umklappen der Liganden verunmöglicht.

Daß wirklich Zwischenstoffe vom Typus (1) gebildet werden, geht z.B. aus Ergebnissen hervor, die bereits 1905 von Meisenheimer erhalten wurden. Erwärmt man nämlich Ethylpikrat mit Natriummethylat oder Methylpikrat mit Natriumethylat, so entsteht in beiden Fällen dasselbe gelbe Salz *(«Meisenheimer-Salz»),* das beim Ansäuern ein Gemisch, bestehend aus den beiden Trinitroethern (2) und (3) zurückbildet. Die schon von Meisenheimer vorgeschlagene Struktur mit der Methoxy- und der Ethoxygruppe am selben Ring-C-Atom wurde 1964 durch das NMR-Spektrum eindeutig bewiesen.

ein Meisenheimer-Salz

Wir haben bereits erwähnt, daß bei nucleophilen aromatischen Substitutionen, die nach dem Additions-Eliminations-Mechanismus verlaufen, im allgemeinen der *erste Schritt* langsamer verläuft und damit *geschwindigkeitsbestimmend* ist. Es ist deshalb zu erwarten – und wird im Experiment häufig auch beobachtet – daß die Substitutionsgeschwindigkeit durch die Natur der zu verdrängenden Abgangsgruppe X nicht allzu sehr beeinflußt wird. Da aber mit zunehmender Elektronegativität von X die Elektronendichte um das C-Atom, an dem die Substitution stattfindet, verringert wird, erfolgt aber der Angriff in solchen Fällen doch leichter und damit auch die Substitution schneller. Zudem vermag ein sehr stark elektronegatives Atom die negative Ladung des Zwischenstoffes besser zu delokalisieren und diesen dadurch zu stabilisieren. So wurde beobachtet, daß bei Verbindungen des Typus (4) die Geschwindigkeiten der nucleophilen Substitution sich insgesamt nur um etwa einen Faktor 5 unterschieden, wenn —Cl, —Br, —I, —SOPh oder —SO$_2$Ph als Abgangsgruppen fungierten, daß aber die Geschwindigkeit um rund das 30 000fache stieg, wenn X gleich —F war. Die Tatsache, daß ausgerechnet das $F^\ominus$-*Ion die beste Abgangsgruppe* bei nucleophilen aromatischen Substitutionen ist, bildet einen augenfälligen Beweis dafür, daß solche Reaktionen anders verlaufen müssen als S_N-Reaktionen an gesättigten aliphatischen C-Atomen, wo —F stets am schwierigsten zu verdrängen ist.

(4)

Voraussetzung einer nucleophilen Substitution nach dem Additions-Eliminations-Mechanismus ist, daß an den aromatischen Ring elektronenanziehende (—M-) *Substituenten* gebunden sind, da diese die negative Ladung des Zwischenstoffes (1) zu delokalisieren vermögen. Zwar wird natürlich auch hier die Reaktionsgeschwindigkeit durch die Energiedifferenz zwischen aktiviertem Komplex und Ausgangsstoff bestimmt; nach Hammond darf man aber auch bei diesen Reaktionen ebenso wie bei den elektrophilen Substitutionen den Zwischenstoff (das Carbanion) als «Modell» des aktivierten Komplexes betrachten. Wie die folgenden Grenzstrukturen zeigen, ist die *Stabilisierung* des Carbanions dann am *wirksamsten, wenn das Nucleophil an die o- oder p-Position addiert wird,* da nur dann die π-Akzeptorwirkung des Substituenten wirksam wird. Im Zwischenstoff der *m*-Addition wirkt sich nur die σ-Akzeptorwirkung der elektronenanziehenden Gruppe aus, der zudem – verglichen mit einem Angriff in *o*- oder *p*-Stellung – abgeschwächt ist (größere Entfernung des Reaktionszentrums vom Schlüsselatom!).

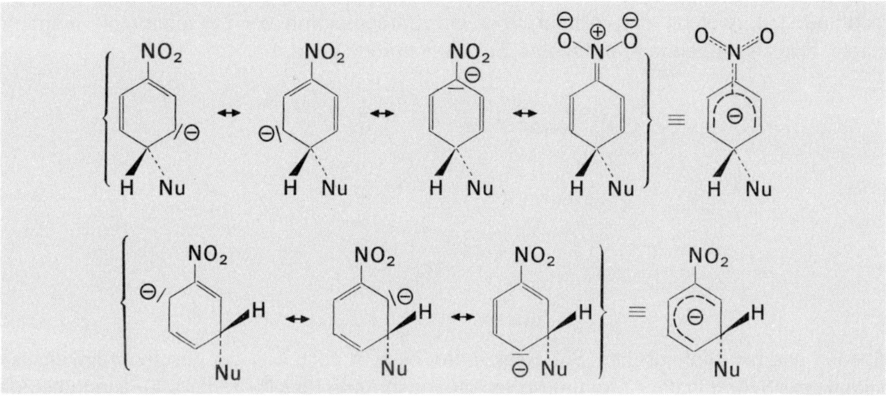

Für *nucleophile aromatische Substitutionen* gilt deshalb genau das *Umgekehrte wie für elektrophile Substitutionen: Elektronenanziehende Substituenten aktivieren den Aromaten und dirigieren einen Zweitsubstituenten nach ortho und para.*
Elektronenanziehende *Heteroatome* verhalten sich ähnlich wie π-Akzeptoren. So reagiert z. B. in Dimethylanilin gelöstes Pyridin mit Natriumamid glatt und in guter Ausbeute zu 2-Aminopyridin **(Tschitschibabin-Reaktion)**:

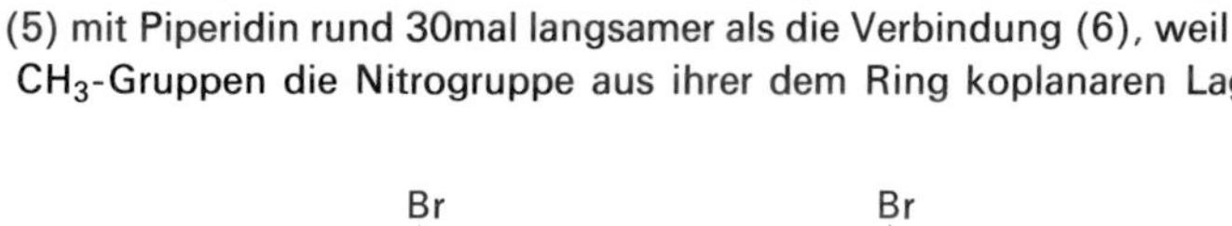

Da die Substituenten Z den Aromaten in erster Linie durch ihren $-M$-Effekt gegenüber einem nucleophilen Angriff aktivieren, ist es verständlich, daß die entsprechenden Reaktionen *langsamer* verlaufen, wenn die *Mesomerie sterisch gehindert* wird. So reagiert z. B. die Verbindung (5) mit Piperidin rund 30mal langsamer als die Verbindung (6), weil die beiden *o*-ständigen CH_3-Gruppen die Nitrogruppe aus ihrer dem Ring koplanaren Lage herausdrängen.

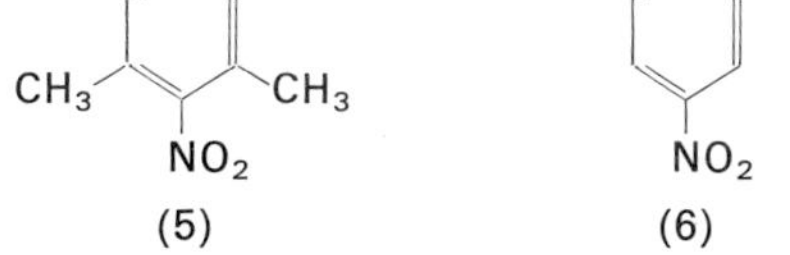

Nucleophile Substitutionen an Aromaten sollten im Prinzip auch als *unimolekulare* Reaktionen (über *Carbeniumionen* als Zwischenstoffe, analog den S_N1-Reaktionen an aliphatischen gesättigten C-Atomen) ablaufen können. Positive *«Arenium»-Ionen* sind aber *extrem unstabil,* so daß Substitutionen an aromatischen Halogeniden, an Nitroverbindungen, Sulfonsäuren oder Phenolen nicht auf diese Weise vor sich gehen, sondern entweder dem Additions-Eliminations-Mechanismus oder dem noch zu besprechenden «Arin-Mechanismus» folgen. Die einzigen aromatischen Substrate, welche mit Nucleophilen – nach den bis heute vorliegenden Ergebnissen – zweifelsfrei gemäß dem S_N1-*Typ* reagieren, sind die *Diazonium-Kationen.* Als Abgangsgruppe wirkt hier das N_2-Molekül, und es ist die besondere Stabilität dieses Moleküls (bzw. die hohe Bindungsenthalpie der N≡N-Dreifachbindung), welche den Ablauf über ein Carbeniumion als Zwischenstoff möglich macht, also als treibende Kraft für eine S_N1-Substitution wirkt.

Ebenso wie bei aliphatischen S_N1-Reaktionen besteht auch hier der geschwindigkeitsbestimmende Schritt in der Abtrennung der Abgangsgruppe (des N_2-Moleküls). Die Substitutionsgeschwindigkeit ist somit unabhängig von der Konzentration des Nucleophils, gehorcht also einem Zeitgesetz *erster Ordnung.* Beweisend für die Umkehrbarkeit des Schrittes (a) sind Ergebnisse, die mit markierten Diazoniumionen erhalten wurden. Verwendet man nämlich Diazoniumsalze von der Art Ar—^{15}N$^{\oplus}$≡N, so lassen sich aus dem Reaktionsgemisch auch Diazoniumionen isolieren, bei denen das zweite N-Atom radioaktiv ist (Ar—N$^{\oplus}$≡^{15}N). Ebenso wie bei aliphatischen S_N1-Reaktionen tritt auch hier wahrscheinlich keine vollständige Abtrennung des N_2-Moleküls vom aromatischen Ring ein, sondern es bleibt eine allerdings sehr lockere Bindung zwischen den beiden Partikeln bestehen, bis die Substitution eintritt. Zudem zeigen Elektronenspinresonanzspektren, daß das «Arenium-Ion» (7) wahrscheinlich im Gleichgewicht mit einem *Diradikal* steht:

Der dritte bei S_N-Reaktionen an Aromaten beobachtete Mechanismus *(«Arin-Mechanismus»)* wird später (S.727) im Zusammenhang mit den entsprechenden Reaktionen besprochen.

15.2 Hydrid-Ionen als Abgangsgruppe

Benzen sowie selbstverständlich auch mit π- oder σ-Donatoren substituierte Aromaten sind gegenüber Nucleophilen vollkommen inert. *Nitrobenzen* reagiert mit sehr reaktionsfähigen Nucleophilen, wie z. B. Amid-Ionen, relativ leicht:

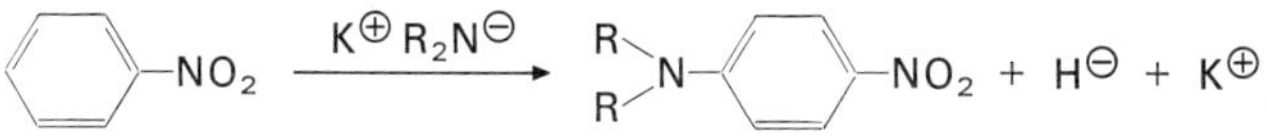

Mit weniger stark nucleophilen Reagenzien (wie z. B. $OH^{\ominus}$) ist Substitution nur unter ziemlich energischen Bedingungen möglich. Da das abgetrennte $H^{\ominus}$-Ion selbst ein sehr starkes Nucleophil ist, arbeitet man dabei zweckmäßigerweise mit einem Zusatz eines *Oxidationsmittels,* wie H_2O_2 oder auch Luftsauerstoff, das die $H^{\ominus}$-Ionen oxidiert und sie dadurch dem Reaktionsgleichgewicht entzieht. *m*-Dinitrobenzen ist bereits bedeutend reaktionsfähiger und ergibt beispielsweise mit $CN^{\ominus}$-Ionen 2,6-Dinitrobenzonitril:

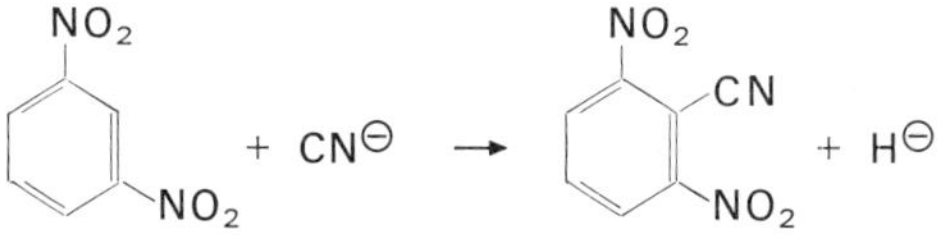

Wie schon erwähnt, verhält sich *Pyridin* ähnlich wie Dinitrobenzen (vgl. die Reaktionsträgheit von Pyridin bei elektrophilen Substitutionen!). Als Beispiele nucleophiler Substitutionen am Pyridinring seien folgende Reaktionen genannt:

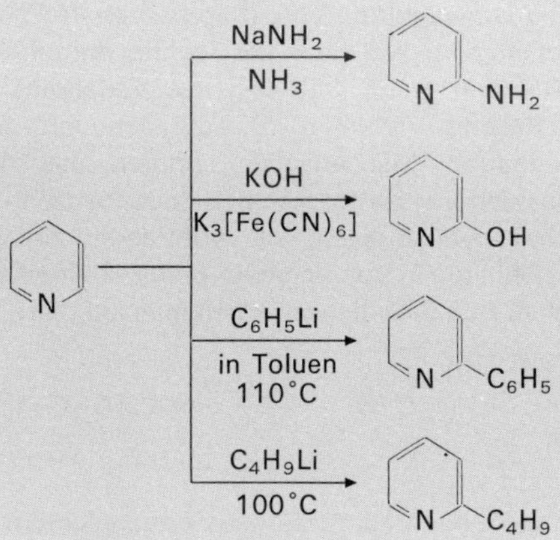

Die *Alkylierung* heteroaromatischer Verbindungen mit Lithiumalkylen ist als *Ziegler-Reaktion* bekannt. Sie erfolgt nach dem normalen Additions-Eliminations-Mechanismus, wobei sich die primären Additionsprodukte in gewissen Fällen als Salze isolieren lassen. Auch gewisse nicht-heterozyklische Aromaten, wie Benzen, Naphthalen und Phenanthren, lassen sich auf diese Weise alkylieren; als Hauptreaktion tritt allerdings hier die Metallierung des aromatischen Kernes ein (vgl. S. 674). Die Alkylierung von *Nitroverbindungen* ist möglich, wenn man als Reagens nicht Alkyllithium-Verbindungen verwendet (die mit der

—NO$_2$-Gruppe reagieren), sondern z. B. das Methylsulfinyl-Carbanion benützt (das aus Dimethylsulfoxid unter der Einwirkung einer starken Base entsteht):

Methylsulfinyl-
Carbanion

Da Nitroverbindungen (und ebenso auch andere, gegenüber elektrophilen Reagenzien desaktivierte Aromaten) durch Friedel-Crafts-Reaktionen nicht alkyliert werden können, ist die letztgenannte Reaktion von gewisser Bedeutung für die präparative Arbeit.

15.3 Andere Anionen als Abgangsgruppen

Substitutionen an Halogenverbindungen. Die für nucleophile Substitutionen weitaus wichtigsten Substrate sind aromatische Halogenide. Unsubstituierte Halogenide sind allerdings gegenüber Nucleophilen sehr reaktionsträg. So läßt sich ein Halogenbenzen weder durch Behandlung mit Natriummethylat in Ethanol noch durch Erhitzen mit alkoholischer AgNO$_3$-Lösung substituieren, unter Bedingungen also, bei welchen Alkylhalogenide relativ leicht reagieren. Die Umwandlung von *Chlorbenzen* in *Phenol* ist nur unter recht *energischen Bedingungen* möglich, wie sie in der Technik durchführbar sind: Behandlung von Chlorbenzen mit 10% NaOH bei 350 °C (Dow-Verfahren) oder mit überhitztem Wasserdampf bei 425 °C (Raschig-Verfahren). Diese Reaktionen verlaufen allerdings nicht nach dem Additions-Eliminations-Mechanismus, sondern über *Arine* als Zwischenprodukte (S. 727). Bemerkenswerterweise reagieren Halogenbenzene aber mit in Dimethylsulfoxid gelösten Alkoxiden ziemlich rasch, was wohl darauf zurückzuführen ist, daß die Alkoxid-Ionen in hydroxylhaltigen Lösungsmitteln durch H-Brücken stark stabilisiert und dadurch reaktionsträger sind. Aus Brombenzen erhält man auf diese Weise *Phenolether:*

$$C_6H_5{-}Br \ + \ (CH_3)_3C{-}O^\ominus \ \xrightarrow[-\ Br^\ominus]{DMSO} \ C_6H_5{-}O{-}C(CH_3)_3$$

π-Akzeptoren in *o*- oder *p*-Stellung zum Halogenatom erleichtern die Substitution stark. Die aktivierende Wirkung nimmt mit der Anzahl der vorhandenen π-Akzeptoren zu; *Pikrylchlorid* (2,4,6-Trinitrochlorbenzen) ist deshalb fast so reaktionsfähig wie ein Säurechlorid und wird schon durch verdünnte Natronlauge hydrolysiert.
Auch andere Nucleophile reagieren leicht mit durch π-Akzeptoren aktivierten Halogenbenzenen. *Amine,* wie z. B. *p*- und *o*-Nitranilin oder N-substituierte Nitraniline, lassen sich durch Reaktion von *p*- oder *o*-Nitrochlorbenzen mit Ammoniak bzw. Aminen erhalten. Das als Carbonylreagens wichtige *2,4-Dinitrophenylhydrazin* stellt man aus 2,4-Dinitrochlorbenzen (das durch Nitrieren von Chlorbenzen erhalten wird) her. *2,4-Dinitrofluorbenzen* besitzt als «*Sanger-Reagens*» für die Markierung endständiger Aminogruppen einer Poly-

peptidkette große Bedeutung. Die nucleophile —NH_2-Gruppe verdrängt dabei das F-Atom unter Bildung eines sekundären Amins, so daß nach der Hydrolyse der Peptidkette die endständige Aminosäure an die 2,4-Dinitrophenylgruppe gebunden bleibt und die Aminosäure selbst nach der Isolierung des Derivats identifiziert werden kann. Durch schonende Hydrolyse ist es möglich, jeweils nur die endständige, an das Sanger-Reagens gebundene Aminosäure von der Polypeptidkette abzutrennen, so daß durch mehrfache Wiederholung dieses Verfahrens die Reihenfolge («Sequenz») der Aminosäuren eines bestimmten Polypeptids aufgeklärt werden kann (Sanger, 1952, beim Insulin).

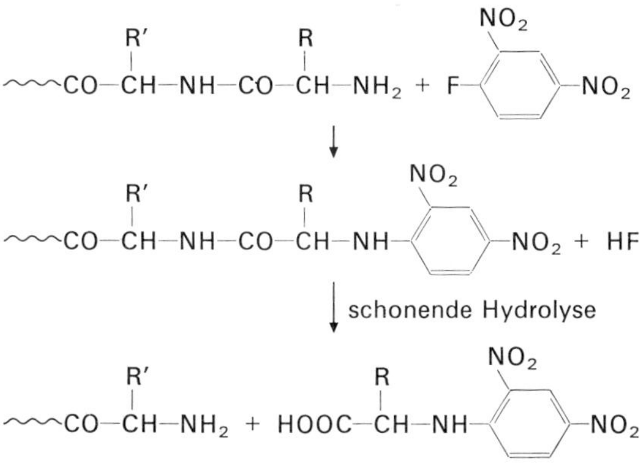

Oxyanionen. Die älteste Methode zur *Gewinnung von Phenolen* besteht im *Schmelzen aromatischer Sulfonsäuren mit NaOH oder KOH* (250 bis 300°C), der sogenannten *Alkalischmelze*. Es handelt sich dabei auch um eine nucleophile Substitution, wobei ein $SO_3^{2\ominus}$-Ion verdrängt wird:

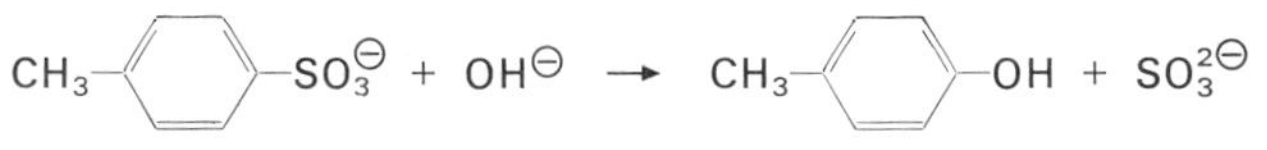

Die Brauchbarkeit dieser Methode wird allerdings dadurch eingeschränkt, daß Sulfonsäuren mit einem π-Akzeptor in *m*-Stellung mit $OH^{\ominus}$-Ionen unter Verdrängung eines $H^{\ominus}$-Ions (in den *o*- und *p*-Positionen) reagieren (Aktivierung durch den π-Akzeptor!). So läßt sich z.B. *m*-Nitrophenol nicht durch Alkalischmelze von *m*-Nitrobenzensulfonsäure erhalten. In solchen Fällen wird man zur Einführung der Hydroxylgruppe besser den Weg über das Diazonium-Ion wählen. Daß empfindlichere Verbindungen bei den doch recht energischen Bedingungen der Alkalischmelze zum Teil zerstört werden und damit eine *schlechte Ausbeute* an Phenol liefern, ist ein weiterer Nachteil dieser Methode.

Enthält ein aromatischer Ring genügend aktivierende Substituenten, so läßt sich auch die —NO_2-Gruppe als *Nitrit-Ion* verdrängen. *o*-Dinitrobenzen liefert beispielsweise beim Kochen mit NaOH *o*-Nitrophenol und beim Erhitzen mit Ammoniak in Ethanol *o*-Nitranilin:

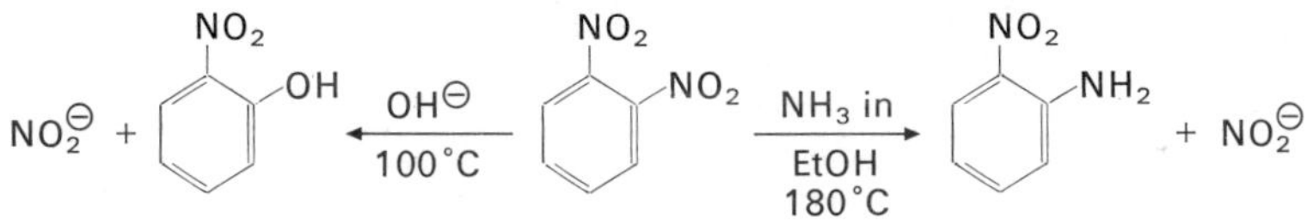

Eine Weiterreaktion ist unmöglich, weil sowohl die —OH- wie die —NH_2-Gruppe den Aromaten gegenüber nucleophilen Reagenzien desaktivieren. Das Nucleophil wird im ersten Reaktionsschritt in *o*- oder *p*-Stellung zur aktivierenden Gruppe addiert; die Tatsache, daß Trinitrobenzen beim Kochen mit einer Lösung von Natriummethylat in Methanol in guter Ausbeute 3,5-Dinitroanisol liefert, zeigt, daß das $NO_2^{\ominus}$-Ion die bessere Abgangsgruppe ist als das $H^{\ominus}$-Ion, denn in 1,3,5-Trinitrobenzen stehen alle —NO_2-Gruppen in *m*-Stellung zueinander und die Addition des Nucleophils erfolgt hier offensichtlich in *m*-Stellung zu einer —NO_2-Gruppe.

Schließlich läßt sich sogar eine *Alkoxygruppe* vom aromatischen Ring verdrängen, wenn dieser genügend aktiviert ist. *p*-Nitroanisol liefert z. B. beim Erwärmen mit wäßriger NaOH über *p*-Nitrophenol als Zwischenstufe das *p*-Nitrophenolat-Anion:

$$CH_3O-\langle\ \rangle-NO_2 \xrightarrow{OH^{\ominus}} \left(HO-\langle\ \rangle-NO_2\right) \rightarrow {}^{\ominus}O-\langle\ \rangle-NO_2$$

Phenolether mit π-Akzeptoren in *o*- und *p*-Stellung gleichen damit in bezug auf die Leichtigkeit der Hydrolyse den Estern.

15.4   Substitutionen an Diazoniumionen

Wir haben bereits mehrfach bemerkt, daß **aromatische Diazoniumsalze** äußerst wertvolle *Zwischenprodukte* für Synthesen sind, weil sich die —$N_2^{\oplus}$-Gruppe dank der besonderen Stabilität des N_2-Moleküls durch die verschiedenartigsten Nucleophile ersetzen läßt. Die große Mehrzahl dieser Substitutionsreaktionen folgt dem S_N1-*Typ*, doch gibt es auch einige, äußerlich gleich verlaufende Reaktionen, die in Wirklichkeit *Radikalsubstitutionen* sind [*Sandmeyer-Reaktionen*: Ersatz der Diazoniumgruppe durch Halogenatome, —CN- oder —NO_2-Gruppen unter der Wirkung von Kupfer(I)-salzen]. Die Besprechung der Sandmeyer-Reaktionen erfolgt später (Kapitel 16); um den Zusammenhang mit der Verwendung der Diazoniumsalze für die präparative Arbeit zu wahren, sind sie jedoch auch in die folgende Tabelle (15.1) aufgenommen.
Zur Überführung von Diazoniumionen in Phenole braucht das Diazoniumsalz bloß in der wäßrigen Lösung (in der es durch die Diazotierung entsteht) erhitzt zu werden (*«Phenolverkochung»*). Im allgemeinen werden dabei Diazoniumsalze mit $HSO_4^{\ominus}$ als Anion bevorzugt,

Tabelle 15.1. Substitutionen an aromatischen Diazoniumionen

	+ H_2O	→ Ar—OH
	+ $HS^{\ominus}$	→ Ar—SH
	+ $S^{2\ominus}$	→ Ar—S—Ar
	+ $I^{\ominus}$	→ Ar—I
$Ar-N_2^{\oplus}$	+ $BF_4^{\ominus}$	→ Ar—F
	+ H_3PO_2 oder $NaBH_4$	→ Ar—H
	+ CuCl	→ Ar—Cl
	+ $NaNO_2$ ($Cu^{\oplus}$)	→ Ar—NO_2 } Sandmeyer-Reaktionen
	+ CuCN	→ Ar—CN

um Konkurrenzreaktionen mit Halogenid- oder Nitrat-Ionen auszuschalten. Die Phenolver-kochung wird meist unter Zusatz von etwas Säure durchgeführt; man erhält so das freie Phenol und verhindert eine weitere Reaktion zwischen unverändertem Diazoniumsalz und Phenolat-Ionen.

Der Ersatz der Diazoniumgruppe durch $I^{\ominus}$ ist wohl die beste Methode zur Einführung von *I*-*Atomen* als Substituenten in aromatische Ringe. Man erwärmt dabei die wäßrige Suspen-sion des Diazoniumsalzes mit einer KI-Lösung und erhält das Iodid in relativ hoher Ausbeute. Wahrscheinlich ist dabei nicht das $I^{\ominus}$-Ion das angreifende Nucleophil, denn Salze vom Typus $AR-N_2^{\oplus}I_3^{\ominus}$ (die isoliert werden können) ergeben beim Stehenlassen das aromatische Iodid. Man nimmt deshalb an, daß zunächst ein Teil des Iodids zu elementarem Iod oxidiert wird, das dann anschließend den $I_3^{\ominus}$-Komplex bildet. Dies würde zugleich auch erklären, warum die übrigen Halogenide unter diesen Bedingungen nicht mit Diazoniumsal-zen reagieren: sie sind durch die in solchen Lösungen stets vorhandene salpetrige Säure ($NO_2^{\ominus}$-Ionen) oder durch die Diazonium-Kationen nicht zu elementarem Halogen oxidier-bar.

Zur Einführung von *F-Atomen* in aromatische Ringe dient die *Schiemann-Reaktion.* Man geht dabei so vor, daß das betreffende Amin zunächst in der üblichen Weise mit Nitrit und Salzsäure diazotiert wird. Nachher stellt man durch Zusatz von $NaBF_4$ oder NH_4BF_4 das in Wasser schwerlösliche *Diazoniumfluoroborat* her, das nach der Abtrennung getrocknet und erhitzt wird. (Im Gegensatz zu den Diazoniumchloriden oder -hydrogensulfaten sind also die Fluoroborate im festen Zustand bemerkenswert beständig!) Daß die Schiemann-Reaktion wirklich über positiv geladene Arenium-Ionen als Zwischenprodukte abläuft, wird durch folgende interessante Beobachtungen und Überlegungen bewiesen: Es ist bekannt, daß aromatische Diazoniumchloride andere Aromaten arylieren können, wobei die Reaktion über freie Radikale verläuft. Dabei erhält man in jedem Fall ein Isomerengemisch, weil sich das Vorhandensein von elektronenanziehenden oder -abstoßenden Substituenten nicht auf den Ort der Substitution auswirkt. Ein Arenium-Ion verhält sich aber wie irgendein anderes Elektrophil, so daß die Arylierung in *m*-Stellung des zweiten Aromaten geschieht, wenn dieser *m*-dirigierende Substituenten enthält, bzw. in *o*- und *p*-Stellung, wenn *o*-/*p*-dirigierende Substituenten vorhanden sind. Führt man nun die Schiemann-Reaktion in Gegenwart anderer Aromaten aus, so erhält man tatsächlich nur *m*-arylierte Produkte als Nebenprodukte der Reaktion, falls dieser zweite Aromat einen *m*-dirigierenden Substituen-ten enthält. Aryl-Radikale sind somit als Zwischenstoffe bei der Substitution der Diazo-niumgruppe durch $F^{\ominus}$ ausgeschlossen.

Die beste Methode zur *Reduktion der Diazoniumgruppe,* d. h. zu ihrem Ersatz durch ein H-Atom ist die Behandlung von Diazoniumsalzen mit unterphosphoriger Säure, H_3PO_2. Man benötigt dabei die Säure in einem ziemlich großen Überschuß. Wenn man das feste Diazoniumfluoroborat isoliert und dieses mittels $NaBH_4$ in Dimethylformamid reduziert, gelingt die Substitution auch in nichtwäßrigem Medium. Der Mechanismus dieser Reduk-tion ist nicht genau bekannt; wahrscheinlich wirkt aber in jedem Fall das Hydrid-Ion ($H^{\ominus}$) als Nucleophil.

15.5 Nucleophile aromatische Substitutionen via Arine

Mechanismus. Behandelt man Chlorbenzen mit in flüssigem Ammoniak gelöstem Na-triumamid (bei $-40\,^{\circ}C$), so erhält man Anilin. Auf den ersten Blick scheint es sich bei dieser Reaktion um eine gewöhnliche aromatische nucleophile Substitution zu handeln; auffal-lend ist jedoch die relative *Leichtigkeit,* mit welcher diese Reaktion verläuft, sowie die

Tatsache, daß die Reaktivität der verschiedenen Halogenbenzene in der Reihenfolge Br > I > Cl >> F abnimmt, was mit dem bereits behandelten Additions-Eliminations-Mechanismus nicht im Einklang steht. Eine weitere Merkwürdigkeit ist, daß in diesen und anderen analogen Fällen der neu eintretende Substituent nicht an die Stelle der Abgangsgruppe tritt, sondern von einem anderen C-Atom des aromatischen Ringes gebunden wird. Für die erwähnte Reaktion ließ sich dies dadurch beweisen, daß mit ^{14}C markiertes Chlorbenzen als Substrat verwendet wurde:

Abb. 15.1. Dehydrobenzen

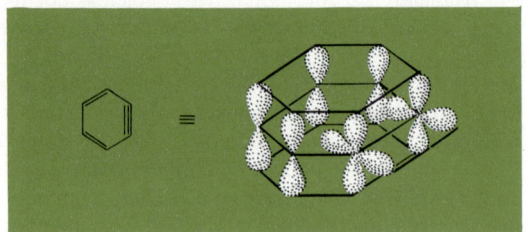

Entsprechend erhält man bei der Reaktion von *o*-Bromanisol mit Natriumamid (hier sogar ausschließlich) *m*-Aminoanisol:

Die einzig mögliche Erklärung für die verschiedenen, auf den ersten Blick sehr merkwürdig anmutenden Beobachtungen ist die Annahme eines **Arins[1] (Dehydrobenzens)** als Zwischenstoff, d.h. eines ringförmigen, eine Dreifachbindung enthaltenden aromatischen Systems, das durch Elimination eines $H^{\oplus}$- und eines Halogenid-Ions gebildet wird. In diesem Arin ist das aromatische Sextett noch erhalten; die beiden zusätzlichen Elektronen besetzen ein π-MO, das nur zwei C-Atomen angehört (Abb. 15.1). Die Substitution verläuft also in *zwei Schritten:*

Dehydrobenzen
(1)

---

[1] Da Alkine in der angelsächsischen Literatur die Endung -yne tragen, werden dort Arine vom Typus Dehydrobenzen als **Benzyne** bezeichnet.

Das Zwischenprodukt (1) kann durch das N-Atom an jedem der beiden durch die Dreifachbindung verbundenen C-Atome angegriffen werden, so daß bei Verwendung von markiertem Chlorbenzen die Hälfte des entstandenen Anilins das radioaktive C-Atom in Stellung 2 enthält. Im Fall der Reaktion von *o*-Bromanisol mit Natriumamid ist das als Zwischenstoff auftretende Arin nicht symmetrisch, und die Methoxygruppe dirigiert das angreifende Nucleophil nach *meta*.

Diese Art der nucleophilen Substitution an Aromaten ist ebenso wie die bimolekulare Substitution (und die S_N1-Reaktion!) eine *Zweistufenreaktion*. Im Unterschied zu diesem Reaktionstyp erfolgt beim Arin-Mechanismus die Elimination zuerst, also vor der Addition des Nucleophils *(Eliminations-Additions-Mechanismus);* Reaktionen, die über Arine als Zwischenstoffe verlaufen, benötigen deshalb im allgemeinen *starke Basen* als Nucleophile.

Dehydrobenzen selbst sowie seine Derivate sind sehr instabil und reaktionsfähig, so daß es bis heute nicht gelungen ist, derartige Verbindungen bei Raumtemperatur als Substanzen zu isolieren. Hingegen konnte 1973 Dehydrobenzen unter Bedingungen dargestellt werden, welche die Aufnahme eines IR-Spektrums ermöglichten. Dabei wurde Phthaloylperoxid bei 8 K in einer Matrix aus festem Argon photolysiert, wobei sich unter Abspaltung von zwei Molekülen CO_2 Dehydrobenzen bildete:

Bei Verwendung einer furanhaltigen Argon-Matrix verschwanden die für das Dehydrobenzen charakteristische IR-Banden beim Erwärmen auf 50 K in dem Maße, wie die Banden des Diels-Alder-Adduktes auftauchen:

Auch bei Reaktionen, die über Dehydrobenzen als Zwischenstoff verlaufen, kann dieses durch Furan abgefangen werden. Eine weitere Möglichkeit zum Abfangen von Dehydrobenzen bietet die Reaktion mit Anthracen, wobei sich *Triptycen* bildet, ein interessanter polyzyklischer Kohlenwasserstoff:

Anthranilsäure

Triptycen

Schließlich zeigt die *massenspektrometrische* Untersuchung von diazotiertem Anthranilat die Bildung von Dehydrobenzen in sehr überzeugender Weise: Es enthält vier Peaks und zwar bei $m/e = 28$ ($N_2^{\oplus}$), 44 ($CO_2^{\oplus}$); 76 ($C_6H_4^{\oplus}$; Dehydrobenzen-Kation!) und 152 ($M^{\oplus}$).

Eine *Reihe weiterer Beobachtungen* spricht für das Auftreten von Arinen bei nucleophilen aromatischen Substitutionen. So ist beispielsweise 2-Methyl-5-methoxybrombenzen gegen NaNH$_2$ völlig inert (im Gegensatz zu 2-Methylbrombenzen), da hier kein Dehydrobenzen gebildet werden kann. Setzt man ein äquimolares Gemisch aus Brombenzen und 2-Deuterobrombenzen mit einer beschränkten Menge Natriumamid um und unterbricht die Reaktion vor ihrer Beendigung, so enthält das unverbrauchte Ausgangsmaterial mehr als 50% Deuterium. Dies zeigt, daß im geschwindigkeitsbestimmenden Schritt die C—H-Bindung an einem *o*-ständigen C-Atom getrennt werden muß. Im Gegensatz dazu gibt *o*-Deuterofluorbenzen mit Natriumamid in Ammoniak sehr rasch normales Fluorbenzen, während die Bildung von Anilin (d. h. die nucleophile Substitution!) vergleichsweise langsam erfolgt. Hier wird im geschwindigkeitsbestimmenden Schritt der Substitution die C—F-Bindung getrennt, d. h. nach der Abspaltung des Protons reagiert das entstehende Carbanion sofort mit NH$_3$ (das als Säure wirkt), bevor die C—F-Bindung getrennt wird. Im Fall von *o*-Deuterobrombenzen erfolgt die Trennung der (schwächeren) C—Br-Bindung viel rascher als die Protonierung des Carbanions durch Ammoniak, so daß kaum ein Isotopenaustausch beobachtet wird. Zur *Bildung des Arins* wird also offenbar *zuerst ein Proton* und *dann das Halogenatom* abgespalten, wobei je nach der Stärke der C-Halogen-Bindung der eine oder der andere Schritt geschwindigkeitsbestimmend ist. Die *Weiterreaktion* des Arins erfolgt dann *sehr rasch.*

Nicht nur aus Benzen, sondern auch aus vielen anderen Aromaten (Benzen-, Naphthalen-, Phenanthrenderivate; Heterozyklen) konnten Arine erhalten werden. Während Halogenbenzene dazu starke Basen (Lithiumalkyle, Kalium-tert. Butylat) erfordern, gelingt die Abspaltung von HCl aus Chlorcumarin oder anderen halogenierten Heterozyklen unter Umständen sogar mit Piperidin. Auch *o*-halogensubstituierte Lithiumverbindungen können als Ausgangssubstanzen zur Bildung von Dehydroaromaten dienen:

Die Position, an welcher bei einer Zweitsubstitution der neu eintretende Substituent gebunden wird, hängt beim Arin-Mechanismus von der Richtung der Elimination sowie von der dirigierenden Wirkung des Erstsubstituenten ab. Befindet sich die Abgangsgruppe in *o*- oder *p*-Stellung zum Erstsubstituenten, so kann sich nur ein einziges Arin bilden; steht sie hingegen in *m*-Stellung, so kann das Arin auf zwei Arten entstehen:

Dabei wird im letztgenannten Fall die Elimination bevorzugt so verlaufen, daß nach der Abspaltung der Abgangsgruppe X das am stärksten «saure» Proton abgetrennt wird. Ist Z ein elektronenanziehender Substituent, so wird hauptsächlich das *o*-Proton eliminiert, während ein elektronenabgebender Substituent Z die Elimination des *p*-Protons begünstigt. Die dirigierende Wirkung von Z beruht darauf, daß das Arin durch das Nucleophil an zwei verschiedenen Stellen angegriffen werden kann. Die Addition verläuft erwartungsgemäß normalerweise derart, daß sich das stabilere der beiden möglichen Carbanionen bilden kann. Bei −I-Substituenten trägt dieses die negative Ladung näher dem Substituenten Z. Als Beispiele betrachten wir die Reaktion der drei Dichlorbenzene mit Natriumamid:

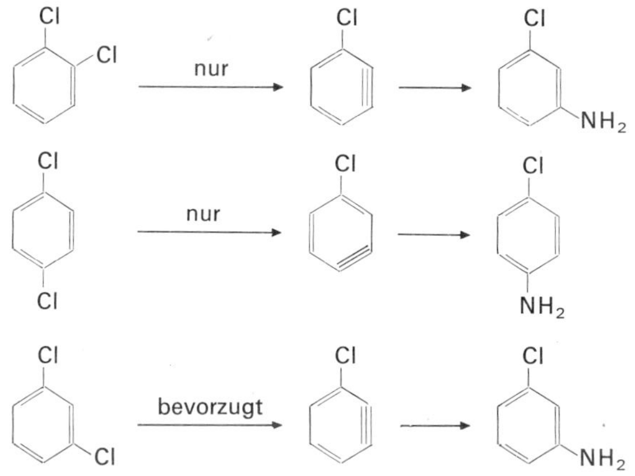

Das wichtigste Beispiel einer nucleophilen Substitution, die über Arine als Zwischenprodukte abläuft, ist die bereits diskutierte Reaktion der *Halogenbenzene* mit *Natriumamid*. Da aber auch andere im Reaktionsgemisch vorhandene Nucleophile an das Arin addiert werden können, läßt sich z. B. *Phenylmalonester* dadurch erhalten, daß man Brombenzen mit einer Lösung von Malonester in flüssigem Ammoniak umsetzt, wobei die Lösung auch etwas Amid enthalten muß:

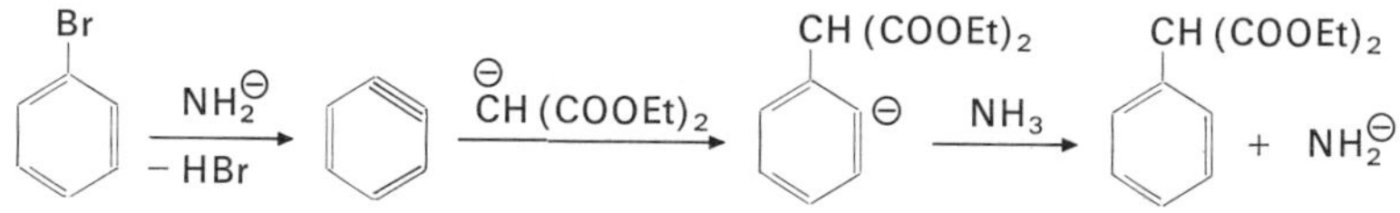

Wahrscheinlich verläuft auch die bei hohen Temperaturen mögliche Umwandlung von Chlorbenzen in Phenol mit NaOH *(Dow-Prozeß)* über Dehydrobenzen als Zwischenprodukt.

Übungen

15.1   Unter welchen Voraussetzungen sind nucleophile Substitutionen an Aromaten möglich?

15.2   Diskutieren Sie die aktivierende und dirigierende Wirkung von Substituenten bei S_N-Reaktionen nach dem Additions-Eliminations-Mechanismus und vergleichen Sie die Wirkungen der Substituenten mit den Substituenteneffekten bei elektrophilen aromatischen Substitutionen!

15.3   Stellen Sie die für nucleophile Substitutionen an Aromaten möglichen Reaktionsmechanismen zusammen und geben Sie die experimentellen Ergebnisse an, welche für den einen oder den anderen Mechanismus sprechen!

15.4   Warum ist bei S_N-Reaktionen an Aromaten das $F^{\ominus}$-Ion eine besonders gute Abgangsgruppe, während bei entsprechenden Reaktionen an gesättigten aliphatischen C-Atomen Fluoride sehr reaktionsträg sind?

15.5   Wie verhält sich Pyridin gegenüber elektrophilen und nucleophilen Reagenzien?

15.6   Unter welchen Bedingungen lassen sich aromatische H-Atome durch Nucleophile ersetzen? Geben Sie Beispiele für solche Reaktionen!

15.7   Worauf beruht die Bedeutung von 2,4-Dinitrofluorbenzen in der Eiweißchemie?

15.8   Stellen Sie die verschiedenen präparativen Anwendungen der Diazoniumsalze zusammen und geben Sie die Bedingungen an, unter welchen die betreffenden Reaktionen durchgeführt werden.

15.9   Welche Beweise existieren für das Auftreten von Arinen bei nucleophilen aromatischen Substitutionen?

15.10   Nach welchen Mechanismen verlaufen folgende Reaktionen:
(a) Alkalischmelze von Benzen-m-disulfonsäure, (b) Dow-Prozeß, (c) Bildung von 2-Hydroxypyridin aus Pyridin und KOH, (d) Synthese von Iodbenzen aus Anilin, (e) Synthese von Fluorbenzen aus Anilin, (f) Bildung von p-Dimethylaminonitrobenzen aus p-Nitrochlorbenzen und Kaliumdimethylamid

15.11   Wie reagieren folgende Substanzen miteinander (Produkte und Reaktionsmechanismus angeben):
(a) Nitrobenzen + K_2CO_3, erwärmen, (b) Pyridin + Natriumamid, (c) 2,6-Dimethyl-4-bromnitrobenzen + KOH, (d) m-Dinitrobenzen + $CN^{\ominus}$, (e) o-Dinitrobenzen + KOH, (f) diazotiertes Anilin + CuCl, (g) o-Bromanisol + Natriumamid

15.12   Wie kann man folgende Substanzen herstellen:
(a) 2,4-Dinitrofluorbenzen, (b) 2,4-Dinitrophenylhydrazin, (c) Resorcin, (d) 2-Iodchlorbenzen und 3-Iodchlorbenzen, (e) Thiophenol, (f) p-Kresol und m-Kresol, (g) 2-Butylpyridin, (h) β-Naphthol und α-Naphthol

16 Radikalreaktionen

Sowohl im ersten wie im zweiten Teil dieses Buches sind wir schon mehrfach Reaktionen begegnet, die über freie Radikale als Zwischenstoffe ablaufen (Substitution, S.73; Addition, S.520). In diesem Kapitel werden die Radikalreaktionen zusammenfassend betrachtet, und zugleich soll eine Anzahl ausgewählter Beispiele besprochen werden.

16.1 Bildung und Stabilität von Radikalen

Nachweis von Radikalen. Bevor auf die verschiedenen Möglichkeiten der Erzeugung freier Radikale sowie auf eine Diskussion ihrer Stabilität eingegangen werden soll, ist es zweckmäßig, die verschiedenen Möglichkeiten zu ihrem Nachweis zu besprechen. Radikale besitzen ein ungepaartes Elektron und sind demzufolge *paramagnetisch;* liegen sie in größeren Konzentrationen vor (wie es allerdings nur in gewissen Lösungen von besonders stabilen Radikalen möglich ist), so können sie dadurch erkannt werden, daß solche Lösungen von einem starken Magneten angezogen werden. Die wichtigste und modernste Methode zum Nachweis freier Radikale, die *Elektronenspinresonanz-* (ESR-) *Spektroskopie,* beruht ebenfalls auf dem magnetischen Verhalten des ungepaarten Elektrons. Es ist nämlich möglich – ganz ähnlich wie bei der Kernresonanzspektroskopie – durch Anregung (Absorption von elektromagnetischer Strahlung aus dem Mikrowellengebiet) eine Spin-umkehr des ungepaarten Elektrons zu erzwingen (S.55). Die ESR-Spektroskopie ist ein außerordentlich empfindliches Instrument; so lassen sich durch ESR-Spektren Radikale bis zu Konzentrationen von 10^{-7} mol/Liter nachweisen, was für Vorgänge, bei welchen sehr instabile und daher äußerst kurzlebige Radikale (in sehr geringen Konzentrationen) auftreten, sehr wichtig ist. Andere Methoden zum Nachweis von Radikalen benützen ihre *große Reaktionsfähigkeit.* Leitet man z.B. einen Gasstrom, der Radikale enthält, über einen *Metallspiegel* (Blei, Silber), so reagieren die Metalle unter Bildung flüchtiger Metallverbindungen, die an einer anderen Stelle thermisch wieder in die Komponenten gespalten werden können, wobei sich dort wieder ein Metallspiegel abscheidet. Durch Variieren des Abstandes zwischen dem durch die Radikale angegriffenen Metallspiegel und dem Ort der Bildung der Radikale (durch Zersetzung von Metallalkylverbindungen), sowie durch Variieren der Strömungsgeschwindigkeit des Gasstromes, läßt sich die *Halbwertszeit* der Radikale bestimmen (Paneth). Für das CH_3-Radikal erhielt man auf diese Weise z.B. eine Halbwertszeit in der Größenordnung von 10^{-2} s.

Auch die Fähigkeit der Radikale, andere Reaktionen (z.B. *Polymerisationen)* auslösen zu können, wird zu ihrem Nachweis verwendet. Durch Reaktionen mit *«Radikalfängern»* lassen sich Radikale unter Umständen ebenfalls direkt nachweisen. So ergibt z.B. das tief violett gefärbte Diphenylpikrylhydrazyl-Radikal (ein relativ stabiles, freies Radikal) mit instabilen Radikalen gelbe oder farblose Reaktionsprodukte, so daß der Abfangprozeß auch *kolorimetrisch* verfolgt werden kann:

Diphenylpikrylhydrazyl
tief violett

gelb-farblos
(Die Struktur dieses, aus dem
violetten Radikal entstandenen
Produktes ist nicht mit Sicherheit
bekannt)

Schließlich lassen sich Radikale auch durch «konventionelle» spektroskopische Methoden nachweisen. Durch Bestrahlung mit einem Blitzlicht von hoher Energie gelingt es z. B., sehr schnell verlaufende Radikalreaktionen auszulösen und die dabei in relativ hohen Konzentrationen entstehenden Radikale durch ihr *Absorptionsspektrum* nachzuweisen *(«Blitzlicht-Photolyse»);* es ist aber auch möglich, die Ausgangssubstanz in einem glasig erstarrenden Material (z. B. einem Kohlenwasserstoffgemisch) einzubetten und dann durch Photolyse Radikale zu erzeugen. Infolge der sehr geringen Diffusionsgeschwindigkeit ist dann die Wahrscheinlichkeit der Rekombination zweier Radikale sehr gering, so daß die gebildeten Radikale in günstigen Fällen während einiger Stunden erhalten bleiben.

Erzeugung von Radikalen. Die Bildung von Radikalen aus Molekülen erfordert eine homolytische Bindungstrennung. Die dazu notwendige Bindungsenthalpie kann auf verschiedene Weise zugeführt werden:

(a) *Spaltung durch thermische Energie:* Substanzen, die Bindungen mit relativ niedriger Bindungsenthalpie enthalten, können durch Erhitzen in Radikale zerfallen. Bekannte Beispiele dafür sind organische *Peroxide,* wie Dialkyl- oder Diacylperoxide. So zerfällt z. B. di-tert. Butylperoxid in tert. Butoxyradikale, die sich anschließend in Aceton und Methylradikale zersetzen:

$$(CH_3)_3C-O-O-C(CH_3)_3 \longrightarrow 2\,(CH_3)_3C-O\cdot$$
$$2\,(CH_3)_3C-O\cdot \longrightarrow 2\,CH_3COCH_3 + 2\,CH_3\cdot$$

Dabei ist der erste Schritt geschwindigkeitsbestimmend; die Homolyse ist also eine unimolekulare Reaktion. Die Wirkung der Temperatur kommt in der Halbwertszeit der Reaktion zum Ausdruck: sie beträgt bei 100°C 200 Stunden, bei 140°C nur noch 2 Stunden.

Besonders leicht erfolgt der Zerfall von Peroxyverbindungen, wenn dabei stabile Moleküle wie z. B. N_2 oder CO_2 entstehen. Auch wenn sich *mesomeriestabilisierte Radikale* bilden, verläuft die Homolyse beträchtlich *rascher,* da bereits der Übergangszustand durch die Delokalisation des ungepaarten Elektrons stabilisiert wird. So ist die Halbwertszeit des Zerfalls von Dibenzoylperoxid bei 90°C nur 2 Stunden, bei 100°C sogar nur noch 30 min.

Noch schneller zerfallen *Peroxyester,* wie z. B. tert. Butylperoxyester, wenn sich ein relativ stabiles Radikal bilden kann:

$$(C_6H_5)_2CH-C\overset{O}{\underset{O-O-C(CH_3)_3}{<}} \rightarrow (C_6H_5)_2CH\cdot + CO_2 + (CH_3)_3C-O\cdot$$

Obschon hier zwei Bindungen gleichzeitig homolytisch getrennt werden, verläuft der Zerfall sehr rasch (Halbwertszeit bei 60°C nur 30 min), weil bereits der aktivierte Komplex durch die Mesomerieenergie des entstehenden Benzylradikals stabilisiert wird.

Peroxide können auch durch *«induzierten Zerfall»* in Radikale gespalten werden. Dabei greift ein Radikal – das bereits aus einem Peroxidmolekül entstanden ist oder ein im Laufe einer nachfolgenden Reaktion «sekundär» gebildetes Radikal sein kann – ein Peroxidmolekül an. Man nimmt an, daß dabei vom α-C-Atom ein H-Atom abgespalten wird und anschließend das gebildete Radikal β-Spaltung erfährt:

$$R\cdot + R'_2CH-O-O-CHR'_2 \rightarrow RH + R'_2\overset{.}{C}-O-O-CHR'_2$$
$$R'_2\overset{.}{C}-O-O-CHR'_2 \rightarrow R'_2C=O + \cdot O-CHR'_2$$

Wenn Peroxide als «Starter» für Radikalreaktionen – z. B. Radikalpolymerisationen – dienen sollen, ist dieser induzierte Zerfall eine unerwünschte *Nebenreaktion,* denn dadurch wird ein Peroxidmolekül verbraucht, ohne daß dadurch die Anzahl vorhandener Radikale vermehrt wird.

Schließlich ist darauf hinzuweisen, daß Peroxide auch unter *Detonation* zerfallen können, so daß im Umgang mit ihnen stets *Vorsicht* geboten ist. Im allgemeinen nimmt die Neigung zum explosionsartigen Zerfall mit kleinerer Molekülmasse zu. Von den Alkylperoxiden ist beispielsweise Dimethylperoxid ganz besonders instabil, während Di-tert. butylperoxid so beständig ist, daß es sich unter Atmosphärendruck unzersetzt destillieren läßt. Diacetylperoxid ist wiederum weniger stabil als Dibenzoylperoxid, das wohl am häufigsten als Initiator für Radikalreaktionen verwendet wird. Jedoch sollten auch «stabile» Peroxide niemals zu stark erhitzt oder mechanisch verrieben werden.

Werden die beim Zerfall von Peroxiden entstehenden Radikale nicht durch einen anderen Reaktionspartner abgefangen, so reagieren sie *unter sich* weiter. Diethylperoxid beispielsweise liefert beim Zerfall Ethanol und Acetaldehyd:

$$CH_3CH_2-O-O-CH_2CH_3 \rightarrow 2\ CH_3CH_2-O\cdot$$
$$2\ CH_3CH_2-O\cdot \rightarrow CH_3CH_2OH + CH_3CHO$$
$$(\text{«Disproportionierung», S.741})$$

Aus Di-tert. butylperoxid entstehen in der Gasphase durch β-Spaltung Aceton und Ethan:

$$t\text{-}Bu-O-O-Bu\text{-}t \rightarrow 2\ t\text{-}Bu-O\cdot$$

$$CH_3-\overset{CH_3}{\underset{CH_3}{C}}-O\cdot \rightarrow CH_3-\overset{O}{\overset{\|}{C}}-CH_3 + \cdot CH_3$$

$$2\ CH_3\cdot \rightarrow C_2H_6$$

Auch *Azoverbindungen* lassen sich durch Erwärmen in Radikale spalten. So zerfällt Azomethan, $CH_3-N=N-CH_3$, oberhalb 400°C fast vollständig in Methylradikale und molekularen Stickstoff. Sind Substituenten vorhanden, die das ungepaarte Elektron delokalisieren, so tritt der Zerfall leichter ein. Azobisisobutyronitril beispielsweise zerfällt bereits bei 100 °C mit einer Halbwertszeit von 5 min in Stickstoff und Isobutyro-nitril-Radikale:

$$(CH_3)_2C-N=N-C(CH_3)_2 \longrightarrow 2\left\{(CH_3)_2\dot{C}-C\equiv N \leftrightarrow (CH_3)_2C=C=\dot{N}\right\} + N_2$$
$$||$$
$$CNCN$$

Wegen dieses leichten und raschen Zerfalls in Radikale wird das Azobisisobutyronitril oft zum «Starten» von Radikalreaktionen verwendet.

Die Bindungsenthalpien der C—N- und der N=N-Bindung sind zwar nicht besonders klein, jedoch entsteht durch den Zerfall das extrem stabile N_2-Molekül, wodurch die Homolyse begünstigt wird. Aber auch beim Azobisisobutyronitril beträgt die Radikal-ausbeute nicht 100 % (d. h. eine bestimmte Menge davon zerfällt nicht zu 100 % in freie Radikale), weil die zunächst im «Lösungsmittelkäfig» (S. 424) vorhandenen Radikale zu Tetramethylsuccinonitril *rekombinieren* können, bevor sie wegdiffundieren.

(b) *Spaltung durch Belichtung (Photolyse):* Ist die Energie des von einem Molekül absorbierten Lichtes mindestens so groß wie die Bindungsenthalpie der fraglichen Bindung, so kann die Homolyse auch durch Licht ausgelöst werden. Ketone, die im Gebiet von 300 bis 350 nm absorbieren, gehen (in Lösung) in den Triplett-Zustand über, in welchem sie sich wie Diradikale ($R_2\dot{C}-\dot{O}$) verhalten. Bekannte Beispiele für die photolytische Erzeugung von Radikalen sind die Bildung von Cl- bzw. Br-Atomen beim Belichten von Chlor oder Brom oder die photolytische Spaltung von Aceton in der Gasphase:

$$CH_3-\underset{\underset{O}{\|}}{C}-CH_3 \xrightarrow{UV\ (\lambda \approx 300\ nm)} CH_3\cdot + \cdot\underset{\underset{O}{\|}}{C}-CH_3$$
$$\downarrow$$
$$CO + CH_3\cdot$$

(c) *Spaltung durch energiereiche Strahlung (Radiolyse):* In gewissen Fällen ist es möglich, gasförmige Substanzen durch Bestrahlen mit Elektronen in Radikale zu spalten. Steigert man die Energie der Strahlung kontinuierlich, so beginnen bei einem charakte-ristischen Potential (dem *«Erscheinungspotential»*) auch Ionen aufzutreten, die im Massenspektrometer untersucht und bestimmt werden können. Aus den Erscheinungs-potentialen lassen sich die Bindungsenthalpien (genauer die Dissoziationsenergien bestimmter Bindungen) berechnen.

(d) *Spaltung durch Redoxprozesse:* Bei Redoxprozessen, an welchen Übergangsmetallio-nen in niedrigen Oxidationsstufen beteiligt sind, entstehen vielfach Radikale, welche organische Radikalreaktionen starten können. Ein bekanntes Beispiel dafür ist die sogenannte *Fentonsche Lösung*, ein Gemisch von $FeSO_4$ mit H_2O_2:

$$Fe^{2\oplus} + HO-OH \longrightarrow Fe^{3\oplus} + HO\cdot + OH^{\ominus}$$
$$Fe^{3\oplus} + HO-OH \longrightarrow Fe^{2\oplus} + HO_2\cdot + H^{\oplus}$$

Stark elektropositive *Metalle*, wie z. B. Natriummetall, vermögen ebenfalls als Elektro-nenspender zu wirken, wie z. B. bei der Acyloin-Kondensation (S. 605). Die Erzeugung von Radikalen durch Redoxreaktionen hat den Vorteil, daß die Geschwindigkeit der Radikalbildung leichter zu steuern ist, indem man die Konzentrationen der Reaktions-partner entsprechend wählt.

Tabelle 16.1. Weitere Dissoziationsenergien von Bindungen (in kJ/mol; bei 25 °C)

H—H	436	C_6H_5—H	427
F—F	159	$C_6H_5CH_2$—H	322
Cl—Cl	242	$CH_2=CHCH_2$—H	322
Br—Br	193	HO—H	492
I—I	151	HOO—H	377
H_3C—CH_3	348	$(CH_3)_3CO$—H	461
H_2N—NH_2	163	$(CH_3)_3CO$—$OC(CH_3)_3$	159
HO—OH	155	C_6H_5COO—$OOCC_6H_5$	126
		$(CH_3)_2C$—NN—$C(CH_3)_2$	130
		CN CN	

Stabilität von Radikalen. Hinweise auf die Stabilität verschiedener Radikale erhält man bereits aus der Tabelle der Dissoziationsenergie verschiedener Bindungen (Tabelle 6.2, S. 390 und Tabelle 16.1). Im Fall von Alkylradikalen wächst beispielsweise die Stabilität in der Reihenfolge primär < sekundär < tertiär. Zur Erklärung dieses Effektes kann man annehmen, daß das ungepaarte Elektron durch Hyperkonjugation stärker delokalisiert werden kann, wenn mehr Alkylsubstituenten vorhanden sind:

$$H-\overset{H}{\underset{H}{C}}-CH_2\cdot \leftrightarrow H\cdot \overset{H}{\underset{H}{C}}=CH_2 \leftrightarrow H-\overset{H}{\underset{\cdot}{C}}=CH_2 \leftrightarrow H-\overset{\dot{H}}{\underset{H}{C}}=CH_2$$

(Für das tertiäre Butylradikal lassen sich insgesamt 9 solche Grenzstrukturen zeichnen!) Diese Erklärung befriedigt allerdings nicht vollkommen, da sie in gewissen Fällen (wie z. B. bei mit Alkylgruppen substituierten Hexaphenylethanen) die tatsächlich beobachtete Reihenfolge der Stabilitäten nicht zu deuten vermag.

Auch Radikale können, ebenso wie Carbeniumionen oder Carbanionen, durch *Delokalisation* von Elektronen beträchtlich *stabilisiert* werden. So bilden sich Allyl- und Benzylradikale viel leichter als gewöhnliche Alkylradikale (vgl. S. 748), d. h. sie sind entsprechend stabiler. Auch das klassische Beispiel eines «stabilen» freien Radikals, das 1900 von Gomberg entdeckte *Triphenylmethyl-Radikal* (das sich z. B. aus Triphenylmethylchlorid durch Behandlung mit Zink oder Silber bildet), wird durch die hier (trotz der nicht-planaren Lage der drei Benzenkerne) mögliche Delokalisation des ungepaarten Elektrons derart stabilisiert, daß es in Lösung (im Gleichgewicht mit dem Dimer) beständig ist. Tragen die aromatischen Ringe zusätzlich noch −M-Gruppen als Substituenten, so ist die Stabilisierung noch größer. Während z. B. eine 0,1-M-Lösung in Benzen nur 2,3 % Triphenylmethyl-Radikale enthält, ist Hexa-(p-nitrophenyl-)ethan in Benzen zu 100 % in Radikale dissoziiert. Auch das bereits auf S. 733 erwähnte, aus 1,1-Diphenylhydrazin und Pikrylchlorid entstehende Diphenylpikrylhydrazyl-Radikal ist durch Mesomerie stabilisiert. Zudem tragen die sehr stabilen Radikale (Triphenylmethyl-Radikale, Diphenylpikrylhydrazyl-Radikal) besonders *sperrige Substituenten,* welche die *Dimerisierung erschweren.* So behindern sich z. B. im Hexaphenylethan die o-ständigen H-Atome dermaßen, daß das Triphenylmethylradikal nicht zu Hexaphenylethan dimerisiert, sondern (unter Verlust des aromatischen Charakters eines Ringes!) 1-Diphenylmethylen-4-triphenylmethyl-2,5-cyclohexadien bildet (S. 153).

Tabelle 16.2. Beispiele einiger relativ stabiler freier Radikale

	Als Festkörper unbeschränkt beständig, auch bei Luftzutritt
	Die kristalline Substanz wird durch Sauerstoff langsam angegriffen. Lösungen sind luftempfindlich. Bei Luftabschluß ist die Verbindung auch bei höheren Temperaturen beständig
$(CH_3)_3C$—C—$C(CH_3)_3$ mit H	In verdünnter Lösung ($<10^{-5}$ M) unterhalb $-30\,°C$ und bei Abwesenheit von Sauerstoff beständig. Bei 25 °C beträgt die Halbwertszeit 50 s
	Im festen Zustand unbeschränkt haltbar. In Lösung auch bei Gegenwart von Luft einige Tage haltbar. Thermisch beständig bis 300 °C
	Gegenüber Sauerstoff beständig (als Festkörper). In Lösung tritt langsame Zersetzung ein
$(CH_3)_3C$ N—$O·$ $(CH_3)_3C$	Beständig gegenüber Sauerstoff, auch oberhalb 100 °C

Neben den elektrisch neutralen Radikalen, die durch einfache Homolyse gebildet werden, kennt man auch *Radikal-Kationen* und *-Anionen*. Solche Partikeln sind erwartungsgemäß extrem unstabil, können jedoch wie andere Radikale durch Delokalisation des ungepaarten Elektrons in einem gewissen Maß stabilisiert werden.

Beispiele:
Behandelt man Diarylketone mit Alkalimetallen, so erhält man intensiv gefärbte Lösungen, welche Radikal-Anionen enthalten. Diese *«Ketyle»* dimerisieren reversibel; durch Ansäuern lassen sich *vic*-Glykole erhalten:

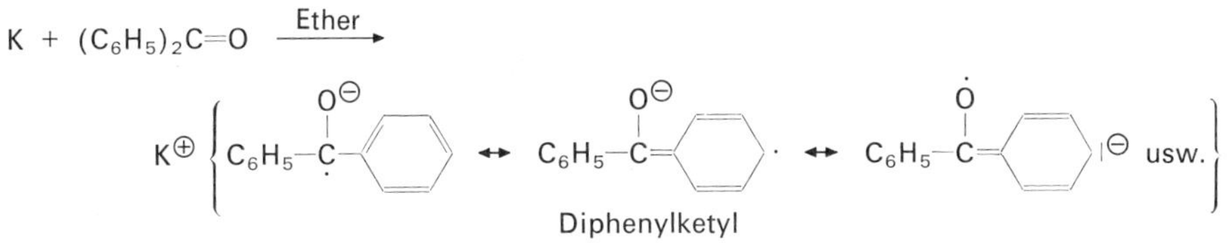

$$K + (C_6H_5)_2C=O \xrightarrow{\text{Ether}}$$

Diphenylketyl

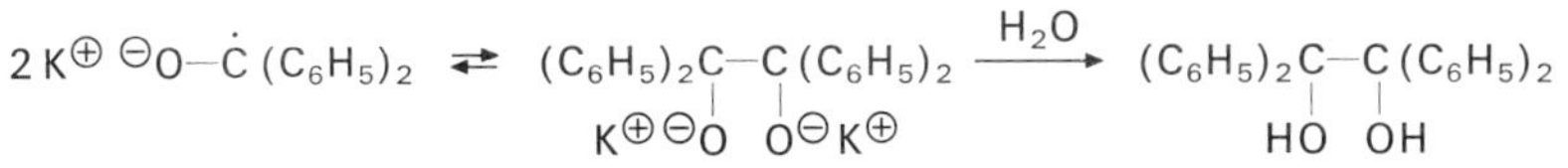

Benzpinakol

Durch vorsichtige Oxidation von Hydrochinonen oder durch Reduktion von Chinonen in alkalischer Lösung lassen sich *«Semichinone»* erhalten, die Radikal-Anionen darstellen und in alkalischer Lösung mäßig beständig sind:

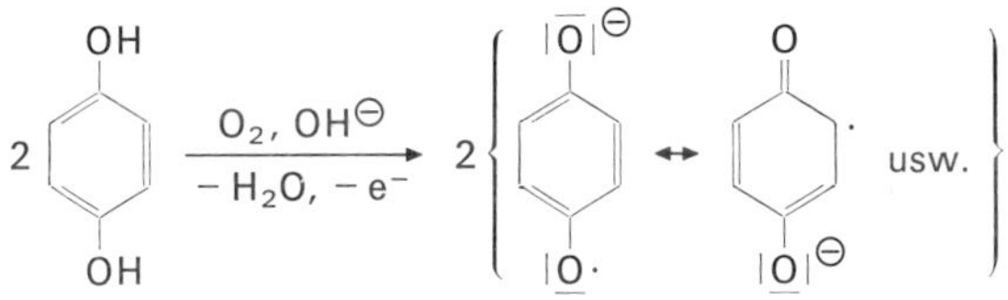

Bei Zusatz von Säure disproportioniert das Semichinon in ein Gemisch von Chinon und Hydrochinon.
Verhältnismäßig stabile Radikal-Kationen erhält man durch vorsichtige Oxidation von N,N-Tetramethyl-*p*-phenylendiaminen:

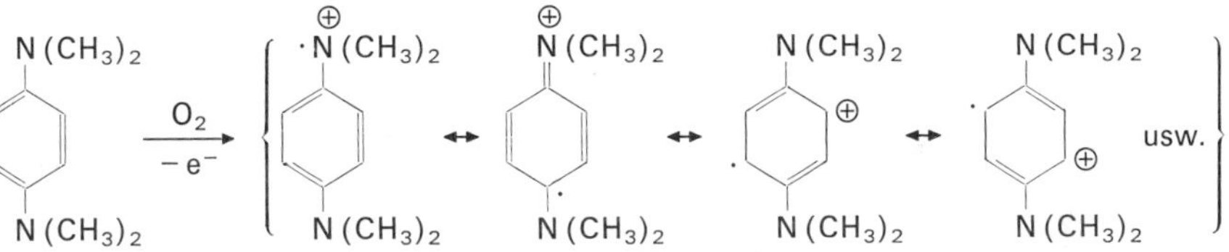

Wursters Kation

Konfiguration von Radikalen. Ob Alkylradikale mit einem ungepaarten Elektron an einem C-Atom planar oder pyramidal gebaut sind, ist bis heute experimentell nicht sicher entschieden. Die ESR-Spektren machen wahrscheinlich, daß das Methylradikal eben, das Trifluormethylradikal jedoch pyramidal gebaut ist. Wie in Kapitel 3 (S. 247) gezeigt worden ist, führt die Radikalsubstitution an optisch aktivem 1-Chlor-2-methylbutan zu einem racemischen Gemisch von 1,2-Dichlor-2-methylbutan. Dies beweist den planaren Bau des intermediär auftretenden 1-Chlor-2-methylbutyl-Radikals allerdings nicht, denn es wäre auch denkbar, daß ein pyramidal gebautes Radikal seine Konfiguration ähnlich wie das Ammoniakmolekül durch eine *Inversionsschwingung* sehr schnell ändert. Sollte dies wirklich der Fall sein, so könnte eventuell eine andere Spezies als Cl· die gebildeten Alkylradikale abfangen, bevor die Inversion eingetreten ist. In der Tat führt die Bromierung optisch aktiver Ausgangsstoffe in gewissen Fällen zu optisch aktiven Produkten. So wurde bei der Bromierung von 1-Chlor- oder 1-Brom-2-methylbutan teilweise Retention beobachtet. Offenbar reagieren die Bromoleküle mit dem Alkylradikal rascher als sich dieses durch Inversion racemisiert:

$$
\begin{array}{ccccc}
\underset{\overset{|}{CH_2Cl}}{\overset{CH_3}{\underset{\diagdown}{C_2H_5}}}\text{C–H} & \longrightarrow & \underset{\overset{|}{CH_2Cl}}{\overset{CH_3}{\underset{\diagdown}{C_2H_5}}}\text{C·} & \xrightarrow[\text{schnell}]{Br_2} & \underset{\overset{|}{CH_2Cl}}{\overset{CH_3}{\underset{\diagdown}{C_2H_5}}}\text{C–Br}
\end{array}
$$

langsamer ↓

$$
\cdot\text{C}\underset{\overset{\diagdown}{CH_2Cl}}{\overset{\diagup CH_3}{\diagup C_2H_5}}
$$

Dieses Ergebnis würde schließen lassen, daß das Alkylradikal *pyramidal* gebaut ist. Es besteht jedoch auch die Möglichkeit, daß das Halogenatom als *Brückenatom* wirkt und ein überbrücktes Radikal – ähnlich einem Bromoniumion – entsteht, das nicht racemisieren kann:

$$
\underset{\overset{|}{CH_3}}{\overset{\overset{H}{|}}{C_2H_5-C-CH_2X}} \xrightarrow{X\cdot} \underset{\overset{|}{CH_3}}{\overset{X}{C_2H_5-C\text{--}CH_2}} \xrightarrow{Br_2} \underset{\overset{|}{CH_3}}{\overset{\overset{Br}{|}}{C_2H_5-C-CH_2X}}
$$

Da bei der Chlorierung Racemisierung eintritt, müssen in diesem Fall offenkettige Radikale auftreten. Ob daneben aber auch verbrückte Radikale entstehen, steht offen. Sollten überbrückte Radikale bei Radikalsubstitutionen wirklich als Zwischenstoffe auftreten, so müßte man zur Erklärung des unterschiedlichen Ergebnisses der Chlorierung und Bromierung annehmen, daß die Bromradikale die überbrückten Alkylradikale abfangen, bevor sie *via* ihre offenkettigen Isomere racemisieren.

Diese Überlegungen und Ergebnisse sollen zeigen, wie schwierig es unter Umständen sein kann, konkrete Aussagen über den Bau von Reaktionszwischenstoffen und den Ablauf einer Reaktion zu machen. Eine Entscheidung über den Bau der Alkylradikale und über das Auftreten bzw. Nicht-Auftreten von verbrückten Radikalen bei der Halogenierung ist bisher noch nicht möglich.

Mesomeriestabilisierte Radikale sind hingegen stets mehr oder weniger *planar* gebaut, da dies eine zur Elektronendelokalisation erforderliche Bedingung ist. Bei den bekannten relativ stabilen Radikalen vom Typus Triphenylmethyl können allerdings die drei aromatischen Ringe wegen den Wechselwirkungen zwischen den ortho-ständigen Wasserstoffatomen nicht genau in einer Ebene liegen und sind deshalb ähnlich wie Propellerflügel etwas verdreht.

16.2 Allgemeines über Radikalreaktionen

Umwandlungen von Radikalen. Radikale sind energiereiche Partikeln und reagieren meist schnell und leicht weiter, wobei sich entweder energieärmere Radikale oder aber stabile Verbindungen bilden. Dies kann durch einen *Angriff eines Radikals auf ein Substrat* (**Substitution** oder **Addition**) oder durch **Rekombination** oder **Disproportionierung** zweier Radikale geschehen; eine weitere Möglichkeit der Umwandlung, die **Umlagerung** eines Radikals (analog etwa einer Carbeniumion-Umlagerung), ist relativ selten.

Tabelle 16.3. Reaktionsarten von Radikalen. (Manche dieser Reaktionen treten als Schritte in ein und derselben stöchiometrischen «Reaktion» auf)

Substitution:

$$Cl\cdot + CH_4 \longrightarrow HCl + CH_3\cdot$$

Addition:

Fragmentierung:

Kombination:

$$CH_3\cdot + CH_3\cdot \longrightarrow CH_3-CH_3$$

Disproportionierung:

$$CH_3\dot{C}H_2 + CH_3\dot{C}HCH_3 \longrightarrow CH_3CH_3 + CH_3CH=CH_2$$

Umlagerung:

Tabelle 16.4. Relative Reaktivitäten der C—H-Bindungen in Butan bzw. Isobutan gegenüber Halogenatomen, 25°C (Reaktionen mit Br·bei 127°C durchgeführt)

Radikal	Primäre C—H-Bindung	Sekundäre C—H-Bindung	Tertiäre C—H-Bindung
F·	1	1,2	1,4
Cl·	1	3,9	5,1
Br·	1	32	1600

Reagieren Radikale mit einem *gesättigten C-Atom,* so kann ein Atom (am häufigsten ein H-Atom) vom betreffenden C-Atom *abgetrennt* werden:

$$R\cdot \ + \ H{-}C{\Large\text{$\lneq$}} \ \longrightarrow \ R{-}H \ + \ \cdot C{\Large\text{$\lneq$}}$$

Dabei entsteht ein neues Radikal, das stabiler als das ursprüngliche Radikal sein kann. Wenn es in der gleichen Weise weiter reagiert und durch einen Angriff auf ein weiteres C-Atom wiederum ein Radikal erzeugt, läuft die gesamte Reaktion kettenartig weiter (**«Radikal-Kettenreaktion»**).

Die Leichtigkeit, mit welcher eine bestimmte C—H-Bindung durch ein Radikal angegriffen wird, hängt in erster Linie von der Dissoziationsenergie der betreffenden Bindung ab. Tertiäre C-Atome reagieren daher leichter als sekundäre und diese wiederum leichter als primäre. Allyl- und Benzyl-H-Bindungen sind beträchtlich schwächer und damit reaktionsfähiger. *Je reaktionsfähiger* das betreffende Radikal selbst ist, *desto weniger selektiv geschieht der Angriff.* Bromatome wirken deshalb z.B. bedeutend mehr selektiv als Chloratome (bei der Reaktion einer bestimmten C—H-Bindung mit Br· wird weniger Energie frei als bei der analogen Reaktion mit Cl·); Substanzen, wie z.B. Hexan oder 2-Methylpentan, reagieren mit Brom ausschließlich an einem sekundären bzw. tertiären C-Atom.

Die relative Reaktivität verschiedener Substrate wird experimentell durch Umsetzung mit dem gleichen Radikal verglichen. Ergebnisse solcher Arbeiten (Tabelle 16.4) zeigen die größere Selektivität von Brom sehr deutlich.

Auch *induktive Effekte* können sich auf die Leichtigkeit, mit der ein bestimmtes Atom abgetrennt wird, auswirken. Bei Butylchlorid findet man z.B. folgendes Verhältnis der Geschwindigkeiten, mit welcher ein H-Atom von einem der vier C-Atome abgetrennt wird:

$$CH_3{-}CH_2{-}CH_2{-}CH_2Cl$$
$$\uparrow \qquad \uparrow \qquad \uparrow \qquad \uparrow$$
$$1{,}5 \qquad 6 \qquad 3 \qquad 1$$

Daß vom (sekundären) C-Atom 3 leichter ein H-Atom abgetrennt wird als vom (ebenfalls sekundären!) C-Atom 2 beruht darauf, daß σ-Akzeptorwirkung mit zunehmender Entfernung des Schlüsselatoms immer weniger wirksam wird, so daß die C—H-Bindungen am C-Atom 3 am wenigsten polar sind und damit am leichtesten homolytisch getrennt werden. Die Chlorierung von Butylchlorid liefert daher hauptsächlich 1,3-Dichlorbutan. – Ähnlich sind die Ergebnisse bei der photochemischen Chlorierung von Buttersäure. Die drei möglichen Monochlorderivate entstehen in folgendem Verhältnis:

2-Chlorbuttersäure	5%
3-Chlorbuttersäure	64%
4-Chlorbuttersäure	31%

Die Wirkung des σ-Akzeptors ist hier so stark, daß vom primären (!) C-Atom 4 ein H-Atom noch ganz beträchtlich leichter abgetrennt wird als vom sekundären C-Atom 2. Bemerkenswerterweise wird aber Buttersäure von Methyl-Radikalen (die durch Thermolyse von Diacetylperoxid entstehen) bevorzugt in der α-Stellung angegriffen, so daß man annehmen muß, daß der *elektronegative Substituent* (—COOH,—Cl) nur *den Angriff eines ebenfalls elektronegativen Radikals erschwert,* indem der betreffende aktivierte Komplex destabilisiert wird.

Radikale können auch von *ungesättigten Gruppen addiert* werden, in erster Linie von olefinischen Doppelbindungen. Ist die Doppelbindung unsymmetrisch substituiert, so geschieht die Addition *entgegen der Regel von Markownikow,* weil sich dadurch das stabilere (sekundäre bzw. tertiäre) Radikal bilden kann und auch der betreffende aktivierte Komplex stabiler ist:

$$R\cdot \ + \ CH_2{=}CH{-}X \ \begin{cases} \longrightarrow R{-}CH_2{-}\overset{\cdot}{C}H{-}X \\ \not\!\longrightarrow \overset{\cdot}{C}H_2{-}\underset{\underset{R}{|}}{C}H{-}X \end{cases}$$

Auch *Acetylene* reagieren in ähnlicher Weise. *Carbonylverbindungen* können unter Umständen ebenfalls Radikale addieren; in der Regel wird allerdings bei der Reaktion von Carbonylverbindungen mit Radikalen ein H-Atom von einem gesättigten C-Atom abgetrennt. Die geringere Reaktivität der C=O-Doppelbindung gegenüber Radikalen (verglichen mit olefinischen Doppelbindungen) beruht möglicherweise auf ihrer größeren Bindungsenthalpie (die Umwandlung C=O → C—O erfordert 335 bis 380 kJ/mol; die Umwandlung C=C → C—C dagegen nur etwa 250 kJ/mol!).

Sowohl die *Kombination* wie die *Disproportionierung* zweier Radikale erfolgt sehr leicht und erfordert nur eine sehr kleine freie Aktivierungsenthalpie:

$$2\ Br\cdot \qquad \longrightarrow \quad Br_2$$
$$2\ CH_3\cdot \qquad \longrightarrow \quad CH_3{-}CH_3 \qquad\qquad \text{Kombination}$$
$$CH_3CH_2\cdot \ + \ Br\cdot \ \longrightarrow \quad CH_3CH_2Br$$
$$2\ CH_3CH_2\cdot \qquad \longrightarrow \quad CH_3CH_3 \ + \ CH_2{=}CH_2 \qquad \text{Disproportionierung}$$

Beide Reaktionen treten als *Kettenabbruchreaktion* bei Radikal-Kettenreaktionen auf.
Die Kombination zweier Radikale bildet die einfachste Möglichkeit, ein stabileres Teilchen zu bilden. Da bei der Vereinigung zweier Radikale eine erhebliche Energiemenge frei wird (die mindestens der Dissoziationsenergie der entstehenden σ-Bindung gleich ist), muß diese in irgendeiner Weise *dissipiert* werden, damit die rekombinierten Radikale nicht sogleich wieder dissoziieren. Dies kann entweder durch *Zusammenstoß* mit einem weiteren Teilchen oder der Wand oder – im Fall eines komplizierter gebauten Radikals – durch Verteilung der Energie auf das ganze Bindungssystem, d. h. durch die *Anregung von Schwingungen,* geschehen. Bei hoher Verdünnung in der Gasphase (im Vakuum) können daher Radikale unter Umständen sehr lange «überleben». Erzeugt man Radikale in *Lösung,* so wird die bei der Rekombination freiwerdende Energie auf Lösungsmittelteilchen übertragen, so daß Rekombinationen häufiger auftreten. Interessant ist, daß auch bei Radikalreaktionen ähnliche *«Käfigeffekte»* auftreten wie bei Reaktionen, die über Carbeniumionen ablaufen (S. 427). So wurde bei der Pyrolyse eines Gemisches aus Azomethan und Hexadeuteroazomethan gefunden, daß in der Gasphase die drei durch Kombination zweier Methylradikale zu erwartenden Produkte (C_2H_6, CH_3CD_3, C_2D_6) im Verhältnis 1:1:1 auftreten, daß aber in Lösung nur C_2H_6 und C_2D_6 gebildet werden. In der Lösung rekombinieren also immer nur die beiden aus einem einzigen Molekül entstandenen Radikale, die offenbar in einen gemeinsamen *«Lösungsmittelkäfig»* eingeschlossen sind, vergleichbar dem «engen» Ionenpaar (S. 427).

Umlagerungen von Radikalen sind, wie schon erwähnt, relativ selten. Während beispielsweise das Neopentyl-Kation, $(CH_3)_3C{-}CH_2^{\oplus}$ sich sehr leicht in das tertiäre Carbeniumion

$(CH_3)_2\overset{\oplus}{C}$—$CH_2CH_3$ umlagert, tritt die analoge Umlagerung beim Neopentyl-Radikal nicht ein. Hingegen werden Umlagerungen oft dann beobachtet, wenn dadurch die Ringspannung eines bizyklischen Ringsystems erniedrigt werden kann, wie z.B. bei der durch Radikale katalysierten Addition von CCl_4 an β-Pinen:

Charakteristische Merkmale von Radikalreaktionen. Die beiden wichtigsten Typen von Radikalreaktionen sind die einfache *Neukombination* zweier Radikale, wie z.B. bei der Kolbe-Synthese (S.82) und die *Radikal-Kettenreaktion.* Im zweiten Fall (der in der Praxis viel häufiger ist) hat man zu unterscheiden zwischen der *Startreaktion* (dem Kettenstart), der *Ketten-Fortpflanzung («Propagation»)* und dem *Kettenabbruch.* Der Kettenstart erfolgt dadurch, daß auf eine der oben (S.734) beschriebenen Arten freie Radikale erzeugt werden. Der Kettenabbruch kommt entweder durch Kombination oder durch Disproportionierung zweier Radikale zustande. Wegen der großen Reaktionsfähigkeit der meisten freien Radikale tritt meistens schon beim ersten Zusammenstoß eines Radikals mit einem anderen Teilchen eine Reaktion ein; da die Konzentration an freien Radikalen bei den meisten Radikalreaktionen nur gering ist, wird die Wahrscheinlichkeit eines Zusammenstoßes relativ klein, so daß die Bildung einer verhältnismäßig geringen Menge von freien Radikalen zur Auslösung auch längerer Reaktionsketten genügt. Durch zugesetzte *Radikalbildner* (Substanzen, die besonders leicht in Radikale zerfallen, wie z.B. Dibenzoylperoxid oder Azobisisobutyronitril) oder auch durch Bestrahlen mit Licht von geeigneter Wellenlänge lassen sich Radikalreaktionen oft stark beschleunigen, da auf diese Weise zahlreiche weitere Reaktionsketten gebildet werden. Katalysatoren wie Proton- oder Lewis-Säuren oder Basen haben jedoch kaum einen Einfluß auf die Geschwindigkeit von Radikal-Kettenreaktionen. Ist eine Kettenreaktion stark exotherm (wie z.B. die Verbrennung eines Kohlenwasserstoffes), so vermag die freiwerdende Energie ebenfalls weitere Radikale (und damit Radikalketten) zu erzeugen, so daß die Gesamtreaktion sehr rasch, unter Umständen sogar *explosionsartig* verlaufen kann.

Umgekehrt kann die Geschwindigkeit von Radikalreaktionen durch *Inhibitoren («Radikalfänger»)* unter Umständen stark herabgesetzt werden, auch wenn diese Substanzen nur in geringer Konzentration vorliegen. Inhibitoren sind entweder *stabile freie Radikale,* die mit den im Verlauf der Start- oder Kettenreaktion entstandenen Radikalen stabile Produkte liefern (wie z.B. NO oder molekularer Sauerstoff) oder Substanzen, welche mit den Radikalen der Reaktionskette *neue, energieärmere Radikale* bilden, die nicht mehr weiter reagieren können, wie z.B. Hydrochinon:

Solche Inhibitoren werden häufig als *«Stabilisatoren»* von ungesättigten Verbindungen, die leicht zur Polymerisation neigen, verwendet.

Die *Kinetik* von Radikalreaktionen ist häufig *sehr kompliziert,* da neben der eigentlichen Reaktionskette auch Neukombinationen von Radikalen oder Seitenreaktionen auftreten. Ihre Geschwindigkeit kann sehr hoch sein; die als Zwischenprodukte auftretenden Radikale besitzen dann nur eine kurze Lebensdauer (10^{-4} bis 10^{-2} s). Die freien Aktivierungsenthalpien liegen oft unter 65 kJ/mol, sind also viel kleiner als die Dissoziationsenergien der beteiligten Bindungen. Die oft stark negative Aktivierungsentropie (-85 bis -150 J/mol K) deutet darauf hin, daß die betreffenden aktivierten Komplexe relativ gut geordnet sein müssen. Damit eine Kettenreaktion weiter läuft, dürfen die freien Aktivierungsenthalpien aller Schritte nicht allzu hoch sein; da die freie Aktivierungsenthalpie einer endothermen Reaktion nicht kleiner sein kann als die Reaktionsenthalpie, kommen stark endotherme Reaktionsschritte für die Fortführung einer Radikalkette nicht in Frage. Die aus den Dissoziationsenergien der betreffenden Bindungen leicht zu berechnenden Reaktionsenthalpien geben deshalb Hinweise auf die Möglichkeit eines bestimmten Reaktionsschrittes (vgl. S. 747).

Tabelle 16.5. Lösungsmittelabhängigkeit der Bildung von tert. Butoxyradikal (thermisch, 145 °C) bzw. von tert. Butylkation

	$(CH_3)_3C\!-\!O\cdot$			$(CH_3)_3C^{\oplus}$	
Lösungsmittel	k_{rel}	$\Delta H^{\neq}$ kJ/mol	Lösungsmittel	k_{rel}	$\Delta H^{\neq}$ kJ/mol
Gasphase	1,0	159,0	Gasphase		552,6
Isopropylbenzen	1,36	159,0	Wasser	1440	100,5
tert. Butylbenzen	1,3	159,0	Ethanol	1	
Tributylamin	1,4	159,0	Ethanol/Wasser	58	
			Ameisensäure	$13 \cdot 10^4$	

Der Einfluß des *Lösungsmittels* auf die Geschwindigkeit von Radikalreaktionen wird durch die Daten der Tabelle 16.5 gezeigt. Es ist daraus ersichtlich, daß die Bildungsgeschwindigkeit des tert. Butoxy-Radikals sowohl in der Gasphase wie in verschiedenen Lösungsmitteln nahezu gleich groß ist, im Gegensatz zur Geschwindigkeit der Bildung des tert. Butyl-Kations also *durch die Lösungsmittelpolarität kaum beeinflußt wird.* Die Bildung des Kations ist in der Gasphase sehr stark endotherm (und in der Praxis nicht zu verwirklichen), weil dann die Trennung entgegen der elektrostatischen Anziehung geschieht; in polaren Lösungsmitteln wird aber ein erheblicher Teil der zur Trennung notwendigen Energie durch Solvationseffekte aufgebracht, so daß dann die freien Aktivierungsenthalpien polarer Reaktionen niedriger werden können als die freien Aktivierungsenthalpien von Radikalreaktionen. In der Gasphase entstehen Radikale jedoch eher leichter als in Lösung, weil die höhere Temperatur die homolytische Trennung von Bindungen begünstigt. *Radikalreaktionen* verlaufen deshalb *bevorzugt im Gaszustand oder in unpolaren Lösungsmitteln,* wobei die Geschwindigkeit von der Art des Lösungsmittels weitgehend unabhängig ist, bzw. umgekehrt gesagt: *Reaktionen, die in der Gasphase und bei hoher Temperatur ablaufen, sind stets Radikalreaktionen.* Ionische Reaktionen werden dagegen in der Gasphase kaum beobachtet und verlaufen in unpolaren Lösungsmitteln nur relativ langsam oder überhaupt nicht.

16.3   Radikalsubstitutionen

Halogenierung am gesättigten C-Atom. Die Einführung von Halogenatomen durch Radikalsubstitution *an gesättigten C-Atomen* bildet wohl das bekannteste Beispiel einer Radikalreaktion. Die Reaktion, welche sowohl in der Gasphase wie auch in Lösung durchgeführt werden kann, ist eine typische Kettenreaktion und verläuft über folgende Teilschritte:

Startreaktion: X_2 $\rightarrow$ $2\,X\cdot$ (1)

Kettenpropagation: $X\cdot + R{-}H \rightarrow R\cdot + H{-}X$ (2)

                      $R\cdot + X{-}X \rightarrow X\cdot + R{-}X$ (3)

Kettenabbruch: Rekombination oder Disproportionierung, z. B.

                      $X\cdot + X\cdot \rightarrow X_2$ oder $R\cdot + R\cdot \rightarrow R{-}R$

Andere Möglichkeiten zur Kettenpropagation wären die Reaktionen (4) und (5):

        $X\cdot + R{-}H \rightarrow R{-}X + H\cdot$ (4)

        $H\cdot + X_2 \rightarrow H{-}X + X\cdot$ (5)

Wie experimentell bewiesen werden konnte, daß die Substitution wirklich nach (2) und (3) über organische Radikale verläuft, ist auf S. 247 beschrieben.

Tabelle 16.6. Reaktionsenthalpien der einzelnen Schritte bei der radikalischen Halogenierung (R = CH₃)

	ΔH (kJ/mol)			
	F	Cl	Br	I
Start: $X_2 \rightarrow 2\,X\cdot$	+ 159,0	+ 239,4	+ 190,0	+ 148,6
Kette: $X\cdot + R{-}H \rightarrow R\cdot + X{-}H$	− 138,1	− 4,2	+ 62,8	+ 129,8
$R\cdot + X_2 \rightarrow R{-}X + X\cdot$	− 251,1	− 96,2	− 87,9	− 71,1
	− 389,2	− 100,4	− 25,1	+ 58,7

Die Tabelle 16.6 gibt die Reaktionswärmen der einzelnen Schritte für die Halogenierung von Methan an und erlaubt eine Diskussion der Substitutionsreaktionen mit den vier Halogenen. Im Fall von *Fluor* sind beide Reaktionen der Kette stark exotherm, eine Folge der hohen Bindungsenthalpie sowohl der H—F- wie der C—F-Bindung. Zugleich erfolgt die Startreaktion, die Trennung des F_2-Moleküls, unter verhältnismäßig geringem Energieaufwand. Da im aktivierten Komplex der Reaktion (1) die beiden F-Atome wohl schon weitgehend getrennt sind, dürfte die freie Aktivierungsenthalpie dieses Schrittes von ähnlicher Größenordnung sein wie die Bindungsenthalpie der F—F-Bindung, und der Schritt (1) bestimmt dann die Gesamtgeschwindigkeit. Da die beiden anderen Schritte (2) und (3) jedoch so viel Wärme liefern, erfolgt die *Fluorierung* gewöhnlich *sehr heftig,* und es tritt *nicht nur Substitution* (unter Bildung perfluorierter Produkte), *sondern auch Fragmentierung der Moleküle* ein. Die direkte Fluorierung ist deshalb nur in Ausnahmefällen möglich geworden, wobei in der Gasphase (unter Verdünnung mit N_2) gearbeitet und die freiwerdende Wärme durch Metallstücke abgeleitet wurde.

Bei der *Reaktion* mit Chlor erfolgt die Startreaktion langsamer. Sie kann durch Erwärmen oder durch Bestrahlen mit Licht ($\lambda < 400$ nm) ausgelöst werden. Beide Reaktionen der eigentlichen Kettenreaktion verlaufen exotherm (der erste Schritt allerdings nur schwach!), so daß Chlor *sehr wenig selektiv* wirkt. Die Chlorierung von Alkanen liefert deshalb in der Regel *Gemische* verschiedener Produkte und ist für die Laboratoriumsarbeit von geringer praktischer Bedeutung. So liefert z.B. die Chlorierung von Isobutan (bei 100°C in der Gasphase) sowohl Isobutylchlorid wie tert. Butylchlorid im Molverhältnis 2:1, obschon im Molekül von Isobutan 9 mal so viele primäre wie tertiäre H-Atome vorhanden sind, und aus 2-Methylbutan erhält man (bei 300°C) folgende Produkte:

$$\underset{\text{CICH}_2}{\overset{\text{CH}_3}{>}}\text{CHCH}_2\text{CH}_3 \qquad (\text{CH}_3)_2\underset{|}{\overset{}{\text{C}}}\text{CH}_2\text{CH}_3 \qquad (\text{CH}_3)_2\text{CH}\underset{|}{\overset{}{\text{C}}}\text{HCH}_3 \qquad (\text{CH}_3)_2\text{CHCH}_2\text{CH}_2\text{Cl}$$

$$\text{Cl} \qquad\qquad\qquad \text{Cl}$$

| 33,5% | 22% | 28% | 16,5% |

Tertiäre Wasserstoffatome werden also bei Alkanen bevorzugt substituiert (S. 76).

Auch die Chlorierung von Methan liefert alle Substitutionsprodukte (CH_3Cl, CH_2Cl_2, $CHCl_3$ und CCl_4) nebeneinander. Da diese durch wirksame Fraktionierkolonnen getrennt werden können, ist die Chlorierung von Methan von großem technischem Interesse.

Von größerer präparativer Bedeutung ist die *Seitenkettenchlorierung bei Alkylaromaten,* die am Licht und bei Abwesenheit von Friedel-Crafts-Katalysatoren (und Metallen, die wie z.B. Eisen mit Chlor Lewis-Säuren bilden) glatt und in guter Ausbeute verläuft. Weil die Reaktivität der C—H-Bindungen am α-C-Atom bedeutend größer ist als der C—H-Bindungen an anderen C-Atomen oder am aromatischen Ring, erfolgt hier die Substitution nahezu ausschließlich in α-Stellung. Da sich auch die relativen Reaktivitäten der α-C—H-Bindungen genügend voneinander unterscheiden, kann man z.B. aus Toluen bei rechtzeitigem Abbrechen der Chlorierung alle drei möglichen Produkte *(Benzylchlorid, Benzalchlorid* und *Benzotrichlorid)* erhalten.

Häufig wird die Chlorierung auch mittels *Sulfurylchlorid* (SO_2Cl_2) oder *anderen Halogenverbindungen* (PCl_5, Phosgen) durchgeführt, wobei ein Zusatz von Dibenzoylperoxid die Reaktion startet:

$$
\begin{aligned}
\text{R}\cdot \ + \ \text{SO}_2\text{Cl}_2 &\ \longrightarrow\ \ \text{R—Cl} \ + \ \cdot\text{SO}_2\text{Cl} \\
\cdot\text{SO}_2\text{Cl} &\ \longrightarrow\ \ \text{SO}_2 \ + \ \text{Cl}\cdot \\
\text{Cl}\cdot \ + \ \text{R—H} &\ \longrightarrow\ \ \text{HCl} \ + \ \text{R}\cdot \\
\text{R}\cdot \ + \ \text{SO}_2\text{Cl}_2 &\ \longrightarrow\ \ \text{R—Cl} \ + \ \cdot\text{SO}_2\text{Cl}
\end{aligned}
\left.\rule{0pt}{3.0em}\right\} \text{Kettenpropagation}
$$

Bei der Substitution durch *Brom* verläuft der Reaktionsschritt (1) (S. 746) leichter als im Fall von Chlor, so daß hier etwas längerwelliges Licht zur Bildung von Br-Atomen ausreicht. Hingegen verläuft der Schritt (2) endotherm und damit eher in der umgekehrten Richtung; die Reaktionsketten sind jedenfalls bei der Bromierung kürzer als bei der Chlorierung, und die Substitution erfolgt *mehr selektiv.* Dies entspricht dem Postulat von Hammond: der aktivierte Komplex gleicht beim endothermen Schritt (2) mehr dem Produkt (dem Radikal), so daß die relativen Stabilitäten der verschiedenen aktivierten Komplexe durch die gleichen Faktoren bestimmt werden, die auch die Stabilitäten der Radikale bestimmen (S. 737).

Aktivierte Komplexe, die zu tertiären Radikalen führen, sind deshalb stabiler als solche, die zu sekundären oder gar primären Radikalen führen. Aus 2-Methylbutan und Brom erhält man deshalb fast ausschließlich 2-Methyl-2-brombutan. Besonders leicht erfolgt die Bromierung von Toluen oder Ethylbenzen. Isopropylbenzen reagiert unter Lichteinfluß mit Brom sehr rasch (zugetropftes Brom wird fast augenblicklich entfärbt), weil das Benzyl-H-Atom an ein tertiäres C-Atom gebunden ist. Für *präparative Zwecke* ist die *Substitution durch Brom* wegen der *größeren Selektivität* des Reagens und wegen seiner besseren Dosierbarkeit *wichtiger als die Chlorierung.*

Wie wir schon auf S. 76 bemerkt haben, ist die *direkte Iodierung* gesättigter C-Atome *in der Regel nicht möglich,* obschon die Startreaktion, der Zerfall von I_2-Molekülen in I-Atome, fast ebenso leicht eintritt wie im Fall von Fluor. Wegen der relativ geringen Bindungsenthalpie der H—I-Bindung verläuft jedoch der Reaktionsschritt (2) stark endotherm. Der Schritt (3) ist allerdings exotherm (elementares Iod reagiert also leicht mit Radikalen und kann sogar als Radikalfänger verwendet werden); trotzdem ist die Substitution wegen des für Schritt (2) erforderlichen großen Energieaufwandes nicht möglich. Alkyliodide werden sogar im Gegenteil durch Iodwasserstoff ziemlich leicht zu den entsprechenden Alkanen reduziert.

Interessant ist, daß bei gewissen radikalischen Halogenierungen auch *Nachbargruppeneffekte* beobachtet werden können, ähnlich den Nachbargruppeneffekten bei S_N-Reaktionen. So erfolgt z. B. die Bromierung von Alkylbromiden sehr spezifisch am C-Atom, das dem das Br-Atom tragenden C-Atom benachbart ist:

$$Br_2 + R-\overset{R'}{\underset{H}{\overset{|}{\underset{|}{C}}}}-CH_2Br \longrightarrow R-\overset{R'}{\underset{Br}{\overset{|}{\underset{|}{C}}}}-CH_2Br + HBr$$

85 bis 95 %

Man erklärt dies mit der Annahme, daß die Abspaltung eines H-Atoms vom α-C-Atom durch die Ausbildung eines zyklischen Übergangszustandes bzw. eines überbrückten Radikals erleichtert wird:

$$Br\cdot + R-\overset{R'}{\underset{H}{\overset{|}{\underset{|}{C}}}}-CH_2Br \longrightarrow R-\overset{R'}{\underset{Br}{C}}-CH_2 \cdots Br \cdots H \longrightarrow R-\overset{R'}{C}-CH_2 + HBr \longrightarrow R-\overset{R'}{\underset{Br}{\overset{|}{\underset{|}{C}}}}-CH_2Br$$

Daß die Reaktion tatsächlich auf diese Weise erfolgt, zeigt die Beobachtung, daß die *Konfiguration* am asymmetrisch substituierten C* *erhalten* bleibt. Während also üblicherweise eine hohe Selektivität mit geringer Reaktivität einhergeht, bewirkt hier das benachbarte Br-Atom einen rascheren und zugleich mehr selektiven Ablauf der Reaktion.

Halogenierung von Allylverbindungen. Es wurde bereits an verschiedenen Stellen dieses Buches erwähnt, daß bei ungesättigten Verbindungen als Nebenreaktion zur Halogenaddition eine Substitution in Allylstellung eintreten kann, weil das *Allyl-Radikal mesomeriestabilisiert* ist und sich deshalb besonders leicht bildet. Verbindungen vom Typus R—CH=CH—CH$_2$—R' ergeben dabei sogar zwei verschiedene Substitutionsprodukte, weil das Allyl-Radikal an zwei C-Atomen reagieren kann:

$$RCH=CH-CH_2R' + X\cdot \longrightarrow \left\{ RCH=CH-\dot{C}HR' \leftrightarrow R\dot{C}H-CH=CHR' \right\} + HX$$

$$\left\{ RCH=CH-\dot{C}HR' \leftrightarrow R\dot{C}H-CH=CHR' \right\} + X_2$$

$$\longrightarrow \underset{\displaystyle X}{RCH=CH-CHR'} + \underset{\displaystyle X}{RCH-CH=CHR'} + X\cdot$$

Verwendet man *N-Brom-* oder (N-Chlor-)*succinimid* (NBS) oder auch andere N-Brom-amide, so tritt ausschließlich und in guter Ausbeute Allyl-Halogenierung ein. Auch H-Atome an C-Atomen in α-Stellung zu Carbonylgruppen, Dreifachbindungen oder aromatischen Ringen können mit diesen Reagenzien spezifisch durch Brom oder Chlor substituiert werden. Die Reaktion ist sehr *empfindlich auf Inhibitoren* und tritt nur ein, wenn Radikal-bildner wenigstens in Spuren vorhanden sind; sie wird durch die Bildung geringer Mengen von Halogenatomen eingeleitet, die dann das Substrat angreifen:

$$Br\cdot + R-H \longrightarrow R\cdot + HBr \tag{1}$$

$$R\cdot + Br_2 \longrightarrow R-Br + Br\cdot \tag{2}$$

Die Halogenmoleküle entstehen durch eine rasche (ionische) Reaktion zwischen dem Halogenwasserstoff [der in Schritt (1) entsteht] und dem Halogensuccinimid:

Die Wirkung des Brom-(Chlor-)succinimids besteht also darin, daß es *Halogenmoleküle* in *niedriger, stationärer Konzentration* liefert und gleichzeitig den entstandenen Halogenwasserstoff verbraucht. Daß keine Addition an die Doppelbindung eintritt, ist wohl die Folge dieser geringen Konzentration, denn bei der Halogen-Addition (sei es als polare oder als Radikal-Addition) wird nur das eine Atom des angreifenden Halogenmoleküls von der Doppelbindung gebunden, und das zweite Halogenatom stammt von einem weiteren Halogenmolekül. Ist die Konzentration an freien Halogenmolekülen klein genug, so ist die Wahrscheinlichkeit klein, daß ein zweites Molekül in die Nähe des Zwischenstoffes (des Halogenonium-Ions bzw. des Radikals) gerät, und das Gleichgewicht für die Addition liegt stark links. Dadurch wird die Geschwindigkeit der Addition herabgesetzt, und die Halogenierung in Allylstellung kann erfolgreich mit der Halogenaddition konkurrieren. Tatsächlich gelingt es, Alkene in Allylstellung auch ohne Bromsuccinimid zu bromieren, wenn man auf andere Weise die Konzentration an Br_2 klein genug hält und zugleich den gebildeten Bromwasserstoff bindet.

Die Bromierung in Allylstellung wird häufig zur *Synthese konjugierter ungesättigter Systeme* verwendet. Man führt dabei das Alken (z.B. Cyclohexen) in das Bromderivat (3-Bromcyclohexen) über und eliminiert anschließend mit einer Base HBr.

Nitrierung gesättigter C-Atome. Paraffine können sowohl in der Gasphase wie in flüssiger Phase nitriert werden. Man erhält dabei allerdings keine reinen Produkte, sondern *Gemische* von mono- und polynitrierten Produkten. Als Nebenreaktionen treten auch *Fragmentierungen* auf; zu einem gewissen Teil werden die Ausgangssubstanzen durch die Salpetersäure auch oxidiert. Trotzdem ist die bei 450°C mit HNO_3 durchgeführte Nitrierung von erheblicher technischer Bedeutung, das sich die verschiedenen Produkte durch sorgfältige Fraktionierung voneinander trennen lassen. Folgende Reaktionen dienen als *Beispiele* derartiger technisch durchgeführter Nitrierungen:

$$CH_3CH_3 + HNO_3 \xrightarrow{450\,°C} C_2H_5NO_2 + CH_3NO_2$$
$$\phantom{CH_3CH_3 + HNO_3 \xrightarrow{450\,°C}} \text{80 bis 90%} \quad \text{10 bis 20%}$$

$$(CH_3)_3CH + HNO_3 \xrightarrow{450\,°C} (CH_3)_2CHCH_2NO_2 + (CH_3)_3C-NO_2 + (CH_3)_2CHNO_2$$
$$\phantom{(CH_3)_3CH + HNO_3 \xrightarrow{450\,°C}} \text{65%} \qquad \text{7%} \qquad \text{20%}$$

$$C_6H_5CH_3 + HNO_3 \rightarrow C_6H_5CH_2NO_2$$
$$ \text{55%}$$

$$+ HNO_3 \rightarrow$$

NO$_2$
44%

(Die beiden letztgenannten Reaktionen werden in flüssiger Phase durchgeführt.)

Trotz verschiedener Untersuchungen besteht über den *Mechanismus* der Nitrierung noch keine Klarheit. Sicher handelt es sich um eine Radikalsubstitution, aber offenbar können sich dabei verschiedene Radikale bilden und kann der Angriff des Substrates auch durch verschiedene Radikale erfolgen. Eine Möglichkeit besteht in folgender Reaktionskette:

Kettenstart: $HO-NO_2 \rightarrow HO\cdot + NO_2$

Propagation: $\begin{cases} R-H + HO\cdot \rightarrow R\cdot + H_2O \\ R\cdot + HNO_3 \rightarrow R-NO_2 + HO\cdot \end{cases}$

Daneben dürfte aber auch das beim thermischen Zerfall von HNO_3 gebildete NO_2 (das ein stabiles Radikal ist) bei der hohen Reaktionstemperatur das gesättigte C-Atom angreifen können.

Substitutionen an Diazoniumsalzen. An aromatischen Diazonium-Kationen ist eine Reihe von Radikalsubstitutionen möglich, welche für präparative Zwecke sehr interessant sind. Die bekanntesten sind die **Sandmeyer-Reaktionen**, bei welchen die Diazonium-gruppe durch Chlor- (Brom-), $-NO_2$- und $-CN$-Gruppen ersetzt wird.
Bei der eigentlichen Sandmeyer-Reaktion fügt man eine kalte wäßrige Lösung (bzw. Suspension) des Diazoniumchlorids zu einer Lösung von CuCl in Salzsäure. Es scheidet sich zunächst eine schwerlösliche, komplex zusammengesetzte Verbindung ab, welche erwärmt wird und dann dabei das Arylchlorid bildet. Bromide werden in analoger Weise aus Diazoniumhydrogensulfaten und einer Lösung von CuBr in Bromwasserstoffsäure erhalten. Das Diazonium-Kation wird dabei zuerst durch das $Cu^{\oplus}$-Ion reduziert, wobei neben

molekularem Stickstoff Aryl-Radikale entstehen. Diese reagieren mit dem in der Lösung gebildeten Kupfer (II)-halogenid zum *Arylhalogenid:*

$$Ar-N_2^{\oplus} + CuX_2^{\ominus} \longrightarrow Ar\cdot + N_2 + CuX_2$$

$$Ar\cdot + CuX_2 \longrightarrow Ar-X + CuX$$

Das im zweiten Schritt gebildete Kupfer (I)-halogenid bleibt in der stark sauren Lösung als $CuX_2^{\ominus}$-Komplex gelöst.

In ähnlicher Weise läßt sich die Diazoniumgruppe durch eine $-NO_2$-Gruppe ersetzen, wenn man in neutraler bis schwach alkalischer Lösung Natriumnitrit mit dem Diazoniumsalz (ebenfalls in Gegenwart von CuCl) umsetzt. Um die Substitution durch $-Cl$ möglichst zu vermeiden, verwendet man hier wie bei der Schiemann-Reaktion am besten Diazoniumfluoroborate.

Die Bildung von *Arylcyaniden* erfolgt durch Erwärmen von Diazoniumsalzen mit CuCN. Auch hier arbeitet man in neutraler Lösung, um das Entweichen von HCN zu vermeiden.

Alkene mit einer durch eine elektronenanziehende Gruppe Z (Z = C=C, C=O, Halogen, C≡N, Ar) aktivierten Doppelbindung werden durch Diazoniumsalze in Gegenwart von $CuCl_2$ aryliert. Diese *Meerwein-Arylierung* ist ebenfalls eine Radikalsubstitution am Diazonium-Kation. Wahrscheinlich wird sie durch Spuren von $Cu^{\oplus}$-Ionen gestartet:

$$C_6H_5-N_2^{\oplus} + Cu^{\oplus} \longrightarrow C_6H_5\cdot + N_2 + Cu^{2\oplus}$$

$$C_6H_5\cdot + CH_2=CH-CN \longrightarrow \left\{ C_6H_5-CH_2-\dot{C}H-C\equiv N \leftrightarrow C_6H_5-CH_2-CH=C=\dot{N} \right\}$$

$$(1)$$

Das durch die Gruppe Z mesomeriestabilisierte Radikal (1) kann entweder ein Cl-Atom (vom $CuCl_2$) addieren, wobei das $Cu^{2\oplus}$-Ion wieder zu $Cu^{\oplus}$ reduziert wird, oder ein H-Atom abspalten, welches das $Cu^{2\oplus}$-Ion ebenfalls reduziert:

$$C_6H_5-CH_2-\overset{|}{\underset{|}{C}}\cdot \quad
\begin{array}{l}
\xrightarrow{CuCl_2} \quad C_6H_5-CH_2-\overset{|}{\underset{|}{C}}-Cl + CuCl \qquad (a) \\
\xrightarrow{CuCl_2} \quad C_6H_5-CH=\overset{|}{C} + H^{\oplus} + CuCl \qquad (b)
\end{array}$$

$$(2)$$

Auch wenn zunächst ein Cl-Atom addiert wird [Reaktionsrichtung (a)], bildet sich häufig anschließend durch HCl-Elimination die ungesättigte Verbindung (2), so daß die Meerwein-Arylierung im Endeffekt zu einer Arylierung des betreffenden Alkens führt. Obschon die Ausbeuten oft nicht sehr groß sind, bietet diese Reaktion eine bequeme Möglichkeit zur Synthese von Verbindungen, die auf andere Weise nicht leicht zugänglich sind, wie etwa von Arylmalein- oder -fumarsäureestern oder von 5-Arylfurfuralen. Elektronenabstoßende Gruppen im aromatischen Ring begünstigen den Ablauf der Reaktion und erhöhen damit die Ausbeute.

Durch verschiedene Verfahren kann schließlich die Diazoniumgruppe auch durch aromatische Ringe ersetzt werden. Bei der *Gomberg-Reaktion* läßt man Natronlauge in das zweiphasige Gemisch aus der wäßrigen Lösung des Diazoniumsalzes und einem flüssigen Aromaten bzw. einer Lösung des Aromaten in einem inerten Lösungsmittel einlaufen. Dabei bildet sich zunächst das kovalente Diazohydroxid, Ar-N=N-OH, welches anschließend

über einen recht komplizierten Mechanismus Aryl-Radikale liefert. Diese kuppeln mit dem
Aromaten der zweiten Phase:

$$Br-C_6H_4-N_2^{\oplus} + C_6H_6 \xrightarrow{OH^{\ominus}} Br-C_6H_4-C_6H_5$$

Obschon die Ausbeuten auch bei dieser Reaktion gewöhnlich nicht allzu hoch sind, ist sie
von einer gewissen Bedeutung, weil sie die einzige Möglichkeit zur *Herstellung unsymmetrischer Biphenylderivate* bietet. Die Gomberg-Reaktion kann auch intramolekular zur
Bildung von Ringen durchgeführt werden *(Pschorr-Reaktion);* die Ausbeuten sind dabei
etwas besser. Als Beispiele dienen die Synthesen von Fluorenon und von Phenanthren:

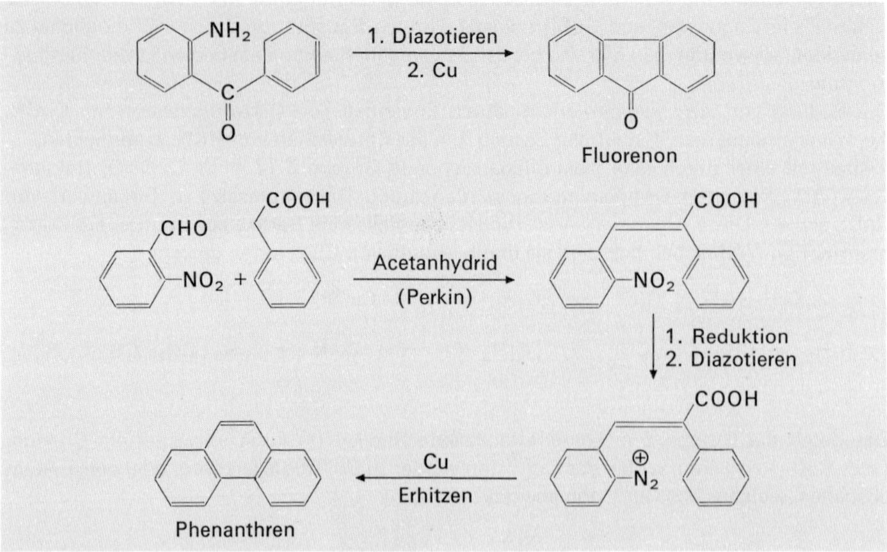

Fluorenon

Phenanthren

Hunsdiecker-Reaktion. Kocht man das Silbersalz einer Carbonsäure zusammen mit
Brom in CCl$_4$ am Rückfluß, so erhält man unter Abspaltung von CO$_2$ neben AgBr ein Bromid:

$$R-COOAg + Br_2 \longrightarrow R-Br + CO_2 + AgBr$$

Die Hunsdiecker-Reaktion bietet eine Methode zum *Abbau einer C-Kette* und zur Gewinnung gewisser, auf andere Art und Weise schwieriger zu erhaltender Bromide. Die Ausbeuten sind oft recht gut. Die Reaktion läßt sich auch mit Carbonsäuren durchführen, die
verzweigte Reste R enthalten, und damit zur *Herstellung sekundärer oder tertiärer Bromide*
benützen. Ungesättigte Gruppen R führen allerdings zu schlechten Ausbeuten.
Für die Reaktion wird folgender *Mechanismus* angenommen:

$$R-COOAg + Br_2 \longrightarrow R-COOBr + AgBr$$

$$R-COOBr \longrightarrow R-COO\cdot + Br\cdot$$

$$R-COO\cdot \xrightarrow{-CO_2} R\cdot \xrightarrow{RCOOBr} R-Br + RCOO\cdot$$

Im ersten Schritt – über dessen Mechanismus man keine genauen Vorstellungen hat – entsteht ein Acylhypobromit, welches im anschließenden Schritt – der Startreaktion für die Kettenreaktion – homolytisch getrennt wird. Das Acyloxy-Radikal spaltet CO_2 ab und das dadurch gebildete weitere Radikal reagiert mit einem weiteren Molekül Acylhypobromit unter Entzug eines Br-Atoms.

16.4 Radikaladditionen

Zahlreiche Verbindungen vermögen sich in Form freier Radikale an C—C-Doppel- oder Dreifachbindungen zu addieren, darunter auch Halogene und Bromwasserstoff, deren Addition normalerweise durch eine polare Reaktion geschieht. Radikaladditionen sind besonders in der *Gasphase in unpolaren Lösungsmitteln* durchzuführen; sie erfordern ebenso wie die Radikalsubstitutionen das Vorhandensein von Radikalbildnern oder lassen sich durch kräftige Belichtung auslösen.

Addition von Bromwasserstoff und von Halogenen. Die *HBr-Addition,* welche in Gegenwart von Sauerstoff oder Peroxiden oder bei Belichtung als Radikalreaktion verläuft und zu *anti-Markownikow-Produkten* führt, wurde bereits in Kapitel 9 (S. 520) besprochen. Beide Schritte der Kettenpropagation verlaufen exotherm; die primär gebildeten Alkyl-Radikale werden durch HBr sofort abgefangen, bevor sie mit einem weiteren Alkenmolekül reagieren können. Eine Polymerisation als Nebenreaktion tritt also nicht auf. Die radikalische HBr-Addition ist insofern von Interesse, als man dadurch die Addition in eine bestimmte Richtung lenken kann. So erhält man aus Allylbromid und HBr je nach den angewandten Bedingungen 1,2- oder 1,3-Dibrompropan:

$$CH_2{=}CH{-}CH_2Br \begin{cases} Br{-}CH_2{-}CH_2{-}CH_2Br \quad \text{(radikalisch)} \\ CH_3{-}\underset{\underset{Br}{|}}{CH}{-}CH_2Br \quad \text{(ionisch)} \end{cases}$$

Selbstverständlich verhindert die Anwesenheit von Radikalen an sich die ionische Addition nicht; die Radikal-Kettenreaktion verläuft jedoch so viel schneller, daß der größte Teil des Alkens in *anti*-Markownikow-Produkte übergeführt wird, wenn überhaupt Radikale (durch Peroxide oder durch Belichtung) entstehen können.

Von den übrigen Halogenwasserstoffverbindungen wird nur *Chlorwasserstoff* in bestimmten Fällen auch durch einen Radikalmechanismus addiert. Zwar ist dann der erste Reaktionsschritt, die Bildung eines Alkylradikals aus einem Cl-Atom und dem Alken, exotherm; die Weiterreaktion des Radikals mit HCl ist jedoch endotherm (beim Ethen $\Delta H \approx + 21$ kJ/mol), so daß dieser Schritt langsam verläuft und die *Polymerisation mit der einfachen Addition in Konkurrenz* tritt. Aus diesem Grund erhält man *relativ kurze Makromoleküle* (**«Telomere»**), wenn Ethen zusammen mit wäßriger Salzsäure und kleinen Mengen Dibenzoylperoxid unter Druck erhitzt wird. Für die radikalische Addition von *Iodwasserstoff* ist der erste Reaktionsschritt wegen der geringen Bindungsenthalpie der C—I-Bindung endotherm (beim Ethen $\Delta H \approx + 30$ kJ/mol), während bei der HF-Addition der zweite Schritt stark endotherm ($\Delta H \approx + 150$ kJ/mol) ist. Sowohl für HI wie für HF ist deshalb die Radikaladdition an Ethen (wenn auch aus verschiedenen Gründen!) nicht möglich. Nur wenn das Alken elektronenanziehende Substituenten an der Doppelbindung enthält, kann HI unter Bedingungen, die eine Radikalreaktion ermöglichen, addiert werden (z.B. an Styren).

Die *Addition* von *Chlor* oder *Brom* verläuft in der *Gasphase* bzw. *in unpolaren Lösungsmitteln* unter dem Einfluß von *Sonnenlicht* fast ausschließlich *über Radikale.* Wird unter Ausschluß von Licht in polaren Lösungsmitteln gearbeitet, so erfolgt die Addition praktisch nur nach dem Mechanismus der elektrophilen Addition. In unpolaren Lösungsmitteln sollte daher im Dunkeln keine Reaktion zwischen Alkenen und den beiden Halogenen eintreten, da dann weder Radikale noch Ionen entstehen können.

Bei der *photochemisch induzierten Chloraddition* wird im ersten Reaktionsschritt ein Cl-Atom (das durch Photolyse entstanden ist) an die Doppelbindung addiert. Das gebildete Radikal reagiert mit einem weiteren Cl_2-Molekül:

$$Cl\cdot \ + \ R-CH=CH_2 \ \longrightarrow \ R-\overset{\cdot}{C}H-CH_2Cl$$

$$R-\overset{\cdot}{C}H-CH_2Cl \ + \ Cl_2 \ \longrightarrow \ R-\underset{\underset{Cl}{|}}{C}H-CH_2Cl \ + \ Cl\cdot$$

Auch hier wird das intermediär auftretende Alkylradikal so rasch von einem Cl_2-Molekül abgefangen, daß es nicht zu einer Polymerisation kommt.

Bemerkenswerterweise ist die radikalische *Bromadditon* an Alkene leicht *umkehrbar,* während die Chloraddition auch bei höheren Temperaturen praktisch irreversibel ist. Diese Tatsache wird z.B. zur *Umwandlung von cis-Alkenen in die entsprechenden trans-Isomere* benützt. So erhält man z.B. beim Erwärmen einer gesättigten Lösung von Maleinsäure mit etwas Brom Fumarsäure, die viel weniger gut löslich ist und deshalb als kristalliner Niederschlag ausfällt. Bei dieser Umwandlung entsteht zunächst durch Addition eines Br-Atoms ein Radikal, das sehr rasch wieder ein Br-Atom abspalten kann. Wenn vorher Drehung um die C—C-Bindung eingetreten ist, erhält man das *trans*-Isomer:

Von technischer Bedeutung ist die *Addition von Chlor an Benzen* (Chlor wird unter UV-Bestrahlung in siedendes Benzen eingeleitet), wobei sich ein Gemisch stereoisomerer Hexachlorcyclohexane bildet. Das dabei in einer Ausbeute von etwa 15% anfallende γ-Isomer ist ein wichtiges Insektizid (Gammexan, Hexa, Lindan).

10–15%

Bildung neuer C—C-Bindungen durch Addition. Eine Reihe von Substanzen wie $CHBr_3$, CCl_4, Aldehyde, Ketone, Alkohole und Amine läßt sich unter den Bedingungen einer Radikaladdition ebenfalls an Alkene addieren. Weil dabei neue C—C-Bindungen geknüpft werden, sind diese Reaktionen von großer Bedeutung für die präparative Arbeit. Die Ausführung der Reaktion ist meist sehr einfach, da man bloß die Komponenten in Gegenwart geringer Mengen Peroxide auf 60 bis 100°C zu erwärmen hat. Die Ausbeuten sind besonders bei höheren Alkenen recht gut; bei niederen Alkenen tritt die *Telomerisation*

(Bildung kurzkettiger Polymerisate) in Konkurrenz zur Addition und setzt die Ausbeuten herab.

Zur Illustration dienen folgende *Beispiele:*

C_6H_5—COO· + CCl_4 → CCl_3· + CO_2 + C_6H_5Cl Startreaktion

CCl_3· + CH_2=CH—R → Cl_3C—CH_2—ĊH—R

Cl_3C—CH_2—ĊH—R + CCl_4 → Cl_3C—CH_2—CH—R + CCl_3·

                                                                    |

                                                                    Cl

} Propagation

CH_3CH_2CH=CH_2 + $CHBr_3$ —Peroxid→ $CH_3CH_2CH_2CH_2CBr_3$

CH_2=CH—C_6H_{13} + CH_3CHO —Peroxid→ CH_3—C—CH_2CH_2—C_6H_{13}

                                                                               ‖

                                                                               O

CH—COOR

‖   + CH_3CHO —Peroxid→

CH—COOR

CH_2COOR

|

CH_3CO—$CHCOOR$

CH_2=CH—CH_3 + CH_3COCH_3 —Peroxid→ $CH_3COCH_2CH_2CH_2CH_3$

CH_2=CH—C_6H_{13} + C_2H_5OH —Peroxid→ C_6H_{13}—$CH_2CH_2CHCH_3$

                                                                            |

                                                                            OH

Bei der Reaktion mit Aldehyden wird im ersten Schritt der Kettenpropagation ein R—Ċ=O-Radikal, bei der Reaktion mit Ketonen ein R—Ċ—CH—R′-Radikal addiert. Alkohole werden

                                                           ‖

                                                           O

durch Peroxide in hydroxylhaltige Radikale übergeführt $\left(\begin{matrix}R-\overset{\cdot}{C}-R'\\|\\OH\end{matrix}\right)$ ·

Bei der durch Dibenzoylperoxid gestarteten Reaktion von Cyclohexen mit CCl_4 gelang es nicht nur, ein Spaltstück des Initiators (1), sondern auch das Produkt der Kettenabbruchreaktion (2) zu isolieren, so daß hier sowohl die Start- wie die Kettenabbruchreaktion einwandfrei erkannt werden konnte:

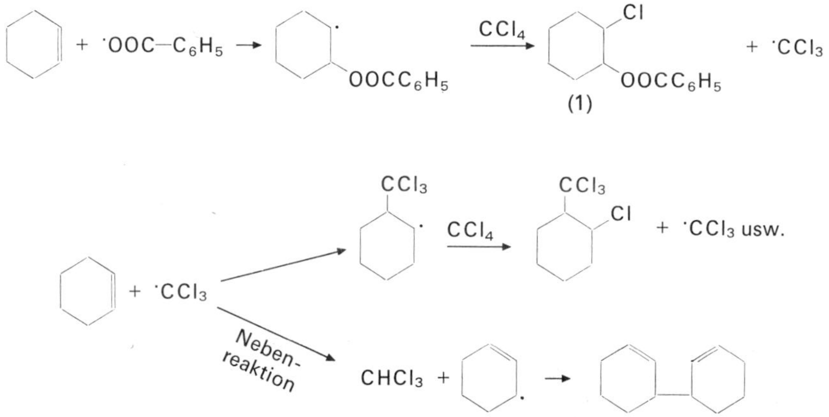

(1)

(2)

Radikalketten-Polymerisation. Eine technisch sehr wichtige Radikaladdition ist die durch Radikalbildner ausgelöste Polymerisation von Alkenen, wobei in der Praxis *Peroxide* oder *Azobisisobutyronitril* als *Starter* verwendet werden. Die Polymerisation verläuft nach folgendem Schema:

$$R \cdot \; + \; CH_2 {=} CHX \longrightarrow R{-}CH_2{-}\overset{\displaystyle \cdot}{C}HX \;\;\Big\} \text{ Propagation}$$

$$R{-}CH_2{-}\overset{\displaystyle \cdot}{C}HX \; + \; CH_2 {=} CHX \rightarrow R{-}CH_2{-}\underset{\displaystyle X}{\overset{\displaystyle |}{C}H}{-}CH_2{-}\underset{\displaystyle X}{\overset{\displaystyle |}{\overset{\displaystyle \cdot}{C}H}}$$

Der *Abbruch* des Kettenwachstums erfolgt im einfachsten Fall dadurch, daß zwei wachsende Ketten aufeinander treffen und die Reaktion durch Kombination oder Disproportionierung beendet wird. Auch durch Einfangen eines Initiatormoleküls oder durch Reaktion mit molekularem Sauerstoff kann das Wachstum des Makromoleküls beendet werden. Je größer die anfängliche Konzentration an Initiator ist, desto mehr Ketten wachsen gleichzeitig im Reaktionsgemisch und desto größer wird die Wahrscheinlichkeit der Kettenabbruchreaktion. Durch Veränderung der Konzentration des Radikalbildners läßt sich deshalb die durchschnittliche Molekülmasse der Makromoleküle im gewünschten Sinn beeinflussen. Die Länge der Makromoleküle läßt sich auch durch Zusatz von sogenannten *Ladungsüberträgern («Reglern»)* steuern; diese Verbindungen reagieren mit der wachsenden Kette und beenden das Kettenwachstum, bilden aber gleichzeitig neue Radikale:

$$R{-}({-}CH_2{-}CHX{-})_m{-}CH_2{-}\overset{\displaystyle \cdot}{C}HX + RSH \rightarrow R{-}({-}CH_2{-}CHX{-})_m{-}CH_2{-}CH_2X + RS \cdot$$

$$RS \cdot \; + \; CH_2 {=} CHX \rightarrow RSCH_2{-}\overset{\displaystyle \cdot}{C}HX \quad \text{usw.}$$

Solche Übertragungsreaktionen können die Molekülkette auch durch Bildung von *Kettenverzweigungen* verändern:

$$R{-}({-}CH_2{-}\underset{X}{\overset{|}{C}H}{-})_m{-}CH_2{-}\underset{X}{\overset{|}{C}H} \cdot + R{-}({-}CH_2{-}\underset{X}{\overset{|}{C}H}{-})_n{-}CH_2{-}\underset{X}{\overset{|}{C}H}{-}({-}CH_2{-}\underset{X}{\overset{|}{C}H}{-})_p{-}CH_2{-}\underset{X}{\overset{|}{C}H} \cdot \rightarrow$$

$$R{-}({-}CH_2{-}\underset{X}{\overset{|}{C}H}{-})_m{-}CH_2{-}CH_2 + R{-}({-}CH_2{-}\underset{X}{\overset{|}{C}H}{-})_n{-}CH_2{-}\underset{X}{\overset{|}{\overset{\cdot}{C}}}{-}({-}CH_2{-}\underset{X}{\overset{|}{C}H}{-})_p{-}CH_2{-}\underset{X}{\overset{|}{C}H} \cdot$$

Das dadurch gebildete tertiäre Radikal kann ebenfalls Monomere anlagern, so daß sich ein verzweigtes Kettenmolekül bildet.

Die Radikalketten-Polymerisation ist von sehr großer *wirtschaftlicher Bedeutung.* Einige der wichtigsten Polymerisate (Polyvinylchlorid, Polystyrol, Polymethylmethacrylat, Teflon) werden auf diese Weise in großen Mengen produziert. Unter Umständen ist es zweckmäßig, ein Gemisch verschiedener ungesättigter Verbindungen zu polymerisieren («Copolymerisation»), um die Eigenschaften zu verbessern; so sind gewisse Arten von synthetischem Kautschuk *Copolymerisate* von 1,3-Butadien mit Acrylnitril oder Styren. Die Polymerisation erfolgt exotherm, so daß man bei der technischen Durchführung für eine möglichst gute Ableitung der Wärme besorgt sein muß (starke Erwärmung begünstigt z. B. die Bildung verzweigter Kettenmoleküle!).

16.5 Autoxidation und Verbrennung

Zahlreiche organische Substanzen reagieren unter relativ milden Bedingungen mit *molekularem Sauerstoff,* wobei sich in vielen Fällen *Peroxide* bilden. Obschon wir Oxidationen (und Reduktionen) erst im nächsten Kapitel besprechen, ist es sinnvoll, auf diese Vorgänge hier schon einzugehen, da es sich bei ihnen ebenfalls um typische Radikal Kettenreaktionen handelt.

Autoxidation. Viele Autoxidationen laufen scheinbar *spontan* ab, d. h. sie werden entweder durch *photolytisch* gebildete *Radikale* oder durch als *Verunreinigungen* in der betreffenden Substanz enthaltene *Radikale* ausgelöst:

$$\text{>C-H} + \text{R} \cdot \quad \longrightarrow \quad \text{>C} \cdot + \text{R-H}$$

$$\text{>C} \cdot + \cdot \text{O-O} \cdot \quad \longrightarrow \quad \text{>C-O-O} \cdot$$

$$\text{>C-O-O} \cdot + \text{>C-H} \longrightarrow \text{>C-O-O-H} + \text{>C} \cdot$$

Wenn das dabei gebildete Hydroperoxid selbst wiederum als Initiator wirken kann, katalysiert sich die Reaktion selbst und kann dann nach einiger Zeit rasch ablaufen. Auf solchen Autoxidationen beruht die bei vielen organischen Stoffen beobachtete *Zersetzung,* wenn man sie so aufbewahrt, daß sie dem *Sonnenlicht ausgesetzt* sind und gleichzeitig mit *Luftsauerstoff* in Berührung kommen. Um eine Autoxidation zu verhindern, müssen empfindliche Substanzen mit einem geeigneten *Inhibitor* (z. B. Hydrochinon) versetzt werden.

Die *Geschwindigkeit der Autoxidation* hängt sehr stark von der Struktur der betreffenden Substanz ab. Paraffine beispielsweise reagieren an der Luft nur extrem langsam, *Allyl-* und *Benzylverbindungen* dagegen viel rascher, weil sich auch hier mesomeriestabilisierte Radikale bilden. Bei gesättigten Verbindungen erfolgt die Autoxidation an verschiedenen C-Atomen in der gewohnten Reihenfolge der Leichtigkeit: primär < sekundär < tertiär. H-Atome an *tertiären* C-Atomen reagieren oft so leicht, daß die betreffende Reaktion präparativ ausgenutzt werden kann; so stellt man z. B. tert. Butylhydroperoxid in guter Ausbeute durch Luftoxidation von Isobutan her:

$$(CH_3)_3CH + O_2 \quad \longrightarrow \quad (CH_3)_3C\text{-OOH}$$

Alkene reagieren oft auch unter Bildung von Makromolekülen:

$$R\text{-O-O} \cdot + \text{C=C} \longrightarrow R\text{-O-O-C-C} \cdot \xrightarrow{O_2} R\text{-O-O-C-C-O-O} \cdot$$

$$\xrightarrow{\text{>C=C<}} R\text{-O-O-C-C-O-O-C-C} \cdot \quad \text{usw.}$$

Auf solche Oxidationen ist auch das Erhärten von «*trocknenden Ölen*» wie z. B. Leinöl an der Luft zurückzuführen.

Besonders leicht bilden auch *Ether* solche Peroxide:

$$R\text{-O-CH}_2\text{-R}' \quad \longrightarrow \quad R\text{-O-CH-R}'$$
$$\underset{\text{OOH}}{\big|}$$

Da derartige Hydroperoxide beim Erwärmen zu explosionsartigem Zerfall neigen, müssen sie z. B. durch Reduktion mit wäßriger $FeSO_4$-Lösung zerstört werden, bevor man Ether oder Tetrahydrofuran als Lösungsmittel bei Reaktionen verwenden kann, bei denen erhitzt werden muß. Auch *Aldehyde* oxidieren an der Luft leicht. Benzaldehyd beispielsweise geht schon beim Stehenlassen teilweise in Benzoesäure über. Dabei entsteht zuerst eine *Peroxysäure,* die mit weiterem Aldehyd reagiert und die normale Carbonsäure bildet. Auch diese Reaktionen werden durch Licht oder durch gewisse Metallionen (welche wie z. B. $Fe^{3\oplus}$ durch Oxidation Radikale erzeugen können) stark beschleunigt.

Für *Benzaldehyd* läßt sich der *Ablauf der Autoxidation* folgendermaßen formulieren:

Hydroperoxide selbst sind von geringer Bedeutung für die synthetische Chemie, werden aber in gewissen Fällen als *Zwischenprodukte* verwendet. So wird beispielsweise *Cumol* technisch in *Aceton* und *Phenol* übergeführt, wobei Cumolhydroperoxid als Zwischenprodukt auftritt:

Verbrennung. Verbrennungen organischer Verbindungen an der Luft sind ebenfalls Radikal-Kettenreaktionen. Ihr Verlauf ist allerdings wegen des relativ raschen Ablaufes und der hohen Temperaturen schwierig zu untersuchen und deshalb verhältnismäßig schlecht bekannt. Wird die Verbrennung bei genügender Zufuhr von Sauerstoff (Luft) durchgeführt, so entstehen die völlig oxidierten Produkte Wasser und CO_2 (eventuell auch N_2, SO_2 u. a.). Bei beschränktem Luftzutritt oder bei ungenügender Durchmischung (oder auch bei rascher Abkühlung) werden Ruß und Verbindungen wie Acetylen, Alkohole, Formaldehyd und andere Aldehyde, Ketone, Carbonsäuren und Kohlenmonoxid gebildet[1]. Manche dieser «unvollständigen» Verbrennungen sind von technischer Bedeutung zur Gewinnung von Ruß oder von Acetylen aus Methan (S. 83).

---

[1] Im Tabakrauch konnten bis heute über 1300 verschiedene Verbindungen nachgewiesen und identifiziert werden. Man schätzt, daß aber insgesamt 2500 bis 3000 Verbindungen darin enthalten sein dürften.

16.6 Kombinationen und Umlagerungen von Radikalen

Kolbe-Synthese. Elektrolysiert man Lösungen von Salzen mit Carboxylat-Anionen, so entstehen an der Anode Kohlenwasserstoffe. Dabei wird zuerst ein Carboxyl-Radikal gebildet, welches sehr rasch decarboxyliert. Die dadurch gebildeten Alkylradikale dimerisieren:

$$2\ R-C\!\!\begin{array}{c}O\\ \diagdown O^{\ominus}\end{array} -\ 2\ e^{-}\ \longrightarrow\ 2\ R-C\!\!\begin{array}{c}O\\ \diagdown O\cdot\end{array}\ \xrightarrow{-2\ CO_2}\ 2\ R\cdot\ \longrightarrow\ R-R$$

Eine ähnliche Reaktion tritt ein, wenn man Ketone in verdünnten wäßrigen Säuren löst und diese elektrolysiert:

$$2\ R_2C{=}O\ +\ 2\ e^{-}\ \longrightarrow\ 2\ R_2\dot{C}-O^{\ominus}\ \longrightarrow\ \begin{array}{c}R_2C-O^{\ominus}\\ |\\ R_2C-O^{\ominus}\end{array}\ \xrightarrow{H^{\oplus}}\ \begin{array}{c}R_2C-OH\\ |\\ R_2C-OH\end{array}$$

$$(1)$$

Die dabei zunächst gebildeten *Radikal-Ionen* (1) dimerisieren, so daß (in der sauren Lösung) Pinakole erhalten werden.

Beide Reaktionen können zu präparativen Zwecken verwendet werden. Die Kolbe-Synthese wird meistens mit in Methanol gelösten Carbonsäuren ausgeführt, wobei man der Lösung noch soviel Natriummethylat zufügt, daß etwa 2 % der Säure neutralisiert werden. An der Kathode entsteht Wasserstoff; die gleichzeitig gebildeten Methoxid-Ionen reagieren mit weiterer Carbonsäure unter Bildung von Carboxylat-Anionen. Die Ausbeuten sind oft sehr hoch. Auch Halbester zweiprotoniger Carbonsäuren können auf diese Weise elektrolysiert werden, wobei man Ester höherer zweiprotoniger Säuren erhält:

$$2\ EtOOC-(CH_2)_n-COOH\ \longrightarrow\ EtOOC-(CH_2)_{2n}-COOEt$$

Umlagerungen. Wie schon auf S. 741 bemerkt wurde, sind Umlagerungen von Radikalen ziemlich selten. Fast immer tritt dabei Wanderung eines *Arylrestes* ein. Ein Beispiel ist die bei β-Phenylpropionaldehyd durch Markierung des α-C-Atomes mit ^{14}C entdeckte Umlagerung:

$$C_6H_5-CH_2\overset{*}{C}H_2CHO\ +\ R\cdot$$

$$\longrightarrow\ C_6H_5-CH_2\overset{*}{\dot{C}}H_2-\dot{C}{=}O\ \xrightarrow{165\,°C}\ C_6H_5-CH_2\overset{*}{C}H_2\cdot\ +\ \cdot CH_2\overset{*}{C}H_2-C_6H_5$$

$$+\ RCHO\ \big\downarrow\qquad\qquad\qquad \big\downarrow\ +\ RCHO$$

$$C_6H_5-CH_2\overset{*}{C}H_3\qquad CH_3\overset{*}{C}H_2-C_6H_5$$

$$96\,\%\qquad\qquad 4\,\%$$

Die Wanderung einer Arylgruppe wird offenbar dadurch ermöglicht, daß sich ein brückenartiges, durch Delokalisierung etwas stabilisiertes Radikal bilden kann. Bei Alkylradikalen wäre eine solche Delokalisation nicht möglich und das in analoger Weise gebildete zyklische Zwischenprodukt zu instabil, so daß eine analoge Umlagerung nicht möglich ist.

Übungen

16.1   Schildern Sie die verschiedenen Möglichkeiten, die zum Nachweis von Radikalen als Zwischenstoffen bei Reaktionen bestehen! Welches ist die empfindlichste Methode?

16.2   Auf welche Weise lassen sich Radikale erzeugen?

16.3   Ordnen Sie die folgenden Substanzen nach der Leichtigkeit, mit der eine Homolyse eintritt, und erklären Sie ihre Reihe:
Dibenzoylperoxid, Ethan, Azobisisobutyronitril, di-tert. Butylperoxid

16.4   Wie ist Dibenzoylperoxid herstellbar? Worauf hat man bei der Aufbewahrung zu achten?

16.5   Ordnen Sie folgende Radikale nach zunehmender Stabilität, und erklären Sie die Reihenfolge:
Ethyl
tert. Butyl
Benzyl
Methyl
Isopropyl

16.6   Zählen Sie einige besonders stabile freie Radikale auf!

16.7   Warum lassen sich manche Radikalreaktionen mittels einer Lösung von $FeSO_4$ in wäßrigem Wasserstoffperoxid starten?

16.8   Geben Sie Beispiele von Radikal-Ionen an!

16.9   Warum benützt man Hydrochinon oft als Stabilisator für leicht zersetzliche oder leicht polymerisierende Substanzen?

16.10   Die Bromierung von 3-Methylhexan liefert fast ausschließlich 3-Brom-3-methyl-hexan. Wie ist der sterische Verlauf dieser Reaktion?

16.11   Auf welche Weise können Radikale weiter reagieren? Geben Sie für jede Möglichkeit ein Beispiel an!

16.12   Warum entsteht beim Chlorieren von 2-Methylpentan ein Gemisch verschiedener Produkte, bei der Bromierung derselben Substanz jedoch nur ein einziges Produkt?

16.13   Wie läßt sich im allgemeinen schon äußerlich erkennen, ob eine bestimmte Reaktion über Radikale oder über Ionen als Zwischenprodukte abläuft?

16.14   Warum kommen stark endotherme Reaktionen im allgemeinen zur Kettenpropagation nicht in Frage?

16.15   Geben Sie Beispiele von Reaktionen an, welche sowohl als Radikal- oder als polare Reaktionen durchgeführt werden können!

16.16   Wie reagieren Alkane mit den verschiedenen Halogenen?

16.17   Erklären Sie:
polare Effekte bei Radikalsubstitutionen
Nachbargruppeneffekte bei der radikalischen Halogenierung
Wirkungsweise von NBS

16.18   Auf welche Weise lassen sich Alkane nitrieren? Bedingungen und mögliche Produkte!

16.19   Diskutieren Sie Beispiele und Bedeutung von Radikalsubstitutionen an Diazoniumsalzen!

16.20   Beschreiben Sie folgende Namenreaktionen:
(a) Sandmeyer-Reaktion
(b) Kolbe-Synthese
(c) Meerwein-Arylierung
(d) Ziegler-Polymerisation

16.21 Diskutieren Sie Beispeile von Radikaladditionen! Wie verlaufen insbesondere die Radikaladditionen von HBr, HI und HF, und unter welchen Bedingungen lassen sie sich durchführen?

16.22 Erklären Sie den Ablauf der Radikalpolymerisation! Welche Funktion hat das dem Styren zugesetzte Hydrochinon? Wie kann man auf diese Weise «stabilisiertes» Styren polymerisieren?

16.23 Wie läßt sich die Länge der Makromoleküle im Verlauf einer Polymerisation steuern?

16.24 Diskutieren Sie die Mechanismen folgender Reaktionen:
(a) Autoxidation von Isobutan
(b) Bromierung von Toluen am Licht
(c) Kolbe-Synthese
(d) Autoxidation von Benzaldehyd
(e) HBr-Addition an Propylen (bei Anwesenheit von Sauerstoff)
(f) Bildung von Brombenzen aus Phenyldiazoniumchlorid
(g) Nitrierung von Butan

16.25 Warum zersetzen sich viele organische Stoffe am Licht?

16.26 Stellen Sie Radikal-Reaktionen zusammen, welche für folgende Zwecke benützt werden können:
(a) Verlängerung von C-Ketten
(b) Bildung von vielgliedrigen Ringen
(c) Bildung von Biphenylderivaten

16.27 Wie lassen sich folgende Substanzen herstellen:
(a) Neopentylbromid
(b) PVC
(c) 1-Chlor-1-phenylethan
(d) $CH_3-CH=CH-CH=CH-CH_3$ aus 2-Hexen
(e) Nitroethan
(f) $R-CH=CH-CH=CH-R'$
(g) $C_5H_{11}COC_5H_{11}$
(h) $CH_3-CH=CH-CH_2Cl$
(i) *p*-Nitrophenylcyanid
(k) 1,2-Diphenyl-1-methylethen

(l)  Br—⟨☐⟩—⟨☐⟩—Cl

(m) $(C_6H_5)_2C-OH$
$\quad\quad\quad |$
$\quad\;(C_6H_5)_2C-OH$
(n) 1,1,1-Tribrombutan
(o) $(CH_3)_2CH-CO-CH-CH(CH_3)_2$
$\quad\quad\quad\quad\quad\quad\quad |$
$\quad\quad\quad\quad\quad\quad\quad OH$

16.28 Wie reagieren folgende Substanzen miteinander:

(a) 2,3-Dimethylbutan + Br_2 (Licht)   (e) Propen + HBr (in CCl_4 im Dunkeln)
(b) 1-Buten + Br_2 (Licht, Peroxid)   (f) *cis*-Stilben + Br_2
(c) Styren + Dibenzoylperoxid   (g) Cyclohexen + Aceton (Peroxid)
(d) Phenyldiazoniumchlorid + Acrylnitril   (h) Malonester + 1-Hexen (Peroxid)

17 Oxidationen und Reduktionen

17.1 Allgemeines

In der anorganischen Chemie wird *Oxidation* als *Abgabe*, *Reduktion* als *Aufnahme* von *Elektronen* definiert. Da aber häufig aus der stöchiometrischen Gleichung eines Redoxvorganges nicht ohne weiteres ersichtlich ist, welches Atom dabei oxidiert bzw. reduziert wird, verwendet man als Hilfsbegriff die Oxidationszahl und definiert die Oxidation als eine Erhöhung, die Reduktion als eine Erniedrigung der *Oxidationszahl*. Selbstverständlich sind diese Begriffe nicht nur für anorganische, sondern auch für organische Verbindungen und Reaktionen gültig; weil aber direkte Elektronenübertragungen bei organischen Reaktionen ziemlich selten auftreten, ist die Anwendung der auf diese Weise definierten Begriffe nicht immer einfach. Natürlich lassen sich für die einzelnen C-Atome eines Moleküls ebenfalls Oxidationszahlen ableiten (vgl. z. B. S.187), aber zur konsequenten Durchführung wäre eine Reihe zum Teil ziemlich willkürlicher Annahmen nötig, da die Oxidationszahl eines bestimmten Atoms in einem Molekül nur dann angegeben werden kann, wenn auch die Oxidationszahlen der an dieses Atom gebundenen anderen Atome festgelegt sind. Es ist deshalb in der organischen Chemie – mehr durch die Tradition als durch eine formale Festlegung – üblich, die *funktionellen Gruppen nach zunehmendem Oxidationsgrad zu ordnen* und den Übergang von der einen zur anderen Gruppe als Oxidation bzw. Reduktion zu bezeichnen (vgl. Tabelle 17.1). Bei den meisten Oxidationen wird Sauerstoff durch das organische Substrat verbraucht oder Wasserstoff abgegeben; für Reduktionen gilt das Gegenteil. Selbstverständlich ist keine Oxidation möglich, ohne daß gleichzeitig ein anderer Stoff reduziert wird. Bei den in den folgenden Abschnitten diskutierten Reaktionen geschieht die Einordnung nach «Oxidation» bzw. «Reduktion» darnach, ob das organische

Tabelle 17.1. *Einfache funktionelle Gruppen, geordnet nach zunehmendem Oxidationsgrad*

Substrat oxidiert oder reduziert wird. Wenn beide Reaktanten, das Oxidations- und das Reduktionsmittel, organische Substanzen sind, wird allerdings die Klassifizierung etwas willkürlich; dasselbe gilt aber *mutatis mutandis* auch für gewisse Substitutionen, wie z. B. für Friedel-Crafts-Reaktionen, welche entweder als elektrophile Substitutionen am Aromaten oder als nucleophile Substitutionen am Alkyl- oder Acylhalogenid aufgefaßt werden können. Wie immer in solchen Fällen ist es letztlich eine Frage der *Konvention,* welchem Standpunkt man den Vorzug geben will. Daß aber die konsequente Anwendung des «anorganischen» Begriffsystems der Redoxreaktionen für die organische Chemie unzweckmäßig ist, erhellt z. B. daraus, daß Reaktionen, bei welchen aus weniger polaren Bindungen stärker polare Bindungen entstehen (wie z. B. bei der radikalischen Halogenierung von Alkanen oder bei Additionen an C≡C- oder C=O-Doppelbindungen) genaugenommen auch eine Verschiebung negativer Ladung (der Bindungselektronen) darstellen und mithin als Redoxreaktionen bezeichnet werden müßten.

Aus methodischen Gründen wurde eine ganze Anzahl von Reaktionen, die eindeutig als Oxidationen (Reduktionen) aufzufassen sind, schon im Zusammenhang mit anderen Reaktionstypen besprochen (siehe Tabelle 17.2). Es sei darum diesbezüglich auf die betreffenden Seitenzahlen verwiesen.

Tabelle 17.2. Bereits behandelte Oxidations- und Reduktionsreaktionen. (Die in Klammern gesetzten Zahlen geben die betreffenden Seiten an)

Oxidationen	Reduktionen
Epoxidierung (138)	Katalytische Hydrierung von Doppel-
Ozonisierung (566)	und Dreifachbindungen (536)
KMnO₄- und OsO₄-Oxidation von	Hydroborierung von Alkenen (527)
Doppelbindungen (538)	Reduktive Aminierung von
Hydrocarboxylierung und Hydroformylierung	Carbonylverbindungen (629)
von Doppelbindungen (526)	Reduktion von Ketonen zu Pinakolen
Oxidation von Phenolen zu Semichinonen (739)	(*cis*-1,2-Glykolen) (739)
Autoxidation (757)	Acyloin-Kondensation (605)
Kolbe-Synthese (759)	

Es soll schließlich darauf hingewiesen werden, daß viele präparativ durchgeführte Oxidationen und Reduktionen in *Zweiphasensystemen* verlaufen. In solchen Fällen hat sich die Phasentransfer-Katalyse (mit Tetraalkylammoniumsalzen oder Kronenethern) sehr bewährt. Dadurch, daß oxidierend oder reduzierend wirkende Ionen wie etwa $MnO_4^\ominus$, $CrO_4^{2\ominus}$ oder $AlH_4^\ominus$ nicht-solvatisiert in der organischen Phase gelöst werden, läßt sich ihre oxidierende (reduzierende) Wirkung oft stark steigern.

Mechanismen. Die vorausgegangene Diskussion der Begriffe «Oxidation» und «Reduktion» macht deutlich, daß der *Mechanismus,* d. h. der exakte Ablauf einer Reaktion *in keinem Zusammenhang damit steht, ob ein bestimmtes Atom oder Molekül oxidiert oder reduziert wird.* So folgt beispielsweise sowohl die Überführung von Methylbromid in Methanol mittels KOH als auch die Reaktion von Methylbromid mit $LiAlH_4$ (Bildung von Methan) dem S_N2-Mechanismus; während aber die zweite dieser Reaktionen gemäß Tabelle 17.1 eine Reduktion darstellt, ist die Substitution von —Br durch —OH keine Reduktion. Es ist deshalb *nicht möglich,* für Oxidations- und Reduktionsreaktionen *allgemeine Mechanismen anzu-*

geben, wie es etwa in Kapitel 14 für die aromatische Substitution geschehen ist. Zudem sind gerade die Mechanismen organischer Oxidationen (Reduktionen) oft recht *verwickelt* und manchmal auch zu wenig untersucht, und es ist auch möglich, daß der Mechanismus einer bestimmten Oxidation (Reduktion) verschieden sein kann, je nach dem Oxidations-(Reduktions-)mittel, das im konkreten Fall verwendet wird. Wir können deshalb nur einige bei Oxidationen und Reduktionen häufige Reaktionswege etwas näher betrachten, ohne damit das ganze Gebiet der Oxidation (Reduktion) organischer Verbindungen zu erfassen.

Gewisse Reaktionen stellen **direkte Elektronenübertragungen** dar. Beispiele dafür sind etwa die Oxidation (Reduktion) eines freien Radikals zum Kation (Anion), wie es bei den auf S. 739 betrachteten Reaktionen der Fall ist. Auch der Oxidation eines Anions bzw. der Reduktion eines Kations zu einem relativ stabilen Radikal sind wir schon begegnet (S. 759). Bei der Acyloin-Kondensation (S. 605) findet während eines bestimmten Reaktionsschrittes ebenfalls eine direkte Elektronenübertragung statt.

Bei anderen Reaktionen werden **Hydrid-Ionen** ($H^{\ominus}$) **übertragen**, wobei entweder das Substrat ein Hydrid-Ion bindet (und damit reduziert wird), oder ein Hydrid-Ion an ein (anorganisches) Reagens abgibt und damit oxidiert wird. Beispiele sind die präparativ außerordentlich wichtigen Reduktionen mittels $LiAlH_4$ oder $NaBH_4$ (S. 797) oder auch die Cannizzaro-Reaktion (S. 800). Auch Reaktionen, bei welchen ein Carbeniumion von einer (organischen) Substanz ein Hydrid-Ion abspaltet, gehören in diese Gruppe:

$$R^{\oplus} + R'H \longrightarrow R-H + R'^{\oplus}$$

Viele Oxidationen und Reduktionen sind **Radikalsubstitutionen** und verlaufen unter Übertragung von Wasserstoffatomen, wie etwa die beiden Ketten-Propagationsreaktionen der radikalischen Halogenierung. Häufig wird bei einer Oxidation auch ein Ester (meistens einer anorganischen Säure) gebildet, der anschließend – z. B. nach eine *E2*-Mechanismus – wieder gespalten wird. Beispiele dafür sind die Oxidationen von Alkoholen zu Carbonylverbindungen mittels CrO_3 bzw. $CrO_4^{2\ominus}$ (S. 779) oder die durch Blei(IV)-acetat, $Pb(CH_3COO)_4$, mögliche Oxidation von Glykolen.

Oxidationen und Reduktionen können schließlich auch auf dem Wege **einfacher Verdrängungsreaktionen** oder **Additions-Eliminations-Mechanismen** verlaufen. So läßt sich die Addition von Brom an eine C═C-Doppelbindung als Oxidation des ungesättigten Substrates auffassen, wobei die Elektronen des organischen Substrats eine Substitution am elektrophilen, anorganischen Reagens – dem Br_2-Molekül – bewirken:

In den letzten zwanzig Jahren wurden vor allem in der Entwicklung neuer Methoden zur Reduktion organischer Verbindungen große Fortschritte gemacht, besonders was die Selektivität verschiedener Reaktionen anbelangt. Neben den älteren Reduktionsmitteln Natrium und Alkohol bzw. Zink und Salzsäure (welche direkt Elektronen vom Metall auf eine organische Verbindung übertragen) dienen heute auch Kombinationen von Metallen mit Ammoniak oder Aminen als (oft sogar *stereospezifische) Reduktionsmittel*[1]. Auch die

[1] Metalle in Kombination mit Säuren, Alkohol oder flüssigem Ammoniak als Reduktionsmittel wirken als **Elektronenspender** (die Elektronen werden direkt auf das organische Substrat übertragen) und reduzieren **nicht** durch die Bildung von nascierendem Wasserstoff, wie man früher angenommen hat. (Die Bildung von $H_{nasc.}$ ist vielmehr eine unerwünschte *Nebenreaktion!*)

komplexen Hydride (wie LiAlH$_4$) wirken oft bemerkenswert selektiv. Durch die Entwicklung neuer Katalysatoren konnten auch die altbekannten katalytischen Hydrierungen verbessert und in ihren Anwendungsgebieten erweitert werden.

Die Tabellen 17.3 und 17.4 geben eine Übersicht über die wichtigsten, zur Oxidation bzw. Reduktion organischer Substrate benützten Oxidations-(Reduktions-)mittel.

Tabell 17.3. Beispiele häufig verwendeter Oxidationsmittel und ihrer Substrate bzw. ihrer Verwendung

KMnO$_4$ (in saurer oder alkalischer Lösung)	Alkane, Seitengruppen von Aromaten, Alkohole, Aldehyde, Ketone, C=C (→ Glykole)
heiße Chromschwefelsäure	Alkane
K$_2$Cr$_2$O$_7$ in Schwefelsäure	Alkohole, Ketone
CrO$_3$ in Eisessig	Seitengruppen von Aromaten (→ —COOH), Methylgruppen an Aromaten (→ —CHO), Allyloxidation von C=C (→ —CHO)
CrO$_2$Cl$_2$	Methylgruppen an Aromaten
Blei(IV)-acetat [Pb(OAc)$_4$]	Einführung von Acetoxygruppen in α-Stellung zu C=O oder C=C, C=C (→ Glykole), oxidative Spaltung von Glykolen, oxidative Decarboxylierung
Quecksilber(II)-acetat	Einführung von Acetoxygruppen in α-Stellung zu C=O oder C=C, Aldehyde
Iod/Silberacetat	C=C (→ Glykole)
Peroxysäuren	C=C (→ Glykole)
p-Nitrosodimethylanilin	Methylgruppen an aromatischen Ringen (→ —CHO)
Ozon	aromatische Ringe, C=C
OsO$_4$	C=C (→ Glykole)
Schwefel, Selen	Dehydrierung
Chinone	Dehydrierung
Dimethylsulfoxid	primäre Halogenide (→ —CHO), sekundäre Alkohole
Hexamethylentetramin	primäre Halogenide (→ —CHO)
Cer-Ammoniumnitrat	primäre Alkohole
N-Halogensuccinimid	Alkohole
MnO$_2$	Allylalkohole
Natriumperiodat	oxidative Spaltung von C=C und Glykolen
Kupfer	oxidative Kupplung von Alkinen
Kupfer(I)-salze	oxidative Spaltung von Alkinen
Thallium(III)-nitrat	C=C (→ Aldehyde und Ketone) C=C (→ Carbonsäuren)
Selendioxid	α-Methyl- oder Methylengruppen von Carbonylverbindungen

Tabelle 17.4. Beispiele häufig verwendeter Reduktionsmittel und ihrer Substrate bzw. ihrer Verwendung

Wasserstoff (kat.)	vgl. Tabelle 17.5; Hydrogenolyse
Diimin	isolierte C=C
Na/Ethanol, Na/Hg	konjugierte C=C, Aromaten (Birch), Ester
Li/Ethylamin	Säurehalogenide, Ester, Amide, Nitrile ($\rightarrow$ —CHO)
Li oder Na in NH_3(l)	Alkine ($\rightarrow$ trans-Alkene)
Zn/konz. Salzsäure	Aldehyde, Ketone ($\rightarrow$ KW)
Hydrazin/Alkalihydroxid	Aldehyde, Ketone ($\rightarrow$ KW)
Sn oder Fe + Salzsäure	Nitroverbindungen ($\rightarrow$ Amine)
$SnCl_2$/Ether/HCl	Nitrile ($\rightarrow$ —CHO)
$SnCl_2$/NaOH/CH_3OH	Nitroverbindungen ($\rightarrow$ Azoverbindungen)
Zn/NH_4Cl	Nitroverbindungen ($\rightarrow$ Hydroxylamine)
Zn/NaOH	Nitroverbindungen ($\rightarrow$ Azoxyverbindungen)
$LiAlH_4$	vgl. Tabelle 17.6
Li-tri-tert. butoxyaluminiumhydrid	Säurehalogenide ($\rightarrow$ —CHO)
Li-tri-ethoxyaluminiumhydrid	Nitrile ($\rightarrow$ —CHO)
$NaBH_4$	Tosylhydrazone ($\rightarrow$ $>$CH$_2$), Aldehyde, Ketone, Säurehalogenide; Nitroverbindungen ($\rightarrow$ KW)
BH_3	C=O (auch Carbonsäuren)

17.2 Oxidation von Kohlenwasserstoffen (C—H-Bindungen)

Oxidationen an Alkanen. Gesättigte Kohlenwasserstoffe gehören zu den am schwierigsten zu oxidierenden organischen Verbindungen. Gewöhnliche Oxidationsmittel wie $KMnO_4$ reagieren bei Raumtemperatur oder bei mäßig erhöhter Temperatur mit Alkanen nicht; erst durch sehr starke Oxidationsmittel, wie heiße Chromschwefelsäure, werden Alkane oxidiert. Die Oxidation setzt vorzugsweise an *tertiären* bzw. *sekundären* C-Atomen ein, so daß es möglich ist, die in einer Verbindung enthaltene Zahl der C-Methylgruppen dadurch zu bestimmen, daß man die Substanz mit CrO_3 in Schwefelsäure oxidiert und die aus den Methylgruppen gebildete Essigsäure abdestilliert *(Kuhn-Roth-Bestimmung)*. Obschon das Verfahren nur halbquantitativ arbeitet (die maximal mögliche Menge Essigsäure wird kaum je gebildet), ist es für analytische Zwecke brauchbar. Technisch ist auch die *katalytische Oxidation* von Alkanen *mit Luftsauerstoff* durchführbar, wobei man allerdings Gemische verschiedener Oxidationsprodukte erhält, die durch Fraktionierung getrennt werden müssen. So werden beispielsweise durch Oxidation von Butan mit Luftsauerstoff unter Verwendung von Kobaltacetat als Katalysator bei 160°C und unter Druck Methylethylketon neben Essigsäure sowie Methyl- und Ethylacetat gewonnen. Auch die katalytische Oxidation höherer Paraffine zu Alkoholen oder Fettsäuren ist wirtschaftlich von großer Bedeutung (Gewinnung von *Detergentien*). Die Oxidation verläuft wahrscheinlich ähnlich wie die im letzten Kapitel beschriebene Autoxidation, also über *freie Radikale*; das im Verlauf der Reaktion reduzierte Metallkation bewirkt eine Spaltung des zunächst gebildeten Hydroperoxids, wodurch ein Alkoxy-Radikal und schließlich eine Hydroxyverbindung entsteht:

$$R{-}O{-}O{-}H + M^{2\oplus} \;\longrightarrow\; R{-}O\cdot + M^{3\oplus} + OH^{\ominus}$$

$$R{-}O\cdot + RH \;\longrightarrow\; R{-}OH + R\cdot$$

$$R\cdot + \cdot O{-}O\cdot \;\longrightarrow\; R{-}O{-}O\cdot$$

$$R{-}O{-}O\cdot + R{-}H \;\longrightarrow\; R{-}O{-}O{-}H + R\cdot$$

Dabei entstehen aber durch sowohl radikalisch wie ionisch verlaufende Nebenreaktionen weitere Produkte, wie Ketone, Carbonsäuren u. a. Bei den relativ energischen Bedingungen, welche zur Oxidation erforderlich sind, werden zudem C—C-Bindungen getrennt, so daß weitere *Nebenprodukte* gebildet werden. Verwendet man zur Oxidation manganhaltige Katalysatoren, so entstehen aus den zuerst entstandenen Hydroperoxiden Ketone, die dann anschließend weiter oxidiert werden:

$$\underset{\displaystyle \overset{|}{OOH}}{R{-}CH{-}CH_2{-}R'} \quad\xrightarrow{-H_2O}\quad \underset{\displaystyle \overset{\|}{O}}{R{-}C{-}CH_2{-}R'} \quad\xrightarrow{O_2}\quad \underset{\displaystyle \overset{\|}{O}\;\overset{|}{OOH}}{R{-}C{-}CH{-}R'}$$

(1)

Die Peroxyketone (1) zerfallen in Aldehyd und Carbonsäure; der Aldehyd wird anschließend ebenfalls zur Carbonsäure oxidiert, so daß unter diesen Umständen *nur Carbonsäuren* als Oxidationsprodukte erhalten werden.

$$\underset{\displaystyle \overset{\|}{O}\;\overset{|}{OH}}{R{-}C{-}CH{-}R'} \;\longrightarrow\; R{-}CHO + R'COOH$$

$$\downarrow \text{Ox.}$$

$$R{-}COOH$$

Da alle Methylengruppen eines Alkanmoleküls bezüglich der Oxidation gleichwertig sind, erhält man auf diese Weise ein *Gemisch* von Carbonsäuren aller möglichen Kettenlängen. Cycloalkane hingegen liefern eher einheitliche Produkte. Aus Cyclohexan entsteht durch Luftoxidation hauptsächlich Adipinsäure neben geringen Mengen anderer Dicarbonsäuren. In gewissen Fällen lassen sich an tertiäre C-Atome gebundene H-Atome mit alkalischer $KMnO_4$-Lösung selektiv oxidieren:

$$\underset{\displaystyle R''}{\overset{\displaystyle R}{R'{-}C{-}H}} \;\longrightarrow\; \underset{\displaystyle R''}{\overset{\displaystyle R}{R'{-}C{-}OH}}$$

Diese Oxidation verläuft unter *Retention* der Konfiguration.

Oxidation von reaktionsfähigeren Methylen- oder Methylgruppen. Alkylgruppen, die an einer *Carbonylgruppe* oder an einen *aromatischen Ring* gebunden sind, lassen sich leichter oxidieren, und man erhält weniger komplex zusammengesetzte Gemische verschiedener Oxidationsprodukte. Auch hier sind *Carbonsäuren* die Endstufe der Oxidation; durch Wahl geeigneter Oxidationsmittel und bei entsprechenden Reaktionsbedingungen lassen sich auch *Aldehyde* und sogar *Alkohole* als Oxidationsprodukte erhalten.

(a) *Methyl-* oder *Methylengruppen,* welche *einer Carbonylgruppe direkt benachbart* sind, lassen sich auf verschiedene Weisen oxidieren. Bei der einen Methode setzt man die Carbonylverbindung mit einem Gemisch von Nitrit und Salzsäure um, wobei eine elektrophile Substitution eintritt und die Verbindung *nitrosiert* wird (S. 669). Die Nitrosoverbindung tautomerisiert zum *Oxim,* das anschließend zur *Dicarbonylverbindung* hydrolysiert werden kann:

$$
\underset{\underset{\text{O}}{\|}}{-\text{C}}-\underset{\text{H}}{\overset{\text{H}}{\underset{|}{\text{C}}}}- \longrightarrow \underset{\underset{\text{O}}{\|}}{-\text{C}}-\underset{\text{NO}}{\overset{\text{H}}{\underset{|}{\text{C}}}}- \longrightarrow \underset{\underset{\text{O}}{\|}}{-\text{C}}-\underset{\text{NOH}}{\overset{\|}{\text{C}}}- \longrightarrow \underset{\underset{\text{O}}{\|}}{-\text{C}}-\underset{\text{O}}{\overset{\|}{\text{C}}}-
$$

Dabei werden Methylengruppen leichter oxidiert als Methylgruppen; Methylethylketon liefert also hauptsächlich Diacetyl (2,3-Butandion).

Die zweite Methode besteht in der Oxidation mit *Selendioxid* als Oxidationsmittel. Im Gegensatz zur Oxidation über das Oxim werden hier Methylgruppen leichter oxidiert als Methylengruppen, so daß man aus Methylethylketon vorwiegend Ethylglyoxal erhält:

$$CH_3CH_2COCH_3 \longrightarrow CH_3CH_2COCHO$$

Diese Reaktion verläuft wahrscheinlich über das Enol:

$$
\underset{\underset{\text{O}}{\|}}{\text{R}-\text{C}}-\text{CH}_3 + \text{SeO}_2 \xrightarrow{\text{langsam}} \text{R}-\text{C}\!=\!\text{CH}_2 \longrightarrow \underset{\underset{\text{O O}}{}}{\text{R}-\text{C}-\text{C}}-\text{H} \longrightarrow \underset{\underset{\text{O O}}{}}{\text{R}-\text{C}-\text{C}}-\text{H} + \text{Se} + \text{H}_2\text{O}
$$

Mit *Blei(IV)-acetat* oder *Quecksilber(II)-acetat* schließlich lassen sich in α-Stellung Acetoxy-Gruppen einführen, so daß man dadurch – nach Verseifung – α-Hydroxyketone bzw. -aldehyde erhalten kann. Die Allyl-Stellung ungesättigter Verbindung reagiert in gleicher Weise.

(b) *Alkylaromaten* können mit den üblichen Oxidationsmitteln (CrO$_3$ in Eisessig oder H$_2$SO$_4$, alkalische KMnO$_4$-Lösung, Salpetersäure) zu aromatischen *Carbonsäuren* oxidiert werden. Diese klassische (auch technisch durchgeführte) Methode zur Gewinnung aromatischer Carbonsäuren läßt sich auch mit heterozyklischen Aromaten wie z. B. 2-Methylpyridin durchführen. Beispiele:

Nicotin   Nicotinsäure

Nicht nur Methylgruppen, sondern auch *längere Seitenketten* können auf diese Weise zu Carboxylgruppen oxidiert werden. Nur tertiäre Alkylgruppen widerstehen im allgemeinen einer Oxidation; gelingt es trotzdem, sie zu oxidieren, so tritt meist auch eine Ringspaltung ein. Selbstverständlich müssen dabei oxidationsempfindliche funktionelle Gruppen (—OH,—NH$_2$) geschützt werden. Besitzt ein Ring mehrere Alkylsubstituenten, so lassen sich diese unter Umständen *selektiv* oxidieren. Die Leichtigkeit, mit der an aromatische Ringe gebundene Alkylgruppen oxidiert werden, nimmt nämlich in folgender Reihe ab: —CH$_2$Ar > —CHR$_2$ > —CH$_2$R > —CH$_3$.

(c) An *aromatische Ringe* gebundene *Methylgruppen* lassen sich auch zu *Aldehyden* oxidieren. Dabei besteht allerdings die Schwierigkeit, daß der entstehende Aldehyd leichter oxidierbar ist als die Methylgruppe und daher die Oxidation nicht immer auf der Aldehydstufe angehalten werden kann. Bei den wichtigsten Verfahren dienen Chromylchlorid (CrO$_2$Cl$_2$) in CS$_2$ gelöst, CrO$_3$ in Eisessig oder *p*-Nitrosodimethylanilin als Oxidationsmittel. Im erstgenannten Fall (1) setzt man den Alkylaromaten bei 25 bis 45 °C mit dem Reagens um, zersetzt das primäre Oxidationsprodukt mit Wasser und destilliert den gebildeten Aldehyd möglichst rasch ab, um eine Weiteroxidation zu verhindern. *m*-Xylen läßt sich auf diese Weise leicht und in guter Ausbeute in *m*-Tolualdehyd überführen. Die Oxidation eines Alkylaromaten mit CrO$_3$ in Acetanhydrid und Schwefelsäure (2) liefert bei tiefer Temperatur das *gem*-Diacetat des Aldehydacetals; dieses wird abgetrennt und durch Säure hydrolysiert. *p*-Nitrosodimethylanilin läßt sich nur zur Oxidation von genügend reaktionsfähigen Methylgruppen (wie z. B. in 2,4-Dinitrotoluen) verwenden (3). Es bildet sich dabei zunächst eine Schiffsche Base, welche anschließend ebenfalls hydrolysiert wird.

Oxidation von Aromaten. Unsubstituierte aromatische Ringe lassen sich wegen ihrer relativ großen Stabilität nur unter sehr energischen Bedingungen oxidieren. In der Regel werden dabei die Ringe aufgespalten; es ist jedoch in gewissen Fällen auch möglich, die Oxidation nur bis zur Stufe des *Chinons* zu führen.

Ozon bewirkt stets *Ringöffnung:*

In der Technik stellt man sowohl Maleinsäureanhydrid wie Phthalsäureanhydrid durch Oxidation mit Luftsauerstoff (unter Verwendung von V_2O_5 als Katalysator) aus Benzen bzw. Naphthalen her.

Auch CrO_3 läßt sich als Oxidationsmittel verwenden. Aus Chinolin beispielsweise erhält man Pyridin-2,3-dicarbonsäure, die beim Erhitzen leicht zu Nicotinsäure decarboxyliert:

Bemerkenswert ist, daß hier der *heteroaromatische* Ring durch das Oxidationsmittel *weniger leicht angegriffen* wird.

Naphthalen liefert mit CrO_3 Naphthochinon. Auch Methylnaphthalen ergibt das entsprechende Chinon (im Gegensatz zu Toluen, das durch CrO_3 zu Benzoesäure oxidiert wird); dies zeigt, daß der eine Ring des Naphtalensystems deutlich leichter oxidierbar ist als der andere.

Oxidation von C=C-Doppelbindungen. Zur *oxidativen Spaltung* von C=C-Doppelbindungen steht eine Reihe von Methoden zur Verfügung, die zum Teil bereits früher ausführlich behandelt worden sind (Epoxidierung, Ozonspaltung), so daß man die Möglichkeit hat, unter ganz verschiedenen Bedingungen zu arbeiten und je nach dem eingesetzten Reagens auch verschiedene Produkte zu erhalten.

Durch $KMnO_4$[1], OsO_4, Peroxysäuren oder Iod/Silberacetat werden Doppelbindungen zu *Glykolen* oxidiert. $KMnO_4$ in alkalischer Lösung oder OsO_4 ergeben dabei *cis*-Glykole. Führt man die Permanganat-Oxidation in $H_2^{18}O$ durch, so enthält das Glykol kein ^{18}O; die beiden O-Atome müssen somit aus dem $MnO_4^{\ominus}$-Ion stammen. Wahrscheinlich wird zunächst ein Ester gebildet, der anschließend gespalten wird:

Die Permanganat-Oxidation ist für präparative Zwecke allerdings nur von geringer Bedeutung da sie schwer auf der Stufe des Glykols anzuhalten ist. Besser geeignet ist die Oxidation mit *Blei(IV)-acetat,* die ebenfalls zum *cis*-Glykol führt, sofern mindestens Spuren Wasser vorhanden sind. (In völlig wasserfreiem Medium ergibt Blei(IV)-acetat ein *trans*-Glykol.) Verwendet man *Peroxysäuren* zur Oxidation, so wird zunächst ein *Epoxid* gebildet, das sich in gewissen Fällen isolieren läßt und das anschließend unter Spaltung der C—O-Bindung zum *trans-Glykol* oxidiert wird. Da elektronenanziehende Substituenten in α-Stellung zur Carbonylgruppe die Spaltung der O—O-Bindung der Peroxysäure erleichtern, ist Trifluorperoxyessigsäure für die Oxidation von C=C-Doppelbindungen besonders geeignet; es gelingt mit diesem Oxidationsmittel sogar, auch desaktivierte Doppelbindungen wie z.B. im Methacrylester zu epoxidieren. Die Bildung des Epoxids erfolgt wahrscheinlich über einen zyklischen Übergangszustand unter Übertragung eines Sauerstoffatoms auf die Doppelbindung:

---

[1] Durch Kronenether komplexiertes $KMnO_4$ in Benzen (sog. *«violettes Benzen»*) eignet sich in bestimmten Fällen besonders gut als Oxidationsmittel.

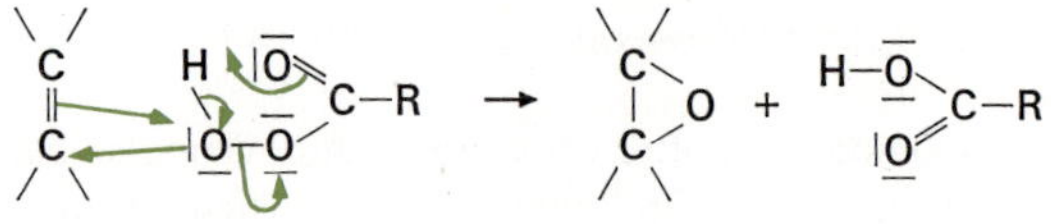

Die Öffnung des Epoxid-Ringes kann nur durch Angriff eines Nucleophils von der dem O-Atom entgegengesetzten Seite her erfolgen, so daß in jedem Fall ein *trans*-Glykol entsteht.

Schließlich können Doppelbindungen auch mit einem *Gemisch von Iod und Silberacetat* zu Glykolen oxidiert werden. Dabei bildet sich wahrscheinlich zuerst ein zyklisches Iodonium-Ion, das anschließend durch den Angriff eines Acetet-Ions geöffnet wird, so daß ein Acetoxyiodid entsteht. Die Acetoxygruppe – als Nachbargruppe – verdrängt das Iodid-Ion unter Bildung eines zyklischen Acetoxonium-Ions. Arbeitet man in wasserfreiem Medium, so wirkt ein weiteres Acetat-Ion als Nucleophil, und es erfolgt Ringöffnung unter Bildung des *trans*-Diacetats; sind hingegen Spuren von Wasser vorhanden, so wird an das zyklische Acetoxonium-Ion Wasser addiert, und es bildet sich ein *cis*-1-Hydroxy-2-acetat. Als eigentliches *Oxidationsmittel* fungiert das *Iod*.

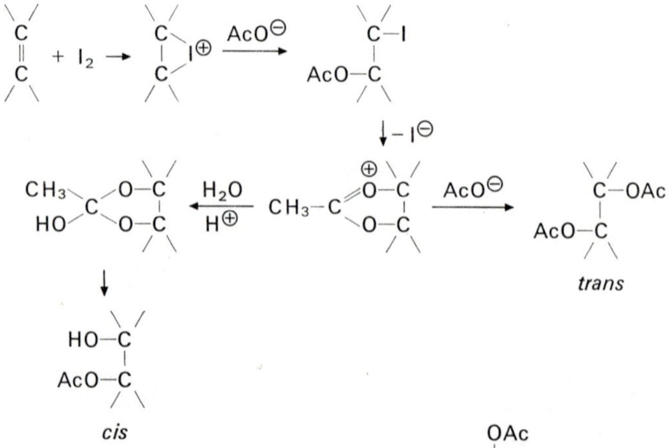

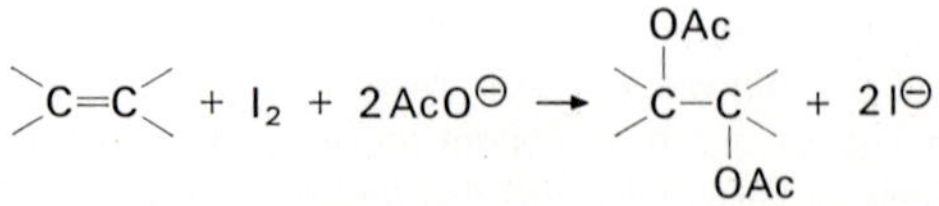

Die nachfolgende Darstellung zeigt die verschiedenen Produkte, die mittels der erwähnten Methoden aus *2-Menthen* erhalten werden können:

Mit OsO_4 entsteht ausschließlich (1), weil die Isopropylgruppe die Annäherung des relativ voluminösen OsO_4-Moleküls von «oben» erschwert. Die Oxidation mit Iod/Silberacetat ergibt ein Gemisch der beiden cis-Glykole (1) und (2). Mit Peroxyessigsäure erhält man die beiden trans-Glykole (3) und (4), wobei (3) im Produktgemisch stark überwiegt, da durch die Öffnung des Epoxidringes mit Wasser das trans-Glykol mit zwei axialen Hydroxylgruppen bevorzugt gebildet wird. Verwendet man Peroxybenzoesäure, so lassen sich die beiden möglichen Epoxide isolieren, die dann unter Ringöffnung fast ausschließlich (3) bilden.

Stärkere Oxidationsmittel (z. B. Ozon) führen zur *völligen Spaltung der Doppelbindung.* Die Ozonspaltung ist allerdings nicht sehr selektiv, da auch eventuell vorhandene Hydroxylgruppen und H-Atome an tertiären C-Atomen oxidiert werden können. Zur selektiven Oxidation von Doppelbindungen besser geeignet ist eine verdünnte wäßrige Lösung von Natriumperiodat ($NaIO_4$), die katalytische Mengen von $KMnO_4$ oder OsO_4 enthält *(Lemieux-Reagens).* Dabei wird das Alken zunächst zum cis-Glykol oxidiert, das dann durch das Periodat gespalten wird, wobei sich Aldehyde bzw. Ketone bilden. $KMnO_4$ oxidiert dann die ersteren weiter zu Carbonsäuren. Die dabei gleichzeitig entstandenen Verbindungen von Mangan (und ebenso Osmium) in niedrigen Oxidationsstufen werden durch das Periodat wieder «zurück»-oxidiert, so daß man nur geringe Mengen davon benötigt. Die *Lemieux-Oxidation* wirkt *sehr selektiv nur für alkenische Doppelbindungen* und verläuft auch bei Raumtemperatur relativ schnell.

Beispiele: $(CH_3)_2C\!=\!CHCH_3 \xrightarrow{NaIO_4/KMnO_4} (CH_3)_2C\!=\!O + CH_3COOH$

$(CH_3)_2C\!=\!CHCH_3 \xrightarrow{NaIO_4/OsO_4} (CH_3)_2C\!=\!O + CH_3CHO$

Eine andere Möglichkeit zur oxidativen Spaltung von C=C-Doppelbindungen besteht in der *Oxidation mit CrO₃*. Dabei erfolgt aber meist auch eine Oxidation von C—H-Bindungen in Allylstellung; Cyclohexen z. B. liefert ein Gemisch von Adipinsäure mit 2-Cyclohexen-1-on:

Führt man die Oxidation in wäßrigem Medium aus, so tritt hauptsächlich *Spaltung der Doppelbindung* ein; löst man CrO₃ jedoch in Eisessig, so ist die *Allyl-Oxidation* bevorzugt. Sind aromatische Ringe als Substituenten an der Doppelbindung vorhanden, so erfolgt fast nur oxidative Spaltung. Wahrscheinlich bildet sich im ersten Reaktionsschritt ein Carbenium-ion, das durch den aromatischen Substituenten stabilisiert werden kann:

Beim *Abbau von Carbonsäuren* nach *Barbier-Wieland* (einer zur Konstitutionsaufklärung wichtigen Methode) tritt eine oxidative Spaltung einer Doppelbindung ein:

$$RCH_2COOH \xrightarrow[H^{\oplus}]{EtOH} RCH_2COOEt \xrightarrow{C_6H_5MgBr} RCH_2\underset{OH}{\overset{}{C(C_6H_5)_2}} \xrightarrow{-H_2O} RCH{=}C(C_6H_5)_2$$

$$RCH{=}C(C_6H_5)_2 \xrightarrow{CrO_3} RCOOH + (C_6H_5)_2C{=}O$$

Dehydrierung. In vielen Fällen ist es möglich, *alizyklische* Verbindungen durch Dehydrierung in *aromatische* Verbindungen überzuführen. Solche Reaktionen sind nicht nur von präparativem oder technischem Interesse; sie können auch zur *Strukturaufklärung* von Substanzen, die alizyklische Ringe enthalten, von Bedeutung sein. Eine einfache Methode zur Dehydrierung besteht im Erhitzen der Ausgangssubstanz mit Schwefel oder mit Selen (auf 200°C bzw. 250°C), wobei Wasserstoff als H₂S bzw. H₂Se entfernt wird. Allerdings können bei diesen Methoden auch Umlagerungen oder Abbaureaktionen auftreten. Als Beispiel diene die Dehydrierung von Cholesterol zu Methylcyclopentenophenanthren (Diels, 1931) bzw. zu Chrysen, welche erstmals Aufschluß über das Ringskelett von Cholesterol (und damit der Steroide überhaupt) lieferte:

Cholesterol

Methylcyclopenteno-
phenanthren

Chrysen

Alizyklische Ringe, welche eine Doppelbindung enthalten, lassen sich auch *katalytisch* dehydrieren. Man verwendet dabei als Katalysator fein verteiltes Palladium auf Aktivkohle oder Asbest als Trägermaterial, also einen Katalysator, welcher umgekehrt auch zur Hydrierung von Aromaten brauchbar ist. Die Hydrierung bzw. Dehydrierung ist also eine *reversible* Reaktion; bei niedrigeren Temperaturen überwiegt die Hydrierung, bei höheren die Dehydrierung. Die katalytische Dehydrierung verläuft unter milderen Bedingungen als die Dehydrierung mittels Selen oder Schwefel und liefert auch höhere Ausbeuten. Sie wird sowohl in der Laboratoriumspraxis wie in der *Großtechnik* zur Gewinnung von Aromaten häufig verwendet; wirtschaftlich ist insbesondere die Aromatisierung von Crackprodukten mit 6 bis 8 C-Atomen (Bildung von Benzen, Toluen, Xylenen) und die Dehydrierung von Ethylbenzen zu Styren sehr wichtig geworden.

Schließlich lassen sich ungesättigte alizyklische Ringe auch durch *Chinone* dehydrieren, wobei eine Übertragung von Hydrid-Ionen eintritt und die Chinone zu Phenolen (Hydrochinonen) reduziert werden:

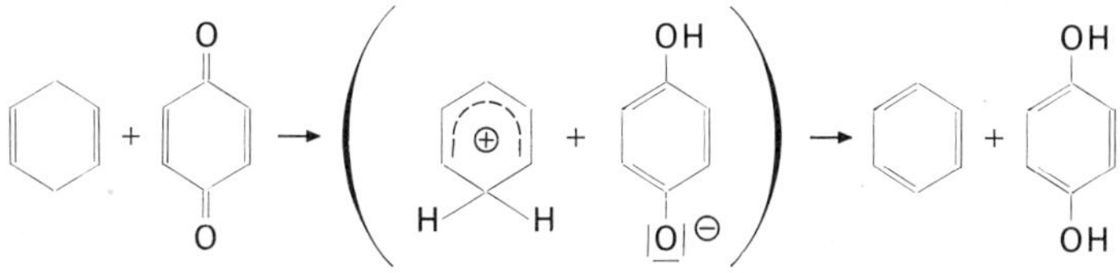

Ein zu diesem Zweck ziemlich oft verwendetes Oxidationsmittel ist *Chloranil*, 2,3,5,6-Tetrachlor-*p*-benzochinon, welches durch Erhitzen von *p*-Benzochinon mit KClO₄ und HCl hergestellt werden kann:

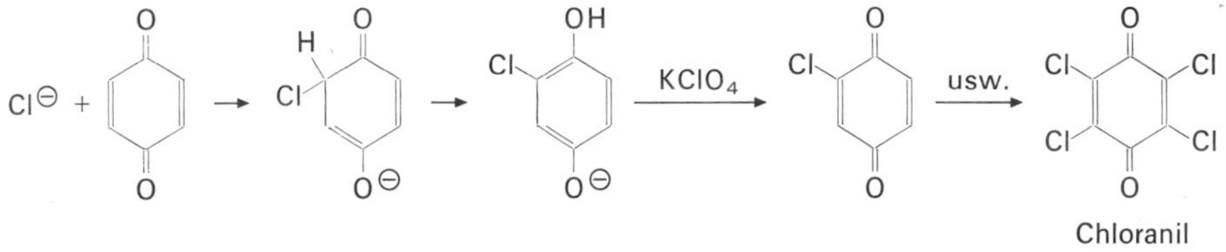

Chloranil

Dabei wird das Chinon zunächst durch das nucleophile Cl⊖-Ion angegriffen, so daß das Anion des Chlorhydrochinons entsteht. Dieses wird nachher durch das Perchlorat zum Chlorchinon oxidiert. Dieselbe Reaktionsfolge wiederholt sich noch dreimal.

Die *Dehydrierung mittels Chloranil* erfordert relativ *milde Reaktionsbedingungen* (Erhitzen auf 70 bis 120 °C), mit Chloranil in inertem Lösungsmittel, weil sich sowohl das alizyklische Ringsystem wie das Chinon in einen Aromaten umwandelt. Die stärker oxidierende Wirkung von Chloranil gegenüber *p*-Benzochinon beruht auf der elektronenanziehenden Wirkung der Chloratome. Noch stärker oxidierend wirkt 2,3-Dichlor-5,6-dicyanobenzochinon. Als Beispiel einer Laboratoriumssynthese, bei der eine Dehydrierung mit Chloranil durchgeführt wird, sei die Synthese von *p*-Terphenyl aus *p*-Bromanilin angegeben:

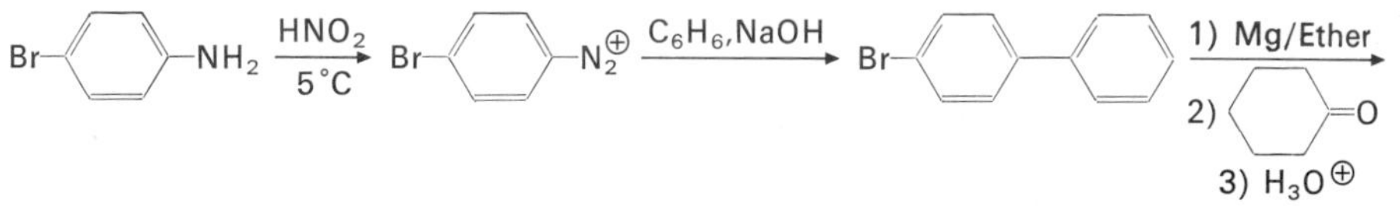

p-Terphenyl   Tetrachlor-
                               hydrochinon

Auch bei den beiden zur Gewinnung von Chinolin bzw. Isochinolin wichtigen Synthesen von Skraup bzw. Bischler-Napieralski (S.701) findet im letzten Schritt eine Dehydrierung statt (mit Nitrobenzen bzw. katalytisch).

Cycloaliphaten, bei denen eine Stelle durch eine Carbonylgruppe aktiviert wird, können durch Reaktion mit Oxidationsmitteln wie SeO_2, MnO_2 oder Chloranil *zu α,β- ungesättigten Verbindungen dehydriert* werden, wobei auch die Bildung vinyloger Verbindungen möglich ist, wenn bereits eine α,β-Doppelbindung vorhanden ist. Dieses Verfahren hat sich insbesondere in der Steroidchemie als wertvoll erwiesen, wo die zwischen den Ringen A und B vorhandene Methylgruppe die vollständige Dehydrierung zum aromatischen System (unter diesen Bedingungen) verhindert.

17.3   Oxidation von Halogeniden und Aminen

Halogenide. *Primäre Alkylhalogenide* lassen sich mit *Dimethylsulfoxid* als Oxidationsmittel leicht und in guter Ausbeute zu *Aldehyden* oxidieren. Auch *Tosylate* lassen sich auf diese Weise zu Aldehyden oxidieren, und Epoxide liefern auf die gleiche Weise α-Hydroxyaldehyde. Der Ablauf der Reaktion erfolgt vermutlich nach folgendem Mechanismus:

Diesen Vorstellungen entsprechend ergeben sekundäre Halogenide bei der Oxidation mit Dimethylsulfoxid Ketone.

An Stelle von DMSO kann als Oxidationsmittel auch Hexamethylentetramin verwendet werden. Diese *«Sommelet-Reaktion»* ist allerdings nur mit Benzylhalogeniden durchführbar. Es entsteht dabei zunächst durch S_N-Reaktion ein Salz, welches mittels verdünnter wäßriger Essigsäure zum Aldehyd hydrolysiert wird:

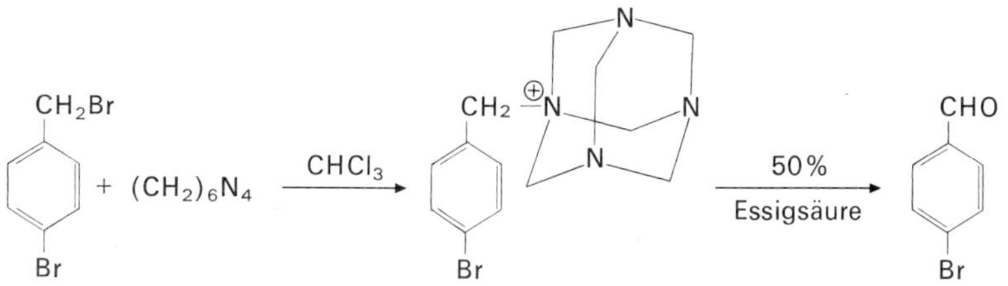

Aus sterischen Gründen reagieren *o*-substituierte Benzylhalogenide nicht. Elektronenanziehende Substituenten am aromatischen Ring setzen die Ausbeute herab.

Die Oxidation verläuft unter *Hydrid-Übertragung*. Das quartäre Salz wird zum Amin hydrolysiert, wobei Hexamethylentetramin selbst ebenfalls hydrolysiert wird und sich daraus Ammoniak und Formaldehyd bilden. Vom Benzylamin wird ein $H^{\ominus}$-Ion auf das intermediär aus Ammoniak und Formaldehyd gebildete Methylenimin übertragen, wodurch ein Imin entsteht, das anschließend zum Aldehyd hydrolysiert wird:

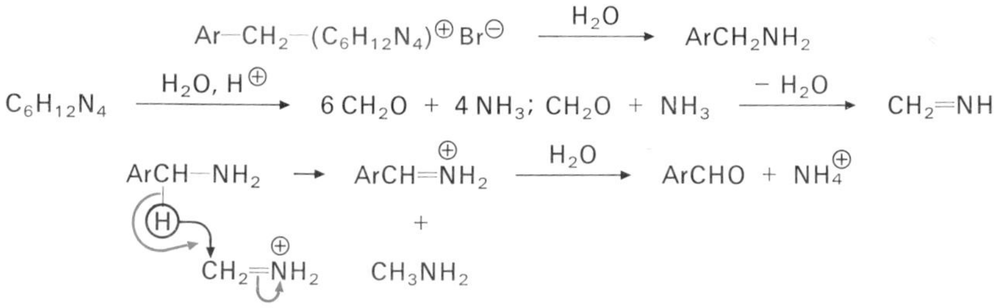

Eine weitere Möglichkeit zur Oxidation von *Benzylhalogeniden* zu Aldehyden bietet die *Kröhnke-Reaktion*. Das Halogenid wird dabei zunächst in das entsprechende Pyridinium-salz umgewandelt, welches anschließend mittels *p*-Nitrosodimethylanilin oxidiert wird:

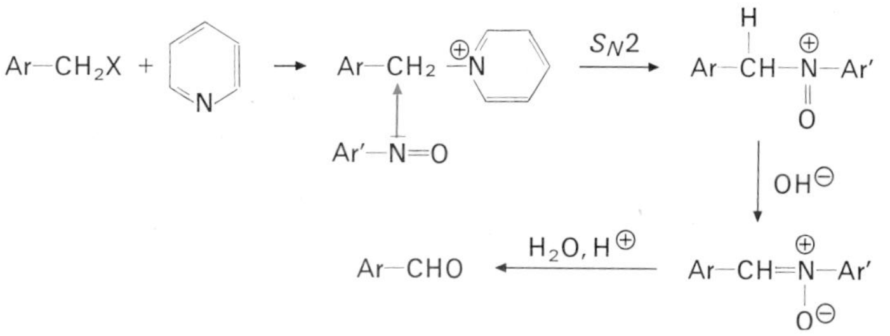

Da diese Reaktion schon unter milden Bedingungen durchführbar ist, kann sie auch zur Gewinnung von oxidationsempfindlichen Aldehyden verwendet werden. Elektronenanziehende Substituenten begünstigen die Oxidation, im Gegensatz zur Sommelet-Reaktion.

Amine. Primäre Amine sind oft so leicht oxidierbar, daß beim Stehenlassen an der Luft *Autoxidation* eintritt, wodurch sich kompliziert zusammengesetzte Gemische bilden. Dies gilt besonders für *aromatische Amine*, wie Anilin oder Toluidin. Durch fortgesetzte Kondensationen von Anilin mit seinen Oxidationsprodukten entsteht das *Anilinschwarz*, das zur Färbung von Textilien verwendet werden kann.

Wegen dieser im allgemeinen leichten Oxidierbarkeit primärer Amine müssen *präparativ brauchbare Methoden* zur Oxidation sehr *selektiv* sein. Die wichtigsten Reagenzien zur Oxidation primärer Amine sind *Wasserstoffperoxid* und *Peroxysäuren*.

Aliphatische primäre Amine lassen sich durch H_2O_2 zu *Aldoximen* oxidieren:

$$C_3H_7CH_2NH_2 \xrightarrow{\ H_2O_2\ } C_3H_7CH=N-OH$$

Dabei handelt es sich wahrscheinlich um eine doppelte nucleophile Substitution an H_2O_2 als Substrat:

$$R-CH_2NH_2 + {\overset{}{\underset{H}{O}}}-OH \longrightarrow R-CH_2-\overset{\overset{H}{|}}{\underset{\underset{H}{|}}{N}}{}^{\oplus}-OH$$

$$R-CH_2-\overset{\overset{H}{|}}{\underset{\underset{H}{|}}{N}}{}^{\oplus}-OH \xrightarrow{\ -H^{\oplus}\ } R-CH_2NH-OH$$

$$R-CH_2NH-OH + H_2O_2 \xrightarrow[-H_2O]{S_N} R-CH_2N(OH)_2 \xrightarrow{\ -H_2O\ } R-CH=NOH$$

Aromatische Amine lassen sich durch Peroxydischwefelsäure ($H_2S_2O_8$) oder Carosche Säure (H_2SO_5) in entsprechender Weise zu *Nitrosoverbindungen* oxidieren. Um eine weitere Oxidation der Nitrosoverbindung zu verhindern, muß dabei unter 0°C gearbeitet werden. Das sehr starke Oxidationsmittel Trifluorperoxyessigsäure oxidiert aromatische Amine direkt zu *Nitroverbindungen:*

Amine mit *p*-ständiger Hydroxyl- oder Aminogruppe können auch zu *Chinonen* oxidiert werden. Diese Reaktion, die für die Chemie der Farbstoffe von Bedeutung ist, läßt sich mit den verschiedensten Oxidationsmitteln ($FeCl_3$, verdünnte Salpetersäure, $K_2Cr_2O_7$ in saure Lösung u.a.) durchführen. Die dabei intermediär gebildeten Imine werden gewöhnlich sofort zum Chinon hydrolysiert, lassen sich aber in gewissen Fällen auch isolieren.

Beispiele:

Auch sekundäre und tertiäre Amine lassen sich durch geeignete Oxidationsmittel oxidieren. Mit H_2O_2 erhält man disubstituierte *Hydroxylamine* bzw. Aminoxidhydrate (analog der Reaktion primärer Amine mit H_2O_2); durch Erwärmen des Aminoxidhydrates im Vakuum entsteht das reine *Aminoxid:*

$$R_2NH \xrightarrow{H_2O_2} R_2N\!-\!OH + H_2O$$

$$R_3N \xrightarrow{H_2O_2} \overset{\oplus}{R_3N}\!-\!OH \;\; OH^{\ominus} \xrightarrow[-H_2O]{Erwärmen} \overset{\oplus}{R_3N}\!-\!\overset{\ominus}{O}$$

Primäre Amine lassen sich schließlich zu *Nitrilen* dehydrieren, wenn man sie mit IF_5, Bleitetraacetat oder anderen Oxidationsmitteln behandelt. Die Dehydrierung kann auch katalytisch durchgeführt werden.

17.4 Oxidationen sauerstoffhaltiger Verbindungen

Zahlreiche Verbindungen mit sauerstoffhaltigen funktionellen Gruppen lassen sich durch geeignete Oxidationsmittel in Oxidationsprodukte überführen. Von der Vielzahl solcher Reaktionen sollen hier einige für die präparative Arbeit besonders wichtige Methoden besprochen werden.

Oxidation primärer Alkohole zu Aldehyden und Carbonsäuren. Primäre (und sekundäre) Alkohole können durch zahlreiche Oxidationsmittel oxidiert werden. Es ist aber oft nicht leicht, die Oxidation auf der Aldehydstufe anzuhalten, da Aldehyde im allgemeinen leichter oxidierbar sind als Alkohole. Häufig – besonders bei niedrigen Aldehyden – gelingt es jedoch, den Aldehyd aus dem Reaktionsgemisch abzudestillieren, da der Siedepunkt des Aldehyds tiefer liegt als der Siedepunkt des entsprechenden Alkohols.
Als *Oxidationsmittel* zur Oxidation primärer Alkohole wird am häufigsten CrO_3 (bzw. eine Lösung von $K_2Cr_2O_7$ in verdünnter Schwefelsäure) verwendet, jedoch sind auch viele andere genügend starke Oxidationsmittel brauchbar ($KMnO_4$, Cl_2, Br_2, MnO_2 u.a.). *Permanganat* als Oxidationsmittel wird insbesondere dann verwendet, wenn die betreffende Reaktion nicht in saurer, sondern in alkalischer Lösung durchgeführt werden soll; ein Nachteil dieser Methode ist allerdings, daß primäre Alkohole meist direkt zu Carbonsäuren

oxidiert werden (daß der entsprechende Aldehyd also kaum isoliert werden kann) oder daß – über das Aldehyd-Enol – auch Carbonsäuren mit einem C-Atom weniger gebildet werden. Zur *selektiven Oxidation* primärer Alkoholgruppen ist insbesondere auch *Cer-Ammonium-Nitrat* (mit Cer^{+IV} als Oxidationsmittel) geeignet. Säureempfindliche Hydroxyverbindungen können auch mit einer Lösung von CrO_3 oder Blei(IV)-acetat in Pyridin oxidiert werden. Schließlich ist auch die direkte *Dehydrierung* von Alkoholen möglich (über Kupfer oder Kupferchromit, in der Technik auch über Silber als Katalysator; Reaktionstemperatur etwa 300°C). Dabei ist eine Weiteroxidation des Aldehyds nicht möglich, so daß sich die Dehydrierung insbesondere auch zur technischen Gewinnung von Aldehyden (und Ketonen!) eignet. Da die eigentliche Dehydrierung endotherm verläuft, läßt man ein Gemisch von Alkohol mit Luftsauerstoff über den Katalysator streichen; die dann gleichzeitig eintretende Oxidation mittels Luftsauerstoff (die exotherm ist) erlaubt es, die Reaktionstemperatur ohne Wärmezufuhr konstant zu halten.

$$CH_3OH \quad \xrightarrow{\text{Ag}} \quad CH_2O + H_2 \qquad \Delta H = +121{,}4 \text{ kJ/mol}$$

$$CH_3OH + \tfrac{1}{2}O_2 \longrightarrow CH_2O + H_2O \qquad \Delta H = -154{,}9 \text{ kJ/mol}$$

Verwendet man *Platin* als Dehydrierungskatalysator, so ist die Oxidation unter bedeutend milderen Bedingungen möglich. Um den gebildeten Wasserstoff aus dem Reaktionsgemisch zu entfernen, wird Sauerstoff hindurchgeblasen; die Reaktion ist dann bereits bei Raumtemperatur durchführbar. Bei zyklischen Polyhydroxyverbindungen zeigt sich eine deutliche *Selektivität* insofern, als sekundäre, axialständige Hydroxylgruppen am leichtesten, primäre Hydroxylgruppen schwerer und sekundäre, äquatorialstehende Hydroxylgruppen am schwersten oxidiert werden:

Die Oxidation von Alkoholen kann auch mit *N-Brom-* oder *N-Chlorsuccinimid* durchgeführt werden. Aliphatische primäre Alkohole werden nur durch N-Chlorsuccinimid oxidiert. Oft ist es möglich, mittels dieser Reagenzien eine von mehreren vorhandenen Hydroxylgruppen *selektiv* zu oxidieren. Andere oxidierbare Gruppen werden nicht angegriffen. Die Reaktion verläuft auch im Dunkeln rasch; es handelt sich offenbar nicht um eine Radikalreaktion. Wahrscheinlich wird das Substrat durch ein positiv geladenes Halogenion angegriffen. Indessen besteht über den Mechanismus dieser Oxidation noch keine Klarheit.

Besonders eingehend ist die Oxidation von Alkoholen mit $K_2Cr_2O_7$ untersucht worden. Trotzdem besteht auch heute noch keine vollständige Klarheit über den genauen *Mechanismus* dieser Reaktion. Die Tatsache, daß man einen kinetischen Isotopeneffekt beobachtet, wenn ein deuterierter Alkohol vom Typus R_2CD-OH oxidiert wird (deuterierter Isopropylalkohol wird etwa 6mal langsamer oxidiert als normaler Isopropylalkohol), zeigt, daß offenbar im geschwindigkeitsbestimmenden Schritt die C—H-Bindung am C-Atom, das die Hydroxylgruppe trägt, oxidiert wird. Man nimmt deshalb an, daß als Zwischenprodukte *Chromsäureester* entstehen:

$$R-\underset{\underset{OH}{|}}{\overset{\overset{H}{|}}{C}}-H \;+\; HCrO_4^{\ominus} \;+\; H^{\oplus} \quad\underset{}{\overset{schnell}{\rightleftharpoons}}\quad R-\underset{\underset{OCrO_3H}{|}}{\overset{\overset{H}{|}}{C}}-H \;+\; H_2O$$

Diese Chromsäureester (die bei raschem Arbeiten und bei genügend tiefer Temperatur isoliert werden können) verlieren entweder durch einen Angriff einer Base oder über einen zyklischen Übergangszustand ein Proton. Die erstere Möglichkeit wäre einer *E*2-Elimination analog.

Wie die dabei gebildeten Cr^{+IV}-Verbindungen in die als Endprodukte beobachteten grünen bis violetten Cr^{+III}-Salze übergeführt werden, steht noch nicht sicher fest. Vermutlich tritt eine rasche *Disproportionierung* von Cr^{+IV} in Cr^{+VI} und Cr^{+III} auf; möglicherweise bildet sich aber aus H_2CrO_3 und weiterem Alkohol nochmals ein Ester, der dann unter Bildung von Aldehyd und Cr^{+II}-Verbindungen zerfällt. Cr^{+II} würde dann durch Cr^{+VI} zu Cr^{+III} oxidiert[1].

Da CrO_3 Doppelbindungen nur ziemlich langsam angreift, können auch *ungesättigte Alkohole* mit $K_2Cr_2O_7/H_2SO_4$ oxidiert werden. $KMnO_4$ in neutraler oder alkalischer Lösung oxidiert Doppelbindungen hingegen schneller als Hydroxylgruppen, so daß man aus 3-Cyclohexenol 1,2,3-Cyclohexantriol erhält [mit CrO_3 würde man 2-Cyclohexenon bekommen]:

[1] Bei der Oxidation tertiärer Alkohole durch Chromsäure könnte sich zwar im ersten Reaktionsschritt ebenfalls ein Ester bilden; im zweiten Schritt müßte aber an Stelle eines Protons ein Carbeniumion abgetrennt werden, was aus energetischen Gründen nicht möglich ist.

Bei der Oxidation durch *Chlor* tritt wahrscheinlich eine Hydrid-Übertragung ein:

$$\text{Cl}-\text{Cl} + \text{H}-\text{CH}-\text{O}-\text{H} \longrightarrow \text{R}-\text{CHO} + 2\,\text{HCl}$$
$$\overset{|}{\underset{\text{R}}{}}$$

Da der als Nebenprodukt gebildete Chlorwasserstoff die (über das Enol verlaufende) Chlorierung des Aldehyds katalysiert, erhält man auf diese Weise meist *chlorierte Oxidationsprodukte.* So wird beispielsweise *Chloral* technisch durch Oxidation von Ethanol mit Chlor hergestellt.

Eine letzte Möglichkeit zur Überführung eines primären Alkohols in den entsprechenden Aldehyd besteht schließlich in der Veresterung mit *Tosylchlorid* und anschließender *Oxidation des Tosylats* durch Dimethylsulfoxid, analog der Oxidation von Alkylhalogeniden *(Kornblum-Reaktion)*.

Um primäre Alkohole direkt zu *Carbonsäuren* zu oxidieren, können die verschiedensten starken Oxidationsmittel (CrO_3, HNO_3, $KMnO_4$) verwendet werden. Es treten dabei allerdings oft *Nebenreaktionen* (Trennung von C—C-Bindungen) auf, so daß die Ausbeuten oft nicht allzu hoch sind und die Carbonsäuren häufig besser nicht aus Alkoholen, sondern aus Verbindungen mit anderen funktionellen Gruppen hergestellt werden. Ziemlich *selektiv* für primäre Alkoholgruppen anwendbar ist die *Oxidation mit Sauerstoff* an einem *Platinkatalysator.* So wird z. B. *L*-Sorbose dadurch ausschließlich an der primären Hydroxylgruppe oxidiert. Diese Reaktion ist von Bedeutung bei der Synthese von Ascorbinsäure (Vitamin C) (S. 952). Ein weiterer Vorteil dieser Methode besteht darin, daß *Doppelbindungen nicht angegriffen* werden.

Oxidation sekundärer Alkohole. Die Oxidation sekundärer Alkohole zu Ketonen ist insofern einfacher durchzuführen als die Oxidation primärer Alkohole, als hier die Oxidationsprodukte nur unter sehr *energischen* Bedingungen weiteroxidiert werden, so daß man das gewünschte Keton im allgemeinen ohne Schwierigkeiten in guter Ausbeute erhält. Am gebräuchlichsten ist auch hier $K_2Cr_2O_7$ in wäßriger Schwefelsäure als Oxidationsmittel. Der Mechanismus entspricht dem bereits diskutierten Mechanismus der Oxidation primärer Alkohole.

Eine zur Oxidation sekundärer Alkohole präparativ sehr wertvolle Methode ist die *Oppenauer-Reaktion.* Man erhitzt dabei ein Gemisch des sekundären Alkohols mit Aceton unter der Wirkung von in Benzen oder Toluen gelöstem Aluminium-tert. Butylat oder Aluminiumisopropylat. Das sich einstellende Gleichgewicht wird durch einen großen Überschuß von Aceton nach rechts verschoben:

$$\underset{\text{R}'}{\overset{\text{R}}{}}\text{CHOH} + \underset{\text{CH}_3}{\overset{\text{CH}_3}{}}\text{C}=\text{O} \rightleftarrows \underset{\text{CH}_3}{\overset{\text{CH}_3}{}}\text{CHOH} + \underset{\text{R}'}{\overset{\text{R}}{}}\text{C}=\text{O}$$

Diese für sekundäre Hydroxylgruppen sehr spezifische Oxidationsmethode greift Doppelbindungen, phenolische Hydroxylgruppen, Aminogruppen oder andere funktionelle Gruppen nicht an. Für *Aldehyde* ist sie *unbrauchbar,* da dann unter dem Einfluß der starken Base Aldoladdition oder Cannizzaro-Reaktion eintritt.

Die Oppenauer-Oxidation (welche die *Umkehrung der Meerwein-Ponndorf-Reduktion* von Ketonen darstellt; siehe S. 801) ist eine wiederum über einen zyklischen Übergangszustand verlaufende *Hydrid-Übertragung,* wobei der sekundäre Alkohol zuerst in sein Aluminium-«salz» übergeführt wird:

$$3\ R_2CHOH\ +\ Al[OCH(CH_3)_2]_3\ \rightleftarrows\ (R_2CHO)_3Al\ +\ 3\,(CH_3)_2CHOH$$

$$(R_2CHO)_3Al\ +\ CH_3COCH_3\ \rightleftarrows\ R_2C \overset{O}{\underset{H}{\diagdown}} Al\,(OCHR_2)_2$$

$$(CH_3)_2C$$

$$\updownarrow$$

$$R_2C{=}O\ +\ (CH_3)_2CH{-}O{-}Al\,(OCHR_2)_2$$

Sekundäre Alkohole, die gegenüber stärkeren Oxidationsmitteln empfindlich sind, lassen sich durch *Dimethylsulfoxid* unter Zusatz elektrophiler Reagenzien (vor allem Dicyclohexylcarbodiimid) zu Ketonen oxidieren. Cyclohexylcarbodiimid und DMSO bilden zunächst den Zwischenstoff (1) (nucleophiler Angriff von DMSO!), der anschließend mit dem Alkohol reagiert. Der Hauptgrund für die Leichtigkeit, mit der diese Reaktion erfolgt, liegt in der Bildung eines stabilen (substituierten) Harnstoffes.

$$RN{=}C{=}NR \xrightarrow[\ ]{H^{\oplus}} \underset{\underset{S(CH_3)_2}{\overset{|}{O}}}{RNH{-}C{=}NR} \xrightarrow[-\,H^{\oplus}]{R_2CHOH} \cdots$$

$$(1)$$

$$R_2C{=}O\ +\ (CH_3)_2S\ \leftarrow\ R_2C{-}O{-}S \cdots\ +\ RNH{-}\overset{O}{\overset{\|}{C}}{-}NHR$$

Oxidation von Allylalkoholen. Sowohl primäre wie sekundäre Allylalkohole lassen sich durch *Braunstein* in einem inerten Lösungsmittel rasch und in guter Ausbeute zu Aldehyden oder Ketonen oxidieren. Die Reaktion verläuft so leicht, daß in entsprechenden polyfunktionellen Verbindungen *sehr selektiv nur die —OH-Gruppen in Allylstellung oxidiert* werden. Auch Verbindungen mit einer Dreifachbindung in Allylstellung zur Hydroxylgruppe lassen sich auf diese Weise gut oxidieren:

$$C_6H_5{-}CH{=}CH{-}CH_2OH \xrightarrow{MnO_2} C_6H_5{-}CH{=}CH{-}CHO$$

$$R{-}C{\equiv}C{-}\underset{\underset{OH}{|}}{CH}{-}R' \xrightarrow{MnO_2} R{-}C{\equiv}C{-}\underset{\underset{O}{\|}}{C}{-}R'$$

Interessant ist, daß die Natur des verwendeten Braunsteins die Ausbeuten sehr stark beeinflußt. Natürlicher Braunstein (Pyrolusit) ist als Oxidationsmittel wenig geeignet; die besten Ausbeuten erhält man mit nichtdaltonidem MnO_2, das man aus der Reaktion von $MnSO_4$ mit $KMnO_4$ (bei 90 °C und in alkalischer Lösung) gewinnt. Auch Benzylalkohole sind auf diese Weise oxidierbar. Da bei der Oxidation der Allylalkohole ein neues Chromophor (C=C—C=O) entsteht, läßt sie sich durch Messung der UV-Absorption zeitlich verfolgen.

Oxidation von Glykolen. Von präparativer Bedeutung sind die beiden Methoden zur Oxidation von Glykolen unter C—C-Spaltung. Im einen Fall verwendet man eine *Lösung von Blei(IV)-acetat in Eisessig*[1], im anderen eine wäßrige Lösung von *Periodsäure* (H_5IO_6) oder *Natriumperiodat* ($NaIO_4$) als Oxidationsmittel. Die letzgenannte Methode ist besonders für Reaktionen an Zuckern wichtig, da diese infolge ihres extrem hydrophilen Charakters in unpolaren oder wenig polaren Lösungsmitteln nicht gelöst werden können. Mit beiden Methoden sind die Ausbeuten recht hoch; man führt deshalb oft zuerst mit alkalischem $KMnO_4$ eine Oxidation zum Glykol aus, wenn man olefinische Doppelbindungen oxidativ spalten will und oxidiert dann erst das Glykol. Wahrscheinlich verlaufen auch diese Reaktionen über zyklische Übergangszustände:

In der gleichen Weise reagieren α-Aminoalkohole, α-Ketole und α-Dicarbonylverbindungen.

Durch die *Periodat-Oxidation* läßt sich die *Anzahl von 1,2-Diolgruppen* z. B. in Kohlenhydraten erkennen. Die Gruppierung —CHOH—CH_2OH liefert dabei ein mol Formaldehyd, die Gruppierung —CHOH—CHOH—CHOH— aber ein mol Ameisensäure, so daß man durch quantitative Bestimmung des gebildeten Formaldehyds mit Dimedon und durch acidimetrische Titration der entstandenen Ameisensäure die Anzahl solcher Gruppen ermitteln kann.

Oxidation von Phenolen. Phenole sind bedeutend leichter oxidierbar als Alkohole und neigen insbesondere zur *Autoxidation*. Dabei entstehen zunächst (mesomeriestabilisierte) Phenoxy-Radikale, die weitere Benzenringe angreifen und Kupplungsprodukte liefern, die dann noch weiter oxidiert werden können. Es entsteht daher in der Regel ein komplexes Gemisch verschieden stark oxidierter Produkte, auf das beispielsweise die dunkle Farbe von an der Luft aufbewahrtem Phenol zurückzuführen ist. Auch die Dunkelfärbung von angeschnittenem Obst an der Luft beruht auf der Oxidation phenolischer Hydroxylgruppen. Mit Kaliumhexacyanoferrat (III) oder Alkylperoxiden läßt sich die Phenoloxidation auch unter kontrollierten Bedingungen durchführen und zur Darstellung chinoider Systeme ausnützen:

Viel leichter lassen sich 1,2- und 1,4-Dihydroxybenzene oder entsprechende Amine zu Chinonen oxidieren:

[1] Blei (IV)-acetat [abgekürzt als Pb(OAc)₄ bezeichnet] wird durch Eintragen von Mennige (Pb_3O_4) in Eisessig hergestellt.

Diese Oxidation gehört zu den wenigen organischen Reaktionen, die unter milden Bedingungen völlig reversibel verlaufen. Chinone spielen deshalb eine große Rolle bei der Oxidation bzw. Reduktion biologischer Verbindungen.

Oxidation von Aldehyden und Ketonen. *Aldehyde* werden häufig schon durch *Luftsauerstoff oxidiert* (vgl. die Autoxidation von Benzaldehyd, S.758), so daß man sie zum Aufbewahren mit geringen Mengen von Radikalfängern (aromatischen Aminen, Phenolen) «stabilisiert». CrO_3, $KMnO_4$ oder Aufschwemmungen von Ag_2O in Wasser werden gelegentlich zur präparativen Oxidation von Aldehydgruppen verwendet. Die beiden zum Nachweis von Aldehydgruppen oft benützten Reaktionen, die *Fehling-Reaktion* und die *Tollens-Reaktion,* beruhen ebenfalls auf der leichten Oxidierbarkeit der —CHO-Gruppe. Die Mechanismen dieser beiden Reaktionen sind jedoch nur wenig untersucht.

Ketone lassen sich unter relativ energischen Bedingungen ebenfalls oxidieren, wobei die Bindungen zwischen dem Carbonyl-C- und dem α-C-Atom getrennt werden. Als Oxidationsmittel können konzentrierte HNO_3, saure Lösungen von $K_2Cr_2O_7$ oder alkalische $KMnO_4$-Lösungen (bei höherer Temperatur!) verwendet werden. Vermutlich verläuft die Oxidation über die *Enolform,* welche zuerst zum *cis*-Glykol hydroxyliert wird:

Da die Bindungen zu beiden α-C-Atomen gespalten werden können, erhält man bei der Oxidation offenkettiger Ketone Gemische von Carbonsäuren, die nicht immer leicht zu trennen sind. *Zyklische Ketone* hingegen liefern in ziemlich hohen Ausbeuten *Dicarbonsäuren.* So wird z.B. Adipinsäure technisch durch Oxidation von Cyclohexanon mit Salpetersäure hergestellt. Die spezifische Oxidation von α-Methylengruppen mit SeO_2 ist bereits auf S.768 besprochen worden.

Eine weitere, präparativ brauchbare Methode zur Oxidation von Ketonen zu Estern benützt *Peroxysäuren* als Oxidationsmittel *(Baeyer-Villiger-Oxidation):*

$$R_2C=O + R'CO_2OH \longrightarrow RCOOR + R'COOH$$

Dabei wird die Peroxysäure zunächst an die Carbonylgruppe addiert. Anschließend wird die —O—O-Bindung heterolytisch getrennt:

$$\underset{\textcircled{R}}{\overset{R}{>}} \overset{OH}{\underset{\overset{\oplus}{O}-O-\overset{\overset{O}{\|}}{C}-R'}}{C} \longrightarrow \left\{ R-\overset{\overset{\oplus}{OH}}{\underset{\|}{C}}-OR \longleftrightarrow R-\overset{OH}{\underset{|}{C}}-OR \longleftrightarrow R-\overset{OH}{\underset{\oplus}{C}}=OR \right\} \xrightarrow{-H^{\oplus}} R-\overset{\overset{O}{\|}}{C}-OR$$

Gleichzeitig mit der Trennung der —O—O-Bindung tritt eine Wanderung der einen Gruppe R vom Carbonyl-C-Atom zum O-Atom ein. (Die Reaktion ist also ein Beispiel einer *Umlagerung!*) Untersuchungen an verschiedenen, unsymmetrischen Ketonen haben ergeben, daß eine Gruppe R dabei um so leichter wandert, je eher sie eine positive Ladung annehmen kann. Dies zeigt, daß diese Gruppe im Übergangszustand in gewissem Maß den Charakter eines *Carbeniumions* annimmt. Bei der präparativen Anwendung der Baeyer-Villiger-Reaktion dient meist Trifluorperoxyessigsäure als Oxidationsmittel. Zyklische Ketone liefern auf diese Weise *Lactone*.

Oxidative Decarboxylierung von Dicarbonsäuren. Verbindungen, die an zwei benachbarte C-Atome gebundene Carboxylgruppen enthalten *(Derivate der Bernsteinsäure)*, lassen sich mittels Bleitetraacetat zu Alkenen decarboxylieren:

$$\underset{\underset{|}{C}-\underset{|}{C}}{\overset{HOOC\ COOH}{\underset{|}{|}\ \underset{|}{|}}} \longrightarrow \ >C=C<$$

Die Reaktion ist nicht stereospezifisch, jedoch stereoselektiv; so liefern sowohl *meso-* wie *R,S*-2,3-Diphenylbernsteinsäure *trans*-Stilben. Für den Ablauf wird folgender Mechanismus vorgeschlagen:

$$\underset{-\overset{|}{\underset{|}{C}}-COOH}{-\overset{|}{\underset{|}{C}}-COOH} + Pb(OAc)_4 \longrightarrow \underset{-\overset{|}{\underset{|}{C}}-COOH}{-\overset{|}{\underset{|}{C}}-COOPb(OAc)_3} + HOAc$$

$$-\overset{|}{\underset{-\overset{|}{\underset{|}{C}}-COOH}{\overset{|}{C}}}\overset{\frown}{\overset{|}{C}}OOPb(OAc)_3 \longrightarrow \left\{ \begin{array}{l} \overset{\ominus}{O}-\underset{\overset{\|}{O}}{C}-Pb(OAc)_3 \longrightarrow Pb(OAc)_2 + OAc^{\ominus} + CO_2 \\ \\ + \\ \\ \underset{-\overset{|}{\underset{|}{C}}-\underset{\overset{\|}{O}}{C}-O\!-\!H}{-\overset{|}{C}\!\oplus} \longrightarrow \underset{-\overset{|}{C}}{-\overset{|}{\underset{\|}{C}}} + CO_2 + H^{\oplus} \end{array} \right.$$

Auch *disubstituierte Malonsäuren* können durch Bleitetraacetat decarboxyliert werden. Dabei entstehen zunächst *gem*-Diacetate, die leicht zu Ketonen hydrolysierbar sind:

$$\underset{R}{\overset{R}{>}}\underset{\overset{|}{C}}{\underset{COOH}{\overset{COOH}{<}}} \xrightarrow{Pb(OAc)_4} \underset{R}{\overset{R}{>}}\underset{\overset{|}{C}}{\underset{OAc}{\overset{OAc}{<}}} \xrightarrow{Hydrolyse} \underset{R}{\overset{R}{>}}C=O$$

17.5   Oxidative Kupplungen

Die oxidative Kupplung organischer Verbindungen über Metallderivate ist eine zur *Bildung neuer C—C-Bindungen* verwendbare Reaktion. Dabei werden geeignete ungesättigte Moleküle (wie z. B. terminale Alkine) oder Halogenide zuerst metalliert, und anschließend tritt eine «Ligandenkupplung» ein:

$$R-X \xrightarrow{\text{Metallierung}} R-M \xrightarrow{\text{Ligandenkupplung}} \tfrac{1}{2} R-R + M$$

Für solche Kupplungen eignen sich zahlreiche Metalle, besonders Übergangsmetalle; besonders geeignet dafür ist *Kupfer,* das z. B. in Alkine oder Halogenide durch direkte Reaktion eingeführt werden kann. Die «Ligandenkupplung» erfolgt durch Oxidation, wobei an Stelle des Metalls auch ein zugesetztes Oxidationsmittel reduziert werden kann.

Eine bekannte oxidative Kupplung ist die **Glaser-Reaktion**, wobei zwei Alkine gekuppelt werden:

$$2 \ R-C\equiv C-H \xrightarrow[\text{Pyridin}]{\text{CuX}_2} R-C\equiv C-C\equiv C-R$$

Man führt die Reaktion in der Weise aus, daß man Alkine, die an der Dreifachbindung ein H-Atom enthalten, in Pyridin oder einer ähnlichen Base in Gegenwart von Kupfer(II)-salzen erhitzt. Wahrscheinlich verläuft die Reaktion bizentrisch, d. h. in zwei Ein-Elektronenüber-gängen:

$$R-Cu^x + R-Cu^x \rightarrow R-R + 2 \ Cu^{x-1}$$

Dabei bilden sich vorübergehend Cluster aus mehreren metallorganischen Molekülen.

Eine andere Möglichkeit zur Durchführung dieser Reaktion besteht in der Behandlung des Alkins mit einer wäßrigen Lösung von NH_4Cl, in der CuCl suspendiert wird, in Gegenwart von Luft. Die Komplexbildung zwischen dem $Cu^{\oplus}$-Ion und dem Alkin fördert die Ionisierung des Alkins; ein Teil des vorhandenen Cu(I)-Salzes wird durch den Luftsauerstoff zu Cu(II) oxidiert, so daß anschließend die Kupplung eintreten kann. Die Ausbeuten sind – mit Ausnahme von Acetylen selbst – recht hoch, und die Reaktion hat eine Reihe präparativer Anwendungen gefunden. Nicht nur lassen sich auf diese Weise C-Ketten verlängern; es ist auch möglich, mit α,ω-Diacetylenen *Ringschlußreaktionen* durchzuführen, wobei durch starke Verdünnung auch die Bildung vielgliedriger Ringe erreicht werden kann. Das Anwendungsgebiet der Glaser-Reaktion ist also recht groß, insbesondere auch deshalb, weil sie durch das Vorhandensein funktioneller Gruppen im Rest R nicht gestört wird.

Beispiele:

(1) Aus 3-Hydroxy-1-butin – das aus Acetaldehyd und Acetylen unter der Wirkung von Natriumamid erhalten werden kann – entsteht ein bei der Synthese von β-Carotin verwendetes Diacetylen:

$$2 \ \underset{\underset{\text{OH}}{|}}{CH_3CH}-C\equiv CH \xrightarrow{Cu^{\oplus}, \ O_2} \underset{\underset{\text{OH}}{|}}{CH_3CH}-C\equiv C-C\equiv C-\underset{\underset{\text{OH}}{|}}{CHCH_3}$$

(2) Nach Sondheimer können *Annulene* durch Glaser-Reaktion aus terminalen Diinen gewonnen werden:

$$3 \ HC{\equiv}CCH_2CH_2C{\equiv}CH \ \xrightarrow[\text{Pyridin}]{\text{Cu-Acetat}}$$

(1)

K-tert. Butoxid ↓

(2) $\xleftarrow[\text{Pb—Pd—CaCO}_3]{\text{H}_2}$

Zur Synthese von [18]-Annulen wird z. B. zuerst 1,5-Hexadiin zum zyklischen Polyin (1) gekuppelt. Dieses erfährt unter der Wirkung von Basen (Kalium-tert. Butylat) eine prototrope Umlagerung zu einem Polyenin, das durch partielle Hydrierung das konjugierte Cyclopolyen (2) liefert. Das [18]-Annulen gehorcht der Hückelschen Regel und besitzt aromatischen Charakter, was auch durch das NMR-Spektrum bestätigt wird (S.147).

(3) Durch Behandlung eines monosubstituierten Acetylens mit einem 1-Bromalkin [ebenfalls in Gegenwart von Kupfer(I)-salzen] lassen sich unsymmetrische Diine erhalten *(Cadiot-Chodkiewicz-Kupplung):*

$$R{-}C{\equiv}CH \ + \ Br{-}C{\equiv}C{-}R' \ \xrightarrow{\text{Cu}^{\oplus}} \ R{-}C{\equiv}C{-}C{\equiv}C{-}R' \ + \ HBr$$

Eine weitere, präparativ interessante oxidative Kupplung ist die *Bildung von 1,3-Dienen* durch Kupplung von *Vinylhalogeniden.* Dabei muß das Kupfer über den Umweg über Grignard- oder Lithiumverbindungen eingeführt werden:

$$\underset{}{{>}C{=}\overset{|}{C}{-}X} \ \xrightarrow{\text{Mg oder Li}} \ {>}C{=}\overset{|}{C}{-}M \ \xrightarrow{\text{CuCl}} \ {>}C{=}\overset{|}{C}{-}Cu \ \longrightarrow \ ½ \ {>}C{=}\overset{|}{C}{-}\overset{|}{C}{=}C{<} \ + \ Cu$$

(M = MgX oder Li)

Die Bildung der Grignard- bzw. Lithiumverbindung erfolgt in Tetrahydrofuran bei − 50°C, während die Alkenyl-Kupfer-Verbindung bei 20°C thermolysiert wird. Dieser Schritt erfolgt unter vollständiger Retention, was diese Synthese zum Aufbau von 1,3-ungesättigten Verbindungen besonders wertvoll macht.

17.6   Oxythallierung

Seit einigen Jahren hat *Thallium(III)-nitrat* als Oxidationsmittel für ungesättigte Verbindungen Interesse gefunden. Man verwendet es in methanolischer Lösung oder im Gemisch mit Trimethylorthoformiat («TMOF»). Das $Tl^{3\oplus}$-Ion wird zu Thallium(I)-verbindungen reduziert, die als feste Salze ausfallen. Die Wirkung von TMOF besteht darin, daß es durch das Kristallwasser des Thallium(III)-nitrats hydrolysiert wird, wodurch nicht-hydratisierte $Tl^{3\oplus}$-Ionen entstehen, die das organische Substrat leichter angreifen können. Ein Nachteil dieser Methode ist allerdings die hohe *Toxizität* der Thalliumverbindungen.

Ungesättigte Verbindungen ergeben bei Raumtemperatur Acetale oder Ketale, die durch einfaches Schütteln mit verdünnter Schwefelsäure in die entsprechenden *Aldehyde* bzw. *Ketone* übergeführt werden können. Für diese Reaktion am besten geeignet sind phenylsubstituierte Alkene. Beispiele:

$$CH_3O-\langle\text{aryl}\rangle-CH=CH_2 \longrightarrow CH_3O-\langle\text{aryl}\rangle-CH_2CHO$$

$$C_6H_5-\overset{\overset{\displaystyle CH_3}{|}}{C}=CH_2 \longrightarrow C_6H_5-CH_2-\overset{\overset{\displaystyle O}{\|}}{C}-CH_3 \qquad \text{(Wagner-Meerwein-Umlagerung!)}$$

Bei zyklischen Alkenen tritt eine *Ringverengerung* ein:

Aus Acetophenonen können Arylessigsäuremethylester hergestellt werden:

Schließlich lassen sich aus *Alkinen Carbonsäuren* gewinnen:

$$R-C\equiv CH \longrightarrow R-COOH$$

$$Ar-C\equiv C-CH_3 \longrightarrow Ar-\overset{\overset{\displaystyle }{|}}{\underset{\underset{\displaystyle CH_3}{|}}{C}}H-COOH \qquad \text{(Umlagerung!)}$$

Besonders wirksam ist das Reagens dann, wenn es auf einen inerten Träger aufgebracht wird. Versetzt man Silicagel, Aluminiumoxid u.a. mit einem Gemisch von Thallium(III)-nitrat, Methanol und TMOF und läßt das Lösungsmittel verdunsten, so erhält man ein Pulver, das $Tl^{3\oplus}$-Ionen enthält. Dieses kann leicht mit dem Substrat zur Reaktion gebracht werden, wenn man dieses in einem inerten Lösungsmittel (Heptan, CH_2Cl_2, CCl_4) löst.

17.7 Oxidation aromatischer Iodide

Das Iodatom *aromatischer Iodide* kann durch genügend starke Oxidationsmittel zu *höheren Oxidationsstufen oxidiert* werden. So erhält man z. B. beim Behandeln von Iodbenzen mit Chlor (in Chloroform) *Iodbenzendichlorid.* Dieses kann durch wäßrige Natronlauge zu *Iodosobenzen* hydrolysiert werden. Bei der Wasserdampfdestillation von Iodosobenzen disproportioniert dieses in Iodbenzen und *Iodoxybenzen:*

$$C_6H_5I \; + \; Cl_2 \; \longrightarrow \; C_6H_5ICl_2$$
Iodbenzendichlorid

$$C_6H_5ICl_2 \; + \; 2\,NaOH \; \longrightarrow \; C_6H_5{-}I{=}O \; + \; 2\,NaCl \; + \; H_2O$$
Iodosobenzen

$$2\,C_6H_5{-}I{=}O \; \longrightarrow \; C_6H_5{-}IO_2 \; + \; C_6H_5I$$
Iodoxybenzen

Iodbenzendichlorid ist eine feste, in gelben Nadeln kristallisierende Substanz. Seiner Struktur nach ist es ein *Phenylchloroiodoniumchlorid:*

$$[C_6H_5{-}I{-}Cl]^{\oplus} \; Cl^{\ominus}$$

Iodosobenzen und Iodoxybenzen explodieren bei raschem Erhitzen. Die O-Atome sind durch Kovalenzbindungen an das I-Atom gebunden. Behandelt man ein Gemisch von Iodosobenzen und Iodoxybenzen mit einer wäßrigen Suspension von Ag_2O, so erhält man *Iodoniumhydroxide,* in denen das I-Atom mit zwei aromatischen Ringen koordiniert ist:

$$C_6H_5IO \; + \; C_6H_5IO_2 \; + \; AgOH \; \longrightarrow \; [(C_6H_5)_2I]^{\oplus}OH^{\ominus} \; + \; AgIO_3$$

17.8 Hydrierung von Alkenen, Alkinen und Aromaten

Eine wichtige Methode zur Reduktion olefinischer Doppelbindungen, die *katalytische Hydrierung* mit Pd-, Pt- oder Ni-Katalysatoren, wurde im Zusammenhang mit den elektrophilen Additionen an C≡C-Doppelbindungen besprochen (S. 536). Eine weitere Möglichkeit zur Hydrierung *isolierter Doppelbindungen* bietet die Reaktion mit *Diimin* (HN=NH), das zu diesem Zweck aus Hydrazin und Wasserstoffperoxid *in situ* hergestellt wird. Die Reaktion führt über einen zyklischen Übergangszustand:

Die Vorteile dieser Reaktion bestehen in ihrem eindeutigen Verlauf (keine Isomerisierungen!) und in den guten Ausbeuten.

Natürlich lassen sich nicht nur Doppelbindungen, sondern auch andere ungesättigte Gruppen katalytisch hydrieren. Die Tabelle 17.5 gibt eine Übersicht über die Leichtigkeit, mit der sich verschiedene funktionelle Gruppen hydrieren lassen.

Tabelle 17.5. Reaktivität verschiedener funktioneller Gruppen gegenüber katalytischer Hydrierung

Substrat	Produkt	
RCOCl	RCHO	am leichtesten
RNO_2	RNH_2	
RC≡CR	RCH=CHR	
RCHO	RCH_2OH	
RCH=CHR	RCH_2CH_2R	
RCOR	RCHOHR	
$ArCH_2OR$	$ArCH_3$ + ROH	
RC≡N	RCH_2NH_2	
RCOOR′	RCH_2OH + R′OH	
RCONHR′	RCH_2NHR	
		am schwierigsten
$RCOO^{\ominus}$		inert

Reduktion konjugierter Doppelbindungen. Im Gegensatz zu *isolierten* Doppelbindungen lassen sich *konjugierte Systeme* mit *elektronenübertragenden Reagenzien* reduzieren, weil die Elektronenaufnahme zur Bildung mesomeriestabilisierter Anionen führt (was im Fall isolierter Doppelbindungen nicht möglich ist). Am häufigsten benützt man zu diesem Zweck Natrium und Alkohol, Natriumamalgam oder Zink und Salzsäure bzw. Essigsäure.

Die Reduktion konjugierter Diene verläuft über 1,4-Addition. Auf diese Weise haben die Ladungen des zunächst gebildeten Dianions die größtmögliche Entfernung voneinander. Auch α,β-ungesättigte Carbonylverbindungen werden durch 1,4-Addition reduziert; das dabei entstandene Enol tautomerisiert aber wieder zur Carbonylform, so daß im Endeffekt eine Hydrierung der C=C-Doppelbindung eintritt.

$$-CH=CH-CH=CH- \xrightarrow{e^-} -\overset{\cdot}{C}H-CH=CH-\overset{\ominus}{C}H- \xrightarrow{e^-} \overset{\ominus}{-C}H-CH=CH-\overset{\ominus}{C}H-$$

$$\xrightarrow{2\,EtOH} -CH_2-CH=CH-CH_2- \ + \ 2\,EtO^{\ominus}$$

$$-CH=CH-\underset{|}{C}=O \xrightarrow{e^-} -\overset{\cdot}{C}H-CH=\underset{|}{C}-O^{\ominus} \xrightarrow{e^-} \overset{\ominus}{-C}H-CH=\underset{|}{C}-O^{\ominus}$$

$$\xrightarrow{2\,H^{\oplus}} -CH_2-CH=\underset{|}{C}-OH$$

$$\updownarrow$$

$$-CH_2-CH_2-\underset{|}{C}=O$$

Reduktion von Alkinen. Die katalytische Hydrierung zu *cis*-Alkenen mittels *Lindlar-Katalysatoren* wurde ebenfalls schon in Abschnitt 9.5 besprochen. Durch *Elektronenüber-tragung* lassen sich Alkine *selektiv* zu *trans-Alkenen hydrieren*. Am besten geeignet als Reduktionsmittel sind Lösungen von *Lithium* oder *Natrium in Ammoniak* oder *Aminen*. Solche Lösungen enthalten Metallkationen und solvatisierte Elektronen und wirken des-halb sehr stark reduzierend. Im allgemeinen setzt man der Lösung zur Verwendung als Reduktionsmittel für organische Substanzen noch eine schwache Protonsäure (meist Ethanol) zu, die mit dem Metall nicht allzu rasch Wasserstoff entwickelt, hingegen auf das durch die Reduktion entstandene Anion Protonen überträgt. Da sich die meisten organi-schen Substanzen in flüssigem Ammoniak schlecht lösen, benützt man häufiger Lösungen von Lithium in primären Aminen wie z. B. Ethylamin. Die stereospezifische *trans*-Hydrierung der Alkine ist die Folge der Tatsache, daß das als Zwischenprodukt auftretende *Dianion trans-Konfiguration* annimmt, weil dann die beiden Ladungen wieder den größtmöglichen Abstand voneinander haben:

$$R-C{\equiv}C-R' \xrightarrow{2\,e^-} \underset{\ominus}{R}\diagdown{C}{=}{C}\diagdown{\overset{\ominus}{R}'} \xrightarrow{2\,H^{\oplus}} \underset{H}{R}\diagdown{C}{=}{C}\diagup{\overset{H}{R}'}$$

Hydrierung von Aromaten. Aromatische Systeme können ebenso wie Alkene *katalytisch hydriert* werden, doch benötigt man dazu energischere Bedingungen, eine Folge der erhöhten Stabilität aromatischer Ringe. So erfordert z. B. die Hydrierung von Benzen mit Pt-Katalysatoren einen Druck von 100 bis 150 bar und eine Reaktionstemperatur von 100 bis 150 °C und dauert etwa 10 Stunden, während die Hydrierung einfacher Alkene bei 20 °C und Atmosphärendruck in einer Stunde beendet ist (Zeiten jeweils für etwa 1 mol Substanz). Naphthalen, Anthracen oder andere polyzyklische Ringsysteme sind leichter zu hydrieren. Bei der Hydrierung von Naphthalen kann sich *cis*- oder *trans*-Dekalin bilden; da das *trans*-Isomer stabiler ist, bildet es sich unter energischeren Bedingungen, z. B. bei der Hydrierung über einem Kupferchromit-Katalysator in der Gasphase. Bei milderen Bedingungen erhält man *cis*-Dekalin.

Gewisse Aromaten lassen sich auch durch *elektronenübertragende Reagenzien* reduzieren (*«Birch-Reduktion»*). Dabei bildet sich wahrscheinlich zunächst ein Radikal-Anion, das durch Protonierung in ein elektrisch neutrales Radikal übergeht. Dieses reagiert mit einem weiteren Metallatom zu einem Anion, das schließlich durch Protonenaufnahme zum Dihydroaromaten wird. Je nach der Stärke des Reduktionsmittels kann die Reaktion auch weitergehen, wie am Beispiel von Naphthalen gezeigt wird.

Unter den mildesten Bedingungen erhält man ein Dihydronaphthalen. Durch 1,4-Addition entsteht das Δ^2-Dialin, welches sich unter dem Einfluß einer Base über ein delokalisiertes Carbanion in das stabilere Δ^1-Dialin (mit einem konjugierten System) umlagert. Tetralin entsteht wahrscheinlich über primär gebildetes Δ^2- und anschließend zu Δ^1-umgelagertem Dihydronaphthalen. Natrium in flüssigem Ammoniak reduziert beide aromatische Ringe. Das stärkste Reduktionsmittel, Lithium in Ethylamin, ergibt über die Zwischenprodukte Dialin und Tetralin Oktalin.

Auch *substituierte Aromaten* lassen sich mit Lithium und Ethylamin reduzieren. Aus β-Phenylethylalkohol erhält man 1-(2-Hydroxyethyl-)cyclohexen und aus Phenol über eine Reihe von Zwischenstufen Cyclohexanon. (Bei der technischen Gewinnung von Cyclohexanon wird Phenol zunächst katalytisch hydriert und Cyclohexanol anschließend oxidiert.) Die Reduktion von Methoxybenzenen stellt eine wichtige Methode zur Gewinnung von *Cyclohexenonen* dar (Hydrolyse des intermediär gebildeten Enolethers!):

17.9 Hydrogenolyse

Reaktionen, bei welchen Wasserstoff unter gleichzeitiger Trennung einer Bindung addiert wird, heißen **Hydrogenolyse**. Zur Durchführung derartiger Reaktionen ist sowohl die *katalytische Hydrierung,* die Reduktion mittels *elektronenübertragender Reagenzien* und die *Hydrid-Übertragung* geeignet.

Hydrogenolyse von Benzyl- und Allylverbindungen. Benzylverbindungen werden durch *katalytische Hydrierung* oft nahezu quantitativ in einfachere Aromaten übergeführt. Auch durch *elektronenübertragende Reagenzien* lassen sich oft sehr gute Ausbeuten erreichen. Man hat dadurch eine bequeme Möglichkeit, Benzylester, Benzylether oder Benzylalkohole in Alkylbenzene überzuführen; die Hydrogenolyse mit D_2 ermöglicht auch die Herstellung deuterierter Verbindungen.

Beispiele:

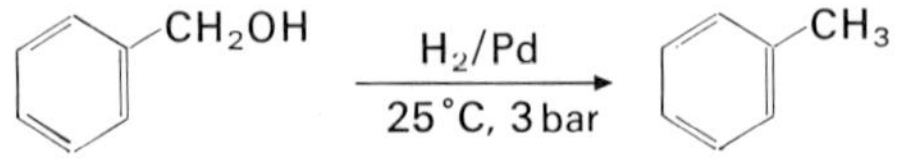

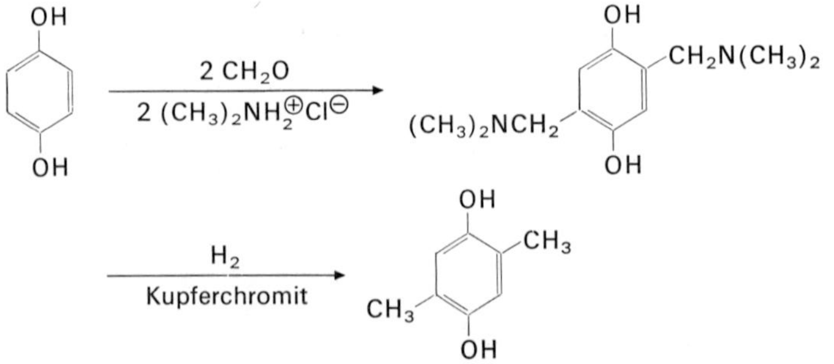

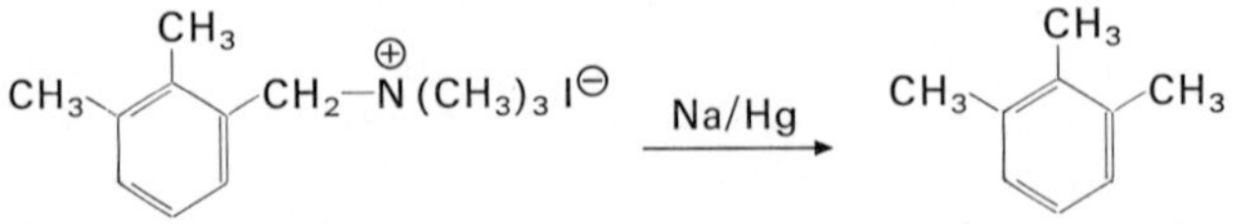

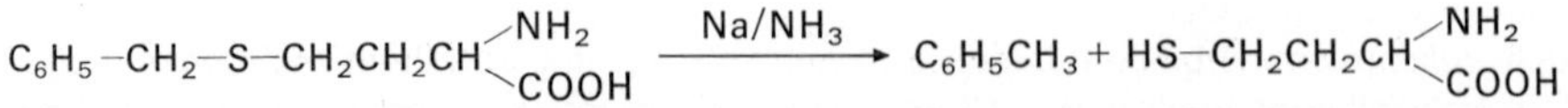

Das vierte der obigen Beispiele zeigt die Verwendung von Benzylgruppen zum Schutz von Thiolgruppen; die Hydrogenolyse kann hier nicht durch katalytische Hydrierung erfolgen, weil der Schwefel der —SH-Gruppe den Katalysator vergiften würde.
Benzylester haben wegen der Leichtigkeit, mit der sie hydrogenolysiert werden können, als *Schutzgruppen* bei Peptidsynthesen Bedeutung erlangt (S. 974).

Auch *Carbonyl-* und *Aminogruppen in Benzylstellung* können mit Wasserstoff katalytisch in Alkylgruppen übergeführt werden. Wie das folgende Beispiel zeigt, erfolgt die Hydrogenolyse sehr *selektiv:*

Allylverbindungen reagieren häufig ähnlich. Da aber die Doppelbindung durch Reaktion mit Wasserstoff über Pt- oder Ni-Katalysatoren hydriert wird, kann die Hydrogenolyse nur mit LiAlH$_4$ oder Natrium in flüssigem Ammoniak (die beide mit isolierten Doppelbindungen nicht reagieren) durchgeführt werden.

Alkohole und Halogenide. Die direkte Hydrogenolyse von *Alkoholen* ist *nicht möglich.* Hingegen gelingt es, ihre *Tosylate* durch *Natriumamalgam* oder *LiAlH$_4$* zu reduzieren. Im Fall von LiAlH$_4$ als Reduktionsmittel besteht die Hydrogenolyse in einer normalen S_N2-Reaktion, wobei das Hydrid-Ion substituierend wirkt:

$$R{-}CH_2{-}OTs + H^{\ominus} \longrightarrow R{-}CH_3 + TsO^{\ominus}$$

Auf die gleiche Weise reagieren auch *Alkylhalogenide;* da die Halogenid-Ionen bessere Abgangsgruppen bei S_N-Reaktionen sind als das Hydroxid-Ion, erfolgt die Hydrogenolyse von Halogeniden leichter als die entsprechende Reaktion von Alkoholen, und zwar nimmt die Leichtigkeit in der (erwarteten) Reihenfolge I > Br > Cl ab. Die Reaktion ist – im Gegensatz zu den Tosylaten – auch mit tertiären Bromiden durchführbar. Da die Ausbeuten oft nicht sehr groß sind, ist es im Fall primärer oder sekundärer Halogenide zweckmäßiger, das Halogenid zuerst in das Tosylat umzuwandeln. Bessere Ausbeuten erreicht man durch Reduktion mit Natriumamalgam oder durch Reaktion der entsprechenden Grignard-Verbindung mit Wasser:

$$C_4H_9I \xrightarrow[\text{2) + H}_2\text{O}]{\text{1) + Mg}} C_4H_{10}$$

Gegenüber katalytischer Hydrierung sind sowohl Alkyl- wie Arylhalogenide nahezu inert.

17.10 Reduktion von Aldehyden und Ketonen

Aldehyde und Ketone können sowohl zu *Kohlenwasserstoffen* wie auch zu *Alkoholen* oder (in besonderen Fällen) zu *Pinakolen* reduziert werden. Für die Reduktion zu Kohlenwasserstoffen oder Alkoholen steht eine ganze Anzahl verschiedener Methoden zur Verfügung, welche jeweils für bestimmte Klassen von Carbonylverbindungen besonders geeignet sind.

Reduktion zu Kohlenwasserstoffen. Die beiden zu diesem Zweck am häufigsten verwendeten Methoden sind die *Clemmensen-Reduktion* mit amalgamiertem Zink und konzentrierter Salzsäure und die *Wolff-Kishner-Reduktion* mit Hydrazin und Alkalihydroxid. Beide Reaktionen lassen sich sowohl mit Aldehyden wie mit Ketonen durchführen; die

Clemmensen-Reduktion (welche zwar leichter auszuführen ist) versagt bei säureempfindlichen Substraten, so daß dann die Wolff-Kishner-Reaktion vorzuziehen ist.

Über den *Mechanismus* der *Clemmensen-Reduktion* ist wenig bekannt. Sicher ist bloß, daß der entsprechende Alkohol nicht als Zwischenprodukt auftritt, da auf andere Weise erhaltene Alkohole unter gleichen Bedingungen nicht reduzierbar sind. Bei der *Wolff-Kishner-Reduktion* entsteht aus der Carbonylverbindung zunächst ihr Hydrazon:

$$R_2C{=}O \xrightarrow{\ NH_2NH_2\ } R_2C{=}N{-}NH_2$$

und dieses wird gemäß nachstehender Reaktionsfolge reduziert:

$$R_2C{=}N{-}NH_2 \ \longrightarrow\ R_2CH{-}N{=}NH \xrightarrow{\ +OH^{\ominus}\ } R_2CH^{\ominus} + N_2 + H_2O$$

$$R_2CH^{\ominus} + H_2O \ \longrightarrow\ R_2CH_2 + OH^{\ominus}$$

Die Clemmensen-Reaktion ist besonders zur Reduktion von Verbindungen geeignet, die phenolische Hydroxylgruppen oder Carboxylgruppen enthalten. Man erwärmt zu diesem Zweck die Carbonylverbindung mit konzentrierter Salzsäure, der das Zink beigefügt wird. Bei α,β-ungesättigten Ketonen, Carbonsäuren und Estern wird dabei auch die olefinische Doppelbindung hydriert.

Zur Durchführung der Wolff-Kishner-Reaktion erhitzt man die Carbonylverbindung zusammen mit Hydrazinhydrat und KOH in Di- oder Triethylenglykol. Eine Modifikation benützt Kalium-tert. Butylat als Base und Dimethylsulfoxid als Lösungsmittel, wobei die Reaktion bei Raumtemperatur ausgeführt werden kann. – Auch die Wolff-Kishner-Reduktion ist für α,β-ungesättigte Carbonylverbindungen ungeeignet; an Stelle von Kohlenwasserstoffen werden unter den entsprechenden Bedingungen Pyrazolone erhalten.

Eine weitere wichtige Methode zur Reduktion von Carbonylverbindungen ist die *Hydrogenolyse* von *Thioketalen*. Zu diesem Zweck führt man die Carbonylverbindung mit Ethandithiol oder Ethylmercaptan zuerst in das entsprechende Thioacetal über, das anschließend katalytisch (über Raney-Nickel) hydriert wird:

$$OC{\Big\langle}\genfrac{}{}{0pt}{}{(CH_2)_7}{(CH_2)_7}{\Big\rangle}CO \xrightarrow{\ HSCH_2CH_2SH\ } \underset{S}{\overset{S}{\Big]}}C{\Big\langle}\genfrac{}{}{0pt}{}{(CH_2)_7}{(CH_2)_7}{\Big\rangle}CO \xrightarrow{\ H_2/Ni\ } {\big[}(CH_2)_{15}{-}CO$$

Auch die *Reduktion* von *Tosylhydrazonen* mit $NaBH_4$ bietet eine Möglichkeit zur Überführung von Carbonyl- in Methylen-($\!{>}\!CH_2$)-Gruppen:

$${>}C{=}O + H_2NNHSO_2C_7H_7 \ \longrightarrow\ {>}C{=}N{-}NHSO_2C_7H_7$$

$$\Big\downarrow NaBH_4$$

$${>}CH_2 + N_2 + C_7H_7SO_3^{\ominus}$$

Reduktion zu Alkoholen. Zur Reduktion von Carbonylverbindungen zu Alkoholen steht eine Vielzahl von Reaktionen zur Verfügung. Als Reduktionsmittel werden *Elektronen-* und *Hydrid-Überträger* am häufigsten verwendet; die katalytische Hydrierung ergibt zwar ebenfalls Alkohole, verläuft aber im allgemeinen so langsam, daß andere Reduktionsmittel vorzuziehen sind.

Eines der für Reduktionen meistgebrauchten Reagenzien ist das schon mehrfach erwähnte, 1947 von Schlesinger in die präparative Praxis eingeführte *Lithiumaluminiumhydrid*[1]. Bei der Reduktion von Carbonylverbindungen findet eine schrittweise Übertragung von Hydrid-Ionen auf die Carbonylverbindung statt, wobei jeder folgende Schritt etwas langsamer verläuft als der vorausgegangene. Als Endprodukt bildet sich ein Aluminiumalkoxid-Ion, das mit Wasser zum entsprechenden Alkohol hydrolysiert wird:

Die Reduktion ist also im Prinzip eine *nucleophile Addition* an die $>$C$=$O Gruppe.

An Stelle von $LiAlH_4$ werden auch *Natriumborhydrid* und Lithiumborhydrid verwendet. $NaBH_4$ ist weniger reaktionsfähig als $LiAlH_4$ und kann sogar in wäßriger Lösung verwendet werden; $LiBH_4$ steht in bezug auf seine Reaktivität zwischen $LiAlH_4$ und $NaBH_4$ und wird normalerweise in Ether, Tetrahydrofuran oder Diglyme gelöst verwendet[2]. Durch die verschiedene Reaktionsfähigkeit dieser drei Reagenzien hat man es in der Hand, das Reduktionsmittel entsprechend der zu reduzierenden Carbonylverbindung und eventuell vorhandener weiterer funktioneller Gruppen zu wählen. $LiAlH_4$ reduziert z.B. nicht nur Aldehyde und Ketone, sondern auch Carbonsäuren, Ester, Nitrile und Nitroverbindungen, während $NaBH_4$ nur Aldehyde, Ketone und Säurehalogenide reduziert. Die relativ hohe Selektivität von *$NaBH_4$* macht diese Verbindung zum Reagens der Wahl bei der Reduktion *polyfunktioneller* oder sonstwie *empfindlicher Carbonylverbindungen.*

Beispiele:

---

[1] Die gemäß den Richtlinien der anorganischen Chemie richtige Benennung der Verbindung wäre Lithiumtetrahydridoaluminat. Die Bezeichnung Lithiumaluminiumhydrid hat sich allerdings in der organischen Chemie allgemein eingebürgert.

[2] $LiAlH_4$ und $LiBH_4$ reagieren mit hydroxylhaltigen Lösungsmitteln (und ebenso mit Thiolen, Aminen u.a.) sehr heftig unter Wasserstoffentwicklung. Man benötigt deshalb für die Arbeit mit diesen Reduktionsmitteln völlig reine (wasser- und alkoholfreie) Lösungsmittel.

Tabelle 17.6. Funktionelle Gruppen, welche mit LiAlH$_4$ reduziert werden können

funktionelle Gruppe	Produkt
$\diagup C{=}O$	$\diagup CH{-}OH$
$-COOR$	$-CH_2OH + ROH$
$-COOH$ oder $-COO^{\ominus}Li^{\oplus}$	$-CH_2OH$
$-C\diagup^{O}_{\diagdown Cl}$	$-CH_2OH$
$-C\diagup^{O}_{\diagdown NH{-}R}$	$-CH_2{-}NH{-}R$
$-C\diagup^{O}_{\diagdown NR_2}$	$-CH_2{-}NR_2$ oder $\left[\begin{array}{c} -CH{-}NR_2 \\ \mid \\ OH \end{array}\right] \longrightarrow -CHO + R_2NH$
$-C{\equiv}N$	$-CH_2{-}NH_2$ oder $[-CH{=}NH] \xrightarrow{H_2O} -CHO$
$\diagup C{=}NOH$	$\diagup CH{-}NH_2$
$-\overset{\mid}{\underset{\mid}{C}}{-}NO_2$ (aliphatisch)	$-\overset{\mid}{\underset{\mid}{C}}{-}NH_2$
2 $-NO_2$ (aromatisch)	$-N{=}N-$
$-CH_2OTs$ oder $-CH_2Br$	$-CH_3$
$\diagup CHOTs$ oder $\diagup CHBr$	$\diagup CH_2$
$-CH{-}\overset{\mid}{C}-$ mit O bridge	$-CH_2{-}\overset{\mid}{\underset{\mid}{C}}-$ $\underset{OH}{}$

C—C- *Doppel-* und *Dreifachbindungen* werden gewöhnlich von den komplexen Hydriden *nicht angegriffen;* in gewissen Fällen werden jedoch auch α,β-ungesättigte Carbonylverbindungen zum gesättigten Alkohol (und nicht zum Allylalkohol) reduziert. So ergibt beispielsweise Zimtsäure mit LiAlH$_4$ 3-Phenyl-1-propanol. Um in solchen Fällen die Addition an die C=C-Doppelbindung zu unterdrücken, kann man bei tiefer Temperatur arbeiten und das in Ether gelöste Reagens im Unterschuß zur Lösung des Substrates zutropfen lassen (statt umgekehrt).

Bei *Ringverbindungen* greift das ziemlich voluminöse Reagens in der Regel von der sterisch weniger gehinderten Seite an, so daß die Reduktion *stereoselektiv* verläuft. Aus dem starren System (1) bildet sich daher ausschließlich der Alkohol mit der äquatorialen Hydroxylgruppe:

In anderen Fällen treten jedoch die kinetisch gesteuerte Reaktion (Angriff von der sterisch weniger gehinderten Seite) und die thermodynamisch gesteuerte Reaktion (Bildung des stabileren Alkohols) als *Konkurrenzreaktionen* auf:

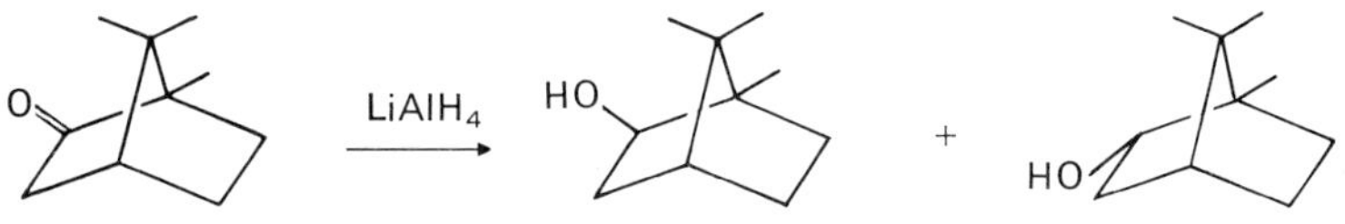

Campher 90% 10% (stabiler)

10% 90% (stabiler)

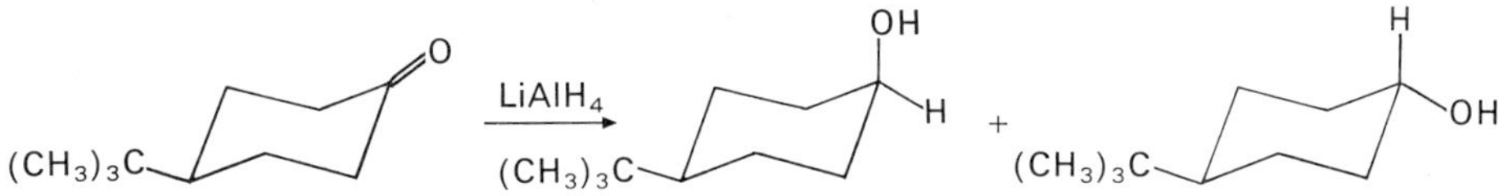

Durch Verwendung eines Reagens von noch größerer Raumbeanspruchung (einem Gemisch von $LiAlH_4$ mit $AlCl_3$) zusammen mit einem Überschuß der Carbonylverbindung läßt sich die thermodynamisch gesteuerte Reaktion begünstigen, da einerseits der raumerfüllende Komplex des Produktes – voluminöser als der entstehende Alkohol! – im Fall des Alkohols mit äquatorialer Hydroxylgruppe stabiler ist und anderseits der Überschuß der Carbonylverbindung die Erreichung der Gleichgewichtseinstellung zwischen den beiden möglichen isomeren Alkoholen ermöglicht. Ein Überschuß an $LiAlH_4$ führt gewöhnlich zum Produkt der kinetisch gesteuerten Reaktion.

Bei *azyklischen Systemen* folgt die Reaktion gewöhnlich der *Cramschen Regel* (S. 616). So erhält man aus 3-*S*-Phenyl-2-butanon vorwiegend 2*R*,3*S*-3-Phenyl-2-butanol:

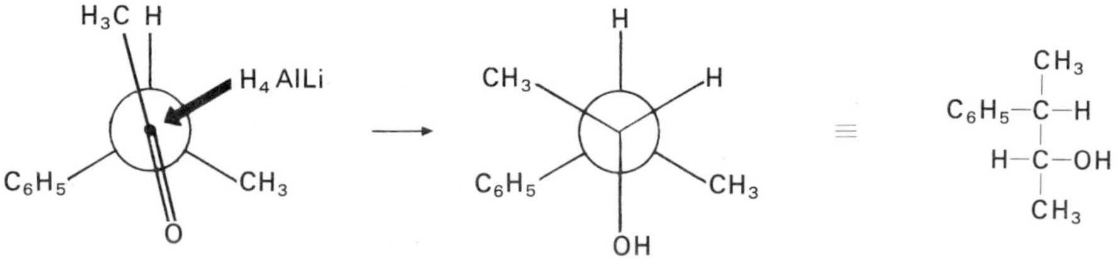

In Fällen, wo sich ein besonders stabilisiertes Carbeniumion bilden kann, läßt sich ein Gemisch von $LiAlH_4$ mit $AlCl_3$ sogar zur Reduktion einer *Hydroxylgruppe* verwenden:

$$C_6H_5-\underset{\displaystyle OH}{\underset{|}{C}}H-C_6H_5 \xrightarrow[AlCl_3]{LiAlH_4} C_6H_5-CH_2-C_6H_5$$

Durch Verwendung eines chiralen Derivates von Lithiumaluminiumhydrid (1) ist es gelungen, prochirale Carbonylverbindungen in optischen Ausbeuten von bis zu 100% (!) *asymmetrisch* zu reduzieren:

S-1 S-Carbinol

Das Reagens (1) muß dabei in situ aus LiAlH$_4$, optisch reinem 2,2'-Dihydroxyl-1,1'-binaphthyl und einem Alkohol hergestellt werden. Da sowohl R- wie S-(1) leicht erhältlich sind, lassen sich dadurch sowohl R- wie S-Carbinole optisch rein gewinnen (1979).

Auch *Boran* (das wie bei der Hydroborierung aus B$_2$H$_6$, 9-BBN oder anderen Ausgangsstoffen entsteht) kann zur Reduktion von Aldehyden und Ketonen dienen. Das B-Atom wird dabei vom Carbonyl-C-Atom gebunden, und das Produkt wird zum Alkohol hydrolysiert:

Natriumcyanoborhydrid (NaBH$_3$CN) ist bei pH 7 gegenüber Carbonylgruppen beträchtlich weniger reaktiv als NaBH$_4$ und reduziert C=N-Bindungen zu *Aminen*. Damit ist es möglich, Carbonylverbindungen in Amine überzuführen, da die Carbonylverbindung im Gemisch mit Ammoniak bzw. einem Amin im Gleichgewicht mit einem Imin steht:

$$R_2C{=}O + R'NH_2 \rightleftarrows R_2C{=}NR'$$

$$R_2C{=}NR' + H^\oplus \rightleftarrows R_2C{=}\overset{H}{\underset{\oplus}{N}}R'$$

$$R_2C{=}\overset{H}{\underset{\oplus}{N}}R' + BH_3CN^\ominus \longrightarrow R_2CHNHR'$$

Weitere Reduktionen von Carbonylverbindungen zu Alkoholen unter Hydrid-Übertragung treten bei der *Cannizzaro-Reaktion* und der *Meerwein-Ponndorf-Reaktion* auf. Aldehyde ohne H-Atome am α-C-Atom können unter der Wirkung von Basen keine Aldoladdition eingehen, sondern erfahren durch *Hydrid-Übertragung (Cannizzaro-Reaktion)* eine Disproportionierung in Alkohol und Carbonsäure:

$$C_6H_5{-}CH{=}O \xrightarrow{OH^\ominus} C_6H_5{-}\overset{O^\ominus}{\underset{OH}{C}}{-}H$$

$$C_6H_5\overset{\overset{|\bar{O}|^{\ominus}}{|}}{\underset{\underset{OH}{|}}{C}}H + \overset{C_6H_5}{\underset{H}{>}}C{=}O \longrightarrow C_6H_5COOH + C_6H_5CH_2O^{\ominus} \rightleftarrows C_6H_5COO^{\ominus} + C_6H_5CH_2OH$$

Führt man eine «gekreuzte» Cannizzaro-Reaktion mit *Formaldehyd* und beispielsweise Benzaldehyd aus, so wird Formaldehyd zu Ameisensäure oxidiert, weil er gegenüber Nucleophilen reaktionsfähiger ist und dadurch schnell eine hohe Konzentration des hydridionen-spendenden Anions entsteht:

$$CH_2{=}O \xrightarrow{OH^{\ominus}} \overset{\overset{|\bar{O}|^{\ominus}}{|}}{\underset{\underset{OH}{|}}{C}}H{-}H + \overset{R}{\underset{H}{>}}C{=}O \longrightarrow HCOOH + RCH_2O^{\ominus} \rightleftarrows HCOO^{\ominus} + RCH_2OH$$

Diese Reaktion kann deshalb zur *Reduktion* solcher Aldehyde ausgenützt werden.

Eine verwandte Reaktion ist die *Tischtschenko-Reaktion,* bei der Alkoxid-Ionen als Base benützt werden. Das Oxidationsprodukt ist in diesem Fall nicht die Carbonsäure, sondern ein *Ester:*

$$2\ CH_3CHO \xrightarrow{C_2H_5O^{\ominus}Na^{\oplus}} CH_3COOC_2H_5$$

Wahrscheinlich verläuft diese Reaktion prinzipiell gleich wie die Cannizzaro-Reaktion unter Hydrid-Verschiebung, nur erfolgt hier zuerst die Addition des Alkoxid-Ions an den Aldehyd:

$$CH_3{-}C\overset{\nearrow O}{\underset{\searrow H}{}} + C_2H_5O^{\ominus} \longrightarrow CH_3{-}\overset{\overset{|\bar{O}|^{\ominus}}{|}}{\underset{\underset{OC_2H_5}{|}}{C}}H + \overset{\overset{O}{\|}}{\underset{\underset{H}{|}}{C}}{-}CH_3 \longrightarrow CH_3{-}\overset{\overset{\bar{O}}{\|}}{\underset{\underset{OC_2H_5}{|}}{C}} + H{-}\overset{\overset{|\bar{O}|^{\ominus}}{|}}{\underset{\underset{H}{|}}{C}}{-}CH_3$$

Essigester wird auf diese Weise technisch aus Acetaldehyd hergestellt.

Die *Meerwein-Ponndorf-Reaktion* entspricht genau der Umkehrung der Oppenauer-Oxidation, verläuft also nach demselben Mechanismus (S. 783). Um das Gleichgewicht auf die gewünschte Seite zu verschieben, erhitzt man die Carbonylverbindung direkt mit Aluminiumisopropylat und destilliert das Aceton (das von allen Reaktionsteilnehmern den niedrigsten Siedepunkt besitzt) kontinuierlich ab. Auch diese Reaktion ist *sehr spezifisch* für Aldehyde und Ketone; insbesondere werden Doppel- und Dreifachbindungen nicht angegriffen.

Elektronenübertragende Reagenzien wie z.B. Natrium in Isopropylalkohol sind häufig weniger selektiv als $NaBH_4$, $LiAlH_4$ oder die Meerwein-Ponndorf-Reduktion, d.h. reduzieren eine allfällig vorhandene Doppelbindung ebenfalls. Bei einfachen Aldehyden oder Ketonen kann jedoch dieses Verfahren sehr nützlich sein. Als Zwischenstoffe treten *Radikalionen* auf:

$$\overset{R}{\underset{R}{>}}C{=}O \xrightarrow{e^-} \overset{R}{\underset{R}{>}}\overset{\ominus}{\underset{}{C}}{-}\overset{\cdot}{O} \xrightarrow{ROH} \overset{\overset{R}{\diagdown}}{\underset{\underset{R'}{\diagup}}{\underset{H}{}}}C{-}\overset{\cdot}{O} \xrightarrow{e^-} \overset{\overset{R}{\diagdown}}{\underset{\underset{R'}{\diagup}}{\underset{H}{}}}C{-}O^{\ominus}$$

Benzenkerne werden durch Lithium in flüssigem Ammoniak – wenn also kein Alkohol als Protonenspender vorhanden ist – nur langsam angegriffen. Mit diesem Reduktionsmittel lassen sich deshalb α,β-ungesättigte aromatische Carbonylverbindungen selektiv reduzieren:

Enthält ein Keton am α-C-Atom Substituenten, die gute Abgangsgruppen sind, so tritt *Elimination* ein:

Läßt man Ketone mit unedlen Metallen (Mg, Zu, Al) oder ihren Amalgamen ohne gleichzeitige Anwesenheit eines Protonenspenders reagieren, so werden sie zu *Pinakolen (vic-*Glykolen) reduziert, wobei Radikal-Anionen *(«Ketyle»)* als Zwischenstoffe auftreten (S. 739). Die analoge Reaktion von Estern ist die *Acyloin-Kondensation* (S. 605).

Im *technischen Maßstab* werden Carbonylverbindungen meist durch *katalytische Hydrierung* zu Alkoholen reduziert, wobei allerdings oft recht energische Bedingungen erforderlich sind. So erhält man beispielsweise durch Hydrierung von Triglyceriden («Fetten») über Kupferchromit bei 250 °C die entsprechenden Alkohole *(«Fettalkohole»),* die zur Herstellung von Detergentien benötigt werden.

17.11 Reduktion von Carbonsäuren und ihren Derivaten

Während bis 1947 (dem Zeitpunkt der Einführung komplexer Metallhydride als Reduktionsmittel) nur relativ wenige und zudem recht wenig selektive Methoden zur Reduktion von Carbonsäuren und ihren Derivaten zur Verfügung standen, kennt man heute zahlreiche verschiedenartige Möglichkeiten für solche Reduktionen, so daß Carbonsäuren und Carbonsäurederivate (Acylhalogenide, Ester u.a.) zu wichtigen Ausgangsstoffen zur Gewinnung von Verbindungen in niedrigeren Oxidationsstufen geworden sind.

Reduktion zum Alkohol oder zum Amin. *Carbonsäuren* und ihre *Derivate* können mit $LiAlH_4$ zum Alkohol oder Amin reduziert werden. Die Reaktionen verlaufen nach folgenden Mechanismen:

$$R-\underset{\underset{O}{\|}}{\overset{\overset{\ominus}{H-AlH_3}}{C}}-X \quad \rightarrow \quad R-\underset{\underset{O\ominus}{|}}{CH}-X \quad \xrightarrow{-X^\ominus} \quad R-CH=O \quad \xrightarrow{LiAlH_4} \quad R-CH_2OH \quad (1)$$

$$R-\underset{\underset{O}{\|}}{\overset{\overset{\ominus}{H-AlH_3}}{C}}-NR_2' \quad \rightarrow \quad R-\underset{\underset{O-AlH_3}{\overset{\ominus}{}}}{CH}-NR_2' \quad \rightarrow \quad R-CH=\overset{\oplus}{N}R_2' \quad \xrightarrow{LiAlH_4} \quad R-CH_2-NR_2' \quad (2)$$

$$R-\overset{\overset{\ominus}{H-AlH_3}}{C}\equiv N \quad \rightarrow \quad R-CH=\overset{\ominus}{N}-AlH_3 \quad \xrightarrow{LiAlH_4} \quad R-CH_2-\underset{\underset{AlH_3}{\ominus}}{\overset{\overset{\ominus}{AlH_3}}{N}} \quad \xrightarrow{H_2O} \quad R-CH_2-NH_2 \quad (3)$$

Die Reduktionen (1) und (2) sind normale S_N2_t-Reaktionen, die nach dem Additions-Eliminations-Mechanismus verlaufen und bei welchen ein $H^\ominus$-Ion als Nucleophil wirkt. Bei der Reaktion (2) wird aber nicht der Substituent X, sondern das Carbonyl-O-Atom verdrängt, weil die $-NR_2'$-Gruppe eine schlechtere Abgangsgruppe ist als z. B. $-OH$ oder $-Cl$. Als *Beispiele* dienen die folgenden Reaktionen:

$$(CH_3)_3C-COOH \xrightarrow{LiAlH_4} (CH_3)_3C-CH_2OH$$

$$C_6H_5CH_2COOEt \xrightarrow{LiAlH_4} C_6H_5CH_2CH_2OH$$

Carbonsäuren lassen sich auch mit BH_3 in THF zu Alkoholen reduzieren. Die Addition an die Carbonylgruppe erfolgt sogar rascher als die Reaktion mit einer allfällig vorhandenen Doppelbindung. Es entsteht dabei zuerst ein Acyloxyboran, das anschließend eine Umlagerung erfährt, wobei die Carbonylgruppe reduziert wird:

$$R-C\overset{O}{\underset{OH}{}} \xrightarrow{\underset{THF}{BH_3}} R-C\overset{O}{\underset{OBH_2}{}} \xrightarrow{Umlagerung} R-CH_2-OBO \xrightarrow{H_2O, H^\oplus} RCH_2OH + H_3BO_3$$

Ester können auch nach *Bouveault/Blanc* durch *Natrium und Ethanol* reduziert werden. Die Reduktion nach Bouveault-Blanc ist heute aber durch die Reaktion mit $LiAlH_4$ weitgehend verdrängt worden.

Säurechloride lassen sich auch mit $NaBH_4$ (in Diglyme) zum Alkohol reduzieren. Carboxyl-, Ester- und Amid-Gruppen sowie Doppel- und Dreifachbindungen werden durch $NaBH_4$ nicht angegriffen, während $-CHO$- und $>C=O$-Gruppen reduziert werden. *Nitrile* schließlich lassen sich auch katalytisch zum Amin hydrieren; in Abwesenheit von Ammoniak erhält man jedoch beträchtliche Mengen sekundärer Amine, weil das gebildete primäre Amin an den bei der Hydrierung auftretenden Zwischenstoff, das Imin, addiert werden kann:

$$R-C\equiv N \xrightarrow{\text{H}_2/\text{Ni}} R-CH=NH \xrightarrow{\text{H}_2/\text{Ni}} R-CH_2-NH_2$$

$$\begin{array}{c} R-CH=NH \\ R-CH_2-\overset{-}{N}H_2 \end{array} \rightarrow \begin{array}{c} R-\overset{|}{C}H-NH_2 \\ R-CH_2-NH \end{array} \xrightarrow{-NH_3} \begin{array}{c} R-CH \\ \parallel \\ R-CH_2-N \end{array} \xrightarrow{\text{H}_2} \begin{array}{c} R-CH_2 \\ | \\ R-CH_2-NH \end{array}$$

Führt man die Hydrierung mit Raney-Nickel in flüssigem Ammoniak und unter Überdruck aus, so fungiert NH_3 als Nucleophil an Stelle des primären Amins, und die Ausbeuten werden recht hoch.

Bereits erwähnt wurde die *katalytische Reduktion* von Estern über Kupferchromit (S. 802) welche auch die entsprechenden Alkohole liefert.

Reduktion zum Aldehyd. Die Überführung von Carbonsäuren oder ihrer Derivate in Aldehyde ist präparativ recht wichtig, da einerseits Säuren relativ leicht zugänglich sind, Aldehyde andererseits oft nur schwierig auf andere Weise herzustellen sind. Da die —CHO-Gruppe leicht weiter reduziert wird, sind *möglichst selektive Methoden* erforderlich.

Carbonsäuren selbst können nur durch Lithium in Ethylamin zu Aldehyden reduziert werden. Die Ausbeuten sind meist niedrig. Bessere Ergebnisse erhält man bei der Reduktion von *Estern, Acylhalogeniden, Amiden* und *Nitrilen*. Zur Überführung eines *Esters* in den entsprechenden Aldehyd kann man nach McFadyn und Stevens den Ester zuerst in das Hydrazid umwandeln, dieses mit Benzensulfonylchlorid behandeln und das Produkt durch basenkatalysierte Hydrolyse spalten. Die Reaktionsfolge ist aber nur für aromatische Aldehyde brauchbar, und zudem sind die Ausbeuten oft nur mäßig hoch.

$$ArCOOEt \xrightarrow[-\text{EtOH}]{\text{N}_2\text{H}_4} ArC\overset{\displaystyle O}{\underset{\displaystyle NHNH_2}{\diagup}} \xrightarrow[-\text{HCl}]{\text{C}_6\text{H}_5\text{SO}_2\text{Cl}} Ar-C\overset{\displaystyle O}{\underset{\displaystyle NHNHSO_2C_6H_5}{\diagup}}$$

$$\downarrow \begin{array}{c} H_2O \\ OH^{\ominus} \end{array}$$

$$Ar-C\overset{\displaystyle O}{\underset{\displaystyle H}{\diagup}} + N_2 + C_6H_5SO_3H$$

Eine bekannte Methode zur Reduktion von *Säurechloriden* ist die katalytische Hydrierung unter Verwendung von Pd als Katalysator (auf $BaSO_4$ oder Aktivkohle), die sogenannte *Rosenmund-Reaktion:*

$$R-C\overset{\displaystyle O}{\underset{\displaystyle Cl}{\diagup}} \xrightarrow{\text{H}_2/\text{Pd}} R-C\overset{\displaystyle O}{\underset{\displaystyle H}{\diagup}} + HCl$$

Um die Weiterreaktion des Aldehyds zu vermeiden, muß die Temperatur so niedrig wie möglich gehalten werden. Gewöhnlich führt man die Reduktion in siedendem Toluen oder Xylen durch; sie kann dadurch messend verfolgt werden, daß man den entstandenen

Chlorwasserstoff in Standard-Base auffängt. Oft ist es zweckmäßig, einen durch Schwefel etwas vergifteten Katalysator zu verwenden. Die Ausbeuten sind recht gut, auch bei sterisch gehinderten Verbindungen, wie z. B. bei Mesitylencarbonsäurechlorid:

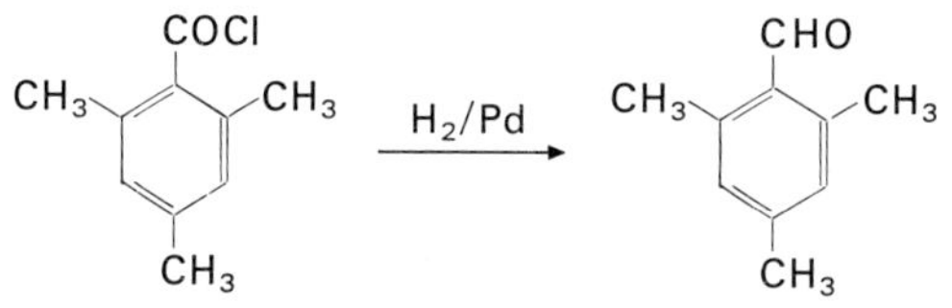

Lithium-tri-tert. butoxyaluminiumhydrid, $Li[(t-BuO)_3AlH]$, (das aus $LiAlH_4$ und tert. Butylalkohol in Ether erhalten werden kann) ist ein zur Reduktion von Acylhalogeniden zu Aldehyden ebenfalls sehr gut geeignetes Reduktionsmittel. Man arbeitet in einer Lösung von Diglyme bei $-78\,°C$; dieses Reagens hat gegenüber der katalytischen Hydrierung den Vorteil, daß Nitro-, Cyano- und Ester-Gruppen nicht angegriffen werden.
Eine weitere Möglichkeit zur Überführung von *Säurehalogeniden* in Aldehyde besteht darin, daß man das Halogenid zuerst in ein Aziridin-Derivat überführt. Dadurch wird das tetraedrisch gebaute Zwischenprodukt stabilisiert, d. h. die anschließende Elimination wird verhindert, weil sonst ein stark gespanntes Ringsystem entstehen würde. Das Zwischenprodukt ist deshalb gegen eine weitere Reduktion inert. Durch Hydrolyse entsteht der Aldehyd:

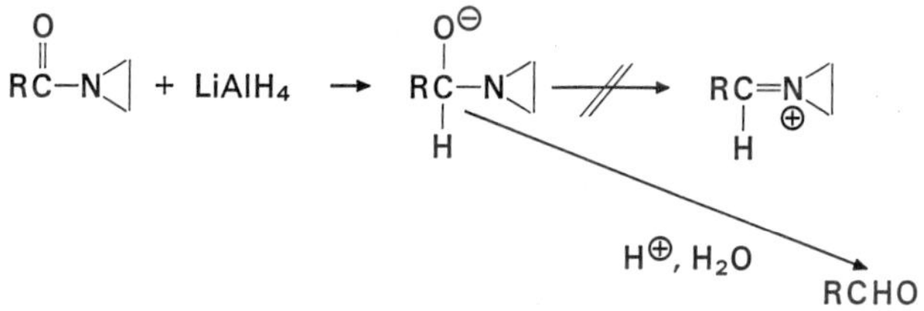

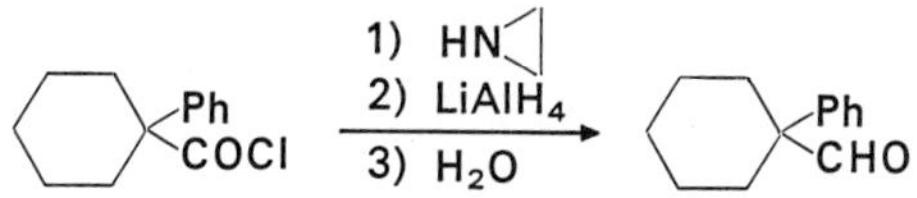

Um *Amide* zu Aldehyden zu reduzieren, kann man ein Anilid oder Toluidid durch PCl_5 zuerst in ein Imidchlorid überführen. Dieses wird mit $SnCl_2$ zum Imin reduziert; den Aldehyd erhält man anschließend durch Hydrolyse. Da aliphatische Imidchloride unstabil sind, ist auch diese Reaktionsfolge *nur zur Gewinnung aromatischer Aldehyde* geeignet.

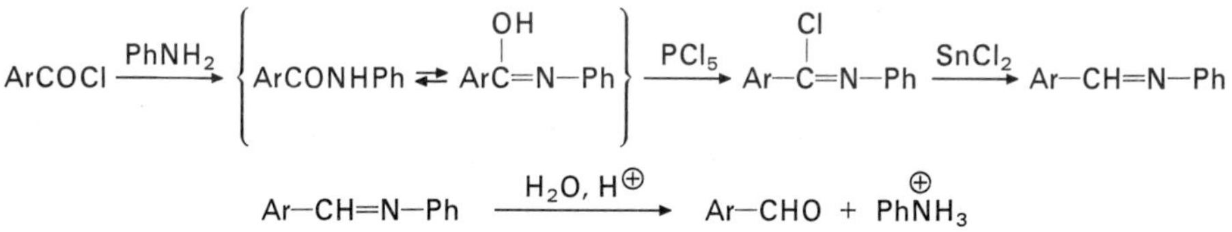

Wichtig ist die Umwandlung des Anilids in das Imidchlorid, die über die Enolform verläuft. $LiAlH_4$ reduziert *disubstituierte Amide* zu Aldehyden, vorausgesetzt, daß die Reaktionstemperatur niedrig gehalten werden kann:

$$R-\overset{\displaystyle\overset{\ominus}{H-AlH_3}}{\underset{\displaystyle O}{\overset{\Vert}{C}}-NR_2'} \longrightarrow R-\underset{\displaystyle O^{\ominus}}{CH}-NR_2' \xrightarrow{H_2O} \left(R-CH\overset{\displaystyle NR_2'}{\underset{\displaystyle OH}{<}}\right) \longrightarrow R-CHO + HNR_2'$$

Um entsprechende Ausgangsstoffe zu bekommen, setzt man gewöhnlich ein Acylhalogenid mit N-Methylanilin um.

Nitrile schließlich lassen sich ebenfalls zu Aldehyden reduzieren, wenn man sie zu einer Suspension von $SnCl_2$ in Ether, die mit Chlorwasserstoff gesättigt ist, hinzugibt. Die Reduktion verläuft gemäß folgendem Mechanismus (bei Raumtemperatur):

$$R-C\equiv N \xrightarrow{HCl} \left[R-C\overset{\displaystyle Cl}{\underset{\displaystyle NH}{<}}\right] \xrightarrow{SnCl_2,\, H^{\oplus}} \left[R-CH=NH\right] \xrightarrow{H_2O} R-CHO$$

Auch durch Einwirkung von Lithium-tri-ethoxyaluminiumhydrid, $Li(EtO)_3AlH$, auf Nitrile lassen sich Aldehyde gewinnen. Beide Reaktionswege bieten eine Möglichkeit zur Überführung von Carbonsäuren in den Aldehyd, wenn man die katalytische Hydrierung umgehen will.

17.12 Reduktion stickstoffhaltiger funktioneller Gruppen

Reduktion von Nitroverbindungen. Die Reduktion *aliphatischer* Nitroverbindungen ist von geringer präparativer Bedeutung, da die Aminogruppe (oder auch andere funktionelle Gruppen mit Stickstoff in niedrigeren Oxidationsstufen) leicht auf verschiedenen anderen Wegen in ein Molekül eingeführt werden können. Hingegen ist die *Reduktion aromatischer Nitrogruppen* sowohl für die *Technik* wie für die *Laboratoriumspraxis* von *größter Bedeutung,* da einerseits Aromaten leicht nitriert werden können und anderseits die direkte Einführung von Aminogruppen nur dann möglich ist, wenn das Ringsystem für den Angriff eines Nucleophils genügend aktiviert ist (siehe z. B. S. 728). Zudem lassen sich je nach den gewählten Reaktionsbedingungen die verschiedenartigsten Gruppen durch Reduktion von Nitroverbindungen erhalten (Tabelle 17.7).

Trotz der zum Teil sehr großen praktischen Bedeutung dieser Reaktionen sind ihre *Mechanismen noch recht wenig untersucht.* In neutraler bis schwach saurer (mit NH_4Cl gepufferter) Lösung läßt sich *Phenylhydroxylamin* als Reduktionsprodukt fassen. Führt man die Reduktion in alkalischer Lösung und mit schwachen Reduktionsmitteln (Glucose, Natriumarsenit) aus, so entsteht *Azoxybenzen* als Produkt der Reduktion. Seine Bildung erfolgt wahrscheinlich in der Weise, daß sich unter diesen Bedingungen zunächst Nitrosobenzen bildet, welches mit gleichzeitig entstandenem Phenylhydroxylamin zu Azoxybenzen kondensiert:

$$Ar-N=O + Ar-NHOH \longrightarrow Ar-\overset{\displaystyle\oplus}{\underset{\displaystyle O^{\ominus}}{N}}=N-Ar + H_2O$$

Tabelle 17.7. Produkte der Reduktion von Nitrobenzen bei Verwendung verschiedener Reduktionsmittel und verschiedener Reaktionsbedingungen

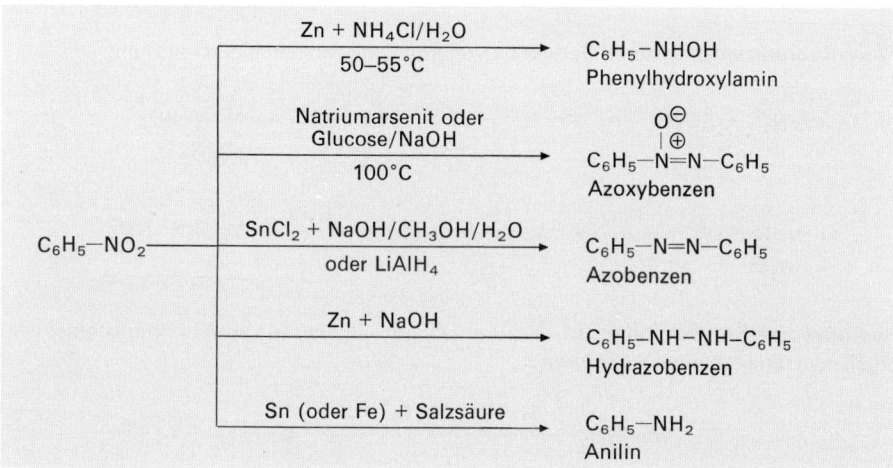

Diese Bildung des Azoxybenzens entspricht formal einer Addition von Phenylhydroxylamin an die Nitrosogruppe, analog etwa der Addition von Derivaten des Ammoniaks an Carbonylgruppen. Die ESR-Spektren zeigen indessen, daß die Reaktion bei Gegenwart einer Base auf eine andere Weise (über freie *Radikale* bzw. *Radikal-Anionen*) abläuft:

$$Ar-NO \ + \ Ar-NHOH \ \xrightarrow{-2H^{\oplus}} \ 2\,Ar-\overset{.}{N}-O^{\ominus}$$

$$2\,Ar-\overset{.}{N}-O^{\ominus} \ \rightarrow \ Ar-\underset{\underset{O^{\ominus}}{|}}{\overset{\overset{O^{\ominus}}{|}}{N}}-N-Ar \ \xrightarrow[-H_2O]{2H^{\oplus}} \ Ar-\underset{\underset{O^{\ominus}}{|}}{\overset{\oplus}{N}}=N-Ar$$

Tatsächlich zeigt die Kupplung von mit ^{15}N-markiertem Phenylhydroxylamin mit Nitrosobenzen, das mit [18]O markiert ist, daß beide N- und O-Atome gleichwertig werden. (Nitrosobenzen kann nicht durch Reduktion von Nitrobenzen erhalten werden, sondern muß durch Oxidation von Phenylhydroxylamin mit $K_2Cr_2O_7$ in H_2SO_4 hergestellt werden.) Verwendet man zur Reduktion von Nitrobenzen stärkere Reduktionsmittel und wird die Reaktion ebenfalls in basischem Milieu ausgeführt, so erhält man *Azobenzen,* wahrscheinlich über Azoxybenzen als Zwischenstufe:

$$2\,Ar-NO_2 \ \xrightarrow[NaOH]{SnCl_2} \ Ar-N=N-Ar$$

Auch $LiAlH_4$ reduziert Nitrobenzen ebenso wie Nitrosobenzen nahezu quantitativ zu Azobenzen. *Hydrazobenzen,* eine weitere Stufe der Reduktion, kann entweder aus Nitrobenzen mit Zink und NaOH oder durch katalytische Hydrierung von Azobenzen erhalten werden. Unter dem Einfluß starker Säuren lagert sich Hydrazobenzen in das zur Gewinnung von Farbstoffen wichtige *Benzidin* um (S. 839):

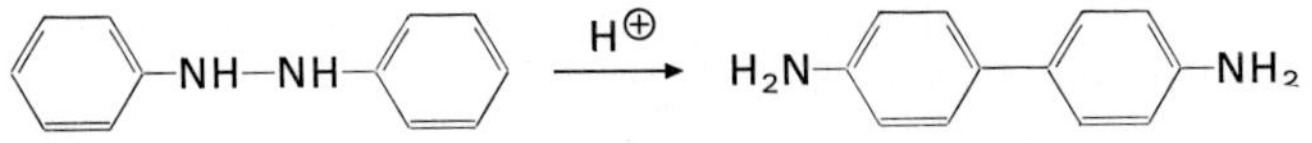

$$\text{\textcircled{$\bigcirc$}}\text{—NH—NH—}\text{\textcircled{$\bigcirc$}} \xrightarrow{H^{\oplus}} H_2N\text{—}\text{\textcircled{$\bigcirc$}}\text{—}\text{\textcircled{$\bigcirc$}}\text{—}NH_2$$

Benzidin

Phenylhydrazin entsteht durch Reduktion von Phenyldiazoniumchlorid mit Sulfit:

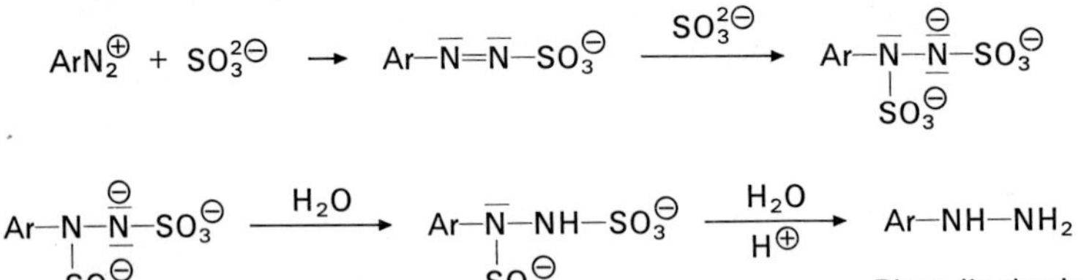

$$ArN_2^{\oplus} + SO_3^{2\ominus} \rightarrow Ar\text{—}\overline{N}{=}\overline{N}\text{—}SO_3^{\ominus} \xrightarrow{SO_3^{2\ominus}} Ar\text{—}\overset{\ominus}{\underset{SO_3^{\ominus}}{\overline{N}}}\text{—}\overline{N}\text{—}SO_3^{\ominus}$$

$$Ar\text{—}\overset{\ominus}{\underset{SO_3^{\ominus}}{\overline{N}}}\text{—}\overline{N}\text{—}SO_3^{\ominus} \xrightarrow{H_2O} Ar\text{—}\underset{SO_3^{\ominus}}{\overline{N}}\text{—}NH\text{—}SO_3^{\ominus} \xrightarrow[H^{\oplus}]{H_2O} Ar\text{—}NH\text{—}NH_2$$

Phenylhydrazin

Reduziert man Nitroverbindungen *in saurer Lösung* mit *Metallen* als Reduktionsmitteln, so erhält man direkt *Aminoverbindungen:*

$$Ar\text{—}NO_2 \xrightarrow{Sn/HCl \text{ oder } Fe/HCl} Ar\text{—}NH_2$$

Zwischenstufen lassen sich unter diesen Bedingungen *nicht isolieren.* Für diese auch industriell sehr wichtige Reaktion ist folgender Mechanismus vorgeschlagen worden:

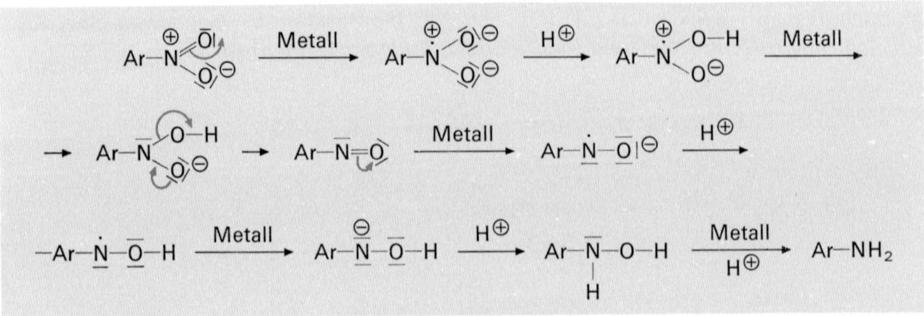

Durch Reduktion mit $SnCl_2$ lassen sich Nitroverbindungen mit einem α-H-Atom auch in *Oxime* überführen:

$$R\text{—}CH_2NO_2 \xrightarrow{SnCl_2} R\text{—}CH{=}NOH$$

Schließlich läßt sich eine *Nitrogruppe* durch Reduktion auch *entfernen;* die Reduktion führt dann zur niedrigsten Oxidationsstufe, dem Kohlenwasserstoff:

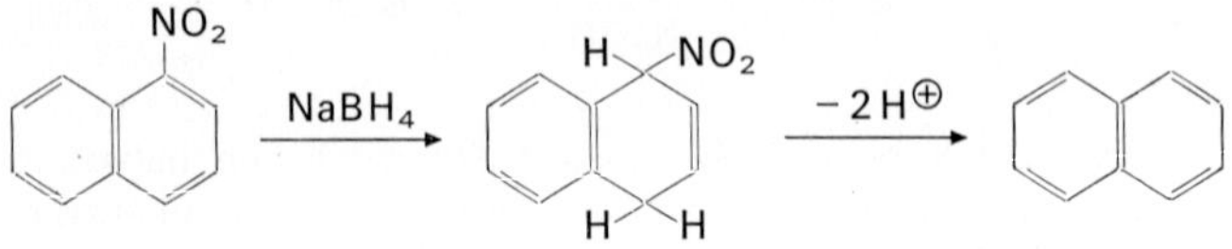

Die Reaktion folgt dann einem *Additions-Eliminations-Mechanismus* (1,4-Addition von $H^{\ominus}$).

Nitroverbindungen können auch elektrolytisch reduziert werden, wobei die Reaktion über folgende Stufen verläuft:

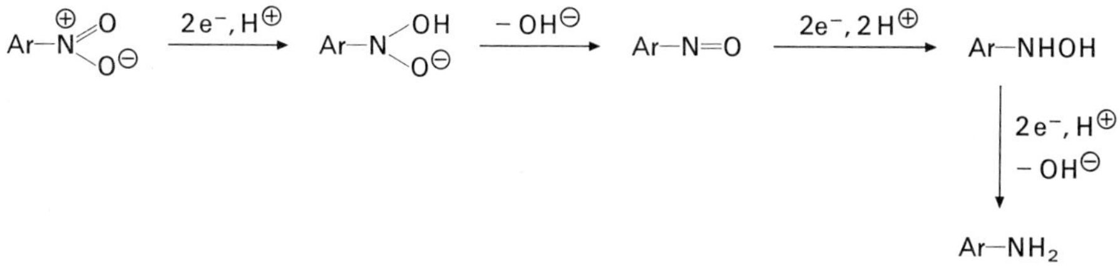

$$Ar-\overset{\oplus}{N}\overset{\diagup O}{\diagdown O_{\ominus}} \xrightarrow{2\,e^-,\,H^\oplus} Ar-N\overset{\diagup OH}{\diagdown O_{\ominus}} \xrightarrow{-\,OH^\ominus} Ar-N=O \xrightarrow{2\,e^-,\,2\,H^\oplus} Ar-NHOH$$

$$Ar-NHOH \xrightarrow[-\,OH^\ominus]{2\,e^-,\,H^\oplus} Ar-NH_2$$

Von allen diesen Reaktionen ist die Überführung der Nitro- in die Aminogruppe für die Laboratoriumspraxis am wichtigsten. Enthält die als Ausgangssubstanz dienende Nitroverbindung weitere reduzierbare Gruppen, so muß das Reduktionsmittel so gewählt werden, daß diese nicht angegriffen werden. Aus diesem Grund ist die Verwendung von Zinn (oder Eisen) und Salzsäure oft ungünstig, da dieses Reduktionsmittel zu wenig selektiv wirkt. Sind keine C—C-Doppel- oder Dreifachbindungen vorhanden, so wird man zweckmäßigerweise die Reduktion durch *katalytische Hydrierung* durchführen:

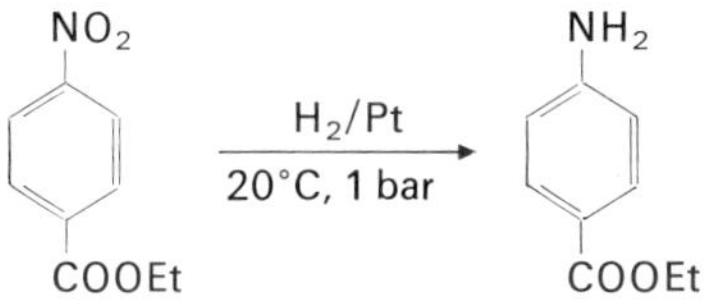

Auch relativ *schwache Elektronenüberträger* ($Fe^{2\oplus}$) lassen sich als Reduktionsmittel verwenden:

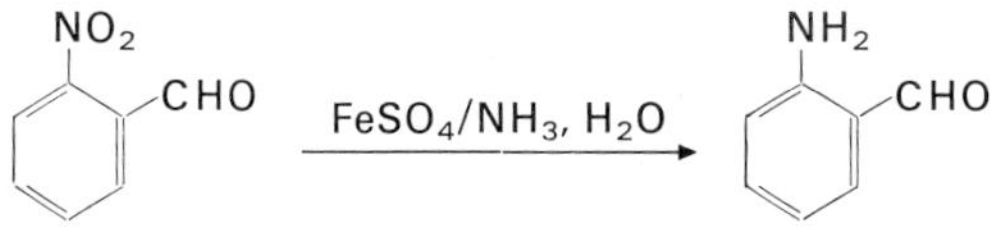

Die *selektive Reduktion* einer *einzigen Nitrogruppe* bei Di- oder Polynitroverbindungen ist mittels *Natriumsulfid* möglich. Auch die *katalytische Hydrierung* (mit Cyclohexen als Wasserstoffspender) führt zum selben Ziel:

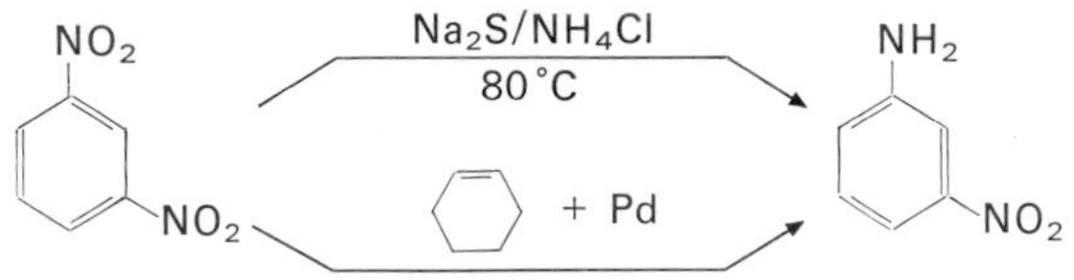

Reduktion von Oximen und Azoverbindungen. *Oxime* lassen sich durch *elektronenübertragende Reagenzien* (Natrium in Ethanol) oder katalytisch mit Wasserstoff zu *Aminen* reduzieren:

$$R-CH=NOH \xrightarrow{\text{Na}/\text{C}_2\text{H}_5\text{OH}} R-CH_2-NH_2$$

Auch LiAlH$_4$ läßt sich für diese Reaktion als Reduktionsmittel verwenden. Die katalytische Hydrierung ergibt stets auch etwas sekundäres Amin als Nebenprodukt (Umlagerung!).
Wie schon erwähnt, lassen sich *Azoverbindungen* durch LiAlH$_4$ in *Hydrazoverbindungen* überführen. Durch Reduktion mit Natriumdithionit («Natriumhyposulfit» Na$_2$S$_2$O$_4$) läßt sich die —N=N-Doppelbindung spalten, so daß *Amine* entstehen. Da Azoverbindungen durch Kupplung mit Diazoniumsalzen leicht zugänglich sind, bietet diese Reaktion in gewissen Fällen eine günstige Möglichkeit zur Einführung von Aminogruppen. *p*-Amino-phenol läßt sich beispielsweise durch nachstehende Reaktionsfolge erhalten:

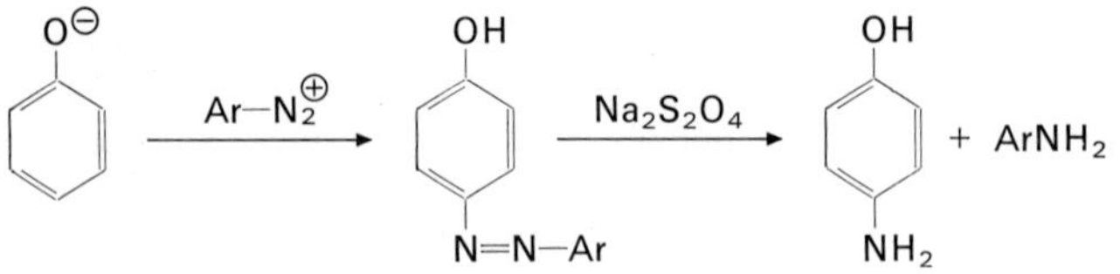

Die Reduktion verläuft möglicherweise nach folgendem Mechanismus:

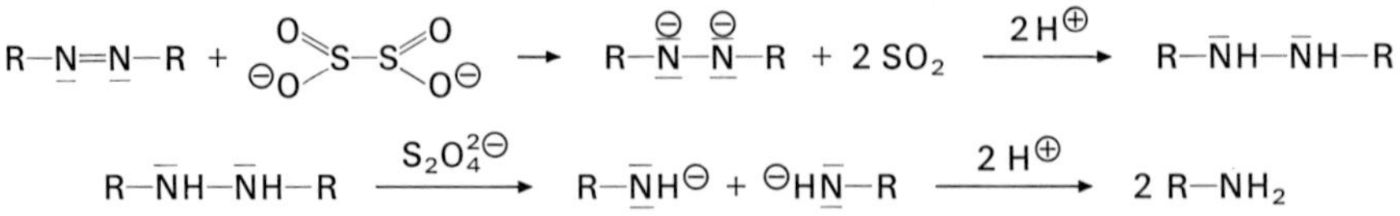

Übungen

17.1   Erklären Sie die Begriffe «Oxidation» und «Reduktion» bei organischen Reaktionen!

17.2   Ordnen Sie folgene Verbindungen nach zunehmendem Oxidationsgrad der funktionellen Gruppen:

CH_3OH
C_2H_4
CH_3CHO
C_3H_8
CH_3CH_2CN
CH_2OHCH_2OH
CH_3COOH

17.3   Geben Sie Beispiele für Reaktionsmechanismen, die bei Oxidations- und Reduktionsreaktionen organischer Verbindungen häufig beobachtet werden!

17.4   Geben Sie Beispiele für technisch durchgeführte Oxidationen von Paraffinkohlenwasserstoffen! Warum sind diese Reaktionen für die Laboratoriumspraxis weniger gut geeignet?

17.5   Stellen Sie die Möglichkeiten zur Oxidation der Methylgruppe in einer Verbindung vom Typus X—CH$_3$ zusammen (X = Acetyl, Phenyl usw.)!

17.6   Wie lassen sich folgende Umwandlungen durchführen:
(a) *p*-Nitrotoluen   →   *p*-Nitrobenzaldehyd bzw. *p*-Nitrobenzoesäure
(b) R—CH=CH$_2$ →   R—CHO bzw. R—CH$_2$OH bzw. R—CH (OH)—CHO
                                              bzw. R—CH (OH)—CH$_3$
(c) R—CH=CH—CH$_2$OH   →   R—CH=CH—CHO
(d) R—CH$_2$—CO—CH$_3$ →   R—CO—CO—CH$_3$

17.7   Nach welchen Methoden lassen sich C=C-Doppelbindungen oxidativ spalten?

17.8   Geben Sie Beispiele von Dehydrierungsreaktionen! Wie lassen sie sich durchführen?

17.9   Wie lassen sich die folgenden Oxidationen ausführen?
(a) Alkylhalogenid →   Aldehyd
(b) oxidative Spaltung einer C=C-Doppelbindung ohne gleichzeitige Oxidation einer ebenfalls im Molekül vorhandenen Aldehydgruppe
(c) Überführung von *p*-Brombenzylamin in *p*-Brombenzaldehyd
(d) Glykolspaltung durch Oxidation

17.10   Wie verlaufen folgende Reaktionen:
(a) Oxidation von Isopropanol zu Aceton mit K$_2$Cr$_2$O$_7$/H$_2$SO$_4$
(b) Dehydrierung eines Cycloaliphaten mit Chloranil
(c) Chlorierung von Ethanol mit Cl$_2$
(d) Oppenauer-Oxidation
(e) Oxidation von Ketonen

17.11   Charakterisieren Sie die Bedeutung und den Verwendungszweck folgender Oxidationsmittel:
SeO$_2$
Blei(IV)-acetat
Chloranil
p-Nitrosodimethylanilin
MnO$_2$

17.12   Erklären Sie folgende «Namen-Reaktionen» (Verwendung, Ablauf):
Lemieux-Reaktion
Oppenauer-Reaktion
Barbier-Wieland-Abbau
Kröhnke-Reaktion
Baeyer-Villiger-Umlagerung
Clemmensen-Reduktion
Cannizzaro-Reaktion
Sommelet-Reaktion

17.13   Formulieren Sie die Gleichungen für folgende Reaktionen und geben Sie falls nötig die entsprechenden Reaktionsbedingungen an:
(a) *p*-Xylen + KMnO$_4$
(b) Glycerol + Periodsäure
(c) Acetophenon + SeO$_2$
(d) Diphenylmethan + SeO$_2$
(e) 1-Brom-2-buten + SeO$_2$
(f) Propylenglykol + Blei(IV)-acetat

17.14   Wie lassen sich Verbindungen mit konjugierten bzw. isolierten Doppelbindungen sowie Aromaten hydrieren?

17.15   Definieren Sie folgende Ausdrücke:
Hydrierung
Hydrolyse
Hydration
Hydrogenolyse

17.16   Formulieren Sie die Gleichungen für die Reaktionen, welche zwischen folgenden
Substanzen unter den angegebenen Bedingungen eintreten:
(a) 3-Butenal, 1 mol H_2, Ni
(b) Crotonaldehyd, Na/Alkohol
(c) Isovaleroylchlorid, Überschuß an H_2, Pd
(d) Cyclohexancarbonylchlorid, 1 mol H_2, vergiftetes Pd
(e) Benzophenon, H_2-Überschuß, Ni/200°C, 200 bar

17.17   Wie lassen sich die folgenden Umwandlungen durchführen:
(a) $R-CH=CH_2$ → $R-CH_2-CH_2OH$
(b) $R-C\equiv CH$ → $R-CO-CH_3$
(c) $R-C\equiv C-R$ →   *cis-* bzw. *trans-*Alken
(d) $C_6H_5-CH=CH-COOH$ → $C_6H_5-CH_2-CH_2COOH$
                                   bzw. $C_6H_5-CH=CH-CH_2OH$
                                   bzw. $C_6H_5-CH=CH-CHO$

(e) *m*-Nitrobenzaldehyd   →   *m*-Nitrobenzylalkohol

17.18   Wie lassen sich folgende Reduktionen durchführen:
(a) $C_6H_5-CH=CH-CO-CH_3$ → $C_6H_5-CH_2-CH_2-CO-CH_3$
(b) $CH_3-CH=CH-CHO$ → $CH_3-CH=CH-CH_2OH$
(c) $(CH_3)_3C-COCl$ →   Neopentylalkohol

17.19   Erklären Sie folgende Reaktionen!
(a) *trans*-Hydrierung von Alkinen
(b) Ablauf der Cannizzaro-Reaktion
(c) Ablauf der Wolff-Kishner-Reaktion

17.20   Stellen Sie die Möglichkeiten zur Durchführung folgender Umwandlungen zusammen:
(a) Dehydrierung alizyklischer Verbindungen
(b) Reduktion von Ketonen zu Alkoholen bzw. Kohlenwasserstoffen
(c) Reduktion von Carbonsäuren zu Aldehyden bzw. Alkoholen

17.21   Wie lassen sich Nitroverbindungen zu Azoverbindungen reduzieren? Wie kann *p*-Dinitrobenzen zu *p*-Nitranilin reduziert werden?

17.22   Welche Produkte lassen sich durch Reduktion aus *p*-Nitrotoluen erhalten:
(a) in alkalischer Lösung
(b) in saurer Lösung
(c) elektrolytisch

17.23   Wie reagiert Allylalkohol mit $K_2Cr_2O_7/H_2SO_4$ bzw. mit $KMnO_4$?

17.24   Wie reagiert $LiAlH_4$ mit folgenden Substanzen:
(a) *n*-Butylbromid
(b) Crotonaldehyd
(c) *p*-Nitroacetophenon
(d) Isobutyronitril
(e) Terephthalsäurediethylester

17.25   Wie werden folgende Substanzen technisch hergestellt:
Phthalsäureanhydrid
Anthrachinon
Formaldehyd
Chloral

17.26   Geben Sie eine Möglichkeit zur Synthese folgender Substanzen an:
    (a) 2-Cyclohexenon
    (b) Phenylbenzylketon
    (c) Diacetyl
    (d) *p*-Aminobenzoesäure aus *p*-Toluidin
    (e) *p*-Dimethylaminobenzaldehyd aus *p*-Toluidin
    (f) Nitrosobenzen
    (g) *p*-Dinitrobenzen
    (h) 2,4-Diaminobenzaldehyd aus Toluen
    (i) $(CH_3)_2C$——$C(CH_3)_2$ aus Aceton

                OH OH

    (k) β-Phenylethylalkohol
    (l) *m*-Hydroxyphenylhydroxylamin
    (m) *p,p'*-Dimethylazobenzen

18 Umlagerungen

Bei der großen Mehrzahl der organischen Reaktionen bleibt das Molekülgerüst der Reaktanten im wesentlichen unverändert, und nur die betreffenden funktionellen Gruppen nehmen an der Reaktion teil. Diese *«Regel von der kleinsten strukturellen Änderung»* bildet die Grundlage unseres Verständnisses und unserer Kenntnisse des Verhaltens und der Reaktionen organischer Verbindungen, denn andernfalls wäre die Vielfalt viel zu groß und unübersichtlich, um systematisch Verbindungen auf- und abbauen sowie ineinander umwandeln zu können. Nun gibt es aber – wie wir an verschiedenen Stellen schon gesehen haben – auch Reaktionen, bei welchen *Umlagerungen* des *Molekülgerüstes* eintreten und die auf diese Weise zu Verbindungen führen, deren Struktur auf den ersten Blick unerwartet ist und anscheinend in keinem Zusammenhang mit der Struktur der Reaktanten steht. Umlagerungen können deshalb zu (unerwünschten) *Nebenprodukten* führen; häufig lassen sich aber bestimmte Verbindungstypen durch in ihrem Verlauf bekannte und zu überblickende Umlagerungen *gezielt* herstellen, Verbindungen, die auf andere Weise nur schwierig oder überhaupt nicht gewonnen werden können. In den bisher behandelten Kapiteln über organische Reaktionen war verschiedentlich von Umlagerungen die Rede, die als Konkurrenzreaktionen zu anderen Vorgängen auftreten können, wobei meist auch schon die Erklärung dafür, daß überhaupt eine Umlagerung möglich ist, gegeben wurde. In diesem Kapitel – dem letzten, das den organischen Reaktionen gewidmet ist – sollen einige wichtige Typen von Umlagerungsreaktionen zusammengestellt werden, wobei jeweils auch auf die Anwendung derartiger Reaktionen in der präparativen Praxis hingewiesen wird. Untersuchungen über den Ablauf von Umlagerungen und der erforderlichen Reaktionsbedingungen gehören zu den *aktuellsten Arbeitsgebieten* der organischen Chemie, und es ist zu erwarten, daß man in den nächsten Jahren gerade auf diesem Gebiet noch zu zahlreichen neuen und überraschenden Erkenntnissen gelangen wird.

18.1 Allgemeines

Viele Umlagerungsreaktionen verlaufen *schrittweise,* wobei sich im gesamten ein Atom oder eine Atomgruppe von einem zu einem anderen Atom desselben Moleküls verschiebt. Am häufigsten treten sogenannte *1,2-Verschiebungen* auf, d.h. Wanderungen der Gruppe von einem Atom zu einem *Nachbaratom:*

$$\begin{matrix} & W & & & & W \\ & | & & & & | \\ -A&-&B- & \longrightarrow & -A&-&B- \\ | & & | & & | & & | \end{matrix}$$

Es lassen sich dabei grob gesprochen folgende Typen von Umlagerungen unterscheiden:

(a) Die umgelagerte Gruppe W wandert mit dem ursprünglichen Bindungselektronenpaar. Das Nachbaratom B muß dann ein Elektronensextett besitzen, damit es die neue Bindung zur Gruppe W bilden kann. Man bezeichnet solche Reaktionen als **aniono-trope** oder **«Sextett-Umlagerungen»**.

(b) Das Bindungselektronenpaar der A—W-Bindung verbleibt beim Atom A; die Gruppe W wandert als Kation und wird von einem freien Elektronenpaar des Atoms B gebunden: **kationotrope** (oder im Fall der Verschiebung eines Protons) **prototrope Umlagerungen**.

(c) Wandert die Gruppe W zusammen mit einem einzelnen Elektron (die A—W-Bindung wird dann homolytisch getrennt), so liegt eine Radikalumlagerung vor. Diese Art Umlagerung ist verhältnismäßig selten und wird hier nicht weiter betrachtet.

Die große Mehrzahl aller Umlagerungsreaktionen gehört zur Gruppe der anionotropen Umlagerungen. Das an A gebundene wandernde Atom kann ein Halogenatom, ein O-, S-, N-, C- oder H-Atom sein. Weil das Atom B (sofern es sich um ein Atom der ersten Periode handelt) nur ein Elektronensextett besitzen darf, verläuft die *ganze Umlagerungsreaktion* im Prinzip *in drei Schritten,* von denen nur der zweite die eigentliche Umlagerungsreaktion darstellt: Schaffung des Elektronensextetts bei B durch Abtrennung einer nucleophilen Abgangsgruppe, Wanderung der Gruppe W von A zu B, und Reaktion des Atoms A mit einem Nucleophil, so daß das dort vorübergehend auftretende Elektronensextett wieder verschwindet. Als Beispiel diene die *Neopentylumlagerung:*

$$CH_3-\underset{\underset{CH_3}{|}}{\overset{\overset{CH_3}{|}}{C}}-CH_2-Cl \longrightarrow CH_3-\underset{\underset{CH_3}{|}}{\overset{\overset{CH_3}{|}}{C}}-\overset{\oplus}{C}H_2 + Cl^{\ominus} \qquad (1)$$

$$CH_3-\underset{\underset{(CH_3)}{|}}{\overset{\overset{CH_3}{|}}{\overset{\oplus}{C}}}-CH_2 \longrightarrow CH_3-\underset{\underset{\oplus}{}}{\overset{\overset{CH_3}{|}}{C}}-CH_2-CH_3 \qquad (2)$$

$$CH_3-\underset{\underset{\oplus}{}}{\overset{\overset{CH_3}{|}}{C}}-CH_2-CH_3 + H_2O \rightarrow CH_3-\underset{\underset{OH}{|}}{\overset{\overset{CH_3}{|}}{C}}-CH_2-CH_3 + H^{\oplus} \qquad (3)$$

Mechanismen anionotroper Umlagerungen. Bei der Neopentylumlagerung ist die Geschwindigkeit der Solvolyse (die ausschließlich zu umgelagerten Produkten führt) unabhängig von der Konzentration der Base und wächst in dem Maß, wie die Fähigkeit des Lösungsmittels, eine Ionisierung zu ermöglichen, zunimmt. Offensichtlich erfolgt die Bildung des Carbeniumions langsam, die *eigentliche Umlagerung* dagegen *relativ rasch.* Es ist deshalb in solchen Fällen nicht leicht zu entscheiden, ob die ersten beiden (oder eventuell alle drei) Reaktionsschritte wirklich *nacheinander* und nicht mehr oder weniger *synchron* verlaufen. Ist das Atom B ein Chiralitätszentrum und tritt bei der Umlagerung an einem Enantiomer *Racemisierung* der Konfiguration von B ein, so darf man annehmen, daß der erste Schritt etwas vor dem zweiten Schritt eintritt und daß also das Atom B tatsächlich während einer kurzen Zeitspanne ein Elektronensextett besitzt (d. h. im Fall, wo das Atom B ein C-Atom ist, während kurzer Zeit Carbeniumion-Charakter angenommen hat):

$$\underset{A}{-\overset{\overset{\displaystyle W}{|}}{C}-\overset{|}{C}-X}\xrightarrow{-X^{\ominus}}\underset{B}{-\overset{\overset{\displaystyle W}{|}}{C}-\overset{\oplus}{C}-}\longrightarrow\underset{C}{-\overset{\oplus}{C}-\overset{\overset{\displaystyle W}{|}}{C}-}\xrightarrow{+Y^{\ominus}}\underset{D}{Y-\overset{\overset{\displaystyle W}{|}}{C}-\overset{|}{C}-}$$

In bezug auf das β-C-Atom ist dies eine *S_N1-Reaktion.* – Die umgelagerte Gruppe W verläßt aber das Molekül nie vollständig, so daß während einer bestimmten (sehr kurzen oder eventuell auch längeren) Zeit die wandernde Gruppe vom α- und vom β-C-Atom gleich weit entfernt ist und zwischen den Stadien B und C als *aktivierter Komplex* oder *Zwischenstoff* ein brückenartiges Gebilde (1) auftreten muß:

$$-\overset{\overset{\displaystyle W}{|}}{C}-\overset{\oplus}{C}- \longrightarrow -C\overset{\overset{\displaystyle W}{\diagup\ \ \diagdown}}{\underset{\oplus}{}}C- \longrightarrow -\overset{\oplus}{C}-\overset{\overset{\displaystyle W}{|}}{C}-$$

$$(1)$$

Tritt aber am β-C-Atom *Konfigurationsumkehr* ein, so verlaufen die beiden ersten Schritte (A → B und B → C) wahrscheinlich synchron, d.h., es tritt *kein Carbeniumion als Zwischenprodukt* auf, und der Prozeß als Ganzes gleicht einer *S_N2-Reaktion:*

$$-\overset{\overset{\displaystyle W}{|}}{C}-\overset{|}{C}-X \longrightarrow -C\overset{\overset{\displaystyle W}{\diagup\ \ \diagdown}}{\underset{\oplus}{}}C- \longrightarrow -\overset{\oplus}{C}-\overset{\overset{\displaystyle W}{|}}{C}- \longrightarrow Y-\overset{\overset{\displaystyle W}{|}}{C}-\overset{|}{C}-$$

$$(1)$$

Weil die umgelagerte Gruppe W hier gewissermaßen «mithilft», die Abgangsgruppe X vom Molekül abzutrennen, spricht man auch hier – ebenso wie bei S_N-Reaktionen (S. 432) – von «*Nachbargruppeneffekten*». Im Gegensatz zur Umlagerung bleibt bei einer Substitution die Nachbargruppe W aber während der ganzen Reaktion an das α-C-Atom gebunden, und die W—C-Bindung wird nicht getrennt.

Nach Cram tritt der S_N1-ähnliche Ablauf dann auf, wenn das β-C-Atom ein tertiäres C-Atom ist oder neben einem Aryl- mindestens einen weiteren Aryl- oder Alkylsubstituenten trägt, denn in diesem Fall kann sich durch Austritt der Abgangsgruppe ein relativ stabiles Carbeniumion bilden. In allen übrigen Fällen – und sie sind die Mehrzahl! – ist aber der S_N2-ähnliche Ablauf – Austritt der Abgangsgruppe und Umlagerung synchron – wahrscheinlicher.

Ob (1) einen *Zwischenstoff* oder *einen aktivierten Komplex* darstellt, ist hingegen bedeutend *weniger einfach zu entscheiden.* Während im Fall eines wandernden O-, N-, S- oder Halogenatoms ohne weiteres ein Zwischenstoff mit einem Dreiring auftreten kann, und bei Arylsubstituenten als umgelagerten Gruppen ebenfalls ein (mesomeriestabilisiertes, nichtklassisches) Phenonium-Ion als Zwischenstoff möglich ist, kann ein umgelagertes Alkyl-C-Atom nicht sowohl drei Substituenten binden als auch noch je eine σ-Bindung zum α- und zum β-C-Atom bilden. Trotzdem ist es denkbar, daß solche Systeme mit einem «Cyclopropanring» während einer kurzen Zeitspanne existieren und damit den Charakter eines Zwischenstoffes besitzen, wenn darin *Dreizentren-MO* gebildet werden, wie sie auch in anderen Carboniumionen ($CH_5^{\oplus}$, «nicht-klassische» Ionen, vgl. S. 78) und im dimeren Aluminium- oder Berylliumdimethyl auftreten.

$$
\begin{array}{c}
\text{H}\quad\overset{\text{H}}{|}\quad\text{H} \\
\underset{\underset{\text{H}}{|}}{\overset{|}{\text{C}}} \\
\text{CH}_3\!-\!\text{Be}\qquad\text{Be}\!-\!\text{CH}_3 \\
\text{C} \\
\text{H}\ \underset{\text{H}}{|}\ \text{H}
\end{array}
\qquad\qquad
\begin{array}{c}
\text{H}\diagdown\ \text{C}\diagup \\
\overset{\oplus}{-\text{C}\quad\text{C}-} \\
|\qquad| \\
(2)
\end{array}
$$

Häufig werden solche Zwischenstoffe auch als *«protoniertes Cyclopropan»* (2) formuliert, wobei die genaue Lokalisierung eines Protons unbestimmt ist.

Ein Beispiel einer Reaktion, bei welcher höchstwahrscheinlich ein *protoniertes Cyclopropan* als *Zwischenstoff* (nicht als aktivierter Komplex) auftritt, ist die Umlagerung bei der Reaktion von *threo*-3-Phenyl-2-butylamin mit HNO_2 (in Essigsäure gelöst). Das zunächst gebildete Diazoniumion verliert N_2 und geht dadurch in ein sekundäres Carbeniumion über, worauf anschließend Umlagerungen durch anionotrope Wanderung der Phenylgruppe, eines Wasserstoffatoms und der Methylgruppe eintreten, so daß lauter Produkte mit umgelagertem C-Gerüst entstehen. Das Produkt (3), welches durch Methylwanderung gebildet wird, ist im Produktgemisch zu ungefähr ⅓ der Gesamtmenge enthalten.

$$
\underset{\underset{\text{CH}_3\ \text{CH}_3}{|\quad\ \ |}}{\text{C}_6\text{H}_5\!-\!\text{CH}\!-\!\text{CH}\!-\!\overset{\oplus}{\text{N}_2}}
\ \longrightarrow\
\underset{\underset{\text{CH}_3}{|}}{\text{C}_6\text{H}_5\!-\!\text{CH}\!-\!\overset{\oplus}{\text{CH}}\!-\!\text{CH}_3}
\ \xrightarrow[\text{ten Komplex (2)}]{\text{über einen aktivier-}}\
\text{C}_6\text{H}_5\!-\!\overset{\oplus}{\text{CH}}\!-\!\text{CH}\diagup\begin{smallmatrix}\text{CH}_3\\ \\ \text{CH}_3\end{smallmatrix}
$$

über einen aktivierten Komplex (2)

$$
\text{C}_6\text{H}_5\!-\!\underset{\text{H}\diagdown\underset{\text{CH}_2}{}}{\overset{\oplus}{\text{CH}}}\!-\!\text{CH}\!-\!\text{CH}_3
$$

$$\downarrow + \text{CH}_3\text{COOH}$$

$$
\text{C}_6\text{H}_5\!-\!\underset{\underset{\text{OOCCH}_3}{|}}{\text{CH}}\!-\!\text{CH}\diagup\begin{smallmatrix}\text{CH}_3\\ \\ \text{CH}_3\end{smallmatrix}
$$

racemisch!
(3)

$$
\underset{\underset{\text{CH}_3\ \text{CH}_3}{|\quad\ \ |}}{\text{C}_6\text{H}_5\!-\!\text{CH}\!-\!\text{CH}\!-\!\text{OOCCH}_3}
\qquad\qquad
\text{C}_6\text{H}_5\!-\!\overset{\overset{\text{OOCCH}_3}{|}}{\text{CH}}\!-\!\text{CH}\diagup\begin{smallmatrix}\text{CH}_3\\ \\ \text{CH}_3\end{smallmatrix}
$$

(4)   optisch aktiv!
              (3)

Wenn die Methyl-Verschiebung über einen aktivierten Komplex der Struktur (2) verläuft, sollte ausschließlich racemisches Produkt (3) entstehen (neben den anderen Produkten der Umlagerungen), da dann die Essigsäure das Carbeniumion (α-C-Atom positiv geladen!) sowohl von «oben» wie von «unten» angreifen kann. Ist (2) aber ein echter Zwischenstoff, so kann die Essigsäure am α- oder am β-C-Atom angreifen; der β-Angriff führt zu (4), während der α-Angriff ebenfalls (3) liefert, wobei aber am α-C-Atom Konfigurationsumkehr eintritt (weil der Angriff aus sterischen Gründen nur von «oben» erfolgt!) und somit optisch aktives (3) entstehen muß[1]. Tatsächlich wurde beobachtet, daß das gesamte Produkt der Struktur (3) zu etwa ⅙ optisch aktiv war. Dies zeigt, daß (2) während einer wenn auch nur kurzen Zeitspanne wirklich existiert hat und somit als *echter Zwischenstoff* aufgefaßt werden muß.

---

[1] Das Auftreten von (4) im Produktgemisch bildet keinen Beweis dafür, daß ein Zwischenstoff mit protoniertem Cyclopropanring gebildet worden ist, denn (4) – das nicht umgelagerte Produkt! – kann auch direkt aus dem durch N_2-Abspaltung entstandenen Carbeniumion gebildet worden sein.

Im Fall der *Neopentylumlagerung* hingegen ist der *einstufige* Ablauf [über einen *aktivierten Komplex* (1)] durch Versuche mit Neopentylbromid, das am C-Atom 1 deuteriert war, wahrscheinlich gemacht worden. Man erhielt nämlich in diesem Fall bei der Solvolyse ausschließlich tert. Amylalkohol mit den Deuterium-Atomen am C-Atom 3 (5), während man auch tert. Amylalkohol mit D-Atomen an C4 erhalten müßte, wenn (2) ein Zwischenstoff wäre, da dann im protonierten Cyclopropanring ebensogut die Bindung zwischen den C-Atomen 2 und 3 getrennt werden könnte:

hypothetisch
(2)

(5)

Verwendet man Neopentylbromid, in welchem das C-Atom 1 als ^{14}C markiert ist, so erhält man ausschließlich tert. Amylalkohol mit markiertem C-Atom 3:

Auch dieser Befund spricht dafür, daß es sich bei (2) um einen aktivierten Komplex und nicht um einen echten Zwischenstoff handelt.

18.2 Wanderungen zu C-Atomen

Damit bei einer anionotropen Umlagerungsreaktion eine Wanderung zu einem C-Atom eintreten kann, muß ein C-Atom mit einem *Elektronensextett,* d. h. ein **Carbeniumion**, gebildet werden. Dies kann auf verschiedene Arten geschehen:

(a) aus einem *Halogenid* durch *Dissoziation* in einem stark polaren Lösungsmittel oder bei Zusatz einer Lewis-Säure ($Ag^{\oplus}$, $HgCl_2$)
(b) aus einem *Alkohol,* der nach Zusatz einer starken Säure ein H_2O-Molekül abspaltet
(c) aus einem *primären Amin* durch Behandlung mit *salpetriger Säure* (wobei sich zuerst ein Diazoniumion bildet, das anschließend N_2 abspaltet)
(d) durch Addition eines $H^{\oplus}$-Ions an ein *Alken*

Kann sich ein auf irgendeine Art und Weise entstandenes *Carbeniumion* durch eine 1,2-Verschiebung eines H-Atoms, einer Alkyl- oder einer Arylgruppe *stabilisieren,* so ist eine *Umlagerung zu erwarten.* Bekannte Beispiele solcher Reaktionen sind die schon kurz besprochenen Wagner-Meerwein- und Pinakol-Umlagerungen (S. 452 und S. 463).

Wagner-Meerwein-Umlagerungen. Behandelt man *Alkohole* mit *Säure,* so wird entweder die *Hydroxylgruppe substituiert* oder es wird (unter Bildung einer C=C-Doppelbindung) *Wasser eliminiert.* Gewisse Alkohole, insbesondere solche, die am α-C-Atom zwei oder drei Alkyl- oder Arylgruppen tragen, liefern dabei vorzugsweise oder ausschließlich *umgelagerte* Produkte. Das Carbeniumion, das durch die Umlagerung entsteht, kann entweder ein Proton verlieren, so daß man ein (umgelagertes) Alken erhält, oder mit einem Nucleophil (am häufigsten Wasser) reagieren, so daß sich ein (umgelagerter) *Alkohol* oder eventuell ein anderes Substitutionsprodukt bildet. Selbstverständlich können Umlagerungen dieses Typus auch dann eintreten, wenn das Carbeniumion nicht aus einem Alkohol, sondern aus einem *Halogenid,* einem *Amin* oder einem *Alken* entstanden ist.

Beispiele:

(1) $(C_6H_5)_3C-CH_2-Br \xrightarrow{\text{Solvolyse}} (C_6H_5)_2\overset{\oplus}{C}-CH_2-C_6H_5 \xrightarrow{-H^\oplus} (C_6H_5)_2C=CH-C_6H_5$
«Neophylbromid»

(2) $(CH_3)_3C-CH_2-Cl \xrightarrow{OH^\ominus} (CH_3)_2C=CH-CH_3$

(3) $CH_3-CH_2-CH_2-Br \xrightarrow{AlBr_3} CH_3-\underset{\underset{Br}{|}}{CH}-CH_3$

Bei den Reaktionen (1) und (2) stabilisiert sich ein primäres Carbeniumion, indem es sich in ein tertiäres Ion umlagert. Im Fall der Reaktion (1) wird diese Umlagerung durch die Bildung eines intermediär auftretenden *Phenoniumions* (S. 434) erleichtert:

$$Ph-\underset{\underset{Ph}{|}}{C}-CH_2-Br \longrightarrow Ph_2C-\!\!-\!\!-CH_2 \longrightarrow Ph_2\overset{\oplus}{C}-CH_2$$

Weil sich hier (an Stelle des protonierten Cyclopropanringes) ein mesomeriestabilisiertes Phenoniumion als Zwischenstoff bilden kann, wandern Arylgruppen bei Umlagerungen ganz besonders leicht. Die Geschwindigkeit der Reaktion (1) ist deshalb bedeutend höher als z.B. die Geschwindigkeit der formal analogen Neopentylumlagerung. Selbstverständlich reagiert das entstandene, tertiäre Carbeniumion weiter; im angegebenen Fall entsteht durch Abspaltung eines Protons ein Alken.

Auch bei der Reaktion (2) stabilisiert sich das durch die Umlagerung – durch Wanderung einer Methylgruppe – entstandene tertiäre Carbeniumion durch Abspaltung eines Protons. Gemäß der Saytzew-Regel entsteht dabei das stabilere, an der Doppelbindung stärker substituierte Alken:

$$CH_3-\underset{\underset{CH_3}{|}}{\overset{\overset{CH_3}{|}}{C}}-\overset{\oplus}{CH_2} \xrightarrow{\text{Umlagerung}} CH_3-\underset{\oplus}{\overset{\overset{CH_3}{|}}{C}}-CH_2CH_3 \longrightarrow CH_3-\overset{\overset{CH_3}{|}}{C}=CH-CH_3$$

$$\xcancel{\searrow}$$

$$CH_2=\overset{\overset{CH_3}{|}}{C}-CH_2-CH_3$$

Das Beispiel (3) zeigt schließlich die Umlagerung eines primären Carbeniumions in ein sekundäres Carbeniumion durch *Hydrid-Verschiebung:*

$$CH_3CH_2CH_2Br + AlBr_3 \longrightarrow CH_3CH_2CH_2^{\oplus} + AlBr_4^{\ominus}$$

$$\downarrow$$

$$CH_3-\overset{\oplus}{C}H-CH_3 + AlBr_4^{\ominus} \longrightarrow CH_3-\underset{\underset{Br}{|}}{C}H-CH_3$$

Diese Reaktion bietet gleichzeitig ein Beispiel dafür, daß anschließend an die Umlagerung ein Nucleophil gebunden und nicht ein $H^{\oplus}$-Ion abgespalten wird.

In gewissem Sinn können Wagner-Meerwein-Umlagerungen auch als *elektrophile Substitutionen am wandernden C-Atom* aufgefaßt werden. Es ist darum zu erwarten, daß diejenigen Atomgruppen am leichtesten verschoben werden, welche durch ein Elektrophil am leichtesten angegriffen werden. Experimente an Pinakolen haben tatsächlich gezeigt, daß die Fähigkeit zur 1,2-Wanderung in folgenden Reihen nach rechts abnimmt:

Ar > Alkyl > H   tert. Butyl > Isopropyl > Ethyl > Methyl > H

$p\text{-}CH_3OC_6H_4 > p\text{-}CH_3C_6H_4 > C_6H_5 > p\text{-}ClC_6H_4$

Wagner-Meerwein-Umlagerungen verlaufen stets *stereospezifisch.* Die wandernde Gruppe nähert sich dabei dem Carbenium-C-Atom von «hinten», d. h. entgegengesetzt zur Richtung, in welcher sich der von diesem C-Atom abgetrennte Substituent wegbewegen muß. Am Sextett-C-Atom tritt somit *Konfigurationsumkehr* ein. Die Stereospezifität von Wagner-Meerwein-Umlagerungen ist insbesondere bei Reaktionen *alizyklischer Ringsysteme* wichtig.

Besonders häufig treten 1,2-Verschiebungen dieser Art bei *Reaktionen bizyklischer Verbindungen* auf. Sehr gut untersucht sind Umlagerungen an Derivaten des Bicyclo[2.2.1] heptans («Norbornans») und an α- bzw. β-Pinen.

Bicyclo[2.2.1]heptan α-Pinen β-Pinen
(Norbornan)

Als *Beispiele* mögen die beiden folgenden Reaktionen erwähnt werden:

(1) Behandelt man α- oder β-Pinen bei Temperaturen oberhalb 0°C mit HCl, so entsteht Bornylchlorid, das an Stelle einer 1,3-Brücke eine 1,4-Brücke (wie das Norbornan) besitzt.

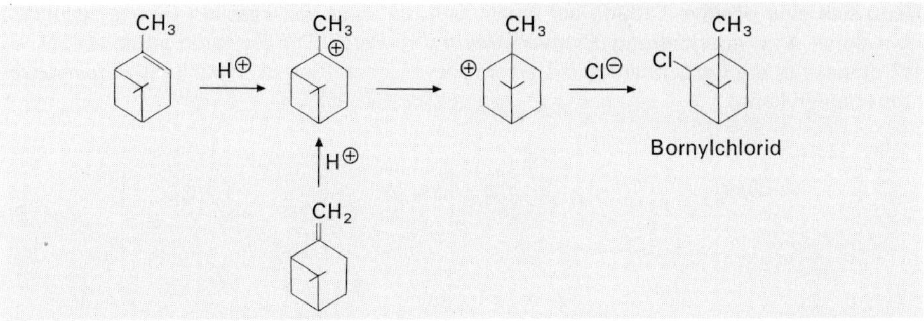

Bornylchlorid

Interessant ist, daß sich hier ein tertiäres in ein sekundäres Carbeniumion umlagert (im Widerspruch zur üblichen Stabilitätsreihenfolge!), eine Folge der beim Bornyl-Ringskelett verminderten Ringspannung. Das sekundäre Carbeniumion ist zwar um etwa 62 kJ/mol energiereicher, jedoch erfolgt bei der Umlagerung ein Spannungsabbau um etwa 105 kJ/mol, so daß insgesamt ein Energiegewinn von etwa 43 kJ/mol resultiert.

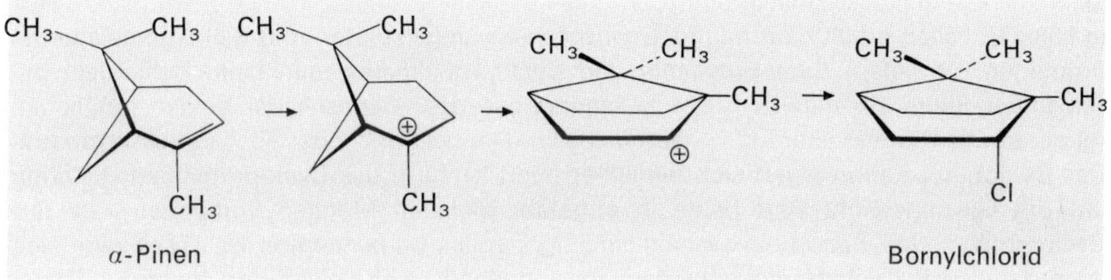

α-Pinen   Bornylchlorid

(2) Die beiden Isomere Bornyl- und Isobornylchlorid unterscheiden sich durch die Stellung des Cl-Atoms (axial bzw. äquatorial). Beide liefern bei Behandlung mit einer Base unter Elimination von HCl und Wagner-Meerwein-Umlagerung Camphen. Camphen bildet sich auch aus den beiden entsprechenden Alkoholen (Borneol bzw. Isoborneol) unter dem Einfluß von Säure.

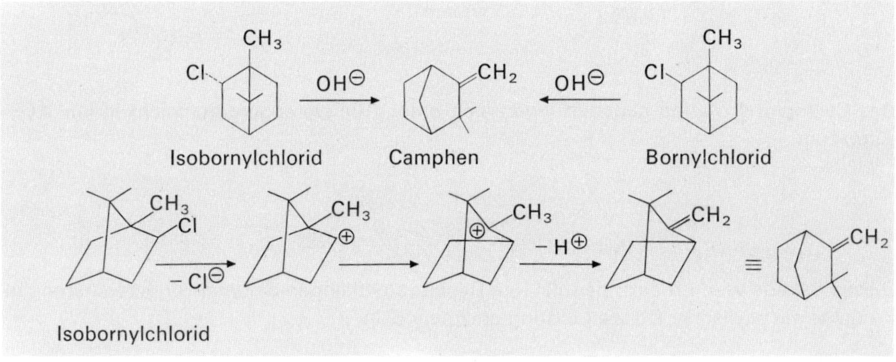

Isobornylchlorid   Camphen   Bornylchlorid

Isobornylchlorid

Bemerkenswert ist, daß Camphenhydrochlorid (das durch Addition von HCl an Camphen entsteht) unter dem Einfluß von Lewis-Säuren wiederum umgelagert wird und Isobornylchlorid liefert, also das Bornan-Gerüst zurückbildet.

Wenn sich eine positive Ladung auf einem C-Atom eines alizyklischen Ringes ausbildet, kann durch Alkylverschiebung *Ringverengerung* eintreten. Die Reaktion ist reversibel, so daß umgekehrt ein Carbeniumion mit einem alizyklischen Ring in α-Stellung *Ringerweiterung* erfahren kann:

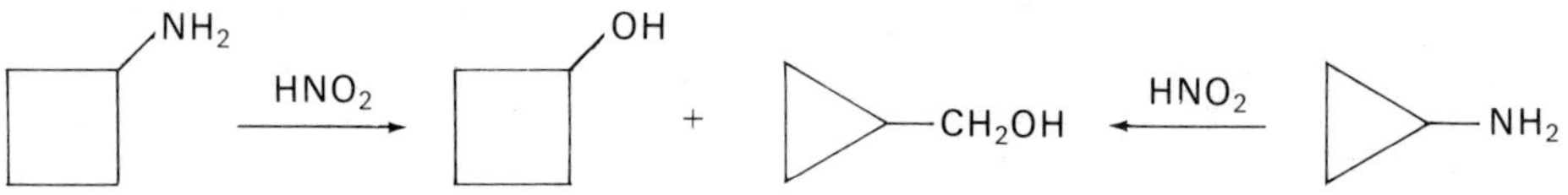

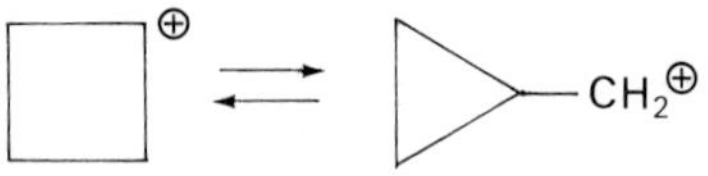

(Ebenso wie bei anderen Wagner-Meerwein-Umlagerungen können sich die Carbeniumionen mit einem Nucleophil verbinden.)

In solchen Fällen erhält man häufig *Gemische* von umgelagerten und nicht-umgelagerten Produkten. So liefern Cyclobutylamin und Cyclopropylmethylamin beim Behandeln mit salpetriger Säure ein nahezu gleich zusammengesetztes Gemisch der beiden möglichen Alkohole. Die Ringerweiterung verläuft insbesondere bei Fünf- oder Sechsringen recht gut. Das Cyclobutyl-Kation lagert sich bemerkenswert leicht in das Cyclopropylmethyl-Kation um (im Gleichgewicht sind beide in ungefähr gleichen Mengen vorhanden), da das Cyclopropylmethyl-Kation ein verhältnismäßig stabiles Carbeniumion ist. (Dies zeigt sich auch darin, daß Cyclopropylmethylderivate auffallend rasch solvolysiert werden.) Dieser Effekt beruht auf einer Delokalisation der positiven Ladung, an der auch die beiden σ-Bindungen zwischen den C-Atomen 2 und 3 bzw. 2 und 4 beteiligt sind, und die folgendermaßen beschrieben werden kann:

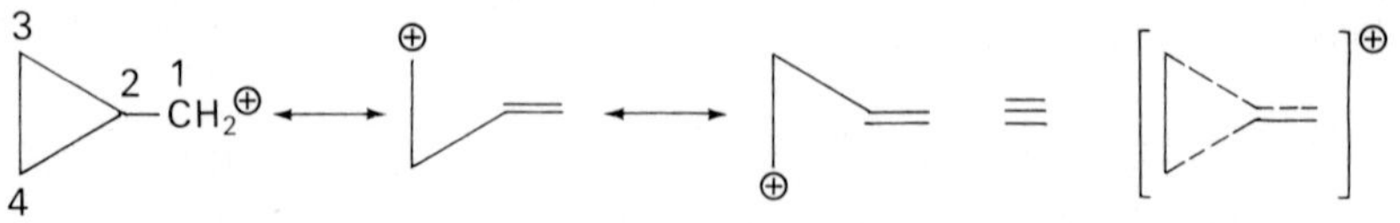

Das Cyclopropyl-Kation dagegen lagert sich unter «Ringverengerung» leicht in ein *Allyl-Kation* um:

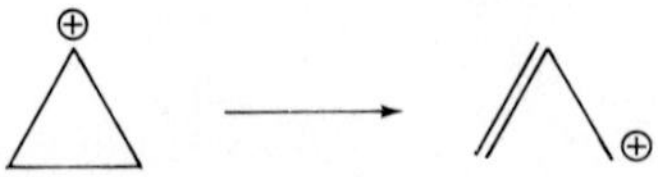

Diese Reaktion wird oft dazu benutzt, um Cyclopropylhalogenide unter Ringerweiterung in Produkte mit allylischer Doppelbindung umzuwandeln:

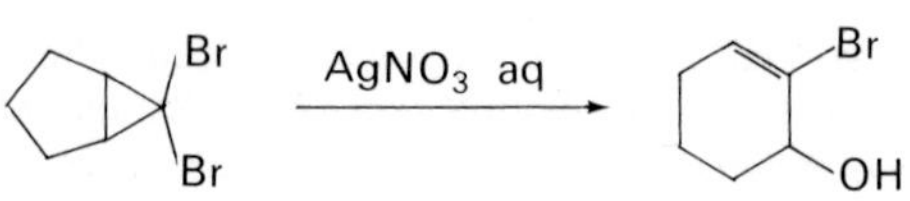

Pinakol-Umlagerung. Versucht man Pinakole (substituierte 1,2-Diole) durch Einwirkung von Säure zu dehydratisieren, so entstehen durch Wanderung einer Alkyl- (oder Aryl-) Gruppe Ketone *(«Pinakol-Umlagerung»,* vgl. auch S. 463):

Die Pinakol-Umlagerung gleicht im Prinzip der Wagner-Meerwein-Umlagerung; im Unterschied zu dieser ist jedoch das umgelagerte Ion, die konjugierte Säure eines Ketons, stabiler als das durch 1,2-Verschiebung entstehende Carbeniumion einer Wagner-Meerwein-Umlagerung. Durch Reaktion mit Tetrahydrothiophen konnte das Carbeniumion abgefangen werden; ein Beweis für die Richtigkeit des angegebenen Mechanismus.

Wegen dieser erhöhten Stabilität des Reaktionsproduktes tritt die Pinakol-Umlagerung beträchtlich leichter ein als die Wagner-Meerwein-Umlagerung. Da sich Pinakole durch Reduktion von Carbonylverbindungen mittels Magnesium oder amalgamiertem Zink und Säure relativ leicht erhalten lassen, besitzt die Umlagerung von Pinakolen zur Synthese entsprechender Carbonylverbindungen eine ziemlich große präparative Bedeutung.

Ebenso wie bei Wagner-Meerwein-Umlagerungen können auch hier sowohl Alkyl- und Aryl-Gruppen wie auch H-Atome umgelagert werden.

Meistens erfolgt die *Leichtigkeit der Wanderung* gemäß der bereits auf S. 820 angegebenen Reihenfolge, wobei Arylgruppen wiederum besonders leicht umgelagert werden. Sind aber die beiden *Hydroxyl-C-Atome nicht gleichartig substituiert,* so können sich verschiedene Umlagerungsprodukte bilden, je nachdem, von welchem C-Atom ein Wassermolekül abgetrennt wird und welche Gruppe verschoben wird. Mit anderen Worten, die Richtung der Umlagerung kann sowohl durch die Stabilität des entstehenden Carbeniumions wie durch die Fähigkeit zur 1,2-Verschiebung bestimmt werden. Untersuchungen an zahlreichen Pinakol-Umlagerungen haben gezeigt, daß die *Stabilität* des intermediär auftretenden *Carbeniumions* in erster Linie *die Richtung der Umlagerung bestimmt;* die unterschiedliche Leichtigkeit, mit der verschiedene Gruppen eine 1,2-Verschiebung erfahren, wirkt sich erst in zweiter Linie aus. Aus 1,1-Diphenyl-1,2-ethandiol entsteht dementsprechend ausschließlich Diphenylacetaldehyd und nicht Phenylacetophenon:

Ebenso wie bei Wagner-Meerwein-Umlagerungen erfolgt schließlich auch die Pinakol-Umlagerung (die Wanderung des Substituenten) von «hinten»; die *verschobene Gruppe* muß also *trans-ständig zur abgetrennten Hydroxylgruppe* stehen. Dies zeigt sich auch hier bei Umlagerungen an *alizyklischen Ringsystemen*. So liefert *cis*-1,2-Dimethyl-1,2-cyclohexandiol durch Methyl-Verschiebung 2,2-Dimethylcyclohexanon, während das *trans*-Isomer unter Ringverengerung ein Derivat von Cyclopentan liefert:

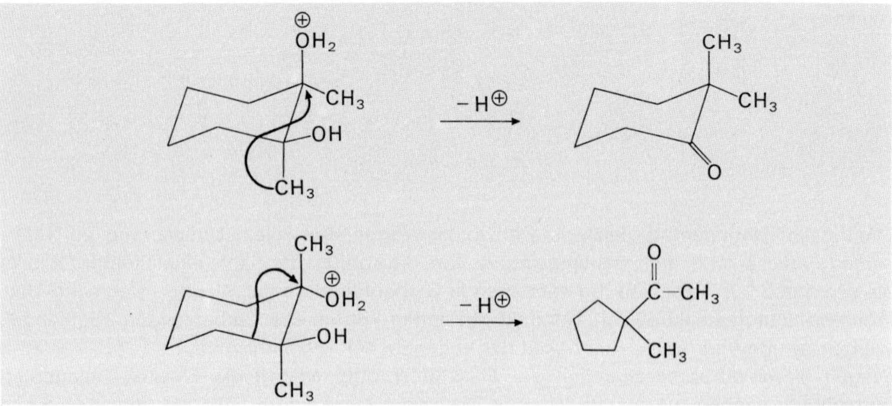

Umlagerungen vom Typus der Pinakol-Umlagerung sind auch an anderen 1,2-disubstituierten Alkanen möglich. Präparativ von besonderem Interesse sind Umlagerungen an α-Aminoalkoholen (*«Tiffeneau-Umlagerung»; Pinakol-Desaminierung*) unter der Einwirkung von salpetriger Säure (bzw. eines Gemisches von Salzsäure und $NaNO_2$). Der Verlauf dieser Reaktion ist insofern einfacher zu überblicken, als hier nur an einem (nicht zwei) C-Atom bzw. Atomen ein Elektronensextett auftreten kann (Bildung eines Carbeniumions durch Diazotierung der Aminogruppe und anschließende Elimination von N_2):

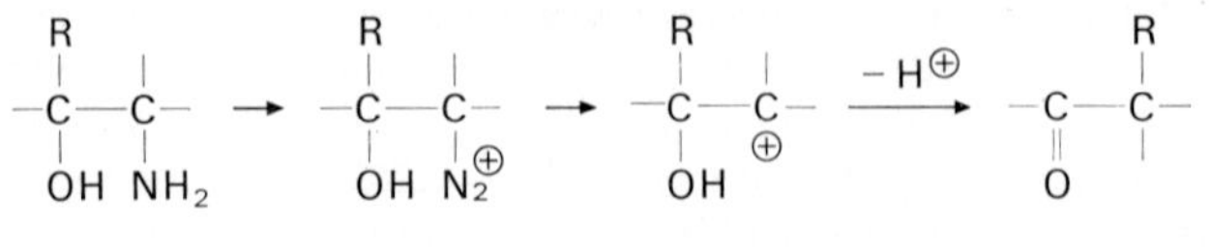

Als Beispiel einer derartigen, präparativ genutzten Synthese sei die Synthese von Cycloheptanon genannt:

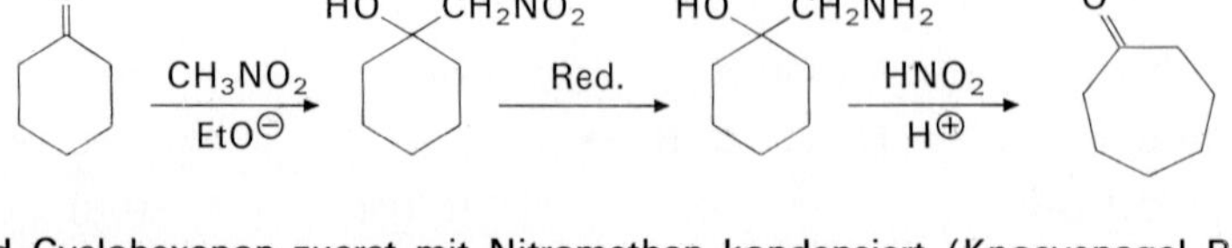

Dabei wird Cyclohexanon zuerst mit Nitromethan kondensiert (Knoevenagel-Reaktion). Durch Reduktion entsteht der α-Aminoalkohol, welcher zum Cycloheptanon umgelagert wird. Diese Reaktionsfolge – Ringerweiterung durch Umlagerung eines Carbeniumions, das aus einer $-CH_2NH_2$-Gruppe unter Einwirkung von HNO_2 entstanden ist – wird als *Demjanow-Umlagerung* bezeichnet.

Interessant ist die Untersuchung des sterischen Verlaufes solcher Reaktionen. So ergibt optisch aktives 2-Amino-1,1-diphenyl-1-propanol bei der Behandlung mit salpetriger Säure 1,2-Diphenyl-1-propanon unter partieller Racemisierung, verbunden mit Inversion, wie es für S_N1-Reaktionen typisch ist:

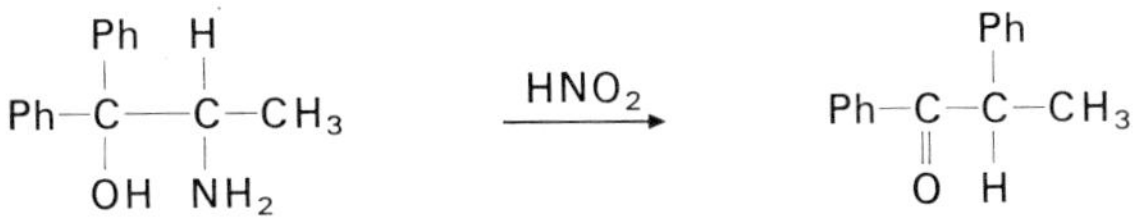

$$Ph-\underset{\underset{OH}{|}}{\overset{\overset{Ph}{|}}{C}}-\underset{\underset{NH_2}{|}}{\overset{\overset{H}{|}}{C}}-CH_3 \quad \xrightarrow{HNO_2} \quad Ph-\underset{\underset{O}{\|}}{\overset{\overset{Ph}{|}}{C}}-\underset{\underset{H}{|}}{C}-CH_3$$

77 % Inversion + 23 % Racemisierung
(d. h. 11,5 % Retention und 88,5 % Inversion)

Führt man die Umlagerung mit Ausgangsmaterial aus, das im einen Benzenring ^{14}C enthält, so enthält das durch Retention gebildete Produkt das markierte C-Atom ausschließlich in der nicht verschobenen Phenylgruppe:

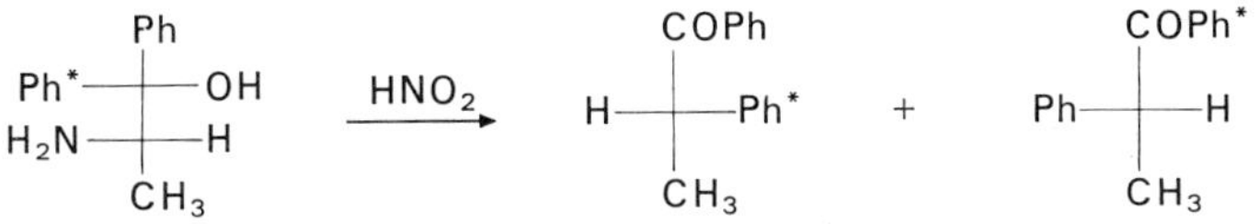

(1)

Inversion: Verschiebung von Ph*
88 %

Retention: Verschiebung von Ph
12 %

Die Reaktion verläuft also gemäß folgendem Schema:

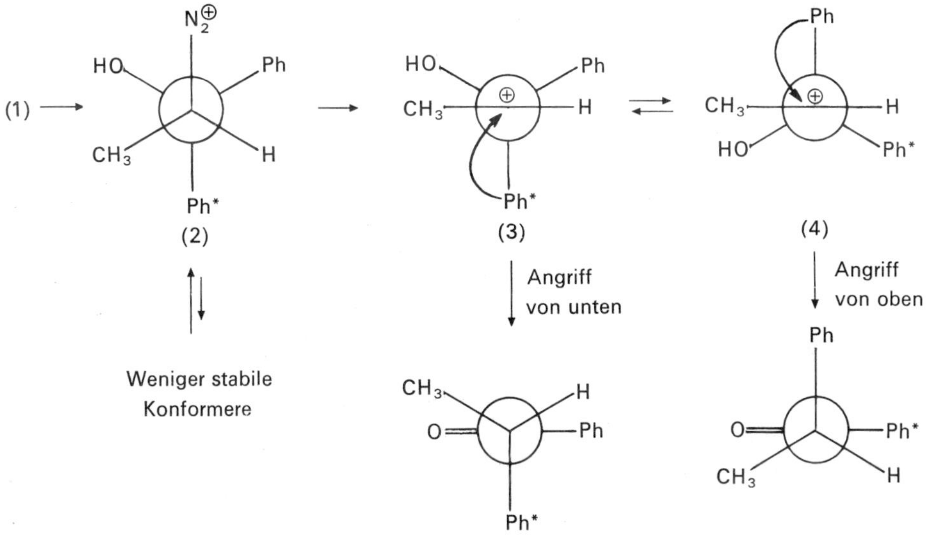

(1) →

(2)

(3)

(4)

Weniger stabile Konformere

Angriff von unten

Angriff von oben

Inversion (88 %)

Retention (12 %)

Aus dem Ergebnis läßt sich schließen, daß ein *offenes, «klassisches» Carbeniumion* als Zwischenstoff auftritt. Würde die 1,2-Verschiebung mit der N$_2$-Abspaltung konzertiert erfolgen, so wäre ausschließlich der Angriff der Gruppe Ph* von «unten» möglich, und es müßte zu 100 % Konfigurationsumkehr eintreten. Anderseits existiert das Carbeniumion (3) nicht so lange, daß sich das Gleichgewicht zwischen den ungefährt gleich stabilen Carbeniumionen (3) und (4) (durch Rotation um die mittlere C—C-Bindung) einstellen könnte, denn dann wäre vollkommene Racemisierung zu erwarten.

Der sterische Verlauf der Umlagerung wird also weitgehend durch die *Konformation des zunächst gebildeten Ions* bestimmt. Diese wiederum widerspiegelt die stabilste Konformation des Diazoniumions:

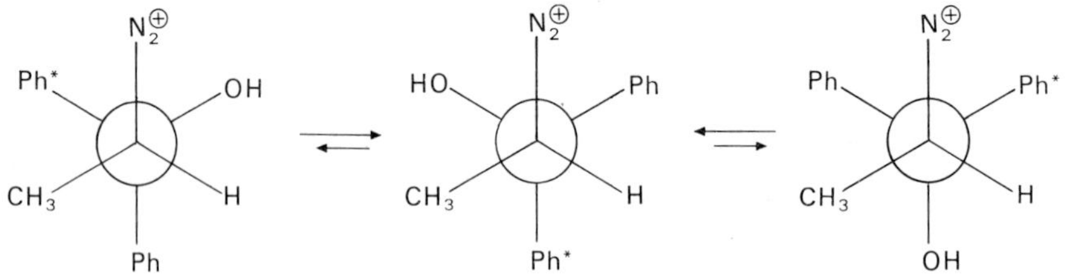

(2)

am häufigsten auftretendes Konformer

Die Umlagerung der beiden Carbeniumionen (3) und (4) erfolgt über einen aktivierten Komplex, in dem die beiden raumerfüllenden, nicht-verschobenen Gruppen (—CH_3 und —Ph) beinahe in *anti*-Stellung zueinander stehen. Bei der Umlagerung des Carbeniumions (5) – das entweder aus einer weniger stabilen Konformation des Diazoniumions oder durch Rotation aus (3) oder (4) entstehen kann – wäre das nicht der Fall; die Umlagerung eines solchen Ions verläuft daher relativ langsam und kann mit den Umlagerungen der beiden Ionen (3) und (4) nicht konkurrieren.

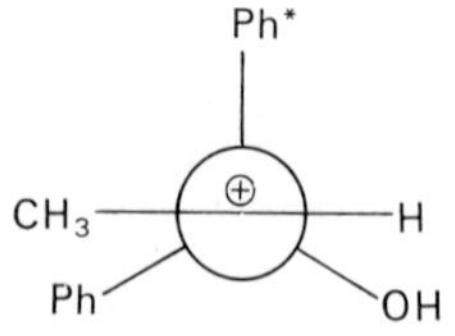

(5)

Isomerisierung von Aldehyden und Ketonen. Sind an das α-C-Atom von Carbonylverbindungen Gruppen gebunden, die zur 1,2-Verschiebung befähigt sind, so kann unter der Einwirkung von Säuren eine *Isomerisierung* eintreten:

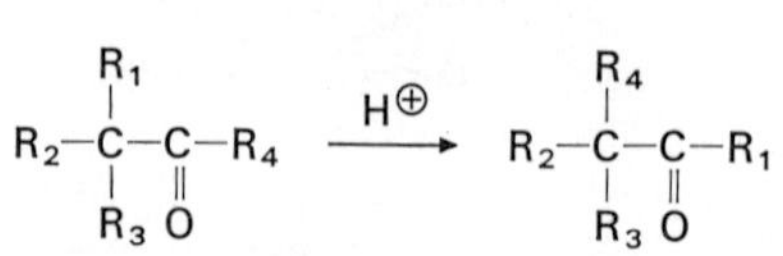

$$R_2\!-\!\underset{\underset{R_3}{|}}{\overset{\overset{R_1}{|}}{C}}\!-\!\underset{\overset{\|}{O}}{C}\!-\!R_4 \quad \xrightarrow{\;H^{\oplus}\;} \quad R_2\!-\!\underset{\underset{R_3}{|}}{\overset{\overset{R_4}{|}}{C}}\!-\!\underset{\overset{\|}{O}}{C}\!-\!R_1$$

Die Gruppen R_2, R_3 und R_4 können Alkylgruppen oder Wasserstoffatome sein.

Auf diese Weise können *Aldehyde* in *Ketone* oder *Ketone* in *isomere Ketone* umgelagert werden (das letztere allerdings nur unter ziemlich drastischen Bedingungen); die Umwandlung eines Ketons in einen Aldehyd ($R_1 = H$) wurde bisher noch nicht beobachtet. Für die Umlagerung sind zwei Mechanismen denkbar, die gemäß den Ergebnissen von Versuchen mit radioaktiv markierten Substraten beide auch auftreten. In jedem Fall wird zuerst die Carbonylgruppe protoniert. Entweder wandern dann die beiden verschobenen Alkylgruppen in entgegengesetzter Richtung oder die Wanderung erfolgt nur in einer Richtung und als Zwischenprodukt tritt ein protoniertes Epoxid auf:

$$
\underset{\underset{\text{OH}}{|}}{\underset{\text{R}_3}{|}}\overset{\overset{\text{R}_1}{}}{\text{R}_2-\text{C}-\overset{\oplus}{\text{C}}-\text{R}_4} \longrightarrow \underset{\underset{\text{OH}}{|}}{\underset{\text{R}_3}{|}}\overset{\overset{\text{R}_4}{}}{\text{R}_2-\overset{\oplus}{\text{C}}-\text{C}-\text{R}_1} \longrightarrow \underset{\underset{\text{OH}}{|}}{\underset{\text{R}_3}{|}}\overset{\overset{\text{R}_4\ \text{R}_1}{|\ \ |}}{\text{R}_2-\text{C}-\overset{\oplus}{\text{C}}} \xrightarrow{-\text{H}^\oplus} \underset{\underset{\text{O}}{\|}}{\underset{\text{R}_3}{|}}\overset{\overset{\text{R}_4}{|}}{\text{R}_2-\text{C}-\text{C}-\text{R}_1} \quad (1)
$$

$$
\underset{\underset{\text{OH}}{|}}{\underset{\text{R}_3}{|}}\overset{\overset{\text{R}_2}{}}{\text{R}_1-\text{C}-\overset{\oplus}{\text{C}}-\text{R}_4} \longrightarrow \underset{\underset{\text{O}-\text{H}}{\diagup\ \oplus}}{}\overset{\overset{\text{R}_3\ \text{R}_4}{|}}{\text{R}_1-\text{C}-\text{C}-\text{R}_2} \longrightarrow \underset{\underset{\text{OH}\ \text{R}_4}{|\ \ \ \ |}}{}\overset{\overset{\text{R}_3}{\oplus}}{\text{R}_1-\text{C}-\text{C}-\text{R}_2} \xrightarrow{-\text{H}^\oplus} \underset{\underset{\text{O}\ \text{R}_4}{\|\ \ \ \ |}}{}\overset{\overset{\text{R}_3}{|}}{\text{R}_1-\text{C}-\text{C}-\text{R}_2} \quad (2)
$$

α-Hydroxyaldehyde und -ketone zeigen dieselbe Umlagerung (*«α-Ketol-Umlagerung»*), doch tritt dann nur eine einzige Verschiebung auf:

$$
\underset{\underset{\text{OH}\ \ \text{O}}{|\ \ \ \ \ \|}}{}\overset{\overset{\text{R}_1}{|}}{\text{R}_2-\text{C}-\text{C}-\text{R}_3} \xrightarrow{\text{H}^\oplus} \underset{\underset{\text{O}\ \ \text{OH}}{\|\ \ \ \ |}}{}\overset{\overset{\text{R}_1}{|}}{\text{R}_2-\text{C}-\text{C}-\text{R}_3}
$$

Isomerisierung von Alkanen. Auch bei diesen, technisch zur Gewinnung verzweigter Alkane für *hochklopffeste Treibstoffe* wichtigen Reaktionen treten *Carbeniumion-Umlagerungen* auf. Um die zur Einleitung der Isomerisierung erforderlichen Carbeniumionen zu erzeugen, benützt man $AlCl_3$ oder $AlBr_3$ als Katalysator und setzt dem Reaktionsgemisch kleine Mengen von Chlorwasserstoff und eines Alkens zu:

$$
\text{HCl} + \text{AlCl}_3 \longrightarrow \text{H}^\oplus \text{AlCl}_4^\ominus
$$

$$
\text{C}=\text{C} + \text{H}^\oplus\text{AlCl}_4^\ominus \longrightarrow \underset{\underset{\text{H}}{|}}{-\text{C}}-\overset{\oplus}{\text{C}}- + \text{AlCl}_3
$$

Das Carbeniumion vermag von einem Alkan-Molekül, z. B. einem Molekül Pentan, ein Hydrid-Ion abzuspalten:

$$
\text{R}^\oplus + \diagup\!\diagdown\!\diagup\!\diagdown \longrightarrow \text{R--H} + \diagup\!\diagdown\!\diagup\!\diagdown^\oplus
$$

Durch zwei aufeinanderfolgende 1,2-Verschiebungen (Methyl- und Hydrid-Verschiebung) bildet sich aus dem sekundären ein tertiäres Carbeniumion:

Dadurch, daß dieses tertiäre Carbeniumion von einem weiteren Pentanmolekül ein Hydrid-Ion abspaltet, wird die Reaktion fortgesetzt:

An solchen Isomerisierungen sind eine ganze Anzahl von Gleichgewichten beteiligt, so daß die Zusammensetzung des Produktgemisches die relative thermodynamische Stabilität der einzelnen Komponenten widerspiegelt. Bemerkenswert ist, daß sämtliche bekannten trizyklischen Kohlenwasserstoffe der Summenformel $C_{10}H_{16}$ unter der Wirkung von $AlCl_3$ zu Adamantan (S. 97) isomerisieren, das dank seiner symmetrischen, diamantähnlichen Struktur ganz besonders stabil ist.

Wolff-Umlagerung. *Diazoketone* (durch Reaktion von Acylchloriden mit Diazomethan erhältlich) verlieren ziemlich leicht molekularen Stickstoff und lagern sich in Gegenwart von festem Silberoxid in *Ketene* um. Man führt die Reaktion gewöhnlich unter Zusatz von Wasser oder eines Alkohols aus, so daß man direkt eine Carbonsäure bzw. einen Ester erhält. Die Gesamtreaktion *(Arndt-Eistert-Synthese)* bietet eine Möglichkeit zur Überführung einer Carbonsäure in ihr nächsthöheres Homologes.

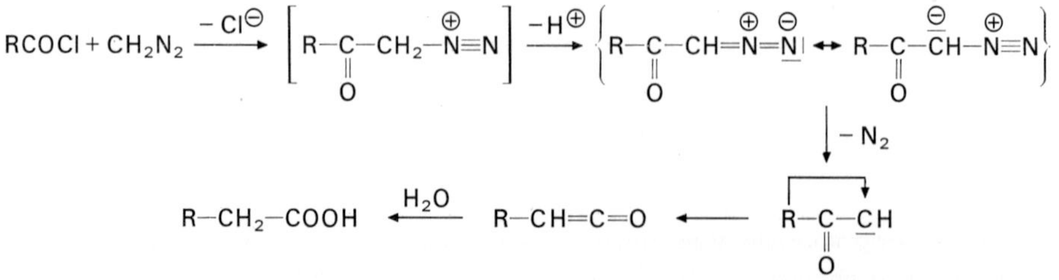

ein *Carben* als Zwischenprodukt

Das eigentliche Reaktionsprodukt ist also ein *Keten,* das anschließend mit Wasser (oder eventuell einem Alkohol oder einem Amin) weiterreagiert. Relativ stabile Ketene wie z. B. $Ph_2C=C=O$, ließen sich als Zwischenstoffe isolieren.

Benzilsäure-Umlagerung. Behandelt man α-Diketone mit Hydroxid-Ionen, so erfahren sie eine Umlagerung und gehen in α-Hydroxysäuren über. Das bekannteste Beispiel einer solchen Reaktion ist die Umlagerung von *Benzil* in *Benzilsäure:*

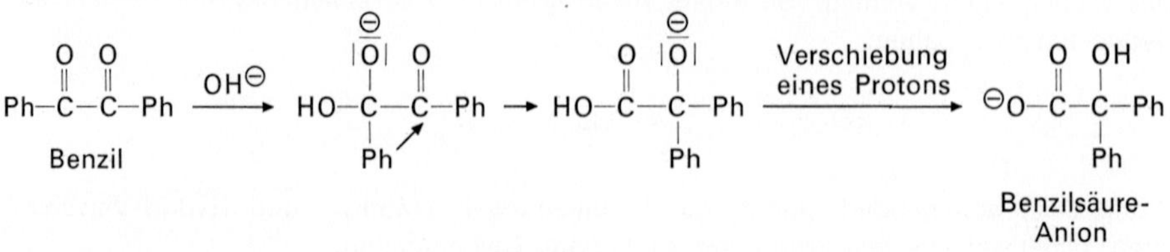

Die Umlagerung wird in erster Linie dadurch ermöglicht, daß sich (in der alkalischen Lösung) ein Carboxylat-Anion bilden kann, wodurch die α-Hydroxysäure (als Anion) dem Gleichgewichtsgemisch entzogen wird. Da Ketone (auch α-Diketone) mit α-H-Atomen unter dem Einfluß starker Basen Aldoladdition erfahren, sind Benzilsäureumlagerungen fast nur bei aromatischen Diketonen möglich. Diese werden am einfachsten durch Oxidation von α-Hydroxyketonen (die durch Benzoin-Kondensation zugänglich sind; vgl. S.654) gewonnen. Wenn Oxidation und Umlagerung während einer einzigen Reaktion erfolgen können, lassen sich Benzilsäuren direkt aus Benzoinen erhalten. So liefert z.B. die Behandlung von Benzoin mit einem Gemisch von $NaBrO_3$ und NaOH in sehr guter Ausbeute Benzilsäure.

Wanderungen von Halogen-, O-, S- oder N-Atomen. Ähnlich wie ein aromatisches Ringsystem kann auch ein Atom X (das ein freies Elektronenpaar besitzen muß) die Abtrennung eines Anions erleichtern:

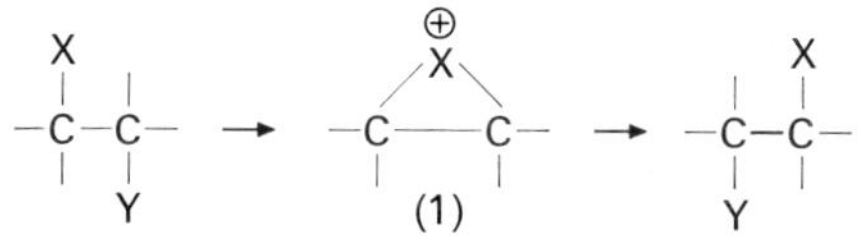

Sind die beiden C-Atome gleichartig substituiert (d.h., ist das X—C—C—Y-System symmetrisch gebaut), so kann kein umgelagertes Produkt gebildet werden, da die Reaktion des Brücken-Ions (1) mit einem Nucleophil (gleichgültig, an welchem der beiden C-Atome der nucleophile Angriff stattfindet) nur ein einziges Produkt ergeben kann. In einem solchen Fall liegt also ein typischer *Nachbargruppeneffekt* vor (S.432). Ist aber das System X—C—C—Y *unsymmetrisch* gebaut, so wird das Nucleophil bevorzugt das weniger substituierte C-Atom des Brücken-Ions angreifen, und es kann sich ein umgelagertes C-Gerüst bilden:

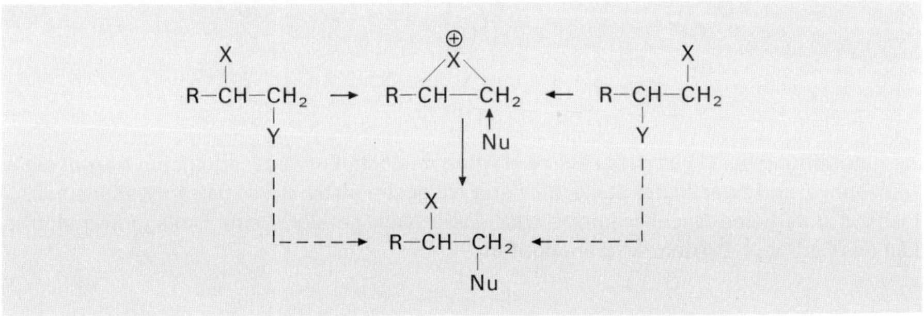

Als *Beispiele* seien die folgenden Reaktionen genannt:

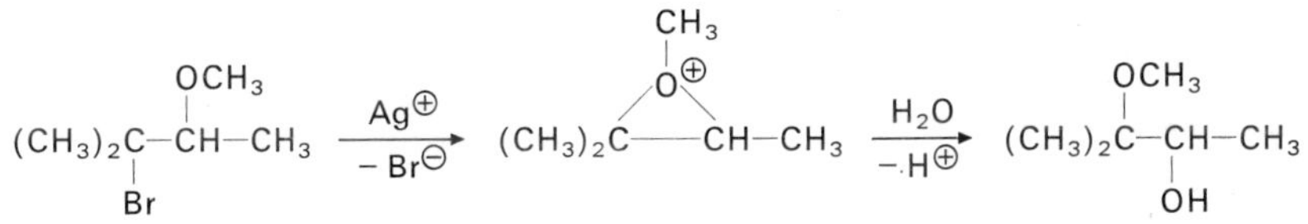

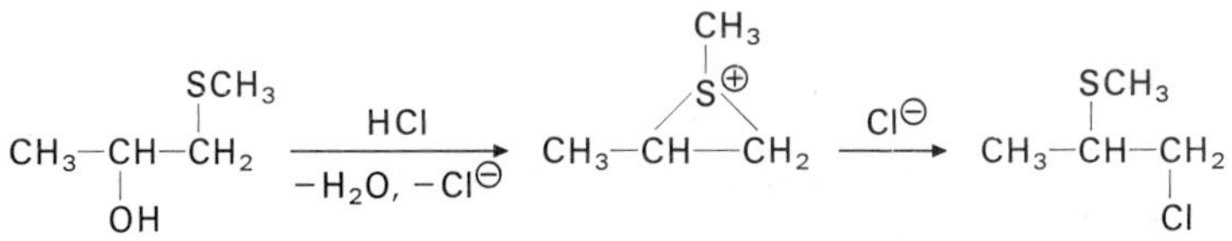

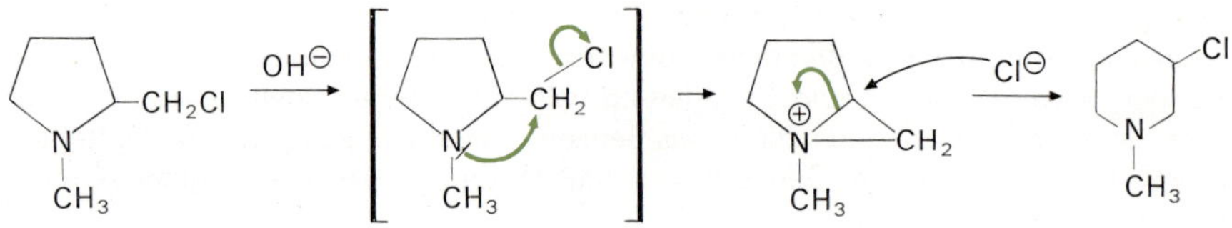

Acylumlagerung. Eine ähnliche Umlagerung kann bei gewissen Acylverbindungen auftreten:

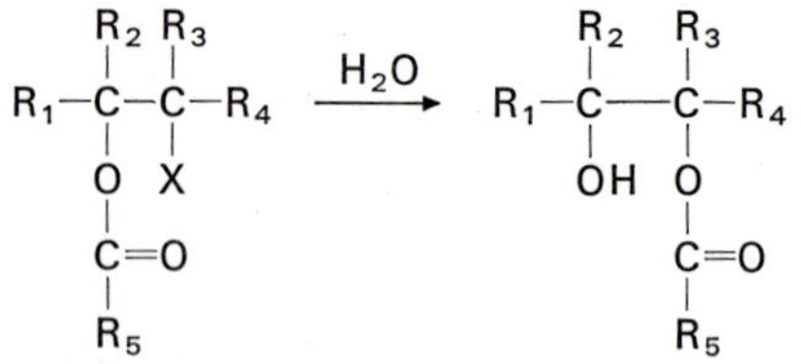

Dabei wandert eine Acylgruppe in eine Stellung, die vorher durch eine Abgangsgruppe besetzt gewesen war. Ein Nucleophil ersetzt die verschobene Acylgruppe. Die Umlagerung ist eine Folge zweier S_N2-Reaktionen, wobei ein fünfgliedriger Ring als Zwischenstoff auftritt:

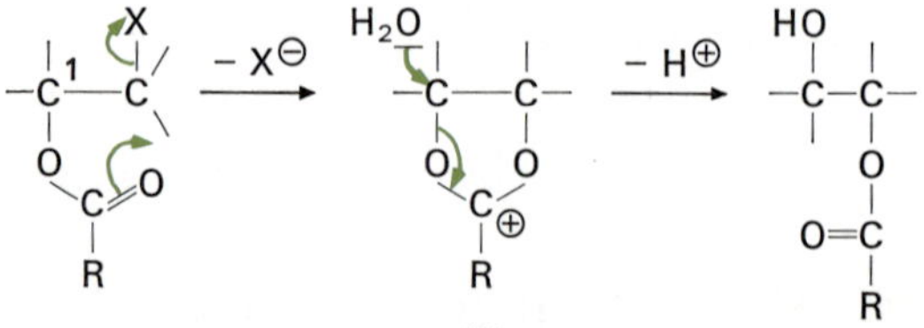

(1)

Die Ringöffnung bei (1) ist dabei auf zwei Arten möglich: Entweder erfolgt ein Angriff eines Nucleophils, und zwar an der Stelle, die dafür am geeignetsten ist, so daß entweder eine S_N-Reaktion durch eine Nachbargruppe oder – wie oben gezeigt – eine Umlagerung eintritt, oder das Carbonyl-C-Atom wird angegriffen:

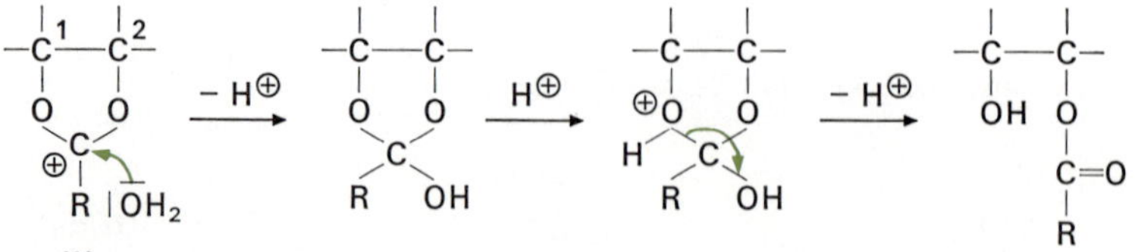

(1)

Die beiden möglichen Reaktionswege führen zu *stereochemisch verschiedenen* Produkten. Im Fall einer Umlagerung treten im ersten Fall zwei aufeinanderfolgende Inversionen auf, während im zweiten Fall am «Ursprung» der Wanderung (am C-Atom 1) die Konfiguration erhalten bleibt, während am C-Atom 2 Inversion eintritt. Als Abgangsgruppen können Halogenatome, Wasser oder Tosylate fungieren, während Wasser, Alkohole oder Carbonsäuren als Nucleophile wirken können. Im letzteren Fall folgt die Umlagerung stets dem erstgenannten Mechanismus.

18.3 Wanderungen zu N- oder O-Atomen

Bei einigen wichtigen Umlagerungsreaktionen findet eine Verschiebung einer Alkyl- (oder eventuell Aryl-)gruppe von einem C- zu einem N- oder O-Atom statt. Die meisten dieser Reaktionen wurden bereits in anderem Zusammenhang behandelt oder wenigstens erwähnt, so daß hier nur einige ergänzende Betrachtungen notwendig sind.

Hofmann-, Curtius- und Schmidt-Umlagerung. Diesen drei eng miteinander verwandten Reaktionen, welche zum *Abbau von Carbonsäuren* bzw. ihrer Derivate von Bedeutung sind, sind wir bereits in Kapitel 8 (S. 502) begegnet. In allen drei Fällen verschiebt sich ein C-Atom von einem anderen C- zu einem benachbarten N-Atom:

$$\overset{\ominus}{O}\!-\!\underset{R}{C}\!=\!N\!-\!X \quad \xrightarrow{-X^{\ominus}} \quad O\!=\!C\!=\!N\!-\!R$$

Es wurde vielfach darüber diskutiert, ob die eigentliche Umlagerung (d.h. die Abtrennung der Abgangsgruppe X und die 1,2-Verschiebung) in einem einzigen Reaktionsschritt abläuft, oder ob als Zwischenprodukt eine Partikel, in der das N-Atom ein Elektronensextett besitzt (ein «*Nitren*») gebildet wird. Im allgemeinen wird heute ein *konzertierter* Ablauf der Reaktion angenommen.

Die drei Reaktionen unterscheiden sich voneinander durch die Natur der Abgangsgruppe X (—Br bei der Hofmann- und —N≡N bei der Curtius- bzw. Schmidt-Umlagerung). Bei der *Hofmann-Umlagerung* geht man von Säureamiden, bei der *Curtius-Umlagerung* von Säureaziden aus. Die durch die Umlagerung gebildeten Isocyanate werden meistens nicht isoliert (können aber isoliert werden), sondern direkt zu Amin und CO_2 hydrolysiert. Beim *Schmidtschen Abbau* von Carbonsäuren geht man von der Säure selbst aus, welche in Gegenwart von konzentrierter Schwefelsäure mit Stickstoffwasserstoffsäure (HN_3) umgesetzt wird. Dabei bildet sich die konjugierte Säure des Carbonsäureazids als Zwischenprodukt, die ohne weiteres Erwärmen molekularen Stickstoff abspaltet und direkt das Isocyanat liefert:

$$R\!-\!C\overset{O}{\underset{OH}{\diagdown}} \overset{H^{\oplus}}{\rightleftharpoons} R\!-\!C\overset{\overset{\oplus}{O}H}{\underset{OH}{\diagdown}} \quad \overset{\ominus}{N}\!=\!\overset{\oplus}{N}\!=\!NH \quad \left[R\!-\!\underset{OH}{\overset{OH}{\underset{|}{\overset{|}{C}}}}\!-\!\overset{\oplus}{N}\!=\!N\!=\!NH \right] \xrightarrow{-H_2O} R\!-\!\underset{O}{\overset{}{\underset{\|}{C}}}\!-\!NH\!-\!\overset{\oplus}{N}\!\equiv\!N$$

$$\Big\downarrow -N_2$$

$$R\!-\!NH\!-\!\overset{\oplus}{C}\!=\!O$$

$$\Big\downarrow H_2O$$

$$R\!-\!\overset{\oplus}{N}H_3 + CO_2$$

Umlagerungen an Hydroperoxiden. Eine in der Technik zur Gewinnung von Phenol verwendete Reaktion geht von Cumol aus und verläuft über *Cumolhydroperoxid* (S. 195):

$$C_6H_5CH(CH_3)_2 + O_2 \longrightarrow C_6H_5\!-\!\underset{CH_3}{\overset{CH_3}{\underset{|}{\overset{|}{C}}}}\!-\!O\!-\!OH \xrightarrow[H^{\oplus}]{H_2O} C_6H_5OH + CH_3COCH_3$$

Da im Cumolhydroperoxid die Phenylgruppe an ein C-Atom, im Phenol jedoch an ein O-Atom gebunden ist, muß im Verlaufe des zweiten Schrittes dieser Reaktion eine Umlagerung eintreten, die in einer *1,2-Verschiebung* zu einem O-Atom besteht:

$$CH_3-\underset{\underset{CH_3}{|}}{\overset{\overset{}{|}}{C}}-O-OH \quad \xrightarrow{H^{\oplus}} \quad CH_3-\underset{\underset{CH_3}{|}}{C}-O-\overset{\oplus}{O}H_2 \tag{1}$$

$$CH_3-\underset{\underset{CH_3}{|}}{C}-\bar{O}-\overset{\oplus}{O}H_2 \quad \xrightarrow[(2)]{-H_2O} \quad CH_3-\underset{\underset{CH_3}{|}}{C}-\underset{}{\overset{\oplus}{\underline{O}}} \quad \xrightarrow{(3)} \quad CH_3-\overset{\oplus}{\underset{\underset{CH_3}{|}}{C}}-O-\bigcirc$$

$$CH_3-\overset{\oplus}{\underset{\underset{CH_3}{|}}{C}}-O-\bigcirc \quad \xrightarrow[-H^{\oplus}]{H_2O} \quad CH_3-\underset{\underset{CH_3}{|}}{\overset{\overset{OH}{|}}{C}}-O-\bigcirc \quad \xrightarrow{H^{\oplus}} \quad CH_3-\overset{\overset{O}{\|}}{C} + HO-\bigcirc$$

Das protonierte Peroxid spaltet Wasser ab, so daß eine Partikel mit einem Elektronensextett am O-Atom entsteht. Durch 1,2-Verschiebung der Phenylgruppe bildet sich ein Carbeniumion, welches mit Wasser zunächst ein Halb-Ketal bildet, das anschließend in Aceton und Phenol gespalten wird. Wahrscheinlich verlaufen die beiden Schritte (2) und (3) konzertiert, indem der aromatische Ring als «Nachbargruppe» die Verdrängung eines Wassermoleküls erleichtert. Das O-Atom mit dem Elektronensextett wirkt wie ein Elektrophil, das den Ring angreift.

Die Umlagerung verläuft ausschließlich in der hier angegebenen Richtung (die beiden anderen, an sich möglichen Produkte, Acetophenon und Methanol, bilden sich nicht!), was auf der besonderen Leichtigkeit beruht, mit der Arylgruppen eine 1,2-Verschiebung erfahren (Bildung eines *Phenoniumions;* S. 434). Der Vergleich von Umlagerungen an verschiedenartig substituierten Peroxiden zeigt, daß π-Donatoren an der Arylgruppe die Fähigkeit zur 1,2-Wanderung erhöhen (Stabilisierung des Phenoniumion-artigen aktivierten Komplexes!) und bestätigen die auf S. 820 angegebene Reihenfolge der Leichtigkeit, mit der die verschiedenen Gruppen umgelagert werden.

Baeyer-Villiger-Umlagerung. Unter dem Einfluß von *Peroxysäuren* können *Ketone in Ester* und *zyklische Ketone in Lactone* umgelagert werden. Der Mechanismus dieser Reaktion (der bereits auf S. 785 beschrieben worden ist) soll hier noch einmal rekapituliert werden:

$$R-\underset{\underset{O}{\|}}{C}-R \quad \xrightarrow{-H^{\oplus}} \quad R-\underset{\underset{\underset{|}{\overset{|}{O}}{\ominus}}{|}}{\overset{\overset{O-OCOR'}{|}}{C}}-R \quad \xrightarrow{-R'COO^{\ominus}} \quad R-\overset{\overset{O}{\|}}{C}-O-R$$

Die Reaktion kann mit verschiedenen Peroxysäuren (z.B. Peroxyessigsäure, Carosche Säure) durchgeführt werden. Besonders reaktionsfähig ist Trifluorperoxyessigsäure, wahrscheinlich deshalb, weil das Trifluoracetat-Anion – als konjugierte Base einer sehr starken Säure – eine besonders gute Abgangsgruppe ist. Um eine Umesterung zum Trifluoressigsäureester zu verhindern, muß in diesem Fall in gepufferter Lösung gearbeitet werden.

Bei unsymmetrischen Ketonen als Substraten beobachtet man dieselbe Reihenfolge in der Leichtigkeit der Wanderung, wie sie schon auf S. 820 bzw. S. 823 für Wagner-Meerwein- und Pinakol-Umlagerungen diskutiert worden ist. Aus *Pinakolon* erhält man also nicht Trimethylessigsäuremethylester, sondern tert. Butylacetat, und *Acetophenon* ergibt Phenylacetat (nicht Methylbenzoat):

$$(CH_3)_3C-\underset{\underset{O}{\|}}{C}-CH_3 \xrightarrow{\text{Peroxysäure}} (CH_3)_3C-O-\underset{\underset{O}{\|}}{C}-CH_3$$

$$C_6H_5-\underset{\underset{O}{\|}}{C}-CH_3 \xrightarrow{\text{Peroxysäure}} C_6H_5-O-\underset{\underset{O}{\|}}{C}-CH_3$$

18.4 Kationotrope Umlagerungen

Kationotrope und anionotrope Umlagerungen entsprechen sich in ihrem prinzipiellen Verlauf völlig. Ebenso wie bei den bisher besprochenen (anionotropen) Umlagerungen zunächst durch Abspaltung einer Abgangsgruppe ein Carbeniumion oder ein anderes Atom mit Elektronensextett entstehen muß, zu welchem sich die umgelagerte Gruppe verschiebt, muß sich bei *kationotropen Umlagerungen* zuerst ein *genügend stark nucleophiles Zentrum* (das ein freies Elektronenpaar besitzt) bilden. Solche Umlagerungen werden daher häufig durch eine *Base* eingeleitet, die imstande ist, z.B. von einem C-Atom ein Proton zu entfernen. Das damit entstandene *Carbanion* stabilisiert sich durch die Umlagerung in ähnlicher Weise wie das zunächst gebildete Carbeniumion z.B. im Fall einer Wagner-Meerwein-Umlagerung. Da C—H-Bindungen nicht leicht heterolytisch zu trennen sind, sind kationotrope Umlagerungen zu C-Atomen nur möglich, wenn das *Carbanion* entweder *durch einen elektronenanziehenden Substituenten* oder *durch Konjugation* stabilisiert wird. Die drei wichtigsten kationotropen Umlagerungen sind die Stevens-, die Wittig- und die Favorski-Umlagerung.

Stevens-Umlagerung. Behandelt man ein *quartäres Ammoniumsalz,* das an einem der an das N-Atom gebundenen C-Atome einen *elektronenanziehenden Substituenten* Z besitzt, mit einer starken Base (z.B. mit NaNH$_2$), so tritt eine Umlagerung ein, und man erhält ein *tertiäres Amin.* Als Substituent Z können RCO-, ROOC- und Phenylgruppen fungieren. Experimente mit durch ^{14}C markierten Substituenten zeigten, daß wirklich eine intramolekulare Umlagerung (und nicht etwa eine Reaktion zwischen zwei Molekülen) eintritt. Im ersten Reaktionsschritt wird durch die Base ein Proton entfernt, so daß sich ein Ylid (1) bildet, welches sich anschließend umlagert:

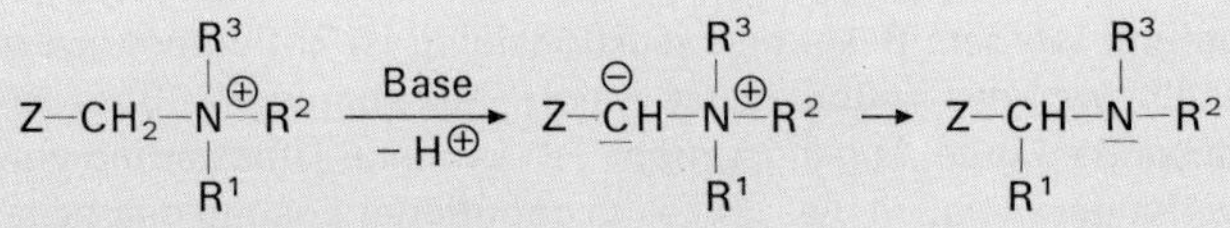

$$Z{-}CH_2{-}\overset{\oplus}{\underset{R^1}{\overset{R^3}{N}}}R^2 \xrightarrow[- H^{\oplus}]{Base} Z{-}\overset{\ominus}{C}H{-}\overset{\oplus}{\underset{R^1}{\overset{R^3}{N}}}R^2 \rightarrow Z{-}CH{-}\underset{R^1}{\overset{R^3}{N}}{-}R^2$$

$$(1)$$

Im allgemeinen werden bei dieser Reaktion *Allyl-* oder *Benzylgruppen* umgelagert. Elektronenanziehende Substituenten im Benzenkern erleichtern die Umlagerung von Benzylgruppen. Ein Beispiel einer Stevens-Umlagerung bietet die folgende Reaktion:

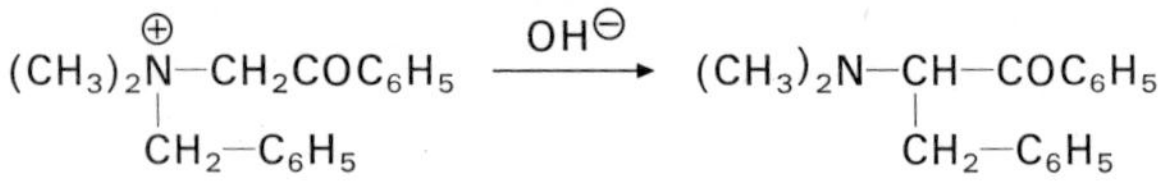

$$(CH_3)_2\overset{\oplus}{\underset{CH_2{-}C_6H_5}{N}}{-}CH_2COC_6H_5 \xrightarrow{OH^{\ominus}} (CH_3)_2N{-}\underset{CH_2{-}C_6H_5}{CH}{-}COC_6H_5$$

Wittig-Umlagerung. *Benzyl-* und *Allylether* erfahren unter dem Einfluß einer Base eine zur Stevens-Umlagerung analoge Reaktion. Da diese Substrate aber im allgemeinen noch weniger stark sauer sind als die bei der Stevens-Umlagerung diskutierten quartären Ammoniumionen, werden *stärkere Basen* (Natriumamid, Phenyllithium) benötigt.

Beispiele:

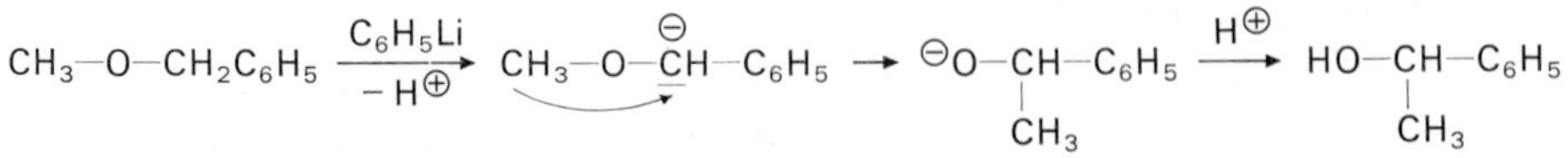

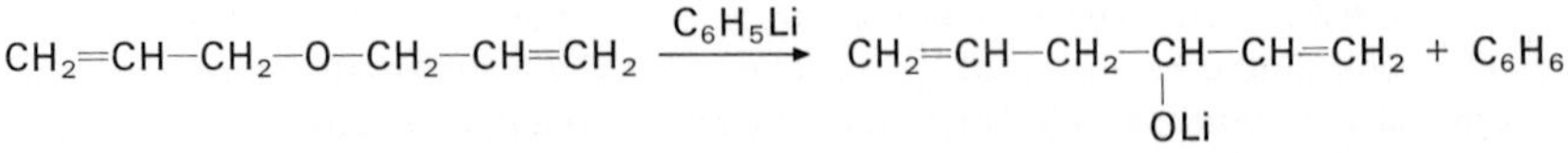

$$CH_3{-}O{-}CH_2C_6H_5 \xrightarrow[- H^{\oplus}]{C_6H_5Li} CH_3{-}O{-}\overset{\ominus}{C}H{-}C_6H_5 \rightarrow {}^{\ominus}O{-}\underset{CH_3}{CH}{-}C_6H_5 \xrightarrow{H^{\oplus}} HO{-}\underset{CH_3}{CH}{-}C_6H_5$$

$$CH_2{=}CH{-}CH_2{-}O{-}CH_2{-}CH{=}CH_2 \xrightarrow{C_6H_5Li} CH_2{=}CH{-}CH_2{-}\underset{OLi}{CH}{-}CH{=}CH_2 + C_6H_6$$

Favorski-Umlagerung. Behandelt man α-*Halogenketone* mit *Basen,* so erhält man einen *Ester mit umgelagertem C-Gerüst:*

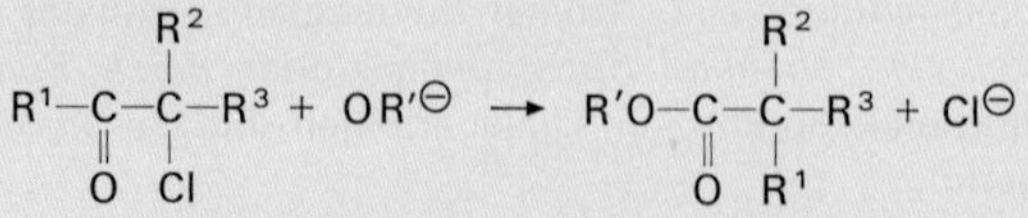

$$R^1{-}\underset{O}{\overset{\parallel}{C}}{-}\underset{Cl}{\overset{R^2}{C}}{-}R^3 + OR'^{\ominus} \rightarrow R'O{-}\underset{O}{\overset{\parallel}{C}}{-}\underset{R^1}{\overset{R^2}{C}}{-}R^3 + Cl^{\ominus}$$

Verwendet man als Base Hydroxid-Ionen bzw. Amine an Stelle von Ethylat, so erhält man das Anion bzw. Amid der betreffenden Carbonsäure. Zyklische Halogenketone ergeben *Ringverengerung:*

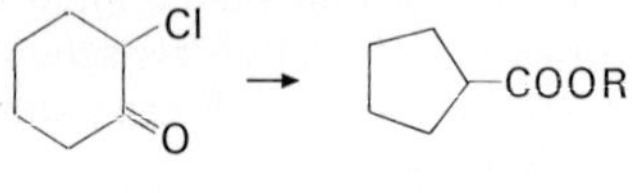

Die Favorski-Umlagerung ist deshalb zur Gewinnung von Cyclopentan-, Cyclobutan- und Cyclopropanderivaten von präparativem Interesse.

Der *Mechanismus* dieser Umlagerung ist sehr eingehend untersucht worden. Die Tatsache, daß die beiden Verbindungen (2) und (3) dasselbe Produkt (4) ergeben, zeigt, daß nicht einfach der Substituent R^1 an die Stelle des Halogenatoms treten kann, denn dann müßte man aus (2) und (3) zwei verschiedene Produkte erhalten.

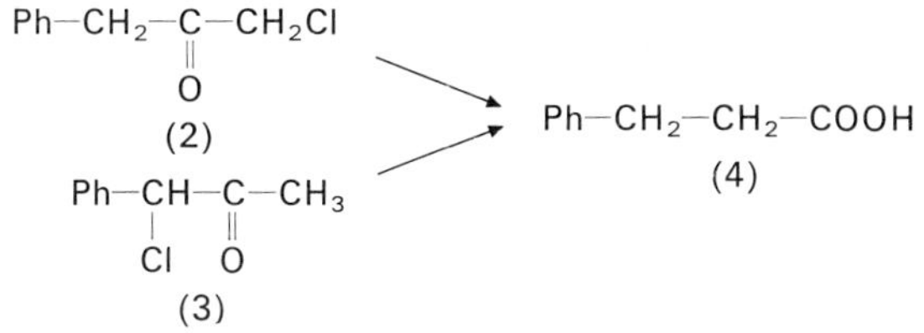

Beim Ausgangsstoff (3) ist also nicht die Methylgruppe, sondern die C_6H_5CH-Gruppe umgelagert worden. Weitere Aufschlüsse über den Reaktionsmechanismus lieferten Untersuchungen an α-Chlorcyclohexanon, dessen C-Atome 1 und 2 mit ^{14}C markiert worden waren:

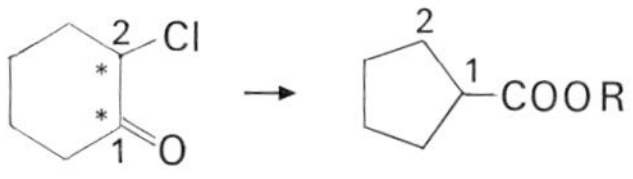

Im Produkt (der Cyclopentancarbonsäure) waren die ^{14}C-Atome zu 50% auf das Carbonyl-C-Atom und zu je 25% auf die C-Atome 1 und 2 verteilt. Da bereits der Ausgangsstoff 50% der Gesamtradioaktivität im Carbonyl-C-Atom enthielt, hat sich an diesem durch die Umlagerung offenbar nichts geändert. Wäre das C-Atom 6 des Ausgangsstoffes an das C-Atom 2 gewandert, so dürfte neben dem Carbonyl-C-Atom nur das C-Atom 1 des Produktes radioaktiv sein; wäre anderseits die Umlagerung durch Wanderung des C-Atoms 2 zum C-Atom 6 erfolgt, so wäre im Produkt neben dem Carbonyl-C-Atom nur das C-Atom 2 radioaktiv:

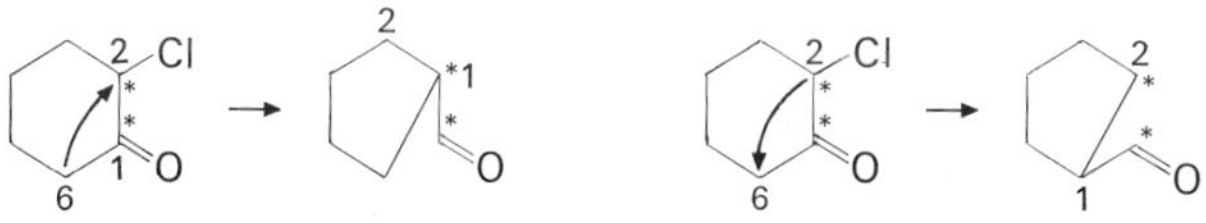

Die Tatsache, daß im Produkt gleich viele ^{14}C-Atome in den Positionen 1 und 2 gefunden werden, beweist, daß beide Umlagerungen mit gleicher Wahrscheinlichkeit eingetreten sind. Da nun aber im α-Chlorcyclohexanon die beiden Atome 2 und 6 nicht äquivalent sind, muß ein *symmetrisch gebauter Zwischenstoff* gebildet worden sein, der einen *Cyclopropanring* enthalten muß. Die Umlagerung muß daher folgendermaßen formuliert werden:

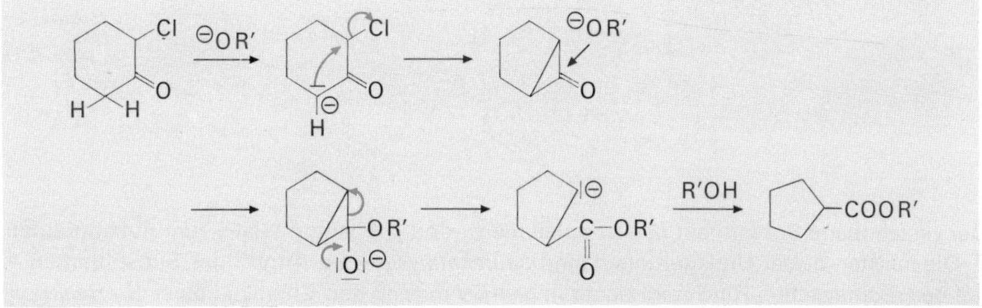

Damit die Umlagerung überhaupt möglich ist, muß an demjenigen α-C-Atom, welches kein Halogenatom trägt, ein H-Atom vorhanden sein. Der *allgemeine Mechanismus* kann also wie folgt dargestellt werden:

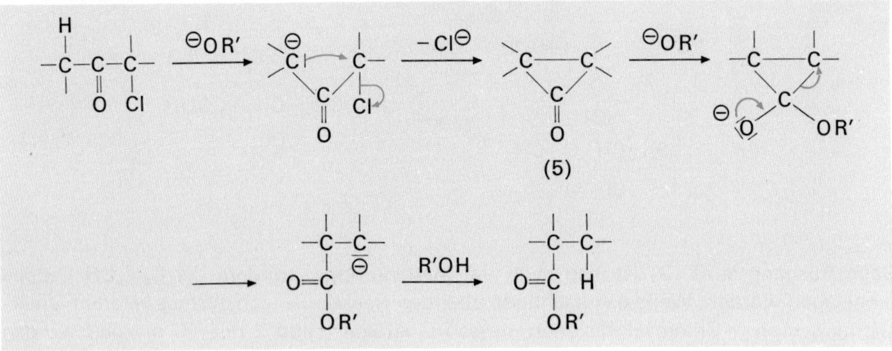

(5)

Ist das Cyclopropanon-Derivat (5) nicht symmetrisch gebaut, so erfolgt die Ringöffnung in der Weise, daß das stabilere der beiden möglichen Carbanionen entsteht. Dies erklärt, warum (2) und (3) (S.835) dasselbe Produkt liefern, denn in beiden Fällen entsteht das Zwischenprodukt (6), welches ausschließlich das mesomeriestabilisierte Carbanion (7) ergibt:

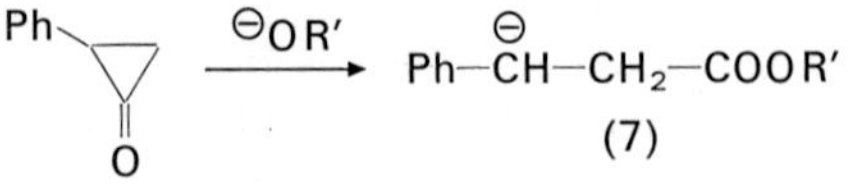

(6)   (7)

Zwischenprodukte mit der Cyclopropanonstruktur konnten allerdings bisher noch nicht isoliert werden; es ist jedoch möglich, sie durch eine Art Diels-Alder-Reaktion mit Furan abzufangen und dadurch nachzuweisen.

18.5   Umlagerungen an aromatischen Ringen

Auch an *aromatischen* Verbindungen können Umlagerungen auftreten. Dabei verschiebt sich ein Substituent A von einem Heteroatom Z an den aromatischen Ring:

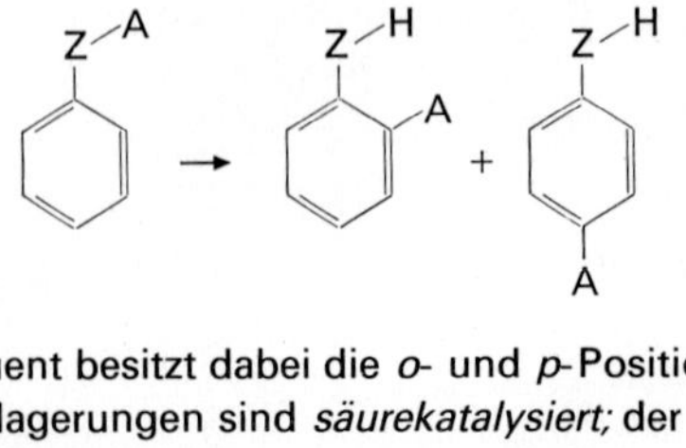

Der verschobene Substituent besitzt dabei die *o*- und *p*-Position relativ zum Substituenten Z. Die meisten dieser Umlagerungen sind *säurekatalysiert;* der Angriff des Substituenten A auf den aromatischen Ring zeigt damit in gewissem Maß den Charakter einer S_E-*Reaktion.*

Umlagerungen von Phenolderivaten. Eine bekannte Umlagerung dieser Art ist die schon früher (S. 698) erwähnte *Fries-Umlagerung* von Arylestern zu Hydroxyketonen:

Die Fries-Umlagerung liefert sowohl *o*- wie *p*-Hydroxyketone. Bei niedrigeren Temperaturen werden bevorzugt *p*-substituierte Produkte gebildet, während bei höheren Temperaturen hauptsächlich *o*-Substitutionsprodukte entstehen. Wahrscheinlich ist die Bildung des *p*-Substitutionsproduktes kinetisch gesteuert und erfolgt damit rascher; das *o*-Produkt scheint hingegen trotz der relativen Nähe der beiden Substituenten stabiler zu sein, da sich ein *Chelatkomplex* bilden kann:

In einzelnen Fällen lassen sich auch *m*-Substitutionsprodukte erhalten. Ebenso wie bei Friedel-Crafts-Reaktionen erschweren am Ring vorhandene *meta*-dirigierende Substituenten die Umlagerung. Ihr Mechanismus ist nicht genau bekannt. Versuche, in denen Phenolester in Gegenwart anderer Aromaten wie z. B. Toluen umgelagert wurden, ergaben zum Teil auch acyliertes Toluen, so daß die Umlagerung (wenigstens in diesen Fällen) als intermolekulare Reaktion verläuft. In jedem Fall bildet sich aber zunächst ein Additionsprodukt aus $AlCl_3$ und dem Ester.

Umlagerungen von Derivaten des Anilins. Behandelt man N-Halogenacetanilide mit Mineralsäure, so findet eine Umlagerung zum *o*- und *p*-Halogenanilid statt. Dabei wird das Halogenatom (als positives Ion) zunächst vom N-Atom abgetrennt, so daß nachher eine normale S_E-Reaktion stattfinden kann und *keine eigentliche Umlagerung* auftritt. Die beiden Produkte (*o*- und *p*-Halogenacetanilid) werden im gleichen Mengenverhältnis gebildet wie bei der direkten Substitution:

Eine Reihe weiterer Umlagerungen verläuft ebenfalls *intermolekular*. So ergibt *Diazoaminobenzen* (das primäre Produkt der Azokupplung von diazotiertem Anilin mit Anilin) mit Säure *p*-Aminoazobenzen, *N-Alkyl-N-nitrosoanilin* *p*- (und wenig *o*-) Nitroso-N-methylanilin und schließlich *N,N-Dimethylaniliniumchlorid* 2,4-Dimethylanilin. Die letztgenannte Umlagerung erfordert ziemlich starkes Erwärmen.

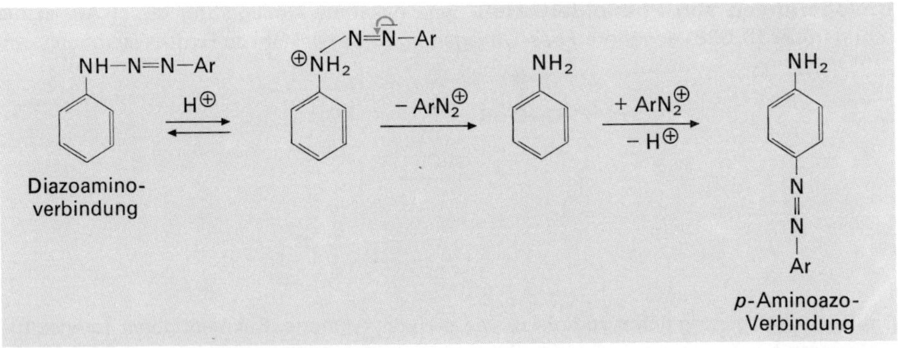

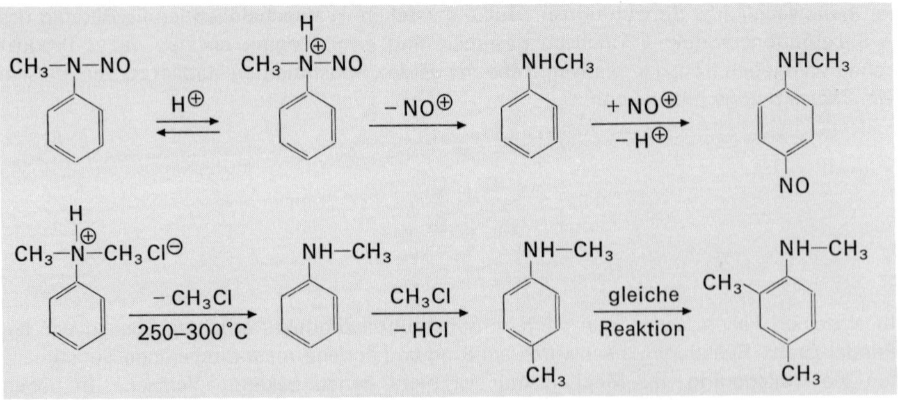

Diazoamino-
verbindung

p-Aminoazo-
Verbindung

Eine formal ähnliche Reaktion, die Umlagerung von *N-Arylhydroxylaminen* zu *Aminophe-nolen,* verläuft dagegen anders, indem die konjugierte Säure des Hydroxylaminderivates einen nucleophilen Angriff durch das Lösungsmittel erfährt:

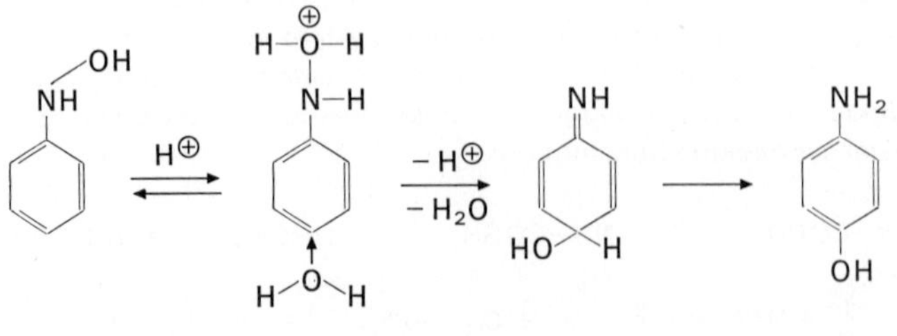

Verwendet man Alkohole als Lösungsmittel, so erhält man das entsprechende Alkoxyderi-vat.

Die letztgenannte Reaktion ist von präparativem Interesse zur Herstellung von *p*-Amino-phenolen, da Arylhydroxylamine durch Reduktion von Nitroverbindungen leicht zugäng-lich sind. Es ist dabei nicht notwendig, das Hydroxylamin zu isolieren; so liefert z. B. die elektrolytische Reduktion von *o*-Chlornitrobenzen in Gegenwart von Schwefelsäure direkt 2-Chlor-4-hydroxyanilin:

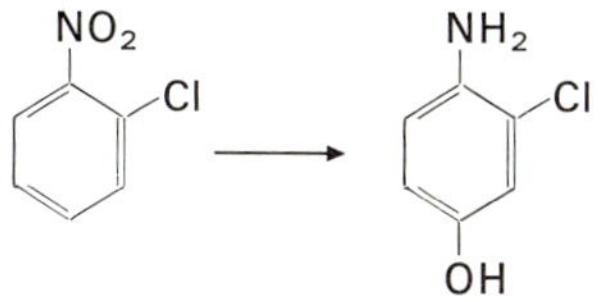

Neben diesen «Umlagerungen», die alle intermolekular verlaufen und somit gar keine echten Umlagerungen sind, kennt man auch einige *intramolekulare* Umlagerungen von Anilinderivaten. Die wichtigste dieser Reaktionen ist die *Benzidin-Umlagerung:*

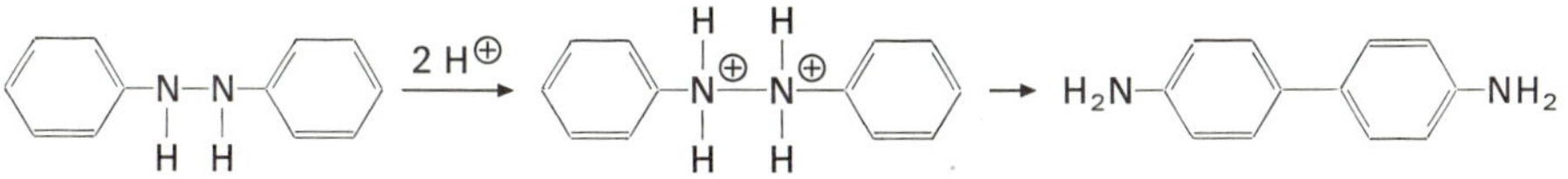

Auch Hydrazobenzen läßt sich durch Reduktion von Nitrobenzen gewinnen, so daß auf dem Weg über diese Umlagerung 4,4-disubstituierte Biphenylderivate zugänglich sind. Neben dem Hauptprodukt der Umlagerung, *Benzidin,* entsteht in kleinen Mengen auch *Diphenylin.* Ist eine *p*-Stellung des Hydrazobenzens besetzt, so erhält man je nach der Art dieses Substituenten Diphenyline oder *o*- und *p-Semidine* als Produkte; bei doppelter *p*-Substitution im Hydrazobenzen bilden sich nur *o*-Semidine.

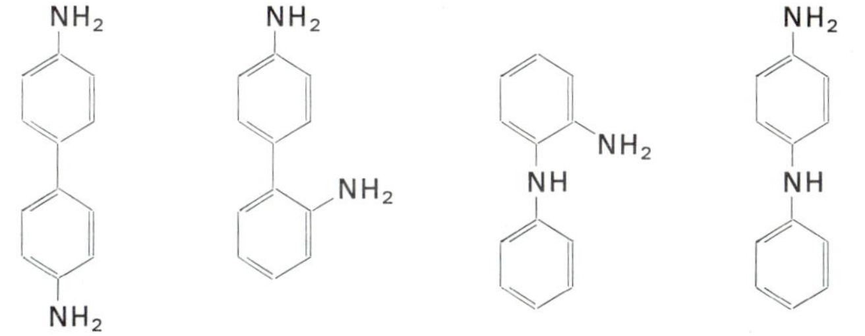

Benzidin   Diphenylin   *o*-Semidin   *p*-Semidin

Eine Erklärung für das Auftreten der verschiedenen Produkte bietet die folgende Vorstellung vom Reaktionsablauf: Durch die Säure wird zuerst ein N-Atom des Hydrazobenzens protoniert. Durch Trennung der N—N-Bindung bildet sich neben einem Anilinmolekül ein *Kation,* welches als starkes *Elektrophil* wirkt und das naheliegende Anilin – mit dem es einen π-Komplex bildet, in dem die beiden Ringe *sandwichartig* angeordnet sind – substituieren kann. Im Komplex befinden sich die *p*-Stellungen in einer zur Bildung einer neuen Bindung besonders günstigen Lage:

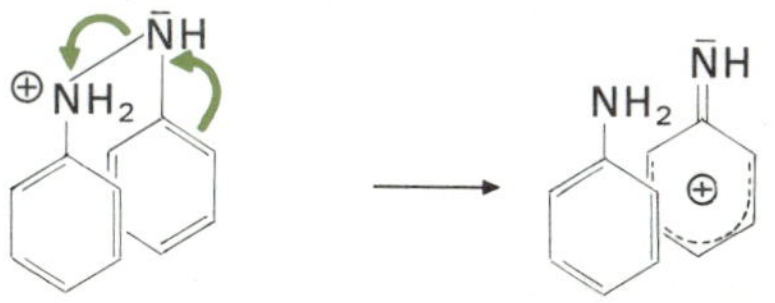

π-Komplex

Schema (die delokalisierten Elektronen der aromatischen Ringe sind nicht eingezeichnet):

(1)

H_2N—◇—◇—NH_2 (+ 2$H^{\oplus}$)

Eine gegenseitige Verdrehung der Ringe im π-Komplex (1) um 60°, 120° bzw. 180° führt dann zur Bildung von *o*-Semidin, Diphenylin bzw. *p*-Semidin:

Über die *Claisen*- und *Cope-Umlagerung* siehe S. 577 ff.

Übungen

18.1   Charakterisieren Sie die verschiedenen Arten von Umlagerungen. Nennen Sie je zwei Beispiele für anionotrope und kationotrope Umlagerungen!

18.2   Beschreiben Sie die für Sextett-Umlagerungen zu C-Atomen möglichen Mechanismen!

18.3   Welche Beweise existieren, daß bei gewissen Umlagerungen tatsächlich protonierte Cyclopropanringe als Zwischenstoffe auftreten?

18.4   Beschreiben Sie den vollständigen Mechanismus der Neopentylumlagerung!

18.5   Wie verlaufen Sextett-Umlagerungen zu C-Atomen in stereochemischer Hinsicht?

18.6   Was ist bei den Reaktionen zwischen folgenden Stoffen zu erwarten:
(a) *n*-Propylamin + HNO_2, (b) Isobutylchlorid + $AlCl_3$ (Erhitzen), (c) Solvolyse von $(C_6H_5)_2CH$—CH_2Br, (d) $(CH_3)_3C$—CH_2Cl + $OH^{\ominus}$

18.7   Erklären Sie die Leichtigkeit, mit der verschiedene Alkyl- bzw. Arylgruppen umgelagert werden und beschreiben Sie die Experimente, mit deren Hilfe diese Verhältnisse untersucht worden sind!

18.8   Erklären Sie den Verlauf folgender Umlagerungen:
(a) α-Pinen → Bornylchlorid, (b) Camphenhydrochlorid → Isobornylchlorid, (c) Borneol → Camphen

18.9   Beschreiben Sie folgende Namen-Reaktionen:
(a) Tiffeneau-Umlagerung, (b) Beckmann-Umlagerung, (c) Favorski-Umlagerung, (d) Wolff-Umlagerung, (e) Wittig-Umlagerung, (f) Wittig-Reaktion, (g) Cope-Elimination, (h) Cope-Umlagerung, (i) Claisen-Umlagerung, (k) Stevens-Umlagerung

18.10   Wie reagieren folgende Substanzen miteinander:
(a) Acetophenon + Diazomethan →
(b) Ethylbenzylether + Phenyllithium →
(c) Chloraceton + Natriumethylat →

OCH$_3$
(d)   (CH$_3$)$_2$C$-$C(CH$_3$)$_2$ + Ag$^{\oplus}$ + H$_2$O $\longrightarrow$
                   Br

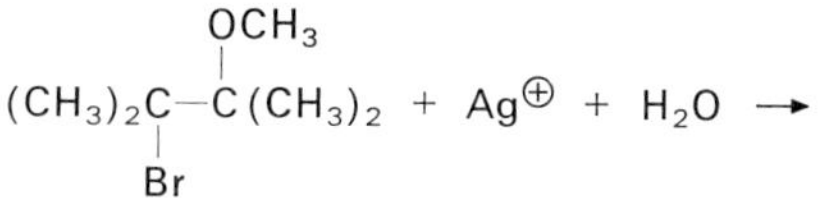

OCH$_3$
(e)   (CH$_3$)$_2$C$-$CH$-$CH$_3$ + Ag$^{\oplus}$ + H$_2$O $\longrightarrow$
                   Br

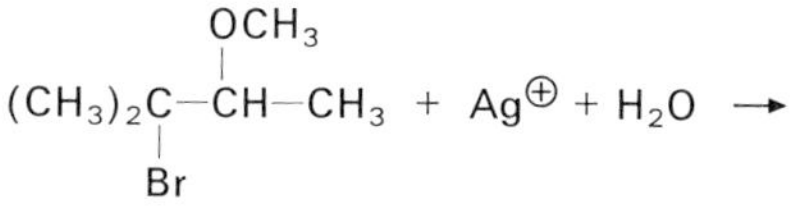

(f)   Pivalinsäure + HN$_3$ (in H$_2$SO$_4$) $\longrightarrow$

(g)   Phthalimid + NaOBr $\longrightarrow$

18.11   Wie kann man folgende Substanzen gewinnen:

(a) *p*-Hydroxyacetophenon (aus Acetophenon), (b) *β*-Phenylpropionsäure,

(c) *o*-Hydroxyallylphenol, (d) 2,6-Heptadien, (e) p,p'-Dihydroxybiphenyl

18.12   Beschreiben Sie den genauen Verlauf folgender Umlagerungen:

(a) *o,o'*-Dichlorphenylallylether $\longrightarrow$ *o,o'*-Dichlor-*p*-allylphenol

(b) *α*-Chlor-*α'*-phenylaceton $\longrightarrow$ *β*-Phenylpropionsäure

(c) 3-Hydroxy-1,5-hexadien $\longrightarrow$ 2-Cyclohexen-1-on

(d) Diazoaminobenzen $\longrightarrow$ *p*-Aminoazobenzen

(e) Phenylhydroxylamin $\longrightarrow$ *p*-Aminophenol

18.13   Erklären Sie die Begriffe «entartete Cope-Umlagerung» und «Valenzisomerie»! Worin besteht der Unterschied zwischen Valenzisomerie und Mesomerie?

18.14   Welche Produkte entstehen bei folgenden Reaktionen:

(a)   (CH$_3$)$_3$C$-$CH$=$CH$_2$ + HCl $\longrightarrow$

(d) + H$^{\oplus}$ $\longrightarrow$

                   Ph
(b)   CH$_3$O$-$⟨benzene⟩$-$C$-$CH$_2$OH + H$^{\oplus}$ $\longrightarrow$
                   Ph

(e) + OH$^{\ominus}$ $\longrightarrow$

       An An
(c)   Ph$-$C$-$C$-$Ph + H$^{\oplus}$ $\longrightarrow$
       OH OH

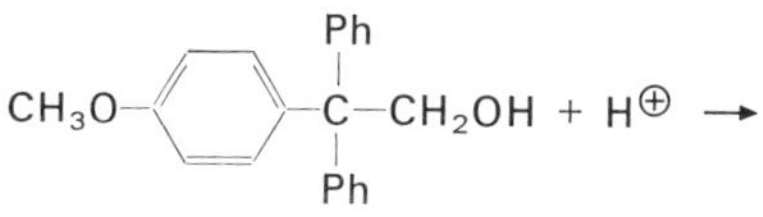

(f)   CHO
       | + OH$^{\ominus}$ $\longrightarrow$
       CHO

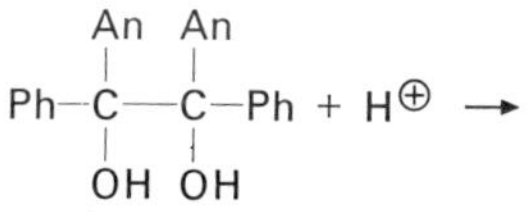

(An = Anisyl-)

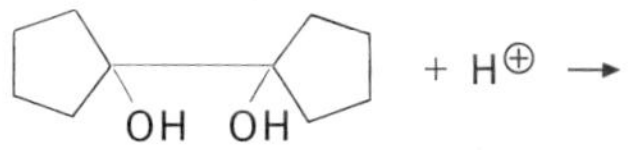

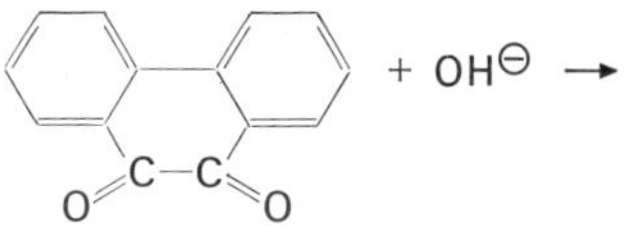

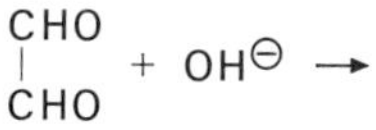

18.15   Wie lassen sich die folgenden Substanzen aus relativ einfach gebauten Ausgangsstoffen herstellen:

(a)   (CH$_3$)$_3$C$-$CH$_2$$-$COOH

(b)   (CH$_3$)$_3$C$-$NH$_2$

(c)   Cycloheptanon

(d)   Anthranilsäure

(e)   *o*-Hydroxyacetophenon

(f)   Cyclopropancarbonsäuremethylester

(g)   Ph$_2$C⟨$\substack{-OH \\ -COOH}$⟩

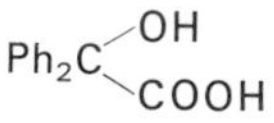

(h)   (C$_2$H$_5$)$_3$C$-$C$-$C$_2$H$_5$
                        ‖
                        O

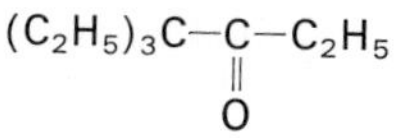

19   Zur Planung organischer Synthesen

Die Synthese von Verbindungen ist seit den frühesten Zeiten der organischen Chemie eine zentrale Aufgabe des organischen Chemikers, und sie hat auch heute noch nichts von ihrer Bedeutung und ihrer Attraktivität eingebüßt. *«Synthesis of organic compounds lies in the heart of the science»* (Hendrickson, Cram, Hammond). Ein großer Teil der Zivilisation der heutigen Welt beruht auf der synthetischen Arbeit organischer Chemiker: Herstellung von Pharmaka, Insektiziden, Fungiziden, Farbstoffen, Detergentien, Kunststoffen und -fasern, Lösungsmitteln, Riech- und Aromastoffen, Textilhilfsmitteln, Schmierölen, Lacken usw. Insbesondere müssen fast ungezählte Verbindungen synthetisiert und auf ihre Wirksamkeit geprüft werden, um ein Medikament gegen eine bestimmte Krankheit oder eine andere biologisch wirksame Substanz zu entwickeln, denn die Zusammenhänge zwischen chemischer Konstitution und physiologischer Wirkung sind auch heute noch sehr unvollkommen bekannt[1]. Auch der theoretisch arbeitende Organiker benötigt Substanzen – oft von ungewöhnlicher Konstitution –, um an ihnen seine Theorie zu überprüfen; diese müssen natürlich ebenfalls zuerst synthetisiert werden. Die Synthese eines komplizierten Naturstoffes schließlich stellt in jedem Fall eine Herausforderung an das Können des Synthetikers dar; die Totalsynthese einer Substanz bildet zudem auch heute noch den eindeutigsten *Beweis* für ihre *Konstitution*. Nicht vergessen werden soll, daß im Zusammenhang mit rein präparativen Arbeiten, etwa der Synthese eines Naturstoffes, nicht nur ungezählte neuartige und interessante Reaktionen entdeckt, sondern auch theoretische Erkenntnisse oder Konzepte von in manchen Fällen umfassender Bedeutung entwickelt worden sind. Es sei hier nur an eines der wichtigsten Ergebnisse der theoretischen organischen Chemie der letzten 15 Jahre, das Prinzip der Kontrolle der Orbitalsymmetrie (S. 546) erinnert, das von Woodward und Hoffmann im Zusammenhang mit Beobachtungen an gewissen Synthesestufen des Vitamins B_{12} aufgestellt worden ist und das seither seine heuristische Bedeutung unzählige Male unter Beweis gestellt hat.

Syntheseplanung. Die Planung und Durchführung der Synthese einer Substanz von auch nur einigermaßen komplizierter Konstitution ist keine «Wissenschaft», die man mit Hilfe bestimmter Regeln «erlernen» kann, sondern ist auch heute noch eine *«Kunst».* Sie erfordert nicht nur eine gründliche Kenntnis der zur Verfügung stehenden Reaktionen, ihrer Mechanismen und ihres sterischen Verlaufes, sondern auch Fingerspitzengefühl – «Intuition» – dafür, welche der verschiedenen möglichen Reaktionen für den betreffenden Zweck am besten geeignet ist. Es kann vorkommen, daß auf dem Papier ganz ausgezeichnet scheinende Synthesewege nicht beschritten werden können, weil vielleicht ein Zwischenprodukt schwer abzutrennen oder zu reinigen ist oder weil vielleicht die Ausbeute eines Reaktionsschrittes stark vom Reinheitsgrad der verwendeten Substanzen abhängt (wobei nicht immer die reinsten Substanzen die höchsten Ausbeuten liefern!). In gewisser Hinsicht läßt sich die Planung und Durchführung einer organischen Synthese einer Schachpartie vergleichen: die ersten Züge folgen zwar oft (jedoch nicht immer) bekannten und allgemein üblichen Regeln; der weitere Verlauf der Partie hängt jedoch in weitem Maß von den

---

[1] Man schätzt, daß heute etwa eine von 20 000 synthetisierten Substanzen als Medikament brauchbar ist, d. h. nicht nur die beabsichtigte Wirkung besitzt, sondern auch keine schädlichen Nebenwirkungen zeigt und unter vertretbarem Aufwand herstellbar ist.

Überlegungen der Spieler ab, wobei ein Könner die möglichen Züge und ihre Folgen im Voraus zu überblicken imstande ist, was dem Anfänger – der häufig nur gerade die nächstliegenden Möglichkeiten erkennt – oft unverständlich oder unbegreiflich vorkommt. Auch die Klarheit und Eleganz einer Synthese hängt völlig von den Fähigkeiten des Chemikers ab, die organischen Reaktionen und ihre Konsequenzen zu überblicken und zwar sowohl was Produkte und Nebenreaktionen als auch Mechanismen und Stereochemie betrifft.

In jedem Fall wird man danach trachten, die Synthese in möglichst *wenig Reaktionsschritten* durchzuführen, einerseits aus Zeitgründen, andererseits aus Gründen der *Ausbeute,* wobei bei industriell durchgeführten Synthesen beide Gesichtspunkte besonders ins Gewicht fallen, denn beide können für die Wirtschaftlichkeit einer bestimmten Synthese entscheidend sein. Die Gesamtausbeute einer mehrstufigen Synthese ist gleich dem Produkt der Ausbeuten der einzelnen Stufen mal 100; wenn z. B. jeder Schritt einer fünfstufigen Synthese mit einer Ausbeute von 90 % verläuft, wird die Gesamtausbeute somit nur 59 %. Ist die Ausbeute einer einzigen Stufe sehr klein, so kann dadurch die Gesamtausbeute so niedrig werden, daß die betreffende Reaktionsfolge für die Synthese ausscheidet.

Manchmal muß allerdings trotz allem ein «längerer» Syntheseweg beschritten werden, z. B. dann, wenn das gewünschte Produkt als Bestandteil eines *Gemisches* erhalten wird und aus diesem nur schwierig abzutrennen ist. So könnte man z. B. daran denken, 2-Chlor-2-methylbutan durch Chlorieren von 2-Methylbutan in einem einzigen Reaktionsschritt zu gewinnen; da aber das Produkt von den gleichzeitig gebildeten isomeren monochlorierten und auch polychlorierten Produkten nur unter Schwierigkeiten abzutrennen ist, wird man in diesem Fall einen Syntheseweg bevorzugen, der zwar länger ist und dadurch mit geringerer Ausbeute verläuft, der aber das Problem der Trennung umgeht. Um eine möglichst große Gesamtausbeute zu erhalten, wird man ein kompliziert gebautes Molekül auch meist *nicht* durch *lineare* Aufeinanderfolge verschiedener Syntheseschritte aufbauen, sondern man synthetisiert zuerst verschiedene *«Bestandteile»* einzeln und überführt diese anschließend in einem oder zwei Schritten in das gewünschte Produkt. Wie das nachstehende Schema zeigt, wird dann die Gesamtausbeute beträchtlich höher.

«linearer» Aufbau:

$$ A \xrightarrow{\ B\ } AB \xrightarrow{\ C\ } ABC \xrightarrow{\ D\ } ABCD \xrightarrow{\ E\ } ABCDE \xrightarrow{\ F\ } ABCDEF $$

Jeder Schritt mit 90 % Ausbeute ergibt eine Totalausbeute von 59 %.

«verzweigter» Aufbau:

$$ A \xrightarrow{\ B\ } AB \xrightarrow{\ C\ } ABC $$
$$ D \xrightarrow{\ E\ } DE \xrightarrow{\ F\ } DEF $$
$$ \Big\rangle \longrightarrow ABCDEF $$

Hier folgen nur drei Schritte aufeinander; verläuft jeder von ihnen mit 90 % Ausbeute, so ist die Totalausbeute 73 %.

Bei jeder Synthese folgt man einem möglichst festumrissenen **Syntheseplan**. Bei der Aufstellung eines solchen Plans beginnt man gewöhnlich nicht mit einer für die vorliegende Aufgabe zweckmäßig scheinenden Ausgangssubstanz; der Schlüssel zur Aufstellung eines erfolgversprechenden Syntheseplans liegt vielmehr darin, daß man das Problem **rückwärts** anpackt. *Man geht also von der zu synthetisierenden Substanz aus und zerlegt sie durch Umkehrung bekannter Synthesereaktionen schrittweise in Zwischenprodukte von einfacherer Konstitution,* bis man schließlich zu möglichen, einfach gebauten und käuflichen Ausgangsstoffen gelangt. Dabei kann man von der vernünftigen Annahme ausgehen, daß die allermeisten monofunktionellen Verbindungen mit bis zu fünf C-Atomen käuflich und damit in den Katalogen der Chemikalienfirmen (Merck, Fluka, Aldrich, Baker usw.) zu finden sind. Fast stets werden sich dabei verschiedene Synthesewege anbieten, die auch von verschiedenen Ausgangsstoffen ausgehen; der *Entscheid* darüber, welcher Weg schließlich beschritten werden soll, kann z. B. durch die Ausbeuten einzelner Reaktionsschritte, durch die Reaktionsbedingungen, durch den Zeitaufwand oder – im Falle industrieller Synthesen – durch die Wahl möglichst billiger Ausgangsstoffe, durch die Wirtschaftlichkeit bestimmter Operationen, durch den Ausschluß von Nebenreaktionen usw. beeinflußt werden. Den Entscheid für einen bestimmten Syntheseweg bzw. für die «richtige» oder zweckmäßigste Ausgangssubstanz muß der Chemiker durch eine Kombination von logischer Analyse und Intuition fällen. Dabei lassen sich bestimmte *Strukturen* oft *bestimmten Reaktionstypen assoziieren:* Cyclohexenderivate der Diels-Alder-Reaktion, 1,n-Dicarbonylverbindungen der oxidativen Spaltung von n-gliedrigen Cycloalkenen, 1,3-Dicarbonylverbindungen der Esterkondensation, 1,5-Dicarbonylverbindungen der Michael-Addition, α,β-ungesättigte Carbonylverbindungen der Aldol-Addition bzw. verwandten Reaktionen usw. Der Leser wird bei seiner eigenen präparativen Arbeit neben einem guten Praktikumsbuch auch das «Syntheseregister» (S.1155) und den Anhang A (S.1077) zu Rate ziehen; um sich einen Uberblick zu verschaffen, ist es zweckmäßig, sich ausführliche Tabellen von der Art der Tabelle 19.1 selbst zusammenzustellen.

Es überrascht nicht, daß zur Planung von Synthesen auch *Computer* eingesetzt werden. Wenn man in einem Computer eine genügend große Zahl organischer Reaktionen (samt den entsprechenden Literaturangaben) speichert, kann er mögliche Synthesewege vorschlagen, falls man ihm die Konstitution des zu synthetisierenden Moleküls eingibt. Aus verschiedenen Gründen (sehr große Zahl von Möglichkeiten bei Molekülen von komplizierter Konstitution, sehr teure Geräte, die den wenigsten Universitätsinstituten oder Firmen zur Verfügung stehen) wird die computergesteuerte Synthese aber auch in Zukunft nur für Sonderfälle Verwendung finden und wird die experimentelle Arbeit des organischen Chemikers im Laboratorium keinesfalls ersetzen.

Reaktionsschritte einer mehrstufigen Synthese. Prinzipiell lassen sich die folgenden Aufgaben der Reaktionsschritte bei einer Synthese unterscheiden:

(a) der Aufbau des betreffenden *Kohlenstoff-Skelettes* aus kleineren Bestandteilen oder eventuell durch Modifikation eines vorhandenen Kohlenstoffgerüstes und

(b) die Einführung bzw. Umwandlung *funktioneller Gruppen*

Zum Aufbau eines Kohlenstoffgerüstes sind insbesondere solche Reaktionen wichtig, bei denen C—C-Bindungen neugebildet werden. Dazu gehören die z. B. zahlreichen Reaktionen von Carbanionen (Aldoladdition, Esterkondensation, α-Alkylierung und -Acylierung von Carbonylverbindungen, Michael-Additionen), weiter die Wittig-Reaktion, die Mannich-Reaktion, Cycloadditionen, elektrozyklische ($\sigma \rightleftarrows \pi$)-Isomerisierungen, die Friedel-

Tabelle 19.1. Eine Auswahl von Reaktionstypen, die für die Synthese organischer Verbindungen von Bedeutung sind

I. Methoden zur Verknüpfung von C-Atomen

  A. Substitutionsreaktionen

    1. Nucleophile Substitutionen mit C-Nucleophilen

    2. Elektrophile Substitutionen mit C-Elektrophilen (Friedel-Crafts)

    3. S_N2_t-Reaktionen mit aktiven Methylenverbindungen (Claisen-Reaktion)

  B. Additionsreaktionen

    1. Additionen an Alkene

      a) Elektrophile Addition

      b) Carben-Addition

      c) Cycloaddition

    2. Addition an Carbonylgruppen

      a) 1,2-Addition:

        – stark polarisierte C-Verbindungen (Wittig-Reaktion, Schwefel-Ylid-Reaktionen)

        – Metallorganische Verbindungen

        – Cyanwasserstoff

        – Aktive Methylenverbindungen (Reaktionen vom Typus der Aldoladdition)

      b) Vinyloge Addition:

        – stark polarisierte C-Verbindungen

        – Metallorganische Verbindungen

        – Michael-Addition

  C. Umlagerungen

II. Methoden zum Austausch funktioneller Gruppen

  A. Substitutionsreaktionen

    1. Nucleophile Substitutionen mit Heteroatom-Nucleophilen

    2. Elektrophile aromatische Substitution mit Heteroatom-Elektrophilen

    3. Radikalsubstitution mit Heteroatom-Radikalen

    4. S_N2_t-Reaktionen von Acylverbindungen

  B. Additionsreaktionen

    1. Elektrophile Additionen an Doppel- oder Dreifachbindungen

    2. Nucleophile Additionen an Carbonylgruppen

    3. Reduktionen

  C. Eliminationsreaktionen

    1. $C-C \rightarrow C{=}C \rightarrow C{\equiv}C$

    2. Oxidationen

  D. Spaltung von C—C-Bindungen

    1. Oxidative Spaltung von Mehrfachbindungen

    2. Decarboxylierungen

Crafts-Reaktion, Grignard-Reaktionen usw. Zur Modifikation von Kohlenstoffgerüsten dienen z. B. die oxidative Spaltung von Doppelbindungen oder von β-Dicarbonylverbindungen, die Arndt-Eistert-Reaktion, die Wagner-Meerwein- und Pinakol-Umlagerungen, die sigmatropen Verschiebungen, die Decarbonylierung von Aldehyden oder Säurechloriden usw. Auch oxidative Kupplungen oder Kupplung mit Lithiumdialkylkupferverbindungen sind zum Aufbau von Kohlenstoffskeletten geeignet. Viele dieser Reaktionen lassen sich auch für Ringschlüsse verwenden.

Häufig geht es darum, eine Kohlenstoffkette um eines oder mehrere C-Atome zu *verlängern:* Reaktion eines Grignard-Reagens mit CO_2, Formaldehyd oder Ethylenoxid, eines Alkylhalogenids mit KCN, Chlormethylierung oder Formylierung von Aromaten, Cyanhydrinsynthese, Reaktionen mit Diazomethan, Arndt-Eistert-Reaktion, Glycidestersynthese, Claisen- und Reformatzki-Reaktion, Malonestersynthese, Stobbe-Kondensation, vinyloge Addition usw.

Oft müssen auch *Kettenverzweigungen* hergestellt werden. Dazu sind beispielsweise die folgenden Reaktionen geeignet: Grignard- und Malonestersynthesen, Michael-Addition, Enamin-Alkylierung und -Acylierung, Acetessigestersynthesen, Acylierung von Estern, Claisen-Kondensation u. a.

Reaktionen, die zur *Einführung von funktionellen Gruppen* oder zur gegenseitigen Umwandlung solcher Gruppen dienen können, haben wir in den vorausgegangenen Kapiteln häufig kennengelernt: S_N-Reaktionen, Additionen, Eliminationen, Substitutionen an aromatischen Ringen usw.; auf eine Aufzählung soll hier verzichtet werden, da der Leser beim Durcharbeiten der Kapitel 7 bis 18 auf Schritt und Tritt solchen Reaktionen begegnet ist. Vgl. auch Tabelle 19.1.

Schutzgruppen und «lenkende» Gruppen. Das Prinzip der *Schutzgruppe – Blockierung einer funktionellen Gruppe* während einer bestimmten Reaktion durch Umwandlung in eine andere Gruppe – haben wir bereits kennengelernt (z. B. S. 591). Beispiele für das Schützen einer funktionellen Gruppe bieten etwa die vorübergehende Bromierung einer Doppelbindung, die Veretherung einer Hydroxylgruppe, die Acetalisierung (Ketalisierung) einer Carbonylgruppe, die Acylierung einer Aminogruppe u.a. Nun kann auch der Fall eintreten, daß man für eine Reaktion eine *«lenkende»* Gruppe benötigt. Es ist nämlich oft schwierig, eine Reaktion regiospezifisch durchzuführen, d.h. sie an eine ganz bestimmte Stelle des Moleküls zu lenken. Dies ist z. B. dann der Fall, wenn das betreffende Substrat in der Nähe des Reaktionszentrums oder am Reaktionszentrum selbst keine funktionelle Gruppe besitzt oder wenn ein Molekül mehrere, ungefähr gleich reaktive Stellen für eine bestimmte Reaktion aufweist, diese Reaktion aber nur an einer dieser Positionen eintreten soll. Man muß dann zunächst eine *aktivierende* Gruppe *einführen* und nach beendeter Reaktion diese Gruppe wieder *entfernen.* Soll beispielsweise eine C-Kette an einem bestimmten C-Atom alkyliert werden, so ist es zweckmäßig, in α-Stellung dazu eine Carbonylfunktion einzuführen, da die Carbonylgruppe nach beendeter Alkylierung z.B. durch Clemmensen-Reduktion leicht wieder entfernt werden kann. Umgekehrt kann es auch notwendig sein, im Verlauf einer Synthese eine bestimmte Stelle eines Moleküls vorübergehend zu blockieren. Beispiele für die Anwendung derartiger «lenkender» Gruppen bieten die Schritte (f) und (i) der Cholesterol-Synthese von Woodward (S. 919).

Synthese von Verbindungen einer verlangten Konfiguration. Bei sehr vielen Synthesen, insbesondere bei der Synthese von Naturstoffen oder biologisch aktiven Substanzen, ist es notwendig, Moleküle einer ganz bestimmten Konfiguration aufzubauen. Diese Aufgabe kann allerdings sehr *schwierig* sein, wenn das betreffende Molekül mehrere Chiralitätszentren besitzt, denn dann werden bei seiner Synthese zahlreiche stereoisomere Konfigurationen gebildet, die voneinander zu trennen sind. Da die Trennung auch eines einzigen Enantiomerenpaares meist recht zeitraubend ist, sucht man durch Benützung stereospezifisch oder mindestens stereoselektiv verlaufender Reaktionen die Synthese in einem möglichst *frühen Stadium* so zu steuern, daß nur oder vorwiegend das gewünschte Isomer entsteht. Unerwünschte Nebenprodukte (Stereoisomere) werden dadurch so wenig lange wie möglich «mitgeschleppt». Dies ist insbesondere auch im Falle *industrieller Synthesen* wichtig, da die «unerwünschten» Isomere Abfallprodukte darstellen, die zu vernichten oder zu rezyklieren sind und die in jedem Fall einen wirtschaftlichen Verlust bedeuten. Liefert eine bestimmte Reaktion zwei unterschiedlich stabile Stereoisomere (z. B. *cis*- und *trans*-Isomere), so kann das weniger stabile Isomer unter Umständen auch mittels einer kinetisch gesteuerten Reaktion erhalten werden.

Industrielle Synthesen. Bei technisch durchgeführten Synthesen müssen zusätzlich zu den bisher betrachteten, die Wahl eines Syntheseweges bestimmenden Faktoren *weitere Erwägungen* in Betracht gezogen werden. So ist es ein großer Vorteil, wenn die Synthese *kontinuierlich* (nicht chargenweise) durchgeführt werden kann, d. h. wenn man die Reaktanten am Anfang der Fabrikationsanlage eingeben und die Produkte ohne Reaktionsunterbrechung fortlaufend gewinnen kann. Schwierig zu handhabende, z. B. extrem giftige oder explosive Ausgangsstoffe oder Zwischenprodukte sollten nach Möglichkeit nicht Verwendung finden. *Lösungsmittel* müssen sich wieder zurückgewinnen lassen und dürfen keine unerwünschte Eigenschaften zeigen. Die Löslichkeit von Chloroform in Wasser ist z. B. genügend groß, daß chloroformhaltiges Abwasser die Mikroorganismen der biologischen Stufe einer Kläranlage abtötet; Chloroform darf daher bei technischen Synthesen nicht mehr verwendet werden. Auch Benzen sollte wegen seiner chronischen Toxizität nicht als Lösungsmittel benützt werden; an seiner Stelle wird zweckmäßigerweise Toluen eingesetzt, das zwar ebenfalls giftig ist, vom Körper jedoch nicht zurückgehalten wird.

Vor allem spielen aber bei technischen Prozessen *ökonomische* und *ökologische* Überlegungen eine große Rolle. Die Ausgangsstoffe sollten möglichst billig und die Ausbeuten hoch sein; Nebenreaktionen sollen möglichst nicht auftreten, und wenn sie unvermeidlich sind, sollen die Nebenprodukte leicht abtrennbar sein und nach Möglichkeit rezykliert werden. Falls eine Beseitigung durch das Abwasser oder in einer Deponie unumgänglich ist, müssen sie zusätzlich in für die Umwelt harmlose Substanzen umgewandelt werden.

Im Gegensatz zu den vielen Laboratoriumsreaktionen, die wir kennengelernt haben und die allgemein «gültig» und verwendbar sind, also mit geringen Modifikationen zur Herstellung ganzer Verbindungsklassen benützt werden können, sind viele technische Prozesse sehr *spezifisch*, d. h. sie lassen sich nur zur Herstellung ganz bestimmter, ausgewählter Verbindungen benützen. Insbesondere sind *Katalysen* bei technischen Vorgängen sehr häufig, wobei oft ganz spezifische Katalysatoren eingesetzt werden müssen, die nur unter bestimmten, sorgfältig ausgewählten Bedingungen wirksam sind. Gasphasenreaktionen sind bei industriellen Prozessen besonders häufig. Die Kontrolle der Reaktionsbedingungen (Verwendung absolut wasserfreier Lösungsmittel, sehr gute Durchmischung, genaues Einhalten der Reaktionstemperatur) ist bei Reaktionen, die in technischem Maßstab (und damit mit viel größeren Substanzmengen als im Laboratorium) durchgeführt werden, besonders wichtig. Insbesondere stellt die Ableitung der *Reaktionswärme* den Verfahrenschemiker oft vor große Probleme, denn es ist einleuchtend, daß eine exotherme Reaktion, die im Labormaßstab mit vielleicht 10 oder 20 Gramm durchgeführt wird, durch Kühlung problemlos zu bewältigen ist, während ein Ansatz von mehreren 100 Kilogramm oder sogar von mehreren Tonnen zu einer Wärmeentwicklung führt, die sehr schwer zu beherrschen ist.

Beispiele von Synthesen. Einige wenige ausgewählte Beispiele sollen das bisher Gesagte verdeutlichen.

1. Beispiel: Herstellung von 2-Methylhexansäure aus C_3- oder C_4-Verbindungen

Am α-C-Atom dieser Carbonsäure tritt eine Kettenverzweigung auf. Es liegt deshalb nahe, eine Kettenverlängerungsreaktion durch Malonestersynthese auszuführen. Es bieten sich dazu zwei Möglichkeiten:

(a) 1-Brombutan wird unter der Wirkung von Natriumethylat mit Malonester kondensiert. Der dabei erhaltene Butylmalonester muß in einem weiteren Schritt mit $CH_3I/NaOC_2H_5$ alkyliert werden. Nach Verseifung und Decarboxylierung des disubstituierten Malonesters hat man das gewünschte Produkt erhalten.

(b) Die Claisenkondensation von Diethylcarbonat mit Propionsäureethylester (S. 603) liefert einen monoalkylierten Malonester:

$$\underset{O}{EtO-\overset{\|}{C}-OEt} \; + \; \underset{}{CH_2-COOEt}^{CH_3} \xrightarrow{NaOEt} \; \underset{O}{EtO-\overset{\|}{C}}-\overset{CH_3}{CH}-\underset{O}{\overset{\|}{C}}-OEt$$

(1)

Das Produkt (1) wird mit 1-Brombutan unter der Wirkung von Natriumethylat umgesetzt, wobei sich derselbe disubstituierte Malonester wie bei a) bildet.

Für die Praxis wäre die Möglichkeit b) wohl deshalb vorzuziehen, weil die Alkylierung von unsubstituiertem Malonester oft nicht immer auf der Stufe des monoalkylierten Produktes anzuhalten ist.

Schließlich wäre auch eine ganz andere Synthesevariante denkbar:

c) 1-Brombutan wird über eine Grignard-Reaktion mit Acetaldehyd umgesetzt. Das gebildete 2-Hexanol wird mit PBr_3 in 2-Bromhexan übergeführt. Über eine Grignard-Reaktion mit CO_2 oder durch Reaktion mit KCN und anschließende Hydrolyse ensteht die gewünschte Säure. Weil Verseifung und Decarboxylierung des Malonesters wegfallen, ist die Variante c) (über Grignard und CO_2) kürzer als die Malonestersynthese. Die beiden Grignard-Reaktionen beanspruchen aber bedeutend mehr Zeit als die Verseifung und Decarboxylierung des Malonesters, so daß deshalb die Synthese nach a) oder b) vorzuziehen ist.

2. Beispiel: Herstellung von 2-Methylcyclohexanon aus Cyclohexanon

Man könnte annehmen, daß das Produkt durch Alkylierung von Cyclohexanon (mit CH_3I unter der Wirkung einer starken Base) leicht zu gewinnen wäre. In der Praxis erhält man dabei aber sehr schwer zu trennende Gemische von mono- und polymethylierten Produkten, so daß ein anderer Syntheseweg zu suchen ist.

Die Carbonylfunktion läßt sich durch Oxidation einer Hydroxylgruppe einführen. Der dazu erforderliche Alkohol kann aus 1-Methylcyclohexen durch Addition von Wasser hergestellt werden. Die regiospezifische Addition wird durch Hydroborierung erreicht:

unbrauchbar

1-Methylcyclohexen sollte sich nun aus Cyclohexanon gewinnen lassen. Dies ist möglich, wenn das Keton über eine Grignard-Reaktion in 1-Methyl-1-cyclohexanol umgewandelt wird. Die säurekatalysierte Elimination liefert dabei vorwiegend das Saytzew-Produkt, verläuft also in der gewünschten Richtung:

Eine andere Möglichkeit der Synthese bietet die Claisen-Kondensation von Cyclohexanon mit Diethyloxalat. Der dabei gebildete α-Ketoester wird decarbonyliert:

Cyclohexanon $\xrightarrow{\text{EtOOCCOOEt}}$ —COCOOEt $\xrightarrow{-\,CO}$ —COOEt

Der β-Ketoester wird alkyliert; anschließend wird das Produkt verseift und decarboxyliert, so daß die gewünschte Substanz erhalten wird:

—COOEt $\xrightarrow[\text{NaOEt}]{CH_3I}$ (O COOEt) $\xrightarrow[CO_2]{NaOH}$ (Produkt)

Da beim ersten Syntheseweg die Elimination nur vorwiegend das Saytzew-Produkt liefert, ist dann nach diesem Schritt eine sorgfältige Trennung der beiden Produkte notwendig. Der zweite Weg – der keine solche Trennung erfordert – ist daher für die Praxis vorzuziehen, auch wenn er wegen der notwendigen Decarboxylierung einen Schritt länger ist.

3. Beispiel: cis-2-Okten aus Verbindungen mit weniger als 8 C-Atomen

Die Kette aus 8 C-Atomen kann im Prinzip auf sehr verschiedene Weisen aus kürzerkettigen Verbindungen aufgebaut werden. Das gewünschte *cis*-Isomer läßt sich aber am einfachsten durch *cis*-Hydrierung einer Dreifachbindung (Lindlar-Katalysator!) erhalten. Damit ist der Syntheseweg bereits vorgezeichnet, da 2-Oktin leicht durch Reaktion von 1-Brompentan mit dem Natriumsalz von Propin *(S$_N$!)* zu erhalten ist:

$\sim\!\!\sim\!\!$Br $+$ NaC≡C—CH$_3$ $\longrightarrow$ $\sim\!\!\sim\!\!$—C≡C— $\longrightarrow$ $\sim\!\!\sim\!\!\sim\!$

4. Beispiel: Synthese von 5-Oktin-2-ol

Auf Grund der für Beispiel 3 angestellten Überlegungen könnte man vom Natriumsalz von 1-Butin ausgehen und dieses mit 4-Brom-1-butanol umsetzen:

C≡CNa $+$ Br$\sim\!\!\sim\!\!$OH $\longrightarrow$ —C≡C$\sim\!\!\sim\!\!$OH

Dieser Weg ist jedoch nicht gangbar, denn die Hydroxylgruppe ist so stark sauer, daß das Anion von 1-Butin durch den Alkohol protoniert wird und keine Verdrängung des Br$^\ominus$-Ions eintritt. Die Hydroxylgruppe von 4-Brom-1-butanol muß also zuerst geschützt werden. Die einfachste Möglichkeit dazu besteht in der Reaktion mit einem Vinylether:

$RO{>}C{=}C{<}$ $\xrightarrow{H^\oplus}$ $RO{>}\overset{\oplus}{C}{-}\underset{H}{C}{-}$ $\xrightarrow{Br(CH_2)_4OH}$ $Br(CH_2)_4{-}O{-}\underset{OR}{C}{-}\underset{H}{C}{-}$ $+$ H$^\oplus$

Jetzt läßt sich die S$_N$-Reaktion mit dem Natriumsalz von 1-Butin ohne weiteres durchführen. Die Schutzgruppe wird nachher durch verdünnte wäßrige Säure entfernt, wodurch das gewünschte Produkt entsteht.

5. Beispiel: Es soll die bereits recht komplizierte Verbindung (1), 6-Methylbicyclo[4.4.0]de-kan-3-ol, synthetisiert werden

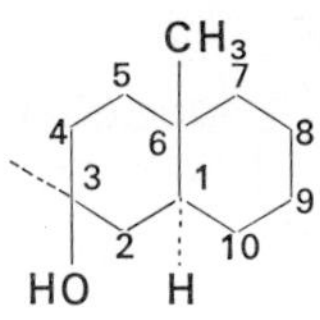

(1)

Sehen wir uns zunächst die Möglichkeiten zur Einführung der Hydroxylgruppe an. Ein Weg dazu wäre die Einführung eines Halogenatoms an C3 und dessen Austausch gegen $OH^{\ominus}$ durch eine S_N-Reaktion. Die selektive (regiospezifische) Halogenierung an diesem C-Atom ist aber nicht möglich, da das C-Atom 3 – verglichen mit den anderen C-Atomen – nicht besonders aktiviert ist. Eine andere Möglichkeit wäre die intramolekulare Addition eines Carbanions an eine Aldehydgruppe (Abb.19.1, [b]). Die Herstellung des erforderlichen Ausgangsstoffes würde aber in diesem Fall weitere synthetische Probleme aufwerfen. Die beste Möglichkeit zur Einführung der Hydroxylgruppe ist die Reduktion einer Carbonyl-funktion [(c)].

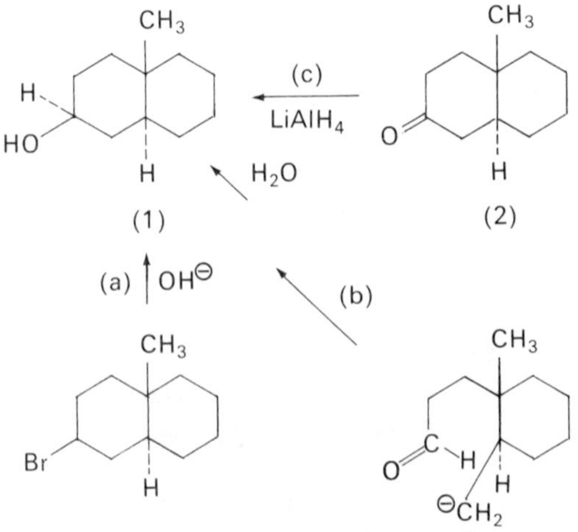

Abb.19.1. Möglichkeiten zur Einführung der Hydroxylgruppe an C3

Nun muß das alizyklische Ringsystem mit der Carbonylgruppe aus einfacheren Verbindun-gen aufgebaut werden. Zur Bildung des Dekalin-Ringsystems kommen folgende Reaktio-nen in Frage: Dieckmann-Zyklisierung, Birch-Reduktion, Diels-Alder- und Robinson-Anellierung (vgl. Abb.19.2). Die Dieckmann-Kondensation ließe sich an sich leicht ausführen, jedoch ist wieder die benötigte Vorstufe nicht einfach zu synthetisieren. Die Birch-Reduktion liefert keine Möglichkeit zur Einführung der Methylgruppe an C6. Bei der Verknüpfung von (5) mit (6) durch eine Diels-Alder-Reaktion ergibt sich die Schwierigkeit, daß die Reaktion sowohl das 3-Methoxy- wie auch das 4-Methoxy-Produkt liefern kann, die voneinander getrennt werden müssen; zudem wären weitere Reaktionsschritte nötig, um die Ketogruppe (C10) wieder zu entfernen [die jedoch notwendig ist, damit (6) ein genügend reaktives Dienophil ist]. Auch die Robinson-Anellierung könnte an sich zwei

Dieckmann-Zyklisierung:

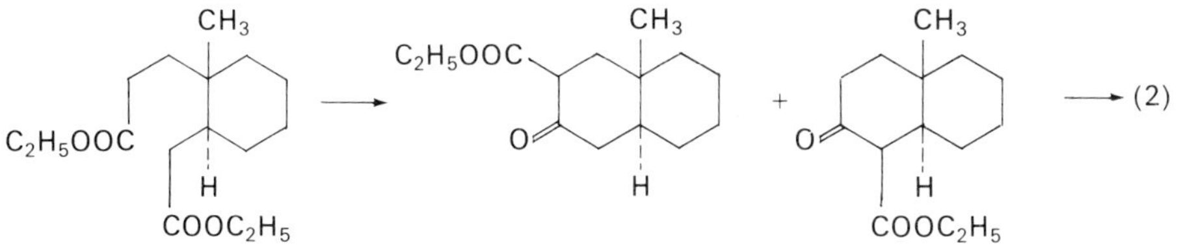

Birch-Reduktion:

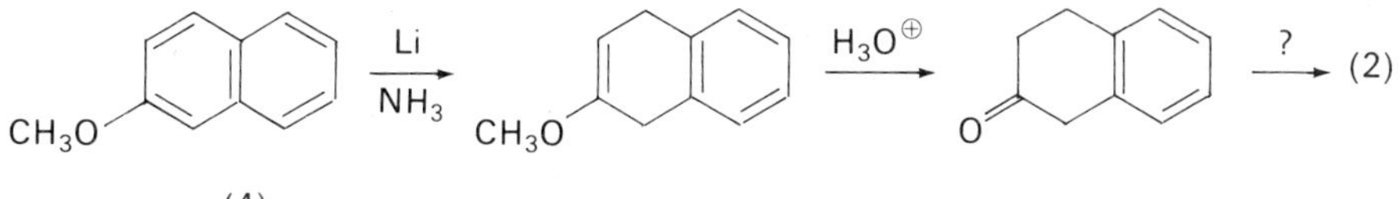

(4)

Diels-Alder-Reaktion:

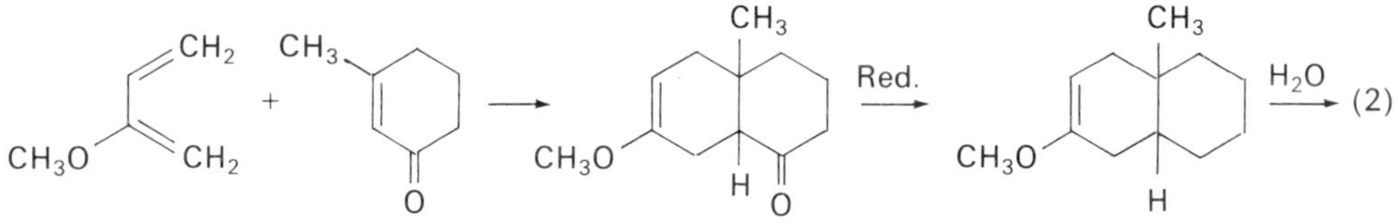

(5)   (6)

Robinson-Anellierung

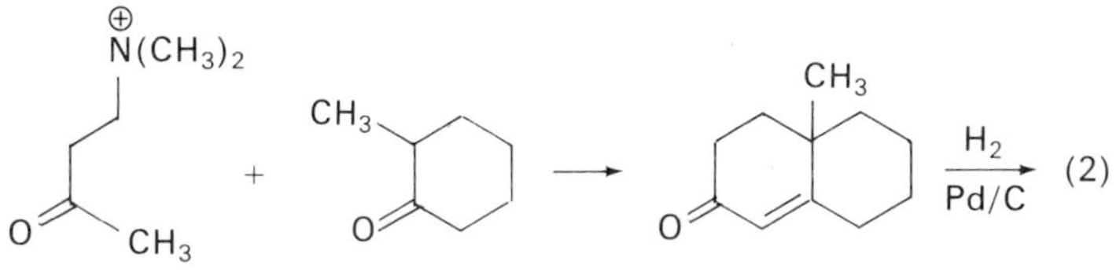

(7)   (8)   (9)   (vgl. Abb. 19.1)

Abb. 19.2. Möglichkeiten zum Aufbau von 6-Methylbicyclo [4.4.0] dekan-3-on

Produkte ergeben: die Kondensation könnte nämlich auch an der Position 6 (statt 2) von 2-Methylcyclohexanon erfolgen. Der durchgeführte Versuch zeigt jedoch, daß die Kondensation regiospezifisch nur an der Position 2 eintritt. Damit ist die Robinson-Anellierung die beste Methode zur Synthese des Kohlenstoffskelettes des gewünschten Produktes. Das benötigte 2-Methylcyclohexanon kann durch Reduktion von 2-Methylphenol und anschließende Oxidation der Hydroxylgruppe hergestellt werden.

Bei der Darlegung des Syntheseweges wurde aber noch nichts über die Stereochemie der Produkte ausgesagt. Die Verbindung (1) enthält nämlich drei Chiralitätszentren, so daß vier Enantiomerenpaare möglich sind. Die Reduktion des ungesättigten Ketons (9) erfolgt aber hoch stereoselektiv und liefert fast ausschließlich das *trans*-Isomer. Bei der Reduktion des *trans*-Ketons (2) zu (1) können nochmals zwei Diastereomere gebildet werden. Diese Reaktion verläuft nicht stereoselektiv, so daß eine sorgfältige Trennung, z.B. durch Säulenchromatographie notwendig ist.

6. Beispiel: Synthese von 2,2,6-Trimethylbicyclo[4.4.0]dekan

Das zu synthetisierende Molekül besitzt keinerlei funktionelle Gruppen, so daß eine «Retrosynthese» zunächst schwierig erscheint. Es ist deshalb nützlich, eine «lenkende» Gruppe – in diesem Fall eine Ketogruppe – einzuführen, was prinzipiell an verschiedenen Stellen des Ringsystems möglich erscheint:

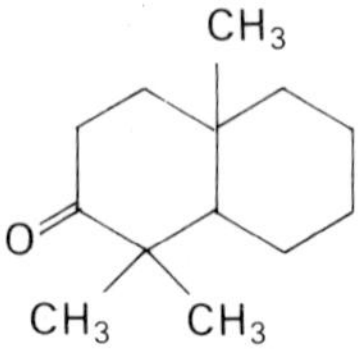

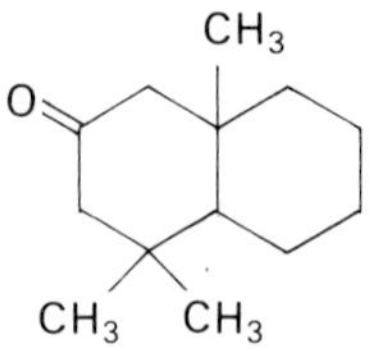

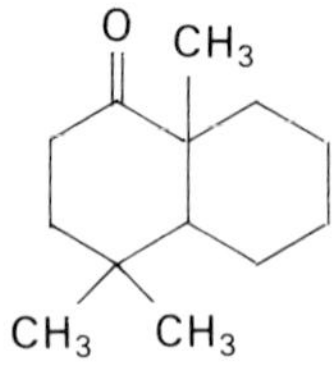

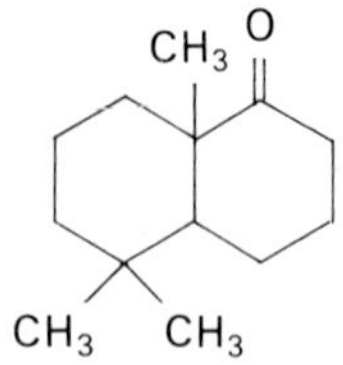

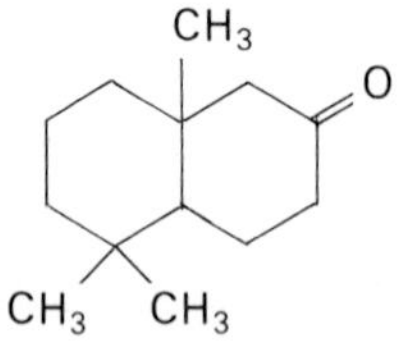

Jedes dieser Ketone läßt sich auf verschiedenen Wegen (z.B. Clemmensen- oder Wolff-Kishner-Reduktion) in das gewünschte Produkt überführen. Von diesen Ketonen scheint besonders (1) als aussichtsreiche Vorstufe in Frage zu kommen, da den beiden Methylgruppen am C-Atom 2 eine Carbonylfunktion benachbart ist und man erwarten kann, daß sich diese Methylgruppen durch α-Alkylierung einführen lassen. Um die Alkylierung nur am einen der beiden α-C-Atome durchführen zu können, muß man von der vinylogen Verbindung (8) ausgehen. Wenn man diese mit einer starken Base behandelt, so entsteht ein ambidentes Anion, in dem das Carbonyl-O-Atom und die C-Atome 2 und 10 negativ polarisiert sind:

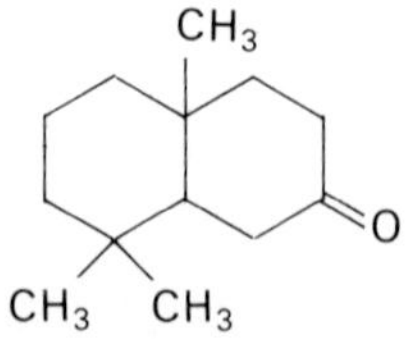

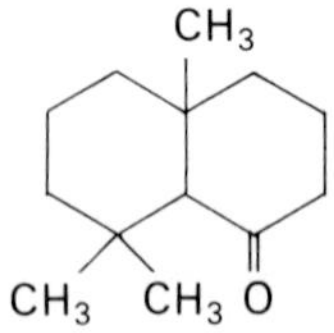

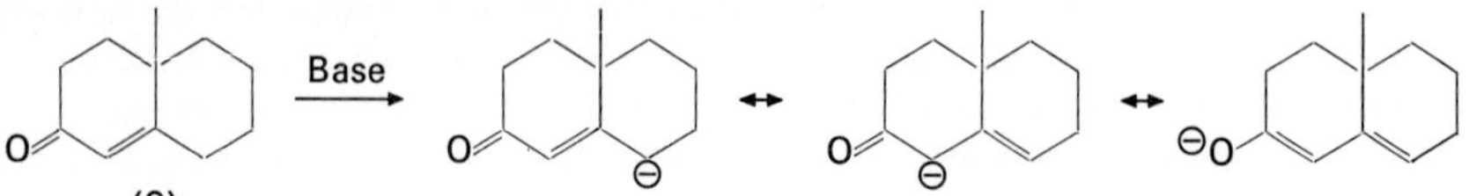

Setzt man das Anion mit Methyliodid um, so erfolgt die Alkylierung fast ausschließlich am C-Atom 2, da dort die Elektronendichte maximal ist. Durch Wiederholung der Alkylierung entsteht die Verbindung (9), aus der man nach katalytischer Hydrierung und Entfernung der Carbonylgruppe das gewünschte Produkt erhält. (8) wird – wie in Beispiel 5 – durch Robinson-Anellierung gewonnen.

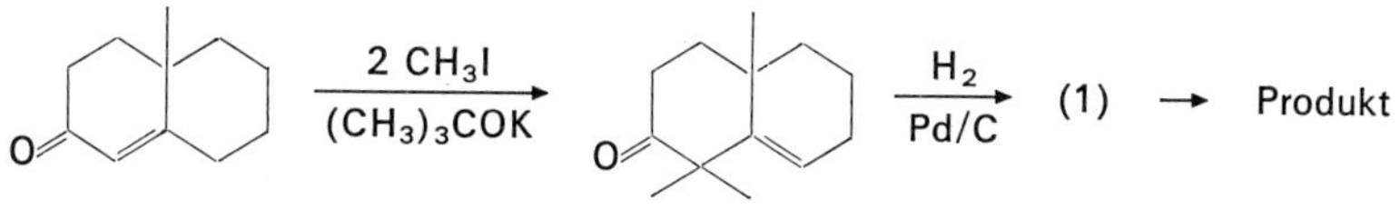

(8)   (9)

Übungen

19.1 Wie groß ist die Gesamtausbeute einer vierstufigen Synthese, bei der der erste, der zweite und der vierte Schritt mit 80%, der dritte Schritt aber nur mit 10% Ausbeute verläuft?

19.2 Wozu werden «lenkende» Gruppen bei Synthesen benötigt?

19.3 Welche Probleme stellen sich bei der Synthese chiraler Verbindungen, bei industriellen Synthesen?

19.4 Das Werk *«Organic Syntheses»* ist eine Sammlung von Arbeitsvorschriften zur Synthese bestimmter organischer Verbindungen. Von den seit 1921 alljährlich erscheinenden Bänden sind jeweils 10 Bände zu einem Sammelband vereinigt. Die Synthesen für die in den Übungen 19.4–19.6 angegebenen Verbindungen finden Sie im Sammelband IV auf den angegebenen Seiten.

Die folgenden Substanzen sollen in einem einzigen Schritt aus einfachen Ausgangsstoffen hergestellt werden:

(a) $C_4H_9C\equiv CH$ (S. 117)

(b) 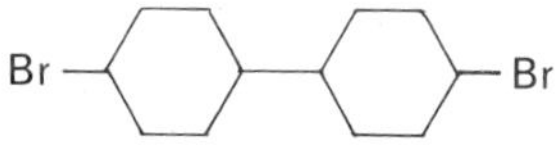   (S. 256)

(c) 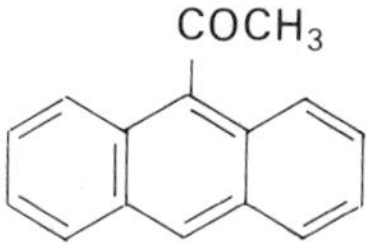   (S. 8)

(d) 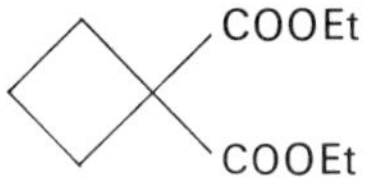   (S. 288)

19.5 Die folgenden Stoffe sollen aus einfachen Ausgangsstoffen hergestellt werden (mehrere Schritte):

(a) $C_6H_5C\equiv CH$ (S. 763)

(b) $C_6H_5-CH=CH-CH=CH_2$ (S. 771)

(c) 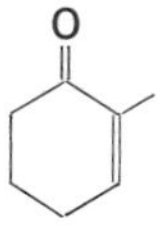   (S. 162)

(d) 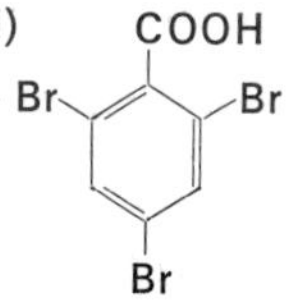   (S. 947)

19.6   Kompliziertere mehrstufige Synthesen sind für folgende Verbindungen erforderlich:

(a) $CH_3\overset{\underset{\|}{O}}{C}(CH_2)_4COOH$ (S. 19)   (b) $I-CH_2CH_2CH_2CH_2-I$ (S. 321)

(c)   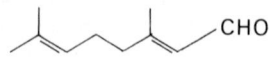 (S. 136)   (d) $\langle\text{Ph}\rangle-C\equiv C-\langle\text{Ph}\rangle$ (S. 377)

(e)   (S. 520)   (f) $O_2N-\langle\text{Ar}\rangle-CH_2CH_2-\langle\text{Ar}\rangle-NO_2$

(S. 367)

19.7   Stellen Sie Synthesepläne für folgende Verbindungen auf:

(a) $CH_3(CH_2)_7CHO$ (b)   cyclohexane with COOEt, COOEt

(c)   tetrahydronaphthalene with CH₃ and OH   (d)   cyclopropane$-CH_2COOEt$

19.8   Versuchen Sie Synthesepläne für die beiden folgenden Naturstoffe aufzustellen:

(a)   Citral   (b)   Terpineol

19.9   Wie kann man 3-Hexin-1,6-diol, ausgehend von Verbindungen mit 2 C-Atomen synthetisieren? (Als Schutzgruppe für die Hydroxylfunktion soll ⟨O⟩ verwendet werden.)

855

3. Teil:
Einige spezielle Kapitel der organischen Chemie

20 Heterozyklische Verbindungen

20.1 Allgemeines, Nomenklatur

Sehr viele *Naturstoffe* und auch viele *pharmazeutische Präparate* und *Farbstoffe* enthalten heterozyklische Ringsysteme, d.h. Ringe, welche neben Kohlenstoffatomen ein oder mehrere andere Atome (N, O, S, auch P, As, Si, Se usw.) enthalten. Die Chemie der Heterozyklen wurde im Zusammenhang mit der Isolierung und Konstitutionsermittlung von Alkaloiden bereits zu Anfang dieses Jahrhunderts gepflegt; aus theoretischen und praktischen Gründen hat das Interesse an heterozyklischen Verbindungen in den letzten Jahrzehnten einen erneuten großen Aufschwung genommen. Es ist darum im Rahmen dieses Buches nur möglich, einen knappen Überblick über die wichtigsten Verbindungstypen zu geben, wobei wir uns auf N-, O- und S-haltige Heterozyklen beschränken müssen.

Viele heterozyklische Stoffe sind schon recht lange bekannt und haben deshalb *Trivialnamen* erhalten (vgl. Tabelle 20.1). Mit zunehmender Erweiterung unserer Kenntnisse erwies es sich jedoch als notwendig, auch für diese Verbindungsklasse eine *systematische Nomenklatur* zu entwickeln. In der IUPAC-Nomenklatur soll die Größe jedes Ringsystems, sein Sättigungsgrad und die Natur des Heteroatoms durch die Bezeichnung des betreffenden Stoffes eindeutig ausgedrückt werden. Die Art des Heteroatoms wird dabei durch eine Vorsilbe (Oxa = Sauerstoff, Aza = Stickstoff, Thia = Schwefel) angegeben (wobei der Buchstabe -a in Verbindung mit dem Wortstamm weggelassen wird); die Ringgröße (und zugleich der Sättigungsgrad) wird durch den Wortstamm gekennzeichnet (Tabelle 20.2, S.857). Als Beispiele sollen die systematischen Namen von Ethylenoxid (Oxiran), Tetrahydrofuran (Oxolan), Pyrrol (Azol), Pyrrolidin (Tetrahydropyrrol, Azolidin), Imidazol (1,3-Diazol), Pyrimidin (1,3-Diazin) usw. dienen.

Bei kompliziert gebauten Ringsystemen ist es häufig auch üblich, vom entsprechenden carbocyclischen Kohlenwasserstoff auszugehen und das Heteroatom dem Namen vorauszustellen:

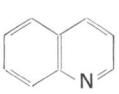

1-Azanaphthalen (Chinolin)   2-Azanaphthalen (Isochinolin)   4,5-Diazaphenanthren (*o*-Phenanthrolin)

Tabelle 20.1. Trivialnamen wichtiger heterozyklischer Verbindungen

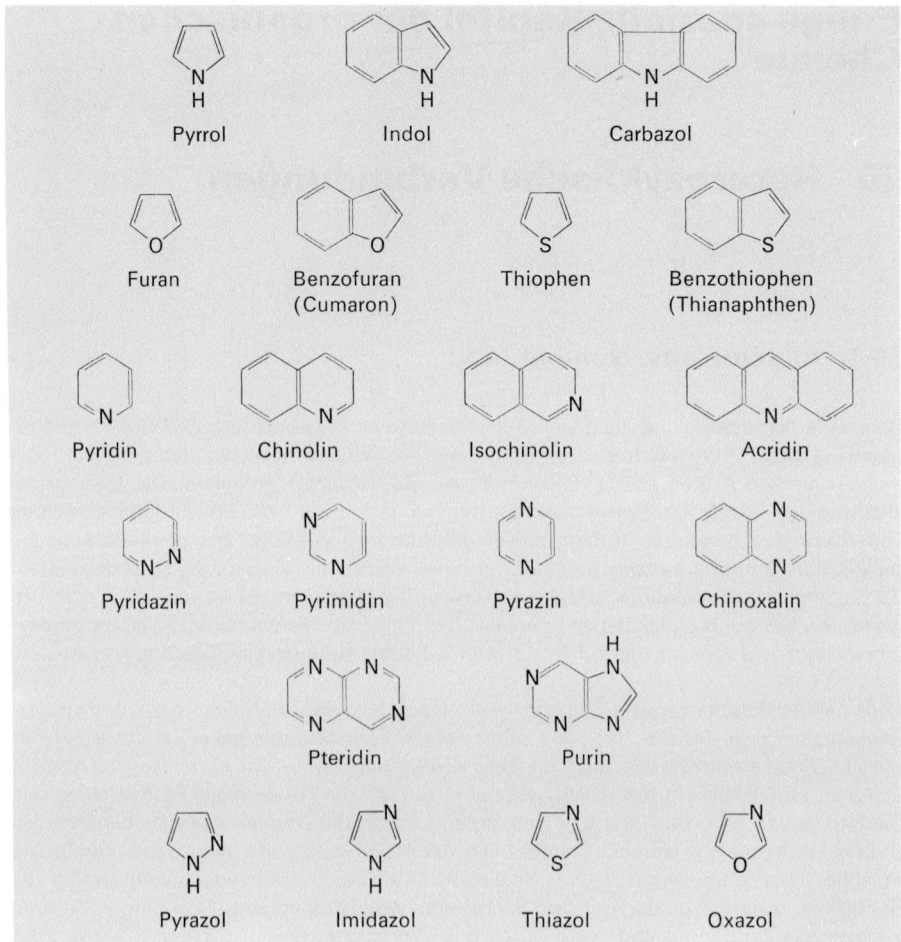

Ungesättigte N-, O- oder S-haltige Heterozyklen wie Pyrrol, Furan, Thiophen, Pyridin, Pyrimidin usw. verhalten sich weitgehend *aromatisch,* was sich nicht nur darin zeigt, daß ebenso wie bei anderen aromatischen Systemen elektrophile Substitutionsreaktionen mit diesen Verbindungen durchgeführt werden können (S. 692), sondern daß sie z. B. auch im NMR-Spektrum die typische, auf das Vorhandensein eines *«Ringstromes»* zurückzuführende starke chemische Verschiebung der Ringprotonen zeigen. Sowohl auf die Aromatizität wie auf die charakteristischen Substitutionsreaktionen ist bereits früher – im Zusammenhang mit der allgemeinen Diskussion des aromatischen Charakters (S.139) bzw. der aromatischen Substitution (Kapitel 14 und 15) – hingewiesen worden, so daß in diesem Kapitel die verschiedenen Ringsysteme, ihre Bildung und ihre wichtigsten Derivate zusammenfassend betrachtet werden können.

Tabelle 20.2. Wortstämme, welche die Ringgröße bei Heterozyklen angeben

Zahl der Ringglieder	N enthaltende Ringe ungesättigt	gesättigt	Ringe ohne N ungesättigt	gesättigt
3	-irin	-iridin	-iren	-iran
4	-etin	-etidin	-etin	-etan
5	-ol	-olidin	-ol	-olan
6	-in	[1]	-in	-an
7	-epin	[1]	-epin	-epan
8	-ocin	[1]	-ocin	-ocan

[1] Der gesättigte Charakter wird hier durch das Präfix «Perhydro-» vor dem Wortstamm der ungesättigten Verbindung ausgedrückt.

20.2 Fünfgliedrige Heterozyklen mit einem Heteroatom

Gewinnung. Thiophen tritt als Begleiter des aus Steinkohlenteer gewonnenen Benzens auf [1] (0,5%). Wegen der ähnlichen Siedepunkte (84°C bzw. 80°C) ist eine Trennung durch Destillation kaum möglich. Auch durch Ausfrieren können die beiden Verbindungen nicht getrennt werden (obschon die Schmelzpunkte an sich genügend weit auseinanderliegen würden: -38°C bzw. $+6$°C), weil sich Mischkristalle bilden. Um thiophenfreies Benzen (aus Steinkohlenteerbenzen) zu erhalten, muß deshalb das Thiophen auf chemischem Weg entfernt werden (durch Reaktion mit $AlCl_3$ oder mit konzentrierter Schwefelsäure). Technisch läßt sich Thiophen durch Reaktion von *n*-Butan oder Butadien mit Schwefel (bei etwa 650°C) gewinnen. Es wird zur Herstellung gewisser pharmazeutischer Präparate (Antihistaminica) verwendet.

Furan (und das als Lösungsmittel wichtige *Tetrahydrofuran,* THF) wird technisch aus Furfural (Furan-2-aldehyd) gewonnen, welches aus den Hemicellulosen von Kleie und Stroh beim Behandeln mit Säure erhalten werden kann:

[1] Interessant ist die Entdeckungsgeschichte von Thiophen. Viktor Meyer wollte 1882 in seiner Vorlesung mit Benzen, das durch Decarboxylierung von Benzoesäure hergestellt worden war, eine von Baeyer 1879 entdeckte und für das Benzen als charakteristisch betrachtete Farbreaktion vorführen. Das Ausbleiben dieser Farbreaktion führte ihn dazu, das dazu üblicherweise verwendete, aus Steinkohle gewonnene Benzen genauer zu untersuchen, wobei er das in diesem in geringen Mengen enthaltene Thiophen entdeckte. Wie sich zeigte, ist die Farbreaktion charakteristisch für Thiophen, nicht für Benzen!

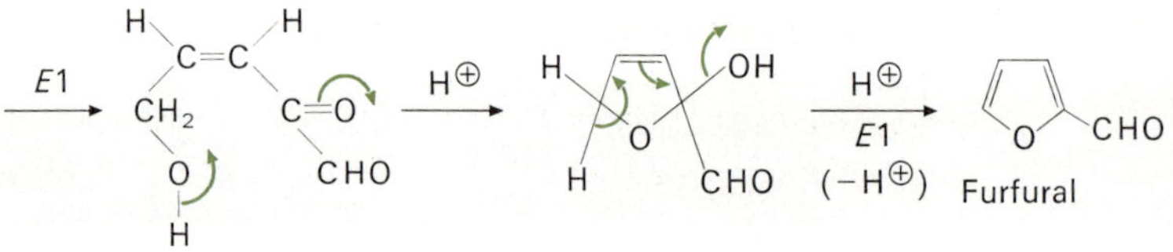

Durch Überleiten von Furfural über Katalysatoren wie z. B. Ni (280 °C) oder $CaCO_3$ (350 °C) erhält man in guter Ausbeute Furan selbst. Auch durch Cannizzaro-Reaktion von Furfural und anschließende thermische Decarboxylierung von Furan-2-carbonsäure erhält man Furan:

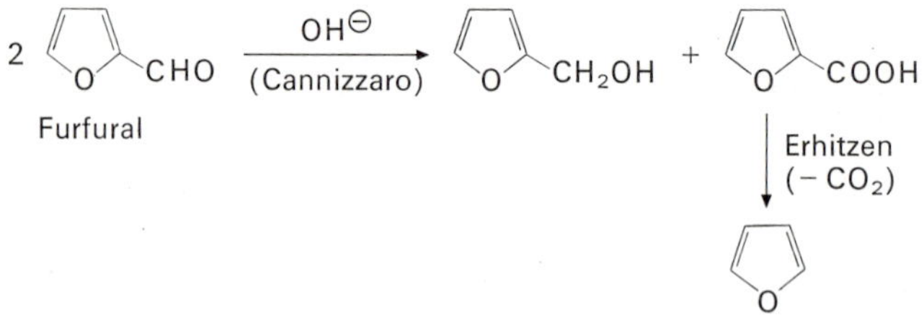

Tetrahydrofuran, das auch als Zwischenprodukt zur Herstellung von Adipinsäure und damit von Nylon (S.1019) eine größere Bedeutung besitzt, kann auch durch Addition von Formaldehyd an Acetylen, Hydrierung des zunächst gebildeten 2-Butin-1,4-diols und Elimination von Wasser aus 1,4-Butandiol, wobei der Ringschluß eintritt, gewonnen werden.

Pyrrol, das durch Umsetzung von Furan mit Ammoniak erhalten werden kann, kommt in geringen Mengen im Steinkohlenteer und im Knochenöl vor. Es läßt sich auch durch Erhitzen von 1,4-Butindiol mit Ammoniak unter Druck erhalten:

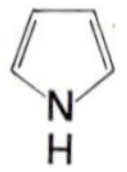

Synthesen. Zur *präparativen* (laboratoriumsmäßigen) *Gewinnung* der drei Heterozyklen bzw. ihrer Derivate steht eine Reihe verschiedener Reaktionen zur Verfügung. Drei davon sollen hier ausführlicher diskutiert werden.

Nach *Paal-Knorr* ergeben *1,4-Dicarbonylverbindungen* bei der Behandlung mit trockenem *HCl-Gas* [oder mit Phosphor(V)-oxid] *Furane,* bei der Umsetzung mit *Ammoniak* oder *primären Aminen Pyrrole* und bei der Reaktion mit *Phosphor(V)-sulfid Thiophene.*

Paal-Knorr-Synthese:

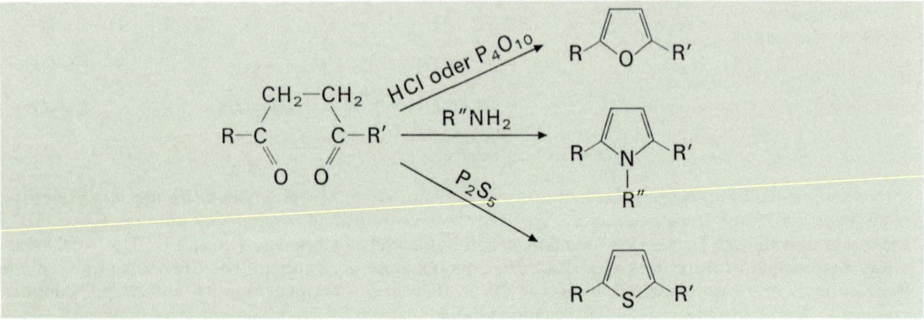

Die Bildung von Furan erfolgt wahrscheinlich über das *Endiol*, von welchem Wasser abgespalten wird. Bei der Reaktion mit Aminen wird die Aminogruppe zunächst an die eine und dann an die andere Carbonylgruppe addiert. Die anschließende Elimination erfolgt leicht, da sich ein aromatisches System bilden kann:

Als Beispiel einer solchen Synthese sei die Bildung von 2,5-Dimethylpyrrol durch Erhitzen von Acetonylaceton (2,5-Hexandion) mit Ammoniak erwähnt.

Die für die Paal-Knorr-Synthese benötigten γ-*Dicarbonylverbindungen* lassen sich durch Addition von Aldehyden an α,β-ungesättigte Carbonylverbindungen erhalten. Die Reaktion ist eine Variante der Michael-Addition und verläuft unter der katalytischen Wirkung von Cyanid-Ionen:

$$CH_3CHO + CH_2{=}CH{-}\underset{\underset{O}{\|}}{C}{-}C_2H_5 \xrightarrow{CN^\ominus} CH_3{-}\underset{\underset{O}{\|}}{C}{-}CH_2{-}CH_2{-}\underset{\underset{O}{\|}}{C}{-}C_2H_5$$

Dabei bildet das Cyanid-Ion mit dem Aldehyd zuerst ein Cyanhydrin-Anion, das sich (zu einem geringen Teil) zu einem Carbanion tautomerisiert:

$$R{-}CHO + CN^\ominus \rightarrow R{-}\underset{\underset{CN}{|}}{\overset{\overset{|\overline{O}|^\ominus}{|}}{C}}{-}H \rightleftarrows R{-}\underset{\underset{CN}{|}}{\overset{\overset{OH}{|}}{C}}{\ominus}$$

$$(1)$$

Das Carbanion (1) wird von der C=C-Doppelbindung addiert und unter Austritt des Cyanid-Ions entsteht die 1,4-Dicarbonylverbindung:

$$R{-}\underset{\underset{CN}{|}}{\overset{\overset{OH}{|}}{C}}{\ominus} + CH_2{=}CH{-}\underset{\underset{O}{\|}}{C}{-}R' \rightarrow R{-}\underset{\underset{CN}{|}}{\overset{\overset{OH}{|}}{C}}{-}CH_2{-}\overset{\ominus}{CH}{-}\underset{\underset{O}{\|}}{C}{-}R'$$

$$R{-}\underset{\underset{CN}{|}}{\overset{\overset{OH}{|}}{C}}{-}CH_2{-}\overset{\ominus}{CH}{-}\underset{\underset{O}{\|}}{C}{-}R' \rightarrow R{-}\underset{\underset{CN}{|}}{\overset{\overset{|\overline{O}|^\ominus}{|}}{C}}{-}CH_2{-}CH_2{-}\underset{\underset{O}{\|}}{C}{-}R' \rightarrow$$

$$R{-}\underset{\underset{O}{\|}}{C}{-}CH_2{-}CH_2{-}\underset{\underset{O}{\|}}{C}{-}R' + CN^\ominus$$

Die unsubstituierten Heterozyklen erhält man aus Succindialdehyd, der aus acetyliertem Acrolein (Acroleindiacetat) durch Oxosynthese zugänglich ist, und den für den Einbau des entsprechenden Heteroatoms benötigten Reagenzien.

Bei der zweiten Synthese geht man von α-Chlorketonen und β-Ketoestern aus, die unter der Wirkung einer Base kondensiert werden. Dabei entsteht je nach der verwendeten Base Pyrrol *(Pyrrolsynthese von Hantzsch)* oder Furan *(Feist-Benary-Synthese):*

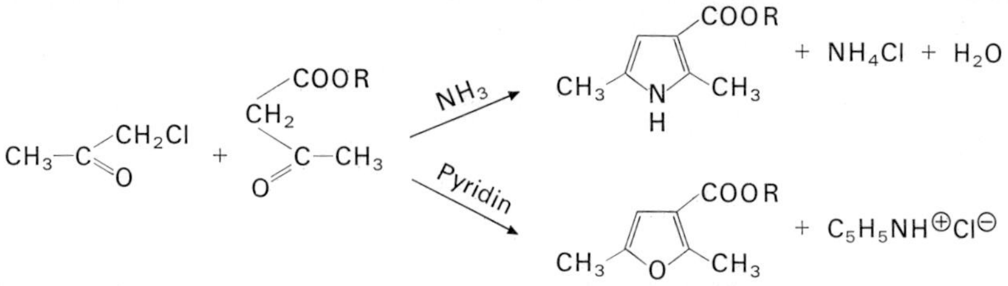

Ammoniak reagiert zunächst mit dem β-Ketoester, worauf anschließend die Kondensation mit dem α-Chlorketon erfolgt:

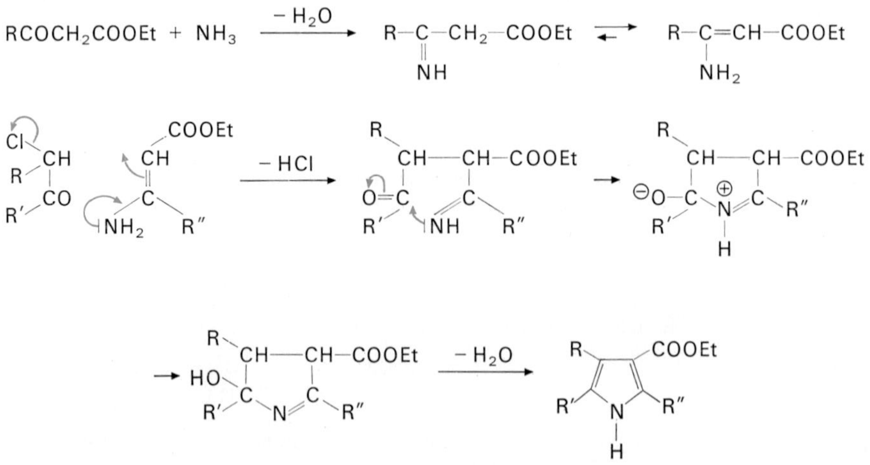

Bei Verwendung von Pyridin als *Base* wird das Enol des β-Ketoesters an das Halogenketon addiert, weil Pyridin als tertiäres Amin nicht vom β-Ketoester addiert werden kann.

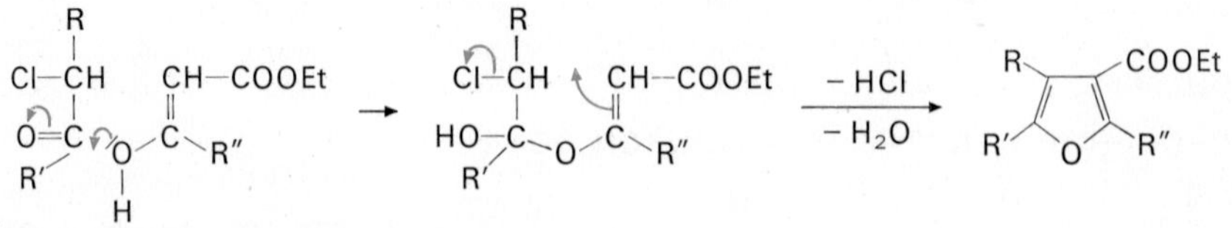

Die *Pyrrolsynthese* von *Knorr* ist am allgemeinsten anwendbar. Man kondensiert hier ein α-Aminoketon oder einen α-Amino-β-ketoester mit einem Keton oder Ketoester in Gegenwart von Essigsäure und erhält in guter Ausbeute Pyrrole. Die α-Aminoketone werden dabei häufig durch Nitrosierung von β-Ketoestern oder β-Diketonen und Reduktion des Oxims mit Zink in Essigsäure hergestellt; Reduktion und Ringschluß können dann in einem einzigen Arbeitsschritt durchgeführt werden. Beispiele:

$$CH_3COCH_2COOEt \xrightarrow[CH_3COOH]{NaNO_2} CH_3CO-\underset{\underset{NOH}{\parallel}}{C}-COOEt \xrightarrow[CH_3COOH]{Zn} CH_3CO\underset{\underset{NH_2}{|}}{CH}COOEt$$

$$\xrightarrow[CH_3COOH]{CH_3COCH_2COOEt}$$

Pyrrol: CH_3, $COOEt$, $EtOOC$, N–H, CH_3

$$\begin{array}{c} CH_3-C=O \\ | \\ CH_3-C=NOH \end{array} + \begin{array}{c} CH_3 \quad\quad CH_3 \\ CO-CH \\ | \\ COCH_3 \end{array} \xrightarrow[CH_3COOH]{Zn}$$

Pyrrol: CH_3, CH_3, CH_3, N–H, CH_3

Der Mechanismus dieser Reaktion ist wenig untersucht worden; für das erste Beispiel ist die nachstehende Reaktionsfolge wahrscheinlich:

(Reaktionsschema mit Strukturen)

$$\xrightarrow{-H_2O}$$

$$\xrightarrow{-H_2O}$$

Pyrrol: CH_3, $COOC_2H_5$, C_2H_5OOC, N–H, CH_3

Eigenschaften, Reaktionen. Der *aromatische Charakter* der drei heterozyklischen Verbindungen Furan, Pyrrol und Thiophen beruht darauf, daß vier Elektronen der C-Atome und ein Elektronenpaar des Heteroatoms zusammen ein delokalisiertes aromatisches Sextett bilden, wobei die π-Elektronen MO besetzen, die den delokalisierten MO des Benzens vergleichbar sind. Im Unterschied zu diesen erstrecken sie sich aber nur über fünf (nicht über sechs) Atome und zudem ist ihre *Ladungsdichteverteilung* als Folge der höheren Elektronegativität des Heteroatoms *nicht symmetrisch*. In der Sprache des VB-Modelles kommt dies dadurch zum Ausdruck, daß man z.B. für Pyrrol nur eine einzige Grenzstruktur formulieren kann, in der keine Ladungstrennung auftritt (im Gegensatz zum Benzen):

Grenzstrukturen (1a) ↔ (1b) ↔ (1c) ↔ (1d) ↔ (1e) ≡ δ-Verteilung

(1a)   (1b)   (1c)   (1d)   (1e)

Der «Beitrag» der Grenzstrukturen (1 b) bis (1 e) wird in der Reihe Thiophen–Pyrrol–Furan wegen der in dieser Reihenfolge zunehmenden Elektronegativität des Heteroatoms immer geringer [mit anderen Worten, die Ladungsdichteverteilung im heterozyklischen Ring wird immer mehr der Grenzstruktur (1 a) ähnlich], so daß der «aromatische» Charakter vom Furan zum Pyrrol und zum Thiophen immer stärker ausgeprägt wird. Beweisend für das aromatische Verhalten der drei Heterozyklen sind nicht nur die Ergebnisse der UV- und NMR-Spektroskopie und die Bereitschaft zu S_E-Reaktionen, sondern auch Messungen der *Bindungslängen,* der *Verbrennungswärmen* und der *Dipolmomente.* Während beispielsweise Tetrahydrofuran – das nicht aromatisch ist – ein Dipolmoment von $5{,}4 \cdot 10^{-30}$ C·m besitzt, ist das Dipolmoment von Furan nur $2{,}3 \cdot 10^{-30}$ C·m, und ist zudem dem Dipolmoment von Tetrahydrofuran (oder Pyrrolidin) entgegengesetzt gerichtet, was auf die Delokalisation eines freien Elektronenpaares des Heteroatoms in den Ring zurückzuführen ist (vgl. Tabelle 20.3).

Tabelle 20.3. Dipolmomente einiger Heterozyklen

$5{,}8 \cdot 10^{-30}$ C·m	$5{,}3 \cdot 10^{-30}$ C·m	$6{,}3 \cdot 10^{-30}$ C·m
$2{,}3 \cdot 10^{-30}$ C·m	$6{,}0 \cdot 10^{-30}$ C·m	$1{,}7 \cdot 10^{-30}$ C·m

Der am schwächsten ausgeprägt aromatische Charakter des Furans zeigt sich darin, daß *Furan* in mancher Hinsicht den *Ethern* gleicht und z. B. mit Maleinsäureanhydrid ein Diels-Alder-Addukt liefert, während sowohl Pyrrol wie Thiophen mit Maleinsäureanhydrid nicht reagieren. Furan läßt sich auch am leichtesten hydrieren; die vollständige Hydrierung zu Tetrahydrofuran ist bereits bei 125 °C und 100 bar möglich, während sowohl Pyrrol wie Thiophen weit energischere Bedingungen erfordern[1]. Wird Furan in Essigsäure gelöst und unter Verwendung eines Pt-Kontaktes hydriert, so erhält man *n-Butanol* (Möglichkeit zur technischen Gewinnung von Butanol und weiteren Zwischenprodukten). Die katalytische Hydrierung von Pyrrol liefert Pyrrolidin, während es durch Zink in Essigsäure in 2,5-Dihydropyrrol übergeführt wird. Thiophen ergibt durch Reduktion mit *Elektronenspendern* (Natriumamalgam) Tetrahydrothiophen *(«Thiotolan»),* das durch Oxidation in *Sulfolan,* ein wertvolles Lösungsmittel, übergeführt wird. (Technisch wird Thiotolan allerdings aus offenkettigen Verbindungen hergestellt, nicht aus Thiophen.)

Thiotolan   Sulfolan

[1] Thiophen ist allerdings nur schwierig katalytisch zu hydrieren, da es die meisten Hydrierungskatalysatoren rasch vergiftet. Bei der Hydrierung mit Raney-Nickel entsteht unter Ringöffnung Butan (neben Nickelsulfid).

Sowohl *Pyrrol* wie *Furan* sind gegenüber *Oxidationsmitteln* ziemlich empfindlich und werden beim Stehenlassen an der Luft ähnlich wie Phenole oder aromatische Amine zu dunkelgefärbten Produkten oxidiert. Beide sind auch sehr empfindlich gegen *Säuren,* da die Protonierung des Heteroatoms zu einer Verringerung der Mesomerieenergie führen würde [in der Sprache des VB-Modells würden dadurch Grenzstrukturen wie (1b) bis (1e) entweder sehr energiereich oder überhaupt unmöglich]. In der Tat wird durch Zusatz von Säure ein Proton nicht vom Heteroatom, sondern von einem *Ring*-C-Atom addiert. Die konjugierte Säure von Pyrrol oder Furan kann ein weiteres Molekül angreifen und dadurch eine Polymerisation einleiten; bei geeigneten Bedingungen läßt sich das kristallisierte *Trimer* erhalten:

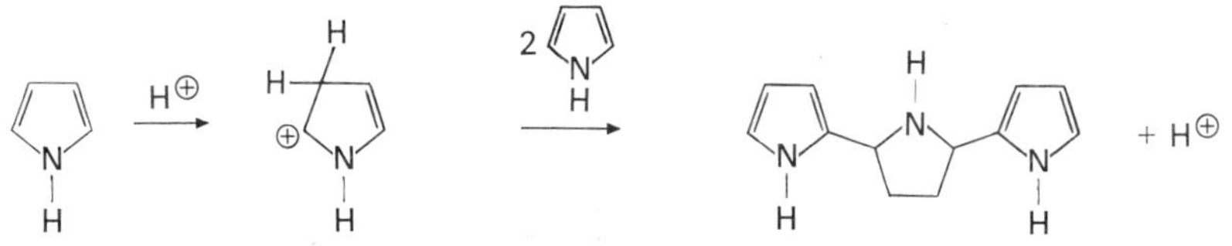

Im Fall des Furanringes führt vorsichtige Hydrolyse mit verdünnter Schwefel- (oder Essig-) säure zur *Ringöffnung* (Umkehrung der Paal-Knorr-Synthese), eine Reaktion, die zur Gewinnung von *1,4-Dicarbonylverbindungen* brauchbar ist.

Pyrrol ist dagegen selbst eine *schwache Säure* ($pK_s = 15$), wahrscheinlich deshalb, weil das π-System der konjugierten Base dadurch etwas stabilisiert wird, daß keine Ladungstrennung mehr auftritt:

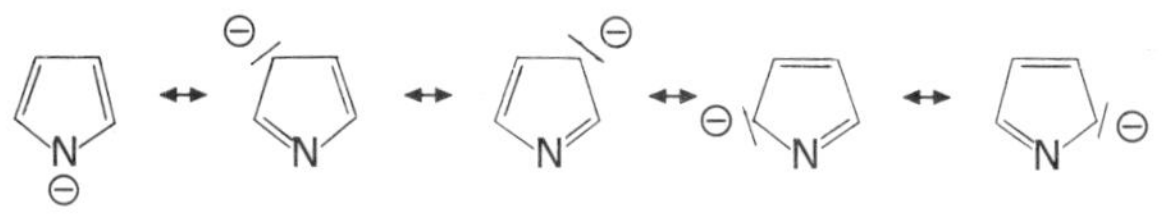

So erhält man aus *Pyrrol* und *Alkalimetallen* oder *Alkalihydroxiden salzartige* Verbindungen. Mit *Grignard-Reagenzien* bilden sich ebenfalls *salzähnliche Produkte:*

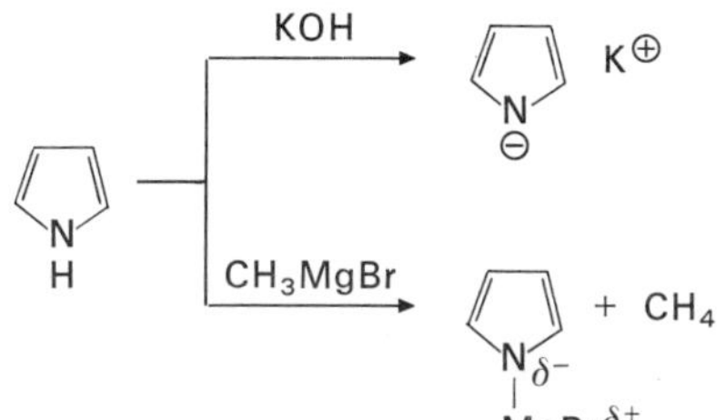

Alkalisalze von Furan oder Thiophen lassen sich nicht durch direkte Reaktion mit dem betreffenden Metall, sondern nur durch Metallierung mit Phenyllithium oder Phenylnatrium erhalten. Solche *Alkaliverbindungen* sind für gewisse Synthesen sehr nützlich; durch Reaktion mit CO_2 erhält man beispielsweise daraus die entsprechenden 2-Carbonsäuren (analog zur Salicylsäuresynthese von Kolbe).
Die Vielfalt der mit den drei Heterozyklen durchführbaren elektrophilen Substitutionsreaktionen wird durch die Tab. 20.4 bis 20.6 illustriert.

Tabelle 20.4. Elektrophile Substitutionen an Furan

[1] Acetylnitrat ist ein Gemisch aus rauchender Salpetersäure und Acetanhydrid.

Der beim *Thiophen* am stärksten ausgeprägte aromatische Charakter zeigt sich darin, daß hier die S_E-*Reaktionen* meist *unter ziemlich milden Bedingungen* verlaufen. So erfordert die Halogenierung – im Gegensatz zum Benzen! – keinen Katalysator, und Sulfonierung ist schon beim Schütteln mit konzentrierter Schwefelsäure möglich. Wegen der starken *Säureempfindlichkeit* lassen sich beim *Pyrrol* und *Furan* die Nitrierung, Sulfonierung, Halogenierung und auch Friedel-Crafts-Reaktionen nicht unter den sonst üblichen Bedingungen durchführen. Zur Nitrierung benötigt man z. B. Acetylnitrat in Acetanhydrid und zur Sulfonierung in Pyridin gelöstes Schwefeltrioxid.
Interessant ist, daß Thiophen *direkt iodiert* werden kann (was mit Benzen nicht möglich ist!); auch dies zeigt die große Reaktivität von Thiophen.

Wie schon bei der Diskussion der elektrophilen Substitutionsreaktionen gezeigt wurde, verläuft die S_E-Reaktion an den unsubstituierten Furan-, Thiophen- und Pyrrolringen bevorzugt an der Position 2 (S. 692). Wegen des Einflusses des Heteroatoms auf die Ladungsdichteverteilung im Ring des σ-Komplexes ist die *dirigierende Wirkung* eines Erstsubstituenten hier oft weniger einfach zu überschauen als beim Benzen. Beispielsweise begünstigt ein elektronenanziehender Substituent in der Stellung 2 die Zweitsubstitution in Stellung 4; dieser Effekt steht aber in Konkurrenz zur Wirkung des Heteroatoms, welches den Zweitsubstituenten in Stellung 5 lenkt. Das Mengenverhältnis der Produkte wiederspiegelt dann die beiden einander entgegengesetzt wirkenden Effekte. Die Nitrierung von 2-Nitrofuran ergibt beispielsweise ausschließlich 2,5-Dinitrofuran, während man bei der Nitrierung von 2-Nitrothiophen 85% 2,4- und 15% 2,5-Dinitrothiophen erhält. Das Beispiel zeigt, wie im Furan der α-dirigierende Effekt des Heteroatoms bedeutend stärker ist als im Thiophen (und übrigens auch im Pyrrol), eine Folge der höheren Elektronegativität des O-

Atoms. Trägt der Ring in Stellung 2 einen π-Donator, so werden die σ-Komplexe der Reaktionsrichtungen *A* und *C* in nachfolgendem Schema stabilisiert; bei Halogenatomen als Erstsubstituenten ist jedoch die dirigierende Wirkung nur gering und die Wirkung des Heteroatoms daher weit stärker, so daß die Substitution in Stellung 5 stark begünstigt ist.

Tabelle 20.5. Elektrophile Substitutionen an Pyrrol

Tabelle 20.6. Elektrophile Substitutionen an Thiophen

Alkyl- oder Methoxygruppen als Erstsubstituenten in Stellung 2 ergeben oft auch erhebliche Mengen an 2,3-Disubstitutionsprodukten.

Nitrierung von 2-Bromthiophen:

(57 %)

Elektrophile Substitutionen an Thiophenen mit π-Donatoren in Stellung 2:

Einfache Derivate. Der heterozyklische Ring kann mit einem Benzenkern kondensiert sein:

Indol	Thianaphthen	Cumaron
Smp. 52 °C	Smp. 31 °C	Sdp. 177 °C
Sdp. 253 °C	Sdp. 220 °C	

Die wichtigste dieser drei Verbindungen ist Indol. **Indol** und 3-Methylindol *(Skatol)* entstehen bei der Fäulnis von Eiweiß und bedingen den charakteristischen Geruch der Faeces; reines Indol riecht (in großer Verdünnung) nach Jasmin oder Orangenblüten und kommt in ätherischen Ölen vor.

Das Ringsystem des Indols läßt sich z. B. aus Phenylhydrazonen von Aldehyden oder Ketonen unter der Wirkung von Schwefelsäure oder $ZnCl_2$ erhalten *(Fischersche Indolsynthese):*

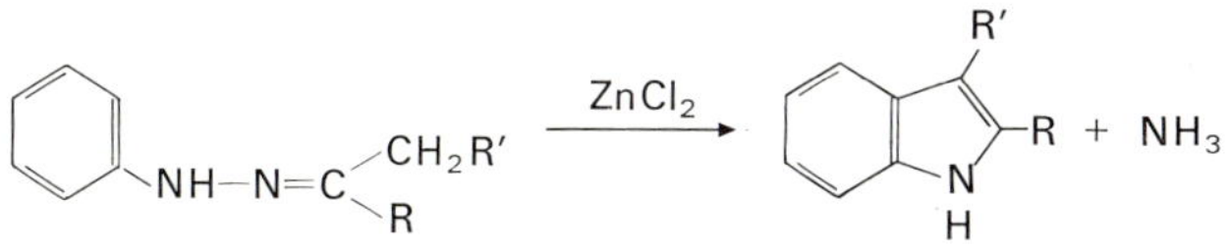

Es ist dabei nicht notwendig, das Phenylhydrazon zu isolieren; Behandlung des Arylhydrazons mit einem Gemisch aus $ZnCl_2$ und Aldehyd (bzw. Keton) ergibt ebenfalls Indol.

Der entscheidende Schritt dieser Reaktion ist eine *Umlagerung,* die über einen *zyklischen Übergangszustand* verläuft und in gewissem Sinn der Claisen-Umlagerung (S.577) gleicht:

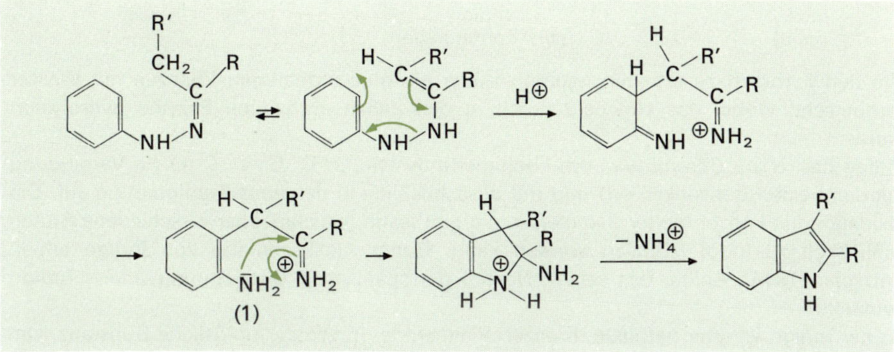

Die Wirkung des Katalysators besteht darin, die Verschiebung der Doppelbindung im ersten Reaktionsschritt zu beschleunigen. Daß tatsächlich das vom Benzenkern weiter entfernte N-Atom (als Ammoniumion) abgetrennt wird, wurde durch Tracer-Experimente mit ^{15}N bewiesen; es ist allerdings nicht ausgeschlossen, daß der Zwischenstoff (1) – der in einzelnen Fällen isoliert werden konnte – vor dem Ringschluß zum Keton hydrolysiert wird.

Unsubstituiertes Indol kann allerdings auf diese Weise nicht hergestellt werden (das Phenylhydrazon von Acetaldehyd reagiert also nicht in der angegebenen Weise). Hingegen läßt sich die Indol-2-carbonsäure, die aus dem Phenylhydrazon von Brenztraubensäure entsteht, leicht zu Indol decarboxylieren:

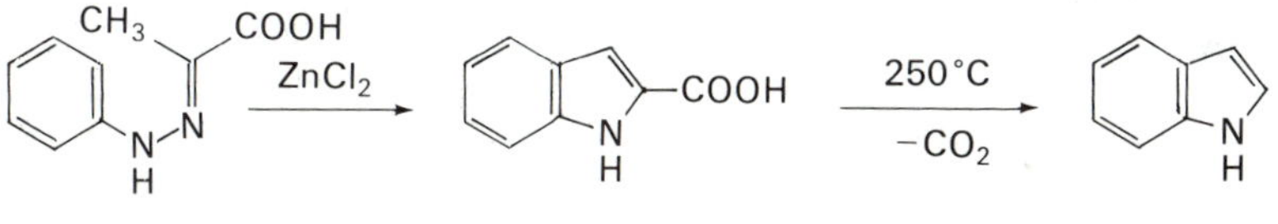

Wichtige vom Indol abgeleitete Verbindungen sind die Aminosäure *Tryptophan* (β-Indolylalanin) und der Farbstoff *Indigo* sowie seine Derivate.

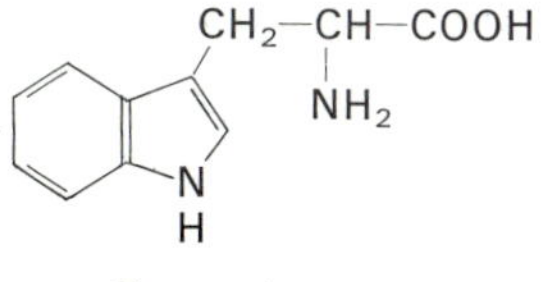

Tryptophan

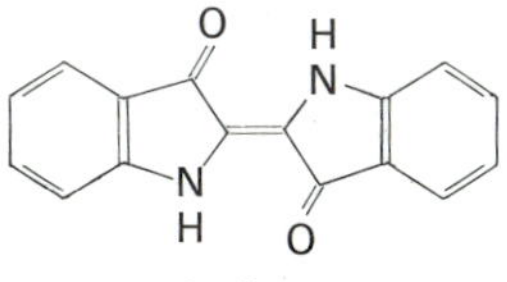

Indigo

Indigo, der in zahlreichen Pflanzen in Form des Glucosids *Indican* auftritt, wurde bereits im Altertum zum Färben verwendet (so sind beispielsweise ägyptische Mumientücher – mit einem Alter von über 4000 Jahren – mit Indigo blau gefärbt!). Er wurde früher hauptsächlich aus der Indigopflanze *(Indigofera),* die in Indien kultiviert wurde, oder in Westeuropa aus Färberwaid *(Isatis tinctoria)* gewonnen. Das Glucosid Indican liefert bei der sauren oder enzymatischen Hydrolyse Glucose und Indoxyl (3-Hydroxyindol), das durch Luftoxidation in den blauen wasserunlöslichen Farbstoff übergeht:

Indoxyl	Indigo	Isatin
(gelb)	*(trans-*Konfiguration)	

Um den Farbstoff zu erhalten, wurden früher die glucosidhaltigen Pflanzen mit Wasser zerquetscht, wobei das Glucosid durch in den Zellen enthaltene Enzyme hydrolysiert wurde.

Indigo besitzt als *Chromophor* das konjugierte System O=C—C=C—C=O (in Verbindung mit den beiden Benzenkernen) und tritt ausschließlich in der *trans-*Konfiguration auf. Die Oxidation mit konzentrierter Salpetersäure ergibt Isatin, welches über verschiedene Stufen schließlich zu Indol reduziert werden kann. Durch Alkalischmelze von Indigo erhielt Fritzsche (1844) Anilin, das seinen Namen der spanischen Bezeichnung *añil* = Indigo verdankt.

Reiner Indigo ist eine tiefblaue, bronzeschimmernde, in Wasser unlösliche Substanz. Um damit färben zu können, muß er zuerst zu einer hellgelben Dihydroxyverbindung reduziert werden *(«Indigweiß»),* die als Dianion in alkalischen wäßrigen Lösungen löslich ist und aus einer solchen Lösung auf die Fasern «aufzieht». Auf der Faser tritt dann an der Luft die *Rückoxidation* zum blauen Indigo ein, der durch van der Waals-Kräfte auf den Fasern haftet. Indigo ist damit ein Beispiel eines sogenannten **Küpenfarbstoffes** (vgl. S.1033). Der Name stammt davon her, daß früher die Reduktion in großen, offenen, als «Küpen» bezeichneten Standgefäßen mittels eines enzymatischen Prozesses durchgeführt worden ist; heute dient in erster Linie *Dithionit* («Hyposulfit», $Na_2S_2O_4$) als Reduktionsmittel für Indigo und auch für andere Küpenfarbstoffe.

Die Konstitution des Indigofarbstoffes wurde 1883 von Baeyer aufgeklärt. Im Anschluß an die Strukturaufklärung suchte man nach technisch durchführbaren *Synthesen,* welche es ermöglichen sollten, ein billigeres und reineres Produkt als den Naturfarbstoff zu gewinnen. Verschiedene von Baeyer entwickelte Synthesen ließen sich nicht in die Technik übertragen, da die betreffenden Rohstoffe zu teuer oder zu umständlich herzustellen waren. (Eine Synthese beispielsweise geht von *o*-Nitrobenzaldehyd aus.) Die beiden ersten technisch brauchbaren Synthesen wurden von Heumann und Pfleger entwickelt (BASF bzw. Farbwerke Hoechst). Bei der ersten, von Heumann (1890) stammenden und durch Pfleger (1901) verbesserten Synthese geht man von Anilin und Chloressigsäure aus. Das Kondensationsprodukt wird dann unter der Wirkung von Natriumamid zyklisiert:

Phenylglycin   Indoxyl

Heute wird Phenylglycin nicht mehr über Chloressigsäure, sondern durch Umsetzung von Anilin mit Formaldehyd und NaCN und anschließende alkalische Hydrolyse gewonnen:

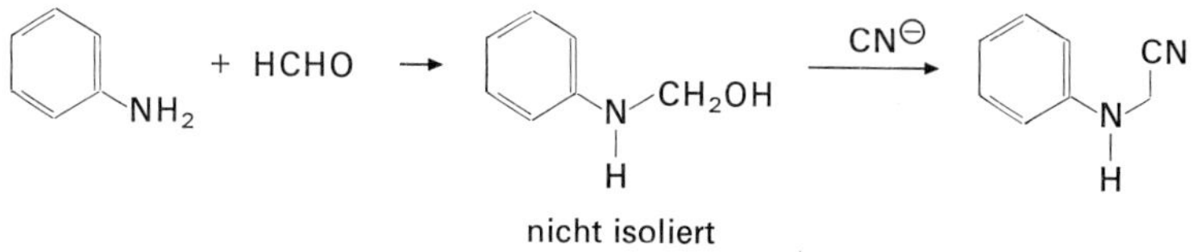

nicht isoliert

Bei der zweiten, 1893 ebenfalls von Heumann entwickelten Synthese wird Anthranilsäure mit Chloressigsäure kondensiert. Durch Alkalischmelze wird das Produkt zu Indoxylcarbonsäure zyklisiert, die beim Erhitzen decarboxyliert und an der Luft zu Indigo oxidiert wird. Die für dieses Verfahren benötigte Anthranilsäure wird aus Naphthalin über Phthalsäureanhydrid und -imid hergestellt:

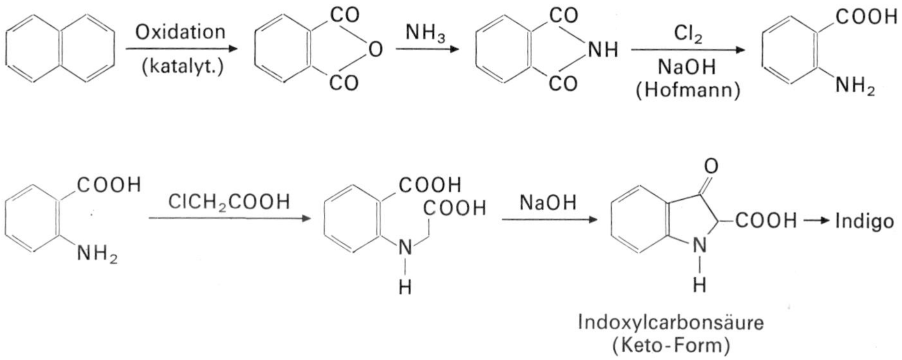

Indoxylcarbonsäure
(Keto-Form)

Eine Reihe von Indigoderivaten hat (oder hatte) ebenfalls Bedeutung als Farbstoffe. So ist beispielsweise der antike Purpur 6,6'-Dibromindigo. Auch Thioindigo und seine Derivate sind wichtige Küpenfarbstoffe.

Weitere Indolderivate sind *Carbazol* (aus *o*-Aminobiphenyl durch katalytische Oxidation über V_2O_5 zugänglich) sowie das zur Synthese eines hochschmelzenden Polymerisates von guten dielektrischen Eigenschaften verwendete *N-Vinylcarbazol:*

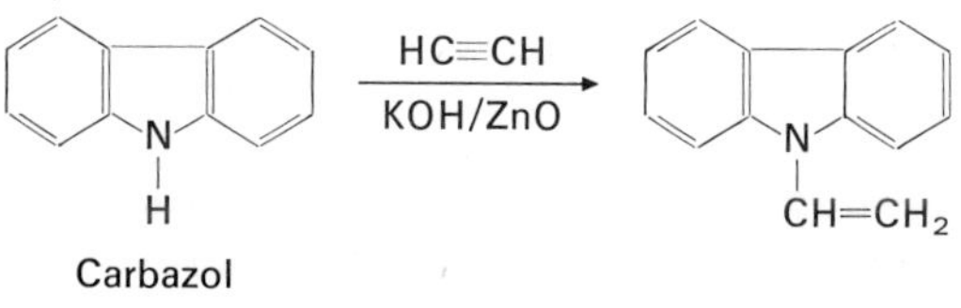

Carbazol

Pyrrolfarbstoffe (Porphinderivate). Alkylierte Pyrrolringe sind Bestandteile vieler biologisch wichtiger Farbstoffe, z.B. der *Blut-* und *Blattgrünfarbstoffe,* der *Gallenfarbstoffe,* des *Vitamins B_{12}* usw. Den Blut- und Blattgrünfarbstoffen gemeinsam ist ein ebenes Ringgerüst aus vier Pyrrolringen und einem ausgedehnten konjugierten (völlig delokalisierten) Elektronensystem, auf welches die intensive Lichtabsorption zurückzuführen ist:

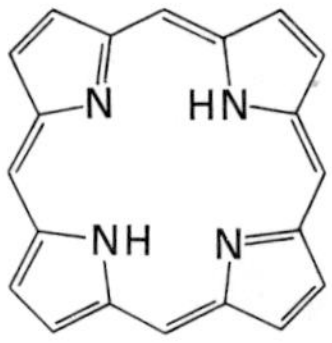

Porphinring

Substanzen, bei welchen an allen acht «Ecken» der Pyrrolringe (d. h. an allen acht β-Stellungen) Substituenten vorhanden sind, werden als *Porphyrine* bezeichnet. Die Blut- und Blattgrünfarbstoffe sind Metall-Chelatkomplexe solcher Porphyrine.

Das **Hämoglobin,** ein Chromoproteid, das etwa 30% der Trockensubstanz von roten Blutkörperchen der Säugetiere ausmacht, zerfällt bei der vorsichtigen Hydrolyse mit verdünnter Salzsäure in das Protein *Globin* und in (gut kristallisierendes) *«Chlorhämin»*. Dieses enthält als Zentralatom des Chelatkomplexes ein $Fe^{3\oplus}$-Ion (neben einem $Cl^{\ominus}$-Ion); seine reduzierte Form, das *«Häm»*, ist die eigentliche Wirkgruppe des *Hämoglobins*. Von den sechs Koordinationsstellen des $Fe^{2\oplus}$-Ions sind nur vier an die N-Atome des Porphinsystems gebunden. Eine weitere übernimmt die Bindung an das Protein (über den Imidazolring des Histidins; Abb. 20.1). Die sechste Koordinationsstelle vermag eine lockere Additionsverbindung mit molekularem Sauerstoff zu bilden, ohne daß dabei die Oxidationsstufe des $Fe^{2\oplus}$-Ions geändert wird. Die Menge des gebundenen Sauerstoffes ist vom Sauerstoff-Partialdruck abhängig; Aufnahme und Abgabe des Sauerstoffes erfolgen möglicherweise im Austausch gegen Wasser. Mit CO entsteht eine noch wesentlich stabilere Additionsverbindung, so daß der Sauerstofftransport im Blut gestört oder überhaupt unterbunden wird, wenn die Atemluft einen zu großen Anteil CO enthält. Ist das Hämoglobin zu etwa 66% in CO-Hämoglobin übergeführt, so tritt der Tod ein.

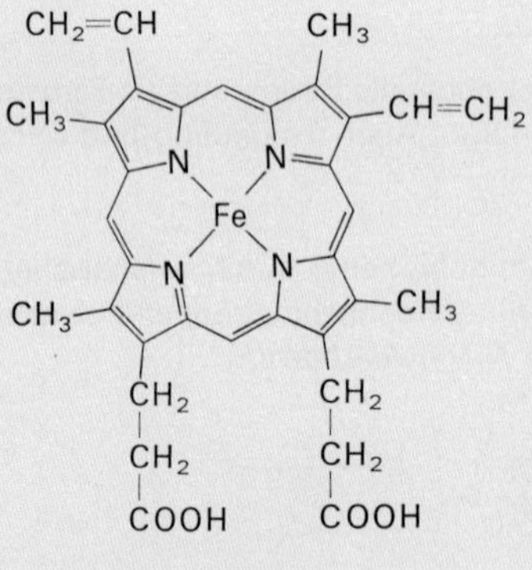

Häm

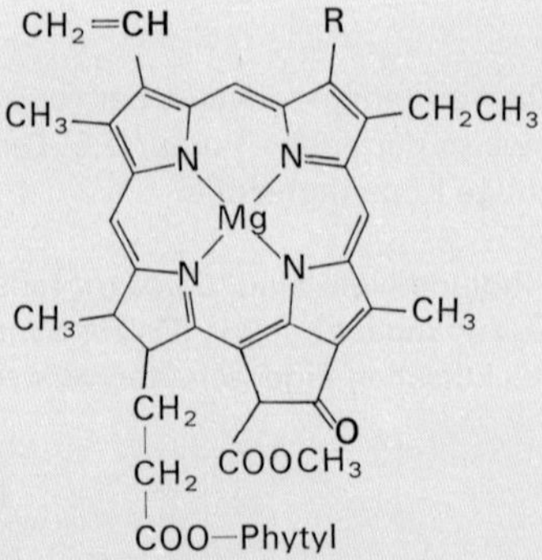

Chlorophyll

R = CH₃: Chlorophyll a
R = CHO: Chlorophyll b

Dem Häm strukturell eng verwandt sind die grünen Blattfarbstoffe. **Chlorophyll**, das «Blattgrün», besteht aus zwei Komponenten, dem Chlorophyll a und dem Chlorophyll b. Beide enthalten das Porphin-Grundgerüst, dem ein fünfgliedriger Ketonring angegliedert ist und das über eine Carboxylgruppe als Substituent mit Phytol, einem ungesättigten

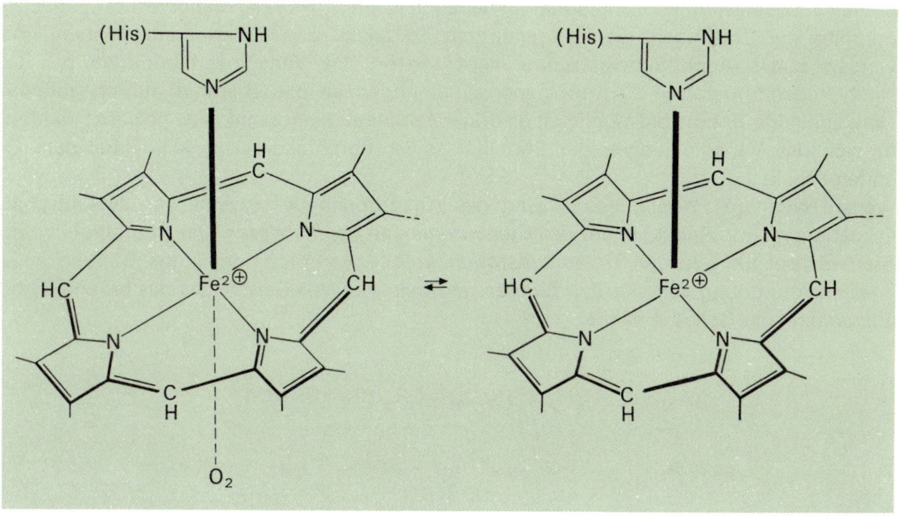

Abb. 20.1. *Bindung von O_2 an ein Häm-Molekül*

Diterpenalkohol ($C_{20}H_{39}OH$; vgl. S. 912) verestert ist. Einer der Pyrrolringe liegt im Chlorophyll in der Dihydro-Form vor. Chlorophyll a und Chlorophyll b unterscheiden sich dadurch, daß in diesem an Stelle einer Methylgruppe eine Aldehydgruppe vorhanden ist. Im Gegensatz zum Häm enthalten die Chlorophylle ein $Mg^{2\oplus}$-Ion als Zentralion.

Die *Konstitutionsaufklärung* dieser kompliziert gebauten Farbstoffe ist hauptsächlich den Arbeiten des Kreises um H. Fischer zu verdanken (Häminsynthese, 1930; Konstitutionsaufklärung des Chlorophylls um 1940 abgeschlossen). Die *Synthese* der Chlorophylle gelang Woodward (1960).

Die beiden grünen Blattfarbstoffe spielen eine wichtige Rolle bei der CO_2-Assimilation der grünen Pflanzen, der sogenannten *Photosynthese,* deren Verlauf jedoch noch nicht vollkommen geklärt ist. Es wird heute angenommen, daß die Wirkung des Chlorophylls darin besteht, ein Lichtquant zu absorbieren, wobei ein Elektron angeregt wird ($\pi \rightarrow \pi^*$-Übergang). Dieses Elektron kann dann auf ein Redoxsystem (Ferredoxin) übertragen werden und schließlich über eine Kette von Redoxkatalysatoren wieder auf das Chlorophyllmolekül übergehen. Der Elektronentransport ist mit der Bildung von *Adenosintriphosphat* (S. 986), dem wichtigsten «Energiespeicher» der Zelle, gekoppelt. Daneben vermögen aber die reduzierten Stufen der dazwischenliegenden Redoxsysteme auch Wasser (bzw. $H^\oplus$-Ionen) zu reduzieren, wobei der Wasserstoff auf ein Enzym übertragen wird. Um die Elektronenbilanz zu erhalten, werden gleichzeitig $OH^\ominus$-Ionen oxidiert: $2\ OH^\ominus - 2\ e^- \rightarrow$ $\frac{1}{2} O_2 + H_2O$. Als Oxidationsmittel dient möglicherweise ein Chlorophyll-Radikal, das durch Elektronenverlust aus einem angeregten Chlorophyllmolekül entstanden ist. Die Reduktion des Kohlendioxids erfolgt in einer «Dunkelreaktion» ohne direkten Einfluß von Licht, aber unter Mitwirkung des während der «Lichtreaktion» gebildeten energiereichen Adenosintriphosphats.

Bemerkenswerterweise ist das *Porphingerüst so stabil,* daß es die wohl ziemlich drastischen geologischen Bedingungen, die zur Bildung des Erdöls führten (hohe Temperaturen und Drucke) überstehen konnte, so daß man im rohen *Erdöl* Hämin- und Chlorophyllderivate findet. Allerdings wurden dabei die Metallionen zum Teil gegen andere Ionen von ähnlichen

Radien ausgetauscht. Im Rohöl treten daher auch Kupfer-, Nickel-, Mangan- und Vanadin-porphine auf. Besonders die letztgenannten Komplexe sind außerordentlich stabil und werden selbst durch Schwefelsäure nicht zerstört. Da Vanadinverbindungen bei der Hochtemperaturpyrolyse zu Korrosionserscheinungen an den Brennern führen, müssen vanadinhaltige Rohöle bei möglichst niedriger Temperatur verbrannt bzw. gecrackt werden, da sich das Vanadin wegen der Stabilität seiner Porphinkomplexe kaum aus dem Öl entfernen läßt.

Weitere wichtige *Porphinderivate* sind die Wirkgruppen der Enzyme von biologischen Oxidationen bzw. Reduktionen, der *Cytochrome* und der *Katalasen.* Der Porphinabbau im Stoffwechsel führt zu den *Gallenfarbstoffen,* wobei der Porphinring unter Bildung einer linearen Anordnung von vier Pyrrolringen geöffnet wird. Als Beispiel sei das braunrötliche *Bilirubin* (in der Galle) erwähnt.

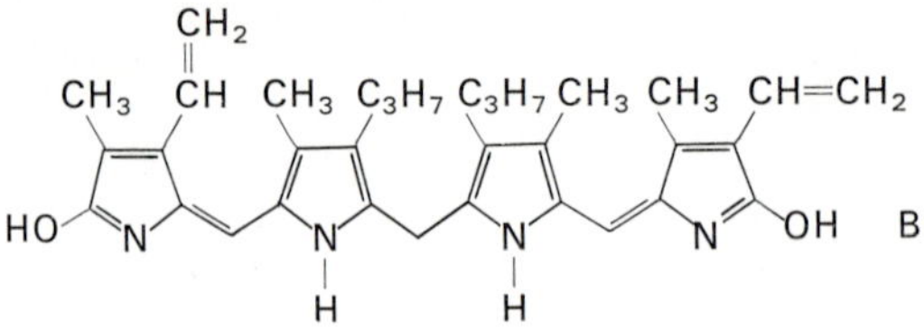

Mit den Porphinen eng verwandt ist das **Vitamin B$_{12}$**, das aus der Leber isoliert wurde und bei der Behandlung der perniziösen Anämie wirksam ist. Es ist eine tiefrote Verbindung und der erste Naturstoff, in welchem Kobalt als Bestandteil nachgewiesen wurde. Seine außerordentlich komplexe Konstitution (Vitamin B$_{12}$ ist wahrscheinlich die komplizierteste bekannte niedermolekulare Verbindung) wurde in der erstaunlich kurzen Zeit von einigen Jahren durch chemische Methoden und vor allem durch Röntgenstrukturanalyse aufgeklärt (abgeschlossen 1955; D. Crowfoot-Hodgkin und Todd). Vitamin B$_{12}$ ist der wohl biologisch wirksamste Stoff; der Tagesbedarf eines Menschen beträgt nur 0,5 bis 1 μg. Die Totalsynthese von Vitamin B$_{12}$ wurde 1962 begonnen und 1972 beendet; sie wurde in Zusammenarbeit zweier Arbeitsgruppen (Woodward in Harvard, USA, und Eschenmoser an der ETH Zürich) durchgeführt, von denen jede einen Teil des komplizierten Moleküls aufbaute.

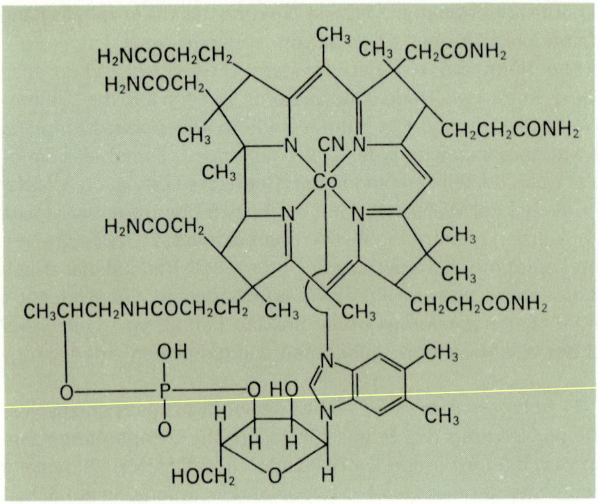

Abb. 20.2.
Konstitution von
Vitamin B$_{12}$

20.3 Fünfgliedrige Heterozyklen mit mehreren Heteroatomen

Von den zahlreichen Fünfringen, die *mehrere Heteroatome* enthalten, werden hier lediglich die in biochemischer Hinsicht wichtigsten Ringsysteme **Thiazol, Pyrazol** und **Imidazol** besprochen. Die Bildung von Triazolen und Tetrazolen durch dipolare 1,3-Addition von Aziden an Alkine bzw. Nitrile wurde in Kapitel 10 (S. 565) erwähnt.

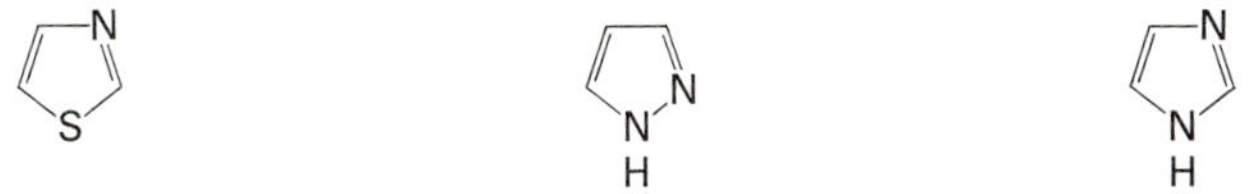

Thiazol	Pyrazol	Imidazol
(1,3-Thiazol)	(1,2-Diazol)	(1,3-Diazol)
Sdp. 117 °C	Smp. 70 °C	Smp. 90 °C
	Sdp. 188 °C	Sdp. 263 °C

Der **Thiazolring** läßt sich z. B. ausgehend von α-Halogencarbonylverbindungen und Thioamiden erhalten. Durch Reaktion von Chloracetaldehyd mit Thioharnstoff (in der Iminoform) und anschließende Entfernung der Aminogruppe (Substitution durch $-$ Cl und Hydrogenolyse) entsteht Thiazol selbst:

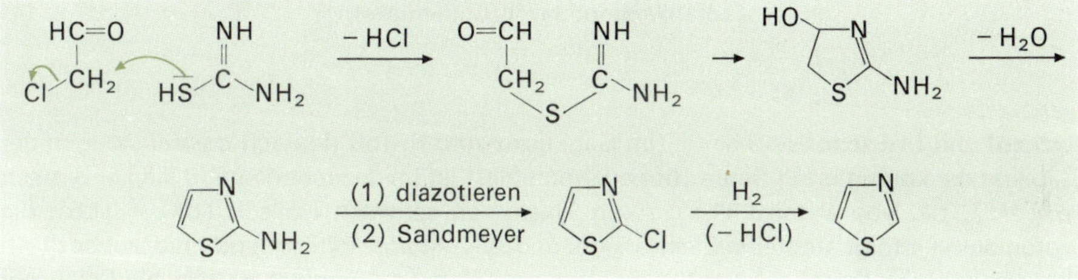

Der Thiazolring tritt in verschiedenen Substanzen mit bemerkenswerten physiologischen Eigenschaften auf. *Aneurin* (Vitamin B_1) stellt (als Pyrophosphat) das Coenzym der Carboxylase dar, eines Enzyms, welches die anaerobe Spaltung von Brenztraubensäure (einem Zwischenprodukt des Kohlenhydratabbaues) in Acetaldehyd und CO_2 katalysiert.

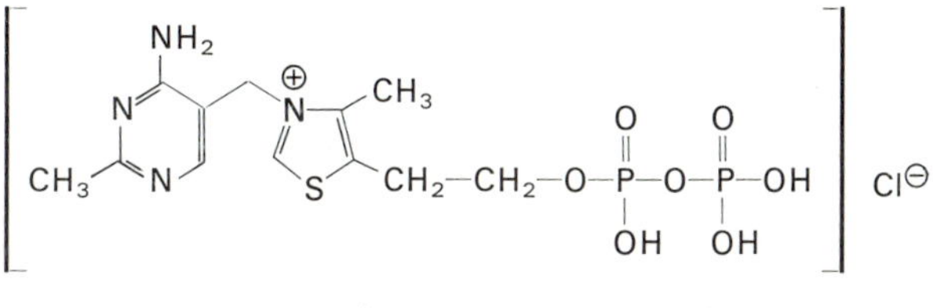

Cocarboxylase (Vitamin B_1-Pyrophosphorsäureester)

Die *Penicilline,* die ersten in der Medizin verwendeten Antibiotika (1929 von Fleming entdeckt; Strukturaufklärung und technische Gewinnung aus Schimmelpilzkulturen während des Zweiten Weltkrieges in den USA und in England) sind ebenfalls Thiazolderivate. *Antibiotika* sind Stoffwechselprodukte von niederen Pilzen oder Bakterien, die andere Mikroorganismen abtöten oder ihre Entwicklung hemmen, d. h. bakterizid oder bakteriostatisch wirken. Sie eignen sich daher zur Bekämpfung von Infektionskrankheiten. Penicilline werden hauptsächlich zur Therapie der durch Kokken oder grampositive Bakterien verursachten Infektionen verwendet, gewöhnlich in Form ihrer Natrium- oder Calciumsalze. Die Penicilline wirken von allen bekannten Antibiotika am wenigsten toxisch; ihre häufige Anwendung hat jedoch zur Selektion resistenter Bakterienstämme geführt, so daß sie heute meistens in Kombination mit anderen Antibiotika verwendet werden.

$$R = C_6H_5CH_2- \qquad \text{Penicillin G}$$
$$= CH_3CH_2CH{=}CHCH_2- \qquad \text{Penicillin F}$$
$$= CH_3(CH_2)_6- \qquad \text{Penicillin K}$$

Penicilline

Sulfathiazol, ein Chemotherapeutikum, ist ein Beispiel der ebenfalls zur Therapie der Infektionskrankheiten wichtigen *Sulfonamide.* Ihre Wirkung beruht darauf, daß der *p*-Aminobenzensulfonsäurerest die *p*-Aminobenzoesäure (eine für zahlreiche Mikroorganismen unentbehrliche Substanz, die zur Synthese der Folsäure, der Wirkgruppe eines Enzyms, benötigt wird) verdrängt und dadurch den gesamten Stoffwechsel blockiert.

Sulfanilamidothiazol (Sulfathiazol)

Pyrazol und **Imidazol** sind beide (im Gegensatz zum Pyrrol) deutlich *basisch.* Wegen der Stabilität der konjugierten Säure (hohe Symmetrie!) ist Imidazol bedeutend stärker basisch ($pK_b = 7$; pK_b von Pyrazol 11,5). Auch Thiazol ist schwach basisch ($pK_b = 11,5$); die Protonierung erfolgt am freien Elektronenpaar des N-Atoms. Pyrazol und Imidazol besitzen aber ebenso wie Pyrrol schwach *saure* Eigenschaften; die Azidität ist hier als Folge der elektronenanziehenden Wirkung des zweiten Heteroatoms sogar noch etwas größer als beim Pyrrol. Beide bilden untereinander starke H-Brücken, was ihre relativ hohen Siedepunkte erklärt (Pyrazol existiert in flüssiger Phase vorwiegend als Dimer!). N-Alkylsubstitutionsprodukte zeigen erheblich niedrigere Siedepunkte, weil durch die Substitution die Fähigkeit zur H-Brücken-Bildung verloren gegangen ist.

Pyrazol(dimer)

Imidazol

Bei C-substituierten Pyrazolen und Imidazolen tritt ein *Tautomeriegleichgewicht* auf, so daß die beiden N-Atome gleichwertig und ununterscheidbar werden und sich die betreffenden Substanzen bei chemischen Reaktionen als Gemisch der beiden Tautomere verhalten.

Der Pyrazolring kommt in der Natur sehr selten vor (z. B. im Samen der Wassermelone als Bestandteil einer Aminosäure). Einige Pyrazolderivate sind von medizinischem oder technischem Interesse.

Pyrazole entstehen aus 1,3-Dicarbonylverbindungen und Hydrazin in Gegenwart von Säure:

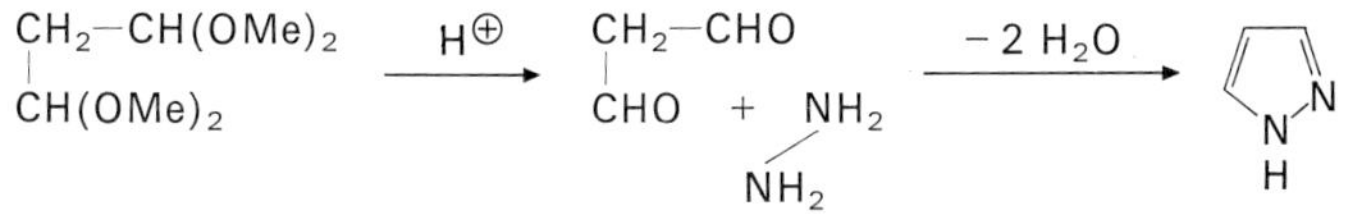

Malondialdehyddiacetal

(Da der Aldehyd sehr leicht mit sich selbst kondensiert, muß er in Form seines Acetals zur Reaktion eingesetzt werden. Unter der Wirkung der Säure entsteht dann der Aldehyd selbst, welcher sogleich mit Hydrazin reagiert.)

In analoger Weise liefern β-Ketoester *Pyrazolone:*

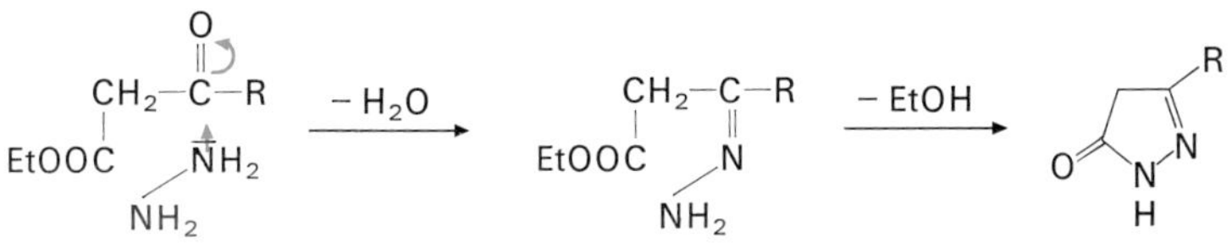

Pyrazolon selbst dient als Kupplungskomponente zur Herstellung von Azofarbstoffen. Therapeutisch interessant sind die Pyrazolonderivate *Antipyrin* und *Dimethylaminoantipyrin (Dipyrin, «Pyramidon»)*, die beide Bestandteile vieler fiebersenkender und schmerzstillender Heilmittel sind.

Antipyrin und Dipyrin entstehen aus Acetessigester und Phenylhydrazin (Knorr):

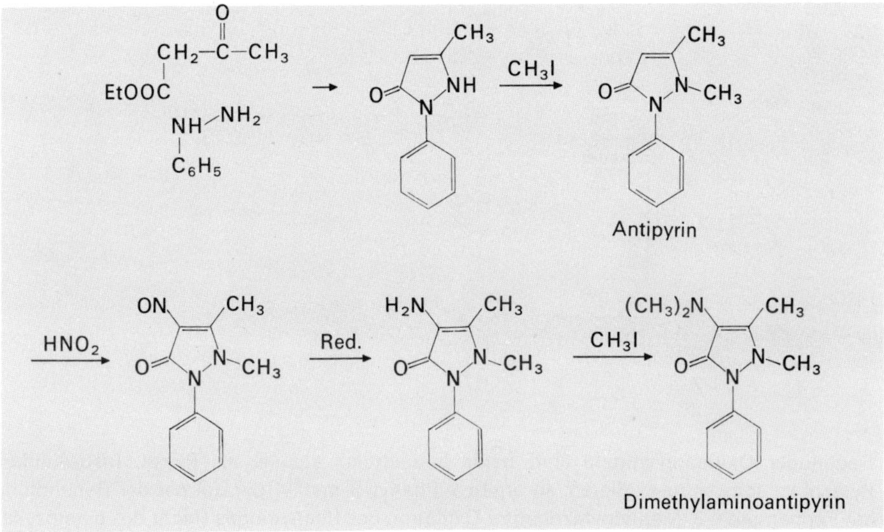

Das wichtigste Imidazolderivat ist die Aminosäure *Histidin* (Imidazolylalanin):

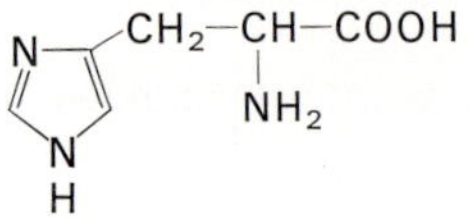

$$N \diagup\diagdown \quad CH_2-CH-COOH$$
$$\qquad\qquad\qquad NH_2$$

Durch Decarboxylierung bildet sich das in allen Geweben in kleinen Mengen vorhandene *Histamin*. Da es stark giftig ist, muß es in der Zelle an Proteine gebunden vorkommen. Übermäßige Mengen von freiem Histamin gelten als Ursache vieler *Allergien*.

Der *Imidazolring* kann nach einer Reaktionsfolge aufgebaut werden, die formal an die Paal-Knorr-Synthese erinnert, wobei 1,4-Dicarbonylverbindungen als Ausgangssubstanzen dienen:

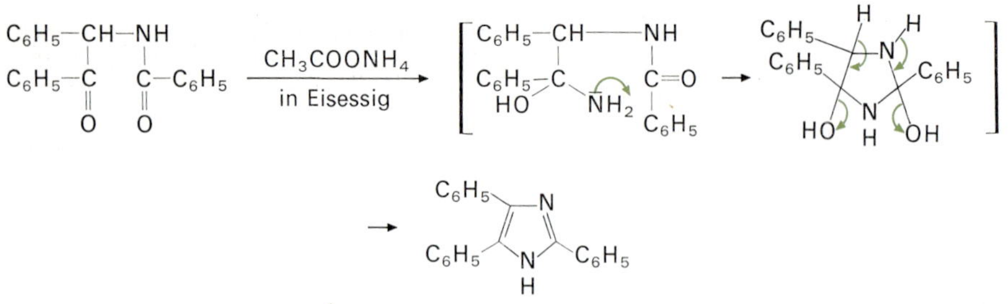

$$C_6H_5-CH-NH$$
$$C_6H_5-C \quad C-C_6H_5 \xrightarrow[\text{in Eisessig}]{CH_3COONH_4}$$
$$\qquad\;\; O \quad O$$

$$\left[\begin{array}{c} C_6H_5-CH\text{——}NH \\ C_6H_5-C \qquad C=O \\ HO \quad NH_2 \\ \qquad\qquad C_6H_5 \end{array} \quad \rightarrow \quad \begin{array}{c} C_6H_5 \quad H \quad H \\ C_6H_5 \diagup\diagup N \\ \qquad\qquad C_6H_5 \\ N \\ HO \quad H \quad OH \end{array} \right]$$

$$\rightarrow \qquad \begin{array}{c} C_6H_5 \diagdown \quad N \\ C_6H_5 \diagdown N \diagup C_6H_5 \\ H \end{array}$$

Sowohl an *Pyrazol* wie an *Imidazol* lassen sich *elektrophile Substitutionen* leicht durchführen; bei Pyrazol erfolgt der Angriff ausschließlich in Stellung 4, während Imidazol in neutraler oder schwach alkalischer Lösung in der Stellung 2, in saurer Lösung in der Stellung 4 angegriffen wird:

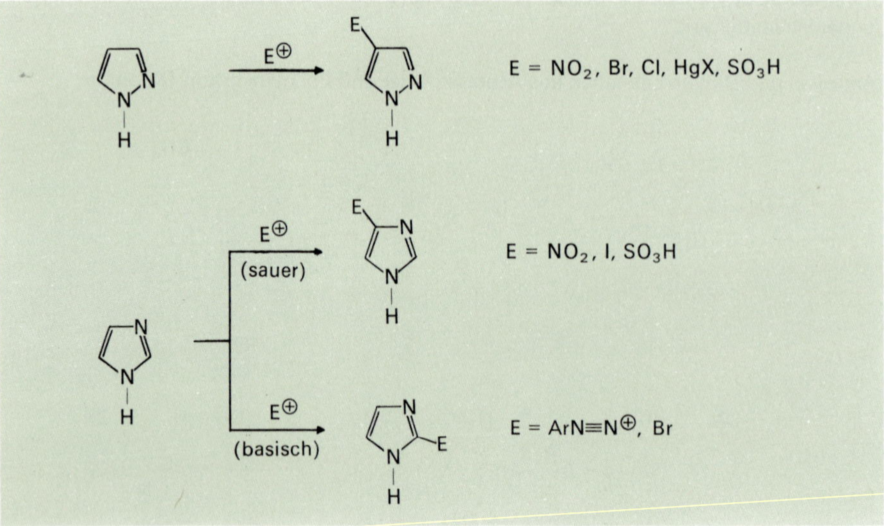

E = NO$_2$, Br, Cl, HgX, SO$_3$H

E = NO$_2$, I, SO$_3$H

E = ArN≡N$^\oplus$, Br

Gegenüber Oxidationsmitteln sind beide beträchtlich stabiler als Pyrrol. Insbesondere Pyrazol ist schwer zu oxidieren; so ergibt 1-Phenyl-3-methyl-pyrazol bei der Behandlung mit Permanganat 3-Methylpyrazol unter Oxidation des Phenylringes (nicht des heterozyklischen Ringes!). Während 4-Hydroxypyrazole sich wie ein Phenol verhalten, liegen 3-Hydroxypyrazole vorwiegend in der Keto-(Pyrazolon-)Form vor.

Das chemische Verhalten von *Thiazol* erinnert an Pyridin; es ist jedoch weniger basisch als dieses, und die entsprechenden quartären Hydroxide stehen im Gleichgewicht mit einem Carbinol:

Ebenso wie Pyridin unter extremen Bedingungen sulfoniert werden kann, läßt sich auch Thiazol sulfonieren *und* nitrieren, wobei Thiazol etwas besser zu substituieren ist als Pyridin (ähnlich wie Thiophen ebenfalls stärker aromatisch ist als Benzen). Umgekehrt sind nucleophile Substitutionen am Thiazolring relativ leicht durchzuführen; 2-Chlorthiazol ergibt bereits bei schwachem Erwärmen 2-Hydroxythiazol, und auch die Tschitschibabin-Reaktion (Einführung einer Aminogruppe durch mehrstündiges Erhitzen mit $NaNH_2$ auf 150°C) läßt sich mit Thiazol durchführen.

20.4 Pyridin und Pyran

Pyridin. Pyridin (C_5H_5N), eine bei 115°C siedende, mit Wasser in jedem Verhältnis mischbare Flüssigkeit von charakteristischem, sehr unangenehmem Geruch, wurde aus Knochenöl und Steinkohlenteer isoliert und bis vor etwa 10 Jahren ausschließlich aus Teer gewonnen. Neuerdings stellt man Pyridin durch Reaktion von Ammoniak mit Acetylen her. Es ist Bestandteil verschiedener Naturstoffe und wird im Laboratorium häufig als Lösungsmittel oder als schwache Base (pK_b = 8,77) verwendet.

Pyridin enthält wie Benzen 6 π-Elektronen und ist ein *Hückel-Aromat;* durch den Einfluß des Heteroatoms sind allerdings die MO ψ_2 und ψ_3 (S.132) nicht mehr energiegleich. Ein dem Dewar-Benzen (S.150) entsprechendes *Dewar-Pyridin* wurde 1970 dargestellt.

Die *chemischen Eigenschaften* von Pyridin sind zum Teil schon in anderem Zusammenhang besprochen worden (S.693 und S.721), so daß hier nur noch einige Ergänzungen notwendig sind. Im Gegensatz zu Benzen läßt sich Pyridin mit elektronenübertragenden Reagenzien (Natrium und Alkohol) *reduzieren.* Die Elektronendichte im Ring ist wegen der relativ großen Elektronegativität des N-Atoms herabgesetzt, wodurch die aktivierten Komplexe für elektrophile Substitutionen im Vergleich zum Benzen destabilisiert werden. *Pyridin ist deshalb gegen Elektrophile weit weniger reaktiv als Benzen;* es entspricht bezüglich seiner Reaktionsfähigkeit etwa dem Nitrobenzen. Zudem ist das freie Elektronenpaar des N-Atoms die gegenüber Elektrophilen reaktionsfähigste Stelle, so daß häufig zuerst hier ein Angriff eintritt (die Bildung eines Pyridiniumsalzes ist auch kinetisch begünstigt). So erhält man durch Reaktion von Stickstoff(V)-oxid oder mit Nitrylfluoroborat (NO_2BF_4) das *N-Substitutionsderivat:*

Auch mit SO_3 entsteht ein stabiler Komplex, in dem SO_3 an das N-Atom gebunden ist und der zur Sulfonierung reaktiver Aromaten Verwendung findet:

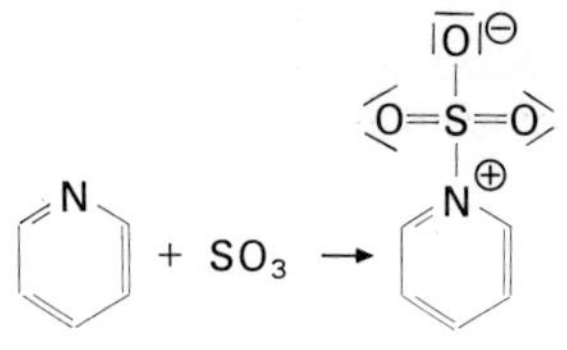

Wenn hingegen die Positionen 2 und 6 durch raumerfüllende Substituenten besetzt sind, ist die Koordination am N-Atom aus sterischen Gründen erschwert, so daß dann die freie Base unter relativ milden Bedingungen am *Ring* substituierbar wird. *Alkylsubstituenten* erhöhen die Reaktivität gegenüber elektrophilen Reagenzien etwas; trotzdem dominiert die dirigierende Wirkung des Heteroatoms, und man erhält z.B. durch Sulfonierung von 3-Methylpyridin (mittels 20% Oleum bei 220°C) 3-Methylpyridin-5-sulfonsäure. Im Fall von *Aminopyridinen* überwiegt jedoch der dirigierende Einfluß der Aminogruppe, so daß 2-Aminopyridine vorwiegend in Stellung 5 substituierte Produkte, 3-Aminopyridine in Stellung 2 substituierte Produkte ergeben:

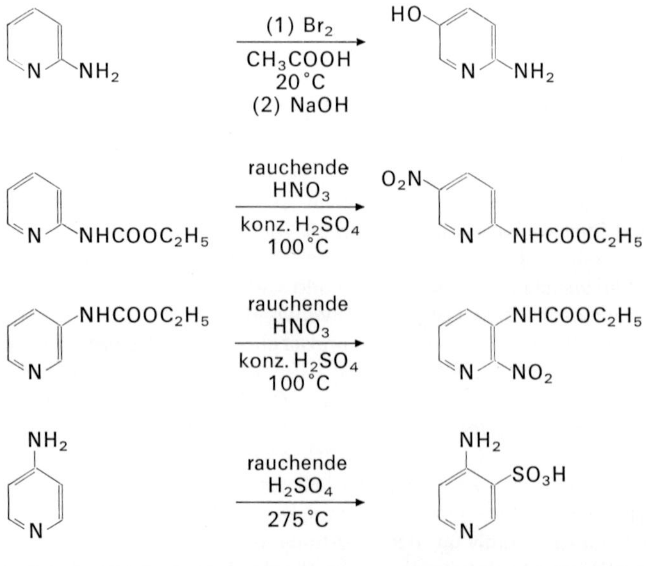

Auch Hydroxyl- und Alkoxygruppen verhalten sich bezüglich ihrer aktivierenden und dirigierenden Wirkung ähnlich.

Pyridin selbst ist kaum nitrierbar (mehrstündiges Erhitzen auf 330°C zusammen mit einem Gemisch aus H_2SO_4 und $NaNO_3$ ergibt etwa 6% Nitropyridine); auch die Halogenierung des unsubstituierten Pyridins ist praktisch kaum von Bedeutung.

Nucleophile Substitutionen am Pyridinring sind verhältnismäßig leicht möglich *(Tschitschibabin-Reaktion;* S. 721). Sie verlaufen gewöhnlich nach dem Additions-Eliminations-Mechanismus, wobei die Positionen 2 und 6 begünstigt sind (nur wenn diese besetzt sind, tritt – unter energischeren Bedingungen! – Substitution in Stellung 4 ein), weil dann die negative Ladung des Adduktes auch auf das elektronegative N-Atom delokalisiert werden kann:

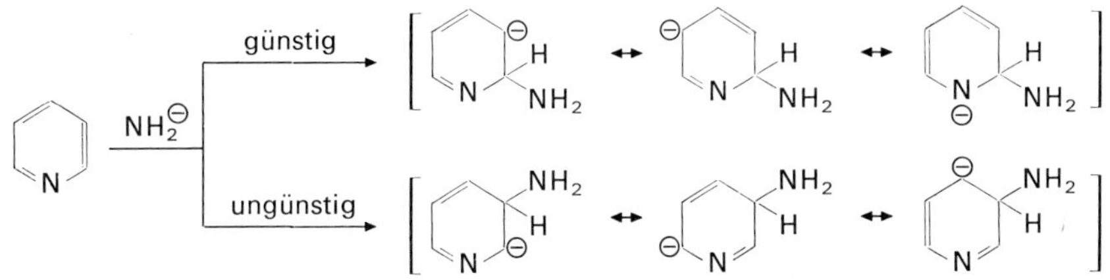

In ähnlicher Weise wie $NH_2^\ominus$-Ionen wirken auch Grignard-Verbindungen oder Organolithiumverbindungen, wobei die letzteren (wegen ihrer größeren Reaktivität) bevorzugt werden. Auch Chlorpyridine lassen sich durch Erwärmen mit KOH auf 170 bis 180 °C leicht in *Hydroxypyridine* überführen; 2- und 4-Hydroxypyridine tautomerisieren dabei größtenteils zum entsprechenden *2-* bzw. *4-Pyridon,* wie die betreffenden IR-Spektren sehr deutlich zeigen:

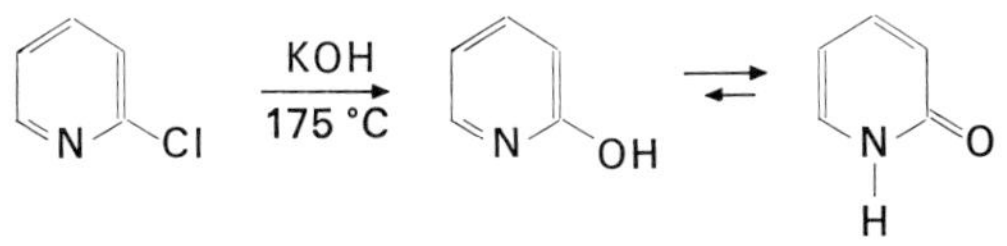

Interessant ist, daß man bei Substitutionen an gewissen 3- und 4-Halogenpyridinen auch *umgelagerte* Produkte erhält; die Substitution verläuft dann (ebenso wie in manchen Fällen bei Halogenbenzenen) über *Arine* als Zwischenstoffe *(Arin-Mechanismus):*

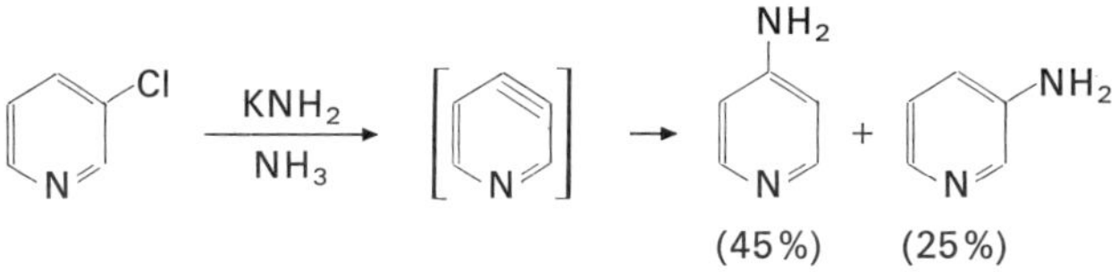

Weitere Beispiele:

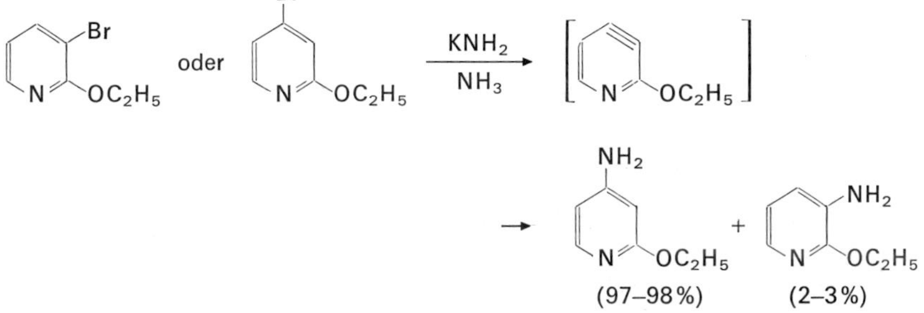

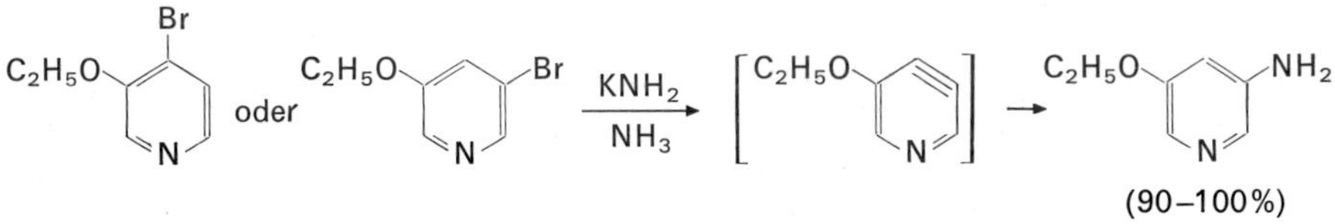

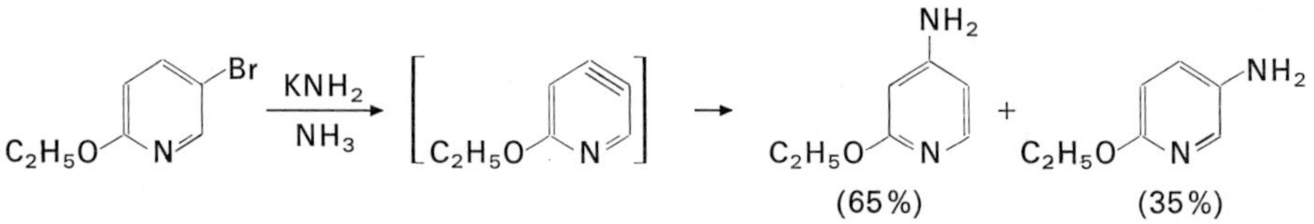

(65%)   (35%)

Gegenüber *Oxidationsmitteln* ist der Pyridinring auffallend resistent. So wird beim Behandeln von Chinolin mit $KMnO_4$ der Benzenring oxidiert:

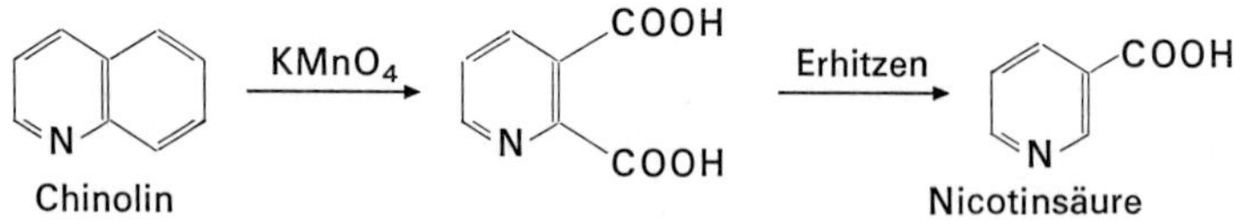

Chinolin   Nicotinsäure

Synthetisch sind *Pyridinderivate* durch eine Reihe von Reaktionen *zugänglich*. Weil Friedel-Crafts-Reaktionen am Pyridinring kaum durchführbar sind, werden Derivate des Pyridins gewöhnlich ausgehend von entsprechend substituierten aliphatischen Verbindungen hergestellt. Als Beispiele präparativ wichtiger Reaktionen seien die folgenden genannt:

(a) Aufbau des Pyridinrings aus *Ammoniak* und C_5-*Einheiten:*

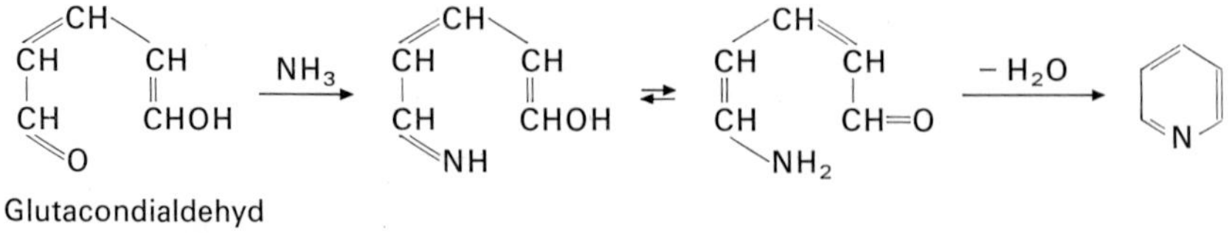

Glutacondialdehyd

(Diese Reaktion ist allerdings ohne praktische Bedeutung, da Glutacondialdehyd am einfachsten durch Ringöffnung eines quartären Pyridiniumsalzes erhalten wird.)

In ähnlicher Weise reagieren 1,5-Dicarbonylverbindungen mit Hydroxylamin:

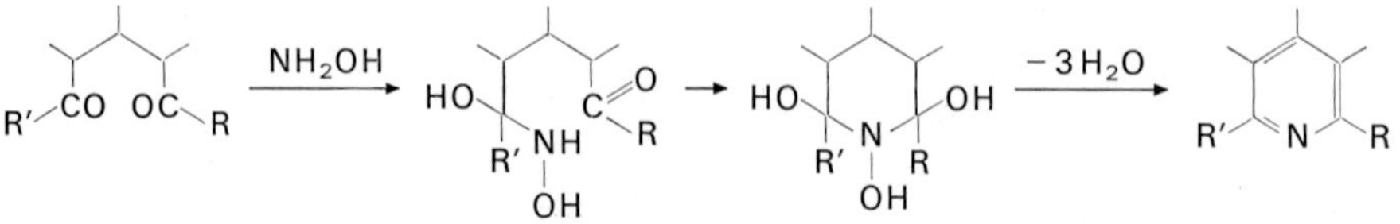

Durch Erhitzen mit Ammoniak auf 120 °C entsteht direkt der Pyridinring.
Um die benötigte *1,5-Dicarbonylverbindung* zu erhalten, kondensiert man zunächst Acetessigester mit einem Aldehyd in Gegenwart einer Base (Knoevenagel-Reaktion); verwendet man den Ester im Überschuß, so findet anschließend eine Michael-Addition statt, und es bildet sich eine 1,5-Dicarbonylverbindung. Nach dem Ringschluß mit Ammoniak oder Hydroxylamin werden die Estergruppen verseift und die Carboxylgruppen decarboxyliert.

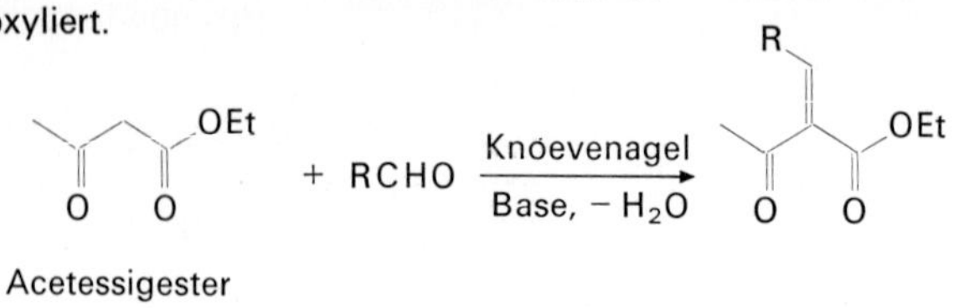

Acetessigester

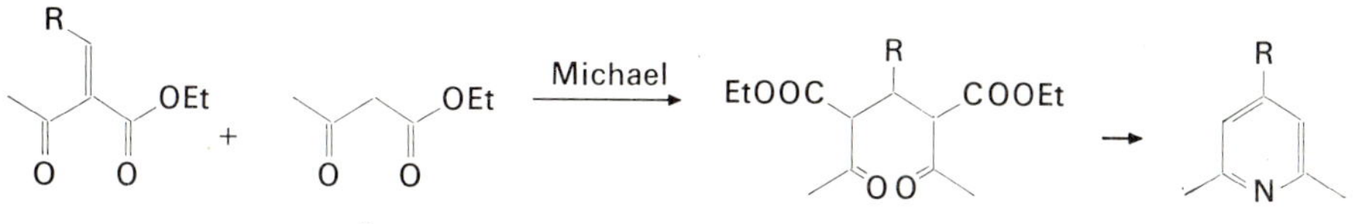

Ester-Überschuß

Eine andere Methode zur Gewinnung der Dicarbonylverbindungen besteht darin, daß Dicarbonsäurechloride zunächst mit Diazomethan und dann mit einem Alkylboran umgesetzt werden:

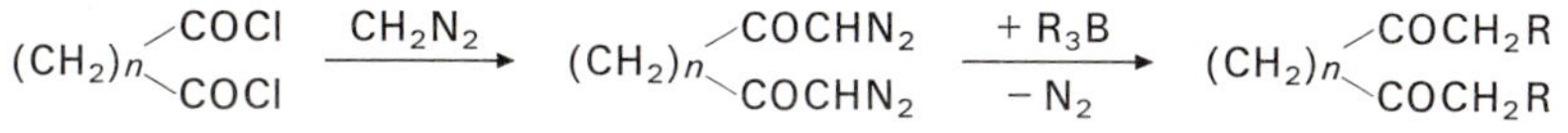

Auch durch Umsetzung von Dicarbonsäurechloriden mit Organocadmiumverbindungen lassen sich die entsprechenden Diketone erhalten.

(b) Aldehyde reagieren zusammen mit Ammoniak und β-Ketoestern unter Bildung des Pyridinringes *(Hantzsch-Synthese)*. Zunächst bildet sich dabei aus zwei Molekülen β-Ketoester und je einem Molekül Aldehyd und Ammoniak ein Dihydropyridin, das anschließend dehydriert werden muß.

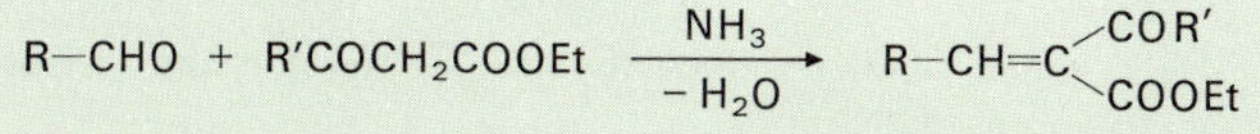

(Kondensation des Aldehyds mit dem β-Ketoester unter dem Einfluß der Base)

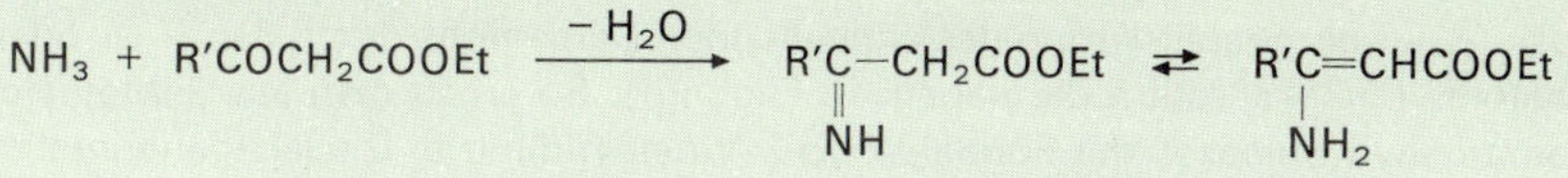

(Addition von NH_3 an ein Molekül des β-Ketoesters)

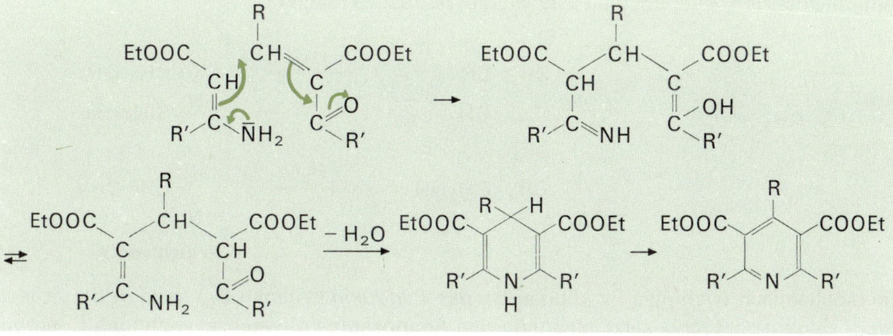

Der Ringschluß vollzieht sich dabei durch eine Art Michael-Addition der beiden primär entstandenen Produkte und anschließender Reaktion der Aminogruppe mit einer Carbonylgruppe.

Die drei *Methylpyridine* (*α-*, *β-* und *γ-Picolin*) werden aus Steinkohlenteer gewonnen. Durch Oxidation erhält man die entsprechenden Carbonsäuren, von welchen besonders die Pyridin-3-carbonsäure (β-Picolinsäure, Nicotinsäure) als Bestandteil des Alkaloids Nicotin (S. 891) und (als Amid) von Coenzymen oxidierender (dehydrierender) Enzyme von Bedeutung ist (Coenzym I, vgl. S. 888):

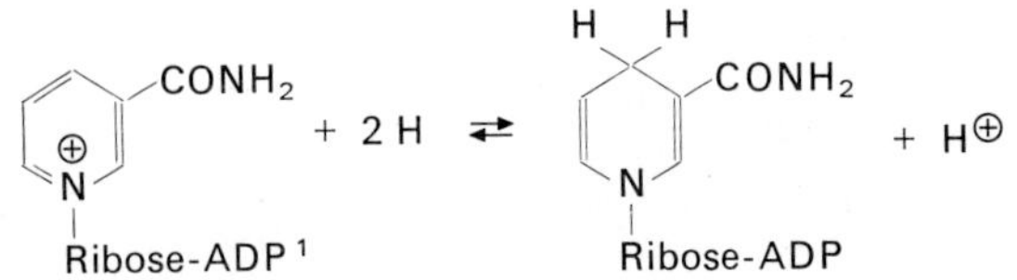

Isonicotinsäurehydrazid (γ-Picolinsäurehydrazid) ist ein sehr wirksames Medikament zur Behandlung der Tuberkulose *(«Neoteben», «Isoniazid»)*, da es das Wachstum und die Entwicklung des Tuberkelbazillus hemmt.

Tabelle 20.7. Trivialnamen einiger Pyridin-Derivate

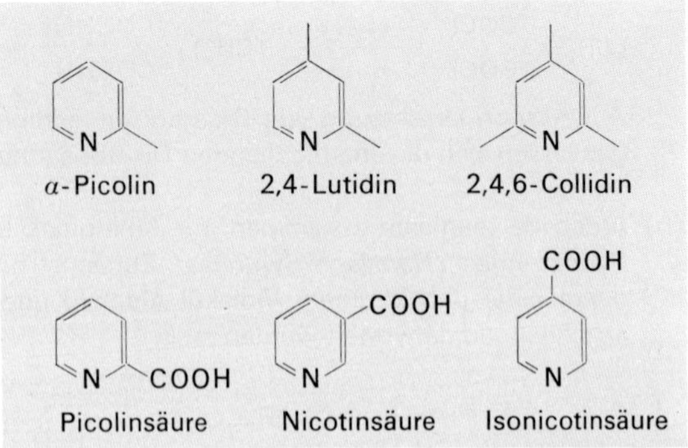

α-Picolin   2,4-Lutidin   2,4,6-Collidin

Picolinsäure   Nicotinsäure   Isonicotinsäure

α- und γ-Picolin lassen sich unter der Wirkung von Basen *mit Aldehyden kondensieren.* Dies beruht auf der Stabilisierung des entstehenden Carbanions durch den $-$ M-Effekt des Heteroatoms (Delokalisation der negativen Ladung!). So erhält man aus 2-Methylpyridin mit Benzaldehyd Stilbazol, mit Formaldehyd 2-Vinylpyridin u.a. Die letztgenannte Verbindung wird in geringen Mengen dem Acrylnitril zugesetzt, wenn dieses zu Polyacrylnitrilfasern polymerisiert wird, um die Faser leichter färbbar zu machen.

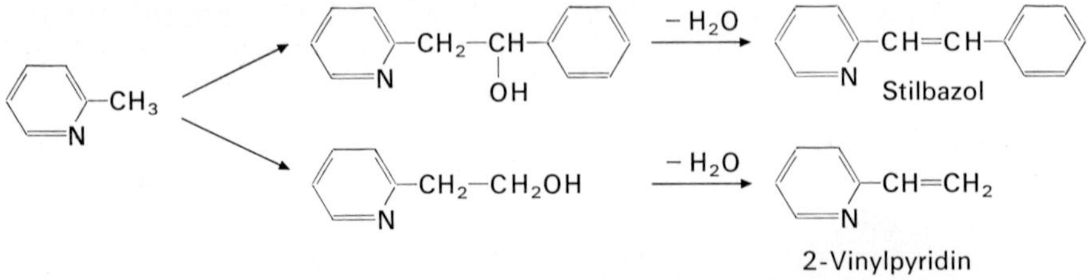

Stilbazol

2-Vinylpyridin

Ein biochemisch wichtiges Pyridinderivat, das *Pyridoxin* (Vitamin B_6), wird in der Zelle zu Pyridoxalphosphat umgesetzt, einem für den Aminosäurestoffwechsel wichtigen Coenzym.

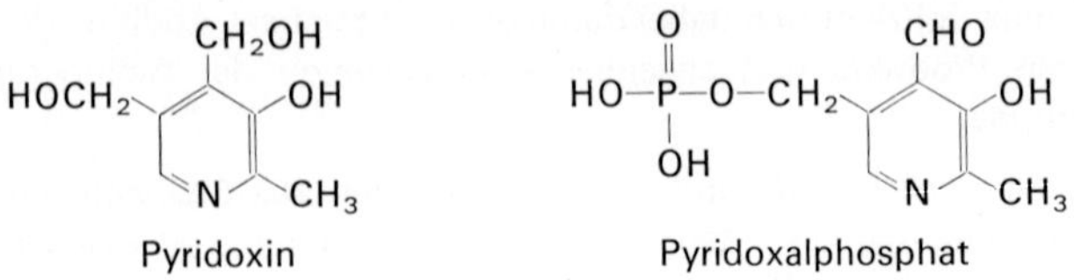

Pyridoxin   Pyridoxalphosphat

[1] Ribose ist eine Aldopentose, d.h. ein aus 5 C-Atomen aufgebautes Monosaccharid (vgl. S. 943). ADP ist Adenosindiphosphat, ein aus Adenin, Ribose und Pyrophosphorsäure aufgebautes Nucleotid (S. 986).

Piperidin, (Hexahydropyridin), aus Pyridin z. B. durch Reduktion mittels Natrium und Ethanol erhältlich, ist ein typisches sekundäres Amin (pK_b = 2,79). Der Piperidinring ist Bestandteil verschiedener Alkaloide.

Die Kondensation eines Pyridin- und eines Benzenringes führt zu den beiden Azanaphthalinen **Chinolin** bzw. **Isochinolin:**

Chinolin
Smp. −19,6 °C
Sdp. 239 °C

Isochinolin
Smp. 24 °C
Sdp. 240 °C

Beide Verbindungen kommen im Steinkohlenteer vor. Ihr Ringgerüst tritt ebenfalls in zahlreichen wichtigen Alkaloiden auf. Synthetisch lassen sich Chinolinsysteme nach Skraup (S. 701) bzw. Doebner-Miller (S. 702) oder Friedländer (S. 628) erhalten. Zur Gewinnung von Isochinolinderivaten dient die Bischler-Napieralski-Reaktion (S. 701). Beide Verbindungen sind aromatisch und lassen sich durch elektrophile Reagenzien substituieren (S. 694). Verschiedene Chinolinderivate werden medizinisch verwendet.

Pyran und **Pyranderivate.** Von den beiden möglichen Sauerstoffanalogen des Pyridins, dem *α*- bzw. dem *γ*-Pyran, ist nur das letztere bekannt. Es ist eine wasserklare, an der Luft leicht zu braunen Produkten oxidierende Flüssigkeit, die sich wie ein reaktionsfähiges Alken verhält, also *nicht aromatisch* ist. Die Methylengruppe des Ringes verhindert hier die Ausbildung eines ringförmig geschlossenen π-Elektronensystems. Hingegen ist im **Pyrylium-Kation** ein aromatisches Elektronensextett vorhanden, so daß hier aromatisches Verhalten zu erwarten ist. Das bisher vorhandene experimentelle Material ist allerdings zu gering, um allgemeine Aussagen über das Verhalten des Pyrylium-Ions bei Substitutionsreaktionen zu gestatten. Immerhin ist die durch das aromatische Sextett bedingte Stabilität des Pyrylium-Kations so groß, daß entsprechende Salze (z. B. *Pyryliumperchlorat,* das durch Einwirkung von $HClO_4$ auf das Natriumsalz von Glutaconaldehyd erhalten werden kann) bei genügend tiefer Temperatur durchaus stabil sind, im Gegensatz zu den Oxoniumsalzen von Ethern.

$O=CH-CH=CH-CH_2-CHO$ (Glutacondialdehyd)

α-Pyran   *γ*-Pyran   Pyryliumion

$HClO_4$
−20 °C

$-H_2O$

$ClO_4^\ominus$

Enthält der Pyranring noch eine *Carbonylgruppe,* so ist (analog zu dem siebengliedrigen *Tropon)* in gewissem Maß *aromatisches Verhalten* möglich:

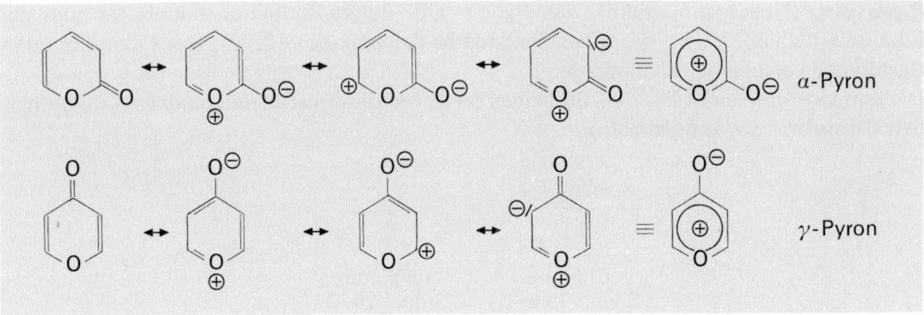

α-Pyron

γ-Pyron

Tropon

α-*Pyron* verhält sich aber trotz der möglichen Delokalisation eines Elektronenpaares der Carbonylgruppe wie ein *ungesättigtes Lacton.* So polymerisiert es leicht, liefert bei der katalytischen Hydrierung ein Gemisch von Valeriansäure und δ-Valerolacton und gibt mit Maleinsäureanhydrid ein Diels-Alder-Addukt. Bei γ-*Pyronen* ist der *aromatische Charakter stärker ausgeprägt;* sie reagieren beispielsweise nicht mit den üblichen Ketonreagenzien und lassen sich in Stellung 3 nitrieren oder bromieren. Das durch Selbstkondensation von Acetessigester und anschließender Umlagerung und Decarboxylierung leicht zugängliche 2,6-Dimethyl-γ-pyron bildet mit Methyliodid ein Oxoniumsalz mit dem 4-Methoxypyrylium-ion als Kation. Daß in diesem die Methylgruppe wirklich an das O-Atom der ursprünglichen Carbonylgruppe gebunden ist, wird dadurch bewiesen, daß es sich mit Ammoniak in 2,6-Dimethyl-4-methoxypyridin überführen läßt:

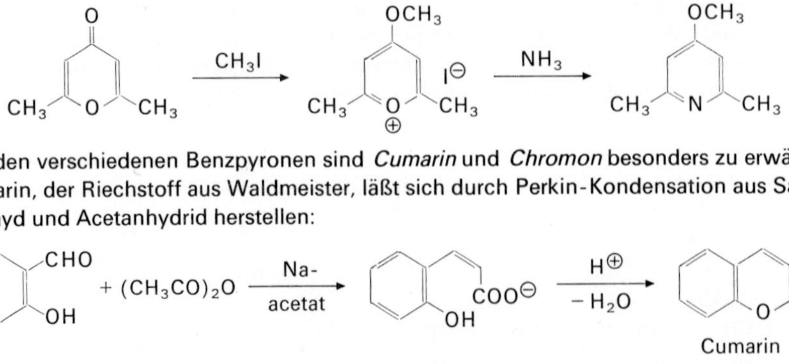

$$CH_3I \longrightarrow \quad NH_3 \longrightarrow$$

Von den verschiedenen Benzpyronen sind *Cumarin* und *Chromon* besonders zu erwähnen. Cumarin, der Riechstoff aus Waldmeister, läßt sich durch Perkin-Kondensation aus Salicylaldehyd und Acetanhydrid herstellen:

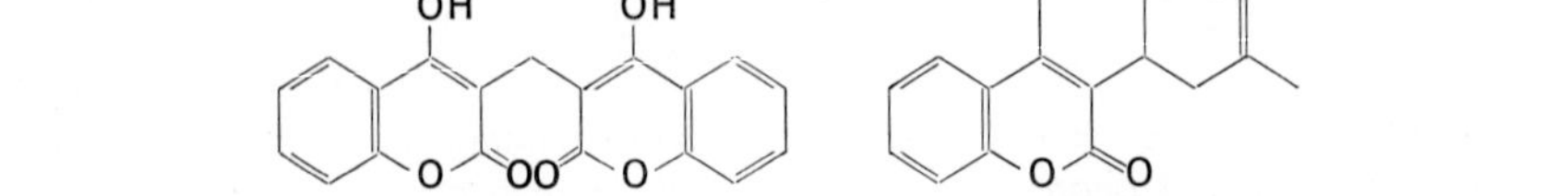

$$+ (CH_3CO)_2O \xrightarrow[\text{acetat}]{\text{Na-}} \quad \xrightarrow[-H_2O]{H^{\oplus}}$$

Cumarin

Zwei interessante Cumarinderivate sind *Dicumarol* und *Warfarin*. Dicumarol setzt die Gerinnungsfähigkeit des Blutes herab und wird medizinisch zur Behandlung von Thrombo-

Dicumarol   Warfarin

sen verwendet. Warfarin unterbindet schon in kleinen Mengen die Gerinnung des Blutes völlig und wird zur Bekämpfung von Ratten verwendet, da die Tiere nach der geringsten Verletzung verbluten.

Chromon (Benzo-γ-pyron) ist die Muttersubstanz einer Gruppe von gelben Pflanzenfarbstoffen, der **Flavonole** (substituierte 2-Arylchromone), welche in freier Form oder an Kohlenhydrate gebunden (als Glykoside) vor allem in den Chromoplasten von Blütenblätterzellen, aber auch in Rinden und Hölzern auftreten. Ein Beispiel eines solchen Flavonols ist das *Quercetin,* welches nach folgendem Reaktionsschema aufgebaut werden kann:

Quercetin

Die roten und blauen Blüten- und Beerenfarbstoffe sind Derivate von 2-Phenylbenzopyryliumsalzen. In der Pflanze treten sie als Glykoside auf (**«Anthocyane»**; die kohlenhydratfreien Farbstoffe heißen *«Anthocyanidine»).* Beispiele:

Pelargonidin-Kation
(Pelargonien, Erdbeeren)

Cyanidin-Kation
(rote Rose, Kornblume, schwarze Kirsche, Pflaume)

Bemerkenswert ist, daß dieselbe Verbindung in Blüten oder Früchten von ganz verschiedener Farbe auftreten kann. So ergibt das Anthocyan aus der Kornblume bei der Hydrolyse (der Abtrennung des Kohlenhydrates) dasselbe Anthocyanidin wie das Anthocyan aus der roten Rose. Man war früher der Meinung, daß diese verschiedenen Farbtöne durch die Acidität des Zellsaftes bestimmt würden, denn die Farbe läßt sich *in vitro* durch entsprechende Einstellung des *p*H-Wertes verändern. Die Anthocyanidine zeigen also die Eigenschaften von Säure/Base-Indikatoren. Es scheint aber, daß in der Zelle auch andere Faktoren (z. B. die Koordination mit bestimmten Metallionen, die Art des glykosidisch gebundenen Zuckers) den unter den betreffenden Bedingungen erscheinenden Farbton beeinflussen.

20.5　Sechsgliedrige Heterozyklen mit mehreren Heteroatomen

Von den drei möglichen Diazinen ist das **Pyrimidin** (1,3-Diazin; Smp. 22°C, Sdp. 124°C) die weitaus wichtigste Verbindung. Derivate des Pyrimidins sind in der Natur weit verbreitet und spielen teilweise bei Stoffwechselvorgängen eine sehr wichtige Rolle. Uracil, Thymin und Cytosin sind Bestandteile der *Nucleinsäuren* (in welchen sie in der tautomeren Ketoform auftreten). Auch die bereits auf S.295 erwähnte *Barbitursäure* ist ein Pyrimidinderivat. Sie ist eine relativ starke Säure (pK_s = 4,0; pK_s von Essigsäure = 4,76), was darauf beruht, daß die negative Ladung in der konjugierten Base gleichmäßig auf zwei O-Atome delokalisiert ist.

Pyrimidin　　　　　　Uracil　　　　　　　　　　　Thymin

Cytosin　　　　　　　　Barbitursäure

Das Vorhandensein eines zweiten N-Atoms im aromatischen Ring erniedrigt dessen Elektronendichte noch mehr, so daß *Pyrimidin* (und ebenso die anderen Diazine) *gegenüber Elektrophilen ausgesprochen reaktionsträg* sind. Die für die Substitution notwendigen sehr energischen Bedingungen führen oft sogar zur Zerstörung des heterozyklischen Ringsystems. Nur wenn aktivierende Substituenten, wie Hydroxyl- oder Aminogruppen, vorhanden sind, ist elektrophile Substitution möglich, die beim Pyrimidin ausschließlich in der Position 5 eintritt (die durch die Heteroatome am wenigsten desaktiviert ist). Praktisch durchführbar sind in dieser Weise die Nitrierung (mit HNO_3 in Eisessig), die Nitrosierung (mit $NaNO_2$ und Salzsäure) oder die Bromierung. *Nucleophile Substitutionen* lassen sich erwartungsgemäß leichter durchführen; insbesondere sind die α- und γ-Positionen (bezüglich der N-Atome) gegenüber Nucleophilen ziemlich reaktionsfähig. Soviel bis heute bekannt ist, scheinen alle diese Reaktionen nach dem Additions-Eliminations-Mechanismus zu verlaufen.

Das Vorhandensein eines zweiten N-Atoms im aromatischen Ring bewirkt auch, daß Pyrimidin *schwächer basisch* ist als Pyridin (pK_s der konjugierten Säure = 1,3).

Zum *Aufbau* des *Pyrimidin-Ringes* geht man häufig von C-3-Verbindungen aus (Malon-dialdehyd-Malonester, Malondinitril; auch β-Dialdehyde, β-Ketoester, β-Ketonitrile u.a.), die entweder mit einem Amidin oder mit Harnstoff (bzw. einem Harnstoffderivat, wie Guanidin oder Thioharnstoff) kondensiert werden:

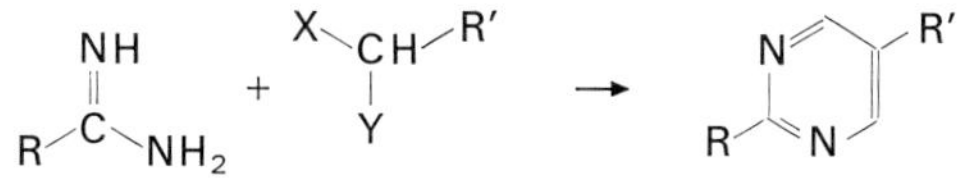

Statt Malonester oder andere Malonsäurederivate lassen sich auch β-Dicarbonylverbindungen, β-Ketoester, α-Cyanester oder α-Cyanketone zur Kondensation verwenden. So erhält man durch Reaktion von Harnstoff und Cyanessigester (in siedendem Ethanol bei Gegenwart von Natriummethylat) 2,4-Dihydroxy-6-aminopyrimidin:

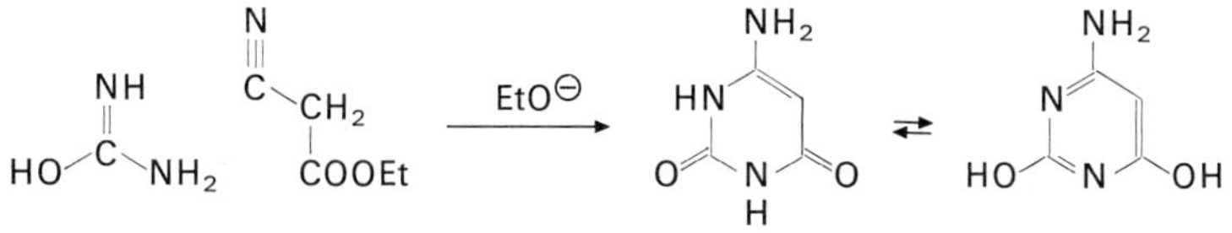

Harnstoff (als Enol)

Durch die starke Base wird dem Harnstoffmolekül ein Proton entzogen; der *Ringschluß* erfolgt durch *nucleophile Addition* des negativ geladenen N-Atoms an das Nitril-C-Atom (unter Wanderung eines Protons) sowie durch S_N2_t-*Reaktion* (Amidbildung durch Reaktion der Ester mit der Aminogruppe).

Pyrimidine, welche in Stellung 2 keinen Substituenten tragen, lassen sich durch Kondensation von Formamiden mit β-Dicarbonylverbindungen oder ihren Vorstufen bei höheren Temperaturen erhalten. Der Mechanismus dieser Reaktion ist nicht genau bekannt.

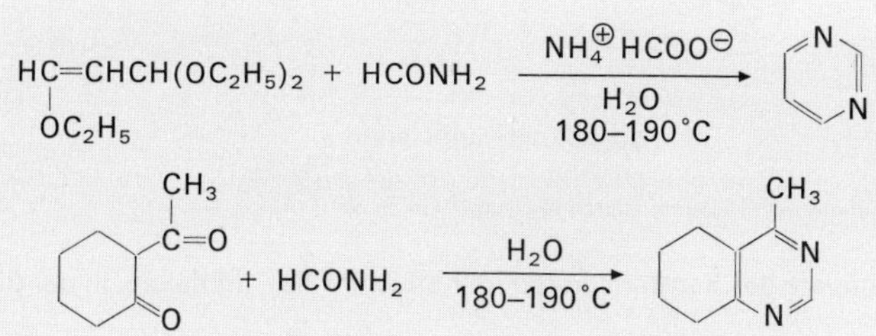

Von den drei möglichen **Triazinen** ist bisher nur das symmetrische 1,3,5-Triazin bekannt geworden. Es läßt sich durch Trimerisation von HCN unter dem Einfluß von Chlorwasserstoff erhalten. 2,4,6-Trichlortriazin *(Cyanurchlorid)* ist ein wichtiges Zwischenprodukt bei der Herstellung von Reaktivfarbstoffen. 2,4,6-Triaminotriazin (*«Melamin»*) wird zur Herstellung von Kunstharzen verwendet. Cyanurchlorid entsteht durch Trimerisation von Chlorcyan; die Umsetzung mit Ammoniak liefert Melamin.

Purine. Diese biochemisch wichtige Gruppe von Verbindungen enthält zwei kondensierte heterozyklische Ringe: einen Pyrimidin- und einen Imidazolring.

	R	R′	R″
Purin	H	H	H
Adenin	NH₂	H	H
Guanin	OH	NH₂	H
Xanthin	OH	OH	H
Hypoxanthin	OH	H	H
Harnsäure	OH	OH	OH

Adenin und *Guanin* werden bei der Hydrolyse der Nucleinsäuren erhalten. Adenin ist zudem Bestandteil des *Adenosintriphosphats* (S. 986), des wichtigsten Energieüberträgers der Zelle, und von *Coenzymen* (Coenzym I; Flavinadenindinucleotid). *Harnsäure* ist das Endprodukt des Purinstoffwechsels und wird mit dem Harn ausgeschieden. In den Gelenken abgelagerte Kristalle des Mononatriumsalzes bilden die Ursache der Gicht. Guano enthält etwa 25 % Harnsäure.

Coenzym I (Nicotinamid-adenin-dinucleotid, NAD[1])

Flavin-adenin-dinucleotid

(Wirkgruppe eines wasserstoffübertragenden Enzyms; die durch Pfeile markierten N-Atome wirken als H-Akzeptoren)

Die N-Methylderivate des Xanthins treten im Kaffee, im Tee, im Kakao, in der Cola-Nuß und im Mate auf.

	R	R′	R″
Theophyllin	CH₃	CH₃	H
Theobromin	H	CH₃	CH₃
Coffein	CH₃	CH₃	CH₃

[1] Unter «Nucleotid» versteht man eine Einheit, die aus einer heterozyklischen Base, der Ribose (einem C-5-Kohlenhydrat) und Phosphorsäure zusammengesetzt ist. Statt Ribose kann auch Desoxyribose (bei welcher an einem C-Atom eine Hydroxylgruppe fehlt) vorhanden sein.

Zum Aufbau des Puringerüstes kann man ein 4,5-Diaminopyrimidin mit Ameisensäure umsetzen und dadurch den Imidazolring schließen. 4,5-Diaminopyrimidin wird aus 4-Aminopyrimidin (durch Kondensation von Cyanessigester mit Guanidin zugänglich) durch Nitrosierung und anschließende Reduktion mit NaHS erhalten.

Pteridine. Verbindungen mit dem Grundgerüst des Pteridins sind in den Pigmenten der Schmetterlinge enthalten (z. B. Leukopterin):

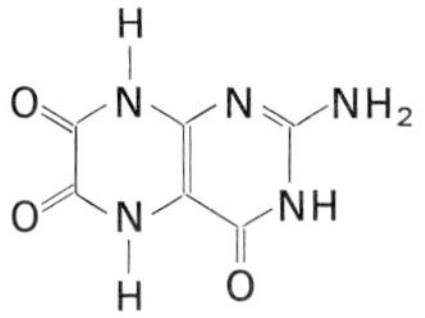

Leukopterin

Das gleiche Ringgerüst tritt auch als Bestandteil der *Folsäure* und des Vitamins B_2 (*«Riboflavin»*) auf. Folsäure ist unentbehrlich für die normale Bildung der Erythrozyten von Warmblütern und für das normale Wachstum von Bakterien.

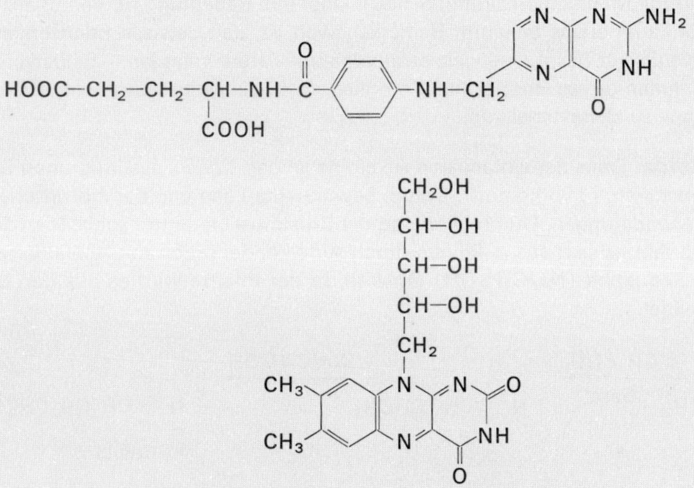

Folsäure

Vitamin B_2 (Riboflavin)
(Bestandteil von Flavin-adenin-dinucleotid)

Zur Synthese des Pteridinsystems kondensiert man ein 4,5-Diaminopyrimidin mit einer α-Dicarbonylverbindung oder eventuell mit einer *vic*-Dihalogenverbindung. Als Beispiel sei die *Synthese* der *Folsäure* beschrieben:

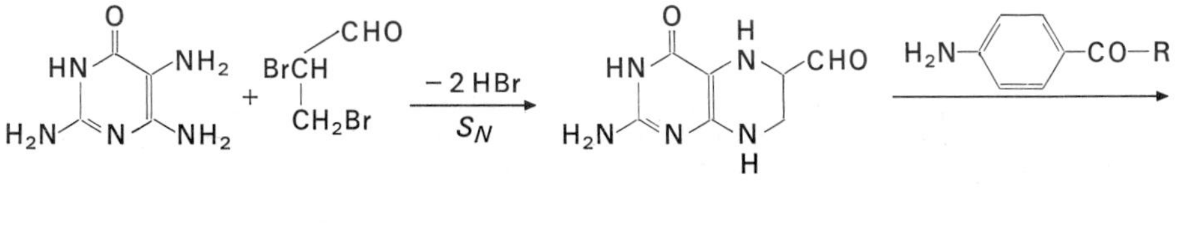

$$R = -NH-CH \begin{array}{l} (CH_2)_2COOH \\ COOH \end{array}$$

20.6 Alkaloide

Unter dem Begriff Alkaloide versteht man gewöhnlich eine Gruppe von stickstoffhaltigen, basischen Verbindungen, die in Pflanzen vorkommen und auf tierische Organismen ausgeprägte, meist ganz charakteristische Wirkungen ausüben. Allerdings werden auch Verbindungen zu den Alkaloiden gezählt, welche dieser Definition nicht völlig entsprechen; so ist das Alkaloid des Pfeffers nicht basisch, zeigt aber doch physiologische Wirkungen. Anderseits sind Verbindungen, wie z. B. das Coffein, in ihrer Wirkung so harmlos, daß man sie gewöhnlich nicht zu den Alkaloiden zählt, obschon sonst die genannten Merkmale für sie zutreffen. Vom chemischen Standpunkt aus sind die Alkaloide *keine einheitliche Stoffklasse;* gemeinsam ist ihnen nur, daß sie als Grundgerüst verschiedene heterozyklische Ringe enthalten. In der Pflanze entstehen Alkaloide fast immer aus Amino- oder Ketosäuren und Aldehyden (vgl. Mannich-Reaktion; S. 630). Über ihre Bedeutung für den pflanzlichen Stoffwechsel ist kaum etwas bekannt. Bemerkenswert ist, daß gewisse Pflanzenfamilien, wie z. B. die *Solanaceen,* besonders viele alkaloidhaltige Arten umfassen. – Selbstverständlich ist es im Rahmen dieses Buches nicht möglich, mehr als einige ausgewählte Vertreter dieser Stoffgruppe zu charakterisieren.

Pyridin-Alkaloide. Eines der einfachsten Alkaloide ist das *Coniin,* das im grünen Schierling *(Conium maculatum)* vorkommt[1]. Coniin bewirkt eine Lähmung der motorischen und sensiblen Nervenendigungen. Durch Lähmung der Brustmuskulatur tritt schließlich der Tod ein. Synthetisch läßt es sich aus α-Picolin durch Aldolkondensation mit Acetaldehyd und anschließende Reduktion (Na/C_2H_5OH) erhalten. In der Pflanze wird es aus der Aminosäure Lysin gebildet.

Biosynthese:

Lysin

[1] In Athen des Altertums wurde die Todesstrafe mittels eines wäßrigen Auszugs von Schierling vollzogen. So mußte Sokrates den Inhalt des «Schierlingsbechers» trinken (399 v. Chr.).

Von den mindestens 10 Alkaloiden, die in den grünen Teilen der *Tabakpflanze (Nicotiana tabacum)* enthalten sind, ist das *Nicotin* das weitaus wichtigste. Es ist ein starkes Gift, das eingenommen bereits in Mengen von 30–60 mg tödlich wirkt. Nicotin beeinflußt vorwiegend das vegetative Nervensystem; es wirkt auf die peripheren Blutgefäße sowie den Darm kontrahierend (Steigerung des Blutdruckes und Stillung des Hungergefühls). Eine interessante *Synthese* geht von 3-Cyanpyridin aus; in der Pflanze entstehen die beiden Ringsysteme wahrscheinlich unabhängig voneinander und werden erst nachher kondensiert.

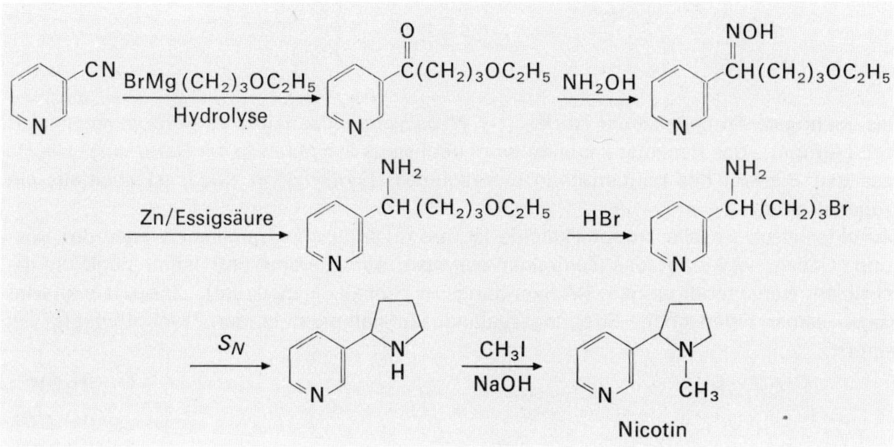

Nicotin

Biosynthese:

Ornithin

Pyrrolin

Glycerol   Asparaginsäure

Methylierung   Nicotin

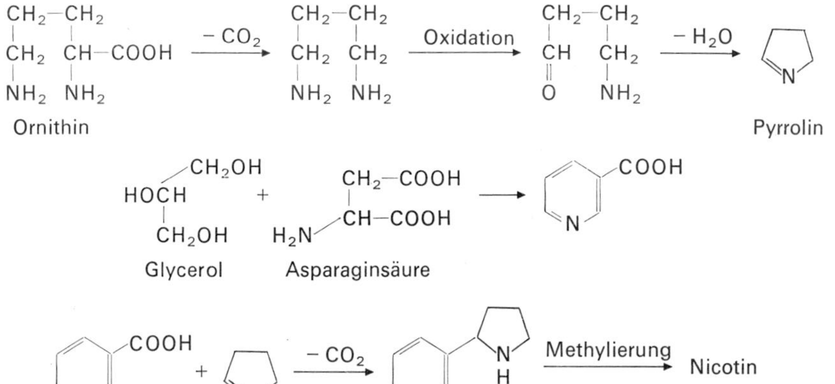

Piperin, das Alkaloid des schwarzen Pfeffers *(Piper nigrum),* und Träger des Pfeffergeschmackes, enthält ebenfalls den (hydrierten) Pyridinring.

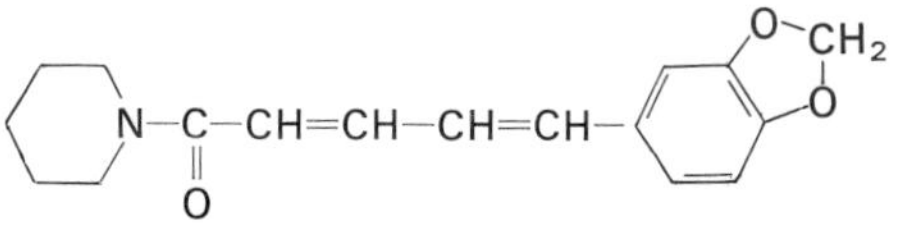

Piperin

Tropanalkaloide. Gewisse Solanaceen (Tollkirsche, *Atropa Belladonna;* Bilsenkraut, *Hyoscyamus niger;* Stechapfel, *Datura Stramonium)* enthalten Alkaloide mit dem Ringsystem des *Tropans,* in welchem zwei Methylengruppen die C-Atome 2 und 6 eines hydrierten Pyridinringes überbrücken:

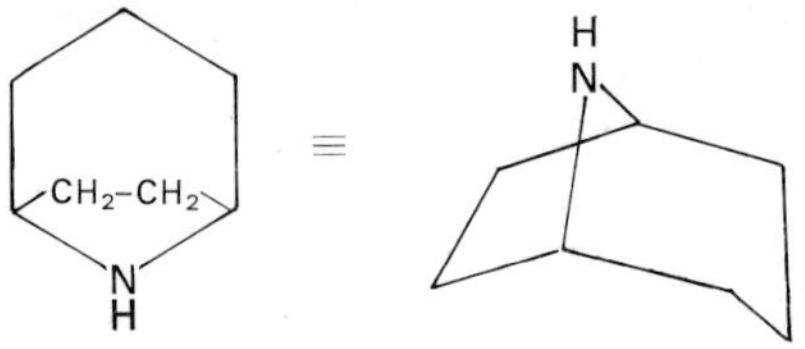

Tropan

Das wichtigste Tropanalkaloid ist das (−)-*Hyoscyamin,* das leicht zu *Atropin* racemisiert wird (Atropin – das Racemat – kommt wohl höchstens in Spuren in der Natur vor). *Cocain* (aus den Blättern des peruanischen Cocabaumes, *Erythroxylon Coca)* ist ebenfalls ein Tropanalkaloid.

Charakteristisch für alle Tropanalkaloide ist ihre mydriatische (pupillenerweiternde) Wirkung. Cocain wirkt auf das Zentralnervensystem stimulierend und lähmt zugleich die sensiblen Nervenendigungen (Verwendung als Lokalanästheticum). Scopolamin wird wegen seiner Eigenschaft, Erregungszustände zu dämpfen, in der Psychotherapie viel benutzt.

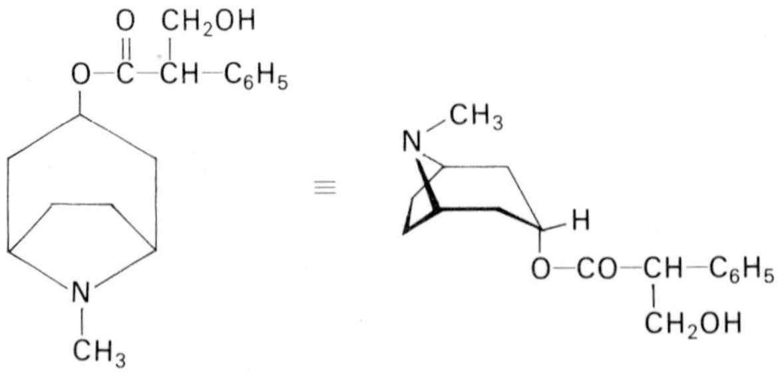

(−)-Hyoscyamin
(+)(−)-Atropin

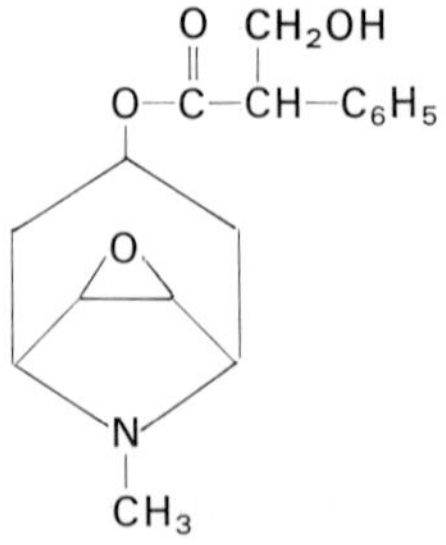

Scopolamin

Synthetisch läßt sich der Tropanring durch Mannich-Reaktion aus Succindialdehyd, Methylamin und Acetondicarbonsäure aufbauen. Man mischt zu diesem Zweck die Komponenten (Acetondicarbonsäure als Calciumsalz) und erhält nach mehrtägigem Stehenlassen in gepufferter Lösung (*p*H 5 bis 7) in 40% Ausbeute Tropinon (S. 630). Durch Reduktion der Carbonylgruppe und Veresterung mit Tropasäure erhält man Atropin. Cocain ist durch Mannich-Reaktion von Succindialdehyd, Methylamin und Acetylacetoncarbonsäure nach anschließender Reduktion und Benzoylierung zugänglich.

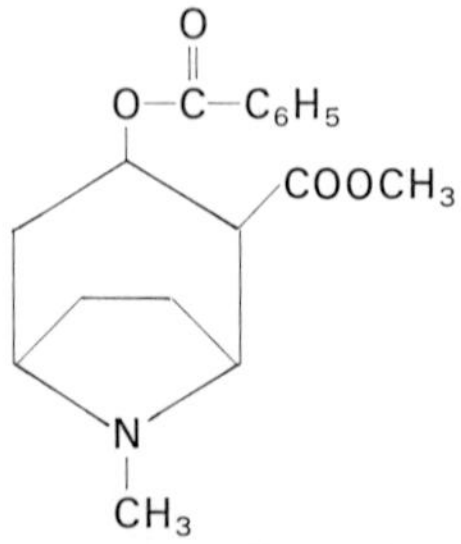

Cocain

$$C_6H_5-\overset{\overset{\textstyle CH_2OH}{|}}{CH}-COOH$$

Tropasäure

Die *Biosynthese* geschieht wahrscheinlich aus Pyrrolin (das aus Ornithin entsteht; siehe S. 891) und Acetessigsäure. Dabei wird der Ringschluß durch Oxidation vollzogen; nach Reduktion der Carbonylgruppe, Methylierung und Decarboxylierung erfolgt die Veresterung mit Tropasäure. Diese entsteht in noch nicht geklärter Weise aus Phenylalanin, wie durch Tracer-Experimente gezeigt werden konnte.

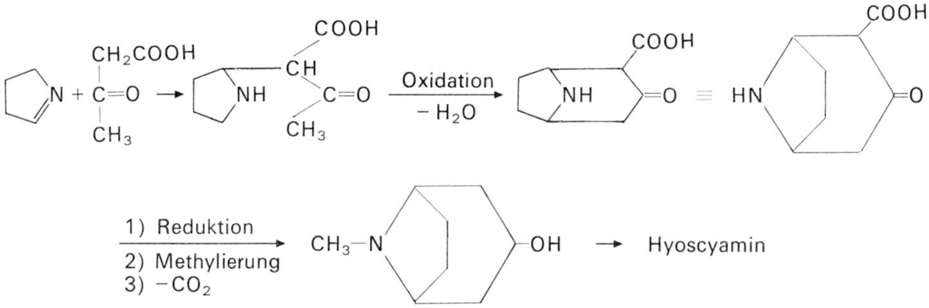

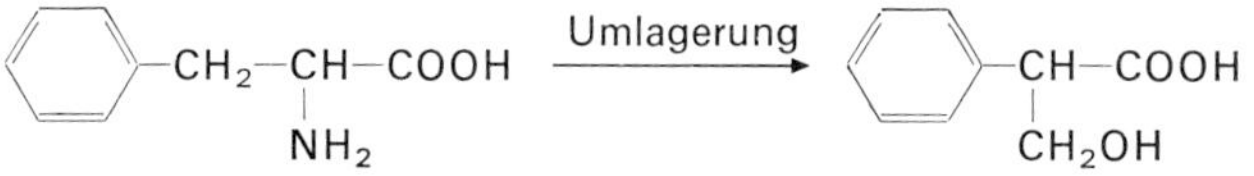

Phenylalanin → Tropasäure

Chinolinalkaloide. Im *Opium,* dem eingetrockneten Milchsaft von *Papaver somniferum,* kommen etwa 24 verschiedene Alkaloide vor. Chemisch gehören sie zu zwei Hauptgruppen: den *Benzylisochinolinalkaloiden* (Papaverin, Narcotin, Laudanosin) und den *Phenanthrenalkaloiden* (die aber zugleich das Chinolin-Ringsystem enthalten) Morphin, Codein und Thebain.

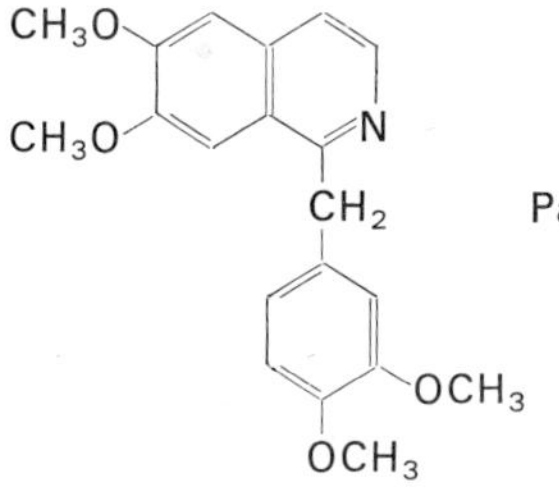

Papaverin

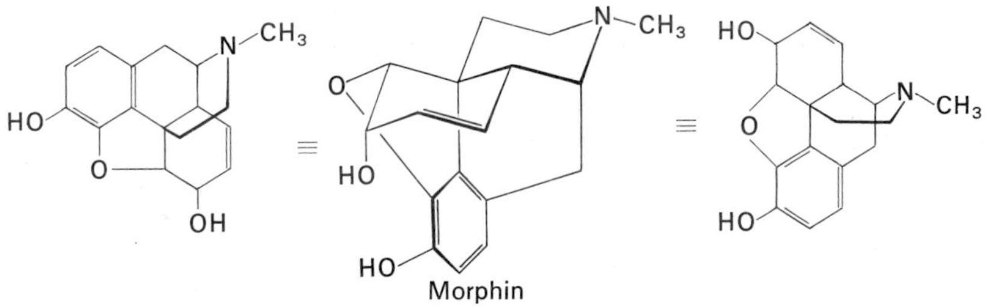

Morphin

Codein ist an der phenolischen Hydroxylgruppe methyliertes *Morphin, Thebain* ist Dimethylmorphin. Die Acetylierung von Morphin liefert das sehr gefährliche Rauschgift *Heroin,* das im Opium nicht vorkommt.

Die Wirkungen des Opiums waren schon in vorgeschichtlicher Zeit bekannt. Morphin, das etwa 10 % des Opiums ausmacht, wurde 1805 von Sertürner isoliert. Es wirkt gleichzeitig beruhigend und stimulierend auf das Zentralnervensystem und erzeugt Müdigkeit und Schlaf; man verwendet es medizinisch zur Schmerzlinderung. Wegen seiner euphorischen Nebenwirkungen besteht allerdings bei häufiger Anwendung eine starke *Suchtgefahr.* Die Totalsynthese des Morphins ist 1952 gelungen. – Codein wirkt spezifisch dämpfend auf das Hustenzentrum. Papaverin, das wichtigste Benzylisochinolinalkaloid, ist ein wertvolles krampflösendes Mittel.

Die *Biosynthese* der Opiumalkaloide geht von Dihydroxyphenylalanin aus, das zunächst decarboxyliert und anschließend mit Dihydroxyphenylacetaldehyd in einer Mannich-Reaktion kondensiert wird. Die Methylierung der Hydroxylgruppe ergibt Papaverin; wird auch das N-Atom methyliert, so entsteht das Alkaloid *Laudanosin.*

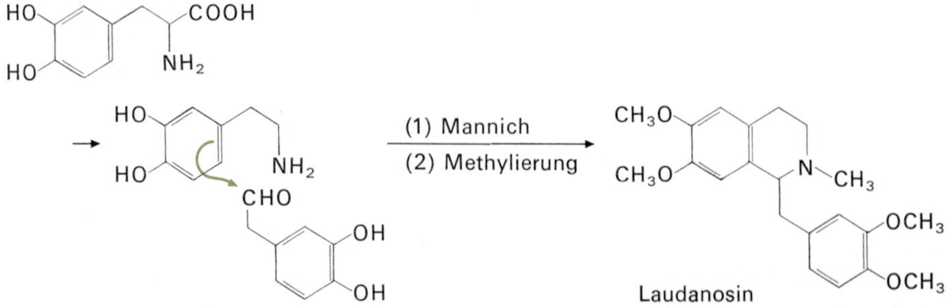

Laudanosin

Durch oxidative Kondensation der beiden Phenylringe in der nichtmethylierten Vorstufe des Laudanosins (Bildung einer C—C-Bindung zwischen den durch Pfeilen markierten C-Atomen) entsteht das Ringsystem des Salutaridins, welches anschließend Morphin bzw. Codein liefert:

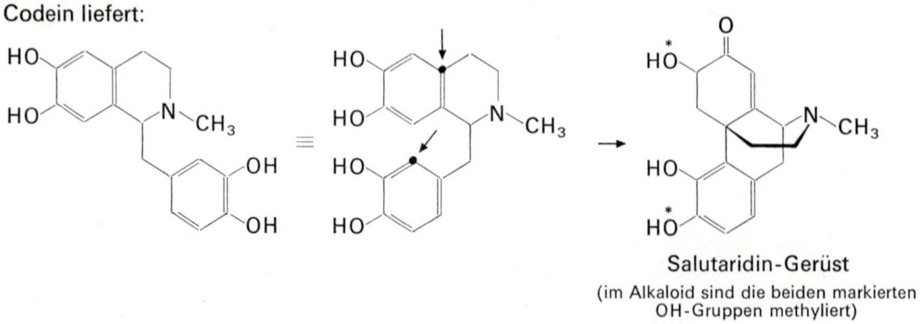

Salutaridin-Gerüst

(im Alkaloid sind die beiden markierten OH-Gruppen methyliert)

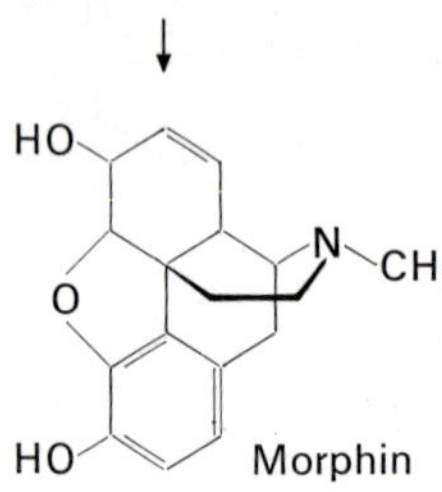

Auch dieser Syntheseweg ist durch Tracer-Experimente gesichert.

Morphin

Eine weitere wichtige Gruppe von Alkaloiden stammt aus der Rinde des «Chinabaumes» *(Cinchona officinalis)*, der ursprünglich in Peru beheimatet war, heute jedoch in Indien, Sri Lanka (Ceylon) und Indonesien angebaut wird. Die wichtigsten Alkaloide sind *Chinin* und *Cinchonin* (bei letzterem fehlt die Methoxygruppe).

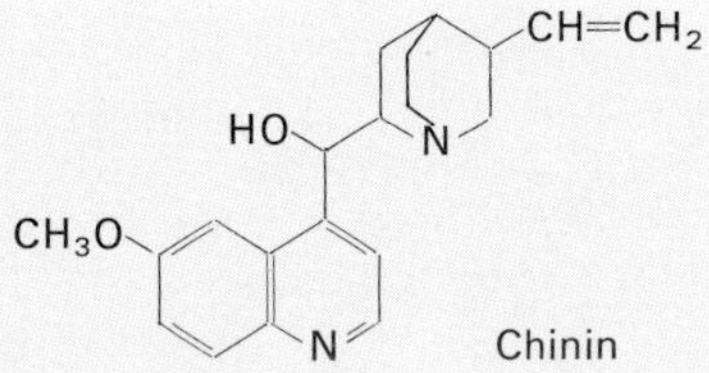

Chinin

Die Totalsynthese des Chinins (bereits 1855 von Perkin versucht) wurde 1944 von Woodward verwirklicht.

Chinin war während Jahrhunderten das einzige wirksame *Malariabekämpfungsmittel.* Heute werden neben Chinin eine Reihe von synthetischen Präparaten verwendet, da Chinin nur einige akute Erscheinungen der Malaria beseitigt, nicht aber die Erreger abtötet.

Mutterkornalkaloide. Diese aus dem Mutterkorn, dem Sklerotium eines auf Roggen parasitierenden Pilzes *(Claviceps purpurea)* isolierten Verbindungen wirken wehenerregend und werden zu diesem Zweck medizinisch verwendet. Sie sind sämtlich substituierte *Amide* der *Lysergsäure.* Synthetisches *Lysergsäurediethylamid* (LSD) ruft eine Psychose ähnlich der Schizophrenie hervor. Das Hauptalkaloid ist das Ergotamin, dessen Amidteil ein zyklisches Tripeptid (aufgebaut aus Prolin, Phenylalanin und Alanin) darstellt.

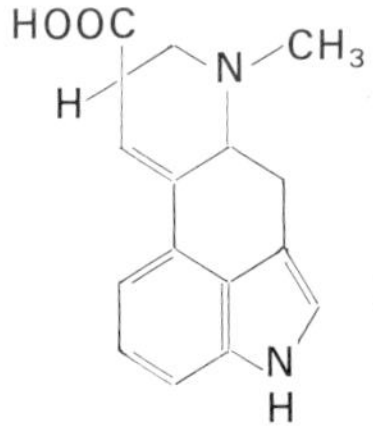

Lysergsäure

Weitere Alkaloide. *Reserpin,* «Serpasil», das 1952 aus Wurzelextrakten von *Rauwolfia serpentina* isolierte Alkaloid, wird in großem Umfang zur Behandlung der Hypertension und als allgemeines Beruhigungsmittel verwendet. Die Struktur des komplizierten Moleküls war 1955 bekannt; 1956 wurde die Totalsynthese veröffentlicht, ein in Anbetracht der vielen Chiralitätszentren wahres Meisterstück der modernen synthetischen Technik (Woodward).

Auch *Colchicin* (aus der Herbstzeitlose, *Colchicum autumnale)* und *Strychnin* (aus der Brechnuß, *Strychnos Nux vomica)* sind recht kompliziert gebaute Alkaloide. *Colchicin* wird therapeutisch zur Behandlung der Gicht verwendet und hemmt sowohl bei pflanzlichen wie bei tierischen Zellen die Zellteilung (Bildung polyploider Zellen). Es enthält zwei kondensierte siebengliedrige Ringe, wovon der eine einen Tropolonmethylether darstellt. Seine Synthese gelang 1959 bis 1961 (van Tamelen und Eschenmoser).

Strychnin (neben Morphin) als optisch aktive Base zur Spaltung von Racemformen viel verwendet und wegen seiner hohen Giftigkeit zur Bekämpfung von Nagetieren benützt, ist von außerordentlich komplexer Konstitution. Sie wurde nach jahrzehntelangen Untersuchungen 1949 von Robinson ermittelt. Die Totalsynthese gelang ebenfalls Woodward (1954).

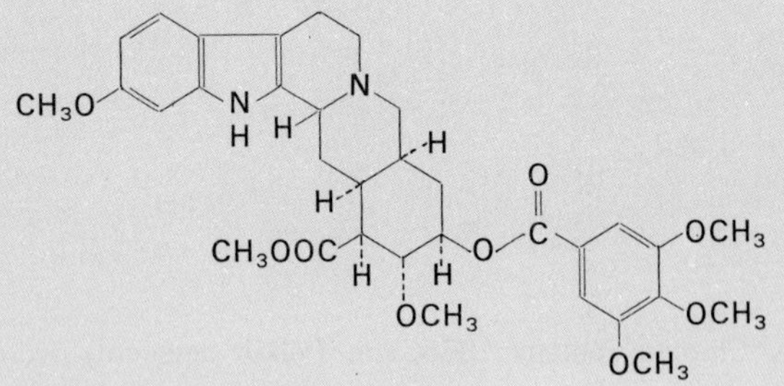

Reserpin

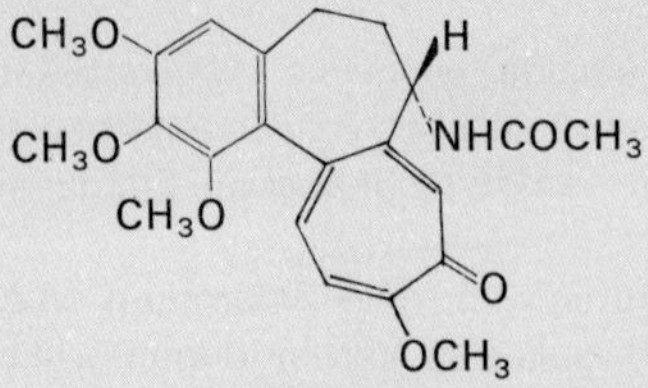

Colchicin

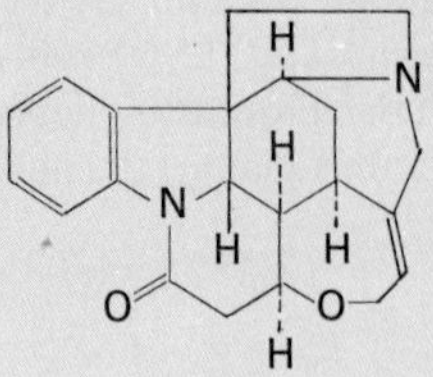

Strychnin

Übungen

20.1   Geben Sie die Strukturformeln folgender Substanzen an:
Oxiran, Aziridin, Azolidin, Thietan, Triazol, Pyrrol, Pyrrolidin, Pyrrolin, Imidazol, Chromon, Pyrazin, Uracil, Coffein, Adenin, Thymin

20.2   Charakterisieren Sie die drei wichtigsten fünfgliedrigen aromatischen Heterozyklen (Vorkommen, Eigenschaften, Reaktionen; Verhalten gegen Säuren und Basen)!

20.3   Formulieren Sie die Bildung von Pyrrol aus Succindialdehyd!

20.4   Formulieren Sie Synthesen folgender Substanzen:
(a) 2,5-Dimethylfuran, (b) 2-Methylpyrrol, (c) Nicotinsäure (aus Pyridin), (d) Indol, (e) Carbazol, (f) 2-Ethylindol, (g) Thiazol, (h) 3-Aminopyridin (aus 3-Picolin), (i) 3-Aminopyridin (aus Pyridin), (k) Antipyrin, (l) 2,4,6-Trimethylpyridin, (m) 2,4,6-Trimethylpyryliumchlorid, (n) 3-Aminopyrimidin, (o) Cyanurchlorid, (p) 2,3-Dimethylchinolin, (q) Purin, (r) 2,6-Dimethylpyridin

20.5   Erklären Sie die Unterschiede im aromatischen Charakter von Thiophen, Furan und Pyrrol! Wie verhalten sich die drei Verbindungen gegen Elektrophile? Geben Sie Beispiele von S_E-Reaktionen!

20.6 Welche Produkte entstehen bei der Reaktion von Pyrrolidin mit
   (a) wäßriger Salzsäure
   (b) verd. NaOH
   (c) Acetanhydrid
   (d) Benzensulfonsäurechlorid + wäßrige NaOH,
   (e) wiederholter Behandlung mit CH_3I und Ag_2O und anschließendem Erhitzen

20.7 Erklären Sie folgende Feststellungen:
   (a) Pyrrol ist stärker sauer und schwächer basisch als Pyrrolidin
   (b) Pyridin ist weniger stark basisch als Piperidin
   (c) Imidazol ist sowohl stärker sauer als Pyrrol und stärker basisch als Pyridin

20.8 Geben Sie die Struktur und den Namen der Hauptprodukte bei folgenden Reaktionen an:
   (a) Thiophen + konz. H_2SO_4
   (b) Thiophen + Acetanhydrid und $ZnCl_2$
   (c) Thiophen + Acetylchlorid, $TiCl_4$
   (d) Thiophen + rauchende HNO_3, in Acetanhydrid gelöst
   (e) Produkte von (d) + Sn + verd. Salzsäure
   (f) Thiophen + 1 mol Br_2
   (g) Produkt von (f) + Mg, dann + CO_2 und nachher + Säure
   (h) Pyrrol + SO_3 in Pyridin
   (i) Pyrrol + diazotierte Sulfanilsäure
   (k) Furfural + Aceton, Base
   (l) Chinolin + HNO_3/H_2SO_4

20.9 Wie färbt man mit Indigo? Skizzieren Sie die technischen Indigosynthesen!

20.10 Charakterisieren Sie Konstitution und biologische Bedeutung der wichtigsten Pyrrolfarbstoffe!

20.11 Auf welchem Effekt beruht die Giftigkeit von CO?

20.12 Stellen Sie die wichtigsten Methoden zur Gewinnung von Chinolin- bzw. Isochinolinderivaten zusammen und geben Sie die entsprechenden Mechanismen an!

20.13 Geben Sie Beispiele biologisch wichtiger Thiazolderivate an!

20.14 Worauf beruht die bakteriostatische Wirkung der Sulfonamide? Vergleichen Sie die Struktur der Sulfonamide mit der Folsäure!

20.15 Geben Sie Beispiele elektrophiler und nucleophiler Substitutionsreaktionen an Pyridin und erläutern Sie die betreffenden Mechanismen! Mit welchem Benzenderivat läßt sich Pyridin bezüglich der Reaktivität vergleichen?

20.16 Geben Sie Strukturformel sowie Namen der Hauptprodukte der Reaktionen von Pyridin mit folgenden Substanzen an:
   (a) Br_2, 300 °C
   (b) H_2SO_4, 350 °C
   (c) Acetylchlorid, $AlCl_3$
   (d) KNO_3/H_2SO_4, 300 °C
   (e) $NaNH_2$, Erwärmen
   (f) C_6H_5Li
   (g) verd. HCl
   (h) verd. KOH
   (i) Acetanhydrid
   (k) Benzensulfonsäurechlorid
   (l) Ethylbromid
   (m) H_2/Pt

20.17   *m*-Toluidin ergibt nach Skraup mit Glycerol eine Verbindung A ($C_{10}H_9N$). Welche Strukturen für A sind möglich?
Wenn 2,3-Diaminotoluen mit Glycerol nach Skraup eine Verbindung B liefert ($C_{10}H_{10}N_2$) und diese nach Behandlung mit $NaNO_2$ und verd. Salzsäure und anschließender Reduktion mit H_3PO_2 A ergibt, welche Struktur muß A dann besitzen?

20.18   Formulieren Sie die Synthesen der folgenden Substanzen ausgehend von Benzen, Toluen und allen benötigten aliphatischen oder anorganischen Reagenzien:
(a) 1-Phenylisochinolin
(b) 1-Benzylisochinolin
(c) 6-Nitrochinolin
(d) 2-Methylchinolin-6-carbonsäure
(e) 1,8-Diazaphenanthren (Hinweis: Skraup-Synthese zweimal benützen!)

20.19   Geben Sie die Strukturformeln der mit Buchstaben bezeichneten Substanzen an:
(a) Ethylmalonat + Harnstoff, Base, Erhitzen → C ($C_4H_4O_3N_2$; ein Pyrimidin)
(b) Acetonylaceton + Hydrazin → D ($C_6H_{10}N_2$)
(c) Acetylaceton + Hydrazin → E ($C_5H_8N_2$)
(d) Ethylenglykol + Phosgen → F ($C_3H_4O_3$)
(e) Acrylsäure + Hydrazin → G ($C_3H_8O_2N_2$) → H ($C_3H_6ON_2$; ein Pyrazolidon)

20.20   Erklären Sie das aromatische Verhalten der Pyrone, und geben Sie Beispiele entsprechender Verbindungen!

20.21   Geben Sie Beispiele von heterozyklischen Systemen, die in Enzymen auftreten!

20.22   Geben Sie Beispiele von Alkaloiden, und diskutieren Sie ihre Biosynthese!

20.23   «Plasmochin», ein wirksames Antimalariamittel, wurde gemäß nachstehender Reaktionsfolge synthetisiert:
(a) Ethylenoxid + Diethylamin → AA ($C_6H_{15}ON$)
(b) AA + $SOCl_2$ → BB ($C_6H_{14}NCl$)
(c) BB + Natriumacetessigester → CC ($C_{12}H_{23}O_3N$)
(d) CC + verd. H_2SO_4, erwärmen → DD ($C_9H_{19}ON$) + CO_2 + C_2H_5OH
(e) DD + H_2/Ni → EE ($C_9H_{21}ON$)
(f) EE + konz. HBr → FF ($C_9H_{20}NBr$)
(g) 4-Amino-3-nitroanisol + Glycerol (Skraup) → GG ($C_{10}H_8O_3N_2$)
(h) GG + Sn + HCl → HH ($C_{10}H_{10}ON_2$)
(i) FF + HH → Plasmochin ($C_{19}H_{29}ON_3$)
Welches ist die wahrscheinlichste Strukturformel für Plasmochin?

20.24   Ordnen Sie die verschiedenen N-Atome von Histamin nach zunehmender Basizität und erklären Sie diese Reihe!

20.25   Überlegen Sie sich den Mechanismus jeden Schrittes der folgenden Synthesen:
(a) Synthese von Nicotin aus Pyridin über β-Cyanpyridin
(b) Synthese von Tropinon aus Succindialdehyd, Methylamin und Acetondicarbonsäure
(c) Synthese von Antipyrin aus Phenylhydrazin und Acetessigester
(d) Fischersche Indolsynthese
(e) Synthese von 2,5-Dimethylfuran aus Hexandion-(2,5) und HCl
(f) Synthese von 3,5-Dimethylpyridin aus Glutarsäure

20.26   Schlagen Sie Synthesen vor für:
(a) Tropasäure
(b) Tryptophan

21 Lipoide, Terpene, Steroide

Eine sehr große Anzahl von Naturstoffen ist wasserunlöslich oder wenig wasserlöslich, löst sich jedoch in Ether oder anderen unpolaren Lösungsmitteln. Zu den wichtigsten dieser Substanzen gehören die Lipoide («Fette»), die Terpene und die Steroide. Obschon die Lipoide sowohl in chemischer wie in biologischer Hinsicht keinerlei Beziehungen zu den beiden anderen Stoffgruppen zeigen, sollen sie aus didaktischen Gründen zusammen mit den Terpenen und Steroiden in einem gemeinsamen Kapitel behandelt werden.

21.1 Lipoide

Unter dieser Bezeichnung werden die *Fette,* die *«fetten Öle»,* die *Wachse* und die *Phospholipoide* (Lecithin u.a.) zusammengefaßt. Es handelt sich bei ihnen um Verbindungen, die sowohl im Pflanzen- wie im Tierreich weit verbreitet sind und die alle Ester höherer Carbonsäuren (mit C-Zahlen von 12 bis 36) darstellen.

Fette, fette Öle. Die festen oder halbfesten eigentlichen Fette sowie die zum Unterschied zu den *«Mineralölen»* (Kohlenwasserstoffen) und *«ätherischen Ölen»* (Terpenen) als *«fette Öle»* bezeichneten flüssigen Fette sind Glycerolester von Carbonsäuren mit 12 bis 20 C-Atomen **(«Glyceride»).** Natürliche Fette bestehen aus Mischungen verschiedener Glyceride, wobei Glycerol entweder nur mit einer oder gleichzeitig mit verschiedenen Fettsäuren verestert sein kann:

$$CH_2-OOCC_{17}H_{35}$$
$$CH-OOCC_{17}H_{35}$$
$$CH_2-OOCC_{17}H_{35}$$

Glycerid aus drei Molekülen Stearinsäure
(Tristearin)

$$CH_2-OOCC_{17}H_{35}$$
$$CH-OOCC_{17}H_{33}$$
$$CH_2-OOCC_{17}H_{35}$$

Glycerid aus zwei Molekülen Stearinsäure
und einem Molekül Ölsäure

Ein Fett, das nur zwei Fettsäuren (A und B) enthält, kann aus 6 verschiedenen Triglyceriden bestehen (AAA, AAB, ABA, ABB, BAB, BBB). In einem Fett mit drei Fettsäuren sind 18 Glyceride möglich. Es ist deshalb klar, daß die Ermittlung der *genauen Zusammensetzung* eines Fettes und des Anteils der verschiedenen Glyceride darin ein außerordentlich schwierig zu lösendes Problem ist. Da die meisten Glyceride auch ungesättigte Fettsäuren enthalten, kann man zur Untersuchung der Verteilung der Acylgruppen beispielsweise die Doppelbindungen durch Oxidation spalten und die dann entstandenen freien Carbonsäuren sowie die Glyceride (die eine oder mehrere Carboxylgruppen enthalten können) durch sorgfältige fraktionierte Kristallisation ihrer Salze trennen. Durch anschließende Hydrolyse der Glyceride und Bestimmung der freiwerdenden Carbonsäuren läßt sich die Zusammensetzung der Glyceride ermitteln. Auch durch (präparative) Gaschromatographie lassen sich unter Umständen die einzelnen Glyceride voneinander trennen. Die bisher durchgeführten Untersuchungen ergeben jedenfalls eine völlig regellose, zufällige Verteilung der einzelnen Fettsäuren in den Glyceriden.

Auch die vollständige *Trennung* der *Fettsäuren* im Hydrolysat ist nicht einfach durchzuführen. Man benützt zu diesem Zweck verschiedene chromatographische Methoden (Papier-, Dünnschicht- oder Gaschromatographie), oder man trennt zunächst das Glycerol ab, verestert anschließend die Carbonsäuren mit Methanol und trennt die Methylester voneinander durch fraktionierte Destillation. Über die Zusammensetzung einiger wichtiger Fette orientiert die Tabelle 21.1. Wirtschaftlich von besonderer Bedeutung sind Schweineschmalz, Rindertalg, Kokosfett, Butter (welche auch Glyceride von Buttersäure, Capron-, Capryl- und Caprinsäure enthält) sowie Erdnuß-, Baumwollsamen-, Oliven-, Lein- und Walöl.

Mengenmäßig die bedeutendste Fettsäure ist die *Ölsäure* ($C_{17}H_{33}COOH$), eine ungesättigte Fettsäure mit einer Doppelbindung. Ölsäure ist in wechselnden Mengen in allen natürlichen Fetten enthalten. Pflanzliche Fette (Kokosfett und Palmkernfett) enthalten vor allem

Tabelle 21.1. Zusammensetzung einiger Fette und Öle (Gewichts-%)

	P	St	Ö	L	Iz
Kokosfett	4–10	1–5	2–10	0–2	8–10[1]
Palmfett	34–43	3–6	38–40	5–11	48–58
Butter	23–26	10–13	30–40	4–5	26–45[2]
Schweineschmalz	28–30	12–18	41–48	6–7	46–66
Talg	24–32	14–32	35–48	2–4	32–47
Ricinusöl	0–1	–	0–9	3–7	81–90[3]
Olivenöl	5–15	1–4	69–84	4–12	74–94
Arachidöl	6–9	2–6	50–70	13–26	83–98[4]
Rapsöl	0–1	0–2	20–38	10–15	94–106
Baumwollsamenöl	19–24	1–2	23–33	40–48	103–115
Leinöl	4–7	2–5	9–38	3–43	170–204[5]
Lebertran	10–16	1–2	–	–	120–190[6]

[1] 45–51 % Laurinsäure   ($C_{11}H_{23}COOH$)
[2] 3–4 % Buttersäure   (C_3H_7COOH)
[3] 80–92 % Ricinolsäure   [$C_{17}H_{32}(OH)COOH$], eine ungesättigte Hydroxysäure
[4] 2–5 % Arachinsäure   ($C_{19}H_{39}COOH$)
[5] 25–58 % Linolensäure   [$CH_3CH_2CH{=}CHCH_2CH{=}CHCH_2CH{=}CH(CH_2)_7COOH$]
[6] 31–45 % ungesättigte C_{20}- und C_{22}-Säuren

P = Palmitinsäure ($C_{15}H_{31}COOH$)
St = Stearinsäure ($C_{17}H_{35}COOH$)
Ö = Ölsäure ($C_{17}H_{33}COOH$)
L = Linolsäure ($C_{17}H_{31}COOH$)
Iz = Iodzahl (Maß für ungesättigten Charakter)

Laurinsäure und *Myristinsäure* ($C_{11}H_{23}COOH$ und $C_{13}H_{27}COOH$); in tierischen Fetten (Butter, Talg, Schweineschmalz) sind vorwiegend Glyceride der *Palmitin-* und *Stearinsäure* ($C_{15}H_{31}COOH$ und $C_{17}H_{35}COOH$) vorhanden. Die natürlichen Fette enthalten fast ausnahmslos unverzweigte Fettsäuren mit gerader Kohlenstoffzahl (die in der Zelle ausgehend von Essigsäure gebildet werden); synthetisch hergestellte Glyceride, die für Diabetikerdiät verwendet werden, können auch Fettsäuren mit ungerader Kohlenstoffzahl enthalten. Fettsäuren von bemerkenswerter Konstitution sind aus Glyceriden isoliert worden, die durch Mikroorganismen gebildet werden, so z. B. *Nemotinsäure*, eine optisch aktive Substanz, deren optische Aktivität auf dem Allen-System beruht. Eine weitere Fettsäure von ungewöhnlicher Konstitution ist die vor kurzem aus Baumwollsamenöl isolierte *Malvalinsäure*, die das stark gespannte Cyclopropen-Ringsystem enthält.

$$HC{\equiv}C-C{\equiv}C{\diagup}^{\displaystyle C=C{\diagdown}^{\displaystyle H}}_{\displaystyle \diagdown CHCH_2CH_2COOH}$$

Nemotinsäure   OH

$$CH_3(CH_2)_7-C{=\!\!\overset{\displaystyle CH_2}{\triangle}\!\!=}C-(CH_2)_6-COOH$$

Malvalinsäure

Die natürlich vorkommenden *ungesättigten* Fettsäuren zeigen an der Doppelbindung stets die *cis-Konfiguration*. Ebenso wie viele andere Verbindungen dieser Struktur (*cis*-Stilben, *cis*-Zimtsäure, Maleinsäure) ordnen sich *cis*-Glyceride schwerer in ein Kristallgitter ein und schmelzen deshalb tiefer als die entsprechenden *trans*-Verbindungen. Die Fette werden deshalb im allgemeinen um so weicher und leichter schmelzbar, je höher der Anteil von Glyceriden ungesättigter Fettsäuren ist. Fette *Öle* wie Oliven- oder Erdnußöl bestehen fast nur aus Glyceriden ungesättigter Säuren. Sowohl an der Doppelbindung wie an den zur Doppelbindung α-ständigen C-Atomen kann an der Luft (besonders auch unter dem Einfluß von Licht) *Autoxidation* eintreten, so daß sich *Peroxyverbindungen* und schließlich auch *Säuren* mit *niedriger C-Zahl* bilden («*Ranzigwerden*» von Fetten). Die Autoxidation tritt rascher ein beim Vorhandensein von Chlorophyll (aus pflanzlichen Rohstoffen oder bei der Zubereitung aus den Gewürzen in das Fett gelangend), von Schwermetallionen (Fe, Cu, Co) oder von Peroxiden, die durch Mikroorganismen gebildet werden. Das schlechte «Aroma» von verdorbenem Fett rührt hauptsächlich von niederen Carbonsäuren und von verschiedenen *Aldehyden* (Pentanal, 2-Hexenal, Hexanal, Heptanal, Oktanal, 2-Oktanal, Nonanal u.a.) her, die ebenfalls als Produkte der photochemischen Autoxidation gebildet werden. Glyceride mehrfach ungesättigter Säuren können unter dem Einfluß von Luftsauerstoff *polymerisieren* oder untereinander *vernetzt* werden, so daß harte, harzartige Produkte entstehen. Derartige «*trocknende Öle*» werden deshalb für Firnisse und Ölfarben verwendet.

Zur *Charakterisierung* der Fette dienen gewisse Kenngrößen *(Iodzahl, Verseifungszahl, Säurezahl)*. Die Iodzahl ist ein Maß für den Gehalt an ungesättigten Fettsäuren; sie ist die Anzahl Gramm Halogen (ausgedrückt als Iod), die von 100 g Fett addiert werden können. Die Verseifungszahl gibt die Anzahl mg KOH an, die zur Verseifung von 1 g Fett benötigt werden. Die Säurezahl schließlich mißt die in natürlichen Fetten stets in geringen Mengen vorhandenen freien Fettsäuren; sie ist bei nicht mehr ganz frischen Fetten größer, da beim Lagern durch Oxidation freie Säuren entstehen. Sie ist definiert als die Anzahl mg KOH, welche zur Neutralisation der freien Säuren in 1 g Fett notwendig sind.

Durch Wasserstoff können Glyceride ungesättigter Fettsäuren katalytisch hydriert und damit in feste Fette übergeführt werden. Diese «*Fetthärtung*» (Normann, 1909) ist von großer wirtschaftlicher Bedeutung, weil es dadurch gelingt, in großer Menge anfallende, teilweise besonders billige pflanzliche und tierische Öle in höher schmelzende, für manche, besonders technische Zwecke besser geeignete Fette umzuwandeln. Da aber gewisse Glyceride von stark ungesättigten Fettsäuren (Linol- und Linolensäure) für den Menschen unentbehrlich sind *(«essentielle Fettsäuren»)*, müssen diese den gehärteten Fetten, welche als Nahrungsmittel verwendet werden sollen, zusätzlich beigefügt werden.

Die in Pflanzen vorkommenden Fette oder Öle werden meist durch Auspressen oder durch Extrahieren mit Benzin oder Trichlorethylen gewonnen. Tierische Fette werden häufig auch ausgeschmolzen und auf diese Weise abgetrennt. Synthetisch können Fette durch milde Oxidation von Paraffinen zu Fettsäuren und anschließende Veresterung mit Glycerol gewonnen werden. Synthetische Fette eignen sich weniger als Nahrungsmittel; die betreffenden Fettsäuren können aber z. B. zur Seifenherstellung Verwendung finden.

Neben den Kohlenhydraten und Eiweißstoffen sind die Fette die dritte große Gruppe der *Nahrungs-* und *Reservestoffe.* Sie sind die energiereichsten aller Nahrungsmittel und besitzen eine etwa doppelt so große physiologische Verbrennungswärme wie die Kohlenhydrate (Fette etwa 40 kJ/g; Kohlenhydrate etwa 16,7 kJ/g). In den Organismen treten die Fette fast ausschließlich als Reservestoffe auf, oft angereichert in bestimmten Organen oder Geweben. Im Darm des Menschen und der Säugetiere werden die Fette zunächst unter der Wirkung von Galle und Bauchspeichel emulgiert und dann unter dem Einfluß bestimmter Enzyme (Lipasen) in Glycerol und Fettsäuren gespalten. Anschließend werden die Bestandteile in der Darmwand zu körpereigenen spezifischen Fetten neu aufgebaut und durch Lymphe und Blut im Körper verteilt. Als Emulgatoren zur Stabilisierung der Fettemulsion wirken geringe Mengen Eiweißstoffe. Auch in den verschiedenen Geweben können Fette wiederum ab- und aufgebaut und damit ineinander umgewandelt werden; die Synthese von Fetten aus Kohlenhydraten ist ebenfalls möglich.

Kocht man Fette mit Hydroxid- oder Carbonatlösungen (NaOH, KOH, Na_2CO_3), so entstehen die *Alkalisalze der Fettsäuren* (**«Seifen»**). Sie sind in Wasser kolloidal löslich und reagieren alkalisch. Calcium- und Magnesiumsalze (und ebenso die Salze anderer mehrfach geladener Ionen) sind in Wasser schwer löslich. Ein großer Teil der Seife wird auch heute noch durch Sieden von Fetten mit wäßrigen Lösungen von NaOH hergestellt. Das Produkt wird nach beendeter Verseifung durch Zusatz von Kochsalz ausgefällt («Aussalzen»). Die nach diesem Verfahren gewonnenen Seifen enthalten jedoch noch viel Wasser und Glycerol. Um dieses besser abtrennen zu können, werden Fette auch mittels Schwefelsäure als Katalysator verseift und die Fettsäuren anschließend mit Soda neutralisiert. Nach dem modernsten Verfahren werden Fette durch überhitzten Wasserdampf (180 °C) verseift, wobei ein kontinuierlicher Betrieb möglich ist und das Glycerol fast vollkommen abgetrennt werden kann.

Gewöhnliche feste Fette ergeben härtere Seifen *(«Kernseifen»).* Aus stark ungesättigten Ölen erhält man *weichere Seifen.* Auch Kaliseifen sind weicher und lösen sich zudem besser (Verwendung z. B. als Rasierseifen). Durch sorgfältiges Mischen der zur Seifenherstellung verwendeten Fette und hydrierten Öle lassen sich Seifensorten ganz bestimmter Eigenschaften erzeugen.

Die *reinigende Wirkung der Seife* und anderer Waschmittel beruht auf verschiedenen Effekten, die alle auf den besonderen Bau der in ihnen vorhandenen Anionen zurückgeführt werden können. Diese Anionen enthalten eine lange extrem lipophile Kohlenstoffkette mit der stark hydrophilen, elektrisch geladenen $-COO^{\ominus}$-Gruppe am einen Ende (Abb. 21.1). Im Wasser hydratisiert sich die $-COO^{\ominus}$-Gruppe und wird ins Wasser hineingezogen, während die hydrophoben Fettsäureketten aus dem Wasser herausgedrängt werden. Die Anionen reichern sich deshalb in der Oberflächenzone besonders stark an und bilden dort eine «monomolekulare» Schicht. Dadurch wird die Oberflächenspannung[1] herabgesetzt. Als

---

[1] Die Oberflächenspannung kommt dadurch zustande, daß die Teilchen an der Oberfläche einer Flüssigkeit unter der einseitig nach innen gerichteten Anziehungskraft anderer Teilchen stehen. Wasser hat dank den großen zwischenmolekularen Kräften (Wasserstoffbrücken!) eine besonders große Oberflächenspannung. Die Anziehungskräfte zwischen Kohlenwasserstoffketten sind aber beträchtlich kleiner, so daß die Oberflächenspannung sinkt, wenn vorwiegend Seifen-Anionen in den Oberflächenschichten vorhanden sind.

Folge dieser *«Oberflächenaktivität»* der Seife hält die Oberfläche weniger zusammen; die Flüssigkeit wird beweglicher, dringt leichter in kapillare Räume ein und bildet leichter haltbare Schäume. Aus dem gleichen Grund wirkt Seife auch als *Netzmittel.* Vom Wasser nicht benetzbare lipophile Körper werden durch dünne Anionenschichten gewissermaßen mit dem Wasser «verbunden» (Abb. 21.1 b), indem sich die Fettsäureketten gegen die Unterlage, die $-COO^{\ominus}$-Gruppen aber gegen das Wasser richten. Schließlich bedecken sich auch kleinere Fetttröpfchen an der Oberfläche mit einem dünnen Film von Seifen-Anionen (Abb. 21.1 c), wobei die lipophilen Ketten wiederum gegen das Innere des Fettes gerichtet sind. Damit werden aber die Fetttröpfchen elektrisch aufgeladen und stoßen sich gegenseitig ab, so daß sie nicht zusammenfließen, sondern eine im Wasser haltbare Emulsion bilden. Seife besitzt daher für Fette ein beträchtliches *Emulgiervermögen.*

Beim eigentlichen *Waschvorgang* wirkt die Seife zunächst benetzend. Die Seifenlösung dringt dann beim Bewegen der Textilien in der Waschflotte zwischen Schmutzteilchen (die aus Staub, Erde, Hautfett u. a. bestehen) und Unterlage, so daß sie abgelöst werden können. Die Fette werden emulgiert und mit der Lösung fortgespült.

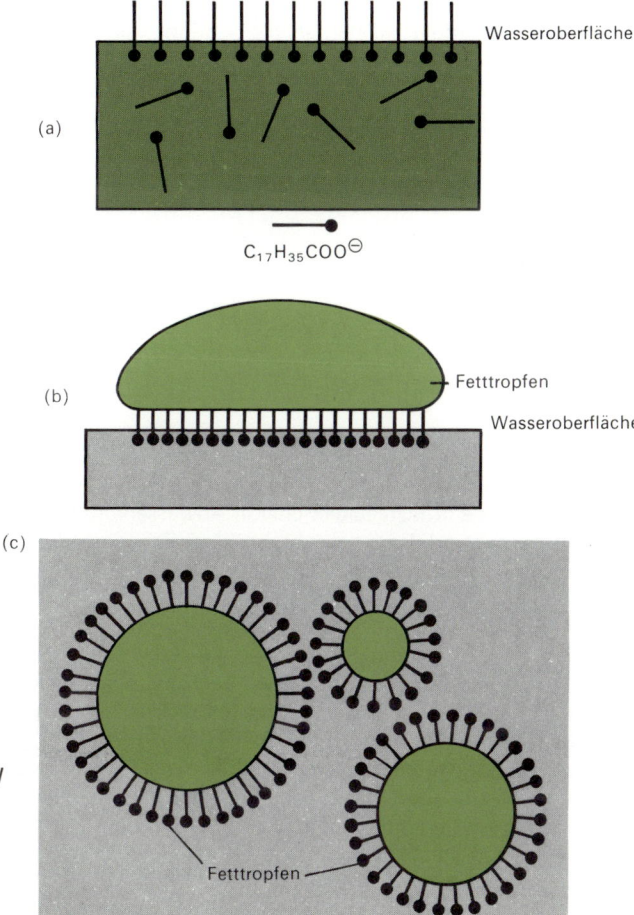

Abb. 21.1.
Wirkungen der Waschmittel

(a) Oberflächenaktivität: Anreicherung der polar gebauten Ionen in der Wasseroberfläche
(b) Wirkung als Netzmittel
(c) emulgierende Wirkung

Nachteile der Seife sind ihre *stark alkalische Reaktion* sowie ihre *Unbrauchbarkeit in stärker saurem sowie hartem Wasser.*
Die Seifen-Anionen (konjugierte Basen schwacher Säuren) ergeben in wäßrigen Lösungen pH-Werte von 10 bis 11. Aus diesem Grund verursacht Seife ein Brennen in den Augen. Bei häufigem Waschen kann empfindliche Haut stark gereizt und geschädigt werden. Durch stärkere Säuren werden die Anionen in freie Fettsäuren übergeführt, die sich aus der Lösung ausscheiden, so daß Seife in Lösungen von pH < 6 schlecht oder gar nicht mehr wirkt. $Ca^{2\oplus}$-Ionen verbinden sich mit Seife zu unlöslicher Kalkseife, wodurch ein Teil der gelösten Seife unnütz verbraucht wird. Die Kalkseife schlägt sich in den Textilien nieder («Kalkflekken») und macht sie dadurch steif und brüchig.
Bei den *«synthetischen Waschmitteln»* («Syndets», **Detergentien**) handelt es sich entweder um Schwefelsäureester höherer Alkohole *(Fettalkoholsulfate)* oder um *Alkylarylsulfonsäuren,* die durch Neutralisation mit NaOH in wasserlösliche Salze übergeführt werden. Fettalkohole (z.B. Laurylalkohol, $C_{12}H_{25}OH$) werden durch Hydrogenolyse der Fette (mit Wasserstoff über Kupferchromit) erhalten und durch Destillation getrennt. Auch die Natriumsalze sekundärer Alkylsulfate haben als Waschmittel eine weite Verbreitung gefunden. Zu ihrer Herstellung geht man von höheren Alkenen aus, die beim Cracken von paraffinreichen Erdöldestillaten anfallen und die durch Molekularsiebe von den verzweigten Kohlenwasserstoffen getrennt werden. Die bis vor einigen Jahren meistverwendeten Alkylarylsulfonate wurden durch Friedel-Crafts-Alkylierung von Benzen mit einem Tetramer von Propen gewonnen:

$$4 \; \underset{\displaystyle CH_3}{CH{=}CH_2} \longrightarrow CH_3{-}CH_2{-}CH_2{-}\underset{\displaystyle CH_3}{CH}{-}CH_2{-}\underset{\displaystyle CH_3}{CH}{-}CH_2{-}\underset{\displaystyle CH_3}{CH}{=}CH_2$$

$$\downarrow \begin{array}{l} + \; C_6H_6 \, (AlCl_3) \\ dann \; + \; H_2SO_4 \end{array}$$

$$CH_3{-}CH_2{-}CH_2{-}\underset{\displaystyle CH_3}{CH}{-}CH_2{-}\underset{\displaystyle CH_3}{CH}{-}CH_2{-}\underset{\displaystyle CH_3}{CH}{-}CH_2{-}\hspace{-2pt}\bigcirc\hspace{-6pt}{-}SO_3H$$

Solche Detergentien mit verzweigten aliphatischen Ketten haben jedoch den sehr großen Nachteil, daß sie in Kläranlagen oder in Abwasservorflutern von Bakterien nicht abgebaut werden können und damit zu unerwünschter Schaumbildung und zur Störung der Klärvorgänge führen. Heute werden deshalb fast nur noch Alkylarylsulfonate mit unverzweigten C-Ketten hergestellt, die biologisch abbaubar sind.
Fettalkoholsulfate und Alkylarylsulfonate sind wie die Seifen stark *oberflächenaktiv* und wirken als *Netzmittel* und *Emulgatoren.* Als Salze starker Säuren reagieren sie in wäßriger Lösung praktisch *neutral* und werden auch bei einer Erniedrigung des pH-Wertes nicht ausgefällt. Ihre Calciumsalze sind leicht löslich, so daß sich auch in hartem Wasser mit ihnen waschen läßt.
Invertseifen oder *«Kationenseifen»* bestehen aus Salzen quartärer Amine, die eine längere Kohlenwasserstoffkette enthalten. Man gewinnt sie entweder aus Fettsäuren über das entsprechende Nitril und Amin, das schießlich methyliert wird, oder aus langkettigen Halogeniden, welche mit Pyridin umgesetzt werden. Wegen ihrer für Bakterien toxischen Wirkung verwendet man Invertseifen in der Medizin (Desinfektion). Neben den Sulfonaten und Invertseifen gibt es schließlich auch *«nicht-ionogene»* Detergentien, die Ester von Fettsäuren mit polyfunktionellen Alkoholen oder Verbindungen mit Ethergruppen darstel-

len. Durch Wahl geeigneter Ausgangsstoffe lassen sich Detergentien von sehr verschieden starker Polarität und damit an bestimmte Zwecke genau angepaßter Wirkung gewinnen.

$$CH_3(CH_2)_{14}CH_2-\overset{\overset{\displaystyle CH_3}{|}}{\underset{\underset{\displaystyle CH_3}{|}}{\overset{\oplus}{N}}}CH_3 \ Cl^{\ominus}$$

eine Invertseife

$$CH_3(CH_2)_{14}\overset{\overset{\displaystyle O}{\|}}{C}-O-CH_2-\overset{\overset{\displaystyle CH_2OH}{|}}{\underset{\underset{\displaystyle CH_2OH}{|}}{C}}-CH_2OH$$

ein Pentaerythritol-Ester

$$R-\!\!\!\!\bigcirc\!\!\!\!-OCH_2CH_2OCH_2CH_2OH$$

Wachse. Wachse wie *Bienenwachs, Walrat* (aus dem Kopf des Pottwals) oder *Carnaubawachs* (das als Überzug auf den Blättern einer brasilianischen Palme vorkommt) sind Monoester langkettiger Carbonsäuren mit ebenfalls langkettigen Alkoholen. Bienenwachs enthält vorwiegend C_{26}- und C_{28}-Säuren, die mit Alkoholen von 18 bis 20 C-Atomen verestert sind. Carnaubawachs, ein wertvoller und wichtiger Rohstoff für Politurmassen, Boden- und Schuhwichsen, besteht aus Estern von C_{18}- bis C_{30}-Carbonsäuren mit Alkoholen ähnlicher C-Zahlen. Auch Ester höherer Hydroxysäuren und Ester von α,ω-Dihydroxyalkanen sind darin vorhanden. Gewisse Wachse enthalten auch Steroide als Alkoholkomponenten.

Phosphatide. Phosphatide oder Phospholipoide sind in allen Zellen vorhanden. Besonders reich daran sind Nervenzellen und -gewebe, das Eigelb sowie Leber und Niere. Es handelt sich bei ihnen um Phosphorsäurediester; die Phosphorsäure ist dabei einerseits mit Glycerol oder Sphingosin (eine C_{18}-Verbindung mit *trans*-substituierter Doppelbindung, einer Aminogruppe am C-Atom 2 und je einer Hydroxylgruppe an den C-Atomen 1 und 3), anderseits mit Cholin, Colamin, Serin oder Inositol verestert.

$$CH_3(CH_2)_{12}-CH\!=\!CH-\underset{\underset{\displaystyle OH}{|}}{CH}-\underset{\underset{\displaystyle NH_2}{|}}{CH}CH_2OH$$
Sphingosin

$$HO-CH_2-CH_2-NH_2$$
β-Aminoethanol
«Colamin»

$$HO-CH_2-CH_2-\overset{\overset{\displaystyle CH_3}{|}}{\underset{\underset{\displaystyle CH_3}{|}}{\overset{\oplus}{N}}}CH_3$$
Cholin

Inositol

Beispiele von Phosphatiden sind Lecithin und Kephalin, in welchen das Glycerol mit zwei Molekülen Fettsäure und mit Phosphorsäure verestert ist. Die Phosphatide sind besonders für die Bildung biologischer Membranen von Bedeutung, da sie leicht hydrophobe Schichten bilden können.

$$RCOOCH_2$$
$$RCOOCH$$
$$CH_2-O-\overset{\overset{\displaystyle O}{\|}}{\underset{\underset{\displaystyle O^{\ominus}}{|}}{P}}-O-CH_2CH_2-\overset{\oplus}{N}\overset{CH_3}{\underset{CH_3}{|}}$$
Lecithin

$$RCOOCH_2$$
$$RCOOCH$$
$$CH_2-O-\overset{\overset{\displaystyle O}{\|}}{\underset{\underset{\displaystyle O^{\ominus}}{|}}{P}}-O-CH_2CH_2NH_2$$
Kephalin

Prostaglandine. Die Prostaglandine, eine Gruppe von Naturstoffen, haben zwar weder in ihrem chemischen Aufbau noch in ihrer Wirkung etwas mit den Lipoiden zu tun; trotzdem sollen sie im Anschluß an diese kurz besprochen werden. Alle Prostaglandine sind Derivate einer ungesättigten Carbonsäure mit 20 C-Atomen, der *«Prostansäure»:*

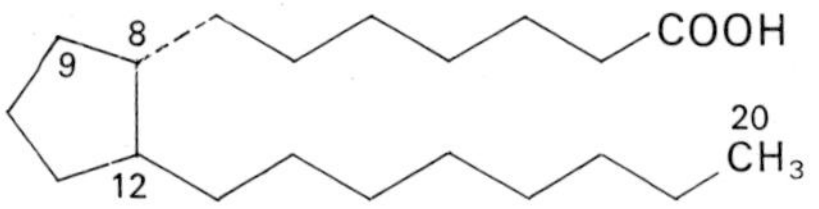

Prostansäure

Die verschiedenen Prostaglandine unterscheiden sich in der Sauerstofffunktion am C-Atom 9, die entweder eine Hydroxyl- oder eine Carbonylgruppe sein kann. Verschiedene Prostaglandine enthalten zudem mehrere Doppelbindungen. Beispiele:

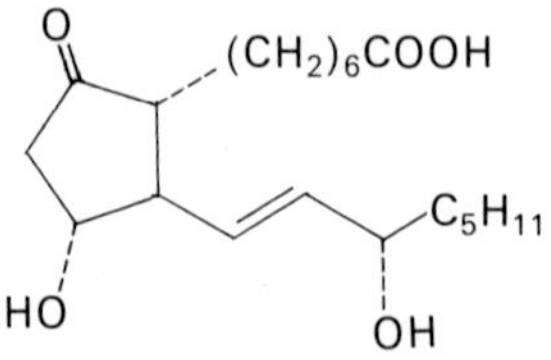

Prostaglandin E_1

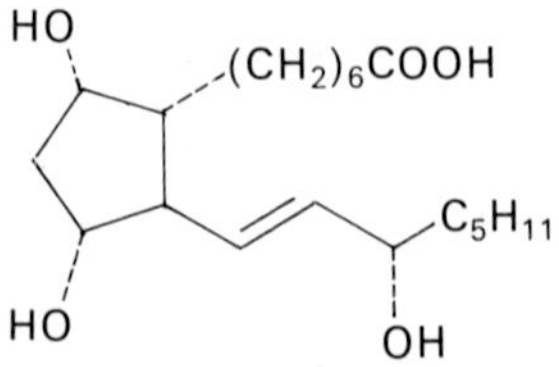

Prostaglandin $F_{1\alpha}$

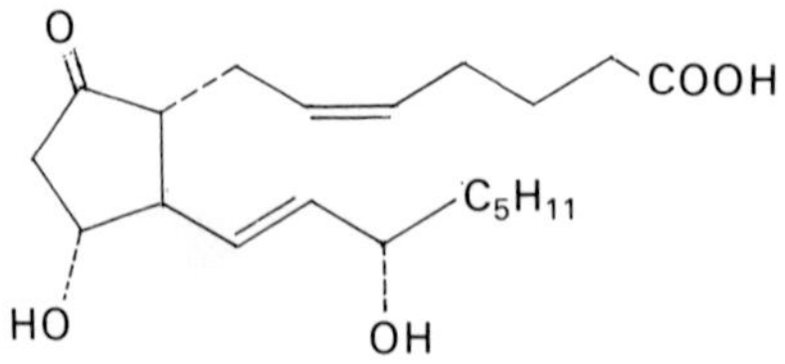

Prostaglandin E_2

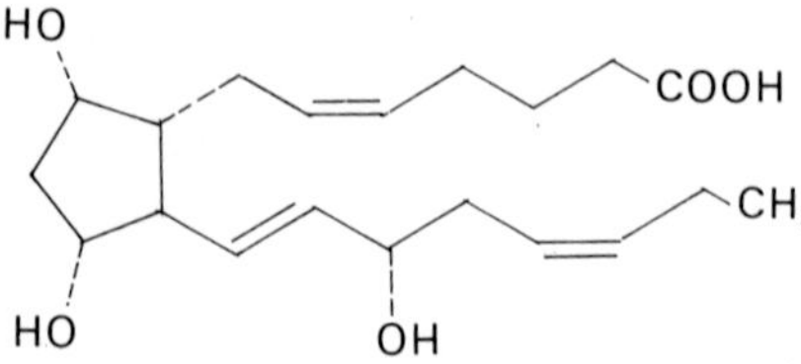

Prostaglandin $F_{3\alpha}$

Ursprünglich wurden die Prostaglandine aus der menschlichen Samenflüssigkeit isoliert. Es zeigte sich jedoch, daß sie – allerdings nur in geringen Mengen – in sehr vielen Organen, Geweben und Körperflüssigkeiten von Säugetieren auftreten. Sie zeigen ein bemerkenswert breites Spektrum physiologischer Wirkungen. Beispielsweise bewirken sie starke Kontraktionen glatter Muskulatur (der Lungen oder im Uterus; mögliche Verwendung zur Einleitung von Geburten oder zum Schwangerschaftsabbruch) oder senken den Blutdruck. Prostaglandine steuern auch die Ausschüttung bestimmter Hormone aus dem Hypothalamus. Man vermutet auch, daß die analgetische Wirkung z. B. von Aspirin darauf zurückzuführen ist, daß die Prostaglandin-Biosynthese gehemmt ist. Obschon die Prostaglandine bis heute noch wenig therapeutische Verwendung gefunden haben, ist es denkbar, daß sie in Zukunft große medizinische Bedeutung (z. B. zur Behandlung von zu hohem Blutdruck, von Thrombosen und Geschwüren; zur Beeinflussung der Fruchtbarkeit von Mann und Frau) erhalten werden.

21.2 Terpene

Seit alters werden aus zahlreichen Pflanzen, wie z. B. Eucalyptus, Pfefferminze, Lemongras, Citronenbaum, Thymian usw. mehr oder weniger stark flüchtige Öle von intensivem, meist angenehmem Geruch gewonnen. Ursprünglich wurden zu diesem Zweck die zerkleinerten Pflanzenteile direkt destilliert; später trennte man die **«ätherischen Öle»** durch Wasserdampfdestillation ab. In beiden Fällen erhielt man rohe Öle, welche für Parfümeriezwecke, zur Aromatisierung von Nahrungsmitteln oder Getränken oder als Lösungsmittel verwendet werden konnten. Durch Fraktionierung dieser Öle oder durch Extraktion mit geeigneten Lösungsmitteln erhielt man Substanzen, welche als «Terpene» bezeichnet wurden. Ihre Untersuchung war zunächst recht schwierig, da die ätherischen Öle oft recht komplexe Mischungen darstellen und nur schwierig kristalline Derivate einzelner Terpene erhalten werden konnten. Mittels Gaschromatographie ist heute eine exakte Analyse und auch eine Trennung der einzelnen Komponenten von ätherischen Ölen relativ leicht durchzuführen.

Schon ziemlich früh wurde erkannt, daß die überwiegende Mehrzahl der Terpene in ihren Molekülen ein *Vielfaches von 5 C-Atomen* enthält. Die einfachsten Typen mit 10 C-Atomen wurden als *Monoterpene,* die Terpene mit 15 C-Atomen als *Sesquiterpene,* die Terpene mit 20 C-Atomen als *Diterpene* usw. bezeichnet. Um die Jahrhundertwende wurden durch Wallach und Bredt vorwiegend die Monoterpene untersucht und wurde ihre Konstitution aufgeklärt. Seit 1920 beschäftigte sich besonders die Schule von Ruzicka sehr eingehend

Tabelle 21.2. Beispiele von Dehydrierungsprodukten einiger Terpene

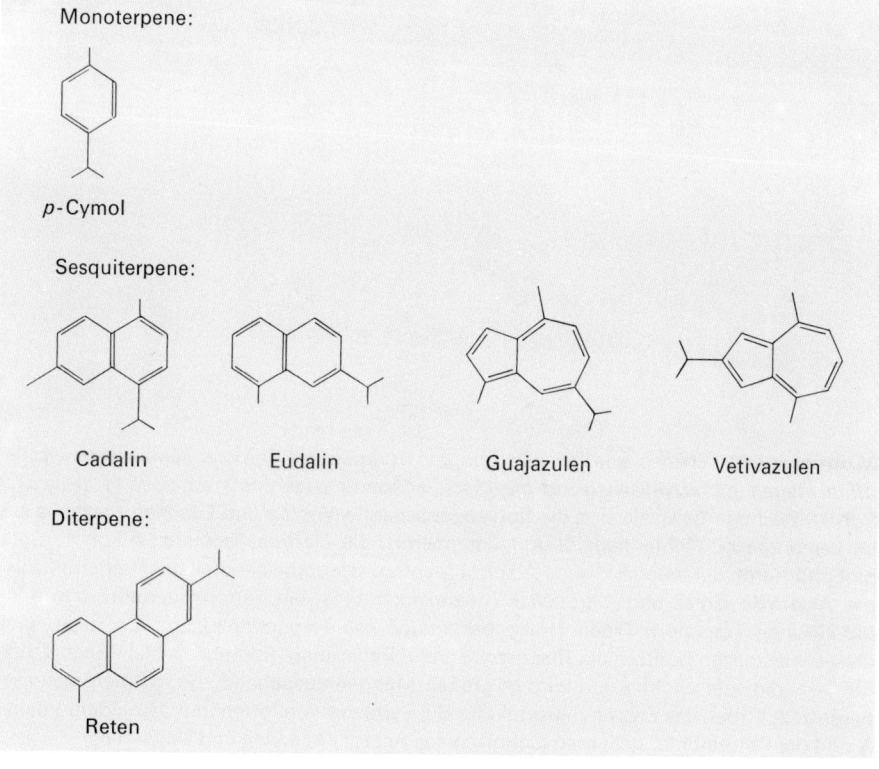

Monoterpene:

p-Cymol

Sesquiterpene:

Cadalin   Eudalin   Guajazulen   Vetivazulen

Diterpene:

Reten

mit Diterpenen und höheren Terpenen. Arbeiten von Karrer, Ruzicka, Windaus und Wieland klärten die teilweise recht engen Beziehungen auf zwischen den Terpenen einerseits und gewissen Vitaminen sowie den Steroiden anderseits. Über die Bedeutung, welche die Terpene für die betreffenden Pflanzen haben, weiß man auch heute noch kaum etwas; es wird angenommen, daß sie häufig Exkrete (Stoffwechselendprodukte) darstellen, doch ist auch diese Ansicht keineswegs gesichert. Bei der *Strukturaufklärung* der Terpene und ihnen verwandter Naturstoffe erwies sich vor allem die *Dehydrierung* mit Schwefel oder Selen als außerordentlich wertvoll. Es gelang dadurch, das Kohlenstoffgerüst dieser Verbindungen zu erkennen und damit auch die gegenseitigen strukturellen Beziehungen verschiedener Gruppen von Terpenen zu erfassen. Beispiele aromatischer Dehydrierungsprodukte von Terpenen gibt die Tabelle 21.2.

1921 erkannte Ruzicka, daß man sich die Moleküle der meisten Terpene aus zwei oder mehr Isoprenmolekülen aufgebaut denken kann, wobei die Isoprenreste meistens in Kopf-Schwanz-Stellung miteinander verknüpft sind. Diese **«Isoprenregel»** war bei der Konstitutionsaufklärung ebenfalls von großem Nutzen. Viel später (um 1955) zeigte es sich, daß die Biosynthese der Terpene tatsächlich von einer isoprenähnlichen C_5-Verbindung ausgeht. Bei den im folgenden dargestellten Kohlenstoffskeletten einiger Terpene wird der Aufbau aus Isopreneinheiten deutlich:

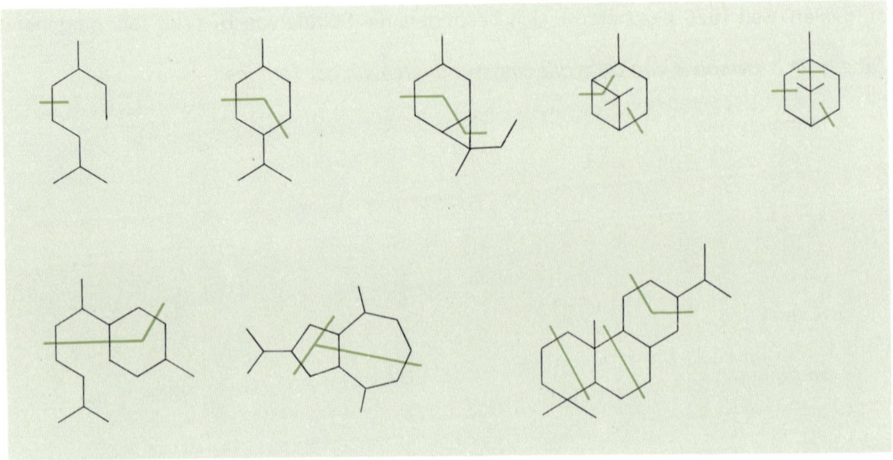

Monoterpene. Ebenso wie bei den übrigen Gruppen der Terpene kann man zwischen *offenkettigen, monozyklischen* und *bizyklischen* Monoterpenen unterscheiden (Tabelle 21.3, S. 910). Wichtige Beispiele sind die Kohlenwasserstoffe Myrcen und Limonen (letzteres z. B. im Lemongrasöl, Fichtennadelöl und Campheröl), die *cis/trans*-isomeren Alkohole Geraniol und Nerol, der monozyklische Alkohol Menthol (Hauptbestandteil des Pfefferminzöls), die Aldehyde Citral und Citronellal (beide mit intensivem Citronengeruch) sowie die bizyklischen Terpene α-Pinen (Hauptbestandteil des Terpentinöls) und Campher. Viele dieser Substanzen besitzen als *Riechstoffe* große Bedeutung. Campher ist als Weichmacher für Celluloid sehr wichtig und wird in großen Mengen ausgehend von α-Pinen technisch hergestellt. Citral, das Zwischenprodukt für die Synthese von Ionon und damit dem Vitamin A und der Carotinoide, stellt man technisch aus Aceton, Acetylen und Diketen her.

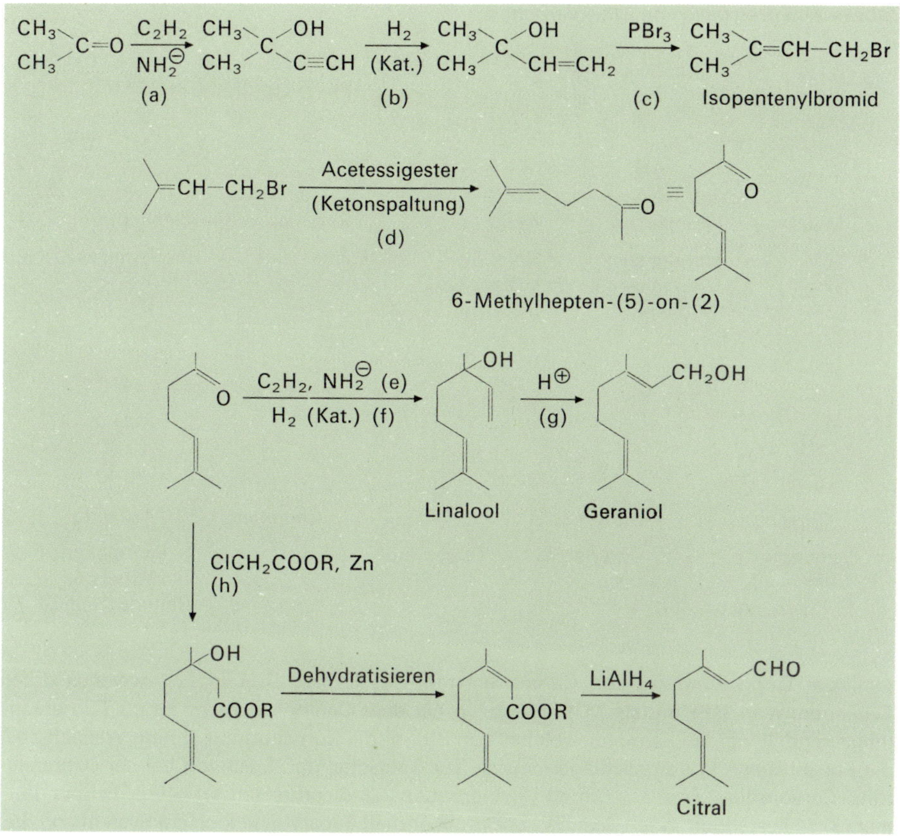

$$CH_3 \atop CH_3 \!\!\!> \!\! C\!=\!O \xrightarrow[NH_2^\ominus]{C_2H_2} {CH_3 \atop CH_3}\!\!\!>\!\!C{OH \atop C\equiv CH} \xrightarrow[(Kat.)]{H_2} {CH_3 \atop CH_3}\!\!\!>\!\!C{OH \atop CH=CH_2} \xrightarrow{PBr_3} {CH_3 \atop CH_3}\!\!\!>\!\!C\!=\!CH\!-\!CH_2Br$$

(a)   (b)   (c)   Isopentenylbromid

$$>\!\!=\!CH\!-\!CH_2Br \xrightarrow[\text{(Ketonspaltung)}]{\text{Acetessigester}}$$

(d)

6-Methylhepten-(5)-on-(2)

$$\xrightarrow[H_2 \ (Kat.) \ (f)]{C_2H_2, \ NH_2^\ominus \ (e)}$$

Linalool   Geraniol

$$\xrightarrow{H^\oplus}$$
(g)

ClCH₂COOR, Zn
(h)

OH
COOR

$$\xrightarrow{\text{Dehydratisieren}}$$ COOR

$$\xrightarrow{LiAlH_4}$$ CHO

Citral

Abb. 21.2. Schema der Totalsynthese von Geraniol und Citral

(a) Addition von Acetylen an die Carbonylgruppe (S. 626)
(b) Partielle Hydrierung mit Lindlar-Katalysator (S. 112)
(c) $S_N i$-Reaktion mit PBr₃ unter gleichzeitiger anionotroper Wanderung der Doppelbindung (Bildung des stabileren, stärker substituierten Alkens)
(d) Acetessigestersynthese mit anschließender Ketonspaltung (S. 460)
(e) und (f) Addition von Acetylen an die Carbonylgruppe und anschließende partielle Hydrierung
(g) Allylumlagerung
(h) Reformatzki-Reaktion (S. 636)

Die *bizyklischen Monoterpene* sind besonders auch wegen der bei ihnen möglichen zahlreichen *Umlagerungen* vom *Wagner-Meerwein-Typ* von Interesse (vgl. S. 819). Solche Umlagerungen erschwerten die Konstitutionsaufklärung dieser Verbindungsklasse in hohem Maß. So waren beispielsweise bis zum Jahre 1893, dem Zeitpunkt der Aufstellung der richtigen Strukturformel, für Campher ungefähr 30 verschiedene Strukturen vorgeschlagen worden! Als Beispiel einer solchen Umlagerung, die nicht ohne weiteres vorauszusehen ist, sei die Umlagerung von *Carvon* (1) in *Eucarvon* erwähnt. Durch Addition von HBr an die

Tabelle 21.3. Beispiele von Monoterpenen

Myrcen	Limonen	Nerol	Geraniol	Menthol
	Lemongras-, Orangen-, Citronenöl	Neroliöl (aus Orangenblüten)	Palmarosaöl	Pfefferminze

Citral	Citronellal	α-Pinen	Campher	Ascaridol
Lemongras-, Citronenöl	Citronellöl	Terpentinöl		wurmtreibendes Mittel aus Chenopodiumöl

terminale Doppelbindung von Carvon entsteht das tertiäre Bromid (2), welches durch Elimination von HBr mittels KOH wieder in ein dem Carvon isomeres Keton (Eucarvon) umgewandelt werden kann, für welches von Baeyer die Konstitution (3), von Wallach aber die Konstitution (4) vorgeschlagen wurde. Die Tatsache, daß Eucarvon bei der Ozonspaltung Carvonsäure (cis-3,3-Dimethylcyclopropan-1,2-dicarbonsäure) liefert, schien Formel (3) zu bestätigen. Nach dem UV-Spektrum enthält Eucarvon jedoch ein System von drei konjugierten Doppelbindungen, und das NMR-Spektrum beweist eindeutig, daß Eucarvon drei olefinische H-Atome enthält und somit die Struktur (4) besitzen muß. Wie van Tamelen gezeigt hat, verläuft die Umwandlung des Bromids (2) in Eucarvon wahrscheinlich über (3) als Zwischenstufe.

(1)   (2)   (3)   (4)

Auch bei der *technischen Synthese* von *Campher* treten verschiedene Wagner-Meerwein-Umlagerungen nacheinander auf. α-Pinen wird dabei zunächst mit HCl in Bornylchlorid übergeführt, worauf durch Elimination von HCl Camphen entsteht (S. 821). Dieses kann auch direkt aus α-Pinen durch Behandlung mit TiO_2 (bei 180°C) erhalten werden. Die Addition von Essigsäure an Camphen liefert Isobornylacetat (Umlagerung eines tertiären in ein sekundäres Carbeniumion; Verminderung der Ringspannung!), welches nach der Verseifung durch CrO_3 zu Campher oxidiert wird:

Sesquiterpene, Diterpene. Von den *Sesquiterpenen* sind besonders zu erwähnen: Farnesol, ein offenkettiger, ungesättigter Alkohol (im Maiglöckchenöl), der aus Geranyl-chlorid über die bereits beschriebene Reaktionsfolge (Acetessigestersynthese, Addition von Acetylen und partielle Hydrierung, Allylumlagerung) synthetisiert wurde, ferner Bisabolen (das aus Farnesol bei vorsichtiger Behandlung mit Säuren erhalten werden kann), Zingiberen (aus Ingweröl), Cadinen (in Cubeben) Selinen (im Sellerieöl) und Santonin (ein wurmtreibendes Mittel aus gewissen Artemisia-Arten). Guajol und Vetivon enthalten das Ringsystem des Azulens (S.154); ihre Konstitutionsaufklärung (Plattner) führte zur Entdeckung dieses interessanten aromatischen Ringsystems.

Tabelle 21.4. Beispiele von Sesquiterpenen

Mit den Sesquiterpenen verwandt ist eine Gruppe von C_{13}-Verbindungen, die teilweise ebenfalls als Isoprenderivate betrachtet werden können. Das β-Ionon, das in gewissen ätherischen Ölen natürlich vorkommt, enthält ein auch bei zahlreichen anderen Naturstoffen (Carotinoiden, Vitamin A) auftretende Ringgerüst *(«β-Iononring»)* und entsteht (zusammen mit dem α-Ionon, in welchem die Doppelbindung im Ring der Seitenkette nicht konjugiert ist) aus Citral durch Kondensation mit Aceton und anschließende Zyklisierung (S.533). Das Isomerengemisch wird in der Parfümerie als synthetischer Veilchenduft verwendet. Die eigentlichen *Veilchenriechstoffe,* die Irone, unterscheiden sich von den Iononen durch das Vorhandensein einer weiteren Methylgruppe; natürliches Iron stellt ein Gemisch dreier Isomere dar, die sich durch die Lage der exozyklischen bzw. Ring-Doppelbindung unterscheiden.

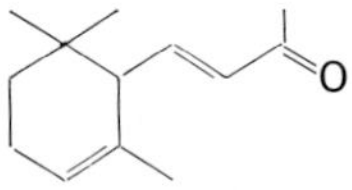

α-Ionon 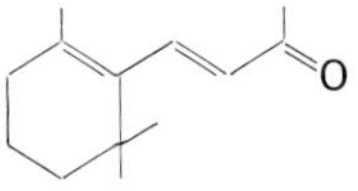 β-Ionon 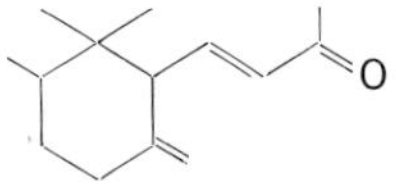 γ-Iron

Zu den *Diterpenen* (C_{20}-Verbindungen) gehören Phytol, ein offenkettiger Alkohol, der als Ester im Chlorophyll vorkommt, ferner Vitamin A, ein monozyklischer, ungesättigter Alkohol, sowie Abietinsäure und andere trizyklische Carbonsäuren, die als «Harzsäuren» z.B. Hauptbestandteile des Kolophoniums sind, das aus dem Harz verschiedener Kiefernarten gewonnen wird. Vitamin A tritt in Fischleberölen auf und ist für das normale Wachstum der Säugetiere unentbehrlich; Rhodopsin, der Sehpurpur des Auges, besteht aus einem Protein («Opsin») und Neoretinal b, einem Stereoisomeren des Vitamin-A-Aldehyds, bei welchem die dritte Doppelbindung der Seitenkette in der *cis-*Konfiguration vorliegt. Vitamin A wird synthetisch aus β-Ionon hergestellt (Isler).

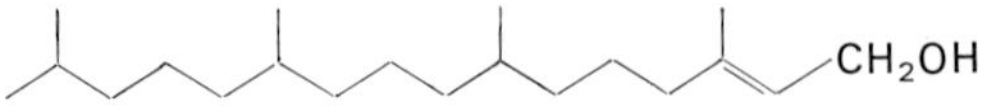

CH₂OH   Phytol

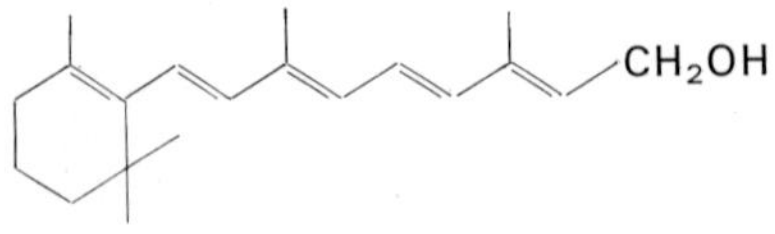

CH₂OH

Vitamin A (*all-trans-*Konfiguration) 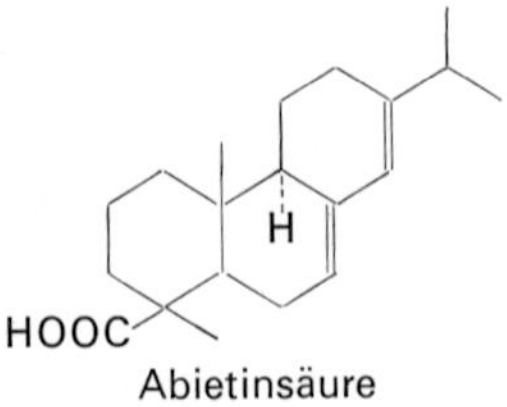   Abietinsäure

Höhere Terpene; Carotinoide. Auch bei den *Triterpenen* treten offenkettige und zyklische Verbindungen auf. Squalen, ein Kohlenwasserstoff aus Fischleberölen, enthält das Gerüst zweier Farnesol-Moleküle, die Ende an Ende miteinander verbunden sind. β-Amyrin, ein pentazyklisches Triterpen, kommt in Harzen vor.

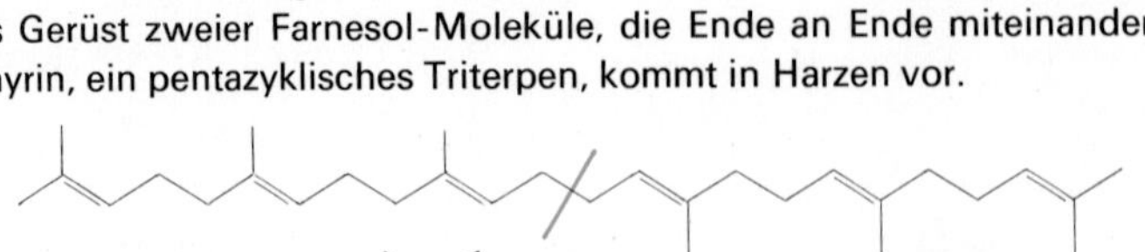

Squalen

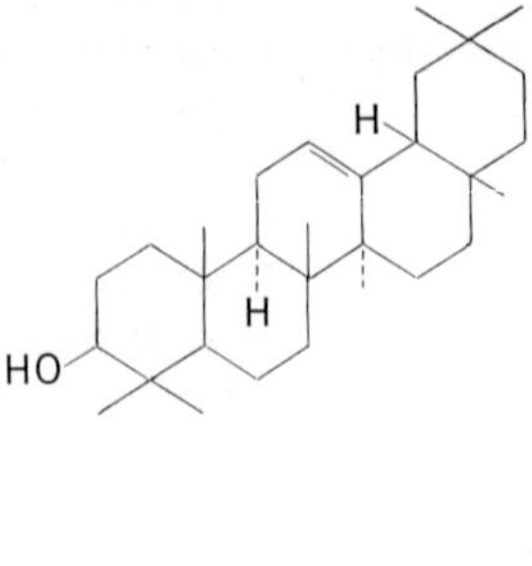

β-Amyrin

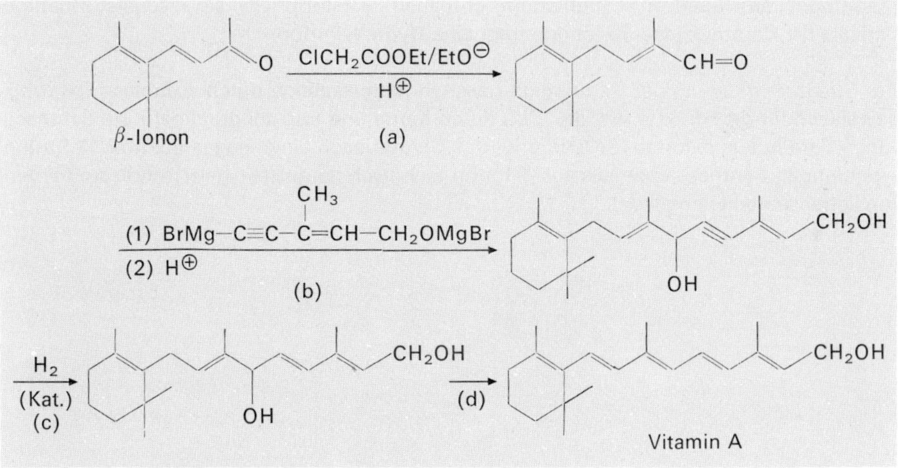

β-Ionon (a)

$ClCH_2COOEt/EtO^{\ominus}$
$H^{\oplus}$

$CH{=}O$

(1) $BrMg{-}C{\equiv}C{-}C{=}CH{-}CH_2OMgBr$
(2) $H^{\oplus}$
(b)

CH_3

CH_2OH

OH

H_2
(Kat.)
(c)

CH_2OH

OH

(d)

CH_2OH

Vitamin A

Abb. 21.3. Schema der Synthese von Vitamin A (Isler)

(a) Darzens-Glycidester-Synthese (S. 653); bei der Hydrolyse des Glycidesters bildet sich durch CO_2-Abspaltung das Enol eines β,γ-ungesättigten Aldehyds, der sich nach der Tautomerisierung zur Carbonylverbindung in die (stabilere) α, β-ungesättigte Verbindung umlagert.

(b) Das Grignard-Reagens wird aus Methylvinylketon durch Addition von Natriumacetylid (in flüssigem Ammoniak), anschließender Allylumlagerung und Reaktion mit Ethylmagnesiumbromid erhalten:

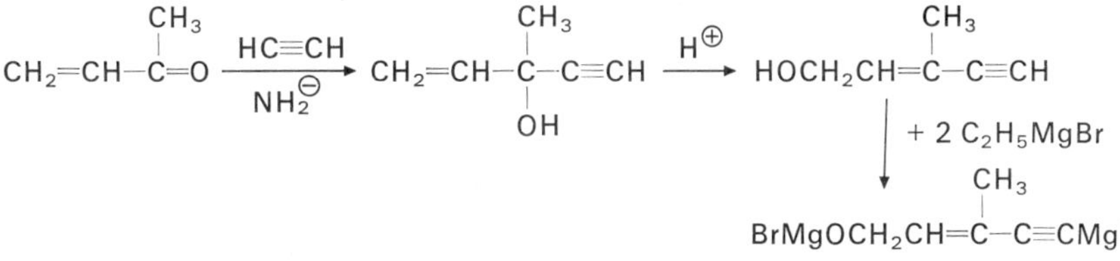

$CH_2{=}CH{-}\underset{}{C}{=}O$ $\xrightarrow[NH_2^{\ominus}]{HC{\equiv}CH}$ $CH_2{=}CH{-}\underset{OH}{\overset{CH_3}{C}}{-}C{\equiv}CH$ $\xrightarrow{H^{\oplus}}$ $HOCH_2CH{=}\underset{}{\overset{CH_3}{C}}{-}C{\equiv}CH$

$\downarrow$ + 2 C_2H_5MgBr

$BrMgOCH_2CH{=}\underset{}{\overset{CH_3}{C}}{-}C{\equiv}CMgBr$

(c) Partielle Hydrierung mit Lindlar-Katalysator

(d) Schutz der Hydroxylgruppe durch Acetylierung mit Acetanhydrid, Dehydrierung mittels Iod in Benzen (Bildung des konjugiert-ungesättigten Systems) und Hydrolyse

Die wichtigsten *Tetraterpene* (C_{40}-Verbindungen) sind die *Carotinoide,* gelbe bis rote, fettlösliche Pflanzenfarbstoffe. Die Carotinoide enthalten lange Ketten mit konjugierten Doppelbindungen, welche als Chromophor wirken. Lycopin, ein offenkettiges Tetraterpen, ist der rote Farbstoff der reifen Tomate und der Hagebutte. In der Karotte sind neben β- und γ-Carotin noch einige weitere Isomere als orangegelbe Farbstoffe enthalten, die durch Säulenchromatographie getrennt und durch ihre Absorptionsspektren charakterisiert werden können; ihre genaue Konstitution ist aber noch nicht erforscht. Sowohl β- wie γ-Carotin können durch oxidative Spaltung des Moleküls (in der Mitte) in Vitamin A übergeführt werden (in der Leber); da jedoch der tierische Organismus das offene Ende der Lycopinkette nicht zum Iononring zyklisieren kann, ist β-Carotin weniger aktiv als Provitamin A und Lycopin völlig inaktiv. Beide Carotine sind in geringen Mengen neben gelben Farbstoffen

(Xanthophyllen) auch in Laubblättern enthalten. Xanthophylle sind sauerstoffhaltige Derivate der Carotine; jeder Iononring trägt eine Hydroxylgruppe.

Die *Strukturaufklärung* der Carotinoide geschah hauptsächlich durch *oxidative Spaltung*. Beweisend für die Struktur war die 1950 durch Karrer und Eugster durchgeführte Synthese von β-Carotin aus β-Ionon. Seit 1956 wird β-Carotin nach einer eleganten, über 11 Stufen verlaufenden Synthese ebenfalls aus β-Ionon technisch hergestellt (Isler) und zum Färben von Lebensmitteln verwendet.

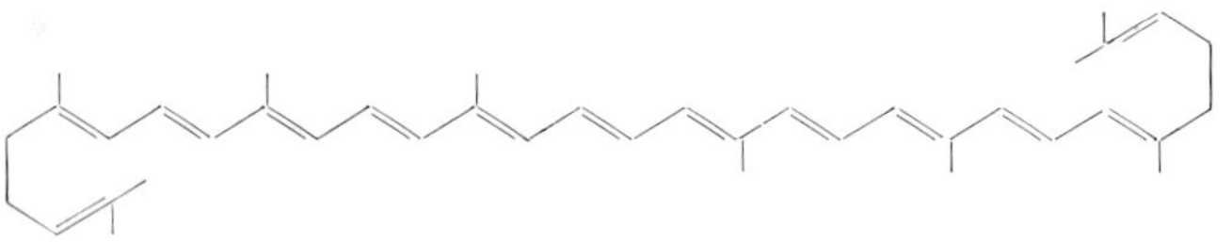

Lycopin

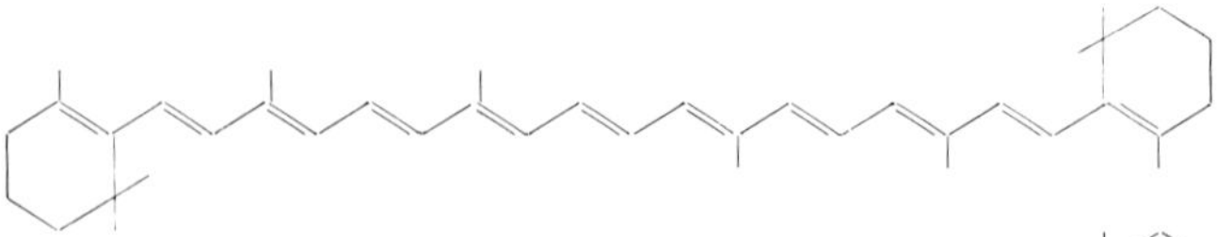

β-Carotin

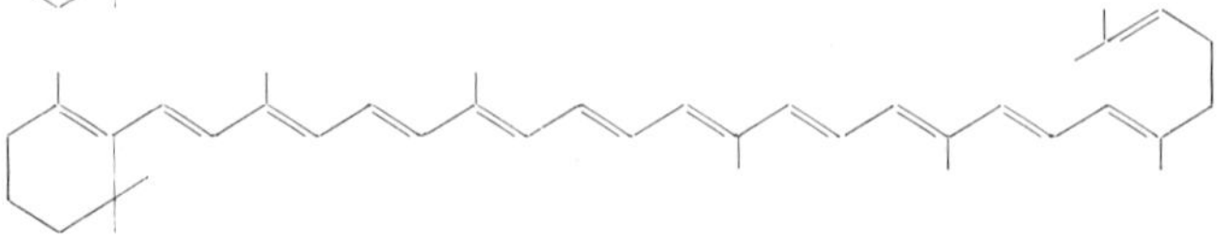

γ-Carotin

Kautschuk und Guttapercha, zwei hochmolekulare Polyterpene, werden in Kapitel 24 besprochen.

21.3 Steroide

Die Steroide gehören zweifellos zu den in chemischer Hinsicht bestuntersuchten Naturstoffen. Rohes *Cholesterol*[1] und rohe *Gallensäuren* wurden schon zu Beginn des 19. Jahrhunderts aus Gallensteinen und Galle isoliert, ohne daß die engen Beziehungen zwischen diesen Substanzen damals oder etwas später klar geworden wären. In der ersten Hälfte des 20. Jahrhunderts setzte eine intensive Erforschung der Konstitution der Steroide durch Windaus und Wieland ein, die in der Ermittlung der Konstitution des Cholesterols (1932) gipfelte. Die Strukturaufklärung des komplizierten Kohlenstoffgerüstes der Steroide war eine der schwierigsten und langwierigsten Aufgaben der klassischen organischen Chemie; die strukturellen Beziehungen zwischen Cholesterol (bzw. anderen Sterolen) und den Gallensäuren wurden offenbar, als es Windaus (1919) gelang, das aus Cholesterol leicht erhältliche Koprostan, einen Kohlenwasserstoff, durch oxidativen Abbau einer Seitenkette in Cholansäure überzuführen, welche die gesättigte Grundsubstanz der Gallensäuren darstellt und welche von Wieland auch wieder in Koprostan überführt werden konnte. Die Erkenntnis, daß auch die Sexual- und Nebennierenrindenhormone zur Verbindungsklasse der Steroide gehören, gab der Steroidforschung neuen Auftrieb. Seit 1940 wurde insbesondere die Stereochemie dieser polyzyklischen Ringsysteme untersucht und eine Reihe von

[1] Häufig wird im Deutschen der Trivialname *«Cholesterin»* verwendet.

Totalsynthesen durchgeführt. Die Biosynthese von Steroiden (und Terpenen) wurde seit 1956 weitgehend aufgeklärt. Neben diesen Arbeiten dienten Steroide dank ihres starren Ringgerüstes häufig auch als Materialien oder Modellverbindungen zur Erprobung und Durchführung neuartiger oder stereoselektiver Synthesen oder zur Konformationsanalyse; auch wurden zahlreiche Beziehungen zwischen physikalischen Messungen und Molekülstruktur an Steroiden geprüft. So gibt es wohl kaum einen Zweig der organischen Chemie, welcher durch die Arbeiten an den Steroiden nicht gefördert worden wäre.

Allen Steroiden gemeinsam ist das *tetrazyklische Ringgerüst:*

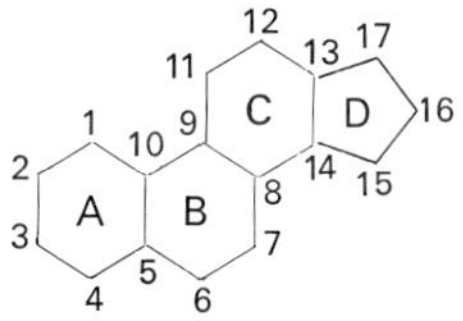

Bei der *Konstitutionsaufklärung* der Steroide spielten besonders *oxidative Ringspaltungen* und *oxidative Abbaumethoden* eventuell vorhandener Seitenketten eine große Rolle. Als *Beispiel* dafür diene die Klärung der Beziehungen zwischen den beiden Ringen A und B beim Cholesterol. Durch Oxidation des Ringsystems (1) mit Salpetersäure erhält man neben der Dicarbonsäure (2) eine weitere, durch Sprengung der Bindung zwischen C 2 und C 3 entstandene Dicarbonsäure. Dies zeigt, daß die Hydroxylgruppe auf beiden Seiten von Methylengruppen flankiert und nicht unmittelbar einer Ringverzweigung benachbart ist.

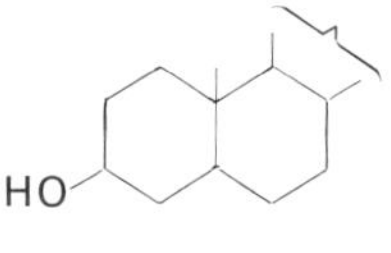

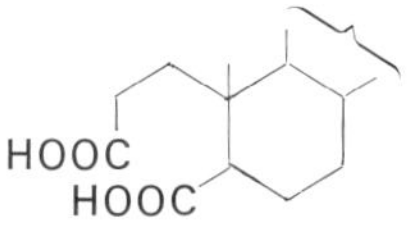

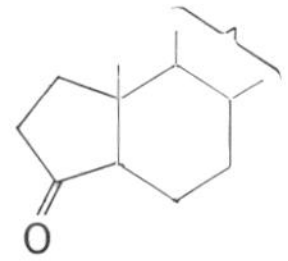

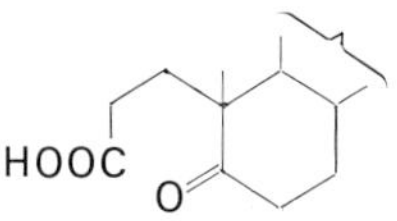

Durch intramolekulare Kondensation von (2) und anschließende Ketonspaltung erhält man das Keton (3), woraus hervorgeht, daß der Ring A ursprünglich ein Sechsring gewesen ist. (1,5- oder 1,4-Dicarbonsäuren liefern unter diesen Umständen nicht Ketone, sondern zyklische Anhydride.) Durch nochmalige Ringöffnung entsteht die Ketosäure (4), woraus geschlossen werden kann, daß in (4) die Carbonylgruppe einer Ringverzweigung benachbart steht. (4) liefert bei der weiteren oxidativen Spaltung ohne Verlust von C-Atomen die Tricarbonsäure (5), so daß jetzt offenbar der zweite Ring (B) geöffnet worden ist und das Carbonyl-Sauerstoffatom in (4) an ein ursprüngliches Ringverknüpfungs-C-Atom gebunden sein muß. Damit ist aber die Lage der ursprünglich vorhandenen Hydroxylgruppe eindeutig festgelegt.

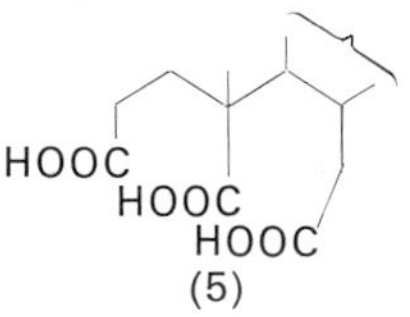

Noch 1928, als Wieland und Windaus für ihre Arbeiten über die Steroide den Nobelpreis erhielten, wurde für *Cholesterol,* das verbreitetste Steroid, die Konstitution (6) postuliert. Röntgenstrukturanalysen (Bernal) zeigten jedoch, daß das Molekül mehr länglich gebaut sein muß und daß seine Dimensionen mit der Struktur (6) nicht zu vereinbaren sind. Kurz vorher war es Diels gelungen, durch Dehydrierung von Cholesterol Chrysen zu erhalten, so daß 1932 die Konstitution von Cholesterol (7) endgültig festgelegt werden konnte. – Biochemisch weisen die Steroide enge Beziehungen zu den Terpenen auf, wie ein Vergleich der Formel von *Lanosterol* (8), einem in Wollfett vorkommenden Triterpen, mit der Struktur von Cholesterol zeigt. Das Triterpen Squalen (S. 912) ist ein Zwischenprodukt bei der Biosynthese der Steroide (S. 929).

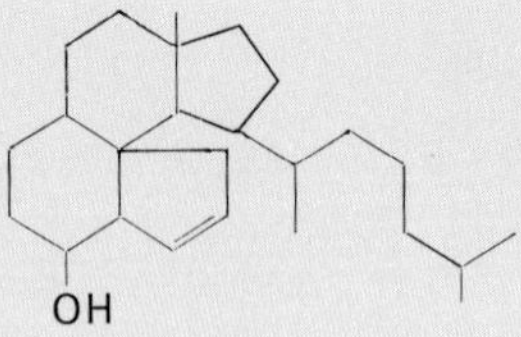

(6)

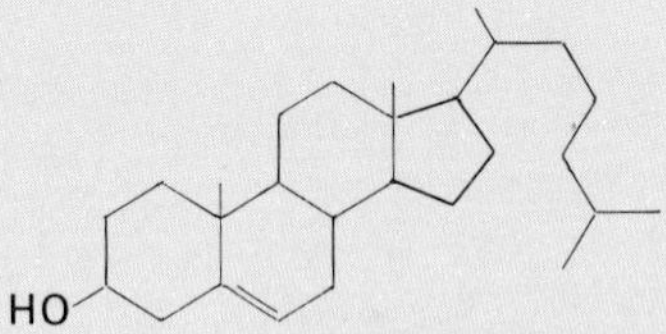

Cholesterol (7)

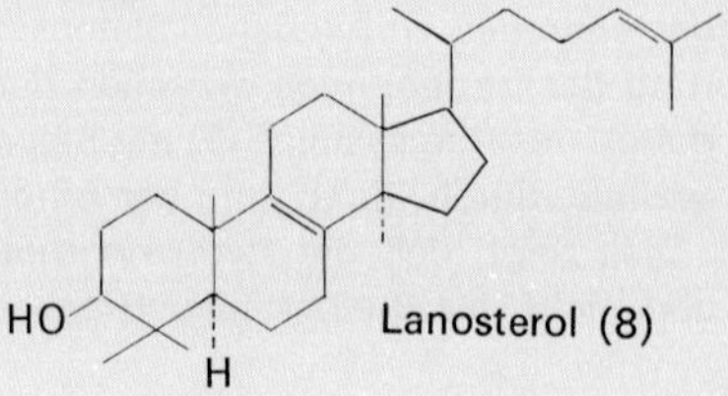

Lanosterol (8)

Sterole. Die eigentlichen Sterole besitzen am C-Atom 3 eine Hydroxylgruppe, am C-Atom 5 eine Doppelbindung und am C-Atom 17 eine Seitenkette. **Cholesterol** ist das wichtigste Sterol. Es tritt in allen tierischen Geweben auf, besonders reichlich im Hirn, im Rückenmark und in Gallensteinen. Derivate des Cholesterols werden in den Arterienwänden abgelagert und führen zu einer Verhärtung, Verdickung und Verkalkung der Gefäßwand (Arteriosklerose). Im Cholesterol sind alle Ringe *trans*-verknüpft. *Cholestanol* (das Dihydrocholesterol besitzt also die folgende Konfiguration:

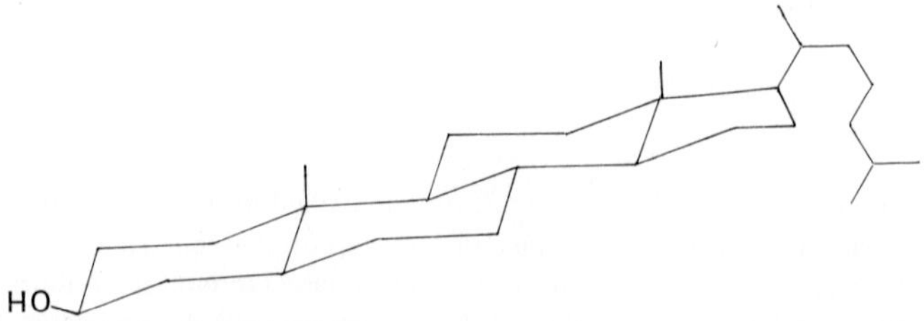

Um die gegenseitigen sterischen Beziehungen abzuklären, wurden Ringschlußreaktionen herangezogen, die nur mit *cis*-ständigen Substituenten möglich sind. Beispielsweise liefert die aus Cholestanol durch oxidative Spaltung gebildete Dicarbonsäure (9) bei der Behandlung mit Acetanhydrid eine Lactoncarbonsäure, so daß Carboxyl- und Hydroxylgruppe in *cis*-Stellung zueinander stehen müssen:

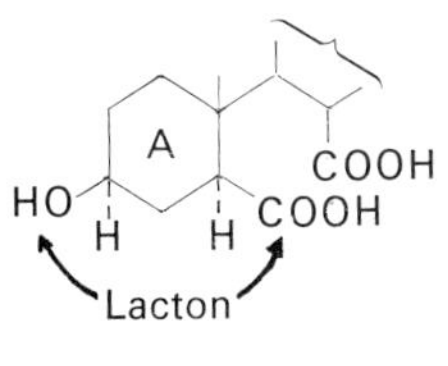

(9) 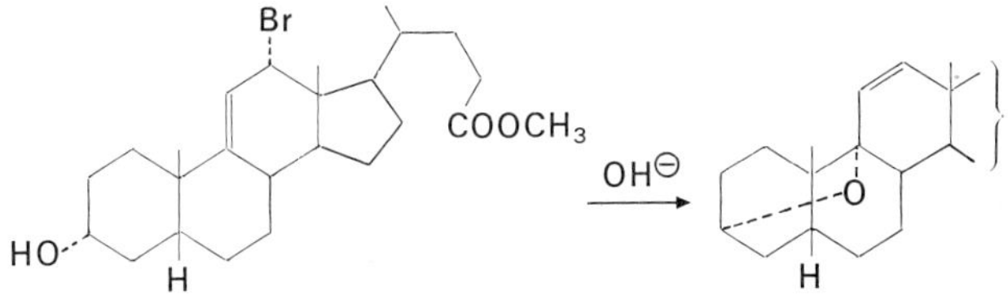   (10)   (11)

In den *Gallensäuren* sind die Ringe A und B jedoch *cis*-verknüpft, was dadurch gezeigt werden kann, daß das Gallensäurederivat (10) unter der Wirkung von Basen zu (11) zyklisiert wird.

Auch im *Koprostanol* (einem aus den Faeces isolierten Sterol), einem Stereoisomer von Cholestanol, sind die Ringe A und B *cis*-verknüpft. Sowohl im Cholestanol wie im Koprostanol steht die Hydroxylgruppe am C-Atom 3 bezüglich der angulären Methylgruppe an C10 in *cis*-Stellung (sogenannte β-Konfiguration).

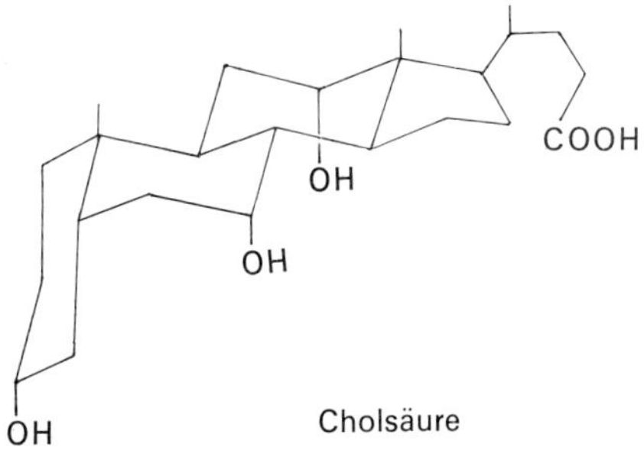

Cholsäure

Auch in *Pflanzen* kommen Sterole vor. Besonders wichtig sind *Stigmasterol* (in Sojabohnenöl), ein Ausgangsstoff zur Gewinnung von Steroidhormonen, und *Ergosterol* (z. B. in Hefe), welches durch UV-Bestrahlung und schwaches Erwärmen in Calciferol (Vitamin D_2) übergeht, eine Substanz, die für das Wachstum der Knochen und Zähne bei Säugetieren notwendig ist.

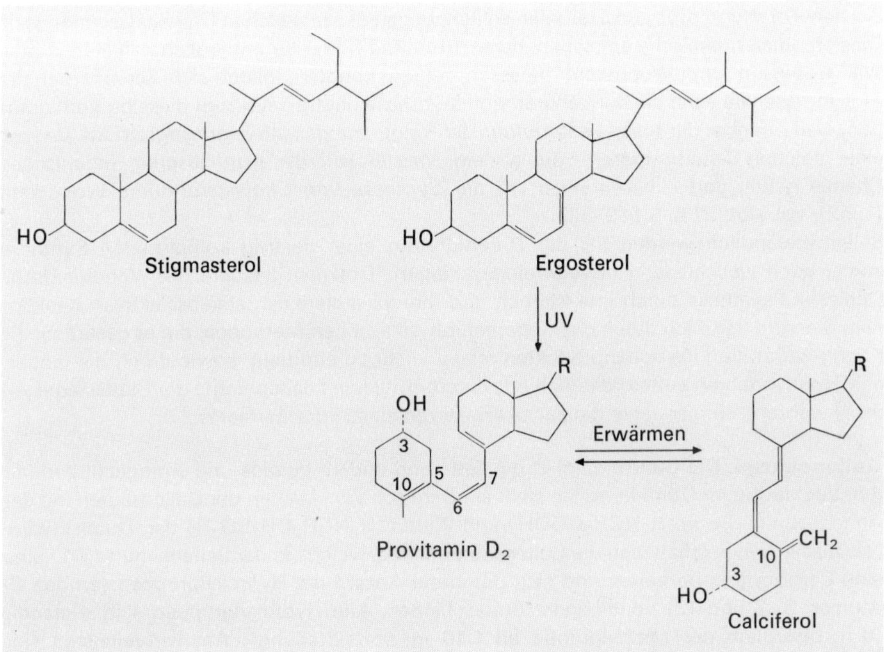

Stigmasterol   Ergosterol

UV

Provitamin D_2 Erwärmen   Calciferol

Auf die gleiche Weise läßt sich 7-Dehydrocholesterol in das antirachitische Vitamin D_3 überführen, das sich von Calciferol durch die fehlende Doppelbindung und Methylgruppe in der Seitenkette unterscheidet.

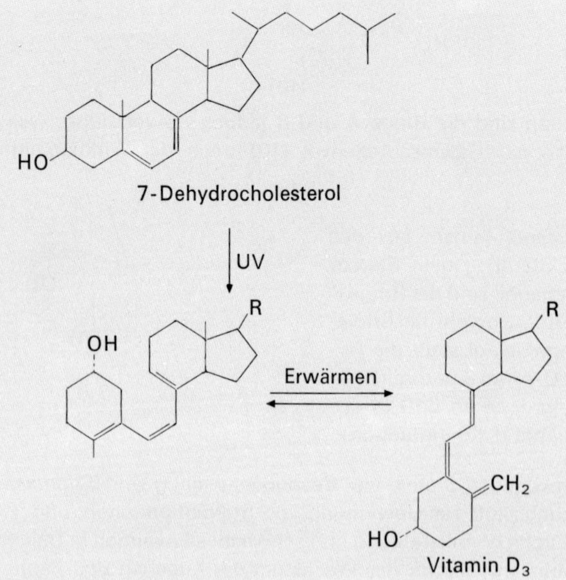

7-Dehydrocholesterol

UV

Erwärmen

Vitamin D_3

Bei den *Totalsynthesen* von Steroiden sollten wegen der zahlreichen Chiralitätszentren viele Diastereomerengemische entstehen, deren Trennung früher für unmöglich gehalten wurde. Wie Robinson und Woodward indessen zeigen konnten, bildet sich sowohl bei der Biosynthese wie auch bei der Laboratoriumssynthese häufig bevorzugt dieselbe Konfiguration, weil offenbar die *trans-Verknüpfung* der Ringe *energetisch begünstigt* ist. Als *Beispiel* einer solchen Totalsynthese – die als ein Meisterwerk der synthetischen organischen Chemie gelten darf – beschreiben wir die *Synthese von Cholesterol* durch Woodward (1952); vgl. Abb. 21.4, S. 919–922.

Selbstverständlich werden bei der Durchführung einer derartig komplizierten Synthese immer auch verschiedene Irrwege eingeschlagen. Trotzdem besticht die Woodwardsche Cholesterolsynthese durch ihre Klarheit und ihre verschiedenen stereoselektiven Reaktionen. Sie wird natürlich durch die modernen physikalischen Methoden, die es gestatten, die Konfiguration von Zwischenprodukten relativ leicht zu ermitteln, sowie durch die modernen Trennverfahren außerordentlich erleichtert; trotzdem beanspruchte die Cholesterolsynthese während einiger Jahre die ganze Arbeitszeit eines Forscherteams.

Gallensäuren. Die Galle emulgiert die Fette und andere Lipoide und ermöglicht dadurch ihre Verdauung im Dünndarm. Sie stellt ein Gemisch von Amiden der Gallensäuren mit den Aminosäuren *Glycin* (H_2NCH_2COOH) und *Taurin* ($H_2NCH_2CH_2SO_3H$) dar. Durch Hydrolyse dieser Amide erhält man die Gallensäuren selbst, welche in der Seitenkette an C17 stets eine Carboxylgruppe tragen und sich durch die Anzahl der Hydroxylgruppen (an den C-Atomen 3, 7 und 12) voneinander unterscheiden. Alle Hydroxylgruppen sind α-ständig (d. h. bezüglich der Methylgruppe an C10 in *trans*-Stellung). Am verbreitetsten sind *Cholsäure* (S. 917) und *Desoxycholsäure* (S. 923).

Abb. 21.4. Totalsynthese von Cholesterol (Woodward)

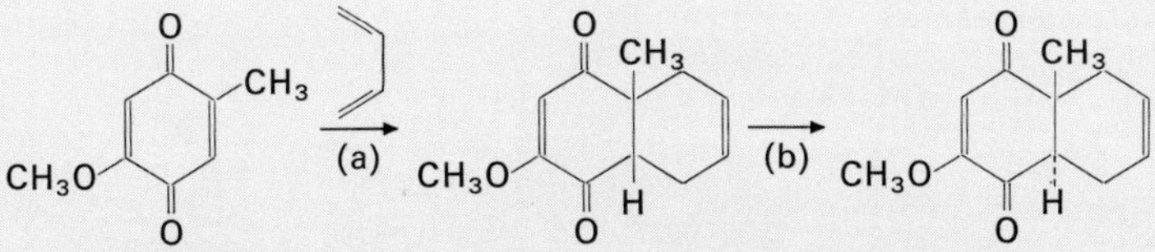

Erklärungen zur Cholesterol-Synthese von Woodward:

(a) Diels-Alder-Reaktion mit stereospezifischer cis-Verknüpfung

(b) Über das Enolat-Anion bildet sich bei der Behandlung mit Base das stabilere trans-verknüpfte Produkt

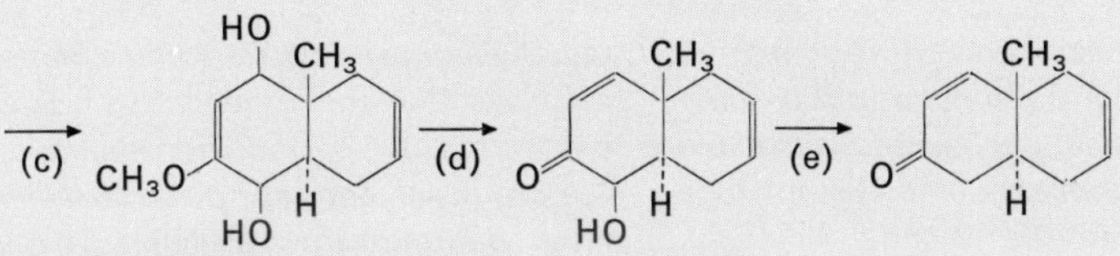

(c) Selektive Reduktion der Carbonylgruppen mit LiAlH$_4$

(d) Hydrolyse des Vinylethers und Dehydratisierung des entstandenen β-Hydroxyketons

(e) Acetylierung mit Acetanhydrid und anschließend reduktive Abspaltung von Essigsäure mit Zink

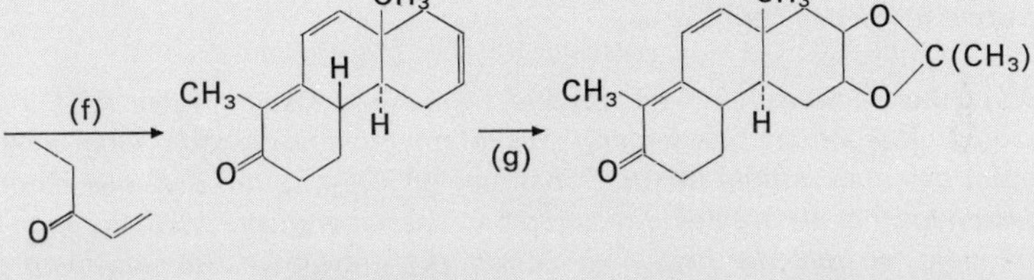

(f) Formylierung mit Ameisensäureester (die C—H-Bindung wird dadurch für die nachfolgende Michael-Addition stärker aktiviert); anschließend Michael-Addition an Ethylvinylketon und Ringschluß mit KOH in Dioxan unter Abspaltung des Formylrestes. Der Ringschluß (eine intramolekulare Aldoladdition) geschieht stereoselektiv in trans-Verknüpfung, da die cis-Verknüpfung zu stärkerer Abstoßung zwischen der axialen Methylgruppe am neuen Ring und der schon vorhandenen angularen Methylgruppe führen würde

(g) Die nicht-konjugierte Doppelbindung wird zum Schutz gegen Hydrierung mit OsO₄ zum cis-Glykol oxidiert und dieses anschließend mit Aceton in das zyklische Ketal übergeführt

(h) Partielle Hydrierung an Pd in Benzen

(i) Einführung der Formylgruppe und Überführung in das N-Methylanilinderivat, damit das C-Atom 4 blockiert wird

(k) Michael-Addition an Acrylnitril (Cyanethylierung). Die Reaktion könnte an sich am zur Carbonylgruppe α- oder γ-ständigen C-Atom eintreten; nach Erfahrungen an analog gebauten Systemen war zu erwarten, daß die Addition eher durch das α-C-Atom als durch das vinyloge γ-C-Atom geschieht, was dann tatsächlich auch eintrat. Die Michael-Addition führt zur Bildung eines weiteren Chiralitätszentrums; die Reaktion ist nicht stereoselektiv und die Trennung der beiden Isomere geschieht in Schritt (m)

(l) Hydrolyse des Nitrils und Bildung der Ketosäure und Abspaltung der Methylanilingruppe sowie des Formylrestes

(m) Durch Behandlung mit Acetanhydrid wird die Ketosäure (über ihr Enol) in ein Lacton übergeführt. Umsetzung mit Methylmagnesiumiodid und Zyklisierung ergibt das ungesättigte Keton. Dabei reagiert CH₃MgI mit dem hier dargestellten Lacton rascher als mit dem Diastereomer, dessen angulare Methylgruppe äquatorial steht, so daß die beiden in Schritt (k) gebildeten Stereoisomere getrennt werden können. Die Zyklisierung ist wiederum eine intramolekulare Aldoladdition:

(n) *Hydrolyse des zyklischen Ketals und Spaltung des Glykols (beides gleichzeitig durch Behandlung mit Periodsäure) liefert den Dialdehyd*

CHO
CHO (o)

CH₃ COOMe · H₃C · H · O (q)

CH₃ COOMe · H₃C · H · HO (p)

CH₃ COOMe · H₃C · H · O · H (r)

CH₃ COCl · H₃C · H · AcO · H

(o) *Die intramolekulare Aldoladdition ist zwar prinzipiell in beiden Richtungen möglich; sie erfolgt jedoch fast ausschließlich in der hier gezeigten Weise. Möglicherweise ist die «untere» Methylengruppe sterisch stärker gehindert, so daß sie das Carbanion schwieriger bildet. Anschließend Oxidation der Aldehydgruppe und Veresterung mit Diazomethan*

(p) *Selektive Reduktion der Carbonylgruppe mit NaBH₄, um ein leichter zu trennendes Isomerengemisch zu erhalten. Die Reduktion liefert zwei Produkte (am C-Atom 3 kann die —OH-Gruppe in α- oder β-Stellung stehen): durch selektive Fällung mit Digitonin läßt sich die rechtsdrehende Form des β-Alkohols abtrennen. (Digitonin bildet nur mit Verbindungen der Cholesterolreihe, nicht aber mit ihren Antipoden oder mit α-Isomeren ein unlösliches Addukt). Nach Gewinnung des gewünschten Stereoisomers wird der Alkohol wieder zum Keton oxidiert (Oppenauer-Oxidation)*

(q) *Partielle Hydrierung der drei C=C- und der C=O-Doppelbindungen (bei Bedingungen, bei welchen die Estergruppe nicht angegriffen wird). Daß die Hydrierung der beiden isolierten C=C-Doppelbindungen in der gewünschten Weise stereoselektiv geschieht, war wiederum von Reaktionen analog gebauter Verbindungen bekannt; die Hydrierung der carbonyl-konjugierten Doppelbindung erfolgte ebenfalls stereoselektiv, und das nach der Oxidation erhaltene Keton besaß dieselbe Konfiguration wie Cholesterol*

(r) *Stereoselektive Reduktion unter bevorzugter Bildung der β-Hydroxyverbindung (NaBH₄ als Reduktionsmittel; vgl. S. 798); Acetylierung der Hydroxylgruppe und Überführung der Estergruppe in das entsprechende Acylchlorid*

(s) *Dimethylcadmium führt —COCl in —COCH₃ über, ohne die Estergruppe anzugreifen. Durch Reaktion des gebildeten Methylketons mit Isohexylmagnesiumbromid wird die Seitenkette eingeführt. Während der Hydrolyse des Grignard-Adduktes wird gleichzeitig auch die Acetylgruppe entfernt*

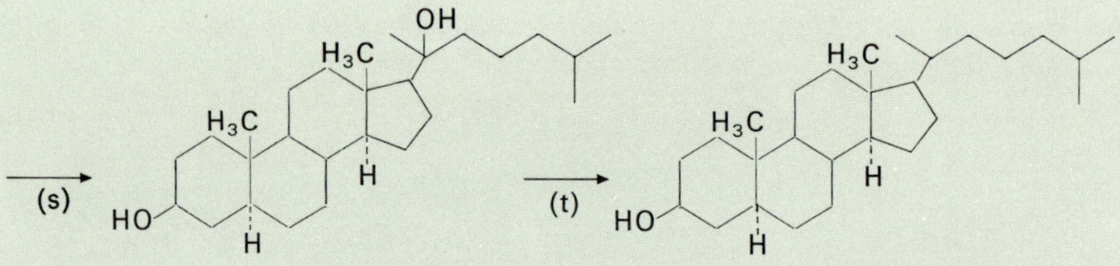

OH

H₃C

H₃C

H₃C

(s)   HO

(t)   HO

H

H

(t) Dehydratisierung des tertiären Alkohols durch heiße Essigsäure und katalytische Hydrierung der Doppelbindung (nach erneuter Acetylierung der —OH-Gruppe). Entfernung der Acetylgruppe liefert Cholestanol

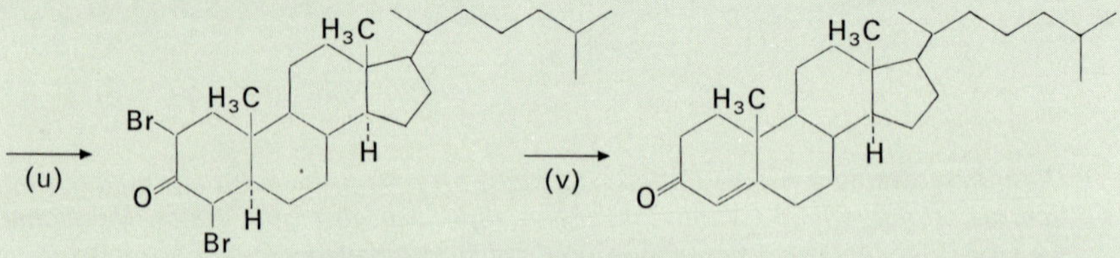

H₃C

H₃C

H₃C

Br

H₃C

(u)

(v)

O

H

O

H

Br

(u) Die Hydroxylgruppe wird zur Carbonylgruppe oxidiert; durch säurekatalysierte Bromierung entsteht das symmetrische Dibromketon

(v) Iodid-Ionen (als NaI in Aceton) verdrängen das Br-Atom am C-Atom 2, nicht aber das Br-Atom an C4. Das letztere steht axial, d.h. in der für eine E2-Elimination passenden Stellung. Bemerkenswerterweise tritt an den C-Atomen 1 und 2 keine Elimination von HI auf; offenbar steht das I-Atom nicht axial. Collidin, eine heterozyklische Base, bewirkt Hydrogenolyse, wahrscheinlich über das Enolat-Anion:

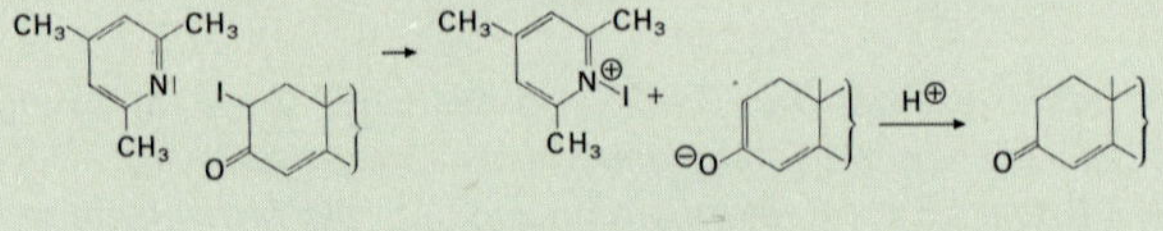

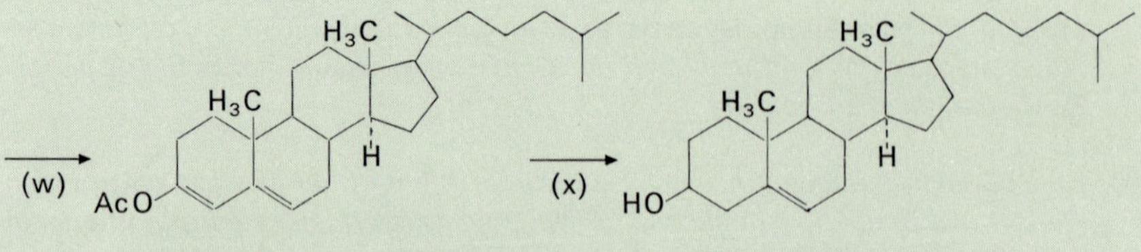

CH₃   CH₃

CH₃   CH₃

N
I

N⁺ I⁻ +

⊖O

H⊕

O

CH₃

CH₃

O

O

H₃C

H₃C

H₃C

H₃C

(w)   AcO

(x)   HO

H

H

Cholesterol

(w) Acetylchlorid liefert das Enolacetat

(x) Das Enolacetat wird zunächst in alkalischer Lösung zum Enol hydrolysiert. Dieses tautomerisiert zum Keton mit der Doppelbindung zwischen den C-Atomen 5 und 6, das mit NaBH₄ zu Cholesterol reduziert wird.

Cholsäure   Desoxycholsäure

Sexualhormone. Sexualhormone sind Steroide, welche durch die Gonaden (Ovarien, Testes) gebildet werden, wenn diese durch Peptidhormone (die durch den Hypophysen-vorderlappen gebildet und ins Blut abgegeben werden) angeregt werden. Sie bewirken die Ausbildung der sekundären Geschlechtsmerkmale bei Säugetieren und ermöglichen die normalen Geschlechtsfunktionen. Weibliche Sexualhormone werden *Östrogene,* männliche Hormone *Androgene* genannt.

Die *männlichen Hormone* sind Abkömmlinge des *«Androstans»,* C_{19}-Verbindungen, deren Steroidgerüst an C17 keine Seitenkette trägt. Das eigentliche männliche Hormon ist das *Testosteron;* das aus Harn isolierte *Androsteron* (das bedeutend weniger stark wirksam ist als Testosteron) ist wahrscheinlich ein aus Testosteron gebildetes Ausscheidungsprodukt. Die *weiblichen Hormone* (Follikelhormone, weil sie in den Follikeln der Ovarien gebildet werden), sind Derivate des *Östrans* und besitzen – im Gegensatz zu den männlichen Hormonen – am C-Atom 10 keine angulare Methylgruppe. Das eigentliche weibliche Hormon ist das *Östradiol,* eine Dihydroxyverbindung, während die aus Schwangerenharn isolierten Steroide *Östron* und *Östriol* wahrscheinlich aus Östradiol gebildete Stoffwechselprodukte darstellen. Bemerkenswerterweise besitzen auch einige synthetische Verbindungen, wie z. B. *p,p'*-Dihydroxydiethylstilben *(«Stilböstrol»)* dieselbe Wirkung wie Östradiol.

Androstan   Testosteron   Androsteron

Östradiol   Östron   Östriol

Stilböstrol   Progesteron

Im *Corpus luteum,* dem nach der Ovulation aus dem Follikel durch Einlagerung von Carotinen entstandenen «Gelbkörper», werden die *Schwangerschaftshormone* (Gestagene) gebildet. Das wichtigste dieser Hormone ist das *Progesteron.*

Zu den Steroiden gehören auch die *Antikonzeptiva* (die «Pille»). Es sind verschiedene Präparate im Gebrauch, die alle in noch nicht vollständig geklärter Weise in den weiblichen Menstruationszyklus eingreifen. Als Beispiel dafür sei das «Norethindron» erwähnt:

Norethindron

Die Aufklärung der Konstitution und der gegenseitigen chemischen Beziehungen dieser Hormone ist hauptsächlich den Arbeitskreisen um Butenandt und Ruzicka zu verdanken. Alle diese Hormone kommen in den Gonaden nur in sehr geringen Mengen vor, so daß die Gewinnung dieser Substanzen in Mengen, die für chemische Untersuchungen ausreichen, außerordentlich mühsam war. (Zur Isolierung von 10 mg Testosteron wurden von Laqueur 100 kg Stierhoden benötigt; Butenandt erhielt aus 625 kg Ovarien von 50000 Schweinen 20 mg reines Progesteron!) Um die Anreicherung der wirksamen Komponenten zu verfolgen und die Wirksamkeit verschiedener Substanzen zu vergleichen, mußten *biologische Testverfahren* entwickelt werden (z. B. der «Hahnenkammtest», bei welchem die Größe des von kastrierten Tieren nach Hormonzugabe entwickelten Kammes ausgemessen wurde).

Weitere Steroide. Die *Hormone* der *Nebennierenrinde,* welche das Elektrolytgleichgewicht im Körper regulieren, besitzen dasselbe Kohlenwasserstoffgerüst wie das Progesteron (Reichstein, Kendall u. a.). Besonders stark wirksam ist das *Desoxycorticosteron (Cortexon). Cortison* und *Cortisol* werden therapeutisch mit großem Erfolg bei der Behandlung rheumatischer Arthritis verwendet.

Desoxycorticosteron   Cortison   Cortisol

Die *herzaktiven Wirkstoffe* aus verschiedenen *Digitalis-Arten* (welche in kleinen Dosen die Herztätigkeit günstig beeinflussen, in größeren Mengen jedoch zum Herzstillstand führen) sind ebenfalls Steroide, in welchen die Hydroxylgruppe am C-Atom 3 mit einer Zuckerkomponente glykosidisch verbunden ist und die am C-Atom 17 einen fünfgliedrigen, ungesättigten Lactonring an Stelle einer Seitenkette besitzen. Beispiele sind *Digitoxigenin* und *Digoxigenin* (die in der Pflanze vorkommenden Glykoside heißen Digitoxin bzw. Digoxin).

Gewisse *Krötengifte,* wie z.B. das aus dem Hautsekret der europäischen Kröte *(Bufo vulgaris)* gewonnene *Bufotalin* zeigen ähnliche Wirkungen. Weitere Steroide *(Scillaren, Strophanthidin)* kommen in der Meerzwiebel *(Urginea maritima;* früher als *Scilla* bezeichnet) und in Strophanthus-Arten vor. Die Strophantus-Glykoside wirken ähnlich wie die Digitalisglykoside, jedoch viel rascher; Strophantus-Extrakte wurden in Afrika und Indonesien als Pfeilgifte verwendet.

Digitoxigenin   Digoxigenin   Bufotalin

Sarsasapogenin (im Saponin ist das   Solanidin
Steroid an Glucose gebunden)

Diosgenin

Schließlich treten Steroide als Bestandteile der *Saponine* auf, von Substanzen, die ebenfalls Glykoside sind und im Wasser kolloidale, seifenartige Lösungen bilden. Auch gewisse Alkaloide, wie z. B. das in den grünen Teilen der Kartoffelpflanze sowie den Kartoffelkeimen auftretende *Solanidin,* besitzen das Ringskelett der Steroide. *Diosgenin,* ein Steroid aus Dioscorea- und Trillium-Arten, ist ein wichtiger Ausgangsstoff zur technischen Gewinnung von Steroid-Hormonen.

Technische Hormonsynthesen. Da die verschiedenen Steroidhormone von großer therapeutischer Bedeutung sind, wurde schon verhältnismäßig kurze Zeit nach ihrer Konstitutionsaufklärung nach Methoden gesucht, mit welchen sich die Substanzen aus anderen Steroiden, die in der Natur in genügender Menge vorkommen und relativ billig zur Verfügung stehen, herstellen ließen. Neuerdings sind sogar *Totalsynthesen* wirtschaftlich konkurrenzfähig geworden. Die Bedeutung dieser Synthesen erkennt man durch einen Vergleich der Preise von Progesteron: 1945 kostete 1 g Progesteron sFr.180.–, während 1975 dieselbe Menge noch sFr.–.80 kostete!

Die wichtigsten *Ausgangsstoffe* für technische Steroid-Hormonsynthesen sind *Sapoge-*
nine und *Stigmasterol,* welches im Sterolgemisch des Sojabohnenöls in unbegrenzten
Mengen zur Verfügung steht. *Diosgenin* (das aus mexikanischen Dioscorea-Arten gewonnen wird) läßt sich durch nur vier Reaktionsschritte (Öffnung des Spiranringes, Abbau der
Seitenkette und des Furanringes) in Pregnenolonacetat überführen, aus dem durch Oppenauer-Oxidation *Progesteron* hergestellt werden kann. (Progesteron wird wegen seiner
hohen Dosierung in relativ großen Mengen benötigt.) Das beim Abbau des Diosgenins zum
Pregnenolonacetat als Vorstufe des letzteren entstehende Dihydropregnenolonacetat läßt
sich in *Androstenolon* überführen, das wiederum den Ausgangsstoff zur Gewinnung von
Testosteron bildet. *Östradiol* läßt sich über eine ganze Reihe von Zwischenstufen in nur
mäßiger Ausbeute aus Cholesterol erhalten. Die *Nebennierenrindenhormone* wurden
ursprünglich in einer über 30 Stufen verlaufenden Reaktionsfolge mit nur einigen Zehntel-
prozent Gesamtausbeute aus Gallensäuren gewonnen.

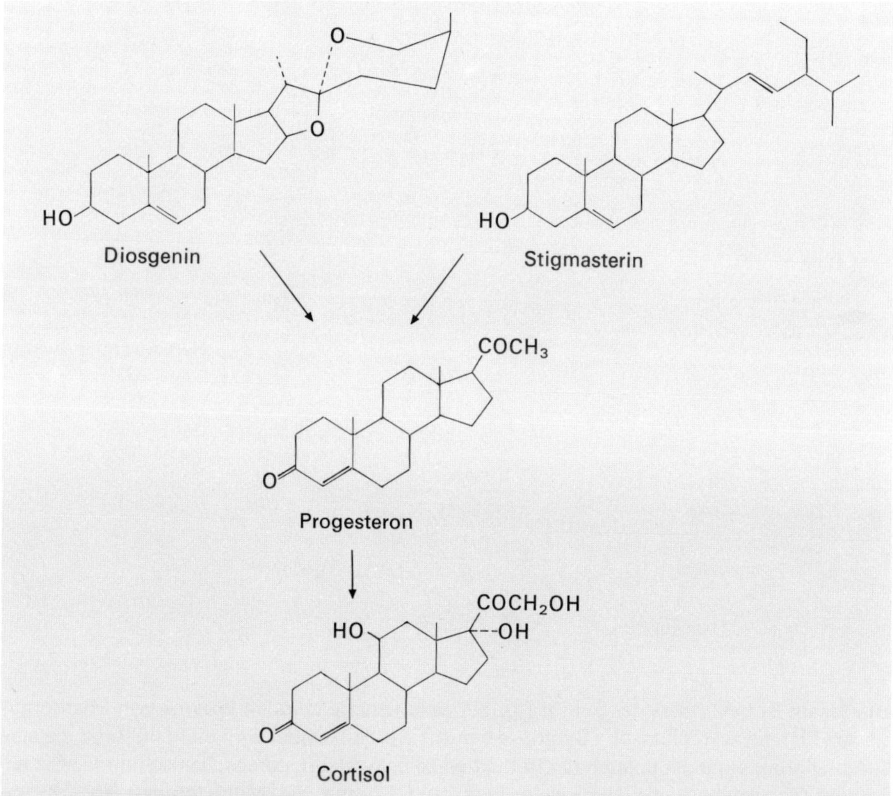

Diosgenin

Stigmasterin

Progesteron

Cortisol

Es bedeutete eine große Verbesserung, als es gelang, Hecogenin, ein Sapogenin aus der
Sisalpflanze, in Cortison überzuführen. Noch viel wertvoller erwiesen sich Verfahren, bei
welchen eine Stufe der *Oxidation* durch *Bakterien* durchgeführt wird (mikrobiologische
Oxidation). Man fand nämlich Bakterienstämme, welche imstande sind, Steroide am C-
Atom 11 zu hydroxylieren, so daß man damit z. B. Progesteron in 11-α-Hydroxyprogesteron
umwandeln konnte. Dabei werden die in großen Kesseln gezüchteten Bakterien mit dem

Ausgangsstoff «gefüttert», und nach einiger Zeit wird das Stoffwechselprodukt aus der Kulturflüssigkeit isoliert. (Im Zusammenhang mit der Cortisonsynthese wurde eine ganze Anzahl weiterer Mikroorganismen entdeckt, mit deren Hilfe das Steroidgerüst nahezu an jedem beliebigen C-Atom hydroxyliert werden kann.) 11-Hydroxyprogesteron läßt sich in 5 Stufen mit 24% Totalausbeute in Cortisol überführen. Um Progesteron im Tonnenmaßstab zu gewinnen, wurde ein Verfahren zur Herstellung von Progesteron aus Stigmasterol entwickelt. Auch aus Dehydropregnenolon läßt sich Cortison (ohne die Zwischenstufe des Progesterons) gewinnen.

Als Beispiel einer *technisch* durchgeführten *Totalsynthese* des Steroid-Gerüstes sei die Synthese von Torgow erwähnt:

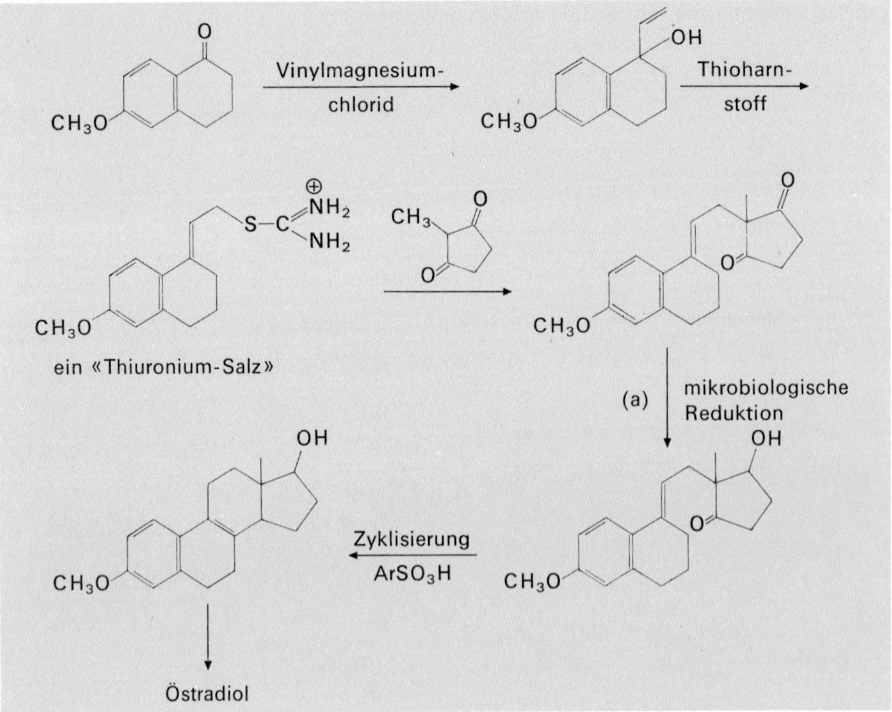

Interessant ist besonders der Schritt (a), bei welchem die chiralen Enzyme von Mikroorganismen für eine asymmetrische Synthese benützt werden. Dabei wird nicht nur bloß die eine Carbonylgruppe reduziert; auch die Reduktion selbst verläuft stereospezifisch und liefert ein Produkt, in welchem die Hydroxylgruppe an C17 und die Methylgruppe an C13 *cis* zueinander stehen.

21.4 Biosynthese von Terpenen und Steroiden

Um die engen Beziehungen zwischen den beiden Stoffklassen zu zeigen, sollen im folgenden die wichtigsten Schritte ihrer Biosynthese besprochen werden, wie sie durch die Arbeiten von Bloch und Lynen bekannt geworden sind. *Ausgangsstoff* für die Biosynthese ist in jedem Fall durch *Coenzym A* (die Wirkgruppe eines Enzyms) *aktivierte Essigsäure* (**Acetyl-Coenzym A; «aktiviertes Acetat»**, wobei die Acetylgruppe über ein S-Atom an das Coenzym gebunden ist). Durch Claisen-Kondensation zweier Acetyl-Coenzym-A-Moleküle und durch Aldoladdition eines weiteren solchen Moleküls (wobei jeweils ein Molekül Coenzym A abgespalten wird) entsteht eine verzweigte C-Kette, welche nach der reduktiven Abspaltung eines weiteren Moleküls Coenzym A in *Mevalonsäure,* die eigentliche Schlüsselsubstanz der Isoprenoidsynthese (entdeckt 1956) übergeht:

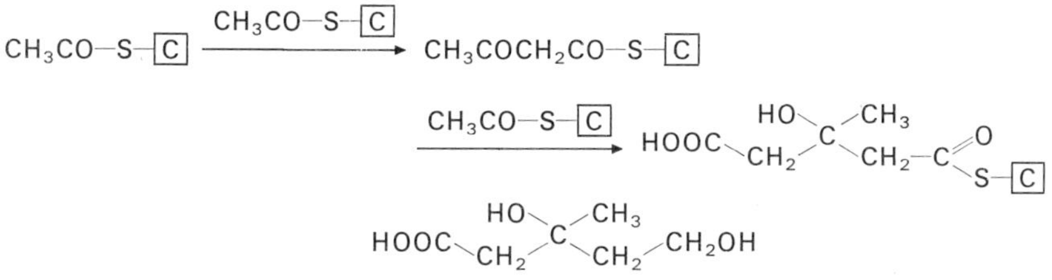

$$CH_3CO-S-\boxed{C} \quad \xrightarrow{CH_3CO-S-\boxed{C}} \quad CH_3COCH_2CO-S-\boxed{C}$$

$$\xrightarrow{CH_3CO-S-\boxed{C}} \quad HOOC \overset{CH_2}{\diagdown} \underset{CH_2}{\overset{\displaystyle C}{\diagup}} \overset{HO \diagup CH_3}{} CH_2-C \overset{O}{\underset{S-\boxed{C}}{\diagup}}$$

$$HOOC \overset{CH_2}{\diagdown} \underset{CH_2}{\overset{\displaystyle C}{\diagup}} \overset{HO \diagup CH_3}{} CH_2OH$$

Mevalonsäure

$S-\boxed{C}$ bedeutet das Coenzym A

Anschließend wird die Mevalonsäure mit Pyrophosphat verestert («phosphoryliert»; die phosphorylierten Verbindungen sind energiereicher und reaktionsfähiger, vgl. S.986). Durch Abspaltung von CO_2 und Elimination von Wasser (was in einer komplexen Reaktionsfolge geschieht, deren genauer Ablauf noch nicht bekannt ist), bildet sich *Isopentenylpyrophosphat,* das gewissermaßen ein *aktiviertes Isopren* darstellt. Nach einer enzymatisch katalysierten Umlagerung der Doppelbindung vereinigen sich je ein Molekül des umgelagerten Isopentenylpyrophosphats und des ursprünglichen Isopentenylpyrophosphats zu einer C_{10}-Kette. Angliederung weiterer Isopentenylketten führt zu C_{15}-, C_{20}- und noch längeren Ketten:

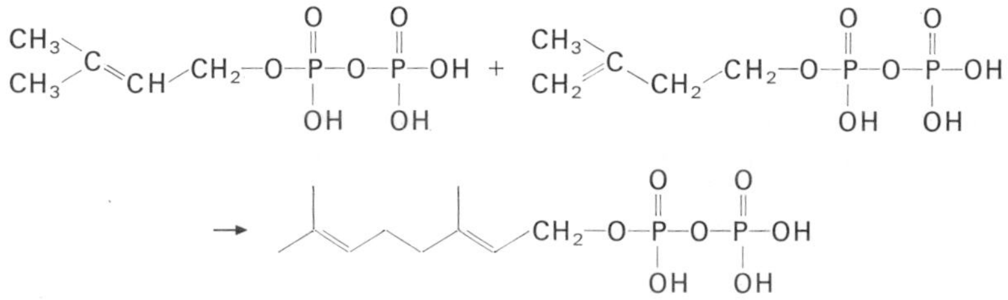

Wenn die π-Elektronen einer Doppelbindung das C-Atom, welches die Pyrophosphat-Abgangsgruppe trägt, angreifen, können sich Ringsysteme von der Art des Limonens, Bisabolens usw. bilden.

Durch «Kopf-an-Kopf»-Dimerisierung zweier C_{15}-Einheiten entsteht *Squalen:*

$$- 2 \text{ Pyrophosphorsäure}$$

Squalen ($C_{30}H_{50}$)

Squalen, gefaltet geschrieben, um die
Beziehungen zu den Steroiden zu zeigen

Die *Zyklisierung* des Squalens zum *Steroidgerüst* wird durch eine Hydroxylierung eingeleitet. Weiter wechseln zwei Methylgruppen ihren Platz, so daß als erstes faßbares Produkt aus Squalen Lanosterol entsteht. Oxidative Abspaltung dreier Methylgruppen, Verschiebung der Doppelbindung zwischen den Ringen B und C und Hydrierung der Doppelbindung in der Seitenkette führt zum Cholesterol, der Muttersubstanz der Steroide. Der genaue Verlauf der Zyklisierung des Squalens ist noch nicht bekannt; die Wanderung der Methylgruppe beispielsweise ist aber durch Markierung der betreffenden C-Atome als ^{14}C bewiesen.

Squalen   Lanosterol   Cholesterol

Dieser allgemeine Verlauf der Steroid-Biosynthese wurde durch Tracer-Versuche erhärtet. So erhielten z.B. Bloch und Conforth durch Fütterung geeigneter Organismen mit markiertem Acetat und anschließendem Abbau des gebildeten Cholesterols genauen Aufschluß darüber, welches C-Atom des Steroid-Gerüstes aus welchem der beiden C-Atome des Acetats entstanden war. Dabei ist es notwendig, das gesamte Steroidgerüst derart abzubauen, daß in einem bestimmten Reaktionsschritt jedes einzelne C-Atom als radioaktive C_1-Verbindung frei wird, wie dies in Abb. 21.5 schematisch für den Ring A gezeigt wird. In homogenisiertem Lebergewebe wird markiertes Squalen in Lanosterol und schließlich in Cholesterol umgewandelt. Auch die Umwandlung von Cholesterol in andere Steroide wurde durch Tracer-Experimente bewiesen.

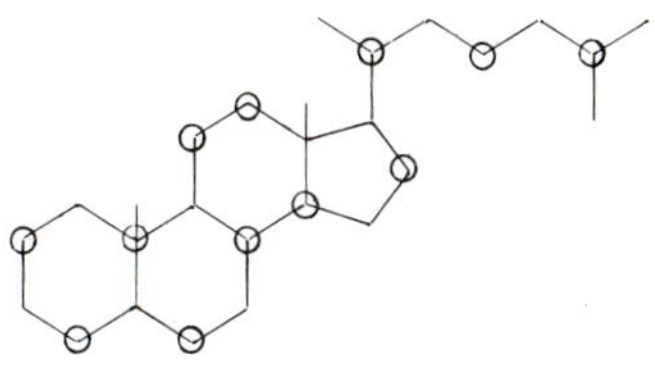

Cholesterol-Gerüst; die durch einen Kreis markierten C-Atome sind aus dem Carbonyl-C-Atom des aktivierten Acetats entstanden, die anderen C-Atome stammen vom Methyl-C-Atom des aktivierten Acetats.

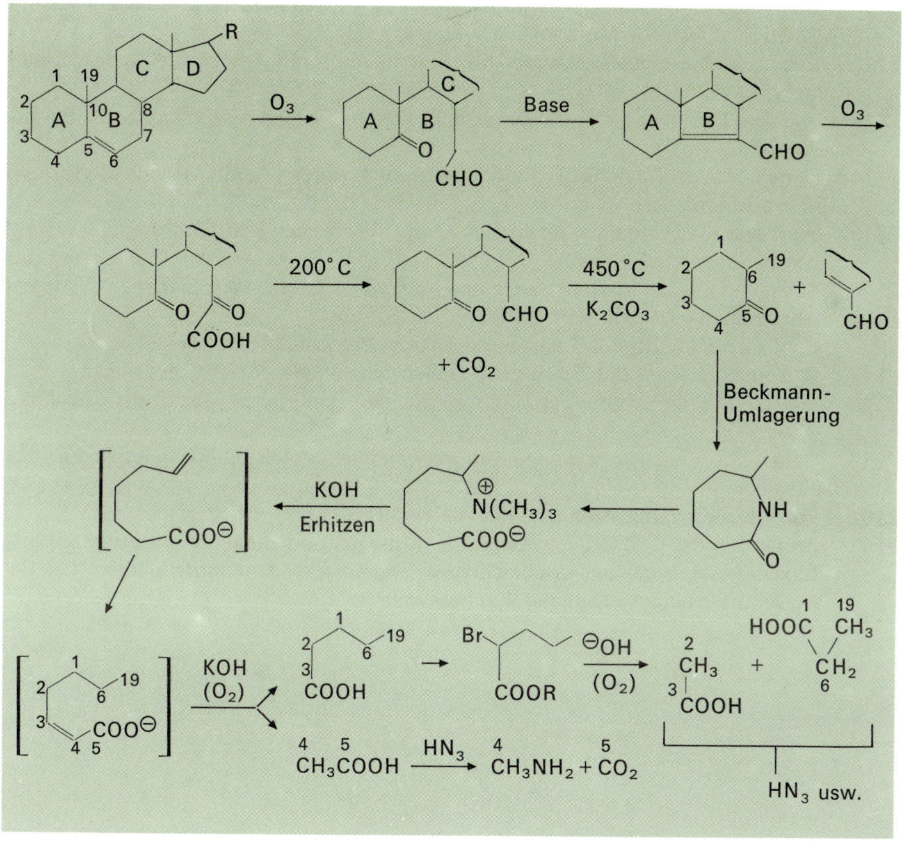

Abb. 21.5. Steroid-Abbau

Übungen

21.1 Erklären Sie die Ausdrücke «Mineralöl», «fettes Öl», «trocknendes Öl» und «ätherisches Öl»!

21.2 Erläutern Sie die Konstitution und die biologische Bedeutung der Fette!

21.3 Was versteht man unter der Iodzahl? Wozu dienen Verseifungs- und Säurezahl?

21.4 Wie ist das Ranzigwerden von Fetten zu verstehen?

21.5 Was sind Phospholipoide, Wachse? Geben Sie die Struktur von Lecithin, von Inosit an!

21.6   Geben Sie Beispiele verschiedenartiger Detergentien! Worauf beruht ihre Wirkung?

21.7   Was sind «abbaubare» und «nicht-abbaubare» Detergentien?

21.8   Was sind Terpene?

21.9   Erklären Sie die Isoprenregel an folgenden Beispielen:
Citral, Menthol, α-Pinen, Bisabolen, Squalen

21.10   Geben Sie die zu erwartenden Dehydrierungsprodukte folgender Terpene an:
Menthol, Limonen, Bisabolen, α-Amyrin, Vetivon, Selinen

21.11   Überlegen Sie sich den Reaktionsweg und die Zwischenprodukte bei der technischen Synthese von Menthol aus *p*-Kresol!

21.12   Geben Sie Beispiele für Wagner-Meerwein-Umlagerungen bei bizyklischen Systemen!

21.13   Wie wird Campher technisch hergestellt? Welche Bedeutung besitzt das technische Produkt?

21.14   Zeigen Sie, wie aus Citral Ionon gewonnen werden kann. Welche Bedeutung besitzt Ionon?

21.15   Was sind Carotinoide? Geben Sie einige Beispiele dieser Stoffgruppe! Worauf beruht ihre intensive Farbe?

21.16   Skizzieren Sie das Steroid-Gerüst und numerieren Sie die verschiedenen C-Atome! Geben Sie die Konstitution folgender Steroide an:
Cholesterol, Lanosterol, Testosteron, Östron, Progesteron, Cortison

21.17   Wie unterscheiden sich Sterole und Gallensäuren? Wie läßt sich dies zeigen?

21.18   Erklären Sie die Schritte der Totalsynthese von Cholesterol anhand der Abbildung 21.4.

21.19   Geben Sie Beispiele therapeutisch verwendeter Steroide und erläutern Sie ihre Herstellung!

21.20   Von welchen Substanzen geht man bei der Gewinnung von Steroiden aus?

21.21   Zeigen Sie die Beziehungen zwischen Terpenen und Steroiden in bezug auf ihre Biosynthese! Wie weit entspricht die Isoprenregel dem tatsächlichen, bei der Biosynthese eingeschlagenen Syntheseweg?

22 Kohlenhydrate

Begriff und Einteilung. Der Name dieser Naturstoffe rührt davon her, daß sie neben Kohlenstoff noch Wasserstoff und Sauerstoff enthalten, und zwar meist im Atomverhältnis 2:1. Obschon manche Stoffe, die ihrem Charakter nach unzweifelhaft zu den Kohlenhydraten gehören, eine etwas andere Zusammensetzung besitzen und anderseits Essigsäure ($C_2H_4O_2$) oder Milchsäure ($C_3H_6O_3$) keine Kohlenhydrate sind, hat man den Sammelnamen beibehalten. Zu den eigentlichen Kohlenhydraten rechnet man gewöhnlich die Zuckerarten, Stärke, Glykogen, Cellulose und ihre Derivate.

Die echten Kohlenhydrate sind stets *Polyalkohole,* d. h. enthalten mehrere bis viele Hydroxylgruppen in ihrem Molekül. Gewöhnlich trägt jedes Kohlenstoffatom eine Hydroxylgruppe oder eine von der Hydroxylgruppe abzuleitende funktionelle Gruppe (bzw. ist Bestandteil einer solchen), so daß jedes Molekül eine ganze Anzahl von Chiralitätszentren enthält. Die Kohlenhydratchemie hat deshalb wichtige Beiträge zur Entwicklung der Stereochemie geleistet. Auf dem Vorhandensein der vielen Hydroxylgruppen beruht das *extrem lipophobe* Verhalten der typischen Kohlenhydrate. So löst sich z. B. Traubenzucker nicht in Petrolether, während sich (wasserfreies) Methanol mit Petrolether mischt. Umgekehrt zeigen die (niedermolekularen) Kohlenhydrate eine sehr große Wasserlöslichkeit. Eine gesättigte Lösung von Rohrzucker enthält beispielsweise bei 20 °C 67 Gewichtsprozent Zucker. Die zahlreichen Hydroxylgruppen vermögen nicht nur mit Wassermolekülen, sondern auch mit Hydroxylgruppen anderer Kohlenhydratmoleküle Wasserstoffbrücken zu bilden; die echten Kohlenhydrate, wie Traubenzucker, Rohrzucker usw., sind deshalb feste, verhältnismäßig harte Substanzen. Die meisten Kohlenhydrate zersetzen sich bereits bei mäßigem Erwärmen (über 150 °C); sie sind nicht destillierbar und meistens nicht einmal unzersetzt schmelzbar. Die zwischenmolekularen Kräfte sind also größer als die Bindungskräfte zwischen den Atomen.

Die Kohlenhydrate dienen den Organismen in erster Linie als *Energiequelle.* Pflanzen und Tiere gewinnen die zum «Leben», d. h. zum Aufbau der Lebenssubstanzen und zur Aufrechterhaltung der (häufig endothermen) Lebensvorgänge notwendige Energie durch Abbau von Kohlenhydraten, in erster Linie von Traubenzucker *(Glucose).* Biologisch entsteht Glucose durch die *«Photosynthese»,* d. h. durch die CO_2-Assimilation unter dem Einfluß von Licht und unter Mitwirkung von Chlorophyll. Mit Ausnahme einiger Mikroorganismen, welche Pigmente von ähnlicher Struktur wie Chlorophyll besitzen, sind nicht-grüne Lebewesen bezüglich der Kohlenhydrate heterotroph, vermögen diese also nicht selbst aus anorganischen Substanzen aufzubauen und sind deshalb auf vorgebildete organische Nahrung angewiesen. *Stärke* und *Glykogen,* zwei hochmolekulare, aus Glucose aufgebaute Kohlenhydrate, sind wichtige *Reservestoffe. Cellulose,* ein ebenfalls aus Glucose aufgebautes hochmolekulares Kohlenhydrat, ist der wichtigste *pflanzliche Gerüststoff* und die mengenmäßig wohl häufigste organische Verbindung. Nach der Molekülgröße unterscheidet man innerhalb der Gruppe der Kohlenhydrate *Monosaccharide, Oligosaccharide* und *Polysaccharide.* Die beiden letzteren lassen sich durch saure Hydrolyse in Monosaccharide aufspalten, bestehen also aus einer kleineren bzw. sehr großen Anzahl miteinander verknüpfter Monosaccharidmoleküle. Je nach der Anzahl der C-Atome unterscheidet man bei den Monosacchariden Tetrosen, Pentosen, Hexosen usw. Monosaccharide, die eine Aldehydgruppe enthalten, werden als **Aldosen**, solche, die eine Ketogruppe enthalten, als **Ketosen** bezeichnet. Glucose, ein C_6-Zucker mit einer Aldehydgruppe, ist also eine Aldohexose.

22.1 Monosaccharide

Struktur von Glucose. Das wichtigste Kohlenhydrat ist die (+)-Glucose *(Traubenzucker, «Dextrose»)*. In der Natur kommt ausschließlich das rechtsdrehende Enantiomer vor, so daß die Bezeichnung «Glucose» (ohne Angabe des Drehsinnes) stets (+)-Glucose bedeutet.

Analyse und Molekülmassenbestimmung der Glucose führen auf die Molekularformel $C_6H_{12}O_6$. Durch Reduktion mit Iodwasserstoff und rotem Phosphor erhält man *n*-Hexan; die 6 C-Atome müssen also in einer unverzweigten Kette angeordnet sein. Glucose bildet mit Hydroxylamin ein Monoxim und addiert HCN; sie muß also auch eine Carbonylgruppe enthalten. Milde Oxidation von Glucose z. B. mit Bromwasser liefert eine einprotonige Carbonsäure $C_5H_{11}O_5COOH$ *(Gluconsäure),* so daß die Carbonylgruppe in der Glucose endständig (als Aldehydgruppe) vorhanden sein muß. Dementsprechend wird auch Fehling-Lösung durch Glucose reduziert. Die Reduktion von Glucose mit Natriumamalgam liefert einen Alkohol, den *Sorbitol* («Sorbit», $C_6H_{14}O_6$), welcher 6 Hydroxylgruppen enthält, die alle durch Acetanhydrid verestert werden können. Da Verbindungen mit zwei geminalen Hydroxylgruppen nur in Sonderfällen beständig sind, muß jedes C-Atom des Sorbitols eine —OH-Gruppe tragen, und die Konstitution der Glucose muß durch die Formel (1) wiedergegeben werden:

$$
\begin{array}{c}
\text{CHO} \\
\overset{*}{\text{CHOH}} \\
\overset{*}{\text{CHOH}} \\
\overset{*}{\text{CHOH}} \\
\overset{*}{\text{CHOH}} \\
\text{CH}_2\text{OH}
\end{array}
$$

(1)

Nach der Formel (1) enthält das Glucosemolekül *vier Chiralitätszentren.* Es sind damit insgesamt 16 Stereoisomere dieser Konstitution möglich (8 Enantiomerenpaare), die alle bekannt sind, von denen aber nur vier in der Natur vorkommen. Ihre gegenseitigen Beziehungen sowie ihre Konfigurationen wurden durch zahlreiche Arbeiten von E. Fischer (1890 bis 1910) aufgeklärt.

Um das Problem der **Konfigurationsbestimmung** zu vereinfachen, beschränkte sich Fischer zunächst auf die Zuordnung derjenigen 8 Konfigurationen, bei denen in der Fischer-Projektion die *Hydroxylgruppe am C-Atom 5 nach rechts* schaut, da alle Argumente und Schlüsse für die Konfigurationszuordnung in gleicher Weise auf die Spiegelbilder dieser 8 Konfigurationen übertragbar sind.

(+)-**Glucose** und (+)-**Mannose** (eine weitere, natürlich vorkommende Aldohexose) lassen sich durch die nachstehende Reaktionsfolge (die *Kiliani-Fischer-Synthese*) aus einer Aldopentose, der (−)-*Arabinose,* aufbauen:

$$
\begin{array}{c}
\text{CHO} \\
| \\
\text{H}-\text{C}-\text{OH} \\
| \\
\text{CH}_2\text{OH}
\end{array}
\xrightarrow{\text{HCN}}
\begin{array}{c}
\text{CN} \\
| \\
\text{H}-\text{C}-\text{OH} \\
| \\
\text{H}-\text{C}-\text{OH} \\
| \\
\text{CH}_2\text{OH}
\end{array}
\xrightarrow[\text{H}_2\text{O}]{\text{H}^{\oplus}}
\begin{array}{c}
\text{COOH} \\
| \\
\text{H}-\text{C}-\text{OH} \\
| \\
\text{H}-\text{C}-\text{OH} \\
| \\
\text{CH}_2\text{OH}
\end{array}
\xrightarrow{\text{Erhitzen}}
\begin{array}{c}
\text{CO} \\
| \\
\text{H}-\text{C}-\text{OH} \\
| \quad\quad \text{O} \\
\text{H}-\text{C} \\
| \\
\text{CH}_2\text{OH}
\end{array}
\xrightarrow{\text{Na/Hg}}
\begin{array}{c}
\text{CHO} \\
| \\
\text{H}-\text{C}-\text{OH} \\
| \\
\text{H}-\text{C}-\text{OH} \\
| \\
\text{CH}_2\text{OH}
\end{array}
$$

Durch Addition von HCN an (−)-Arabinose wird diese in eine C_6-Verbindung übergeführt. Da dabei ein *weiteres Chiralitätszentrum* gebildet wird, ergibt (−)-Arabinose zwei diastereomere Cyanhydrine, welche nach Hydrolyse, Lactonisierung und Reduktion zwei Aldohexosen liefern, die sich nur durch die Konfiguration am C-Atom 2 unterscheiden. (+)-Glucose und (+)-Mannose besitzen somit – da sie beide aus (−)-Arabinose entstehen – an den C-Atomen 3, 4 und 5 dieselbe Konfiguration, sind also bezüglich des C-Atoms 2 *epimer*. (Ebenso wie andere Diastereomere unterscheiden sich die beiden Aldohexosen in ihren physikalischen Eigenschaften; da jedoch Kohlenhydrate häufig nur unter Schwierigkeiten trennbar sind, werden bei der Kiliani-Fischer-Synthese die diastereomeren Säuren – über ihre Salze! – voneinander getrennt.)

Um die Konfiguration der C-Atome 3, 4 und 5 von (+)-Glucose und (+)-Mannose zu bestimmen, muß die Konfiguration von (−)-Arabinose bekannt sein, wobei die Konfiguration am C 5 durch die erwähnte willkürliche Annahme von Fischer festgelegt ist. Nun liefert (−)-Arabinose bei der Oxidation mit Salpetersäure eine optisch aktive Dicarbonsäure *(Arabinarsäure)*. Dies bedeutet, daß die Hydroxylgruppe am C-Atom 2 der (−)-Arabinose in der Fischer-Projektion nach *links* gerichtet sein muß; wäre sie – wie die Hydroxylgruppe am C-Atom 5 – nach rechts gerichtet, so würde die Oxidation eine optisch inaktive *(meso-)* Dicarbonsäure ergeben. Somit sind die Konfigurationen an den C-Atomen 2 und 4 der (−)-Arabinose festgelegt:

$$
\begin{array}{c}
\text{CHO} \\
\text{HO}-\text{C}-\text{H} \\
-\text{C}- \\
\text{H}-\text{C}-\text{OH} \\
\text{CH}_2\text{OH}
\end{array}
$$

Für die epimeren Aldohexosen (+)-Glucose und (+)-Mannose bleibt noch die Konfiguration am C-Atom 4 zu bestimmen, und es muß weiter noch entschieden werden, welche der beiden Fischer-Projektionen (2) und (3) der (+)-Glucose und welche der (+)-Mannose zukommt.

$$
\begin{array}{cc}
\begin{array}{c}
\text{CHO} \\
\text{H}-\text{C}-\text{OH} \\
\text{HO}-\text{C}-\text{H} \\
-\text{C}- \\
\text{H}-\text{C}-\text{OH} \\
\text{CH}_2\text{OH} \\
(2)
\end{array}
&
\begin{array}{c}
\text{CHO} \\
\text{HO}-\text{C}-\text{H} \\
\text{HO}-\text{C}-\text{H} \\
-\text{C}- \\
\text{H}-\text{C}-\text{OH} \\
\text{CH}_2\text{OH} \\
(3)
\end{array}
\end{array}
$$

Da nun sowohl (+)-Glucose wie (+)-Mannose bei der Salpetersäureoxidation eine *optisch aktive* Dicarbonsäure liefern, muß die Hydroxylgruppe am C-Atom 4 in der Fischer-Projektion nach rechts gerichtet sein, denn andernfalls müßte entweder (+)-Glucose oder (+)-Mannose eine optisch inaktive *(meso-)*Dicarbonsäure ergeben. Damit ist nun auch die vollständige Konfiguration von (−)-Arabinose festgelegt:

```
        CHO
        |
   HO—C—H
        |
    H—C—OH
        |
    H—C—OH
        |
       CH₂OH
```
$$
\begin{array}{c}
\text{CHO} \\
\text{HO}-\text{C}-\text{H} \\
\text{H}-\text{C}-\text{OH} \\
\text{H}-\text{C}-\text{OH} \\
\text{CH}_2\text{OH}
\end{array}
$$

(−)-Arabinose

Verlängert man die C-Kette von (+)-Glucose und (+)-Mannose durch eine Kiliani-Fischer-Synthese und reduziert die entstehenden Aldoheptosenpaare zu den entsprechenden *Alkoholen,* so erhält man ausgehend von (+)-Mannose zwei optisch aktive (diastereomere) Alkohole, während aus (+)-Glucose ein optisch aktiver und ein optisch inaktiver C_7-Alkohol erhalten wird. Damit muß (+)-*Glucose* die *Konfiguration* (4), (+)-*Mannose* die *Konfiguration* (5) besitzen:

$$
\begin{array}{c}
\text{CHO} \\
\text{H}-\text{C}-\text{OH} \\
\text{HO}-\text{C}-\text{H} \\
\text{H}-\text{C}-\text{OH} \\
\text{H}-\text{C}-\text{OH} \\
\text{CH}_2\text{OH}
\end{array}
\quad
\xrightarrow[\text{(2) Reduktion}]{\text{(1) Kiliani-Fischer}}
\quad
\begin{array}{c}
\text{CH}_2\text{OH} \\
\text{H}-\text{C}-\text{OH} \\
\text{H}-\text{C}-\text{OH} \\
\text{HO}-\text{C}-\text{H} \\
\text{H}-\text{C}-\text{OH} \\
\text{H}-\text{C}-\text{OH} \\
\text{CH}_2\text{OH}
\end{array}
\quad + \quad
\begin{array}{c}
\text{CH}_2\text{OH} \\
\text{HO}-\text{C}-\text{H} \\
\text{H}-\text{C}-\text{OH} \\
\text{HO}-\text{C}-\text{H} \\
\text{H}-\text{C}-\text{OH} \\
\text{H}-\text{C}-\text{OH} \\
\text{CH}_2\text{OH}
\end{array}
$$

(4)   *meso*-Alkohol   optisch aktiver Alkohol

$$
\begin{array}{c}
\text{CHO} \\
\text{HO}-\text{C}-\text{H} \\
\text{HO}-\text{C}-\text{H} \\
\text{H}-\text{C}-\text{OH} \\
\text{H}-\text{C}-\text{OH} \\
\text{CH}_2\text{OH}
\end{array}
\quad
\xrightarrow[\text{(2) Reduktion}]{\text{(1) Kiliani-Fischer}}
\quad
\begin{array}{c}
\text{CH}_2\text{OH} \\
\text{H}-\text{C}-\text{OH} \\
\text{HO}-\text{C}-\text{H} \\
\text{HO}-\text{C}-\text{H} \\
\text{H}-\text{C}-\text{OH} \\
\text{H}-\text{C}-\text{OH} \\
\text{CH}_2\text{OH}
\end{array}
\quad + \quad
\begin{array}{c}
\text{CH}_2\text{OH} \\
\text{HO}-\text{C}-\text{H} \\
\text{HO}-\text{C}-\text{H} \\
\text{HO}-\text{C}-\text{H} \\
\text{H}-\text{C}-\text{OH} \\
\text{H}-\text{C}-\text{OH} \\
\text{CH}_2\text{OH}
\end{array}
$$

(5)   beide Alkohole optisch aktiv

Durch analoge Überlegungen und Reaktionen lassen sich auch die Konfigurationen der übrigen Aldohexosen und Aldopentosen ermitteln (vgl. Übersicht der Tabelle 22.1). Von den 16 stereoisomeren Aldohexosen wurden 12 bereits von Fischer synthetisiert, während die restlichen vier in späteren Arbeiten beschrieben wurden.

Die Konfiguration (4) der (+)-Glucose läßt sich ausgehend von Glyceraldehyd durch eine Reihe von Kiliani-Fischer-Synthesen aufbauen. Da (+)-Glyceraldehyd dabei in (+)-Glucose übergeführt werden kann und da weiter von Fischer für (+)-Glucose die Konfiguration (4) und nicht ihr Spiegelbild gewählt wurde, ist auch die *Konfiguration* von (+)-*Glyceraldehyd* festgelegt:

```
        CHO                    CHO
     H—C—OH               HO—C—H
        CH₂OH                  CH₂OH
        (+)                    (−)
               Glyceraldehyd
```

Tabelle 22.1. Konfigurationen der D-Aldosen (Waagrechte Striche = –OH)

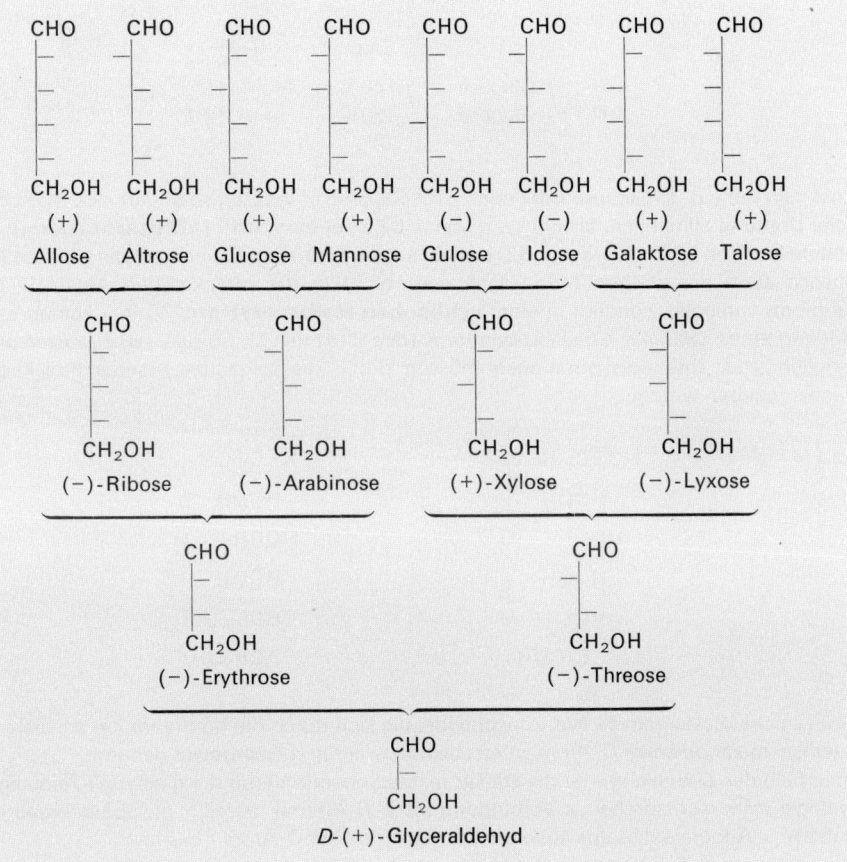

CHO	CHO	CHO	CHO	CHO	CHO	CHO	CHO
CH₂OH	CH₂OH	CH₂OH	CH₂OH	CH₂OH	CH₂OH	CH₂OH	CH₂OH
(+)	(+)	(+)	(+)	(−)	(−)	(+)	(+)
Allose	Altrose	Glucose	Mannose	Gulose	Idose	Galaktose	Talose

CHO   (−)-Ribose   CH₂OH
CHO   (−)-Arabinose   CH₂OH
CHO   (+)-Xylose   CH₂OH
CHO   (−)-Lyxose   CH₂OH

CHO   (−)-Erythrose   CH₂OH
CHO   (−)-Threose   CH₂OH

CHO   *D*-(+)-Glyceraldehyd   CH₂OH

Von Rosanoff wurde 1906 die Konfiguration von (+)-Glyceraldehyd als *Bezugssystem* für die Konfigurationen der Kohlenhydrate vorgeschlagen. Alle Kohlenhydrate, deren Konfiguration mit (+)-Glyceraldehyd verknüpft werden kann (deren Hydroxylgruppe am «zweitletzten» C-Atom in der Fischer-Projektion nach rechts schaut), werden (ungeachtet ihres wirklichen Drehsinns) als *D*-Verbindungen bezeichnet. Anders gesagt, wenn bei einem Monosaccharid die Konfiguration an demjenigen asymmetrisch substituierten C-Atom, das von der Carbonylgruppe am weitesten entfernt ist, gleich ist der Konfiguration von *D*-

Glyceraldehyd, so gehört es zur *D-Reihe*. Wie sich 1951 zeigte, entspricht die ursprünglich willkürlich festgesetzte Konfiguration von (+)-Glyceraldehyd zufällig tatsächlich der wirklichen *D*-Konfiguration (Bijvoet). *D*-Glucose ist somit $2R, 3S, 4R, 5R$, 6-Pentahydroxyhexanal.

Nun liefert aber *Glucose kein Bisulfit-Additionsprodukt* und färbt fuchsinschweflige Säure nicht rot, was beides der Fall sein müßte, wenn Glucose wirklich eine Aldehydgruppe besitzen würde. Es wurde auch schon auf S. 620 erwähnt, daß die (+)-Glucose *in zwei diastereomeren Formen* auftritt, der α- und der β-Glucose, die sich durch ihren Schmelzpunkt und ihre optische Drehung unterscheiden:

	Smp.	$[\alpha]_D^{25}$
α-*D*-(+)-Glucose	146°C	+112°
β-*D*-(+)-Glucose	150°C	+ 18,7°

Löst man reine α-*D*-Glucose oder reine β-*D*-Glucose in Wasser, so ändert sich die spezifische Drehung allmählich, bis ein Wert von + 52,7° erreicht wird (**«Mutarotation»**). Wie ebenfalls schon erklärt wurde (S. 621), ist dies darauf zurückzuführen, daß die Glucose (und ebenso auch die übrigen Monosaccharide) nicht in der offenkettigen Aldehyd- bzw. Ketoform vorliegen, sondern in einer **zyklischen Halbacetalform**. Daher kommt es zur Bildung eines *weiteren Chiralitätszentrums* (des C-Atoms 1), so daß *zwei Diastereomere* möglich sind. Ihre Konfigurationen müssen durch die folgenden Fischer-Projektionen wiedergegeben werden:

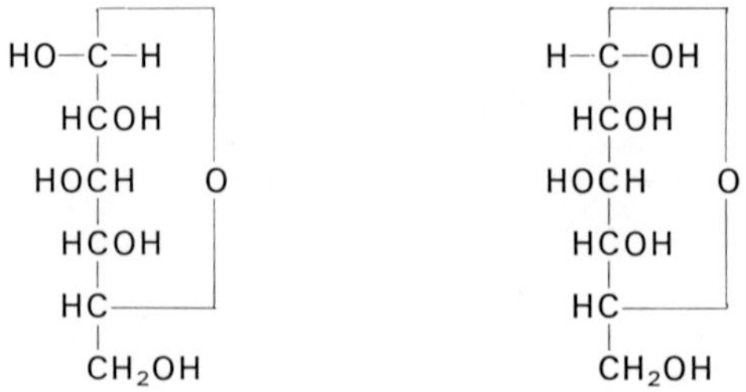

Zwei solche diastereomere Monosaccharide, die sich durch die Konfiguration am ersten C-Atom, dem *«anomeren» C-Atom* unterscheiden, werden **«Anomere»** genannt.
Innerhalb der *D*-Reihe wurde die stärker rechtsdrehende Verbindung als α-*D*-Anomer, die weniger stark rechtsdrehende Verbindung als β-*D*-Anomer bezeichnet. Später ergab sich, daß alle α-Anomere dieselbe absolute Konfiguration am C-Atom 1 besitzen.
Wie schon auf S. 621 erwähnt wurde, ist die gegenseitige Umwandlung der beiden Halbacetalformen *säure-* und *basenkatalysiert*. Ohne Säure- oder Basezusatz verläuft sie ziemlich langsam. Abb. 22.1 erläutert den Mechanismus der säurekatalysierten Umwandlung. In jedem Fall tritt die offenkettige (Aldehyd-)Form als Zwischenprodukt auf. Deren Konzentration im Gleichgewicht ist jedoch sehr gering (bei Glucose etwa 0,26 %), so daß z. B. das IR-Spektrum einer solchen Lösung die charakteristische Carbonylbande nicht zeigt und leicht reversible Aldehydreaktionen wie die Bisulfit-Addition nicht eintreten. Die Reduktion der Fehling-Lösung und die Addition von HCN müssen aber über die Aldehydform verlaufen, welche dabei in dem Maß, wie sie durch das Reagens verbraucht wird, wieder nachgeliefert wird.

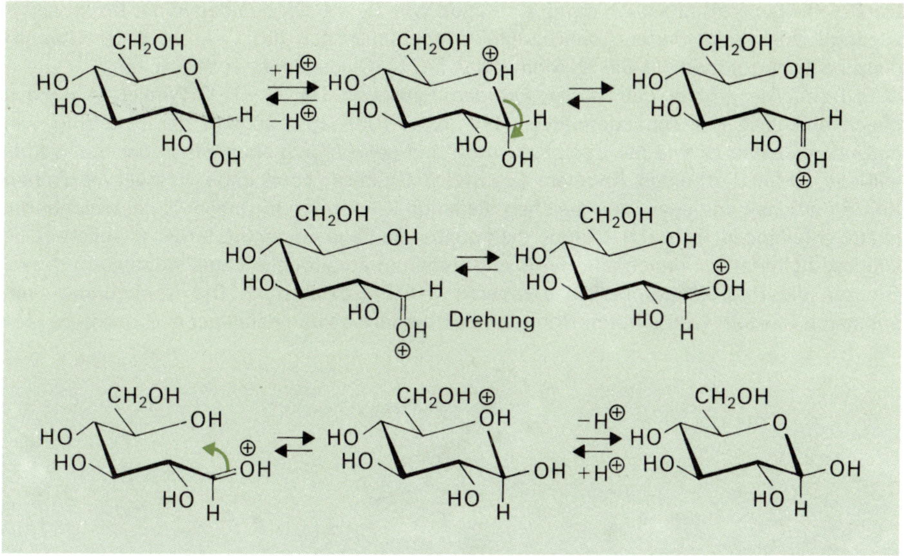

Abb. 22.1. Mechanismus der säurekatalysierten Umwandlung der beiden Anomere von D-Glucose

Selbstverständlich ist es auch möglich, daß sich durch Halbacetal-Bindung vom C-Atom 1 zum C-Atom 4 ein *Fünfring* an Stelle eines Sechsringes bildet. Die Hexose liegt dann nicht als **«Pyranose»,** sondern als **«Furanose»** vor. Um die *Ringgröße zu bestimmen,* kann man die Aldose zunächst in ein Glykosid (einen Ether) überführen und dieses mit Periodsäure oxidieren (S. 771). So bilden sich bei der Behandlung von Glucose mit Methanol (der trockenen Chlorwasserstoff gelöst enthält) die beiden diastereomeren Methylglucoside, das Methyl-α-D-(+)-glucosid und das Methyl-β-D-(+)-glucosid. Da durch die Veretherung die aus dem Carbonyl-O-Atom entstandene Hydroxylgruppe blockiert ist, kann sich das Methylglucosid nicht mehr in die offene Kettenform umlagern und ergibt keine Aldehydreaktionen mehr. Auch zeigen die Lösungen der Methylglucoside keine Mutarotation. Durch Periodsäure werden vicinale Hydroxylgruppen oxidiert und die Bindungen zwischen C-Atomen, welche —OH-Gruppen tragen, getrennt, so daß man aus der für die Oxidation verbrauchten Periodsäure bzw. durch quantitative Bestimmung der entstandenen Ameisensäure und des Formaldehyds die Ringgröße des Halbacetals erschließen kann:

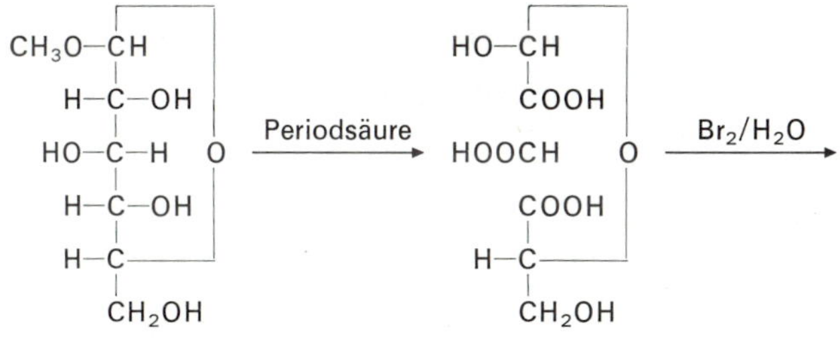

Methylglucopyranosid   *D*-(−)-Glycerolsäure

Da D-(−)-Glycerolsäure auch durch Oxidation von D-(+)-Glyceraldehyd mit Bromwasser zugänglich ist, zeigt dieser Abbau zugleich nochmals, daß das C-Atom 5 der Glucose dieselbe Konfiguration wie das C-Atom 2 des D-(+)-Glyceraldehyds besitzt.

D-(+)-Glucose enthält den *sechsgliedrigen Pyranring*. Der C—O—C-Winkel ist nahezu gleich groß wie der Tetraederwinkel (111° bzw. 109° 28′), so daß der Pyranring von derselben Gestalt ist wie der Cyclohexanring und gewöhnlich ebenfalls in der *Sesselform* vorliegt. Jedes der beiden Anomere (α- und β-Glucose) kann dabei in zwei möglichen Konformationen vorliegen, von welchen diejenige Konformation stabiler ist, in welcher die relativ voluminöse —CH_2OH-Gruppe die äquatoriale Lage einnimmt. In der (stabileren) β-Glucose befinden sich auch alle Hydroxylgruppen in äquatorialer Lage, während in der α-Glucose die Hydroxylgruppe am anomeren C-Atom axial steht. Die Konfiguration am anomeren C-Atom wurde durch Röntgenstrukturanalyse von kristalliner α-Glucose bewiesen.

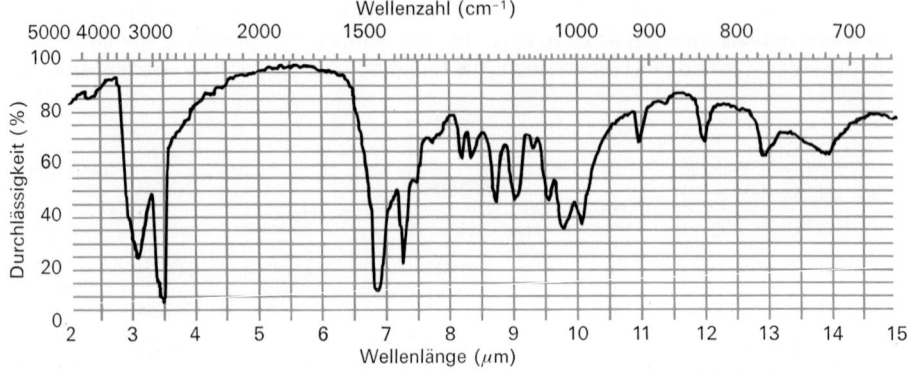

β-D-(+)-Glucose

α-D-(+)-Glucose

stabiler   weniger stabil

Es ist zweckmäßig, sich hier noch einmal die *verschiedenen Möglichkeiten zur formelmäßigen Darstellung* der Glucose- (und anderer Zucker-)moleküle klar zu machen. Die Formeln (a) bringen die strukturellen Beziehungen zur offenkettigen Form am besten zum Ausdruck und entsprechen der *Fischer-Projektion;* sie geben jedoch kein realistisches Bild der Moleküle. In dieser Hinsicht sind die *Projektionsformeln von Haworth* (b) wesentlich

Wellenzahl (cm⁻¹)

Abb. 22.2. IR-Spektrum von Glucose

© Sadtler Research Laboratories

besser; der Pyran- bzw. Furanring wird hier allerdings eben gezeichnet[1]. Um zu erkennen, daß die Haworth-Formel (b) wirklich dasselbe Molekül darstellt wie die Fischer-Formel (a), dreht man in dieser das C-Atom 5 um die Bindung zwischen den C-Atomen 4 und 5 (wodurch die Konfiguration am C-Atom 4 nicht geändert wird). Bezüglich der Unterscheidung zwischen α- und β-Glucose (bzw. zwischen anderen anomeren Monosacchariden) gilt dann, daß bei der α-Form die Hydroxylgruppe am C-Atom 1 in der Fischer-Formel nach rechts bzw. in der Haworth-Formel nach unten schaut. Die *Konformations-Formeln* (c) bringen die räumliche Anordnung der verschiedenen Atome am klarsten zum Ausdruck und sind am meisten wirklichkeitsgetreu.

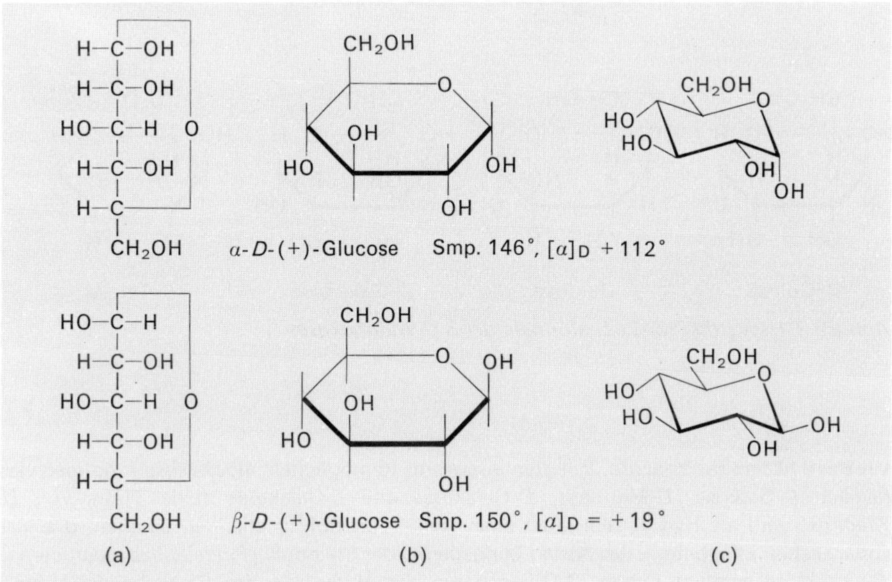

α-*D*-(+)-Glucose   Smp. 146°, $[\alpha]_D$ +112°

β-*D*-(+)-Glucose   Smp. 150°, $[\alpha]_D$ = +19°

(a)   (b)   (c)

Überführung der Fischer-Formel in die Haworth-Projektionsformel:

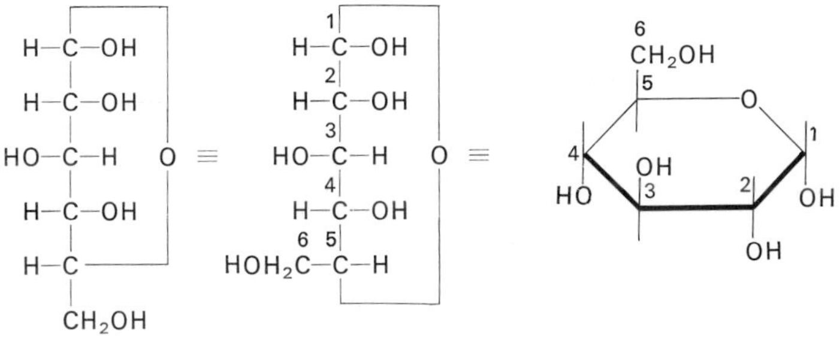

[1] Die (bezüglich der Ringebene) in den Haworth-Formeln nach oben (bzw. unten) ragenden Striche deuten H-Atome an (nicht – wie sonst in Konstitutionsformeln üblich – Methylgruppen!).

Die Abb. 22.3 bringt die Haworth-Projektionsformeln der 8 *D*-Aldohexosen.

D-Allose   *D*-Altrose   *D*-Glucose   *D*-Mannose

D-Gulose   *D*-Idose   *D*-Galactose   *D*-Talose

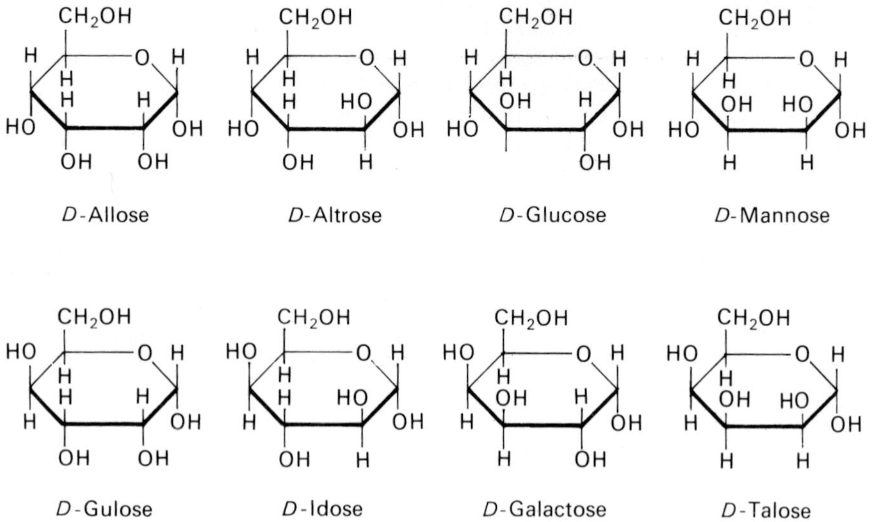

Abb. 22.3. Haworth-Projektionsformeln der 8 D-Aldohexosen

Weitere Monosaccharide. Von den insgesamt 16 möglichen *Aldohexosen* kommen vier, nämlich *D*-Glucose, *D*-Mannose, *D*-Galaktose und *L*-Galaktose in der Natur vor. *D*-Mannose wird als Hydrolyseprodukt einer Reihe von Polysacchariden erhalten, u. a. des «pflanzlichen Elfenbeins», des harten Endosperms der Steinnuß *(Phytelephas macrocarpa)*. *D*-Galaktose entsteht neben *D*-Glucose bei der Hydrolyse des Disaccharids *Laktose* (Milchzucker). *L-Galaktose* wurde aus gewissen Meeresalgen isoliert. Mannose und Glucose sind bezüglich des C-Atoms 2, Galaktose und Glucose bezüglich des C-Atoms 4 epimer.

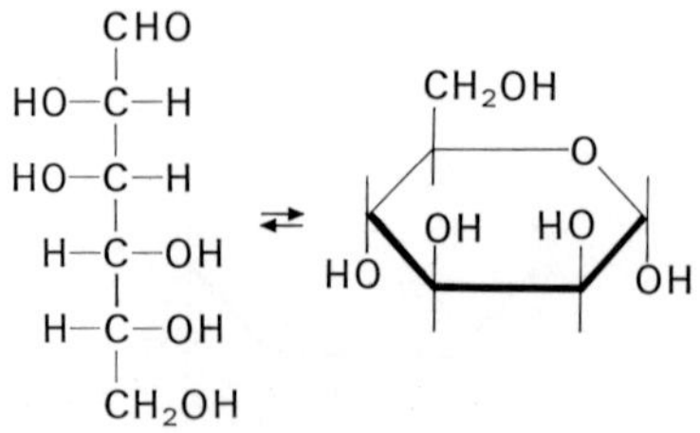

α-*D*-(+)-Mannose α-*D*-(+)-Galactose

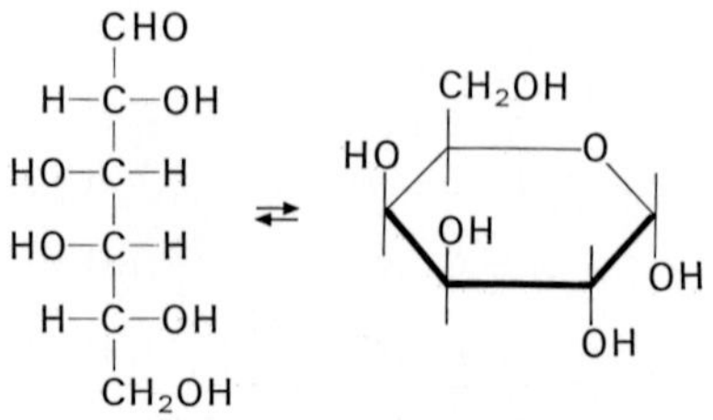

Neben den genannten Hexosen treten in der Natur auch einige *Desoxyhexosen* auf, Monosaccharide, denen an einem oder mehreren C-Atomen eine Hydroxylgruppe fehlt. Als Beispiele seien die *D*-Digitoxose, der charakteristische Zucker der Digitalisglykoside, und die *L*-Rhamnose ein ebenfalls in Glykosiden vorkommender Zucker, genannt.

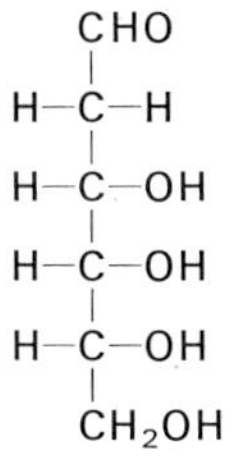

$$
\begin{array}{c}
\text{CHO} \\
| \\
\text{H}-\text{C}-\text{H} \\
| \\
\text{H}-\text{C}-\text{OH} \\
| \\
\text{H}-\text{C}-\text{OH} \\
| \\
\text{H}-\text{C}-\text{OH} \\
| \\
\text{CH}_2\text{OH}
\end{array}
\qquad\qquad
\begin{array}{c}
\text{CHO} \\
| \\
\text{H}-\text{C}-\text{OH} \\
| \\
\text{H}-\text{C}-\text{OH} \\
| \\
\text{HO}-\text{C}-\text{H} \\
| \\
\text{HO}-\text{C}-\text{H} \\
| \\
\text{CH}_3
\end{array}
$$

D-Digitoxose 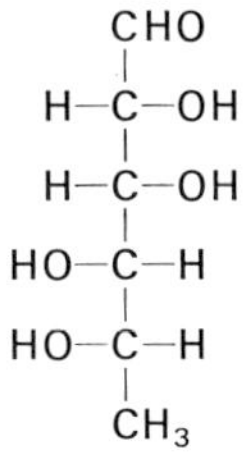   L-Rhamnose

Die wichtigsten *Aldopentosen* sind *D-(−)-Ribose* und *D-(−)-2-Desoxyribose.* Beide Pentosen (die gewöhnlich als *Furanosen* vorliegen) treten als Bestandteile der Nucleotide auf, der Bausteine der *Nucleinsäuren.* Die *Desoxyribonucleinsäuren,* die im Zellkern (bei den Bakterien [ohne Zellkern!] im Plasma) lokalisiert sind, stellen gewissermaßen die «Gene» dar, d. h. enthalten die «Informationen» zur Ausbildung der erblichen Eigenschaften gespeichert. *Ribonucleinsäuren* sind für die Synthese der Proteine in der Zelle von Bedeutung. Auch die Wirkgruppen gewisser Enzyme enthalten solche Nucleotide. *Adenosintriphosphat,* eine für die Energieübertragung in biochemischen Systemen außerordentlich wichtige Substanz, ist ebenfalls ein Nucleotid und enthält neben β-D-Ribose eine heterozyklische Base (Adenin) sowie drei Moleküle Phosphorsäure.

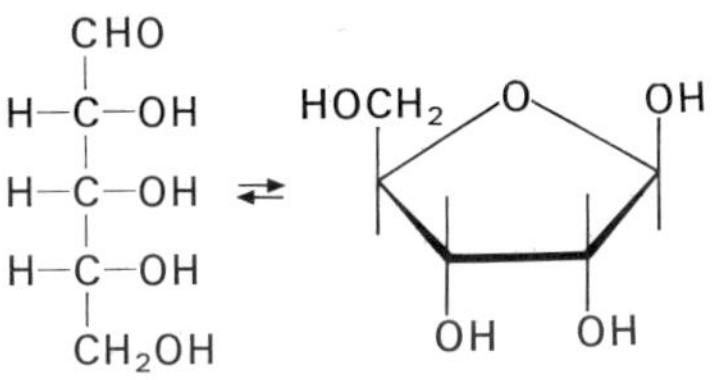

β-D-(−)-Ribose

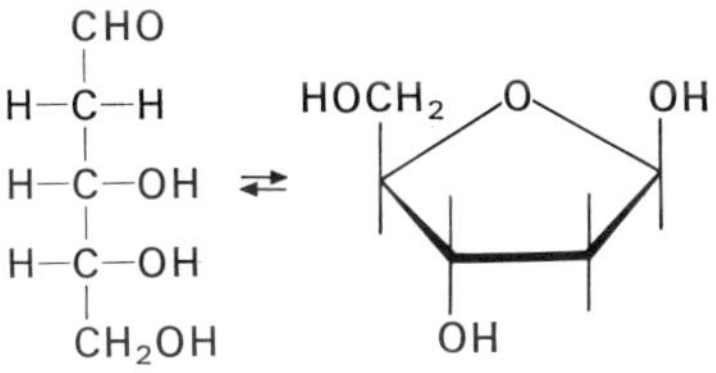

β-D-(−)-2-Desoxyribose

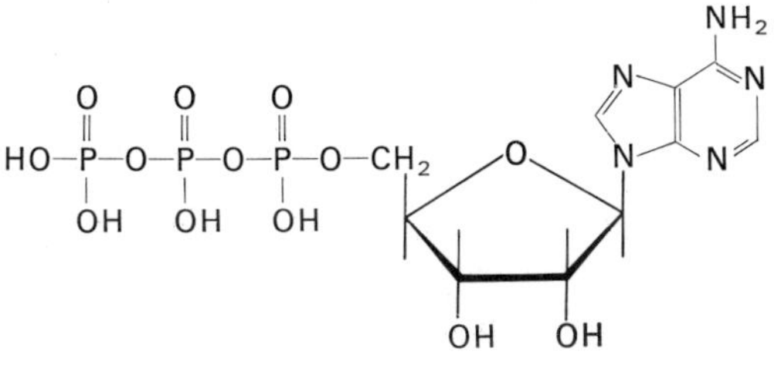

Adenosintriphosphat (ATP)

Eine weitere Pentose, die *D-(+)-Xylose,* läßt sich durch Hydrolyse gewisser pflanzlicher Polysaccharide *(«Pentosane»,* siehe S. 959) erhalten.

Die wichtigste *Ketose* ist *D-(−)-Fructose.* **Fructose** *(«Fruchtzucker»)* tritt in vielen Fruchtsäften und im Honig auf und wird – zusammen mit *D-Glucose* – bei der Hydrolyse von Rohrzucker erhalten. Das Polysaccharid *Inulin* liefert bei der Hydrolyse größtenteils Fructose. Fructose zeigt wesentlich stärker süßen Geschmack als Traubenzucker und auch als Rohrzucker. Sie ist schwer zur Kristallisation zu bringen; nur die β-Fructose ist bisher kristallin erhalten worden ($\alpha_D = -133{,}5°$; in Lösung Mutarotation, bis sich das Gleichgewicht mit $\alpha_D = 92°$ eingestellt hat).

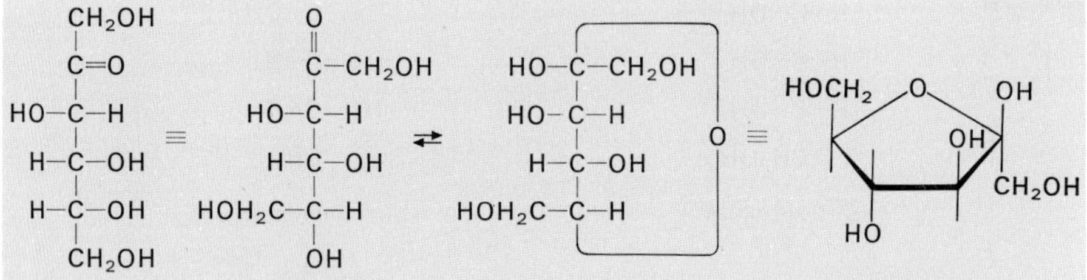

D-$(-)$-Fructose (offene Kettenform) β-D-$(-)$-Fructose (furanoide Form)

Durch Addition von HCN, anschließende Hydrolyse und Reduktion mit HI erhält man aus Fructose α-Methylcapronsäure. Dadurch ist die Lage der Carbonylgruppe festgelegt (C-Atom 2). Da D-Fructose, D-Glucose und D-Mannose dasselbe Osazon liefern, stimmen die drei Monosaccharide bezüglich der Konfigurationen an den C-Atomen 3, 4 und 5 überein. Im festen Zustand bildet Fructose ein sechsgliedriges zyklisches Halbacetal; im Rohrzucker und im Inulin liegt sie dagegen als *Furanose* mit fünfgliedrigem Halbacetalring vor. In wäßriger Lösung besteht wahrscheinlich ein Gleichgewicht zwischen furanoider und pyranoider Form.

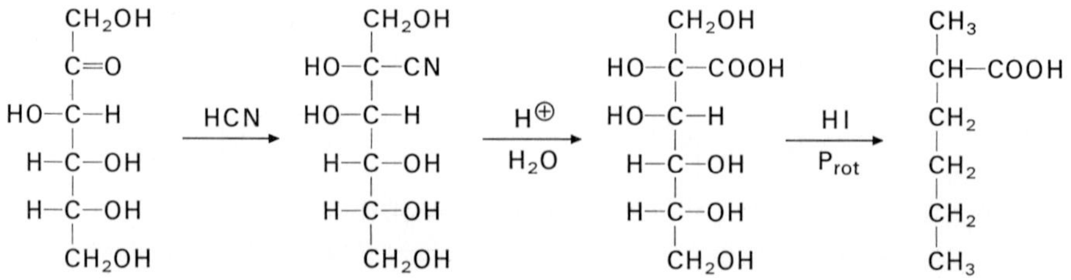

2 Diastereomere   2 Diastereomere α-Methylcapronsäure
                                           (Racemat)

Wichtige Reaktionen von Monosacchariden. Wie Fischer fand, reagiert ein Überschuß von *Phenylhydrazin* mit Aldosen und Ketosen unter Bildung sogenannter *Osazone*. Dabei werden insgesamt drei mol Phenylhydrazin verbraucht, und Anilin und Ammoniak werden frei. Die Reaktion läßt sich ganz allgemein mit Molekülen durchführen, welche die Gruppierung R—CHOH—CO—R besitzen:

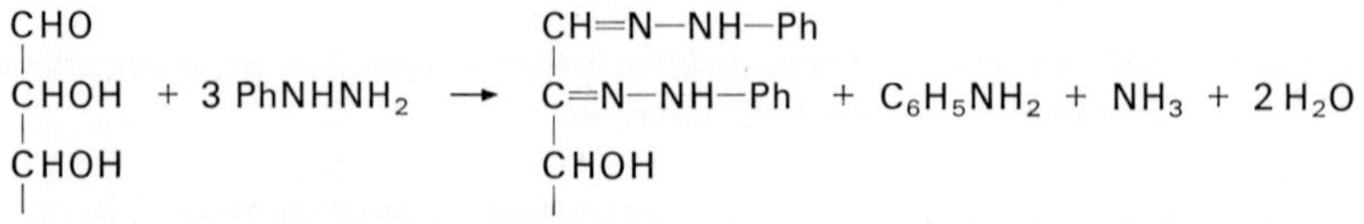

Die Schlüsselreaktion der Osazonbildung ist die Elimination von Anilin aus der tautomeren Form eines α-Hydroxyphenylhydrazons. Das Produkt reagiert anschließend mit zwei mol Phenylhydrazin weiter:

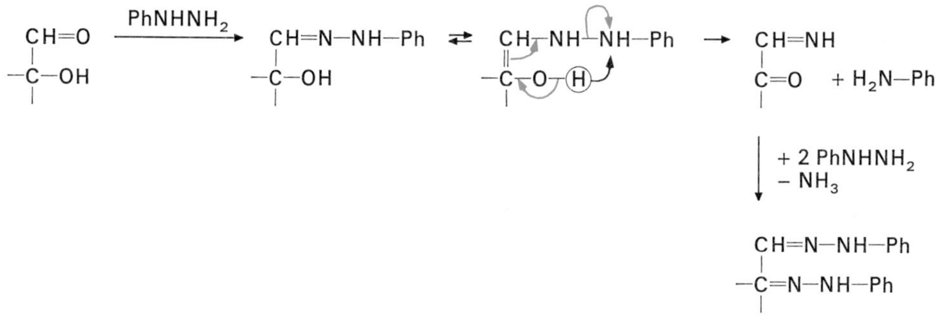

$$\underset{\underset{|}{-\overset{|}{C}-OH}}{CH=O} \xrightarrow{PhNHNH_2} \underset{\underset{|}{-\overset{|}{C}-OH}}{CH=N-NH-Ph} \rightleftarrows \underset{\underset{|}{-\overset{||}{C}-O-\textcircled{H}}}{CH-NH-NH-Ph} \longrightarrow \underset{\underset{|}{C=O} \quad +H_2N-Ph}{CH=NH}$$

$$\downarrow \begin{matrix} +\ 2\ PhNHNH_2 \\ -\ NH_3 \end{matrix}$$

$$\underset{\underset{|}{-\overset{|}{C}=N-NH-Ph}}{CH=N-NH-Ph}$$

Da die Phenylosazone in den üblichen Lösungsmitteln schwer löslich sind, gut kristallisieren und einen scharfen Schmelzpunkt besitzen, ist die Osazonbildung eine zur *Identifizierung* von Zuckern sehr wertvolle Reaktion, insbesondere deshalb, weil die Zucker selbst oft schlecht kristallisieren und häufig dickflüssige, sirupartige Massen bilden. Bei der Osazonbildung verschwindet ein Chiralitätszentrum (das C-Atom 2), so daß in bezug auf dieses C-Atom epimere Monosaccharide dasselbe Osazon ergeben.

Gegenüber *alkalischen Lösungen* sind *Aldosen nicht beständig*. Verdünnte Alkalihydroxidlösungen bewirken eine *Isomerisierung (Lobry de Bruyn-van Ekenstein-Umlagerung)*. Die Reaktion verläuft über das Endiol; verwendet man eine Lösung von NaOH in D_2O, so findet ein H/D-Austausch statt.

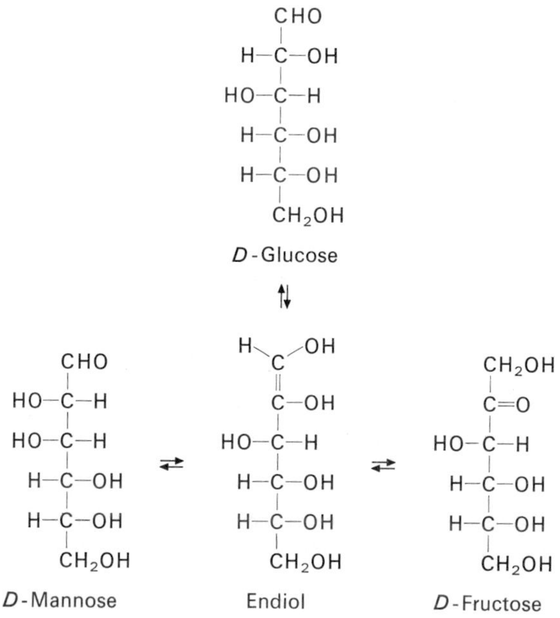

$$\begin{matrix} CHO \\ H-C-OH \\ HO-C-H \\ H-C-OH \\ H-C-OH \\ CH_2OH \end{matrix}$$

D-Glucose

$\updownarrow$

$$\begin{matrix} CHO \\ HO-C-H \\ HO-C-H \\ H-C-OH \\ H-C-OH \\ CH_2OH \end{matrix} \rightleftarrows \begin{matrix} H\diagdown\ _C\diagup OH \\ C-OH \\ HO-C-H \\ H-C-OH \\ H-C-OH \\ CH_2OH \end{matrix} \rightleftarrows \begin{matrix} CH_2OH \\ C=O \\ HO-C-H \\ H-C-OH \\ H-C-OH \\ CH_2OH \end{matrix}$$

D-Mannose   Endiol   *D*-Fructose

Wie dieses Schema zeigt, werden die Epimere *D*-Glucose und *D*-Mannose, aber auch *D*-Fructose in dieser Weise isomerisiert. Im Gleichgewicht, das sich nach einigen Tagen eingestellt hat, überwiegt die *D*-Glucose.

Konzentriertere Alkalihydroxidlösungen führen zu einer *Spaltung der Aldosen* bzw. *Ketosen* in kleinere Moleküle *(Umkehrung der Aldoladdition!)*. Aus Fructose erhält man z.B. Dihydroxyaceton und Glyceraldehyd und weiter auch Glykolaldehyd und Formaldehyd. Zur präparativen Umwandlung einer Aldose in ihr Epimer ist es deshalb nicht zweckmäßig, sie mit Basen zu behandeln; besser ist es, den Zucker zuerst durch Oxidation mit Bromwasser in die entsprechende Aldonsäure überzuführen, die durch Basen leicht epimerisiert wird (Chiralitätszentren, die ein Wasserstoffatom tragen und in α-Stellung zu einer Carbonylgruppe stehen, lassen sich leicht racemisieren!). Nach der Trennung der beiden Epimere erhält man durch Reduktion des Lactons wiederum die Aldose.

$$
\begin{array}{c}
\text{CHO} \\
| \\
\text{H—C—OH} \\
|
\end{array}
\xrightarrow[\text{H}_2\text{O}]{\text{Br}_2}
\begin{array}{c}
\text{COOH} \\
| \\
\text{H—C—OH} \\
|
\end{array}
$$

$$\Updownarrow \begin{array}{l}\text{Pyridin}\\ \text{Erwärmen}\end{array}$$

$$
\begin{array}{c}
\text{COOH} \\
| \\
\text{HO—C—H} \\
|
\end{array}
\xrightarrow{\text{Erwärmen}} \text{Lacton} \xrightarrow{\text{Na/Hg}}
\begin{array}{c}
\text{CHO} \\
| \\
\text{HO—C—H} \\
|
\end{array}
$$

Verdünnte Säuren katalysieren (bei Raumtemperatur) nur die gegenseitige Umwandlung von α- und β-Aldosen bzw. Ketosen. *Starke Säuren* bewirken jedoch beim Erhitzen kompliziertere Veränderungen unter Abspaltung von Wasser. So liefern alle Pentosen bei der Destillation mit 12% Salzsäure *Furfural*. Hexosen ergeben u.a. 5-Hydroxymethylfurfural, das anschließend in *Lävulinsäure* übergeht:

$$
\begin{array}{c}
\text{CHO} \\
| \\
\text{(CHOH)}_3 \\
| \\
\text{CH}_2\text{OH}
\end{array}
\longrightarrow
\text{(Furanring)}\text{—CHO}
$$

Furfural

$$
\begin{array}{c}
\text{CHO} \\
| \\
\text{(CHOH)}_4 \\
| \\
\text{CH}_2\text{OH}
\end{array}
\longrightarrow
\text{HOH}_2\text{C—(Furanring)—CHO}
\xrightarrow{2\,\text{H}_2\text{O}}
\begin{array}{c}
\text{COOH} \\
| \\
\text{CH}_2 \\
| \\
\text{CH}_2 \\
| \\
\text{C=O} \\
| \\
\text{CH}_3
\end{array}
+ \text{HCOOH}
$$

Lävulinsäure

Durch Acetanhydrid in Gegenwart von Säure lassen sich die Hydroxylgruppen von Zuckern leicht *acetylieren*. Die Hexosen ergeben Pentaacetate, die Pentosen Tetraacetate; da die Acetate Fehling-Lösung nicht reduzieren und von jedem Acetat die diastereomeren α- und β-Formen erhalten werden können, muß die *Halbacetalform* des Zuckers (und damit auch die Hydroxylgruppe am anomeren C-Atom) verestert worden sein. Durch Wahl geeigneter Katalysatoren gelingt es, überwiegend α- bzw. β-Acetate zu erhalten. Die acetylierte Hydroxylgruppe am anomeren Kohlenstoffatom läßt sich mit trockenem Brom- oder Chlorwasserstoff durch —Br bzw. —Cl ersetzen (S_N2-Reaktion). Aus β-Glucosepentaacetat erhält man durch Waldensche Umkehrung auf diese Weise Tetraacetyl-α-glucopyranosylbromid bzw. -chlorid *(«Acetobromglucose»* bzw. *«Acetochlorglucose»)*. Diese Produkte sind wertvolle Ausgangssubstanzen für die Synthese von Glykosiden und Oligosacchariden.

Die *Hydroxylgruppen* der Monosaccharide lassen sich im Prinzip ebenso wie alkoholische Hydroxylgruppen *verethern*. So ergibt die Umsetzung mit Dialkylsulfaten (in Gegenwart einer Base) die peralkylierten Derivate, da auf diese Weise auch die Hydroxylgruppe am anomeren C-Atom alkyliert wird. Um die reinen α- bzw. β-Isomere zu erhalten (bei der Alkylierung fallen sie als Gemisch an), muß man ein sterisch einheitliches Glykosid (z. B. Methyl-α-glykosid) verethern. Die Methylether der Kohlenhydrate besitzen den tiefstmöglichen Siedepunkt aller Zuckerderivate, so daß sie sich im Hochvakuum unzersetzt destillieren lassen. Im Gegensatz zu den Kohlenhydraten selbst sind sie in organischen Lösungsmitteln löslich. Da sie als echte Ether chemisch sehr widerstandsfähig sind[1] (die Methylgruppen lassen sich nicht abspalten, ohne daß zugleich das Zuckermolekül abgebaut wird), lassen sie sich für chemische Umsetzungen kaum verwenden; sie eignen sich jedoch gerade wegen dieser Beständigkeit zur *Konstitutionsermittlung*, z. B. zur Bestimmung der Ringgröße der Halbacetale oder zur Ermittlung der Verknüpfung von Monosacchariden in Oligosacchariden (S. 953).

Die zum *Aufbau von Zuckern* (d. h. zur Verlängerung der C-Kette) dienende *Kiliani-Fischer-Synthese* wurde bereits auf S. 934 besprochen. Zum *Abbau* von Monosacchariden stehen verschiedene Methoden zur Verfügung. Eine zu diesem Zweck häufig verwendete Reaktionsfolge ist der *Abbau nach Ruff*. Dabei wird die Aldose zuerst durch Bromwasser zur entsprechenden Aldonsäure oxidiert. Diese wird (als Calciumsalz) durch H_2O_2 in Gegenwart von Fe^{3+}-Ionen weiteroxidiert, wobei die nächstniedrigere Aldose und Carbonat entsteht:

---

[1] Nur die Acetalbindung am anomeren C-Atom wird durch Säuren leicht hydrolysiert; peralkylierte Aldosen liefern also bei der Behandlung mit verdünnter Säure Tetraalkylderivate, die am anomeren C-Atom eine freie Hydoxylgruppe besitzen.

Monosaccharide können verhältnismäßig leicht *oxidiert* werden, wobei je nach dem verwendeten Oxidationsmittel verschiedene Produkte entstehen. Bekannt und sowohl zum qualitativen Nachweis wie auch zur quantitativen Bestimmung von Zuckern geeignet ist die *Fehling-Reaktion.* Das eigentliche Oxidationsmittel ist eine alkalische Lösung des Kupfertartrato-Komplexes. Je nach den Reaktionsbedingungen reduziert aber ein mol Glucose fünf bis sechs mol Kupfersalz; auch wirken Ketosen wie z.B. Fructose ebenfalls reduzierend (obschon einfache Ketone durch Fehling-Lösung nicht oxidiert werden). Der Grund für dieses Verhalten liegt darin, daß durch die Wirkung der alkalischen Lösung nicht nur Ketosen in Aldosen umgewandelt werden, sondern auch Abbauprodukte mit reduzierender Wirkung entstehen. Bei der Verwendung der Fehling-Reaktion zur quantitativen Bestimmung von Zuckern ist deshalb das genaue Einhalten ganz bestimmter, standardisierter Bedingungen notwendig. Das Verhältnis der Zuckermenge zur Menge des gebildeten Kupfer(I)-oxids muß empirisch ermittelten Tabellen entnommen werden.

Bromwasser oxidiert *Aldosen,* jedoch *nicht Ketosen* (Möglichkeit zur Unterscheidung von Aldosen und Ketosen!). Auch *Salpetersäure* vermag Aldosen zu oxidieren. In beiden Fällen entstehen *Carbonsäuren;* bei der Bromwasseroxidation wird nur die Aldehydgruppe oxidiert, und man erhält eine sogenannte *-onsäure* (Gluconsäure, Mannonsäure usw.), während durch Salpetersäure eine Dicarbonsäure gebildet wird (*-arsäure,* wie z.B. Glucarsäure, Mannarsäure):

$$
\begin{array}{ccc}
 & & \text{COOH} \\
 & & | \\
 & \xrightarrow[\text{H}_2\text{O}]{\text{Br}_2} & (\text{CHOH})_n \\
 & & | \\
\text{CHO} & & \text{CH}_2\text{OH} \\
| & & \text{-onsäure} \\
(\text{CHOH})_n & & \\
| & & \\
\text{CH}_2\text{OH} & & \text{COOH} \\
\text{Aldose} & \xrightarrow{\text{HNO}_3} & | \\
 & & (\text{CHOH})_n \\
 & & | \\
 & & \text{COOH} \\
 & & \text{-arsäure}
\end{array}
$$

Durch Oxidation eines Glykosids und anschließende Spaltung erhält man die *-uronsäure* (z.B. Glucuronsäure), bei der die Aldehydgruppe noch vorhanden, die $-\text{CH}_2\text{OH}$-Gruppe jedoch zur Carboxylgruppe oxidiert worden ist.

Die -uronsäuren sind – im Gegensatz zu den -onsäuren und -arsäuren – zyklische Verbindungen (Halbacetalring!) und existieren in einer α- und einer β-Form. *D-Glucuronsäure* ist im Tierreich weit verbreitet und dient als «Entgiftungsmittel», indem sie zahlreiche giftige Stoffe als Glykosid zu binden vermag und dann im Harn ausgeschieden wird. *D-Galakturonsäure* ist Bestandteil von Polysacchariden, insbesondere der *Pektinstoffe.*

Glykoside. Glykoside sind *Ether* der *Kohlenhydrate* (Mono- oder Oligosaccharide), wobei der mit dem Zucker verbundene Rest (das sogenannte Aglykon) fast immer über das Sauerstoffatom am anomeren C-Atom an das Kohlenhydrat gebunden ist. Je nach dem Kohlenhydratbaustein spricht man von Glucosid, Mannosid, Galaktosid usw.; die Ringgröße des Halbacetalringes wird durch die Bezeichnung -pyranosid bzw. -furanosid angegeben. Obschon sie keine Ether darstellen, werden Verbindungen vom Typus des Adenosintriphosphats (S. 986), bei denen ein Aglykon über ein N-Atom (nicht über ein O-Atom) an ein Kohlenhydrat gebunden ist, auch etwa als Glykoside bezeichnet.

Die *einfachsten Glykoside* sind die bereits auf S. 947 erwähnten Methylether der Glucose, die durch Reaktion mit Methanol (unter der Wirkung von HCl) erhalten werden: das Methyl-

α-D-(+)-glucopyranosid (Smp. 166 °C, α_D = + 158°) und das Methyl-β-D-(−)-glucopyranosid (Smp. 105 °C, α_D = 32°). Zur Darstellung von Glykosiden geht man oft von Acetobrom-Kohlenhydraten (S. 946) aus, welche in Gegenwart von Silbercarbonat mit Alkoholen umgesetzt werden.

Glykoside, insbesondere Glucoside (meistens β-Glucoside) sind in der Natur sehr häufig. Viele pflanzliche Ausscheidungsstoffe werden durch Glykosidbildung im Zellsaft löslich und können in die Vakuole ausgeschieden werden. Vor allem treten die zahlreichen *phenolischen Pflanzenstoffe* wie Vanillin (Vanilleschote), Coniferylalkohol (im Lignin) und die roten und blauen Blütenfarbstoffe (Anthocyane) fast ausschließlich als Glykoside auf. Weitere bekannte Glykoside sind das Amygdalin (in den Kernen von bitteren und süßen Mandeln und anderen Steinobstarten), das durch das in bitteren Mandeln vorkommende Enzym Emulsin in zwei Moleküle Glucose, in Benzaldehyd und Cyanwasserstoff gespalten wird, sowie die Senfölglykoside im Senf, welche zu den wenigen in der belebten Natur vorkommenden Schwefelsäurederivaten gehören, weiter die Digitalis-Glykoside, die Saponine usw. Gewisse Glykoside sind insofern von Interesse, als sie wie z. B. Digitoxigenin sonst sehr selten auftretende Zuckerarten enthalten. Die Enzyme, welche Glykoside spalten (hydrolysieren) können, sind bezüglich der Konfiguration der Glykoside sehr spezifisch. Das erwähnte Emulsin aus Mandeln spaltet ausschließlich β-Glykoside, während Maltase nur α-Glykoside spalten kann.

Beispiele von Glykosiden:

Vanillin
(Vanillin-β-D-glucosid)

Coniferin
(Coniferylalkohol-β-D-glucosid)

Cyanin
(ein blauer Blütenfarbstoff)

Amygdalin
(in Mandeln)

Sinigrin
(in Senfsamen und Radieschen)

Andere Derivate der Monosaccharide. Durch Reduktionsmittel wie Natriumamalgam oder auch (bei geeigneten Bedingungen) durch katalytische Hydrierung werden die Monosaccharide zu *Polyalkoholen* reduziert:

$$
\begin{array}{ccc}
\mathrm{CHO} & & \mathrm{CH_2OH} \\
| & \longrightarrow & | \\
\mathrm{CHOH} & & \mathrm{CHOH} \\
| & & |
\end{array}
$$

Diese «Zuckeralkohole» werden durch die Endung -itol (oft auch nur -it) charakterisiert. Aus Mannose erhält man auf diese Weise *Mannitol* (in der Natur im Manna, einem süßlichen Exsudat der Manna-Esche), aus Glucose *Glucitol* (*=Sorbitol,* wegen seines Vorkommens in Vogelbeeren) usw. Die Zuckeralkohole sind den Kohlenhydraten in ihren Eigenschaften sehr ähnlich; es fehlen ihnen jedoch die durch das Vorhandensein der Carbonylgruppe bedingte Labilität gegenüber Alkalien und die Möglichkeit der Halbacetalbildung. Sorbitol wird technisch durch katalytische Hydrierung mit einem Nickel-Kontakt aus Glucose hergestellt.

Ascorbinsäure (Vitamin C) kann ebenfalls als Derivat der Kohlenhydrate aufgefaßt werden. Ascorbinsäure tritt in zahlreichen Früchten und in frischem Gemüse auf; ihr Fehlen bewirkt das Auftreten von Skorbut, einer früher besonders bei Seefahrern aufgetretenen Krankheit, die sich in einer Neigung zur Hämorrhagie und in einer geringeren Infektionsabwehr äußert. Heute wird Ascorbinsäure in großem Maßstab ausgehend von *D*-Glucose synthetisch hergestellt. Dabei wird Glucose zuerst katalytisch (über Kupferchromit) oder elektrolytisch zu Sorbitol reduziert, der anschließend bakteriell zu einer Ketose, der Sorbose, oxidiert wird. Nach selektiver Oxidation der primären Hydroxylgruppe (S.782), Elimination von Wasser und Tautomerisierung zum Endiol entsteht Ascorbinsäure. Die Endiol-Gruppierung ist durch die Möglichkeit zur Bildung intramolekularer Wasserstoffbrücken stark stabilisiert. Ascorbinsäure ist ein starkes Reduktionsmittel und wird leicht zu Dehydroascorbinsäure ($C_6H_6O_6$) oxidiert (S.952).

Abb. 22.4. Synthese von Glucose

Erläuterungen:

2 → 3	*Intramolekulare Addition der Hydroxylgruppe an die Doppelbindung*
3 → 4	*Bromierung; das Br-Atom tritt in α-Stellung zum Ketal-C-Atom ein*
5 → 6 und 7 → 8	*Epoxidierung mit m-Chlorperoxybenzoesäure*
6 → 7	*Baseninduzierte Elimination mit n-Butyllithium*
8 → 9	*Hydrolytische Ringöffnung*

Die Überführung von 6 in 7 erfolgt stereoselektiv, so daß die Hydroxylgruppe am C-Atom 2 axial steht. Die Epoxidierung von 7 ergibt ein cis-Epoxid (8). Nach der Hydrolyse stehen die Hydroxylgruppen an den C-Atomen 3 und 4 ebenfalls axial. Nach der Spaltung der Etherbrücke zwischen den C-Atomen 1 und 6 wandelt sich der Cyclohexanring in das stabilere Konformer um, in dem die Hydroxylgruppen an den C-Atomen 2, 3 und 4 sowie die $-CH_2OH$*-Gruppe äquatorial stehen.*

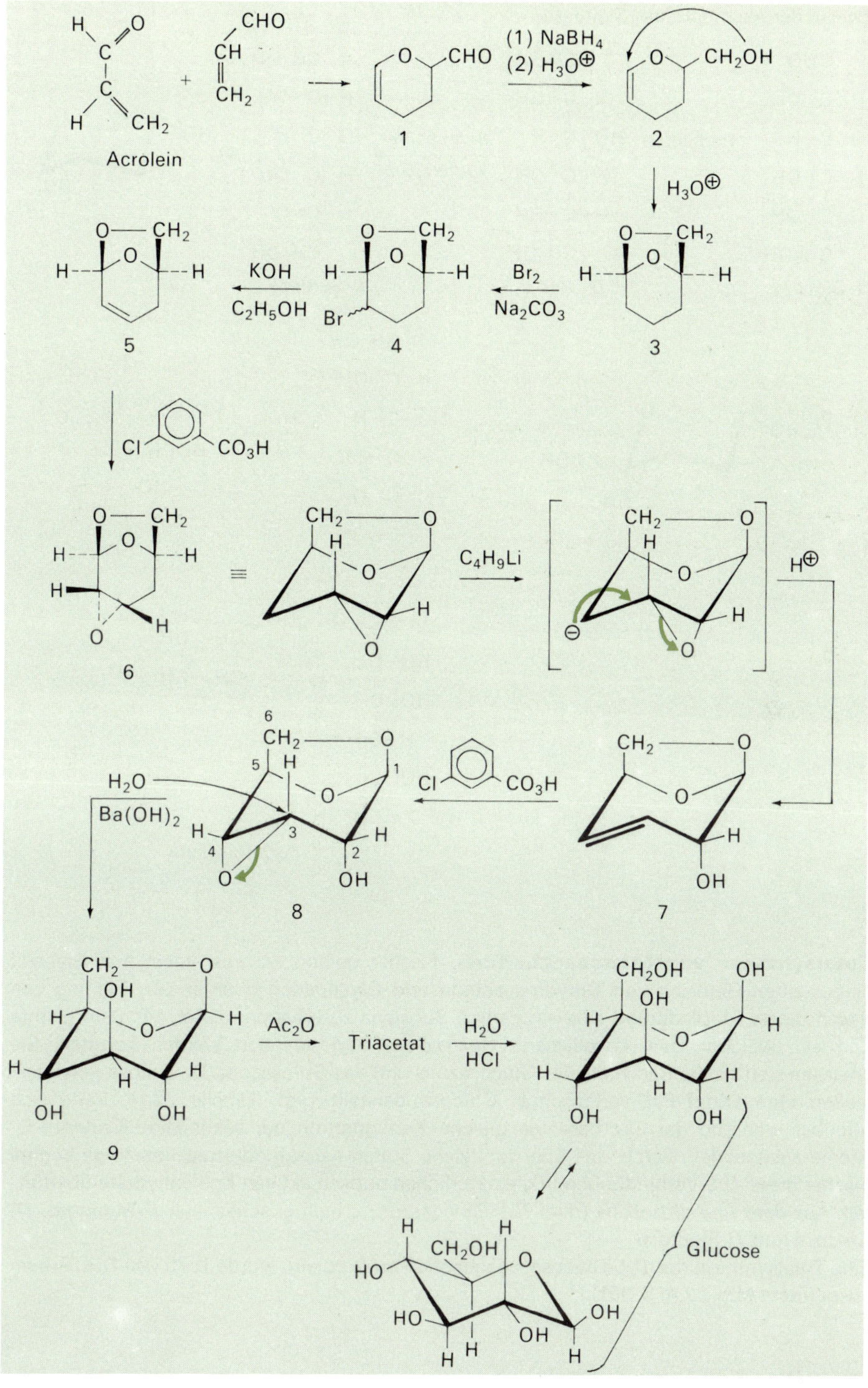

Acrolein
1
(1) $NaBH_4$
(2) $H_3O^{\oplus}$
2
$H_3O^{\oplus}$
3
Br_2
Na_2CO_3
4
KOH
C_2H_5OH
5
6
C_4H_9Li
$H^{\oplus}$
7
8
H_2O
$Ba(OH)_2$
9
Ac_2O
Triacetat
H_2O
HCl
Glucose

Schema der Ascorbinsäure-Synthese:

$$
\begin{array}{ccccc}
\text{CHO} & & \text{CH}_2\text{OH} & & \text{CH}_2\text{OH} \\
\text{H}-\text{C}-\text{OH} & & \text{H}-\text{C}-\text{OH} & & \text{H}-\text{C}-\text{OH} \\
\text{HO}-\text{C}-\text{H} & \xrightarrow{\text{Reduktion}} & \text{HO}-\text{C}-\text{H} & \xrightarrow[\text{suboxydans}]{\textit{Acetobacter}} & \text{HO}-\text{C}-\text{H} \\
\text{H}-\text{C}-\text{OH} & & \text{H}-\text{C}-\text{OH} & & \text{H}-\text{C}-\text{OH} \\
\text{H}-\text{C}-\text{OH} & & \text{H}-\text{C}-\text{OH} & & \text{C}=\text{O} \\
\text{CH}_2\text{OH} & & \text{CH}_2\text{OH} & & \text{CH}_2\text{OH} \\
\textit{D}\text{-Glucose} & & \textit{D}\text{-Sorbit} & & \textit{L}\text{-Sorbose}
\end{array}
$$

(⇌ pyranose-Struktur)

$$\xrightarrow{\text{O}_2/\text{Pt}}$$

(Strukturformeln der Zwischenstufen)

$$
\begin{array}{c}
\text{CH}_2\text{OH} \\
\text{H}-\text{C}-\text{OH} \\
\text{HO}-\text{C}-\text{H} \\
\text{H}-\text{C}-\text{OH} \\
\text{C}=\text{O} \\
\text{COOH}
\end{array}
\quad\xrightarrow[-\text{H}_2\text{O}]{\text{HCl}}
$$

$$
\begin{array}{c}
\text{O}=\text{C} \\
\text{HO}-\text{C} \\
\text{HO}-\text{C} \\
\text{H}-\text{C} \\
\text{HO}-\text{C}-\text{H} \\
\text{CH}_2\text{OH}
\end{array}
\equiv
$$

L-Ascorbinsäure

Totalsynthese von Monosacchariden. Fischer gelang es, aus einem aus Glycerol hergestellten Gemisch von Dihydroxyaceton und Glyceraldehyd unter der Wirkung von Basen durch Aldoladdition eine sirupartige Substanz zu erhalten, die er «*Acrose*» nannte und aus welcher zwei kristallisierte Hexosazone abgeschieden werden konnten. Sie erwiesen sich als die Racemate des Glucosazons und des Gulosazons. Da Gulose gewissermaßen eine «Kopf-Fuß-vertauschte» Glucose darstellt (vgl. Tabelle 22.1), hatte sich offenbar während der Synthese die gleiche Konfiguration der sekundären Carbinol-C-Atome ausgebildet. Durch eine über zahlreiche Stufen verlaufende Reaktionsfolge konnte Fischer diese *D,L*-Verbindungen in die natürlichen optisch aktiven Kohlenhydrate überführen. Aus dem «α-Acrosazon» (dem *D,L*-Glucosazon) erhielt er schließlich *D*-Mannose, *D*-Glucose und *D*-Fructose.

Eine Totalsynthese der *D,L*-Glucose, ausgehend von Acrolein, wurde 1970 von R. K. Brown ausgeführt (Abb. 22.4, S. 951).

22.2 Disaccharide

Wird an Stelle eines Aglykons ein zweites Monosaccharid-Molekül unter Abspaltung von Wasser glykosidisch mit einem Monosaccharid verknüpft, so entsteht ein **Disaccharid**. Durch saure Hydrolyse läßt sich dieses in seine beiden Bestandteile spalten. Die Verknüpfung der beiden Monosaccharide erfolgt derart, daß die Hydroxylgruppe am *anomeren C-Atom* des *einen* Zuckers eine *acetalartige Bindung* mit einem C-Atom des *zweiten Zuckers* bildet. Sind die beiden anomeren Zentren miteinander verbunden (1.1-Verknüpfung), so lassen sich die verschiedenen Carbonylreaktionen mit dem Disaccharid nicht mehr ausführen: es bildet mit Phenylhydrazin kein Osazon und wirkt nicht reduzierend; in wäßriger Lösung zeigt es auch keine Mutarotation. Erfolgt aber die Acetalbildung vom anomeren C-Atom des einen zu einem anderen C-Atom des zweiten Monosaccharids (meistens den C-Atomen 4 oder 6; 1.4- oder 1.6-Verknüpfung), so steht die Halbacetalform des zweiten Zuckers im Gleichgewicht mit der offenen Form, und die durch das Vorhandensein einer Carbonylgruppe möglichen Reaktionen lassen sich durchführen. Die praktisch wichtigsten Disaccharide sind Maltose, Lactose und Saccharose (Rohrzucker).

Maltose (Malzzucker). Durch partielle Hydrolyse kann man aus *Stärke* ein Disaccharid, die (+)-Maltose, erhalten. Das im Malz (keimende Gerste) enthaltene Enzym Diastase baut Stärke ebenfalls zu (+)-Maltose ab. (+)-Maltose reagiert mit Phenylhydrazin unter Bildung eines Osazons und wird durch Bromwasser zu einer Carbonsäure, der *Maltobionsäure*, oxidiert. Sie existiert in einer α- und einer β-Form ($\alpha_D = +168°$ bzw. $+112°$) und mutarotiert in wäßriger Lösung unter Einstellung eines Drehwinkels $\alpha_D = +136°$. Die Hydrolyse, die durch Erwärmen mit verdünnter wäßriger Säure oder durch das Enzym Maltase katalysiert werden kann, ergibt zwei mol Glucose (Molekularformel der Maltose $C_{12}H_{22}O_{11}$).

In der Maltose sind also zwei Moleküle *D*-(+)-Glucose α-glykosidisch miteinander verbunden (Maltase vermag nur α-glykosidische Bindungen zu hydrolysieren!). Um die *Ringgröße* der beiden zyklischen Halbacetale und zugleich die *Art der Verknüpfung* (1.4 oder 1.6) zu bestimmen, wird Maltose zuerst zur Maltobionsäure oxidiert und dann anschließend durch Umsetzung mit Dimethylsulfat und wäßriger NaOH methyliert. Die dadurch erhaltene Oktamethylmaltobionsäure wird hydrolysiert, wobei Tetramethyl-*D*-gluconsäure und Tetramethyl-*D*-glucose entstehen. Die Produkte enthalten je noch eine freie (nicht methylierte) Hydroxylgruppe, nämlich diejenigen Gruppen, welche im Disaccharid unter Wasserabspaltung und Acetalbildung die beiden Glucosemoleküle verbunden hatten. Um festzustellen, welches C-Atom die freie Hydroxylgruppe trägt, werden die beiden Hydrolyseprodukte der Oktamethylmaltobionsäure getrennt und mit Salpetersäure oxidiert. Aus der Tetramethylgluconsäure erhält man dabei Methoxymalonsäure und Dimethoxybernsteinsäure. Daraus kann geschlossen werden, daß am C-Atom 4 eine freie Hydroxylgruppe vorhanden gewesen sein muß, daß es sich beim Hydrolyseprodukt also um 2,3,5,6-Tetramethylgluconsäure gehandelt haben muß. (Bei der Salpetersäureoxidation wird die intermediär gebildete Ketosäure entweder zwischen den C-Atomen 3 und 4 oder zwischen den C-Atomen 4 und 5 gespalten; vgl. das Schema auf S. 954). Da erfahrungsgemäß 4- oder 7-Ringe bei Monosacchariden nicht auftreten, muß ursprünglich ein Pyranose-Halbacetalring vorhanden gewesen sein. (Wenn ein Furanose-Ring vorhanden gewesen wäre, müßte am C-Atom 5 eine nicht-methylierte Hydroxylgruppe stehen.) Die Oxidation des zweiten Hydrolyseproduktes, der Tetramethylglucose, liefert Dimethoxybernsteinsäure und Trimethoxyglutarsäure. Hier war also die Hydroxylgruppe am C-Atom 5 nicht methyliert gewesen, und das zweite Glucosemolekül in der Maltose tritt ebenfalls als Pyranose auf. Die *D*-(+)-Maltose ist also eine 4-O-(α-*D*-Glucopyranosyl)-*D*-glucopyranose.

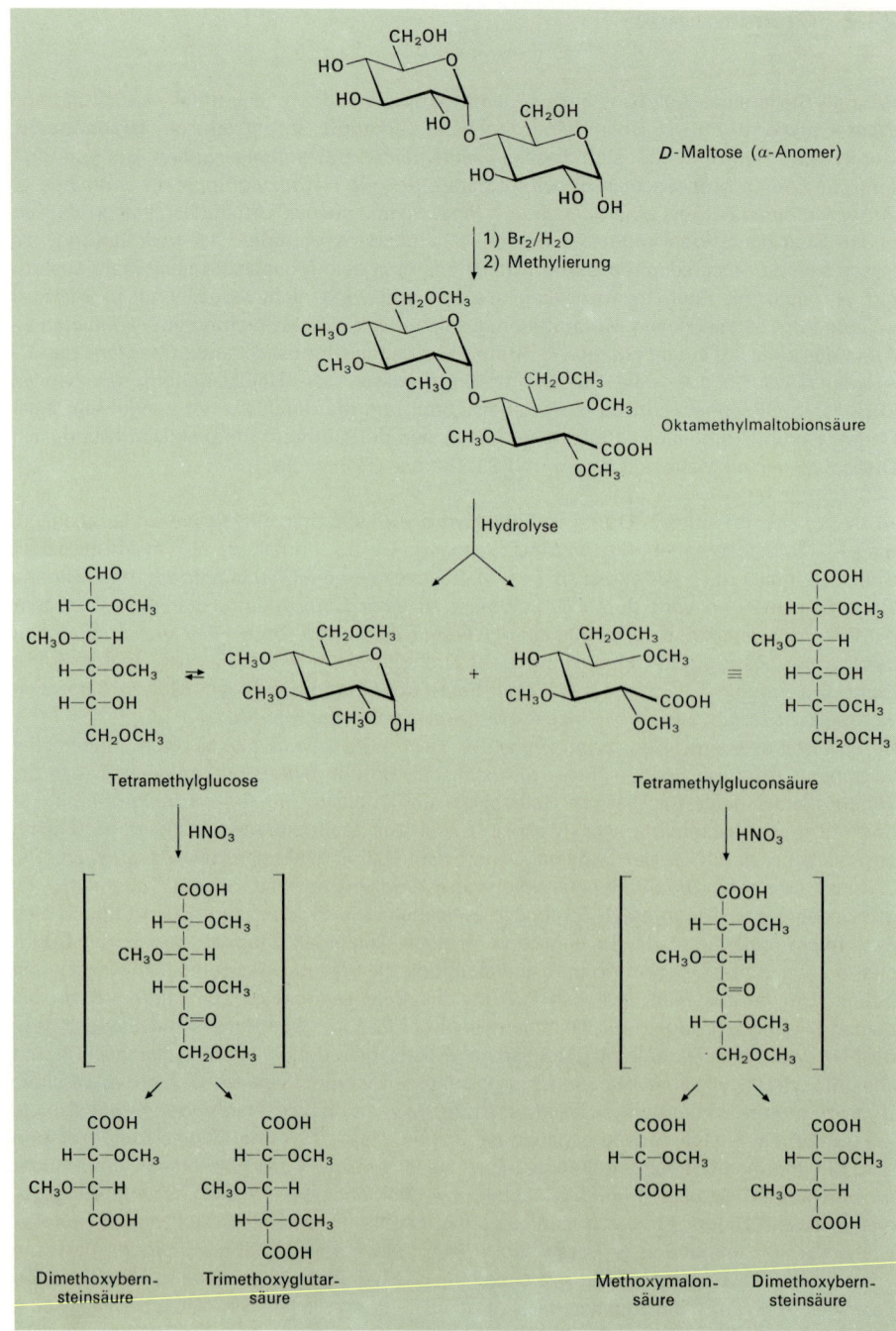

Abb. 22.5. Schema der Aufklärung der Verknüpfung und der Ringgröße bei der D(+)-Maltose

Cellobiose. Wird *Cellulose* (Baumwolle) während einigen Tagen mit einem Gemisch von Schwefelsäure und Acetanhydrid behandelt, so tritt zugleich eine Hydrolyse und Acetylierung ein, und man kann ein oktaacetyliertes Disaccharid, die Cellobiose, isolieren. Nach der alkalischen Verseifung erhält man die Cellobiose selbst.

Cellobiose wirkt wie Maltose reduzierend, gibt ein Osazon und zeigt in wäßriger Lösung Mutarotation. Durch Oxidation, Methylierung, Hydrolyse und nochmalige Oxidation erhält man dieselben Produkte wie bei der Maltose. Im Unterschied zu dieser läßt sich Cellobiose jedoch durch das Enzym Maltase nicht hydrolysieren, hingegen durch Emulsin, das β-Glykoside zu hydrolysieren vermag. Cellobiose unterscheidet sich somit von Maltose nur dadurch, daß die beiden Glucosemoleküle β-glucosidisch verbunden sind; sie ist also eine 4-O-(β-D-Glucopyranosyl-)-D-glucopyranose.

(+)-Cellobiose
(β-Anomer)

Lactose (Milchzucker). Das Disaccharid Lactose tritt in einer Konzentration von 4 bis 7% in der Milch der Säugetiere auf und wird aus Molke gewonnen (der wäßrigen Lösung, die nach Koagulation der Milchproteine bei der Käseherstellung zurückbleibt). Das *Sauerwerden* der Milch beruht auf einer bakteriellen Vergärung von Lactose zu Milchsäure. – Lactose ist ebenfalls ein reduzierendes Disaccharid und bildet ein Osazon. Durch das Enzym Emulsin wird sie in D-(+)-Glucose und D-(+)-Galaktose gespalten. Wenn man Lactose zuerst in ihr Osazon überführt und dann hydrolysiert, erhält man Glucosazon und Galaktose, so daß das Glucosemolekül die «freie» Aldehydgruppe enthalten muß und Lactose ein Galaktosid ist. Die beiden Monosaccharide sind β-glykosidisch 1.4-verknüpft und treten beide als sechsgliedrige Pyranoseringe auf.

(+)-Lactose (β-Anomer)
4-O-(β-D-Galaktopyranosyl-)-D-glucopyranose

Gentiobiose. Gentiobiose, ein Disaccharid aus zwei Molekülen D-Glucose, wird durch Hydrolyse des Glykosids *Amygdalin* erhalten; sie ist insofern von Interesse, als hier die beiden Pyranoseringe der Glucose 1.6-glykosidisch miteinander verbunden sind.

(+)-Gentiobiose (β-Anomer)
6-O-(β-D-Glucopyranosyl-)-D-glucopyranose

Saccharose (Rohrzucker). Saccharose ist das wichtigste Disaccharid und wohl diejenige organische Substanz, die in den größten Mengen als reiner Stoff produziert wird. Im Gegensatz zu den bereits besprochenen Disacchariden wirkt Saccharose nicht *reduzierend* und bildet *kein Osazon.* Sie enthält also keine «freie» Aldehyd- oder Ketogruppe. Schon durch verdünnte Säure wird Saccharose leicht hydrolysiert (die Geschwindigkeit der Hydrolyse – einer Reaktion zweiter Ordnung! – ist proportional der Konzentration der $H_3O^{\oplus}$-Ionen!); durch Alkalien wird sie – im Gegensatz zu den reduzierenden Disacchariden – kaum angegriffen. Bei der Hydrolyse entsteht ein äquimolares Gemisch von *D-Glucose* und *D-Fructose.* Weil sich dabei der Drehsinn der optischen Drehung ändert [α_D von Saccharose = + 66,5°; α_D von (+)-Glucose im Gleichgewichtsgemisch = + 52,7°; α_D von (−)-Fructose – ebenfalls im Gleichgewichtsgemisch – = −92,4°] wird das bei der Hydrolyse von Saccharose erhaltene Gemisch von *D*-Glucose und *D*-Fructose als *«Invertzucker»* bezeichnet. Bienenhonig enthält hauptsächlich Invertzucker, da der im Nektar enthaltene Rohrzucker im Verdauungstrakt der Bienen zum größten Teil enzymatisch hydrolysiert wird. (Aus diesem Grund kristallisiert Honig nicht völlig durch; es scheiden sich höchstens kristalline *D*-Glucose und *D*-Saccharose aus, während die *D*-Fructose zähflüssig bleibt.)

Da Saccharose nicht reduzierend wirkt, müssen Glucose und Fructose über ihre anomeren C-Atome (C-Atom 1 bzw. 2) miteinander verbunden sein. Die Untersuchung der Stereochemie und der Art der Verknüpfung ist nicht leicht, weil nach der Hydrolyse der Saccharose die Hydroxylgruppen an den anomeren C-Atomen nicht mehr «blockiert» sind und dadurch im Gleichgewicht mit der offenen Form stehen. Hauptsächlich durch Röntgenstrukturanalysen konnte festgestellt werden, daß (+)-Saccharose ein α-*D*-Glucosid und ein β-*D*-Fructosid ist: α-*D*-Glucopyranosyl-β-*D*-fructofuranosid. Zahlreiche Versuche, Saccharose auf chemischem (nicht auf enzymatischem) Weg zu synthetisieren, scheiterten an der Schwierigkeit, die «richtige» Konfiguration der glykosidischen Bindung zu erhalten. Erst 1953 gelang die *Totalsynthese* der Saccharose (der «Mount Everest» der organischen präparativen Chemie) mit einer Ausbeute von insgesamt 5,5% (Lemieux).

(+)-Saccharose

Rohrzucker kommt in vielen *Pflanzensäften* vor, in besonders hoher Konzentration in den dicken Halmen des *Zuckerrohrs* (aus dem er von altersher gewonnen wird) und in den *Zuckerrüben.* Die Zuckerrübe ist eine aus der Runkelrübe gezüchtete Art mit einem Zuckergehalt von 17 bis 20% ihres Frischgewichtes. Der Zuckerrübenanbau ist besonders in Europa von Bedeutung; als zur Zeit der Napoleonischen Kriege (Kontinentalsperre!) die Einfuhr von Rohrzucker unmöglich wurde, mußte nach einheimischem Ersatz gesucht werden, und man begann mit der systematischen Züchtung von Rübenrassen mit höheren Zuckergehalten. Den Zucker gewinnt man durch Auspressen des Zuckerrohres oder durch Auslaugen von Rübenschnitzeln. Begleitstoffe (Säuren und Eiweiße) werden mit

Calciumhydroxidlösungen ausgefällt und die Zuckerlösung anschließend in Vakuumverdampfern eingedampft. Die Rückstände werden zu Alkohol vergoren oder als Viehfutter verwendet (Melasse). Als Begleiter der Saccharose tritt in der Melasse in geringer Menge ein Trisaccharid, die *Raffinose,* auf. Ihre vollständige Hydrolyse liefert je ein mol Glucose, Fructose und Galaktose. Da sie nicht reduzierend wirkt, müssen alle anomeren C-Atome an den glykosidischen Bindungen beteiligt sein. Galaktose und Glucose sind α-glykosidisch 1.6-verknüpft, während Glucose und Fructose wie in der Saccharose α-β-1.2-verknüpft sind.

(+)-Raffinose

22.3 Polysaccharide

Polysaccharide bestehen aus vielen – Hunderten oder sogar Tausenden – von Monosaccharid-Einheiten, sind also **hochmolekulare Stoffe**. Die Monosaccharid-Einheiten sind *glykosidisch untereinander verbunden* (acetalartig vom anomeren C-Atom der einen zu einem nicht-anomeren C-Atom der nächsten Einheit) und können wie in Disacchariden durch saure (oder enzymatische) Hydrolyse getrennt werden. Die wichtigsten Polysaccharide sind *Stärke, Cellulose* und *Glykogen,* alle mit der Substanzformel $(C_6H_{10}O_5)_n$. Sowohl Stärke wie Cellulose sind Produkte der pflanzlichen Photosynthese und ergeben bei der Hydrolyse ausschließlich D-(+)-Glucose.

Stärke. Stärke ist der wichtigste *pflanzliche Reservestoff* und zugleich eines der wichtigsten *Nahrungsmittel.* Sie wird in Form von Stärkekörnern in der Pflanzenzelle gespeichert (Kartoffelknolle, Getreidekörner, Reis, Mais usw.), welche durch die Pflanze enzymatisch zu D-Glucose abgebaut werden können. Durch Diastase wird Stärke in Maltose übergeführt; sie besteht also aus α-D-(+)-Glucose.

Stärke ist keine einheitliche Verbindung. Durch heißes Wasser läßt sie sich in zwei Fraktionen trennen, die *wasserlösliche Amylose,* welche etwa 20% der Stärke ausmacht und mit Iod eine tiefblaue Färbung gibt, und das *wasserunlösliche Amylopektin,* das mit Iod eine rotbraune Färbung liefert. Durch Messungen des osmotischen Druckes und mit der Ultrazentrifuge läßt sich für Amylose eine Molekülmasse von 10000 bis 50000 u bestimmen. Die Molekülmasse des Amylopektins ist wesentlich höher (50000 bis 180000 u). Aufschluß über die Struktur von Amylose und Amylopektin liefert die *«Endgruppenbestimmung»* durch Methylierung und anschließende Hydrolyse.

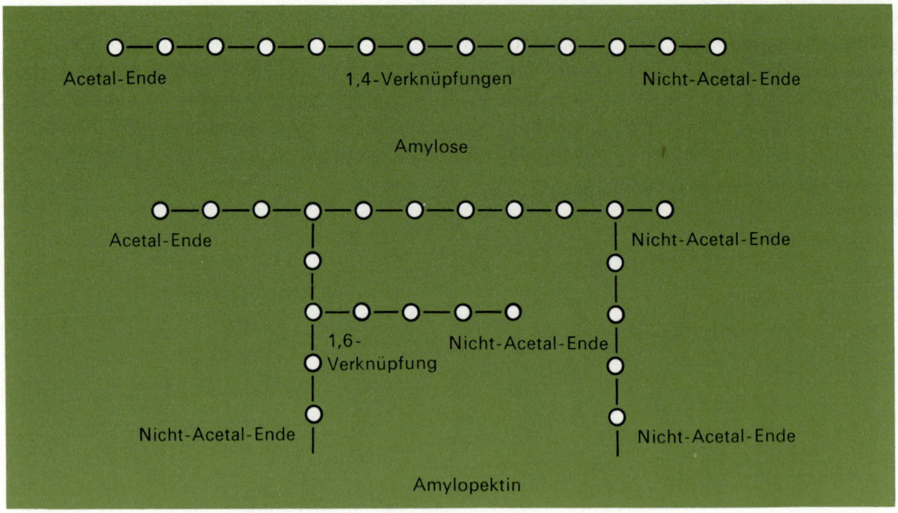

Abb. 22.6. Strukturen von Amylose bzw. Amylopektin

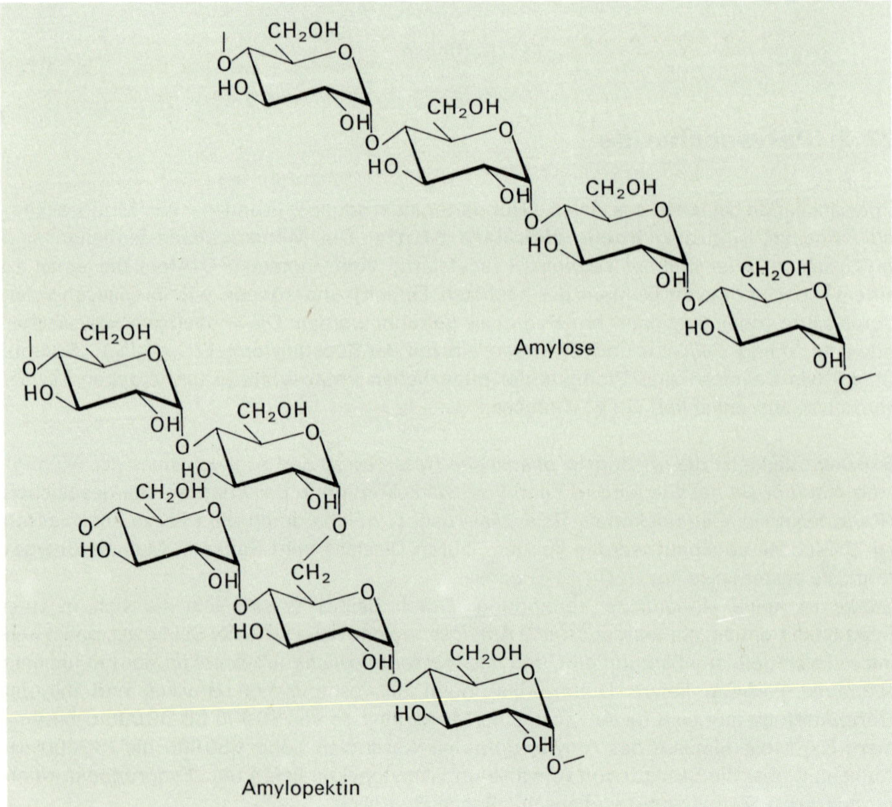

Wird *Amylose* mit Dimethylsulfat und NaOH methyliert und anschließend enzymatisch oder durch Säure hydrolysiert, so erhält man vorwiegend 2,3,6-Trimethyl-*D*-Glucose. Durch sorgfältige Fraktionierung kann man aber zudem eine geringe Menge 2,3,4,6-Tetramethyl-glucose abtrennen. Diese kann nur aus den *Endgruppen* einer Polysaccharid-Kette entstanden sein, da alle Glucoseeinheiten innerhalb der Kette nur drei freie Hydroxylgruppen besitzen und nur die Endglieder eine weitere freie Hydroxylgruppe tragen. Die bei der Reaktion mit Dimethylsulfat ebenfalls methylierte Halbacetalhydroxylgruppe des einen Endgliedes wird aber während der Hydrolyse wieder frei, so daß insgesamt pro Makromolekül ein Molekül 2,3,4,6-Tetramethylglucose gebildet wird. Bei diesem Verfahren können ungefähr 0,5 % Tetramethylglucose abgetrennt werden, was bedeutet, daß auf etwa 200 Glucoseeinheiten eine Endgruppe kommt. Eine solche aus etwa 200 Glucosemolekülen aufgebaute Kette hätte eine Molekülmasse von 30000 bis 40000 u, was mit dem experimentell bestimmten Wert übereinstimmt. Amylose besteht somit aus unverzweigten (oder sehr wenig verzweigten) Kettenmolekülen, die ungefähr 200 Glucoseeinheiten enthalten. Die Röntgenstrukturanalyse zeigt, daß die Ketten *schraubenförmig* gewunden sind, wobei etwa 6 Glucoseeinheiten auf eine Windung kommen. In den auf diese Weise gebildeten Hohlraum wird bei der Reaktion mit Iod I_2 eingelagert.

Obschon die durchschnittliche Molekülmasse des *Amylopektins* wesentlich höher als 40000 u ist, ergibt die Endgruppenbestimmung durch Methylierung und Hydrolyse nur etwa 5 % 2,3,4,6-Tetramethyl-*D*-glucose. Dies bedeutet, daß hier auf etwa 20 Glucoseeinheiten eine Endgruppe kommt. Neben der Tetramethylglucose (und der Trimethylglucose) erhält man bei der Methylierung und Hydrolyse aber auch etwa 5 % 2,3-Dimethylglucose. Diese kann nur aus solchen Glucoseeinheiten entstanden sein, bei denen auch die Hydroxylgruppe am C-Atom 6 durch eine (glykosidische) Bindung blockiert war. Offenbar besteht Amylopektin also aus stark *verzweigten,* aus α-*D*-Glucose aufgebauten Ketten. In den Hauptketten sind die Glucosemoleküle 1.4-glykosidisch verbunden, während die Verzweigungsstellen durch 1.6-Bindungen zustande kommen. Die höhere Molekülmasse und der Aufbau aus verzweigten Makromolekülen erklären die Wasserunlöslichkeit des Amylopektins (vgl. Abb. 22.6).

Wird der enzymatische oder durch saure Hydrolyse bewirkte Abbau der Stärke abgebrochen, bevor diese vollständig in *D*-Glucose gespalten ist, so erhält man ein aus Glucose, Maltose und kürzeren, aus Glucose aufgebauten Ketten bestehendes Gemisch, das *Dextrin*. Dextrin bildet mit Wasser eine stark klebend wirkende dickflüssige Masse, die zur Herstellung von Klebstoffen und als Textilappretur verwendet wird.

Glykogen, das Reservekohlenhydrat der Säugetiere, das vorwiegend in der Leber, aber auch in der Muskulatur abgelagert wird, besteht ebenfalls aus α-*D*-Glucose. Seine Molekülmasse ist noch beträchtlich höher als die Molekülmasse von Amylopektin (bis $15 \cdot 10^6$ u); die Endgruppenbestimmung zeigt, daß die Moleküle hier noch beträchtlich stärker verzweigt sind.

Cellulose. Cellulose, der Hauptbestandteil der *pflanzlichen Zellwand,* ist das technisch wichtigste Kohlenhydrat. Gewisse Pflanzenfasern wie Baumwolle und Flachs bestehen aus fast reiner Cellulose. Holz, der wichtigste Rohstoff zur Cellulosegewinnung, enthält etwa 50 % Cellulose. Begleitstoffe im Holz sind hauptsächlich *Lignin* («Holzstoff»), ein aus substituierten Phenylpropaneinheiten aufgebauter hochmolekularer Stoff, und *Hemicellulosen,* ein Gemisch verschiedener Polysaccharide, in welchen *Pentosane* (Polyaldopentosen), vor allem das *Xylan* (aus Xyloseeinheiten aufgebaut) überwiegen.

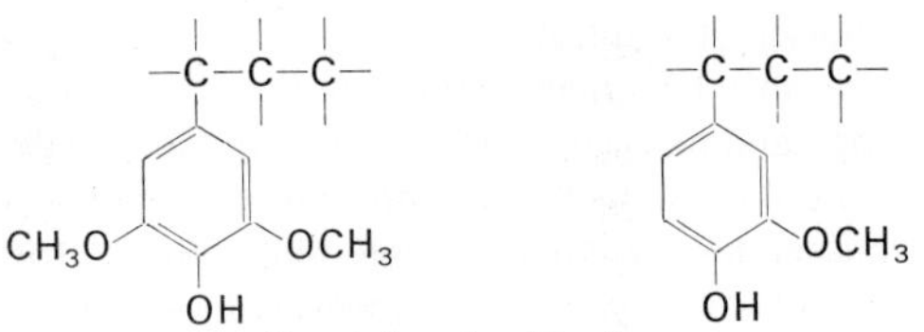

Bausteine des Lignins

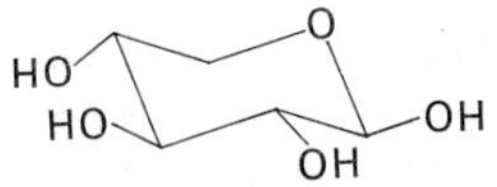

D-Xylopyranose (β-Anomer)

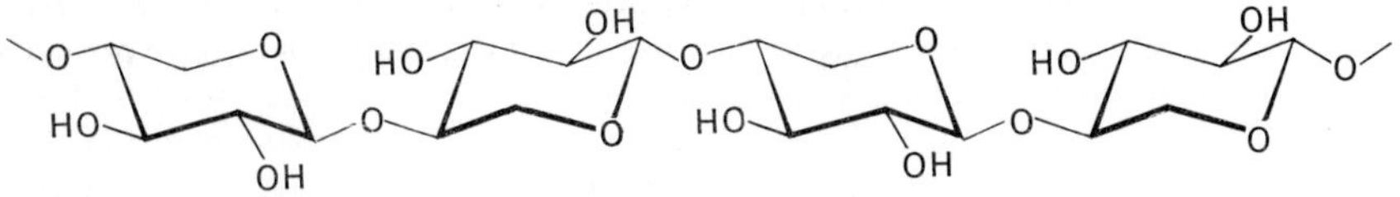

Xylan

Zur *Gewinnung* der *Cellulose* aus Holz werden die Begleitstoffe durch Behandlung mit einer Natrium- oder Calciumhydrogensulfitlösung unter mäßigem Überdruck entfernt, wobei das Lignin in Sulfonate übergeführt wird. Durch Kochen mit wäßriger Natronlauge werden auch die Hemicellulosen herausgelöst (diese sind also im Gegensatz zur Cellulose alkalilöslich!), so daß schließlich reine Cellulose als Rückstand verbleibt.

Durch vollständige Hydrolyse mit mäßig konzentrierter Säure erhält man aus Cellulose ausschließlich *D*-Glucose, nach Acetylierung und unvollständiger Hydrolyse entstehen Cellobiose und Cellotetraose. Die Endgruppenbestimmung liefert einen sehr hohen Anteil an 2,3,6-Trimethylglucose, aber keine 2,3-Dimethylglucose. Cellulose besteht also aus langen, *unverzweigten,* aus *D*-Glucose aufgebauten Fadenmolekülen, welche (im Gegensatz zur Stärke) β-glykosidisch 1.4-verknüpft sind. Nach den Molekülmassenbestimmungen (die allerdings schwierig durchzuführen sind, weil bei der Trennung der stark assoziierten Moleküle gleichzeitig auch ein Abbau einzelner Makromoleküle eintreten kann) bestehen die Cellulosemoleküle aus 1500 bis 5000 Glucoseeinheiten (Molekülmassen zwischen 500 000 und 1 500 000 u). Nach den Ergebnissen von Röntgenstrukturanalysen und von elektronenmikroskopischen Untersuchungen sind die Makromoleküle zu bündelartigen *Elementarfibrillen* mit etwa 3 nm Durchmesser zusammengelagert (Zusammenhalt durch Wasserstoffbrücken!). Diese Elementarfibrillen enthalten etwa 30 Cellulosemoleküle und sind sehr weitgehend kristallin geordnet; die Elementarzelle des Gitters enthält vier Glucose- (d.h. zwei Cellobiose-)Einheiten, also nicht Einzelmoleküle, sondern die sich im kettenförmigen Makromolekül immer wiederholende Cellobioseeinheit. Die Elementarfibrillen lagern sich zu größeren (dickeren) Mikrofibrillen zusammen, welche sowohl in der Primärzellwand wie im Holz netzartig verflochten sind. Im Holz sind sie mit Lignin und Hemicellulosen inkrustiert.

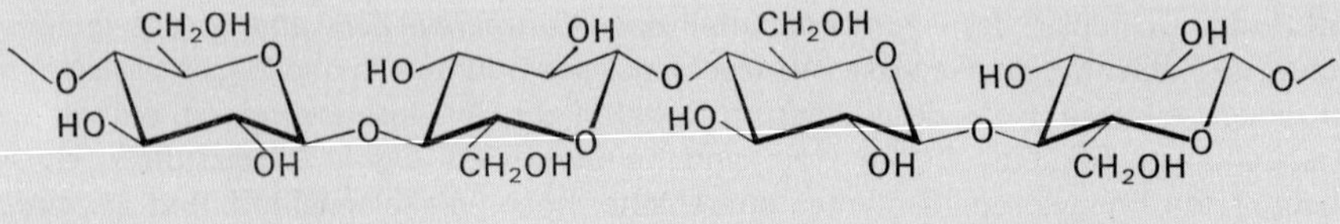

Cellulose

Im Gegensatz zur Stärke kann Cellulose durch Amylasen (die nur α-glykosidische Bindungen zu hydrolysieren vermögen) nicht abgebaut werden. Enzyme, welche β-glykosidische Bindungen hydrolysieren können, sind im menschlichen Verdauungstrakt nicht vorhanden, so daß die Cellulose für unsere Ernährung einen – allerdings notwendigen! – *Ballaststoff* darstellt. Die Wiederkäuer vermögen Cellulose mittels Enzymen, die durch ihre Darmflora gebildet werden, abzubauen und als Nahrung zu verwerten. Unter den übrigen Tieren besitzen nur Termiten, gewisse Schnecken und Crustaceen die Fähigkeit, Cellulose-abbauende Enzyme zu bilden.

Die wichtigsten, technisch aus Cellulose gewonnenen Produkte sind die verschiedenen *Kunstseiden, Cellophan, Celluloid, Zellwolle, Nitrocellulose* und nicht zuletzt das *Papier.* Die riesigen Mengen Papier, welche unsere heutige Zivilisation benötigt und verbraucht, illustrieren die Bedeutung der Cellulose als Rohstoff am deutlichsten. Trotz der ständig zunehmenden Bedeutung der «vollsynthetischen» Textilfasern spielen Baumwolle und Kunstseidefasern in der Textilindustrie auch heute noch eine große Rolle.

Durch Behandlung von Cellulose mit einem Gemisch von konzentrierter Schwefelsäure und konzentrierter Salpetersäure erhält man *Cellulosenitrat* (das fälschlicherweise meistens als Nitrocellulose bezeichnet wird). Nahezu vollständig veresterte Cellulose dient als Schießbaumwolle zur Herstellung von rauchlosem Schießpulver. An der Luft verbrennt sie blitzartig ohne Explosion, während sie in gepreßter Form und nach Zündung mit einem Initialsprengstoff (z.B. Bleiazid) heftig explodiert. Unvollständig nitrierte Cellulose gibt mit Campher gemischt *Celluloid* und in Alkohol/Ether gelöst Kollodiumlösung. Ein großer Nachteil von Celluloid ist seine leichte Entflammbarkeit und die Bildung nitroser Gase beim Verbrennen.

Wird Cellulose mit Acetanhydrid und Essigsäure (in Gegenwart kleiner Mengen Schwefelsäure) verestert, so entsteht *Celluloseacetat* («Triacetat»). Durch partielle Hydrolyse wird ein Teil der Acetatgruppen wieder abgespalten und werden zugleich die Cellulosemoleküle in kleinere Bruchstücke von etwa 200 bis 300 Glucoseeinheiten abgebaut. Dieses technische Celluloseacetat ist weniger leicht entflammbar als das Cellulosenitrat und hat dieses für viele Verwendungszwecke (z.B. für photographische Filme) verdrängt. Wird eine Lösung von Celluloseacetat in Aceton durch Spinndüsen ausgepreßt, so erhält man durch Verdunsten des Lösungsmittels Fäden von *Acetatseide.*

Eine weitere Möglichkeit zur Herstellung von Kunstseide besteht darin, daß Cellulose mit einem Gemisch von Kohlenstoffdisulfid und wäßrigem Natriumhydroxid behandelt wird. Man erhält auf diese Weise Cellulosexanthogenat (vgl. S. 495), das sich in der alkalischen Lösung zu einer zähflüssigen Substanz löst *(«Viscose»)*. Durch Verspinnen der Viscose in ein Säurebad wird die Cellulose wieder ausgefällt und man erhält die *«Viscoseseide»* *(«Rayon»)*, die heute mengenmäßig wichtigste Kunstseide. Durch Auspressen der Viscose durch einen engen Spalt hindurch wird Cellophan hergestellt. Sowohl Viscose wie Cellophan bestehen aus kürzeren Makromolekülen als die «native» Cellulose aus Holz oder Baumwolle.

Schließlich kann man Cellulose auch in Kupfertetramminhydroxid (einer stark ammoniakalischen Lösung von Kupfersulfat, die den $[Cu(NH_3)_4]^{2\oplus}$-Komplex enthält) lösen, wobei sich ein Komplex mit zwei benachbarten Hydroxylgruppen der Cellulose bildet:

$$
\begin{array}{l}
\text{H--C--OH} \\
\text{H--C--OH}
\end{array}
+ [Cu(NH_3)_4]^{2\oplus} \longrightarrow
\begin{array}{l}
\text{H--C--O} \\
\quad\quad\quad Cu \\
\text{H--C--O}
\end{array}
\begin{array}{l}
NH_3 \\
\\
NH_3
\end{array}
+ 2\,NH_4^{\oplus}
$$

Eine solche Lösung ist – im Gegensatz zur Viscose – beliebig lange haltbar. Durch Verspinnen in ein Fällungsbad aus heißem Wasser erhält man ebenfalls eine Kunstseide (*«Kupferseide», «Bemberg-Seide»*).

In Gegenwart wäßriger Natronlauge läßt sich Cellulose durch Alkylhalogenide auch alkylieren, wobei wiederum gleichzeitig ein Abbau der langen Cellulose-Makromoleküle in kürzere Stücke eintritt. Technische Bedeutung haben der *Methyl-, Ethyl-* und *Benzylether* der Cellulose zur Gewinnung von Textilfasern, Filmen, Kunststoffen, Textilappreturen und Lacken.

Papier ist ein Filz aus feinen Cellulosefäserchen, die durch eine Zwischenmasse (das Füllmaterial) verkittet sind. Die Rohstoffe (vom Lignin befreites Holz, Lumpen oder Stroh) werden sehr fein zerkleinert, gebleicht und ausgewaschen. Die dadurch entstehende Fasermasse wird mit einem Füllmaterial (Gips, Schwerspat u. a.) versehen, damit sich die Fasern gut verbinden, eventuell gefärbt und durch Zugabe von Harz und Alaun geleimt, so daß Tinte auf solchem Papier nicht zerfließt. Filterpapiere und Löschblätter bleiben ungeleimt und sind frei von Füllstoffen.

Von den verschiedenen *weiteren Polysacchariden* sollen hier noch die **Pektinstoffe** und das **Chitin** erwähnt werden. Die in der Mittellamelle von Pflanzenzellen gebildeten *Pektinstoffe* (welche den guten Zusammenhalt zweier aneinandergrenzender Zellen bedingen) liefern bei der vollständigen Hydrolyse *D*-Galakturonsäure; in den Pektinstoffen selbst sind die Carboxylgruppen zum Teil mit Methanol verestert. Die Pektine bilden unter geeigneten Bedingungen mit Zucker und Säure *Gele* (Gelierung von Fruchtsäften). *Chitin* ist der Gerüststoff der Arthropoden (Crustaceen, Insekten, Spinnen). Auch gewisse Pilze enthalten Chitin. Die enzymatische Hydrolyse von Chitin liefert N-Acetyl-2-amino-2-desoxyglucose; Chitin ist also ein stickstoffhaltiges Polysaccharid. Die Struktur von Chitin scheint mit der Struktur der Cellulose identisch zu sein, nur steht an Stelle der Hydroxylgruppe am C-Atom 2 der Glucoseeinheit die Acetylaminogruppe.

N-Acetyl-2-amino-2-desoxy-*D*-glucose
(«Glucosamin»)
β-Anomer

Chitin

Übungen

22.1 Erklären Sie den Ausdruck «Kohlenhydrate» und geben Sie die allgemeinen Eigenschaften sowie die biologische Bedeutung dieser Stoffgruppe an!

22.2 Zeigen Sie, wie sich die Konfiguration der *D*-Glucose beweisen läßt!

22.3 Erklären Sie folgende Begriffe und Reaktionen:

Anomer

Epimer

D-Konfiguration

Kiliani-Fischer-Reaktion

Mutarotation

Ruff-Abbau

22.4 Wie wird der Beweis geführt, daß in der kristallinen *D*-Glucose ein sechsgliedriger Halbacetalring vorliegt?

22.5 Welche Aldosen treten neben *D*-Glucose in der Natur auf? Geben Sie ihre Konfigurationen an!

22.6 Diskutieren Sie die verschiedenen Möglichkeiten zur formelmäßigen Darstellung von Monosacchariden sowie ihre Vor- und Nachteile!

22.7 Geben Sie Struktur und Namen des Produktes der Reaktion von *D*-Galaktose mit folgenden Reagenzien an:

(a) Hydroxylamin

(b) Phenylhydrazin

(c) Bromwasser

(d) Salpetersäure

(e) Periodsäure

(f) Acetanhydrid

(g) Methanol, HCl

(h) Methanol, HCl, nachher Dimethylsulfat und NaOH

(i) Reagenzien von (h), nachher verd. Salzsäure

(k) $CN^{\ominus}$, $H^{\oplus}$, dann Hydrolyse, dann Erhitzen und Reduktion mit Na/Hg

(l) Br_2 (aq), dann $CaCO_3$; anschließend H_2O_2, $Fe^{3\oplus}$

22.8 Formulieren Sie die Reaktionsgleichungen, nach welchen *D*-Glucose in folgende Produkte übergeführt werden kann:

(a) Methyl-β-D-glucosid

(b) Methyl-β-2,3,4,6-tetra-O-Methyl-*D*-glucosid

(c) *D*-Mannose

(d) *L*-Gulose

(e) *D*-Arabinose

(f) Hexa-O-acetylglucitol

(g) *D*-Fructose

22.9 Indican, ein Glykosid aus der Indigopflanze, wird durch Emulsin in *D*-Glucose und Indoxyl gespalten. Fehling-Lösung wird durch Indican nicht reduziert. Durch Methylierung des Glucosids entsteht Tetramethylindican, welches bei Behandlung mit CH_3OH und HCl 2,3,4,6-Tetramethyl-*D*-Glucosid liefert. Welches ist die wahrscheinlichste Struktur von Indican?

Indoxyl =

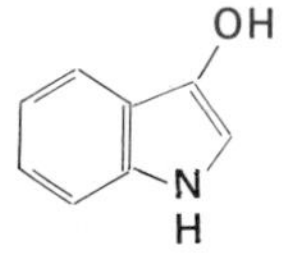

22.10   Leiten Sie aus folgenden Angaben die Ringgröße einiger Zucker ab:

Monosaccharid (als Methylglykosid)	verbrauchte mol Periodsäure	gebildete mol Ameisensäure	gebildete mol Formaldehyd
(a) Methyl-α-D-mannosid	2	1	0
(b) Methylglykosid einer Aldohexose	3	2	0
(c) Methylglykosid einer weiteren Aldohexose	2	0	1

22.11   Ein großer Teil unserer Kenntnisse über den Verlauf der Photosynthese stammt von Assimilationsversuchen mit $^{14}CO_2$. Das Nuclid ^{14}C wurde dabei u.a. in Glucose, Fructose und Saccharose gefunden. Um die Aktivität jedes einzelnen C-Atoms in einem Molekül zu bestimmen, mußten Abbaureaktionen durchgeführt werden, welche aus einem einzigen C-Atom bestehende Bruchstücke lieferten.
Geben Sie an, von welchen C-Atomen des *D*-Glucose-Moleküls folgende Ein-C-Verbindungen stammen und beschreiben Sie, wie die Aktivität jedes C-Atoms der *D*-Glucose festgestellt werden kann!

$$Glucose \xrightarrow{\text{Ruff}} CO_2 + Arabinose \xrightarrow{\text{Ruff}} CO_2$$

Glucose + Periodsäure $\longrightarrow$ HCOOH

Glucose + CH_3OH/HCl, dann + Periodsäure $\longrightarrow$ HCOOH

$$Glucose \xrightarrow{\text{bakterielle Gärung}} 2 \text{ Milchsäure } (-COOH\text{-Gruppen sind C-3 und C-4})$$

$$\downarrow KMnO_4$$

$$CO_2 + CH_3CHO \xrightarrow{I_2/NaOH} CH_3I + HCHO$$

22.12   Geben Sie die verschiedenen möglichen Oxidationsprodukte von *D*-Galaktose und *D*-Ribose an!

22.13   Wie könnte man Coniferin synthetisch aufbauen?

22.14   Was für Möglichkeiten bestehen bei der Bildung von Disacchariden?

22.15   Wie verhalten sich *D*-Fructose, *D*-Ribose, *D*-Saccharose und *L*-Maltose gegenüber Fehling-Lösung?

22.16   (+)-Trehalose ist ein nicht-reduzierendes Disacchrid, das in Pilzen vorkommt (Molekularformel $C_{12}H_{22}O_{11}$). Durch Hydrolyse mit verdünnten Säuren oder mit Maltase liefert es nur *D*-Glucose. Durch Methylierung erhält man ein Oktamethyl-derivat, welches bei der Hydrolyse 2,3,4,6-Tetramethyl-*D*-glucose ergibt. Geben Sie die Struktur und den systematischen Namen von Trehalose an!

22.17   Diskutieren Sie Bedeutung, Verwendung und Struktur von Cellulose und Stärke!

22.18   Diskutieren Sie das Prinzip der Endgruppenbestimmung bei Polysacchariden!

22.19   Alginsäure, ein Polysaccharid aus gewissen Meeresalgen (das u.a. zur Verdickung von Ice-cream verwendet wird) liefert bei der Hydrolyse nur *D*-Mannuronsäure. Methylierung und anschließende Hydrolyse ergibt 2,3-Dimethyl-*D*-Mannuronsäure. Die Verknüpfung der Monosaccharideinheiten geschieht wahrscheinlich β-glykosidisch. Geben Sie die Struktur dieses Polysaccharids an!

22.20   Diskutieren Sie die Struktur von Maltose und Saccharose. Geben Sie den Strukturbeweis für Lactose und Maltose!

22.21   Formulieren Sie die genaue Reaktionsgleichung (inkl. die beiden Redoxsysteme) für die Bromwasseroxidation der Glucose!

23 Proteine und Proteide

23.1 Allgemeines

Die Eiweiße oder Proteine sind für die Biochemie von ganz außerordentlicher Bedeutung. Sie bilden die wichtigsten *Bau-* und *Gerüststoffe* des *menschlichen* und *tierischen* Körpers: der *Zellinhalt* aller Lebewesen besteht zu einem großen Teil aus Eiweißen oder eiweißartigen Substanzen; als Bausteine der *Nucleoproteide* nehmen sie eine Schlüsselstellung bei der *Vermehrung* der lebenden Substanz und bei der *Vererbung* ein, und als Bausteine der *Enzyme* regeln sie den Stoffwechsel aller Lebewesen. Das «Leben» in unserem Sinn ist ohne Proteine völlig undenkbar. Proteine (und Proteide) sind damit die eigentlichen «Träger» des Lebens.

Die Molekülmassenbestimmungen von Eiweißen ergeben Werte $> 10\,000$ u; ihre Hydrolyse (die durch längeres Kochen des Proteins mit konzentrierter Salzsäure oder mit 30% Schwefelsäure durchgeführt wird) liefert ein komplexes Gemisch von α-*Aminocarbonsäuren,* dessen Zusammensetzung je nach der untersuchten Eiweißart verschieden ist. Da aus gewöhnlichen Proteinen bei der Hydrolyse keine weiteren Produkte entstehen, muß man schließen, daß es sich bei ihnen um hochmolekulare, nur aus α-Aminosäuren aufgebaute Substanzen handelt.

Wegen des beinahe salzartigen Charakters der freien α-Aminosäuren (vgl. S.288) machte die vollständige *Trennung* eines *Eiweißhydrolysates* anfänglich sehr große Schwierigkeiten. E. Fischer, der als erster mit der systematischen Untersuchung des Aufbaues der Eiweißstoffe begann, veresterte das Aminosäuregemisch mit Methanol oder Ethanol und trennte die Ester durch fraktionierte Destillation. Bedeutend einfacher ist natürlich die gaschromatographische Trennung solcher Estergemische. Auch durch selektive Fällung als Salze gewisser mehrkerniger Komplexe (Silicowolframate, Phosphormolybdate) wurden in der Frühzeit der Eiweißchemie Aminosäuregemische getrennt. Heute bieten die verschiedenen

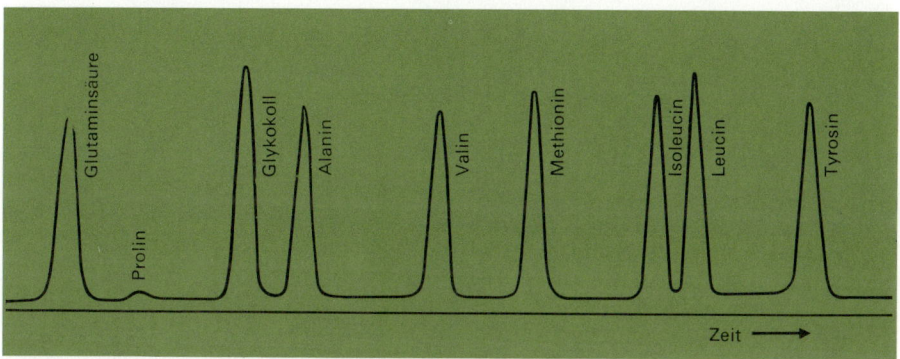

Abb. 23.1. Ausschnitt aus der Registrierkurve eines Aminosäuregemisches (System Technicon Auto-Analyzer)

chromatographischen Verfahren, insbesondere auch die Ionenaustausch-Chromatographie (an Kationen- und Anionenaustauschern), bequeme Möglichkeiten zur Aminosäuretrennung und speziell auch zur Abtrennung und zur Untersuchung sehr kleiner Substanzmengen. Seit einigen Jahren sind Geräte im Handel, welche Aminosäuregemische vollautomatisch trennen und zugleich die einzelnen Säuren quantitativ bestimmen. Die Trennung erfolgt durch Ionenaustauscher; da die Elution mit konstanter Durchflußgeschwindigkeit erfolgt und jeweils gleiche Volumina des Eluats mit Ninhydrin versetzt werden, erhält man durch kolorimetrische Bestimmung des entstandenen blauen Farbstoffes (Aufzeichnung der Absorption durch einen Schreiber) Kurven von der Art der Abb. 23.1, in welchen die Flächen der einzelnen Peaks den Konzentrationen der verschiedenen Aminosäuren proportional sind.

Die wichtigsten in natürlichen Proteinen vorkommenden α-Aminosäuren sind in Tabelle 4.18 (S. 289) zusammengestellt worden. Tabelle 23.1 bringt einige seltener auftretende Aminosäuren. Als *«essentielle»* Aminosäuren werden diejenigen Aminosäuren bezeichnet, welche dem betreffenden Organismus mit der Nahrung zugeführt werden müssen, die er also nicht selbst aufzubauen imstande ist. Die für den *Menschen* essentiellen Aminosäuren sind *Leucin, Isoleucin, Lysin, Methionin, Phenylalanin, Threonin, Tyrosin* und *Valin*.
Mit Ausnahme von Glycin besitzen alle α-Aminosäuren im α-C-Atom ein Chiralitätszentrum, sind also *optisch aktiv*. Die in «höheren» Lebewesen vorkommenden Aminosäuren gehören alle zur *L*-Reihe. *D*-Aminosäuren treten (neben *L*-Aminosäuren) in den meisten Mikroorganismen auf; besonders häufig sind dabei *D*-Glutaminsäure und *D*-Alanin.

Tabelle 23.1. Seltenere Aminosäuren

Name	Formel	Herkunft
β-Alanin	$H_2NCH_2CH_2COOH$	Pantothensäure
γ-Aminobuttersäure	$H_2NCH_2CH_2CH_2COOH$	Bakterien, Pflanzen, Hefe
α,ε-Diamino-pimelinsäure	$HOOCCH(NH_2)CH_2CH_2CH_2CH(NH_2)COOH$	Bakterien
Thyroxin		Thyreoglobulin
Diiodtyrosin		Thyreoglobulin
β-Thiolvalin	$(CH_3)_2C(SH)CH(NH_2)COOH$	Penicilline
γ-Methylen-glutaminsäure	$HOOCC(=CH_2)CH_2CH(NH_2)COOH$	Erdnuß
α,β-Diaminobuttersäure	$H_2NCH_2CH_2CH(NH_2)COOH$	Polymyxine
Ornithin	$H_2NCH_2CH_2CH_2CH(NH_2)COOH$	Polypeptide
Hydroxylysin	$H_2NCH_2CH(OH)CH_2CH_2CH(NH_2)COOH$	Kollagen
Citrullin	$H_2NCONHCH_2CH_2CH_2CH(NH_2)COOH$	Wassermelone, Casein

$$
\begin{array}{c}
\text{COOH} \\
\mid \\
\text{H}_2\text{N}-\text{C}-\text{H} \\
\mid \\
\text{R}
\end{array}
\qquad\qquad
\begin{array}{c}
\text{CHO} \\
\mid \\
\text{H}-\text{C}-\text{OH} \\
\mid \\
\text{CH}_2\text{OH}
\end{array}
$$

L-(*S*-) Aminosäure   *D*-(*R*-) Glyceraldehyd

Die *Korrelation der Konfigurationen* von Alanin und Glyceraldehyd ist durch nachstehende Reaktionsfolgen möglich:

(1)
$$
\begin{array}{c}
\text{CHO} \\
\mid \\
\text{H}-\text{C}-\text{OH} \\
\mid \\
\text{CH}_2\text{OH}
\end{array}
\xrightarrow{\text{Br}_2/\text{H}_2\text{O}}
\begin{array}{c}
\text{COOH} \\
\mid \\
\text{H}-\text{C}-\text{OH} \\
\mid \\
\text{CH}_2\text{OH}
\end{array}
\xrightarrow{\text{PBr}_3}
\begin{array}{c}
\text{COOH} \\
\mid \\
\text{H}-\text{C}-\text{OH} \\
\mid \\
\text{CH}_2\text{Br}
\end{array}
\xrightarrow{\text{Zn/HCl}}
\begin{array}{c}
\text{COOH} \\
\mid \\
\text{H}-\text{C}-\text{OH} \\
\mid \\
\text{CH}_3
\end{array}
$$

D-(*R*-) Milchsäure

(2)
$$
\begin{array}{c}
\text{COOH} \\
\mid \\
\text{H}-\text{C}-\text{OH} \\
\mid \\
\text{CH}_3
\end{array}
\xrightarrow[(S_N 2)]{\text{HBr}}
\begin{array}{c}
\text{COOH} \\
\mid \\
\text{Br}-\text{C}-\text{H} \\
\mid \\
\text{CH}_3
\end{array}
\xrightarrow[(S_N 2)]{\text{NaN}_3}
\begin{array}{c}
\text{COOH} \\
\mid \\
\text{H}-\text{C}-\text{N}{=}\text{N}{=}\text{N} \\
\mid \\
\text{CH}_3
\end{array}
\xrightarrow{\text{Red.}}
\begin{array}{c}
\text{COOH} \\
\mid \\
\text{H}-\text{C}-\text{NH}_2 \\
\mid \\
\text{CH}_3
\end{array}
$$

D-(*R*-) Milchsäure   *D*-(*R*-) Alanin

Das gemäß (2) aus *D*-Milchsäure erhaltene Enantiomer von Alanin zeigte die entgegengesetzte spezifische Drehung von natürlichem (aus Proteinhydrolysaten isoliertem) Alanin, so daß dieses die *L*-(*S*-)Konfiguration besitzen muß.

23.2 Peptide

Zwei Aminosäuren können formal unter Wasserabspaltung zu einem **Dipeptid** kondensieren (Bildung einer *Amidbindung*):

$$
\text{H}_2\text{N}-\text{CH}_2-\text{COOH} + \text{H}_2\text{N}-\text{CH}_2-\text{COOH} \;\rightleftharpoons\; \text{H}_2\text{N}-\text{CH}_2-\underset{\underset{\text{O}}{\|}}{\text{C}}-\text{NH}-\text{CH}_2-\text{COOH} + \text{H}_2\text{O}
$$

ein Dipeptid aus zwei Molekülen Glycin
(tatsächlich als Zwitterion auftretend)

Das Gleichgewicht dieser Kondensation liegt bei Raumtemperatur allerdings ganz auf der linken Seite *(die Peptidbildung ist also endergonisch!),* da die Aminogruppe viel zu schwach nucleophil ist, um direkt mit der Carboxylgruppe ein Amid zu liefern. Sowohl bei Laboratoriumssynthesen von Peptiden wie bei der Biosynthese von Peptiden und Proteinen müssen deshalb die reaktiven Gruppen zuerst «aktiviert», d. h. in eine *reaktionsfähigere Form* gebracht werden (z. B. indem man die Carboxylgruppe zunächst in eine Acylhalogenid-Gruppe überführt).

Durch fortgesetzte Kondensation bilden sich *Tripeptide, Tetrapeptide* und schließlich *Polypeptide,* kettenförmige, aus Aminosäuren aufgebaute Makromoleküle:

$$\overset{\oplus}{H_3N}CHCO\,(NHCHCO)_n\,NHCHCOO^{\ominus}$$

$$\quad\;\; | \qquad\qquad | \qquad\qquad |$$
$$\quad\;\; R \qquad\qquad R \qquad\qquad R$$

Wenn man die Standard-Abkürzungen der Aminosäuren zur Beschreibung ihrer Reihenfolge (**«Sequenz»**) in den Peptiden verwenden will, so wird, um Unklarheiten zu vermeiden, diejenige Aminosäure mit der freien Aminogruppe am linken Ende, diejenige mit der freien Carboxylgruppe am rechten Ende geschrieben.

Die Röntgenanalyse von Aminosäuren und Dipeptiden zeigt, daß die *Amid-Gruppe* eben gebaut ist, daß also das Carbonyl-C-Atom, das N-Atom und die vier an diese beiden Atome gebundenen Atome in einer Ebene liegen. Die relativ kleine Länge der C—N-Bindung (132 pm; gewöhnliche C—N-σ-Bindungen 147 pm) zeigt, daß ihr in einem gewissen Maß Doppelbindungscharakter zukommt, daß also die Carbonyl-π-Elektronen etwas delokalisiert sind.

Polypeptidketten bilden das *primäre Strukturelement* der **Proteine**. Auch gewisse *Oligopeptide* sind von großer biologischer Bedeutung. *Glutathion,* ein Tripeptid (γ-Glutamyl-cysteyl-glycin), das in den meisten lebenden Zellen auftritt, ist an Redoxvorgängen beteiligt. *Ocytocin* und *Vasopressin,* zwei Nonapeptide, sind **Hormone** und werden im Hypophysenhinterlappen gebildet. Ocytocin bewirkt die Kontraktion des Uterus, so daß es bei der Geburt (Wehen!) eine wichtige Rolle spielt; Vasopressin wirkt auf die Niere und fördert die Resorption des Wassers. Weitere Peptid-Hormone sind *Corticotropin* (adrenocorticotropes Hormon, «ACTH»; ein Peptid aus 39 Aminosäuren, das im Hypophysenvorderlappen gebildet wird und die Nebennierenrinde stimuliert) sowie *Insulin* (aus zwei Peptidketten von 21 bzw. 30 Aminosäuren bestehend, die durch zwei Disulfid-Brücken verbunden sind; wird in den Langerhansschen Inseln der Bauchspeicheldrüse gebildet und senkt den Blutzuckerspiegel; Insulinmangel führt zur Zuckerkrankheit).

$$
\begin{array}{ccc}
COO^{\ominus} & COO^{\ominus} & {}^{\ominus}OOC \\
| & | & | \\
CH_2 & CH_2 & CH_2 \\
| & | & | \\
NH & NH & HN \\
| & | & | \\
C{=}O & C{=}O & O{=}C \\
| & | & | \\
2\;\;\; CH{-}CH_2{-}S^{\ominus} & CH{-}CH_2{-}S{-}S{-}CH_2{-}CH & \\
| & | & | \\
NH & NH & HN \\
| & | & | \\
C{=}O & C{=}O & O{=}C \\
| & | & | \\
CH_2 & CH_2 & CH_2 \\
| & | & | \\
CH_2 & CH_2 & CH_2 \\
| & | & | \\
CH{-}NH_2 & CH{-}NH_2 & H_2N{-}CH \\
| & | & | \\
COO^{\ominus} & COO^{\ominus} & {}^{\ominus}OOC \\
\end{array}
$$

$$\xrightarrow[\;+2\,e^-\;]{\;-2\,e^-\;}$$

Glutathion

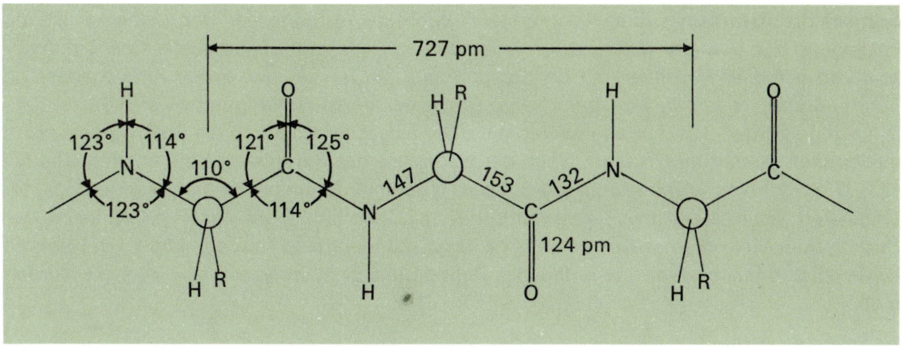

Abb. 23.2. Geometrie der Peptidbindung

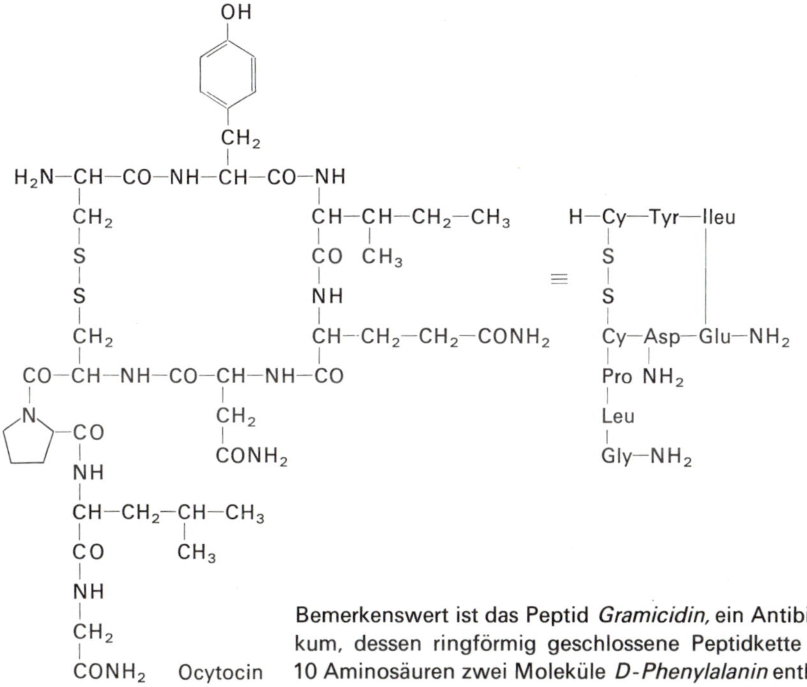

Ocytocin

Bemerkenswert ist das Peptid *Gramicidin,* ein Antibiotikum, dessen ringförmig geschlossene Peptidkette aus 10 Aminosäuren zwei Moleküle *D-Phenylalanin* enthält.

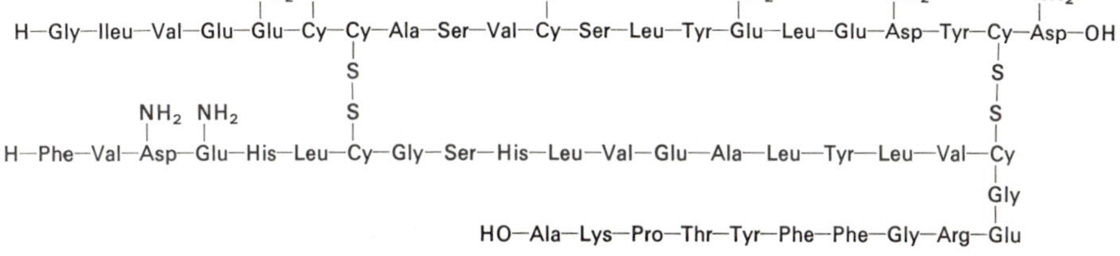

Insulin

Sequenzbestimmung. Eine grundlegend wichtige Aufgabe der Peptidchemie ist die Festlegung der *Sequenz der einzelnen Aminosäuren.* Sie ist möglich durch eine *Kombination von partieller Hydrolyse* mit der *Bestimmung der jeweils terminalen Aminosäure.* Die Ermittlung der *N-terminalen Aminosäure* (mit einer freien Aminogruppe) erfolgt mit 2,4-Dinitrofluorbenzen (DNF, Sangers Reagens; S. 720), welches durch die Aminogruppe eine nucleophile Substitution erfährt. Nach der Hydrolyse des Peptids wird die entstandene N-(2,4-Dinitrophenyl-)Aminosäure identifiziert. Noch empfindlicher ist die «Markierung» der terminalen Aminosäure mit «Dansylchlorid» als Sulfonamid, da das Produkt nach der Hydrolyse in Mikrogramm-Mengen spektroskopisch identifiziert werden kann. Ein Nachteil beider Methoden besteht darin, daß das Peptidmolekül hydrolysiert, d. h. zerstört werden muß.

Schema für beide Reaktionen:

a)

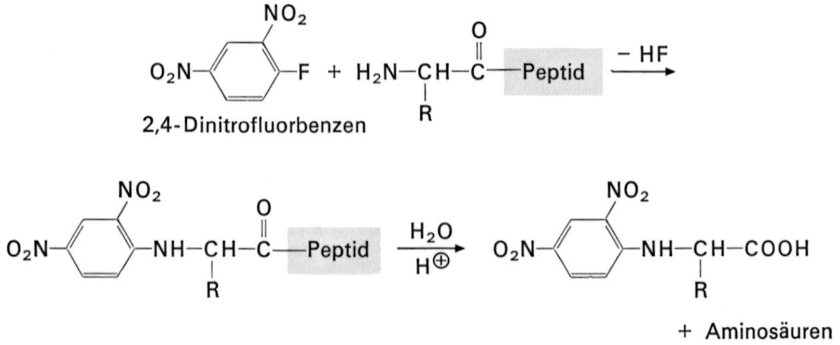

2,4-Dinitrofluorbenzen

+ Aminosäuren

b)

«Dansylchlorid»

+ Aminosäuren

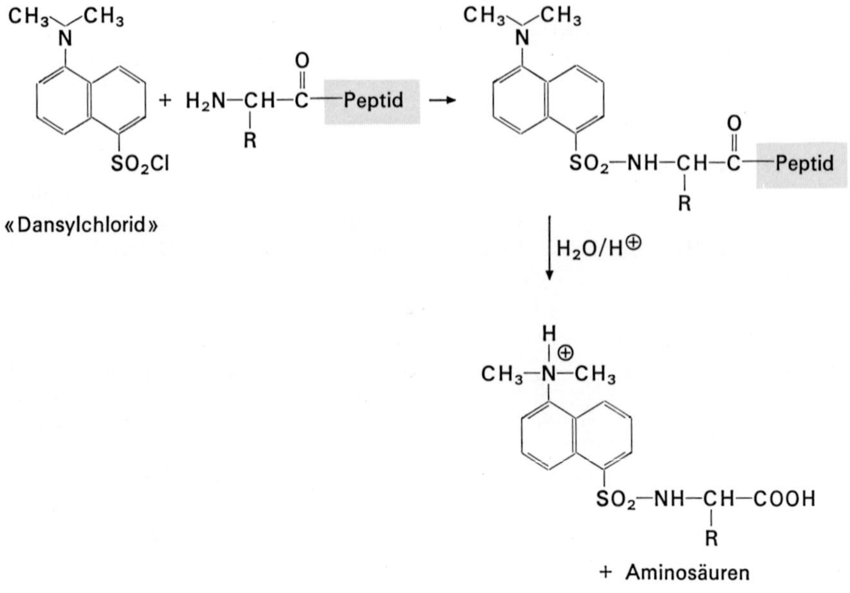

Bei einem anderen, von Edman eingeführten Verfahren, reagiert die Aminogruppe der terminalen Aminosäure mit *Phenylisothiocyanat* und bildet dadurch ein substituiertes Thioharnstoffmolekül. Durch milde Hydrolyse mit verdünnter Salzsäure kann die «markierte» Aminosäure als Thiazolinonderivat selektiv abgetrennt werden. Dabei bleibt die restliche Peptidkette intakt, so daß das Verfahren fortgesetzt werden kann. Das Thiazolinonderivat wird nach der Abtrennung in ein Phenylthiohydantoin umgelagert, das dünnschichtchromatographisch leicht zu identifizieren ist.

$$C_6H_5NCS + H_2NCHCONHCHCO- \longrightarrow C_6H_5-\overset{\overset{H}{|}}{N}-\overset{\overset{}{\underset{\parallel}{C}}}{}-NHCHCONHCHCO-$$

(mit R, R' Substituenten; zweite Struktur mit S, R, R')

$$\downarrow HCl$$

Thiazolinon-Derivat $+ H_2NCHCO-$ (R')

$$\xrightarrow{H_2O} C_6H_5-\overset{\overset{H}{|}}{N}-\overset{}{\underset{\parallel}{C}}-NH-\overset{}{\underset{R}{CH}}-COOH$$
(mit S)

$$\xrightarrow{H^{\oplus}} \text{Phenylthiohydantoin} + H_2O$$

Der Edman-Abbau wird heute sogar *vollautomatisch* ausgeführt. Die dazu notwendigen Reaktions-, Extraktions- und Trocknungsvorgänge laufen in einem schnell rotierenden zylindrischen Gefäß ab, und zwar besonders rasch, weil darin die Lösungen nur einen dünnen Film bilden. Ein Fraktionssammler liefert die Thiazolinone der einzelnen Aminosäuren, welche anschließend einzeln umgelagert und identifiziert werden müssen.

Zur Bestimmung der *C-terminalen Aminosäure* (mit einer freien Carboxylgruppe) kann man das Peptid mit Hydrazin erhitzen. Dabei werden (mit Ausnahme der C-terminalen) alle Aminosäuren in Hydrazide übergeführt (es erfolgt also eine «Hydrazinolyse» der Amidbindungen). Wird das Gemisch mit DNF behandelt, so läßt sich das Derivat der C-terminalen Säure mit NaOH abtrennen (nur dieses besitzt eine freie Carboxylgruppe und ist alkalilöslich!). Noch besser läßt sich die C-terminale Säure dadurch ermitteln, daß man sie mittels des Enzyms-Carboxypeptidase (aus dem Pankreas) vom Peptid abtrennt, denn dieses Enzym vermag nur solche Peptidbindungen zu trennen, die einer freien α-Carboxylgruppe benachbart sind.

In der Praxis ist es allerdings kaum möglich, eine längere Peptidkette Schritt für Schritt abzubauen und die jeweiligen Endglieder zu bestimmen. Man unterwirft vielmehr das Peptid einer *partiellen Hydrolyse* (enzymatisch oder durch verdünnte Salzsäure) und identifiziert die dabei gebildeten Fragmente (Dipeptide, Tripeptide usw.). Kennt man

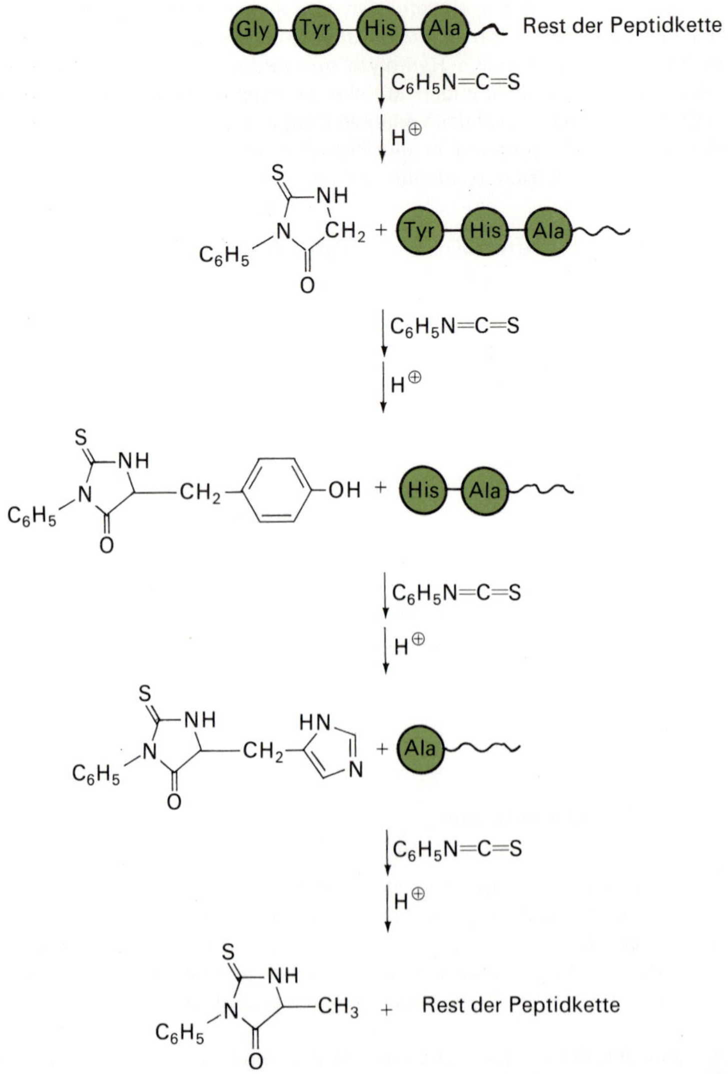

Abb. 23.3. Schema des Edman-Abbaues eines Peptides, das am Ende die Aminosäuren Gly, Tyr, His und Ala aufweist

genügend verschiedene Bruchstücke, so läßt sich die Sequenz des gesamten Peptid-Moleküls rekonstruieren. Die Sequenzbestimmung der Aminosäuren im *Insulin* durch die Arbeitsgruppe von Sanger (1952, nach zehnjähriger Arbeit!) bedeutete einen Markstein in der Peptid- und Proteinchemie. Heute ist die exakte Sequenz vieler anderer Peptidketten bekannt (u. a. der vier Peptide aus dem Hämoglobin, von denen zwei 141 und zwei 146 Aminosäuren enthalten, oder der Polypeptidkette des Chymotrypsinogens [eines Enzyms] mit 246 Aminosäuren).

Peptidsynthesen. Die Synthese von Peptiden ist nicht nur zur Bestätigung der experimentell ermittelten Sequenz natürlicher Peptidketten von Interesse; es lassen sich auf diese Weise auch Peptide aufbauen, die als *Modellsubstanzen* zur Untersuchung von charakteristischen Eigenschaften oder Reaktionen von Peptiden und Proteinen dienen können.

Bei der Synthese von Peptiden aus α-Aminosäuren stellen sich verschiedene grundlegende Probleme. Da nämlich bei der Reaktion zweier verschiedener Aminosäuren insgesamt vier Produkte entstehen können (zwei durch Selbstkondensation und zwei durch «gekreuzte» Kondensation), muß die Aminogruppe des einen und die Carboxylgruppe des anderen Reaktanten derart *geschützt* werden, daß die Kondensation nur auf eine einzige Art möglich ist, wobei die Schutzgruppen nach der Peptidbildung unter so milden Bedingungen abgetrennt werden müssen, daß dabei keine Hydrolyse der entstandenen Amidbindung eintritt. Weiter muß die *Carboxylgruppe* in einer Weise *aktiviert* werden, daß zur Bildung des Peptids keine allzu drastischen Bedingungen erforderlich sind, welche zu unerwünschten Nebenreaktionen führen könnten. Schließlich darf bei der Synthese auch *keine Racemisierung* eintreten, denn wenn ein natürliches Peptid synthetisiert werden soll, müssen alle Chiralitätszentren in der Peptidkette (alle «α-C-Atome») die *L*-Konfiguration besitzen. Racemisierung tritt besonders leicht in basischer Lösung ein, da sich ein Oxazolon-Ring bilden kann, der (über die Enolform) racemisiert:

(X$^{\ominus}$ ist eine Abgangsgruppe, z. B. Cl$^{\ominus}$)

Enolform

Trotz dieser Schwierigkeiten gelang es, verschiedene Methoden zur Synthese von Peptiden zu entwickeln und damit auch längere, natürlich vorkommende Peptidketten Schritt um Schritt aufzubauen. Dabei ist zu bedenken, daß im Fall eines Peptides von beispielsweise 50 Aminosäuren 100 Syntheseschritte notwendig sind, und daß – sogar wenn jeder einzelne Schritt mit einer Ausbeute von 90 % verläuft – die Gesamtausbeute sehr gering wird. In der Praxis werden deshalb meist zunächst kürzere Peptidstücke aufgebaut und diese erst nachher verknüpft.

Zum *Schutz der Carboxylgruppe* kann man sie durch Isobuten (in Gegenwart von konzentrierter Schwefelsäure) in den tert. Butylester überführen. Die tert. Butylgruppe läßt sich nach der Kondensation durch milde saure Hydrolyse (über das tert. Butylcarbeniumion) wieder entfernen:

(a) $-COOH + (CH_3)_2C=CH_2 \xrightarrow{H^{\oplus}} -C\overset{\displaystyle O}{\underset{\displaystyle O-C(CH_3)_3}{}}$

(b) $-C\overset{\displaystyle O}{\underset{\displaystyle O-C(CH_3)_3}{}} \xrightarrow{H^{\oplus}} -C\overset{\displaystyle O}{\underset{\displaystyle \underset{\displaystyle H}{\overset{\oplus}{O}}-C(CH_3)_3}{}} \xrightarrow{-(CH_3)_3C^{\oplus}} -COOH$

$$(CH_3)_3C^{\oplus} + H_2O \xrightarrow{-H^{\oplus}} (CH_3)_3C-OH$$

Um die *Aminogruppe* zu *schützen,* ist die üblicherweise bei präparativen Arbeiten ange-wandte Acylierung (z. B. mit Benzoylchlorid) unbrauchbar, da bei der Hydrolyse des dadurch gebildeten Amids auch die Peptidbindung hydrolysiert wird. Geeignet ist hingegen der Schutz durch Reaktion mit *Benzyl-* (oder *tert. Butyl-)chlorkohlensäureester* (vgl. S.590), weil dann die Schutzgruppe entweder durch katalytische Hydrierung (Hydrogeno-lyse!) oder durch milde saure Hydrolyse (z. B. mit HBr in Eisessig bei Raumtemperatur) wieder abgetrennt werden kann.

Abtrennung:

$$C_6H_5CH_2O-\underset{\underset{\displaystyle O}{\|}}{C}-NHR$$

acyliertes Amin
(aus Carbobenzoxychlorid und dem Amin entstanden)

$\xrightarrow{H_2/Pd}$ $C_6H_5CH_3 +$ $\left[HO-\underset{\underset{\displaystyle O}{\|}}{C}-NH-R\right]$ $\rightarrow CO_2 + H_2N-R$

eine Carbaminsäure, instabil

$\xrightarrow[\text{(kalt)}]{HBr}$ $C_6H_5CH_2Br +$ $\left[HO-\underset{\underset{\displaystyle O}{\|}}{C}-NH-R\right]$ $\rightarrow CO_2 + H_2N-R$

eine Carbaminsäure

Tab. 23.2. Schutzgruppen für die Aminogruppe

Schutzgruppe	zum Schutz der Aminogruppe benötigte Substanz
$C_6H_5-CH_2-O-\underset{\underset{\displaystyle O}{\|}}{C}-$ Benzyloxycarbonyl-	$C_6H_5-CH_2-O-\underset{\underset{\displaystyle O}{\|}}{C}-Cl$ Benzylchlorkohlensäureester («Carbobenzoxychlorid»)
$(CH_3)_3C-O-\underset{\underset{\displaystyle O}{\|}}{C}-$ tert.-Butoxycarbonyl-	$(CH_3)_3C-O-\underset{\underset{\displaystyle O}{\|}}{C}-Cl$ tert. Butylchlorkohlensäureester

Die *Aktivierung der Carboxylgruppe* (d. h. ihre Überführung in ein gegenüber Aminogrup-pen reaktionsfähigeres Derivat) ist auf verschiedene Weise möglich. Durch Reaktion mit $SOCl_2$ oder durch Umsetzen des Esters mit Hydrazin und salpetriger Säure erhält man die entsprechenden *Acylchloride* bzw. *-azide,* die beide sehr gut mit Aminen reagieren (S_N2_t; sowohl —Cl wie —N$_3$ sind gute Abgangsgruppen!). Auch aktivierte Ester lassen sich unter Umständen zur Umsetzung mit Aminogruppen verwenden; in *p-Nitrophenylestern* z. B. ist das *p*-Nitrophenolat-Anion wegen der Wirkung des π-Akzeptors eine gute Abgangsgruppe, so daß solche Ester leicht mit Aminogruppen reagieren:

$$
\begin{array}{ccc}
\overset{\displaystyle OAr}{\underset{\displaystyle O}{-C}} + H_2N- & \longrightarrow & \overset{\displaystyle OAr}{\underset{\displaystyle O^{\ominus}}{-C}}\!\!-\!\!\overset{\displaystyle H}{\underset{\displaystyle H}{N}}{}^{\oplus} \xrightarrow[-ArO^{\ominus}]{-H^{\oplus}} \overset{\displaystyle}{\underset{\displaystyle O}{-C}}\!\!-\!\!\overset{\displaystyle}{\underset{\displaystyle H}{N}}-
\end{array}
$$

Besonders elegant ist die *direkte Amidbildung* aus Carboxyl- und Aminogruppe unter Zusatz von *N,N'-Dialkylcarbodiimiden* (die durch Elimination von Wasser aus disubstituierten Harnstoffen entstehen):

$$
R-NH-\underset{O}{C}-NH-R \xrightarrow{-H_2O} R-N{=}C{=}N-R
$$

Dialkylcarbodiimid

Durch Reaktion des Carbodiimids mit einer Carbonsäure bildet sich zunächst ein O-acylierter Harnstoff. Dieser reagiert sehr leicht mit Nucleophilen und bildet mit Aminen ein Amid, wobei wieder ein dialkylierter Harnstoff abgespalten wird:

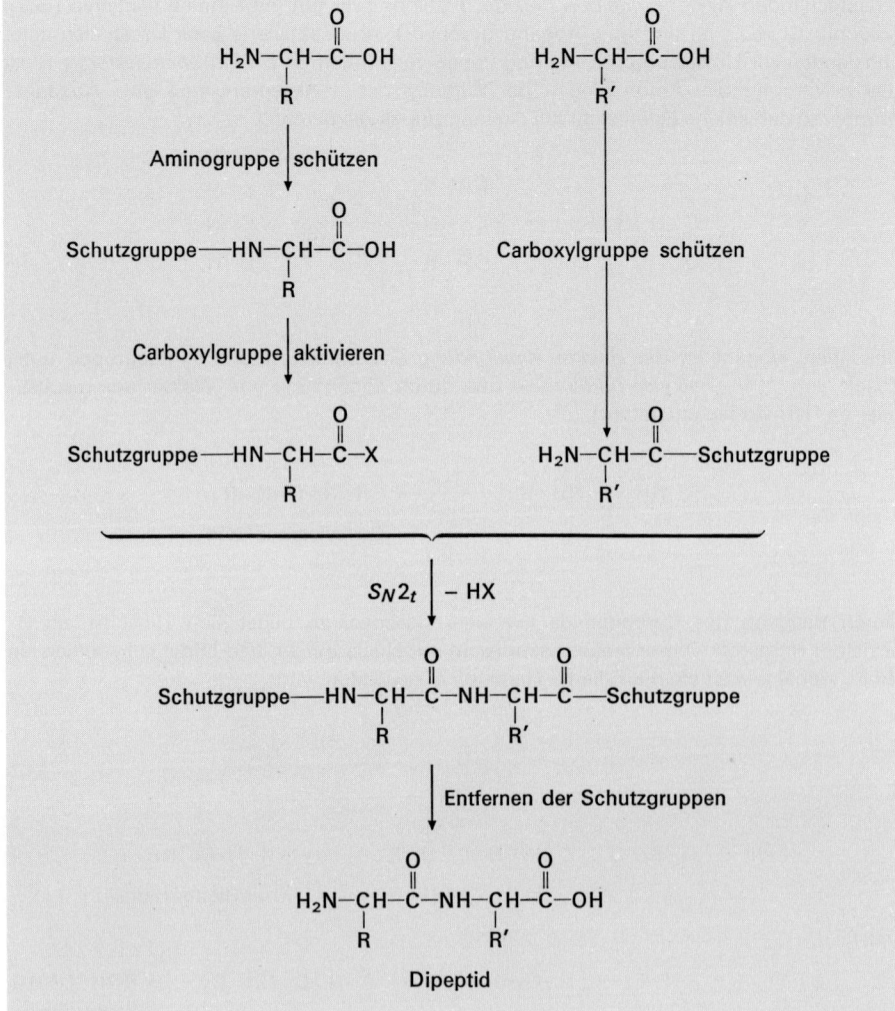

Abb. 23.4. Reaktionsfolge bei der Bildung eines Dipeptids aus zwei verschiedenen Aminosäuren

Selbstverständlich müssen eventuell noch vorhandene weitere funktionelle Gruppen (z. B.
die Aminogruppe in der Seitenkette von Lysin oder Thiolgruppen) ebenfalls geschützt
werden, was das Verfahren weiter kompliziert.

Als *Beispiel* einer solchen *Peptidsynthese* sei der Aufbau des β-*Corticotropins* durch
Schwyzer und Sieber erklärt (1962). Ausgangsstoffe bildeten Phenylalanin (dessen
—COOH-Gruppe durch Veresterung mit tert. Butylalkohol geschützt war) und Glutaminsäure (die β-COOH-Gruppe ebenfalls als tert. Butylester und die Aminogruppe mit
Carbobenzoxychlorid geschützt). Die Kondensation wurde über den *p*-Nitrophenylester
der Glutaminsäure durchgeführt, und anschließend wurde die Benzyloxycarbonylgruppe
durch Hydrogenolyse (H_2 über Pd) entfernt:

$$
\begin{array}{c}
\text{COOC}(\text{CH}_3)_3 \\
| \\
\text{CH}_2 \\
| \\
\text{CH}_2 \qquad\qquad\qquad \text{CH}_2\text{Ph} \\
| \qquad\qquad\qquad\qquad | \\
\text{PhCH}_2\text{OCO}-\text{NH}-\text{CH}-\text{CO}-\text{OAr} + \text{H}_2\text{N}-\text{CH}-\text{COOC}(\text{CH}_3)_3
\end{array}
$$

$$\downarrow -\text{ArOH}$$

$$
\begin{array}{c}
\text{COOC}(\text{CH}_3)_3 \\
| \\
\text{CH}_2 \\
| \\
\text{CH}_2 \qquad\qquad\qquad \text{CH}_2\text{Ph} \\
| \qquad\qquad\qquad\qquad | \\
\text{PhCH}_2\text{OCO}-\text{NH}-\text{CH}-\text{CO}-\text{NH}-\text{CH}-\text{COOC}(\text{CH}_3)_3
\end{array}
$$

$$\downarrow \text{H}_2/\text{Pd}$$

$$
\begin{array}{c}
\text{COOC}(\text{CH}_3)_3 \\
| \\
\text{CH}_2 \\
| \\
\text{CH}_2 \qquad\qquad \text{CH}_2\text{Ph} \\
| \qquad\qquad\qquad | \\
\text{H}_2\text{N}-\text{CH}-\text{CO}-\text{NH}-\text{CH}-\text{COOC}(\text{CH}_3)_3
\end{array}
$$

Auf die gleiche Weise wurde die nächste Aminosäure eingeführt (die Aminogruppe wieder mit Carbobenzoxychlorid geschützt). Insgesamt wurde die Kondensation 12mal jeweils mit den entsprechenden Aminosäuren wiederholt. Anschließend erfolgte die Kondensation mit einem auf die gleiche Weise aufgebauten Oktapeptid, dann mit einem Hexapeptid und schließlich mit einem Dekapeptid, wobei die Amidbildung entweder unter Zusatz von Carbodiimid oder nach Überführung der Carboxylgruppe in das entsprechende Azid geschah. Die Seitenkettenaminogruppen von Lysin wurden mittels tert. Butylchlorkohlensäureester geschützt; da die tert. Butyloxycarbonylgruppe etwas schwerer zu entfernen ist als die Benzyloxycarbonylgruppe, blieb die erstere während der Hydrolyse mit der Lysinseitenkette verbunden und wurde erst am Schluß mittels Trifluoressigsäure abgetrennt. Das fertige Polypeptid besitzt folgende Sequenz:

Ser—Tyr—Ser—Met—Glu—His—Phe—Arg—Try—Gly—Lys—Pro—Val—Gly—Lys—Lys—Arg—Arg—

—Pro—Val—Lys—Val—Tyr—Pro—Ala—Gly—Glu—Asp—Asp—Glu—Ala—Ser—Glu—Ala—Phe—

—Pro—Leu—Glu—Phe

Wenn man nun aber ein Peptid auf die geschilderte Art und Weise schrittweise aufbaut, so ist es notwendig, nach jeder erfolgten Verknüpfung das Produkt z. B. durch Umkristallisieren oder mittels einer anderen Methode sorgfältig zu *reinigen,* da sonst *Nebenreaktionen* auftreten können, welche die Ausbeuten noch mehr vermindern. Eine andere, vor einigen Jahren entwickelte Methode zur Peptidsynthese («Merrifield-Synthese») vermeidet die langwierige Aufarbeitung jedes Produktes und ermöglicht daher ein viel schnelleres Arbeiten, so daß sie insbesondere zum Aufbau von Polypeptidketten mit höheren Molekülmassen geeignet ist. Man verwendet dabei ein durch Copolymerisation mit Divinylbenzen schwach vernetztes *Polystyrenharz* (vgl. S. 1015) als *Träger.* Das Harz wird zunächst z. B. mit Formaldehyd, Salzsäure und ZnCl_2 chlormethyliert, und das Chlormethylpolymerisat wird mit dem Salz einer Aminosäure umgesetzt, deren Aminogruppe durch Carbobenzoxychlorid oder tert. Butylchlorcarbonat geschützt ist. Dadurch wird die Aminosäure (als Ester) an das Harz gebunden, und die *Nebenprodukte* können aus dem weitmaschig vernetzten Harz *ausgewaschen* werden. Nach Abtrennung der Schutzgruppe und nach erneutem Auswaschen wird die nächste Aminosäure eingeführt (deren Aminogruppe wieder mit tert. Butylchlorcarbonat geschützt ist) und mittels N,N′-Dicyclohexylcarbodiimid mit der schon an das Harz gebundenen Aminosäure zum Dipeptid kondensiert. Nebenprodukte (Dicyclohexylharnstoff) werden ausgewaschen und das Verfahren so lange wiederholt, bis das gewünschte Polypeptid – das immer noch als Ester an das Harz gebunden ist – aufgebaut worden ist. Zum Schluß werden Peptid und Harz durch Behandlung des in Trifluoressigsäure suspendierten Festkörpers mit HBr (bei Raumtemperatur!) getrennt (vgl. Abb. 23.5).

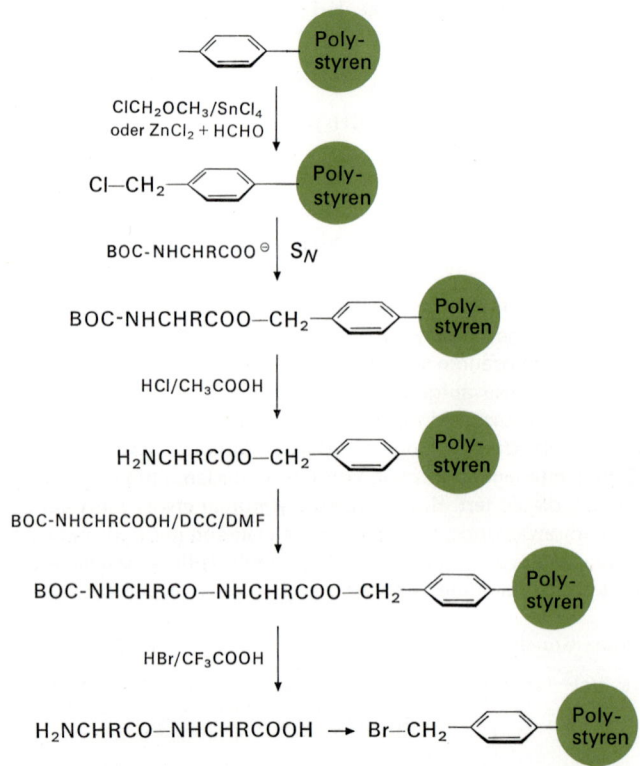

Abb. 23.5. Schema der Synthese eines Dipeptids mittels eines Trägers aus Polystyren Abkürzungen: BOC = t-Butoxycarbonyl; DCC = Dicyclohexylcarbodiimid; DMF = Dimethylformamid

Auf diese Weise gelang 1969 die erste *Totalsynthese* eines *Enzyms* (der Ribonuclease), wobei 124 Aminosäuren durch 369 chemische Reaktionen mittels eines automatisch gesteuerten Gerätes zum Polypeptid verknüpft wurden. Die gesamte Synthese konnte innerhalb weniger Wochen durchgeführt werden (!).

23.3   Proteine

Wie wir schon erwähnten, bilden Peptidketten das primäre Strukturelement der Proteine. Eine scharfe Abgrenzung zwischen Peptiden und Proteinen ist allerdings nicht möglich; im allgemeinen werden Polypeptide mit Molekülmassenzahlen > 10000 als Proteine bezeichnet. Nach ihren wichtigsten Merkmalen kann man zwei große Gruppen von Proteinen unterscheiden: die **Skleroproteine** *(Faserproteine)* und die **globulären Proteine** *(Kugelproteine)*. Skleroproteine treten hauptsächlich als Gerüststoffe auf und sind in Wasser völlig unlöslich, während globuläre Proteine *(«Globuline»)* in Wasser oder Salzlösungen kolloidal löslich sind. Im Gegensatz zu den Skleroproteinen sind bei ihnen die Polypeptidketten zu kompakten, oft kugelförmigen Einheiten aufgefaltet. Beispiele von Skleroproteinen sind *Kollagen* (in Knorpel und Sehnen, in Bindegeweben sowie in der eiweißhaltigen Grundsubstanz der Knochen), *Keratin* (Haare, Nägel, Horn und Vogelfedern) und *Seidenfibroin* (Seide; bei der Bildung des Seidenfadens in der Spinndrüse der Raupe werden die gelösten und gefalteten Polypeptidketten parallelisiert und kristallin geordnet). Zu den globulären Proteinen zählen die Proteine der *Enzyme* und der *«Antikörper»* im Blut, das *Albumin* (Hauptbestandteil des Hühnereiweißes), das *Hämoglobin,* das *Muskeleiweiß (Myosin)* und das *Fibrinogen* (im Blut; wird durch die Wirkung von Enzymen aus verletzten Geweben zum unlöslichen Fibrin, einem Skleroprotein, das die Gerinnung des Blutes bewirkt).*Gelatine* entsteht aus Kollagen durch längeres Kochen mit Wasser oder durch Behandlung mit überhitztem Wasserdampf; sie ist in der Wärme im Wasser löslich und erstarrt beim Abkühlen zu einer festen Gallerte. Bei sehr starkem Erwärmen solcher Lösungen nimmt ihre Viskosität ab, und es entsteht *Leim.*

Primärstruktur der Proteine. Die *Sequenz der Aminosäuren* in den Polypeptidketten eines Proteins wird als seine *Primärstruktur* bezeichnet. Sie läßt sich im Prinzip mit Hilfe der bereits unter 23.2 diskutierten Methoden aufklären, bietet aber (als Folge der längeren Ketten) erheblich größere Schwierigkeiten als bei Peptiden. 1959 wurde die Sequenz der *Ribonuclease* (eines Enzyms, welches die Hydrolyse von Ribonucleinsäure katalysiert) mit insgesamt 124 Aminosäuren aufgeklärt. Später folgte die Sequenzanalyse des Proteins des Tabakmosaikvirus (158 Aminosäuren), des *Hämoglobins* (574 Aminosäuren) usw. Wie sich dabei zeigte, treten kaum irgendwelche Regelmäßigkeiten in der Aufeinanderfolge der verschiedenen Aminosäuren in den Polypeptidketten auf. Hingegen steht fest, daß alle Moleküle eines bestimmten Proteins dieselbe Sequenz zeigen, und daß diese *erblich fixiert* ist. Man hat nämlich gefunden, daß homologe Proteine verschiedener Herkunft Unterschiede aufweisen. Es gibt z.B. beim Menschen neben dem normalen Hämoglobin der Erwachsenen ein fötales Hämoglobin sowie verschiedene Hämoglobine, deren Auftreten zu Krankheiten führt. So geht die Sichelzellenanämie (eine bei Negern vorkommende Blutkrankheit, die sich durch sichelförmige rote Blutkörperchen im venösen Blut manifestiert) auf ein verändertes Hämoglobin zurück und ist erblich. Das Sichelzell-Hämoglobin unterscheidet sich vom normalen Hämoglobin nur dadurch, daß an einer einzigen Stelle die Aminosäure Glutaminsäure durch Valin ersetzt ist.
Die *chemischen Eigenschaften* der verschiedenen Proteine werden in erster Linie durch die verschiedenen *Seitenketten* «R» der einzelnen Aminosäuren bestimmt. Da sowohl basische wie saure Seitenketten auftreten, besitzen Proteine ebenso wie die freien Aminosäuren *Ampholytcharakter.* Im *isoelektrischen Punkt* entspricht die Summe aller positiven Ladungen der Summe aller negativen Ladungen; in einer Lösung vom betreffenden *p*H-Wert findet im elektrischen Feld keine Wanderung statt. Die Trennung der Proteine durch *Elektrophorese* beruht darauf, daß man den *p*H-Wert der Lösung verändert; je nach der Größe der

Proteinmoleküle und ihrer Ladung wandern sie mit verschiedenen Geschwindigkeiten zur Anode oder zur Kathode. Cystein-Seitenketten verschiedener Polypeptidketten können Disulfid-(—S—S-)Brücken bilden und dadurch zwei Makromoleküle miteinander verbinden; diese Disulfid-Brücken können z. B. durch überhitzten Wasserdampf oder auch durch chemische Mittel gelöst werden, so daß das betreffende Protein verformbar wird. Abkühlen an der Luft bewirkt dann eine Neubildung der Disulfid-Brücken und damit wieder ein Erstarren des Proteins. Der hohe Kristallisationsgrad von *Seidenfibroin* (und damit seine große Festigkeit) ist unter anderem eine Folge der Tatsache, daß Seidenfibroin, im Gegensatz zur Wolle, besonders viel Glycin und Alanin besitzt (also besonders viele kurze Seitenketten —H und —CH_3).

Sekundärstruktur der Proteine. Polypeptid-Makromoleküle, die aus mehreren hundert Aminosäuren aufgebaut sind, können naturgemäß räumlich sehr verschiedenartigen Bau besitzen (gestreckte Ketten, ungeordnete Knäuel, Schraube u. a.). Die Art dieser *räumlichen Anordnung* der Polypeptidketten bezeichnet man als *Sekundärstruktur* der Proteine. Sie läßt sich nicht durch chemische Methoden allein, sondern nur unter Zuhilfenahme der *Röntgenstrukturanalyse* aufklären.

Bei vielen *Faserproteinen* findet man, daß sich gewisse strukturelle Einheiten in regelmäßiger Weise wiederholen. Die Länge dieser «Identitätsperioden» beträgt beispielsweise beim Seidenfibroin und β-Keratin 650 bis 700 pm, beim α-Keratin und Myosin 510 bis 540 pm und beim Kollagen 280 bis 290 pm. Um die Sekundärstruktur aufzuklären, genügen allerdings diese röntgenanalytischen Daten nicht (die Polypeptidketten sind in den Proteinen wesentlich weniger gut geordnet als die Gitterbausteine in Kristallen), und es müssen zusätzlich die Ergebnisse der Primärstrukturanalyse berücksichtigt werden: Bindungslängen und -winkel, ebene Anordnung der Amidgruppe, gleichartige Konfiguration an den α-C-Atomen der Aminosäuren, Sequenz der Aminosäuren usw. Besonders wichtig war die Erkenntnis, daß die *Konfiguration* einer Polypeptidkette in hohem Maß durch die Ausbildung von **H-Brücken** zwischen C=O- und —NH-Gruppen *stabilisiert* wird (Bindungsenergie 21 bis 42 kJ/mol); die stabilen Strukturen müssen also eine maximale Zahl solcher H-Brücken enthalten. Pauling und Corey gelang die Entwicklung von Sekundärstrukturmodellen, die sowohl mit den röntgenanalytischen Ergebnissen in Einklang stehen als auch den Ergebnissen der Primärstrukturanalyse Rechnung tragen, wobei sie sich unter anderem auch auf Untersuchungen an Modellsubstanzen (einfachere Polypeptide, die z. B. nur aus Molekülen einer einzigen Aminosäure aufgebaut sind) stützten.

Die Dimensionen einer *gestreckten Peptidkette* wurden in Abb. 23.2 (S. 969) wiedergegeben. Hier wäre die Identitätsperiode 727 pm. Eine mehr oder weniger *flache, rostartige Anordnung* der Polypeptidketten (wobei jeweils —NH- und >C=O-Gruppen zweier Ketten einander gegenüberliegen müßten) ist aber wegen der verschiedenen Raumbeanspruchung der Seitenketten nicht möglich. Durch eine leichte *Auffaltung* des «Rostes» erhalten die Seitenketten mehr Raum und stehen senkrecht in die Höhe (Abb. 23.6; Sekundärstruktur von β-Keratin). Diese **«Faltblattstruktur»** tritt beim Seidenfibroin und beim β-Keratin auf. Proteine dieses Typus enthalten vor allem Aminosäuren mit kurzen Seitenketten (Alanin, Serin) oder ohne Seitenkette (Glycin). Als Folge der Auffaltung wird die Identitätsperiode etwas kleiner als 727 pm, was mit den experimentell bestimmten Daten übereinstimmt.

Während bei der Faltblattstruktur H-Brücken zwischen —NH- und >C=O-Gruppen *verschiedener* Ketten auftreten, besteht durch die Bildung einer *schraubenförmigen* Anordnung der Polypeptidkette (gewissermaßen um einen Zylinder gewickelt) die Möglichkeit der Ausbildung von H-Brücken zwischen solchen Gruppen *ein und derselben Kette,* wenn

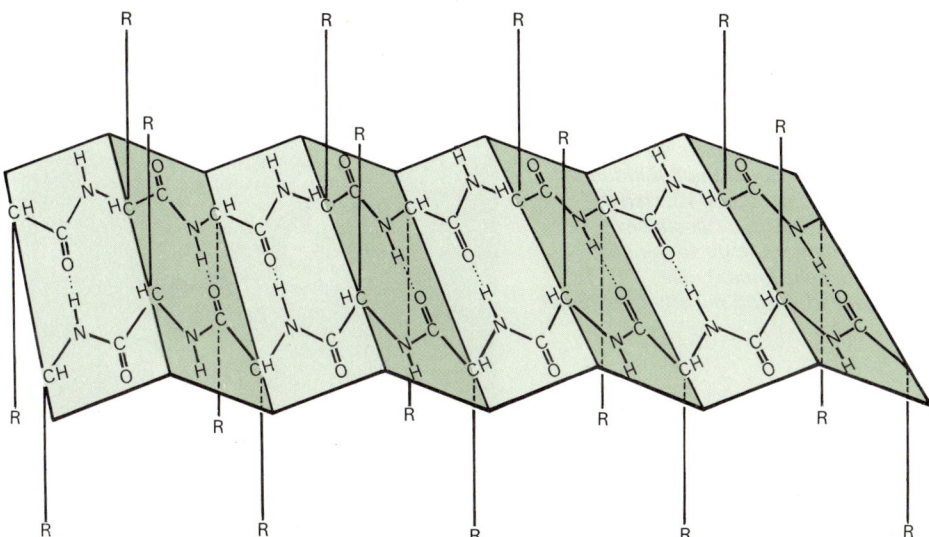

Abb. 23.6. Faltblattstruktur von β-Keratin

sich diese Gruppen im «richtigen» Abstand gegenüberstehen. Dies ist die sehr verbreitete «α-**Helix**» (Pauling; Abb. 23.7) mit einer Identitätsperiode von etwa 540 pm (α-*Keratin, Myosin;* auch in zahlreichen globulären Proteinen). In dieser α-Helix kommen 3,7 Aminosäuren auf eine Umdrehung. (Wegen der ebenen Anordnung der Peptidbindung ist der Querschnitt der Helix nicht gleichmäßig rund, sondern etwa von der Art in der Abb. 23.8.) Die Seitenketten der Aminosäuren stehen in der α-Helix vom eigentlichen Schraubenkörper nach außen ab.

Beim Verstrecken von *Wolle* wird das α-Keratin in β-Keratin umgewandelt. Dabei werden die Schrauben «entspiralisiert» und die Peptidketten gestreckt, so daß sich die Faltblattstruktur ausbildet. Die H-Brücken innerhalb der Helixumgänge werden getrennt, und an ihrer Stelle bilden sich H-Brücken zwischen den verschiedenen Peptidketten. Möglicherweise tritt eine solche Umwandlung auch bei der *Muskelkontraktion* auf (Myosin besitzt die α-Helix als Sekundärstruktur).
Die *Kollagene* besitzen wahrscheinlich ebenfalls eine schraubenförmige Sekundärstruktur; nach einem von Rich und Crick entworfenen Modell (das mit den Ergebnissen der Röntgenstrukturanalyse gut im Einklang steht) sind drei Polypeptidketten nach der Art eines Seils umeinander gedreht, wobei pro Windung drei Aminosäuren vorhanden sind. Der Zusammenhalt zwischen den drei Peptidketten erfolgt durch H-Brücken zwischen Glycinresten und den Hydroxylgruppen von Hydroxyprolin.

Tertiärstruktur. Die *Anordnung* der *miteinander verbundenen Peptidketten* und insbesondere der *Helix* im *Raum* wird als *Tertiärstruktur* bezeichnet. *Haare* (Wolle) besitzen eine besonders einfache Tertiärstruktur; hier sind wahrscheinlich einzelne Helices umeinander wie zu einem Seil verdreht. Komplizierte Tertiärstrukturen liegen insbesondere bei den *globulären* Proteinen vor; sie sind sehr schwierig zu ermitteln, weil die Ordnung innerhalb des «Moleküls» eines globulären Proteins viel geringer ist. Zweifellos tritt auch in Proteinen wie z. B. dem Hämoglobin oder dem Albumin die α-Helix auf; solche schraubenförmige, relativ starre Abschnitte der Polypeptidkette wechseln aber mit weniger regelmäßig spirali-

*Abb. 23.7. Schraubenförmige
Anordnung einer Polypeptidkette
(sogenannte α-Helix nach Pauling)*

*Die Polypeptidkette bildet eine
Schraube mit Linksgewinde. Die
Aminosäurebausteine sind
miteinander durch Peptidbindungen
und außerdem durch Wasserstoffbrücken zwischen Bausteinen
benachbarter Gänge verbunden
(gestrichelte Linien). Die
Seitenketten sind mit «R» bezeichnet*

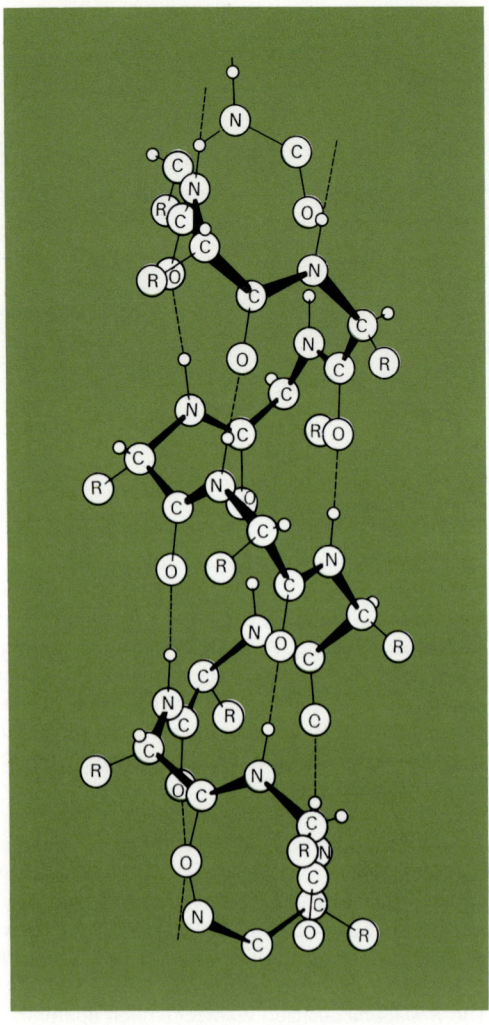

*Abb. 23.8. Aufsicht auf die α-Helix.
Die Ebene der Peptidketten bilden
eine Winkel von etwa 80°*

*Abb. 23.9. Modell des Myoglobin-Moleküls;
zeigt die Tertiärstruktur*

*Die farbigen Abschnitte entsprechen Gebieten,
in denen die Polypeptidkette eine α-Helix bildet.
Jede Falte und ebenso die Regionen des C- und
des N-Endes stellen Unregelmäßigkeiten in der
Helix-Struktur dar. Die Stellung der Häm-Gruppe
wird durch die dunkle Scheibe angedeutet*

sierten, mehr lockeren und flexibleren Abschnitten ab. Die exakte Tertiärstruktur ist nur bei wenigen globulären Proteinen bekannt, so z. B. beim *Hämoglobin* und beim *Myoglobin* (einem ebenfalls zur Sauerstoffübertragung befähigten Protein; Perutz und Kendrew). Das Hämoglobin-Molekül enthält vier Polypeptid-Einheiten, deren Grundstruktur aus α-Helix-Abschnitten besteht, die sich in einer unregelmäßigen Doppelschleife um die prosthetische Gruppe, das Häm, legen, wobei je zwei dieser Einheiten miteinander identisch sind.

Beim Erhitzen auf Temperaturen über 60°C oder auch bei der Einwirkung bestimmter Substanzen (Säuren, Alkalien, organische Lösungsmittel) koagulieren die globulären Proteine, wobei sie unlöslich werden und häufig auch die charakteristischen biologischen Wirkungen verlieren. Dieser Prozeß, die *«Denaturierung»* des Proteins, ist *meist irreversibel;* er beruht auf einer Änderung der Tertiärstruktur, d.h. in einem Übergang von einem geordneten in einen weniger geordneten Zustand. Dementsprechend ist mit der Denaturierung stets eine starke *Entropiezunahme* verbunden. Obschon die Denaturierung an sich endotherm verläuft, wird sie deshalb oberhalb einer bestimmten Temperatur *exergonisch.* Unter ganz bestimmten Bedingungen läßt sich die Denaturierung aber auch *reversibel* durchführen, und es besteht Grund zur Annahme, daß die bei Raumtemperatur verwirklichte *Tertiärstruktur* eines globulären Proteins zugleich seine *thermodynamisch stabilste Struktur* darstellt, so daß sie sich beim Aufbau des betreffenden Proteins gewissermaßen von selbst bildet.

23.4   Proteide

Zahlreiche eiweißartige Substanzen bestehen aus einem *Proteinanteil* und einer nicht-eiweißartigen, oft verhältnismäßig einfach gebauten **«prosthetischen Gruppe»**. Solche zusammengesetzte Eiweißkörper nennt man **Proteide**. Je nach der prosthetischen Gruppe unterscheidet man zwischen

Chromoproteiden, in denen die prosthetische Gruppe *Farbstoff*charakter besitzt (z. B. Hämoglobin, die Atmungsfermente u. a.)
Lipoproteide, die aus Proteinen und *Phosphatiden* bestehen
Glykoproteide, in denen das Protein mit einem *Kohlenhydrat* verbunden ist
Phosphoproteide, die *Phosphorsäure* als prosthetische Gruppe enthalten
Nucleoproteide, welche (hochmolekulare) *Nucleinsäuren* als prosthetische Gruppe enthalten

Enzyme. Enzyme sind *Katalysatoren* der lebenden Zelle. Die chemischen Umsetzungen in einem Organismus (sein *«Stoffwechsel»)* sind nur unter der Wirkung solcher Katalysatoren möglich. Enzyme vermögen ebensowenig wie einfach gebaute Katalysatoren ein Gleichgewicht zu verschieben; sie vermindern aber die erforderliche freie Aktivierungsenthalpie und ermöglichen dadurch den Ablauf von vielen Vorgängen, die bei der Temperatur des lebenden Körpers nicht eintreten könnten.

Alle bisher bekannten Enzyme sind Proteine oder Proteide. Viele sind in reiner Form *kristallin* gewonnen worden (als erstes Enzym die *Urease,* ein harnstoffspaltendes Enzym; 1926). Von einer Reihe von Enzymen kennt man auch die Aminosäuresequenz. Das erste totalsynthetisch aufgebaute Enzym war die Ribonuclease (1969, vgl. S. 979). *Proteid-Enzyme* bestehen aus Protein und prosthetischer Gruppe. Bei vielen Proteid-Enzymen ist es gelungen, die prosthetische Gruppe reversibel abzuspalten. In solchen Fällen wird das Protein als *Apoenzym,* die prosthetische Gruppe als *Coenzym* bezeichnet.

Enzyme zeigen gewöhnlich eine ausgesprochene **«Wirkungsspezifität»**, d. h. sie vermögen nur eine ganz bestimmte Reaktion zu katalysieren. Anders gesagt, besitzt ein Enzym die Fähigkeit, von verschiedenen thermodynamisch möglichen Umsetzungen einer bestimmten Substanz (des «Substrats») eine einzige *auszuwählen* und die freie Aktivierungsenthalpie nur dieser Reaktion herabzusetzen. Die Enzyme werden nach dem umgesetzten Substrat oder nach der von ihnen katalysierten Reaktion benannt: *Esterasen* vermögen Ester zu hydrolysieren, *Carbohydrasen* hydrolysieren Di- und Polysaccharide, *Peptidasen* hydrolysieren Peptidbedingungen, *Dehydrogenasen* entziehen (und übertragen) Wasserstoff, *Carboxylasen* vermögen Carbonsäuren zu decarboxylieren, *Katalasen* spalten Wasserstoffperoxid in Wasser und Sauerstoff usw. Selbstverständlich werden jeweils auch die entsprechenden «Rückreaktionen» katalysiert; unter der Wirkung der Maltase wird also nicht nur Malzzucker in zwei Moleküle α-Glucose gespalten, sondern es ist auch möglich, mittels des Enzyms Malzzucker aus α-Glucose aufzubauen. Oft wird auch eine ausgeprägte *«Substratspezifität»* der Enzyme beobachtet. So vermag Amylase nur Stärke abzubauen, während Cellulose nicht angegriffen wird. Fast stets reagiert auch nur das eine von zwei Enantiomeren mit dem Enzym (welches als Protein oder Proteid selbst chiral gebaut ist). Die Arginase spaltet z. B. nur das natürlich vorkommende *L*-, nicht aber das *D*-Arginin.

Während über die Beziehungen zwischen Substrat und Enzym im einzelnen noch recht wenig bekannt ist, kennt man die *allgemeinen Prinzipien der Enzymwirkung* recht gut. So bestimmt der *Proteinanteil* des Enzyms seine *Substratspezifität*, entscheidet also darüber, welche von den zahlreichen vorhandenen Substanzen als Substrat des Enzyms umgesetzt werden soll. Dies erfolgt dadurch, daß das Enzymprotein zunächst mit dem Substrat einen **«Enzym-Substrat-Komplex»** bildet, der dann anschließend weiter reagiert. Offenbar besitzt das Protein ganz bestimmte *«aktive Zentren»*, an denen die Bindung des Substrats möglich ist. Für die Auswahl des Substrats ist wohl in erster Linie die Gestalt und Art der *Proteinoberfläche* verantwortlich zu machen, wobei diese vielleicht eine Art räumliches Negativ des Substratmoleküls bildet (vergleichbar einem Gipsabguß). Die Oberflächenstruktur hängt vor allem von der *Tertiärstruktur* des Enzymproteins ab, wobei die Seitenketten der Aminosäuren in den Polypeptidketten möglicherweise die Bindung des Substrats durch H-Brücken, van der Waals-Kräfte oder elektrische Anziehung zwischen geladenen Gruppen bewerkstelligen. Da durch die *Denaturierung* die Tertiärstruktur zerstört wird (während die Primär- und wahrscheinlich auch die Sekundärstruktur erhalten bleiben), verlieren Enzyme beim Erwärmen auf Temperaturen $>60\,°C$ ihre Wirkung. Die häufig beobachtete starke pH-Abhängigkeit der Enzymwirkung sowie der fördernde, manchmal auch hemmende Einfluß bestimmter Ionen dürfte wohl unter anderem darauf zurückzuführen sein, daß auf diese Art nicht nur die Oberflächenstruktur des Proteins verändert, sondern auch die Natur der Kräfte zwischen Protein und Substrat beeinflußt wird.

Experimentelle Beweise für die Bildung eines *Enzym-Substrat-Komplexes* bilden *spektroskopische* und vor allem *kinetische* Untersuchungen. Man hat nämlich gefunden, daß die Reaktionsgeschwindigkeit enzymatischer Reaktionen bei niedrigen Substratkonzentrationen einem normalen Zeitgesetz der zweiten Ordnung gehorcht:

Geschwindigkeit = $k \cdot$ [Enzym] $\cdot$ [Substrat]

Bei hoher Substratkonzentration hingegen hängt die Reaktionsgeschwindigkeit nur von der Gesamtkonzentration des Enzyms ab und ist von der Substratkonzentration unabhängig. Dies liegt darin begründet, daß die *Weiterreaktion des Enzym-Substrat-Komplexes geschwindigkeitsbestimmend* ist, so daß die Gesamtreaktionsgeschwindigkeit von der Konzentration des Enzym-Substrat-Komplexes *[ES]* abhängt:

Geschwindigkeit = $k \cdot$ *[ES]*

Nun sind Enzym-Substrat-Komplexe im allgemeinen recht stabile Gebilde; durch eine relativ hohe Substratkonzentration läßt sich das Gleichgewicht ihrer Bildung nahezu völlig nach rechts verschieben, so daß das Enzym praktisch vollständig mit dem Substrat komplexiert ist. Höhere Substratkonzentrationen können dann die Reaktionsgeschwindigkeit nicht mehr weiter steigern.

Die Bindung des Substrates an das Enzym kann unter Umständen recht stark sein. In einem bestimmten Fall (Reaktion von Chymotrypsin, einem proteolytischen [eiweißspaltenden] Enzym, das vorzugsweise Amidbindungen aromatischer Aminosäuren angreift, mit Benzoyltyrosylamid) konnte gezeigt werden, daß für die Bildung des Enzym-Substrat-Komplexes $\Delta G° = -8,3$ kJ/mol beträgt. Aus der Temperaturabhängigkeit des Gleichgewichtes ließ sich für die Komplexbildung eine *Reaktionswärme* $\Delta H° = -46,0$ kJ/mol berechnen. Dieser relativ große Wert illustriert die verhältnismäßig starken Bindekräfte zwischen Enzym und Substrat. Der Entropieterm *(T · $\Delta S°$)* beträgt $-37,6$ kJ/mol, weil mit der Komplexbildung ein erheblicher Verlust an «Unordnung» einhergeht. Die Tatsache, daß im Fall der *Enzymkatalyse* die für eine komplexe Reaktionsfolge notwendigen verschiedenen katalytisch wirksamen Gruppen alle mit *demselben Protein* verbunden sind, hat zur Folge, daß hier der *Entropieterm doch weniger ungünstig* ist als im Fall einer Katalyse durch *mehrere,* nacheinander wirksame, vorher unabhängige Partikeln (Säuren, Basen, Nucleophile usw.), und die Entropieabnahme wird durch die Bindungsenthalpie des Enzym-Substrat-Komplexes mehr als wettgemacht.

In vielen Fällen (vielleicht in der großen Mehrzahl) wird auch die *Wirkungsspezifität* des Enzyms durch sein *Protein* bestimmt, denn man kennt zahlreiche Coenzyme, die je nach dem mit ihnen verbundenen Proteinanteil ganz verschiedenen Reaktionen katalysieren können. In jedem Fall ist die *prosthetische Gruppe* (bei reinen Protein-Enzymen das *aktive Zentrum)* *an der eigentlichen,* durch das Enzym katalysierten *Reaktion beteiligt.* Sie reagiert dabei in *stöchiometrischer Weise* mit dem Substrat (d.h. mol pro mol, also nicht in katalytischen Mengen!) und wird dadurch chemisch verändert. Der *ursprüngliche Zustand* wird nachher durch Reaktion mit einem *weiteren Substrat* wiederhergestellt. Dabei lassen sich *zwei typische Fälle* unterscheiden. Läßt sich die prosthetische Gruppe leicht vom Protein-Enzym abtrennen (man sollte eigentlich nur in solchen Fällen von «Coenzymen» sprechen), so tritt die *Folgereaktion* an einem *anderen Enzymprotein* ein. So übernimmt beispielsweise $NAD^{\oplus}$ (S. 888), die Wirkgruppe der Dehydrase, vom Substrat ein Molekül Wasserstoff, löst sich vom Protein ab und wird von einem anderen Protein gebunden, worauf an ein zweites Substrat ein Molekül Wasserstoff abgegeben wird. $NAD^{\oplus}$ ist also ein typisches *Coenzym;* seine eigentliche *katalytische Wirkung* kommt erst durch die *Kopplung mit zwei Enzymproteinen zu einem Enzymsystem* zustande. Im zweiten Fall findet die *Folgereaktion* am *selben Protein* statt; die Wirkgruppe ist dann fest mit dem Protein verbunden, und das Enzym reagiert zunächst mit dem ersten und anschließend sofort mit dem zweiten Substrat. Auch hier tritt eine stöchiometrische Umsetzung der Wirkgruppe mit den Substraten ein. Während der Organismus grundsätzlich in der Lage ist, den Proteinanteil seiner Enzyme selbst aufzubauen, trifft dies für die Wirkgruppen merkwürdigerweise nicht immer zu. In diesem Fall ist der Organismus auf die Zufuhr solcher Substanzen (oder von Verbindungen, die im Körper in die aktiven Wirkgruppen umgewandelt werden können) angewiesen (**«Vitamine»**).

ATP und ADP. Im Zusammenhang mit der Diskussion der Enzymwirkung sei kurz noch auf das Problem der *endergonischen biochemischen Reaktionen* und insbesondere der *Energiegewinnung* und *-übertragung* eingegangen. Wir haben schon betont, daß die Enzyme als «Katalysatoren» die Gleichgewichtslage chemischer Reaktionen nicht beeinflussen können. *Endergonische* Reaktionen (mit Gleichgewichtskonstanten <1) sind deshalb nur möglich, wenn sie *mit einer zweiten Reaktion gekoppelt* sind, die so stark exergonisch ist, daß die algebraische Summe der freien Enthalpien beider Reaktionen negativ wird. Eine häufige Form dieser «Kopplung» besteht darin, daß die Ausgangssubstanz einer endergonischen Reaktion zuerst in eine energiereiche (besonders aktivierte) Form übergeführt wird, deren freie Enthalpie so hoch ist, daß die (eigentlich endergonische) Reaktion exergonisch wird. Ein einfaches Beispiel dafür bildet die Überführung der mit Aminen überhaupt nicht und mit Alkoholen nur schwach exergonisch reagierenden Carbonsäuren in die entsprechenden Acylhalogenide, welche dann sowohl mit Aminen wie mit Alkoholen in stark exergonischer Reaktion (d.h. in stark rechts liegendem Gleichgewicht) Amide bzw. Ester ergeben.

Bei dieser Energieübertragung und -speicherung in der Zelle ist ein Proteid, dessen Wirkgruppe das **Adenosintriphosphat** (ATP) ist, von ausschlaggebender Bedeutung.

Adenosintriphosphat (als Säure)

Die Hydrolyse von ATP zu ADP oder AMP (Adenosindi- bzw. monophosphat) ist nämlich ziemlich stark *exergonisch* (ΔG° etwa -34 kJ pro mol und pro Bindung); man spricht deshalb in der Biochemie geradezu von «energiereichen Bindungen», wenn wie bei der $-P-O-P-$Bindung durch die Hydrolyse Energie freigesetzt wird. Wie nun diese Reaktion mit endergonischen biochemischen Reaktionen gekoppelt wird, läßt sich am besten an einem Beispiel zeigen. Die Bildung von Glucose-6-phosphat (des sogenannten Robinson-Esters; Glucose-6-phosphat ist die stoffwechselaktive Form der Glucose) aus Glucose und Phosphorsäure ist stark endergonisch (das Gleichgewicht liegt ganz auf der Seite der Ausgangsstoffe). Reagiert aber Glucose mit ATP an Stelle von freier Phosphorsäure, so wird die Reaktion exergonisch, und sie kann unter der Wirkung eines Enzyms in der Zelle ablaufen. Durch diese *«Phosphorylierung»* können auch zahlreiche andere Verbindungen in einen energiereicheren Zustand versetzt werden. Die Bildung von Di- oder Polysacchariden aus Glucose ist z. B. ebenfalls endergonisch; ist aber die Glucose phosphoryliert, so wird beispielsweise die Bildung von Saccharose exergonisch:

$$\text{Glucose-1-phosphat} + \text{Fructose} \rightarrow \text{Saccharose} + \text{Phosphat} \quad \Delta G^\circ < 0$$

(Diese Reaktion verläuft nicht über Glucose-6-phosphat, sondern über den sogenannten Cori-Ester, Glucose-1-phosphat.)

Dadurch, daß das an Glucose gebundene Phosphat im Verlauf des Kohlenhydratabbaues auf AMP oder ADP übertragen wird, wird ein großer Teil der sonst frei werdenden Wärmeenergie als *chemische Energie* von ATP gespeichert und damit für andere (endergonische) Prozesse (die dann mit der Hydrolyse von ATP zu ADP bzw. AMP gekoppelt sind) verfügbar. Als Beispiel betrachten wir die Energiebilanz der *«Glykolyse»*, d.h. des unter Sauerstoffmangel ablaufenden Abbaues von Glucose zu Milchsäure im Muskel:

$$\text{Glucose} \rightarrow \text{Milchsäure} \qquad\qquad \Delta H° = -150,7\,\text{kJ}$$

$$\text{Glucose} + 2\,H_3PO_4 + 2\,ADP \rightarrow 2\,ATP + 2\,H_2O + \text{Milchsäure} \qquad \Delta H° = -\;54,4\,\text{kJ}$$

Das gebildete ATP speichert also über 60 % der freiwerdenden Energie.

Die *Bildung von ATP* aus anorganischem Phosphat ist in der Zelle mit der *Oxidation* der *Nährstoffe* gekoppelt. So entsteht ATP beispielsweise im Verlauf des Kohlenhydratabbaues, wenn Glyceraldehyd zu Glycerolsäure oxidiert wird:

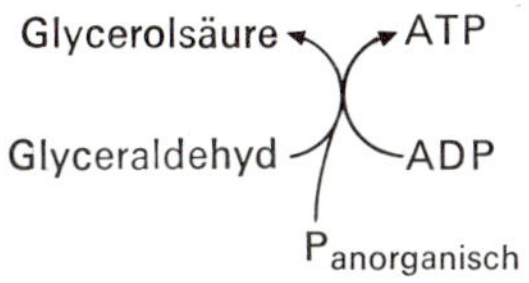

Glycerolsäure ← ↗ ATP

Glyceraldehyd ⟍ ADP

$P_{\text{anorganisch}}$

Auch bei der *Photosynthese* wird ATP aus anorganischem Phosphat gebildet, wodurch die Lichtenergie zum Teil direkt als chemische Energie gespeichert wird.

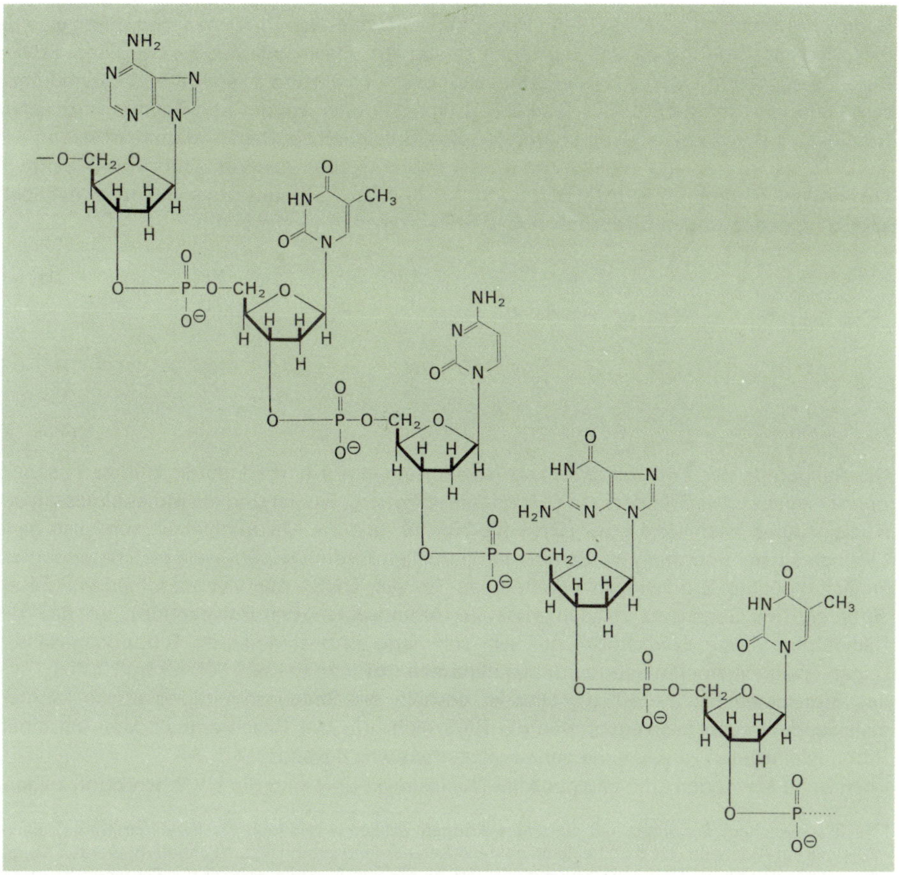

Abb. 23.10. Struktur der Desoxyribonucleinsäure

Nucleoproteide. Jede lebende Zelle enthält Nucleoproteide, Substanzen, in denen ein Protein mit Nucleinsäuren verbunden ist. Nucleoproteide bilden die Hauptbestandteile der *Zellkerne.* Auch im *Cytoplasma* treten (gelöste) Nucleinsäuren auf. Besonders reich an Nucleinsäuren sind die *Ribosomen,* kleine, im Plasma vorhandene, nur mit dem Elektronenmikroskop sichtbare Körperchen. Die biologische Bedeutung der Nucleinsäuren ist außerordentlich groß: sie sind die Träger der *«Erbfaktoren».*

Nucleinsäuren sind hochmolekulare Verbindungen, die aus einer großen Zahl von **«Nucleotiden»** aufgebaut sind, d.h. Einheiten, die aus je einer heterozyklischen Base, aus *D*-Ribose oder *D*-2-Desoxyribose und Phosphorsäure bestehen (vgl. S.888):

$$\text{Base} \quad\quad O^{\ominus} \quad \text{Base} \quad\quad O^{\ominus} \quad \text{Base} \quad\quad O^{\ominus}$$
$$\text{—Ribose—O—P—O—Ribose—O—P—O—Ribose—O—P—O—}$$
$$\quad\quad\quad\quad\quad O \quad\quad\quad\quad\quad O \quad\quad\quad\quad\quad O$$

Die Nucleinsäuren der Zellkerne enthalten stets Desoxyribose, während die im Plasma und in den Ribosomen vorhandenen Nucleinsäuren Ribose enthalten. Man unterscheidet deshalb zwischen DNS **(Desoxyribonucleinsäure)** und RNS **(Ribonucleinsäure)**. Die Zuckereinheiten treten in der furanoiden Form (als Fünfring) auf und sind durch die Hydroxylgruppen an C3 und C5 mit Phosphorsäure verestert. Die Basen sind durch eine β-glykosidische Bindung an das C-Atom 1 gebunden. *Desoxyribonucleinsäure* enthält vier Basen: *Adenin* und *Guanin* (zwei Purinbasen) und *Cytosin* und *Thymin* (zwei Pyrimidinbasen). Wie von Chargaff (1950) festgestellt wurde, treten Adenin und Thymin in gleicher Häufigkeit auf und ebenso Guanin und Cytosin. Bezüglich der Basenzusammensetzung hat die DNS also nur einen Freiheitsgrad (eine variable Größe): das Verhältnis von (Adenin + Thymin) zu (Guanin + Cytosin). *Ribonucleinsäure* enthält statt Thymin *Uracil,* daneben auch geringere Mengen 5-Methylcytosin, 5-Hydroxymethylcytosin u.a.

Adenin   Guanin   Thymin   Cytosin   Uracil

Die Aufklärung der *Primärstruktur* von Nucleinsäuren – d.h. die Ermittlung ihrer *Basensequenz*– ist aus zwei Gründen ganz besonders schwierig. Einmal sind die Molekülmassen der Nucleinsäuren besonders groß (DNS bis $10 \cdot 10^6$ u!); die Makromoleküle sind also ganz besonders lang, und dann werden bei der partiellen Hydrolyse sehr viele gleiche oder ganz ähnlich gebaute Bruchstücke erhalten, da (in der DNS) nur vier verschiedene Basen auftreten (im Gegensatz zu den etwa 20 Aminosäuren der Polypeptide), so daß die Reihenfolge dieser Bruchstücke nur sehr schwierig zu bestimmen ist. Ribonucleinsäuren zeigen im allgemeinen niedrigere Molekülmassen (lösliche RNS 20000 bis 500000 u; RNS aus Ribosomen bis $2 \cdot 10^6$ u). Hier ist deshalb die Sequenzermittlung etwas leichter, insbesondere auch deswegen, weil die RNS nicht nur vier Basen enthält. Von einzelnen Ribonucleinsäuren ist heute die genaue Basensequenz bekannt.

Chemische Methoden (die Feulgensche Nuclealreaktion[1]) und die UV-Absorption zeigen,

---

[1] Nach schwachem Erwärmen mit Salzsäure können Zellkerne mit fuchsinschwefliger Säure, einem Reagens auf Aldehyde (die damit eine charakteristische Violettfärbung liefern) angefärbt werden. Durch die Salzsäure wird die DNS teilweise hydrolysiert, so daß die Aldehydgruppen der Pentosen freigelegt werden. RNS ist gegenüber Hydrolyse weniger empfindlich und reagiert auf diese Weise nicht.

daß die DNS im Zellkern in den *Chromosomen* lokalisiert ist. Seit den klassischen Untersuchungen von Sutton, Boveri und Morgan steht fest, daß die Chromosomen die Erbfaktoren enthalten. Da sich die Chromosomen bei der Zellteilung längs teilen und jede Tochterzelle alle Erbfaktoren erhält, muß kurz vor oder während der *Kernteilung* eine *Vermehrung* der *Erbsubstanz* eintreten, und zwar derart, daß sich jedes «Gen» selbst reproduziert, d. h. in identischer Form verdoppelt. Die Substanz, welche als Träger der genetischen Information wirkt, muß somit diese Fähigkeit zur **identischen Reduplikation** besitzen. Daß tatsächlich die DNS (und nicht etwa Proteine, wie man vorher allgemein angenommen hatte) die eigentliche «Erbsubstanz» darstellt, wurde erstmals und auf überzeugende Weise durch Versuche von Avery (1944) bewiesen.

> Wegen ihrer großen Bedeutung sei hier kurz auf diese Versuche eingegangen. Bestimmte Arten von Pneumokokken sind gekennzeichnet durch die Fähigkeit zur Bildung einer Kapselsubstanz, die hier ein *artspezifisches,* erbliches Merkmal darstellt. Zerreibt man Zellen einer bestimmten Art so, daß die Zellwände zerstört werden, der Zellinhalt aber einigermaßen unversehrt bleibt, und vermischt man Zellen einer anderen Art mit Extrakten des Zellinhaltes der ersten Art, so erhalten die Zellen der zweiten Art nach kurzer Zeit die Fähigkeit, ebenfalls die für die erste Art charakteristische Kapselsubstanz zu bilden, wobei diese Fähigkeit bei den derart behandelten Stämmen der zweiten Art erblich bleibt. Avery trennte den Rohextrakt aus solchen Zellen in verschiedene Fraktionen (Zucker, Proteine, Nucleinsäuren, niedermolekulare Bestandteile) und versuchte, mit den Einzelkomponenten dieselbe Wirkung zu erzielen. Dabei fand er, daß die Beeinflussung der Zellen der zweiten Art nur durch DNS möglich war; RNS, Proteine oder andere Substanzen blieben ohne Einfluß.

Für die DNS haben Watson und Crick (gestützt auf die röntgenanalytischen Untersuchungen von Wilkins und Franklin) ein *Modell* der *Sekundärstruktur* entwickelt, das den Anforderungen entspricht, die an eine die genetischen Informationen tragende Substanz gestellt werden müssen (1952). Je zwei DNS-Makromoleküle sind als *«Doppelfaden»* schraubig angeordnet **(«Doppel-Helix»)**, wobei die Verbindung zweier Fadenmoleküle untereinander durch *H-Brücken* zwischen den Basen des einen und den Basen des anderen Moleküls geschieht. Eine solche Doppel-Helix gleicht damit einer Wendeltreppe, wobei die «Treppenstufen» durch die Basen und die H-Brücken zwischen ihnen dargestellt werden.
Da nun weiter die Basenmoleküle verschieden «lang» sind und die beiden DNS-Makromoleküle in der Doppel-Helix genau parallel verlaufen und zudem H-Brücken nur zwischen Adenin und Thymin sowie zwischen Guanin und Cytosin (aber nicht zwischen Adenin und Cytosin oder Guanin und Thymin) möglich sind, können die «Treppenstufen» der Wendeltreppe nur aus dem einen oder anderen der erstgenannten Basenpaare zusammengesetzt sein (vergleiche die Ergebnisse von Chargaff!):

Die Reihenfolge der Basen im einen Makromolekül bestimmt damit eindeutig auch die Basensequenz in dem einzigen möglichen Molekül, das mit dem ersten eine Doppel-Helix bilden kann:

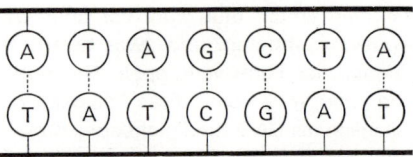

(ohne Berücksichtigung der Spiralisierung)

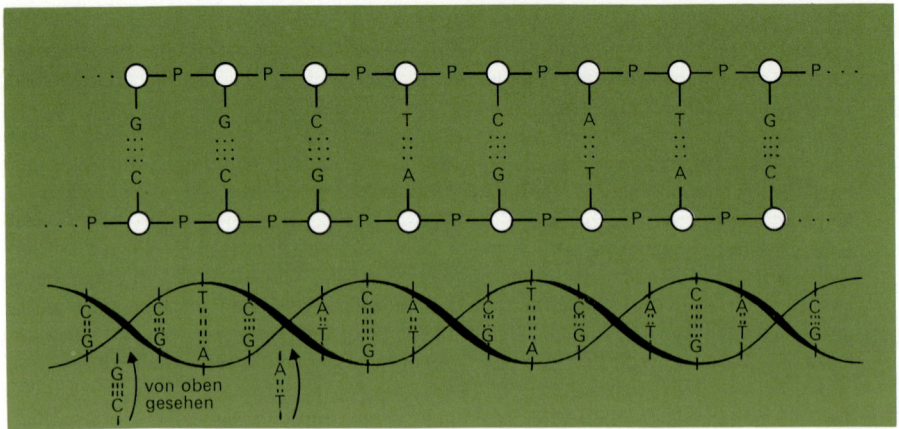

*Abb. 23.11. Ausschnitt eines DNS-Doppelstranges mit gepaarten Basen
oben: beide Einzelstränge gerade, unten: Doppelspirale*

Wenn sich nun eine solche Doppel-Helix am einen Ende reißverschlußartig öffnet (Abb. 23.12 und 23.13), können die zur Verfügung stehenden Nucleotide so ausgewählt und aneinandergefügt werden, daß zwei neue, mit den bereits vorhandenen Makromolekülen identische Nucleinsäuren entstehen: Die DNS vermag sich auf diese *Weise identisch zu reduplizieren*[1]. Tatsächlich zeigten Versuche von Kornberg (1955), daß es möglich ist, mittels des aus Bakterien isolierten Enzyms DNS-Polymerase aus Desoxyribonucleosid-Triphosphaten[2] (die energiereicher sind als die Nucleosid-Monophosphate, die gewöhnlichen Nucleotide) DNS aufzubauen, wenn – und nur wenn! – man dem Reaktionsgemisch gleichzeitig eine kleine Menge fertiger DNS zusetzt. Die dabei gebildete neue DNS zeigt die gleichen Eigenschaften (Basenzusammensetzung und Basensequenz) wie die eingesetzte Starter-DNS. Diese vorgelegte DNS wurde somit identisch repliziert, was gemäß den oben entwickelten Modellvorstellungen geschehen sein muß. Die Bedeutung der DNS als Träger der Erbfaktoren ist damit heute gesichert; *die eigentliche genetische Information muß dabei in der Basensequenz gespeichert sein.*

---

[1] Tatsächlich verläuft die Nucleinsäure-Reduplikation sicher komplizierter. Vgl. *Biologie in unserer Zeit 3* (1973) 63.
[2] Als «Nucleosid» wird eine Verbindung einer Purin- oder Pyrimidinbase mit Ribose oder Desoxyribose bezeichnet.

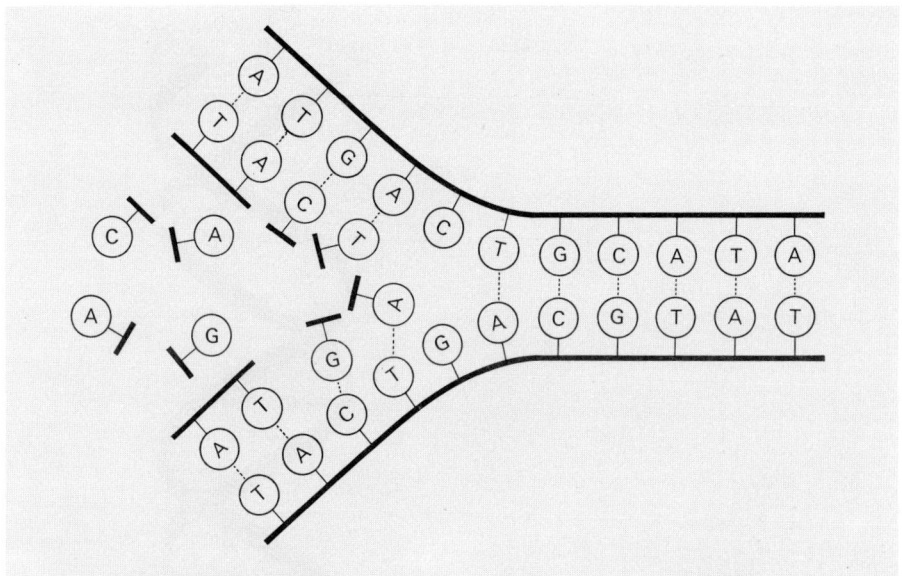

Abb. 23.12. Verdopplung der DNS

Die *Sekundärstruktur* der verschiedenen Arten von RNS ist schwieriger zu ermitteln; man nimmt heute an, daß auch hier mindestens in einzelnen Fällen Schraubenstrukturen auftreten.

Die Erkenntnis, daß die DNS der Kern-Nucleoproteide die genetische Information speichert, führt zur Frage, wie die *Ausprägung eines bestimmten Merkmals* geschieht, d. h. auf welche Weise die Basensequenz der DNS die Ausbildung einer bestimmten Eigenschaft bewirkt. Man nimmt heute allgemein an, daß ein bestimmtes Merkmal durch eine Reihe (unter Umständen natürlich sehr vieler) chemischer Reaktionen zustande kommt, wobei jeder einzelne Reaktionsschritt durch spezifische Enzyme gesteuert wird. Wird die Fähigkeit zur Ausprägung eines Merkmals vererbt, so muß auch die richtige Reihenfolge und der richtige Ablauf der entsprechenden Reaktionsketten und muß deshalb die *Fähigkeit der Bildung der benötigten Enzyme vererbt* werden. Die Abhängigkeit der Merkmale, d. h. der zu ihrer Ausbildung erforderlichen biochemischen Reaktionen von den dazugehörigen Genen beruht also darauf, daß die *Gene die Produktion spezifischer Enzyme veranlassen.* Dies bedeutet aber nichts anderes, als daß durch die DNS die *Synthese von Enzymproteinen gesteuert* wird, wobei dann die Aminosäuresequenz offenbar nach dem Code der DNS-Basensequenz bestimmt wird.

Man weiß jedoch, daß die *Protein-Biosynthese* nicht im Zellkern, sondern im *Cytoplasma* (genauer in den *Ribosomen)* erfolgt. Die zum Aufbau der «richtigen» Aminosäuresequenz notwendige Information muß deshalb zunächst von der DNS weiter übertragen werden. Nach den heutigen Vorstellungen bilden sich im Zellkern nach dem Muster der DNS komplementäre RNS-Moleküle, die in das Plasma wandern und an den Ribosomen adsorbiert werden. Weil sie die in der DNS enthaltene Information weiterleiten, bezeichnet man sie als **«messenger-RNS»** (Boten-RNS, *m*-RNS). Die DNS im Zellkern bildet damit gewissermaßen die *«Matrize»,* welche im Kern «aufbewahrt» und an die Tochterzellen und

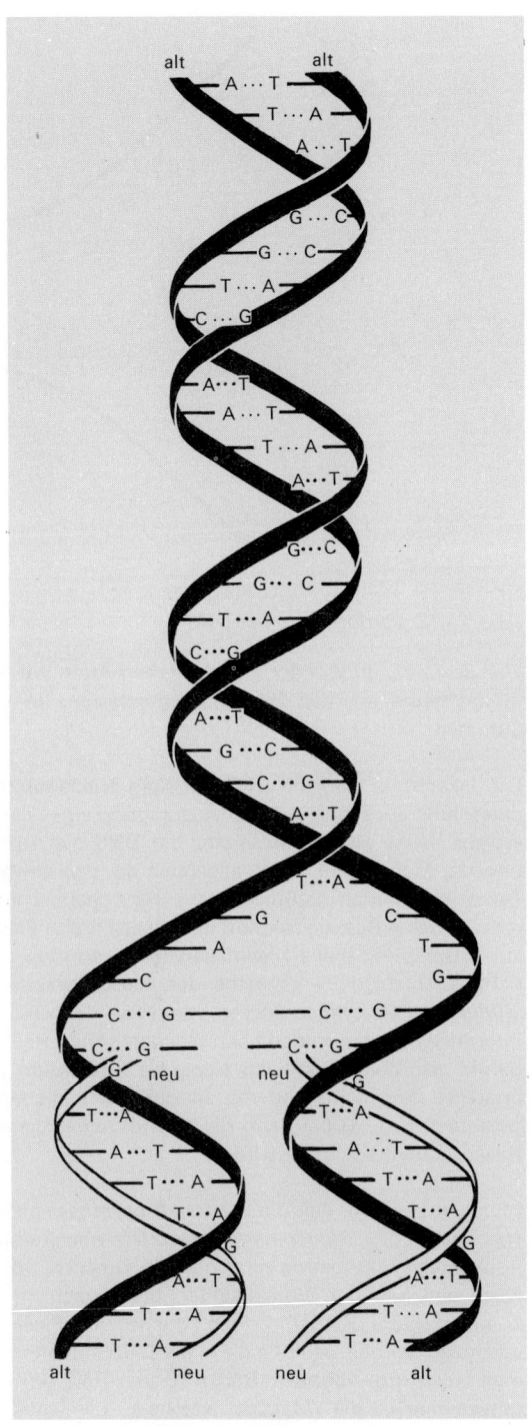

Abb. 23.13. Modell der Verdopplung der DNS

Die beiden «Elternstränge» der DNS werden voneinander getrennt, und an jedem der beiden Stränge erfolgt nach dem Prinzip der Basenpaarung die Synthese eines neuen, komplementären Stranges

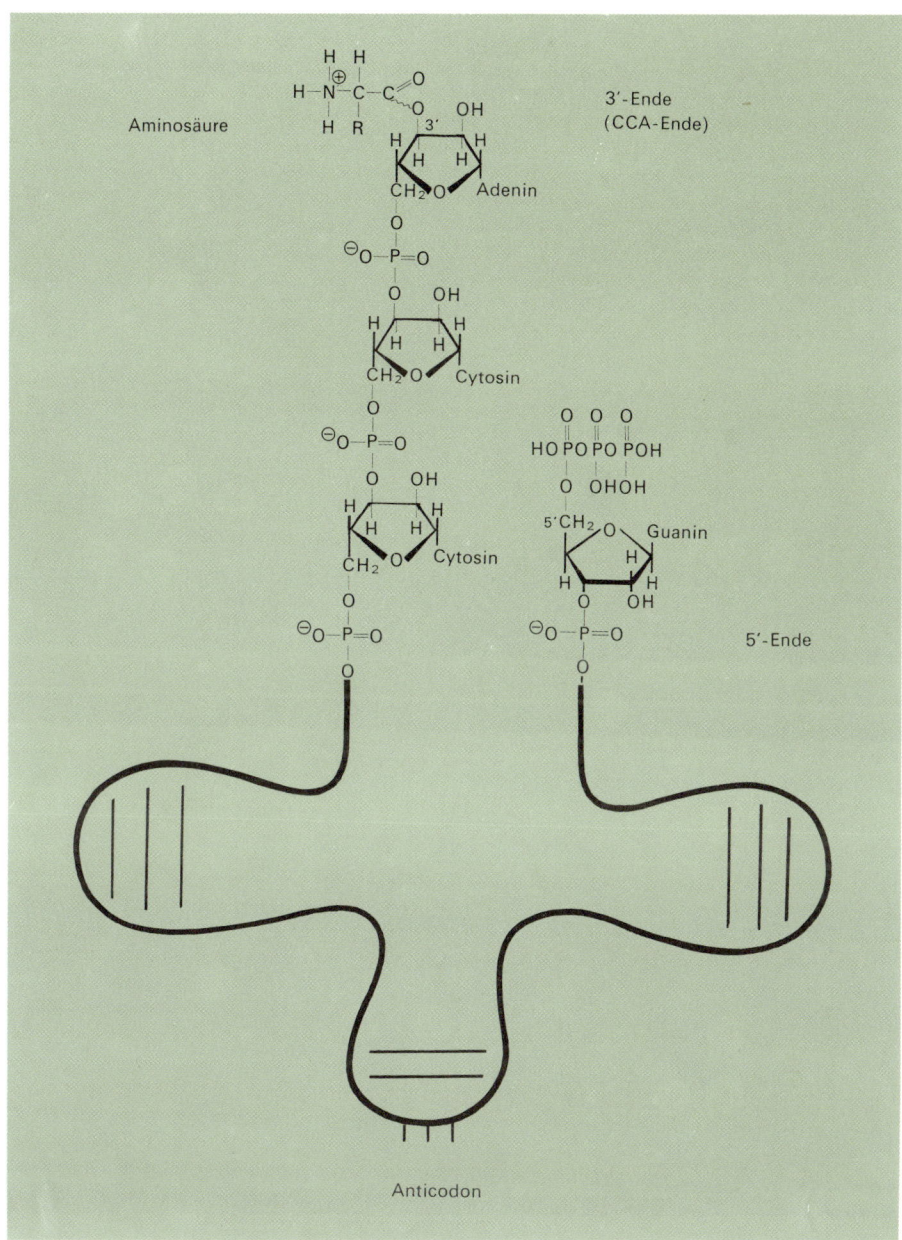

Abb. 23.14. Schema einer t-RNS mit daran gebundener Aminosäure

Die «Kleeblatt»-Form der Faltung dieser RNS ist durch komplementär gepaarte und ungepaarte Abschnitte der RNS-Kette bedingt. Drei spezifische Basen wirken als «Antico-don»

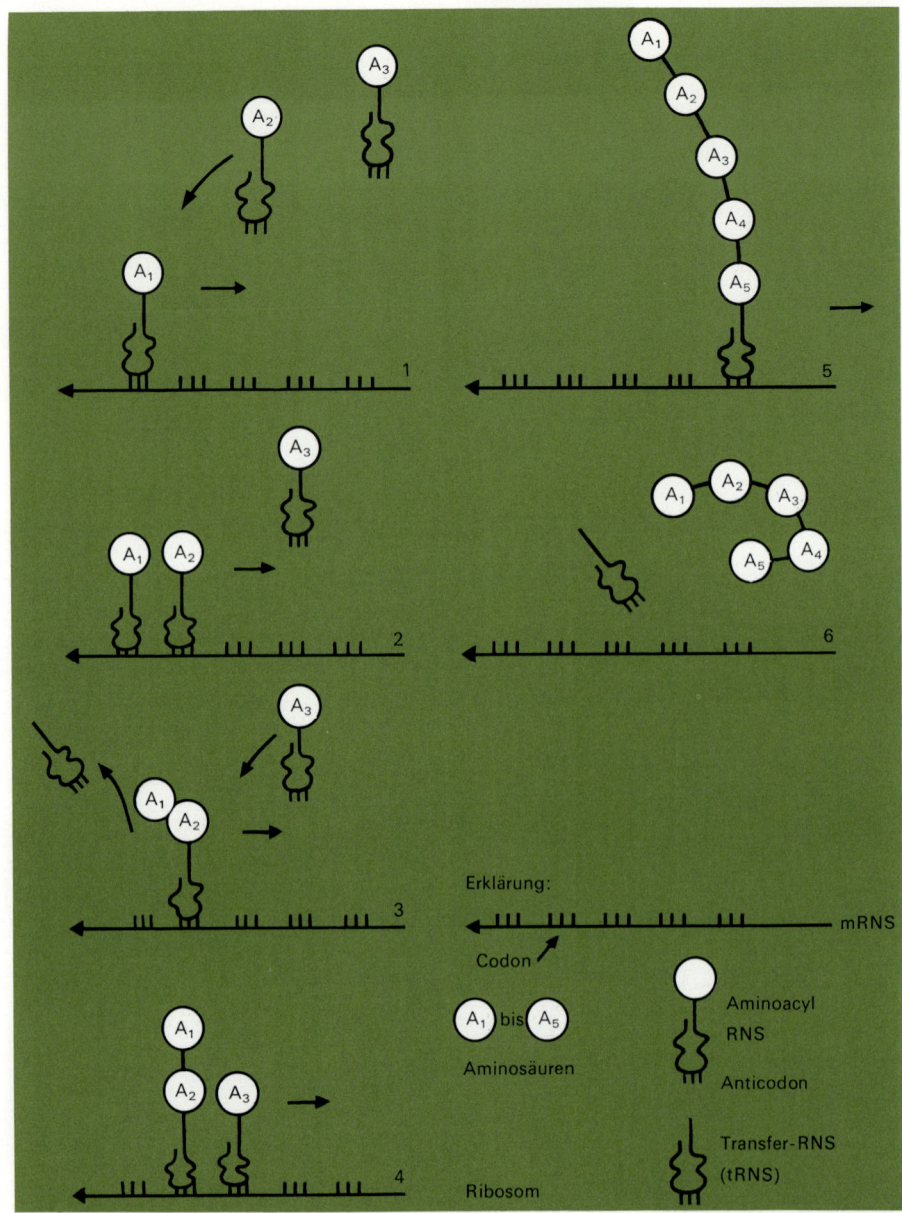

Abb. 23.15. Schema der biologischen Proteinsynthese

Die verschiedenen t-RNS-Moleküle werden (zusammen mit den an sie gebundenen Aminosäuren A_1–A_5) nacheinander durch Basenpaarung mit der m-RNS-Kette verbunden. Nachdem zwei Aminosäuren miteinander verknüpft sind (2), löst sich ein t-RNS-Molekül ab, und ein neues t-RNS-Molekül tritt an die m-RNS heran

weiteren Nachkommen weitergegeben wird, und nach welcher RNS-«Abdrücke» gebildet werden. Wahrscheinlich bilden je drei Basen zusammen das *«Schlüsselwort»* für *eine Aminosäure* (das sogenannte *Codon);* weil in der DNS vier verschiedene Basen vorkommen, sind $4^3 = 64$ solche Codons möglich, so daß vermutlich einige Dreiergruppen dieselbe Aminosäure bedeuten und anderen gar keine Aminosäure entspricht. Nun ist der Aufbau einer Polypeptidkette aus *Aminosäuren* eine endergonische Reaktion (S. 973), so daß die der Zelle zur Verfügung stehenden Säuren zuerst in eine energiereichere Form übergeführt (*«aktiviert»*) werden müssen. Zudem müssen sie mit Substanzen verbunden werden, welche den Code *«lesen»* können. Beides wird dadurch erreicht, daß die freien Aminosäuren zunächst unter Elimination von Pyrophosphat enzymatisch an ATP gebunden und anschließend an eine lösliche RNS (sogenannte Träger- oder **transfer-RNS**, *t*-RNS) übertragen werden. Die *t*-RNS besitzt eine relativ niedrige Molekülmasse (etwa 25 000 u) und besteht aus rund 80 Nucleotiden, die immer am einen Ende der Kette die Basensequenz Cytosin-Cytosin-Adenin trägt. Die Verbindung der Aminosäure mit der *t*-RNS erfolgt am Ende des Makromoleküls, und zwar esterartig an das C-Atom 2 oder 3 der mit dem terminalen Adenin verbundenen Ribose. *Für jede Aminosäure* existiert eine *charakteristische t-RNS*, und *jedem Codon der m-RNS* ist ein *«Anticodon» der t-RNS zugeordnet,* das aus ebenfalls drei, den Basen des Codons komplementären (mit ihnen H-Brücken bildenden) Basen besteht. Die *Enzyme,* welche die Aminosäuren auf die entsprechenden *t*-RNS-Moleküle übertragen, müssen zwei «Erkennungsstellen» besitzen: eine für die Seitenkette der betreffenden Aminosäure und eine für die spezifische *t*-RNS. Die Zelle benötigt also nicht nur rund 20 verschiedene Arten von *t*-RNS-Molekülen, sondern eine ebenso große Zahl ebenfalls spezifischer, die Aminosäuren übertragender Enzyme. Dadurch, daß sich in den Ribosomen die *t*-RNS-Moleküle mitsamt den angehängten Aminosäuren an die *m*-RNS gemäß der in dieser durch die Basensequenz festgelegten Reihenfolge anlagern, werden auch die *Aminosäuren* in die *«richtige» Sequenz* gebracht und können anschließend – wiederum unter der Mitwirkung von Enzymen – zur Polypeptidkette verknüpft werden. Ist die ganze Peptidkette aufgebaut, so wird sie auf eine noch nicht bekannte Weise vom Ribosom abgelöst und wandert ins Plasma, so daß das Ribosom von neuem ein Proteinmolekül aufbauen kann (vgl. Abb. 23.15).

Auf welche Weise aus der linearen Polypeptidkette die charakteristische Sekundär- und Tertiärstruktur gebildet wird, ist unbekannt; möglicherweise stellen diese Strukturen die für bestimmte Peptidketten thermodynamisch günstigsten Anordnungen dar, so daß sie sich gewissermaßen von selbst bilden. Bei der Totalsynthese des Enzyms Ribonuclease (S. 979) ordnete sich jedenfalls die synthetische Polypeptidkette ohne weitere Maßnahmen.

Von Interesse sind einige Hinweise auf die *Art der Experimente,* mit deren Hilfe der *genetische Code entschlüsselt* werden konnte. Zunächst wurde in einem klassisch gewordenen Versuch (Nirenberg und Matthaei, 1961) eine *m*-RNS eingesetzt, welche als Base ausschließlich Uracil enthielt (solche RNS – die selbstverständlich in der Natur nicht auftreten – können aus Nucleotiden mit Uracil als Base [d. h. aus Uridinphosphat] mit Hilfe des Enzyms RNS-Polymerase aufgebaut werden). Entsprechend dem Prinzip der Basenpaarung können an diese *m*-RNS nur *t*-RNS-Moleküle mit AAA als Codon angelagert werden (Uracil bildet H-Brücken nur mit Adenin), die für eine ganz bestimmte Aminosäure spezifisch sein müssen. In der Tat wurde gefunden, daß mit der erwähnten *m*-RNS – in Gegenwart aller 20 Aminosäuren – ein Polypeptid aufgebaut wurde, das ausschließlich aus Molekülen von Phenylalanin bestand.

Das diskutierte Experiment zeigte, daß die Basensequenz —UUUUUUU— der Aminosäuresequenz —Phe—Phe—Phe—Phe—Phe— entspricht; es macht aber noch keine

Aussagen darüber, wie viele Basen U im Codon enthalten sind, mit anderen Worten, ob der genetische Code ein Dublett-, Triplett- oder Quadruplettcode ist. Da ein Dublett-code nur $4^2 = 16$ verschiedene Codemöglichkeiten liefert und damit zur Bestimmung von über 20 Aminosäuren nicht ausreicht, ist der Triplettcode von vornherein wahrscheinlicher. (Ein Quadruplettcode würde $4^4 = 256$ Möglichkeiten bieten, also sicher viel zu viel!) Den Beweis dafür, daß das Codon aus drei Basen besteht, erbrachte wiederum Nirenberg (1964), indem er zu zeigen vermochte, daß bereits ein Messenger, der aus nur drei Nucleotiden besteht, imstande ist, die Bindung einer mit der entsprechenden Aminosäure verbundenen t-RNS an ein Ribosom zu bewirken. Ein Gemisch aus Ribosomen und dem Trinucleotid UUU bindet nur eine einzige t-RNS, nämlich diejenige, die mit Phenylalanin verbunden ist. Das Trinucleotid AUG bindet nur die mit Methionin verbundene t-RNS, das Trinucleotid CAC bindet nur die mit Histidin verbundene t-RNS usw. Diese Versuche bewiesen nicht nur eindeutig, daß der genetische Code wirklich ein Triplettcode ist, sondern ermöglichten auch eine vollständige Entschlüsselung des Codes, d. h. die Zuordnung der Codons zu der entsprechenden Aminosäure. Von Khorana wurden darauf sämtliche 64 mögliche Trinucleotide auf rein chemischem Weg synthetisiert, wodurch die Ergebnisse von Nirenberg bestätigt werden konnten.

Übungen

23.1　Welche Möglichkeiten stehen zur Trennung der Aminosäuren eines Proteinhydrolysats zur Verfügung?

23.2　Zeigen Sie, wie sich die Konfigurationen der natürlichen Aminosäuren mit *D*-Glucose korrelieren lassen!

23.3　Die Hydrolyse von Salmin (einem Polypeptid aus Salmsperma) ergab folgende Resultate:

	g/100 g Salmin
Isoleucin	1,28
Alanin	0,89
Valin	3,68
Glycin	3,01
Serin	7,29
Prolin	6,90
Arginin	86,40

Welches sind die relativen Zahlen der Aminosäurereste im Peptid? Weshalb ergibt die Summe der Gewichtsanteile der Aminosäuren mehr als 100 g?

23.4　Die Molmassenbestimmung von Salmin liefert einen Wert von etwa 10 000 u. Geben Sie die genaue Zusammensetzung der Polypeptidkette an!

23.5　Ein Peptid besteht aus folgenden Aminosäuren: Arg, CySH, Glu, Gly_2, Leu, Phe_2, Tyr, Val. Bei der Hydrolyse erhielt man Spaltstücke mit den nachstehenden Sequenzen: Val.CySH.Gly + Gly.Phe.Phe + Glu.Arg.Gly. + Tyr.Leu.Val. + Gly.Glu.Arg. Geben Sie die Sequenz des Peptids an!

23.6　Schildern Sie die Bestimmungsmethoden der N- bzw. der C-terminalen Aminosäure in Peptiden!

23.7   Welchen Schwierigkeiten begegnet man bei der Peptidsynthese? Wie werden Amino- und Carboxylgruppen geschützt?

23.8   Wozu verwendet man Dialkylcarbodiimide in der Peptidchemie?

23.9   Erläutern Sie die Methode zum Aufbau von Peptiden, welche ein Styrenharz als Träger benutzt!

23.10   Worin unterscheiden sich Peptide und Proteine? Geben Sie Beispiele natürlich vorkommender Peptide!

23.11   Beschreiben Sie die verschiedenen Sekundärstrukturen von Proteinen! Wie lassen sie sich ermitteln?

23.12   Was versteht man unter «Denaturierung» der Proteine? Was geschieht dabei?

23.13   Was sind Proteide? Geben Sie einige Beispiele!

23.14   Erklären Sie die folgenden Ausdrücke:
(a) prosthetische Gruppe, (b) Coenzym, (c) Enzym-Substrat-Komplex, (d) Codon, (e) *t*-RNS, (f) Phosphorylierung

23.15   Versuchen Sie zu erklären, weshalb die meisten lebenden Zellen bei Temperaturen > 60°C absterben!

23.16   Welche Anhaltspunkte weisen auf die Bildung eines Enzym-Substrat-Komplexes hin?

23.17   Geben Sie ein Modell der Enzymwirkung!

23.18   Worin besteht die Bedeutung von ATP?

23.19   Welche Beweise existieren dafür, daß DNS als Träger der «Erbfaktoren» betrachtet werden muß?

23.20   Schildern Sie die Sekundärstruktur der DNS! Zeigen Sie, wie diese Struktur die Anforderungen, die man an eine Substanz stellt, welche die genetischen Informationen gespeichert enthält, erfüllt!

24 Synthetische hochmolekulare Stoffe

24.1 Allgemeines

Wegen ihrer besonderen Eigenschaften spielen die hochmolekularen Stoffe (Cellulose, Stärke, Proteine; synthetische Polymere, besonders Kunststoffe, Kunstharze, Fasern und Elastomere) sowohl in der Natur als Gerüst- und Depotstoffe wie in der Technik als *Werkstoffe* eine außerordentlich wichtige Rolle. Da es sich bei ihnen nicht um einheitliche Verbindungen (im Sinn von Dalton) handelt, und da sie außer mit den konventionellen Methoden des Organikers nur mit speziellen, meist physikalisch-chemischen Mitteln erforscht werden können, wurden sie früher lange Zeit vernachlässigt oder als unerwünschte Nebenprodukte von Reaktionen betrachtet.

Die ersten *«Kunststoffe»* wurden um die Jahrhundertwende durch Umwandlung hochmolekularer *Naturstoffe* entwickelt (Galalith, Celluloid, Kunstseiden), zum Teil als *Ersatz* der teuren und hochwertigen Naturprodukte. 1905 gelang es Baekeland, die Harzbildung aus Formaldehyd und Phenolen so zu steuern, daß die dabei gebildeten Produkte als Werkstoffe verarbeitet werden konnten. Zur Zeit des Ersten Weltkrieges wurden in Deutschland bereits auch die ersten Versuche zur Erzeugung von synthetischem Gummi – wiederum als Ersatz des nicht mehr zur Verfügung stehenden Naturgummis (Blockade der Zentralmächte durch die Alliierten!) – unternommen. Die Entwicklung der Kunstfasern geht vor allem auf Arbeiten von Carothers (USA) zurück, dem es gelang, aus Dicarbonsäuren und Diaminen Polyamide zu erhalten, welche sich zu Fasern verspinnen ließen. Insbesondere seit dem Zweiten Weltkrieg hat die Chemie der Hochpolymere einen gewaltigen Aufschwung genommen, und die Kunststoffe haben längst den Charakter von «Ersatzstoffen» verloren. Es ist möglich geworden, Kunststoffe für nahezu jeden Verwendungszweck und mit ganz verschiedenartigen Eigenschaften zu produzieren. Die Kunststoffindustrie gehört heute zu den Industriezweigen mit der größten Wachstumsrate, und sie betrifft heute etwa 100 Millionen Jahrestonnen.

Während langer Zeit war man allgemein der Ansicht, daß auch Stoffe wie Cellulose, Kautschuk oder Vinylpolymere im wesentlichen aus Molekülen von relativ niedriger Molekülmasse bestehen würden, und man hielt die besonderen Eigenschaften dieser Verbindungen für eine Folge der *Assoziation* der Moleküle zu Kolloidteilchen, sogenannten **Micellen**. Die Erkenntnis, daß die «Hochpolymere» aus Molekülen von sehr hoher Molekülmasse (**«Makromolekülen»**) aufgebaut sind, in welchen die einzelnen Kohlenstoffatome untereinander in genau derselben Weise miteinander verknüpft sind wie in irgendeinem niedermolekularen organischen Stoff, verdankt man in erster Linie den Arbeiten von Staudinger, der 1922 den Begriff «Makromolekül» schuf, und der durch gezielten Aufbau die Existenz solcher Makromoleküle bewies. Trotzdem stießen die Überlegungen von Staudinger lange Zeit auf den Widerspruch von Chemikern und Physikern und wurden beinahe allgemein belächelt. Erst seit etwa 1935 haben sich seine Auffassungen über den Aufbau hochmolekularer Stoffe allgemein durchsetzen können.

Selbstverständlich ist die *Abgrenzung zwischen hochmolekularen und niedermolekularen Stoffen* fließend. Als allgemeine Richtlinie kann man vielleicht festhalten, daß Substanzen, deren Moleküle mehr als 1000 Atome enthalten, zu den hochmolekularen Stoffen gerechnet werden sollen. Immerhin gibt es auch Stoffe, wie z. B. Formaldehydpolymerisate aus nur 25 bis 30 Formaldehydeinheiten, die trotz ihrer niedrigeren Molekülmasse bereits die für hochmolekulare Substanzen charakteristischen Merkmale zeigen.

Im Gegensatz zu den niedermolekularen Stoffen ist bei hochmolekularen Substanzen die *Molekülgröße nicht bestimmt;* charakteristisch für eine bestimmte Substanz ist daher ihre *Molekülmassenverteilung.* Bei technischen Synthesen besteht heute allerdings die Möglichkeit, durch Steuerung des Ablaufes der Bildungsreaktion den Schwankungsbereich der Molekülgröße nicht allzu groß werden zu lassen. Trotzdem stellen hochmolekulare Stoffe stets *Gemische* mehrerer ähnlicher, nicht voneinander trennbarer Molekülarten dar, die aber in einer bestimmten Substanz stets das gleiche *Bauprinzip* aufweisen. Maßgebend für die Einheitlichkeit einer hochmolekularen Substanz ist also das (gleichartige) Bauprinzip ihrer Makromoleküle, nicht die Molekülmasse. Die chemischen und physikalischen *Eigenschaften* einer solchen Substanz werden dabei einerseits durch die *Verknüpfungsart* der Grundbausteine der Makromoleküle, anderseits durch die *Gestalt* der Makromoleküle selbst bestimmt. Besonders häufig sind lineare oder schwach verzweigte Makromoleküle *(«Fadenmoleküle»).*

Um die durchschnittliche Molekülmasse eines makromolekularen Stoffes anzugeben, werden zwei Größen nebeneinander benützt. Die eine, die *Zahlenmittel-Molekülmasse,* entspricht der Gesamtmasse einer Probe der Substanz (m) dividiert durch die Gesamtzahl der darin enthaltenen mol Moleküle ($\Sigma\, N_i$):

$$\overline{M}_n = \frac{m}{\Sigma\, N_i} = \frac{\Sigma\,(N_i\, M_i)}{\Sigma\, N_i}$$

(N_i ist die Zahl der Mole einer einzelnen molekularen Spezies i; M_i ist ihre Molekülmasse.) Die *«Massenmittel-Molekülmasse»* M_m, die zweite Größe, entspricht der Summe der Beiträge jeder molekularen Spezies i (gemessen durch ihren Massenbruch m_i) und ihrer Molekülmasse M_i:

$$\overline{M}_m = \Sigma\,(m_i\, M_i)$$

Daß zwei verschiedene Ausdrücke für die (durchschnittliche) Molekülmasse von hochmolekularen Stoffen benützt werden, rührt davon her, daß gewisse Eigenschaften (Schmelztemperaturen, Dampfdruck, osmotischer Druck verdünnter Lösungen) zu M_n, andere Eigenschaften (Lichtstreuung, Sedimentationsgeschwindigkeit, Diffusionskonstanten) dagegen zu M_m in Beziehung gesetzt werden müssen.

Molekülmassenbestimmung. Die konventionellen Methoden der Molekülmassenbestimmung (Bestimmung der Dampfdichte, der Schmelzpunktserniedrigung oder der Siedepunktserhöhung) sind für hochmolekulare Stubstanzen mit Durchschnittsmolekülmassen > 50000 u nicht geeignet. Auch bei Substanzen mit kleinerer durchschnittlicher Molekülmasse läßt sich die Siedepunktserhöhung nur mit ganz besonders empfindlichen Geräten messen. Geeignet zur Ermittlung der Molekülmasse (M_n) ist hingegen die *Messung des osmotischen Druckes* einer Lösung der hochmolekularen Substanz. Da der gemessene Effekt (die Höhe der Lösungssäule in einem Osmometer) relativ groß ist, sind derartige Bestimmungen ziemlich zuverlässig. Eine 0,1-%-Lösung eines hochmolekularen Stoffes von der Molekülmasse 100 000 u zeigt z. B. einen osmotischen Druck von etwa $2,4 \cdot 10^{-4}$ bar, der – bei Verwendung eines organischen Lösungsmittels von relativ geringer Dichte (0,7 bis 1,2 g/cm^3) – einer Säulenhöhe von 1,5 bis 5,3 mm entspricht, was durchaus meßbar ist. Man muß sich aber bewußt sein, daß der osmotische Druck durch die Zahl der gelösten Moleküle pro Volumen bestimmt wird; man mißt also mit dieser Methode eigentlich die Zahl der Makromoleküle pro Gewichtseinheit. Bei polymer-uneinheitlichen Verbindungen (die z. B. aus einem großen Anteil von Molekülen mit niedriger und einem geringeren Anteil von Molekülen mit sehr hoher Molekülmasse bestehen) erhält man deshalb auf diese Weise keine sehr aussagekräftigen Resultate.

Tabelle 24.1. Arten hochmolekularer Stoffe

Verknüpfungsart der Grundmoleküle		Beispiele	
Art der Verknüpfung	Symbol	synthetisch	natürlich
Kohlenstoff-Kohlenstoff-Bindung	$-\overset{\vert}{\underset{\vert}{C}}-\overset{\vert}{\underset{\vert}{C}}-$	Polyethen («Polyethylen») Polybutadien	Kautschuk
Ester-«Bindung»	$-\overset{\vert}{C}-O-\overset{\vert}{\underset{\vert}{C}}-$ (mit $\overset{\Vert}{O}$)	Polyesterfasern	Nucleinsäuren (Phosphorsäureester von Kohlenhydraten; im Zellkern)
Amid-«Bindung»	$-\overset{\vert}{C}-\overset{\vert}{N}-\overset{\vert}{\underset{\vert}{C}}-$ (mit O, H)	Polyamidfasern (Nylon, Perlon)	Eiweiße (auch Wolle, Seide)
Urethan-«Bindung»	$-\overset{\vert}{N}-C\overset{O}{\underset{O-}{}}$ (mit H)	Polyurethane	–
Acetal-«Bindung»	$-\overset{\vert}{\underset{\vert}{C}}-O-\overset{\vert}{\underset{\vert}{C}}-$	Polymerisate von Formaldehyd	Cellulose, Stärke, Glykogen

Die *Viskosität* der Lösung einer makromolekularen Substanz hängt von ihrer Konzentration, von der Molekülmasse und der Molekülgestalt ab. Da die Molekülgestalt nicht immer bekannt ist, sind die Beziehungen der einzelnen Faktoren untereinander und damit die Bestimmung der Molekülmasse – vor allem bei neuen, noch nicht genauer untersuchten makromolekularen Stoffen – oft schwierig zu erkennen. Immerhin können Viskositätsmessungen relative Zahlen liefern, die zur Kennzeichnung der relativen Molekülgröße von Kunststoffen insbesondere bei Kontrollen und Vergleichen dienen.
Sehr häufig wird ein weiteres Verfahren zur Molekülmassenbestimmung verwendet. Da nämlich die Teilchen einer kolloidalen Lösung im Gravitationsfeld ein ähnliches Sedimentationsgleichgewicht ausbilden wie die Gasmoleküle der Erdatmosphäre, läßt sich durch Bestimmung der *Sedimentationsgeschwindigkeit* (bzw. der Sedimentationshöhen) in der *Ultrazentrifuge* (in welcher Gravitationsfelder von bis zu 10^6 *g* erreichbar sind) die Molekülmasse ermitteln. Genau genommen wird hier aber ebenso wie bei der Messung des osmotischen Druckes die durchschnittliche Teilchenmasse bestimmt, ohne daß man entscheiden kann, ob wirklich Einzelmoleküle oder Assoziate mehrerer Moleküle zu größeren Partikeln vorliegen. Die genaue Ermittlung der tatsächlichen Molekülmasse hochmolekularer Substanzen ist deshalb oft recht schwierig und nur durch eine Kombination verschiedener Methoden möglich.

Bildungsweise hochmolekularer Stoffe. Die einfachste Möglichkeit zur Bildung eines hochmolekularen Stoffes ist die **Polymerisation** ungesättigter Verbindungen (z. B. Radikalketten-Polymerisation, siehe S. 756), die durch eine geeignete Startersubstanz (*«Initiator»*) in Gang gesetzt wird. Die Polymerisation liefert gewöhnlich Fadenmoleküle; durch Unregelmäßigkeiten im Verlauf der Polymerisation können sich auch Verzweigungen bilden. Der Polymerisationsgrad ist je nach den angewandten Reaktionsbedingungen sehr verschieden. Häufig werden verschiedene ungesättigte Moleküle zusammen polymerisiert, um die Eigenschaften des Produktes zu verbessern (*«Copolymerisation»*). Dabei erhält man Makromoleküle, die aus verschiedenen Grundbausteinen (*«Monomeren»*) aufgebaut sind; die verschiedenen Monomere sind im einzelnen Fadenmolekül meist regellos aneinandergereiht.

Eine weitere Möglichkeit der Gewinnung von Polymerisaten ist die *«oxidative Kupplung»*, ein Verfahren, das erst vor wenigen Jahren entwickelt worden ist. Man geht dabei von disubstituierten Phenolen aus, welche durch Einwirkung von Luftsauerstoff unter der katalytischen Wirkung von Kupfer(I)-Komplexen zu Makromolekülen verbunden werden:

Polyphenylenoxid

Auch durch fortgesetzte **Kondensationen** lassen sich hochmolekulare Substanzen erhalten. Verwendet man dabei bifunktionelle Moleküle (oder eine Molekülart mit zwei verschiedenen funktionellen Gruppen, die gegenseitig miteinander kondensieren können), so erhält man Fadenmoleküle; ist das eine der Grundmoleküle trifunktionell, so entstehen dreidimensionalnetzartig verknüpfte Makromoleküle. Die Reaktionsbedingungen und die Ausgangssubstanzen müssen dabei so gewählt werden, daß keine Ringschlußreaktionen auftreten. Von den vielen möglichen Kondensationsreaktionen sind die Amidbildung, die Veresterung und die Phenol- (bzw. Harnstoff-) Formaldehyd-Kondensation am wichtigsten. Schließlich können Makromoleküle auch durch fortgesetze Additionen aufgebaut werden (**Polyaddition**), wobei man – wie im gewöhnlichen Fall der Polykondensation – von zwei verschiedenen Ausgangssubstanzen ausgeht. Bifunktionelle Moleküle ergeben auch hier fadenförmige Makromoleküle. Bei Wahl geeigneter Ausgangssubstanzen können diese nachträglich miteinander vernetzt und die betreffenden Stoffe dadurch gehärtet werden. Die wichtigsten durch Polyaddition hergestellten Kunststoffe sind die Polyurethane und die Epoxidharze.

24.2 Allgemeine Eigenschaften

Aufbau. Wegen ihrer großen Ausdehnung lassen sich Makromoleküle nicht ohne weiteres in ein Kristallgitter ordnen. Auch Fadenmoleküle sind im allgemeinen ungeordnet und ineinander verschlungen. Nur in kleinen Bezirken können Kettenabschnitte **«kristalline»** oder **«geordnete Bereiche» (Kristallite)** ausbilden, in denen die Makromoleküle entweder wie in Abb. 24.1 gezeigt, parallel nebeneinander gelagert, oder wie in Abb. 24.3 dargestellt, lamellenartig aufgefaltet sein können. Die einzelnen Moleküle sind aber meistens viel länger als die kristallinen Bereiche und verlaufen zwischen ihnen ungeordnet.

Abb. 24.1. Ordnung
fadenförmiger
Makromoleküle

Der *Kristallisationsgrad* (kristallisiertes Volumen in Prozenten des Gesamtvolumens) wird durch die Gestalt der Makromoleküle, die Art und Stärke der zwischenmolekularen Kräfte und die Art der Vorbehandlung des Materials bestimmt. Verzweigte oder unregelmäßig gebaute Fadenmoleküle ergeben niedrigere Kristallisationsgrade. Die Erhöhung des Kristallisationsgrades führt im allgemeinen zu höherer *mechanischer Festigkeit* (insbesondere größerer Zerreißfestigkeit) und Zähigkeit. Besonders hohe Kristallisationsgrade fadenförmiger Makromoleküle und weitgehende Ausrichtung der geordneten Bereiche in der Längsrichtung der Moleküle treten bei speziellen Verarbeitungsverfahren, wie dem Spinnprozeß mit anschließendem Recken, auf. Zwischen den Kristalliten sind die ungeordneten Fadenmoleküle in einem gewissen Maß beweglich; Substanzen mit nicht allzu hohem

Abb. 24.2.
EM-Aufnahme
einer Polyethy-
len-Bruchfläche;
zeigt den Aufbau
aus Kristalliten

Kristallisationsgrad sind daher weich, geschmeidig und zäh. Bei gewissen Kunststoffen (z. B. Polyethen und Polyamiden) ließen sich neuerdings auch regelrechte *Einkristalle* erhalten (durch Kristallisation aus sehr verdünnten Lösungen). Es sind sehr flache, rhombische Kristalle, in denen die Fadenmoleküle senkrecht zur Rhombenfläche stehen und daher mehrfach gefaltet sein müssen (Abb. 24.3).

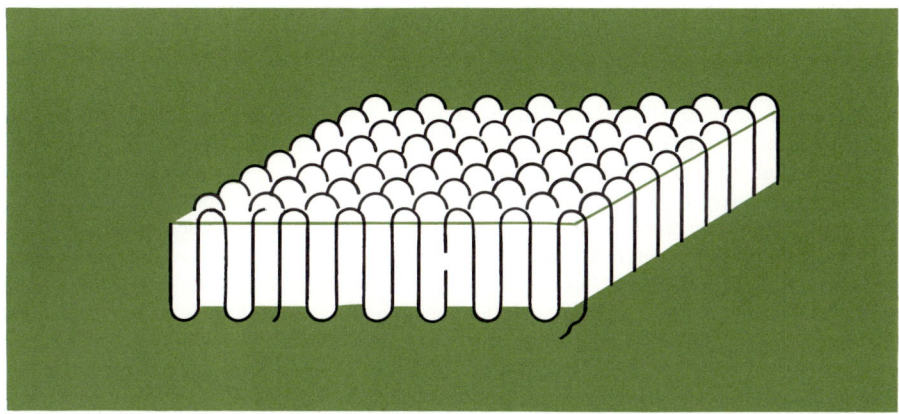

Abb. 24.3. Auffaltung eines linearen Makromoleküls in einem Einkristall einer hochmolekularen Substanz

Verhalten bei Temperaturerhöhung. Als Folge der nicht einheitlichen Molekülgröße zeigen hochmolekulare Substanzen keinen scharfen Schmelzpunkt, sondern ein *Schmelzintervall.* Beim Durchlaufen des Schmelzintervalls zu höheren Temperaturen wird das Material plastisch und geht schließlich in eine hochviskose Masse über. Eine weitere charakteristische Temperatur ist die *Zersetzungstemperatur,* oberhalb welcher die thermische Zersetzung des Materials eintritt. Die Leichtigkeit der thermischen Zersetzung (und damit die Höhe der Zersetzungstemperatur) hängt sehr stark vom Vorhandensein von Verunreinigungen ab (Sauerstoff, Oxidationsmittel); durch Zusatz von Inhibitoren, Antioxidantien usw. läßt sie sich oft erhöhen.
Viele hochmolekulare Stoffe erstarren beim Abkühlen unterhalb eines gewissen Temperaturbereiches – der *«Glastemperatur»* – und werden glasartig hart und spröde. Oberhalb der Glastemperatur ist die Zugfestigkeit geringer, die Dehnbarkeit größer; bei mäßig hohem Kristallisationsgrad ist das Material hornähnlich steif oder lederartig biegsam. Bei weiterem Erwärmen wird es, wie erwähnt, plastisch-zähviskos und formbar, so daß es verarbeitet (geformt) werden kann. Solche als **«Thermoplaste»** bezeichnete Stoffe sind generell quellbar und mehr oder weniger gut löslich.
Dieses Verhalten, das völlig von demjenigen niedermolekularer Stoffe abweicht, beruht auf *Veränderungen im molekularen Bereich.* Unterhalb der Glastemperatur erfolgt keine nennenswerte Molekülbewegung. Die fadenförmigen Makromoleküle sind zu starr und zu stark ineinander verknäuelt oder – in anderen Fällen – zu gut geordnet, um einem Druck ohne Bruch nachgeben zu können. Beim Erreichen der Glastemperatur werden die zwischenmolekularen Kräfte so weit überwunden, daß sich jetzt ganze Kettenabschnitte bewegen können. Die Makromoleküle lassen sich jetzt durch Zug oder Druck in einem gewissen Maß verschieben und auseinanderziehen, kehren aber anschließend mehr oder weniger gut wieder in die alte Form zurück. Während des Schmelzens geht schließlich auch die in den Kristalliten vorhandene Ordnung verloren.

Ob Thermoplaste bei Raumtemperatur eher lederartig oder eher hornartig oder sogar spröde sind, hängt weitgehend vom Kristallisationsgrad ab. Durch Abschrecken einer Schmelze erhält man ein wenig kristallines, in hohem Maß amorphes und damit weicheres Produkt, während bei langsamem Abkühlen besser kristallisierte und damit sprödere Produkte erhalten werden. Durch starkes Strecken werden die Makromoleküle parallelisiert, wodurch die Kristallite ausgerichtet und auch größer werden. Dies zeigt sich sehr deutlich in den Röntgendiagrammen; während wenig geordnete Materialien die üblichen Debye-Scherrer-Diagramme liefern, verdichten sich die Interferenzen bei besser geordneten Produkten zu diskreten Punkten, und man erhält sogenannte *Faserdiagramme* (Abb. 24.4). Liegen schließlich die Makromoleküle nahezu vollständig parallel, so steigt die Zugfestigkeit des Materials sehr stark an. Die *Kaltverstreckung* («Recken») ist deshalb besonders zur Herstellung stark zugfester Kunstfasern (wie z. B. Nylon) wichtig. Auch Polyethylen-Folien werden durch Recken verfestigt und zugfester. Wird eine derartig gereckte Folie kurzzeitig über die Erweichungstemperatur erwärmt, so schrumpft sie beträchtlich, weil der Ordnungsgrad durch die verstärkte Molekularbewegung wieder stark abnimmt: Verwendung zur Verpackung von Büchern, Lebensmitteln usw; die vorbehandelte «Schrumpffolie» legt sich bei kurzzeitigem Erwärmen eng dem Verpackungsgut an. Die Aufnahme von Lösungsmitteln (Quellung des Materials) erleichtert das Aneinandervorbeigleiten der Makromoleküle, so daß die Substanz geschmeidiger und weicher wird. Mittels solcher *«Weichmacher»* (Phthalsäure- oder Phosphorsäureester, wie z. B. Dioktylphthalat, Trikresylphosphat, Trioktylphosphat) können Härte und Sprödigkeit von Thermoplasten wie z. B. Polyvinylchlorid (PVC) in sehr hohem Maß beeinflußt und verändert werden.

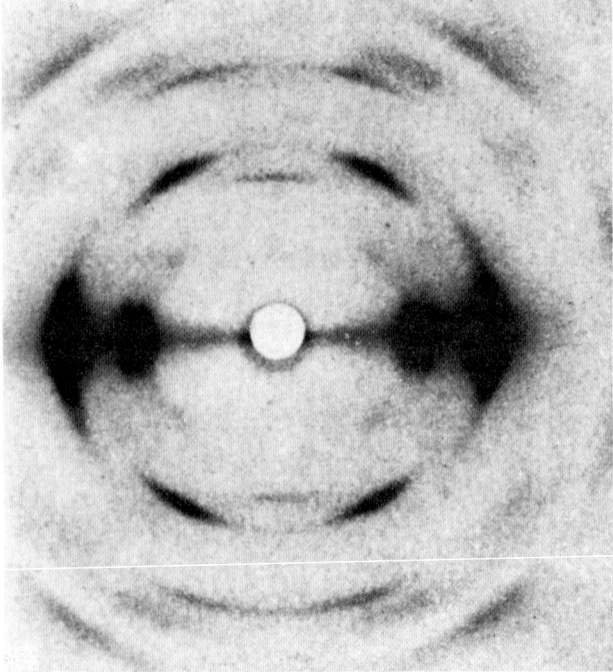

Abb. 24.4. *Faserdiagramm von Cellulose (aus gereinigten Ramie-Fasern)*

Während Thermoplaste aus *unvernetzten* Fadenmolekülen aufgebaut sind, haben räumlich *stark vernetzte* makromolekulare Substanzen den Charakter von **Duroplasten**. Bei ihnen liegt die Glastemperatur beträchtlich höher als die Raumtemperatur; sie sind härter und spröder und müssen direkt in der fertigen Form hergestellt oder mechanisch bearbeitet werden. Durch nachträgliche Vernetzung der Makromoleküle lassen sich gewisse Thermoplaste in Duroplaste überführen *(«härtbare Thermoplaste»)*. Sind die Fadenmoleküle nur in geringem Maß und sehr weitmaschig vernetzt, so zeigen die betreffenden Materialien sehr hohe Elastizität **(«Elastomere»)**. Elastomere sind weitgehend *amorph,* weil die zwischenmolekularen Kräfte gering sind oder weil die lockere Vernetzung die Ausbildung von Kristalliten erschwert, und besitzen eine relativ niedrige Glastemperatur. Durch Einführung von Seitengruppen in die Makromoleküle (z.B. Methylgruppen) kann ihre Tendenz, geordnete Bereiche zu bilden (und damit weniger elastisch zu sein) weiter verringert werden. Bei Zug- oder Druckbeanspruchung können die verknäuelten Makromoleküle zwischen den Haftstellen aneinander abgleiten und sich strecken oder zusammengedrückt werden (Abb. 24.5); wegen der *lockeren Vernetzung* können sie jedoch nicht aneinander vorbeifließen. Auf Grund der Wärmebewegung gehen sie bei Nachlassen des Zuges bzw. Druckes wieder in den ursprünglichen verknäuelten (entropiereicheren und damit wahrscheinlicheren) Zustand über. Elastomere sind ähnlich wie die Duroplaste nicht schmelzbar, jedoch quellbar.

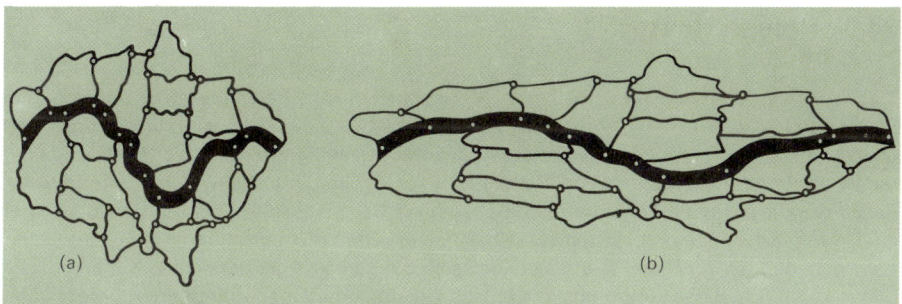

Abb. 24.5. Links: Kautschukmoleküle in ihrer normalen (wahrscheinlicheren) Lage. Rechts: Kautschukmoleküle im gedehnten Zustand

Lösen von Hochpolymeren. Die Makromoleküle einer hochpolymeren Substanz können *nur* durch *Solvation* mehr oder weniger vollständig *voneinander getrennt* werden. Die Möglichkeit der Bildung von Lösungen ist deshalb besonders für die Verarbeitung nicht unzersetzt schmelzbarer hochmolekularer Stoffe wichtig (Herstellung von Filmen, Verspinnen). Häufig beobachtet man dabei, daß die Löslichkeit des Materials von der Molekülmasse weitgehend unabhängig ist, weil die Solvationsenergie oft annähernd proportional zur Kettenlänge wächst.

In stark verdünnten Lösungen sind die einzelnen Fadenmoleküle voneinander völlig unabhängig. Diese *«Sol-Lösungen»* unterscheiden sich von den gewöhnlichen Lösungen niedermolekularer Stoffe nur dadurch, daß die gelösten Teilchen viel größer sind als die Lösungsmittelteilchen. Wird die Konzentration der Lösung erhöht, so beginnen sich die Molekülknäuel gegenseitig zu durchdringen, und es entsteht ein sehr lockeres Netzwerk, eine *«Gel-Lösung».* Mit dem Übergang zur Gel-Lösung geht gewöhnlich ein starker Anstieg der Viskosität einher. Osmotische Molekülmassenbestimmungen lassen sich mit Gel-Lösungen kaum mehr durchführen. Besitzen die Fadenmoleküle funktionelle Gruppen, die stark zur Assoziation neigen (z. B. Carboxylgruppen durch H-Brücken!), so vermögen diese die Moleküle bei noch höherer Konzentration zu einem dreidimensionalen Netzwerk zu verknüpfen, und es entsteht ein **Gel**. Gele lassen sich bereits durch mäßige Temperaturerhöhung wieder verflüssigen (geringe Bindungsenergien der H-Brücken) und sind einem stark gequollenen Festkörper vergleichbar. Der Gelzustand ist beispielsweise der Zustand des lebenden Cytoplasmas.

Sol-Lösungen und Gel-Lösungen sind Molekülkolloide und nur in solchen Lösungsmitteln möglich, welche auch die Monomere lösen können. Man bezeichnet sie auch als *«lyophile» Kolloide* und stellt sie damit in Gegensatz zu den *«lyophoben»* oder *«Suspensions»-Kolloiden,* bei welchen die Teilchengröße in keiner Beziehung zur Molekülmasse steht und nur vom zufälligen Verteilungsgrad der Substanz im Lösungsmittel abhängt. Suspensionskolloide werden durch feine Verteilung einer in dem betreffenden «Lösungsmittel» an sich unlöslichen Substanz erhalten; ein Beispiel eines solchen Suspensionskolloids ist eine kolloidale wäßrige Silberlösung. Makromolekulare Substanzen können beide Arten kolloidaler Lösungen bilden; so kann z. B. Kautschuk in Wasser kolloidal suspendiert oder in Benzen molekular gelöst werden («Latex» bzw. Gummilösung).

24.3 Polymerisate

Gewinnung. Von den verschiedenen Möglichkeiten der Polymerisation ungesättigter Verbindungen wurde die *Radikalpolymerisation* bereits ziemlich ausführlich besprochen (Kapitel 16, S. 756). Die zum Starten der Reaktion notwendigen *Radikale* werden entweder durch *thermische Zersetzung* von Peroxiden oder Azoverbindungen, durch *photochemische Prozesse* (wobei Ketone, wie z. B. Benzoin, als Sensibilisatoren benötigt werden) oder auch durch *Erwärmen des Monomers* selbst erzeugt. Die Polymerisation (das Kettenwachstum) geht dann in der Regel so vor sich, daß sich das stabilere der möglichen Kettenradikale bilden kann, d. h. die Addition unsymmetrisch substituierter Doppelbindungen (wie z. B. im Fall von Propen, Styren oder Vinylchlorid) erfolgt regelmäßig in «Kopf-Schwanz-Stellung», wie im Fall von Polystyren durch Identifizierung pyrolytisch gewonnener Spaltstücke bewiesen wurde.

$$X\cdot \; + \; C_6H_5\!-\!CH\!=\!CH_2 \; \begin{cases} C_6H_5\!-\!\overset{\cdot}{C}H\!-\!CH_2X \; \longrightarrow \; XCH_2\!-\!\overset{\displaystyle C_6H_5}{\underset{|}{C}H}\!-\!CH_2\!-\!\overset{\displaystyle C_6H_5}{\underset{|}{C}H}\!- \\ \qquad\text{stabiler} \\[2mm] C_6H_5\!-\!CH\!-\!CH_2\cdot \\ \qquad\;\; \underset{X}{|} \\ \text{weniger stabil} \end{cases}$$

Kettenübertragungsreaktionen (die besonders bei höheren Reaktionstemperaturen häufig sind) führen zu (unerwünschten) *verzweigten* Makromolekülen. Über den Kettenabbruch und die Steuerung der Kettenlänge durch *«Regler»* siehe S. 756.
Die *Kettenlänge* des Polymerisates läßt sich auch durch die Temperatur der Polymerisation und die Menge des verwendeten Startmaterials beeinflussen. Hohe Initiatorkonzentrationen sowie hohe Reaktionstemperaturen bewirken eine raschere Polymerisation, ergeben aber niedrigere Polymerisationsgrade. Bei niedriger Reaktionstemperatur verläuft die

Polymerisation langsamer, und es entstehen längere Makromoleküle. Unter Umständen kann dann eine Erhöhung der Zahl der Kettenstarte erwünscht sein, was beispielsweise dadurch erreicht werden kann, daß man den Zerfall des Radikalbildners (z. B. des Peroxids) mittels Reduktionsmitteln (Fe^{+II}-Salzen) beschleunigt. Solche *«Redoxpolymerisationen»* lassen sich oft bei besonders niedriger Temperatur durchführen. Um die Polymerisation zu verlangsamen, können auch *Inhibitoren* (Chinone, Hydrochinon, aromatische Nitroverbindungen oder aromatische Amine) zugesetzt werden, welche als Radikalfänger wirken. Da die Polymere durch die üblichen chemischen Methoden nicht zu reinigen sind, müssen in jedem Fall *Ausgangsstoffe* von äußerster Reinheit verwendet werden, insbesondere auch deshalb, weil Verunreinigungen zu längeren Inhibierungszeiten führen und damit einen unkontrollierbaren Ablauf der Polymerisation bewirken können.

Weitere Möglichkeiten zur Gewinnung von Hochpolymeren bilden die *kationische* und die *anionische Polymerisation.* Im ersten Fall dient eine *Lewis-Säure* (wie z. B. BF_3) als Starter. Die Lewis-Säure bildet dabei mit Spuren von Wasser eine Additionsverbindung, welche im ersten Reaktionsschritt ein Proton auf das Alken überträgt. Dadurch entsteht ein *Carbeniumion,* das von einem weiteren Alkenmolekül addiert wird. Durch Abspaltung eines Protons kann das Kettenwachstum abgebrochen werden. Die kationische Polymerisation ist beispielsweise zur Gewinnung von Butylkautschuk wichtig, eines Mischpolymerisates von Isobuten mit 1 bis 3% Isopren oder anderen Dienen. Bei der *anionischen* Polymerisation werden *Carbanionen* an die Doppelbindungen addiert; diese bilden sich z. B. durch Reaktion der ungesättigten Verbindungen mit einem reaktionsfähigen Metall. Auf diese Weise wurde z. B. Polybutadien hergestellt:

$$CH_2{=}CH{-}CH{=}CH_2 + 2\,Na \longrightarrow Na{-}CH_2{-}\underset{\underset{CH_2}{\overset{\|}{CH}}}{\overset{\ominus}{CH}}Na^{\oplus}$$

$$Na{-}CH_2{-}\underset{\underset{CH_2}{\overset{\|}{CH}}}{\overset{\ominus}{CH}}Na^{\oplus} + CH_2{=}\underset{\underset{CH_2}{\overset{\|}{CH}}}{CH} \longrightarrow Na{-}CH_2{-}\underset{\underset{CH_2}{\overset{\|}{CH}}}{CH}{-}CH_2{-}\underset{\underset{CH_2}{\overset{\|}{CH}}}{\overset{\ominus}{CH}}Na^{\oplus}$$

Neben dieser 1,2-Addition ist auch Polymerisation durch 1,4-Addition möglich. – Heute wird Polybutadien praktisch ausschließlich durch Redoxpolymerisation hergestellt.

Ein interessantes Verfahren zur Polymerisation ist die *«Isomerisierungspolymerisation»,* z. B. von 3-Methyl-1-buten. Als Kettenstartreaktion wird ein (sekundäres) Carbeniumion gebildet, das sich durch eine 1,2-Hydrid-Verschiebung zunächst in ein tertiäres Carbeniumion umlagert und anschließend von einem weiteren ungesättigten Molekül addiert wird. Während jedes Wachstumsschrittes der Polymerisation erfolgt wieder eine Hydrid-Verschiebung:

$$R^{\oplus}X^{\ominus} + CH_2{=}CH{-}\underset{\underset{CH_3}{|}}{\overset{\overset{CH_3}{|}}{C}}{-}H \longrightarrow R{-}CH_2{-}\overset{\oplus}{CH}{-}\underset{\underset{CH_3}{|}}{\overset{\overset{CH_3}{|}}{C}}{-}H \longrightarrow R{-}CH_2{-}CH_2{-}\underset{\underset{CH_3}{|}}{\overset{\overset{CH_3}{|}}{C}}{\overset{\oplus}{}} \xrightarrow{\text{usw.}}$$

Eine andere Möglichkeit der anionischen Polymerisation (die besonders auch für niedrigere Reaktionstemperaturen geeignet ist) besteht darin, daß man als Initiator die Lösung eines Alkalimetalls (Li oder Na) in einer Lösung von Biphenyl oder Naphthalen in Ether oder Tetrahydrofuran verwendet. Durch Elektronenübertragung vom Metall auf den Aromaten entsteht ein (mesomeriestabilisiertes) *Radikal-Anion*. Dieses kann auf gewisse Vinyl-Monomere wiederum ein Elektron übertragen, so daß dadurch monomere Radikal-Ionen entstehen, die im Gegensatz zu den entsprechenden aromatischen Radikal-Ionen dimerisieren und dadurch *Dianionen* bilden:

$$C_6H_5-C_6H_5 \cdot^{\ominus} + C_6H_5-CH{=}CH_2 \longrightarrow (C_6H_5)_2 + \left[C_6H_5-\overset{\cdot}{C}H-\overset{\ominus}{C}H_2 \leftrightarrow C_6H_5-\overset{\ominus}{C}H-\overset{\cdot}{C}H_2 \right]$$

Styren-Radikal-Anion

$$2\ C_6H_5-\overset{\ominus}{C}H-\overset{\cdot}{C}H_2 \longrightarrow C_6H_5-\overset{\ominus}{C}H-CH_2-CH_2-\overset{\ominus}{C}H-C_6H_5 + n\ C_6H_5-CH{=}CH_2$$

$$\longrightarrow\ C_6H_5-\overset{\ominus}{C}H-CH_2-\underset{\underset{C_6H_5}{|}}{(CH-CH_2)}_n-CH_2-\overset{\ominus}{C}H-C_6H_5$$

Einige dieser polymeren Dianionen lassen sich bei genügend tiefer Temperatur während längerer Zeit aufbewahren. Derartige *«lebende Polymere»* werden zur Gewinnung sogenannter *Blockpolymere* verwendet. Gibt man nämlich beispielsweise Acrylnitril zu solchen Polystyren-Dianionen, so polymerisiert das Monomer ebenfalls, und es entstehen Makromoleküle, welche aus längeren Abschnitten von Polyacrylnitril- und Polystyren-Ketten bestehen, in denen also (im Gegensatz zu gewöhnlichen Copolymeren) die beiden Monomere nicht abwechseln.

Eine letzte Möglichkeit zur Gewinnung von Hochpolymeren bietet die Polymerisation mit *«Ziegler-Katalysatoren»* (*«Koordinationskatalysatoren»*), die aus $TiCl_4$ und Aluminiumalkylen (oder auch aus Molybdän- oder Chromoxiden) hergestellt werden. Ziegler-Katalysatoren sind besonders zur Herstellung von Polyethen und Polypropen wichtig geworden, werden aber auch zur Gewinnung von Polyisopren verwendet.
Auf Grund zahlreicher Untersuchungen ist der Mechanismus dieser Polymerisation heute weitgehend bekannt. Es bildet sich dabei zuerst eine Kohlenstoff-Titan-Bindung aus (1), die ein weiteres Monomer koordinativ binden kann (2):

(1) $+ CH_2{=}CH_2 \longrightarrow$ (2) $\downarrow$

(3)

Durch intramolekulare Umlagerung wird das Monomer zwischen die ursprüngliche C-Ti-Bindung eingeschoben («Einschiebungs-» oder «Insertionsmechanismus») und die ehemalige C-Ti-Bindungsstelle ist frei für eine erneute koordinative Bindung eines Monomers (3).

Die Polymerisation mit Koordinationskatalysatoren hat unter anderem deshalb große Bedeutung erlangt, weil sie *stereoselektiv* verläuft (Natta). In einem aus Monomeren vom Typus R—CH=CH$_2$ entstandenen Makromolekül ist nämlich jedes zweite C-Atom ein *Chiralitätszentrum,* so daß verschiedene Konfigurationen möglich sind. Polystyren, das durch Radikalpolymerisation hergestellt worden ist, ist **ataktisch**, d.h. die an jedes zweite C-Atom gebundenen Benzenkerne sind regellos bald auf die rechte, bald auf die linke Seite der C-Kette gerichtet (Abb. 24.6). Die *Ziegler-Polymerisation* von Styren oder Propen liefert dagegen ein **isotaktisches** Produkt, in welchem alle asymmetrisch substituierten C-Atome dieselbe Konfiguration besitzen, die Benzenkerne bzw. Methylgruppen also alle nach derselben Seite der Kette gerichtet sind. Isotaktisches Material zeigt einen wesentlich *höheren Kristallisationsgrad* als ataktische Produkte; aus diesem Grund ist seine Erweichungstemperatur höher, seine Löslichkeit und Quellbarkeit geringer und seine mechanische Festigkeit beträchtlich größer. So lassen sich beispielsweise aus isotaktischem Polypropylen Fasern mit einer Reißfestigkeit von bis zu 70 kg/mm^2 erzeugen, einer Festigkeit, die derjenigen von Stahl gleichkommt! Besitzt jedes zweite Chiralitätszentrum die entgegengesetzte Konfiguration, so spricht man von **syndiotaktischen** Polymeren. Auch solche lassen sich durch Koordinationspolymerisation gewinnen; sie besitzen gegenüber dem ataktischen Material ebenfalls höhere Kristallisationsgrade und deshalb größere Festigkeit.

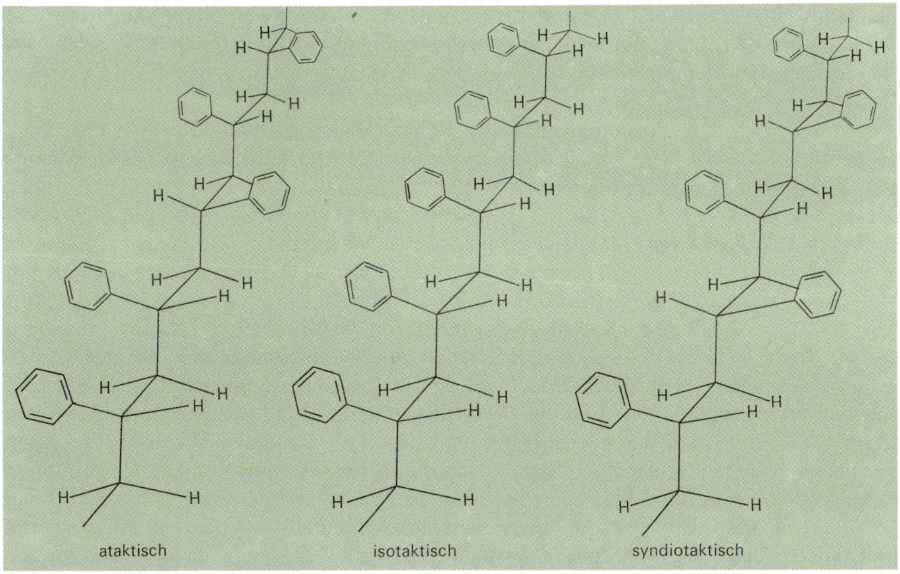

Abb. 24.6. Konfigurationen von ataktischem, isotaktischem und syndiotaktischem Polystyren

Um die mechanische und thermische Widerstandsfähigkeit von Kunststoffen zu erhöhen, kann man versuchen, die Starrheit der Makromoleküle, die Stärke der Bindungen in ihnen und die zwischenmolekularen Kräfte zu vergrößern. Dies kann z. B. dadurch erreicht werden, daß man *«bandförmige»* statt kettenförmige Makromoleküle aufbaut. Schema:

```
—A—A—A—A—A—A—A—A—A—
  |  |  |  |  |  |  |  |  |
  B  B  B  B  B  B  B  B  B
  |  |  |  |  |  |  |  |  |
—A—A—A—A—A—A—A—A—A—
```

Allerdings begegnet die Synthese der zur Herstellung solcher *«Leiterpolymerisate»* erforderlichen Ausgangssubstanzen oft Schwierigkeiten; die Produkte sind aber tatsächlich durch hohe mechanische Festigkeit und eine hohe Zersetzungstemperatur ausgezeichnet. Ein Beispiel ist das aus Polyacrylnitril erhältliche Leiterpolymerisat (S.1015), das zusätzlich Halbleitereigenschaften besitzt.

Wie ebenfalls schon früher erwähnt wurde, ist die Polymerisation eine exotherme Reaktion, so daß die *Ableitung der entstehenden Wärme* für die praktische Durchführung ein besonders großes Problem darstellt (ein zu starker Temperaturanstieg führt zu unkontrollierbar rascher Polymerisation und – insbesondere bei Radikalpolymerisationen – zur Bildung verzweigter Makromoleküle). Die Polymerisation des unverdünnten Monomers (*«Substanzpolymerisation»*) ist deshalb nur dann möglich, wenn die Polymerisation des betreffenden Materials genügend langsam verläuft, wie z.B. im Fall von Styren oder von Methacrylaten. Allerdings erhält man auf diese Weise die reinsten und gleichmäßigsten Produkte. Am häufigsten polymerisiert man das Monomer in einer wäßrigen *Emulsion* (unter Zusatz von Emulgatoren), wobei jedoch wasserlösliche Startsubstanzen erforderlich sind. Das Polymerisat ist in diesem Fall sehr leicht abzuscheiden und kann zu feinem Pulver aufgearbeitet werden. Auch *Suspensionen* des Monomers in einer geeigneten Flüssigkeit lassen sich polymerisieren; das Produkt fällt dann in Form kleiner Körnchen oder Tröpfchen an. Klebstoffe oder Lackrohstoffe werden auch durch *Lösungspolymerisation* erhalten. Als Lösungsmittel verwendet man Benzen, Toluen, Xylen oder Cyclohexan (die alle weder mit dem Monomer noch mit dem Polymer reagieren); die Gewinnung des reinen Polymerisates ist allerdings sehr schwierig, da es Reste von Lösungsmitteln hartnäckig festhält.

Die *Verarbeitung* der (thermoplastischen) Polymerisate geschieht durch Warm- oder Kaltverformung, die erstere vor allem durch Walzen, Spritzen oder Pressen. Beim «Warmpreßverfahren» gibt man das Material als Tablette oder als Granulat in die Presse und erhitzt; das plastisch gewordene Material füllt alle Hohlräume der Preßform genau aus und behält nach dem Abkühlen seine Form bei. Für viele Zwecke verwendet man sogenannte *Extruder,* in denen das Material mehr oder weniger geschmolzen und anschließend durch ein Mundstück ausgepreßt wird. Dessen Gestalt bestimmt die Form des erstarrten Produktes (Platten, Stäbe, Schläuche; für letztere verwendet man ein Mundstück, das einen Innendorn besitzt). Dosen, Flaschen, Kanister usw. werden durch Hohlkörperblasen, das sich an den Extruder anschließt, hergestellt. Dabei wird ein noch weicher Schlauch in einer entsprechenden Form abgeschnitten und mit Druckluft aufgeblasen, so daß er sich der Form eng anpreßt. Folien werden durch Verarbeiten von Lösungen gegossen. Wenn man in einen extrudierten dünnen Schlauch vor dem Erkalten Luft einbläst, gewinnt man einen dünnen «Endlossack», der in Abständen verschweißt und zu Säcken oder Beuteln aufgeteilt oder in Folien zerschnitten werden kann. Fasern werden als Schmelze versponnen; Polyacrylnitril (mit einer relativ niedrigen Zersetzungstemperatur) muß aus einer Lösung versponnen werden.

Tabelle 24.2. Beispiele technisch wichtiger Polymerisate

Bezeichnung	Formel des Monomers	Handels-namen	Eigenschaften, Verwendung
Polyacrylnitril	$CH_2{=}CH{-}CN$	Orlon, Dralon Acrilan, PAN	Wollähnliche Kunstfaser von gro-ßer Beständigkeit und Festigkeit
Polyacrylsäure-ester	$CH_2{=}CH{-}COOR$	Acronal Stabol Plexigum	Glasklar, gummiähnlich, weich, klebrig, Imprägnierungen, Kleb-stoffe
Polyethylen (Polyethen)	$CH_2{=}CH_2$	Polythen Lupolen Hostalen	Durchscheinend, wachsartig; re-lativ niedrige Erweichungstempe-ratur (110°C). Löslich in Benzin, Benzen und Trichlorethen über 60°C. Sehr chemikalienfest, daher für unzerbrechliche Gefäße, Fla-schen, Behälter, Eimer. Isolierma-terial; Verpackungsmaterial
Polybutadien	$CH_2{=}CH{-}CH{=}CH_2$ + Styren	Buna	Gummielastisch, vulkanisierbar. Wichtiger synthetischer Kautschuk
Polychloropren	$CH_2{=}\underset{Cl}{C}{-}CH{=}CH_2$	Neopren Perbunan C	Gummielastisch, vulkanisierbar. Wichtigster Kunstkautschuk
Polyisobutylen	$(CH_3)_2C{=}CH_2$ + Isopren	Enjay Butyl Polysar Butyl	Polyisobutylen als oxidations- und wetterbeständiges Dichtungs-material; Mischpolymerisat mit Isopren als Kautschuk (Butylkaut-schuk); ebenfalls gute Oxidations-beständigkeit; im Vergleich mit anderen Kautschuktypen extrem geringe Gasdurchlässigkeit (Reifen!)
Polymethacryl-säureester	$CH_2{=}\underset{COOR}{C}{-}CH_3$	Plexiglas Lucit	Glasklar, hart, spröde. Stäbe, Roh-re, Platten. Gebrauchsgegenstän-de, Seiten- und Rückenfenster in Karosserien, Brillengläser. Niedrig polymerisiert als Klebstoff
Polypropylen (Polypropen)	$CH_2{=}CH{-}CH_3$	Hostalen PPH Luparen	Ähnliche Eigenschaften wie Poly-ethylen. Erweichungstemperatur höher (technisches Polypropylen ist isotaktisch)
Polystyrol (Polystyren)	$C_6H_5{-}CH{=}CH_2$	Lustrex Trolitul Styroflex Styropor Vestyron Luran	Glasklar, hart. Gebrauchsartikel, Elektrotechnik, optische Linsen, Lacke, Schaumstoff (Isolier- und Verpackungsmaterial). In Benzen, Chlor- und Nitrobenzen löslich

Bezeichnung	Formel des Grundmoleküls	Handels- namen	Eigenschaften, Verwendung
Polytetrafluor- ethen	$CF_2{=}CF_2$	Teflon Hostaflon TF	Weiße, harte Masse. Schwierig zu verarbeiten (kein Lösungsmittel bekannt!). Hervorragende Chemi- kalienfestigkeit. Bis 325°C fest; keine Warmverformung möglich. Rohre; Dichtungen, Folien; Appa- raturen für die chemische Industrie
Polyvinylchlorid	$CH_2{=}CH{-}Cl$	PVC Hostalit Mipolam Vinidur Vinylite Movil Rhovyl	Weißes Pulver; gepreßt ziemlich hart. Preßartikel, Dichtungen, Ka- belisolierungen, Rohre, Schläuche. Mit Weichmacher für Überzüge auf Gewebe und Papier (Tisch- beläge, Regenbekleidung). Fasern aus PVC für warme Unterwäsche

Beispiele. Polyethylen («Polythen», «Hostalen», «Lupolen» u.a.) gehört heute zu den mengenmäßig wichtigsten Polymerisaten. Ethen ist das einzige aliphatische Alken, das sich radikalisch leicht polymerisieren läßt; allerdings werden dabei hohe Drucke (1500 bis 2000 bar) und Temperaturen um 250°C benötigt (als Initiator wirken Spuren von molekularem Sauerstoff). Das auf diese Weise gewonnene *«Hochdruckpolyethylen»* (ICI) besteht aus stark verzweigten Makromolekülen und besitzt einen relativ niedrigen Erweichungspunkt (um 115°C) sowie eine geringe Dichte. Es wird heute hauptsächlich zur Herstellung von Folien verwendet. *«Niederdruckpolyethylen»* (durch Polymerisation mittels Ziegler-Kata- lysatoren erhalten) ist beträchtlich weniger verzweigt und besitzt eine höhere Dichte; es besitzt eine relativ niedrige Glastemperatur und einen hohen Kristallisationsgrad (etwa 80%) und erscheint opak. Unter Verwendung von teilweise reduzierten Metalloxiden (Chrom- und Aluminiumoxide; Molybdänoxid) läßt sich bei Drucken von 50 bis 100 bar ein noch höher kristallines *«Mitteldruckpolyethylen»* erhalten (Phillips-Prozeß), das noch beträchtlich härter ist als das Niederdruckpolyethylen. Durch Bestrahlung von aus Poly- ethylen hergestellten Fertigteilen mit hochbeschleunigten Elektronen oder mit UV-Licht kann eine *Vernetzung* bewirkt und dadurch das Material gehärtet werden. Polyethylen kann auch durch *Druck* vernetzt werden. Man erhitzt zu diesem Zweck das granulierte Polymeri- sat unter Zusatz von kleinen Mengen organischer Peroxide unter einem Druck von bis 10000 bar auf 200°C; die geschmolzene Masse wird durch eine Düse ausgepreßt und erstarrt zu einem sehr wärmebeständigen (erst bei 300°C erweichenden), bis 200°C zähelastischen Material, das insbesondere zur Herstellung von Rohren geeignet ist. Durch Sulfochlorierung von Polyethylen kann man schließlich Makromoleküle mit $-SO_2Cl$- Gruppen erhalten, welche durch Schwefel oder durch Metalloxide in beschränktem Maß vernetzt (vulkanisiert) werden können, so daß (sehr chemikalienbeständige) *Elastomere* entstehen *(«Hypalon»)*.

Polypropylen («Hostalen PPH», «Luparen» u.a.) besitzt ähnliche Eigenschaften wie Polyethylen. Besonders günstige Eigenschaften hat das isotaktische, durch stereoselektive Ziegler-Natta-Polymerisation gewonnene Produkt; es ist relativ hart, durchsichtig und in organischen Lösungsmitteln unlöslich. Wegen der vielen tertiären Kohlenstoffatome im

Makromolekül ist das Material allerdings bei höheren Temperaturen ziemlich oxidations-
empfindlich und muß durch Antioxidantien geschützt werden. Die Erweichungstemperatur
von Polypropylen liegt deutlich über der Erweichungstemperatur von Polyethylen. Der
Grund dafür liegt in der unterschiedlichen Struktur der Kristallite. Während im Polyethylen
zickzackförmige Kohlenstoffketten (mit geringer Energiebarriere für eine Rotation um $C-C$-
Bindungen) vorliegen, die sich in den Kristalliten parallel ordnen, «kristallisiert» Polypropylen wegen der Wechselwirkungen zwischen den Methylgruppen in einer Helix (ähnlich der
α-Helix in Proteinen), wobei die Methylgruppen nach außen gerichtet sind. Diese Anordnung der Makromoleküle ist starrer als die Anordnung der Ketten im Polyethylen und zudem
sind die van der Waals-Kräfte stärker wirksam.

Polypropylen eignet sich auch zur Herstellung von *Kunstfasern*. Ethen-Propen-Copolyme-
risate haben auch als *Elastomere* Bedeutung erlangt *(«EP-Kautschuk»)*. Da in diesen
Polymeren keine Doppelbindungen enthalten sind, die eine Vernetzung (Vulkanisation) mit
Schwefel – wie beim Naturkautschuk – ermöglichen (S.1016), mußte zu einem anderen
Verfahren gegriffen werden. Bei diesem werden in den Ketten durch Umsetzung mit
geringen Mengen von Peroxiden Radikale erzeugt, welche sich dann gegenseitig verbinden. Durch Zusatz von kleinen Mengen von Dicyclopentadien oder 1,4-Hexadien bei der
Polymerisation entsteht hingegen ein vulkanisierbares Material. Der vernetzte EP-Kautschuk stellt ein chemisch völlig abgesättigtes, keine Doppelbindungen enthaltendes und
reaktionsträges System dar. Auf diese Reaktionsträgheit ist seine große Alterungs- und
Hitzebeständigkeit sowie die Beständigkeit gegenüber Ozon oder anderen Oxidationsmitteln zurückzuführen. Da Fremdstoffe (wie Weichmacher, Füllstoffe u. a.) die Peroxidvernet-
zung erschweren, wurden weitere EP-Kautschuke entwickelt, welche aus Ethen und
Propen zusammen mit 0,6 bis 1,0 Mol-% 1,3-Butadien polymerisiert werden und dank des
Vorhandenseins von Doppelbindungen im Makromolekül ebenso wie Naturkautschuk
durch Schwefel vulkanisiert werden können. Auch diese Produkte sind von großer thermischer und chemischer Beständigkeit. Leider sind solche EP-Kautschuke noch schwierig zu
verarbeiten, so daß sie bis heute für manche Verwendungszwecke (Reifen!) noch nicht in
Frage kommen.

Polyvinylchlorid (PVC) wird unter verschiedenen Handelsnamen seit 1920 erzeugt und
ist das mengenmäßig wichtigste Vinyl-Polymerisat. Das Monomer wird entweder durch
HCl-Addition an Acetylen (unter der katalytischen Wirkung von Hg^{+II}) oder durch Addition
von Chlor an Ethen und anschließender katalytischer HCl-Elimination (über Al_2O_3 bei
400°C) erhalten. Polyvinylchlorid ist ein hartes, ziemlich sprödes Material und in reinem
Zustand glasklar. Trotz des niedrigen Kristallisations- (und vergleichsweise niedrigeren
Polymerisations-)grades liegt die Erweichungstemperatur höher als beim Niederdruck-
Polyethylen, eine Folge der zwischen den negativ polarisierten Cl- und den positiv
polarisierten C-Atomen wirkenden Dipolkräfte, die in der amorphen Substanz ebenso
wirksam sind wie im «Gitter» der Kristallite. Auch die Glastemperatur liegt höher als beim
Polyethylen. Durch Zusatz von Weichmachern läßt sich das harte Material in ein weiches,
zur Herstellung von Folien, Überzügen, Schläuchen usw. geeignetes Produkt umwandeln.
Wegen der Giftigkeit der Weichmacher dürfen Folien aus PVC nicht zur Verpackung von
Lebensmitteln verwendet werden. Ein Nachteil dieses Kunststoffes besteht darin, daß er in
Müllverbrennungsanlagen Chlorwasserstoff in die Abgase abgibt.

Ein weiteres, wichtiges halogenhaltiges Polymerisat ist **Polytetrafluorethen** *(«Teflon»,
«Hostaflon»)*. Das Monomer wird durch Pyrolyse von Chlordifluormethan gewonnen (das
seinerseits aus Chloroform und HF entsteht) und radikalisch in Emulsion polymerisiert. Das
Produkt ist hochkristallin (Kristallisationsgrad bis 97%) und bleibt bis über 300°C fest; um
325°C geht es in eine hochviskose «Schmelze» über. Der Polymerisationsgrad erreicht

Werte von bis zu 200000, die Molekülmasse somit bis zu 20 Millionen u. Die Makromoleküle besitzen allseits eine «Hülle» aus negativ polarisierten Fluoratomen, welche die C—C-Bindungen völlig abschirmen. Da sich die einzelnen Makromoleküle gegenseitig eher abstoßen, ist das Material weich und besitzt einen außergewöhnlich niedrigen Reibungskoeffizienten. Der relativ hohe Schmelzpunkt ist nicht auf die Wirkung von Dipolkräften (zwischen negativ polarisierten F- und positiv polarisierten C-Atomen) zurückzuführen (wie beim PVC), da die Kohlenstoffatome zu stark im «Inneren» des Makromoleküls stecken, sondern ist die Folge der Tatsache, daß die Makromoleküle außergewöhnlich lang und zudem verdrillt und dadurch versteift sind. Selbst beim Schmelzen werden sie nur wenig beweglich, so daß die Schmelze noch glasähnlichen Charakter besitzt. Die C—F-Bindungen sind thermodynamisch sehr stabil, die C—C-Bindungen sind kinetisch inert; beides bewirkt die unerreichte *Chemikalienbeständigkeit* von Teflon. Es wird nur durch flüssige Alkalimetalle angegriffen und ist gegenüber allen organischen Lösungsmitteln und ebenso gegen stärkste Säuren (selbst Königswasser!) und Alkalien völlig indifferent. Ein ähnliches Produkt ist Polytrifluorchlorethylen, dessen Monomer aus Hexachlorethan gewonnen wird:

$$CCl_3{-}CCl_3 \xrightarrow{\ HF\ } CClF_2{-}CClF_2 \xrightarrow{\ Zn\ } CClF{=}CF_2$$

Weitere fluorhaltige Kunststoffe können durch Copolymerisation von Fluorvinylether mit Tetrafluorethen erhalten werden. Dabei werden Fluoralkoxy-Ketten an die $-CF_2$-Makromoleküle «angekoppelt», und man erhält Materialien, die sich – im Gegensatz zum Teflon – nach dem Spritzguß- und Extrusionsverfahren verarbeiten lassen. Auch Copolymere von Tetrafluorethen mit Alkenen werden hergestellt. Sie sind zwar weniger temperaturbeständig als Teflon, jedoch ist ihre Widerstandsfähigkeit gegenüber Chemikalien nahezu gleich wie bei Teflon, und sie sind viel billiger als dieses.

Im Rahmen des Raumforschungsprogrammes wurden in den USA Copolymere aus *Vinylidenfluorid* ($CF_2{=}CH_2$) und *Perfluorpropylen* entwickelt. Die Monomere werden in einer Emulsion (mit Persulfat als Initiator) polymerisiert; aus den dadurch gebildeten gesättigten Makromolekülen wird durch Behandlung mit MgO oder anderen Metalloxiden HF abgespalten, so daß sich Doppelbindungen bilden. Durch Vulkanisation mit genügend reaktiven Diaminen erhält man *Elastomere* von hoher Wärmebeständigkeit (bis 200°C) und chemischer Beständigkeit («Viton», «Fluorel»).

Polyvinylacetat dient als Lack, zur Herstellung von *Klebstoffen* sowie für Folien. Das Monomer wird durch Addition von Essigsäure an Acetylen gewonnen und radikalisch oder anionisch (über Butyllithium) polymerisiert. Alleskleber («Cementit», «Uhu») sind Polyvinylacetatlösungen von mäßig hohem Polymerisationsgrad. Wäßrige Polyvinylacetat-Dispersionen (die direkt als Produkte der Emulsionspolymerisation anfallen) können mit Wasser verdünnt und mit Pigmenten vermischt werden; sie dienen als Anstreichmittel, da das Wasser vom Grundmaterial aufgesaugt wird und der beim Eintrocknen entstehende zusammenhängende klare Film gut auf der Unterlage haftet. Auch zur Textilausrüstung und Papierherstellung werden Polyvinylacetat-Dispersionen verwendet. Durch Hydrolyse von Polyvinylacetat erhält man Polyvinylalkohol (der monomere Vinylalkohol tautomerisiert zu Acetaldehyd!). Gereckte Polyvinylalkoholfolien, die mit Iodlösung behandelt werden, polarisieren das Licht; durch Einbettung zwischen zwei Glasscheiben erhält man großflächige, wetterbeständige Polarisatoren.

Polystyren («Polystyrol», «Luran») ist einer der ältesten Thermoplaste und wird vorwiegend durch Radikal-Polymerisation hergestellt. Wegen seiner günstigen dielektrischen Eigenschaften und der guten Isolationswerte wird es in der Hochfrequenz- und Elektrotechnik vielfach angewandt. Reines Polystyren ist glasartig hart (seine Glastemperatur liegt über dem Gebrauchsbereich!), von geringem Kristallisationsgrad (und daher hoher Lichtdurchlässigkeit) und neigt zur Rißbildung. Für Gebrauchsgegenstände werden vielfach Mischpolymerisate (z.B. mit Acrylnitril) verwendet («schlagfestes Polystyren»). Durch Einrühren von Luft in das noch flüssige Produkt oder durch Verdampfen von im Kunststoff gelösten flüchtigen Substanzen (z.B. Pentan) oder unter Druck gelösten Gasen (N_2 oder CO_2) erhält man Polystyrenschaumstoff *(«Styropor»),* ein sehr wertvolles Isolier- und Verpackungsmaterial. Durch Eindispergieren von Kautschukpartikeln in Polystyren erhält man ein fast unzerbrechliches Material («hochschlagzähes Polystyren»).

Für optische Geräte und als Sicherheitsglas dienen **Polymethacrylate** *(«Plexiglas»).* Das Produkt wird durch Radikal-Polymerisation in Scheiben hergestellt und übertrifft das Silicatglas hinsichtlich der Lichtdurchlässigkeit.

Aus **Polyacrylnitril** werden *Kunstfasern («Orlon», «Dralon»)* hergestellt. Das Polymerisat kann – ähnlich wie die verschiedenen Cellulosederivate – nur in Lösung verarbeitet werden (in Dimethylformamid oder Dimethylsulfoxid); da die Zersetzungstemperatur nur wenig oberhalb der Erweichungstemperatur liegt, ist ein Verspinnen der Schmelze nicht möglich. Beim Erhitzen auf über 160°C wandelt sich Polyacrylnitril in ein schwarzes, hochfeuerfestes Produkt um. Dadurch entstehen Leiterpolymere, die in einem gewissen Maß Halbleitereigenschaften besitzen und insbesondere auch gegenüber starker Wärmestrahlung sehr widerstandsfähig sind (Verwendung für feuerfeste Kleider).

Leiterpolymerisat

Durch «Einbau» von Styrensulfonsäure oder Vinylpyridin erhält man Fasern, die durch anionische oder kationische Farbstoffe *färbbar* sind.

Kautschuk, der im Milchsaft verschiedener Pflanzen (vor allem von *Hevea brasiliensis)* vorkommt, ist ein Polymerisat von *Isopren,* also ein *Polyterpen* (Polymerisationsgrad etwa 5000). Da bei der Polymerisation von konjugierten Dienen eine Doppelbindung pro Monomer erhalten bleibt, ist Kautschuk *ungesättigt* und liefert bei der Ozonspaltung Lävulinsäure (γ-Oxovaleriansäure). Rohkautschuk, der durch Ausfällen der in der wäßrigen Flüssigkeit des Milchsaftes («Latex») suspendierten Tröpfchen und anschließendes Trocknen und Räuchern gewonnen wird, ist nur wenig wärme- und chemikalienbeständig (er erweicht schon oberhalb 30°C und wird dabei klebrig) und thermoplastisch. Durch die Vulkanisation (1833 von Goodyear entdeckt), die durch Erhitzen mit Schwefel und verschiedenen Beschleunigern auf 130 bis 140°C bzw. durch Behandeln mit S_2Cl_2 bei Raumtemperatur durchgeführt wird, werden die Makromoleküle teilweise vernetzt (Bildung von S-Brücken unter Addition an die Doppelbindungen), und man erhält den hochelastischen, wesentlich wärmebeständigeren *«Gummi».* Vulkanisierter Kautschuk ist wegen der Vernetzung auch in unpolaren Lösungsmitteln unlöslich und quillt bloß. Zur Herstellung der üblichen Weichgummiarten braucht man 3 bis 5% Schwefel; bei der Verwendung größerer Schwefelmengen wird die Vernetzung so weit getrieben, daß die Elastizität verschwindet *(«Hartgummi»)*. Gummi kann nach längerer Zeit an der Luft *altern,* z.B. dadurch, daß sich ähnlich wie bei der Vulkanisation —C—O—O—C-Brücken bilden, welche leicht zum Zerfall neigen. Gewöhnlich setzt man deshalb bei der Vulkanisation gleichzeitig auch Antioxidantien zu. Die Abriebfestigkeit wird z.B. durch Zusatz von Ruß, Zinkoxid oder anderen Füllstoffen erhöht (Autoreifen).

Von den **synthetischen Elastomeren** sind verschiedene Produkte bereits genannt worden: Hypalon, EP-Kautschuke und Fluorelastomere. Zu den mengenmäßig wichtigsten Synthesekautschuken zählen vor allem Polymerisate von Chlorbutadien *(«Chloropren», «Neopren»)* und Butadien bzw. Mischpolymerisate von Butadien mit Styren *(«Buna S»)* oder mit Acrylnitril *(«Buna N»)*. Im Neopren sind die Monomere fast vollständig *trans*-1,4-verknüpft, im Gegensatz zum Naturkautschuk, der *cis*-1,4-Polyisopren darstellt. (*trans*-1,4-Polyisopren kommt als *Guttapercha* ebenfalls natürlich vor.)

cis-1,4-Verknüpfung   trans-1,4-Verknüpfung   1,2-Verknüpfung

Die ursprüngliche Art der Butadienpolymerisation mit Natrium-Metall als Initiator liefert ein Produkt, dessen Monomere zu ungefähr 60% 1,2-verknüpft sind, was die ungünstigen mechanischen Eigenschaften dieses Materials mitbedingt. Buna S, das Mischpolymerisat mit Styren, ist hingegen bis zu 80% 1,4-verknüpft und damit dem Naturkautschuk ähnlicher. Die Radikalpolymerisation von Isopren liefert ein zwar praktisch vollständig 1,4-verknüpftes Produkt; da aber fast ausschließlich die *trans*-Konfiguration entsteht, ist das Material zur Verwendung als Gummi ebenfalls wenig geeignet (geringe Elastizität). Erst in jüngster Zeit gelang es, Isopren durch Verwendung von Koordinationskatalysatoren (z.B. Alkyllithium), die ähnlich wie Ziegler-Katalysatoren wirken, stereoselektiv *cis*-1,4 zu verknüpfen und damit ein Produkt zu erhalten, das mit Naturkautschuk praktisch identisch ist. Auch *Butadien* kann auf diese Weise *stereoselektiv cis*-1,4 *polymerisiert* werden; das Produkt zeichnet sich durch eine hohe Abriebfestigkeit (Autoreifen!) und eine gute Alterungsbeständigkeit aus, so daß heute wegen der leichteren Zugänglichkeit des Monomers stereoselektiv *cis*-1,4-polymerisiertes Polybutadien im Mittelpunkt des Interesses steht. Ein weiterer Synthesekautschuk, der *Butylkautschuk* (durch kationische Polymerisation aus Isobuten unter Zusatz von 2 bis 3% Dien hergestellt) zeichnet sich durch eine außerordentlich geringe Durchlässigkeit für Gase aus (Verwendung für Schläuche in Autoreifen).
In diesem Zusammenhang soll ein weiteres Polymerisat erwähnt werden. Durch thermische Dehydrierung aus zyklisiertem Polybutadien (das katalytisch aus 1,2-verknüpftem Polybutadien erhalten wird) entsteht die sogenannte *Plutonfaser*. Sie ist bei kurzzeitiger Beanspruchung von sehr hoher Wärmebeständigkeit (in ein Tuch aus Plutonfasern kann flüssiges Eisen gegossen werden, ohne daß es dabei zerstört wird!) und wird deshalb zur Herstellung von Schutzanzügen verwendet.

dehydriertes Polybutadien
(Plutonfaser)
ein Leiterpolymerisat

24.4 Polykondensate

Da zur Gewinnung makromolekularer Substanzen sehr verschiedene Kondensationsreaktionen zur Verfügung stehen, bilden die Polykondensate keine so einheitliche Stoffgruppe wie die Polymerisate. Die Geschwindigkeit der Polykondensation ist bezüglich jeder der funktionellen Gruppen erster Ordnung; im Fall bifunktioneller Moleküle ist sie also dem Quadrat der noch vorhandenen Zahl der Moleküle proportional, d. h. sie sinkt entsprechend dem Wachstum der Kettenmoleküle ab (im Gegensatz zur Polymerisationsgeschwindigkeit, die von der Menge der noch vorhandenen monomeren Moleküle unabhängig ist!). Produkte mit Molekülmassen $> 100\,000$ u lassen sich deshalb durch Polykondensation kaum gewinnen.

Formaldehydharze. Durch Kondensation von Formaldehyd mit Phenolen, Harnstoff oder Melamin erhält man unschmelzbare, harte *Phenolharze* bzw. *Aminoplaste.* Da die einmal gebildeten Duroplaste nur noch mechanisch (spanabhebend) verformt werden können, müssen die Produkte in mehreren Stufen hergestellt werden. Die Reaktion von Formaldehyd mit Phenol unter der Wirkung von $OH^{\ominus}$-Ionen liefert sogenannte *Resole,* kettenförmige Makromoleküle, die noch zahlreiche Hydroxymethylgruppen enthalten und flüssig bis halbfest und noch weitgehend löslich sind. Die Resole werden mit Pigmenten und Füllstoffen (Holzmehl, Textilfasern usw.) versetzt und durch Erhitzen auf 140 bis 150°C nachgehärtet. Nach dem Abkühlen wird das feste Produkt (das noch in gewissem Maß thermoplastisch ist) zu Pulver zermahlen oder zu Tabletten verpreßt. Dieses Material (*«Resitol»*) wird bei der endgültigen Formgebung in einer Presse auf über 150°C erhitzt, wobei die vollständige Vernetzung eintritt und der harte Duroplast (*«Resit»*) entsteht. Resole sind also *wärmehärtbare* Harze. Bei der Kondensation in stark saurem Milieu entstehen blasig aufgetriebene, fast völlig ausgehärtete Produkte, die praktisch nicht verwendet werden können. Die Kondensation unter der Wirkung geringer Säuremengen liefert noch weitgehend lineare Makromoleküle von niedrigem Kondensationsgrad (*«Novolake»*), die als Imprägnierungsmittel und Lacke verwendet werden. Novolake werden insbesondere auch durch Reaktion von Formaldehyd mit *p*-Kresol (einem nur bifunktionellen Phenol) hergestellt. *Harnstoff-* und *Melaminharze* haben gegenüber den Phenolharzen den Vorteil, daß sie weiß oder hellfarbig sind und nicht zur Vergilbung neigen.

Verwendet man zur Kondensation sulfonierte Phenole oder Phenole, die zusätzlich Carboxylgruppen tragen, so entstehen saure Harze, welche als *Kationenaustauscher* verwendet werden können. Auch durch nachträgliche Sulfonierung von ausgehärteten Phenolharzen lassen sich Kationenaustauscher herstellen. Zur Gewinnung von *Anionenaustauschern* werden Aminophenole als Kondensationskomponenten verwendet.

Polyesterharze entstehen aus bi- oder trifunktionellen Alkoholen (Glykol, Glycerol) und gesättigten sowie ungesättigten Dicarbonsäuren (Bernsteinsäure, Adipinsäure, Phthalsäure; Maleinsäure). Dabei stellt man meist durch Reaktion des Alkohols mit einem Gemisch aus gesättigten Dicarbonsäuren und Maleinsäure ein noch in gewissem Maß *thermoplastisches Harz* her, das in Styren gelöst und durch Peroxidkatalysatoren (in der Kälte) zum *Duroplast vernetzt* wird. Polyesterharze eignen sich wegen ihrer guten Chemikalienbeständigkeit zur Herstellung großflächiger Konstruktionsteile, besonders, wenn sie mit Glasfasern und -geweben verstärkt werden (Boote, Balkonverkleidungen, Karosserieteile). Polyester aus Phthalsäure und Glycerol (*Alkydharze, «Glyptale»*) werden zur Herstellung von Anstrichstoffen verwendet. Um dabei eine zu starke Venetzung zu vermeiden, werden C_3- bis C_9-Fettsäuren zugesetzt. Eine weitere Gruppe der Polyester bilden die *Polycarbo-*

Tabelle 24.3. Beispiele von Polykondensaten

Bezeichnung	Ausgangsstoffe für die Kondensation	Handels-namen	Eigenschaften, Verwendung
Anilin/Form-aldehydharz	Anilin + Form-aldehyd	Anilinharz Cibanit	Duroplast; für Preßmassen
Epoxidharz	Epichlorhydrin + Dihydroxy-verbindung	Araldit Epikote	Klebstoff von ausgezeichneten Klebeeigenschaften; besonders auch zum Kleben von Metallen
Harnstoff-Form-aldehydharz	Harnstoff + Formaldehyd	Carbalit Iporka Caurit	Weisser Duroplast; für Preßmas-sen. Iporka als Schaumstoff
Melamin-Form-aldehydharz	Melamin + Formaldehyd	Cibanoid Ultrapas	Duroplast; für Preßmassen. Durch Verpressen von Papieren, die mit noch nicht ganz ausgehärtetem Melaminharz getränkt sind, erhält man Hartplatten (Textolithe, For-mica)
Phenoplaste	Phenol + Formaldehyd	Bakelit Luphen	Duroplast; für Preßmassen. Älte-ster Kunststoff
Polyamid	Diaminohexan + Adipinsäure	Nylon	Faser von sehr hoher Zugfestigkeit
Polycaprolactam	Caprolactam	Perlon Grilon	Polyamidfaser mit prinzipiell glei-chem Aufbau der Makromoleküle wie beim Nylon
Polycarbonat	Dihydroxy-verbindungen + Phosgen ($COCl_2$)	Makrolon	Thermoplaste von relativ hoher Härte. Folien, Rohre, Spritzguß-artikel
Polyester	Dicarbonsäuren (Phthalsäure, Maleinsäure) + Dialkohole	Alkydharze Palatal Leguval	Duroplaste (Alkydharze); ungesät-tigte Polyester nachträglich härt-bar. Gießharze. Häufig mit Glas-fasern verstärkt; Herstellung gro-ßer Platten
Polyterephthalat	Terephthalsäure + Glykol	Terylen Trevira Vestan Diolen Dacron Crimplene	Kunstfaser von relativ hoher Festig-keit. Polyterephthalatgewebe sind insbesondere durch hohe Knitter-festigkeit ausgezeichnet
Polyurethan	Isocyanate + Dialkohole	Moltopren Vulkollan	Thermoplaste; durch Abspaltung von CO_2 bei der Polyaddition oder durch Einblasen von Druckluft Bildung von Schaumgummi

nate («Makrolon»), die sich durch Umsetzung von Diphenolen mit Phosgen (meist in alkalischer Lösung) bilden. Es sind Thermoplaste, die durch einen relativ hohen Kristallisationsgrad ausgezeichnet und daher verhältnismäßig hart sind. Polycarbonate sind besonders auch zur Verarbeitung durch Spritzguß geeignet.

Bis-(*p*-hydroxyphenyl)-propan
(«Bisphenol A»)
erhältlich aus Phenol und Aceton unter
Wirkung von 75% H_2SO_4

Polycarbonat

Polyester- und Polyamidfasern. Durch Kondensation von Terephthalsäure mit Glykol (eigentlich durch Umesterung von Methylterephthalat) entsteht *Polyethenterephthalat,* das zu Textilfasern verarbeitet wird («Terylen», «Trevira», «Diolen», «Vestan», «Dacron»). Die Umesterung geschieht mit einem dreifachen Überschuß an Glykol bei 190 bis 200°C (in Gegenwart von katalytisch wirkendem PbO), wobei das freiwerdende Methanol abdestilliert. Durch weiteres Erhitzen im Vakuum entsteht schließlich der Polyester. Das Produkt wird als Schmelze versponnen. Durch Reckung auf etwa die 4- bis 6fache Länge (im warmen Zustand) werden die Makromoleküle partiell parallelisiert, wodurch die charakteristische hohe Festigkeit erreicht wird.

Die ältesten wirklich brauchbaren (und auch heute noch die wohl mengenmäßig wichtigsten) Kunstfasern sind *Polykondensate* aus *Diaminen* und *Dicarbonsäuren* (Polyamide), entwickelt durch Carothers (ab 1929). Durch Erhitzen von 1,6-Diaminohexan mit Adipinsäure in einer inerten Atmosphäre erhielt Carothers Produkte mit Molekülmassen um 10000, die sich als Schmelze verspinnen ließen *(Nylon 6,6).* Verwendet man zur Kondensation Sebacinsäure an Stelle von Adipinsäure, so erhält man ein unter der Bezeichnung *Nylon 6,10* gehandeltes Produkt. Heute geht man zur Gewinnung von Polyamiden nicht mehr vom Diamin und der Dicarbonsäure, sondern von dem aus den beiden Substanzen gebildeten neutralen Salz *(«AH-Salz»)* aus, das in einer 50 bis 60% wäßrigen Lösung im Autoklaven auf 270 bis 280°C erhitzt wird, wobei der Druck auf 15 bis 16 bar ansteigt. Nach einigen Stunden wird der Druck vermindert und die Schmelze des Polyamids mit Stickstoff in ein Wasserbad gedrückt, wo sie erstarrt. Die Fasern werden nach dem Verspinnen gereckt, wodurch die Reißfestigkeit noch erheblich wächst. Die relativ hohe Erweichungstemperatur (etwa 250°C) und die hohe Zugfestigkeit werden durch den hohen Kristallisationsgrad und die relativ starken zwischenmolekularen Kräfte (H-Brücken zwischen —NH- und O=C<-Gruppen!) bedingt. *Ausgangsstoffe* zur Gewinnung der Adipinsäure sind entweder Cyclohexan oder Cyclohexanol, die durch Hydrieren von Benzen bzw. Phenol erhalten und zu Adipinsäure oxidiert werden. Die Oxidation von Cyclohexan erfordert einen Druck von 80 bis 150 bar und verläuft unter der Wirkung von Mangan- oder Kobaltkatalysatoren; sie liefert direkt Adipinsäure (ohne die Zwischenstufe des Cyclohexanols). 1,6-Diaminohexan wird durch Reduktion von Adiponitril erhalten. Beide Ausgangsstoffe können auch aus Tetrahydrofuran gewonnen werden; durch Reaktion mit HCl erhält man daraus 1,4-Dichlorbutan, welches mit NaCN Adiponitril liefert.

Nylon 6,6 nimmt relativ viel, bis 3,4 Gew.% Wasser auf (Bindung an die Amidgruppe in den amorphen Bereichen). Dieses Wasser wirkt als «Weichmacher» und erhöht die Beweglichkeit der Makromoleküle, verringert aber die Festigkeit um etwa 10%. Die Luftfeuchtigkeit hat deshalb einen Einfluß auf die Festigkeit von Nylonartikeln. Noch mehr Wasser, bis 4,1 Gew.%, nimmt das Nylon 5 – $[NH(CH_2)_4CO]_n$ – auf; die daraus hergestellten Fasern ähneln der Baumwolle. Durch Einbau von Cyclohexylgruppen in die Makromoleküle sinkt die Wasseraufnahme und damit die Beweglichkeit der Ketten; solche Fasern eignen sich zur Herstellung «pflegeleichter» Kleidung.

Das in Deutschland entwickelte *Perlon* (Schlack, 1931) entsteht aus ε-Caprolactam, das aus Cyclohexanonoxim über eine Beckmann-Umlagerung gewonnen wird (S. 632). Die Polykondensation erfolgt bei 250 bis 260°C in Gegenwart katalytischer Mengen von Wasser. Dadurch bilden sich kleine Mengen freier ε-Aminocapronsäure; indem mehrere Moleküle dieser Säure kondensieren, bildet sich wieder Wasser, das weiteres Caprolactam spaltet, bis schießlich die Polyamidkette entstanden ist:

Perlon («Polyamid 6»)

Zur Herstellung von Cyclohexanonoxim geht man von Cyclohexan aus, das photochemisch mit Nitrosylchlorid direkt das Oxim ergibt, oder nitriert und anschließend zu Nitrosocyclohexan reduziert wird, welches dabei zu Cyclohexanonoxim tautomerisiert.

In den letzten 20 Jahren sind auch andere Polyamide entwickelt worden. So entsteht aus Terephthalsäure und Trimethylhexamethylendiamin (2,2,4-Trimethyl-1,6-diaminohexan) ein nur wenig kristallines, in dicken Schichten transparentes, zugfestes und recht hartes Material *(«Trogamid T»)*. Trogamid T wird im Gegensatz zu den bisherigen Polyamiden von verdünnten Säuren nicht angegriffen und ist auch gegenüber verdünnten Alkalien und vielen organischen Lösungsmitteln beständig. Das Material wird weniger zu Fasern als hauptsächlich zu Apparateteilen verarbeitet. Durch Kondensation von 1,4-Bis(aminomethyl)-Cyclohexan mit Dicarbonsäuren entstehen ebenfalls Polyamide, die Cyclohexanringe im Makromolekül enthalten *(«Polycyclamid»)*. Diese Kunststoffe haben wegen ihrer gegenüber anderen Polyamiden geringeren Schrumpfung beim Erstarren der Schmelze und wegen ihrer besseren Feuchtigkeitsresistenz ebenfalls Anwendung im Apparatebau gefunden.

Trogamid T

Polycyclamid

Durch Polykondensation von *p*-Phenylendiamin mit Terephthalsäure erhält man Makromoleküle, in denen Benzenringe durch —NHCO-Gruppen miteinander verknüpft sind und die zu Fasern verarbeitet werden *(«Aramid»-Faser, «Kevlar»-Faser)*. Solche Fasern sind kaum schmelzbar; bei Flammeneinwirkung verkohlen sie langsam, ohne zu brennen. Sie werden als Verstärkungsfasern für Feuerschutzkleidung und Flugzeugtextilien und ganz allgemein als Asbestersatz verwendet. Weitere hochfeste und sehr temperaturbeständige Polyamidfasern werden durch Polykondensation von Isophthalsäure mit *m*-Phenylendiamin hergestellt *(«Nomex»-Faser)*. Ihre Festigkeit ist höher als jene von Glas und Stahl. Sie eignen sich dank dieser Eigenschaft und auch dank ihrer geringen Dichte für den Einsatz in Reifen. Seile aus Kevlar mit der Festigkeit von Stahlkabeln (aber fünfmal leichter als diese) werden z. B. zur Verankerung von Bohrplattformen im Meer verwendet.

Silicone. Eine letzte Gruppe von Polykondensaten bilden die Silicon-Kunststoffe. Läßt man organische Siliciumderivate, wie Trimethylsiliciumchlorid, Dimethylsiliciumdichlorid oder Phenyl- bzw. Diphenylsiliciumdichlorid $(CH_3)_3SiCl$, $(CH_3)_2SiCl_2$ bzw. $C_6H_5SiCl_3$, $(C_6H_5)_2SiCl_2$ auf Wasser einwirken, so entstehen zunächst *«Silanole»*, die anschließend Wasser abspalten und in niedermolekulare *Siloxane* übergehen:

$$(CH_3)_3Si{-}Cl\ +\ H_2O\ \longrightarrow\ (CH_3)_3Si{-}OH\ +\ HCl$$
Trimethylsilanol

$$2\ (CH_3)_3Si{-}OH\ \longrightarrow\ (CH_3)_3Si{-}O{-}Si(CH_3)_3\ +\ H_2O$$
Hexamethyldisiloxan

Durch Reaktion von Dimethyl- oder Monomethylsiliciumchlorid mit Wasser erhält man – über das im monomeren Zustand nicht faßbare Dimethylsilandiol bzw. Methylsilantriol als Zwischenprodukt – hochmolekulare Verbindungen mit ring- oder kettenartigen oder auch vernetzten Makromolekülen *(«Silicone»)*:

$$(CH_3)_2SiCl_2\ +\ 2\ H_2O\ \longrightarrow\ (CH_3)_2Si(OH)_2\ +\ 2\ HCl$$

$$n\ (CH_3)_2Si(OH)_2\ \longrightarrow\ [(CH_3)_2SiO]_n\ +\ n\ H_2O$$

Die Länge der Ketten und der Vernetzungsgrad werden durch einen geringen Anteil an Trimethylsiliciumchlorid und Methylsiliciumtrichlorid im Gemisch mit Dimethylsiliciumdichlorid bestimmt. Kondensiert ein Trimethylsilanolmolekül mit einer im Wachstum begriffenen Siloxan-Kette, so wird die Polykondensation abgebrochen [$CH_3)_3Si{-}O$-Gruppen bilden Kettenenden], während Methylsilantriol zur Vernetzung führt. Durch Variation des Verhältnisses von $(CH_3)_2SiCl_2$, CH_3SiCl_3 und $(CH_3)_3SiCl$ in dem Gemisch, das mit Wasser zur Reaktion gebracht wird, lassen sich darum die Eigenschaften der Produkte in weitgehendem Maß variieren. Hochmolekulare Silicone mit linearen Makromolekülen von mäßiger Kettenlänge sind flüssig *(Siliconöle)*, wobei die Viskosität mit wachsender Kettenlänge zunimmt; in geringem Maß vernetzte Ketten besitzen Kautschukelastizität *(Siliconkautschuk;* für Dichtungen u.a.), während durch starke Vernetzung harzartige Duroplaste entstehen *(Siliconharze)*.

Die Bedeutung dieser Produkte als Kunststoffe besteht darin, daß die *Si—C-Bindung* so beständig *(kinetisch inert)* ist, daß sie unter normalen Bedingungen weder von Säuren noch von schwach alkalischen Lösungen angegriffen wird; der organische Anteil in den Makromolekülen macht die Silicone wasserabstoßend, so daß sie zur Imprägnierung von Textilien, Mauerwerk u. a. verwendet werden können.

Zur *Herstellung* der Silicone geht man von Quarzsand aus, der zunächst zu elementarem Silicium reduziert wird. Aus diesem erhält man durch Reaktion mit Methylchlorid bei 300 bis 400 °C und unter der katalytischen Wirkung von Kupfer die verschiedenen Methylsiliciumhalogenide, welche dann anschließend mit Wasser umgesetzt werden (Rochow-Prozeß). Auch durch Reaktion von Methylmagnesiumchlorid mit $SiCl_4$ können Methylsiliciumchloride erhalten werden.

Fluorsilicone (mit teilweise fluorierten Seitenketten) können als Elastomere bei extrem niedrigen Temperaturen (bis − 100 °C) verwendet werden. Von den üblichen organischen Lösungsmitteln werden sie nicht angegriffen.

24.5 Polyaddukte

Von den durch Polyaddition zugänglichen hochmolekularen Substanzen haben bis heute zwei Gruppen große Bedeutung erreicht: die *Epoxidharze* und die *Polyurethane*.

Epoxidharze (auch Epoxy-Harze genannt) entstehen z. B. aus Epichlorhydrin und Diphenolen (meist Bisphenol A):

$$HO{-}R{-}OH + CH_2{-}CH{-}CH_2 \xrightarrow{\ OH^{\ominus}\ } HO{-}R{-}O{-}CH_2{-}CH{-}CH_2 \qquad (1)$$

$$HO{-}R{-}O{-}CH_2{-}CH{-}CH_2 \xrightarrow{\ OH^{\ominus}\ } HO{-}R{-}O{-}CH_2{-}CH{-}CH_2 \qquad (2)$$

$$HO{-}R{-}O{-}CH_2{-}CH{-}CH_2 + HO{-}R{-}OH \xrightarrow{\ OH^{\ominus}\ } HO{-}R{-}O{-}CH_2{-}CH{-}CH_2{-}O{-}R{-}OH \qquad (3)$$

$$(1)$$

$$R = -\!\!\left\langle \bigcirc \right\rangle\!\!-\!\!\overset{\displaystyle CH_3}{\underset{\displaystyle CH_3}{C}}\!\!-\!\!\left\langle \bigcirc \right\rangle\!\!-$$

(1) addiert unter der Wirkung von NaOH ein weiteres Epichlorhydrin-Molekül, das – wie in Schritt (2) – zum Epoxid wird und anschließend nach (3) weiterreagiert.

Beispiele technisch eingesetzter Epoxidverbindungen sind:

Verwendet man bei der Polyaddition einen Überschuß an Epichlorhydrin, so erhält man (bei etwa 60 °C und in Gegenwart einer Base) ein *linear* gebautes Makromolekül, das zahlreiche Hydroxylgruppen und zudem an seinen Enden auch Epoxidringe enthält. Durch Zusatz von *Diaminen* (die mit den Epoxidringen reagieren) oder von *Dicarbonsäuren* können diese Epoxidverbindungen *vernetzt* werden. Epoxidharze haben große Bedeutung als *Klebstoffe* *(«Araldit»)*, da man mit ihnen Glas, keramische Materialien, Metalle usw. außerordentlich dauerhaft verkleben kann (Brückenbau!). Zu diesem Zweck verwendet man Additionsprodukte mittlerer Molekülmassen (dünn- oder zähflüssig), welche durch einen «Härter» in der Wärme oder auch «kalthärtend» vernetzt werden.

Die zweite wichtige Gruppe von Polyaddukten bilden die **Polyurethane** (O. Bayer, ab 1937). Polyurethane entstehen durch Reaktion bifunktioneller oder trifunktioneller Alkohole *(«Desmophene»)* mit Di- oder Polyisocyanaten *(«Desmodure»)*. Durch Variation der Ausgangssubstanzen gelingt es, sowohl *lineare* wie *vernetzte Makromoleküle* zu erhalten. Durch nachträgliche Zugabe von weiterem Diisocyanat können lineare Makromoleküle auch mehr oder weniger stark vernetzt werden (Bildung von Polyurethan*harzen* oder *-elastomeren)*. In der Praxis wählt man als Desmophenkomponente meist lineare Polyester (Kondensate aus Adipinsäure mit einem Überschuß an Glykolen) oder verzweigte Polyester (Kondensate aus Adipinsäure mit einem Überschuß an Glykolen und Trihydroxyverbindungen); beide enthalten noch freie Hydroxylgruppen. Verzweigte Polyester als Desmophenkomponente ergeben bei der Polyaddition an Diisocyanate direkt schwach vernetzte Makromoleküle, d. h. *Elastomere («Vulkollan»)*.

Schema:

$$n\,HO{-}R{-}OH \;+\; n\,OCN{-}R'{-}NCO$$

lineares Polyurethan

Beispiele von Diisocyanaten:

Vernetzung:

Setzt man bei der Polyaddition geringe Mengen von Wasser oder von Carbonsäuren zu, so gehen die noch vorhandenen Isocyanatgruppen in Carbaminsäuren über, welche CO_2 abspalten. Dieses bleibt in Form von Gasblasen in der Masse enthalten, und es bilden sich je nach dem Vernetzungsgrad feste Schaumstoffe oder *Schaumgummi («Moltopren»)*. Blockpolymere aus relativ *kurzkettigen Polyestern* (Molekülmassen 1000 bis 3000 u), die über endständige Hydroxylgruppen mit ebenfalls *kurzkettigen Polyurethanen* verknüpft sind, lassen sich zu hochelastischen, zugfesten Textilfasern verarbeiten *(Spandex-Faser, «Lycra»)*.

Noch sehr junge und zum Teil auch noch in Entwicklung begriffene Produkte sind die sogenannten *Hydrinelastomere,* Copolymere aus Ethylenoxid und Epichlorhydrin:

Die Vernetzung erfolgt über die chlorhaltige Seitenkette durch Diamine. Auch diese Elastomere sind durch eine bemerkenswerte Beständigkeit gegenüber Wärme und Ozon ausgezeichnet.

24.6 Ausblicke auf neuere Entwicklungen

Obschon bereits heute Kunststoffe für sehr viele Verwendungszwecke zur Verfügung stehen, werden auch in Zukunft noch weitere, neuartige Materialien entwickelt werden. Die Forschung wird sich dabei wohl vor allem auf die Entwicklung von Makromolekülen aus bisher noch nicht verwendeten Monomeren konzentrieren; es ist aber auch wahrscheinlich, daß aus solchen Monomeren, welche heute schon durch die Petrochemie in ausreichender Menge und billig zur Verfügung stehen, neue Kunststoffe entwickelt werden können, die für bestimmte Zwecke besonders günstige Eigenschaften besitzen. In diesem Zusammenhang sei z. B. an die Plutonfaser, an die EP-Kautschuke und an die Fluorelastomere erinnert. Im folgenden sollen noch einige Beispiele von neuartigen Produkten aus früher nicht verwendeten Monomeren diskutiert werden.

Das durch oxidative Kupplung entstehende *Polyphenylenoxid* («PPO», S.1001), ein Thermoplast, ist durch besonders günstige mechanische Eigenschaften ausgezeichnet. Es ist chemisch relativ widerstandsfähig und bis zu Temperaturen von 190° verwendbar.

Polysulfone entstehen durch Kondensation von Bisphenol A und *p,p'*-Dichlordiphenylsulfon:

Polysulfon n = 50 bis 80

Polysulfone sind besonders widerstandsfähig gegenüber Oxidation und auch gegenüber ionisierenden Strahlungen. Die Erweichungstemperatur liegt mäßig hoch (um 175 °C).

Polybenzimidazole entstehen aus Isophthalsäurediphenylester und 3,3'-Diaminobenzidin:

Die Polybenzimidazole zeichnen sich durch eine ungewöhnliche thermische Beständigkeit aus; sie widerstehen z. B. einem 600stündigen Erhitzen auf 290 °C, sind also bis zu Temperaturen von rund 300 °C verwendbar. In Gegenwart von Sauerstoff werden sie allerdings bei diesen Temperaturen rasch oxidiert. Sie haften sehr gut auf Metalloberflächen (zwischen zwei Metallflächen ist das Polymer dem Angriff von Sauerstoff weitgehend entzogen!) und werden darum als Metallkleber verwendet.

Eine sehr bemerkenswerte Neuentwicklung stellen die sogenannten *Ionomere* dar (z. B. Surlyn A). Es sind Mischpolymerisate aus Ethen und etwa 15 % Methacrylsäure (letztere zum Teil als Natrium- oder Calciumsalz verwendet). Die Makromoleküle enthalten sowohl Carboxyl- wie Carboxylatgruppen, welche durch die Kationen «vernetzt» werden. Diese ionische Vernetzung macht das Polymerisat fester, steifer und zäher als gewöhnliches Polyethylen. Der Kristallisationsgrad ist sehr niedrig, so daß Ionomerharze außergewöhnlich transparent sind. Die Ionenbindungen werden bei steigender Temperatur gelockert; Ionomerharze können daher nach den für Thermoplaste üblichen Verfahren verarbeitet werden. Surlyn A wird heute hauptsächlich für Verpackungsfolien sowie für Gegenstände, die eine hohe Schlagzähigkeit aufweisen müssen, verwendet (Sicherheitshelme, Werkzeuggriffe usw.).

Gute Wärmebeständigkeit zeigen die *Polyimide,* welche z. B. aus Pyromellithsäure (Benzen-1,2,4,5-tetracarbonsäure bzw. ihrem Anhydrid) und aromatischen Diaminen hergestellt werden. Im Gegensatz z. B. zu Teflon ist auch die mechanische Festigkeit bei Temperaturen um 300 bis 350 °C noch recht gut.

Pyromellithsäureanhydrid

Ein schönes Beispiel dafür, wie Erkenntnisse der «niedermolekularen» organischen Chemie auf die Synthese von Makromolekülen angewandt werden können, ist die Verwendung der *Poly-Cycloaddition* (als Variante der Polyaddition) zur Synthese von Makromolekülen:

$$n \; \overset{\ominus}{O}\text{-}\overset{\oplus}{N}\text{=}C \text{—} \boxed{} \text{—} C\text{=}\overset{\oplus}{N}\text{-}\overset{\ominus}{O} \; + \; n \; HC\text{≡}C \text{—} \boxed{} \text{—} C\text{≡}CH$$

$$\left[\begin{array}{c} \underset{N-O}{\boxed{}} \text{—} \boxed{} \text{—} \underset{O-N}{\boxed{}} \end{array} \right]_n$$

Auch *Benzen* läßt sich polymerisieren (mit $MoCl_5$ und H_2O als Katalysator), wobei unter gleichzeitiger Dehydrierung *Poly-p-phenylen* entsteht:

$$\left[\boxed{} \right]_n$$

Das Polymerisat ist von guter Wärmebeständigkeit (an der Luft bis 220 °C); man verwendet es als Dielektrikum und zur Herstellung hochwertiger Filtergewebe.

Neben der Entwicklung neuer, zur Bildung von Makromolekülen geeigneter Monomere, werden auch die Verfahren der Polymerisation selbst zu verbessern gesucht. Interessant sind hier die verschiedenen Möglichkeiten der *Photopolymerisation* (wobei durch UV-Bestrahlung – in Gegenwart von Sensibilisatoren – Radikale gebildet werden) sowie der *«Replica-Polymerisation»*, welche zum Aufbau von Oligomeren ganz bestimmter Polymerisationsgrade verwendet werden kann. Dabei dienen z. B. *p*-substituierte Polyphenole (die aus *p*-Kresol und Formaldehyd durch Polykondensation in saurem Medium gebildet werden) als «Matrize», welche z. B. mit Acrylsäurechlorid zu den entsprechenden Polyacrylsäureestern umgesetzt werden. Anschließend polymerisiert man diese (mit Azobisisobutyronitril als Starter) und löst das Polymerisat durch Hydrolyse von der «Matrize» ab. Der Vorgang erinnert sehr an analoge Reaktionen bei Biosynthesen; das Verfahren dürfte zur Synthese von Makromolekülen definierter Länge Bedeutung erlangen.

Übungen

24.1   Erklären Sie die folgenden Begriffe:
Polyaddition, Kettenübertragung, Copolymerisation, Blockpolymerisat, lebende Polymere, Initiator, isotaktisches Polymer, Weichmacher, Vulkanisierung, Kristallisationsgrad, härtbare Harze, Elastomere, Faserdiagramm, Glastemperatur, Redoxpolymerisation, Koordinationskatalysator

24.2   Formulieren Sie alle Reaktionsschritte bei folgenden Reaktionen:
(a) Polymerisation von Styren mit Dibenzoylperoxid
(b) Polymerisation von Styren mit BF_3 und Wasser
(c) Polymerisation von Chloropren mit Di-tert. Butylperoxid
(d) Bildung eines Harzes aus Resorcin und Formaldehyd (bei Anwesenheit einer Base)
(e) Bildung eines linearen Polyurethans aus Ethylenglykol und Hexamethylendiisocyanat; nachträgliche Vernetzung

24.3   Wie lassen sich die folgenden Kunststoffe aus billigen, einfach zugänglichen Ausgangsstoffen herstellen:
(a) Polyvinylacetat
(b) Polystyren
(c) Polymethylmethacrylat
(d) Nylon 6,6
(e) Teflon
(f) Neopren

24.4   Wie lassen sich die Molekülmassen von Hochpolymeren bestimmen?

24.5   Zeigen Sie, wie die Gestalt und der Kristallisationsgrad die Eigenschaften hochmolekularer Stoffe beeinflussen können?

24.6   Charakterisieren Sie Herstellung und Eigenschaften der wichtigsten Kunstfasern. Wodurch erhalten sie ihre hohe Zugfestigkeit?

24.7   Welchen Einfluß hat die Höhe der Glastemperatur auf die Eigenschaften von Kunststoffen?

24.8   Charakterisieren Sie das Verhalten der folgenden hochmolekularen Stoffe beim Erhitzen und gegenüber Lösungsmitteln:
(a) Polyethylen
(b) Polyacrylnitril
(c) Polystyren
(d) Rohkautschuk
(e) vulkanisierter Neopren-Kautschuk
(f) Phenolharz
(g) Nylon 6,6
(h) Resol

24.9   Welche Bedeutung besitzt die stereoselektive Polymerisation?

24.10 Wie sind die besonderen Eigenschaften von Teflon zu erklären?

24.11 Geben Sie Beispiele hochmolekularer Stoffe, die als Klebstoffe Verwendung finden!

24.12 Was sind Leiterpolymere? Ionomere?

24.13 Charakterisieren Sie die verschiedenen Typen von Synthesekautschuken!

24.14 Wie werden folgende Kunststoffe verarbeitet:
(a) Polystyren
(b) Polyvinylchlorid
(c) Bakelit
(d) Neopren

24.15 Diskutieren Sie Beispiele verschiedener Polyester sowie ihre Eigenschaften!

24.16 Wie entsteht Schaumgummi?

24.17 Was sind Silicone? Wie werden sie hergestellt? Durch welche besonderen Eigenschaften sind die verschiedenen Siliconkunststoffe ausgezeichnet?

25 Farbstoffe

25.1 Historisches

Das Bedürfnis des Menschen, seine Kleider und die Gegenstände seiner Umgebung zu färben und damit zu verschönern, ist uralt. Sicher ist, daß bereits in vorgeschichtlicher Zeit Pflanzenextrakte zur Färbung von Wolle und Leinen verwendet wurden; auch die Höhlenmalereien aus dieser Zeit zeigen bereits eine Vielfalt von Farben und zudem eine Leuchtkraft, die den heutigen Betrachter immer wieder überrascht und in Staunen versetzt. Bis weit in die Neuzeit hinein wurden ausschließlich natürlich vorkommende Farbstoffe für die Textilfärberei verwendet; viele dieser Farbstoffe waren recht kostbar, weil sie nur mühsam aus den Naturprodukten zu gewinnen oder nur schwierig anzuwenden waren. Ein grundsätzlicher Wandel setzte erst um die Mitte des letzten Jahrhunderts ein, eingeleitet durch die Entdeckung des *Mauveins* durch den damals 18jährigen W. H. Perkin (1855). Beim Versuch, durch Oxidation von (unreinem) Anilin Chinin herzustellen, erhielt Perkin eine schwarzbraune, schmutzige Masse, aus welcher mit Alkohol ein blaßvioletter Farbstoff extrahiert werden konnte. Perkin erkannte dessen Fähigkeit, Seide zu färben, und begann, zusammen mit seinem Vater, den Farbstoff in größeren Mengen zu produzieren. Es war dies zunächst ein recht unsicheres Unternehmen, weil der Rohstoff Benzen nicht in größeren Mengen zur Verfügung stand und die Nitrierung sowie die Reduktion des Nitrobenzens zu Anilin zuerst einmal in die Technik übertragen werden mußten. Nach der Entdeckung von Perkin wurden zunächst durch seinen Lehrer A. W. v. Hofmann und dann auch durch zahlreiche weitere Chemiker viele Anilinderivate auf ihren Farbstoffcharakter untersucht, wobei in kurzer Zeit eine ganze Reihe verschiedener Farbstoffe entwickelt werden konnte. 1858 wurde die *Azokupplung* entdeckt (Grieß), was der Herstellung weiterer, synthetischer Farbstoffe neue Wege öffnete. 1868 gelang es Graebe und Liebermann, einen der damals wichtigsten Naturfarbstoffe, das *Alizarin* («Türkischrot», «Krapplack») synthetisch zu produzieren. Die BASF erhielt auf dieses Verfahren ein Patent (1869); die Patentanmeldung erfolgte nur einen einzigen Tag früher als die Anmeldung von Perkin in London – auf dasselbe Verfahren! Das synthetische Alizarin hat das Naturprodukt innert weniger Jahre vollständig vom Markt verdrängt.

Diese Entdeckungen, zusammen mit der ungefähr gleichzeitig aufgestellten *Strukturtheorie* von Kekulé, bildeten den Anstoß für eine beispiellose Entwicklung. Allenthalben wurden Farbenfabriken gegründet; während zunächst in erster Linie versucht wurde, natürliche Produkte synthetisch (und damit billiger und in größerer Reinheit) zu gewinnen, konzentrierte sich das Interesse der Farbenchemiker sehr bald auf die Entwicklung neuer Farbstoffe. Die geringeren Herstellungskosten, die größere Leuchtkraft und die besseren Echtheitseigenschaften dieser «*Teerfarbstoffe*» verhalfen ihnen bald zu einer dominierenden Stellung und ließen die Naturfarbstoffe immer mehr in den Hintergrund treten. Die Farbenfabrikation bildete bis um etwa 1920 die Schlüsselindustrie der gesamten chemischen Industrie. Die meisten größeren europäischen Chemiefirmen sind ursprünglich als Farbenfabriken entstanden. Die systematische Bearbeitung der Farbstoffe ergab nicht nur eine Fülle neuer, theoretischer und praktischer Erkenntnisse; es mußten zur Herstellung der Farbstoffe auch in vielen anderen Gebieten der chemischen Technik neue Verfahren entwickelt werden, um die benötigten Ausgangsstoffe in genügenden Mengen und billig zur Verfügung zu haben.

Die Teerfarbenindustrie hat damit weite Gebiete der Chemie gefördert: Elektrolyse, Katalyse, Lösungsmittel- und Netzmittelherstellung, Kunstharzindustrie, und nicht zuletzt auch die Entwicklung von pharmazeutischen Spezialitäten und Schädlingsbekämpfungsmitteln.

Heute sind über 100 000 Farbstoffe bekannt, von denen etwa 3000 im Handel sind. Ungefähr 70 % davon sind Azofarbstoffe. Trotz der sehr gründlichen Durchforschung gewisser Stoffklassen (wie etwa der Triphenylmethanfarbstoffe, wo kaum noch weitere, grundlegende Erkenntnisse zu erwarten sein dürften), ist die Farbenchemie auch heute noch ein sehr *aktuelles Gebiet* der Chemie. Bedingt durch die «Evolution» auf dem Sektor der Kunststoffe und der Synthesefasern, verlagerte sich der Schwerpunkt der industriellen Farbenforschung in neuerer Zeit auf die Entwicklung neuer Farbstoffe für diese Anwendungsgebiete (Pigmente, klassische und reaktive Dispersionsfarbstoffe). Auch die Erforschung der physikalisch-chemischen Vorgänge bei der Farbstoffapplikation gewinnt immer mehr an Bedeutung. Daß auch auf dem Gebiete der Farbenchemie ganz neuartige, umwälzende Erkenntnisse möglich sind, zeigt das Beispiel der 1955/56 entdeckten Reaktivfarbstoffe, deren Anteil am Gesamtsortiment der Baumwollfarbstoffe heute schon über 35 % ausmacht.

25.2 Begriff und Einteilung

Der Begriff «Farbstoff». Absorption im sichtbaren Gebiet des Spektrums beruht auf einer Anregung von Elektronen ($\pi \rightarrow \pi^*$-Übergänge; bei Atomgruppen mit freien Elektronenpaaren auch $n \rightarrow \pi^*$-Übergänge); die Eigenfarbe des absorbierenden Stoffes stellt die Komplementärfarbe der absorbierten Farbe dar (Tabelle 25.1).

Tabelle 25.1. Absorbiertes Licht und sichtbare Farbe

Wellenlängenbereich des absorbierten Lichtes (nm)	Farbe des absorbierten Lichtes	Beobachtete Farbe
400–435	violett	gelb
435–480	blau	orange
480–500	blaugrün	rot
500–580	gelbgrün	purpur
580–595	gelb	violett
595–610	orange	blau
610–700	rot	blaugrün

Daß gewisse charakteristische Atomgruppen einem Molekül Farbe verleihen können, wurde schon von Witt (1876) erkannt. Alle diese als **«Chromophore»** bezeichneten ungesättigten Gruppen enthalten relativ leicht anzuregende π-Elektronen. Damit Absorption im sichtbaren Gebiet des Spektrums möglich ist, dürfen die Energiedifferenzen zwischen dem höchsten besetzten π- und dem niedrigsten, unbesetzten (antibindenden) π^*-Niveau nicht zu groß sein. *«Farbigkeit»* tritt daher bei einem Molekül nur dann auf, wenn die π-Elektronen des Chromophors sich mit anderen π-Elektronen (z. B. eines aromatischen Ringes) zu einem *delokalisierten* π-System überlagern. Berechnungen auf Grund des MO-Modelles ergeben in der Tat, daß in dem Maß, wie sich ein solches π-System ausdehnen kann (und die Zahl der verfügbaren bindenden und antibindenden MO zunimmt), die Energiedifferenzen zwischen Grund- und angeregten Zuständen kleiner werden. Tritt nun ein nichtbindendes Elektronenpaar (z. B. einer Hydroxyl- oder Aminogruppe) mit den π-Elektronen in Wechselwirkung (π-Donator), so kann die Delokalisation der π-Elektronen verstärkt werden (was formal durch weitere Grenzstrukturen zum Ausdruck gebracht werden kann), so daß die Energiedifferenzen zwischen Grundzustand und angeregten Zuständen noch kleiner werden und die Anregung durch längerwelliges Licht möglich wird. Die Absorptionsbanden verschieben sich in solchen Fällen in das Gebiet der längeren Wellen, und man spricht von einem **«bathochromen»** (farbvertiefenden Effekt) der betreffenden Gruppe (des sogenannten **Auxochroms**). Die Wirkung solcher +M-Gruppen wird beträchtlich verstärkt, wenn auf der anderen Seite des π-Systems ein π-Akzeptor (ein **«Antiauxochrom»**) vorhanden ist, weil dann die π-Elektronen noch viel stärker delokalisiert werden und $\pi \rightarrow \pi^*$-Übergänge noch leichter möglich sind.

Zur Illustration diene ein *Vergleich* von *Nitrobenzen* und *p-Nitranilin* sowie die Betrachtung einiger *Stilbenderivate*.

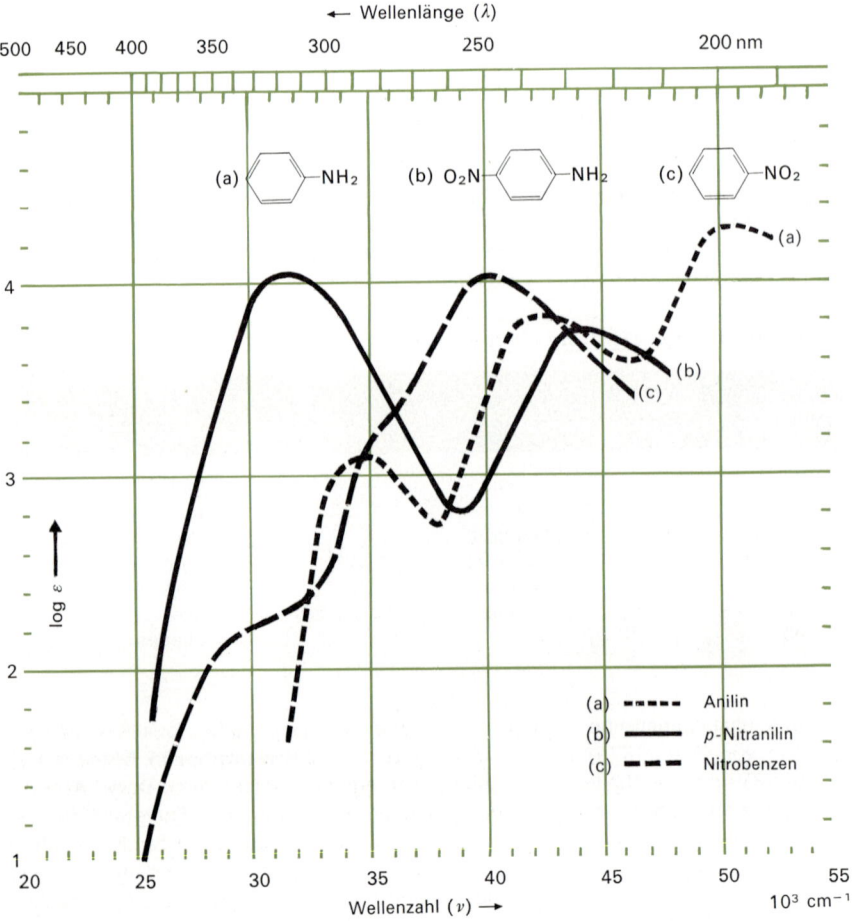

Abb. 25.1. Absorptionsspektren von Nitrobenzen, Anilin und p-Nitranilin

Im Nitrobenzen wirkt die $-NO_2$-Gruppe als Chromophor; die Delokalisation des aromatischen Sextetts wird aber nur wenig verstärkt, so daß der Übergang eines π-Elektrons in den niedrigsten antibindenden π^*-Zustand ziemlich viel Energie erfordert und die Substanz nur im kurzwelligen Blauviolett absorbiert: Nitrobenzen erscheint blaßgelb (Abb. 25.1). *p*-Nitranilin enthält aber neben der $-NO_2$-Gruppe (π-Akzeptor!) einen π-Donator ($-NH_2$), dessen nichtbindendes Elektronenpaar am N-Atom sich mit dem aromatischen Sextett und den π-Elektronen der $-NO_2$-Gruppe überlagert, so daß sich die Absorption ins längerwellige Gebiet verschiebt und *p*-Nitranilin orange erscheint.

Stilben ist farblos, da eine Delokalisation der Doppelbindungs-π-Elektronen nur in sehr geringem Ausmaß eintritt [die Grenzstruktur (2) ist zu energiereich, als daß sie in nennenswertem Maß zum Resonanzhybrid «beitragen» würde]:

$$\langle \rangle-CH=CH-\langle \rangle \;\;\leftrightarrow\;\; \ominus|\langle \rangle=CH-CH=\langle \rangle\oplus$$

$$(1) \hspace{5cm} (2)$$

p,p'-Dimethoxystilben ist trotz des Vorhandenseins zweier auxochromer Gruppen (der Methoxygruppen) farblos, da beide Auxochrome π-Donatoren sind und dadurch die Delokalisation nicht verstärken können. *p,p'*-Dinitrostilben ist – aus demselben Grund wie das Nitrobenzen – schwach gelb. Enthält dagegen das Stilbengerüst sowohl einen π-Akzeptor (z. B. $-NO_2$) und auch einen π-Donator [z. B. $-N(CH_3)_2$], so wird die Delokalisation des gesamten π-Systems sehr stark verstärkt [die Grenzstruktur (2a) ist stärker am Resonanzhybrid «beteiligt»], und die Substanz ist rot.

$$O_2N-\langle \rangle-CH=CH-\langle \rangle-N(CH_3)_2 \;\;\leftrightarrow\;\; \overset{\ominus|O}{\underset{\ominus|O}{}}\overset{\oplus}{N}=\langle \rangle=CH-CH=\langle \rangle=\overset{\oplus}{N}(CH_3)_2$$

$$(1a) \hspace{5cm} (2a)$$

Die Wirkungen des π-Donators und -Akzeptors erreichen ihr Maximum, wenn sie eine vollkommene Delokalisation ermöglichen, oder anders gesagt, wenn die zur Beschreibung des mesomeren Systems notwendigen Grenzstrukturen energetisch völlig gleichwertig sind. Dies ist beispielsweise bei den *Polymethinfarbstoffen* vom Typus (3) der Fall:

$$\left\{ R_2N-CH=CH-CH=\overset{\oplus}{N}R_2 \;\;\leftrightarrow\;\; R_2\overset{\oplus}{N}=CH-CH=CH-NR_2 \right\} \; Cl^\ominus$$

$$(3)$$

Für solche Polymethinfarbstoffe ist es auch gelungen, die Lage der Absorptionsbanden mit Hilfe eines einfachen Elektronengasmodelles relativ genau zu berechnen (H. Kuhn). Bei farbigen Substanzen dieser Art verschiebt sich die Absorptionsbande mit zunehmender Zahl Doppelbindungen sehr viel stärker und rascher ins Gebiet längerer Wellen als bei Kohlenwasserstoffen mit einem System konjugierter Doppelbindungen (S. 119). So erscheint ein Polymethinfarbstoff mit nur zwei Doppelbindungen (Grenzstrukturen wie oben) bereits orange (Absorptionsbande bei 450 nm).

Nun ist aber nicht jeder *farbige Stoff* zugleich ein *«Farbstoff»*. Da sich die Farbstoffchemie in allererster Linie im Zusammenhang mit der Textilfärberei entwickelt hat, bezeichnet man üblicherweise nur solche Substanzen als eigentliche Farbstoffe, die sich aus einer (meist wäßrigen) Lösung oder Suspension fest an ein bestimmtes Material, in erster Linie Textilfasern (aber auch Leder, Papier, Kunststoffe u. a.) binden. Im Sprachgebrauch des Alltags weicht man von dieser strengen Begriffsbestimmung allerdings häufig ab und bezeichnet Stoffe, wie z. B. Chlorophyll – die nicht «färben» – oder organische Pigmente – die nicht aus wäßrigen Lösungen oder Suspensionen «aufziehen» – ebenfalls als Farbstoffe. Um als Farbstoff praktisch verwendbar zu sein, muß die Substanz auch weiteren Kriterien genügen: sie muß möglichst licht- und waschecht sein und darf die Faser nicht schädigen.

Im Gegensatz zu den eigentlichen Farbstoffen stehen die *Mineralfarben,* welche zusammen mit einem Binde- oder Klebemittel mittels Pinsel oder Spritzpistole auf der Unterlage aufgebracht werden und hohe Deckfähigkeit, Abriebfestigkeit und Geschmeidigkeit besitzen müssen (z. B. Öl- und Dispersionsfarben).

Arten von Textilfarbstoffen. Beim Färbeprozeß spielt die Natur der Faser selbstverständlich eine große Rolle. Nur ganz wenige Farbstoffe eignen sich ohne weiteres zur Färbung verschiedenartiger Fasern. Je nach Art des *Färbeprozesses* und der Haftung auf der Faser lassen sich verschiedene Gruppen von Textilfarbstoffen unterscheiden: direktziehende Farbstoffe, Küpenfarbstoffe, Dispersionsfarbstoffe, Reaktivfarbstoffe usw. Eine andere Einteilung in verschiedene Klassen gründet sich auf die *chemische Konstitution* der Farbstoffe: Azofarbstoffe, Anthrachinonfarbstoffe, Indigoide, Phthalocyanine usw. Wir werden zunächst die verschiedenen Färbemöglichkeiten betrachten und anschließend auf die Konstitution der wichtigsten Farbstofftypen eingehen.

25.3 Unterscheidung von Farbstoffen nach Art des Färbeprozesses

Saure und basische Farbstoffe. Wolle (und Seide) besitzen als Proteine zahlreiche basische und saure funktionelle Gruppen, so daß beim Färben mit sauren oder basischen Farbstoffen Protonenübertragungen eintreten und die Farbstoffmoleküle durch *Ionenbindungen* auf der Faser haften. Beispiele solcher Farbstoffe sind Methylenblau (basisch), Martiusgelb (sauer) und Echtrot (sauer):

Methylenblau   Martiusgelb   Echtrot

Direktfarbstoffe («substantive» Farbstoffe). Unter dieser Bezeichnung faßt man Farbstoffe zusammen, die aus einer wäßrigen Lösung ohne weitere Vorbehandlung auf *Baumwolle* aufziehen. Um die seit etwa zwei Jahrzehnten wichtig gewordenen Reaktivfarbstoffe auszuschließen, muß dabei die Einschränkung gemacht werden, daß die Haftung nicht durch Bildung von Kovalenzbindungen mit der Faser geschehen darf.

Der älteste bekannte substantive Farbstoff ist das *Kongorot* (1883 von Böttiger entdeckt). Als weitere Beispiele seien das Chicagoblau und das Siriuslichtblau (ein Vertreter der Siriuslichtfarbstoffe) erwähnt. Wahrscheinlich sind alle diese Farbstoffe in Wasser nur kolloidal löslich; sie werden jedenfalls von der Faser als Kolloidteilchen adsorbiert und lagern sich (wie röntgenanalytisch nachgewiesen wurde) in intermicellare Räume der Faser ein. Allen gemeinsam ist die ausgesprochen längliche Gestalt ihrer Moleküle.

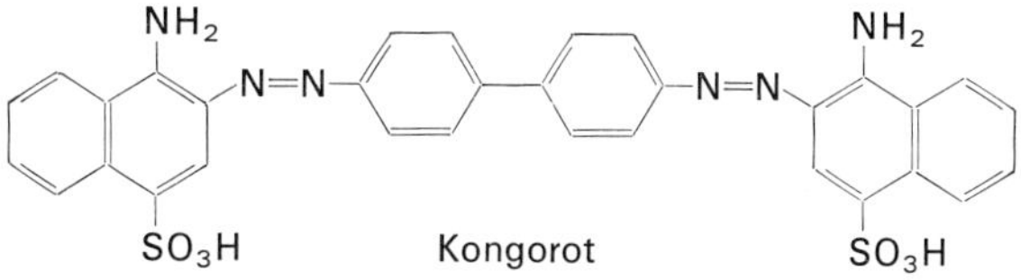

Kongorot

(schlägt bei pH 3 bis 4 von Rot nach Blau um)

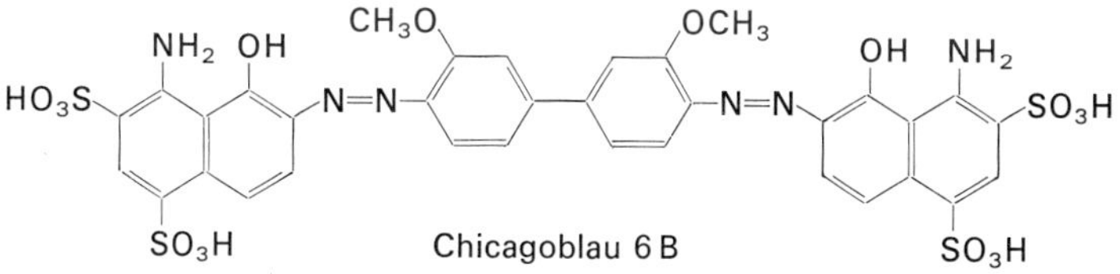

Chicagoblau 6 B

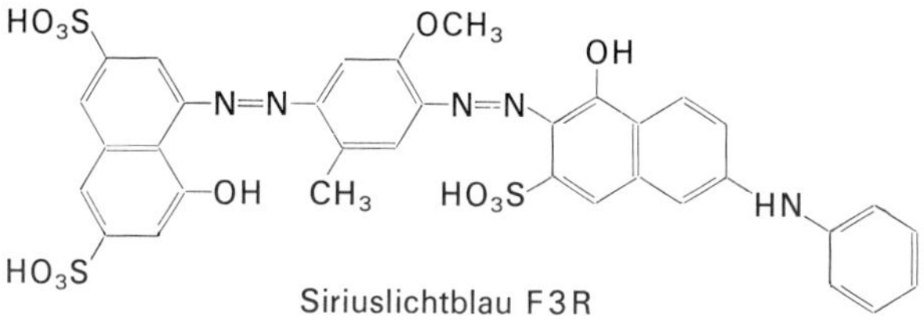

Siriuslichtblau F 3 R

Beizenfarbstoffe. Bei diesem Färbeverfahren imprägniert man die Baumwollfaser zuerst mit Metallsalzen, welche durch Behandlung mit Wasserdampf in schwerlösliche, auf der Faser haftende Hydroxide übergehen. Diese verbinden sich mit den Farbstoffmolekülen, entweder indem ebenfalls Ionenbindungen entstehen oder indem sich Chelatkomplexe bilden. Um basische Farbstoffe zu binden, kann man die Faser mit Tannin (einem polymeren Glykosid der Gallussäure, einem Gerbstoff) «beizen». Beispiele von Beizenfarbstoffen sind Alizarin und Alizaringelb R. Beizenfarbstoffe haben heute nur noch geringe Bedeutung.

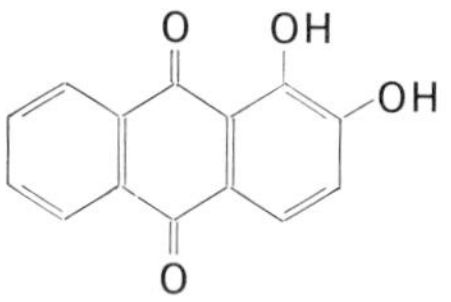

Alizarin

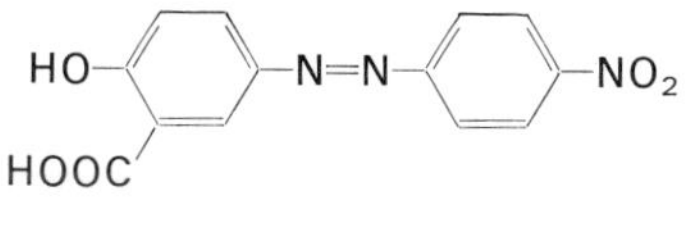

Alizaringelb R

Küpenfarbstoffe. Das Prinzip der Küpenfärberei wurde bereits im Zusammenhang mit der Besprechung des Indigos diskutiert (S. 868). Küpenfarbstoffe eignen sich vor allem für Baumwolle (nicht für Kunstfasern; ausgewählte Küpenfarbstoffe können auch zur Färbung von Wolle verwendet werden) und haften sehr fest auf der Faser. Besonders lichtecht sind die auf eine Entdeckung von Bohn (in der BASF) zurückgehenden *Indanthrenfarbstoffe* sowie die hauptsächlich in der Ciba entwickelten anthrachinoiden Küpenfarbstoffe. Der

Anteil der Küpenfarbstoffe am Gesamtverbrauch der Baumwollfarbstoffe macht heute noch etwa 40% aus.

Entwicklungsfarbstoffe. Um 1880 wurde in England gefunden, daß Baumwolle sich dauerhaft färben läßt, wenn man sie zuerst mit der alkalischen Lösung eines Phenols (oder einer anderen, zur Kupplung mit Diazoniumsalzen geeigneten Substanz) tränkt und anschließend mit der eisgekühlten Lösung eines Diazoniumsalzes behandelt («klotzt»). Der Azofarbstoff wird dann direkt auf der Faser erzeugt und haftet durch Adsorption; entscheidend ist dabei, daß die Kupplungskomponente wasserlöslich ist und zugleich von der Cellulose genügend stark adsorbiert wird. Solche Farbstoffe werden auch etwa als *«Eisfarben»* bezeichnet. Wichtige Entwicklungsfarbstoffe sind die *«Naphthol-AS-Farbstoffe»*, deren Kupplungskomponente ein substituiertes Amid der β-Hydroxynaphthoesäure (oder ein Derivat dieser Substanz) ist. Auch das *«Anilinschwarz»*, das durch Oxidation von Anilin mit Dichromat oder anderen Oxidationsmitteln entsteht, ist ein Entwicklungsfarbstoff, wird also auf der Faser selbst gebildet.

Naphthol AS

(der Pfeil deutet die Stelle der Kupplung an)

Metallkomplexfarbstoffe. Dies sind wasserlösliche Komplexe farbiger Moleküle mit $Cr^{3\oplus}$- oder $Cu^{2\oplus}$-Ionen. Man färbt mit ihnen aus verdünnten wäßrigen Lösungen; die Bindung an die Faser geschieht sowohl durch van der Waals-Kräfte wie auch durch Ionenbindung oder Komplexbildung mit dem Protein der Wolle. Man unterscheidet zwischen 1:1- und 2:1-Metallkomplexfarbstoffen; die Zahlen drücken das Verhältnis zwischen Farbstoffmolekül(en) und Metallion aus. Beispiele von 1:1-Metallkomplexfarbstoffen sind die Neolanfarbstoffe, von 2:1-Metallkomplexfarbstoffen die Irgalanfarbstoffe (beide von Ciba-Geigy). Beide Typen sind vor allem zur Färbung von Wolle geeignet.

Neolanblau 2G   Irgalanbraunviolett DL

Interessant ist eine Möglichkeit zur Färbung von Polypropylenfasern durch Metallkomplexfarbstoffe. Polypropylen ist – als Kohlenwasserstoff – sehr hydrophob und daher schwierig anzufärben. Es gelang nun aber, Polypropylenfasern zu entwickeln, die einen geringen

Anteil an $Ni^{2\oplus}$ enthalten. Dieses «Herculon» kann mit in Wasser dispergierten Monoazo-farbstoffen sehr dauerhaft gefärbt werden, indem sich mit den $Ni^{2\oplus}$-Ionen an der Faserober-fläche stabile, tiefgefärbte Komplexe bilden.

Dispersionsfarbstoffe. Die meisten synthetischen und halbsynthetischen (Kunstseide-) Fasern lassen sich mit direktziehenden Farbstoffen nicht färben, da diese wegen des Fehlens freier Hydroxyl- oder Aminogruppen weniger gut adsorbieren als Cellulose. Entwicklungs- und Küpenfarbstoffe sind für diese Fasern im allgemeinen ebenfalls nicht geeignet, da die sauren oder alkalischen Lösungen eine partielle Hydrolyse der Ester- oder Amidbindungen bewirken, wodurch die Faser an Festigkeit verliert[1]. Zur Färbung derartiger Fasern benützt man vielmehr Farbstoffe, die *im Wasser nur in sehr geringem Maß löslich* sind, die sich aber in der Faser selbst «lösen». Zum Färben bringt man den Farbstoff zusammen mit Dispergier-mitteln im Wasser in äußerst feine Verteilung (daher der Name «Dispersionsfarbstoff»), und aus der wäßrigen Dispersion diffundieren die Farbstoffmoleküle (über die flüssige Phase!) in die Faser hinein.

Pigmentfarbstoffe. Viele *Kunststoffe* und auch verschiedene *Kunstfasern* werden *«in der Masse» gefärbt,* d.h. man setzt den Farbstoff bereits während der Polymerisation zu oder vermischt ihn mit dem flüssigen Material vor dem Verspinnen. Es sind meist völlig wasserunlösliche Farbstoffe, die – mit Rücksicht auf ihre Verwendung – besonders wärme-beständig sein müssen. Eine besonders wichtige Gruppe solcher Pigmentfarbstoffe bilden die Phthalocyanine, Farbstoffe, die ein dem Porphinring ähnliches Ringsystem enthalten, das mit Metallionen koordiniert ist. Pigmentfarbstoffe eignen sich auch als Farbkomponen-ten für Lacke.

Reaktivfarbstoffe. Bei den Reaktivfarbstoffen, der jüngsten Entwicklung auf dem Gebiet der Farbenchemie, handelt es sich um Farbstoffe, die mit dem Substrat (der Faser) echte chemische Bindungen (Kovalenzbindungen) eingehen und dadurch ganz besonders gut auf der Faser haften. Ursprünglich wurden sie zur Färbung von Wolle entwickelt; heute liegt jedoch ihre Hauptbedeutung auf dem Gebiet der Baumwollfärbung. Auch für Polyamidfa-sern gibt es Reaktivfarbstoffe.

Allen Reaktivfarbstoffen gemeinsam ist das Vorhandensein einer *«reaktiven Gruppe»,* welche die Verbindung zur Cellulose (bzw. zum Protein) herstellt. Im Prinzip kann diese Gruppe an irgendein farbiges Molekül gebunden sein; in der Praxis verwendet man hauptsächlich Azofarbstoffe, Anthrachinonfarbstoffe oder sulfonierte Phthalocyanine als farberzeugendes Element. Die erste, in der ICI entdeckte reaktive Gruppe war das Dichlor-triazinsystem *(Procionfarbstoffe,*1956). Die von der Ciba (1957) auf den Markt gebrachten *Cibacronfarbstoffe* enthalten einen Monochlortriazinring als reaktive Gruppe.

anthrachinoider Farbstoff

---

[1] Polyesterfasern werden zum Teil auch mit Azo-Entwicklungsfarbstoffen gefärbt!

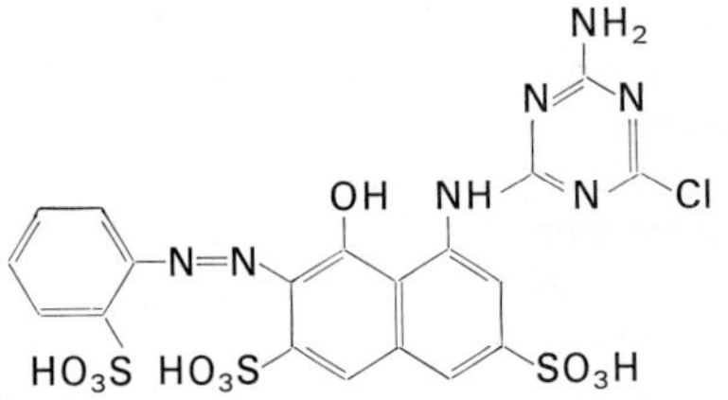

$$\text{Azofarbstoff}$$

(Strukturformel mit Naphthalingerüst, OH, N=N-Brücke zum Benzolring, HO$_3$S-, SO$_3$H-Gruppen und Triazinring mit NH$_2$, NH und Cl)

Azofarbstoff

2 Farbstoffe vom Cibacrontyp

Andere Reaktivfarbstoffe enthalten den Trichlorpyrimidylrest als reaktive Gruppe (Drimarenfarbstoffe, Sandoz; Reactonfarbstoffe, Geigy). Die Remazolfarbstoffe (Hoechst) sowie die Levafixfarbstoffe (Bayer) besitzen aliphatische reaktive Gruppen:

$$\boxed{F}\text{–SO}_2\text{–CH}_2\text{–CH}_2\text{–OSO}_3^{\ominus}\,\text{Na}^{\oplus} \qquad \text{Remazolfarbstoffe}$$

$$\boxed{F}\text{–SO}_2\text{–NH–CH}_2\text{–CH}_2\text{–OSO}_3^{\ominus}\,\text{Na}^{\oplus} \qquad \text{Levafixfarbstoffe}$$

(Mit $\boxed{F}$ wird hier und im folgenden die farbgebende Gruppe abgekürzt.)

Beim Färben reagiert die reaktive Gruppe mit dem *Cellulose-Anion*. Dieses entsteht aus Cellulose unter der Wirkung von NaOH durch Abgabe eines Hydroxylprotons. Im Fall der Chlortriazinringe als reaktive Gruppe ist die Reaktion selbst eine bimolekulare *aromatische nucleophile Substitution,* also eine Additions-Eliminations-Reaktion:

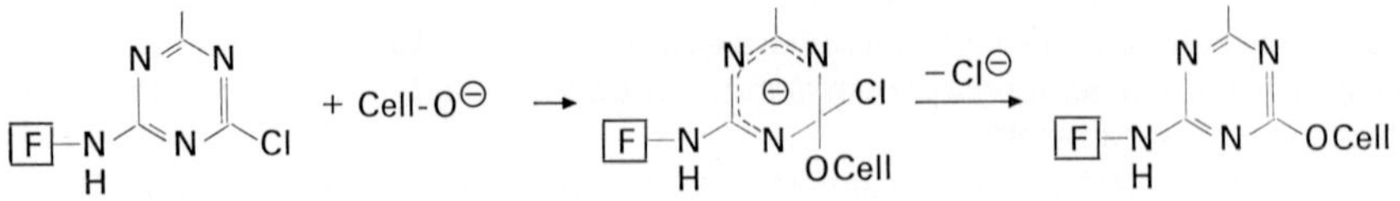

(Reaktionsschema: $\boxed{F}\text{–NH–Triazin–Cl} + \text{Cell-O}^{\ominus} \rightarrow \text{Übergangszustand} \xrightarrow{-\text{Cl}^{\ominus}} \boxed{F}\text{–NH–Triazin–OCell}$)

Die *Reaktivität* hängt hier ab von der Stabilität der Abgangsgruppe und vom Ausmaß der Positivierung des C-Atoms, welches die Abgangsgruppe trägt. Farbstoffe mit sehr reaktiven Gruppen (mit denen bei relativ niedriger Temperatur gefärbt werden kann) haben den Nachteil, daß die Bindung zur Cellulose durch OH$^{\ominus}$-Ionen aus dem Waschmittel wiederum leicht hydrolysiert wird. Durch Veränderung der am Triazinring vorhandenen Substituenten sowie der Abgangsgruppe (Substitution eines Cl-Atoms des Dichlortriazinringes durch eine Amino- oder Amidgruppe, Verwendung tertiärer Basen an Stelle von Cl-Atomen als Abgangsgruppen) läßt sich die Reaktivität in großem Maß verändern und den besonderen Erfordernissen der Praxis anpassen.

Bei den aliphatischen reaktiven Gruppen tritt in der alkalischen Lösung zuerst eine β-Elimination ein; die entstandene C=C-Doppelbindung addiert anschließend das Cellulose-Anion *(Michael-Addition):*

$$\boxed{F}\text{–A–CH}_2\text{–CH}_2\text{–X} \xrightarrow{\text{Base}} \boxed{F}\text{–A–CH=CH}_2 \rightarrow \boxed{F}\text{–A–CH}_2\text{–CH}_2\text{–O–Cell}$$

(A ist eine elektronenanziehende Gruppe, welche die Abspaltung des zu ihr α-ständigen H-Atoms als Proton ermöglicht.)

In beiden Fällen höchst bemerkenswert und bis heute trotz vieler Arbeiten nicht völlig geklärt, ist der *selektive Umsatz* der reaktiven Gruppe mit dem (sicher nur in kleiner Konzentration vorhandenen) *Cellulose-Anion,* statt mit den in viel größerer Konzentration vorhandenen $OH^{\ominus}$-Ionen oder mit Wasser. (Die heute zur Verfügung stehenden Reaktivfarbstoffe reagieren zu 70 bis 80% mit Cellulose; der Rest muß durch Auswaschen entfernt werden.) Möglicherweise spielen bei der Reaktion des Farbstoffes mit der Faser kolloidchemische Vorgänge (Adsorption) eine bedeutende Rolle. Reaktivfarbstoffe sind durch eine hohe Brillanz ausgezeichnet, weil die Farbstoffmoleküle relativ klein sind und «monomolekular» an der Faser gebunden werden, während z. B. im Fall der Küpen- oder der substantiven Farbstoffe ein Aggregieren zu größeren Farbstoffteilchen eintritt, wodurch die Brillanz verringert wird.

25.4 Chemische Einteilung der Farbstoffe

Nitroso- und Nitroverbindungen. Nitroso- und Nitroverbindungen gehören zu den einfachsten Farbstofftypen, die schon sehr früh zum Färben Verwendung gefunden haben. Beispiele bilden das schon auf S.1032 genannte Martiusgelb (ein direktziehender Wollfarbstoff) sowie die Nitrodiphenylamine, die als *Dispersionsfarbstoffe* für Acetatseide und Nylon verwendet werden. Auch Pikrinsäure ist ein einfacher (schon längst nicht mehr verwendeter!) Nitrofarbstoff.

Amidonaphtholbraun G

Azofarbstoffe. Diese mengenmäßig bedeutendste Farbstoffgruppe wird durch Kupplung eines diazotierten aromatischen Amins (der *«Diazokomponente»)* mit einem genügend reaktionsfähigen zweiten Aromaten (der *«Kupplungskomponente»)* hergestellt. Die wichtigsten Kupplungskomponenten, Phenole und Amine, kuppeln in *p*-Stellung zur —OH-bzw. —NH$_2$-Gruppe, bzw. in *o*-Stellung, falls die *p*-Stellung besetzt ist. α-Naphthol und α-Naphthylamin kuppeln in Stellung 4. Ist die 4-Stellung besetzt oder befindet sich in 3- oder 5-Stellung eine Sulfonsäuregruppe, so tritt Kupplung in Stellung 2 ein. β-Naphthol und ebenso β-Naphthylamin kuppeln nur in Stellung 1. Enthält der Naphthalenring sowohl eine Hydroxyl- wie eine Aminogruppe, so dirigiert die erstere in alkalischer Lösung, während letztere in schwach saurer Lösung dirigierend wirkt. Beispiele der vielen verschiedenen als Kupplungskomponenten verwendeten Naphthalenderivate gibt Tabelle 25.2. Über den *Mechanismus* der Azokupplung siehe S.708. Eine interessante, vor einigen Jahren entwickelte weitere Methode zur Herstellung von Azofarbstoffen besteht in der *«oxidativen Kupplung»* von Hydrazonen mit genügend reaktiven Aromaten (Hünig):

$$\xrightarrow[\text{HCl}]{2\,H_2O_2/Fe^{2\oplus}}$$

blau

Tabelle 25.2. Beispiele von Naphthalenderivaten als Kupplungskomponenten (die Pfeile bedeuten den Ort der Kupplung, s = sauer, a = alkalisch)

| Schäffer-Säure | Nevile-Winther-Säure | G-Säure |

| R-Säure | γ-Säure | H-Säure |

| Chicago-Säure | Chromotropsäure |

Die Azogruppe besitzt in gewissem Maß den Charakter eines π-Akzeptors und ermöglicht, in Kombination mit einem π-Donator, eine (allerdings nicht besonders starke) Delokalisation der π-Elektronen:

Der «Beitrag» der chinoiden Grenzstruktur zum Resonanzhybrid ist allerdings nur gering (Ladungstrennung!).

Wegen der relativ geringen Ausdehnung des delokalisierten Systems absorbieren derartige einfache Azofarbstoffe nur im kurzwelligen Gebiet des sichtbaren Spektrums und erscheinen darum gelb oder orange. Durch Einführung mehrerer Azogruppen, die möglichst durch

Naphthalenringe miteinander verbunden sein sollen, lassen sich auch rote, blaue, grüne und sogar schwarze Azofarbstoffe herstellen. Besonders die Kupplung mit Aminonaphtholsulfonsäuren ergibt häufig blaue Azofarbstoffe.

Beispiele (vgl. auch die vorhergehenden Seiten):

Orange II, ein saurer,
auf Wolle direktziehender Farbstoff

Hansascharlach, ein Pigmentfarbstoff

Cellitonechtgelb G, ein Dispersionsfarbstoff

Naphthol AS—D   «Echtgelbsalz GC»   Entwicklungsfarbstoff

Direkttiefschwarz EW

wichtigster schwarzer Azofarbstoff; entsteht durch Kuppeln von diazotiertem Benzidin mit einem Mol H-Säure in saurer Lösung und anschließendem Kuppeln von diazotiertem Anilin mit dem H-Säure-Anteil in alkalischer Lösung. Die zweite Diazoniumgruppe des Benzidins wird schließlich mit *m*-Phenylendiamin gekuppelt.

Cibacronrot, ein Reaktivfarbstoff

entsteht durch Umsetzung von Cyanurchlorid mit *m*-Phenylendiaminsulfonsäure und Sulfanilsäure, anschließender Diazotierung und Kupplung mit benzoylierter H-Säure

Anthrachinonfarbstoffe. Anthrachinonderivate haben aus verschiedenen Gründen als Farbstoffe große Bedeutung. Einerseits lassen sich aus dem Grundkörper relativ einfach Verbindungen erhalten, die in fast jedem Bereich des Spektrums absorbieren, wenn man in 1-, 1,4- oder 1,5-Stellung π-Donatoren einführt, anderseits bildet das Chinon/Hydrochinon-Redoxsystem die Grundlage sehr vieler wichtiger Küpenfarbstoffe. Zur Herstellung von Anthrachinon dient die Friedel-Crafts-Reaktion von Benzen mit Phthalsäureanhydrid (Ringschluß unter der Wirkung von Schwefelsäure).

Beispiele:

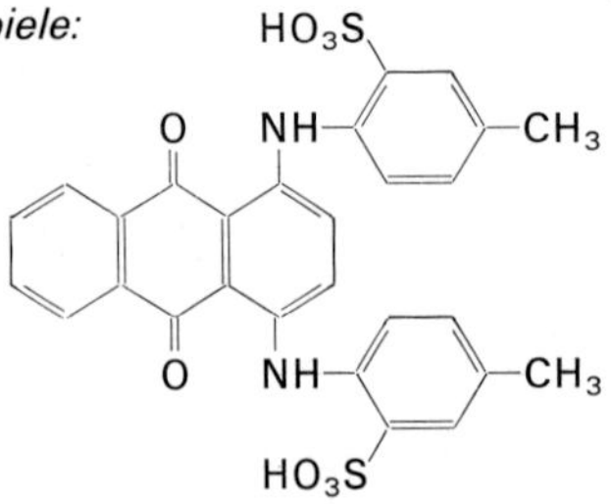

Alizarincyaningrün G, ein saurer,
sehr lichtechter Wollfarbstoff

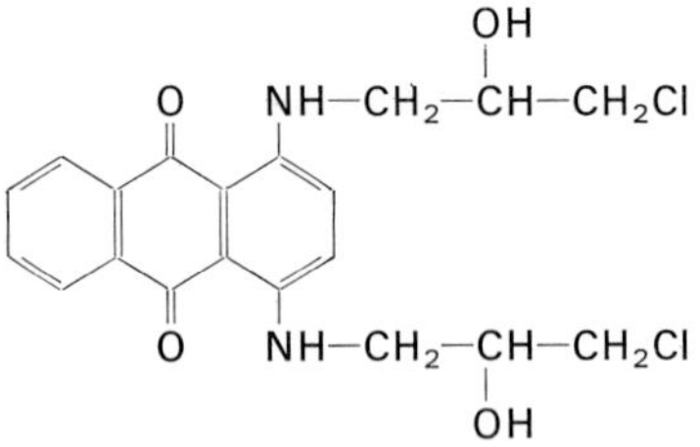

Procinylblau RS, ein Dispersionsfarbstoff

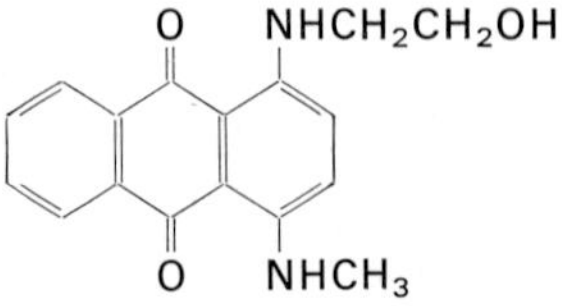

Cibacetblau F 3R,

ein zur Färbung von Acetylcellulose und
Nylon geeigneter Dispersionsfarbstoff

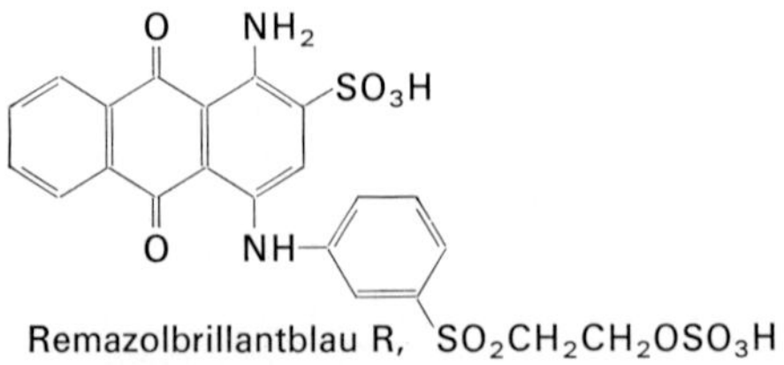

Remazolbrillantblau R,
ein Reaktivfarbstoff
für Cellulosefasern

Um *Küpenfarbstoffe* zu erhalten (die genügend stark auf der Cellulose haften), müssen entweder die Aminogruppen von Aminoanthrachinonen benzoyliert oder mit Cyanurchlorid umgesetzt werden, oder man muß das Anthrachinonsystem in polyzyklische Ringgerüste einbauen, wie es bei den zahlreichen, im Handel befindlichen Küpenfarbstoffen der Fall ist. Beispiele einfacher anthrachinoider Küpenfarbstoffe sind das Indanthrenblau RS (das durch Alkalischmelze von 2-Aminoanthrachinon entsteht) und das Indanthrengelb 3 GFN:

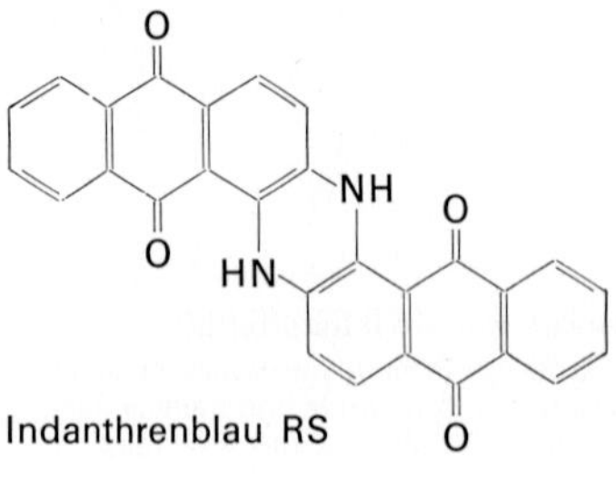

Indanthrenblau RS

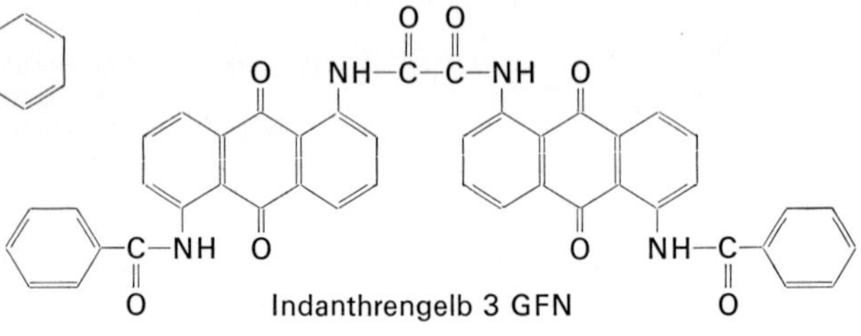

Indanthrengelb 3 GFN

Triphenylmethanfarbstoffe. Diese Farbstoffgruppe leitet sich von *Triphenylcarbenium-ion* ab; damit Absorption im sichtbaren Gebiet möglich ist (d. h. damit sich ein genügend delokalisiertes π-System bilden kann), muß an mindestens einem Benzenkern in *p*-Stellung ein π-Donator vorhanden sein:

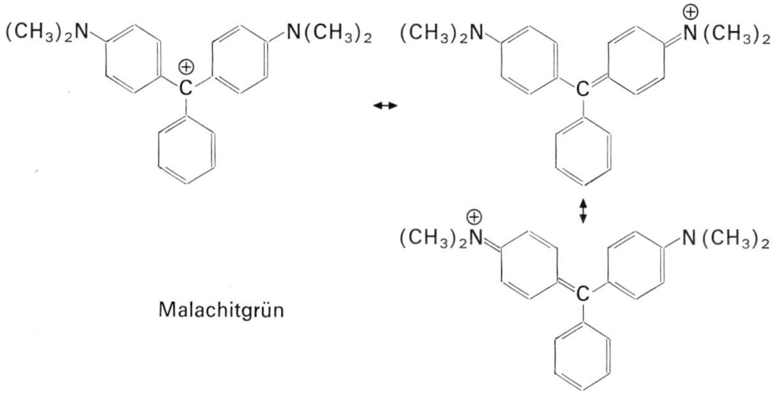

Malachitgrün

Da bei diesen Farbstoffen neben der Absorption auch eine starke Reflexion auftritt, wurden sie früher wegen ihrer leuchtenden Farbtöne sehr geschätzt; sie sind jedoch auf Wolle und Seide sowie auf mit Tannin gebeizter Baumwolle nicht sehr licht- und waschecht. Überraschenderweise zeigt Malachitgrün auf Acrylfasern eine gute Licht- und Waschechtheit und hat damit erneut Bedeutung erlangt.

Um das Triphenylmethangerüst *aufzubauen,* geht man von einer Verbindung mit positiv polarisiertem C-Atom (Benzaldehyd, Phosgen) aus, die mit einem Anilin- oder Phenolderivat umgesetzt wird. Das dadurch entstandene Produkt (die sogenannte *Leukobase*) wird anschließend zum noch farblosen *Carbinol* oxidiert (meist mit PbO$_2$), das beim Ansäuern dissoziiert und das Carbeniumion bildet. Als Beispiel diene die Herstellung des *Malachitgrüns:*

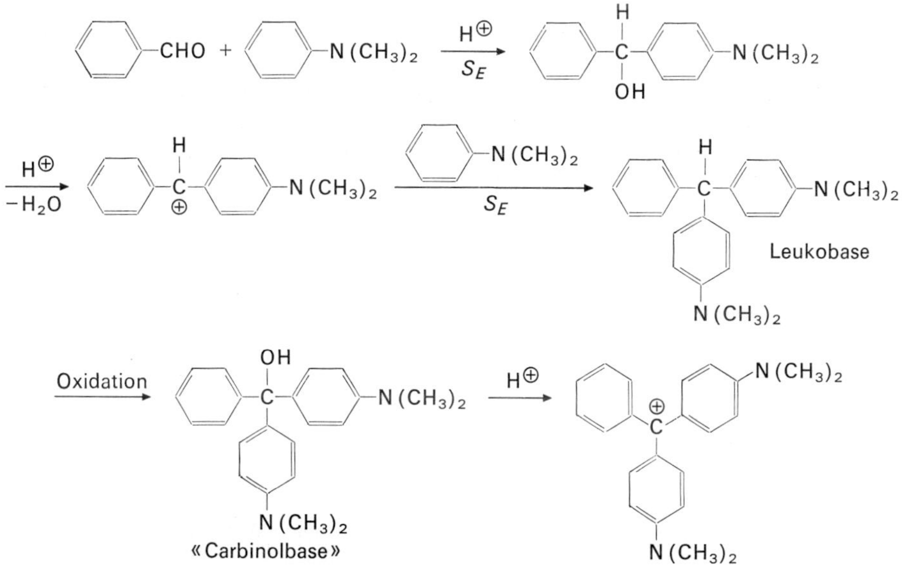

Leukobase

«Carbinolbase»

Bekannte *Beispiele* von Triphenylmethanfarbstoffen sind *Fuchsin* (Pararosanilin), das ganz kurz nach der Entdeckung des Mauveins ebenfalls durch Oxidation von toluidinhaltigem Anilin (z. B. mit $SnCl_4$ oder Nitrobenzen) erstmals hergestellt wurde, und *Methylviolett* (der Farbstoff der rotvioletten Tinten, der Kopierstifte und der Umdruckermatrizen), welches durch Luftoxidation von Dimethylanilin in Gegenwart von $CuSO_4$ erhalten wird. Dabei wird eine Methylgruppe als Formaldehyd abgespalten, und dieser kondensiert mit Monomethyl- und Dimethylanilin unter Weiteroxidation zur Leukobase und nachher zur Carbinolbase, welche beim Ansäuern den Farbstoff liefert. Weitere zu dieser Gruppe gehörende Farbstoffe sind *Fluorescein* (das noch in äußerst geringer Konzentration – bis etwa zu einer Verdünnung von $1:40 \cdot 10^6$ – eine intensiv gelbgrüne Fluoreszenz zeigt; entsteht durch Zusammenschmelzen von Resorcin und Phthalsäureanhydrid), sowie die *p*H-Indikatoren *Phenolphthalein* und die *Sulfonphthaleine* (S.1048).

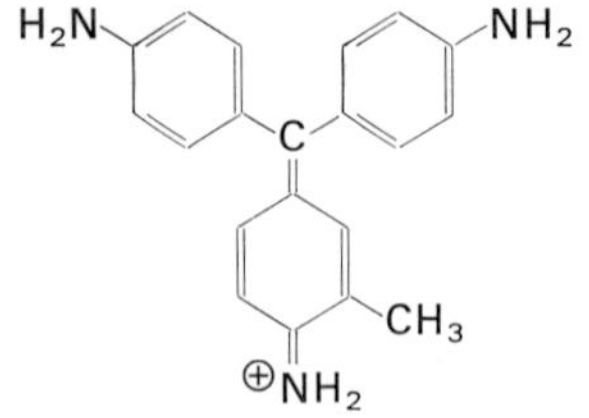

Fuchsin

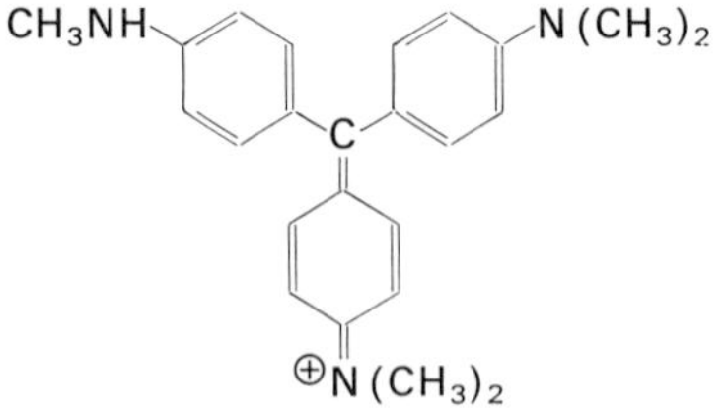

Methylviolett

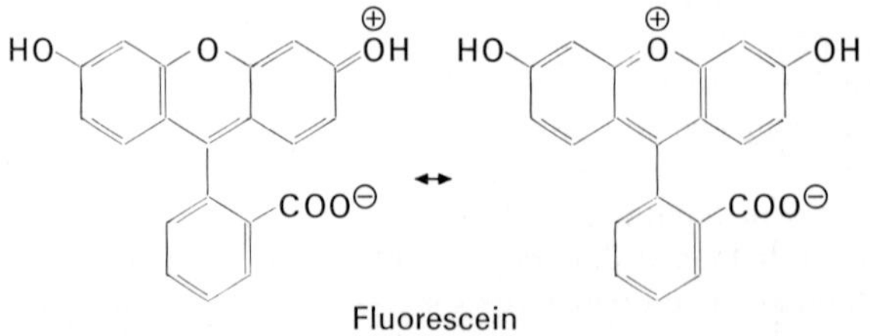

Fluorescein

Phthalocyanine. 1927 wurde von de Diesbach und von der Weid die Bildung eines tiefblauen Farbstoffes beim Erhitzen von *o*-Dibrombenzen oder Phthalodinitril mit Kupfer(I)-cyanid beobachtet. Die technische Verwendung setzte aber erst einige Jahre später ein, und zwar auf Grund zufälliger Beobachtungen von Betriebschemikern der Scottish Dyes Ltd. bei der Herstellung von Phthalimid aus Phthalsäureanhydrid und Ammoniak. Bei diesen Farbstoffen handelt es sich um vielgliedrige Ringsysteme, welche – ebenso wie die Pyrrolfarbstoffe – das π-Elektronensystem des *18-Annulens* $18 = (2 \cdot 8) + 2$ π-Elektronen besitzen:

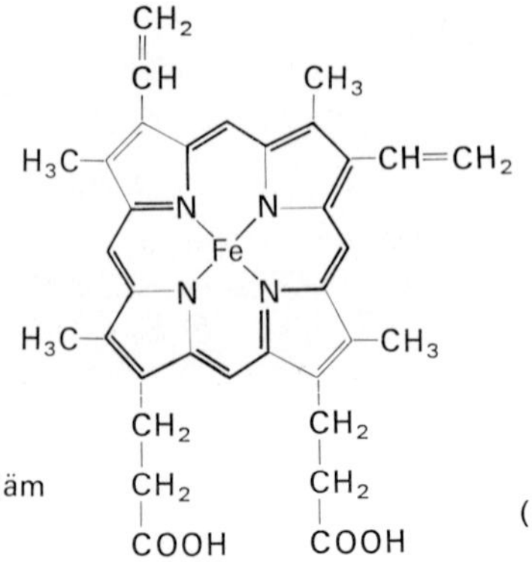

Häm

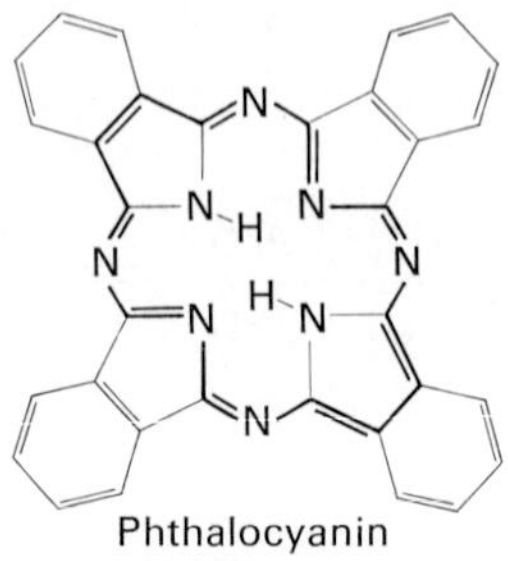

Phthalocyanin
(Das 18 gliedrige-π-System ist durch dicke
Bindungsstriche hervorgehoben.)

In den praktisch verwendeten Phthalocyaninfarbstoffen sind die vier N-Atome der Pyrrol-ringe mit *Metallionen* koordiniert. Die beiden Grenzstrukturen (1a) und (1b) zeigen, daß alle Pyrrolringe gleichartig am aromatischen System beteiligt sind (ebenso auch im Häm!).

(1a)   (1b)

Technisch werden die Phthalocyaninfarbstoffe heute durch Erhitzen von Phthalsäure mit Harnstoff und dem betreffenden Metallsalz auf 190 bis 200 °C (in einem hochsiedenden Lösungsmittel und unter Zusatz von Borsäure) hergestellt. Der Verlauf der dabei eintreten-den Ringschlußreaktionen ist allerdings noch nicht geklärt. Die Phthalocyanin-Komplexe (besonders Kupferphthalocyanin) sind *thermisch außerordentlich stabil;* so läßt sich z.B. Kupferphthalocyanin im Vakuum bei 500 °C unzersetzt sublimieren. Es wird auch weder von siedender Salzsäure noch von geschmolzenen Alkalihydroxiden angegriffen. Durch Sulfo-nierung oder Chlorierung lassen sich andere Farbtöne erzielen; durch Einführung von 15 bis 16 Cl-Atomen erhält man beispielsweise einen hervorragenden grünen Farbstoff. Die große Bedeutung der Phthalocyanine liegt heute hauptsächlich auf dem Gebiet der *Pigmente* (Textildruck, Papierdruck, Lacke [insbesondere Autolacke], Tapetenfarben, Färbung von Thermoplasten und Kunstseide). Auch gewisse *Reaktivfarbstoffe* für Cellulose enthalten das Phthalocyaninsystem als farbgebende Gruppe; man erhält sie durch Umsatz von Phthalocyanin mit Chlorsulfonsäure, wobei die auf diese Weise eingeführten Sulfochlorid-gruppen mit der einen Aminogruppe von Diaminen (z.B. *p*-Phenylendiamin) reagieren, und die andere Aminogruppe (durch S_N-Reaktion) mit Cyanurchlorid verbunden wird. Es gelingt auch, das Kupferphthalocyanin durch Tetramerisierung des wasserlöslichen Amino-imino-isoindolenins auf der Faser selbst zu erzeugen (Bayer), so daß Phthalocyanine auch als *Entwicklungsfarbstoffe* verwendet werden können (Bedeutung z.B. beim *Textildruck* auf Cellulose).

Weitere Farbstofftypen. Die **Methinfarbstoffe** wurden bereits auf S.1031 als Bei-spiele «idealer» farbiger Substanzen erwähnt. Wichtige Vertreter sind die *Cyanine,* die *Carbocyanine* u.a. Die Herstellung erfolgt durch S_E-Reaktion eines potentiellen Carbeniu-mions an einer α-Aminoethylenverbindung, die (in einem vorgelagerten Gleichgewicht) aus einer α-Methylverbindung entsteht:

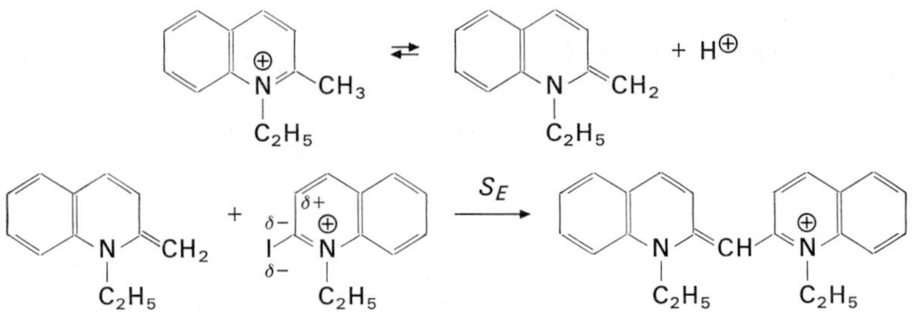

Bei der Synthese des Farbstoffes *Astraphloxin* geht man von der durch die Fischersche Indolsynthese aus Methylisopropylketon nach Methylierung des N-Atoms mit Dimethylsulfat zugänglichen «Fischer-Base» aus. Durch Protonenabgabe entsteht daraus zuerst die ungesättigte Verbindung (2), welche mit Orthoameisensäureester kondensiert wird (S_E durch das aus dem Ester unter Abspaltung eines Ethylat-Ions entstehende Carbeniumion). Die Umsetzung mit einem weiteren Mol der Fischer-Base ergibt den Farbstoff:

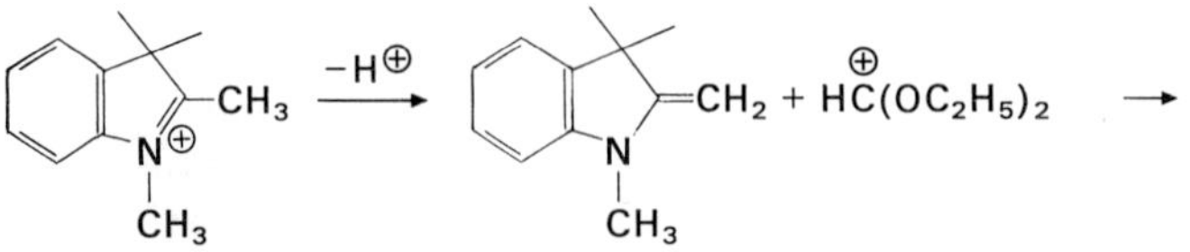

Fischer-Base   (2)

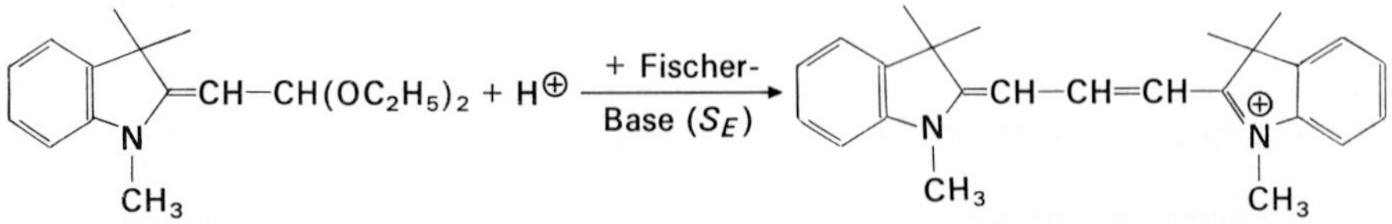

Astraphloxin FF

Wegen ihrer geringen Lichtechtheit sind Methinfarbstoffe zur Textilfärberei nicht geeignet. Sie finden hingegen Anwendung als *Sensibilisatoren* in der *Photographie*. Die in den Emulsionen der Filme und der photographischen Papiere enthaltene lichtempfindliche Substanz, das Silberbromid, reagiert nämlich nur auf ultraviolettes und blaues Licht. Enthält die photographische Schicht auch Methinfarbstoffe (die an den AgBr-Kristalliten adsorbiert sind), so wird die Energie des vom Sensibilisator absorbierten Lichtes auf das AgBr übertragen. Das Sensibilisierungsgebiet entspricht etwa dem Gebiet der längstwelligen Absorptionsbande des Sensibilisators.

Eine weitere Gruppe von Farbstoffen, deren Grundkörper die Konstitution (3) besitzt **(Chinoniminfarbstoffe)**, ist ebenfalls von Bedeutung für die *Farbenphotographie*.

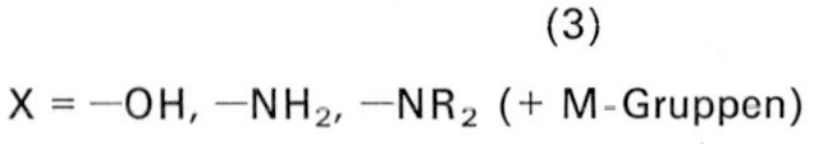

(3)

X = −OH, −NH₂, −NR₂ (+ M-Gruppen)   Y = O, NH

Die im latenten Bild als Folge der Belichtung enthaltenen Ag-Keime katalysieren zunächst die Oxidation des Entwicklers (4-Diethylaminoanilin) zum elektrophilen Chinondiimin:

$$R_2N\!-\!\!\bigcirc\!\!-\!NH_2 \;+\; 2\,Ag^{\oplus} \;\xrightarrow{\;Ag\;}\; R_2\overset{\oplus}{N}\!=\!\!\bigcirc\!\!=\!NH \;+\; H^{\oplus} \;+\; 2\,Ag$$

(stufenweise Übertragung zweier Elektronen; Zwischenstufe ist ein Semichinondiimin-Radikalanion; vgl. S. 739)

Die *Farbfilme* bestehen aus mehreren, verschieden sensibilisierten Schichten übereinander. Die blauempfindliche Schicht enthält einen «*Gelbkuppler*», die grünempfindliche einen «*Purpurkuppler*» und die rotempfindliche einen «*Blaugrünkuppler*». Diese «Farbkuppler» reagieren mit dem bei der Entwicklung entstandenen Chinondiimin (S_E-Reaktion), und das primäre Substitutionsprodukt wird durch $Ag^{\oplus}$ zum Chinonimin-Farbstoff oxidiert:

Beispiel:

Chinondiimin   Farbkuppler

Farbstoff

Der Farbstoff wird also an der Stelle abgelagert, wo der AgBr reduziert worden ist, und zwar in einer Menge, die der Menge an reduziertem $Ag^{\oplus}$ proportional ist. Nach Entfernen des unbelichteten Silberbromids erhält man ein *Farbbild*.

Die Abb. 25.2 stellt die Vorgänge bei der Belichtung und Entwicklung schematisch dar; die Gelbfilterschicht (zwischen der blau- und der rotempfindlichen Schicht) verhindert, daß in den darunter liegenden Schichten auch das (energiereichere) blaue Licht durch die Sensibilisatoren absorbiert wird.

Als Beispiel eines **Phenazinfarbstoffes** soll der erste Teerfarbstoff, das *Mauvein* von Perkin erwähnt werden:

(Perkins Mauvein war sicher kein einheitlicher Farbstoff. Die nebenstehende Strukturformel gibt die Konstitution der Hauptkomponente wieder.)

Die **indigoiden Farbstoffe** wurden bereits auf S. 868 besprochen.

25.5 Indikatoren

Säure/Base-Indikatoren (**«*p*H-Indikatoren»**) ändern innerhalb eines bestimmten *p*H-Bereiches ihre Farbe. Es sind Säure/Base-Paare, bei denen sich die Säure und ihre konjugierte Base in der Lichtabsorption unterscheiden, was darauf beruht, daß durch Aufnahme (oder Abgabe) eines Protons die Delokalisation des die Absorption bedingenden π-Systems verstärkt oder verringert wird.

Ein einfaches Beispiel ist das *Methylorange,* dessen Farbe im *p*H-Gebiet zwischen 3 und 4,5 von Rot nach Gelb umschlägt. Oberhalb von *p*H 4,5 liegt die Substanz als Natriumsalz des gelben Azofarbstoffes vor (1); durch Addition eines Protons an ein N-Atom der Azogruppe wird das π-System stärker delokalisiert, was formal durch die Verwendung einer weiteren Grenzstruktur (2 b) für die mesomere konjugierte Säure zum Ausdruck gebracht werden kann:

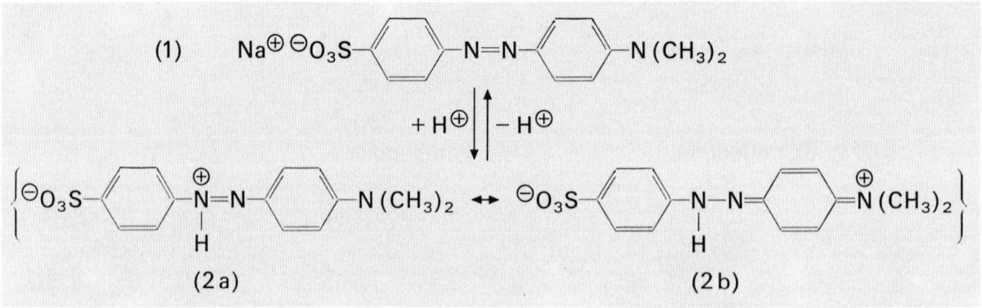

Am Resonanzhybrid der Base (1) ist aber eine chinoide Grenzstruktur (3) wegen der hier erforderlichen Ladungstrennung nur wenig «beteiligt», d.h. die Delokalisation des N=N-Doppelbindungselektronenpaares ist viel schwächer, und seine Anregung benötigt mehr Energie.

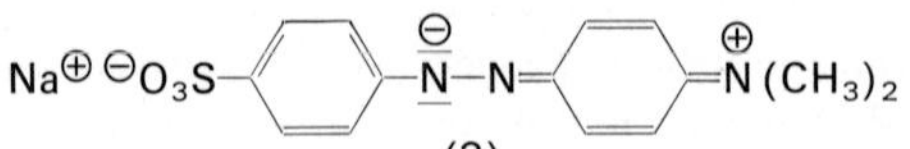

Weitere wichtige Beispiele von Säure/Base-Indikatoren sind die *Phthaleine* (Beispiel: Phenolphthalein) und die *Sulfonphthaleine* (Beispiel: Bromthymolblau), S.1048.

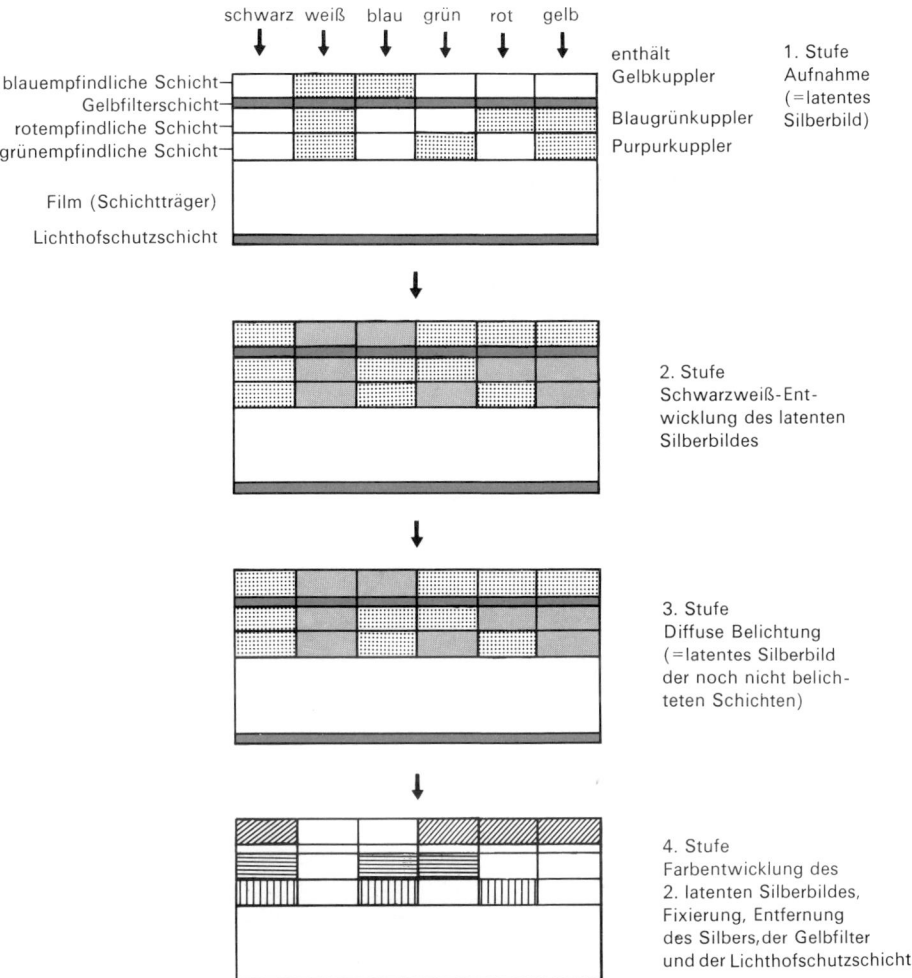

schwarz weiß blau grün rot gelb

blauempfindliche Schicht

Gelbfilterschicht

rotempfindliche Schicht

grünempfindliche Schicht

Film (Schichtträger)

Lichthofschutzschicht

enthält

Gelbkuppler

Blaugrünkuppler

Purpurkuppler

1. Stufe
Aufnahme
(=latentes
Silberbild)

2. Stufe
Schwarzweiß-Ent-
wicklung des latenten
Silberbildes

3. Stufe
Diffuse Belichtung
(=latentes Silberbild
der noch nicht belich-
teten Schichten)

4. Stufe
Farbentwicklung des
2. latenten Silberbildes,
Fixierung, Entfernung
des Silbers, der Gelbfilter
und der Lichthofschutzschicht

Abb. 25.2. Schematische Darstellung der Vorgänge bei der Belichtung und Entwicklung eines Farbfilms (Telcolor-Verfahren, Positiv-Herstellung)

Das Ion (4) ist eine dreiprotonige Säure. In bezug auf die erste Protolysenstufe verhält es sich als starke Säure; die phenolischen Hydroxylgruppen sind schwächer sauer und geben ihre Protonen bei höheren pH-Werten ab.

Bei Redoxindikatoren ändert sich die Lichtabsorption durch Oxidation (Reduktion) einer farbigen Substanz. Von den vielen Farbstoffen (insbesondere solchen, deren Chromophor chinoide Struktur hat; Küpenfarbstoffe!), die sich in dieser Weise verhalten, eignen sich allerdings nur solche zur praktischen Verwendung als Redoxindikator, bei denen die Oxidation (Reduktion) genügend rasch abläuft. Ein praktisch wichtiges Beispiel eines **Redoxindikators** ist das *Methylenblau,* dessen reduzierte Form farblos ist, da hier die Delokalisation der beiden Ring-π-Systeme durch das N-Atom unterbrochen wird (S. 1048).

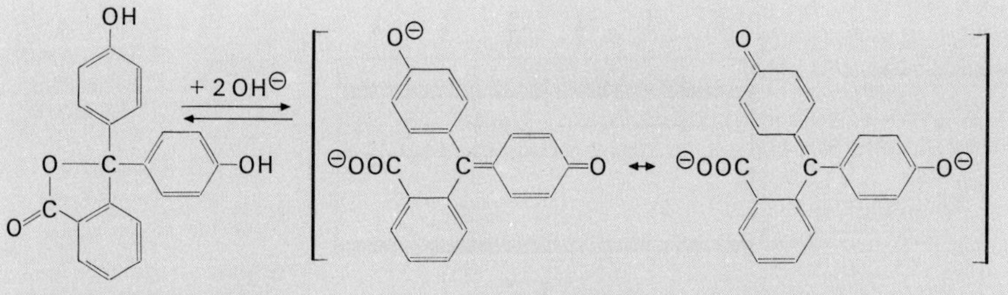

Phenolphthalein (farblos)   Phenolphthalein-Anion intensiv rot
                                   (π-Elektronen über zwei Ringe delokalisiert)

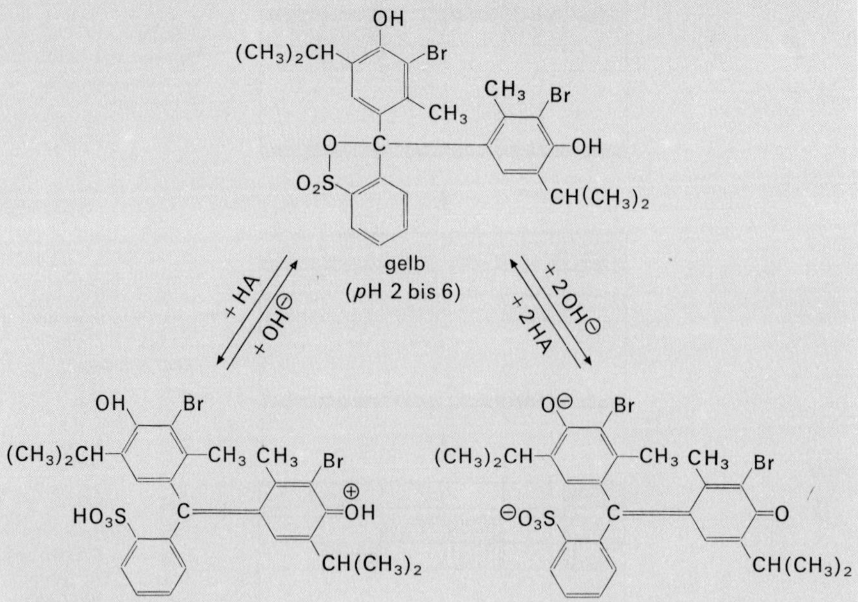

gelb
(pH 2 bis 6)

+ HA
+ OH⊖

+ 2 OH⊖
+ 2 HA

(4)   (5)

rot   blau
(unterhalb pH 1 bis 2)   Bromthymolblau   (oberhalb pH 7,5)
mesomer   mesomer

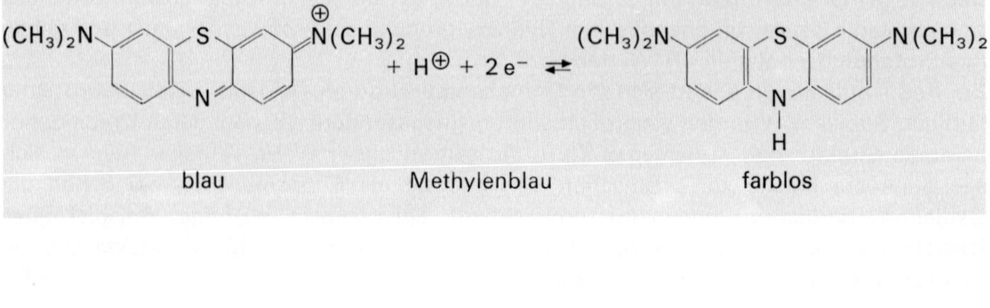

blau   Methylenblau   farblos

Übungen

25.1 Erklären Sie allgemein das Zustandekommen der «Farbe» einer Substanz bzw. eines Moleküls!

25.2 Worin besteht die Wirkung von Auxochromen? Warum wirkt das gleichzeitige Vorhandensein sowohl einer auxochromen wie einer antiauxochromen Gruppe farbvertiefend?

25.3 Überlegen Sie sich die Lichtabsorption (Farbe) folgender Verbindungen:
(a) Azobenzen
(b) *p*-Nitroazobenzen
(c) *p*-Nitro-*p*'-hydroxyazobenzen
(d) *p,p*'-Diaminoazobenzen
(e) *m*-Nitro-*m*'-hydroxyazobenzen

(f) O_2N—⟨⟩—N=N—⟨⟩—N=N—⟨⟩—NH_2

(g) ⟨⟩—CH=CH—CH=CH—⟨⟩

(h) ⟨⟩—N—CH=$\overset{\oplus}{N}$—⟨⟩

25.4 Auf welche Weise lassen sich die folgenden Fasern färben:
Baumwolle, Trevira, Acetatseide, Dralon, Diolen

25.5 Geben Sie bei folgenden Farbstoffen das Chromophor an:
(a) Martiusgelb
(b) Kongorot
(c) Neolanblau
(d) Alizaringrün
(e) Malachitgrün
(f) Astraphloxin

25.6 Erklären Sie folgende Begriffe:
direktziehende Farbstoffe
Küpenfarbstoffe
Reaktivfarbstoffe
Dispersionsfarbstoffe
Pigmente

25.7 Geben Sie für obige Farbstoffgruppen je ein Beispiel eines Azofarbstoffes an (außer Küpenfarbstoffen)!

25.8 Skizzieren Sie die Herstellung folgender Farbstoffe (inkl. Reaktionsmechanismen, soweit möglich):
(a) Kongorot
(b) Cellitonechtgelb G
(c) Fuchsin
(d) Kupferphthalocyanin

25.9 Warum enthalten die meisten Farbstoffe Sulfonsäure- und (oder) Hydroxylgruppen?

25.10 Worin besteht die Bedeutung von Anthrachinon für die Farbenchemie?

25.11 Erklären Sie folgende Ausdrücke:
(a) Leukobase
(b) Küpe

(c) Chromophor

(d) reaktive Gruppe

(e) substantiver Farbstoff

(f) Eisfarben

(f) oxidative Kupplung

(h) H-Säure

25.12   Beschreiben Sie die Reaktion von Reaktivfarbstoffen (mit der Chlortriazingruppe als reaktive Gruppe) mit der Faser!

25.13   Schildern Sie Bedeutung und Eigenschaften der Phthalocyanine!

25.14   Welche Bedeutung besitzen Cyaninfarbstoffe für die Photographie? Welche anderen Farbstoffe sind für gewisse photographische Verfahren ebenfalls von Bedeutung? Erklären Sie dies ausführlich!

25.15   Erklären Sie das Prinzip der pH-Indikatoren!

Eignen sich die folgenden einfachen Substanzen als Indikatoren:

(a) p-Nitrophenol

(b) Azobenzen

(c) p-Aminoazobenzen

(d) p-Nitro-p'-aminostilben

26 Photochemie

Schon mehrfach sind wir Reaktionen begegnet, die durch *Licht* ausgelöst werden: Radikalsubstitution an Alkanen, Radikaladdition an Doppelbindungen, perizyklische Reaktionen, die thermisch verboten sind, Ausbleichen von Farbstoffen am Licht usw. Der entscheidende Reaktionsschritt bei der Assimilation von Kohlendioxid ist ebenfalls eine photochemische Reaktion: die unter Mitwirkung des Chlorophylls erfolgende Spaltung von Wasser in (atomaren) Wasserstoff und Sauerstoff. Schließlich ist auch die schädigende Wirkung von UV-Licht auf alle Arten von Lebewesen auf photochemische Reaktionen zurückzuführen, nämlich die Veränderung der DNS unter dem Einfluß der Strahlung. Dieses Kapitel soll einige Aspekte der Lichtabsorption und der Energieübertragung beleuchten und bringt einige weitere Beispiele interessanter photochemischer Reaktionen.

26.1 Lichtabsorption und Anregung von Molekülen

Damit Licht photochemisch wirksam sein kann, müssen Lichtquanten von Molekülen absorbiert werden. Dadurch werden diese *«angeregt»*, d.h. ein Elektron geht in ein antibindendes MO über. Wie bereits im einleitenden Kapitel (S.50) dieses Textes gezeigt wurde, sind nichtbindende und π-Elektronen besonders leicht anzuregen; mit *Carbonylverbindungen* und *Alkenen* sollten sich also photochemische Reaktionen durchführen lassen. Isolierte Doppelbindungen absorbieren in einem Wellenlängenbereich von 160 bis 200 nm, mit dem in der Praxis allerdings nicht immer einfach zu arbeiten ist. Die Anregung entspricht einem $\pi \rightarrow \pi^*$-Übergang. Von den verschiedenen Absorptionsbanden im UV, welche die Carbonylgruppe zeigt, ist die weniger intensive Bande bei 280 bis 290 nm für photochemische Reaktionen von besonderer Bedeutung. Sie entspricht einer Anregung von nichtbindenden (2p-)Elektronen des Sauerstoffatoms in ein antibindendes π^*-MO. Die Anregung eines einzelnen Moleküls erfordert nur äußerst kurze Zeit (um 10^{-15} s); sie erfolgt also viel rascher als eine Atomschwingung (die etwa 10^{-12} s dauert). Wenn also ein Elektron so rasch in einen angeregten Zustand – selbst vom niedrigsten Schwingungsniveau – übergeht, so bleibt der Atomabstand nahezu unverändert. Da jedoch die Bindung schwächer ist als im Grundzustand (ein Elektron besetzt ein antibindendes MO!), wäre die Länge der Bindung eigentlich größer als im Grundzustand. Nach der Anregung befindet sich die Bindung deshalb in einem komprimierten, «gespannten» Zustand, ähnlich einer zusammengedrückten Feder. Durch ein plötzliches Nachlassen der Spannung werden die Atome auseinander gestoßen, was zur Anregung von Schwingungen oder – im Extremfall – zum *Zerfall* der Bindung führt **(«Photodissoziation», «Photolyse»)**. Eine Photolyse ist aber auch dann möglich, wenn die Anregung zu einem Zustand führt, dessen Energie oberhalb seines höchsten Schwingungsniveaus (der Linie A---A in Abb. 26.1) liegt (Anregung 1 in Abb. 26.1).

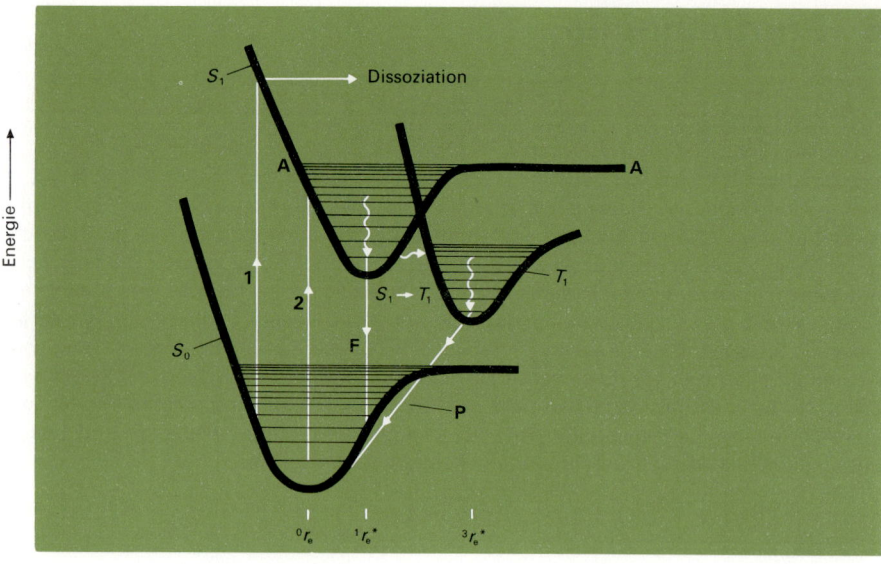

Bindungslänge, *r* ⟶

Abb. 26.1. *Schematische Energiekurven für Grundzustand und angeregte Zustände eines zweiatomigen Moleküls.*
Die horizontalen Linien stellen Schwingungs-Energieniveaux dar. Die Absorption eines Photons bewirkt einen Übergang vom Singlett-Grundzustand zum angeregten Singlett-Zustand (S$_0$ → S$_1$). Übergang 1 führt zur Dissoziation. Übergang 2 führt zunächst zu Schwingungs-Relaxation (Wellenlinie) und dann zur Emission (S$_1$ → S$_0$), entsprechend dem Übergang F (Fluoreszenz). Der angeregte Singlett-Zustand S$_1$ kann aber auch strahlungslos in den Triplett-Zustand übergehen (S$_1$ → S$_2$, Wellenlinie). Emission vom Triplett-Zustand zum Grundzustand (T$_1$ → S$_0$) entspricht dem Übergang P (Phosphoreszenz).
(Die T$_1$-Kurve wurde der Übersichtlichkeit halber nach rechts verschoben. In einer genaueren Darstellung müßte der P-Übergang nahezu vertikal sein.)

Mit der elektronischen Anregung ist keine Spinumkehr verknüpft. Im angeregten Zustand bleibt der Spinzustand des angeregten Elektrons unverändert, d. h. das angeregte und das nicht-angeregte Elektron haben entgegengesetzten Spin *(«Spinpaarung»): Singlett-Zustand S (S$_1$ oder höhere Zustände).* Nun gibt es aber auch angeregte Zustände, in denen ungepaarte Elektronen auftreten *(«Triplett-Zustände»).* Diese sind normalerweise etwas stabiler als die Singlett-Zustände, da dann die Wechselwirkungen zwischen den Elektronen geringer sind (vgl. die Hundsche Regel!); häufig stabilisieren sich Triplett-Zustände auch durch Verdrillungen, wodurch die Wechselwirkungen zwischen Elektronen weiter verringert werden. Ein direkter Übergang vom Grund- zum Triplett-Zustand wird normalerweise nicht beobachtet, hingegen sind S$_1$ → T$_1$-Übergänge (Übergänge vom angeregten Singlett- zum Triplett-Zustand) möglich.
Das angeregte Molekül gibt die aufgenommene Energie sehr rasch wieder ab *(«Dissipation»* der Energie). Die verschiedenen Möglichkeiten dazu werden in den Abb. 26.1 und 26.2

dargestellt. Aus dem zunächst eingenommenen primären angeregten Zustand geht das Molekül in das niedrigste Schwingungsniveau des S_1-Zustandes über, wobei die überschüssige Schwingungsenergie an andere Bindungen im Molekül oder – bei einem Zusammenstoß – an ein anderes Molekül abgegeben wird. Diese *«Schwingungs-Relaxation»* oder *«Energie-Kaskade»* dauert nur etwa 10^{-13} s. Jetzt kann das angeregte Molekül unter Aussendung von Lichtquanten **(Fluoreszenz)** in den Grundzustand übergehen (S_1 → S_0, Übergang F); da die jetzt dissipierte Energie jedoch geringer ist als die bei der Anregung aufgenommene (ein Teil der aufgenommenen Energie wurde bereits im Verlauf der Energie-Kaskade dissipiert), besitzt die emittierte Fluoreszenz-Strahlung energieärmere Quanten und eine längere Wellenlänge als die absorbierte Strahlung. Die Fluoreszenz klingt nach der Emission praktisch sofort (nach 10^{-4} bis 10^{-9} s) ab. Dissipation der Energie durch Fluoreszenz ist nicht sehr häufig; man beobachtet sie vor allem bei kleinen (z. B. den zweiatomigen) und starren Molekülen (z. B. Aromaten).

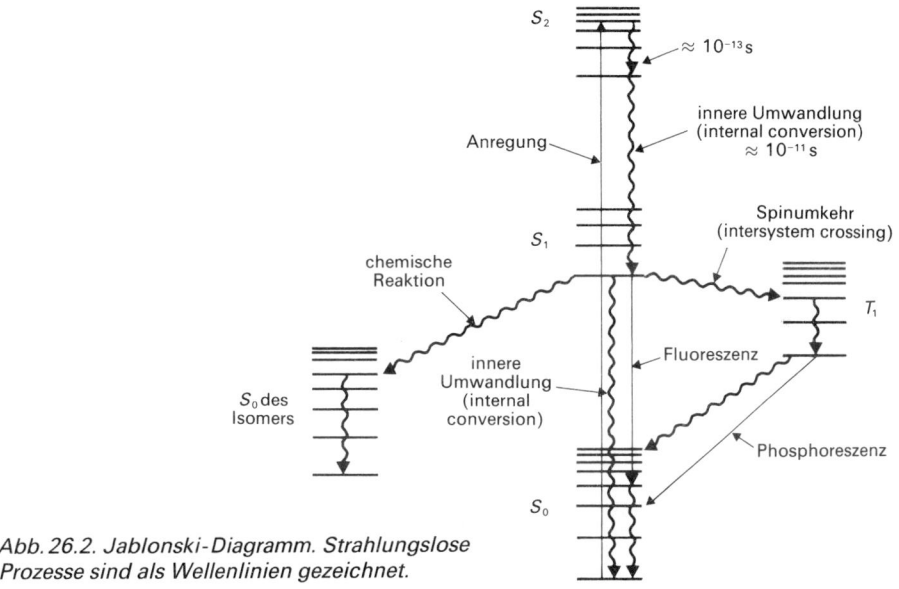

Abb. 26.2. Jablonski-Diagramm. Strahlungslose
Prozesse sind als Wellenlinien gezeichnet.

Meist erfolgt der Übergang vom angeregten zum Grundzustand *strahlungslos.* Dabei stehen verschiedene Möglichkeiten offen:

- die dissipierte Energie kann Schwingungen innerhalb des Moleküls oder in anderen Molekülen anregen *(«innere Umwandlung»; «internal conversion»).* Dadurch wird die ursprüngliche Energie des absorbierten Lichtes in Wärme umgewandelt; eine über eine längere Zeit andauernde Bestrahlung der Substanz führt dann zu einer spürbaren Erwärmung.
- die dissipierte Energie bewirkt eine *chemische Reaktion,* oft mit Molekülen in der nächsten Umgebung.
- die überschüssige elektronische Energie kann auch *auf andere Moleküle übertragen* werden und diese wiederum anregen.

Der Übergang von einem angeregten Singlett-Zustand zu einem Triplett-Zustand (S_1 → T_1) ist zwar energetisch günstig, verläuft jedoch relativ langsam, da gemäß den spektroskopischen Selektionsregeln (die quantentheoretisch begründbar sind) eine spontane Spinumkehr mit nur geringer Wahrscheinlichkeit auftritt. Wenn jedoch der Singlett-Zustand während genügend langer Zeit existiert, ist ein Übergang zum Triplett-Zustand (*«Intersystem Crossing»*) durchaus möglich. Ebenso wie aus dem Singlett-Zustand ist auch aus dem Triplett-Zustand ein strahlungsloser Übergang in den Grundzustand möglich. In manchen Fällen ist dieser Übergang vom Aussenden einer Strahlung – mit beträchtlich größerer Wellenlänge als die Wellenlänge des absorbierten Lichtes – begleitet (**«Phosphoreszenz»**). Da Phosphoreszenz ein Prozeß von relativ geringer Wahrscheinlichkeit ist, kann dann der Triplett-Zustand über längere Zeit (Bruchteile von Sekunden bis sogar mehrere Sekunden) bestehen bleiben. Im allgemeinen wird Phosphoreszenz bei organischen Molekülen nur bei tieferer Temperatur beobachtet, weil dann die thermischen Prozesse langsam ablaufen.

Substanzen, die besonders leicht vom Singlett- in den Triplett-Zustand übergehen können, wirken als *«Sensibilisatoren»:* Sie können absorbierte Energie auf ein anderes Molekül übertragen, wobei sie selbst in den Grundzustand zurückkehren, das andere Molekül aber zum Triplett-Zustand angeregt wird. Die Wirksamkeit dieser Übertragung ist dann besonders groß, wenn sich das Emissionsspektrum des Sensibilisators und das Absorptionsspektrum des «Akzeptor-Moleküls» stark gleichen. Je ausgeprägter sich die beiden Spektren überschneiden, desto wirksamer erfolgt die Energieübertragung.

Ein *Beispiel* dafür bietet das Verhalten von Benzophenon und Naphthalen. Benzophenon absorbiert im UV mit λ_{max} = 330 nm (n → π^*-Übergang), während Naphthalen in diesem Gebiet nicht absorbiert. Bestrahlt man jedoch ein Gemisch der beiden Substanzen mit UV der Wellenlänge 330 nm, so beobachtet man eine Phosphoreszenz von Naphthalen. Das Benzophenon absorbiert dabei die Strahlungsenergie und überträgt sie auf das Naphthalen, das unter Emission in den Grundzustand zurückkehrt. Da Phosphoreszenz (nicht Fluoreszenz) beobachtet wird, muß das Naphthalenmolekül in den Triplett-Zustand angeregt worden sein. Die Energieübertragung verläuft jedoch ohne Spinumkehr, so daß das Benzophenonmolekül vorher vom angeregten Singlett-Zustand in den Triplett-Zustand übergegangen sein muß. Der ganze Prozeß ist folgendermaßen zu formulieren:

$$\text{Benzophenon} \atop S_0\ (\uparrow\downarrow) \quad \xrightarrow[n\,\rightarrow\,\pi]{h\cdot\nu} \quad {\text{Benzophenon}^* \atop S_1\ (\uparrow\downarrow)} \quad \xrightarrow{\text{Spinumkehr}} \quad {\text{Benzophenon}^* \atop T_1\ (\uparrow\uparrow)}$$

$$\begin{array}{c}\text{Benzophenon}^* \\ T_1\ (\uparrow\uparrow)\end{array} + \begin{array}{c}\text{Naphthalen} \\ S_0\ (\uparrow\downarrow)\end{array} \xrightarrow[\text{Übertragung}]{\text{Energie-}} \begin{array}{c}\text{Benzophenon} \\ S_0\ (\uparrow\downarrow)\end{array} + \begin{array}{c}\text{Naphthalen}^* \\ T_1\ (\uparrow\uparrow)\end{array}$$

$$\begin{array}{c}\text{Naphthalen}^* \\ T_1\ (\uparrow\uparrow)\end{array} \xrightarrow{\text{Phosphoreszenz}} \begin{array}{c}\text{Naphthalen} \\ S_0\ (\uparrow\downarrow)\end{array}$$

26.2 Allgemeines über organische photochemische Reaktionen

Sowohl im Singlett- wie im Triplett-Zustand können Moleküle chemische Reaktionen eingehen. Im *Singlett-Zustand* verweilt ein Molekül allerdings nur während kurzer Zeit (etwa 10^{-9} s) und dissipiert seine Energie, bevor es Gelegenheit zu einer chemischen Reaktion bekommt. Photochemische Reaktionen via Singlett-Zustand sind daher relativ selten. Die Lebensdauer des *Triplett-Zustandes* dagegen ist vergleichsweise viel höher ($> 10^{-4}$ s), so daß die Wahrscheinlichkeit, daß ein Triplett-Molekül eine Reaktion eingeht, viel größer ist. Photochemie ist deshalb vor allem eine Chemie der Triplett-Zustände.

Die verschiedenen Möglichkeiten zur chemischen Reaktion eines angeregten Moleküls sind in Tabelle 26.1 zusammengestellt. Von ihnen sind die ersten vier unimolekulare, die letzten drei bimolekulare Prozesse. Die Reaktion zwischen zwei angeregten Molekülen ist jedoch sehr selten (da die Konzentration angeregter Moleküle zu jedem Zeitpunkt eher klein ist); bei den bimolekularen Reaktionen reagiert deshalb ein angeregtes Molekül mit einem Molekül im Grundzustand, wobei das zweite zur selben oder zu einer anderen Spezies gehören kann. Den «*Primärprozessen*» der Tabelle 26.1 können *Sekundärreaktionen* folgen, da die Primärprodukte oft (wenig stabile) Radikale oder Carbene oder aber normale, jedoch angeregte Moleküle sind. Am häufigsten von den aufgeführten Primärreaktionen sind die Spaltung in freie Radikale (1), der Zerfall in Moleküle (2) und die photochemischen Reaktionen unter Mitwirkung eines Sensibilisators (7).

Tabelle 26.1. Primäre photochemische Reaktionen eines angeregten Moleküls A–B–C

$(A–B–C) \longrightarrow A–B\cdot + C\cdot$	Spaltung in freie Radikale	(1)
$(A–B–C) \longrightarrow E + F$	Dissoziation in Moleküle	(2)
$(A–B–C) \longrightarrow A–C–B$	Umlagerung	(3)
$(A–B–C) \longrightarrow A–B–C'$	Isomerisierung	(4)
$(A–B–C) \xrightarrow{RH} A–B–C–H + R\cdot$	Abspaltung eines H-Atoms	(5)
$(A–B–C) \longrightarrow (ABC)_2$	Dimerisierung	(6)
$(A–B–C) \xrightarrow{A} A–B–C + A^*$	Wirkung als Sensibilisator	(7)

26.3 Cis/trans-Isomerisierung von Alkenen

Eine bekannte photochemische Reaktion, die auch große biologische Bedeutung besitzt (S.1056), ist die Isomerisierung von *trans*- oder *cis*-Alkenen zum anderen Diastereomer [Reaktionstyp (4) von Tabelle 26.1]. So können z.B. *trans*-Alkene – die in der Regel thermodynamisch stabileren Isomere – bei Gegenwart eines Sensibilisators photochemisch in ihre *cis*-Isomere umgewandelt werden. Als Sensibilisatoren dienen wie üblich Ketone wie Benzophenon oder 1-(2-Naphthyl)-ethanon. Die Bestrahlung bewirkt den Übergang des Sensibilisator-Moleküls in den angeregten S_1-Zustand, der anschließend rasch in den Triplett-Zustand übergeht. Im nächsten Schritt muß Energie auf das Alkenmolekül übertragen werden, wobei der Spinzustand insgesamt erhalten bleibt, so daß das Alkenmolekül zum Triplett-Zustand angeregt wird. Dieser Zustand ist aber dann am stabilsten, wenn die beiden p-AO (die im Grundzustand die π-Bindung bilden) senkrecht zueinander stehen (Abb. 26.3). Die Energieübertragung vom Sensibilisator auf das Alken führt somit zunächst zu einem planaren Triplett, das sich sehr rasch in die stabilere, nicht-planare Form umwandelt. Dieser Zustand stellt sich ein, unabhängig davon, ob das *trans*- oder das *cis*-Isomer des betreffenden Alkens angeregt wird.

Der Übergang des (verdrehten) Triplett-Zustandes in den Grundzustand kann entweder durch Phosphoreszenz oder strahlungslos erfolgen. In jedem Fall kann sich daraus sowohl das *trans*- wie das *cis*-Isomer bilden, wobei das Mengenverhältnis der Isomere davon abhängt, ob der Grundzustand des *trans*- oder des *cis*-Isomers rascher erreicht wird. In der Regel erfolgt der Übergang zum Grundzustand des weniger stabilen Isomers rascher, so daß jedes der beiden Isomere – zusammen mit einem Sensibilisator – durch Bestrahlung in ein Isomerengemisch umgewandelt wird, in dem das thermodynamisch weniger stabile Isomer überwiegt. Voraussetzung für den ganzen Prozeß ist natürlich, daß der Triplett-Zustand des Sensibilisators höher liegt als der Triplett-Zustand des Alkens; die Zusammensetzung des schließlich entstehenden Isomerengemisches ist jedoch von der Natur des Sensibilisators unabhängig.

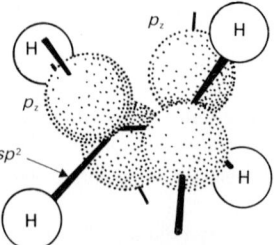

Abb. 26.3. Orientierung der p-Orbitale in der verdrehten Konfiguration von Ethen

Die Photoisomerisierung von Alkenen wird in der Praxis häufig zur Gewinnung des *weniger stabilen* Isomers benützt, da die konventionellen Synthesemethoden in der Regel bevorzugt oder ausschließlich das stabilere Isomer ergeben.

Eine bemerkenswerte *cis/trans*-Isomerisierung tritt beim *Sehvorgang* in der *Netzhaut* ein. Diese enthält zweierlei lichtempfindliche Körper, die Stäbchen und die Zäpfchen, wobei die ersteren vor allem für das Sehen in der Dämmerung (Wahrnehmung von Hell und Dunkel), die letzteren für das Farbensehen verantwortlich sind. Die Stäbchen enthalten als lichtempfindliche Substanz das *Rhodopsin*, das bei λ_{max} = 500 nm ein starkes Absorptionsmaximum zeigt (im blaugrünen Gebiet des VIS-Spektrums), von rotem Licht jedoch kaum beeinflußt wird. Das Iodopsin in den Zäpfchen absorbiert dagegen stärker im roten Gebiet des Spektrums.

Rhodopsin ist ein Proteid, bestehend aus einem Protein «Opsin» und dem ungesättigten Aldehyd *11-cis-Retinal* («*Neoretinal b*»):

11-*cis*-Retinal ($\lambda_{max.}$ = 370 nm)

Das Retinal ist durch eine Imin-Funktion (Schiffsche Base) an eine Lysin-Einheit des Proteins gebunden:

$$R-CHO \;+\; H_2N-(CH_2)_4-Opsin \;\xrightarrow[-\,H_2O]{H^\oplus}\; R-CH{=}NH-(CH_2)_4-Opsin$$

11-*cis*-   Lysin-Seitenkette   Rhodopsin
Retinal   von Opsin   (λ_{max} = 500 nm)
(λ_{max} =
370 nm)

Der photochemische *Primärprozeß* beim Sehvorgang – die Umwandlung von Licht in Nervenimpulse – besteht in einer Isomerisierung des konjugierten Systems in die all-*trans*-Konfiguration (Wald). Dieser Prozeß bedarf keines Sensibilisators (das konjugierte System absorbiert selbst); bemerkenswert ist, daß hier aus dem angeregten 11-*cis*-Retinal das (stabilere) *trans*-Isomer gebildet wird. Durch verschiedene «Dunkel-Reaktionen» und über eine Reihe von Zwischenstufen (Lumirhodopsin, Metarhodopsin u.a.) wird das Rhodopsin gebleicht, wobei die Imin-Gruppierung hydrolysiert und all-*trans*-Retinal (mit Vitamin A-Aldehyd identisch) frei wird. Dieser kann sich jedoch erst dann mit dem Protein verbinden, wenn die ursprüngliche 11-*cis*-Konfiguration wieder hergestellt ist. Diese Umwandlung erfolgt vorwiegend thermisch; sie ist aber auch photochemisch möglich und wird durch das Enzym Retinal-Isomerase katalysiert. Wann genau der Nervenimpuls entsteht bzw. weiter durch die Nervenfasern übermittelt wird, ist noch nicht mit Sicherheit bekannt. Er muß jedoch vor der Hydrolyse erfolgen, da diese zu langsam verläuft. Möglicherweise wird durch die veränderte Molekülgestalt des *trans*-Isomers die Bindung an das Protein gestört und die Raumstruktur des Opsins verändert, was dann zur Nervenerregung führen könnte.

26.4 Photodissoziationsreaktionen

Es wurde bereits erwähnt, auf welche Weise die Lichtabsorption zur Dissoziation einer Bindung führen kann (S.1051). Ein typisches Beispiel einer solchen Reaktion ist die Photolyse der Br_2- oder Cl_2-Moleküle, die Startreaktion bei der radikalischen Halogenierung, eine Reaktion vom Typ (1) (Tabelle 26.1). Diese Reaktion ist zugleich ein Beispiel einer photochemischen Reaktion, die mit hoher Quantenausbeute verläuft, d.h. ein einziges absorbiertes Lichtquant führt zu zahlreichen Molekülen der Reaktionsprodukte.

Dissoziationsreaktionen sind insbesondere bei *Carbonylverbindungen* häufig. So tritt beim Bestrahlen von Ketonen mit UV-Licht vom Wellenlängenbereich 300 bis 320 nm eine Spaltung ein:

$$R-\underset{\underset{O}{\|}}{C}-R' \;\xrightarrow{h\cdot\nu}\; R-\underset{\underset{O}{\|}}{C}\cdot \;+\; R'\cdot$$

Diese Reaktion, die als «*Norrish-Spaltung I*» bezeichnet wird, ist eine photochemische Primärreaktion. Das angeregte Molekül hat so viel Energie aufgenommen, daß eine Spaltung der Bindung zum α-C-Atom eintritt. Die sich an die Primärreaktion anschließenden Folgereaktionen verlaufen auch im Dunkeln. Ist die Temperatur genügend hoch, so tritt anschließend eine Spaltung des $R-CO\cdot$-Radikals in $R\cdot$ und CO ein, so daß als Endprodukte CO und $R-R'$ zu erwarten sind. Bei weniger hohen Temperaturen (so z.B. beim Bestrahlen von Aceton bei Raumtemperatur) tritt Rekombination der R—CO·-Radikale zum α-Diketon ein.

Bei Ketonen, die am γ-C-Atom mindestens ein Wasserstoffatom besitzen, kann eine weitere Spaltung eintreten *(«Norrish-Spaltung II»):*

$$R_2CH{-}CR_2{-}CR_2{-}\underset{\underset{O}{\|}}{C}{-}R' \xrightarrow{\ h\cdot\nu\ } R_2C{=}CR_2 \ + \ CHR_2{-}\underset{\underset{O}{\|}}{C}{-}R'$$

Die Primärreaktion besteht in einer Abspaltung des Wasserstoffatoms am γ-C-Atom durch das Carbonyl-O-Atom, wodurch ein Diradikal entsteht:

Singlett oder Triplett

Diradikal

$$CR_2{=}CR_2 + HO{-}\underset{\underset{CR_2}{\|}}{C}{-}R' \ \rightleftharpoons \ O{=}\underset{\underset{CHR_2}{|}}{C}{-}R'$$

Bemerkenswert ist, daß die Norrish-Spaltung II sowohl via Singlett- und via Triplett-Zustand verlaufen kann. Als Nebenprodukt kann ein substituiertes Cyclobutanol auftreten, das durch Zyklisierung des Diradikals entsteht. Nicht nur Ketone, auch Ester, Amide und andere Carbonylverbindungen zeigen diese Art der photolytischen Spaltung. Verwendet man als Ausgangsstoff Keten, so erhält man Singlett- und Triplett-Methylen:

$$CH_2{=}C{=}O \xrightarrow{\ h\cdot\nu\ } CH_2{=}C{=}O \ (S_1) \ \rightarrow \ \overline{C}H_2 + CO$$

$$\downarrow \qquad\qquad \downarrow$$

$$CH_2{=}C{=}O \ (T_1) \ \rightarrow \ \cdot\dot{C}H_2 + CO$$

26.5 Photoreduktion von Ketonen

Aromatische Ketone im Triplett-Zustand können von genügend reaktionsfähigen Substraten Wasserstoffatome abspalten und dadurch Radikale bilden, die zu den Reaktionsprodukten rekombinieren bzw. disproportionieren. Ein klassisches Beispiel einer solchen Reaktion ist die Bildung von Benzpinakol aus einer Lösung von Benzophenon in Isopropylalkohol beim Bestrahlen mit UV-Licht:

$$
2\ C_6H_5\text{--}\underset{\underset{O}{\|}}{C}\text{--}C_6H_5 + H\text{--}\underset{\underset{CH_3}{|}}{\overset{\overset{CH_3}{|}}{C}}\text{--}OH \rightarrow HO\text{--}\underset{\underset{C_6H_5}{|}}{\overset{\overset{C_6H_5}{|}}{C}}\text{------}\underset{\underset{C_6H_5}{|}}{\overset{\overset{C_6H_5}{|}}{C}}\text{--}OH + \underset{\underset{CH_3}{|}}{\overset{\overset{CH_3}{|}}{C}}{=}O
$$

Die photochemische Primärreaktion besteht in der Bildung eines Diphenylhydroxymethyl-Radikals [Reaktion vom Typus (5), Tabelle 26.1]:

$$
(C_6H_5)_2CO^* + H\text{--}\underset{\underset{CH_3}{|}}{\overset{\overset{CH_3}{|}}{C}}\text{--}OH \rightarrow C_6H_5\text{--}\underset{\underset{\cdot}{|}}{\overset{\overset{OH}{|}}{C}}\text{--}C_6H_5 + \cdot\underset{\underset{CH_3}{|}}{\overset{\overset{CH_3}{|}}{C}}\text{--}OH
$$

Die Quantenausbeute an Benzpinakol und Aceton beträgt nahezu 1, auch wenn die Lichtintensität nicht allzu hoch ist. Dies bedeutet, daß pro angeregtes Benzophenonmolekül zwei Diphenylhydroxymethyl-Radikale entstehen müssen, was dadurch erfolgt, daß das Hydroxypropan-Radikal mit einem weiteren Molekül Benzophenon reagiert:

$$
\cdot\underset{\underset{CH_3}{|}}{\overset{\overset{CH_3}{|}}{C}}\text{--}OH + (C_6H_5)_2CO \rightarrow \underset{\underset{CH_3}{|}}{\overset{\overset{CH_3}{|}}{C}}{=}O + C_6H_5\text{--}\underset{\underset{\cdot}{|}}{\overset{\overset{OH}{|}}{C}}\text{--}C_6H_5
$$

Im Prinzip analog verläuft die Reaktion von Benzophenon, das in Toluen gelöst ist:

$$
(C_6H_5)_2CO + C_6H_5\text{--}CH_3 \rightarrow (C_6H_5)_2\dot{C}\text{--}OH + C_6H_5\text{--}\dot{C}H_2
$$

Radikal-Kombination:

$$
2\ (C_6H_5)_2\text{--}\dot{C}\text{--}OH \longrightarrow (C_6H_5)_2\text{--}\underset{\underset{OH}{|}}{C}\text{------}\underset{\underset{OH}{|}}{C}\text{--}(C_6H_5)_2 \quad \text{Benzpinakol}
$$

$$
2\ C_6H_5\text{--}\dot{C}H_2 \longrightarrow C_6H_5\text{--}CH_2\text{--}CH_2\text{--}C_6H_5 \quad \text{Bibenzyl}
$$

$$
(C_6H_5)_2\text{--}\dot{C}\text{--}OH + C_6H_5\text{--}\dot{C}H_2 \rightarrow (C_6H_5)_2\text{--}\underset{\underset{OH}{|}}{C}\text{--}CH_2\text{--}C_6H_5 \quad \text{Benzyldiphenylcarbinol}
$$

Die Photoreduktion von Ketonen (oder Chinonen) wird häufig auch zur *Erzeugung von Radikalen* zum Starten von Radikalreaktionen verwendet, so z. B. bei der photochemischen Polymerisation ungesättigter Verbindungen (S.1006).

26.6 Photochemische Zyklisierungen

Zyklisierungen unter dem Einfluß von Licht wurden bereits in Kapitel 10 behandelt: *Perizyklische Reaktionen,* die nach den Woodward-Hoffmann-Regeln *thermisch verboten* sind, können häufig *photochemisch* durchgeführt werden. Als *Beispiele* sei hier nochmals an den disrotatorisch verlaufenden Ringschluß einer offenkettigen Verbindung mit 4 n π-Elektronen (S. 550) oder an die Dimerisierung von Alkenen [(2 + 2)-Cycloaddition, S. 554] erinnert. Für alle diese Reaktionen ist der *konzertierte* Ablauf charakteristisch. In diesem Abschnitt sollen – als exemplarische Beispiele – einige Zyklisierungsreaktionen besprochen werden, die nicht-konzertiert ablaufen.

Addition von Carbonylverbindungen an Alkene. Ein einfaches Beispiel einer solchen Reaktion bietet die Umsetzung von Benzophenon mit Propen bzw. Isobuten:

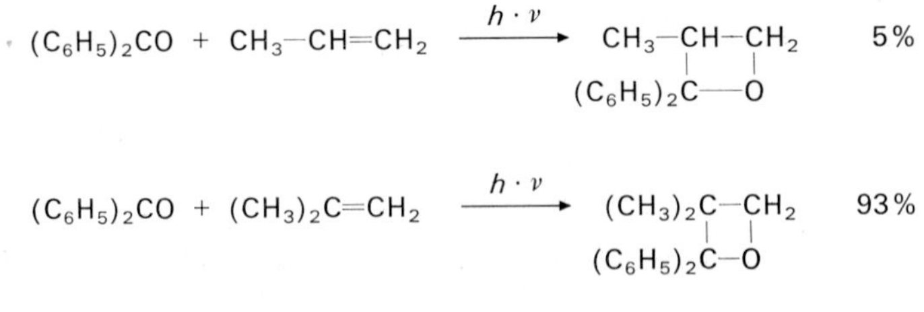

$(C_6H_5)_2CO$ + $CH_3-CH=CH_2$
$h \cdot \nu$
$CH_3-CH-CH_2$
$(C_6H_5)_2C-O$
5%
$(C_6H_5)_2CO$ + $(CH_3)_2C=CH_2$
$h \cdot \nu$
$(CH_3)_2C-CH_2$
$(C_6H_5)_2C-O$
93%

Die Bildung des Ringes erfolgt dabei in *zwei Schritten.* Das angeregte Keton (Triplett) wird über das Carbonyl-O-Atom an das Alken gebunden und zwar derart, daß das stabilere der beiden möglichen Diradikale entsteht. Nach erfolgter Spinumkehr wird dann die neue Bindung geknüpft:

$Ph_2C=O$
$h \cdot \nu$
$Ph_2C=O$
Spininversion
$Ph_2C=O$
$(CH_3)_2C-CH_2$
Ph_2C-O
Spininversion
$(CH_3)_2C-CH_2$
Ph_2C-O
$Ph_2C=O$ + $(CH_3)_2C=CH_2$
$CH_2-C(CH_3)_2$
Ph_2C-O

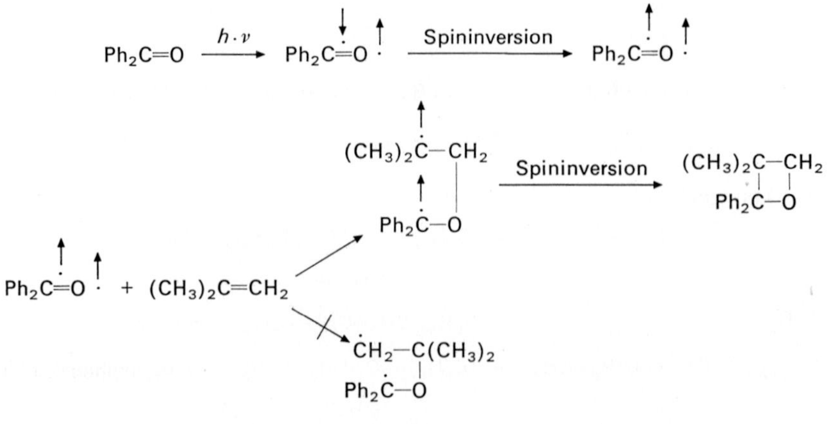

Zyklisierungen mit Alkenen. Neben der *cis/trans*-Isomerisierung sind mit Alkenen auch andere photochemische Reaktionen möglich. Die Isomerisierung verläuft über den Triplett-Zustand und erfordert einen Sensibilisator[1]; setzt man keinen Sensibilisator ein, so

[1] Die direkte Bestrahlung ($\pi \rightarrow \pi^*$-Übergang) ergibt einen Singlett-Zustand, der nur in sehr geringem Maß in den Triplett-Zustand übergeht, im Gegensatz zum n $\rightarrow$ π^*-Übergang bei Ketonen.

können andere Reaktionen – über den Singlett-Zustand – eintreten. Ein Beispiel dafür bietet die Zyklisierung von *cis*-Stilben oder anderen Verbindungen mit konjugierten Doppelbindungen, eine elektrozyklische, thermisch verbotene Reaktion. Die Primärreaktion ergibt Dihydrophenanthren, das bei Anwesenheit von Sauerstoff zu Phenanthren dehydriert wird:

trans

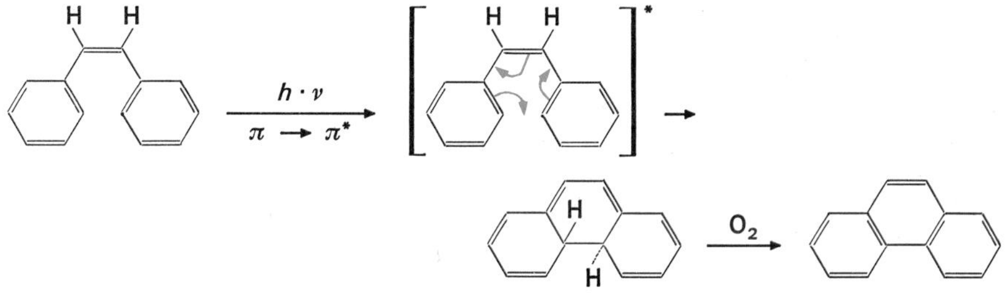

Während diese photochemische Zyklisierung (und ebenso viele andere, analoge Reaktionen) konzertiert und über einen Singlett-Zustand abläuft, ist dies insbesondere bei Zyklisierungen von 1,3-Butadien und seinen Derivaten bei Verwendung eines Sensibilisators nicht der Fall. Die Reaktion verläuft über einen Triplett-Zustand, und die beiden neuen Bindungen werden nicht gleichzeitig gebildet, so daß die Reaktion nicht stereospezifisch verläuft: In der Zwischenzeit ist Rotation um eine C—C-Bindung möglich. Dies wird sehr schön durch die photochemische Dimerisierung von 1,3-Butadien illustriert:

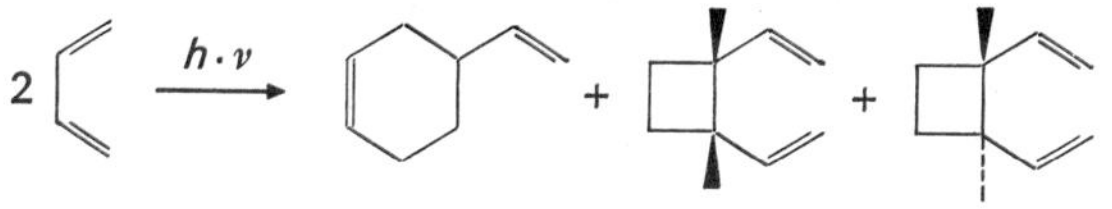

Sensibilisator:			
$C_6H_5COCH_3$	4 %	14 %	82 %
$C_6H_5COCOC_6H_5$	42 %	8 %	50 %

Gleichzeitig zeigt diese Reaktion, wie das Mengenverhältnis, in welchem die möglichen Produkte entstehen, von der Art des Sensibilisators abhängt. Der Grund dafür liegt wahrscheinlich darin, daß die mittlere Bindung von Butadien im Triplett-Zustand zu ungefähr einem Drittel Doppelbindungscharakter besitzt und dadurch die Rotation um diese Bindung erschwert ist, so daß zwei Isomere möglich sind:

$$\overset{\uparrow}{\dot{C}H_2}-\overset{\uparrow}{\dot{C}H}-CH=CH_2 \leftrightarrow \overset{\uparrow}{\dot{C}H_2}-CH=CH-\overset{\uparrow}{\dot{C}H_2} \leftrightarrow CH_2=CH-\overset{\uparrow}{\dot{C}H}-\overset{\uparrow}{\dot{C}H_2}$$

transoid *cisoid*

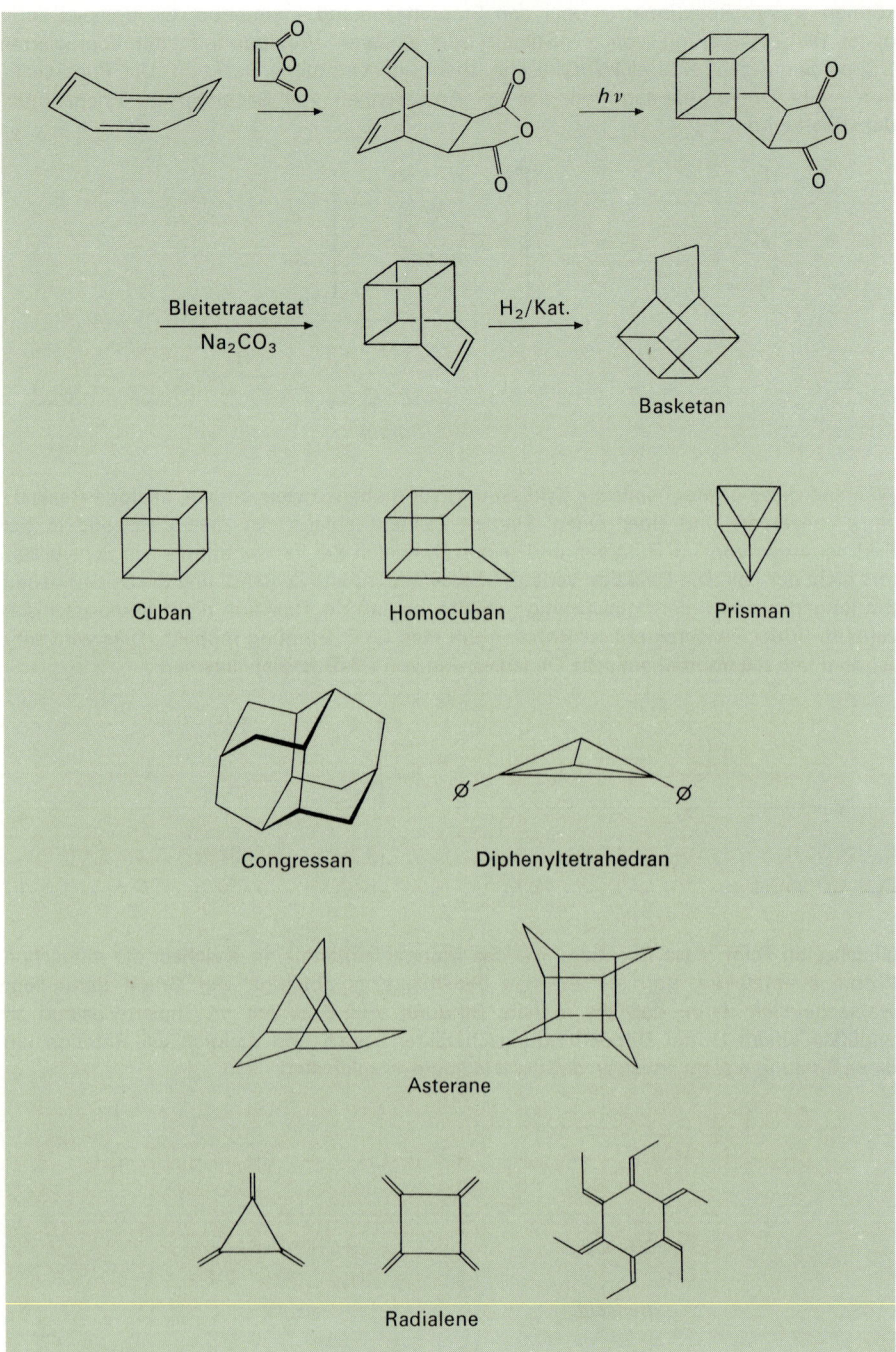

Bleitetraacetat / Na$_2$CO$_3$

H$_2$/Kat.

hν

Basketan

Cuban

Homocuban

Prisman

Congressan

Diphenyltetrahedran

Asterane

Radialene

Abb. 26.4.

Das *cisoid*-Konformer kann mit einem weiteren Butadien-Molekül durch 1,2- oder 1,4-Addition reagieren, während beim *transoid*-Konformer nur 1,2-Addition möglich ist. Energieärmere Sensibilisatoren, wie Acetophenon, welche die Bildung des *cisoid*-Tripletts bewirken, liefern damit hauptsächlich viergliedrige Ringe. Energiereichere Sensibilisatoren ergeben hauptsächlich das *transoid*-Triplett, so daß die Zyklisierung weniger spezifisch verläuft.

Photochemische Cycloadditionen werden vielfach auch zur Herstellung der verschiedenartigsten Ringsysteme (die zum Teil unter starker innerer Spannung stehen) herangezogen. Die entsprechenden Reaktionen sind bei relativ niedrigen Temperaturen und milden Bedingungen durchführbar, und die dabei auftretenden Umlagerungen haben besonders für die Untersuchung von Reaktionsmechanismen Interesse gefunden. Beispiele solcher «exotischer» Ringsysteme gibt die Abb. 26.4.

Übungen

26.1 Beschreiben Sie die Vorgänge bei der Anregung von C=C- und C=O-Doppelbindungen.

26.2 Erklären Sie, wie es durch elektronische Anregung zur Dissoziation einer Bindung kommen kann.

26.3 Was sind Singlett- und Triplett-Zustände? Wie erfolgt die Dissipation der bei der Lichtabsorption aufgenommenen Energie?

26.4 Erklären Sie die Ausdrücke «Fluoreszenz», «Phosphoreszenz», «Intersystem Crossing».

26.5 Was sind Sensibilisatoren? Weshalb eignen sich gewisse Ketone besonders gut als Sensibilisatoren?

26.6 Das π-System von Ethen besitzt ein bindendes und ein antibindendes MO. Beschreiben Sie den Grundzustand, die Elektronenkonfiguration zweier verschiedener angeregter Singlett-Zustände und eines Triplett-Zustandes von Ethen. Man darf annehmen, daß die Besetzung eines antibindenden MO die Wirkung eines bindenden MO aufhebt; ist dann die planare oder die verdrillte Konfiguration für den angeregten Zustand von Ethen stabiler?

26.7 Beschreiben Sie die Rolle von 11-*cis*-Retinal beim Sehvorgang.

26.8 Welche Produkte sind bei der Photodissoziation von 3-Methylpentanal zu erwarten?

26.9 Überlegen Sie sich einen Mechanismus für die Bildung von Cyclobutan durch Photolyse von Cyclopentanon.

26.10 Welche Produkte sind bei den beiden folgenden Ringöffnungen zu erwarten:

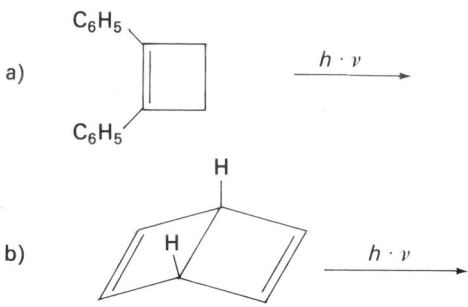

27 Metallorganische Verbindungen

27.1 Allgemeines

Organische Verbindungen, die Metallatome enthalten (**«Metallorganyle»**), sind bisher schon mehrfach erwähnt bzw. besprochen worden. Am bekanntesten von ihnen sind die Grignard-Verbindungen, R—MgX, bzw. ihre Cadmium- und Zink-Analoga, die auch am häufigsten für synthetische Zwecke eingesetzt werden (S. 82, 634, 592, 636). Die Gewinnung und einige typische Reaktionen von anderen Hauptgruppenmetall-Organylen wurde in Kapitel 13 besprochen. Hier sollen zunächst einige allgemeine Betrachtungen angestellt und anschließend insbesondere einige wichtige Übergangsmetallorganische Verbindungen behandelt werden.

Die *Bindungsart* in metallorganischen Verbindungen ist in der Regel *kovalent* und von mehr oder weniger ausgeprägter Polarität. Insbesondere mit Übergangsmetallen können dabei nicht nur σ-, sondern auch π-Bindungen ausgebildet werden, wobei bei den letzteren oft auch d-AO der Metallatome beteiligt sind. *Ionische Bindung* tritt nur in organischen Verbindungen der elektropositivsten Metalle (Natrium, Kalium, Rubidium, Caesium) auf. Ihre Bildung ist dann besonders begünstigt, wenn das Kohlenwasserstoff-Anion durch Delokalisation der negativen Ladung stabilisiert ist, wie beispielsweise im Triphenylmethyl-Anion oder im Anion von Cyclopentadien (S. 140). In den Grignard-Verbindungen treten die Metalle als stark positiv polarisierte Atome, jedoch kaum als echte «Ionen» auf (S. 82). Gewisse Metalle (Lithium, Beryllium, Aluminium) bilden auch Verbindungen, die Zwei-elektronen-Dreizentren-Bindungen enthalten und in ihrer Struktur den Borhydriden vergleichbar sind *(«Elektronenmangelverbindungen»)*. Im Gegensatz zu den Borhydriden sind sie jedoch dimer oder polymer und damit bei Raumtemperatur fest. Beispiele dafür sind Methyllithium, Me_4Li_4, Methylberyllium, $(Me_2Be)_n$ oder Trimethylaluminium, $(Me_3Al)_2$.

Die Mehrzahl der Metallorganyle gleicht in ihren *Eigenschaften* den «gewöhnlichen» organischen Verbindungen. Es sind – im Gegensatz zu den meisten anorganischen Metall-verbindungen – Gase, Flüssigkeiten oder niedrig schmelzende Festkörper (entsprechend ihrem Aufbau aus Molekülen!), die in wenig polaren oder unpolaren Lösungsmitteln löslich sind.

Die Metallorganyle sind – ebenso wie die übergroße Mehrzahl der organischen Verbindungen überhaupt – thermodynamisch instabil und zersetzen sich beim Erhitzen, wobei die entsprechenden Metalle erhalten werden. Auch gegenüber Sauerstoff sind viele metallorganische Verbindungen instabil (große negative freie Enthalpie für die Bildung von Metalloxid, Wasser und Kohlendioxid!). So werden z. B. fast alle Methylverbindungen der Hauptgruppenelemente durch Sauerstoff angegriffen; manche entzünden sich an der Luft von selbst. Methylquecksilberverbindungen und Verbindungen von Metallen der Gruppe IVB sind jedoch gegen Sauerstoff inert. Auch gegenüber Wasser sind viele Metallorganyle sehr reaktiv und damit unbeständig. Bei der Hydrolyse erfolgt ein nucleophiler Angriff durch Wassermoleküle, der durch das Vorhandensein leerer, niedrig liegender AO des Metallatoms erleichtert wird. Die organischen Derivate der Gruppe I A, II A und von Zn, Cd, Al, Ga und In werden – in Übereinstimmung mit dieser Aussage – besonders rasch hydrolysiert. Die Geschwindigkeit der Hydrolyse wird stark durch die Polarität der Metall-C-Bindung beeinflußt; stark polare Bindungen werden naturgemäß rascher hydrolysiert. Metallorga-nyle der Gruppen IVB und VB sind gegenüber Wasser inert.

27.2 Beispiele einfacher metallorganischer Verbindungen

Die wichtigsten Methoden zur Gewinnung einfacher Metallorganyle wurden – ebenso wie ihre Reaktionen – bereits in Kapitel 13 behandelt (S. 673 und S. 674). Die Tabelle 27.1 stellt nochmals die wichtigsten Herstellungsmethoden solcher Verbindungen zusammen. Beispiele solcher Verbindungen bringt die Tabelle 27.2.

Lithiumalkyle und *-aryle* stellt man am besten durch Umsetzung von Halogenkohlenwasserstoffen mit metallischem Lithium her (Lösungsmittel: Diethylether, Tetrahydrofuran, Alkane), vgl. S. 672. Auch der Halogen-Metall-Austausch mit *n*-Butyllithium in THF kann dazu eingesetzt werden:

$$R{-}CH{=}CH{-}X \xrightarrow[-\text{ LiX}]{+\text{ C}_4\text{H}_9\text{Li}} R{-}CH{=}CH{-}Li$$

Tabelle 27.1. Methoden zur Herstellung einfacher metallorganischer Verbindungen

1) Umsetzung von Halogenverbindungen mit Metallen:

$$R{-}X + 2\,M \longrightarrow R{-}M + MX$$

anwendbar für Lithium, Magnesium, Aluminium, Zink, Silicium. Für weniger elektropositive Metalle werden Legierungen mit Natrium eingesetzt.

2) Metall-Austausch:

$$M^1 + R{-}M^2 \longrightarrow R{-}M^1 + M^2$$

anwendbar, wenn das Metall M^1 elektropositiveren Charakter hat als das Metall M^2

3) Austausch zwischen einer metallorganischen Verbindung und einem Metallhalogenid:

$$R{-}M^1 + M^2X \longrightarrow R{-}M^2 + M^1X$$

anwendbar, wenn M^1 elektropositiver ist als M^2. Als Substrate dienen meist Grignard-Reagenzien.

4) Halogen-Metall-Austausch:

$$R{-}X + R'{-}M \longrightarrow R{-}M + R'{-}X$$

5) Addition von Hydriden an Alkene oder Alkine:

$$H{-}M + CH_2{=}CH_2 \longrightarrow CH_3{-}CH_2{-}M$$

anwendbar für Bor-, Aluminium- und Siliciumverbindungen.

6) Addition von metallorganischen Verbindungen an Alkene oder Alkine:

$$R{-}M + CH_2{=}CH_2 \longrightarrow R{-}CH_2{-}CH_2{-}M$$

anwendbar für lithium- und aluminiumorganische Verbindungen

Die Lithiumalkyle und -aryle sind – im Gegensatz zu den salzartigen Natrium- oder Kaliumverbindungen – *kovalent* und lösen sich in Diethylether oder Kohlenwasserstoffen. Im flüssigen und teilweise sogar im gasförmigen Zustand sind sie assoziiert (Elektronenmangelverbindungen); so ist *n*-Butyllithium in Pentan hexamer, in Diethylether tetramer. Lithiumorganische Verbindungen sind sehr hydrolyseempfindlich und werden an der Luft oxidiert; ihre Reaktionen entsprechen vielfach den Reaktionen von Grignard-Verbindungen (vgl. S.673).

Zinkorganische Verbindungen sind schon seit 1849 bekannt. Aus Zink und Iodethan wurde damals Ethylzinkiodid gewonnen, das bei der Destillation in ZnI_2 und Diethylzink disproportionierte (Frankland). Heute gewinnt man sie aus Zinkchlorid und Alkylaluminiumverbindungen. Sie sind oxidations- und wasserempfindlich; Diethylzink entzündet sich an der Luft spontan. Bei der Reformatzki- und der Simmons-Smith-Reaktion (S.636 und S.569) treten zinkorganische Verbindungen als Zwischenprodukte auf.

Tabelle 27.2. Beispiele einfacher Metallorganyle

	Smp. (°C)	Sdp. (°C)	
Trimethylaluminium	15	130	selbstentzündlich
Dimethylberyllium	subl. 200		
Tetraethylblei	−137	200	
Diethylcadmium	−21	64	
Dimethylcadmium	−4,5	105	
Tetraethylgermanium	−90	162	
Tetramethylgermanium	−88	43	
Butadieneisentricarbonyl		19	
Butyllithium	subl. vac.		selbstentzündlich
Ethyllithium	95 (in N_2)		
Dimethylmagnesium	bis 240°C unverändert (polymer?)		
Butylquecksilberchlorid	130		
Dibutylquecksilber		105	
Diethylquecksilber		159	
Dimethylquecksilber		96	
Methylquecksilberchlorid	170		
Diethylzink		118	selbstentzündlich
Dimethylzink	−42	46	selbstentzündlich
Diethylzinn	−12	150	
Tetrabutylzinn	−70	145	
Tetraethylzinn	−112	181	
Tetramethylzinn	−55	78	

Alkyl- und *Arylquecksilberverbindungen* sowie Dialkyl-(-aryl-)quecksilberverbindungen werden aus Grignard-Verbindungen hergestellt:

$$HgX_2 \xrightarrow[- MgX_2]{+ RMgX} R\!-\!HgX \xrightarrow[- MgX_2]{+ RMgX} R\!-\!Hg\!-\!R$$

Dialkylquecksilberverbindungen dienen häufig als Substrate für S_E-Reaktionen. Bei der Oxymerkurierung von Alkenen (S.524) treten Quecksilberverbindungen als Zwischenprodukte auf. Alkylquecksilberverbindungen sind sehr stark *toxisch*. Dimethylquecksilber entsteht durch Bakterientätigkeit aus in Industrieabwässern enthaltenen Quecksilberverbindungen; es bildet die Ursache der «Minamata-Krankheit», die erstmals in der Bucht von

Minamata (Japan) als Folge der ständigen Einleitung quecksilberhaltiger Abwässer ins Meer aufgetreten ist und die sich in Nerven- und Gehirnschäden manifestiert und zum Tode führen kann.

Siliciumorganische Verbindungen haben als Zwischenprodukte zur Herstellung von Siliconkunststoffen große technische Bedeutung (S.1021). Dialkyl-(-aryl-)silane werden durch direkte Synthese aus Silicium und Halogenalkanen bzw. -aromaten hergestellt:

$$Si + 2\ R\text{---}Cl \xrightarrow[Cu]{250\text{--}400\,°C} R_2SiCl_2$$

Die Si—C-Bindung ist kaum polar und kinetisch inert; die Si—Cl-Bindung dagegen wird sehr leicht hydrolysiert. Das dadurch entstehende Silanol polymerisiert leicht zu Siloxanen (S.1021).
Über die Verwendung von *Tetraethylblei* als «Klopfbremse» vgl. S.75 und S.672. Hergestellt wird es aus einer Blei/Natrium-Legierung und Chlorethan.

27.3 Organische Verbindungen der Übergangsmetalle

Alken-Komplexe. Additionsverbindungen von Übergangsmetallen mit Alkenen sind schon sehr lange bekannt. So isolierte bereits Zeise, ein dänischer Apotheker, ein Salz, das aus Ethanol und Platin(IV)-chlorid in Salzsäure gebildet wurde und dessen Anion die Formel $[Pt(C_2H_4)Cl_3]^{\ominus}$ besitzt (1827). Später wurde gefunden, daß auch andere Metallhalogenide oder -ionen (Cu^{+I}, Ag^{+I}, Hg^{+II}, Pd^{+II}) mit verschiedenen Alkenen Komplexe bilden können; so absorbiert beispielsweise eine Suspension von CuCl Ethen und bildet eine Additionsverbindung, in der Ethen und Cu-Atome im Verhältnis 1:1 enthalten sind. Auch Übergangsmetalle der Gruppe VIA bis VIII bilden mit Alkenen zahlreiche Additionsverbindungen (Tabelle 27.3). Meistens entstehen solche Verbindungen durch direkte Reaktion des Alkens mit einem Metallhalogenid.

Tabelle 27.3. Beispiele von Alkenkomplexen

Alken	Komplex	Eigenschaften
Ethen	$K[C_2H_4PtCl_3]$	blaßgelbes, wasserlösliches Salz
Cyclopenten (C_5H_8)	$C_5H_5Re(CO)_2C_5H_8$	farblose Kristalle, in organischen Lösungsmitteln löslich
Bicyclo-2,5-heptadien (Norbornadien, C_7H_8)	$C_7H_8Fe(CO)_3$	gelbe, destillierbare Flüssigkeit
1,5 Cyclooktadien	$[C_8H_{10}RhCl]_2$	orangefarbener, kristalliner Festkörper
Cycloheptatrien	$C_7H_8Mo(CO)_3$	rote Kristalle
Cyclooktatetraen	$C_8H_8Fe(CO)_3$	rote Kristalle (Smp. 72 °C). Wirkt gegenüber starken Säuren als Base

Die Konstitution dieser Komplexe blieb lange Zeit unklar. Für das Zeisesche Salz beispielsweise wurde angenommen, daß nur das eine der beiden Kohlenstoffatome an das Platinatom gebunden sei. Die Röntgenstrukturanalyse zeigte jedoch, daß beide C-Atome an das Pt-Atom gebunden sind; die Additionsverbindung wurde demgemäß als π-Komplex (1) oder als Lewis-Säure/Base-Addukt (2) formuliert. Im letzteren Fall würde die Lewis-Säure Ethen zwei Elektronen für die Bindung mit dem Metallatom zur Verfügung stellen:

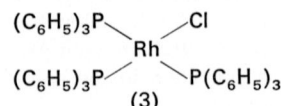

$$\begin{array}{cc} \text{(1)} & \text{(2)} \end{array}$$

Das ganze Verhalten dieser Additionsverbindungen mit Alkenen – insbesondere ihre Stabilität, die viel größer ist als bei einem π-Komplex oder einem Lewis-Säure/Base-Addukt zu erwarten wäre – zeigt aber, daß nicht einfach π-Bindungen zwischen dem organischen Liganden und dem Metallion ausgebildet werden. Die Bindungsverhältnisse werden zutreffender beschrieben, wenn man annimmt, daß einerseits π-Elektronen des ungesättigten Moleküls auf das Metallatom übertragen werden (und dort unbesetzte d-AO auffüllen) und anderseits durch Überlappung von d-AO des Metallatoms mit (unbesetzten) antibindenden π-MO des Alkens eine π-Bindung gebildet wird (sogenannte *Rückbindung* oder *«back-donation»*, die auch für die besondere Stabilität der Cyanokomplexe verantwortlich gemacht wir) (Abb. 27.2). Der gestrichelte Pfeil in (2) versucht, diese Vorstellung zu veranschaulichen.

In gewissen Fällen haben solche Alken-Übergangsmetall-Komplexe bemerkenswerte *katalytische Eigenschaften* oder treten als Zwischenstoffe im Verlauf katalysierter Reaktionen auf (vgl. die Ziegler-Natta-Katalysatoren; S. 1008). In dieser Hinsicht von besonderem Interesse sind Alken-Komplexe mit *Rhodium*. 1966 fand Wilkinson, daß *Alkene* bei Raumtemperatur und Atmosphärendruck mit molekularem Wasserstoff *hydriert* werden können, wenn man einen Triphosphinrhodium-Komplex (3) als Katalysator verwendet (homogene Katalyse!):

$$\begin{array}{c} (C_6H_5)_3P\diagdown \qquad \diagup Cl \\ \qquad\qquad Rh \\ (C_6H_5)_3P\diagup \qquad \diagdown P(C_6H_5)_3 \\ \text{(3)} \end{array}$$

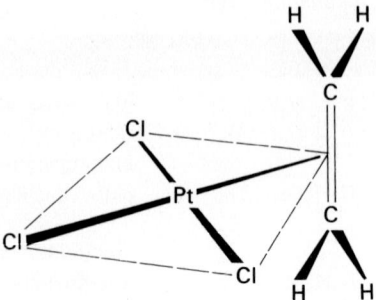

Abb. 27.1. Struktur der Additionsverbindung aus Platin (IV)-chlorid und Ethen

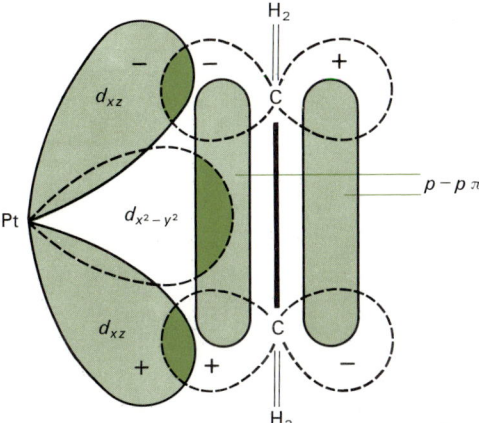

Abb. 27.2. *Bindungen zwischen dem Zentralion und dem Alkenmolekül (π-Bindungen durch Überlappung der d_{xz}-AO des Metallions mit antibindenden [unbesetzten] MO des Alkens sowie durch Überlappung der π-MO des Alkens mit unbesetzten $d_{x^2-y^2}$-AO des Metallions)*

(Im Folgenden wird der Ligand $(C_6H_5)_3P$ mit «L» abgekürzt.) [1]

Dieser Komplex ist planar-quadratisch gebaut. Er kann ein Wasserstoffmolekül addieren, wobei ein oktaedrischer Rhodium-Komplex entsteht, der zwei sehr reaktionsfähige Rh—H-Bindungen in *cis*-Stellung zueinander enthält:

Man nimmt nun an, daß bei der Hydrierung eines Alkens zunächst ein Triphosphin-Ligand wegdissoziiert, so daß die frei gewordene Koordinationsstelle mit einem Alkenmolekül besetzt wird und sich eine Additionsverbindung bildet, ähnlich wie aus Ethen und anderen Übergangsmetallen. Wird ein Wasserstoffatom auf das Alkenmolekül übertragen, so entsteht ein Rhodium-Alkyl-Komplex, der durch Aufnahme eines Phosphin-Liganden wiederum in einen oktaedrischen Komplex übergeht. Unter reduktiver Elimination wird schließlich der ursprüngliche vierfach koordinierte Komplex zurückgebildet. Diese Vorstellungen über den Ablauf der Hydrierung werden dadurch gestützt, daß es gelang, relativ stabile Ethen- und Alkyl-Rhodium-Komplexe zu isolieren. Das nachfolgende Schema illustriert diesen Mechanismus (ohne Berücksichtigung der Konfiguration!):

[1] Der Rhodium-Komplex (3) entsteht beim Erhitzen von $RhCl_3 \cdot 3\,H_2O$ mit überschüssigem Triphenylphosphin in Ethanol. Wie kryoskopische Molekülmassenbestimmungen zeigen, dissoziiert er in Benzen unter Abspaltung eines Liganden. Die Lösung zeigt keine elektrische Leitfähigkeit.

(Die C—C- und Rh—C-Bindungen wurden der Übersichtlichkeit halber zu lang gezeichnet.) Ebenso wie bei der Hydrierung durch heterogene Katalyse (S.536) werden die beiden Wasserstoffatome stereospezifisch *cis* vom Alkenmolekül addiert.

Besonderes Interesse erweckten diese Katalysatoren, als es gelang, *chirale* Liganden in den Rhodium-Komplex einzubauen. Zu diesem Zweck wurden Komplexe synthetisiert, die an Stelle der Triphenylphosphingruppen Phosphine enthielten, die drei verschiedene Gruppen an das P-Atom gebunden enthielten (Horner), z.B. $-P(CH_3)(C_3H_7)(C_6H_5)$ [1]. Von diesen Liganden existieren zwei Enantiomere, $(+)L$ und $(-)L$, so daß zwei enantiomere Komplexe aufgebaut werden können:

$$(+) \; ClRh[P(CH_3)(C_3H_7)(C_6H_5)]_3 \quad \text{und} \quad (-) \; ClRh[P(CH_3)(C_3H_7)(C_6H_5)]_3$$

oder abgekürzt «Rh-(+)L» und «Rh-(−)L». Werden nun prochirale Alkene [2] mittels der chiralen Komplexe als Katalysatoren hydriert, so ist eine «asymmetrische Synthese» («asymmetrische Induktion»; S.248) möglich. Der stereoselektive Effekt wird noch viel ausgeprägter, wenn statt der einzähnigen zweizähnige (chirale) Phosphinliganden, wie z.B. (4), benützt werden. So wurden z.B. aus achiralen Vorstufen optisch aktive Aminosäuren hergestellt. Im Fall von acetylierter Z-α-Aminozimtsäure erhielt man die beiden Enantiomere von acetyliertem Phenylalanin im Verhältnis $R:S = 90{,}5:9{,}5$.

---

[1] Verbindungen, in denen ein Phosphoratom mit vier (drei) verschiedenen Liganden koordiniert ist, sind chiral. Keine Inversionsschwingung wie beim Stickstoffatom!

[2] Alle monosubstituierten Ethene sind prochiral mit dem substituierten C-Atom als Prochiralitätszentrum.

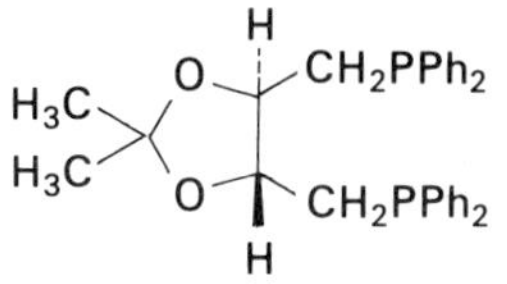

$$\begin{array}{c} H_3C \\ H_3C \end{array} \begin{array}{c} O \\ O \end{array} \begin{array}{c} H \\ | \\ \hline \\ H \end{array} \begin{array}{c} CH_2PPh_2 \\ \\ CH_2PPh_2 \end{array}$$

(4)

$$\underset{H}{\overset{Ph}{>}}C=C\overset{NHCOCH_3}{\underset{COOH}{<}} \xrightarrow[H_2]{Rh(4)Cl} Ph-CH_2-CH\overset{NHCOCH_3}{\underset{COOH}{<}}$$

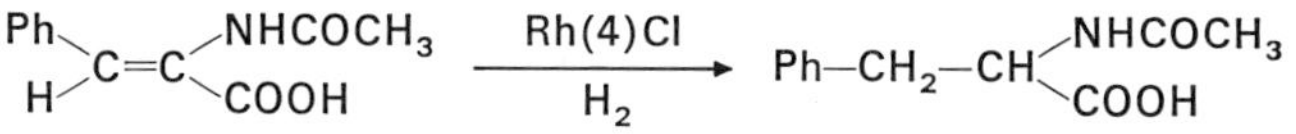

acetylierte *Z-α-*
Aminozimtsäure

90,5 % *R*-Isomer
acetyliertes Phenylalanin

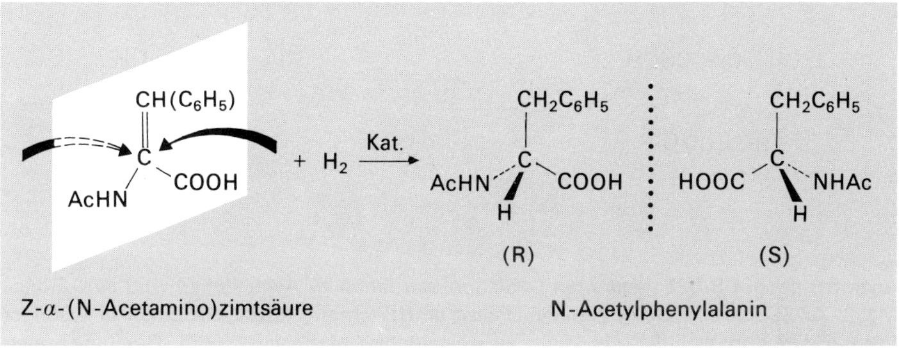

Abb. 27.3. Stereochemie der katalytischen Hydrierung von Z-α-(N-Acetamino)zimtsäure

Eine solche *«asymmetrische Katalyse»* wird neuerdings sogar im *technischen* Maßstab durchgeführt: *L*-3,4-Dihydroxyphenylalanin, ein Medikament gegen die Parkinson-Krankheit[1], wird aus entsprechenden Vorstufen durch Hydrierung unter Verwendung von Rhodium-Komplexe mit chiralen Phosphinliganden in optischen Ausbeuten von bis 96 % hergestellt (Monsanto).

Neben chiralen Phosphinliganden wurden auch Liganden in Rhodium-Komplexe eingebaut, deren Chiralität auf ihrem *Kohlenstoffgerüst* beruht. Durch Abwandlung der Liganden gelang es in gewissen Fällen, sogar *100 % Stereospezifität* bei der Hydrierung zu erreichen, ein Resultat, das sonst nur durch Verwendung von Enzymen möglich ist! Es ist anzunehmen, daß die asymmetrische Katalyse in Zukunft viele weitere, interessante stereospezifische Reaktionen möglich machen wird.

Auch bei anderen Reaktionen treten *Alken-Übergangsmetall-Komplexe* als *Zwischenstoffe* auf. So können Alkene durch Lösungen von Übergangsmetall-Komplexen isomerisiert werden. Vermutlich entsteht wiederum zuerst eine Additionsverbindung aus dem Alken und dem Übergangsmetall. Dabei sollte der verwendete Metallkomplex möglichst koordinativ ungesättigt sein (damit das Alkenmolekül gebunden werden kann) und er sollte

---

[1] Auch hier ist – wie meistens bei biochemisch aktiven Verbindungen – nur das eine Enantiomer physiologisch wirksam.

kinetisch labil sein (damit das zunächst koordinierte Alkenmolekül auch wieder leicht austritt). Metallcarbonyle wie $Fe(CO)_5$ oder $HCo(CO)_3$ sind daher für solche Reaktionen wirksame Katalysatoren. Als Beispiel sei die Isomerisierung von Allylalkohol zu Propionaldehyd erwähnt:

$$CH_2\!\!=\!\!CHCH_2OH + HCo(CO)_4 \longrightarrow CH_2\!\!=\!\!CHCH_2OH + CO$$

$$\downarrow HCo(CO)_3$$

$$CH_3CH_2CHO$$

$$\uparrow$$

$$CH_3\!\!-\!\!CH\!\!=\!\!CHOH$$
$$+$$
$$HCo(CO)_3$$

$$CH_3\!\!-\!\!\underset{|}{\overset{H}{C}}\!\!-\!\!\underset{|}{\overset{H}{C}}\!\!-\!\!OH$$

(Struktur mit Co, CO, CO, CO)

Auch bei der auf S.521 genannten Oxidation von Ethen zu Acetaldehyd wird eine Ethen-Metall-Additionsverbindung gebildet. Palladium(II)-chlorid ergibt mit Ethen in wäßriger Lösung den Komplex (5), der leicht zu Acetaldehyd hydrolysiert wird. Das gleichzeitig gebildete metallische Palladium wird durch Kupfer(II)-chlorid wieder zurückoxidiert:

$$C_2H_4 + PdCl_4^{2\ominus}aq \longrightarrow C_2H_4PdCl_2aq \xrightarrow{H_2O} \quad (5)$$

$$Pd^0aq + \overset{H}{\underset{\underset{CH_3}{|}}{\overset{\oplus}{C}}}\!\!-\!\!OH + 2\,Cl^\ominus$$

$$\downarrow -H^\oplus$$

$$CH_3CHO$$

$$Pd + 2\,Cu^{2\oplus} + 6\,Cl^\ominus \longrightarrow [PdCl_4]^{2\ominus} + 2\,CuCl$$

$$2\,CuCl + 2\,H^\oplus + \tfrac{1}{2}O_2 \longrightarrow 2\,Cu^{2\oplus} + 2\,Cl^\ominus + H_2O.$$

Auf die gleiche Weise läßt sich Propen zu Aceton oxidieren. – Verwendet man zur Oxidation von Ethen mit Palladiumchlorid eine natriumacetathaltige Essigsäure als Lösungsmittel, so entsteht Vinylacetat, das zur Herstellung von Kunststoffen wichtig ist (S.1014):

$$CH_3COOCH{=}CH_2 + PdCl_4^{2\ominus} + HCl$$

Sandwich-Verbindungen. *Ferrocen*, das «Urbild» der Sandwich-Verbindungen, wurde bereits in anderem Zusammenhang vorgestellt (S.140). Ebenso wurde dort darauf hinge-wiesen, daß Cyclopentadien auch mit zahlreichen anderen Metallen analoge Verbindungen bildet. Heute kennt man Cyclopentadienyl-Komplexe von allen 3 *d*-Elementen (Tabelle 27.4); auch «Tripeldecker-Sandwich-Verbindungen» (mit zwei Metallatomen und drei aromatischen Liganden) sind bekannt geworden. Die Verbindungen von Metallen in der Oxidationsstufe +II sind sublimierbare, in organischen Lösungsmitteln lösliche Substan-zen, die elektrisch neutrale Moleküle enthalten; mit Ausnahme der Ferrocens sind sie alle an der Luft nicht beständig, sondern zersetzen sich oder werden langsam oxidiert. Metalle in der +III-, +IV- oder +V-Stufe ergeben mit Cyclopentadienyl-Anionen Komplexkationen

Tabelle 27.4. Cyclopentadienkomplexe der Metalle der ersten Übergangsreihe (Cp = Cyclopentadien)

Element	Verbindung	Smp. (°C)	Farbe	Magnetisches Moment (Magnetonen)	Anzahl ungepaarter Elektronen
Ni(II)	Cp_2Ni	173	grün	2,86	2
Ni(III)	$[Cp_2Ni]^{\oplus}$	–	gelb	1,75	1
Co(II)	Cp_2Co	173	purpur	1,76	1
Co(III)	$[Cp_2Co]^{\oplus}$	–	gelb	0	0
Fe(II)	Cp_2Fe	173	orange	0	0
Fe(III)	$[Cp_2Fe]^{\oplus}$	–	blau	2,26	1
Mn(II)	Cp_2Mn	173	hellrot	5,9	5
Cr(II)	Cp_2Cr	173	scharlach	2,84	2
Cr(III)	$[Cp_2Cr]^{\oplus}$	–	grün	3,81	3
V(II)	Cp_2V	168	purpur	3,82	3
V(III)	$[Cp_2V]^{\oplus}$	–	purpur	2,86	2
Ti(II)	Cp_2Ti	130	grün	0	0
Ti(III)	$[Cp_2Ti]^{\oplus}$	–	grün	2,30	1

wie $(C_5H_5)_2Co^{\oplus}$; $(C_5H_5)_2Tl^{2\oplus}$ oder $(C_5H_5)_2Nb^{3\oplus}$. Von diesen Ionen kennt man zahlreiche Salze. Wie andere relativ große Kationen (z. B. $Cs^{\oplus}$) lassen sie sich aus Lösungen als Silicowolframate oder Hexachloroplatinate ausfällen.

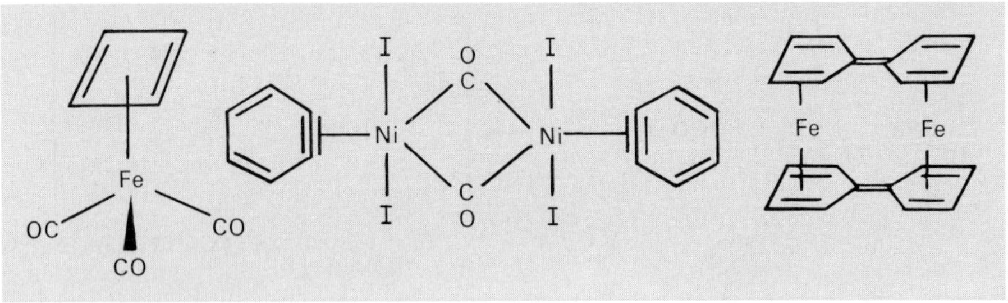

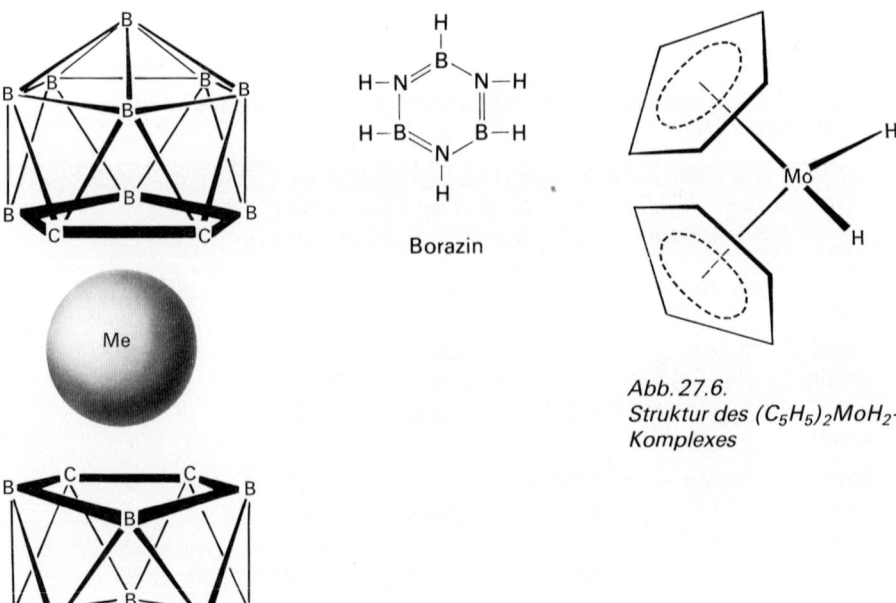

Abb. 27.4. Beispiele von π-Komplexen mit (im freien Zustand) unstabilen Liganden

Neben den Komplexen mit zwei Cyclopentadienylringen kennt man auch zahlreiche Verbindungen, die nur *einen* Cyclopentadienylring neben anderen Liganden enthalten (CO, NO, Halogenatome, H-Atome, Alkylgruppen), wie z.B. $[(C_5H_5)Mo(CO)_3]^{\ominus}$, $(C_5H_5)Mn(CO)_3$, $(C_5H_5)Cr(CO)_3Cl$ u.a. Komplexe mit Cyclopentadien sind heute von über 60 Metallen bekannt. Analog gebaute Verbindungen lassen sich auch mit *anderen aromatischen Ringsystemen* erhalten. Beispielsweise entsteht aus Benzen und $CrCl_3$ (in Gegenwart

Borazin

Abb. 27.6.
Struktur des $(C_5H_5)_2MoH_2$-
Komplexes

Abb. 27.5. Sandwich-Struktur
einer Verbindung mit Carboranat-Ionen

von Al-Pulver als halogenbindender Substanz und von $AlCl_3$ als Katalysator) die Sandwich-Verbindung $(C_6H_6)_2Cr$. Zahlreiche Ionen von Übergangsmetallen ($Mn^{\oplus}$, $Tc^{\oplus}$, $Re^{\oplus}$, $Fe^{2\oplus}$, $Ru^{2\oplus}$, $Os^{2\oplus}$, $CO^{3\oplus}$, $Rh^{3\oplus}$, $Ir^{3\oplus}$) bilden ebenfalls Sandwich-Verbindungen mit zwei Benzenmolekülen. Es konnten auch Sandwich-Verbindungen hergestellt werden, die Diphenyl, Pyridin, Thiophen oder Tropylium-Ionen enthalten. Ja sogar Cyclobutadien und gewisse Cyclobutadienderivate (die in freier Form höchst unbeständig sind und trotz jahrzehntelanger Versuche niemals als Substanzen dargestellt werden konnten) können solche Verbindungen mit Übergangsmetallen bilden. Longuet-Higgins und Orgel waren schon 1956 auf Grund theoretischer Überlegungen zur Annahme gelangt, es müsse möglich sein, Sandwich-Verbindungen mit Cyclobutadien zu erhalten (gewisse Übergangsmetalle besitzen AO von solcher Symmetrie, daß zusammen mit den π-MO von Cyclobutadien Bindungen gebildet werden sollten). 1959 konnte dann ein Eisenderivat von Tetraphenyl-cyclobutadien und schließlich 1965 auch eine Verbindung des unsubstituierten Cyclobuta-diens synthetisiert werden. Bemerkenswerterweise ist im letzgenannten Fall der Cyclobuta-dienring – der im freien Zustand nicht aromatisch ist (S.137) – gegenüber elektrophilen Reagenzien sehr reaktionsfähig, genau wie die typischen Aromaten. Auch andere, im freien Zustand instabile «Aromaten», wie z.B. Dehydrobenzen (S.728), konnten in Form von π-Komplexen mit Übergangsmetallen isoliert werden.

Sogar mit Borazin (dem «anorganischen» Benzen) und mit Carboranat-Ionen können analoge Verbindungen gebildet werden. Dabei ist es nicht unbedingt erforderlich, daß die beiden aromatischen Ringsysteme parallel zueinander angeordnet sind, denn man kennt auch analoge Verbindungen anderer Struktur, wie z.B. die Substanz $(C_5H_5)_2MoH_2$ (Abb. 27.6).

Trotz zahlreichen Untersuchungen ist die *Bindungsart* in diesen Verbindungen noch nicht vollständig geklärt. Wie der Diamagnetismus des Ferrocens zeigt, müssen hier die 6 d-Elektronen des $Fe^{2\oplus}$-Ions paarweise drei d-Orbitale besetzen. Je eines der beiden unbe-setzten d-AO überlagert sich dann wahrscheinlich mit einem der drei, von zwei Elektronen besetzten π-MO eines aromatischen Ringes und bildet damit eine π-Bindung zu einem Ring. Das Fe-Atom erhält dadurch insgesamt die Elektronenzahl des Kryptons, wohl mit ein Grund für die außergewöhnliche Stabilität des Ferrocen-Moleküls. Die analogen Verbin-dungen der Nachbarelemente Mn und Co sind paramagnetisch und enthalten ungepaarte Elektronen in d-Orbitalen des Metallions; die Bindungen zum aromatischen Molekül entstehen jedoch wahrscheinlich in der gleichen Weise wie beim Ferrocen durch Überlap-pung von aromatischen π-Orbitalen mit unbesetzten d-AO der Metallionen. Die für aromatische Substanzen charakteristischen Eigenschaften bleiben in den Sandwich-Ver-bindungen erhalten. So lassen sich z.B. ebenso wie am Cyclopentadienyl-Anion oder am Benzen allein elektrophile Substitutionen durchführen (Sulfonierung, Friedel-Crafts-Acy-lierung u.a.).

Verbindungen mit prinzipiell analogem Bindungstyp lassen sich auch aus anderen organi-schen Molekülen mit delokalisiertem Elektronensystem und Übergangsmetallionen erhal-ten. So kennt man Komplexe verschiedener Übergangsmetalle (vor allem Palladium Ruthenium und Mangan) mit *Allylderivaten,* in denen ein über drei C-Atome delokalisiertes System vorhanden ist.

Es ist klar, daß im Rahmen eines Textes wie des hier vorliegenden nur ein knapper Ausblick auf das Gebiet der metallorganischen Verbindungen gegeben werden kann. Für ein tieferes Eindringen ist auch hier weiterführende Literatur heranzuziehen. Es soll jedoch betont werden, daß sich die Chemie der metallorganischen, insbesondere der übergangsmetallor-ganischen Verbindungen heute in sehr starker Entwicklung befindet. Es ist zu erwarten, daß in Zukunft nicht nur neue theoretische Erkenntnisse gewonnen werden, sondern daß auch

– z.B. durch die Entwicklung neuartiger Katalysatoren oder neuer Zwischenprodukte – der synthetischen und industriellen organischen Chemie weitreichende Perspektiven und Möglichkeiten eröffnet werden. Es wird jedenfalls gerade durch den Aufschwung der Chemie metallorganischer Verbindungen schon heute deutlich, daß die historisch bedingte Trennung der Gesamtchemie in anorganische und organische Chemie ihre Berechtigung weitgehend verloren hat und in Zukunft wohl nur noch aus didaktischen Gründen aufrechterhalten werden wird.

Übungen

27.1   Geben Sie eine Übersicht über die Bindungsverhältnisse in den verschiedenen Typen von metallorganischen Verbindungen.

27.2   Wie verhalten sich metallorganische Verbindungen an der Luft und gegenüber Wasser? Geben Sie Beispiele!

27.3   Wie könnte man folgende Verbindungen herstellen:
$(C_2H_5)_2Cd$, C_6H_5Li, $(CH_3)_2Hg$, C_2H_5HgCl, $(C_3H_7)_4Sn$

27.4   Erklären Sie die Bindungsart in den Alken-Komplexen von Übergangsmetallen.

27.5   Welche Bedeutung haben die «Wilkinson-Komplexe» (Rhodium-Komplexe mit Phosphinliganden) für die organische Chemie?

Anhang A: Zusammenstellungen einiger für die präparative Arbeit wichtiger Reaktionen

Im ersten Teil dieses Buches wurden jeweils die Reaktionen von Substanzen mit bestimmten funktionellen Gruppen sowie deren Herstellungsmethoden zusammengestellt. Um sich über Reaktionen zur gegenseitigen Umwandlung funktioneller Gruppen zu informieren, benütze man deshalb die in den Kapiteln 2 bis 4 enthaltenen entsprechenden Tabellen. Im Anhang A werden einige weitere, für synthetische Zwecke wichtige Reaktionen zusammengestellt, wobei es sich selbstverständlich nur um eine Auswahl zum Zweck einer ersten Orientierung handeln kann.

1 Methoden zum Austausch funktioneller Gruppen gegen Wasserstoffatome

		Seite
C=C oder $-\text{C}\equiv\text{C}-$ $\xrightarrow{\text{H}_2/\text{Pt}}$	$-\overset{\mid}{\text{C}}-\overset{\mid}{\text{C}}-$	536
$\text{R}-\text{Br}$ oder $\text{R}-\text{OTs}$ $\xrightarrow{\text{LiAlH}_4}$	$\text{R}-\text{H}$	795
$\text{R}-\text{OTs}$ $\xrightarrow{\text{NaBH}_4}$	$\text{R}-\text{H}$	795
$\text{R}-\text{Br}$ $\xrightarrow{\text{Mg}}$ RMgBr $\xrightarrow{\text{H}_2\text{O}}$	$\text{R}-\text{H}$	81
C=O $\xrightarrow{\text{Zn/HCl}}$	CH_2	796
C=O $\xrightarrow{\text{NH}_2\text{NH}_2,\ \text{OH}^\ominus}$	CH_2	796
C=O $\xrightarrow{\text{H}_2\text{NNHSO}_2\text{C}_7\text{H}_7,\ \text{NaBH}_4}$	CH_2	796
$\text{Ar}-\text{N}_2^+$ $\xrightarrow{\text{H}_3\text{PO}_2 \text{ oder NaBH}_4}$	$\text{R}-\text{H}$	726
$\text{Ar}-\text{SO}_3\text{H}$ $\xrightarrow{\text{Erhitzen H}_2\text{O}}$	$\text{Ar}-\text{H}$	713

2 Reaktionen zum Aufbau von C-Gerüsten

2.1 Reaktionen, bei denen eine Kohlenstoffkette um ein C-Atom verlängert wird

		Seite
RMgX $\xrightarrow{\text{CO}_2}$ RCOOH		634
RMgX $\xrightarrow{\text{HCHO}}$ RCH_2OH		634
C=C $\xrightarrow{\text{CO, H}_2\text{O}}$ $\text{H}-\overset{\mid}{\text{C}}-\overset{\mid}{\text{C}}-\text{COOH}$	(Hydrocarboxylierung)	526

$$\text{ArH} \xrightarrow[\text{ZnCl}_2]{\text{HCHO, HCl}} \text{Ar—CH}_2\text{Cl}$$ (Chlormethylierung)   700

$$\text{ArH} \longrightarrow \text{Ar—CHO}$$ (Gattermann, Olah, Reimer-Tiemann, Houben-Hoesch, Vilsmeier)   702

$$\text{C=O} \rightarrow \text{C=CH}_2$$ (Wittig-Reaktion)   637

$$\text{R—X} \xrightarrow{\text{CN}^{\ominus}} \text{R—CN}$$ 453

$$\text{Ar—N}_2^{\oplus} \xrightarrow{\text{CuCN}} \text{Ar—CN}$$ (Sandmeyer)   750

$$\text{RCOCl} \longrightarrow \text{RCH}_2\text{COOH}$$ (Arndt-Eistert)   828

$$\text{C=O} \longrightarrow \text{C}\begin{smallmatrix}\text{CN}\\\text{OH}\end{smallmatrix}$$ (Cyanhydrinsynthese)   625

$$\text{ArCHO} + \text{CH}_3\text{NO}_2 \xrightarrow{\text{Base}} \text{Ar—CH=CH—NO}_2$$ 651

$$\text{C=O} + \text{ClCH}_2\text{COOR} \longrightarrow \text{CH—CHO}$$ (Glycidester-Synthese)   653

2.2 Reaktionen, bei denen eine Kohlenstoffkette um zwei oder drei C-Atome verlängert wird

$$\text{RMgX} + \text{CH}_2\overset{O}{\diagup}\text{CH}_2 \rightarrow \text{RCH}_2\text{CH}_2\text{OH}$$ 199

$$\text{ArCHO} + \text{CH}_3\text{COONa} \xrightarrow{\text{Acetanhydrid}} \text{Ar—CH=CH—COOH}$$ (Perkin)   651

$$\text{ArCOOEt} + \text{CH}_3\text{COOEt} \xrightarrow{\text{NaOEt}} \text{ArCOCH}_2\text{COOEt}$$ (Claisen)

$$\text{RCHO} + \text{BrCH}_2\text{COOEt} \xrightarrow{\text{Zn}} \text{RCH(OH)CH}_2\text{COOEt}$$ (Reformatzki)   636

Malonestersynthese   460

$$\text{RCHO} + \text{HC≡CH} \xrightarrow{\text{Base}} \text{R—C}\begin{smallmatrix}\text{OH}\\\text{C≡CH}\end{smallmatrix}$$ 626

$$\text{RMgX} + \text{C=C—C=O} \rightarrow \text{R—C—CH—C=O}$$ (vinyloge Addition)   656

Bernsteinsäureester-Kondensation (Stobbe-Kondensation)   653

2.3 Weitere Reaktionen zur Bildung von C—C-Bindungen

$$\text{R—Cl} \xrightarrow{\text{Na}} \text{R—R}$$ (Wurtz-Fittig)   673

$$\text{R—X} + \text{R}_2'\text{CuLi} \rightarrow \text{R—R}'$$ 82

Oxidative Kupplungen   787

$$2\ \text{R—COO}^{\ominus} \xrightarrow{\text{Anode}} \text{R—R}$$ (Kolbe-Reaktion)   759

$$\text{C=O} \xrightarrow{\text{Mg}} \text{C—C}\begin{smallmatrix}|\quad|\\\text{HO}\ \text{OH}\end{smallmatrix}$$ 802

Grignard-Synthesen   634

Carben-Insertion   499

$$Ar\!-\!H \ + \ R\!-\!X \ \xrightarrow{\ AlCl_3\ } \ Ar\!-\!R$$

(Friedel-Crafts-Alkylierung)   694

$$Ar\!-\!H \ + \ RCOCl \ \xrightarrow{\ AlCl_3\ } \ Ar\!-\!C\!\!<^{\,O}_{\,R}$$

(Friedel-Crafts-Acylierung)   698

$$R\!-\!Cl \ + \ {\scriptstyle >}C\!=\!C{\scriptstyle <} \ \xrightarrow{\ AlCl_3\ } \ \underset{\underset{R\ \ Cl}{|\ \ |}}{-C\!-\!C-}$$

(wenn tertiäres oder sekundäres Halogenid)   534

$$Ar\!-\!OOCR \ \rightarrow \ HO\!-\!Ar\!-\!\underset{\underset{O}{\|}}{C}\!-\!R$$

(Fries-Umlagerung)   698

$$Br\!-\!Ar\!-\!N_2^{\oplus} \ + \ C_6H_6 \ \rightarrow \ Br\!-\!Ar\!-\!Ar$$

(Gomberg-Reaktion)   751

Radialkettenpolymerisation   756

Kationische Polymerisation   1007

Addition von Carbeniumionen an Alkene   532

Esterkondensation $\rightarrow$ β-Ketoester   602

Acyloin-Kondensation $\rightarrow$ $R\!-\!\underset{\underset{O}{\|}}{C}\!-\!\underset{\underset{OH}{|}}{C}H\!-\!R$ 605

Mannich-Reaktion $\rightarrow$ $R_2N\!-\!CH_2CH_2\!-\!\underset{\underset{O}{\|}}{C}\!-\!R'$ $\rightarrow$ α,β-ungesättigte Carbonylverbindungen   630

Aldoladdition und verwandte Reaktionen $\rightarrow$ β- Hydroxycarbonylverbindungen $\rightarrow$ α,β-ungesättigte Carbonylverbindungen   641

Trialkylboran + α-Halogenketon $\rightarrow$ $R\!-\!CH_2\!-\!\underset{\underset{O}{\|}}{C}\!-\!CH_3$ 531

Acylierung von Estern $\rightarrow$ β-Ketoester   592

2.4 Verzweigungsreaktionen

Grignard-Synthesen
Malonestersynthesen
Acetessigestersynthesen
Michael-Addition
Enamin-Alkylierung
Enamin-Acylierung
Acylierung von Estern
Claisen-Kondensationen

Anhang B: Elektrozyklische Reaktionen und Cycloadditionen (Konzept des HOMO und der Erhaltung der Orbitalsymmetrie)

In Kapitel 10 wurde der Verlauf der perizyklischen Reaktionen durch das Konzept des *aromatischen* bzw. *antiaromatischen Übergangszustandes* (der je nach der Anzahl der beteiligten Elektronen vom Hückel- oder Möbius-Typ sein kann) erklärt. Der Vorteil dieser Betrachtungsweise besteht darin, daß sie – wie es in Kapitel 10 erfolgt ist – ohne weiteres auf alle Typen perizyklischer Reaktionen angewendet werden kann, also z.B. auch auf cheletrope Reaktionen oder sigmatrope Verschiebungen. Insbesondere in der einführenden Literatur wird jedoch zur Beschreibung des Verlaufes von elektrozyklischen Reaktionen und von Cycloadditionen ein etwas *anderes Verfahren* gewählt, das (selbstverständlich!) zu denselben Ergebnissen führt, in seiner Anwendung z.B. auf sigmatrope Verschiebungen jedoch weniger anschaulich ist. Der Vollständigkeit halber soll diese Möglichkeit hier – im Anhang B – dargestellt werden.

Bei perizyklischen Reaktionen *entstehen aus Bindungen in den Molekülen der Reaktanten in einem kontinuierlichen Übergang Bindungen in den Molekülen der Produkte* (konzertierte Reaktion!). Damit dies möglich ist, muß die **Symmetrie der betreffenden MO** während der gesamten Reaktionsdauer – also **auch im Übergangszustand! – erhalten bleiben.** Wir wollen dies zunächst an den Beispielen der *Zyklisierung* von 2,4-Hexadien und von 2,4,6-Oktatrien zeigen.

Zyklisierung von 2,4-Hexadien:

Die vier Basissätze von AO (die durch lineare Kombination die MO ergeben) entsprechen den Basissätzen des Butadiens:

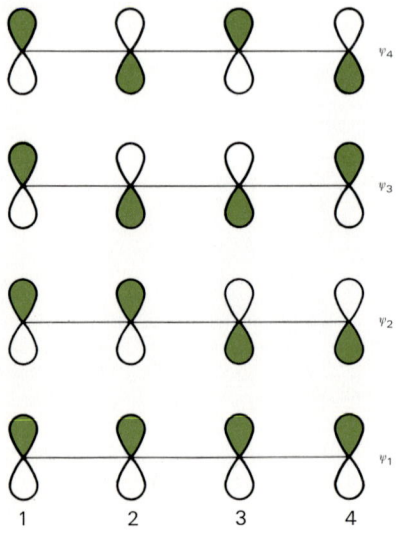

ψ_4

ψ_3

ψ_2

ψ_1

1   2   3   4

Im *Grundzustand* sind die beiden MO ψ_1 und ψ_2 je doppelt besetzt
(Die grüne Farbe gibt diejenigen Orbitallappen an, wo die Wellenfunktion positives Vorzeichen hat)

Beim elektrozyklischen Ringschluß entsteht zwischen den C-Atomen 1 und 4 eine neue σ-Bindung, während zwischen den Atomen 2 und 3 eine π-Bindung entsteht. Um den sterischen Verlauf der Ringschlußreaktion zu verstehen, genügt es, das **oberste besetzte MO** (das HOMO) zu betrachten, aus welchem die σ-Bindung entsteht. Dies erscheint vernünftig, da dieses MO – als energiereichstes besetztes MO – gewissermaßen den *Valenzelektronen* des Moleküls entspricht. ψ_1, das energieärmere MO, wird dann zur π-Bindung, da bei diesem MO keine Knotenebene zwischen den Atomen 3 und 4 liegt.

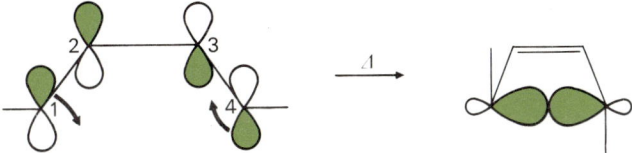

trans, trans-2,4-Hexadien   *trans*-2,3-Dimethylcyclobuten

Wie die Darstellung deutlich macht, werden die AO der C-Atome 1 und 4 zur σ-Bindung, was aber *nur dann möglich ist, wenn die Drehung konrotatorisch erfolgt*, da sich zur Ausbildung einer σ-Bindung zwei AO gleichen Vorzeichens überlappen müssen. Erfolgt die Ringschlußreaktion jedoch *photochemisch*, so ist ψ_3 das HOMO (ein Elektron wird durch die Lichtabsorption in das nächsthöhere MO «gehoben»); zur Bildung einer σ-Bindung zwischen den Atomen 1 und 4 ist dann eine *disrotatorische* Drehung erforderlich:

trans, trans-2,4-Hexadien   *cis*-2,3-Dimethylcyclobuten

Zyklisierung von 2,4,6-Oktatrien:

Für den Fall eines konjugierten Systems aus 3 «Doppelbindungen» sind die MO (die auch hier wieder wie AO geschrieben werden):

Im Grundzustand sind ψ_1, ψ_2 und ψ_3 doppelt besetzt; für den photochemischen Ringschluß ist ψ_4 das HOMO

Wie man durch Betrachtung der jeweiligen HOMO sofort erkennt, muß jetzt der *thermisch* durchgeführte Ringschluß – der vom Grundzustand des Hexatrien-Systems ausgeht – *disrotatorisch,* der *photochemische* Ringschluß *konrotatorisch* erfolgen:

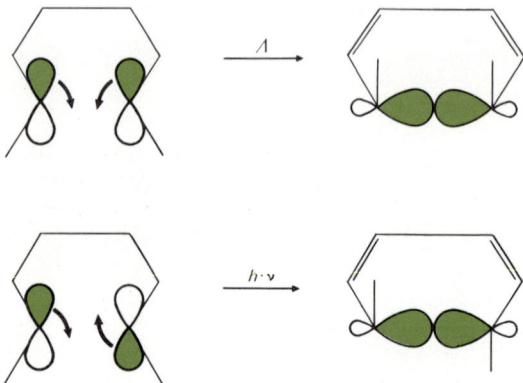

Von Interesse ist die Betrachtung der **Symmetrie** der an der Reaktion beteiligten MO, *die auch im Übergangszustand erhalten bleiben muß,* wenn die Zyklisierung bzw. die Ringöffnung *konzertiert* ablaufen soll. Beim *konrotatorischen* Ringschluß von Butadienderivaten ist eine *zweizählige Drehachse* als Symmetrieelement vorhanden; ψ_1 und ψ_3 sind bezüglich dieser Drehachse antisymmetrisch *(A)*, ψ_2 und ψ_4 sind bezüglich dieser Drehachse symmetrisch *(S)*. Im Cyclobutan ist die (neue) σ-Bindung symmetrisch, die π-Bindung dagegen antisymmetrisch, während die unbesetzten antibindenden π^*- bzw. σ^*-MO symmetrisch bzw. antisymmetrisch sind:

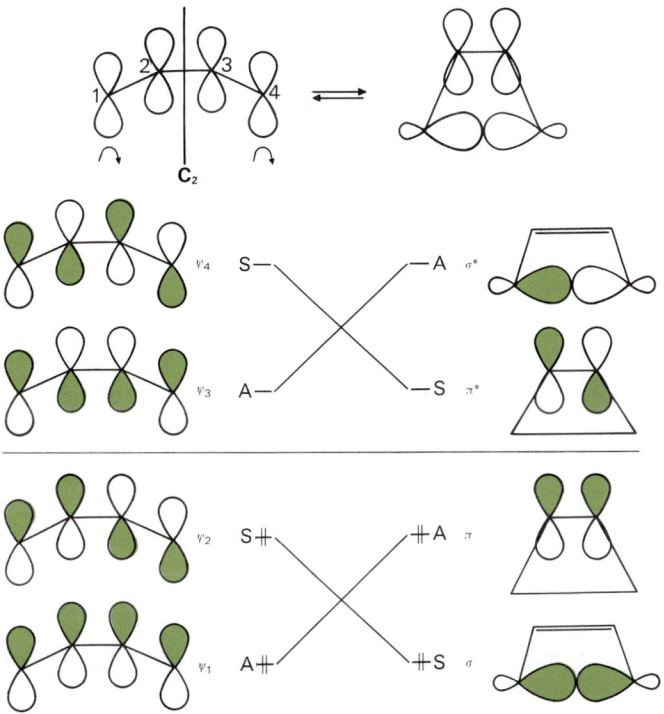

Abb. A1. Korrelation der MO von 1,3-Butadien und Cyclobuten bei konrotatorischem Ringschluß

Man erkennt aus dieser Darstellung, daß *jeweils ein bindendes MO des Diens in ein bindendes MO des Cyclobutens* übergeht (mit diesem **«korreliert»**). Würde der Ringschluß *disrotatorisch,* vom Grundzustand ausgehend, erfolgen, so wäre eine *Spiegelebene* als Symmetrieelement vorhanden, und aus dem ψ_2-MO müßte ein besetztes antibindendes π^*-MO entstehen (d. h. es würden ψ_2 und π^* korrelieren). Dies ist *energetisch ungünstig,* da ein Molekül im angeregten Zustand entstehen würde, was einen beträchtlichen Energieaufwand erfordert. Dieser ist so groß, daß er durch übliches Erwärmen nicht aufgebracht werden kann; der disrotatorische Ringschluß (bzw. die disrotatorische Ringöffnung) ist daher nach Woodward und Hoffmann **«symmetrie-verboten»**.

Anders ist es bei der *photochemischen Zyklisierung* (bzw. Ringöffnung) (Abb. A 2). Regt man das Butadienmolekül in den Zustand $\psi_1^2\,\psi_2^1\,\psi_3^1$ an, so korreliert das ψ_3-MO mit dem π-MO des Cyclobutens, so daß durch den Ringschluß ein Cyclobutenmolekül mit dem Zustand $\sigma^2\,\pi^1\,\pi^{*1}$ entsteht, der dem Zustand des angeregten Butadienmoleküls energetisch vergleichbar ist. Die *disrotatorische Drehung* ist deshalb in diesem Fall **«symmetrieerlaubt»**.

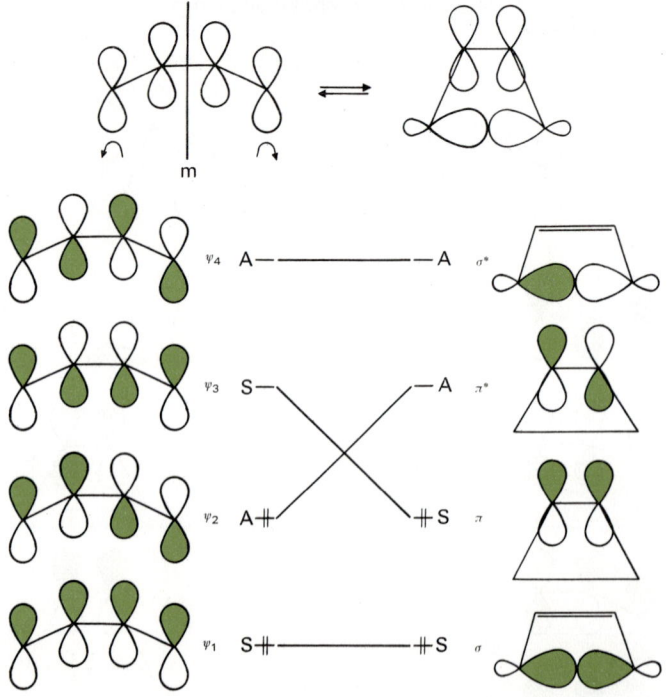

Abb. A 2. Korrelation der MO von 1,3-Butadien und Cyclobuten bei disrotatorischem Ringschluß

Auch diese Aussagen lassen sich verallgemeinern:
Bei elektrozyklischen Reaktionen müssen die in den Molekülen der Reaktanten besetzten MO mit bindenden MO der Produkte korrelieren, andernfalls ist die Reaktion «symmetrieverboten» und verläuft nur entweder unter extremen Bedingungen oder nicht konzertiert (in zwei Stufen). Aus diesem Grund bezeichnet man diese von Woodward und Hoffmann formulierte Gesetzmäßigkeit als das **«Prinzip der Erhaltung der Orbitalsymmetrie»**. Der Leser soll sich selbst überzeugen, daß auch die Zyklisierung von konjugierten Trienen diesem Prinzip gehorcht.

Auch der Verlauf von **Cycloadditionen** läßt sich durch das Prinzip der Erhaltung der Orbitalsymmetrie leicht verstehen. Als *Beispiele* sollen die Dimerisierung von Alkenen und die Diels-Alder-Reaktion dienen.
Bei der *Dimerisierung* von *Ethen* bleiben zwei Spiegelebenen während der Reaktion erhalten (Abb. A 3 a). Bei der gegenseitigen Näherung zweier Ethen-Moleküle treten die

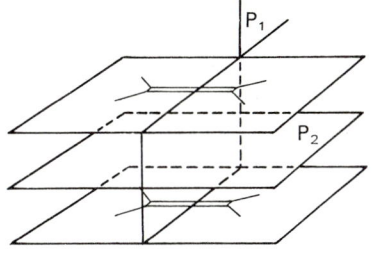

(a) Spiegelebenen bei der Dimerisierung von Ethen

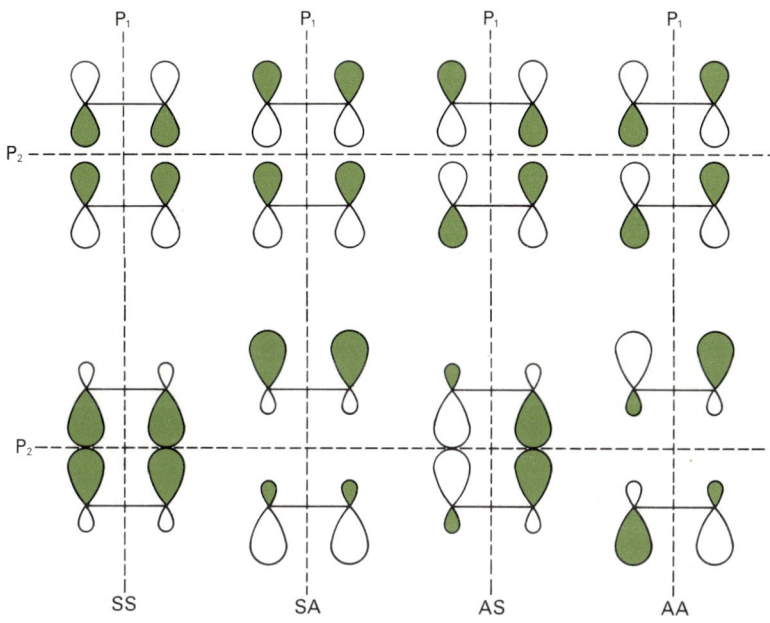

(b) Kombinationen der Orbitale und ihre Symmetrien
(obere Reihe: zwei Ethen-Moleküle; untere Reihe: Cyclobutan)

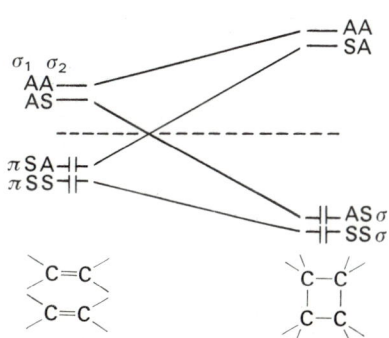

(c) Korrelationsdiagramm

Abb. A 3. Dimerisierung von Ethen

beiden besetzten π-MO in gegenseitige Wechselwirkung und bilden eine bindende und eine antibindende Kombination *(SS* bzw. *SA* in Abb. A 3 b). Mit dem Weiterschreiten der Reaktion geht das *SS*-Niveau von Ethen in das *SS*-Niveau von Cyclobutan über, das bezüglich der Spiegelebene P_1 symmetrisch ist. Die *SA*-Kombination hingegen geht in ein *antibindendes σ^*-MO* von Cyclobutan über, so daß die *thermische Dimerisierung symmetrie-verboten* ist.

Im Fall der *Diels-Alder-Reaktion* von Ethen mit 1,3-Butadien ist jedoch die Situation anders. Hier bleibt nur eine Spiegelebene P während der Reaktion erhalten; wie die Abb. A 4 zeigt, korrelieren die bindenden MO im Additionsprodukt vollständig mit den MO der Reaktanten, so daß die Reaktion *symmetrie-erlaubt* ist.

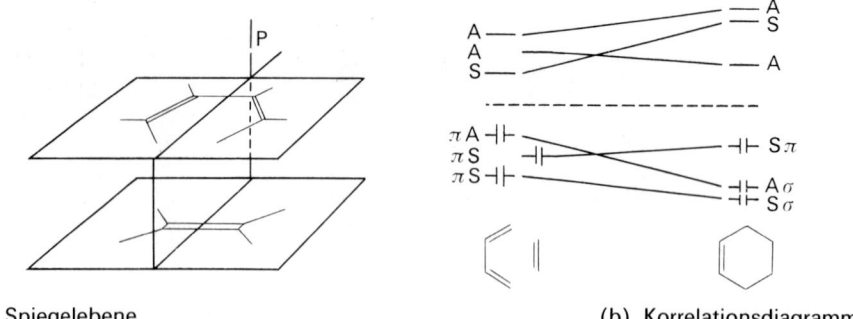

(a) Spiegelebene   (b) Korrelationsdiagramm

Abb. A 4. Cycloaddition von Ethen an 1,3-Butadien

Über die Anwendung der Symmetrieregeln auf weitere perizyklische Reaktionen siehe das Standardwerk von Woodward und Hoffmann (Das Prinzip der Erhaltung der Orbitalsymmetrie; Verlag Chemie, Weinheim 1970) und insbesondere auch das ausgezeichnete Werk von Gilchrist und Storr (Organic Reactions and Orbital Symmetry; Cambridge University Press 1977).

Anhang C: Die organisch-chemische Literatur

Entsprechend der immensen Entwicklung der organischen Chemie und ihrer Nachbarge-
biete (Biochemie, physikalische Chemie usw.) wächst auch die Literatur über diese Gebiete
in einem enormen Ausmaß. Man hat geschätzt, daß rund die Hälfte aller jemals veröffentlichten chemischen Arbeiten in den letzten 10 Jahren erschienen ist! Es ist selbstverständlich, daß dieses lawinenartige Anwachsen zu einer extremen Spezialisierung geführt hat,
und daß es dem einzelnen nicht mehr möglich ist, anhand der Originalliteratur die Entwicklung auch nur eines engen Spezialgebietes vollständig zu verfolgen. Es ist darum aber
gerade auch aus diesen Gründen wichtig, daß sich bereits der *Anfänger* mit den verschiedenartigen Hauptwerken der organisch-chemischen Literatur vertraut macht, um sich – als
Ergänzung zum Lehrbuch oder für die praktische Arbeit im Laboratorium – Rat und Hilfe
holen zu können. Im Anhang C wird deshalb eine Übersicht über die Literatur gegeben,
während anschließend, im Anhang D, Literaturangaben zu den einzelnen Kapiteln des
Buches gebracht werden.

Originalarbeiten. Die Originalarbeiten, in welchen die neugewonnenen experimentellen
und theoretischen Erkenntnisse niedergelegt oder diskutiert werden, erscheinen in *Zeitschriften* (vgl. Tabelle A1). Auch *Patentschriften* (S.1096) enthalten sehr oft wichtige
Ergebnisse von allgemeinem Interesse. Die Originalarbeiten enthalten – wenn erforderlich –
meist ziemlich ausführlich gehaltene experimentelle Angaben und zudem eine kurze
Zusammenfassung der Resultate. In vielen Zeitschriften erscheinen daneben auch sogenannte *Kurze Mitteilungen,* in denen wichtige Ergebnisse bereits vor dem Erscheinen einer
ausführlichen Veröffentlichung mitgeteilt werden können; sie sind meistens sehr knapp
gefaßt und enthalten gewöhnlich nur wenige Angaben experimenteller Art. Mehr als die
Hälfte aller heute erscheinenden organisch-chemischen Arbeiten wird in Englisch publiziert. Die Kenntnis dieser Sprache ist deshalb für den Chemiker (wie überhaupt für jeden
Naturwissenschafter) eine *conditio sine qua non.* Weitere für den Organiker wichtige
Sprachen sind Russisch, neben Deutsch und Französisch. Anderssprachige Arbeiten sind
wohl stets mit einer Zusammenfassung in einer dieser Sprachen versehen. Die ältere
Literatur (etwa vor 1920) ist vorwiegend deutsch geschrieben. Diese älteren Arbeiten sind
auch heute noch keineswegs obsolet, da sie häufig auch für den heutigen Chemiker
wichtige und interessante Angaben, insbesondere experimenteller Art, enthalten. Selbst die
Literatur aus dem letzten Jahrhundert muß heute noch oft zu Rate gezogen werden, wenn
man sich über die Herstellung einer bestimmten Verbindung oder über die Durchführung
oder den Verlauf einer bestimmten Reaktion genauer informieren will.

Verzeichnis von Titeln. Die Zahl der veröffentlichten Originalarbeiten ist so groß, daß
Publikationen zunehmend benützt werden, die nur die Titel der laufend erscheinenden
Arbeiten veröffentlichen. Dadurch wird dem Chemiker die Möglichkeit geboten, auf
Arbeiten in solchen Zeitschriften aufmerksam gemacht zu werden, die er üblicherweise
kaum liest. Zwei «Titel-Publikationen» umfassen das Gesamtgebiet der Chemie. Die eine,
«Current Contents Physical and Chemical Sciences» erscheint wöchentlich seit 1967; sie
berücksichtigt gegen 700 Zeitschriften für Chemie, Physik, Mathematik und verwandte
Gebiete. Die andere, *«Chemical Titles»,* erscheint seit 1961 und wird durch Chemical

Abstracts publiziert. Alle zwei Wochen wird über Arbeiten aus ebenfalls etwa 700 chemischen Zeitschriften referiert. Dabei werden die Titel alphabetisch geordnet, und zwar für jedes Wort im Titel (außer für wenig aussagekräftige Worte wie «of», «synthesis», «and» usw.). Ein Titel, der mehrere signifikante Worte umfaßt, wird durch dieses Verfahren mehrfach erwähnt. Eine Arbeit mit dem Titel «Darzens Condensation III: Effects of Substituents on the Rate of Condensation of Substituted Phenacyl Chlorides with Benzaldehyde» erscheint unter «Phenacyl», «Condensation», «Darzens», «Rate», «Acyl», «Chlorides» und «Benzaldehyde». Dadurch wird es möglich, sich rasch über die neu erschienenen Arbeiten auf einem bestimmten Gebiet zu informieren.

Referatenorgane. Zur raschen Information über den Inhalt neuer Veröffentlichungen dienen die Referatenorgane (*«Abstracts»*), in denen der Titel jeder neuen Arbeit, ihr Erscheinungsort sowie eine kurze Zusammenfassung ihres Inhalts angegeben werden. Am wichtigsten sind die beiden großen Referatenwerke *«Chemisches Zentralblatt[1]»* (Deutschland) und *«Chemical Abstracts»* (USA). Beide umfassen das Gesamtgebiet der Chemie und erfassen auch die Patentliteratur. Das *Chemische Zentralblatt* besteht schon seit 1830, die *Chemical Abstracts* bestehen seit 1907. Die Gesamtchemie ist darin nach Sachgebieten aufgegliedert; das Auffinden einer bestimmten Arbeit bzw. eines bestimmten Gegenstandes wird durch das Jahresregister ermöglicht. Vom *Chemischen Zentralblatt* erschien bis 1939 alle fünf Jahre ein Sammelregister, das die Formeln und Namen aller während dieses Zeitraumes erwähnten Verbindungen sowie alle Autoren enthält. Die *Chemical Abstracts* publizierten alle 10 Jahre ein 10-Jahre-Register; die Register vor 1945 erfassen allerdings viele organische Verbindungen nicht.

Die *Chemical Abstracts* erscheinen wöchentlich und erfassen rund 14 000 Zeitschriften. Sie referieren damit über praktisch alle Originalarbeiten, die reine und angewandte Chemie betreffend, die irgendwo in der Welt publiziert werden. Auch kurze Referate über Patentschriften aus insgesamt 26 Ländern werden gebracht. Die *Abstracts* teilen sich in 80 sections auf, von denen section 21–34 die organische Chemie umfassen. Jedes Referat enthält Namen und Adressen der Autoren, die Adresse des Zeitschriftenzitats und die Sprache der zitierten Arbeit.

Mit Hilfe von *Chemical Abstracts* ist es möglich, sich über die Entwicklung eines bestimmten Bereiches der Chemie ständig auf dem Laufenden zu halten. Durch die verschiedenen Register wird dies zusätzlich erleichtert. Bis 1961 erschien jeweils jährlich, seither halbjährlich ein Register; bis 1956 gab es für je 10 Jahre, seither für je 5 Jahre ein Sammelregister. Das neueste Sammelregister, der Ninth Collective Index, umfaßt die Zeit von 1972 bis 1976. Neben dem allgemeinen Sammelregister gibt es auch ein (weniger vollständiges) Formelregister. Seit 1972 erscheint das Sachregister in drei Teilen: dem Chemical Substance Index, dem Subject Index und dem Index Guide. Der letztere bringt Strukturformeln, alternative Namen und zahlreiche Querverweise. (In den *Chemical Abstracts* werden organische Verbindungen meistens – jedoch nicht immer! – nach der IUPAC-Nomenklatur bezeichnet.) In Rußland erscheint seit 1953 eine analoge Publikation, das *Referativnyi Zurnal (Chimija)*, das besonders für die Erfassung der russischen Literatur wertvoll ist.

Zwischen dem Erscheinen einer wissenschaftlichen Arbeit und ihrem Referat in einem der drei Referatenorgane liegt im allgemeinen eine Zeitspanne von mehreren Monaten. Um eine noch raschere Information zu ermöglichen, wurden die *Current Chemical Papers* (GB),

---

[1] Das Chemische Zentralblatt hat seit 1969 sein Erscheinen eingestellt. An seiner Stelle wird von der Gesellschaft Deutscher Chemiker (in Zusammenarbeit mit den Farbenfabriken Bayer AG) ein wöchentlich in zwei Ausgaben (anorganische und organische Chemie umfassend) erscheinender *«Chemischer Informationsdienst»* herausgegeben.

Tabelle A1. Die wichtigsten Zeitschriften, welche Originalarbeiten oder Kurze Mitteilungen über Organische Chemie veröffentlichen. (Abkürzungen fett)
Zeitschriften, welche (eventuell neben Übersichtsartikeln) nur Kurze Mitteilungen veröffentlichen, sind durch einen Stern gekennzeichnet

Titel und Jahr des ersten Erscheinens	Land	wichtigste Sprachen	Anzahl Ausgaben pro Jahr
Acta Chemica **Scand**inavica (1947)	DK	E	10
Angewandte **Chem**ie (1888)	D	D	24
Liebigs Annalen der **Chem**ie (1832)	D	D	12
Annales de **Chim**ie (1789)	F	F	6
Arkiv för **Kemi** (1903)	S	E, D	unregelm.
Bulletin of the **Chem**ical **Soc**iety of **Japan** (1926)	J	E	12
Bulletin des **Sociétés Chim**iques **Belges** (1887)	B	F, E	12
Bulletin de la **Soc**iété **Chim**ique de **France** (1858)	F	F	12
Canadian **J**ournal of **Chem**istry (1929)	CDN	E, F	24
Chemische **Ber**ichte (1868)	D	D	12
Chemical **Commun**ications (1965) *	USA	E	24
Chemistry and **Ind**ustry (London) (1923) *	GB	E	24
Chimia (1947)	CH	D, F, E	12
Collection of **Czech**oslovak **Chem**ical **Commun**ications (1929)	CS	E, D, R	12
Comptes **rend**us hebdomadaires **Série C** (1835) *	F	F	52
Doklady Akademii **Nauk SSSR** (1922) *	SU	R	36
Experientia (1945)	CH	D, F, E	12
Gazzetta **chim**ica **ital**iana (1871)	I	I	6
Helvetica **Chim**ica **Acta** (1918)	CH	D, F, E	8
Israel Journal of **Chem**istry (1963)	Il	E	6
Journal of the **American Chem**ical **Soc**iety (1879)	USA	E	26
Journal of the **Chem**ical **Soc**iety, Section **B**, Physical-organic Chemistry (1841)	GB	E	15
Journal of the **Chem**ical **Soc**iety, Section **C**, Organic Chemistry	GB	E	24
Journal of **Heterocyc**lic **Chem**istry (1964)	GB	E	6
Journal of **Org**anometallic **Chem**istry (1963)	GB	E	52
Journal of **Org**anic **Chem**istry (1936)	USA	E	26
Journal of **Photochem**istry (1972)	USA	E	4
Journal für **prak**tische **Chem**ie (1834)	D	D	6
Monatshefte für **Chem**ie (1870)	A	D	6
Nature (1869) *	GB	E	52
Naturwissenschaften (1913) *	D	D, E	12
Pure and **Appl**ied **Chem**istry (1960)	USA	E, D, F	unregelm.
Recueil des **Trav**aux **chim**iques des **Pays-Bas** (1882)	NL	E, D, F	12
Science (1883) *	USA	E	52
Synthetic **Commun**ications (1971)	GB	E	8
Synthesis (1969)	GB	D, E	12
Tetrahedron (1958)	GB	E, D, F	24
Tetrahedron Letters (1959)	GB	E, D, F	52
Zeitschrift für **Naturforsch**ung, Teil B (1946)	D	D	6
Zurnal Organicheskoi **Chim**ij	SU	R	12

die *Current Contents,* der *Index Chemicus* sowie der *Science Citation Index* (alle USA) geschaffen. Diese Periodika enthalten entweder nur die Titel der Publikationen in den wichtigsten chemischen Zeitschriften oder sie geben (wie der *Index Chemicus)* Autor, Titel, Literaturzitat sowie die in der betreffenden Arbeit neubeschriebenen Verbindungen mit ihren physikalischen Konstanten an.

Reviews (Übersichtsartikel). Für den wissenschaftlich arbeitenden Chemiker ebenso wie für den Studenten von großer Bedeutung sind Übersichtsartikel, welche Ergebnisse oder Entwicklungen in einem bestimmten, begrenzten Gebiet zusammenfassen. Meistens sind diese Übersichten ausreichend mit Literaturzitaten von Originalarbeiten versehen. Sie ermöglichen eine rasche, gründliche Information und können in manchen Fällen das zeitraubende Nachschlagen der Originalliteratur ersparen. Gewisse Zeitschriften bringen ausschließlich solche Übersichtsartikel, andere, wie z.B. die *Angewandte Chemie,* enthalten Übersichtsartikel neben anderen Arbeiten (vgl. Tabelle A2).

Tabelle A2. Zeitschriften, die vorwiegend oder ausschließlich Übersichtsartikel veröffentlichen

Titel und Jahr des estmaligen Erscheinens	Sprache	Anzahl Ausgaben/Jahr
Chemical Reviews (1924)	E	6
Quarterly Reviews (1947)	E	4
Angewandte Chemie (1888)	D	24
Uspekhi Khimii (1932)	R	12
in englischer Übersetzung:		
Russian Chemical Reviews	E	12
Fortschritte der chemischen Forschung (1949)	D, E	unregelm.
Reviews of Pure and Applied Chemistry (1951)	E	4
Organometallic Chemistry Reviews	E	4

Neben den in Zeitschriften erscheinenden Übersichtsartikeln existiert auch eine Anzahl *Buchreihen,* welche der Entwicklung bestimmter Gebiete gewidmet sind und die in bestimmten Abständen erscheinen. Beispiele:

Advances in **Alicyc**lic **Chem**istry
Advances in **Carbohydrate Chem**istry
Advances in **Free Radical Chem**istry
Advances in **Heter**ocyclic **Chem**istry
Advances in **Organometal**lic **Chem**istry
Advances in **Org**anic **Chem**istry
Advances in **Photochem**istry
Advances in **Phys**ical **Org**anic **Chem**istry
Advances in **Protein Chem**istry
Fortschritte der **Chem**ie organischer **Naturstoffe**
Organic **Reactions**
Progress in **Org**anic **Chem**istry
Progress in **Phys**ical-**Org**anic **Chem**istry
Progress in **Stereochem**istry
Topics in **Stereochem**istry

Handbücher. Das durch die wissenschaftliche Forschung angehäufte Tatsachenmaterial wird gesammelt in Handbüchern, Nachschlagewerken und Tabellenwerken. Das wichtigste Werk dieser Art ist **«Beilsteins Handbuch der organischen Chemie»** (kurz *«Beilstein»* genannt), in dem für jede Verbindung alle Namen, Molekular- und Strukturformel, alle Herstellungsmethoden, die physikalischen und chemischen Eigenschaften, eventuell das Vorkommen in der Natur, die physikalischen Daten ihrer Derivate sowie selbstverständlich die Originalliteratur angegeben werden.

Der «Beilstein» besteht aus insgesamt fünf «Werken». Das Hauptwerk (H) umfaßt die Literatur bis 1909. Das erste Ergänzungswerk (E I) referiert über die Literatur von 1910 bis 1919, das zweite Ergänzungswerk (E II) über 1920 bis 1929. Das dritte Ergänzungswerk (E III) erscheint seit 1948 und umfaßt die Literatur von 1930 bis 1949; für den Bereich der heterozyklischen Verbindungen wurden das dritte und vierte Ergänzungswerk zu einer gemeinsamen Ausgabe zusammengefaßt. Ergänzungswerk IV (E IV) referiert die Literatur von 1950 bis 1959; es soll bis 1984 vollständig bearbeitet vorliegen.

Jedes Ergänzungswerk umfaßt dieselbe Anzahl Bände wie das Hauptwerk, auch ist die Anordnung der Verbindungen in den Ergänzungswerken dieselbe wie im Hauptwerk. Beispielsweise findet man 3,3-Dimethyl-2-hydroxybuttersäure in Band III des Hauptwerkes auf S. 341; Band III des ersten Ergänzungswerkes nennt dieselbe Verbindung auf einer Seite, welche mit zwei Nummern versehen ist: oben rechts (bzw. links) steht die normale Seitenzahl (hier 125), während in der Mitte oben die Zahl 341 vorhanden ist. Um eine bestimmte Verbindung im «Beilstein» aufzufinden, kann man das Formel- oder Namenregister benützen. Im ersteren werden die Verbindungen nach ihren Molekularformeln (entsprechend zunehmender Komplexität) geordnet. Strukturisomere werden durch ihre Namen unterschieden. Im Namenregister sind die Verbindungen alphabetisch geordnet. Die auf das Stichwort folgende Zahlenreihe gibt den Beilstein-Band, in dem die betreffende Substanz genannt ist (fetter Druck) und – mit vorangestellten römischen Ziffern – die Seitennummer der Ergänzungswerke.

Die Bände der einzelnen «Werke» sind folgendermaßen auf die verschiedenen Verbindungsklassen aufgeteilt:

Azyklische Verbindungen	Bände I–IV
Isozyklische Verbindungen	Bände V–XVI
Heterozyklische Verbindungen	Bände XVII–XXVII
Kohlenhydrate, Carotinoide, Polymere	Bände XXX, XXXI
Register	Bände XXVIII, XXIX

Azyklische und isozyklische Verbindungen sind gemäß folgender Einteilung geordnet:

1. Kohlenwasserstoffe
2. Hydroxyverbindungen
3. Carbonyl-(Oxo-)verbindungen
4. Carbonsäuren
5. Sulfinsäuren
6. Sulfonsäuren
7. Selenverbindungen
8. Amine
9. Hydroxylamine
10. Hydrazine
11. Azoverbindungen
12.–28. andere relativ seltene Gruppen

Innerhalb der 28 «Klassen» werden die Verbindungen nach ihrem Sättigungsgrad und nach der C-Zahl geordnet. So kommen in Klasse 1 zuerst die Kohlenwasserstoffe C_nH_{2n+2}, beginnend mit dem Methan und seinen Derivaten, dem Ethan und seinen Derivaten usw. Anschließend folgen die Kohlenwasserstoffe mit der Summenformel C_nH_{2n}, nachher die Kohlenwasserstoffe C_nH_{2n-2} (darunter auch die Diene!) use. Dasselbe System wird auch für die anderen «Klassen» benutzt. Bei den Alkoholen kommen zuerst die Alkanole $C_nH_{2n+2}O$, dann folgen die Alkohole $C_nH_{2n}O$ usw. Auf die Monoalkohole folgen die Diole, Triole usw. Poyfunktionelle Moleküle erscheinen in derjenigen «Klasse», die gemäß der obigen Reihenfolge die höchste Priorität hat. Ketocarbonsäuren werden also unter 4. (Carbonsäuren), Aminocarbonsäuren unter 8. (Amine) aufgeführt. Verbindungen, die funktionelle Gruppen enthalten, welche nicht in den aufgezählten «Klassen» vorhanden sind, werden als Derivate der Stammsubstanzen betrachtet. Dabei kommen zuerst solche Derivate, die formal zu einer Stammsubstanz hydrolysiert werden können. So werden Diethylether und Ethylnitrat z. B. als funktionelle Derivate von Ethanol aufgeführt, da sie (formal) zu Ethanol hydrolysiert werden können. Es folgen die Substitutionsderivate (Halogenverbindungen, Nitroverbindungen, Nitrosoverbindungen usw.) und schließlich schwefelhaltige Derivate. Auf Buttersäure folgen also zunächst ihr Amid, ihre Ester, dann die Halogen- und Nitroderivate usw. Wenn ein «Derivat» wie z. B. ein Ester bei der Hydrolyse zwei (oder sogar noch mehr) organische Verbindungen liefert, wird die betreffende Substanz als Derivat derjenigen Stammsubstanz geführt, welche in der oben angegebenen «Klassen»-Reihenfolge wiederum die höchste Nummer hat, Ester also als Derivate der Säuren und nicht der Alkohole.

Neben dem «Beilstein» gibt es eine Reihe weiterer Nachschlagewerke. Der *«Dictionary of Organic Compounds»* (5 Bände; in der Oxford University Press erschienen) enthält knappe Angaben über mehr als 40 000 organische Verbindungen (Namen, Strukturformeln, physikalische Eigenschaften, Derivate und Literaturangaben). Die Aufzählung geschieht in alphabetischer Reihenfolge.

Zur Information über physikalische Daten ist insbesondere der *«Landolt-Börnstein»* (*«Zahlenwerte und Funktionen aus Physik, Chemie, Astronomie und Geophysik»*) wichtig. Der «Landolt-Börnstein» (erscheint bei Springer, Berlin) ist ein vielbändiges Werk; die letzte (6.) Auflage ist noch nicht vollständig erschienen. Alle Angaben sind mit ausführlichen Literaturzitaten versehen. Bei der praktischen Arbeit des Chemikers werden sehr häufig die «kleineren» Tabellenwerke zu Rate gezogen: *D'Ans-Lax «Taschenbuch für Chemiker und Physiker»* (in drei Bänden), *«Handbook of Chemistry and Physics»* und *«Lange's Handbook of Chemistry»*. Alle drei Tabellenwerke enthalten (allerdings unterschiedlich ausführliche) Tabellen über Eigenschaften organischer Verbindungen bzw. Physical Constants of Organic Compounds, welche Schmelz- und Siedepunkte, Dichte, Farbe und Löslichkeit zahlreicher organischer Substanzen angeben.

Lehrbücher. Sowohl für das Gesamtgebiet wie für spezielle Kapitel der organischen Chemie gibt es viele ausgezeichnete Lehrbücher. Wir müssen uns hier mit der Nennung einer Auswahl von Texten begnügen, die besonders auch zur Ergänzung des vorliegenden Buches geeignet sind.

(a) *Gesamtgebiet*

F. A. Carey and R. J. Sundberg	*Advanced Organic Chemistry* (2 Bände)* Plenum Press, New York 1978
C. D. Gutsche and D. J. Pasto	*Fundamentals of Organic Chemistry*. Prentice-Hall, Englewood Cliffs 1975
J. B. Hendrickson, D. J. Cram and G. S. Hammond	*Organic Chemistry*. McGraw-Hill, New York 1970
L. und Mary Fieser	*Organische Chemie**. Verlag Chemie, Weinheim 1965
F. Klages	*Lehrbuch der Organischen Chemie* (3 Teile). De Gruyter, Berlin 1957–59
J. March	*Advanced Organic Chemistry: Reactions, Mechanism and Structure**. McGraw-Hill, New York 1977
W. J. Le Noble	*Highlights of Organic Chemistry. An advanced textbook**. M. Dekker, New York 1974
J. D. Roberts and M. C. Caserio	*Organic Chemistry Problems*. Benjamin, New York 1967
L. O. Smith and S. J. Cristol	*Organic Chemistry*. Reinhold, New York 1966
J. M. Tedder and A. Nechvatal	*Basic Organic Chemistry* (4 Bände). Wiley, London 1966–1972
K. Weißermel und H.-J. Arpe	*Industrielle organische Chemie*. Verlag Chemie, Weinheim 1976

(b) *Theoretische und präparative organische Chemie*

R. W. Alder, R. Baker and J. M. Brown	*Mechanism in Organic Chemistry*. Wiley, London 1971
H. Becker	*Einführung in die Elektronentheorie organisch-chemischer Reaktionen**. VEB Deutscher Verlag der Wissenschaften, Berlin 1974
R. Breslow	*Organic Reaction Mechanisms*. Benjamin, New York 1969
I. Ernest	*Reaktionsmechanismen in der organischen Chemie*. Springer, Wien 1972
C. Ferri	*Reaktionen der organischen Synthese*. Thieme, Stuttgart 1978
L. Gattermann und H. Wieland	*Die Praxis des organischen Chemikers*. 41. Auflage. De Gruyter, Berlin 1962
T. Greene	*Protective Groups in Organic Synthesis*. Wiley, Chichester 1981
E. S. Gould	*Mechanismus und Struktur in der organischen Chemie**. Verlag Chemie, Weinheim 1964
L. P. Hammett	*Physical Organic Chemistry*. McGraw-Hill, New York 1940
J. M. Harris and C. J. Wamser	*Organic Reaction Mechanisms*. Wiley, New York 1976
J. A. Hirsch	*Concepts in Theoretical Organic Chemistry*. Allyn and Bacon, Boston 1975
H. O. House	*Modern Synthetic Reactions**. Benjamin, New York 1972

C. K. Ingold	*Structure and Mechanism in Organic Chemistry**. Cornell University Press, Ithaca (N.Y.) 1969
R. A. Y. Jones	*Physical and mechanistic organic chemistry.* Cambridge University Press 1979
A. Liberles	*Introduction to Theoretical Organic Chemistry.* Macmillan, New York 1968
Th. H. Lowry and K. Sch. Richardson	*Mechanism an Theory in Organic Chemistry.* Harper and Row, New York 1981
R. O. C. Norman	*Principles of Organic Syntheses**. Methuen, London 1976
Organikum	(Organisch-chemisches Grundpraktikum; von einem Autorenkollektiv.) VEB Deutscher Verlag der Wissenschaften, Berlin 1978
H. A. Staab	*Einführung in die theoretische organische Chemie**. Verlag Chemie, Weinheim 1966
H. Stalder	*Synthesemethoden der organischen Chemie.* Schweiz. Laboratoriums-Zeitschrift, Basel 1978
P. Sykes	*Reaktionsmechanismen in der organischen Chemie.* Verlag Chemie, Weinheim 1976
C. Weygand	*Organisch-Chemische Experimentierkunst.* Barth, Leipzig 1964
K. B. Wiberg	*Physical Organic Chemistry.* Wiley, New York 1964

Die mit einem * versehenen Lehrbücher enthalten zahlreiche weitere Literaturangaben.

Die Verlage Prentice Hall (Englewood Cliffs, N. J.) und Benjamin (New York) geben Buchreihen heraus, in welchen jeder Band einem bestimmten, relativ eng umschriebenen Gebiet gewidmet ist. Die Bände beider Reihen sind zum größten Teil ganz ausgezeichnet geschrieben und vermitteln eine sehr gute Übersicht über die darin behandelten Gegenstände (inkl. Literaturangaben); ihre Titel sind in Anhang D (unter den entsprechenden Kapiteln) aufgeführt.

Weitere Literatur. Im folgenden muß noch eine Anzahl Bücher oder Buchreihen genannt werden, die sich nicht ohne weiteres in die bisher aufgeführten Kategorien der Literatur einordnen lassen und die insbesondere für die praktische Arbeit des Organikers von Bedeutung sind.

1. *Organic Syntheses* (Wiley, New York), eine Sammlung von *Arbeitsvorschriften* zur Herstellung bestimmter organischer Verbindungen. Da alle Vorschriften nach der Ausarbeitung durch den Autor auch noch durch einen der Herausgeber in seinem eigenen Laboratorium geprüft und nachgearbeitet worden sind und Vorschriften nur dann aufgenommen werden, wenn auch die Ausbeuten reproduzierbar sind, ist das Werk sehr zuverlässig; die darin angegebenen Vorschriften können ohne weiteres nachgearbeitet werden. Seit 1921 erscheint alljährlich ein Band; jeweils 10 Bände sind zu einem Sammelband (Collective Volume) vereinigt, so daß bis heute fünf Sammelbände erhältlich sind. Alle Vorschriften der Organic Syntheses sind im «Beilstein» enthalten.

2. *Teilheimer* «*Synthetic Methods of Organic Chemistry*» (Karger, Basel). Diese Reihe (Beginn des Erscheinens 1946; bis heute liegen 34 Bände vor) bringt eine Übersicht über neue synthetische Methoden. Dabei finden sich Angaben über Ausbeuten und Literatur neben einer kurzen Zusammenfassung der Arbeitsvorschrift. In jedem 5. Band ist ein Sammelregister enthalten.

3. *Neuere Methoden der organischen Chemie* (herausgegeben von W. Foerst, erscheint ab 1942 im Verlag Chemie, Weinheim), eine Sammlung von Übersichtsartikeln über synthetische Methoden, die in der *Angewandten Chemie* erschienen sind.

4. *Houben-Weyl «Methoden der organischen Chemie»* (bei Thieme, Stuttgart, erschienen; 4. Auflage seit 1952, herausgegeben von E. Müller). Das Werk umfaßt insgesamt 16 Bände, von denen die ersten vier der allgemeinen Laboratoriumstechnik und den analytischen Methoden gewidmet sind. Die restlichen Bände umfassen jeweils bestimmte Stoffklassen (Kohlenwasserstoffe, Sauerstoffverbindungen usw.).

5. *Organic Reactions* (Wiley, New York), eine Reihe, die seit 1942 erscheint. In jedem Kapitel wird eine ganz bestimmte Reaktion besprochen (z. B. die Clemmensen-Reduktion, die Diels-Alder-Addition usw.), wobei auch besonders auf ihre Anwendungen in der präparativen Chemie hingewiesen wird.

6. Recht nützlich und interessant ist schließlich das Buch *«Namenreaktionen in der organischen Chemie»* (von Hornke, Krauch und Kunz; erschienen bei Hüthig, Heidelberg 1968). In diesem Werk werden nicht nur alle Reaktionen aufgezählt, die nach einem bestimmten Chemiker benannt sind; es werden auch ihre Mechanismen angegeben sowie Hinweise auf ihre Anwendung in der präparativen Chemie gebracht.

Von Tabellenwerken, welche speziellen Gebieten gewidmet sind, sollen die folgenden genannt werden:

Kaufmann: *«Handbook of Organometallic Compounds»,* Van Nostrand, Princeton 1961

«The Physico-Chemical Constants of Binary Systems in Concentrated Solutions» (4 Bände; erschienen bei Interscience, New York 1959/60); enthält Angaben über die Zusammensetzung und das Verhalten azeotroper Gemische (mit Ergänzungen seit 1965)

«Tables for Identification of Organic Compounds», Chemical Rubber Company, New York 1962 (Schmelz- und Siedepunkte!)

«Tables of Interatomic Distances an Configurations in Molecules and Ions», herausgegeben von der Chemical Society, Londen 1958, mit Nachtrag 1965

McClellan: *«Tables of Experimental Dipole Moments»,* Freeman, San Francisco 1963

«Handbook of Naturally Ocurring Compounds», 3 Bände, Academic Press, New York 1972. Ergänzungsbände sind geplant. Das Werk gibt Strukturformeln, Fixpunkte, optische Drehung und Literaturhinweise für die meisten bekannten Naturstoffe.

Dub: *«Organometallic Compounds»,* 3 Bände mit Ergänzungen und Index, Springer Verlag, New York 1966–1975

«Merck Index of Chemicals and Drugs», 9th ed. Merck & Cie, Rathway, N.J. 1976. Gute Informationsquelle über Substanzen von medizinischer Bedeutung. Neben den chemischen Bezeichnungen sind auch die Handelsnamen aufgeführt.

«The Ring Index», American Chemical Society, Washington D.C. 1960, mit Ergänzungen seit 1963, führt alle Namen und Formeln von Ringverbindungen in systematischer Ordnung auf.

IR-, UV-, NMR- Raman- und Massenspektren werden von den Sadtler Research Laboratories herausgegeben. Von etwa 21 000 Verbindungen sind die Spektraldaten gesammelt in *«Atlas of Spectral Data and Physical Constants of Organic Compounds»,* 24. ed, 6 Bände, CRC-Press, Cleveland, 1973. Hier werden – im Gegensatz zu Sadtler – nicht die Spektren selbst publiziert, sondern die Daten werden in tabellarischer Form (Listen der Peaks) gebracht.

Mehr als 10 000 IR-Spektren enthält die *«Aldrich Library of Infrared Spectra»,* 2nd ed. 1975 Aldrich Chemical Company Milwaukee, 1975. Die Spektren sind derart angeordnet, daß man die Veränderungen der Spektren als Folge struktureller Änderungen sehr leicht erkennen kann.

Johnson & Jankowski: *«Carbon-13-NMR Spectra»* (Wiley, New York, 1972) enthält etwa 500 ^{13}C-NMR-Spektren.

L. Fieser and Mary Fieser: *«Reagents for Organic Synthesis»* (Wiley, New York 1967); ein sehr wertvolles Kompendium der Eigenschaften und Anwendungen der für die organische Synthese verwendeten Reagenzien; insbesondere für den praktisch tätigen Organiker äußerst nützlich.

Patentschriften. In vielen Ländern können neue Verbindungen oder neuartige Herstellungsmethoden für bereits bekannte Verbindungen patentiert werden, wobei eine «Patentschrift» erforderlich ist, welche die nötigen Angaben enthält. Über Patentschriften wird im *Chemischen Zentralblatt* und in den *Chemical Abstracts* ebenfalls referiert; sie gehören wie die Originalliteratur zur chemischen «Literatur» im weitesten Sinn und müssen vom Chemiker, der sich anhand der Literatur über eine bestimmte Verbindung oder ein bestimmtes Verfahren informieren will, ebenfalls konsultiert werden. Patentschriften sind allerdings aus verschiedenen Gründen weniger zuverlässig als die üblichen Originalarbeiten oder andere Literaturangaben. Der Erfinder will nämlich einerseits ein möglichst großes Gebiet erfassen und schützen lassen (so daß er z. B. in der Patentschrift eine bestimmte Reaktion für primäre Alkohole allgemein angibt, auch wenn er sie nur mit Ethanol durchgeführt hat), andererseits sind die Angaben in den Patentschriften häufig mit Absicht sehr knapp gehalten oder lassen wichtige Details weg, um einem allfälligen Konkurrenten nicht zu viele Hinweise zu geben. In Patentschriften beschriebene Verfahren lassen sich deshalb oft nur mit Mühe, manchmal sogar überhaupt nicht im Laboratorium nacharbeiten.

Anhang D: Literaturangaben zu einzelnen Kapiteln des Buches

In diesem vierten Teil des Anhangs soll ergänzende und weiterführende Literatur angegeben werden, um dem Studenten eine Vertiefung in besonders interessierende Gebiete zu ermöglichen. Mit Absicht wird dabei das Schwergewicht auf die Nennung einschlägiger angelsächsischer Literatur gelegt, da die deutschsprachige Literatur in gewissen Lehrbüchern (wie z.B. im Buch von Fieser) ausreichend berücksichtigt ist. Selbstverständlich handelt es sich dabei nur um eine kleine Auswahl.

1. Einleitung (Chemische Bindung, Trennungsmethoden, physikalische Eigenschaften[1])

N.L. and J. Allinger	*Structures of Organic Molecules.* Prentice Hall, Englewood Cliffs (N.J.) 1965
C.J. Ballhausen and H.B. Gray	*Molecular Orbital-Theory.* Benjamin, New York 1964
C.N. Banwell	*Fundamentals of Molecular Spectroscopy.* McGraw-Hill, London 1966
E. Bayer	*Gaschromatographie.* Springer, Berlin 1962
J. Brandmüller und H. Moser	*Einführung in die Raman-Spektroskopie.* Springer, Berlin 1962
E. Cartmell and G.W.A. Fowles	*Valency and Molecular Structure.* Butterworth, London 1966
H.R. Christen	*Grundlagen der allgemeinen und anorganischen Chemie.* Salle + Sauerländer, Frankfurt-Aarau 1980
C.A. Coulson	*Valence.* Oxford University Press, 1962
E.A. Coulson and E.C.F. Heringdon	*Laboratory Distillation Practice.* Newnes, London 1958
F. Cramer	*Papierchromatographie.* Verlag Chemie, Weinheim 1962
C. Djerassi	*Optical Rotatory Dispersion.* McGraw-Hill, New York 1960
I. Fleming	*Grenzorbitale und Reaktionen organischer Verbindungen.* Verlag Chemie, Weinheim 1979
H.B. Gray	*Electrons and Chemical Bonding.* Benjamin, New York 1964
C.A. Grob	Entwicklung der chemischen Formelsprache. *Chimia 8* (1954) 137
G. Großmann, J. Fabian und H.-W. Kammer	*Struktur und Bindung – Atome und Moleküle.* Fachstudium Chemie, Lehrbuch 1. Verlag Chemie, Weinheim 1974
E. Hecker	*Verteilungsverfahren im Laboratorium.* Verlag Chemie, Weinheim 1955
W. Heinemann	Prinzip und Anwendung der Flüssigchromatographie. *Chemie für Labor und Betrieb 28* (1977) *265, 303*
F. Helfferich	*Ionenaustauscher.* Verlag Chemie, Weinheim 1959
G. Herzberg	*Spectra of Diatomic Molecules.* Van Nostrand, Toronto 1950
–	*Infrared- and Raman-Spectra of Polyatomic Molecules.* Van Nostrand, New York 1945

[1] Weitere Literatur über spektroskopische Methoden siehe S. 1100.

D. I. E. Ingram   *Free Radicals as Studied by Electron Resonance Spectro-scopy.* Butterworths, London 1958

R. Kaiser   *Chromatographie in der Gasphase* (4 Bände). Bibliograph. Institut, Mannheim 1966–1973

B. Keil   *Laboratoriumstechnik der organischen Chemie.* VEB Deutscher Verlag der Wissenschaften, Berlin 1961

E. and M. Lederer   *Chromatography.* Elsevier, Amsterdam 1957

F. C. Nachod and
W. D. Phillips   *Determination of Organic Structures by Physical Methods.* Academic Press, New York 1962

O. Neunhoeffer   Analytische Trennung und Identifizierung organischer Substanzen. De Gruyter, Berlin 1965

K. Randerath   *Dünnschicht-Chromatographie.* Verlag Chemie, Weinheim 1962

H. Röck   *Ausgewählte moderne Trennverfahren zur Reinigung organischer Stoffe.* Steinkopff, Darmstadt 1964

R. L. Shriner, R. C. Fuson
and D. Y. Curtin   *The Systematic Identification of Organic Compounds.* Wiley, New York 1964

E. Stahl   *Dünnschicht-Chromatographie.* Springer, Berlin 1967

A. Streitwieser   *Molecular Orbital-Theory for Organic Chemists.* Wiley, New York 1961

A. Weißberger   *Technique of Organic Chemistry* (11 Bände). Interscience, New York 1946–65

H. E. Zimmerman   *Quantum Mechanics for Organic Chemists.* Academic Press, New York 1975

2. Stereochemie

W. Bähr und H. Theobald   *Organische Stereochemie* (Begriffe und Definitionen) Springer, Berlin 1973

D. H. R. Barton and
R. C. Cookson   *Quart. Rev.* (London) *10* (1956) 44 (Konformationsanalyse)

J. M. Bijvoet   Determination of the Absolute Configuration of Optical Antipodes. *Endeavour 14* (1955) 71

G. Blaschke   Chromatographische Racemattrennung. *Angew. Chem. 92* (1980) 14

R. S. Cahn   An Introduction to the Sequence Rule. *J. Chem. Educ. 41* (1964) 116

R. S. Cahn, C. K. Ingold und
V. Prelog   Spezifikation der molekularen Chiralität. *Angew. Chem. 78* (1966) 413

D. J. Cram   *Steric Effects in Organic Chemistry.* Wiley. New York 1962

L. Crombie   *Quart. Rev.* (London) *6* (1952) 101 *(cis/trans*-Isomerie)

J. Dale   *Stereochemie und Konformationsanalyse.* Verlag Chemie, Weinheim 1978

E. Eliel   *Stereochemie der Kohlenstoffverbindungen.* Verlag Chemie, Weinheim 1966

                                 Grundlagen der Stereochemie. UTB Birkhäuser, Basel 1972

E. Eliel, N. L. Allinger,
S. J. Angyal and
R. T. Morrison   *Conformational Analysis.* Interscience, New York 1965

G. Hallas   *Organic Stereochemistry.* McGraw-Hill, London 1965

J. M. Hollas   *Symmetry in Molecules.* Chapman & Hall, London 1972

H. B. Kagan   *Organische Stereochemie.* Thieme-Taschenbücher. Thieme, Stuttgart 1977

W. Klyne   *The Conformations of Six-membered Ring Systems.* Progr. in Stereochemistry Vol. *1*

H. H. Lau   Prinzipien der Konformationsanalyse. *Angew. Chem. 73* (1961) 423

K. Mislow   *Einführung in die Stereochemie.* Verlag Chemie, Weinheim 1972

J. D. Morrison and
H. S. Mosher   *Asymmetric Organic Reactions.* Prentice-Hall, Englewood Cliffs 1971

D. F. Mowery jr.   The Case of the Optical Inactivity. *J. Chem. Educ. 29* (1952) 138

G. Natta und M. Farina   *Struktur und Verhalten von Molekülen im Raum.* Verlag Chemie, Weinheim 1976

M. S. Newman   *Steric Effects in Organic Chemistry.* Wiley, New York 1956

M. Orchin and H. H. Jaffé   Symmetry Point Groups and Character Tables. *J. chem. Educ. 47* (1970) 246, 372

W. Schlenk   Neuere Ergebnisse der Konfigurationsforschung. *Angew. Chem. 77* (1965) 161

D. Whittaker   *Stereochemistry and Mechanism.* Oxford Chemistry Series, Oxford University Press 1973

3. Kohlenwasserstoffe und ihre Derivate; Carbonylverbindungen, Carbonsäuren usw.; Nomenklatur

F. Asinger   *Chemie und Technologie der Paraffinkohlenwasserstoffe.* VEB Deutscher Verlag der Wissenschaften, Berlin 1956

–   *Chemie und Technologie der Monoolefine.* VEB Deutscher Verlag der Wissenschaften, Berlin 1957

M. J. Astle   *Petrochemie.* Enke, Stuttgart 1959

G. N. Badger   *Aromatic Character and Aromaticity.* Cambridge University Press, 1969

F. Bohlmann   Struktur und Reaktionsfähigkeit der Acetylen-Bindung. *Angew. Chem. 69* (1957) 82

–   Natürliche Acetylenverbindungen. *Chemie in unserer Zeit 3* (1969) 404

R. S. Cahn and O. C. Dermer   *Introduction to Chemical Nomenclature.* Butterworths, London 1979

G. E. Coastes *et al.*   *Principles of Organometallic Chemistry.* Methuen, London 1968

L. N. Ferguson   Alicyclic Chemistry: The Playground for Organic Chemists. *J. Chem. Educ. 46* (1969) 404

P. Fresenius   *Organisch-chemische Nomenklatur.* Wiss. Verlagsgesellschaft, Stuttgart 1980

P. Garratt und P. Vollhardt   *Aromatizität.* Thieme, Stuttgart 1973

D. Ginsburg   *Non-Benzenoid Aromatic Compounds.* Interscience, New York 1959

C. D. Gutsche   *The Chemistry of Carbonyl Compounds.* Prentice Hall, Englewood Cliffs (N.J.) 1967

K. Hafner   August Kekulé – dem Baumeister der Chemie zum 150. Geburtstag. *Angew. Chem. 91* (1979) 685

D. Hellwinkel   *Die systematische Nomenklatur der Organischen Chmie.* Springer, Berlin 1974

O. Horn   Petrochemie als Rohstoffquelle der organischen Chemie. *Chem. Ztg. 87* (1963) 7

N. Lozac'h, A. L. Goodson und W. H. Powell   Die Nodalnomenklatur – Allgemeine Prinzipien. *Angew. Chem. 91,* (1979), *951*

G. Maier   *Valenzisomerisierungen.* Chemie-Taschenbücher, Verlag Chemie, Weinheim 1972

M. Orchin, F. Kaplan and R. Macomber   *The Vocabulary of Organic Chemistry.* Wiley, New York 1978

G. Quadbeck   Keten in der präparativen organischen Chemie. *Angew. Chem. 68* (1956) 361

R. A. Raphael   *Acetylenic Compounds in Organic Syntheses.* Butterworths, London 1955

W. Reppe   *Chemie und Technik der Acetylen-Druck-Reaktionen.* Verlag Chemie, Weinheim 1952

W. H. Saunders jr.   *Ionic Aliphatic Reactions.* Prentice Hall, Englewood Cliffs (N.J.) 1965

J. K. Stille   *Industrial Organic Chemistry.* Prentice Hall, Englewood Cliffs (N.J.) 1968

H. G. Viehe   Valenzisomere des (substituierten) Benzols *Angew. Chem. 77* (1965) 768

E. Vogel *et al.*   Aromatische und nicht-aromatische 14 π-Elektronensysteme. *Angew. Chem. 82* (1970) 510

G. W. Wheland   *Resonance in Organic Chemistry.* Wiley, New York 1955

G. H. Whitham   *Alicyclic Chemistry.* Oldbourne, London 1963

4. IR-, UV-, NMR- und Massenspektroskopie

R. S. Banks, T. P. Mateka and J. R. Merker   *Introductory Problems in Spectroscopy.* Addison-Wesley, New York 1980

G. M. Barrow   *Introduction to Molecular Spectroscopy.* McGraw-Hill, New York 1962

R. B. Bates and W. A. Beavers   *Carbon-13 NMR Spectral Problems.* Wiley, Chichester 1981

L. J. Bellamy   *Ultrarotspektrum und chemische Konstitution.* Steinkopff, Darmstadt 1965

J. Beynon   *Mass-Spectrometry and its Application to Organic Chemistry.* Elsevier, Amsterdam 1960

G. Brunée und H. Voshage   *Massenspektrometrie. Physikalische und apparative Grundlagen sowie Anwendungen.* Thiemig, München 1964

H. Budzikiewicz   *Massenspektrometrie.* Verlag Chemie, Weinheim 1972

R. T. Conley — *Infrared Spectroscopy.* Allyn & Bacon, Boston 1966

R. Demuth und F. Kober — *Grundlagen der Spektroskopie.* Diesterweg-Sauerländer, Frankfurt/Aarau 1978

J. R. Dyer — *Organic Spectral Problems.* Prentice-Hall, Englewood Cliffs 1972

E. Fahr und H. Mitschke — *Spektren und Strukturen organischer Verbindungen. Strukturaufklärung durch kombinierte Auswertung von Elementaranalyse, NMR-, IR-, UV- und Massenspektrum.* Verlag Chemie, Weinheim 1979

H. Friebolin — *NMR-Spektroskopie.* Verlag Chemie, Weinheim 1979

E. W. Garbisch — Analysis of Complex NMR-Spectra. *J. chem. Educ. 45* (1968), 311, 412, 480

H. Günther — *NMR-Spektroskopie.* Thieme, Stuttgart 1973

H. Günzler und H. Böck — *IR-Spektroskopie.* Verlag Chemie, Weinheim 1975

H. J. Hediger — *Infrarotspektroskopie.* Akademische Verlagsgesellschaft, Frankfurt 1971

G. Herzberg — *Infrared- and Raman-Spectra of Polyatomic Molecules.* Van Nostrand, New York 1945

M. Hesse, H. Meier und B. Zech — *Spektroskopische Methoden in der organischen Chemie.* Thieme, Stuttgart 1979

G. W. King — *Spectroscopy and Molecular Structure.* Holt, New York 1964

W. D. Lehmann und H.-R. Schulten — Quantitative Massenspektrometrie in Biochemie und Medizin. *Angew. Chem. 90* (1978) 233

D. J. Pasto and C. R. Johnson — *Organic Structure Determination.* Prentice-Hall, Englewood Cliffs 1969

E. Pretsch und J. Seibl — *Tabellen zur Strukturaufklärung organischer Verbindungen mit spektroskopischen Methoden.* Springer, Berlin 1981

W. J. Richter und H. Schwarz — Chemische Ionisation – ein stark Bedeutung gewinnendes massenspektrometrisches Analysenverfahren. *Angew. Chem. 90* (1978) 449

R. M. Silverstein and G. C. Bassler — *Spectrometric Identification of Organic Compounds.* Wiley, New York 1981

J. Seibl — *Massenspektrometrie.* Akademische Verlagsgesellschaft, Frankfurt 1970

W. Simon und Th. Clerc — *Strukturaufklärung organischer Verbindungen mit spektroskopischen Methoden.* Akademische Verlagsgesellschaft, Frankfurt 1967

G. Spiteller — Strukturuntersuchung organischer Verbindungen mit der Massenspektroskopie. *Chemie für Labor und Betrieb 20* (1969) 145

A. Weißberger — *Determination of Organic Structures by Physical Methods.* Academic Press, New York 1962

D. H. Williams und I. Fleming — *Spektroskopische Methoden in der organischen Chemie.* Thieme, Stuttgart 1979

– *Spectroscopic Problems in Organic Chemistry.* McGraw-Hill, London 1967

5. Organische Reaktionen (Allgemeines: Kinetik, Mechanismen, strukturelle Einflüsse; über Reaktionsmechanismen allgemein siehe besonders die auf S.1093 angegebenen Textbücher)

P. D. Bartlett	*Nonclassical Ions.* Benjamin, New York 1965
R. P. Bell	*The Proton in Chemistry.* Chapman and Hall, London 1973
M. C. Caserio	Reaction Mechanisms in Organic Chemistry. *J. chem. Educ.* 42 (1965) 570, 627
C. J. Collins and N. S. Bowman	*Isotope Effects on Chemical Reactions.* Van Nostrand, New York 1970
D. J. Cram	*Fundamentals of Carbanion Chemistry.* Academic Press, New York 1965
V. A. Crawford	Hyperconjugation. *Quart. Rev.* (London) 3 (1949) 226
A. A. Frost und R. G. Pearson	*Kinetik und Mechanismen homogener chemischer Reaktionen.* Verlag Chemie, Weinheim 1964
L. P. Hammett	*J. Amer. Chem. Soc.* 59 (1937) 96 (Hammett-Beziehung)
J. Hine	*Divalent Carbon.* Ronald Press, New York 1964
–	*Structural Effects on Equilibria in Organic Chemistry.* Wiley, New York 1975
R. W. Hoffmann	*Aufklärung von Reaktionsmechanismen.* Thieme, Stuttgart 1976
N. S. Isaacs	*Reaktionszwischenstufen in der organischen Chemie.* Verlag Chemie, Weinheim 1979
C. D. Johnson	*The Hammett-Equation.* Cambridge University Press, Cambridge 1973
J. L. Latham	*Elementary Reaction Kinetics.* Butterworths, London 1964
J. E. Leffler	*The Reactive Intermediates of Organic Chemistry.* Interscience, New York 1956
J. E. Leffler and E. Grundwald	*Rates and Equilibria of Organic Reactions.* Wiley, New York 1963
M. Makosza	*Naked Anions – Phase Transfer.* In: Modern Synthetic Methods, Salle + Sauerländer 1976
L. Melander	*Isotope Effects on Reaction Rates.* Ronald Press, New York 1960
L. K. Nash	*Elements of Chemical Thermodynamics.* Addison-Wesley, Reading 1970
G. A. Olah and V. P. Pittman	Adv. Phys. Org. Chem. 4 (1966) 305 (Carbenium-Ionen)
H. Schmid	Anwendung radioaktiver Isotope zum Studium von Reaktionsmechanismen in der organischen Chemie. *Chimia 14* (1960) 248
R. Stewart	*The Investigation of Organic Reactions.* Prentice-Hall, Englewood Cliffs 1966
–	Reactive Intermediates. *J. Chem. Educ.* 38 (1961) 308
P. Sykes	*Reaktionsaufklärung.* Verlag Chemie, Weinheim 1976
G. Wentrup	*Reaktive Zwischenstufen* (2 Bände). Thieme, Stuttgart 1979

6. Nucleophile und elektrophile Substitution am gesättigten C-Atom[1]

C. A. Bunton	*Nucleophilic Substitution at a Saturated Carbon Atom.* Elsevier, Amsterdam 1963
G. E. Coates	*Organometallic Compounds.* Wiley, New York 1960
H. Gilman	*Org. Reactions 6* (1951) 339, und *8* (1954) 258 (Metallierung mit Organolithiumverbindungen)
S. R. Hartshorn	*Aliphatic Nucleophilic Substitutions.* Cambridge University Press, Cambridge 1973
E. D. Hughes	*Quart. Rev.* (London) *2* (1948) 107 (sterische Hinderung)
C. K. Ingold	*Helv. Chim. Acta 47* (1964) 1191 (S_E-Reaktionen)
K. M. Inne-Rasa	Equations for Correlation of Nucleophilic Reactivity. *J. Chem. Educ. 44* (1967) 89
F. R. Jensen and B. Rickborn	*Electrophilic Substitution of Organomercurials.* McGraw-Hill, New York 1968
J. E. Leffler	*Reactive Intermediates of Organic Chemistry.* Interscience, New York 1956
G. A. Olah	*Carbokationen und elektrophile Reaktionen.* Verlag Chemie, Weinheim 1973
E. G. Rochow, C. D. Hurd and F. M. Lewis	*The Chemistry of Organometallic Compounds.* Wiley, New York 1957
W. H. Saunders jr.	*Ionic Aliphatic Reactions.* Prentice Hall, Englewood Cliffs (N.J.) 1965
A. Streitwieser	*Solvolytic Displacement Reactions.* McGraw-Hill, New York 1962
–	*Chem. Rev. 56* (1956) 675 (Nachbargruppeneffekte)
C. G. Swain and C. B. Scott	*J. Amer. Chem. Soc. 75* (1953) 141 (Parameter für Nucleophilie)
E. R. Thornton	*Solvolysis Mechanisms.* Ronald Press, New York 1964
P. Walden	*Chem. Ber. 26* (1893) 210, *29* (1896) 133, *32* (1899) 1855 (Waldensche Umkehr)
S. Winstein	*Bull. Soc. Chim. France 18* (1951) C55 (Nachbargruppeneffekte)

7. Eliminationen und Additionen an C=C-Doppelbindungen

N. T. Anh	*Die Woodward-Hoffmann-Regeln und ihre Anwendung.* Verlag Chemie, Weinheim 1972
D. V. Banthorpe	*Elimination Reactions.* Elsevier, Amsterdam 1963
E. D. Bergmann	*Org. Reactions 10* (1959) 179 (Michael-Addition)
H. C. Brown	*Hydroboration.* Benjamin, New York 1962
–	*Organic Synthesis via Boranes.* Interscience, New York 1975
–	Aus kleinen Eicheln wachsen große Eichen – von den Boranen zu den Organoboranen. *Angew. Chem. 92* (1980) 675
A. A. Bruson	*Org. Reactions 5* (1949) (Cyanethylierung)
J. F. Bunnett	Der Mechanismus bimolekularer β-Eliminierungen. *Angew. Chem. 74* (1962) 731

[1] Über den Ablauf und die präparative Bedeutung der verschiedenen organischen Reaktionstypen siehe insbesondere auch die Lehrbücher von Becker, March und Norman.

M. C. Caserio	Reaction Mechanisms in Organic Chemistry – Concerted Reactions. *J. chem. Educ. 48* (1971) 782
R. Criegee	Die Ozonolyse. *Chemie in unserer Zeit 6* (1973) 75
M. J. S. Dewar	Aromatizität und perizyklische Reaktionen. *Angew. Chem. 83* (1971) 859
I. Fleming	*Grenzorbitale und Reaktionen organischer Verbindungen.* Verlag Chemie, Weinheim 1979
M. Freifelder	*Practical Catalytic Hydrogenation.* Wiley-Interscience, New York 1971
T. L. Gilchrist and R. C. Storr	*Organic Reactions and Orbital Symmetry.* Cambridge University Press, Cambridge 1977
R. A. Hoffmann and R. B. Woodward	*J. Amer. Chem. Soc. 87* (1965) 2047, 4388
G. L. Holmes	*Org. Reactions 4* (1948) 60 (Diels-Alder-Addition)
R. Huisgen	2,3-Dipolare Cycloadditionen. *Angew. Chem. 75* (1963) 604
B. R. James	*Homogenous Hydrogenations.* Wiley, New York 1973
Kei-Wei-Shen	Hückel-Möbius Concept in Concerted Reactions. *J. chem. Educ. 50* (1973) 238
W. Kitching	*Organomet. Chem. Rev. 3* (1968) 61 (Merkurierung)
M. C. Kloetzel	*Org. Reactions 4* (1948) 1 (Diels-Alder-Reaktion)
R. E. Lehr and A. P. Marchand	*Orbital Symmetry. A Problem-Solving Approach.* Academic Press, New York 1972
P. B. D. de la Mare and C. H. Bolton	*Electrophilic Additions to Unsaturated Systems.* Elsevier, Amsterdam 1966
S. Patai and H. Rappoport	*The Chemistry of Alkenes.* Interscience, New York 1964
S. J. Rhoades and N. R. Raulins	*Org. Reactions 22* (1975) 1 (Claisen- und Cope-Umlagerung)
J. D. Roberts and C. N. Sharts	Cyclobutane Derivatives from Thermal Cycloaddition Reactions. *Org. Reactions 12* (1962) 1
W. H. Saunders jr.	*Ionic Aliphatic Reactions.* Prentice-Hall, Englewood Cliffs (1965)
W. H. Saunders jr. and A. F. Cockerill	*Mechanisms of Elimination Reactions.* Wiley, New York 1973
D. Seebach	Die Woodward-Hoffmann-Regeln. Fortschr. *Chem. Forsch. 11* (1968) 177
J. Sicher	Der *syn*- und *anti*-koplanare Ablauf bimolekularer olefinbildender Eliminierungen. *Angew. Chem. 84* (1972) 177
G. Sosnovsky	*Free Radicals in Preparative Organic Chemistry.* Macmillan, New York 1964
J. J. Vollmer and K. J. Servis	Woodward-Hoffmann-Rules: Electrocyclic Reactions. *J. Chem. Educ. 45* (1968) 214, *47* (1970)
H. H. Wasserman	*Diels-Alder-Reactions.* Elsevier, Amsterdam 1965
R. B. Woodward und R. Hoffmann	*Die Erhaltung der Orbitalsymmetrie.* Verlag Chemie, Weinheim 1970
H. E. Zimmerman	The Möbius-Hückel-Concept in organic chemistry: Application to organic molecules and reactions. *Acc. Chem. Res. 4* (1971) 272

8. Substitutionen und Additionen an Carbonylgruppen

M. L. Bender	*Chem. Rev. 60* (1960) 53 (S_E-Reaktionen an Acylverbindungen)
F. F. Blicke	*Org. Reactions 1* (1942) 303 (Mannich-Reaktion)
A. G. Cook	*Enamines. Synthesis, Structure and Reactions*. Dekker, New York 1969
D. J. Cram	*Fundamentals of Carbanion Chemistry*. Academic Press, New York 1965
A. G. Davies and J. Kenyon	*Quart. Rev.* (London) *9* (1955) 203 (Esterspaltung)
L. G. Donaruma and W. Z. Heldt	*Org. Reactions 11* (1960) 1 (Beckmann-Umlagerung)
H. F. Ebel	*Die Acidität der C—H-Säuren*. Thieme, Stuttgart 1969
T. A. Geissman	*Org. Reactions 2* (1944) 94 (Cannizzaro-Reaktion)
C. D. Gutsche	*Chemistry of Carbonyl Compounds*. Prentice-Hall, Englewood Cliffs 1967
C. R. Hauser *et al.*	*Org. Reactions 8* (1954) 59 (Acylierung von Ketonen)
C. R. Hauser and B. E. Hudson	*Org. Reactions 1* (1942) 266 (Acetessigestersynthesen)
A. W. Johnson	*Ylide Chemistry*. Academic Press, New York 1966
J. R. Johnson	*Org. Reactions 1* (1942) 210 (Perkin-Reaktion)
E. R. Jones	*Org. Reactions 15* (1967) 204 (Knoevenagel-Reaktion)
J. R. Jones	*The Ionisation of Carbon Acids*. Academic Press, New York 1973
M. S. Jorgenson	*Org. Reactions 18* (1970) 1 (Ketone aus Carbonsäuren und Organolithiumverbindungen)
A. Maercker	*Org. Reactions 14* (1965) 270 (Wittig-Reaktion)
E. Mowry	*Chem. Rev. 42* (1942) 184 (HCN-Addition)
M. S. Newman and B. J. Magerlein	*Org. Reactions 5* (1949) 413 (Darzens-Reaktion)
A. T. Nielsen and W. H. Houlihan	*Org. Reactions 16* (1968) 1 (Aldol-Reaktion)
M. W. Rathke	*Org. Reactions 19* (1972) 279 (Reformatzki-Reaktion)
D. P. N. Satchell	*Quart. Rev. (London) 17* (1963) 160 (Acylierungen)
J. P. Schaefer and J. J. Bloomfield	*Org. Reactions 15* (1967) 1 (Dieckmann-Reaktion)
D. H. Shirley	*Org. Reactions 8* (1954) 28 (Ketone aus Acylhalogeniden und Verbindungen von Mg, Zn, Cd)
R. L. Shriner	*Org. Reactions 1* (1942) 1 (Reformatzki-Reaktion)
M. Szawark	*Ions and Ion Pairs in Organic Reactions*. Wiley, New York 1973
B. M. Trost and L. S. Melvin	*Sulfur Ylides* in Organic Chemistry Volume 31, Academic Press, New York 1975
G. Wittig	Von Diylen über Ylide zu meinem Idyll. *Angew. Chem. 92* (1980) 671

9. Aromatische (elektrophile und nucleophile) Substitution

R. M. Badger	*The Structures and Reactions of Aromatic Compounds.* Cambridge University Press, London 1954
E. Berliner	*Progr. Phys. Org. Chem. 2* (1964) 253 (Mechanismus S_E)
–	The Current State of Positive Halogenating Agents. *J. Chem. Educ. 43* (1966) 124
J. F. Bunnett	*Quart. Rev.* (London) *12* (1958) 1 (Mechanismus und Reaktivität bei S_E-Reaktionen)
–	The Chemistry of Benzyne. *J. Chem. Educ. 38* (1961) 278
R. J. Gillespie and D. J. Millen	*Quart. Rev.* (London) *2* (1948) 277 (Nitrierung)
J. W. Ferguson	*Chem. Rev. 50* (1952) 47 (Orientierung bei S_E-Reaktionen)
R. C. Fuson and C. H. McKeever	*Org. Reactions 1* (1942) 163 (Chlormethylierung)
H. Heany	The Benzyne and Related Intermediates. *Chem. Rev. 62* (1962) 81
R. W. Hoffmann	*Dehydrobenzene and Cycloalkynes.* Academic Press, New York 1967
P. B. D. de la Mare and J. H. Ridd	*Aromatic Substitution – Nitration and Halogenation.* Academic Press, New York 1959
J. Miller	*Aromatic Nucleophilic Substitution.* Elsevier, Amsterdam 1968
R. O. C. Norman und R. Taylor	*Electrophilic Substitution in Benzenoid Compounds.* Elsevier, Amsterdam 1965
G. A. Olah	*Friedel-Crafts- and Related Reactions* (5 Bände). Interscience, New York 1963–65
–	*Carbokationen und elektrophile Reaktionen.* Verlag Chemie, Weinheim 1973
J. H. Reid	Mechanism of Aromatic Nitration. *Acc. Chem. Res. 4* (1971) 248
A. Roe	*Org. Reactions 5* (1949) 193 (Schiemann-Reaktion)
D. A. Shirley	*Org. Reactions 8* (1954) 28 (Ketone aus Acylchloriden)
J. B. Snyder	*Nonbenzenoid Aromatics.* Academic Press, New York 1969
L. M. Stock	*Aromatic Substitution Reactions.* Prentice Hall, Englewood Cliffs (N.J.) 1968
W. E. Truce	*Org. Reactions 9* (1957) 37 (Gattermann-Synthese)
H. Zollinger	*Advan. Phys. Org. Chem. 3* (1964) 163 (H-Isotopeneffekte)

10. Radikalreaktionen

K. T. Finley	*Chem. Rev. 64* (1964) 573 (Acyloin-Kondensation zur Zyklisierung)
A. R. Forrester, J. M. Hay and R. H. Thomson	*Organic Chemistry of Stable Free Radicals.* Academic Press, New York 1968
M. Gomberg	*Ber. dtsch. chem. Ges. 33* (1900) 3150
E. S. Hyser	*Freee Radical Chain Reactions.* Wiley-Interscience, New York 1970

W. A. Pryor   *Introduction to Free Radical Chemistry.* Prentice Hall, Engle-
                                wood Cliffs (N.J.) 1966
–   *Free Radicals.* McGraw-Hill, New York 1965
–   *Einführung in die Radikalchemie.* Verlag Chemie, Weinheim
                                1974
G. Sosnovsky   *Free Radicals in Preparative Organic Chemistry.* Macmillan,
                                New York 1964
J. M. Tedder   *Quart. Rev.* (London) *14* (1960) 336 (Radikalreaktionen)
C. Walling   *Free Radicals in Solution.* Wiley, New York 1957
C. Walling and E. S. Huyser   *Org. Reactions 13* (1961) 81 (Radikaladdition an C=C)

11. Oxidationen und Reduktionen

R. L. Augustine   *Oxidation, Vol. 1.* Dekker, New York 1969
–   *Reduction: Techniques and Applications to Organic Synthe-
                                sis.* Dekker, New York 1968
A. J. Birch und H. Smith   *Quart. Rev.* (London) *12* (1958) 17 (Reduktionen mit Lösun-
                                gen von Metallen in Aminen)
C. G. Bond   *Quart. Rev.* (London) *8* (1954) 279 (Kat. Hydrierung)
H. C. Brown   *Hydroboration.* Benjamin, New York 1962
W. G. Brown   *Org. Reactions 6* (1951) 469 (Reduktionen mit $LiAlH_4$)
C. Djerassi   *Org. Reactions 6* (1951) 207 (Oppenauer-Oxidation)
N. G. Gaylord   *Reductions with Complex Metal Hydrides.* Interscience, New
                                York 1965
T. A. Geissman   *Org. Reactions 2* (1944) 94 (Cannizzaro-Reaktion)
H. Hörmann   Reduktion von Carbonylverbindungen durch komplexe Hy-
                                dride. *Angew. Chem. 68* (1956) 601
E. L. Jackson   *Org. Reactions 2* (1944) 341 (Oxidationen mit Periodsäure)
E. L. Martin   *Org. Reactions 1* (1942) 155 (Clemmensen-Reduktion)
N. Rabjohn   *Org. Reactions 5* (1949) 331 (SeO_2-Oxidationen)
K. L. Rinehart   *Oxidation and Reduction of Organic Compounds.* Prentice
                                Hall, Englewood Cliffs (N.J.) 1973
C. Schuster   Die Oxosynthese. *Fortschr. chem. Forsch. 2* (1951) 311
R. Stewart   *Oxidation Mechanisms.* Benjamin, New York 1964
D. Todd   *Org. Reactions 4* (1948) 378 (Wolff-Kishner-Reduktion)
W. S. Trahanovsky   *Oxidation in Organic Chemistry, Part B.* Academic Press, New
                                York 1973
W. A. Waters   *Mechanisms of Oxidation of Organic Compounds.* Wiley,
                                New York 1964
K. Wiberg   *Oxidation in Organic Chemistry.* Academic Press, New York
                                1955
A. L. Wilds   *Org. Reactions 2* (1944) 178 (Meerwein-Ponndorf-Reduk-
                                tion)

12. Umlagerungen

W. E. Bachmann and
W. S. Struve   *Org. Reactions 1* (1942) 38 (Arndt-Eistert-Reaktion)
B. Capon   *Quart. Rev.* (London) *18* (1964) 45 (Nachbargruppeneffek-
                                  te)
C. J. Collins   *Quart. Rev.* (London) *14* (1960) 357 (Pinakol-Umlagerung)
L. G. Donaruma and
W. Z. Heldt   *Org. Reactions 11* (1960) 1 (Beckmann-Umlagerung)
C. H. Hassall   *Org. Reactions 9* (1957) 73 (Baeyer-Villiger-Umlagerung)
A. S. Keude   *Org. Reactions 11* (1960) 261 (Favorski-Umlagerung)
F. R. Mayo   *Molecular Rearrangements.* Interscience, New York 1963
G. Schröder, J. F. M. Oth
und R. Merényi   Moleküle mit schneller und reversibler Valenzisomerisierung.
                                  Angew. Chem. 77 (1965) 774
P. A. S. Smith   *Org. Reactions 3* (1946) 337 (Curtius-Abbau)
D. D. Tarbell   *Org. Reactions 2* (1944) 1 (Claisen-Umlagerung)
H. G. Viehe   Valenzisomere des (substituierten) Benzols. *Angew. Chem.
                                  77* (1965) 768
E. Vogel   Valenzisomerisierungen von Verbindungen mit gespannten
                                  Ringen. *Angew. Chem. 74* (1962) 829
E. S. Wallis and J. F. Lane   *Org. Reactions 3* (1946) 267 (Hoffmann-Abbau)

13. Heterozyklen

R. M. Acheson   *An Introduction to the Chemistry of Heterocyclic Com-
                                  pounds.* Interscience, New York 1960
A. Albert   *Chemie der Heterocyclen.* Verlag Chemie, Weinheim 1962
E. Bayer   In der Natur vorkommende Metallkomplexe. *Chimia 16*
                                  (1962) 333
H. G. Boit   *Die Alkaloide.* VEB Deutscher Verlag der Wissenschaften,
                                  Berlin 1961
K. Dimroth   Aromatische Verbindungen aus Pyryliumsalzen. *Angew.
                                  Chem. 72* (1960) 331
J. E. Falk   *Porphyrins and Metalloporphyrins.* Elsevier, Amsterdam 1964
A. R. Katritzky und
J. M. Lagowsky   *Chemie der Heterozyklen.* Springer, Berlin 1968
F. Kröhnke   Synthesen mit Hilfe von Pyryliumsalzen. *Angew. Chem. 75*
                                  (1963) 181, 315
M. F. Leffler   *Org. Reactions 1* (1942) 191 (Aminierung mit Amiden)
B. Lythgoe   *Quart. Rev.* (London) *3* (1949) 181 (Pyrimidin- und Purin-
                                  chemie)
R. H. Manske and
L. H. Holmes   *The Alkaloids.* Academic Press, New York 1950–53
R. H. Manske and M. Kulka   *Org. Reactions 7* (1953) 59 (Skraup-Synthese)
L. A. Paquette   *Principles of Modern Heterocyclic Chemistry.* Benjamin, New
                                  York 1968
J. H. Ridd   *Structure an Mechanism in Heteroaromatic Substitution.*
                                  Elsevier, Amsterdam 1969
B. Robinson   *Chem. Rev. 63* (1963) 373 (Fischer-Indol-Synthese)

K. Schofield	*Quart. Rev.* (London) *4* (1950) 382 (Nitrierung von Heterozyklen)
K. Thomas und D. Jerchel	Einführung von Substituenten in Pyridinringe. *Angew. Chem. 70* (1958) 719
R. H. Wiley	*Org. Reactions 6* (1951) 367 (Thiazole)
R. B. Woodward *et al.*	*J. Amer. Chem. Soc. 78* (1956) 2032 (Reserpin-Synthese)
–	*J. Amer. Chem. Soc. 82* (1960) 3800 (Chlorophyll-Synthese)
R. B. Woodward and W. E. Doering	*J. Amer. Chem. Soc. 67* (1945) 860

14. Naturstoffe

K. Alder und M. Schumacher	Anwendungen der Dien-Synthese für die Erforschung von Naturstoffen. *Fortschr. Chem. org. Naturstoffe 10* (1953) 1
D. H. R. Barton and P. Mayo	*Quart. Rev.* (London) *11* (1957) 189 (Sesquiterpene)
D. H. R. Barton and G. A. Morrison	Conformational Analysis of Steroids and Related Products. *Fortschr. Chem. org. Naturstoffe 19* (1961) 166
P. Bernfeld	*Biogenesis of Natural Compounds.* Pergamon Press, New York 1967
F. Bohlmann	Natürlich vorkommende Acetylenverbindungen. *Chimia 16* (1962) 353
G. Braunitzer	Konstitutionsermittlung bei Peptiden und Proteinen. *Angew. Chem. 69* (1957) 189
M. Calvin	Der Weg des Kohlenstoffes in der Photosynthese. *Angew. Chem. 74* (1962) 165
C. R. Cantor and P. R. Schimmel	Biophysical Chemistry – Part I: *The Conformation of Biological Macromolecules,* Freeman, San Francisco 1980
–	Biophysical Chemistry – Part II: *Techniques for the Study of Biological Structure and Function,* Freeman, San Francisco 1980
–	Biophysical Chemistry – Part III: *The Behaviour of Biological Macromolecules,* Freeman, San Francisco 1980
E. J. Cohn and J. T. Edsall	*Proteins, Amino Acids and Peptides as Ions and Dipolar Ions.* Reinhold, New York 1943
F. H. Crick	Über den genetischen Code. *Angew. Chem. 75* (1963) 425
K. Decker	*Die aktivierte Essigsäure.* Enke, Stuttgart 1959
R. E. Dickerson und I. Geis	*Struktur und Funktion der Proteine.* Verlag Chemie, Weinheim 1971
L. F. und M. Fieser	*Steroide.* Verlag Chemie, Weinheim 1961
B. Franck	Schlüsselbausteine der Naturstoff-Biosynthese und ihre Bedeutung für Chemie und Medizin. *Angew. Chem. 91* (1979) 453
K. Freudenberg	Beiträge zur Entstehung des Lignins. *Angew. Chem. 68* (1956) 508
A. Frey-Wyßling and K. Mühlethaler	The Fine Structure of Cellulose. *Fortschr. Chem. org. Naturstoffe 8* (1951) 1

T. A. Geissman and
D. H. Cront

Organic Chemistry of Seconday Plant Metabolism Freeman,
Cooper & Co., San Francisco 1969

L. Hartman

Chem. Rev. 58 (1958) 845 (Synthese von Glyceriden)

G. Hartmann

Antibiotika: Werkzeuge zur Erforschung der Nucleinsäure-
und Proteinsynthese. *Chemie in unserer Zeit 4* (1970) 26

J. B. Hendrickson

The Molecules of Nature. Benjamin, New York 1965

M. Hesse

Alkaloid Chemistry. Wiley, Chichester 1981

A. Heusner

Stereochemie der natürlichen Steroide. *Angew. Chem. 63*
(1951) 59

T. B. Hilditch

The Chemical Constitution of Fats. Chapman & Hall, London
1947

V. M. Ingram

The Biosynthesis of Macromolecules. Benjamin, New York
1965

W. S. Johnson and
J. Walker

Proc. Chem. Soc. (1958) 114 (Östron-Synthese)

O. Isler *et al.*

Helv. Chim. Acta 30 (1947) 1911 (Vitamin A-Synthese)

J. Lederberg

Ergebnisse und Probleme der Genetik. *Angew. Chem. 71*
(1959) 473

A. L. Lehninger

Bioenergetics. Benjamin, New York 1965

–

Biochemie. Verlag Chemie, Weinheim 1977

P. Karlson

Kurzes Lehrbuch der Biochemie. Thieme, Stuttgart 1980

P. Karrer und C. H. Eugster

Helv. Chim . Acta 33 (1950) 1172 (Synthese von β-Carotin)

J. C. Kendrew

Myoglobin und die Struktur der Proteine. *Angew. Chem. 75*
(1963) 595

K. D. Kopple

Peptides and Amino Acids. Benjamin, New York 1966

A. Kornberg

Die biologische Synthese von DNS. *Angew. Chem. 72* (1960)
231

D. E. Metzler

Biochemistry, Academic Press, New York 1977

F. Micheel

Chemie der Zucker und Polysaccharide. Akademische Verlagsgesellschaft, Leipzig 1956

P. Nuhn

Chemie der Naturstoffe. Akademie-Verlag, Berlin 1981

S. Ochoa

Die enzymatische Synthese von RNS. *Angew. Chem. 72*
(1960) 225

J. F. W. McOmie

Protective Groups. *Advan. Org. Chem. 3* (1963) 191

W. G. Overend and
R. J. Rerrier

An Introduction to Carbohydrate Chemistry. Oldbourne,
London 1965

M. F. Perutz

Röntgenanalyse des Hämoglobins. *Angew. Chem. 75* (1963)
589

R. M. Goepp, W. H. Sebrell jr.
und R. S. Harris

The Vitamins. Academic Press, New York 1954

L. Stryer

Biochemistry, Freeman, San Francisco 1981

J. M. Tedder, A. Nechvatal,
A. W. Murray, J. Carduff

Basic Organic Chemistry, Part 4 (Naturstoffe). Wiley, London
1972

E. O. P. Thompson

The Selective Degradation of Proteins. *Advan. Org. Chem. 1*
(1960) 149

R. Tschesche

Neuere Vorstellungen auf dem Gebiete der Biosynthese der
Steroide und verwandter Naturstoffe. *Fortschr. Chem. org.
Naturstoffe 12* (1955) 131)

L. Velluz *et al.*	Neuere Ergebnisse bei Totalsynthesen von Steroiden. *Angew. Chem. 72* (1960) 725
E. Vogel	*Chemie und Technik der Vitamine.* Enke, Stuttgart 1955
E. Waldschmidt-Leitz	*Chemie der Eiweißkörper.* Enke, Stuttgart 1957
J. D. Watson	Die Beteiligung der RNS an der Proteinsynthese. *Angew. Chem. 75* (1963) 439
Th. Wieland	Aus der Chemie der Polypeptide. *Angew. Chem. 71* (1959) 417
Th. Wieland und H. Determann	Peptidsynthesen. *Angew. Chem. 75* (1963) 539
M. H. F. Wilkins	Die molekularen Konfigurationen der Nucleinsäuren. *Angew. Chem. 75* (1963) 429
R. B. Woodward *et al.*	*J. Amer. Chem. Soc. 74* (1952) 4223 (Cholesterin-Synthese)

15. Hochmolekulare Stoffe, Farbstoffe

O. Bayer	Zur Entwicklung und Problematik des organischen Makromoleküls. *Angew. Chem. 71* (1959) 145
H. Bestian *et al.*	Die Tieftemperaturpolymerisation des Äthylens. *Angew. Chem. 74* (1962) 955
F. W. Billmeyer jr.	*Textbook of Polymer Science.* Interscience, New York 1962
J. M. Cowie	*Chemie und Physik der Polymeren.* Verlag Chemie, Weinheim 1978
G. Henrici-Olivé und S. Olivé	*Polymerisation.* Chemie-Taschenbücher, Verlag Chemie, Weinheim 1970
–	Die aktive Spezies in homogenen Ziegler-Natta-Katalysatoren für die Äthylen-Polymerisation. *Angew. Chem. 79* (1967) 764
S. Hünig	Neue Wege in die Azochemie. *Chimia 15* (1961) 133
N. J. Juster	Color and Chemical Constitution. *J. Chem. Educ. 39* (1962) 596
P. Koller	Allgemeine Übersicht über die heute hauptsächlich verwendeten Synthesefasern und über ihre Anwendung in verschiedenen Textilien. *Chimia 27* (1973) 445
H. Kuhn	Neuere Untersuchungen über das Elektronengasmodell organischer Farbstoffe. *Angew. Chem. 71* (1959) 93
A. Maccoll	*Quart. Rev.* (London) *1* (1947) 16 (Farbe und Konstitution)
H. Meier	*Die Photochemie der organischen Farbstoffe.* Springer, Berlin 1963
G. Natta	Stereospezifische Polymerisation von Vinyläthern. *Angew. Chem. 71* (1959) 205
W. Noll	*Chemie und Technologie der Silicone.* Verlag Chemie, Weinheim 1960
W. Oechsner	Vom Styrol zum Polystyrol. *Chemie für Labor und Betrieb 21* (1970) 481
–	Polyvinylchlorid – Darstellung und Eigenschaften. *Chemie für Labor und Betrieb 22* (1971) 158
G. Odian	*Principles of Polymerisation.* McGraw-Hill, New York 1970

P. Pino und R. Mülhaupt	Die stereospezifische Polymerisation von Propylen: Ein Überblick 25 Jahre nach ihrer Entdeckung. *Angew. Chem. 92* (1980) 869
H. Rinke	Elastomere Fasern auf Polyurethanbasis. *Chimia 16* (1962) 93
F. Runge	*Einführung in die Chemie und Technologie der Kunststoffe.* VEB Verlag der Wissenschaften, Berlin 1959
P. Rys und H. Zollinger	*Leitfaden der Farbenchemie.* Chemie-Taschenbücher, Verlag Chemie, Weinheim 1970
K. Saftien	Die Indanthrenfarbstoffe. *Chem. Ztg. 75* (1951) 128
G. Schulz	*Die Kunststoffe.* Hanser, München 1964
H. R. Schweizer	*Künstliche organische Farbstoffe und ihre Zwischenprodukte.* Springer, Berlin 1964
R. B. Seymour	*Introduction to Polymer Chemistry.* McGraw-Hill, New York 1971
W. Sorenson und T. W. Campbell	*Präparative Methoden der Polymerenchemie.* Verlag Chemie, Weinheim 1962
H. Staudinger	*Die hochmolekularen organischen Verbindungen.* Springer, Berlin 1960
J. K. Stille	*Chem. Rev. 58* (1958) 541 (Ziegler-Polymerisation)
C. Walling and E. S. Huyser	*Org. Reactions 13* (1963) 91 (Radikal-Addition)
G. Wegner	Polymere mit metallähnlicher Leitfähigkeit – Ein Überblick über Synthese, Struktur und Eigenschaften *Angew. Chem. 93* (1981) 352
K. Venkataraman	*The Chemistry of Synthetic Dyes.* Academic Press, New York 1952
K. Ziegler	Die Polymerisation mit Metallalkylen 1. bis 3. Gruppe. *Angew. Chem. 71* (1959) 623
–	Folgen und Werdegang einer Erfindung. *Angew. Chem. 76* (1964) 545
H. Zollinger	*Chemie der Azofarbstoffe.* Birkhäuser, Basel 1958
–	Chemismus der Reaktivfarbstoffe. *Angew. Chem. 71* (1959) 93
–	Untersuchungen über den Färbemechanismus von Reaktivfarbstoffen. *Chimia 15* (1961) 186

16. Photochemie, metallorganische Chemie

E. C. Ashby	Grignard reagents. Composition and mechanism of reactions. *Q. Rev. Chem. Soc. 1964* 259
J. M. Brown	Organolithium reagents in synthesis. *Chem. Ind. (London) 1972* 454
F. McCapra	A Review of Chemiluminescence. *Prog. Org. Chem. 8* (1971) 231
G. E. Coates, M. L. H. Grenn, P. Powell und K. Wade	*Einführung in die metallorganische Chemie.* Enke, Stuttgart 1972
D. O. Cowan and R. L. Drisko	*Elements of Organic Photochemistry* Plenum Press, New York 1976

J. M. Coxon and B. Halton	*Organic Photochemistry.* Cambridge University Press, Cambridge 1974
R. W. Denny and A. Nickon	Sensitized Photooxidation of Olefins. *Org. Reactions 20* (1973) 133
M. Orchin and H. H. Jaffé	*The Importance of Antibonding Orbitals.* Houghton Mifflin, Boston 1967
E. G. Rochow	*Organometallic Chemistry.* Chapman and Hall, London 1965
N. J. Turro	*Molecular Photochemistry.* Benjamin, New York 1965
M. Tsutsui, M. N. Levy, A. Nakamur, M. Ichkawa and K. Mori	*Introduction to Metal-π- Complex Chemistry.* Plenum Press, New York 1970
J. M. Swan and D. St. C. Black	*Organometallics in Organic Synthesis.* Chapman and Hall, London 1974
J. Wakefield	Organomagnesium compounds in organic synthesis. *Chem. Ind. (London) 1972* 450

Anhang E: Lösungen ausgewählter Übungsaufgaben

1.19   A oder

B   C

2.1.8   A = $CH_3CCl_2CH_3$
         B = $ClCH_2CH_2CH_2Cl$
         C = $CH_3CHClCH_2Cl$
         D = $CH_3CH_2CHCl_2$
2.1.9   3-Bromhexan
2.1.10   58; $CH_3CH_2CH_2OH$ (oder Isopropanol)
2.1.12   (a) *n*-Pentan
         (b) Neopentan
2.2.1   (a) Cyclononan
         (b) Methylcyclobutan
2.3.5 CH_3—CH≡CH—CH_3
2.3.6 $(CH_3)_2C$≡$C(CH_3)_2$ oder 3-Hexen
2.3.7 $(CH_3)_2C$≡$CHCH$≡CH_2
2.3.8   Substitution durch Br (am zweiten C-Atom) und Elimination von HBr. Mit Buten bekäme man ein Gemisch von 1- und 2-Butan.
2.3.12   Neben der Addition tritt (radikalische) Substitution am α-C-Atom ein, und es entsteht HBr
2.3.14   1,3,5-Hexatrien
2.3.16   2-Methylpenten
2.5.3   (a) 2,3,3,1,2
         (b) 5,5,5,2,4
         (c) keine
2.5.4   ja
2.5.10   Dank der höheren EN des O-Atoms wird ein O-Elektronenpaar weniger stark delokalisiert als im Falle von S
2.5.12   Bei zunehmender Verdünnung nimmt die Dissoziation von Hexaphenylethan zu, also Verstärkung der Farbe. Auch beim Erwärmen muß der Dissoziationsgrad wachsen
2.5.15   Das reaktivere Chlor wirkt weniger selektiv
2.5.17   *cis*-Stilben
2.5.19   tert. Butylbenzen

3.1.4   *cis*-1,2-Cyclopentandiol bilden intramolekulare H-Brücken
3.1.12   (a) Addition von Ethylmagnesiumbromid an Methylethylketon (das durch Oxidation von sek. Butylalkohol entsteht); Addition von sek. Butylmagnesiumbromid an Acetaldehyd
         (b) Addition von Methylmagnesiumbromid an Cyclohexanon (Oxidationsprodukt von Cyclohexanol)
         (c) Addition von Cyclohexylmagnesiumbromid an Acetaldehyd

3.1.17   3-Methyl-3-pentanol
3.1.20   Dioxan, Hydrochinon
3.3.9   *n*-Hexylamin

3.4.6   (a)   (b)   (c)

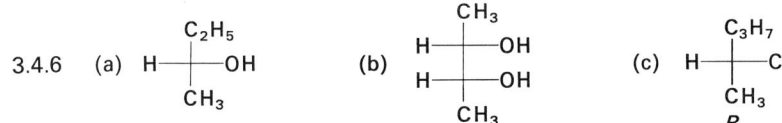

3.4.8   (c) und (d)
3.4.17   (a) Konfigurationsumkehr
         (b) an C2 Retention
             an C5 Bildung beider Konfigurationen im Verhältnis 1:1
         (c) an C2 Retention
             an C3 ebenfalls Bildung beider Konfigurationen, aber möglicherweise nicht im
             Verhältnis 1:1
3.4.20   A   (*S,S*)
         B   (*R,S*)
         C   (*S,S*)
         D   (2*R*, 3*S*)-4-Brombutantriol-(1,2,3)
         E   (*R,R*)
         F   (*R,S*)

4.1.7 $CH_3-\overset{|}{\underset{CH_3}{C}}=CH-CH_2-CH_2-\overset{|}{\underset{CH_3}{C}}=CH-CHO$

4.5.11   (a) 4   (b) 1   (c) 4   (d) 3   (e) 4   (f) 4   (g) 2   (h) 4
4.5.16 $\delta = 4,16$: H am substituierten C-Atom
         82% Br-äquatorial
4.5.18   Cumen, Isobutylen, Phenylacetylen
4.5.22 $CH_2ClCHClCCl_3$
         Isobutylbromid
         tert. Butylbenzen
         $C_6H_5CH_2CH_2CH_2Br$
4.5.23   Isobutylbenzen, tert. Butylbenzen, *p*-Cymen
4.5.24 α-Methylstyren
4.5.25   B   1,2,2-Triphenylethanol
         C   1,1,2-Triphenylethanol
4.5.26   D   2-Methyl-2-propen-1-ol
         E   Isobutylalkohol
4.5.27   F   3,3-Dimethyl-2-butanol
4.5.28   G   *p*-Anisaldehyd
4.5.29 $C_4H_8O_2$: *n*-Propylformiat, Methylpropionat, Ethylacetat
4.5.30   (a) Enol-CH_3; (b) Keto-CH_3; (c) Keto-CH_2-; (d) Enol-CH=; (e) Enol-OH
         Die Verhältnisse (a) : (b) und 2(d) : (c) sind gleich groß (5,5 und 5,6) und zeigen
         einen Enolgehalt von 85% an
4.5.31   Methylbenzylketon
4.5.32   *trans*-Crotonsäureethylester
4.5.33   Isobutyraldehyd
4.5.34   Diethylketon, Methylpropylketon, Methylisopropylketon

4.5.35 Zimtaldehyd, Resorcin, Methylisopropylketon
4.5.36 Acrolein, *o*-Kresol, Salicylaldehyd
4.5.37 Methylethylketon, Acetophenon

5.4 $k = 1{,}59 \cdot 10^{-3}\,\mathrm{s}^{-1}$

5.8 $\dfrac{\mathrm{d}[C_6H_5CH_2OH]}{\mathrm{d}t} = k\,[C_6H_5CHO]^2\,[OH^{\ominus}]$

5.10 $CH_3^{\oplus} < (CH_3)_3C^{\oplus} < C_6H_5CH_2^{\oplus} < CH_2{=}CH{-}CH_2^{\oplus} < (C_6H_5)_3C^{\oplus}$

5.11 $K \approx 10^{-17}$: Das Gleichgewicht liegt völlig auf der Seite von Propin. Die Reaktion ist nicht möglich.

5.12 Nein. Eine bimolekulare Reaktion wäre an sich möglich, doch müßten auf Grund des Prinzips der mikroskopischen Reversibilität bei der Rückreaktion vier Moleküle gleichzeitig zusammenstoßen.

6.15 $\sigma_{meta} = 0{,}678$; $\sigma_{para} = 0{,}628$
6.19 $\varrho = 0{,}59$; $k = 0{,}80$

7.18 (a) Elimination $\longrightarrow$ Isobutylen
      (b) Expoxidbildung
      (c) Elimination $\longrightarrow$ Crotonsäure
7.20 (b) Bildung von Dipropylether
      (c) Pinakol-Umlagerung
      (d) Neopentylumlagerung
      (e) Neopentylumlagerung; Elimination
7.23 Produkte: *threo*-Acetat und umgelagertes Produkt $\left(\begin{array}{c}CH_3{-}\underset{\underset{\textstyle AcO}{|}}{C}H{-}\underset{\underset{\textstyle C_6H_5}{|}}{C}H{-}C_2H_5\end{array}\right)$

7.24 Anchimere Beschleunigung durch die Acetoxy-Gruppe; intermediäre Bildung von

8.19 (a) 1-Methyl-1-cyclohexen und 1-Methyl-2-cyclohexen, wobei das erstere (Saytzew-Produkt) überwiegt
      (b) 1-Chlor-2-cyclohexen
      (c) *meso* $\longrightarrow$ *trans*-Stilben; *R,R* $\longrightarrow$ *cis*-Stilben
8.27 (c) durch Hofmann-Elimination aus Isoamylamin
      (d) Addition von Methylmagnesiumbromid, Hydrolyse zum Alkohol und Elimination

9.23 *cis* $\longrightarrow$ *threo*; *trans* $\longrightarrow$ *erythro*

10.5 Ablauf nicht-konzertiert (in zwei Schritten)
10.7 beide konrotatorisch
10.8 beide thermisch

10.9   (a) disrotatorische Ringöffnung;

(b) disrotatorischer Ringschluß;

(c) disrotatorischer Ringschluß, konrotatorische Ringöffnung und disrotatorischer Ringschluß;

(d) konrotatorische Ringöffnung und disrotatorischer Ringschluß;

(e) disrotatorische Ringöffnung des Kations

10.10   (a) konrotatorische Ringöffnung und suprafaciale [1,5]-H-Verschiebung;

(b) konrotatorische Ringöffnung und disrotatorischer Ringschluß;

(c) suprafaciale [1,7]-Verschiebung und disrotatorischer Ringschluß, dann suprafaciale [1,7]-H-Verschiebung

(d) (4 + 4) Cycloaddition und (4 + 2) Cycloreversion

10.11   (a) A = *trans*-7,8-dialkyl-*cis, cis, cis*-1,3,5-Cyclooktatrien

(b) $C=(CH_3)_2C=C(CH_3)C(=CH_2)C(CH_3)=CH_2$

(c) D = 9-Methyl-9-ethyl-*trans, cis, cis, cis*-1,3,5,7-Cyclononatetraen; der disrotatorische Ringschluß erfolgt gemäß beiden Drehungsmöglichkeiten

(d) E = *cis*-Bicyclo[5.2.0]-8-nonen; F = *cis, trans*-1,3-Cyclononadien
G = *trans*-Bicyclo[5.2.0]-8-nonen

10.12   Die symmetrie-erlaubte konrotatorische Ringöffnung der bizyklischen Verbindungen ist aus geometrischen Gründen unmöglich; die Reaktion verläuft wahrscheinlich nicht-konzertiert

10.13   (a) K = *cis*-Bicyclo[4.2.0]-2,4-oktadien

(b) L = Diels-Alder-Addukt

(c) Retro-Diels-Alder-Reaktion

10.14   (a) Die symmetrie-erlaubte thermische konrotatorische Ringöffnung ergäbe ein hochgespanntes *cis, cis, trans*-1,3,5-Cyclohexatrien

(b) Die erlaubte antarafaciale [1,3]-H-Verschiebung ist aus geometrischen Gründen unmöglich

10.16   (d) 4-Acetylcyclohexen;

(f) 5-Nitro-4-phenylcyclohexen

10.17   (a) 1,3,5-Hexatrien + Maleinsäureanhydrid

(b) 1,4-Dimethyl-1,3-cyclohexadien + Maleinsäureanhydrid

(c) 1,3-Butadien + Benzalaceton

(d) 1,3-Butadien + Acetylendicarbonsäure

(e) 1,3-Cyclopentadien + *p*-Benzochinon

(f) 1,1′-Bicyclohexenyl + 1,4-Naphthochinon

10.19   (a) Racemat

(b) *meso*-Verbindung

(c) 2-*meso*-Verbindung

10.20   Die Wahrscheinlichkeit der Dimerisierung zweier Butadienmoleküle in der *cisoid*-Konformation ist gering

11.21   *S*-2-Oktanol, *R*-2–Oktanol

11.25

(a)   (b)

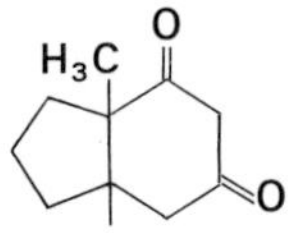

A =   B =

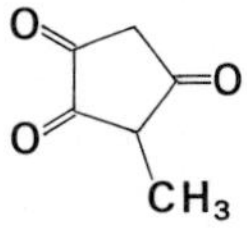

11.26   Acetessigester-Enol reagiert mit der Grignard-Verbindung!

12.10   4-Phenyl-2-hexanon (durch 1,4-Addition!)
12.13   (b) Anilin + Isobutyraldehyd
          (c) Darzens-Reaktion
          (d) Acetaldehyd + Acetylen; Hydrierung mit Lindlar-Katalysator
          (f) Kondensation von *p*-Nitrotoluen mit Acetaldehyd
          (g) Benzalacetophenon + Phenylmagnesiumbromid
          (h) Isopropylbromid → Nitril; Addition von Isopropylmagnesiumbromid
12.22   Protonierter Aldehyd ist elektrophil, Doppelbindung ist nucleophil

12.24   (c) Cyclohexanol → Cyclohexanon $\xrightarrow{\text{HCl kalt; NaOCH}_3}$ 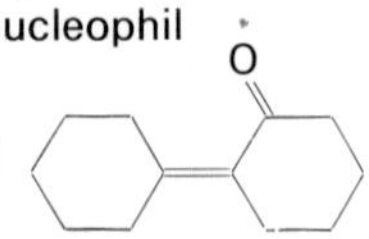
          Red. der Doppelbindung und der Carbonylgruppe
12.25   Kondensation von Crotonaldehyd mit Benzaldehyd (Vinylogie-Prinzip)
12.28   *R*-2-Chlor-*S*-3-Methyl-3-pentanol (Hauptprodukt)

17.16   (a) Butyraldehyd
          (b) *n*-Butanol
          (c) 3-Methylbutanal

          (d)

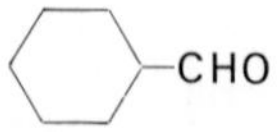

          (e)

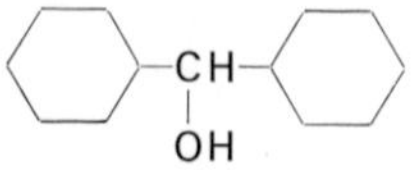

17.17   (a) Hydroborierung
          (b) H_2O-Addition
          (d) Na/Alkohol bzw. $LiAlH_4$, Rosenmund (über Halogenid)
          (e) $NaBH_4$
17.26   (a) Cyclohexen + CrO_3/Eisessig
          (e) Methylierung, Oxidation
          (f) Oxidation von Anilin
          (g) Oxidation von *p*-Phenylendiamin
          (k) Phenylacetat + $LiAlH_4$
          (m) *p*-Nitrotoluen + $LiAlH_4$

20.17 (a) 5- oder 7-Methylchinolin
       (b) 7-Methylchinolin
20.19 C   2,4,6-Trihydroxypyrimidin
       E   3,5-Dimethyl-1,2-diazol
       F   1,3-Dioxolanon-(2)
       H   3-Pyrazolidon
20.23 FF $(C_2H_5)_2NCH_2CH_2CH_2CHBrCH_3$
       HH   8-Amino-6-methoxychinolin
            Plasmochin: Die Aminogruppe von HH wird durch FF alkyliert

22.9   Indican ist ein β-D-Glucopyranosid
22.10 (a) Sechsring
       (b) Siebenring
       (c) Fünfring
22.16 Trehalose ist α-D-Glucopyranosyl-α-D-glucopyranosid

Sachregister

Abbau nach Barbier-Wieland 774
Abbau nach Hofmann 502
Abbau nach Ruff (Kohlenhydrate) 947
Abfangen (Zwischenstoff) 382
Abgangsgruppe 423
– Einfluß auf die Reaktivität 447
– Einfluß auf S_N-Reaktionen 449
– bei S_N-Reaktionen 207
Abgangsgruppen bei nucleophilen Substitutionen (Tabelle) 424
Abietinsäure 912
Absorptionsbande 46, 47
Absorptionsspektrum 1030
Abstoßung, van der Waals- 70, 90
Acetal, Bildung 618
Acetaldehyd 191, 254, 255, 266
– IR-Spektrum 257
– NMR-Spektrum 63, 259
– Polymerisation 622
Acetalisierung, säurekatalysierte 618
Acetamid 280
Z-α-(N-Acetamino)zimtsäure 1071
Acetanhydrid 279
– aus Diketen 622
Acetanilid 213
– Nitrierung 707
– Reduktion 213
Acetat, aktiviertes 929
Acetatseide 961
Acetessigester, Alkylierung 459, 460
– aus Diketen 622
– durch Claisen-Kondensation 603
– Ketonspaltung 460
– Säurespaltung 460
– Tautomerie 288
– Tautomeriegleichgewicht 416
Acetessigester (für Michael-Addition) 540
Acetessigesterderivate, Ketonspaltung 460
– Säurespaltung 460
Acetessigestersynthesen 460
Acetessigsäure 288
Acetobromglucose 946
Aceton 254, 255, 267
– Bromierung (Kinetik und Mechanismus) 368
– Dimerisation 643
– IR-Spektrum 48
– Reaktion mit Wasser 617
– Zeitgesetz der Dimerisierung 360
Aceton (aus Cumen) 195
Acetoncyanhydrin 276
Acetonitril 297
Acetonylaceton 255
Acetophenon 254, 255
– IR-Spektrum 258
– NMR-Spektrum 353
– Umlagerung 833
Acetoxonium-Ion 772
2-Acetoxycyclohexan-1-carbonsäureester, Elimination 494
Acetylaceton 255
– IR-Spektrum 258
– NMR-Spektrum 348
– Tautomerie 263
N-Acetyl-2-amino-2-desoxyglucose 962
Acetylbromid 279
Acetylchlorid 279

Acetyl-Coenzym A 929
Acetylen 127
– Addition an C=O 626
– Herstellung 127
Acetylen (aus Methan) 83
Acetylendicarbonsäureester, Enophile 567
Acetylfluorid 279
Acetylide 125
Acetyliodid 279
N-Acetylphenylalanin 1071
Acetylsalicylsäure, Verseifung 600, 601
Acidität, Acetylene 124
– Alkine 124
– Alkohole 183
– Aminosäuren 290
– Benzoesäure 400
– Beziehung zur Stabilität von Säure und konjugierter Base 397
– Carbonsäuren 397–402
– Carbonsäuren (Tabelle) 398
– Carbonylverbindungen 161, 404
– C-H-Bindungen 403
– Cyclopentadien 140, 404
– Kohlenwasserstoffe 674
– – Vergleich (experimentell) 674
– Monohalogenessigsäuren 400
– monosubstituierte Benzoesäuren (Tabelle) 401
– Nitrile 404
– Nitroverbindungen 404
– Pentacyanocyclopentadien 403
– Phenole 192, 402
– Phenole, substituierte (Tabelle) 402
– Phenylacetylen 403
– Phenylessigsäure 400
– Pyrazol und Imidazol 874
– Pyrrol 863
– Salicylsäure 402
– Solvation des Anions 400
– Thiole 203
– o-Toluylsäure 402
– Tricyanomethan 403
– 4,4,2-Trimethyl-2-tert. butylvaleriansäure 400
– Triphenylmethan 403
Acidität (Begriff) 396
Acidität und σ-Akzeptoren 398
– und π-Donatoren bzw. -Akzeptoren 401
Aciditätskonstante 396
Aciditätskonstante und freie Enthalpie 396
Acridin 856
Acrilan 1011
Acrolein 255, 267, 646
– IR-Spektrum 351
Acronal 1011
Acrose 952
Acrylnitril 516
– Dimerisierung 557
Acrylsäure 270, 276
– HCl-Addition 520
– pK_s 398
Acyl-C-Atome, nucleophile Substitution (Tabelle) 588
Acylcyanide 596
Acylgruppe 277
Acylhalogenide 277
– Alkoholyse 589, 590
– Reaktion mit CuCN 596
– Reduktion 803

Acylierung, Doppelbindungen 670
– Friedel-Crafts (Aromaten) 698, 699
– Schutz von Aminogruppen 591
Acylium-Ion (bei Verseifung sterisch gehinderter Ester) 598
Acylium-Ion (bei Hydrocarboxylierung) 527
Acylium-Ionen (bei der Fragmentierung) 332
Acyloin-Kondensation 605
Acyl-Sauerstoff-Trennung 594, 595
Acylumlagerung 830
Acylverbindungen, nucleophile Substitutionen 588–608
– Reaktivität bei S_N2, 589
– Reduktion 802–806
– Reduktion mit LiAlH$_4$ 798
– Reduktion zu Aldehyden 804
Adamantan 97, 174
– durch Isomerisierung 828
Addition 106
– an Ringverbindungen 513–515
– – Stereochemie 513–515
– Diene an C=C-Mehrfachbindungen 558
– von CCl$_4$ an C=C 534
– elektrophile, an C=C 108, 408, 505–536
– – Alkane 532, 533
– – Alkylhalogenide 534
– – Bromwasserstoff, Orientierung 520
– – Carbeniumionen 532, 533
– – Carbeniumionen, Ringschluß 533
– – Carbeniumionen als Zwischenstoffe 517
– – Carbonsäuren 522
– – Epoxidierung 525, 526
– – Halogene 506–516
– – – Kinetik 506
– – – Mechanismus 509–511
– – – Nebenreaktionen 515, 516
– – – nicht-stereospezifischer Verlauf 511–513
– – – Stereochemie 507, 511– 515
– – Halogenwasserstoffe 517–521
– – – Orientierung 408
– – – Hydroborierung 527–532
– – – Mechanismus 528
– – – Orientierung 2
– – – Stereospezifität 529
– – Hydrocarboxylierung 526, 527
– – Hydroformylierung 526, 527
– – Hydroxyverbindungen 521–524
– – Hydroxyverbindungen (Tabelle) 522
– – Leichtigkeit 505
– – Orientierung (unsymmetrische Addenden) 519–521
– – Oxymerkurierung 524
– – Peroxyverbindungen 525, 526
– – starke Säuren 517–521
– – Verschiebung der Doppelbindung 522
– – Wasser 521
– – 1,2 und 1,4 535
– nucleophile 539–542, 612–658

– – an Carbonylgruppe 612, 613, 615–619, 624–628, 630, 631, 640–654
– – – Acetylen 626
– – – Alkohole 618, 619
– – – Ammoniak und Amine 627, 628
– – – Anionen 624–626
– – – Basenkatalyse 613
– – – Bisulfit 626
– – – C–H-acide Verbindungen 640–654
– – – – Allgemeines 640
– – – – Mechanismus 642
– – – – (Tabelle) 641
– – – Cyanwasserstoff 624, 625
– – – Hydrazin 631
– – – Hydroxylamin 631
– – – Mannich-Reaktion 630
– – – Mechanismus 612
– – – metallorganische Verbindungen 634–636
– – – N-haltige Nucleophile (Mechanismus) 627
– – – Säurekatalyse 612, 613
– – – Stereochemie 615, 616
– – – Wasser 617, 618
– – – Ylide 637, 640
– – 1,2 und 1,4 655
– – an C–C-Mehrfachbindungen 539–542
– – – Ammoniak und Amine 542
– – – Michael-Addition 540
– – – Substrate 539
– – photochemische 1060
– – von Carbonylverbindungen an Alkene 1060
– radikalische von HBr 520
– – anti-Markownikow-Orientierung 520
– stereoselektive (Carbonylverbindungen) 616
– unsymmetrische Addenden an C=C (Orientierung) 407, 408
– von Carbenen an C=C 499
anti-Addition 507, 509, 517, 518
syn-Addition 517, 518, 536–539
syn-Addition (Halogene) 512, 513
syn-Addition (Hydroborierung) 528
Addition von CCl$_4$ an C=C 534
Additionen an C≡C (Tabelle) 109, 124
Additions-Eliminations-Mechanismus 584, 586, 589
Additions-Eliminations-Reaktion 764
Additions-Eliminations-Reaktion (S_N an Aromaten) 719
endo-Addukt (Diels-Alder) 561
exo-Addukt (Diels-Alder) 561
Adenin 888, 988, 989
Adenosindiphosphat 986
Adenosinmonophosphat 986
Adenosintriphosphat 871, 888, 986
– Formel 943
Adipinsäure 281, 283, 1019
– aus Cyclohexanon 785
Adiponitril 1019
ADP 986
Affinität 355
Aglykon 948
aktive Wasserstoffatome 81
aktivierter Komplex 363, 370, 371, 373, 375–378
aktivierter Komplex (bei chiralen Reaktanten) 245
aktivierter Komplex und Reaktionsgeschwindigkeit 371
Aktivierungsenergie 362, 371
Aktivierungsenthalpie 371

– freie 362, 371
– freie (Esterverseifung) 376
Aktivierungsenthalpie (bei Zyklisierungen) 99
Aktivierungsentropie 371, 375
– Assoziation 364
– Dissoziation 364
– konzertierte Reaktionen 363
Aktivierungsentropie (bei Nachbargruppeneffekt) 433
Aktivierungsentropie bei verschiedenen Reaktionen 372
Aktivierungsentropie (bei Zyklisierungen) 99
Aktivität, optische 41, 42, 244
– – Ursprung 244
Aktivität (Lösungen) 396
Aktivitätskoeffizient 396
σ-Akzeptor 391, 392
π-Akzeptor (als Erstsubstituent bei S_E an Aromaten) 685
σ-Akzeptoren, qualitative Reihe 392
π-Akzeptoren (Tabelle) 393
σ-Akzeptoren und Acidität 398, 401
σ-Akzeptoren und Basizität 406
Alanin 289, 966
– Konfigurationskorrelation 967
Albumin 979
Aldehyd 33, 188, 253
Aldehyd-Ammoniake 627
Aldehyde 253–268
– aus Acylhalogeniden 804, 805
– Alkylierung durch Hydroborierung 532
– aromatische 264
– – Gewinnung 264
– Autoxidation 758
– aus Halogeniden durch Oxidation mit DMSO 776
– α-Halogenierung 667
– durch Hydroborierung 530
– Identifizierung 263
– in verdorbenen Fetten 901
– Isomerisierung 826
– Kondensation mit Picolin 882
– Kondensation mit Estern 653
– Nachweis 263
– NMR-Spektrum 259
– Oxidation 785, 786
– durch Oxidation 264
– durch Oxythallierung 789
– Polymerisation 622
– Reaktivität gegen Nucleophile 614, 615
– Reduktion 795–802
– Reduktion zu Alkoholen 797–802
– durch Reduktion von Carbonsäurederivaten 804
– reduktive Aminierung 629
β-Aldehydketone 461
Alder 558
D-Aldohexosen, Haworth-Projektion 942
Aldol 262, 643
Aldoladdition 641, 643–650
– Aldehyde und unsymmetrische Ketone 647
– Ausbeute 643
– intramolekulare 648
– Keton und Aldehyd 647
– Methylalkylketone und Aldehyde 648
– Nebenreaktionen 645
– Produkte bei der Reaktion zweier Aldehyde 646
– Reaktivität der Carbonylgruppe 644
– säurekatalysierte 645
– Stereoselektivität 649

– sterischer Verlauf 649
– Zeitgesetz 643
Aldolkondensation 646
Aldopentosen 943
Aldose 933
– präparative Umwandlung in ihr Epimer 946
Aldosen, Bromwasseroxidation 948
– epimere 945
– Isomerisierung 945
– Oxidation durch Salpetersäure 948
– Verhalten gegen Alkalien 945
– Verhalten gegen verdünnte Säuren 946
D-Aldosen, Konfigurationen (Tabelle) 937
Aldoxime, durch Oxidation 778
Alfol-Prozeß 189
aliphatisch 31
Alizarin 1028, 1033
Alizarincyaningrün G 1040
Alizaringelb R 1033
Alizyklen, Dehydrierung 774
– Spiegelbildisomerie 232
alizyklisch 31
Alkalischmelze 725
Alkalischmelze (zur Gewinnung von Phenolen) 194
Alkaloide 890–896
– Biosynthese 631
– Biosynthesen 890, 891, 893, 894
Alkan 33
Alkane 65–88
– Aminierung 467
– Beispiele 82
– Benennung 67
– Carbeniumion-Umlagerungen 827
– Chlorierung durch S_E-Reaktion 676
– deuterierte 529
– – Herstellung 529
– elektrophile Substitutionen 675
– Fixpunkte (Tabelle) 67
– Gewinnung 80
– Halogenierung 73, 76, 746
– – Reaktionsschritte 746
– – Reaktionsschritte, Energieverhältnisse 746
– – Selektivität 76
– Halogenierung (Selektivität und aktivierter Komplex) 373
– durch Hydroborierung 529
– Insertion von Methylengruppen 77
– IR-Banden 73
– Isomerenzahl 66
– Isomerisierung 78
– Isomerisierung durch Umlagerung 827, 828
– katalytische Oxidation mit Luftsauerstoff 766
– durch Kolbe-Synthese 759
– niedere, thermodynamische Daten für ihre Bildung 357
– Nitrierung 78, 750
– Oktanzahlen 83
– Oxidation 766
– photochemische Chlorierung (Zeitgesetz) 369
– physikalische Eigenschaften 71
– Pyrolyse 78
– Reaktion mit Halogenen 746, 747
– Reaktion mit Supersäuren 77
– Reaktionen 73
– Schmelz- und Siedepunkte 71
– Sulfochlorierung 77
– thermodynamische Daten (Tabelle) 357

– Verbrennung 79
Alken 33
Alkene 65, 100–122
– Acylierung 670
– Addition von Halogencarbenen 569
– Additionsreaktionen 505–543
– Additionsreaktionen (Tabelle) 109
– Alkylierung 532
– Benennung 100
– Bromierung in Allylstellung 110
– Carbonylierung 275
– Dimerisation 554
– durch Elimination 112
– Fragmentierung (MS) 332
– Friedel-Crafts-Addition an Doppelbindung 695
– Halogenwasserstoff-Addition 517
– Herstellung 111
– Hydratisierung 521
– Hydrierung mit Rhodium-Komplexen 1069
– durch partielle Hydrierung von Alkinen 112
– Hydrierungsenthalpien 105
– Hydroborierung 527–532
– Hydroborierung zu Estern 531
– Hydroborierung zu Ketonen 531
– IR-Banden 106
– *cis/trans*-Isomerisierung 1055, 1056
– Molekülbau 100
– perhalogenierte, für Michael-Addition 539
– photochemische Zyklisierung 1060
– physikalische Eigenschaften 104
– Reaktion mit Quecksilberacetat 189
– Reaktionen 106
– Reaktivität bei der Halogenwasserstoffaddition 519
– Stabilität 105
– Substitution 110
cis-Alkene, aus Alkinen 792
trans-Alkene, aus Alkinen 792
Alkenkomplexe (Übergangsmetalle) 1067–1069
– Beispiele (Tabelle) 1067
Alken-Methathese 110
Alken-Übergangsmetall-Komplexe, katalytische Wirkung 1068–1073
Alkin 33
Alkine 123–128
– Addition von primären Aminen 542
– Addition von Wasser 125, 523
– Herstellung 126
– Hochfeld-Verschiebung 309
– IR-Banden 123
– Kupplung durch Glaser-Reaktion 787
– Molekülbau 123
– partielle Hydrierung 112
– Reaktionen 124
– Reduktion 792
– Säurecharakter 124
– Zyklisierung 126
Alkinole 125
Alkohol 33
– primärer 187
– sekundärer 187
– tertiärer 187
Alkoholat-Ion 183
Alkohole 178–192
– Addition an Alkine 539
– aus Alkenen 189
– Beispiele 190, 192

– Bildung durch Hydratisierung von Alkenen 521
– Bildung durch Hydratisierung von Alkenen (Hydroborierung) 528, 529
– Charakterisierung 590, 623
– Dehydratisierung 491
– Dehydrierung 780
– durch Reduktion von Carbonsäuren 802
– durch Reduktion von Carbonylverbindungen 797–802
– Elimination 491, 492
– Fragmentierung (MS) 331
– Gewinnung 189, (Tabelle) 190
– Hydrogenolyse 795
– mehrwertige (Tabelle) 180
– Mischbarkeit 181
– NMR-Spektrum 181
– Nomenklatur 178
– Oxidation 187
– Oxidation mit Dichromat 781
– – Mechanismus 781
– physikalische Eigenschaften 180
– primäre 529, 779–782
– – aus Alkenen (Hydroborierung) 529
– – Dehydrierung 780
– – Oxidation 779–782
– – Oxidation durch Chlor 782
– – Oxidation durch Dichromat 781
– – Oxidation durch DMSO 782
– – Reaktion mit Diazoverbindungen 466
– Reaktion mit Halogenwasserstoffsäuren 187
– Reaktion mit Thionylchlorid 464
– Reaktionen 183–187, (Tabelle) 184
– S_N-Reaktionen 462
– Säurecharakter 183
– sekundäre 782
– – Oxidation 782
– Tabelle 179
– ungesättigte 781
– – Oxidation 781
– Wasserstoffbrücken 181
Alkoholsüchtige, Entwöhnung 191
Alkoxide, Spaltung durch S_E-Reaktion 669
Alkoxy-Anionen 183
Alkydharze 1017, 1018
Alkylaromaten 160–162
– durch Friedel-Crafts-Alkylierung 694–696
– Oxidation 769
– Seitenkettenchlorierung 747
Alkylarylsulfonate 904
Alkylcadmiumhalogenide 636
Alkylfluoride, Hydrolyse 441
– S_N-Reaktionen durch elektrophile Katalyse 441
Alkylfluoride (durch Finkelstein-Reaktion) 454
Alkylgruppen 67
– +I-Effekt 392
Alkylhalogenide 85
– Addition an C=C 534
– aus Alkoholen 464
– Charakterisierung durch Thiuroniumsalze 457
– Elimination 489, 490
– durch Hydroborierung 529
– Hydrolyse 454
– nucleophile Substitutionen 453–462, (Tabelle) 453
– Reaktion mit Alkoxiden 456
– Reaktion mit Cyanid-Ionen 459
– Reaktion mit Nitrit-Ionen 459
– Reaktion mit OH⊖ 454

– Reaktion mit Salzen von Carbonsäuren 457
– S_N2-Reaktion (Vermeidung der Elimination) 454
Alkylierung, Alkene 532
– Ammoniak 457
– Carbanionen 448
– C-H-acide Verbindungen 461
– β-Dicarbonylverbindungen 459
– Ester 461
– Friedel-Crafts (Aromaten) 694–697
– heteroaromatische Verbindungen 723
– Ketone 461
– Nitrile 461
– Verbindungen mit aktiven Methylengruppen 461
Alkylierungsmittel 207
Alkylierungsreagens 85
Alkyliodide (durch Finkelsteinreaktion mit Kaliumiodid in Aceton) 454
Alkyllithium-Verbindungen 673
Alkylnitrit 217
Alkylquecksilberverbindungen 1066
Alkylradikale (MS) 331
Alkyl-Sauerstoff-Trennung (Esterverseifung) 599
Alkylsulfochlorid 77
Alkylsulfonate, nucleophile Substitutionen 453–462
Alkylsulfonate, Elimination 489, 490
Allen, Dimerisierung 557
– Hydrierungsenthalpie 115
Allene 569
– Addition an Diene 559
– Chiralität 235
– substituierte (Chiralität) 235
Allergie 876
Alleskleber 1014
allgemeine Säurekatalyse 379
(+)-Allose 937
D-Allose, Haworth-Projektion 942
Allyl- 171
Allylalkohol 168, 179
– durch Diazotierung von Aminocyclopropan 552
– Isomerisierung zu Propionaldehyd 1072
Allylalkohol (aus Propen) 454
Allylalkohole, Oxidation 783
Allyl-Anion 550, 563
Allylbromid, Reaktion mit HBr 753
Allylcarbenium 535
Allylchlorid 110, 516
Allylester, Verseifung 594
Allylether 196
– Umlagerung 834
Allyl-Halogenierung (Nebenreaktion bei Halogenaddition) 516
Allyl-Kation 365, 550
– aus Cyclopropyl-Kation 552
– durch Umlagerung 822
– Stabilisierung 442
Allyl-Oxidation 774
o-Allylphenole, durch Claisen-Umlagerung 577
Allylradikal 110, 748
Allyl-Substitution 110
Allylumlagerung 451, 573
Allylverbindungen, Halogenierung 110, 748, 749
– Hydrogenolyse 794
– Oxidation 768
– S_N-Reaktionen unter innerer Rückkehr 451
Allylvinylether, Claisen-Umlagerung 579
(+)-Altrose 937

D-Altrose, Haworth-Projektion 942
Aluminiumchlorid (Friedel-Crafts-Reaktion) 695
ambident 447
Ameisensäure 270, 275
— *pK*$_s$ 398
Amid 33
Amidbildung, mit Dialkylcarbodiimiden 975
Amidbindung 967
Amide, Bildung 606
— Hydrolyse 607
— aus Nitrilen 656
— Reaktionen 607
— Reaktivität 607
Amidonaphtholbraun G 1037
Amin 33
Aminal 628
Amine 208—216
— Acylierung 591
— Addition an C=O 628
— aliphatische 404
— — Basizität 404
— Alkylierung 214
— aromatische 406, 670
— — Basizität 406
— — Diazotierung 670
— Autoxidation 778
— Benennung 208
— Gewinnung 212
— — Tabelle 212
— durch Hydroborierung 529
— IR-Banden 210
— Kupplung mit Diazoniumionen 709
— Oxidation 778, 779
— physikalische Eigenschaften 209
— primäre 208, 458, 591
— — durch Delépin-Reaktion 458
— — durch Gabriel-Synthese 458
— — Reaktion mit Acylverbindungen 591
— primäre aliphatische 466
— — Diazotierung 466
— Reaktionen 213
— Reaktionen (Tabelle) 215
— durch S_N-Reaktionen 457
— durch Reduktion 213
— durch Reduktion von Nitroverbindungen 808
— durch Reduktion von Oximen 809, 810
— durch reduktive Aminierung 212, 629
— sekundäre 208, 458
— — aus Halogeniden 458
— Tabelle 209
— tertiäre 208, 404
— — Basizität 404
Aminierung, Alkane 467
— reduktive 212, 629
— — Aldehyde und Ketone 629
— — von Carbonylverbindungen 212, 629
α-Aminoalkohole, Oxidation 784
m-Aminoanisol 728
p-Aminoazobenzen, durch Umlagerung 837
p-Aminobenzoesäure 270, 874
2-Aminobutan 213
γ-Aminobuttersäure 966
ε-Aminocapronsäure 1020
α-Aminocarbonsäuren 288—291
— Trennung 965, 966
Aminocarbonsäuren aus Proteinen, Tabelle 289
2-Amino-2,2-diphenyl-2-propanol, Tiffeneau-Umlagerung 825
— — Stereochemie 825
2-Aminoethanol 199, 208, 905
Aminogruppe 32

— Schutz 216
α-Amino-β-ketoester, zur Synthese von Pyrrolen 860
α-Aminoketone, Herstellung 860
— zur Pyrrolsynthese 860
1-Amino-3-methyl-2-buten 173
o-Aminophenol 193
p-Aminophenol 193
Aminophenole, durch Umlagerung 838
Aminoplaste 1017
4-Aminopyridin, NMR-Spektrum 147
Aminosäure, C-terminale (Peptid) 971
— — Ermittlung 971
— N-terminale (Peptid) 970, 971
— — Ermittlung 970, 971
Aminosäuregemisch, Trennung (GC) 242
Aminosäuren 288
— Acidität und Basizität 290
— Aktivierung bei der Peptidsynthese 973
— Aktivierung bei der Proteinbiosynthese 995
— Azlactonsynthese 652
— essentielle 966
— Gewinnung 290
— Nachweis 291
— *R*$_f$-Werte (Tabelle) 289
— Schutz der Aminogruppe 974
— Schutz der Carboxylgruppe 973
— Strecker-Synthese 625
— Synthese von optisch aktiven 1070, 1071
Aminoxid 216
Aminoxide 779
Aminoxide (durch Oxidation von Aminen) 779
Ammoniak, Alkylierung 213, 457
Ammoniumcarbamat 295
Ammoniumhydroxide, quartäre 492
— — Hofmann-Elimination 492
Ammonium-Ionen, substituierte 208
Ammoniumsalz, quartäres 833
— — Umlagerung 833
Ammoniumsalze (aus Aminen) 214
AMP 986
Amygdalat 285
Amygdalin 949, 955
Amyl- 171
n-Amylacetat 278
n-Amylalkohol 179
tert. Amylalkohol 179
Amylalkohol, optisch aktiver 179
Amylalkohole 192
Amylopektin 957—959
— Endgruppenbestimmung 959
Amylose 957—959
— Endgruppenbestimmung 959
— Molekülmasse 959
β-Amyrin 912
Anämie, perniziöse 872
anchimer 433
Androgene 923
Androstan 923
Androstenolon 926
Androsteron 923
anelliert 153
Anethol 195
Aneurin 873
Angelicasäure 665
angeregter Zustand (Atom) 2
angeregter Zustand (Molekül) 50
Anhydrid 253
Anhydride, gemischte 592
— Reaktion mit Ammoniak und Aminen 591

— zyklische 282
Anhydride (Dicarbonsäuren), Reaktion mit Ammoniak und Aminen 591
Anilin 168, 208—210
— Absorptionsspektrum 1030
— Basizität 406
— IR-Spektrum 211
— *pK*$_b$ 405
Anilinderivate, Umlagerungen 837
Aniline, substituierte 406
— — *pK*$_b$-Werte (Tabelle) 406
Anilinharz 1018
Anilinharze 701
Aniliniumchlorid 214
Anilinschwarz 778, 1034
Anionen, Erhöhung ihrer Reaktivität 380
— Reaktivität 380
Anionenaustauscher 1017
anionotrop 814
Anionotropie 420
p-Anisaldehyd, IR-Spektrum 345
— NMR-Spektrum 346
Anisol 196
Anisöl 195
erythro-3-*p*-Anisyl-2-butanol 529
threo-3-*p*-Anisyl-2-butanol 529
(*E*)-2-*p*-Anisyl-2-buten 529
(*Z*)-2-*p*-Anisyl-2-buten 529
Annulene 146
— durch Glaser-Reaktion 788
— überbrückte 144
[14]-Annulen 147
[18]-Annulen 148
[22]-Annulen 148
Anomere 938
Anregung, π-Elektronen 298
— Elektronen (Moleküle) 50, 298
Anregung (Elektronen) 1051
Anregung (Elektronen) und Bindungslänge 1051
antarafacial 554, 571
Anthocyane 885, 949
Anthocyanidine 885
Anthracen 154, 176
— Diels-Alder-Reaktion mit Maleinsäureanhydrid 560
Anthracen (zum Abfangen von Dehydrobenzen) 382
Anthrachinonfarbstoffe 1040
Anthranilsäure 270
— Bildung von Dehydrobenzen 382, 729
Anthranilsäure (zur Indigosynthese) 869
antiaromatisch 546, 547
antiaromatisch (Definition) 139
Antiauxochrom 1030
antibindend 14
antibindendes MO 14
Antibiotika 873
Antiklopfmittel 84
Antikonzeptiva 924
Antikörper 979
anti-Markownikow-Produkte 753
antiperiplanar 69
Antipoden, optische 222
Antipyrin 875
antisymmetrisch 21
AO 6
— hybridisierte 24
— Kombination zu MO 14, 17
(+)-Äpfelsäure 285, 286
— Waldensche Umkehr 430
Apoenzym 983
aprotisch 376
äquatorial (Cyclohexanring) 92
Arabinarsäure 935
(−)-Arabinose 934, 936, 937
D-Arabinose 947

Arachidöl 900
Arachinsäure 900
Araldit 1018, 1023
Aramid-Faser 1020
Arbuzow-Reaktion 638
Areniumion 679
Arginin 289
Arine 727–731
– aus Halogenaromaten 730
– bei S_N an Pyridin 879
Arndt-Eistert-Reaktion 279, 828
– Mechanismus 501
Aromastoffe 195
Aromaten, Azokupplung 708, 709
– bi- und polyzyklische 690
– elektrophile Substitution 690
– Carboxylierung 704
– Chlormethylierung 700
– elektrophile Substitution 678–715
– – aktivierter Komplex bei Zweitsubstitution 684, 687
– – Ipso-Substitution 689
– – Mechanismus 678–682
– – Orientierung 682–694
– – Substituenteneffekte 684–686
– – Zeitgesetz 680
– Fluoreszenz 1053
– Formylierung 702–704
– Friedel-Crafts-Acylierung 698, 699
– Friedel-Crafts-Alkylierung 694–697
– halogenierte und Umwelt 162
– Halogenierung 710
– Hydrierung 792
– Hydroxyalkylierung 700
– IR-Banden 157
– π-Komplex 678, 679
– Nitrierung 705–707
– Nitrosierung 707, 708
– nucleophile Substitution 719–731
– – Mechanismen 719–722, 727
– – Orientierung 721
– – Reaktivität 721
– – *via* Arine 727–731
– Oxidation 770
– polykondensierte 176
– – Numerierung der C-Atome 176
– polysubstituierte 689
– – Substituenteneffekte 689
– Reaktionen 159
– Ringöffnung durch Ozon 770
– Schutz reaktiver Stellen durch Friedel-Crafts-Alkylierung 697
– Seitenkettenhalogenierung 162
– Seitenkettenoxidation 769
– Sulfochlorierung 713
– Sulfonierung 711
– technische Gewinnung 164
– Tieffeld-Verschiebung 309
– Umlagerungen 836–839
Aromaten mit 2 π-Elektronen 142
Aromaten mit 6 π-Elektronen 139–142
Aromaten mit 10 π-Elektronen 143, 144
aromatisch 31, 128, 546, 547
aromatisch (Definition) 139
aromatischer Charakter und NMR-Spektrum 145
aromatisches Sextett 139
Arrhenius-Gleichung 362, 371
Arylcyanide, durch Sandmeyer-Reaktion 751
Arylessigsäuremethylester, durch Oxythallierung 789
N-Arylhydroxylamine, Umlagerung 838
Aryllithium-Verbindungen 673

Arylquecksilberverbindungen 1066
Arylthalliumverbindungen (zur Herstellung von Phenolen) 195
Ascaridol 910
Ascorbinsäure 950, 952
– Synthese 952
Ashby 635
Asparaginsäure 289
Aspirin, analgetische Wirkung 906
Assoziation 364
Asterane 1062
Astraphloxin 1044
asymmetrische Induktion 248
ataktisch 1009
Atombindung 11
Atombindung, asymmetrisches 222, 223
C-Atome, gesättigte 746–748
– – Halogenierung 746–748
Atomorbital 6
Atomorbitale, Gestalt 10
Atomrefraktion 41
ATP 985–987
Atropa Belladonna 892
Atropin 892
Atropisomerie 236
Ausbeute, bei mehrstufigen Synthesen 843
Ausbeute, bei Zyklisierungen 99
Ausschütteln 36
Austauschintegral 116
Austausch-Wechselwirkung 16
Auswahlregeln, Cycloadditionen 555
– für perizyklische Reaktionen 547
– sigmatrope Verschiebungen 571
Autokatalyse 378
Autolacke 1043
Autoreifen 1016
Autoxidation 757
– Aldehyde 757
– Amine 778
– Benzaldehyd 758
– Benzylverbindungen 757
– fette Öle 901
– Öle 757
– – trocknende 757
– Phenole 784
– Pyrrol und Furan 863
auxochrom 298, 1030
Avery 989
axial (Cyclohexanring) 91, 92
Axialchiralität 235
Aza 855
1-Azanaphthalen 855
2-Azanaphthalen 855
Azelainsäure 281
azeotrop 34
azeotrope Destillation 274
Azide, Addition an Dreifachbindungen 565
Aziridin, Spaltung zu Carben 498
Azlactonsynthese 652
Azobenzen (durch Reduktion von Nitrobenzen) 807
Azobisisobutyronitril 736
– Starter für Polymerisation 756
1,1'-Azobutan, Zerfall (Energetik) 372
Azofarbstoffe 1037–1039
– Beispiele 1033, 1036, 1039
Azogruppe 708
Azokupplung 218, 708, 709
– aliphatische 671
– intramolekulare 709
Azol 855
Azolidin 855
Azomethine, Prototropie 419
Azoverbindungen, Reduktion 810
– Spaltung in Radikale 735, 736
Azoxybenzen 806
Azulen 154, 155, 911

Back-donation 1068
Baeyer 868
Baeyer (Spannungstheorie) 96
Baeyer-Spannung 89
Baeyer-Villiger-Oxidation (Ketone) 785
Baeyer-Villiger-Umlagerung 832
Bakelit 701, 1018
Bananenbindung (Alkene) 103
Barbaralan 577
Barbier-Wieland-Abbau 774
Barbiturate 607
Barbitursäure 295, 886
Barbitursäuren 460
Base, harte 446, 447
– konjugierte 396
– weiche 446, 447
Basen, pK_b-Werte (Tabelle) 405
– Schiffsche 628
– Stärke 404–406
Basenkatalyse (Enolisierung) 417
Basenpaare (Doppel-Helix) 989
Basensequenz, Nucleinsäuren 988
Basis-Chromophor 298
Basissatz, von AO für MO 547
Basizität, aliphatische Amine 404
– Amine 213
– Amine (Tabelle) 405
– Aminosäuren 290
– Anilin 406
– aromatische Amine 406
– Pyrazol und Imidazol 874
– Pyridin 404, 877
– Säureamide 406
Basizität (Begriff) 396
Basizität und σ- bzw. π-Akzeptoren 406
Basketan 1062
bathochrom 1030
Bauchspeicheldrüse 968
Baumwollsamenöl 900
Bayer 1022
9-BBN 529
Beckmann-Umlagerung 632, 1020
– Mechanismus 633
– stereoelektronischer Verlauf 633
Beerenfarbstoffe 885
Beilstein 1091, 1092
Beizenfarbstoffe 1033
Bemberg-Seide 962
Benzal- 171
Benzalaceton 255, 262, 647
– Konstitutionsaufklärung 336
Benzalchlorid 747
Benzaldehyd 254, 255, 267, 384
– Autoxidation 758
– aus Benzalchlorid 455
– IR-Spektrum 257
– Reaktion mit Phenylessigsäure 649
1,2-Benzanthracen 699
Benzen 33, 128
– aus Acetylen 126
– Addition von Carben 570
– Benennung 129
– Chloraddition (radikalisch) 754
– Eigenschaften 129
– Energieniveauschema 131
– HOMO und LUMO 132, 133
– IR-Banden 156
– Komplex mit Halogenwasserstoffverbindungen 679
– Komplex mit Iod 678
– MAK-Wert 129
– MO 132, 133
– MO-Beschreibung 131
– Ozonisierung 130
– Polymerisation 1026
– Stabilisierungsenergie 137
– Substitutionsprodukte 129
– UV-Spektrum 156
– Valenzisomere 148

– VB-Beschreibung 134
– violettes 771
Benzenderivate mit bestimmter Orientierung der Substituenten, Synthese 713
Benzene, monosubstituierte 682–689
– – Zweitsubstitution (Orientierung) 682–689
Benzen-1,2,4,5-tetracarbonsäure 1024
cis-Benzentrioxid, durch Epoxidierung 526
Benzhydrol 179
Benzhydrylbromid, Hydrolyse 426
– – Kinetik 426
Benzidin 807
Benzidin-Umlagerung 839
– Kreuzungsexperimente 383
Benzil 828
Benzilsäure, aus Benzoin 829
Benzilsäure-Umlagerung 828
Benzin 83
Benzinmotor, Klopfen 83
– Wirkungsgrad 83
Benzochinon 562
Benzoesäure 270, 277, 384
– pK_s 398
Benzoesäureanhydrid 279
Benzofuran 856
Benzoin 654
Benzoin-Kondensation 654
Benzol 33, 129
Benzonitril 297
Benzophenon 254, 255
– Addition an C=C 1060
– Sensibilisator 1054
Benzopyren 176
3,4-Benzopyren 154
Benzothiophen 856
Benzotrichlorid 747
Benzoylchlorid 279
Benzoylglycin 652
Benzpinakol 739
– aus Benzophenon 1059
Benzpyrone 884
Benzvalen 150, 151, 556
Benzyl- 171
Benzylalkohol 179, 384
– aus Benzylchlorid 454
– aus Toluen 190
Benzylamin 209
– pK_b 405
Benzylchlorcarbonat, aus Phosgen und Benzylalkohol 590
Benzylchlorid 747
Benzylchlorkohlensäureester 974
Benzyldiphenylcarbinol 1059
Benzylester, Verseifung 599
Benzylether, Umlagerung 834
Benzylhalogenide, Oxidation zu Aldehyden 777
Benzylisochinolinalkaloide 893
Benzyl-Kation 365
– Stabilisierung 442
Benzylmethylketon 255
Benzyltriethylammoniumbromid 379
Benzylverbindungen, Autoxidation 757
– Hydrogenolyse 794
Benzyne 728
Bereiche, geordnete 1001
Bergius 85
Bernsteinsäure 281, 283
Bernsteinsäureester, Kondensation mit Aldehyden oder Ketonen 653
Berthelot 126
Berzelius 1
Beschleunigung, anchimere 433, 438
– – bei Norbornyl-Systemen 438

– sterische 475, 598
– – Elimination 475
– – Esterverseifung 598
– – bei S_N1 443
Bezugssubstanzen (für Konfigurationsbestimmung) 228
Biallyl 149
Bibenzyl 1059
Bicyclobutan 556, 569
Bicyclobutanderivate 570
Bicyclo[1.1.0]butan 173, 175
Bicyclo[4.4.0]dekan 173
Bicyclo[2,5]heptadien 1067
Bicyclo[4.1.0]hepta-2,4-dien 553
Bicyclo[2.2.1]heptan 96, 173
Bicyclo[3.1.1]heptan 96, 173
Bicyclo[2.2.1]heptan-Gerüst, Umlagerungen 820, 821
Bicyclo[2.2.1]heptylchlorid (S_N-Reaktionen) 444
Bicyclo[2.2.0]hexadien 150
Bicyclo[3.3.1]nonen 175
Bicyclo[5.1.0]okta-2,5-dien 576
Bicyclo[2.1.0]pentan 175
Bicyclopropyl 569
Bienenwachs 905
Bijvoet 229, 938
Bilirubin 872
Bilsenkraut 892
bindendes MO 14
Bindung 18
– polare 21
π-Bindung (Alkene) 101, 103
d-p-π-Bindung 204
Bindungen, Dissoziationsenergien (Tabelle) 390, 737
– energiereiche 986
– fluktuierende 149
– fluktuierende (NMR) 325
C–H-Bindungen, IR-Banden 304, 305
– Reaktivität bei Radikalreaktionen 742
Bindungsenthalpie 28, 29, 389
Bindungsenthalpien (Tabelle) 28, 390
Bindungsisomerie 149
Bindungslänge (Kovalenzbindung) 27
Bindungslängen (Tabelle) 27
Bindungsordnung 19, 27
Bindungspolarität 390
Biosynthese, Alkaloide 631
– Terpene und Steroide 929, 930
Biosynthesen, Alkaloide 890, 891, 893, 894
Biot 251
Biphenyl 152
Biphenylderivate, Chiralität 235
– unsymmetrische 752
– – Synthese 752
Biphenyle, polychlorierte 164
Biphenylen 382
Birch-Reduktion 792
Bisabolen 911
Bischler-Napieralski-Reaktion 701
3,4-Bis(1,1-dimethylethyl-)-2,2,5,5-tetramethylhexan 172
syn-1,6,8.13-Bismethano-[14]-annulen 147
syn-1,6,8.13-Bisoxido[14]annulen 144
Bisphenol A 701, 1019, 1022
Bis-(*p*-hydroxyphenyl)-propan 1019
Bisulfit-Addition, an C=O 626
Bittermandelöl 267
Blattfarbstoffe, grüne 870
Blaugrünkuppler 1044
Blausäure 297
Blei(IV)-acetat, Oxidationsmittel für C=C 771

– Oxidationsmittel für Glykole 784
– Oxidationsmittel für Methylengruppen 768
– zur oxidativen Decarboxylierung 786
Bleitetraethyl 75, 84, 672
Blitzlicht-Photolyse 498, 734
Blockpolymere 1008
Blutalkoholgehalt 191
Blütenfarbstoffe 195
– gelbe 885
– rote und blaue 885
Bohn 1033
Bohr-Theorie 2
Boltzmann-Konstante 355
Bombenrohr 56
9-Borabicyclo[3.3.1]nonan 529
Boran, Reduktionsmittel für Carbonylverbindungen 800
Borazin, in Sandwich-Verbindungen 1075
Borneol, Umlagerung 821
Born-Oppenheimer-Näherung 22
Bornylchlorid 910, 911
– aus Pinen durch Umlagerung 820, 821
– Umlagerung 821
Borverbindungen 30
Boten-RNS 991
Böttiger 1032
Bouveault-Blanc-Reduktion 803
Braunstein, Oxidationsmittel für Allylalkohole 783
Brechungsindex 41
Bredt-Regel 481
Brenzcatechin 193
Brenztraubensäure 288
Breslow 142
de Broglie 4
Bromaceton 368
p-Bromacetophenon 698
Bromaddition, Bromonium-Ion 511
– 2-Cholesten 515
– Fumarsäure 507, 508
– Maleinsäure 507, 508
– 3-Methylcyclohexen 514, 515
– – Energiediagramm 515
– 1-Phenyl-1-propen 512, 513
Bromaddition an Cyclohexen, Zeitgesetz 361
o-Bromanisol, Reaktion mit Natriumamid 728
3-Brom-2-butanol, Reaktion mit HBr 436, 437
trans-2-Brom-2-buten 665
2-Bromcyclohexanol, Reaktion mit HBr 436
Bromessigsäure, pK_s 398
Bromierung (Alkane) 747
1-Brom-3-methylbutan, Konstitutionsaufklärung 337, 338
m-Bromnitrobenzen 711
Bromoform 668
– Addition an Doppelbindungen 754
Bromoniumion (bei S_N) 436
Bromonium-Ion (Bromaddition) 511
5-Brom-2-pentanon 634
3-Brompyridin 711
N-Bromsuccinimid 110, 749
– Oxidationsmittel für Alkohole 780
Bromthymolblau 1046, 1048
Bromwasser, zur Oxidation von Aldosen 948
Bromwasser-Entfärbung 506
Bromwasserstoff-Addition an C=C, Orientierung 520
Bromwasserstoffaddition (radikalisch) 753
Brönsted 395
Brönsted-Säure 396

Brosylat-Anion (Abgangsgruppe bei S_N) 450
Brown 438, 529
Brucin 241
Buchner 191
Bufo vulgaris 925
Bufotalin 925
Bullvalen 151, 152
Buna 1011
Buna S 1016
1,3-Butadien 111, 120, 550
– Beispiele von Dien-Synthesen (Tabelle) 559
– Delokalisierungsenergie 117
– elektrozyklischer Ringschluß 1083, 1084
– – Korrelation der MO 1083, 1084
– Energieniveaux 118
– Hydrierungsenthalpie 115
– Konformationen 324
– Konformere 116
– MO-Beschreibung 116
– photochemische Zyklisierung 1061
– Polymerisate 1016
– Polymerisation 1007
– Reaktion mit Malein- und Fumarsäuredimethylester 561
– stereoselektive Polymerisation 1016
– Zyklisierung 549, 551
Butadieneisentricarbonyl 1066
Butan 67, 83
– potentielle Energie bei der inneren Rotation 69
n-Butan, Konformationen 69
Butanal 154
meso-2,3-Butandiol 180
1,2-Butandiol 180
1,4-Butandiol 180
2,3-Butandion 255, 768
1-Butanol 179
– Dehydratisierung 491
n-Butanol, aus Furan 862
R-Butanol-(2) 226
Butanon 254, 267
– IR-Spektrum 48
– NMR-Spektrum 353
– UV-Spektrum 49
1-Buten, IR-Spektrum 107
cis-2-Buten, IR-Spektrum 107
trans-2-Buten, IR-Spektrum 107
2-Butenal 267
Butenandt 924
Butenon, UV-Spektrum 49
2-Butenyl- 171
2-Butin-1,4-diol 125, 626
Butlerow 129
Butter 900
Buttersäure 270, 276, 900
– photochemische Chlorierung 742
n-Buttersäureanhydrid 279
Buttersäureester 276
Buttersäuremethylester 279
tert. Butyl- 171
n-Butylacetat 278
tert. Butylacetat, aus Pinakolon 833
sek. Butylalkohol 179
tert. Butylalkohol 179
– NMR-Spektrum 61
n-Butylamin 209
– pK_b 405
sek. Butylamin 209
tert. Butylamin 208, 209
n-Butylbenzen 161
tert. Butylbenzen 161
– IR-Spektrum 167
– NMR-Spektrum 167, 341
Butylchlorid, Chlorierung 742

sek. Butylchlorid, Raumformeln 223
tert. Butylchlorkohlensäureester 974
tri-tert. Butylchlormethan, Hydrolyse 443, 444
– Solvolyse 444
tert. Butylester, Verseifung 599
n-Butylether 196
Butylkautschuk 1007, 1016
Butyllithium 1066
Di.-tert. Butylperoxid, Spaltung in Radikale 734
Di-sek. Butylquecksilber, S_E-Reaktion 663
Butylquecksilberchlorid 1066
erythro-3-*D*-2-Butyltosylat, Elimination 488
– *syn*-Elimination 488
n-Butyraldehyd 254, 255
n-Butyramid 280
Butyronitril 297
n-Butyrylchlorid 279

Cadalin 907
Cadeöl 911
Cadinen 911
Cadiot-Chodkiewicz-Kupplung 788
Cahn 225
Calciferol 572, 917
Calcium-*D*-Gluconat 947
Calciumoxalat 282
Calicen 143
Camphen 910, 911
– durch Wagner-Meerwein-Umlagerung 821
Camphenhydrochlorid, Umlagerung 821
Campher 909, 910
– technische Synthese 911
Campheröl 908
Cannizzaro-Reaktion 263, 800
– Isotopenmarkierung 384
Caprinsäure 270
Caproaldehyd 255
Caprolactam 632, 1020
Capronsäure 270
Caprylsäure 270
Carbaldehyd, Suffix 254
Carbalit 1018
Carbaminsäure 294, 623
– aus Isocyanaten 623
Carbaminsäurehydrazid 296
Carbanion 29, 365
Carbanion (bei A_N an C=O) 641
Carbanionen, Alkylierung 448, 459, 460
– bei Elimination 473
– bei Esterkondensation 602
– Inversionsschwingung 239
– O-Alkylierung 448, 449
– Reaktion mit α-Chlorethern 448
– Zwischenstoffe bei der Michael-Addition 540
Carbanionen (als ambidente Nucleophile) 447, 448
Carbanion-Mechanismus (Elimination) 473
Carbazol 856, 869
Carben 77, 366
Carbene, Addition an C=C-Doppelbindungen 499
– Bildung und Reaktionen 498–502
Carbene (Singlett), Addition an Doppelbindungen 568
Carbeniumion 29, 78, 365
– Bildung bei S_N1-Reaktionen 427
– Bildungsmöglichkeiten 818

– Stabilisierung durch Umlagerung 818–827
– Stabilität und Geschwindigkeit von S_N1-Reaktionen 442, 443
– Zwischenstoff bei S_N1-Reaktionen 425
Carbeniumionen, Reihenfolge der Stabilität 365, 443
Carbenium-Reaktionen, Umlagerungen 464
Carbenium-Umlagerungen 574, 818–827
Carbinol 180
Carbinolbase 1041
Carbobenzoxychlorid 974
– aus Phosgen und Benzylalkohol 590
Carbohydrase 984
Carbokation 78, 365
Carboniumion 78, 675, 816
Carbonsäure 33, 188, 253
– aus Alkanen durch Oxidation 767
– Dehydratisierung zu Ketenen 492
– Derivate 277–280
– Salze 277
Carbonsäureamid 277
– aus Nitrilen 656
Carbonsäureamide 216, 280
– Abbau 502
– Basizität 406
– Bildung 606
– Hydrolyse 607
– Reaktionen 607
– Reaktivität 607
– Tabelle 280
Carbonsäureanhydrid 278
Carbonsäureanhydride, Tabelle 279
Carbonsäureazide, Abbau 502
Carbonsäurederivate, IR-Banden 271
– nucleophile Substitutionen 588–608
– Reduktion 802–806
Carbonsäure-Ester 278
– sterisch gehinderte 597
– – Verseifung 597
– Tabelle 278
– Verseifung 593–600
– – basenkatalysierte 593, 594
– – Mechanismen (Zusammenfassung) 600
– – säurekatalysierte 595
– – säurekatalysierte, Mechanismus 595
– – sterische Beschleunigung 598
– – sterische Hinderung 595
– Verseifung basenkatalysierte 594
– – Mechanismus 594
Carbonsäurehalogenid 277
Carbonsäurehalogenide 279
– S_N2$_t$-Reaktionen 589–592
– Tabelle 279
Carbonsäurehydrazid 591
Carbonsäuren 269–277
– Abbau 837
– Abbau nach Barbier-Wieland 774
– Acidität 397
– α-alkylierte 460
– durch Säurespaltung 460
– aromatische 769
– durch Oxidation 769
– aus Ketenen 622
– Decarboxylierung 606
– disubstituierte 769
– – aus β-Ketoestern 669
– α-Halogenierung 667

– Herstellung 274
– IR-Banden 304, 305
– Methylierung durch Diazomethan 466
– Nomenklatur 269
– durch Oxythallierung von Alki-
  nen 789
– physikalische Eigenschaften 269
– pK_s-Werte 270
– Pyrolyse mit Thoriumoxid 606
– Reaktionen 273
– Reaktionen (Tabelle) 273
– Reduktion mit BH$_3$ 803
– Reduktion mit LiAlH$_4$ 802
– Reduktion zu Alkoholen 802
– säurekatalysierte Veresterung
  596
– spektroskopische Eigenschaften
  271
– substituierte 398
– – pK_s-Werte (Tabelle) 398
– Tabelle 270
– β, γ-ungesättigte 495
– – Elimination 495
– Veresterung 593–600
Carbonylbande, IR-Spektrum 271
– – Lage in verschiedenen Car-
  bonsäurederivaten 271
Carbonylbande (IR-Spektrum),
  Lage in verschiedenen Verbin-
  dungen 256
Carbonylgruppe 32, 253
– Addition 612–658
– – Acetylen 626
– – Aldoladdition 643
– – Alkohole 618, 619
– – Allgemeines 612–616
– – Amine 627
– – Ammoniak 627
– – Azlactonsynthese 652
– – Basenkatalyse 613
– – Benzoin-Kondensation 654
– – Carbanionen 640
– – Carbonylreagenzien 632
– – – Mechanismus 632
– – C–H-acide-Verbindungen
  640–656
– – Cyanid-Ionen 624
– – Glycidester-Synthese 653
– – Grignard-Reagenzien 634
– – Hydrazin 631
– – Hydrogensulfit 626
– – Hydroxylamin 631
– – Knoevenagel-Reaktion 650
– – Mannich-Reaktion 630
– – Mechanismus 612
– – metallorganische Verbindun-
  gen 634
– – Perkin-Reaktion 651
– – primäre Amine 628
– – Reaktivität gegen Nucleo-
  phile 614, 615
– – Reformatzki-Reaktion 636
– – Säurekatalyse 612, 613
– – Semicarbazid 631
– – Stereochemie 615, 616
– – Stobbe-Kondensation 653
– – Wasser (an Isocyanate) 623
– – Wasser (an Ketene) 622
– – Ylide 637–640
– – 1,2 und 1,4 655
– Anregung 50
– Energieniveauschema 50, 622
– nucleophile Substitution
  584–608
– Reaktivität bei Aldoladditionen
  644
– reduktive Aminierung 629
– Überführung in Methylengruppe
  796
Carbonylierung, Alkene 275
– Methanol 276

Carbonylverbindungen 253–268
– Acetalbildung 618
– Acidität 403, 404
– Addition 612–616, 618, 619,
  624, 626–628, 641
– – Acetylen 626
– – Alkohole 618, 619
– – Allgemeines 612–616
– – Amine und Ammoniak 627,
  628
– – an Alkene 1060
– – Basenkatalyse 613
– – C–H-acide Verbindungen
  640–656
– – Cyanid-Ionen 624
– – Hydrazin, Hydroxylamin und
  Semicarbazid 631
– – Hydrogensulfat 626
– – Mechanismus 612
– – metallorganische Verbindun-
  gen 634
– – N-haltige Nucleophile
  627–633
– – Radikale 743
– – Säurekatalyse 612, 613
– – Stereochemie 613
– – Wasser 618
– – Ylide 637–640
– – 1,2 und 1,4 655
– Alkylierung durch Borane 531
– basenkatalysierte Bromierung 409
– Charakterisierung 631
– chirale 615
– – A_N 615
– durch Hydrolyse 455
– Elektronenanregung 1051
– elektrophile Substitutionen 667,
  667–669
– empfindliche, Reduktion 797
– Enolgehalt (Tabelle) 417
– Fragmentierung (MS) 332
– α-Halogenierung 667
– Herstellung 264
– Hydratbildung 617
– Hydrate 256, 262, 617
– IR-Banden 256, 304, 305
– Kondensation mit Estern oder
  Lactonen 653
– Mannich-Reaktion 630
– Nitrosierung 768
– Nomenklatur 254
– Oxidation in α-Stellung 768
– photochemische Addition an
  Alkene 1060
– Photodissoziation 1057, 1058
– physikalische Eigenschaften 256
– Reaktionen 259–263, 584–608,
  612–656
– Reaktionen (Tabelle) 260, 261
– Reaktivität bei Aldoladditionen
  644
– Reaktivität gegen Nucleophile
  614, 615
– Reduktion 795–802
– Reduktion durch Elektronen-
  übertragung 801
– Reduktion mit LiAlH$_4$ 797–800
– Reduktion zu Alkoholen
  797–802
– Reduktion zu Alkoholen mit
  LiAlH$_4$ 797
– – Mechanismus 797
– Reduktion zu Kohlenwasserstof-
  fen 795, 796
– reduktive Aminierung 629
– spektroskopische Eigenschaften
  256
– Tabelle 255
– Tautomerie 262
– α, β-ungesättigte 262, 474, 539,
  631, 644, 649, 650, 651, 859
– – Addition von Aldehyden 859

– – Bildung durch Aldoladdition,
  sterischer Verlauf 649, 650
– – durch Aldoladdition 644
– – durch $E1$ cB 474
– – durch Knoevenagel-Reaktion
  651
– – durch Mannich-Reaktion 631
– – α, β-ungesättigte aromatische
  802
– – Reduktion 802
– – selektive Reduktion 802
– – vinyloge 267, 643, 655
– – Addition von Carbanionen
  643
Carboranat-Ionen, in Sandwich-
  Verbindungen 1075
Carboxylase 984
Carboxylgruppe 269
– IR-Banden 272
– Mesomerie 269
– NMR-Spektrum 272
Carboxylierung (Aromaten) 704
Carboxypeptidase 971
Carius-Verfahren 56
Carnaubawachs 905
Carosche Säure, Oxidationsmittel
  für Amine 778
Carothers 998, 1019
β-Carotin 914
Carotinoide 913, 914
Carvon 909, 910
Carvonsäure 910
Catenane 97
Caurit 1018
Cellitonechtgelb G 1039
Cellobiose 955
Cellophan 961
Celluloid 961, 998
Cellulose 959–962
– Faserdiagramm 1004
– Gewinnung aus Holz 960
– Hydrolyse 960
– Methyl-, Ethyl- und Benzylether
  962
– Molekülmasse 960
– Reaktion mit Reaktivfarbstoffen
  1036
Celluloseacetat 961
Cellulosenitrat 961
Cellulosexanthogenat 961
Cementit 1014
Cer-Ammonium-Nitrat, Oxida-
  tionsmittel für primäre Hydro-
  xylgruppen 780
Cetylalkohol 179
Cetyltrimethylammoniumbromid
  379
C–H-acide Verbindungen, Addi-
  tion an C=O 640–656
– Alkylierung 461
– pK_s-Werte (Tabelle) 403
Charakter, aromatischer 861
– – fünfgliedrige Heterozyklen
  861
– aromatischer und NMR-
  Spektrum 145
Chargaff 988
Chelatkomplexe (Porphine) 870
cheletrop 568
Chemical Abstracts 1088
Chemie, organische, Sonderstellung 29
chemische Ionisierung (MS) 334
chemische Verschiebung 52, 308,
  309
chemische Verschiebung (Tabelle)
  314
chemische Verschiebung und
  Elektronegativität (NMR) 320,
  321
Chenopodiumöl 910
Chicagoblau 1032, 1033

Chicago-Säure 1038
Chinabaum 895
Chinhydron (zur pH-Messung) 194
Chinin 241, 895
Chinolin 143, 855, 856, 883
– elektrophile Substitution 694
– Oxidation 771
Chinolinalkaloide 893, 894
Chinolinderivate, durch Friedländer-Synthese 628
– Skraup-Synthese 701
Chinondiimin 1045
Chinone 193, 770
– zur Dehydrierung von Alizyklen 775
– durch Oxidation von Diaminen 778
– durch Oxidation von Dihydroxyverbindungen 784
Chinoniminfarbstoffe 1044
Chinoxalin 856
chiral 42, 222
chirale Reagenzien 222
Chiralität 222
– axiale 235
– ohne asymmetrisch substituiertes C-Atom 235, 236
– planare 236
– zentrische 222
Chiralitätszentren, Heteroatome 237
Chiralitätszentrum 223
– Angabe der Konfiguration 227
– Bildung eines zweiten neben einem ersten 247, 248
Chitin 962
Chlor, Oxidationsmittel für primäre Alkohole 782
Chloracetophenon, Reaktion mit Kaliumiodid 443
Chloral 262, 617
– durch Oxidation von Ethanol 782
Chloralhydrat 262
Chlorameisensäureester, aus Phosgen 590
(+)-Chloramphenicol (aus der Racemform) 241
Chloranil, zur Dehydrierung 775
o-Chloranilin 209
p-Chloranilin 209
Chlorbenzen, Reaktion mit Ammoniak 727, 728
o-Chlorbenzoesäure 270
p-Chlorbenzoesäure 270
Chlorbutadien, Polymerisate 1016
2-Chlorbutadien 120
2-Chlorbutan, Enantiomerie 223
– Fischer-Projektion 224
– Konfiguration 226, 227
– Konformere 224
– potentielle Energie bei der inneren Rotation 224
– Raumformeln 223
4-Chlor-1-butanol, Hydrolyse 433
S-3-Chlor-2-butanon, Racemisierung 239
Chloressigsäure 281
– pK_s 398
α-Chlorether, Reaktion mit Carbanionen 448
α-Chlorethylbenzen, Fischer-Projektion 224
– Konfiguration 227
– Racemisierung 240
– Raumformeln 223
Chlorformamide, aus Phosgen 591
Chlorfumarsäure, HCl-Elimination 486
Chlorhämin 870
2-Chlor-4-hydroxyanilin 838

Chloriodmethansulfonsäure 224
α-Chlorketon 648
α-Chlorketone, zur Synthese von Pyrrol 860
Chlorkohlensäureester 294
Chlormaleinsäure, HCl-Elimination 486
6-Chlor-3-methylbicyclo[3.2.1]oktan 174
S-(+)-1-Chlor-2-methylbutan, Konfiguration 228
1-Chlor-2-methylbutan, Radikalsubstitution 247
Chlormethylierung (Aromaten) 700
Chlormethylmethylether, zum Schutz von Hydroxylgruppen 456
o-Chlornitrobenzen, elektrolytische Reduktion 838
Chloroform 85, 86, 668
– Bildung von Dichlorcarben 497
– IR-Spektrum 307
2-Chloroktan, Racematspaltung 243
Chlorophylle 870, 871
Chloropren 1016
m-Chlorphenol 193
o-Chlorphenol 193
p-Chlorphenol 193
3-Chlor-1-propen 110
α-Chlorpropionsäure 520
– pK_s 398
Chlorsulfinsäureester 464
Cholansäure 914
Cholestanol 916
2-Cholesten, Bromaddition 515
Cholesterol 914, 930
– Dehydrierung 774
– Konstitution 916
– Totalsynthese 919–922
Cholin 905
Cholsäure 917, 918, 923
Chromatographie 36
Chromon 884
Chromophor 298, 708, 1029
Chromophore, Beispiele (Tabelle) 299
Chromoproteide 983
Chromosomen 988
Chromotropsäure 1038
Chromsäureester 781
Chromschwefelsäure 766
Chromylchlorid (Oxidationsmittel) 769
Chrysen 176, 774
Chymotrypsin 985
Chymotrypsinogen 972
Cibacetblau F3R 1040
Cibacronfarbstoffe 1035
Cibacronrot 1039
Cibanit 1018
Cibanoid 1018
Cinchona officinalis 895
Cinchonin 895
cisoid 116, 324, 560, 1061
Citral 533, 647, 908, 910
– Synthese 909
Citrat 285
Citronellal 908, 910
Citronellol 120
Citronellöl 910
Citronenbaum 907
Citronenöl 910
Citronensäure 285
Citrullin 966
Claisen-Kondensation 287, 602, 603
– Beispiele 848, 849
– Durchführung 605
– mit Essigester 603
– intramolekulare 604
– mit Ketonen 604

– Mechanismus 602
– mit Nitrilen 604
– mit Oxalester 603
Claisen-Umlagerung 577
Clathrate (zur Racematspaltung) 243
Claviceps purpurea 895
Clemmensen-Reduktion 160, 795, 796
C-N-Mehrfachbindungen, nucleophile Addition 656–658
Cocain 892
Cocarboxylase 873
Code, genetischer 995, 996
Codein 893, 894
Codon 995
Coenzym 983–985
Coenzym I 888
Coenzym A 929
Coffein 888
Colamin 905
Colchicin 895, 896
Colchicum autumnale 895
2,4,6-Collidin 883
Computerunterstützte Synthese 844
Congressan 1062
Coniferylalkohol 949
Coniferylalkohol-β-D-glucosid 949
Coniin 890
Conium maculatum 890
Cope-Elimination 214, 216, 497
Cope-Umlagerung 575
– entartete 576
– im Anschluß an Claisen-Umlagerung 578
Copolymerisation 756, 1001
Coronen 154, 176
Corpus luteum 924
Cortexon 924
β-Corticotropin 968
– Sequenz 977
– Synthese 977
Cortisol 924, 927
Cortison 924
Cotton-Effekt 44
Coulomb-Integral 116
Couper 129
Cracken 78
– thermisch (Benzin) 112
– – Produkte (Tabelle) 112
Crackverfahren 111
Cramsche Regel 616, 799
Crick 989
Crimplene 1018
Crotonaldehyd 168, 255, 267
– IR-Spektrum 257
Crotyl- 171
Crotylalkohol 179
– Anionotropie 420
Crowfoot-Hodgkin 872
Cuban 97, 175, 1062
Cumarin 884
Cumaron 856, 866
Cumen 161
– IR-Spektrum 339
Cumen (zur Phenol-Herstellung) 195
Cumolhydroperoxid 758, 837
Curtin-Hammett-Prinzip 485
Curtius-Abbau 502
Curtius-Umlagerung 837
Cuskhygrin 631
Cyanessigester 461
– Kondensation mit Aldehyden 641
Cyanessigester (für Michael-Addition) 540
Cyanessigsäure 281
– pK_s 398
α-Cyanester, durch Claisen-Kondensation 604, 605

Cyanethylierung 540
Cyanhydrin 284
Cyanhydrine, aus Carbonylverbin-
    dungen 624
– Überführung in Aminosäuren
    290, 625
– Zwischenprodukte (Zusammen-
    fassung) 625
Cyanide 296, 297
Cyanidin-Kation 885
Cyanid-Ion, Addition an C=O 624,
    625
Cyanid-Ion (als ambidentes
    Nucleophil) 447, 448, 459
Cyanin 949
Cyanine 1043, 1044
Cyansäure 294, 296
Cyanurchlorid 296, 887
Cyanursäure 296
Cyanwasserstoff 297
– Addition an C=O 624, 625
Cycloaddition 545
Cycloadditionen 554–570,
    1080–1086
– Aktivierungsentropie 372
– Auswahlregeln 555
– 1,3-dipolare 563–566
– – Stereospezifität 564
– Klassifizierung 555
– Orbitalsymmetrie 1084–1086
(2+2)-Cycloadditionen 556
(2s+2s)-Cycloaddition 554
(4s+2s)-Cycloaddition 555, 564
Cycloalkan 33
Cycloalkane 65, 89
– Gewinnung 97, 98
– IR-Banden 89
– Molekülbau 89
– physikalische Eigenschaften 89
– Ringstabilität 95
– Spiegelbildisomerie 232
– substituierte 94
– – Stereoisomerie 94
– Tabelle 89
Cyclobutadien 136
– in Sandwich-Verbindungen
    1075
Cyclobutan 89
– katalytische Hydrierung 100
– Konformation 93
Cyclobutanderivate, durch Favor-
    ski-Umlagerung 834
Cyclobutanol 1058
Cyclobutanone, Synthese 557
Cyclobuten 114
– Addition von Methylen 499,
    500
– Gleichgewicht mit 1,3-Butadien
    549
– Ringöffnung 1083, 1084
– – Korrelation der MO 1083,
    1084
Cyclobutylamin, Umlagerung 822
Cyclobutylchlorid, Solvolyse 452
– S_N-Reaktionen 444
Cyclodekapentaen 143
Cycloheptan 89
Cycloheptanon, aus Cyclohexanon
    824
Cycloheptatrien 553, 570, 1067
Cycloheptatrienyliumbromid 141
Cycloheptatrienylium-Kation 141
Cyclohexadien, aus Cyclohexen
    749
Cyclohexan 89
– Energieprofil für die Umwand-
    lung der Konformationen 91
– Oxidation mit CrO_3 774
– Sesselform 89
– Twist-Form 91
– Umklappen 92
– Wannenform 90

Cyclohexancarbonsäure 270
Cyclohexanderivate, Enantiomerie
    233
– *cis/trans*-Isomerie 95, 233
cis-1,2-Cyclohexandiol 180
trans-1,2-Cyclohexandiol 180
Cyclohexane, disubstituierte 95
– – Isomerien 95
Cyclohexanol 179
Cyclohexanon, Addition von Car-
    bonylreagenzien 632
Cyclohexanonoxim 632, 1020
Cyclohexanring, äquatoriale Bin-
    dungen 92
– axiale Bindungen 91
– Bau 89
1,2,3-Cyclohexantriol 781
Cyclohexen 114
– Bromaddition (Zeitgesetz) 361
1-Cyclohexen-1-carbonsäureester
    494
Cyclohexenone, durch Reduktion
    von Methoxybenzenen 793
Cyclohexenone, Nebenprodukte
    der Lactonisierung ungesättigter
    Carbonsäuren 523
Cyclohexylamin 209
1-Cyclohexyl-1-chlorethan,
    Hydrolyse 432
Cyclononatetraenyl-Anion 143
1,5 Cyclooktadien 1067
Cyclooktan 89
Cyclooktatetraen 136
– Energieniveauschema 138
Cyclooktatetraenyldianion 143
Cycloparaffine, Tabelle 89
Cyclopentadien 139, 140, 562
– Acidität 404
– Dimerisierung (Energetik) 372
– Säurecharakter 140
Cyclopentadienyl-Anion 139, 140,
    1064
Cyclopentadienylkomplexe, Über-
    gangsmetalle (Tabelle) 1073
Cyclopentan 89
– Konformation 93
Cyclopentanderivate, Enantiomerie
    232
– durch Favorski-Umlagerung 834
– *cis/trans*-Isomerie 94, 232
cis-1,2-Cyclopentandiol 180
trans-1,2-Cyclopentandiol 180
Cyclopentanol 179
Cyclopenten 149, 532, 1067
Cyclopentenone, Nebenprodukte
    der Lactonisierung ungesättigter
    Carbonsäuren 523
Cyclopentylessigsäureester 532
Cyclophane 153
Cyclopropan 89, 93, 94
– Addition an Doppelbindung
    695
– Reaktion mit Brom 99
– Reaktion mit Iodwasserstoff-
    säure 99
– Spaltung zu Carben 498
Cyclopropanderivate, durch Favor-
    ski-Umlagerung 834
Cyclopropane, durch Simmons-
    Smith-Reaktion 569
Cyclopropanone 569
Cyclopropanring, protonierter
    816–818
Cyclopropanringe, durch Addition
    von Carbenen 499
Cyclopropen 114
Cyclopropenon 142
Cyclopropenylium-Kation 142
Cyclopropylchlorid (S_N-Reaktio-
    nen) 444
Cyclopropylhalogenide, Solvolyse
    552

Cyclopropyl-Kation, Ringöffnung
    552
– Umlagerung 822
Cyclopropylmethylamin, Umlage-
    rung 822
Cyclopropylmethylchlorid, Solvo-
    lyse 452
Cycloreversion 545, 554
p-Cymen 161
– NMR-Spektrum 342
p-Cymol 907
Cystein 289
Cystin 289
Cytochrome 872
Cytosin 886, 988, 989

Dacron 1018, 1019
Dampfdichte 57
Dansylchlorid 970
Darzens-Reaktion 641, 653, 654
– Verlauf 495
Datura Stramonium 892
DBN 489
DBU 489
DDT 162
Decarbonylierung (α-Ketocarbon-
    säuren) 287
Decarboxylierung, Carbonsäuren
    606
– β-Ketosäure; als Retro-En-
    Reaktion 567
– oxidative (Dicarbonsäuren) 786
Deformationsschwingung 47
Dehydrierung, alizyklische Verbin-
    dungen 774, 775
– – katalytisch 775
– Alkohole 780
– durch Chinone 775
Dehydro-[26]-annulen 148
Dehydrobenzen 382, 728
– Bildung 730
– in Sandwich-Verbindungen
    1075
– Nachweis 729
7-Dehydrocholesterol 918
Dehydrogenase 984
Dehydropregnenolonacetat 926
Dekalin 96, 173
– Stereoisomere 97
cis-Dekalon, Epimerisierung 240
Dekan 67
1-Dekanol 179
Delokalisation, π-Elektronen 116,
    132, 1030, 1031
– – und Farbigkeit 1030, 1031
Delokalisationsenergie (Benzen)
    132
Delokalisationsenergie (Butadien)
    117
delokalisierte MO 23
– in Benzen 132, 133
– in Dienen 116
Delrin 266
Demjanow-Umlagerung 824
Denaturierung, Enzyme 984
– Proteine 983
deshielding-Effekt 309
Desmodur 1023
Desmophen 1023
Desoxycholsäure 918, 923
Desoxycorticosteron 924
Desoxyhexosen 942
Desoxyribonucleinsäure 942, 988
– Struktur 987
Desoxyribose 988
D-(–)-2-Desoxyribose 943
Destillation 35
– azeotrope 35, 36, 274
– azeotrope (Veresterung) 596,
    598
– fraktionierte 35

Detergentien 904
– nicht-ionogene 904
Deuterium (für Tracer-Experimente) 383
α-Deuteroethylbenzen, [α]_D 224
Dewar 546
Dewar-Benzen 150
Dewar-Pyridin 150, 877
Dewar-Strukturen, Benzen 134
Dextrin 959
Dextrose 934
Diabetes mellitus 267
Diacetonalkohol 360, 643
Diacetyl 255, 768
Diacylperoxide 734
$Δ^1$-Dialin 793
$Δ^2$-Dialin 793
β-Dialkylaminocarbonylverbindungen (für Michael-Addition) 541
Dialkylcadmium-Verbindungen 592
N,N'-Dialkylcarbodiimid 975
Dialkylketone, durch Hydroborierung mit CO 530
Dialkylperoxide 734
Dialkylquecksilberverbindungen 1066
Dialkylsulfat 186
1,4-Diaminobutan 209
α, β-Diaminobuttersäure 966
1,2-Diaminoethan 208
1,6-Diaminohexan 209, 1019
α, ε-Diaminopimelinsäure 966
diäquatorial 95
Diastase 953
Diastereomerie 222
diastereotop 250
diastereotope Protonen (NMR) 310
diatrop 146
diaxial 95
1,5-Diazabicyclo[3.4.0]nonen-(5) 489
1,5-Diazabicyclo[5.4.0]undeken-(5) 489
4,5-Diazaphenanthren 855
Diazin 855
1,3-Diazin 886
Diazoaminobenzen, Umlagerung 837
Diazoaminoverbindung 709
Diazoessigester 219
– Addition an C=C 564
Diazohydroxid 709, 751
Diazoketon 279
Diazoketon (Zwischenstoff bei Arndt-Eistert) 501
Diazoketone, Hydrolyse 466
– Umlagerung 828
Diazokomponente 1037
Diazol 855
Diazomethan 77, 219
– Addition an C=C 564
– Addition an Dimethylmalein- bzw. fumarsäureester 564
– Reaktion mit Carbonylverbindungen 564
– zur Methylierung von Carbonsäuren 466
Diazoniumfluoroborat 727
Diazoniumgruppe, direkte Einführung in Aromaten 708
Diazoniumion, Reduktion 727
– Reduktion mit Sulfit 809
Diazoniumionen, Kupplung mit Aminen 708
– Kupplung mit Enolaten 709
– Kupplung mit Phenolen 709
– nucleophile Substitutionen 722, 726, 727
– – Tabelle 726
Diazoniumsalze 216, 218, 708

– Reaktionen 218
– Substitutionen 750, 751
– Verkochung 195
Diazoniumsalze (aus primären aliphatischen Aminen) 466
Diazotierung 218
– aromatische Amine 670
Diazotierung primärer aliphatischer Amine 466
Diazoverbindungen 218
– Photolyse 498
– Reaktion mit Alkoholen 466
Dibenzalaceton 255, 647
Dibenzoylperoxid, Spaltung in Radikale 734
Diboran 527
Dibrombernsteinsäuren 507, 508
2,3-Dibrombutan, Elimination 489
trans-Dibromcyclohexan 507
1,2-Dibromcyclohexan, Elimination 489
6,6-Dibromindigo 869
2,4-Dibromphenol 711
1,2-Dibrom-1-phenylethan, NMR-Spektrum 321
gem-Dibrompropan 169
vic-Dibrompropan 169
3,5-Dibrompyridin 711
Dibutylquecksilber 1066
Dicarbonsäuren 280–283
– durch Oxidation zyklischer Ketone 785
– oxidative Decarboxylierung 786
– pK_s-Werte 281
– Tabelle 281
β-Dicarbonylverbindungen, Alkylierung 459, 460
– zum Aufbau des Pyrimidinringes 887
– Enolisierung 416, 459
– Herstellung 859
– Oxidation 784
– durch Oxidation 768
– zur Synthese von Heterozyklen 858
1,3-Dicarbonylverbindungen, zur Synthese von Pyrazolen 875
1,4-Dicarbonylverbindungen, zur Synthese von Heterozyklen 858
– zur Synthese von Imidazolen 876
1,3-Dichlorbutan 742
2,3-Dichlorbutan, Stereoisomere 231
Dichlorcarben 497
– bei Reimer-Tiemann 704
2,3-Dichlor-5,6-dicyanobenzochinon, zur Dehydrierung 775
β,β-Dichlordiethylsulfid, Hydrolyse 437
Dichlordifluormethan 86
p,p'-Dichlordiphenylsulfon 1024
Dichlordiphenyltrichlorethan 162, 700
Dichloressigsäure, pK_s 398
1,2-Dichlorethan, Dipolmoment 70
vic-Dichloride, Elimination mit Alkaliiodiden 455
Dichlormethan 85, 86
Dichlormethylen 497
2,3-Dichlornorbornane, HCl-Elimination 487
2,3-Dichlorpentan, Stereoisomere 229
2,4-Dichlorphenol 711
2,4-Dichlorphenoxyessigsäure 163
1,2-Dichlorpropan, ^{13}C-NMR-Spektrum 326
2,3-Dichlor-1-propanol 516
Dichlortriazin 1035
Dicumarol 884

Dicyclohexylcarbodiimid, Kondensationsmittel zur Veresterung 596, 597
Dieckmann-Kondensation 604
Diels 558
Diels-Alder-Reaktion 115, 555, 558–563
– Orbitalsymmetrie 1086
– Stereospezifität 561
Diene, Addition von Schwefeldioxid 568
– Hydrierungsenthalpie 115
– Hydrierungsenthalpien (Tabelle) 115
– konjugierte 115, 535, 558
– – Addition an Doppel- oder Dreifachbindung 558
– – elektrophile Addition 535
– Reaktionsfähigkeit 560
Dienophil 558
Dienophile, Reaktionsfähigkeit 558
Dien-Synthese 558
– Bedeutung für Naturstoffsynthese 562
– Stereospezifität 561
de Diesbach 1042
Diethylamin 209
– IR-Spektrum 211
– pK_b 405
Diethylcadmium 1066
Diethylenglykol 199
Diethylenglykoldimethylether (Diglyme) 199
Diethylether 85
– aus Ethanol 463
Diethylketon 254
– NMR-Spektrum 349
Diethylquecksilber 1066
Diethylsulfat (Alkylierungsmittel) 186
Diethylzink 1066
Diethylzinn 1066
m-Digallussäure 196
Digitalis-Glykoside 949
Digitalis-Wirkstoffe 924, 925
Digitoxin 924
D-Digitoxose 942, 943
Digitoxygenin 924, 925
Diglyme 199
Digoxin 924
Digoxygenin 924, 925
Dihalogencarbene, Gewinnung 569
Dihalogencyclopropane 498
Dihalogencyclopropanringe 569
gem-Dihalogenide, Hydrolyse 455
vic-Dihalogenide, Elimination 489
– Elimination von Halogenwasserstoff 489, 490
gem-Dihalogenverbindungen, Hydrolyse 455
vic-Dihalogenverbindungen, Hydrolyse 455
Dihydrocholesterol 916
Dihydropyran (Schutzgruppe für Alkohole und Phenole) 524
Dihydroxyaceton 952
2,6-Dihydroxybenzoesäure, pK_s-Wert 402
p,p'-Dihydroxydiethylstilben 923
L-3,4-Dihydroxyphenylalanin 1071
Dihydroxyverbindungen, *gem* 180
Diimin, zur Hydrierung isolierter Doppelbindungen 790
Diiodtyrosin 966
Diisocyanat 1023
Diketen 558, 622
β-Diketone 461
– durch Acylierung 592
– durch Claisen-Kondensation 604
– Spaltung 670

Dimedon 604
Dimedon (zum Nachweis von Aldehyden) 263, 264
Dimethoxybernsteinsäure 953
p,p'-Dimethoxystilben 1031
Dimethylamin 209, 213
– pK_b 405
Dimethylaminoantipyrin 875
p-Dimethylaminobenzaldehyd 654
– ^{13}C-NMR-Spektrum 327
Dimethylanilin 209
– Nitrierung 707
– pK_b 405
2,4-Dimethylanilin, durch Umlagerung 837
Dimethylberyllium 672, 1066
2,3-Dimethyl-1,3-butadien, Hydrierungsenthalpie 115
3,3-Dimethyl-2-butanol, IR-Spektrum 344
– NMR-Spektrum 345
Dimethylcadmium 1066
4,4-Dimethylchalkon 245
1,2-Dimethyl-4-chlorcyclopentan, Stereoisomere 234
trans- und *cis*-2,3-Dimethylcyclobutan 1081
2,3-Dimethylcyclobuten, Ringöffnung 549
Dimethylcyclohexadiene 550
5,5-Dimethylcyclo-1,3-hexadion 263, 604
cis-1,3-Dimethylcyclohexan 233
trans-1,3-Dimethylcyclohexan, Enantiomerie 233
cis-1,2-Dimethyl-1,2-cyclohexandiol, Pinakol-Umlagerung 824
trans-1,2-Dimethyl-1,2-cyclohexandiol, Ringverengerung 824
2,2-Dimethylcyclohexanon 824
1,2-Dimethylcyclopentan 97
cis-3,3-Dimethylcyclopropan-1,2-dicarbonsäure 910
trans-15.16-Dimethyldihydropyren 147
1,1-Dimethylethyl- 171
Dimethylethylamin 208
Dimethylformamid 280
meso-3,4-Dimethyl-1,5-hexadien 576
3,5-Dimethyl-4-hexenal 173
Dimethylmagnesium 1066
Dimethylphenylcarbinol 180
2,5-Dimethylpyrrol 859
Dimethylquecksilber 672, 1066
Dimethylsulfat 185
Dimethylsulfat (Alkylierungsmittel) 186
Dimethylsulfoxid 205
– Oxidationsmittel für Halogenide 776
– Oxidationsmittel für sekundäre Alkohole 783
Dimethylzink 1066
3,5-Dinitroanisol 726
m-Dinitrobenzen 217
– nucleophile Substitution 723
– Reaktion mit $CN^{\ominus}$ 723
3,5-Dinitrobenzoate (zur Charakterisierung von Alkoholen) 590
2,6-Dinitrobenzonitril 723
2,4-Dinitrofluorbenzen 724, 970
6,6'-Dinitrophensäure, Energieprofil für die Rotation 236
2,4-Dinitrophenylhydrazin 631, 724
2,4-Dinitrophenylhydrazone 263
Dioktylphthalat 1004
Diolen 1018, 1019
1,2-Diolgruppen, Bestimmung der Anzahl 784

Dioscorea 927
Diosgenin 925, 926, 927
Dioxan 198
– aus Ethylenglykol 463
– IR-Spektrum 202
Dioxin 163
Dipeptid 967
– Bildung aus zwei Aminosäuren (Reaktionsfolge) 976
Diphenylacetaldehyd, durch Pinakol-Umlagerung 823
Diphenylamin 208, 209
Diphenylcarbinol 179
1,2-Diphenyl-1-chlorpropan, Elimination von HCl 483
1,1-Diphenyl-1,2-ethandiol, Pinakol-Umlagerung 823
Diphenylhydroxymethyl-Radikal 1059
Diphenylin 839
Diphenylketon 254
Diphenylketyl 739
1,3-Diphenyl-3-methyl-2-propen-1-on 644
Diphenylpicrylhydrazyl-Radikal 734, 737
1,2-Diphenyl-1-propanon 825
1,2-Diphenylpropylchloride, HCl-Elimination 483
Diphenyltetrahedran 1062
Dipolarophile 565
Dipolkräfte 40
Dipolmoment 391, 394
– Änderung 48
– 1,2-Dichlorethan 70
– Ester 593
– Ether 197
Dipolmoment und I-Effekt 391
Dipolmoment und M-Effekt 394
Dipolmomente, fünfgliedrige Heterozyklen (Tabelle) 862
Di-*p*-Xylen 153
Dipyrin 875
Direktfarbstoffe 1032
Direkttiefschwarz 1039
Disaccharide 953–957
Dispersionsfarbstoffe 1035
Disproportionierung 735
Disproportionierung (Radikale) 741
disrotatorisch 549, 1081
Dissipation 1052
Dissous-Gas 127
Dissoziation 364
Dissoziationsenergie 28, 29, 390
Dissoziationsenergie (H_2) 12
Dissoziationsenergien (Tabelle) 390, 737
Disulfid 204
Diterpene 911, 912
1,3-Dithiane 619
Dithionit (Reduktionsmittel für Küpenfarbstoffe) 868
Divinylketone, Zyklisierung 553
Djerassi 229
DMF 280
DMSO 205
DNS 988
Dodekan 67
1-Dodekanol 179
Doebner-Miller-Reaktion 702
π-Donatoren (Tabelle) 393
π-Donatoren und Acidität 401
σ-Donator 391–393
σ-Donator (als Erstsubstituent bei S_E an Aromaten) 685
Doppelbindung (C=C), Acylierung 670
– Addition, Alkane 532, 533
– – Alkylhalogenide 534
– – Ammoniak und Amine 542
– – Aromaten 695

– – Carbeniumionen 532, 533
– – Carbonsäuren 522
– – Cyclopropan 695
– – Ethylenoxid 695
– – Halogene 506–516
– – – experimentelle Ergebnisse 506
– – – Kinetik 506
– – – Mechanismus 509–511
– – – Nebenreaktionen 515, 516
– – – nicht-stereospezifischer Verlauf 511–513
– – – Stereochemie 507, 511–515
– – – Stereochemie bei Addition an Ringverbindungen 513–515
– – – *syn*-Addition 511–513
– – Halogenwasserstoff 517–520
– – – Bromwasserstoff 753
– – – Mechanismus 517–519
– – – Reaktivität 519
– – Hydroxyverbindungen 521–524
– – – Tabelle 522
– – Radikale (Bildung von C-C-Bindungen) 754
– – Singlett-Carben 568
– – Wasser 521
– 1.2- und 1,4-Addition 535
– Anregung, elektronische 1055, 1056
– Beschreibung der Bindungsverhältnisse 101
– Bindungswinkel 103
– *cis/trans*-Isomerie 104
– elektrophile Addition 108, 408, 505–536
– Epoxidierung 525, 526
– Hydrierung 536
– Hydroborierung 527–532
– – *syn*-Addition 528
– – zu Ketonen 531
– – Mechanismus 528
– – Orientierung 529
– – Stereospezifität 529
– Hydrocarboxylierung 526, 527
– Hydroformylierung 526, 527
– Isomerisierung 526, 1055
– Konkurrenzreaktionen zur Addition von Wasser 522
– Michael-Addition 540
– σ/π-Modell 101, 103
– Nachweis 108, 506, 509
– NMR-Spektrum 310
– *E/Z*-Nomenklatur 104
– nucleophile Addition 539–542
– Oxidation zu Glykolen 771–773
– oxidative Spaltung 771–774
– Oxymerkurierung 524
– Oxythallierung 789
– Radikaladdition 742
– Radikaladdition (HBr) 520
– Radikaladdition (Halogene) 754
– Reaktion mit Permanganat 538, 539
– Reaktionen zur Einführung (Tabelle) 470
– Schutz 490, 563
– Verschiebung der Doppelbindung 522, 666
Doppelbindungen, isolierte 100, 790
– – Hydrierung mit Diimin 790
– konjugierte 100, 115, 116, 791
– – Addition 115
– – Bindungslängen 115
– – Hydrierung 791
– – MO-Beschreibung 116
– – Stabilität 115
– kumulierte 100
Doppelbindungsäquivalente 335

Doppelbindungsregel 204
Doppel-Helix 989, 990, 992
Doppelnatur (Licht) 4
Doppel-Resonanz, ^{13}C-NMR-
    Spektroskopie 328
Doppel-Resonanz (NMR) 320
Dow-Verfahren 724, 731
Dralon 1011, 1015
Drehspiegelachse 222
Drehung, optische 41
– spezifische 42
Drehvermögen, optisches 41
Dreielektronenbindung 15
Dreifachbindung 19, 123
– Additionsreaktionen (Tabelle)
    124
– NMR-Spektrum 310
Dreifachbindungen, Addition von
    Carben 570
– nucleophile Addition 539
Dreiringe, Spaltung unter Bildung
    von Carbenen 498
Dreizentrenbindung 78
Dreizentren-MO 675
Dreizentren-MO (in protoniertem
    Cyclopropan) 816
Drimarenfarbstoffe 1036
Druck, osmotischer (hochmoleku-
    lare Stoffe) 999
Dumas 56
Dunkel-Reaktionen (Sehvorgang)
    1057
Dünnschichtchromatographie 38
Duren 161
Duroplast 1005
Duroplaste 1017
Dypnon 644

Echtgelbsalz 1039
Echtrot 1032
Edman-Abbau 971, 972
Effekt, induktiver 391–395
– mesomerer 392–395
– –I-Effekt 391
– bei NMR-Spektren 320
– bei S_E an Aromaten 685, 686
– –I-Effekt und Acidität 398
– +M-Effekt 392, 393
– bei S_E- an Aromaten 685, 686
M-Effekt und Acidität 400, 401
Effekte, induktive und NMR-
    Spektrum 309
I-Effekte und C–H-Acidität 403
M-Effekte und C–H-Acidität 403
M-Effekte von Substituenten (Ta-
    belle) 393
ortho-Effekt 690
Eigenfunktion 5
Eigenionen-Effekt (S_N1-Reaktion)
    426
Eigenwerte (Elektronen in Mole-
    külen) 14
Eikosan 67
Ein-Elektronen-Näherung 11
Eisessig 276
Eisfarben 1034
Eiweißhydrolysat, Trennung 965,
    966
ekliptisch 68
Elaidinsäure 270
Elastomer 1005
Elastomere 1013–1015
– aus Polyethylen 1012
– aus Polypropylen 1013
– Polyurethan- 1023
– synthetische 1013, 1014, 1016
Elektrolyse, Salze mit Carboxylat-
    Anionen 759
Elektromagnetisches Spektrum 45
Elektron (Wellenfunktion) 5
Elektronegativität 390

– Einfluß auf die chemische Ver-
    schiebung (NMR) 320, 321
Elektronen, Anregung (Moleküle)
    46, 50
– Benzen 132
– Doppelbindung 101
Elektronen (Aufenthaltsort) 4
π-Elektronen und NMR-Spektrum
    309, 310
Elektronenmangelverbindungen
    672, 1064
Elektronenpaarbindung 11, 17
Elektronensextett 814, 818
Elektronenspektren, konjugierte
    Polyene 118, 119
– Polyene 118
Elektronenspektroskopie 298
Elektronenspin 9, 11
Elektronenspinresonanz 55, 733
Elektronenübertragung 764
Elektronenwolke 4
elektrophil 78, 108, 159, 505
elektrophile Addition 505–536
Elektrophorese 979
elektrozyklisch 545
Elementaranalyse 55
Elementaranalyse durch Massen-
    spektrometrie 330
Elementarfibrillen 960
Elementarprozeß 363
Elementarprozesse, Beispiele 363,
    364
Elementarreaktion 361
Elementarteilchen 2
Elimination 34, 112, 470–504
– nach Aldoladdition 645
– an Alkoholen 184, 491, 492
– an Alkylhalogeniden 489, 490
– an Alkylsulfonaten 489, 490
– bimolekulare 472
– Einfluß der Abgangsgruppe 475
– Einfluß des Lösungsmittels 475
– kinetischer Isotopeneffekt 386
– Konkurrenz zu S_N 471, 474
– Mechanismen 471–476
– – Vergleich 474
– als Nebenreaktion zu S_N 450
– präparative Anwendungen
    489–493
– pyrolytische 493–496
– Richtung 476–481
– – Beeinflussung durch räum-
    liche Faktoren 479
– Richtung (Zusammenfassung)
    480
– stereospezifische 493
– – durch Pyrolyse 493
– sterischer Verlauf 481–488
– Substituenteneinflüsse 475
– unimolekulare 471
– an tertiären Verbindungen 474
– unter Ylid-Bildung 496
anti-Elimination 481, 483
E1-Elimination 471
– Energiediagramm 472
– kinetische Steuerung 477
– Konkurrenz zu S_N (Tabelle) 473
– Richtung 477
– an Ringsystemen 488
– sterischer Verlauf 487, 488
E1 cB-Elimination 473, 645
– *syn* 487
E2-Elimination 472
– Isotopeneffekt, kinetischer 473
– Konkurrenz zu S_N 473
– Richtung 478–480
– – Einfluß der Abgangsgruppe
    478, 479
– stereoelektronischer Verlauf 481
– Stereospezifität 483
– sterischer Verlauf 481–487
– Steuerung, kinetische 484

syn-Elimination 481, 486, 487
– pyrolytisch 493
Eliminations-Additions-Reaktion
    (bei S_N via Arin) 729
Eluierung 37
Emulgatoren 903, 904
Emulgiervermögen 903
Emulsin 949, 955
Emulsionspolymerisation 1009
Enamine 542, 628
– Alkylierung 670
Enantiomerie 222
– Bedingung (Symmetrie) 222
enantiotop 249
enantiotope Protonen (NMR) 312
endergonisch 356
Endgruppenbestimmung (Stärke)
    957
endo 561
Energie, Dissipation 1052
Energiediagramm, Bromaddition
    an 3-Methylcyclohexan 515
– E1- und S_N1-Reaktion 472
– S_N2-Reaktion 425
– zweistufige Reaktion 408
Energiediagramme 375, 378
Energie-Kaskade 1053
Energiekurven, Grund- und ange-
    regter Zustand (zweiatomiges
    Molekül) 1052
Energieniveauschema, Benzen 131
– Carbonylgruppe 50
– Cyclooctatetraen 138
– Fluorwasserstoffmolekül 22
– Methanmolekül 23
– Sauerstoffmolekül 19
– Wasserstoffmolekül 15
Energieniveauschema (Atome) 2
Energieniveaux, π-Orbitale mono-
    zyklischer Verbindungen 138
Energieprofil, elektrophile Substi-
    tution an Aromaten 685
Energiespeicherung (ATP) 987
Enjay Butal 1011
Enol 125, 416
– Stabilisierung 416
Enolat, Kupplung mit Diazonium-
    ionen 709
Enolat-Anion 417
Enolat-Ion (bei A_N an C=O) 642
Enolat-Ionen (als ambidente
    Nucleophile) 447, 448
Enole, stabile 418, 419
Enolform 262
Enolgehalt von Carbonylverbin-
    dungen (Tabelle) 417
Enolisierung 667
– basenkatalysierte 417
– Richtung 418
– säurekatalysierte 417
Enophil 567
En-Reaktion 566
Enthalpie, freie 356, 358
– – Konzentrationsabhängigkeit
    358
Entropie 355
Entropie (Protolyse einer Säure
    mit Wasser) 397
Entropieeffekte (Acidität) 400
Entschirmungseffekt 309
Entwickler, photographische 194
Entwicklungsfarbstoffe 1034
Enzyme 243, 965, 979, 983–985
– Substratspezifität 984
– Wirkungsspezifität 984
Enzymproteine, Steuerung der Bil-
    dung durch Gene 991
Enzym-Substrat-Komplex 984
Epichlorhydrin 516, 1022
Epikote 1018
epimer 230
epimer (Aldohexosen) 935

Epimerisierung 240
EP-Kautschuk 1013
Epoxide 198
– Reaktion mit Grignard-Reagen-
zien 199
– S_N-Reaktion 465
– Ringöffnung 465
Epoxide (aus *vic*-Dihalogenverbin-
dungen) 455
Epoxidharze 198, 1022
– Vernetzung 1023
Epoxidierung 525
– Doppelbindungen 771
– Mechanismus 526
Epoxidverbindungen, technisch
eingesetzte 1022
Epoxy-2-buten 198
Erbfaktoren 988
Erbsubstanz 989
Erdgas 80, 82, 83
Erdnußöl 900
Erdöl 80, 84
– Raffination 84
Ergosterol 917
Erscheinungspotential 736
erschöpfende Methylierung 214,
493
erythro 230
(–)-Erythrose 937
Erythroxylon Coca 892
Eschenmoser 431, 872, 895
Eschweiler-Clarke-Reaktion 630
ESR 55, 733
Essigester 279
Essiggärung 276
Essigsäure 191, 270, 276
– aktivierte 929
– IR-Spektrum 272
– pK_s 398
– thermodynamische Daten für
die Protolyse mit Wasser 398
Essigsäureethylester 279
Ester 33, 185, 253
– Acylierung 592
– aus Alkenen durch Hydroborie-
rung 531
– Alkylierung 461
– anorganischer Säuren 186
– Dipolmoment 593
– durch S_N2-Reaktionen 457
– katalytische Reduktion 802
– aus Ketenen 622
– Reduktion nach Bouveault-
Blanc 803
– Reduktion zu Alkoholen 803
– relative Verseifungsgeschwin-
digkeiten (Tabelle) 587
– aus Säurechloriden durch S_N2$_t$
589, 590
– sterisch gehinderte 597
– – Verseifung 597
– Verseifung 593–600
– – basenkatalysierte 593
– – – Mechanismus 594
– – Mechanismen (Zusammen-
fassung) 600
– – säurekatalysierte 595
– – – Mechanismus 595
– – sterische Hinderung 595
– Verseifungsgeschwindigkeiten
(Tabelle) 587
Ester (anorganischer Säuren) 186
Ester (Carbonsäuren) 278
Ester optisch aktiver Alkohole,
Verseifung 594
Ester tertiärer Alkohole, Verseifung
599
Ester von Benzylalkoholen, Versei-
fung 599
Esterase 984
Esterhydrolyse 593–600
– basenkatalysierte 593, 594

Esterkondensation 287, 602, 603
Esterpyrolyse 493
– als Retro-En-Reaktion 567
Esterverseifung, Einfluß des Lö-
sungsmittels auf die Geschwin-
digkeit 376
– sterische Beschleunigung 598
Etard-Reaktion 264
Ethan 67
– Konformationen 68
– Molekülbau 68
– Nitrierung mit Nitryliumsalzen
676
– potentielle Energie bei der inne-
ren Rotation 69
Ethanal 125, 154, 266
Ethandiol 192
Ethanol 179, 191
– IR-Spektrum (flüssig) 182
– IR-Spektrum (gasförmig) 182
– letale Dosis 191
– Massenspektrum 58
– NMR-Spektrum 54
– Vergällung 191
Ethanthiol 203
– Riechschwelle 204
Ethen 113
– Dimerisierung 554, 1085
– Orbitalsymmetrie 1085
– Direktoxidation (Wacker-Pro-
zeß) 266
– Oxidation zu Acetaldehyd 1072
– Oxidation zu Vinylacetat 1073
– Polymerisation 1008, 1012
Ethen (durch Cracken) 78
Ethenbaum 113
Ethenyl- 171
Ether 33, 178, 196–201
– aus Alkoholen 185, 463
– Basencharakter 197
– aus Carbonylverbindungen 619
– Gewinnung 196
– IR-Banden 197
– Nachweis von Peroxiden 197
– Peroxidbildung 757
– polyzyklische 201
– – stickstoffhaltige 201
– S_N-Reaktionen 464
– Tabelle 196
– tertiäre 456
– durch Williamson-Synthese
456
Etherspaltung 197, 464, 465
– mit Eisen(III)-chlorid 465
Ethin 127
Ethinylierung 125
Ethylacetat 279
– IR-Spektrum 272
– NMR-Spektrum 347
Ethylalkohol 191
Ethylamin 209
– pK_b 405
Ethylanilin 213
Ethylbenzen 161
– NMR-Spektrum 322
Ethylbenzoat, NMR-Spektrum 325
Ethylbenzylether 196
Ethylbromid 169
Ethyl-*n*-butyrat 278
Ethylcarbonat 603
Ethylen 113
Ethylenchlorhydrin 199, 516
Ethylencyanhydrin 276, 516
Ethylendiamin 208
Ethylenglykol 180, 192
Ethylenoxid 198, 516
– Addition an Doppelbindung
695
– HBr-Addition 366, 367
– – Kinetik 366
– – Mechanismus 367
– für Grignard-Reaktion 189

Ethylether 196, 198
– IR-Spektrum 197
Ethylformiat 278
Ethylglyoxal 768
Ethyliden- 171
Ethyllithium 1066
Ethylmercaptan 203
2-Ethyl-5-methyl-2,4-hexadien-1-
ol 173
Ethylmethylketon, IR-Spektrum 48
– NMR-Spektrum 353
– UV-Spektrum 49
2-Ethyl-5-methylpentansäure 173
3-Ethyl-4-methylpentansäure 173
Ethylnitrat (zur Nitrierung) 705
Ethylphenylether 196
Ethylphenylketon 254
Ethylpropionat 278
3-Ethyl-2,3,5-trimethylheptan 172
Ethyl-*n*-valerat 278
Ethylzinkiodid 1066
Eucalyptus 907
Eucarvon 909, 910
Eudalin 907
Eugenol 195
Eugster 197
exergonisch 356
exo 561
Extraktion 36
Extruder 1010
Eyring 370

Faeces-Geruch 866
Faltblattstruktur 980
Faraday 129
Farbe, sichtbare 1029
– – und absorbiertes Licht (Ta-
belle) 1029
Farbenphotographie 1044
Farbfilm 1045
– Telcolor-Verfahren 1047
Farbigkeit 1029
– und delokalisierte π-Elektronen
1030, 1031
Farbstoff, und farbiger Stoff 1031
Farbstoffe 1028–1048
– basische 1032
– Begriff 1029
– Einteilung nach Art des Färbe-
prozesses 1032–1037
– Einteilung nach chemischem
Bau 1037–1045
– saure 1032
– substantive 1032
Farnesol 911
Faserdiagramm 1004
Faserproteine 979
– Sekundärstruktur 980
Favorski-Umlagerung 834
– Mechanismus 835, 836
Fehling-Reaktion 188, 263, 785,
948
Feinstrukturbande (UV-Spektrum
von Benzen) 155, 298
Feinstrukturlinien (NMR) 313
Feist-Benary-Synthese 860
Fentonsche Lösung 736
Ferrocen 140, 1073
Fett, verdorbenes 901
– – «Aroma» 901
Fettalkohole 802
Fettalkoholsulfonate 904
Fette 278, 899
– biologische Bedeutung 902
– Charakterisierung 901
– Gewinnung 901
– synthetische 901, 902
– Verdauung 902
– Zusammensetzung (Tabelle)
900
Fetthärtung 901

Fettsäureester durch Umesterung 601
Fettsäuren 276, 899
– Alkalisalze 902
– essentielle 901
– stark ungesättigte 901
– Trennung 900
– ungesättigte 901
– – Konfiguration 901
Feulgensche Nuclealreaktion 988
Fibrinogen 979
Fichtennadelöl 908
Filterpapier 962
Fingerprint-Gebiet 47, 303
Finkelstein-Reaktion 454
Fischer E. 224, 934, 965
Fischer H. 871
Fischer-Base 1044
Fischer-Projektion 224
– Angabe der Konfiguration 227
– Umwandlung in Sägebock-Formel 230, 231
Fischer-Projektion (Glucose) 936, 938, 940, 941
Fischer-Synthese, Indole 867
Fischer-Tropsch-Prozeß 85
Fischer-Veresterung 596
Fixpunkte (Kriterien der Reinheit) 40
Fixpunktsverschiebung 57
Flavinadenindinucleotid 888
Flavonole 885
Fleming 873
Fließgleichgewicht 367
fluktuierende Bindungen (NMR) 325
Fluorel 1014
Fluorelastomere 1014
Fluoren 154, 176
Fluorenon 752
Fluorescein 1042
Fluoressigsäure, pK_s 398
Fluoreszenz 1053
Fluorid-Ionen, „nackte" (bei S_N-Reaktionen) 446
Fluorierung 86
– Aromaten 727
Fluorsilicone 1021
Fluortrichlormethan 86
Fluorüberträger 86
Fluorwasserstoffmolekül, Energieniveauschema 22
Folien 1014
Follikelhormone 923
Folsäure 889
– Synthese 889
aci-Form (Nitroverbindungen) 419
Formaldehyd 254, 255, 266
– Polymerisation 622
Formaldehydharze 1017
Formalin 266
Formamid 280
Formamide, disubstituierte 703
– – für Vilsmeier-Reaktion 703
– monosubstituierte 657
meso-Formen, bei Cycloalkanen 234
Formylfluorid 702
Formylierung (Aromaten) 702–704
Fragmente, häufige (MS) 332
– – Tabelle 332
– im MS (Tabelle) 332
Fragmentierung (MS) 328, 329, 331, 332
– Alkohole (MS) 331
– Carbonylverbindungen (MS) 332
– Kohlenwasserstoffe (MS) 331
– Radikale 741
Frankland 1066
freie Aktivierungsenthalpie 371

freie Enthalpie 356
freie Enthalpie-Beziehung, lineare 410
Freon 11 86
Freon 12 86
Friedel-Crafts-Acylierung, zur Synthese von Ringsystemen 699
Friedel-Crafts-Alkylierung 160, 694–697
– Nebenreaktionen (Umlagerungen) 696
– Reaktivität der Substrate 696
– zur Synthese von Ringsystemen 697
Friedländer-Synthese 628
Fries-Umlagerung 837
– Nebenreaktion zu Friedel-Crafts 698
Frigen 86
Frost 547
Fruchtester 278
Fruchtzucker 943
D-(–)-Fructose 943
– aus Rohrzucker 956
– Projektionsformeln 944
Fuchsin 1042
fuchsinschweflige Säure 263
Fulvene 141
Fumarsäure 281, 283
– Bromaddition 507, 508
p-Funktion 7
s-Funktion 7
funktionelle Gruppe 31
funktionelle Gruppen, Endungen 170
– Priorität 170
– ungesättigte (Tabelle) 253
– Tabelle 33
Furan 139, 856
– aromatischer Charakter 862
– Diels-Alder-Reaktion mit Maleinsäureanhydrid 560
– elektrophile Substitution 693
– elektrophile Substitutionen (Tabelle) 864
– aus Furfural 858
– Metallierung 863
– Nitrierung 707
– Ringöffnung 863
– Synthese 860
Furan-2-carbonsäure 863
furanoid 944
Furanose 939
Furfural 946
– Gewinnung aus Kleie 857
Fuselöle 192

Gabriel-Synthese, für Amine 458
Gabriel-Synthese (Aminosäuren) 291
4-O-(β-D-Galactopyranosyl-)-D-glucopyranose 955
D-Galactose, Haworth-Projektion 942
(+)-Galaktose 937
D-(+)-Galaktose 955
L-Galaktose 942
Galakturonsäure 948
D-Galakturonsäure 962
Galalith 998
Gallenfarbstoffe 872
Gallensäuren 914, 918
Gammexan 754
Gaschromatographie 39
Gaswasser 164
Gattermann-Koch-Reaktion 702
Gattermann-Reaktion 264, 703
gauche 68
Gel 1006
Gelatine 979
Gelbkörper 924

Gelbkuppler 1045
Gelchromatographie 40
Gel-Lösung 1005
gem- 169, 180
Gemisch, racemisches 238
Gene 988, 991
Genfer-Nomenklatur 169
Gentiobiose 955
Geraniol 908, 910
Gerbstoffe 195, 196
Gerüststoffe, pflanzliche 933
Geschwindigkeitsfaktoren, partielle 691
– – bei polyzyklischen Aromaten (Tabelle) 691
– – Substitution an Aromaten 682, 683
Geschwindigkeitskonstante 359, 362
Geschwindigkeitskonstanten, Hydrolyse von substituierten Benzoesäureestern 409
Geschwindigkeitskonstanten und Hammett-Beziehung 410
Gesetz von Lambert-Beer 45
gestaffelt 68
Gestagene 924
Getränke, alkoholische 191
Gibbs 356
Gicht 888
Girard-Reagens 632
Glaser-Reaktion 787
Glastemperatur 1003
Gleichgewicht, chemisches 357, 358
– vorgelagertes 366, 367
Gleichgewichtskonstante 358
Gleichgewichtskonstanten und Hammett-Beziehung 411
Globin 870
Globuline 979
Glucarsäure 948
Glucitol 950
Gluconsäure 934, 948
D-Gluconsäure 947
α-D-Glucopyranosyl-β-D-fructofuranosid 956
4-O-(α-D-Glucopyranosyl-)-D-glucopyranose 953, 955
6-O-(β-D-Glucopyranosyl-)-D-Glucopyranose 955
Glucosamin 962
Glucose 620, 934, 937
– Fischer-Projektion 620
– Halbacetale 620
– IR-Spektrum 940
– Konfiguration 936
– Konfigurationsbestimmung 934–936
– Projektionsformeln 940, 941
– Struktur 934
– Totalsynthese 951
D-Glucose, aus Rohrzucker 956
– Bestimmung der Ringgröße 939
– Diastereomere 938
– Fischer-Projektion 936, 938, 941
– gegenseitige Umwandlung der beiden Anomere 939
– Haworth-Projektion 941, 942
– Konformation 940
– Pyranring 940
Glucosemethylether 947, 948
Glucose-1-phosphat 986
Glucose-6-phosphat 986
Glucoside, in der Natur 949
Glucuronsäure 948
Glutaminsäure 289
(+)-Glutaminsäure (aus der Racemform) 241
γ-Glutamyl-cysteyl-glycin 968
Glutarsäure 281, 283

Glutathion 968
(+)-Glyceraldehyd 228, 255, 952
– Bezugssystem für Konfigurationsbeziehung der Kohlenhydrate 937
– Konfiguration 936
D-Glyceraldehyd 228, 285
R-Glyceraldehyd 228
Glyceride 899
– Ermittlung der Zusammensetzung 899
– für Diabetiker 900
Glycerin 180, 192
Glycerol 168, 180, 192, 516
– technische Gewinnung 525
– IR-Spektrum 183
– Prochiralität 249, 250
Glycerolester 276
– Carbonsäuren 899
R-Glycerolphosphat 250
(–)-Glycerolsäure 285
D-(–)-Glycerolsäure 939
Glyceroltrinitrat 186
Glycidester 525
Glycidestersynthese 495, 525, 653, 654
– Verlauf 495
Glycin 289, 918
Glycinester 219
Glykogen 959
Glykol 192, 1019
Glykolaldehyd 255
Glykole 180
– durch Oxidation von C=C-Doppelbindungen 771–773
– Oxidation 784
– Spaltung 784
cis-Glykole aus Alkenen 538
– durch Oxidation von Doppelbindungen 771, 772
trans-Glykole 525
– durch Oxidation von Doppelbindungen 771, 772
vic-Glykole, aus Ketonen 739
– Elimination 492
– Elimination beider Hydroxylgruppen 492
Glykolsäure 285
Glykolyse 986, 987
Glykoproteide 983
Glykosid 196
Glykoside 948, 949
Glyoxal 255
Glyoxylsäure 287
Glyptale 1017
Glysantin 192
Gomberg 737
Gomberg-Reaktion 751
Goodyear 1015
Graebe 1028
Gramicidin 969
Graphit, Sublimationsenergie 389
Grenzstruktur 16
Grenzstrukturen, Regeln 135
Grenzstrukturen (Benzen) 134
Griess 1028
Grignard-Reaktion 634
– zur Herstellung von Alkoholen 189
– Mechanismus 635
– Nebenreaktionen 459, 634
– 1,2 und 1,4-Addition 655
– – Anteil 1,4-Produkt (Tabelle) 655
Grignard-Verbindungen 81, 1064
– Addition an C=O 634–636
– Addition an Kohlendioxid 274
– Bildung 672
– zur Bildung von Metallorganylen 674
– Reaktion mit Alkinen 125
– Reaktion mit CO$_2$ 634

– Reaktion mit Epoxiden 199
– Reaktion mit Nitrilen 658
Grilon 1018
Grubengas 83
Grundzustand 1052, 1053
– Energiekurve (zweiatomiges Molekül) 1052
Grundzustand, Atom 2
– Molekül 50
Gruppe, auxochrome 298
– funktionelle 31
– prosthetische 983, 985
Gruppen, funktionelle 170, 253, 762, 791, 798
– – Endungen 170
– – geordnet nach Oxidationsgrad (Tabelle) 762
– – mit LiAlH$_4$ reduzierbare (Tabelle) 798
– – Priorität 170
– – Reaktivität gegenüber katalytischer Hydrierung (Tabelle) 791
– lenkende 846
– stickstoffhaltige 806–810
– – Reduktion 806–810
– – Tabelle 33
– – ungesättigte (Tabelle) 253
Gruppenfrequenzen 303
Gruppenhäufung 587
– bei Carbonylreaktionen 614
Guajakharz 911
Guajazulen 907
Guajol 911
Guanidin, pK$_s$ 405
Guanin 888, 988, 989
Guano 888
(–)-Gulose 937
D-Gulose, Haworth-Projektion 942
Gummi 1015
Gummilösung 1006
Guttapercha 1016
Gyromagnetische Konstante 52

Haare 979
Hagebuttenfarbstoff 913
Hahnenkammtest 924
Halbacetal, zyklisches (Glucose) 938
Halbacetale, zyklische 620
Halbester 282
– aus zyklischen Anhydriden 591
Halbreaktion 188
Halbsesselform 90
Halbwertszeit, Radikale 733
– – Bestimmung 733
– Reaktion 360
Haloform-Reaktion 263
– Ablauf 668
Halogenaddition an C=C 506–516
– experimentelle Ergebnisse 506
– Kinetik 506
– Mechanismus 509–511
– Nebenreaktionen 515, 516
– nicht-stereospezifischer Verlauf 511–513
– Stereochemie 507, 511–515
– Stereospezität 507, 510, 511
Halogenaddition (radikalisch) 753
Halogenalkane 85
Halogenaromaten durch Sandmeyer-Reaktion 751
Halogenbenzene, Reaktion mit Natriumamid 727, 731
– Reaktivität bei S$_E$ 686
α-Halogencarbonsäuren, Reaktion mit Carbonylverbindungen 653
β-Halogencarbonylverbindungen (für Michael-Addition) 541

α-Halogenether, aus Carbonylverbindungen 619
Halogenhydrine (Nebenprodukte bei der Halogenaddition an C···C) 516
Halogenide, aliphatische 391
– – Dipolmomente (Tabelle) 391
– – Hydrogenolyse 795
– – Oxidation 776, 777
– Reaktion mit Metallen 672, 673
Halogenierung, Alkane 73
– Allylverbindungen 516, 748, 749
– Aromaten 710
– gesättigte C-Atome 746–748
α-Halogenketone, Favorski-Umlagerung 834
Halogenkohlenwasserstoffe, ungesättigte 120
Halogenonium-Ion (bei Halogenaddition an C=C) 510, 511
– nicht-symmetrisches 513
Halogenverbindungen, aromatische 724
– – nucleophile Substitution 724
Halogenwasserstoff-Addition, Alkene 517–519
– – Mechanismus 517–519
– – Stereoselektivität 517
– – Zeitgesetz dritter Ordnung 518
Halothan 85
Häm 870
Hammett-Beziehung 409–415, 684
– Begriff 410
– für Carbonylreaktionen 614
Hammett-Beziehung und Reaktionsmechanismus 414
Hammond 407
– Postulat von 373, 407
Hämoglobin 870, 979
Handbücher 1091, 1095
Hansascharlach 1039
Hansascharlach 1039
Hantzsche Pyridinsynthese 881
Hantzsche Pyrrol-Synthese 860
Harnsäure 888
Harnstoff 168, 294
– pK$_b$ 405
– zum Aufbau des Pyrimidinringes 887
– Synthese durch Wöhler 1
Harnstoffharze 1017
Härter (Klebstoff) 1023
Hartgummi 1016
Harz, thermoplastisches 1017
Harze, härtbare 701, 1017
– wärmehärtbare 1017
Harzsäuren 912
Hassel 96
Hauptenergiestufe 3
Hauptquantenzahl 6
Haworth-Projektion (Glucose) 940, 941
Heilbronner 547
α-Helix 981, 982
Hell-Volhard-Zelinsky-Reaktion 274, 668
Hemicellulosen 959
Hemimelliten 161
Heptadekan 67
Heptaldehyd 255
Heptan 67
1-Heptanol 179
Herbizide 163
Herbstzeitlose 895
Herculon 1035
Heroin 894
Heteroatom, dirigierende Wirkung 864, 866
Heteroatome als Chiralitätszentren 237
heterolytisch 178, 364
heterotop 249

Heterozyklen, Allgemeines
 855–857
– fünfgliedrige 857–877
– – aus 1,4-Dicarbonylverbindun-
 gen 858
– – Dipolmomente 862
– – mit einem Heteroatom
 857–872
– – – Eigenschaften 861
– – – Synthesen 858–861
– – mit mehreren Heteroatomen
 873–877
– Nomenklatur 855–857
– rationelle Bezeichnung der
 Ringgröße 857
– sechsgliedrige 877–890
– – mit einem Heteroatom
 877–886
– – mit mehreren Heteroatomen
 886–890
– Trivialnamen (Tabelle) 856
heterozyklisch 31
Heumann 868
Hevea brasiliensis 1015
Hexa 754
Hexachlorcyclohexan 754
– Stereoisomere 234
Hexachlorophen 164
Hexadekan 67
1-Hexadekanol 179
1,5-Hexadien, Hydrierungs-
 enthalpie 115
2,4-Hexadien 549
– Zyklisierung 1080, 1081
Hexafluoraceton, Hydrat 617
Hexahelicen, Chiralität 236
Hexamethylbenzen 161
Hexamethyl-Dewar-Benzen 556
Hexamethyldisiloxan 1021
Hexamethylentetramin 262
Hexamethylentetramin (Oxida-
 tionsmittel) 777
Hexamethylethan 675
Hexamethylprisman 556
Hexan 67
n-Hexan, IR-Spektrum 74
2,5-Hexandion 255
1-Hexanol 179
2-Hexanol 524
2-Hexanon 255
3-Hexanon 255
1,3,5-Hexatrien 550, 551
– Delokalisierungsenergie 117
1-Hexen, Hydroborierung 529
– Oxymerkurierung 524
n-Hexylamin, IR-Spektrum 220
Hinderung, sterische 587, 595
– – durch Gruppenhäufung 587
– – bei S_N2-Reaktionen 441
– – Verseifung 595
Hinsberg-Reaktion 216, 607
Histamin 876
Histidin 289, 876
HMO-Näherung 116
Hochdruck-Flüssigkeits-Chromato-
 graphie 39
Hochdruckpolyethylen 1012
Hochfeld-Verschiebung 308
– Dreifachbindung 310
hochmolekular 998
hochmolekular (Kohlenhydrate)
 957
Hochpolymere 998
– siehe Stoffe, hochmolekulare
Hoffmann 546
Hofmann-Abbau 502
Hofmann-Elimination 214, 458,
 492
Hofmann-Regel 476
Hofmann-Umlagerung 837
Hohlkörperblasen 1010
Holzgeist 190

Holzstoff 959
HOMO 101
– bei elektrozyklischen Reaktio-
 nen 1081
– bei S_N-Reaktion 429, 430
HOMO (bei S_N2) 430
Homocuban 1062
Homologe Reihe 65
homolytisch 73, 364
homotop 249
3,4-Homotropiliden 325, 576
Hormonsynthesen, technische
 (Steroide) 926, 927
Horn 979
Horner 1070
Hostaflon 1013
Hostaflon TF 1012
Hostalen 1011, 1012
Hostalen PPH 1011, 1012
Hostalit 1012
Houben-Hoesch-Synthese 703
Houben-Weyl 1095
Hückel-Aromaten 546
Hückelsche Regel 137
Hückel-Systeme, Energieniveaux
 547, 548
Hundsche Regel 20
Hunsdiecker-Reaktion 752
sp-Hybrid-AO 25
sp^2-Hybrid-AO 25
sp^3-Hybrid-AO 24
sp^3-Hybrid-AO, Konturlinien-
 diagramm 26
Hybridisierung 25, 102
Hybrid-Orbitale 24
Hydrate, Carbonylverbindungen
 617
Hydrate (Carbonylverbindungen)
 256, 262, 617
Hydrationsenthalpie (Proton) 397
Hydrazid 591
Hydrazin 261, 262,
– Addition an C=O 631
– Reaktion mit Acylverbindungen
 591
Hydrazobenzen 383
– Benzidin-Umlagerung 839
– durch Reduktion von Nitroben-
 zen 807
Hydrazon, durch Azokupplung
 671
Hydrazoverbindungen, durch Re-
 duktion von Azoverbindungen
 810
Hydrid-Ion, Abgangsgruppe bei
 S_N an Aromaten 723
Hydrid-Ionen als Abgangsgruppe,
 bei S_N an Aromaten 723
Hydrid-Ion-Übertragung 764
Hydrid-Verschiebung (bei Umla-
 gerung) 820
Hydrierung 790–793
– Doppelbindungen 536
– – als homogene Reaktion 536
– katalytische 536, 790–792, 809
– – Aromaten 792
– – Nitroverbindungen 809
Hydrierungsenthalpien, Alkene
 105
– Diene 115
Hydrierungskatalysatoren 538
– Herstellung 538
Hydroborierung 189, 527–532
– von Alkenen zu Estern 531
– von Alkenen zu Ketonen 531
– zum Aufbau von Kohlenstoffge-
 rüsten 530
– zur Alkylierung von Carbonyl-
 verbindungen 531
– mit CO 530
– Durchführung 523, 529
– Mechanismus 528

– Stereospezifität 529
Hydrocarboxylierung 526, 527
Hydrochinon 193
– IR-Spektrum 202
Hydroformylierung 526, 527
Hydrogenolyse 794, 795
Hydrogensulfit, Addition an C=O
 626
Hydroperoxide, Umlagerungen
 837
hydrophil 72, 180
hydrophob 72
Hydroxamsäure 591
Hydroxy- 172
Hydroxyaldehyd 643
Hydroxyalkylierung, zur Synthese
 von Ringsystemen 701
Hydroxyalkylierung (Aromaten)
 700
p-Hydroxyazobenzen 218
o-Hydroxybenzaldehyd 254
p-Hydroxybenzoesäure 270
3-Hydroxy-1-butin 787
(±)-β-Hydroxybuttersäure 285
Hydroxycarbonsäuren 283–286
– pK_s-Werte 285
– Tabelle 285
3-Hydroxyindol 868
α-Hydroxyketone, durch Oxidation
 von Allylverbindungen 768
o-Hydroxyketone 837
p-Hydroxyketone 837
Hydroxylamin 261, 262
– Addition an C=O 631
– Reaktion mit Acylverbindungen
 591
Hydroxylamine, disubstituierte 779
– – durch Oxidation 779
Hydroxylgruppe 32, 178
Hydroxylgruppen, primäre, selek-
 tive Oxidation 780
syn-Hydroxylierung 538
Hydroxylysin 966
Hydroxymethylen-Kation 700
Hydroxymethylenketone, durch
 Claisen-Kondensation 604
5-Hydroxymethylfurfural 946
Hydroxyprolin 289
β-Hydroxypropionaldehyd 646
Hydroxypyridine 879
2-Hydroxypyridin, für Katalyse der
 Mutarotation 621
Hydroxyverbindungen, Addition an
 C=C 521
Hygrin 631
Hyoscyamin 892
Hyoscyamus niger 892
Hypalen 1012
Hyperkonjugation 395
– bei Radikalen 737
Hypostrophen 577
Hyposulfit (Reduktionsmittel für
 Küpenfarbstoffe) 868
Hypoxanthin 888

(–)-**Idose** 937
D-Idose, Haworth-Projektion 942
Imidazol 856, 873
– Basizität 874
– elektrophile Substitution 876
Imidazole, C-substituierte 874
– – Tautomerie 874
Imidazolring, Bildung 876
Imidazolylalanin 877
Imide, aus Anhydriden von Dicar-
 bonsäuren 591
Imine 542, 628
– Hydrolyse 657
Iminoester 657
– aus Nitrilen 657
Indanthrenblau RS 1040

Indanthrenfarbstoffe 1033
Indanthrengelb 3 GFN 1040
Inden 154, 176
Indican 868
Indigo 867, 868
Indigofera 868
Indigosynthesen 868, 869
Indigweiß 868
pH-Indikatoren 1046
Indol 856, 866
– elektrophile Substitution 693
– Synthese 867
Indol-2-carbonsäure 867
Indolsynthese, Fischer 867
β-Indolylalanin 867
Indoxyl 868
Induktion, asymmetrische 248, 1070
– bei A_N an Carbonylverbindungen 616
– – bei Verwendung von Wilkinson-Katalysatoren 1070
induktive Effekte und NMR-Spektrum 309
induktiver Effekt 391
Infektionskrankheiten, Bekämpfung 873, 874
Information, genetische 990
Infrarot 46
Infrarotspektren 46
Ingold 225, 246, 430
Ingold-Regel (Elimination) 483, 486
Ingwer 911
Inhibitor 75, 744
– Polymerisation 1007
Initiator 1001
Inkremente von Substituenten (UV-Spektrum) 298
– Tabelle 300
innere Rückkehr (bei S_N1-Reaktionen) 428
Inositol 905
Insektizide 162, 186
Insertion von Carbenen 500, 501
instabil 356
Insulin 725, 968
– Sequenzbestimmung 972
Internal conversion 1053
Intersystem crossing 1053, 1054
Inulin 943
Inversionsschwingung, am Stickstoff 237
– Carbanionen 239
– Radikale 739
Invertseifen 904
Invertzucker 956
Iodbenzendichlorid 790
R-2-Iodbutan, Konfigurationsumkehr bei S_N 246
Iodessigsäure, pK_s 398
Iodide, aromatische 790
– – Oxidation 790
Iodierung (Aromaten) 710, 727
R-3-Iod-3-methylhexan 247
– Racemisierung bei S_N 247
Iodoform 86, 668
Iodoniumhydroxide 790
Iodonium-Ion 772
Iodosobenzen 790
Iodoxybenzen 790
Iod/Silberacetat, Oxidationsmittel für C=C 772
Iodzahl 900, 901
Ion, nicht-klassisches (bei Norbornyl-Systemen) 438
Ionenpaar, enges (bei S_N1-Reaktion) 428
– solvatisiertes (bei S_N1-Reaktion) 428
Ionisierung, chemische (MS) 334
Ionomere 1025

Ionon 533
α-Ionon 911, 912
Iporka 1018
Ipso-Substitution 689
IR-Absorptionsbanden, Tabelle 304
IR-Banden, Alkane 72
– Alkene 106
– Alkine 123
– Alkohole 182
– Amine 210
– Aromaten 156, 157
– Carbonsäurederivate 271
– Carbonylverbindungen 256
– Carboxylgruppe 272
– Cycloalkane 89
– Ether 197
– Phenole 194
– Thiole 204
– Zuordnung 302
Irgalanbraunviolett DL 1034
γ-Iron 912
IR-Spektroskopie 301–308
– Anwendungen 305–308
IR-Spektrum 183
– Acetaldehyd 257
– Aceton 48
– Acetophenon 258
– Acetylaceton 258
– Acrolein 351
– Additionsprodukt von Phenylmagnesiumbromid an Benzalacetophenon 306
– Anilin 211
– p-Anisaldehyd 345
– Aussagen (Strukturaufklärung) 335
– Benzaldehyd 257
– Butanon 48
– tert. Butylbenzen 167
– 1-Buten 107
– cis-2-Buten 107
– trans-2-Buten 107
– tert. Butylalkohol 183
– Chloroform 307
– Crotonaldehyd 257
– Cumen 339
– Diethylamin 211
– 3,3-Dimethyl-2-butanol 344
– Dioxan 202
– Essigsäure 272
– Ethanol (flüssig) 182
– Ethanol (gasförmig) 182
– Ethylacetat 272
– Ethylether 197
– Ethylmethylketon 48
– Glucose 940
– Glycerol 183
– n-Hexan 74
– n-Hexylamin 220
– Hydrochinon 202
– Isobutylalkohol 344
– Isobutylen 340
– Isobutyraldehyd 348
– Kohlenstoffdisulfid 307
– o-Kresol 351
– Mesityloxid 258
– Methylisopropylketon 351
– 3-Methylpentan 74
– 2-Methylpenten 122
– 2-Methyl-2-penten-4-on 258
– 2-Methylpropen 340
– 2-Methyl-2-propen-1-ol 344
– α-Methylstyren 343
– 2,4-Pentandion 258
– Phenol 194
– Phenylacetylen 123
– n-Propylamin 211
– Resorcin 350
– Salicylaldehyd 352
– cis-Stilben 167
– trans-Stilben 158

– Tetrachlorethen 49
– Tetrachlorkohlenstoff 307
– Toluen 157
– m-Xylen 158
– o-Xylen 157
– p-Xylen 158
– Zimtaldehyd 350
IR-Spektrum und Konformationen 71
IR-Spektrum und Wasserstoffbrücken (Alkohole) 181
Isatis tinctoria 868
Iso- 168
Isoamylacetat 278
Isoamylalkohol 179
Isoamylbromid, Konstitutionsaufklärung 337, 338
Isoamyl-n-butyrat 278
Isoamylisovalerat 278
Isoborneol, Umlagerung 821
Isobornylacetat 910, 911
Isobornylchlorid, Umlagerung 821
Isobuten, Chlorierung 516
– Dimerisation 532
Isobuttersäure 270
Isobutyl- 171
Isobutylacetat 278
Isobutylalkohol 169, 179
– IR-Spektrum 344
– Reaktion mit HBr 452
Isobutylamin 209
Isobutylbenzen 161
– NMR-Spektrum 341
Isobutylen, IR-Spektrum 340
Isobutyraldehyd, IR-Spektrum 348
Isobutyrylchlorid 279
Isochinolin 855, 856, 883
– elektrophile Substitution 694
Isocyanate 294
– Addition von Alkoholen 623
– Addition von Wasser 623
– aus Phosgen 591
– aus Phosgen und Aminen 623
Isocyansäure 294
Isocyansäureester 294
– Zwischenstoff beim Säureabbau 502
Isoduren 161
isoelektrischer Punkt (Aminosäuren) 290
Isoeugenol 195
Isohexan 168
Isoleucin 289, 966
Isomerie 61
– cis/trans 222, 322
– – und NMR-Spektrum 322
– cis/trans (Alkene) 104
– cis/trans (Cycloalkane) 94, 95
– Konfigurations- 221
– Konformations- 221
– Konstitutions- 221
– Stereo- 221
Isomerisierung, cis- in trans-Alkene 754, 1055
Isomerisierungspolymerisation 1007
Isoniazid 882
Isonicotinsäure 883
Isonicotinsäurehydrazid 882
Isonitril 216
Isonitrile 297
– Addition von Nucleophilen 658
Isonitrile (aus Alkylhalogeniden) 459
Isonitril-Reaktion, für primäre Amine 216
– Mechanismus 499
– zum Nachweis von primären Aminen 216
Isooktan 83, 533
Isopentenylpyrophosphat 120, 929
Isophthalsäure 281

Isopren 120, 1015
– aktiviertes 929
– aus Formaldehyd und Isobuten 534
– Hydrierungsenthalpie 115
– Synthese von Weizmann 626
Isoprenregel 120, 908
Isopropanol 179
Isopropenyl- 171
Isopropyl- 171
Isopropylalkohol 179
– NMR-Spektrum 320
Isopropylbenzen, NMR-Spektrum 323
Isopropylether 196
Isopropyliden- 171
isotaktisch 1009
Isotetralin 793
Isotope, Masse und Häufigkeit (Tabelle) 329
Isotopeneffekt, kinetischer 385, 711
– – bei aromatischer Sulfonierung 711
Isotopenmarkierung 383
– Beispiele 384
Isotopenmuster (MS) 330
Isotopensignal (MS) 330
isozyklisch 31
IUPAC 169
IUPAC-Nomenklatur 169
– Regeln 169, 170, 172

Jablonski-Diagramm 1053

Kaffee 888
Käfigeffekte (Radikalreaktionen) 743
– (S_N1-Reaktionen) 427
Kakao 888
Kaliumpermanganat, Oxidationsmittel für C=C 771
Kalkseife 904
Kaltverstrecken 1004
kanonische MO 23
Kapillarkolonne 39
Karrer 908, 914
Kartoffel-Alkaloide 925
Katalase 984
Katalasen 872
Katalysator 377
Katalysatoren, chirale 249
– elektrophile 505
– – bei Additionsreaktionen 505
Katalyse 377–380
– asymmetrische 1070, 1071
– elektrophile (bei S_N-Reaktionen) 441
– Energiediagramm 378
– intramolekulare 600, 601
– – bei Veresterung und Verseifung 600, 601
– nucleophile 600
– – bei Verseifung 600
– nucleophile (bei S_N2_t) 590
– polyfunktionelle 622
– Zeitgesetze 378
Kationenaustauscher 1017
Kationenseifen 904
kationotrop 815
Kautschuk 1015, 1016
Keilstrich-Formeln 230, 231
Kekulé 129
Kekulé-Formel 130
Kekulen 148
Kendall 924
Kephalin 905
β-Keratin 979
– Sekundärstruktur 980, 981
^{13}C-Kernresonanz 326

Kernresonanz, magnetische 51
Kernresonanzspektroskopie 308–328
Kernseife 902
Kernspin 51
Ketale, Bildung 618
Keten 77
– aus Aceton 280
– Dimerisierung 558
Ketene 280
– Addition von Wasser 622
– aus Säurechloriden 489
– durch Umlagerung aus Diazoketonen 828
β-Ketoaldehyde, durch Acylierung 596
Ketocarbonsäuren 287
Keto/Enol-Tautomerie 125, 416–419
β-Ketoester 287, 461
– durch Acylierung 596
– durch Claisen-Kondensation 603, 605
– Spaltung durch S_E Reaktion 669
– zur Synthese von Heterozyklen 860
Ketol 643
α-Ketole, Oxidation 784
α-Ketol-Umlagerung 827
Keton 33, 188, 253
Ketone 253–268
– α-alkylierte 460
– Alkylierung 461
– Alkylierung durch Borane 531
– aromatische 698
– – durch Friedel-Crafts-Acylierung 698
– aus Acylhalogeniden 592
– aus Aldehyden (über Thioacetale) 619
– aus Alkenen durch Hydroborierung 531
– durch Decarboxylierung disubstituierter Malonsäuren 786
– aus Estern mit Alkylcadmiumhalogeniden 636
– aus Halogeniden durch Oxidation mit DMSO 776
– α-Halogenierung 667
– Identifizierung 263, 631
– Isomerisierung 826
– Kondensationen mit Estern 653
– Oxidation 785, 786
– durch Oxythallierung 789
– durch Pinakol-Umlagerung 823
– photolytische Spaltung 1057, 1058
– Photoreduktion 1059
– durch Pyrolyse von Carbonsäuren 606
– Reaktivität gegen Nucleophile 614, 615
– Reduktion 795–802
– Reduktion zu Alkoholen 797–802
– reduktive Aminierung 629
– Umlagerung in Ester 832
– – in Lactone 832
– α, β-ungesättigte 670
– – aus Alkenen 670
– β-γ-ungesättigte 573
– – Isomerisierung 573
– zyklische 832
Ketonspaltung, β-Ketocarbonsäuren 287
– β-Ketosäuren, Mechanismus 494
– substituierte Acetessigester 460
Ketopinsäure 495
α-Ketosäure 287, 565
– aus Acylhalogeniden 596

β-Ketosäuren, aus monosubstituierten Malonestern 603
– Decarboxylierung (als Retro-En-Reaktion) 567
Ketose 933
Kettenabbruchreaktionen 743
Kettenpropagation 744
Kettenreaktion 742
Kettenreaktionen 369
Kettenverzweigung, Methoden 846
Kettenverzweigungen, bei Polymerisationen 756
Ketyle 635, 739, 802
Kevlar-Faser 1020
Kharasch 520
Kiliani-Fischer-Synthese 934
Kinetik 359–362
Kinetik und Reaktionsmechanismus 361, 368, 382
kinetisch inert 30
kinetische Steuerung 361
kinetischer Isotopeneffekt 385
Klebstoffe 959, 1014, 1023
Klopffestigkeit 83
Knoevenagel-Reaktion 275, 641, 650
Knoevenagel-Reaktion (Tabelle) 651
Knorpel 979
Knorr 875
Knorrsche Pyrrolsynthese 860
Knotenebene 17
Kobaltcarbonyl (Oxosynthese) 189
Kohlenhydrate 933–962
– Begriff 933
– Einteilung 933
– Methylether 947
– Vergärung zu Ethanol 191
Kohlensäure 293
Kohlensäurederivate 293–297
– Tabelle 294
Kohlensäurediethylester 294
Kohlensäuremonoethylester 294
Kohlenstoffatom, asymmetrisches 222, 223
– primäres 75
– sekundäres 75
– tertiäres 75
Kohlenstoffdisulfid, IR-Spektrum 307
Kohlenstoffgerüst, Aufbau 844
– – Reaktionen 844
Kohlenstoffgerüste, Aufbau durch Hydroborierung 530
Kohlenstoffkette, Verlängerung 846
Kohlensuboxid 283
Kohlenwasserstoffe, aliphatisch-aromatische 160
– – Tabelle 161
– – aromatische 128–165, 152–155, 164
– – mehrkernige 152–155
– – spektroskopische Eigenschaften 155
– – technische Gewinnung 164
– durch Reduktion von Carbonylverbindungen 795, 796
Kohleverflüssigung 85
Kokosfett 900
Koks 164
Kolbe 251
Kolbe-Reaktion 82
Kolbe-Schmitt-Reaktion 704
Kolbe-Synthese 759
Kolbe-Synthese (für Nitrile) 459
Kollagen 979, 981
Kollodium 961
Kolloide 1006
Kolophonium 912
Komplex 471

– aktivierter 363, 370, 371, 373, 375–378, 407, 409, 411, 413, 684, 687
– – bei chiralen Reaktanten 245
– – und Reaktionsgeschwindigkeit 371
– – bei Zweitsubstitution an Aromaten 684, 687
π-Komplex, Aromaten 678, 679
– bei Halogenaddition 509
σ-Komplex 679, 680, 684–686
Komplexe, aktivierte, diastereomere 245, 248
Kondensation 641
Kondensation, Ester mit Aldehyden bzw. Ketonen 653
Kondensationsmittel (Veresterung) 596
Konfiguration 70, 221
– absolute 228, 229
– – Bestimmung 229
– Korrelation 228
– relative 228
D-Konfiguration 228
R-Konfiguration 226
S-Konfiguration 226
Konfigurationsbestimmung, absolute 229
Konfigurationsisomere 221
Konfigurationskorrelation 245
Konfigurationsumkehr 246
Konfigurationsumkehr (bei S_N2-Reaktionen) 429
– Nachweis 246
Konfigurationsumkehr (Ringverbindungen bei S_N2-Reaktionen) 430
Konformation 68, 221
– antiperiplanare 69
– *cisoid* 560
– ekliptische (Ethan) 68
– *gauche* 68
– gestaffelte (Ethan) 68
– *skew* 68
– synklinale 69
– synperiplanare 69
– *transoid* 560
Konformationsisomere 221
Konformationsisomerie 236
Konformer 70, 221
Konglomerat 238
– Trennung 240
Kongorot 1032, 1033
Konjugationseffekt 392
Konjugationsenergie 117
Konkurrenzreaktionen 361
konrotatorisch 549, 1081
Konstante, gyromagnetische 52
Konstitution 221
Konstitution (Molekül) 59
Konstitutionsisomere 221
Konstitutionsisomerie 61
konzertiert 362
Koordinationspolymerisation 1008
koplanar 481
Kopplung, Molekülschwingungen 303
Kopplung von Reaktionen (Biochemie) 986
Kopplungskonstante 317
– Abhängigkeit vom Diederwinkel 318
Koprostan 914
Koprostanol 917
Korksäure 281
Kornberg 990
Kornblum-Reaktion 782
Korrelation (Konfiguration) 228
Korrelationsdiagramme, Orbitalsymmetrie 1083, 1085, 1086
Kovalenzbindung 11
Kraftkonstante 301

Kraftkonstanten und Bindungsenthalpien 302
Kraftkonstanten von Bindungen, Tabelle 302
Krapp 1028
m-Kresol 193
o-Kresol 193
– IR-Spektrum 351
p-Kresol 193
Kreuzungsexperimente 383
Kristallisationsgrad 1001
– isotaktisches Polymerisat 1009
Kristallite 1001
Kröhnke-Reaktion 777
12-Krone-4 199
18-Krone-6 199
Kronenether 199
– Bildung 200
Kronenether (für Phasentransfer-Katalyse) 379
Kronenether (für S_N mit Fluorid) 446
Krötengifte 925
Kryoskopie 57
Kryptate 201
H. Kuhn 1031
R. Kuhn 236
Kuhn-Roth-Bestimmung 766
Kunstfasern 1015, 1019, 1020, 1024
– aus Polypropylen 1013
Kunstseiden 961, 998
Kunststoffe 998
– Färben mit Pigmentfarbstoffen 1035
– fluorhaltige 1013, 1014
Küpenfarbstoffe 868, 1033, 1040
Kupferchromit 536, 538
– Dehydrierungskatalysator 780
Kupferphthalocyanin 1043
Kupferseide 962
Kupfertetramminhydroxid 961
Kupplung, Nebenreaktion zur Grignard-Reaktion 459
– oxidative 787, 788, 1001, 1037, 1038
Kupplung (Diazoniumsalze) 708
Kupplungskomponente 1037
Kupplungskomponenten (Tabelle) 1038
Kupplungsreaktion 459
Kurzwegdestillation 35

Lactame, Bildung 607
Lactat 285
Lactid 284
– Bildung 608
γ-Lacton 522
Lactonbildung aus ungesättigten Carbonsäuren 522, 523
Lactone, Bildung 607
– durch Oxidation zyklischer Ketone 786
– Kondensationen mit Aldehyden bzw. Ketonen 653
Lactose 942, 955
Ladenburg 149
Ladenburg-Benzen 150
Ladungswolke 4
Lambert-Beer-Gesetz 45
Langerhanssche Inseln 968
Lanosterol 916, 930
Lapworth 624
Latex 1006, 1015
Laudanosin 893, 894
Laurinsäure 270, 276, 900
Laurylalkohol 179
Lavoisier 1
Lävulinsäure 946, 1015
LCAO-Näherung 14
Le Bel 223, 251

Lebenskraft 1
Lebertran 900
Lecithin 905
Leguval 1018
Lehrbücher 1093
Leim 979
Leinöl 276, 900
Leiterpolymerisat 1009
– aus Polyacrylnitril 1015
– aus Polybutadien 1016
Lemieux 956
Lemieux-Reagens 773
Lemongrasöl 908, 910
Leucin 289, 966
Leukobase 1041
Leukopterin 889
Levafixfarbstoffe 1036
Lewis-Formel 12, 16, 61
Lewis-Säure 108, 395, 396
Lewis-Säuren, katalytische Wirkung bei der Halogenaddition 509
Lichtabsorption (Moleküle, organische) 44
Liebermann 1028
Liebig 55, 1031
Liganden, diastereotope 250
– enantiotope 249
– heterotope 249
– homotope 249
Lignin 959, 960
Limonen 908, 910
Lindan 754
Lindlar-Katalysator 112, 792
Lindlar-Palladium 538
lineare freie Enthalpie-Beziehung 410
Linienspektren 2
Linolensäure 270, 900, 901
Linolsäure 270, 276, 900, 901
Lipoide 899–905
lipophil 72
Lipoproteide 983
Literatur, organische 1087
– – Originalarbeiten 1087
– – Referatorgane 1087
– – Verzeichnis von Titeln 1087
Lithiumalkyle 1065
Lithiumaluminiumhydrid, damit reduzierbare funktionelle Gruppen (Tabelle) 798
– zur Reduktion von Carbonsäuren und ihrer Derivate 803
– Reduktionsmittel für Carbonylverbindungen 797–800
Lithiumaryle 1065
Lithiumdialkyl-Kupferverbindungen 459, 592
– Kupplung 80, 82
Lithiummethyl 672
– Beispiele von Reaktionen (Tabelle) 673
– Reaktionen (Tabelle) 673
Lithiumtetrahydridoaluminat 797
Lithium-tri-tert. Butoxyaluminiumhydrid, Reduktionsmittel für Acylverbindungen 805
Lobry de Bruyn-van Ekenstein-Umlagerung 945
lokalisierte MO 24
Longuet-Higgins 1075
Lösungsmittel, aprotische 376
– chirale 249
– Einteilung 376
– IR-Spektren 307
– protische 376
Lösungsmittel und Reaktionsgeschwindigkeit 375–377
Lösungsmitteleinfluß, auf Substitution/Elimination 475
– auf Substitution/Elimination (Tabelle) 476

Lösungsmitteleinflüsse (S_N-Reaktionen) 440
Lösungsmittelkäfig (bei S_N1-Reaktionen) 427
– Radikalreaktionen 743
Lösungspolymerisation 1009
LSD 895
Lucas-Probe 462
Lucas-Reaktion 187
Lucit 1011
Lumirhodopsin 1057
LUMO 101
– bei S_N-Reaktion 429, 430
Luparen 1011, 1012
Luphen 1018
Lupolen 1011, 1012
Luran 1011, 1015
Lustrex 1011
2,4-Lutidin 883
Lycopin 913
Lycra 1024
lyophil 1006
lyophob 1006
Lysergsäure 895
Lysergsäurediethylamid 896
Lysin 289, 966
(−)-Lyxose 937

Mageninhalt (Vergiftung), Massenspektrum 334
magische Säure 78
magnetische Kernresonanz 51
magnetische Quantenzahl 6
Maier 136
Maiglöckchenöl 911
Makrolon 1018, 1019
Makromolekül 998
Makromoleküle, verzweigte 1006
MAK-Wert 85
Malachitgrün 1041
Malaria 895
Malat 285
Maleinsäure 281, 283
– Bromaddition 507, 508
Maleinsäureanhydrid 283, 771
– für Dien-Synthesen 559–561
Malodinitril 461
Malondialdehyddiacetal 875
Malonester 295, 459–461
– Alkylierung 459, 460
– Kondensation mit Aldehyden 651
– für Michael-Addition 540
– monosubstituierte 603
– – durch Claisen-Kondensation 603
Malonestersynthese 274, 460
– Beispiel 848
Malonsäure 281, 282
– Decarboxylierung 494
– – Mechanismus 494
– pK_s 398
Malonsäuren, disubstituierte 786
– – oxidative Decarboxylierung 786
Maltase 953
Maltobionsäure 953
Maltose 953, 954
– Bestimmung der Ringgröße und der Verknüpfung 954
Malus 251
Malvalinsäure 901
Malzzucker 953
Mandeln, bittere 949
(±)-Mandelsäure 285
– Racematspaltung (kinetisch) 243
Manna 950
Mannarsäure 948
Mannich-Reaktion 630
Mannitol 950

Mannonsäure 948
(+)-Mannose 934, 937
D-Mannose, Haworth-Projektion 942
Markierung durch Isotope 383
Markownikow, Regel von 188, 407
anti-Markownikow-Addition 519, 520
– Hydroborierung 529
Markownikow-Regel 519
Martiusgelb 1032, 1037
Massendifferenzen zwischen Molekülion und Fragmenten (MS), Tabelle 333
Massenmittel-Molekülmasse 999
Massenspektroskopie 58, 328–335
Massenspektroskopie und Elementaranalyse 330
Massenspektrum, Aussagen (Strukturaufklärung) 335
– Darstellung 328
– Ethanol 58
– häufige Fragmente (Tabelle) 332
– Isotopensignale 330
– 2-Methylpentanal 329
– α-Methylvaleraldehyd 329
Massenwirkungsgesetz 358
Massenwirkungskonstante 358
Materiewelle 4
Mauvein 1028, 1045
Mayo 520
McLafferty-Umlagerung (MS) 333
Mechanismen von Reaktionen, Methoden zu ihrer Untersuchung 381–386
A_{AC}1-Mechanismus (Esterverseifung) 598
A_{AC}2-Mechanismus (Esterverseifung) 596
B_{AC}2-Mechanismus (Esterverseifung) 594
Meerwein-Arylierung 751
Meerwein-Ponndorf-Reaktion 263, 800, 801
mehratomige Moleküle (MO-Methode) 22
Mehrfachbindungen, Addition an Diene 558
Mehrfachbindungen (C=C), Additionsreaktionen 505–543
Mehrfachbindungen C–N, nucleophile Addition 656–658
mehrkernige aromatische Kohlenwasserstoffe 152
Mehrzentrenbindungen 30, 672
Mehrzentren-MO (im Norbornyl-Kation) 439
Meisenheimer-Salz 720
Melamin 887
Melaminharze 1017
Melasse 957
Membranen, biologische 905
Menthen-(2), Oxidationsprodukte (Übersicht) 773
3-Menthen, säurekatalysierte Addition von Wasser 518
Menthol 908, 910
(−)-Menthol Konstitution, Konfiguration 221
– – Konformation 221
Menthon 120
Menthylchlorid, Elimination von HCl 482
Mercaptane 204
– durch S_N-Reaktionen 457
Mercurinium-Iod 524
Merrifield-Synthese 977, 978
Mesitylen 161
– Nitrierung 707
Mesitylencarbonsäurechlorid, Reduktion 805

Mesitylencarbonsäureester, Verseifung 597
Mesityloxid 255
– IR-Spektrum 258
meso-Form 232
mesomerer Effekt 392
Mesomerie 134
– Benzen 134
– Carboxylgruppe 269
– Pyridin 139
Mesomerieenergie 134
Mesomeriehinderung, sterische 394, 403
mesomeriestabilisiert 135
Mesomeriestabilisierung (Radikale) 737
Messenger-RNS 991
Metaldehyd 266, 622
Metalle, Reaktion mit Halogeniden 672, 673
Metallhalogenide, Bildung von Metallorganylen 674
Metallierung 673
Metallkleber 1024
Metallkomplexfarbstoffe 1034
Metallorganyle 672, 1064–1076
– Beispiele (Tabelle) 1066
– Bindungsart 1064
– Herstellungsmethoden (Tabelle) 1065
– Reaktivität 1064
Metarhodopsin 1057
metastabil 31
Metastabil (organische Verbindungen) 31
Metathese, Alkene 110
Methacrylsäure 276
Methacrylsäuremethylester 625
Methan 67
– Fluorderivate 86
– Halogenderivate 85, 86
– – Schmelz- und Siedepunkte 86
– kanonische MO 23
– Molekül 23
– – MO-Beschreibung 23
– Nitrierung mit Nitryliumsalzen 676
– Reaktion mit Halogenen; Reaktionswärmen der Reaktionsschritte (Tabelle) 746
– Vorkommen, Eigenschaften 82
– zweizentrische MO 24
Methanal 154, 266
Methancarbonsäure 269
Methanmolekül, Energieniveauschema 23
1,6-Methano[10]annulen, NMR-Spektrum 145
1,7-Methano[12]annulen, NMR-Spektrum 145
1,6-Methanocyclodekapentaen 143
Methanol 179, 190
– Carbonylierung 276
– letale Dosis 191
Methinfarbstoffe 1043
Methionin 289, 966
p-Methoxybenzylchlorid, Reaktion mit OH$^\ominus$ 443
Methoxygruppen, Zeiselsche Bestimmung 465
Methoxymalonsäure 953
Methylacetat 278
p-Methylacetophenon 698
Methylacetylen 169
Methylalkohol 179, 190
1-Methylallylalkohol, Anionotropie 420
Methylamin 209, 213
– pK_b 405
Methylaminhydrochlorid 214

γ-Methylaminobutyraldehyd 631
2-(N-Methylamino)heptan 208
Methylammoniumchlorid 214
Methylanilin 209
− pK_b 405
Methylberyllium 1064
6-Methylbicyclo[4.4.0]dekan-3-ol,
   Synthese 850−852
6-Methylbicyclo[4.4.0]dekan-3-
   on, Möglichkeiten zum Aufbau
   851
1-Methylbicyclo[3.2.1]oktan 174
2-Methyl-1,3-butadien 120
2-Methyl-1,3-butadien, Hydrierungsenthalpie 115
2-Methyl-1-butanol 179
S-(−)-2-Methyl-1-butanol, Konfiguration 228
3-Methyl-2-butanol, Dehydratisierung 491
3-Methyl-1-buten, Polymerisation
   1007
3-Methyl-1-butin-3-ol 125
α-Methylcapronsäure 944
Methylcarbaminsäure 623
Methylcellosolve 199
Methyl-β-chlorcrotonsäureester,
   Substitution 608
Methylchlorid 85, 86
2-Methyl-1-chlor-2-propen 516
Methylcyclohexan 89, 97
− Konformationen 92, 93, 848
1-Methylcyclohexan, Oxymerkurierung 524
2-Methylcyclohexancarbonsäure
   173
1-Methylcyclohexanol 524
1-Methyl-1-cyclohexanol 634
2-Methylcyclohexanon, Synthese
   848
2-Methyl-1-cyclohexanon 542
1-Methylcyclohexen, aus Cyclohexanon 848
3-Methylcylcohexen, Bromaddition 514
4-Methylcyclohexylidenessigsäure
   235
Methylcyclopentan 89, 97
Methylcyclopentenophenanthren
   774
Methylen 77, 366, 498
− durch Photodissoziation 1058
Methylenblau 1032, 1047
Methylenchlorid 85, 86
γ-Methylenglutaminsäure 966
Methylengruppen, aktive (Verbindungen) (Tabelle) 461
− Oxidation 768, 769
1-Methylethenyl- 171
Methylether (Kohlenhydrate) 947
1-Methylethyl- 171
Methylethylamin 208
Methylethylammoniumnitrat 214
1-Methylethyliden- 171
Methylethylketon 169, 254, 255,
   267
Methylethylketoxim 213
− Reduktion 213
Methylethylsulfid 203
Methylformiat 278
Methylgruppen, an Aromaten 769
− − Oxidation zu Aldehyden 769
− Oxidation 768, 769
− Oxidation mit SeO_2 768
4-Methyl-3-hexanon 173
2-Methylhexansäure, Synthese
   847
Methylhydrogensulfat 185
Methylid 496
Methylierung, erschöpfende 214,
   493
Methylierungsmittel 86, 219

3-Methylindol 866
Methyliodid 86
Methylisobutylketon 254, 255
Methylisopropylketon, IR-
   Spektrum 351
− NMR-Spektrum 350
Methyllithium 1064
1-Methyl-7-(3-methyl-
   2-penten-1-yl)bicyclo[2.2.1]
   hepten-(2) 174
Methyl-n-butyrat 278
Methylorange 1046
3-Methylpentan, IR-Spektrum 74
2-Methylpentanal, Massen-
   spektrum 329
4-Methyl-2-pentanon 254
2-Methyl-3-penten-1-ol 172
2-Methylpenten, IR-Spektrum 122
2-Methyl-2-penten-4-on, IR-
   Spektrum 258
Methylphenylether 196
Methylphenylketon 254
2-Methyl-2-propanol, NMR-
   Spektrum 61
2-Methylpropen, IR-Spektrum 340
2-Methyl-2-propen-1-ol, IR-
   Spektrum 344
Methylpropionat 278
− NMR-Spektrum 347
2-Methylpropyl- 171
5-(1-Methylpropyl)dekan 172
Methylpropylether 196
Methylpyridine 196
Methylquecksilberchlorid 1066
2-Methylspiro[3.4]oktan 174
α-Methylstyren, IR-Spektrum 343
− NMR-Spektrum 343
Methylterepthalat 1019
α-Methylvaleraldehyd, Massen-
   spektrum 329
Methylvinylketon 542
− UV-Spektrum 49
Methylviolett 1042
Mevalonsäure 929
Meyer V. 857
Micelle 998
Michael-Addition 540
− als Folgereaktion zur Aldol-
   Addition 541
− Kombination mit Aldoladdition
   541, 542
Michael-Substrate 539, 540
Mikroanalyse 56
Mikrowellen 46
Mikrozustand 355
Milch, Sauerwerden 955
Milchsaft 1015
Milchsäure 285
− pK_s 398
Milchzucker 942, 955
Minamata-Krankheit 1066
Mineralfarben 1032
Mineralöle 899
Mipolam 1012
Mischkristalle (Racemformen) 239
Mischschmelzpunkt 40
Mitteldruckpolyethylen 1012
MO 13, 14, 17, 18
− antibindendes 14, 21
− bindendes 14, 21
− delokalisierte 23, 116, 132, 133
− − in Benzen 132, 133
− − in Dienen 116
− homonukleare, zweiatomige
   Moleküle 20
− kanonische 23, 24
− − Transformation in lokalisierte
   MO 24
− Korrelation bei elektrozyklischen
   Reaktionen 1083, 1084
− lokalisierte 24
− nichtbindende 24

− polyzentrische 23
π-MO (Alkene) 101
MO-Beschreibung, Benzen 131
Möbius/Heilbronner-System 547
Möbius-Schleife 547
Möbius-Systeme, Energieniveaux
   547, 548
σ/π-Modell (Doppelbindung) 101
Molekül, Polarisierbarkeit 48
Molekularformel 56
Molekülchiralität 222
Moleküle, chirale 245−251
− − Reaktion 245
− − Reaktionen 245−251
− Fragmentierung (MS) 328, 329,
   331, 332
− mehratomige (MO-Methode)
   22
− zweiatomige (MO-Beschrei-
   bung) 17
Molekülion (MS) 329, 330
Molekülmassenbestimmung
   (hochmolekulare Stoffe) 999
Molekülmassenverteilung (hoch-
   molekulare Stoffe) 999
Molekülorbital 13
Molekülschwingungen 303
Molekülverbindung (racemisches
   Gemisch) 238
Molmasse 57
Molrefraktion 41
Moltopren 1018, 1024
Monohalogenessigsäuren, thermo-
   dynamische Daten für die Pro-
   tolyse mit Wasser 400
Monomer 1001, 1006
Monomere, Beispiele (Tabelle)
   1011
Monosaccharide 934−952
− Isomerisierung epimerer Aldo-
   sen 945
− wichtige Reaktionen 944−948
− Reduktion zu Polyalkoholen
   950
− Synthese durch E. Fischer 952
− Veretherung 947
Monoterpene 907, 908
− bizyklische 909
Morphin 893, 894
MO-Verfahren 13
Movil 1012
MS 58, 328−335
Multipletts (NMR) 313
Muskatnußöl 195
Muskeleiweiß 979
Muskelkontraktion 981
Musulin 547
Mutarotation 621, 938
Mutterkornalkaloide 895
Myoglobin-Molekül, Tertiärstruktur
   982
Myosin 979
− Sekundärstruktur 981
Myrcen 908, 910
Myristinsäure 270, 900
Myristylalkohol 179

Nachbargruppeneffekt, bei Umla-
   gerungen 816, 829
Nachbargruppeneffekte, bei Radi-
   kalhalogenierung 748
− Beispiele 434−439
− bei S_N-Reaktionen 432
NAD 985
Näherung, Ein-Elektronen- 11
− LCAO 14
Näherungsmethoden, HMO 116
Näherungsmethoden (Kovalenz-
   bindung) 13
Naphthacen 154, 176
Naphthalen 143, 154, 176

– Anregung 1054
– elektrophile Substitution 690
– Hydrierungsprodukte (Übersicht) 793
– Nitrierung 707
– Oxidation 771
Naphthalenderivate, als Kupplungskomponenten (Tabelle) 1038
Naphthene 97
α-Naphthol, Kupplung 1037
Naphthol AS-D 1039
Naphthol-AS-Farbstoffe 1034
Naphthylamin, Kupplung 1037
1-(2-Naphthyl-)ethanon (Sensibilisator) 1055
Narcotin 893
Narkosemittel 198
Narkotika 85
Nathan-Baker-Effekt 395
Natriumamalgam (Reduktionsmittel für konjugierte C=C) 791
Natriumamid, für S_N an Aromaten 727, 728, 730, 731
(±)-Natriumammoniumtartrat (Konglomerat) 238
Natriumborhydrid, Reduktionsmittel für Carbonylgruppen 797
Natriumcyanoborhydrid, Reduktionsmittel für C=O 800
Natriumlaurylsulfat 192
Natriumorganyle 672
Natriumperiodat, Oxidationsmittel zur Spaltung von C=C 773
Natta 1009
NBS 749
Nebennierenrindenhormone 924, 925
Nebenquantenzahl 6
Nef-Reaktion 217
Nelkenöl 195
Nemotinsäure 901
Neo- 168
Neohexan 168
Neolanblau 2G 1034
Neomenthylchlorid, Elimination von HCl 482
Neopentan 168
– NMR-Spektrum 88
Neopentylalkohol 179
Neopentylbromid, Reaktion mit OH⊖ 452
Neopentylchlorid, Gewinnung 76
Neopentylester 594
Neopentyliodid 381
Neopentyltosylat 381
Neopentylumlagerung 452
– Ablauf 815, 818
Neopentylverbindungen, elektrophile Substitution 664
Neophylbromid, Solvolyse 819
Neopren 1011, 1016
Neoretinal b 912, 1056
Neoteben 882
Nerol 908, 910
Neroliöl 910
Netzhaut 1056
Netzmittel 903, 904
Nevile-Winter-Säure 1038
Newman-Projektion 90, 230, 231
nichtbindende MO 24
nicht-klassisches Ion (bei Norbornyl-Systemen) 438
Nicotiana tabacum 891
Nicotin 891
Nicotinsäure 882, 883
– aus Chinolin 771
– aus Nicotin 769
Niederdruckpolyethylen 1012
Ninhydrin 291
– Hydrat 617
Nirenberg 995

m-Nitranilin 209
o-Nitranilin 209, 725
p-Nitranilin 209
– Farbigkeit 1031
Nitren 837
Nitriersäure 705
Nitrierung 217
– Alkane 676
– – mit Nitryliumsalzen 676
– Aromaten 705–707
– gesättigte C-Atome 750
Nitrierung (Alkane) 78
Nitrierung (Aromaten), Durchführung 706
– Mechanismus 705
Nitril 33, 253
Nitrile 296
– Acidität 404
– Alkoholyse 656
– Alkylierung 461
– durch Dehydrierung 779
– Hydrolyse 656
– Reaktion mit Grignard-Verbindungen 658
– Reduktion zu Aldehyden 806
– Reduktion zu Aminen 803
– α, β-ungesättigte 539
– – für Michael-Addition 539
Nitrile (aus Alkylhalogeniden) 459
Nitrit-Ion, Abgangsgruppe bei S_N an Aromaten 725
Nitrit-Ion (als ambidentes Nucleophil) 441, 447–459
Nitroalkan 217
Nitroalkene, für Michael-Addition 539
p-Nitroanisol, nucleophile Substitution 726
Nitrobenzen 217
– Absorptionsspektrum 1030
– Dipolmoment 394
– Farbigkeit 1031
– Reduktionsprodukte (Tabelle) 807
– nucleophile Substitution 723
p-Nitrobenzoate (zur Charakterisierung von Alkoholen) 590
o-Nitrobenzoesäure 270
p-Nitrobenzoesäure 270
Nitrocellulose 961
Nitrodiphenylamine 1037
Nitroessigester 461
Nitroessigsäure, pK_s 398
Nitroethan, Dipolmoment 394
Nitrofarbstoffe 1037
Nitroglycerin 186
Nitrogruppe, Entfernung durch Reduktion 809
– Reduktion zur Aminogruppe 808
Nitromesitylen, Dipolmoment 394
Nitromesitylen (sterische Mesomeriehinderung) 394
Nitronium-Ion 705
m-Nitrophenol 193
– Berechnung des pK_s-Wertes mittels der Hammett-Beziehung 413
o-Nitrophenol 193, 725
p-Nitrophenol 193
p-Nitrophenylester 975
1-Nitropropan 217
Nitrosamine 708
Nitrosierung, Aromaten 707, 708
– Carbonylverbindungen 768
– C–H-acide Verbindungen 669
– Verbindungen mit aciden H-Atomen 669
p-Nitrosodimethylanilin (Oxidationsmittel) 769, 777
Nitrosofarbstoffe 1037
Nitrosomethylharnstoff 219

Nitrosoverbindungen, durch Oxidation 778
– Prototropie 419
Nitrosyl-Ion 706, 708
Nitro-Verbindung 33
Nitroverbindungen 216
– Acidität 404
– *aci*-Form 419
– aromatische 723
– – Alkylierung 723
– elektrolytische Reduktion 809
– katalytische Hydrierung 809
– Kondensation mit Aldehyden 641
– durch Oxidation 778
– Reduktion 213, 806–809
– – Mechanismus 807
– Reduktion mit LiAlH$_4$ 798
– selektive Reduktion 809
p-Nitrovinylbromid, Substitution 608
Nitrylhalogenide (zur Nitrierung) 705
Nitryl-Ion 705
Nitryliumsalze 676
Nitrylsalze (zur Nitrierung) 705
NMR 51
NMR-Spektrometer 53
^{13}C-NMR-Spektroskopie 53, 326
NMR-Spektroskopie, Anwendungen 320
– Cyclohexanring 324, 325
NMR-Spektroskopie und Konformationsgleichgewichte 324
NMR-Spektroskopie und Stereochemie 322
NMR-Spektrum, Acetaldehyd 63, 259
– Acetophenon 353
– Acetylaceton 348
– Aldehyde 259
– Alkohole 181
– 4-Aminopyridin 147
– *p*-Anisaldehyd 346
– Aromaten 145
– Butanon 353
– tert. Butylalkohol 61
– tert. Butylbenzen 167, 341
– Carboxyl-Proton 272
– C=C-Doppelbindung 310
– *p*-Cymen 342
– 1,2-Dibrom-1-phenylethan 321
– Diethylketon 349
– 3,3-Dimethyl-2-butanol 345
– Ethanol 54
– Ethylacetat 347
– Ethylbenzen 322
– Ethylbenzoat 325
– Ethylmethylketon 353
– Isobutylbenzen 341
– Isopropylalkohol 320
– Isopropylbenzen 323
– 1,6-Methano[10]annulen 145
– 1,7-Methano[12]annulen 145
– Methylisopropylketon 350
– 2-Methyl-2-propanol 61
– Methylpropionat 347
– Methylpropylketon 349
– α-Methylstyren 343
– Neopentan 88
– 2,4-Pentandion 348
– *n*-Pentan 88
– 2-Pentanon 349
– 3-Pentanon 349
– Propionsäure 319
– Propylbenzen 323
– *n*-Propylformiat 346
– *n*-Propyliodid 316
– Styren 324
– Toluen 146
– 1,1,2-Trichlorethan 312
– *p*-Xylen 146

^{13}C-NMR-Spektrum, Aussagen (Strukturaufklärung) 335
– 1,2-Dichlorpropan 326
– *p*-Dimethylaminobenzaldehyd 327
no bond-resonance 395
Nomenklatur 168–177
– Heterozyklen 855, 856
– IUPAC 169
E, Z-Nomenklatur 104
Nomex-Faser 1020
Nonadekan 67
Nonan 67
Norbornadien 556, 1067
2,3-Norbornane, HCl-Elimination 486, 487
Norbornan-Gerüst, Umlagerungen 820, 821
Norbornyl-Kation 439
Norbornyl-*p*-brombenzensulfonate, Solvolysen 438, 439
Norcaradien 149
Norethindron 924
Normalschwingungen 302
Normann 901
Norrish-Spaltung I 1057
Norrish-Spaltung II 1058
Novolake 1017
Nuclealreaktion 988
Nucleinsäuren 886, 943
– Molekülmassen 988
– Primärstruktur 988
Nucleofug 423
Nucleophil 32
Nucleophile, ambidente 447
– Einfluß auf S_N-Reaktionen 446–449
nucleophile Addition an C–C-Mehrfachbindungen 539–542
nucleophile Substitution 178
– Konfigurationsumkehr 246
– Racemisierung 247
nucleophile Substitution an gesättigten C-Atomen 423–487
Nucleophilie, in aprotischen Lösungsmitteln 377
– Vergleich mit Basizität 446
Nucleophilie und Solvationseffekte 446
Nucleoproteide 965, 983, 988–992
Nucleotid 888
Nucleotide 988
Nujol 305
Nullpunktsenergie 385
– H-Atom 6
Nylon 1018
Nylon 5 1020
Nylon 6,6 1019

Oberflächenaktivität 903
Oberflächenspannung 902
Oberschwingung 46, 47
Ocytoxin 968, 969
Oelsand 84
Oelsäure 270, 276
Oenanthsäure 270
Oestradiol 923
– Synthese 927
Oestran 923
Oestriol 923
Oestrogene 923
Oestron 923
Oktadekan 67
Oktalen 144
Δ^1-Oktalin 793
Δ^9-Oktalin 793
Oktamethylmaltobionsäure 953
Oktan 67
1-Oktanol 179
Oktanzahl 83

2,4,6-Oktatriene, Zyklisierung 550, 1081, 1082
cis-2-Okten, Synthese 849
5-Oktin-2-ol, Synthese 849
Olah 439, 525, 680, 702
Olah-Reaktion 264
Öle, ätherische 899, 907
– fette 899, 901
– – Autoxidation 901
– – Gewinnung 901
– – Ranzigwerden 901
– trocknende 757, 901
– – Autoxidation 757
Olefine 65, 100
Oligopeptide 968
Olivenöl 276, 900
Opium 893, 894
Opium-Alkaloide, Biosynthese 894
Oppenauer-Oxidation 264
Oppenauer-Reaktion 782
Opsin 912, 1056
optisch aktiv 41
optische Aktivität 41, 42, 244
– Historisches 251
– Ursprung 244
optische Antipoden 222
optische Dichte 45
optische Drehung 41
optischer Vergleich 229
Orange II 1039
Orangenöl 910
Orbital 6
p-Orbital, winkel- und radiusabhängiger Anteil 7, 9
Orbitalquantenzahl 6
Orbitalsymmetrie, Erhaltung 1080
– Korrelationsdiagramme 1083, 1085, 1086
– Prinzip der Erhaltung 1084
– Prinzip der Kontrolle 546
ORD 44
Ordnung (Reaktion) 359
Organic Reactions 1095
Organic Syntheses 1094
Organocadmiumverbindungen 264
Orgel 1075
Orlon 1011, 1015
Ornithin 891, 966
Orthoameisensäureester, zum Schutz von C=O-Gruppen 618
Ortsbestimmung (Substituenten bei Aromaten) 160
Osazon 944, 945
Osmiumtetroxid 538
– Oxidationsmittel für C=C 771
Osmometer 999
Oszillator, harmonischer 301
Oxa 855
Oxalsäure 281, 282
– pK_s 398
Oxazol 856
Oxidation, Aldehyde und Ketone 785, 786
– Alkylaromaten 162
– Allgemeines 762
– Allylalkohole 783
– in Allyl-Stellung 774
– Amine 778, 779
– Aromaten 770
– aromatische Iodide 790
– Glykole 784
– Halogenide 776, 777
– Methyl- und Methylengruppen 767–769
– mikrobiologische 927
– Phenole 784
– primäre Alkohole 779–782
– sauerstoffhaltige Verbindungen 779–786
– sekundäre Alkohole 782
Oxidationen, an Alkanen 766
Oxidationsgrad 762

Oxidationsmittel, Beispiele (Tabelle) 765
Oxidationsreaktionen 766–790
Oxidationsstufen 187, 188
Oxidationszahl 187, 188, 762
Oxim 631, 768
Oxime, Hydrolyse 657
– Prototropie 419
– Reduktion 809, 810
Oxiran 855
– Spaltung zu Carben 498
Oxirane 198
– Ringöffnung 465
– S_N-Reaktion 465
Oxirane (aus *vic*-Dihalogenverbindungen) 455
Oxo- 172
Oxolan 855
Oxoniumion 183
Oxoniumionen 197
– S_N-Reaktionen 462
Oxo-Synthese 189, 527
γ-Oxovaleriansäure 1015
Oxymerkurierung 524
Oxythallierung 789
Ozon, Reaktion mit Alkenen 565, 566
Ozonide 108, 566
Ozonisierung 566
– Benzen 130
Ozonisierung (Alkene) 108
Ozonschicht 86
Ozonspaltung (C=C) 773

Paal-Knorr-Synthese 858
Palatal 1018
Palladium, Hydrierungskatalysator 538
Palmfett 900
Palmitinsäure 270, 276, 900
PAN 1011
Paneth 733
Papaver somniferum 893
Papaverin 893
Papier 962
Papierchromatographie 37
Paracyclophane, Chiralität 236
Paraffin 83
Paraffine 65
Paraffinöl 83
Paraformaldehyd 266
Paraldehyd 266, 622
Pararosanilin 1042
Parathion 186
Parkinson-Krankheit 1071
Partialladung 21
Parylen 153
Pasteur 191, 238, 251
Patentschriften 1096
Pauling 981
Pauli-Prinzip 9
PCB 164
Pechmann-Reaktion 702
Pektinstoffe 962
Pelargonidin-Kation 885
Penicilline 873
Pentacyanocyclopentadien, Acidität 403
Pentadekan 67
1,4-Pentadien 115
trans-1,3-Pentadien, Dien-Synthese mit Maleinsäureanhydrid 561
1,3-Pentadien, Hydrierungsenthalpie 115
Pentadienyl-Anion 550
Pentadienyl-Kation 550
Pentaerythritol 180, 646
Pentaerythritoltetranitrat 647
2*R*, 3*S*, 4*R*, 5*R*, 6-Pentahydroxyhexanal (Glucose) 938

Pentakosan 67
Pentamethylbenzen 161
Pentan 67
n-Pentan, NMR-Spektrum 88
2,4-Pentandion 255
– IR-Spektrum 258
– NMR-Spektrum 348
– Tautomerie 263
1-Pentanol 179
Pentanole 192
2-Pentanon 255
– NMR-Spektrum 349
3-Pentanon 254, 255
– NMR-Spektrum 349
Pentosane 959
Peptidase 984
Peptidbindung, Geometrie 969
Peptide 967–978
– Sequenzbestimmung 970
Peptid-Hormone 968
Peptidsynthese, Aktivierung der
   Carboxylgruppe 974, 975
– Schutz der Aminogruppe 974
– Schutz der Carboxylgruppe 973
Peptidsynthesen 973–978
Perbunan C 1011
Perfluorpropylen 1014
Periodsäure, Oxidationsmittel für
   Glykole 784
perizyklisch 545
Perkin 1028
Perkin-Reaktion 641, 651
Perlon 1018, 1020
Permanganat, Reaktion mit C=C-
   Doppelbindungen 538, 539
Peroxide, explosionsartiger Zerfall
   735
– Spaltung in Radikale 734
– Starter für Polymerisation 756
Peroxide (aus Ethern) 197
Peroxydischwefelsäure, Oxida-
   tionsmittel für Amine 778
Peroxyketone 767
Peroxysäuren 198
– Oxidationsmittel für Amine 778
– Oxidationsmittel für C=C 771
– Oxidationsmittel für Ketone 785
Petrochemie 165
Petrolether 83
Pfeffer, schwarzer 891
Pfefferminze 907
Pfefferminzöl 908
Pfeilgifte 925
Pflanzenfarbstoffe, gelbe 885
Pflanzenstoffe, Glucoside 949
Pfleger 868
Phasentransfer-Katalyse 379, 380
– bei der Synthese von Phenol-
   ethern 456
– bei α-Eliminationen 498
– bei Glycidestersynthesen 654
– bei Malonestersynthesen 461
– Mechanismus 380
– für Oxidationen und Reduktio-
   nen 763
– bei S_N-Reaktionen mit Alkylha-
   logeniden 454
– bei Veresterung und Verseifung
   600
– Wittig-Reaktion 637
Phasenumkehrung (bei zyklischen
   Systemen) 547
Phenanthren 154, 176
– Additionen 155
– aus *cis*-Stilben 1061
– Synthese 697, 752
Phenanthrenalkaloide 893
o-Phenanthrolin 855
Phenazinfarbstoffe 1045
Phenetol 196
Phenobarbital 460
Phenol 193

– aus Chlorbenzen 724
– IR-Spektrum 194
– technische Gewinnung 194
Phenolderivate, Umlagerungen
   837
Phenole 178, 192–196
– Acidität 192, 402
– Autoxidation 784
– durch Alkalischmelze 725
– IR-Banden 194
– Kupplung mit Diazoniumionen
   709
– Nitrierung 706
– Oxidation 784
– substituierte 402
– – pK_s-Werte (Tabelle) 402
– Tabelle 193
Phenolester, aus Säurechloriden
   590
– Verseifung 595
Phenolether, aus Brombenzen 724
– durch Williamson-Synthese 456
Phenolharze 701, 1017
Phenolphthalein 1042, 1046, 1048
Phenolverkochung 195, 218, 726
Phenoniumion 385, 434, 832
Phenoniumion (Umlagerungen)
   819
Phenyl- 171
Phenylacetaldehyd 254, 255
Phenylacetat, durch Umlagerung
   833
Phenylacetylen 161
– Acidität 403
– IR-Spektrum 340
Phenylalanin 289, 966
D-Phenylalanin 969
S-Phenylalanin, Konfiguration
   250
Phenylallylether, Claisen-Umlage-
   rung 577
2-*R*-3-*S*-3-Phenyl-2-butanol 799
3-Phenyl-2-butanon, Reaktion mit
   Grignard-Reagens 616
3-*S*-Phenyl-2-butanon, Reduktion
   mit LiAlH$_4$ 799
threo-3-Phenyl-2-butylamin, Um-
   lagerung bei der Reaktion mit
   HNO$_2$ 799
3-Phenylbutyl-2-tosylat, Solvolyse
   434, 435
1-Phenyl-1-chlorethan, Hydrolyse
   432
Phenylchloroiodoniumchlorid 790
Phenylen- 171
m-Phenylendiamin 209
o-Phenylendiamin 209
p-Phenylendiamin 209
Phenylessigsäure 270
– Acidität 400
– Kondensation mit Aldehyden
   641
– pK_s 398
– Reaktion mit Benzaldehyd 649
Phenylether 196
α-Phenylethylalkohol 179
β-Phenylethylamin 209
– Diazotierung (Isotopenmarkierung) 385
Phenylethylbarbitursäure 460
Phenylglycin (bei Indigosynthese)
   868
Phenylhydrazin 261, 262
– durch Reduktion 808
Phenylhydrazon 631
– Reaktion mit Aldosen und Ke-
   tosen 944, 945
Phenylhydrazone, zur Indolsyn-
   these 867
Phenylhydroxylamin 806
Phenylisothiocyanat 971
Phenylmethyl- 171

2-Phenyl-3-methylbuttersäure,
   Schema der Spaltung der
   Racemform 242
Phenylmethyliden- 171
2-Phenylpropanol-2 180
3-Phenyl-1-propanol, aus Zimt-
   säure 798
1-Phenyl-2-propanon 255
1-Phenyl-1-propen, Bromaddition
   512, 513
Phenylthiohydantoin 971
Phenylurethane 295, 623
Phillips-Prozeß 1012
Phloroglucin 193
Phosgen 294
– Alkoholyse 590
– Reaktion mit primären Aminen
   591
Phosphatide 905
Phospholipoide 899, 905
Phosphoniumsalz 637
Phosphoproteide 983
Phosphoreszenz 1053, 1054
Phosphoroxychlorid, Reaktion mit
   Alkoholen 464
Phosphorsäure-Ester 186
Phosphortrichlorid, Reaktion mit
   Alkoholen 464
Phosphor-Ylide 637
Phosphorylierung 929, 986
Photochemie 1051–1063
photochemisch 46
Photodissoziation 1051
Photodissoziationsreaktionen
   1057, 1058
Photoisomerisierung, Alkene 1056
Photopolymerisation 1026
Photoreduktion, Ketone 1059
Photosynthese 871, 933
Photolyse 736, 1051
– Diazoverbindungen 498
Phthalimidkalium 458
Phthalocyanine 1042, 1043
Phthalsäure 281, 283
Phthalsäureanhydrid 771
Phthalsäurehalbester, zur Spaltung
   racemischer Alkohole 282
Phytelephas macrocarpa 942
Phytol 870, 912
Picolin 882, 883
Picoline, Kondensation mit Alde-
   hyden 882
β-Picolinsäure 882, 883
γ-Picolinsäurehydrazid 882
Pictet 701
Pigmente 1043
Pigmentfarbstoffe 1035
Pikrinsäure 707
Pikrylchlorid 724
Pille 924
Pimelinsäure 281
Pinakol 463
Pinakol-Desaminierung 824
Pinakol-Umlagerung 823–826
– Leichtigkeit der Wanderung ver-
   schiedener Gruppen 823
– Nebenreaktion bei S_N an Alko-
   holen 463
– Richtung 823
– Stereochemie 824–826
Pinakolon 463
– Umlagerung 833
α-Pinen 908, 910
α-Pinen-Gerüst, Umlagerungen
   821
Piper nigrum 891
Piperidin 882
– Abbau durch erschöpfende Me-
   thylierung 493
Piperin 891
Pitzer 68
Pitzer-Spannung 68, 89

Pivalinsäure 270
– pK_s 398
Pivalinsäureester, Verseifung 597
pK_s-Werte, Carbonsäuren 270
– Dicarbonsäuren 281
Planck 2
Platforming 165
Platin, Dehydrierungskatalysator
   780
– Hydrierungskatalysator 538
Plattner 911
Plexiglas 1011, 1015
Plexigum 1011
Plutonfaser 1016
Polarisierbarkeit (Moleküle) 40
Polarität 22
Polaroidfolien 1014
Politurmassen 905
Polyacrylnitril 1011, 1015
Polyacrylsäureester 1011
Polyaddition 1001, 1022
Polyaddukte 1022–1024
Polyamidfasern 1019
Polybenzimidazole 1024
Polybutadien 1007, 1011
Polycarbonate 1017, 1019
Polychloropren 1011
Polycyclamid 1020
Polycycloaddition 1025
Polyene 115
– konjugierte 118, 548, 572
– – Elektronenspektren 118
– – Wasserstoff-Verschiebung
   572
– – Zyklisierung 548
Polyesterfasern 1019
Polyesterharze 1017
Polyethenterephthalat 1019
Polyethylen 1011
– Eigenschaften 1012
– Vernetzung 1012
Polyimide 1024
Polyisobutylen 1011
cis-1,4-Polyisopren 1016
trans-1,4-Polyisopren 1016
Polykondensate 1017–1021
– Beispiele (Tabelle) 1018
Polykondensation 1001, 1016
Polymere, lebende 1008
Polymerisate 1006–1016
– Beispiele 1012–1016
– Gewinnung 1006–1010
– Verarbeitung 1010
Polymerisate (Tabelle) 1011
Polymerisation 753, 1001,
   1006–1010
– Acetaldehyd 622
– anionische 1007
– Bildung verzweigter Makro-
   moleküle 1006
– Durchführung 1009, 1010
– Formaldehyd 622
– kationische 1007
– Nebenreaktion bei der Addition
   von Säuren an C=C 532
– über Radikale 756
– stereoselektive 1009
– stereoselektive (Butadien) 1016
Polymethacrylat 1015
Polymethacrylsäureester 1011
Polymethinfarbstoffe 1031
Polyoxymethylen 622
Polypeptide, Sequenzbestimmung
   mit DNF 725
Polypeptidkette 968
Polyphenylenoxid 1024
Poly-p-phenylen 1026
Polypropylen 1011
– Eigenschaften 1012, 1013
Polysaccharide 957–962
Polysar Butyl 1011
Polystyren 1011, 1015

– schlagfestes 1015
Polystyrol 1015
Polysulfone 1024
Polyterpen 1015
Polytetrafluorethen 1012
– Eigenschaften 1013, 1014
Polythen 1011, 1012
Polytrifluorchlorethylen 1014
Polyurethane 1022
Polyvinylacetat 1014
Polyvinylalkohol 1014
Polyvinylchlorid 1012
– Eigenschaften 1013
polyzentrische MO 23
polyzyklisch 96
Porphinderivate 869–872
Porphinring 870
Porphyrine 870
Postulat von Hammond 373,
   407–409
Potentialgebirge 373
PPO 1024
Pregl 55
Pregnenolonacetat 926
Prehniten 161
Prelog 225, 237
Primärozonid 566
Primärprozeß, photochemischer
   1055
Primärstruktur, Proteine 968, 979
Prins-Reaktion 534
Prinzbach 526
Prinzip der Kontrolle der Orbital-
   symmetrie 546, 1084
Prinzip der mikroskopischen Re-
   versibilität 593
Prinzip von Curtin-Hammett 485
Priorität, von Substituenten (Ta-
   belle) 226
Prisman 150, 1062
Prismenformel (Benzen) 149
prochiral 249
Prochiralitätszentrum 249
Procinylblau RS 1040
Procionfarbstoffe 1035
Progesteron 923, 926
– Synthese 927
Prolin 289
1,2-Propadien, Hydrierungs-
   enthalpie 115
Propan 67, 83
Propanal 154
1,3-Propandiol 180
1,3-Propandithiol, für Thioacetale
   619
1,6:8,13-Propano[14]annulen 144
1-Propanol 179
2-Propanol 179
Propanon 254, 267
Propargyl- 171
Propargylalkohol 626
Propen 113
Propenal 267
Propenyl- 171
2-Propenyl- 171
1-Propinyl 171
Propiolsäureester (Enophil) 567
Propionaldehyd 254, 255
Propionamid 280
Propionitril 297
Propionsäure 270
– NMR-Spektrum 319
– pK_s 398
Propionsäureanhydrid 279
Propionylchlorid 279
Propiophenon 254, 255
n-Propylacetat 278
Propylalkohol 169
n-Propylamin 208, 209
– IR-Spektrum 211
– pK_b 405
Propylbenzen 161

– NMR-Spektrum 323
Propylen 113
Propylenbaum 114
Propylenglykol 180
Propylenoxid 198
n-Propylether 196
n-Propylformiat, NMR-Spektrum
   346
n-Propyliodid, NMR-Spektrum
   316
Propylnitrit 217
n-Propylnitrit 217
Prostaglandine 906
Prostansäure 906
Proteide 983–996
Proteid-Enzyme 983
Protein-Biosynthese 991, 993–996
– Schema 994
Proteine 965–983
– Denaturierung 983
– globuläre 979
– Primärstruktur 968, 979
– Sekundärstruktur 980, 981
– Tertiärstruktur 981, 982
– Trennung durch Elektrophorese
   979
Proteinhydrolysat, Trennung 965,
   966
protisch 376
Protolysengleichgewicht 395
Protonen, äquivalente (NMR)
   309
– Austausch mit Lösungsmittel
   (NMR) 312
– diastereotope (NMR) 311
– enantiotope (NMR) 312
Protonenresonanzspektrum 52
– Aussagen (Strukturaufklärung)
   335
prototrop 815
Prototropie 126, 416, 419
– bei Nitroverbindungen 419
Prototropiegleichgewicht (Carbo-
   nylverbindungen) 263
Provitamin A 913
Provitamin D$_2$ 917
Pschorr-Reaktion 752
Pseudocumen 161
Pseudoionon 533, 647
Pteridin 856
Pteridine 889
Pteridingerüst, Aufbau 889
Punkt, isoelektrischer 979
– isoelektrischer (Aminosäuren)
   290
Punktgruppen 222
Purin 856, 888
Purinbasen 988
Purine 887, 888
Puringerüst, Aufbau 889
Purpur, antiker 869
Purpurkuppler 1045
PVC 1012, 1013
Pyramidon 875
Pyran 883
pyranoid 620
Pyranose 939
Pyrazin 139, 856
Pyrazol 856, 873
– Basizität 874
– Dimerisierung 874
– elektrophile Substitution 876
Pyrazole, C-substituierte 874
– – Tautomerie 874
Pyrazolon 875
Pyrazolring, Bildung 875
Pyren 171
Pyridazin 856
Pyridin 139, 856, 877–893
– Basizität 404, 877
– Eigenschaften und aromatischer
   Charakter 877

- als nucleophiler Katalysator bei S_N2_t 590
- elektrophile Substitution 693
- nucleophile Substitution 721, 723
- pK_b 405
- Reaktivität bei S_E 877
- Reduktion mit elektronenübertragenden Reagenzien 877
Pyridin-Alkaloide 890, 891
Pyridin-3-carbonsäure 882
Pyridin-Derivate, Trivialnamen (Tabelle) 883
Pyridin-2,3-dicarbonsäure, durch Oxidation 771
Pyridinring, Hantzsch-Synthese 881
Pyridon, Tautomerie 879
Pyridoxalphosphat 882
Pyridoxin 882
Pyrimidin 139, 856, 886
- Basizität 886
Pyrimidinbasen 988
Pyrimidinderivate 886
Pyrimidinring, Bildung 887
Pyrogallol 193
Pyrogallol (zur Sauerstoffabsorption) 194
Pyrolyse 78
Pyrolyse (Petrolfraktion) 84
Pyromellithsäureanhydrid 1024
α-Pyron 884
γ-Pyrone, aromatischer Charakter 884
Pyrrol 139, 856
- Acidität 863
- aromatischer Charakter 862
- aus Furan 858
- elektrophile Substitution 692
- elektrophile Substitution (Tabelle) 865
- Nitrierung 707
- Reaktion mit Alkalihydroxiden 863
- Synthese von Hantzsch 860
- Synthese von Knorr 860
- Trimerisierung 863
Pyrrolfarbstoffe 869–972
Pyrrolin 891, 893
Pyruvat 288
Pyrylium-Kation 883
Pyryliumperchlorat 883

Quadratsäure 142, 143
Quadricyclan 556
Quantentheorie 2
Quantenzahl 6
Quasiracemate 229, 244
Quecksilberacetat 524
Quecksilber(II)-acetat, Oxidationsmittel für Methylengruppen 768
Quecksilberalkyle, Substrate zur Herstellung von Metallorganylen 674
Quecksilberverbindungen, organische 1066
Quercetin 196, 885

Racemat 238
Racemate, Schmelzdiagramme 239
Racematspaltung, durch biochemische Methoden 243
- durch Chromatographie 241
- über Diastereomere 241
- über Einschlußverbindungen 243
- kinetische 242
- mit chiralen Kronenethern 243, 244
Racemform, Trennung 240

Racemformen 237–245
Racemisierung 239
- partielle 240
- Radikalsubstitutionen 247
- S_N-Reaktionen 247
- bei S_N1 431
Radialene 1062
Radialverteilungsfunktion (Ein-Elektronen-Atom) 8
Radikal 73, 364
- überbrücktes 740, 748
Radikaladdition 108
- an Doppelbindungen 753–755
Radikaladditionen 753–756
Radikal-Anionen (bei Polymerisation) 1008
Radikalbildung, durch induzierten Zerfall 735
Radikale, Addition an Mehrfachbindungen 742, 743
- Bildung 734–736
- Halbwertszeit 733
- Kombination 759
- Konfiguration 739, 740
- Nachweis 733
- aus Peroxiden 734, 735
- durch Photolyse 736
- durch Radiolyse 736
- durch Redoxprozesse 736
- stabile 738
- - Beispiele (Tabelle) 738
- Stabilität 75, 737–739
- Umlagerungen 759
- Umwandlung 741
Radikalfänger 733, 744
Radikal-Ionen 738, 739, 759
Radikalketten-polymerisation 756
Radikal-Kettenreaktion 742, 744
Radikalpolymerisation 1006
Radikalreaktionen 733–759
- Allgemeines 741–745
- charakteristische Merkmale 744, 745
- Lösungsmitteleinflüsse 745
- Zeitgesetze 369
Radikalsubstitutionen 73, 247, 746–753
- Alkane, Halogenierung 73, 746
- - Nitrierung 78, 750
- - Sulfochlorierung 77
- Allylverbindungen 110, 749
- an Chiralitätszentrum, Racemisierung 247
- 1-Chlor-2-methylbutan 247
- an Diazoniumionen 750
- Methan, Reaktionsenthalpien der verschiedenen Reaktionsschritte 746
- Oxidation bzw. Reduktion 764
- Selektivität 75, 76, 747
Raffineriegas 84
Raffinose 957
Raman-Spektren 47
Raman-Spektrum, Tetrachlorethen 49
Raney-Nickel 538
Ranzigwerden 901
Rapsöl 900
Raschig-Verfahren 724
Rasierseife 902
Rauwolfia serpentina 895
Rayon 961
Reagenzien, chirale 222
- nucleophile (Tabelle) 424
Reaktion, cheletrope 568–570
- diffusionskontrollierte 364
- konzertierte 363
- photochemische 46
- pseudo-zweiter Ordnung 378
Reaktion dritter Ordnung 366
Reaktion erster Ordnung, Zeitgesetz 359

Reaktion pseudo-erster Ordnung 378
Reaktion zweiter Ordnung, Zeitgesetz 359
A_E-Reaktion, Carbonsäuren 522
- an C=C siehe Addition, elektrophile
A_N-Reaktion, siehe Addition, nucleophile
$E1$-Reaktion siehe unter $E1$-Elimination
$E2$-Reaktion siehe unter $E2$-Elimination
S_E-Reaktion, an aliphatischen C-Atomen 675
S_E-Reaktion siehe Substitution, elektrophile
S_E1-Reaktion, sterischer Verlauf 664, 665
S_E1-Reaktion (an aliphatischen C-Atomen) 664
S_E2-Reaktion (an aliphatischen C-Atomen) 662
S_N1-Reaktion 425, 464
- Beschleunigung, sterische 443
- Bildung des Carbeniumions 427
- Eigenioneneffekt 426
- Einfluß der Stabilität des Carbeniumions 442, 443
- Energiediagramm 428
- Esterverseifung 599
- innere Rückkehr 428
- Ionenpaar 428
- Racemisierung 431
- Retention 432, 464
S_N2-Reaktion 424, 451
- Beweis für die lineare Anordnung der Reaktanten im aktivierten Komplex 431
- Energiediagramm 425
- Geschwindigkeit bei verschiedenen Alkyl- (Aryl-)gruppen 442
- Katalyse durch Iodid 449
- Konfigurationsumkehr 429
- Reaktionsgeschwindigkeiten für verschiedene Nucleophile (Tabelle) 447
- Regenschirm-Mechanismus 429
- Schema des Ablaufes 429
- stereoelektronischer Ablauf 429
- sterische Hinderung 441, 442
S_N2_t-Reaktion 586
- Abgangsgruppen (Tabelle) 588
- an Acylverbindungen 588–608
- Katalyse durch Säuren 584, 585
- Nucleophile (Tabelle) 588
- Reaktivität 586
- Säurehalogenide 589–592
- Zeitgesetz 585
Reaktionen, elektrozyklische 545, 548–553, 1080–1086
- - Ablauf 551
- - disrotatorisch 549
- - konrotatorisch 549
- - Regeln 550
- - Stereospezifität 549
- endergonische 986
- - biochemische 986
- - endergonische (Enzymreaktionen) 986
- konzertierte 363, 545–579
- - Aktivierungsentropie 363
- mehrstufige 362, 366
- - Kinetik 366
- perizyklische 545–579
- - Allgemeines 546
- - erlaubte und verbotene 547
- - photochemische 547
- - thermische 547
- photochemische 1055
- - Allgemeines 1055

– – primäre 1055
– – photochemische (Tabelle) 1055
– stereoselektive 251
– stereospezifische 251
Reaktionen metallorganischer Verbindungen 672–675
S_R-Reaktionen, siehe Radikalsubstitutionen
S_N-Reaktionen, siehe Substitutionen, nucleophile
Reaktionsabläufe, Methoden zu ihrer Untersuchung 381–386
Reaktionsarbeit 356
Reaktionsenthalpie 28, 355
Reaktionsgeschwindigkeit 356, 359–362
– Konzentrationsabhängigkeit 359
– Lösungsmitteleinflüsse 375–377
– Temperaturabhängigkeit 362
Reaktionsgeschwindigkeit und freie Aktivierungsenthalpie 371
Reaktionsgeschwindigkeit und Substituenteneffekte 407
Reaktionskinetik 359–362
Reaktionskonstante (Hammett-Beziehung) 413
Reaktionskonstanten, Hammett-Beziehung (Tabelle) 412
Reaktionskoordinate 373
Reaktionsmechanismen, Methoden zu ihrer Untersuchung 381–386
Reaktionsmechanismus 381
Reaktionsmechanismus und Hammett-Beziehung 414
Reaktionsmolekularität 361
Reaktionsordnung 359, 361
– Bestimmung 359
Reaktionsordnung bei schrittweise ablaufenden Reaktionen 361
Reaktionstypen, Einfluß des Lösungsmittels (Tabelle) 377
Reaktivfarbstoffe 1035
– Reaktion mit Cellulose 1036
Reaktivität 356
– Anionen 380
Reaktivität (bei S_N-Reaktionen) 440–450
Recken 1004
Redoxindikatoren 1047
Redoxpaar 188
Redoxpolymerisation 1007
Redoxgleichungen, Reaktionsgleichungen 187, 188
Reduktion, Acylverbindungen zu Aldehyden 804, 805
– Aldehyde und Ketone 795–802
– Alkene 790–793
– Alkine und Aromaten 790–793
– asymmetrische 800
– Azoverbindungen 810
– Carbonsäuren 802–806
– – zu Aldehyden 804–806
– – zu Alkoholen 802, 803
– Carbonsäuren und ihre Derivate 802–806
– Ester zu Alkoholen 803
– Nitrile zu Aldehyden 806
– Nitroverbindungen 806–809
– Oxime 809, 810
– Säureamide zu Aldehyden 805
– Säurechloride zu Alkoholen 803
– stereoselektive 798, 799
– – mit LiAlH₄ 798, 799
Reduktion (Allgemeines) 762
Reduktionsmittel, Beispiele (Tabelle) 766
Reduplikation, identische (Nucleinsäuren) 989–992
Referatenorgane 1087
Reformatzki-Reaktion 284, 636

Reforming-Prozeß 84
Regel, Cramsche 616, 799
Regel der kleinsten strukturellen Änderung 814
Regel von Bredt 481
Regel von Hofmann 476
Regel von Hückel 137
Regel von Markownikow 188, 407, 519
Regel von Saytzew 476
Regenschirm-Mechanismus (S_N2) 429
Regioselektivität (bei 1,3-dipolaren Cycloadditonen) 565
regiospezifisch 418, 447
Regler (bei Polymerisationen) 756
Reichstein 924
Reihe, homologe 65
Reimer-Tiemann-Reaktion 264, 499
– Mechanismus 704
Rekombination, Radikale 79, 741, 744
Relaxationserscheinungen (NMR) 52
Remazolbrillantblau R 1040
Remazolfarbstoffe 1036
Replica-Polymerisation 1026
Reserpin 895
Reservestoffe 902, 933
Resit 1017
Resitol 1017
Resole 1017
Resonanz 134
Resonanzeffekt 392
Resonanzenergie 134
Resonanzhybrid 134
Resonanzintegral 116
Resorcin 193
– IR-Spektrum 350
Reten 907
Retention 246
– bei S_Ni-Reaktion 464
Retention bei S_N-Reaktionen 246, 432
all-*trans*-Retinal 1057
11-*cis*-Retinal 1056
Retro-Diels-Alder-Reaktion 562
Retro-En-Reaktion 566
Reversibilität, mikroskopische, Prinzip 593
Reviews 1090
R$_f$-Wert 38
Rhabarber 282
Rhodium-Komplexe, katalytische Wirkung 1068–1070
– mit chiralen Liganden 1070
Rhodopsin 912, 1056
Rhovyl 1012
Riboflavin 889
Ribonuclease 979, 983
Ribonucleinsäure 988
Ribonucleinsäuren 942
Ribose 888, 937, 988
D-(–)-Ribose 943
Ribosomen 988, 991
Ricinolsäure 900
Riechstoffe 195, 908
Rindertalg 900
Ringe, aromatische 304, 305
– – IR-Banden 304, 305
– heterozyklische 855, 856
– – Nomenklatur 855, 856
– – Trivialnamen (Tabelle) 856
Ringerweiterung, durch Demjanow-Umlagerung 824
– durch Wagner-Meerwein-Umlagerung 822
Ringgröße (Heterozyklen), Bezeichnung (Tabelle) 857
Ringgröße und Doppelbindungsäquivalente 335

Ringschluß, durch Dieckmann-Kondensation 604
– durch elektrophile Addition an C=C 533
Ringschlußreaktion, durch Glaser-Kupplung 787
Ringschlußreaktionen, durch Glaser-Kupplung 788
– Friedel-Crafts-Acylierung 699
– Friedel-Crafts-Alkylierung 697
– Hydroxyalkylierung 701
Ringschlußreaktionen (Tabelle) 98
Ringstabilität (Cycloalkane) 95
Ringstrom, bei Aromaten 144
Ringsysteme, «exotische» 1062
– polyzyklische 96
Ringverbindung, chirale 227
– – Angabe der Konfiguration 227
Ringverbindungen, durch Acyloin-Kondensation 606
– durch Decarboxylierung 606
– ungesättigte 513–515
– – Stereochemie der Halogenaddition 513–515
Ringverengung, durch Favorski-Umlagerung 834
– durch Wagner-Meerwein-Umlagerung 822
Robinson 631
Robinson-Anellierung 542
Robinson-Ester 986
Rohrzucker 956, 957
– Vorkommen und Gewinnung 956, 957
Rosanoff 937
Rosenmund-Reaktion 804
Rotationsdispersion 44
Rotationsdispersion (zur Konfigurationsbestimmung) 229
Rotationsenergie (Moleküle) 46
Rotations-Energieniveaux 46
Rückbindung 1068
Rückkehr, innere (bei S_N-Reaktionen an Allylverbindungen) 451
– innere (bei S_N1-Reaktionen) 428
Ruff-Abbau (Kohlenhydrate) 947
Ruggli 99
Rutherford 2
Ruzicka 120, 606, 908, 924

Saccharin 207
Saccharose 956, 957
– Bildung 986
– Totalsynthese 956
Sachse 96
Safrol 195
Sägebock-Formeln 230, 231
Salicylaldehyd 254, 255
– IR-Spektrum 352
Salicylsäure 270
– Acidität 402
Salpetersäure-Ester 186
Salutaridin 894
Salz, inneres 496
AH-Salz 1019
Sandmeyer-Reaktion 218, 726, 750
Sandwich-Verbindungen 140, 1073–1075
– Bindungsart 1075
– Gewinnung 674
Sanger 725, 972
Santonin 911
Sapogenine 927
Saponine 925
Sarsasapogenin 925
Sauerklee 282
Sauerstoffmolekül, Energieniveauschema 19

Säulenchromatographie 36
Säure 1038
– fuchsinschweflige 263
– harte 446, 447
– konjugierte 396
– magische 78
– weiche 446, 447
G-Säure 1038
H-Säure 1038
R-Säure 1038
Säure (Begriff) 395
Säureamid 253
Säureamide, Abbau 502
– Basizität 406
– Reduktion zu Aldehyden 805
Säureanhydride, Alkoholyse 591
– Herstellung 592
Säureazide, Abbau 502
Säurechloride, Alkoholyse 590
– Herstellung aus Carbonsäuren
  590
– Hydrolyse 589, 590
– Reaktion mit Ammoniak und
  Aminen 591
– Reaktion mit Hydrazin und
  Hydroxylamin 591
– Reduktion zu Aldehyden 804
– Reduktion zu Alkoholen 803
Säurehalogenid 253
Säurehalogenide, S_N2_t-Reaktionen
  589–592
Säurehydrazid 591
Säurekatalyse, allgemeine 379
– allgemeine (bei A_N) 613
– Enolisierung 417
– spezifische 379, 618
– – Acetalisierung 618
– spezifische (bei A_N) 613
Säuren, Stärke 395–404
Säurespaltung (β-Ketoester) 669
Säurespaltung (substituierte Acet-
  essigester) 460
Säurezahl 901
Saytzew-Elimination 476
Saytzew-Regel 476
Saytzew-Regel (bei der Verschiebung
  von Doppelbindungen) 666
Schäffer-Säure 1038
Schaumgummi 1024
Scheele 1
Scheidetrichter 36
Schichtliniendiagramm (Reaktion)
  373, 374
Schieferöl 84
Schiemann-Reaktion 711, 727
Schierling 890
Schießbaumwolle 961
Schießpulver, rauchloses 961
Schiffsche Base 260
– Hydrolyse 657
Schiffsche Basen 628
Schlack 1020
Schlafmittel 295
Schlüsselatom (bei I-Effekten)
  391
Schmelzintervall 1003
Schmelzpunkt 40
Schmelzpunktserniedrigung 57
Schmetterlingspigmente 889
Schmidt-Umlagerung 837
Schotten-Baumann-Reaktion 590
Schröder 151
Schrödinger 5
Schrödinger-Gleichung 5
Schrumpffolie 1004
Schuhwichse 905
Schutzgruppe 456, 846
– für Carbonylgruppen 618, 619
– für Doppelbindungen 563
– für Hydroxylgruppe 456
Schutzgruppe (Dihydropyran, für
  Alkohole und Phenole) 524

Schutzgruppen, für Aminogruppen
  in Aminosäuren 974
– für Amine 591
Schwangerschaftshormone 924
Schwefeldioxid, Addition an Diene
  568
Schwefelsäuredimethylester 185
Schwefelsäure-Ester 186
Schwefelsäuremonomethylester
  185
Schwefelverbindungen 203–207
Schwefel-Ylide 639
Schweineschmalz 900
Schwingungsenergie (Moleküle)
  46
Schwingungs-Energieniveaus 46,
  1052, 1053
Schwingungs-Relaxation 1053
Schwyzer 976
Scillaren 925
Scopolamin 892
Sebacinsäure 281, 1019
Seebach 620
Sehnen 979
Sehvorgang 1056, 1057
– Primärprozeß 1057
Seidenfibroin 979, 980
Seife, Herstellung 902
– Nachteile 904
– Wirkung 903
Seifen 277, 902
Seitenketten-Halogenierung (Aro-
  maten) 162
Sekundärstruktur, Proteine 980,
  981
Selektivität (S_E an Aromaten) 688
Selendioxid (Oxidationsmittel)
  768
Selinen 911
Sellerieöl 911
Semibullvalen 577
Semicarbazid 261, 262, 296
– Addition an C=O 631
Semicarbazon 631
Semicarbazone 263
– Hydrolyse 657
Semichinon 739
Semidine 839
Senfgas 437
Senfölglykoside 949
Senfsamen 949
Sensibilisator (Photochemie) 1054
Sensibilisator (Photographie)
  1044
Sequenz (Peptide) 968
Sequenzbestimmung, Peptide 970
Sequenzregel 225
Serin 289
Sertürner 894
Sesquiterpene 911
Sesselform 89
Seveso 163
Sextett, aromatisches 139
Sextett-Umlagerungen 814
Sexualhormone 923
shielding-Effekt (NMR) 308
Sichelzellenanämie 979
Sicher 487
Sieber 976
Siedepunkt 40
Siedepunktserhöhung 57
sigmatrop 545
sigmatrope Verschiebungen
  570–579
Silane 30
Silanole 1021
Siliciumchloride 30
Siliciumverbindungen, organische
  1021, 1067
Silicone 1021
Siliconharze 1021
Siliconkautschuk 1021

Siliconöle 1021
Siloxane 1021
Simmons-Smith-Reaktion 569
Singlett 363
Singlett-Carben 366, 498, 568
Singlett-Zustand 363, 366, 1052,
  1054, 1055, 1059–1061
Sinigrin 949
Siriuslichtblau 1032, 1033
Skatol 866
Skelettschwingungen 303
skew 68
Skleroproteine 979
Skraup-Synthese (Chinolinderi-
  vate) 701
Solanaceen 890
Solanidin 925
Sol-Lösung 1005
Solvation (Anion) 397
Solvation (Anion) und Acidität
  400
Solvationseffekte, Einfluß auf
  Nucleophilie 446
Solvationseffekte und Reaktions-
  geschwindigkeit 375
Solvationsenthalpie, freie 377
Solvolyse 425
Sommelet-Reaktion 777
Sorbitol 934, 950
Spaltung, oxidative 771–774
– – von C=C 771–774
– oxidative von C=C 773, 774
– – durch Chrom(VI)-oxid 774
– – durch Periodat 773
Spandex-Faser 1024
Spannung, sterische 70
Spannungstheorie 96
Spektrallinie 2
Spektren höherer Ordnung (NMR)
  317
Spektren (sichtbarer Bereich) 50
Spektrophotometer 45
Spektroskopie, IR 301–308
Spektroskopie (UV) 298–301
Spektrum, elektromagnetisches 45
spezifische Säurekatalyse 379
Sphingosin 905
Spiegelbildisomerie 222
Spiegelebene 222
Spin (Elektron) 9
Spin-Entkopplung (NMR) 320
Spinpaarung 15, 1052
Spin-Spin-Aufspaltung 52,
  313–316
– Schema 315
Spin-Spin-Kopplung (NMR) 313
Spinumkehr 1052, 1053
Spirane, Chiralität 235
Spiro[3.3]heptanderivate, Chirali-
  tät 235
Spiropentan 569
Spiro[2.2]pentan 175
spiro-Verbindungen 174
Spraydosen 86
Squalen 912, 916
– bei der Steroid-Biosynthese 930
– Biosynthese 930
Staab 148
Stäbchen (Netzhaut) 1056
stabil 356
Stabilisator (bei ungesättigten
  Verbindungen) 745
Stabilisierungsenergie, Benzen 137
Stabilität 356
Stabol 1011
Standardtemperatur 356
Stärke 957–959
– Hydrolyse 957
Stärkekörner 957
Starter (Radikalreaktionen) 735,
  736
Startreaktion (Kettenreaktion) 744

stationärer Zustand 367
Staudinger 998
Stearamid 280
Stearinsäure 270, 276, 900
Stearoylchlorid 279
Stechapfel 892
Steinkohlengas 164
Steinkohlenteer 164, 195
peri-Stellung (Naphthalen) 691
Stereochemie bei nucleophilen
  Substitution am gesättigten
  C-Atom 428–432
Stereochemie und NMR-Spektrum
  322
Stereoisomer 70
Stereoisomere 221
Stereoisomerie (substituierte
  Cycloalkane) 94, 95
stereoselektiv 251
stereospezifisch 251
sterische Beschleunigung (bei
  S_N1) 443
sterische Hinderung 587
sterische Hinderung (bei S_N2-
  Reaktionen) 441
sterische Mesomeriehinderung
  394, 403
Steroid-Abbau 931
Steroide 914–931
– Biosynthese 929
– Konstitutionsaufklärung 915
– Numerierung des Ringgerüstes
  915
Steroid-Gerüst, Abbau 931
– Totalsynthese (Torgow) 928
Sterole 916–918
Steuerung, kinetische 361
– thermodynamische 362
Stevens-Umlagerung 833
Stickstoff(III)-chlorid, zur Aminie-
  rung von Alkanen 467
Stigmasterol 917, 927
Stilbazol 882
Stilben 1031
cis-Stilben 161
– IR-Spektrum 167
– photochemische Zyklisierung
  1061
trans-Stilben 161, 786
– IR-Spektrum 158
Stilböstrol 923
Stobbe-Kondensation 653
Stoffe, hochmolekulare 957–962,
  979–996, 998–1026
– – allgemeine Eigenschaften
  1001–1006
– – Aufbau 1001
– – Bildungsweisen 1001
– – Kristallisationsgrad und Ei-
  genschaften 1002
– – Lösen 1005, 1006
– – Molekülmassenbestimmung
  999
– – synthetische 998–1026
– – Verhalten bei Temperatur-
  erhöhung 1003, 1004
– – Verknüpfungsarten der Bau-
  steine (Tabelle) 1000
– – Viskosität von Lösungen
  1000
– hochmolekulare (Kohlen-
  hydrate) 957
– hochmolekulare (Proteine)
  979–983
Strecker-Synthese 290, 625
Streckschwingung 47
Streuversuch 2
Strophantidin 925
Struktur, chirale 42
– fluktuierende 577
Struktur (Molekül) 59
Strukturaufklärung 59

– durch kombinierten Einsatz
  spektroskopischer Methoden
  335
Strukturermittlung 59
Strukturisomere 221
Strychnin 241, 895, 896
Strychnos Nux vomica 895
Styren 161
– aus Ethylbenzen 775
– NMR-Spektrum 324
– Reaktivität bei S_E 686
Styroflex 1011
Styropor 1011, 1015
Sublimationsenthalpie (Graphit)
  389
Substanzformel 56
Substanzpolymerisation 1009
Substituenten, aktivierende 683
– – bei S_E an Aromaten 683
– aktivierende und desaktivierende 687
– – bei S_E an Aromaten (Tabelle)
  687
– Bezeichnung (Tabelle) 171
– desaktivierende 683
– – bei S_E an Aromaten 683
– dirigierende Wirkung bei Zweitsubstitution an Aromaten
  684–687
– – Tabelle 683
Substituenteneffekte, an polysubstituierten Aromaten 689
– an substituierten Aromaten
  684–686
– bei S_E an Aromaten 688, 711
– – Halogenatome 711
– – Variation der Reaktionsbedingungen 688
– Einfluß auf S_N-Reaktionen 443
Substituenteneinflüsse auf Elimination 475
Substituentenkonstante (Hammett-Beziehung) 411
Substituentenkonstanten, Hammett-Beziehung (Tabelle) 412
Substitution 32
– elektrophile 534, 662–669,
  673–675, 678–682, 690,
  692–713, 864, 865, 876–878,
  886
– – an aliphatischen C-Atomen
  662
– – – Ablauf 662–665
– – – Allylumlagerungen 666
– – – an Alkanen 675
– – – an Carbonylverbindungen
  667–669
– – – mit metallorganischen Verbindungen 673–675
– – – als Nebenreaktion zur Addition von Alkylhalogeniden 534
– – – sterischer Verlauf 662–665
– – an Aromaten 160, 679, 680,
  682–700, 702–704, 707,
  708, 710, 711
– – – Azokupplung 708, 709
– – – Beispiele 694–713
– – – bi- und polyzyklische
  Aromaten 690
– – – Carboxylierung 704
– – – Chlormethylierung 700
– – – Formylierung 702–704
– – – Friedel-Crafts-Acylierung
  699
– – – Friedel-Crafts-Alkylierung
  694–698
– – – Halogenierung 710
– – – Hydroxyalkylierung 700
– – – Ipso-Substitution 689
– – – π-Komplex 680
– – – σ-Komplex 679

– – – Komplex, aktivierter, bei
  Zweitsubstitution 684
– – – Mechanismus 678–682
– – – Nitrierung 705–707
– – – Nitrosierung 707, 708
– – – Orientierung 682–694
– – – Substituenteneffekte
  684–686
– – – Sulfonierung 711
– – – Zweitsubstitution, aktivierter Komplex 684
– – Diazotierung aromatischer
  Amine 670
– – an Heterozyklen 692, 693,
  864, 866, 877, 878
– – – an Chinolin und Isochinolin 694
– – – an Furan 693
– – – an Furan (Tabelle) 864
– – – an Indol 693
– – – an Pyrazol und Imidazol
  876
– – – an Pyridin 693, 877, 878
– – – an Pyrimidin 886
– – – an Pyrrol 692
– – – an Pyrrol (Tabelle) 865
– – – an Thiazol 877
– – – an Thiophen 693
– – – an Thiophen (Tabelle) 865
– – – Wirkung, dirigierende, des
  Heteroatoms 864, 866
– nucleophile 178, 246, 247,
  423–487, 584–608, 719–731,
  878, 879, 886
– – an Acylverbindungen
  588–608
– – – Abgangsgruppen (Tabelle)
  588
– – – Nucleophile (Tabelle) 588
– – an Aromaten 719–722,
  727–731
– – – *via* Arine 727–731
– – – – Orientierung 731
– – – an Halogenaromaten 724
– – – Mechanismen 719–722,
  727
– – – Orientierung 721
– – – Reaktivität 721
– – – Wirkung, dirigierende,
  eines Erstsubstituenten 721
– – an Carbonsäuren und ihren
  Derivaten 588–608
– – an Carbonyl-C-Atomen
  584–588
– – – Reaktivität 586–588
– – – Säurekatalyse 584, 585
– – – sterische Hinderung 587
– – – Zeitgesetz 585
– – an gesättigten C-Atomen
  423–487
– – – Abgangsgruppen (Tabelle)
  424
– – – an Alkoholen und Ethern
  462–465
– – – an Alkylhalogeniden
  453–462
– – – an Alkylhalogeniden (Tabelle) 453
– – – an Alkylsulfonaten
  453–462
– – – anchimere Beschleunigung
  433
– – – Bildung des Carbeniumions 427
– – – bimolekulare 424
– – – Einfluß der Substratstruktur
  441–445
– – – Einfluß des Lösungsmittels
  440
– – – Einfluß des Nucleophils
  446
– – – elektrophile Katalyse 441

– – – innere 464
– – – intramolekulare 432
– – – Kinetik 424–426
– – – Konfigurationsumkehr 246
– – – Mechanismen 424–428
– – – Nachbargruppeneffekte 432
– – – mit «nackten» Fluorid-Ionen 446
– – – Nebenreaktionen 450
– – – Racemisierung 247, 431
– – – Reaktivität verschiedener Substrate (Tabelle) 444
– – – Retention 432, 464
– – – sterischer Verlauf 428–432
– – – unimolekulare 425
– – an Pyridin 878, 897
– – an Pyrimidin 886
– – an ungesättigten C-Atomen 584–608
– – an Vinyl-C-Atomen 608
– radikalische 73, 77, 78, 746–753
– – Alkane, Halogenierung 73, 746
– – – Nitrierung 78, 750
– – – Sulfochlorierung 77
– – Allylverbindungen 110, 749
– – an Chiralitätszentrum, Racemisierung 247
– – 1-Chlor-2-methylbutan 247
– – an Diazoniumionen 750
– – Methan, Reaktionsenthalpien der verschiedenen Reaktionsschritte 746
– – Oxidation bzw. Reduktion 764
– – Selektivität 75, 76, 747
Substitutionsnamen 168
Substratstruktur, Einfluß auf S_N-Reaktionen 441–445
Sulfanilamidothiazol 874
Sulfanilsäure 712
Sulfathiazol 874
Sulfensäure 204, 206
Sulfide 205
Sulfinsäure 206
Sulfochlorierung (Alkane) 77
Sulfochlorierung (Aromaten) 713
Sulfolan 862
Sulfon 205
Sulfonamide 874
Sulfonierung, zum Schutz reaktionsfähiger Positionen bei Aromaten 713
Sulfonierung (Aromaten) 206, 711
Sulfonphthaleine 1046
Sulfonsäure 204, 711
Sulfonsäuren 206
– aromatische 207
Sulfoxid 205
Sulfurylchlorid (zur Seitenkettenchlorierung von Aromaten) 747
Summenformel und Massenzahl 330
Sumpfgas 83
Supersäuren, Reaktion mit Alkanen 77
suprafacial 554, 571
Surlyn A 1024
Suspensionskolloid 1006
Suspensionspolymerisation 1009
Swain 621
Symmetrie, MO bei perizyklischen Reaktionen 1083–1085
Symmetrie (Molekül) 222
symmetrie-erlaubt 1084
Symmetriepunktgruppen, Algorithmus zur Bestimmung 223
symmetrie-verboten 1083
Symmetriezentrum 222

symmetrisch 21
Syndet 904
syndiotaktisch 1009
synklinal 69
synperiplanar 69
Synthese, asymmetrische absolute 245
– Beispiele 847–850, 852
– – 6-Methylbicyclo[4.4.0]dekan-3-ol 850
– – 2-Methylcyclohexanon 848
– – 2-Methylhexansäure 847
– – *cis*-2-Okten 849
– – 5-Oktin-2-ol 849
– – 2,2,6-Trimethylbicyclo-[4.4.0]dekan 852
– mehrstufige 843, 844
– – Gesamtausbeute 843
– – Reaktionsschritte 844
– Verbindung mit verlangter Konfiguration 846
– wichtige Reaktionstypen (Tabelle) 845
Synthesegas 84
– aus Methan 83
Synthesen, Beispiele 847–853
– industrielle 847
– ökonomische und ökologische Überlegungen 847
Syntheseplan 844
Syntheseplanung 842–853
– bei Aromaten 713
Systeme, konjugiert-ungesättigte 749
– – Bildung 749

Tabakpflanze 891
Tabellenwerke 1096
(+)-Talose 937
D-Talose, Haworth-Projektion 942
Tannin 195, 1033
Tartrat 285
Taurin 918
Tautomerie 126, 221, 416–420
– Acetessigester 288
– Acetylaceton 263
– Carbonylverbindungen 262
– Hydroxypyridine 879
– Keto/Enol 125
– Pyrazol- und Imidazolderivate 874
TCDD 163
Tee 888
Teerfarben 1028
Teflon 1012
– Eigenschaften 1013, 1014
Teilheimer 1094
Telomere 753
Terephthalsäure 281, 283, 1019
Terpene 907–914
– Aufbau aus Isopreneinheiten 908
– Biosynthese 929
– Dehydrierungsprodukte 907
Terpentinöl 908, 910
Terphenyl, aus *p*-Bromanilin 775
p-Terphenyl 152
Tertiärstruktur, Proteine 981, 982
Terylen 1018, 1019
Testosteron 923, 926
– Synthese 927
Testverfahren, biologische 924
Tetraacetyl-α-glucopyranosyl-bromid 946
Tetraalkylammoniumhydroxid 214
Tetraalkylammoniumsalze (für Phasentransfer-Katalyse) 379
2,3,5,6-Tetrachlor-*p*-benzochinon, zur Dehydrierung 775
2,3,7,8-Tetrachlordibenzodioxin 163

Tetrachlorethen, IR-Spektrum 49
– Raman-Spektrum 49
Tetrachlorkohlenstoff 85, 86
– IR-Spektrum 307
Tetrachlormethan, Addition an Doppelbindungen 754
Tetradekan 67
1-Tetradekanol 179
Tetraethylblei 1066
Tetraethylgermanium 1066
Tetraethylthiuramdisulfid (zur Alkohol-Entwöhnung) 191
Tetraethylzinn 1066
Tetrafluorethen, Dimerisierung 557
– Gewinnung 1013
Tetrafluorethylen 121
Tetrahydrofuran 196, 198, 433
– aus Acetylen 858
Tetrahydrofuran (aus 1,4-Butandiol) 463
Tetrakontan 67
Tetralin 697, 793
Tetralon 699
Tetramethylammoniumchlorid 208
Tetramethyl-*D*-glucosäure 953
2,3,5,6-Tetramethylglucosäure 953
Tetramethyl-*D*-glucose 953
2,3,4,6-Tetramethylglucose 959
Tetramethylsilan 308
Tetramethylzinn 1066
Tetranitromethan 108, 509
Tetrapeptid 968
Tetraphenylcyclobutadien-Kation 142, 143
Tetraphenylethen 161
Tetraterpene 913
Tetrazole 565
Textildruck 1043
Textilfarbstoffe, Arten 1032
Thallium(III)-nitrat, Oxidationsmittel für C=C 789
Thebain 893, 894
Theobromin 888
Theophyllin 888
Theorie des Übergangszustandes 370
thermodynamische Steuerung 362
Thermoplast 1003
– härtbarer 1005
THF 198
Thia 855
Thianaphthen 856, 866
Thiazol 139, 856, 873
– elektrophile Substitution 877
Thiazolinon-Derivat (Aminosäure) 971
Thiazolring, Bildung 873
Thioacetale 619
– fünfgliedrige 619
– sechsgliedrige 619
Thioalkohole 203
Thioether 203
– durch S_N-Reaktionen 457
Thioindigo 869
Thioketale 619
– Hydrogenolyse 796
Thiol 33
Thiole 203
– durch S_N-Reaktionen 457
– Gewinnung 205
– IR-Banden 204
– Oxidation 204
– Tabelle 205
β-Thiolvalin 966
Thionylchlorid 590
– Reaktion mit Alkoholen 464
Thiophen 139, 856
– Abtrennung von Benzen 857
– aromatischer Charakter 862
– Eigenschaften 857
– elektrophile Substitution 693

– elektrophile Substitutionen (Tabelle) 865
– Iodierung 864
– Metallierung 863
– Nitrierung 707
Thiophen-2-carbonsäure 863
Thiophosphorsäure-Ester 186
Thiotolan 862
Thiuroniumsalze 457
Thorpe-Reaktion 641, 658
Thorpe-Ziegler-Reaktion 658
threo 230
Threonin 289, 966
(–)-Threose 937
Thymian 907
Thymin 886, 988, 989
Thymol 195
Thyroxin 966
Tieffeld-Verschiebung (NMR) 59, 309
Tieffeld-Verschiebung (Aromaten) 310
Tiffeneau-Umlagerung 824
Tiglinsäure 665
Tischtschenko-Reaktion 801
TNT 706
Tollens-Reaktion 785
Tollkirsche 892
m-Tolualdehyd 255
– aus *m*-Xylen 769
o-Tolualdehyd 255
p-Tolualdehyd 254, 255
Toluen 161
– Fragmentierung (MS) 331
– IR-Spektrum 157
– NMR-Spektrum 146
Toluensulfonsäurechlorid 207
p-Toluensulfonsäureester 207
m-Toluidin 209
o-Toluidin 209
p-Toluidin 208, 209
Toluyl- 171
m-Toluylsäure 270
o-Toluylsäure 270
p-Toluylsäure 270
Tomatenfarbstoff 913
Torgow 928
Torsionsspannung 68
Tosylat 200, 207
Tosylat-Anion (Abgangsgruppe bei S_N) 450
Tosylhydrazone, Reduktion 796
Tracer-Experimente 383
Träger-RNS 995
Transfer-RNS 995
transition-state-theory 370
transoid 116, 324, 560, 1061
Traubenzucker 934
Treibgase (Aerosolpackungen) 86
Treibstoffe, hochklopffeste 827
– – durch Isomerisierung 827
– synthetische 85
Treibstoffeigenschaften 83
Trevira 1018, 1019
Triakontan 67
1,2,3-Trialkylbenzene 697
Trialkylborane 527
2,4,6-Triaminotriazin 887
Triazen 709
1,3,5-Triazin 887
Triazine 887
Triazolringe 565
Tributylphosphat 186
Trichloracetaldehyd 617
Trichloressigsäure, pK_s 398
1,1,2-Trichlorethan, NMR-Spektrum 312
Trichlorethylen 121
Trichlorphenoxyessigsäure|2,4,5-| 163
2,4,6-Trichlortriazin 887
Tricyanomethan, Acidität 403

Tricyclo[4.2.2.0$^{1.6}$]dekan 175
Tricyclo[3.2.2.0$^{1.5}$]nonan 175
Tricyclo[3.2.1.0$^{1.5}$]oktan 175
Tridekan 67
Triebkraft (chemischer Reaktionen) 355
Triethylamin 209
– pK_b 405
Triethylenglykol 200
Triflat-Gruppe (Abgangsgruppe bei S_N) 450
1-Trifluor-3-chlorpropan 520
Trifluoressigsäureanhydrid, Kondensationsmittel zur Veresterung 596
Trifluormethylsulfonyloxy-Gruppe (Abgangsgruppe bei S_N) 450
Trifluorperoxyessigsäure, Oxidationsmittel für Amine 778
– Oxidationsmittel für C=C 771
1-Trifluor-2-propen, HCl-Addition 520
Triformylcyclopentadien 140
Trihexylmethylammoniumchlorid 379
Trikresylphosphat 186, 1004
Trimethylaluminium 672, 1064, 1066
Trimethylamin 209, 213
– pK_b 405
2,4,6-Trimethylbenzoesäureester, Verseifung 597
2,2,6-Trimethylbicyclo[4.4.0]dekan, Synthese 852
4,4,2-Trimethyl-2-tert. butyl-valeriansäure, pK_s 400
– pK_s-Wert 400
Trimethylcarbinol 180
2,2,4-Trimethyl-1,6-diaminohexan 1020
Trimethylessigsäure 270
Trimethylessigsäureester, Verseifung 597
2,3,6-Trimethyl-*D*-Glucose 959
2,3,5-Trimethylheptan 172
2,4,6-Trimethylnitrobenzen (sterische Mesomeriehinderung) 394
2,2,4-Trimethylpentan 83, 533
2,2,4-Trimethyl-2-penten 532
2,4,4-Trimethyl-2-penten 532
Trimethylsilanol 1021
Trimethylsiliciumchlorid 674
2,4,6-Trinitrochlorbenzen 724
Trinitrotoluen 706
Trioktylphosphat 1004
Trioxan 266, 622
Tripeldecker-Sandwich-Verbindungen 1073
Tripeptid 968
Triphenylamin 209
Triphenylcarbenium-Ion 365
Triphenylcarbinol 179
1,1,1-Triphenylethyltosylat 381
Triphenylmethan 152
– Acidität 403
Triphenylmethanfarbstoffe 1041
Triphenylmethangerüst, Aufbau 1041
Triphenylmethyl-Anion 1064
Triphenylmethyl-Radikal 737
Triphosphinrhodium-Komplex 1068
Triplett-Carben 366, 498
Triplettcode 996
Triplett-Zustand 363, 366, 1052, 1054, 1055, 1059, 1060, 1061
Triptycen 382, 729
Tristearin 899
Triterpene 912
Tritium (für Tracer-Experimente) 383
Tritylradikal 153

Trivialname 31
Trivialnamen 168
Trockenspiritus 266
Trogamid T 1020
Trögersche Base 238
Trolitul 1011
Tropan 892
Tropanalkaloide 892, 893
Tropanring, Aufbau 892
Tropasäure 631, 893
Tropiliden 149
Tropin-Alkaloide 631
Tropinon 631
Tropolon 141
Tropon 141, 884
Tropyliumion 141
– im MS von Toluen 331
– in Sandwich-Verbindungen 1075
Trotyl 706
Truxillsäuren 556
Truxinsäuren 556
Tryptophan 289, 867
Tschitschibabin-Reaktion 721
Tschugaew-Reaktion 495, 496
Türkischrot 1028
Twistan 97
Twist-Form 91
Tyrosin 289, 966

Übergang, strahlungsloser 1053
Übergangsmetalle, Alken-Komplexe 1067–1073
– – katalytische Wirkung 1068–1073
Übergangsmetall-organische Verbindungen 1067–1076
Übergangszustand 363, 370–380
– antiaromatischer 546
– aromatischer 546
– Theorie des 370
– zyklischer 493–495, 545
Übersichtsartikel 1090
Uhu 1014
Ulich 356
Ultrapas 1018
Ultraviolett 46
Ultrazentrifuge 1000
Umesterung 601
Umkehrung, Waldensche 246
Umklappen (Cyclohexanring) 92
Umkristallisieren 36
Umlagerung 34
– Alkane 827, 828
– Allgemeines 814–818
– Baeyer-Villiger- 832
– Benzidin- 839
– Benzilsäure- 828
– Bornyl- und Isobornylchlorid 821
– Claisen 577
– Cope 575
– Demjanow- 824
– Favorski- 834–836
– Fries- 837
– Hofmann-, Curtius-, Schmidt- 837
– α-Ketol 827
– Mc Lafferty- (MS) 333
– als Nebenreaktion zur Elimination 491
– als Nebenreaktion zu S_N 450
– Pinakol- 823–826
– Pinen 820, 821
– Radikale 759
– Stevens- 833
– Wagner-Meerwein 574
– Wittig- 834
Umlagerungen 814–840
– bei Acylverbindungen 830
– anionotrope 814–818

– – Mechanismen 815–818
– Aufklärung durch Kreuzungsexperimente 383
– an bizyklischen Systemen 820,
821
– bei Carbeniumion-Reaktionen
464
– von Carbeniumionen 818–827
– bei der Diazotierung primärer
aliphatischer Amine 466
– bei Fragmentierungen (MS)
331
– an Hydroperoxiden 837
– intermolekulare 837
– kationotrope 815, 833–836
– Phenolderivate 837
– prototrope 815
– Wagner-Meerwein- 819–822
– Wanderung zu C-Atomen
818–827
– Wanderungen von Halogen-,
O-, S- oder N-Atomen 829,
830
Umpolung 620
Umwandlung, innere 1053
Undekan 67
ungesättigte funktionelle Gruppen
(Tabelle) 253
Unschärfebeziehung 3
Unterniveau 3
Uracil 886, 988
Urease 295, 983
Urethan 294
Urethane 623
Urginea maritima 925
Urotropin 262, 628
UV-Spektren, Inkremente (Ta-
belle) 300
UV-Spektroskopie 298–301
UV-Spektrum, Aussagen (Struk-
turaufklärung) 335
– Benzen 157
– Berechnung aus Inkrementen
299
– Butanon 49
– Butenon 49
– Ethylmethylketon 49
– Methylvinylketon 49

v. Hofmann 1028
Vakuumdestillation 35
Valenzisomerie 149
– Barbaralan 577
– Cycloheptatrien/Bicyclo-
[4.1.0]hepta-2,4-dien 553
– 3,4-Homotropiliden/Bicy-
clo[5.1.0]okta-2,5-dien 576
– Hypostrophen 577
– Semibullvalen 577
Valenztautomerie 577
Valeraldehyd 255
n-Valeramid 280
n-Valeriansäure 270
n-Valerylchlorid 279
Valin 289, 966
van der Waals-Abstoßung 70
van der Waals-Kräfte 40
van Tamelen 895
van t'Hoff 223, 251
Vanillin 195, 254, 255, 949
Vanillin-*β*-*D*-glucosid 949
Vasopressin 968
VB-Modell, Benzen 134
VB-Verfahren 13, 16
Veilchenriechstoffe 912
Verbindungen, aromatische 159
– – Reaktionen 159
– bizyklische 820, 821
– – Umlagerungen 820, 821
– – C–H-acide 403, 461, 596,
640–656

– – Acylierung 596
– – Addition an C=O 640–656
– – Addition an C=O, Mechanis-
mus 642
– – Addition an C=O (Tabelle)
641
– – Alkylierung 461
– – p*K*ₛ-Werte (Tabelle) 403
– heterozyklische 855, 856
– – Nomenklatur 855, 856
– – Trivialnamen (Tabelle) 856
– metallorganische 634–636,
672–675, 1064–1067
– – Addition an C=O 634–636
– – Allgemeines 1064
– – Beispiele 1065–1067
– – Beispiele (Tabelle) 1066
– – Herstellung 674
– – Herstellungsmethoden (Tabelle) 1065
– – Reaktionen 672–675
– organische (Reindarstellung) 34
– silicium-organische 1021
– stickstoffhaltige 208–219
– ungesättigte 506, 556
– – Dimerisierung durch Licht
556
– – Nachweis 506
– – α, β-ungesättigte 749, 776, 788
– – durch Allylbromierung 749
– – durch Dehydrierung 776
– – durch Kupplung von Vinyl-
verbindungen 788
Verbindungen mit aktiven Methylengruppen (Tabelle) 461
Verbindungen mit mehreren asymmetrisch substituierten C-Atomen 229
Verbrennung 758
Verbrennungsanalyse 55
Verbrennungswärmen (Cycloalkane) 95
Verdichtungsverhältnis (Benzinmotor) 83
Verdünnungsprinzip (zum Ringschluß) 99
Veresterung 185
– Carbonsäuren 593–600
– mit Kondensationsmitteln 596
– säurekatalysierte 596
vergällen 191
Vergällung (Ethanol) 191
Vergleich, optischer 229
Verschiebung, chemische (NMR)
52, 308, 309
– chemische (Tabelle) 314
– chemische und Elektronegativität 320, 321
– sigmatrope 545
[1,5]-Verschiebung, antarafaciale
571
– suprafaciale 571
1,2-Verschiebung, zu O-Atom 832
Verschiebungen, sigmatrope
570–579
– – Auswahlregeln 571
– – Beispiele 572
– – von Alkylgruppen 574
[1, j]-Verschiebung 572, 573
1,2-Verschiebungen 814
Verseifung 185
– Benzylester 599
– tert. Butylester 599
– Carbonsäureester 593–600
– Ester mit starker sterischer Hinderung 597
– Ester tertiärer Alkohole 599
– Mechanismen (Zusammenfassung) 600
– säurekatalysierte 595
– sterische Hinderung 595
Verseifungszahl 901

Verspinnen (Nylon) 1019
Verteilung (Gemisch zwischen
zwei Phasen) 36
Verteilungskoeffizient 36
Vestan 1018, 1019
Vestyron 1011
Vetivazulen 907
Vetiveröl 911
Vetivon 911
vic- 169
Vierzentren-Übergangszustand
(Hydroborierung) 528
Vilsmeier-Reaktion 703
Vinidur 1012
Vinyl- 171
Vinylacetat 523
trans-Vinylacrylsäure 562
Vinylalkohol 125, 419
N-Vinylcarbazol 869
Vinyl-C-Atome, Substitutionen
608
Vinylchlorid 120, 517
– Dipolmoment 393
Vinylchlorid (+M-Effekt) 393
Vinylcyclopropan 149
Vinylessigsäure, p*K*ₛ 398
Vinylether 196, 523, 539
Vinylhalogenide, Kupplung 788
Vinylidenfluorid 1014
Vinylite 1012
vinylog 267, 643, 655
Vinylprotonen, Kopplungskon-
stante 322
Vinylprotonen (*cis* und *trans*),
NMR-Spektrum 322
2-Vinylpyridin 882
Viscoseseide 961
VIS-Spektren 50
Vitamin A 120, 912
– Synthese 913
Vitamin B₁ 873
Vitamin B₂ 889, 917
Vitamin B₆ 882
Vitamin B₁₂ 872
Vitamin C 950, 952
Vitamin D₂ 572
Vitamin D₃ 918
Vitamine 985
Viton 1014
Vogel 144, 526
vorgelagertes Gleichgewicht 366
Vulkanisation 1013, 1015
Vulkollan 1018, 1023

Wachse 278, 899, 905
Wacker-Prozeß 266, 521
Wagner-Meerwein-Umlagerung
574, 819, 822
– Beispiele 819
– bei Eliminationen 517
– bei Friedel-Crafts-Reaktionen
696
– Nebenreaktion bei S_N an Alko-
holen
– Leichtigkeit der Wanderung ver-
schiedener Gruppen 820
– Ringverengerung und -erweite-
rung 822
– Stereochemie 820
Wahrscheinlichkeitsdichte 7
Waldensche Umkehr 246, 430
– Reaktionsbeispiel 431
Waldmeister 884
Walöl 900
Walrat 905
Wannenform 90
Warfarin 884
Waschmittel, synthetische 904
– Wirkung 903
Waschvorgang 903
Wasser, Addition an Alkene 521

– Addition an Alkine 523,
– Addition an Carbonylgruppe 617, 618
– nivellierender Effekt (für Acidität) 396
Wasserdampfdestillation 35
Wasserstoffatom 6
Wasserstoffatome, aktive 81
Wasserstoffbrücke 41
Wasserstoffbrücken, Alkohole 181
– Alkohole (IR-Spektrum) 181
– Carbonsäuren 269
– in der Faltblattstruktur 980
– in der α-Helix 981
– intramolekulare 181, 193, 288, 402, 416
– intramolekulare (IR-Spektrum) 181
– in Nucleinsäuren 989
Wasserstoffbrücken und NMR-Spektrum 181
Wasserstoffmolekül 12
– Energieniveauschema 15
Wasserstoffperoxid, Oxidationsmittel für Amine 778
[1, j]-Wasserstoff-Verschiebung 572
Watson 989
Watson-Crick-Modell (DNS) 989, 990, 992
Weichmacher 186, 1004, 1013
Weingeist 191
(+)-Weinsäure 285, 286
meso-Weinsäure 285, 286
Weinsäuren, Eigenschaften (Tabelle) 286
– Konfigurationszuordnung 286
Wellenfunktion 5
Wellenzahl 47
Wetter, schlagende 83
Wieland 908, 916
Wilkinson 1068
Wilkinson-Katalysator 1068
– mit chiralen Liganden 1070
Williamson-Synthese 196, 456
Willstätter 137
Windaus 908, 914, 916
Winstein 438
Wirkstoffe, herzaktive 924
Wirkung, dirigierende 684–687
– – von Substituenten (S_E an Aromaten) 684–687
– dirigierende (Heteroatom) 864, 866

– reinigende (Detergentien) 902, 903
Wirkungsspezifität 984
Witt 1029
Wittig-Horner-Reaktion 637
Wittig-Reaktion 637
– Beispiele 638
– Mechanismus 638
Wittig-Umlagerung 834
Wöhler 1, 295
Wolff-Kishner-Reduktion 160, 795, 796
Wolff-Umlagerung 828
Wolle 981
Woodward 481, 546, 562, 701, 871, 872, 896, 918, 919, 1083
Wursters Kation 739
Wurtz-Fittig-Reaktion 80, 82, 673

Xanthin 888
Xanthogensäureester, Elimination 495, 496
Xanthophylle 914
Xenondifluorid (als Fluorierungsmittel) 711
Xylan 959, 960
m-Xylen 161
– IR-Spektrum 158
o-Xylen 161
– IR-Spektrum 157
p-Xylen 161
– IR-Spektrum 158
– NMR-Spektrum 146
(+)-Xylose 937

Ylid 496
Ylide, Addition an C=O 637–640

Zahlenmittel-Molekülmasse 999
Zeise 1067
Zeisel 465
Zeitgesetz 359
– Reaktion erster Ordnung 359
– Reaktion zweiter Ordnung 359
Zeitschriften, Abkürzungen (Tabelle) 1089, 1090
Zellwand, pflanzliche 959
Zentralblatt, chemisches 1088
Zerewitinow-Bestimmung 82, 634

Zersetzungstemperatur 1003
Ziegler 99
Ziegler-Katalysator 1008
Ziegler-Polymerisation 1008, 1009
Ziegler-Reaktion 723
Zimmerman 546
Zimtaldehyd 254, 255
– IR-Spektrum 350
Zimtsäure 651
– Reaktivität bei S_E 686
Zingiberen 911
Zinkorganische Verbindungen 1066
Zirkulardichroismus 46
Zonenschmelzen 36
Zucker 933
– Abbau der C-Kette 947
– Aufbau der C-Kette 934, 947
– Halbacetale 620, 621
– Identifizierung 945
Zuckeralkohole 950
Zuckerkrankheit 267
Zuckerrohr 956
Zuckerrüben 956
Zustand, angeregter 1052
– – Energiekurven (zweiatomiges Molekül) 1052
– angeregter (Atom) 2
– angeregter (Molekül) 50
– aromatischer 136
– – Kriterien 136
– stationärer 367
Zweitsubstitution (Benzenring), Orientierung 682–689
Zwischenstoff 364
– Modell für aktivierten Komplex 407
Zwischenstoffe, Abfangen 382
Zwischenverbindung 364
Zwitterion 290, 496
Zyklisierung, Alkine 126
– durch Acyloin-Kondensation 606
– durch Decarboxylierung 606
– durch Dieckmann-Kondensation 604
– durch intramolekulare Aldoladdition 648
Zyklisierungen, photochemische 1060, 1061
Zyklisierungsreaktionen, Ausbeute 99
Zyklisierungsreaktionen (Tabelle) 98

Syntheseregister

enthält Hinweise auf die im Lehrbuchtext angegebenen Reaktionen zur Bildung oder Synthese von Stoffgruppen und Einzelstoffen

Acetaldehyd 125
– technisch 266, 521, 1072
Acetale 523, 618
Acetanhydrid (technisch) 623
Acetessigester 288, 603
– alkylierte 453, 459, 460
Acetessigester (technisch) 623
Aceton (technisch) 195, 758
Acetylen (technisch) 127
Acetylendicarbonsäure 486
N-Acetylphenylalanin 1071
Acrolein 267, 646
Acrylnitril 516
Acrylsäure 276
Acylcyanide 592
Acylhalogenide 590
Acyloin 605
Adamantan 828
Adipinsäure 281, 767, 774, 785, 1019
Aldehyd-Ammoniake 627
Aldehyde 264
– aus Alkenen (Hydroborierung) 530
– – (Hydroformylierung) 527
– – (Oxythallierung) 789
– aus primären Alkoholen 779–782
– aus Alkylhalogeniden 776
– aromatische 264, 455, 702–704, 769, 805
– aus Benzylhalogeniden 776
– aus Carbonsäurederivaten 804–806
– durch Dehydrierung 780
– Glycidestersynthese (Kettenverlängerung) 495, 653
– aus Halogeniden durch Oxidation 776, 777
– α-halogenierte 667
– aus Ketonen (Isomerisierung) 826
– aus Nitrilen 806
– aus Säurechloriden 805
– Tabelle 265
– α, β-ungesättigte 641, 645, 650, 651, 783
Aldol 262, 643
Aldoxime 778
Alkane (aus Alkenen 80, 536
– aus Alkylhalogeniden 80
– alkylierte 532
– aus Carbonsäuren (Kolbe-Synthese) 80, 759
– durch Kupplungsreaktion 80, 459
– Wurtz-Fittig 673
Alkene 470–496
– aus Alkenen (Metathese) 110
– aus Alkinen 112
– aus Alkoholen 491
– aus Alkylhalogeniden 471–473, 477–481
– aus Aminen (Cope-Elimination) 497
– – (erschöpfende Methylierung) 492
– aus Carbonsäureestern (Pyrolyse) 493, 494
– aus Carbonylverbindungen (Wittig) 637
– aus vic-Dihalogeniden und Iodid 455
– aus vic-Dihalogeniden und Zink 569

– aus Glykolen 492
– technisch 111
– aus Xanthogenaten (Pyrolyse) 495, 496
cis-Alkene 493, 494, 496, 497
trans-Alkene 112, 792
Alkine 126
– aus vic-Dihalogeniden 490
– durch Glaser-Kupplung 787
– durch S_N-Reaktion 453
Alkinole 125
Alkohole 188–190
– aus primären aliphatischen Aminen 466
– aus Alkenen durch Addition von Wasser 521
– – durch Alfol-Prozeß 189
– – durch Hydroborierung 528, 529
– – durch Oxosynthese 189, 527
– – durch Oxymerkurierung 524
– – durch Wacker-Prozeß 521
– aus Carbonsäuren und ihren Derivaten 802–804
– durch Grignard-Reaktion 189, 634
– aus Organoboranen und Kohlenmonoxid 530
– durch Reduktion von Carbonylverbindungen 797–802
– durch S_N-Reaktionen 453–455
– Tabelle 190
Alkylaromaten 160, 694–697, 795, 796
Alkylbenzene 794
– geradkettige 696
Alkylfluoride 454
Alkylhalogenide, aus Alkenen (Hydroborierung) 529
– aus Alkoholen 462, 464
Alkyliodide 454
Alkylnitrite 217, 441
Alkylquecksilberverbindungen 1066
Alkylsulfochloride 77
Allene 569
Allylalkohol 454
Allylchlorid 110
Allylhalogenide 748, 749
o-Allylphenole 577
Ameisensäure 275
Amide, aus Ammoniumsalzen 273
– monoalkylierte 657
– aus Nitrilen 656
– aus Säurechloriden 606
– substituierte 591
Amidonaphtholbraun G 1037
Amine 457
– aus Alkenen (Hydroborierung) 529
– aus Carbonsäureamiden (Abbau) 502
– aus Carbonylverbindungen 629, 800
– aus Halogeniden 457
– aus Nitroverbindungen 808
– aus Oximen 809
– primäre 458
– durch Reduktion mit LiAlH₄ 798, 803, 810
– aus Säurehalogeniden (Arndt-Eistert) 501
– durch S_N 453, 457
– sekundäre 458
– Tabelle 212

– tertiäre 458
Aminoalkohole 465
m-Aminoanisol 728
o-Aminobenzaldehyd 714
p-Aminobenzoesäure 714
2-Aminobutan 213
Aminoethanol 199
α-Aminoketone 860
p-Aminophenole 838
2-Aminopyridin 721, 722
Aminosäuren 290, 625, 652
Aminoxide 779
Ammoniumhydroxide, quartäre 458
Ammoniumsalze, quartäre 458
Angelicasäure 665
Anilin 210, 808
Anilinharze 701
[18]-Annulen 788
Anthrachinon 1040
Antipyrin 875
Aromaten, alkylierte 160, 694, 795, 796
– fluorierte 527
– iodierte 527
– seitenkettenhalogenierte 162, 747
– technisch (Dehydrierung) 775
Arylcyanide (Sandmeyer) 751
Arylessigsäuremethylester 789
Arylhalogenide (Sandmeyer) 751
Aryllithiumverbindungen 673
Arylquecksilberverbindungen 1066
L-Ascorbinsäure 952
Astraphloxin 1044
Azide 453
Azobenzen 807
Azofarbstoffe 1037
Azoverbindungen 708
Azoxybenzen 806

Barbiturate 295, 607
Barbitursäuren, substituierte 460
Benzalaceton 262, 647
Benzalchlorid 747
Benzaldehyd 267, 455
1,2-Benzanthracen 699
Benzenderivate, seitenkettenhalogenierte 695
Benzene, polysubstituierte 689, 690
Benzen-m-disulfonsäure 712
Benzensulfochlorid 713
Benzensulfonsäure 712
cis-Benzentrioxid 526
Benzidin 807, 839
Benzilsäure 828
Benzoesäure 277
Benzoin 654
Benzotriazol 709
Benzotrichlorid 747
Benzoylchlorid 590
Benzpinakol 739
Benzpinakol (photolytisch) 1059
Benzylalkohol 190, 454, 700
Benzylchlorcarbonat 590
Benzylchlorid 700, 747
Benzylhalogenide 700
Benzvalen 151
Bernsteinsäure 281
Betain 638
Bicyclobutan 569
Bicyclobutanderivate 570
Bicyclopropyl 569

Biphenylderivate, unsymmetrische 752
Biphenylen 382
Bisphenole 701, 1019
Blei(IV)-acetat 784
Bleitetraethyl 672
9-Borabicyclo[3.3.1]nonan 529
Bornylchlorid 820
Brenztraubensäure 288
p-Bromacetophenon 698
Bromide, sekundäre und tertiäre 752
m-Bromnitrobenzen 711
Bromoform 668
3-Brompyridin 711
Bullvalen 151
1,3-Butadien 549
– technisch 120
2,3-Butandion 768
n-Butanol, aus Furan 862
Butanon 267
cis-2-Buten 490
trans-2-Buten 490
2-Buten (cis und trans) 485
2-Butin-1,4-diol 125, 626
2-Butylpyridin 723

Calciferol 572
Camphen 821
Campher 911
Caprolactam 632
Carbazol 869
Carbene, substituierte 498
Carbobenzoxylchlorid 590
Carbonsäureamide, siehe Amide
Carbonsäureester, siehe auch Ester 278
Carbonsäuren, aus Alkanen 767
– aus Alkenen (Hydrocarboxylierung) 527
– aus Alkinen 789
– aus primären Alkoholen 779–782
– α-alkylierte 460
– aromatische 162, 769
– disubstituierte 669
– durch Grignard-Reaktion 634
– α-halogenierte 667, 668
– aus Ketenen 622
– durch Malonestersynthese 460
– aus Nitrilen 656
– aus Säurehalogeniden (Arndt-Eistert) 501
– Tabelle 274
– α, β-ungesättigte 636, 641, 650, 651
Carbonylverbindungen, siehe auch Aldehyde, Ketone 264, 265
– alkylierte 448, 459, 460, 531
– aus gem-Dihalogenverbindungen 455
– aus Iminen 656, 657
– aus Nitrilen (Grignard) 658
– aus Nitroverbindungen (Nef) 217
– Tabelle 265
– α, β-ungesättigte 262, 541, 631, 640–656
– – durch Addition von C–H-aciden Verbindungen an C=O 640–656
– – – Tabelle 641
– – durch Aldoladdition 644
– – durch Mannich-Reaktion 631
– – durch Knoevenagel-Reaktion 651
β-Carotin 639
Chinolin, Oxidation 880
Chinolinderivate 628, 701
Chinone 778, 784
Chinoniminfarbstoffe 1045

Chloral (technisch) 782
Chlorameisensäureester 590
Chloranil 775
Chlordifluormethan 1013
Chlorformamide 591
Chlorkohlensäureester 294
Chlormethylmethylether 456
m-Chlornitrobenzen 713
Chloroform 668
3-Chlor-1-propen 110
β-Chlorpropionsäure 519, 520
Cholesterol 919–922
Cibacronrot 1039
Citral 909
Coniin 890
β-Corticotropin 976, 977
Cortisol (aus Diosgenin) 927
Crotonaldehyd 267
Cumarin 884
Cumarinderivate 702
Cumolhydroperoxid 831
Cuskhygrin 631
α-Cyanester 605
Cyanhydrine 284, 624
4-Cyanocyclohexen 115
Cyanurchlorid 887
Cyanwasserstoff 297
Cycloalkane (Tabelle) 98
Cyclobutanderivate 834
Cyclobutanone, aus Ketenen 557
Cycloheptanon 824
Cycloheptatrien 570
1,3-Cyclohexadien 549, 749
1,3-Cyclohexandion 416
Cyclohexanon 774, 793
Cyclohexanonoxim (technisch) 1020
1,2,3-Cyclohexantriol 781
Cyclohexen 489
1-Cyclohexen-1-carbonsäureester 494
2-Cyclohexen-1-carbonsäureester 494
Cyclohexenone 523, 793
Cyclooktatetraen (technisch) 126
Cyclopentadien, Reaktion mit Carbonylverbindungen 650
Cyclopentanderivate 834
Cyclopentenone 523
Cyclopentylessigsäureester 532
Cyclopropanderivate 834
Cyclopropane 564, 569
Cyclopropanone 569
Cyclopropanringe 499
Cyclopropenylium-Ion 142

DDT 700
Dehydrobenzen 729
Dekalin 792
Diacetonalkohol 360, 643
Diacetyl 768
Δ^1-Dialin 793
Δ^2-Dialin 793
Dialkylaminocarbonylverbindungen 630
N,N'-Dialkylcarbodiimide 975
Dialkylketone 530
Dialkylsulfat 522
1,6-Diaminohexan 1019
Diarylketone 704
Diazoaminoverbindungen 709
Diazoessigester 219
Diazoketone 501
Diazomethan 219
Diazoniumsalze 218, 670, 708
Dibenzalaceton 647
Dibrombernsteinsäuren 507
trans-Dibromcyclohexan 507
2,4-Dibromphenol 711
3,5-Dibrompyridin 711
Dicarbonsäuren 785

α-Dicarbonylverbindungen 768, 859
β-Dicarbonylverbindungen 592
1,4-Dicarbonylverbindungen 859
1,5-Dicarbonylverbindungen 880
1,3-Dichlorbutan 768
1,4-Dichlorbutan 1019
Dichlorcarben 497
Dichlordiphenyltrichlorethan 700
2,3-Dichlor-1-propanol 516
1,3-Diene 788
Diethylenglykol 199
Diethylether 463
gem-Dihalogenverbindungen 261
Dihydrophenanthren (photolytisch) 1061
2,4-Dihydroxy-6-aminopyrimidin 887
2,7-Dihydroxy-3,5-oktadiin 787
α-Diketone (photolytisch) 1058
β-Diketone 592, 604
Diketopiperazin 608
Dimedon 604
Dimethylamin 213
Dimethylaminoantipyrin 875
2,3-Dimethyl-2-chlorbutan 517
3,3-Dimethyl-2-chlorbutan 517
5,5-Dimethyl-1,3-cyclohexadien 604
Dimethylcyclohexadiene 550
2,2-Dimethylcyclohexanon 824
2,5-Dimethylpyrrol 859
3,5-Dinitroanisol 726
2,6-Dinitrobenzonitril 723
2,5-Dinitrobrombenzen 711
2,3-Dinitro-4-bromtoluen 690
2,5-Dinitrofuran 864
2,4-Dinitrophenylhydrazin 724
Dioxan 198, 463
Diphenylacetaldehyd 823
Diphenylmethan 152
1,3-Diphenyl-3-methyl-2-propen-1-on 644
1,2-Diphenyl-1-propanon 825
1,2-Diphenyl-1-propen 483
Direkttiefschwarz EW 1039
Dypnon 644

Enamine 542, 628
Epichlorhydrin 516
Epoxide 198, 455, 525, 771
– über Schwefel-Ylide 639
Epoxidharze 1027
Essigester (technisch) 801
Essigsäure 276
Essigsäuren, disubstituierte 460
Ester, durch Addition von Carbonsäuren an Alkene 522
– alkylierte 453, 461, 531
– aus Carbonsäuren 596
– aus Ketenen 622
– aus Ketonen (Baeyer-Villiger-Oxidation) 785
– aus Ketonen (Baeyer-Villiger-Umlagerung) 832
– durch S_N 453, 457
– aus Säurechloriden 589
– – (Arndt-Eistert) 501
– sterisch gehinderter Säuren 598
Ethanol 191
Ethen (technisch) 113
Ether 196, 522
– aus Aldehyden und Ketonen 619
– aus Alkenen 522
– durch S_N 453, 456, 457
– tertiäre 457
Ethylacetat (technisch) 766
Ethylanilin 213
Ethylbenzen (technisch) 695
Ethylenchlorhydrin 199, 516
Ethylencyanhydrin 516

Ethylenoxid 198, 516
Ethylenoxid (technisch) 525
Ethylether 198
Ethylglyoxal 768
Ethylmethylketon 267
— technisch 766

Fettalkohole (technisch) 802
Fettsäuren 276
Flavonolringsystem 885
Fluoraromaten 711, 727
Fluorderivate von Methan 86
Fluorenon 752
Fluorescein 10, 42
Folsäure 889, 890
Formaldehyd (technisch) 266
Formaldehydharze 1017
Formamide, substituierte 657, 658
Fulvene 651
Fünfringe (Heterozyklen) 564
Furan (technisch) 857, 858
Furan-2-carbonsäure 863
Furane, substituierte 858
Furfural 857

Geraniol 909
D.L-Glucose 951
Glutacondialdehyd, zur Pyridin-
synthese 880
Glycerol 516
— technisch 192
Glycidester 525, 653
Glykol 192
cis-Glykole 538, 771, 772
trans-Glykole 525, 771, 772
vic-Glykole, aus Ketonen 739
Glykoside 946, 949
Glyoxylsäure 287

Halbester 591
Halogenaromaten 710, 711
α-Halogenether 619
Halogenhydrine 516
Halogenide, ungesättigte 490
Halogenide (durch S_N) 453, 454
Harnstoff 294, 295
— substituierter 623, 624
Hexachlorcyclohexan 754
trans, trans-2,4-Hexadien 549
Hexamethylethan 675
Hexamethylentetramin 262
1-Hexanol 529
2-Hexanol 524
Hydrazide 591
Hydrazobenzen 807
Hydrazone 632, 671
Hydrazoverbindungen 810
Hydroxamsäuren 591
α-Hydroxyaldehyde 768
— durch Oxidation von Epoxiden
776
p-Hydroxyazobenzen 218
m-Hydroxybenzoesäure 715
p-Hydroxybenzoesäure 715
Hydroxybenzoesäuren 715
β-Hydroxyester 636
1-(2-Hydroxyethyl-)cyclohexen 793
β-Hydroxycarbonylverbindungen
541
α-Hydroxyaldehyde 768
α-Hydroxyketone 768
o- und *p*-Hydroxyketone 837
Hydroxymethylenketone 604
α-Hydroxynitrile 465, 624
α-Hydroxypropionaldehyd 646
2-Hydroxypyridin 723
α-Hydroxysäuren 284, 624
β-Hydroxysäuren 284, 636
Hygrin 631

Imidazolring 876
Imide 591
Imine 628
Indigo 868, 869
Indol 867
Indolderivate 867
Iodaromaten 727
Iodbenzendichlorid 790
Iodoform 668
Iodoniumhydroxide 789
Iodosobenzen 790
Iodoxybenzen 790
α- und β-Ionon 533
Isochinolinderivate 701
Isocyanate 294, 591
Isonitrile 297
Isooktan 533
Isopren, aus Formaldehyd und
Isobuten 534
— aus Propylen 120
— (Weizmann) 626
Isotetralin 793
Isothiocyanate 591

Kautschuk 1016
Ketale 618
Keten 280
Keten (technisch) 492
Ketene 280, 828
— aus Carbonsäuren 492
— aus Säurechloriden 490
β-Ketoaldehyde 592
β-Ketoalkohole 466
Ketocarbonsäuren 287
β-Ketoester 287, 592, 602
β-Ketoether 467
Ketone, aus Acetessigesterderivaten 460
— aus Acylhalogeniden 592
— aus Aldehyden (Umpolung)
619
— aus sekundären Alkoholen
782
— aus Alkylhalogeniden 776
— alkylierte 453, 460, 461, 531
— aromatische 698
— aus Carbonsäuren 606
— aus Estern 636
— Glycidestersynthese 495
— α-halogenierte 667
— aus Organoboranen und Kohlenmonoxid 530
— aus sekundären Alkoholen
782
— durch Oxythallierung 789
— α-substituierte 629
— α, β-ungesättigte 641, 645,
647, 650, 651, 670, 783
β-Ketonitrile 604
α-Ketosäuren 287, 592, 603
β-Ketosäuren 592, 658
γ-Ketosäuren 565
Kohlensäureester 590
Kohlensuboxid 283
Kohlenwasserstoffe, aliphatisch-
aromatische 160
Konjugiert-ungesättigte Systeme
749
Kronenether 200

Lactame 607
Lactone 607, 832
γ- und δ-Lactone 522
Lävulinsäure 946
Lithiumorganyle 673, 1065

Malachitgrün 1041
Maleinsäure 281
Maleinsäureanhydrid (technisch)
771

Malonester, alkylierte 453, 459,
460
— monosubstituierte 603
Malonsäure 281
Mannich-Base 630
Melamin 887
2-Menthen 482
3-Menthen 482
Merkaptane 205
Metaldehyd 622
Metallorganyle 673—675
— Tabelle 1065
Methacrylsäure 276
Methanol (technisch) 191
Methylacetat, technisch 766
p-Methylacetophenon 698
Methylalkylketone 648
Methylamin 213
Methylamine 458
6-Methylbicyclo[4.4.0]dekan-3-ol
850
6-Methylbicyclo[4.4.0]dekan-3-on
851
3-Methyl-1-butin-3-ol 125
2-Methyl-2-brombutan 748
2-Methyl-1-chlor-2-propen 516
1-Methyl-1-cyclobutanol 634
1-Methylcyclohexanol 524
2-Methylcyclohexanol 848
2-Methylcyclohexansäure 847
1-Methylcyclohexen 848
Methylen (photolytisch) 498,
1058
Methylester von Carbonsäuren
466
Methylether 456, 466
Methylketone 523
Monoalkylsulfat 522
Monoalkylsulfonamide 458

Naphthalen-1-aldehyd 702
Naphthalen-α-sulfonsäure 691
Naphthochinon 771
Neopentylchlorid 76
Neopentyliodid 675
Nicotin 891
Nicotinsäure 880
o-Nitranilin 725
Nitrile 296, 297, 779
— alkylierte 453, 461
— durch S_N 453, 459
Nitrite 441, 447, 448, 459
o- und *p*-Nitracetanilid 707
Nitroalkane 441, 750
Nitroaromaten 705, 706
p-Nitrobenzaldehyd 714
m-Nitrobenzensulfonsäure 712
3-Nitrodimethylanilin 707
Nitromethan 676
o- und *p*-Nitrophenol 707, 719
o-Nitrophenol 725
m- und *p*-Nitro-*n*-propylbenzen
715
Nitrosamine 708
Nitrosoaromaten 706—708
Nitrosobenzen 807
Nitrosoverbindungen 669, 768,
778
Nitrotoluene 714
Nitroverbindungen 217, 705, 706
— durch S_N 447, 448, 459
Nylon 1019

Oestradiol (Totalsynthese) 928
trans-2,6-Oktadien 576
Δ^1-Oktalin 793
Δ^9-Oktalin 793
cis-2-Okten 849
5-Oktin-2-ol 849
Osazone 944

Oxaphosphetan 638
Oxime 632, 669, 768, 808

Paraldehyd 622
Parathion 186
Pentaerythritol 646
Peptide 973–978
Perlon 1020
Phenanthren 697, 752
– aus *cis*-Stilben 1061
Phenobarbital 460
Phenol (aus Chlorbenzen) 724
Phenol (technisch) 194, 195, 724
Phenol-2,4-disulfonsäure 712
Phenole 195
Phenole (Alkalischmelze) 725
Phenole (Phenolverkochung) 726
Phenolester 590, 698
Phenolether 456, 724
– aus Brombenzen 724
Phenolharze 701, 1017
Phenylacetat 833
2*R*, 3*S*-3-Phenyl-2-butanol 799
Phenylchloroiodoniumchlorid 790
Phenylethylbarbitursäure 460
Phenylhydrazin 808
Phenylhydroxylamin 806
Phenylmalonester 731
1-Phenyl-2-methyl-1-buten-3-on 647
1-Phenyl-1-penten-3-on 647
3-Phenyl-1-propanol 798
2-Phenylpyridin 723
α-Phenylzimtsäuren 649
Phosgen 294
Phosphonate 637, 638
Phosphorsäureester 186
Phthalocyanine 1042
Phthalsäure 281
Phthalsäureanhydrid 771
Pikrinsäure 707
Pinakole 802
Pinakolon 823
Polycarbonate 1019
Polyesterharze 1017
Polyethenterephthalat 1019
Polyethylen 1012
Polyimide 1025
Polymerisate 1006–1009
Polyurethane 1023
Polyvinylchlorid 1013
Progesteron 926
Propargylalkohol 626
Propionaldehyd 1072
Pseudoionon 647
Pteridine 889
Purinringsystem 889
Pyrazolone 875
Pyrazolring 875
Pyridinring 880, 881
Pyridinsulfonsäure 712
Pyridone 879
Pyrimidinring 887
Pyrrol 858
Pyrrole, substituierte 858, 860, 861
Pyrrolidin 862
Pyryliumperchlorat 883

Salicylsäure 715
Salpetersäureester 186
Sandwich-Verbindungen 674
Säureamide 280
– aus Säurechloriden (Arndt-Eistert) 501
– substituierte 591
Säureanhydride 278, 592
Säurehalogenide 590
Schiffsche Basen 628
Schwefelsäureester 186
Schwefel-Ylide 639
Semicarbazid 296
Semicarbazone 632
Semichinone 739
Silanole 1021
Silicone 1021
Siloxane 1021
Spiropentan 569
Steroide (technisch) 926, 927
Stilbazol 882
trans-Stilben 786
Stoffe, hochmolekulare 1001
Styren (technisch) 775
Sulfanilsäure 712
Sulfensäuren 206
Sulfolan 862
Sulfone 205
Sulfonsäurechloride, aromatische 713
Sulfonsäuren 206
– aromatische 711
Sulfoxide 205
Systeme, konjugiert-ungesättigte 749

Teflon 1013
p-Terphenyl 775
Testosteron (aus Diosgenin) 926
Tetraethylblei 1067
Tetrachlordibenzodioxin 163
Tetrafluorethen 1013
Tetrahydrofuran 198, 433, 463
Tetrahydronaphthalen 697
Tetralin 697, 793
Tetralon 699
Tetramethylpyrrol 861
Tetrazole 565
THF 198
Thiazolring 873
Thioacetale 619
Thioether (durch S_N) 453, 457
Thioketale 619
Thiole 205
– durch S_N 453, 457
Thiophen (technisch) 857
Thiophen-2-carbonsäure 863
Thiophene, substituierte 858
Thiotolan 862
Thiuroniumsalze 457
Tiglinsäure 665
m-Tolualdehyd 769
Toluensulfonsäurechlorid 207
Toluene, *m*-substituierte 714
1,2,3-Trialkylbenzene 697
2,4,6-Triaminotriazin 887
1,3,5-Triazin 887
Triazole 565

1,1,1-Tribromaceton 417
1,3,5-Tribrombenzen 715
Trichlorethylen 121
Trichlorphenol 163
2,4,6-Trichlortriazin 887
1,3,5-Triethylbenzen 696
Trifluorchlorethen 1014
1-Trifluor-3-chlorpropan 519, 520
Trimethylamin 213
2,4,6-Trimethylbenzaldehyd 703
2,4,6-Trimethylbenzoesäureester 598
2,2,6-Trimethylbicyclo[4.4.0]dekan 852
2,2,4-Trimethylpentan 533
2,4,4-Trimethyl-2-penten 532
Trimethylsiliciumchlorid 674
Trinitrobenzen 706
2,4,6-Trinitrotoluen 706
Trioxan 622
Triphenylmethan 152
Triphenylmethylchlorid 695
Triphenylmethyl-Radikale 153, 737
Triptycen 729
Tropanringsystem 892
Tropinon 631
Trotyl 706
Truxillsäuren 556
Truxinsäuren 556

Urethane 294, 623
Urotropin 262

Verbindungen, metallorganische 672, 673, 674
– metallorganische (Tabelle) 1065
– α, β-ungesättigte 788
– – durch Kupplung von Vinylhalogeniden 788
– zyklische 648
– – Tabelle (Ringschlußreaktionen) 98
– – durch intramolekulare Aldoladdition 648
Vinylacetat 523
Vinylacetat (technisch) 1073
Vinylchlorid 516
Vinylchlorid (technisch) 120
Vinylether 523, 539
2-Vinylpyridin 882
Vitamin A 913
Vitamin A *via* Wittig-Reaktion 639
Vitamin C 952
Vitamin D$_2$ 572

Xanthogenate 496
Di-*p*-Xylen 153

Ylide 496

Zimtsäure 651
Zinkorganyle 1066